물리학 I

Bible of Science

기출의 바이블

1권 문제편

KB212811

구성과 특징

1권 문제편

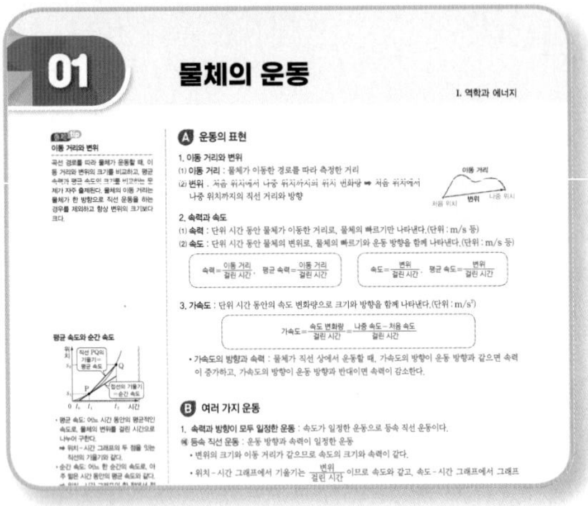

개념 정리

수능에 자주 출제되는 개념을 체계적으로 정리하여 기본적인 개념을 확인할 수 있도록 하였습니다.

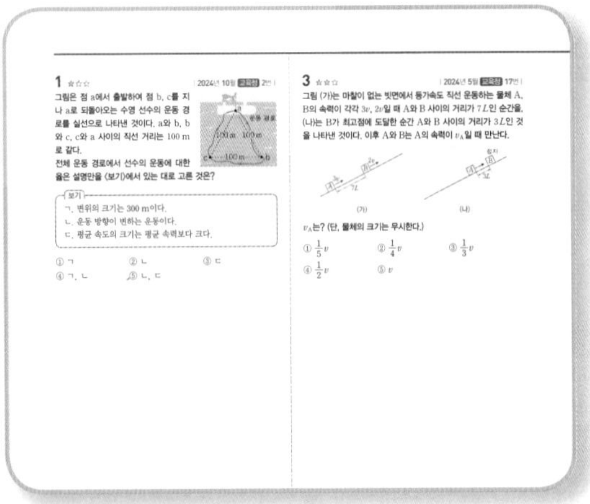

교육청 문항

교육청 문항을 최신 연도 순으로 배치하여 주요 개념을 교육청 문항에 적용할 수 있도록 하였습니다.

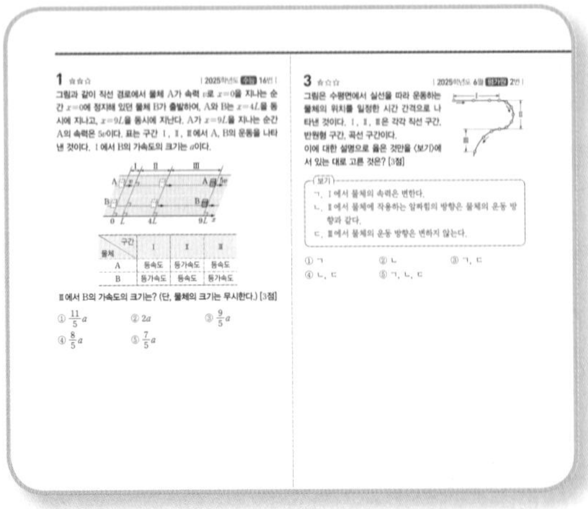

수능, 평가원 문항

수능, 평가원 문항을 최신 연도 순으로 배치하여 출제 경향을 파악하고, 수준 높은 문항들로 실전을 대비할 수 있도록 하였습니다.

2권 정답 및 해설편

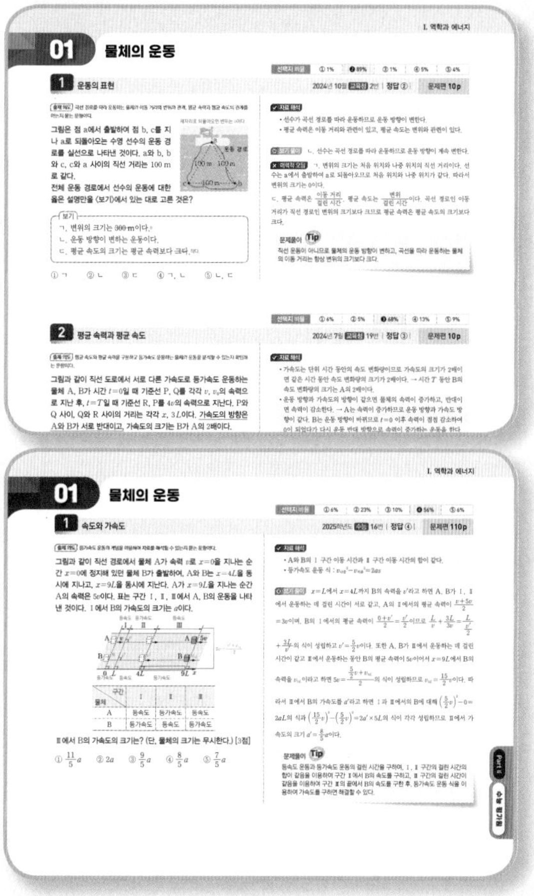

❶ 출제 의도
문항의 출제 의도를 파악할 수 있도록 제시하였습니다.

❷ 선택지 비율
문항의 난이도를 파악할 수 있도록 해당 문항의 정답률을 제시하였습니다.

❸ 첨삭 설명
정답, 오답인 이유를 한 눈에 확인할 수 있도록 핵심을 첨삭으로 설명하였습니다.

❹ 자료 해석
주어진 자료를 상세하게 분석하여 문제를 푸는 데 필요한 정보를 제공하였습니다.

❺ 보기 풀이
보기의 선택지 내용을 상세하게 설명하였습니다.

❻ 매력적 오답
오답이 되는 이유를 상세하게 분석하여 오답의 함정에 빠지지 않도록 하였습니다.

❼ 문제풀이 TIP
문제를 접근하는 방식과 문제를 쉽고 빠르게 풀 수 있는 비법을 소개하였습니다.

3권 고난도편

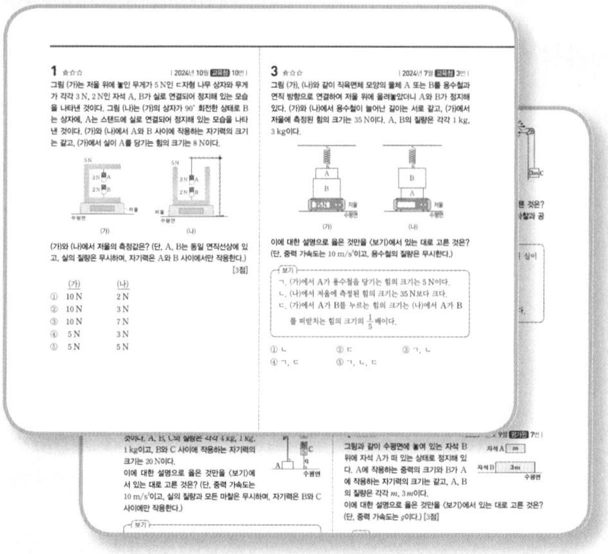

▶ 고난도 문항 및 해설
교육청, 평가원 문항 중 고난도 주제에 해당하는 문항을 선별하여 수록하였고, 고난도 문항 해설을 한눈에 확인할 수 있는 자세한 첨삭을 제공하였습니다.

목차 & 학습 계획

Part I 교육청

Part Ⅱ 수능 평가원

대단원	중단원	쪽수	문항수	학습 계획일
Ⅰ 역학과 에너지	01. 물체의 운동	1권 문제편 110쪽 2권 해설편 151쪽	19문항	월 일
	02. 뉴턴 운동 법칙	3권 고난도편에서 학습		
	03. 운동량과 충격량	3권 고난도편에서 학습		
	04. 역학적 에너지 보존	3권 고난도편에서 학습		
	05. 열역학 법칙	1권 문제편 116쪽 2권 해설편 161쪽	18문항	월 일
	06. 특수 상대성 이론	1권 문제편 122쪽 2권 해설편 173쪽	18문항	월 일
	07. 질량과 에너지	1권 문제편 128쪽 2권 해설편 184쪽	12문항	월 일
Ⅱ 물질과 전자기장	01. 전자의 에너지 준위	1권 문제편 132쪽 2권 해설편 190쪽	26문항	월 일
	02. 에너지띠와 반도체	1권 문제편 140쪽 2권 해설편 203쪽	19문항	월 일
	03. 자기장과 물질의 자성	3권 고난도편에서 학습		
	04. 전자기 유도	1권 문제편 148쪽 2권 해설편 218쪽	24문항	월 일
Ⅲ 파동과 정보 통신	01. 파동의 성질과 간섭	1권 문제편 156쪽 2권 해설편 234쪽	28문항	월 일
	02. 전반사와 광통신 및 전자기파	1권 문제편 164쪽 2권 해설편 248쪽	28문항	월 일
	03. 빛과 물질의 이중성	1권 문제편 172쪽 2권 해설편 263쪽	20문항	월 일

I

역학과 에너지

01

물체의 운동

02

뉴턴 운동 법칙

3권

03

운동량과 충격량

3권

04

역학적 에너지 보존

3권

05

열역학 법칙

06

특수 상대성 이론

07

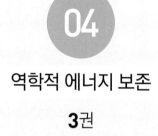

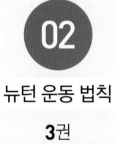

질량과 에너지

01 물체의 운동

A 운동의 표현

1. 이동 거리와 변위

(1) **이동 거리** : 물체가 이동한 경로를 따라 측정한 거리

(2) **변위** : 처음 위치에서 나중 위치까지의 위치 변화량 ➡ 처음 위치에서 나중 위치까지의 직선 거리와 방향

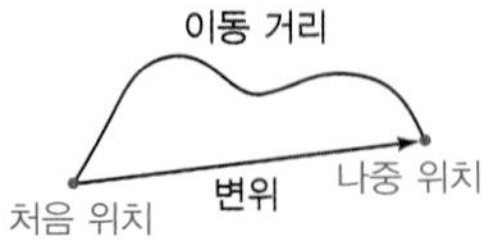

2. 속력과 속도

(1) **속력** : 단위 시간 동안 물체가 이동한 거리로, 물체의 빠르기만 나타낸다.(단위 : m/s 등)

(2) **속도** : 단위 시간 동안 물체의 변위로, 물체의 빠르기와 운동 방향을 함께 나타낸다.(단위 : m/s 등)

$$\text{속력}=\frac{\text{이동 거리}}{\text{걸린 시간}},\quad \text{평균 속력}=\frac{\text{이동 거리}}{\text{걸린 시간}}$$

$$\text{속도}=\frac{\text{변위}}{\text{걸린 시간}},\quad \text{평균 속도}=\frac{\text{변위}}{\text{걸린 시간}}$$

3. 가속도 : 단위 시간 동안의 속도 변화량으로 크기와 방향을 함께 나타낸다.(단위 : m/s^2)

$$\text{가속도}=\frac{\text{속도 변화량}}{\text{걸린 시간}}=\frac{\text{나중 속도}-\text{처음 속도}}{\text{걸린 시간}}$$

- **가속도의 방향과 속력** : 물체가 직선 상에서 운동할 때, 가속도의 방향이 운동 방향과 같으면 속력이 증가하고, 가속도의 방향이 운동 방향과 반대이면 속력이 감소한다.

B 여러 가지 운동

1. 속력과 방향이 모두 일정한 운동 : 속도가 일정한 운동으로 등속 직선 운동이다.

㉮ 등속 직선 운동 : 운동 방향과 속력이 일정한 운동

- 변위의 크기와 이동 거리가 같으므로 속도의 크기와 속력이 같다.
- 위치-시간 그래프에서 기울기는 $\frac{\text{변위}}{\text{걸린 시간}}$이므로 속도와 같고, 속도-시간 그래프에서 그래프 아랫부분의 넓이는 속도×시간이므로 변위와 같다.

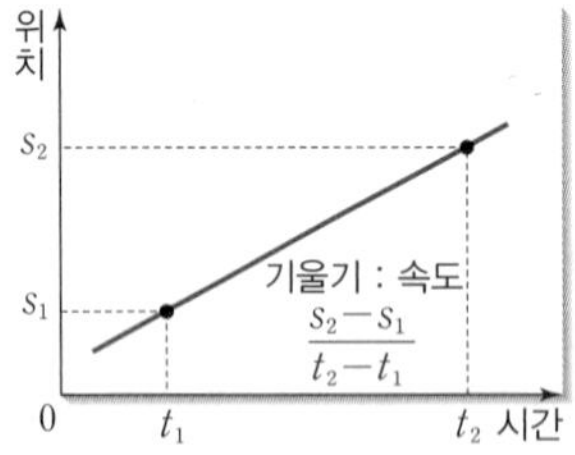

▲ 위치-시간 그래프

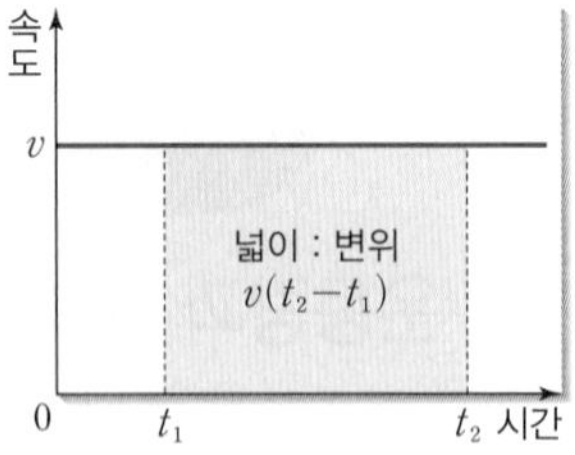

▲ 속도-시간 그래프

2. 속력만 변하는 운동 : 운동 방향이 변하지 않고 빠르기만 변하는 가속도 운동이다.

㉮ 등가속도 직선 운동 : 가속도의 크기와 방향이 모두 일정한 운동 ➡ 직선 상에서 운동하면서 속력이 일정하게 증가하거나 감소한다.

- 등가속도 직선 운동의 관계식

$$v=v_0+at,\quad s=v_0t+\frac{1}{2}at^2,\quad 2as=v^2-v_0^2$$

(v_0 : 처음 속도, v : 나중 속도, a : 가속도, t : 시간, s : 변위)

- **등가속도 직선 운동에서의 평균 속도** : 등가속도 직선 운동을 하는 물체의 평균 속도는 처음 속도와 나중 속도의 중간값이다. ➡ $v_{평균}=\frac{v_0+v}{2}$

출제 tip

이동 거리와 변위

곡선 경로를 따라 물체가 운동할 때, 이동 거리와 변위의 크기를 비교하고, 평균 속력과 평균 속도의 크기를 비교하는 문제가 자주 출제된다. 물체의 이동 거리는 물체가 한 방향으로 직선 운동을 하는 경우를 제외하고 항상 변위의 크기보다 크다.

평균 속도와 순간 속도

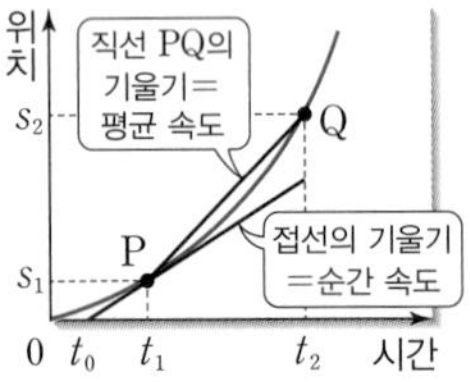

- 평균 속도: 어느 시간 동안의 평균적인 속도로, 물체의 변위를 걸린 시간으로 나누어 구한다.
  ➡ 위치-시간 그래프의 두 점을 잇는 직선의 기울기와 같다.
- 순간 속도: 어느 한 순간의 속도로, 아주 짧은 시간 동안의 평균 속도와 같다.
  ➡ 위치-시간 그래프의 한 점에서 접선의 기울기와 같다.

출제 tip

평균 속력의 이용

- 등가속도 직선 운동하는 물체의 평균 속도는 처음 속력과 나중 속력의 중간값이므로, 0초에서 4초까지의 평균 속력을 v라고 하면, v는 2초일 때의 순간 속력과 같다.
- 등가속도 직선 운동하는 물체의 이동 거리도 등속도 운동하는 물체와 같이 평균 속력과 걸린 시간의 곱으로 구할 수 있다. 두 식을 함께 이용하는 문제도 출제된다.

• 등가속도 직선 운동의 그래프

① 가속도의 방향이 운동 방향과 같은 경우(가속도가 (+)인 경우)

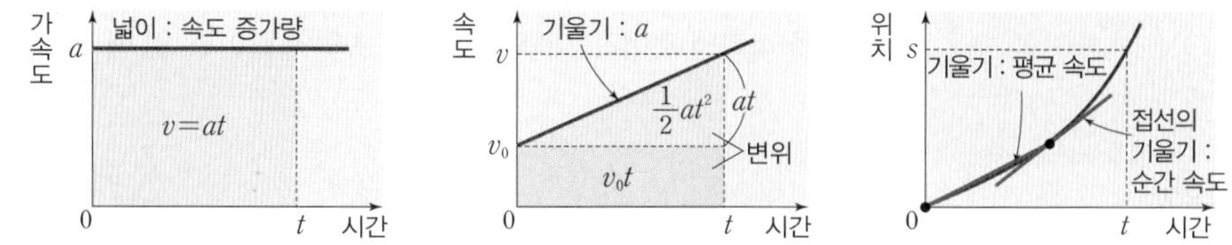

② 가속도의 방향이 운동 방향과 반대인 경우(가속도가 (−)인 경우)

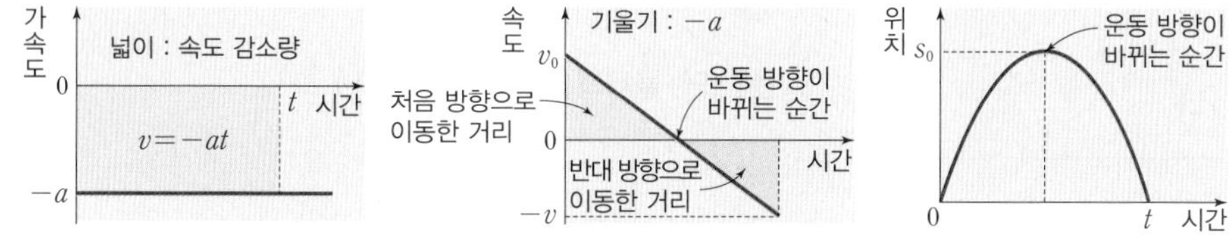

3. 운동 방향만 변하는 운동 : 물체의 빠르기는 변하지 않고 운동 방향만 변하는 가속도 운동이다.

㉄ 등속 원운동 : 원 궤도를 따라 일정한 속력으로 움직이는 운동

• 운동 방향(속도의 방향)은 원의 접선 방향이다.

• 가속도의 크기는 일정하고 가속도의 방향은 원의 중심을 향한다. ➡ 원의 중심 방향으로 알짜힘(= 구심력)이 작용한다.

4. 속력과 운동 방향이 모두 변하는 운동 : 빠르기와 운동 방향이 함께 변하는 가속도 운동이다.

㉄ • 포물선 운동 : 가속도의 크기와 방향이 일정하고, 물체가 포물선을 따라 움직이는 운동 ➡ 수평 방향으로는 등속 운동을, 수직 방향으로는 등가속도 직선 운동을 한다.

• 진자 운동 : 길이가 일정한 줄에 매달려 진동하는 물체의 운동 ➡ 가속도의 크기와 방향이 매 순간 변하고, 속도의 크기와 방향도 매 순간 변하는 운동이다.

실전 자료 등속도 운동과 등가속도 운동

그림과 같이 기준선에 정지해 있던 자동차가 출발하여 직선 경로를 따라 운동한다. 자동차는 구간 A에서 등가속도, 구간 B에서 등속도, 구간 C에서 등가속도 운동한다. A, B, C의 길이는 모두 같고, 자동차가 구간을 지나는 데 걸린 시간은 A에서가 C에서의 4배이다.

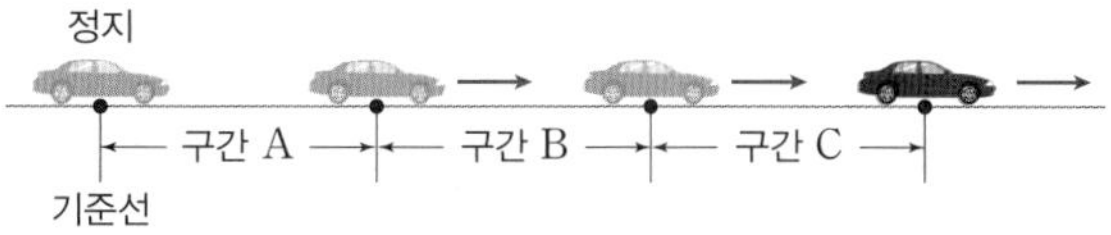

❶ 구간 A, B에서의 평균 속력

• A에서의 평균 속력을 v라고 하면 A를 통과할 때, 즉 B에 진입할 때의 속력 v_1은 $\frac{0+v_1}{2}=v$에서 $v_1=2v$이다.

• B에서는 속력이 $2v$인 등속도 운동을 하므로 평균 속력도 $2v$이다.

❷ 걸린 시간을 이용한 평균 속력의 비교

• 이동 거리가 같을 때 평균 속력은 걸린 시간에 반비례한다. 따라서 자동차가 구간을 지나는 데 걸린 시간은 A에서가 C에서의 4배이므로 C에서의 평균 속력은 A에서의 4배인 $v\times4=4v$이다.

• 각 구간에서의 평균 속력은 A, B, C에서가 각각 v, $2v$, $4v$이므로 걸린 시간은 $4t$, $2t$, t이다.

❸ 구간 A, C에서의 가속도

• C에서의 평균 속력이 $4v$이므로 C를 통과할 때의 속력을 v_2라 하면 $\frac{2v+v_2}{2}=4v$에서 $v_2=6v$이다.

• 가속도는 단위 시간 동안의 속도 변화량이므로 A, C에서 가속도의 크기는 $\frac{2v-0}{4t}$, $\frac{6v-2v}{t}$이다.

출제 tip

그래프의 해석

• 물체의 운동을 나타내기 위해 그래프가 함께 제시되는 문제가 많이 출제되므로 그래프를 해석할 수 있어야 하고, 주어진 정보를 이용하여 그래프를 그릴 수도 있어야 한다.

• 그래프의 넓이와 기울기가 의미하는 것과 가속도, 속도, 위치의 (+), (−)가 의미하는 것, 운동 방향이 바뀌는 순간 등을 이용하여 물체의 운동을 설명할 수 있어야 한다.

등속 원운동의 모습

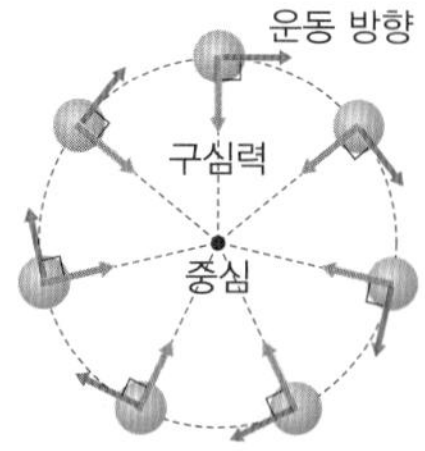

속력과 운동 방향이 모두 변하는 운동

일상생활에서 볼 수 있는 대부분의 운동으로, 지표면 근처에서 중력에 의한 운동은 포물선 운동으로 보는 경우가 많다. 포물선 운동을 하는 물체에는 연직 아래 방향으로의 중력만 작용하므로 수평 방향의 속력은 일정하고, 연직 방향 속력만 변한다.

출제 tip

등가속도 운동의 풀이

두 물체가 함께 등가속도 운동을 할 때, 가속도의 크기와 다른 경우와 가속도의 크기가 같은 경우가 있다.

• **가속도의 크기가 다른 경우** : 평균 속력과 걸린 시간을 이용하여 가속도의 크기를 비교할 수 있다.

• **가속도의 크기가 같은 경우** : 시간 차이를 두고 동일한 운동을 하는 경우가 많이 출제된다. 앞선 물체의 과거의 모습이 뒤따르는 물체의 미래의 모습이라는 것을 이용할 수 있다. 또한 시간에 관계없이 두 물체의 속력 차이가 일정하고, 이동 거리는 가까워지거나 멀어진다. 속력 차이가 일정하므로 상대 속도를 이용할 수 있다.

Part I 교육청

1 ★☆☆ | 2024년 10월 교육청 2번 |

그림은 점 a에서 출발하여 점 b, c를 지나 a로 되돌아오는 수영 선수의 운동 경로를 실선으로 나타낸 것이다. a와 b, b와 c, c와 a 사이의 직선 거리는 100 m로 같다.

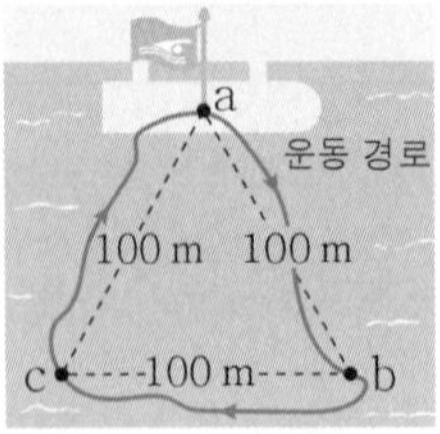

전체 운동 경로에서 선수의 운동에 대한 옳은 설명만을 <보기>에서 있는 대로 고른 것은?

보기
ㄱ. 변위의 크기는 300 m이다.
ㄴ. 운동 방향이 변하는 운동이다.
ㄷ. 평균 속도의 크기는 평균 속력보다 크다.

① ㄱ ② ㄴ ③ ㄷ
④ ㄱ, ㄴ ⑤ ㄴ, ㄷ

2 ★★☆ | 2024년 7월 교육청 19번 |

그림과 같이 직선 도로에서 서로 다른 가속도로 등가속도 운동하는 물체 A, B가 시간 $t=0$일 때 기준선 P, Q를 각각 v, v_0의 속력으로 지난 후, $t=T$일 때 기준선 R, P를 $4v$의 속력으로 지난다. P와 Q 사이, Q와 R 사이의 거리는 각각 x, $3L$이다. 가속도의 방향은 A와 B가 서로 반대이고, 가속도의 크기는 B가 A의 2배이다.

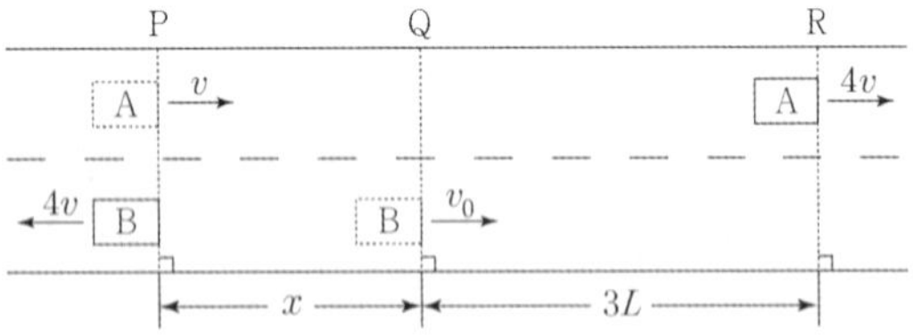

이에 대한 설명으로 옳은 것만을 <보기>에서 있는 대로 고른 것은? (단, A, B의 크기는 무시한다.)

보기
ㄱ. $v_0=2v$이다.
ㄴ. $x=2L$이다.
ㄷ. $t=0$부터 $t=T$까지 B의 평균 속력은 $\frac{5}{2}v$이다.

① ㄴ ② ㄷ ③ ㄱ, ㄴ
④ ㄱ, ㄷ ⑤ ㄱ, ㄴ, ㄷ

3 ★★☆ | 2024년 5월 교육청 17번 |

그림 (가)는 마찰이 없는 빗면에서 등가속도 직선 운동하는 물체 A, B의 속력이 각각 $3v$, $2v$일 때 A와 B 사이의 거리가 $7L$인 순간을, (나)는 B가 최고점에 도달한 순간 A와 B 사이의 거리가 $3L$인 것을 나타낸 것이다. 이후 A와 B는 A의 속력이 v_A일 때 만난다.

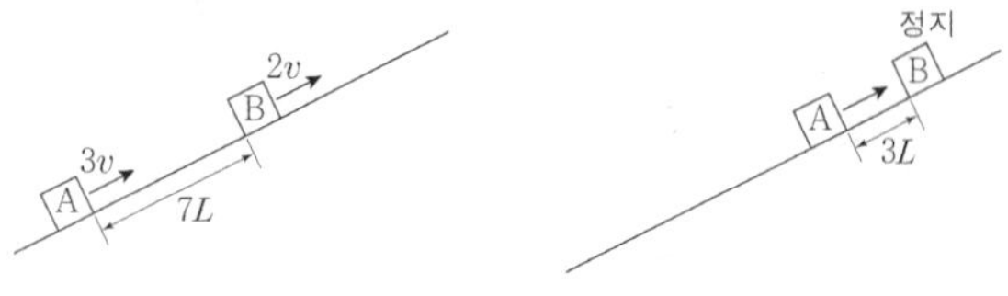

(가) (나)

v_A는? (단, 물체의 크기는 무시한다.)

① $\frac{1}{5}v$ ② $\frac{1}{4}v$ ③ $\frac{1}{3}v$
④ $\frac{1}{2}v$ ⑤ v

4 ★★☆ | 2024년 3월 교육청 9번 |

그림과 같이 물체가 점 a~d를 지나는 등가속도 직선 운동을 한다. a와 b, b와 c, c와 d 사이의 거리는 각각 L, x, $3L$이다. 물체가 운동하는 데 걸리는 시간은 a에서 b까지와 c에서 d까지가 같다. a, d에서 물체의 속력은 각각 v, $4v$이다.

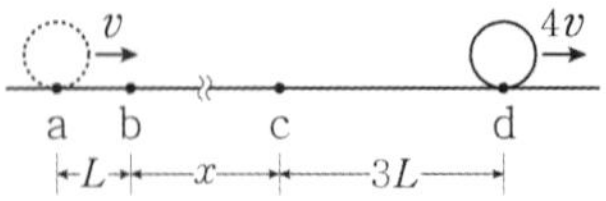

x는? [3점]

① $2L$ ② $4L$ ③ $6L$
④ $8L$ ⑤ $10L$

5 ★★★ | 2023년 10월 교육청 17번 |

그림과 같이 동일 직선상에서 등가속도 운동하는 물체 A, B가 시간 $t=0$일 때 각각 점 p, q를 속력 v_A, v_B로 지난 후, $t=t_0$일 때 A는 점 r에서 정지하고 B는 빗면 위로 운동한다. p와 q, q와 r 사이의 거리는 각각 L, $2L$이다. A가 다시 p를 지나는 순간 B는 빗면 아래 방향으로 속력 $\frac{v_B}{2}$로 운동한다.

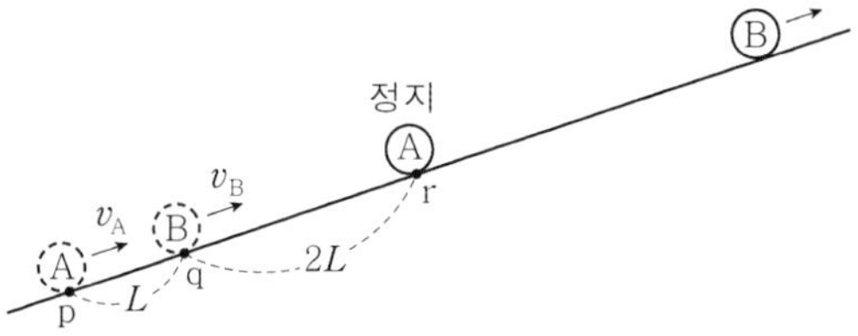

이에 대한 옳은 설명만을 <보기>에서 있는 대로 고른 것은? (단, 물체의 크기, 모든 마찰과 공기 저항은 무시한다.) [3점]

보기
ㄱ. $v_B=4v_A$이다.
ㄴ. $t=\frac{8}{3}t_0$일 때 B가 q를 지난다.
ㄷ. $t=t_0$부터 $t=2t_0$까지 평균 속력은 A가 B의 3배이다.

① ㄱ ② ㄴ ③ ㄱ, ㄷ
④ ㄴ, ㄷ ⑤ ㄱ, ㄴ, ㄷ

6 ★★★ | 2023년 7월 교육청 20번 |

그림과 같이 직선 도로에서 자동차 A가 속력 $3v$로 기준선 Q를 지나는 순간 기준선 P에 정지해 있던 자동차 B가 출발하여 기준선 S에 동시에 도달한다. A가 Q에서 기준선 R까지 등가속도 운동하는 동안 A의 가속도와 B가 P에서 R까지 등가속도 운동하는 동안 B의 가속도는 크기와 방향이 서로 같고, R에서 S까지 A와 B가 등가속도 운동하는 동안 A와 B의 가속도는 크기와 방향이 서로 같다. A가 S에 도달하는 순간 A의 속력은 v이고, B가 P에서 R까지 운동하는 동안, R에서 S까지 운동하는 동안 B의 평균 속력은 각각 $3.5v$, $6v$이다. R와 S 사이의 거리는 L이다.

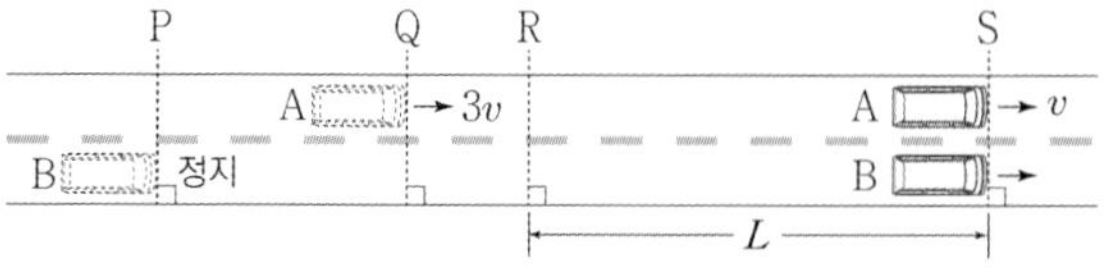

P와 Q 사이의 거리는? (단, A, B의 크기는 무시한다.) [3점]

① $\frac{11}{20}L$ ② $\frac{3}{5}L$ ③ $\frac{13}{20}L$
④ $\frac{7}{10}L$ ⑤ $\frac{3}{4}L$

7 ★★☆ | 2023년 4월 교육청 6번 |

그림과 같이 직선 도로에서 기준선 P, Q를 각각 $4v$, v의 속력으로 동시에 통과한 자동차 A, B가 각각 등가속도 운동하여 기준선 R에서 동시에 정지한다. P와 R 사이의 거리는 L이다.

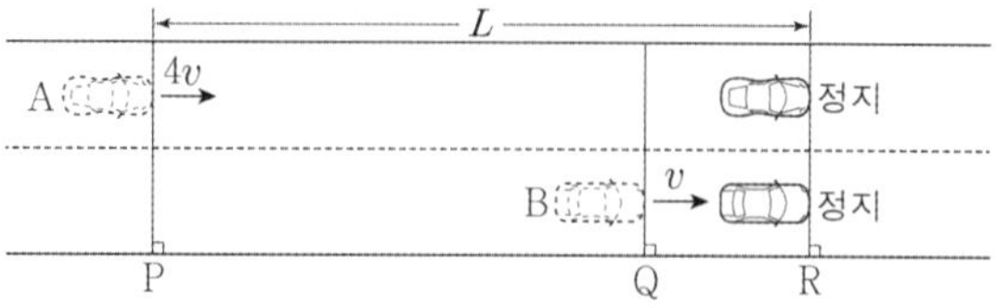

A가 Q에서 R까지 운동하는 데 걸린 시간은? (단, A, B는 도로와 나란하게 운동하며, A, B의 크기는 무시한다.)

① $\frac{L}{8v}$ ② $\frac{L}{6v}$ ③ $\frac{L}{5v}$
④ $\frac{L}{4v}$ ⑤ $\frac{L}{3v}$

8 ★★☆ | 2023년 3월 교육청 17번 |

그림과 같이 0초일 때 기준선 P를 서로 반대 방향의 같은 속력으로 통과한 물체 A와 B가 각각 등가속도 직선 운동하여 기준선 Q를 동시에 지난다. P에서 Q까지 A의 이동 거리는 L이다. 가속도의 방향은 A와 B가 서로 반대이고, 가속도의 크기는 B가 A의 7배이다. t_0초일 때 A와 B의 속도는 같다.

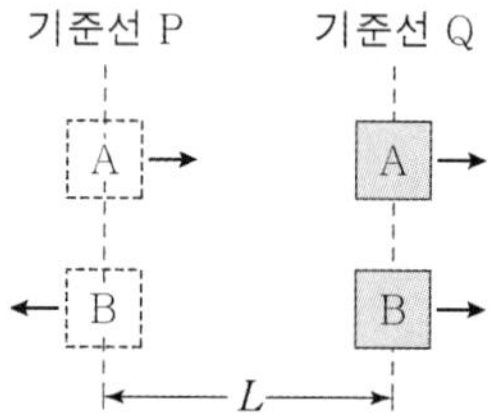

0초에서 t_0초까지 A의 이동 거리는? (단, 물체의 크기는 무시한다.)

① $\frac{5}{13}L$ ② $\frac{7}{16}L$ ③ $\frac{1}{2}L$
④ $\frac{7}{12}L$ ⑤ $\frac{5}{7}L$

9 ★☆☆ | 2022년 10월 교육청 2번 |

그림은 사람 A, B, C가 스키장에서 운동하는 모습을 나타낸 것이다. A는 일정한 속력으로 직선 경로를 따라 올라가고, B는 속력이 빨라지며 직선 경로를 따라 내려오며, C는 속력이 변하며 곡선 경로를 따라 내려온다.

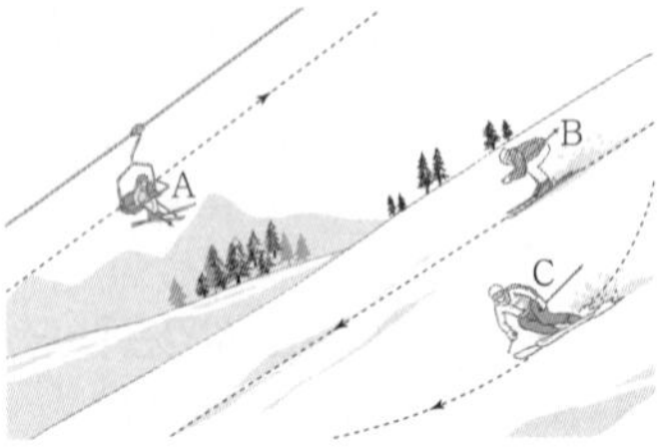

운동 방향으로 알짜힘을 받는 사람만을 있는 대로 고른 것은? (단, 사람의 크기는 무시한다.)

① A ② B ③ C
④ A, B ⑤ A, C

10 ★☆☆ | 2022년 7월 교육청 1번 |

그림 (가)~(다)는 각각 원 궤도를 따라 일정한 속력으로 운동하는 공 A, 수평으로 던져 낙하하는 공 B, 빗면에서 속력이 작아지는 운동을 하는 공 C의 운동 경로를 나타낸 것이다.

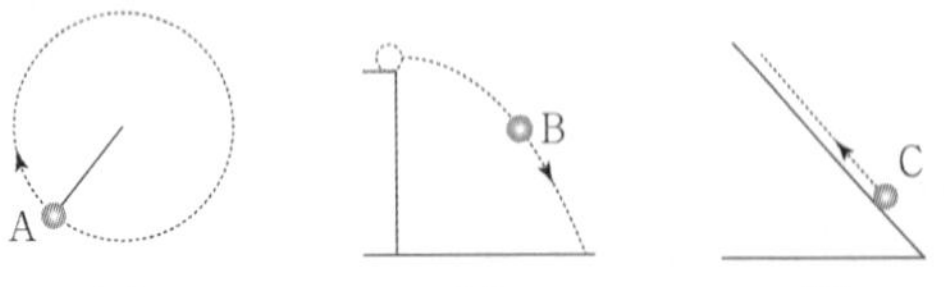

(가) (나) (다)

이에 대한 설명으로 옳은 것만을 〈보기〉에서 있는 대로 고른 것은?

보기

ㄱ. A는 등속도 운동을 한다.
ㄴ. B는 운동 방향과 속력이 모두 변하는 운동을 한다.
ㄷ. C에 작용하는 알짜힘은 0이다.

① ㄱ ② ㄴ ③ ㄱ, ㄷ
④ ㄴ, ㄷ ⑤ ㄱ, ㄴ, ㄷ

11 ★★★ | 2022년 7월 교육청 2번 |

그림은 기준선 P에 정지해 있던 두 자동차 A, B가 동시에 출발하는 모습을 나타낸 것이다. A, B는 P에서 기준선 Q까지 각각 등가속도 직선 운동을 하고, P에서 Q까지 운동하는 데 걸린 시간은 B가 A의 2배이다.

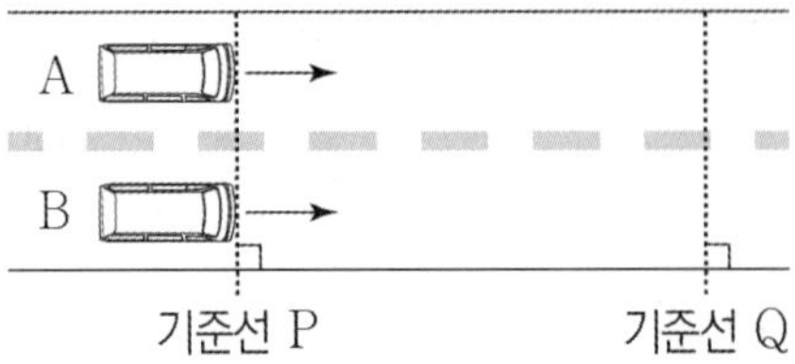

A가 P에서 Q까지 운동하는 동안, 물리량이 A가 B의 4배인 것만을 〈보기〉에서 있는 대로 고른 것은? (단, A, B의 크기는 무시한다.) [3점]

보기

ㄱ. 평균 속력
ㄴ. 가속도의 크기
ㄷ. 이동 거리

① ㄱ ② ㄴ ③ ㄱ, ㄷ
④ ㄴ, ㄷ ⑤ ㄱ, ㄴ, ㄷ

12 ★☆☆ | 2022년 4월 교육청 2번 |

그림 (가)는 속력이 빨라지며 직선 운동하는 수레의 모습을, (나)는 포물선 운동하는 배구공의 모습을, (다)는 회전하고 있는 놀이 기구에 탄 사람의 모습을 나타낸 것이다.

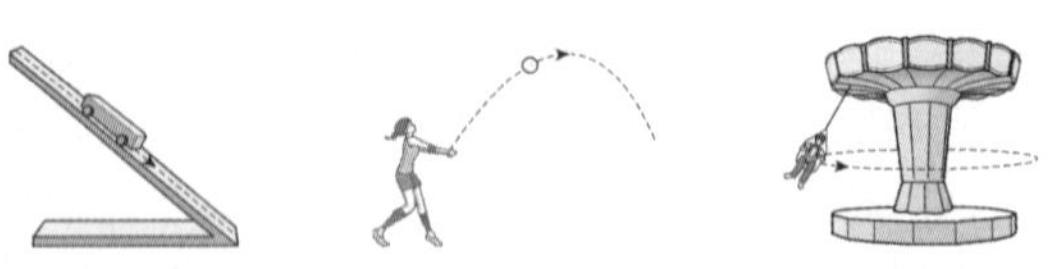

(가) (나) (다)

이에 대한 설명으로 옳은 것만을 〈보기〉에서 있는 대로 고른 것은?

보기

ㄱ. (가)에서 수레에 작용하는 알짜힘의 방향과 수레의 운동 방향은 같다.
ㄴ. (나)에서 배구공의 속력은 일정하다.
ㄷ. (다)에서 사람의 운동 방향은 일정하다.

① ㄱ ② ㄷ ③ ㄱ, ㄴ
④ ㄴ, ㄷ ⑤ ㄱ, ㄴ, ㄷ

13 ★☆☆

| 2022년 4월 교육청 16번 |

그림과 같이 직선 도로에서 자동차 A가 기준선 P를 통과하는 순간 자동차 B가 기준선 Q를 통과한다. A, B는 각각 등속도 운동, 등가속도 운동하여 B가 기준선 R에서 정지한 순간부터 2초 후 A가 R를 통과한다. Q에서의 속력은 A가 B의 $\frac{5}{4}$배이다. P와 Q 사이의 거리는 30 m이고 Q와 R 사이의 거리는 10 m이다.

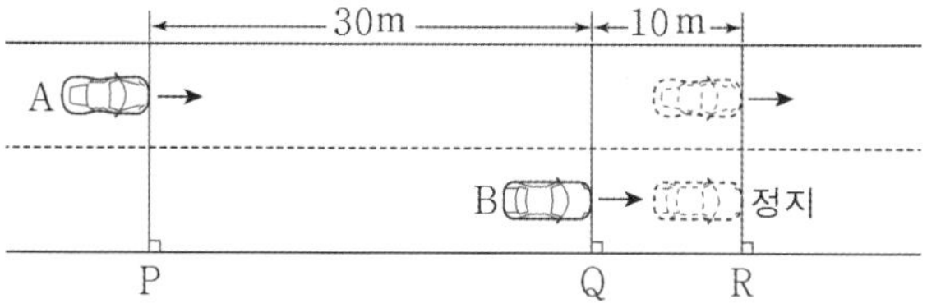

B의 가속도의 크기는? (단, A, B는 도로와 나란하게 운동하며, A, B의 크기는 무시한다.) [3점]

① $\frac{7}{5}$ m/s² ② $\frac{9}{5}$ m/s² ③ $\frac{11}{5}$ m/s²
④ $\frac{13}{5}$ m/s² ⑤ 3 m/s²

14 ★☆☆

| 2022년 3월 교육청 1번 |

그림은 자동차 A, B, C의 운동을 나타낸 것이다. A는 일정한 속력으로 직선 경로를 따라, B는 속력이 변하면서 직선 경로를 따라, C는 일정한 속력으로 곡선 경로를 따라 운동을 한다.

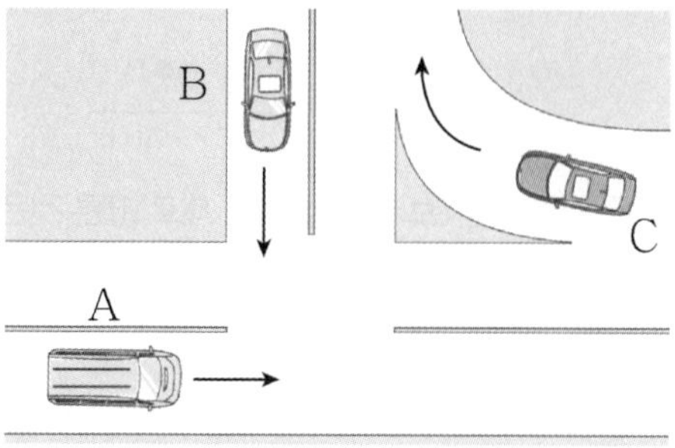

등속도 운동을 하는 자동차만을 있는 대로 고른 것은?

① A ② B ③ C
④ A, B ⑤ A, C

15 ★★★

| 2021년 10월 교육청 18번 |

그림과 같이 빗면의 점 p에 가만히 놓은 물체 A가 점 q를 v_A의 속력으로 지나는 순간 물체 B는 p를 v_B의 속력으로 지났으며, A와 B는 점 r에서 만난다. p, q, r는 동일 직선상에 있고, p와 q 사이의 거리는 $4d$, q와 r 사이의 거리는 $5d$이다.

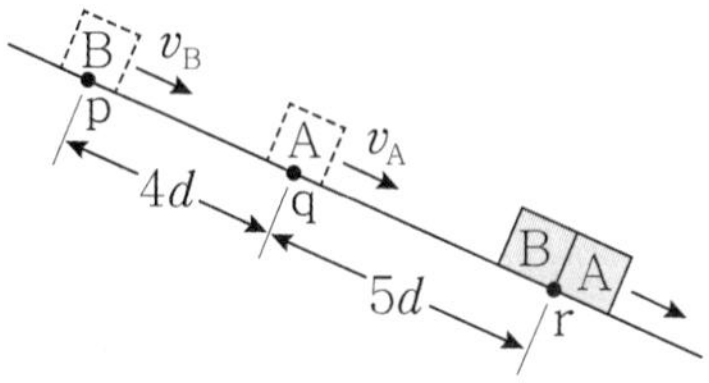

$\frac{v_A}{v_B}$는? (단, 물체의 크기, 모든 마찰과 공기 저항은 무시한다.)

① $\frac{4}{9}$ ② $\frac{1}{2}$ ③ $\frac{5}{9}$
④ $\frac{2}{3}$ ⑤ $\frac{4}{5}$

16 ★☆☆

| 2021년 7월 교육청 2번 |

그림은 물체가 점 p, q를 지나는 곡선 경로를 따라 운동하는 것을 나타낸 것이다.

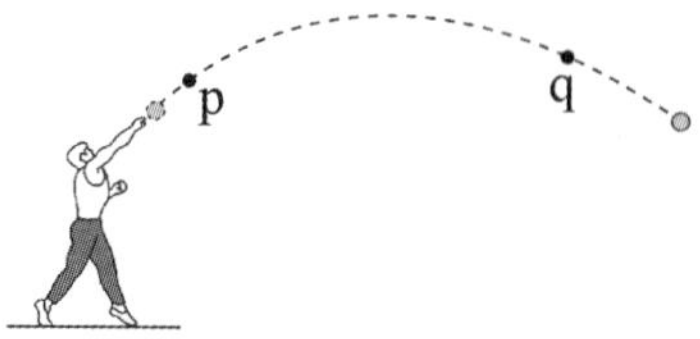

p에서 q까지 물체의 운동에 대한 설명으로 옳은 것만을 〈보기〉에서 있는 대로 고른 것은?

보기
ㄱ. 등속도 운동이다.
ㄴ. 운동 방향은 일정하다.
ㄷ. 이동 거리는 변위의 크기보다 크다.

① ㄱ ② ㄷ ③ ㄱ, ㄴ
④ ㄴ, ㄷ ⑤ ㄱ, ㄴ, ㄷ

17 ★★☆

| 2021년 7월 교육청 3번 |

그림은 직선상에서 운동하는 물체의 위치를 시간에 따라 나타낸 것이다. 구간 A, B, C에서 물체는 각각 등가속도 운동을 한다.

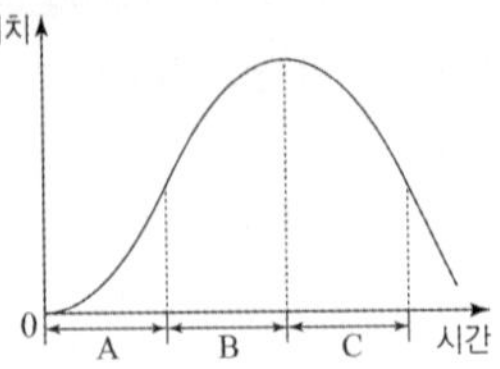

A~C에서 물체의 운동에 대한 설명으로 옳은 것만을 〈보기〉에서 있는 대로 고른 것은? [3점]

보기

ㄱ. A에서 속력은 점점 증가한다.

ㄴ. 가속도의 방향은 B에서와 C에서가 서로 반대이다.

ㄷ. 물체에 작용하는 알짜힘의 방향은 두 번 바뀐다.

① ㄱ ② ㄴ ③ ㄱ, ㄷ

④ ㄴ, ㄷ ⑤ ㄱ, ㄴ, ㄷ

18 ★☆☆

| 2021년 4월 교육청 1번 |

그림은 물체 A, B, C의 운동에 대한 설명이다.

A, B, C 중 속력과 운동 방향이 모두 변하는 물체를 있는 대로 고른 것은?

① A ② C ③ A, B

④ B, C ⑤ A, B, C

19 ★★★

| 2021년 4월 교육청 18번 |

그림 (가)와 같이 마찰이 없는 빗면에서 가만히 놓은 물체 A가 점 p를 지나 점 q를 v의 속력으로 통과하는 순간, 물체 B를 p에 가만히 놓았다. p와 q 사이의 거리는 L이고, A가 p에서 q까지 운동하는 동안 A의 평균 속력은 $\frac{4}{5}v$이다. 그림 (나)는 (가)의 A, B가 운동하여 B가 q를 지나는 순간 A가 점 r를 지나는 모습을 나타낸 것이다.

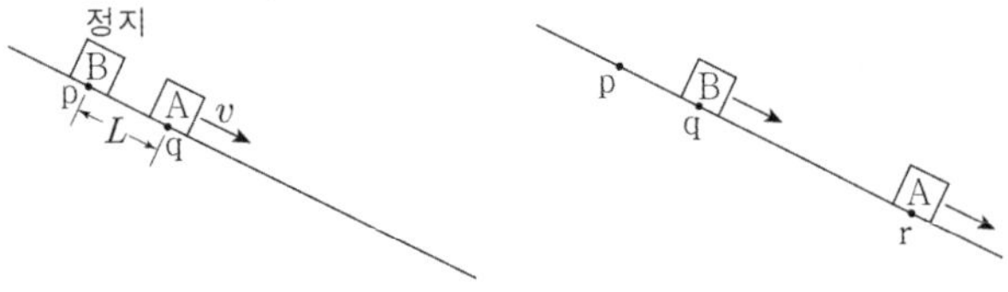

(가) (나)

q와 r 사이의 거리는? (단, 물체의 크기, 공기 저항은 무시한다.)

① $\frac{5}{2}L$ ② $3L$ ③ $\frac{7}{2}L$

④ $4L$ ⑤ $\frac{9}{2}L$

20 ★☆☆

| 2021년 3월 교육청 1번 |

그림은 자유 낙하하는 물체 A와 수평으로 던진 물체 B가 운동하는 모습을 나타낸 것이다.

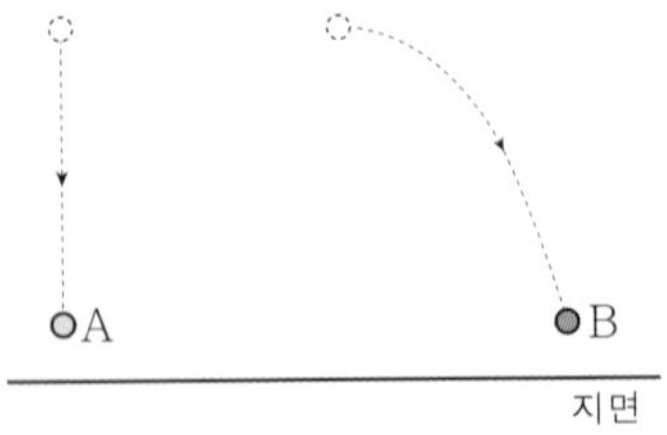

이에 대한 옳은 설명만을 〈보기〉에서 있는 대로 고른 것은?

보기

ㄱ. A는 속력이 변하는 운동을 한다.

ㄴ. B는 운동 방향이 변하는 운동을 한다.

ㄷ. B는 운동 방향과 가속도의 방향이 같다.

① ㄱ ② ㄷ ③ ㄱ, ㄴ

④ ㄴ, ㄷ ⑤ ㄱ, ㄴ, ㄷ

21 ★☆☆
| 2020년 10월 교육청 1번 |

그림은 놀이 기구 A, B, C가 운동하는 모습을 나타낸 것이다.

A: 자유 낙하　　B: 회전 운동　　C: 왕복 운동

운동 방향이 일정한 놀이 기구만을 있는 대로 고른 것은?

① A　② B　③ A, C
④ B, C　⑤ A, B, C

22 ★☆☆
| 2020년 7월 교육청 1번 |

그림과 같이 수영 선수가 점 p에서 점 q까지 곡선 경로를 따라 이동한다.

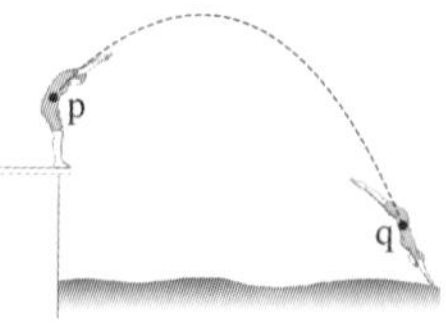

선수가 p에서 q까지 이동하는 동안, 선수의 운동에 대한 설명으로 옳은 것만을 〈보기〉에서 있는 대로 고른 것은?

보기
ㄱ. 이동 거리와 변위의 크기는 같다.
ㄴ. 평균 속력은 평균 속도의 크기보다 크다.
ㄷ. 속력과 운동 방향이 모두 변하는 운동을 한다.

① ㄱ　② ㄴ　③ ㄱ, ㄷ
④ ㄴ, ㄷ　⑤ ㄱ, ㄴ, ㄷ

23 ★☆☆
| 2020년 7월 교육청 2번 |

그림은 직선 도로에서 정지해 있던 자동차가 시간 $t=0$일 때 기준선 P에서 출발하여 기준선 R까지 등가속도 직선 운동하는 모습을 나타낸 것이다. $t=6$초일 때 기준선 Q를 통과하고 $t=8$초일 때 R를 통과한다. Q와 R 사이의 거리는 21 m이다.

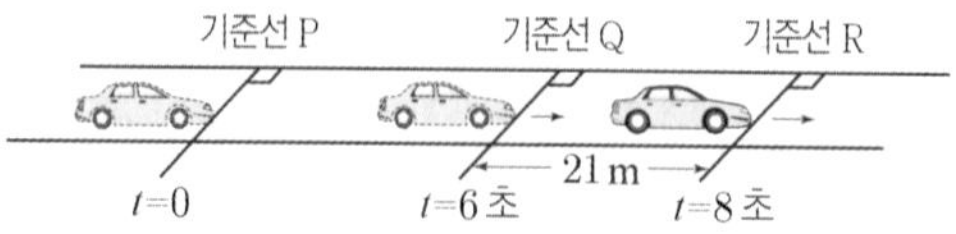

자동차의 운동에 대한 설명으로 옳은 것만을 〈보기〉에서 있는 대로 고른 것은? (단, 자동차의 크기는 무시한다.) [3점]

보기
ㄱ. 가속도의 크기는 1.5 m/s^2이다.
ㄴ. $t=4$초일 때 속력은 7 m/s이다.
ㄷ. $t=2$초부터 $t=6$초까지 이동 거리는 24 m이다.

① ㄴ　② ㄷ　③ ㄱ, ㄴ
④ ㄱ, ㄷ　⑤ ㄴ, ㄷ

24 ★★☆
| 2020년 4월 교육청 16번 |

그림과 같이 직선 도로에서 기준선 P를 속력 v_0으로 동시에 통과한 자동차 A, B가 각각 등가속도 운동하여 A가 기준선 Q를 통과하는 순간 B는 기준선 R를 통과한다. A, B의 가속도는 방향이 반대이고 크기가 a로 같다. A, B가 각각 Q, R를 통과하는 순간, 속력은 B가 A의 3배이다. P와 Q 사이, Q와 R 사이의 거리는 각각 $3L$, $2L$이다.

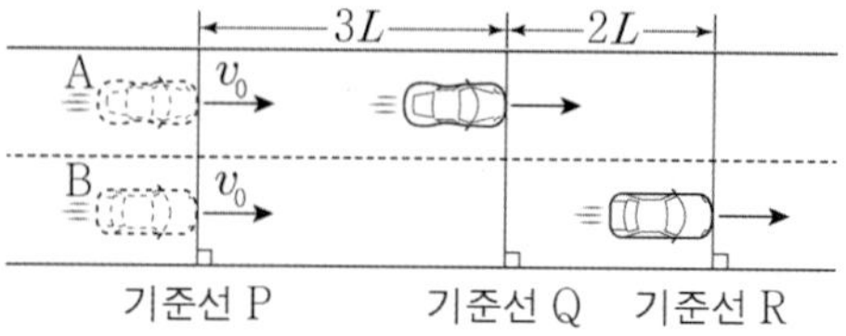

a는? (단, A, B는 도로와 나란하게 운동하며, A, B의 크기는 무시한다.) [3점]

① $\frac{v_0^2}{10L}$　② $\frac{v_0^2}{8L}$　③ $\frac{v_0^2}{6L}$
④ $\frac{v_0^2}{4L}$　⑤ $\frac{v_0^2}{2L}$

Part I 교육청

25 ★☆☆
| 2020년 3월 교육청 1번 |

그림과 같이 수평면 위의 점 p에서 비스듬히 던져진 공이 곡선 경로를 따라 운동하여 점 q를 통과하였다.

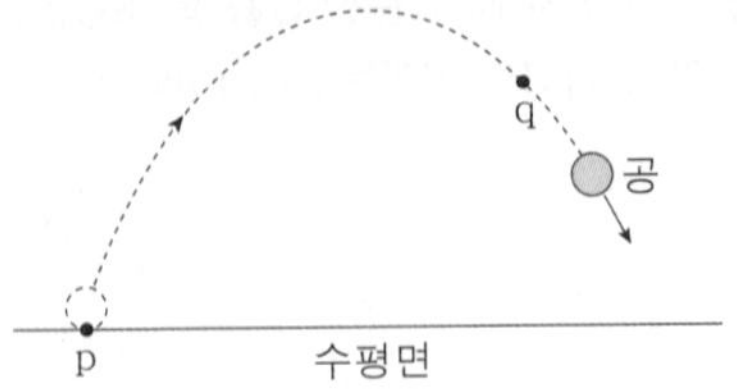

p에서 q까지 공의 운동에 대한 옳은 설명만을 〈보기〉에서 있는 대로 고른 것은?

보기
ㄱ. 속력이 변하는 운동이다.
ㄴ. 운동 방향이 일정한 운동이다.
ㄷ. 변위의 크기는 이동 거리보다 작다.

① ㄱ ② ㄷ ③ ㄱ, ㄴ
④ ㄱ, ㄷ ⑤ ㄴ, ㄷ

26 ★★☆
| 2019년 10월 교육청 4번 |

그림과 같이 수평면 위의 두 지점 p, q에 정지해 있던 물체 A, B가 동시에 출발하여 각각 r까지는 가속도의 크기가 a로 동일한 등가속도 직선 운동을, r부터는 등속도 운동을 한다. p와 q 사이의 거리는 5 m이고 r를 지난 후 A와 B의 속력은 각각 6 m/s, 4 m/s이다.

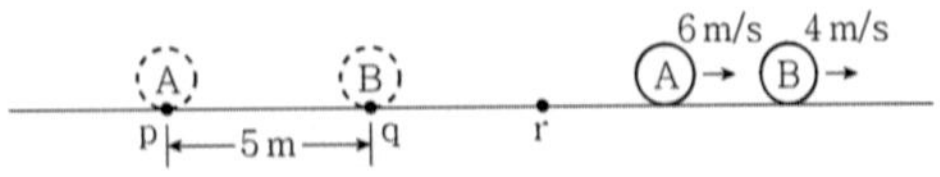

이에 대한 옳은 설명만을 〈보기〉에서 있는 대로 고른 것은? (단, A, B는 동일 직선 상에서 운동하며, 크기는 무시한다.) [3점]

보기
ㄱ. $a=2\ \mathrm{m/s^2}$이다.
ㄴ. B가 q에서 r까지 운동한 시간은 1초이다.
ㄷ. A가 출발한 순간부터 B와 충돌할 때까지 걸리는 시간은 5초이다.

① ㄱ ② ㄴ ③ ㄱ, ㄷ
④ ㄴ, ㄷ ⑤ ㄱ, ㄴ, ㄷ

27 ★☆☆
| 2019년 10월 교육청 물Ⅱ 1번 |

그림은 자율 주행 자동차가 장애물을 피해 점 P에서 점 Q까지 곡선 경로를 따라 운동하는 모습을 나타낸 것이다.

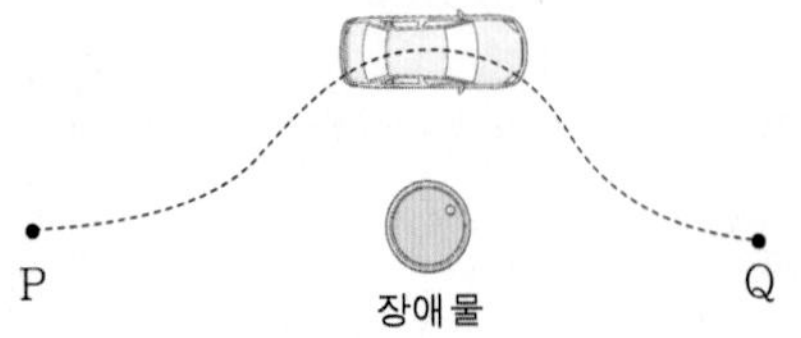

P에서 Q까지 자동차의 운동에 대한 옳은 설명만을 〈보기〉에서 있는 대로 고른 것은?

보기
ㄱ. 이동 거리는 변위의 크기보다 크다.
ㄴ. 평균 속도의 크기는 평균 속력과 같다.
ㄷ. 등가속도 운동이다.

① ㄱ ② ㄴ ③ ㄷ
④ ㄱ, ㄴ ⑤ ㄱ, ㄷ

28 ★☆☆
| 2019년 7월 교육청 3번 |

그림은 직선 운동하는 물체 A, B의 속도를 시간에 따라 나타낸 것이다. A의 처음 속도는 v_0이다. 0에서 4초까지 이동한 거리는 A가 B의 2배이다.

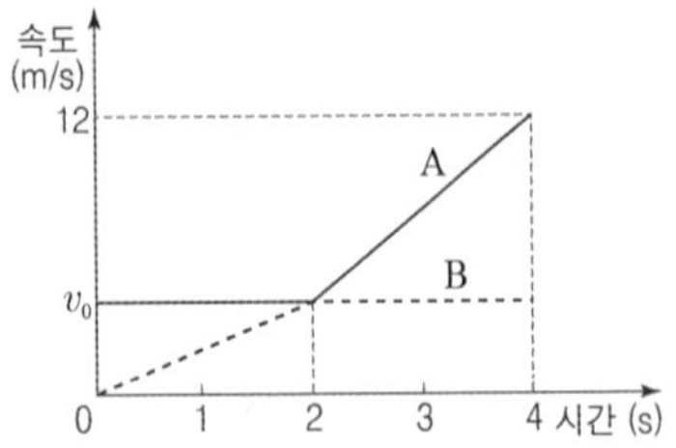

3초일 때 A의 가속도의 크기와 1초일 때 B의 가속도의 크기를 각각 a_A, a_B라 할 때, $a_A : a_B$는?

① 2 : 1 ② 3 : 1 ③ 3 : 2
④ 5 : 2 ⑤ 7 : 5

29 ★★☆

| 2019년 7월 교육청 물Ⅱ 1번 |

그림은 드론이 점 p, q를 지나는 곡선 경로를 따라 운동한 것을 나타낸 것이다.

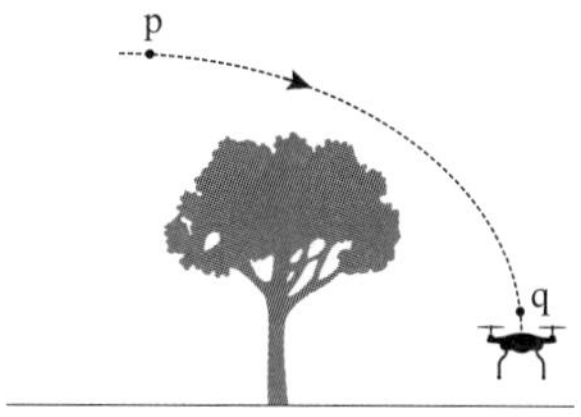

p에서 q까지 드론의 운동에 대한 설명으로 옳은 것만을 〈보기〉에서 있는 대로 고른 것은?

보기
ㄱ. 이동 거리와 변위의 크기는 같다.
ㄴ. 평균 속력은 평균 속도의 크기보다 크다.
ㄷ. 등속도 운동이다.

① ㄱ ② ㄴ ③ ㄱ, ㄴ ④ ㄱ, ㄷ ⑤ ㄴ, ㄷ

30 ★★☆

| 2019년 4월 교육청 2번 |

그림은 직선 상에서 운동하는 물체의 속도를 시간에 따라 나타낸 것이다.

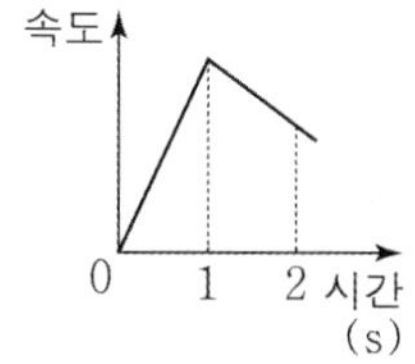

0초부터 2초까지, 물체의 위치를 시간에 따라 나타낸 것으로 가장 적절한 것은? [3점]

①
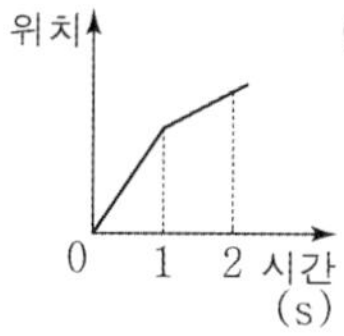

②
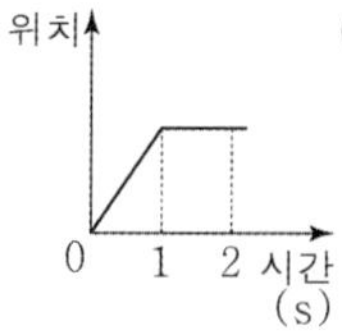

③
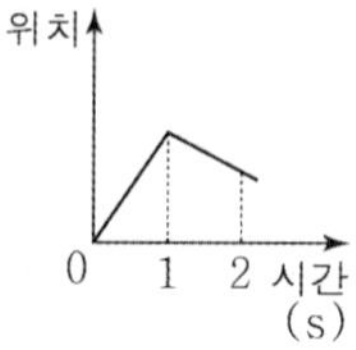

④
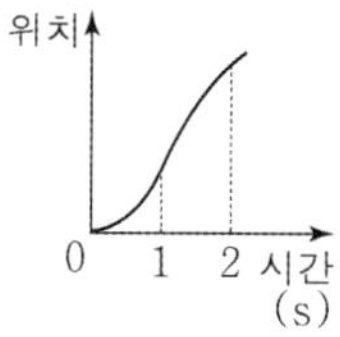

⑤
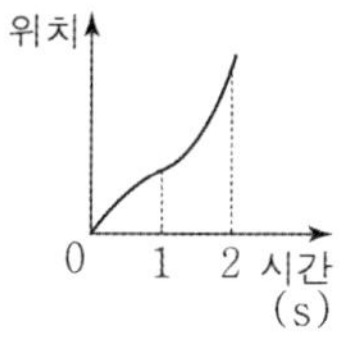

31 ★☆☆

| 2019년 4월 교육청 물Ⅱ 1번 |

그림은 씨앗 A가 점 p, q를 지나는 곡선 경로를 따라 운동하는 모습을 나타낸 것이다.

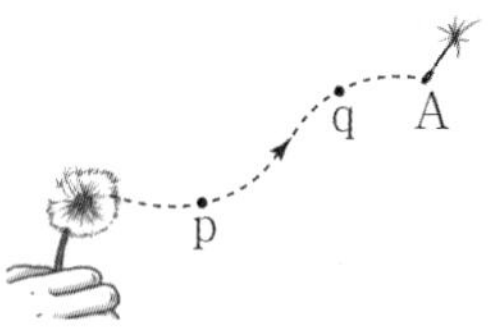

p에서 q까지 A의 운동에 대한 설명으로 옳은 것만을 〈보기〉에서 있는 대로 고른 것은?

보기
ㄱ. 이동 거리는 변위의 크기보다 크다.
ㄴ. 평균 속력과 평균 속도의 크기는 같다.
ㄷ. 등속도 운동이다.

① ㄱ ② ㄷ ③ ㄱ, ㄴ ④ ㄴ, ㄷ ⑤ ㄱ, ㄴ, ㄷ

05 열역학 법칙

기체가 하는 일의 관계식 유도

피스톤의 단면적을 A, 기체의 압력을 P라고 할 때 $P=\frac{F}{A}$이므로 기체가 피스톤에 작용하는 힘은 $F=PA$이다. 기체는 힘 F를 작용하여 피스톤을 Δs만큼 이동시키므로 기체가 피스톤에 하는 일은 다음과 같다.

$W=F\Delta s=P(A\Delta s)=P\Delta V$

온도와 이상 기체의 내부 에너지

이상 기체의 온도가 높을수록 기체 분자의 열운동이 활발해지므로 평균 운동 에너지가 증가한다. 즉, 이상 기체의 내부 에너지는 기체 분자수와 절대 온도에 비례한다.

출제 tip

기체의 온도 비교

보일 샤를 법칙에 따르면 일정량의 이상 기체의 경우 기체의 절대 온도에 대한 압력과 부피의 곱의 비는 일정하다. 즉, $\left(\frac{PV}{T}=\text{일정}\right)$이므로 압력과 부피의 곱은 절대 온도에 비례한다. 따라서 압력과 부피의 곱을 이용하면 문제에서 기체의 온도를 빠르게 비교할 수 있다.

Q, ΔU, W의 부호와 의미

	(+)	(−)	0
Q	열 흡수	열 방출	단열
ΔU	증가	감소	등온
W	일을 함	일을 받음	등적

열평형

온도가 다른 두 물체를 접촉시키면 온도가 높은 물체에서 온도가 낮은 물체로 열이 이동하여 온도가 같아지는 열평형 상태가 된다.

➡ 열전달이 잘되는 금속판에 맞닿은 두 기체의 온도는 열평형에 의해 서로 같다.

A 기체가 하는 일과 기체의 내부 에너지

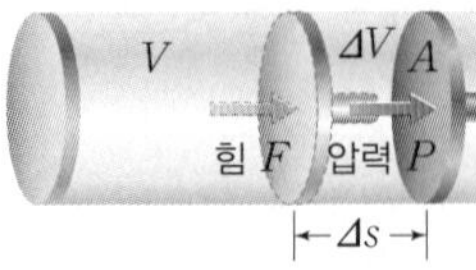

1. **기체가 하는 일** : 기체가 일정한 압력 P를 유지하면서 팽창하여 단면적이 A인 피스톤을 밀 때, 기체가 외부에 하는 일 W는 기체의 압력 P와 부피 변화 ΔV의 곱과 같다.

$$W=P\Delta V \text{ (단위: J)}$$

(1) 기체가 팽창할 때($\Delta V>0$) 외부에 일을 하고, 기체가 압축될 때($\Delta V<0$) 외부에서 일을 받는다.

(2) 압력 - 부피 그래프에서 기체가 하는 일은 압력이 일정하거나 변할 때는 그래프 아랫부분의 넓이와 같고 순환 과정일 때는 그래프로 둘러싸인 부분의 넓이와 같다.

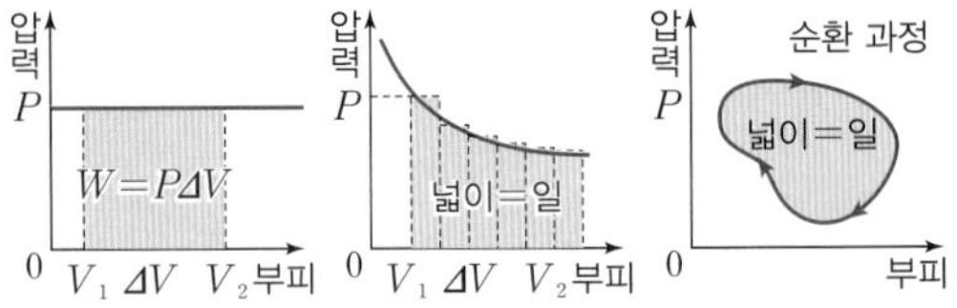

2. **이상 기체의 내부 에너지** : 이상 기체는 퍼텐셜 에너지가 0이므로 이상 기체의 내부 에너지는 기체 분자의 운동 에너지의 총합과 같다. ➡ 일정량의 이상 기체의 내부 에너지는 기체의 절대 온도에 비례한다.

B 열역학 제1법칙과 열역학 과정

1. **열역학 제1법칙** : 외부에서 기체에 가해 준 열량 Q는 기체의 내부 에너지 변화량 ΔU와 기체가 외부에 한 일 W의 합과 같다.

$$Q=\Delta U+W=\Delta U+P\Delta V$$

2. **열역학 과정** : 기체가 외부와 상호 작용을 하면서 다른 상태로 변하는 과정

등압 과정 (압력 일정, 부피∝온도)	A → B 과정(기체 팽창)	B → A 과정(기체 압축)	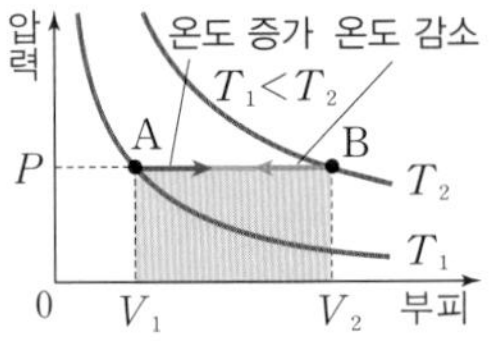
	• 기체가 열을 흡수하면 기체는 외부에 일을 하고 내부 에너지가 증가한다. • $Q=\Delta U+W$ $=\Delta U+P\Delta V>0$	• 기체가 외부로부터 일을 받으면 내부 에너지가 감소하고, 열을 방출한다. • $Q=\Delta U+W$ $=\Delta U+P\Delta V<0$	
등적 과정 (부피 일정, 압력∝온도)	A → B 과정(압력 증가)	B → A 과정(압력 감소)	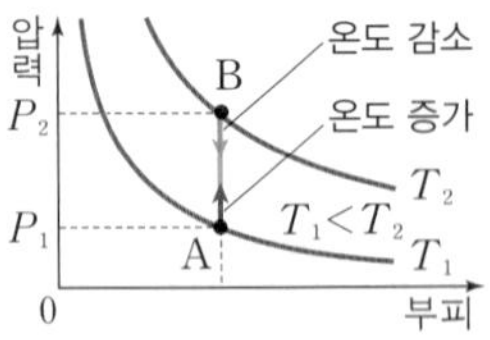
	• 기체가 열을 흡수하지만 외부에 일을 하지 않으므로 흡수한 열만큼 내부 에너지가 증가한다. • $Q=\Delta U+\cancel{W}$ ➡ $Q=\Delta U>0$	• 기체의 내부 에너지가 감소하고 일을 받지 않으므로 내부 에너지 감소량만큼 열을 방출한다. • $Q=\Delta U+\cancel{W}$ ➡ $Q=\Delta U<0$	
등온 과정 (온도 일정)	A → B 과정(기체 팽창)	B → A 과정(기체 압축)	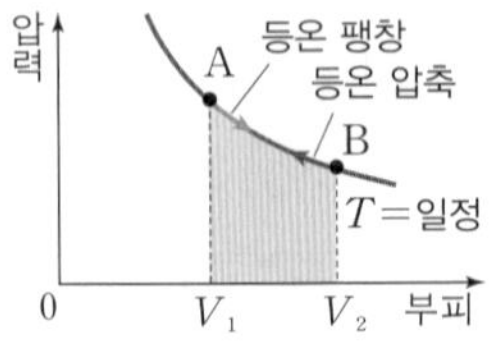
	• 기체가 열을 흡수하고 내부 에너지 변화가 없으므로 흡수한 열만큼 일을 한다. • $Q=\cancel{\Delta U}+W$ ➡ $Q=W>0$	• 기체가 일을 받고 내부 에너지 변화가 없으므로 기체는 받은 일만큼 열을 방출한다. • $Q=\cancel{\Delta U}+W$ ➡ $Q=W<0$	
단열 과정 (열 출입 없음)	A → B 과정(기체 팽창)	B → A 과정(기체 압축)	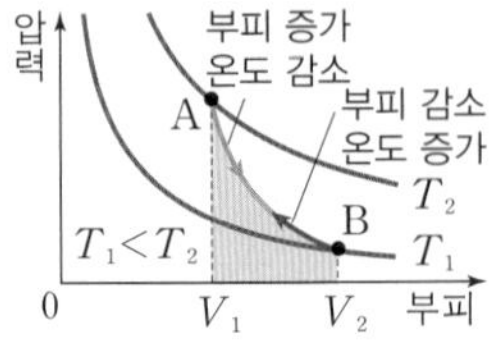
	• 기체가 일을 한 만큼 내부 에너지가 감소한다. • $Q=\Delta U+W=0$ ➡ $W=-\Delta U>0$	• 기체가 일을 받은 만큼 내부 에너지가 증가한다. • $Q=\Delta U+W=0$ ➡ $W=-\Delta U<0$	

C 열역학 제2법칙

1. 가역 현상과 비가역 현상

(1) **가역 현상** : 외부에 어떤 변화도 남기지 않고 원래의 상태로 되돌아갈 수 있는 변화

(2) **비가역 현상** : 외부에 어떤 변화도 남기지 않고 원래의 상태로 되돌아갈 수 없는 변화로, 자연계에서 일어나는 대부분의 현상이다.

2. 열역학 제2법칙 : 자연 현상에서 일어나는 변화의 비가역적인 방향성을 설명하는 법칙 ➡ 모든 비가역 현상은 엔트로피가 증가하는 방향으로 일어난다.

엔트로피

기체 분자의 무질서한 정도를 나타내는 물리량

D 열기관

1. 열기관 : 기체에 공급된 열에너지를 역학적 일로 바꾸는 장치

(1) **작동 원리** : 고열원에서 Q_1의 열을 흡수하여 외부에 W의 일을 하고 저열원으로 Q_2의 열을 방출하여 처음 상태로 되돌아온다. ➡ 열기관이 한 번의 순환 과정을 거치는 동안 열기관의 내부 에너지 변화량은 0이므로, 열기관이 외부에 한 일 W은 고열원에서 흡수한 열량 Q_1과 방출한 열량 Q_2의 차이와 같다.

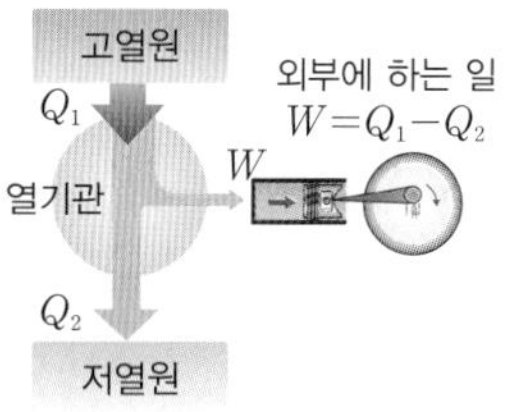

(2) **열기관의 열효율(e)** : 열기관에 공급된 열에 대해 열기관이 한 일의 비율

$$e=\frac{W}{Q_1}=\frac{Q_1-Q_2}{Q_1}=1-\frac{Q_2}{Q_1}$$

2. 카르노 기관

(1) 카르노 기관은 '등온 팽창 → 단열 팽창 → 등온 압축 → 단열 압축'의 순환 과정으로 구성된다.

(2) 카르노 기관은 절대 온도 T_H인 고열원과 절대 온도 T_L인 저열원 사이에서 작동하는 열기관 중 가장 높은 열효율을 갖는 이상적인 열기관으로 열효율은 $e_{카}=\frac{T_L}{T_H}$이다.

출제 tip

열기관의 열효율

- 열효율을 계산하는 문제는 실제 값을 계산하기도 하고, 관계식으로 구하기도 하므로 개념을 잘 이해하고 있어야 한다.
- 열효율은 항상 1보다 작다. 따라서 $Q_1=W$이거나 $Q_2=0$일 수 없음을 이용하는 문제도 출제되곤 한다.

카르노 기관의 압력 - 부피 그래프

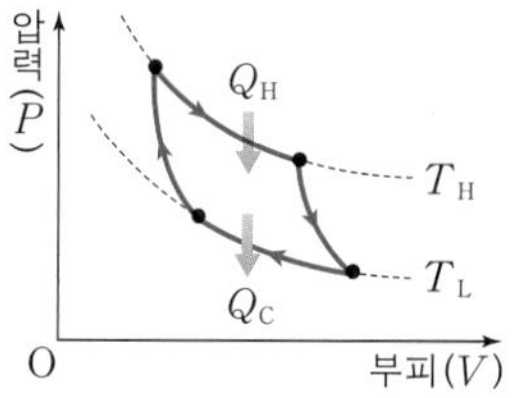

실전 자료 열기관의 열역학 과정

그림은 열기관에서 일정량의 이상 기체의 상태가 A → B → C → D → A를 따라 변할 때 기체의 압력과 부피를, 표는 각 과정에서 기체가 외부에 한 일 또는 외부로부터 받은 일을 나타낸 것이다. 기체는 A → B 과정에서 250 J의 열량을 흡수하고, B → C 과정과 D → A 과정은 열 출입이 없는 단열 과정이다.

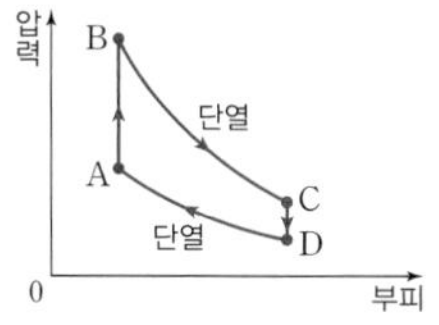

과정	외부에 한 일 또는 외부로부터 받은 일(J)
A → B	0
B → C	100
C → D	0
D → A	50

❶ 각 과정에서 기체의 상태 변화

구분	기체가 한 일	열	내부 에너지 변화량
A → B	0	+250 J (∵ 흡수)	+250 J (∵ $Q=\Delta U$)
B → C	+100 J	0 (∵ 단열)	−100 J (∵ $W=-\Delta U$)
C → D	0		
D → A	−50 J	0 (∵ 단열)	+50 J (∵ $W=-\Delta U$)

❷ **순환 과정의 이해** : 순환 과정에서 기체의 내부 에너지 변화량은 0이므로 C → D 과정에서 내부 에너지 감소량은 200 J이고, 등적 과정이므로 방출한 열량도 200 J이다.

❸ **열기관이 한 일** : 열기관이 외부에 한 일은 고열원에서 흡수한 열량(A → B 과정)과 저열원으로 방출한 열량(C → D 과정)의 차이이므로 250 J − 200 J = 50 J이다.

출제 tip

압력 - 부피 그래프

압력 - 부피 그래프가 제시되면 부피축의 변화를 통해 기체가 외부에 일을 하는지, 외부에서 일을 받는지 여부를 빠르게 판단할 수 있다. 또한 압력과 부피의 곱은 온도에 비례하므로 값이 주어지면 기체의 온도도 빠르게 비교할 수 있다.

1 ☆☆☆

| 2024년 10월 교육청 17번 |

그림은 열기관에서 일정량의 이상 기체가 상태 A → B → C → D → A를 따라 순환하는 동안 기체의 압력과 내부 에너지를 나타낸 것이다. A → B, C → D는 각각 압력이 일정한 과정이고, B → C, D → A는 각각 부피가 일정한 과정이다. B → C 과정에서 기체의 내부 에너지 감소량은 C → D 과정에서 기체가 외부로부터 받은 일의 3배이다.

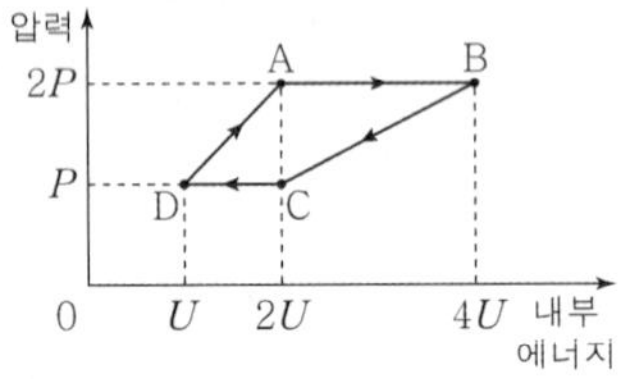

이에 대한 옳은 설명만을 〈보기〉에서 있는 대로 고른 것은? [3점]

〈보기〉
ㄱ. 기체의 부피는 B에서가 A에서보다 크다.
ㄴ. 기체가 방출하는 열량은 C → D 과정에서가 B → C 과정에서보다 크다.
ㄷ. 열기관의 열효율은 $\frac{4}{13}$이다.

① ㄱ ② ㄴ ③ ㄱ, ㄷ
④ ㄴ, ㄷ ⑤ ㄱ, ㄴ, ㄷ

2 ☆☆☆

| 2024년 7월 교육청 17번 |

그림은 일정량의 이상 기체의 상태가 A → B → C를 따라 변할 때 기체의 압력과 절대 온도를 나타낸 것이다. A → B 과정은 부피가 일정한 과정이고, B → C 과정은 압력이 일정한 과정이다.

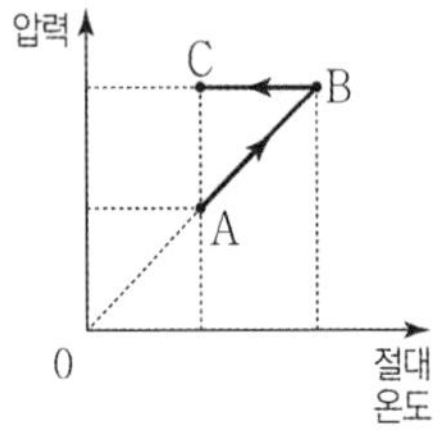

A → B → C 과정을 나타낸 그래프로 가장 적절한 것은? [3점]

① 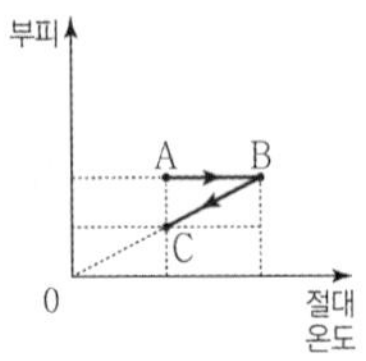

② 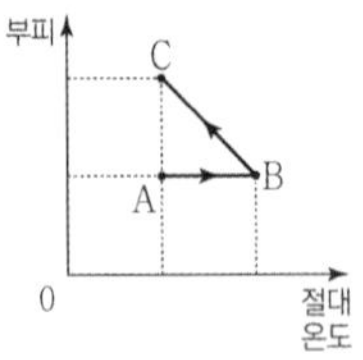

③ 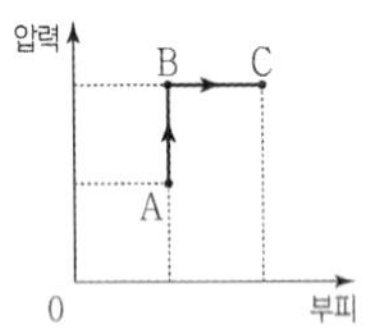

④ 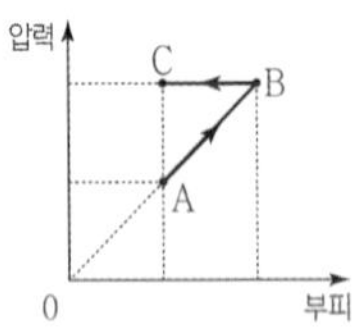

⑤ 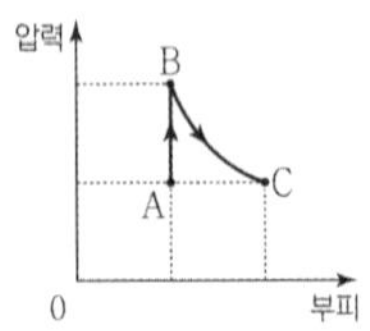

3 ☆☆☆

| 2024년 5월 교육청 10번 |

그림은 열효율이 0.2인 열기관에서 일정량의 이상 기체가 A → B → C → D → A를 따라 순환하는 동안 기체의 압력과 부피를 나타낸 것이다. B → C 과정과 D → A 과정은 단열 과정이다. C → D 과정에서 기체의 내부 에너지 감소량은 $4E_0$이고, D → A 과정에서 기체가 받은 일은 E_0이다.

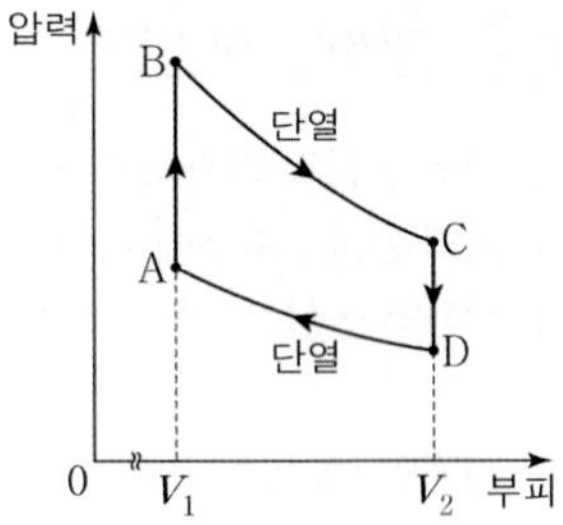

이에 대한 설명으로 옳은 것만을 〈보기〉에서 있는 대로 고른 것은? [3점]

〈보기〉
ㄱ. 기체의 내부 에너지는 A에서가 D에서보다 크다.
ㄴ. A → B 과정에서 기체가 흡수한 열량은 $6E_0$이다.
ㄷ. B → C 과정에서 기체가 한 일은 $2E_0$이다.

① ㄱ ② ㄷ ③ ㄱ, ㄴ
④ ㄱ, ㄷ ⑤ ㄴ, ㄷ

4 ☆☆☆

| 2024년 3월 교육청 19번 |

표는 열효율이 0.25인 열기관에서 일정량의 이상 기체가 상태 A → B → C → D → A를 따라 순환하는 동안 기체가 흡수 또는 방출하는 열량을 나타낸 것이다. A → B 과정과 C → D 과정에서 기체가 한 일은 0이다.

과정	흡수 또는 방출하는 열량
A → B	$12Q_0$
B → C	0
C → D	Q
D → A	0

위 기체의 상태 변화와 Q를 옳게 짝지은 것만을 〈보기〉에서 있는 대로 고른 것은?

〈보기〉
ㄱ. 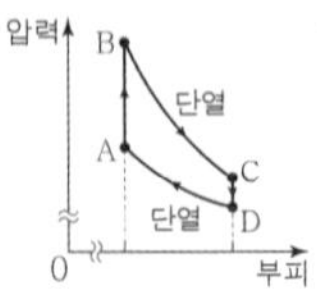
$Q=9Q_0$

ㄴ. 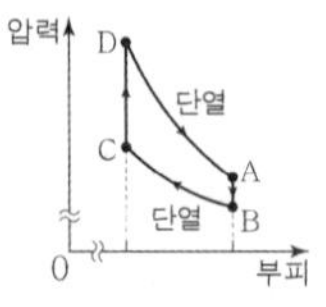
$Q=9Q_0$

ㄷ. 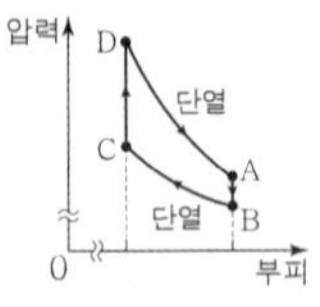
$Q=16Q_0$

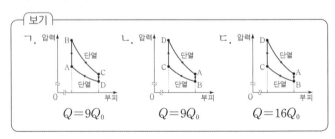

① ㄱ ② ㄴ ③ ㄷ
④ ㄱ, ㄴ ⑤ ㄱ, ㄷ

5 ☆☆☆

| 2023년 10월 교육청 19번 |

그림은 열기관에서 일정량의 이상 기체가 상태 A → B → C → D → A를 따라 순환하는 동안 기체의 압력과 부피를 나타낸 것이다. A → B는 압력이, B → C와 D → A는 온도가, C → D는 부피가 일정한 과정이다. 표는 각 과정에서 기체가 흡수 또는 방출한 열량을 나타낸 것이다. A → B에서 기체가 한 일은 W_1이다.

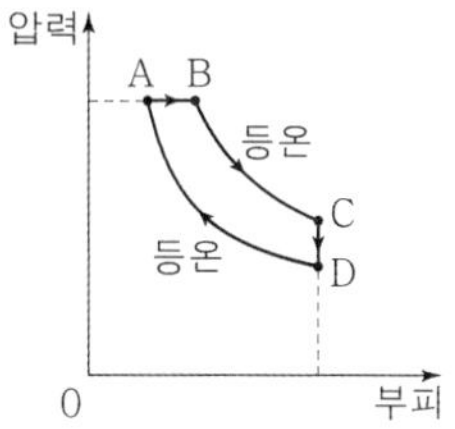

과정	기체가 흡수 또는 방출한 열량
A → B	Q_1
B → C	Q_2
C → D	Q_3
D → A	Q_4

이에 대한 옳은 설명만을 〈보기〉에서 있는 대로 고른 것은? [3점]

보기
ㄱ. B → C에서 기체가 한 일은 Q_2이다.
ㄴ. $Q_1 = W_1 + Q_3$이다.
ㄷ. 열기관의 열효율은 $1 - \frac{Q_3 + Q_4}{Q_1 + Q_2}$이다.

① ㄴ ② ㄷ ③ ㄱ, ㄴ
④ ㄱ, ㄷ ⑤ ㄱ, ㄴ, ㄷ

6 ☆☆☆

| 2023년 7월 교육청 17번 |

그림은 열효율이 0.2인 열기관에서 일정량의 이상 기체의 상태가 A → B → C → D → A를 따라 변할 때 기체의 절대 온도와 압력을 나타낸 것이다. A → B, C → D 과정은 각각 압력이 일정한 과정이고, B → C, D → A 과정은 각각 등온 과정이다. B → C 과정에서 기체가 외부에 한 일 또는 외부로부터 받은 일은 $2W$이고, D → A 과정에서 기체가 외부에 한 일 또는 외부로부터 받은 일은 W이다.

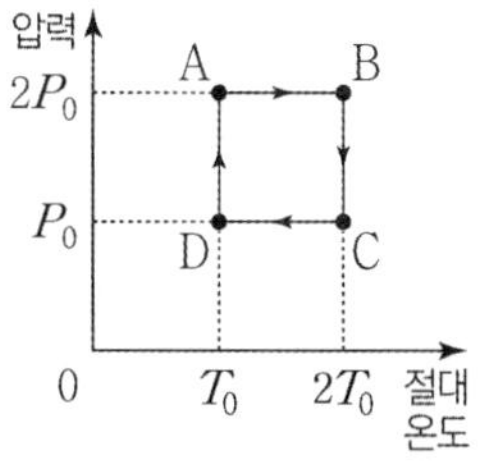

이에 대한 설명으로 옳은 것만을 〈보기〉에서 있는 대로 고른 것은? [3점]

보기
ㄱ. B → C 과정에서 기체는 외부로부터 열을 흡수한다.
ㄴ. A → B 과정에서 기체의 내부 에너지 증가량은 C → D 과정에서 기체의 내부 에너지 감소량보다 크다.
ㄷ. A → B 과정에서 기체가 흡수한 열량은 $3W$이다.

① ㄱ ② ㄴ ③ ㄱ, ㄷ
④ ㄴ, ㄷ ⑤ ㄱ, ㄴ, ㄷ

7 ☆☆☆

| 2023년 4월 교육청 10번 |

그림은 열기관에서 일정량의 이상 기체가 상태 A → B → C → A를 따라 순환하는 동안 기체의 압력과 부피를 나타낸 것이다. A → B 과정은 등온 과정이고, B → C 과정은 압력이 일정한 과정이다. 표는 각 과정에서 기체가 흡수 또는 방출하는 열량과 기체가 외부에 한 일 또는 외부로부터 받은 일을 나타낸 것이다.

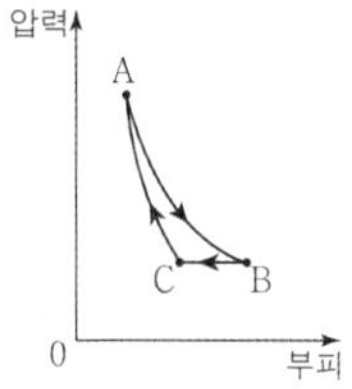

과정	흡수 또는 방출하는 열량(J)	기체가 외부에 한 일 또는 외부로부터 받은 일(J)
A → B	100	100
B → C	80	㉠
C → A	0	48

이에 대한 설명으로 옳은 것만을 〈보기〉에서 있는 대로 고른 것은? [3점]

보기
ㄱ. A → B 과정에서 기체는 열을 방출한다.
ㄴ. ㉠은 32이다.
ㄷ. 열기관의 열효율은 0.2이다.

① ㄱ ② ㄴ ③ ㄱ, ㄷ
④ ㄴ, ㄷ ⑤ ㄱ, ㄴ, ㄷ

8 ☆☆☆

| 2023년 3월 교육청 11번 |

그림 (가), (나)는 서로 다른 열기관에서 같은 양의 동일한 이상 기체가 각각 상태 A → B → C → A, A → B → D → A를 따라 순환하는 동안 기체의 압력과 부피를 나타낸 것이다. C → A 과정은 등온 과정, D → A 과정은 단열 과정이다. 기체가 한 번 순환하는 동안 한 일은 (나)에서가 (가)에서보다 크다.

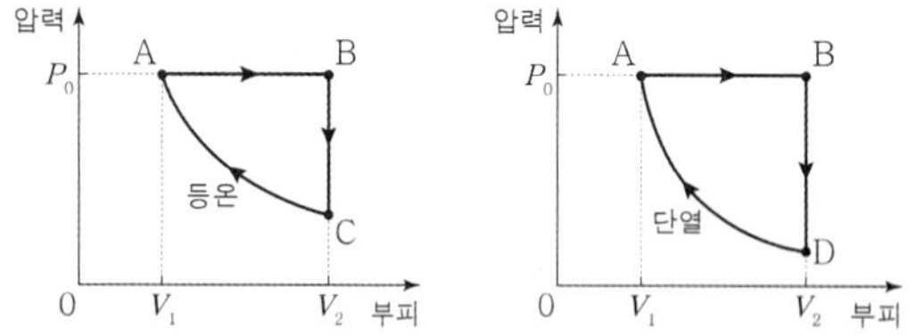

(가) (나)

이에 대한 옳은 설명만을 〈보기〉에서 있는 대로 고른 것은?

보기
ㄱ. 기체의 온도는 C에서가 D에서보다 높다.
ㄴ. 열효율은 (나)의 열기관이 (가)의 열기관보다 크다.
ㄷ. 기체가 한 번 순환하는 동안 방출한 열은 (가)에서가 (나)에서보다 크다.

① ㄱ ② ㄷ ③ ㄱ, ㄴ
④ ㄴ, ㄷ ⑤ ㄱ, ㄴ, ㄷ

9 ★★☆

| 2022년 10월 교육청 7번 |

그림은 열기관에서 일정량의 이상 기체의 상태가 A → B → C → D → A를 따라 순환하는 동안 기체의 압력과 부피를 나타낸 것이다. 표는 각 과정에서 기체의 내부 에너지 증가량 또는 감소량 ΔU와 기체가 외부에 한 일 또는 외부로부터 받은 일 W를 나타낸 것이다.

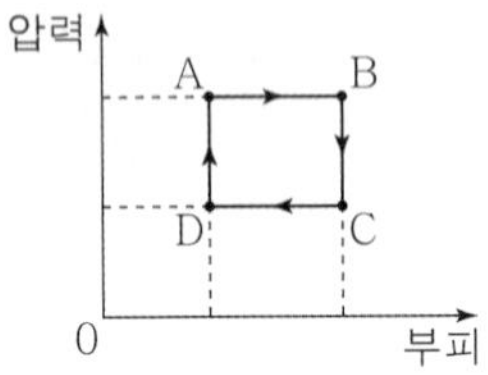

과정	ΔU(J)	W(J)
A → B	120	80
B → C	110	0
C → D	㉠	40
D → A	50	0

이에 대한 옳은 설명만을 <보기>에서 있는 대로 고른 것은? [3점]

보기

ㄱ. ㉠은 60이다.

ㄴ. B → C 과정에서 기체는 열을 흡수한다.

ㄷ. 열기관의 열효율은 0.2이다.

① ㄱ ② ㄴ ③ ㄱ, ㄷ
④ ㄴ, ㄷ ⑤ ㄱ, ㄴ, ㄷ

10 ★★☆

| 2022년 7월 교육청 5번 |

그림은 일정량의 이상 기체의 상태가 A → B → C → A를 따라 순환하는 동안 압력과 부피를 나타낸 것이다. 표는 과정 A → B, B → C, C → A를 순서 없이 Ⅰ, Ⅱ, Ⅲ으로 나타낸 것이다. Q는 기체가 흡수 또는 방출하는 열량, ΔU는 기체의 내부 에너지 변화량, W는 기체가 한 일이다. B → C 과정은 등온 과정이다.

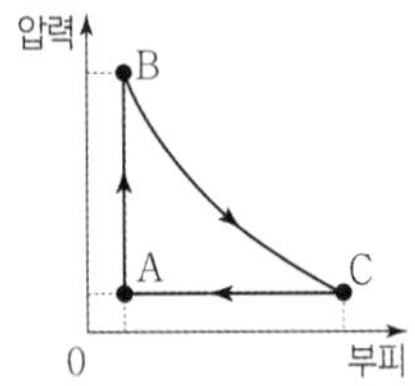

과정	Q	ΔU	W
Ⅰ	E	0	E
Ⅱ	㉠	$\frac{E}{3}$	0
Ⅲ	$-\frac{5}{9}E$	$-\frac{E}{3}$	

($Q>0$: 열 흡수, $Q<0$: 열 방출)

이에 대한 설명으로 옳은 것만을 <보기>에서 있는 대로 고른 것은? [3점]

보기

ㄱ. Ⅰ은 A → B이다.

ㄴ. ㉠은 $\frac{E}{3}$이다.

ㄷ. 기체가 한 번 순환하는 동안 한 일은 $\frac{7}{9}E$이다.

① ㄱ ② ㄴ ③ ㄱ, ㄷ
④ ㄴ, ㄷ ⑤ ㄱ, ㄴ, ㄷ

11 ★★☆

| 2022년 4월 교육청 12번 |

그림은 열효율이 0.2인 열기관에서 일정량의 이상 기체가 상태 A → B → C → D → A를 따라 순환하는 동안 기체의 압력과 부피를 나타낸 것이다. A → B 과정과 C → D 과정은 부피가 일정한 과정이고, B → C 과정과 D → A 과정은 온도가 일정한 과정이다. B → C 과정에서 기체가 흡수한 열량은 $4Q$이고, D → A 과정에서 기체가 방출한 열량은 $3Q$이다.

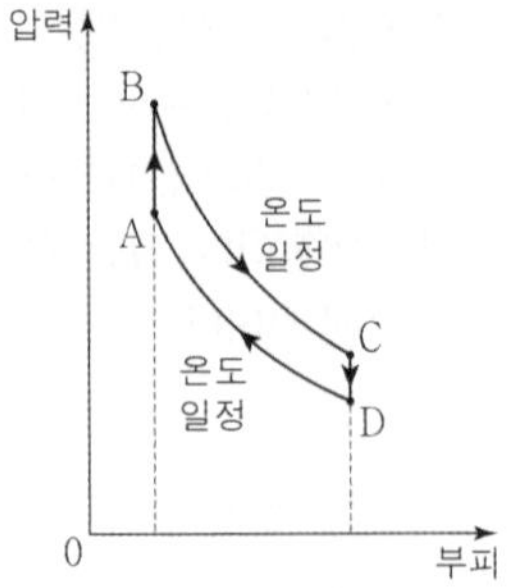

이에 대한 설명으로 옳은 것만을 <보기>에서 있는 대로 고른 것은? [3점]

보기

ㄱ. A → B 과정에서 기체의 내부 에너지는 증가한다.

ㄴ. B → C 과정에서 기체가 한 일은 D → A 과정에서 기체가 받은 일의 $\frac{4}{3}$배이다.

ㄷ. C → D 과정에서 기체가 방출한 열량은 Q이다.

① ㄱ ② ㄷ ③ ㄱ, ㄴ
④ ㄴ, ㄷ ⑤ ㄱ, ㄴ, ㄷ

12 ★★☆

| 2022년 3월 교육청 6번 |

그림은 열기관에 들어 있는 일정량의 이상 기체의 압력과 부피 변화를 나타낸 것으로, 상태 A → B, C → D, E → F는 등압 과정, B → C → E, F → D → A는 단열 과정이다. 표는 순환 과정 Ⅰ과 Ⅱ에서 기체의 상태 변화를 나타낸 것이다.

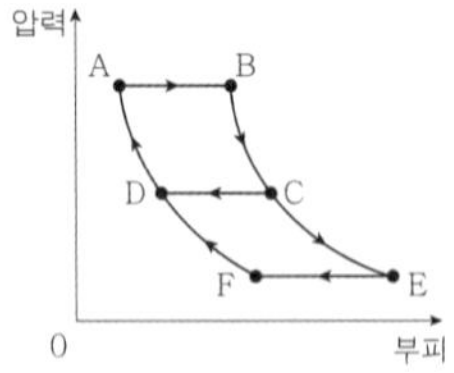

순환 과정	상태 변화
Ⅰ	A → B → C → D → A
Ⅱ	A → B → E → F → A

기체가 한 번 순환하는 동안, Ⅱ에서가 Ⅰ에서보다 큰 물리량만을 <보기>에서 있는 대로 고른 것은? [3점]

보기

ㄱ. 기체가 흡수한 열량

ㄴ. 기체가 방출한 열량

ㄷ. 열기관의 열효율

① ㄱ ② ㄷ ③ ㄱ, ㄴ
④ ㄱ, ㄷ ⑤ ㄴ, ㄷ

13 ★★★ | 2021년 10월 교육청 11번 |

그림 (가)와 같이 피스톤으로 분리된 실린더의 두 부분에 같은 양의 동일한 이상 기체 A와 B가 들어 있다. A와 B의 온도와 부피는 서로 같다. 그림 (나)는 (가)의 A에 열량 Q_1을 가했더니 피스톤이 천천히 d만큼 이동하여 정지한 모습을, (다)는 (나)의 B에 열량 Q_2를 가했더니 피스톤이 천천히 d만큼 이동하여 정지한 모습을 나타낸 것이다.

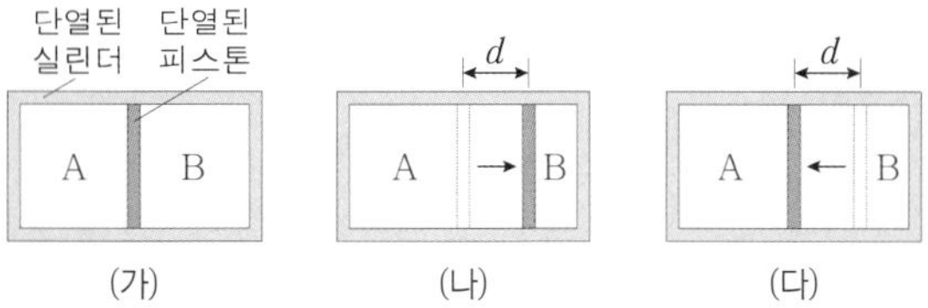

이에 대한 옳은 설명만을 〈보기〉에서 있는 대로 고른 것은? (단, 피스톤과 실린더의 마찰은 무시한다.)

〈보기〉
ㄱ. A의 내부 에너지는 (가)에서와 (나)에서가 같다.
ㄴ. A의 압력은 (다)에서가 (가)에서보다 크다.
ㄷ. B의 내부 에너지는 (다)에서가 (가)에서보다 $\frac{Q_1+Q_2}{2}$만큼 크다.

① ㄴ ② ㄷ ③ ㄱ, ㄴ ④ ㄱ, ㄷ ⑤ ㄴ, ㄷ

14 ★★☆ | 2021년 7월 교육청 9번 |

그림은 열기관에서 일정량의 이상 기체의 상태가 A → B → C → D → A의 과정을 따라 변할 때 기체의 압력과 부피를 나타낸 것이다. 표는 각 과정에서 기체가 외부에 한 일 또는 외부로부터 받은 일 W와 기체가 흡수 또는 방출하는 열량 Q를 나타낸 것이다.

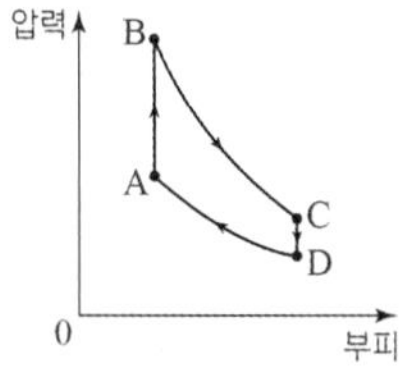

과정	W(J)	Q(J)
A → B	0	㉠
B → C	90	0
C → D	0	160
D → A	50	0

이에 대한 설명으로 옳은 것만을 〈보기〉에서 있는 대로 고른 것은? [3점]

〈보기〉
ㄱ. B → C는 단열 과정이다.
ㄴ. ㉠은 300이다.
ㄷ. 열기관의 열효율은 0.2이다.

① ㄱ ② ㄴ ③ ㄱ, ㄷ ④ ㄴ, ㄷ ⑤ ㄱ, ㄴ, ㄷ

15 ★★☆ | 2021년 4월 교육청 7번 |

그림은 열효율이 0.4인 열기관에서 일정량의 이상 기체의 상태가 A → B → C → D → A를 따라 변할 때 기체의 압력과 부피를 나타낸 것이다. A → B는 기체의 압력이 일정한 과정, C → D는 기체의 부피가 일정한 과정, B → C와 D → A는 단열 과정이다. A → B 과정에서 기체가 흡수한 열량은 Q_0이다.

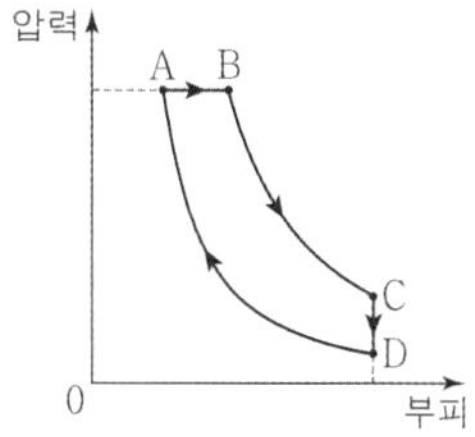

이에 대한 설명으로 옳은 것만을 〈보기〉에서 있는 대로 고른 것은?

〈보기〉
ㄱ. A → B 과정에서 기체가 외부에 한 일은 Q_0이다.
ㄴ. B → C 과정에서 기체의 내부 에너지는 감소한다.
ㄷ. C → D 과정에서 기체가 방출한 열량은 $0.6Q_0$이다.

① ㄱ ② ㄷ ③ ㄱ, ㄴ ④ ㄴ, ㄷ ⑤ ㄱ, ㄴ, ㄷ

16 ★★☆ | 2021년 3월 교육청 8번 |

그림은 열기관에서 일정량의 이상 기체의 상태가 A → B → C → D → A를 따라 순환하는 동안 기체의 압력과 부피를, 표는 각 과정에서 기체가 흡수 또는 방출하는 열량을 나타낸 것이다.

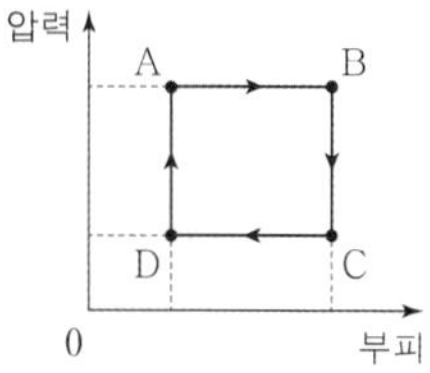

과정	흡수 또는 방출하는 열량
A → B	$15Q$
B → C	$9Q$
C → D	$5Q$
D → A	$3Q$

이에 대한 옳은 설명만을 〈보기〉에서 있는 대로 고른 것은? [3점]

〈보기〉
ㄱ. A → B 과정에서 기체의 온도가 증가한다.
ㄴ. 기체가 한 번 순환하는 동안 한 일은 $16Q$이다.
ㄷ. 열기관의 열효율은 $\frac{2}{9}$이다.

① ㄱ ② ㄴ ③ ㄱ, ㄷ ④ ㄴ, ㄷ ⑤ ㄱ, ㄴ, ㄷ

17 ★★☆

| 2020년 10월 교육청 17번 |

그림은 일정량의 이상 기체의 상태가 A → B → C → A로 한 번 순환하는 동안 W의 일을 하는 열기관에서 기체의 압력과 부피를 나타낸 것이다. A → B 과정과 B → C 과정에서 기체가 흡수한 열량은 각각 Q_1, Q_2이다.

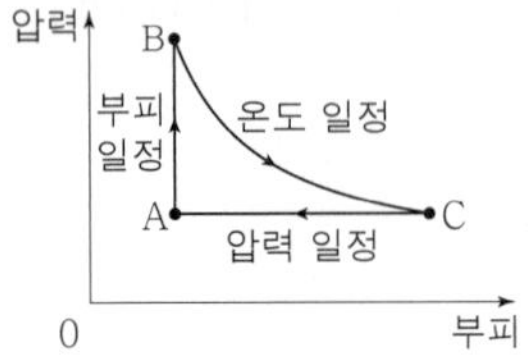

이에 대한 설명으로 옳은 것은? [3점]

① A → B 과정에서 기체의 온도는 감소한다.
② B → C 과정에서 기체가 한 일은 Q_2보다 작다.
③ C → A 과정에서 내부 에너지 감소량은 Q_1이다.
④ $Q_1+Q_2=W$이다.
⑤ 열기관의 열효율은 $\frac{W}{Q_1}$이다.

18 ★☆☆

| 2020년 7월 교육청 8번 |

그림은 고열원에서 Q_1의 열을 흡수하여 W의 일을 하고 저열원으로 Q_2의 열을 방출하는 열기관을 모식적으로 나타낸 것이다. 표는 이 열기관에서 두 가지 상황 A, B의 Q_1, W, Q_2를 나타낸 것이다. 열기관의 열효율은 일정하다.

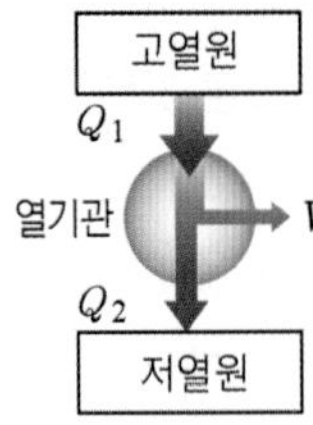

	A	B
Q_1	200 kJ	㉡
W	㉠	30 kJ
Q_2	150 kJ	

㉠ : ㉡은?

① 1 : 1 ② 5 : 12 ③ 7 : 12
④ 12 : 5 ⑤ 12 : 7

19 ★★☆

| 2020년 7월 교육청 5번 |

그림 (가)와 같이 단열된 실린더와 두 단열된 피스톤에 의해 분리되어 있는 일정량의 이상 기체 A, B, C가 있다. 두 피스톤은 정지해 있다. 그림 (나)는 (가)의 B에 열을 서서히 가하여 B의 상태를 a → b 과정을 따라 변화시킬 때 B의 압력과 부피를 나타낸 것이다. b에서 두 피스톤은 정지 상태에 있다.

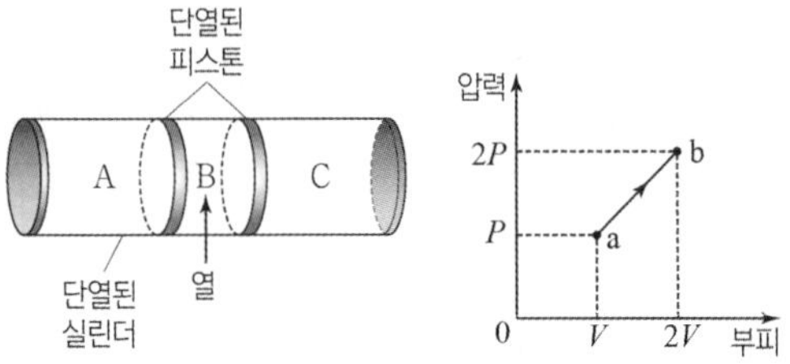

(가) (나)

이에 대한 설명으로 옳은 것만을 〈보기〉에서 있는 대로 고른 것은? (단, 모든 마찰은 무시한다.) [3점]

보기

ㄱ. b에서 C의 압력은 $2P$이다.
ㄴ. a → b 과정에서 B가 한 일은 $2PV$이다.
ㄷ. a → b 과정에서 A와 C의 내부 에너지 증가량의 합은 $2PV$이다.

① ㄱ ② ㄴ ③ ㄱ, ㄷ
④ ㄴ, ㄷ ⑤ ㄱ, ㄴ, ㄷ

20 ★☆☆

| 2020년 4월 교육청 5번 |

표는 고열원에서 열을 흡수하여 일을 하고 저열원으로 열을 방출하는 열기관 A, B가 1회의 순환 과정 동안 한 일과 저열원으로 방출한 열을 나타낸 것이다. 열효율은 A가 B의 2배이다.

열기관	한 일	방출한 열
A	8 kJ	12 kJ
B	W_0	8 kJ

이에 대한 설명으로 옳은 것만을 〈보기〉에서 있는 대로 고른 것은?

보기

ㄱ. A의 열효율은 $\frac{2}{5}$이다.
ㄴ. $W_0=2$ kJ이다.
ㄷ. 1회의 순환 과정 동안 고열원에서 흡수한 열은 A가 B의 2배이다.

① ㄱ ② ㄴ ③ ㄱ, ㄷ
④ ㄴ, ㄷ ⑤ ㄱ, ㄴ, ㄷ

21 ★☆☆

| 2020년 4월 교육청 9번 |

그림 (가)는 이상 기체 A가 들어 있는 실린더에서 피스톤이 정지해 있는 것을, (나)는 (가)에서 핀을 제거하였더니 A가 단열 팽창하여 피스톤이 정지한 것을, (다)는 (나)에서 A에 열량 Q를 공급한 것을 나타낸 것이다. A의 압력은 (가)에서와 (다)에서가 같고, A의 부피는 (나)에서와 (다)에서가 같다.

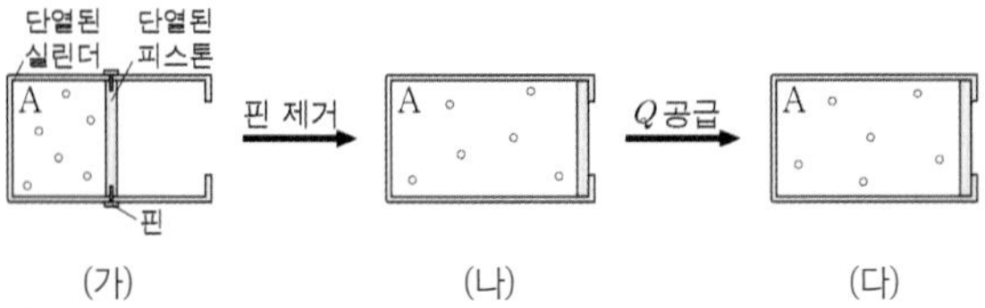

이에 대한 설명으로 옳은 것만을 〈보기〉에서 있는 대로 고른 것은? [3점]

> 보기
> ㄱ. (가) → (나) 과정에서 A는 외부에 일을 한다.
> ㄴ. (나) → (다) 과정에서 A의 내부 에너지 증가량은 Q이다.
> ㄷ. A의 온도는 (다)에서가 (가)에서보다 작다.

① ㄱ ② ㄷ ③ ㄱ, ㄴ
④ ㄴ, ㄷ ⑤ ㄱ, ㄴ, ㄷ

22 ★☆☆

| 2020년 3월 교육청 6번 |

그림과 같이 온도가 T_0인 일정량의 이상 기체가 등압 팽창 또는 단열 팽창하여 온도가 각각 T_1, T_2가 되었다.

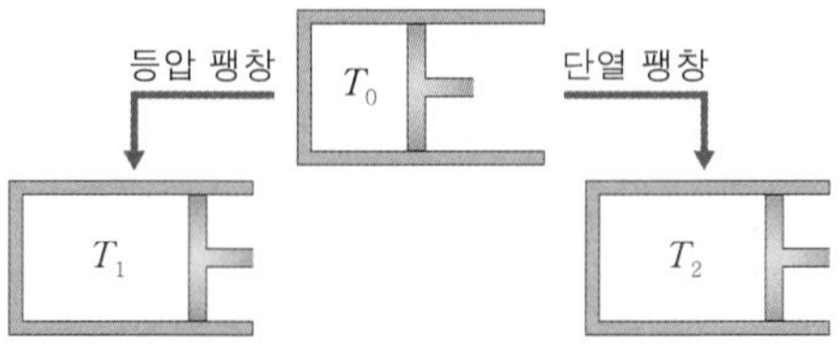

T_0, T_1, T_2를 옳게 비교한 것은? (단, 대기압은 일정하다.) [3점]

① $T_0=T_1=T_2$ ② $T_0>T_1=T_2$
③ $T_1=T_2>T_0$ ④ $T_1>T_0>T_2$
⑤ $T_2>T_0>T_1$

23 ★☆☆

| 2020년 3월 교육청 12번 |

그림은 고열원에서 열을 흡수하여 W의 일을 하고 저열원으로 Q의 열을 방출하는 열기관을 나타낸 것이다.

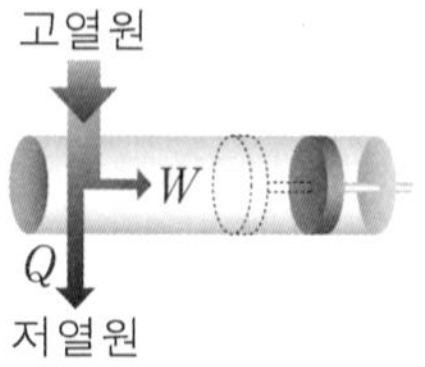

이 열기관의 열효율은?

① $\frac{Q}{W}$ ② $\frac{W}{Q}$ ③ $\frac{W}{Q+W}$
④ $\frac{Q}{Q+W}$ ⑤ $\frac{W}{Q-W}$

24 ★☆☆

| 2019년 10월 교육청 15번 |

그림은 고열원으로부터 열을 흡수하여 $4W$의 일을 하고 저열원으로 Q_0의 열을 방출하는 열기관 A와, Q_0의 열을 흡수하여 $3W$의 일을 하는 열기관 B를 나타낸 것이다. A와 B의 열효율은 e로 같다.

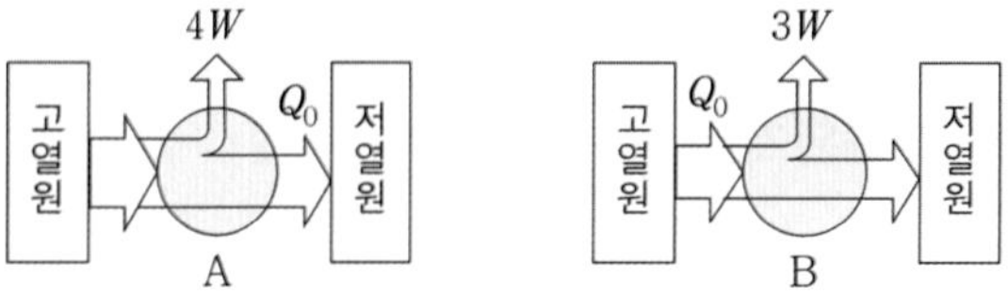

e는?

① $\frac{1}{8}$ ② $\frac{1}{5}$ ③ $\frac{1}{4}$
④ $\frac{1}{3}$ ⑤ $\frac{1}{2}$

25 ★★☆

| 2019년 7월 교육청 17번 |

그림과 같이 이상 기체가 들어 있는 용기와 실린더가 피스톤에 의해 A, B, C 세 부분으로 나누어져 있다. 피스톤 P는 고정핀에 의해 고정되어 있고, 피스톤 Q는 정지해 있다. A, B에서 온도는 같고, 압력은 A에서가 B에서보다 작다. 이후, 고정핀을 제거하였다.

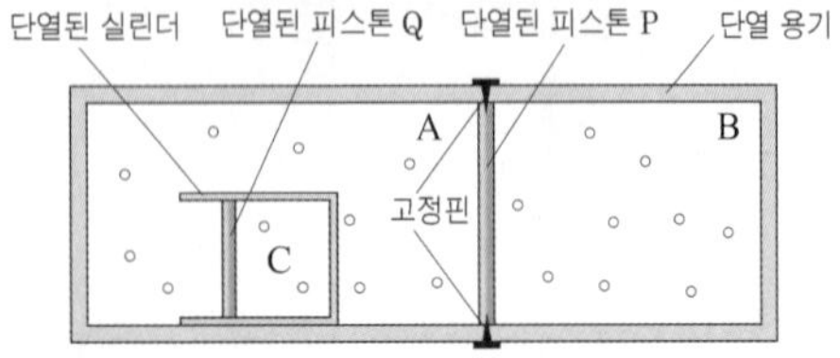

이에 대한 설명으로 옳은 것만을 ⟨보기⟩에서 있는 대로 고른 것은? (단, 단열 용기를 통한 기체 분자의 이동은 없고, 피스톤의 마찰은 무시한다.)

보기

ㄱ. 고정핀을 제거하기 전 기체의 압력은 A, C에서 같다.

ㄴ. 고정핀을 제거한 후 P가 움직이는 동안 B에서 기체의 온도는 감소한다.

ㄷ. 고정핀을 제거한 후 Q가 움직이는 동안 C에서 기체의 내부 에너지는 증가한다.

① ㄱ ② ㄴ ③ ㄱ, ㄷ
④ ㄴ, ㄷ ⑤ ㄱ, ㄴ, ㄷ

26 ★★☆

| 2019년 7월 교육청 물Ⅱ 7번 |

그림은 이상 기체의 열역학 과정 A, B, C를 분류하는 과정을 나타낸 것이다. A, B, C는 각각 등압 과정, 등온 과정, 단열 과정 중 하나이다. A, B, C에서 기체의 몰수는 일정하고 부피는 증가한다.

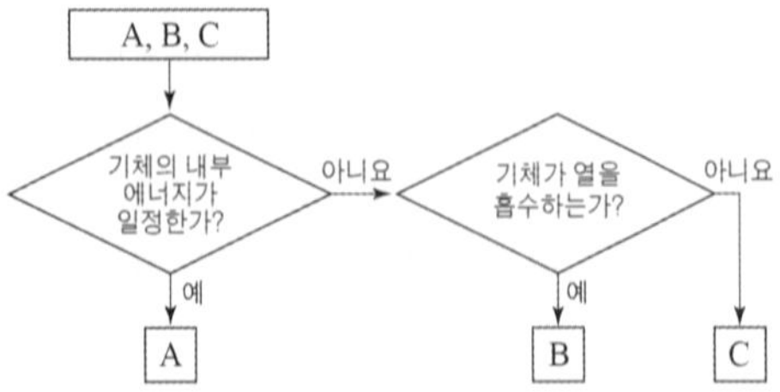

A, B, C로 옳은 것은?

	A	B	C
①	등온 과정	등압 과정	단열 과정
②	등온 과정	단열 과정	등압 과정
③	등압 과정	등온 과정	단열 과정
④	등압 과정	단열 과정	등온 과정
⑤	단열 과정	등온 과정	등압 과정

27 ★★☆

| 2019년 4월 교육청 17번 |

그림은 일정량의 이상 기체의 상태가 A → B → C를 따라 변할 때 압력과 부피를 나타낸 것이다. A → B는 등압 과정이고, B → C는 등적 과정이다.

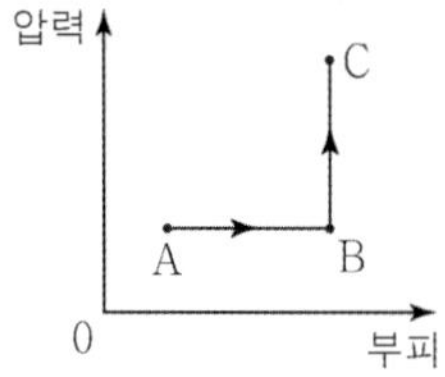

이에 대한 설명으로 옳은 것만을 ⟨보기⟩에서 있는 대로 고른 것은?

보기

ㄱ. A → B 과정에서 기체는 열을 흡수한다.

ㄴ. B → C 과정에서 기체는 외부에 일을 한다.

ㄷ. 기체의 온도는 A에서가 C에서보다 높다.

① ㄱ ② ㄴ ③ ㄱ, ㄷ
④ ㄴ, ㄷ ⑤ ㄱ, ㄴ, ㄷ

28 ★★☆

| 2019년 4월 교육청 물Ⅱ 15번 |

그림은 일정량의 이상 기체의 상태가 A → B → C → D → A를 따라 변할 때 압력과 부피를 나타낸 것이다. A → B, C → D는 단열 과정, B → C는 등압 과정, D → A는 등적 과정이다. 기체에 대한 설명으로 옳은 것만을 ⟨보기⟩에서 있는 대로 고른 것은? [3점]

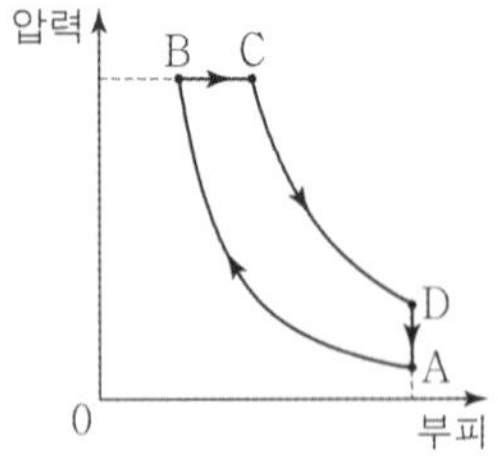

보기

ㄱ. A → B 과정에서 내부 에너지는 증가한다.

ㄴ. B → C 과정에서 흡수한 열량은 D → A 과정에서 방출한 열량보다 크다.

ㄷ. 온도는 C에서가 A에서보다 높다.

① ㄱ ② ㄷ ③ ㄱ, ㄴ
④ ㄴ, ㄷ ⑤ ㄱ, ㄴ, ㄷ

29 ★★☆

| 2019년 4월 교육청 물Ⅱ 16번 |

그림은 따뜻한 바닥에 의해 드라이아이스가 기체로 변하는 과정을 나타낸 것이다. 이 과정에 대한 설명으로 옳은 것만을 〈보기〉에서 있는 대로 고른 것은?

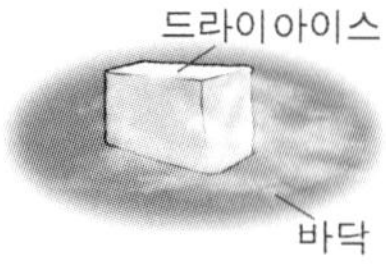

보기
ㄱ. 바닥에서 드라이아이스로 열이 저절로 이동한다.
ㄴ. 비가역적이다.
ㄷ. 드라이아이스가 기체로 변하는 과정에서 엔트로피는 증가한다.

① ㄱ ② ㄴ ③ ㄱ, ㄷ
④ ㄴ, ㄷ ⑤ ㄱ, ㄴ, ㄷ

30 ★★☆

| 2019년 3월 교육청 8번 |

그림과 같이 실린더 안의 이상 기체 A와 B가 피스톤에 의해 분리되어 있다. 물체 P를 열전달이 잘되는 고정된 금속판에 접촉시켰더니 피스톤이 왼쪽으로 서서히 이동하였다.

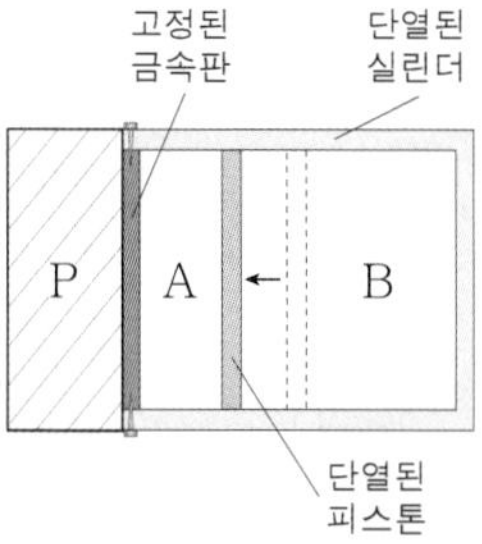

이에 대한 옳은 설명만을 〈보기〉에서 있는 대로 고른 것은? (단, 피스톤의 마찰은 무시한다.) [3점]

보기
ㄱ. P에서 A로 열이 이동한다.
ㄴ. A의 압력은 일정하다.
ㄷ. B의 내부 에너지가 감소한다.

① ㄱ ② ㄷ ③ ㄱ, ㄴ
④ ㄱ, ㄷ ⑤ ㄴ, ㄷ

06 특수 상대성 이론

A 특수 상대성 이론

1. 특수 상대성 이론의 배경

(1) **상대 속도** : 운동하는 관찰자가 본 물체의 속도로, 크기와 방향이 있는 물리량이다.

A에 대한 B의 상대 속도 = B의 속도 − A의 속도

(2) **마이컬슨 · 몰리의 에테르 확인 실험**

① **가정** : 지구가 에테르 흐름 속에 있다면 빛의 속력이 에테르의 흐름에 따라 달라질 것이다.

② **결과** : 빛이 에테르의 이동 방향과 나란하게 진행할 때와 수직으로 진행할 때에 관계없이 빛의 속력은 항상 일정하다.

2. 특수 상대성 이론의 두 가지 가정

2. 특수 상대성 이론의 두 가지 가정 : 아인슈타인은 마이컬슨 · 몰리 실험 결과를 통해 에테르가 존재하지 않는 것으로 해석하고, 상대성 원리와 광속 불변 원리의 두 가지 가정을 세웠다.

(1) **상대성 원리** : 모든 관성계에서 물리 법칙은 동일하게 성립한다.

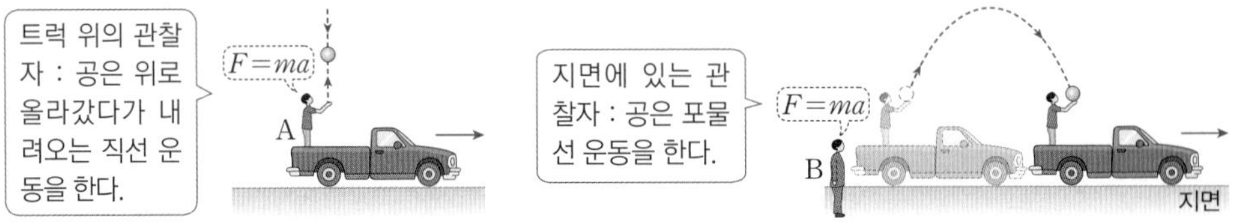
트럭 위의 관찰자 : 공은 위로 올라갔다가 내려오는 직선 운동을 한다.
$F=ma$
A
지면에 있는 관찰자 : 공은 포물선 운동을 한다.
$F=ma$
B
지면

A, B가 측정하는 물리량은 다르지만 공의 운동을 설명할 때 적용되는 물리 법칙은 $F=ma$로 동일하다.

(2) **광속 불변 원리** : 모든 관성계에서 진공 중에서 진행하는 빛의 속력은 관찰자나 광원의 속력에 관계없이 광속 c로 일정하다.

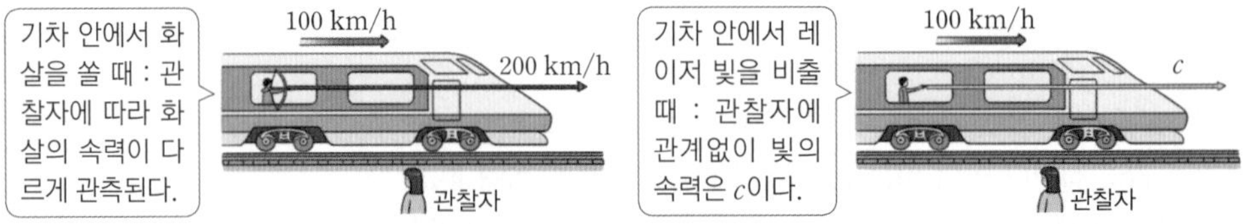
기차 안에서 화살을 쏠 때 : 관찰자에 따라 화살의 속력이 다르게 관측된다.
100 km/h
200 km/h
관찰자
기차 안에서 레이저 빛을 비출 때 : 관찰자에 관계없이 빛의 속력은 c이다.
100 km/h
c
관찰자

관찰자가 측정한 빛의 속력은 뉴턴 역학에서 성립하는 속력의 합과는 다르게 항상 c로 일정하다.

B 특수 상대성 이론에 의한 현상

1. 동시성의 상대성 : 한 관찰자가 측정할 때 동시에 일어난 사건이 다른 관성계의 관찰자가 측정할 때는 동시에 일어난 사건이 아닐 수 있다.

사건	광속에 가까운 속도로 운동하는 우주선의 검출기 P, Q로부터 같은 거리에 있는 광원에서 빛이 방출되어 P, Q에 도달한다.	
관찰자	우주선 안의 관찰자 A가 볼 때	우주선 밖의 관찰자 B가 볼 때
동시성의 상대성	광원에서 검출기까지의 거리가 같으므로 빛은 양쪽 끝에 동시에 도달한다. 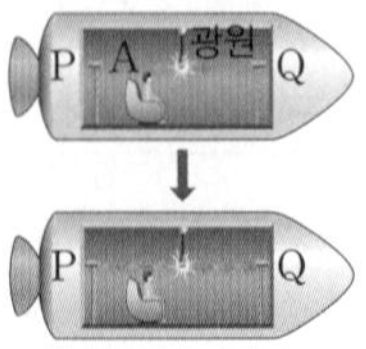	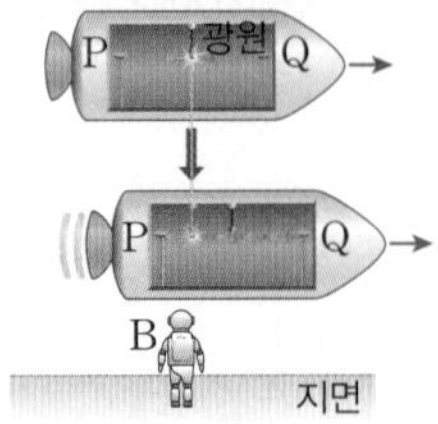 빛이 진행하는 동안 우주선이 오른쪽으로 이동하므로 빛은 P에 먼저 도달한다.
해석	한 관찰자가 볼 때 동시에 발생한 두 사건이 다른 관찰자에게는 동시에 발생하지 않을 수 있다.	

2. 시간 지연 : 상대적으로 운동하는 상대방의 시간이 느리게 가는 현상

(1) **고유 시간** : 관찰자가 측정했을 때 같은 위치에서 일어난 두 사건의 시간 간격

출제 tip

상대 속도의 이해

A에 대한 B의 상대 속도의 크기는 B에 대한 A의 상대 속도의 크기와 같다. 따라서 특수 상대성 이론에서 서로 다른 두 관찰자 A, B가 있을 때 A가 측정한 B의 속력이 $0.9c$이면 B가 측정한 A의 속력도 $0.9c$이다.

관성 좌표계와 가속 좌표계

- 관성 좌표계(관성계) : 정지해 있거나 등속도 운동하는 좌표계
- 가속 좌표계(비관성계) : 가속도 운동하는 좌표계로 가속 좌표계에서 일어나는 현상은 일반 상대성 이론에서 다룬다.

사건

특정한 시각과 위치에서 일어나는 물리적 상황

같은 장소에서 발생한 사건의 동시성

한 관성계에서 두 빛이 같은 점에서 동시에 만나는 사건은 다른 관성계에서도 동시라고 관찰한다.

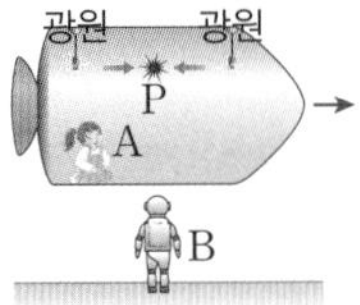
광원
광원
P
A
B

우주선 안의 관찰자 A가 측정할 때, 광원에서 발생한 빛이 검출기 P에서 동시에 도달하면 우주선 밖의 관찰자 B가 측정할 때도, 빛이 P에 동시에 도달한다.

출제 tip

동시성의 상대성

동시성의 상대성은 다른 장소에서 발생한 사건이 동시에 일어나는지, 일어나지 않는지에 관한 내용이다. 같은 장소에서 일어난 사건은 운동하는 관찰자와 정지해 있는 관찰자에 상관없이 동시에 일어난다.

(2) **시간 지연의 적용**

사건	일정한 속력 v로 운동하는 우주선의 바닥면에서 빛이 출발하여 다시 바닥면으로 되돌아온다.	
관찰자	우주선 안의 관찰자	우주선 밖의 관찰자
상황	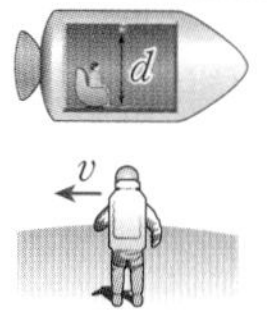	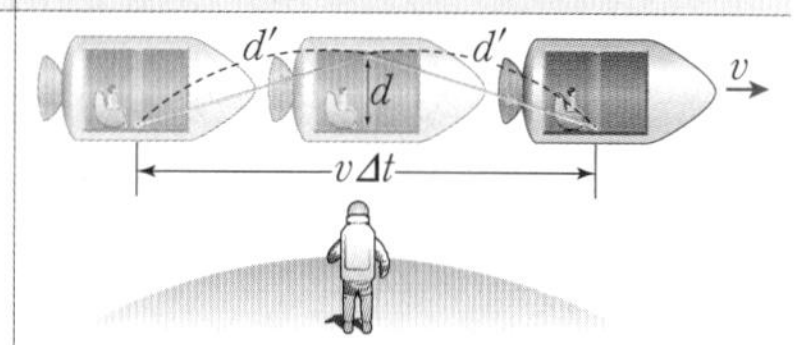
빛의 이동 거리	위 아래로 왕복: $2d$	비스듬한 직선을 따라 왕복: $2d'$
빛의 왕복 시간	$\Delta t_0=\frac{2d}{c}$ ➡ 고유 시간	$\Delta t=\frac{2d'}{c}$ ➡ $2d'>2d$이므로 $\Delta t>\Delta t_0$
해석	우주선 밖에서 보았을 때, 우주선 안의 시간이 느리게 간다.	

(3) **관찰 대상의 속력과 시간 지연** : 물체의 속도가 광속 c에 가까워질수록 시간 지연 정도가 커진다.

3. 길이 수축 : 상대적으로 운동하는 물체의 길이가 수축되는 현상 ➡ 운동 방향으로만 길이 수축이 일어난다.

(1) **고유 길이** : 관찰자가 측정했을 때 정지 상태에 있는 물체의 길이 또는 한 관성계에 대하여 고정된 두 지점 사이의 길이

(2) **길이 수축의 적용**

사건	지구에서 출발한 우주선이 v의 일정한 속도로 운동하여 별에 도달한다.	
관찰자	지구의 관찰자	우주선 안의 관찰자
상황	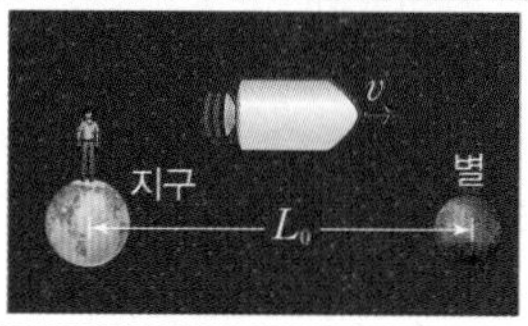	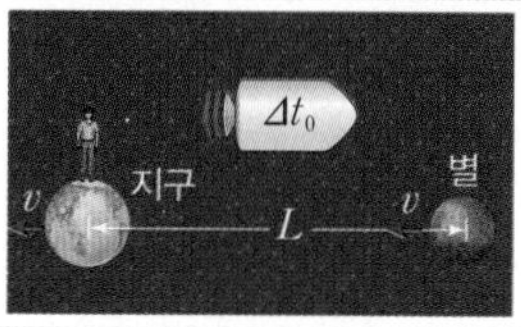
걸린 시간	Δt	Δt_0 ➡ 고유 시간
별까지의 거리	$L_0=v\Delta t$ ➡ 고유 길이	$L=v\Delta t_0$ ➡ $\Delta t>\Delta t_0$이므로 $L_0>L$
해석	우주선에서 측정한 길이가 지구에서 측정한 길이보다 짧다.	

(3) **관찰 대상의 속력과 길이 수축** : 물체의 속도가 광속 c에 가까워질수록 길이 수축 정도가 커진다.

출제 tip

길이 수축의 이해

문제에서 주어지는 조건에는 고유 길이가 같은 경우도 있고, 길이 수축이 일어난 길이가 같은 경우가 있다. 반드시 이를 구분하여 관찰자에 따른 길이 비교를 할 수 있어야 한다.

출제 tip

고유 길이와 고유 시간의 판단

- 지구 좌표계에서 지구와 별은 고정되어 있으므로 지구에서 측정한 길이가 고유 길이이다.
- 우주선 좌표계에서 지구와 별이 동일한 위치(우주선의 앞)를 지나는 두 사건의 시간 간격을 측정하므로 우주선 안에서 측정한 시간 간격이 고유 시간이다.

실전 자료 특수 상대성 이론에 의한 현상

그림은 관찰자 A에 대해 관찰자 B가 탄 우주선이 $0.6c$의 속력으로 직선 운동하는 모습을 나타낸 것이다. B의 관성계에서 광원과 거울 사이의 거리는 L이고, 광원에서 우주선의 운동 방향과 수직으로 발생시킨 빛은 거울에서 반사되어 되돌아온다.

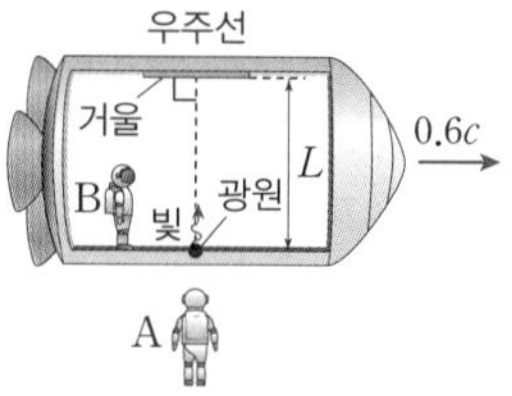

❶ 관찰자가 측정한 물리량

구분	B가 측정할 때	A가 측정할 때
우주선의 운동	정지	$0.6c$로 운동
우주선의 길이	고유 길이	길이 수축 ○ (운동 방향과 나란)
광원과 거울 사이의 거리	L(고유 길이)	길이 수축 × (운동 방향과 수직)
빛의 왕복 시간	고유 시간	시간 지연 ○

❷ 관찰자가 측정한 물리량의 비교

- A, B가 측정한 빛의 속력은 항상 c로 같다.
- A가 측정한 우주선의 길이는 B가 측정한 것보다 작다.(고유 길이 > 수축된 길이)
- 빛의 왕복 시간은 광원과 거울에 대해 정지해 있는 B가 측정한 시간이 고유 시간이므로 A가 측정한 시간보다 작다.(고유 시간 < 지연된 시간)
- A가 측정할 때는 B의 시간이, B가 측정할 때는 A의 시간이 자신의 시간보다 느리게 간다.

출제 tip

특수 상대성 이론에 의한 현상

특수 상대성 이론 단원에서 나오는 문제들은 보기에서 묻는 내용이 거의 정해져 있다. 따라서 광속 불변 원리, 동시성의 상대성, 시간 지연, 길이 수축만 이해하면 문제에 쉽게 접근할 수 있다.

1 ★☆☆

| 2024년 10월 교육청 9번 |

그림은 관찰자 C에 대해 관찰자 A, B가 탄 우주선이 각각 광속에 가까운 속도로 등속도 운동하는 것을 나타낸 것으로, B에 대해 광원 O, 검출기 P, Q가 정지해 있다. P, O, Q를 잇는 직선은 두 우주선의 운동 방향과 나란하다. A, B가 탄 우주선의 고유 길이는 서로 같으며, C의 관성계에서, A가 탄 우주선의 길이는 B가 탄 우주선의 길이보다 짧다. A의 관성계에서, O에서 동시에 방출된 빛은 P, Q에 동시에 도달한다.

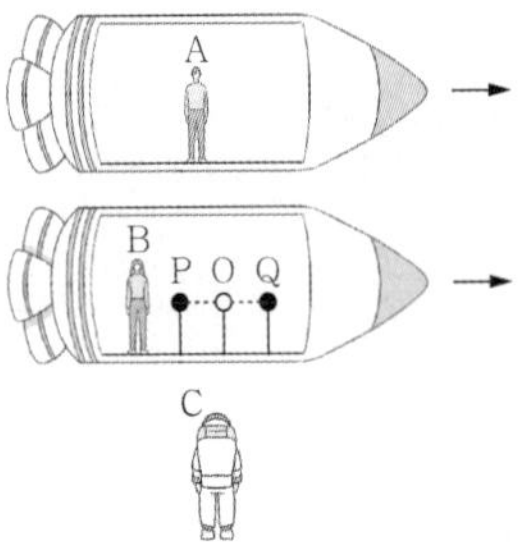

이에 대한 옳은 설명만을 〈보기〉에서 있는 대로 고른 것은? [3점]

> 보기
> ㄱ. C의 관성계에서, A가 탄 우주선의 속력은 B가 탄 우주선의 속력보다 크다.
> ㄴ. B의 관성계에서, P와 O 사이의 거리는 O와 Q 사이의 거리와 같다.
> ㄷ. C의 관성계에서, 빛은 Q보다 P에 먼저 도달한다.

① ㄱ ② ㄴ ③ ㄱ, ㄴ
④ ㄱ, ㄷ ⑤ ㄴ, ㄷ

2 ★☆☆

| 2024년 7월 교육청 8번 |

그림과 같이 관찰자 A에 대해 광원, 검출기가 정지해 있고, 관찰자 B가 탄 우주선이 광원과 검출기를 잇는 직선과 나란하게 $0.8c$의 속력으로 등속도 운동하고 있다. A, B의 관성계에서 광원에서 방출된 빛이 검출기에 도달하는 데 걸린 시간은 각각 t_A, t_B이다. A의 관성계에서 광원과 검출기 사이의 거리는 L이다.

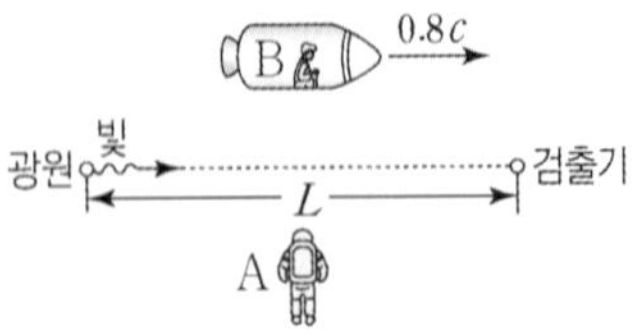

이에 대한 설명으로 옳은 것만을 〈보기〉에서 있는 대로 고른 것은? (단, c는 빛의 속력이다.) [3점]

> 보기
> ㄱ. A의 관성계에서, A의 시간은 B의 시간보다 빠르게 간다.
> ㄴ. B의 관성계에서, 광원과 검출기 사이의 거리는 L보다 크다.
> ㄷ. $t_A < t_B$이다.

① ㄱ ② ㄴ ③ ㄱ, ㄷ
④ ㄴ, ㄷ ⑤ ㄱ, ㄴ, ㄷ

3 ★☆☆

| 2024년 5월 교육청 8번 |

그림은 관찰자 A에 대해 관찰자 B가 탄 우주선이 $+x$방향으로 광속에 가까운 속력으로 등속도 운동하는 것을 나타낸 것이다. B의 관성계에서, 광원 P, Q에서 각각 $+y$방향, $-x$방향으로 동시에 방출된 빛은 검출기에 동시에 도달한다. 표는 A의 관성계에서, 빛의 경로에 따라 빛이 진행하는 데 걸린 시간과 빛이 진행한 거리를 나타낸 것이다.

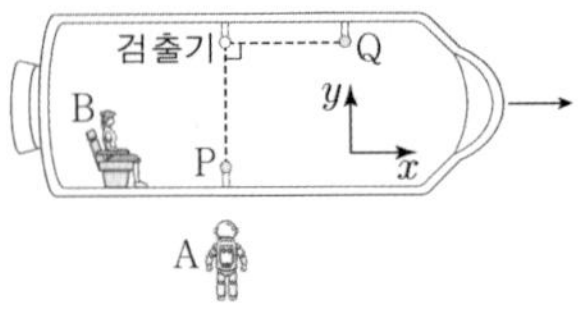

빛의 경로	걸린 시간	빛이 진행한 거리
P → 검출기	t_1	d_1
Q → 검출기	t_2	d_2

이에 대한 설명으로 옳은 것은?

① $d_1 < d_2$이다.
② A의 관성계에서, A의 시간은 B의 시간보다 느리게 간다.
③ A의 관성계에서, 빛은 P에서가 Q에서보다 먼저 방출된다.
④ B의 관성계에서, 빛의 속력은 $\frac{d_2}{t_2}$보다 크다.
⑤ B의 관성계에서, Q에서 방출된 빛이 검출기에 도달하는 데 걸리는 시간은 t_1보다 크다.

4 ★★☆

| 2024년 3월 교육청 10번 |

그림과 같이 관찰자의 관성계에 대해 동일 직선 위에 있는 점 P, Q, R은 정지해 있으며, 점광원 X가 있는 우주선이 $0.5c$로 등속도 운동하고 있다. 표는 사건 Ⅰ~Ⅳ를 나타낸 것으로, 관찰자의 관성계에서 Ⅰ과 Ⅱ가 동시에, Ⅲ과 Ⅳ가 동시에 발생한다.

사건	내용
Ⅰ	X와 P의 위치가 일치
Ⅱ	빛이 X에서 방출
Ⅲ	X와 Q의 위치가 일치
Ⅳ	Ⅱ의 빛이 R에 도달

우주선의 관성계에서, Ⅰ과 Ⅱ의 발생 순서와 Ⅲ과 Ⅳ의 발생 순서로 옳은 것은? (단, c는 빛의 속력이다.) [3점]

	Ⅰ과 Ⅱ의 발생 순서	Ⅲ과 Ⅳ의 발생 순서
①	Ⅰ과 Ⅱ가 동시에 발생	Ⅲ이 Ⅳ보다 먼저 발생
②	Ⅰ과 Ⅱ가 동시에 발생	Ⅳ가 Ⅲ보다 먼저 발생
③	Ⅰ이 Ⅱ보다 먼저 발생	Ⅲ과 Ⅳ가 동시에 발생
④	Ⅰ이 Ⅱ보다 먼저 발생	Ⅲ이 Ⅳ보다 먼저 발생
⑤	Ⅱ가 Ⅰ보다 먼저 발생	Ⅳ가 Ⅲ보다 먼저 발생

5 ★★☆

| 2023년 10월 교육청 10번 |

그림과 같이 관찰자 X에 대해 우주선 A, B가 서로 반대 방향으로 속력 $0.6c$로 등속도 운동한다. 기준선 P, Q와 점 O는 X에 대해 정지해 있다. X의 관성계에서, A가 P에서 빛 a를 방출하는 순간 B는 Q에서 빛 b를 방출하고, a와 b는 O를 동시에 지난다.

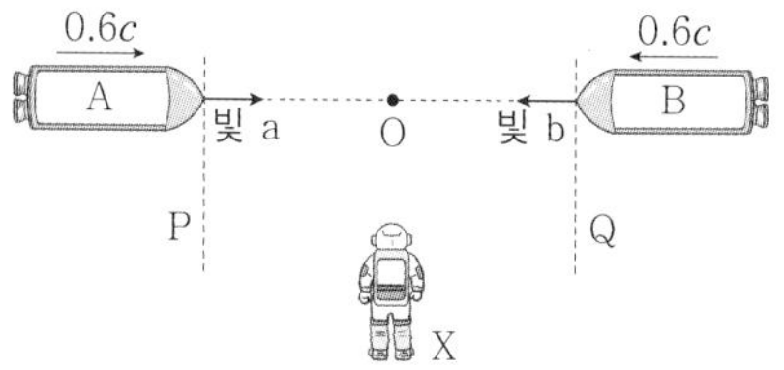

A의 관성계에서, 이에 대한 옳은 설명만을 〈보기〉에서 있는 대로 고른 것은? (단, c는 빛의 속력이다.) [3점]

보기
ㄱ. B의 길이는 X가 측정한 B의 길이보다 크다.
ㄴ. a와 b는 O에 동시에 도달한다.
ㄷ. b가 방출된 후 a가 방출된다.

① ㄱ ② ㄴ ③ ㄱ, ㄷ
④ ㄴ, ㄷ ⑤ ㄱ, ㄴ, ㄷ

6 ★☆☆

| 2023년 7월 교육청 13번 |

그림은 관측자 P에 대해 관측자 Q가 탄 우주선이 $0.8c$의 속력으로 등속도 운동하는 것을 나타낸 것이다. 검출기 O와 광원 A를 잇는 직선은 우주선의 진행 방향과 수직이고, O와 광원 B를 잇는 직선은 우주선의 진행 방향과 나란하다. Q의 관성계에서 A, B에서 동시에 발생한 빛은 O에 동시에 도달한다.

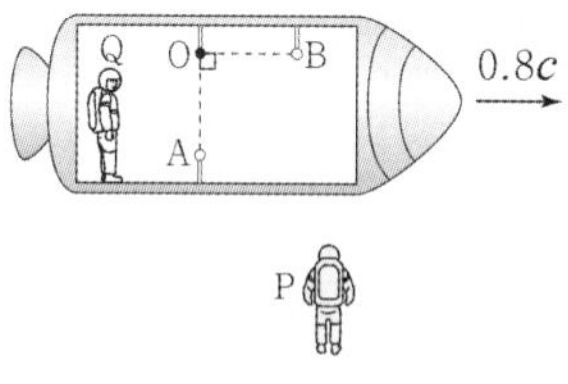

P의 관성계에서 측정할 때, 이에 대한 설명으로 옳은 것만을 〈보기〉에서 있는 대로 고른 것은? (단, c는 빛의 속력이다.)

보기
ㄱ. O에서 A까지의 거리와 O에서 B까지의 거리는 같다.
ㄴ. A와 B에서 발생한 빛은 O에 동시에 도달한다.
ㄷ. 빛은 B에서가 A에서보다 먼저 발생하였다.

① ㄱ ② ㄴ ③ ㄱ, ㄷ
④ ㄴ, ㄷ ⑤ ㄱ, ㄴ, ㄷ

7 ★★☆

| 2023년 4월 교육청 9번 |

그림과 같이 관찰자 P에 대해 관찰자 Q가 탄 우주선이 광원 A, 검출기, 광원 B를 잇는 직선과 나란하게 광속에 가까운 속력으로 등속도 운동한다. P의 관성계에서, 광원 A, B, C에서 동시에 방출된 빛은 검출기에 동시에 도달한다.

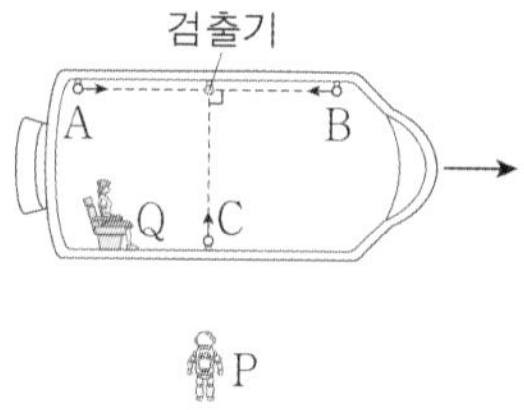

이에 대한 설명으로 옳은 것만을 〈보기〉에서 있는 대로 고른 것은? [3점]

보기
ㄱ. A와 B 사이의 거리는 P의 관성계에서가 Q의 관성계에서보다 크다.
ㄴ. C에서 방출된 빛이 검출기에 도달하는 데 걸리는 시간은 Q의 관성계에서가 P의 관성계에서보다 작다.
ㄷ. Q의 관성계에서, 빛은 A에서가 B에서보다 먼저 방출된다.

① ㄱ ② ㄴ ③ ㄱ, ㄷ
④ ㄴ, ㄷ ⑤ ㄱ, ㄴ, ㄷ

8 ★★☆

| 2023년 3월 교육청 13번 |

그림과 같이 관찰자 A에 대해 광원 p와 검출기 q는 정지해 있고, 관찰자 B, 광원 r, 검출기 s는 우주선과 함께 $0.5c$의 속력으로 직선 운동한다. A의 관성계에서 빛이 p에서 q까지, r에서 s까지 진행하는 데 걸린 시간은 t_0으로 같고, 두 빛의 진행 방향과 우주선의 운동 방향은 반대이다.

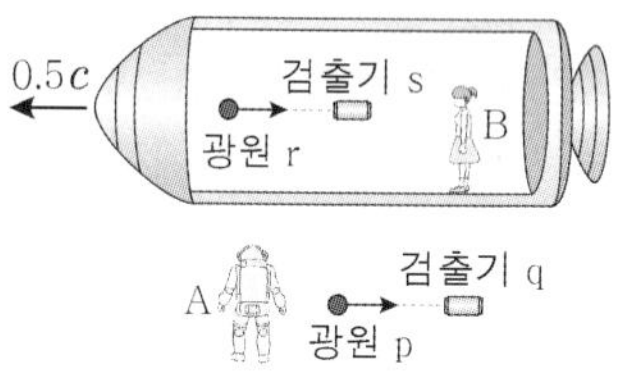

이에 대한 설명으로 옳은 것은? (단, 빛의 속력은 c이다.) [3점]

① A의 관성계에서, r에서 나온 빛의 속력은 $0.5c$이다.
② A의 관성계에서, r와 s 사이의 거리는 ct_0보다 작다.
③ B의 관성계에서, p와 q 사이의 거리는 ct_0보다 크다.
④ B의 관성계에서, A의 시간은 B의 시간보다 빠르게 간다.
⑤ B의 관성계에서, 빛이 r에서 s까지 진행하는 데 걸린 시간은 t_0보다 크다.

9 ★☆☆
| 2022년 10월 교육청 9번 |

그림과 같이 관찰자 A에 대해 관찰자 B가 탄 우주선이 광속에 가까운 속력 v로 등속도 운동한다. 점 X, Y는 각각 우주선의 앞과 뒤의 점이다. A의 관성계에서 기준선 P, Q는 정지해 있으며 X가 P를 지나는 순간 Y가 Q를 지난다.

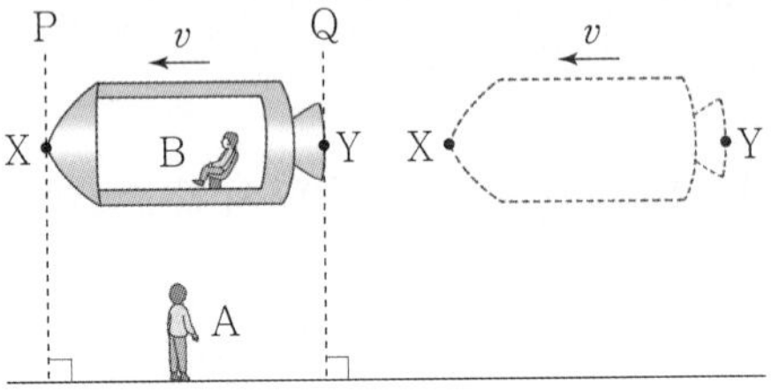

B의 관성계에서 관측했을 때에 대한 옳은 설명만을 〈보기〉에서 있는 대로 고른 것은?

보기
ㄱ. A의 시간은 B의 시간보다 느리게 간다.
ㄴ. X와 Y 사이의 거리는 P와 Q 사이의 거리와 같다.
ㄷ. P가 X를 지나는 사건이 Q가 Y를 지나는 사건보다 먼저 일어난다.

① ㄱ ② ㄷ ③ ㄱ, ㄴ
④ ㄱ, ㄷ ⑤ ㄴ, ㄷ

10 ★☆☆
| 2022년 7월 교육청 11번 |

그림은 관찰자 B에 대해 관찰자 A가 탄 우주선이 x축과 나란하게 광속에 가까운 속력으로 등속도 운동하는 모습을 나타낸 것이다. 광원, 검출기 P, Q를 잇는 직선은 x축과 나란하다. 광원에서 발생한 빛은 A의 관성계에서는 P보다 Q에 먼저 도달하고 B의 관성계에서는 Q보다 P에 먼저 도달한다. A의 관성계에서 광원에서 발생한 빛이 R까지 진행하는 데 걸린 시간은 t_0이다.

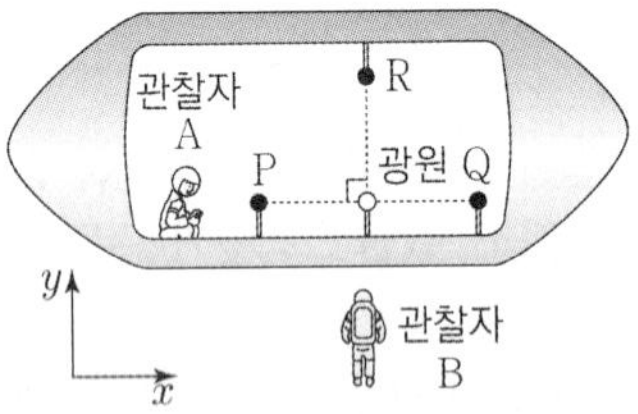

이에 대한 설명으로 옳은 것만을 〈보기〉에서 있는 대로 고른 것은? [3점]

보기
ㄱ. B의 관성계에서 우주선의 운동 방향은 $+x$방향이다.
ㄴ. B의 관성계에서 광원과 P 사이의 거리는 광원과 P 사이의 고유 길이보다 작다.
ㄷ. B의 관성계에서 빛이 광원에서 R까지 가는 데 걸린 시간은 t_0보다 크다.

① ㄱ ② ㄴ ③ ㄱ, ㄷ
④ ㄴ, ㄷ ⑤ ㄱ, ㄴ, ㄷ

11 ★★☆
| 2022년 4월 교육청 9번 |

그림과 같이 관찰자 A에 대해 관찰자 B가 탄 우주선이 광속에 가까운 속력 v로 등속도 운동한다. A의 관성계에서, 광원 p, q와 검출기는 정지해 있고, p와 검출기를 잇는 직선은 우주선의 운동 방향과 나란하다. B의 관성계에서, p와 q에서 동시에 방출된 빛은 검출기에 동시에 도달한다.

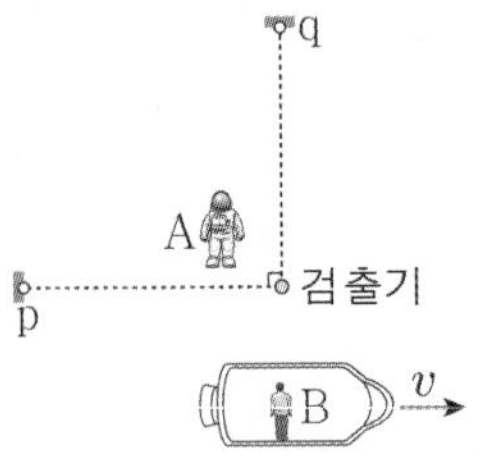

이에 대한 설명으로 옳은 것만을 〈보기〉에서 있는 대로 고른 것은? [3점]

보기
ㄱ. p와 검출기 사이의 거리는 A의 관성계에서가 B의 관성계에서보다 크다.
ㄴ. q에서 방출된 빛이 검출기에 도달할 때까지 걸린 시간은 A의 관성계에서가 B의 관성계에서보다 크다.
ㄷ. A의 관성계에서, 빛은 p에서가 q에서보다 먼저 방출된다.

① ㄱ ② ㄴ ③ ㄱ, ㄷ
④ ㄴ, ㄷ ⑤ ㄱ, ㄴ, ㄷ

12 ★★★
| 2022년 3월 교육청 18번 |

그림과 같이 관찰자 A가 탄 우주선이 관찰자 B에 대해 광속에 가까운 일정한 속력으로 $+x$방향으로 운동한다. A의 관성계에서 빛은 광원으로부터 각각 $-x$방향, $+y$방향으로 방출된다. 표는 A와 B가 각각 측정했을 때 빛이 광원에서 점 p, q까지 가는 데 걸린 시간을 나타낸 것이다.

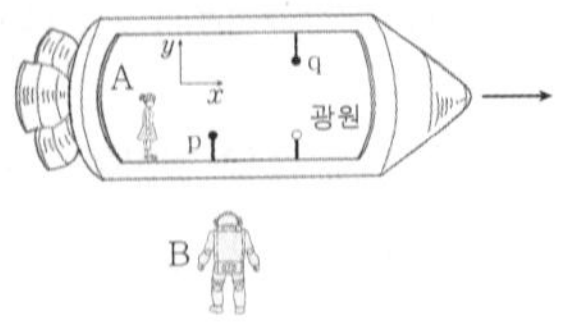

빛의 경로	걸린 시간	
	A	B
광원 → p	$2t_1$	t_2
광원 → q	t_1	t_2

이에 대한 설명으로 옳은 것은? (단, 빛의 속력은 c이다.) [3점]

① $t_1 > t_2$이다.
② A의 관성계에서 광원과 p 사이의 거리는 $2ct_1$보다 작다.
③ B의 관성계에서 광원과 p 사이의 거리는 ct_2이다.
④ B의 관성계에서 광원과 q 사이의 거리는 ct_2보다 작다.
⑤ B가 측정할 때, B의 시간은 A의 시간보다 느리게 간다.

13 ★★☆ | 2021년 10월 교육청 16번 |

그림과 같이 관찰자 P가 관측할 때 우주선 A, B는 길이가 같고, 같은 방향으로 속력 v_A, v_B로 직선 운동한다. B의 관성계에서 A의 길이는 B의 길이보다 크다. A, B의 고유 길이는 각각 L_A, L_B이다.

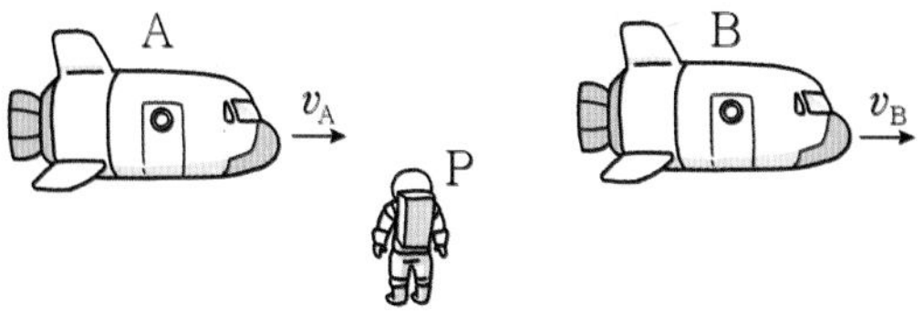

이에 대한 옳은 설명만을 〈보기〉에서 있는 대로 고른 것은?

보기
ㄱ. $L_A < L_B$이다.
ㄴ. $v_A > v_B$이다.
ㄷ. A의 관성계에서, A와 B의 길이 차는 $|L_A - L_B|$보다 크다.

① ㄱ ② ㄴ ③ ㄱ, ㄷ
④ ㄴ, ㄷ ⑤ ㄱ, ㄴ, ㄷ

14 ★★☆ | 2021년 7월 교육청 10번 |

그림은 관찰자 A가 탄 우주선이 관찰자 B에 대해 광원 Y와 검출기 R를 잇는 직선과 나란하게 $0.8c$로 등속도 운동하는 모습을 나타낸 것이다. A가 측정할 때 광원 X에서 발생한 빛이 검출기 P와 Q에 각각 도달하는 데 걸린 시간은 같다. B가 측정할 때 광원 Y에서 발생한 빛이 R에 도달하는 데 걸린 시간은 t_0이다. Y와 R는 B에 대해 정지해 있다.

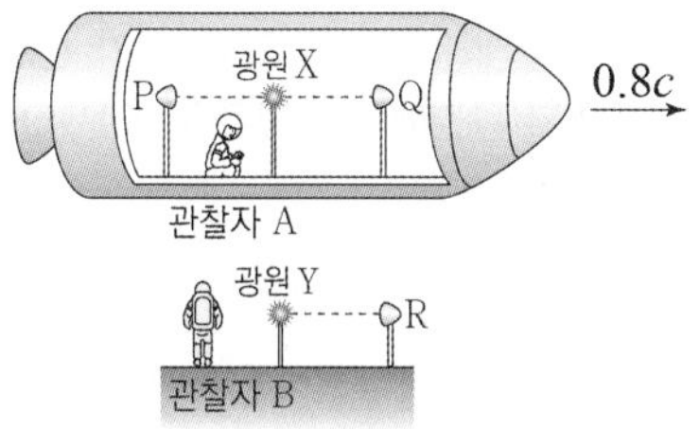

이에 대한 설명으로 옳은 것만을 〈보기〉에서 있는 대로 고른 것은? (단, c는 빛의 속력이다.) [3점]

보기
ㄱ. X에서 발생하여 P에 도달하는 빛의 속력은 B가 측정할 때가 A가 측정할 때보다 크다.
ㄴ. B가 측정할 때, X에서 발생한 빛은 Q보다 P에 먼저 도달한다.
ㄷ. A가 측정할 때, Y와 R 사이의 거리는 ct_0보다 크다.

① ㄱ ② ㄴ ③ ㄷ
④ ㄴ, ㄷ ⑤ ㄱ, ㄴ, ㄷ

15 ★★☆ | 2021년 4월 교육청 8번 |

그림과 같이 관찰자 A에 대해 광원 P와 Q, 검출기가 정지해 있고, 관찰자 B가 탄 우주선이 P와 검출기를 잇는 직선과 나란하게 $0.8c$의 속력으로 운동한다. A의 관성계에서는 P, Q에서 동시에 발생한 빛이 검출기에 동시에 도달한다.

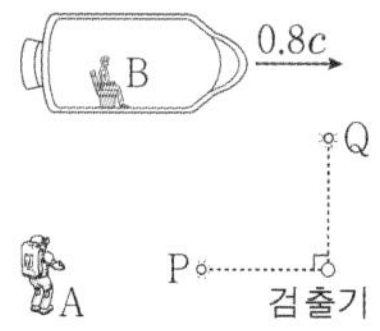

이에 대한 설명으로 옳은 것만을 〈보기〉에서 있는 대로 고른 것은? (단, c는 빛의 속력이다.) [3점]

보기
ㄱ. B의 관성계에서는 P에서 발생한 빛의 속력이 c보다 작다.
ㄴ. Q와 검출기 사이의 거리는 A의 관성계에서와 B의 관성계에서가 같다.
ㄷ. B의 관성계에서는 P, Q에서 빛이 동시에 발생한다.

① ㄱ ② ㄴ ③ ㄷ
④ ㄱ, ㄴ ⑤ ㄴ, ㄷ

16 ★★★ | 2021년 3월 교육청 17번 |

그림과 같이 관찰자 A가 관측했을 때, 정지한 광원에서 빛 p, q가 각각 $+x$방향과 $+y$방향으로 동시에 방출된 후 정지한 각 거울에서 반사하여 광원으로 동시에 되돌아온다. 관찰자 B는 A에 대해 $0.6c$의 속력으로 $+x$방향으로 이동하고 있다. 표는 B가 측정했을 때, p와 q가 각각 광원에서 거울까지, 거울에서 광원까지 가는 데 걸린 시간을 나타낸 것이다.

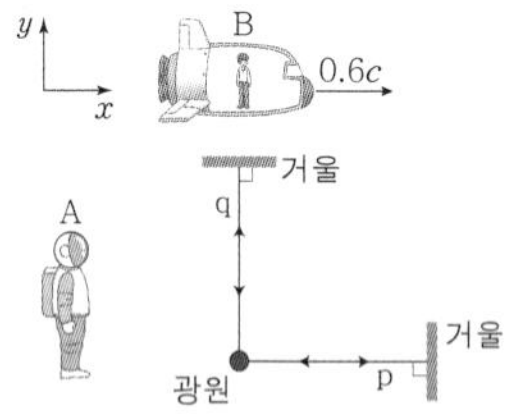

〈B가 측정한 시간〉

빛	광원에서 거울까지	거울에서 광원까지
p	t_1	t_2
q	t_3	t_3

B의 관성계에서 관측했을 때에 대한 옳은 설명만을 〈보기〉에서 있는 대로 고른 것은? (단, c는 빛의 속력이고, 광원의 크기는 무시한다.) [3점]

보기
ㄱ. p의 속력은 거울에서 반사하기 전과 후가 서로 다르다.
ㄴ. p가 q보다 먼저 거울에서 반사한다.
ㄷ. $2t_3 = t_1 + t_2$이다.

① ㄴ ② ㄷ ③ ㄱ, ㄴ
④ ㄱ, ㄷ ⑤ ㄴ, ㄷ

17 ★☆☆ | 2020년 10월 교육청 7번 |

그림과 같이 우주 정거장에 대해 정지한 두 점 P에서 Q까지 우주선이 일정한 속도로 운동한다. 우주 정거장의 관성계에서 관측할 때 P와 Q 사이의 거리는 3광년이고, 우주선이 P에서 방출한 빛은 우주선보다 2년 먼저 Q에 도달한다.

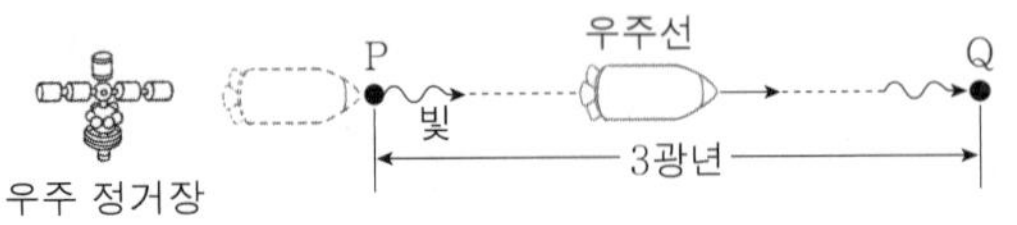

우주선의 관성계에서 관측할 때에 대한 옳은 설명만을 〈보기〉에서 있는 대로 고른 것은? (단, 빛의 속력은 c이고, 1광년은 빛이 1년 동안 진행하는 거리이다.) [3점]

보기
ㄱ. Q의 속력은 $0.6c$이다.
ㄴ. P와 Q 사이의 거리는 3광년이다.
ㄷ. 우주선의 시간은 우주 정거장의 시간보다 빠르게 간다.

① ㄱ ② ㄴ ③ ㄱ, ㄷ
④ ㄴ, ㄷ ⑤ ㄱ, ㄴ, ㄷ

18 ★☆☆ | 2020년 7월 교육청 18번 |

그림은 관찰자 A에 대해 관찰자 B가 탄 우주선이 $0.9c$로 등속도 운동하는 모습을 나타낸 것이다. B가 측정할 때 광원 P와 Q에서 동시에 발생한 빛이 검출기 R에 동시에 도달하였다. Q와 R를 잇는 직선은 우주선의 운동 방향과 나란하고 P와 R를 잇는 직선은 우주선의 운동 방향과 수직이다.

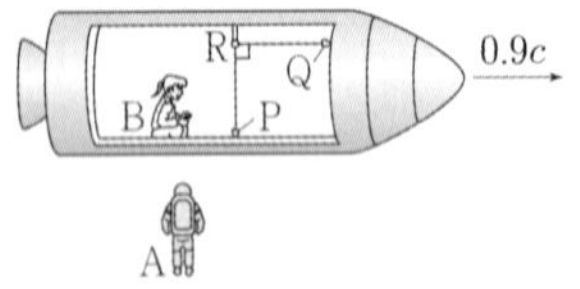

이에 대한 설명으로 옳은 것만을 〈보기〉에서 있는 대로 고른 것은? (단, c는 빛의 속력이다.)

보기
ㄱ. A와 B가 측정한 빛의 속력은 같다.
ㄴ. B가 측정할 때, A의 시간은 B의 시간보다 느리게 간다.
ㄷ. A가 측정할 때, P와 R 사이의 거리는 Q와 R 사이의 거리보다 길다.

① ㄱ ② ㄴ ③ ㄱ, ㄷ
④ ㄴ, ㄷ ⑤ ㄱ, ㄴ, ㄷ

19 ★☆☆ | 2020년 4월 교육청 7번 |

그림과 같이 관찰자 A, B가 탄 우주선이 수평면에 있는 관찰자 C에 대해 수평면과 나란한 방향으로 각각 일정한 속도 v_A, v_B로 운동한다. 광원에서 방출된 빛이 거울에 반사되어 되돌아오는 데 걸린 시간은 A가 측정할 때가 B가 측정할 때보다 작다. 광원, 거울은 C에 대해 정지해 있다.

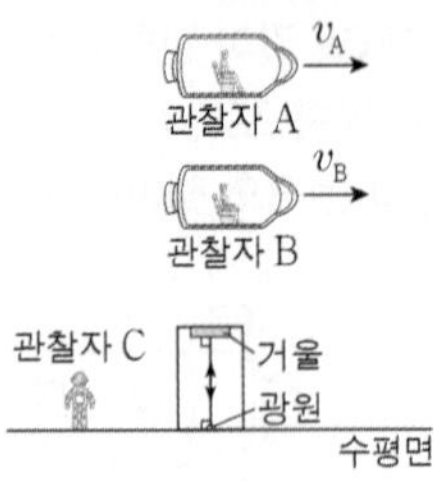

이에 대한 설명으로 옳은 것만을 〈보기〉에서 있는 대로 고른 것은? [3점]

보기
ㄱ. 광원에서 방출된 빛의 속력은 B가 측정할 때가 C가 측정할 때보다 크다.
ㄴ. $v_A < v_B$이다.
ㄷ. C가 측정할 때, B의 시간은 A의 시간보다 느리게 간다.

① ㄱ ② ㄷ ③ ㄱ, ㄴ
④ ㄴ, ㄷ ⑤ ㄱ, ㄴ, ㄷ

20 ★★☆ | 2020년 3월 교육청 7번 |

그림은 관찰자 A가 탄 우주선이 정지해 있는 관찰자 B에 대해 $+x$ 방향으로 $0.6c$의 일정한 속력으로 운동하는 모습을 나타낸 것이다. 광원과 점 P, Q는 B에 대해 정지해 있다. A가 관측할 때, 광원과 P 사이의 거리는 L이고 광원에서 방출된 빛은 P, Q에 동시에 도달하였다.

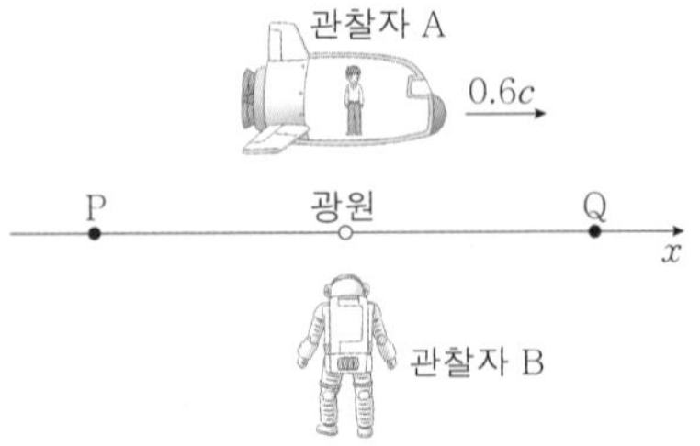

이에 대한 설명으로 옳은 것은? (단, c는 광속이다.) [3점]

① A가 관측할 때 B의 속력은 $0.6c$보다 크다.
② A가 관측할 때 광원과 Q 사이의 거리는 L이다.
③ B가 관측할 때 빛은 Q보다 P에 먼저 도달하였다.
④ B가 관측할 때 A의 시간은 B의 시간보다 빠르게 간다.
⑤ 광원에서 P로 진행하는 빛의 속력은 A가 관측할 때가 B가 관측할 때보다 크다.

21 ★☆☆ | 2019년 10월 교육청 5번 |

그림은 기준선 P, O, Q에 대해 정지한 관찰자 C가 서로 반대 방향으로 각각 $0.9c$, v의 속력으로 등속도 운동을 하는 우주선 A, B를 관측한 모습을 나타낸 것이다. C가 관측할 때, A, B는 O를 동시에 지난 후, O에서 각각 $9L$, $8L$ 떨어진 Q와 P를 동시에 지난다.

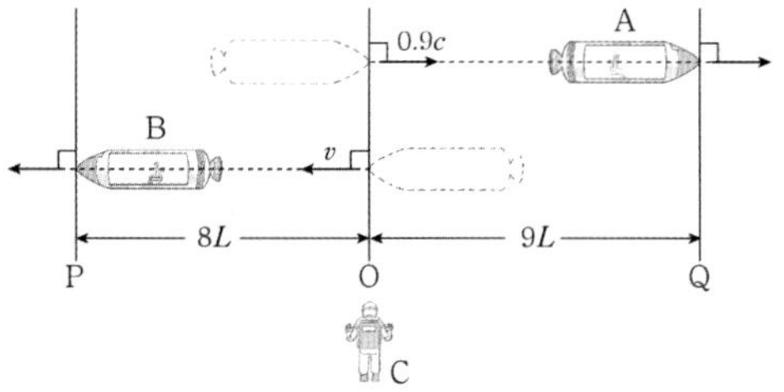

이에 대한 옳은 설명만을 〈보기〉에서 있는 대로 고른 것은? (단, c는 빛의 속력이다.) [3점]

보기

ㄱ. $v=0.8c$이다.
ㄴ. P와 Q 사이의 거리는 B에서 측정할 때가 A에서 측정할 때보다 짧다.
ㄷ. B에서 측정할 때, O가 B를 지나는 순간부터 P가 B를 지날 때까지 걸리는 시간은 $\frac{10L}{c}$이다.

① ㄱ ② ㄷ ③ ㄱ, ㄴ
④ ㄱ, ㄷ ⑤ ㄴ, ㄷ

22 ★★☆ | 2019년 7월 교육청 9번 |

그림과 같이 우주 정거장 A에서 볼 때 다가오는 우주선 B와 멀어지는 우주선 C가 각각 $0.5c$, $0.7c$의 속력으로 등속도 운동하며 A에 대해 정지해 있는 점 p, q를 지나고 있다. B, C가 각각 p, q를 지나는 순간 A의 광원에서 B와 C를 향해 빛 신호를 보냈다. B에서 측정할 때 광원과 p사이의 거리는 C에서 측정할 때 광원과 q사이의 거리와 같고, A에서 측정할 때 광원과 p사이의 거리는 1광년이다.

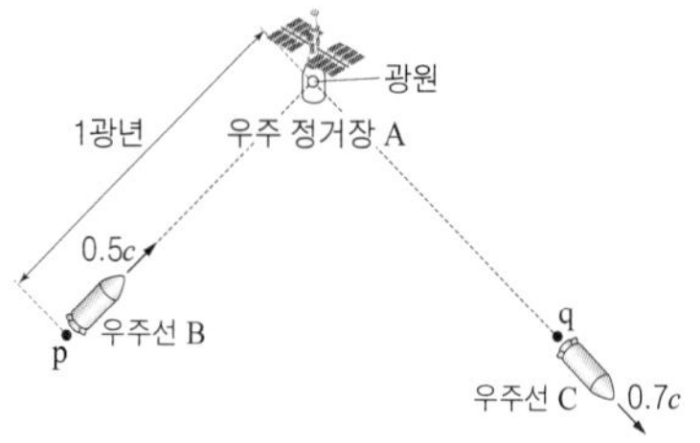

이에 대한 설명으로 옳은 것만을 〈보기〉에서 있는 대로 고른 것은? (단, c는 빛의 속력이고, 1광년은 빛이 1년 동안 진행하는 거리이다.) [3점]

보기

ㄱ. 빛의 속력은 B에서 측정할 때가 C에서 측정할 때보다 크다.
ㄴ. A에서 측정할 때 B가 p에서 광원까지 이동하는 데 걸리는 시간은 2년보다 크다.
ㄷ. A에서 측정할 때 광원과 q 사이의 거리는 1광년보다 크다.

① ㄴ ② ㄷ ③ ㄱ, ㄴ
④ ㄱ, ㄷ ⑤ ㄴ, ㄷ

07 질량과 에너지

A 질량 에너지 동등성

1. 질량과 에너지

(1) 특수 상대성 이론에 따르면 질량도 시간이나 공간처럼 상대적인 물리량이므로 관성계마다 다르게 측정된다.

(2) 물체에 일을 해 주면 일부는 물체의 속력을 증가시키는 데 사용되고, 일부는 물체의 질량을 증가시키는 데 사용된다. 즉, 질량은 에너지의 또 다른 형태이다.

2. 질량 에너지 동등성 : 질량은 에너지로, 에너지는 질량으로 서로 변환될 수 있다.

(1) **질량과 에너지의 관계** : 운동하는 물체의 질량 m에 해당하는 에너지 E는 다음과 같다.

$$E=mc^2 \quad (c : \text{진공에서의 빛의 속력})$$

(2) **정지 질량과 정지 에너지**

① **정지 질량(m_0)** : 관찰자가 보았을 때 정지 상태에 있는 물체의 질량

② **정지 에너지** : 정지해 있는 물체가 가지고 있는 에너지로, 운동 에너지는 0이지만 질량의 형태로 가진 에너지 E_0는 $E_0=m_0c^2$(c : 진공에서의 빛의 속력)이다.

(3) **상대론적 질량** : 관찰자에 대해 v의 속력으로 운동하고 있는 물체의 질량 m은 다음과 같다.

$$m=\frac{m_0}{\sqrt{1-\frac{v^2}{c^2}}} \quad (m_0 : \text{정지 질량}, c : \text{진공에서의 빛의 속력})$$

➡ 정지해 있을 때 질량이 m_0인 물체가 움직일 때의 질량 m은 속도가 빠를수록 커진다.

(4) $m>m_0$이므로 움직이는 물체의 에너지 $E=mc^2$은 정지한 물체의 에너지 $E_0=m_0c^2$보다 항상 크다. 즉, 물체의 속력이 증가할수록 질량이 증가하므로 물체가 가지는 에너지도 증가한다.

정지 질량과 상대론적 질량의 관계

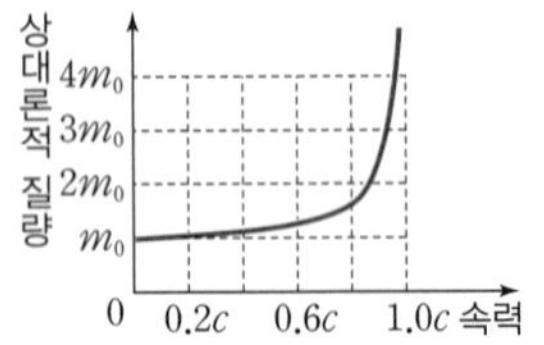

물체의 속력이 빛의 속력에 가까워지면 질량이 급격하게 증가한다.

출제 tip

질량의 증가

관찰자가 볼 때 움직이는 물체의 질량은 정지해 있는 물체의 질량보다 크다.

B 핵반응과 에너지

1. 핵반응과 질량 결손

(1) **핵반응** : 원자핵이 분열하거나(핵분열) 서로 합쳐지는(핵융합) 반응

(2) **질량 결손과 에너지** : 핵반응 과정에서 핵반응 후에 줄어든 질량의 합을 질량 결손이라고 하며, 핵반응 과정에서 질량 결손에 해당하는 에너지가 방출된다. ➡ 질량 결손이 Δm일 때 방출되는 에너지는 질량 에너지 동등성에 따라 다음과 같다.

$$E=\Delta mc^2 \quad (c : \text{진공에서의 빛의 속력})$$

2. 핵반응식

(1) **원자핵의 표시**

원자 번호(Z)	원자핵 속의 양성자수	질량수 → A, 원자 번호 → Z, $^{A}_{Z}X$ ← 원소 기호
질량수(A)	양성자수와 중성자수의 합	

(2) **핵반응식** : 원자핵 A와 B가 반응하여 C와 D가 되었을 때 핵반응식은 다음과 같다.

$$^{a}_{w}\text{A}+^{b}_{x}\text{B} \longrightarrow ^{c}_{y}\text{C}+^{d}_{z}\text{D}+\text{에너지}$$

전하량 보존	$w+x=y+z$
질량수 보존	$a+b=c+d$

여러 가지 입자의 표기

입자	표기
전자	e^-
중성자	^1_0n
양전자	e^+
수소	^1_1H
중수소	^2_1H
삼중수소	^3_1H

출제 tip

전하량 보존

핵자에서 전하를 띠는 것은 양성자와 전자이고, 전하량 보존은 양성자수의 보존을 의미한다. 따라서 전하량 보존은 원자 번호(=양성자수)를 비교한다.

3. **핵분열** : 질량이 큰 원자핵이 중성자와 같은 입자의 충돌에 의하여 질량이 작은 원자핵으로 나누어지는 핵반응으로 질량 결손에 의해 에너지가 발생한다.

㉮ **우라늄 원자핵의 핵분열** : 우라늄 원자핵($^{235}_{92}U$)에 속도가 느린 중성자($^{1}_{0}n$) 1개가 흡수되면 우라늄 원자핵이 2개의 원자핵으로 분열하면서 2~3개의 속도가 빠른 중성자와 에너지를 방출하고, 방출된 중성자가 계속해서 다른 우라늄을 분열하도록 하여 연쇄 반응을 일으킨다.

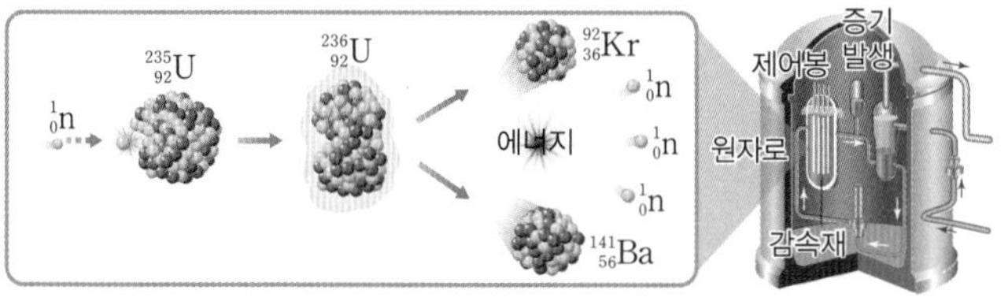

$$^{235}_{92}U+^{1}_{0}n \longrightarrow ^{92}_{36}Kr+^{141}_{56}Ba+3^{1}_{0}n+200\ MeV$$

4. **핵융합** : 질량이 작은 원자핵이 합쳐져서 질량이 큰 원자핵이 되는 핵반응으로 질량 결손에 의해 에너지가 발생한다.

㉮

핵융합로에서의 핵융합	태양에서의 핵융합
중수소 원자핵($^{2}_{1}H$)과 삼중수소 원자핵($^{3}_{1}H$)이 핵융합하여 헬륨 원자핵($^{4}_{2}He$)과 중성자가 되면서 에너지를 방출한다.	태양 중심부에서는 몇 단계를 거쳐 수소 원자핵 4개가 핵융합하여 헬륨 원자핵 1개가 생성되고, 에너지가 방출된다.
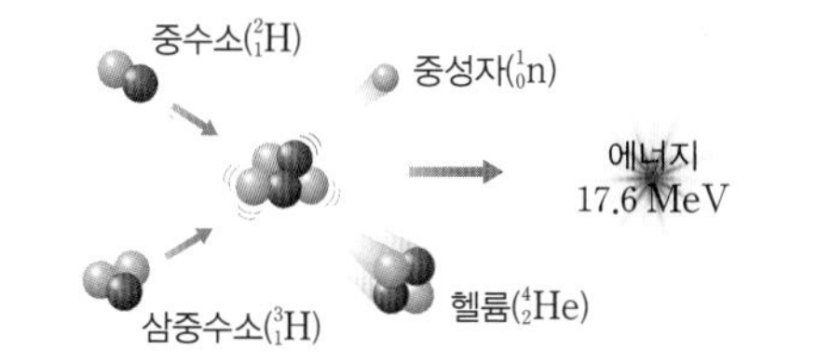	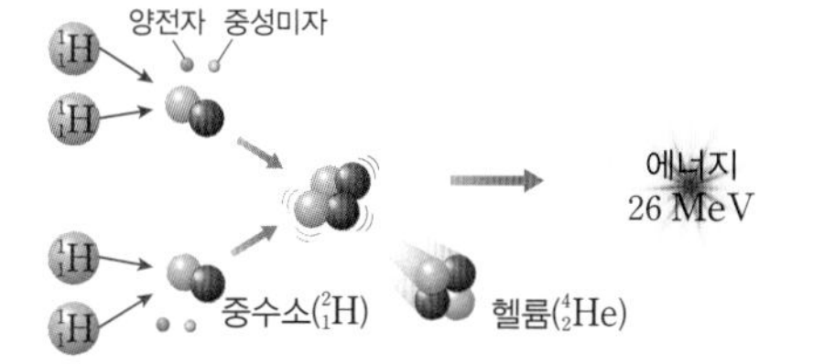
$^{2}_{1}H+^{3}_{1}H \longrightarrow ^{4}_{2}He+^{1}_{0}n+17.6\ MeV$	$4^{1}_{1}H \longrightarrow ^{4}_{2}He+2e^{+}+26\ MeV$

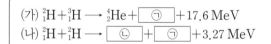

실전 자료 핵융합과 질량 에너지 동등성

다음은 핵융합 반응로에서 일어날 수 있는 수소 핵융합 반응식이다.

(가) $^{2}_{1}H+^{3}_{1}H \longrightarrow ^{4}_{2}He+$ [㉠] $+17.6\ MeV$
(나) $^{2}_{1}H+^{2}_{1}H \longrightarrow$ [㉡] $+$ [㉠] $+3.27\ MeV$

❶ 전하량과 질량수의 보존

핵반응이 일어날 때 전하량과 질량수가 보존된다. 따라서 반응 전과 반응 후 입자들의 양성자수의 합과 질량수의 합은 변하지 않고 서로 같다.

- ㉠의 양성자수를 a, 질량수를 b라고 하면 $1+1=2+a$, $2+3=4+b$에서 $a=0$, $b=1$이므로 ㉠은 중성자($^{1}_{0}n$)이다.
- ㉡의 양성자수를 c, 질량수를 d라고 하면 $1+1=c+0$, $2+2=d+1$에서 $c=2$, $d=3$이므로 ㉡은 $^{3}_{2}He$이다.

❷ 질량 결손과 에너지

핵반응 후 질량의 합이 핵반응 전 질량의 합보다 줄어드는 질량 결손이 일어나고, 질량 에너지 동등성에 따라 질량 결손에 해당하는 에너지가 방출된다.

- (가), (나) 모두 반응 전 입자들의 질량의 총합이 반응 후 입자들의 질량의 총합보다 크다.
- 핵융합 반응에서 방출된 에너지는 (가)에서가 (나)에서보다 크므로 질량 결손도 (가)에서가 (나)에서보다 크다.

핵발전과 연쇄 반응

- 원자로에서는 연쇄적인 핵분열 반응에 의한 열에너지로 물을 가열시켜 발생한 증기로 터빈을 돌린다.
- 원자로에서는 핵분열의 연쇄 반응 속도를 적절히 조절하여 필요한 만큼의 전기 에너지를 얻는다. 제어봉은 핵반응 과정에서 발생하는 중성자를 흡수하여 핵분열 속도를 조절하고, 감속재는 중성자의 속력을 느리게 하여 연쇄 반응이 잘 일어나도록 한다.

Part I

교육청

출제 tip

핵반응과 질량 결손

핵융합 반응이든 핵분열 반응이든 항상 질량 결손에 의해 에너지가 방출된다. 따라서 핵반응의 종류와 관계없이 방출된 에너지의 크기를 비교하여 결손된 질량을 비교할 수 있다.

1 ★☆☆ | 2024년 10월 교육청 6번 |

다음은 두 가지 핵융합 반응식이다.

(가) ${}^{3}_{2}\mathrm{He}+{}^{3}_{2}\mathrm{He} \longrightarrow$ ㉠ $+{}^{1}_{1}\mathrm{H}+{}^{1}_{1}\mathrm{H}+12.9\,\mathrm{MeV}$

(나) ${}^{3}_{2}\mathrm{He}+$ ㉡ $\longrightarrow$ ㉠ $+{}^{1}_{1}\mathrm{H}+{}^{1}_{0}\mathrm{n}+12.1\,\mathrm{MeV}$

이에 대한 옳은 설명만을 〈보기〉에서 있는 대로 고른 것은?

〈보기〉

ㄱ. ㉠의 질량수는 2이다.
ㄴ. ㉡은 ${}^{3}_{1}\mathrm{H}$이다.
ㄷ. 질량 결손은 (가)에서가 (나)에서보다 크다.

① ㄱ ② ㄷ ③ ㄱ, ㄴ
④ ㄴ, ㄷ ⑤ ㄱ, ㄴ, ㄷ

2 ★☆☆ | 2024년 7월 교육청 2번 |

다음은 두 가지 핵반응이다.

(가) ㉠ $+{}^{2}_{1}\mathrm{H} \longrightarrow {}^{3}_{2}\mathrm{He}+{}^{1}_{0}\mathrm{n}+3.27\,\mathrm{MeV}$

(나) ${}^{235}_{92}\mathrm{U}+$ ㉡ $\longrightarrow {}^{141}_{56}\mathrm{Ba}+{}^{92}_{36}\mathrm{Kr}+3{}^{1}_{0}\mathrm{n}+$약 $200\,\mathrm{MeV}$

이에 대한 설명으로 옳은 것만을 〈보기〉에서 있는 대로 고른 것은?

〈보기〉

ㄱ. ㉠은 ${}^{2}_{1}\mathrm{H}$이다.
ㄴ. ㉡은 중성자이다.
ㄷ. (나)는 핵분열 반응이다.

① ㄱ ② ㄴ ③ ㄱ, ㄷ
④ ㄴ, ㄷ ⑤ ㄱ, ㄴ, ㄷ

3 ★☆☆ | 2024년 5월 교육청 2번 |

다음은 핵융합 반응을, 표는 원자핵 A, B의 중성자수와 질량수를 나타낸 것이다.

$\mathrm{A}+\mathrm{A} \longrightarrow \mathrm{B}+$ ㉠ $+3.27\,\mathrm{MeV}$

원자핵	중성자수	질량수
A	1	2
B	1	3

이에 대한 설명으로 옳은 것만을 〈보기〉에서 있는 대로 고른 것은?

〈보기〉

ㄱ. 양성자수는 A와 B가 같다.
ㄴ. ㉠은 중성자이다.
ㄷ. 핵융합 반응에서 방출된 에너지는 질량 결손에 의한 것이다.

① ㄱ ② ㄷ ③ ㄱ, ㄴ
④ ㄴ, ㄷ ⑤ ㄱ, ㄴ, ㄷ

4 ★☆☆ | 2024년 3월 교육청 2번 |

다음은 두 가지 핵반응을 나타낸 것이다. ㉠과 ㉡은 서로 다른 원자핵이다.

(가) ㉠ $+{}^{6}_{3}\mathrm{Li} \longrightarrow 2{}^{4}_{2}\mathrm{He}+22.4\,\mathrm{MeV}$

(나) ${}^{3}_{2}\mathrm{He}+{}^{6}_{3}\mathrm{Li} \longrightarrow 2{}^{4}_{2}\mathrm{He}+$ ㉡ $+16.9\,\mathrm{MeV}$

이에 대한 옳은 설명만을 〈보기〉에서 있는 대로 고른 것은?

〈보기〉

ㄱ. 양성자수는 ㉠과 ㉡이 같다.
ㄴ. 질량수는 ㉡이 ㉠보다 크다.
ㄷ. 질량 결손은 (가)에서가 (나)에서보다 크다.

① ㄴ ② ㄷ ③ ㄱ, ㄴ
④ ㄱ, ㄷ ⑤ ㄴ, ㄷ

5 ★★☆

| 2023년 10월 교육청 3번 |

다음은 두 가지 핵반응을 나타낸 것이다. 중성자, 원자핵 X, Y의 질량은 각각 m_n, m_X, m_Y이고, $m_Y - m_X < m_n$이다.

(가) $X + {}^{3}_{1}H \longrightarrow {}^{4}_{2}He + {}^{1}_{0}n +$ 에너지
(나) $Y + {}^{3}_{1}H \longrightarrow {}^{4}_{2}He + 2{}^{1}_{0}n +$ 에너지

이에 대한 옳은 설명만을 〈보기〉에서 있는 대로 고른 것은?

보기
ㄱ. (가)는 핵융합 반응이다.
ㄴ. Y는 ${}^{3}_{1}H$이다.
ㄷ. 핵반응에서 발생한 에너지는 (나)에서가 (가)에서보다 크다.

① ㄴ ② ㄷ ③ ㄱ, ㄴ
④ ㄱ, ㄷ ⑤ ㄱ, ㄴ, ㄷ

6 ★☆☆

| 2023년 7월 교육청 3번 |

다음은 두 가지 핵반응이다. X, Y는 원자핵이다.

(가) ${}^{2}_{1}H + X \longrightarrow Y + {}^{1}_{0}n + 17.6\,MeV$
(나) ${}^{3}_{2}He + {}^{3}_{1}H \longrightarrow Y + {}^{1}_{1}H + {}^{1}_{0}n + 12.1\,MeV$

이에 대한 설명으로 옳은 것만을 〈보기〉에서 있는 대로 고른 것은?

보기
ㄱ. (가)는 핵융합 반응이다.
ㄴ. 질량 결손은 (가)에서가 (나)에서보다 크다.
ㄷ. 양성자수는 Y가 X의 2배이다.

① ㄱ ② ㄴ ③ ㄱ, ㄷ
④ ㄴ, ㄷ ⑤ ㄱ, ㄴ, ㄷ

7 ★☆☆

| 2023년 4월 교육청 4번 |

다음은 두 가지 핵반응이다. X, Y는 원자핵이다.

(가) ${}^{2}_{1}H + {}^{2}_{1}H \longrightarrow X + {}^{1}_{0}n + 3.27\,MeV$
(나) $X + {}^{3}_{1}H \longrightarrow {}^{4}_{2}He + Y + {}^{1}_{0}n + 12.1\,MeV$

이에 대한 설명으로 옳은 것만을 〈보기〉에서 있는 대로 고른 것은?

보기
ㄱ. (가)는 핵융합 반응이다.
ㄴ. 양성자수는 X가 Y보다 크다.
ㄷ. 질량 결손은 (가)에서가 (나)에서보다 작다.

① ㄱ ② ㄴ ③ ㄱ, ㄷ
④ ㄴ, ㄷ ⑤ ㄱ, ㄴ, ㄷ

8 ★☆☆

| 2023년 3월 교육청 6번 |

다음은 두 가지 핵반응이다. X, Y는 원자핵이다.

(가) ${}^{233}_{92}U + {}^{1}_{0}n \longrightarrow X + {}^{94}_{38}Sr + 3{}^{1}_{0}n + 200\,MeV$
(나) ${}^{2}_{1}H + Y \longrightarrow {}^{4}_{2}He + {}^{1}_{0}n + 17.6\,MeV$

이에 대한 설명으로 옳은 것은?

① X의 양성자수는 54이다.
② 질량수는 Y가 ${}^{2}_{1}H$와 같다.
③ (나)는 핵분열 반응이다.
④ ${}^{233}_{92}U$의 중성자수는 233이다.
⑤ 질량 결손은 (나)에서가 (가)에서보다 크다.

9 ★☆☆
| 2022년 10월 교육청 8번 |

다음은 두 가지 핵반응이다.

(가) ${}^{2}_{1}\text{H}+{}^{1}_{1}\text{H} \longrightarrow$ [㉠] $+5.49\text{ MeV}$
(나) [㉠] + [㉠] $\longrightarrow {}^{4}_{2}\text{He}+$ [㉡] + [㉡] $+12.86\text{ MeV}$

이에 대한 옳은 설명만을 〈보기〉에서 있는 대로 고른 것은?

보기
ㄱ. ㉠의 질량수는 3이다.
ㄴ. ㉡은 중성자이다.
ㄷ. 질량 결손은 (가)에서가 (나)에서보다 크다.

① ㄱ ② ㄴ ③ ㄱ, ㄷ
④ ㄴ, ㄷ ⑤ ㄱ, ㄴ, ㄷ

10 ★★☆
| 2022년 7월 교육청 12번 |

그림은 핵분열 과정과 핵반응식을 나타낸 것이다. 중성자의 속력은 A가 B보다 작다.

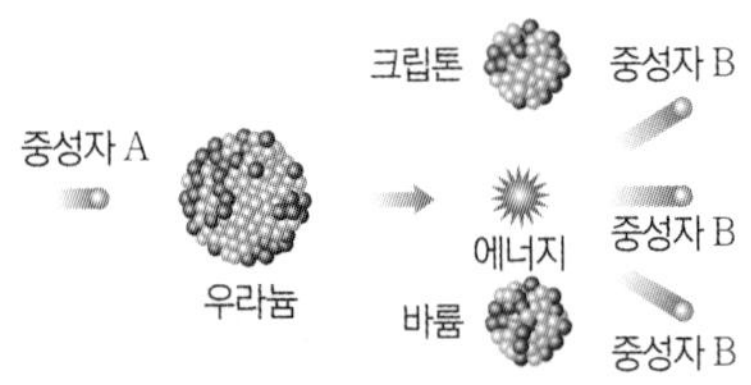

$${}^{235}_{92}\text{U}+{}^{1}_{0}\text{n} \longrightarrow {}^{141}_{56}\text{Ba}+{}^{\text{㉠}}_{36}\text{Kr}+3{}^{1}_{0}\text{n}+200\text{ MeV}$$

이에 대한 설명으로 옳은 것만을 〈보기〉에서 있는 대로 고른 것은?

보기
ㄱ. ㉠은 92이다.
ㄴ. 핵반응에서 발생하는 에너지는 질량 결손에 의한 것이다.
ㄷ. 상대론적 질량은 A가 B보다 크다.

① ㄱ ② ㄷ ③ ㄱ, ㄴ
④ ㄴ, ㄷ ⑤ ㄱ, ㄴ, ㄷ

11 ★☆☆
| 2022년 4월 교육청 4번 |

다음은 두 가지 핵반응을 나타낸 것이다.

(가) ${}^{2}_{1}\text{H}+{}^{3}_{1}\text{H} \longrightarrow {}^{4}_{2}\text{He}+$ [㉠] $+17.6\text{ MeV}$
(나) ${}^{235}_{92}\text{U}+{}^{1}_{0}\text{n} \longrightarrow {}^{140}_{54}\text{Xe}+{}^{94}_{38}\text{Sr}+2$ [㉠] $+200\text{ MeV}$

이에 대한 설명으로 옳은 것만을 〈보기〉에서 있는 대로 고른 것은?

보기
ㄱ. (가)는 핵융합 반응이다.
ㄴ. ㉠은 중성자이다.
ㄷ. 질량 결손은 (가)에서가 (나)에서보다 크다.

① ㄱ ② ㄷ ③ ㄱ, ㄴ
④ ㄴ, ㄷ ⑤ ㄱ, ㄴ, ㄷ

12 ★☆☆
| 2022년 3월 교육청 2번 |

다음은 두 가지 핵반응이다.

(가) ${}^{235}_{92}\text{U}+$ [㉠] $\longrightarrow {}^{141}_{56}\text{Ba}+{}^{92}_{36}\text{Kr}+3$ [㉠] + 약 200 MeV
(나) [㉡] + [㉡] $\longrightarrow {}^{3}_{2}\text{He}+$ [㉠] $+3.27\text{ MeV}$

이에 대한 옳은 설명만을 〈보기〉에서 있는 대로 고른 것은?

보기
ㄱ. ㉠은 중성자이다.
ㄴ. ㉡의 질량수는 2이다.
ㄷ. 질량 결손은 (가)에서가 (나)에서보다 작다.

① ㄱ ② ㄷ ③ ㄱ, ㄴ
④ ㄴ, ㄷ ⑤ ㄱ, ㄴ, ㄷ

13 ★★☆

| 2021년 10월 교육청 3번 |

다음은 두 가지 핵반응이다.

- $\boxed{㉠} + {}^{3}_{1}H \longrightarrow {}^{4}_{2}He + {}^{1}_{1}H + {}^{1}_{0}n + 12.1\,MeV$
- ${}^{3}_{2}He + {}^{3}_{1}H \longrightarrow {}^{4}_{2}He + \boxed{㉡} + 14.3\,MeV$

이에 대한 옳은 설명만을 <보기>에서 있는 대로 고른 것은? [3점]

보기

ㄱ. 핵반응에서 발생하는 에너지는 질량 결손에 의한 것이다.
ㄴ. ㉠과 ㉡의 중성자수는 같다.
ㄷ. ㉡의 질량은 ${}^{1}_{1}H$와 ${}^{1}_{0}n$의 질량의 합보다 작다.

① ㄱ ② ㄷ ③ ㄱ, ㄴ ④ ㄴ, ㄷ ⑤ ㄱ, ㄴ, ㄷ

14 ★★☆

| 2021년 7월 교육청 8번 |

다음은 두 가지 핵반응이다.

(가) ${}^{235}_{92}U + {}^{1}_{0}n \longrightarrow \boxed{㉠} + {}^{141}_{56}Ba + 3{}^{1}_{0}n + 200\,MeV$
(나) ${}^{2}_{1}H + {}^{3}_{1}H \longrightarrow \boxed{㉡} + {}^{1}_{0}n + 17.6\,MeV$

이에 대한 설명으로 옳은 것만을 <보기>에서 있는 대로 고른 것은?

보기

ㄱ. (가)는 핵융합 반응이다.
ㄴ. 질량수는 ㉠이 ㉡의 23배이다.
ㄷ. 질량 결손은 (가)에서가 (나)에서보다 크다.

① ㄱ ② ㄷ ③ ㄱ, ㄴ ④ ㄴ, ㄷ ⑤ ㄱ, ㄴ, ㄷ

15 ★★☆

| 2021년 3월 교육청 6번 |

다음은 핵융합로와 양전자 방출 단층 촬영 장치에 대한 설명이다.

(가) 핵융합로에서 중수소(${}^{2}_{1}H$)와 삼중수소(${}^{3}_{1}H$)가 핵융합하여 헬륨(${}^{4}_{2}He$), 입자 ㉠을 생성하며 에너지를 방출한다.
(나) 인체에 투입한 물질에서 방출된 양전자*가 전자와 만나 함께 소멸할 때 발생한 감마선을 양전자 방출 단층 촬영 장치로 촬영하여 질병을 진단한다.

*양전자: 전자와 전하의 종류는 다르고 질량은 같은 입자

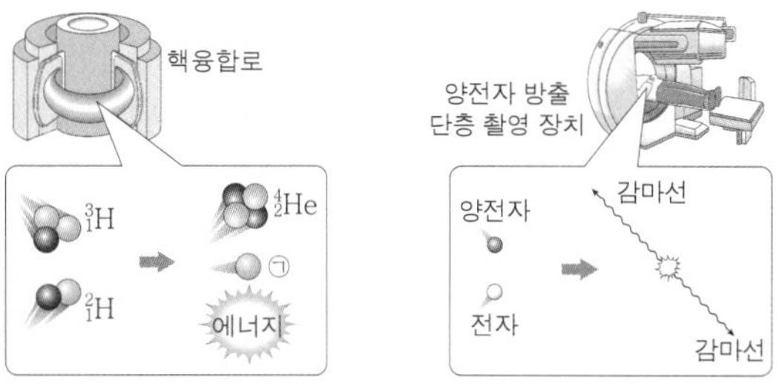

(가) (나)

이에 대한 옳은 설명만을 <보기>에서 있는 대로 고른 것은?

보기

ㄱ. ㉠은 양성자이다.
ㄴ. (가)에서 핵융합 전후 입자들의 질량수 합은 같다.
ㄷ. (나)에서 양전자와 전자의 질량이 감마선의 에너지로 전환된다.

① ㄱ ② ㄷ ③ ㄱ, ㄴ ④ ㄴ, ㄷ ⑤ ㄱ, ㄴ, ㄷ

16 ★☆☆

| 2021년 4월 교육청 3번 |

그림은 우라늄 원자핵(${}^{235}_{92}U$)과 중성자(${}^{1}_{0}n$)가 반응하여 크립톤 원자핵(${}^{92}_{36}Kr$)과 원자핵 A가 생성되면서 중성자 3개와 에너지를 방출하는 핵반응을 나타낸 것이다.

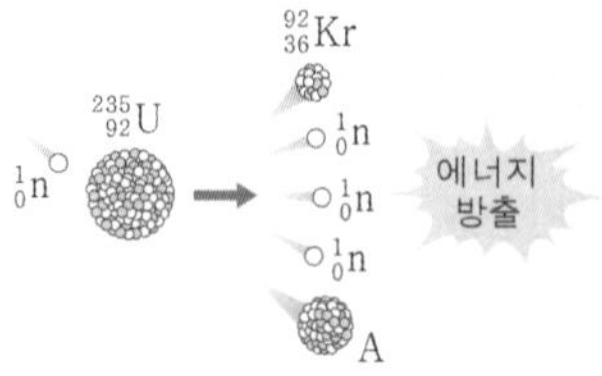

이에 대한 설명으로 옳은 것만을 <보기>에서 있는 대로 고른 것은? [3점]

보기

ㄱ. 핵분열 반응이다.
ㄴ. A의 질량수는 141이다.
ㄷ. 입자들의 질량의 합은 반응 전이 반응 후보다 작다.

① ㄱ ② ㄷ ③ ㄱ, ㄴ ④ ㄴ, ㄷ ⑤ ㄱ, ㄴ, ㄷ

17 ★☆☆ | 2020년 10월 교육청 5번 |

다음은 국제핵융합실험로(ITER)에 대한 기사의 일부이다.

> 2020년 8월 ○일 ○○신문
>
> 라틴어로 '길'이라는 뜻을 지닌 국제핵융합실험로(ITER) 공동 개발 사업은 ㉠ 핵융합 발전의 상용화를 위해 대한민국 등 7개국이 참여한 과학기술 협력 프로젝트이다.
>
> ㉡ 태양에서 [A] 원자핵이 헬륨 원자핵으로 융합되는 것과 같은 핵반응을 핵융합로에서 일으키려면 핵융합로는 1억 도 이상의 온도를 유지해야 한다. …(중략)… 현재 ITER는 대한민국이 생산한 주요 부품을 바탕으로 본격적인 조립 단계에 접어들었다.

이에 대한 옳은 설명만을 〈보기〉에서 있는 대로 고른 것은?

〈보기〉
ㄱ. ㉠은 질량이 에너지로 전환되는 현상을 이용한다.
ㄴ. ㉡이 일어날 때 태양의 질량은 변하지 않는다.
ㄷ. 원자 번호는 A가 헬륨보다 크다.

① ㄱ ② ㄷ ③ ㄱ, ㄴ
④ ㄴ, ㄷ ⑤ ㄱ, ㄴ, ㄷ

18 ★☆☆ | 2020년 3월 교육청 3번 |

그림은 중수소(${}^2_1H$)와 삼중수소(${}^3_1H$)가 충돌하여 헬륨(${}^4_2He$), 입자 a, 에너지가 생성되는 핵반응을 나타낸 것이다. ${}^2_1H$, ${}^3_1H$, a의 질량은 각각 m_1, m_2, m_3이다.

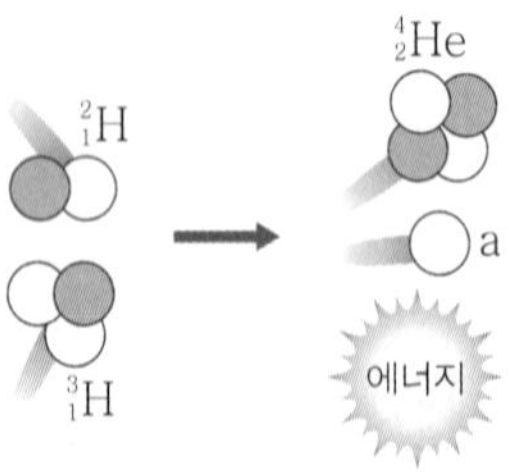

이에 대한 옳은 설명만을 〈보기〉에서 있는 대로 고른 것은?

〈보기〉
ㄱ. a는 중성자이다.
ㄴ. 이 반응은 핵융합 반응이다.
ㄷ. ${}^4_2He$의 질량은 $m_1+m_2-m_3$이다.

① ㄴ ② ㄷ ③ ㄱ, ㄴ
④ ㄱ, ㄷ ⑤ ㄱ, ㄴ, ㄷ

19 ★★☆ | 2019년 10월 교육청 16번 |

다음은 각각 E_1, E_2의 에너지가 방출되는 두 가지 핵반응식이다. 표는 입자와 원자핵의 종류에 따른 질량을 나타낸 것이다.

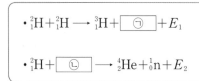

- ${}^2_1H + {}^2_1H \longrightarrow {}^3_1H +$ [㉠] $+ E_1$
- ${}^2_1H +$ [㉡] $\longrightarrow {}^4_2He + {}^1_0n + E_2$

종류	질량(u)
${}^1_0n$	1.009
${}^1_1H$	1.007
${}^2_1H$	2.014
${}^3_1H$	3.016
${}^4_2He$	4.003

이에 대한 옳은 설명만을 〈보기〉에서 있는 대로 고른 것은? (단, u는 원자 질량 단위이다.)

〈보기〉
ㄱ. ㉠의 질량수는 1이다.
ㄴ. ㉠과 ㉡의 전하량은 같다.
ㄷ. $E_1 > E_2$이다.

① ㄱ ② ㄷ ③ ㄱ, ㄴ
④ ㄴ, ㄷ ⑤ ㄱ, ㄴ, ㄷ

20 ★☆☆ | 2019년 4월 교육청 3번 |

다음은 핵융합 반응 A와 핵분열 반응 B의 핵반응식을 나타낸 것이다.

A : ${}^2_1H + {}^3_1H \longrightarrow {}^4_2He + {}^1_0n + 17.6MeV$
B : ${}^{235}_{92}U + {}^1_0n \longrightarrow {}^{141}_{56}Ba + {}^{92}_{36}Kr + 3$ [㉠] $+ 200MeV$

이에 대한 설명으로 옳은 것만을 〈보기〉에서 있는 대로 고른 것은?

〈보기〉
ㄱ. ${}^2_1H$는 양성자수와 중성자수가 같다.
ㄴ. ㉠은 양(+)전하를 띤다.
ㄷ. A, B에서 방출된 에너지는 질량 결손에 의한 것이다.

① ㄱ ② ㄴ ③ ㄱ, ㄷ
④ ㄴ, ㄷ ⑤ ㄱ, ㄴ, ㄷ

Memo

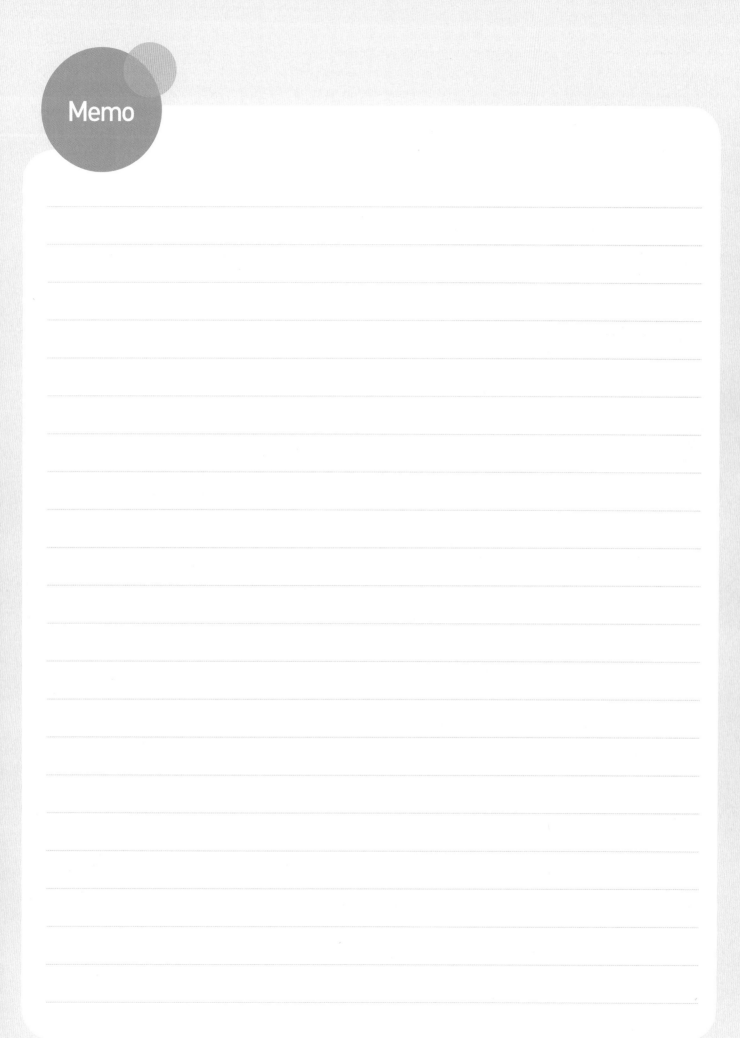

II

물질과 전자기장

01

전자의 에너지 준위

03

자기장과 물질의 자성

3권

02

에너지띠와 반도체

04

전자기 유도

01 전자의 에너지 준위

A 전자와 원자핵의 발견

1. **전자의 발견** : 톰슨이 음극선 실험을 통해 원자 내부에 (－)전하를 띠는 입자가 있음을 발견하고, 이를 전자라 하였다.
2. **원자핵의 발견** : 러더퍼드가 얇은 금박에 알파(α) 입자를 쪼여 산란되는 경로를 분석하는 실험을 통해 원자핵이 있음을 발견하였다.

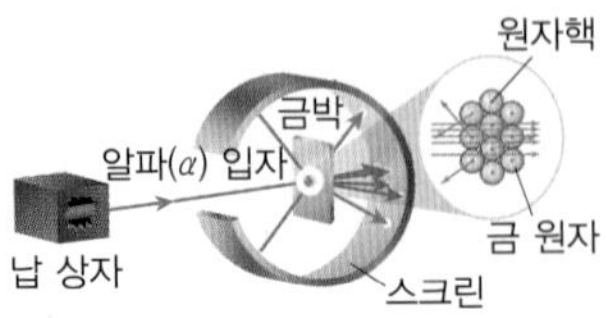

러더퍼드가 알파(α) 입자 산란 실험 결과

- 대부분의 알파(α) 입자는 금박을 통과하여 직진한다.
- 소수의 알파(α) 입자는 큰 각도로 휘어지거나 입사 방향의 거의 정반대 방향으로 되돌아 나온다. → 원자의 중심에 (＋)전하를 띤 입자가 좁은 공간에 존재한다.

B 원자와 전기력

1. **전기력** : 전하를 띤 물체 사이에 작용하는 힘

(1) **전기력의 종류** : 같은 종류의 전하 사이에는 척력(밀어내는 힘)이 작용하고, 다른 종류의 전하 사이에는 인력(당기는 힘)이 작용한다.

(2) **전기력의 크기(쿨롱 법칙)** : 두 전하 사이에 작용하는 전기력의 크기(F)는 두 전하량(q_1, q_2)의 곱에 비례하고, 두 전하 사이의 거리(r)의 제곱에 반비례한다.

2. **원자의 구조**

(1) 원자핵은 (＋)전하를 띠고 전자는 (－)전하를 띤다.

① 원자핵과 전자는 서로 당기는 방향으로 전기력이 작용한다.

② 전자가 멀리 떠나지 못하고 원자에 속박되어 원자핵 주위를 돈다.

(2) 원자핵의 전하량이 클수록, 원자핵과 전자 사이의 거리가 가까울수록 전기력의 크기가 크다.

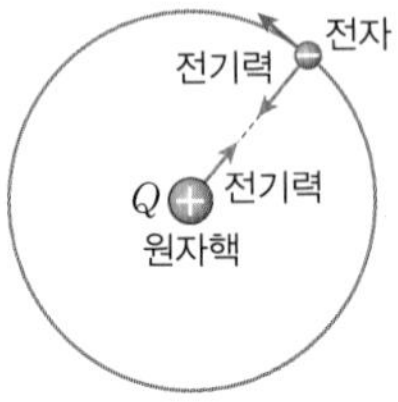

전기력의 종류

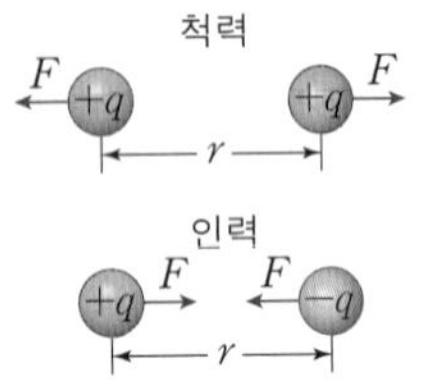

쿨롱 법칙

$F=k\frac{q_1q_2}{r^2}$

쿨롱 상수 : $k=9.0\times10^9\ N\cdot m^2/C^2$

C 원자의 에너지 준위

1. **보어의 수소 원자 모형** : 원자핵을 중심으로 전자가 특정한 궤도에서 원운동한다. 이때 전자는 전자기파를 방출하지 않고 안정한 상태로 존재한다.
2. **양자수와 에너지 준위**

(1) **양자수** : 전자가 안정적으로 존재하는 궤도를 원자핵에 가까운 것부터 $n=1, 2, 3, \cdots$인 궤도라고 하며, n을 양자수라고 한다.

(2) **에너지의 양자화** : 전자의 에너지는 양자수 n에 따라 결정되는 불연속적인 값을 갖는다.

(3) **에너지 준위** : 양자화된 전자의 에너지를 단계적으로 나타낸 것으로, 원자핵에서 멀어질수록 에너지 준위가 크다.($r=\infty$일 때 $E_\infty=0$)

① **바닥상태** : 전자들이 낮은 에너지 준위에 놓여 있어 가장 안정적인 상태

② **들뜬상태** : 바닥상태의 전자가 에너지를 흡수하여 높은 에너지 준위로 이동한 상태

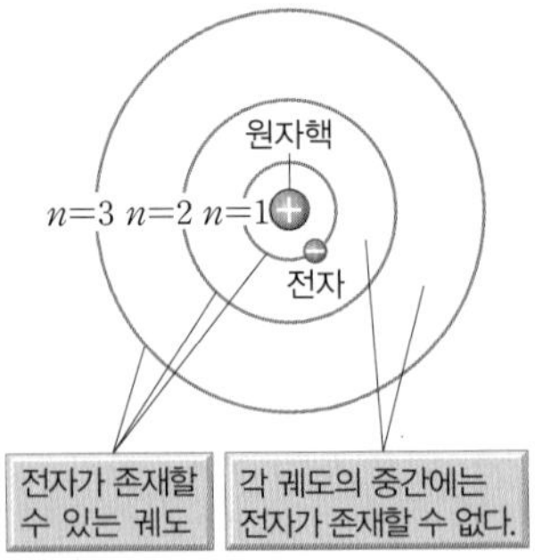

D 전자 전이와 선 스펙트럼

1. **스펙트럼** : 빛이 파장에 따라 나누어진 색의 띠

연속 스펙트럼	선 스펙트럼(방출 스펙트럼)
빛의 띠가 모든 파장에서 연속적으로 나타난다.	고온의 기체에서 방출되는 빛의 파장에 해당하는 선만 밝게 나타난다.
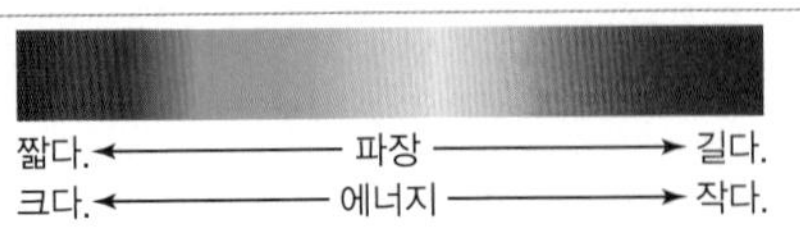	

흡수 스펙트럼

백색광을 저온의 기체에 통과시켰을 때 특정한 파장의 빛들만 흡수되어 연속 스펙트럼에 검은 선으로 나타난다.

2. 광양자설 : 빛은 진동수에 비례하는 에너지를 갖는 광자(광양자)의 흐름이다.

(1) **광자의 에너지** : 광자 1개의 에너지 E는 빛의 진동수 f에 비례한다.

$E=hf$ (플랑크 상수 $h=6.63\times10^{-34}$ J·s)

(2) **광자의 에너지와 빛의 파장** : 빛의 파장이 클수록 광자 1개의 에너지는 작다.

3. 전자의 전이와 선 스펙트럼

(1) **전자의 전이** : 전자가 에너지를 흡수 또는 방출하며 다른 에너지 준위로 이동하는 것

(2) **에너지의 흡수와 방출** : 전자가 전이할 때 전이하는 두 에너지 준위의 차에 해당하는 에너지를 갖는 빛을 흡수하거나 방출한다.

① **전자의 전이와 광자의 에너지** : 에너지 준위 E_m에서 E_n으로 전자가 전이할 때 흡수 또는 방출하는 광자 1개의 에너지 E는 두 에너지 준위의 차와 같다.

$E=|E_n-E_m|=hf=\dfrac{hc}{\lambda}$
- $n>m$이면 전자의 에너지 준위 증가 → 빛 흡수
- $n<m$이면 전자의 에너지 준위 감소 → 빛 방출

② 수소 원자에서 전자의 전이와 선 스펙트럼 계열

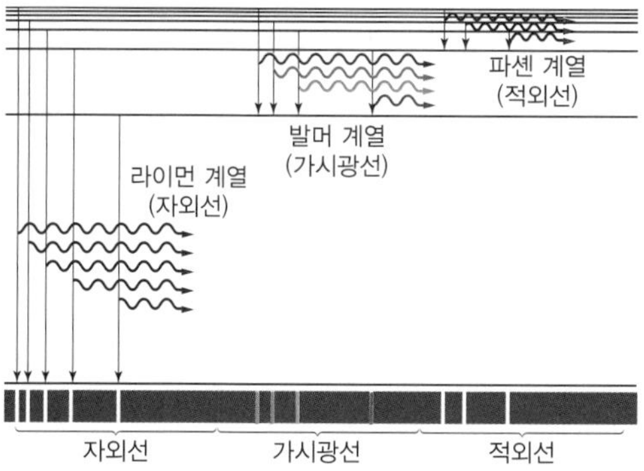

구분	전자의 전이	방출하는 빛의 파장 영역
라이먼 계열	$n=1$인 궤도로 전이할 때 방출하는 빛	자외선 영역
발머 계열	$n=2$인 궤도로 전이할 때 방출하는 빛	가시광선을 포함한 영역
파셴 계열	$n=3$인 궤도로 전이할 때 방출하는 빛	적외선 영역

출제 tip

에너지 준위와 스펙트럼

수소 원자에서 전자가 전이할 때 흡수, 방출하는 에너지를 계산하거나 광자의 진동수(파장)를 비교하는 문제가 자주 출제된다.

에너지 흡수와 방출

• 에너지의 흡수

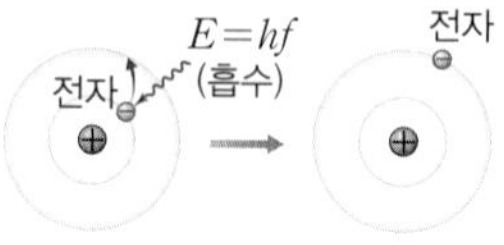

전자가 에너지를 흡수하면 높은 에너지 준위로 이동한다.

• 에너지의 방출

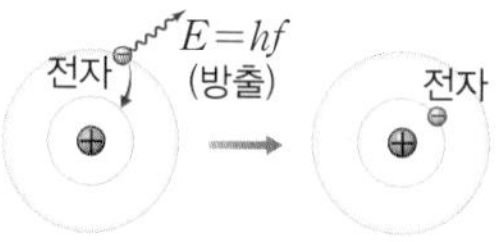

전자가 에너지를 방출하면 낮은 에너지 준위로 이동한다.

출제 tip

수소 원자의 선 스펙트럼 계열

수소 원자의 전자 전이에 따른 스펙트럼 계열과 빛의 영역을 구분하는 문제가 출제된다.

광자의 에너지 단위(eV)

정지한 전자 1개를 1 V의 전압으로 가속시켰을 때 전자가 갖게 되는 에너지를 1 eV라고 한다.

1 eV$=1.6\times10^{-19}$ J

실전 자료 수소 원자의 전자 전이와 선 스펙트럼

그림 (가)는 보어의 수소 원자 모형에서 양자수 n에 따른 에너지 준위와 전자의 전이 과정의 일부를 나타낸 것이다. 그림 (나)는 (가)에서 나타나는 방출과 흡수 스펙트럼을 파장에 따라 나타낸 것이다. 스펙트럼선 b는 ㉠에 의해 나타난다.

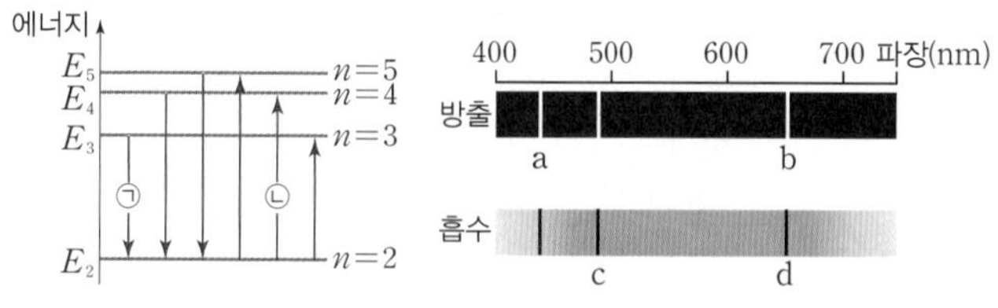

(가) (나)

❶ **광자의 에너지 비교**

광자의 에너지는 진동수에 비례하고, 파장에 반비례하므로 a에서가 b에서보다 크다.

❷ **에너지 준위와 선 스펙트럼 비교**

c는 흡수선 중 파장이 두 번째로 길므로 $n=2$에 있던 전자가 두 번째로 작은 에너지를 흡수하는 경우이다. $n=2$에 있던 전자는 $n=3$으로 전이할 때 가장 작은 에너지를, $n=4$로 전이할 때 두 번째로 작은 에너지를 흡수한다.

❸ **d에 해당하는 에너지를 갖는 빛을 방출하는 전자의 전이 과정**

d는 파장이 가장 길므로 $n=2$에서 $n=3$으로 전이할 때이다. 따라서 광자의 진동수는 $\dfrac{E_3-E_2}{h}$이다.

1 ★☆☆

| 2024년 10월 교육청 19번 |

그림 (가)는 점전하 A, B, C를 x축상에 고정시킨 것으로 A, C에 작용하는 전기력의 크기는 같다. 그림 (나)는 (가)에서 B와 C의 위치를 바꾸어 고정시킨 것으로 C에 작용하는 전기력은 0이다. 전하량의 크기는 A가 C보다 크다.

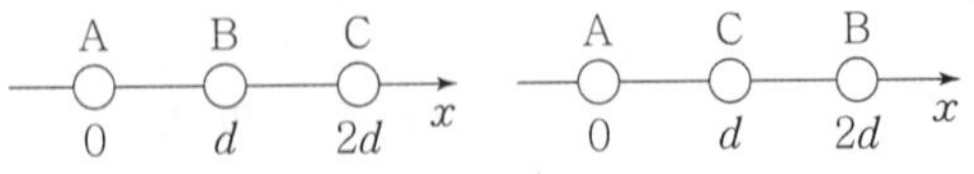

(가) (나)

이에 대한 옳은 설명만을 〈보기〉에서 있는 대로 고른 것은? [3점]

보기

ㄱ. 전하량의 크기는 B가 C보다 크다.
ㄴ. A와 C 사이에는 서로 밀어내는 전기력이 작용한다.
ㄷ. (가)에서 A와 B에 작용하는 전기력의 방향은 같다.

① ㄱ ② ㄴ ③ ㄱ, ㄷ
④ ㄴ, ㄷ ⑤ ㄱ, ㄴ, ㄷ

2 ★☆☆

| 2024년 7월 교육청 4번 |

그림은 보어의 수소 원자 모형에서 양자수 n에 따른 에너지 준위의 일부와 전자의 전이 a~d를 나타낸 것이다. c에서 방출되는 빛은 가시광선이다.

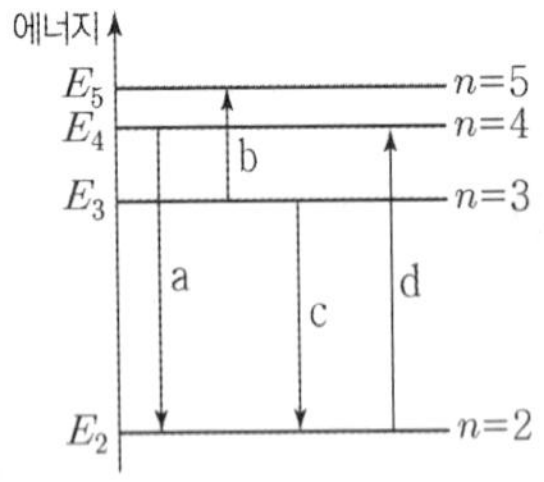

이에 대한 설명으로 옳은 것만을 〈보기〉에서 있는 대로 고른 것은? (단, 플랑크 상수는 h이다.)

보기

ㄱ. a에서 방출되는 빛은 적외선이다.
ㄴ. b에서 흡수되는 빛의 진동수는 $\frac{|E_5-E_3|}{h}$이다.
ㄷ. d에서 흡수되는 빛의 파장은 c에서 방출되는 빛의 파장보다 길다.

① ㄱ ② ㄴ ③ ㄱ, ㄷ
④ ㄴ, ㄷ ⑤ ㄱ, ㄴ, ㄷ

3 ★☆☆

| 2024년 7월 교육청 18번 |

그림과 같이 x축상에 점전하 A~D를 고정하고 양(+)전하인 점전하 P를 옮기며 고정한다. A와 B의 전하량의 크기는 서로 같고, C와 D의 전하량의 크기는 서로 같다. B, C는 양(+)전하이고 A, D는 음(−)전하이다. P가 $x=4d$에 있을 때, P에 작용하는 전기력은 0이다.

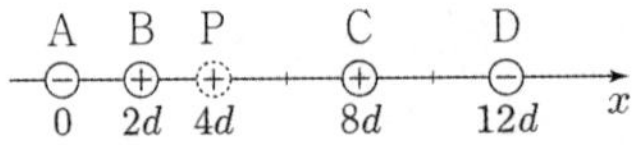

이에 대한 설명으로 옳은 것만을 〈보기〉에서 있는 대로 고른 것은? [3점]

보기

ㄱ. 전하량의 크기는 A가 C보다 크다.
ㄴ. P가 $x=d$에 있을 때, P에 작용하는 전기력의 방향은 $-x$방향이다.
ㄷ. P에 작용하는 전기력의 크기는 $x=6d$에 있을 때가 $x=10d$에 있을 때보다 크다.

① ㄱ ② ㄴ ③ ㄱ, ㄷ
④ ㄴ, ㄷ ⑤ ㄱ, ㄴ, ㄷ

4 ★☆☆

| 2024년 5월 교육청 5번 |

그림은 보어의 수소 원자 모형에서 양자수 n에 따른 에너지 준위의 일부와 전자의 전이 a, b, c를 나타낸 것이다. a, b, c에서 방출되는 광자 1개의 에너지는 각각 E_a, E_b, E_c이다.

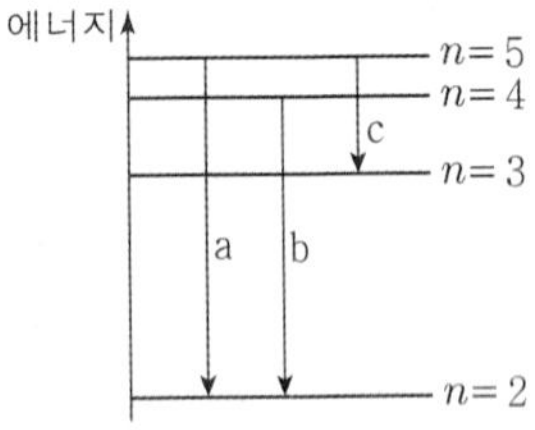

이에 대한 설명으로 옳은 것만을 〈보기〉에서 있는 대로 고른 것은? (단, 플랑크 상수는 h이다.)

보기

ㄱ. 방출되는 빛의 파장은 a에서가 b에서보다 짧다.
ㄴ. 전자가 $n=3$에서 $n=2$로 전이할 때 방출되는 빛의 진동수는 $\frac{E_a-E_c}{h}$이다.
ㄷ. $E_a<E_b+E_c$이다.

① ㄱ ② ㄷ ③ ㄱ, ㄴ
④ ㄴ, ㄷ ⑤ ㄱ, ㄴ, ㄷ

5 ★★★ | 2024년 5월 교육청 19번 |

그림 (가)는 점전하 A, B, C를 x축상에 고정시킨 것을, (나)는 (가)에서 A, C의 위치만을 바꾸어 고정시킨 것을 나타낸 것이다. (가)와 (나)에서 양(+)전하인 A에 작용하는 전기력의 방향은 같고, C에 작용하는 전기력의 방향은 $+x$방향으로 같다.

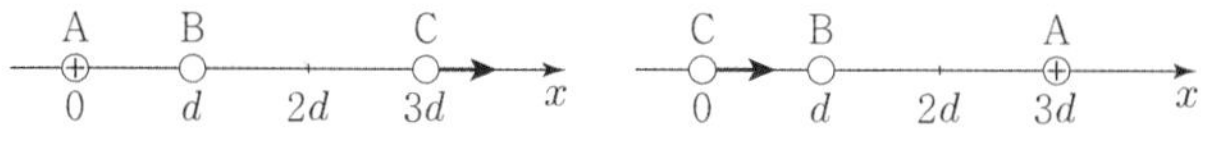

(가) (나)

이에 대한 설명으로 옳은 것만을 〈보기〉에서 있는 대로 고른 것은?

보기
ㄱ. C는 양(+)전하이다.
ㄴ. (가)에서 A에 작용하는 전기력의 방향은 $-x$방향이다.
ㄷ. (나)에서 B에 작용하는 전기력의 크기는 C에 작용하는 전기력의 크기보다 작다.

① ㄱ ② ㄴ ③ ㄱ, ㄷ ④ ㄴ, ㄷ ⑤ ㄱ, ㄴ, ㄷ

6 ★★☆ | 2024년 3월 교육청 13번 |

그림 (가)와 (나)는 각각 보어의 수소 원자 모형에서 양자수 n에 따른 전자의 궤도와 에너지 준위의 일부를 나타낸 것이다. a, b, c는 각각 2, 3, 4 중 하나이다.

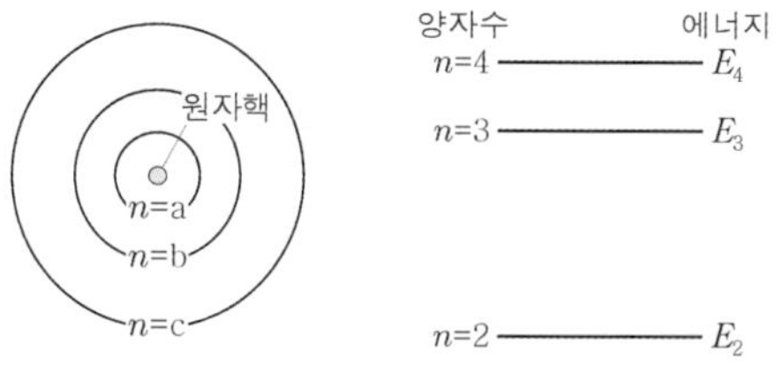

(가) (나)

이에 대한 옳은 설명만을 〈보기〉에서 있는 대로 고른 것은?

보기
ㄱ. a=4이다.
ㄴ. 전자는 E_2와 E_3 사이의 에너지를 가질 수 없다.
ㄷ. 전자가 n=b에서 n=c로 전이할 때 흡수 또는 방출하는 광자 1개의 에너지는 $|E_3-E_2|$이다.

① ㄴ ② ㄷ ③ ㄱ, ㄴ ④ ㄱ, ㄷ ⑤ ㄴ, ㄷ

7 ★★☆ | 2024년 3월 교육청 15번 |

그림 (가)는 점전하 A, B, C를 x축상에 고정시킨 모습을, (나)는 (가)에서 점전하의 위치만 서로 바꾼 모습을 나타낸 것이다. A, B는 모두 양(+)전하이며, (나)에서 A, B, C에 작용하는 전기력은 모두 0이다.

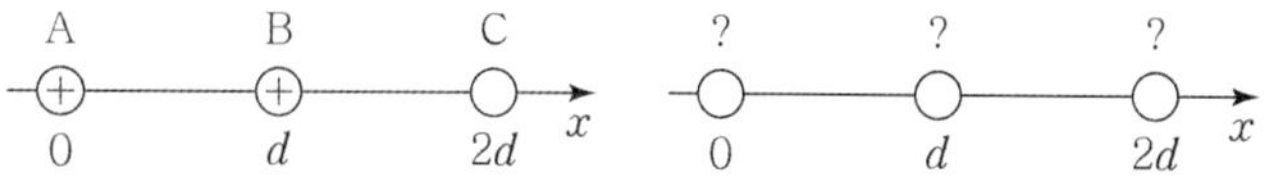

(가) (나)

이에 대한 옳은 설명만을 〈보기〉에서 있는 대로 고른 것은? [3점]

보기
ㄱ. C는 음(−)전하이다.
ㄴ. 전하량의 크기는 A와 B가 같다.
ㄷ. (가)에서 A에 작용하는 전기력의 방향은 $-x$방향이다.

① ㄱ ② ㄷ ③ ㄱ, ㄴ ④ ㄴ, ㄷ ⑤ ㄱ, ㄴ, ㄷ

8 ★☆☆ | 2023년 10월 교육청 9번 |

그림은 보어의 수소 원자 모형에서 양자수 n에 따른 에너지 준위의 일부와 전자의 전이 a~c를, 표는 a~c에서 방출된 적외선과 가시광선 중 가시광선의 파장과 진동수를 나타낸 것이다.

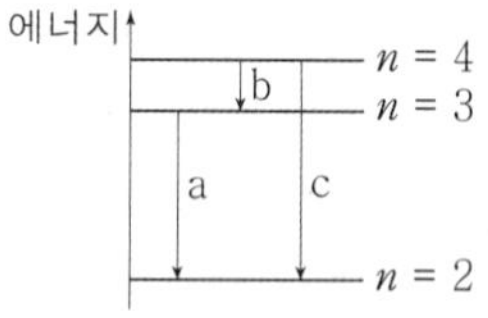

전이	파장	진동수
㉠	656 nm	f_1
㉡	486 nm	f_2

이에 대한 옳은 설명만을 〈보기〉에서 있는 대로 고른 것은?

보기
ㄱ. ㉠은 a이다.
ㄴ. 방출된 적외선의 진동수는 f_2-f_1이다.
ㄷ. 수소 원자의 에너지 준위는 불연속적이다.

① ㄴ ② ㄷ ③ ㄱ, ㄴ ④ ㄱ, ㄷ ⑤ ㄱ, ㄴ, ㄷ

9 ★★☆

| 2023년 10월 교육청 13번 |

그림 (가), (나)와 같이 점전하 A, B, C를 각각 x축상에 고정시켰다. (가)에서 B가 받는 전기력은 0이고, (가), (나)에서 C는 각각 $+x$방향과 $-x$방향으로 크기가 F_1, F_2인 전기력을 받는다. $F_1 > F_2$이다.

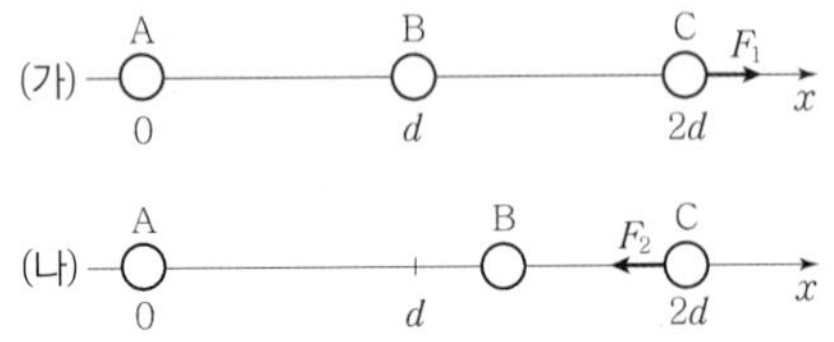

이에 대한 옳은 설명만을 〈보기〉에서 있는 대로 고른 것은? [3점]

보기
- ㄱ. 전하량의 크기는 A와 C가 같다.
- ㄴ. A와 B 사이에는 서로 당기는 전기력이 작용한다.
- ㄷ. (나)에서 A가 받는 전기력의 크기는 F_2보다 작다.

① ㄴ ② ㄷ ③ ㄱ, ㄴ
④ ㄱ, ㄷ ⑤ ㄱ, ㄴ, ㄷ

10 ★★★

| 2023년 7월 교육청 18번 |

그림 (가)는 점전하 A, B, C, D를 x축상에 고정시킨 것으로 A에 작용하는 전기력의 방향은 $-x$방향이고, B에 작용하는 전기력은 0이다. 그림 (나)는 (가)에서 A와 C의 위치만 서로 바꾸어 고정시킨 것으로 B에는 $+x$방향으로 크기가 F인 전기력이 작용한다. A, B, C의 전하량의 크기는 각각 $2Q$, Q, Q이다.

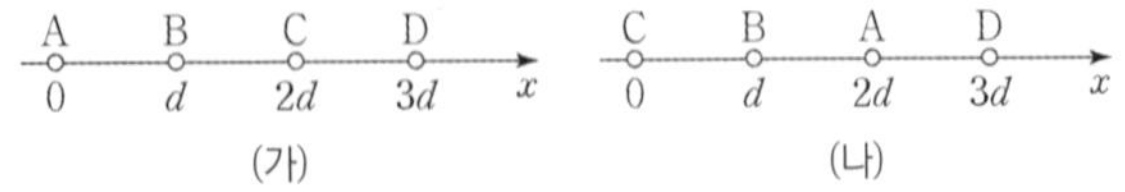

(가)에서 A에 작용하는 전기력의 크기는? [3점]

① $\frac{1}{36}F$ ② $\frac{1}{18}F$ ③ $\frac{1}{12}F$
④ $\frac{1}{9}F$ ⑤ $\frac{1}{6}F$

11 ★★☆

| 2023년 7월 교육청 14번 |

그림 (가)는 보어의 수소 원자 모형에서 양자수 n에 따른 에너지 준위의 일부와 전자의 전이 a, b를 나타낸 것이다. 그림 (나)는 a, b에서 방출되는 빛의 스펙트럼을 파장에 따라 나타낸 것이다. 전자가 $n=2$인 궤도에 있을 때 파장이 λ_1인 빛은 흡수하지 못하고 파장이 λ_2인 빛은 흡수한다.

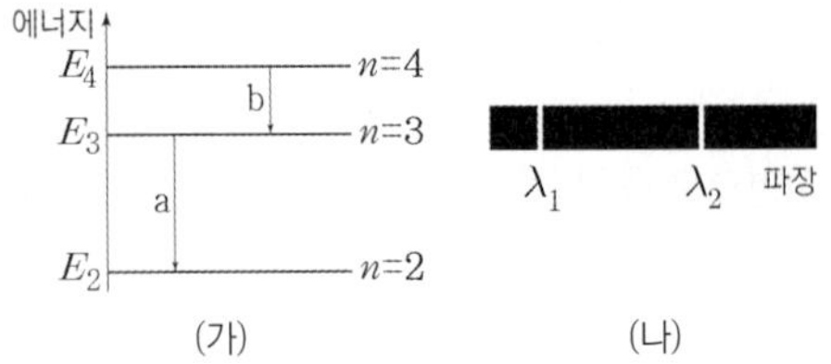

이에 대한 설명으로 옳은 것만을 〈보기〉에서 있는 대로 고른 것은?

보기
- ㄱ. $\lambda_1 > \lambda_2$이다.
- ㄴ. 전자가 $n=4$에서 $n=2$인 궤도로 전이할 때 방출되는 빛의 파장은 $\lambda_1 + \lambda_2$이다.
- ㄷ. 전자가 $n=3$인 궤도에 있을 때 파장이 λ_1인 빛을 흡수할 수 있다.

① ㄱ ② ㄴ ③ ㄱ, ㄷ
④ ㄴ, ㄷ ⑤ ㄱ, ㄴ, ㄷ

12 ★☆☆

| 2023년 4월 교육청 5번 |

그림은 보어의 수소 원자 모형에서 양자수 n에 따른 에너지 준위의 일부와 전자의 전이 a~c를, 표는 a, b에서 방출되는 광자 1개의 에너지를 나타낸 것이다.

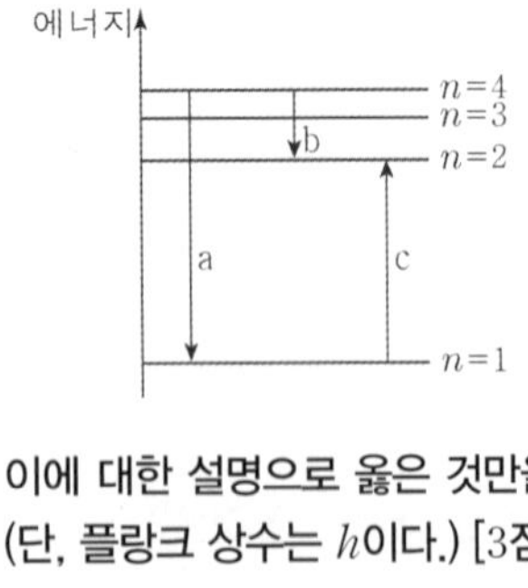

전이	방출되는 광자 1개의 에너지
a	$5E_0$
b	E_0

이에 대한 설명으로 옳은 것만을 〈보기〉에서 있는 대로 고른 것은? (단, 플랑크 상수는 h이다.) [3점]

보기
- ㄱ. a에서 방출되는 빛은 가시광선이다.
- ㄴ. 방출되는 빛의 파장은 a에서가 b에서보다 짧다.
- ㄷ. c에서 흡수되는 빛의 진동수는 $\frac{4E_0}{h}$이다.

① ㄱ ② ㄴ ③ ㄱ, ㄷ
④ ㄴ, ㄷ ⑤ ㄱ, ㄴ, ㄷ

13 ★★☆ | 2023년 4월 교육청 19번 |

그림 (가)와 같이 x축상에 점전하 A, B를 각각 $x=0$, $x=6d$에 고정하고, 양(+)전하인 점전하 C를 옮기며 고정한다. 그림 (나)는 (가)에서 C의 위치가 $d \le x \le 5d$인 구간에서 A, B에 작용하는 전기력을 나타낸 것이다.

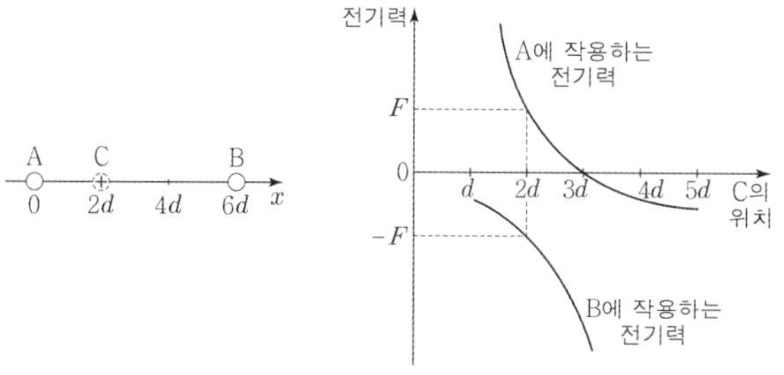

(가) (나)

이에 대한 설명으로 옳은 것만을 〈보기〉에서 있는 대로 고른 것은?

보기
ㄱ. A는 음(−)전하이다.
ㄴ. 전하량의 크기는 A와 C가 같다.
ㄷ. C를 $x=2d$에 고정할 때 A가 C에 작용하는 전기력의 크기는 F보다 작다.

① ㄱ ② ㄷ ③ ㄱ, ㄴ
④ ㄴ, ㄷ ⑤ ㄱ, ㄴ, ㄷ

14 ★★☆ | 2023년 3월 교육청 9번 |

그림은 보어의 수소 원자 모형에서 양자수 n에 따른 에너지 준위의 일부와 전자의 전이 a, b, c를 나타낸 것이다. a, b, c에서 흡수 또는 방출된 빛의 진동수는 각각 f_a, f_b, f_c이다.

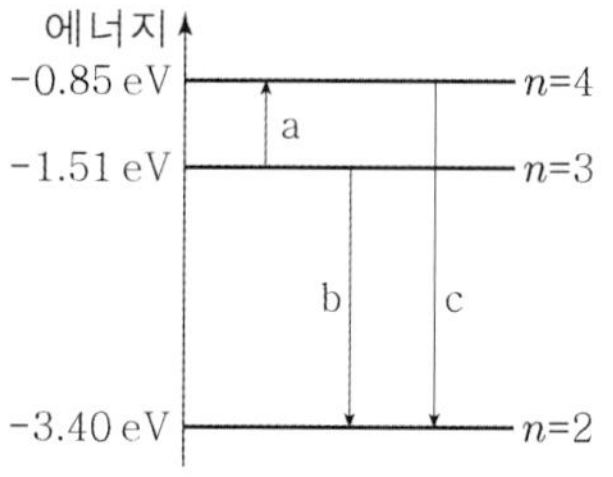

이에 대한 옳은 설명만을 〈보기〉에서 있는 대로 고른 것은?

보기
ㄱ. a에서 빛이 흡수된다.
ㄴ. $f_c = f_b - f_a$이다.
ㄷ. 전자가 원자핵으로부터 받는 전기력의 크기는 $n=4$일 때가 $n=3$일 때보다 크다.

① ㄱ ② ㄷ ③ ㄱ, ㄴ
④ ㄴ, ㄷ ⑤ ㄱ, ㄴ, ㄷ

15 ★★★ | 2023년 3월 교육청 18번 |

그림 (가)는 점전하 A, B, C, D를 x축상에 고정시킨 것으로 B는 음(−)전하이고 A와 C는 같은 종류의 전하이다. A에 작용하는 전기력의 방향은 $+x$방향이고, C에 작용하는 전기력은 0이다. 그림 (나)는 (가)에서 B만 제거한 것으로 D에 작용하는 전기력의 방향은 $+x$방향이다.

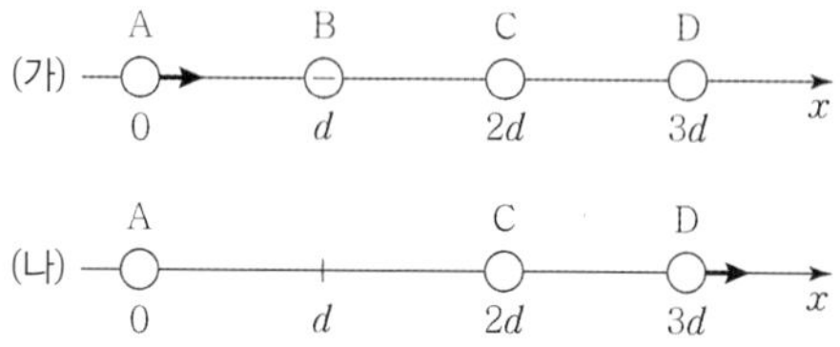

이에 대한 옳은 설명만을 〈보기〉에서 있는 대로 고른 것은?

보기
ㄱ. A는 양(+)전하이다.
ㄴ. 전하량의 크기는 B가 A보다 크다.
ㄷ. (나)의 D에 작용하는 전기력의 크기는 (나)의 A에 작용하는 전기력의 크기보다 크다.

① ㄱ ② ㄴ ③ ㄱ, ㄷ
④ ㄴ, ㄷ ⑤ ㄱ, ㄴ, ㄷ

16 ★☆☆ | 2022년 10월 교육청 12번 |

그림 (가)는 보어의 수소 원자 모형에서 양자수 n에 따른 전자의 에너지 준위 일부와 전자의 전이 a, b, c를 나타낸 것이다. 그림 (나)는 a, b, c에서 방출 또는 흡수하는 빛의 스펙트럼을 X와 Y로 순서 없이 나타낸 것이다.

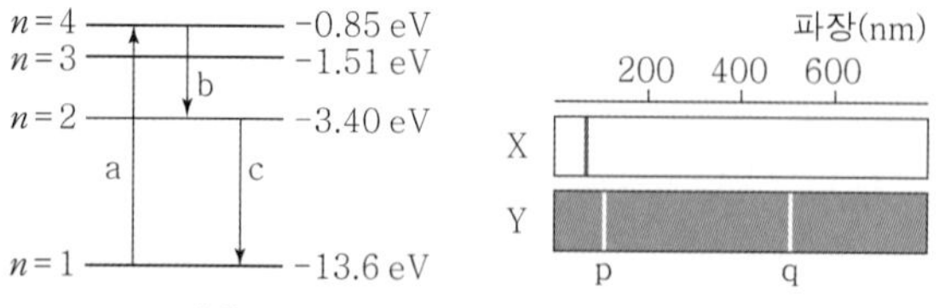

(가) (나)

이에 대한 옳은 설명만을 〈보기〉에서 있는 대로 고른 것은?

보기
ㄱ. X는 흡수 스펙트럼이다.
ㄴ. p는 b에서 나타나는 스펙트럼선이다.
ㄷ. 전자가 $n=2$와 $n=3$ 사이에서 전이할 때 흡수 또는 방출하는 광자 1개의 에너지는 1.51 eV이다.

① ㄱ ② ㄴ ③ ㄱ, ㄴ
④ ㄱ, ㄷ ⑤ ㄴ, ㄷ

17 ★★☆

| 2022년 7월 교육청 9번 |

그림 (가)는 보어의 수소 원자 모형에서 양자수 n에 따른 전자의 에너지 준위의 일부와 전자의 전이 과정에서 방출되는 빛 a, b, c를 나타낸 것이다. b는 가시광선에 해당하는 빛이고, a와 c는 순서 없이 자외선, 적외선에 해당하는 빛이다. a, b, c의 진동수는 각각 f_a, f_b, f_c이다. 그림 (나)는 전자기파의 일부를 파장에 따라 분류한 것이다. a와 c는 ㉠과 ㉡ 중 하나에 해당한다.

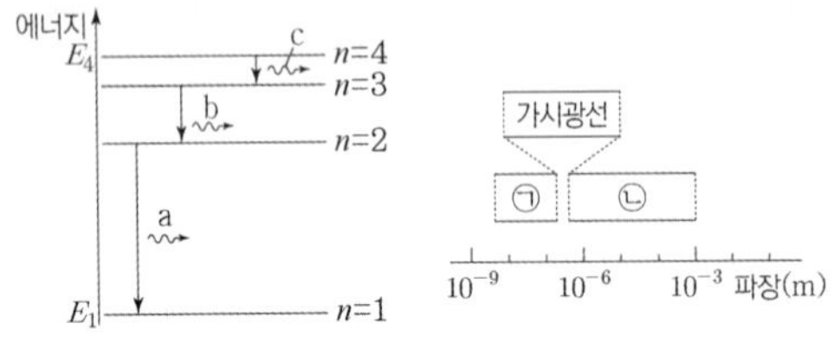

(가) (나)

이에 대한 설명으로 옳은 것만을 〈보기〉에서 있는 대로 고른 것은? (단, 플랑크 상수는 h이다.)

> 보기
> ㄱ. $f_a+f_b+f_c=\dfrac{E_4-E_1}{h}$이다.
> ㄴ. a는 (나)에서 ㉠에 해당한다.
> ㄷ. TV 리모컨에 사용되는 전자기파는 (나)에서 ㉡에 해당한다.

① ㄴ ② ㄷ ③ ㄱ, ㄴ
④ ㄱ, ㄷ ⑤ ㄱ, ㄴ, ㄷ

18 ★★☆

| 2022년 10월 교육청 17번 |

그림 (가)는 x축상에 점전하 A와 B를 각각 $x=0$과 $x=d$에 고정하고 점전하 C를 $x>d$인 범위에서 x축상에 놓은 모습을 나타낸 것이다. A와 C의 전하량의 크기는 같다. 그림 (나)는 C가 받는 전기력 F_C를 C의 위치 x에 따라 나타낸 것으로, 전기력은 $+x$방향일 때가 양(+)이다. (가)에서 C를 x축상의 $x=2d$에 고정하고 B를 $0<x<2d$인 범위에서 x축상에 놓을 때, B가 받는 전기력 F_B를 B의 위치 x에 따라 나타낸 것으로 가장 적절한 것은? [3점]

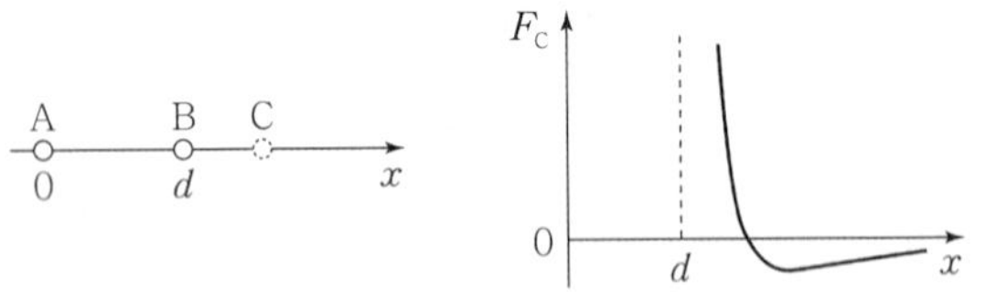

(가) (나)

①
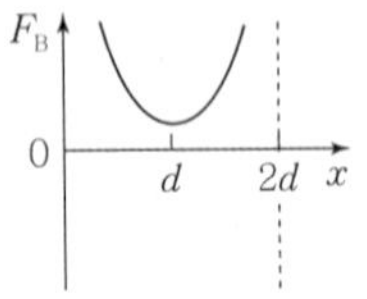

②
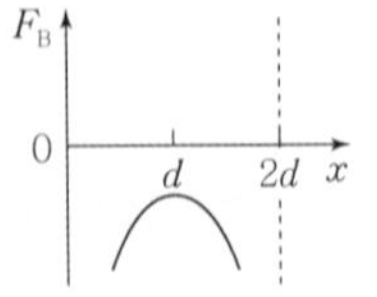

③
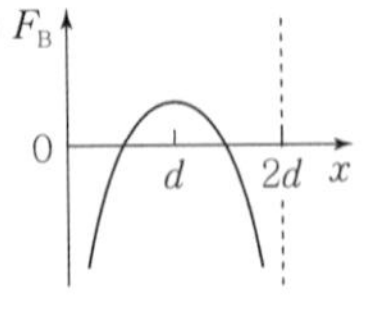

④
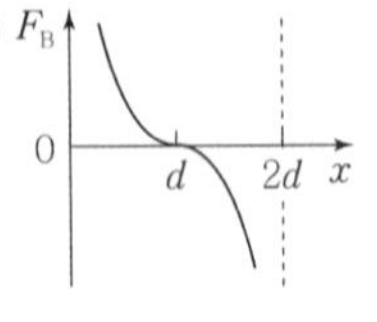

⑤
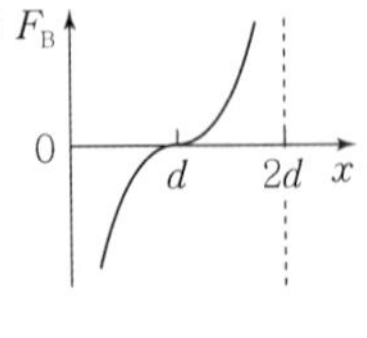

19 ★★☆

| 2022년 3월 교육청 7번 |

표는 보어의 수소 원자 모형에서 양자수 n에 따른 에너지의 일부를 나타낸 것이다.

양자수	에너지(eV)
n=2	−3.40
n=3	−1.51
n=4	−0.85

이에 대한 옳은 설명만을 〈보기〉에서 있는 대로 고른 것은? (단, 플랑크 상수는 h이다.)

> 보기
> ㄱ. 진동수가 $\dfrac{1.89\text{ eV}}{h}$인 빛은 가시광선이다.
> ㄴ. 전자와 원자핵 사이의 거리는 n=4일 때가 n=2일 때보다 크다.
> ㄷ. n=2인 궤도에 있는 전자는 에너지가 1.51eV인 광자를 흡수할 수 있다.

① ㄱ ② ㄷ ③ ㄱ, ㄴ
④ ㄴ, ㄷ ⑤ ㄱ, ㄴ, ㄷ

20 ★☆☆

| 2022년 7월 교육청 16번 |

표는 보어의 수소 원자 모형에서 양자수 n에 따른 핵과 전자 사이의 거리, 핵과 전자 사이에 작용하는 전기력의 크기, 전자의 에너지 준위를 나타낸 것이다.

양자수	거리	전기력의 크기	에너지 준위
n=1	r	㉠	$-4E_0$
n=2	$4r$	F	$-E_0$

이에 대한 설명으로 옳은 것만을 〈보기〉에서 있는 대로 고른 것은?

> 보기
> ㄱ. 전자의 에너지 준위는 양자화되어 있다.
> ㄴ. ㉠은 $4F$이다.
> ㄷ. 전자가 n=2에서 n=1로 전이할 때 방출되는 빛의 에너지는 $5E_0$이다.

① ㄱ ② ㄴ ③ ㄱ, ㄷ
④ ㄴ, ㄷ ⑤ ㄱ, ㄴ, ㄷ

21 ★★☆ | 2022년 4월 교육청 18번 |

그림 (가)와 같이 점전하 A, B, C를 x축상에 고정시켰더니 양(+)전하 B에 작용하는 전기력이 0이 되었다. 그림 (나)와 같이 (가)의 C를 $x=4d$로 옮겨 고정시켰더니 B에 작용하는 전기력의 방향이 $+x$방향이 되었다. C에 작용하는 전기력의 크기는 (가)에서가 (나)에서의 2배이다.

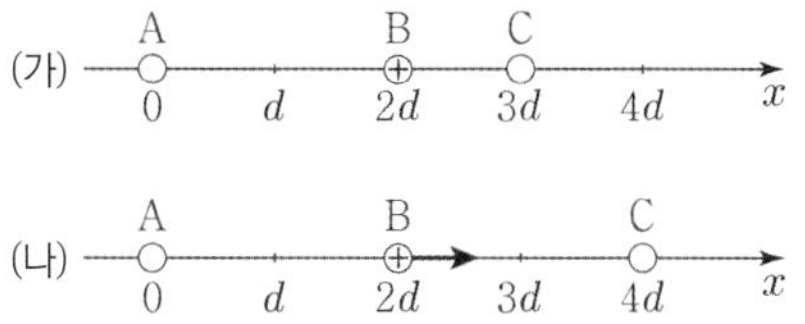

이에 대한 설명으로 옳은 것만을 <보기>에서 있는 대로 고른 것은? [3점]

보기
ㄱ. B와 C 사이에는 미는 전기력이 작용한다.
ㄴ. (나)에서 A에 작용하는 전기력의 크기는 C에 작용하는 전기력의 크기보다 작다.
ㄷ. 전하량의 크기는 A가 B보다 작다.

① ㄱ ② ㄴ ③ ㄱ, ㄷ
④ ㄴ, ㄷ ⑤ ㄱ, ㄴ, ㄷ

22 ★☆☆ | 2022년 4월 교육청 5번 |

그림은 보어의 수소 원자 모형에서 양자수 n에 따른 에너지 준위의 일부와 전자의 전이 a, b, c를 나타낸 것이다. a, b, c에서 방출되는 광자 1개의 에너지는 각각 E_a, E_b, E_c이다.

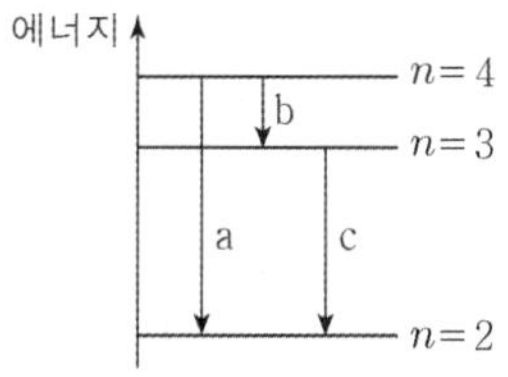

이에 대한 설명으로 옳은 것만을 <보기>에서 있는 대로 고른 것은? (단, 플랑크 상수는 h이다.)

보기
ㄱ. a에서 방출되는 빛의 진동수는 $\frac{E_a}{h}$이다.
ㄴ. 방출되는 빛의 파장은 a에서가 c에서보다 짧다.
ㄷ. $E_a=E_b+E_c$이다.

① ㄱ ② ㄷ ③ ㄱ, ㄴ
④ ㄴ, ㄷ ⑤ ㄱ, ㄴ, ㄷ

23 ★★☆ | 2022년 3월 교육청 19번 |

그림 (가), (나)와 같이 점전하 A, B, C를 x축상에 고정시키고, 점전하 P를 각각 $x=-d$와 $x=d$에 놓았다. (가)와 (나)에서 P가 받는 전기력은 모두 0이다. A는 양(+)전하이고, A와 C는 전하량의 크기가 같다.

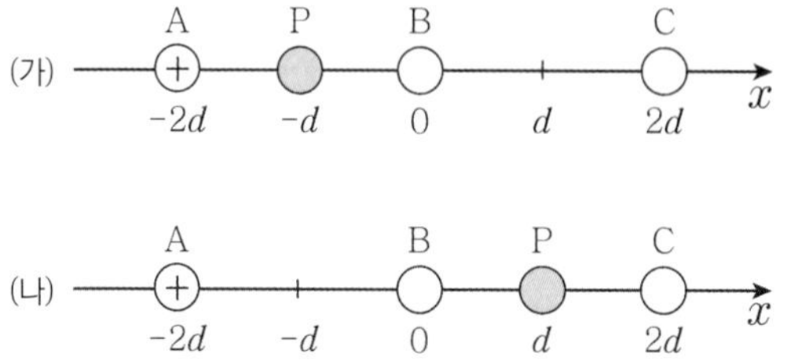

이에 대한 옳은 설명만을 <보기>에서 있는 대로 고른 것은? [3점]

보기
ㄱ. A와 C가 P에 작용하는 전기력의 합력의 방향은 (가)에서와 (나)에서가 같다.
ㄴ. C는 양(+)전하이다.
ㄷ. 전하량의 크기는 A가 B보다 작다.

① ㄱ ② ㄴ ③ ㄱ, ㄷ
④ ㄴ, ㄷ ⑤ ㄱ, ㄴ, ㄷ

24 ★★☆ | 2021년 10월 교육청 13번 |

그림 (가)와 같이 점전하 A와 B를 x축상에 고정시키고 점전하 P를 x축상에 놓았다. A, B는 각각 양(+)전하, 음(−)전하이다. 그림 (나)는 (가)에서 A, B가 각각 P에 작용하는 전기력의 크기 F_A, F_B를 P의 위치에 따라 나타낸 것이다. P의 위치가 $x=d_2$일 때, P에 작용하는 전기력의 방향은 $+x$방향이다.

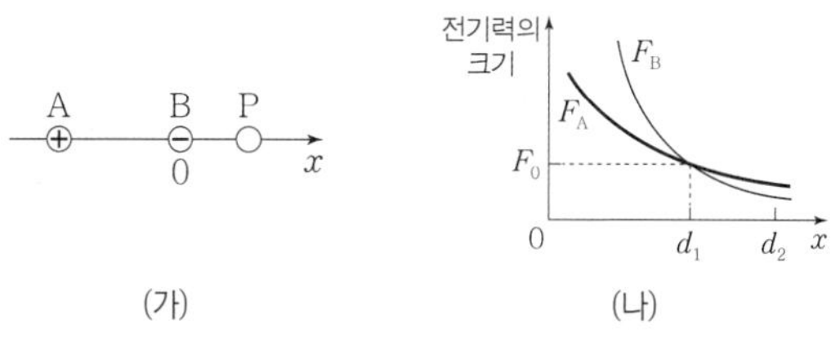

이에 대한 옳은 설명만을 <보기>에서 있는 대로 고른 것은? [3점]

보기
ㄱ. P는 양(+)전하이다.
ㄴ. 전하량의 크기는 A가 B보다 크다.
ㄷ. P의 위치가 $x=d_1$일 때, P에 작용하는 전기력의 크기는 $2F_0$이다.

① ㄴ ② ㄷ ③ ㄱ, ㄴ
④ ㄱ, ㄷ ⑤ ㄱ, ㄴ, ㄷ

25 ★★☆

| 2021년 10월 교육청 8번 |

표는 보어의 수소 원자 모형에서 전자가 양자수 $n=2$로 전이할 때 방출된 빛 A, B, C의 파장을 나타낸 것이다. B는 전자가 $n=4$에서 $n=2$로 전이할 때 방출된 빛이다.

빛	파장(nm)
A	656
B	486
C	434

이에 대한 옳은 설명만을 ⟨보기⟩에서 있는 대로 고른 것은?

보기
ㄱ. 광자 1개의 에너지는 B가 C보다 크다.
ㄴ. A는 전자가 $n=3$에서 $n=2$로 전이할 때 방출된 빛이다.
ㄷ. 수소 원자의 에너지 준위는 불연속적이다.

① ㄱ ② ㄷ ③ ㄱ, ㄴ
④ ㄴ, ㄷ ⑤ ㄱ, ㄴ, ㄷ

26 ★★★

| 2021년 7월 교육청 18번 |

그림은 점전하 A, B, C를 각각 $x=-d$, $x=0$, $x=d$에 고정시켜 놓은 모습을 나타낸 것이다. 표는 A, B의 전하량과 A와 B에 작용하는 전기력의 방향과 크기를 나타낸 것이다.

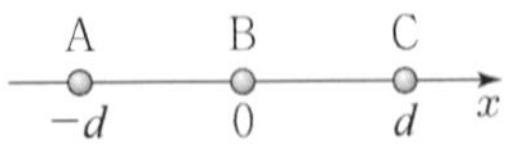

점전하	전하량	전기력의 방향	전기력의 크기
A	$+Q$	$-x$	F
B	$+Q$	$+x$	$6F$

C의 전하량의 크기는? [3점]

① Q ② $2Q$ ③ $3Q$
④ $4Q$ ⑤ $5Q$

27 ★★☆

| 2021년 7월 교육청 11번 |

그림은 보어의 수소 원자 모형에서 양자수 n에 따른 전자 궤도의 일부와 전자가 전이하는 과정 P, Q, R를 나타낸 것이다. P, Q, R에서 방출되는 빛의 파장은 각각 λ_1, λ_2, λ_3이다.

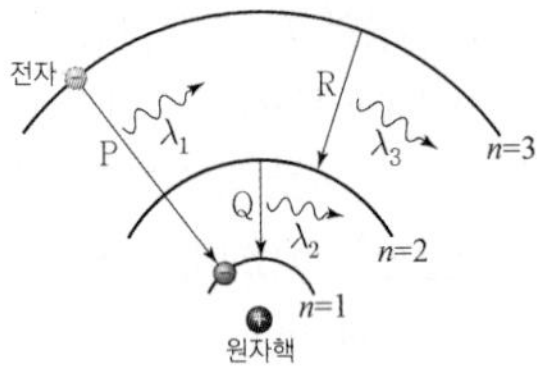

이에 대한 설명으로 옳은 것만을 ⟨보기⟩에서 있는 대로 고른 것은? (단, 빛의 속력은 c이다.)

보기
ㄱ. $\lambda_1<\lambda_3$이다.
ㄴ. P에서 방출되는 빛의 진동수는 $\frac{c}{\lambda_1}$이다.
ㄷ. $\lambda_3=|\lambda_1-\lambda_2|$이다.

① ㄱ ② ㄷ ③ ㄱ, ㄴ
④ ㄴ, ㄷ ⑤ ㄱ, ㄴ, ㄷ

28 ★★☆

| 2021년 4월 교육청 19번 |

그림 (가)와 같이 점전하 A, B, C가 각각 $x=0$, $x=d$, $x=2d$에 고정되어 있다. 양(+)전하 B에는 $+x$방향으로 크기가 F인 전기력이 작용한다. 그림 (나)와 같이 (가)의 C를 $x=4d$로 옮겨 고정시켰더니 B에는 $+x$방향으로 크기가 $2F$인 전기력이 작용한다.

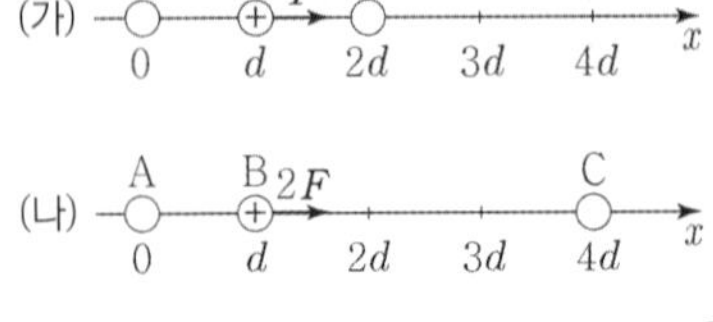

A와 C의 전하량의 크기를 각각 Q_A, Q_C라 할 때, $\frac{Q_A}{Q_C}$는? [3점]

① $\frac{10}{9}$ ② $\frac{13}{9}$ ③ $\frac{5}{3}$
④ $\frac{17}{9}$ ⑤ $\frac{20}{9}$

29 ★☆☆ | 2021년 4월 교육청 9번 |

그림은 보어의 수소 원자 모형에서 양자수 n에 따른 에너지 준위의 일부와 전자의 전이 A, B, C를 나타낸 것이다.

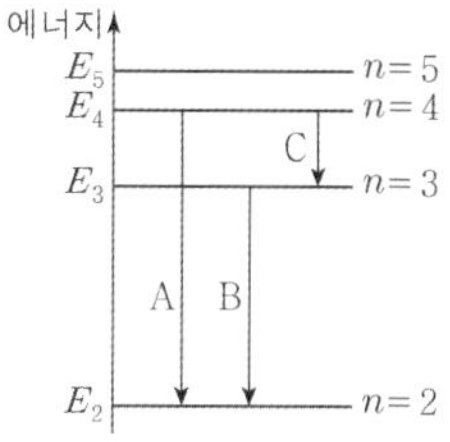

이에 대한 설명으로 옳은 것만을 〈보기〉에서 있는 대로 고른 것은? (단, h는 플랑크 상수이다.)

보기

ㄱ. 방출되는 빛의 파장은 A에서가 B에서보다 길다.
ㄴ. B에서 방출되는 광자 1개의 에너지는 E_3-E_2이다.
ㄷ. C에서 방출되는 빛의 진동수는 $\frac{E_4-E_3}{h}$이다.

① ㄱ ② ㄷ ③ ㄱ, ㄴ
④ ㄴ, ㄷ ⑤ ㄱ, ㄴ, ㄷ

30 ★★☆ | 2021년 3월 교육청 19번 |

그림 (가)와 같이 x축상에 점전하 A, B, C를 같은 간격으로 고정시켰더니, 음(−)전하 B는 $+x$ 방향으로 전기력을 받고, C가 받는 전기력은 0이 되었다. 그림 (나)와 같이 (가)에서 C를 점전하 D로 바꾸어 같은 지점에 고정시켰더니 A가 받는 전기력이 0이 되었다.

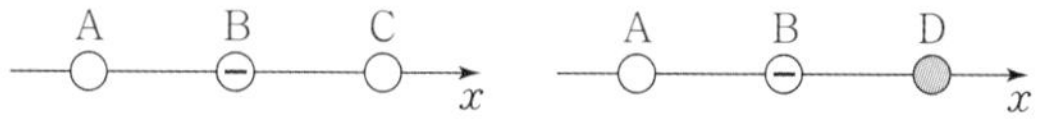

(가) (나)

이에 대한 옳은 설명만을 〈보기〉에서 있는 대로 고른 것은? [3점]

보기

ㄱ. A는 음(−)전하이다.
ㄴ. (가)에서 A가 받는 전기력의 방향은 $-x$ 방향이다.
ㄷ. 전하량의 크기는 C가 D보다 작다.

① ㄱ ② ㄴ ③ ㄱ, ㄴ
④ ㄱ, ㄷ ⑤ ㄴ, ㄷ

31 ★★☆ | 2021년 3월 교육청 11번 |

그림 (가)는 수소 기체 방전관에 전압을 걸었더니 수소 기체가 에너지를 흡수한 후 빛이 방출되는 모습을, (나)는 보어의 수소 원자 모형에서 양자수 $n=2$, 3, 4인 에너지 준위와 (가)에서 일어날 수 있는 전자의 전이 과정 a, b, c를 나타낸 것이다. b, c에서 방출하는 빛의 파장은 각각 λ_b, λ_c이다.

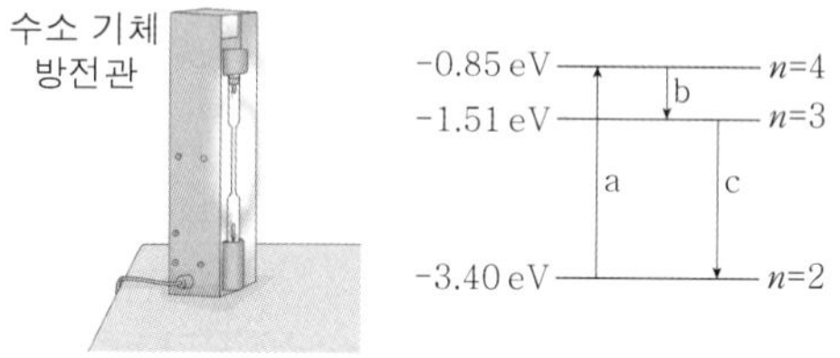

(가) (나)

이에 대한 옳은 설명만을 〈보기〉에서 있는 대로 고른 것은?

보기

ㄱ. (가)에서 방출된 빛의 스펙트럼은 선 스펙트럼이다.
ㄴ. (나)의 a는 (가)에서 수소 기체가 에너지를 흡수할 때 일어날 수 있는 과정이다.
ㄷ. $\lambda_b>\lambda_c$이다.

① ㄱ ② ㄷ ③ ㄱ, ㄴ
④ ㄴ, ㄷ ⑤ ㄱ, ㄴ, ㄷ

32 ★☆☆ | 2020년 10월 교육청 10번 |

그림 (가)는 보어의 수소 원자 모형에서 양자수 $n=2$, 3, 4인 전자의 궤도 일부와 전자의 전이 a, b를 나타낸 것이다. 그림 (나)는 수소 기체의 스펙트럼이다. ㉡은 a에 의해 나타난 스펙트럼선이다.

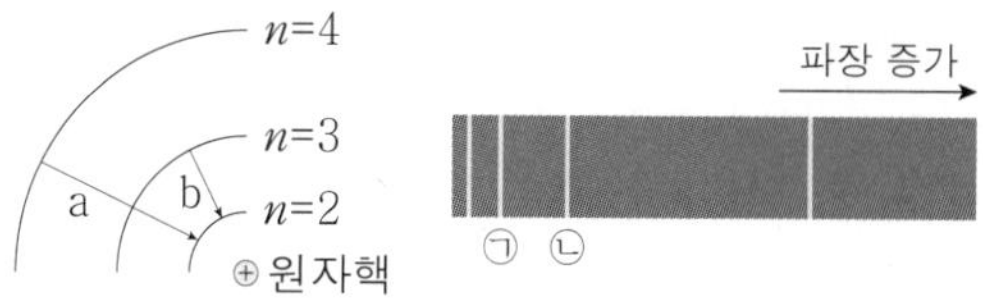

(가) (나)

이에 대한 옳은 설명만을 〈보기〉에서 있는 대로 고른 것은? [3점]

보기

ㄱ. 방출되는 광자 1개의 에너지는 a에서가 b에서보다 크다.
ㄴ. ㉠은 b에 의해 나타난 스펙트럼선이다.
ㄷ. 전자가 원자핵으로부터 받는 전기력의 크기는 $n=4$일 때가 $n=2$일 때보다 크다.

① ㄱ ② ㄴ ③ ㄱ, ㄷ
④ ㄴ, ㄷ ⑤ ㄱ, ㄴ, ㄷ

02 에너지띠와 반도체

A 고체의 에너지띠

1. 고체의 에너지띠 : 고체는 수많은 원자들이 가깝게 위치하기 때문에 미세한 차이를 갖는 에너지 준위들이 뭉쳐 하나의 넓은 띠와 같은 연속적인 에너지띠가 형성된다.

2. 고체의 에너지띠 구조

(1) **원자가 띠** : 절대 온도 0 K일 때 전자가 채워진 에너지띠 중 원자의 가장 바깥쪽에 있는 원자가 전자가 차지하는 에너지띠

(2) **전도띠** : 원자가 띠 위의 비어 있는 에너지띠로, 원자가 띠에 있던 전자는 에너지를 흡수하여 전도띠로 전이할 수 있다.

(3) **띠 간격** : 전자가 존재할 수 없는 에너지띠 사이의 영역으로, 고체의 전기 전도도를 결정한다.

3. 에너지띠와 전자의 이동 : 원자가 띠에 전자가 모두 채워져 있는 경우 전자는 자유롭게 이동하지 못하지만 비어 있는 전도띠로 옮겨 가면 자유 전자가 되어 전류를 흐르게 할 수 있다.

(1) **자유 전자** : 원자가 띠에 있는 전자가 띠 간격보다 더 큰 에너지를 얻어 전도띠로 전이된 전자로, 원자 사이를 자유롭게 옮겨 다닌다.

(2) **양공** : 전자가 원자가 띠에서 전도띠로 전이될 때 원자가 띠에 생기는 빈 자리로, (+)전하의 성질을 띤다.

4. 전기 전도도와 고체의 종류 : 원자가 띠와 전도띠 사이의 띠 간격이 넓으면 전자가 전도띠로 전이하기 어려워 자유 전자가 적으므로 전기 전도성이 좋지 않다.

구분	도체	절연체(부도체)	반도체
에너지띠	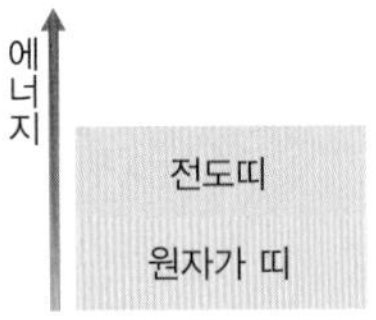	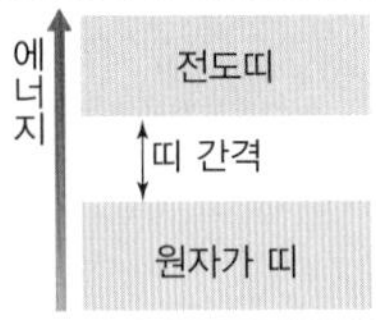	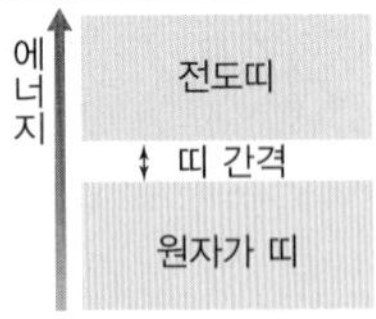
전자 이동과 전기 전도성	원자가 띠와 전도띠 사이의 띠 간격이 없어 약한 전기장에서도 전자가 쉽게 이동한다. ➡ 전기 전도성이 좋다.	띠 간격이 커 전자의 전이가 어렵다. ➡ 전기 전도성이 좋지 않다.	적당한 에너지를 흡수하면 전자가 전도띠로 전이할 수 있다. ➡ 도체와 절연체의 중간 정도의 전기 전도성을 갖는다.
물질	구리, 은 등	다이아몬드, 석영, 유리 등	규소(Si), 저마늄(Ge)

B 반도체

1. 반도체 도핑 : 규소(Si)나 저마늄(Ge) 같은 순수 반도체(고유 반도체)에 불순물을 첨가하여 전기 전도성을 좋게 만드는 과정

2. p형 반도체와 n형 반도체

p형 반도체

순수한 반도체에 원자가 전자가 3개인 원소 붕소(B), 알루미늄(Al), 갈륨(Ga), 인듐(In)을 첨가하여 만든다.

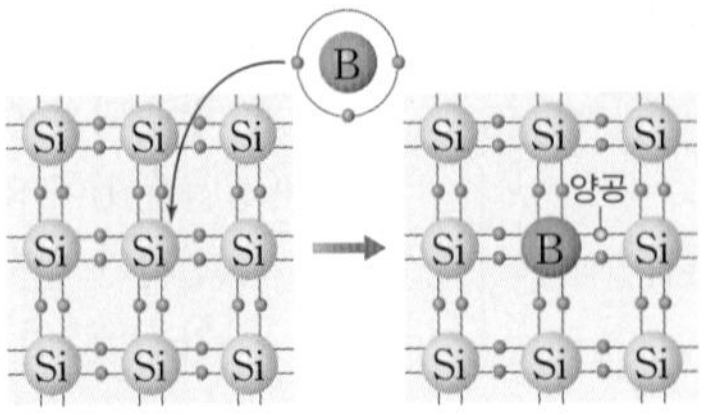

- 양공이 만들어진다.
- 양공이 주로 전하를 운반한다.

n형 반도체

순수한 반도체에 원자가 전자가 5개인 원소 비소(As), 인(P), 안티모니(Sb)를 첨가하여 만든다.

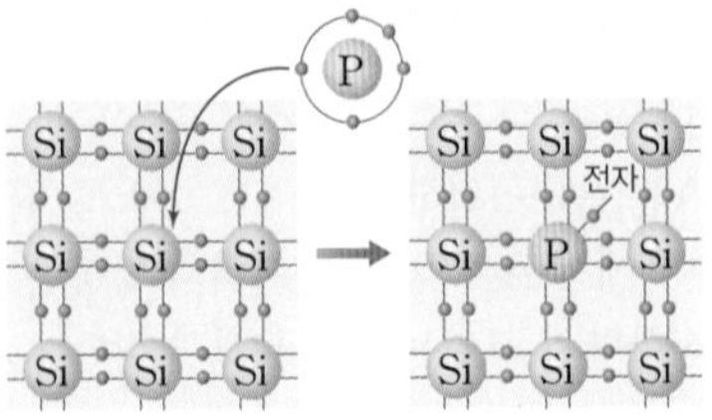

- 공유 결합에 참여하지 못하는 전자가 존재한다.
- 전자가 주로 전하를 운반한다.

출제 tip

에너지띠의 구조

고체의 에너지띠 구조에 따른 전기 전도도의 차이를 비교하는 문제가 출제된다.

고체의 에너지띠 구조

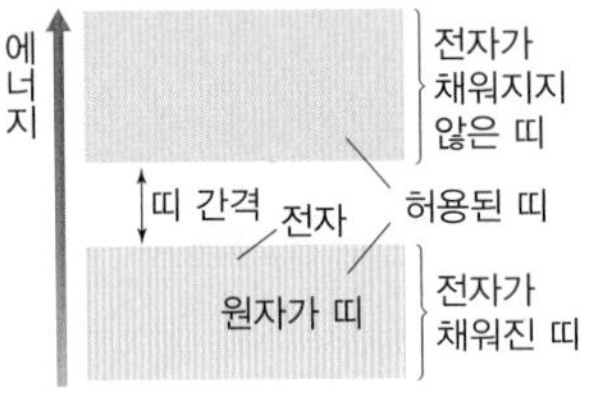

에너지띠와 전기 전도성

전도띠로 전이한 전자는 쉽게 이동할 수 있다. 또, 원자가 띠의 전자는 빈자리(양공)로 이동할 수 있으므로 전류가 흐른다.

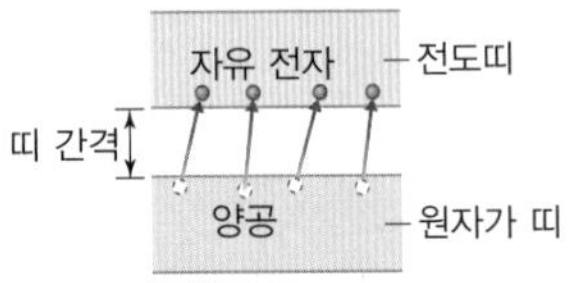

비저항(ρ)

$$\rho = \frac{RA}{l} \ (\Omega \cdot \mathrm{m})$$

A : 단면적, l : 물체의 길이, R : 물체의 저항

전기 전도도(σ)

물질의 전기 전도성을 정량적으로 나타낸 물리량으로, 외부 전압에 의해 고체에서 전자가 자유롭게 이동할 수 있는 정도를 말한다. (비저항의 역수)

$$\sigma = \frac{1}{\rho} = \frac{l}{RA} \ (\Omega^{-1} \cdot \mathrm{m}^{-1})$$

순수 반도체

순수 반도체는 원자가 전자가 4개이며, 이웃한 원자끼리 공유 결합을 한다.

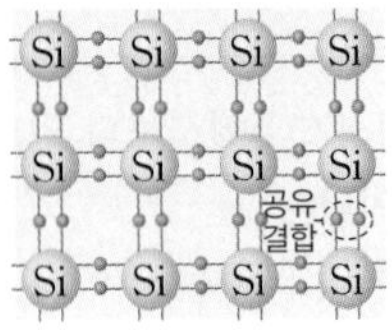

C 다이오드

1. **p−n 접합 다이오드** : p형 반도체와 n형 반도체를 접합하여 만든 반도체 소자

(1) **순방향 전압과 역방향 전압**

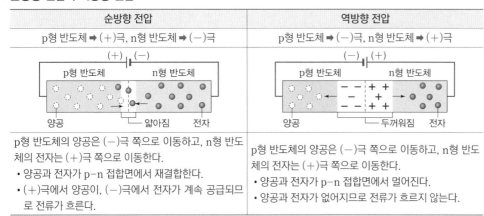

순방향 전압	역방향 전압
p형 반도체 ➡ (+)극, n형 반도체 ➡ (−)극	p형 반도체 ➡ (−)극, n형 반도체 ➡ (+)극
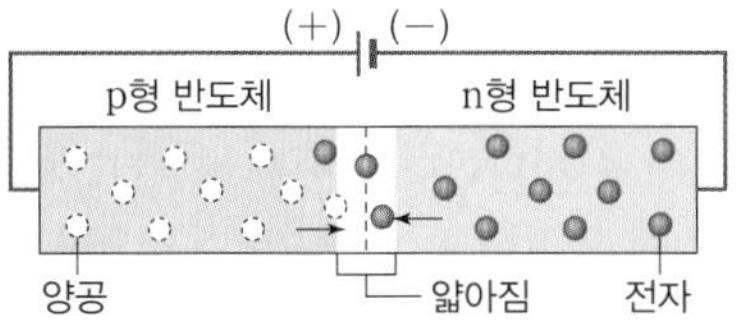	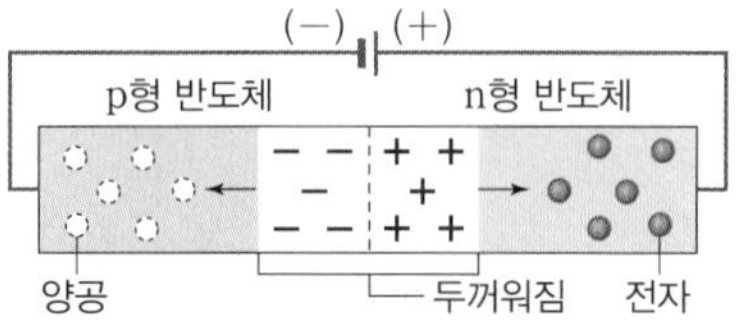
p형 반도체의 양공은 (−)극 쪽으로 이동하고, n형 반도체의 전자는 (+)극 쪽으로 이동한다. • 양공과 전자가 p−n 접합면에서 재결합한다. • (+)극에서 양공이, (−)극에서 전자가 계속 공급되므로 전류가 흐른다.	p형 반도체의 양공은 (−)극 쪽으로 이동하고, n형 반도체의 전자는 (+)극 쪽으로 이동한다. • 양공과 전자가 p−n 접합면에서 멀어진다. • 양공과 전자가 없어지므로 전류가 흐르지 않는다.

(2) **정류 작용** : 다이오드는 p형 반도체에서 n형 반도체 방향으로만 전류가 흐르므로 교류 신호를 직류 신호로 변환하는 정류 작용을 한다.

2. **발광 다이오드(LED)** : p−n 접합면에서 전자와 양공이 결합할 때 띠 간격에 해당하는 에너지를 갖는 빛을 방출하는 다이오드로, 띠 간격에 따라 특정한 색의 빛을 방출한다.

실전 자료 p−n 접합 다이오드

그림 (가)는 규소(Si)에 붕소(B)를 첨가한 반도체 X와 규소(Si)에 비소(As)를 첨가한 반도체 Y를 나타낸 것이다. 그림 (나)는 X, Y를 접합하여 만든 p−n 접합 다이오드를 이용하여 구성한 회로를 나타낸 것이다.

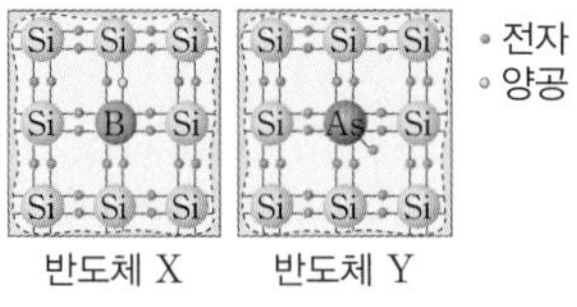

(가)

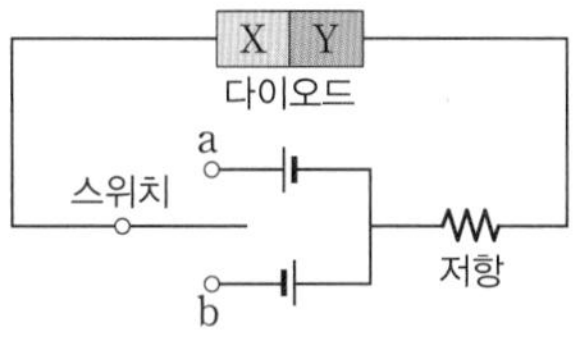

(나)

❶ **X와 Y의 반도체 종류**
X는 규소(Si)에 붕소(B)를 첨가하여 양공이 형성되었으므로 p형 반도체이다. Y는 규소(Si)에 비소(As)를 첨가하여 공유 결합에 참여하지 않는 여분의 전자가 있으므로 n형 반도체이다.

❷ **p형 반도체와 n형 반도체의 특성**
p형 반도체는 원자가 띠의 양공이 주로 전하를 운반하고, n형 반도체는 전도띠의 전자가 주로 전하를 운반한다.

❸ **다이오드에 걸리는 전압**
X가 p형 반도체이고, Y가 n형 반도체이므로 스위치를 a에 연결하면 다이오드에는 순방향 전압이 걸려 저항에 전류가 흐르고, 스위치를 b에 연결하면 다이오드에는 역방향 전압이 걸려 저항에 전류가 흐르지 않는다. 순방향 전압이 걸리면 X의 양공과 Y의 전자는 p−n 접합면 쪽으로 이동하여 결합한다.

출제 tip
p형 반도체와 n형 반도체
p형 반도체와 n형 반도체의 특징과 회로에서 p−n 접합 다이오드의 작용 원리를 묻는 문제가 출제된다.

LED의 특징
• 반도체의 띠 간격에 따라 방출되는 빛의 색이 다르다.
• 전류가 흐를 때 빛이 나는 다이오드로, 신호등, 조명 장치, 전조등, 영상 표시 장치 등에 이용된다.

1 ★☆☆ | 2024년 10월 교육청 3번 |

그림 (가)는 고체 A, B의 에너지띠 구조를, (나)는 A, B를 이용하여 만든 집게 달린 전선의 단면을 나타낸 것이다. A와 B는 각각 도체와 절연체 중 하나이고, (가)에서 에너지띠의 색칠된 부분까지 전자가 채워져 있다.

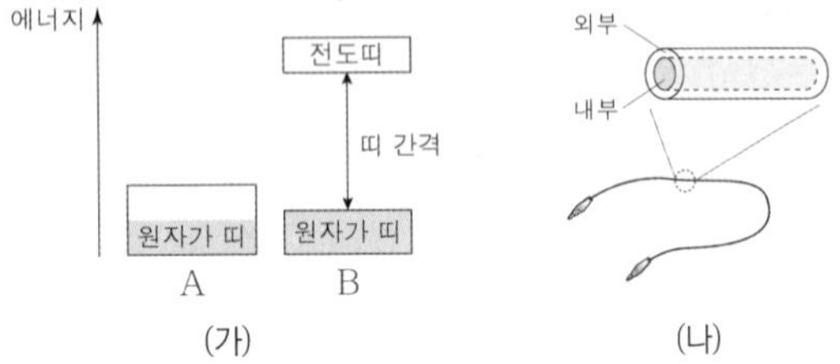

(가) (나)

이에 대한 옳은 설명만을 〈보기〉에서 있는 대로 고른 것은?

보기
ㄱ. A는 도체이다.
ㄴ. B의 원자가 띠에 있는 전자의 에너지 준위는 모두 같다.
ㄷ. (나)에서 전선의 내부는 A, 외부는 B로 이루어져 있다.

① ㄱ ② ㄴ ③ ㄱ, ㄷ
④ ㄴ, ㄷ ⑤ ㄱ, ㄴ, ㄷ

2 ★☆☆ | 2024년 10월 교육청 14번 |

그림은 동일한 직류 전원 2개, 스위치 S, p-n 접합 다이오드 A, A와 동일한 다이오드 3개, 저항, 검류계로 회로를 구성한 모습을 나타낸 것이다. X는 p형 반도체와 n형 반도체 중 하나이다. 표는 S를 a 또는 b에 연결했을 때 검류계를 관찰한 결과이다.

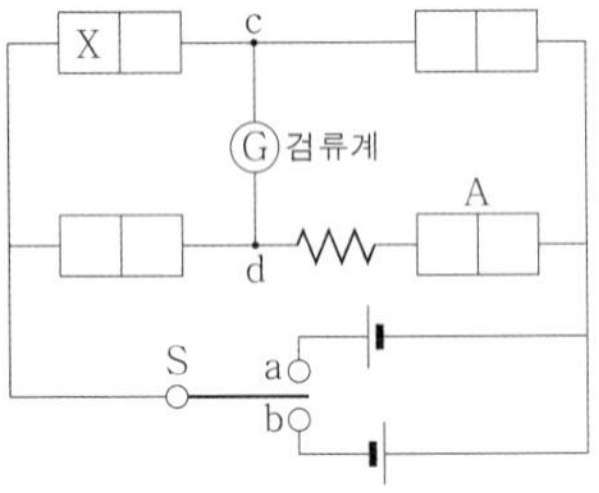

S	검류계
a에 연결	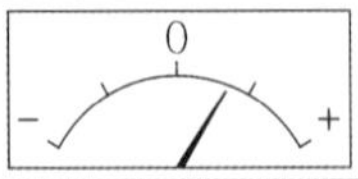
b에 연결	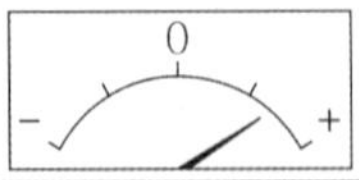

이에 대한 옳은 설명만을 〈보기〉에서 있는 대로 고른 것은? [3점]

보기
ㄱ. X는 p형 반도체이다.
ㄴ. S를 a에 연결하면 전류는 c → Ⓖ → d 방향으로 흐른다.
ㄷ. S를 b에 연결하면 A에는 순방향 전압이 걸린다.

① ㄱ ② ㄷ ③ ㄱ, ㄴ
④ ㄴ, ㄷ ⑤ ㄱ, ㄴ, ㄷ

3 ★☆☆ | 2024년 7월 교육청 11번 |

다음은 p-n 접합 발광 다이오드의 특성을 알아보는 실험이다.

[실험 과정]
(가) 그림과 같이 동일한 직류 전원 2개, p-n 접합 발광 다이오드 (LED) A, A와 동일한 LED 4개, 저항, 스위치 S_1, S_2로 회로를 구성한다. X는 p형 반도체와 n형 반도체 중 하나이다.

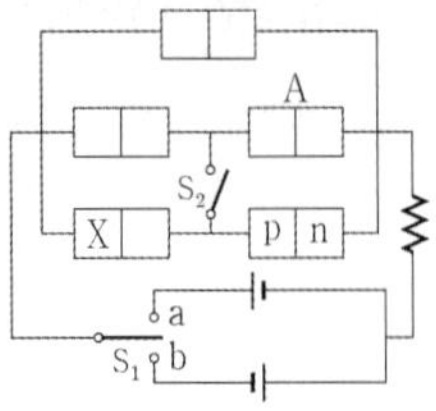

(나) S_1을 a 또는 b에 연결하고, S_2를 열고 닫으며 LED를 관찰한다.

[실험 결과]

S_1	S_2	빛이 방출된 LED의 개수
a에 연결	열림	0
	닫힘	㉠
b에 연결	열림	1
	닫힘	3

이에 대한 설명으로 옳은 것만을 〈보기〉에서 있는 대로 고른 것은? [3점]

보기
ㄱ. X는 p형 반도체이다.
ㄴ. S_1을 b에 연결하고 S_2를 닫았을 때, A에는 순방향 전압이 걸린다.
ㄷ. ㉠은 '2'이다.

① ㄱ ② ㄴ ③ ㄱ, ㄷ
④ ㄴ, ㄷ ⑤ ㄱ, ㄴ, ㄷ

4 ★★☆ | 2024년 5월 교육청 16번 |

다음은 p-n 접합 다이오드의 특성을 알아보는 실험이다.

[실험 과정]

(가) 그림과 같이 p-n 접합 다이오드 A, A와 동일한 다이오드 3개, 직류 전원 2개, 스위치 S_1, S_2, 전구로 회로를 구성한다. X는 p형 반도체와 n형 반도체 중 하나이다.

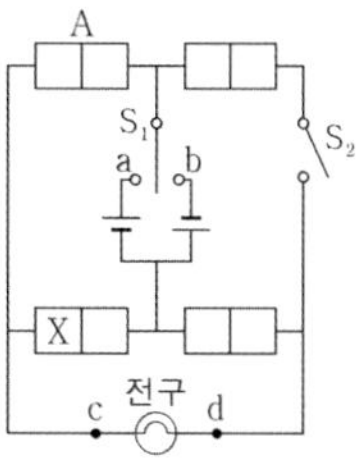

(나) S_1을 a 또는 b에 연결하고, S_2를 열고 닫으며 전구를 관찰한다.

[실험 결과]

S_1	S_2	전구
a에 연결	열기	×
	닫기	○
b에 연결	열기	○
	닫힘	○

(○ : 켜짐, × : 켜지지 않음)

이에 대한 설명으로 옳은 것만을 〈보기〉에서 있는 대로 고른 것은? [3점]

보기

ㄱ. X는 p형 반도체이다.

ㄴ. S_1을 a에 연결하고 S_2를 닫았을 때, 전류는 d → 전구 → c로 흐른다.

ㄷ. S_1을 b에 연결하고 S_2를 열었을 때, A의 n형 반도체에 있는 전자는 p-n 접합면 쪽으로 이동한다.

① ㄱ ② ㄷ ③ ㄱ, ㄴ
④ ㄴ, ㄷ ⑤ ㄱ, ㄴ, ㄷ

5 ★★☆ | 2024년 3월 교육청 7번 |

그림과 같이 동일한 p-n 접합 발광 다이오드(LED) A~E와 직류 전원, 저항, 스위치 S로 회로를 구성하였다. S를 단자 a에 연결하면 2개의 LED에서, 단자 b에 연결하면 5개의 LED에서 빛이 방출된다. X는 p형 반도체와 n형 반도체 중 하나이다.

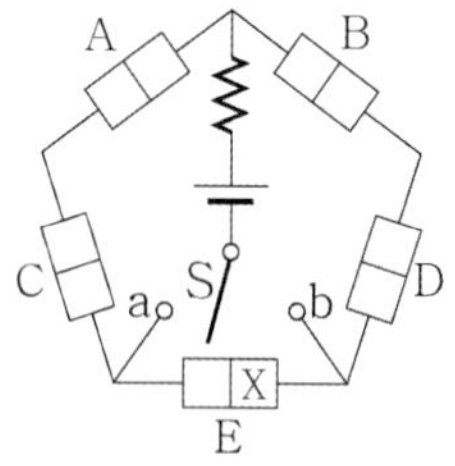

이에 대한 옳은 설명만을 〈보기〉에서 있는 대로 고른 것은?

보기

ㄱ. S를 a에 연결하면, A의 p형 반도체에 있는 양공은 p-n 접합면 쪽으로 이동한다.

ㄴ. S를 b에 연결하면, A~E에 순방향 전압이 걸린다.

ㄷ. X는 p형 반도체이다.

① ㄱ ② ㄷ ③ ㄱ, ㄴ
④ ㄴ, ㄷ ⑤ ㄱ, ㄴ, ㄷ

6 ★☆☆ | 2023년 10월 교육청 16번 |

다음은 p-n 접합 다이오드를 이용한 실험이다.

[실험 과정]

(가) 그림과 같이 직류 전원 2개, p-n 접합 다이오드 4개, p-n 접합 발광 다이오드(LED), 스위치 S로 회로를 구성한다.

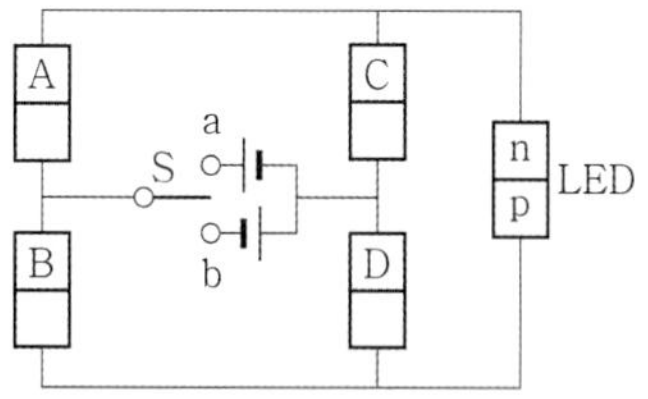

※ A~D는 각각 p형 또는 n형 반도체 중 하나임.

(나) S를 단자 a 또는 b에 연결하고 LED를 관찰한다.

[실험 결과]

- a에 연결했을 때 LED가 빛을 방출함.
- b에 연결했을 때 LED가 빛을 방출함.

A~D의 반도체의 종류로 옳은 것은?

	A	B	C	D
①	p형	p형	p형	p형
②	p형	p형	n형	n형
③	p형	n형	n형	p형
④	n형	n형	n형	n형
⑤	n형	p형	n형	p형

7 ★☆☆

| 2023년 7월 교육청 12번 |

그림과 같이 직류 전원 2개, 스위치 S_1과 S_2, p-n 접합 다이오드 A, A와 동일한 다이오드 3개, 저항, 검류계로 회로를 구성한다. 표는 S_1을 a 또는 b에 연결하고, S_2를 열고 닫으며 검류계의 눈금을 관찰한 결과이다. X는 p형 반도체와 n형 반도체 중 하나이다.

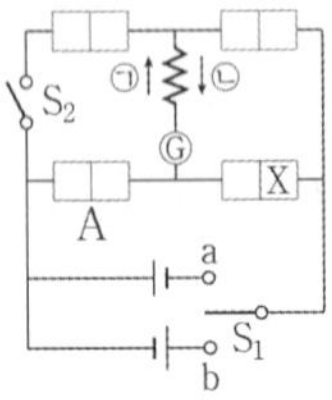

스위치		S_2	
		열림	닫힘
S_1	a	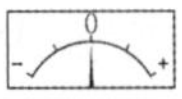	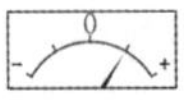
	b	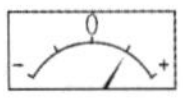	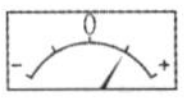

이에 대한 설명으로 옳은 것만을 〈보기〉에서 있는 대로 고른 것은? [3점]

보기
ㄱ. X는 n형 반도체이다.
ㄴ. S_1을 a에 연결하고 S_2를 닫았을 때 저항에 흐르는 전류의 방향은 ㉠이다.
ㄷ. S_1을 b에 연결하고 S_2를 열었을 때 A에는 역방향 전압이 걸린다.

① ㄱ ② ㄴ ③ ㄱ, ㄴ
④ ㄱ, ㄷ ⑤ ㄴ, ㄷ

8 ★☆☆

| 2023년 4월 교육청 12번 |

그림 (가)는 동일한 p-n 접합 다이오드 A와 B, 전구, 스위치 S, 직류 전원 장치를 이용하여 구성한 회로를 나타낸 것이다. S를 a에 연결할 때 전구에 불이 켜지고, S를 b에 연결할 때 전구에 불이 켜지지 않는다. 그림 (나)는 (가)의 X를 구성하는 원소와 원자가 전자의 배열을 나타낸 것이다.

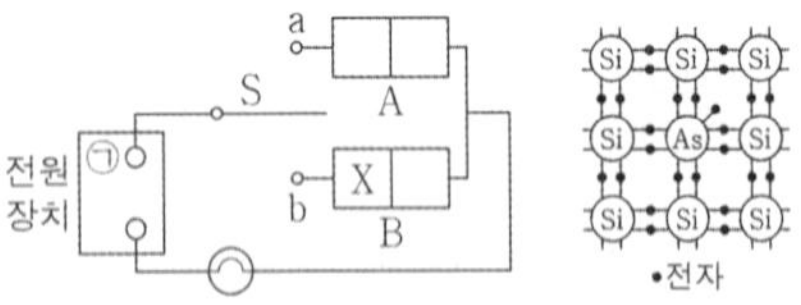

(가) (나)

이에 대한 설명으로 옳은 것만을 〈보기〉에서 있는 대로 고른 것은?

보기
ㄱ. S를 a에 연결할 때, A에 역방향 전압이 걸린다.
ㄴ. 직류 전원 장치의 단자 ㉠은 (+)극이다.
ㄷ. S를 b에 연결할 때, X에 있는 전자는 p-n 접합면 쪽으로 이동한다.

① ㄱ ② ㄴ ③ ㄱ, ㄷ
④ ㄴ, ㄷ ⑤ ㄱ, ㄴ, ㄷ

9 ★☆☆

| 2023년 3월 교육청 4번 |

표는 고체 X와 Y의 전기 전도도를 나타낸 것이다. X, Y 중 하나는 도체이고 다른 하나는 반도체이다.

고체	전기 전도도 (1/Ω·m)
X	2.0×10^{-2}
Y	1.0×10^{5}

X와 Y의 에너지띠 구조를 나타낸 것으로 가장 적절한 것은? (단, 전자는 색칠된 부분 ▒ 에만 채워져 있다.) [3점]

①
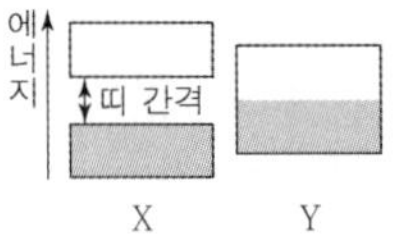

②
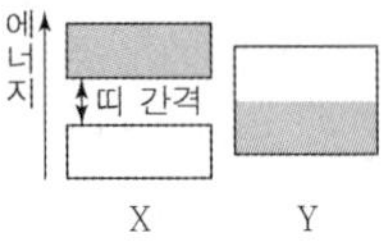

③
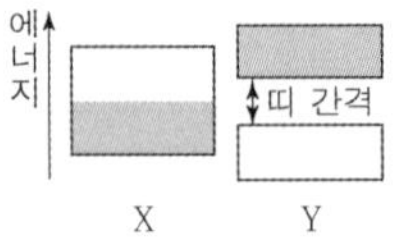

④
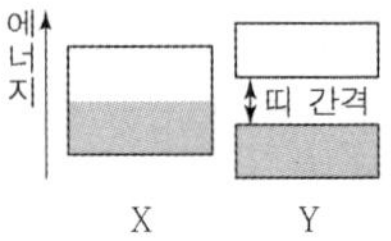

⑤
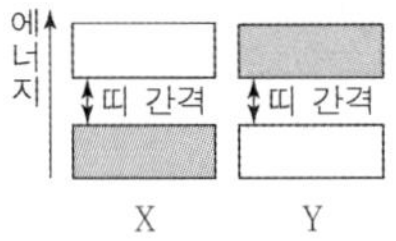

10 ★☆☆

| 2022년 10월 교육청 4번 |

다음은 고체의 전기적 특성을 알아보기 위한 실험이다.

[실험 과정]
(가) 크기와 모양이 같은 고체 A, B를 준비한다. A, B는 도체 또는 절연체이다.
(나) 그림과 같이 p-n 접합 다이오드와 A를 전지에 연결한다. X는 p형 반도체와 n형 반도체 중 하나이다.

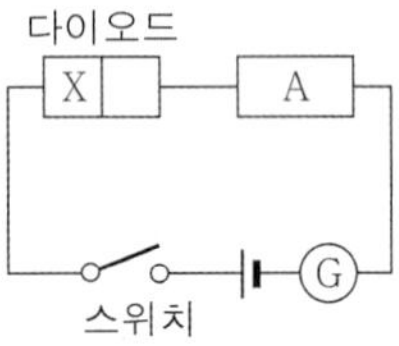

(다) 스위치를 닫고 전류가 흐르는지 관찰한 후, A를 B로 바꾸어 전류가 흐르는지 관찰한다.
(라) (나)에서 전지의 연결 방향을 반대로 하여 (다)를 반복한다.

[실험 결과]

고체	A	B
(다)의 결과	전류 흐름	전류 흐르지 않음
(라)의 결과	㉠	?

이에 대한 옳은 설명만을 〈보기〉에서 있는 대로 고른 것은?

보기
ㄱ. ㉠은 '전류 흐름'이다.
ㄴ. X는 p형 반도체이다.
ㄷ. 전기 전도도는 A가 B보다 크다.

① ㄱ ② ㄴ ③ ㄱ, ㄴ
④ ㄱ, ㄷ ⑤ ㄴ, ㄷ

11 ★☆☆
| 2022년 7월 교육청 7번 |

그림 (가)는 동일한 p−n 접합 다이오드 A와 B, 저항, 스위치를 전압이 일정한 직류 전원에 연결한 것을 나타낸 것이다. ㉠은 p형 반도체 또는 n형 반도체 중 하나이다. 그림 (나)는 스위치를 a 또는 b에 연결할 때 A에 흐르는 전류를 시간 t에 따라 나타낸 것이다. $t=0$부터 $t=2T$까지 스위치는 a에 연결되어 있다.

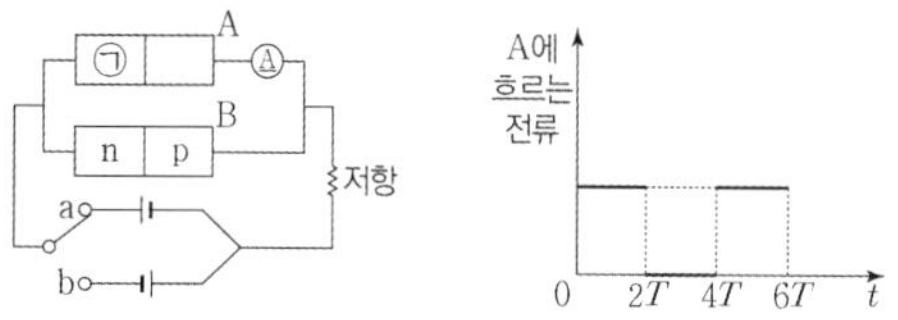

(가) (나)

이에 대한 설명으로 옳은 것만을 〈보기〉에서 있는 대로 고른 것은?

보기
ㄱ. ㉠은 n형 반도체이다.
ㄴ. $t=3T$일 때 A의 p−n 접합면에서 양공과 전자가 결합한다.
ㄷ. $t=5T$일 때 B에는 역방향 전압이 걸린다.

① ㄱ ② ㄷ ③ ㄱ, ㄴ
④ ㄴ, ㄷ ⑤ ㄱ, ㄴ, ㄷ

12 ★☆☆
| 2022년 4월 교육청 6번 |

그림 (가)는 고체 A, B의 전기 전도도를 나타낸 것이다. A, B는 각각 도체와 반도체 중 하나이다. 그림 (나)의 X, Y는 A, B의 에너지띠 구조를 순서 없이 나타낸 것이다.

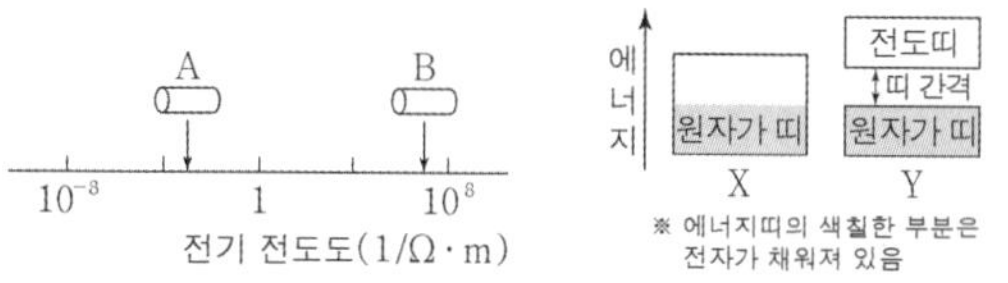

(가) (나)

이에 대한 설명으로 옳은 것만을 〈보기〉에서 있는 대로 고른 것은? [3점]

보기
ㄱ. A는 도체이다.
ㄴ. X는 B의 에너지띠 구조이다.
ㄷ. Y에서 원자가 띠의 전자가 전도띠로 전이할 때, 전자는 띠 간격 이상의 에너지를 흡수한다.

① ㄱ ② ㄴ ③ ㄱ, ㄷ
④ ㄴ, ㄷ ⑤ ㄱ, ㄴ, ㄷ

13 ★★☆
| 2022년 4월 교육청 11번 |

그림은 동일한 p−n 접합 다이오드 A~D, 전구, 스위치, 동일한 전지를 이용하여 구성한 회로를 나타낸 것이다. 스위치를 a에 연결하면 전구에 불이 켜진다. X는 p형 반도체와 n형 반도체 중 하나이다.

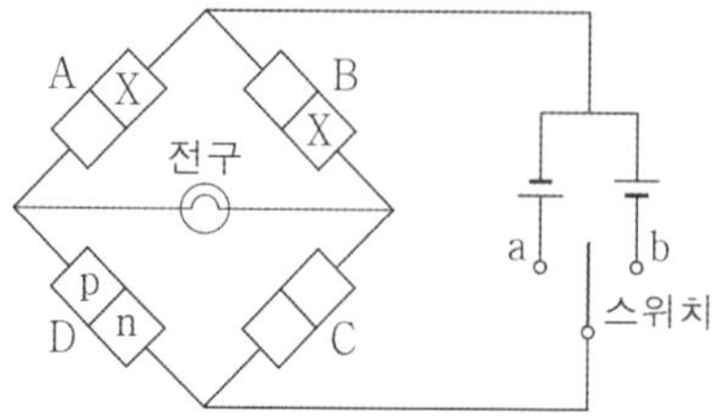

이에 대한 설명으로 옳은 것만을 〈보기〉에서 있는 대로 고른 것은? [3점]

보기
ㄱ. 스위치를 a에 연결하면 C에는 순방향 전압이 걸린다.
ㄴ. X는 p형 반도체이다.
ㄷ. 스위치를 b에 연결하면 전구에 불이 켜진다.

① ㄱ ② ㄴ ③ ㄱ, ㄷ
④ ㄴ, ㄷ ⑤ ㄱ, ㄴ, ㄷ

14 ★☆☆
| 2022년 3월 교육청 8번 |

그림 (가)와 같이 동일한 p−n 접합 다이오드 A, B, C와 직류 전원을 연결하여 회로를 구성하였다. X, Y는 각각 p형 반도체와 n형 반도체 중 하나이며 B에는 전류가 흐른다. 그림 (나)는 X의 원자가 전자 배열과 Y의 에너지띠 구조를 각각 나타낸 것이다.

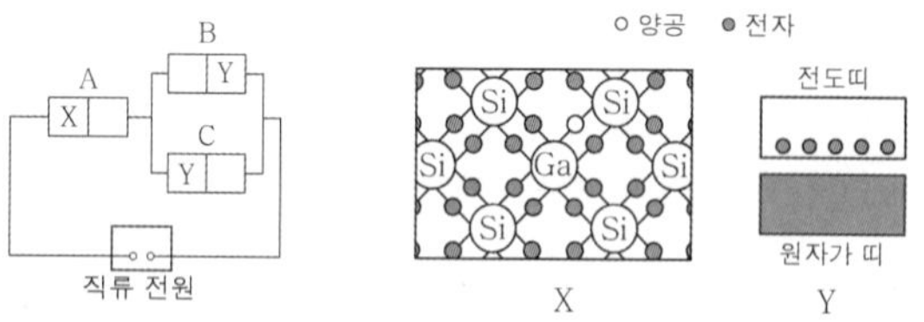

(가) (나)

이에 대한 설명으로 옳은 것은?

① X는 n형 반도체이다.
② A에는 역방향 전압이 걸려 있다.
③ A의 X는 직류 전원의 (+)극에 연결되어 있다.
④ C의 p−n 접합면에서 양공과 전자가 결합한다.
⑤ Y에서는 주로 원자가 띠에 있는 전자에 의해 전류가 흐른다.

15 ★☆☆ | 2021년 10월 교육청 5번 |

다음은 고체의 전기적 특성을 알아보기 위한 실험이다.

[실험 과정]

(가) 고체 막대 A와 B를 각각 연결할 수 있는 전기 회로를 구성한다. A, B는 도체와 절연체 중 하나이다.

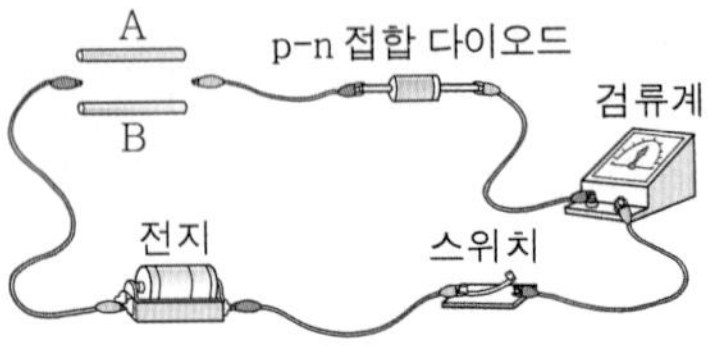

(나) 두 집게를 A의 양 끝 또는 B의 양 끝에 연결하고 스위치를 닫은 후 막대에 흐르는 전류의 유무를 관찰한다.

(다) (가)에서 [㉠]의 양 끝에 연결된 집게를 서로 바꿔 연결한 후 (나)를 반복한다.

[실험 결과]

구분	A	B
(나)의 결과	○	×
(다)의 결과	×	㉡

(○ : 전류가 흐름, × : 전류가 흐르지 않음.)

이에 대한 옳은 설명만을 〈보기〉에서 있는 대로 고른 것은? [3점]

보기

ㄱ. 전기 전도도는 A가 B보다 크다.
ㄴ. 'p-n 접합 다이오드'는 ㉠으로 적절하다.
ㄷ. ㉡은 '○'이다.

① ㄱ ② ㄷ ③ ㄱ, ㄴ
④ ㄴ, ㄷ ⑤ ㄱ, ㄴ, ㄷ

16 ★★☆ | 2021년 7월 교육청 12번 |

그림 (가)의 X, Y는 저마늄(Ge)에 각각 인듐(In), 비소(As)를 도핑한 반도체를 나타낸 것이다. 그림 (나)는 직류 전원, 교류 전원, 전구, 스위치, X와 Y가 접합된 구조의 p−n 접합 다이오드를 이용하여 회로를 구성하고 스위치를 a에 연결하였더니 전구에서 빛이 방출되는 것을 나타낸 것이다. A와 B는 각각 X와 Y 중 하나이다.

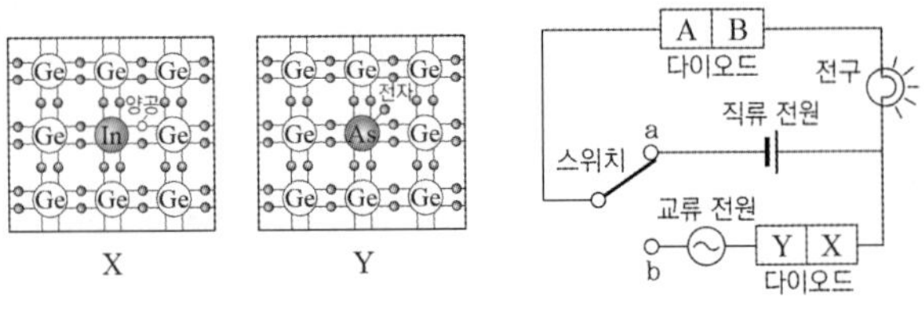

(가) (나)

이에 대한 설명으로 옳은 것만을 〈보기〉에서 있는 대로 고른 것은?

보기

ㄱ. A는 Y이다.
ㄴ. 스위치를 a에 연결했을 때, B에서 p−n 접합면 쪽으로 이동하는 것은 전자이다.
ㄷ. 스위치를 b에 연결하면 전구에서는 빛이 방출된다.

① ㄱ ② ㄴ ③ ㄱ, ㄷ
④ ㄴ, ㄷ ⑤ ㄱ, ㄴ, ㄷ

17 ★☆☆ | 2021년 4월 교육청 5번 |

표는 고체 A, B의 에너지띠 구조와 전기 전도도를 나타낸 것이다. A, B는 반도체, 절연체를 순서 없이 나타낸 것이다.

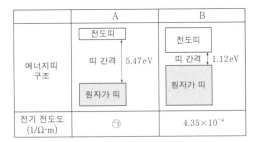

	A	B
에너지띠 구조	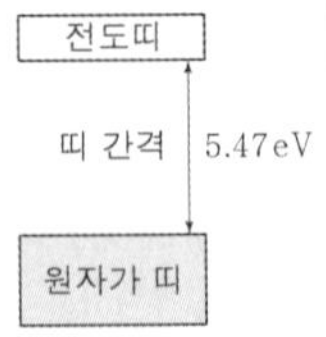	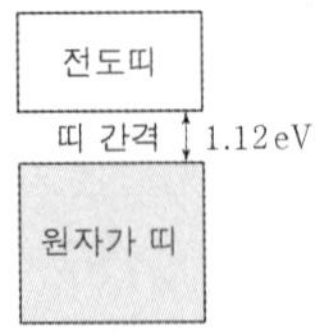
전기 전도도 $(1/\Omega\cdot m)$	㉠	4.35×10^{-4}

이에 대한 설명으로 옳은 것만을 〈보기〉에서 있는 대로 고른 것은?

보기

ㄱ. A는 절연체이다.
ㄴ. B에서 원자가 띠에 있던 전자가 전도띠로 전이할 때, 전자는 1.12 eV 이상의 에너지를 흡수한다.
ㄷ. ㉠은 4.35×10^{-4}보다 작다.

① ㄱ ② ㄷ ③ ㄱ, ㄴ
④ ㄴ, ㄷ ⑤ ㄱ, ㄴ, ㄷ

18 ★☆☆ | 2021년 3월 교육청 12번 |

그림 (가)는 직류 전원 장치, 저항, p-n 접합 다이오드, 스위치 S로 구성한 회로를, (나)는 (가)의 다이오드를 구성하는 반도체 X와 Y의 에너지띠 구조를 나타낸 것이다.

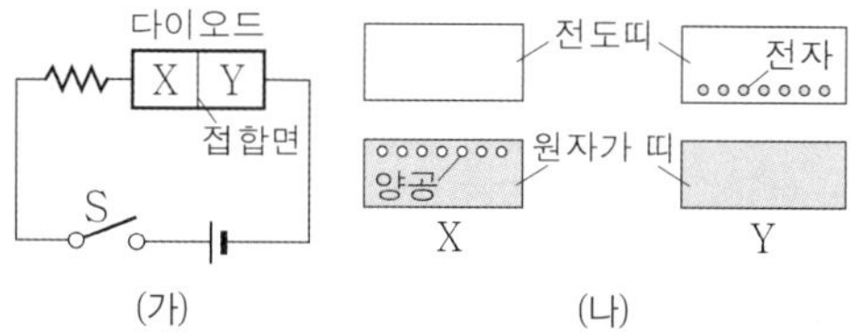

이에 대한 옳은 설명만을 〈보기〉에서 있는 대로 고른 것은? [3점]

보기
ㄱ. X는 p형 반도체이다.
ㄴ. S를 닫으면 저항에 전류가 흐른다.
ㄷ. S를 닫으면 Y의 전자는 p-n 접합면에서 멀어진다.

① ㄱ ② ㄷ ③ ㄱ, ㄴ
④ ㄴ, ㄷ ⑤ ㄱ, ㄴ, ㄷ

19 ★☆☆ | 2020년 10월 교육청 13번 |

그림과 같이 전지, 저항, 동일한 p-n 접합 다이오드 A, B로 구성한 회로에서 A에는 전류가 흐르고, B에는 전류가 흐르지 않는다. X, Y는 저마늄(Ge)에 원자가 전자가 각각 x개, y개인 원소를 도핑한 반도체이다.

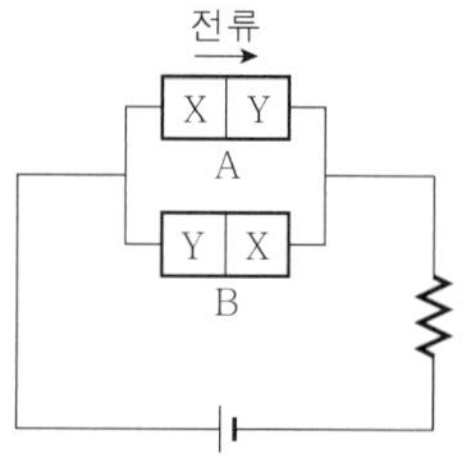

이에 대한 옳은 설명만을 〈보기〉에서 있는 대로 고른 것은? [3점]

보기
ㄱ. X는 n형 반도체이다.
ㄴ. $x<y$이다.
ㄷ. B에는 순방향으로 전압이 걸린다.

① ㄴ ② ㄷ ③ ㄱ, ㄴ
④ ㄱ, ㄷ ⑤ ㄴ, ㄷ

20 ★☆☆ | 2020년 10월 교육청 4번 |

다음은 상온에서 실시한 고체의 전기 전도성에 대한 실험이다.

[실험 과정]
(가) 그림과 같이 동일한 모양의 나무 막대와 규소(Si) 막대를 준비하고 회로를 구성한다.

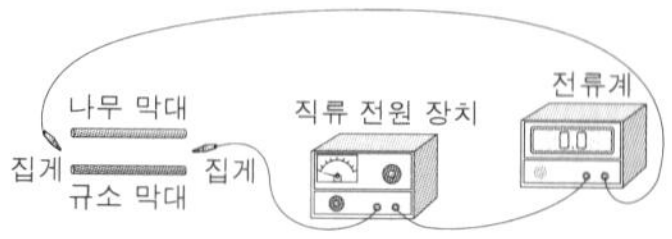

(나) 두 집게를 나무 막대의 양 끝 또는 규소 막대의 양 끝에 연결한 후, 전원의 전압을 증가시키면서 막대에 흐르는 전류를 측정한다.

[실험 결과]

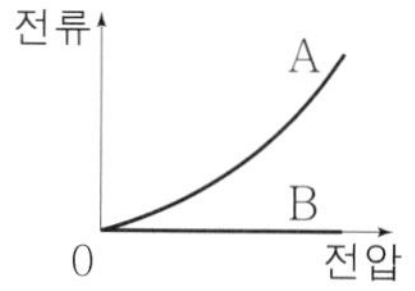

A, B는 나무 막대 또는 규소 막대에 연결했을 때의 결과임

이에 대한 옳은 설명만을 〈보기〉에서 있는 대로 고른 것은? [3점]

보기
ㄱ. 전기 전도성은 나무가 규소보다 좋다.
ㄴ. A는 규소 막대를 연결했을 때의 결과이다.
ㄷ. 상온에서 전도띠로 전이한 전자의 수는 나무 막대에서가 규소 막대에서보다 크다.

① ㄱ ② ㄴ ③ ㄱ, ㄷ
④ ㄴ, ㄷ ⑤ ㄱ, ㄴ, ㄷ

21 ★★☆ | 2020년 7월 교육청 12번 |

그림은 온도 T_0에서 반도체 A의 에너지띠 구조를 나타낸 것이다.
이에 대한 설명으로 옳은 것만을 〈보기〉에서 있는 대로 고른 것은?

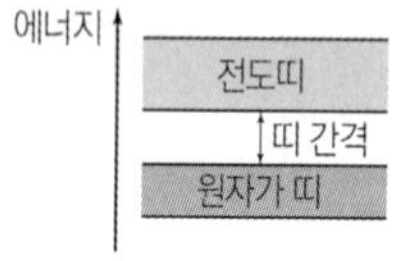

보기
ㄱ. 원자가 띠에 있는 전자의 에너지 준위는 모두 같다.
ㄴ. 원자가 띠의 전자가 전도띠로 전이할 때 띠 간격에 해당하는 에너지를 방출한다.
ㄷ. 도체는 A보다 전기 전도성이 좋다.

① ㄱ ② ㄷ ③ ㄱ, ㄴ
④ ㄴ, ㄷ ⑤ ㄱ, ㄴ, ㄷ

22 ★★☆

| 2020년 7월 교육청 15번 |

그림 (가)는 규소(Si)에 비소(As)를 첨가한 반도체 X와 규소(Si)에 붕소(B)를 첨가한 반도체 Y의 원자가 전자 배열을 나타낸 것이다. 그림 (나)와 같이 (가)의 X, Y를 이용하여 만든 다이오드에 저항과 전류계를 연결하고 광 다이오드에만 빛을 비추었더니 저항에 전류가 흘렀다.

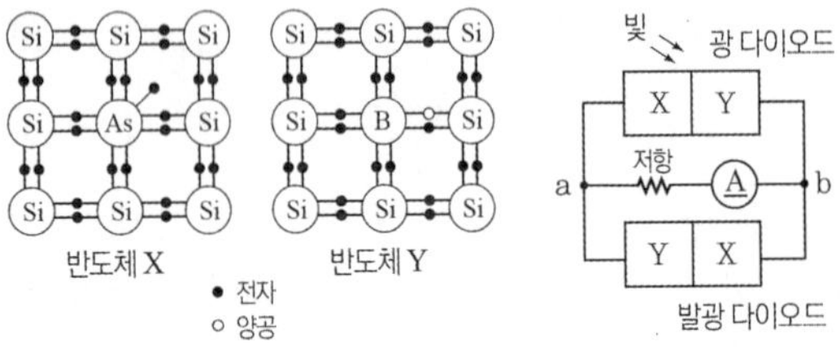

(가) (나)

이에 대한 설명으로 옳은 것만을 〈보기〉에서 있는 대로 고른 것은? [3점]

보기

ㄱ. 전류의 방향은 a → 저항 → b이다.
ㄴ. 발광 다이오드에서 빛이 방출된다.
ㄷ. 발광 다이오드의 전자와 양공은 접합면에서 서로 멀어진다.

① ㄱ ② ㄷ ③ ㄱ, ㄴ
④ ㄴ, ㄷ ⑤ ㄱ, ㄴ, ㄷ

23 ★☆☆

| 2020년 4월 교육청 10번 |

그림 (가)와 같이 전원 장치, 저항, p-n 접합 발광 다이오드(LED)를 연결했더니 LED에서 빛이 방출되었다. X, Y는 각각 p형 반도체, n형 반도체 중 하나이다. 그림 (나)는 (가)의 X를 구성하는 원소와 원자가 전자의 배열을 나타낸 것이다.

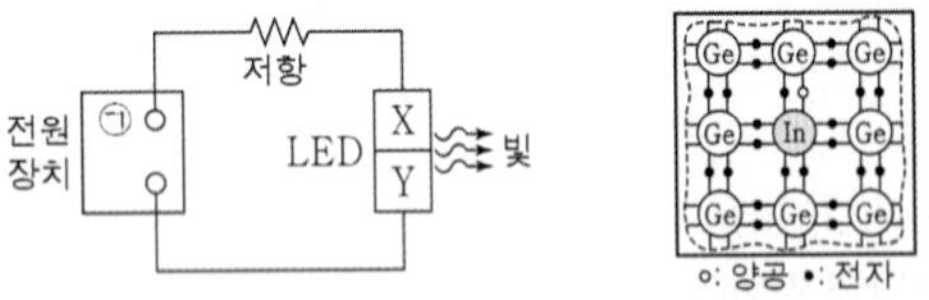

(가) (나)

이에 대한 설명으로 옳은 것만을 〈보기〉에서 있는 대로 고른 것은?

보기

ㄱ. X는 p형 반도체이다.
ㄴ. (가)의 LED에서 n형 반도체에 있는 전자는 p-n 접합면 쪽으로 이동한다.
ㄷ. 전원 장치의 단자 ㉠은 (−)극이다.

① ㄱ ② ㄷ ③ ㄱ, ㄴ
④ ㄴ, ㄷ ⑤ ㄱ, ㄴ, ㄷ

24 ★☆☆

| 2020년 3월 교육청 9번 |

다음은 고체의 전기 전도성에 대한 실험이다.

[실험 과정]
(가) 도체 또는 절연체인 고체 A, B를 준비한다.
(나) 그림과 같이 A를 이용하여 실험 장치를 구성한다.

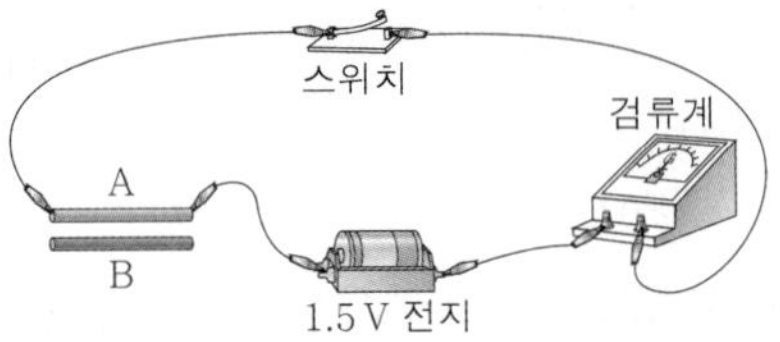

(다) 스위치를 닫아 검류계에 흐르는 전류를 측정한다.
(라) A를 B로 바꾸어 과정 (다)를 반복한다.

[실험 결과]
• (다)에서는 전류가 흐르고, (라)에서는 전류가 흐르지 않는다.

이에 대한 옳은 설명만을 〈보기〉에서 있는 대로 고른 것은?

보기

ㄱ. A는 도체이다.
ㄴ. 전기 전도성은 A가 B보다 좋다.
ㄷ. B는 반도체에 비해 원자가 띠와 전도띠 사이의 띠 간격이 크다.

① ㄱ ② ㄷ ③ ㄱ, ㄴ
④ ㄴ, ㄷ ⑤ ㄱ, ㄴ, ㄷ

Memo

04 전자기 유도

자기 선속의 변화와 유도 전류

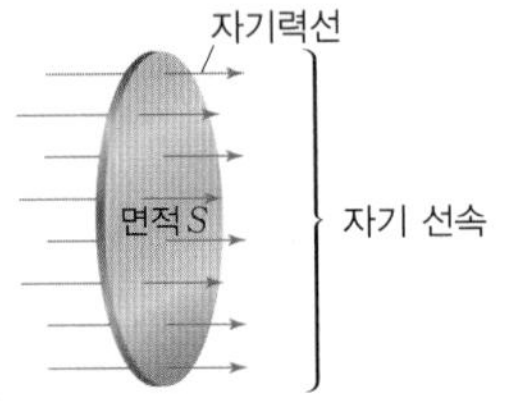

자기장의 세기가 변화하거나 도선이 수직 방향으로 통과하는 자기장의 면적이 변하면 자기 선속이 변하므로 유도 전류가 발생한다.

출제 tip

유도 전류의 방향과 세기

다양한 상황에서 유도 전류의 방향과 세기를 묻는 문제가 단골로 출제되고 있으므로 렌츠 법칙과 패러데이 법칙을 정확히 적용할 수 있도록 많은 문제를 풀어 보아야 한다.

렌츠의 법칙

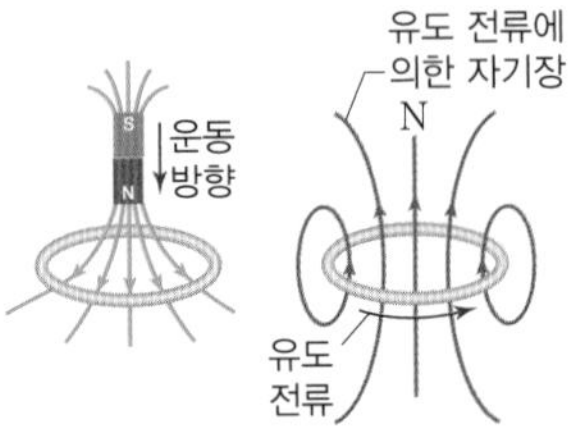

자석이 금속 고리로 접근함
↓
금속 고리를 통과하는 자기 선속이 증가
↓
자기 선속의 증가를 방해하는 방향으로 유도 전류가 흐름
↓
자석의 접근을 방해하는 방향으로 자기장이 생김

유도 전류의 방향

오른손 엄지손가락을 자기 선속의 변화를 방해하는 자기장 방향으로 향하게 하면 네 손가락이 감아쥐는 방향이 유도 전류의 방향이다.

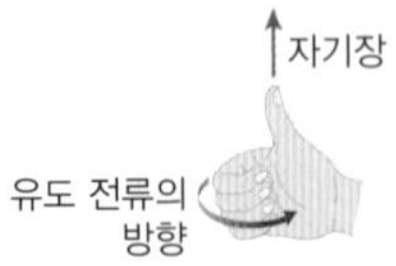

A 전자기 유도

1. **전자기 유도 현상** : 코일과 자석의 상대적인 운동으로 코일을 통과하는 자기 선속이 시간에 따라 변할 때 코일에 전류가 흐르는 현상

(1) **자기 선속(Φ)** : 닫힌 면을 수직으로 통과하는 자기장의 세기를 나타내는 물리량으로 자기장의 세기(B)와 단면적(S)의 곱이다. ($\Phi = BS$)

(2) **유도 전류** : 전자기 유도에 의해 코일에 흐르는 전류로, 코일을 통과하는 자기 선속이 변할 때만 발생한다.

B 렌츠 법칙

1. **렌츠 법칙** : 유도 전류는 코일을 통과하는 자기 선속의 변화를 방해하는 방향으로 흐른다.

2. **자석의 운동에 따른 유도 전류의 방향**

구분	N극과 코일이 가까워질 때	N극과 코일이 멀어질 때	S극과 코일이 가까워질 때	S극과 코일이 멀어질 때
자석의 운동	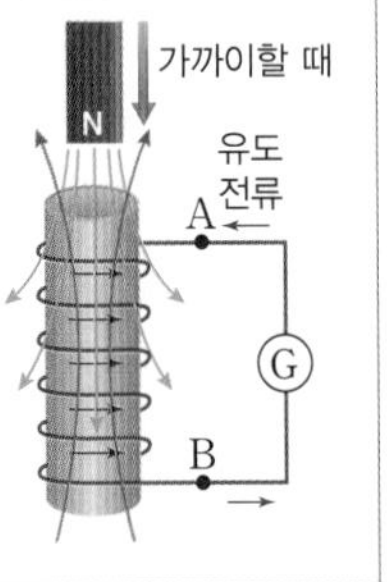	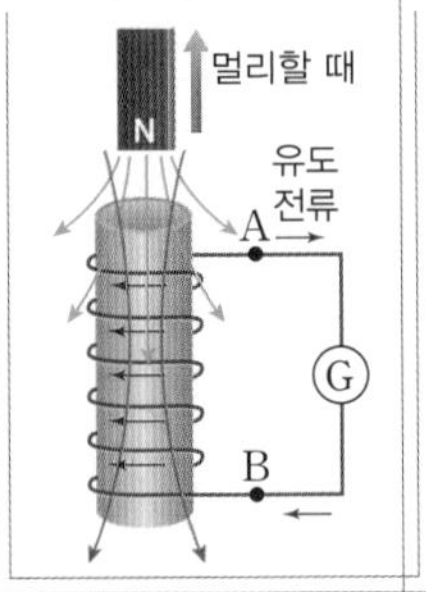	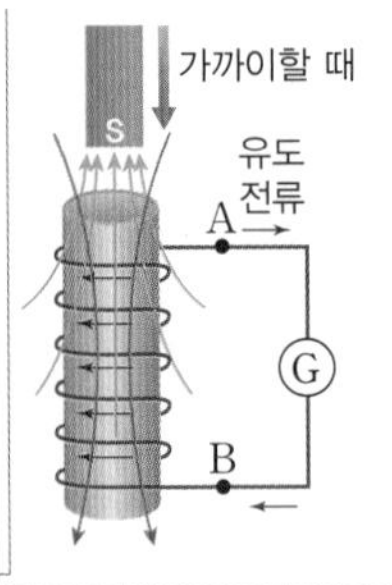	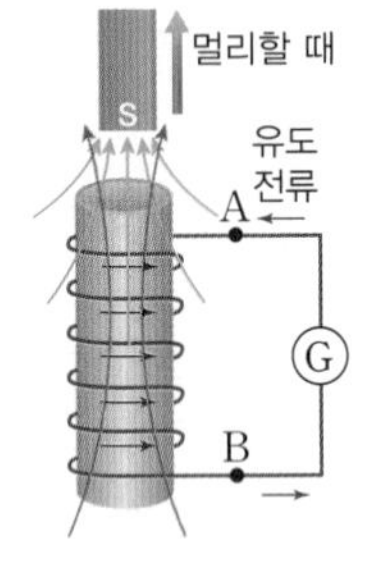
유도 전류에 의한 자기장	N극 접근 → 코일을 통과하는 자기 선속이 증가 → 자기 선속의 증가를 방해 → 코일 위쪽에 N극 형성	N극 멀어짐 → 코일을 통과하는 자기 선속이 감소 → 자기 선속의 감소를 방해 → 코일 위쪽에 S극 형성	S극 접근 → 코일을 통과하는 자기 선속이 증가 → 자기 선속의 증가를 방해 → 코일 위쪽에 S극 형성	S극 멀어짐 → 코일을 통과하는 자기 선속이 감소 → 자기 선속의 감소를 방해 → 코일 위쪽에 N극 형성
유도 전류 방향	B → Ⓖ → A	A → Ⓖ → B	A → Ⓖ → B	B → Ⓖ → A

3. **균일한 자기장 영역을 지나는 도선의 유도 전류** : 사각형 도선이 균일한 자기장 영역을 지나가는 동안 도선 내부를 통과하는 자기 선속의 변화에 따라 도선에 흐르는 유도 전류도 변한다.

사각형 도선이 일정한 속력으로 균일한 자기장 영역을 지날 때 유도 전류의 방향

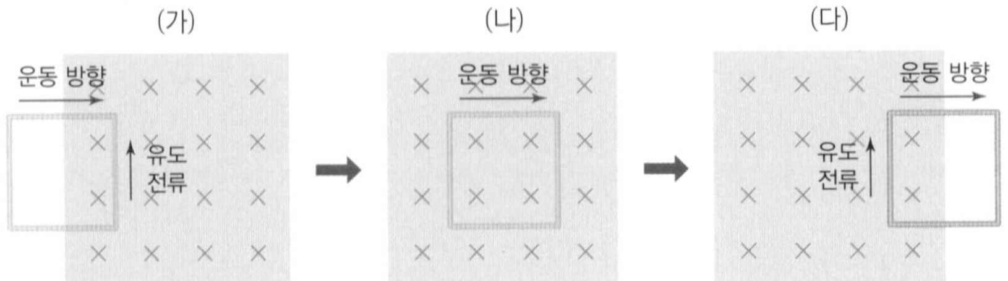

(가) 자기장 영역으로 들어갈 때 : 도선 내부를 통과하는 수직으로 들어가는 방향의 자기 선속이 증가한다.
➡ 반시계 방향으로 유도 전류가 흐른다.

(나) 자기장 영역 안에 있을 때 : 도선이 자기장 속에서 운동하는 동안 도선 내부를 통과하는 자기 선속의 변화가 없다. ➡ 유도 전류가 흐르지 않는다.

(다) 자기장 영역에서 나올 때 : 도선 내부를 통과하는 수직으로 들어가는 방향의 자기 선속이 감소한다.
➡ 시계 방향으로 유도 전류가 흐른다.

C 패러데이 법칙

1. **유도 기전력** : 전자기 유도에 의해 코일 양단에 발생하는 전압으로, 유도 전류를 흐르게 하는 원인이다.
2 **패러데이 법칙(전자기 유도 법칙)** : 코일에 발생하는 유도 기전력(V)은 코일의 감은 수(N)에 비례하고, 시간 Δt 동안 코일을 통과하는 자기 선속의 변화량 $\Delta\Phi$에 비례한다.

$$V=-N\frac{\Delta\Phi}{\Delta t}=-N\frac{\Delta BS}{\Delta t}\ (\text{단위: } V)$$

3. **유도 전류의 세기** : 강한 자석을 이용할수록, 자석의 속력을 빠르게 할수록, 코일의 감은 수가 클수록, 코일의 단면적이 넓을수록 유도 기전력이 증가하므로 유도 전류의 세기도 증가한다.

D 전자기 유도의 활용

1. **발전** : 전자기 유도를 이용하여 운동 에너지나 소리의 에너지를 전기 에너지로 전환한다. 예 교류 발전, 킥보드 바퀴, 마이크 등

(1) **발전기의 원리** : 코일이 자석 속에서 회전할 때 코일을 통과하는 자기 선속이 시간에 따라 변하면서 패러데이 전자기 유도 법칙에 의해 유도 전류가 발생한다.

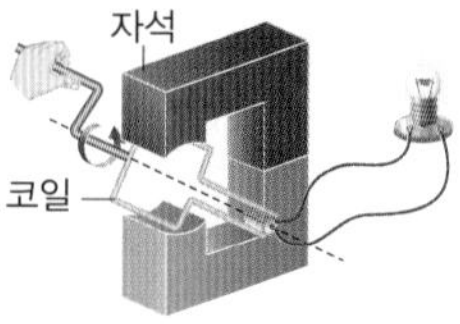

(2) **발전기에서 유도 전류의 세기**

① 코일의 회전 속력이 커지면 코일을 통과하는 자기 선속의 최대 변화율이 증가하여 코일에 흐르는 최대 유도 전류의 세기가 커진다.

② 자석의 세기가 강할수록 코일에 흐르는 최대 유도 전류의 세기가 커진다.

③ 자기장 방향에 수직인 코일의 단면적이 넓을수록 코일에 흐르는 최대 유도 전류의 세기가 커진다.
→ 코일이 회전하여 자기장의 방향에 수직인 면적이 변하므로 코일에는 세기와 방향이 변하는 교류가 흐른다.

2. **정보 통신** : 전자기 유도를 이용하여 무선 통신으로 정보를 전달한다. 예 하드 디스크, 교통 카드 등
3. **에너지 전달** : 전자기 유도를 이용하여 전기 에너지를 충전하거나 음식을 조리한다. 예 휴대 전화 무선 충전, 전기 자동차 무선 충전, 인덕션 레인지 등

전자기 유도를 이용하는 예
- 교통 카드 : 단말기에서 만드는 자기장이 변하면 교통 카드의 안테나에 유도 전류가 흐른다.
- 휴대 전화 무선 충전 : 충전기의 코일에서 만드는 자기장이 변하면 휴대 전화에 유도 전류가 흘러 배터리가 충전된다.
- 킥보드 바퀴 : 바퀴축의 자석 주위를 바퀴와 코일이 회전하면 유도 전류가 발생한다.
- 공항 금속 탐지기 : 화물 속의 금속 물질에 흐르는 유도 전류를 감지한다.
- 도난 방지 장치 : 물건에 붙어 있는 작은 자석이 도난 방지 장치를 지나가면 유도 전류가 흐른다.
- 놀이기구 멈춤 장치 : 놀이기구에 고정된 자석이 금속 기둥에 접근할 때 자기력에 의해 속력이 감소한다.

실전 자료 유도 전류의 방향과 세기

그림은 마찰이 없는 빗면에서 자석이 솔레노이드의 중심축을 따라 운동하는 모습을 나타낸 것이다. 점 p, q는 솔레노이드의 중심축상에 있고, 전구의 밝기는 자석이 p를 지날 때가 q를 지날 때보다 밝다. (단, 자석의 크기는 무시한다.)

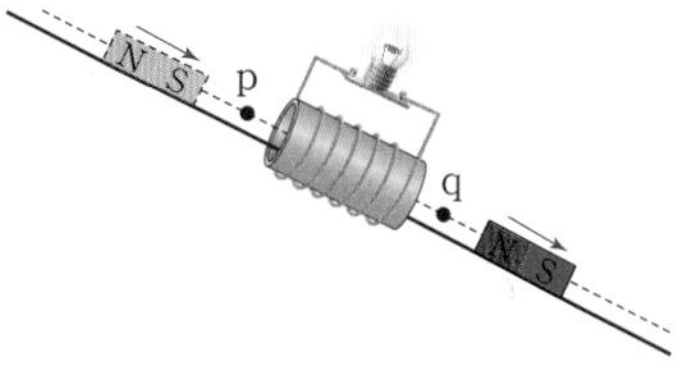

❶ 자석이 p, q를 지날 때 유도 전류의 방향
자석이 p를 지날 때 S극이 솔레노이드에 접근하므로 솔레노이드에는 위쪽이 S극이 되도록 유도 전류가 흐른다. 이때 전구에는 위쪽에서 아래쪽으로 전류가 흐른다. 또 자석이 q를 지날 때 N극이 솔레노이드에서 멀어지므로 솔레노이드에는 아래쪽이 S극이 되도록 유도 전류가 흐른다. 이때 전구에는 아래쪽에서 위쪽으로 전류가 흐른다. 따라서 자석이 p, q를 지날 때 전구에 흐르는 전류의 방향은 서로 반대이다.

❷ 자석이 p, q를 지날 때 유도 전류의 세기 비교
자석이 p를 지날 때가 q를 지날 때보다 전구의 밝기가 밝으므로 유도 전류의 세기는 자석이 p를 지날 때가 q를 지날 때보다 크다.

❸ p, q에서 역학적 에너지 비교
자석이 p에서 q까지 이동하는 동안 전자기 유도에 의해 자석의 역학적 에너지 중 일부가 전기 에너지로 전환된다. 따라서 자석의 역학적 에너지는 p를 지날 때가 q를 지날 때보다 크다.

1 ★☆☆ | 2024년 10월 교육청 13번 |

그림과 같이 세기와 방향이 일정한 전류가 흐르는 무한히 긴 직선 도선 A, B를 각각 x축, y축에 고정하고, xy평면에 금속 고리를 놓았다. 표는 금속 고리가 움직이기 시작하는 순간, 금속 고리의 운동 방향에 따라 금속 고리에 흐르는 유도 전류의 방향을 나타낸 것이다.

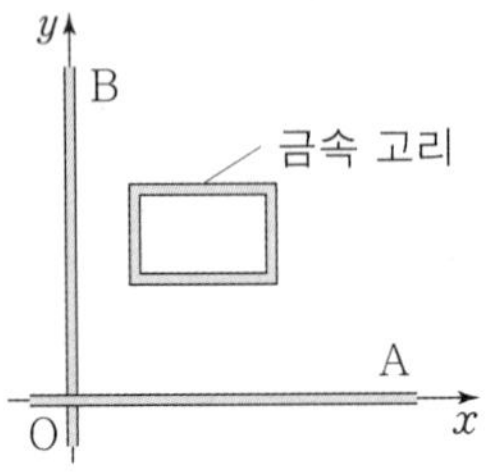

운동 방향	유도 전류의 방향
$+x$	시계 방향
$+y$	㉠
$-y$	시계 방향

이에 대한 옳은 설명만을 〈보기〉에서 있는 대로 고른 것은?

〈보기〉
ㄱ. ㉠은 시계 방향이다.
ㄴ. A에 흐르는 전류의 방향은 $+x$방향이다.
ㄷ. $x>0$인 xy평면상에서 B의 전류에 의한 자기장의 방향은 xy평면에서 수직으로 나오는 방향이다.

① ㄱ ② ㄴ ③ ㄷ
④ ㄱ, ㄴ ⑤ ㄴ, ㄷ

2 ★☆☆ | 2024년 10월 교육청 5번 |

그림 (가)는 자기화되지 않은 자성체를 자석에 가까이 놓아 자기화시키는 모습을 나타낸 것이다. 그림 (나)는 (가)에서 자석을 치운 후 p-n 접합 발광 다이오드[LED]가 연결된 코일에 자성체의 A 부분을 가까이 했을 때 LED에 불이 켜지는 모습을 나타낸 것이다. X는 p형 반도체와 n형 반도체 중 하나이다.

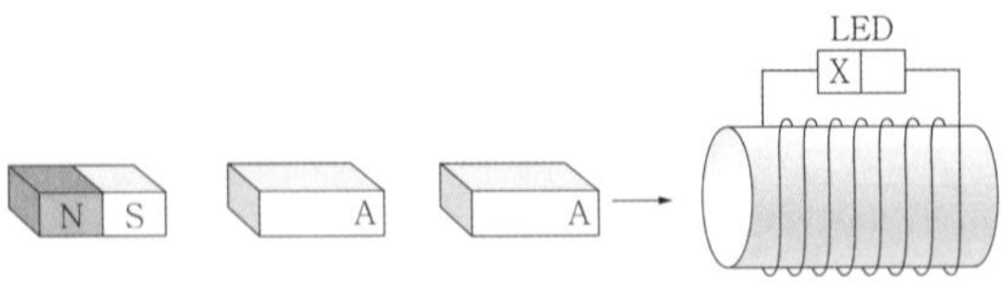

(가) (나)

이에 대한 옳은 설명만을 〈보기〉에서 있는 대로 고른 것은?

〈보기〉
ㄱ. (가)에서 자성체와 자석 사이에는 서로 당기는 자기력이 작용한다.
ㄴ. (가)에서 자성체는 외부 자기장과 같은 방향으로 자기화된다.
ㄷ. (나)에서 X는 p형 반도체이다.

① ㄱ ② ㄷ ③ ㄱ, ㄴ
④ ㄴ, ㄷ ⑤ ㄱ, ㄴ, ㄷ

3 ★☆☆ | 2024년 7월 교육청 9번 |

그림과 같이 xy평면에 일정한 전류가 흐르는 무한히 긴 직선 도선 A가 $x=-3d$에 고정되어 있고, 원형 도선 B는 중심이 원점 O가 되도록 놓여있다. 표는 B가 움직이기 시작하는 순간, B의 운동 방향에 따라 B에 흐르는 유도 전류의 방향을 나타낸 것이다.

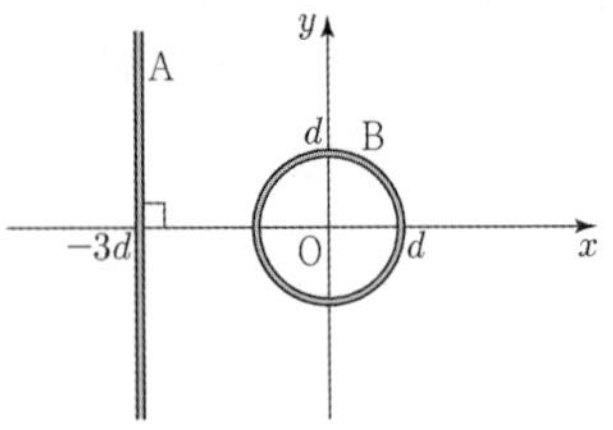

B의 운동 방향	B에 흐르는 유도 전류의 방향
$+x$	㉠
$-x$	시계 반대 방향

이에 대한 설명으로 옳은 것만을 〈보기〉에서 있는 대로 고른 것은? [3점]

〈보기〉
ㄱ. A에 흐르는 전류의 방향은 $+y$방향이다.
ㄴ. ㉠은 '시계 방향'이다.
ㄷ. B의 운동 방향이 $+y$방향일 때, B에는 일정한 세기의 유도 전류가 흐른다.

① ㄱ ② ㄷ ③ ㄱ, ㄴ
④ ㄴ, ㄷ ⑤ ㄱ, ㄴ, ㄷ

4 ★★☆ | 2024년 5월 교육청 18번 |

그림과 같이 한 변의 길이가 $6d$인 직사각형 금속 고리가 xy평면에서 균일한 자기장 영역 Ⅰ, Ⅱ, Ⅲ을 $+x$방향으로 등속도 운동하며 지난다. Ⅰ, Ⅱ, Ⅲ에서 자기장의 세기는 일정하고, Ⅰ에서 자기장의 방향은 xy평면에 수직이다. 금속 고리의 점 p가 $x=5d$를 지날 때와 $x=8d$를 지날 때 p에 흐르는 유도 전류의 세기와 방향은 같다.

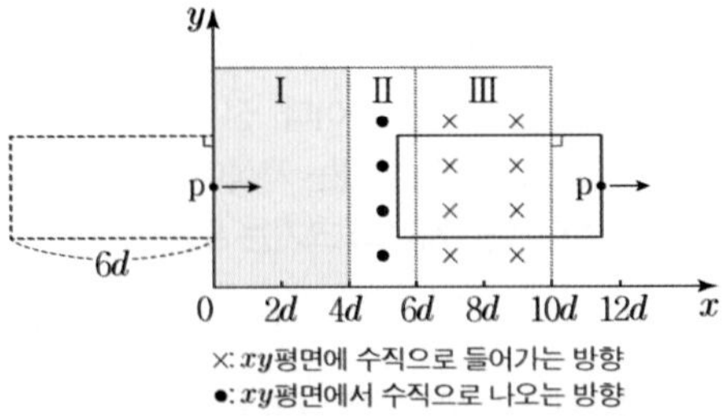

이에 대한 설명으로 옳은 것만을 〈보기〉에서 있는 대로 고른 것은? [3점]

〈보기〉
ㄱ. 자기장의 세기는 Ⅰ에서가 Ⅲ에서보다 크다.
ㄴ. Ⅰ에서 자기장의 방향은 xy평면에서 수직으로 나오는 방향이다.
ㄷ. p에 흐르는 유도 전류의 세기는 p가 $x=2d$를 지날 때가 $x=11d$를 지날 때보다 크다.

① ㄱ ② ㄴ ③ ㄱ, ㄷ
④ ㄴ, ㄷ ⑤ ㄱ, ㄴ, ㄷ

5 ★☆☆
| 2024년 3월 교육청 17번 |

그림은 한 변의 길이가 $4d$인 직사각형 금속 고리가 xy평면에서 운동하는 모습을 나타낸 것이다. 고리는 세기가 각각 B_0, $2B_0$, B_0으로 균일한 자기장 영역 Ⅰ, Ⅱ, Ⅲ을 $+x$방향으로 등속도 운동을 하며 지난다. 고리의 점 p가 $x=3d$를 지날 때, p에는 세기가 I_0인 유도 전류가 $+y$방향으로 흐른다. Ⅱ에서 자기장의 방향은 xy평면에 수직이다.

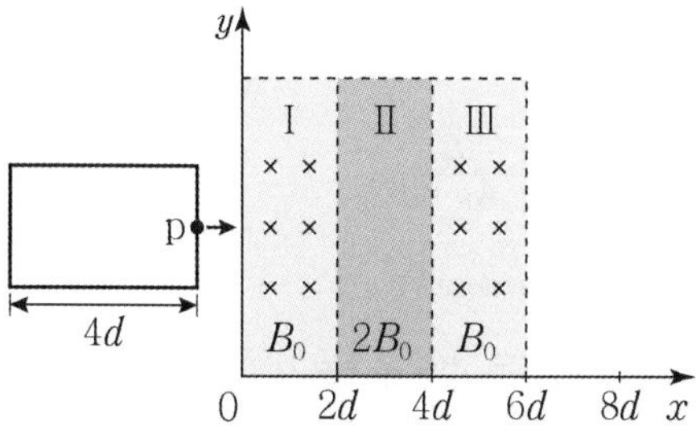

×: xy평면에 수직으로 들어가는 방향

p에 흐르는 유도 전류에 대한 옳은 설명만을 〈보기〉에서 있는 대로 고른 것은?

보기
ㄱ. p가 $x=d$를 지날 때, 전류의 세기는 $2I_0$이다.
ㄴ. p가 $x=5d$를 지날 때, 전류가 흐르지 않는다.
ㄷ. p가 $x=7d$를 지날 때, 전류는 $-y$방향으로 흐른다.

① ㄱ ② ㄴ ③ ㄱ, ㄷ
④ ㄴ, ㄷ ⑤ ㄱ, ㄴ, ㄷ

6 ★☆☆
| 2023년 10월 교육청 5번 |

다음은 전자기 유도에 대한 실험이다.

[실험 과정]
(가) 그림과 같이 코일 P, Q를 서로 연결하고, 자기장 측정 앱이 실행 중인 스마트폰을 P 위에 놓는다.
(나) 자석의 N극을 Q의 윗면까지 일정한 속력으로 접근시키면서 스마트폰으로 자기장의 세기를 측정한다.
(다) (나)에서 자석의 속력만 ㉠ 하여 자기장의 세기를 측정한다.

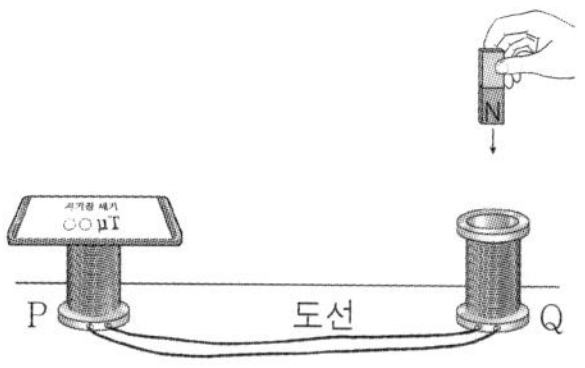

[실험 결과]

과정	(나)	(다)
자기장의 세기의 최댓값	B_0	$1.7B_0$

이에 대한 옳은 설명만을 〈보기〉에서 있는 대로 고른 것은? (단, 스마트폰은 P의 전류에 의한 자기장의 세기만 측정한다.)

보기
ㄱ. 자석이 Q에 접근할 때, P에 전류가 흐른다.
ㄴ. '작게'는 ㉠에 해당한다.
ㄷ. (나)에서 자석과 Q 사이에는 서로 당기는 자기력이 작용한다.

① ㄱ ② ㄴ ③ ㄷ
④ ㄱ, ㄴ ⑤ ㄱ, ㄷ

7 ★★☆

| 2023년 7월 교육청 15번 |

그림 (가)와 같이 p−n 접합 발광 다이오드(LED)가 연결된 한 변의 길이가 d인 정사각형 금속 고리가 용수철에 매달려 종이면에 수직으로 들어가는 방향의 균일한 자기장 영역에 정지해 있다. 그림 (나)는 (가)에서 금속 고리를 $-y$방향으로 d만큼 잡아당겨, 시간 $t=0$인 순간 가만히 놓아 금속 고리가 y축과 나란하게 운동할 때 LED의 변위 y를 t에 따라 나타낸 것이다. $t=t_2$일 때 금속 고리에 흐르는 유도 전류에 의해 LED에서 빛이 방출된다. A는 p형 반도체와 n형 반도체 중 하나이다.

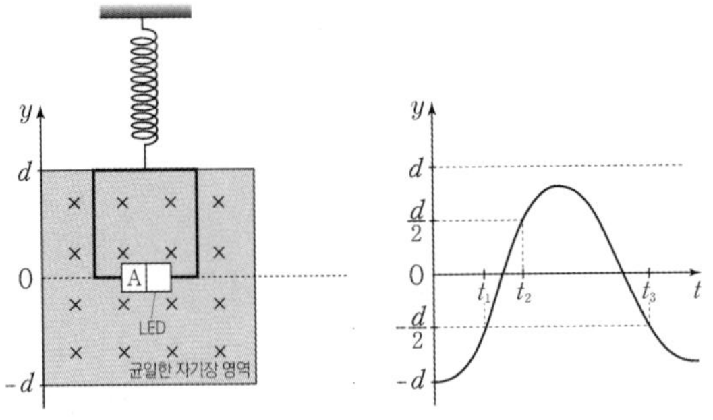

(가) (나)

이에 대한 설명으로 옳은 것만을 〈보기〉에서 있는 대로 고른 것은? (단, 금속 고리는 회전하지 않으며, 공기 저항은 무시한다.) [3점]

보기

ㄱ. A는 p형 반도체이다.

ㄴ. $t=t_1$일 때 LED에서 빛이 방출되지 않는다.

ㄷ. 금속 고리의 운동 에너지는 $t=t_1$일 때와 $t=t_3$일 때가 같다.

① ㄱ ② ㄴ ③ ㄱ, ㄷ
④ ㄴ, ㄷ ⑤ ㄱ, ㄴ, ㄷ

8 ★★☆

| 2023년 4월 교육청 18번 |

그림과 같이 한 변의 길이가 $4d$인 직사각형 금속 고리가 xy평면에서 $+x$방향으로 등속도 운동하며 균일한 자기장 영역 Ⅰ, Ⅱ, Ⅲ을 지난다. Ⅰ, Ⅱ, Ⅲ에서 자기장의 세기는 각각 B_0, B, B_0이고, Ⅱ에서 자기장의 방향은 xy평면에 수직이다. 표는 금속 고리의 점 p의 위치에 따른 p에 흐르는 유도 전류의 방향을 나타낸 것이다.

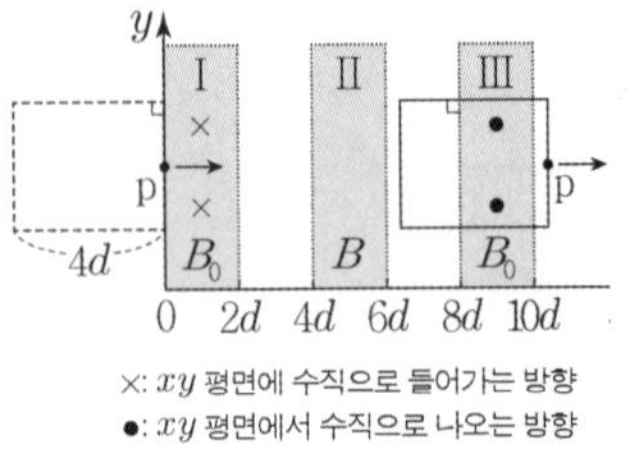

p의 위치	p에 흐르는 유도 전류의 방향
$x=5d$	㉠
$x=9d$	$+y$

이에 대한 설명으로 옳은 것만을 〈보기〉에서 있는 대로 고른 것은? [3점]

보기

ㄱ. $B>B_0$이다.

ㄴ. ㉠은 '$-y$'이다.

ㄷ. p에 흐르는 유도 전류의 세기는 p가 $x=5d$를 지날 때가 $x=9d$를 지날 때보다 크다.

① ㄱ ② ㄷ ③ ㄱ, ㄴ
④ ㄴ, ㄷ ⑤ ㄱ, ㄴ, ㄷ

9 ★★☆

| 2023년 3월 교육청 12번 |

그림 (가)와 같이 방향이 각각 일정한 자기장 영역 Ⅰ과 Ⅱ에 p−n 접합 다이오드가 연결된 사각형 금속 고리가 고정되어 있다. A는 p형 반도체와 n형 반도체 중 하나이다. 그림 (나)는 Ⅰ과 Ⅱ의 자기장의 세기를 시간에 따라 나타낸 것이다. t_0일 때, 고리에 흐르는 유도 전류의 세기는 I_0이다.

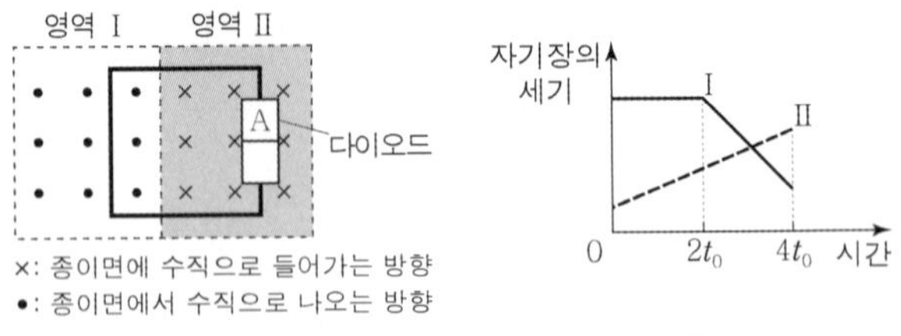

(가) (나)

이에 대한 옳은 설명만을 〈보기〉에서 있는 대로 고른 것은?

보기

ㄱ. t_0일 때 유도 전류의 방향은 시계 방향이다.

ㄴ. $3t_0$일 때 유도 전류의 세기는 I_0보다 작다.

ㄷ. A는 n형 반도체이다.

① ㄱ ② ㄷ ③ ㄱ, ㄴ
④ ㄴ, ㄷ ⑤ ㄱ, ㄴ, ㄷ

10 ★★☆

| 2022년 10월 교육청 5번 |

그림은 동일한 원형 자석 A, B를 플라스틱 통의 양쪽에 고정하고 플라스틱 통 바깥쪽에서 금속 고리를 오른쪽 방향으로 등속 운동시키는 모습을 나타낸 것이다. 금속 고리가 플라스틱 통의 왼쪽 끝에서 오른쪽 끝까지 운동하는 동안 금속 고리에 흐르는 유도 전류의 방향은 화살표 방향으로 일정하다.

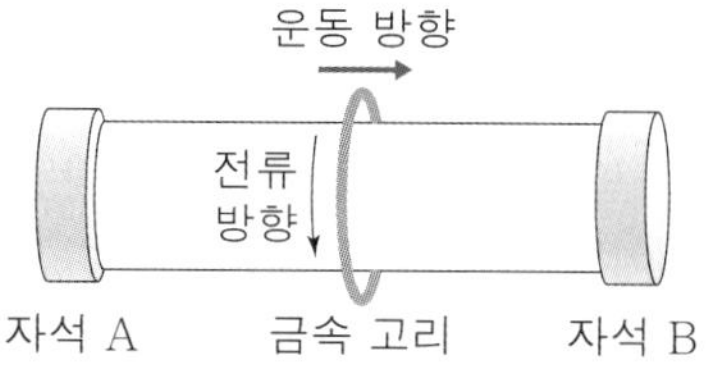

이에 대한 옳은 설명만을 <보기>에서 있는 대로 고른 것은? [3점]

보기
ㄱ. A의 오른쪽 면은 N극이다.
ㄴ. B의 오른쪽 면은 N극이다.
ㄷ. 금속 고리를 통과하는 자기 선속은 일정하다.

① ㄱ ② ㄴ ③ ㄱ, ㄷ
④ ㄴ, ㄷ ⑤ ㄱ, ㄴ, ㄷ

11 ★★☆

| 2022년 7월 교육청 19번 |

다음은 전자기 유도에 대한 실험이다.

[실험 과정]
(가) 그림과 같이 고정된 코일에 검류계를 연결하고 코일 위에 실로 연결된 자석을 점 a에 정지시킨다.

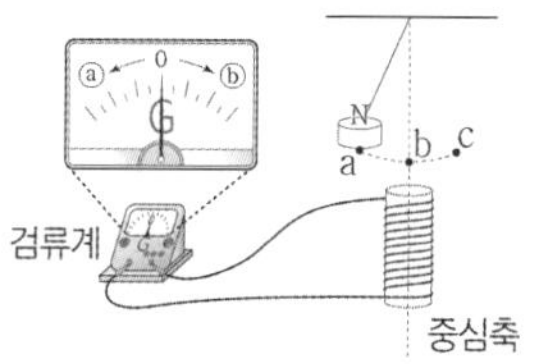

(나) a에서 자석을 가만히 놓아 자석이 최저점 b를 지나 점 c까지 갔다가 b로 되돌아오는 동안 검류계 바늘이 움직이는 방향을 기록한다.

[실험 결과]

자석의 운동 경로	검류계 바늘이 움직이는 방향
a → b	ⓐ
b → c	ⓑ
c → b	㉠

이에 대한 설명으로 옳은 것만을 <보기>에서 있는 대로 고른 것은? (단, 모든 마찰과 공기 저항은 무시한다.)

보기
ㄱ. a와 c의 높이는 같다.
ㄴ. ㉠은 ⓐ이다.
ㄷ. 자석이 b에서 c까지 이동하는 동안 자석과 코일 사이에 작용하는 자기력의 크기는 작아진다.

① ㄱ ② ㄴ ③ ㄱ, ㄷ
④ ㄴ, ㄷ ⑤ ㄱ, ㄴ, ㄷ

12 ★☆☆

| 2022년 4월 교육청 14번 |

그림과 같이 N극이 아래로 향한 자석이 금속 고리의 중심축을 따라 운동하여 점 p, q를 지난다. p, q로부터 고리의 중심까지의 거리는 서로 같다. 고리에 흐르는 유도 전류의 세기는 자석이 p를 지날 때가 q를 지날 때보다 작다. 이에 대한 설명으로 옳은 것만을 <보기>에서 있는 대로 고른 것은? (단, 자석의 크기는 무시한다.)

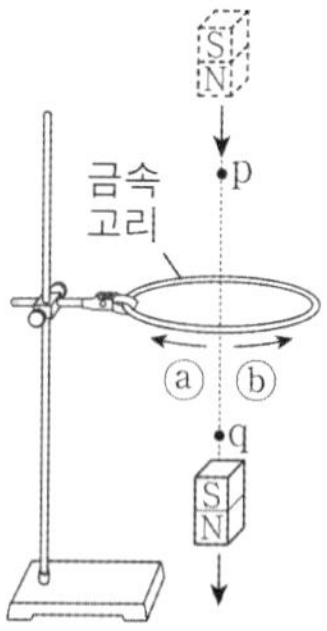

보기
ㄱ. 자석이 p를 지날 때 고리에 흐르는 유도 전류의 방향은 ⓐ 방향이다.
ㄴ. 자석이 p를 지날 때의 속력은 자석이 q를 지날 때의 속력보다 작다.
ㄷ. 자석이 q를 지날 때 고리와 자석 사이에는 당기는 자기력이 작용한다.

① ㄱ ② ㄴ ③ ㄱ, ㄷ
④ ㄴ, ㄷ ⑤ ㄱ, ㄴ, ㄷ

13 ★★☆

| 2022년 3월 교육청 13번 |

그림 (가)와 같이 종이면에 수직으로 들어가는 방향의 균일한 자기장 영역 Ⅰ과 Ⅱ에서 종이면에 고정된 동일한 원형 금속 고리 P, Q의 중심이 각 영역의 경계에 있다. 그림 (나)는 (가)의 Ⅰ과 Ⅱ에서 자기장의 세기를 시간에 따라 나타낸 것이다.

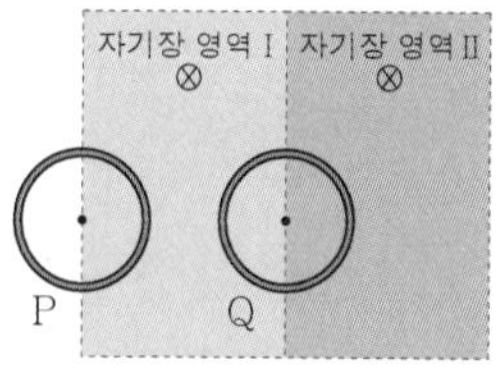

(가)

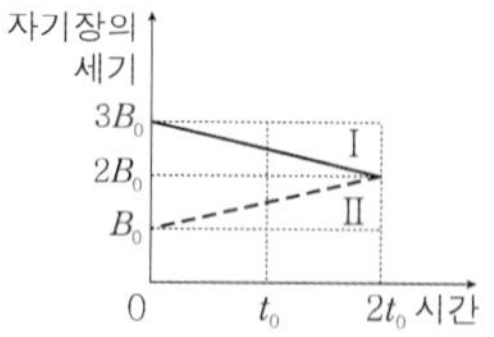

(나)

t_0일 때에 대한 옳은 설명만을 <보기>에서 있는 대로 고른 것은? (단, P, Q 사이의 상호 작용은 무시한다.) [3점]

보기
ㄱ. P의 유도 전류는 P의 중심에 종이면에 수직으로 들어가는 방향의 자기장을 만든다.
ㄴ. Q에는 유도 전류가 흐르지 않는다.
ㄷ. Ⅰ과 Ⅱ에 의해 고리면을 통과하는 자기 선속의 크기는 Q에서가 P에서보다 크다.

① ㄴ ② ㄷ ③ ㄱ, ㄴ
④ ㄱ, ㄷ ⑤ ㄱ, ㄴ, ㄷ

14 ★☆☆ | 2021년 10월 교육청 2번 |

다음은 간이 발전기에 대한 설명이다.

• 간이 발전기의 자석이 일정한 속력으로 회전할 때, 코일에 유도 전류가 흐른다. 이때 [㉠] 유도 전류의 세기가 커진다.

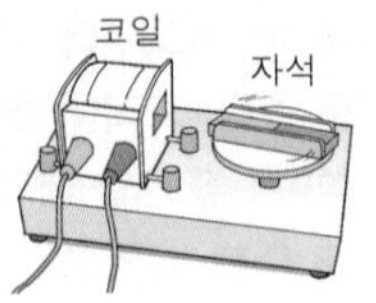

㉠으로 적절한 것만을 〈보기〉에서 있는 대로 고른 것은?

보기
ㄱ. 자석의 회전 속력만을 증가시키면
ㄴ. 자석의 회전 방향만을 반대로 하면
ㄷ. 자석을 세기만 더 강한 것으로 바꾸면

① ㄱ　② ㄷ　③ ㄱ, ㄴ　④ ㄱ, ㄷ　⑤ ㄴ, ㄷ

15 ★★☆ | 2021년 7월 교육청 13번 |

그림 (가)는 정지해 있는 코일의 중심축을 따라 자석이 움직이는 모습이다. 그림 (나)는 (가)에서 코일의 중심축에 수직이고, 코일 위의 점 p를 포함한 코일의 단면을 통과하는 자기 선속 Φ를 시간 t에 따라 나타낸 것이다.

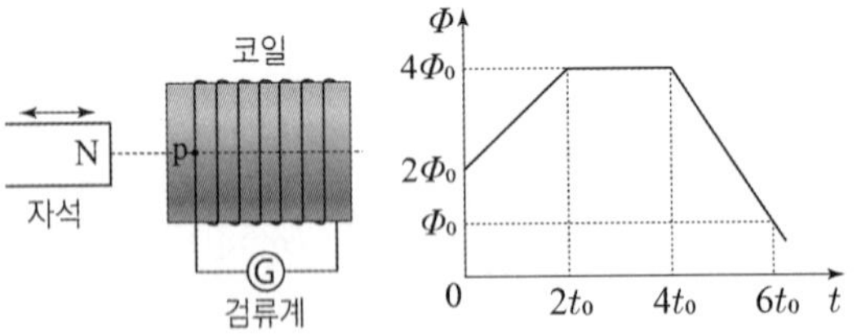

(가)　(나)

이에 대한 설명으로 옳은 것만을 〈보기〉에서 있는 대로 고른 것은?

보기
ㄱ. p에 흐르는 유도 전류의 방향은 $t=t_0$일 때와 $t=5t_0$일 때가 같다.
ㄴ. p에 흐르는 유도 전류의 세기는 $t=t_0$일 때가 $t=5t_0$일 때보다 크다.
ㄷ. $t=3t_0$일 때 p에는 유도 전류가 흐르지 않는다.

① ㄱ　② ㄷ　③ ㄱ, ㄴ　④ ㄴ, ㄷ　⑤ ㄱ, ㄴ, ㄷ

16 ★★★ | 2021년 4월 교육청 13번 |

그림 (가)와 같이 한 변의 길이가 $2d$인 직사각형 금속 고리가 xy평면에서 $+x$방향으로 폭이 d인 균일한 자기장 영역을 향해 운동한다. 균일한 자기장 영역의 자기장은 세기가 일정하고 방향이 xy평면에 수직으로 들어가는 방향이다. 그림 (나)는 금속 고리의 한 점 p의 위치를 시간 t에 따라 나타낸 것이다.

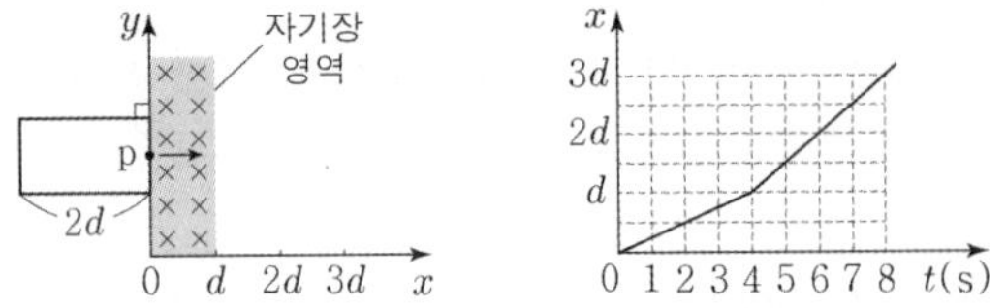

(가)　(나)

이에 대한 설명으로 옳은 것만을 〈보기〉에서 있는 대로 고른 것은?

보기
ㄱ. 2초일 때, p에 흐르는 유도 전류의 방향은 $+y$방향이다.
ㄴ. 5초일 때, 유도 전류는 흐르지 않는다.
ㄷ. 유도 전류의 세기는 2초일 때가 7초일 때보다 작다.

① ㄱ　② ㄴ　③ ㄱ, ㄷ　④ ㄴ, ㄷ　⑤ ㄱ, ㄴ, ㄷ

17 ★☆☆ | 2021년 3월 교육청 3번 |

그림은 xy 평면에 수직인 방향의 자기장 영역에서 정사각형 금속 고리 A, B, C가 각각 $+x$ 방향, $-y$ 방향, $+y$ 방향으로 직선 운동하고 있는 순간의 모습을 나타낸 것이다. 자기장 영역에서 자기장은 일정하고 균일하다.

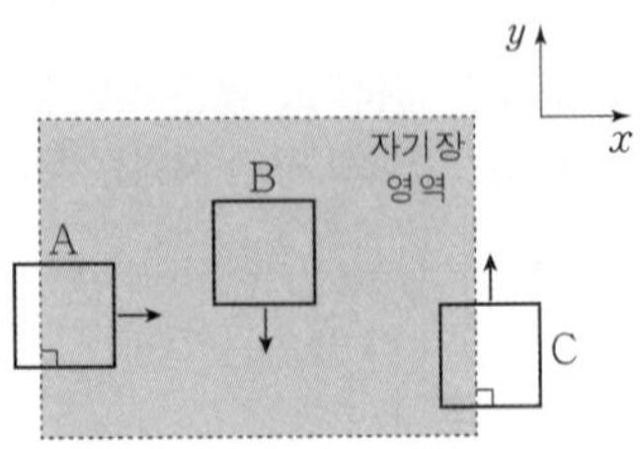

유도 전류가 흐르는 고리만을 있는 대로 고른 것은? (단, A, B, C 사이의 상호 작용은 무시한다.) [3점]

① A　② B　③ A, C　④ B, C　⑤ A, B, C

18 ★★☆ | 2020년 10월 교육청 8번 |

그림 (가)는 마이크의 내부 구조를 나타낸 것으로, 소리에 의해 진동판과 코일이 진동한다. 그림 (나)는 (가)에서 자석의 윗면과 코일 사이의 거리 d를 시간에 따라 나타낸 것이다. t_3일 때 코일에는 화살표 방향으로 유도 전류가 흐른다.

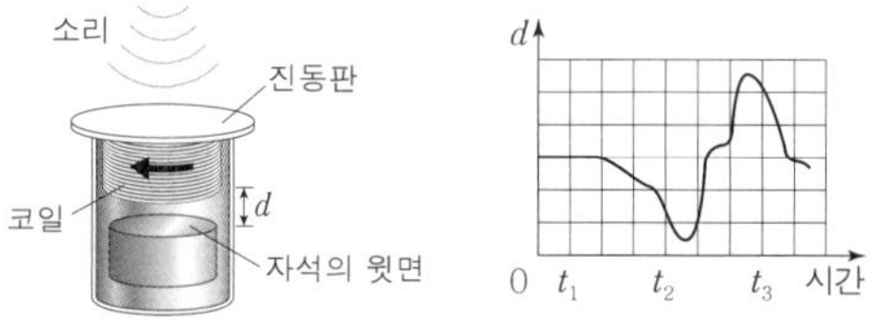

(가) (나)

이에 대한 옳은 설명만을 〈보기〉에서 있는 대로 고른 것은?

보기
ㄱ. 자석의 윗면은 N극이다.
ㄴ. t_1일 때 코일에는 유도 전류가 흐르지 않는다.
ㄷ. 코일에 흐르는 유도 전류의 방향은 t_2일 때와 t_3일 때가 서로 반대이다.

① ㄱ ② ㄷ ③ ㄱ, ㄴ ④ ㄴ, ㄷ ⑤ ㄱ, ㄴ, ㄷ

19 ★★☆ | 2020년 7월 교육청 20번 |

그림은 xy평면에 수직인 방향의 균일한 자기장 영역 Ⅰ, Ⅱ의 경계에서 변의 길이가 $4d$인 동일한 정사각형 도선 A, B, C가 각각 일정한 속력 v, v, $2v$로 직선 운동하는 어느 순간의 모습을 나타낸 것이다. A, B, C는 각각 $-y$, $+x$, $+y$ 방향으로 운동한다. Ⅰ과 Ⅱ에서 자기장의 방향은 서로 반대이고 A와 B에 흐르는 유도 전류의 세기는 같다.

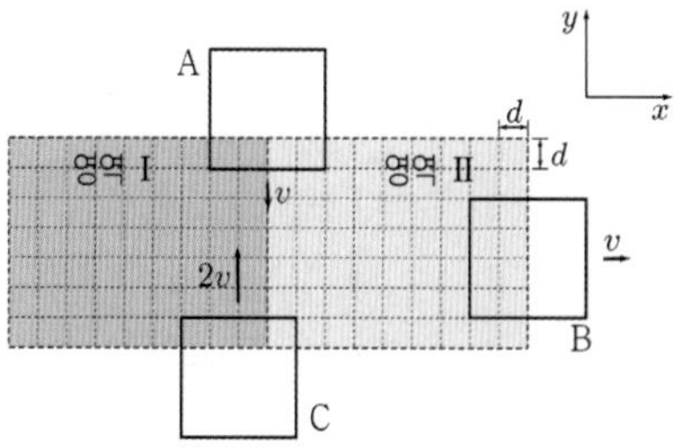

이에 대한 설명으로 옳은 것만을 〈보기〉에서 있는 대로 고른 것은? (단, 모눈 눈금은 동일하고, A, B, C 사이의 상호 작용은 무시한다.) [3점]

보기
ㄱ. 자기장의 세기는 Ⅰ에서가 Ⅱ에서의 3배이다.
ㄴ. 유도 전류의 방향은 A에서와 B에서가 같다.
ㄷ. 유도 전류의 세기는 C에서가 A에서의 4배이다.

① ㄱ ② ㄴ ③ ㄱ, ㄷ ④ ㄴ, ㄷ ⑤ ㄱ, ㄴ, ㄷ

20 ★☆☆ | 2020년 4월 교육청 12번 |

다음은 물체의 자성을 알아보기 위한 실험이다.

[실험 과정]
(가) 자기화되어 있지 않은 물체 A, B, C에 각각 막대자석을 가까이하여 물체의 움직임을 관찰한다. A, B, C는 강자성체, 상자성체, 반자성체를 순서 없이 나타낸 것이다.
(나) 막대자석을 제거하고 A, B, C를 각각 원형 도선에 통과시켜 유도 전류의 발생 유무를 관찰한다.

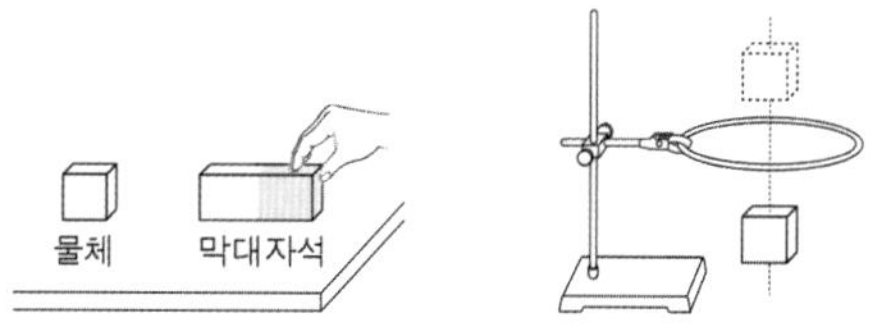

(가) (나)

[실험 결과]

물체	(가)의 결과	(나)의 결과
A	자석에서 밀린다.	㉠
B	자석에 끌린다.	흐른다.
C	자석에 끌린다.	흐르지 않는다.

이에 대한 설명으로 옳은 것만을 〈보기〉에서 있는 대로 고른 것은? [3점]

보기
ㄱ. '흐르지 않는다.'는 ㉠으로 적절하다.
ㄴ. B는 외부 자기장의 방향과 같은 방향으로 자기화된다.
ㄷ. C는 상자성체이다.

① ㄱ ② ㄴ ③ ㄱ, ㄷ ④ ㄴ, ㄷ ⑤ ㄱ, ㄴ, ㄷ

21 ★☆☆ | 2020년 3월 교육청 8번 |

그림은 휴대 전화를 무선 충전기 위에 놓고 충전하는 모습을 나타낸 것이다. 코일 A, B는 각각 무선 충전기와 휴대 전화 내부에 있고, A에 흐르는 전류의 세기 I는 주기적으로 변한다.

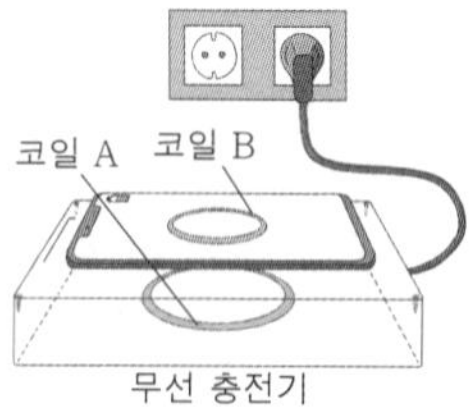

이에 대한 옳은 설명만을 〈보기〉에서 있는 대로 고른 것은?

보기
ㄱ. I가 증가할 때 B에 유도 전류가 흐른다.
ㄴ. I가 감소할 때 B에 유도 전류가 흐르지 않는다.
ㄷ. 무선 충전은 전자기 유도 현상을 이용한다.

① ㄱ ② ㄴ ③ ㄱ, ㄷ ④ ㄴ, ㄷ ⑤ ㄱ, ㄴ, ㄷ

22 ★☆☆

| 2020년 4월 교육청 13번 |

다음은 자가발전 손전등에 대한 설명이다.

- 자가발전 손전등은 자석의 운동에 의해 코일에 유도 전류가 발생하여 전구에서 불이 켜지는 장치이다.
- 그림에서 자석이 코일에 가까워지면 자석에 의해 코일을 통과하는 자기 선속이 증가하고, 코일에는 (가) 방향으로 유도 전류가 흐른다.

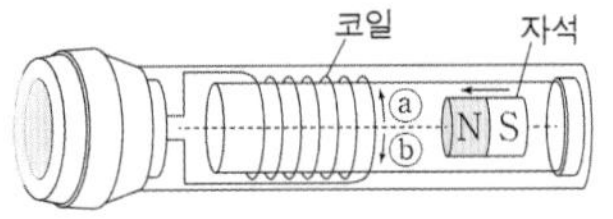

<자가발전 손전등>

이에 대한 설명으로 옳은 것만을 〈보기〉에서 있는 대로 고른 것은?

보기
ㄱ. 자가발전 손전등은 전자기 유도 현상을 이용한다.
ㄴ. (가)는 ⓐ이다.
ㄷ. 자석이 코일에 가까워지면 자석과 코일 사이에는 서로 당기는 자기력이 작용한다.

① ㄱ ② ㄴ ③ ㄱ, ㄷ
④ ㄴ, ㄷ ⑤ ㄱ, ㄴ, ㄷ

23 ★☆☆

| 2019년 10월 교육청 9번 |

그림과 같이 동일한 정사각형 금속 고리 A, B가 종이면에 수직인 방향의 균일한 자기장 영역 Ⅰ, Ⅱ를 일정한 속력 v로 서로 반대 방향으로 통과한다. p, q, r는 영역의 경계면이다. Ⅰ에서 자기장의 세기는 B_0이고, A의 중심이 p, q를 지날 때 A에 흐르는 유도 전류의 세기와 방향은 각각 같다.

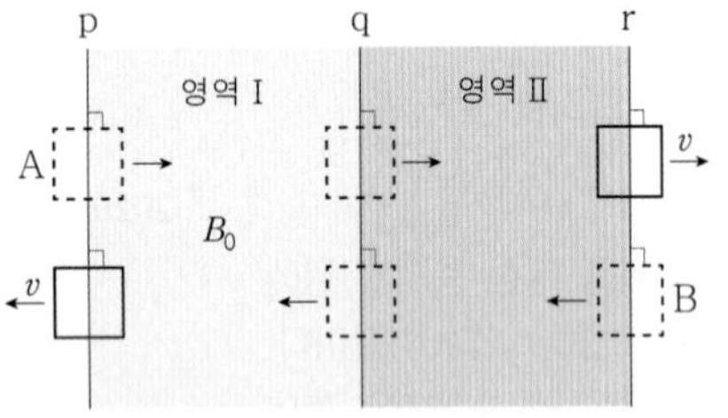

이에 대한 옳은 설명만을 〈보기〉에서 있는 대로 고른 것은? (단, A와 B의 상호 작용은 무시한다.) [3점]

보기
ㄱ. Ⅱ에서 자기장의 세기는 $2B_0$이다.
ㄴ. A에 흐르는 유도 전류의 세기는 A의 중심이 r를 지날 때가 p를 지날 때의 2배이다.
ㄷ. A와 B의 중심이 각각 q를 지날 때 A와 B에 흐르는 유도 전류의 방향은 서로 반대이다.

① ㄱ ② ㄷ ③ ㄱ, ㄴ
④ ㄴ, ㄷ ⑤ ㄱ, ㄴ, ㄷ

24 ★★☆

| 2019년 7월 교육청 7번 |

그림은 빗면 위의 점 p에 가만히 놓은 자석 A가 빗면을 따라 내려와 수평인 직선 레일에 고정된 솔레노이드의 중심축을 통과한 것을 나타낸 것이다. a, b, c는 직선 레일 위의 점이다.

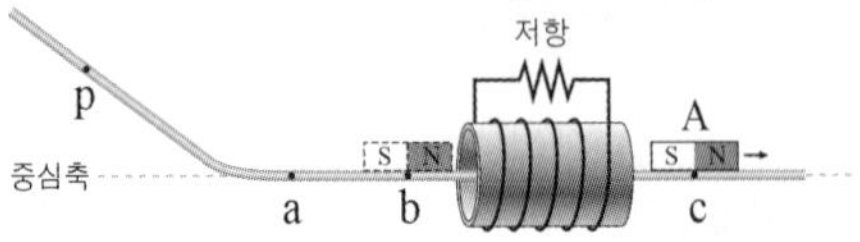

이에 대한 설명으로 옳은 것만을 〈보기〉에서 있는 대로 고른 것은? (단, A의 크기와 모든 마찰은 무시한다.)

보기
ㄱ. A는 a에서 b까지 등속도 운동한다.
ㄴ. 솔레노이드가 A에 작용하는 자기력의 방향은 A가 b를 지날 때와 c를 지날 때가 같다.
ㄷ. 솔레노이드에 흐르는 유도 전류의 방향은 A가 b를 지날 때와 c를 지날 때가 반대이다.

① ㄱ ② ㄷ ③ ㄱ, ㄴ
④ ㄴ, ㄷ ⑤ ㄱ, ㄴ, ㄷ

25 ★★☆

| 2019년 4월 교육청 7번 |

그림과 같이 솔레노이드와 금속 고리를 고정한 후, 솔레노이드에 흐르는 전류의 세기를 증가시켰더니 금속 고리에 a 방향으로 유도 전류가 흐른다.

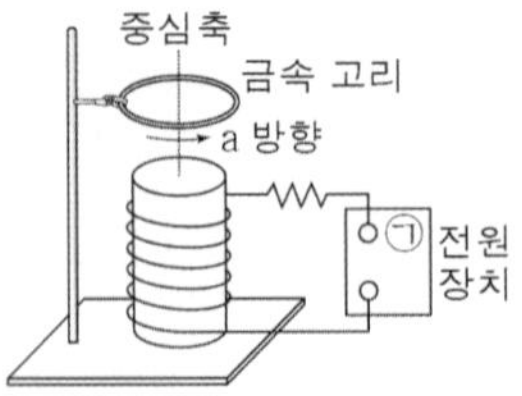

이에 대한 설명으로 옳은 것만을 〈보기〉에서 있는 대로 고른 것은?

보기
ㄱ. 금속 고리를 통과하는 솔레노이드에 흐르는 전류에 의한 자기 선속은 증가한다.
ㄴ. 전원 장치의 단자 ㉠은 (−)극이다.
ㄷ. 금속 고리와 솔레노이드 사이에는 당기는 자기력이 작용한다.

① ㄱ ② ㄷ ③ ㄱ, ㄴ
④ ㄴ, ㄷ ⑤ ㄱ, ㄴ, ㄷ

Memo

III

파동과 정보 통신

01

파동의 성질과 간섭

02

전반사와 광통신 및 전자기파

03

빛과 물질의 이중성

01 파동의 성질과 간섭

A 파동의 성질

1. 파동의 표현

(1) **파동** : 한 지점에서 발생한 진동이 주위로 퍼져 나가는 현상으로, 진동이 전달되면서 에너지가 이동한다.

(2) **파원과 매질**

① **파원** : 파동이 전파될 때 진동이 처음 발생한 지점

② **매질** : 파동이 전파될 때 진동을 전달하는 물질 ➡ 물결파의 물, 용수철 파동의 용수철 등

(3) **파동의 전파** : 파동이 전파될 때 에너지는 주위로 전달되고 매질은 제자리에서 진동만 할 뿐 주위로 진행하지 않는다.

(4) **파동의 표현 요소**

① **진폭** : 매질이 진동 중심에서 마루 또는 골까지의 수직 거리

② **파장** : 매질의 각 점이 한 번 진동하는 동안 파동이 진행한 거리, 즉 이웃한 마루(골)와 마루(골) 사이의 거리(단위 : m)

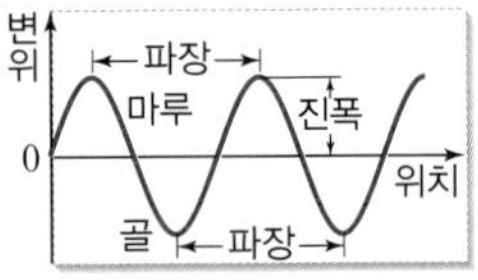

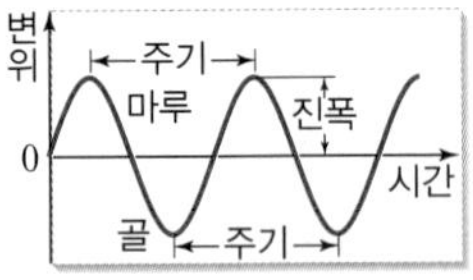

③ **주기** : 매질이 한 번 진동하는 데 걸리는 시간(단위 : 초)

④ **진동수** : 매질이 1초 동안 진동한 횟수(단위 : Hz)

• 주기(T)와 진동수(f)는 역수 관계$\left(f=\frac{1}{T}\right)$이다.

출제 tip

매질에 따른 파동의 해석

연속된 두 매질을 진행하는 파동의 파형을 분석하여 속력을 비교하는 문항이 출제된다.

파동의 속력(v)과 파장(λ), 주기(T)의 관계

$$v=\frac{\lambda}{T}$$

파동의 속력은 파장에 비례하고 주기에 반비례한다. ➡ 파장이 길수록, 주기가 짧을수록 속력이 빠르다.

2. 파동의 종류

(1) **매질의 유무에 따른 분류**

① **역학적 파동(탄성파)** : 전달될 때 매질이 필요하며 매질의 상태에 따라 속력이 달라진다.

② **전자기파(빛)** : 전달될 때 매질이 필요하지 않으며 진공에서 가장 빨리 전달되고 물질 안에서는 진공보다 느리게 전달된다.

(2) **진동 방향과 진행 방향에 따른 구분** : 매질이나 파장의 진동 방향과 파동의 진행 방향을 기준으로 하여 종파와 횡파로 나뉜다.

① **종파** : 매질의 진동 방향과 파동의 진행 방향이 나란한 파동

② **횡파** : 매질의 진동 방향과 파동의 진행 방향이 수직인 파동

생활 속의 굴절

(1) 볼록 렌즈는 빛을 모으고, 오목 렌즈는 빛을 퍼지게 한다.

(2) 물속에 있는 물고기는 실제 위치보다 떠 보인다.

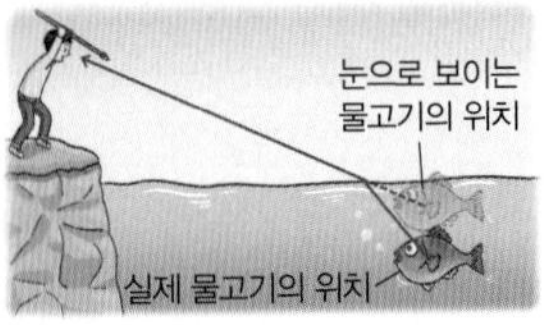

(3) 신기루 : 공기의 온도가 높을수록 빛의 속력이 빠르고, 온도가 낮을수록 빛의 속력이 느리기 때문에 물체가 실제 위치가 아닌 다른 위치에 보이는 현상이다.

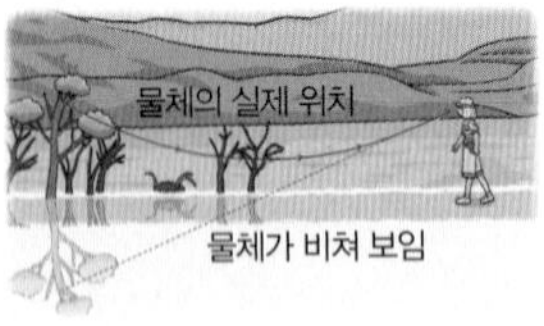

3. 파동의 굴절

(1) **파동의 굴절**

① **굴절의 원인** : 매질에 따라 파동의 진행 속력이 달라지기 때문에 일어난다.

② **굴절 법칙** : 파동이 매질 Ⅰ에서 매질 Ⅱ로 진행할 때 각 매질에서의 속력을 각각 v_1, v_2, 입사각과 굴절각을 각각 i, r, 파장을 각각 λ_1, λ_2라고 하면 $\frac{\sin i}{\sin r}=\frac{v_1}{v_2}=\frac{\lambda_1}{\lambda_2}$이다.

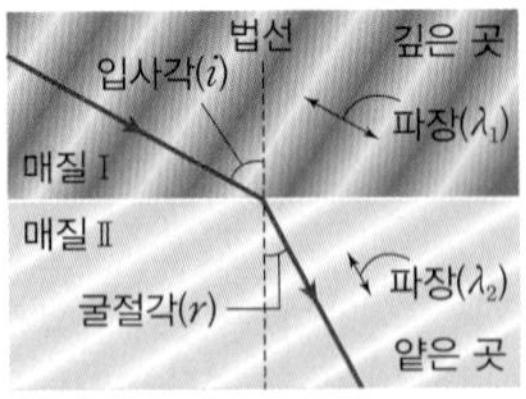

(2) **빛의 굴절의 법칙(스넬 법칙)** : 굴절률이 n_1인 매질 1에서 굴절률이 n_2인 매질 2로 빛이 진행할 때 $\frac{\sin i}{\sin r}=\frac{v_1}{v_2}=\frac{\lambda_1}{\lambda_2}=\frac{n_2}{n_1}=n_{12}$이다.

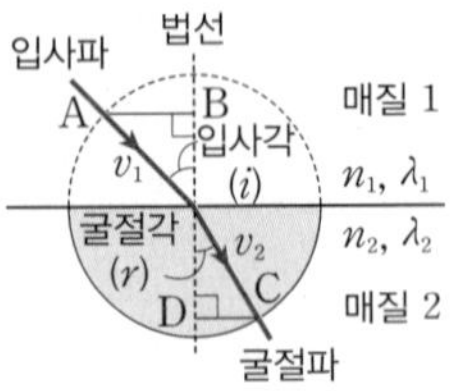

굴절률(절대 굴절률)

$$n=\frac{c}{v}$$

매질에서 빛의 속력 v에 대한 진공에서의 빛의 속력 c의 비

B 파동의 간섭

1. 파동의 중첩

(1) **중첩 원리** : 둘 이상의 파동이 만나 한 지점에서 겹칠 때, 그 지점에서 합성파의 변위는 각 파동의 변위를 더한 것과 같다.

합성파

둘 이상의 파동이 만난 결과로 만들어지는 파동

(2) **파동의 독립성** : 두 파동이 겹치고 난 뒤에는 다른 파동에 영향을 주지 않고 본래의 파형을 유지하면서 진행한다. 따라서 중첩되기 전의 방향과 진폭을 유지한 상태로 독립적으로 진행한다.

2. 파동의 간섭

(1) **파동의 간섭** : 둘 이상의 파동이 서로 중첩될 때 매질의 진폭이 변하는 현상

(2) **보강 간섭과 상쇄 간섭**

보강 간섭	상쇄 간섭
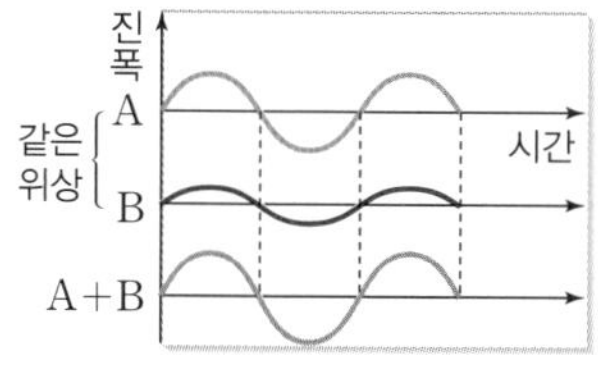	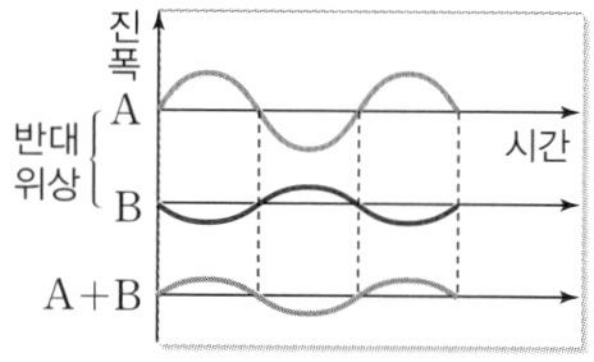
• 같은 위상으로 중첩되어 진폭이 더 커지는 현상 • 중첩되는 두 파동의 변위의 방향이 같아서 합성파의 진폭이 커진다.	• 반대 위상으로 중첩되어 진폭이 더 작아지는 현상 • 중첩되는 두 파동의 변위의 방향이 반대여서 합성파의 진폭이 작아진다.

(3) **간섭 조건** : 두 지점 S_1, S_2에서 같은 위상으로 발생한 두 파동이 한 지점 P에 도달할 때 경로차가 반파장의 짝수 배인 경우 보강 간섭, 반파장의 홀수 배인 경우 상쇄 간섭이 일어난다.

보강 간섭	상쇄 간섭
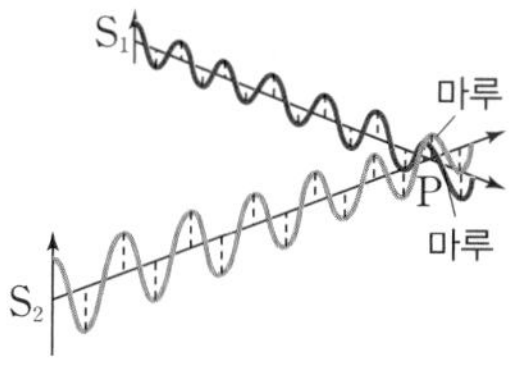	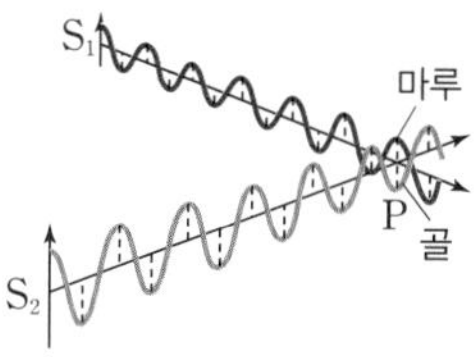
마루와 마루 또는 골과 골이 만나면 보강 간섭이 일어난다.	마루와 골이 만나면 상쇄 간섭이 일어난다.
경로차 : $\overline{S_1P}-\overline{S_2P}=(2n)\frac{\lambda}{2}(n=0, 1, 2, \cdots)$	경로차 : $\overline{S_1P}-\overline{S_2P}=(2n+1)\frac{\lambda}{2}(n=0, 1, 2, \cdots)$

파동의 독립성

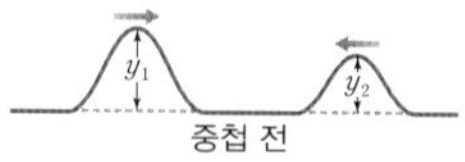

최대 변이가 각각 y_1, y_2인 파동이 서로 반대 방향으로 진행하고 있다.

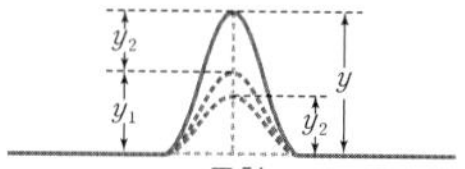

두 파동이 겹쳐질 때 합성파의 변위 y는 각 파동의 변위의 합 y_1+y_2와 같다.

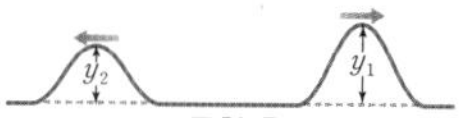

중첩이 끝나고 난 후에는 만나기 전의 파형을 그대로 유지하면서 진행하던 방향으로 계속 진행한다.

Part I

교육청

출제 tip

파동의 간섭

파동의 보강 간섭과 상쇄 간섭이 일어날 때의 조건과 간섭을 이용한 예를 묻는 문항이 출제된다.

실전 자료 빛의 굴절

그림과 같이 단색광 A, B를 각각 매질 Ⅰ에서 부채꼴 모양의 매질 Ⅱ에 수직으로 입사시켰더니 A, B가 점 P에서 굴절한다. P에서 입사각은 A가 B보다 크고, 굴절각은 A와 B가 서로 같다.

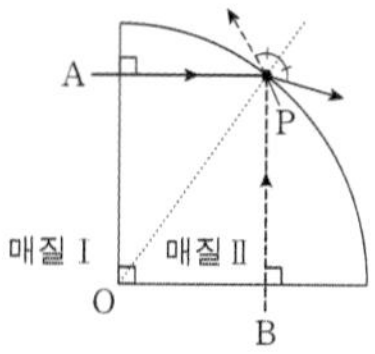

❶ **굴절률과 입사각, 굴절각의 관계**

- 굴절률이 큰 매질에서 작은 매질로 빛이 진행할 때 : 입사각< 굴절각
- 굴절률이 작은 매질에서 큰 매질로 빛이 진행할 때 : 입사각> 굴절각

❷ **매질 Ⅰ, Ⅱ의 굴절률 비교**

- A, B의 입사각에 비해 굴절각이 크므로, 굴절률은 매질 Ⅱ에서가 매질 Ⅰ에서보다 크다.
- A, B의 입사각을 각각 θ_A, θ_B, 반지름을 r라고 하면

$$\sin\theta_A=\frac{\overline{OA}}{r},\ \sin\theta_B=\frac{\overline{OB}}{r},\ \theta_A>\theta_B\ (\because \overline{OA}>\overline{OB})$$

이다.
- A, B의 굴절각이 같은데, 입사각이 A가 B보다 크므로 매질 Ⅰ에 대한 매질 Ⅱ의 굴절률은 A가 B보다 작다.

1 ★☆☆ | 2024년 10월 교육청 12번 |

다음은 물결파에 대한 실험이다.

[실험 과정]

(가) 그림과 같이 물결파 실험 장치의 영역 Ⅱ에 사다리꼴 모양의 유리판을 넣은 후 물을 채운다.

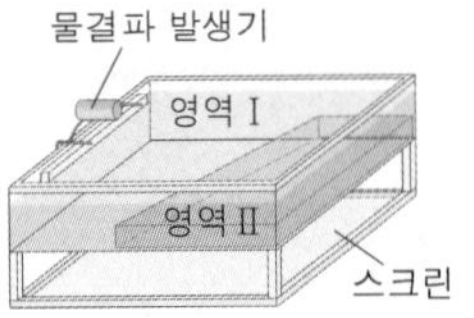

(나) 영역 Ⅰ에서 일정한 진동수의 물결파를 발생시켜 스크린에 투영된 물결파의 무늬를 관찰한다.

(다) (가)에서 유리판의 위치만을 Ⅱ에서 Ⅰ로 옮긴 후 (나)를 반복한다.

[실험 결과]

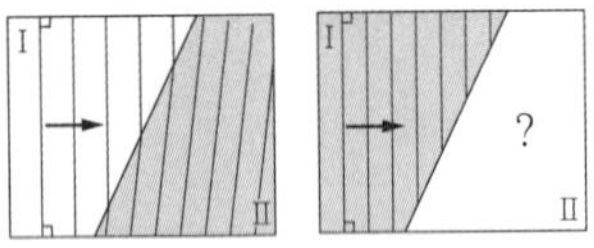

(나)의 결과 (다)의 결과

* 화살표는 물결파의 진행 방향을 나타낸다.
* 색칠된 부분은 유리판을 넣은 영역을 나타낸다.

이에 대한 옳은 설명만을 〈보기〉에서 있는 대로 고른 것은? [3점]

〈보기〉

ㄱ. (나)에서 물결파의 속력은 Ⅰ에서가 Ⅱ에서보다 크다.

ㄴ. Ⅰ과 Ⅱ의 경계면에서 물결파의 굴절각은 (나)에서가 (다)에서보다 작다.

ㄷ. 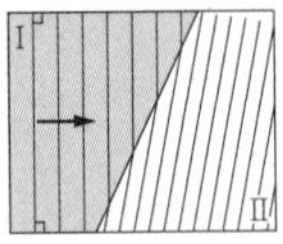 은 (다)의 결과로 적절하다.

① ㄱ ② ㄷ ③ ㄱ, ㄴ ④ ㄴ, ㄷ ⑤ ㄱ, ㄴ, ㄷ

2 ★☆☆ | 2024년 10월 교육청 8번 |

그림과 같이 진폭과 진동수가 동일한 소리를 일정하게 발생시키는 스피커 A와 B를 $x=0$으로부터 같은 거리만큼 떨어진 x축상의 지점에 각각 고정시키고, 소음 측정기로 x축상에서 위치에 따른 소리의 세기를 측정하였다. $x=0$에서 상쇄 간섭이 일어나고, $x=0$으로부터 첫 번째 상쇄 간섭이 일어난 지점까지의 거리는 $2d$이다.

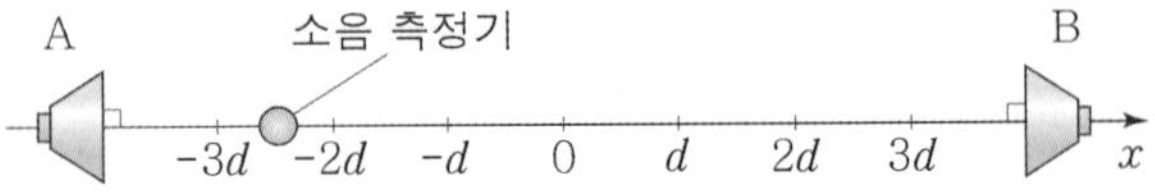

이에 대한 옳은 설명만을 〈보기〉에서 있는 대로 고른 것은? (단, 소음 측정기와 A, B의 크기는 무시한다.)

〈보기〉

ㄱ. $x=0$과 $x=-2d$ 사이에 보강 간섭이 일어나는 지점이 있다.

ㄴ. 소리의 세기는 $x=0$에서가 $x=3d$에서보다 작다.

ㄷ. A와 B에서 발생한 소리는 $x=0$에서 같은 위상으로 만난다.

① ㄱ ② ㄴ ③ ㄷ ④ ㄱ, ㄴ ⑤ ㄴ, ㄷ

3 ★☆☆ | 2024년 7월 교육청 13번 |

그림과 같이 스피커 A, B에서 진폭과 진동수가 동일한 소리를 발생시키면 점 O에서 보강 간섭이 일어나고, 점 P에서는 상쇄 간섭이 일어난다.

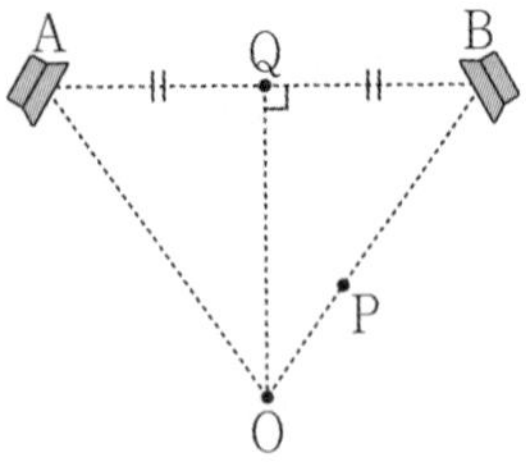

이에 대한 설명으로 옳은 것만을 〈보기〉에서 있는 대로 고른 것은? (단, 스피커의 크기는 무시한다.)

〈보기〉

ㄱ. A와 B에서 같은 위상으로 소리가 발생한다.

ㄴ. A와 B에서 발생한 소리는 점 Q에서 보강 간섭한다.

ㄷ. B에서 발생하는 소리의 위상만을 반대로 하면 A와 B에서 발생한 소리가 P에서 보강 간섭한다.

① ㄱ ② ㄷ ③ ㄱ, ㄴ ④ ㄴ, ㄷ ⑤ ㄱ, ㄴ, ㄷ

4 ★☆☆ | 2024년 7월 교육청 10번 |

그림 (가), (나)는 시간 $t=0$일 때, x축과 나란하게 진행하는 파동 A, B의 변위를 각각 위치 x에 따라 나타낸 것이다. A와 B의 진행 속력은 1 cm/s로 같다. (가)의 $x=x_1$에서의 변위와 (나)의 $x=x_2$에서의 변위는 y_0으로 같다. $t=0.1$초일 때, $x=x_1$에서의 변위는 y_0보다 작고, $x=x_2$에서의 변위는 y_0보다 크다.

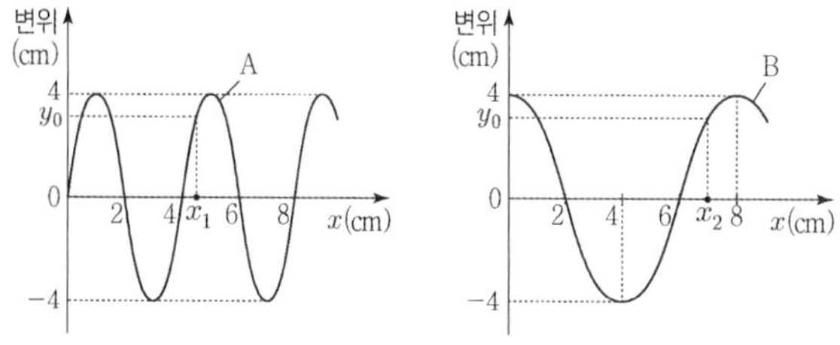

(가) (나)

이에 대한 설명으로 옳은 것만을 〈보기〉에서 있는 대로 고른 것은? [3점]

〈보기〉
ㄱ. 주기는 A가 B의 2배이다.
ㄴ. B의 진행 방향은 $-x$방향이다.
ㄷ. $t=0.5$초일 때, $x=x_1$에서 A의 변위는 4 cm이다.

① ㄱ ② ㄴ ③ ㄷ
④ ㄱ, ㄴ ⑤ ㄴ, ㄷ

5 ★★★ | 2024년 5월 교육청 6번 |

그림은 시간 $t=0$일 때, 매질 A, B에서 x축과 나란하게 한쪽 방향으로 진행하는 파동의 변위 y를 위치 x에 따라 나타낸 것으로, 점 P와 Q는 x축상의 지점이다. A에서 파동의 진행 속력은 1 cm/s이고, $t=1$초일 때 Q에서 매질의 운동 방향은 $-y$방향이다.

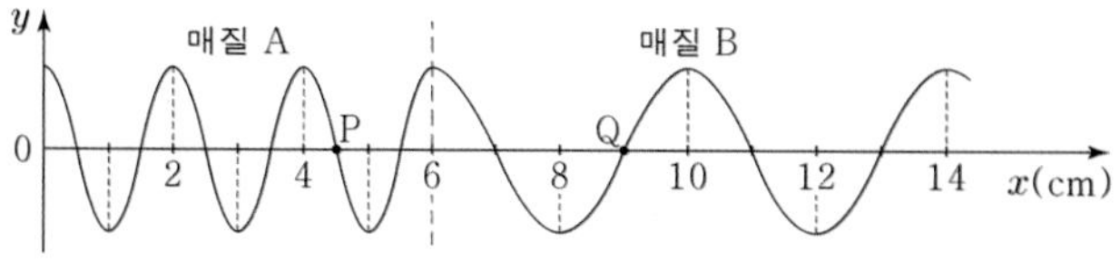

이에 대한 설명으로 옳은 것만을 〈보기〉에서 있는 대로 고른 것은? [3점]

〈보기〉
ㄱ. B에서 파동의 진행 속력은 4 cm/s이다.
ㄴ. P에서 파동의 변위는 $t=0$일 때와 $t=2$초일 때가 같다.
ㄷ. 파동의 진행 방향은 $+x$방향이다.

① ㄱ ② ㄴ ③ ㄱ, ㄷ
④ ㄴ, ㄷ ⑤ ㄱ, ㄴ, ㄷ

6 ★★☆ | 2024년 5월 교육청 15번 |

그림 (가)는 두 점 S_1, S_2에서 발생시킨 진동수, 진폭, 위상이 같은 두 물결파가 일정한 속력으로 진행하는 순간의 모습을, (나)는 (가)의 순간부터 점 P, Q 중 한 점에서 중첩된 물결파의 변위를 시간에 따라 나타낸 것이다.

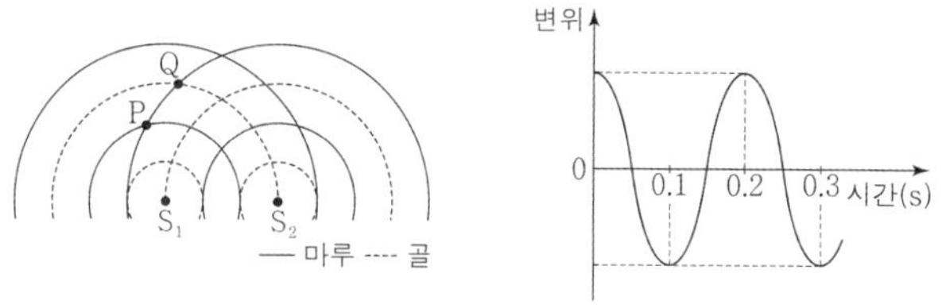

(가) (나)

이에 대한 설명으로 옳은 것만을 〈보기〉에서 있는 대로 고른 것은? (단, S_1, S_2, P, Q는 동일 평면상에 고정된 지점이다.)

〈보기〉
ㄱ. (나)는 P에서의 변위를 나타낸 것이다.
ㄴ. S_1에서 발생시킨 물결파의 진동수는 5 Hz이다.
ㄷ. $\overline{S_1S_2}$에서 보강 간섭이 일어나는 지점의 수는 3개이다.

① ㄱ ② ㄷ ③ ㄱ, ㄴ
④ ㄴ, ㄷ ⑤ ㄱ, ㄴ, ㄷ

7 ★☆☆ | 2024년 3월 교육청 3번 |

그림은 파원 S_1, S_2에서 서로 같은 진폭과 위상으로 발생시킨 두 물결파가 0초일 때의 모습을 나타낸 것이다. 두 물결파의 진동수는 0.5 Hz이다.

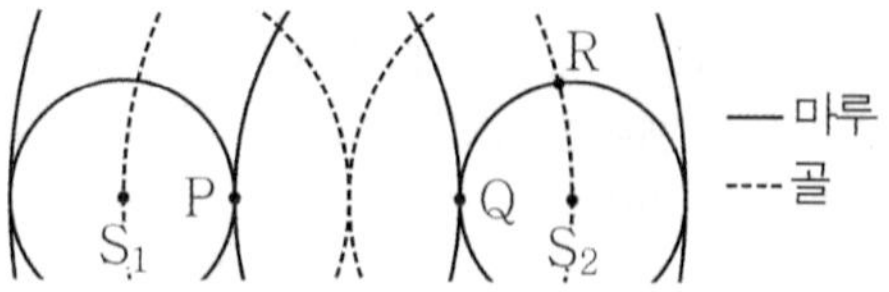

이에 대한 옳은 설명만을 〈보기〉에서 있는 대로 고른 것은? (단, 점 P, Q, R은 동일 평면상에 고정된 지점이다.) [3점]

〈보기〉
ㄱ. $\overline{PQ}$에서 상쇄 간섭이 일어나는 지점의 수는 1개이다.
ㄴ. 1초일 때 Q에서는 보강 간섭이 일어난다.
ㄷ. 소음 제거 이어폰은 R에서와 같은 종류의 간섭 현상을 활용한다.

① ㄴ ② ㄷ ③ ㄱ, ㄴ
④ ㄱ, ㄷ ⑤ ㄴ, ㄷ

8 ★★☆

| 2024년 3월 교육청 8번 |

그림 (가)는 시간 $t=0$일 때, 매질 Ⅰ, Ⅱ에서 진행하는 파동의 모습을 나타낸 것이다. 파동의 진행 방향은 $+x$방향과 $-x$방향 중 하나이다. 그림 (나)는 (가)에서 $x=3$ m에서의 파동의 변위를 t에 따라 나타낸 것이다.

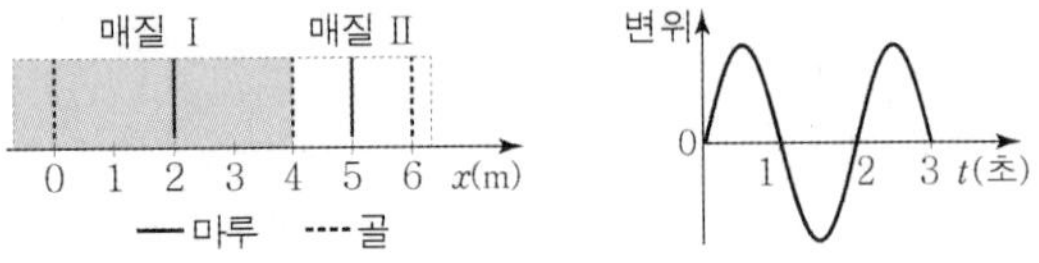

(가) (나)

이에 대한 옳은 설명만을 〈보기〉에서 있는 대로 고른 것은?

> 보기
> ㄱ. Ⅱ에서 파동의 속력은 1 m/s이다.
> ㄴ. 파동은 $-x$방향으로 진행한다.
> ㄷ. $x=5$ m에서 파동의 변위는 $t=2$초일 때가 $t=2.5$초일 때보다 크다.

① ㄱ ② ㄴ ③ ㄱ, ㄷ
④ ㄴ, ㄷ ⑤ ㄱ, ㄴ, ㄷ

9 ★☆☆

| 2023년 10월 교육청 6번 |

그림은 각각 0초일 때와 0.2초일 때, 매질 P, Q에서 x축과 나란하게 진행하는 파동의 변위를 위치 x에 따라 나타낸 것이다. P에서 파동의 속력은 5 m/s이다.

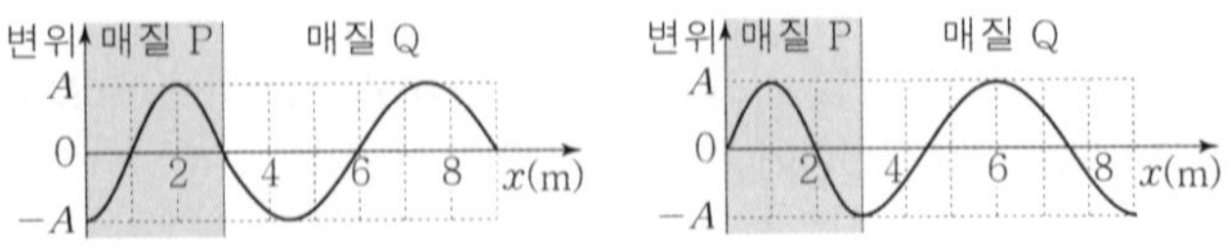

0초일 때 0.2초일 때

이 파동에 대한 설명으로 옳은 것은? [3점]

① P에서의 파장은 2 m이다.
② P에서의 진폭은 $2A$이다.
③ 주기는 0.8초이다.
④ $+x$방향으로 진행한다.
⑤ Q에서의 속력은 10 m/s이다.

10 ★☆☆

| 2023년 10월 교육청 12번 |

그림 (가)는 파원 S_1, S_2에서 발생한 물결파가 중첩될 때, 각 파원에서 발생한 물결파의 마루와 골을 나타낸 것이다. 그림 (나)는 (가)의 순간 점 P, O, Q를 잇는 직선상에서 중첩된 물결파의 변위를 나타낸 것이다. P에서 상쇄 간섭이 일어난다.

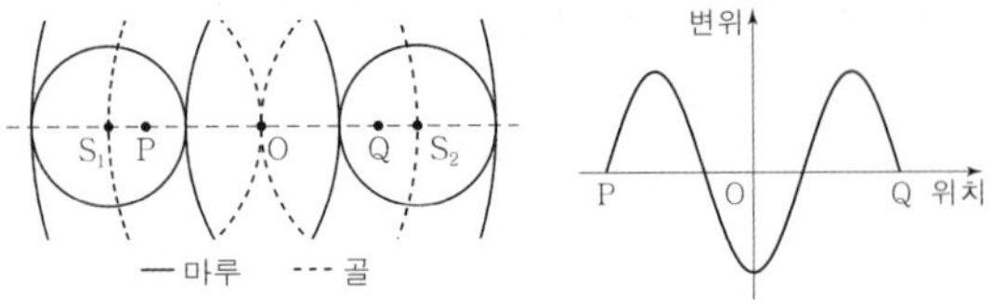

(가) (나)

이에 대한 옳은 설명만을 〈보기〉에서 있는 대로 고른 것은? (단, 두 파원과 P, O, Q는 동일 평면상에 고정된 지점이다.)

> 보기
> ㄱ. O에서 보강 간섭이 일어난다.
> ㄴ. Q에서 중첩된 두 물결파의 위상은 같다.
> ㄷ. 중첩된 물결파의 진폭은 O에서와 Q에서가 같다.

① ㄱ ② ㄴ ③ ㄱ, ㄷ
④ ㄴ, ㄷ ⑤ ㄱ, ㄴ, ㄷ

11 ★★☆

| 2023년 7월 교육청 9번 |

그림 (가)는 파동이 매질 A에서 매질 B로 진행하는 모습을 나타낸 것이고, 그림 (나)는 A 위의 점 p의 변위를 시간에 따라 나타낸 것이다. A에서 파동의 파장은 10 cm이다.

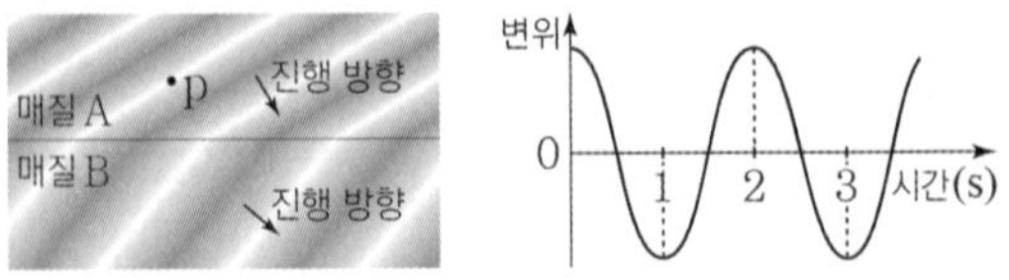

(가) (나)

이에 대한 설명으로 옳은 것만을 〈보기〉에서 있는 대로 고른 것은?

> 보기
> ㄱ. 파동의 진동수는 2 Hz이다.
> ㄴ. (가)에서 입사각이 굴절각보다 작다.
> ㄷ. B에서 파동의 진행 속력은 5 cm/s보다 크다.

① ㄱ ② ㄷ ③ ㄱ, ㄴ
④ ㄴ, ㄷ ⑤ ㄱ, ㄴ, ㄷ

12 ★☆☆ | 2023년 4월 교육청 2번 |

다음은 물 밖에서 보이는 물고기의 위치에 대한 설명이다.

물 밖에서 보이는 물고기의 위치는 실제 위치보다 수면에 가깝다. 이는 빛의 속력이 공기에서가 물에서보다 [㉠] 수면에서 빛이 [㉡]하여 빛의 진행 방향이 바뀌기 때문이다.

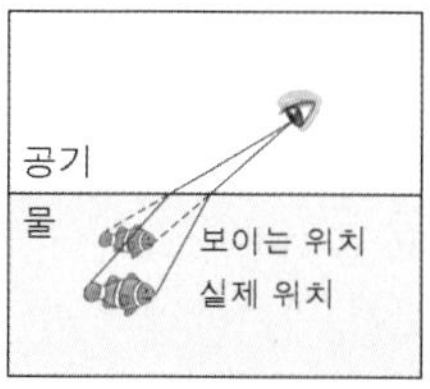

㉠, ㉡으로 적절한 것은?

	㉠	㉡
①	느리므로	간섭
②	빠르므로	간섭
③	느리므로	굴절
④	빠르므로	굴절
⑤	느리므로	반사

13 ★☆☆ | 2023년 4월 교육청 3번 |

그림은 점 S_1, S_2에서 진동수와 진폭이 같고 동일한 위상으로 발생한 물결파가 같은 속력으로 진행하는 어느 순간의 모습에 대해 학생 A, B, C가 대화하는 모습을 나타낸 것이다.

제시한 내용이 옳은 학생만을 있는 대로 고른 것은? [3점]

① A ② B ③ A, C
④ B, C ⑤ A, B, C

14 ★☆☆ | 2023년 3월 교육청 3번 |

다음은 간섭 현상을 활용한 예이다.

자동차의 배기관은 소음을 줄이는 구조로 되어 있다. A 부분에서 분리된 소리는 B 부분에서 중첩되는데, 이때 두 소리가 [㉠] 위상으로 중첩되면서 ㉡상쇄 간섭이 일어나 소음이 줄어든다.

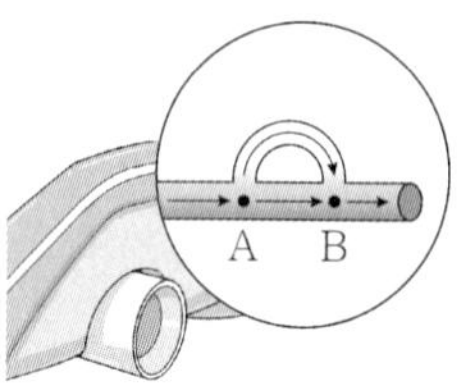

이에 대한 옳은 설명만을 <보기>에서 있는 대로 고른 것은?

보기
ㄱ. '같은'은 ㉠으로 적절하다.
ㄴ. ㉡이 일어날 때 파동의 진폭이 작아진다.
ㄷ. 소리의 진동수는 B에서가 A에서보다 크다.

① ㄱ ② ㄴ ③ ㄱ, ㄷ
④ ㄴ, ㄷ ⑤ ㄱ, ㄴ, ㄷ

15 ★★☆ | 2023년 3월 교육청 8번 |

그림 (가)는 시간 $t=0$일 때, x축과 나란하게 매질 Ⅰ에서 매질 Ⅱ로 진행하는 파동의 변위를 위치 x에 따라 나타낸 것이다. 그림 (나)는 $x=2$ cm에서 파동의 변위를 t에 따라 나타낸 것이다.

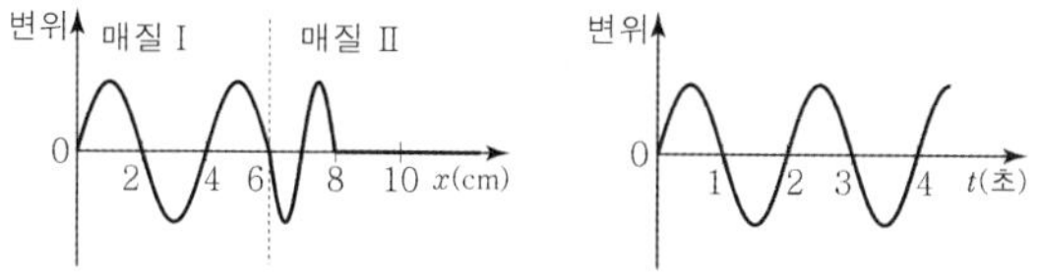

(가) (나)

$x=10$ cm에서 파동의 변위를 t에 따라 나타낸 것으로 가장 적절한 것은? [3점]

①
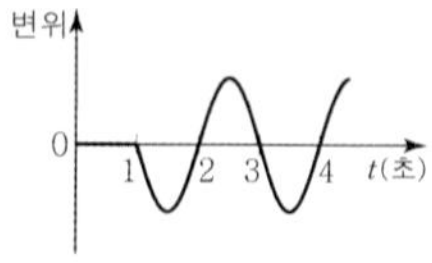

②
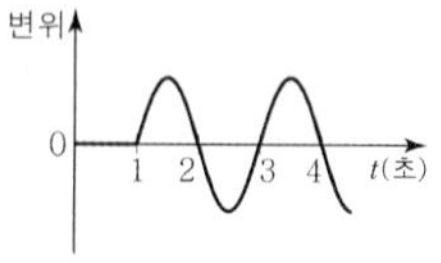

③
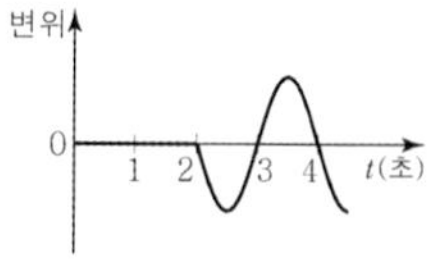

④
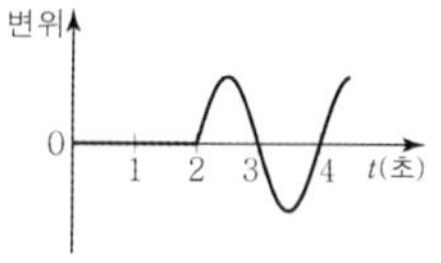

⑤
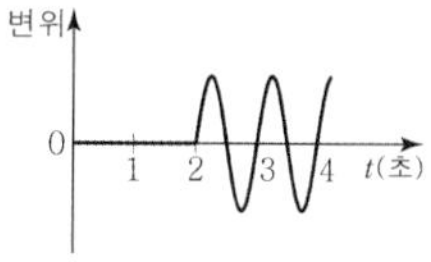

16 ★☆☆

| 2022년 10월 교육청 14번 |

그림은 매질 Ⅰ, Ⅱ에서 $+x$방향으로 진행하는 파동의 0초일 때와 6초일 때의 변위를 위치 x에 따라 나타낸 것이다.

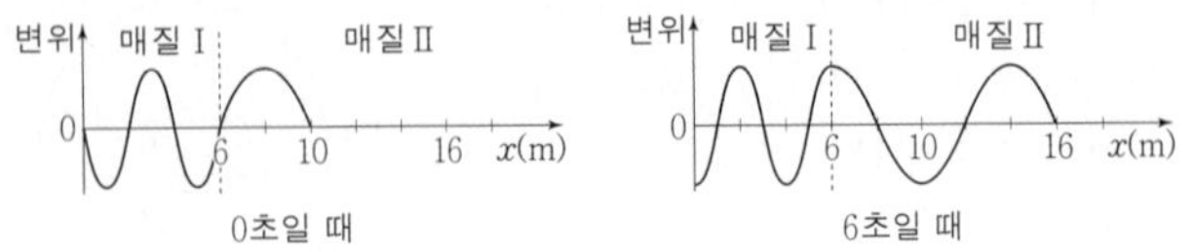

Ⅰ에서 파동의 속력은? [3점]

① $\frac{1}{6}$ m/s　② $\frac{1}{3}$ m/s　③ $\frac{1}{2}$ m/s
④ 1 m/s　⑤ $\frac{3}{2}$ m/s

17 ★☆☆

| 2022년 7월 교육청 14번 |

다음은 스피커를 이용한 파동의 간섭 실험이다.

[실험 과정]

(가) 그림과 같이 동일한 스피커 A, B를 나란하게 두고 휴대폰과 연결한다.

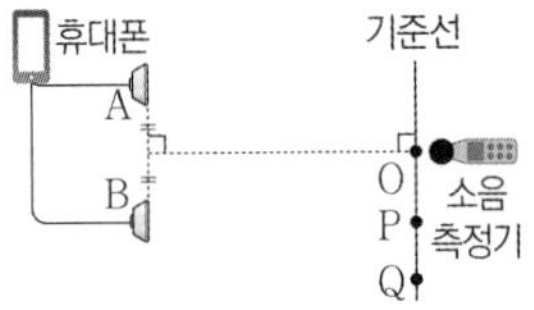

(나) A, B로부터 같은 거리에 있는 점 O에 소음 측정기를 놓고 A와 B에서 진동수와 진폭이 동일한 소리를 발생시킨다.

(다) 기준선을 따라 소음 측정기를 이동하면서 소음 측정기의 위치에 따른 소리의 세기를 측정한다.

(라) B를 제거하고 과정 (다)를 반복한다.

[실험 결과]

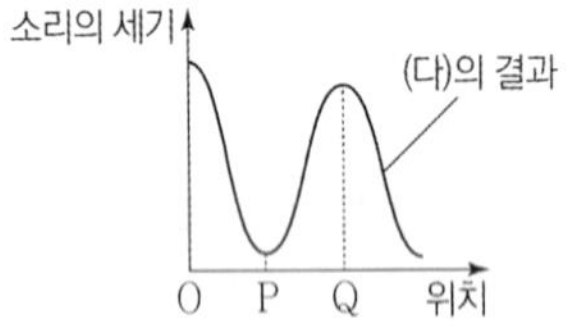

이에 대한 설명으로 옳은 것만을 〈보기〉에서 있는 대로 고른 것은? [3점]

보기

ㄱ. A, B에서 발생한 소리는 O에서 같은 위상으로 만난다.
ㄴ. (다)에서 점 P에서는 상쇄 간섭이 일어난다.
ㄷ. 점 P에서 측정된 소리의 세기는 (다)에서가 (라)에서보다 크다.

① ㄱ　② ㄷ　③ ㄱ, ㄴ
④ ㄴ, ㄷ　⑤ ㄱ, ㄴ, ㄷ

18 ★☆☆

| 2022년 10월 교육청 18번 |

다음은 빛의 간섭을 활용하는 사례에 대한 설명이다.

태양 전지에 투명한 반사 방지막을 코팅하면 공기와의 경계면에서 반사에 의한 빛에너지 손실이 감소하고 흡수하는 빛에너지가 증가한다. 반사 방지막의 윗면과 아랫면에서 각각 반사한 빛이 [㉠] 위상으로 중첩되므로 [㉡] 간섭이 일어나 반사한 빛의 세기가 줄어든다.

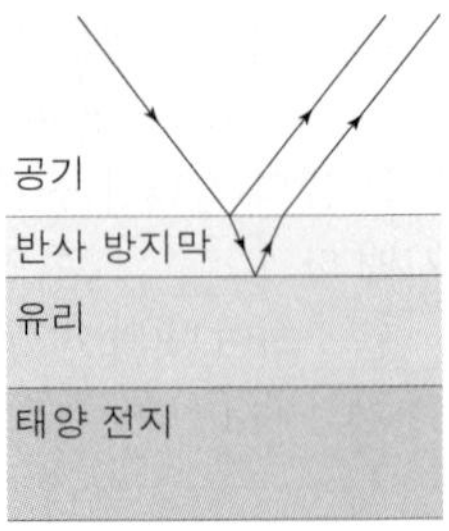

이에 대한 옳은 설명만을 〈보기〉에서 있는 대로 고른 것은?

보기

ㄱ. 간섭은 빛의 파동성으로 설명할 수 있다.
ㄴ. '같은'은 ㉠으로 적절하다.
ㄷ. '보강'은 ㉡으로 적절하다.

① ㄱ　② ㄷ　③ ㄱ, ㄴ
④ ㄴ, ㄷ　⑤ ㄱ, ㄴ, ㄷ

19 ★★☆

| 2022년 7월 교육청 20번 |

그림 (가)와 같이 동일한 단색광 P가 매질 C에서 매질 A와 B로 각각 입사하여 굴절하였다. 그림 (나)는 P가 B에서 A로 입사하는 모습을 나타낸 것이다.

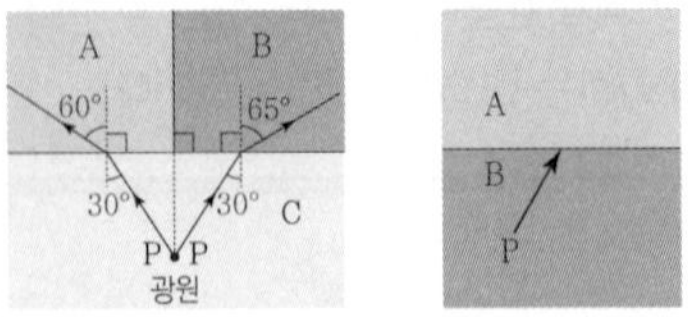

(가)　(나)

이에 대한 설명으로 옳은 것만을 〈보기〉에서 있는 대로 고른 것은? [3점]

보기

ㄱ. 굴절률은 B가 C보다 크다.
ㄴ. P의 속력은 A에서가 B에서보다 크다.
ㄷ. (나)에서 P가 A로 굴절할 때 입사각이 굴절각보다 크다.

① ㄱ　② ㄷ　③ ㄱ, ㄴ
④ ㄴ, ㄷ　⑤ ㄱ, ㄴ, ㄷ

2권 정답 및 해설 111쪽

20 ★★☆

| 2022년 4월 교육청 8번 |

다음은 물결파에 대한 실험이다.

[실험 과정]

(가) 그림과 같이 물결파 실험 장치를 준비한다.

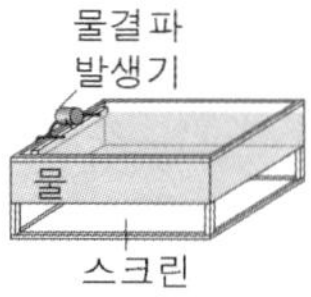

(나) 일정한 진동수의 물결파를 발생시켜 스크린에 투영된 물결파의 무늬를 관찰한다.

(다) 물결파 실험 장치에 두께가 일정한 삼각형 모양의 유리판을 넣고 과정 (나)를 반복한다.

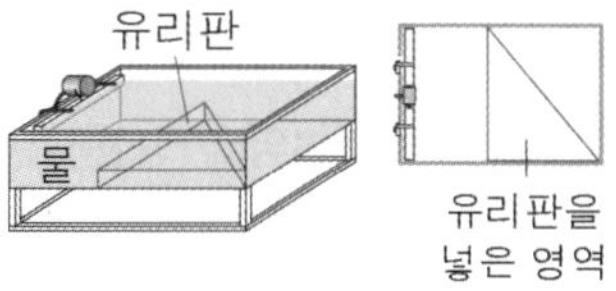

[실험 결과]

(나)의 결과	(다)의 결과
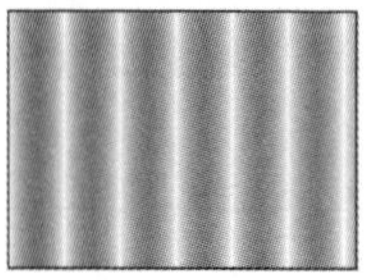	㉠

[결론]

물결파의 속력은 물의 깊이가 얕을수록 느리고, 물의 깊이가 얕은 곳에서 깊은 곳으로 진행하는 물결파는 입사각이 굴절각보다 작다.

㉠으로 가장 적절한 것은?

①
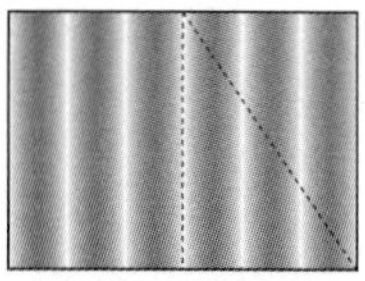

②
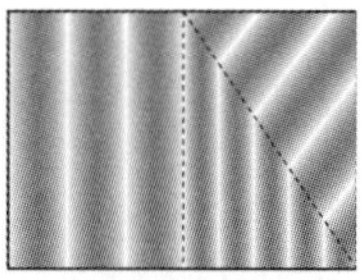

③
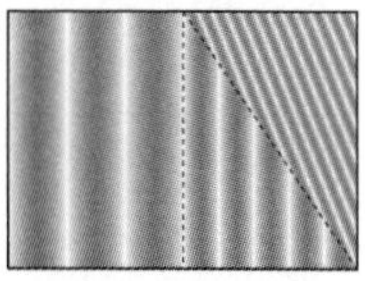

④
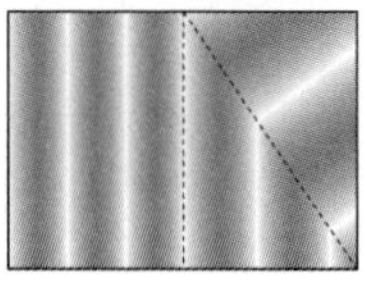

⑤
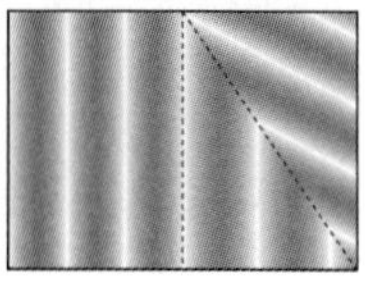

21 ★☆☆

| 2022년 4월 교육청 17번 |

다음은 소리의 간섭 실험이다.

[실험 과정]

(가) 그림과 같이 $x=0$에서부터 같은 거리만큼 떨어진 곳에 스피커 A, B를 나란히 고정한다.

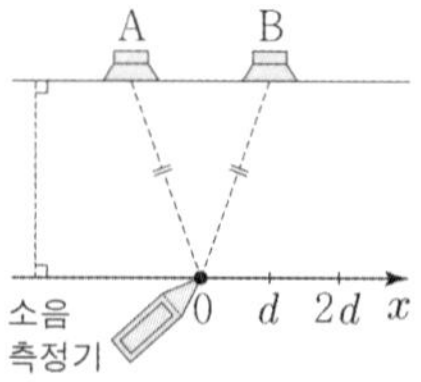

(나) A, B에서 진동수가 f이고 진폭이 동일한 소리를 발생시킨다.

(다) $+x$방향으로 이동하며 소리의 세기를 측정하여, $x=0$에서부터 처음으로 보강 간섭하는 지점과 상쇄 간섭하는 지점을 기록한다.

(라) (나)의 A, B에서 발생하는 소리의 진동수만을 $2f$로 바꾼 후, (다)를 반복한다.

(마) (나)의 A, B에서 발생하는 소리의 진동수만을 $3f$로 바꾼 후, (다)를 반복한다.

[실험 결과]

실험	소리의 진동수	보강 간섭하는 지점	상쇄 간섭하는 지점
(다)	f	$x=0$	$x=2d$
(라)	$2f$	$x=0$	$x=d$
(마)	$3f$	$x=0$	$x=$㉠

이에 대한 설명으로 옳은 것만을 〈보기〉에서 있는 대로 고른 것은? [3점]

보기

ㄱ. (라)에서, 측정한 소리의 세기는 $x=0$에서가 $x=d$에서보다 작다.

ㄴ. ㉠은 d보다 작다.

ㄷ. (나)에서, A에서 발생하는 소리의 위상만을 반대로 하면 A, B에서 발생한 소리가 $x=0$에서 상쇄 간섭한다.

① ㄱ ② ㄴ ③ ㄱ, ㄷ
④ ㄴ, ㄷ ⑤ ㄱ, ㄴ, ㄷ

22 ★★☆

| 2022년 3월 교육청 3번 |

그림 (가)는 초음파를 이용하여 인체 내의 이물질을 파괴하는 의료 장비를, (나)는 소음 제거 이어폰을 나타낸 것이다.

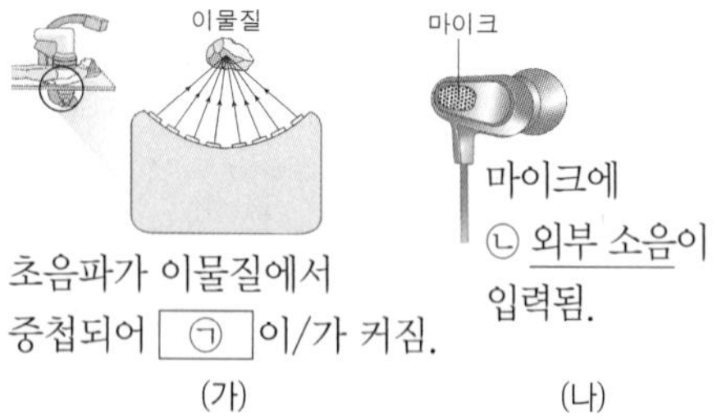

이에 대한 옳은 설명만을 〈보기〉에서 있는 대로 고른 것은?

보기

ㄱ. '진동수'는 ㉠에 해당한다.

ㄴ. (나)의 이어폰은 ㉡과 위상이 반대인 소리를 발생시킨다.

ㄷ. (가)와 (나)는 모두 파동의 상쇄 간섭을 이용한다.

① ㄴ ② ㄷ ③ ㄱ, ㄴ
④ ㄱ, ㄷ ⑤ ㄱ, ㄴ, ㄷ

23 ★★☆
| 2022년 3월 교육청 5번 |

다음은 물결파에 대한 실험이다.

[실험 과정]

(가) 그림과 같이 물결파 실험 장치의 한 쪽에 삼각형 모양의 유리판을 놓은 후 물을 채우고 일정한 진동수의 물결파를 발생시킨다.

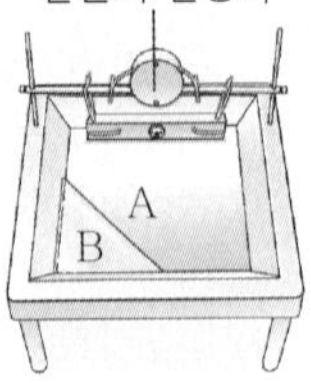

(나) 유리판이 없는 영역 A와, 있는 영역 B에서의 물결파의 무늬를 관찰한다.

(다) (가)에서 물의 양만을 증가시킨 후 (나)를 반복한다.

[실험 결과 및 결론]

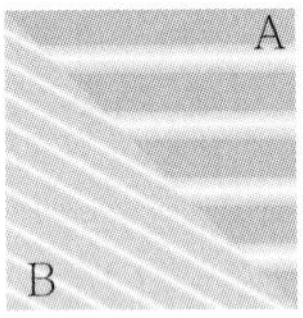

(나)의 결과

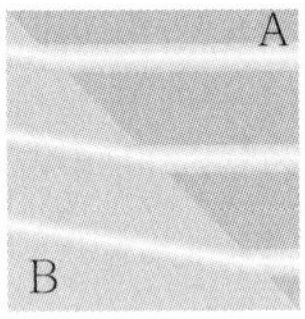

(다)의 결과

- (다)에서가 (나)에서보다 큰 물리량
  - A에서 이웃한 파면 사이의 거리
  - B에서 물결파의 굴절각
  - ㉠

㉠에 해당하는 것만을 〈보기〉에서 있는 대로 고른 것은? [3점]

〈보기〉
ㄱ. A에서 물결파의 속력
ㄴ. B에서 물결파의 진동수
ㄷ. 물결파의 입사각과 굴절각의 차이

① ㄱ ② ㄴ ③ ㄱ, ㄷ
④ ㄴ, ㄷ ⑤ ㄱ, ㄴ, ㄷ

24 ★★☆
| 2021년 10월 교육청 6번 |

그림은 두 파원에서 진동수가 f인 물결파가 같은 진폭으로 발생하여 중첩되는 모습을 나타낸 것이다. 두 물결파는 점 a에서는 같은 위상으로, 점 b에서는 반대 위상으로 중첩된다.

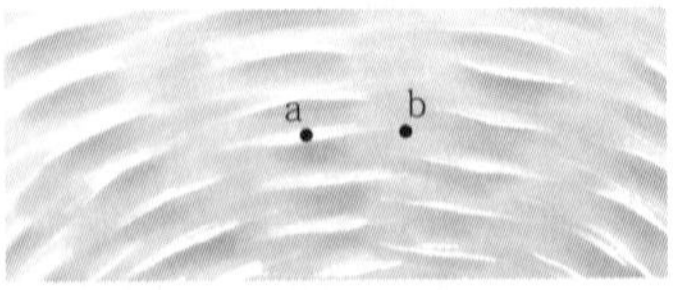

이에 대한 옳은 설명만을 〈보기〉에서 있는 대로 고른 것은?

〈보기〉
ㄱ. 물결파는 a에서 보강 간섭한다.
ㄴ. 진폭은 a에서가 b에서보다 크다.
ㄷ. a에서 물의 진동수는 f보다 크다.

① ㄴ ② ㄷ ③ ㄱ, ㄴ
④ ㄱ, ㄷ ⑤ ㄱ, ㄴ, ㄷ

25 ★★☆
| 2021년 10월 교육청 17번 |

그림 (가)는 파동 P, Q가 각각 화살표 방향으로 1 m/s의 속력으로 진행할 때, 어느 순간의 매질의 변위를 위치에 따라 나타낸 것이다. 그림 (나)는 (가)의 순간부터 점 a~e 중 하나의 변위를 시간에 따라 나타낸 것이다.

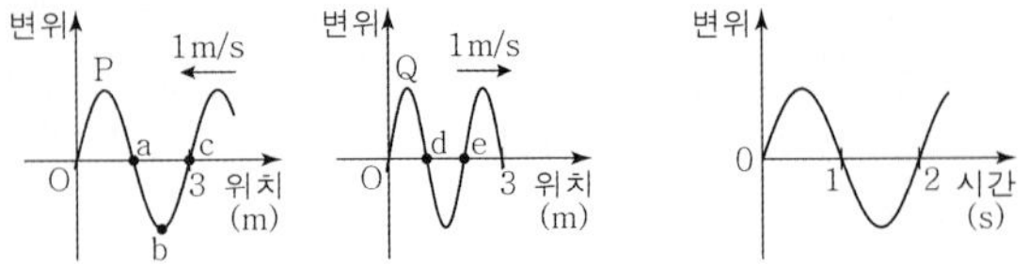

(가) (나)

(나)는 어느 점의 변위를 나타낸 것인가? [3점]

① a ② b ③ c
④ d ⑤ e

26 ★★☆
| 2021년 4월 교육청 16번 |

다음은 소리의 간섭 실험이다.

[실험 과정]

(가) 그림과 같이 나란하게 놓인 스피커 S_1과 S_2 사이의 중앙 지점에서 수직 방향으로 2 m 떨어진 점 O를 표시한다.

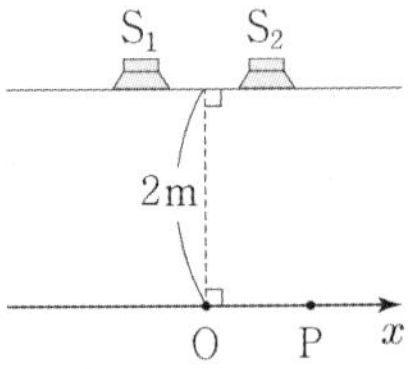

(나) S_1, S_2에서 진동수가 340 Hz이고 위상과 진폭이 동일한 소리를 발생시킨다.

(다) O에서 $+x$방향으로 이동하며 소리의 세기를 측정하여 처음으로 보강 간섭하는 지점과 상쇄 간섭하는 지점을 표시한다.

[실험 결과]

- (다)의 결과

	보강 간섭	상쇄 간섭
지점	O	P

- O에서 P까지의 거리는 1 m이다.

이에 대한 설명으로 옳은 것만을 〈보기〉에서 있는 대로 고른 것은? [3점]

〈보기〉
ㄱ. S_1, S_2에서 발생한 소리의 위상은 O에서 서로 반대이다.
ㄴ. O에서 $-x$방향으로 1 m만큼 떨어진 지점에서는 S_1, S_2에서 발생한 소리가 상쇄 간섭한다.
ㄷ. S_1에서 발생하는 소리의 위상만을 반대로 하면 S_1, S_2에서 발생한 소리가 O에서 보강 간섭한다.

① ㄱ ② ㄴ ③ ㄷ
④ ㄱ, ㄴ ⑤ ㄴ, ㄷ

27 ★★☆

| 2021년 4월 교육청 15번 |

그림 (가)는 진폭이 2 cm이고 일정한 속력으로 진행하는 물결파의 어느 순간의 모습을 나타낸 것이다. 실선과 점선은 각각 물결파의 마루와 골이고, 점 P, Q는 평면상의 고정된 지점이다. 그림 (나)는 P에서 물결파의 변위를 시간에 따라 나타낸 것이다.

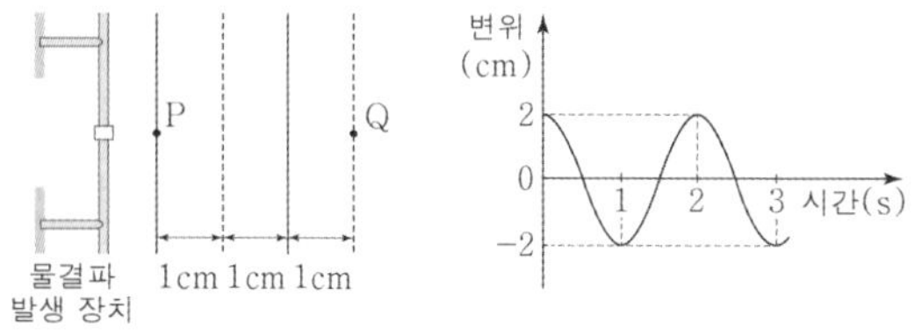

(가) (나)

물결파에 대한 설명으로 옳은 것만을 〈보기〉에서 있는 대로 고른 것은?

보기
ㄱ. 파장은 2 cm이다.
ㄴ. 진행 속력은 1 cm/s이다.
ㄷ. 2초일 때, Q에서 변위는 −2 cm이다.

① ㄱ ② ㄷ ③ ㄱ, ㄴ
④ ㄴ, ㄷ ⑤ ㄱ, ㄴ, ㄷ

28 ★★☆

| 2021년 3월 교육청 9번 |

그림 (가)는 지표면 근처에서 발생한 소리의 진행 경로를 나타낸 것이다. 점 a, b는 소리의 진행 경로상의 지점으로, a에서 소리의 진동수는 f이다. 그림 (나)는 (가)에서 지표면으로부터의 높이와 소리의 속력과의 관계를 나타낸 것이다.

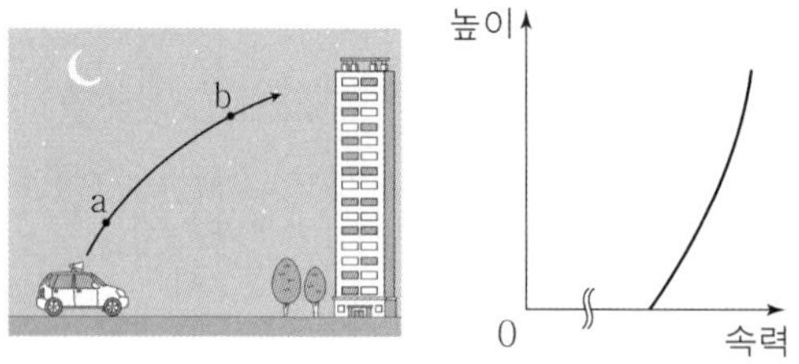

(가) (나)

a에서 b까지 진행하는 소리에 대한 옳은 설명만을 〈보기〉에서 있는 대로 고른 것은?

보기
ㄱ. 굴절하면서 진행한다.
ㄴ. 진동수는 f로 일정하다.
ㄷ. 파장은 길어진다.

① ㄴ ② ㄷ ③ ㄱ, ㄴ
④ ㄱ, ㄷ ⑤ ㄱ, ㄴ, ㄷ

29 ★★☆

| 2021년 3월 교육청 18번 |

다음은 소리의 간섭 실험이다.

[실험 과정]
(가) 약 1 m 떨어져 서로 마주 보고 있는 스피커 A, B에서 진동수가 [㉠]인 소리를 같은 세기로 발생시킨다.
(나) 마이크를 A와 B 사이에서 이동시키면서 ㉡소리의 세기가 가장 작은 지점을 찾아 마이크를 고정시킨다.
(다) 소리의 파형을 측정한다.
(라) B만 끈 후 소리의 파형을 측정한다.

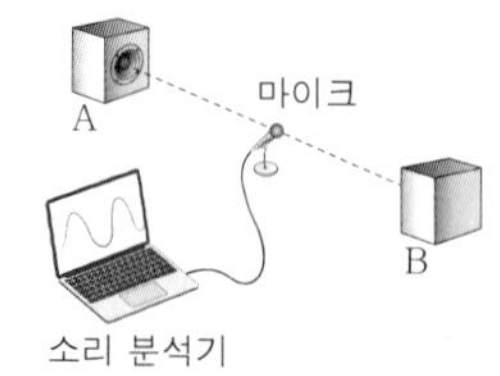

[실험 결과]
• X, Y : (다), (라)의 결과를 구분 없이 나타낸 그래프

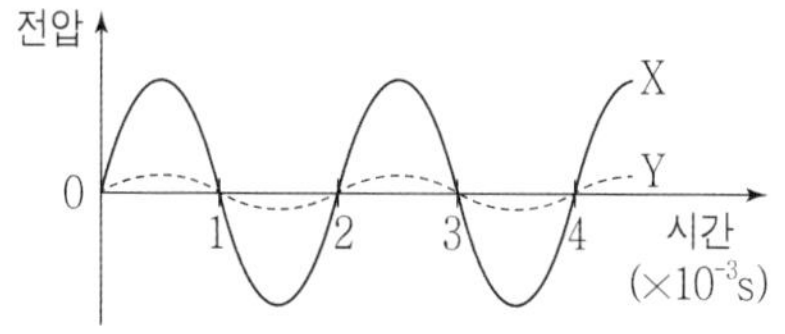

이에 대한 옳은 설명만을 〈보기〉에서 있는 대로 고른 것은?

보기
ㄱ. ㉠은 500 Hz이다.
ㄴ. ㉡에서 간섭한 소리의 위상은 서로 같다.
ㄷ. (라)의 결과는 Y이다.

① ㄱ ② ㄷ ③ ㄱ, ㄴ
④ ㄱ, ㄷ ⑤ ㄴ, ㄷ

30 ★☆☆

| 2020년 10월 교육청 3번 |

그림은 0초일 때 진동수가 f이고 진폭이 1 cm인 두 파동이 줄을 따라 서로 반대 방향으로 진행하는 모습을 나타낸 것이다. 두 파동의 속력은 같고, 줄 위의 점 p는 5초일 때 처음으로 변위의 크기가 2 cm가 된다.

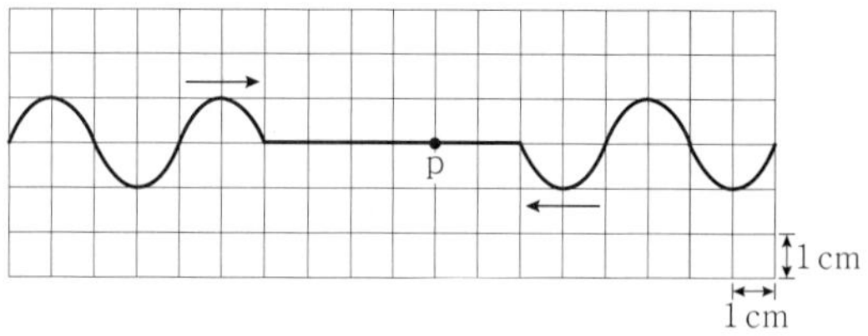

f는? [3점]

① $\frac{1}{20}$ Hz ② $\frac{1}{10}$ Hz ③ $\frac{1}{8}$ Hz
④ $\frac{1}{4}$ Hz ⑤ $\frac{1}{2}$ Hz

02 전반사와 광통신 및 전자기파

A 빛의 전반사

1. 전반사 : 빛이 한 매질에서 다른 매질로 진행할 때 굴절이 없이 전부 반사하는 현상

(1) **임계각** : 빛이 굴절할 때 굴절각이 90°가 되는 입사각

(2) **임계각과 굴절률의 관계** : 굴절률이 n_1인 매질에서 n_2인 매질로 진행할 때 임계각 i_c는 굴절 법칙을 적용하여 두 매질의 굴절률로 나타낼 수 있다.

$$\frac{\sin i_c}{\sin 90^\circ}=\sin i_c=\frac{n_2}{n_1}$$

2. 전반사가 일어날 조건

(1) 굴절률이 큰 매질에서 굴절률이 작은 매질로 빛이 진행할 때

(2) 굴절면에서의 빛의 입사각이 임계각보다 클 때

빛의 전반사

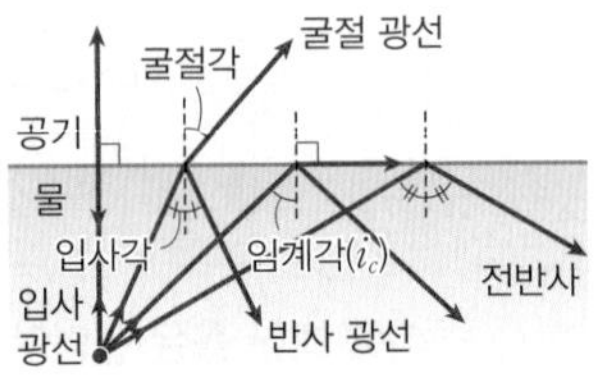

- 입사각 < 임계각 : 빛의 일부는 반사, 일부는 굴절
- 입사각 = 임계각 : 빛의 일부는 반사, 일부는 굴절, 이때 굴절각은 90°
- 입사각 > 임계각 : 빛은 모두 반사 (전반사)

3. 전반사의 이용 : 전반사가 일어나면 빛의 세기는 변하지 않고 빛의 진행 경로를 바꿀 수 있고 멀리까지 빛을 전달할 수 있다. ➡ 쌍안경, 잠망경, 내시경, 광케이블 등에 이용된다.

B 광통신

1. 광섬유

(1) **광섬유의 구조** : 굴절률이 큰 코어를 굴절률이 작은 클래딩이 감싸고 있는 구조

(2) **광섬유에서 빛의 전달** : 코어에 입사한 빛이 코어와 클래딩의 경계면에서 전반사하여 광섬유를 따라 진행한다.

2. 광통신 : 빛 신호를 전반사를 이용하여 광섬유를 통해 전달하는 통신 방식

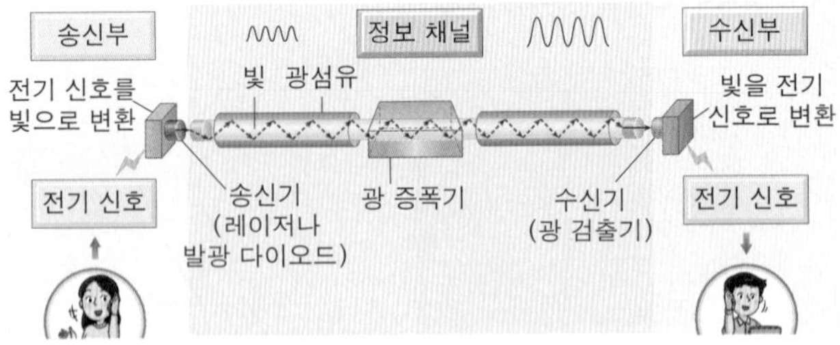

3. 광통신의 장단점

장점	단점
• 외부 전자기파의 간섭을 받지 않아 잡음과 혼선이 없으며 도청이 어렵다. • 대용량의 정보를 먼 곳까지 전달한다. • 도선을 이용한 통신에 비해 전송 속도가 빠르다.	• 화재나 충격에 약하고, 끊어지면 연결이 어렵다. • 광섬유 연결 부위에 불순물이 끼거나 틈이 생기면 통신이 불가능하다. • 설치와 관리 비용이 많이 든다.

C 전자기파

1. 전자기파 : 전기장과 자기장의 진동 방향이 서로 수직을 이루며 세기가 주기적으로 변하면서 진행하는 파동

출제 tip

전반사에서 임계각 조건

서로 다른 두 매질의 경계에서 전반사가 일어날 때 입사각은 임계각보다 크다는 조건을 알고 있는지 묻는 문항이 출제된다.

입사각과 굴절각의 관계

$$\frac{\sin i}{\sin r}=\frac{n_2}{n_1}$$

i, n_1 : 매질 1에서 입사각과 굴절률
r, n_2 : 매질 2에서 굴절각과 굴절률

전반사의 이용

• 쌍안경 : 직각 프리즘의 전반사를 이용해 빛의 진행 방향을 바꾸고 렌즈로 물체를 확대해 볼 수 있다.

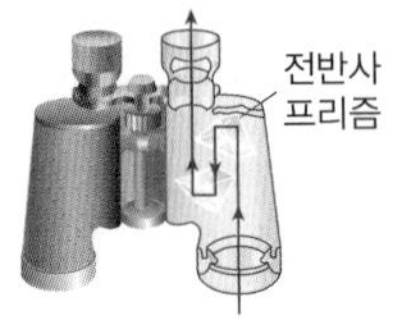

• 잠망경 : 직각 프리즘의 전반사를 이용해 빛의 진행 방향을 바꾸어 눈으로 직접 볼 수 없는 곳의 물체를 볼 수 있다.

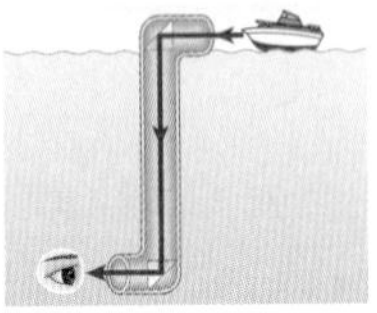

광섬유의 구조

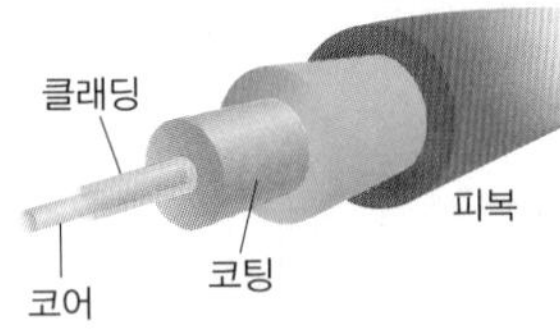

출제 tip

전자기파의 특성

전자기파의 이용 예가 주어졌을 때 어떤 전자기파가 이용된 예인지를 파악할 수 있는지, 또 각 전자기파의 특성을 이해하고 있는지 묻는 문항이 출제될 수 있다.

2. 전자기파의 성질

(1) 매질 없이 전달되는 파동이며, 진공에서 가장 빠르고 물질 속에서는 진공보다 느리다.
(2) 진공에서 전자기파의 속력은 파장에 관계없이 일정하며, 속력은 빛의 속력(약 3×10^8 m/s)과 같다.
(3) 전자기파의 에너지는 진동수가 클수록 크다.

3. 전자기파의 종류

(1) 전자기파는 진동수나 파장에 따라 다른 성질을 나타내며, 파장에 따라 감마(γ)선, X선, 자외선, 가시광선, 적외선, 마이크로파, 라디오파로 구분할 수 있다.

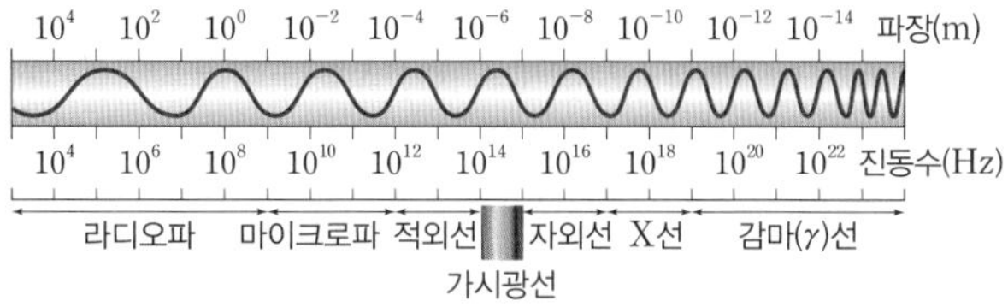

(2) 파장이 짧을수록 에너지가 크고 직진성이 강하며, 파장이 길수록 에너지가 작고 회절성이 크다.

4. 전자기파의 이용

종류		이용	파장	진동수
전파	라디오파	회절이 잘 되며, TV나 라디오 방송 등에 이용된다.	길다	작다
	마이크로파	레이더와 위성 통신, 가정용 무선 인터넷 기기, 전자레인지에서 음식물을 데우는 데 이용된다.	↑	↑
적외선		열작용이 있어 열선이라고도 한다. 적외선 온도계, 열화상 카메라, 적외선 센서 등에 이용된다.		
가시광선		사람의 눈으로 감지할 수 있는 전자기파이며, 카메라, 망원경, 현미경 등에 이용된다.		
자외선		살균 및 소독기, 위조지폐 감별 등에 이용된다.		
X선		투과력이 강하여 인체나 물질 내부를 관찰하는 데 이용된다.	↓	↓
감마(γ)선		투과력과 에너지가 강하여 암 치료 등 질병 치료에 이용된다.	짧다	크다

전자기파의 진행

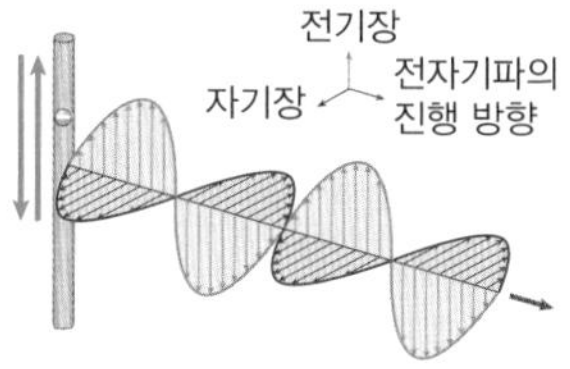

전자기파의 파장과 진동수

전자기파의 파장이 길수록 진동수가 작고, 파장이 작을수록 진동수가 크다.

Part I 교육청

실전 자료 전반사와 광통신

그림 (가)는 공기에서 물질 A로 입사한 단색광 P가 A와 물질 C의 경계면에서 전반사하는 모습을, (나)는 공기에서 물질 B로 입사한 P가 B와 C의 경계면에 입사하는 모습을 나타낸 것이다.

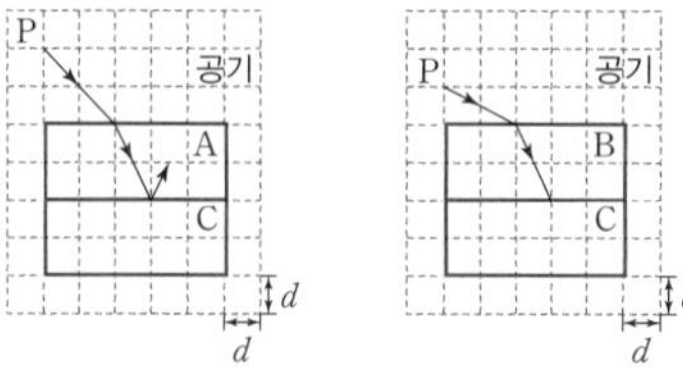

(가) (나)

❶ **빛의 굴절률**

경계면에서 법선과 빛의 진행 경로가 이루는 각이 클수록 굴절률이 작다.

❷ **빛의 전반사**

빛이 굴절률이 큰 매질에서 작은 매질로 진행할 때, 입사각이 임계각보다 크면 전반사가 일어난다.

❸ **A, B, C, 공기에서 빛의 굴절률 비교**

- (가), (나)에서 공기에서 A, B로의 굴절각이 같은데, 입사각이 (나)에서 더 크므로 굴절률은 B>A이다.
- (가)에서 A와 C의 경계에서 전반사가 일어나므로 굴절률은 A>C이다.
- (가)에서 A에서 공기로 진행할 때는 굴절하지만, C로 진행할 때는 전반사하므로 굴절률은 공기>C이다.

1 ★☆☆ | 2024년 10월 교육청 1번 |

그림은 전자기파 A, B가 사용되는 모습을 나타낸 것이다. A, B는 X선, 가시광선을 순서 없이 나타낸 것이다.

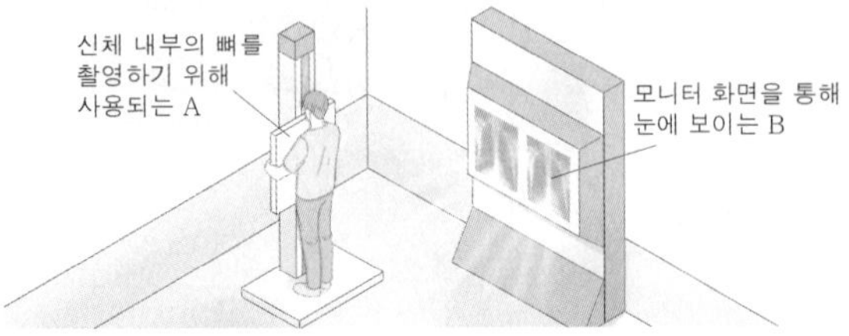

이에 대한 옳은 설명만을 〈보기〉에서 있는 대로 고른 것은?

보기
ㄱ. A는 X선이다.
ㄴ. B는 적외선보다 진동수가 크다.
ㄷ. 진공에서 속력은 A와 B가 같다.

① ㄱ ② ㄷ ③ ㄱ, ㄴ
④ ㄴ, ㄷ ⑤ ㄱ, ㄴ, ㄷ

2 ★★☆ | 2024년 10월 교육청 15번 |

그림과 같이 진동수가 동일한 단색광 X, Y가 매질 A에서 각각 매질 B, C로 동일한 입사각 θ_0으로 입사한다. X는 A와 B의 경계면의 점 p를 향해 진행한다. Y는 B와 C의 경계면에 입사각 θ_0으로 입사한 후 p에 임계각으로 입사한다.

이에 대한 옳은 설명만을 〈보기〉에서 있는 대로 고른 것은? [3점]

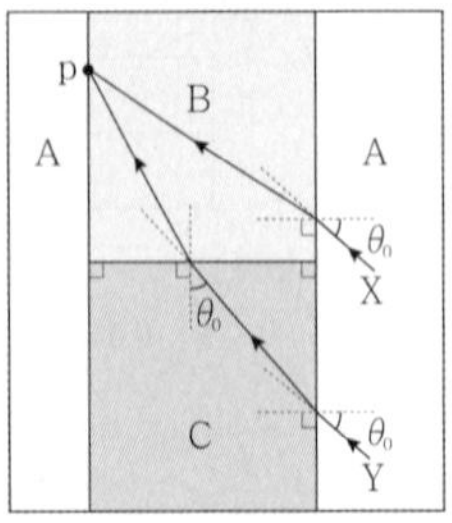

보기
ㄱ. $\theta_0 < 45°$이다.
ㄴ. p에서 X의 굴절각은 Y의 입사각보다 크다.
ㄷ. 임계각은 A와 B 사이에서가 B와 C 사이에서보다 작다.

① ㄱ ② ㄴ ③ ㄱ, ㄷ
④ ㄴ, ㄷ ⑤ ㄱ, ㄴ, ㄷ

3 ★☆☆ | 2024년 7월 교육청 12번 |

그림과 같이 단색광 X가 공기와 매질 A의 경계면 위의 점 p에 입사각 θ_i로 입사한 후, A와 매질 B의 경계면에서 굴절하고 옆면 Q에서 전반사하여 진행한다.

이에 대한 설명으로 옳은 것만을 〈보기〉에서 있는 대로 고른 것은? [3점]

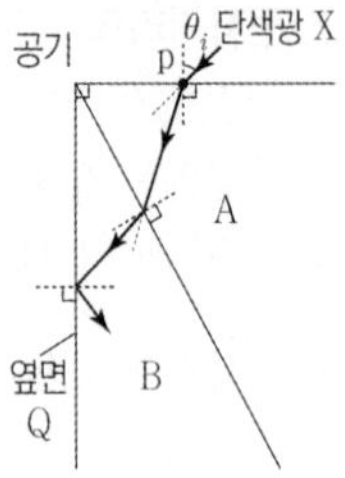

보기
ㄱ. X의 속력은 공기에서가 A에서보다 작다.
ㄴ. 굴절률은 B가 A보다 크다.
ㄷ. p에서 θ_i보다 작은 각으로 X가 입사하면 Q에서 전반사가 일어난다.

① ㄱ ② ㄴ ③ ㄱ, ㄷ
④ ㄴ, ㄷ ⑤ ㄱ, ㄴ, ㄷ

4 ★☆☆ | 2024년 5월 교육청 1번 |

다음은 전자기파 A에 대한 설명이다.

공항 검색대에서는 투과력이 강한 A를 이용하여 가방 내부의 물건을 검색한다. A의 파장은 감마선보다 길고, 자외선보다 짧다.

A는?

① X선 ② 가시광선 ③ 적외선
④ 라디오파 ⑤ 마이크로파

5 ★★☆

| 2024년 5월 교육청 13번 |

그림은 단색광 P가 매질 A와 B의 경계면에 임계각 45°로 입사하여 반사한 후, A와 매질 C의 경계면에서 굴절하여 C와 B의 경계면에 입사하는 모습을 나타낸 것이다.

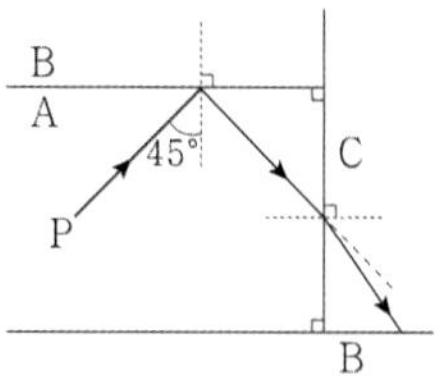

이에 대한 설명으로 옳은 것만을 〈보기〉에서 있는 대로 고른 것은? [3점]

보기
ㄱ. P의 속력은 A에서가 C에서보다 작다.
ㄴ. 굴절률은 B가 C보다 크다.
ㄷ. P는 C와 B의 경계면에서 전반사한다.

① ㄱ ② ㄴ ③ ㄱ, ㄷ ④ ㄴ, ㄷ ⑤ ㄱ, ㄴ, ㄷ

6 ★☆☆

| 2024년 3월 교육청 1번 |

그림은 전자기파 A와 B를 사용하는 예에 대한 설명이다. A와 B 중 하나는 가시광선이고, 다른 하나는 자외선이다.

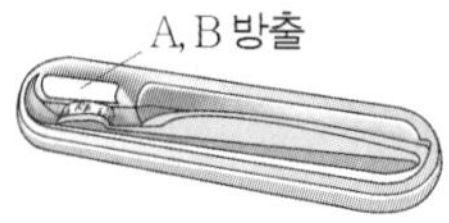

칫솔모 살균 장치에서 A와 B가 방출된다. A는 살균 작용을 하고, 눈에 보이는 B는 장치가 작동 중임을 알려 준다.

이에 대한 옳은 설명만을 〈보기〉에서 있는 대로 고른 것은?

보기
ㄱ. A는 자외선이다.
ㄴ. 진동수는 B가 A보다 크다.
ㄷ. 진공에서 속력은 A와 B가 같다.

① ㄱ ② ㄴ ③ ㄱ, ㄷ ④ ㄴ, ㄷ ⑤ ㄱ, ㄴ, ㄷ

7 ★★☆

| 2024년 3월 교육청 12번 |

다음은 임계각을 찾는 실험이다.

[실험 과정]
(가) 반원형 매질 A, B, C 중 두 매질을 서로 붙인다.
(나) 단색광 P를 원의 중심으로 입사시키고, 입사각을 0에서부터 연속적으로 증가시키면서 임계각을 찾는다.

[실험 결과]

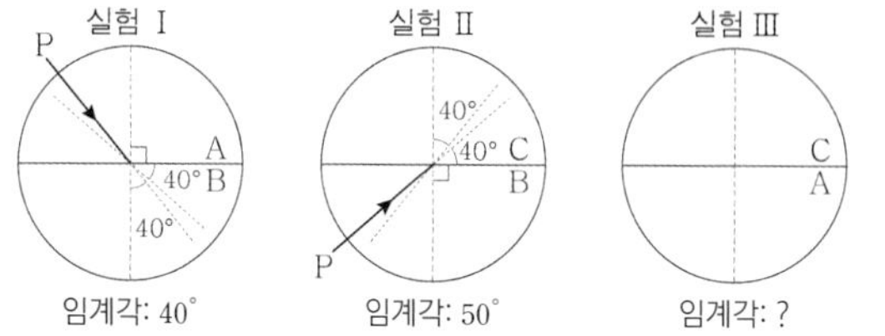

실험 Ⅲ의 결과로 가장 적절한 것은? [3점]

①
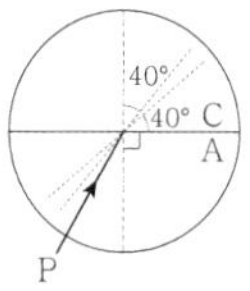

②
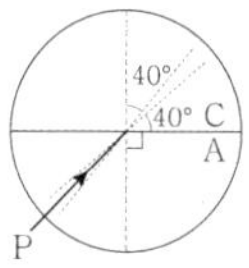

③
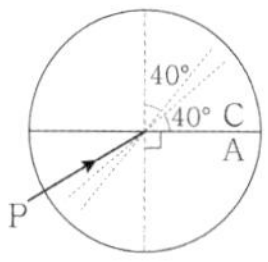

④
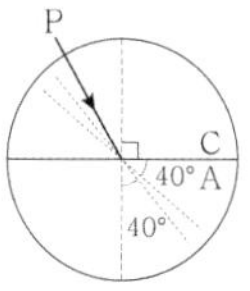

⑤
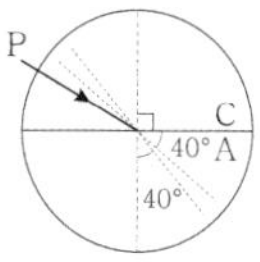

Part I
교육청

8 ★☆☆

| 2023년 10월 교육청 1번 |

다음은 가상 현실(VR) 기기에 대한 설명이다. A와 B 중 하나는 가시광선이고, 다른 하나는 적외선이다.

이에 대한 옳은 설명만을 〈보기〉에서 있는 대로 고른 것은?

〈보기〉
ㄱ. B는 가시광선이다.
ㄴ. 진동수는 B가 A보다 크다.
ㄷ. 진공에서의 속력은 B가 A보다 크다.

① ㄱ ② ㄴ ③ ㄱ, ㄴ
④ ㄱ, ㄷ ⑤ ㄴ, ㄷ

9 ★☆☆

| 2023년 10월 교육청 7번 |

그림 (가), (나)는 각각 매질 A와 B, 매질 B와 C에서 진행하는 단색광 P의 진행 경로의 일부를 나타낸 것이다. 표는 (가), (나)에서의 입사각과 굴절각을 나타낸 것이다. P의 속력은 C에서가 A에서보다 크다.

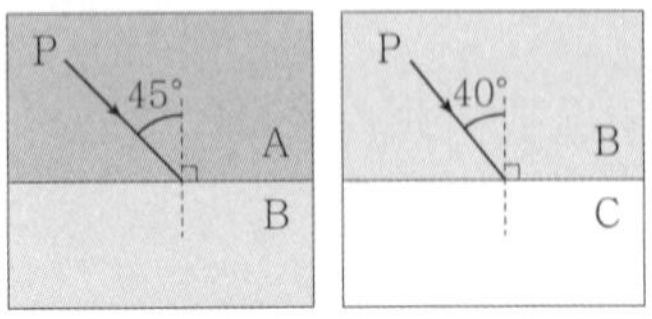

(가) (나)

	(가)	(나)
입사각	45°	40°
굴절각	35°	㉠

이에 대한 옳은 설명만을 〈보기〉에서 있는 대로 고른 것은? [3점]

〈보기〉
ㄱ. ㉠은 45°보다 크다.
ㄴ. 굴절률은 B가 C보다 크다.
ㄷ. B를 코어로 사용하는 광섬유에 A를 클래딩으로 사용할 수 있다.

① ㄱ ② ㄷ ③ ㄱ, ㄴ
④ ㄴ, ㄷ ⑤ ㄱ, ㄴ, ㄷ

10 ★☆☆

| 2023년 7월 교육청 1번 |

그림 (가)는 진동수에 따른 전자기파의 분류를, (나)는 전자기파 A, B를 이용한 예를 나타낸 것이다. A, B는 각각 ㉠, ㉡ 중 하나에 해당한다.

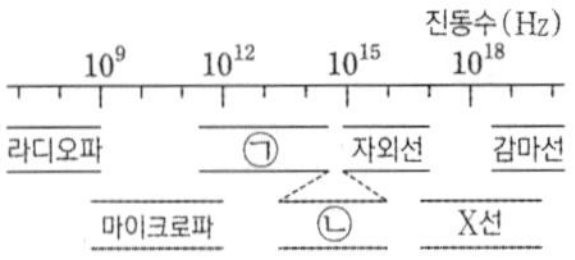

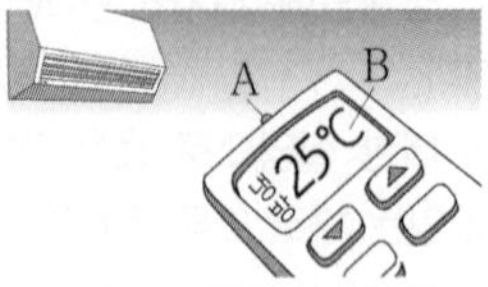

리모컨은 A를 이용하여 멀리 떨어져 있는 에어컨을 제어하고, 표시 창에서는 B가 나와 에어컨의 상태를 보여준다.

(가) (나)

이에 대한 설명으로 옳은 것만을 〈보기〉에서 있는 대로 고른 것은?

〈보기〉
ㄱ. A는 ㉠에 해당한다.
ㄴ. 진공에서의 속력은 A와 B가 같다.
ㄷ. 파장은 B가 X선보다 길다.

① ㄱ ② ㄴ ③ ㄱ, ㄷ
④ ㄴ, ㄷ ⑤ ㄱ, ㄴ, ㄷ

11 ★☆☆

| 2023년 7월 교육청 6번 |

그림은 진동수가 동일한 단색광 P, Q가 매질 A, B의 경계면에 동일한 입사각으로 각각 입사하여 B와 매질 C의 경계면의 점 a, b에 도달하는 모습을 나타낸 것이다. Q는 a에서 전반사한다.

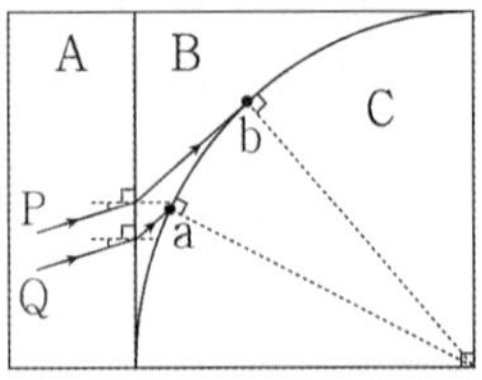

이에 대한 설명으로 옳은 것만을 〈보기〉에서 있는 대로 고른 것은? [3점]

〈보기〉
ㄱ. P는 b에서 전반사한다.
ㄴ. Q의 속력은 A에서가 C에서보다 작다.
ㄷ. B를 코어로 사용한 광섬유에 A를 클래딩으로 사용할 수 있다.

① ㄱ ② ㄴ ③ ㄷ
④ ㄱ, ㄴ ⑤ ㄴ, ㄷ

12 ★☆☆

| 2023년 4월 교육청 1번 |

다음은 전자기파 A에 대한 설명이다.

암 치료에 이용되는 전자기파 A는 핵반응 과정에서 방출되며 X선보다 파장이 짧고 투과력이 강하다.

A는?

① 감마선 ② 자외선 ③ 가시광선
④ 적외선 ⑤ 마이크로파

13 ★★☆

| 2023년 4월 교육청 14번 |

그림 (가)는 매질 A와 B의 경계면에 입사한 단색광 P가 B와 매질 C의 경계면에 임계각 θ_1로 입사하는 모습을, (나)는 B와 A의 경계면에 입사각 θ_2로 입사한 P가 A와 C의 경계면에 입사각 θ_1로 입사하는 모습을 나타낸 것이다. $\theta_1 < \theta_2$이다.

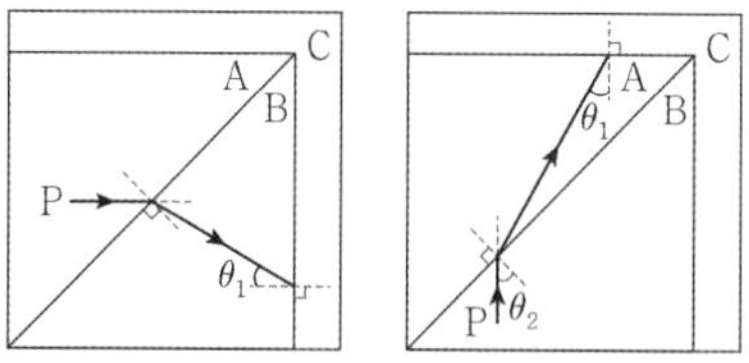

(가) (나)

이에 대한 설명으로 옳은 것만을 〈보기〉에서 있는 대로 고른 것은?

〈보기〉
ㄱ. P의 파장은 A에서가 B에서보다 짧다.
ㄴ. 굴절률은 A가 C보다 크다.
ㄷ. (나)에서 P는 A와 C의 경계면에서 전반사한다.

① ㄱ ② ㄴ ③ ㄱ, ㄷ
④ ㄴ, ㄷ ⑤ ㄱ, ㄴ, ㄷ

14 ★★☆

| 2023년 3월 교육청 2번 |

그림과 같이 위조지폐를 감별하기 위해 지폐에 전자기파 A를 비추었더니 형광 무늬가 나타났다.

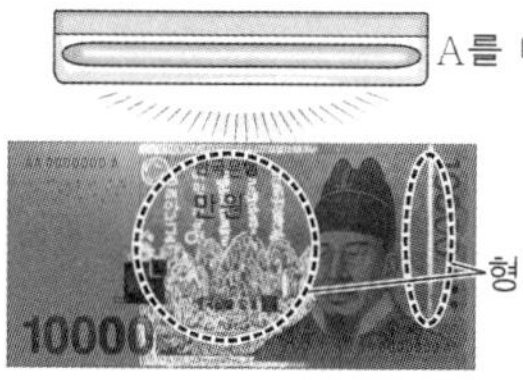

A는?

① 감마선 ② 자외선 ③ 적외선
④ 마이크로파 ⑤ 라디오파

15 ★★☆

| 2023년 3월 교육청 14번 |

그림 (가), (나)와 같이 단색광 P가 매질 X, Y, Z에서 진행한다. (가)에서 P는 Y와 Z의 경계면에서 전반사한다. θ_0과 θ_1은 각 경계면에서 P의 입사각 또는 굴절각으로, $\theta_0 < \theta_1$이다.

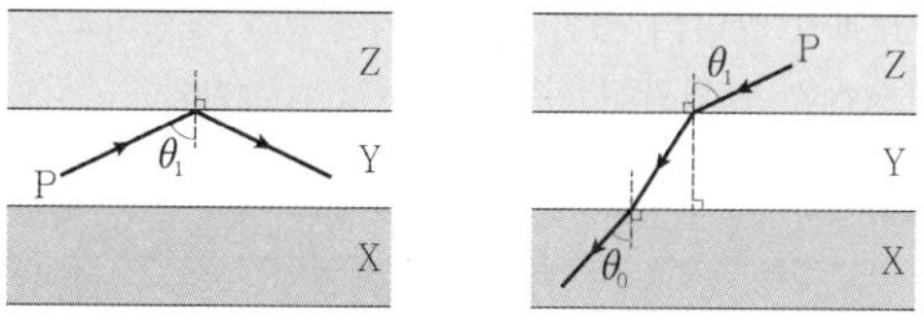

(가) (나)

이에 대한 옳은 설명만을 〈보기〉에서 있는 대로 고른 것은? [3점]

〈보기〉
ㄱ. Y와 Z 사이의 임계각은 θ_1보다 크다.
ㄴ. 굴절률은 X가 Z보다 크다.
ㄷ. (나)에서 P를 θ_1보다 큰 입사각으로 Z에서 Y로 입사시키면 P는 Y와 X의 경계면에서 전반사할 수 있다.

① ㄱ ② ㄴ ③ ㄱ, ㄷ
④ ㄴ, ㄷ ⑤ ㄱ, ㄴ, ㄷ

16 ★☆☆ | 2022년 10월 교육청 1번 |

다음은 열화상 카메라 이용 사례에 대한 설명이다.

건물에서 난방용 에너지를 절약하기 위해서는 외부로 방출되는 열에너지를 줄이는 것이 중요하다. 열화상 카메라는 건물 표면에서 방출되는 전자기파 A를 인식하여 단열이 잘되지 않는 부분을 가시광선 영상으로 표시한다.

이에 대한 옳은 설명만을 〈보기〉에서 있는 대로 고른 것은?

〈보기〉
ㄱ. A는 적외선이다.
ㄴ. 진공에서 속력은 A와 가시광선이 같다.
ㄷ. 파장은 A가 가시광선보다 길다.

① ㄴ　② ㄷ　③ ㄱ, ㄴ　④ ㄱ, ㄷ　⑤ ㄱ, ㄴ, ㄷ

17 ★★☆ | 2022년 10월 교육청 16번 |

다음은 전반사에 대한 실험이다.

[실험 과정]
(가) 그림과 같이 동일한 단색광을 크기와 모양이 같은 직육면체 매질 A, B의 옆면의 중심에 각각 입사시켜 윗면의 중심에 도달하도록 한다.

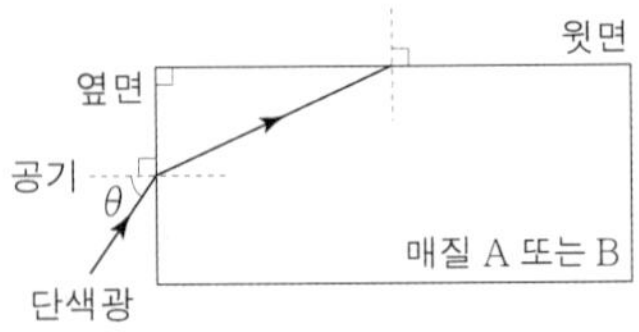

(나) (가)에서 옆면의 중심에서 입사각 θ를 측정하고, 윗면의 중심에서 단색광이 전반사하는지 관찰한다.

[실험 결과]

매질	A	B
θ	θ_1	θ_2
전반사	전반사함	전반사 안 함

이에 대한 옳은 설명만을 〈보기〉에서 있는 대로 고른 것은? [3점]

〈보기〉
ㄱ. 굴절률은 A가 B보다 크다.　ㄴ. $\theta_1 > \theta_2$이다.
ㄷ. A와 B로 광섬유를 만들 때 코어는 B를 사용해야 한다.

① ㄱ　② ㄴ　③ ㄷ　④ ㄱ, ㄴ　⑤ ㄴ, ㄷ

18 ★★☆ | 2022년 7월 교육청 15번 |

그림 (가)와 같이 단색광이 매질 B와 C에서 진행한다. 단색광은 매질 A와 B의 경계면에 있는 p점과 A와 C의 경계면에 있는 r점에서 전반사한다. $\theta_1 > \theta_2$이다. 그림 (나)는 (가)의 단색광이 코어와 클래딩으로 구성된 광섬유에서 전반사하는 모습을 나타낸 것이다.

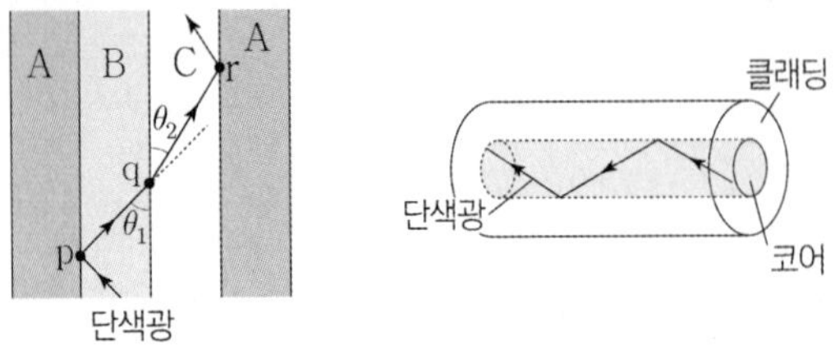

(가)　(나)

이에 대한 설명으로 옳은 것만을 〈보기〉에서 있는 대로 고른 것은? [3점]

〈보기〉
ㄱ. 단색광의 파장은 B에서가 C에서보다 길다.
ㄴ. 임계각은 A와 B 사이에서가 A와 C 사이에서보다 작다.
ㄷ. A, B, C로 (나)의 광섬유를 제작할 때 코어를 B, 클래딩을 C로 만들면 임계각이 가장 작다.

① ㄱ　② ㄴ　③ ㄱ, ㄷ　④ ㄴ, ㄷ　⑤ ㄱ, ㄴ, ㄷ

19 ★☆☆ | 2022년 4월 교육청 1번 |

다음은 비접촉식 체온계의 작동에 대한 설명이다.

체온계의 센서가 몸에서 방출되는 전자기파 A를 측정하면 화면에 체온이 표시된다. A의 파장은 가시광선보다 길고 마이크로파보다 짧다.

A는?

① 감마선　② X선　③ 자외선　④ 적외선　⑤ 라디오파

20 ☆☆☆ | 2022년 4월 교육청 15번 |

그림과 같이 매질 A와 B의 경계면에 입사한 단색광이 굴절한 후 B와 A의 경계면에서 반사하여 B와 매질 C의 경계면에 입사한다. θ는 B와 A 사이의 임계각이고, 굴절률은 A가 C보다 크다.

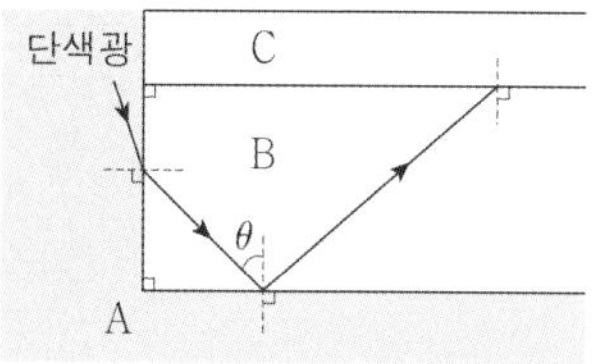

이에 대한 설명으로 옳은 것만을 〈보기〉에서 있는 대로 고른 것은? [3점]

〈보기〉
ㄱ. 단색광의 속력은 A에서가 B에서보다 크다.
ㄴ. θ는 45°보다 작다.
ㄷ. 단색광은 B와 C의 경계면에서 전반사한다.

① ㄱ ② ㄴ ③ ㄱ, ㄷ ④ ㄴ, ㄷ ⑤ ㄱ, ㄴ, ㄷ

21 ☆☆☆ | 2022년 3월 교육청 4번 |

그림은 스마트폰에 정보를 전송하는 과정을 나타낸 것이다. A와 B는 각각 적외선과 마이크로파 중 하나이다.

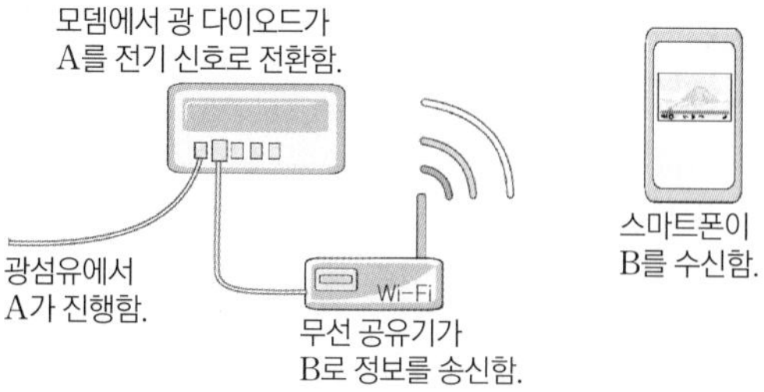

이에 대한 옳은 설명만을 〈보기〉에서 있는 대로 고른 것은?

〈보기〉
ㄱ. 진동수는 A가 B보다 크다.
ㄴ. 진공에서 A와 B의 속력은 같다.
ㄷ. A는 전자레인지에서 음식을 가열하는 데 이용된다.

① ㄱ ② ㄷ ③ ㄱ, ㄴ ④ ㄴ, ㄷ ⑤ ㄱ, ㄴ, ㄷ

22 ☆☆☆ | 2022년 3월 교육청 10번 |

그림은 단색광 P가 매질 X, Y, Z에서 진행하는 모습을 나타낸 것이다. θ_0과 θ_1은 각 경계면에서의 P의 입사각 또는 굴절각이고, P는 Z와 X의 경계면에서 전반사한다.

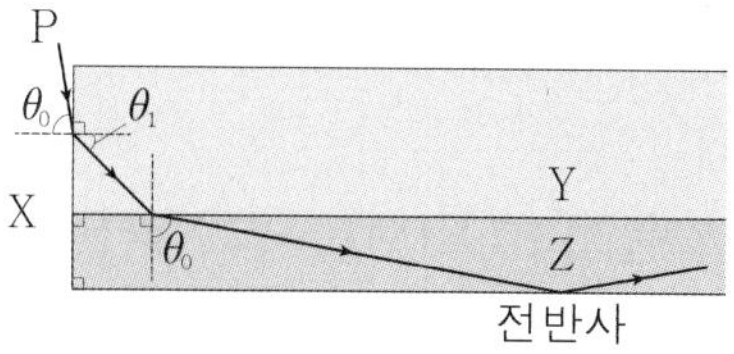

이에 대한 옳은 설명만을 〈보기〉에서 있는 대로 고른 것은? [3점]

〈보기〉
ㄱ. P의 속력은 Y에서가 Z에서보다 크다.
ㄴ. 굴절률은 Z가 X보다 크다.
ㄷ. θ_1은 45°보다 크다.

① ㄱ ② ㄴ ③ ㄱ, ㄴ ④ ㄱ, ㄷ ⑤ ㄴ, ㄷ

23 ☆☆☆ | 2021년 10월 교육청 4번 |

그림은 전자기파 A, B, C가 사용되는 모습을 나타낸 것이다. A, B, C는 X선, 가시광선, 적외선을 순서 없이 나타낸 것이다.

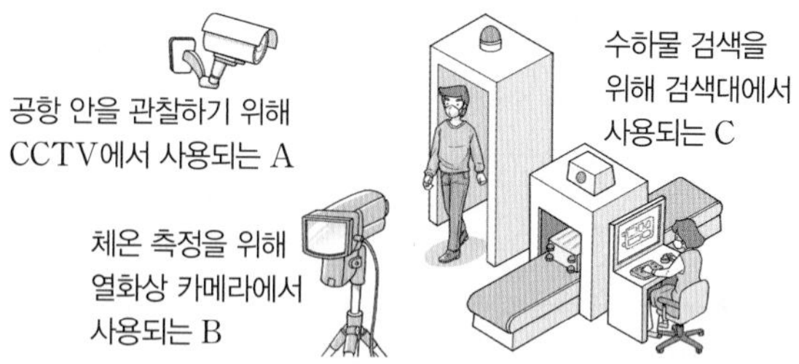

이에 대한 옳은 설명만을 〈보기〉에서 있는 대로 고른 것은?

〈보기〉
ㄱ. C는 X선이다.
ㄴ. 진동수는 A가 C보다 크다.
ㄷ. 진공에서의 속력은 C가 B보다 크다.

① ㄱ ② ㄷ ③ ㄱ, ㄴ ④ ㄱ, ㄷ ⑤ ㄴ, ㄷ

Part I 교육청

24 ★★☆

| 2021년 10월 교육청 10번 |

그림과 같이 동일한 단색광이 공기에서 부채꼴 모양의 유리에 수직으로 입사하여 유리와 공기의 경계면의 점 a, b에 각각 도달한다. a에 도달한 단색광은 전반사하여 입사광의 진행 방향에 수직인 방향으로 진행한다.

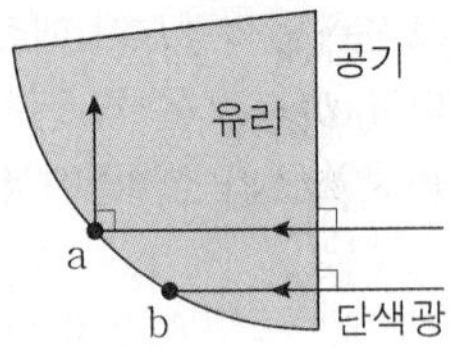

이에 대한 옳은 설명만을 〈보기〉에서 있는 대로 고른 것은? [3점]

〈보기〉
ㄱ. b에서 단색광은 전반사한다.
ㄴ. 단색광의 속력은 유리에서가 공기에서보다 크다.
ㄷ. 유리와 공기 사이의 임계각은 45°보다 크다.

① ㄱ ② ㄷ ③ ㄱ, ㄴ
④ ㄴ, ㄷ ⑤ ㄱ, ㄴ, ㄷ

25 ★★☆

| 2021년 7월 교육청 15번 |

다음은 액체의 굴절률을 알아보기 위한 실험이다.

[실험 과정]

(가) 그림과 같이 수조에 액체 A를 채우고 액체 표면 위 30 cm 위치에서 액체 표면 위의 점 p를 본다.

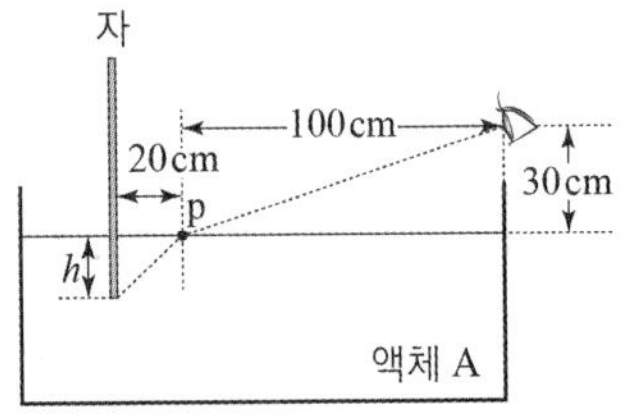

(나) (가)에서 자를 액체의 표면에 수직으로 넣으면서 p와 자의 끝이 겹쳐 보이는 순간, 자의 액체에 잠긴 부분의 길이 h를 측정한다.

(다) (가)에서 액체 A를 다른 액체로 바꾸어 (나)를 반복한다.

[실험 결과]

액체의 종류	h(cm)
A	17
물	19
B	21
C	24

이에 대한 설명으로 옳은 것만을 〈보기〉에서 있는 대로 고른 것은? [3점]

〈보기〉
ㄱ. 굴절률은 A가 물보다 크다.
ㄴ. 빛의 속력은 B에서가 C에서보다 빠르다.
ㄷ. 액체와 공기 사이의 임계각은 A가 B보다 크다.

① ㄱ ② ㄴ ③ ㄷ
④ ㄴ, ㄷ ⑤ ㄱ, ㄴ, ㄷ

26 ★☆☆

| 2021년 7월 교육청 1번 |

그림은 전자기파에 대해 학생 A, B, C가 대화하는 모습을 나타낸 것이다.

제시한 내용이 옳은 학생만을 있는 대로 고른 것은?

① A ② C ③ A, B
④ B, C ⑤ A, B, C

27 ★★☆

| 2021년 7월 교육청 16번 |

그림은 단색광 P가 매질 A와 중심이 O인 원형 매질 B의 경계면에 입사각 θ로 입사하여 굴절한 후, B와 매질 C의 경계면에 임계각 i_C로 입사하는 모습을 나타낸 것이다.

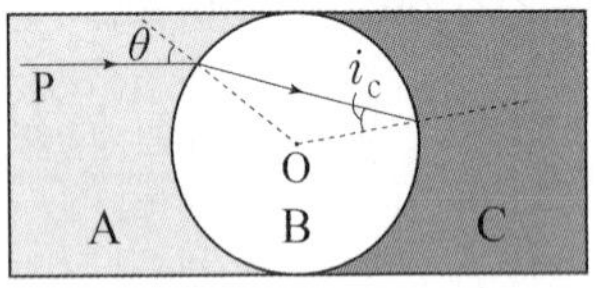

이에 대한 설명으로 옳은 것만을 〈보기〉에서 있는 대로 고른 것은? (단, A, B, C는 광섬유에 사용되는 물질이다.) [3점]

〈보기〉
ㄱ. P의 파장은 A에서가 B에서보다 길다.
ㄴ. θ가 작아지면 P는 B와 C의 경계면에서 전반사한다.
ㄷ. 클래딩에 A를 사용한 광섬유의 코어로 C를 사용할 수 있다.

① ㄱ ② ㄴ ③ ㄱ, ㄷ
④ ㄴ, ㄷ ⑤ ㄱ, ㄴ, ㄷ

28 ★☆☆

| 2021년 4월 교육청 2번 |

그림 (가)는 전자기파를 진동수에 따라 분류한 것이고, (나)는 전자기파 ㉠, ㉡을 이용한 장치를 나타낸 것이다.

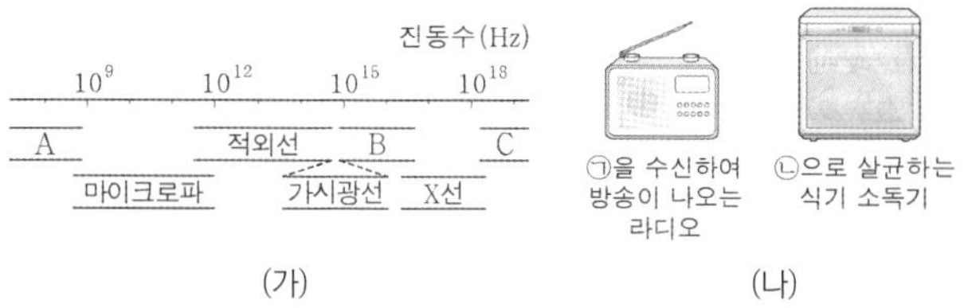

(가)의 A, B, C 중 ㉠, ㉡이 해당하는 영역은?

	㉠	㉡		㉠	㉡
①	A	B	②	A	C
③	B	A	④	B	C
⑤	C	A			

29 ★★☆

| 2021년 4월 교육청 14번 |

그림과 같이 물질 A와 B의 경계면에 50°로 입사한 단색광 P가 전반사하여 A와 물질 C의 경계면에서 굴절한 후, C와 B의 경계면에 입사한다. A와 B 사이의 임계각은 45°이다.

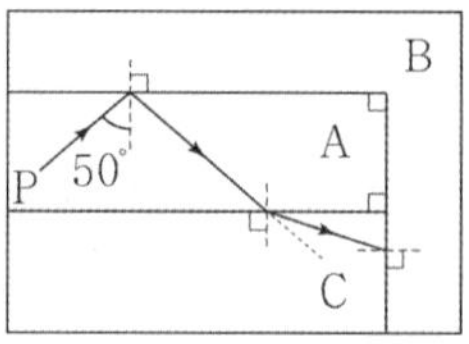

이에 대한 설명으로 옳은 것만을 〈보기〉에서 있는 대로 고른 것은? [3점]

〈보기〉
ㄱ. 굴절률은 A가 B보다 크다.
ㄴ. P의 속력은 A에서가 C에서보다 크다.
ㄷ. C와 B의 경계면에서 P는 전반사한다.

① ㄱ ② ㄴ ③ ㄱ, ㄷ
④ ㄴ, ㄷ ⑤ ㄱ, ㄴ, ㄷ

30 ★★☆

| 2021년 3월 교육청 4번 |

그림은 카메라로 사람을 촬영하는 모습을 나타낸 것으로, 이 카메라는 가시광선과 전자기파 A를 인식하여 실물 화상과 열화상을 함께 보여준다.

A에 대한 옳은 설명만을 〈보기〉에서 있는 대로 고른 것은?

〈보기〉
ㄱ. 자외선이다.
ㄴ. 진동수는 가시광선보다 크다.
ㄷ. 진공에서의 속력은 가시광선과 같다.

① ㄴ ② ㄷ ③ ㄱ, ㄴ
④ ㄱ, ㄷ ⑤ ㄴ, ㄷ

31 ★★☆

| 2021년 3월 교육청 13번 |

그림과 같이 매질 A와 B의 경계면에 입사각 45°로 입사시킨 단색광 X, Y가 굴절하여 각각 B와 공기의 경계면에 있는 점 p와 q로 진행하였다. X, Y는 p, q에 같은 세기로 입사하며, p와 q 중 한 곳에서만 전반사가 일어난다.

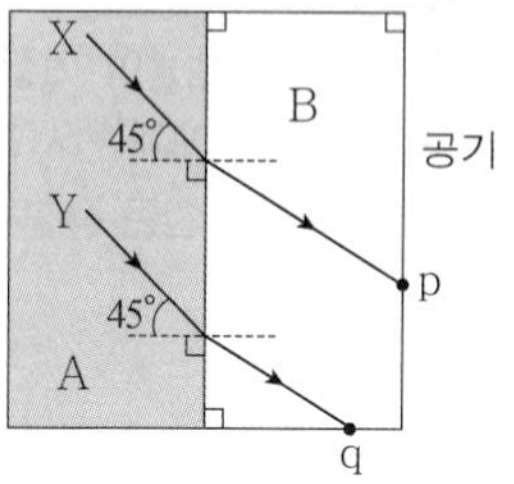

이에 대한 옳은 설명만을 〈보기〉에서 있는 대로 고른 것은? (단, X, Y의 진동수는 같다.) [3점]

〈보기〉
ㄱ. 굴절률은 A가 B보다 작다.
ㄴ. q에서 전반사가 일어난다.
ㄷ. p에서 반사된 X의 세기는 q에서 반사된 Y의 세기보다 작다.

① ㄱ ② ㄴ ③ ㄱ, ㄷ
④ ㄴ, ㄷ ⑤ ㄱ, ㄴ, ㄷ

32 ★☆☆

| 2020년 10월 교육청 2번 |

그림은 동일한 미술 작품을 각각 가시광선과 X선으로 촬영한 사진으로, 점선 영역에서 서로 다른 모습이 관찰된다.

가시광선으로 촬영 X선으로 촬영

이에 대한 옳은 설명만을 〈보기〉에서 있는 대로 고른 것은?

보기
ㄱ. 파장은 X선이 가시광선보다 크다.
ㄴ. 가시광선과 X선은 모두 전자기파이다.
ㄷ. X선은 물체의 내부 구조를 알아보는 데 이용할 수 있다.

① ㄱ ② ㄴ ③ ㄱ, ㄷ
④ ㄴ, ㄷ ⑤ ㄱ, ㄴ, ㄷ

33 ★★☆

| 2020년 10월 교육청 9번 |

그림 (가)는 단색광이 매질 A, B의 경계면에서 전반사한 후 매질 A, C의 경계면에서 반사와 굴절하는 모습을, (나)는 (가)의 A, B, C 중 두 매질로 만든 광섬유의 구조를 나타낸 것이다.

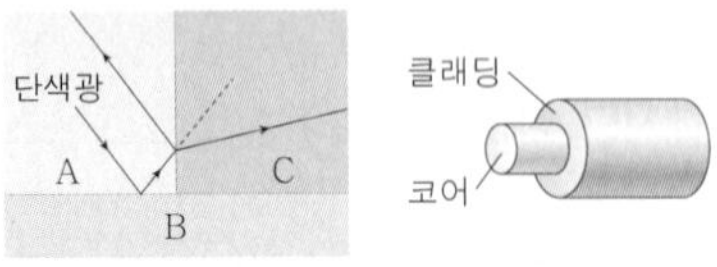

(가) (나)

광통신에 사용하기에 적절한 구조를 가진 광섬유만을 〈보기〉에서 있는 대로 고른 것은? [3점]

보기
ㄱ. 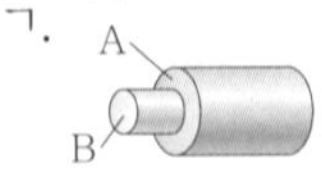

ㄴ. 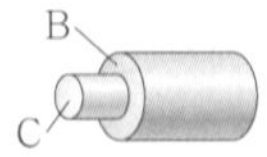

ㄷ. 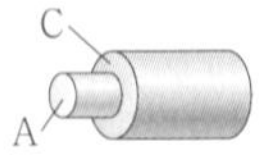

① ㄱ ② ㄴ ③ ㄱ, ㄷ
④ ㄴ, ㄷ ⑤ ㄱ, ㄴ, ㄷ

34 ★★☆

| 2020년 7월 교육청 14번 |

다음은 빛의 굴절에 대한 실험이다.

[실험 과정]

(가) 그림과 같이 광학용 물통의 절반을 물로 채운 후 레이저를 물통의 둥근 부분 쪽에서 중심을 향해 비추어 빛이 물에서 공기로 진행하도록 한다.

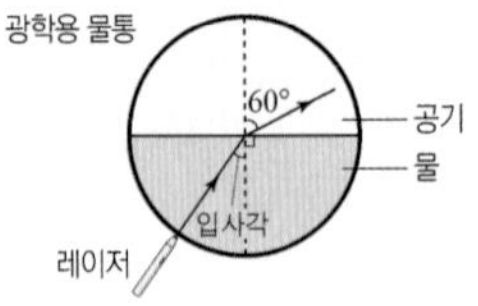

(나) (가)에서 입사각을 변화시키면서 굴절각이 60°가 되는 입사각을 측정한다.

(다) (가)에서 물을 액체 A, B로 각각 바꾸고 (나)를 반복한다.

[실험 결과]

액체의 종류	입사각	굴절각
물	41°	60°
A	38°	60°
B	35°	60°

이에 대한 설명으로 옳은 것만을 〈보기〉에서 있는 대로 고른 것은? [3점]

보기
ㄱ. 빛의 속력은 물에서가 A에서보다 크다.
ㄴ. 굴절률은 A가 B보다 크다.
ㄷ. 공기와 액체 사이의 임계각은 A일 때가 B일 때보다 크다.

① ㄱ ② ㄴ ③ ㄱ, ㄷ
④ ㄴ, ㄷ ⑤ ㄱ, ㄴ, ㄷ

35 ★☆☆

| 2020년 7월 교육청 16번 |

그림은 전자기파 A~D를 파장에 따라 분류하여 나타낸 것이다. B는 인체 내부의 뼈 사진을 촬영하는 데 사용된다.

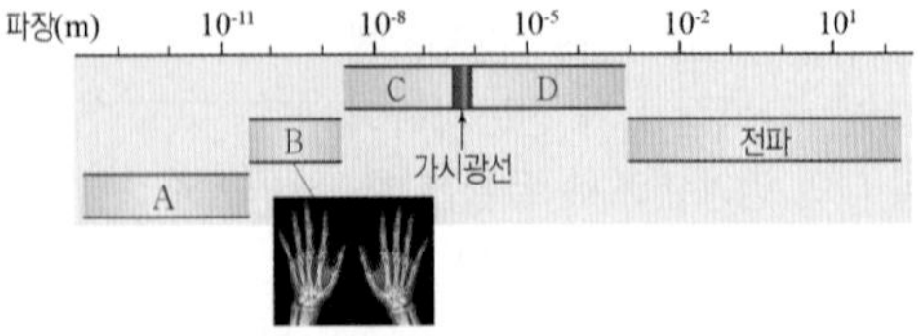

A~D에 대한 설명으로 옳은 것만을 〈보기〉에서 있는 대로 고른 것은?

보기
ㄱ. A는 투과력이 가장 강하고 암 치료에 사용된다.
ㄴ. C는 컵을 소독하는 데 사용된다.
ㄷ. 진공에서 전자기파의 속력은 B가 D보다 크다.

① ㄱ ② ㄷ ③ ㄱ, ㄴ
④ ㄴ, ㄷ ⑤ ㄱ, ㄴ, ㄷ

Memo

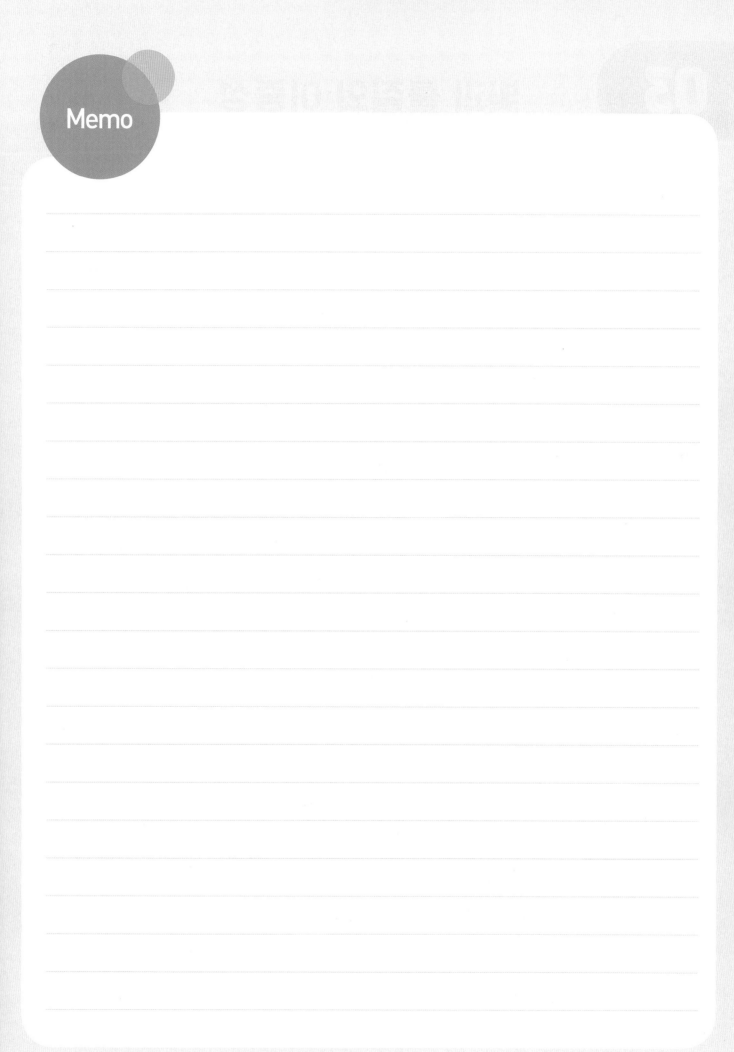

03 빛과 물질의 이중성

A 빛의 이중성

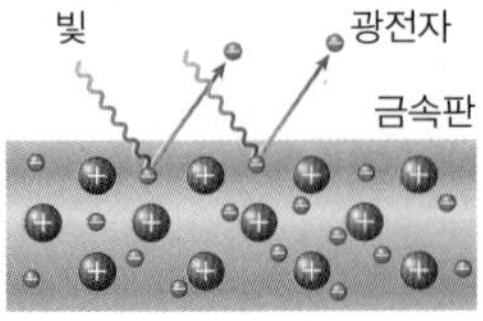

1. 광전 효과 : 금속 표면에 특정 진동수 이상의 빛을 비추었을 때 금속 표면에서 전자(광전자)가 튀어 나오는 현상이다.

(1) **광양자설** : 1905년 아인슈타인은 파동설로 설명할 수 없는 광전 효과를 설명하기 위해 빛을 광자(광양자)라고 하는 불연속적인 에너지 입자의 흐름으로 설명하였다.

① **광자의 에너지** : 빛 알갱이를 광자라고 할 때, 진동수 f인 광자 1개의 에너지 E는 다음과 같다.

$$E=hf \text{ (플랑크 상수 } h=6.63\times10^{-34}\ \text{J}\cdot\text{s)}$$

② 빛의 에너지는 광자의 개수에 따라 불연속적인 값을 가지며, 빛의 세기는 단위 시간당 광자의 개수 n에 비례한다.

③ **일함수(W)** : 금속 표면에 빛을 비출 때 전자가 튀어 나오게 하기 위해 필요한 최소 에너지이다.

④ **문턱 진동수(f_0)** : 금속 표면에서 전자를 방출시킬 수 있는 빛의 최소 진동수이다.

(2) **광전 효과의 해석**

결과 1	• 문턱 진동수보다 진동수가 작은 빛은 광자 1개의 에너지가 충분하지 않으므로 아무리 많은 수의 광자가 금속에 충돌하더라도 전자가 방출되지 않는다. • 빛의 세기가 약해 광자의 숫자가 적어도 진동수가 크면 광전자는 즉시 튀어 나온다.
결과 2	• 빛의 세기가 세면 광자의 수가 많으므로 광전자의 수도 증가한다.
결과 3	• 진동수가 큰 빛은 광자 1개의 에너지가 크므로 광자로부터 에너지를 얻어 방출되는 광전자의 최대 운동 에너지도 크다. $\left(E_k=\frac{1}{2}mv^2=hf-W\right)$

출제 tip

광전 효과의 해석

광전 효과에서 빛에 따른 광전자의 발생 여부를 제시하고 빛의 진동수, 세기 등을 비교하는 문항이 출제된다.

2. 빛의 이중성 : 빛은 입자성과 파동성을 모두 가지고 있으며, 빛의 입자성과 파동성은 동시에 나타나지 않으므로 어떤 특정한 순간에 입자적 성질과 파동적 성질 중 하나만 측정할 수 있다.

(1) **빛의 파동성의 증거** : 빛의 간섭과 회절 현상

(2) **빛의 입자성의 증거** : 광전 효과

3. 영상 정보의 기록

(1) **광 다이오드** : 빛 신호를 전기 신호로 전환시키는 광전 소자의 한 종류로, p형 반도체와 n형 반도체를 접합하여 만든다.

• **원리** : 빛을 비추면 광전 효과가 일어나 전자가 방출되어 전류가 흐른다.

(2) **전하 결합 소자(CCD)** : 광 다이오드를 이용해 빛에너지를 전기 에너지로 전환시켜 영상 정보를 기록하는 장치

① **구조** : 수많은 광 다이오드의 배열 위에 색 필터, 마이크로 렌즈가 결합된 구조

② **원리** : 렌즈를 통과한 빛이 RGB의 세 가지 색 필터를 통과하여 광 다이오드에 도달하면 각각의 색의 빛이 광전 효과를 일으켜 전류가 발생하고, 측정된 세 종류의 빛의 세기로부터 그 지점의 색을 결정한다.

③ **이용** : 디지털 카메라, 허블 우주 망원경, 케플러 우주 망원경, CCTV 등 빛을 인식하는 여러 가지 기구에 광센서로 이용된다.

발광 다이오드와 광 다이오드 비교

• 발광 다이오드 : 다이오드에 전류를 흘려주면 특정 파장에 해당하는 빛을 방출한다.

• 광 다이오드 : 특정 파장의 빛을 비추었을 때 광전 효과에 의해 전자를 방출한다.

전하 결합 소자(CCD)

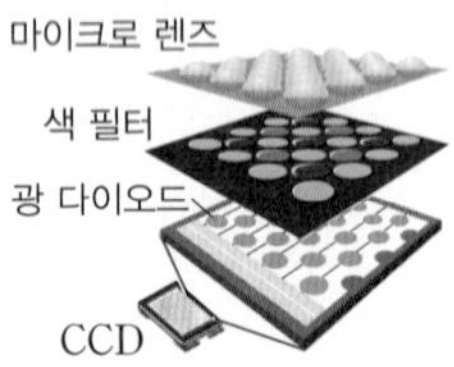

전하 결합 소자(CCD)의 화소에 저장된 전자의 이동

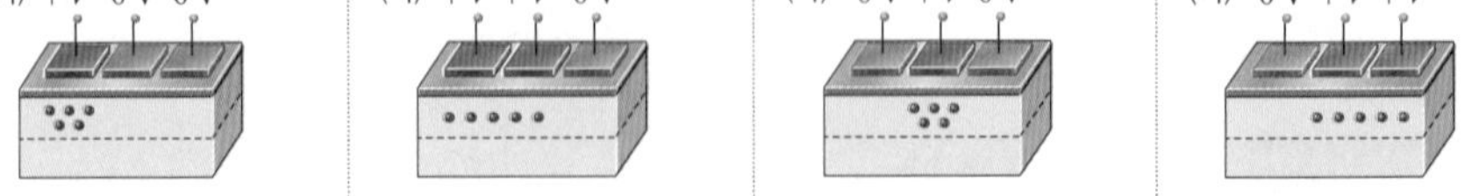

(가) $+V$의 전압이 걸린 왼쪽 전극 아래에 전자들이 쌓인다.

(나) 가운데 전극에 $+V$의 전압을 걸어 주면 두 전극에 전자들이 고루 퍼진다.

(다) 왼쪽 전극의 전압을 0으로 하면 가운데 전극 아래에 전자들이 쌓인다.

(라) 오른쪽 전극에 $+V$의 전압을 걸어 주면 두 전극에 전자들이 고루 퍼진다.

B 물질의 이중성

1. 드브로이의 물질파

(1) **물질파** : 물질 입자가 나타내는 파동을 물질파 또는 드브로이파라고 한다.

(2) **드브로이 파장** : 질량이 m인 입자가 속력 v로 운동할 때 입자의 물질파 파장 λ는 다음과 같다.

$$\lambda=\frac{h}{mv}=\frac{h}{p}\ (h: \text{플랑크 상수})$$

2. 물질파 확인 실험

데이비슨·거머 실험	톰슨의 전자선 회절 실험
54 V의 전압으로 전자선을 니켈 결정에 입사시켰을 때, 50°의 각도에서 가장 많은 전자가 튀어 나온다. ➡ 전자의 물질파가 반사되어 나올 때 특정한 각도에서 보강 간섭이 일어난다.	얇은 알루미늄 박 뒤에 형광판을 두고 X선 또는 전자선을 입사시킬 때 X선과 전자선 모두 같은 형태의 회절 현상이 일어난다. ➡ 전자도 파동의 성질을 가진다.

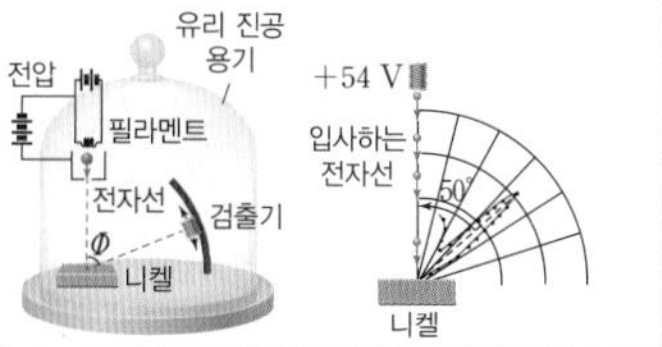

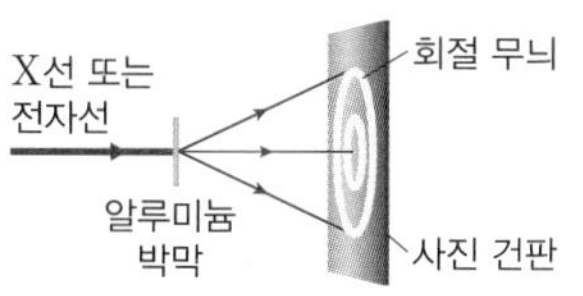

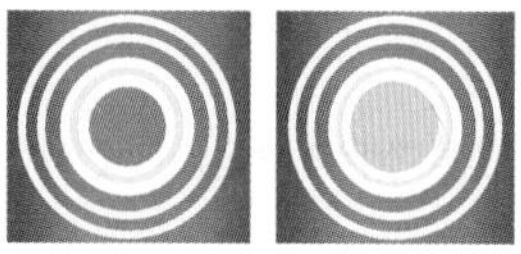
X선 회절 무늬 전자선 회절 무늬

3. 물질의 이중성 : 물질도 빛과 마찬가지로 입자성과 파동성을 모두 가진다. 하지만 일상에서 흔히 볼 수 있는 물체는 질량이 플랑크 상수에 비해 매우 크기 때문에 드브로이 파장이 매우 짧아 파동성을 관측하기 어렵다.

4. 전자 현미경

(1) **분해능** : 서로 떨어져 있는 두 점을 구분하여 볼 수 있는 능력으로, 빛의 파장이 짧을수록 분해능이 우수하다.

(2) **전자 현미경** : 빛 대신 전자의 물질파를 이용하는 현미경으로, 전자의 물질파 파장이 가시광선의 수천분의 일 정도로 짧기 때문에 분해능이 우수하고, 광학 현미경의 최대 배율보다 큰 배율을 가진다.

(3) **전자 현미경의 종류** : 투과 전자 현미경(TEM), 주사 전자 현미경(SEM)

실전 자료 광전 효과와 물질파

표는 서로 다른 금속판 X, Y에 진동수가 각각 f, $2f$인 빛 A, B를 비추었을 때 방출되는 광전자의 최대 운동 에너지를 나타낸 것이다.

빛	진동수	광전자의 최대 운동 에너지	
		X	Y
A	f	$3E_0$	$2E_0$
B	$2f$	$7E_0$	㉠

❶ 빛의 진동수와 광전자의 최대 운동 에너지의 관계

빛의 진동수를 f, 금속의 문턱 진동수를 f_0이라고 하면 광전자의 최대 운동 에너지는 $hf-hf_0$이다. 이때 hf_0는 금속의 일함수(W)이다.

❷ 금속의 문턱 진동수 비교

A를 비추어 주었을 때 광전자의 최대 운동 에너지가 X는 $3E_0$, Y는 $2E_0$이다. A의 에너지는 같은데 광전자의 최대 운동 에너지가 X가 Y보다 큰 것은 X의 일함수가 Y의 일함수보다 작기 때문이다. 일함수는 금속의 문턱 진동수에 비례하므로 금속의 문턱 진동수는 X가 Y보다 작다.

❸ 광전자의 물질파 파장 비교

A를 비추었을 때 방출된 광전자의 최대 운동 에너지가 X에서가 Y에서보다 크므로 전자의 속력은 X에서가 Y에서보다 빠르다. 따라서 X에서의 운동량이 Y에서의 운동량보다 크므로 물질파 파장은 X에서가 Y에서보다 작다.

출제 tip

물질파 파장과 운동량 관계

물질파의 파장과 속력을 제시하고 운동량, 운동 에너지의 관계를 구하거나, 운동량이나 운동 에너지를 구하는 문제가 출제된다.

전자 현미경의 구분

- 투과 전자 현미경 : 얇은 시료를 통과한 전자선을 관측하여 시료의 단면 구조를 2차원적으로 관찰한다.
- 주사 전자 현미경 : 전자선을 시료의 표면에 쪼일 때 튀어나온 전자를 검출하여 시료 표면의 입체 구조를 3차원적으로 관찰한다.

1 ★☆☆ | 2024년 10월 교육청 4번 |

그림은 전자선과 X선을 얇은 금속박에 각각 비추었을 때 나타나는 회절 무늬에 대해 학생 A, B, C가 대화하는 모습을 나타낸 것이다.

제시한 내용이 옳은 학생만을 있는 대로 고른 것은? [3점]

① A ② C ③ A, B
④ A, C ⑤ B, C

2 ★☆☆ | 2024년 7월 교육청 6번 |

표는 입자 A, B의 질량과 운동량의 크기를 나타낸 것이다.

입자	질량	운동량의 크기
A	m	$2p$
B	$2m$	p

입자의 물리량이 A가 B보다 큰 것만을 〈보기〉에서 있는 대로 고른 것은?

〈보기〉
ㄱ. 물질파 파장 ㄴ. 속력 ㄷ. 운동 에너지

① ㄱ ② ㄴ ③ ㄱ, ㄷ
④ ㄴ, ㄷ ⑤ ㄱ, ㄴ, ㄷ

3 ★☆☆ | 2024년 7월 교육청 14번 |

그림은 서로 다른 금속판 P, Q에 각각 단색광 A, B 중 하나를 비추는 모습을 나타낸 것이다. 표는 단색광을 비추었을 때 금속판에서 방출되는 광전자의 최대 운동 에너지를 나타낸 것이다.

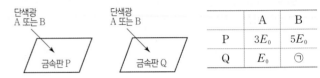

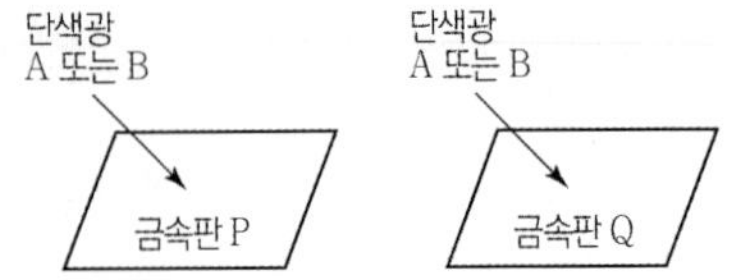

	A	B
P	$3E_0$	$5E_0$
Q	E_0	㉠

이에 대한 설명으로 옳은 것만을 〈보기〉에서 있는 대로 고른 것은?

〈보기〉
ㄱ. 문턱 진동수는 Q가 P보다 크다.
ㄴ. 파장은 B가 A보다 길다.
ㄷ. ㉠은 E_0보다 크다.

① ㄱ ② ㄴ ③ ㄱ, ㄷ
④ ㄴ, ㄷ ⑤ ㄱ, ㄴ, ㄷ

4 ★★☆ | 2024년 5월 교육청 9번 |

그림은 진동수가 다른 단색광 A, B를 금속판 P 또는 Q에 비추는 모습을, 표는 금속판에 비춘 단색광에 따라 금속판에서 방출되는 광전자의 최대 운동 에너지를 나타낸 것이다.

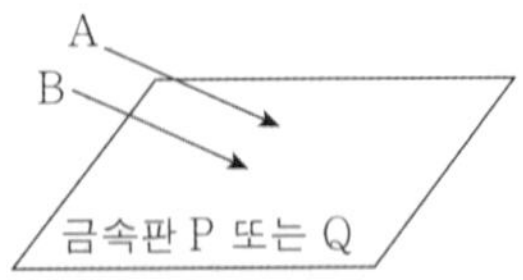

금속판	금속판에 비춘 단색광	최대 운동 에너지
P	A	E_0
	A, B	E_0
Q	B	$2E_0$
	A, B	㉠

이에 대한 설명으로 옳은 것만을 〈보기〉에서 있는 대로 고른 것은?

〈보기〉
ㄱ. 진동수는 A가 B보다 크다.
ㄴ. 문턱 진동수는 P가 Q보다 작다.
ㄷ. ㉠은 $2E_0$보다 크다.

① ㄱ ② ㄴ ③ ㄱ, ㄷ
④ ㄴ, ㄷ ⑤ ㄱ, ㄴ, ㄷ

5 ★☆☆ | 2024년 3월 교육청 4번 |

표는 입자 A, B, C의 속력과 물질파 파장을 나타낸 것이다. 이에 대한 옳은 설명만을 ⟨보기⟩에서 있는 대로 고른 것은?

입자	A	B	C
속력	v_0	$2v_0$	$2v_0$
물질파 파장	$2\lambda_0$	$2\lambda_0$	λ_0

보기
ㄱ. 질량은 A가 B의 2배이다.
ㄴ. 운동량의 크기는 B와 C가 같다.
ㄷ. 운동 에너지는 C가 A의 2배이다.

① ㄱ ② ㄴ ③ ㄱ, ㄷ
④ ㄴ, ㄷ ⑤ ㄱ, ㄴ, ㄷ

6 ★☆☆ | 2023년 10월 교육청 2번 |

다음은 투과 전자 현미경에 대한 기사의 일부이다.

○○대학교 물리학과 연구팀은 전자의 물질파를 이용하는 ㉠투과 전자 현미경(TEM)으로, 작동 중인 전기 소자의 원자 구조 변화를 실시간으로 관찰하였다. 이 연구팀의 실환경 투과 전자 현미경 분석법은 차세대 비휘발성 메모리 소자 개발에 중요한 역할을 할 것으로 기대된다.

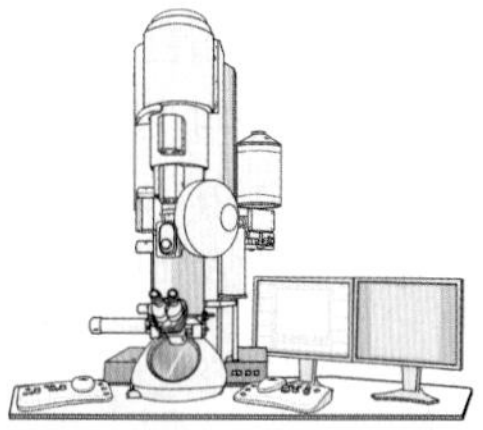
TEM: 광학 현미경으로 관찰 불가능한, ㉡시료의 매우 작은 구조까지 관찰 가능함.

이에 대한 옳은 설명만을 ⟨보기⟩에서 있는 대로 고른 것은?

보기
ㄱ. ㉠은 전자의 파동성을 활용한다.
ㄴ. ㉡을 할 때, TEM에서 이용하는 전자의 물질파 파장은 가시광선의 파장보다 길다.
ㄷ. 전자의 속력이 클수록 전자의 물질파 파장이 길다.

① ㄱ ② ㄷ ③ ㄱ, ㄴ
④ ㄴ, ㄷ ⑤ ㄱ, ㄴ, ㄷ

7 ★☆☆ | 2023년 7월 교육청 2번 |

그림은 전자선의 간섭무늬를 보고 물질의 이중성에 대해 학생 A, B, C가 대화하는 모습을 나타낸 것이다.

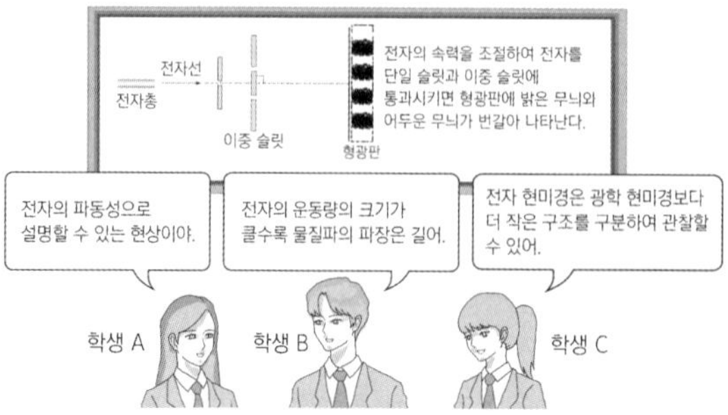

제시한 내용이 옳은 학생만을 있는 대로 고른 것은?

① A ② B ③ A, C
④ B, C ⑤ A, B, C

8 ★☆☆ | 2023년 7월 교육청 5번 |

그림 (가)는 단색광 A와 B를 금속판 P에 비추었을 때 광전자가 방출되지 않는 것을, (나)는 B와 단색광 C를 P에 비추었을 때 광전자가 방출되는 것을 나타낸 것이다. 이때 광전자의 최대 운동 에너지는 E_0이다.

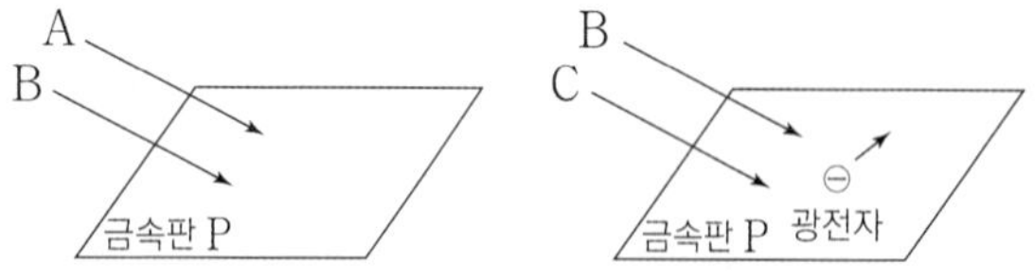

(가) (나)

이에 대한 설명으로 옳은 것만을 ⟨보기⟩에서 있는 대로 고른 것은?

보기
ㄱ. A의 진동수는 P의 문턱 진동수보다 크다.
ㄴ. 진동수는 C가 B보다 크다.
ㄷ. A와 C를 P에 비추면 P에서 방출되는 광전자의 최대 운동 에너지는 E_0이다.

① ㄱ ② ㄷ ③ ㄱ, ㄴ
④ ㄴ, ㄷ ⑤ ㄱ, ㄴ, ㄷ

Part I
교육청

9 ★★☆

| 2023년 4월 교육청 16번 |

그림 (가)와 같이 금속판 P에 단색광 A를 비추었을 때는 광전자가 방출되지 않고, P에 단색광 B를 비추었을 때 광전자가 방출된다. 그림 (나)와 같이 금속판 Q에 A, B를 각각 비추었을 때 각각 광전자가 방출된다.

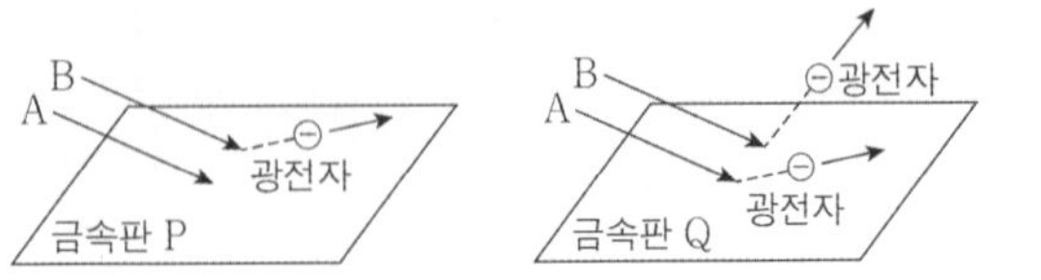

(가) (나)

이에 대한 설명으로 옳은 것만을 〈보기〉에서 있는 대로 고른 것은? [3점]

보기
ㄱ. (가)에서 A의 세기를 증가시키면 광전자가 방출된다.
ㄴ. (나)에서 방출된 광전자의 최대 운동 에너지는 A를 비추었을 때가 B를 비추었을 때보다 작다.
ㄷ. B를 비추었을 때 방출되는 광전자의 물질파 파장의 최솟값은 (가)에서가 (나)에서보다 작다.

① ㄱ ② ㄴ ③ ㄱ, ㄷ
④ ㄴ, ㄷ ⑤ ㄱ, ㄴ, ㄷ

10 ★☆☆

| 2023년 3월 교육청 1번 |

물질의 파동성으로 설명할 수 있는 것만을 〈보기〉에서 있는 대로 고른 것은?

보기
ㄱ. 운동량 보존 ㄴ. 광전 효과 ㄷ. 전자의 물질파

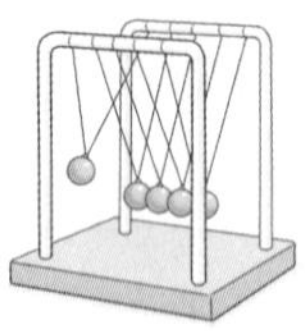

충돌구

광전관

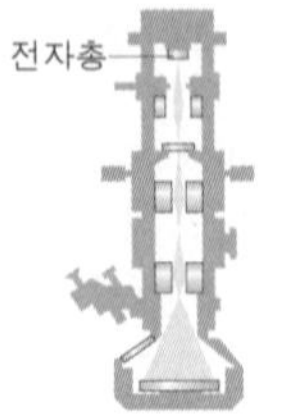

전자 현미경

① ㄱ ② ㄴ ③ ㄷ
④ ㄱ, ㄴ ⑤ ㄱ, ㄷ

11 ★☆☆

| 2022년 10월 교육청 11번 |

그림 (가), (나)는 주사 전자 현미경(SEM)으로 동일한 시료를 촬영한 사진을 나타낸 것이다. 촬영에 사용된 전자의 운동 에너지는 (가)에서가 (나)에서보다 작다.

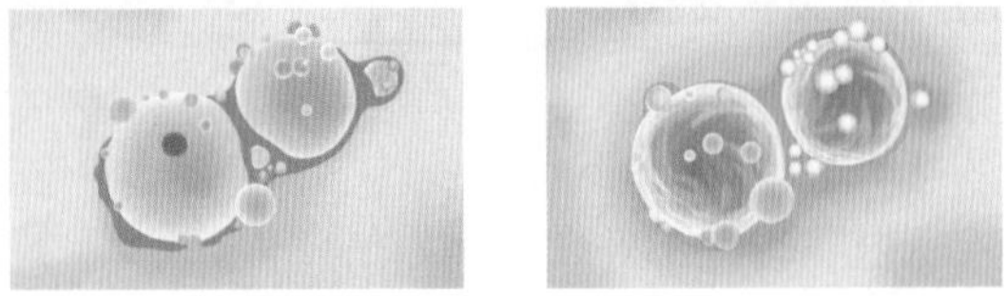

(가) (나)

이에 대한 옳은 설명만을 〈보기〉에서 있는 대로 고른 것은?

보기
ㄱ. (가), (나)는 시료에 전자기파를 쪼여 촬영한 사진이다.
ㄴ. 전자의 물질파 파장은 (가)에서가 (나)에서보다 작다.
ㄷ. 광학 현미경보다 전자 현미경이 크기가 더 작은 시료를 관찰할 수 있다.

① ㄱ ② ㄴ ③ ㄷ
④ ㄱ, ㄴ ⑤ ㄴ, ㄷ

12 ★★☆

| 2022년 7월 교육청 10번 |

그림 (가), (나)는 각각 광학 현미경, 전자 현미경으로 동일한 시료를 같은 배율로 관찰한 것이다. (나)는 (가)보다 작은 구조가 선명하게 관찰되고, 시료의 입체 구조가 확인된다. (가)를 얻기 위해 사용된 빛의 파장은 λ_1이고, (나)를 얻기 위해 사용된 전자의 물질파 파장과 속력은 각각 λ_2, v이다.

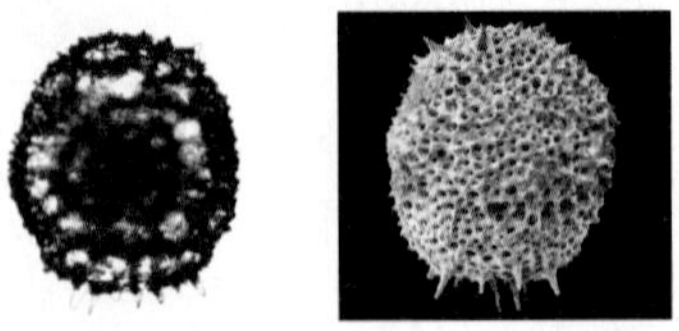

(가) (나)

이에 대한 설명으로 옳은 것만을 〈보기〉에서 있는 대로 고른 것은?

보기
ㄱ. $\lambda_1 > \lambda_2$이다.
ㄴ. (나)는 투과 전자 현미경으로 관찰한 상이다.
ㄷ. 전자의 속력이 $\frac{v}{2}$이면 물질파 파장은 $4\lambda_2$이다.

① ㄱ ② ㄷ ③ ㄱ, ㄴ
④ ㄴ, ㄷ ⑤ ㄱ, ㄴ, ㄷ

13 ★☆☆

| 2022년 7월 교육청 13번 |

그림과 같이 단색광 A 또는 B를 광 다이오드에 비추었더니 광 다이오드에 전류가 흘렀다. 표는 단색광의 세기에 따른 전류의 세기를 측정한 것을 나타낸 것이다.

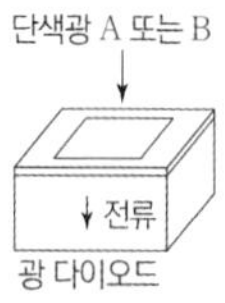

단색광	단색광의 세기	전류의 세기
A	I	0
	$2I$	㉠
B	I	㉡
	$2I$	$2I_0$

이에 대한 설명으로 옳은 것만을 〈보기〉에서 있는 대로 고른 것은?

보기
ㄱ. ㉠은 0이다.
ㄴ. ㉡은 $2I_0$보다 크다.
ㄷ. 광 다이오드는 빛의 파동성을 이용한다.

① ㄱ ② ㄷ ③ ㄱ, ㄴ
④ ㄴ, ㄷ ⑤ ㄱ, ㄴ, ㄷ

14 ★★☆

| 2022년 4월 교육청 3번 |

그림은 전자 현미경과 광학 현미경에 대해 학생 A, B, C가 대화하는 모습을 나타낸 것이다.

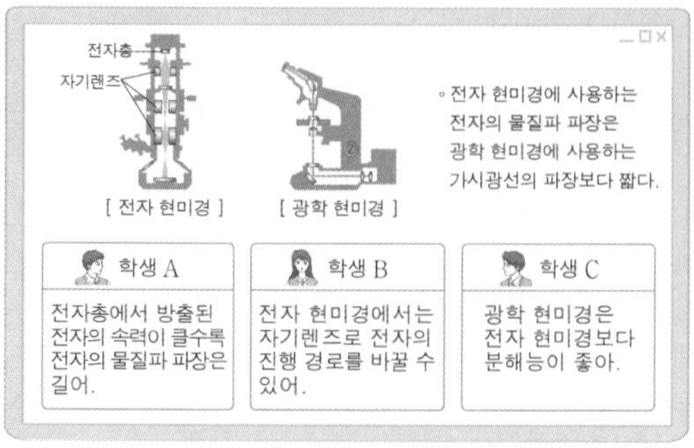

전자총
자기렌즈
[전자 현미경]
[광학 현미경]
◦ 전자 현미경에 사용하는 전자의 물질파 파장은 광학 현미경에 사용하는 가시광선의 파장보다 짧다.
학생 A
전자총에서 방출된 전자의 속력이 클수록 전자의 물질파 파장은 길어.
학생 B
전자 현미경에서는 자기렌즈로 전자의 진행 경로를 바꿀 수 있어.
학생 C
광학 현미경은 전자 현미경보다 분해능이 좋아.

제시한 내용이 옳은 학생만을 있는 대로 고른 것은? [3점]

① A ② B ③ A, C
④ B, C ⑤ A, B, C

15 ★★☆

| 2022년 3월 교육청 14번 |

그림은 현미경 A, B로 관찰할 수 있는 물체의 크기를 나타낸 것으로, A와 B는 각각 광학 현미경과 전자 현미경 중 하나이다. 사진 X, Y는 시료 P를 각각 A, B로 촬영한 것이다.

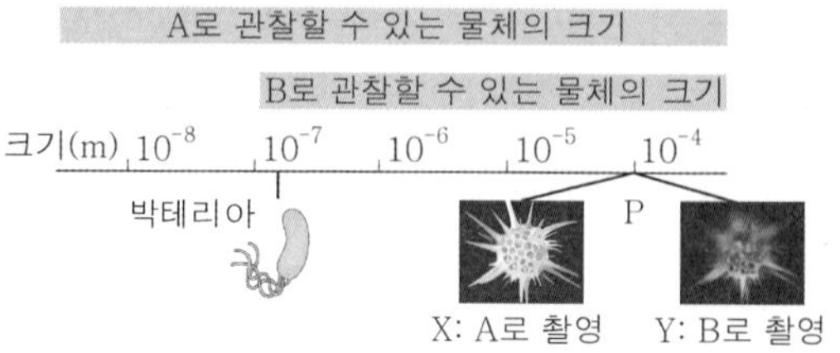

이에 대한 옳은 설명만을 〈보기〉에서 있는 대로 고른 것은?

보기
ㄱ. B는 전자 현미경이다.
ㄴ. X는 물질의 파동성을 이용하여 촬영한 사진이다.
ㄷ. 전자 현미경으로 박테리아를 촬영하려면 P를 촬영할 때보다 저속의 전자를 이용해야 한다.

① ㄱ ② ㄴ ③ ㄱ, ㄴ
④ ㄱ, ㄷ ⑤ ㄴ, ㄷ

16 ★☆☆

| 2021년 10월 교육청 7번 |

그림의 A, B, C는 빛의 파동성, 빛의 입자성, 물질의 파동성을 이용한 예를 순서 없이 나타낸 것이다.

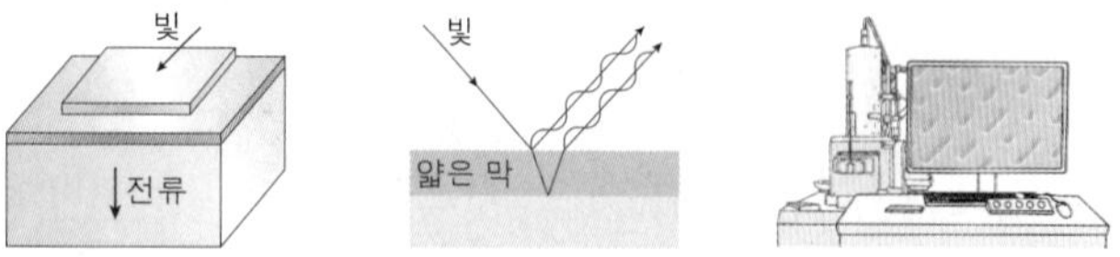

A: 빛을 비추면 전류가 흐르는 CCD의 광 다이오드
B: 얇은 막을 입혀, 반사되는 빛의 세기를 줄인 안경
C: 전자를 가속시켜 DVD 표면을 관찰하는 전자 현미경

빛의 파동성, 빛의 입자성, 물질의 파동성의 예로 옳은 것은?

	빛의 파동성	빛의 입자성	물질의 파동성
①	A	B	C
②	A	C	B
③	B	A	C
④	B	C	A
⑤	C	A	B

17 ★★☆

| 2021년 7월 교육청 19번 |

그림은 광 다이오드에 단색광을 비추었을 때 광 다이오드의 p-n 접합면에서 광전자가 방출되어 n형 반도체 쪽으로 이동하는 모습을 나타낸 것이다. 표는 단색광의 세기만을 다르게 하여 광 다이오드에 비추었을 때 단위 시간당 방출되는 광전자의 수를 나타낸 것이다.

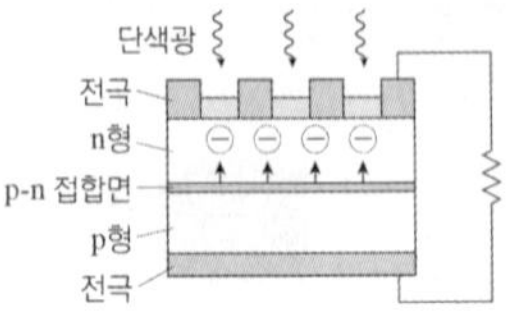

구분	단색광의 세기	광전자의 수
A	I_A	$2N_0$
B	I_B	N_0

이에 대한 설명으로 옳은 것만을 〈보기〉에서 있는 대로 고른 것은?

〈보기〉

ㄱ. $I_A < I_B$이다.

ㄴ. 광 다이오드는 빛의 입자성을 이용한다.

ㄷ. 광 다이오드는 전하 결합 소자(CCD)에 이용될 수 있다.

① ㄱ ② ㄷ ③ ㄱ, ㄴ ④ ㄴ, ㄷ ⑤ ㄱ, ㄴ, ㄷ

18 ★★☆

| 2021년 7월 교육청 17번 |

다음은 전자 현미경에 대한 설명이다.

㉠전자 현미경이 광학 현미경과 가장 크게 다른 점은 가시광선 대신 전자선을 사용한다는 것이다. 광학 현미경은 유리 렌즈를 사용하여 확대된 상을 얻고, 전자 현미경은 전자석 코일로 만든 ㉡자기렌즈를 사용하여 확대된 상을 얻는다.
또한 전자 현미경은 높은 전압을 이용하여 ㉢가속된 전자를 사용하므로, 확대된 상을 광학 현미경보다 선명하게 관찰할 수 있다.

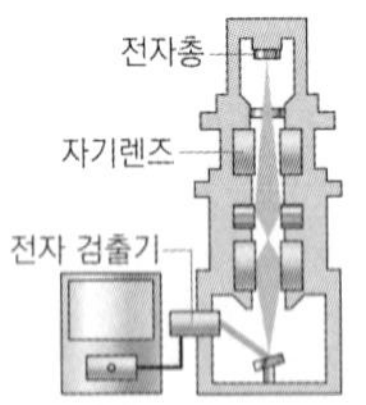

전자 현미경

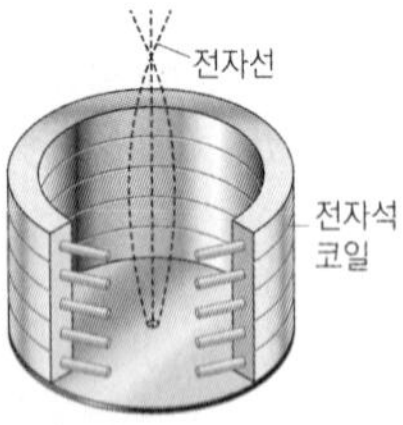

자기렌즈

이에 대한 설명으로 옳은 것만을 〈보기〉에서 있는 대로 고른 것은?

〈보기〉

ㄱ. ㉠은 물질의 파동성을 이용한다.

ㄴ. ㉡은 자기장을 이용하여 전자선의 경로를 휘게 하는 역할을 한다.

ㄷ. ㉢의 물질파 파장은 가시광선의 파장보다 짧다.

① ㄱ ② ㄴ ③ ㄱ, ㄷ ④ ㄴ, ㄷ ⑤ ㄱ, ㄴ, ㄷ

19 ★★☆

| 2021년 4월 교육청 4번 |

그림은 빛에 의한 현상 A, B, C를 나타낸 것이다.

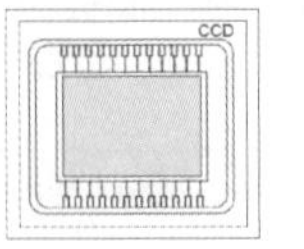

A. 전하 결합 소자에서 전자-양공쌍이 생성된다.

B. 비누 막에서 다양한 색의 무늬가 보인다.

C. 지폐의 숫자 부분이 보는 각도에 따라 다른 색으로 보인다.

빛의 입자성으로 설명할 수 있는 현상만을 있는 대로 고른 것은?

① A ② B ③ A, C ④ B, C ⑤ A, B, C

20 ★★☆

| 2021년 4월 교육청 17번 |

다음은 전자 현미경에 대한 설명이다.

전자 현미경은 전자를 이용하여 시료를 관찰하는 장치이다. 전자 현미경에서 이용하는 ㉠전자의 물질파 파장은 가시광선의 파장보다 짧으므로 전자 현미경은 가시광선을 이용하여 시료를 관찰하는 광학 현미경보다 (가) 이/가 좋다.
전자 현미경에는 시료를 투과하는 전자를 이용하는 투과 전자 현미경(TEM)과 시료 표면에서 반사되는 전자를 이용하는 주사 전자 현미경(SEM)이 있다.

이에 대한 설명으로 옳은 것만을 〈보기〉에서 있는 대로 고른 것은? [3점]

〈보기〉

ㄱ. 전자의 운동량이 클수록 ㉠은 길다.

ㄴ. '분해능'은 (가)에 해당된다.

ㄷ. 주사 전자 현미경(SEM)을 이용하면 시료의 표면을 관찰할 수 있다.

① ㄱ ② ㄷ ③ ㄱ, ㄴ ④ ㄴ, ㄷ ⑤ ㄱ, ㄴ, ㄷ

21 ★☆☆ | 2021년 3월 교육청 16번 |

그림 (가)는 전하 결합 소자(CCD)가 내장된 카메라로 빨강 장미를 촬영하는 모습을, (나)는 광학 현미경으로는 관찰할 수 없는 바이러스를 파장이 λ인 전자의 물질파를 이용해 전자 현미경으로 관찰하는 모습을 나타낸 것이다.

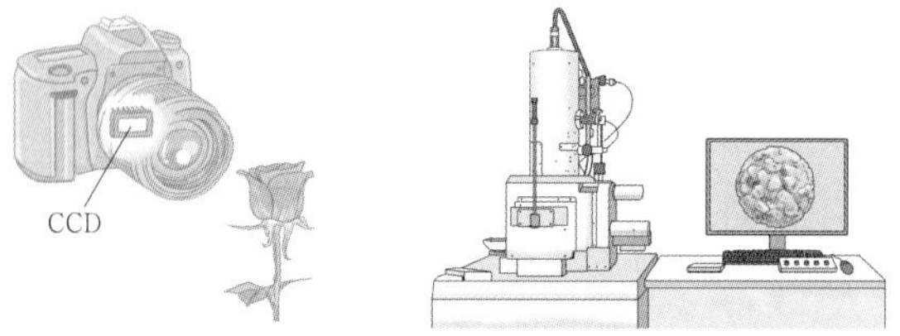

(가) (나)

이에 대한 옳은 설명만을 <보기>에서 있는 대로 고른 것은?

보기
ㄱ. CCD는 빛의 입자성을 이용한 장치이다.
ㄴ. λ는 빨간색 빛의 파장보다 길다.
ㄷ. (나)에서 전자의 속력이 클수록 λ는 짧아진다.

① ㄱ ② ㄴ ③ ㄱ, ㄷ
④ ㄴ, ㄷ ⑤ ㄱ, ㄴ, ㄷ

22 ★☆☆ | 2020년 10월 교육청 12번 |

그림은 금속판에 광원 A 또는 B에서 방출된 빛을 비추는 모습을 나타낸 것으로 A, B에서 방출된 빛의 파장은 각각 λ_A, λ_B이다. 표는 광원의 종류와 개수에 따라 금속판에서 단위 시간당 방출되는 광전자의 수 N을 나타낸 것이다.

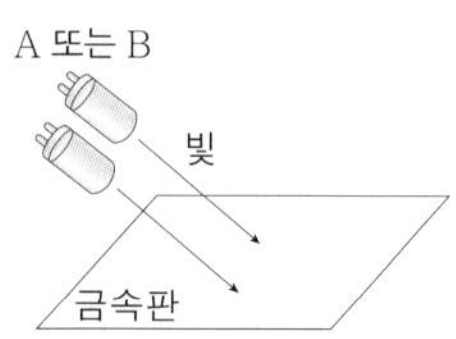

광원		N
A	1개	0
	2개	㉠
B	1개	3×10^{18}
	2개	㉡

이에 대한 옳은 설명만을 <보기>에서 있는 대로 고른 것은?

보기
ㄱ. ㉠은 0이다.
ㄴ. ㉡은 3×10^{18}보다 크다.
ㄷ. $\lambda_A<\lambda_B$이다.

① ㄱ ② ㄷ ③ ㄱ, ㄴ
④ ㄴ, ㄷ ⑤ ㄱ, ㄴ, ㄷ

23 ★☆☆ | 2020년 7월 교육청 3번 |

다음은 전하 결합 소자(CCD)에 대한 설명이다.

디지털카메라의 한 부품인 전하 결합 소자는 영상 정보를 기록하는 소자로, 광 다이오드로 구성된 전하 결합 소자에 빛을 비추면 전자가 발생하는 [㉠]에 의해 전류가 흐르므로 빛의 [㉡]을 이용하는 장치이다.

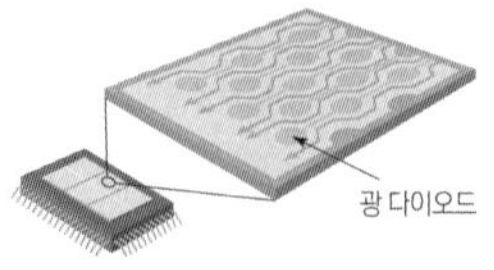

㉠과 ㉡에 해당하는 것으로 옳은 것은?

	㉠	㉡
①	광전 효과	입자성
②	광전 효과	파동성
③	빛의 간섭	입자성
④	빛의 간섭	파동성
⑤	빛의 굴절	입자성

24 ★☆☆ | 2020년 4월 교육청 15번 |

그림 (가)는 금속판 A에 단색광 P를 비추었을 때 광전자가 방출되지 않는 것을, (나)는 A에 단색광 Q를 비추었을 때 광전자가 방출되는 것을 나타낸 것이다.

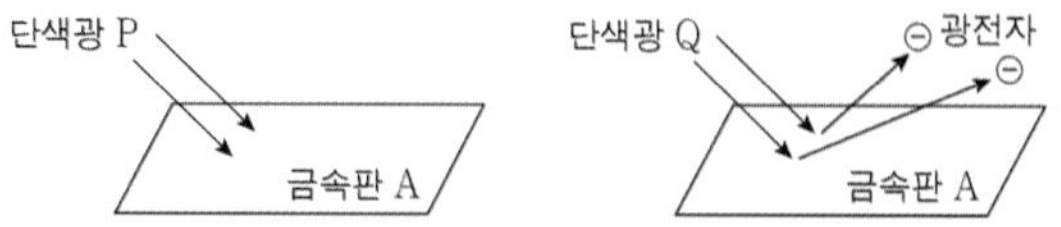

(가) (나)

이에 대한 설명으로 옳은 것만을 <보기>에서 있는 대로 고른 것은?

보기
ㄱ. 진동수는 P가 Q보다 작다.
ㄴ. (가)에서 P의 세기를 증가시켜 A에 비추면 광전자가 방출된다.
ㄷ. (나)에서 광전자가 방출되는 것은 빛의 입자성을 보여주는 현상이다.

① ㄱ ② ㄴ ③ ㄱ, ㄷ
④ ㄴ, ㄷ ⑤ ㄱ, ㄴ, ㄷ

Memo

I
역학과 에너지

01

물체의 운동

2026학년도 수능 출제 예측

2025학년도 수능, 평가원 분석

수능과 9월 평가원에서는 등가속도 직선 운동과 등속도 운동하는 물체의 각 운동 관계식을 이용하여 속력과 가속도의 크기를 묻는 문항이 출제되었고, 6월 평가원에서는 여러 가지 운동에서 속도 및 운동 방향의 특징에 대한 개념 문항이 출제되었다.

2026학년도 수능 예측

한 문제 이상 출제가 될 가능성이 있는 단원이다. 물체의 여러 가지 운동에서 속도 및 운동 방향의 특징에 대한 개념 문항이 출제되거나 등가속도 직선 운동 또는 등속도 운동을 하는 두 물체의 운동 관계식을 이용하여 속력, 가속도, 이동 거리 등을 구하는 문항이 출제될 가능성이 높다.

1 ★☆☆ | 2025학년도 수능 16번 |

그림과 같이 직선 경로에서 물체 A가 속력 v로 $x=0$을 지나는 순간 $x=0$에 정지해 있던 물체 B가 출발하여, A와 B는 $x=4L$을 동시에 지나고, $x=9L$을 동시에 지난다. A가 $x=9L$을 지나는 순간 A의 속력은 $5v$이다. 표는 구간 Ⅰ, Ⅱ, Ⅲ에서 A, B의 운동을 나타낸 것이다. Ⅰ에서 B의 가속도의 크기는 a이다.

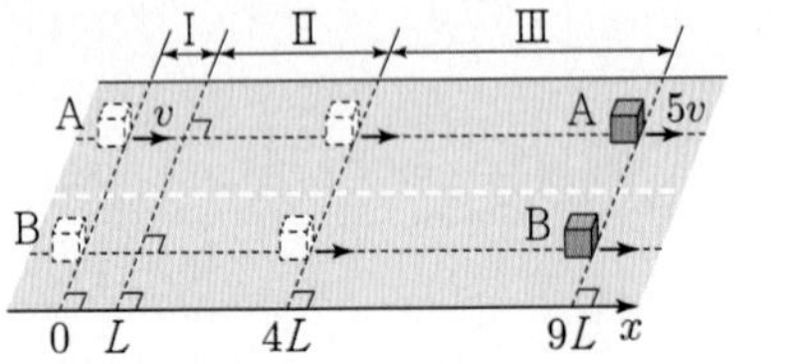

구간 \ 물체	Ⅰ	Ⅱ	Ⅲ
A	등속도	등가속도	등속도
B	등가속도	등속도	등가속도

Ⅲ에서 B의 가속도의 크기는? (단, 물체의 크기는 무시한다.) [3점]

① $\frac{11}{5}a$ ② $2a$ ③ $\frac{9}{5}a$
④ $\frac{8}{5}a$ ⑤ $\frac{7}{5}a$

2 ★☆☆ | 2025학년도 9월 평가원 2번 |

그림은 직선 경로를 따라 등가속도 운동하는 물체의 속도를 시간에 따라 나타낸 것이다.

물체의 운동에 대한 설명으로 옳은 것만을 〈보기〉에서 있는 대로 고른 것은?

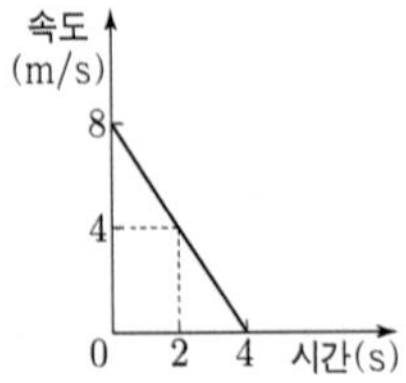

보기

ㄱ. 가속도의 크기는 $2\ m/s^2$이다.
ㄴ. 0초부터 4초까지 이동한 거리는 16 m이다.
ㄷ. 2초일 때, 운동 방향과 가속도 방향은 서로 같다.

① ㄱ ② ㄷ ③ ㄱ, ㄴ
④ ㄴ, ㄷ ⑤ ㄱ, ㄴ, ㄷ

3 ★☆☆ | 2025학년도 6월 평가원 2번 |

그림은 수평면에서 실선을 따라 운동하는 물체의 위치를 일정한 시간 간격으로 나타낸 것이다. Ⅰ, Ⅱ, Ⅲ은 각각 직선 구간, 반원형 구간, 곡선 구간이다.

이에 대한 설명으로 옳은 것만을 〈보기〉에서 있는 대로 고른 것은? [3점]

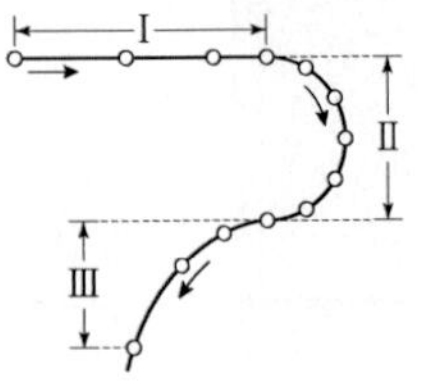

보기

ㄱ. Ⅰ에서 물체의 속력은 변한다.
ㄴ. Ⅱ에서 물체에 작용하는 알짜힘의 방향은 물체의 운동 방향과 같다.
ㄷ. Ⅲ에서 물체의 운동 방향은 변하지 않는다.

① ㄱ ② ㄴ ③ ㄱ, ㄷ
④ ㄴ, ㄷ ⑤ ㄱ, ㄴ, ㄷ

4 ★★★ | 2024학년도 수능 19번 |

그림과 같이 직선 도로에서 서로 다른 가속도로 등가속도 운동을 하는 자동차 A, B가 각각 속력 v_A, v_B로 기준선 P, Q를 동시에 지난 후 기준선 S에 동시에 도달한다. 가속도의 방향은 A와 B가 같고, 가속도의 크기는 A가 B의 $\frac{2}{3}$배이다. B가 Q에서 기준선 R까지 운동하는 데 걸린 시간은 R에서 S까지 운동하는 데 걸린 시간의 $\frac{1}{2}$배이다. P와 Q 사이, Q와 R 사이, R와 S 사이에서 자동차의 이동 거리는 모두 L로 같다.

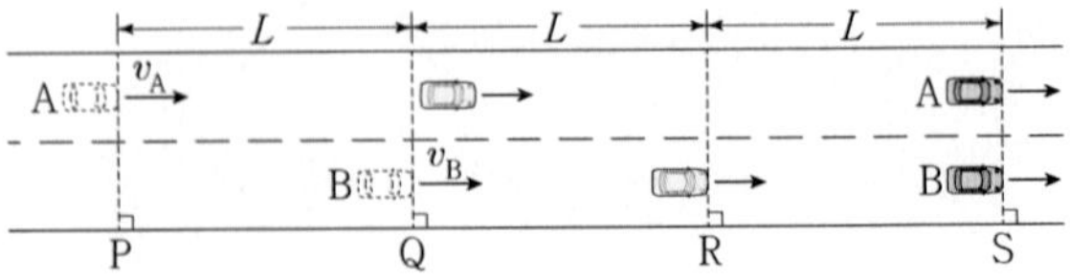

$\frac{v_A}{v_B}$는? [3점]

① $\frac{9}{4}$ ② $\frac{3}{2}$ ③ $\frac{7}{6}$
④ $\frac{8}{7}$ ⑤ $\frac{8}{9}$

5 ★★☆ | 2024학년도 9월 평가원 20번 |

그림과 같이 빗면에서 물체가 등가속도 직선 운동을 하여 점 a, b, c, d를 지난다. a에서 물체의 속력은 v이고, 이웃한 점 사이의 거리는 각각 L, $6L$, $3L$이다. 물체가 a에서 b까지, c에서 d까지 운동하는 데 걸린 시간은 같고, a와 d 사이의 평균 속력은 b와 c 사이의 평균 속력과 같다.

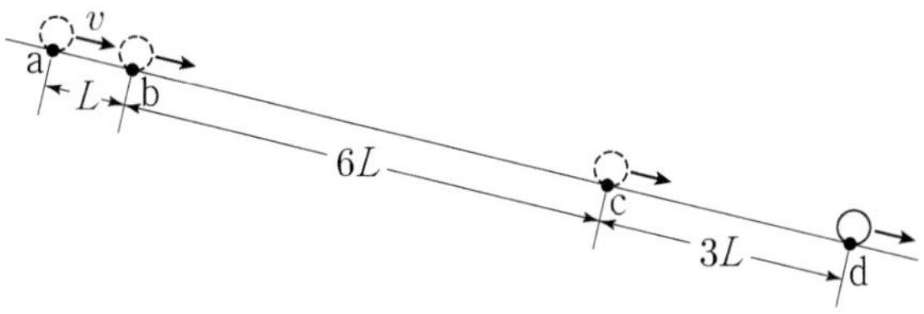

물체의 가속도의 크기는? (단, 물체의 크기는 무시한다.)

① $\frac{5v^2}{9L}$ ② $\frac{2v^2}{3L}$ ③ $\frac{7v^2}{9L}$ ④ $\frac{8v^2}{9L}$ ⑤ $\frac{v^2}{L}$

6 ★★☆ | 2024학년도 6월 평가원 18번 |

그림과 같이 직선 도로에서 출발선에 정지해 있던 자동차 A, B가 구간 Ⅰ에서는 가속도의 크기가 $2a$인 등가속도 운동을, 구간 Ⅱ에서는 등속도 운동을, 구간 Ⅲ에서는 가속도의 크기가 a인 등가속도 운동을 하여 도착선에서 정지한다. A가 출발선에서 L만큼 떨어진 기준선 P를 지나는 순간 B가 출발하였다. 구간 Ⅲ에서 A, B 사이의 거리가 L인 순간 A, B의 속력은 각각 v_A, v_B이다.

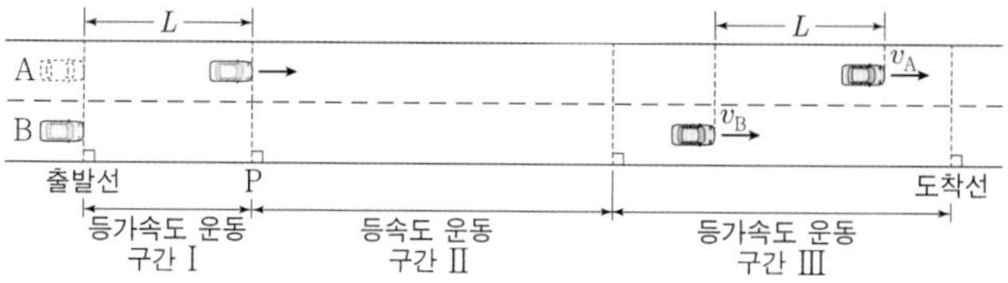

$\frac{v_A}{v_B}$는? [3점]

① $\frac{1}{4}$ ② $\frac{1}{3}$ ③ $\frac{1}{2}$ ④ $\frac{2}{3}$ ⑤ 1

7 ★★☆ | 2023학년도 수능 14번 |

그림 (가)는 빗면의 점 p에 가만히 놓은 물체 A가 등가속도 운동하는 것을, (나)는 (가)에서 A의 속력이 v가 되는 순간, 빗면을 내려오던 물체 B가 p를 속력 $2v$로 지나는 것을 나타낸 것이다. 이후 A, B는 각각 속력 v_A, v_B로 만난다.

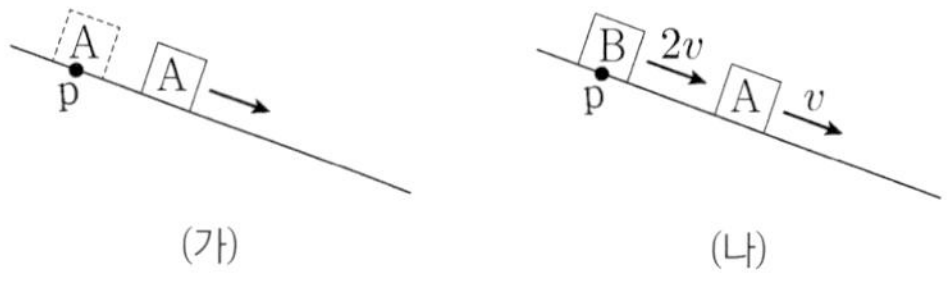

$\frac{v_B}{v_A}$는? (단, 물체의 크기, 모든 마찰은 무시한다.)

① $\frac{5}{4}$ ② $\frac{4}{3}$ ③ $\frac{3}{2}$ ④ $\frac{5}{3}$ ⑤ $\frac{7}{4}$

8 ★☆☆ | 2023학년도 6월 평가원 8번 |

그림 (가)는 기울기가 서로 다른 빗면에서 v_0의 속력으로 동시에 출발한 물체 A, B, C가 각각 등가속도 운동하는 모습을 나타낸 것이다. 그림 (나)는 A, B, C가 각각 최고점에 도달하는 순간까지 물체의 속력을 시간에 따라 나타낸 것이다.

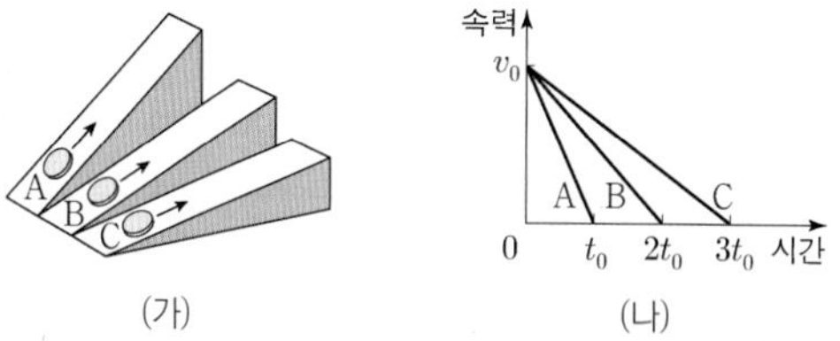

이에 대한 설명으로 옳은 것만을 <보기>에서 있는 대로 고른 것은?

보기

ㄱ. 가속도의 크기는 B가 A의 2배이다.

ㄴ. t_0일 때, C의 속력은 $\frac{2}{3}v_0$이다.

ㄷ. 물체가 출발한 순간부터 최고점에 도달할 때까지 이동한 거리는 C가 A의 3배이다.

① ㄱ ② ㄴ ③ ㄱ, ㄷ ④ ㄴ, ㄷ ⑤ ㄱ, ㄴ, ㄷ

9 ★★☆

| 2023학년도 9월 평가원 16번 |

그림은 빗면을 따라 운동하는 물체 A가 점 q를 지나는 순간 점 p에 물체 B를 가만히 놓았더니, A와 B가 등가속도 운동하여 점 r에서 만나는 것을 나타낸 것이다. p와 r 사이의 거리는 d이고, r에서의 속력은 B가 A의 $\frac{4}{3}$배이다. p, q, r는 동일 직선상에 있다.

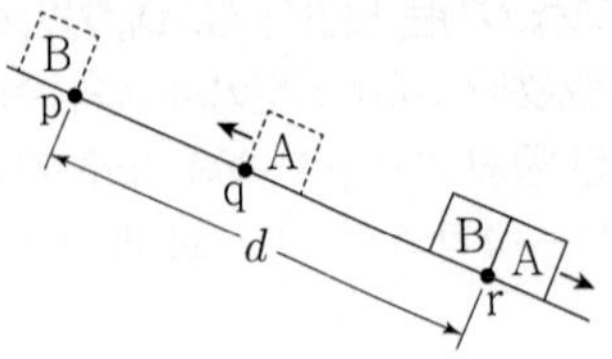

A가 최고점에 도달한 순간, A와 B 사이의 거리는? (단, 물체의 크기와 모든 마찰은 무시한다.) [3점]

① $\frac{3}{16}d$　② $\frac{1}{4}d$　③ $\frac{5}{16}d$
④ $\frac{3}{8}d$　⑤ $\frac{7}{16}d$

10 ★★★

| 2022학년도 수능 16번 |

그림과 같이 직선 도로에서 속력 v로 등속도 운동하는 자동차 A가 기준선 P를 지나는 순간 P에 정지해 있던 자동차 B가 출발한다. B는 P에서 Q까지 등가속도 운동을, Q에서 R까지 등속도 운동을, R에서 S까지 등가속도 운동을 한다. A와 B는 R를 동시에 지나고, S를 동시에 지난다. A, B의 이동 거리는 P와 Q 사이, Q와 R 사이, R와 S 사이가 모두 L로 같다.

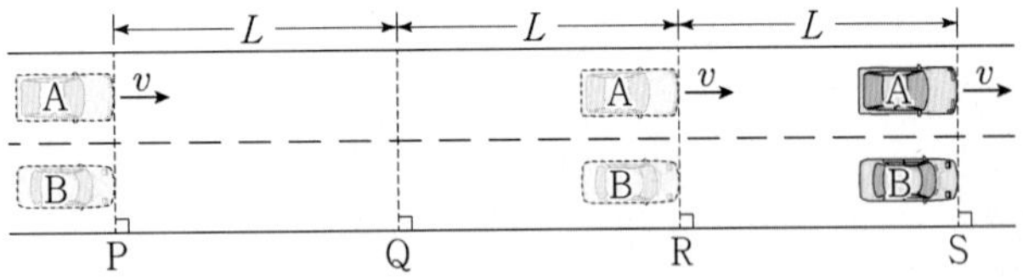

이에 대한 설명으로 옳은 것만을 〈보기〉에서 있는 대로 고른 것은? [3점]

보기
ㄱ. A가 Q를 지나는 순간, 속력은 B가 A보다 크다.
ㄴ. B가 P에서 Q까지 운동하는 데 걸린 시간은 $\frac{4L}{3v}$이다.
ㄷ. B의 가속도의 크기는 P와 Q 사이에서가 R와 S 사이에서보다 작다.

① ㄱ　② ㄷ　③ ㄱ, ㄴ
④ ㄴ, ㄷ　⑤ ㄱ, ㄴ, ㄷ

11 ★☆☆

| 2022학년도 9월 평가원 1번 |

그림 (가)~(다)는 각각 뜀틀을 넘는 사람, 그네를 타는 아이, 직선 레일에서 속력이 느려지는 기차를 나타낸 것이다.

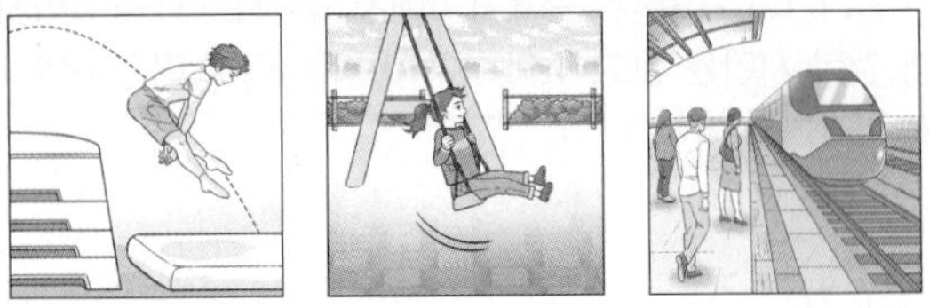

(가)　(나)　(다)

이에 대한 설명으로 옳은 것만을 〈보기〉에서 있는 대로 고른 것은?

보기
ㄱ. (가)에서 사람의 운동 방향은 변한다.
ㄴ. (나)에서 아이는 등속도 운동을 한다.
ㄷ. (다)에서 기차의 운동 방향과 가속도 방향은 서로 같다.

① ㄱ　② ㄴ　③ ㄱ, ㄷ
④ ㄴ, ㄷ　⑤ ㄱ, ㄴ, ㄷ

12 ★★☆

| 2022학년도 9월 평가원 11번 |

그림과 같이 수평면에서 간격 L을 유지하며 일정한 속력 $3v$로 운동하던 물체 A, B가 빗면을 따라 운동한다. A가 점 p를 속력 $2v$로 지나는 순간에 B는 점 q를 속력 v로 지난다.

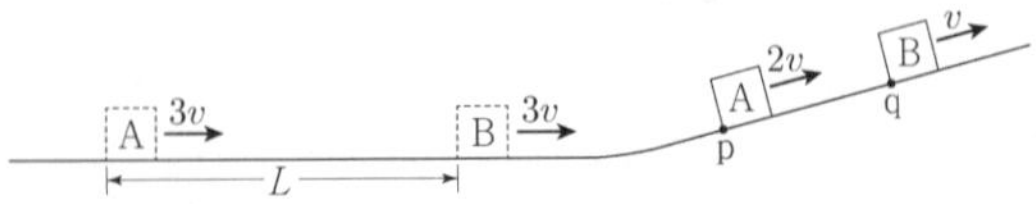

p와 q 사이의 거리는? (단, A, B는 동일 연직면에서 운동하며, 물체의 크기, 모든 마찰은 무시한다.)

① $\frac{2}{5}L$　② $\frac{1}{2}L$　③ $\frac{\sqrt{3}}{3}L$
④ $\frac{\sqrt{2}}{2}L$　⑤ $\frac{3}{4}L$

13 ★☆☆

| 2022학년도 6월 평가원 12번 |

그림과 같이 등가속도 직선 운동을 하는 자동차 A, B가 기준선 P, R를 각각 v, $2v$의 속력으로 동시에 지난 후, 기준선 Q를 동시에 지난다. P에서 Q까지 A의 이동 거리는 L이고, R에서 Q까지 B의 이동 거리는 $3L$이다. A, B의 가속도의 크기와 방향은 서로 같다.

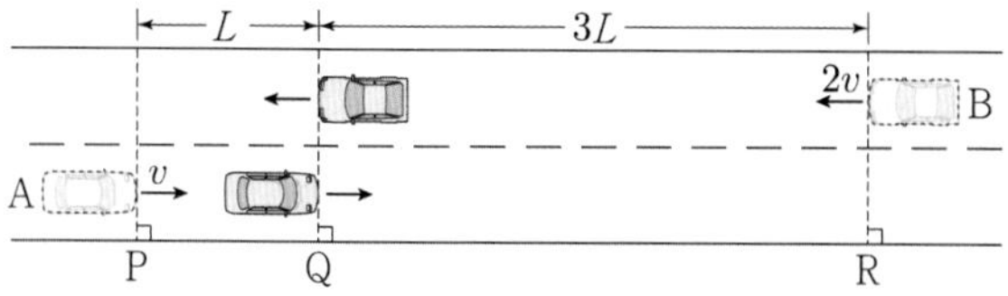

A의 가속도의 크기는? [3점]

① $\frac{3v^2}{16L}$ ② $\frac{3v^2}{8L}$ ③ $\frac{3v^2}{4L}$
④ $\frac{9v^2}{8L}$ ⑤ $\frac{4v^2}{3L}$

14 ★★☆

| 2021학년도 수능 18번 |

그림과 같이 질량이 각각 $2m$, m인 물체 A, B가 동일 직선 상에서 크기와 방향이 같은 힘을 받아 각각 등가속도 운동을 하고 있다. A가 점 p를 지날 때, A와 B의 속력은 v로 같고 A와 B 사이의 거리는 d이다. A가 p에서 $2d$만큼 이동했을 때, B의 속력은 $\frac{v}{2}$이고 A와 B 사이의 거리는 x이다.

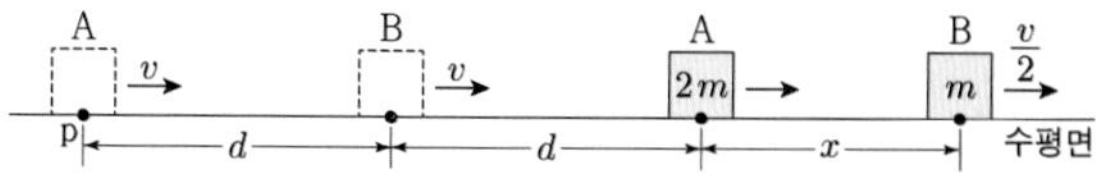

x는? (단, 물체의 크기는 무시한다.)

① $\frac{1}{2}d$ ② $\frac{3}{5}d$ ③ $\frac{2}{3}d$
④ $\frac{5}{7}d$ ⑤ $\frac{3}{4}d$

15 ★☆☆

| 2021학년도 수능 6번 |

표는 물체의 운동 A, B, C에 대한 자료이다.

특징	A	B	C
물체의 속력이 일정하다.	×	○	×
물체에 작용하는 알짜힘의 방향이 일정하다.	○	×	○
물체에 작용하는 알짜힘의 방향이 물체의 운동 방향과 같다.	○	×	×

(○ : 예, × : 아니요)

이에 대한 설명으로 옳은 것만을 〈보기〉에서 있는 대로 고른 것은?

〈보기〉
ㄱ. 자유 낙하하는 공의 등가속도 직선 운동은 A에 해당한다.
ㄴ. 등속 원운동을 하는 위성의 운동은 B에 해당한다.
ㄷ. 수평면에 대해 비스듬히 던진 공의 포물선 운동은 C에 해당한다.

① ㄴ ② ㄷ ③ ㄱ, ㄴ
④ ㄱ, ㄷ ⑤ ㄱ, ㄴ, ㄷ

16 ★☆☆

| 2021학년도 9월 평가원 7번 |

그림은 동일 직선 상에서 운동하는 물체 A, B의 위치를 시간에 따라 나타낸 것이다.

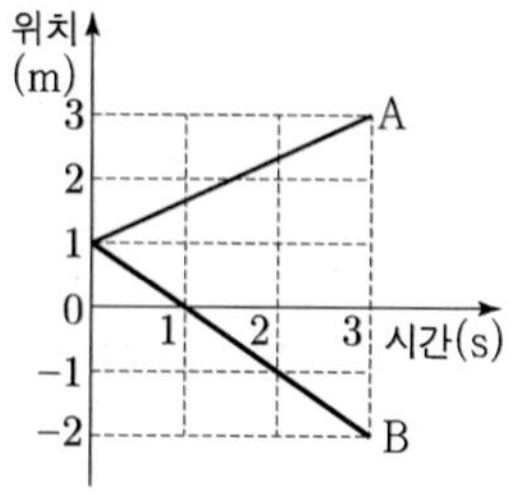

A, B의 운동에 대한 설명으로 옳은 것만을 〈보기〉에서 있는 대로 고른 것은?

〈보기〉
ㄱ. 1초일 때, B의 운동 방향이 바뀐다.
ㄴ. 2초일 때, 속도의 크기는 A가 B보다 작다.
ㄷ. 0초부터 3초까지 이동한 거리는 A가 B보다 작다.

① ㄱ ② ㄴ ③ ㄱ, ㄷ
④ ㄴ, ㄷ ⑤ ㄱ, ㄴ, ㄷ

17 ★★☆

| 2020학년도 수능 20번 |

그림 (가)는 물체 A, B가 운동을 시작하는 순간의 모습을, (나)는 A와 B의 높이가 (가) 이후 처음으로 같아지는 순간의 모습을 나타낸 것이다. 점 p, q, r, s는 A, B가 직선 운동을 하는 빗면 구간의 점이고, p와 q, r와 s 사이의 거리는 각각 L, $2L$이다. A는 p에서 정지 상태에서 출발하고, B는 q에서 속력 v로 출발한다. A가 q를 v의 속력으로 지나는 순간에 B는 r를 지난다.

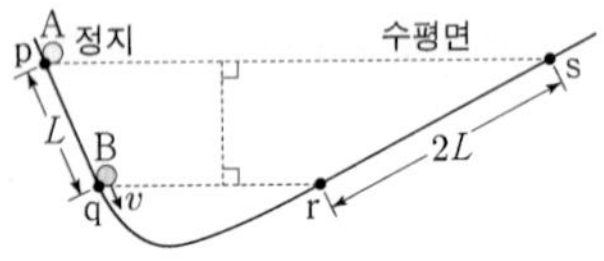

(가)

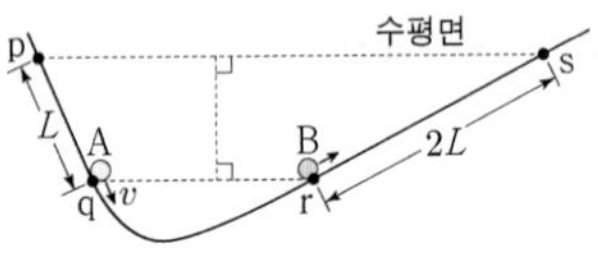

(나)

A와 B가 처음으로 만나는 순간, A의 속력은? (단, 물체의 크기, 마찰과 공기 저항은 무시한다.)

① $\frac{1}{8}v$ ② $\frac{1}{6}v$ ③ $\frac{1}{5}v$
④ $\frac{1}{4}v$ ⑤ $\frac{1}{2}v$

18 ★☆☆

| 2021학년도 6월 평가원 1번 |

그림 (가), (나), (다)는 각각 연직 위로 던진 구슬, 선수가 던진 농구공, 회전하고 있는 놀이 기구에 타고 있는 사람을 나타낸 것이다.

(가) (나) (다)

이에 대한 설명으로 옳은 것만을 〈보기〉에서 있는 대로 고른 것은?

> 보기
> ㄱ. (가)에서 구슬의 속력은 변한다.
> ㄴ. (나)에서 농구공에 작용하는 알짜힘의 방향과 농구공의 운동 방향은 같다.
> ㄷ. (다)에서 사람의 운동 방향은 변하지 않는다.

① ㄱ ② ㄷ ③ ㄱ, ㄴ
④ ㄴ, ㄷ ⑤ ㄱ, ㄴ, ㄷ

19 ★☆☆

| 2020학년도 9월 평가원 9번 |

그림과 같이 빗면을 따라 등가속도 운동하는 물체 A, B가 각각 점 p, q를 10 m/s, 2 m/s의 속력으로 지난다. p와 q 사이의 거리는 16 m이고, A와 B는 q에서 만난다. 이에 대한 설명으로 옳은 것만을 〈보기〉에서 있는 대로 고른 것은? (단, A, B는 동일 연직면상에서 운동하며, 물체의 크기, 마찰은 무시한다.)

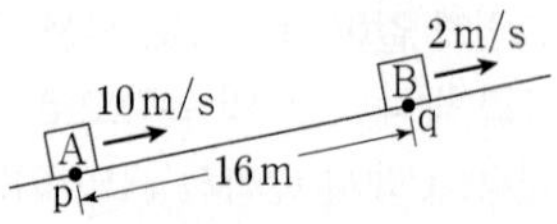

> 보기
> ㄱ. q에서 만나는 순간, 속력은 A가 B의 4배이다.
> ㄴ. A가 p를 지나는 순간부터 2초 후 B와 만난다.
> ㄷ. B가 최고점에 도달했을 때, A와 B 사이의 거리는 8 m이다.

① ㄱ ② ㄷ ③ ㄱ, ㄴ
④ ㄴ, ㄷ ⑤ ㄱ, ㄴ, ㄷ

I
역학과 에너지

05

열역학 법칙

2026학년도 수능 출제 예측

2025학년도 수능, 평가원 분석

수능에서는 압력-절대 온도 그래프를 분석하여 기체의 부피, 내부 에너지, 열효율을 묻는 문항이, 6월, 9월 평가원에서는 압력-부피 그래프를 해석하여 기체의 내부 에너지, 열량 등을 묻는 문항이 출제되었다.

2026학년도 수능 예측

한 문제 출제될 가능성이 있는 단원으로 열기관의 순환 과정을 나타낸 압력-부피 그래프 외에 다른 물리량에 대한 새로운 그래프를 해석하여 등압 과정, 등적 과정, 등온 과정, 단열 과정에서의 온도, 부피 및 압력 변화에 따른 열량과 내부 에너지, 기체가 외부에 한 일이나 받은 일을 묻는 문항이 출제될 가능성이 높다.

1 ☆☆☆ | 2025학년도 **수능** 15번 |

그림은 열기관에서 일정량의 이상 기체가 상태 A → B → C → D → A를 따라 순환하는 동안 기체의 압력과 절대 온도를 나타낸 것이다. A → B는 부피가 일정한 과정, B → C는 압력이 일정한 과정, C → D는 단열 과정, D → A는 등온 과정이다. 표는 각 과정에서 기체가 외부에 한 일 또는 외부로부터 받은 일을 나타낸 것이다. 기체가 흡수하거나 방출한 열량은 A → B 과정과 B → C 과정에서 같다.

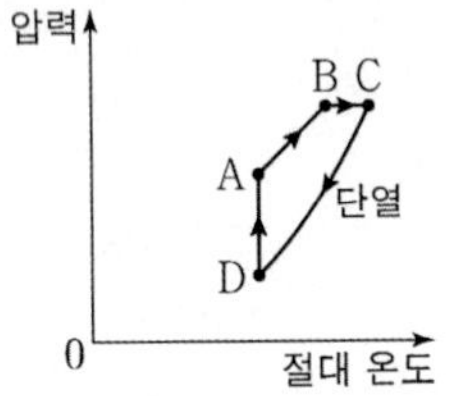

과정	기체가 외부에 한 일 또는 외부로부터 받은 일(J)
A → B	0
B → C	16
C → D	64
D → A	60

이에 대한 설명으로 옳은 것만을 〈보기〉에서 있는 대로 고른 것은?

보기
ㄱ. 기체의 부피는 A에서가 C에서보다 작다.
ㄴ. B → C 과정에서 기체의 내부 에너지 증가량은 24J이다.
ㄷ. 열기관의 열효율은 0.25이다.

① ㄱ ② ㄷ ③ ㄱ, ㄴ
④ ㄴ, ㄷ ⑤ ㄱ, ㄴ, ㄷ

2 ☆☆☆ | 2025학년도 9월 **평가원** 15번 |

그림 (가)는 일정량의 이상 기체가 상태 A → B → C를 따라 변할 때 기체의 압력과 부피를 나타낸 것이다. 그림 (나)는 (가)의 A → B 과정과 B → C 과정 중 하나로, 기체가 들어 있는 열 출입이 자유로운 실린더의 피스톤에 모래를 조금씩 올려 피스톤이 서서히 내려가는 과정을 나타낸 것이다. (나)의 과정에서 기체의 온도는 T_0으로 일정하다.

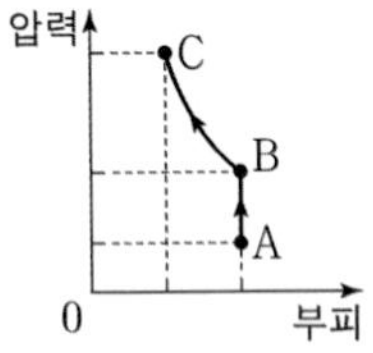

(가)

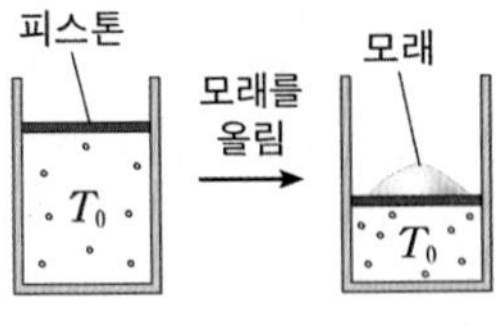

(나)

이에 대한 설명으로 옳은 것만을 〈보기〉에서 있는 대로 고른 것은? (단, 실린더와 피스톤 사이의 마찰은 무시한다.)

보기
ㄱ. (나)는 B → C 과정이다.
ㄴ. (가)에서 기체의 내부 에너지는 A에서가 C에서보다 작다.
ㄷ. (나)의 과정에서 기체는 외부에 열을 방출한다.

① ㄱ ② ㄷ ③ ㄱ, ㄴ
④ ㄴ, ㄷ ⑤ ㄱ, ㄴ, ㄷ

3 ☆☆☆ | 2025학년도 6월 **평가원** 10번 |

그림은 열효율이 0.2인 열기관에서 일정량의 이상 기체가 상태 A → B → C → D → A를 따라 변할 때 기체의 압력과 부피를 나타낸 것이다. A → B와 C → D는 각각 압력이 일정한 과정, B → C는 온도가 일정한 과정, D → A는 단열 과정이다. 표는 각 과정에서 기체가 외부에 한 일 또는 외부로부터 받은 일을 나타낸 것이다.

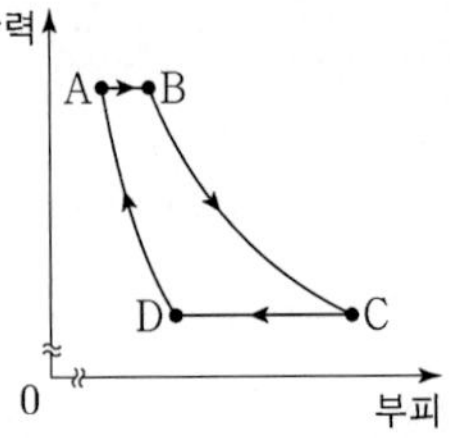

과정	기체가 외부에 한 일 또는 외부로부터 받은 일(J)
A → B	140
B → C	400
C → D	240
D → A	150

C → D 과정에서 기체의 내부 에너지 감소량은? [3점]

① 240 J ② 280 J ③ 320 J
④ 360 J ⑤ 400 J

4 ☆☆☆ | 2024학년도 **수능** 11번 |

그림은 열효율이 0.25인 열기관에서 일정량의 이상 기체가 상태 A → B → C → D → A를 따라 순환하는 동안 기체의 압력과 부피를 나타낸 것이다. B → C는 등온 과정이고, D → A는 단열 과정이다. 기체가 B → C 과정에서 외부에 한 일은 150 J이고, D → A 과정에서 외부로부터 받은 일은 100 J이다.

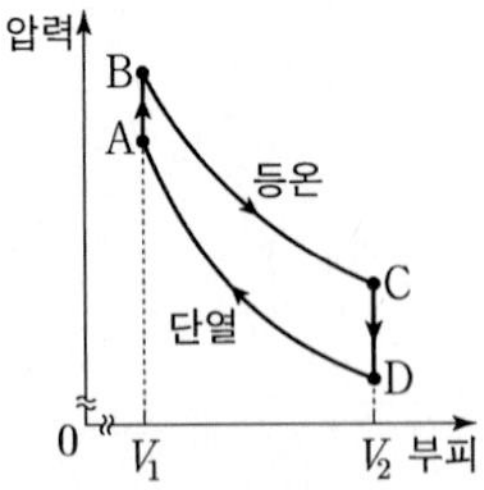

이에 대한 설명으로 옳은 것만을 〈보기〉에서 있는 대로 고른 것은?

보기
ㄱ. 기체의 온도는 A에서가 C에서보다 높다.
ㄴ. A → B 과정에서 기체가 흡수한 열량은 50 J이다.
ㄷ. C → D 과정에서 기체의 내부 에너지 감소량은 150 J이다.

① ㄱ ② ㄴ ③ ㄱ, ㄷ
④ ㄴ, ㄷ ⑤ ㄱ, ㄴ, ㄷ

5 ★☆☆

| 2024학년도 9월 평가원 7번 |

그림은 열효율이 0.25인 열기관에서 일정량의 이상 기체의 상태가 A → B → C → D → A를 따라 순환하는 동안 기체의 부피와 절대 온도를 나타낸 것이다. 기체가 흡수한 열량은 A → B 과정, B → C 과정에서 각각 $5Q$, $3Q$이다.

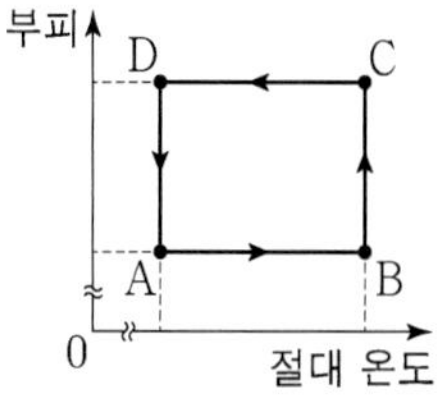

이에 대한 설명으로 옳은 것만을 〈보기〉에서 있는 대로 고른 것은? [3점]

보기

ㄱ. 기체의 압력은 B에서가 C에서보다 작다.
ㄴ. C → D 과정에서 기체가 방출한 열량은 $5Q$이다.
ㄷ. D → A 과정에서 기체가 외부로부터 받은 일은 $2Q$이다.

① ㄱ ② ㄴ ③ ㄷ ④ ㄱ, ㄴ ⑤ ㄴ, ㄷ

6 ★☆☆

| 2024학년도 6월 평가원 8번 |

그림은 열기관에서 일정량의 이상 기체가 과정 Ⅰ~Ⅳ를 따라 순환하는 동안 기체의 압력과 부피를 나타낸 것이다. 표는 각 과정에서 기체가 외부에 한 일 또는 외부로부터 받은 일을 나타낸 것이다. Ⅰ, Ⅲ은 등온 과정이고, Ⅳ에서 기체가 흡수한 열량은 $2E_0$이다.

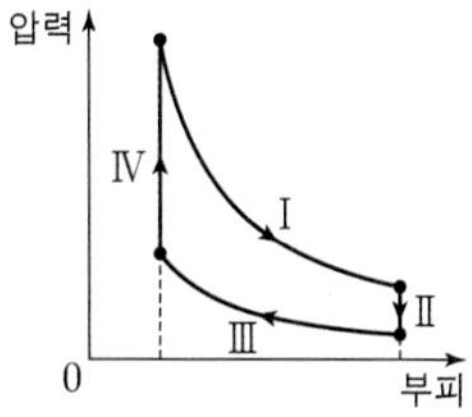

과정	Ⅰ	Ⅱ	Ⅲ	Ⅳ
외부에 한 일 또는 외부로부터 받은 일	$3E_0$	0	E_0	0

이에 대한 설명으로 옳은 것만을 〈보기〉에서 있는 대로 고른 것은? [3점]

보기

ㄱ. Ⅰ에서 기체가 흡수하는 열량은 0이다.
ㄴ. Ⅱ에서 기체의 내부 에너지 감소량은 Ⅳ에서 기체의 내부 에너지 증가량보다 작다.
ㄷ. 열기관의 열효율은 0.4이다.

① ㄱ ② ㄷ ③ ㄱ, ㄴ ④ ㄴ, ㄷ ⑤ ㄱ, ㄴ, ㄷ

7 ★☆☆

| 2023학년도 수능 13번 |

그림은 열효율이 0.2인 열기관에서 일정량의 이상 기체가 상태 A → B → C → A를 따라 순환하는 동안 기체의 압력과 부피를 나타낸 것이다. A → B 과정은 압력이 일정한 과정, B → C 과정은 단열 과정, C → A 과정은 등온 과정이다. 표는 각 과정에서 기체가 외부에 한 일 또는 외부로부터 받은 일을 나타낸 것이다.

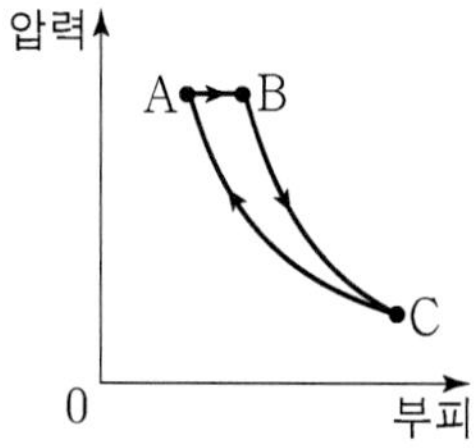

과정	기체가 외부에 한 일 또는 외부로부터 받은 일(J)
A → B	60
B → C	90
C → A	㉠

이에 대한 설명으로 옳은 것만을 〈보기〉에서 있는 대로 고른 것은? [3점]

보기

ㄱ. 기체의 온도는 B에서가 C에서보다 높다.
ㄴ. A → B 과정에서 기체가 흡수한 열량은 150 J이다.
ㄷ. ㉠은 120이다.

① ㄱ ② ㄷ ③ ㄱ, ㄴ ④ ㄴ, ㄷ ⑤ ㄱ, ㄴ, ㄷ

8 ★☆☆

| 2023학년도 9월 평가원 15번 |

그림은 열기관에서 일정량의 이상 기체가 상태 A → B → C → D → A를 따라 순환하는 동안 기체의 압력과 부피를, 표는 각 과정에서 기체가 흡수 또는 방출하는 열량과 기체의 내부 에너지 증가량 또는 감소량을 나타낸 것이다.

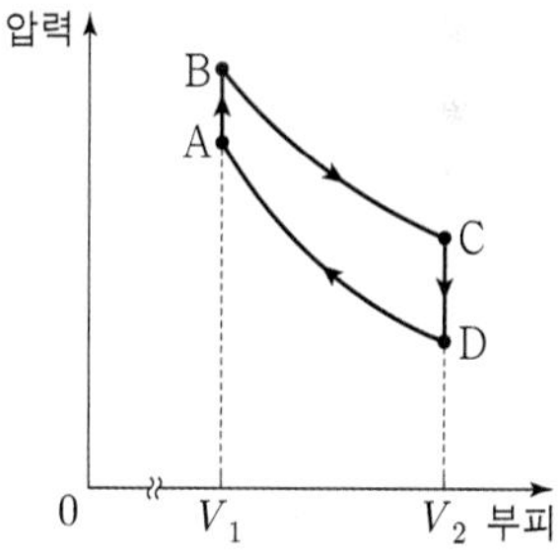

과정	흡수 또는 방출하는 열량(J)	내부 에너지 증가량 또는 감소량(J)
A → B	50	㉡
B → C	100	0
C → D	㉠	120
D → A	0	㉢

이에 대한 설명으로 옳은 것만을 〈보기〉에서 있는 대로 고른 것은?

보기

ㄱ. ㉠은 120이다.
ㄴ. ㉢−㉡=20이다.
ㄷ. 열기관의 열효율은 0.2이다.

① ㄱ ② ㄷ ③ ㄱ, ㄴ ④ ㄴ, ㄷ ⑤ ㄱ, ㄴ, ㄷ

9 ★★★ | 2023학년도 6월 평가원 16번 |

그림은 열효율이 0.5인 열기관에서 일정량의 이상 기체의 상태가 A → B → C → D → A를 따라 변할 때 기체의 압력과 부피를 나타낸 것이다. A → B, C → D는 각각 압력이 일정한 과정이고, B → C, D → A는 각각 단열 과정이다. A → B 과정에서 기체가 흡수한 열량은 Q이다. 표는 각 과정에서 기체가 외부에 한 일 또는 외부로부터 받은 일을 나타낸 것이다.

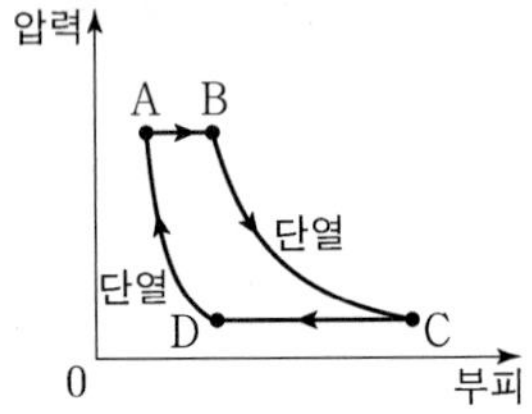

과정	기체가 외부에 한 일 또는 외부로부터 받은 일
A → B	$8W$
B → C	$9W$
C → D	$4W$
D → A	$3W$

이에 대한 설명으로 옳은 것만을 〈보기〉에서 있는 대로 고른 것은? [3점]

보기
ㄱ. $Q=20W$이다.
ㄴ. 기체의 온도는 A에서가 C에서보다 낮다.
ㄷ. A → B 과정에서 기체의 내부 에너지 증가량은 C → D 과정에서 기체의 내부 에너지 감소량보다 크다.

① ㄱ ② ㄷ ③ ㄱ, ㄴ
④ ㄴ, ㄷ ⑤ ㄱ, ㄴ, ㄷ

10 ★★☆ | 2022학년도 수능 17번 |

그림은 열기관에서 일정량의 이상 기체의 상태가 A → B → C → A를 따라 순환하는 동안 기체의 부피와 절대 온도를 나타낸 것이다. A → B 과정에서 기체는 압력이 P_0으로 일정하고 기체가 흡수하는 열량은 Q_1이다. B → C 과정에서 기체가 방출하는 열량은 Q_2이다.

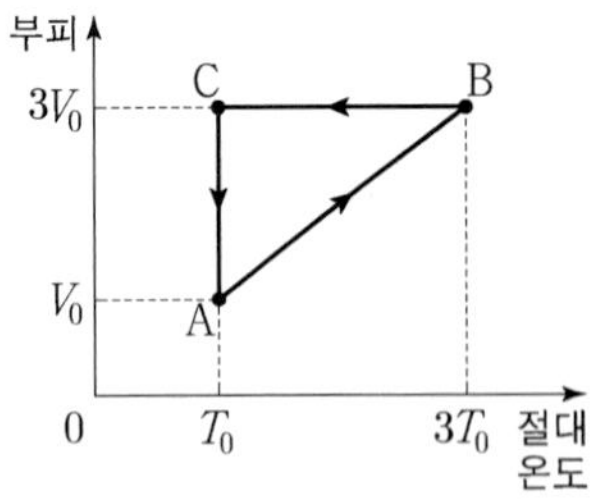

이에 대한 설명으로 옳은 것만을 〈보기〉에서 있는 대로 고른 것은?

보기
ㄱ. A → B 과정에서 기체의 내부 에너지는 증가한다.
ㄴ. 열기관의 열효율은 $\frac{Q_1-Q_2}{Q_1}$보다 작다.
ㄷ. 기체가 한 번 순환하는 동안 한 일은 $\frac{2}{3}P_0V_0$보다 크다.

① ㄱ ② ㄷ ③ ㄱ, ㄴ
④ ㄴ, ㄷ ⑤ ㄱ, ㄴ, ㄷ

11 ★★☆ | 2022학년도 6월 평가원 11번 |

다음은 열의 이동에 따른 기체의 부피 변화를 알아보기 위한 실험이다.

[실험 과정]
(가) 20 mL의 기체가 들어있는 유리 주사기의 끝을 고무마개로 막는다.
(나) (가)의 주사기를 뜨거운 물이 든 비커에 담그고, 피스톤이 멈추면 눈금을 읽는다.
(다) (나)의 주사기를 얼음물이 든 비커에 담그고, 피스톤이 멈추면 눈금을 읽는다.

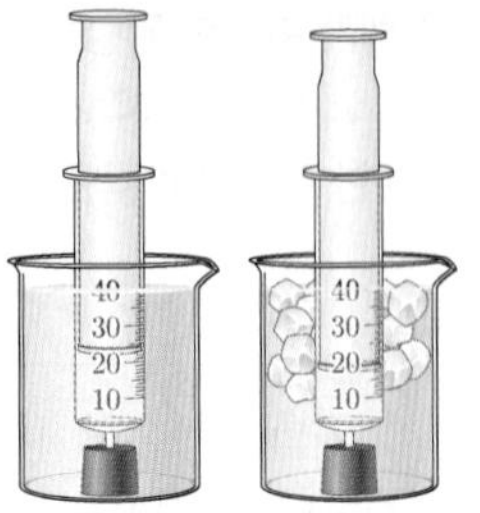

(나) 과정 (다) 과정

[실험 결과]

과정	(가)	(나)	(다)
기체의 부피(mL)	20	23	18

주사기 속 기체에 대한 설명으로 옳은 것만을 〈보기〉에서 있는 대로 고른 것은? [3점]

보기
ㄱ. 기체의 내부 에너지는 (가)에서가 (나)에서보다 작다.
ㄴ. (나)에서 기체가 흡수한 열은 기체가 한 일과 같다.
ㄷ. (다)에서 기체가 방출한 열은 기체의 내부 에너지 변화량과 같다.

① ㄱ ② ㄴ ③ ㄱ, ㄷ
④ ㄴ, ㄷ ⑤ ㄱ, ㄴ, ㄷ

12 ★☆☆

| 2022학년도 9월 평가원 14번 |

그림은 열효율이 0.2인 열기관에서 일정량의 이상 기체가 상태 A → B → C → A를 따라 순환하는 동안 기체의 압력과 부피를 나타낸 것이다. A → B 과정은 부피가 일정한 과정이고, B → C 과정은 단열 과정이며, C → A 과정은 등온 과정이다. C → A 과정에서 기체가 외부로부터 받은 일은 160 J이다.

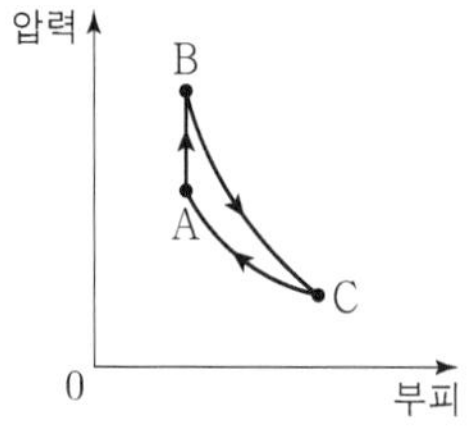

이에 대한 설명으로 옳은 것만을 〈보기〉에서 있는 대로 고른 것은?

보기
ㄱ. 기체의 온도는 B에서가 C에서보다 높다.
ㄴ. A → B 과정에서 기체가 흡수한 열량은 200 J이다.
ㄷ. B → C 과정에서 기체가 한 일은 240 J이다.

① ㄱ ② ㄷ ③ ㄱ, ㄴ
④ ㄴ, ㄷ ⑤ ㄱ, ㄴ, ㄷ

13 ★☆☆

| 2021학년도 수능 12번 |

그림은 열효율이 0.3인 열기관에서 일정량의 이상 기체가 상태 A → B → C → D → A를 따라 순환하는 동안 기체의 압력과 부피를, 표는 각 과정에서 기체가 흡수 또는 방출하는 열량을 나타낸 것이다.

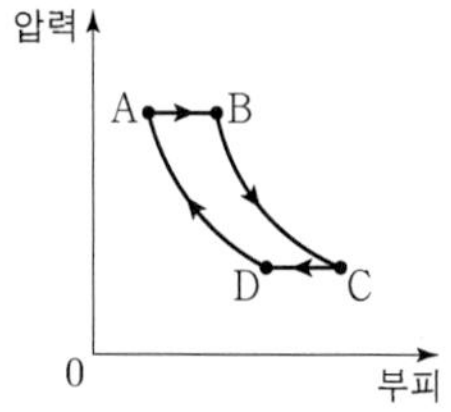

과정	흡수 또는 방출하는 열량(J)
A → B	㉠
B → C	0
C → D	140
D → A	0

이에 대한 설명으로 옳은 것만을 〈보기〉에서 있는 대로 고른 것은?

보기
ㄱ. ㉠은 200이다.
ㄴ. A → B 과정에서 기체의 내부 에너지는 감소한다.
ㄷ. C → D 과정에서 기체는 외부로부터 열을 흡수한다.

① ㄱ ② ㄷ ③ ㄱ, ㄴ
④ ㄴ, ㄷ ⑤ ㄱ, ㄴ, ㄷ

14 ★☆☆

| 2021학년도 9월 평가원 15번 |

그림은 열기관에서 일정량의 이상 기체의 상태가 A → B → C → D → A를 따라 변할 때 기체의 압력과 부피를, 표는 각 과정에서 기체가 외부에 한 일 또는 외부로부터 받은 일을 나타낸 것이다. 기체는 A → B 과정에서 250 J의 열량을 흡수하고, B → C 과정과 D → A 과정은 열 출입이 없는 단열 과정이다.

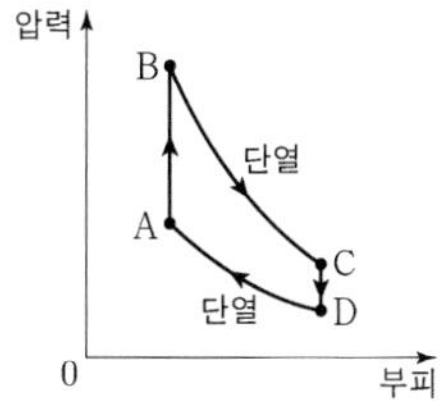

과정	외부에 한 일 또는 외부로부터 받은 일(J)
A → B	0
B → C	100
C → D	0
D → A	50

이에 대한 설명으로 옳은 것만을 〈보기〉에서 있는 대로 고른 것은? [3점]

보기
ㄱ. B → C 과정에서 기체의 온도가 감소한다.
ㄴ. C → D 과정에서 기체가 방출한 열량은 150 J이다.
ㄷ. 열기관의 열효율은 0.4이다.

① ㄱ ② ㄷ ③ ㄱ, ㄴ
④ ㄴ, ㄷ ⑤ ㄱ, ㄴ, ㄷ

15 ★☆☆

| 2021학년도 6월 평가원 14번 |

그림은 어떤 열기관에서 일정량의 이상 기체가 상태 A → B → C → D → A를 따라 순환하는 동안 기체의 압력과 부피를, 표는 각 과정에서 기체가 흡수 또는 방출하는 열량을 나타낸 것이다.

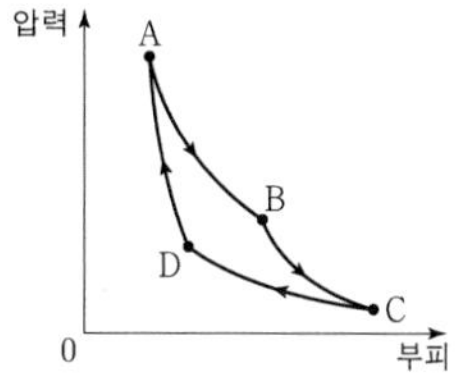

과정	흡수 또는 방출하는 열량(J)
A → B	150
B → C	0
C → D	120
D → A	0

이에 대한 설명으로 옳은 것만을 〈보기〉에서 있는 대로 고른 것은? [3점]

보기
ㄱ. B → C 과정에서 기체가 한 일은 0이다.
ㄴ. 기체가 한 번 순환하는 동안 한 일은 30 J이다.
ㄷ. 열기관의 열효율은 0.2이다.

① ㄱ ② ㄷ ③ ㄱ, ㄴ
④ ㄴ, ㄷ ⑤ ㄱ, ㄴ, ㄷ

Part II 수능 평가원

16 ★☆☆

| 2020학년도 수능 11번 |

그림은 일정한 양의 이상 기체의 상태가 A → B → C를 따라 변할 때, 압력과 부피를 나타낸 것이다.

이에 대한 설명으로 옳은 것만을 〈보기〉에서 있는 대로 고른 것은?

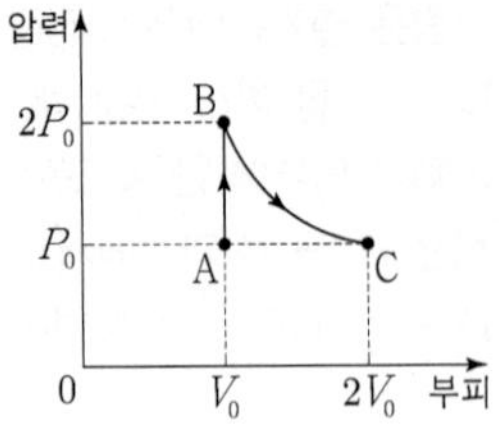

보기

ㄱ. A → B 과정에서 기체는 열을 흡수한다.
ㄴ. B → C 과정에서 기체는 외부에 일을 한다.
ㄷ. 기체의 내부 에너지는 C에서가 A에서보다 크다.

① ㄱ ② ㄴ ③ ㄱ, ㄷ
④ ㄴ, ㄷ ⑤ ㄱ, ㄴ, ㄷ

17 ★☆☆

| 2020학년도 9월 평가원 18번 |

그림 (가)의 Ⅰ은 이상 기체가 들어 있는 실린더에 피스톤이 정지해 있는 모습을, Ⅱ는 Ⅰ에서 기체에 열을 서서히 가했을 때 기체가 팽창하여 피스톤이 정지한 모습을, Ⅲ은 Ⅱ에서 피스톤에 모래를 서서히 올려 피스톤이 내려가 정지한 모습을 나타낸 것이다. Ⅰ과 Ⅲ에서 기체의 부피는 같다. 그림 (나)는 (가)의 기체 상태가 변화할 때 압력과 부피를 나타낸 것이다. A, B, C는 각각 Ⅰ, Ⅱ, Ⅲ에서의 기체의 상태 중 하나이다.

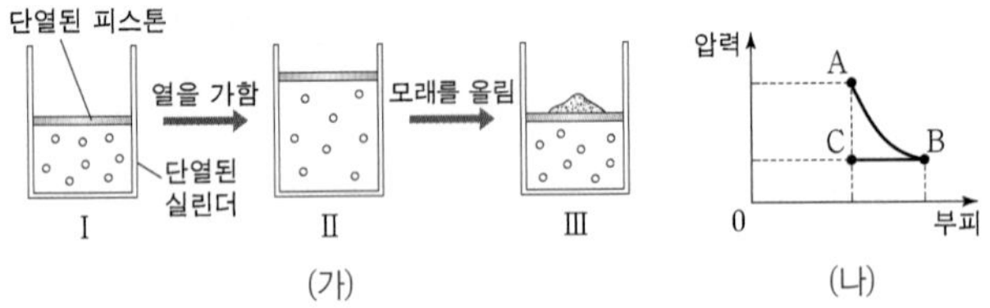

(가) (나)

이에 대한 설명으로 옳은 것만을 〈보기〉에서 있는 대로 고른 것은? (단, 피스톤의 마찰은 무시한다.) [3점]

보기

ㄱ. Ⅰ → Ⅱ 과정에서 기체는 외부에 일을 한다.
ㄴ. 기체의 온도는 Ⅲ에서가 Ⅰ에서보다 높다.
ㄷ. Ⅱ → Ⅲ 과정은 B → C 과정에 해당한다.

① ㄱ ② ㄷ ③ ㄱ, ㄴ
④ ㄴ, ㄷ ⑤ ㄱ, ㄴ, ㄷ

18 ★★☆

| 2020학년도 6월 평가원 16번 |

그림 (가)와 같이 단열된 실린더와 단열되지 않은 실린더에 각각 같은 양의 동일한 이상 기체 A, B가 들어 있고, 단면적이 같은 단열된 두 피스톤이 정지해 있다. B의 온도를 일정하게 유지하면서 A에 열을 공급하였더니 피스톤이 천천히 이동하여 정지하였다. 그림 (나)는 시간에 따른 A와 B의 온도를 나타낸 것이다.

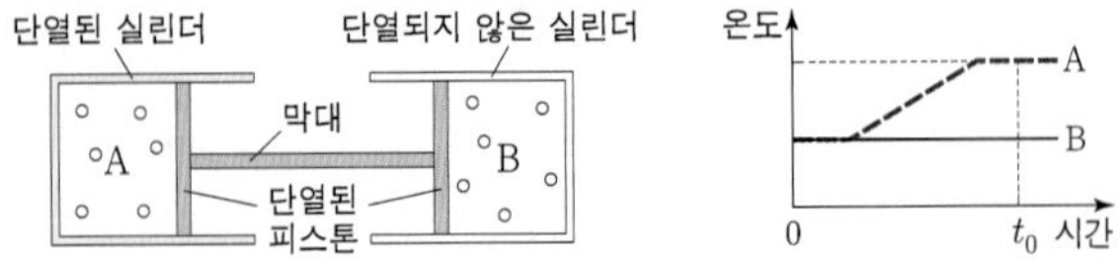

(가) (나)

이에 대한 설명으로 옳은 것만을 〈보기〉에서 있는 대로 고른 것은? (단, 실린더는 고정되어 있고, 피스톤의 마찰은 무시한다.) [3점]

보기

ㄱ. t_0일 때, 내부 에너지는 A가 B보다 크다.
ㄴ. t_0일 때, 부피는 B가 A보다 크다.
ㄷ. A의 온도가 높아지는 동안 B는 열을 방출한다.

① ㄱ ② ㄴ ③ ㄱ, ㄷ
④ ㄴ, ㄷ ⑤ ㄱ, ㄴ, ㄷ

I
역학과 에너지

06

특수 상대성 이론

2026학년도 수능 출제 예측

2025학년도 수능, 평가원 분석

수능과 6월, 9월 평가원에서는 우주선 안에 있는 관찰자와 밖에 정지해 있는 관찰자가 각각의 관성계에서 관찰한 현상을 특수 상대성 이론을 적용하여 걸린 시간과 거리 등을 묻는 문항이 출제되었다.

2026학년도 수능 예측

한 문제 출제가 될 가능성이 있는 단원으로 두 개 이상의 다른 관성계가 있을 때, 특수 상대성 이론을 적용하여 각 관성계를 중심으로 움직이는 물체의 길이 수축, 빛이 어느 한 지점까지 이동하는 데 걸리는 시간 등을 묻는 문항이 출제될 가능성이 높다.

1 ★☆☆ | 2025학년도 수능 9번 |

그림과 같이 관찰자 A에 대해 관찰자 B가 탄 우주선이 $+x$방향으로 터널을 향해 $0.8c$의 속력으로 등속도 운동한다. A의 관성계에서, x축과 나란하게 정지해 있는 터널의 길이는 L이고, 우주선의 앞이 터널의 출구를 지나는 순간 우주선의 뒤가 터널의 입구를 지난다.

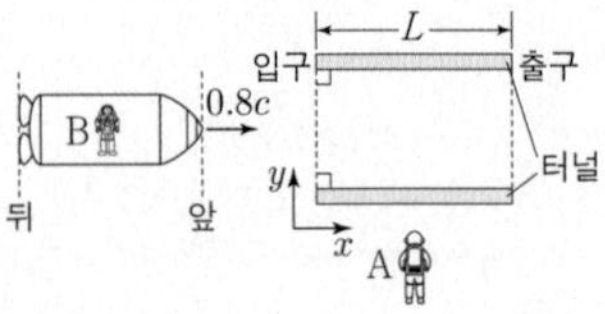

이에 대한 설명으로 옳은 것만을 〈보기〉에서 있는 대로 고른 것은? (단, c는 빛의 속력이다.) [3점]

보기
ㄱ. A의 관성계에서, 우주선의 앞이 터널의 입구를 지나는 순간부터 우주선의 뒤가 터널의 입구를 지나는 순간까지 걸린 시간은 $\frac{L}{0.8c}$ 보다 작다.
ㄴ. B의 관성계에서, 터널의 길이는 L보다 작다.
ㄷ. B의 관성계에서, 터널의 출구가 우주선의 앞을 지나고 난 후 터널의 입구가 우주선의 뒤를 지난다.

① ㄱ ② ㄴ ③ ㄱ, ㄷ
④ ㄴ, ㄷ ⑤ ㄱ, ㄴ, ㄷ

2 ★☆☆ | 2025학년도 9월 평가원 11번 |

그림과 같이 관찰자 A에 대해, 검출기 P와 점 Q가 정지해 있고 관찰자 B가 탄 우주선이 A, P, Q를 잇는 직선과 나란하게 $0.6c$의 속력으로 등속도 운동을 한다. A의 관성계에서 B가 Q를 지나는 순간, A와 B는 동시에 P를 향해 빛을 방출한다. A의 관성계에서, A에서 P까지의 거리와 P에서 Q까지의 거리는 L로 같다.

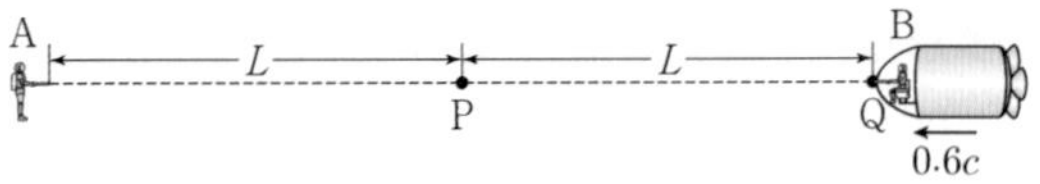

이에 대한 설명으로 옳은 것만을 〈보기〉에서 있는 대로 고른 것은? (단, c는 빛의 속력이고, 우주선과 관찰자의 크기는 무시한다.)

보기
ㄱ. A의 관성계에서, A가 방출한 빛의 속력과 B가 방출한 빛의 속력은 같다.
ㄴ. A의 관성계에서, B가 방출한 빛이 P에 도달하는 데 걸리는 시간은 $\frac{L}{c}$이다.
ㄷ. B의 관성계에서, A가 방출한 빛이 P에 도달하는 데 걸리는 시간은 B가 방출한 빛이 P에 도달하는 데 걸리는 시간보다 크다.

① ㄱ ② ㄷ ③ ㄱ, ㄴ
④ ㄴ, ㄷ ⑤ ㄱ, ㄴ, ㄷ

3 ★☆☆ | 2025학년도 6월 평가원 7번 |

그림과 같이 관찰자 A가 탄 우주선이 우주 정거장 P에서 우주 정거장 Q를 향해 등속도 운동한다. A의 관성계에서, 관찰자 B의 속력은 $0.8c$이고 P와 Q 사이의 거리는 L이다. B의 관성계에서, P와 Q는 정지해 있다.

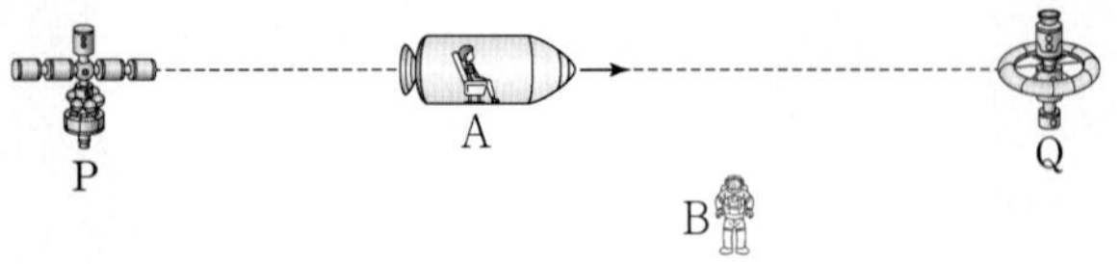

이에 대한 설명으로 옳은 것만을 〈보기〉에서 있는 대로 고른 것은? (단, c는 빛의 속력이다.) [3점]

보기
ㄱ. A의 관성계에서, P의 속력은 Q의 속력보다 작다.
ㄴ. A의 관성계에서, A의 시간이 B의 시간보다 느리게 간다.
ㄷ. B의 관성계에서, P와 Q 사이의 거리는 L보다 크다.

① ㄱ ② ㄴ ③ ㄷ
④ ㄱ, ㄴ ⑤ ㄴ, ㄷ

4 ★★☆ | 2024학년도 수능 12번 |

그림과 같이 관찰자 A에 대해 광원 P, 검출기, 광원 Q가 정지해 있고 관찰자 B, C가 탄 우주선이 각각 광속에 가까운 속력으로 P, 검출기, Q를 잇는 직선과 나란하게 서로 반대 방향으로 등속도 운동을 한다. A의 관성계에서, P, Q에서 검출기를 향해 동시에 방출된 빛은 검출기에 동시에 도달한다. P와 Q 사이의 거리는 B의 관성계에서가 C의 관성계에서보다 크다.

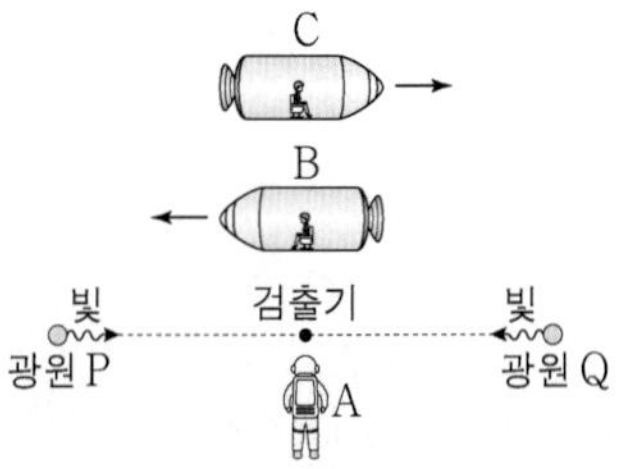

이에 대한 설명으로 옳은 것만을 〈보기〉에서 있는 대로 고른 것은?

보기
ㄱ. A의 관성계에서, B의 시간은 C의 시간보다 느리게 간다.
ㄴ. B의 관성계에서, 빛은 P에서가 Q에서보다 먼저 방출된다.
ㄷ. C의 관성계에서, 검출기에서 P까지의 거리는 검출기에서 Q까지의 거리보다 크다.

① ㄱ ② ㄴ ③ ㄱ, ㄷ
④ ㄴ, ㄷ ⑤ ㄱ, ㄴ, ㄷ

5 ☆☆☆ | 2024학년도 9월 **평가원** 6번 |

그림과 같이 관찰자 A에 대해 광원 P, 검출기 Q가 정지해 있고, 관찰자 B가 탄 우주선이 P, Q를 잇는 직선과 나란하게 $0.9c$의 속력으로 등속도 운동을 하고 있다. A의 관성계에서, 우주선의 길이는 L_1이고, P와 Q 사이의 거리는 L_2이다.

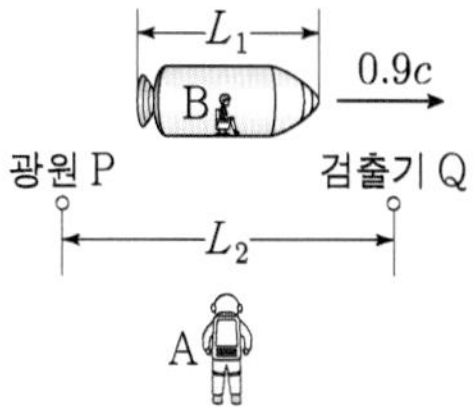

이에 대한 설명으로 옳은 것만을 〈보기〉에서 있는 대로 고른 것은? (단, 빛의 속력은 c이다.)

> 보기
> ㄱ. A의 관성계에서, A의 시간은 B의 시간보다 느리게 간다.
> ㄴ. B의 관성계에서, 우주선의 길이는 L_1보다 길다.
> ㄷ. B의 관성계에서, P에서 방출된 빛이 Q에 도달하는 데 걸리는 시간은 $\frac{L_2}{c}$보다 크다.

① ㄱ ② ㄴ ③ ㄷ
④ ㄱ, ㄴ ⑤ ㄴ, ㄷ

6 ☆☆☆ | 2024학년도 6월 **평가원** 9번 |

그림과 같이 관찰자 A에 대해 광원 P, Q가 정지해 있고, 관찰자 B가 탄 우주선이 P, A, Q를 잇는 직선과 나란하게 $0.9c$의 속력으로 등속도 운동을 하고 있다. A의 관성계에서, A에서 P, Q까지의 거리는 각각 L로 같고, P, Q에서 빛이 A를 향해 동시에 방출된다.

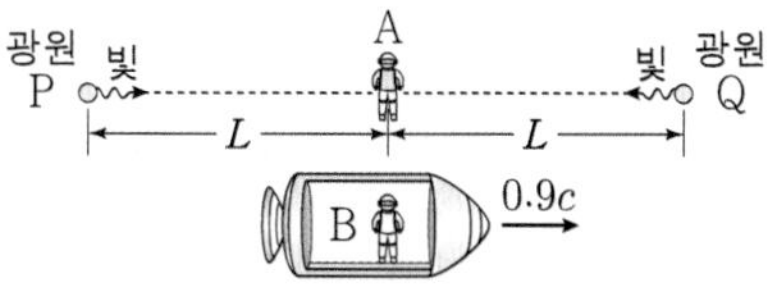

이에 대한 설명으로 옳은 것만을 〈보기〉에서 있는 대로 고른 것은? (단, c는 빛의 속력이다.)

> 보기
> ㄱ. A의 관성계에서, B의 시간은 A의 시간보다 느리게 간다.
> ㄴ. B의 관성계에서, 빛이 P에서 A까지 도달하는 데 걸린 시간은 $\frac{L}{c}$이다.
> ㄷ. B의 관성계에서, 빛은 Q에서가 P에서보다 먼저 방출된다.

① ㄱ ② ㄴ ③ ㄱ, ㄷ
④ ㄴ, ㄷ ⑤ ㄱ, ㄴ, ㄷ

7 ☆☆☆ | 2023학년도 **수능** 12번 |

그림과 같이 관찰자 A에 대해 관찰자 B가 탄 우주선이 광원과 거울 P, Q를 잇는 직선과 나란하게 광속에 가까운 속력으로 등속도 운동한다. A의 관성계에서, P와 Q는 광원으로부터 각각 거리 L_1, L_2만큼 떨어져 정지해 있고, 빛은 광원으로부터 각각 P, Q를 향해 동시에 방출된다. B의 관성계에서, 광원에서 방출된 빛이 P, Q에 도달하는 데 걸리는 시간은 같다.

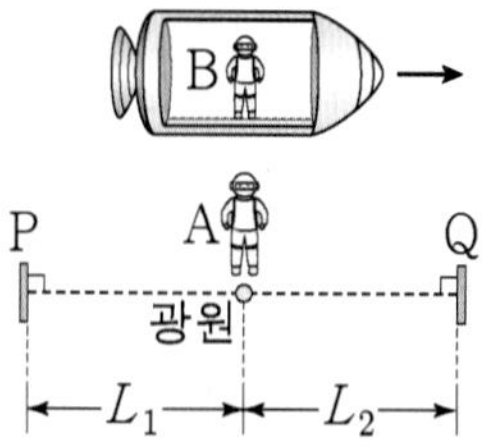

이에 대한 설명으로 옳은 것만을 〈보기〉에서 있는 대로 고른 것은?

> 보기
> ㄱ. $L_1 > L_2$이다.
> ㄴ. A의 관성계에서, 빛은 P에서가 Q에서보다 먼저 반사된다.
> ㄷ. 빛이 광원과 Q 사이를 왕복하는 데 걸리는 시간은 A의 관성계에서가 B의 관성계에서보다 크다.

① ㄱ ② ㄴ ③ ㄱ, ㄷ
④ ㄴ, ㄷ ⑤ ㄱ, ㄴ, ㄷ

8 ☆☆☆ | 2023학년도 6월 **평가원** 17번 |

그림과 같이 관찰자 A의 관성계에서 광원 X, Y와 검출기 P, Q가 점 O로부터 각각 같은 거리 L만큼 떨어져 정지해 있고 X, Y로부터 각각 P, Q를 향해 방출된 빛은 O를 동시에 지난다. 관찰자 B가 탄 우주선은 A에 대해 광속에 가까운 속력 v로 X와 P를 잇는 직선과 나란하게 운동한다.

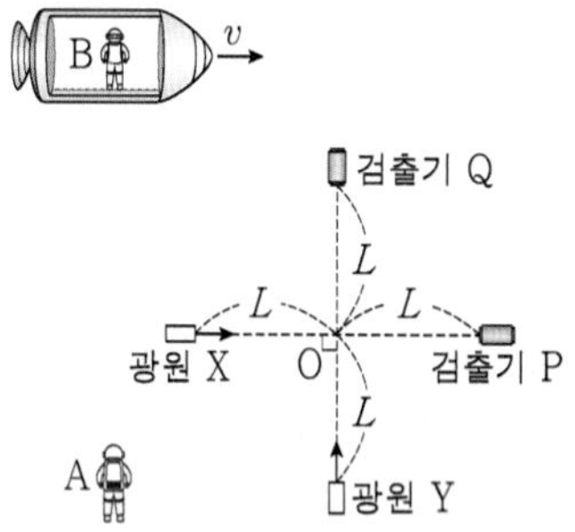

이에 대한 설명으로 옳은 것만을 〈보기〉에서 있는 대로 고른 것은? [3점]

> 보기
> ㄱ. B의 관성계에서, 빛은 Y에서가 X에서보다 먼저 방출된다.
> ㄴ. B의 관성계에서, 빛은 P와 Q에 동시에 도달한다.
> ㄷ. Y에서 방출된 빛이 Q에 도달하는 데 걸리는 시간은 B의 관성계에서가 A의 관성계에서보다 크다.

① ㄱ ② ㄴ ③ ㄱ, ㄷ
④ ㄴ, ㄷ ⑤ ㄱ, ㄴ, ㄷ

9 ☆☆☆

| 2023학년도 9월 평가원 11번 |

다음은 특수 상대성 이론에 대한 사고 실험의 일부이다.

관찰자 C에 대해 관찰자 A, B가 타고 있는 우주선이 각각 광속에 가까운 서로 다른 속력으로 $+x$방향으로 등속도 운동하고 있다. A의 관성계에서, 광원에서 각각 $-x$, $+x$, $-y$ 방향으로 동시에 방출된 빛은 거울 p, q, r에서 반사되어 광원에 도달한다.

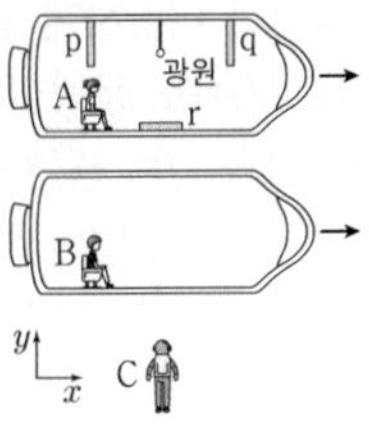

(가) A의 관성계에서, 광원에서 방출된 빛은 p, q, r에서 동시에 반사된다.

(나) B의 관성계에서, 광원에서 방출된 빛은 q보다 p에서 먼저 반사된다.

(다) C의 관성계에서, 광원에서 방출된 빛이 r에 도달할 때까지 걸린 시간은 t_0이다.

이에 대한 설명으로 옳은 것만을 〈보기〉에서 있는 대로 고른 것은?

보기

ㄱ. A의 관성계에서, B와 C의 운동 방향은 같다.

ㄴ. B의 관성계에서, 광원에서 방출된 빛은 p, q, r에서 반사되어 광원에 동시에 도달한다.

ㄷ. C의 관성계에서, 광원에서 방출된 빛이 q에 도달할 때까지 걸린 시간은 t_0보다 크다.

① ㄱ ② ㄷ ③ ㄱ, ㄴ
④ ㄴ, ㄷ ⑤ ㄱ, ㄴ, ㄷ

10 ☆☆☆

| 2022학년도 수능 14번 |

그림과 같이 관찰자 A에 대해 관찰자 B가 탄 우주선이 $+x$방향으로 광속에 가까운 속력 v로 등속도 운동한다. B의 관성계에서 빛은 광원으로부터 각각 점 p, q, r를 향해 $-x$, $+x$, $+y$방향으로 동시에 방출된다. 표는 A, B의 관성계에서 각각의 경로에 따라 빛이 진행하는 데 걸린 시간을 나타낸 것이다.

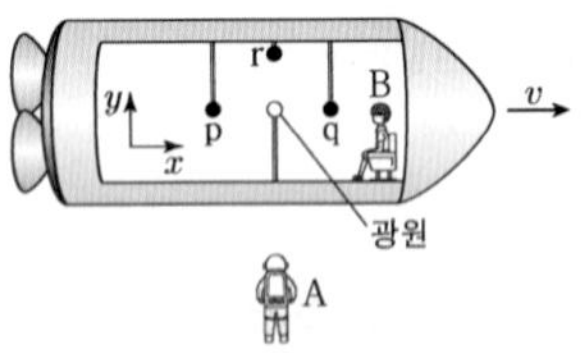

빛의 경로	걸린 시간	
	A의 관성계	B의 관성계
광원 → p	t_1	㉠
광원 → q	t_1	t_2
광원 → r	㉡	t_2

이에 대한 설명으로 옳은 것만을 〈보기〉에서 있는 대로 고른 것은? (단, 빛의 속력은 c이다.)

보기

ㄱ. ㉠은 t_1보다 작다.

ㄴ. ㉡은 t_2보다 크다.

ㄷ. B의 관성계에서 p에서 q까지의 거리는 $2ct_2$보다 크다.

① ㄱ ② ㄴ ③ ㄱ, ㄷ
④ ㄴ, ㄷ ⑤ ㄱ, ㄴ, ㄷ

11 ☆☆☆

| 2022학년도 9월 평가원 10번 |

다음은 특수 상대성 이론에 대한 사고 실험의 일부이다.

가설 Ⅰ: 모든 관성계에서 물리 법칙은 동일하다.

가설 Ⅱ: 모든 관성계에서 빛의 속력은 c로 일정하다.

관찰자 A에 대해 정지해 있는 두 천체 P, Q 사이를 관찰자 B가 탄 우주선이 광속에 가까운 속력 v로 등속도 운동을 하고 있다. B의 관성계에서 광원으로부터 우주선의 운동 방향에 수직으로 방출된 빛은 거울에서 반사되어 되돌아온다.

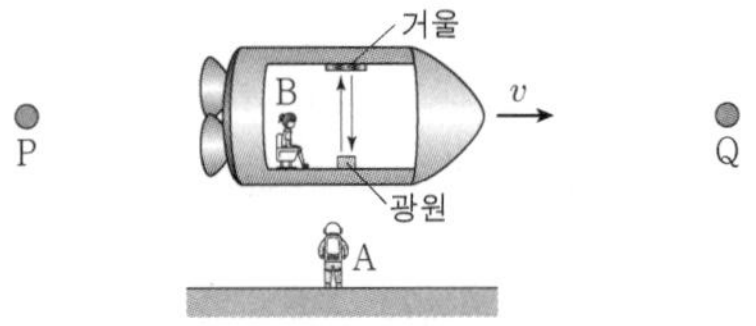

(가) 빛이 1회 왕복한 시간은 A의 관성계에서 t_A이고, B의 관성계에서 t_B이다.

(나) A의 관성계에서 t_A 동안 빛의 경로 길이는 L_A이고, B의 관성계에서 t_B 동안 빛의 경로 길이는 L_B이다.

(다) A의 관성계에서 P와 Q 사이의 거리 D_A는 P에서 Q까지 우주선의 이동 시간과 v를 곱한 값이다.

(라) B의 관성계에서 P와 Q 사이의 거리 D_B는 P가 B를 지날 때부터 Q가 B를 지날 때까지 걸린 시간과 v를 곱한 값이다.

이에 대한 설명으로 옳은 것만을 〈보기〉에서 있는 대로 고른 것은? [3점]

보기

ㄱ. $t_A > t_B$이다.

ㄴ. $L_A > L_B$이다.

ㄷ. $\dfrac{D_A}{D_B} = \dfrac{L_A}{L_B}$이다.

① ㄱ ② ㄷ ③ ㄱ, ㄴ
④ ㄴ, ㄷ ⑤ ㄱ, ㄴ, ㄷ

12 ☆☆☆ | 2022학년도 6월 평가원 14번 |

그림은 관찰자 A에 대해 관찰자 B가 탄 우주선이 x축과 나란하게 광속에 가까운 속력으로 등속도 운동을 하고 있는 모습을 나타낸 것이다. B의 관성계에서 빛은 광원으로부터 각각 $+x$방향, $-y$방향으로 동시에 방출된 후 거울 p, q에서 반사하여 광원에 동시에 도달하며 광원과 q 사이의 거리는 L이다. 표는 A의 관성계에서 빛이 광원에서 p까지, p에서 광원까지 가는 데 걸린 시간을 나타낸 것이다.

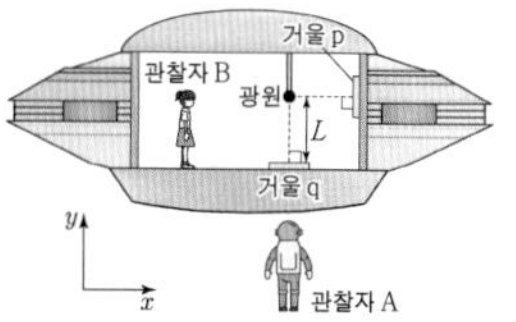

빛의 경로	시간
광원 → p	$0.4t_0$
p → 광원	$0.6t_0$

이에 대한 설명으로 옳은 것만을 <보기>에서 있는 대로 고른 것은? (단, 빛의 속력은 c이다.)

보기
ㄱ. 우주선의 운동 방향은 $-x$방향이다.
ㄴ. $t_0 > \frac{2L}{c}$이다.
ㄷ. A의 관성계에서 광원과 p 사이의 거리는 L보다 작다.

① ㄱ ② ㄴ ③ ㄱ, ㄷ
④ ㄴ, ㄷ ⑤ ㄱ, ㄴ, ㄷ

13 ☆☆☆ | 2021학년도 수능 17번 |

그림과 같이 관찰자 P에 대해 관찰자 Q가 탄 우주선이 $0.5c$의 속력으로 직선 운동하고 있다. P의 관성계에서, Q가 P를 스쳐 지나는 순간 Q로부터 같은 거리만큼 떨어져 있는 광원 A, B에서 빛이 동시에 발생한다.

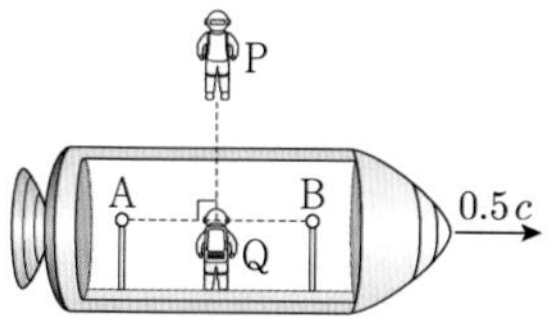

이에 대한 설명으로 옳은 것만을 <보기>에서 있는 대로 고른 것은? (단, c는 빛의 속력이다.) [3점]

보기
ㄱ. P의 관성계에서, A와 B에서 발생한 빛은 동시에 P에 도달한다.
ㄴ. P의 관성계에서, A와 B에서 발생한 빛은 동시에 Q에 도달한다.
ㄷ. B에서 발생한 빛이 Q에 도달할 때까지 걸리는 시간은 Q의 관성계에서가 P의 관성계에서보다 크다.

① ㄴ ② ㄷ ③ ㄱ, ㄴ
④ ㄱ, ㄷ ⑤ ㄱ, ㄴ, ㄷ

14 ☆☆☆ | 2021학년도 9월 평가원 11번 |

그림은 관찰자 A에 대해 관찰자 B가 탄 우주선이 $0.6c$의 속력으로 직선 운동하는 모습을 나타낸 것이다. B의 관성계에서 광원과 거울 사이의 거리는 L이고, 광원에서 우주선의 운동 방향과 수직으로 발생시킨 빛은 거울에서 반사되어 되돌아온다.

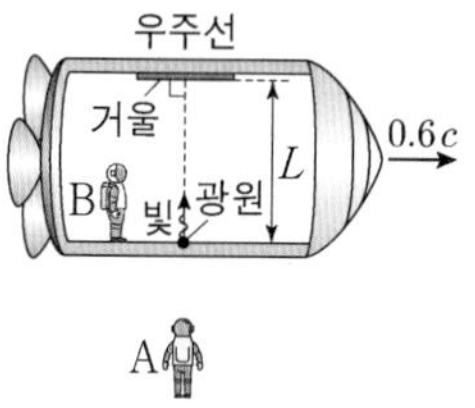

이에 대한 설명으로 옳은 것만을 <보기>에서 있는 대로 고른 것은? (단, c는 빛의 속력이다.) [3점]

보기
ㄱ. A의 관성계에서, 빛의 속력은 c이다.
ㄴ. A의 관성계에서, 광원과 거울 사이의 거리는 L이다.
ㄷ. B의 관성계에서, A의 시간은 B의 시간보다 빠르게 간다.

① ㄱ ② ㄷ ③ ㄱ, ㄴ
④ ㄴ, ㄷ ⑤ ㄱ, ㄴ, ㄷ

15 ☆☆☆ | 2021학년도 6월 평가원 17번 |

그림과 같이 관찰자 P에 대해 별 A, B가 같은 거리만큼 떨어져 정지해 있고, 관찰자 Q가 탄 우주선이 $0.9c$의 속력으로 A에서 B를 향해 등속도 운동하고 있다. P의 관성계에서 Q가 P를 스쳐 지나는 순간 A, B가 동시에 빛을 내며 폭발한다.

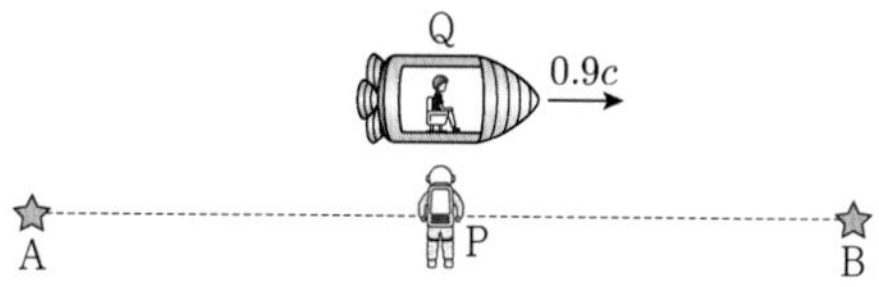

이에 대한 설명으로 옳은 것만을 <보기>에서 있는 대로 고른 것은? (단, c는 빛의 속력이다.)

보기
ㄱ. P의 관성계에서, A와 B가 폭발할 때 발생한 빛이 동시에 P에 도달한다.
ㄴ. Q의 관성계에서, B가 A보다 먼저 폭발한다.
ㄷ. Q의 관성계에서, A와 P 사이의 거리는 B와 P 사이의 거리보다 크다.

① ㄱ ② ㄷ ③ ㄱ, ㄴ
④ ㄴ, ㄷ ⑤ ㄱ, ㄴ, ㄷ

16 ★☆☆

| 2020학년도 수능 9번 |

그림과 같이 우주선이 우주 정거장에 대해 $0.6c$의 속력으로 직선 운동하고 있다. 광원에서 우주선의 운동 방향과 나란하게 발생시킨 빛 신호는 거울에 반사되어 광원으로 되돌아온다. 표는 우주선과 우주 정거장에서 각각 측정한 물리량을 나타낸 것이다.

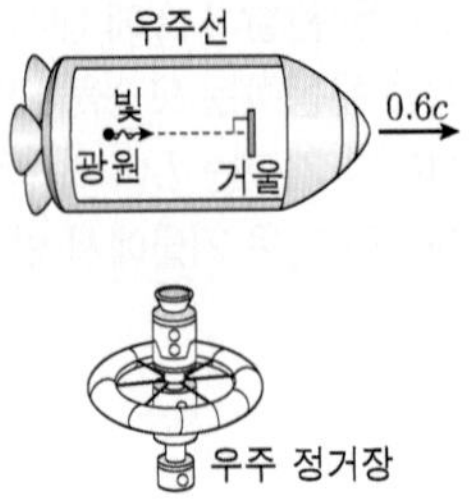

측정한 물리량	우주선	우주 정거장
광원과 거울 사이의 거리	L_0	L_1
빛 신호가 광원에서 거울까지 가는 데 걸린 시간	t_0	t_1
빛 신호가 거울에서 광원까지 가는 데 걸린 시간	t_0	t_2

이에 대한 설명으로 옳은 것만을 〈보기〉에서 있는 대로 고른 것은? (단, c는 빛의 속력이다.) [3점]

보기

ㄱ. $L_0 > L_1$이다.

ㄴ. $t_0 = \frac{L_0}{c}$이다.

ㄷ. $t_1 > t_2$이다.

① ㄱ ② ㄷ ③ ㄱ, ㄴ
④ ㄴ, ㄷ ⑤ ㄱ, ㄴ, ㄷ

17 ★☆☆

| 2020학년도 9월 평가원 7번 |

그림과 같이 관찰자에 대해 우주선 A, B가 각각 일정한 속도 $0.7c$, $0.9c$로 운동한다. A, B에서는 각각 광원에서 방출된 빛이 검출기에 도달하고, 광원과 검출기 사이의 고유 길이는 같다. 광원과 검출기는 운동 방향과 나란한 직선 상에 있다.

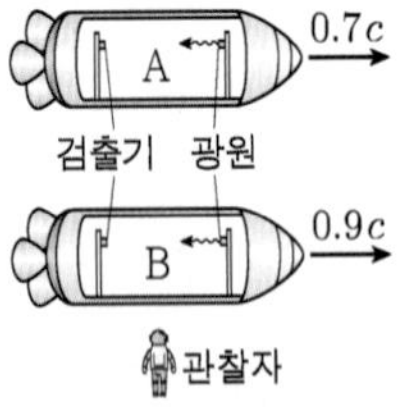

관찰자가 측정할 때, 이에 대한 설명으로 옳은 것만을 〈보기〉에서 있는 대로 고른 것은? (단, 빛의 속력은 c이다.)

보기

ㄱ. A에서 방출된 빛의 속력은 c보다 작다.

ㄴ. 광원과 검출기 사이의 거리는 A에서가 B에서보다 크다.

ㄷ. 광원에서 방출된 빛이 검출기에 도달하는 데 걸린 시간은 A에서가 B에서보다 크다.

① ㄱ ② ㄴ ③ ㄱ, ㄷ
④ ㄴ, ㄷ ⑤ ㄱ, ㄴ, ㄷ

18 ★★☆

| 2020학년도 6월 평가원 12번 |

그림과 같이 관찰자 A가 탄 우주선이 행성을 향해 가고 있다. 관찰자 B가 측정할 때, 행성까지의 거리는 7광년이고 우주선은 $0.7c$의 속력으로 등속도 운동한다. B는 멀어지고 있는 A를 향해 자신이 측정하는 시간을 기준으로 1년마다 빛 신호를 보낸다.

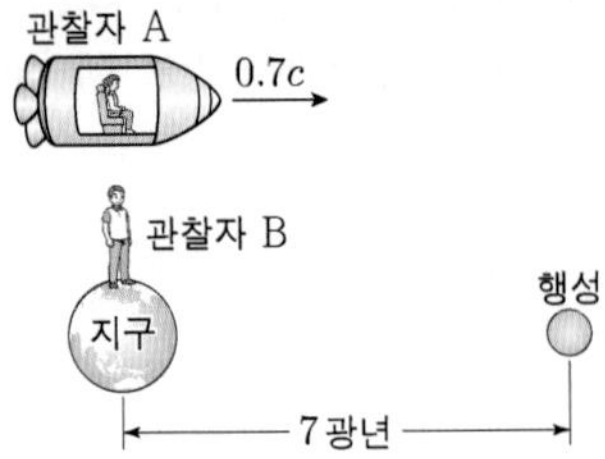

이에 대한 설명으로 옳은 것만을 〈보기〉에서 있는 대로 고른 것은? (단, c는 빛의 속력이다.) [3점]

보기

ㄱ. A가 B의 신호를 수신하는 시간 간격은 1년보다 짧다.

ㄴ. A가 측정할 때, 지구에서 행성까지의 거리는 7광년보다 작다.

ㄷ. B가 측정할 때, A의 시간은 B의 시간보다 느리게 간다.

① ㄱ ② ㄴ ③ ㄱ, ㄷ
④ ㄴ, ㄷ ⑤ ㄱ, ㄴ, ㄷ

07

질량과 에너지

2026학년도 수능 출제 예측

2025학년도 수능, 평가원 분석

수능과 6월, 9월 평가원에서 핵반응식을 보고 핵융합 또는 핵분열 반응인지를 분석하고, 전하량과 질량수 보존을 이용한 양성자수 또는 질량수를 구하거나 질량 에너지 동등성으로 질량 결손에 의한 에너지 발생량 등을 묻는 문항이 출제되었다.

2026학년도 수능 예측

한 문제 출제가 될 가능성이 있는 단원으로, 핵융합과 핵분열 반응식이 제시되고, 전하량과 질량수 보존을 이용한 양성자수 또는 질량수를 묻거나 질량 에너지 동등성에 따라 질량 결손이 많을수록 발생되는 에너지가 증가함을 묻는 문항이 출제될 가능성이 높다.

1 ★☆☆ | 2025학년도 수능 2번 |

다음은 핵반응에 대한 설명이다.

> 원자로 내부에서 $^{235}_{92}U$ 원자핵이 중성자($^{1}_{0}n$) 하나를 흡수하면, $^{141}_{56}Ba$ 원자핵과 $^{92}_{36}Kr$ 원자핵으로 쪼개지며 세 개의 중성자와 에너지가 방출된다. 이 핵반응을 [㉠] 반응이라 하고, 이때 ㉡방출되는 에너지를 이용해 전기를 생산할 수 있다.

이에 대한 설명으로 옳은 것만을 〈보기〉에서 있는 대로 고른 것은?

〈보기〉
ㄱ. $^{235}_{92}U$ 원자핵의 질량수는 $^{141}_{56}Ba$ 원자핵과 $^{92}_{36}Kr$ 원자핵의 질량수의 합과 같다.
ㄴ. '핵분열'은 ㉠으로 적절하다.
ㄷ. ㉡은 질량 결손에 의해 발생한다.

① ㄱ ② ㄴ ③ ㄷ
④ ㄱ, ㄴ ⑤ ㄴ, ㄷ

2 ★☆☆ | 2025학년도 9월 평가원 4번 |

다음은 두 가지 핵반응이다. (가)와 (나)에서 방출되는 에너지는 각각 E_1, E_2이고, 질량 결손은 (가)에서가 (나)에서보다 크다.

> (가) [㉠] $+ ^{1}_{0}n \longrightarrow ^{141}_{56}Ba + ^{92}_{36}Kr + 3^{1}_{0}n + E_1$
> (나) $^{2}_{1}H + ^{3}_{1}H \longrightarrow ^{4}_{2}He + ^{1}_{0}n + E_2$

이에 대한 설명으로 옳은 것만을 〈보기〉에서 있는 대로 고른 것은? [3점]

〈보기〉
ㄱ. ㉠의 질량수는 238이다.
ㄴ. (나)는 핵융합 반응이다.
ㄷ. E_1은 E_2보다 크다.

① ㄱ ② ㄴ ③ ㄱ, ㄷ
④ ㄴ, ㄷ ⑤ ㄱ, ㄴ, ㄷ

3 ★☆☆ | 2025학년도 6월 평가원 4번 |

다음은 핵반응식을 나타낸 것이다. E_0은 핵반응에서 방출되는 에너지이다.

> $^{235}_{92}U + ^{1}_{0}n \longrightarrow ^{141}_{56}Ba + ^{92}_{36}Kr +$ [㉠] $^{1}_{0}n + E_0$

이에 대한 설명으로 옳은 것만을 〈보기〉에서 있는 대로 고른 것은?

〈보기〉
ㄱ. ㉠은 3이다.
ㄴ. 핵융합 반응이다.
ㄷ. E_0은 질량 결손에 의해 발생한다.

① ㄱ ② ㄴ ③ ㄱ, ㄷ
④ ㄴ, ㄷ ⑤ ㄱ, ㄴ, ㄷ

4 ★☆☆ | 2024학년도 수능 2번 |

다음은 두 가지 핵반응을, 표는 (가)와 관련된 원자핵과 중성자($^{1}_{0}n$)의 질량을 나타낸 것이다.

> (가) ㉠ + ㉠ $\longrightarrow ^{3}_{2}He + ^{1}_{0}n + 3.27\,MeV$
> (나) $^{3}_{1}H +$ ㉠ $\longrightarrow ^{4}_{2}He +$ ㉡ $+ 17.6\,MeV$

입자	질량
㉠	M_1
$^{3}_{2}He$	M_2
중성자($^{1}_{0}n$)	M_3

이에 대한 설명으로 옳은 것만을 〈보기〉에서 있는 대로 고른 것은?

〈보기〉
ㄱ. ㉠은 $^{1}_{1}H$이다.
ㄴ. ㉡은 중성자($^{1}_{0}n$)이다.
ㄷ. $2M_1 = M_2 + M_3$이다.

① ㄱ ② ㄴ ③ ㄱ, ㄷ
④ ㄴ, ㄷ ⑤ ㄱ, ㄴ, ㄷ

5 ★☆☆ | 2024학년도 9월 평가원 2번 |

다음은 핵반응 (가), (나)에 대해 학생 A, B, C가 대화하는 모습을 나타낸 것이다.

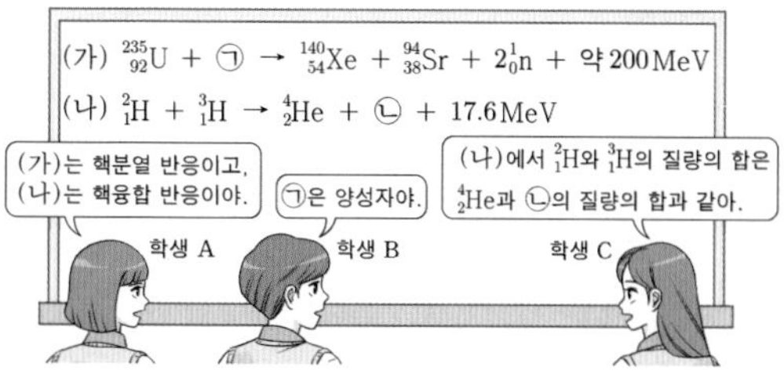

(가) $^{235}_{92}U$ + ㉠ → $^{140}_{54}Xe$ + $^{94}_{38}Sr$ + $2^{1}_{0}n$ + 약 200 MeV
(나) $^{2}_{1}H$ + $^{3}_{1}H$ → $^{4}_{2}He$ + ㉡ + 17.6 MeV
(가)는 핵분열 반응이고, (나)는 핵융합 반응이야.
㉠은 양성자야.
(나)에서 $^{2}_{1}H$와 $^{3}_{1}H$의 질량의 합은 $^{4}_{2}He$과 ㉡의 질량의 합과 같아.
학생 A
학생 B
학생 C

제시한 내용이 옳은 학생만을 있는 대로 고른 것은?

① A ② B ③ A, C
④ B, C ⑤ A, B, C

6 ★☆☆ | 2024학년도 6월 평가원 2번 |

다음은 우리나라의 핵융합 연구 장치에 대한 설명이다.

'한국의 인공 태양'이라 불리는 KSTAR는 바닷물에 풍부한 중수소($^{2}_{1}H$)와 리튬에서 얻은 삼중수소($^{3}_{1}H$)를 고온에서 충돌시켜 다음과 같이 핵융합 에너지를 얻기 위한 연구 장치이다.

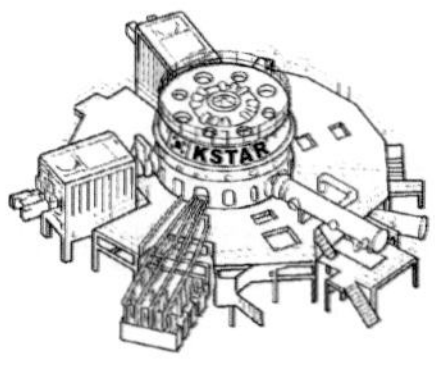

$$^{2}_{1}H + ^{3}_{1}H \longrightarrow ^{4}_{2}He + \boxed{㉠} + ㉡ 에너지$$

이에 대한 설명으로 옳은 것만을 <보기>에서 있는 대로 고른 것은?

보기
ㄱ. $^{2}_{1}H$와 $^{3}_{1}H$는 질량수가 같다.
ㄴ. ㉠은 중성자이다.
ㄷ. ㉡은 질량 결손에 의해 발생한다.

① ㄱ ② ㄴ ③ ㄷ
④ ㄱ, ㄴ ⑤ ㄴ, ㄷ

7 ★☆☆ | 2023학년도 수능 3번 |

다음은 두 가지 핵반응이다. X, Y는 원자핵이다.

(가) $^{2}_{1}H + ^{1}_{1}H \longrightarrow X + 5.49\ MeV$
(나) $X + X \longrightarrow Y + ^{1}_{1}H + ^{1}_{1}H + 12.86\ MeV$

이에 대한 설명으로 옳은 것만을 <보기>에서 있는 대로 고른 것은?

보기
ㄱ. (가)에서 질량 결손에 의해 에너지가 방출된다.
ㄴ. Y는 $^{4}_{2}He$이다.
ㄷ. 양성자수는 Y가 X보다 크다.

① ㄱ ② ㄷ ③ ㄱ, ㄴ
④ ㄴ, ㄷ ⑤ ㄱ, ㄴ, ㄷ

8 ★★☆ | 2023학년도 9월 평가원 6번 |

다음은 두 가지 핵반응이다. A, B는 원자핵이다.

(가) $A + B \longrightarrow ^{4}_{2}He + ^{1}_{0}n + 17.6\ MeV$
(나) $A + A \longrightarrow B + ^{1}_{1}H + 4.03\ MeV$

이에 대한 설명으로 옳은 것만을 <보기>에서 있는 대로 고른 것은?

보기
ㄱ. (가)는 핵분열 반응이다.
ㄴ. (나)에서 질량 결손에 의해 에너지가 방출된다.
ㄷ. 중성자수는 B가 A의 2배이다.

① ㄱ ② ㄴ ③ ㄱ, ㄷ
④ ㄴ, ㄷ ⑤ ㄱ, ㄴ, ㄷ

9 ★☆☆ | 2023학년도 6월 평가원 12번 |

다음은 두 가지 핵반응을, 표는 원자핵 a~d의 질량수와 양성자수를 나타낸 것이다.

(가) a+a ⟶ c+ X +3.3 MeV
(나) a+b ⟶ d+ X +17.6 MeV

원자핵	질량수	양성자수
a	2	㉠
b	3	1
c	3	2
d	㉡	2

이에 대한 설명으로 옳은 것만을 ⟨보기⟩에서 있는 대로 고른 것은?

보기
ㄱ. 질량 결손은 (가)에서가 (나)에서보다 작다.
ㄴ. X는 중성자이다.
ㄷ. ㉡은 ㉠의 4배이다.

① ㄱ ② ㄴ ③ ㄱ, ㄷ
④ ㄴ, ㄷ ⑤ ㄱ, ㄴ, ㄷ

10 ★☆☆ | 2022학년도 수능 2번 |

다음은 두 가지 핵반응이다.

(가) ${}^{235}_{92}U+{}^{1}_{0}n \longrightarrow {}^{141}_{56}Ba+$ ㉠ $+3{}^{1}_{0}n+$약 200 MeV
(나) ${}^{235}_{92}U+$ ㉡ $\longrightarrow {}^{140}_{54}Xe+{}^{94}_{38}Sr+2{}^{1}_{0}n+$약 200 MeV

이에 대한 설명으로 옳은 것만을 ⟨보기⟩에서 있는 대로 고른 것은?

보기
ㄱ. ㉠은 ${}^{94}_{38}Sr$보다 질량수가 크다.
ㄴ. ㉡은 중성자이다.
ㄷ. (가)에서 질량 결손에 의해 에너지가 방출된다.

① ㄱ ② ㄴ ③ ㄱ, ㄷ
④ ㄴ, ㄷ ⑤ ㄱ, ㄴ, ㄷ

11 ★☆☆ | 2022학년도 9월 평가원 2번 |

그림은 주어진 핵반응에 대해 학생 A, B, C가 대화하는 모습을 나타낸 것이다.

${}^{2}_{1}H+{}^{3}_{1}H \rightarrow$ ㉠ $+{}^{1}_{0}n+17.6$ MeV
핵융합 반응이야.
질량 결손에 의한 에너지는 17.6 MeV야.
㉠의 중성자수는 2야.
학생 A
학생 B
학생 C

제시한 내용이 옳은 학생만을 있는 대로 고른 것은?

① A ② C ③ A, B
④ B, C ⑤ A, B, C

12 ★★☆ | 2022학년도 6월 평가원 6번 |

다음은 두 가지 핵반응이다.

(가) ${}^{2}_{1}H+{}^{2}_{1}H \longrightarrow {}^{3}_{2}He+$ ㉠ $+3.27$ MeV
(나) ${}^{2}_{1}H+{}^{2}_{1}H \longrightarrow {}^{3}_{1}H+$ ㉡ $+4.03$ MeV

이에 대한 설명으로 옳은 것만을 ⟨보기⟩에서 있는 대로 고른 것은?

보기
ㄱ. ㉠은 중성자이다.
ㄴ. ㉠과 ㉡은 질량수가 서로 같다.
ㄷ. 질량 결손은 (가)에서가 (나)에서보다 작다.

① ㄱ ② ㄴ ③ ㄱ, ㄷ
④ ㄴ, ㄷ ⑤ ㄱ, ㄴ, ㄷ

01

전자의 에너지 준위

2026학년도 수능 출제 예측

2025학년도 수능, 평가원 분석

수능, 6월, 9월 평가원에서는 일직선상에 놓여 있는 점전하 사이에 작용하는 전기력의 방향과 크기 및 전하량의 종류와 크기를 묻는 문항과 보어의 수소 원자 모형에서 전자가 전이할 때 파장과 진동수의 관계 및 에너지를 묻는 문항이 출제되었다.

2026학년도 수능 예측

두 문제가 출제될 가능성이 있는 단원으로, 내년에도 점전하 사이에 작용하는 전기력에 대하여 묻는 문항과 보어의 수소 원자 모형에서 전자가 전이할 때 파장과 진동수와의 관계 및 에너지를 묻는 문항이 출제될 가능성이 높다.

1 ★☆☆ | 2025학년도 수능 13번 |

그림 (가)는 점전하 A, B를 x축상에 고정하고 음(−)전하 P를 옮기며 x축상에 고정하는 것을 나타낸 것이다. 그림 (나)는 점전하 A~D를 x축상에 고정하고 양(+)전하 R를 옮기며 x축상에 고정하는 것을 나타낸 것이다. A와 D, B와 C, P와 R는 각각 전하량의 크기가 같고, C와 D는 양(+)전하이다. 그림 (다)는 (가)에서 P의 위치 x가 $0<x<3d$인 구간에서 P에 작용하는 전기력을 나타낸 것으로, 전기력의 방향은 $+x$ 방향이 양(+)이다.

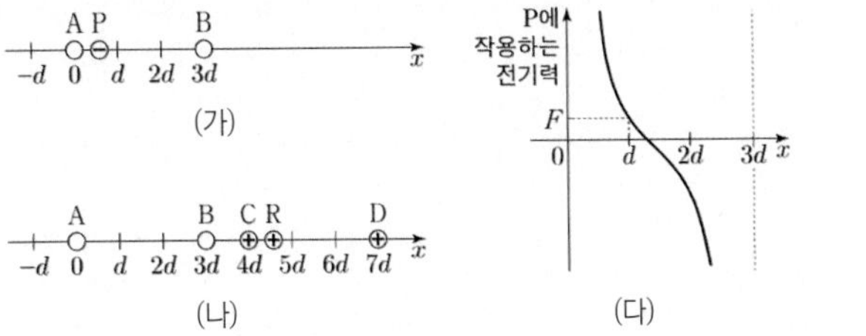

이에 대한 설명으로 옳은 것만을 〈보기〉에서 있는 대로 고른 것은? [3점]

보기
ㄱ. (가)에서 P의 위치가 $x=-d$일 때, P에 작용하는 전기력의 크기는 F보다 크다.
ㄴ. (나)에서 R의 위치가 $x=d$일 때, R에 작용하는 전기력의 방향은 $+x$방향이다.
ㄷ. (나)에서 R의 위치가 $x=6d$일 때, R에 작용하는 전기력의 크기는 F보다 작다.

① ㄱ ② ㄴ ③ ㄱ, ㄷ
④ ㄴ, ㄷ ⑤ ㄱ, ㄴ, ㄷ

2 ★☆☆ | 2025학년도 수능 3번 |

그림은 보어의 수소 원자 모형에서 양자수 n에 따른 에너지 준위의 일부와 전자의 전이 a~d를 나타낸 것이다. a에서 흡수되는 빛의 진동수는 f_a이다.
이에 대한 설명으로 옳은 것만을 〈보기〉에서 있는 대로 고른 것은? [3점]

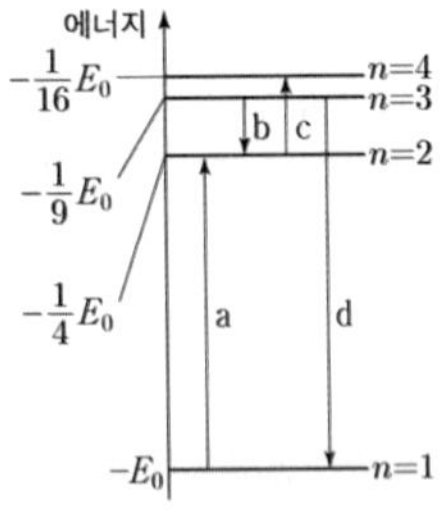

보기
ㄱ. a에서 흡수되는 광자 1개의 에너지는 $\frac{3}{4}E_0$이다.
ㄴ. 방출되는 빛의 파장은 b에서가 d에서보다 짧다.
ㄷ. c에서 흡수되는 빛의 진동수는 $\frac{1}{8}f_a$이다.

① ㄱ ② ㄴ ③ ㄱ, ㄷ
④ ㄴ, ㄷ ⑤ ㄱ, ㄴ, ㄷ

3 ★☆☆ | 2025학년도 9월 평가원 17번 |

그림 (가)와 같이 x축상에 점전하 A, 양(+)전하인 점전하 C를 각각 $x=0$, $x=5d$에 고정하고, 점전하 B를 x축상의 $d\le x\le 3d$인 구간에서 옮기며 고정한다. 그림 (나)는 (가)에서 C에 작용하는 전기력을 B의 위치에 따라 나타낸 것이고, 전기력의 방향은 $+x$방향이 양(+)이다.

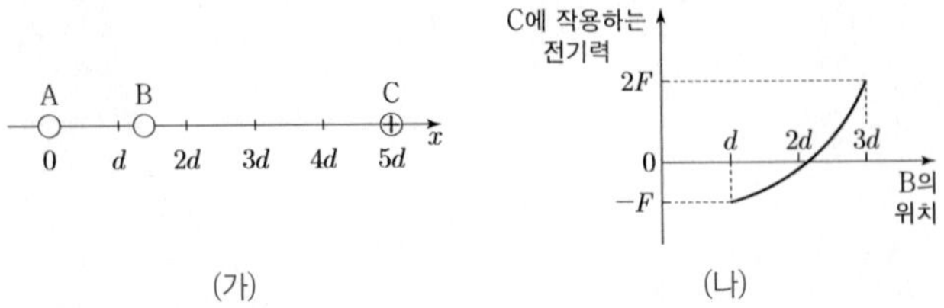

이에 대한 설명으로 옳은 것만을 〈보기〉에서 있는 대로 고른 것은? [3점]

보기
ㄱ. A는 음(−)전하이다.
ㄴ. 전하량의 크기는 A가 B보다 작다.
ㄷ. B가 $x=3d$에 있을 때, B에 작용하는 전기력의 크기는 $2F$보다 작다.

① ㄱ ② ㄴ ③ ㄱ, ㄷ
④ ㄴ, ㄷ ⑤ ㄱ, ㄴ, ㄷ

4 ★☆☆ | 2025학년도 9월 평가원 3번 |

그림은 수소 원자에서 방출되는 빛의 스펙트럼과 보어의 수소 원자 모형에 대한 학생 A, B, C의 대화를 나타낸 것이다.

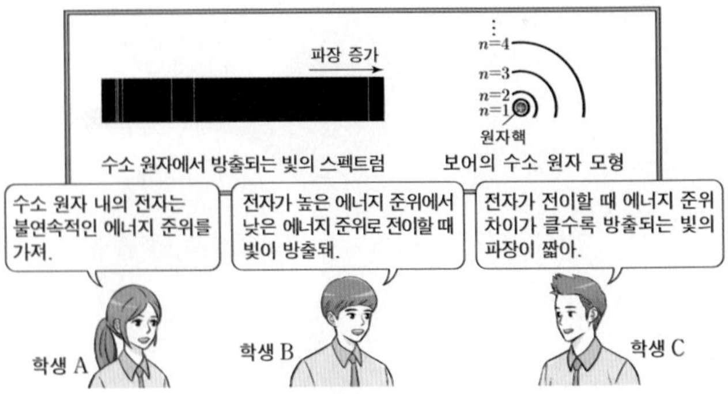

제시한 내용이 옳은 학생만을 있는 대로 고른 것은?

① A ② C ③ A, B
④ B, C ⑤ A, B, C

2권 정답 및 해설 190쪽

5 ★★★ | 2025학년도 6월 평가원 12번 |

그림 (가)는 점전하 A, B, C를 x축상에 고정시킨 모습을, (나)는 (가)에서 A의 위치만 $x=2d$로 옮겨 고정시킨 모습을 나타낸 것이다. 양(+)전하인 C에 작용하는 전기력의 크기는 (가), (나)에서 각각 F, $5F$이고, 방향은 $+x$방향으로 같다. (나)에서 B에 작용하는 전기력의 크기는 $4F$이다.

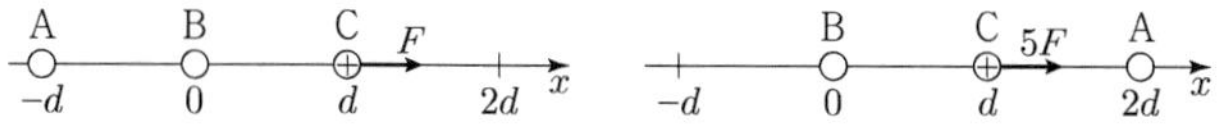

(가) (나)

이에 대한 설명으로 옳은 것만을 〈보기〉에서 있는 대로 고른 것은?

보기
ㄱ. A와 C 사이에는 서로 밀어내는 전기력이 작용한다.
ㄴ. (가)에서 A와 C 사이에 작용하는 전기력의 크기는 $2F$보다 작다.
ㄷ. (나)에서 B에 작용하는 전기력의 방향은 $-x$방향이다.

① ㄱ ② ㄴ ③ ㄷ
④ ㄱ, ㄴ ⑤ ㄴ, ㄷ

6 ★☆☆ | 2025학년도 6월 평가원 3번 |

그림 (가)는 보어의 수소 원자 모형에서 양자수 n에 따른 에너지 준위의 일부와 전자의 전이 a~d를 나타낸 것이다. 그림 (나)는 (가)의 a~d에서 방출되는 빛의 스펙트럼을 파장에 따라 나타낸 것이다.

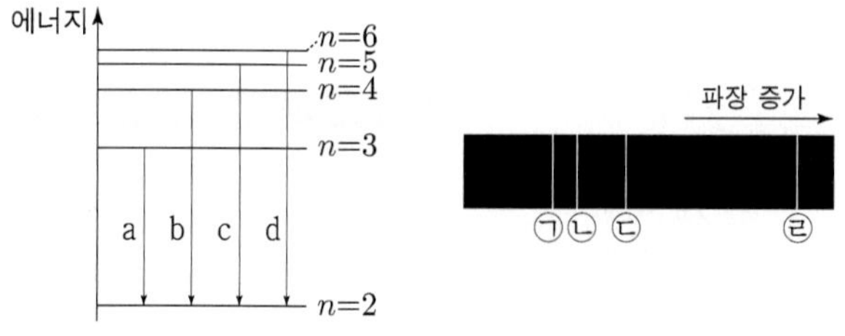

(가) (나)

(나)의 ㉠~㉣에 해당하는 전자의 전이로 옳은 것은?

	㉠	㉡	㉢	㉣
①	a	b	c	d
②	a	c	b	d
③	d	a	b	c
④	d	b	c	a
⑤	d	c	b	a

7 ★☆☆ | 2024학년도 수능 15번 |

그림과 같이 x축상에 점전하 A, B, C를 고정하고, 양(+)전하인 점전하 P를 옮기며 고정한다. P가 $x=2d$에 있을 때, P에 작용하는 전기력의 방향은 $+x$방향이다. B, C는 각각 양(+)전하, 음(−)전하 이고, A, B, C의 전하량의 크기는 같다.

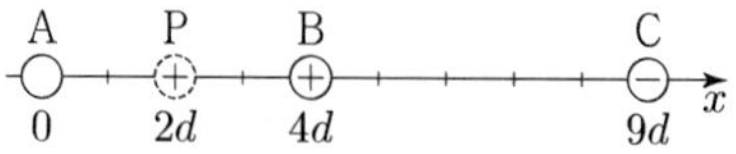

이에 대한 설명으로 옳은 것만을 〈보기〉에서 있는 대로 고른 것은? [3점]

보기
ㄱ. A는 양(+)전하이다.
ㄴ. P가 $x=6d$에 있을 때, P에 작용하는 전기력의 방향은 $+x$방향이다.
ㄷ. P에 작용하는 전기력의 크기는 P가 $x=d$에 있을 때가 $x=5d$에 있을 때보다 작다.

① ㄱ ② ㄷ ③ ㄱ, ㄴ
④ ㄴ, ㄷ ⑤ ㄱ, ㄴ, ㄷ

8 ★★☆ | 2024학년도 수능 4번 |

그림 (가)는 보어의 수소 원자 모형에서 양자수 n에 따른 에너지 준위와 전자의 전이에 따른 스펙트럼 계열 중 라이먼 계열, 발머 계열을 나타낸 것이다. 그림 (나)는 (가)에서 방출되는 빛의 스펙트럼 계열을 파장에 따라 나타낸 것으로 X, Y는 라이먼 계열, 발머 계열 중 하나이고, ㉠과 ㉡은 각 계열에서 파장이 가장 긴 빛의 스펙트럼 선이다.

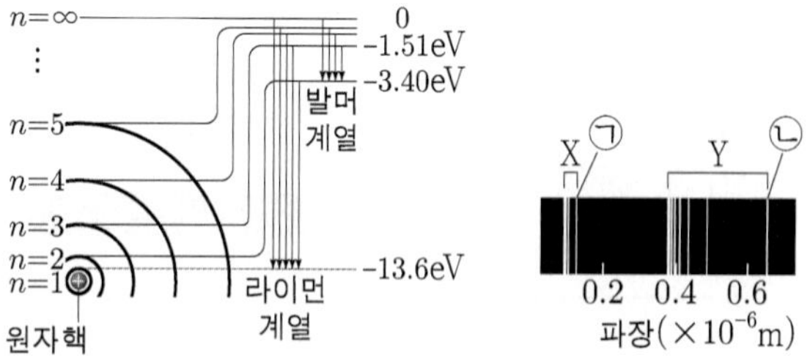

(가) (나)

이에 대한 설명으로 옳은 것만을 〈보기〉에서 있는 대로 고른 것은?

보기
ㄱ. X는 라이먼 계열이다.
ㄴ. 광자 1개의 에너지는 ㉠에서가 ㉡에서보다 작다.
ㄷ. ㉡은 전자가 $n=\infty$에서 $n=2$로 전이할 때 방출되는 빛의 스펙트럼선이다.

① ㄱ ② ㄴ ③ ㄱ, ㄷ
④ ㄴ, ㄷ ⑤ ㄱ, ㄴ, ㄷ

9 ★☆☆ | 2024학년도 9월 **평가원** 18번 |

그림 (가)는 점전하 A, B, C를 x축 상에 고정시킨 것을, (나)는 (가)에서 B의 위치만 $x=3d$로 옮겨 고정시킨 것을 나타낸 것이다. (가)와 (나)에서 양(+)전하인 A에 작용하는 전기력의 방향은 $+x$ 방향으로 같고, C에 작용하는 전기력의 크기는 (가)에서가 (나)에서보다 크다.

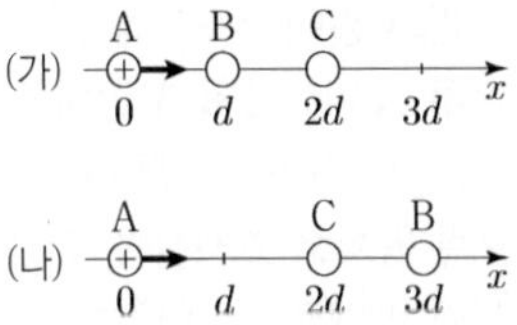

이에 대한 설명으로 옳은 것만을 〈보기〉에서 있는 대로 고른 것은? [3점]

보기

ㄱ. (가)에서 B에 작용하는 전기력의 방향은 $-x$방향이다.
ㄴ. 전하량의 크기는 C가 B보다 크다.
ㄷ. A에 작용하는 전기력의 크기는 (나)에서가 (가)에서보다 크다.

① ㄱ ② ㄴ ③ ㄷ
④ ㄱ, ㄷ ⑤ ㄴ, ㄷ

10 ★☆☆ | 2024학년도 9월 **평가원** 4번 |

그림 (가)는 보어의 수소 원자 모형에서 양자수 n에 따른 에너지 준위의 일부와 전자의 전이 A~D를 나타낸 것이다. 그림 (나)는 (가)의 A, B, C에서 방출되는 빛의 스펙트럼을 파장에 따라 나타낸 것이다.

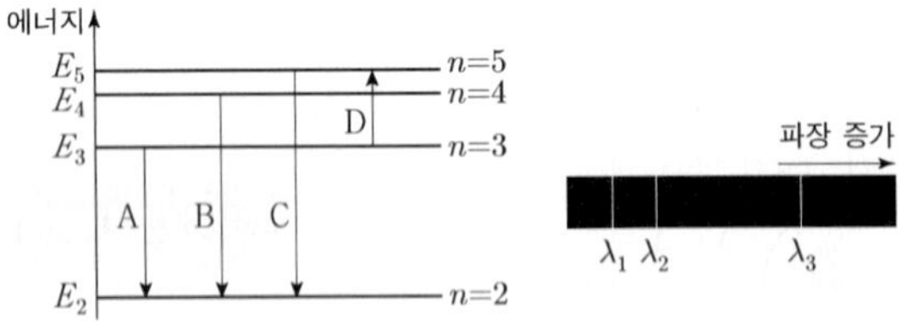

(가) (나)

이에 대한 설명으로 옳은 것만을 〈보기〉에서 있는 대로 고른 것은? (단, 빛의 속력은 c이다.) [3점]

보기

ㄱ. B에서 방출되는 광자 1개의 에너지는 $|E_4-E_2|$이다.
ㄴ. C에서 방출되는 빛의 파장은 λ_1이다.
ㄷ. D에서 흡수되는 빛의 진동수는 $\left(\frac{1}{\lambda_1}+\frac{1}{\lambda_3}\right)c$이다.

① ㄱ ② ㄷ ③ ㄱ, ㄴ
④ ㄴ, ㄷ ⑤ ㄱ, ㄴ, ㄷ

11 ★☆☆ | 2024학년도 6월 **평가원** 10번 |

그림과 같이 점전하 A, B, C를 x축상에 고정하였다. 전하량의 크기는 B가 A의 2배이고, B와 C가 A로부터 받는 전기력의 크기는 F로 같다. A와 B 사이에는 서로 밀어내는 전기력이, A와 C 사이에는 서로 당기는 전기력이 작용한다.

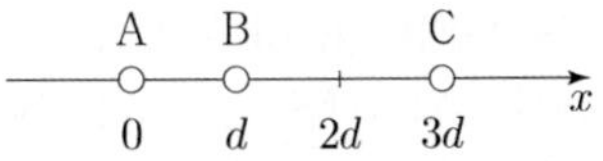

이에 대한 설명으로 옳은 것만을 〈보기〉에서 있는 대로 고른 것은? [3점]

보기

ㄱ. 전하량의 크기는 C가 가장 크다.
ㄴ. B와 C 사이에는 서로 당기는 전기력이 작용한다.
ㄷ. B와 C 사이에 작용하는 전기력의 크기는 F보다 크다.

① ㄱ ② ㄷ ③ ㄱ, ㄴ
④ ㄴ, ㄷ ⑤ ㄱ, ㄴ, ㄷ

12 ★☆☆ | 2024학년도 6월 **평가원** 3번 |

그림 (가)는 보어의 수소 원자 모형에서 양자수 n에 따른 에너지 준위의 일부와 전자의 전이 a~f를 나타낸 것이고, (나)는 a~f에서 방출되는 빛의 스펙트럼을 파장에 따라 나타낸 것이다.

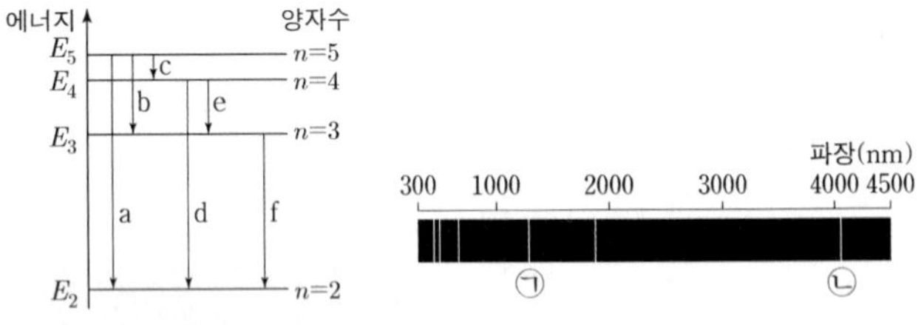

(가) (나)

이에 대한 설명으로 옳은 것만을 〈보기〉에서 있는 대로 고른 것은? (단, h는 플랑크 상수이다.) [3점]

보기

ㄱ. 방출된 빛의 파장은 a에서가 f에서보다 길다.
ㄴ. ㉠은 b에 의해 나타난 스펙트럼선이다.
ㄷ. ㉡에 해당하는 빛의 진동수는 $\frac{|E_5-E_2|}{h}$이다.

① ㄴ ② ㄷ ③ ㄱ, ㄴ
④ ㄱ, ㄷ ⑤ ㄴ, ㄷ

13 ★☆☆

| 2023학년도 **수능** 19번 |

그림 (가)는 점전하 A, B, C를 x축상에 고정시킨 것으로 A, B에 작용하는 전기력의 방향은 같고, B는 양(+)전하이다. 그림 (나)는 (가)에서 $x=3d$에 음(−)전하인 점전하 D를 고정시킨 것으로 B에 작용하는 전기력은 0이다. C에 작용하는 전기력의 크기는 (가)에서가 (나)에서보다 크다.

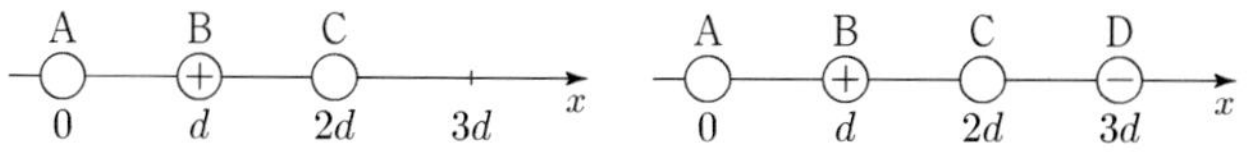

(가) (나)

이에 대한 설명으로 옳은 것만을 〈보기〉에서 있는 대로 고른 것은?

보기

ㄱ. (가)에서 C에 작용하는 전기력의 방향은 $+x$방향이다.
ㄴ. A는 음(−)전하이다.
ㄷ. 전하량의 크기는 A가 C보다 크다.

① ㄱ ② ㄷ ③ ㄱ, ㄴ
④ ㄴ, ㄷ ⑤ ㄱ, ㄴ, ㄷ

14 ★☆☆

| 2023학년도 **수능** 5번 |

그림은 보어의 수소 원자 모형에서 양자수 n에 따른 에너지 준위의 일부와 전자의 전이 a~d를, 표는 a~d에서 흡수 또는 방출되는 광자 1개의 에너지를 나타낸 것이다.

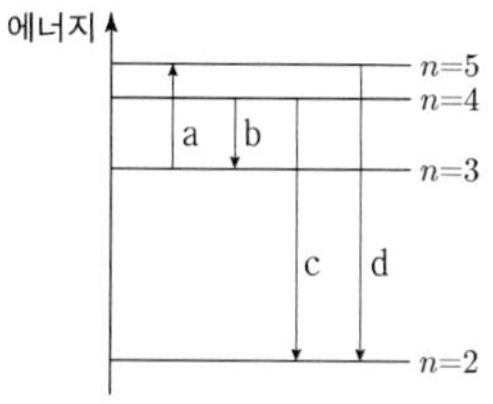

전이	흡수 또는 방출되는 광자 1개의 에너지(eV)
a	0.97
b	0.66
c	㉠
d	2.86

이에 대한 설명으로 옳은 것만을 〈보기〉에서 있는 대로 고른 것은?

보기

ㄱ. a에서는 빛이 방출된다.
ㄴ. 빛의 파장은 b에서가 d에서보다 길다.
ㄷ. ㉠은 2.55이다.

① ㄱ ② ㄴ ③ ㄱ, ㄷ
④ ㄴ, ㄷ ⑤ ㄱ, ㄴ, ㄷ

15 ★★☆

| 2023학년도 9월 **평가원** 19번 |

그림 (가)는 점전하 A, B, C를 x축상에 고정시킨 것으로 양(+)전하인 C에 작용하는 전기력의 방향은 $+x$방향이다. 그림 (나)는 (가)에서 A의 위치만 $x=3d$로 바꾸어 고정시킨 것으로 B, C에 작용하는 전기력의 방향은 $+x$방향으로 같다.

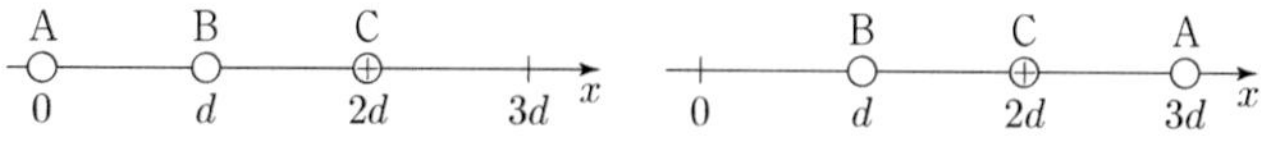

(가) (나)

이에 대한 설명으로 옳은 것만을 〈보기〉에서 있는 대로 고른 것은?

보기

ㄱ. A에 작용하는 전기력의 방향은 (가)에서와 (나)에서가 서로 같다.
ㄴ. 전하량의 크기는 B가 C보다 크다.
ㄷ. (가)에서 B에 작용하는 전기력의 크기는 (나)에서 C에 작용하는 전기력의 크기보다 크다.

① ㄱ ② ㄴ ③ ㄱ, ㄷ
④ ㄴ, ㄷ ⑤ ㄱ, ㄴ, ㄷ

16 ★★☆

| 2023학년도 6월 **평가원** 20번 |

그림과 같이 x축상에 점전하 A, B를 각각 $x=0$, $x=3d$에 고정한다. 양(+)전하인 점전하 P를 x축상에 옮기며 고정할 때, $x=d$에서 P에 작용하는 전기력의 방향은 $+x$방향이고, $x>3d$에서 P에 작용하는 전기력의 방향이 바뀌는 위치가 있다.

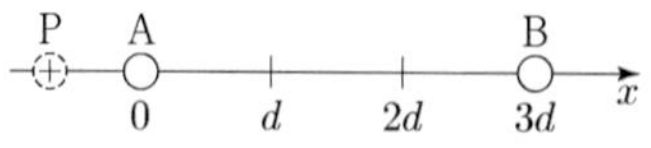

이에 대한 설명으로 옳은 것만을 〈보기〉에서 있는 대로 고른 것은?

보기

ㄱ. A는 양(+)전하이다.
ㄴ. 전하량의 크기는 A가 B보다 작다.
ㄷ. $x<0$에서 P에 작용하는 전기력의 방향이 바뀌는 위치가 있다.

① ㄱ ② ㄴ ③ ㄱ, ㄷ
④ ㄴ, ㄷ ⑤ ㄱ, ㄴ, ㄷ

17 ★☆☆

| 2023학년도 6월 평가원 7번 |

그림 (가)는 보어의 수소 원자 모형에서 양자수 n에 따른 에너지 준위 일부와 전자의 전이 a~d를 나타낸 것이다. 그림 (나)는 a~d에서 방출과 흡수되는 빛의 스펙트럼을 파장에 따라 나타낸 것이다.

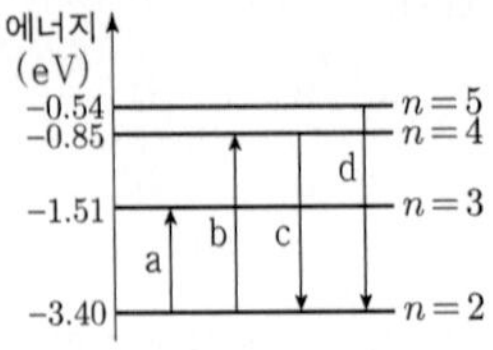

(가)

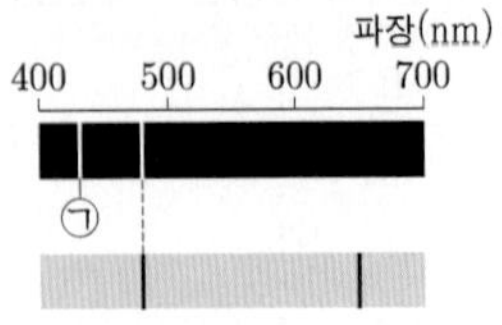

(나)

이에 대한 설명으로 옳은 것만을 <보기>에서 있는 대로 고른 것은?

> 보기
> ㄱ. ㉠은 a에 의해 나타난 스펙트럼선이다.
> ㄴ. b에서 흡수되는 광자 1개의 에너지는 2.55 eV이다.
> ㄷ. 방출되는 빛의 진동수는 c에서가 d에서보다 크다.

① ㄱ ② ㄴ ③ ㄱ, ㄷ
④ ㄴ, ㄷ ⑤ ㄱ, ㄴ, ㄷ

18 ★★★

| 2022학년도 수능 19번 |

그림 (가)와 같이 x축상에 점전하 A~D를 고정하고 양(+)전하인 점전하 P를 옮기며 고정한다. A, B는 전하량이 같은 음(−)전하이고 C, D는 전하량이 같은 양(+)전하이다. 그림 (나)는 P의 위치 x가 $0<x<5d$인 구간에서 P에 작용하는 전기력을 나타낸 것이다.

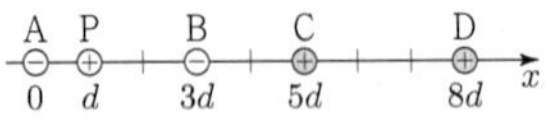

(가)

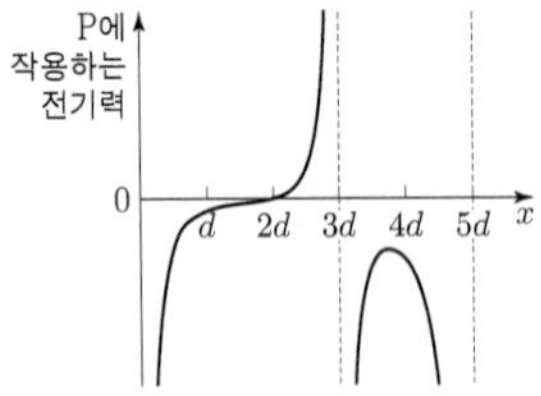

(나)

이에 대한 설명으로 옳은 것만을 <보기>에서 있는 대로 고른 것은?

> 보기
> ㄱ. $x=d$에서 P에 작용하는 전기력의 방향은 $-x$방향이다.
> ㄴ. 전하량의 크기는 A가 C보다 작다.
> ㄷ. $5d<x<6d$인 구간에 P에 작용하는 전기력이 0이 되는 위치가 있다.

① ㄱ ② ㄷ ③ ㄱ, ㄴ
④ ㄴ, ㄷ ⑤ ㄱ, ㄴ, ㄷ

19 ★☆☆

| 2022학년도 수능 5번 |

그림은 보어의 수소 원자 모형에서 양자수 n에 따른 에너지 준위의 일부와 전자의 전이 a, b를 나타낸 것이다. a, b에서 방출되는 빛의 진동수는 각각 f_a, f_b이다.

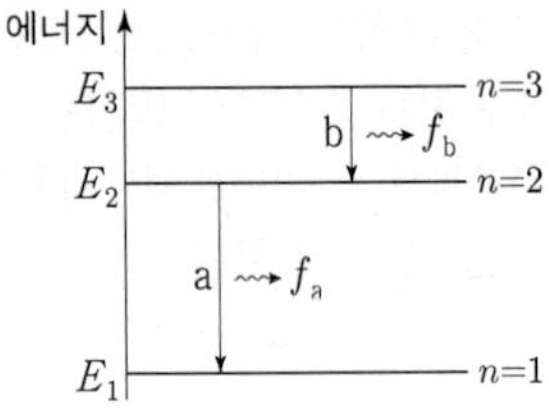

이에 대한 설명으로 옳은 것만을 <보기>에서 있는 대로 고른 것은? (단, 플랑크 상수는 h이다.)

> 보기
> ㄱ. 전자가 원자핵으로부터 받는 전기력의 크기는 $n=1$인 궤도에서가 $n=2$인 궤도에서보다 크다.
> ㄴ. b에서 방출되는 빛은 가시광선이다.
> ㄷ. $f_a+f_b=\frac{|E_3-E_1|}{h}$이다.

① ㄱ ② ㄷ ③ ㄱ, ㄴ
④ ㄴ, ㄷ ⑤ ㄱ, ㄴ, ㄷ

20 ★★★

| 2022학년도 9월 평가원 19번 |

그림 (가)는 점전하 A, B, C를 x축상에 고정시킨 것으로 C에 작용하는 전기력의 방향은 $+x$방향이다. 그림 (나)는 (가)에서 C의 위치만 $x=2d$로 바꾸어 고정시킨 것으로 A에 작용하는 전기력의 크기는 0이고, C에 작용하는 전기력의 방향은 $-x$방향이다. B는 양(+)전하이다.

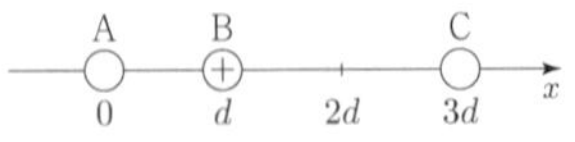

(가)

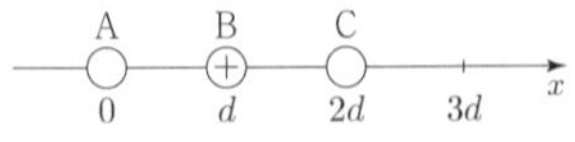

(나)

이에 대한 설명으로 옳은 것만을 <보기>에서 있는 대로 고른 것은?

> 보기
> ㄱ. A는 음(−)전하이다.
> ㄴ. 전하량의 크기는 A가 C보다 크다.
> ㄷ. B에 작용하는 전기력의 방향은 (가)에서와 (나)에서가 같다.

① ㄱ ② ㄴ ③ ㄱ, ㄷ
④ ㄴ, ㄷ ⑤ ㄱ, ㄴ, ㄷ

21 ★★☆

| 2022학년도 9월 평가원 6번 |

그림은 보어의 수소 원자 모형에서 양자수 n에 따른 에너지 준위의 일부와 전자의 전이 a~d를 나타낸 것이다. a~d에서 흡수 또는 방출되는 빛의 파장은 각각 λ_a, λ_b, λ_c, λ_d이다.

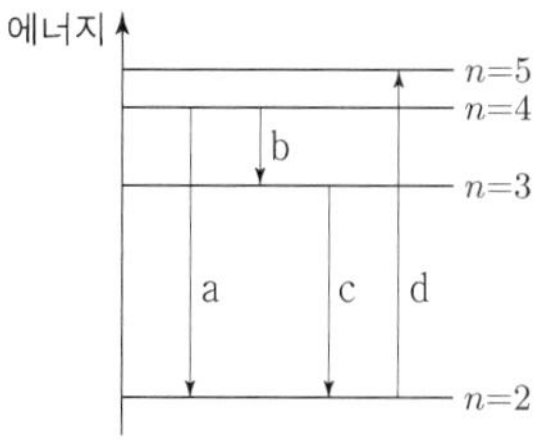

이에 대한 설명으로 옳은 것만을 〈보기〉에서 있는 대로 고른 것은?

〈보기〉
ㄱ. d에서는 빛이 방출된다.
ㄴ. $\lambda_a > \lambda_d$이다.
ㄷ. $\frac{1}{\lambda_a} - \frac{1}{\lambda_b} = \frac{1}{\lambda_c}$이다.

① ㄱ ② ㄴ ③ ㄱ, ㄷ ④ ㄴ, ㄷ ⑤ ㄱ, ㄴ, ㄷ

22 ★★★

| 2022학년도 6월 평가원 19번 |

그림 (가)는 x축상에 고정된 점전하 A, B, C를 나타낸 것으로 B에 작용하는 전기력의 방향은 $+x$방향이고, C에 작용하는 전기력은 0이다. 그림 (나)는 (가)에서 A, B의 위치만 바꾸어 고정시킨 것을 나타낸 것이다. A는 양(+)전하이다.

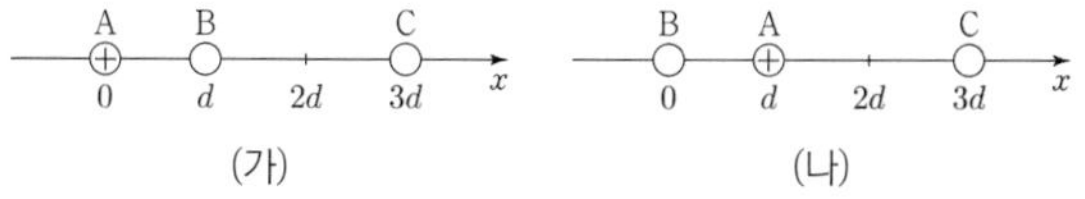

이에 대한 설명으로 옳은 것만을 〈보기〉에서 있는 대로 고른 것은?

〈보기〉
ㄱ. 전하량의 크기는 B가 C보다 작다.
ㄴ. A에 작용하는 전기력의 방향은 (가)에서와 (나)에서가 같다.
ㄷ. (나)에서 A에 작용하는 전기력의 크기는 B에 작용하는 전기력의 크기보다 크다.

① ㄱ ② ㄷ ③ ㄱ, ㄴ ④ ㄴ, ㄷ ⑤ ㄱ, ㄴ, ㄷ

23 ★☆☆

| 2022학년도 6월 평가원 7번 |

그림은 보어의 수소 원자 모형에서 양자수 n에 따른 전자의 궤도 일부와 전자의 전이 a, b, c를, 표는 n에 따른 에너지를 나타낸 것이다. a, b, c에서 방출되는 빛의 진동수는 각각 f_a, f_b, f_c이다.

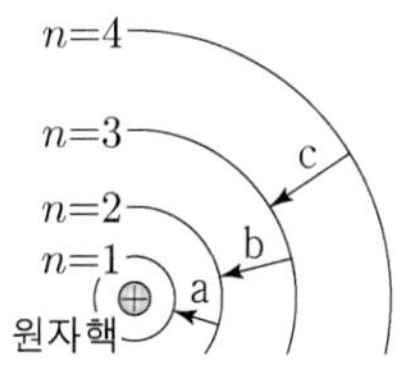

양자수	에너지(eV)
$n=1$	-13.6
$n=2$	-3.40
$n=3$	-1.51
$n=4$	-0.85

이에 대한 설명으로 옳은 것만을 〈보기〉에서 있는 대로 고른 것은?

〈보기〉
ㄱ. 방출되는 빛의 파장은 a에서가 b에서보다 짧다.
ㄴ. $f_a < f_b + f_c$이다.
ㄷ. 전자가 원자핵으로부터 받는 전기력의 크기는 $n=2$일 때가 $n=3$일 때보다 작다.

① ㄱ ② ㄷ ③ ㄱ, ㄴ ④ ㄴ, ㄷ ⑤ ㄱ, ㄴ, ㄷ

24 ★★☆

| 2021학년도 수능 19번 |

그림 (가)와 같이 x축상에 점전하 A, B, C를 같은 간격으로 고정시켰더니 양(+)전하 A에 작용하는 전기력이 0이 되었다. 그림 (나)와 같이 (가)의 C를 $-x$방향으로 옮겨 고정시켰더니 B에 작용하는 전기력이 0이 되었다.

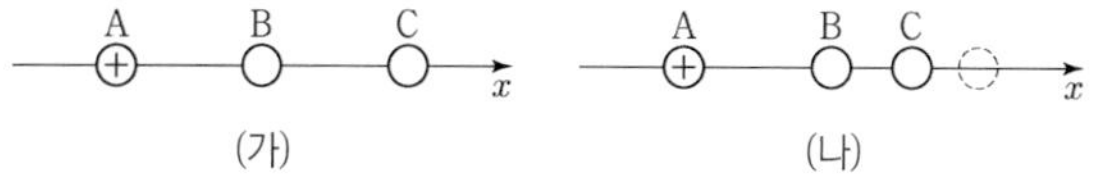

이에 대한 설명으로 옳은 것만을 〈보기〉에서 있는 대로 고른 것은? [3점]

〈보기〉
ㄱ. C는 양(+)전하이다.
ㄴ. 전하량의 크기는 B가 A보다 크다.
ㄷ. (가)에서 C에 작용하는 전기력의 방향은 $-x$방향이다.

① ㄱ ② ㄴ ③ ㄱ, ㄷ ④ ㄴ, ㄷ ⑤ ㄱ, ㄴ, ㄷ

25 ★☆☆

| 2021학년도 수능 8번 |

그림 (가)는 보어의 수소 원자 모형에서 양자수 n에 따른 에너지 준위의 일부와 전자의 전이 a~d를 나타낸 것이다. 그림 (나)는 (가)의 b, c, d에서 방출되는 빛의 스펙트럼을 파장에 따라 나타낸 것이고, ㉠은 c에 의해 나타난 스펙트럼선이다.

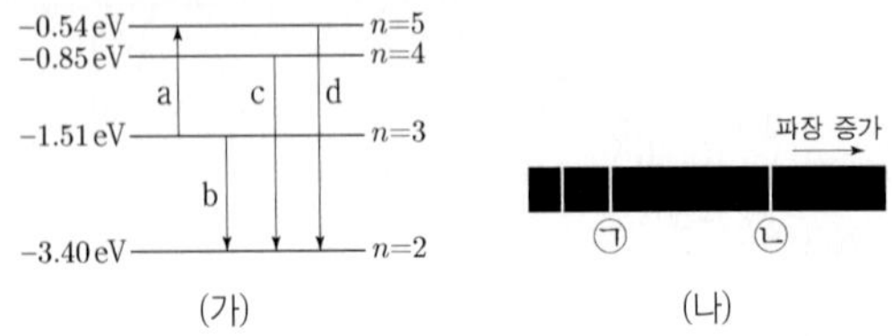

이에 대한 설명으로 옳은 것만을 〈보기〉에서 있는 대로 고른 것은?

보기

ㄱ. a에서 흡수되는 광자 1개의 에너지는 1.51 eV이다.
ㄴ. 방출되는 빛의 진동수는 c에서가 b에서보다 크다.
ㄷ. ㉡은 d에 의해 나타난 스펙트럼선이다.

① ㄱ ② ㄴ ③ ㄱ, ㄷ
④ ㄴ, ㄷ ⑤ ㄱ, ㄴ, ㄷ

26 ★★★

| 2021학년도 9월 평가원 19번 |

그림 (가), (나), (다)는 점전하 A, B, C가 x축 상에 고정되어 있는 세 가지 상황을 나타낸 것이다. (가)에서는 양(+)전하인 C에 $+x$ 방향으로 크기가 F인 전기력이, A에는 크기가 $2F$인 전기력이 작용한다. (나)에서는 C에 $+x$방향으로 크기가 $2F$인 전기력이 작용한다.

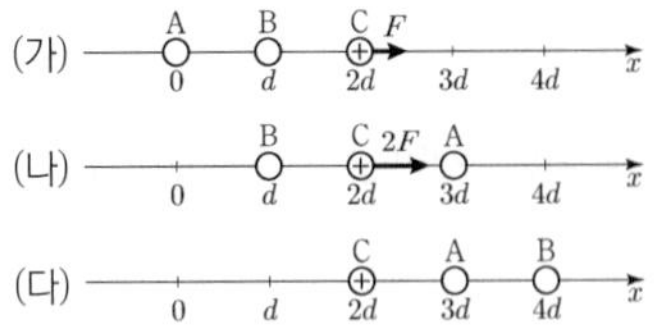

(다)에서 A에 작용하는 전기력의 크기와 방향으로 옳은 것은?

	크기	방향		크기	방향
①	$\frac{F}{2}$	$+x$	②	$\frac{F}{2}$	$-x$
③	F	$+x$	④	F	$-x$
⑤	$2F$	$+x$			

II
물질과
전자기장

02

에너지띠와 반도체

2026학년도 수능 출제 예측

2025학년도 수능, 평가원 분석

6월과 9월, 수능에서는 p-n 접합 다이오드의 연결에 따른 정류 작용에 대하여 묻는 문항이 출제되었다.

2026학년도 수능 예측

한 문제 이상 출제가 될 가능성이 있는 단원으로, 내년에는 에너지띠 구조와 연관하여 반도체에 대하여 묻는 문항이나 다이오드에서 반도체의 원리를 함께 묻는 문항이 출제될 가능성이 높다.

1 ★☆☆ | 2025학년도 수능 12번 |

다음은 p−n 접합 다이오드의 특성을 알아보는 실험이다.

[실험 과정]

(가) 그림과 같이 전압이 같은 직류 전원 2개, 스위치, 동일한 p−n 접합 다이오드 4개, 저항, 검류계를 이용하여 회로를 구성한다. X, Y는 p형 반도체와 n형 반도체를 순서 없이 나타낸 것이다.

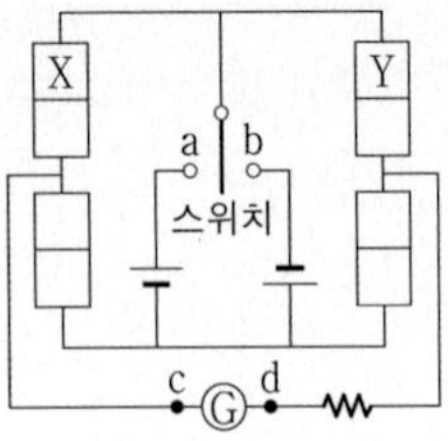

(나) 스위치를 a 또는 b에 연결하고, 검류계를 관찰한다.

[실험 결과]

스위치	전류의 흐름	전류의 방향
a에 연결	흐른다.	c → Ⓖ → d
b에 연결	흐른다.	㉠

이에 대한 설명으로 옳은 것만을 〈보기〉에서 있는 대로 고른 것은?

보기

ㄱ. X는 p형 반도체이다.

ㄴ. ㉠은 'd → Ⓖ → c'이다.

ㄷ. 스위치를 b에 연결하면 Y에서 전자는 p−n 접합면으로부터 멀어진다.

① ㄱ ② ㄷ ③ ㄱ, ㄴ
④ ㄴ, ㄷ ⑤ ㄱ, ㄴ, ㄷ

2 ★☆☆ | 2025학년도 9월 평가원 13번 |

다음은 p−n 접합 발광 다이오드(LED)와 고체 막대를 이용한 회로에 대한 실험이다.

[실험 과정]

(가) 그림과 같이 전압이 같은 직류 전원 2개, 저항, 동일한 LED D_1~D_4, 고체 막대 X와 Y, 스위치 S_1과 S_2를 이용하여 회로를 구성한다. X와 Y는 도체와 절연체를 순서 없이 나타낸 것이다.

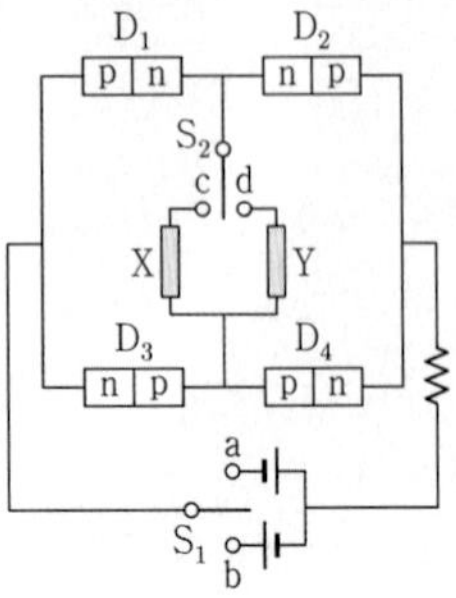

(나) S_1을 a 또는 b에 연결하고 S_2를 c 또는 d에 연결하며 D_1~D_4에서 빛의 방출 여부를 관찰한다.

[실험 결과]

S_1	S_2	빛이 방출된 LED
a에 연결	c에 연결	없음
	d에 연결	D_2, D_3
b에 연결	c에 연결	없음
	d에 연결	㉠

이에 대한 설명으로 옳은 것만을 〈보기〉에서 있는 대로 고른 것은? [3점]

보기

ㄱ. X는 절연체이다.

ㄴ. ㉠은 D_1, D_4이다.

ㄷ. S_1을 a에 연결하고 S_2를 d에 연결했을 때, D_1에는 순방향 전압이 걸린다.

① ㄱ ② ㄷ ③ ㄱ, ㄴ
④ ㄴ, ㄷ ⑤ ㄱ, ㄴ, ㄷ

3 ★☆☆

| 2025학년도 6월 **평가원** 16번 |

다음은 p−n 접합 다이오드를 이용한 회로에 대한 실험이다.

[실험 과정]

(가) 그림과 같이 전압이 같은 직류 전원 2개, 저항, 동일한 p−n 접합 다이오드 A와 B, 스위치 S_1과 S_2, 전류계를 이용하여 회로를 구성한다. X는 p형 반도체와 n형 반도체 중 하나이다.

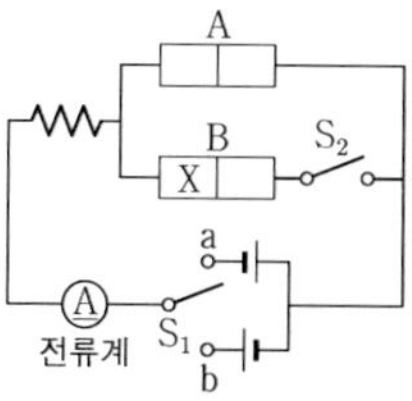

(나) S_1과 S_2의 연결 상태를 바꾸어 가며 전류계에 흐르는 전류의 세기를 측정한다.

[실험 결과]

S_1	S_2	전류의 세기
a에 연결	열림	㉠
	닫힘	I_0
b에 연결	열림	0
	닫힘	I_0

이에 대한 설명으로 옳은 것만을 〈보기〉에서 있는 대로 고른 것은?

보기

ㄱ. X는 p형 반도체이다.

ㄴ. S_1을 b에 연결했을 때, A에는 순방향 전압이 걸린다.

ㄷ. ㉠은 I_0이다.

① ㄱ ② ㄴ ③ ㄷ
④ ㄱ, ㄷ ⑤ ㄴ, ㄷ

4 ★☆☆

| 2024학년도 **수능** 13번 |

그림 (가)는 동일한 p−n 접합 발광 다이오드(LED) A와 B, 고체 막대 P와 Q로 회로를 구성하고, 스위치를 a 또는 b에 연결할 때 A, B의 빛의 방출 여부를 나타낸 것이다. P, Q는 도체와 절연체를 순서 없이 나타낸 것이고, Y는 p형 반도체와 n형 반도체 중 하나이다. 그림 (나)의 ㉠, ㉡은 각각 P 또는 Q의 에너지띠 구조를 나타낸 것으로 음영으로 표시된 부분까지 전자가 채워져 있다.

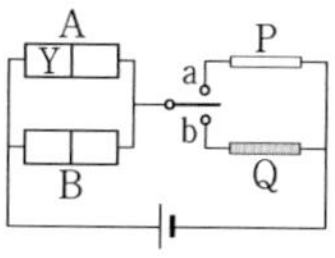

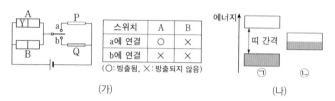

스위치	A	B
a에 연결	○	×
b에 연결	×	×

(○: 방출됨, ×: 방출되지 않음)

(가)

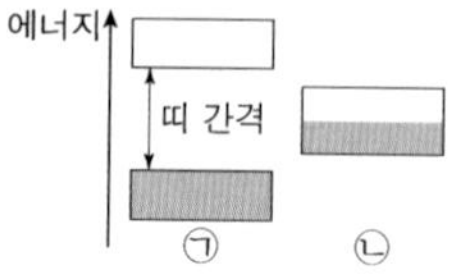

(나)

이에 대한 설명으로 옳은 것만을 〈보기〉에서 있는 대로 고른 것은? [3점]

보기

ㄱ. Y는 주로 양공이 전류를 흐르게 하는 반도체이다.

ㄴ. (나)의 ㉠은 Q의 에너지띠 구조이다.

ㄷ. 스위치를 a에 연결하면 B의 n형 반도체에 있는 전자는 p−n 접합면으로 이동한다.

① ㄱ ② ㄷ ③ ㄱ, ㄴ
④ ㄴ, ㄷ ⑤ ㄱ, ㄴ, ㄷ

5 ☆☆☆ | 2024학년도 9월 평가원 11번 |

다음은 p−n 접합 다이오드의 특성을 알아보는 실험이다.

[실험 과정]

(가) 그림과 같이 직류 전원, 동일한 p−n 접합 다이오드 A, B, p−n 접합 발광 다이오드(LED), 스위치 S_1, S_2를 이용하여 회로를 구성한다. X는 p형 반도체와 n형 반도체 중 하나이다.

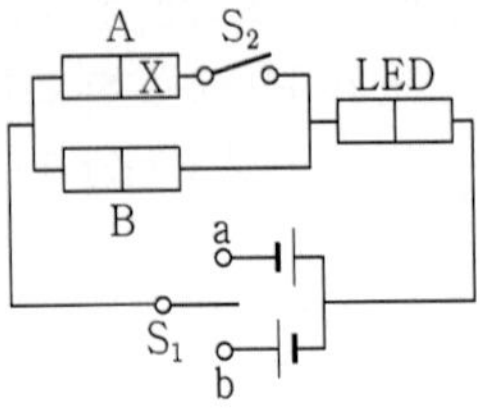

(나) S_1을 a 또는 b에 연결하고, S_2를 열고 닫으며 LED에서 빛의 방출 여부를 관찰한다.

[실험 결과]

S_1	S_2	LED에서 빛의 방출 여부
a에 연결	열림	방출되지 않음
	닫힘	방출됨
b에 연결	열림	방출되지 않음
	닫힘	㉠

이에 대한 설명으로 옳은 것만을 〈보기〉에서 있는 대로 고른 것은? [3점]

보기
ㄱ. A의 X는 주로 양공이 전류를 흐르게 하는 반도체이다.
ㄴ. S_1을 a에 연결하고 S_2를 열었을 때, B에는 순방향 전압이 걸린다.
ㄷ. ㉠은 '방출됨'이다.

① ㄱ ② ㄴ ③ ㄷ
④ ㄱ, ㄴ ⑤ ㄱ, ㄷ

6 ☆☆☆ | 2024학년도 6월 평가원 11번 |

다음은 p−n 접합 발광 다이오드(LED)의 특성을 알아보기 위한 실험이다.

[실험 과정]

(가) 그림과 같이 동일한 LED A~D, 저항, 스위치, 직류 전원으로 회로를 구성한다. X는 p형 반도체와 n형 반도체 중 하나이다.

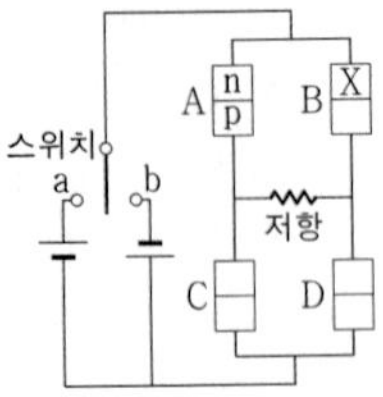

(나) 스위치를 a 또는 b에 연결하고, C, D에서 빛의 방출 여부를 관찰한다.

[실험 결과]

스위치	C에서 빛의 방출 여부	D에서 빛의 방출 여부
a에 연결	방출됨	방출되지 않음
b에 연결	방출되지 않음	방출됨

이에 대한 설명으로 옳은 것만을 〈보기〉에서 있는 대로 고른 것은?

보기
ㄱ. 스위치를 a에 연결하면 A에는 역방향 전압이 걸린다.
ㄴ. B의 X는 n형 반도체이다.
ㄷ. 스위치를 b에 연결하면 D의 p형 반도체에 있는 양공이 p−n 접합면에서 멀어진다.

① ㄱ ② ㄴ ③ ㄱ, ㄷ
④ ㄴ, ㄷ ⑤ ㄱ, ㄴ, ㄷ

7 ★☆☆ | 2023학년도 수능 15번 |

다음은 p-n 접합 다이오드의 특성을 알아보는 실험이다.

[실험 과정]

(가) 그림과 같이 직류 전원 2개, 스위치 S_1, S_2, p-n 접합 다이오드 A, A와 동일한 다이오드 3개, 저항, 검류계로 회로를 구성한다. X는 p형 반도체와 n형 반도체 중 하나이다.

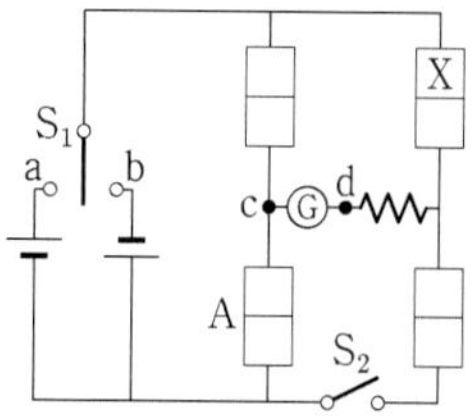

(나) S_1을 a 또는 b에 연결하고, S_2를 열고 닫으며 검류계를 관찰한다.

[실험 결과]

S_1	S_2	전류 흐름
㉠	열기	흐르지 않는다.
	닫기	c → Ⓖ → d로 흐른다.
㉡	열기	c → Ⓖ → d로 흐른다.
	닫기	c → Ⓖ → d로 흐른다.

이에 대한 설명으로 옳은 것만을 〈보기〉에서 있는 대로 고른 것은? [3점]

〈보기〉
ㄱ. X는 n형 반도체이다.
ㄴ. 'b에 연결'은 ㉠에 해당한다.
ㄷ. S_1을 a에 연결하고 S_2를 닫으면 A에는 순방향 전압이 걸린다.

① ㄱ ② ㄴ ③ ㄱ, ㄷ
④ ㄴ, ㄷ ⑤ ㄱ, ㄴ, ㄷ

8 ★★★ | 2023학년도 9월 평가원 17번 |

다음은 p-n 접합 다이오드를 이용한 회로에 대한 실험이다.

[실험 과정]

(가) 그림 Ⅰ과 같이 p-n 접합 다이오드 X, X와 동일한 다이오드 3개, 전원 장치, 스위치, 검류계, 저항, 오실로스코프가 연결된 회로를 구성한다.

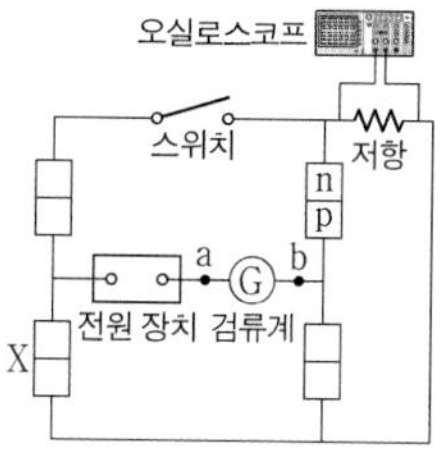

그림 Ⅰ

(나) 스위치를 닫는다.

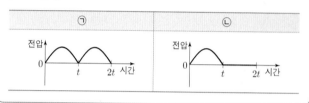

(다) 전원 장치에서 그림 Ⅱ와 같은 전압을 발생시키고, 저항에 걸리는 전압을 오실로스코프로 관찰한다.

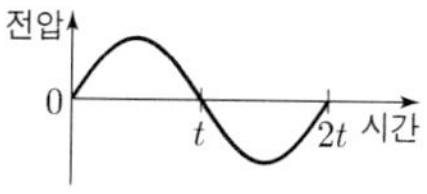

그림 Ⅱ

(라) 스위치를 열고 (다)를 반복한다.

[실험 결과]

㉠
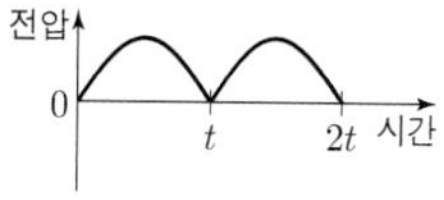

㉡
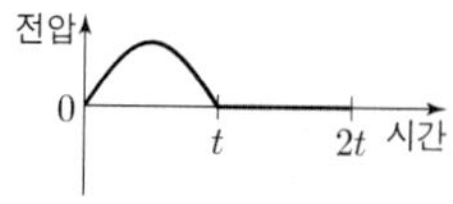

이에 대한 설명으로 옳은 것만을 〈보기〉에서 있는 대로 고른 것은? [3점]

〈보기〉
ㄱ. ㉠은 (다)의 결과이다.
ㄴ. (다)에서 $0 \sim t$일 때, 전류의 방향은 b → Ⓖ → a이다.
ㄷ. (라)에서 $t \sim 2t$일 때, X에는 순방향 전압이 걸린다.

① ㄱ ② ㄴ ③ ㄱ, ㄷ
④ ㄴ, ㄷ ⑤ ㄱ, ㄴ, ㄷ

9 ★☆☆ | 2023학년도 6월 평가원 5번 |

그림은 고체 A, B의 에너지띠 구조를 나타낸 것이다. A, B에서 전도띠의 전자가 원자가 띠로 전이하며 빛이 방출된다.

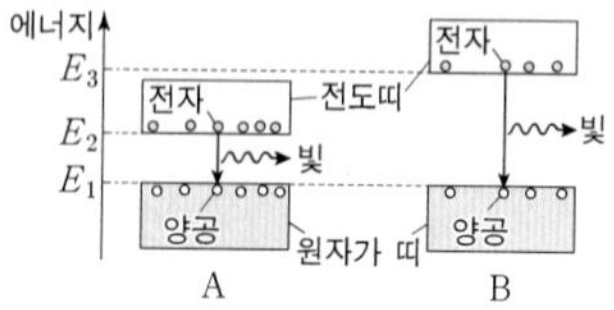

이에 대한 설명으로 옳은 것만을 〈보기〉에서 있는 대로 고른 것은? [3점]

〈보기〉
ㄱ. A에서 방출된 광자 1개의 에너지는 $E_2 - E_1$보다 작다.
ㄴ. 띠 간격은 A가 B보다 작다.
ㄷ. 방출된 빛의 파장은 A에서가 B에서보다 짧다.

① ㄱ ② ㄴ ③ ㄱ, ㄷ
④ ㄴ, ㄷ ⑤ ㄱ, ㄴ, ㄷ

10 ★★☆ | 2022학년도 수능 10번 |

다음은 p−n 접합 다이오드의 특성을 알아보는 실험이다.

[실험 과정]

(가) 그림과 같이 동일한 p−n 접합 다이오드 4개, 스위치 S_1, S_2, 집게 전선 a, b가 포함된 회로를 구성한다. Y는 p형 반도체와 n형 반도체 중 하나이다.

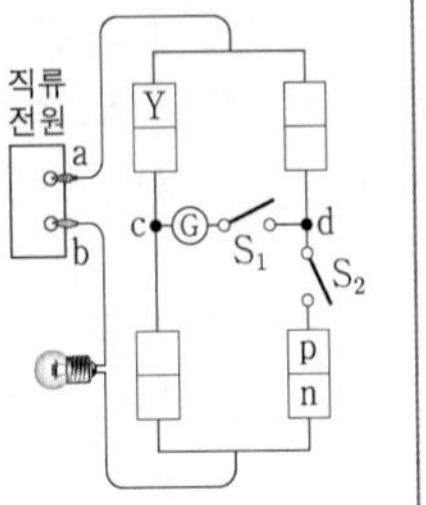

(나) S_1, S_2를 열고 전구와 검류계를 관찰한다.

(다) (나)에서 S_1만 닫고 전구와 검류계를 관찰한다.

(라) a, b를 직류 전원의 (+), (−) 단자에 서로 바꾸어 연결한 후, S_1, S_2를 닫고 전구와 검류계를 관찰한다.

[실험 결과]

과정	전구	전류의 방향
(나)	×	해당 없음
(다)	○	$c \rightarrow S_1 \rightarrow d$
(라)	○	㉠

(○: 켜짐, ×: 켜지지 않음)

이에 대한 설명으로 옳은 것만을 〈보기〉에서 있는 대로 고른 것은? [3점]

보기

ㄱ. Y는 p형 반도체이다.

ㄴ. (나)에서 a는 (+) 단자에 연결되어 있다.

ㄷ. ㉠은 '$d \rightarrow S_1 \rightarrow c$'이다.

① ㄱ ② ㄴ ③ ㄱ, ㄷ
④ ㄴ, ㄷ ⑤ ㄱ, ㄴ, ㄷ

11 ★☆☆ | 2022학년도 6월 평가원 3번 |

그림은 학생 A, B, C가 도체, 반도체, 절연체를 각각 대표하는 세 가지 고체의 전기 전도도와 에너지띠 구조에 대해 대화하는 모습을 나타낸 것이다.

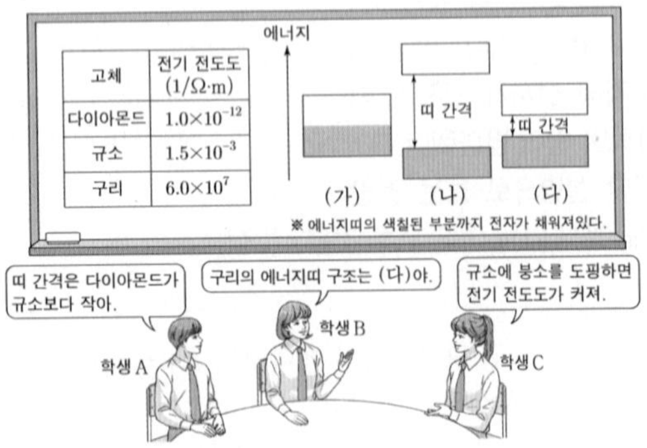

제시한 내용이 옳은 학생만을 있는 대로 고른 것은? [3점]

① A ② B ③ C
④ A, B ⑤ B, C

12 ★☆☆ | 2021학년도 수능 4번 |

다음은 물질의 전기 전도도에 대한 실험이다.

[실험 과정]

(가) 물질 X로 이루어진 원기둥 모양의 막대 a, b, c를 준비한다.

(나) a, b, c의 [㉠]과/와 길이를 측정한다.

(다) 저항 측정기를 이용하여 a, b, c의 저항값을 측정한다.

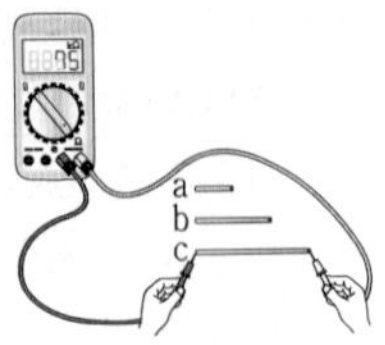

(라) (나)와 (다)의 측정값을 이용하여 X의 전기 전도도를 구한다.

[실험 결과]

막대	㉠(cm^2)	길이(cm)	저항값(kΩ)	전기 전도도 (1/Ω·m)
a	0.20	1.0	㉡	2.0×10^{-2}
b	0.20	2.0	50	2.0×10^{-2}
c	0.20	3.0	75	2.0×10^{-2}

이에 대한 설명으로 옳은 것만을 〈보기〉에서 있는 대로 고른 것은? [3점]

보기

ㄱ. 단면적은 ㉠에 해당한다.

ㄴ. ㉡은 50보다 크다.

ㄷ. X의 전기 전도도는 막대의 길이에 관계없이 일정하다.

① ㄱ ② ㄴ ③ ㄱ, ㄷ
④ ㄴ, ㄷ ⑤ ㄱ, ㄴ, ㄷ

13 ★★☆

| 2021학년도 9월 평가원 5번 |

다음은 물질 A, B, C의 전기 전도도를 알아보기 위한 탐구이다.

[자료 조사 결과]

• A, B, C는 각각 도체와 반도체 중 하나이다.

• 에너지띠의 색칠된 부분까지 전자가 채워져 있다.

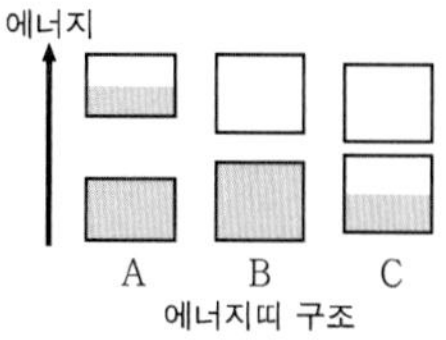

[실험 과정]

(가) 그림과 같이 저항 측정기에 A, B, C를 연결하여 저항을 측정한다.

(나) 측정한 저항값을 이용하여 A, B, C의 전기 전도도를 구한다.

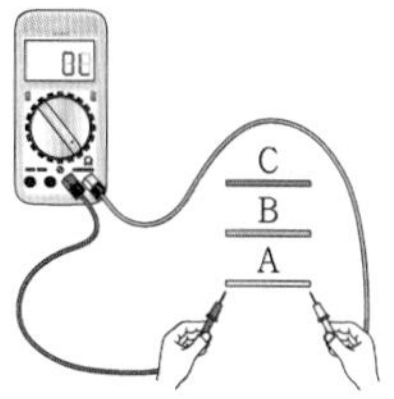

[실험 결과]

물질	A	B	C
전기 전도도(1/Ω·m)	6.0×10^{7}	2.2	㉠

이에 대한 설명으로 옳은 것만을 <보기>에서 있는 대로 고른 것은? [3점]

보기

ㄱ. ㉠에 해당하는 값은 2.2보다 작다.

ㄴ. A에서는 주로 양공이 전류를 흐르게 한다.

ㄷ. B에 도핑을 하면 전기 전도도가 커진다.

① ㄱ ② ㄷ ③ ㄱ, ㄴ ④ ㄴ, ㄷ ⑤ ㄱ, ㄴ, ㄷ

14 ★☆☆

| 2020학년도 수능 3번 |

그림은 상온에서 고체 A와 B의 에너지띠 구조를 나타낸 것이다. A와 B는 반도체와 절연체를 순서 없이 나타낸 것이다.

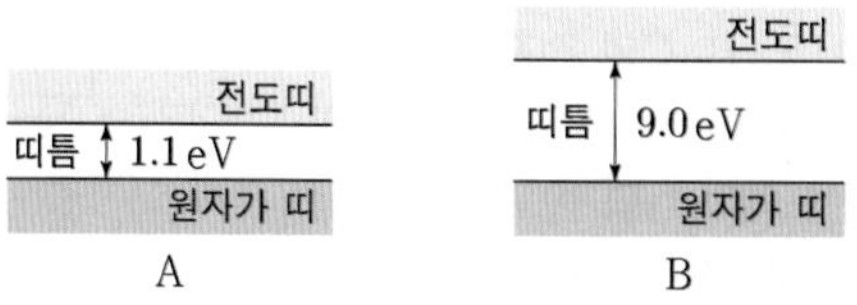

이에 대한 설명으로 옳은 것만을 <보기>에서 있는 대로 고른 것은? [3점]

보기

ㄱ. A는 반도체이다.

ㄴ. 전기 전도성은 A가 B보다 좋다.

ㄷ. 단위 부피당 전도띠에 있는 전자 수는 A가 B보다 많다.

① ㄱ ② ㄷ ③ ㄱ, ㄴ ④ ㄴ, ㄷ ⑤ ㄱ, ㄴ, ㄷ

15 ★☆☆

| 2021학년도 6월 평가원 10번 |

그림은 동일한 전지, 동일한 전구 P와 Q, 전기 소자 X와 Y를 이용하여 구성한 회로를 나타낸 것이고, 표는 스위치를 연결하는 위치에 따라 P, Q가 켜지는지를 나타낸 것이다. X, Y는 저항, 다이오드를 순서 없이 나타낸 것이다.

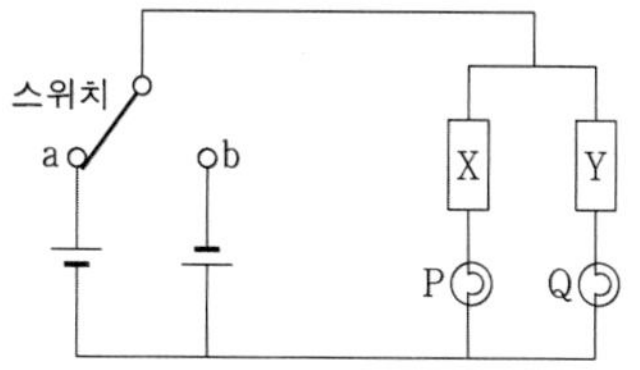

스위치 연결 위치	전구	
	P	Q
a	○	○
b	○	×

○: 켜짐, ×: 켜지지 않음

이에 대한 설명으로 옳은 것만을 <보기>에서 있는 대로 고른 것은?

보기

ㄱ. X는 저항이다.

ㄴ. 스위치를 a에 연결하면 다이오드에 순방향으로 전압이 걸린다.

ㄷ. Y는 정류 작용을 하는 전기 소자이다.

① ㄱ ② ㄴ ③ ㄱ, ㄷ ④ ㄴ, ㄷ ⑤ ㄱ, ㄴ, ㄷ

16 ★☆☆

| 2020학년도 9월 평가원 5번 |

그림 (가), (나)는 반도체의 원자가띠와 전도띠 사이에서 전자가 전이하는 과정을 나타낸 것이다. (나)에서는 광자가 방출된다.

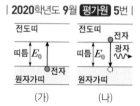

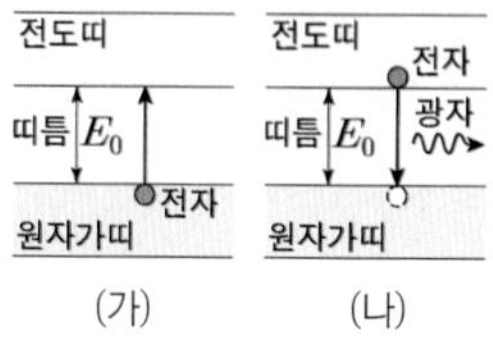

이에 대한 설명으로 옳은 것만을 <보기>에서 있는 대로 고른 것은? [3점]

보기

ㄱ. (가)에서 전자는 에너지를 흡수한다.

ㄴ. (나)에서 방출되는 광자의 에너지는 E_0보다 작다.

ㄷ. (나)에서 원자가띠에 있는 전자의 에너지는 모두 같다.

① ㄱ ② ㄴ ③ ㄱ, ㄷ ④ ㄴ, ㄷ ⑤ ㄱ, ㄴ, ㄷ

17 ★☆☆ | 2020학년도 9월 평가원 10번 |

다음은 p-n 접합 다이오드의 특성을 알아보기 위한 실험이다.

[실험 과정]

(가) 그림과 같이 p-n 접합 다이오드 A와 B, 저항, 오실로스코프 Ⅰ과 Ⅱ, 스위치, 직류 전원, 교류 전원이 연결된 회로를 구성한다. X, Y는 각각 p형 반도체와 n형 반도체 중 하나이다.

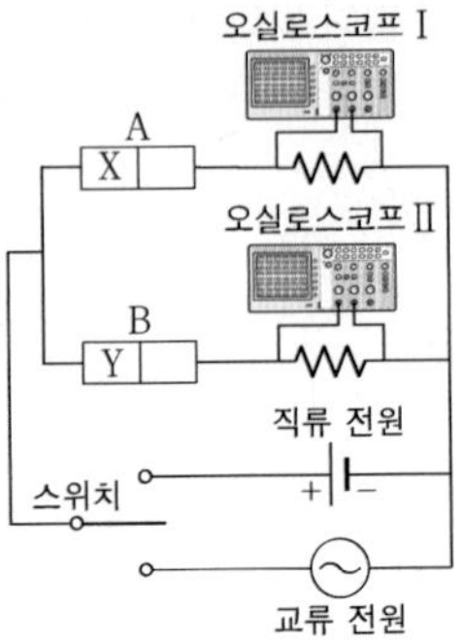

(나) 스위치를 직류 전원에 연결하여 Ⅰ, Ⅱ에 측정된 전압을 관찰한다.

(다) 스위치를 교류 전원에 연결하여 Ⅰ, Ⅱ에 측정된 전압을 관찰한다.

[실험 결과]

	오실로스코프 Ⅰ	오실로스코프 Ⅱ
(나)	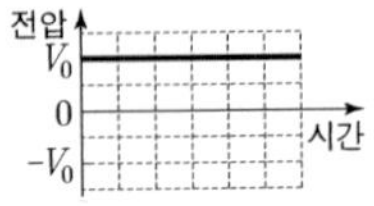	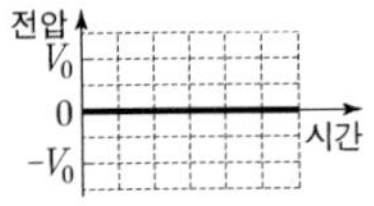
(다)	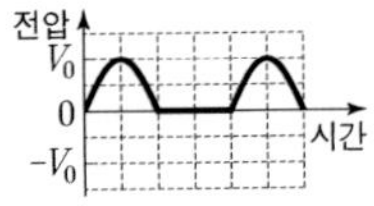	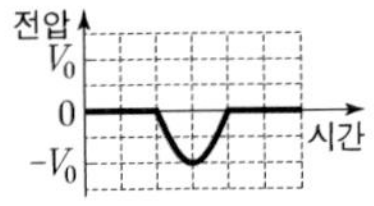

이에 대한 설명으로 옳은 것만을 <보기>에서 있는 대로 고른 것은? [3점]

보기

ㄱ. X는 p형 반도체이다.

ㄴ. (나)의 A에는 순방향 전압이 걸려 있다.

ㄷ. (다)의 Ⅱ에서 전압이 $-V_0$일 때, B에서 Y의 전자는 p-n 접합면 쪽으로 이동한다.

① ㄱ ② ㄷ ③ ㄱ, ㄴ ④ ㄴ, ㄷ ⑤ ㄱ, ㄴ, ㄷ

18 ★☆☆ | 2020학년도 6월 평가원 10번 |

다음은 p-n 접합 발광 다이오드(LED)를 이용한 빛의 합성에 대한 탐구 활동이다.

[자료 조사 결과]

- LED는 띠틈의 크기에 해당하는 빛을 방출한다.
- LED A, B, C는 각각 빛의 삼원색 중 한 종류의 빛만 낸다.
- 띠틈의 크기는 A>B>C이다.

[실험 과정]

(가) 그림과 같이 A, B, C에서 나오는 빛이 합성되는 조명 장치를 구성한다.

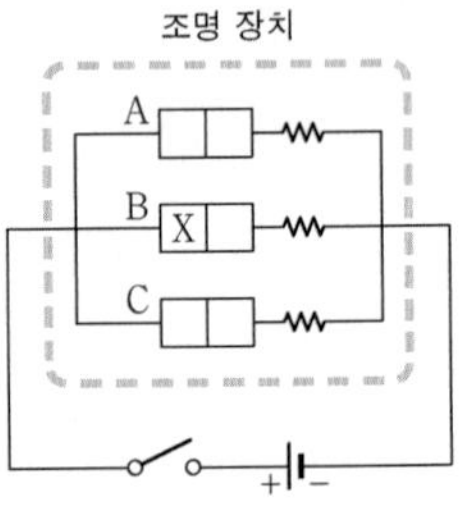

(나) 스위치를 닫고 조명 장치의 색을 관찰한다.

(다) 스위치를 열고 전지의 방향을 반대로 바꾼 후 (나)를 반복한다.

(라) (다)에서 스위치를 열고 B의 방향을 반대로 바꾼 후 (나)를 반복한다.

[실험 결과]

실험 과정	(나)	(다)	(라)
조명 장치의 색	㉠	자홍색	백색

이에 대한 설명으로 옳은 것만을 <보기>에서 있는 대로 고른 것은? (단, X는 p형 반도체와 n형 반도체 중 하나이다.) [3점]

보기

ㄱ. A는 파란색 빛을 내는 LED이다.

ㄴ. X는 n형 반도체이다.

ㄷ. ㉠은 초록색이다.

① ㄱ ② ㄴ ③ ㄱ, ㄷ ④ ㄴ, ㄷ ⑤ ㄱ, ㄴ, ㄷ

19 ★★☆ | 2019학년도 9월 평가원 12번 |

그림은 동일한 p-n 접합 다이오드 2개, 동일한 저항 A, B, C와 전지를 이용하여 구성한 회로를 나타낸 것이다. X와 Y는 p형 반도체와 n형 반도체를 순서 없이 나타낸 것이다. A에는 화살표 방향으로 전류가 흐른다.

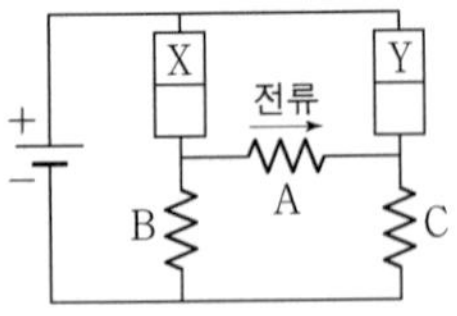

이에 대한 설명으로 옳은 것만을 <보기>에서 있는 대로 고른 것은

보기

ㄱ. X에서는 주로 양공이 전류를 흐르게 한다.

ㄴ. Y는 p형 반도체이다.

ㄷ. 전류의 세기는 B에서가 C에서보다 크다.

① ㄱ ② ㄴ ③ ㄷ ④ ㄱ, ㄷ ⑤ ㄴ, ㄷ

04

전자기 유도

2026학년도 수능 출제 예측

2025학년도 수능, 평가원 분석

수능과 6월 평가원에서는 균일한 자기장 영역을 운동하는 금속 고리로부터 유도되는 전류의 세기와 방향을 묻는 문항이, 9월 평가원에서는 정지한 금속 고리에 자기장을 변화시킬 때 유도되는 전류의 세기와 방향을 묻는 문항이 출제되었다.

2026학년도 수능 예측

한 문제 이상 출제가 될 가능성이 있는 단원으로, 내년에는 균일한 자기장이 형성된 영역에서 도선이 운동하거나 코일에 대한 자석의 운동과 같이 자기 선속이 변할 때 유도되는 전류의 방향과 세기를 묻는 문항이 출제될 가능성이 높다.

1 ★★☆ | 2025학년도 수능 19번 |

그림과 같이 한 변의 길이가 $2d$인 정사각형 금속 고리가 xy평면에서 균일한 자기장 영역 Ⅰ, Ⅱ, Ⅲ을 $+x$방향으로 등속도 운동하며 지난다. 금속 고리의 점 p가 $x=2.5d$를 지날 때, p에 흐르는 유도 전류의 방향은 $+y$방향이다. Ⅰ, Ⅲ에서 자기장의 세기는 각각 B_0이고, Ⅱ에서 자기장의 세기는 일정하고 방향은 xy 평면에 수직이다.

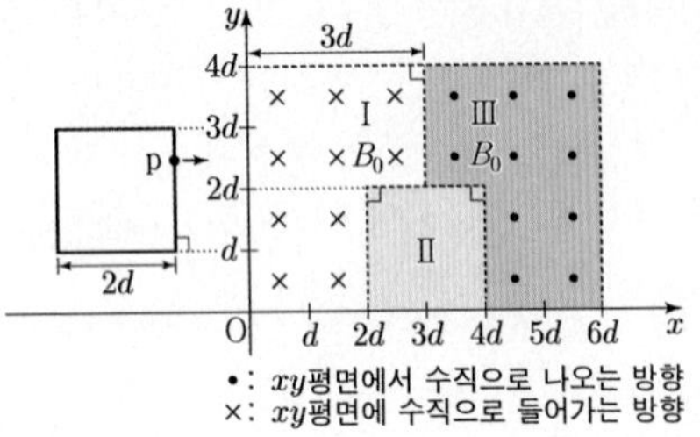

이에 대한 설명으로 옳은 것만을 〈보기〉에서 있는 대로 고른 것은? [3점]

보기

ㄱ. 자기장의 방향은 Ⅰ에서와 Ⅱ에서가 같다.

ㄴ. p가 $x=4.5d$를 지날 때, p에 흐르는 유도 전류의 방향은 $-y$방향이다.

ㄷ. p에 흐르는 유도 전류의 세기는 p가 $x=5.5d$를 지날 때가 $x=2.5d$를 지날 때보다 크다.

① ㄱ　② ㄷ　③ ㄱ, ㄴ　④ ㄴ, ㄷ　⑤ ㄱ, ㄴ, ㄷ

2 ★☆☆ | 2025학년도 9월 평가원 18번 |

그림 (가)와 같이 균일한 자기장 영역 Ⅰ과 Ⅱ가 있는 xy 평면에 원형 금속 고리가 고정되어 있다. Ⅰ, Ⅱ의 자기장이 고리 내부를 통과하는 면적은 같다. 그림 (나)는 (가)의 Ⅰ, Ⅱ에서 자기장의 세기를 시간에 따라 나타낸 것이다.

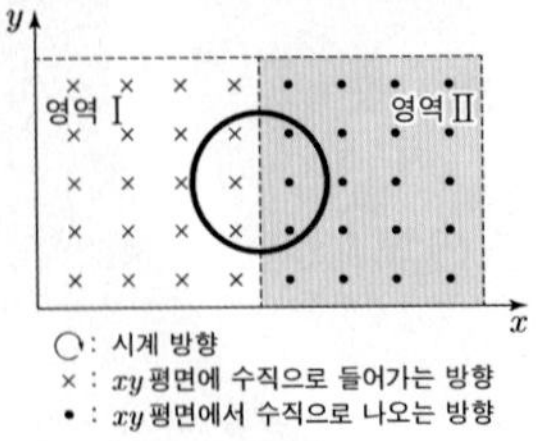

(가)

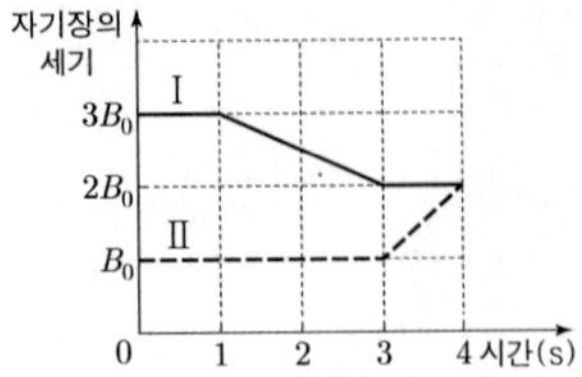

(나)

고리에 흐르는 유도 전류를 시간에 따라 나타낸 그래프로 가장 적절한 것은? (단, 유도 전류의 방향은 시계 방향이 양(+)이다.)

①
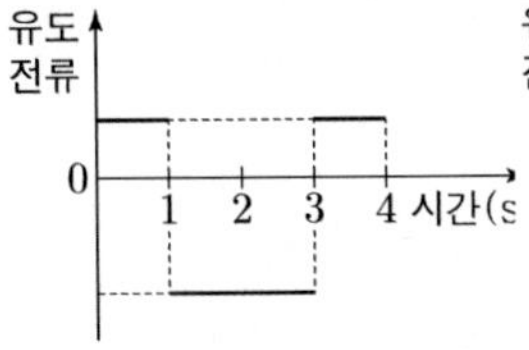

②
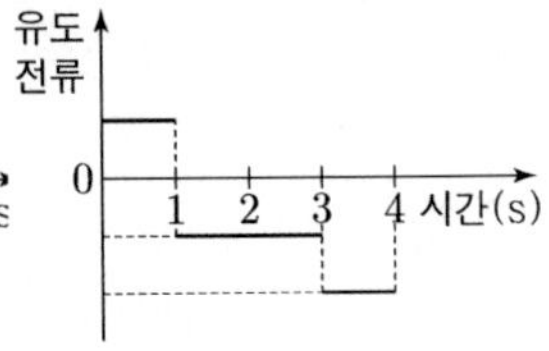

③
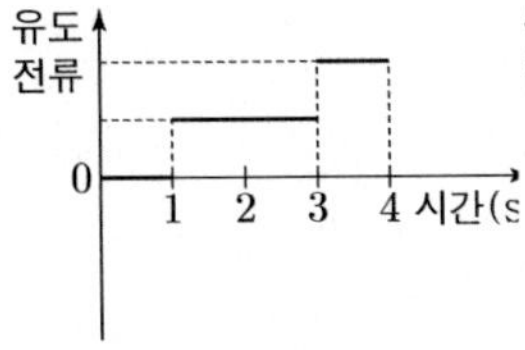

④
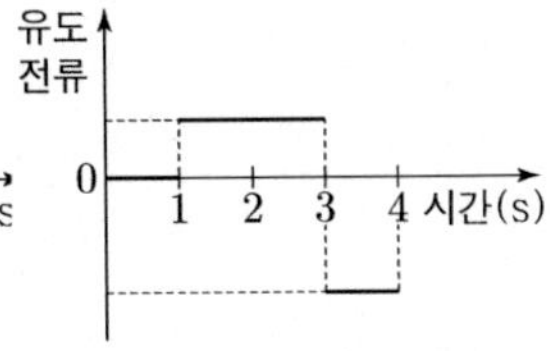

⑤
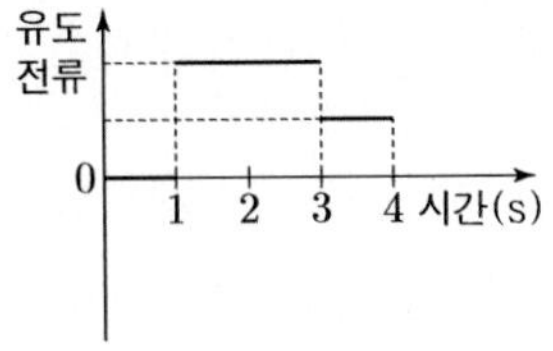

3 ☆☆☆ | 2025학년도 6월 평가원 18번 |

그림과 같이 두 변의 길이가 각각 d, $2d$인 동일한 직사각형 금속 고리 A, B가 xy평면에서 $+x$방향으로 등속도 운동하며 균일한 자기장 영역 Ⅰ, Ⅱ를 지난다. Ⅰ, Ⅱ에서 자기장의 방향은 xy평면에 수직이고 세기는 각각 일정하다. A, B의 속력은 같고, 점 p, q는 각각 A, B의 한 지점이다. 표는 p의 위치에 따라 p에 흐르는 유도 전류의 세기와 방향을 나타낸 것이다.

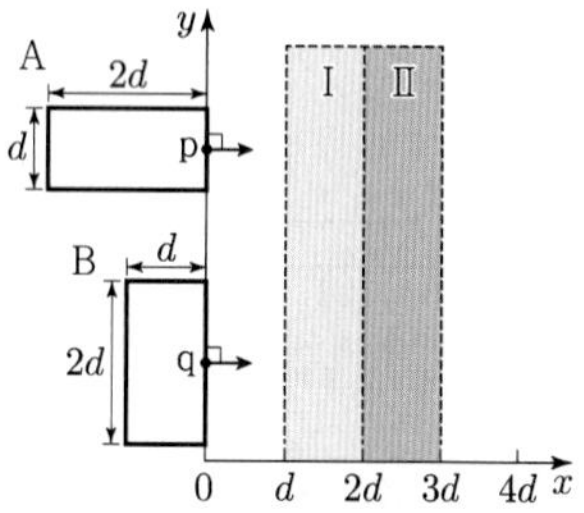

p의 위치	p에 흐르는 유도 전류	
	세기	방향
$x=1.5d$	I_0	$+y$
$x=2.5d$	$2I_0$	$-y$

이에 대한 설명으로 옳은 것만을 〈보기〉에서 있는 대로 고른 것은? (단, A와 B의 상호 작용은 무시한다.) [3점]

〈보기〉

ㄱ. p의 위치가 $x=3.5d$일 때, A에 흐르는 유도 전류의 세기는 I_0이다.

ㄴ. q의 위치가 $x=2.5d$일 때, B에 흐르는 유도 전류의 세기는 $3I_0$보다 크다.

ㄷ. p와 q의 위치가 $x=3.5d$일 때, p와 q에 흐르는 유도 전류의 방향은 서로 반대이다.

① ㄱ ② ㄴ ③ ㄱ, ㄷ ④ ㄴ, ㄷ ⑤ ㄱ, ㄴ, ㄷ

4 ☆☆☆ | 2024학년도 수능 17번 |

그림과 같이 한 변의 길이가 $2d$인 정사각형 금속 고리가 xy평면에서 균일한 자기장 영역 Ⅰ~Ⅲ을 $+x$방향으로 등속도 운동을 하며 지난다. 금속 고리의 한 변의 중앙에 고정된 점 p가 $x=d$와 $x=5d$를 지날 때, p에 흐르는 유도 전류의 세기는 같고 방향은 $-y$방향이다. Ⅰ, Ⅱ에서 자기장의 세기는 각각 B_0이고, Ⅲ에서 자기장의 세기는 일정하고 방향은 xy평면에 수직이다.

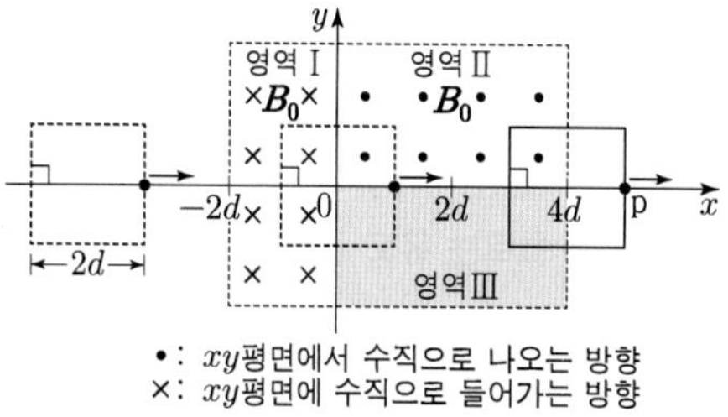

p에 흐르는 유도 전류를 p의 위치에 따라 나타낸 그래프로 가장 적절한 것은? (단, p에 흐르는 유도 전류의 방향은 $+y$방향이 양(+)이다.) [3점]

①
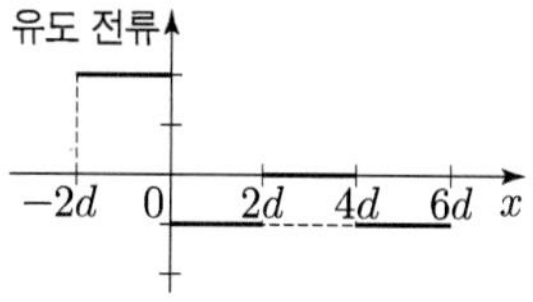

②
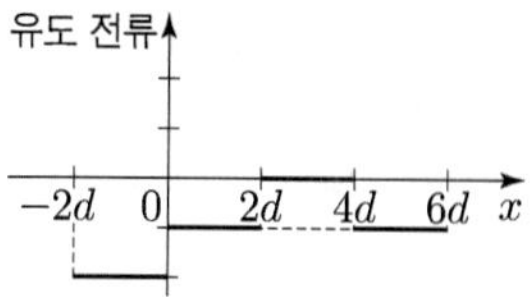

③
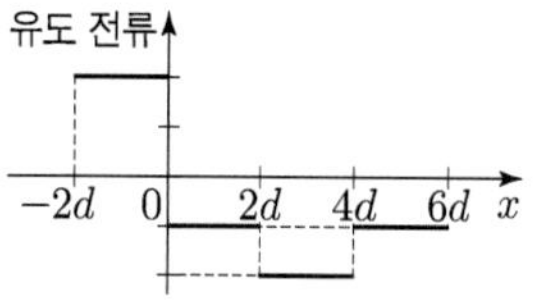

④
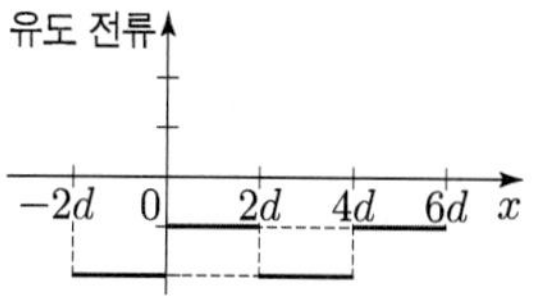

⑤
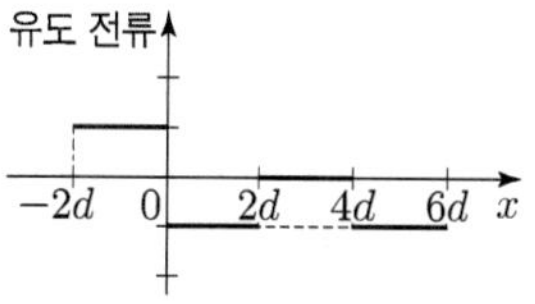

5 ☆☆☆

| 2024학년도 9월 평가원 13번 |

그림과 같이 한 변의 길이가 $4d$인 직사각형 금속 고리가 xy평면에서 자기장 세기가 각각 B_0, $2B_0$인 균일한 자기장 영역 Ⅰ, Ⅱ를 $+x$방향으로 등속도 운동을 하며 지난다. 금속 고리의 점 a가 $x=d$와 $x=7d$를 지날 때, a에 흐르는 유도 전류의 방향은 같다. Ⅰ, Ⅱ에서 자기장의 방향은 xy평면에 수직이다.

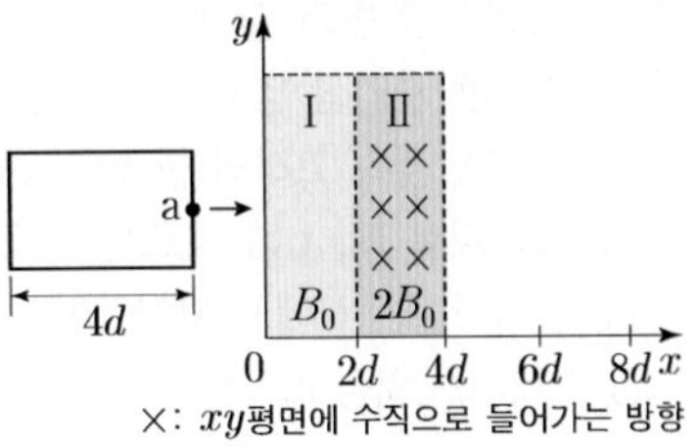

a의 위치에 따른 a에 흐르는 유도 전류를 나타낸 그래프로 가장 적절한 것은? (단, a에 흐르는 유도 전류의 방향은 $+y$방향이 양(+)이다.)

①
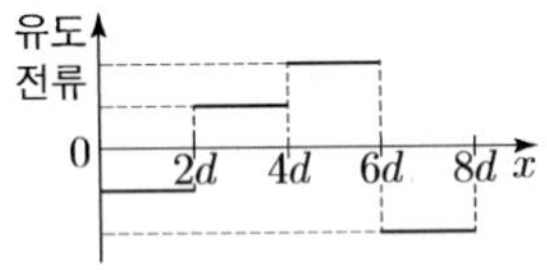

②
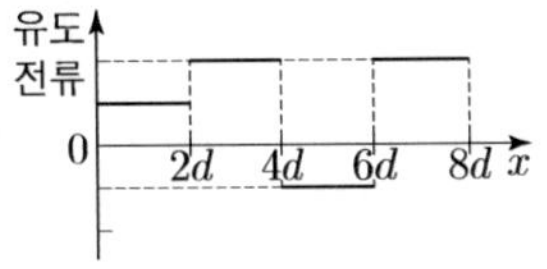

③
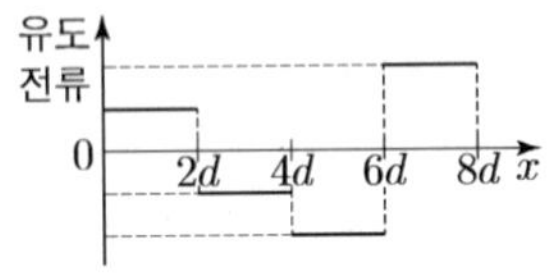

④
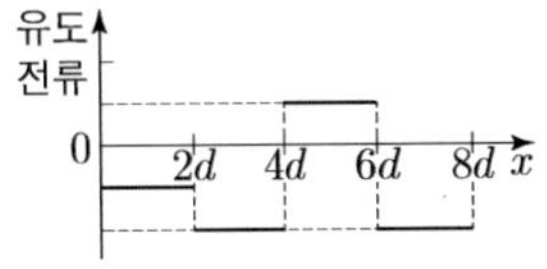

⑤
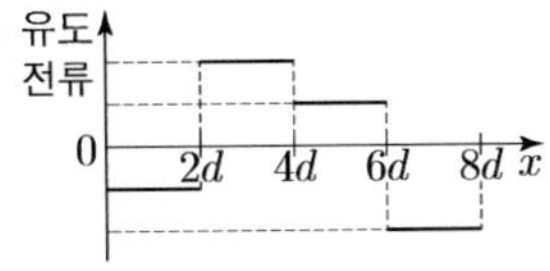

6 ☆☆☆

| 2024학년도 6월 평가원 13번 |

그림 (가)는 균일한 자기장 영역 Ⅰ, Ⅱ가 있는 xy평면에 한 변의 길이가 $2d$인 정사각형 금속 고리가 고정되어 있는 것을 나타낸 것이다. Ⅰ의 자기장의 세기는 B_0으로 일정하고, Ⅱ의 자기장의 세기 B는 그림 (나)와 같이 시간에 따라 변한다.

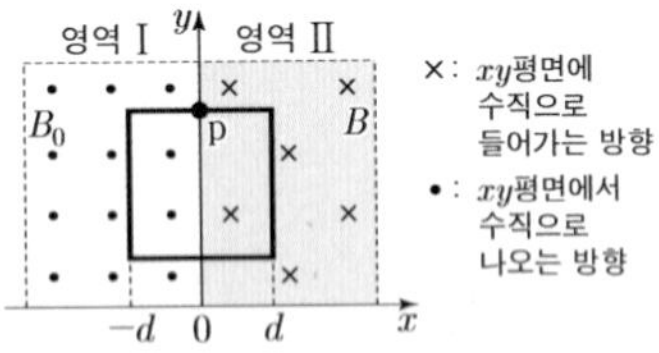

(가)

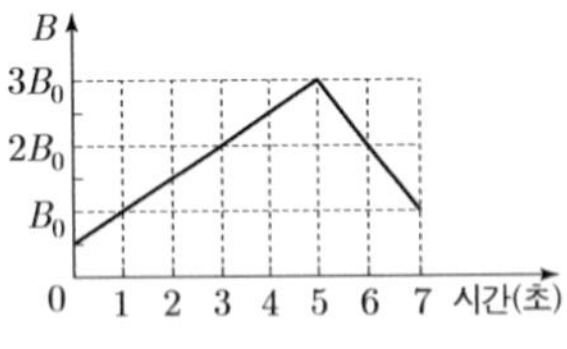

(나)

이에 대한 설명으로 옳은 것만을 〈보기〉에서 있는 대로 고른 것은? [3점]

> 보기
> ㄱ. 1초일 때, 고리에 유도 전류가 흐르지 않는다.
> ㄴ. 2초일 때, 고리의 점 p에서 유도 전류의 방향은 $-x$방향이다.
> ㄷ. 고리에 흐르는 유도 전류의 세기는 3초일 때와 6초일 때가 같다.

① ㄱ ② ㄴ ③ ㄱ, ㄷ
④ ㄴ, ㄷ ⑤ ㄱ, ㄴ, ㄷ

7 ☆☆☆

| 2023학년도 수능 10번 |

그림과 같이 한 변의 길이가 $4d$인 정사각형 금속 고리가 xy평면에서 $+x$방향으로 등속도 운동하며 자기장의 세기가 B_0으로 같은 균일한 자기장 영역 Ⅰ, Ⅱ, Ⅲ을 지난다. 금속 고리의 점 p가 $x=7d$를 지날 때, p에는 유도 전류가 흐르지 않는다. Ⅲ에서 자기장의 방향은 xy평면에 수직이다.

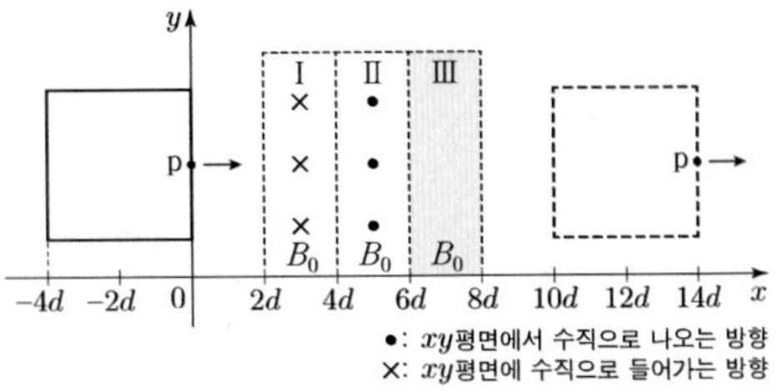

이에 대한 설명으로 옳은 것만을 〈보기〉에서 있는 대로 고른 것은? [3점]

> 보기
> ㄱ. 자기장의 방향은 Ⅰ에서와 Ⅲ에서가 같다.
> ㄴ. p가 $x=3d$를 지날 때, p에 흐르는 유도 전류의 방향은 $+y$방향이다.
> ㄷ. p에 흐르는 유도 전류의 세기는 p가 $x=5d$를 지날 때가 $x=3d$를 지날 때보다 크다.

① ㄱ ② ㄷ ③ ㄱ, ㄴ
④ ㄴ, ㄷ ⑤ ㄱ, ㄴ, ㄷ

8 ☆☆☆

| 2023학년도 6월 평가원 1번 |

그림 A, B, C는 자기장을 활용한 장치의 예를 나타낸 것이다.

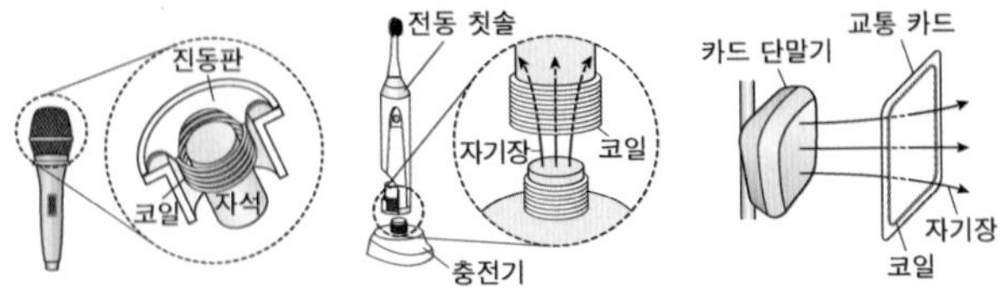

A. 마이크 B. 무선 충전 칫솔 C. 교통 카드

전자기 유도 현상을 활용한 예만을 있는 대로 고른 것은?

① A ② C ③ A, B
④ B, C ⑤ A, B, C

9 ☆☆☆

| 2023학년도 9월 평가원 12번 |

그림과 같이 p−n 접합 발광 다이오드(LED)가 연결된 한 변의 길이가 d인 정사각형 금속 고리가 종이면에 수직인 균일한 자기장 영역 Ⅰ, Ⅱ를 $+x$방향으로 등속도 운동하여 지난다. 고리의 중심이 $x=4d$를 지날 때 LED에서 빛이 방출된다. A는 p형 반도체와 n형 반도체 중 하나이다.

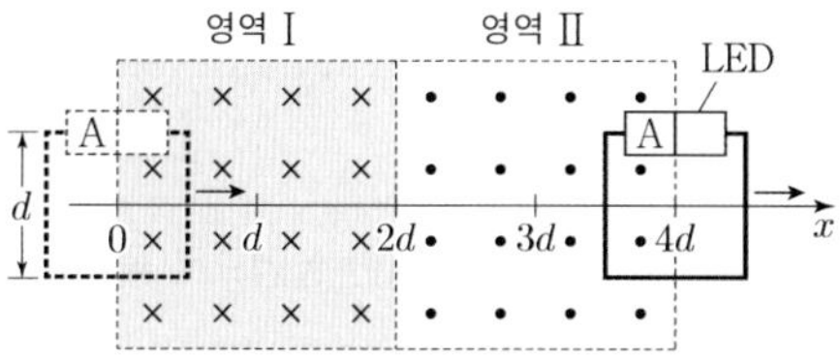

×: 종이면에 수직으로 들어가는 방향
•: 종이면에서 수직으로 나오는 방향

이에 대한 설명으로 옳은 것만을 <보기>에서 있는 대로 고른 것은? [3점]

보기
ㄱ. A는 n형 반도체이다.
ㄴ. 고리의 중심이 $x=d$를 지날 때, 유도 전류가 흐른다.
ㄷ. 고리의 중심이 $x=2d$를 지날 때, LED에서 빛이 방출된다.

① ㄱ ② ㄴ ③ ㄱ, ㄷ
④ ㄴ, ㄷ ⑤ ㄱ, ㄴ, ㄷ

10 ☆☆☆

| 2022학년도 수능 12번 |

그림과 같이 p−n 접합 발광 다이오드(LED)가 연결된 솔레노이드의 중심축에 마찰이 없는 레일이 있다. a, b, c, d는 레일 위의 지점이다. a에 가만히 놓은 자석은 솔레노이드를 통과하여 d에서 운동 방향이 바뀌고, 자석이 d로부터 내려와 c를 지날 때 LED에서 빛이 방출된다. X는 N극과 S극 중 하나이다.

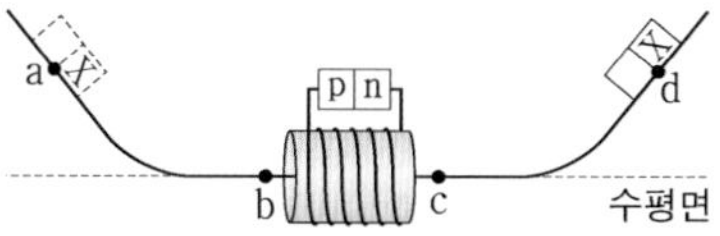

이에 대한 설명으로 옳은 것만을 <보기>에서 있는 대로 고른 것은? [3점]

보기
ㄱ. X는 N극이다.
ㄴ. a로부터 내려온 자석이 b를 지날 때 LED에서 빛이 방출된다.
ㄷ. 자석의 역학적 에너지는 a에서와 d에서가 같다.

① ㄱ ② ㄷ ③ ㄱ, ㄴ
④ ㄴ, ㄷ ⑤ ㄱ, ㄴ, ㄷ

11 ☆☆☆

| 2022학년도 9월 평가원 17번 |

다음은 전자기 유도에 대한 실험이다.

[실험 과정]
(가) 그림과 같이 플라스틱 관에 감긴 코일, 저항, p−n 접합 다이오드, 스위치, 검류계가 연결된 회로를 구성한다.
(나) 스위치를 a에 연결하고, 자석의 N극을 아래로 한다.
(다) 관의 중심축을 따라 통과하도록 자석을 점 q에서 가만히 놓고, 자석을 놓은 순간부터 시간에 따른 전류를 측정한다.
(라) 스위치를 b에 연결하고, 자석의 S극을 아래로 한다.
(마) (다)를 반복한다.

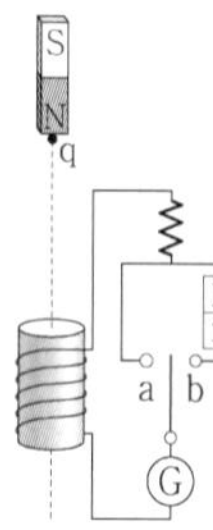

[실험 결과]

(다)의 결과	(마)의 결과
㉠	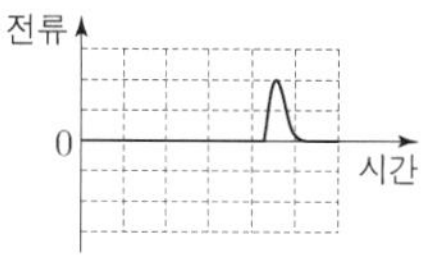

㉠으로 가장 적절한 것은? [3점]

①
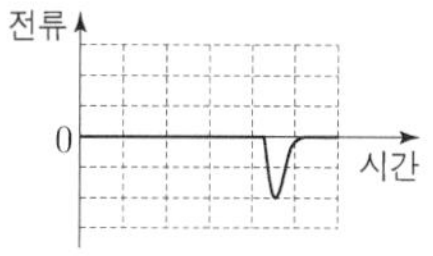

②
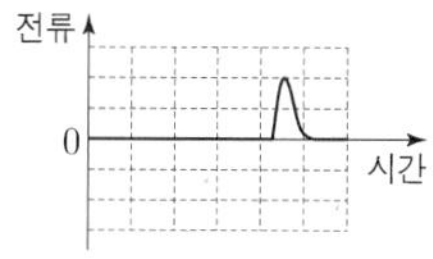

③
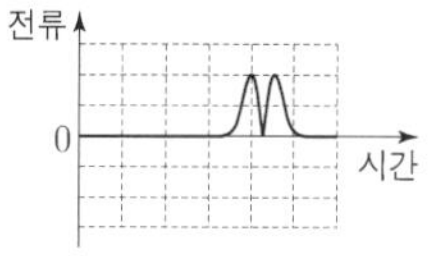

④
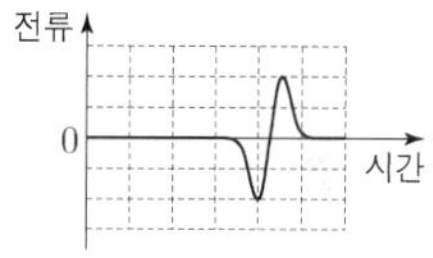

⑤
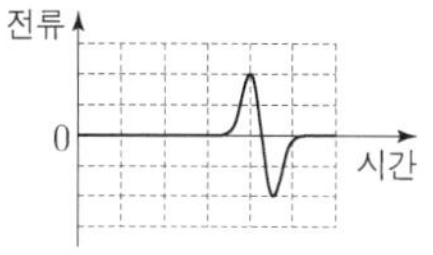

12 ☆☆☆

| 2022학년도 6월 평가원 2번 |

전자기 유도 현상을 활용하는 것만을 <보기>에서 있는 대로 고른 것은?

보기
ㄱ. 마이크 ㄴ. 무선 충전 ㄷ. 전자석 기중기

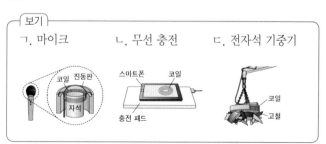

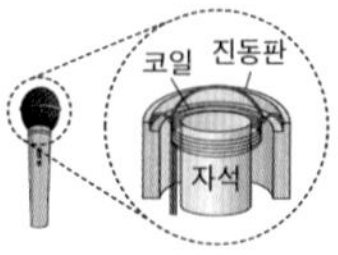

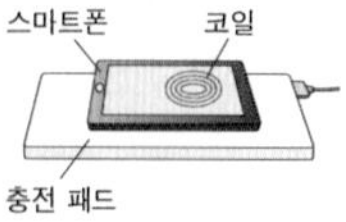

① ㄱ ② ㄷ ③ ㄱ, ㄴ
④ ㄴ, ㄷ ⑤ ㄱ, ㄴ, ㄷ

13 ★☆☆

| 2021학년도 수능 11번 |

그림 (가)는 자기장 B가 균일한 영역에 금속 고리가 고정되어 있는 것을 나타낸 것이고, (나)는 B의 세기를 시간에 따라 나타낸 것이다. B의 방향은 종이면에 수직으로 들어가는 방향이다.

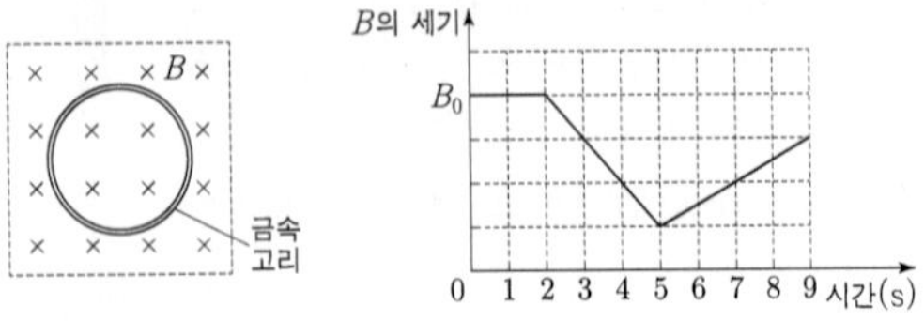

(가) (나)

이에 대한 설명으로 옳은 것만을 〈보기〉에서 있는 대로 고른 것은? [3점]

보기
ㄱ. 1초일 때 유도 전류는 흐르지 않는다.
ㄴ. 유도 전류의 방향은 3초일 때와 6초일 때가 서로 반대이다.
ㄷ. 유도 전류의 세기는 7초일 때가 4초일 때보다 크다.

① ㄱ ② ㄷ ③ ㄱ, ㄴ
④ ㄴ, ㄷ ⑤ ㄱ, ㄴ, ㄷ

14 ★☆☆

| 2021학년도 6월 평가원 5번 |

다음은 전자기 유도에 대한 실험이다.

[실험 과정]
(가) 그림과 같이 코일에 검류계를 연결한다.
(나) 자석의 N극을 아래로 하고, 코일의 중심축을 따라 자석을 일정한 속력으로 코일에 가까이 가져간다.

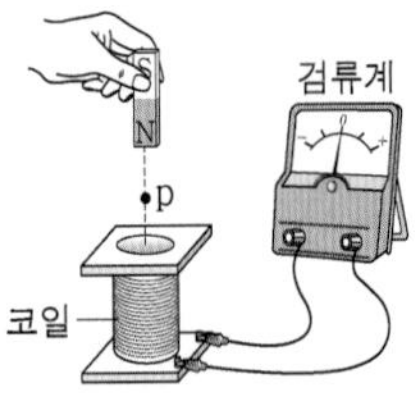

(다) 자석이 p점을 지나는 순간 검류계의 눈금을 관찰한다.
(라) 자석의 S극을 아래로 하고, 코일의 중심축을 따라 자석을 (나)에서보다 빠른 속력으로 코일에 가까이 가져가면서 (다)를 반복한다.

[실험 결과]

(다)의 결과	(라)의 결과
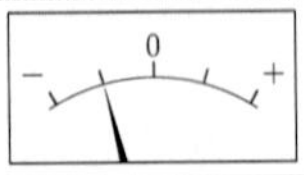	㉠

㉠으로 가장 적절한 것은? [3점]

① 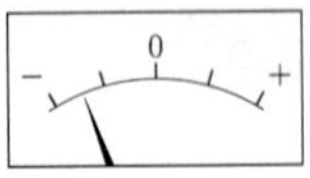
② 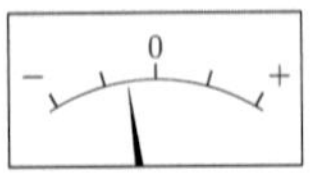
③ 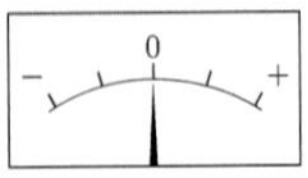
④ 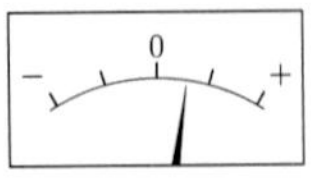
⑤ 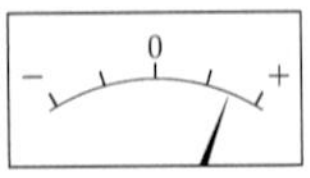

15 ★★☆

| 2021학년도 9월 평가원 16번 |

그림 (가)는 무선 충전기에서 스마트폰의 원형 도선에 전류가 유도되어 스마트폰이 충전되는 모습을, (나)는 원형 도선을 통과하는 자기 선속 Φ를 시간 t에 따라 나타낸 것이다.

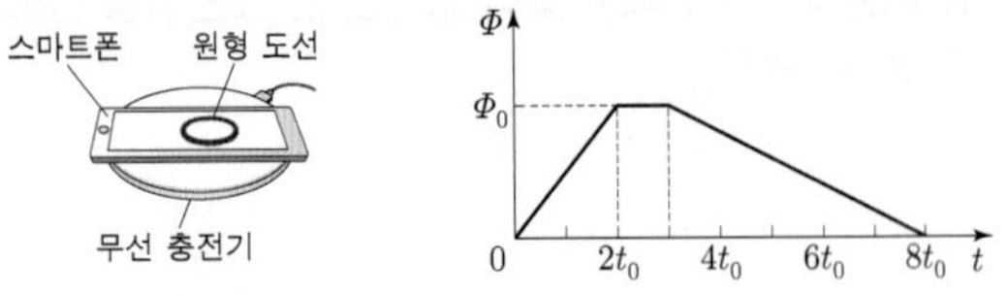

(가) (나)

원형 도선에 흐르는 유도 전류에 대한 설명으로 옳은 것만을 〈보기〉에서 있는 대로 고른 것은? [3점]

보기
ㄱ. 유도 전류의 세기는 $0<t<2t_0$에서 증가한다.
ㄴ. 유도 전류의 세기는 t_0일 때가 $5t_0$일 때보다 크다.
ㄷ. 유도 전류의 방향은 t_0일 때와 $6t_0$일 때가 서로 같다.

① ㄱ ② ㄴ ③ ㄱ, ㄷ
④ ㄴ, ㄷ ⑤ ㄱ, ㄴ, ㄷ

16 ★☆☆

| 2020학년도 수능 4번 |

다음은 헤드폰의 스피커를 이용한 실험이다.

[자료 조사 내용]
• 헤드폰의 스피커는 진동판, 코일, 자석 등으로 구성되어 있다.

〈헤드폰의 스피커 구조〉

[실험 과정]
(가) 컴퓨터의 마이크 입력 단자에 헤드폰을 연결하고, 녹음 프로그램을 실행시킨다.
(나) 헤드폰의 스피커 가까이에서 다양한 소리를 낸다.
(다) 녹음 프로그램을 종료하고 저장된 파일을 재생시킨다.

[실험 결과]
• 헤드폰의 스피커 가까이에서 냈던 다양한 소리가 재생되었다.

이 실험에서 소리가 녹음되는 동안 헤드폰의 스피커에서 일어나는 현상에 대한 설명으로 옳은 것만을 〈보기〉에서 있는 대로 고른 것은?

보기
ㄱ. 진동판은 공기의 진동에 의해 진동한다.
ㄴ. 코일에서는 전자기 유도 현상이 일어난다.
ㄷ. 코일이 자석에 붙은 상태로 자석과 함께 운동한다.

① ㄱ ② ㄷ ③ ㄱ, ㄴ
④ ㄴ, ㄷ ⑤ ㄱ, ㄴ, ㄷ

17 ★☆☆

| 2020학년도 수능 14번 |

그림은 마찰이 없는 빗면에서 자석이 솔레노이드의 중심축을 따라 운동하는 모습을 나타낸 것이다. 점 p, q는 솔레노이드의 중심축 상에 있고, 전구의 밝기는 자석이 p를 지날 때가 q를 지날 때보다 밝다.

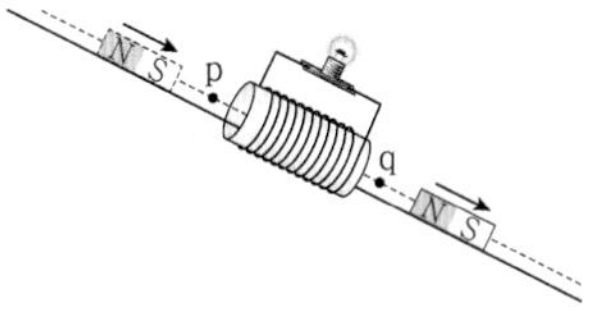

이에 대한 설명으로 옳은 것만을 ⟨보기⟩에서 있는 대로 고른 것은? (단, 자석의 크기는 무시한다.)

보기

ㄱ. 솔레노이드에 유도되는 기전력의 크기는 자석이 p를 지날 때가 q를 지날 때보다 크다.
ㄴ. 전구에 흐르는 전류의 방향은 자석이 p를 지날 때와 q를 지날 때가 서로 반대이다.
ㄷ. 자석의 역학적 에너지는 p에서가 q에서보다 작다.

① ㄱ ② ㄷ ③ ㄱ, ㄴ
④ ㄴ, ㄷ ⑤ ㄱ, ㄴ, ㄷ

18 ★★☆

| 2020학년도 9월 평가원 13번 |

그림 (가)와 같이 한 변의 길이가 d인 정사각형 금속 고리가 xy평면에서 $+x$방향으로 자기장 영역 Ⅰ, Ⅱ, Ⅲ을 통과한다. Ⅰ, Ⅱ, Ⅲ에서 자기장의 세기는 각각 B, $2B$, B로 균일하고, 방향은 모두 xy평면에 수직으로 들어가는 방향이다. P는 금속 고리의 한 점이다. 그림 (나)는 P의 속력을 위치에 따라 나타낸 것이다.

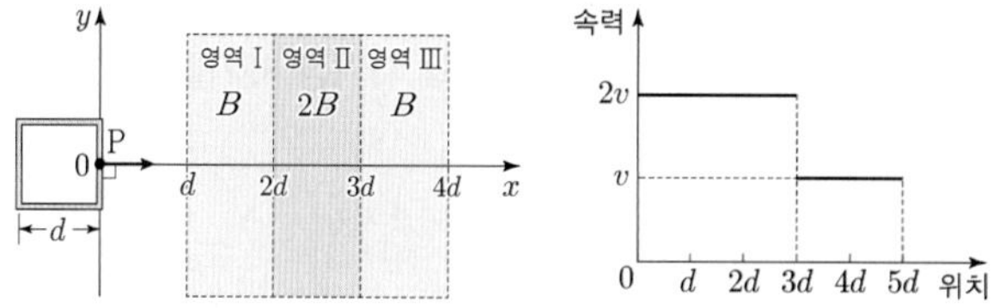

(가) (나)

이에 대한 설명으로 옳은 것만을 ⟨보기⟩에서 있는 대로 고른 것은? [3점]

보기

ㄱ. P가 $x=1.5d$를 지날 때, P에서의 유도 전류의 방향은 $-y$방향이다.
ㄴ. 유도 전류의 세기는 P가 $x=1.5d$를 지날 때가 $x=4.5d$를 지날 때보다 크다.
ㄷ. 유도 전류의 방향은 P가 $x=2.5d$를 지날 때와 $x=3.5d$를 지날 때가 서로 반대 방향이다.

① ㄱ ② ㄷ ③ ㄱ, ㄴ
④ ㄴ, ㄷ ⑤ ㄱ, ㄴ, ㄷ

19 ★☆☆

| 2020학년도 6월 평가원 8번 |

그림과 같이 고정되어 있는 동일한 솔레노이드 A, B의 중심축에 마찰이 없는 레일이 있고, A, B에는 동일한 저항 P, Q가 각각 연결되어 있다. 빗면을 내려온 자석이 수평인 레일 위의 점 a, b, c를 지난다.

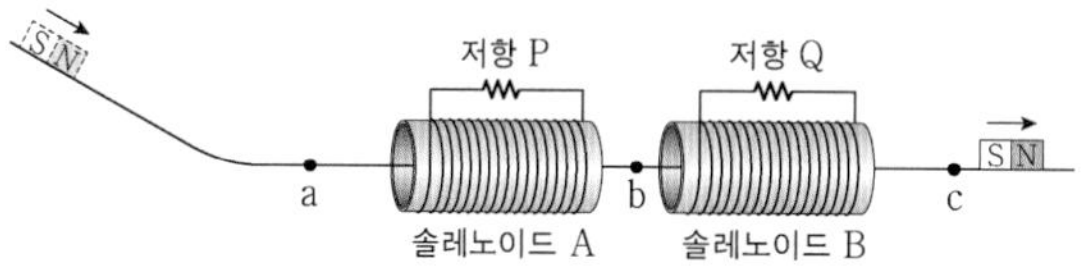

이에 대한 설명으로 옳은 것만을 ⟨보기⟩에서 있는 대로 고른 것은? (단, A와 B 사이의 상호 작용은 무시한다.) [3점]

보기

ㄱ. 자석의 속력은 c에서가 a에서보다 크다.
ㄴ. b에서 자석에 작용하는 자기력의 방향은 자석의 운동 방향과 같다.
ㄷ. P에 흐르는 전류의 최댓값은 Q에 흐르는 전류의 최댓값보다 크다.

① ㄱ ② ㄷ ③ ㄱ, ㄴ
④ ㄴ, ㄷ ⑤ ㄱ, ㄴ, ㄷ

20 ★★☆

| 2019학년도 수능 15번 |

그림 (가)는 균일한 자기장이 수직으로 통과하는 종이면에 원형 도선이 고정되어 있는 모습을 나타낸 것이고, (나)는 (가)의 자기장을 시간에 따라 나타낸 것이다. t_1일 때, 원형 도선에 흐르는 유도 전류의 방향은 시계 방향이다.

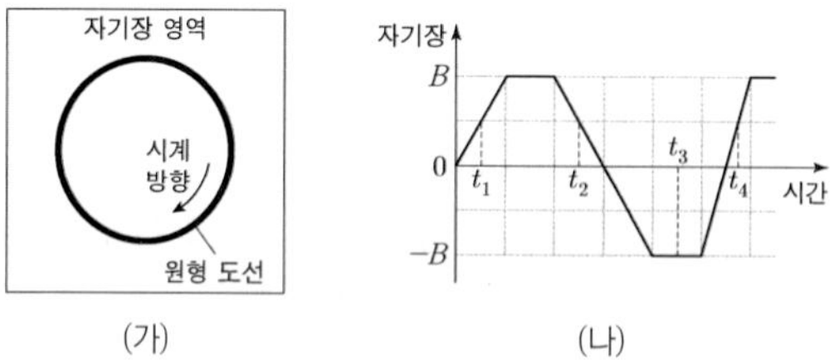

(가) (나)

이에 대한 설명으로 옳은 것만을 ⟨보기⟩에서 있는 대로 고른 것은? [3점]

보기

ㄱ. t_2일 때, 유도 전류의 방향은 시계 방향이다.
ㄴ. t_3일 때, 자기장의 방향은 종이면에서 수직으로 나오는 방향이다.
ㄷ. 유도 전류의 세기는 t_2일 때가 t_4일 때보다 작다.

① ㄱ ② ㄷ ③ ㄱ, ㄴ
④ ㄴ, ㄷ ⑤ ㄱ, ㄴ, ㄷ

21 ★☆☆

| 2019학년도 9월 평가원 10번 |

그림 (가)는 경사면에 금속 고리를 고정하고, 자석을 점 p에 가만히 놓았을 때 자석이 점 q를 지나는 모습을 나타낸 것이다. 그림 (나)는 (가)에서 극의 방향을 반대로 한 자석을 p에 가만히 놓았을 때 자석이 q를 지나는 모습을 나타낸 것이다. (가), (나)에서 자석은 금속 고리의 중심을 지난다.

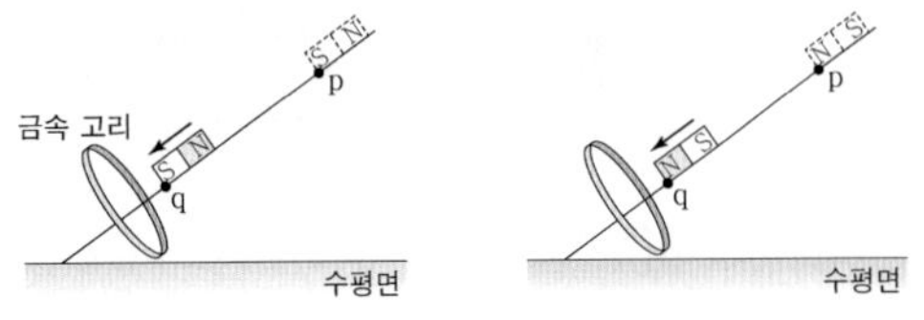

(가) (나)

이에 대한 설명으로 옳은 것만을 〈보기〉에서 있는 대로 고른 것은? (단, 모든 마찰과 공기 저항은 무시한다.) [3점]

보기

ㄱ. (가)에서 자석은 p에서 q까지 등가속도 운동을 한다.

ㄴ. 자석이 q를 지날 때 자석에 작용하는 자기력의 방향은 (가)에서와 (나)에서가 서로 같다.

ㄷ. 자석이 q를 지날 때 금속 고리에 유도되는 전류의 방향은 (가)에서와 (나)에서가 서로 반대이다.

① ㄱ ② ㄴ ③ ㄷ
④ ㄱ, ㄴ ⑤ ㄴ, ㄷ

22 ★★☆

| 2019학년도 6월 평가원 12번 |

그림은 xy평면에서 동일한 정사각형 금속 고리 P, Q, R가 각각 $-y$ 방향, $+x$ 방향, $+x$ 방향의 속력 v로 등속도 운동하고 있는 순간의 모습을 나타낸 것이다. 이때 Q에 흐르는 유도 전류의 방향은 시계 반대 방향이다. 영역 Ⅰ과 Ⅱ에서 자기장의 세기는 각각 B_0, $2B_0$으로 균일하다.

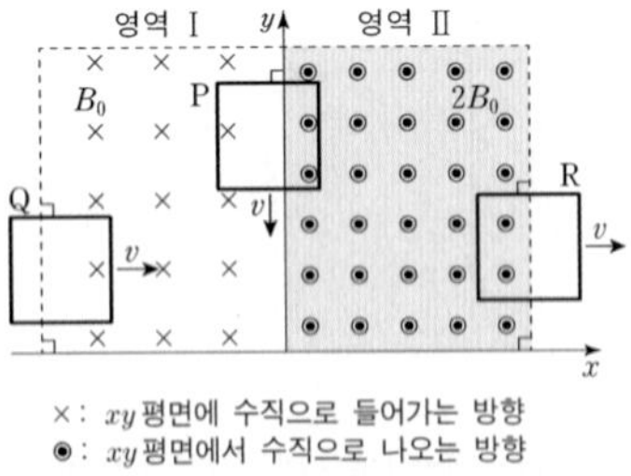

이에 대한 설명으로 옳은 것만을 〈보기〉에서 있는 대로 고른 것은? (단, P, Q, R 사이의 상호 작용은 무시한다.)

보기

ㄱ. P에는 유도 전류가 흐르지 않는다.

ㄴ. R에 흐르는 유도 전류의 방향은 시계 방향이다.

ㄷ. 유도 전류의 세기는 Q에서가 R에서보다 작다.

① ㄱ ② ㄴ ③ ㄱ, ㄷ
④ ㄴ, ㄷ ⑤ ㄱ, ㄴ, ㄷ

23 ★☆☆

| 2018학년도 수능 10번 |

그림은 빗면을 따라 내려온 자석이 솔레노이드의 중심축에 놓인 마찰이 없는 수평 레일을 따라 운동하는 모습을 나타낸 것이다. 점 p, q는 레일 위에 있다.

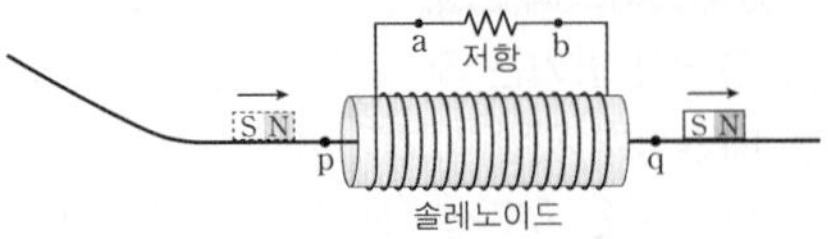

이에 대한 설명으로 옳은 것만을 〈보기〉에서 있는 대로 고른 것은? [3점]

보기

ㄱ. 자석이 p를 지날 때, 유도 전류는 a → 저항 → b 방향으로 흐른다.

ㄴ. 자석의 속력은 p에서가 q에서보다 작다.

ㄷ. 자석이 q를 지날 때, 솔레노이드 내부에서 유도 전류에 의한 자기장의 방향은 q → p 방향이다.

① ㄱ ② ㄴ ③ ㄱ, ㄷ
④ ㄴ, ㄷ ⑤ ㄱ, ㄴ, ㄷ

24 ★☆☆

| 2018학년도 9월 평가원 11번 |

그림 (가)는 고정된 도선의 일부가 균일한 자기장 영역 Ⅰ, Ⅱ에 놓여 있는 모습을 나타낸 것이다. 자기장의 방향은 도선이 이루는 면에 수직으로 들어가는 방향이고, 도선이 Ⅰ, Ⅱ에 걸친 면적은 각각 S, $2S$이다. 그림 (나)는 Ⅰ, Ⅱ에서의 자기장 세기를 시간에 따라 나타낸 것이다.

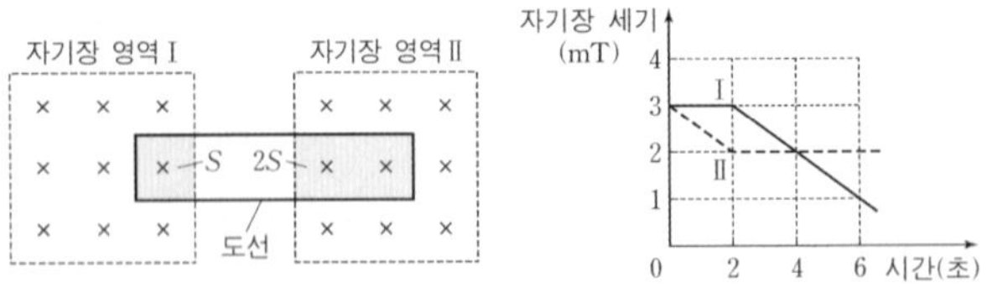

(가) (나)

도선에 흐르는 유도 전류에 대한 설명으로 옳은 것만을 〈보기〉에서 있는 대로 고른 것은? [3점]

보기

ㄱ. 1초일 때, 전류는 시계 방향으로 흐른다.

ㄴ. 전류의 방향은 3초일 때와 5초일 때가 서로 반대이다.

ㄷ. 전류의 세기는 1초일 때가 5초일 때보다 작다.

① ㄱ ② ㄴ ③ ㄱ, ㄷ
④ ㄴ, ㄷ ⑤ ㄱ, ㄴ, ㄷ

III
파동과
정보 통신

01

파동의 성질과 간섭

2026학년도 수능 출제 예측

2025학년도 수능, 평가원 분석

6월, 9월, 수능에서는 파동의 진행과 간섭, 파동의 굴절 및 파동의 중첩에 대하여 묻는 문항이 출제되었다.

2026학년도 수능 예측

두 문제가 출제가 될 가능성이 있는 단원으로, 내년에는 파동이 일어나는 현상으로부터 파동의 보강, 상쇄, 간섭에 대하여 묻는 문항이나 간섭을 이용한 예를 묻는 문항, 파동이 진행할 때 속력과 진동수, 파장의 관계 및 파동의 굴절에 대하여 묻는 문항이 출제될 가능성이 높다.

1 ★☆☆ | 2025학년도 수능 11번 |

그림 (가)와 같이 xy평면의 원점 O로부터 같은 거리에 있는 x축상의 두 지점 S_1, S_2에서 진동수와 진폭이 같고, 위상이 서로 반대인 두 물결파를 동시에 발생시킨다. 점 p, q는 O를 중심으로 하는 원과 O를 지나는 직선이 만나는 지점이다. 그림 (나)는 p에서 중첩된 물결파의 변위를 시간 t에 따라 나타낸 것이다. S_1, S_2에서 발생시킨 두 물결파의 속력은 10 cm/s로 일정하다.

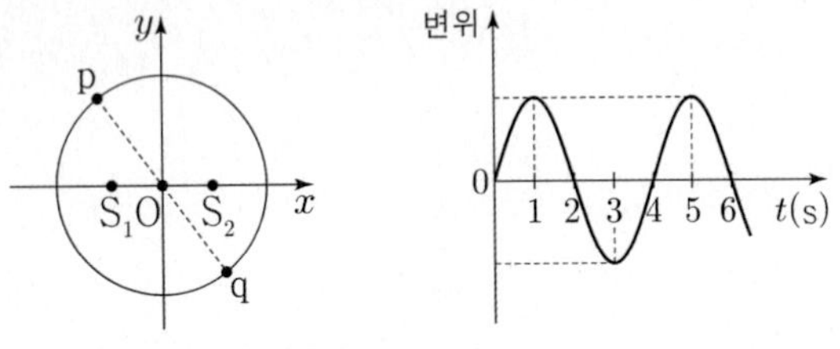

(가) (나)

이에 대한 설명으로 옳은 것만을 〈보기〉에서 있는 대로 고른 것은? (단, S_1, S_2, p, q는 xy평면상의 고정된 지점이다.) [3점]

보기
ㄱ. S_1에서 발생한 물결파의 파장은 20 cm이다.
ㄴ. $t=1$초일 때, 중첩된 물결파의 변위의 크기는 p에서와 q에서가 같다.
ㄷ. O에서 보강 간섭이 일어난다.

① ㄱ ② ㄴ ③ ㄷ
④ ㄱ, ㄷ ⑤ ㄴ, ㄷ

2 ★☆☆ | 2025학년도 수능 8번 |

그림 (가)는 진동수가 일정한 물결파가 매질 A에서 매질 B로 진행할 때, 시간 $t=0$인 순간의 물결파의 모습을 나타낸 것이다. 실선은 물결파의 마루이고, A와 B에서 이웃한 마루와 마루 사이의 거리는 각각 d, $2d$이다. 점 p, q는 평면상의 고정된 점이다. 그림 (나)는 (가)의 p에서 물결파의 변위를 시간 t에 따라 나타낸 것이다.

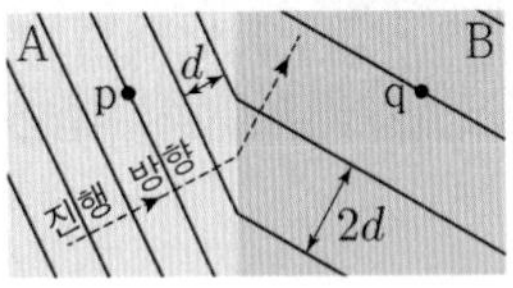

(가)

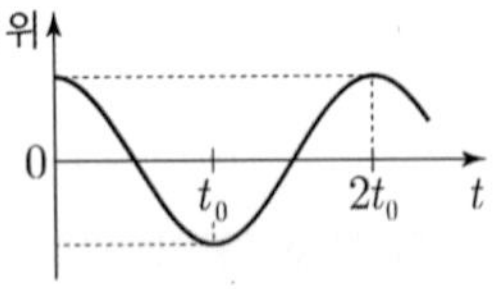

(나)

이에 대한 설명으로 옳은 것만을 〈보기〉에서 있는 대로 고른 것은?

보기
ㄱ. 물결파의 속력은 B에서가 A에서의 2배이다.
ㄴ. (가)에서 입사각은 굴절각보다 작다.
ㄷ. $t=2t_0$일 때, q에서 물결파는 마루가 된다.

① ㄱ ② ㄷ ③ ㄱ, ㄴ
④ ㄴ, ㄷ ⑤ ㄱ, ㄴ, ㄷ

3 ★☆☆ | 2025학년도 9월 평가원 9번 |

그림 (가)는 두 점 S_1, S_2에서 진동수 f로 발생시킨 진폭이 같고 위상이 반대인 두 물결파의 어느 순간의 모습을, (나)는 (가)의 S_1, S_2에서 진동수 $2f$로 발생시킨 진폭과 위상이 같은 두 물결파의 어느 순간의 모습을 나타낸 것이다. (가)와 (나)에서 발생시킨 물결파의 진행 속력은 같다. d_1과 d_2는 S_2에서 발생시킨 물결파의 파장이다.

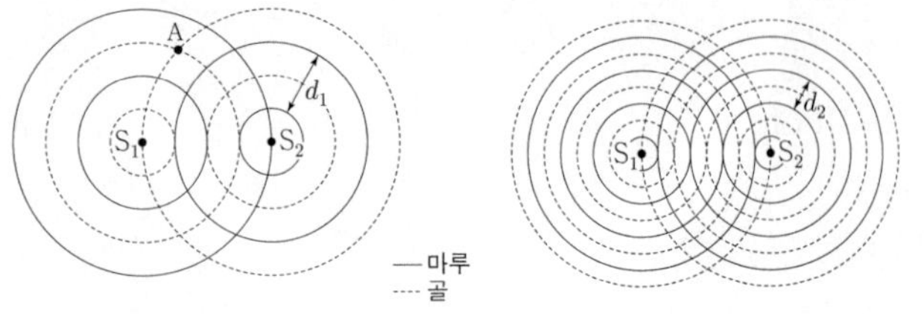

(가) (나)

이에 대한 설명으로 옳은 것만을 〈보기〉에서 있는 대로 고른 것은? (단, S_1, S_2, A는 동일 평면상에 고정된 지점이다.) [3점]

보기
ㄱ. (가)의 A에서는 보강 간섭이 일어난다.
ㄴ. (나)의 $\overline{S_1S_2}$에서 상쇄 간섭이 일어나는 지점의 개수는 5개이다.
ㄷ. $d_1=2d_2$이다.

① ㄱ ② ㄴ ③ ㄱ, ㄷ
④ ㄴ, ㄷ ⑤ ㄱ, ㄴ, ㄷ

4 ★☆☆ | 2025학년도 9월 평가원 5번 |

그림 (가)와 (나)는 같은 속력으로 진행하는 파동 A와 B의 어느 지점에서의 변위를 각각 시간에 따라 나타낸 것이다.

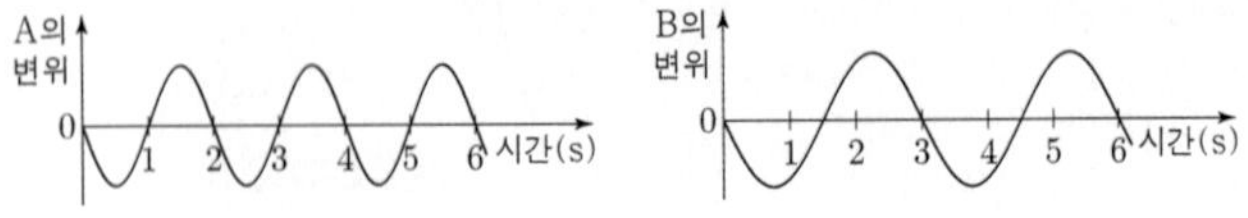

(가) (나)

A, B의 파장을 각각 λ_A, λ_B라 할 때, $\frac{\lambda_A}{\lambda_B}$는?

① $\frac{1}{3}$ ② $\frac{2}{3}$ ③ 1
④ $\frac{4}{3}$ ⑤ $\frac{5}{3}$

5 ★★☆ | 2025학년도 6월 평가원 15번 |

그림과 같이 단색광 P가 매질 Ⅰ, Ⅱ, Ⅲ의 경계면에서 굴절하며 진행한다. P가 Ⅰ에서 Ⅱ로 진행할 때 입사각과 굴절각은 각각 θ_1, θ_2이고, Ⅱ에서 Ⅲ으로 진행할 때 입사각과 굴절각은 각각 θ_3, θ_1이며, Ⅲ에서 Ⅰ로 진행할 때 굴절각은 θ_2이다.

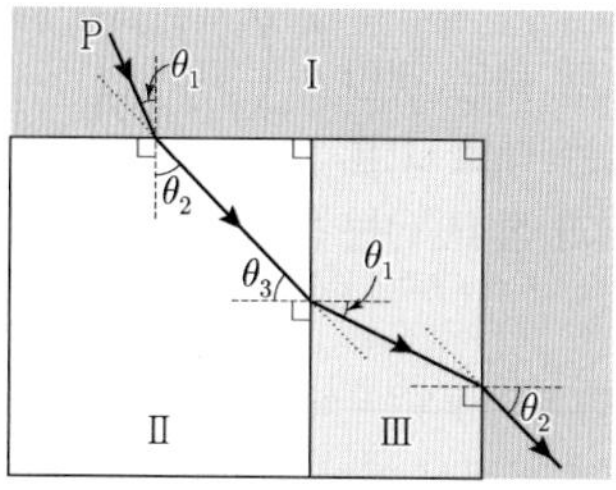

이에 대한 설명으로 옳은 것만을 <보기>에서 있는 대로 고른 것은?

보기
ㄱ. P의 파장은 Ⅰ에서가 Ⅱ에서보다 짧다.
ㄴ. P의 속력은 Ⅰ에서가 Ⅲ에서보다 크다.
ㄷ. $\theta_3 > \theta_2$이다.

① ㄱ ② ㄷ ③ ㄱ, ㄴ
④ ㄴ, ㄷ ⑤ ㄱ, ㄴ, ㄷ

6 ★☆☆ | 2025학년도 6월 평가원 6번 |

그림은 진행 방향이 서로 반대인 동일한 두 파동 X, Y의 중첩에 대해 학생 A, B, C가 대화하는 모습을 나타낸 것이다. 점 P, Q, R는 x축상의 고정된 점이다.

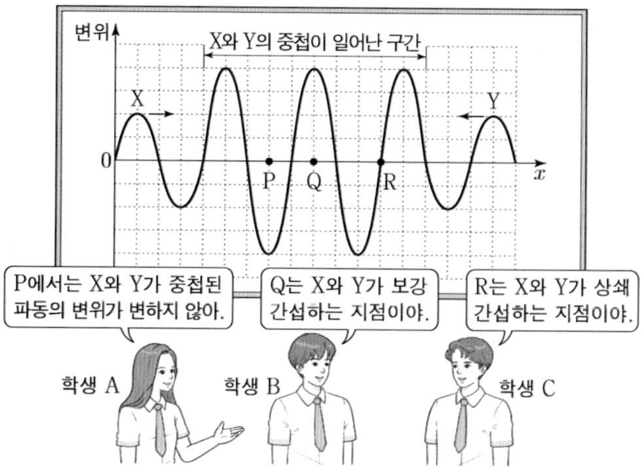

제시한 내용이 옳은 학생만을 있는 대로 고른 것은? [3점]

① A ② B ③ A, C
④ B, C ⑤ A, B, C

7 ★★☆ | 2024학년도 수능 6번 |

그림은 줄에서 연속적으로 발생하는 두 파동 P, Q가 서로 반대 방향으로 x축과 나란하게 진행할 때, 두 파동이 만나기 전 시간 $t=0$인 순간의 줄의 모습을 나타낸 것이다. P와 Q의 진동수는 0.25 Hz로 같다.

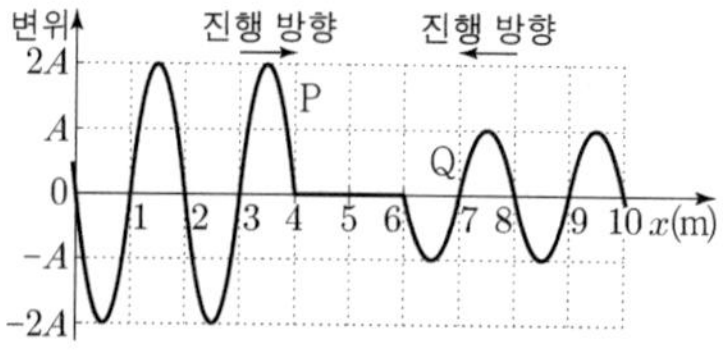

$t=2$초부터 $t=6$초까지, $x=5$ m에서 중첩된 파동의 변위의 최댓값은?

① 0 ② A ③ $\frac{3}{2}A$
④ $2A$ ⑤ $3A$

8 ★★☆ | 2024학년도 수능 5번 |

그림은 주기가 2초인 파동이 x축과 나란하게 매질 Ⅰ에서 매질 Ⅱ로 진행할 때, 시간 $t=0$인 순간과 $t=3$초인 순간의 파동의 모습을 각각 나타낸 것이다. 실선과 점선은 각각 마루와 골이다.

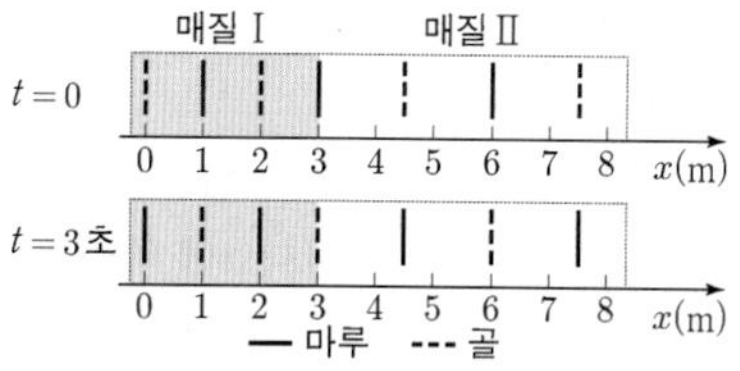

이에 대한 설명으로 옳은 것만을 <보기>에서 있는 대로 고른 것은? [3점]

보기
ㄱ. Ⅰ에서 파동의 파장은 1 m이다.
ㄴ. Ⅱ에서 파동의 진행 속력은 $\frac{3}{2}$ m/s이다.
ㄷ. $t=0$부터 $t=3$초까지, $x=7$ m에서 파동이 마루가 되는 횟수는 2회이다.

① ㄱ ② ㄴ ③ ㄷ
④ ㄴ, ㄷ ⑤ ㄱ, ㄴ, ㄷ

9 ★☆☆

| 2024학년도 9월 평가원 15번 |

그림은 진동수와 진폭이 같고 위상이 반대인 두 물결파를 발생시키고 있을 때, 시간 $t=0$인 순간의 모습을 나타낸 것이다. 두 물결파는 진행 속력이 20 cm/s로 같고, 서로 이웃한 마루와 마루 사이의 거리는 20 cm이다.

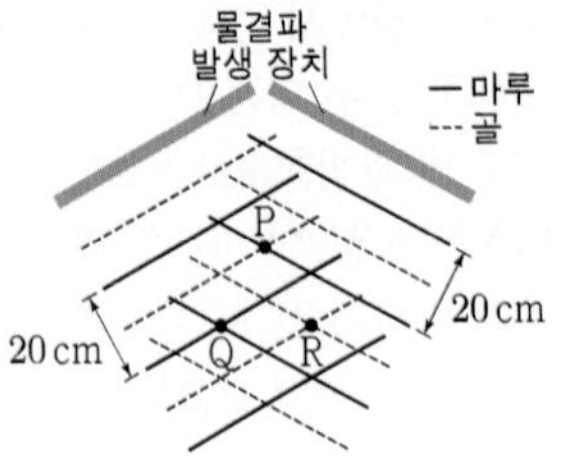

이에 대한 설명으로 옳은 것만을 〈보기〉에서 있는 대로 고른 것은? (단, 점 P, Q, R는 평면상에 고정된 지점이다.) [3점]

보기
ㄱ. P에서는 상쇄 간섭이 일어난다.
ㄴ. Q에서 중첩된 물결파의 변위는 시간에 따라 일정하다.
ㄷ. R에서 중첩된 물결파의 변위는 $t=1$초일 때와 $t=2$초일 때가 같다.

① ㄱ ② ㄷ ③ ㄱ, ㄴ
④ ㄱ, ㄷ ⑤ ㄴ, ㄷ

10 ★☆☆

| 2024학년도 9월 평가원 3번 |

그림은 시간 $t=0$일 때, x축과 나란하게 매질 A에서 매질 B로 진행하는 파동의 변위를 위치 x에 따라 나타낸 것이다. $x=3$ cm인 지점 P에서 변위는 y_P이고, A에서 파동의 진행 속력은 4 cm/s이다.

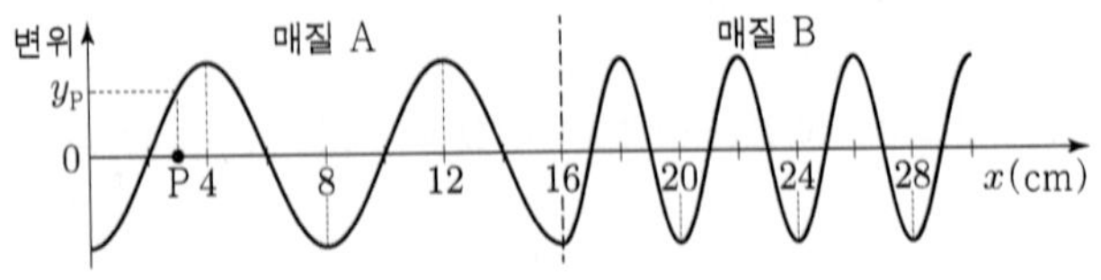

이에 대한 설명으로 옳은 것만을 〈보기〉에서 있는 대로 고른 것은?

보기
ㄱ. 파동의 주기는 2초이다.
ㄴ. B에서 파동의 진행 속력은 8 cm/s이다.
ㄷ. $t=0.1$초일 때, P에서 파동의 변위는 y_P보다 작다.

① ㄱ ② ㄴ ③ ㄷ
④ ㄱ, ㄷ ⑤ ㄱ, ㄴ, ㄷ

11 ★★☆

| 2024학년도 6월 평가원 15번 |

그림과 같이 파원 S_1, S_2에서 진폭과 위상이 같은 물결파를 0.5 Hz의 진동수로 발생시키고 있다. 물결파의 속력은 1 m/s로 일정하다.

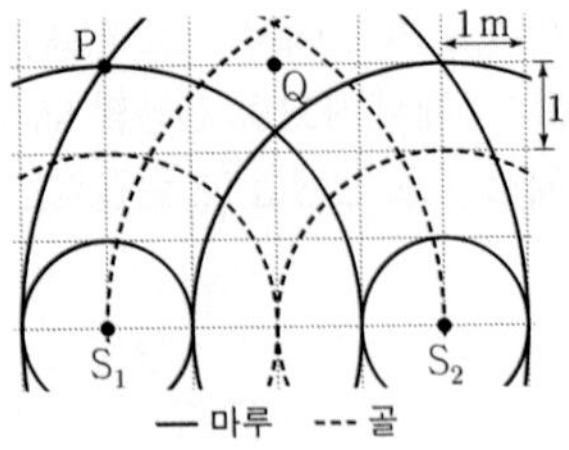

이에 대한 설명으로 옳은 것만을 〈보기〉에서 있는 대로 고른 것은? (단, 두 파원과 점 P, Q는 동일 평면상에 고정된 지점이다.) [3점]

보기
ㄱ. P에서는 보강 간섭이 일어난다.
ㄴ. Q에서 수면의 높이는 시간에 따라 변하지 않는다.
ㄷ. $\overline{PQ}$에서 상쇄 간섭이 일어나는 지점의 수는 2개이다.

① ㄱ ② ㄴ ③ ㄷ
④ ㄱ, ㄴ ⑤ ㄱ, ㄷ

12 ★☆☆

| 2024학년도 6월 평가원 14번 |

그림은 10 m/s의 속력으로 x축과 나란하게 진행하는 파동의 변위를 위치 x에 따라 나타낸 것으로, 어떤 순간에는 파동의 모양이 P와 같고, 다른 어떤 순간에는 파동의 모양이 Q와 같다. 표는 파동의 모양이 P에서 Q로, Q에서 P로 바뀌는 데 걸리는 최소 시간을 나타낸 것이다.

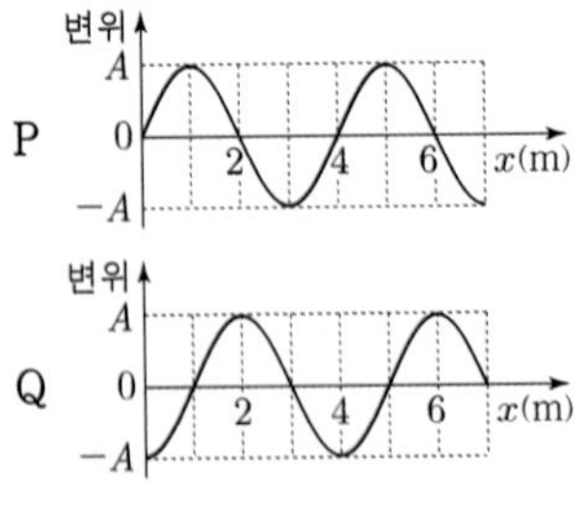

구분	최소 시간(s)
P에서 Q	0.3
Q에서 P	0.1

이에 대한 설명으로 옳은 것만을 〈보기〉에서 있는 대로 고른 것은?

보기
ㄱ. 파장은 4 m이다.
ㄴ. 주기는 0.4 s이다.
ㄷ. 파동은 $+x$방향으로 진행한다.

① ㄱ ② ㄷ ③ ㄱ, ㄴ
④ ㄴ, ㄷ ⑤ ㄱ, ㄴ, ㄷ

13 ★☆☆ | 2023학년도 수능 8번 |

그림 (가)는 시간 $t=0$일 때, x축과 나란하게 매질 A에서 매질 B로 진행하는 파동의 변위를 위치 x에 따라 나타낸 것이다. 점 P, Q는 x축상의 지점이다. 그림 (나)는 P, Q 중 한 지점에서 파동의 변위를 t에 따라 나타낸 것이다.

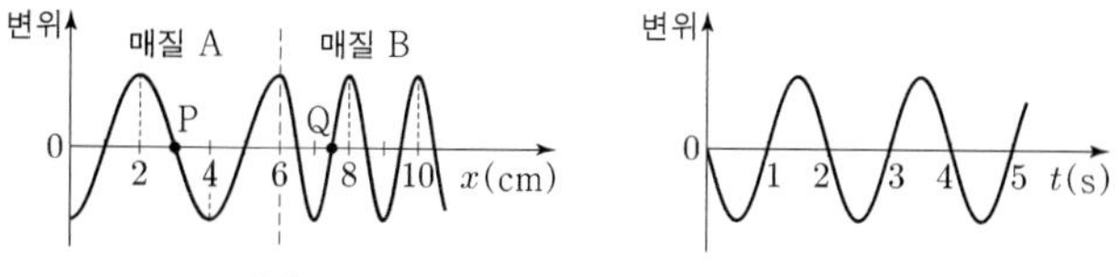

(가) (나)

이에 대한 설명으로 옳은 것만을 〈보기〉에서 있는 대로 고른 것은? [3점]

보기
ㄱ. 파동의 진동수는 2 Hz이다.
ㄴ. (나)는 Q에서 파동의 변위이다.
ㄷ. 파동의 진행 속력은 A에서가 B에서의 2배이다.

① ㄱ ② ㄷ ③ ㄱ, ㄴ
④ ㄴ, ㄷ ⑤ ㄱ, ㄴ, ㄷ

14 ★☆☆ | 2023학년도 수능 2번 |

그림은 소리의 간섭 실험에 대해 학생 A, B, C가 대화하는 모습을 나타낸 것이다.

제시한 내용이 옳은 학생만을 있는 대로 고른 것은? [3점]

① A ② B ③ A, C
④ B, C ⑤ A, B, C

15 ★☆☆ | 2023학년도 9월 평가원 10번 |

그림 (가)는 두 점 S_1, S_2에서 진동수와 진폭이 같고 서로 반대의 위상으로 발생시킨 두 물결파의 시간 $t=0$일 때의 모습을 나타낸 것이다. 점 A, B, C는 평면상에 고정된 세 지점이고, 두 물결파의 속력은 같다. 그림 (나)는 C에서 중첩된 물결파의 변위를 t에 따라 나타낸 것이다.

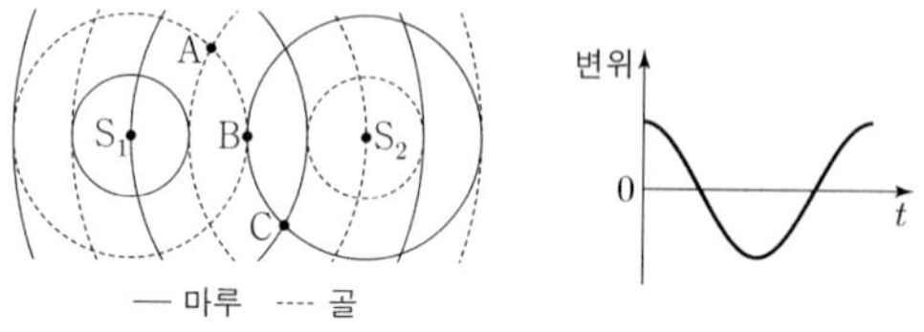

(가) (나)

A, B에서 중첩된 물결파의 변위를 t에 따라 나타낸 것으로 가장 적절한 것은? [3점]

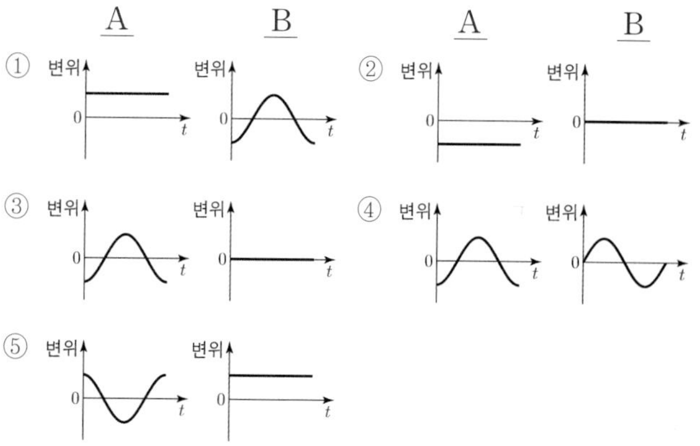

16 ★★☆ | 2023학년도 9월 평가원 5번 |

그림 (가)는 매질 A, B에 볼펜을 넣어 볼펜이 꺾여 보이는 것을, (나)는 물속에 잠긴 다리가 짧아 보이는 것을 나타낸 것이다.

이에 대한 설명으로 옳은 것만을 〈보기〉에서 있는 대로 고른 것은? [3점]

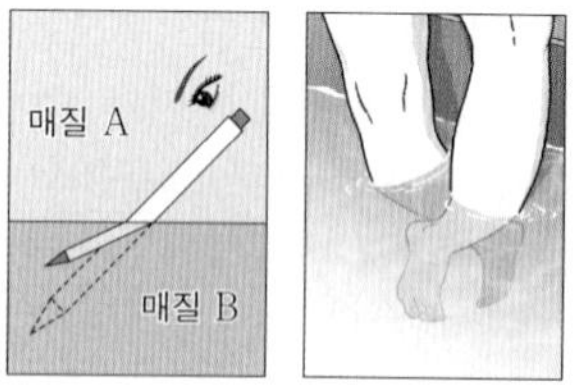

(가) (나)

보기
ㄱ. (가)에서 굴절률은 A가 B보다 크다.
ㄴ. (가)에서 빛의 속력은 A에서가 B에서보다 크다.
ㄷ. (나)에서 빛이 물에서 공기로 진행할 때 굴절각이 입사각보다 크다.

① ㄱ ② ㄷ ③ ㄱ, ㄴ
④ ㄴ, ㄷ ⑤ ㄱ, ㄴ, ㄷ

Part II 수능 평가원

17 ★★☆

| 2023학년도 6월 평가원 10번 |

그림은 시간 $t=0$일 때 $2\ \mathrm{m/s}$의 속력으로 x축과 나란하게 진행하는 파동의 변위를 위치 x에 따라 나타낸 것이다.

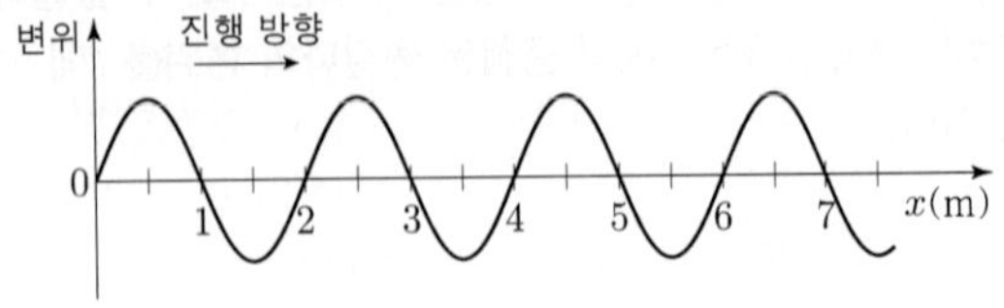

$x=7\ \mathrm{m}$에서 파동의 변위를 t에 따라 나타낸 것으로 가장 적절한 것은? [3점]

①
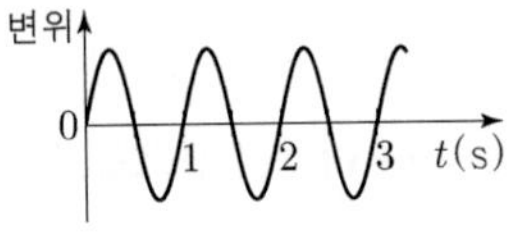

②
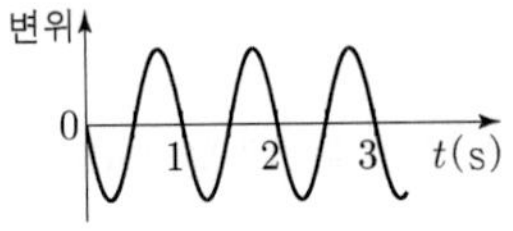

③
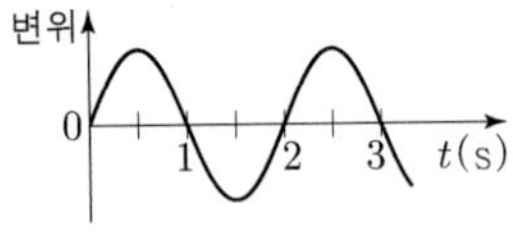

④
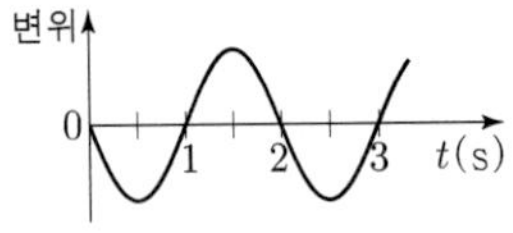

⑤
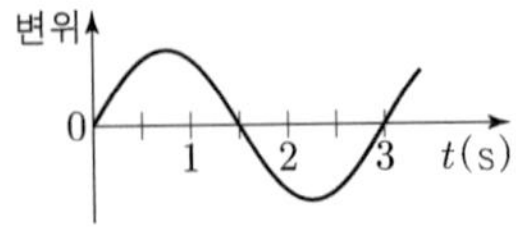

18 ★☆☆

| 2023학년도 6월 평가원 4번 |

다음은 파동의 간섭을 활용한 무반사 코팅 렌즈에 대한 내용이다.

> 무반사 코팅 렌즈는 파동이 [ⓐ] 간섭하여 빛의 세기가 줄어드는 현상을 활용한 예로 ㉠ 공기와 코팅 막의 경계에서 반사하여 공기로 진행한 빛과 ㉡ 코팅 막과 렌즈의 경계에서 반사하여 공기로 진행한 빛이 [ⓐ] 간섭한다.

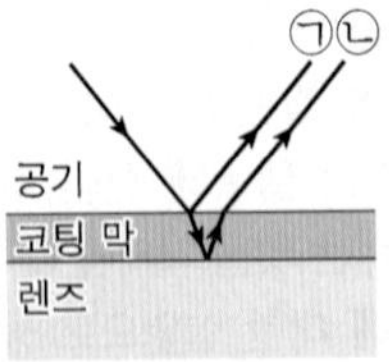

이에 대한 설명으로 옳은 것만을 〈보기〉에서 있는 대로 고른 것은?

보기

ㄱ. '상쇄'는 ⓐ에 해당한다.
ㄴ. ㉠과 ㉡은 위상이 같다.
ㄷ. 파동의 간섭 현상은 소음 제거 이어폰에 활용된다.

① ㄱ ② ㄴ ③ ㄱ, ㄷ
④ ㄴ, ㄷ ⑤ ㄱ, ㄴ, ㄷ

19 ★★☆

| 2022학년도 수능 3번 |

다음은 물결파에 대한 실험이다.

[실험 과정]

(가) 그림과 같이 물결파 실험 장치의 한쪽에 유리판을 넣어 물의 깊이를 다르게 한다.

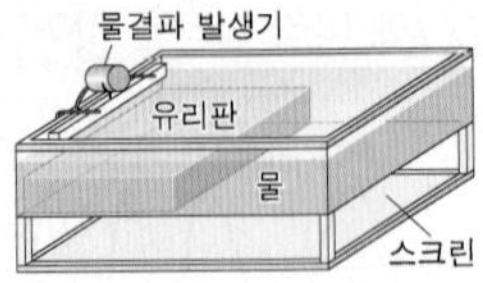

(나) 일정한 진동수의 물결파를 발생시켜 스크린에 투영된 물결파의 무늬를 관찰한다.

[실험 결과]

Ⅰ: 유리판을 넣은 영역
Ⅱ: 유리판을 넣지 않은 영역

[결론]

물결파의 속력은 물이 [㉠]

이에 대한 설명으로 옳은 것만을 〈보기〉에서 있는 대로 고른 것은? [3점]

보기

ㄱ. 파장은 Ⅰ에서가 Ⅱ에서보다 짧다.
ㄴ. 진동수는 Ⅰ에서가 Ⅱ에서보다 크다.
ㄷ. '깊은 곳에서가 얕은 곳에서보다 크다.'는 ㉠에 해당한다.

① ㄱ ② ㄴ ③ ㄱ, ㄷ
④ ㄴ, ㄷ ⑤ ㄱ, ㄴ, ㄷ

20 ★☆☆

| 2022학년도 수능 1번 |

그림 A, B, C는 빛의 성질을 활용한 예를 나타낸 것이다.

A. 렌즈를 통해 보면 물체의 크기가 다르게 보인다.

B. 렌즈에 무반사 코팅을 하면 시야가 선명해진다.

C. 보는 각도에 따라 지폐의 글자 색이 다르게 보인다.

A, B, C 중 빛의 간섭 현상을 활용한 예만을 있는 대로 고른 것은?

① A ② C ③ A, B
④ B, C ⑤ A, B, C

21 ★★☆

| 2022학년도 9월 평가원 9번 |

그림 (가)는 파동이 매질 A에서 매질 B로 진행하는 모습을, (나)는 (가)의 파동이 매질 Ⅰ에서 매질 Ⅱ로 진행하는 경로를 나타낸 것이다. Ⅰ, Ⅱ는 각각 A, B 중 하나이다.

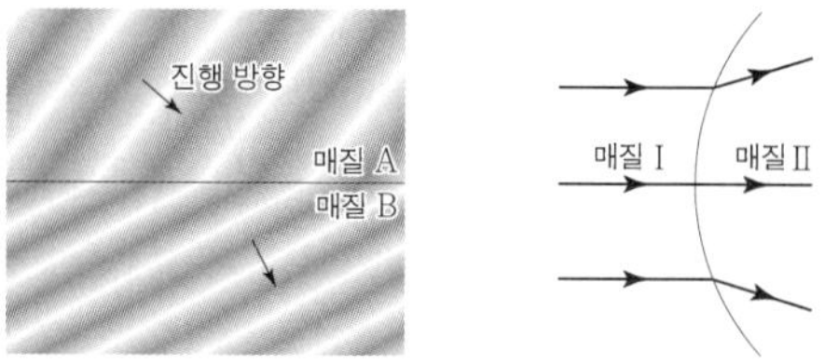

(가) (나)

이에 대한 설명으로 옳은 것만을 〈보기〉에서 있는 대로 고른 것은? [3점]

보기
ㄱ. (가)에서 파동의 속력은 B에서가 A에서보다 크다.
ㄴ. Ⅱ는 B이다.
ㄷ. (나)에서 파동의 파장은 Ⅱ에서가 Ⅰ에서보다 길다.

① ㄱ ② ㄷ ③ ㄱ, ㄴ
④ ㄴ, ㄷ ⑤ ㄱ, ㄴ, ㄷ

22 ★☆☆

| 2022학년도 9월 평가원 4번 |

다음은 일상생활에서 소리의 간섭 현상을 이용한 예이다.

- 자동차 배기 장치에는 소리의 [㉠] 간섭 현상을 이용한 구조가 있어서 소음이 줄어든다.
- 소음 제거 헤드폰은 헤드폰의 마이크에 ㉡외부 소음이 입력되면 [㉠] 간섭을 일으킬 수 있는 ㉢소리를 헤드폰에서 발생시켜서 소음을 줄여준다.

이에 대한 설명으로 옳은 것만을 〈보기〉에서 있는 대로 고른 것은?

보기
ㄱ. '보강'은 ㉠에 해당한다.
ㄴ. ㉡과 ㉢은 위상이 반대이다.
ㄷ. 소리의 간섭 현상은 파동적 성질 때문에 나타난다.

① ㄱ ② ㄴ ③ ㄱ, ㄷ
④ ㄴ, ㄷ ⑤ ㄱ, ㄴ, ㄷ

23 ★★☆

| 2022학년도 6월 평가원 10번 |

그림은 시간 $t=0$일 때, 매질 A에서 매질 B로 x축과 나란하게 진행하는 파동의 변위를 위치 x에 따라 나타낸 것이다. A에서 파동의 진행 속력은 $2\ \mathrm{m/s}$이다.

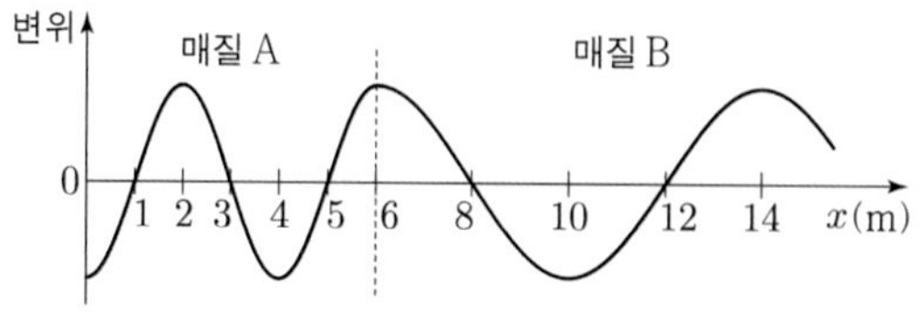

$x=12\ \mathrm{m}$에서 파동의 변위를 t에 따라 나타낸 것으로 가장 적절한 것은? [3점]

①
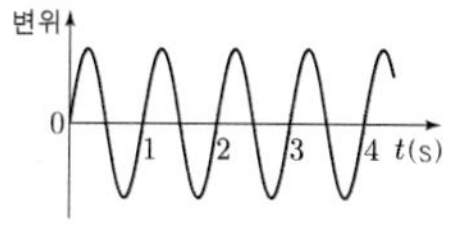

②
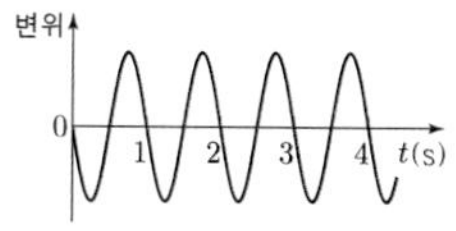

③
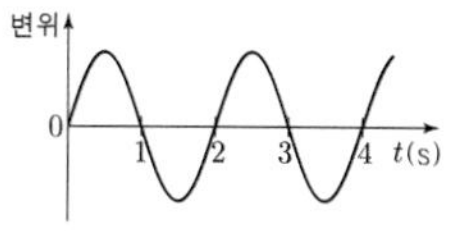

④
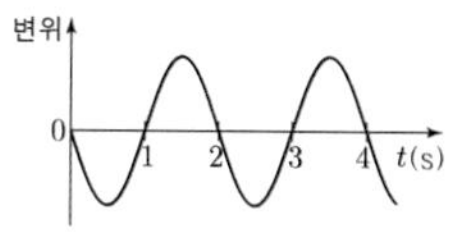

⑤
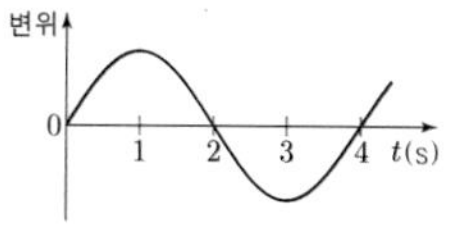

24 ★★☆

| 2022학년도 6월 평가원 15번 |

그림과 같이 두 개의 스피커에서 진폭과 진동수가 동일한 소리를 발생시키면 $x=0$에서 보강 간섭이 일어난다. 소리의 진동수가 f_1, f_2일 때 x축상에서 $x=0$으로부터 첫 번째 보강 간섭이 일어난 지점까지의 거리는 각각 $2d$, $3d$이다.

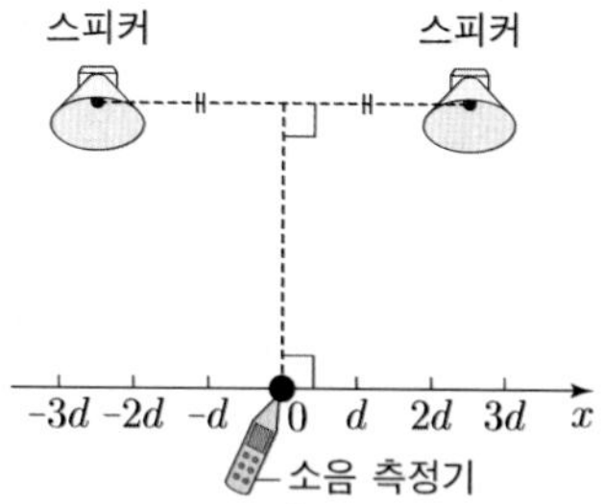

이에 대한 설명으로 옳은 것만을 〈보기〉에서 있는 대로 고른 것은?

보기
ㄱ. $f_1 < f_2$이다.
ㄴ. f_1일 때 $x=0$과 $x=2d$ 사이에 상쇄 간섭이 일어나는 지점이 있다.
ㄷ. 보강 간섭된 소리의 진동수는 스피커에서 발생한 소리의 진동수보다 크다.

① ㄱ ② ㄴ ③ ㄱ, ㄷ
④ ㄴ, ㄷ ⑤ ㄱ, ㄴ, ㄷ

25 ★☆☆

| 2021학년도 수능 7번 |

그림 (가)는 공기에서 유리로 진행하는 빛의 진행 방향을, (나)는 낮에 발생한 소리의 진행 방향을, (다)는 신기루가 보일 때 빛의 진행 방향을 나타낸 것이다.

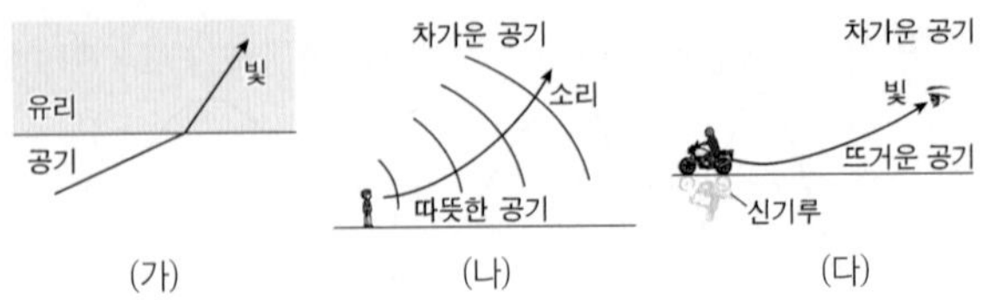

이에 대한 설명으로 옳은 것만을 〈보기〉에서 있는 대로 고른 것은?

보기
ㄱ. (가)에서 굴절률은 유리가 공기보다 크다.
ㄴ. (나)에서 소리의 속력은 차가운 공기에서가 따뜻한 공기에서보다 크다.
ㄷ. (다)에서 빛의 속력은 뜨거운 공기에서가 차가운 공기에서보다 크다.

① ㄴ ② ㄷ ③ ㄱ, ㄴ
④ ㄱ, ㄷ ⑤ ㄱ, ㄴ, ㄷ

26 ★☆☆

| 2021학년도 수능 13번 |

그림 (가)는 진폭이 1 cm, 속력이 5 cm/s로 같은 두 물결파를 나타낸 것이다. 실선과 점선은 각각 물결파의 마루와 골이고, 점 P, Q, R는 평면상의 고정된 지점이다. 그림 (나)는 R에서 중첩된 물결파의 변위를 시간에 따라 나타낸 것이다.

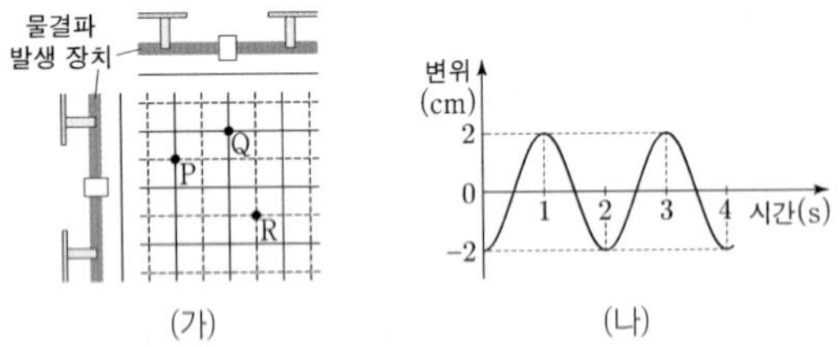

이에 대한 설명으로 옳은 것만을 〈보기〉에서 있는 대로 고른 것은? [3점]

보기
ㄱ. 두 물결파의 파장은 10 cm로 같다.
ㄴ. 1초일 때, P에서 중첩된 물결파의 변위는 2 cm이다.
ㄷ. 2초일 때, Q에서 중첩된 물결파의 변위는 0이다.

① ㄱ ② ㄷ ③ ㄱ, ㄴ
④ ㄴ, ㄷ ⑤ ㄱ, ㄴ, ㄷ

27 ★☆☆

| 2021학년도 9월 평가원 4번 |

그림 (가)는 $t=0$일 때, 일정한 속력으로 x축과 나란하게 진행하는 파동의 변위 y를 위치 x에 따라 나타낸 것이다. 그림 (나)는 $x=2$ cm에서 y를 시간 t에 따라 나타낸 것이다.

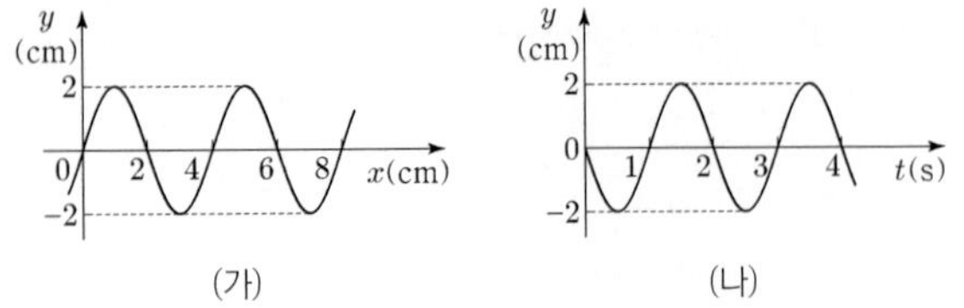

이에 대한 설명으로 옳은 것만을 〈보기〉에서 있는 대로 고른 것은? [3점]

보기
ㄱ. 파동의 진행 방향은 $-x$방향이다.
ㄴ. 파동의 진행 속력은 8 cm/s이다.
ㄷ. 2초일 때, $x=4$ cm에서 y는 2 cm이다.

① ㄱ ② ㄴ ③ ㄱ, ㄷ
④ ㄴ, ㄷ ⑤ ㄱ, ㄴ, ㄷ

28 ★☆☆

| 2021학년도 6월 평가원 7번 |

그림 (가)는 물에서 공기로 진행하는 빛의 진행 방향을, (나)는 밤에 발생한 소리의 진행 방향을 나타낸 것이다.

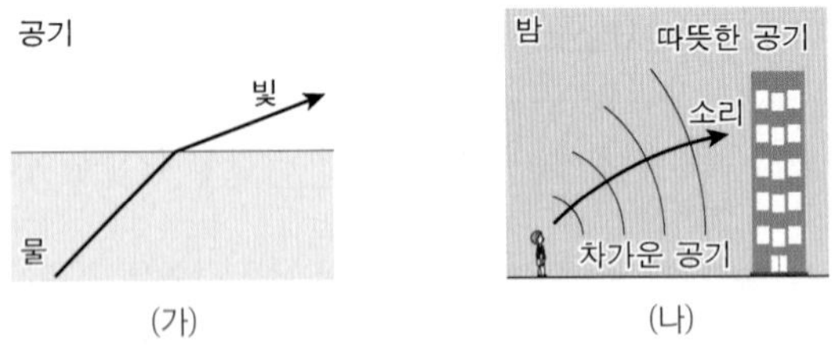

이에 대한 설명으로 옳은 것만을 〈보기〉에서 있는 대로 고른 것은? [3점]

보기
ㄱ. (가)에서 빛의 파장은 물에서가 공기에서보다 짧다.
ㄴ. (가)에서 빛의 진동수는 물에서가 공기에서보다 크다.
ㄷ. (나)에서 소리의 속력은 차가운 공기에서가 따뜻한 공기에서보다 크다.

① ㄱ ② ㄴ ③ ㄱ, ㄷ
④ ㄴ, ㄷ ⑤ ㄱ, ㄴ, ㄷ

III
파동과
정보 통신

02

전반사와 광통신 및 전자기파

2026학년도 수능 출제 예측

2025학년도 수능, 평가원 분석

수능, 6월, 9월 평가원에서는 파동에 따른 전자기파의 분류나 일상생활에서 사용하는 전자기파로부터 파장과 진동수의 크기를 비교하는 문항과 빛이 굴절하는 모습으로부터 굴절률과 임계각 및 전반사 유무를 묻는 문항이 출제되었다.

2026학년도 수능 예측

두 문제가 출제가 될 가능성이 있는 단원으로, 파동과 진동수에 따른 전자기파의 분류뿐만 아니라 일상생활에서 사용하는 전자기파로부터 파장과 진동수의 크기를 비교하는 문항이나 전반사가 일어나는 조건을 분석하여 광섬유를 만들기 위한 물질의 배치 및 물질에 따른 굴절률과 임계각 및 전반사 유무를 묻는 문항이 출제될 가능성이 높다.

1 ★☆☆

| 2025학년도 수능 14번 |

그림은 동일한 단색광 P, Q, R를 입사각 θ로 각각 매질 A에서 매질 B로, B에서 매질 C로, C에서 B로 입사시키는 모습을 나타낸 것이다. P는 A와 B의 경계면에서 굴절하여 B와 C의 경계면에서 전반사한다.

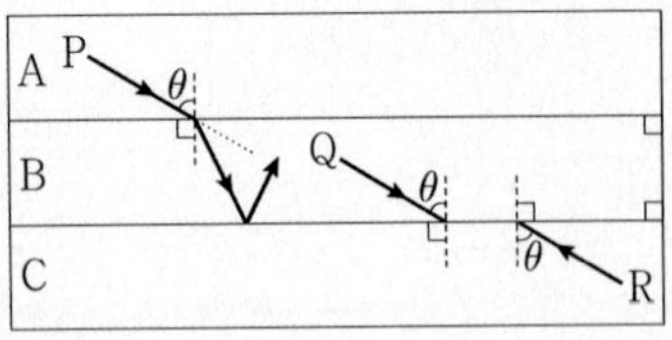

이에 대한 설명으로 옳은 것만을 〈보기〉에서 있는 대로 고른 것은? [3점]

보기

ㄱ. 굴절률은 A가 C보다 크다.
ㄴ. Q는 B와 C의 경계면에서 전반사한다.
ㄷ. R는 B와 A의 경계면에서 전반사한다.

① ㄱ ② ㄷ ③ ㄱ, ㄴ
④ ㄴ, ㄷ ⑤ ㄱ, ㄴ, ㄷ

2 ★☆☆

| 2025학년도 수능 1번 |

그림은 전자기파를 일상생활에서 이용하는 예이다.

이에 대한 설명으로 옳은 것만을 〈보기〉에서 있는 대로 고른 것은?

보기

ㄱ. ㉠은 감마선을 이용하여 스마트폰과 통신한다.
ㄴ. ㉡에서 살균 작용에 사용되는 자외선은 마이크로파보다 파장이 짧다.
ㄷ. 진공에서의 속력은 ㉢에서 사용되는 전자기파가 X선보다 크다.

① ㄱ ② ㄴ ③ ㄷ
④ ㄱ, ㄴ ⑤ ㄴ, ㄷ

3 ★☆☆

| 2025학년도 9월 평가원 8번 |

그림은 매질 A에서 매질 B로 입사한 단색광 P가 굴절각 45°로 진행하여 B와 매질 C의 경계면에서 전반사한 후 B와 매질 D의 경계면에서 굴절하여 진행하는 모습을 나타낸 것이다.

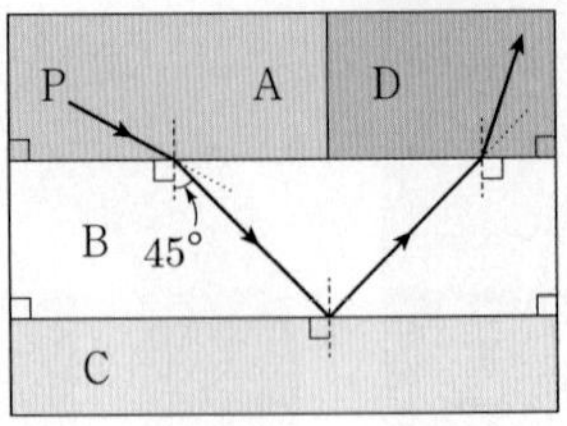

이에 대한 설명으로 옳은 것만을 〈보기〉에서 있는 대로 고른 것은?

보기

ㄱ. B와 C 사이의 임계각은 45°보다 크다.
ㄴ. 굴절률은 A가 C보다 크다.
ㄷ. P의 속력은 A에서가 D에서보다 크다.

① ㄱ ② ㄷ ③ ㄱ, ㄴ
④ ㄴ, ㄷ ⑤ ㄱ, ㄴ, ㄷ

4 ★☆☆

| 2025학년도 9월 평가원 1번 |

그림은 가시광선, 마이크로파, X선을 분류하는 과정을 나타낸 것이다.

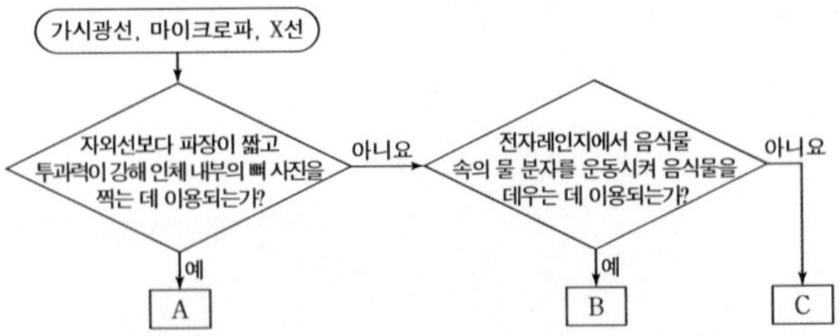

A, B, C에 해당하는 전자기파로 옳은 것은?

	A	B	C
①	X선	마이크로파	가시광선
②	X선	가시광선	마이크로파
③	마이크로파	X선	가시광선
④	마이크로파	가시광선	X선
⑤	가시광선	X선	마이크로파

5 ★☆☆
| 2025학년도 6월 평가원 9번 |

그림과 같이 동일한 단색광 X, Y가 반원형 매질 Ⅰ에 수직으로 입사한다. 점 p에 입사한 X는 Ⅰ과 매질 Ⅱ의 경계면에서 전반사한 후 점 r를 향해 진행한다. 점 q에 입사한 Y는 점 s를 향해 진행한다. r, s는 Ⅰ과 Ⅱ의 경계면에 있는 점이다.

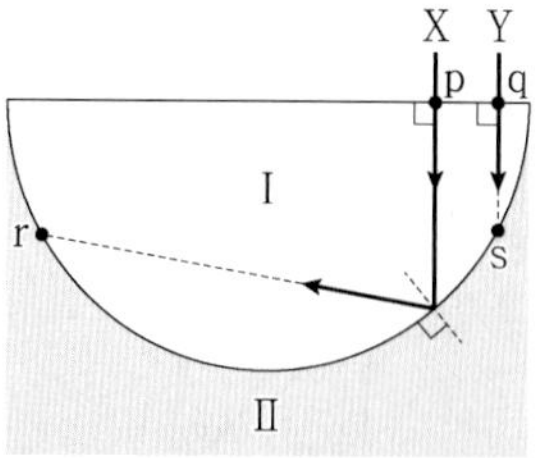

이에 대한 설명으로 옳은 것만을 〈보기〉에서 있는 대로 고른 것은?

보기
ㄱ. 굴절률은 Ⅰ이 Ⅱ보다 크다.
ㄴ. X는 r에서 전반사한다.
ㄷ. Y는 s에서 전반사한다.

① ㄱ ② ㄴ ③ ㄱ, ㄷ
④ ㄴ, ㄷ ⑤ ㄱ, ㄴ, ㄷ

6 ★☆☆
| 2025학년도 6월 평가원 1번 |

그림은 전자기파를 파장에 따라 분류한 것이다.

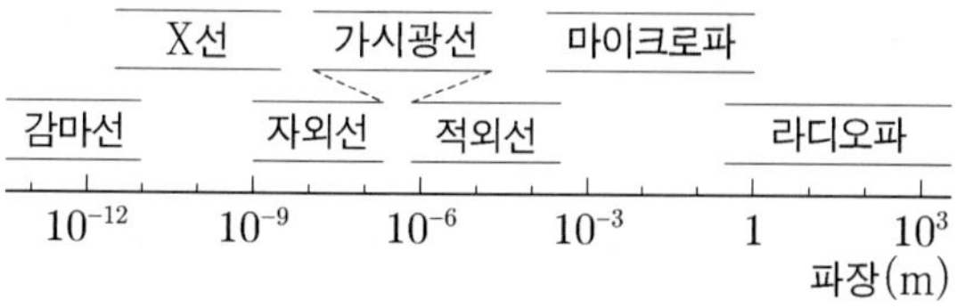

이에 대한 설명으로 옳은 것은?

① X선은 TV용 리모컨에 이용된다.
② 자외선은 살균 기능이 있는 제품에 이용된다.
③ 파장은 감마선이 마이크로파보다 길다.
④ 진동수는 가시광선이 라디오파보다 작다.
⑤ 진공에서 속력은 적외선이 마이크로파보다 크다.

7 ★★☆
| 2024학년도 수능 14번 |

다음은 빛의 성질을 알아보는 실험이다.

[실험 과정 및 결과]
(가) 반원형 매질 A, B, C를 준비한다.
(나) 그림과 같이 반원형 매질을 서로 붙여 놓고, 단색광 P의 입사각(i)을 변화시키면서 굴절각(r)을 측정하여 $\sin r$값을 $\sin i$값에 따라 나타낸다.

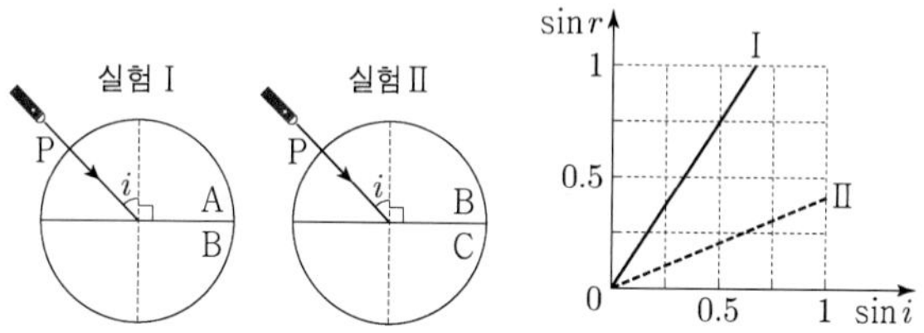

이에 대한 설명으로 옳은 것만을 〈보기〉에서 있는 대로 고른 것은?

보기
ㄱ. 굴절률은 A가 B보다 크다.
ㄴ. P의 속력은 B에서가 C에서보다 작다.
ㄷ. Ⅰ에서 $\sin i_0 = 0.75$인 입사각 i_0으로 P를 입사시키면 전반사가 일어난다.

① ㄱ ② ㄴ ③ ㄱ, ㄷ
④ ㄴ, ㄷ ⑤ ㄱ, ㄴ, ㄷ

8 ★☆☆
| 2024학년도 수능 1번 |

그림은 버스에서 이용하는 전자기파를 나타낸 것이다.

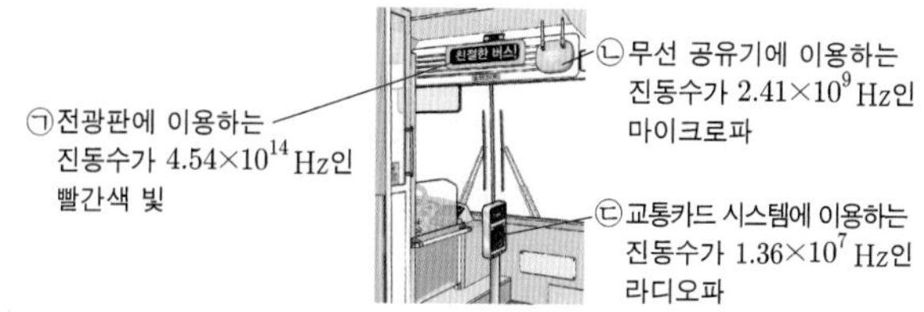

이에 대한 설명으로 옳은 것만을 〈보기〉에서 있는 대로 고른 것은?

보기
ㄱ. ㉠은 가시광선 영역에 해당한다.
ㄴ. 진공에서 속력은 ㉠이 ㉡보다 크다.
ㄷ. 진공에서 파장은 ㉡이 ㉢보다 짧다.

① ㄱ ② ㄴ ③ ㄱ, ㄴ
④ ㄱ, ㄷ ⑤ ㄴ, ㄷ

9 ★☆☆

| 2024학년도 9월 평가원 14번 |

그림은 동일한 단색광 A, B를 각각 매질 Ⅰ, Ⅱ에서 중심이 O인 원형 모양의 매질 Ⅲ으로 동일한 입사각 θ로 입사시켰더니, A와 B가 굴절하여 점 p에 입사하는 모습을 나타낸 것이다.

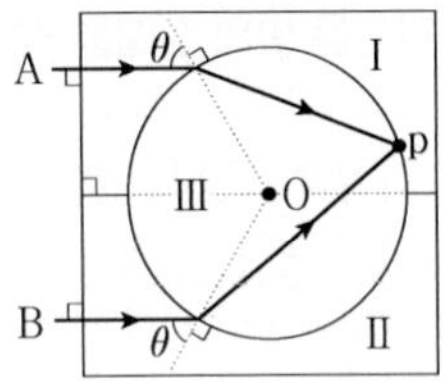

이에 대한 설명으로 옳은 것만을 〈보기〉에서 있는 대로 고른 것은? [3점]

보기

ㄱ. A의 파장은 Ⅰ에서가 Ⅲ에서보다 길다.
ㄴ. 굴절률은 Ⅰ이 Ⅱ보다 크다.
ㄷ. p에서 B는 전반사한다.

① ㄱ ② ㄷ ③ ㄱ, ㄴ
④ ㄴ, ㄷ ⑤ ㄱ, ㄴ, ㄷ

10 ★☆☆

| 2024학년도 9월 평가원 1번 |

다음은 전자기파 A와 B를 사용하는 예에 대한 설명이다.

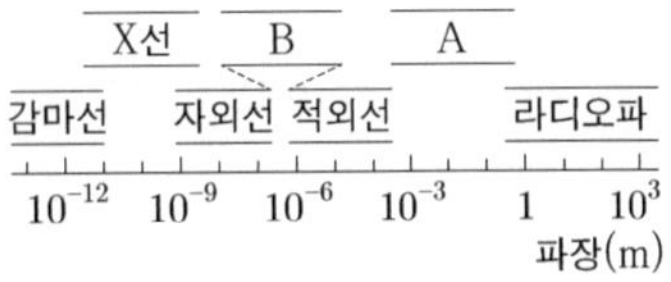

전자레인지에 사용되는 A는 음식물 속의 물 분자를 운동시키고, 물 분자가 주위의 분자와 충돌하면서 음식물을 데운다. A보다 파장이 짧은 B는 전자레인지가 작동하는 동안 내부를 비춰 작동 여부를 눈으로 확인할 수 있게 한다.

이에 대한 설명으로 옳은 것만을 〈보기〉에서 있는 대로 고른 것은?

보기

ㄱ. A는 가시광선이다.
ㄴ. 진공에서 속력은 A와 B가 같다.
ㄷ. 진동수는 A가 B보다 크다.

① ㄱ ② ㄴ ③ ㄱ, ㄷ
④ ㄴ, ㄷ ⑤ ㄱ, ㄴ, ㄷ

11 ★★☆

| 2024학년도 6월 평가원 16번 |

그림 (가)는 단색광이 공기에서 매질 A로 입사각 θ_i로 입사한 후, 매질 A의 옆면 P에 임계각 θ_c로 입사하는 모습을 나타낸 것이다. 그림 (나)는 (가)에 물을 더 넣고 단색광을 θ_i로 입사시킨 모습을 나타낸 것이다.

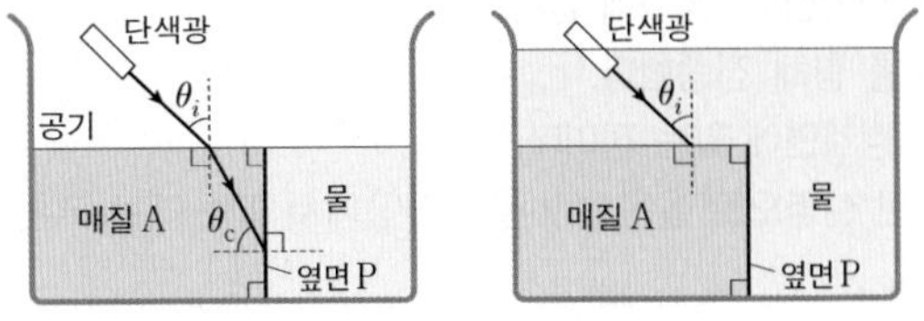

(가) (나)

이에 대한 설명으로 옳은 것만을 〈보기〉에서 있는 대로 고른 것은?

보기

ㄱ. A의 굴절률은 물의 굴절률보다 크다.
ㄴ. (가)에서 θ_i를 증가시키면 옆면 P에서 전반사가 일어난다.
ㄷ. (나)에서 단색광은 옆면 P에서 전반사한다.

① ㄱ ② ㄴ ③ ㄱ, ㄷ
④ ㄴ, ㄷ ⑤ ㄱ, ㄴ, ㄷ

12 ★☆☆

| 2024학년도 6월 평가원 1번 |

다음은 병원의 의료 기기에서 파동 A, B, C를 이용하는 예이다.

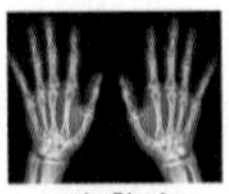
뼈 촬영
A: X선

의료 기구 소독
B: 자외선

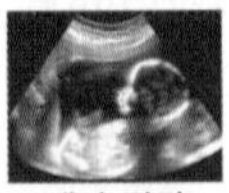
태아 검진
C: 초음파

이에 대한 설명으로 옳은 것만을 〈보기〉에서 있는 대로 고른 것은?

보기

ㄱ. A, B는 전자기파에 속한다.
ㄴ. 진공에서의 파장은 A가 B보다 길다.
ㄷ. C는 매질이 없는 진공에서 진행할 수 없다.

① ㄴ ② ㄷ ③ ㄱ, ㄴ
④ ㄱ, ㄷ ⑤ ㄱ, ㄴ, ㄷ

13 ★☆☆ | 2023학년도 수능 11번 |

그림 (가)는 매질 A에서 원형 매질 B에 입사각 θ_1로 입사한 단색광 P가 B와 매질 C의 경계면에 임계각 θ_c로 입사하는 모습을, (나)는 C에서 B로 입사한 P가 B와 A의 경계면에서 굴절각 θ_2로 진행하는 모습을 나타낸 것이다.

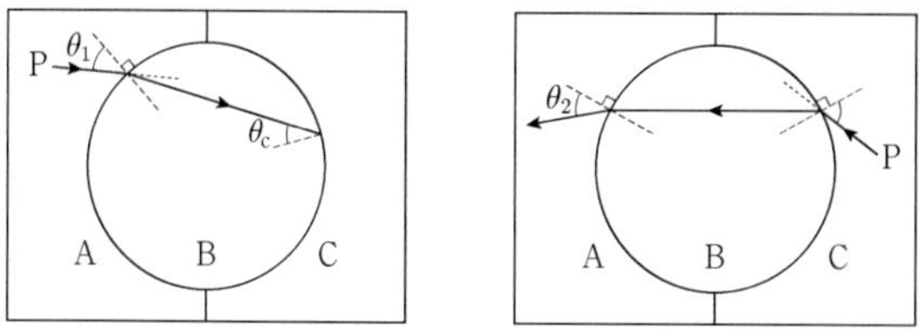

(가) (나)

이에 대한 설명으로 옳은 것만을 〈보기〉에서 있는 대로 고른 것은?

보기
ㄱ. P의 파장은 A에서가 B에서보다 길다.
ㄴ. $\theta_1 < \theta_2$이다.
ㄷ. A와 B 사이의 임계각은 θ_c보다 작다.

① ㄱ ② ㄴ ③ ㄱ, ㄷ
④ ㄴ, ㄷ ⑤ ㄱ, ㄴ, ㄷ

14 ★☆☆ | 2023학년도 수능 1번 |

그림 (가)는 전자기파 A, B를 이용한 예를, (나)는 진동수에 따른 전자기파의 분류를 나타낸 것이다.

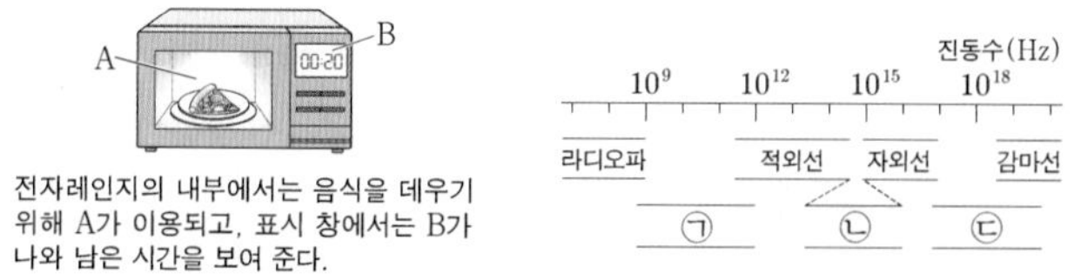

(가) (나)

이에 대한 설명으로 옳은 것만을 〈보기〉에서 있는 대로 고른 것은?

보기
ㄱ. A는 ㉢에 해당한다.
ㄴ. B는 ㉡에 해당한다.
ㄷ. 파장은 A가 B보다 길다.

① ㄱ ② ㄷ ③ ㄱ, ㄴ
④ ㄴ, ㄷ ⑤ ㄱ, ㄴ, ㄷ

15 ★☆☆ | 2023학년도 9월 평가원 9번 |

그림 (가)는 단색광 X가 매질 Ⅰ, Ⅱ, Ⅲ의 반원형 경계면을 지나는 모습을, (나)는 (가)에서 매질을 바꾸었을 때 X가 매질 ㉠과 ㉡ 사이의 임계각으로 입사하여 점 p에 도달한 모습을 나타낸 것이다. ㉠과 ㉡은 각각 Ⅰ과 Ⅱ 중 하나이다.

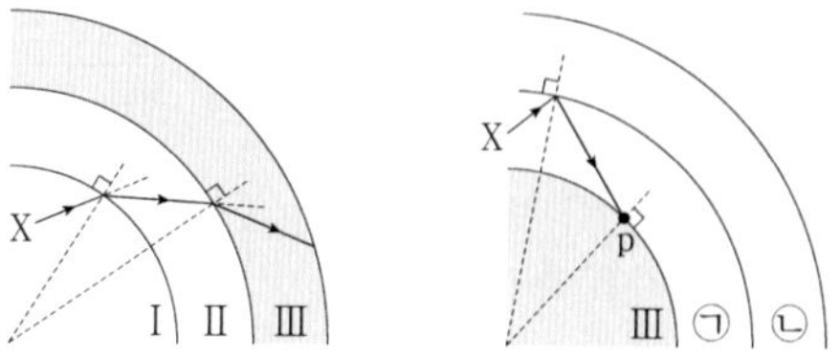

(가) (나)

이에 대한 설명으로 옳은 것만을 〈보기〉에서 있는 대로 고른 것은? [3점]

보기
ㄱ. 굴절률은 Ⅰ이 가장 크다.
ㄴ. ㉡은 Ⅱ이다.
ㄷ. (나)에서 X는 p에서 전반사한다.

① ㄱ ② ㄴ ③ ㄱ, ㄷ
④ ㄴ, ㄷ ⑤ ㄱ, ㄴ, ㄷ

16 ★☆☆ | 2021학년도 9월 평가원 1번 |

그림은 전자기파에 대해 학생이 발표하는 모습을 나타낸 것이다.

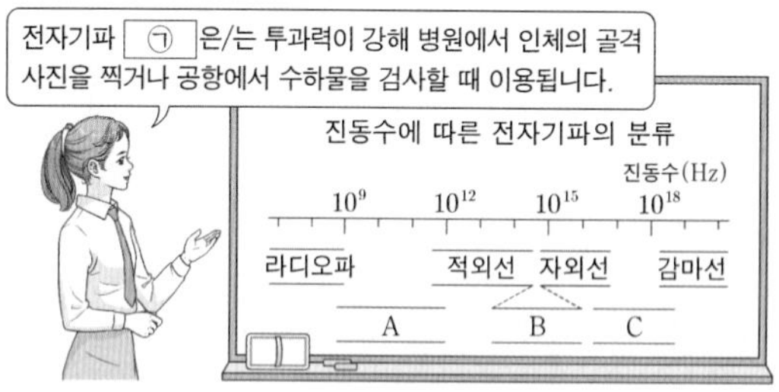

이에 대한 설명으로 옳은 것만을 〈보기〉에서 있는 대로 고른 것은?

보기
ㄱ. ㉠은 A에 해당하는 전자기파이다.
ㄴ. 진공에서 파장은 A가 B보다 길다.
ㄷ. 열화상 카메라는 사람의 몸에서 방출되는 C를 측정한다.

① ㄱ ② ㄴ ③ ㄱ, ㄷ
④ ㄴ, ㄷ ⑤ ㄱ, ㄴ, ㄷ

17 ★☆☆ | 2023학년도 6월 평가원 15번 |

다음은 빛의 성질을 알아보는 실험이다.

[실험 과정]

(가) 그림과 같이 반원형 매질 A와 B를 서로 붙여 놓는다.

(나) 단색광을 A에서 B를 향해 원의 중심을 지나도록 입사시킨다.

(다) (나)에서 입사각을 변화시키면서 굴절각과 반사각을 측정한다.

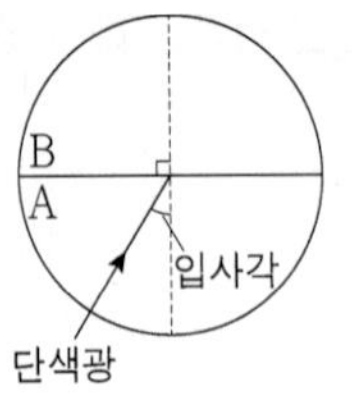

[실험 결과]

실험	입사각	굴절각	반사각
Ⅰ	30°	34°	30°
Ⅱ	㉠	59°	50°
Ⅲ	70°	해당 없음	70°

이에 대한 설명으로 옳은 것만을 〈보기〉에서 있는 대로 고른 것은? [3점]

보기

ㄱ. ㉠은 50°이다.

ㄴ. 단색광의 속력은 A에서가 B에서보다 크다.

ㄷ. A와 B 사이의 임계각은 70°보다 크다.

① ㄱ ② ㄴ ③ ㄱ, ㄷ ④ ㄴ, ㄷ ⑤ ㄱ, ㄴ, ㄷ

18 ★☆☆ | 2023학년도 6월 평가원 3번 |

그림 (가)는 전자기파를 파장에 따라 분류한 것을, (나)는 (가)의 전자기파 A를 이용하는 레이더가 설치된 군함을 나타낸 것이다.

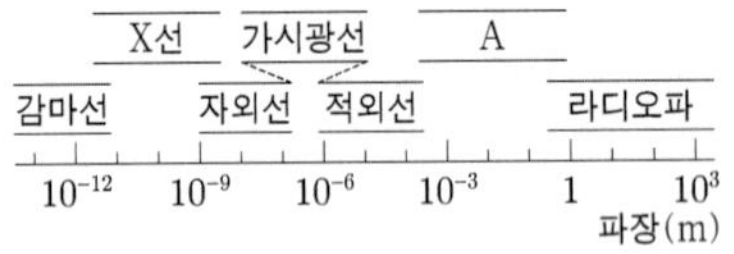

(가)

(나)

이에 대한 설명으로 옳은 것만을 〈보기〉에서 있는 대로 고른 것은?

보기

ㄱ. A의 진동수는 가시광선의 진동수보다 크다.

ㄴ. 전자레인지에서 음식물을 데우는 데 이용하는 전자기파는 A에 해당한다.

ㄷ. 진공에서의 속력은 감마선과 (나)의 레이더에서 이용하는 전자기파가 같다.

① ㄱ ② ㄴ ③ ㄱ, ㄷ ④ ㄴ, ㄷ ⑤ ㄱ, ㄴ, ㄷ

19 ★★☆ | 2022학년도 수능 11번 |

다음은 빛의 성질을 알아보는 실험이다.

[실험 과정]

(가) 반원형 매질 A, B, C를 준비한다.

(나) 그림과 같이 반원형 매질을 서로 붙여 놓고 단색광 P를 입사시켜 입사각과 굴절각을 측정한다.

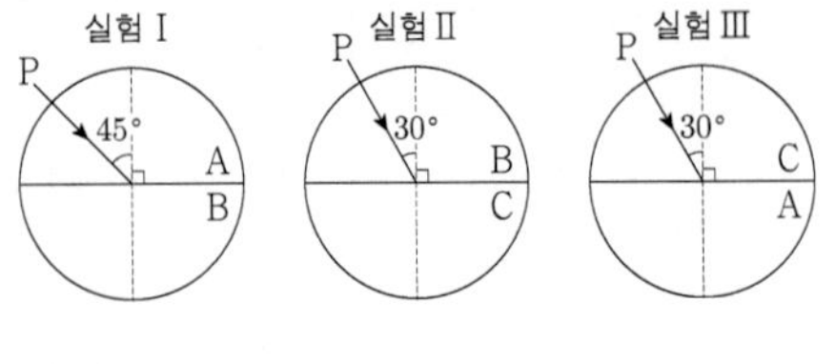

[실험 결과]

실험	입사각	굴절각
Ⅰ	45°	30°
Ⅱ	30°	25°
Ⅲ	30°	㉠

이에 대한 설명으로 옳은 것만을 〈보기〉에서 있는 대로 고른 것은? [3점]

보기

ㄱ. ㉠은 45°보다 크다.

ㄴ. P의 파장은 A에서가 B에서보다 짧다.

ㄷ. 임계각은 P가 B에서 A로 진행할 때가 C에서 A로 진행할 때보다 작다.

① ㄱ ② ㄴ ③ ㄱ, ㄷ ④ ㄴ, ㄷ ⑤ ㄱ, ㄴ, ㄷ

20 ★☆☆ | 2022학년도 수능 4번 |

그림은 전자기파에 대해 학생 A, B, C가 대화하는 모습을 나타낸 것이다.

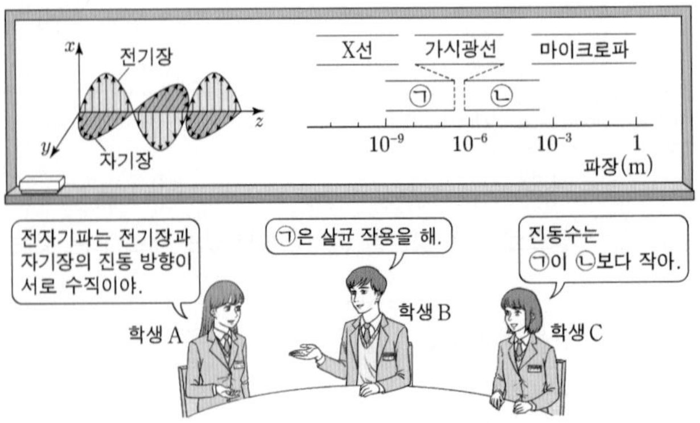

제시한 내용이 옳은 학생만을 있는 대로 고른 것은?

① A ② C ③ A, B ④ B, C ⑤ A, B, C

21 ★☆☆

| 2022학년도 9월 평가원 3번 |

그림 (가)~(다)는 전자기파를 일상생활에서 이용하는 예이다.

(가) 위성 통신　　(나) 광통신　　(다) LED 신호등

이에 대한 설명으로 옳은 것만을 〈보기〉에서 있는 대로 고른 것은?

보기

ㄱ. (가)에서 자외선을 이용한다.
ㄴ. (나)에서 전반사를 이용한다.
ㄷ. (다)에서 가시광선을 이용한다.

① ㄱ　② ㄷ　③ ㄱ, ㄴ　④ ㄴ, ㄷ　⑤ ㄱ, ㄴ, ㄷ

22 ★☆☆

| 2022학년도 9월 평가원 15번 |

그림과 같이 단색광 X가 입사각 θ로 매질 Ⅰ에서 매질 Ⅱ로 입사할 때는 굴절하고, X가 입사각 θ로 매질 Ⅲ에서 Ⅱ로 입사할 때는 전반사한다.

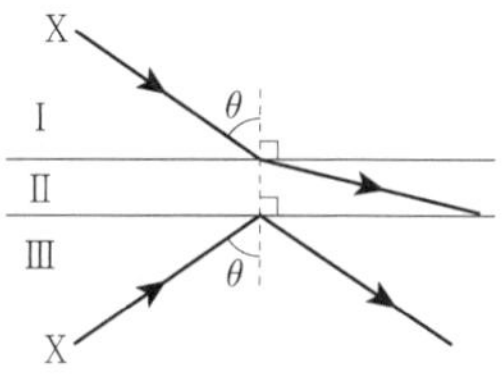

이에 대한 설명으로 옳은 것만을 〈보기〉에서 있는 대로 고른 것은? [3점]

보기

ㄱ. 굴절률은 Ⅱ가 가장 크다.
ㄴ. X가 Ⅱ에서 Ⅲ으로 진행할 때 전반사한다.
ㄷ. 임계각은 X가 Ⅰ에서 Ⅱ로 입사할 때가 Ⅲ에서 Ⅱ로 입사할 때보다 크다.

① ㄱ　② ㄷ　③ ㄱ, ㄴ　④ ㄴ, ㄷ　⑤ ㄱ, ㄴ, ㄷ

23 ★☆☆

| 2022학년도 6월 평가원 1번 |

그림은 전자기파를 파장에 따라 분류한 것이고, 표는 전자기파 A, B, C가 사용되는 예를 순서 없이 나타낸 것이다.

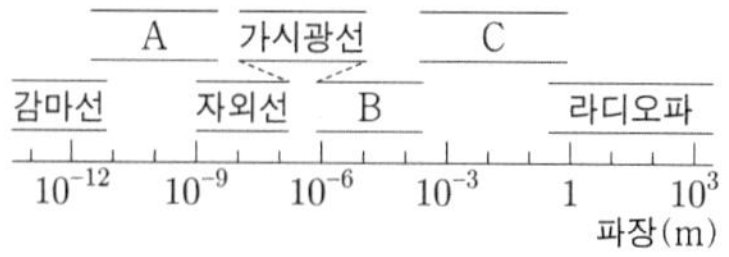

전자기파	사용되는 예
(가)	체온을 측정하는 열화상 카메라에 사용된다.
(나)	음식물을 데우는 전자레인지에 사용된다.
(다)	공항 검색대에서 수하물의 내부 영상을 찍는 데 사용된다.

(가), (나), (다)에 해당하는 전자기파로 옳은 것은?

	(가)	(나)	(다)
①	A	B	C
②	A	C	B
③	B	A	C
④	B	C	A
⑤	C	A	B

24 ★★☆

| 2022학년도 6월 평가원 16번 |

다음은 빛의 성질을 알아보는 실험이다.

[실험 과정]

(가) 반원 Ⅰ, Ⅱ로 구성된 원이 그려진 종이면의 Ⅰ에 반원형 유리 A를 올려놓는다.
(나) 레이저 빛이 점 p에서 유리면에 수직으로 입사하도록 한다.
(다) 그림과 같이 빛이 진행하는 경로를 종이면에 그린다.
(라) p와 x축 사이의 거리 L_1, 빛의 경로가 Ⅱ의 호와 만나는 점과 x축 사이의 거리 L_2를 측정한다.

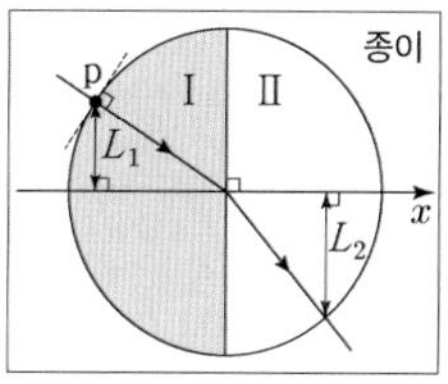

(마) (가)에서 Ⅰ의 A를 반원형 유리 B로 바꾸고, (나)~(라)를 반복한다.
(바) (마)에서 Ⅱ에 A를 올려놓고, (나)~(라)를 반복한다.

[실험 결과]

과정	Ⅰ	Ⅱ	L_1(cm)	L_2(cm)
(라)	A	공기	3.0	4.5
(마)	B	공기	3.0	5.1
(바)	B	A	3.0	㉠

이에 대한 설명으로 옳은 것만을 〈보기〉에서 있는 대로 고른 것은? [3점]

보기

ㄱ. ㉠>5.1이다.
ㄴ. 레이저 빛의 속력은 A에서가 B에서보다 크다.
ㄷ. 임계각은 레이저 빛이 A에서 공기로 진행할 때가 B에서 공기로 진행할 때보다 크다.

① ㄱ　② ㄴ　③ ㄱ, ㄷ　④ ㄴ, ㄷ　⑤ ㄱ, ㄴ, ㄷ

25 ★☆☆

| 2021학년도 수능 1번 |

그림은 파장에 따른 전자기파의 분류를 나타낸 것이다.

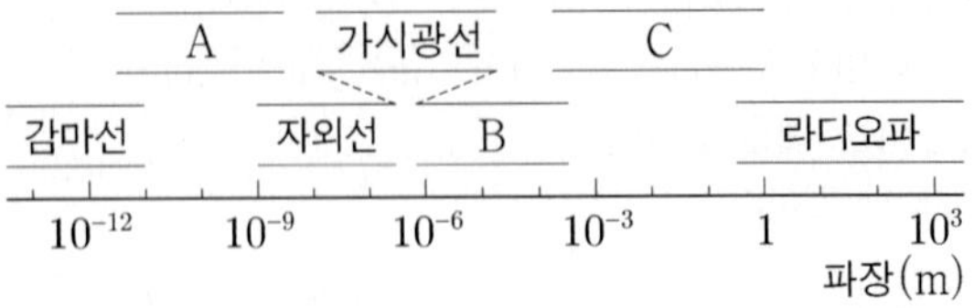

이에 대한 설명으로 옳은 것만을 〈보기〉에서 있는 대로 고른 것은?

보기
ㄱ. 진동수는 C가 A보다 크다.
ㄴ. 공항에서 수하물 검사에 사용하는 X선은 A에 해당한다.
ㄷ. 적외선 체온계는 몸에서 나오는 B에 해당하는 전자기파를 측정한다.

① ㄱ ② ㄷ ③ ㄱ, ㄴ
④ ㄴ, ㄷ ⑤ ㄱ, ㄴ, ㄷ

26 ★☆☆

| 2021학년도 수능 15번 |

그림 (가), (나)는 각각 물질 X, Y, Z 중 두 물질을 이용하여 만든 광섬유의 코어에 단색광 A를 입사각 θ_0으로 입사시킨 모습을 나타낸 것이다. θ_1은 X와 Y 사이의 임계각이고, 굴절률은 Z가 X보다 크다.

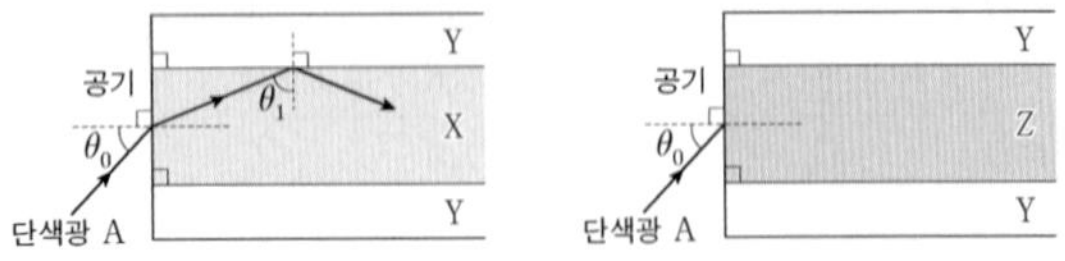

(가) (나)

이에 대한 설명으로 옳은 것만을 〈보기〉에서 있는 대로 고른 것은?

보기
ㄱ. (가)에서 A를 θ_0보다 큰 입사각으로 X에 입사시키면 A는 X와 Y의 경계면에서 전반사하지 않는다.
ㄴ. (나)에서 Z와 Y 사이의 임계각은 θ_1보다 크다.
ㄷ. (나)에서 A는 Z와 Y의 경계면에서 전반사한다.

① ㄱ ② ㄴ ③ ㄱ, ㄷ
④ ㄴ, ㄷ ⑤ ㄱ, ㄴ, ㄷ

27 ★★☆

| 2021학년도 9월 평가원 3번 |

그림은 스마트폰에서 쓰이는 파동 A, B, C를 나타낸 것이다.

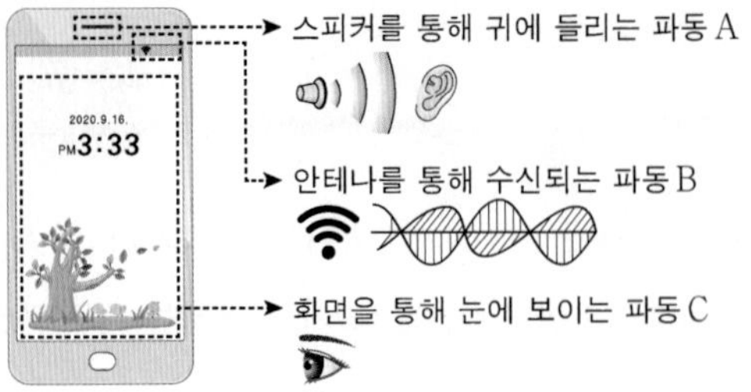

이에 대한 설명으로 옳은 것만을 〈보기〉에서 있는 대로 고른 것은?

보기
ㄱ. A는 전자기파에 속한다.
ㄴ. 진동수는 B가 C보다 작다.
ㄷ. C는 매질에 관계없이 속력이 일정하다.

① ㄱ ② ㄴ ③ ㄱ, ㄷ
④ ㄴ, ㄷ ⑤ ㄱ, ㄴ, ㄷ

28 ★☆☆

| 2021학년도 9월 평가원 14번 |

그림과 같이 단색광 P가 공기로부터 매질 A에 θ_i로 입사하고 A와 매질 C의 경계면에서 전반사하여 진행한 뒤, 매질 B로 입사한다. 굴절률은 A가 B보다 작다. P가 A에서 B로 진행할 때 굴절각은 θ_B이다.

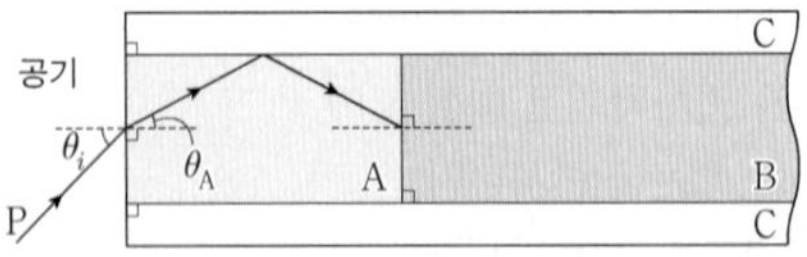

이에 대한 설명으로 옳은 것만을 〈보기〉에서 있는 대로 고른 것은? [3점]

보기
ㄱ. 굴절률은 A가 C보다 크다.
ㄴ. $\theta_A < \theta_B$이다.
ㄷ. B와 C의 경계면에서 P는 전반사한다.

① ㄱ ② ㄴ ③ ㄱ, ㄷ
④ ㄴ, ㄷ ⑤ ㄱ, ㄴ, ㄷ

III
파동과
정보 통신

03

빛과 물질의 이중성

2026학년도 수능 출제 예측

2025학년도 수능, 평가원 분석

6월과 9월 평가원에서는 물질의 이중성에 대해 묻는 문항을, 수능에서는 광전 효과와 물질의 이중성 및 전자 현미경에 대해 묻는 문항을 출제되었다.

2026학년도 수능 예측

한 문제 이상 출제가 될 가능성이 있는 단원으로, 진동수와 빛의 세기에 따른 광전 효과와 광전자의 최대 운동 에너지를 묻는 문항이나 드브로이 파장과 운동량과의 관계 및 전자 현미경 등을 묻는 문항이 출제될 가능성이 높다.

1 ★☆☆ | 2025학년도 수능 4번 |

그림은 빛과 물질의 이중성에 대해 학생 A, B, C가 대화하는 모습을 나타낸 것이다.

광전 효과에서 광전자가 즉시 방출되는 현상은 빛의 입자성으로 설명해.
속력이 서로 다른 두 입자의 운동량이 같을 때, 속력이 작은 입자의 물질파 파장이 더 길어.
전자 현미경에서 전자의 운동 에너지가 클수록 더 작은 구조를 구분하여 관찰할 수 있어.
학생 A
학생 B
학생 C

제시한 내용이 옳은 학생만을 있는 대로 고른 것은? [3점]

① A ② B ③ A, C
④ B, C ⑤ A, B, C

2 ★☆☆ | 2025학년도 9월 평가원 14번 |

그림은 입자 A, B, C의 운동량과 운동 에너지를 나타낸 것이다.

이에 대한 설명으로 옳은 것만을 ⟨보기⟩에서 있는 대로 고른 것은?

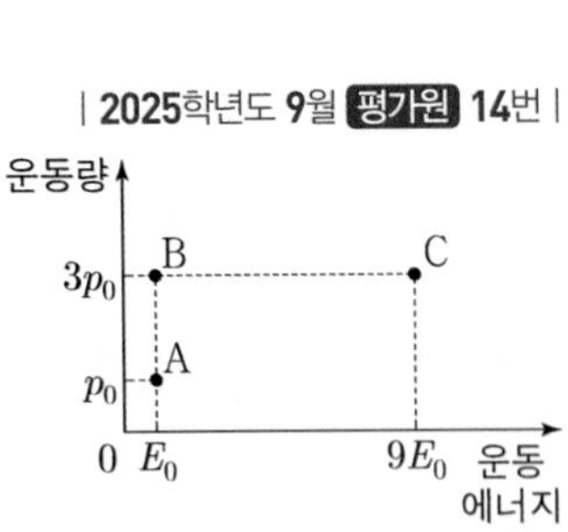

보기

ㄱ. 질량은 A가 B보다 크다.
ㄴ. 속력은 A와 C가 같다.
ㄷ. 물질파 파장은 B와 C가 같다.

① ㄱ ② ㄷ ③ ㄱ, ㄴ
④ ㄴ, ㄷ ⑤ ㄱ, ㄴ, ㄷ

3 ★★☆ | 2025학년도 6월 평가원 13번 |

그림은 입자 A, B, C의 운동 에너지와 속력을 나타낸 것이다.

A, B, C의 물질파 파장을 각각 λ_A, λ_B, λ_C라고 할 때, λ_A, λ_B, λ_C를 비교한 것으로 옳은 것은?

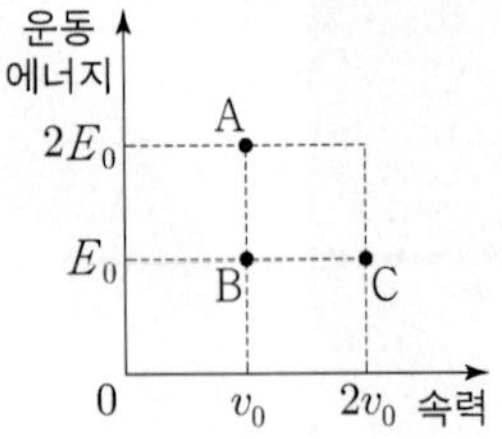

① $\lambda_A > \lambda_B > \lambda_C$ ② $\lambda_A > \lambda_B = \lambda_C$
③ $\lambda_B > \lambda_A > \lambda_C$ ④ $\lambda_B > \lambda_A = \lambda_C$
⑤ $\lambda_C > \lambda_B > \lambda_A$

4 ★★☆ | 2024학년도 수능 16번 |

그림은 입자 P, Q의 물질파 파장의 역수를 입자의 속력에 따라 나타낸 것이다. P, Q는 각각 중성자와 헬륨 원자를 순서 없이 나타낸 것이다.

이에 대한 설명으로 옳은 것만을 ⟨보기⟩에서 있는 대로 고른 것은? (단, h는 플랑크 상수이다.)

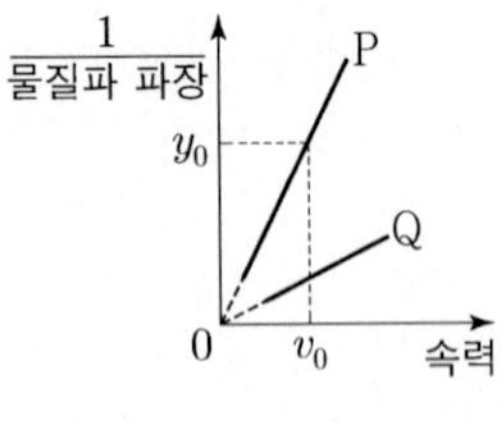

보기

ㄱ. P의 질량은 $h\frac{y_0}{v_0}$이다.
ㄴ. Q는 중성자이다.
ㄷ. P와 Q의 물질파 파장이 같을 때, 운동 에너지는 P가 Q보다 작다.

① ㄱ ② ㄷ ③ ㄱ, ㄴ
④ ㄴ, ㄷ ⑤ ㄱ, ㄴ, ㄷ

5 ★★☆ | 2024학년도 9월 평가원 16번 |

그림 (가)는 주사 전자 현미경(SEM)의 구조를 나타낸 것이고, 그림 (나)는 (가)의 전자총에서 방출되는 전자 P, Q의 물질파 파장 λ와 운동 에너지 E_K를 나타낸 것이다.

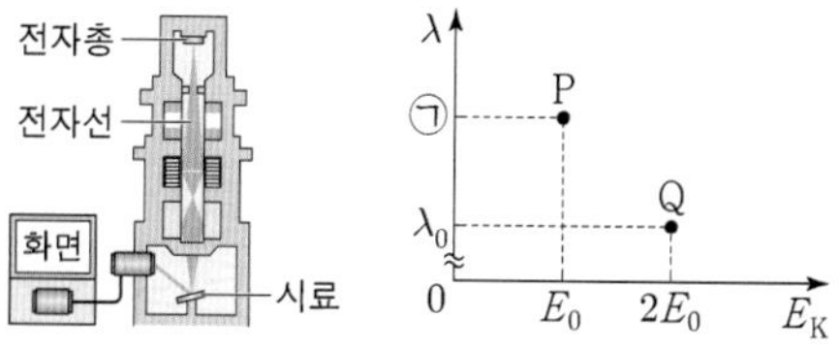

(가) (나)

이에 대한 설명으로 옳은 것만을 〈보기〉에서 있는 대로 고른 것은?

보기
ㄱ. 전자의 운동량의 크기는 Q가 P의 $2\sqrt{2}$배이다.
ㄴ. ㉠은 $2\lambda_0$이다.
ㄷ. 분해능은 Q를 이용할 때가 P를 이용할 때보다 좋다.

① ㄱ ② ㄷ ③ ㄱ, ㄴ
④ ㄴ, ㄷ ⑤ ㄱ, ㄴ, ㄷ

6 ★★☆ | 2024학년도 6월 평가원 17번 |

그림은 금속판 P, Q에 단색광을 비추었을 때, P, Q에서 방출되는 광전자의 최대 운동 에너지 E_K를 단색광의 진동수에 따라 나타낸 것이다.

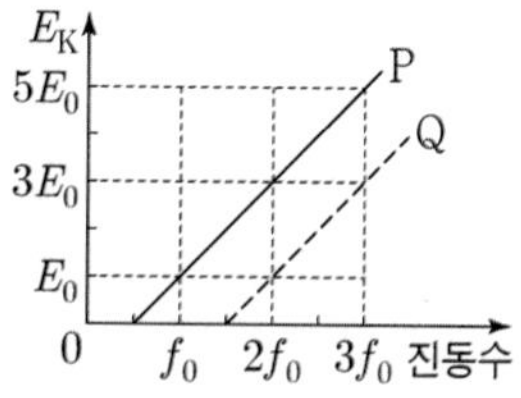

이에 대한 설명으로 옳은 것만을 〈보기〉에서 있는 대로 고른 것은?

보기
ㄱ. 문턱 진동수는 P가 Q보다 작다.
ㄴ. 광양자설에 의하면 진동수가 f_0인 단색광을 Q에 오랫동안 비추어도 광전자가 방출되지 않는다.
ㄷ. 진동수가 $2f_0$일 때, 방출되는 광전자의 물질파 파장의 최솟값은 Q에서가 P에서의 3배이다.

① ㄱ ② ㄷ ③ ㄱ, ㄴ
④ ㄴ, ㄷ ⑤ ㄱ, ㄴ, ㄷ

7 ★☆☆ | 2023학년도 수능 4번 |

다음은 물질의 이중성에 대한 설명이다.

- 얇은 금속박에 전자선을 비추면 X선을 비추었을 때와 같이 회절 무늬가 나타난다. 이러한 현상은 전자의 [㉠]으로 설명할 수 있다.

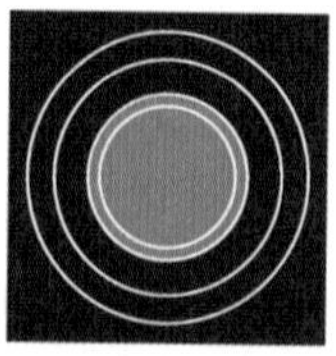

- 전자의 운동량의 크기가 클수록 물질파의 파장은 [㉡]. 물질파를 이용하는 [㉢] 현미경은 가시광선을 이용하는 현미경보다 작은 구조를 구분하여 관찰할 수 있다.

㉠, ㉡, ㉢에 들어갈 내용으로 가장 적절한 것은? [3점]

	㉠	㉡	㉢
①	파동성	길다	전자
②	파동성	짧다	전자
③	파동성	길다	광학
④	입자성	짧다	전자
⑤	입자성	길다	광학

8 ★☆☆ | 2023학년도 9월 평가원 4번 |

그림 (가)는 보어의 수소 원자 모형에서 양자수 n에 따른 에너지 준위의 일부와, 전자가 전이하면서 진동수가 f_a, f_b인 빛이 방출되는 것을 나타낸 것이다. 그림 (나)는 분광기를 이용하여 (가)에서 방출되는 빛을 금속판에 비추는 모습을 나타낸 것으로, 광전자는 진동수가 f_a, f_b인 빛 중 하나에 의해서만 방출된다.

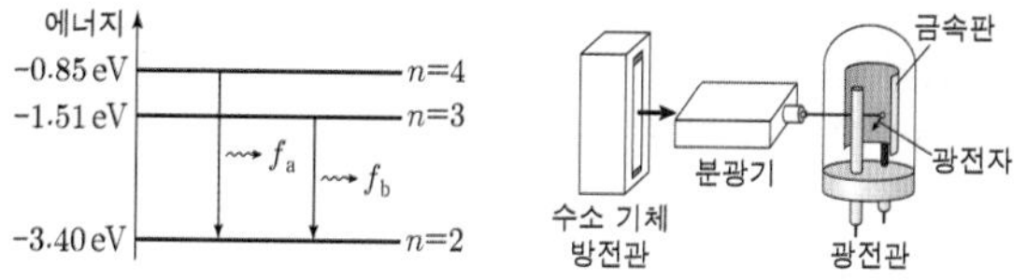

(가) (나)

이에 대한 설명으로 옳은 것만을 〈보기〉에서 있는 대로 고른 것은?

보기
ㄱ. 진동수가 f_a인 빛을 금속판에 비출 때 광전자가 방출된다.
ㄴ. 진동수가 f_b인 빛은 적외선이다.
ㄷ. 진동수가 $f_a - f_b$인 빛을 금속판에 비출 때 광전자가 방출된다.

① ㄱ ② ㄷ ③ ㄱ, ㄴ
④ ㄴ, ㄷ ⑤ ㄱ, ㄴ, ㄷ

9 ★★☆

| 2023학년도 9월 평가원 3번 |

그림은 빛과 물질의 이중성에 대해 학생 A, B, C가 대화하는 모습을 나타낸 것이다.

파장이 λ_1인 빛에 비해 광자의 에너지가 2배인 빛의 파장은 $\frac{1}{2}\lambda_1$이야.
물질파 파장이 λ_2인 전자에 비해 운동 에너지가 2배인 전자의 물질파 파장은 $\frac{1}{2}\lambda_2$야.
전자 현미경은 광학 현미경에 비해 더 작은 구조를 구분하여 관찰할 수 있어.
학생 A
학생 B
학생 C

제시한 내용이 옳은 학생만을 있는 대로 고른 것은? [3점]

① A ② B ③ A, C
④ B, C ⑤ A, B, C

10 ★☆☆

| 2023학년도 6월 평가원 6번 |

그림과 같이 단색광 A를 금속판 P에 비추었을 때 광전자가 방출되지 않고, 단색광 B, C를 각각 P에 비추었을 때 광전자가 방출된다. 방출된 광전자의 최대 운동 에너지는 B를 비추었을 때가 C를 비추었을 때보다 크다.

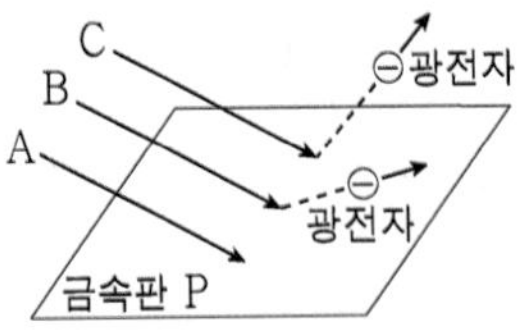

이에 대한 설명으로 옳은 것만을 〈보기〉에서 있는 대로 고른 것은? [3점]

보기
ㄱ. A의 세기를 증가시키면 광전자가 방출된다.
ㄴ. P의 문턱 진동수는 B의 진동수보다 작다.
ㄷ. 단색광의 진동수는 B가 C보다 크다.

① ㄱ ② ㄴ ③ ㄱ, ㄷ
④ ㄴ, ㄷ ⑤ ㄱ, ㄴ, ㄷ

11 ★☆☆

| 2022학년도 수능 7번 |

그림 (가)는 단색광이 이중 슬릿을 지나 금속판에 도달하여 광전자를 방출시키는 실험을, (나)는 (가)의 금속판에서의 위치에 따라 방출된 광전자의 개수를 나타낸 것이다. 점 O, P는 금속판 위의 지점이다.

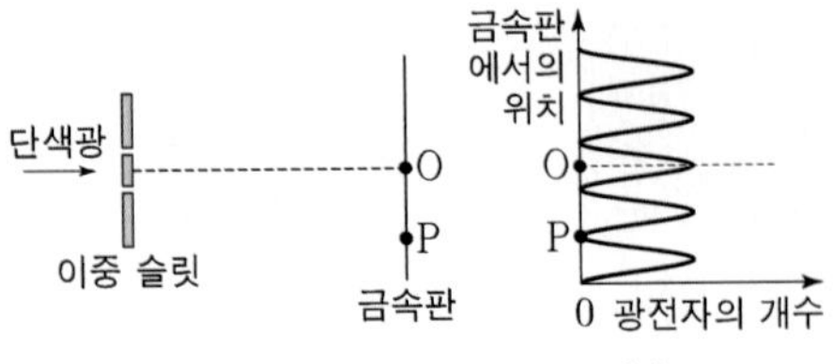

(가) (나)

이에 대한 설명으로 옳은 것만을 〈보기〉에서 있는 대로 고른 것은?

보기
ㄱ. 단색광의 세기를 증가시키면 O에서 방출되는 광전자의 개수가 증가한다.
ㄴ. 금속판의 문턱 진동수는 단색광의 진동수보다 작다.
ㄷ. P에서 단색광의 상쇄 간섭이 일어난다.

① ㄱ ② ㄴ ③ ㄱ, ㄷ
④ ㄴ, ㄷ ⑤ ㄱ, ㄴ, ㄷ

12 ★★☆

| 2022학년도 9월 평가원 12번 |

그림과 같이 금속판에 초록색 빛을 비추어 방출된 광전자를 가속하여 이중 슬릿에 입사시켰더니 형광판에 간섭무늬가 나타났다.

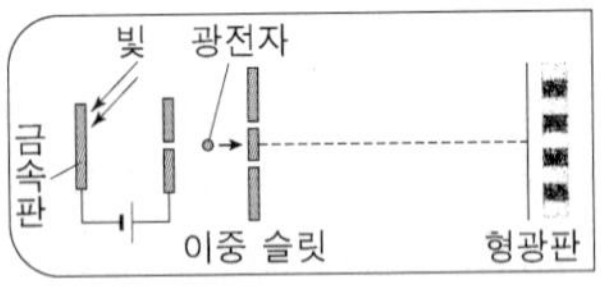

금속판에 빨간색 빛을 비추었을 때는 광전자가 방출되지 않았다.
이에 대한 설명으로 옳은 것만을 〈보기〉에서 있는 대로 고른 것은? [3점]

보기
ㄱ. 광전자의 속력이 커지면 광전자의 물질파 파장은 줄어든다.
ㄴ. 초록색 빛의 세기를 감소시켜도 간섭무늬의 밝은 부분은 밝기가 변하지 않는다.
ㄷ. 금속판의 문턱 진동수는 빨간색 빛의 진동수보다 크다.

① ㄱ ② ㄴ ③ ㄱ, ㄷ
④ ㄴ, ㄷ ⑤ ㄱ, ㄴ, ㄷ

13 ★★★ | 2022학년도 6월 평가원 4번 |

그림은 투과 전자 현미경(TEM)의 구조를 나타낸 것이다. 전자총에서 방출된 전자의 운동 에너지가 E_0이면 물질파 파장은 λ_0이다.
이에 대한 설명으로 옳은 것만을 〈보기〉에서 있는 대로 고른 것은? [3점]

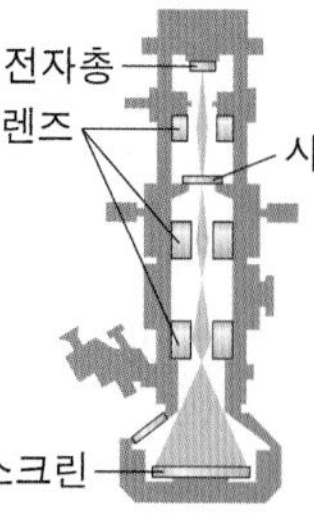

보기
ㄱ. 시료를 투과하는 전자기파에 의해 스크린에 상이 만들어진다.
ㄴ. 자기렌즈는 자기장을 이용하여 전자의 진행 경로를 바꾼다.
ㄷ. 운동 에너지가 $2E_0$인 전자의 물질파 파장은 $\frac{1}{2}\lambda_0$이다.

① ㄱ ② ㄴ ③ ㄱ, ㄷ
④ ㄴ, ㄷ ⑤ ㄱ, ㄴ, ㄷ

14 ★☆☆ | 2021학년도 수능 5번 |

다음은 빛의 이중성에 대한 내용이다.

오랫동안 과학자들 사이에 빛이 파동인지 입자인지에 관한 논쟁이 있어 왔다. 19세기에 빛의 간섭 실험과 매질 내에서 빛의 속력 측정 실험 등으로 빛의 파동성이 인정받게 되었다. 그러나 빛의 파동성으로 설명할 수 없는 [㉠]을/를 아인슈타인이 광자(광양자)의 개념을 도입하여 설명한 이후, 여러 과학자들의 연구를 통해 빛의 입자성도 인정받게 되었다.

이에 대한 설명으로 옳은 것만을 〈보기〉에서 있는 대로 고른 것은?

보기
ㄱ. 광전 효과는 ㉠에 해당된다.
ㄴ. 전하 결합 소자(CCD)는 빛의 입자성을 이용한다.
ㄷ. 비눗방울에서 다양한 색의 무늬가 보이는 현상은 빛의 파동성으로 설명할 수 있다.

① ㄱ ② ㄷ ③ ㄱ, ㄴ
④ ㄴ, ㄷ ⑤ ㄱ, ㄴ, ㄷ

15 ★☆☆ | 2021학년도 9월 평가원 12번 |

그림은 주사 전자 현미경의 구조를 나타낸 것이다.
이에 대한 설명으로 옳은 것만을 〈보기〉에서 있는 대로 고른 것은?

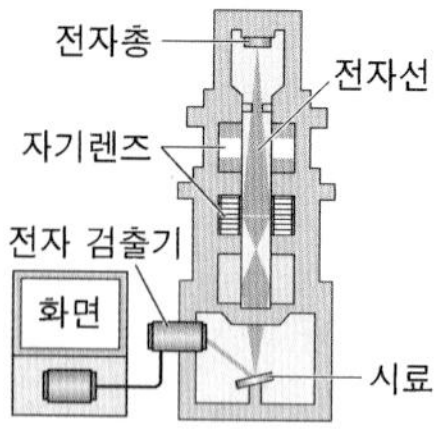

보기
ㄱ. 자기장을 이용하여 전자선을 제어하고 초점을 맞춘다.
ㄴ. 전자의 속력이 클수록 전자의 물질파 파장은 짧아진다.
ㄷ. 전자의 속력이 클수록 더 작은 구조를 구분하여 관찰할 수 있다.

① ㄱ ② ㄴ ③ ㄱ, ㄷ
④ ㄴ, ㄷ ⑤ ㄱ, ㄴ, ㄷ

16 ★★☆ | 2021학년도 6월 평가원 15번 |

그림은 입자 A, B, C의 물질파 파장을 속력에 따라 나타낸 것이다.

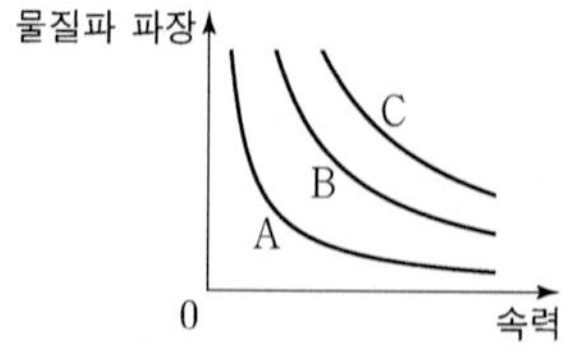

이에 대한 설명으로 옳은 것만을 〈보기〉에서 있는 대로 고른 것은?

보기
ㄱ. A, B의 운동량 크기가 같을 때, 물질파 파장은 A가 B보다 짧다.
ㄴ. A, C의 물질파 파장이 같을 때, 속력은 A가 C보다 작다.
ㄷ. 질량은 B가 C보다 작다.

① ㄱ ② ㄴ ③ ㄱ, ㄷ
④ ㄴ, ㄷ ⑤ ㄱ, ㄴ, ㄷ

17 ★☆☆

| 2020학년도 수능 6번 |

표는 서로 다른 금속판 A, B에 진동수가 각각 f_X, f_Y인 단색광 X, Y 중 하나를 비추었을 때 방출되는 광전자의 최대 운동 에너지를 나타낸 것이다.

금속판	광전자의 최대 운동 에너지	
	X를 비춘 경우	Y를 비춘 경우
A	E_0	광전자가 방출되지 않음
B	$3E_0$	E_0

이에 대한 설명으로 옳은 것만을 〈보기〉에서 있는 대로 고른 것은? (단, h는 플랑크 상수이다.)

보기
ㄱ. $f_X > f_Y$이다.
ㄴ. $E_0 = hf_X$이다.
ㄷ. Y의 세기를 증가시켜 A에 비추면 광전자가 방출된다.

① ㄱ ② ㄴ ③ ㄱ, ㄷ
④ ㄴ, ㄷ ⑤ ㄱ, ㄴ, ㄷ

18 ★☆☆

| 2020학년도 9월 평가원 11번 |

그림은 보어의 수소 원자 모형에서 양자수 n에 따른 에너지 준위의 일부와 전자의 전이에서 방출되는 단색광 a, b, c, d를 나타낸 것이다. 표는 a, b, c, d를 광전관 P에 각각 비추었을 때 광전자의 방출 여부와 광전자의 최대 운동 에너지 E_{max}를 나타낸 것이다.

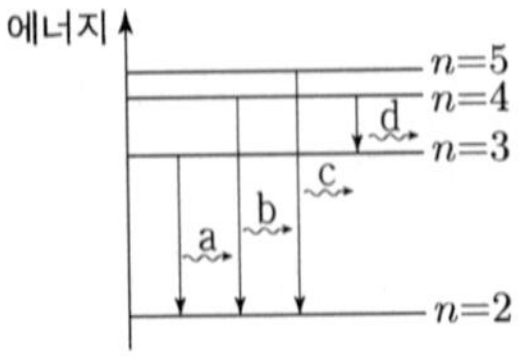

단색광	광전자의 방출 여부	E_{max}
a	방출 안 됨	-
b	방출됨	E_1
c	방출됨	E_2
d	방출 안 됨	-

이에 대한 설명으로 옳은 것만을 〈보기〉에서 있는 대로 고른 것은?

보기
ㄱ. 진동수는 a가 b보다 크다.
ㄴ. b와 c를 P에 동시에 비출 때 E_{max}는 E_2이다.
ㄷ. a와 d를 P에 동시에 비출 때 광전자가 방출된다.

① ㄱ ② ㄴ ③ ㄱ, ㄷ
④ ㄴ, ㄷ ⑤ ㄱ, ㄴ, ㄷ

19 ★☆☆

| 2020학년도 6월 평가원 6번 |

표는 서로 다른 금속판 X, Y에 진동수가 각각 f, $2f$인 빛 A, B를 비추었을 때 방출되는 광전자의 최대 운동 에너지를 나타낸 것이다.

빛	진동수	광전자의 최대 운동 에너지	
		X	Y
A	f	$3E_0$	$2E_0$
B	$2f$	$7E_0$	㉠

이에 대한 설명으로 옳은 것만을 〈보기〉에서 있는 대로 고른 것은? [3점]

보기
ㄱ. ㉠은 $7E_0$보다 작다.
ㄴ. 광전 효과가 일어나는 빛의 최소 진동수는 X가 Y보다 크다.
ㄷ. A와 B를 X에 함께 비추었을 때 방출되는 광전자의 최대 운동 에너지는 $10E_0$이다.

① ㄱ ② ㄴ ③ ㄱ, ㄷ
④ ㄴ, ㄷ ⑤ ㄱ, ㄴ, ㄷ

20 ★☆☆

| 2019학년도 수능 9번 |

그림 (가)는 단색광 A, B를 광전관의 금속판에 비추는 모습을 나타낸 것이고, (나)는 A, B의 세기를 시간에 따라 나타낸 것이다. t_1일 때 광전자가 방출되지 않고, t_2일 때 광전자가 방출된다.

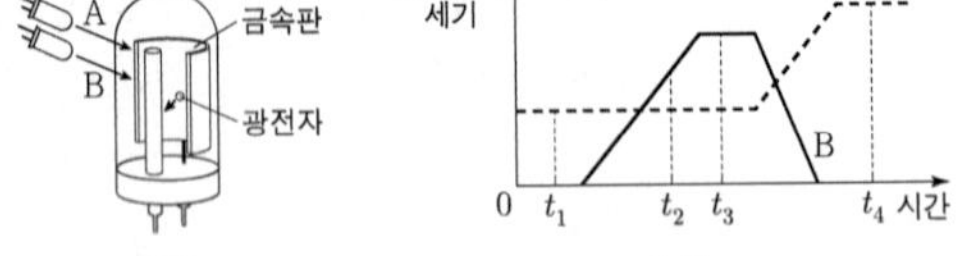

(가) (나)

이에 대한 설명으로 옳은 것만을 〈보기〉에서 있는 대로 고른 것은? [3점]

보기
ㄱ. 진동수는 A가 B보다 작다.
ㄴ. 방출되는 광전자의 최대 운동 에너지는 t_2일 때가 t_3일 때보다 작다.
ㄷ. t_4일 때 광전자가 방출된다.

① ㄱ ② ㄷ ③ ㄱ, ㄴ
④ ㄴ, ㄷ ⑤ ㄱ, ㄴ, ㄷ

빠른 정답 찾기

수능 기출의 바이블 | 물리학 I

1권 문제편 Part I 교육청 기출

I. 역학과 에너지

01 물체의 운동

01 ② 02 ③ 03 ④ 04 ④ 05 ② 06 ① 07 ④ 08 ④ 09 ② 10 ②
11 ⑤ 12 ① 13 ② 14 ① 15 ② 16 ② 17 ① 18 ② 19 ③ 20 ③
21 ① 22 ④ 23 ④ 24 ② 25 ④ 26 ③ 27 ① 28 ① 29 ② 30 ④
31 ①

05 열역학 법칙

01 ① 02 ① 03 ④ 04 ⑤ 05 ⑤ 06 ③ 07 ④ 08 ⑤ 09 ① 10 ④
11 ⑤ 12 ② 13 ⑤ 14 ③ 15 ④ 16 ③ 17 ③ 18 ② 19 ① 20 ⑤
21 ③ 22 ④ 23 ③ 24 ③ 25 ⑤ 26 ① 27 ① 28 ⑤ 29 ⑤ 30 ②

06 특수 상대성 이론

01 ④ 02 ① 03 ③ 04 ② 05 ④ 06 ② 07 ② 08 ⑤ 09 ④ 10 ⑤
11 ③ 12 ④ 13 ④ 14 ② 15 ② 16 ⑤ 17 ③ 18 ⑤ 19 ④ 20 ③
21 ① 22 ②

07 질량의 에너지

01 ④ 02 ⑤ 03 ④ 04 ④ 05 ③ 06 ⑤ 07 ⑤ 08 ① 09 ① 10 ③
11 ③ 12 ③ 13 ⑤ 14 ④ 15 ④ 16 ③ 17 ① 18 ③ 19 ③ 20 ③

II. 물질과 전자기장

01 전자의 에너지 준위

01 ① 02 ② 03 ② 04 ⑤ 05 ① 06 ① 07 ⑤ 08 ⑤ 09 ③ 10 ①
11 ③ 12 ④ 13 ③ 14 ① 15 ① 16 ① 17 ⑤ 18 ② 19 ③ 20 ①
21 ① 22 ⑤ 23 ② 24 ③ 25 ④ 26 ② 27 ③ 28 ④ 29 ④ 30 ②
31 ⑤ 32 ①

02 에너지띠와 반도체

01 ③ 02 ③ 03 ④ 04 ⑤ 05 ③ 06 ① 07 ① 08 ② 09 ① 10 ⑤
11 ② 12 ④ 13 ③ 14 ③ 15 ③ 16 ① 17 ⑤ 18 ③ 19 ① 20 ②
21 ② 22 ② 23 ③ 24 ⑤

04 전자기 유도

01 ② 02 ⑤ 03 ③ 04 ③ 05 ④ 06 ① 07 ② 08 ⑤ 09 ② 10 ①
11 ④ 12 ④ 13 ⑤ 14 ④ 15 ② 16 ⑤ 17 ① 18 ③ 19 ⑤ 20 ⑤
21 ③ 22 ① 23 ⑤ 24 ④ 25 ③

III. 파동과 정보 통신

01 파동의 성질과 간섭

01 ③ 02 ④ 03 ⑤ 04 ② 05 ② 06 ⑤ 07 ⑤ 08 ③ 09 ③ 10 ①
11 ④ 12 ④ 13 ① 14 ② 15 ④ 16 ③ 17 ③ 18 ① 19 ② 20 ②
21 ④ 22 ① 23 ① 24 ③ 25 ④ 26 ② 27 ⑤ 28 ⑤ 29 ① 30 ④

02 전반사와 광통신 및 전자기파

01 ⑤ 02 ① 03 ④ 04 ① 05 ① 06 ③ 07 ① 08 ③ 09 ⑤ 10 ⑤
11 ④ 12 ① 13 ② 14 ② 15 ② 16 ⑤ 17 ④ 18 ② 19 ④ 20 ③
21 ③ 22 ② 23 ① 24 ① 25 ④ 26 ⑤ 27 ① 28 ① 29 ① 30 ②
31 ⑤ 32 ④ 33 ② 34 ③ 35 ③

03 빛과 물질의 이중성

01 ④ 02 ④ 03 ③ 04 ③ 05 ① 06 ① 07 ③ 08 ④ 09 ② 10 ③
11 ③ 12 ① 13 ① 14 ② 15 ② 16 ③ 17 ④ 18 ⑤ 19 ① 20 ④
21 ③ 22 ③ 23 ① 24 ③

1권 문제편 Part II 수능 평가원 기출

I. 역학과 에너지

01 물체의 운동

01 ④ 02 ③ 03 ① 04 ④ 05 ④ 06 ② 07 ④ 08 ④ 09 ④ 10 ③
11 ① 12 ② 13 ② 14 ④ 15 ⑤ 16 ④ 17 ④ 18 ① 19 ④

05 열역학 법칙

01 ⑤ 02 ⑤ 03 ④ 04 ④ 05 ② 06 ② 07 ⑤ 08 ⑤ 09 ⑤ 10 ⑤
11 ① 12 ③ 13 ① 14 ① 15 ④ 16 ⑤ 17 ③ 18 ③

06 특수 상대성 이론

01 ④ 02 ⑤ 03 ③ 04 ② 05 ② 06 ③ 07 ② 08 ③ 09 ⑤ 10 ④
11 ⑤ 12 ⑤ 13 ④ 14 ③ 15 ③ 16 ⑤ 17 ④ 18 ④

07 질량과 에너지

01 ⑤ 02 ④ 03 ③ 04 ② 05 ① 06 ⑤ 07 ③ 08 ④ 09 ⑤ 10 ④
11 ⑤ 12 ⑤

II. 물질과 전자기장

01 전자의 에너지 준위

01 ① 02 ① 03 ① 04 ⑤ 05 ② 06 ⑤ 07 ⑤ 08 ① 09 ⑤ 10 ③
11 ⑤ 12 ① 13 ⑤ 14 ④ 15 ④ 16 ① 17 ② 18 ③ 19 ⑤ 20 ①
21 ④ 22 ⑤ 23 ① 24 ① 25 ② 26 ③

02 에너지띠와 반도체

01 ① 02 ③ 03 ④ 04 ③ 05 ① 06 ① 07 ① 08 ① 09 ② 10 ①
11 ③ 12 ③ 13 ② 14 ⑤ 15 ⑤ 16 ① 17 ⑤ 18 ③ 19 ④

04 전자기 유도

01 ⑤ 02 ③ 03 ⑤ 04 ① 05 ⑤ 06 ② 07 ③ 08 ⑤ 09 ① 10 ③
11 ⑤ 12 ③ 13 ③ 14 ⑤ 15 ② 16 ③ 17 ③ 18 ④ 19 ② 20 ②
21 ⑤ 22 ③ 23 ① 24 ①

III. 파동과 정보 통신

01 파동의 성질과 간섭

01 ② 02 ⑤ 03 ③ 04 ② 05 ⑤ 06 ④ 07 ② 08 ④ 09 ④ 10 ④
11 ① 12 ③ 13 ④ 14 ⑤ 15 ③ 16 ④ 17 ① 18 ③ 19 ③ 20 ④
21 ② 22 ④ 23 ④ 24 ② 25 ④ 26 ① 27 ① 28 ①

02 전반사와 광통신 및 전자기파

01 ③ 02 ② 03 ④ 04 ① 05 ⑤ 06 ② 07 ③ 08 ④ 09 ③ 10 ②
11 ① 12 ④ 13 ① 14 ④ 15 ⑤ 16 ② 17 ① 18 ④ 19 ① 20 ③
21 ④ 22 ② 23 ④ 24 ④ 25 ④ 26 ③ 27 ② 28 ③

03 빛과 물질의 이중성

01 ③ 02 ② 03 ⑤ 04 ⑤ 05 ② 06 ③ 07 ② 08 ① 09 ③ 10 ④
11 ⑤ 12 ③ 13 ② 14 ⑤ 15 ⑤ 16 ② 17 ① 18 ② 19 ① 20 ①

Bible of Science

기출의 바이블

물리학I

1권 | 문제편

1권

문제편

· 기본 개념 정리, 실전 자료 분석
· 교육청+평가원 문항 수록

2권

정답 및 해설편

· 선택지 비율, 자료 해석, 보기 풀이, 매력적 오답, 문제풀이 Tip 등의 다양한 요소를 통한 완벽 해설
· 문항 해설을 한눈에 확인할 수 있는 자세한 첨삭 제공

3권

고난도편

· 교육청+평가원 고난도 주제 및 문항만을 선별하여 수록
· 고난도 문항 해설을 한눈에 확인할 수 있는 자세한 첨삭 제공

가르치기 쉽고 빠르게 배울 수 있는 **이투스북**

www.etoosbook.com

○ **도서 내용 문의**
홈페이지 > 이투스북 고객센터 > 1:1 문의
○ **도서 정답 및 해설**
홈페이지 > 도서자료실 > 정답/해설
○ **도서 정오표**
홈페이지 > 도서자료실 > 정오표
○ **선생님을 위한 강의 지원 서비스 T폴더**
홈페이지 > 교강사 T폴더

2026 학년도

필수 문항
첨삭 해설 제공

물리학 I

Bible of Science

기출의 바이블

2권 정답 및 해설편

이투스북

기출의

바이블

물리학 I

Bible of Science

기출의 바이블

2권 정답 및 해설편

01 물체의 운동

선택지 비율	① 1%	❷ 89%	③ 1%	④ 5%	⑤ 4%

1 운동의 표현

2024년 10월 교육청 2번 | 정답 ② | 문제편 10 p

출제 의도 곡선 경로를 따라 운동하는 물체의 이동 거리와 변위의 관계, 평균 속력과 평균 속도의 관계를 이해하는지 묻는 문항이다.

그림은 점 a에서 출발하여 점 b, c를 지나 a로 되돌아오는 수영 선수의 운동 경로를 실선으로 나타낸 것이다. a와 b, b와 c, c와 a 사이의 직선 거리는 100 m로 같다.

전체 운동 경로에서 선수의 운동에 대한 옳은 설명만을 〈보기〉에서 있는 대로 고른 것은?

제자리로 되돌아오면 변위는 0이다.

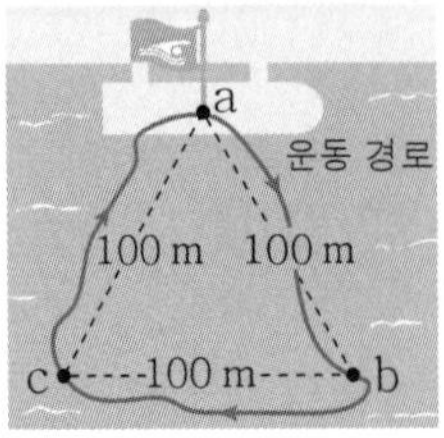

보기

ㄱ. 변위의 크기는 ~~300 m~~이다. 0

ㄴ. 운동 방향이 변하는 운동이다.

ㄷ. 평균 속도의 크기는 평균 속력보다 ~~크다~~. 작다.

① ㄱ ② ㄴ ③ ㄷ ④ ㄱ, ㄴ ⑤ ㄴ, ㄷ

✓ 자료 해석

- 선수가 곡선 경로를 따라 운동하므로 운동 방향이 변한다.
- 평균 속력은 이동 거리와 관련이 있고, 평균 속도는 변위와 관련이 있다.

O 보기풀이 ㄴ. 선수는 곡선 경로를 따라 운동하므로 운동 방향이 계속 변한다.

× 매력적 오답 ㄱ. 변위의 크기는 처음 위치와 나중 위치의 직선 거리이다. 선수는 a에서 출발하여 a로 되돌아오므로 처음 위치와 나중 위치가 같다. 따라서 변위의 크기는 0이다.

ㄷ. 평균 속력은 $\frac{\text{이동 거리}}{\text{걸린 시간}}$, 평균 속도는 $\frac{\text{변위}}{\text{걸린 시간}}$이다. 곡선 경로인 이동 거리가 직선 경로인 변위의 크기보다 크므로 평균 속력은 평균 속도의 크기보다 크다.

문제풀이 Tip

직선 운동이 아니므로 물체의 운동 방향이 변하고, 곡선을 따라 운동하는 물체의 이동 거리는 항상 변위의 크기보다 크다.

선택지 비율	① 6%	② 5%	❸ 68%	④ 13%	⑤ 9%

2 평균 속력과 평균 속도

2024년 7월 교육청 19번 | 정답 ③ | 문제편 10 p

출제 의도 평균 속도와 평균 속력을 구분하고 등가속도 운동하는 물체의 운동을 분석할 수 있는지 확인하는 문항이다.

그림과 같이 직선 도로에서 서로 다른 가속도로 등가속도 운동하는 물체 A, B가 시간 $t=0$일 때 기준선 P, Q를 각각 v, v_0의 속력으로 지난 후, $t=T$일 때 기준선 R, P를 $4v$의 속력으로 지난다. P와 Q 사이, Q와 R 사이의 거리는 각각 x, $3L$이다. 가속도의 방향은 A와 B가 서로 반대이고, 가속도의 크기는 B가 A의 2배이다.

B의 운동 방향이 바뀌므로 B의 가속도 방향은 처음 운동 방향과 반대 방향이다.

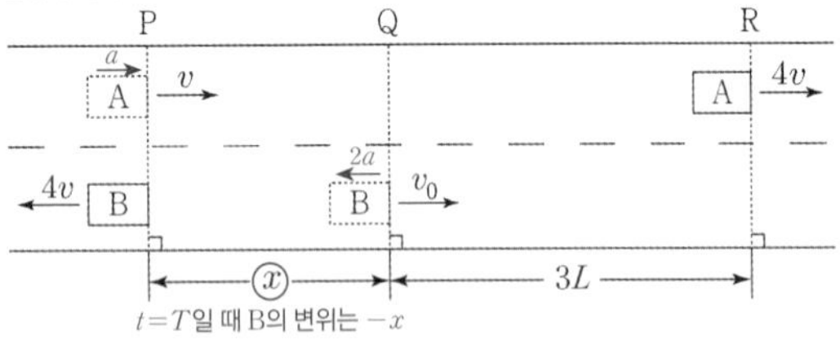

$t=T$일 때 B의 변위는 $-x$

이에 대한 설명으로 옳은 것만을 〈보기〉에서 있는 대로 고른 것은? (단, A, B의 크기는 무시한다.)

보기

ㄱ. $v_0=2v$이다.

ㄴ. $x=2L$이다.

ㄷ. $t=0$부터 $t=T$까지 B의 평균 속력은 ~~$\frac{5}{2}v$~~이다. $\frac{5}{3}v$

① ㄴ ② ㄷ ③ ㄱ, ㄴ ④ ㄱ, ㄷ ⑤ ㄱ, ㄴ, ㄷ

문제풀이 Tip

평균 속력은 이동 거리를 걸린 시간으로 나누어 구하고, 평균 속도는 변위를 걸린 시간으로 나누어 구한다. 운동 방향이 바뀌는 운동에서는 이동 거리와 변위가 달라지는 것에 유의해야 한다.

✓ 자료 해석

- 가속도는 단위 시간 동안의 속도 변화량이므로 가속도의 크기가 2배이면 같은 시간 동안 속도 변화량의 크기가 2배이다. → 시간 T 동안 B의 속도 변화량의 크기는 A의 2배이다.
- 운동 방향과 가속도의 방향이 같으면 물체의 속력이 증가하고, 반대이면 속력이 감소한다. → A는 속력이 증가하므로 운동 방향과 가속도 방향이 같다. B는 운동 방향이 바뀌므로 $t=0$ 이후 속력이 점점 감소하여 0이 되었다가 다시 운동 반대 방향으로 속력이 증가하는 운동을 한다. 따라서 B의 가속도 방향은 처음 운동 방향과 반대이다.

O 보기풀이 A, B의 처음 운동 방향을 (+)이라고 하면 $t=0$일 때 A, B의 속도는 $+v$, $+v_0$, $t=T$일 때 A, B의 속도는 $+4v$, $-4v$이다.

ㄱ. B의 가속도의 크기가 A의 2배이고, A의 가속도의 크기는 $\frac{4v-v}{T}$이다. 따라서 B의 가속도의 크기는 $\frac{4v+v_0}{T}=2\times\left(\frac{4v-v}{T}\right)$이므로 $v_0=2v$이다.

ㄴ. A, B는 등가속도 운동을 하므로 시간 T 동안 A, B의 평균 속도는 각각 $\frac{v+4v}{2}=\frac{5}{2}v$, $\frac{2v-4v}{2}=-v$이다. 평균 속도×시간=변위이고, $t=T$일 때, A, B의 변위는 각각 $x+3L$, $-x$이므로 $x+3L=\frac{5}{2}vT$, $-x=-vT$이다. 두 식을 정리하면 $x=2L$이다.

× 매력적 오답 ㄷ. B가 운동 방향이 바뀌기 위해 속도가 0이 될 때까지 걸린 시간을 T'이라고 하면 $0=2v+\left(\frac{-6v}{T}\right)T'$에서 $T'=\frac{1}{3}T$이다. 따라서 B의 평균 속력은 $t=0\sim\frac{1}{3}T$까지는 $\frac{2v+0}{2}=v$, $t=\frac{1}{3}T\sim T$까지는 $\frac{0+4v}{2}=2v$이므로 시간 T 동안 B의 이동 거리는 $\frac{1}{3}vT+\left(\frac{2}{3}T\times 2v\right)=\frac{5}{3}vT$이므로 평균 속력은 $\frac{\frac{5}{3}vT}{T}=\frac{5}{3}v$이다.

선택지 비율	① 6%	② 22%	③ 11%	❹ 52%	⑤ 9%

3 빗면에서의 등가속도 운동

2024년 5월 교육청 17번 | 정답 ④ | 문제편 10 p

출제 의도 가속도가 같은 두 물체의 등가속도 운동을 설명할 수 있는지 확인하는 문항이다.

그림 (가)는 마찰이 없는 빗면에서 등가속도 직선 운동하는 물체 A, B의 속력이 각각 $3v$, $2v$일 때 A와 B 사이의 거리가 $7L$인 순간을, (나)는 B가 최고점에 도달한 순간 A와 B 사이의 거리가 $3L$인 것을 나타낸 것이다. 이후 A와 B는 A의 속력이 v_A일 때 만난다.

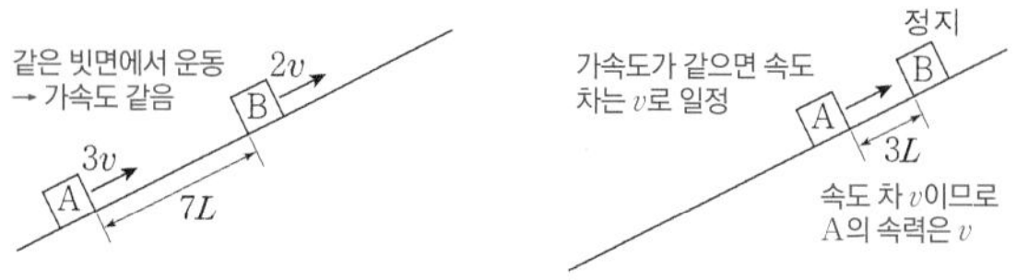

(가) (나)

v_A는? (단, 물체의 크기는 무시한다.)

① $\frac{1}{5}v$ ② $\frac{1}{4}v$ ③ $\frac{1}{3}v$ ④ $\frac{1}{2}v$ ⑤ v

✓ 자료 해석

- 같은 빗면에서 운동하므로 A, B의 가속도는 같고, 가속도가 같으면 속도 변화량이 같으므로 A, B의 속도 차가 일정하다. → A, B가 운동하는 동안 속도 차는 v이다.

보기풀이 B가 정지할 때까지의 시간을 t라고 하면 B의 가속도는 $-\frac{2v}{t}$이고, A는 B와 가속도가 같으므로 (나)에서 A의 속도는 v이다. t초일 때 A와 B 사이의 거리는 처음보다 $4L$만큼 가까워지고, A와 B의 상대 속도가 v이므로 $vt=4L$에서 $t=\frac{4L}{v}$이다.

한편 (나)에서 A와 B 사이의 거리는 $3L$인 순간부터 A, B가 만나는 순간까지의 시간을 t'이라고 하면 $vt'=3L$에서 $t'=\frac{3L}{v}=3\left(\frac{t}{4}\right)$이다. A의 가속도는 $-\frac{2v}{t}$이므로 A, B가 만났을 때 A의 속도는 $v+\left(-\frac{2v}{t}\right)\left(\frac{3t}{4}\right)=-\frac{1}{2}v$이다.

문제풀이 Tip

등가속도 운동 공식을 이용해도 문제는 풀 수 있지만 위의 풀이보다 더 복잡한 계산식으로 풀이해야 한다. 등가속도 운동 문제는 다양한 방법으로 풀이할 수 있으므로 시간을 단축하는 풀이 방법을 익힐 수 있도록 많은 연습이 필요하다.

선택지 비율	① 21%	② 15%	③ 10%	❹ 47%	⑤ 6%

4 등가속도 운동의 이해

2024년 3월 교육청 9번 | 정답 ④ | 문제편 10 p

출제 의도 가속도의 개념을 이용하여 등가속도 운동하는 물체에 적용할 수 있는지 확인하는 문항이다.

그림과 같이 물체가 점 a~d를 지나는 등가속도 직선 운동을 한다. a와 b, b와 c, c와 d 사이의 거리는 각각 L, x, $3L$이다. 물체가 운동하는 데 걸리는 시간은 a에서 b까지와 c에서 d까지가 같다. a, d에서 물체의 속력은 각각 v, $4v$이다. 시간이 일정하므로 평균 속력∝ 거리

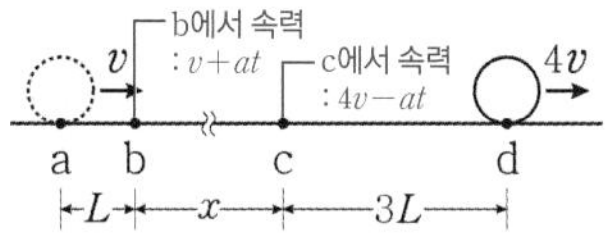

x는? [3점]

① $2L$ ② $4L$ ③ $6L$ ④ $8L$ ⑤ $10L$

✓ 자료 해석

- 등가속도 운동하는 물체의 평균 속력은 $\frac{(\text{처음 속력})+(\text{나중 속력})}{2}$이다.
- 가속도를 a라 하고, 물체가 a에서 b까지 운동하는 데 걸리는 시간을 t라고 하면 b에서 물체의 속도는 $v+at$이다. 한편 c에서 d까지 운동하는 데 걸린 시간도 t이고 가속도는 일정하므로 c에서 물체의 속도는 $4v-at$이다.

보기풀이 b, c에서 물체의 속력은 각각 $v+at$, $4v-at$이고, a에서 b까지와 c에서 d까지의 평균 속력의 비는 이동 거리의 비와 같은 $L:3L=1:3$이므로 등가속도 운동에서의 평균 속력을 이용하면 $\frac{v+(v+at)}{2}:\frac{(4v-at)+4v}{2}=1:3$에서 $at=\frac{1}{2}v$이다. 따라서 물체의 속력은 b, c에서 각각 $\frac{3}{2}v$, $\frac{7}{2}v$이다. 즉, 물체는 t초 동안 속력이 $\frac{1}{2}v$만큼 변하는데, b에서 c까지 속력이 $2v$만큼 변하므로 걸린 시간은 $4t$이다. 따라서 b에서 c까지의 거리는 $\left(\frac{\frac{3}{2}v+\frac{7}{2}v}{2}\right)\times 4t=10vt$이고, a에서 b까지의 평균 속력을 이용하면 $\left(\frac{v+\frac{3}{2}v}{2}\right)\times t=L$에서 $vt=\frac{4}{5}L$이므로 $10vt=10\left(\frac{4}{5}L\right)=8L$이다.

문제풀이 Tip

가속도는 단위 시간 동안의 속도 변화량이므로 같은 시간 동안 속력 변화량이 같다. 복잡해 보이는 문제도 이를 이용하면, 각 위치에서의 물체의 속력에 대한 정보를 얻을 수 있다.

선택지 비율	① 5%	❷ 40%	③ 16%	④ 32%	⑤ 8%

5 빗면에서 물체의 등가속도 운동

2023년 10월 교육청 17번 | 정답 ② | 문제편 11 p

출제 의도 빗면 위에서 같은 가속도로 등가속도 운동하는 두 물체의 운동을 비교하여 설명할 수 있는지 확인하는 문항이다.

그림과 같이 동일 직선상에서 등가속도 운동하는 물체 A, B가 시간 $t=0$일 때 각각 점 p, q를 속력 v_A, v_B로 지난 후, $t=t_0$일 때 A는 점 r에서 정지하고 B는 빗면 위로 운동한다. p와 q, q와 r 사이의 거리는 각각 L, $2L$이다. A가 다시 p를 지나는 순간 B는 빗면 아래 방향으로 속력 $\frac{v_B}{2}$로 운동한다.

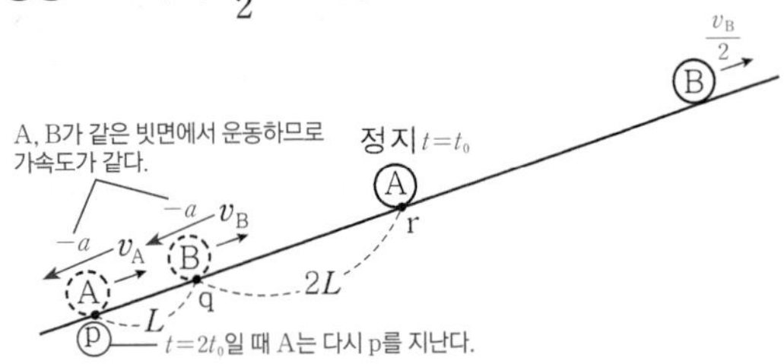

이에 대한 옳은 설명만을 〈보기〉에서 있는 대로 고른 것은? (단, 물체의 크기, 모든 마찰과 공기 저항은 무시한다.) [3점]

보기

ㄱ. $v_B=$ ~~$4v_A$~~이다. $\frac{4}{3}v_A$

ㄴ. $t=\frac{8}{3}t_0$일 때 B가 q를 지난다.

ㄷ. $t=t_0$부터 $t=2t_0$까지 평균 속력은 A가 B의 ~~3배~~이다. $\frac{9}{5}$배

① ㄱ ② ㄴ ③ ㄱ, ㄷ ④ ㄴ, ㄷ ⑤ ㄱ, ㄴ, ㄷ

✓ 자료 해석

- A가 p를 지나 r에서 정지할 때까지 걸린 시간이 t_0이므로 r에서 다시 p를 지날 때까지 걸린 시간도 t_0이고, 이때의 속력은 v_A이다. 같은 빗면 위의 물체는 같은 가속도로 운동하므로 A, B의 가속도의 크기를 a라고 하면 $t=2t_0$일 때의 A, B의 속도는 다음과 같이 나타낼 수 있다.
  → $-v_A=v_A+\{-a(2t_0)\}$, $-\frac{v_B}{2}=v_B+\{-a(2t_0)\}$

○ 보기풀이 ㄴ. A가 다시 p를 지날 때까지 걸린 시간은 $2t_0$이므로 A, B의 가속도의 크기를 a라 하면 $-v_A=v_A+\{-a(2t_0)\}$, $-\frac{v_B}{2}=v_B+\{-a(2t_0)\}$에서 $2v_A=\frac{3v_B}{2}$이므로 $v_B=\frac{4}{3}v_A$이다. A, B의 가속도의 크기가 같으므로 A, B가 정지할 때까지 걸린 시간은 A, B의 처음 속력에 비례한다. A가 정지할 때까지 걸린 시간이 t_0이므로 B가 정지할 때까지 걸린 시간은 $\frac{4}{3}t_0$이다. 따라서 B가 q를 다시 지날 때까지 걸린 시간은 $\frac{4}{3}t_0\times2=\frac{8}{3}t_0$이다.

× 매력적 오답 ㄱ. $v_B=\frac{4}{3}v_A$이다.

ㄷ. A의 속력은 $t=t_0$일 때 0, $t=2t_0$일 때 v_A이므로 평균 속력은 $\frac{0+v_A}{2}=\frac{v_A}{2}$이다. B의 속력은 $t=0$일 때 $\frac{4}{3}v_A$, $t=\frac{4}{3}t_0$일 때 0이므로 가속도의 크기는 $\frac{\frac{4}{3}v_A-0}{\frac{4}{3}t_0-0}=\frac{v_A}{t_0}$이다. 따라서 $t=t_0$, $t=2t_0$일 때 B의 속력은 각각 $\frac{1}{3}v_A$, $\frac{2}{3}v_A$이다. $t=\frac{4}{3}t_0$ 이후 B의 운동 방향이 바뀌므로 $t=t_0$부터 $t=2t_0$까지 B의 평균 속력은 B의 전체 이동 거리를 걸린 시간으로 나누어 구한다. B의 이동 거리는 $t=t_0$부터 $t=\frac{4}{3}t_0$까지는 $\frac{1}{2}\times\frac{1}{3}v_A\times\left(\frac{4}{3}t_0-t_0\right)=\frac{1}{18}v_At_0$, $t=\frac{4}{3}t_0$부터 $t=2t_0$까지는 $\frac{1}{2}\times\frac{2}{3}v_A\times\left(2t_0-\frac{4}{3}t_0\right)=\frac{4}{18}v_At_0$이므로 평균 속력은 $\left(\frac{1}{18}v_At_0+\frac{4}{18}v_At_0\right)\div t_0=\frac{5}{18}v_A$이다.

따라서 $t=t_0$부터 $t=2t_0$까지 평균 속력은 A가 B의 $\frac{v_A}{2}\div\frac{5}{18}v_A=\frac{9}{5}$배이다.

문제풀이 Tip

A, B는 빗면 위에서 같은 가속도로 운동하며, 운동 방향이 바뀌는 운동을 한다. 이를 이용하여 A, B의 속도-시간 그래프를 그리면 A, B의 운동과 관계된 물리량을 비례 관계로 풀이할 수도 있다.

선택지 비율	❶ 29%	② 20%	③ 18%	④ 20%	⑤ 13%

6 등가속도 운동

2023년 7월 교육청 20번 | 정답 ① | 문제편 11p

(출제 의도) 등가속도 운동하는 물체의 관계식과 평균 속도의 관계를 적용하여 물체의 운동을 분석할 수 있는지 확인하는 문항이다.

그림과 같이 직선 도로에서 자동차 A가 속력 $3v$로 기준선 Q를 지나는 순간 기준선 P에 정지해 있던 자동차 B가 출발하여 기준선 S에 동시에 도달한다. A가 Q에서 기준선 R까지 등가속도 운동하는 동안 A의 가속도와 B가 P에서 R까지 등가속도 운동하는 동안 B의 가속도는 크기와 방향이 서로 같고, R에서 S까지 A와 B가 등가속도 운동하는 동안 A와 B의 가속도는 크기와 방향이 서로 같다. A가 S에 도달하는 순간 A의 속력은 v이고, B가 P에서 R까지 운동하는 동안, R에서 S까지 운동하는 동안 B의 평균 속력은 각각 $3.5v$, $6v$이다. R와 S 사이의 거리는 L이다.

└ P에서 R까지 가속도의 방향은 B의 운동 방향과 같고, R에서 S까지 가속도의 방향은 B의 운동 방향과 반대 방향이다.

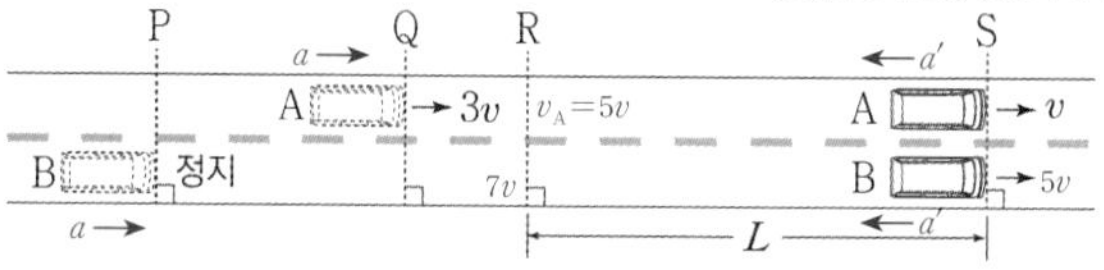

P와 Q 사이의 거리는? (단, A, B의 크기는 무시한다.) [3점]

① $\frac{11}{20}L$ ② $\frac{3}{5}L$ ③ $\frac{13}{20}L$ ④ $\frac{7}{10}L$ ⑤ $\frac{3}{4}L$

문제풀이 Tip

등가속도 운동에서는 가속도의 정의, 평균 속도 관계식, 등가속도 운동하는 물체의 관계식, 운동 방정식 등 다양한 관계식을 상황에 맞게 적용할 수 있는 연습이 필요하다.

✓ 자료 해석

- B는 등가속도 운동을 하므로 각 구간에서 B의 평균 속력은 $\frac{v_{처음}+v_{나중}}{2}$이다 → R, S에서 B의 속력을 각각 v_B, v_B'이라 하면 R에서는 $\frac{0+v_B}{2}=3.5v$에서 $v_B=7v$이고, S에서는 $\frac{v_B+v_B'}{2}=6v$에서 $v_B'=5v$이다.
- R에서 S까지 A와 B의 가속도와 이동 거리가 같으므로 이때의 가속도를 a', R에서 A의 속력을 v_A라고 하면 $2a'L=v_{나중}^2-v_{처음}^2$이다. → $v^2-v_A^2=(5v)^2-(7v)^2$에서 $v_A=5v$이다.

○ 보기풀이 B가 P에서 R까지, R에서 S까지 이동하는 동안 B의 평균 속력이 각각 $3.5v$, $6v$이므로 B가 R, S를 지나는 순간의 속력은 각각 $7v$, $5v$이다. R에서 S까지 A, B의 가속도와 이동 거리가 서로 같으므로 $v^2-v_A^2=(5v)^2-(7v)^2$에서 $v_A=5v$이다.

R에서 S까지 A, B의 가속도는 같은데 속도 변화량의 크기는 A, B가 각각 $5v-v=4v$, $7v-5v=2v$이므로 A가 B의 2배이다. 즉, B가 R에서 S까지 운동하는 데 걸린 시간을 t라고 하면 A가 R에서 S까지 운동하는 데 걸린 시간은 $2t$이다. A가 Q에서 R까지 걸린 시간을 t_A라고 하면 A가 Q에서 S까지 운동하는 데 걸린 시간은 t_A+2t이고, A, B는 S에 동시에 도달하므로 B가 P에서 R까지 운동하는 데 걸린 시간은 $(t_A+2t)-t=t_A+t$이다. A가 Q에서 R까지 운동하는 동안의 가속도는 B가 P에서 R까지 운동하는 동안의 가속도와 같으므로 $\frac{(5v-3v)}{t_A}=\frac{(7v-0)}{t_A+t}$에서 $t_A=\frac{2}{5}t$이다. 따라서 P와 R 사이의 거리는 $3.5v(t_A+t)=3.5v\left(\frac{7}{5}t\right)=\frac{49}{10}vt$, Q와 R 사이의 거리는 $\left(\frac{3v+5v}{2}\right)t_A=4v\left(\frac{2}{5}t\right)=\frac{8}{5}vt$이므로 P와 Q 사이의 거리는 $\frac{49}{10}vt-\frac{8}{5}vt=\frac{33}{10}vt$이다. 따라서 R와 S 사이의 거리는 $L=6vt$에서 $vt=\frac{L}{6}$이므로 P와 Q 사이의 거리는 $\frac{33}{10}\left(\frac{L}{6}\right)=\frac{11}{20}L$이다.

선택지 비율	① 18%	② 8%	③ 6%	❹ 63%	⑤ 5%

7 등가속도 직선 운동의 적용

2023년 4월 교육청 6번 | 정답 ④ | 문제편 11p

(출제 의도) 등가속도 운동하는 물체의 평균 속력을 이용하여 물체의 이동 거리와 운동하는 데 걸린 시간을 구할 수 있는지 확인하는 문항이다.

그림과 같이 직선 도로에서 기준선 P, Q를 각각 $4v$, v의 속력으로 동시에 통과한 자동차 A, B가 각각 등가속도 운동하여 기준선 R에서 동시에 정지한다. P와 R 사이의 거리는 L이다.

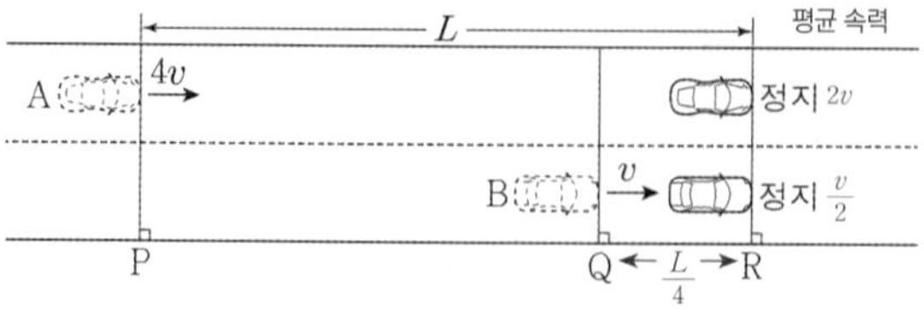

A가 Q에서 R까지 운동하는 데 걸린 시간은? (단, A, B는 도로와 나란하게 운동하며, A, B의 크기는 무시한다.)

① $\frac{L}{8v}$ ② $\frac{L}{6v}$ ③ $\frac{L}{5v}$ ④ $\frac{L}{4v}$ ⑤ $\frac{L}{3v}$

✓ 자료 해석

- 등가속도 운동하는 물체의 평균 속력은 $\frac{v_{처음}+v_{나중}}{2}$이므로 A, B가 운동하는 동안 A, B의 평균 속력은 각각 $\frac{4v+0}{2}=2v$, $\frac{v+0}{2}=\frac{v}{2}$이다.
  → 운동하는 동안 평균 속력은 A가 B의 4배이므로 같은 시간 동안 이동한 거리는 A가 B의 4배이다. 따라서 B는 $\frac{L}{4}$을 이동한다.

○ 보기풀이 A, B가 운동하는 동안 평균 속력은 A가 B의 4배이다. B는 같은 시간 동안 A가 이동한 거리의 $\frac{1}{4}$배를 이동하므로 Q와 R 사이의 거리는 $\frac{L}{4}$이다. A의 가속도의 크기를 a, Q에서 A의 속력을 v_A라고 하면 $2aL=(4v)^2-0$, $2a\left(\frac{L}{4}\right)=v_A^2-0$이므로 $v_A=2v$이다. 따라서 A가 Q에서 R까지 운동하는 동안 평균 속력은 $\frac{2v+0}{2}=v$이므로 이 구간을 운동하는 동안 걸린 시간은 $\frac{L}{4}\div v=\frac{L}{4v}$이다.

문제풀이 Tip

등가속도 운동하는 물체의 이동 거리는 물체의 평균 속력과 시간의 곱으로 구할 수 있다. 이를 이용하여 물체의 이동 거리를 보다 간편하게 풀이할 수 있다.

선택지 비율	① 9%	② 23%	③ 13%	❹ 42%	⑤ 13%

8 등가속도 운동의 이해

2023년 3월 교육청 17번 | 정답 ④ | 문제편 11 p

출제 의도 등가속도 운동의 관계식을 적용하여 물체의 등가속도 운동을 분석할 수 있는지 확인하는 문항이다.

그림과 같이 0초일 때 기준선 P를 서로 반대 방향의 같은 속력으로 통과한 물체 A와 B가 각각 등가속도 직선 운동하여 기준선 Q를 동시에 지난다. P에서 Q까지 A의 이동 거리는 L이다. 가속도의 방향은 A와 B가 서로 반대이고, 가속도의 크기는 B가 A의 7배이다. t_0초일 때 A와 B의 속도는 같다.

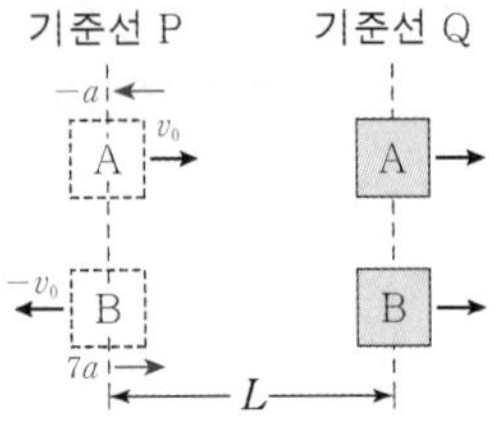

0초에서 t_0초까지 A의 이동 거리는? (단, 물체의 크기는 무시한다.)

① $\frac{5}{13}L$ ② $\frac{7}{16}L$ ③ $\frac{1}{2}L$ ④ $\frac{7}{12}L$ ⑤ $\frac{5}{7}L$

✓ 자료 해석

- A의 가속도 크기를 a라고 하면 B의 가속도 크기는 $7a$이고, 0초일 때 A의 속도를 v_0이라고 하면 B는 운동 방향이 반대이므로 B의 속도는 $-v_0$이다.
- B는 P를 통과할 때 Q에서와 반대 방향으로 운동하고 있으므로 Q를 지나려면 가속도의 방향이 A의 운동 방향과 같아서 운동 방향이 바뀌어야 한다. 따라서 A, B의 가속도의 방향은 서로 반대이므로 A의 가속도의 방향은 운동 방향과 반대 방향이다.

○ 보기 풀이 A의 운동 방향을 (+)라고 하면 A의 가속도의 방향은 (−)이고, B의 가속도의 방향은 (+)이다. P에서 Q까지 운동하는 데 걸린 시간을 t라고 하면 $v_0t+\left(-\frac{1}{2}at^2\right)=(-v_0t)+\left\{\frac{1}{2}(7a)t^2\right\}=L$이므로 $v_0=2at$(①)이다.
한편 t_0초일 때 A, B의 속도는 같으므로 $v_0+(-at_0)=(-v_0)+7at_0$에서 $v_0=4at_0$(②)이다. ①과 ②에서 $2at=4at_0$이므로 $t_0=\frac{t}{2}$이다. 문제에서 A의 이동 거리를 L에 대한 문자식으로 표현해야 하므로 L과 t의 관계식을 구하면 $L=v_0t+\left(-\frac{1}{2}at^2\right)$이고 ①에서 $a=\frac{v_0}{2t}$를 대입하면,
$L=v_0t-\frac{1}{2}\left(\frac{v_0}{2t}\right)t^2=\frac{3}{4}v_0t$(③)이다.
0초에서 t_0초까지 A의 이동 거리는 $v_0t_0+\left(-\frac{1}{2}at_0^{\,2}\right)$이므로 $t_0=\frac{t}{2}$를 대입하면 $v_0\left(\frac{t}{2}\right)-\frac{1}{2}\left(\frac{v_0}{2t}\right)\left(\frac{t}{2}\right)^2=\frac{7}{16}v_0t$이다. ③에서 $v_0t=\frac{4L}{3}$이므로 이를 대입하면 A의 이동 거리는 $\frac{7}{16}\left(\frac{4L}{3}\right)=\frac{7}{12}L$이다.

문제풀이 Tip

B의 처음 운동 방향과 나중 위치를 통해 B의 가속도의 방향을 찾을 수 있어야 한다. 등가속도 운동의 관계식을 적용할 때에는 가속도 방향, 속도의 방향에 유의하도록 하자.

선택지 비율	① 3%	❷ 83%	③ 3%	④ 10%	⑤ 1%

9 운동의 분류

2022년 10월 교육청 2번 | 정답 ② | 문제편 12p

출제 의도 알짜힘과 운동의 관계를 알고, 여러 가지 운동을 분류할 수 있는지 확인하는 문항이다.

그림은 사람 A, B, C가 스키장에서 운동하는 모습을 나타낸 것이다. A는 일정한 속력으로 직선 경로를 따라 올라가고, B는 속력이 빨라지며 직선 경로를 따라 내려오며, C는 속력이 변하며 곡선 경로를 따라 내려온다.

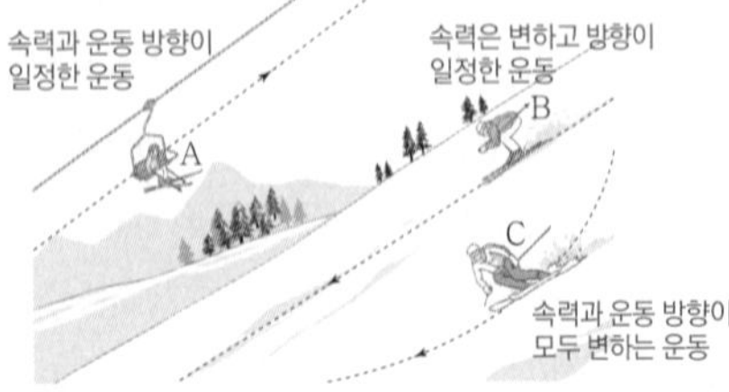

운동 방향으로 알짜힘을 받는 사람만을 있는 대로 고른 것은? (단, 사람의 크기는 무시한다.)

① A ② B ③ C ④ A, B ⑤ A, C

✓ 자료 해석

- 물체에 작용하는 알짜힘의 크기가 0일 때 물체의 운동 상태는 변하지 않는다.
- 물체에 알짜힘이 작용하면 물체의 운동 상태가 변한다.
  - 운동 방향으로 힘이 작용하면 속력이 빨라진다.
  - 운동 방향과 반대 방향으로 힘이 작용하면 속력이 느려진다.
  - 운동 방향과 나란하지 않게 힘이 작용하면 운동 방향과 속력이 모두 변한다.

○ 보기 풀이 B : 운동 방향은 변하지 않고, 속력이 빨라지는 운동을 하므로 B는 운동 방향으로 알짜힘을 받는다.

× 매력적 오답 A : 속력과 운동 방향이 모두 변하지 않는 등속도 운동을 하므로, A에게 작용하는 알짜힘은 0이다.
C : 속력과 운동 방향이 모두 변하는 가속도 운동을 하므로, C는 운동 방향과 나란하지 않은 방향으로 알짜힘을 받는다.

문제풀이 Tip

알짜힘을 받는 방향에 따라 속력만 변하거나, 운동 방향만 변하거나, 속력과 운동 방향이 모두 변하는 것을 구분하여 알고 있어야 한다.

선택지 비율	① 6%	❷ 81%	③ 2%	④ 3%	⑤ 7%

10 여러 가지 운동

2022년 7월 교육청 1번 | 정답 ② | 문제편 12p

출제 의도 여러 가지 운동의 특징을 알고 주어진 운동을 분류할 수 있는지 확인하는 문항이다.

그림 (가)~(다)는 각각 원 궤도를 따라 일정한 속력으로 운동하는 공 A, 수평으로 던져 낙하하는 공 B, 빗면에서 속력이 작아지는 운동을 하는 공 C의 운동 경로를 나타낸 것이다.

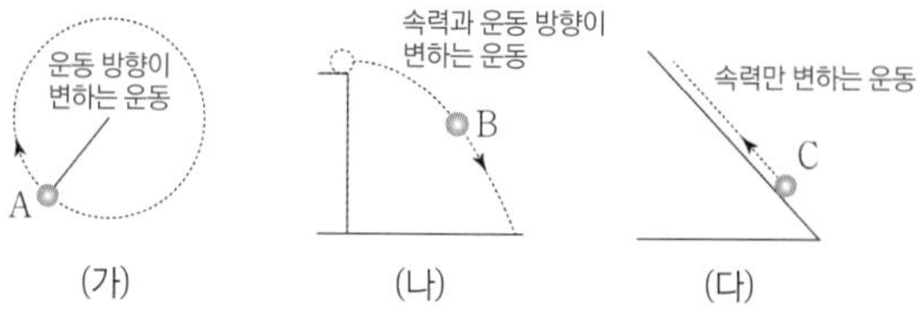

이에 대한 설명으로 옳은 것만을 〈보기〉에서 있는 대로 고른 것은?

보기
ㄱ. A는 ~~등속도~~ 운동을 한다. 가속도
ㄴ. B는 운동 방향과 속력이 모두 변하는 운동을 한다.
ㄷ. C에 작용하는 알짜힘은 ~~0이다.~~ 0이 아니다.

① ㄱ ② ㄴ ③ ㄱ, ㄷ ④ ㄴ, ㄷ ⑤ ㄱ, ㄴ, ㄷ

✔ 자료 해석
- A는 속력만 일정하고, 운동 방향이 변하는 운동을 한다.
- B는 속력과 운동 방향이 모두 변하는 운동을 한다.
- C는 속력만 변하고 운동 방향은 일정한 운동을 한다.

O 보기풀이 ㄴ. 수평으로 던져 낙하하는 공 B에 작용하는 알짜힘은 중력이며, 중력은 연직 아래 방향으로 작용한다. 중력의 방향과 공의 운동 방향이 나란하지 않으므로 B는 운동 방향과 속력이 모두 변하는 운동을 한다.

× 매력적 오답 ㄱ. A는 원 궤도를 따라 일정한 속력으로 운동하는 등속 원운동을 한다. 등속 원운동의 속력은 일정하지만 운동 방향이 계속 변하는 가속도 운동이다.

ㄷ. C는 속력의 변화가 있으므로 C에 작용하는 알짜힘은 0이 아니다.

문제풀이 Tip

물체에 작용하는 알짜힘이 0이면 물체는 속력과 운동 방향이 변하지 않는 운동을 한다. 물체의 속력이 변하거나 운동 방향이 변할 때에는 물체에 힘이 작용하고 있음을 이해하도록 한다.

선택지 비율	① 6%	② 43%	③ 7%	④ 21%	❺ 23%

11 등가속도 직선 운동

2022년 7월 교육청 2번 | 정답 ⑤ | 문제편 12p

출제 의도 등가속도 직선 운동을 하는 두 물체의 물리량을 비교할 수 있는지 확인하는 문항이다.

그림은 기준선 P에 정지해 있던 두 자동차 A, B가 동시에 출발하는 모습을 나타낸 것이다. A, B는 P에서 기준선 Q까지 각각 등가속도 직선 운동을 하고, P에서 Q까지 운동하는 데 걸린 시간은 B가 A의 2배이다.

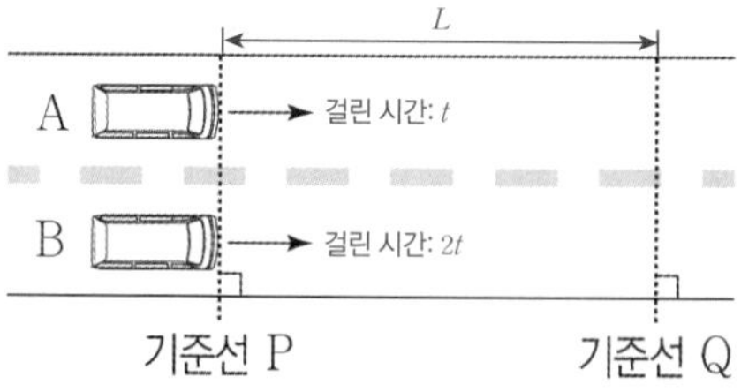

=시간 t 동안
A가 P에서 Q까지 운동하는 동안, 물리량이 A가 B의 4배인 것만을 〈보기〉에서 있는 대로 고른 것은? (단, A, B의 크기는 무시한다.) [3점]

보기
ㄱ. 평균 속력
ㄴ. 가속도의 크기
ㄷ. 이동 거리

① ㄱ ② ㄴ ③ ㄱ, ㄷ ④ ㄴ, ㄷ ⑤ ㄱ, ㄴ, ㄷ

✔ 자료 해석
- A가 P에서 Q까지 운동하는 데 걸린 시간을 t라고 하면 B가 같은 구간을 운동하는 데 걸린 시간은 $2t$이므로, P에서 Q까지 운동하는 동안의 가속도는 A가 B의 4배이다. 등가속도 직선 운동을 하는 물체의 속력-시간 그래프를 그리면 다음과 같다.

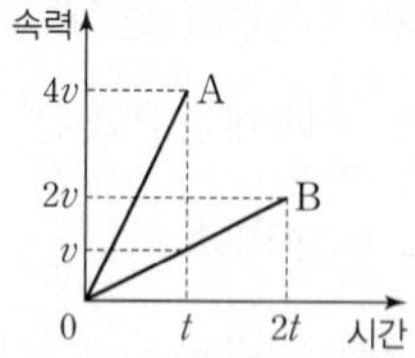

속력-시간 그래프의 아래 부분의 넓이는 이동 거리와 같다.
→ A가 t 동안 이동한 거리는 B가 $2t$ 동안 이동한 거리와 같다.

O 보기풀이 ㄱ, ㄷ. P에서 Q까지의 거리를 L이라고 하면 A가 L을 이동하는 동안 B가 이동한 거리는 $\frac{L}{4}$이다. 같은 시간 동안 A의 이동 거리가 B의 4배이므로 평균 속력도 A가 B의 4배이다.

ㄴ. A는 시간 t 동안 속력이 0에서 $4v$로 변하므로 A의 가속도는 $\frac{4v}{t}$이고, B는 t 동안 속력이 0에서 v로 변하므로 B의 가속도는 $\frac{v}{t}$이다. 따라서 가속도의 크기는 A가 B의 4배이다.

문제풀이 Tip

A가 P에서 Q까지 운동하는 동안의 물리량에 대해 묻고 있으므로 A가 운동한 시간 동안 B의 위치, 속력을 찾을 수 있어야 한다. 문제에서 주어진 조건을 확인하고 문제를 풀이하는 습관이 필요하다.

선택지 비율	❶ 88%	② 5%	③ 5%	④ 1%	⑤ 1%

12 여러 가지 물체의 운동

2022년 4월 교육청 2번 | 정답 ① | 문제편 12p

(출제 의도) 여러 가지 운동의 특징을 알고, 설명할 수 있는지 확인하는 문항이다.

그림 (가)는 속력이 빨라지며 직선 운동하는 수레의 모습을, (나)는 포물선 운동하는 배구공의 모습을, (다)는 회전하고 있는 놀이 기구에 탄 사람의 모습을 나타낸 것이다.

(가) 직선 운동　　(나) 포물선 운동　　(다) 회전 운동

이에 대한 설명으로 옳은 것만을 〈보기〉에서 있는 대로 고른 것은?

보기

ㄱ. (가)에서 수레에 작용하는 알짜힘의 방향과 수레의 운동 방향은 같다.

ㄴ. (나)에서 배구공의 속력은 ~~일정하다~~. 매 순간 변한다.

ㄷ. (다)에서 사람의 운동 방향은 ~~일정하다~~. 매 순간 변한다.

① ㄱ　② ㄷ　③ ㄱ, ㄴ　④ ㄴ, ㄷ　⑤ ㄱ, ㄴ, ㄷ

✓ 자료 해석

- (가) : 수레의 속력이 빨라지며 직선 운동을 하므로 수레의 운동 방향과 나란한 방향으로 알짜힘이 작용하고 있다.
- (나) : 포물선 운동하는 배구공에는 중력이 작용하며 중력의 방향과 운동 방향이 나란하지 않으므로 속력과 운동 방향이 모두 변하는 운동을 한다.
- (다) : 회전하는 놀이 기구에 탄 사람은 회전 운동하므로 운동 방향이 변하는 운동을 한다.

○ 보기 풀이 ㄱ. 수레에 작용하는 알짜힘의 방향과 수레의 운동 방향이 같을 때 수레는 속력이 빨라지며, 운동 방향이 변하지 않는 직선 운동을 한다.

× 매력적 오답 ㄴ. 포물선 운동을 하는 배구공은 중력과 운동 방향이 나란하지 않으므로 배구공의 속력과 방향은 매 순간 변한다.
ㄷ. 놀이 기구에 탄 사람은 회전 운동하므로 운동 방향이 매 순간 변한다.

문제풀이 Tip

곡선 경로 또는 회전 운동하는 물체의 운동 방향은 매순간 변하며, 알짜힘의 방향과 운동 방향에 따라 속력이 변하거나 일정할 수도 있음을 이해해야 한다.

선택지 비율	① 8%	❷ 62%	③ 12%	④ 11%	⑤ 7%

13 등속도 운동과 등가속도 운동

2022년 4월 교육청 16번 | 정답 ② | 문제편 13p

(출제 의도) 등속도 운동의 특징과 등가속도 운동의 특징을 이용하여 두 물체의 운동을 분석할 수 있는지 확인하는 문항이다.

그림과 같이 직선 도로에서 자동차 A가 기준선 P를 통과하는 순간 자동차 B가 기준선 Q를 통과한다. A, B는 각각 등속도 운동, 등가속도 운동하여 B가 기준선 R에서 정지한 순간부터 2초 후 A가 R를 통과한다. Q에서의 속력은 A가 B의 $\frac{5}{4}$배이다. P와 Q 사이의 거리는 30 m이고 Q와 R 사이의 거리는 10 m이다.

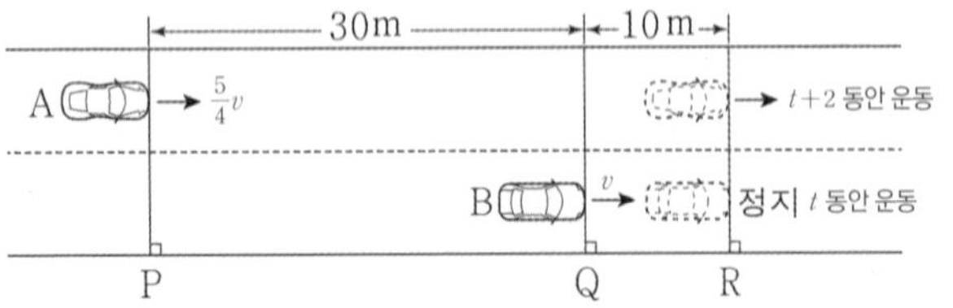

B의 가속도의 크기는? (단, A, B는 도로와 나란하게 운동하며, A, B의 크기는 무시한다.) [3점]

① $\frac{7}{5}$ m/s²　② $\frac{9}{5}$ m/s²　③ $\frac{11}{5}$ m/s²
④ $\frac{13}{5}$ m/s²　⑤ 3 m/s²

✓ 자료 해석

- Q에서 B의 속력을 v, B가 Q에서 R까지 이동하는 데 걸린 시간을 t라 고 하면 B가 Q에서 R까지 이동하는 동안 B의 평균 속력과 이동 거리의 관계는 $\left(\frac{v}{2}\right)t=10$이다.
- A는 P에서 R까지 등속도 운동을 하므로 Q에서의 속력 $\frac{5}{4}v$는 전체 구간에서의 속력과 같다. 따라서 A가 P에서 R까지 이동하는 동안 A의 속력과 이동 거리의 관계는 $\frac{5}{4}v(t+2)=40$이다.

○ 보기 풀이 시간 t 동안 B의 이동 거리는 10 m이고, B의 평균 속력은 $\frac{v}{2}$이므로 $\frac{v}{2}t=10$이다. 한편 등속도 운동을 하는 A의 시간 $t+2$ 동안 평균 속력은 $\frac{5}{4}v$이고 40 m를 이동했으므로 $\frac{5}{4}v(t+2)=40$이다. B의 관계식을 A의 관계식에 대입하면 $v=6$(m/s), $t=\frac{10}{3}$(초)이다. 따라서 B의 가속도의 크기는 $\frac{6-0}{\frac{10}{3}}=\frac{9}{5}$(m/s²)이다.

문제풀이 Tip

Q에서의 A, B의 속력을 이용하여 등속도 운동을 하는 A의 관계식, 등가속도 운동을 하는 B의 관계식을 세울 수 있다. 미지수를 최대한 줄일 수 있는 관계식을 세우는 연습이 필요하다.

선택지 비율	❶ 80%	② 3%	③ 3%	④ 4%	⑤ 11%

14 등속도 운동의 이해

2022년 3월 교육청 1번 | 정답 ① | 문제편 13p

출제 의도 등속도 운동의 의미를 알고 물체의 운동을 설명할 수 있는지 확인하는 문항이다.

그림은 자동차 A, B, C의 운동을 나타낸 것이다. A는 일정한 속력으로 직선 경로를 따라, B는 속력이 변하면서 직선 경로를 따라, C는 일정한 속력으로 곡선 경로를 따라 운동을 한다.

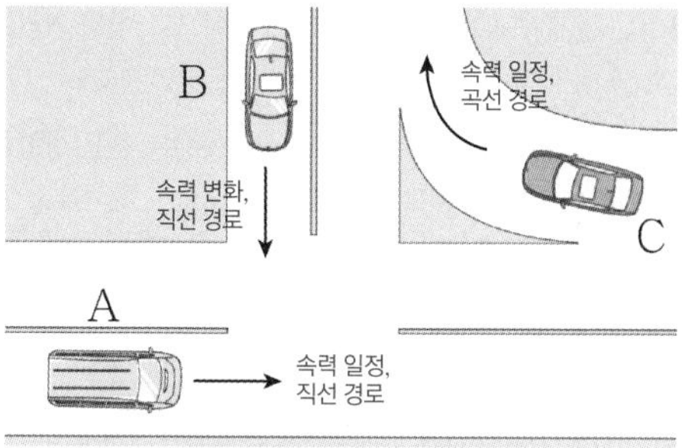

등속도 운동을 하는 자동차만을 있는 대로 고른 것은?

① A ② B ③ C ④ A, B ⑤ A, C

✓ 자료 해석

- 직선 경로를 따라 운동하는 물체의 운동 방향은 일정하다. → A, B
- 곡선 경로를 따라 운동하는 물체의 운동 방향은 계속 변한다.→ C

O 보기풀이 운동 방향과 속력이 일정한 운동을 등속도 운동이라고 한다. A는 직선 경로를 따라 일정한 속력으로 운동하므로 운동 방향이 변하지 않는 등속도 운동을 한다.

× 매력적 오답 B는 직선 경로를 따라 운동하므로 운동 방향은 변하지 않지만 속력이 변하므로 가속도 운동을 한다. C는 속력은 일정하지만 곡선 경로를 따라 운동하므로 운동 방향이 변하는 가속도 운동을 한다.

문제풀이 Tip

등속도 운동은 속력과 운동 방향이 일정한 운동이다. 가속도 운동의 예로는 속력만 변하는 운동, 운동 방향만 변하는 운동, 속력과 운동 방향이 모두 변하는 운동이 있다.

선택지 비율	① 41%	❷ 29%	③ 27%	④ 12%	⑤ 17%

15 등가속도 직선 운동

2021년 10월 교육청 18번 | 정답 ② | 문제편 13p

출제 의도 같은 빗면 위에서 등가속도 직선 운동하는 두 물체의 운동의 공통점을 알고, 물체의 운동을 설명할 수 있는지 확인하는 문항이다.

p점에서 A의 속력은 0

그림과 같이 빗면의 점 p에 가만히 놓은 물체 A가 점 q를 v_A의 속력으로 지나는 순간 물체 B는 p를 v_B의 속력으로 지났으며, A와 B는 점 r에서 만난다. p, q, r는 동일 직선상에 있고, p와 q 사이의 거리는 $4d$, q와 r 사이의 거리는 $5d$이다.

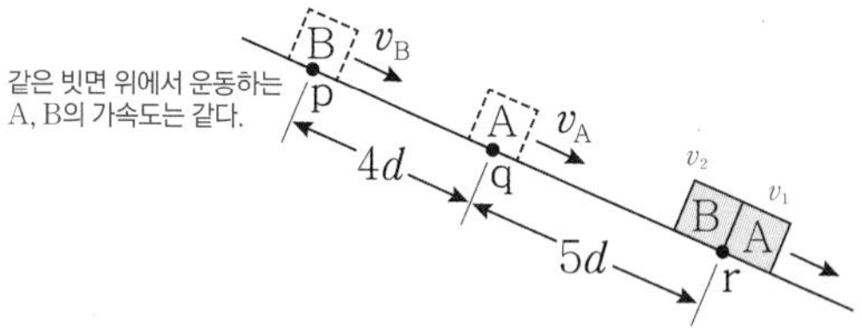

$\frac{v_A}{v_B}$는? (단, 물체의 크기, 모든 마찰과 공기 저항은 무시한다.)

① $\frac{4}{9}$ ② $\frac{1}{2}$ ③ $\frac{5}{9}$ ④ $\frac{2}{3}$ ⑤ $\frac{4}{5}$

✓ 자료 해석

- 동일한 빗면에서 운동하는 물체의 가속도는 질량에 관계없이 일정하므로 A, B의 가속도는 같다.
- A는 p점에서 출발하여 q, r를 지나므로 r에서의 속력을 v_1, A의 가속도를 a라고 하면 A가 p에서 q까지 이동한 거리는 $2a(4d)=v_A^2$, p에서 r까지 이동한 거리는 $2a(9d)=v_1^2$이다.

O 보기풀이 A, B의 가속도의 크기를 a, r에서 A, B의 속력을 각각 v_1, v_2라 고 하자.

A가 p에서 출발하여 $4d$만큼 이동했을 때의 속력이 v_A, $9d$만큼 이동했을 때의 속력이 v_1이므로 $2a(4d)=v_A^2$, $2a(9d)=v_1^2$에서 두 식을 연립하면 $v_1=\frac{3}{2}v_A$이다. A가 q에서 r까지 이동하는 데 걸린 시간을 t라고 하면 $v_1=v_A+at=\frac{3}{2}v_A$에서 $at=\frac{1}{2}v_A$이다. 한편 B는 p를 v_B의 속력으로 지나 $9d$만큼 이동했을 때의 속력이 v_2이므로 $v_2=v_B+at=v_B+\frac{1}{2}v_A$이다.

같은 시간 동안 평균 속력의 비는 이동 거리의 비와 같으므로 $\frac{v_A+\frac{3}{2}v_A}{2}$: $\frac{v_B+\left(v_B+\frac{1}{2}v_A\right)}{2}=5:9$에서 $2v_A=v_B$이므로 $\frac{v_A}{v_B}=\frac{1}{2}$이다.

문제풀이 Tip

동일한 빗면에서 운동하는 두 물체의 가속도는 같다는 것에 유의해야 한다. A의 처음 속력이 0이므로 등가속도 운동의 관계식 $2as=v^2-v_0^2$을 적용하기에 편리하다. 등가속도 직선 운동에는 다양한 관계식을 적용할 수 있으므로 주어진 정보를 이용하여 최대한 간편한 식을 찾아내는 연습이 필요하다.

선택지 비율	① 4%	❷ 80%	③ 5%	④ 8%	⑤ 4%

16 운동의 표현

2021년 7월 교육청 2번 | 정답 ② | 문제편 13p

출제 의도 이동 거리와 변위를 구분하여 설명할 수 있는지 확인하는 문항이다.

그림은 물체가 점 p, q를 지나는 곡선 경로를 따라 운동하는 것을 나타낸 것이다.

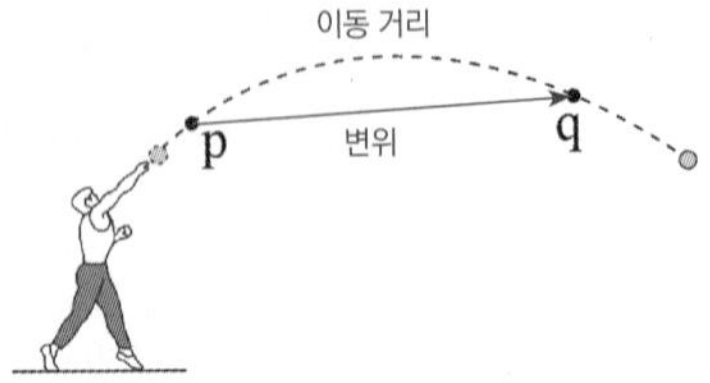

p에서 q까지 물체의 운동에 대한 설명으로 옳은 것만을 〈보기〉에서 있는 대로 고른 것은?

보기
ㄱ. 등속도 운동이다. 가속도
ㄴ. 운동 방향은 일정하다. 계속 변한다.
ㄷ. 이동 거리는 변위의 크기보다 크다.

① ㄱ ② ㄷ ③ ㄱ, ㄴ ④ ㄴ, ㄷ ⑤ ㄱ, ㄴ, ㄷ

✓ 자료 해석

- 곡선 경로를 따라 운동하는 물체는 매 순간 운동 방향이 계속 바뀐다.
- p와 q를 지나는 곡선 경로가 실제로 이동한 거리이고, p에서 q를 잇는 직선의 길이는 변위의 크기이다.

O 보기풀이 ㄷ. 물체가 곡선 경로를 따라 운동하므로 이동 거리가 변위의 크기보다 크다.

× 매력적 오답 ㄱ. 곡선 경로를 따라 운동하는 물체는 운동 방향이 계속 변하므로 속도가 변하는 가속도 운동을 한다.
ㄴ. 운동 방향이 일정한 운동은 직선 경로를 따라 한 방향으로 운동하는 물체의 운동뿐이다.

문제풀이 Tip
등속도 운동은 속력과 운동 방향이 모두 일정한 운동을 의미한다. 따라서 운동 방향이 변하거나 속력이 변하는 운동은 모두 가속도 운동이다.

선택지 비율	❶ 65%	② 6%	③ 9%	④ 2%	⑤ 17%

17 위치 - 시간 그래프

2021년 7월 교육청 3번 | 정답 ① | 문제편 14p

출제 의도 위치 - 시간 그래프를 해석하여 물체의 운동을 설명할 수 있는지 확인하는 문항이다.

그림은 직선상에서 운동하는 물체의 위치를 시간에 따라 나타낸 것이다. 구간 A, B, C에서 물체는 각각 등가속도 운동을 한다.

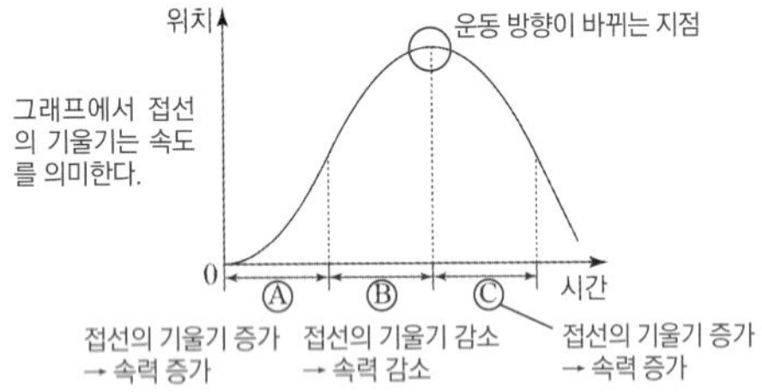

A~C에서 물체의 운동에 대한 설명으로 옳은 것만을 〈보기〉에서 있는 대로 고른 것은? [3점]

보기
ㄱ. A에서 속력은 점점 증가한다.
ㄴ. 가속도의 방향은 B에서와 C에서가 서로 반대이다. 같다.
ㄷ. 물체에 작용하는 알짜힘의 방향은 두 번 바뀐다. 한 번

① ㄱ ② ㄴ ③ ㄱ, ㄷ ④ ㄴ, ㄷ ⑤ ㄱ, ㄴ, ㄷ

✓ 자료 해석

- 물체의 처음 운동 방향을 (+)로 하면 각 구간에서의 물체의 운동은 다음과 같다.

구분	구간 A	구간 B	구간 C
운동 방향	(+)	(+)	(−)
속력 변화	속력 증가	속력 감소	속력 증가
알짜힘의 방향	(+)	(−)	(−)
가속도의 방향	(+)	(−)	(−)

→ 운동 방향과 알짜힘의 방향이 같으면 속력이 증가하고, 반대이면 속력이 감소한다.
→ 가속도의 방향은 알짜힘의 방향과 같다.

O 보기풀이 ㄱ. A에서 위치 - 시간 그래프의 접선의 기울기는 증가한다. 따라서 A에서 물체는 속력이 증가하는 등가속도 운동을 한다.

× 매력적 오답 ㄴ. 물체의 처음 운동 방향을 (+)라 하면 B에서 물체의 속력이 감소하므로 물체는 (−)방향으로 알짜힘을 받는다. 따라서 가속도의 방향도 (−)방향이다. 한편 C에서 물체는 B에서와 반대인 (−)방향으로 운동하고 속력이 증가하므로 (−)방향으로 알짜힘을 받으며, 가속도의 방향도 (−)이다. 따라서 B와 C에서 가속도의 방향은 서로 같다.
ㄷ. A에서 물체는 (+)방향으로 운동하면서 속력이 증가하므로 (+)방향으로 알짜힘을 받는다. B와 C에서는 (−)방향으로 알짜힘을 받으므로 물체에 작용하는 알짜힘의 방향은 한 번만 바뀐다.

문제풀이 Tip
위치 - 시간 그래프를 해석하여 운동 방향, 속력 변화를 찾을 수 있으며, 운동 방향과 알짜힘의 방향이 같을 때와 다를 때 속력 변화에 대해 이해하고 있어야 한다.

선택지 비율	① 6%	❷ 84%	③ 1%	④ 6%	⑤ 3%

18 여러 가지 운동

2021년 4월 교육청 1번 | 정답 ② | 문제편 14p

출제 의도 여러 가지 운동의 특징을 알고, 설명할 수 있는지 확인하는 문항이다.

그림은 물체 A, B, C의 운동에 대한 설명이다.

등속 원운동하는 장난감 비행기 A　　연직 아래로 떨어지는 사과 B　　포물선 운동하는 축구공 C

A, B, C 중 속력과 운동 방향이 모두 변하는 물체를 있는 대로 고른 것은?

① A　② C　③ A, B　④ B, C　⑤ A, B, C

✓ 자료 해석

- A는 등속 원운동으로 속력은 일정하고 운동 방향이 변하는, C는 곡선 경로를 따라 운동하므로 물체의 빠르기와 운동 방향이 변하는 가속도 운동을 한다.
- B는 직선 경로를 따라 운동하므로 운동 방향은 변하지 않고 빠르기만 변하는 가속도 운동을 한다.

○ 보기풀이 C : C는 곡선 경로를 따라 운동하므로 운동 방향이 계속 변하며, C에 중력, 즉 알짜힘이 계속 작용하므로 속력이 계속 변한다.

× 매력적 오답 A : A는 원을 그리며 운동하므로 운동 방향이 계속 변하지만 속력은 일정하다.

B : B는 운동 방향으로 중력, 즉 알짜힘이 작용하므로 속력이 변하는 가속도 운동을 한다. 하지만 운동 방향은 연직 아래 방향으로 일정하다.

문제풀이 Tip

등속 원운동은 원 궤도를 따라 일정한 속력으로 움직이는 운동이다. 등속 원운동하는 물체의 운동 방향은 원 궤도의 접선 방향이고, 가속도의 방향은 원의 중심 방향이다.

선택지 비율	① 20%	② 23%	❸ 36%	④ 11%	⑤ 10%

19 등가속도 직선 운동

2021년 4월 교육청 18번 | 정답 ③ | 문제편 14p

출제 의도 등가속도 직선 운동의 특징을 알고, 등가속도 직선 운동하는 물체의 운동을 설명할 수 있는지 확인하는 문항이다.

동일한 빗면 = A, B의 가속도가 같다.
= 같은 시간 동안 A, B의 속도 변화량은 같다.

그림 (가)와 같이 마찰이 없는 빗면에서 가만히 놓은 물체 A가 점 p를 지나 점 q를 v의 속력으로 통과하는 순간, 물체 B를 p에 가만히 놓았다. p와 q 사이의 거리는 L이고, A가 p에서 q까지 운동하는 동안 A의 평균 속력은 $\frac{4}{5}v$이다. 그림 (나)는 (가)의 A, B가 운동하여 B가 q를 지나는 순간 A가 점 r를 지나는 모습을 나타낸 것이다.

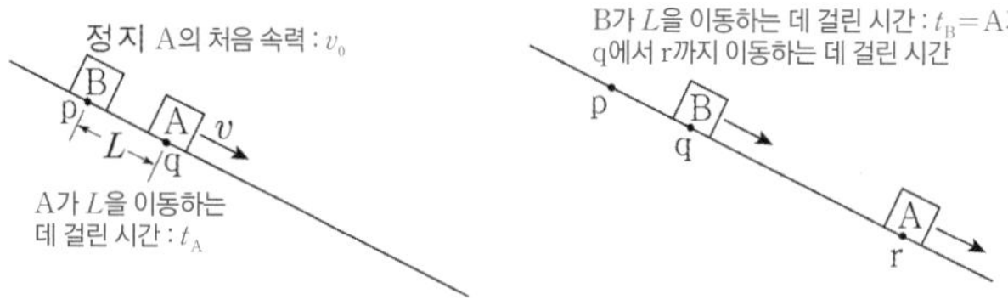

(가)　　(나)

q와 r 사이의 거리는? (단, 물체의 크기, 공기 저항은 무시한다.)

① $\frac{5}{2}L$　② $3L$　③ $\frac{7}{2}L$　④ $4L$　⑤ $\frac{9}{2}L$

문제풀이 Tip

등가속도 직선 운동하는 두 물체의 가속도가 같으면 같은 시간 동안 속도 변화량이 같다는 것을 유의해야 한다. 또한, 등가속도 직선 운동에서 평균 속력이 주어지면 처음 속력과 나중 속력을 이용할 수 있음을 떠올릴 수 있어야 한다.

✓ 자료 해석

- 동일한 빗면에서 운동하는 물체의 가속도는 질량에 관계없이 일정하므로 A, B의 가속도는 같다.
- A가 p에서 q까지 운동하는 동안 A의 평균 속력이 $\frac{4}{5}v$이고, q를 지날 때의 속력이 v이므로 $\frac{v_0+v}{2}=\frac{4}{5}v$에서 $v_0=\frac{3}{5}v$이다. 운동하는 데 걸린 시간을 t_A라고 하면 A의 가속도의 크기는 $a=\frac{v-\frac{3}{5}v}{t_A}=\frac{2v}{5t_A}$이고, B의 가속도의 크기도 $\frac{2v}{5t_A}$이다.

○ 보기풀이 A, B의 가속도의 크기를 a, A, B가 p에서 q까지 운동하는 동안 걸린 시간을 각각 t_A, t_B라 할 때, (가)에서 $L=\frac{4}{5}vt_A$이고, (나)에서 $L=\frac{1}{2}at_B^2$이다.

(가)에서 A가 p를 지날 때의 속력을 v_0이라 하면 q를 지날 때 속력이 v이므로 $\frac{v_0+v}{2}=\frac{4}{5}v$에서 $v_0=\frac{3}{5}v$이며, A의 가속도의 크기는 $a=\frac{v-\frac{3}{5}v}{t_A}=\frac{2v}{5t_A}$(①)이다.

$L=\frac{4}{5}vt_A=\frac{1}{2}at_B^2$이므로 ①을 대입하면 $\frac{4}{5}vt_A=\frac{1}{2}\left(\frac{2v}{5t_A}\right)t_B^2$에서 $t_B=2t_A$이다. (나)에서 q와 r 사이의 거리는 $t_B=2t_A$ 동안 A가 이동한 거리이고, A의 가속도의 크기는 $\frac{2v}{5t_A}$이므로 t_A 동안 A의 속도 증가량은 $\frac{2v}{5}$이다. 따라서 r에서 A의 속력이 $\frac{9}{5}v$이므로 t_B 동안 A의 평균 속력은 $\frac{v+\frac{9}{5}v}{2}=\frac{7}{5}v$이다. q와 r 사이의 거리는 $\frac{7}{5}vt_B=\frac{7}{5}v(2t_A)=\frac{14}{5}\left(\frac{5}{4}L\right)=\frac{7}{2}L$이다.

선택지 비율	① 10%	② 4%	❸ 78%	④ 1%	⑤ 7%

20 물체의 운동

2021년 3월 교육청 1번 | 정답 ③ | 문제편 14p

출제 의도 운동의 종류와 각 운동의 특징을 아는지 확인하는 문항이다.

그림은 자유 낙하하는 물체 A와 수평으로 던진 물체 B가 운동하는 모습을 나타낸 것이다.

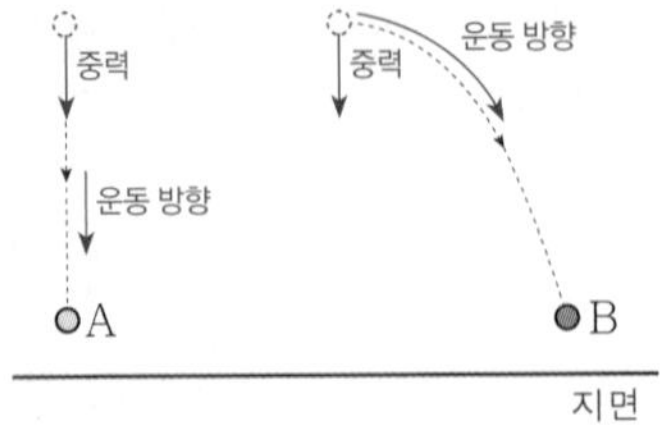

이에 대한 옳은 설명만을 〈보기〉에서 있는 대로 고른 것은?

보기

ㄱ. A는 속력이 변하는 운동을 한다.
ㄴ. B는 운동 방향이 변하는 운동을 한다.
ㄷ. B는 운동 방향과 가속도의 방향이 같다. 같지 않다.

① ㄱ ② ㄷ ③ ㄱ, ㄴ ④ ㄴ, ㄷ ⑤ ㄱ, ㄴ, ㄷ

✓ 자료 해석

- 자유 낙하하는 물체 A와 수평으로 던진 물체 B는 모두 연직 아래 방향으로 중력을 받는다.
- A는 A에 작용하는 중력의 방향과 같은 방향으로 운동하고, B는 B에 작용하는 중력의 방향과 비스듬한 방향으로 운동한다.

○ 보기풀이 ㄱ. A는 운동 방향으로 일정한 크기의 중력이 작용하므로 속력이 일정하게 증가하는 운동을 한다.
ㄴ. B는 곡선 경로를 따라 운동하므로 속력과 운동 방향이 모두 변하는 운동을 한다.

× 매력적 오답 ㄷ. B에 작용하는 알짜힘은 중력이고, 중력은 연직 아래 방향으로 작용하므로 가속도의 방향도 연직 아래 방향이다. 따라서 B는 운동 방향과 가속도의 방향이 같지 않다.

문제풀이 Tip

자유 낙하하는 물체는 직선 경로를 따라 운동하므로 운동 방향은 일정하지만 속력이 변하는 운동을 하고, 수평으로 던진 물체는 곡선 경로를 따라 높이가 변하는 운동을 하므로 운동 방향과 속력이 모두 변하는 운동을 한다.

선택지 비율	❶ 95%	② 0%	③ 1%	④ 1%	⑤ 0%

21 물체의 운동

2020년 10월 교육청 1번 | 정답 ① | 문제편 15p

출제 의도 여러 가지 운동의 특징을 알고 각 운동의 예를 아는지 확인하는 문항이다.

그림은 놀이 기구 A, B, C가 운동하는 모습을 나타낸 것이다.

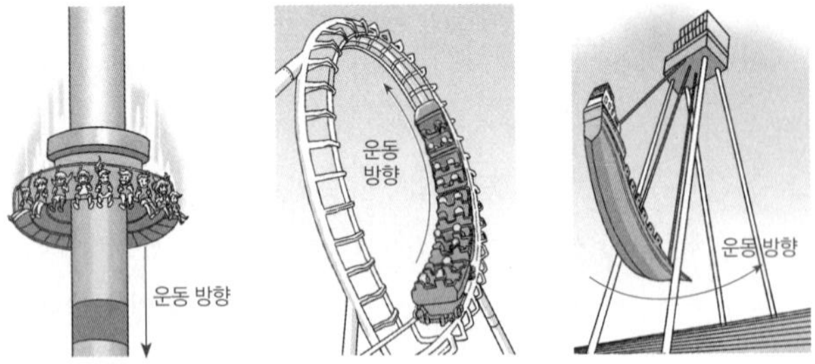

A: 자유 낙하 B: 회전 운동 C: 왕복 운동

운동 방향이 일정한 놀이 기구만을 있는 대로 고른 것은?

① A ② B ③ A, C ④ B, C ⑤ A, B, C

✓ 자료 해석

- A는 자유 낙하하므로 운동 방향은 변하지 않고 빠르기만 변하는 가속도 운동이다.
- B는 회전 운동을 하므로 물체의 빠르기와 운동 방향이 모두 변하는 가속도 운동이다.
- C는 왕복 운동을 하므로 물체의 빠르기와 운동 방향이 모두 변하는 가속도 운동이다.

○ 보기풀이 A의 운동 방향은 연직 아래 방향으로 일정하다.

× 매력적 오답 B는 회전 운동을 하므로 운동 방향이 계속 변한다.
C는 왕복 운동을 하므로 운동 방향이 계속 변한다.

문제풀이 Tip

직선 경로가 아닌 곡선 경로를 따라 운동할 때는 운동 방향이 계속 변한다.

선택지 비율	① 3%	② 2%	③ 1%	❹ 91%	⑤ 1%

22 운동의 표현

2020년 7월 교육청 1번 | 정답 ④ | 문제편 15p

출제 의도 곡선 경로를 따라 운동하는 물체의 이동 거리와 변위의 관계, 평균 속력과 평균 속도의 관계를 아는지 묻는 문항이다.

그림과 같이 수영 선수가 점 p에서 점 q까지 곡선 경로를 따라 이동한다.

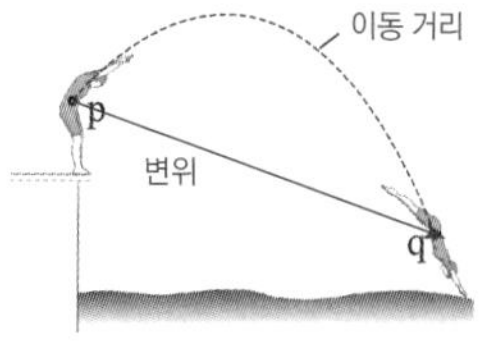

선수가 p에서 q까지 이동하는 동안, 선수의 운동에 대한 설명으로 옳은 것만을 〈보기〉에서 있는 대로 고른 것은?

보기
ㄱ. 이동 거리와 변위의 크기는 ~~같다~~. 같지 않다.
ㄴ. 평균 속력은 평균 속도의 크기보다 크다.
ㄷ. 속력과 운동 방향이 모두 변하는 운동을 한다.

① ㄱ ② ㄴ ③ ㄱ, ㄷ ④ ㄴ, ㄷ ⑤ ㄱ, ㄴ, ㄷ

✓ 자료 해석

- 선수가 곡선 경로를 따라 높이가 변하는 운동을 하므로 속력과 운동 방향이 모두 변한다.
- p에서 q까지의 곡선 경로가 선수의 이동 거리이고, p에서 q까지의 직선 경로는 변위의 크기이다.

O 보기풀이 ㄴ. 평균 속력은 $\frac{\text{이동 거리}}{\text{걸린 시간}}$이고, 평균 속도는 $\frac{\text{변위}}{\text{걸린 시간}}$이다. 이동 거리가 변위의 크기보다 크므로 평균 속력은 평균 속도의 크기보다 크다.
ㄷ. 높이가 변하는 선수의 곡선 운동은 속력과 운동 방향이 모두 변한다.

× 매력적 오답 ㄱ. 선수는 곡선 경로를 따라 운동하므로 이동 거리가 변위의 크기보다 크다.

문제풀이 Tip

곡선 경로를 따라 이동하는 물체의 운동에서는 걸린 시간이 같을 때, 이동 거리와 변위의 크기에 따라 평균 속력과 평균 속도의 크기 비교를 할 수 있어야 한다.

선택지 비율	① 2%	② 5%	③ 6%	❹ 80%	⑤ 4%

23 등가속도 직선 운동

2020년 7월 교육청 2번 | 정답 ④ | 문제편 15p

출제 의도 등가속도 직선 운동을 하는 물체의 평균 속도와 등가속도 운동의 관계식을 적용하여 물체의 운동을 설명할 수 있는지 확인하는 문항이다.

그림은 직선 도로에서 정지해 있던 자동차가 시간 $t=0$일 때 기준선 P에서 출발하여 기준선 R까지 등가속도 직선 운동하는 모습을 나타낸 것이다. $t=6$초일 때 기준선 Q를 통과하고 $t=8$초일 때 R를 통과한다. Q와 R 사이의 거리는 21 m이다.

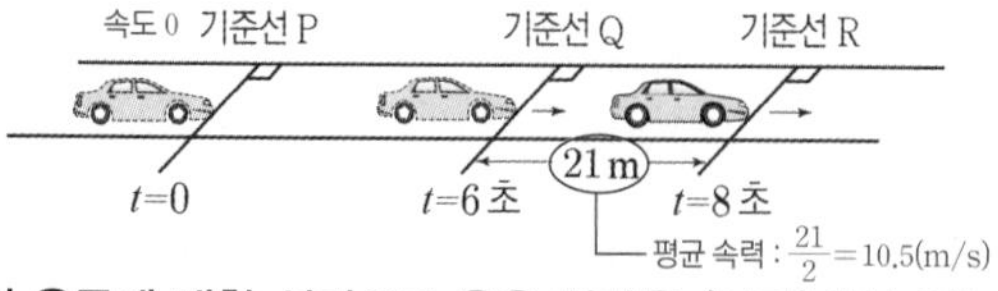

자동차의 운동에 대한 설명으로 옳은 것만을 〈보기〉에서 있는 대로 고른 것은? (단, 자동차의 크기는 무시한다.) [3점]

보기
ㄱ. 가속도의 크기는 1.5 m/s^2이다.
ㄴ. $t=4$초일 때 속력은 ~~7 m/s~~이다. 6 m/s
ㄷ. $t=2$초부터 $t=6$초까지 이동 거리는 24 m이다.

① ㄴ ② ㄷ ③ ㄱ, ㄴ ④ ㄱ, ㄷ ⑤ ㄴ, ㄷ

✓ 자료 해석

- Q에서 R까지 2초 동안 21 m를 이동하므로 이 구간에서의 평균 속력은 $\frac{21}{2}=10.5$(m/s)이다.
  → 10.5 m/s는 6초일 때의 속력과 8초일 때의 속력의 중간값이므로 7초일 때의 순간 속력과 같다.

O 보기풀이 ㄱ. 자동차는 Q에서 R까지 2초 동안 21 m를 이동하므로 이 구간에서의 평균 속력은 $\frac{21}{2}=10.5$ m/s이다. 이때 6초에서 8초 동안의 평균 속력인 10.5 m/s는 7초일 때의 순간 속력과 같다. 따라서 자동차는 0초에서 7초까지 속력이 10.5 m/s만큼 증가하므로 가속도의 크기는 $\frac{10.5}{7}=1.5$ m/s^2이다.
ㄷ. 자동차의 가속도는 1.5 m/s^2이므로 2초일 때의 속력은 $1.5\times2=3$(m/s)이다. 따라서 2초에서 6초까지 이동 거리는 $s=v_0t+\frac{1}{2}at^2$에 대입하면 $(3\times4)+(\frac{1}{2}\times1.5\times4^2)=24$(m)이다.

× 매력적 오답 ㄴ. 자동차는 등가속도 운동을 하고 가속도가 1.5 m/s^2이므로 4초일 때의 속력은 $v_0+at=0+1.5\times4=6$(m/s)이다.

문제풀이 Tip

등가속도 직선 운동하는 물체의 평균 속력은 처음 속력과 나중 속력의 중간값이므로 $0\sim t$초 동안의 평균 속력은 $\frac{t}{2}$초일 때의 순간 속력과 같음을 이용한다.

선택지 비율	① 7%	❷ 64%	③ 8%	④ 10%	⑤ 9%

24 등가속도 직선 운동

2020년 4월 교육청 16번 | 정답 ② | 문제편 15p

출제 의도 등가속도 직선 운동의 특징을 알고, 등가속도 직선 운동을 하는 두 물체의 운동을 비교하여 설명할 수 있는지 확인하는 문항이다.

그림과 같이 직선 도로에서 기준선 P를 속력 v_0으로 동시에 통과한 자동차 A, B가 각각 등가속도 운동하여 A가 기준선 Q를 통과하는 순간 B는 기준선 R를 통과한다. A, B의 가속도는 방향이 반대이고 크기가 a로 같다. A, B가 각각 Q, R를 통과하는 순간, 속력은 B가 A의 3배이다. P와 Q 사이, Q와 R 사이의 거리는 각각 $3L$, $2L$이다.

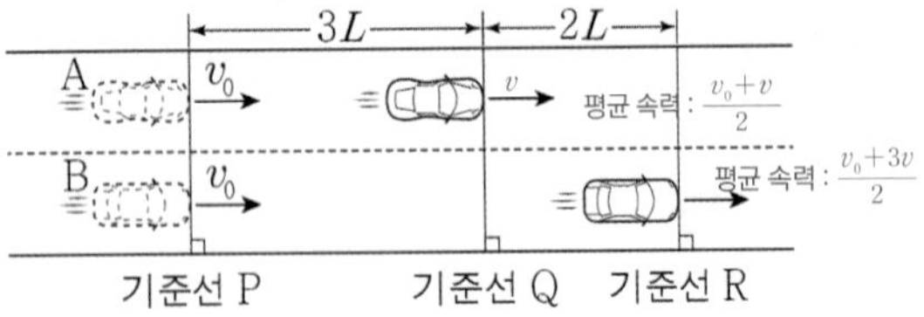

a는? (단, A, B는 도로와 나란하게 운동하며, A, B의 크기는 무시한다.) [3점]

① $\dfrac{v_0^{\,2}}{10L}$ ② $\dfrac{v_0^{\,2}}{8L}$ ③ $\dfrac{v_0^{\,2}}{6L}$ ④ $\dfrac{v_0^{\,2}}{4L}$ ⑤ $\dfrac{v_0^{\,2}}{2L}$

✓ 자료 해석

- A가 Q를 통과하는 순간의 속력을 v라고 하면 B가 R를 통과하는 순간의 속력은 $3v$이다.
- A, B의 가속도는 방향이 반대이고 크기는 같다. → $-(v-v_0)=3v-v_0$
- A, B가 각각 Q, R를 통과할 때까지 등가속도 운동을 하므로 A, B의 평균 속력은 각각 $\dfrac{v_0+v}{2}$, $\dfrac{v_0+3v}{2}$이다.

○ 보기 풀이 A, B의 가속도의 크기는 같고 방향은 반대이므로 $-(v-v_0)=3v-v_0$에서 $v=\dfrac{1}{2}v_0$이다. 따라서 B가 R를 통과할 때의 속력은 $\dfrac{3}{2}v_0$이고 P에서 R까지 이동하는 동안 걸린 시간을 t라고 하면 $\dfrac{5L}{t}=\dfrac{v_0+\left(\dfrac{3v_0}{2}\right)}{2}=\dfrac{5}{4}v_0$에서 $t=\dfrac{4L}{v_0}$이다. 즉, B는 시간 $\dfrac{4L}{v_0}$ 동안 속력이 $\dfrac{1}{2}v_0$만큼 증가하므로 B의 가속도의 크기 a는 $\dfrac{\dfrac{v_0}{2}}{\dfrac{4L}{v_0}}=\dfrac{v_0^{\,2}}{8L}$이다.

문제풀이 Tip

등가속도 운동을 하는 물체의 평균 속력은 $\dfrac{\text{처음 속력}+\text{나중 속력}}{2}$으로 구할 수 있고 $\dfrac{\text{이동 거리}}{\text{걸린 시간}}$로도 구할 수도 있다.

선택지 비율	① 5%	② 3%	③ 2%	❹ 86%	⑤ 2%

25 운동의 표현

2020년 3월 교육청 1번 | 정답 ④ | 문제편 16p

출제 의도 곡선 경로를 따라 운동하는 물체의 이동 거리와 변위의 관계를 아는지 묻는 문항이다.

그림과 같이 수평면 위의 점 p에서 비스듬히 던져진 공이 곡선 경로를 따라 운동하여 점 q를 통과하였다.

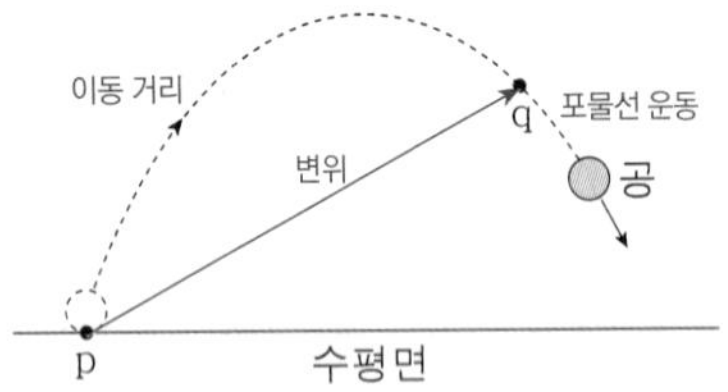

p에서 q까지 공의 운동에 대한 옳은 설명만을 〈보기〉에서 있는 대로 고른 것은?

보기
ㄱ. 속력이 변하는 운동이다.
ㄴ. 운동 방향이 ~~일정한~~ 운동이다. 계속 변하는
ㄷ. 변위의 크기는 이동 거리보다 작다.

① ㄱ ② ㄷ ③ ㄱ, ㄴ ④ ㄱ, ㄷ ⑤ ㄴ, ㄷ

✓ 자료 해석

- 수평면에서 비스듬히 던져진 공이 운동하는 동안 연직 아래 방향으로 중력이 작용한다.
- 공은 p에서 q까지 곡선 경로를 따라 운동하므로 곡선 경로인 이동 거리가 p에서 q까지의 직선 거리인 변위의 크기보다 크다.

○ 보기 풀이 ㄱ. 공은 연직 아래 방향으로 중력을 받으므로 속력이 계속 변하는 운동을 한다.
ㄷ. 변위의 크기는 p에서 q까지의 직선 거리이다. 따라서 공은 곡선 경로를 따라 운동하므로 이동 거리는 변위의 크기보다 크다.

× 매력적 오답 ㄴ. 공은 곡선 경로를 따라 운동하므로 힘의 방향과 운동 방향이 나란하지 않다. 따라서 운동 방향이 계속 변한다.

문제풀이 Tip

변위의 크기는 p와 q 사이의 직선 거리이므로 곡선 운동을 하는 물체의 이동 거리는 항상 변위의 크기보다 크다.

선택지 비율	① 17%	② 4%	❸ 60%	④ 8%	⑤ 9%

26 등가속도 직선 운동

2019년 10월 교육청 4번 | 정답 ③ | 문제편 16p

(출제 의도) 등가속도 직선 운동하는 두 물체의 운동을 비교하여 설명할 수 있는지 확인하는 문항이다.

그림과 같이 수평면 위의 두 지점 p, q에 정지해 있던 물체 A, B가 동시에 출발하여 각각 r까지는 가속도의 크기가 a로 동일한 등가속도 직선 운동을, r부터는 등속도 운동을 한다. p와 q 사이의 거리는 5 m이고 r를 지난 후 A와 B의 속력은 각각 6 m/s, 4 m/s이다.

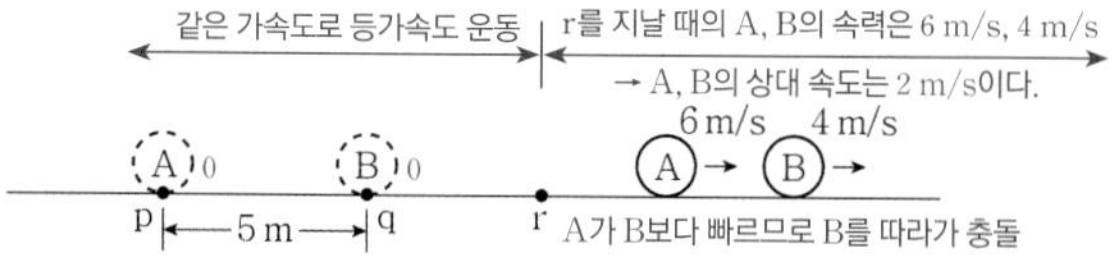

이에 대한 옳은 설명만을 〈보기〉에서 있는 대로 고른 것은? (단, A, B는 동일 직선 상에서 운동하며, 크기는 무시한다.) [3점]

보기
ㄱ. $a=2\ \mathrm{m/s^2}$이다.
ㄴ. B가 q에서 r까지 운동한 시간은 ~~1초~~이다. 2초
ㄷ. A가 출발한 순간부터 B와 충돌할 때까지 걸리는 시간은 5초이다.

① ㄱ ② ㄴ ③ ㄱ, ㄷ ④ ㄴ, ㄷ ⑤ ㄱ, ㄴ, ㄷ

문제풀이 Tip

등속도 운동을 하는 두 물체 사이의 거리는 상대 속도를 이용하면 더 쉽게 풀이할 수 있다. 상대 속도의 개념을 이해하고, 물체의 운동에 적용할 수 있어야 한다.

✓ 자료 해석

- A, B는 r까지 같은 가속도로 등가속도 운동을 하고 B는 A보다 5 m 앞서 있다. q와 r 사이의 거리를 d라고 하면 A는 정지 상태에서 출발하여 $5+d$만큼 이동했을 때의 속력이 6 m/s이고, B는 d만큼 이동했을 때의 속력이 4 m/s이다.
- A, B의 가속도가 같고, B가 A보다 r에 가까우므로 B가 먼저 r를 통과한다. A는 B보다 등가속도 운동을 하는 구간이 더 크므로 r를 통과할 때의 속력이 더 크다.

○ 보기풀이 ㄱ. q와 r 사이의 거리를 d라고 하면 r까지 A, B는 a의 가속도로 등가속도 운동을 하고 r에서의 속력은 각각 6 m/s, 4 m/s이므로 등가속도 운동의 관계식에 의해 $2a(d+5)=6^2$, $2ad=4^2$이다. 두 식을 연립하여 풀면 $a=2\ \mathrm{m/s^2}$, $d=4$ m이다.

ㄷ. q와 r 사이의 거리는 4 m이므로 A는 r까지 총 9 m를 이동한다. A가 p에서 r까지 운동하는 데 걸린 시간을 t_A라고 하면 A의 평균 속력은 $\left(\frac{0+6}{2}\right)$이므로 $9=\left(\frac{0+6}{2}\right)\times t_A$에서 $t_A=3$초이다. 한편 B가 q에서 r까지 운동하는 데 걸린 시간은 2초이므로 A가 r를 지날 때, B는 r를 지나 4 m/s의 속력으로 1초 동안 운동하여 4 m 앞서 있다. 즉 A가 등속도 운동을 시작할 때, A와 B 사이의 거리는 4 m이다. r를 지난 후 A와 B는 모두 등속도 운동을 하고, A와 B의 상대 속도는 $6-4=2$(m/s)이므로 A와 B가 충돌할 때까지 걸린 시간은 $\frac{4}{2}=2$(초)이다. 따라서 A는 3초 동안 r까지 등가속도 운동을 하고, r를 지난 순간부터 2초 후 B와 충돌하므로 A가 출발하여 B와 충돌할 때까지 걸린 시간은 5초이다.

× 매력적 오답 ㄴ. q와 r 사이의 거리는 4 m이고 B의 평균 속력은 $\left(\frac{0+4}{2}\right)=2$(m/s)이므로 B가 q에서 r까지 이동하는 데 걸린 시간은 $\frac{4}{2}=2$(초)이다.

선택지 비율	❶ 85%	② 4%	③ 3%	④ 2%	⑤ 3%

27 운동의 표현

2019년 10월 교육청 물Ⅰ 1번 | 정답 ① | 문제편 16p

(출제 의도) 곡선 경로를 따라 운동하는 물체의 이동 거리와 변위의 관계, 평균 속력과 평균 속도의 관계를 아는지 묻는 문항이다.

그림은 자율 주행 자동차가 장애물을 피해 점 P에서 점 Q까지 곡선 경로를 따라 운동하는 모습을 나타낸 것이다.

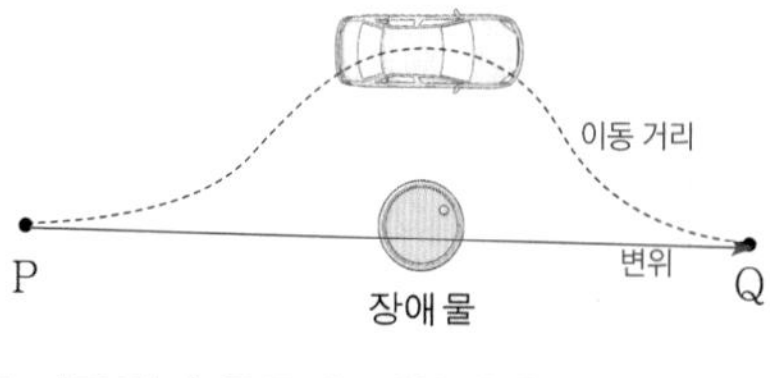

P에서 Q까지 자동차의 운동에 대한 옳은 설명만을 〈보기〉에서 있는 대로 고른 것은?

보기
ㄱ. 이동 거리는 변위의 크기보다 크다.
ㄴ. 평균 속도의 크기는 평균 속력~~과 같다~~. 보다 작다.
ㄷ. ~~등가속도~~ 운동이다. 가속도

① ㄱ ② ㄴ ③ ㄷ ④ ㄱ, ㄴ ⑤ ㄱ, ㄷ

✓ 자료 해석

자동차의 이동 거리는 P에서 Q까지의 곡선 경로이고, 변위의 크기는 P에서 Q까지의 직선 거리이다.

○ 보기풀이 ㄱ. 변위의 크기는 P와 Q 사이의 직선 거리이다. 따라서 자동차는 곡선 경로를 따라 운동하므로 이동 거리는 변위의 크기보다 크다.

× 매력적 오답 ㄴ. 평균 속력은 $\frac{\text{이동 거리}}{\text{걸린 시간}}$이고, 평균 속도는 $\frac{\text{변위}}{\text{걸린 시간}}$이다. 따라서 이동 거리가 변위의 크기보다 크므로 평균 속력도 평균 속도의 크기보다 크다.

ㄷ. 등가속도 운동은 가속도의 크기와 방향이 일정한 운동이다. 자동차는 곡선 경로를 따라 운동하므로 운동 방향이 계속 변한다. 즉, 가속도가 일정하지 않다.

문제풀이 Tip

등속도 운동, 등가속도 운동, 가속도 운동의 개념을 알고, 주어진 물체의 운동이 어떤 운동을 하는지 분류할 수 있어야 한다.

Part Ⅰ 교육청

선택지 비율	❶ 81%	② 9%	③ 5%	④ 3%	⑤ 3%

28 속도 - 시간 그래프

2019년 7월 교육청 3번 | 정답 ① | 문제편 16 p

출제 의도 속도 - 시간 그래프를 해석하여 물체의 운동을 비교하여 설명할 수 있는지 확인하는 문항이다.

그림은 직선 운동하는 물체 A, B의 속도를 시간에 따라 나타낸 것이다. A의 처음 속도는 v_0이다. 0에서 4초까지 이동한 거리는 A가 B의 2배이다.

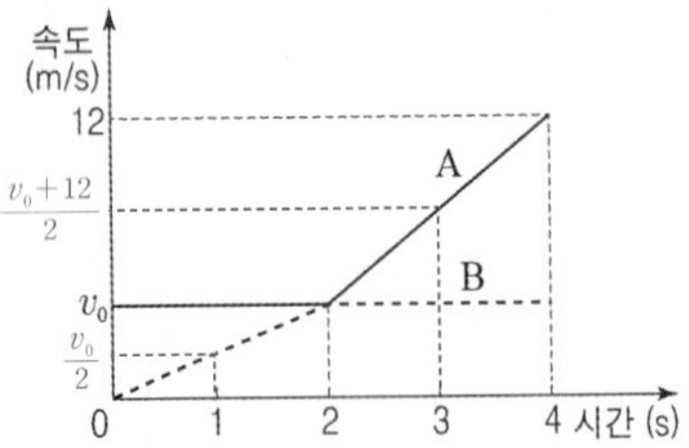

3초일 때 A의 가속도의 크기와 1초일 때 B의 가속도의 크기를 각각 a_A, a_B라 할 때, $a_A : a_B$는?

① 2 : 1　② 3 : 1　③ 3 : 2　④ 5 : 2　⑤ 7 : 5

✓ 자료 해석

- 2초에서 4초까지 A의 평균 속력은 $\frac{v_0+12}{2}$이고 이때 A의 이동 거리는 $\frac{v_0+12}{2}\times 2$이다.
- 0초에서 2초까지 B의 평균 속력은 $\frac{0+v_0}{2}$이고 이때 B의 이동 거리는 $\frac{v_0}{2}\times 2$이다.

○ 보기 풀이 0초에서 4초까지 이동한 거리는 A가 B의 2배이므로
$2v_0+\left(\frac{v_0+12}{2}\right)\times 2=2\left\{\left(\frac{v_0}{2}\times 2\right)+2v_0\right\}$에서 $v_0=4$ m/s이다.
B는 0초에서 2초까지 속력이 4 m/s만큼 증가하므로 $a_B=\frac{4}{2}=2(\mathrm{m/s^2})$이고, A는 2초에서 4초까지 속력이 $12-4=8$ m/s만큼 증가하므로 $a_A=\frac{8}{2}=4(\mathrm{m/s^2})$이다. 따라서 $a_A : a_B=4:2=2:1$이다.

문제풀이 Tip

등가속도 직선 운동하는 물체가 이동한 거리는 평균 속도와 시간의 곱으로 구할 수 있고, 등가속도 직선 운동하는 물체의 평균 속도는 처음 속도와 나중 속도의 중간값과 같음을 유념해야 한다.

선택지 비율	① 10%	❷ 69%	③ 7%	④ 5%	⑤ 6%

29 운동의 표현

2019년 7월 교육청 물Ⅱ 1번 | 정답 ② | 문제편 17 p

출제 의도 곡선 경로를 따라 운동하는 물체의 이동 거리와 변위의 관계, 평균 속력과 평균 속도의 관계를 아는지 묻는 문항이다.

그림은 드론이 점 p, q를 지나는 곡선 경로를 따라 운동한 것을 나타낸 것이다.

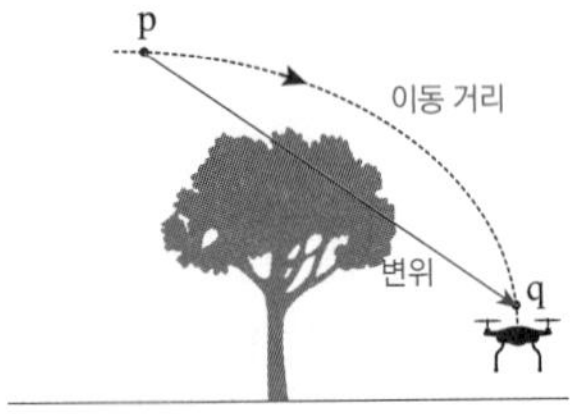

p에서 q까지 드론의 운동에 대한 설명으로 옳은 것만을 〈보기〉에서 있는 대로 고른 것은?

보기
ㄱ. 이동 거리와 변위의 크기는 ~~같다.~~ 같지 않다.
ㄴ. 평균 속력은 평균 속도의 크기보다 크다.
ㄷ. ~~등속도~~ 운동이다. 가속도

① ㄱ　② ㄴ　③ ㄱ, ㄴ　④ ㄱ, ㄷ　⑤ ㄴ, ㄷ

✓ 자료 해석

- 드론이 곡선 경로를 따라 운동하므로 운동 방향이 매 순간 변한다.
- p에서 q까지의 직선 거리를 변위의 크기라고 하며, 변위의 크기는 곡선 경로인 이동 거리보다 작다.

○ 보기 풀이 ㄴ. 평균 속력은 $\frac{\text{이동 거리}}{\text{걸린 시간}}$, 평균 속도는 $\frac{\text{변위}}{\text{걸린 시간}}$이다. 드론의 이동 거리는 p에서 q까지의 곡선 경로이고 변위의 크기는 p에서 q까지의 직선 거리이다. 따라서 곡선 경로인 이동 거리가 변위의 크기보다 크므로 평균 속력은 평균 속도의 크기보다 크다.

× 매력적 오답 ㄱ. 곡선 경로를 따라 운동할 경우, 이동 거리가 변위의 크기보다 크다. 또한 이동 거리와 변위의 크기가 같은 경우는 직선 상에서 한 방향으로 이동해야 한다.
ㄷ. 곡선 운동을 하는 드론은 운동 방향이 계속 변하므로 드론은 속도가 변하는 가속도 운동을 한다.

문제풀이 Tip

등속도 운동은 직선 상에서의 운동이므로 곡선 경로를 따라 운동하는 물체는 등속도 운동을 할 수 없다.

선택지 비율	① 25%	② 3%	③ 4%	❹ 63%	⑤ 3%

30 속도 - 시간 그래프

2019년 4월 교육청 2번 | 정답 ④ | 문제편 17p

출제 의도 속도 - 시간 그래프를 해석하여 위치 - 시간 그래프로 나타낼 수 있는지 확인하는 문항이다.

그림은 직선 상에서 운동하는 물체의 속도를 시간에 따라 나타낸 것이다.

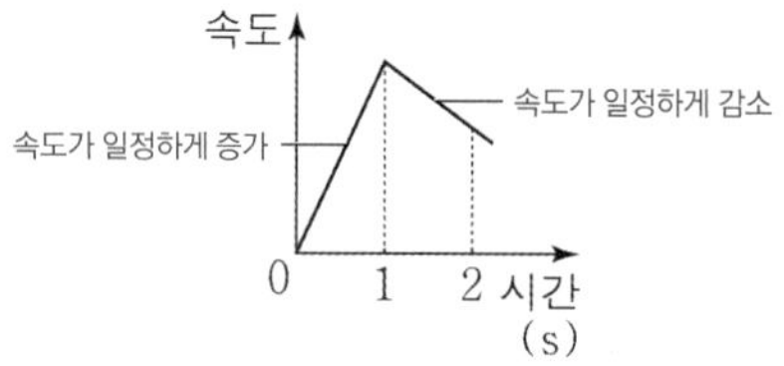

0초부터 2초까지, 물체의 위치를 시간에 따라 나타낸 것으로 가장 적절한 것은? [3점]

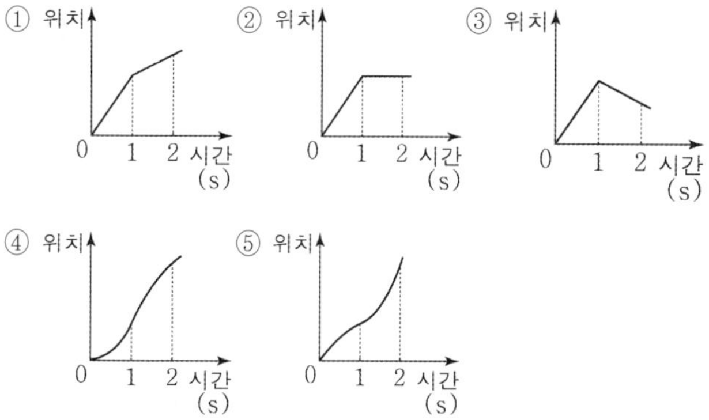

✓ 자료 해석

- 물체는 0~1초 동안 속도가 일정하게 증가하고, 1~2초 동안에는 속도가 일정하게 감소한다. → 물체는 등가속도 운동을 한다.
- 등가속도 운동을 하는 물체의 위치 - 시간 그래프는 곡선으로 표현되며, 위치 - 시간 그래프의 기울기는 속도를 의미한다.

O 보기풀이 ④ 위치 - 시간 그래프의 기울기는 속도를 의미한다. 따라서 0~1초 동안 물체의 속도가 증가하고, 1~2초 동안에는 물체의 속도가 감소하므로 위치 - 시간 그래프에서 기울기는 0~1초 동안에는 점점 증가하고, 1~2초 동안에는 점점 감소한다.

× 매력적 오답 ①, ②, ③ 위치 - 시간 그래프의 기울기가 일정하므로 등속도 운동을 나타낸 그래프이다.

⑤ 위치 - 시간 그래프의 기울기가 0~1초 동안에는 감소하고, 1~2초 동안에는 증가한다.

문제풀이 Tip

등속도 운동의 위치 - 시간 그래프는 직선으로 나타나고, 등가속도 운동의 위치 - 시간 그래프는 곡선으로 나타나는 것을 유의해야 한다. 따라서 물체의 위치가 시간당 일정한 거리가 증가할 때 등속도 운동을 하는 물체의 그래프는 기울기가 일정한 직선 모양이고, 등가속도 운동을 하는 물체의 그래프는 접선의 기울기가 변하는 곡선 모양이다.

선택지 비율	❶ 87%	② 3%	③ 2%	④ 1%	⑤ 3%

31 운동의 표현

2019년 4월 교육청 물Ⅱ 1번 | 정답 ① | 문제편 17p

출제 의도 곡선 경로를 따라 운동하는 물체의 이동 거리와 변위를 비교하고, 이로부터 평균 속력과 평균 속도를 비교할 수 있는지 확인하는 문항이다.

그림은 씨앗 A가 점 p, q를 지나는 곡선 경로를 따라 운동하는 모습을 나타낸 것이다.

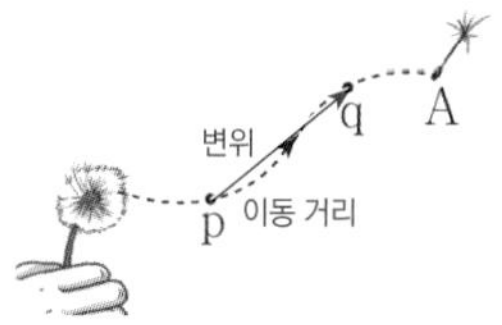

p에서 q까지 A의 운동에 대한 설명으로 옳은 것만을 〈보기〉에서 있는 대로 고른 것은?

보기
ㄱ. 이동 거리는 변위의 크기보다 크다.
ㄴ. 평균 속력과 평균 속도의 크기는 ~~같다~~. 같지 않다.
ㄷ. ~~등속도~~ 운동이다. 가속도

① ㄱ ② ㄷ ③ ㄱ, ㄴ ④ ㄴ, ㄷ ⑤ ㄱ, ㄴ, ㄷ

✓ 자료 해석

- p에서 q까지 직선 거리는 변위의 크기이고, p에서 q까지 곡선 경로는 이동 거리이다.
- A는 곡선 경로를 따라 운동하므로 운동 방향이 계속 변한다.

O 보기풀이 ㄱ. A는 곡선 경로를 따라 운동한다. 변위의 크기는 p에서 q까지의 직선 거리이므로 곡선 경로인 이동 거리가 변위의 크기보다 크다.

× 매력적 오답 ㄴ. 평균 속력은 $\frac{\text{이동 거리}}{\text{걸린 시간}}$, 평균 속도는 $\frac{\text{변위}}{\text{걸린 시간}}$이다. 따라서 A의 이동 거리는 변위의 크기보다 크므로 평균 속력은 평균 속도의 크기보다 크다.

ㄷ. A는 곡선 경로를 따라 운동하므로 운동 방향이 계속 변한다. 따라서 A의 운동은 속도가 변하는 가속도 운동이다.

문제풀이 Tip

p에서 q까지의 직선 거리는 p에서 q까지의 최단 거리로 변위를 뜻한다. 따라서 곡선 경로를 따라 운동하는 경우 이동 거리는 항상 변위의 크기보다 크다.

05 열역학 법칙

선택지 비율	❶ 62%	② 4%	③ 20%	④ 5%	⑤ 9%

1 압력 - 내부 에너지 그래프와 열역학 과정

2024년 10월 교육청 17번 | 정답 ① | 문제편 20 p

출제 의도 압력-내부 에너지 그래프를 해석하여 기체의 열역학 과정을 설명할 수 있는지 확인하는 문항이다.

그림은 열기관에서 일정량의 이상 기체가 상태 A → B → C → D → A를 따라 순환하는 동안 기체의 압력과 내부 에너지를 나타낸 것이다. A → B, C → D는 각각 압력이 일정한 과정이고, B → C, D → A는 각각 부피가 일정한 과정이다. B → C 과정에서 기체의 내부 에너지 감소량은 C → D 과정에서 기체가 외부로부터 받은 일의 3배이다.

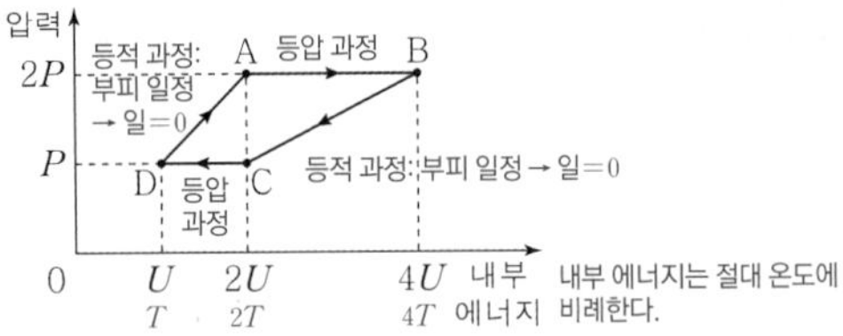

이에 대한 옳은 설명만을 〈보기〉에서 있는 대로 고른 것은? [3점]

보기

ㄱ. 기체의 부피는 B에서가 A에서보다 크다.

ㄴ. 기체가 방출하는 열량은 C → D 과정에서가 B → C 과정에서보다 ~~크다~~. 작다.

ㄷ. 열기관의 열효율은 $\frac{4}{13}$이다. $\frac{2}{13}$

① ㄱ ② ㄴ ③ ㄱ, ㄷ ④ ㄴ, ㄷ ⑤ ㄱ, ㄴ, ㄷ

✓ 자료 해석

- 내부 에너지가 U일 때의 절대 온도를 T라고 하면 A, B, C, D에서 절대 온도는 각각 $2T$, $4T$, $2T$, T이다. 압력과 부피의 곱은 절대 온도에 비례하므로 A의 부피를 V라고 하면 A, B, C, D에서 압력과 부피의 곱은 각각 $2PV$, $4PV$, $2PV$, PV이다.
  → 부피 변화는 C → D 과정에서 ΔV이고, A → B 과정에서 $2\Delta V$이므로 A → B 과정에서 기체가 외부에 한 일은 C → D 과정에서 기체가 외부로부터 받은 일의 2배이다.

과정	Q(J)	ΔU(J)	W(J)
A→B	$+\frac{10}{3}U$	$+2U$	$+\frac{4}{3}U$
B→C	$-2U$	$-2U$	0
C→D	$-\frac{5}{3}U$	$-U$	$-\frac{2}{3}U$
D→A	$+U$	$+U$	0

○ 보기풀이 ㄱ. 압력이 일정할 때 기체의 부피는 절대 온도에 비례한다. 내부 에너지는 B가 A의 2배이므로 온도도 B가 A의 2배이다. 따라서 기체의 부피는 B가 A의 2배이다.

✕ 매력적 오답 ㄴ. B → C 과정에서 기체의 내부 에너지 감소량은 $2U$이므로 C → D 과정에서 기체가 외부로부터 받은 일은 $\frac{2}{3}U$이다. 따라서 기체가 방출하는 열량은 B → C 과정에서 $2U$, C → D 과정에서 $\frac{5}{3}U$이므로 C → D 과정에서가 B → C 과정에서의 $\frac{5}{6}$배이다.

ㄷ. 열기관의 열효율은 $\frac{\text{기체가 한 일}}{\text{기체가 흡수한 열량}} = \frac{\frac{2}{3}U}{\frac{13}{3}U} = \frac{2}{13}$이다.

문제풀이 Tip

내부 에너지는 절대 온도에 비례하므로 압력 - 내부 에너지 그래프라고 생각하지 말고 압력 - 온도 그래프로 생각하면 익숙한 유형의 문제가 된다. 또, 각 과정에서 열역학 제1법칙을 적용하여 미리 일, 열, 내부 에너지의 관계를 정리해 두는 습관이 필요하다.

2 압력-절대 온도 그래프

2024년 7월 교육청 17번 | 정답 ① | 문제편 20p

출제 의도 압력-절대 온도 그래프를 해석하여 기체의 온도, 부피, 압력 변화를 파악하고 이들의 관계를 그래프로 표현할 수 있는지 확인하는 문항이다.

그림은 일정량의 이상 기체의 상태가 A → B → C를 따라 변할 때 기체의 압력과 절대 온도를 나타낸 것이다. A → B 과정은 부피가 일정한(등적 과정) 과정이고, B → C 과정은 압력이 일정한(등압 과정) 과정이다. A → B → C 과정을 나타낸 그래프로 가장 적절한 것은? [3점]

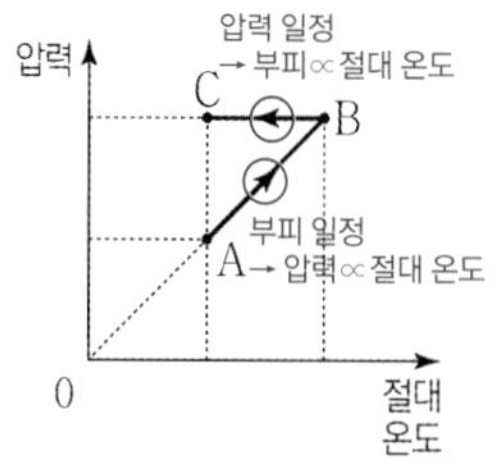

①
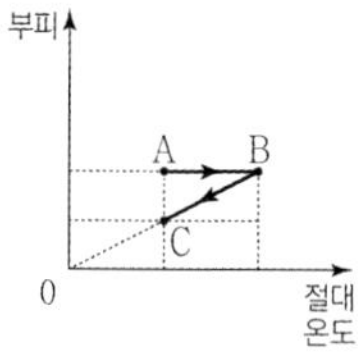

②
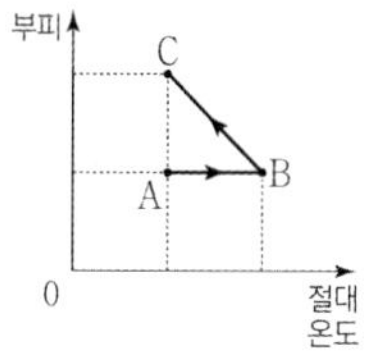

③
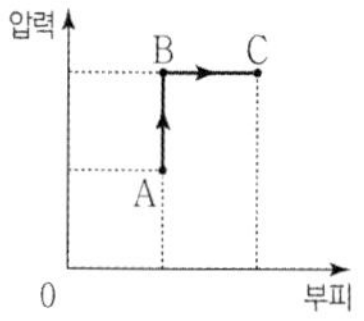

④
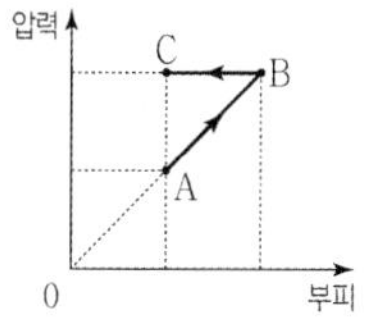

⑤
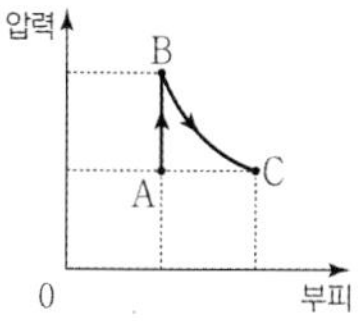

✓ 자료 해석

상태	열역학 과정	압력, 부피, 온도 변화
A→B	등적 과정	부피 일정, 압력과 절대 온도가 비례하여 증가
B→C	등압 압축	압력 일정, 부피와 절대 온도가 비례하여 감소

○ 보기풀이 A → B 과정에서 기체의 부피는 변하지 않고 압력과 온도가 증가한다. 따라서 부피가 변하는 ④는 적절하지 않다. B → C 과정은 압력이 일정하고 부피와 온도가 감소한다. 따라서 부피가 증가하는 ②, ③, ⑤는 모두 적절하지 않다.

문제풀이 Tip

열역학 과정의 그래프는 각 과정에서의 물리량의 변화를 정확히 파악할 수 있어야 한다. 압력-부피 그래프가 가장 일반적으로 제시되는 그래프 형태이지만, 압력-절대 온도, 부피-절대 온도 그래프도 제시될 수 있으므로 세로축과 가로축의 값이 무엇을 의미하는지, 과정의 변화가 무엇을 의미하는지 유의해서 살펴보도록 한다.

선택지 비율	① 14%	② 11%	③ 10%	❹ 59%	⑤ 6%

3 열효율과 열역학 과정

2024년 5월 교육청 10번 | 정답 ④ | 문제편 20 p

(출제 의도) 기체의 순환 과정에서의 특징을 이해하여 열역학 과정을 설명하고, 열효율을 구할 수 있는지 묻는 문항이다.

그림은 열효율이 0.2인 열기관에서 일정량의 이상 기체가 A → B → C → D → A를 따라 순환하는 동안 기체의 압력과 부피를 나타낸 것이다. B → C 과정과 D → A 과정은 단열 과정이다. C → D 과정에서 기체의 내부 에너지 감소량은 $4E_0$이고, D → A 과정에서 기체가 받은 일은 E_0이다.

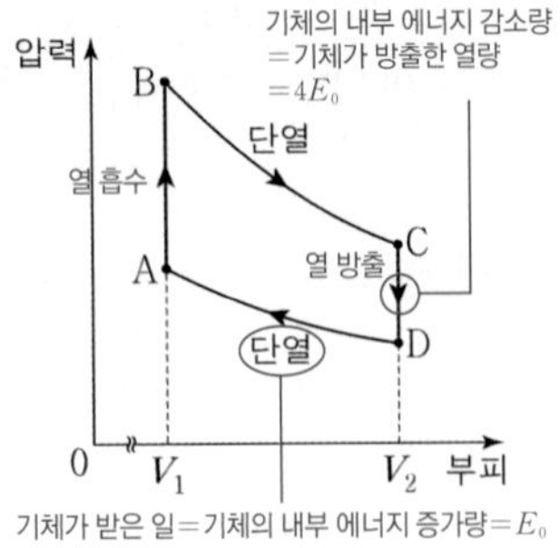

이에 대한 설명으로 옳은 것만을 〈보기〉에서 있는 대로 고른 것은? [3점]

〈보기〉
ㄱ. 기체의 내부 에너지는 A에서가 D에서보다 크다.
ㄴ. A → B 과정에서 기체가 흡수한 열량은 ~~$6E_0$~~이다. $5E_0$
ㄷ. B → C 과정에서 기체가 한 일은 $2E_0$이다.

① ㄱ ② ㄷ ③ ㄱ, ㄴ ④ ㄱ, ㄷ ⑤ ㄴ, ㄷ

✓ 자료 해석

상태	열역학 과정	열역학 법칙의 적용
A → B	등적 과정	기체는 외부에 일을 하지 않고, 흡수한 열량만큼 기체의 내부 에너지가 증가한다.
B → C	단열 팽창	기체가 외부에 한 일만큼 기체의 내부 에너지가 감소한다.
C → D	등적 과정	기체는 외부에 일을 하지 않고, 방출한 열량만큼 기체의 내부 에너지가 감소($4E_0$)한다.
D → A	단열 압축	기체가 외부에서 받은 일(E_0)만큼 기체의 내부 에너지가 증가한다.

○ 보기풀이 ㄱ. D → A 과정은 단열 압축 과정으로 외부에서 받은 일만큼 기체의 내부 에너지는 증가한다.
ㄷ. 기체는 A → B 과정에서 열을 흡수하고 C → D 과정에서 열을 방출한다. A → B 과정에서 흡수한 열량을 Q라고 하면 C → D 과정에서 방출한 열량은 기체의 내부 에너지 감소량과 같은 $4E_0$이므로 열기관의 열효율은 $0.2=\frac{\text{기체가 흡수한 열량}-\text{기체가 방출한 열량}}{\text{기체가 흡수한 열량}}=\frac{Q-4E_0}{Q}$이므로 $Q=5E_0$이다. 따라서 기체가 순환하는 동안 한 일은 $5E_0-4E_0=E_0$이고, D → A 과정에서 기체가 받은 일이 E_0이므로 B → C 과정에서 기체가 한 일은 $2E_0$이다.

× 매력적 오답 ㄴ. A → B 과정에서 기체가 흡수한 열량은 $5E_0$이다.

문제풀이 Tip
이상 기체의 열역학 과정 문제를 풀이할 때는 각 과정에서의 기체의 상태 변화뿐만 아니라 기체가 한 번 순환하는 동안의 전체적인 상태 변화(기체가 흡수한 열량, 방출한 열량, 한 일)에 대해서도 빠르게 파악할 수 있어야 한다.

선택지 비율	① 20%	② 11%	③ 10%	④ 14%	❺ 45%

4 열기관의 열효율

2024년 3월 교육청 19번 | 정답 ⑤ | 문제편 20 p

(출제 의도) 기체의 순환 과정을 이용하여 열기관의 열효율에 적용할 수 있는지 확인하는 문항이다.

표는 열효율이 0.25인 열기관에서 일정량의 이상 기체가 상태 A → B → C → D → A를 따라 순환하는 동안 기체가 흡수 또는 방출하는 열량을 나타낸 것이다. A → B 과정과 C → D 과정에서 기체가 한 일은 0이다.

과정	흡수 또는 방출하는 열량
A → B	$12Q_0$
B → C	0
C → D	Q
D → A	0

A → B 과정이 열을 흡수하는 과정이면, C → D 과정에서 열을 방출하고, A → B 과정이 열을 방출하는 과정이면 C → D 과정은 열을 흡수하는 과정이다.

위 기체의 상태 변화와 Q를 옳게 짝지은 것만을 〈보기〉에서 있는 대로 고른 것은?

〈보기〉

ㄱ.
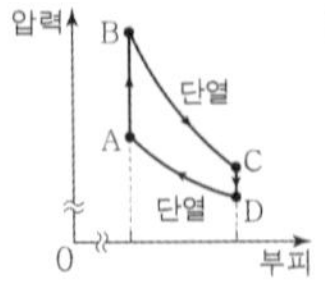

$Q=9Q_0$

ㄴ.
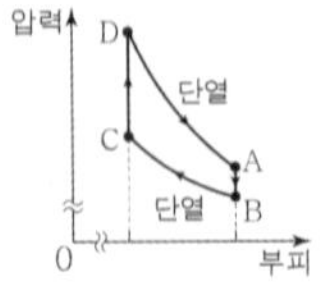

$Q=9Q_0$

ㄷ.
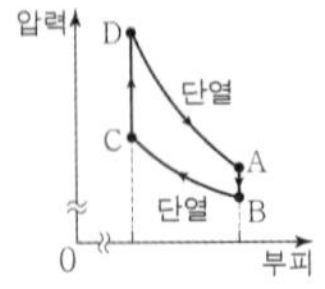

$Q=16Q_0$

① ㄱ ② ㄴ ③ ㄷ ④ ㄱ, ㄴ ⑤ ㄱ, ㄷ

✓ 자료 해석

• 열기관의 열효율$=1-\frac{\text{기체가 방출한 열량}}{\text{기체가 흡수한 열량}}=0.25$이다.
→ A → B 과정에서 $12Q_0$의 열을 흡수했다면 C → D 과정에서 열을 방출하므로 $1-\frac{Q}{12Q_0}=\frac{1}{4}$을 만족한다.
→ A → B 과정에서 $12Q_0$의 열을 방출했다면 C → D 과정에서 열을 흡수하므로 $1-\frac{12Q_0}{Q}=\frac{1}{4}$을 만족한다.

○ 보기풀이 B → C 과정과 D → A 과정에서 열의 출입이 없으므로 이상 기체는 A → B 과정과 D → A 과정에서만 열을 흡수하거나 방출한다. 이때 이상 기체가 계속 열을 흡수하거나, 방출할 수 없으므로 한 과정에서 열을 흡수하면 다른 과정에서는 열을 방출해야 한다.
ㄱ. A → B 과정에서 흡수한 열량이 $12Q_0$이면 C → D 과정에서 방출한 열량은 Q이므로 열기관의 열효율$=0.25=1-\frac{Q}{12Q_0}$에서 $Q=9Q_0$이다.
ㄷ. C → D 과정에서 흡수한 열량이 Q이면 A → B 과정에서 방출한 열량은 $12Q_0$이므로 열기관의 열효율$=0.25=1-\frac{12Q_0}{Q}$에서 $Q=16Q_0$이다.

× 매력적 오답 ㄴ. $Q=9Q_0$은 $12Q_0$보다 작으므로, C → D 과정이 열을 방출하는 과정이어야 한다.

문제풀이 Tip
문제에서 열이 흡수하는 과정과 방출하는 과정이 정해지지 않았으므로 두 가지 경우를 모두 생각할 수 있어야 한다.

선택지 비율	① 2%	② 4%	③ 11%	④ 16%	❺ 67%

5 압력 - 부피 그래프와 열역학 과정

2023년 10월 교육청 19번 | 정답 ⑤ | 문제편 21 p

출제 의도 압력 - 부피 그래프를 이용하여 기체의 열역학 과정을 설명할 수 있는지 확인하는 문항이다.

그림은 열기관에서 일정량의 이상 기체가 상태 A → B → C → D → A를 따라 순환하는 동안 기체의 압력과 부피를 나타낸 것이다. A → B는 압력이, B → C와 D → A는 온도가, C → D는 부피가 일정한 과정이다. 표는 각 과정에서 기체가 흡수 또는 방출한 열량을 나타낸 것이다. A → B에서 기체가 한 일은 W_1이다.

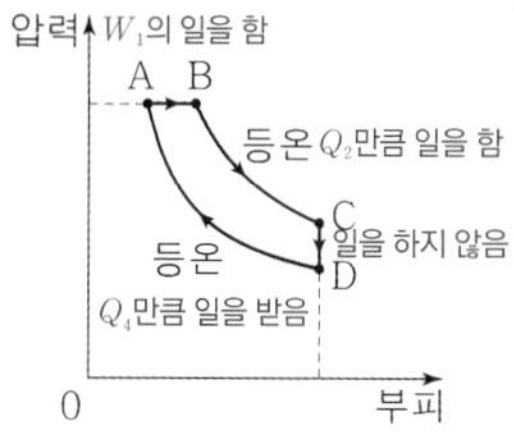

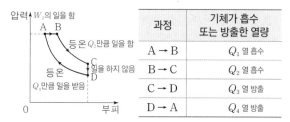

과정	기체가 흡수 또는 방출한 열량
A → B	Q_1 열 흡수
B → C	Q_2 열 흡수
C → D	Q_3 열 방출
D → A	Q_4 열 방출

이에 대한 옳은 설명만을 〈보기〉에서 있는 대로 고른 것은? [3점]

보기
ㄱ. B → C에서 기체가 한 일은 Q_2이다.
ㄴ. $Q_1=W_1+Q_3$이다.
ㄷ. 열기관의 열효율은 $1-\frac{Q_3+Q_4}{Q_1+Q_2}$이다.

① ㄴ ② ㄷ ③ ㄱ, ㄴ ④ ㄱ, ㄷ ⑤ ㄱ, ㄴ, ㄷ

✔ 자료 해석

과정	기체가 흡수 또는 방출한 열량
A → B	열 흡수 → $Q_1(=\Delta U_1+W_1)$
B → C	열 흡수 → $Q_2(=W_2)$
C → D	열 방출 → $Q_3(=\Delta U_3)$
D → A	열 방출 → $Q_4(=W_4)$

○ 보기풀이 ㄱ. B → C 과정은 등온 팽창 과정으로 내부 에너지 변화가 없으므로 기체가 한 일은 기체가 흡수한 열량과 같다. 따라서 기체가 한 일은 Q_2이다.

ㄴ. A → B 과정에 열역학 제1법칙을 적용하면 $Q_1=\Delta U+W_1$이다. B → C 과정과 D → A 과정은 등온 과정이므로 내부 에너지가 변하지 않는다. 기체가 순환 과정을 거치는 동안 내부 에너지 변화량은 0이므로 A → B 과정에서 내부 에너지 변화량의 크기는 C → D 과정에서 내부 에너지 변화량의 크기와 같다. C → D 과정은 등적 과정으로 내부 에너지 변화량은 기체가 방출한 열량(Q_3)과 같다. 따라서 $Q_1=\Delta U+W_1=Q_3+W_1$이다.

ㄷ. 기체는 A → B → C 과정에서 열을 흡수하고, C → D → A 과정에서 열을 방출한다. 열기관의 열효율은 $\frac{(\text{기체가 흡수한 열량}-\text{기체가 방출한 열량})}{(\text{기체가 흡수한 열량})}=\frac{(Q_1+Q_2)-(Q_3+Q_4)}{Q_1+Q_2}=1-\frac{Q_3+Q_4}{Q_1+Q_2}$이다.

문제풀이 Tip

기체가 열을 방출 또는 흡수하는 과정을 먼저 구분해야 한다. 등온 과정에서는 내부 에너지 변화량이, 등적 과정에서는 기체가 한 일이 0임을 기억해 두자.

선택지 비율	① 20%	② 13%	❸ 45%	④ 14%	⑤ 9%

6 압력 - 절대 온도 그래프와 열역학 과정

2023년 7월 교육청 17번 | 정답 ③ | 문제편 21 p

출제 의도 압력 - 절대 온도 그래프를 해석하여 기체의 부피 변화를 찾고, 기체의 열역학 과정을 설명할 수 있는지 확인하는 문항이다.

그림은 열효율이 0.2인 열기관에서 일정량의 이상 기체의 상태가 A → B → C → D → A를 따라 변할 때 기체의 절대 온도와 압력을 나타낸 것이다. A → B, C → D 과정은 각각 압력이 일정한 과정이고, B → C, D → A 과정은 각각 등온 과정이다. B → C 과정에서 기체가 외부에 한 일 또는 외부로부터 받은 일은 $2W$이고, D → A 과정에서 기체가 외부에 한 일 또는 외부로부터 받은 일은 W이다.

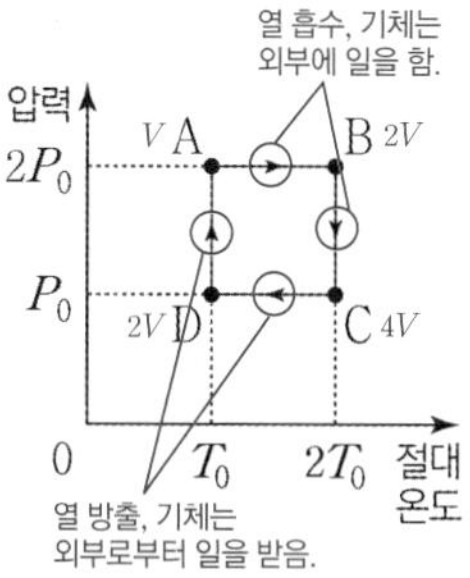

이에 대한 설명으로 옳은 것만을 〈보기〉에서 있는 대로 고른 것은? [3점]

보기
ㄱ. B → C 과정에서 기체는 외부로부터 열을 흡수한다.
ㄴ. A → B 과정에서 기체의 내부 에너지 증가량은 C → D 과정에서 기체의 내부 에너지 감소량~~보다 크다~~. 과 같다.
ㄷ. A → B 과정에서 기체가 흡수한 열량은 $3W$이다.

① ㄱ ② ㄴ ③ ㄱ, ㄷ ④ ㄴ, ㄷ ⑤ ㄱ, ㄴ, ㄷ

✔ 자료 해석

상태	열역학 과정	열역학 법칙의 적용
A → B	등압 팽창	기체는 외부에 일을 하고, 열을 흡수한다.
B → C	등온 팽창	기체가 외부에 한 일($2W$)만큼 열을 흡수한다.
C → D	등압 압축	기체는 외부로부터 일을 받고 열을 방출한다.
D → A	등온 압축	기체는 외부로부터 받은 일(W)만큼 열을 방출한다.

• 압력과 부피의 곱은 절대 온도에 비례하므로 이상 기체의 상태가 A일 때의 부피를 V라고 하면 B, C, D일 때의 부피는 각각 $2V$, $4V$, $2V$이다.
→ 기체의 부피 변화는 A → B에서 V이고, C → D에서는 $2V$이므로 A → B에서 기체가 한 일 $2P_0V$는 C → D에서 기체가 받은 일 $P_0(2V)$와 같다.

○ 보기풀이 ㄱ. B → C 과정에서 기체의 내부 에너지는 일정하고, 기체가 외부에 일을 하므로 기체는 열을 흡수한다.

ㄷ. A → B 과정에서 기체가 외부에 한 일과 C → D 과정에서 기체가 외부로부터 받은 일의 양이 같다. 따라서 A → B → C → D → A 과정에서 기체가 외부에 한 일은 $2W-W=W$이다. 열효율은 $\frac{\text{기체가 한 일}}{\text{기체가 흡수한 열량}}=\frac{W}{\text{기체가 흡수한 열량}}=0.2$이므로 기체가 흡수한 열량은 $5W$이다. 기체가 B → C 과정에서 흡수한 열량은 기체가 외부에 한 일과 같은 $2W$이므로 기체가 A → B 과정에서 흡수한 열량은 $3W$이다.

✕ 매력적 오답 ㄴ. 기체의 내부 에너지는 기체의 온도에 비례한다. 기체의 온도 변화량은 A → B 과정과 C → D 과정에서 T_0으로 같으므로 기체의 내부 에너지 변화량도 같다.

Part I 교육청

선택지 비율	① 4%	② 7%	③ 9%	❹ 61%	⑤ 18%

7 열기관의 열효율

2023년 4월 교육청 10번 | 정답 ④ | 문제편 21 p

(출제 의도) 기체의 순환 과정에서의 특징을 이해하여 열역학 과정을 설명하고, 열효율을 구할 수 있는지 묻는 문항이다.

그림은 열기관에서 일정량의 이상 기체가 상태 A → B → C → A를 따라 순환하는 동안 기체의 압력과 부피를 나타낸 것이다. A → B 과정은 등온 과정이고, B → C 과정은 압력이 일정한 과정이다. 표는 각 과정에서 기체가 흡수 또는 방출하는 열량과 기체가 외부에 한 일 또는 외부로부터 받은 일을 나타낸 것이다.

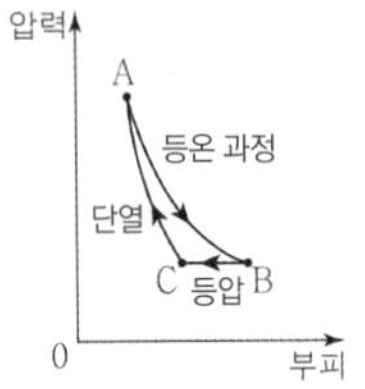

열역학 과정으로 판단 / 기체의 부피 변화로 판단

과정	흡수 또는 방출하는 열량(J)	기체가 외부에 한 일 또는 외부로부터 받은 일(J)
A → B	100 흡수	100 한 일
B → C	80 방출	㉠ 받은 일
C → A	0	48 받은 일

외부와의 열 출입이 없으므로 단열 과정이다.

이에 대한 설명으로 옳은 것만을 〈보기〉에서 있는 대로 고른 것은? [3점]

〈보기〉
ㄱ. A → B 과정에서 기체는 열을 ~~방출~~한다. 흡수
ㄴ. ㉠은 32이다.
ㄷ. 열기관의 열효율은 0.2이다.

① ㄱ ② ㄴ ③ ㄱ, ㄷ ④ ㄴ, ㄷ ⑤ ㄱ, ㄴ, ㄷ

✔ 자료 해석

구분	Q(J)	W(J)	ΔU(J)
A→B	+100	+100	0
B→C	−80	−㉠	−48
C→A	0	−48	+48

• 기체가 순환하는 동안 기체의 온도가 처음 온도로 되돌아오므로 기체의 순환 과정에서 내부 에너지의 변화량은 0이다.
→ B → C 과정에서 내부 에너지 변화량은 48 J이므로 기체가 외부로부터 받은 일은 80 J − 48 J = 32 J이다.

○ 보기풀이 ㄴ. 기체의 순환 과정에서 내부 에너지 변화량은 0이고, A → B 과정은 등온 과정이므로 B → C → A 과정에서 기체의 내부 에너지 변화량은 0이다. 이 과정에서 열역학 제1법칙을 적용하면 기체가 방출한 열량은 80 J, 기체가 외부로부터 받은 일은 ㉠+48 J이므로 80 J = ㉠+48 J에서 ㉠은 32 J이다.
ㄷ. 열기관의 열효율은

$$\frac{\text{기체가 흡수한 열량} - \text{기체가 방출한 열량}}{\text{기체가 흡수한 열량}} = \frac{100\ \text{J} - 80\ \text{J}}{100\ \text{J}} = 0.2\text{이다.}$$

× 매력적 오답 ㄱ. A → B 과정은 등온 과정이고, 기체가 외부에 일을 하므로 기체는 열을 흡수한다.

문제풀이 Tip
기체의 순환 과정에서는 기체의 상태가 처음 상태로 되돌아오므로 기체의 온도 변화가 0이다. 즉, 기체의 내부 에너지 변화량이 0임을 이용하여 열역학 법칙에 적용하자.

선택지 비율	① 7%	② 4%	③ 20%	④ 11%	❺ 57%

8 압력 – 부피 그래프와 열기관의 열효율

2023년 3월 교육청 11번 | 정답 ⑤ | 문제편 21 p

(출제 의도) 등온 과정과 단열 과정의 특징을 비교하고, 기체의 순환 과정을 이용하여 열기관의 열효율을 비교할 수 있는지 확인하는 문항이다.

그림 (가), (나)는 서로 다른 열기관에서 같은 양의 동일한 이상 기체가 각각 상태 A → B → C → A, A → B → D → A를 따라 순환하는 동안 기체의 압력과 부피를 나타낸 것이다. C → A 과정은 등온 과정, D → A 과정은 단열 과정이다. 기체가 한 번 순환하는 동안 한 일은 (나)에서가 (가)에서보다 크다.

흡수하는 열의 양은 (가)와 (나)에서 같다.

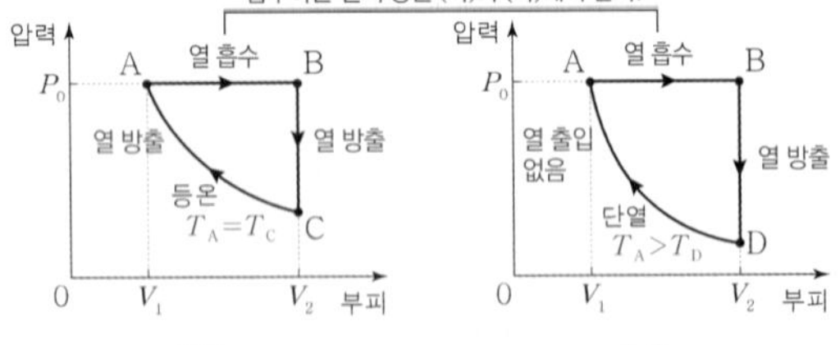

이에 대한 옳은 설명만을 〈보기〉에서 있는 대로 고른 것은?

〈보기〉
ㄱ. 기체의 온도는 C에서가 D에서보다 높다.
ㄴ. 열효율은 (나)의 열기관이 (가)의 열기관보다 크다.
ㄷ. 기체가 한 번 순환하는 동안 방출한 열은 (가)에서가 (나)에서보다 크다.

① ㄱ ② ㄷ ③ ㄱ, ㄴ ④ ㄴ, ㄷ ⑤ ㄱ, ㄴ, ㄷ

✔ 자료 해석
• (가)와 (나) : A → B 과정은 등압 팽창 과정으로 기체는 외부에 일을 하고, 열을 흡수한다. B → C, B → D 과정은 등적 과정으로 기체는 일을 하지 않고 외부로 열을 방출한다.
• C → A 과정은 등온 압축 과정으로 기체는 받은 일만큼 열을 방출한다. 등온 과정에서는 온도가 일정하므로 기체의 온도는 C에서와 A에서가 같다.
• D → A 과정은 단열 압축 과정으로 기체가 일을 받은 만큼 내부 에너지가 증가한다. → 기체의 온도가 증가하는 열역학 과정이므로 기체의 온도는 D에서가 A에서보다 작다.

○ 보기풀이 ㄱ. (가)에서 기체의 온도는 A와 C에서 같고, (나)에서 기체의 온도는 A에서가 D에서보다 높다. 따라서 기체의 온도는 C에서가 D에서보다 높다.
ㄴ. 열기관의 열효율은 $\frac{\text{기체가 한 일}}{\text{기체가 흡수한 열량}}$이다. (가)와 (나)에서 A → B 과정에서만 열을 흡수하므로 기체가 흡수한 열량은 같고, 기체가 한 일은 (나)에서가 (가)에서보다 크다. 따라서 열효율은 (나)의 열기관이 (가)의 열기관보다 크다.
ㄷ. 기체가 흡수한 열량이 같으므로 열효율이 클수록 기체가 방출한 열량이 작다. 따라서 기체가 한 번 순환하는 동안 방출한 열은 (가)에서가 (나)에서보다 크다.

문제풀이 Tip
등온 과정과 단열 과정의 특징을 이해하면 보다 쉽게 풀이할 수 있는 문항이다. 특히 단열 압축 과정과 단열 팽창 과정에서 기체의 상태 변화는 미리 암기해 두는 것이 문제 풀이 시간을 단축하는 데 도움이 된다.

선택지 비율	❶ 65%	② 4%	③ 24%	④ 4%	⑤ 4%

9 압력 – 부피 그래프와 열역학 과정

2022년 10월 교육청 7번 | 정답 ① | 문제편 22 p

출제 의도 압력 – 부피 그래프를 이용하여 기체의 열역학 과정을 설명할 수 있는지 확인하는 문항이다.

그림은 열기관에서 일정량의 이상 기체의 상태가 A → B → C → D → A를 따라 순환하는 동안 기체의 압력과 부피를 나타낸 것이다. 표는 각 과정에서 기체의 내부 에너지 증가량 또는 감소량 ΔU와 기체가 외부에 한 일 또는 외부로부터 받은 일 W를 나타낸 것이다.

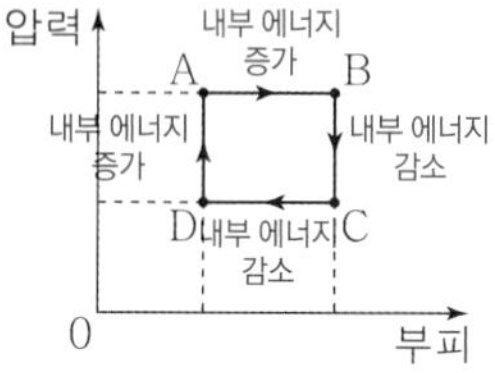

과정	ΔU(J)	W(J)
A → B	120	80
B → C	110	0
C → D	㉠	40
D → A	50	0

이에 대한 옳은 설명만을 〈보기〉에서 있는 대로 고른 것은? [3점]

보기
ㄱ. ㉠은 60이다.
ㄴ. B → C 과정에서 기체는 열을 ~~흡수~~한다. 방출
ㄷ. 열기관의 열효율은 ~~0.2~~이다. 0.16

① ㄱ ② ㄴ ③ ㄱ, ㄷ ④ ㄴ, ㄷ ⑤ ㄱ, ㄴ, ㄷ

✔ 자료 해석

• 기체의 내부 에너지는 기체의 온도에 비례하고, 기체의 온도는 압력과 부피의 곱에 비례한다. 또한 기체의 부피가 증가하면 기체는 외부에 일을 하고, 기체의 부피가 감소하면 기체는 외부에서 일을 받는다.

과정	ΔU(J)	W(J)	Q(J)
A → B	+120	+80	+200
B → C	−110	0	−110
C → D	−㉠	−40	
D → A	+50	0	+50

○ 보기풀이 ㄱ. 이상 기체의 상태가 A → B → C → D → A를 따라 순환하는 동안 이상 기체의 내부 에너지 변화량은 0이다. 따라서 120−110−㉠+50=0에서 ㉠=60(J)이다.

× 매력적 오답 ㄴ. B → C 과정에서 열역학 제1법칙을 적용하면 $Q=\Delta U+W=-110$ J이므로 $Q<0$이다. 따라서 기체는 열을 방출한다.
ㄷ. A → B, D → A 과정에서 열을 흡수하였으므로 열기관의 열효율은 $\frac{\text{기체가 한 일}}{\text{기체가 흡수한 열량}}=\frac{(80-40)}{(200+50)}=0.16$이다.

문제풀이 Tip
압력 – 부피 그래프를 이용하여 ΔU, W의 부호를 찾을 수 있고, 열역학 제1법칙을 적용하여 Q에 대해 알아낼 수 있다.

선택지 비율	① 4%	② 12%	③ 7%	❹ 69%	⑤ 8%

10 압력 – 부피 그래프와 열역학 과정

2022년 7월 교육청 5번 | 정답 ④ | 문제편 22 p

출제 의도 압력 – 부피 그래프를 이용하여 열기관에서 기체의 순환 과정을 이해하고, 열역학 과정을 설명할 수 있는지 확인하는 문항이다.

그림은 일정량의 이상 기체의 상태가 A → B → C → A를 따라 순환하는 동안 압력과 부피를 나타낸 것이다. 표는 과정 A → B, B → C, C → A를 순서 없이 Ⅰ, Ⅱ, Ⅲ으로 나타낸 것이다. Q는 기체가 흡수 또는 방출하는 열량, ΔU는 기체의 내부 에너지 변화량, W는 기체가 한 일이다. B → C 과정은 등온 과정이다.

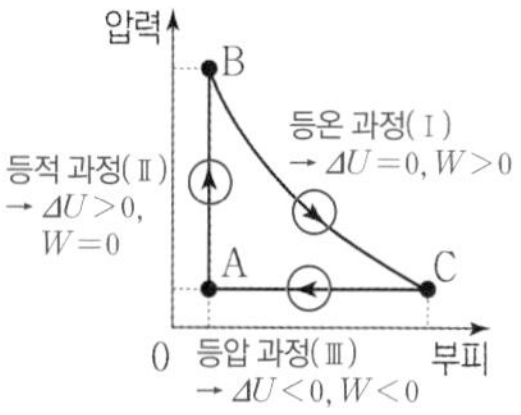

과정	Q	ΔU	W
Ⅰ 등온	E	0	E
Ⅱ 등적	㉠	$\frac{E}{3}$	0
Ⅲ 등압	$-\frac{5}{9}E$	$-\frac{E}{3}$	

($Q>0$: 열 흡수, $Q<0$: 열 방출)

이에 대한 설명으로 옳은 것만을 〈보기〉에서 있는 대로 고른 것은? [3점]

보기
ㄱ. Ⅰ은 ~~A → B~~이다. B → C
ㄴ. ㉠은 $\frac{E}{3}$이다.
ㄷ. 기체가 한 번 순환하는 동안 한 일은 $\frac{7}{9}E$이다.

① ㄱ ② ㄴ ③ ㄱ, ㄷ ④ ㄴ, ㄷ ⑤ ㄱ, ㄴ, ㄷ

✔ 자료 해석

• 등온 과정일 때는 $\Delta U=0$이고, 등적 과정일 때는 $W=0$이다. 등온 과정과 등적 과정의 특징을 이용하여 표를 정리하면 다음과 같다.

과정	Q	ΔU	W	
Ⅰ	E	0	E	등온 과정이므로 B → C
Ⅱ	$\frac{E}{3}$	$\frac{E}{3}$	0	등적 과정이므로 A → B이고, $W=0$일 때 $Q=\Delta U$
Ⅲ	$-\frac{5}{9}E$	$-\frac{E}{3}$	$-\frac{2}{9}E$	등압 과정이므로 C → A

○ 보기풀이 ㄴ. 과정 Ⅱ는 $W=0$이므로 등적 과정인 A → B이다. 열역학 제1법칙에 따라 $W=0$이면 $Q=\Delta U$이므로 ㉠은 $\frac{E}{3}$이다.
ㄷ. 이상 기체의 상태가 A → B → C → A를 따라 순환하는 동안 이상 기체의 내부 에너지 변화량은 0이다. 따라서 열역학 제1법칙에 따라 기체가 순환하면서 흡수 또는 방출하는 열량의 합은 기체가 외부에 한 일의 양과 같으므로 기체가 한 번 순환하는 동안 한 일은 $E-\frac{2}{9}E=\frac{7}{9}E$이다.

× 매력적 오답 ㄱ. Ⅰ은 내부 에너지 변화량이 0이므로 온도가 일정한 등온 과정을 의미한다. 따라서 Ⅰ은 B → C이다.

문제풀이 Tip
기체가 한 번 순환하는 동안 한 일은 기체가 흡수 또는 방출하는 열량의 합으로도 구할 수 있고, 각 과정에서 기체가 한 일을 합하여 알짜 일을 구할 수도 있다.

선택지 비율	① 7%	② 3%	③ 26%	④ 6%	⑤ 57%

11 열기관의 열효율

2022년 4월 교육청 12번 | 정답 ⑤ | 문제편 22p

출제 의도 압력-부피 그래프를 해석하여 기체의 상태 변화를 설명하고 열효율을 구할 수 있는지 확인하는 문항이다.

그림은 열효율이 0.2인 열기관에서 일정량의 이상 기체가 상태 A → B → C → D → A를 따라 순환하는 동안 기체의 압력과 부피를 나타낸 것이다. A → B 과정과 C → D 과정은 부피가 일정한 과정이고, B → C 과정과 D → A 과정은 온도가 일정한 과정이다. B → C 과정에서 기체가 흡수한 열량은 $4Q$이고, D → A 과정에서 기체가 방출한 열량은 $3Q$이다.

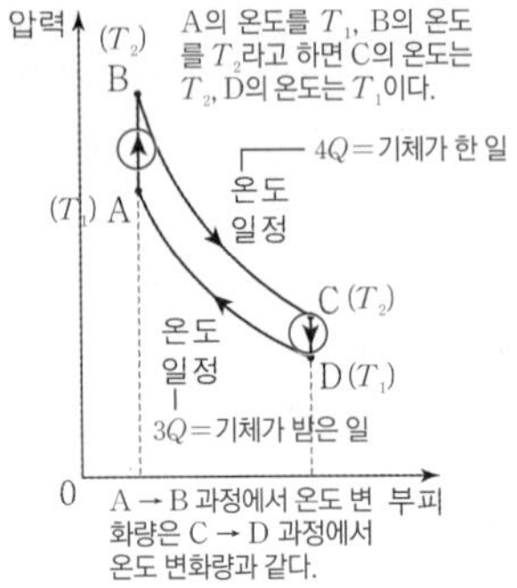

압력
(T_2) B
(T_1) A
A의 온도를 T_1, B의 온도를 T_2라고 하면 C의 온도는 T_2, D의 온도는 T_1이다.
$4Q$=기체가 한 일
온도 일정
C (T_2)
온도 일정
D (T_1)
$3Q$=기체가 받은 일
0
부피
A → B 과정에서 온도 변화량은 C → D 과정에서 온도 변화량과 같다.

이에 대한 설명으로 옳은 것만을 〈보기〉에서 있는 대로 고른 것은? [3점]

보기
ㄱ. A → B 과정에서 기체의 내부 에너지는 증가한다.
ㄴ. B → C 과정에서 기체가 한 일은 D → A 과정에서 기체가 받은 일의 $\frac{4}{3}$배이다.
ㄷ. C → D 과정에서 기체가 방출한 열량은 Q이다.

① ㄱ ② ㄷ ③ ㄱ, ㄴ ④ ㄴ, ㄷ ⑤ ㄱ, ㄴ, ㄷ

✔ 자료 해석

상태	A → B, C → D	B → C, D → A
열역학 과정	부피가 일정한 과정 → $W=0$이므로 $Q=\Delta U$	온도가 일정한 과정 → $\Delta U=0$이므로 $Q=W$
열역학 법칙 적용	A → B, C → D에서 온도 변화량이 같으므로 A → B, C → D에서 내부 에너지 변화량이 같다.	B → C에서 기체가 한 일은 $4Q$이고, D → A에서 기체가 외부에서 받은 일은 $3Q$이다.

○ 보기풀이 ㄱ. A → B 과정에서 부피가 일정한데 압력이 증가하므로 압력과 부피의 곱에 비례하는 절대 온도도 증가한다. 따라서 기체의 절대 온도에 비례하는 기체의 내부 에너지도 증가한다.

ㄴ. B → C 과정과 D → A 과정은 온도가 일정한 과정으로 내부 에너지 변화량이 0이므로 '기체가 흡수한 열량=기체가 외부에 한 일', '기체가 방출한 열량=기체가 외부에서 받은 일'이다. 따라서 B → C 과정에서 기체가 한 일($4Q$)은 D → A 과정에서 기체가 받은 일($3Q$)의 $\frac{4}{3}$배이다.

ㄷ. A → B 과정에서 기체가 흡수한 열량과 C → D 과정에서 기체가 방출한 열량을 Q_0이라고 하면 열기관의 열효율은 $\frac{\text{기체가 한 일}}{\text{기체가 흡수한 열량}}=\frac{(4Q-3Q)}{(4Q+Q_0)}=0.2$이므로 $Q_0=Q$이다. 따라서 C → D 과정에서 기체가 방출한 열량은 Q이다.

문제풀이 Tip

기체의 순환 과정에서 온도가 일정한 과정이 포함되면 값이 주어지지 않더라도 각 상태에서의 온도 변화를 유추할 수 있음을 이해하고 이를 문제 풀이에 적용할 수 있어야 한다.

선택지 비율	① 6%	② 41%	③ 28%	④ 14%	⑤ 11%

12 열기관과 열역학 과정

2022년 3월 교육청 6번 | 정답 ② | 문제편 22p

출제 의도 압력-부피 그래프에서 기체의 순환 과정을 이해하고 열기관의 열효율을 구할 수 있는지 확인하는 문항이다.

그림은 열기관에 들어 있는 일정량의 이상 기체의 압력과 부피 변화를 나타낸 것으로, 상태 A → B, C → D, E → F는 등압 과정, B → C → E, F → D → A는 단열 과정이다. 표는 순환 과정 Ⅰ과 Ⅱ에서 기체의 상태 변화를 나타낸 것이다.

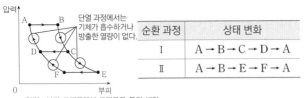

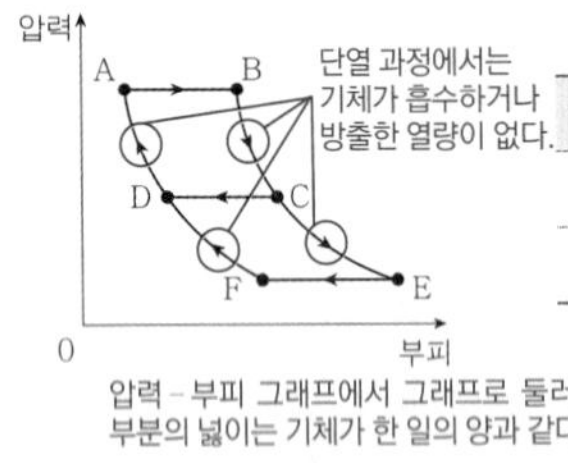

압력
A
B
단열 과정에서는 기체가 흡수하거나 방출한 열량이 없다.
D
C
F
E
0
부피
압력-부피 그래프에서 그래프로 둘러 싸인 부분의 넓이는 기체가 한 일의 양과 같다.

순환 과정	상태 변화
Ⅰ	A → B → C → D → A
Ⅱ	A → B → E → F → A

기체가 한 번 순환하는 동안, Ⅱ에서가 Ⅰ에서보다 큰 물리량만을 〈보기〉에서 있는 대로 고른 것은? [3점]

보기
ㄱ. 기체가 흡수한 열량 Ⅰ과 Ⅱ에서가 같다.
ㄴ. 기체가 방출한 열량 Ⅰ에서가 Ⅱ에서보다 크다.
ㄷ. 열기관의 열효율

① ㄱ ② ㄷ ③ ㄱ, ㄴ ④ ㄱ, ㄷ ⑤ ㄴ, ㄷ

✔ 자료 해석

상태	열역학 과정	열역학 법칙의 적용
A → B	등압 팽창	$\Delta U>0, W>0, Q>0$ → 기체는 외부에 일을 하고, 열을 흡수한다.
B → C → E	단열 팽창	$Q=0, W>0, \Delta U<0$ → 열의 출입이 없으며 기체가 외부에 한 일만큼 기체의 내부 에너지가 감소한다.
C → D, E → F	등압 압축	$\Delta U<0, W<0, Q<0$ → 기체는 외부에서 일을 받고 열을 방출한다.
F → D → A	단열 압축	$Q=0, W<0, \Delta U>0$ → 열의 출입이 없으며 기체가 외부에서 받은 일만큼 기체의 내부 에너지가 증가한다.

○ 보기풀이 ㄷ. 기체가 흡수한 열량은 Ⅰ과 Ⅱ에서 같고, 기체가 한 일은 Ⅱ에서가 Ⅰ에서보다 크므로 열기관의 열효율은 Ⅱ에서가 Ⅰ에서보다 크다.

× 매력적 오답 ㄱ. 순환 과정 Ⅰ, Ⅱ에서 열을 흡수한 곳은 등압 팽창 과정인 A → B 뿐이므로 두 과정에서 기체가 흡수한 열량은 같다.

ㄴ. Ⅰ과 Ⅱ에서 기체가 외부에 한 일은 압력-부피 그래프에서 그래프로 둘러싸인 부분의 넓이를 비교하면 Ⅱ에서가 Ⅰ에서보다 크다. 따라서 기체가 흡수한 열량은 Ⅰ과 Ⅱ에서 같으므로 기체가 방출한 열량은 Ⅰ에서가 Ⅱ에서보다 크다.

문제풀이 Tip

압력-부피 그래프에서 기체의 상태 변화 과정을 이해하여 문제 조건에 적용할 수 있어야 한다.

선택지 비율	① 33%	② 9%	③ 12%	④ 8%	⑤ 38%

13 열역학 제1법칙의 적용

2021년 10월 교육청 11번 | 정답 ⑤ | 문제편 23p

출제 의도 두 기체가 서로 영향을 줄 때 기체의 상태 변화를 이해하고, 열역학 제1법칙을 적용하여 설명할 수 있는지 확인하는 문항이다.

그림 (가)와 같이 피스톤으로 분리된 실린더의 두 부분에 같은 양의 동일한 이상 기체 A와 B가 들어 있다. A와 B의 온도와 부피는 서로 같다. 그림 (나)는 (가)의 A에 열량 Q_1을 가했더니 피스톤이 천천히 d만큼 이동하여 정지한 모습을, (다)는 (나)의 B에 열량 Q_2를 가했더니 피스톤이 천천히 d만큼 이동하여 정지한 모습을 나타낸 것이다.

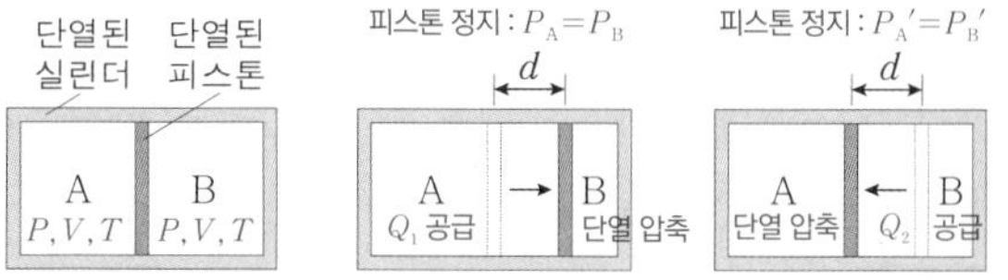

(가) (나) (다)

이에 대한 옳은 설명만을 〈보기〉에서 있는 대로 고른 것은? (단, 피스톤과 실린더의 마찰은 무시한다.)

보기
(가)에서보다 (나)에서가 더 크다.
ㄱ. A의 내부 에너지는 ~~(가)에서와 (나)에서가 같다~~.
ㄴ. A의 압력은 (다)에서가 (가)에서보다 크다.
ㄷ. B의 내부 에너지는 (다)에서가 (가)에서보다 $\dfrac{Q_1+Q_2}{2}$ 만큼 크다.

① ㄴ ② ㄷ ③ ㄱ, ㄴ ④ ㄱ, ㄷ ⑤ ㄴ, ㄷ

✔ 자료 해석

- (나)에서 A에 열량 Q_1이 공급되어 기체의 부피가 증가하면서 B에 일을 하고, 기체의 온도도 증가한다. B는 열 출입이 없이 A가 피스톤을 밀어내는 힘에 의해 부피가 감소하면서 일을 받는 단열 압축을 한다.
- (다)에서 B에 열량 Q_2가 공급되어 기체의 부피가 증가하면서 A에 일을 하고, 기체의 온도도 증가한다. A는 열 출입이 없이 B가 피스톤을 밀어내는 힘에 의해 부피가 감소하면서 일을 받는 단열 압축을 한다.

○ 보기풀이 ㄴ. A와 B의 부피는 (가)와 (다)에서 같은데 압력은 (가) → (나), (나) → (다) 과정에서 계속 증가하므로 A의 압력은 (다)에서가 (가)에서보다 크다.
ㄷ. 실린더 전체로 보면 실린더에 공급된 열량은 Q_1+Q_2이고 실린더의 부피가 일정하므로 $W_{실}=0$이다. 따라서 실린더에 공급된 열량은 모두 내부 에너지 변화에 사용되므로 $Q_1+Q_2=\Delta U_A+\Delta U_B$이다. (다)에서 A, B의 압력과 부피는 같으므로 온도도 같다. 즉 (가)와 (다)에서의 A, B의 온도 변화량이 같으므로 내부 에너지의 변화량도 같고, $Q_1+Q_2=\Delta U_A+\Delta U_B=2\Delta U_B$에서 $\Delta U_B=\dfrac{Q_1+Q_2}{2}$이다.

✕ 매력적 오답 ㄱ. (가) → (나)로 되는 동안 A의 압력과 부피가 증가하므로 압력과 부피의 곱에 비례하는 온도도 증가한다. 따라서 온도에 비례하는 내부 에너지도 증가하므로 A의 내부 에너지는 (나)에서가 (가)에서보다 크다.

문제풀이 Tip

(나), (다)에서 A, B의 압력이 같다는 것을 이해하여 A 또는 B의 압력만 알 수 있어도 A, B의 압력의 크기를 비교할 수 있어야 한다. 이때 단열 압축 과정은 열출입이 없으므로 내부 에너지 변화와 기체가 한 일의 관계를 쉽게 찾을 수 있다.

선택지 비율	① 21%	② 13%	③ 48%	④ 7%	⑤ 12%

14 압력-부피 그래프와 열역학 법칙

2021년 7월 교육청 9번 | 정답 ③ | 문제편 23p

출제 의도 압력-부피 그래프를 이용하여 열기관에서 기체의 순환 과정을 이해하고, 기체의 상태 변화와 열효율을 설명할 수 있는지 확인하는 문항이다.

순환하는 동안 열기관의 내부 에너지 변화는 0이다.

그림은 열기관에서 일정량의 이상 기체의 상태가 A → B → C → D → A의 과정을 따라 변할 때 기체의 압력과 부피를 나타낸 것이다. 표는 각 과정에서 기체가 외부에 한 일 또는 외부로부터 받은 일 W와 기체가 흡수 또는 방출하는 열량 Q를 나타낸 것이다.

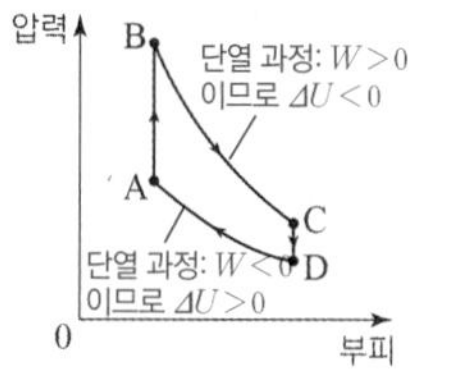

과정	W(J)	Q(J)
A → B	0	㉠ (흡수)
B → C	90 ($W>0$)	0 (단열)
C → D	0	160 (방출)
D → A	50 ($W<0$)	0 (단열)

이에 대한 설명으로 옳은 것만을 〈보기〉에서 있는 대로 고른 것은? [3점]

보기
ㄱ. B → C는 단열 과정이다.
ㄴ. ㉠은 ~~300~~이다. 200
ㄷ. 열기관의 열효율은 0.2이다.

① ㄱ ② ㄴ ③ ㄱ, ㄷ ④ ㄴ, ㄷ ⑤ ㄱ, ㄴ, ㄷ

✔ 자료 해석

- A → B 과정 : 기체가 한 일은 0이고, 부피가 일정한데 압력이 증가하므로 기체의 온도도 증가한다. → 기체는 ㉠의 열량을 흡수한다.
- B → C 과정에서 부피가 증가하므로 기체가 외부에 90 J의 일을 하였고, D → A 과정에서 부피가 감소하므로 기체는 외부에서 50 J의 일을 받았다.
- C → D 과정 : 기체가 한 일은 0이고, 부피가 일정한데 압력이 감소하므로 기체의 온도도 감소한다. → 기체는 160 J의 열량을 방출한다.

○ 보기풀이 ㄱ. B → C는 기체가 흡수하거나 방출하는 열량이 없으므로 단열 과정이다.
ㄷ. 열기관의 열효율은 $\dfrac{\text{기체가 한 일}}{\text{기체가 흡수한 열량}}=\dfrac{40\text{ J}}{200\text{ J}}=0.2$이다.

✕ 매력적 오답 ㄴ. 열기관에서 이상 기체의 상태가 A → B → C → D → A를 따라 변하는 동안 기체의 내부 에너지 변화량이 0이므로 기체가 외부에 한 일은 기체가 흡수한 열량과 방출한 열량의 차이와 같다. 기체가 한 번 순환하는 동안 외부에 한 일은 90 J − 50 J = 40 J이므로 ㉠ − 160 J = 40 J에서 ㉠은 200(J)이다.

문제풀이 Tip

문제에서는 물리량의 크기만을 제시하였으므로 W의 부호와 Q의 부호는 압력-부피 그래프를 해석하여 찾아야 한다. 단열 과정이나 등적 과정에서는 Q 또는 W가 0이므로 열역학 제1법칙을 더 간편하게 적용할 수 있다.

선택지 비율	① 7%	② 16%	③ 13%	❹ 51%	⑤ 13%

15 압력 - 부피 그래프와 열역학 법칙

2021년 4월 교육청 7번 | 정답 ④ | 문제편 23p

(출제 의도) 압력 - 부피 그래프를 해석하여 기체의 상태 변화를 설명하고 열효율을 구할 수 있는지 확인하는 문항이다.

그림은 열효율이 0.4인 열기관에서 일정량의 이상 기체의 상태가 A → B → C → D → A를 따라 변할 때 기체의 압력과 부피를 나타낸 것이다. A → B는 기체의 압력이 일정한 과정, C → D는 기체의 부피가 일정한 과정, B → C와 D → A는 단열 과정이다. A → B 과정에서 기체가 흡수한 열량은 Q_0이다.

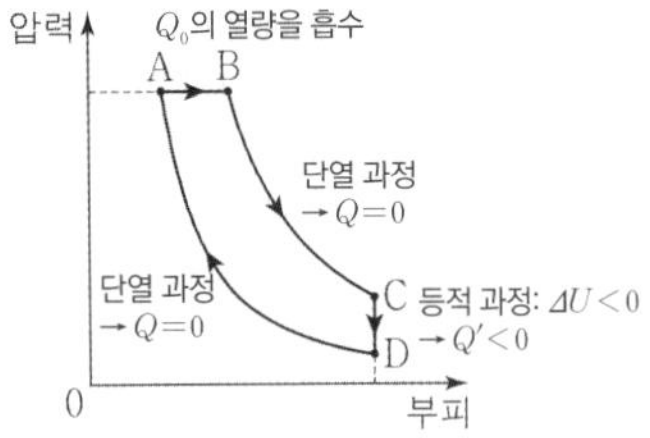

이에 대한 설명으로 옳은 것만을 〈보기〉에서 있는 대로 고른 것은?

보기

ㄱ. A → B 과정에서 기체가 외부에 한 일은 Q_0~~이다~~. 보다 작다.
ㄴ. B → C 과정에서 기체의 내부 에너지는 감소한다.
ㄷ. C → D 과정에서 기체가 방출한 열량은 $0.6Q_0$이다.

① ㄱ ② ㄷ ③ ㄱ, ㄴ ④ ㄴ, ㄷ ⑤ ㄱ, ㄴ, ㄷ

✔ 자료 해석

- C → D 과정에서 부피가 일정한데 압력이 감소하므로 부피와 압력의 곱에 비례하는 온도도 감소한다. 따라서 내부 에너지가 감소($\Delta U<0$)하는데, 기체는 외부에 일을 하지 않으므로($W=0$) 기체는 열을 흡수($Q<0$)한다.

O 보기풀이 ㄴ. B → C는 단열 과정이므로 열의 출입이 없다($Q=0$). 그런데 기체의 부피가 증가하면서 기체가 외부에 일을 하므로($W>0$) 열역학 제1법칙에 따라 기체의 내부 에너지는 감소($\Delta U<0$)한다.

ㄷ. 열기관이 흡수한 열량이 Q_0이고 열기관의 열효율이 0.4이므로 기체가 한 일은 $0.4Q_0$이다. 열역학 제1법칙에 따라 기체가 순환하면서 흡수 또는 방출하는 열량의 합은 기체가 외부에 한 일의 양과 같으므로 C → D 과정에서 기체가 방출한 열량은 $Q_0-0.4Q_0=0.6Q_0$이다.

X 매력적 오답 ㄱ. A → B 과정에서 압력이 일정한데 부피가 증가하므로 부피와 압력의 곱에 비례하는 온도도 증가한다. 따라서 내부 에너지가 증가($\Delta U>0$)하고, 기체의 부피가 증가하면서 외부에 일을 하므로($W>0$) 기체가 흡수한 열량 Q_0은 기체의 내부 에너지 변화량과 기체가 외부에 한 일의 합과 같다. 따라서 기체가 외부에 한 일은 Q_0보다 작다.

문제풀이 Tip

열효율과 열역학 과정을 함께 묻는 문항에서 열역학 과정에서 방출 또는 흡수하는 열량, 기체가 외부에 일을 하거나 받는 일의 양을 제시하여 열효율을 구하는 유형과 반대로 열효율이 주어졌을 때 기체가 방출 또는 흡수하는 열량을 구하는 유형이 있다.

선택지 비율	① 25%	② 9%	❸ 50%	④ 8%	⑤ 8%

16 열기관과 열역학 법칙

2021년 3월 교육청 8번 | 정답 ③ | 문제편 23p

(출제 의도) 열기관에서 기체의 순환 과정을 이해하고, 열역학 과정을 설명할 수 있는지 확인하는 문항이다.

그림은 열기관에서 일정량의 이상 기체의 상태가 A → B → C → D → A를 따라 순환하는 동안 기체의 압력과 부피를, 표는 각 과정에서 기체가 흡수 또는 방출하는 열량을 나타낸 것이다.

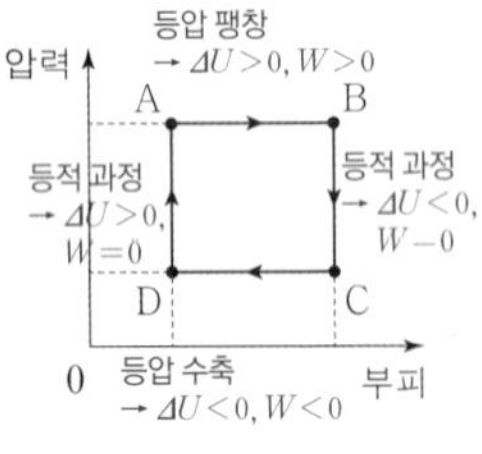

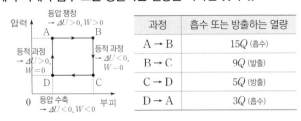

과정	흡수 또는 방출하는 열량
A → B	$15Q$ (흡수)
B → C	$9Q$ (방출)
C → D	$5Q$ (방출)
D → A	$3Q$ (흡수)

이에 대한 옳은 설명만을 〈보기〉에서 있는 대로 고른 것은? [3점]

보기

ㄱ. A → B 과정에서 기체의 온도가 증가한다.
ㄴ. 기체가 한 번 순환하는 동안 한 일은 ~~$16Q$~~이다. $4Q$
ㄷ. 열기관의 열효율은 $\frac{2}{9}$이다.

① ㄱ ② ㄴ ③ ㄱ, ㄷ ④ ㄴ, ㄷ ⑤ ㄱ, ㄴ, ㄷ

✔ 자료 해석

- 이상 기체의 상태가 순환하는 과정에서 흡수 또는 방출하는 열량은 다음과 같다.

과정	열역학 법칙 적용	흡수 또는 방출하는 열량
A → B	$\Delta U>0$, $W>0$이므로 $Q>0$	$+15Q$
B → C	$\Delta U<0$, $W=0$이므로 $Q<0$	$-9Q$
C → D	$\Delta U<0$, $W<0$이므로 $Q<0$	$-5Q$
D → A	$\Delta U>0$, $W=0$이므로 $Q>0$	$+3Q$

O 보기풀이 ㄱ. A → B 과정은 등압 팽창 과정으로, 압력이 일정한데 부피가 증가하므로 압력과 부피의 곱에 비례하는 온도도 증가한다.

ㄷ. 이상 기체는 D → A → B 과정에서 열을 흡수하고, B → C → D 과정에서 열을 방출한다.

따라서 열기관의 열효율은 $\frac{\text{기체가 한 일}}{\text{기체가 흡수한 열}}=\frac{(15Q+3Q)-(9Q+5Q)}{(15Q+3Q)}=\frac{2}{9}$이다.

X 매력적 오답 ㄴ. 이상 기체의 상태가 A → B → C → D → A를 따라 순환하는 동안 이상 기체의 내부 에너지 변화량은 0이다. 따라서 기체가 한 번 순환하는 동안 한 일은 $(15Q+3Q)-(9Q+5Q)=4Q$이다.

문제풀이 Tip

열역학 과정을 해석하여 각 과정에서 기체가 열을 흡수하는지, 방출하는지를 먼저 파악하면 순환하는 동안 흡수한 열량과 방출한 열량의 차이로부터 기체가 한 일의 양도 쉽게 알아낼 수 있다.

선택지 비율	① 1%	② 12%	❸ 59%	④ 11%	⑤ 15%

17 열기관과 열역학 과정

2020년 10월 교육청 17번 | 정답 ③ | 문제편 24p

출제 의도 압력 - 부피 그래프를 이용하여 열기관에서 기체의 순환 과정을 이해하고, 기체의 상태 변화와 열효율을 설명할 수 있는지 확인하는 문항이다.

그림은 일정량의 이상 기체의 상태가 A → B → C → A로 한 번 순환하는 동안 W의 일을 하는 열기관에서 기체의 압력과 부피를 나타낸 것이다. A → B 과정과 B → C 과정에서 기체가 흡수한 열량은 각각 Q_1, Q_2이다.

(내부 에너지 변화량 0) (열기관에 공급된 열량: Q_1+Q_2)

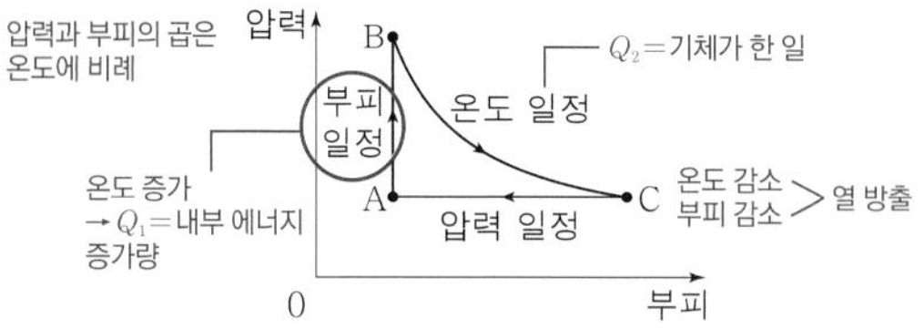

이에 대한 설명으로 옳은 것은? [3점]

① A → B 과정에서 기체의 온도는 ~~감소한다~~. 증가한다.

② B → C 과정에서 기체가 한 일은 Q_2~~보다 작다~~. 와 같다.

③ C → A 과정에서 내부 에너지 감소량은 Q_1이다.

④ ~~$Q_1+Q_2=W$~~이다. $Q_1+Q_2>W$

⑤ 열기관의 열효율은 $\frac{W}{Q_1}$이다. $\frac{W}{Q_1+Q_2}$

✔ 자료 해석

- A → B 과정 : 부피가 일정하므로 기체가 한 일은 0이다. 내부 에너지 변화량을 ΔU라고 하면 열역학 제1법칙에 따라 $Q_1=\Delta U$이다.
- B → C 과정 : 온도가 일정하므로 기체의 내부 에너지 변화량은 0이다. 기체가 한 일을 W라고 하면 열역학 제1법칙에 따라 $Q_2=W$이다.
- C → A 과정 : 압력이 일정하게 유지되면서 부피가 감소하므로 기체는 외부로부터 일을 받고, 온도가 감소하여 내부 에너지도 감소한다.

○ 보기풀이 ③ 기체의 상태가 A → B → C → A로 한 번 순환하는 동안 내부 에너지 변화량은 0이다. A → B 과정에서 내부 에너지 증가량은 Q_1과 같고, B → C 과정에서 내부 에너지 변화량은 0이므로 C → A 과정에서 내부 에너지 감소량은 Q_1이다.

× 매력적 오답 ① 기체의 온도는 압력과 부피의 곱에 비례하므로 부피가 일정할 때 압력이 증가하면 기체의 온도도 증가한다.

② B → C 과정은 등온 팽창 과정으로 온도가 일정하므로 내부 에너지 변화량도 0이다. 따라서 열역학 제1법칙에 따라 기체가 한 일은 Q_2와 같다.

④ 열기관은 열을 흡수하여 흡수한 열의 일부는 일을 하는 데 이용하고, 남은 열은 방출한다. 따라서 기체는 A → B 과정과 B → C 과정에서 열을 흡수하고, C → A 과정에서 열을 방출하므로 열기관에 공급된 열량은 Q_1+Q_2이다. 공급된 열을 모두 일을 하는 데 이용하는 열기관은 존재할 수 없으므로 $Q_1+Q_2>W$이다.

⑤ 열기관의 열효율은 $\frac{\text{기체가 한 일}}{\text{기체가 흡수한 열}}$이므로 $\frac{W}{Q_1+Q_2}$이다.

문제풀이 Tip

이상 기체의 순환 과정에서 각 과정의 조건에 따라 내부 에너지 변화량과 기체가 받은 일 또는 한 일을 구할 수 있어야 한다.

선택지 비율	① 1%	❷ 89%	③ 2%	④ 4%	⑤ 1%

18 열기관의 열효율

2020년 7월 교육청 8번 | 정답 ② | 문제편 24p

출제 의도 열기관의 작동 원리를 이해하여 열효율을 구할 수 있는지 확인하는 문항이다.

그림은 고열원에서 Q_1의 열을 흡수하여 W의 일을 하고 저열원으로 Q_2의 열을 방출하는 열기관을 모식적으로 나타낸 것이다. 표는 이 열기관에서 두 가지 상황 A, B의 Q_1, W, Q_2를 나타낸 것이다. 열기관의 열효율은 일정하다.

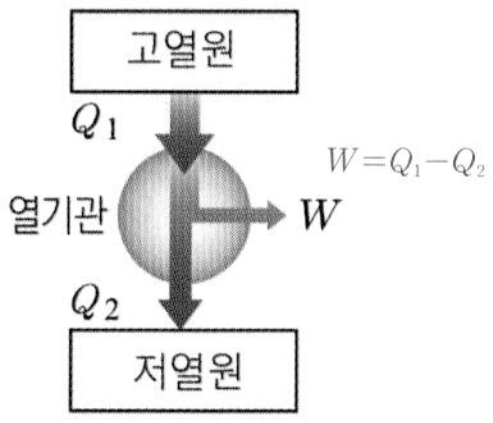

	A	B
Q_1	200 kJ	㉡ 120 kJ
W	㉠ 50 kJ	30 kJ
Q_2	150 kJ	

$e=\frac{50}{200}=0.25$ $e=\frac{30}{㉡}=0.25$

㉠ : ㉡은?

① 1 : 1 ② 5 : 12 ③ 7 : 12 ④ 12 : 5 ⑤ 12 : 7

✔ 자료 해석

- 열기관이 한 일은 열역학 제1법칙에 따라 고열원에서 흡수한 열과 저열원에서 방출한 열의 차이에 해당한다. → $W=Q_1-Q_2$
- 열효율은 $e=\frac{W}{Q_1}=\frac{Q_1-Q_2}{Q_1}$이다.

○ 보기풀이 열기관이 한 일은 고열원에서 흡수한 열과 저열원으로 방출한 열의 차이에 해당하므로 A에서 열기관이 한 일 ㉠=200 kJ−150 kJ=50 kJ이다. 이때 열기관의 열효율은 $\frac{50\text{ kJ}}{200\text{ kJ}}=0.25$이므로 B에서 $\frac{30\text{ kJ}}{㉡}=0.25$이고 ㉡은 120 kJ이다. 따라서 ㉠ : ㉡=50 : 120=5 : 12이다.

문제풀이 Tip

열기관의 열효율은 흡수한 열에 대한 열기관이 한 일의 비율이고, 에너지 보존 법칙에 열기관이 한 일은 열기관이 흡수한 열과 방출한 열의 차이에 해당한다.

Part I 교육청

선택지 비율	❶ 67%	② 3%	③ 15%	④ 6%	⑤ 7%

19 압력 - 부피 그래프와 열역학 법칙

2020년 7월 교육청 5번 | 정답 ① | 문제편 24p

출제 의도 실린더 안에서 서로 영향을 주고받는 기체의 상태 변화를 이해하고, 압력 - 부피 그래프를 분석할 수 있는지 확인하는 문항이다.

그림 (가)와 같이 단열된 실린더와 두 단열된 피스톤에 의해 분리되어 있는 일정량의 이상 기체 A, B, C가 있다. 두 피스톤은 정지해 있다. 그림 (나)는 (가)의 B에 열을 서서히 가하여 B의 상태를 a → b 과정을 따라 변화시킬 때 B의 압력과 부피를 나타낸 것이다. b에서 두 피스톤은 정지 상태에 있다. A, B, C의 압력은 같다.

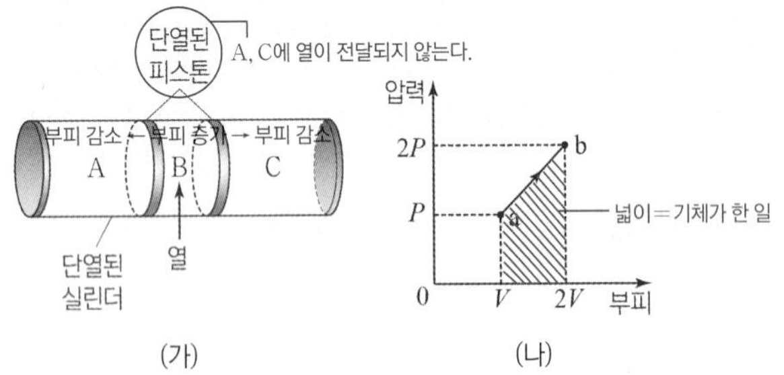

(가) (나)

이에 대한 설명으로 옳은 것만을 〈보기〉에서 있는 대로 고른 것은? (단, 모든 마찰은 무시한다.) [3점]

> 보기
> ㄱ. b에서 C의 압력은 $2P$이다.
> ㄴ. a → b 과정에서 B가 한 일은 ~~$2PV$~~이다. $\frac{3}{2}PV$
> ㄷ. a → b 과정에서 A와 C의 내부 에너지 증가량의 합은 ~~$2PV$~~이다. $\frac{3}{2}PV$

① ㄱ ② ㄴ ③ ㄱ, ㄷ ④ ㄴ, ㄷ ⑤ ㄱ, ㄴ, ㄷ

✓ 자료 해석

- a → b 과정에서 B는 부피가 증가하므로 피스톤을 밀어내는 일을 한다. 한편 A와 C는 단열된 실린더와 피스톤에 의해 분리되어 있으므로 외부와의 열 출입이 없는 상태에서 B가 피스톤을 밀어내는 힘에 의해 일을 받아 부피가 감소한다. 즉, A, C의 상태 변화는 단열 압축 과정이다.
- 압력 - 부피 그래프에서 그래프 아랫부분의 넓이는 기체가 한 일과 같다.

○ 보기 풀이 ㄱ. 피스톤이 정지해 있으므로 피스톤의 양쪽에서 작용하는 압력은 같다. 따라서 A와 B의 압력, B와 C의 압력이 서로 같으므로 b에서 C의 압력은 B와 같은 $2P$이다.

× 매력적 오답 ㄴ. 압력 - 부피 그래프에서 그래프 아랫부분의 넓이는 기체가 한 일과 같다. a → b 과정에서 그래프의 밑넓이는 $\frac{1}{2}\times(P+2P)\times V=\frac{3}{2}PV$이므로 B가 한 일은 $\frac{3}{2}PV$이다.

ㄷ. A와 C는 열 출입 없이 B가 한 일을 받으므로 단열 압축 변화로 상태가 변한다. 따라서 A와 C는 B로부터 받은 일만큼 내부 에너지가 증가하므로 A와 C의 내부 에너지 증가량의 합은 B가 한 일 $\frac{3}{2}PV$와 같다.

문제풀이 Tip

A와 C의 상태 변화가 단열 과정임을 먼저 파악하면 B가 각각 A와 C에 한 일이 A와 C의 내부 에너지 변화량과 같음을 쉽게 알 수 있다.

선택지 비율	① 3%	② 2%	③ 4%	④ 4%	❺ 85%

20 열기관의 열효율

2020년 4월 교육청 5번 | 정답 ⑤ | 문제편 24p

출제 의도 열기관의 작동 원리를 이해하고 주어진 자료를 분석하여 열효율을 계산할 수 있는지 확인하는 문항이다.

표는 고열원에서 열을 흡수하여 일을 하고 저열원으로 열을 방출하는 열기관 A, B가 1회의 순환 과정 동안 한 일과 저열원으로 방출한 열을 나타낸 것이다. 열효율은 A가 B의 2배이다.

열기관	한 일	방출한 열	흡수한 열	열효율
A	8 kJ	12 kJ	20kJ	$\frac{8}{20}$
B	W_0	8 kJ	W_0+8(kJ)	$\frac{8}{20}\times\frac{1}{2}$

이에 대한 설명으로 옳은 것만을 〈보기〉에서 있는 대로 고른 것은?

> 보기
> ㄱ. A의 열효율은 $\frac{2}{5}$이다.
> ㄴ. $W_0=2$ kJ이다.
> ㄷ. 1회의 순환 과정 동안 고열원에서 흡수한 열은 A가 B의 2배이다.

① ㄱ ② ㄴ ③ ㄱ, ㄷ ④ ㄴ, ㄷ ⑤ ㄱ, ㄴ, ㄷ

✓ 자료 해석

- 열기관이 한 일은 열역학 제1법칙에 따라 고열원에서 흡수한 열과 저열원에서 방출한 열의 차이에 해당한다. 따라서 흡수한 열은 기체가 한 일과 방출한 열의 합과 같다. → $Q_1=W+Q_2$
- 열효율은 $e=\frac{W}{Q_1}=\frac{Q_1-Q_2}{Q_1}$이다.

○ 보기 풀이 ㄱ. A가 고열원에서 흡수한 열은 8 kJ+12 kJ=20 kJ이고, A의 열효율은 $\frac{\text{열기관이 한 일}}{\text{열기관이 흡수한 열}}=\frac{8}{20}=\frac{2}{5}$이다.

ㄴ. 열효율은 A가 B의 2배이므로 B의 열효율은 $\frac{1}{5}$이다. 열효율은 $\frac{\text{기체가 한 일}}{\text{기체가 흡수한 열}}$이므로 $\frac{W_0}{W_0+8}=\frac{1}{5}$에서 $W_0=2$ kJ이다.

ㄷ. A가 흡수한 열은 20 kJ이고 B가 흡수한 열은 $W_0+8=2+8=10$(kJ)이다. 따라서 1회의 순환 과정 동안 고열원에서 흡수한 열은 A가 B의 2배이다.

문제풀이 Tip

열기관이 한 일과 방출한 열이 주어졌으므로 이들의 관계를 이용하여 열기관이 흡수한 열을 바로 계산할 수 있다. 열기관에 대한 문제가 출제될 때는 흡수한 열, 방출한 열, 한 일 중 일부만 제시되는 경우가 많으므로 주어진 조건을 이용하여 나머지 값을 찾을 수 있어야 한다.

선택지 비율	① 4%	② 2%	❸ 81%	④ 4%	⑤ 7%

21 단열 팽창과 등적 과정

2020년 4월 교육청 9번 | 정답 ③ | 문제편 25 p

출제 의도 단열 과정과 등적 과정을 이해하여 기체의 상태 변화를 설명할 수 있는지 확인하는 문항이다.

그림 (가)는 이상 기체 A가 들어 있는 실린더에서 피스톤이 정지해 있는 것을, (나)는 (가)에서 핀을 제거하였더니 A가 단열 팽창하여 피스톤이 정지한 것을, (다)는 (나)에서 A에 열량 Q를 공급한 것을 나타낸 것이다. A의 압력은 (가)에서와 (다)에서가 같고, A의 부피는 (나)에서와 (다)에서가 같다.

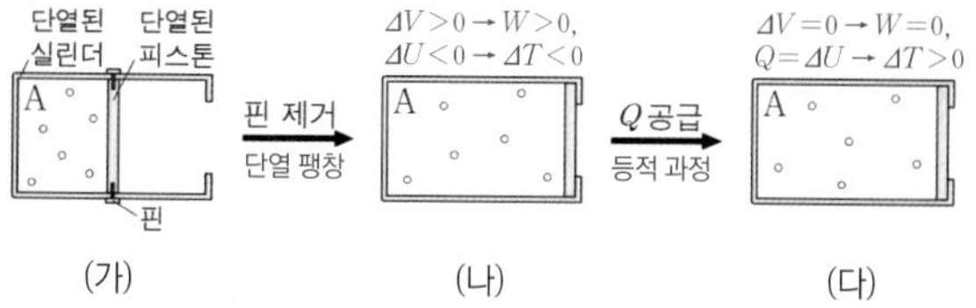

이에 대한 설명으로 옳은 것만을 〈보기〉에서 있는 대로 고른 것은? [3점]

보기
ㄱ. (가) → (나) 과정에서 A는 외부에 일을 한다. 부피 증가
ㄴ. (나) → (다) 과정에서 A의 내부 에너지 증가량은 Q이다.
ㄷ. A의 온도는 (다)에서가 (가)에서보다 ~~작다~~. 크다.

① ㄱ ② ㄷ ③ ㄱ, ㄴ ④ ㄴ, ㄷ ⑤ ㄱ, ㄴ, ㄷ

✔ 자료 해석
- (가) → (나) 과정에서 A가 단열 팽창하므로 A가 외부에 한 일만큼 A의 내부 에너지가 감소한다. 따라서 A의 온도는 감소한다.
- (나) → (다) 과정에서 A는 부피가 일정한 상태에서 열을 공급받으므로 A가 받은 열은 모두 내부 에너지를 증가시키는 데 쓰인다.

O 보기풀이 ㄱ. (가) → (나) 과정에서 A의 부피가 증가하므로 A는 외부에 일을 한다.
ㄴ. (나) → (다) 과정에서 A의 부피가 변하지 않으므로 A가 한 일은 0이다. 열역학 제1법칙에 따라 $Q=\Delta U$이므로 A의 내부 에너지 증가량은 Q이다.

× 매력적 오답 ㄷ. 기체의 압력이 같을 때, 기체의 부피는 온도에 비례한다. A의 압력은 (가)와 (다)에서 같고, 부피는 (다)에서가 (가)에서보다 크므로 온도도 (다)에서가 (가)에서보다 크다.

문제풀이 Tip
(가) → (나) → (다) 과정에서 A의 압력과 부피에 대한 정보가 주어졌으므로 이를 이용하면 열역학 법칙을 적용하지 않고도 A의 온도를 쉽게 비교할 수 있다.

선택지 비율	① 4%	② 4%	③ 5%	❹ 80%	⑤ 4%

22 등압 팽창과 단열 팽창

2020년 3월 교육청 6번 | 정답 ④ | 문제편 25 p

출제 의도 기체가 등압 팽창과 단열 팽창할 때 기체의 상태 변화를 설명할 수 있는지 확인하는 문항이다.

그림과 같이 온도가 T_0인 일정량의 이상 기체가 등압 팽창 또는 단열 팽창하여 온도가 각각 T_1, T_2가 되었다.

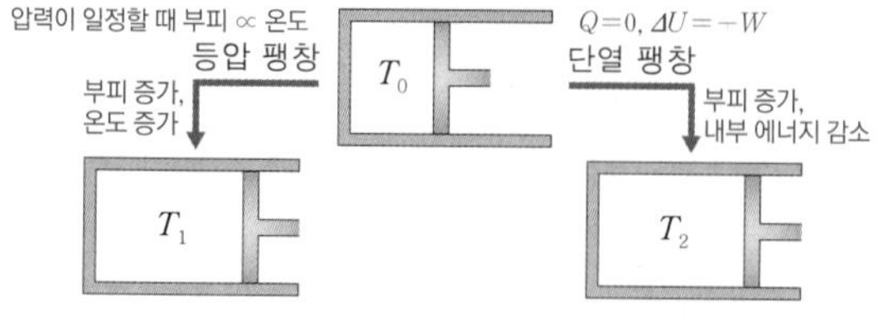

T_0, T_1, T_2를 옳게 비교한 것은? (단, 대기압은 일정하다.) [3점]

① $T_0=T_1=T_2$ ② $T_0>T_1=T_2$
③ $T_1=T_2>T_0$ ④ $T_1>T_0>T_2$
⑤ $T_2>T_0>T_1$

✔ 자료 해석
- 기체가 등압 팽창을 하면 부피가 증가하므로 기체는 외부에 일을 하고, 온도가 증가하므로 기체의 내부 에너지는 증가한다.
- 기체가 단열 팽창을 하면 기체가 외부에 일을 한 만큼 기체의 내부 에너지가 감소한다.

O 보기풀이 압력이 일정할 때 기체의 부피는 온도에 비례한다. 따라서 기체가 등압 팽창을 할 때 부피가 증가하므로 온도도 증가한다. 즉, $T_1>T_0$이다. 기체가 단열 팽창을 할 때 기체가 외부에 한 일만큼 기체의 내부 에너지가 감소한다. 기체의 내부 에너지는 온도에 비례하므로 내부 에너지가 감소하면 온도도 감소한다. 따라서 $T_0>T_2$이므로 T_0, T_1, T_2를 비교하면 $T_1>T_0>T_2$이다.

문제풀이 Tip
기체의 부피가 똑같이 증가하더라도 압력이 일정한 상태에서 증가하면 내부 에너지가 증가하고, 열의 출입이 없는 상태에서 증가하면 내부 에너지가 감소한다.

Part I 교육청

선택지 비율	① 4%	② 5%	❸ 81%	④ 5%	⑤ 3%

23 열기관의 열효율

2020년 3월 교육청 12번 | 정답 ③ | 문제편 25p

출제 의도 열기관의 작동 원리를 이해하여 열효율을 구할 수 있는지 확인하는 문항이다.

그림은 고열원에서 열을 흡수하여 W의 일을 하고 저열원으로 Q의 열을 방출하는 열기관을 나타낸 것이다.

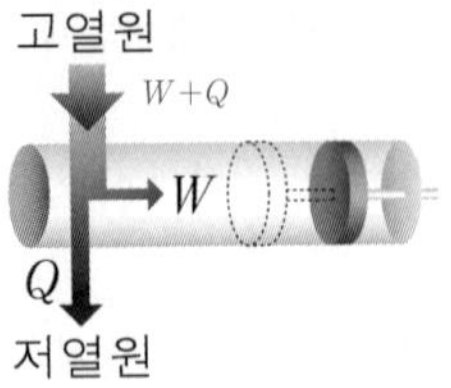

이 열기관의 열효율은?

① $\frac{Q}{W}$ ② $\frac{W}{Q}$ ③ $\frac{W}{Q+W}$ ④ $\frac{Q}{Q+W}$ ⑤ $\frac{W}{Q-W}$

✓ 자료 해석

- 열기관은 고열원에서 열을 흡수하여 외부에 일을 하고, 저열원으로 남은 열을 방출하여 처음 상태로 되돌아오는 순환 과정으로 작동한다.
- 열역학 제1법칙에 따라 열기관이 외부에 한 일(W)은 고열원에서 흡수한 열($W+Q$)과 저열원으로 방출한 열(Q)의 차이와 같다.

○ 보기풀이 열역학 제1법칙에 따라 고열원에서 흡수한 열은 열기관이 한 일(W)과 저열원으로 방출한 열(Q)의 합과 같다. 따라서 이 열기관의 열효율은 $\frac{\text{한 일}}{\text{흡수한 열}}$이므로 $\frac{W}{Q+W}$이다.

문제풀이 Tip

열기관에 대한 문제가 출제될 때는 흡수한 열, 방출한 열, 한 일 중 일부만 제시되는 경우가 많으므로 주어진 조건을 이용하여 나머지 값을 찾을 수 있어야 한다.

선택지 비율	① 5%	② 4%	❸ 76%	④ 10%	⑤ 3%

24 열기관의 열효율

2019년 10월 교육청 15번 | 정답 ③ | 문제편 25p

출제 의도 열기관의 작동 원리를 이해하여 열효율을 구할 수 있는지 확인하는 문항이다.

그림은 고열원으로부터 열을 흡수하여 $4W$의 일을 하고 저열원으로 Q_0의 열을 방출하는 열기관 A와, Q_0의 열을 흡수하여 $3W$의 일을 하는 열기관 B를 나타낸 것이다. A와 B의 열효율은 e로 같다.

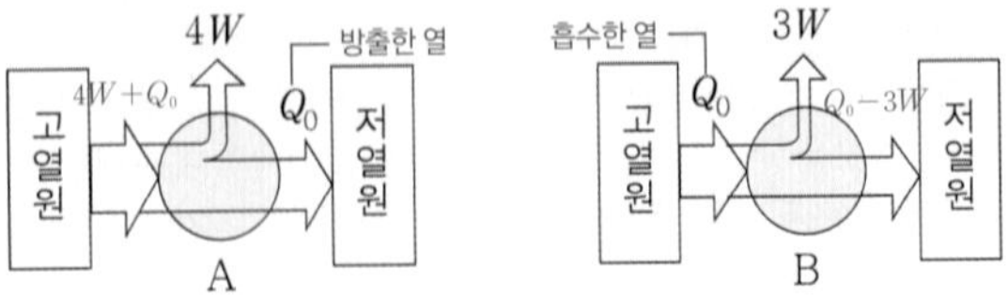

e는?

① $\frac{1}{8}$ ② $\frac{1}{5}$ ③ $\frac{1}{4}$ ④ $\frac{1}{3}$ ⑤ $\frac{1}{2}$

✓ 자료 해석

열역학 제2법칙에 따라 고열원에서 흡수한 열은 열기관이 한 일과 저열원으로 방출한 열의 합과 같다. 따라서 A가 고열원에서 흡수한 열은 $4W+Q_0$, B가 저열원으로 방출한 열은 Q_0-3W이다.

○ 보기풀이 열효율은 $\frac{\text{열기관이 한 일}}{\text{열기관이 흡수한 열}}$이고, A가 고열원에서 흡수한 열은 $4W+Q_0$, B가 고열원에서 흡수한 열은 Q_0이다. 이때 A와 B의 열효율은 e로 같으므로, $e=\frac{4W}{4W+Q_0}=\frac{3W}{Q_0}$에서 $Q_0=12W$이다. 따라서 $e=\frac{3W}{12W}=\frac{1}{4}$이다.

문제풀이 Tip

문제에서 제시된 물리량이 W와 Q_0의 값으로 표현되었으므로 W와 Q_0의 관계를 알면 문제에 제시된 보기와 같은 값을 얻을 수 있다.

선택지 비율	① 7%	② 5%	③ 14%	④ 8%	❺ 63%

25 단열 과정

2019년 7월 교육청 17번 | 정답 ⑤ | 문제편 26 p

출제 의도 단열 과정을 이해하여 주어진 상황에서의 기체의 상태 변화를 설명할 수 있는지 확인하는 문항이다.

그림과 같이 이상 기체가 들어 있는 용기와 실린더가 피스톤에 의해 A, B, C 세 부분으로 나누어져 있다. 피스톤 P는 고정핀에 의해 고정되어 있고, 피스톤 Q는 정지해 있다. A, B에서 온도는 같고, 압력은 A에서가 B에서보다 작다. 이후, 고정핀을 제거하였다.

A의 압력=C의 압력

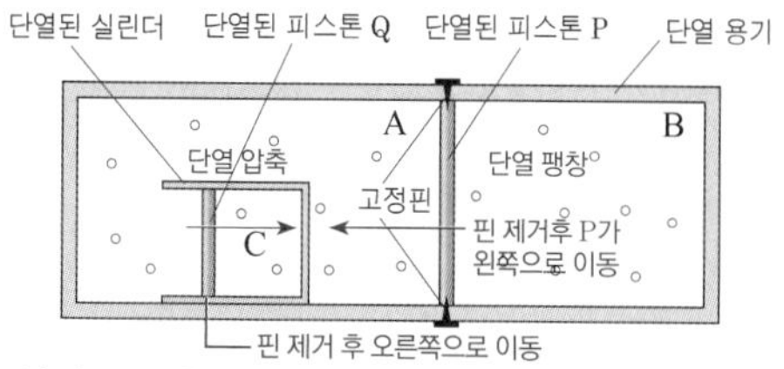

이에 대한 설명으로 옳은 것만을 〈보기〉에서 있는 대로 고른 것은? (단, 단열 용기를 통한 기체 분자의 이동은 없고, 피스톤의 마찰은 무시한다.)

보기

ㄱ. 고정핀을 제거하기 전 기체의 압력은 A, C에서 같다.
ㄴ. 고정핀을 제거한 후 P가 움직이는 동안 B에서 기체의 온도는 감소한다.
ㄷ. 고정핀을 제거한 후 Q가 움직이는 동안 C에서 기체의 내부 에너지는 증가한다.

① ㄱ ② ㄴ ③ ㄱ, ㄷ ④ ㄴ, ㄷ ⑤ ㄱ, ㄴ, ㄷ

✓ 자료 해석

- 고정핀 제거 전 : Q가 정지해 있으므로 압력은 A, C에서 모두 같다.
- 고정핀 제거 후 : 압력은 B에서가 A에서보다 크므로 압력 차이에 의해 P가 왼쪽으로 이동한다. → B는 부피가 증가하므로 B의 기체는 단열 팽창, A는 부피가 감소하므로 A의 기체는 단열 압축을 한다.

구분	부피	온도	압력
단열 팽창	증가	감소	감소
단열 압축	감소	증가	증가

$W=-\Delta U$ $PV \propto T$

보기풀이 ㄱ. 고정핀을 제거하기 전 Q가 정지해 있으므로 A의 기체가 Q를 밀어내는 힘과 C의 기체가 Q를 밀어내는 힘이 같다. 즉, 압력은 A, C에서 서로 같다.

ㄴ. 고정핀을 제거하기 전 압력은 B에서가 A에서보다 크므로 B의 기체가 P를 밀어내는 힘이 더 크다. 따라서 고정핀을 제거하면 P는 왼쪽으로 움직여 A의 부피는 감소하고 B의 부피는 증가한다. 이때 A, B 사이에 열의 출입이 없으므로 A의 기체는 단열 압축, B의 기체는 단열 팽창을 한다. B의 기체는 열역학 제1법칙($\Delta U=-W$)에 따라 외부에 일을 한 만큼 내부 에너지가 감소하고, 기체의 내부 에너지는 온도에 비례하므로 B의 기체의 온도가 감소한다.

ㄷ. P가 움직이는 동안 A의 기체는 단열 압축을 하므로 압력이 증가한다. 따라서 A의 압력이 C의 압력보다 커지므로 Q는 오른쪽으로 움직여 C의 부피가 감소한다. C에서 열 출입은 없으므로 Q가 움직이는 동안 C의 기체는 단열 압축을 하고, 기체가 외부에서 받은 일만큼 내부 에너지가 증가한다.

문제풀이 Tip

피스톤은 압력 차이에 의해 이동하므로 각 부분에서의 압력을 비교할 수 있어야 한다. 단열 팽창하는 기체의 압력은 감소하고, 단열 압축하는 기체의 압력은 증가하는 것을 암기해 두면 편리하다.

선택지 비율	❶ 66%	② 10%	③ 11%	④ 8%	⑤ 3%

26 열역학 과정

2019년 7월 교육청 물Ⅱ 7번 | 정답 ① | 문제편 26 p

출제 의도 열역학 과정의 특징을 파악하여 여러 가지 열역학 과정을 분류할 수 있는지 확인하는 문항이다.

그림은 이상 기체의 열역학 과정 A, B, C를 분류하는 과정을 나타낸 것이다. A, B, C는 각각 등압 과정, 등온 과정, 단열 과정 중 하나이다. A, B, C에서 기체의 몰수는 일정하고 부피는 증가한다.

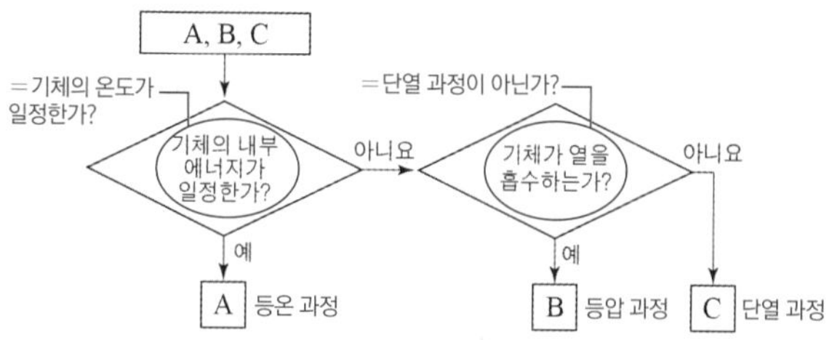

A, B, C로 옳은 것은?

	A	B	C
①	등온 과정	등압 과정	단열 과정
②	등온 과정	단열 과정	등압 과정
③	등압 과정	등온 과정	단열 과정
④	등압 과정	단열 과정	등온 과정
⑤	단열 과정	등온 과정	등압 과정

✓ 자료 해석

- 등압 과정은 압력이 일정한 상태에서 부피와 온도가 모두 변하므로 일과 내부 에너지 변화가 생긴다. → $\Delta P=0$, $Q=\Delta U+W$
- 등온 과정은 온도가 변하지 않으므로 내부 에너지가 변하지 않고 기체가 흡수한 열은 외부에 한 일과 같다. → $\Delta T=0$, $\Delta U=0$, $Q=W$
- 단열 과정은 기체가 흡수하거나 방출한 열이 0이고, 기체가 외부에 한 일은 내부 에너지 감소량과 같다. → $\Delta U=-W$

보기풀이 기체의 내부 에너지 변화 여부로 판단할 수 있는 것은 온도의 변화 여부이다. 따라서 A는 등온 과정이다. 등압 과정과 단열 과정 중 기체가 열을 흡수하는 B는 등압 과정, 흡수하지 않는 C는 단열 과정이다.

문제풀이 Tip

분류 기준이 의미하는 바를 파악하고 열역학 과정의 특징을 적용하여 A, B, C를 분류하도록 한다.

선택지 비율	❶ 66%	② 8%	③ 10%	④ 6%	⑤ 7%

27 열역학 과정과 압력 – 부피 그래프

2019년 4월 교육청 17번 | 정답 ① | 문제편 26p

(출제 의도) 압력 – 부피 그래프를 이용하여 기체의 상태 변화를 설명하고, 열역학 제1법칙을 적용할 수 있는지 확인하는 문항이다.

그림은 일정량의 이상 기체의 상태가 A → B → C를 따라 변할 때 압력과 부피를 나타낸 것이다. A → B는 등압 과정이고, B → C는 등적 과정이다.

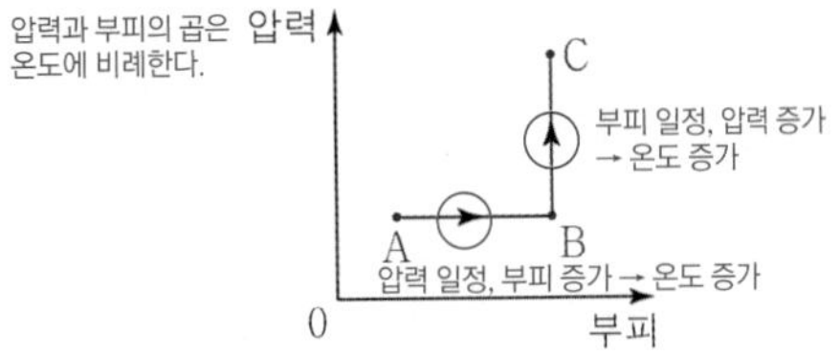

이에 대한 설명으로 옳은 것만을 〈보기〉에서 있는 대로 고른 것은?

보기

ㄱ. A → B 과정에서 기체는 열을 흡수한다.

ㄴ. B → C 과정에서 기체는 외부에 일을 ~~한다~~. 하지 않는다. $\Delta V=0$

ㄷ. 기체의 온도는 A에서가 C에서보다 ~~높다~~. 낮다.

① ㄱ ② ㄴ ③ ㄱ, ㄷ ④ ㄴ, ㄷ ⑤ ㄱ, ㄴ, ㄷ

✓ 자료 해석

- A → B 과정은 등압 팽창으로, 압력이 일정할 때 기체의 부피는 온도에 비례한다. 따라서 부피가 큰 B에서의 온도가 A에서보다 높다.
- B → C 과정은 등적 과정으로 기체의 부피가 변하지 않아 기체가 한 일이 0이므로 열역학 제1법칙에 따라 기체가 흡수한 열량은 기체의 내부 에너지 증가량과 같다.

O 보기풀이 ㄱ. A → B 과정에서 기체의 부피가 증가하므로 기체는 외부에 일을 한다($W>0$). 이때 기체의 온도도 증가하므로 온도에 비례하는 기체의 내부 에너지도 증가한다($\Delta U>0$). 열역학 제1법칙에 따라 $Q=\Delta U+W$에서 $\Delta U>0$, $W>0$이므로 $Q>0$이므로 기체는 열을 흡수한다.

× 매력적 오답 ㄴ. B → C 과정은 기체의 부피 변화가 없으므로 기체는 외부에 일을 하지 않는다.

ㄷ. 기체의 압력과 부피의 곱은 온도에 비례하므로 A → B 과정에서 기체의 온도가 증가하고, B → C 과정에서도 기체의 온도가 증가한다. 따라서 기체의 온도는 A에서가 C에서보다 낮다.

문제풀이 Tip

압력과 부피의 곱은 온도에 비례하므로 압력 – 부피 그래프가 주어지면 온도를 쉽게 비교할 수 있다. 또한 부피의 변화를 통해 각 과정에서 기체가 일을 하는지 여부도 쉽게 파악할 수 있다.

선택지 비율	① 9%	② 13%	③ 8%	④ 12%	❺ 55%

28 압력 – 부피 그래프와 열역학 과정

2019년 4월 교육청 물Ⅱ 15번 | 정답 ⑤ | 문제편 26p

(출제 의도) 압력 – 부피 그래프를 이용하여 기체의 상태 변화를 설명하고, 열역학 제1법칙을 적용할 수 있는지 확인하는 문항이다.

그림은 일정량의 이상 기체의 상태가 A → B → C → D → A를 따라 변할 때 압력과 부피를 나타낸 것이다. A → B, C → D는 단열 과정, B → C는 등압 과정, D → A는 등적 과정이다.

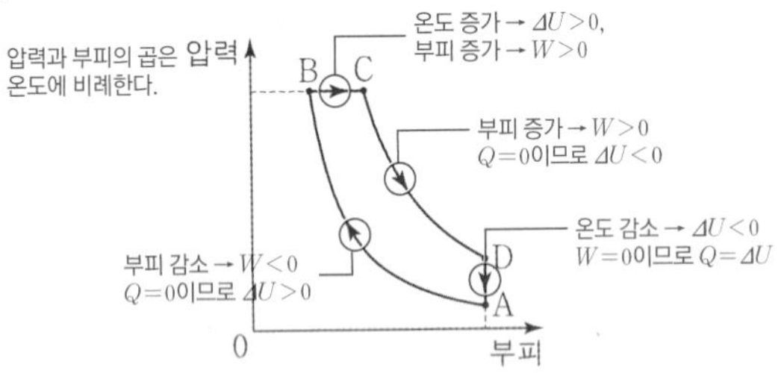

기체에 대한 설명으로 옳은 것만을 〈보기〉에서 있는 대로 고른 것은? [3점]

보기

ㄱ. A → B 과정에서 내부 에너지는 증가한다.

ㄴ. B → C 과정에서 흡수한 열량은 D → A 과정에서 방출한 열량보다 크다.

ㄷ. 온도는 C에서가 A에서보다 높다.

① ㄱ ② ㄷ ③ ㄱ, ㄴ ④ ㄴ, ㄷ ⑤ ㄱ, ㄴ, ㄷ

✓ 자료 해석

- A → B 과정 : 부피가 감소하는 단열 압축 과정으로, 기체가 외부에서 일을 받은 만큼 내부 에너지가 증가한다.
- B → C 과정 : 부피가 증가하는 등압 팽창 과정으로, 기체는 외부에 일을 하고, 온도가 증가하므로 기체의 내부 에너지도 증가하며, 열을 흡수한다.
- C → D 과정 : 부피가 증가하는 단열 팽창 과정으로, 기체가 외부에 일을 한 만큼 내부 에너지는 감소한다.
- D → A 과정 : 부피가 일정한 등적 과정으로, 외부에 한 일은 0이며, 압력과 부피의 곱이 작아져 온도가 감소한다. 이때 내부 에너지 감소량은 기체가 방출한 열과 같다.

O 보기풀이 ㄱ. A → B 과정에서 기체는 단열 압축하므로 외부에서 받은 일만큼 기체의 내부 에너지가 증가한다.

ㄴ. 이상 기체의 상태가 A → B → C → D → A를 따라 변하는 것은 순환 과정이므로 순환하는 동안 이상 기체의 내부 에너지 변화량은 0이다. 따라서 열역학 제1법칙에 따라 한 순환 과정에서 기체가 흡수한 열과 방출한 열의 차이는 기체가 한 일과 같다. 기체가 A → B → C → D → A를 따라 변하면서 기체는 외부에 일을 하는 동안 열의 출입이 없으므로 B → C 과정에서 흡수한 열량은 D → A 과정에서 방출한 열량보다 크다.

ㄷ. C → D 과정은 단열 팽창 과정이므로 기체가 한 일만큼 내부 에너지가 감소하는데, 내부 에너지는 온도에 비례하므로 온도도 감소한다. D → A 과정은 등적 과정이고 압력이 감소하면 온도도 감소한다. 따라서 기체가 C → D → A를 따라 변할 때 온도가 계속 감소하므로 온도는 C에서가 A에서보다 높다.

문제풀이 Tip

전체적으로 기체가 1회 순환하면 온도가 처음과 같아지므로 내부 에너지 변화량은 0이고 열역학 법칙에 따라 기체가 흡수한 열과 방출한 열의 차이는 기체가 한 일과 같다.

선택지 비율	① 6%	② 4%	③ 12%	④ 6%	❺ 69%

29 열역학 제2법칙

2019년 4월 교육청 물Ⅱ 16번 | 정답 ⑤ | 문제편 27 p

출제 의도 열역학 제2법칙을 이해하고 있는지 확인하는 문항이다.

그림은 따뜻한 바닥에 의해 드라이아이스가 기체로 변하는 과정을 나타낸 것이다.

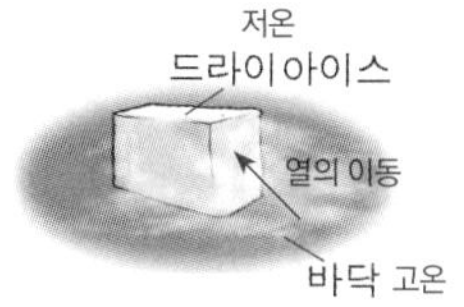

이 과정에 대한 설명으로 옳은 것만을 〈보기〉에서 있는 대로 고른 것은?

보기
ㄱ. 바닥에서 드라이아이스로 열이 저절로 이동한다.
ㄴ. 비가역적이다.
ㄷ. 드라이아이스가 기체로 변하는 과정에서 엔트로피는 증가한다.

① ㄱ ② ㄴ ③ ㄱ, ㄷ ④ ㄴ, ㄷ ⑤ ㄱ, ㄴ, ㄷ

✓ 자료 해석

- 가역 현상은 외부에 아무런 변화를 남기지 않고 스스로 원래 상태로 돌아가는 변화이고, 비가역 현상은 외부에 어떤 변화를 남기지 않고는 스스로 원래 상태로 돌아갈 수 없는 변화이다.
- 열역학 제2법칙에 따르면, 자발적으로 일어나는 비가역 현상에는 방향성이 있고, 자연 현상은 항상 무질서한 정도가 증가하는 방향, 즉, 엔트로피가 증가하는 방향으로 진행된다.

○ 보기풀이 ㄱ. 열은 온도가 높은 곳에서 낮은 곳으로 자발적으로 이동한다. 따라서 상대적으로 온도가 높은 바닥에서 드라이아이스로 열이 저절로 이동한다.
ㄴ. 기체가 된 드라이아이스에서 열이 이동하여 다시 고체 상태로 변하는 현상은 자발적으로 일어나지 않으므로, 이 과정은 비가역적이다.
ㄷ. 드라이아이스가 기체로 변하는 과정은 자발적으로 일어나는 비가역 현상이고, 열역학 제2법칙에 따르면 비가역 현상은 엔트로피가 증가하는 방향으로 진행된다.

문제풀이 Tip

열역학 제2법칙은 개념의 이해 정도를 묻는 문항이 출제되므로, 열역학 제2법칙의 의미를 정확히 알고 있어야 한다.

선택지 비율	① 9%	❷ 57%	③ 7%	④ 11%	⑤ 14%

30 열역학 과정

2019년 3월 교육청 8번 | 정답 ② | 문제편 27 p

출제 의도 기체의 운동이 서로 영향을 줄 때의 기체의 상태 변화를 이해하고, 열역학 제1법칙을 적용할 수 있는지 확인하는 문항이다.

그림과 같이 실린더 안의 이상 기체 A와 B가 피스톤에 의해 분리되어 있다. 물체 P를 열전달이 잘되는 고정된 금속판에 접촉시켰더니 피스톤이 왼쪽으로 서서히 이동하였다. A와 P 사이에 열이 이동하여 열평형을 이룬다.
A의 압력과 B의 기체의 압력이 같은 상태를 유지하면서 이동

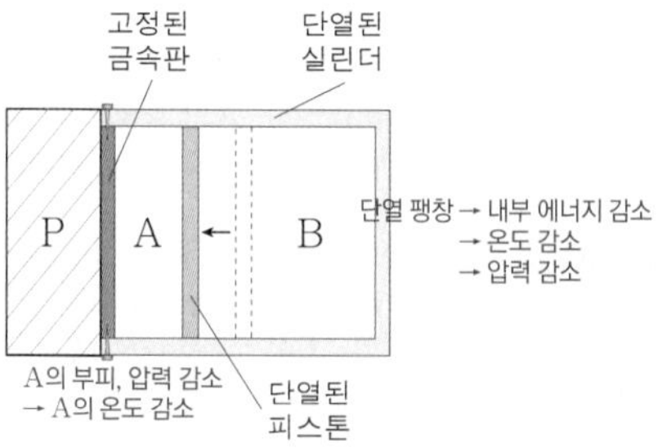

이에 대한 옳은 설명만을 〈보기〉에서 있는 대로 고른 것은? (단, 피스톤의 마찰은 무시한다.) [3점]

보기
ㄱ. ~~P에서 A로~~ 열이 이동한다. A에서 P로
ㄴ. A의 압력은 ~~일정하다~~. 감소한다.
ㄷ. B의 내부 에너지가 감소한다.

① ㄱ ② ㄷ ③ ㄱ, ㄴ ④ ㄱ, ㄷ ⑤ ㄴ, ㄷ

✓ 자료 해석

- 금속판은 열전달이 잘되므로 A와 P 사이에 열이 이동하여 A와 P는 온도가 같아지는 열평형 상태에 도달한다. 열은 온도가 높은 곳에서 낮은 곳으로 이동하므로 A의 온도가 높으면 A에서 P로, P의 온도가 높으면 P에서 A로 열이 이동한다.
- B는 외부와의 열 출입 없이 부피가 증가하므로 단열 팽창한다. 따라서 외부에 일을 한 만큼 기체의 내부 에너지가 감소하므로 기체의 온도도 감소한다. 이때 온도는 압력과 부피의 곱에 비례하므로 부피가 증가할 때 온도가 감소하려면 기체의 압력이 감소해야 한다.

○ 보기풀이 ㄷ. B는 단열 팽창하므로 외부에 일을 한 만큼 내부 에너지가 감소한다.

× 매력적 오답 ㄱ. 피스톤이 왼쪽으로 서서히 이동하므로 A와 B의 압력은 힘의 평형을 이룬 상태에서 B의 부피가 증가한다. 따라서 A와 B의 압력은 매 순간 같고, B가 단열 팽창하여 압력이 감소하므로 A의 압력도 감소한다. 이때 A는 부피와 압력이 모두 감소하므로 A의 온도도 감소한다. 열이 이동할 때, 열을 잃은 물체의 온도가 감소하므로 열은 A에서 P로 이동한다.
ㄴ. A의 압력은 B와 같고, B는 단열 팽창하여 압력이 감소하므로 A의 압력도 감소한다.

문제풀이 Tip

피스톤이 서서히 이동하므로 A의 압력과 B의 압력이 같다는 것을 먼저 파악해야 한다. 즉 B의 상태 변화를 이용하여 A의 압력과 부피의 변화를 알아내면 A의 온도 변화도 쉽게 찾을 수 있다.

06 특수 상대성 이론

선택지 비율	① 9%	② 1%	③ 5%	❹ 82%	⑤ 3%

1 특수 상대성 이론

2024년 10월 교육청 9번 | 정답 ④ | 문제편 30 p

출제 의도 관찰자에 따라 관찰 결과가 달라질 수 있음을 이해하고 특수 상대성 이론의 길이 수축 현상을 적용할 수 있는지 확인하는 문항이다.

그림은 관찰자 C에 대해 관찰자 A, B가 탄 우주선이 각각 광속에 가까운 속도로 등속도 운동하는 것을 나타낸 것으로, B에 대해 광원 O, 검출기 P, Q가 정지해 있다. P, O, Q를 잇는 직선은 두 우주선의 운동 방향과 나란하다. A, B가 탄 우주선의 고유 길이는 서로 같으며, C의 관성계에서, A가 탄 우주선의 길이는 B가 탄 우주선의 길이보다 짧다. A의 관성계에서, O에서 동시에 방출된 빛은 P, Q에 동시에 도달한다.

A가 탄 우주선이 길이 수축이 더 크게 나타나므로 우주선의 속력은 A > B

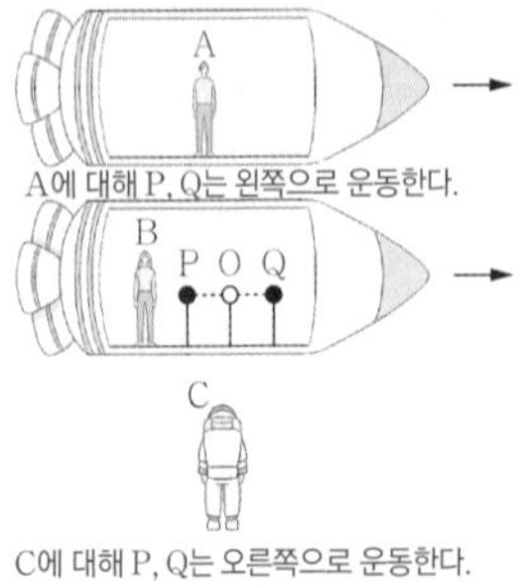
A
A에 대해 P, Q는 왼쪽으로 운동한다.
B
P O Q
C
C에 대해 P, Q는 오른쪽으로 운동한다.

이에 대한 옳은 설명만을 〈보기〉에서 있는 대로 고른 것은? [3점]

〈보기〉
ㄱ. C의 관성계에서, A가 탄 우주선의 속력은 B가 탄 우주선의 속력보다 크다.
ㄴ. B의 관성계에서, P와 O 사이의 거리는 O와 Q 사이의 거리와 ~~같다~~. 작다.
ㄷ. C의 관성계에서, 빛은 Q보다 P에 먼저 도달한다.

① ㄱ ② ㄴ ③ ㄱ, ㄴ ④ ㄱ, ㄷ ⑤ ㄴ, ㄷ

✓ 자료 해석
- C의 관성계에서 고유 길이가 같은 두 우주선의 길이가 서로 다르게 측정된다. → 정지한 관찰자에 대해 상대 속도가 빠를수록 길이 수축 효과가 더 크다. → A의 속력 > B의 속력
- A의 속력이 B의 속력보다 크므로 A의 관성계에서 B는 왼쪽으로 이동한다.

○ 보기 풀이 ㄱ. 길이 수축은 속력이 클수록 더 크게 일어난다. 우주선의 고유 길이가 같은데 C의 관성계에서 A가 탄 우주선의 길이를 더 짧게 측정하므로 A가 탄 우주선의 속력이 더 크다.
ㄷ. A의 관성계에서 P, Q는 왼쪽으로 이동하므로 P는 O에서 방출된 빛에서 멀어지는 방향으로 운동하고, Q는 빛이 가까워지는 방향으로 운동한다. 이때 동시에 방출된 빛이 P, Q에 동시에 도달하므로 P와 O 사이의 고유 길이는 O와 Q 사이의 거리보다 작다. 한편 C의 관성계에서는 P, Q가 오른쪽으로 이동하므로 P는 O에서 방출된 빛이 가까워지는 방향으로 운동하고, Q는 빛에서 멀어지는 방향으로 운동한다. 그런데 O와 P 사이의 고유 길이는 O와 Q 사이의 고유 길이보다 작으므로 빛은 Q보다 P에 먼저 도달한다.

× 매력적 오답 ㄴ. B의 관성계에서 측정한 길이는 고유 길이이다. P와 O 사이의 고유 길이는 O와 Q 사이의 고유 길이보다 작다.

문제풀이 Tip
특수 상대성 이론은 상대적인 운동이므로 A의 속력이 B보다 빠르다면 A의 관성계에서는 B가 왼쪽으로 이동하는 것으로 보이지만, C의 관성계에서는 A, B가 모두 오른쪽으로 이동하는 것으로 보인다. '상대적이다.'라는 의미를 잘 파악하도록 하자.

선택지 비율	❶ 77%	② 2%	③ 16%	④ 3%	⑤ 3%

2 특수 상대성 이론의 적용

2024년 7월 교육청 8번 | 정답 ① | 문제편 30 p

출제 의도 특수 상대성 이론을 이해하여 시간 지연과 길이 수축을 적용할 수 있는지 확인하는 문항이다.

그림과 같이 관찰자 A에 대해 광원, 검출기가 정지해 있고, 관찰자 B가 탄 우주선이 광원과 검출기를 잇는 직선과 나란하게 $0.8c$의 속력으로 등속도 운동하고 있다. A, B의 관성계에서 광원에서 방출된 빛이 검출기에 도달하는 데 걸린 시간은 각각 t_A, t_B이다. A의 관성계에서 광원과 검출기 사이의 거리는 L이다.

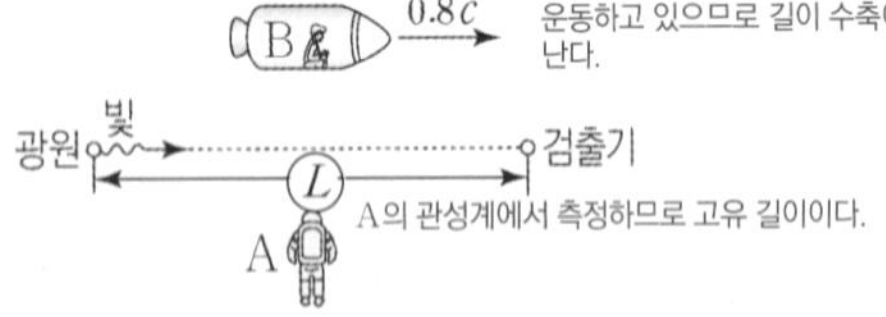
B
0.8c
B의 관성계는 광원과 검출기에 대해 운동하고 있으므로 길이 수축이 일어난다.
빛
광원
검출기
L
A의 관성계에서 측정하므로 고유 길이이다.
A

이에 대한 설명으로 옳은 것만을 〈보기〉에서 있는 대로 고른 것은? (단, c는 빛의 속력이다.) [3점]

〈보기〉
ㄱ. A의 관성계에서, A의 시간은 B의 시간보다 빠르게 간다.
ㄴ. B의 관성계에서, 광원과 검출기 사이의 거리는 L보다 ~~크다~~. 작다.
ㄷ. $t_A < t_B$이다. $t_A > t_B$

① ㄱ ② ㄴ ③ ㄱ, ㄷ ④ ㄴ, ㄷ ⑤ ㄱ, ㄴ, ㄷ

✓ 자료 해석
- A의 관성계에서 광원, 검출기가 자신과 함께 정지해 있으므로 빛이 광원에서 검출기까지 진행한 거리는 고유 길이이다.
- B의 관성계에서 광원, 검출기가 왼쪽으로 운동하고 있으므로 빛이 광원에서 검출기까지 진행한 거리는 고유 길이보다 작다.

○ 보기 풀이 ㄱ. 관찰자에 대해 상대적으로 운동하는 상대방의 시간이 느리게 가는 현상을 시간 지연이라고 한다. A의 관성계에서는 B가 운동하고 있으므로 B의 시간은 A의 시간보다 느리게 간다.

× 매력적 오답 ㄴ. A의 관성계에서 측정한 길이 L은 광원과 검출기 사이의 고유 길이이다. B의 관성계에서는 광원, 검출기가 왼쪽으로 운동하고 있으므로 광원과 검출기 사이의 거리는 길이 수축이 일어나 고유 길이인 L보다 작다.
ㄷ. 빛의 속력은 관찰자에 관계없이 광속 c로 일정하다. A, B의 관성계에서 광원에서 방출된 빛이 검출기에 도달하는 데 걸린 시간은 광원과 검출기 사이의 거리를 광속으로 나눈 것과 같고, 광원과 검출기 사이의 거리는 B의 관성계에서 L보다 작게 측정하므로 $t_A > t_B$이다.

문제풀이 Tip
고유 길이는 측정하려는 대상에 대해 정지해 있는 관찰자가 측정한 거리이므로, 운동하는 관찰자가 측정한 거리는 수축된 길이임을 잊지 않도록 한다.

선택지 비율	① 7%	② 7%	❸ 74%	④ 6%	⑤ 6%

3 특수 상대성 이론의 적용

2024년 5월 교육청 8번 | 정답 ③ | 문제편 30p

출제 의도 광속 불변 원리를 이용하여 빛이 진행한 거리를 비교하고, 서로 다른 관성계에서의 관찰 결과를 비교할 수 있는지 확인하는 문항이다.

그림은 관찰자 A에 대해 관찰자 B가 탄 우주선이 $+x$방향으로 광속에 가까운 속력으로 등속도 운동하는 것을 나타낸 것이다. B의 관성계에서, 광원 P, Q에서 각각 $+y$방향, $-x$방향으로 동시에 방출된 빛은 검출기에 동시에 도달한다. 표는 A의 관성계에서, 빛의 경로에 따라 빛이 진행하는 데 걸린 시간과 빛이 진행한 거리를 나타낸 것이다.

검출기와 P, Q 사이의 거리는 같다.

A의 관성계에서 검출기는 Q에 가까워지는 방향으로 이동한다.

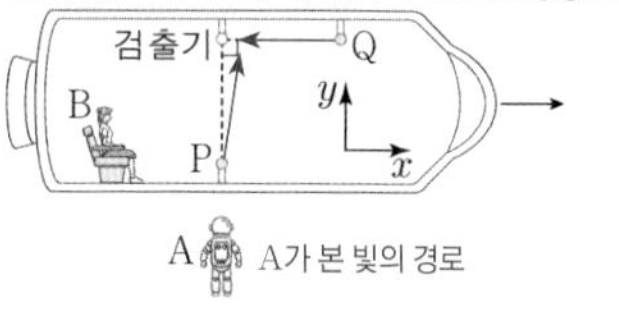

빛의 경로	걸린 시간	빛이 진행한 거리
P → 검출기	t_1	d_1
Q → 검출기	t_2	d_2

이에 대한 설명으로 옳은 것은?

① $d_1 < d_2$이다. $d_1 > d_2$

② A의 관성계에서, A의 시간은 B의 시간보다 ~~느리게~~ 빠르게 간다.

③ A의 관성계에서, 빛은 P에서가 Q에서보다 먼저 방출된다.

④ B의 관성계에서, 빛의 속력은 $\frac{d_2}{t_2}$보다 ~~크다~~. 같다.

⑤ B의 관성계에서, Q에서 방출된 빛이 검출기에 도달하는 데 걸리는 시간은 t_1보다 ~~크다~~. 작다.

✓ 자료 해석

- B의 관성계에서 광원 P, Q에서 동시에 방출된 빛은 검출기에 동시에 도달한다. → 검출기와 P, Q 사이의 거리는 같다.
- 같은 장소에서 동시에 일어난 사건은 관성계에 관계없이 동시에 일어난 것으로 관측된다. → A의 관성계에서도 P, Q에서 방출된 빛은 검출기에 동시에 도달한다.

○ 보기풀이 ③ A의 관성계에서 우주선이 $+x$방향으로 운동하므로 검출기가 Q에서 방출된 빛을 향해 운동한다. 한편 P에서 방출된 빛은 A의 관성계에서는 검출기까지 오른쪽 대각선 경로를 따라 진행하므로 $d_1 > d_2$이다. A의 관성계에서도 P, Q에서 방출된 빛이 검출기에 동시에 도달하는데, $d_1 > d_2$이므로 검출기에서 거리가 더 먼 P에서 빛이 먼저 방출된다.

× 매력적 오답 ① A의 관성계에서 $d_1 > d_2$이다.

② A의 관성계에서 B가 운동하고 있으므로 시간 지연이 일어나 B의 시간이 느리게 간다. 따라서 A의 시간은 B의 시간보다 빠르게 간다.

④ $\frac{d_2}{t_2}$는 빛의 속력을 의미하고, 모든 관성계에서 빛의 속력은 동일하므로 B의 관성계에서 빛의 속력은 $\frac{d_2}{t_2}$와 같다.

⑤ B의 관성계에서, Q에서 검출기까지 빛이 진행한 거리는 d_1보다 짧고, 빛의 속력은 같으므로 빛이 검출기에 도달하는 데 걸리는 시간은 t_1보다 작다.

문제풀이 Tip

빛이 검출기에 동시에 도달한다는 조건으로부터 알 수 있는 것을 먼저 파악해야 한다. B의 관성계에서는 검출기와 P, Q 사이의 거리가 같다는 의미이고, A의 관성계에서는 빛이 방출되는 순서가 다르다는 것을 의미한다.

선택지 비율	① 18%	❷ 54%	③ 9%	④ 14%	⑤ 6%

4 동시성의 상대성

2024년 3월 교육청 10번 | 정답 ② | 문제편 30p

출제 의도 같은 장소에서 일어나는 사건의 동시성과 다른 장소에서 일어나는 사건의 동시성을 구분하고, 특수 상대성 이론을 적용할 수 있는지 확인하는 문항이다.

그림과 같이 관찰자의 관성계에 대해 동일 직선 위에 있는 점 P, Q, R은 정지해 있으며, 점광원 X가 있는 우주선이 $0.5c$로 등속도 운동하고 있다. 표는 사건 Ⅰ~Ⅳ를 나타낸 것으로, 관찰자의 관성계에서 Ⅰ과 Ⅱ가 동시에, Ⅲ과 Ⅳ가 동시에 발생한다.

같은 위치에서 일어난 사건 → 관찰자, 우주선 모두 동시

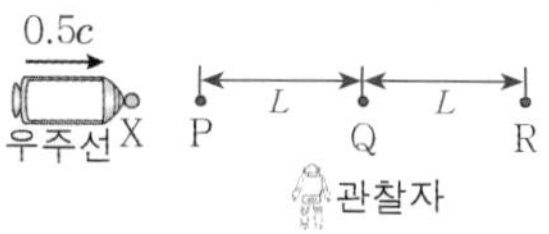

사건	내용
Ⅰ	X와 P의 위치가 일치
Ⅱ	빛이 X에서 방출
Ⅲ	X와 Q의 위치가 일치
Ⅳ	Ⅱ의 빛이 R에 도달

다른 위치에서 일어난 사건 → 관찰자만 동시, 우주선에선 동시 아님

우주선의 관성계에서, Ⅰ과 Ⅱ의 발생 순서와 Ⅲ과 Ⅳ의 발생 순서로 옳은 것은? (단, c는 빛의 속력이다.) [3점]

	Ⅰ과 Ⅱ의 발생 순서	Ⅲ과 Ⅳ의 발생 순서
①	Ⅰ과 Ⅱ가 동시에 발생	Ⅲ이 Ⅳ보다 먼저 발생
②	Ⅰ과 Ⅱ가 동시에 발생	Ⅳ가 Ⅲ보다 먼저 발생
③	Ⅰ이 Ⅱ보다 먼저 발생	Ⅲ과 Ⅳ가 동시에 발생
④	Ⅰ이 Ⅱ보다 먼저 발생	Ⅲ이 Ⅳ보다 먼저 발생
⑤	Ⅱ가 Ⅰ보다 먼저 발생	Ⅳ가 Ⅲ보다 먼저 발생

✓ 자료 해석

- 같은 장소에서 동시에 일어난 사건은 모든 관성계에서 동시에 일어난다. → 사건 Ⅰ, Ⅱ는 P에서 일어난 사건이므로 관찰자의 관성계, 우주선의 관성계에서 동시에 일어난 것으로 관측된다.
- 다른 장소에서 동시에 일어난 사건은 관찰자에 따라 관찰 결과가 달라진다. → 사건 Ⅲ, Ⅳ는 각각 Q, R에서 일어난 사건이므로 관찰자의 관성계에서는 동시에 일어나지만 우주선의 관성계에서는 동시가 아니다.

○ 보기풀이 Ⅰ, Ⅱ는 같은 위치에서 동시에 일어난 사건이므로 모든 관성계에서 동시에 일어난 것으로 관측된다. 따라서 우주선의 관성계에서 Ⅰ과 Ⅱ가 동시에 발생한다.

관찰자의 관성계에서 Ⅲ, Ⅳ가 동시에 일어난다. Ⅰ, Ⅱ가 발생하고 t초 후에 Ⅲ, Ⅳ가 발생한다고 하면, Ⅲ에서 우주선이 P에서 Q까지 이동한 거리는 $0.5ct$이고, Ⅳ에서 빛이 P에서 R까지 이동한 거리는 ct이므로 P에서 Q까지의 거리와 Q에서 R까지의 거리는 같다. 즉, P에서 Q까지의 거리를 L이라고 하면 이는 고유 길이이다.

우주선의 관성계에서는 P, Q, R가 운동하므로 길이 수축이 일어나 P에서 Q까지의 거리가 $L(=0.5ct)$보다 작다. 수축된 길이를 L'이라 하면 Ⅲ은 Ⅰ이 발생하고, 시간이 $\frac{L'}{0.5c}$만큼 지났을 때 발생한다. 우주선의 관성계에서는 빛이 X에서 방출하여 R을 향해 운동하고, R도 우주선을 향해 운동하므로 빛이 진행한 거리는 $2L'$보다 작다. 따라서 Ⅳ는 Ⅱ가 발생하므로 $\frac{2L'}{c}$보다 작은 시간이 지났을 때 발생하므로 Ⅳ가 Ⅲ보다 먼저 발생하는 사건이다.

선택지 비율	① 3%	② 19%	③ 5%	❹ 65%	⑤ 9%

5 특수 상대성 이론과 길이 수축

2023년 10월 교육청 10번 | 정답 ④ | 문제편 31 p

(출제 의도) 동시성의 상대성을 이해하고, 특수 상대성 이론의 길이 수축 현상을 적용할 수 있는지 확인하는 문항이다.

그림과 같이 관찰자 X에 대해 우주선 A, B가 서로 반대 방향으로 속력 $0.6c$로 등속도 운동한다. 기준선 P, Q와 점 O는 X에 대해 정지해 있다. X의 관성계에서, A가 P에서 빛 a를 방출하는 순간 B는 Q에서 빛 b를 방출하고, a와 b는 O를 동시에 지난다.

같은 장소에서 동시에 일어난 사건은 관성계에 관계없이 동시에 일어난 것으로 관측된다.

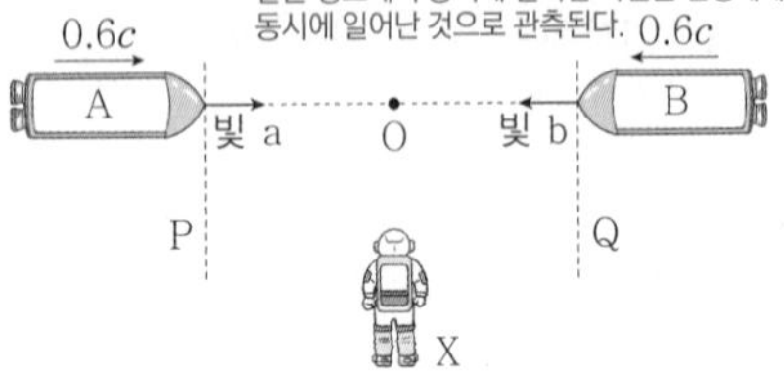

A에 대해 X와 B가 운동하고 있다.

A의 관성계에서, 이에 대한 옳은 설명만을 〈보기〉에서 있는 대로 고른 것은? (단, c는 빛의 속력이다.) [3점]

보기
ㄱ. B의 길이는 X가 측정한 B의 길이보다 ~~크다~~. 작다.
ㄴ. a와 b는 O에 동시에 도달한다.
ㄷ. b가 방출된 후 a가 방출된다.

① ㄱ ② ㄴ ③ ㄱ, ㄷ ④ ㄴ, ㄷ ⑤ ㄱ, ㄴ, ㄷ

✓ 자료 해석

- 같은 장소에서 동시에 일어난 사건은 관성계에 관계없이 동시에 일어난 것으로 관측된다. → A의 관성계에서도 a, b는 O를 동시에 지난다.
- A의 관성계에서 O가 자신에게 가까워지고 있으므로 a가 O까지 이동하는 데 걸린 시간은 b가 O까지 이동하는 데 걸린 시간보다 작다. → O를 동시에 지나려면 b가 먼저 방출되어야 한다.

O 보기풀이 ㄴ. 같은 장소에서 동시에 발생한 두 사건은 모든 관성계에서 동시에 일어난 사건으로 관찰된다. 따라서 A의 관성계에서도 a와 b는 O를 동시에 지난다.

ㄷ. A의 관성계에서 O는 자신에게 가까워지는 방향으로 운동하고, 빛의 속력은 일정하므로 b가 O까지 이동하는 데 걸리는 시간이 a가 O까지 이동하는 데 걸리는 시간보다 길다. 따라서 b가 방출된 후 a가 방출되어야 O에 동시에 도달한다.

× 매력적 오답 ㄱ. 길이 수축은 속력이 클수록 더 크게 일어난다. B의 상대 속력은 A의 관성계에서가 X의 관성계에서보다 크므로 B의 길이는 A가 측정한 길이가 X가 측정한 길이보다 작다.

문제풀이 Tip

특수 상대성 이론은 문제 조건에서 알려주는 관성계와 문제에서 묻고 있는 관성계가 다른 경우가 많다. 문제 조건을 잘 해석하여 관성계를 구분하고, 문제 풀이에 헷갈리지 않도록 유의하자.

선택지 비율	① 5%	❷ 72%	③ 7%	④ 12%	⑤ 3%

6 특수 상대성 이론

2023년 7월 교육청 13번 | 정답 ② | 문제편 31 p

(출제 의도) 광속 불변 원리를 이해하여 서로 다른 관성계에서 같은 장소에서 일어나는 사건을 관측하는 상황을 설명할 수 있는지 확인하는 문항이다.

O에서 A, B까지의 거리는 같다.

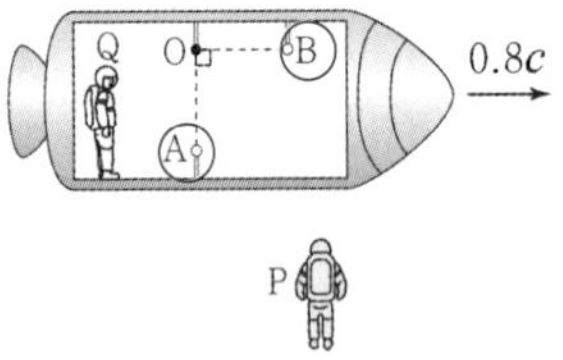

그림은 관측자 P에 대해 관측자 Q가 탄 우주선이 $0.8c$의 속력으로 등속도 운동하는 것을 나타낸 것이다. 검출기 O와 광원 A를 잇는 직선은 우주선의 진행 방향과 수직이고, O와 광원 B를 잇는 직선은 우주선의 진행 방향과 나란하다. Q의 관성계에서 A, B에서 동시에 발생한 빛은 O에 동시에 도달한다.

P의 관성계에서 길이 수축이 일어난다.

P의 관성계에서 측정할 때, 이에 대한 설명으로 옳은 것만을 〈보기〉에서 있는 대로 고른 것은? (단, c는 빛의 속력이다.)

보기
ㄱ. O에서 A까지의 거리와 O에서 B까지의 거리는 ~~같다~~. 같지 않다.
ㄴ. A와 B에서 발생한 빛은 O에 동시에 도달한다.
ㄷ. 빛은 B에서가 A에서보다 ~~먼저~~ 나중에 발생하였다.

① ㄱ ② ㄴ ③ ㄱ, ㄷ ④ ㄴ, ㄷ ⑤ ㄱ, ㄴ, ㄷ

✓ 자료 해석

- Q의 관성계에서 A, B에서 동시에 발생한 빛은 O에 동시에 도달한다. → 빛의 속력이 일정하므로 A와 O 사이의 거리는 B와 O 사이의 거리와 같다.
- P의 관성계에서 우주선이 등속도 운동하므로 우주선의 운동 방향으로 길이 수축이 일어난다. → O와 B 사이의 거리는 길이 수축이 일어나고, O와 A 사이의 거리는 길이 수축이 일어나지 않는다.

O 보기풀이 ㄴ. 같은 장소에서 동시에 일어난 사건은 관성계에 관계없이 동시에 일어난 것으로 관측된다. Q의 관성계에서 A, B에서 동시에 발생한 빛은 O에 동시에 도달하므로 P의 관성계에서도 빛은 O에 동시에 도달한다.

× 매력적 오답 ㄱ. Q의 관성계에서 O에서 A까지의 거리와 O에서 B까지의 거리는 같다. 그런데 P의 관성계에서는 우주선이 운동하고 있으므로 우주선의 진행 방향으로 길이 수축이 일어난다. 따라서 P의 관성계에서는 길이 수축에 의해 O에서 B까지의 거리는 O에서 A까지의 거리보다 짧다.

ㄷ. P의 관성계에서 A, B에서 발생한 빛은 O에 동시에 도달한다. 그런데 A에서 발생한 빛이 O에 도달할 때까지 빛이 이동한 거리는 B에서 발생한 빛이 O에 도달할 때까지 빛이 이동한 거리보다 크다. 따라서 빛은 A에서가 B에서보다 먼저 발생하였다.

문제풀이 Tip

같은 장소에서 일어나는 사건은 운동하는 관찰자나 정지해 있는 관찰자에 관계없이 동시에 일어나는 것을 유의해야 한다.

선택지 비율	① 5%	❷ 51%	③ 6%	④ 32%	⑤ 6%

7 특수 상대성 이론의 적용

2023년 4월 교육청 9번 | 정답 ② | 문제편 31 p

출제 의도 광속 불변 원리를 이용하여 빛이 진행한 거리를 비교하고, 서로 다른 관성계에서의 관찰 결과를 비교할 수 있는지 확인하는 문항이다.

그림과 같이 관찰자 P에 대해 관찰자 Q가 탄 우주선이 광원 A, 검출기, 광원 B를 잇는 직선과 나란하게 광속에 가까운 속력으로 등속도 운동한다. P의 관성계에서, 광원 A, B, C에서 동시에 방출된 빛은 검출기에 동시에 도달한다. Q의 관성계에서도 빛은 검출기에 동시에 도달한다.

P의 관성계에서 검출기는 B에 가까워지는 방향으로 이동한다.

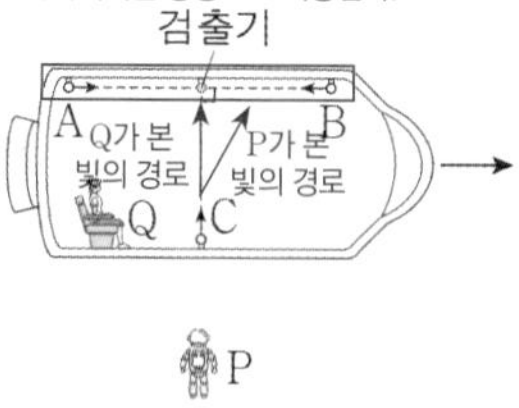

이에 대한 설명으로 옳은 것만을 〈보기〉에서 있는 대로 고른 것은? [3점]

보기

ㄱ. A와 B 사이의 거리는 P의 관성계에서가 Q의 관성계에서보다 ~~크다~~. 작다

ㄴ. C에서 방출된 빛이 검출기에 도달하는 데 걸리는 시간은 Q의 관성계에서가 P의 관성계에서보다 작다.

ㄷ. Q의 관성계에서, 빛은 A에서가 B에서보다 ~~먼저~~ 나중에 방출된다.

① ㄱ ② ㄴ ③ ㄱ, ㄷ ④ ㄴ, ㄷ ⑤ ㄱ, ㄴ, ㄷ

✔ 자료 해석

- P의 관성계에서 광원 A, B에서 동시에 방출된 빛은 검출기에 동시에 도달한다. → 검출기가 B에 가까워지는 방향으로 이동하므로 빛이 동시에 도달하려면 A에서 검출기까지의 거리는 B에서 검출기까지의 거리보다 작다.
- 같은 장소에서 동시에 일어난 사건은 관성계에 관계없이 동시에 일어난 것으로 관측된다. → Q의 관성계에서도 A, B, C에서 방출된 빛은 O에 동시에 도달한다.

O 보기풀이 ㄴ. C에서 방출된 빛은 Q의 관성계에서는 검출기까지 수직 경로를 따라 진행하지만 P의 관성계에서는 검출기가 운동하고 있으므로 빛이 검출기까지 대각선 경로를 따라 진행한다. 즉, 빛의 속력은 일정한데, 빛의 경로 길이가 Q의 관성계에서가 P의 관성계에서보다 작으므로 걸리는 시간도 Q의 관성계에서가 P의 관성계에서보다 작다.

× 매력적 오답 ㄱ. Q의 관성계에서 측정한 A와 B 사이의 거리는 고유 길이이다. P의 관성계에서는 A와 B 사이의 거리는 길이 수축이 일어나므로 고유 길이보다 작다.

ㄷ. Q의 관성계에서도 A와 B에서 방출된 빛은 검출기에 동시에 도달한다. 그런데, B에서 검출기까지의 거리는 A에서 검출기까지의 거리보다 크고 빛의 속력은 일정하므로, 빛은 B에서 먼저 방출되어야 빛이 동시에 도달한다.

문제풀이 Tip

빛의 속력은 일정하므로 빛이 진행하는 데 걸린 시간을 비교하는 것은 빛의 경로 길이를 비교하는 것과 같다.

선택지 비율	① 5%	② 21%	③ 14%	④ 12%	❺ 48%

8 특수 상대성 이론의 이해

2023년 3월 교육청 13번 | 정답 ⑤ | 문제편 31 p

출제 의도 특수 상대성 이론을 이해하여 광속 불변 원리, 길이 수축, 시간 지연을 적용할 수 있는지 확인하는 문항이다.

그림과 같이 관찰자 A에 대해 광원 p와 검출기 q는 정지해 있고, 관찰자 B, 광원 r, 검출기 s는 우주선과 함께 $0.5c$의 속력으로 직선 운동한다. A의 관성계에서 빛이 p에서 q까지, r에서 s까지 진행하는 데 걸린 시간은 t_0으로 같고, 두 빛의 진행 방향과 우주선의 운동 방향은 반대이다.

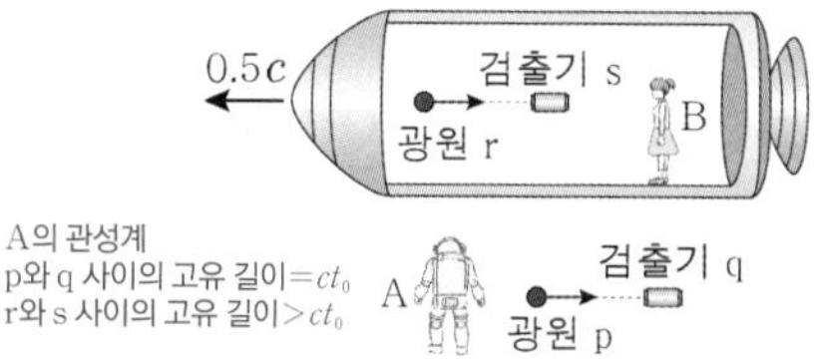

이에 대한 설명으로 옳은 것은? (단, 빛의 속력은 c이다.) [3점]

① A의 관성계에서, r에서 나온 빛의 속력은 ~~$0.5c$~~이다. c

② A의 관성계에서, r와 s 사이의 거리는 ct_0보다 ~~작다~~. 크다

③ B의 관성계에서, p와 q 사이의 거리는 ct_0보다 ~~크다~~. 작다

④ B의 관성계에서, A의 시간은 B의 시간보다 ~~빠르게~~ 간다. 느리게

⑤ B의 관성계에서, 빛이 r에서 s까지 진행하는 데 걸린 시간은 t_0보다 크다.

✔ 자료 해석

- A의 관성계에서 p, q는 자신과 함께 정지해 있으므로 빛이 p에서 q까지 진행한 길이는 p와 q 사이의 고유 길이와 같다.
  → p와 q 사이의 고유 길이$=ct_0$
- A의 관성계에서 r, s는 왼쪽으로 운동하고 있으므로 빛이 r에서 s까지 진행한 길이는 r와 s 사이의 고유 길이보다 작다.
  → r와 s 사이의 고유 길이$>ct_0$

O 보기풀이 ⑤ B의 관성계에서 r, s는 자신과 함께 정지해 있으므로 빛이 r에서 s까지 진행한 길이는 r와 s 사이의 고유 길이와 같으므로 ct_0보다 크다. 따라서 빛이 진행하는 데 걸린 시간은 t_0보다 크다.

× 매력적 오답 ① 모든 관성계에서 빛이 진행하는 속력은 c로 같다.

② A의 관성계에서 s가 t_0 동안 왼쪽으로 이동해 빛과 만나므로 r와 s 사이의 거리는 ct_0보다 크다.

③ B의 관성계에서 p, q가 운동하고 있으므로 p와 q 사이의 거리는 길이 수축이 일어나 고유 길이인 ct_0보다 작다.

④ 관찰자에 대해 상대적으로 운동하는 상대방의 시간이 느리게 가는 현상을 시간 지연이라고 한다. B의 관성계에서는 A가 운동하고 있으므로 A의 시간은 B의 시간보다 느리게 간다.

문제풀이 Tip

특수 상대성 이론 문항에서는 관찰자에 대해 운동하는 관성계에서 길이 수축과 시간 지연 현상이 일어나는 것에 유의해야 한다. 가장 먼저 관찰자에 대해 정지해 있는 물체와 운동하고 있는 물체를 구분하고 문제를 풀도록 하자.

선택지 비율	① 10%	② 6%	③ 10%	❹ 71%	⑤ 3%

9 특수 상대성 이론

2022년 10월 교육청 9번 | 정답 ④ | 문제편 32 p

(출제 의도) 특수 상대성 이론의 시간 지연 현상과 길이 수축 현상을 이해하고 있는지 확인하는 문항이다.

그림과 같이 관찰자 A에 대해 관찰자 B가 탄 우주선이 광속에 가까운 속력 v로 등속도 운동한다. 점 X, Y는 각각 우주선의 앞과 뒤의 점이다. A의 관성계에서 기준선 P, Q는 정지해 있으며 X가 P를 지나는 순간 Y가 Q를 지난다.

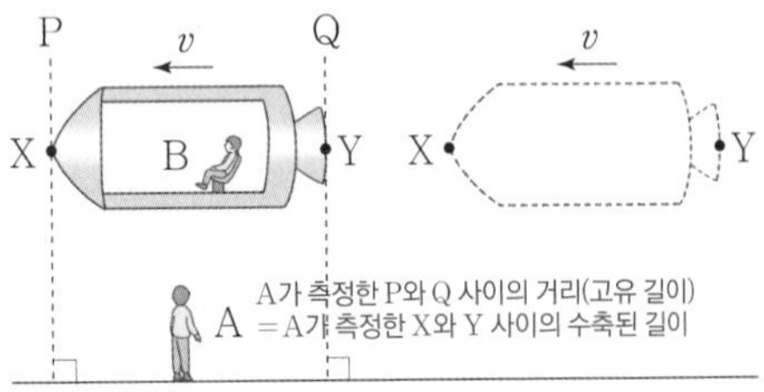

B의 관성계에서 관측했을 때에 대한 옳은 설명만을 〈보기〉에서 있는 대로 고른 것은? B는 정지해 있고 A와 P, Q가 운동하는 것으로 관측

보기

ㄱ. A의 시간은 B의 시간보다 느리게 간다.
ㄴ. X와 Y 사이의 거리는 P와 Q 사이의 거리~~와 같다~~. 보다 크다.
ㄷ. P가 X를 지나는 사건이 Q가 Y를 지나는 사건보다 먼저 일어난다.

① ㄱ ② ㄷ ③ ㄱ, ㄴ ④ ㄱ, ㄷ ⑤ ㄴ, ㄷ

✓ 자료 해석

- A의 관성계에서 A가 측정한 P와 Q 사이의 거리는 고유 길이이고, X와 Y 사이의 거리는 수축된 거리이므로 고유 길이는 X와 Y 사이의 거리가 P와 Q 사이의 거리보다 크다.
- B의 관성계에서 A, P, Q가 운동하므로 A의 시간은 시간 지연이 일어나고 P와 Q 사이의 거리는 길이 수축이 일어난다.

○ 보기 풀이 ㄱ. B의 관성계에서 자신은 정지해 있고, A가 운동하고 있으므로 운동하는 A의 시간이 더 느리게 간다.
ㄷ. A의 관성계에서 P와 Q 사이의 거리가 X와 Y 사이의 거리와 같은데 A가 측정한 X와 Y 사이의 거리는 수축된 길이이므로 고유 길이는 X와 Y 사이의 거리가 P와 Q 사이의 거리보다 크다. B의 관성계에서 P, Q가 운동하고 있으므로 P와 Q 사이의 거리가 수축되어 P가 X를 지나는 사건이 일어난 후에 Q가 Y를 지나는 사건이 일어난다.

× 매력적 오답 ㄴ. 고유 길이는 X와 Y 사이의 거리가 P와 Q 사이의 거리보다 크고, B의 관성계에서 P와 Q 사이의 거리는 길이 수축도 일어나므로 X와 Y 사이의 거리는 P와 Q 사이의 거리보다 크다.

문제풀이 Tip

시간 지연 현상과 길이 수축 현상은 관찰자에 대해 운동하는 대상에 적용되는 현상임을 잊지 않아야 한다.

선택지 비율	① 6%	② 5%	③ 7%	④ 7%	❺ 75%

10 특수 상대성 이론

2022년 7월 교육청 11번 | 정답 ⑤ | 문제편 32 p

(출제 의도) 특수 상대성 이론을 이해하여 다른 관성계에서 관측하는 빛의 진행 경로에 대해 설명할 수 있는지 확인하는 문항이다.

그림은 관찰자 B에 대해 관찰자 A가 탄 우주선이 x축과 나란하게 광속에 가까운 속력으로 등속도 운동하는 모습을 나타낸 것이다. 광원, 검출기 P, Q를 잇는 직선은 x축과 나란하다. 광원에서 발생한 빛은 A의 관성계에서는 P보다 Q에 먼저 도달하고 B의 관성계에서는 Q보다 P에 먼저 도달한다. A의 관성계에서 광원에서 발생한 빛이 R까지 진행하는 데 걸린 시간은 t_0이다.

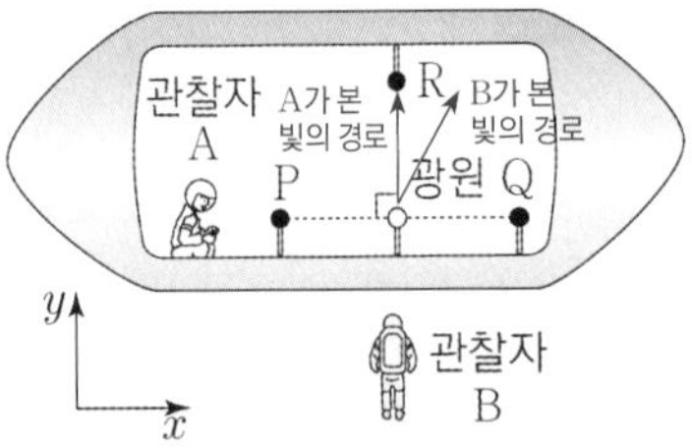

Q와 광원 사이의 거리는 P와 광원 사이의 거리보다 작다.

이에 대한 설명으로 옳은 것만을 〈보기〉에서 있는 대로 고른 것은? [3점]

보기

ㄱ. B의 관성계에서 우주선의 운동 방향은 $+x$방향이다.
ㄴ. B의 관성계에서 광원과 P 사이의 거리는 광원과 P 사이의 고유 길이보다 작다.
ㄷ. B의 관성계에서 빛이 광원에서 R까지 가는 데 걸린 시간은 t_0보다 크다.

① ㄱ ② ㄴ ③ ㄱ, ㄷ ④ ㄴ, ㄷ ⑤ ㄱ, ㄴ, ㄷ

✓ 자료 해석

- A의 관성계에서 빛은 P보다 Q에 먼저 도달한다. → 광원과 P 사이의 거리는 광원과 Q 사이의 거리보다 크다.
- B의 관성계에서 빛은 Q보다 P에 먼저 도달한다. → 고유 길이는 광원과 P 사이의 거리가 광원과 Q 사이의 거리보다 더 크지만, 빛이 P에 먼저 도달하므로 P는 발생한 빛에 가까워지는 방향으로 운동하고 있다.

○ 보기 풀이 ㄱ. B의 관성계에서 빛이 Q보다 P에 먼저 도달하므로 P는 발생한 빛에 가까워지는 방향으로, Q는 빛에서 멀어지는 방향으로 운동하고 있다. 따라서 우주선의 운동 방향은 $+x$방향이다.
ㄴ. B의 관성계에서 P, 광원이 운동하고 있으므로 광원에서 P까지의 거리는 길이 수축에 의해 고유 길이보다 작다.
ㄷ. A의 관성계에서는 광원에서 발생한 빛이 R까지 수직 경로를 따라 진행하지만 B의 관성계에서는 R가 운동하고 있으므로 빛이 R까지 대각선 경로를 따라 진행한다. 즉, 빛의 속력은 어느 관성계에서나 일정한데, B의 관성계에서는 빛의 진행 경로가 A의 관성계에서보다 길어지므로 시간은 t_0보다 크다.

문제풀이 Tip

이 문제는 관찰자에 대해 운동하는 우주선의 운동 방향이 주어지고 빛의 진행 경로를 살펴보는 익숙한 유형에서 벗어나 빛의 진행 경로를 통해 우주선의 운동 방향을 찾는 다소 생소한 유형이다. 새로운 유형이 출제되더라도 풀이 방법이 새로운 것은 아니므로 침착하게 단계를 밟아가는 연습이 필요하다.

11 특수 상대성 이론의 적용

선택지 비율	① 35%	② 5%	❸ 47%	④ 6%	⑤ 6%

2022년 4월 교육청 9번 | 정답 ③ | 문제편 32 p

출제 의도 특수 상대성 이론을 이해하여 서로 다른 관성계에서 관찰한 결과를 해석할 수 있는지 확인하는 문항이다.

그림과 같이 관찰자 A에 대해 관찰자 B가 탄 우주선이 광속에 가까운 속력 v로 등속도 운동한다. A의 관성계에서, 광원 p, q와 검출기는 정지해 있고, p와 검출기를 잇는 직선은 우주선의 운동 방향과 나란하다. B의 관성계에서, p와 q에서 동시에 방출된 빛은 검출기에 동시에 도달한다.

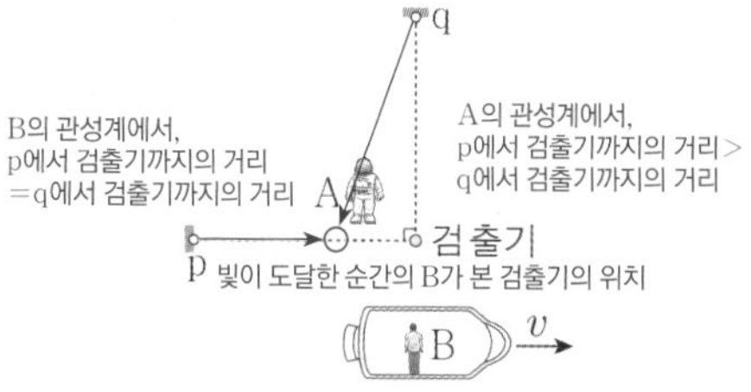

이에 대한 설명으로 옳은 것만을 〈보기〉에서 있는 대로 고른 것은? [3점]

〈보기〉

ㄱ. p와 검출기 사이의 거리는 A의 관성계에서가 B의 관성계에서보다 크다.

ㄴ. q에서 방출된 빛이 검출기에 도달할 때까지 걸린 시간은 A의 관성계에서가 B의 관성계에서보다 ~~크다~~. 작다.

ㄷ. A의 관성계에서, 빛은 p에서가 q에서보다 먼저 방출된다.

① ㄱ ② ㄴ ③ ㄱ, ㄷ ④ ㄴ, ㄷ ⑤ ㄱ, ㄴ, ㄷ

✓ 자료 해석

- p, q에서 빛이 방출되는 사건은 B의 관성계에서는 동시에 일어나지만 A의 관성계에서는 동시가 아닐 수 있다. → 다른 장소에서의 동시성
- 빛이 검출기에 도달하는 사건은 A의 관성계에서나 B의 관성계에서나 동시에 일어난다. → 한 장소에서의 동시성

O 보기풀이 ㄱ. A의 관성계에서 p와 검출기 사이의 거리는 고유 길이이지만 B의 관성계에서는 p와 검출기가 운동하고 있으므로 p와 검출기 사이의 거리는 길이 수축이 일어난다. 따라서 p와 검출기 사이의 거리는 A의 관성계에서가 B의 관성계에서보다 크다.

ㄷ. B의 관성계에서 p, q에서 동시에 방출된 빛이 검출기에 동시에 도달한다. B의 관성계에서는 검출기가 p에 가까워지는 방향으로 나란하게 이동하고 있으므로 B의 관성계에서 p와 검출기 사이의 거리가 q와 검출기 사이의 거리와 같다면, A의 관성계에서 p와 검출기 사이의 거리는 q와 검출기 사이의 거리보다 크다. 빛이 검출기에 도달하는 사건은 A에게도 동시에 일어나는 사건이므로 A의 관성계에서 빛은 p에서가 q에서보다 먼저 방출된다.

× 매력적 오답 ㄴ. q에서 방출된 빛이 검출기에 도달할 때까지 빛의 경로 길이는 A의 관성계에서가 B의 관성계에서보다 작다. 빛의 속력은 관찰자에 관계없이 일정하므로 q에서 방출된 빛이 검출기에 도달할 때까지 걸린 시간은 A의 관성계에서가 B의 관성계에서보다 작다.

문제풀이 Tip

같은 장소에서 동시에 발생하는 사건과 다른 장소에서 동시에 발생하는 사건을 구분하여 동시성의 상대성을 이해해야 한다.

12 특수 상대성 이론의 이해

선택지 비율	① 9%	② 10%	③ 34%	❹ 37%	⑤ 10%

2022년 3월 교육청 18번 | 정답 ④ | 문제편 32 p

출제 의도 광속 불변 원리를 이용하여 빛이 진행한 거리를 비교하고, 서로 다른 관성계에서의 관찰 결과를 비교할 수 있는지 확인하는 문항이다.

그림과 같이 관찰자 A가 탄 우주선이 관찰자 B에 대해 광속에 가까운 일정한 속력으로 $+x$방향으로 운동한다. A의 관성계에서 빛은 광원으로부터 각각 $-x$방향, $+y$방향으로 방출된다. 표는 A와 B가 각각 측정했을 때 빛이 광원에서 점 p, q까지 가는 데 걸린 시간을 나타낸 것이다.

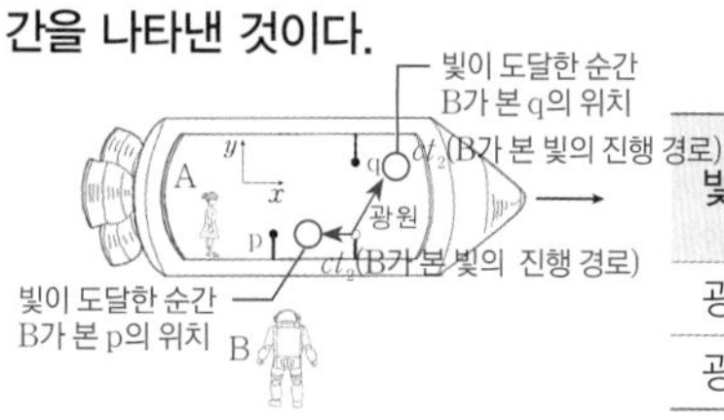

빛의 경로	걸린 시간	
	A	B
광원 → p	$2t_1$	t_2
광원 → q	t_1	t_2

이에 대한 설명으로 옳은 것은? (단, 빛의 속력은 c이다.) [3점]

① ~~$t_1>t_2$~~이다. $t_1<t_2$

② A의 관성계에서 광원과 p 사이의 거리는 $2ct_1$~~보다 작다~~. 이다.

③ B의 관성계에서 광원과 p 사이의 거리는 ct_2~~이다~~. 보다 크다.

④ B의 관성계에서 광원과 q 사이의 거리는 ct_2보다 작다.

⑤ B가 측정할 때, B의 시간은 A의 시간보다 ~~느리게~~ 간다. 빠르게

✓ 자료 해석

- A의 관성계에서는 p, q, 광원이 정지해 있으므로 광원에서 p 또는 q까지 빛이 진행한 거리는 광원과 p 또는 q 사이의 거리와 같다.
→ $2ct_1$=광원과 p 사이의 거리, ct_1=광원과 q 사이의 거리
- B의 관성계에서는 p, q, 광원이 함께 운동하고 있으므로 광원에서 p 또는 q까지 빛이 진행한 거리는 광원과 p 또는 q 사이의 거리와 다르다.

O 보기풀이 ④ B의 관성계에서 광원과 q 사이의 거리는 수직 경로이고, 빛의 진행 경로는 대각선 경로이므로 광원과 q 사이의 거리는 빛의 진행 경로(ct_2)보다 작다.

× 매력적 오답 ① 광원에서 q까지의 빛의 진행 경로는 B의 관성계에서가 A의 관성계에서보다 크고, 빛의 진행 속력은 같으므로 걸린 시간은 B의 관성계에서가 A의 관성계에서보다 크다. 즉, $t_1<t_2$이다.

② A의 관성계에서 광원과 p 사이의 거리는 빛의 진행 경로와 같으므로 $2ct_1$이다.

③ B의 관성계에서 p가 빛에 가까워지는 방향으로 이동하므로 광원과 p 사이의 거리는 빛의 진행 경로(ct_2)보다 크다.

⑤ B가 측정할 때, A가 탄 우주선이 운동하고 있으므로 시간 지연이 일어나 A의 시간은 B의 시간보다 느리게 간다.

문제풀이 Tip

운동하는 관찰자 입장에서의 빛의 진행을 파악하기 위해 p, q의 위치를 임의로 표시해 보면 정지한 관찰자 입장과의 차이를 더 쉽게 파악할 수 있다.

선택지 비율	① 12%	② 15%	③ 14%	❹ 48%	⑤ 11%

13 길이 수축

2021년 10월 교육청 16번 | 정답 ④ | 문제편 33p

출제 의도 특수 상대성 이론을 이해하여 속력에 따른 길이 수축의 정도를 비교할 수 있는지 확인하는 문항이다.

그림과 같이 관찰자 P가 관측할 때 우주선 A, B는 길이가 같고, 같은 방향으로 속력 v_A, v_B로 직선 운동한다. B의 관성계에서 A의 길이는 B의 길이보다 크다. A, B의 고유 길이는 각각 L_A, L_B이다.

B의 관성계에서 측정한 B의 길이는 고유 길이이고, A의 길이는 수축된 길이이다.

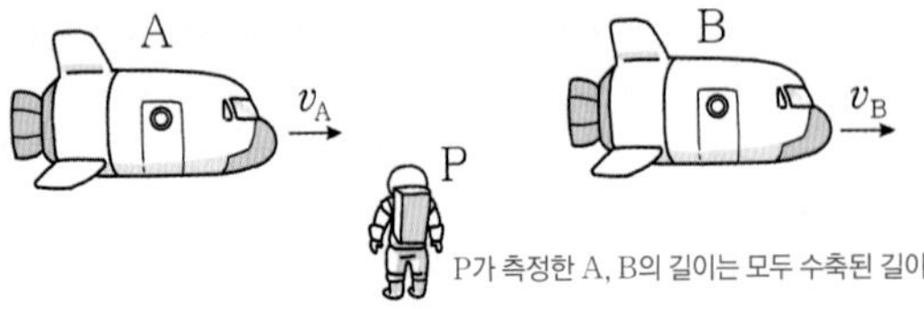

P가 측정한 A, B의 길이는 모두 수축된 길이이다.

이에 대한 옳은 설명만을 〈보기〉에서 있는 대로 고른 것은?

보기
ㄱ. ~~$L_A < L_B$~~이다. $L_A > L_B$
ㄴ. $v_A > v_B$이다.
ㄷ. A의 관성계에서, A와 B의 길이 차는 $|L_A - L_B|$보다 크다.

① ㄱ ② ㄴ ③ ㄱ, ㄷ ④ ㄴ, ㄷ ⑤ ㄱ, ㄴ, ㄷ

✔ 자료 해석

• 관찰자에 대하여 운동하는 물체의 길이는 길이 수축에 의해 짧아진다.

구분	A의 관성계	B의 관성계	P의 관성계
A의 길이	고유 길이	수축된 길이	수축된 길이
B의 길이	수축된 길이	고유 길이	수축된 길이

○ 보기 풀이 ㄴ. B의 관성계에서 자신은 정지해 있고 A는 운동하고 있으므로 B의 관성계에서 측정한 B의 길이는 고유 길이, A의 길이는 수축된 길이이다. 그런데, A의 수축된 길이가 B의 고유 길이보다 크므로 A의 고유 길이는 B의 고유 길이보다 크다는 것을 알 수 있다. P의 관성계에서 A, B의 길이가 같게 관측되었으므로 A의 속력이 커서 A의 길이가 더 많이 수축되었음을 알 수 있다. 즉, $v_A > v_B$이다.
ㄷ. A의 관성계에서 측정한 B의 길이를 L_B'라고 하면 $L_B > L_B'$이다. 따라서 A와 B의 길이 차는 $|L_A - L_B'| > |L_A - L_B|$이다.

× 매력적 오답 ㄱ. B의 관성계에서 수축된 A의 길이가 B의 고유 길이보다 크므로 $L_A > L_B$이다.

문제풀이 Tip

P에 대해 A, B가 모두 운동하고 있으므로 P가 측정한 길이는 수축된 길이라는 것을 유의해야 한다. 길이 수축 정도는 속력에 따라서 달라지기 때문에 수축된 길이가 같다고 해서 반드시 고유 길이가 같은 것은 아니다.

선택지 비율	① 8%	❷ 64%	③ 7%	④ 10%	⑤ 12%

14 특수 상대성 이론

2021년 7월 교육청 10번 | 정답 ② | 문제편 33p

출제 의도 특수 상대성 원리의 시간 지연 현상과 길이 수축 현상을 이해하고 있는지 확인하는 문항이다.

그림은 관찰자 A가 탄 우주선이 관찰자 B에 대해 광원 Y와 검출기 R를 잇는 직선과 나란하게 $0.8c$로 등속도 운동하는 모습을 나타낸 것이다. A가 측정할 때 광원 X에서 발생한 빛이 검출기 P와 Q에 각각 도달하는 데 걸린 시간은 같다. B가 측정할 때 광원 Y에서 발생한 빛이 R에 도달하는 데 걸린 시간은 t_0이다. Y와 R는 B에 대해 정지해 있다.

P, Q와 광원 사이의 거리는 같다.

광원과 P, Q 사이의 거리 : A의 관성계에서는 고유 길이, B의 관성계에서는 수축된 길이를 측정한다.

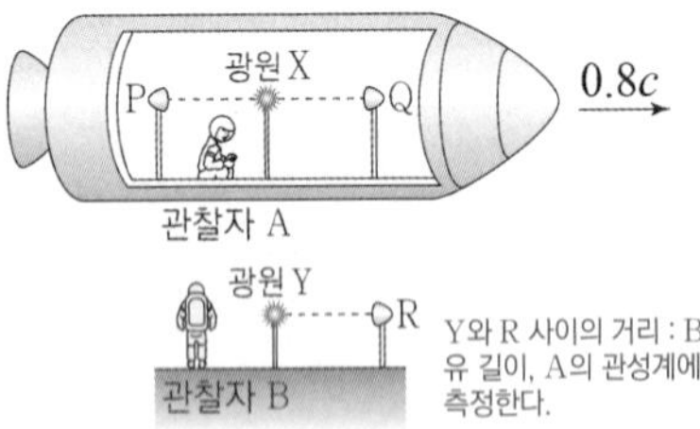

Y와 R 사이의 거리 : B의 관성계에서는 고유 길이, A의 관성계에서는 수축된 길이를 측정한다.

이에 대한 설명으로 옳은 것만을 〈보기〉에서 있는 대로 고른 것은? (단, c는 빛의 속력이다.) [3점]

보기
ㄱ. X에서 발생하여 P에 도달하는 빛의 속력은 B가 측정할 때가 A가 측정할 때~~보다 크다~~. 와 같다.
ㄴ. B가 측정할 때, X에서 발생한 빛은 Q보다 P에 먼저 도달한다.
ㄷ. A가 측정할 때, Y와 R 사이의 거리는 ct_0보다 ~~크다~~. 작다.

① ㄱ ② ㄴ ③ ㄷ ④ ㄴ, ㄷ ⑤ ㄱ, ㄴ, ㄷ

✔ 자료 해석

• A의 관성계에서는 X, P, Q가 정지해 있다. → 빛이 P, Q에 동시에 도달하므로 'P와 광원 사이의 거리=Q와 광원 사이의 거리'이다.
• B의 관성계에서는 Y, R가 정지해 있다. → B가 측정한 Y와 R 사이의 거리는 고유 길이이다.

○ 보기 풀이 ㄴ. B가 측정할 때 우주선이 오른쪽으로 $0.8c$의 속력으로 운동하고 있으므로 P, Q는 모두 오른쪽으로 이동한다. 따라서 X에서 발생한 빛이 검출기까지 가는 동안 P는 빛의 진행 방향과 반대 방향으로 이동하여 가까워지고, Q는 빛의 진행 방향과 같은 방향으로 이동하여 멀어진다. 이때 빛의 속력은 항상 일정하므로 짧은 거리를 이동하는 빛의 이동 시간이 더 짧다. 즉, X에서 발생한 빛은 Q보다 P에 먼저 도달한다.

× 매력적 오답 ㄱ. 모든 관성계에서 진공 중 진행하는 빛의 속력은 관찰자나 광원의 속력에 관계없이 일정하다. 따라서 B의 관성계에서 관측한 빛의 속력은 P에서 발생한 빛과 Q에서 발생한 빛 모두 c이다.
ㄷ. B의 관성계에서 Y와 R는 B에 대해 정지해 있으므로 B가 측정한 빛이 Y에서 R까지 진행하는 데 걸린 시간은 t_0이며, Y와 R 사이의 고유 길이는 ct_0이다. A의 관성계에서는 Y와 R가 운동하고 있으므로 Y와 R 사이의 거리는 길이 수축이 일어나 고유 길이인 ct_0보다 작다.

문제풀이 Tip

B의 관성계에서는 우주선이 운동하고 있으므로 잠시 후의 P, Q의 위치를 임의로 표시해 보면 빛의 진행 거리를 쉽게 비교할 수 있다.

선택지 비율	① 8%	② 52%	③ 10%	④ 9%	⑤ 21%

15 특수 상대성 이론

2021년 4월 교육청 8번 | 정답 ② | 문제편 33p

출제 의도 특수 상대성 이론을 이해하여 광속 불변 원리, 길이 수축, 동시성의 상대성을 적용할 수 있는지 확인하는 문항이다.

A, P, Q, 검출기는 같은 관성계이다.

그림과 같이 관찰자 A에 대해 광원 P와 Q, 검출기가 정지해 있고, 관찰자 B가 탄 우주선이 P와 검출기를 잇는 직선과 나란하게 $0.8c$의 속력으로 운동한다. A의 관성계에서는 P, Q에서 동시에 발생한 빛이 검출기에 동시에 도달한다. 같은 지점에서 동시에 발생하는 두 사건은 B에게도 동시에 발생하는 것으로 관측된다.

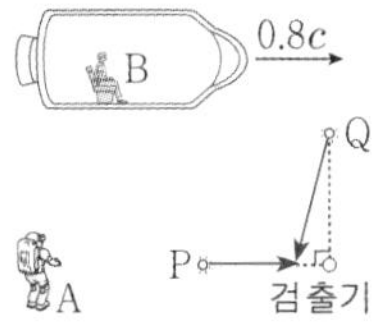

B의 관성계에서 볼 때 검출기가 왼쪽으로 이동하므로 P, Q에서 발생한 빛이 이동한 거리가 다르다.

이에 대한 설명으로 옳은 것만을 〈보기〉에서 있는 대로 고른 것은? (단, c는 빛의 속력이다.) [3점]

보기

ㄱ. B의 관성계에서는 P에서 발생한 빛의 속력이 ~~c보다 작다.~~ c이다.

ㄴ. Q와 검출기 사이의 거리는 A의 관성계에서와 B의 관성계에서가 같다.

ㄷ. B의 관성계에서는 ~~P, Q에서 빛이 동시에 발생한다.~~ Q에서 빛이 먼저 발생한다.

① ㄱ ② ㄴ ③ ㄷ ④ ㄱ, ㄴ ⑤ ㄴ, ㄷ

✓ 자료 해석

- A의 관성계에서는 P, Q, 검출기가 정지해 있다. → 동시에 발생한 빛이 동시에 검출기에 도달하므로 빛의 진행 거리가 같다.
- B의 관성계에서는 P, Q, 검출기가 운동하고 있다. → 빛이 검출기에 도달하는 동안 빛의 진행 거리는 P에서 발생한 빛이 Q에서 발생한 빛보다 짧다.

O 보기풀이 ㄴ. Q와 검출기는 A에 대해 정지해 있으므로 A가 측정한 Q와 검출기 사이의 거리는 고유 길이이다. B의 관성계에서 Q와 검출기를 잇는 직선은 우주선의 운동 방향과 수직을 이루므로 길이 수축이 일어나지 않는다. 따라서 Q와 검출기 사이의 거리는 A의 관성계에서와 B의 관성계에서 서로 같다.

× 매력적 오답 ㄱ. 모든 관성계에서 진공 중에서 진행하는 빛의 속력은 관찰자나 광원의 속력에 관계없이 일정하다. 따라서 B의 관성계에서 관측한 빛의 속력은 P에서 발생한 빛과 Q에서 발생한 빛 모두 c이다.

ㄷ. A의 관성계에서 P, Q에서 발생한 빛이 검출기에 동시에 도달하는 사건은 B의 관성계에서도 빛이 검출기에 동시에 도달하는 것으로 관측된다. 그런데 B의 관성계에서는 검출기가 왼쪽으로 이동하므로 P, Q에서 방출된 빛이 검출기에 도달하는 순간, 검출기의 위치는 P에 더 가깝다. 즉, P에서 발생한 빛이 Q에서 발생한 빛보다 더 짧은 거리를 이동한다. 이때 빛의 속력은 일정하므로 검출기에 빛이 동시에 도달하려면 Q에서 먼저 빛이 발생해야 한다.

문제풀이 Tip

같은 장소에서 동시에 발생하는 두 사건과 다른 장소에서 동시에 발생하는 두 사건을 구분하여 동시성의 상대성을 설명할 수 있어야 한다. 관찰자에 따라 다르게 관측될 수 있는 사건은 다른 장소에서 동시에 발생하는 사건임을 유의해야 한다.

선택지 비율	① 31%	② 11%	③ 14%	④ 13%	⑤ 31%

16 특수 상대성 이론

2021년 3월 교육청 17번 | 정답 ⑤ | 문제편 33p

출제 의도 특수 상대성 이론을 이해하여, 동시성의 상대성을 설명할 수 있는지 확인하는 문항이다.

그림과 같이 관찰자 A가 관측했을 때, 정지한 광원에서 빛 p, q가 각각 $+x$방향과 $+y$방향으로 동시에 방출된 후 정지한 각 거울에서 반사하여 광원으로 동시에 되돌아온다. 관찰자 B는 A에 대해 $0.6c$의 속력으로 $+x$방향으로 이동하고 있다. 표는 B가 측정했을 때, p와 q가 각각 광원에서 거울까지, 거울에서 광원까지 가는 데 걸린 시간을 나타낸 것이다. 광원에서 거울 사이의 간격은 서로 같다.

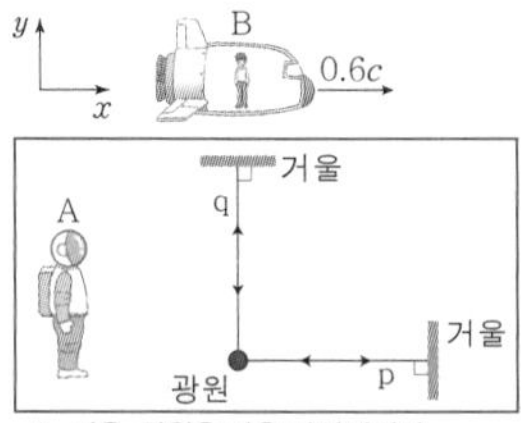

A, 거울, 광원은 같은 관성계이다.
→ B의 관성계에서 볼 때 A, 거울, 광원은 $-x$방향으로 $0.6c$의 속력으로 운동한다.

〈B가 측정한 시간〉

빛	광원에서 거울까지	거울에서 광원까지
p	t_1	t_2
q	t_3	t_3

B의 관성계에서 관측했을 때에 대한 옳은 설명만을 〈보기〉에서 있는 대로 고른 것은? (단, c는 빛의 속력이고, 광원의 크기는 무시한다.) [3점]

보기

ㄱ. p의 속력은 거울에서 반사하기 전과 후가 서로 ~~다르다.~~ 같다.

ㄴ. p가 q보다 먼저 거울에서 반사한다.

ㄷ. $2t_3=t_1+t_2$이다.

① ㄴ ② ㄷ ③ ㄱ, ㄴ ④ ㄱ, ㄷ ⑤ ㄴ, ㄷ

✓ 자료 해석

- B의 관성계에서 관측했을 때, 거울과 광원은 $-x$방향으로 운동하므로 빛이 광원으로 되돌아올 때까지 빛의 경로와 걸린 시간은 그림과 같다.

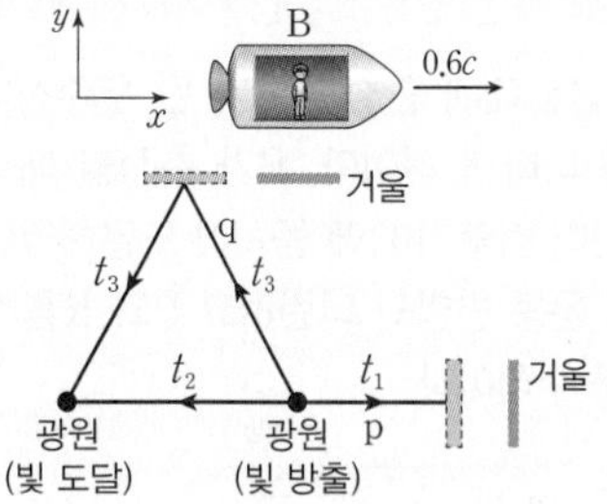

O 보기풀이 ㄴ. B의 관성계에서는 거울이 $-x$방향으로 $0.6c$의 속력으로 운동하므로 광원에서 방출된 p가 $+x$방향으로 가는 동안 거울은 $-x$방향으로 운동하여 p에 가까워진다. 따라서 광원에서 방출된 빛이 거울에 닿을 때까지 빛이 이동한 거리는 p가 q보다 짧으므로 p가 q보다 먼저 거울에서 반사한다.

ㄷ. 같은 지점에서 동시에 발생하는 사건은 관찰자와 관계없이 모든 관성계에서 동시에 발생한 것으로 관측된다. 따라서 A가 관측했을 때, p, q가 광원에서 동시에 되돌아오므로 B가 관측했을 때도 p, q는 광원에 동시에 되돌아온다. 즉, 걸린 시간이 같으므로 $2t_3=t_1+t_2$이다.

× 매력적 오답 ㄱ. 모든 관성계에서 진공 중 빛의 속력은 광원의 속력이나 관찰자의 속력에 관계없이 일정하다. 따라서 p의 속력은 거울에서 반사하기 전과 후에 관계없이 c로 같다.

Part I 교육청

선택지 비율	① 10%	② 5%	❸ 75%	④ 4%	⑤ 3%

17 특수 상대성 이론

2020년 10월 교육청 7번 | 정답 ③ | 문제편 34 p

(출제 의도) 특수 상대성 이론을 이해하여 길이 수축과 시간 지연 현상을 설명할 수 있는지 확인하는 문항이다.

그림과 같이 우주 정거장에 대해 정지한 두 점 P에서 Q까지 우주선이 일정한 속도로 운동한다. 우주 정거장의 관성계에서 관측할 때 P와 Q 사이의 거리는 3광년이고, 우주선이 P에서 방출한 빛은 우주선보다 2년 먼저 Q에 도달한다.

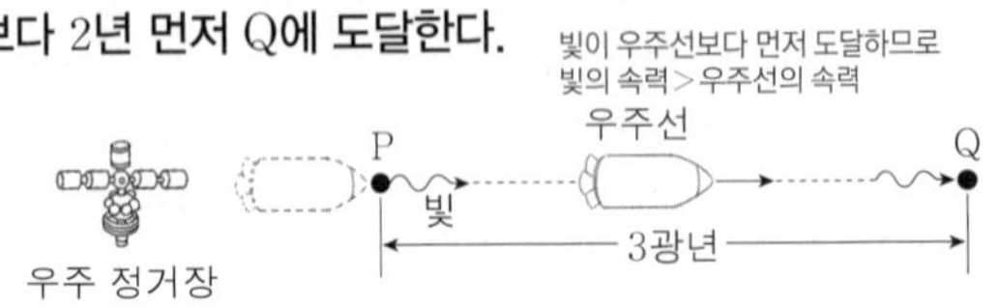
빛이 우주선보다 먼저 도달하므로
빛의 속력>우주선의 속력
우주선
P
Q
빛
3광년
우주 정거장

우주선의 관성계에서 관측할 때에 대한 옳은 설명만을 〈보기〉에서 있는 대로 고른 것은? (단, 빛의 속력은 c이고, 1광년은 빛이 1년 동안 진행하는 거리이다.) [3점]

〈보기〉
ㄱ. Q의 속력은 $0.6c$이다.
ㄴ. P와 Q 사이의 거리는 3광년~~이다~~. 보다 작다.
ㄷ. 우주선의 시간은 우주 정거장의 시간보다 빠르게 간다.

① ㄱ ② ㄴ ③ ㄱ, ㄷ ④ ㄴ, ㄷ ⑤ ㄱ, ㄴ, ㄷ

✓ 자료 해석

- 우주 정거장에 대해 P와 Q는 정지해 있으므로 우주 정거장의 관성계에서 측정한 P와 Q 사이의 거리는 고유 길이이다.
- 우주선이 P에서 방출한 빛이 P에서 Q까지 즉, 3광년을 진행하는 데 걸린 시간은 3년이므로, 우주선이 3광년을 운동하는 데 걸린 시간은 5년이다.

○ 보기풀이 ㄱ. 우주 정거장의 관성계에서 우주선은 P에서 Q까지 즉, 3광년을 운동하는 데 걸린 시간은 5년이다. 따라서 우주선의 속력은 $\frac{3광년}{5년}=0.6c$이다. 우주 정거장의 관성계에서 측정한 우주선의 속력은 우주선의 관성계에서 측정한 우주 정거장, P, Q의 속력과 같다. 따라서 Q의 속력은 $0.6c$이다.
ㄷ. 우주선의 관성계에서는 우주선은 정지해 있고, 우주 정거장이 $0.6c$로 운동하므로 시간 지연이 일어난다. 따라서 우주선의 시간은 우주 정거장의 시간보다 빠르게 간다.

× 매력적 오답 ㄴ. 우주선의 관성계에서는 우주선은 정지해 있고 P, Q가 왼쪽으로 운동하므로 P와 Q 사이의 거리는 길이 수축이 일어나 고유 길이인 3광년보다 작다.

문제풀이 Tip
우주 정거장의 관성계에서 관측할 때 우주선이 이동한 거리와 걸린 시간을 알 수 있으므로 우주선의 속력을 쉽게 구할 수 있다. 우주선과 우주 정거장의 운동은 상대적이므로 이를 이용하여 우주선의 관성계에서 관측한 우주 정거장, P, Q의 속력을 알 수 있다.

선택지 비율	① 4%	② 4%	③ 7%	④ 5%	❺ 78%

18 특수 상대성 이론

2020년 7월 교육청 18번 | 정답 ⑤ | 문제편 34 p

(출제 의도) 특수 상대성 원리의 시간 지연 현상과 길이 수축 현상을 이해하고 있는지 확인하는 문항이다.

그림은 관찰자 A에 대해 관찰자 B가 탄 우주선이 $0.9c$로 등속도 운동하는 모습을 나타낸 것이다. B가 측정할 때 광원 P와 Q에서 동시에 발생한 빛이 검출기 R에 동시에 도달하였다. Q와 R를 잇는 직선은 우주선의 운동 방향과 나란하고 P와 R를 잇는 직선은 우주선의 운동 방향과 수직이다.

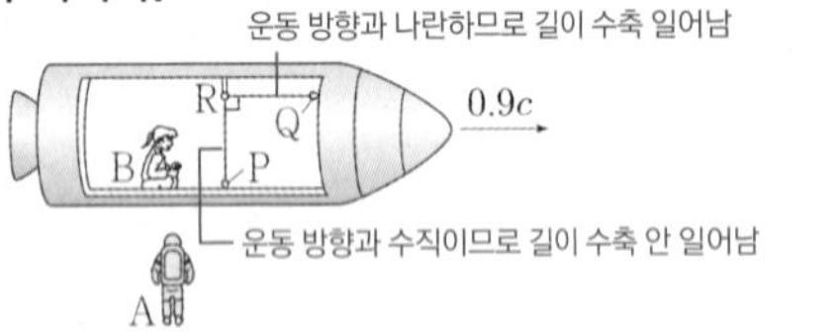
운동 방향과 나란하므로 길이 수축 일어남
R
Q
0.9c
B
P
운동 방향과 수직이므로 길이 수축 안 일어남
A

이에 대한 설명으로 옳은 것만을 〈보기〉에서 있는 대로 고른 것은? (단, c는 빛의 속력이다.)

〈보기〉
ㄱ. A와 B가 측정한 빛의 속력은 같다.
ㄴ. B가 측정할 때, A의 시간은 B의 시간보다 느리게 간다.
ㄷ. A가 측정할 때, P와 R 사이의 거리는 Q와 R 사이의 거리보다 길다.

① ㄱ ② ㄴ ③ ㄱ, ㄷ ④ ㄴ, ㄷ ⑤ ㄱ, ㄴ, ㄷ

✓ 자료 해석

- A가 측정할 때는 B가 운동하고, B가 측정할 때는 A가 운동을 하는 것으로 관찰된다.
- 광원 P, Q와 검출기 R는 B가 탄 우주선 내부에 있으므로 B에 대해 정지해 있다. 따라서 B가 측정한 P와 R 사이의 거리, Q와 R 사이의 거리는 고유 길이이다.

○ 보기풀이 A가 측정할 때는 B가 A에 대해 $0.9c$로 운동하고, B가 측정할 때는 A가 B에 대해 $0.9c$로 운동한다.
ㄱ. 모든 관성계에서 진공 중에서 진행하는 빛의 속력은 관찰자나 광원의 속력에 관계없이 일정하다. 따라서 A와 B가 측정한 빛의 속력은 같다.
ㄴ. B가 측정할 때는 B에 대해 A가 운동하므로 시간 지연에 의해 A의 시간은 B의 시간보다 느리게 간다.
ㄷ. B가 측정할 때 광원 P와 Q에서 동시에 발생한 빛이 검출기 R에 동시에 도달하고 빛의 속력은 일정하므로 P와 R 사이의 거리와 Q와 R 사이의 거리는 같다. 한편, A가 측정할 때, B가 탄 우주선이 운동하고 있으므로 운동 방향과 나란한 Q와 R 사이의 거리는 길이 수축이 일어난다. 따라서 A가 측정할 때 P와 R 사이의 거리는 Q와 R 사이의 거리보다 길다.

문제풀이 Tip
운동하는 관성계에서의 물체의 길이는 운동 방향과 나란한 방향의 물체의 길이만 수축된다. 따라서 운동 방향과 수직인 방향의 물체의 길이는 수축되지 않는 것에 유의해야 한다.

선택지 비율	① 3%	② 7%	③ 3%	❹ 82%	⑤ 3%

19 특수 상대성 이론

2020년 4월 교육청 7번 | 정답 ④ | 문제편 34p

출제 의도 속력이 다를 때 특수 상대성 이론을 적용할 수 있는지 확인하는 문항이다.

그림과 같이 관찰자 A, B가 탄 우주선이 수평면에 있는 관찰자 C에 대해 수평면과 나란한 방향으로 각각 일정한 속도 v_A, v_B로 운동한다. 광원에서 방출된 빛이 거울에 반사되어 되돌아오는 데 걸린 시간은 A가 측정할 때가 B가 측정할 때보다 작다. 광원, 거울은 C에 대해 정지해 있다.

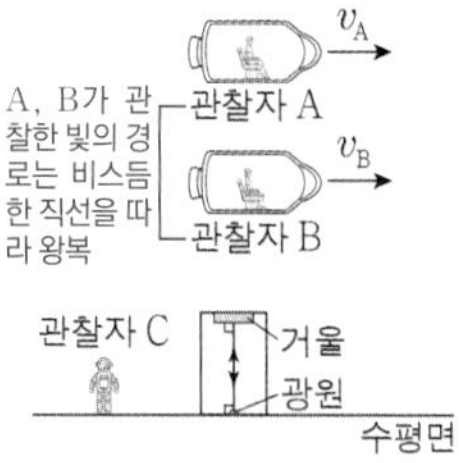

이에 대한 설명으로 옳은 것만을 〈보기〉에서 있는 대로 고른 것은? [3점]

> 보기
> ㄱ. 광원에서 방출된 빛의 속력은 B가 측정할 때가 C가 측정할 때보다 ~~크다~~. 일정하다.
> ㄴ. $v_A < v_B$이다.
> ㄷ. C가 측정할 때, B의 시간은 A의 시간보다 느리게 간다.

① ㄱ ② ㄷ ③ ㄱ, ㄴ ④ ㄴ, ㄷ ⑤ ㄱ, ㄴ, ㄷ

✔ 자료 해석

A, B가 측정할 때는 거울과 광원이 운동하므로 빛의 경로는 비스듬한 직선을 따라 왕복한다. 즉, A, B가 측정한 빛의 경로는 오른쪽 그림과 같다. 이때 빛의 왕복 시간이 짧을수록 빛의 경로가 더 짧으므로 ①이 A가 측정할 때, ②가 B가 측정할 때의 빛의 경로이다.

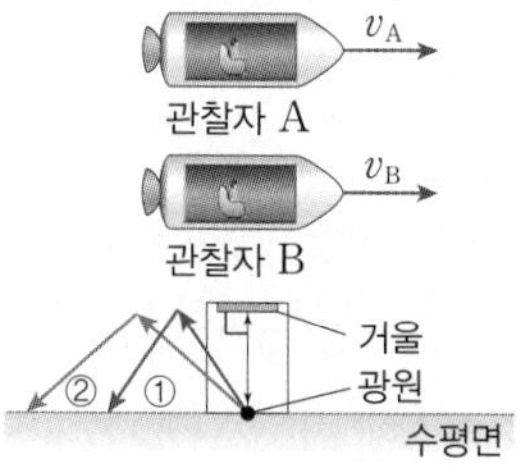

○ 보기풀이 ㄴ. 빛의 속력은 관찰자에 관계없이 항상 일정한데, 광원에서 방출된 빛이 거울에 반사되어 되돌아오는 데 걸린 시간이 A가 측정할 때가 B가 측정할 때보다 작으므로 A가 측정한 빛의 경로가 B가 측정한 빛의 경로보다 짧다. 따라서 B가 탄 우주선의 속력이 A가 탄 우주선의 속력보다 빠르다. 즉, $v_A < v_B$이다.

ㄷ. $v_A < v_B$이고, 정지한 관찰자에 대해 상대 속도가 빠를수록 시간 지연 효과가 더 커지므로 C가 측정할 때 속력이 빠른 B의 시간이 A의 시간보다 느리게 간다.

× 매력적 오답 ㄱ. 모든 관성계에서 진공 중에서 진행하는 빛의 속력은 관찰자나 광원의 속력에 관계없이 일정하다. 따라서 A, B, C가 측정한 빛의 속력은 모두 같다.

문제풀이 Tip

빛과 거울이 우주선 밖에 있을 때 우주선 안의 관찰자가 본 빛의 경로를 떠올릴 수 있어야 한다. 그리고 빛의 진행 속력이 일정하므로 빛의 왕복 시간이 짧다는 것은 빛의 경로가 짧은 것임을 유의해야 한다.

선택지 비율	① 4%	② 13%	❸ 69%	④ 6%	⑤ 6%

20 특수 상대성 이론

2020년 3월 교육청 7번 | 정답 ③ | 문제편 34p

출제 의도 특수 상대성 이론을 이해하여, 각 관찰자의 입장에서 다른 관성계의 운동을 설명할 수 있는지 확인하는 문항이다.

그림은 관찰자 A가 탄 우주선이 정지해 있는 관찰자 B에 대해 $+x$ 방향으로 $0.6c$의 일정한 속력으로 운동하는 모습을 나타낸 것이다. 광원과 점 P, Q는 B에 대해 정지해 있다. A가 관측할 때, 광원과 P 사이의 거리는 L이고 광원에서 방출된 빛은 P, Q에 동시에 도달하였다.

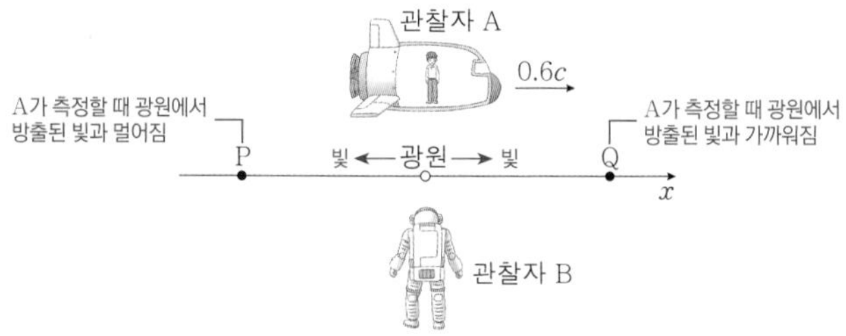

이에 대한 설명으로 옳은 것은? (단, c는 광속이다.) [3점]

① A가 관측할 때 B의 속력은 ~~$0.6c$보다 크다~~. $0.6c$이다.
② A가 관측할 때 광원과 Q 사이의 거리는 ~~L이다~~. L보다 크다.
③ B가 관측할 때 빛은 Q보다 P에 먼저 도달하였다.
④ B가 관측할 때 A의 시간은 B의 시간보다 ~~빠르게~~ 간다. 느리게
⑤ 광원에서 P로 진행하는 빛의 속력은 A가 관측할 때가 B가 관측할 때보다 ~~크다~~. 같다.

✔ 자료 해석

- A가 관측할 때 P, Q는 A에 대해 $-x$방향으로 운동하므로 P는 방출된 빛과 멀어지고, Q는 가까워진다.
- A는 광원에서 방출된 빛이 P, Q에 동시에 도달하는 것으로 측정하므로 광원의 위치는 P와 Q의 중간이 아니라 P에 더 가까운 쪽에 있어야 한다.

○ 보기풀이 ③ B가 관측할 때 광원과 Q 사이의 거리가 광원과 P 사이의 거리보다 크고 빛의 속력은 일정하므로 빛은 Q보다 P에 먼저 도달한다.

× 매력적 오답 ① B가 관측할 때, A는 $+x$방향으로 $0.6c$의 속력으로 운동하므로 A가 관측할 때, B는 $-x$방향으로 $0.6c$의 속력으로 운동한다.

② A가 관측할 때, 광원과 Q 사이의 거리는 광원과 P 사이의 거리인 L보다 크다.

④ B가 관측할 때, B에 대해 A가 운동하고 있으므로 B가 측정한 A의 시간은 자신의 시간보다 느리게 간다.

⑤ 모든 관성계에서 진공 중에서 진행하는 빛의 속력은 관찰자나 광원의 속력에 관계없이 일정하다. 따라서 A와 B가 관측한 빛의 속력은 같다.

문제풀이 Tip

광원에서 방출된 빛이 P, Q에 동시에 도달한다고 해도 광원과 P, 광원과 Q 사이의 거리는 같을 수도 있고, 다를 수도 있다는 것에 유의해야 한다. 항상 관찰자의 입장에서 생각하는 습관이 필요하다.

선택지 비율	❶ 75%	② 2%	③ 7%	④ 13%	⑤ 1%

21 특수 상대성 이론

2019년 10월 교육청 5번 | 정답 ① | 문제편 35 p

출제 의도 특수 상대성 이론을 이해하여 상대 속력이 다를 때의 길이 수축 현상을 설명할 수 있는지 확인하는 문항이다.

그림은 기준선 P, O, Q에 대해 정지한 관찰자 C가 서로 반대 방향으로 각각 $0.9c$, v의 속력으로 등속도 운동을 하는 우주선 A, B를 관측한 모습을 나타낸 것이다. C가 관측할 때, A, B는 O를 동시에 지난 후, O에서 각각 $9L$, $8L$ 떨어진 Q와 P를 동시에 지난다.

A, B가 이동하는 데 걸린 시간이 같다.

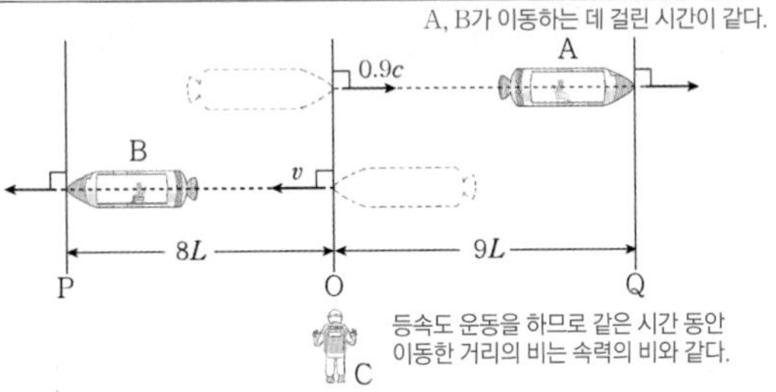

등속도 운동을 하므로 같은 시간 동안 이동한 거리의 비는 속력의 비와 같다.

이에 대한 옳은 설명만을 〈보기〉에서 있는 대로 고른 것은? (단, c는 빛의 속력이다.) [3점]

보기

ㄱ. $v=0.8c$이다.

ㄴ. P와 Q 사이의 거리는 B에서 측정할 때가 A에서 측정할 때보다 ~~짧다~~. 길다.

ㄷ. B에서 측정할 때, O가 B를 지나는 순간부터 P가 B를 지날 때까지 걸리는 시간은 $\frac{10L}{c}$ ~~이다~~. 보다 작다.

① ㄱ ② ㄷ ③ ㄱ, ㄴ ④ ㄱ, ㄷ ⑤ ㄴ, ㄷ

✓ 자료 해석

- 기준선 P, O, Q는 C에 대해 정지해 있으므로 C가 관측한 $9L$, $8L$은 고유 길이이다. 따라서 우주선 A, B에서 관측한 O와 Q 사이의 거리, O와 P 사이의 거리는 길이 수축이 일어나 고유 길이보다 짧다.
- 관찰자가 측정할 때, 관찰자에 대한 상대 속력이 클수록 길이 수축이 더 크게 일어난다.

○ 보기풀이 ㄱ. C가 관측할 때 A, B는 같은 시간 동안 각각 $9L$, $8L$만큼 이동하므로 A, B의 속력의 비는 A : B $=9:8=0.9c:v$이므로 $v=0.8c$이다.

× 매력적 오답 ㄴ. 상대 속력이 클수록 길이 수축이 더 크게 일어나므로 P와 Q 사이의 거리는 속력이 더 큰 A에서 측정할 때가 B에서 측정할 때보다 짧다.

ㄷ. B에서 측정할 때, P, O, Q는 $0.8c$의 속력으로 운동하므로 길이 수축이 일어나 B에서 측정한 O에서 P까지의 거리가 $8L$보다 짧다. 따라서 O가 B를 지나는 순간부터 P가 B를 지날 때까지 걸리는 시간은 $\frac{8L}{0.8c}=\frac{10L}{c}$보다 작다.

문제풀이 Tip

측정하려는 대상에 대해 정지해 있는 관찰자가 측정한 거리는 고유 길이이고, 운동하는 관찰자가 측정한 거리는 수축된 길이임에 유의해야 한다.

선택지 비율	① 9%	❷ 62%	③ 5%	④ 8%	⑤ 15%

22 특수 상대성 이론

2019년 7월 교육청 9번 | 정답 ② | 문제편 35 p

출제 의도 특수 상대성 이론을 이해하여 상대 속력이 다를 때의 길이 수축 현상을 설명할 수 있는지 확인하는 문항이다.

그림과 같이 우주 정거장 A에서 볼 때 다가오는 우주선 B와 멀어지는 우주선 C가 각각 $0.5c$, $0.7c$의 속력으로 등속도 운동하며 A에 대해 정지해 있는 점 p, q를 지나고 있다. B, C가 각각 p, q를 지나는 순간 A의 광원에서 B와 C를 향해 빛 신호를 보냈다. B에서 측정할 때 광원과 p 사이의 거리는 C에서 측정할 때 광원과 q 사이의 거리와 같고, A에서 측정할 때 광원과 p 사이의 거리는 1광년이다.

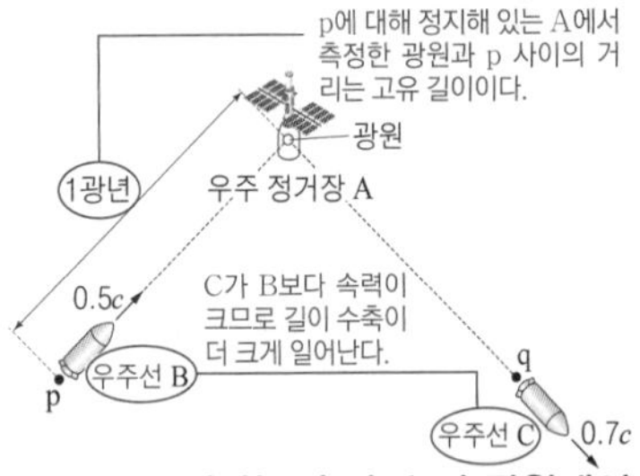

이에 대한 설명으로 옳은 것만을 〈보기〉에서 있는 대로 고른 것은? (단, c는 빛의 속력이고, 1광년은 빛이 1년 동안 진행하는 거리이다.) [3점]

보기

ㄱ. 빛의 속력은 B에서 측정할 때가 C에서 측정할 때보다 ~~크다~~. 같다.

ㄴ. A에서 측정할 때 B가 p에서 광원까지 이동하는 데 걸리는 시간은 ~~2년보다 크다~~. 2년이다.

ㄷ. A에서 측정할 때 광원과 q 사이의 거리는 1광년보다 크다.

① ㄴ ② ㄷ ③ ㄱ, ㄴ ④ ㄱ, ㄷ ⑤ ㄴ, ㄷ

✓ 자료 해석

- p, q는 A에 대해 정지해 있는 점이므로 A에서 측정할 때의 광원과 p 사이의 거리, 광원과 q 사이의 거리는 고유 길이이다. 따라서 B에서 측정한 광원과 p 사이의 거리, C에서 측정한 광원과 q 사이의 거리는 수축된 길이이다.
- C의 속력이 B의 속력보다 크므로 길이 수축이 더 크게 일어난다. 즉 B에서 측정한 광원과 p 사이의 거리와 C에서 측정한 광원과 q 사이의 거리가 같더라도 고유 길이는 같지 않다.

○ 보기풀이 ㄷ. B에서 측정한 광원과 p 사이의 거리, C에서 측정한 광원과 q 사이의 거리는 길이 수축이 일어나며, 상대 속력이 클수록 길이 수축이 더 크게 일어난다. 따라서 C의 속력이 B보다 크므로 C에서 측정할 때가 B에서보다 길이 수축이 크게 일어나고, 길이 수축이 일어난 길이가 B에서와 C에서가 같다면 고유 길이는 광원과 q 사이의 거리가 광원과 p 사이의 길이보다 길다. 따라서 A가 측정할 때 광원과 q 사이의 거리(고유 길이)는 1광년보다 크다.

× 매력적 오답 ㄱ. 모든 관성계에서 진공 중에서 진행하는 빛의 속력은 관찰자나 광원의 속력에 관계없이 일정하다. 따라서 빛의 속력은 B에서 측정할 때와 C에서 측정할 때가 모두 같다.

ㄴ. A에서 측정할 때, B는 1광년 떨어진 거리를 $0.5c$의 속력으로 운동하므로 p에서 광원까지 이동하는 데 걸린 시간은 $\frac{1광년}{0.5c}=2$년이다.

문제풀이 Tip

고유 길이와 길이 수축이 일어난 길이의 의미를 구분하여 이해할 수 있어야 한다. 상대 속력이 다르면 길이 수축의 정도가 다르므로 수축된 길이가 같더라도 고유 길이가 다를 수 있음을 유의해야 한다.

07 질량과 에너지

선택지 비율	① 1%	② 4%	③ 2%	❹ 85%	⑤ 8%

1 핵반응의 이해

2024년 10월 교육청 6번 | 정답 ④ | 문제편 38 p

출제 의도 주어진 조건으로 핵반응식을 완성하고, 질량 에너지 동등성을 이해하고 있는지 확인하는 문항이다.

다음은 두 가지 핵융합 반응식이다.

(가) $^{3}_{2}He+^{3}_{2}He \longrightarrow$ [$^{4}_{2}He$ ㉠] $+^{1}_{1}H+^{1}_{1}H+12.9\,MeV$

(나) $^{3}_{2}He+$ [$^{3}_{1}H$ ㉡] $\longrightarrow$ [$^{4}_{2}He$ ㉠] $+^{1}_{1}H+^{1}_{0}n+12.1\,MeV$

이에 대한 옳은 설명만을 〈보기〉에서 있는 대로 고른 것은?

보기

ㄱ. ㉠의 질량수는 2이다. 4

ㄴ. ㉡은 $^{3}_{1}H$이다.

ㄷ. 질량 결손은 (가)에서가 (나)에서보다 크다.

① ㄱ ② ㄷ ③ ㄱ, ㄴ ④ ㄴ, ㄷ ⑤ ㄱ, ㄴ, ㄷ

✓ 자료 해석

• 핵반응이 일어날 때 전하량과 질량수가 보존되므로 핵반응식을 완성하면 다음과 같다.

(가) $^{3}_{2}He+^{3}_{2}He \longrightarrow ^{4}_{2}He+^{1}_{1}H+^{1}_{1}H+12.9\,MeV$

(나) $^{3}_{2}He+^{3}_{1}H \longrightarrow ^{4}_{2}He+^{1}_{1}H+^{1}_{0}n+12.1\,MeV$

O 보기풀이 ㄴ. 핵반응이 일어날 때 전하량과 질량수가 보존되므로 (가)에서 ㉠은 질량수가 4, 양성자수가 2인 $^{4}_{2}He$이고, (나)에서 ㉡은 질량수가 3, 양성자수가 1인 $^{3}_{1}H$이다.

ㄷ. 핵융합 과정에서는 질량 에너지 동등성에 따라 결손된 질량에 해당하는 에너지가 방출된다. 따라서 방출되는 에너지가 클수록 질량 결손이 크므로 질량 결손은 (가)에서가 (나)에서보다 크다.

× 매력적 오답 ㄱ. ㉠은 $^{4}_{2}He$이므로 질량수는 4이다.

문제풀이 Tip

핵반응식이 주어지면 전하량 보존과 질량수 보존을 이용하여 핵반응식을 완성하고 생성된 에너지의 크기를 비교하여 질량 결손을 비교한다.

선택지 비율	① 1%	② 1%	③ 2%	④ 4%	❺ 93%

2 핵반응식

2024년 7월 교육청 2번 | 정답 ⑤ | 문제편 38 p

출제 의도 전하량 보존과 질량수 보존을 이용하여 핵반응식을 완성할 수 있는지 확인하는 문항이다.

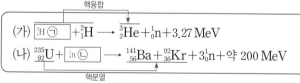

다음은 두 가지 핵반응이다.

핵융합

(가) [$^{2}_{1}H$ ㉠] $+^{2}_{1}H \longrightarrow ^{3}_{2}He+^{1}_{0}n+3.27\,MeV$

(나) $^{235}_{92}U+$ [$^{1}_{0}n$ ㉡] $\longrightarrow ^{141}_{56}Ba+^{92}_{36}Kr+3^{1}_{0}n+$약 $200\,MeV$

핵분열

이에 대한 설명으로 옳은 것만을 〈보기〉에서 있는 대로 고른 것은?

보기

ㄱ. ㉠은 $^{2}_{1}H$이다.

ㄴ. ㉡은 중성자이다.

ㄷ. (나)는 핵분열 반응이다.

① ㄱ ② ㄴ ③ ㄱ, ㄷ ④ ㄴ, ㄷ ⑤ ㄱ, ㄴ, ㄷ

✓ 자료 해석

• 핵반응이 일어날 때 전하량과 질량수가 보존되므로 핵반응식을 완성하면 다음과 같다.

(가) $^{2}_{1}H+^{2}_{1}H \longrightarrow ^{3}_{2}He+^{1}_{0}n+3.27\,MeV$

(나) $^{235}_{92}U+^{1}_{0}n \longrightarrow ^{141}_{56}Ba+^{92}_{36}Kr+3^{1}_{0}n+$약 $200\,MeV$

O 보기풀이 ㄱ. (가)의 핵반응이 일어날 때 전하량과 질량수가 보존되므로 ㉠의 양성자수는 1, 질량수는 2이다. 따라서 ㉠은 $^{2}_{1}H$이다.

ㄴ. (나)의 핵반응이 일어날 때 전하량과 질량수가 보존되므로 ㉡의 양성자수는 0, 질량수는 1이다. 따라서 ㉡은 중성자($^{1}_{0}n$)이다.

ㄷ. (가)는 질량수가 작은 원자핵들이 반응하여 질량수가 큰 헬륨($^{3}_{2}He$) 원자핵이 만들어지는 핵융합 반응이고, (나)는 질량수가 큰 원자핵이 질량수가 작은 원자핵 2개로 쪼개지는 핵분열 반응이다.

문제풀이 Tip

질량수 보존과 전하량 보존을 이용하여 ㉠과 ㉡의 양성자수와 질량수를 찾을 수 있어야 한다.

선택지 비율	① 1%	② 7%	③ 2%	❹ 84%	⑤ 6%

3 핵융합 반응

2024년 5월 교육청 2번 | 정답 ④ | 문제편 38 p

출제 의도 질량수의 정의를 이용하여 양성자수를 찾고, 전하량과 질량수 보존을 이용하여 핵반응식을 완성할 수 있는지 확인하는 문항이다.

다음은 핵융합 반응을, 표는 원자핵 A, B의 중성자수와 질량수를 나타낸 것이다.

$$A + A \longrightarrow B + \boxed{㉠} + 3.27\ \text{MeV}$$

원자핵	중성자수	질량수
A	1	2
B	1	3

이에 대한 설명으로 옳은 것만을 〈보기〉에서 있는 대로 고른 것은?

보기

ㄱ. 양성자수는 A와 B가 ~~같다~~. B가 A보다 크다.

ㄴ. ㉠은 중성자이다.

ㄷ. 핵융합 반응에서 방출된 에너지는 질량 결손에 의한 것이다.

① ㄱ ② ㄷ ③ ㄱ, ㄴ ④ ㄴ, ㄷ ⑤ ㄱ, ㄴ, ㄷ

✓ 자료 해석

- 양성자수+중성자수=질량수이므로 A, B의 양성자수는 각각 1, 2이다. 이를 이용하여 핵반응식을 완성하면 다음과 같다.
  $^{2}_{1}A + ^{2}_{1}A \longrightarrow ^{3}_{2}B + ^{1}_{0}n + 3.27\ \text{MeV}$

○ 보기 풀이 ㄴ. A, B는 각각 $^{2}_{1}H$, $^{3}_{2}He$이고, 핵반응이 일어날 때 전하량과 질량수가 보존되므로 ㉠의 양성자수는 0, 질량수는 1이다. 따라서 ㉠은 중성자($^{1}_{0}n$)이다.

ㄷ. 핵융합 과정에서는 질량 에너지 동등성에 따라 결손된 질량에 해당하는 에너지가 방출된다.

× 매력적 오답 ㄱ. 질량수는 양성자수와 중성자수의 합이므로 A, B의 양성자수는 각각 1, 2이다.

문제풀이 Tip

A, B가 정확히 어떤 원자핵인지 몰라도, 양성자수와 질량수를 알고 있으므로 핵반응식에서 전하량 보존과 질량수 보존을 이용하여 ㉠을 찾을 수 있다.

선택지 비율	① 2%	② 9%	③ 4%	❹ 80%	⑤ 5%

4 핵분열과 핵융합

2024년 3월 교육청 2번 | 정답 ④ | 문제편 38 p

출제 의도 전하량과 질량수 보존을 이용하여 핵반응식을 완성하고, 핵반응에서 질량 결손에 의해 에너지가 발생하는 것을 아는지 확인하는 문항이다.

다음은 두 가지 핵반응을 나타낸 것이다. ㉠과 ㉡은 서로 다른 원자핵이다.

(가) ㉠($^{2}_{1}H$) $+ ^{6}_{3}Li \longrightarrow 2^{4}_{2}He + \boxed{22.4\ \text{MeV}}$

(나) $^{3}_{2}He + ^{6}_{3}Li \longrightarrow 2^{4}_{2}He +$ ㉡($^{1}_{1}H$) $+ \boxed{16.9\ \text{MeV}}$

결손된 질량만큼 에너지 발생

이에 대한 옳은 설명만을 〈보기〉에서 있는 대로 고른 것은?

보기

ㄱ. 양성자수는 ㉠과 ㉡이 같다.

ㄴ. 질량수는 ㉡이 ㉠보다 ~~크다~~. 작다.

ㄷ. 질량 결손은 (가)에서가 (나)에서보다 크다.

① ㄴ ② ㄷ ③ ㄱ, ㄴ ④ ㄱ, ㄷ ⑤ ㄴ, ㄷ

✓ 자료 해석

- 핵반응이 일어날 때 전하량과 질량수가 보존되므로 핵반응식을 완성하면 다음과 같다.
  (가) $^{2}_{1}H + ^{6}_{3}Li \longrightarrow 2^{4}_{2}He + 22.4\ \text{MeV}$
  (나) $^{3}_{2}He + ^{6}_{3}Li \longrightarrow 2^{4}_{2}He + ^{1}_{1}H + 16.9\ \text{MeV}$

○ 보기 풀이 ㄱ. 핵반응이 일어날 때, 전하량과 질량수가 보존되므로 ㉠, ㉡은 각각 $^{2}_{1}H$, $^{1}_{1}H$이다. 따라서 양성자수는 ㉠, ㉡ 모두 1로 같다.

ㄷ. 핵융합 과정에서는 질량 에너지 동등성에 따라 결손된 질량에 해당하는 에너지가 방출된다. 그런데 (가)에서 발생한 에너지가 (나)에서보다 크므로 질량 결손은 (가)에서가 (나)에서보다 크다.

× 매력적 오답 ㄴ. ㉠, ㉡의 질량수는 각각 2, 1이다.

문제풀이 Tip

핵반응에서는 물어볼 수 있는 〈보기〉 선지가 한정적이므로 핵반응식이 나오면 질량수 보존과 전하량 보존을 통해 가장 먼저 비어 있는 자리를 채우고, 질량 결손에 의해 발생하는 에너지를 미리 비교해 두자.

선택지 비율	① 2%	② 1%	❸ 60%	④ 5%	⑤ 32%

5 핵반응의 이해

2023년 10월 교육청 3번 | 정답 ③ | 문제편 39 p

출제 의도 주어진 조건으로 핵반응식을 완성하고, 질량 에너지 동등성을 이해하고 있는지 확인하는 문항이다.

다음은 두 가지 핵반응을 나타낸 것이다. 중성자, 원자핵 X, Y의 질량은 각각 m_{n}, m_{X}, m_{Y}이고, $m_{Y}-m_{X}<m_{n}$이다.

(가) X $+{}^{3}_{1}H \longrightarrow {}^{4}_{2}He+{}^{1}_{0}n+$ 에너지 (X: ${}^{2}_{1}H$)
(나) Y $+{}^{3}_{1}H \longrightarrow {}^{4}_{2}He+2{}^{1}_{0}n+$ 에너지 (Y: ${}^{3}_{1}H$)
결손된 질량만큼 에너지 발생

이에 대한 옳은 설명만을 〈보기〉에서 있는 대로 고른 것은?

보기
ㄱ. (가)는 핵융합 반응이다.
ㄴ. Y는 ${}^{3}_{1}H$이다.
ㄷ. 핵반응에서 발생한 에너지는 (나)에서가 (가)에서보다 ~~크다~~. 작다

① ㄴ ② ㄷ ③ ㄱ, ㄴ ④ ㄱ, ㄷ ⑤ ㄱ, ㄴ, ㄷ

✔ 자료 해석
• 핵반응식을 완성하면 다음과 같다.
(가) ${}^{2}_{1}H+{}^{3}_{1}H \longrightarrow {}^{4}_{2}He+{}^{1}_{0}n+$ 에너지
(나) ${}^{3}_{1}H+{}^{3}_{1}H \longrightarrow {}^{4}_{2}He+2{}^{1}_{0}n+$ 에너지

O 보기풀이 ㄱ. (가)는 질량수가 작은 수소 원자핵들이 반응하여 질량수가 큰 헬륨(${}^{4}_{2}He$) 원자핵이 만들어지는 핵융합 반응이다.
ㄴ. 핵반응이 일어날 때 전하량과 질량수가 보존되므로 X, Y는 각각 ${}^{2}_{1}H$, ${}^{3}_{1}H$이다.

× 매력적 오답 ㄷ. 질량 에너지 동등성에 따라 (가)에서는 $m_{X}+m_{Y}={}^{4}_{2}He$의 질량$+m_{n}+$에너지$_{(가)}$이고, (나)에서는 $2m_{Y}={}^{4}_{2}He$의 질량$+2m_{n}+$에너지$_{(나)}$이다. (나)의 관계식에서 (가)의 관계식을 빼면 $m_{Y}-m_{X}=m_{n}+$에너지$_{(나)}-$에너지$_{(가)}$이다. 이때 $m_{Y}-m_{X}<m_{n}$이므로 에너지$_{(나)}-$에너지$_{(가)}<0$이고, 에너지$_{(나)}<$에너지$_{(가)}$이다.

문제풀이 Tip
문제에서 질량 관계가 제시되었으므로 질량과 에너지의 관계를 이용해 에너지의 크기를 비교할 수 있어야 한다.

선택지 비율	① 2%	② 4%	③ 4%	④ 5%	❺ 86%

6 핵융합 반응

2023년 7월 교육청 3번 | 정답 ⑤ | 문제편 39 p

출제 의도 주어진 조건으로 핵반응식을 완성하고, 질량 에너지 동등성을 이해하고 있는지 확인하는 문항이다.

다음은 두 가지 핵반응이다. X, Y는 원자핵이다.

(가) ${}^{2}_{1}H+$X $\longrightarrow$ Y $+{}^{1}_{0}n+17.6\,MeV$ (X: ${}^{3}_{1}H$, Y: ${}^{4}_{2}He$)
(나) ${}^{3}_{2}He+{}^{3}_{1}H \longrightarrow$ Y $+{}^{1}_{1}H+{}^{1}_{0}n+12.1\,MeV$ (Y: ${}^{4}_{2}He$)

이에 대한 설명으로 옳은 것만을 〈보기〉에서 있는 대로 고른 것은?

보기
ㄱ. (가)는 핵융합 반응이다.
ㄴ. 질량 결손은 (가)에서가 (나)에서보다 크다.
ㄷ. 양성자수는 Y가 X의 2배이다.

① ㄱ ② ㄴ ③ ㄱ, ㄷ ④ ㄴ, ㄷ ⑤ ㄱ, ㄴ, ㄷ

✔ 자료 해석
• 핵반응식을 완성하면 다음과 같다.
(가) ${}^{2}_{1}H+{}^{3}_{1}H \longrightarrow {}^{4}_{2}He+{}^{1}_{0}n+17.6\,MeV$
(나) ${}^{3}_{2}He+{}^{3}_{1}H \longrightarrow {}^{4}_{2}He+{}^{1}_{1}H+{}^{1}_{0}n+12.1\,MeV$

O 보기풀이 ㄱ. (가)와 (나)는 질량수가 작은 원자핵들이 반응하여 질량수가 큰 헬륨(${}^{4}_{2}He$) 원자핵이 만들어지는 핵융합 반응이다.
ㄴ. 핵반응에서는 핵반응 후 질량의 합이 핵반응 전보다 줄어드는 질량 결손이 일어나고, 질량 에너지 동등성에 따라 질량 결손에 해당하는 만큼 에너지가 방출된다. (가)에서 더 큰 에너지가 방출되므로 질량 결손은 (가)에서가 더 크다.
ㄷ. X는 ${}^{3}_{1}H$, Y는 ${}^{4}_{2}He$이므로 양성자수는 Y가 X의 2배이다.

문제풀이 Tip
(나)는 미지의 원자핵이 한 개, (가)는 미지의 원자핵이 두 개이므로 (나)의 핵반응식을 먼저 완성하여 (가)에 적용하도록 한다.

선택지 비율	① 2%	② 2%	③ 9%	④ 5%	❺ 82%

7 핵융합 반응

2023년 4월 교육청 4번 | 정답 ⑤ | 문제편 39 p

출제 의도 전하량과 질량수 보존을 이용하여 핵반응식을 완성하고, 핵반응에서 질량 결손에 의해 에너지가 발생하는 것을 아는지 확인하는 문항이다.

다음은 두 가지 핵반응이다. X, Y는 원자핵이다.

(가) ${}^{2}_{1}H+{}^{2}_{1}H \longrightarrow X+{}^{1}_{0}n+3.27\ MeV$ (X: ${}^{3}_{2}He$)
(나) $X+{}^{3}_{1}H \longrightarrow {}^{4}_{2}He+Y+{}^{1}_{0}n+12.1\ MeV$ (X: ${}^{3}_{2}He$, Y: ${}^{1}_{1}H$)

이에 대한 설명으로 옳은 것만을 〈보기〉에서 있는 대로 고른 것은?

보기
ㄱ. (가)는 핵융합 반응이다.
ㄴ. 양성자수는 X가 Y보다 크다.
ㄷ. 질량 결손은 (가)에서가 (나)에서보다 작다.

① ㄱ ② ㄴ ③ ㄱ, ㄷ ④ ㄴ, ㄷ ⑤ ㄱ, ㄴ, ㄷ

✓ 자료 해석
- 핵반응식을 완성하면 다음과 같다.
  (가) ${}^{2}_{1}H+{}^{2}_{1}H \longrightarrow {}^{3}_{2}He+{}^{1}_{0}n+3.27\ MeV$ → 핵융합 반응
  (나) ${}^{3}_{2}He+{}^{3}_{1}H \longrightarrow {}^{4}_{2}He+{}^{1}_{1}H+{}^{1}_{0}n+12.1\ MeV$ → 핵융합 반응

○ 보기풀이 ㄱ. (가)는 질량수가 작은 중수소(${}^{2}_{1}H$)원자핵들이 반응하여 질량수가 큰 헬륨(${}^{3}_{2}He$) 원자핵이 만들어지므로 핵융합 반응이다.
ㄴ. 핵반응이 일어날 때, 전하량과 질량수가 보존되므로 X, Y는 각각 ${}^{3}_{2}He$, ${}^{1}_{1}H$이다. X의 양성자수는 2이고 Y의 양성자수는 1이다.
ㄷ. 핵융합 과정에서는 질량 에너지 동등성에 따라 결손된 질량에 해당하는 에너지가 방출된다. 그런데 (가)에서 발생한 에너지가 (나)에서보다 작으므로 질량 결손은 (가)에서가 (나)에서보다 작다.

문제풀이 Tip
핵반응에서 방출되는 에너지는 질량 결손에 의한 것이므로 에너지의 크기를 비교하여 질량 결손을 비교할 수 있다.

선택지 비율	❶ 77%	② 7%	③ 7%	④ 6%	⑤ 4%

8 핵분열과 핵융합

2023년 3월 교육청 6번 | 정답 ① | 문제편 39 p

출제 의도 핵반응 과정에서 전하량과 질량수가 보존되는 것을 이해하고, 핵반응식을 설명할 수 있는지 확인하는 문항이다.

다음은 두 가지 핵반응이다. X, Y는 원자핵이다.

(가) ${}^{233}_{92}U+{}^{1}_{0}n \longrightarrow X+{}^{94}_{38}Sr+3{}^{1}_{0}n+$ 200 MeV (X: ${}^{137}_{54}Xe$)
(나) ${}^{2}_{1}H+Y \longrightarrow {}^{4}_{2}He+{}^{1}_{0}n+$ 17.6 MeV (Y: ${}^{3}_{1}H$) — 결손된 질량만큼 에너지 발생

이에 대한 설명으로 옳은 것은?

① X의 양성자수는 54이다.
② 질량수는 Y가 ~~${}^{2}_{1}H$와~~ 같다. ${}^{3}_{1}H$
③ (나)는 ~~핵분열~~ 반응이다. 핵융합
④ ${}^{233}_{92}U$의 중성자수는 ~~233~~이다. 141
⑤ 질량 결손은 (나)에서가 (가)에서보다 ~~크다~~. 작다

✓ 자료 해석
- 핵반응식을 완성하면 다음과 같다.
  (가) ${}^{233}_{92}U+{}^{1}_{0}n \longrightarrow {}^{137}_{54}Xe+{}^{94}_{38}Sr+3{}^{1}_{0}n+200\ MeV$
  → 핵분열 반응, 질량 결손에 의해 200 MeV의 에너지 발생
  (나) ${}^{2}_{1}H+{}^{3}_{1}H \longrightarrow {}^{4}_{2}He+{}^{1}_{0}n+17.6\ MeV$
  → 핵융합 반응, 질량 결손에 의해 17.6 MeV의 에너지 발생

○ 보기풀이 ① (가)의 핵반응이 일어날 때 전하량이 보존되므로 X의 양성자수를 a라고 하면 $92+0=a+38$에서 $a=54$이다.

× 매력적 오답 ② (나)의 핵반응이 일어날 때 질량수가 보존되므로 Y의 질량수를 b라고 하면 $2+b=4+1$에서 $b=3$이다. 따라서 질량수는 Y가 ${}^{2}_{1}H$보다 크다.
③ (나)는 질량수가 작은 중수소(${}^{2}_{1}H$) 원자핵과 삼중수소(${}^{3}_{1}H$) 원자핵이 합쳐져서 질량수가 큰 헬륨(${}^{4}_{2}He$) 원자핵이 만들어지는 핵융합 반응이다.
④ 질량수는 양성자수와 중성자수의 합이므로 ${}^{233}_{92}U$의 중성자수는 $233-92=141$이다.
⑤ 핵반응에서는 질량 에너지 동등성에 따라 결손된 질량에 해당하는 에너지가 방출된다. 그런데 (나)에서 발생한 에너지가 (가)에서보다 작으므로 질량 결손은 (나)에서가 (가)에서보다 작다.

문제풀이 Tip
핵반응 문제는 핵반응식을 완성하지 않고도 풀이할 수 있으므로 처음 보는 식이 나오더라도 전하량 보존과 질량수 보존을 적용할 수만 있으면 된다.

선택지 비율	❶ 84%	② 6%	③ 3%	④ 2%	⑤ 5%

9 핵반응의 이해

2022년 10월 교육청 8번 | 정답 ① | 문제편 40 p

출제 의도 주어진 조건으로 핵반응식을 완성하고, 질량 에너지 동등성을 이해하고 있는지 확인하는 문항이다.

다음은 두 가지 핵반응이다.

(가) ${}^2_1H+{}^1_1H \longrightarrow$ [㉠ (${}^3_2He$)] $+$ [5.49 MeV] — 결손된 질량만큼 에너지 발생

(나) [㉠ (${}^3_2He$)] $+$ [㉠ (${}^3_2He$)] $\longrightarrow {}^4_2He+$ [㉡ (${}^1_1H$)] $+$ [㉡ (${}^1_1H$)] $+$ [12.86 MeV]

이에 대한 옳은 설명만을 〈보기〉에서 있는 대로 고른 것은?

보기
ㄱ. ㉠의 질량수는 3이다.
ㄴ. ㉡은 ~~중성자~~이다. 수소 원자핵(${}^1_1H$)
ㄷ. 질량 결손은 (가)에서가 (나)에서보다 ~~크다~~. 작다.

① ㄱ ② ㄴ ③ ㄱ, ㄷ ④ ㄴ, ㄷ ⑤ ㄱ, ㄴ, ㄷ

✔ 자료 해석

• 핵반응이 일어날 때 전하량과 질량수가 보존되므로 핵반응식을 완성하면 다음과 같다.
(가) ${}^2_1H+{}^1_1H \longrightarrow {}^3_2He+5.49\,MeV$
(나) ${}^3_2He+{}^3_2He \longrightarrow {}^4_2He+{}^1_1H+{}^1_1H+12.86\,MeV$

O 보기풀이 ㄱ. 핵반응이 일어날 때 질량수가 보존된다. 반응 전 질량수의 합은 반응 후 질량수의 합과 같으므로 ㉠$=2+1=3$이다.

× 매력적 오답 ㄴ. ㉡의 질량수를 b, 양성자수를 c라 할 때 ㉠이 ${}^3_2He$이므로 이를 (나)에 대입하면 질량수와 전하량이 보존되므로 $3+3=4+2b$, $2+2=2+2c$에서 $b=1$, $c=1$이다. 따라서 ㉡은 수소 원자핵(${}^1_1H$)이다.
ㄷ. 핵반응에서는 결손된 질량만큼 에너지가 발생하므로 에너지가 많이 발생된 반응이 질량 결손이 더 큰 반응이다.

문제풀이 Tip

전하량과 질량수 보존을 이용하여 핵반응식을 완성하는 문제는 평이한 난이도로 항상 출제되고 있으므로 실수로 문제를 틀리지 않도록 더 꼼꼼히 살펴보는 습관을 익히는 것이 좋다.

선택지 비율	① 2%	② 2%	❸ 58%	④ 11%	⑤ 27%

10 핵분열 과정의 이해

2022년 7월 교육청 12번 | 정답 ③ | 문제편 40 p

출제 의도 주어진 조건으로 핵반응식을 완성하고, 질량 에너지 동등성을 이해하고 있는지 확인하는 문항이다.

그림은 핵분열 과정과 핵반응식을 나타낸 것이다. 중성자의 속력은 A가 B보다 작다.

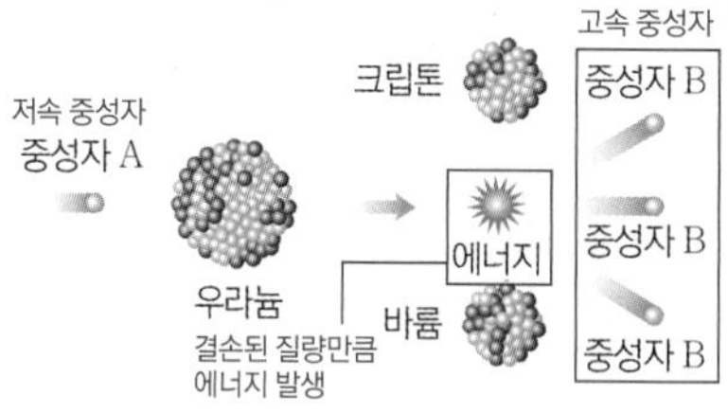

$${}^{235}_{92}U+{}^1_0n \longrightarrow {}^{141}_{56}Ba+{}^{㉠}_{36}Kr+3{}^1_0n+200\,MeV$$

이에 대한 설명으로 옳은 것만을 〈보기〉에서 있는 대로 고른 것은?

보기
ㄱ. ㉠은 92이다.
ㄴ. 핵반응에서 발생하는 에너지는 질량 결손에 의한 것이다.
ㄷ. 상대론적 질량은 A가 B보다 ~~크다~~. 작다

① ㄱ ② ㄷ ③ ㄱ, ㄴ ④ ㄴ, ㄷ ⑤ ㄱ, ㄴ, ㄷ

✔ 자료 해석

• 불안정한 우라늄 원자핵이 속도가 느린 중성자를 흡수하여 안정한 2개의 서로 다른 원자핵(크립톤, 바륨)과 3개의 고속 중성자, 에너지를 방출한다.
• 핵반응이 일어날 때 전하량과 질량수가 보존되므로 핵반응식을 완성하면 다음과 같다.

$${}^{235}_{92}U+{}^1_0n \longrightarrow {}^{141}_{56}Ba+{}^{92}_{36}Kr+3{}^1_0n+\text{약 }200\,MeV$$

O 보기풀이 ㄱ. 핵반응이 일어날 때 질량수가 보존된다. 반응 전 질량수의 합은 반응 후 질량수의 합과 같으므로 $235+1=141+$㉠$+3$에서 ㉠$=92$이다.
ㄴ. 핵반응에서는 핵반응 후 질량의 합이 핵반응 전보다 줄어드는 질량 결손이 일어나고, 질량 에너지 동등성에 따라 질량 결손에 해당하는 만큼 에너지가 방출된다.

× 매력적 오답 ㄷ. 정지해 있을 때 질량이 같은 입자라도 속력이 클수록 상대론적 질량이 증가한다. 따라서 상대론적 질량은 속력이 빠른 B가 A보다 크다.

문제풀이 Tip

상대론적 질량과 정지 질량의 차이를 알고, 상대론적 질량이 속력과 어떤 관계가 있는지 이해하고 있어야 한다.

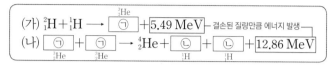

선택지 비율	① 2%	② 1%	❸ 88%	④ 3%	⑤ 5%

11 핵융합과 핵분열

2022년 4월 교육청 4번 | 정답 ③ | 문제편 40 p

출제 의도 전하량과 질량수 보존을 이용하여 핵반응식을 완성하고, 핵반응에서 질량 결손에 의해 에너지가 발생하는 것을 설명할 수 있는지 확인하는 문항이다.

다음은 두 가지 핵반응을 나타낸 것이다.

(가) ${}^{2}_{1}H + {}^{3}_{1}H \longrightarrow {}^{4}_{2}He +$ [㉠ ${}^{1}_{0}n$] $+ 17.6$ MeV (핵융합)

(나) ${}^{235}_{92}U + {}^{1}_{0}n \longrightarrow {}^{140}_{54}Xe + {}^{94}_{38}Sr + 2$ [㉠ ${}^{1}_{0}n$] $+ 200$ MeV (핵분열)

이에 대한 설명으로 옳은 것만을 〈보기〉에서 있는 대로 고른 것은?

보기
ㄱ. (가)는 핵융합 반응이다.
ㄴ. ㉠은 중성자이다.
ㄷ. 질량 결손은 (가)에서가 (나)에서보다 ~~크다~~. 작다.

① ㄱ ② ㄷ ③ ㄱ, ㄴ ④ ㄴ, ㄷ ⑤ ㄱ, ㄴ, ㄷ

✓ 자료 해석

- 핵반응이 일어날 때 전하량과 질량수가 보존된다.
  (가) ${}^{2}_{1}H + {}^{3}_{1}H \longrightarrow {}^{4}_{2}He + {}^{1}_{0}n + 17.6$ MeV ⟶ 핵융합 반응
  (나) ${}^{235}_{92}U + {}^{1}_{0}n \longrightarrow {}^{140}_{54}Xe + {}^{94}_{38}Sr + 2{}^{1}_{0}n + 200$ MeV ⟶ 핵분열 반응
- 핵반응이 일어날 때 질량 에너지 동등성에 따라 결손된 질량이 에너지로 방출되므로 질량 결손이 클수록 방출되는 에너지가 크다.

○ 보기풀이 ㄱ. (가)는 중수소(${}^{2}_{1}H$) 원자핵과 삼중수소(${}^{3}_{1}H$) 원자핵이 합쳐져서 헬륨(${}^{4}_{2}He$) 원자핵이 만들어지는 핵융합 반응이다.
ㄴ. 핵반응이 일어날 때, 전하량과 질량수가 보존되므로 ㉠은 전하량이 0이고 질량수가 1인 중성자(${}^{1}_{0}n$)이다.

× 매력적 오답 ㄷ. 핵반응에서는 질량 에너지 동등성에 따라 결손된 질량에 해당하는 에너지가 방출된다. 그런데 (가)에서 발생한 에너지가 (나)에서보다 작으므로 질량 결손은 (가)에서가 (나)에서보다 작다.

문제풀이 Tip

핵반응식이 주어지면 전하량 보존과 질량수 보존을 이용하여 핵반응식을 완성시킬 수 있어야 하고, 핵반응에서 결손된 질량만큼 에너지가 생성되므로 생성된 에너지의 크기를 비교하여 질량 결손을 비교할 수 있다.

선택지 비율	① 8%	② 4%	❸ 79%	④ 4%	⑤ 5%

12 핵반응의 이해

2022년 3월 교육청 2번 | 정답 ③ | 문제편 40 p

출제 의도 핵반응 과정에서 전하량과 질량수가 보존되는 것을 이해하고, 질량 결손에 의해 발생하는 에너지를 설명할 수 있는지 확인하는 문항이다.

다음은 두 가지 핵반응이다.

(가) ${}^{235}_{92}U +$ [㉠ ${}^{1}_{0}n$] $\longrightarrow {}^{141}_{56}Ba + {}^{92}_{36}Kr + 3$ [㉠ ${}^{1}_{0}n$] $+$ [약 200 MeV]

(나) [㉡ ${}^{2}_{1}H$] $+$ [㉡ ${}^{2}_{1}H$] $\longrightarrow {}^{3}_{2}He +$ [㉠ ${}^{1}_{0}n$] $+$ [3.27 MeV] 결손된 질량만큼 에너지 발생

이에 대한 옳은 설명만을 〈보기〉에서 있는 대로 고른 것은?

보기
ㄱ. ㉠은 중성자이다.
ㄴ. ㉡의 질량수는 2이다.
ㄷ. 질량 결손은 (가)에서가 (나)에서보다 ~~작다~~. 크다.

① ㄱ ② ㄷ ③ ㄱ, ㄴ ④ ㄴ, ㄷ ⑤ ㄱ, ㄴ, ㄷ

✓ 자료 해석

- 핵반응이 일어날 때 전하량과 질량수가 보존되므로 핵반응식을 완성하면 다음과 같다.
  (가) ${}^{235}_{92}U + {}^{1}_{0}n \longrightarrow {}^{141}_{56}Ba + {}^{92}_{36}Kr + 3{}^{1}_{0}n +$ 약 200 MeV
  → 핵분열 반응, 질량 결손에 의해 약 200 MeV의 에너지 발생
  (나) ${}^{2}_{1}H + {}^{2}_{1}H \longrightarrow {}^{3}_{2}He + {}^{1}_{0}n + 3.27$ MeV
  → 핵융합 반응, 질량 결손에 의해 3.27 MeV의 에너지 발생

○ 보기풀이 ㄱ. (가)의 핵반응이 일어날 때 전하량과 질량수가 보존되므로 ㉠의 양성자수는 0, 질량수는 1이다. 따라서 ㉠은 중성자(${}^{1}_{0}n$)이다.
ㄴ. (나)의 핵반응이 일어날 때 전하량과 질량수가 보존되고, 반응 후 입자들의 양성자수의 합은 2+0=2, 질량수의 합은 3+1=4이므로 ㉡의 양성자수는 1, 질량수는 2이다.

× 매력적 오답 ㄷ. 핵반응 과정에서 발생하는 에너지는 핵반응 전후 입자들의 질량의 합이 감소하는 질량 결손에 의한 것이다. 이때 감소한 질량에 비례하여 에너지가 발생하므로 발생한 에너지가 더 큰 (가)에서가 (나)에서보다 질량 결손도 크다.

문제풀이 Tip

핵반응에서는 질량 결손에 의해 에너지가 발생한다. 이는 핵반응의 종류에 관계없이 일어나는 현상임을 이해하고 있어야 한다.

선택지 비율	① 17%	② 3%	③ 21%	④ 5%	❺ 55%

13 핵반응의 이해

2021년 10월 교육청 3번 | 정답 ⑤ | 문제편 41 p

(출제 의도) 핵반응식을 완성하고 핵반응에서의 질량 결손이 의미하는 것을 설명할 수 있는지 확인하는 문항이다.

다음은 두 가지 핵반응이다.

- [㉠ ${}^{3}_{2}\mathrm{He}$] $+{}^{3}_{1}\mathrm{H} \longrightarrow {}^{4}_{2}\mathrm{He}+{}^{1}_{1}\mathrm{H}+{}^{1}_{0}\mathrm{n}+$ [12.1 MeV]
- ${}^{3}_{2}\mathrm{He}+{}^{3}_{1}\mathrm{H} \longrightarrow {}^{4}_{2}\mathrm{He}+$ [㉡ ${}^{2}_{1}\mathrm{H}$] $+$ [14.3 MeV] — 결손된 질량만큼 에너지 발생

두 핵반응식의 반응 전 물질은 같으나 반응 후 물질과 발생한 에너지의 크기가 다르다.

이에 대한 옳은 설명만을 〈보기〉에서 있는 대로 고른 것은? [3점]

〈보기〉

ㄱ. 핵반응에서 발생하는 에너지는 질량 결손에 의한 것이다.
ㄴ. ㉠과 ㉡의 중성자수는 같다.
ㄷ. ㉡의 질량은 ${}^{1}_{1}\mathrm{H}$와 ${}^{1}_{0}\mathrm{n}$의 질량의 합보다 작다.

① ㄱ ② ㄷ ③ ㄱ, ㄴ ④ ㄴ, ㄷ ⑤ ㄱ, ㄴ, ㄷ

✓ **자료 해석**

- 핵반응이 일어날 때 전하량과 질량수가 보존되므로 핵반응식을 완성하면 다음과 같다.
  ${}^{3}_{2}\mathrm{He}+{}^{3}_{1}\mathrm{H} \longrightarrow {}^{4}_{2}\mathrm{He}+{}^{1}_{1}\mathrm{H}+{}^{1}_{0}\mathrm{n}+12.1\,\mathrm{MeV}$
  ${}^{3}_{2}\mathrm{He}+{}^{3}_{1}\mathrm{H} \longrightarrow {}^{4}_{2}\mathrm{He}+{}^{2}_{1}\mathrm{H}+14.3\,\mathrm{MeV}$
  → 두 핵반응의 반응 전 물질은 같다.

○ 보기 풀이 ㄱ. 핵반응 과정에서는 핵반응 후 질량의 합이 핵반응 전보다 줄어드는 질량 결손이 일어나고, 결손된 질량은 질량 에너지 동등성에 따라 에너지로 전환되어 방출된다. 따라서 두 가지 핵반응에서 발생한 12.1 MeV, 14.3 MeV의 에너지는 질량 결손에 의한 것이다.

ㄴ. 핵반응에서 질량수와 전하량, 즉 양성자수는 보존되므로 ㉠의 질량수는 3, 양성자수는 2이고, ㉡의 질량수는 2, 양성자수는 1이다. 질량수는 양성자수와 중성자수의 합이므로 ㉠의 중성자수는 1, ㉡의 중성자수도 1이다.

ㄷ. ㉠은 질량수가 3, 양성자수가 2인 헬륨 원자핵(${}^{3}_{2}\mathrm{He}$)이다. 즉, 두 가지 핵반응에서 반응 전 물질은 헬륨 원자핵(${}^{3}_{2}\mathrm{He}$)과 삼중 수소(${}^{3}_{1}\mathrm{H}$)로 같으므로 반응 전 질량의 합은 두 핵반응에서 서로 같다. 그런데, 핵반응 후 발생한 에너지는 두 번째 핵반응이 첫 번째 핵반응보다 크므로 결손된 질량도 두 번째 핵반응이 첫 번째 핵반응보다 크다. 따라서 반응 후 총 질량의 합은 두 번째 핵반응이 첫 번째 핵반응보다 작다. 즉, (${}^{4}_{2}\mathrm{He}$의 질량$+{}^{1}_{1}\mathrm{H}$의 질량$+{}^{1}_{0}\mathrm{n}$의 질량)$>$(${}^{4}_{2}\mathrm{He}$의 질량$+$㉡의 질량)이므로 (${}^{1}_{1}\mathrm{H}$의 질량$+{}^{1}_{0}\mathrm{n}$의 질량)은 ㉡의 질량보다 크다.

문제풀이 Tip

핵반응식을 완성한 후, 두 가지 핵반응의 공통점과 차이점을 찾을 수 있어야 한다.

선택지 비율	① 5%	② 18%	❸ 6%	❹ 64%	⑤ 6%

14 핵분열 반응과 핵융합 반응

2021년 7월 교육청 8번 | 정답 ④ | 문제편 41 p

(출제 의도) 핵반응에서 질량수 보존을 이해하고, 질량 결손에 의해 에너지가 발생하는 것을 설명할 수 있는지 확인하는 문항이다.

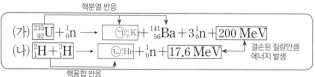

다음은 두 가지 핵반응이다.

핵분열 반응

(가) [${}^{235}_{92}\mathrm{U}$] $+{}^{1}_{0}\mathrm{n} \longrightarrow$ [㉠ ${}^{92}_{36}\mathrm{Kr}$] $+{}^{141}_{56}\mathrm{Ba}+3{}^{1}_{0}\mathrm{n}+$ [200 MeV]
(나) [${}^{2}_{1}\mathrm{H}+{}^{3}_{1}\mathrm{H}$] $\longrightarrow$ [㉡ ${}^{4}_{2}\mathrm{He}$] $+{}^{1}_{0}\mathrm{n}+$ [17.6 MeV] — 결손된 질량만큼 에너지 발생

핵융합 반응

이에 대한 설명으로 옳은 것만을 〈보기〉에서 있는 대로 고른 것은?

〈보기〉

ㄱ. (가)는 ~~핵융합~~ 핵분열 반응이다.
ㄴ. 질량수는 ㉠이 ㉡의 23배이다.
ㄷ. 질량 결손은 (가)에서가 (나)에서보다 크다.

① ㄱ ② ㄷ ③ ㄱ, ㄴ ④ ㄴ, ㄷ ⑤ ㄱ, ㄴ, ㄷ

✓ **자료 해석**

- 핵반응이 일어날 때 전하량과 질량수가 보존되므로 (가), (나)의 핵반응식을 완성하면 다음과 같다.
  (가) ${}^{235}_{92}\mathrm{U}+{}^{1}_{0}\mathrm{n} \longrightarrow {}^{92}_{36}\mathrm{Kr}+{}^{141}_{56}\mathrm{Ba}+3{}^{1}_{0}\mathrm{n}+200\,\mathrm{MeV}$
  (나) ${}^{2}_{1}\mathrm{H}+{}^{3}_{1}\mathrm{H} \longrightarrow {}^{4}_{2}\mathrm{He}+{}^{1}_{0}\mathrm{n}+17.6\,\mathrm{MeV}$
- 핵반응이 일어날 때 질량 에너지 동등성에 따라 결손된 질량이 에너지로 방출되므로 질량 결손이 클수록 방출되는 에너지가 크다.

○ 보기 풀이 ㄴ. 핵반응 과정에서 질량수가 보존되므로 핵반응 전후 질량수의 합은 같다. 따라서 $235+1=$(㉠의 질량수)$+141+3$에서 ㉠의 질량수는 92이고, $2+3=$(㉡의 질량수)$+1$에서 ㉡의 질량수는 4이다. 따라서 질량수는 ㉠이 ㉡의 23배이다.

ㄷ. 핵반응 과정에서는 핵반응 후 질량의 합이 핵반응 전보다 줄어드는 질량 결손이 일어나고, 결손된 질량은 질량 에너지 동등성에 따라 에너지로 전환되어 방출된다. 따라서 더 큰 에너지가 방출된 (가)에서가 (나)에서보다 질량 결손이 더 크다.

× 매력적 오답 ㄱ. (가)는 질량수가 큰 우라늄(${}^{235}_{92}\mathrm{U}$) 원자핵이 질량수가 작은 ㉠과 바륨(${}^{141}_{56}\mathrm{Ba}$) 원자핵으로 나누어지는 핵분열 반응이다.

문제풀이 Tip

주어진 보기 지문에서 ㉠, ㉡ 원자핵의 질량수만 비교하고 있으므로 핵반응식 전체를 완성하지 않고 질량수 보존만 계산할 수도 있다.

선택지 비율	① 9%	② 19%	③ 3%	❹ 60%	⑤ 9%

15 핵융합 반응과 핵분열 반응

2021년 3월 교육청 6번 | 정답 ④ | 문제편 41 p

출제 의도 핵융합 반응의 예를 이해하고, 핵반응에서 질량 결손에 의해 에너지가 발생하는 것을 설명할 수 있는지 확인하는 문항이다.

다음은 핵융합로와 양전자 방출 단층 촬영 장치에 대한 설명이다.

(가) 핵융합로에서 중수소($^{2}_{1}H$)와 삼중수소($^{3}_{1}H$)가 핵융합하여 헬륨($^{4}_{2}He$), 입자 ㉠을 생성하며 에너지를 방출한다.
(나) 인체에 투입한 물질에서 방출된 양전자*가 전자와 만나 함께 소멸할 때 발생한 감마선을 양전자 방출 단층 촬영 장치로 촬영하여 질병을 진단한다.
*양전자 : 전자와 전하의 종류는 다르고 질량은 같은 입자

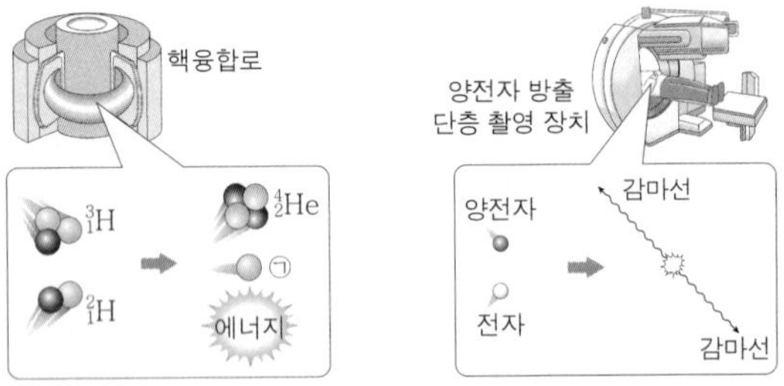

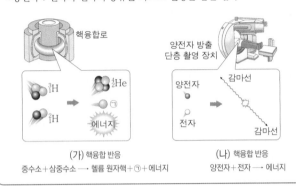

(가) 핵융합 반응
중수소+삼중수소 ⟶ 헬륨 원자핵+㉠+에너지

(나) 핵융합 반응
양전자+전자 ⟶ 에너지

이에 대한 옳은 설명만을 〈보기〉에서 있는 대로 고른 것은?

보기
ㄱ. ㉠은 ~~양성자~~이다. 중성자
ㄴ. (가)에서 핵융합 전후 입자들의 질량수 합은 같다.
ㄷ. (나)에서 양전자와 전자의 질량이 감마선의 에너지로 전환된다.

① ㄱ ② ㄷ ③ ㄱ, ㄴ ④ ㄴ, ㄷ ⑤ ㄱ, ㄴ, ㄷ

✓ 자료 해석
- 핵융합 반응은 질량이 작은 원자핵이 질량이 큰 원자핵이 되는 핵반응으로 핵반응 과정에서 발생하는 에너지는 질량 결손에 의한 것이다.
- 질량 에너지 동등성에 따라 질량은 에너지로, 에너지는 질량으로 서로 전환될 수 있다.

O 보기풀이 ㄴ. 질량수는 양성자수와 중성자수의 합으로 핵반응 과정에서 보존되는 물리량이다. 따라서 핵융합 전 질량수의 합과 반응 후 질량수의 합은 같다.
ㄷ. 감마선은 전자기파의 하나로, 에너지를 가지고 있다. 양전자와 전자가 만나 함께 소멸할 때 감마선이 발생하는 것은 양전자와 전자가 소멸되면서 감소한 질량이 질량 에너지 동등성에 따라 에너지로 전환되었기 때문이다. 핵반응 과정에서는 반응 후 입자들의 질량의 합이 반응 전보다 줄어드는 질량 결손이 일어나며 결손된 질량에 비례하는 에너지가 발생한다.

× 매력적 오답 ㄱ. 핵반응에서 전하량과 질량수는 보존되므로 ㉠의 전하량은 0, 질량수는 1이다. 따라서 ㉠은 중성자($^{1}_{0}n$)이고 (가)의 핵반응식은 다음과 같다.

$$^{2}_{1}H+^{3}_{1}H \longrightarrow ^{4}_{2}He+^{1}_{0}n+\text{에너지}$$

문제풀이 Tip
핵반응 전후 질량수는 보존되지만 질량은 보존되지 않는다. 질량과 질량수는 서로 다른 물리량이므로 헷갈리지 않도록 유의해야 한다.

선택지 비율	① 15%	② 2%	❸ 77%	④ 2%	⑤ 4%

16 우라늄 원자핵의 핵분열 반응

2021년 4월 교육청 3번 | 정답 ③ | 문제편 41 p

출제 의도 핵반응식을 완성하고 핵반응에서 질량수 보존과 질량 결손을 설명할 수 있는지 확인하는 문항이다.

그림은 우라늄 원자핵($^{235}_{92}U$)과 중성자($^{1}_{0}n$)가 반응하여 크립톤 원자핵($^{92}_{36}Kr$)과 원자핵 A가 생성되면서 중성자 3개와 에너지를 방출하는 핵반응을 나타낸 것이다.

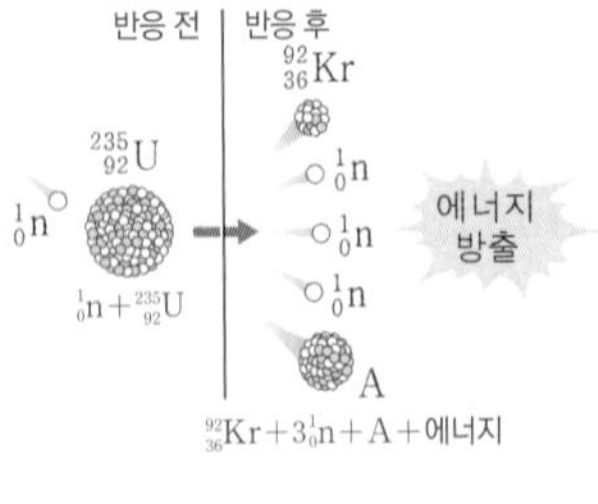

이에 대한 설명으로 옳은 것만을 〈보기〉에서 있는 대로 고른 것은? [3점]

보기
ㄱ. 핵분열 반응이다.
ㄴ. A의 질량수는 141이다.
ㄷ. 입자들의 질량의 합은 반응 전이 반응 후보다 ~~작다~~. 크다.

① ㄱ ② ㄷ ③ ㄱ, ㄴ ④ ㄴ, ㄷ ⑤ ㄱ, ㄴ, ㄷ

✓ 자료 해석
- 우라늄 원자핵의 핵반응을 핵반응식으로 나타내면 다음과 같다.
  $^{235}_{92}U+^{1}_{0}n \longrightarrow ^{92}_{36}Kr+3^{1}_{0}n+^{141}_{56}Ba+$에너지
- 핵반응이 일어날 때 질량은 보존되지 않으며, 결손된 질량이 질량 에너지 동등성에 따라 에너지로 전환된다.

O 보기풀이 ㄱ. 핵분열 반응은 질량수가 큰 원자핵이 질량수가 작은 원자핵 2개로 쪼개지는 핵반응이다. 우라늄 원자핵이 크립톤 원자핵과 A 원자핵으로 나누어졌으므로 핵분열 반응이다.
ㄴ. 핵반응 과정에서 질량수가 보존되므로 1+235=92+3+(A의 질량수)에서 A의 질량수는 141이다.

× 매력적 오답 ㄷ. 우라늄의 핵분열 과정에서 방출되는 에너지는 핵반응 전후 결손된 질량이 질량 에너지 동등성에 따라 에너지로 전환된 것이다. 따라서 입자들의 질량의 합은 반응 전이 반응 후보다 크다.

문제풀이 Tip
핵반응식을 완성할 때는 입자의 개수에 유의해야 한다. 반응 후 방출된 중성자의 개수는 3개인 것을 놓치지 않아야 정확한 핵반응식을 완성할 수 있다.

선택지 비율	❶ 88%	② 1%	③ 7%	④ 1%	⑤ 1%

17 핵융합 반응

2020년 10월 교육청 5번 | 정답 ① | 문제편 42p

출제 의도 핵융합 반응을 이해하고 핵반응에서 발생하는 에너지가 질량 결손에 의한 것임을 설명할 수 있는지 확인하는 문항이다.

다음은 국제핵융합실험로(ITER)에 대한 기사의 일부이다.

> 2020년 8월 ○일 ○○신문
>
> 라틴어로 '길'이라는 뜻을 지닌 국제핵융합실험로(ITER) 공동 개발 사업은 ㉠ 핵융합 발전의 상용화를 위해 대한민국 등 7개국이 참여한 과학기술 협력 프로젝트이다.
>
> ㉡ 태양에서 [A 수소] 원자핵이 헬륨 원자핵으로 융합되는 것과 같은 핵반응을 핵융합로에서 일으키려면 핵융합로는 1억 도 이상의 온도를 유지해야 한다. …(중략)… 현재 ITER는 대한민국이 생산한 주요 부품을 바탕으로 본격적인 조립 단계에 접어들었다.

이에 대한 옳은 설명만을 〈보기〉에서 있는 대로 고른 것은?

〈보기〉
ㄱ. ㉠은 질량이 에너지로 전환되는 현상을 이용한다.
ㄴ. ㉡이 일어날 때 태양의 질량은 ~~변하지 않는다~~. 감소한다.
ㄷ. 원자 번호는 A가 헬륨보다 ~~크다~~. 작다.

① ㄱ ② ㄷ ③ ㄱ, ㄴ ④ ㄴ, ㄷ ⑤ ㄱ, ㄴ, ㄷ

✓ 자료 해석

- 핵융합 발전은 중수소 원자핵($^{2}_{1}H$)과 삼중수소 원자핵($^{3}_{1}H$)이 핵융합하여 헬륨 원자핵($^{4}_{2}He$)과 중성자가 되면서 질량 결손에 의해 발생한 에너지로 전기를 생산한다.
- 태양에서의 핵융합 반응은 몇 단계를 걸쳐 수소 원자핵($^{1}_{1}H$) 4개가 헬륨 원자핵 1개를 생성하고 이 과정에서 질량 결손에 의해 에너지가 방출된다.

○ 보기 풀이 ㄱ. 핵융합 발전은 핵반응에서 결손된 질량이 질량 에너지 동등성에 따라 에너지로 전환되는 현상을 이용한다.

× 매력적 오답 ㄴ. 태양에서 수소 핵융합 반응이 일어날 때 핵반응 후 질량의 합이 핵반응 전보다 줄어드는 질량 결손이 일어난다. 따라서 핵융합이 일어나는 태양의 질량은 감소한다.
ㄷ. A는 수소 원자핵으로, 수소 원자핵의 원자 번호는 1, 헬륨의 원자 번호는 2이다. 따라서 원자 번호는 A가 헬륨보다 작다.

문제풀이 Tip
핵융합 반응이 일어날 때는 항상 질량 결손에 해당하는 에너지가 방출된다. 어떤 원자핵들이 결합하든 상관없다.

선택지 비율	① 3%	② 3%	❸ 78%	④ 3%	⑤ 11%

18 핵융합 반응

2020년 3월 교육청 3번 | 정답 ③ | 문제편 42p

출제 의도 핵융합 반응이 일어날 때 질량 결손에 의해 에너지가 발생하는 것을 설명할 수 있는지 확인하는 문항이다.

그림은 중수소($^{2}_{1}H$)와 삼중수소($^{3}_{1}H$)가 충돌하여 헬륨($^{4}_{2}He$), 입자 a, 에너지가 생성되는 핵반응을 나타낸 것이다. $^{2}_{1}H$, $^{3}_{1}H$, a의 질량은 각각 m_1, m_2, m_3이다.

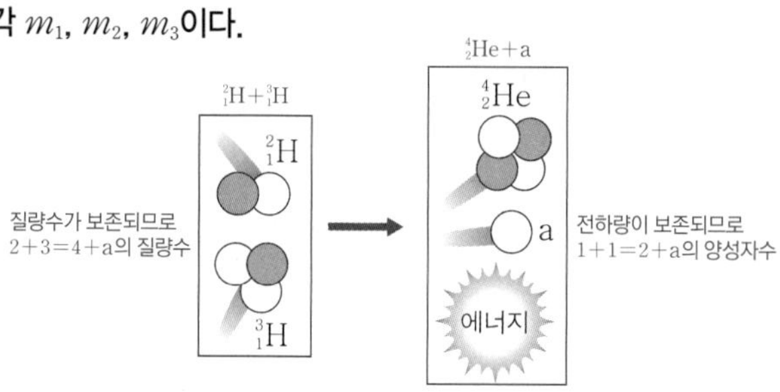

이에 대한 옳은 설명만을 〈보기〉에서 있는 대로 고른 것은?

〈보기〉
ㄱ. a는 중성자이다.
ㄴ. 이 반응은 핵융합 반응이다.
ㄷ. $^{4}_{2}He$의 질량은 $m_1+m_2-m_3$~~이다~~. 보다 작다.

① ㄴ ② ㄷ ③ ㄱ, ㄴ ④ ㄱ, ㄷ ⑤ ㄱ, ㄴ, ㄷ

✓ 자료 해석

- 중수소와 삼중수소가 충돌하여 헬륨이 되는 핵반응식은 다음과 같다.
  $^{2}_{1}H+^{3}_{1}H \longrightarrow ^{4}_{2}He+a+E$(에너지)
- 핵반응이 일어날 때 전하량과 질량수는 보존되며, 결손된 질량이 질량 에너지 동등성에 의해 에너지로 전환된다.

○ 보기 풀이 ㄱ. 핵반응 과정에서 전하량과 질량수는 보존되므로 핵반응 전후 전하량의 합과 질량수의 합은 같다. 따라서 a의 질량수는 1, 양성자수는 0이므로 a는 중성자($^{1}_{0}n$)이다.
ㄴ. 가벼운 중수소 원자핵 2개가 결합하여 헬륨 원자핵이 만들어지는 핵융합 반응이다.

× 매력적 오답 ㄷ. 핵반응 과정에서 결손된 질량만큼 에너지가 생성되므로 $m_1+m_2>$($^{4}_{2}He$의 질량$+m_3$)에서 $m_1+m_2-m_3>^{4}_{2}He$의 질량이다. 따라서 $^{4}_{2}He$의 질량은 $m_1+m_2-m_3$보다 작다.

문제풀이 Tip
핵반응 과정에서 방출되는 에너지는 질량 결손에 의한 것이므로 반응 후 질량의 총합이 항상 반응 전 질량의 총합보다 작다는 것을 유의해야 한다.

선택지 비율	① 22%	② 3%	❸ 62%	④ 3%	⑤ 8%

19 핵반응의 이해

2019년 10월 교육청 16번 | 정답 ③ | 문제편 42p

(출제 의도) 전하량과 질량수 보존을 이용하여 핵반응식을 완성하고, 핵반응에서 질량 결손에 의해 에너지가 발생하는 것을 설명할 수 있는지 확인하는 문항이다.

다음은 각각 E_1, E_2의 에너지가 방출되는 두 가지 핵반응식이다. 표는 입자와 원자핵의 종류에 따른 질량을 나타낸 것이다.

질량수 보존 → 2+2=3+(㉠의 질량수)

• $^2_1H + ^2_1H \longrightarrow ^3_1H +$ [㉠] $+ E_1$

전하량 보존 → 1+1=1+(㉠의 양성자수)

질량수 보존 → 2+(㉡의 질량수)=4+1

• $^2_1H +$ [㉡] $\longrightarrow ^4_2He + ^1_0n + E_2$

전하량 보존 → 1+(㉡의 양성자수)=2+0

종류	질량(u)
^1_0n	1.009
^1_1H	1.007
^2_1H	2.014
^3_1H	3.016
^4_2He	4.003

이에 대한 옳은 설명만을 〈보기〉에서 있는 대로 고른 것은? (단, u는 원자 질량 단위이다.)

보기

ㄱ. ㉠의 질량수는 1이다.

ㄴ. ㉠과 ㉡의 전하량은 같다.

ㄷ. ~~$E_1 > E_2$~~이다. $E_1 < E_2$

① ㄱ ② ㄷ ③ ㄱ, ㄴ ④ ㄴ, ㄷ ⑤ ㄱ, ㄴ, ㄷ

✓ 자료 해석

• 핵반응이 일어날 때 전하량과 질량수는 보존되므로 반응 전후 전하량의 합과 질량수의 합을 비교하여 ㉠, ㉡이 어떤 입자인지 찾을 수 있다.

• 핵반응에서 결손된 질량이 질량 에너지 동등성에 의해 에너지로 전환된다.

→ ^2_1H의 질량+^2_1H의 질량>^3_1H의 질량+㉠의 질량

→ ^2_1H의 질량+㉡의 질량>^4_2He의 질량+^1_0n의 질량

O 보기 풀이 ㄱ. 핵반응 과정에서 질량수는 보존되므로 핵반응 전후 질량수의 합은 같다. 따라서 2+2=3+(㉠의 질량수)이므로 ㉠의 질량수는 1이다.

ㄴ. 핵반응 과정에서 전하량이 보존되므로 전하량 보존에 의해 1+1=1+(㉠의 양성자수), 1+(㉡의 양성자수)=2+0이다. 따라서 ㉠과 ㉡의 전하량은 1로 같다.

× 매력적 오답 ㄷ. ㉠은 질량수가 1, 양성자수가 1이므로 ^1_1H이고, ㉡은 질량수가 3, 양성자수가 1이므로 ^3_1H이다. E_1에 해당하는 질량 결손은 (2.014 u+2.014 u)−(3.016 u+1.007 u)=0.005 u이고, E_2에 해당하는 질량 결손은 (2.014 u+3.016 u)−(4.003 u+1.009 u)=0.018 u이므로 $E_1 < E_2$이다.

문제풀이 Tip

핵반응에서 결손된 질량만큼 에너지가 방출되므로 결손된 질량을 비교하여 에너지의 크기를 비교할 수 있다.

선택지 비율	① 3%	② 2%	❸ 78%	④ 5%	⑤ 10%

20 핵융합 반응과 핵분열 반응

2019년 4월 교육청 3번 | 정답 ③ | 문제편 42p

(출제 의도) 전하량과 질량수 보존을 이용하여 핵반응식을 완성하고, 핵반응에서 질량 결손에 의해 에너지가 발생하는 것을 설명할 수 있는지 확인하는 문항이다.

다음은 핵융합 반응 A와 핵분열 반응 B의 핵반응식을 나타낸 것이다.

A: $^2_1H + ^3_1H \longrightarrow ^4_2He + ^1_0n +$ [17.6MeV]

B : $^{235}_{92}U + ^1_0n \longrightarrow ^{141}_{56}Ba + ^{92}_{36}Kr + 3$ [㉠ ^1_0n] + [200MeV]

결손된 질량만큼 에너지 발생

이에 대한 설명으로 옳은 것만을 〈보기〉에서 있는 대로 고른 것은?

보기

ㄱ. ^2_1H는 양성자수와 중성자수가 같다.

ㄴ. ㉠은 ~~양(+)전하를 띤다~~. 전하를 띠지 않는다.

ㄷ. A, B에서 방출된 에너지는 질량 결손에 의한 것이다.

① ㄱ ② ㄴ ③ ㄱ, ㄷ ④ ㄴ, ㄷ ⑤ ㄱ, ㄴ, ㄷ

✓ 자료 해석

• 원자 번호(양성자수, 전하량)가 Z이고 질량수(양성자수+중성자수)가 A인 원자핵을 표시할 때는 다음과 같이 나타낸다.

$$^A_ZX$$

질량수 → A, 원자 번호 → Z, X ← 원소 기호

• 전하량과 질량수 보존을 이용하여 B의 핵반응식을 완성하면 다음과 같다.

$$^{235}_{92}U + ^1_0n \longrightarrow ^{141}_{56}Ba + ^{92}_{36}Kn + 3^1_0n + 200\ MeV$$

O 보기 풀이 ㄱ. ^2_1H의 양성자수는 1이고 양성자수와 중성자수의 합인 질량수는 2이므로 ^2_1H의 중성자수는 1이다.

ㄷ. 핵융합 반응 A와 핵분열 반응 B 모두 핵반응 후 질량의 합이 핵반응 전보다 줄어드는 질량 결손이 일어나고, 결손된 질량은 질량 에너지 동등성에 따라 에너지로 전환되어 방출된다.

× 매력적 오답 ㄴ. 핵반응에서 전하량과 질량수는 보존되므로 ㉠의 전하량은 0, 질량수는 1이다. 따라서 ㉠은 중성자(^1_0n)이고, 중성자는 전하를 띠지 않는다.

문제풀이 Tip

핵융합 반응과 핵분열 반응 모두 질량 결손이 일어나며, 질량 결손에 의해 에너지가 방출되는 것을 기억해야 한다.

01 전자의 에너지 준위

1 전기력

선택지 비율	❶ 65%	② 7%	③ 12%	④ 6%	⑤ 9%

2024년 10월 교육청 19번 | 정답 ① | 문제편 48 p

출제 의도 경우의 수를 생각하여 점전하 사이에 작용하는 전기력의 크기와 방향, 합성을 적용할 수 있는지 묻는 문항이다.

그림 (가)는 점전하 A, B, C를 x축상에 고정시킨 것으로 A, C에 작용하는 전기력의 크기는 같다. 그림 (나)는 (가)에서 B와 C의 위치를 바꾸어 고정시킨 것으로 C에 작용하는 전기력은 0이다. 전하량의 크기는 A가 C보다 크다.

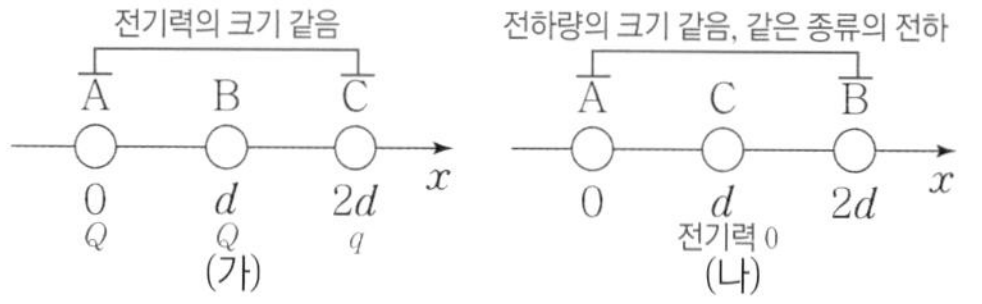

이에 대한 옳은 설명만을 〈보기〉에서 있는 대로 고른 것은? [3점]

〈보기〉
ㄱ. 전하량의 크기는 B가 C보다 크다.
ㄴ. A와 C 사이에는 서로 ~~밀어내는~~ 전기력이 작용한다. 당기는
ㄷ. (가)에서 A와 B에 작용하는 전기력의 방향은 ~~같다~~. 반대이다.

① ㄱ ② ㄴ ③ ㄱ, ㄷ ④ ㄴ, ㄷ ⑤ ㄱ, ㄴ, ㄷ

✓ 자료 해석

- (나)에서 C에 작용하는 전기력이 0이다. → C로부터 A, B의 거리가 같으므로 전하량의 크기는 A, B가 같고, 서로 같은 종류의 전하이다.
- (가)에서 A, B, C가 모두 같은 종류의 전하이면 B, C가 A에 작용하는 전기력은 모두 $-x$방향이고 A, B가 C에 작용하는 전기력은 모두 $+x$ 방향이다. 그런데 전하량의 크기는 A, B가 C보다 크므로 (A에 작용하는 전기력) < (C에 작용하는 전기력)이 되어 문제 조건이 성립하지 않는다.

○ 보기 풀이 ㄱ. (나)에서 C에 작용하는 전기력이 0이므로 A, B가 C에 작용하는 전기력의 크기는 같고 방향은 반대이다. 따라서 A와 B의 전하량의 크기가 같으므로 전하량의 크기는 B가 C보다 크다.

✕ 매력적 오답 ㄴ. A와 B는 서로 같은 종류의 전하이다. 만약 A, B, C가 모두 양(+)전하라면 (가)에서 전하량의 크기는 A, B가 C보다 크므로 C에 작용하는 전기력의 크기가 A에 작용하는 전기력의 크기보다 크다. 따라서 A, B는 C와 다른 종류의 전하이므로 A와 C 사이에는 서로 당기는 전기력이 작용한다.
ㄷ. (가)에서 A에는 B와 C가 서로 반대 방향으로 전기력을 작용하고 전하량이 크고 거리가 가까운 B가 작용하는 전기력이 더 크므로 A에 작용하는데 전기력의 방향은 B가 A에 작용하는 전기력의 방향, 즉 $-x$방향과 같다. 마찬가지로 B에 작용하는 전기력의 방향도 A가 B에 작용하는 전기력의 방향($+x$방향)과 같으므로 A와 B에 작용하는 전기력의 방향은 서로 반대이다.

문제풀이 Tip
점전하가 띠는 전하의 종류를 정확하게 알 수 없어도 전기력의 방향과 크기를 이용하여 풀이하는 전기력의 합성 문제도 출제된다. 전하는 양(+)전하이거나 음(−)전하이므로 직접 대입하여 문제를 해결할 수 있어야 한다.

2 보어의 수소 원자 모형

선택지 비율	① 2%	❷ 88%	③ 2%	④ 5%	⑤ 4%

2024년 7월 교육청 4번 | 정답 ② | 문제편 48 p

출제 의도 보어의 수소 원자 모형과 전자의 전이 과정에서 방출되는 빛의 파장과 에너지의 관계를 아는지 확인하는 문항이다.

그림은 보어의 수소 원자 모형에서 양자수 n에 따른 에너지 준위의 일부와 전자의 전이 a~d를 나타낸 것이다. c에서 방출되는 빛은 가시광선이다.

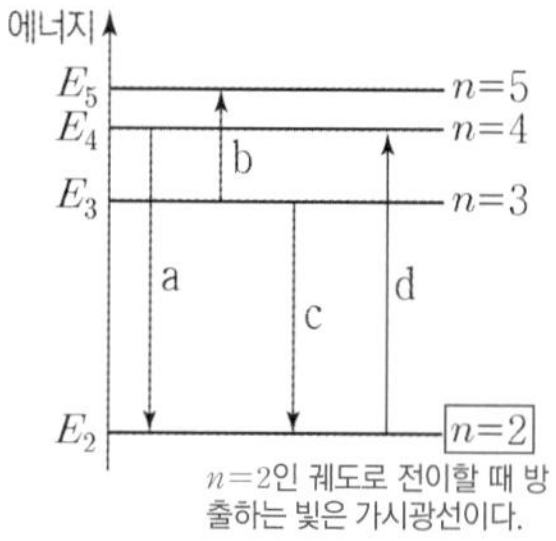

이에 대한 설명으로 옳은 것만을 〈보기〉에서 있는 대로 고른 것은? (단, 플랑크 상수는 h이다.)

〈보기〉
ㄱ. a에서 방출되는 빛은 ~~적외선~~이다. 가시광선
ㄴ. b에서 흡수되는 빛의 진동수는 $\frac{|E_5-E_3|}{h}$이다.
ㄷ. d에서 흡수되는 빛의 파장은 c에서 방출되는 빛의 파장보다 ~~길다~~. 짧다.

① ㄱ ② ㄴ ③ ㄱ, ㄷ ④ ㄴ, ㄷ ⑤ ㄱ, ㄴ, ㄷ

✓ 자료 해석

- 수소 원자에서 $n=3$, 4인 에너지 준위에 있던 전자가 $n=2$로 전이할 때 가시광선 영역(발머 계열)이 나타난다.
- 전자가 전이할 때 방출되는 광자 1개의 에너지는 에너지 준위의 차와 같고 빛의 파장에 반비례한다. → $E_{광자}=|E_m-E_n|=\frac{hc}{\lambda}$

○ 보기 풀이 ㄴ. b에서 흡수되는 빛의 에너지는 $|E_5-E_3|$이므로 빛의 진동수는 $\frac{|E_5-E_3|}{h}$이다.

✕ 매력적 오답 ㄱ. $n=4$에서 $n=2$로 전자가 전이하므로 a에서 방출되는 빛은 가시광선이다.
ㄷ. 광자 1개의 에너지는 $E=hf=\frac{hc}{\lambda}$이므로 흡수되거나 방출되는 빛의 파장은 광자 1개의 에너지가 클수록 짧다. d에서 흡수되는 빛의 에너지는 $|E_4-E_2|$이고, c에서 방출되는 빛의 에너지는 $|E_3-E_2|$이므로 $|E_4-E_2|>|E_3-E_2|$이다. 따라서 방출 또는 흡수되는 빛의 파장은 d에서가 c에서보다 짧다.

문제풀이 Tip
수소 원자 모형에서 에너지 준위 차와 광자 1개의 에너지, 빛의 파장 사이의 관계식을 반드시 기억해 두자.

선택지 비율	① 3%	❷ 66%	③ 8%	④ 15%	⑤ 7%

3 전기력

2024년 7월 교육청 18번 | 정답 ② | 문제편 48 p

(출제 의도) 점전하 사이에 작용하는 전기력의 관계를 이해하고, 쿨롱 법칙을 이용하여 전기력의 크기를 비교하여 적용할 수 있는지 확인하는 문항이다.

그림과 같이 x축상에 점전하 A~D를 고정하고 양(+)전하인 점전하 P를 옮기며 고정한다. A와 B의 전하량의 크기는 서로 같고, C와 D의 전하량의 크기는 서로 같다. B, C는 양(+)전하이고 A, D는 음(−)전하이다. P가 $x=4d$에 있을 때, P에 작용하는 전기력은 0이다.

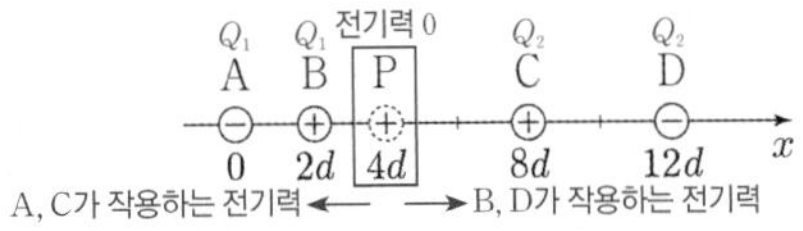

이에 대한 설명으로 옳은 것만을 〈보기〉에서 있는 대로 고른 것은? [3점]

보기
ㄱ. 전하량의 크기는 A가 C보다 ~~크다.~~ 작다.
ㄴ. P가 $x=d$에 있을 때, P에 작용하는 전기력의 방향은 $-x$방향이다.
ㄷ. P에 작용하는 전기력의 크기는 $x=6d$에 있을 때가 $x=10d$에 있을 때보다 ~~크다.~~ 작다.

① ㄱ ② ㄴ ③ ㄱ, ㄷ ④ ㄴ, ㄷ ⑤ ㄱ, ㄴ, ㄷ

✓ 자료 해석

- A, B, C, D가 P에 작용하는 전기력이 0이고, A, C는 $-x$방향으로, B, D는 $+x$방향으로 전기력을 작용한다.
  → A, C가 P에 작용하는 전기력의 합=B, D가 P에 작용하는 전기력의 합
- A, B의 전하량을 Q_1, C, D의 전하량을 Q_2, P의 전하량을 q라고 하면 $k\frac{Q_1q}{(4d)^2}+k\frac{Q_2q}{(4d)^2}=k\frac{Q_1q}{(2d)^2}+k\frac{Q_2q}{(8d)^2}$가 성립한다.

○ 보기 풀이 ㄴ. P가 $x=d$에 있을 때, A, B, C는 $-x$방향으로, D는 $+x$방향으로 전기력이 작용한다. 이때 C가 P에 작용하는 전기력의 크기는 D가 P에 작용하는 전기력의 크기보다 크므로 A, B, C가 P에 작용하는 전기력의 합은 D가 P에 작용하는 전기력의 크기보다 크다. 따라서 P에 작용하는 전기력의 방향은 $-x$방향이다.

× 매력적 오답 ㄱ. $x=4d$에서 전기력이 0이므로 $k\frac{Q_1q}{16d^2}+k\frac{Q_2q}{16d^2}=k\frac{Q_1q}{4d^2}+k\frac{Q_2q}{64d^2}$에서 $Q_2=4Q_1$이다.

ㄷ. P가 $x=6d$에 있을 때 A, C는 $-x$방향으로, B, D는 $+x$방향으로 전기력을 작용하고, P가 $x=10d$에 있을 때 A는 $-x$방향으로, B, C, D는 $+x$방향으로 전기력을 작용한다. C, D의 전하량의 크기는 A, B의 전하량의 크기보다 크므로 C, D와 거리가 가깝고, C, D에 의한 전기력의 방향이 같은 $x=10d$에 있을 때가 $x=6d$에 있을 때보다 P에 작용하는 전기력의 크기가 크다.

문제풀이 Tip

A, B, C, D의 전하량의 비를 알기 때문에 전기력의 크기를 실제로 계산해서 구할 수도 있지만 정확한 값을 구할 필요가 없을 때는 각 점전하가 작용하는 전기력의 크기를 비교하는 것도 문제 풀이 시간을 단축할 수 있다.

선택지 비율	① 2%	② 2%	③ 8%	④ 6%	❺ 82%

4 보어의 수소 원자 모형

2024년 5월 교육청 5번 | 정답 ⑤ | 문제편 48 p

(출제 의도) 보어의 수소 원자 모형에서 광자의 에너지와 파장, 진동수의 관계를 아는지 묻는 문항이다.

에너지 준위 차가 클수록 빛의 진동수가 크고, 파장이 짧다.

그림은 보어의 수소 원자 모형에서 양자수 n에 따른 에너지 준위의 일부와 전자의 전이 a, b, c를 나타낸 것이다. a, b, c에서 방출되는 광자 1개의 에너지는 각각 E_a, E_b, E_c이다.

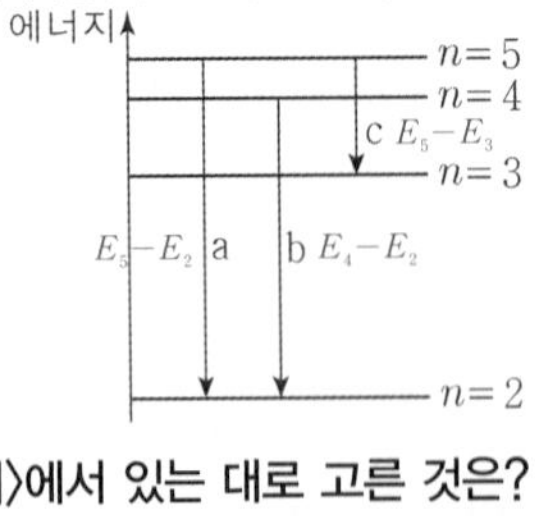

이에 대한 설명으로 옳은 것만을 〈보기〉에서 있는 대로 고른 것은? (단, 플랑크 상수는 h이다.)

보기
ㄱ. 방출되는 빛의 파장은 a에서가 b에서보다 짧다.
ㄴ. 전자가 $n=3$에서 $n=2$로 전이할 때 방출되는 빛의 진동수는 $\frac{E_a-E_c}{h}$이다.
ㄷ. $E_a<E_b+E_c$이다.

① ㄱ ② ㄷ ③ ㄱ, ㄴ ④ ㄴ, ㄷ ⑤ ㄱ, ㄴ, ㄷ

✓ 자료 해석

- 전자가 전이할 때 방출되는 광자 1개의 에너지는 에너지 준위 차와 같다.
  → $E_a=E_5-E_2$, $E_b=E_4-E_2$, $E_c=E_5-E_3$
- 전자가 전이할 때 방출되는 빛의 진동수는 에너지 준위 차가 클수록 크고, 빛의 파장은 에너지 준위 차가 작을수록 크다.

○ 보기 풀이 ㄱ. 광자 1개의 에너지는 $E=hf=\frac{hc}{\lambda}$이므로 방출되는 빛의 파장은 광자 1개의 에너지가 클수록 짧다. a는 $n=5$에서 $n=2$로 전이할 때, b는 $n=4$에서 $n=2$로 전이할 때이므로 $E_a>E_b$이고, 방출되는 파장은 a에서가 b에서보다 짧다.

ㄴ. $E_a-E_c=(E_5-E_2)-(E_5-E_3)=E_3-E_2$이다. 따라서 전자가 $n=3$에서 $n=2$로 전이할 때 방출되는 빛의 진동수는 $\frac{E_a-E_c}{h}$이다.

ㄷ. $E_b+E_c=(E_4-E_2)+(E_5-E_3)=(E_5-E_2)+(E_4-E_3)=E_a+(E_4-E_3)$이다. 따라서 $E_a<E_b+E_c$이다.

문제풀이 Tip

보어의 수소 원자 모형에서는 에너지 준위 차를 파악하는 것이 핵심이다. 에너지 준위 차를 통해, 빛의 진동수와 파장에 대한 정보를 얻을 수 있다.

선택지 비율	❶ 36%	② 12%	③ 26%	④ 10%	⑤ 17%

5 전기력

2024년 5월 교육청 19번 | 정답 ① | 문제편 49 p

출제 의도 쿨롱 법칙을 이용하여 점전하로부터의 거리에 따른 합성 전기력의 변화를 설명할 수 있는지 확인하는 문항이다.

그림 (가)는 점전하 A, B, C를 x축상에 고정시킨 것을, (나)는 (가)에서 A, C의 위치만을 바꾸어 고정시킨 것을 나타낸 것이다. (가)와 (나)에서 양(+)전하인 A에 작용하는 전기력의 방향은 같고, C에 작용하는 전기력의 방향은 $+x$방향으로 같다.

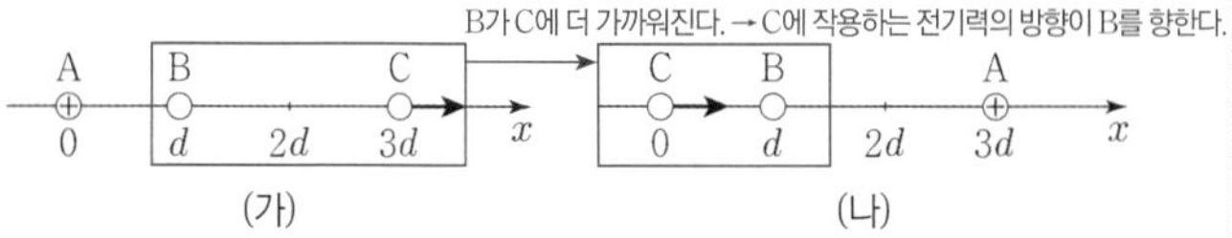

이에 대한 설명으로 옳은 것만을 〈보기〉에서 있는 대로 고른 것은?

보기

ㄱ. C는 양(+)전하이다.

ㄴ. (가)에서 A에 작용하는 전기력의 방향은 ~~$-x$방향~~ $+x$방향이다.

ㄷ. (나)에서 B에 작용하는 전기력의 크기는 C에 작용하는 전기력의 크기보다 ~~작다~~. 크다.

① ㄱ ② ㄴ ③ ㄱ, ㄷ ④ ㄴ, ㄷ ⑤ ㄱ, ㄴ, ㄷ

✓ 자료 해석

- (가)와 (나)의 비교: A와 C 사이의 거리는 $3d$로 같고, B가 (가)에서는 A에 가깝고, (나)에서는 C에 가깝다. 이때 C에 작용하는 전기력의 방향은 (가)에서는 A, B에서 멀어지는 방향이고, (나)에서는 A, B에 가까워지는 방향이다.
  → B가 C에 더 가까워지면 C에 작용하는 전기력의 방향이 B를 향하게 된다.
  → B와 C 사이에는 끌어당기는 방향으로 전기력이 작용하고 있다.

○ 보기 풀이 ㄱ. (가)와 (나)를 비교하면 A와 C 사이의 거리는 같은데, B와 C 사이만 가까워진다. 즉, B가 C에 가까워지면 C에 작용하는 전기력의 방향이 B를 향하는 방향이 되는 것을 알 수 있다. 따라서 B와 C의 전하의 종류는 다르다. 만약 B가 양(+)전하라면 (가)에서 A, B가 C에 작용하는 전기력이 모두 $-x$방향이므로 조건이 성립하지 않는다. 따라서 B는 음(−)전하, C는 양(+)전하이다.

× 매력적 오답 ㄴ. (가)에서 A와 B의 전하의 종류는 다르고, (가)와 비교하여 (나)에서는 A와 B 사이의 거리가 멀어졌지만 A에 작용하는 전기력의 방향은 변하지 않는다. 만약 (가)에서 A에 작용하는 전기력의 방향이 $-x$방향이라면 C가 A에 작용하는 전기력이 B가 A에 작용하는 전기력보다 크다. 따라서 (나)와 같이 B가 A에서 멀어지면 C가 A에 작용하는 전기력이 (가)에서보다 더 커져 A는 $+x$방향으로 전기력이 작용해야 하므로 조건이 성립하지 않는다. 따라서 (가)와 (나)에서 A는 $+x$방향으로 전기력이 작용한다.

ㄷ. (나)에서 A와 B, B와 C, C와 A 사이에 작용하는 전기력의 크기를 각각 F_1, F_2, F_3이라 하면, C에 작용하는 전기력의 방향은 $+x$방향이므로 $F_2>F_3$이고, A에 작용하는 전기력의 방향도 $+x$방향이므로 $F_3>F_1$이다. 따라서 B에 작용하는 전기력의 크기(F_2-F_1)는 C에 작용하는 전기력의 크기(F_2-F_3)보다 크다.

문제풀이 Tip

점전하들 사이에 작용하는 전기력은 서로 크기가 같고 방향이 반대인 힘을 작용하므로 전체 계에 작용하는 전기력은 0이다. 따라서 (나)에서 A와 C에 작용하는 전기력의 방향이 $+x$방향으로 작용하므로 B에 작용하는 전기력은 $-x$방향으로 A, C에 작용하는 전기력의 합과 같다. 이와 같이 전체 계에 작용하는 전기력을 이용하여 풀이할 수도 있다.

선택지 비율	❶ 70%	② 6%	③ 6%	④ 5%	⑤ 13%

6 보어의 수소 원자 모형과 에너지 준위

2024년 3월 교육청 13번 | 정답 ① | 문제편 49 p

출제 의도 보어의 수소 원자 모형에서 양자수의 의미를 이해하고, 에너지 준위와 전자의 전이를 설명할 수 있는지 확인하는 문항이다.

그림 (가)와 (나)는 각각 보어의 수소 원자 모형에서 양자수 n에 따른 전자의 궤도와 에너지 준위의 일부를 나타낸 것이다. a, b, c는 각각 2, 3, 4 중 하나이다.

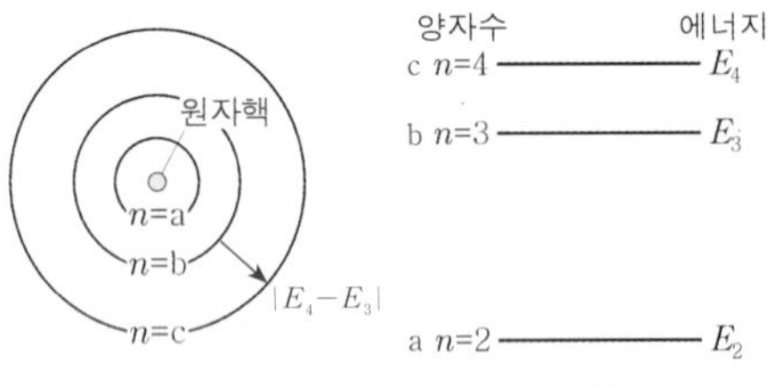

(가) (나)

이에 대한 옳은 설명만을 〈보기〉에서 있는 대로 고른 것은?

보기
ㄱ. ~~a=4~~이다. a=2
ㄴ. 전자는 E_2와 E_3 사이의 에너지를 가질 수 없다.
ㄷ. 전자가 n=b에서 n=c로 전이할 때 흡수 또는 방출하는 광자 1개의 에너지는 ~~$|E_3-E_2|$~~이다. $|E_4-E_3|$

① ㄴ ② ㄷ ③ ㄱ, ㄴ ④ ㄱ, ㄷ ⑤ ㄴ, ㄷ

✓ 자료 해석
- 전자가 안정적으로 존재하는 궤도를 원자핵에 가까운 것부터 $n=1, 2, 3, 4\cdots$인 궤도라고 한다.
- 양자수가 커질수록, 즉, 원자핵에서 멀어질수록 전자의 에너지 준위가 크다.

○ 보기풀이 ㄴ. 원자핵과 가장 가까운 전자의 궤도부터 $n=1$, $n=2$, $n=3$, $n=4$ … 인 궤도에서 전자의 에너지를 에너지 준위라고 부르며, n을 양자수라고 한다. 원자 내의 전자는 양자수에 해당하는 특정 에너지만 가질 수 있다.

× 매력적 오답 ㄱ. 원자핵에 가장 가까운 a의 양자수가 2이므로 a=2, b=3, c=4이다.
ㄷ. 전자가 n=b → n=c로 전이할 때, 즉, 전자가 $n=3$ → $n=4$로 전이할 때 에너지를 흡수하며, 이때 광자 1개의 에너지는 $|E_4-E_3|$이다.

문제풀이 Tip
보어의 수소 원자 모형에서 전자는 양자수와 관련된 특정한 에너지값만 가질 수 있다는 것을 이해하고 있어야 한다.

선택지 비율	① 6%	② 6%	③ 12%	④ 7%	❺ 70%

7 전기력

2024년 3월 교육청 15번 | 정답 ⑤ | 문제편 49 p

출제 의도 쿨롱 법칙을 이해하여 점전하에 작용하는 전기력이 0이 되는 경우를 찾을 수 있는지 확인하는 문항이다.

그림 (가)는 점전하 A, B, C를 x축상에 고정시킨 모습을, (나)는 (가)에서 점전하의 위치만 서로 바꾼 모습을 나타낸 것이다. A, B는 모두 양(+)전하이며, <u>(나)에서 A, B, C에 작용하는 전기력은 모두 0이다.</u>
다른 두 점전하가 한 점전하에 작용하는 전기력의 크기는 같고 방향은 서로 반대이다.

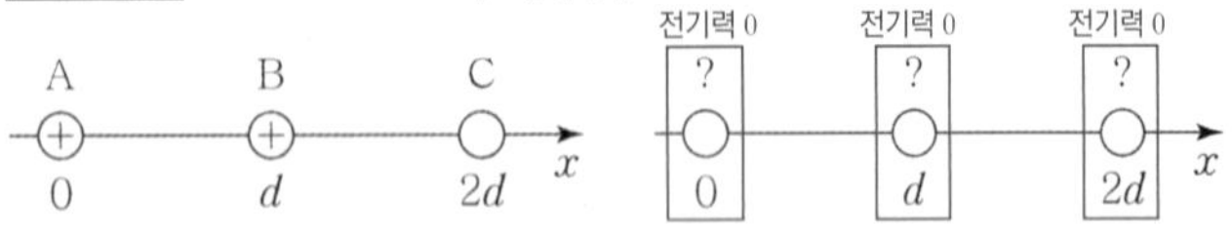

(가) (나)

이에 대한 옳은 설명만을 〈보기〉에서 있는 대로 고른 것은? [3점]

보기
ㄱ. C는 음(−)전하이다.
ㄴ. 전하량의 크기는 A와 B가 같다.
ㄷ. (가)에서 A에 작용하는 전기력의 방향은 $-x$방향이다.

① ㄱ ② ㄷ ③ ㄱ, ㄴ ④ ㄴ, ㄷ ⑤ ㄱ, ㄴ, ㄷ

✓ 자료 해석
- (나)에서 A, B, C에 작용하는 전기력이 모두 0이다.
  → A, B, C가 모두 양(+)전하이면 양 끝에 있는 점전하는 다른 두 전하로부터 같은 방향으로 전기력을 받으므로 전기력이 0이 될 수 없다.
  → A, B는 양(+)전하, C는 음(−)전하일 때 C가 끝에 있으면 A, B로부터 같은 방향으로 전기력을 받아 전기력이 0이 될 수 없다. 따라서 C는 A, B의 중간에 있어야 한다.

○ 보기풀이 ㄱ. (나)에서 A, B, C에 작용하는 전기력이 모두 0이므로 $x=d$에 있는 점전하가 음(−)전하여야 한다. 따라서 C는 음(−)전하이다.
ㄴ. (나)에서 $x=d$에 C가 놓여 있으므로 A와 B 사이의 거리는 A와 C, B와 C 사이의 거리보다 크다. A에 작용하는 전기력이 0이려면 B가 A에 작용하는 전기력의 크기와 C가 A에 작용하는 전기력의 크기가 같아야 하므로 B의 전하량은 C보다 크다. 또한 C에 작용하는 전기력이 0이려면 A가 C에 작용하는 전기력의 크기와 B가 C에 작용하는 전기력의 크기가 같아야 하므로 전하량의 크기는 A와 B가 같다.
ㄷ. (가)에서 B의 전하량이 C보다 크고, A로부터의 거리도 B가 C보다 가까우므로 A에 작용하는 전기력의 방향은 B가 A에 작용하는 전기력의 방향과 같다. 따라서 $-x$방향이다.

문제풀이 Tip
점전하에 작용하는 전기력이 0이려면 다른 두 점전하가 작용하는 전기력의 방향은 반대이고, 크기가 같다는 것을 파악할 수 있어야 한다.

선택지 비율	① 3%	② 8%	③ 5%	④ 7%	❺ 77%

8 보어의 수소 원자 모형

2023년 10월 교육청 9번 | 정답 ⑤ | 문제편 49 p

출제 의도 전자가 전이할 때 방출되는 빛의 에너지와 파장의 관계를 알고 보어의 수소 원자 모형에 적용할 수 있는지 확인하는 문항이다.

그림은 보어의 수소 원자 모형에서 양자수 n에 따른 에너지 준위의 일부와 전자의 전이 a~c를, 표는 a~c에서 방출된 적외선과 가시광선 중 가시광선의 파장과 진동수를 나타낸 것이다.

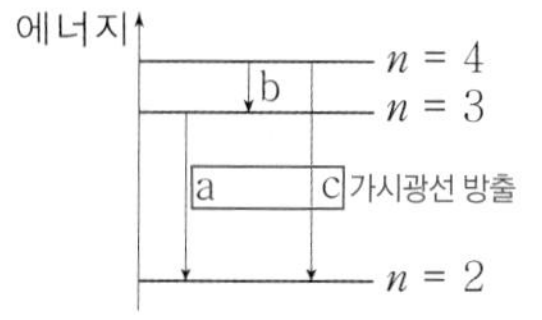

파장이 짧을수록 진동수가 크다. → $f_2>f_1$

전이	파장	진동수
㉠ a	656 nm	f_1
㉡ c	486 nm	f_2

이에 대한 옳은 설명만을 〈보기〉에서 있는 대로 고른 것은?

보기

ㄱ. ㉠은 a이다.

ㄴ. 방출된 적외선의 진동수는 f_2-f_1이다.

ㄷ. 수소 원자의 에너지 준위는 불연속적이다.

① ㄴ ② ㄷ ③ ㄱ, ㄴ ④ ㄱ, ㄷ ⑤ ㄱ, ㄴ, ㄷ

✔ 자료 해석

- 전자의 전이 과정에서 방출되는 광자 1개의 에너지는 $E=hf=h\frac{c}{\lambda}$이므로 파장이 짧을수록 진동수와 에너지의 크기가 크다.
- a, c는 각각 $n=3$, $n=4$인 에너지 준위에서 $n=2$인 에너지 준위로 전이하므로 가시광선을 방출한다.

O 보기풀이 ㄱ. 방출된 가시광선의 파장이 짧을수록 에너지가 크다. 따라서 $n=2$로 전이할 때 방출된 가시광선 중 에너지 준위 차이가 큰 c가 파장이 짧은 빛을 방출한 ㉡이다. 따라서 ㉠은 a이다.

ㄴ. b에서는 적외선이 방출된다. b에서 방출되는 빛의 에너지는 $E_4-E_3=(E_4-E_2)-(E_3-E_2)=hf_2-hf_1$이다. 따라서 방출된 적외선의 진동수는 f_2-f_1이다.

ㄷ. 수소 원자의 에너지 준위는 양자화되어 있으므로 불연속적이다.

문제풀이 Tip

전자는 양자수와 관련된 특정한 에너지값만 가질 수 있기 때문에 전자 전이 과정에서 방출하는 빛의 파장도 정해져 있음을 이해하고 있어야 한다.

선택지 비율	① 3%	② 3%	❸ 58%	④ 8%	⑤ 28%

9 전기력(쿨롱 법칙)

2023년 10월 교육청 13번 | 정답 ③ | 문제편 50 p

출제 의도 쿨롱 법칙을 이해하여 점전하 사이에 작용하는 전기력을 비교하고 유추할 수 있는지 확인하는 문항이다.

그림 (가), (나)와 같이 점전하 A, B, C를 각각 x축상에 고정시켰다. (가)에서 B가 받는 전기력은 0이고, (가), (나)에서 C는 각각 $+x$방향과 $-x$방향으로 크기가 F_1, F_2인 전기력을 받는다. $F_1>F_2$이다.

전기력 0 → A와 C는 서로 같은 종류의 전하를 띠고, 전하량의 크기도 같다.

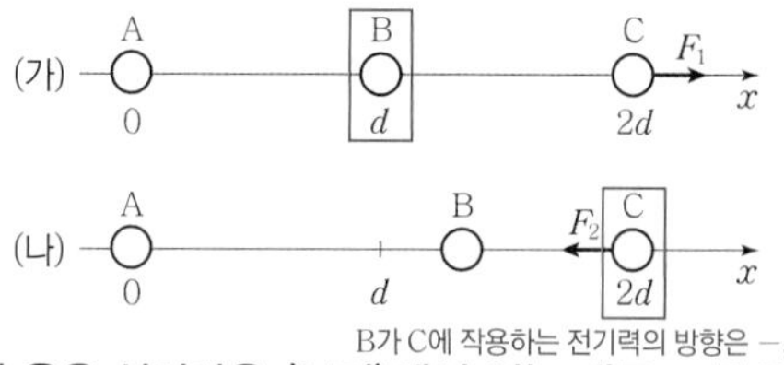

B가 C에 작용하는 전기력의 방향은 $-x$방향이다.

이에 대한 옳은 설명만을 〈보기〉에서 있는 대로 고른 것은? [3점]

보기

ㄱ. 전하량의 크기는 A와 C가 같다.

ㄴ. A와 B 사이에는 서로 당기는 전기력이 작용한다.

ㄷ. (나)에서 A가 받는 전기력의 크기는 F_2보다 ~~작다~~. 크다.

① ㄴ ② ㄷ ③ ㄱ, ㄴ ④ ㄱ, ㄷ ⑤ ㄱ, ㄴ, ㄷ

✔ 자료 해석

- (가)에서 B에 작용하는 전기력이 0이므로 A, C는 B에 서로 반대 방향으로 같은 크기의 전기력을 작용한다.
  → A와 C는 같은 종류의 전하를 띤다.
  → A와 B, B와 C 사이의 거리가 같으므로 A와 C의 전하량의 크기는 같다.
- (나)에서 B를 $+x$방향으로 이동시켰더니 C에 작용하는 전기력의 방향이 (가)에서와 반대가 된다. → B가 C에 작용하는 전기력의 방향은 $-x$방향이다. 따라서 B와 C는 다른 종류의 전하를 띤다.

O 보기풀이 ㄱ. A, C는 B에 서로 반대 방향으로 같은 크기의 전기력을 작용한다. A와 B, C와 B 사이의 거리가 d로 같으므로 A, C는 전하의 종류와 전하량의 크기가 같다.

ㄴ. B와 C 사이의 거리가 가까워지면 B가 C에 작용하는 전기력의 크기도 커진다. 이때 C가 받는 전기력의 방향이 바뀌므로 F_2의 방향은 B가 C에 작용하는 전기력의 방향이다. 따라서 B는 A, C와 다른 종류의 전하를 띠므로 A와 B 사이에는 서로 당기는 전기력이 작용한다.

× 매력적 오답 ㄷ. (가)에서 A와 C의 전하량의 크기가 같으므로 A는 $-x$방향으로 크기가 F_1인 전기력을 받는다. (나)에서 C가 A에 작용하는 전기력의 방향과 B가 A에 작용하는 전기력의 방향은 서로 반대인데, B가 A에 작용하는 전기력의 크기가 작아지므로 A에 작용하는 전기력의 크기는 $F_1(>F_2)$보다 크다.

문제풀이 Tip

(가)와 (나)에서 달라진 조건을 찾고, 조건 변화에 의해 어떤 차이가 생겼는지를 파악할 수 있어야 한다.

10 전기력

출제 의도 경우의 수를 생각하여 점전하 사이에 작용하는 전기력의 관계를 이해하고, 쿨롱 법칙을 이용하여 전기력의 크기를 계산할 수 있는지 확인하는 문항이다.

그림 (가)는 점전하 A, B, C, D를 x축상에 고정시킨 것으로 A에 작용하는 전기력의 방향은 $-x$방향이고, B에 작용하는 전기력은 0이다. 그림 (나)는 (가)에서 A와 C의 위치만 서로 바꾸어 고정시킨 것으로 B에는 $+x$방향으로 크기가 F인 전기력이 작용한다. A, B, C의 전하량의 크기는 각각 $2Q$, Q, Q이다.

B에 작용하는 전기력=(A, C가 B에 작용하는 전기력의 합력)+D가 B에 작용하는 전기력

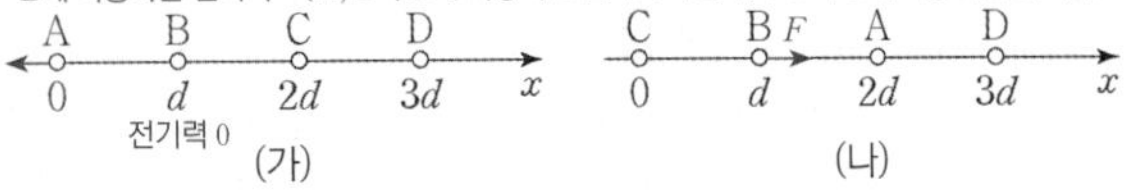

(가) (나)

(가)에서 A에 작용하는 전기력의 크기는? [3점]

① $\frac{1}{36}F$ ② $\frac{1}{18}F$ ③ $\frac{1}{12}F$ ④ $\frac{1}{9}F$ ⑤ $\frac{1}{6}F$

✓ 자료 해석

- A, C, D가 B에 작용하는 전기력을 각각 F_{AB}, F_{CB}, F_{DB}라고 하면 (가)에서 B에 작용하는 전기력이 0이므로 $F_{AB}+F_{CB}+F_{DB}=0$이다.
  → $F_{AB}+F_{CB}=-F_{DB}$
- (나)는 (가)에서 A와 C의 위치만 바꾸어 고정시켰으므로 B에 작용하는 전기력은 $(-F_{AB})+(-F_{CB})+F_{DB}=F$이다. → $-(F_{AB}+F_{CB})+F_{DB}=F_{DB}+F_{DB}=F$에서 $F_{DB}=\frac{F}{2}$이다.

○ 보기 풀이 B에 작용하는 전기력이 A, C의 위치만 바꾸었을 때 (가)의 0에서 (나)의 $+F$가 된다. 따라서 (가)에서 A, C가 B에 작용하는 전기력의 합력은 $-\frac{F}{2}$이고, D가 B에 작용하는 전기력은 $+\frac{F}{2}$이다.

먼저, D의 전하량을 Q_D라 하고, A, C가 같은 종류의 전하일 때를 생각해 보자. (가)에서 A, C가 B에 작용하는 전기력은 $k\frac{2Q^2}{d^2}-k\frac{Q^2}{d^2}$이고, D가 B에 작용하는 전기력의 크기와 같으므로 $k\frac{2Q^2}{d^2}-k\frac{Q^2}{d^2}=k\frac{Q_DQ}{4d^2}$에서 $Q_D=4Q$이다. 이때 B에 작용하는 전기력이 0이라는 조건을 만족하려면 D는 C와 같은 종류의 전하이다. 이 경우에 B가 A, C, D와 같은 종류의 전하라면 (나)에서 B에 작용하는 전기력의 방향이 $+x$방향이 될 수 없으므로 B는 다른 종류의 전하이다. 하지만 이 경우는 (가)에서 A에 작용하는 전기력이 $+x$방향이 되므로 조건을 만족하지 않는다. 그러므로 A, C는 다른 종류의 전하이다.

마찬가지로 (가)에서 B에 작용하는 전기력이 0이라는 조건을 만족하려면 D는 A와 같은 종류의 전하이고, (나)에서 B에 작용하는 전기력의 방향이 $+x$방향이 되려면 B는 A, D와 다른 종류의 전하이다. 이때 (가)에서 B에 작용하는 전기력이 0이려면 $k\frac{2Q^2}{d^2}+k\frac{Q^2}{d^2}=k\frac{Q_DQ}{4d^2}$에서 $Q_D=12Q$이므로 A, B, C, D의 전하량은 각각 $+2Q$, $-Q$, $-Q$, $+12Q$가 가능하다. D가 B에 작용하는 전기력의 크기는 $\frac{F}{2}$이므로 $\frac{F}{2}=k\frac{12Q^2}{4d^2}=k\frac{3Q^2}{d^2}$이다. 따라서 (가)에서 A에 작용하는 전기력의 크기는 $k\frac{24Q^2}{9d^2}-\left(k\frac{2Q^2}{d^2}+k\frac{2Q^2}{4d^2}\right)=k\frac{Q^2}{6d^2}=\frac{1}{36}F$이다.

문제풀이 Tip

경우의 수를 따지는 문제에서는 확실하게 안 되는 경우를 먼저 찾아서 소거하는 방법으로 접근해야 한다.

선택지 비율	① 5%	② 6%	❸ 62%	④ 11%	⑤ 16%

11 보어의 수소 원자 모형과 빛의 스펙트럼

2023년 7월 교육청 14번 | 정답 ③ | 문제편 50 p

출제 의도 보어의 수소 원자 모형과 전자의 전이 과정에서 방출되는 빛의 파장을 이해하여 주어진 스펙트럼과 연관지어 적용할 수 있는지 확인하는 문항이다.

그림 (가)는 보어의 수소 원자 모형에서 양자수 n에 따른 에너지 준위의 일부와 전자의 전이 a, b를 나타낸 것이다. 그림 (나)는 a, b에서 방출되는 빛의 스펙트럼을 파장에 따라 나타낸 것이다. 전자가 $n=2$인 궤도에 있을 때 파장이 λ_1인 빛은 흡수하지 못하고 파장이 λ_2인 빛은 흡수한다. → 전자는 각 궤도에 따라 정해진 파장의 빛만 흡수할 수 있다

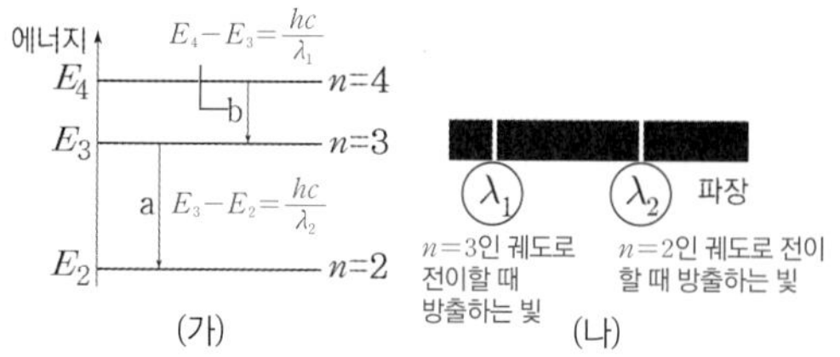

(가) (나)

이에 대한 설명으로 옳은 것만을 〈보기〉에서 있는 대로 고른 것은?

보기

ㄱ. $\lambda_1>\lambda_2$이다.

ㄴ. 전자가 $n=4$에서 $n=2$인 궤도로 전이할 때 방출되는 빛의 파장은 ~~$\lambda_1+\lambda_2$~~이다. $\frac{1}{\lambda_1}+\frac{1}{\lambda_2}$

ㄷ. 전자가 $n=3$인 궤도에 있을 때 파장이 λ_1인 빛을 흡수할 수 있다.

① ㄱ ② ㄴ ③ ㄱ, ㄷ ④ ㄴ, ㄷ ⑤ ㄱ, ㄴ, ㄷ

✓ 자료 해석

- 전자가 전이할 때 두 에너지 준위의 차에 해당하는 에너지를 갖는 빛을 흡수하거나 방출한다.
  → 전자가 $n=2$인 궤도에 있을 때 파장이 λ_2인 빛을 흡수하면 $n=3$인 궤도로 전이한다. 또한 전자가 $n=3$에서 $n=2$인 궤도로 전이할 때 파장이 λ_2인 빛을 방출한다.
- 전자가 전이할 때 방출되는 광자 1개의 에너지는 에너지 준위의 차와 같고 빛의 파장에 반비례한다. → $E=|E_m-E_n|=\frac{hc}{\lambda}$

○ 보기 풀이 ㄱ. 전자가 $n=2$인 궤도에 있을 때 파장이 λ_2인 빛을 흡수하므로 a에서 방출되는 빛의 파장은 λ_2이고, b에서 방출되는 빛의 파장은 λ_1이다. 방출하는 빛의 파장은 에너지 준위의 차이에 반비례한다. 따라서 $E_3-E_2>E_4-E_3$이므로 $\lambda_2<\lambda_1$이다.

ㄷ. 전자가 $n=4$에서 $n=3$인 궤도로 전이할 때 파장인 λ_1인 빛을 방출한다. 따라서 전자가 $n=3$인 궤도에 있을 때 파장이 λ_1인 빛을 흡수하여 $n=4$인 궤도로 전이할 수 있다.

× 매력적 오답 ㄴ. $n=4$에서 $n=2$인 궤도로 전이할 때 방출되는 빛의 파장을 λ라고 하면 $\frac{hc}{\lambda}=E_4-E_2=(E_4-E_3)+(E_3-E_2)=\frac{hc}{\lambda_1}+\frac{hc}{\lambda_2}$이므로 $\frac{1}{\lambda}=\frac{1}{\lambda_1}+\frac{1}{\lambda_2}$이다.

문제풀이 Tip

전자는 양자화된 에너지 준위를 가지므로 각 궤도에 있는 전자가 흡수하거나 방출할 수 있는 빛의 파장은 정해져 있다. 따라서 특정 궤도에 있는 전자가 흡수할 수 있는 빛은 다른 궤도에서 그 궤도로 전이할 때 전자가 방출할 수 있는 빛이다.

선택지 비율	① 2%	② 3%	③ 7%	❹ 79%	⑤ 10%

12 보어의 수소 원자 모형

2023년 4월 교육청 5번 | 정답 ④ | 문제편 50 p

출제 의도 보어의 수소 원자 모형에서 에너지 준위 차가 광자 1개의 에너지에 해당하며, 광자의 에너지와 파장, 진동수의 관계를 아는지 묻는 문항이다.

그림은 보어의 수소 원자 모형에서 양자수 n에 따른 에너지 준위의 일부와 전자의 전이 a~c를, 표는 a, b에서 방출되는 광자 1개의 에너지를 나타낸 것이다.

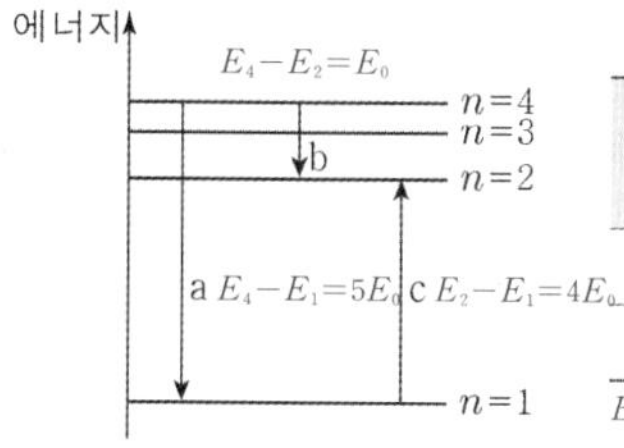

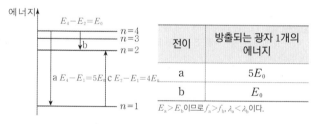

전이	방출되는 광자 1개의 에너지
a	$5E_0$
b	E_0

$E_a>E_b$이므로 $f_a>f_b$, $\lambda_a<\lambda_b$이다.

이에 대한 설명으로 옳은 것만을 〈보기〉에서 있는 대로 고른 것은? (단, 플랑크 상수는 h이다.) [3점]

보기

ㄱ. a에서 방출되는 빛은 ~~가시광선~~이다. 자외선

ㄴ. 방출되는 빛의 파장은 a에서가 b에서보다 짧다.

ㄷ. c에서 흡수되는 빛의 진동수는 $\frac{4E_0}{h}$이다.

① ㄱ ② ㄴ ③ ㄱ, ㄷ ④ ㄴ, ㄷ ⑤ ㄱ, ㄴ, ㄷ

✓ 자료 해석

- 전자가 전이할 때 방출 또는 흡수하는 광자 1개의 에너지는 에너지 준위 차와 같다.
  → 광자 1개의 에너지는 빛의 진동수에 비례하고, 파장에 반비례한다.
  → a에서 방출된 광자 1개의 에너지는 b에서 방출된 광자 1개의 에너지와 c에서 흡수한 광자 1개의 에너지의 합과 같다.

○ 보기 풀이 ㄴ. 광자 1개의 에너지는 $E=hf=\frac{hc}{\lambda}$이므로 방출되는 빛의 파장은 광자 1개의 에너지가 클수록 짧다. 따라서 전자가 전이할 때 방출되는 빛의 파장은 a에서가 b에서보다 짧다.

ㄷ. c에서 흡수되는 광자 1개의 에너지는 $E_2-E_1=(E_4-E_1)-(E_4-E_2)=4E_0$이다. 따라서 c에서 흡수되는 빛의 진동수는 $\frac{4E_0}{h}$이다.

× 매력적 오답 ㄱ. 보어의 수소 원자 모형에서 $n=1$인 궤도로 전이할 때 방출하는 빛은 자외선이다. 따라서 a에서 방출되는 빛은 자외선이다. 가시광선은 $n=2$인 궤도로 전이할 때 방출하는 빛이므로 b에서 방출되는 빛이다.

문제풀이 Tip

흡수하거나 방출되는 광자 1개의 에너지의 크기 비교를 통해 빛의 진동수, 빛의 파장을 비교할 수 있어야 한다.

선택지 비율	① 16%	② 10%	❸ 43%	④ 11%	⑤ 19%

13 전기력

2023년 4월 교육청 19번 | 정답 ③ | 문제편 51 p

출제 의도 그래프를 해석하여 전기력에 대한 정보를 찾아 점전하들 사이에 작용하는 전기력을 설명할 수 있는지 확인하는 문항이다.

그림 (가)와 같이 x축상에 점전하 A, B를 각각 $x=0$, $x=6d$에 고정하고, 양(+)전하인 점전하 C를 옮기며 고정한다. 그림 (나)는 (가)에서 C의 위치가 $d \le x \le 5d$인 구간에서 A, B에 작용하는 전기력을 나타낸 것이다.

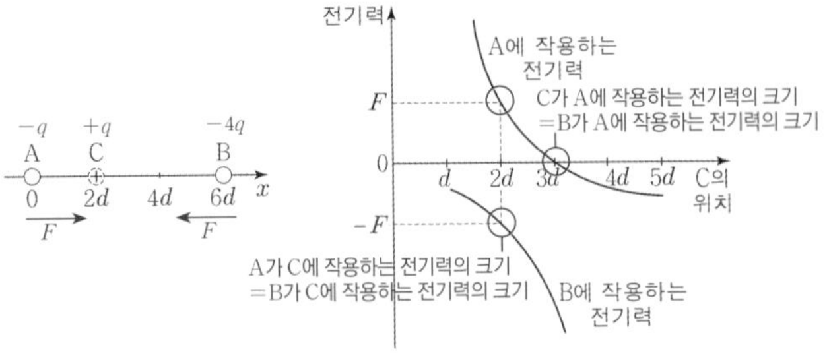

(가) (나)

이에 대한 설명으로 옳은 것만을 〈보기〉에서 있는 대로 고른 것은?

보기

ㄱ. A는 음(−)전하이다.
ㄴ. 전하량의 크기는 A와 C가 같다.
ㄷ. C를 $x=2d$에 고정할 때 A가 C에 작용하는 전기력의 크기는 F보다 ~~작다~~. 크다

① ㄱ ② ㄷ ③ ㄱ, ㄴ ④ ㄴ, ㄷ ⑤ ㄱ, ㄴ, ㄷ

✓ 자료 해석

- C의 위치가 $x=3d$일 때 A에 작용하는 전기력이 0이다.
  → B와 C가 작용하는 전기력이 0인 지점이 B, C의 바깥쪽에 위치하므로 B와 C는 다른 종류의 전하를 띤다.
  → A와 B 사이의 거리($6d$)는 A와 C 사이의 거리($3d$)의 2배이므로 B의 전하량은 C의 전하량의 4배이다.
- C의 위치가 $x=2d$일 때 A, B에 작용하는 전기력의 크기가 같고 방향이 서로 반대이다. → 계에 작용하는 힘의 합이 0이 되려면 C에 작용하는 전기력의 크기는 0이다

○ 보기 풀이 ㄱ, ㄴ. C의 위치가 $x=3d$일 때 A에 작용하는 전기력이 0이므로 B는 음(−)전하이고, 전하량의 크기는 B가 C의 4배이다. C의 위치가 $x=2d$일 때 A, B에 작용하는 전기력의 크기가 같고 방향이 서로 반대이다. 따라서 이때 C에 작용하는 전기력은 0이므로 A, B가 C에 작용하는 전기력은 크기가 같고 방향이 서로 반대이다. A는 음(−)전하이고, B와 C 사이의 거리는 A와 C 사이의 거리의 2배이므로 전하량의 크기는 B가 A의 4배이다. 따라서 전하량의 크기는 A와 C가 같다.

× 매력적 오답 ㄷ. C의 전하량의 크기를 q라고 하면 $F=k\frac{q^2}{(2d)^2}-k\frac{4q^2}{(6d)^2}=k\frac{5q^2}{36d^2}$이다. C를 $x=2d$에 위치할 때 A가 C에 작용하는 전기력의 크기는 $\frac{q^2}{4d^2}$이므로 F보다 크다.

문제풀이 Tip

점전하들 사이에 작용하는 전기력은 서로 크기가 같고 방향이 반대인 힘을 작용하므로 전체 계에 작용하는 전기력은 0이다. 이를 이용하면 보다 쉽게 전기력의 방향과 크기에 대한 정보를 얻을 수 있다.

선택지 비율	❶ 65%	② 6%	③ 18%	④ 5%	⑤ 6%

14 쿨롱 법칙과 보어의 수소 원자 모형

2023년 3월 교육청 9번 | 정답 ① | 문제편 51 p

출제 의도 보어의 수소 원자 모형을 쿨롱 법칙을 적용하여 해석할 수 있는지와 전자의 전이 과정에서 방출되는 빛의 에너지와 진동수의 관계를 아는지 확인하는 문항이다.

그림은 보어의 수소 원자 모형에서 양자수 n에 따른 에너지 준위의 일부와 전자의 전이 a, b, c를 나타낸 것이다. a, b, c에서 흡수 또는 방출된 빛의 진동수는 각각 f_a, f_b, f_c이다.

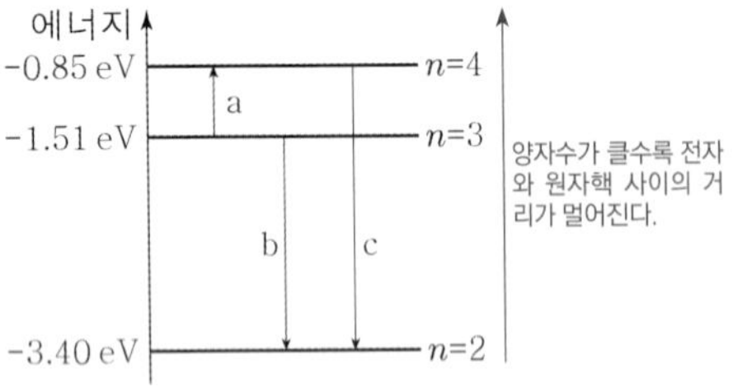

이에 대한 옳은 설명만을 〈보기〉에서 있는 대로 고른 것은?

보기

ㄱ. a에서 빛이 흡수된다.
ㄴ. f_c=~~f_b-f_a~~이다. f_b+f_a
ㄷ. 전자가 원자핵으로부터 받는 전기력의 크기는 $n=4$일 때가 $n=3$일 때보다 ~~크다~~. 작다.

① ㄱ ② ㄷ ③ ㄱ, ㄴ ④ ㄴ, ㄷ ⑤ ㄱ, ㄴ, ㄷ

✓ 자료 해석

- a는 $n=3$에서 $n=4$로 전이할 때 흡수하는 빛이므로 $hf_a=E_4-E_3$이고, b는 $n=3$에서 $n=2$로 전이할 때 방출되는 빛이므로 $hf_b=E_3-E_2$, c는 $n=4$에서 $n=2$로 전이할 때 방출되는 빛이므로 $hf_c=E_4-E_2$이다.

○ 보기 풀이 ㄱ. a는 $n=3$에서 더 높은 에너지 준위인 $n=4$인 궤도로 전이한다. 따라서 전자는 에너지를 흡수하여 높은 에너지 준위로 전이하므로 a에서는 빛이 흡수된다.

× 매력적 오답 ㄴ. $hf_c=E_4-E_2=(E_4-E_3)+(E_3-E_2)=hf_a+hf_b$에서 $f_c=f_a+f_b$이다.

ㄷ. 원자핵과 전자 사이에 작용하는 전기력의 크기는 원자핵과 전자 사이의 거리가 가까울수록 크다. n이 증가할수록 궤도 반지름이 증가하여 원자핵과 전자 사이의 거리가 멀어지므로 전자가 원자핵으로부터 받는 전기력의 크기는 $n=4$일 때가 $n=3$일 때보다 작다.

문제풀이 Tip

보어의 수소 원자 모형에서 전자는 양자수와 관련된 특정한 에너지값만 가질 수 있으므로 전자는 특정한 값, 즉 에너지 준위 차이만큼의 에너지만 흡수할 수 있음을 이해하고 있어야 한다.

15 전기력

선택지 비율	❶ 24%	② 8%	③ 35%	④ 12%	⑤ 21%

2023년 3월 교육청 18번 | 정답 ① | 문제편 51 p

출제 의도 쿨롱 법칙을 이용하여 점전하로부터의 거리와 전하량에 따라 각 지점에서 작용하는 전기력을 비교하고 유추할 수 있는지 확인하는 문항이다.

그림 (가)는 점전하 A, B, C, D를 x축상에 고정시킨 것으로 B는 음(−)전하이고 A와 C는 같은 종류의 전하이다. A에 작용하는 전기력의 방향은 $+x$방향이고, C에 작용하는 전기력은 0이다. 그림 (나)는 (가)에서 B만 제거한 것으로 D에 작용하는 전기력의 방향은 $+x$방향이다.

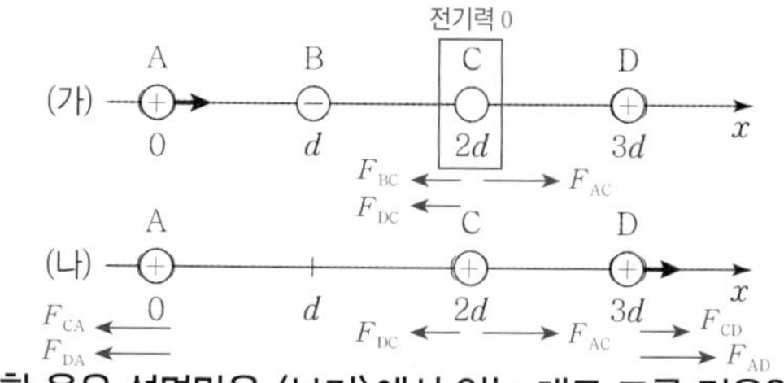

이에 대한 옳은 설명만을 〈보기〉에서 있는 대로 고른 것은?

보기

ㄱ. A는 양(+)전하이다.

ㄴ. 전하량의 크기는 B가 A보다 ~~크다~~.작다

ㄷ. (나)의 D에 작용하는 전기력의 크기는 (나)의 A에 작용하는 전기력의 크기보다 ~~크다~~.작다

① ㄱ ② ㄴ ③ ㄱ, ㄷ ④ ㄴ, ㄷ ⑤ ㄱ, ㄴ, ㄷ

✔ 자료 해석

• A, C가 음(−)전하일 때를 생각해 보자.

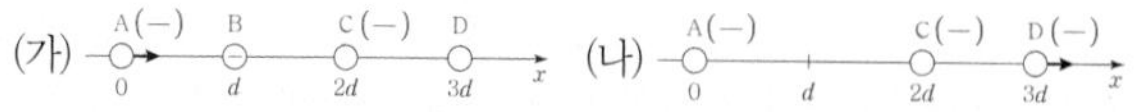

→ (나)에서 D에 작용하는 전기력의 방향이 $+x$방향이려면 D는 음(−)전하이다. D가 음(−)전하일 때, (가)에서 A에 작용하는 전기력의 방향이 $-x$방향이 되므로 A, C는 (−)전하가 아니다.

• A, C가 양(+)전하일 때를 생각해 보자.

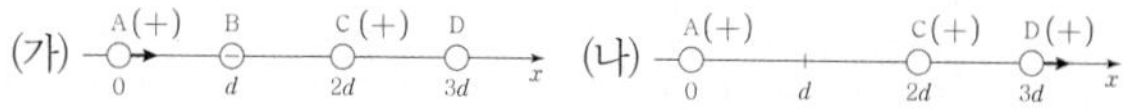

→ (나)에서 D에 작용하는 전기력의 방향이 $+x$방향이려면 D는 양(+)전하이다. D가 양(+)전하일 때, (가)에서 C에 작용하는 전기력이 0이려면 A가 C에 작용하는 전기력의 크기는 B, D가 작용하는 전기력의 크기보다 커야 한다.

○ 보기풀이 ㄱ. A, C가 음(−)전하이면 (나)에서 D는 음(−)전하여야 하는데, 이때 (가)에서 A는 $-x$방향으로 전기력을 받게 되므로 조건을 만족하지 않는다. 따라서 A, C는 양(+)전하이다.

× 매력적 오답 ㄴ. (가)에서 A, B, D가 C에 작용하는 전기력의 방향은 각각 $+x$방향, $-x$방향, $-x$방향이다. 따라서 C에 작용하는 전기력이 0이려면 A가 C에 작용하는 전기력의 크기는 B와 D가 C에 작용하는 전기력의 크기의 합과 같다. A와 C 사이의 거리는 B와 C 사이의 거리보다 멀고, A가 C에 작용하는 전기력의 크기가 B에서보다 크므로 전하량의 크기는 A가 B보다 크다.

ㄷ. 두 점전하는 작용 반작용에 의해 서로 같은 크기의 전기력을 작용한다. (나)에서 A에는 C와 D가 전기력을 작용하고 D에는 A와 C가 전기력을 작용한다. 이때 A가 D에 작용하는 전기력의 크기는 D가 A에 작용하는 전기력의 크기와 같다. 따라서 C가 작용하는 전기력의 크기에 따라 A와 D에 작용하는 전기력의 크기를 비교할 수 있다. C에 작용하는 전기력의 크기는 A가 D보다 크므로 C가 A에 작용하는 전기력의 크기도 C가 D에 작용하는 전기력의 크기보다 크다. 따라서 A에 작용하는 전기력의 크기는 D에 작용하는 전기력의 크기보다 크다.

문제풀이 Tip

전하의 종류는 양(+)전하와 음(−)전하 두 종류뿐이므로 경우의 수를 따지는 방법으로도 문제를 풀이할 수 있다. 이때 될지 안 될지 모르는 경우에 얽매이지 말고 확실하게 안 되는 경우를 찾는 것이 우선이다.

선택지 비율	❶ 81%	② 6%	③ 8%	④ 3%	⑤ 2%

16 보어의 수소 원자 모형

2022년 10월 교육청 12번 | 정답 ① | 문제편 51 p

출제 의도 주어진 자료를 해석하여 전자가 전이할 때 방출되는 빛의 에너지와 파장의 관계를 아는지 확인하는 문항이다.

그림 (가)는 보어의 수소 원자 모형에서 양자수 n에 따른 전자의 에너지 준위 일부와 전자의 전이 a, b, c를 나타낸 것이다. 그림 (나)는 a, b, c에서 방출 또는 흡수하는 빛의 스펙트럼을 X와 Y로 순서 없이 나타낸 것이다.

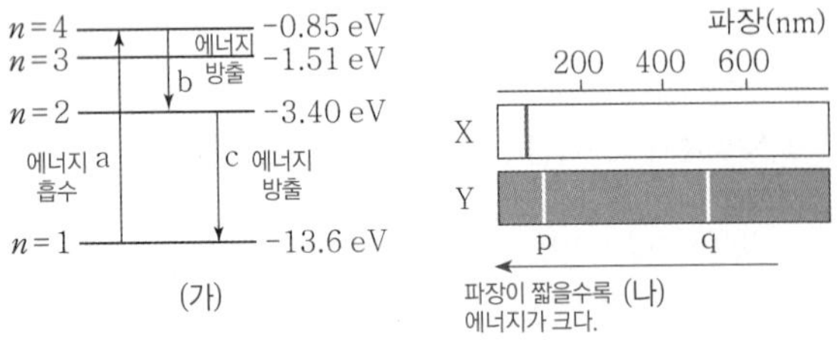

(가) (나)

이에 대한 옳은 설명만을 〈보기〉에서 있는 대로 고른 것은?

> 보기
> ㄱ. X는 흡수 스펙트럼이다.
> ㄴ. p는 ~~b~~ c에서 나타나는 스펙트럼선이다.
> ㄷ. 전자가 $n=2$와 $n=3$ 사이에서 전이할 때 흡수 또는 방출하는 광자 1개의 에너지는 ~~1.51 eV~~이다. 1.89 eV

① ㄱ ② ㄴ ③ ㄱ, ㄴ ④ ㄱ, ㄷ ⑤ ㄴ, ㄷ

✓ 자료 해석

- 전자가 전이할 때 방출 또는 흡수하는 광자 1개의 에너지는 에너지 준위 차와 같다.
- 전자의 전이 과정에서 방출 또는 흡수되는 광자 한 개의 에너지는 $E=hf=h\frac{c}{\lambda}$이므로 에너지의 크기가 클수록 파장이 짧다.

O 보기 풀이 ㄱ. a, b, c 중에서 a만 에너지를 흡수하고, b와 c는 에너지를 방출한다. 따라서 스펙트럼선이 1개인 X가 a에 의한 스펙트럼이다.

X 매력적 오답 ㄴ. p는 q보다 파장이 짧고, 파장이 짧을수록 빛의 에너지가 크다. 방출하는 빛의 에너지는 c에서가 b에서보다 크므로 p는 c에서 나타나는 스펙트럼선이다.

ㄷ. 전자가 $n=3$에서 $n=2$로 전이할 때 방출하는 광자 1개의 에너지는 두 에너지 준위의 차와 같으므로 $3.40\,\text{eV}-1.51\,\text{eV}=1.89\,\text{eV}$이다.

문제풀이 Tip

에너지 준위 자료와 스펙트럼 자료가 함께 출제되는 경우, 에너지 준위 자료로부터 에너지의 크기를 비교하여 각 전자 전이에 해당하는 스펙트럼선을 찾을 수 있어야 한다. 스펙트럼은 진동수 또는 파장과 함께 제시되므로 에너지와 진동수, 파장의 관계를 알아두어야 한다.

선택지 비율	① 4%	② 3%	③ 17%	④ 10%	❺ 67%

17 전자의 전이에서 방출되는 빛과 실생활에서 쓰이는 예

2022년 7월 교육청 9번 | 정답 ⑤ | 문제편 52 p

출제 의도 전자가 전이할 때 방출되는 빛의 진동수는 두 에너지 준위 차에 비례함을 이해하고 전자의 전이 과정에서 방출되는 빛이 실생활에서 어떻게 이용되는지 묻는 문항이다.

그림 (가)는 보어의 수소 원자 모형에서 양자수 n에 따른 전자의 에너지 준위의 일부와 전자의 전이 과정에서 방출되는 빛 a, b, c를 나타낸 것이다. b는 가시광선에 해당하는 빛이고, a와 c는 순서 없이 자외선, 적외선에 해당하는 빛이다. a, b, c의 진동수는 각각 f_a, f_b, f_c이다. 그림 (나)는 전자기파의 일부를 파장에 따라 분류한 것이다. a와 c는 ㉠과 ㉡ 중 하나에 해당한다. 이에 대한 설명으로 옳은 것만을 〈보기〉에서 있는 대로 고른 것은? (단, 플랑크 상수는 h이다.)

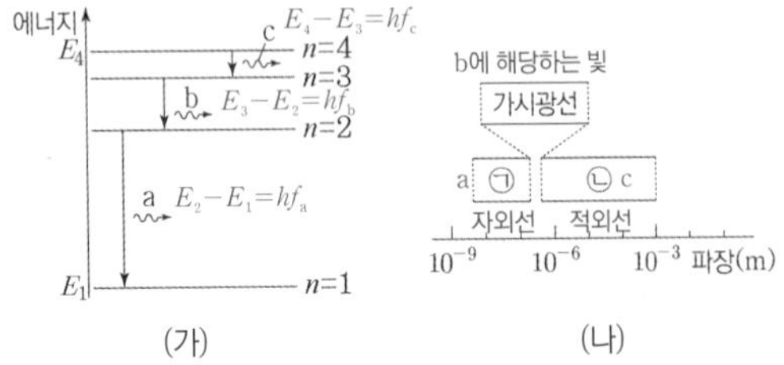

(가) (나)

> 보기
> ㄱ. $f_a+f_b+f_c=\dfrac{E_4-E_1}{h}$이다.
> ㄴ. a는 (나)에서 ㉠에 해당한다.
> ㄷ. TV 리모컨에 사용되는 전자기파는 (나)에서 ㉡에 해당한다.

① ㄴ ② ㄷ ③ ㄱ, ㄴ ④ ㄱ, ㄷ ⑤ ㄱ, ㄴ, ㄷ

✓ 자료 해석

- 전자가 전이할 때 방출되는 에너지는 에너지 준위의 차와 같다.
  → $E_2-E_1=hf_a$, $E_3-E_2=hf_b$, $E_4-E_3=hf_c$
- 전자의 전이 과정에서 방출되는 광자 1개의 에너지는 $E=hf=h\frac{c}{\lambda}$이다.
  → 진동수와 파장은 반비례 관계이다.

O 보기 풀이 ㄱ. a는 $n=2$에서 $n=1$로 전이할 때 방출되는 빛이므로 $E_2-E_1=hf_a$, b는 $n=3$에서 $n=2$로 전이할 때 방출되는 빛이므로 $E_3-E_2=hf_b$, c는 $n=4$에서 $n=3$으로 전이할 때 방출되는 빛이므로 $E_4-E_3=hf_c$이다. 따라서 $hf_a+hf_b+hf_c=(E_2-E_1)+(E_3-E_2)+(E_4-E_3)$에서 $f_a+f_b+f_c=\frac{E_4-E_1}{h}$이다.

ㄴ. b는 가시광선에 해당하는 빛이고, a는 가시광선보다 진동수가 큰 빛이므로 자외선이다. (나)에서 가시광선보다 파장이 짧은 ㉠은 자외선, ㉡은 적외선이므로 a는 ㉠에 해당한다.

ㄷ. TV 리모컨에 사용되는 전자기파는 적외선이므로 (나)에서 ㉡에 해당한다.

문제풀이 Tip

수소 원자의 에너지 준위를 묻는 문제는 수소 원자의 전자 전이에 따른 스펙트럼 계열과 빛의 영역을 구분하는 자료가 자주 함께 출제되므로 연관지어 기억하도록 한다.

선택지 비율	① 6%	❷ 54%	③ 9%	④ 14%	⑤ 17%

18 전기력(쿨롱 법칙)

2022년 10월 교육청 17번 | 정답 ② | 문제편 52 p

출제 의도 쿨롱 법칙을 이해하여 점전하 사이에 작용하는 전기력을 비교하고 유추할 수 있는지 확인하는 문항이다.

그림 (가)는 x축상에 점전하 A와 B를 각각 $x=0$과 $x=d$에 고정하고 점전하 C를 $x>d$인 범위에서 x축상에 놓은 모습을 나타낸 것이다. A와 C의 전하량의 크기는 같다. 그림 (나)는 C가 받는 전기력 F_C를 C의 위치 x에 따라 나타낸 것으로, 전기력은 $+x$방향일 때가 양(+)이다. (가)에서 C를 x축상의 $x=2d$에 고정하고 B를 $0<x<2d$인 범위에서 x축상에 놓을 때, B가 받는 전기력 F_B를 B의 위치 x에 따라 나타낸 것으로 가장 적절한 것은? [3점]

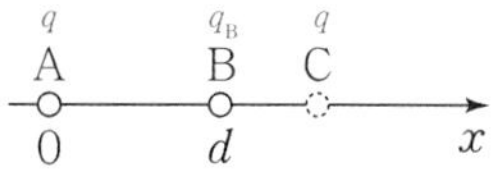

(가)

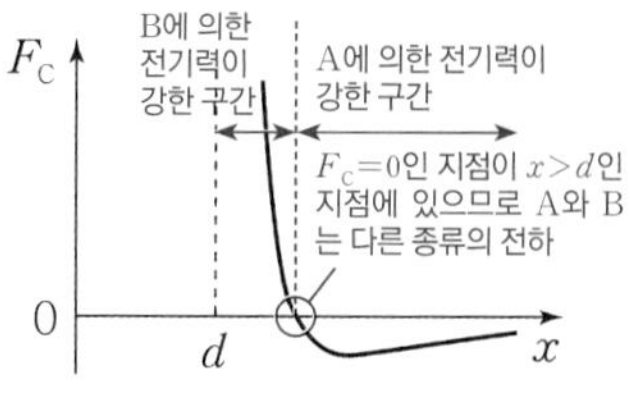

(나)

①
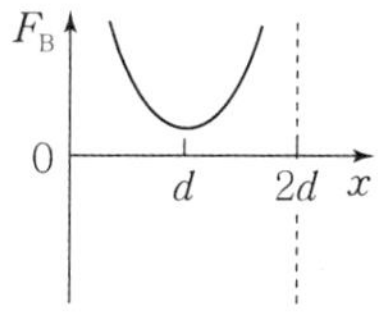

②
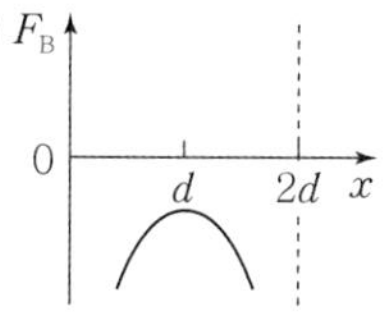

③
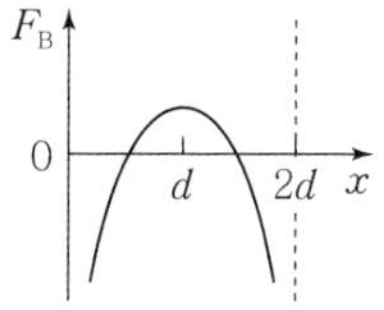

④
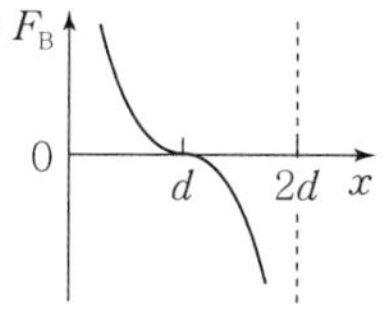

⑤
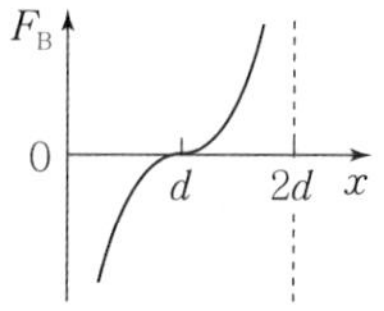

✓ 자료 해석

- $F_C=0$인 지점이 $x>d$인 지점(A와 B 두 점전하의 바깥쪽)에 위치한다.
  → A와 B는 다른 종류의 전하를 띤다.
  → C로부터 거리가 먼 A의 전하량의 크기가 B의 전하량의 크기보다 크다.
- $F_C=0$인 지점을 기준으로 C가 B와 가까운 구간은 A에 의한 전기력보다 B에 의한 전기력이 더 큰 구간이므로 이때 $F_C>0$이면 B와 C는 같은 종류의 전하를 띤다.

○ 보기풀이 C가 받는 전기력이 0인 지점이 $x>d$인 구간에 위치하므로 A와 B는 다른 종류의 전하를 띠고, 전하량의 크기는 A가 B보다 크다. 한편 $x>d$인 범위에서 F_C가 0이 되기 전까지의 구간은 B가 C에 작용한 전기력의 크기가 A가 C에 작용한 전기력의 크기보다 크다. 따라서 B는 C에게 (+)방향으로 전기력을 작용하고 있으므로 B와 C는 같은 종류의 전하를 띤다.
C를 x축상의 $x=2d$에 고정하고 B를 $0<x<2d$인 범위에서 x축상에 놓으면 A와 B는 다른 종류, B와 C는 같은 종류의 전하를 띠므로 A와 C가 B에 작용하는 전기력의 방향은 항상 같다. 즉, A와 C는 $-x$방향으로 B에 전기력을 작용하므로 $0<x<2d$인 범위에서 $F_B<0$인 그래프를 찾아야 한다. 또한 A와 C의 전하량의 크기가 같으므로 두 지점의 중간 지점인 $x=d$인 지점에 B를 놓을 때 B가 받는 전기력의 크기가 최솟값을 가진다.

문제풀이 Tip

두 점전하에 의한 전기력을 합성하는 문제에서 가장 큰 힌트가 되는 것은 두 점전하에 의한 전기력의 크기가 0이 되는 지점이다. 이 지점의 위치로부터 두 점전하의 전하량의 크기 및 전하량의 종류를 유추할 수 있으며, 전기력이 0이 되는 지점을 기준으로 각 점전하에 의한 전기력이 우세한 구간을 찾을 수 있어야 한다. 전기력 문제는 계산 문제뿐만 아니라 이와 같이 전기력의 크기를 비교하고 유추하는 문항도 출제되므로 그에 대한 대비가 필요하다.

선택지 비율	① 6%	② 5%	❸ 66%	④ 10%	⑤ 13%

19 수소 원자의 에너지 준위

2022년 3월 교육청 7번 | 정답 ③ | 문제편 52 p

출제 의도 수소 원자의 에너지 준위와 전자의 전이를 이해하고 있는지 확인하는 문항이다.

표는 보어의 수소 원자 모형에서 양자수 n에 따른 에너지의 일부를 나타낸 것이다.
이에 대한 옳은 설명만을 〈보기〉에서 있는 대로 고른 것은? (단, 플랑크 상수는 h이다.)

양자수	에너지(eV)
$n=2$	-3.40
$n=3$	-1.51
$n=4$	-0.85

양자수가 클수록 전자와 원자핵 사이의 거리가 멀어진다.

보기

ㄱ. 진동수가 $\frac{1.89\text{ eV}}{h}$인 빛은 가시광선이다.
ㄴ. 전자와 원자핵 사이의 거리는 $n=4$일 때가 $n=2$일 때보다 크다.
ㄷ. $n=2$인 궤도에 있는 전자는 에너지가 1.51 eV인 광자를 흡수할 수 ~~있다~~. 없다.

① ㄱ　② ㄷ　③ ㄱ, ㄴ　④ ㄴ, ㄷ　⑤ ㄱ, ㄴ, ㄷ

✓ 자료 해석

- 주어진 양자수에서 전자가 전이할 때 방출하는 에너지는 다음과 같다.
  $n=4 \rightarrow n=2$: $-0.85-(-3.40)=2.55$ eV
  $n=3 \rightarrow n=2$: $-1.51-(-3.40)=1.89$ eV
  $n=4 \rightarrow n=3$: $-0.85-(-1.51)=0.66$ eV

○ 보기풀이 ㄱ. 진동수가 $\frac{1.89\text{ eV}}{h}$인 빛은 전자가 $n=3$에서 $n=2$인 궤도로 전이할 때 방출하는 빛으로 가시광선 영역에 속한다.
ㄴ. 양자수 n이 클수록 전자 궤도의 반지름이 크므로 전자와 원자핵 사이의 거리가 멀다.

× 매력적 오답 ㄷ. $n=2$인 궤도에 있는 전자는 에너지가 1.89 eV인 광자를 흡수하면 $n=3$인 궤도로 전이하고, 에너지가 2.55 eV인 광자를 흡수하면 $n=4$인 궤도로 전이한다. 따라서 에너지가 1.51 eV인 광자를 흡수할 수 없다.

문제풀이 Tip

보어의 수소 원자 모형에서 전자는 특정한 에너지값만 가질 수 있으므로 전자는 에너지 준위 차이만큼의 에너지만 흡수할 수 있음을 이해하고 있어야 한다.

선택지 비율	❶ 72%	② 9%	③ 8%	④ 6%	⑤ 6%

20 보어의 수소 원자 모형

2022년 7월 교육청 16번 | 정답 ① | 문제편 52p

출제 의도 주어진 자료를 해석하여 전기력의 크기와 거리 사이의 관계식, 전자가 전이할 때 방출되는 빛의 에너지의 관계식을 아는지 묻는 문항이다.

표는 보어의 수소 원자 모형에서 양자수 n에 따른 핵과 전자 사이의 거리, 핵과 전자 사이에 작용하는 전기력의 크기, 전자의 에너지 준위를 나타낸 것이다.

양자수	거리	전기력의 크기	에너지 준위
$n=1$	r ↘ 4배	㉠ ↘ $\frac{1}{4^2}$배	$-4E_0$
$n=2$	$4r$	F	$-E_0$

이에 대한 설명으로 옳은 것만을 〈보기〉에서 있는 대로 고른 것은?

보기
ㄱ. 전자의 에너지 준위는 양자화되어 있다.
ㄴ. ㉠은 ~~$4F$~~이다. $16F$
ㄷ. 전자가 $n=2$에서 $n=1$로 전이할 때 방출되는 빛의 에너지는 ~~$5E_0$~~이다. $3E_0$

① ㄱ ② ㄴ ③ ㄱ, ㄷ ④ ㄴ, ㄷ ⑤ ㄱ, ㄴ, ㄷ

✓ 자료 해석

• 두 전하 사이에 작용하는 전기력의 크기는 두 전하량의 곱에 비례하고 두 전하 사이의 거리의 제곱에 반비례한다. → 핵과 전자 사이의 거리가 4배가 되면 핵과 전자 사이에 작용하는 전기력의 크기는 $\frac{1}{16}$배가 된다.
• 전자가 $n=2$에서 $n=1$로 전이할 때 방출되는 빛의 에너지는 두 에너지 준위의 차와 같다.
→ 방출되는 빛의 에너지$=E_2-E_1=-E_0-(-4E_0)=3E_0$

○ 보기풀이 ㄱ. 보어의 수소 원자 모형에서 전자의 에너지는 양자수 n에 따라 결정되는 양자화된 불연속적인 값을 갖는다.

× 매력적 오답 ㄴ. 핵과 전자 사이에 작용하는 전기력의 크기는 핵과 전자 사이의 거리의 제곱에 반비례한다. 따라서 ㉠은 F의 16배인 $16F$이다.
ㄷ. 전자가 $n=2$에서 $n=1$로 전이할 때 방출되는 빛의 에너지는 두 에너지 준위의 차와 같으므로 $-E_0-(-4E_0)=3E_0$이다.

문제풀이 Tip
전자가 특정 궤도에서만 존재하므로 전자가 궤도 사이를 전이할 때 빛을 흡수하거나 방출하며, 흡수하거나 방출하는 빛의 에너지는 전자가 특정 궤도에서 가지는 에너지 준위의 차이임을 이해하고 있어야 한다.

선택지 비율	❶ 46%	② 10%	③ 17%	④ 10%	⑤ 16%

21 전기력

2022년 4월 교육청 18번 | 정답 ① | 문제편 53p

출제 의도 쿨롱 법칙을 이용하여 점전하로부터의 거리에 따른 합성 전기력의 변화를 설명할 수 있는지 확인하는 문항이다.

그림 (가)와 같이 점전하 A, B, C를 x축상에 고정시켰더니 양(+) 전하 B에 작용하는 전기력이 0이 되었다. 그림 (나)와 같이 (가)의 C를 $x=4d$로 옮겨 고정시켰더니 B에 작용하는 전기력의 방향이 $+x$방향이 되었다. C에 작용하는 전기력의 크기는 (가)에서가 (나)에서의 2배이다.

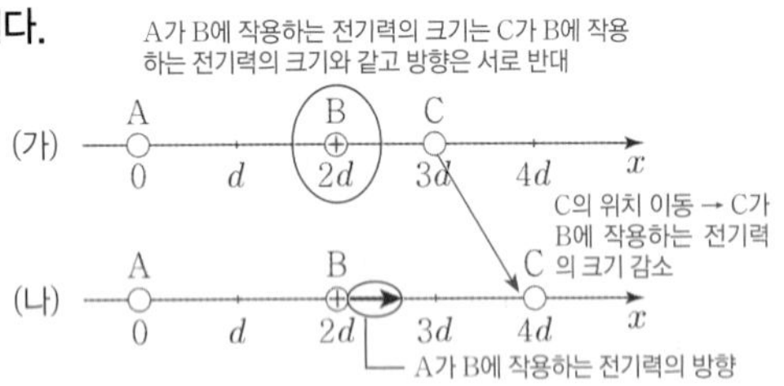

A가 B에 작용하는 전기력의 크기는 C가 B에 작용하는 전기력의 크기와 같고 방향은 서로 반대
(가)
A B C
0 d 2d 3d 4d x
C의 위치 이동 → C가 B에 작용하는 전기력의 크기 감소
(나)
A B C
0 d 2d 3d 4d x
A가 B에 작용하는 전기력의 방향

이에 대한 설명으로 옳은 것만을 〈보기〉에서 있는 대로 고른 것은? [3점]

보기
ㄱ. B와 C 사이에는 미는 전기력이 작용한다.
ㄴ. (나)에서 A에 작용하는 전기력의 크기는 C에 작용하는 전기력의 크기보다 ~~작다~~. 크다.
ㄷ. 전하량의 크기는 A가 B보다 ~~작다~~. 크다.

① ㄱ ② ㄴ ③ ㄱ, ㄷ ④ ㄴ, ㄷ ⑤ ㄱ, ㄴ, ㄷ

✓ 자료 해석

• (가)에서 B에 작용하는 전기력이 0이므로 B가 A와 C로부터 받는 전기력의 크기가 같고 방향이 반대이다.
  - A와 C는 서로 같은 종류의 전하이다. → 전기력의 방향이 반대
  - A와 B 사이의 거리는 B와 C 사이의 거리의 2배이므로 A의 전하량은 C의 4배이다. → 전기력의 크기가 같음
• (나)에서 (가)의 C의 위치를 옮기면 C가 B에 작용하는 전기력의 크기가 감소하므로 상대적으로 A가 B에 작용하는 전기력의 크기가 커져 B에 작용하는 전기력의 방향은 A가 B에 작용하는 전기력의 방향과 같다.

○ 보기풀이 ㄱ. (가)에서 B에 작용하는 전기력이 0이므로 A, C의 전하의 종류가 같다. (나)에서 B에 작용하는 전기력의 방향이 $+x$방향이므로 A, C는 양(+)전하이다. 따라서 B와 C 사이에는 서로 미는 전기력이 작용한다.

× 매력적 오답 ㄴ. A와 C 사이에 작용하는 전기력의 크기는 같고 B와 C 사이에 작용하는 전기력의 크기보다 B와 A 사이에 작용하는 전기력이 크므로 A는 C보다 큰 전기력을 받는다.
ㄷ. (가)에서 A가 C에 작용하는 전기력의 크기를 F, B가 C에 작용하는 전기력의 크기를 F'이라고 하면 (나)에서 A가 C에 작용하는 힘의 크기는 $\frac{9}{16}F$, B가 C에 작용하는 힘의 크기는 $\frac{1}{4}F'$이 된다. C에 작용하는 전기력의 크기는 (가)에서가 (나)에서의 2배이므로 $F+F'=2\left(\frac{9}{16}F+\frac{1}{4}F'\right)$에서 $F=4F'$이다. 따라서 전하량의 크기는 A가 B보다 크다.

문제풀이 Tip
(가)와 (나)에서 조건 변화를 통해 달라진 값이 무엇인지를 가장 먼저 확인하고 B에 작용하는 전기력이 0이라는 조건으로부터 A와 C의 전하의 종류, 전하량의 크기를 비교할 수 있어야 한다.

선택지 비율	① 3%	② 6%	③ 5%	④ 7%	⑤ 80%

22 보어의 수소 원자 모형

2022년 4월 교육청 5번 | 정답 ⑤ | 문제편 53p

출제 의도 보어의 수소 원자 모형에서 에너지 준위 차가 광자 1개의 에너지에 해당하며, 광자의 에너지는 빛의 파장에 반비례하는 것을 알고 있는지 묻는 문항이다.

그림은 보어의 수소 원자 모형에서 양자수 n에 따른 에너지 준위의 일부와 전자의 전이 a, b, c를 나타낸 것이다. a, b, c에서 방출되는 광자 1개의 에너지는 각각 E_a, E_b, E_c이다.

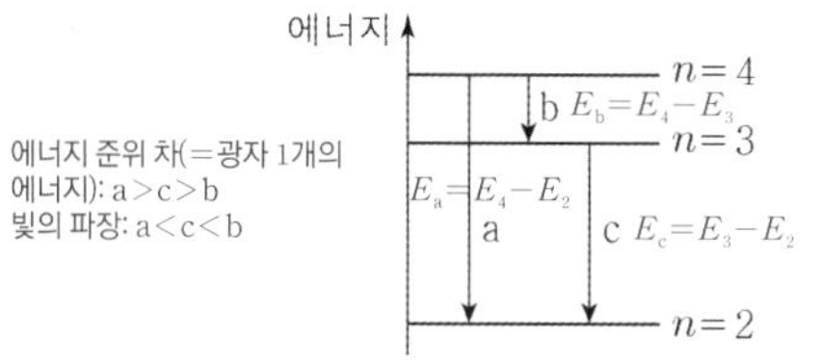

이에 대한 설명으로 옳은 것만을 〈보기〉에서 있는 대로 고른 것은? (단, 플랑크 상수는 h이다.)

보기

ㄱ. a에서 방출되는 빛의 진동수는 $\frac{E_a}{h}$이다.

ㄴ. 방출되는 빛의 파장은 a에서가 c에서보다 짧다.

ㄷ. $E_a=E_b+E_c$이다.

① ㄱ ② ㄷ ③ ㄱ, ㄴ ④ ㄴ, ㄷ ⑤ ㄱ, ㄴ, ㄷ

✓ 자료 해석

- 전자가 전이할 때 방출 또는 흡수하는 광자 1개의 에너지는 에너지 준위 차와 같다.
  → 광자 1개의 에너지는 $E=hf=h\frac{c}{\lambda}$이므로 $E_a>E_c>E_b$이면 $\frac{hc}{\lambda_a}>\frac{hc}{\lambda_c}>\frac{hc}{\lambda_b}$이고, $\lambda_a<\lambda_c<\lambda_b$이다.

○ 보기 풀이 ㄱ. 전자가 전이할 때 방출되는 광자 1개의 에너지는 진동수에 비례한다. a에서 방출되는 빛의 진동수를 f_a라고 하면 $E_a=hf_a$에서 $f_a=\frac{E_a}{h}$이다.

ㄴ. 전자가 전이할 때 방출되는 에너지는 에너지 준위 차에 해당하므로 $E_a>E_c$이다. 따라서 방출되는 빛의 파장은 a에서가 c에서보다 짧다.

ㄷ. $E_a=E_4-E_2$, $E_b=E_4-E_3$, $E_c=E_3-E_2$이므로 $E_b+E_c=(E_4-E_3)+(E_3-E_2)=E_4-E_2=E_a$이다.

문제풀이 Tip

수소 원자 모형에서 에너지 준위 차와 광자 1개의 에너지, 빛의 파장 관계를 이해하고 있어야 한다.

선택지 비율	① 10%	② 44%	③ 14%	④ 19%	⑤ 13%

23 전기력

2022년 3월 교육청 19번 | 정답 ② | 문제편 53p

출제 의도 쿨롱 법칙을 이용하여 점전하로부터의 거리와 전하량에 따라 각 지점에서 작용하는 전기력을 비교하고 유추할 수 있는지 확인하는 문항이다.

그림 (가), (나)와 같이 점전하 A, B, C를 x축상에 고정시키고, 점전하 P를 각각 $x=-d$와 $x=d$에 놓았다. (가)와 (나)에서 P가 받는 전기력은 모두 0이다. A는 양(+)전하이고, A와 C는 전하량의 크기가 같다.

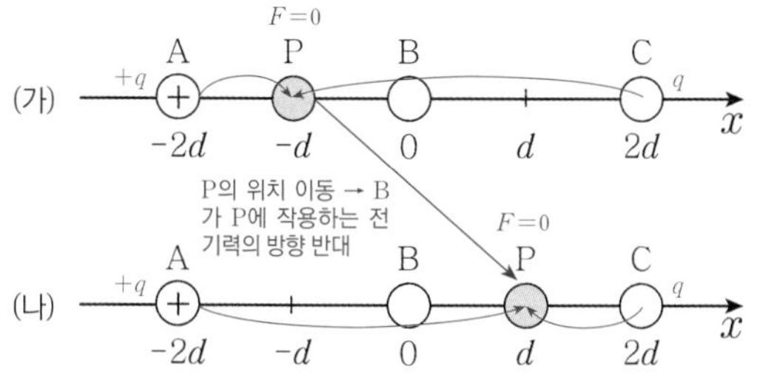

이에 대한 옳은 설명만을 〈보기〉에서 있는 대로 고른 것은? [3점]

보기

ㄱ. A와 C가 P에 작용하는 전기력의 합력의 방향은 (가)에서와 (나)에서가 ~~같다.~~ 반대이다.

ㄴ. C는 양(+)전하이다.

ㄷ. 전하량의 크기는 A가 B보다 ~~작다.~~ 크다.

① ㄱ ② ㄴ ③ ㄱ, ㄷ ④ ㄴ, ㄷ ⑤ ㄱ, ㄴ, ㄷ

✓ 자료 해석

- (가)에서 A, B, C가 P에 작용하는 전기력을 각각 F_A, F_B, F_C, (나)에서 A, B, C가 P에 작용하는 전기력을 각각 F_A', F_B', F_C'이라 하자.
  → (가)에서 $F_A+F_B+F_C=0$, (나)에서 $F_A'+F_B'+F_C'=0$이다.
  → (가)와 (나)에서 B가 P에 작용하는 전기력은 크기는 같고 방향만 반대이므로 $F_B=-F_B'$이다.
  → A, C의 전하량의 크기가 같은데 (가)에서 A와 P 사이의 거리 d는 (나)에서 C와 P 사이의 거리 d와 같으므로 F_A의 크기는 F_C'의 크기와 같다. 마찬가지로 (가)에서 C와 P 사이의 거리 $3d$는 (나)에서 A와 P 사이의 거리 $3d$와 같으므로 F_C의 크기는 F_A'의 크기와 같다.

○ 보기 풀이 ㄴ. (가)와 (나)는 서로 $x=0$을 중심으로 좌우 대칭이므로 C는 A와 같은 양(+)전하여야 (나)에서 P가 받는 전기력이 0이 될 수 있다.

✕ 매력적 오답 ㄱ. (가)와 (나)에서 P가 받는 전기력은 0이므로 $F_A+F_B+F_C=0$, $F_A'+F_B'+F_C'=0$이다. 이때 B가 P에 작용하는 전기력은 (가)와 (나)에서 크기가 같고 방향이 반대이므로 $F_B=-F_B'$이다. 따라서 $-(F_A+F_C)=(F_A'+F_C')$이므로 A와 C가 P에 작용하는 전기력의 합력의 방향은 (가)에서와 (나)에서가 반대이다.

ㄷ. (가)에서 A, B, C는 모두 양(+)전하이고 A가 P에 작용하는 전기력과 B와 C가 P에 작용하는 전기력이 같아야 하므로 전하량은 A가 B보다 크다.

문제풀이 Tip

전하의 종류는 양(+)전하와 음(−)전하 두 종류뿐이므로 경우의 수를 따지는 방법으로도 문제를 풀이할 수 있다. 이 문제에서는 C의 전하의 종류가 관건이므로 C가 양(+)전하일 때와 음(−)전하일 때 P가 받는 전기력이 0이 되는 조건을 만족시킬 수 있는지를 확인하면 C가 양(+)전하임을 찾을 수 있다.

선택지 비율	① 12%	② 6%	❸ 60%	④ 9%	⑤ 13%

24 전기력

2021년 10월 교육청 13번 | 정답 ③ | 문제편 53 p

출제 의도 두 점전하 사이에 작용하는 전기력의 크기와 방향, 합성을 이해하는지 묻는 문항이다.

그림 (가)와 같이 점전하 A와 B를 x축상에 고정시키고 점전하 P를 x축상에 놓았다. A, B는 각각 양(+)전하, 음(−)전하이다. 그림 (나)는 (가)에서 A, B가 각각 P에 작용하는 전기력의 크기 F_A, F_B를 P의 위치에 따라 나타낸 것이다. P의 위치가 $x=d_2$일 때, P에 작용하는 전기력의 방향은 $+x$방향이다.

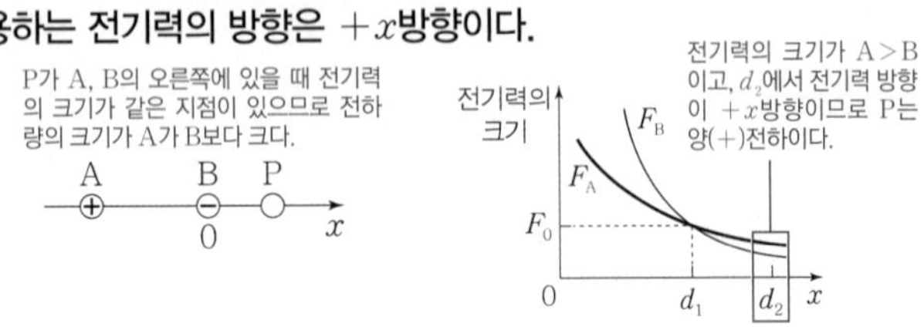
P가 A, B의 오른쪽에 있을 때 전기력의 크기가 같은 지점이 있으므로 전하량의 크기가 A가 B보다 크다.
A
B
P
0
x
전기력의 크기가 A>B이고, d_2에서 전기력 방향이 $+x$방향이므로 P는 양(+)전하이다.
전기력의 크기
F_B
F_A
F_0
0
d_1
d_2
x
(가) (나)

이에 대한 옳은 설명만을 〈보기〉에서 있는 대로 고른 것은? [3점]

보기
ㄱ. P는 양(+)전하이다.
ㄴ. 전하량의 크기는 A가 B보다 크다.
ㄷ. P의 위치가 $x=d_1$일 때, P에 작용하는 전기력의 크기는 ~~$2F_0$~~이다. 0

① ㄴ ② ㄷ ③ ㄱ, ㄴ ④ ㄱ, ㄷ ⑤ ㄱ, ㄴ, ㄷ

✓ 자료 해석

• A, B의 전하 종류가 반대이고, P가 A, B의 오른쪽에 있으므로 d_1에서 P에 작용하는 전기력의 방향은 반대이다.
• A, B의 전하 종류가 반대이고, P가 A, B의 오른쪽에 있으므로 d_1에서 P에 작용하는 전기력의 크기는 0이다.

○ 보기풀이 ㄱ, ㄴ. d_2에서 P는 B보다 A에게 더 큰 힘을 받고 합력은 $+x$방향이므로 P는 A와 같은 양(+)전하이며, 전하량의 크기는 A가 B보다 크다.

× 매력적 오답 ㄷ. P의 위치가 $x=d_1$일 때, P가 받은 전기력은 $F_0-F_0=0$이다.

문제풀이 Tip

전하의 종류가 다른 두 점전하 A, B에 대해 같은 방향에 있는 전하 P에 작용하는 전기력의 방향은 반대이고, A의 전하량의 크기가 클 경우 $x>0$인 곳에서 점전하에 작용하는 전기력의 크기가 0인 점이 존재한다는 것을 이해하고 있어야 한다.

선택지 비율	① 8%	② 14%	③ 7%	❹ 61%	⑤ 10%

25 에너지 준위

2021년 10월 교육청 8번 | 정답 ④ | 문제편 54 p

출제 의도 전자 전이에서 흡수 또는 방출되는 빛의 에너지, 파장 관계를 이해하는지 묻는 문항이다.

A : $n=3$에서 $n=2$로 전이할 때 방출된 빛
C : $n\geq5$에서 $n=2$로 전이할 때 방출된 빛

표는 보어의 수소 원자 모형에서 전자가 양자수 $n=2$로 전이할 때 방출된 빛 A, B, C의 파장을 나타낸 것이다. B는 전자가 $n=4$에서 $n=2$로 전이할 때 방출된 빛이다.

빛	파장(nm)
A	656
B	486
C	434

이에 대한 옳은 설명만을 〈보기〉에서 있는 대로 고른 것은?

보기
ㄱ. 광자 1개의 에너지는 B가 C보다 ~~크다~~. 작다.
ㄴ. A는 전자가 $n=3$에서 $n=2$로 전이할 때 방출된 빛이다.
ㄷ. 수소 원자의 에너지 준위는 불연속적이다.

① ㄱ ② ㄷ ③ ㄱ, ㄴ ④ ㄴ, ㄷ ⑤ ㄱ, ㄴ, ㄷ

✓ 자료 해석

• 방출하는 빛의 파장 : A>B>C
• 방출하는 빛의 에너지 : C>B>A

○ 보기풀이 ㄴ. A는 B보다 에너지가 작고, C는 B보다 에너지가 크다. 따라서 A는 $n=3$에서 $n=2$로 전이할 때, C는 $n\geq5$에서 $n=2$로 전이할 때 방출된 빛이다.
ㄷ. 방출된 빛의 파장이 불연속적이므로 수소 원자의 에너지 준위도 불연속적이다.

× 매력적 오답 ㄱ. 광자 1개의 에너지는 파장이 짧은 C가 B보다 크다.

문제풀이 Tip

• 빛을 방출하는 전자 전이 : 높은 에너지 준위에서 낮은 에너지 준위로 전이
• 방출하는 빛의 에너지 : 에너지 준위 차이가 클수록 크다.
• 방출하는 빛의 파장 : 에너지 준위 차이가 클수록 작다.

선택지 비율	① 10%	❷ 38%	③ 21%	④ 15%	⑤ 16%

26 전기력

2021년 7월 교육청 18번 | 정답 ② | 문제편 54p

(출제 의도) 두 점전하 사이에 작용하는 전기력의 크기와 방향, 합성을 이해하는지 묻는 문항이다.

그림은 점전하 A, B, C를 각각 $x=-d$, $x=0$, $x=d$에 고정시켜 놓은 모습을 나타낸 것이다. 표는 A, B의 전하량과 A와 B에 작용하는 전기력의 방향과 크기를 나타낸 것이다.

A, B 사이에 작용하는 힘의 크기는 같고, 방향은 반대이다.

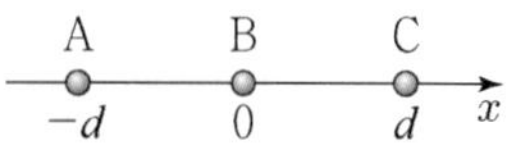

C에 의해 A(B)에 작용하는 전기력의 크기는 감소(증가)한다.

점전하	전하량	전기력의 방향	전기력의 크기
A	$+Q$	$-x$	F
B	$+Q$	$+x$	$6F$

C의 전하량의 크기는? [3점]

① Q　② $2Q$　③ $3Q$　④ $4Q$　⑤ $5Q$

✔ 자료 해석

- A, B 사이에 작용하는 전기력의 방향이 반대이다.
- A와 B, A와 C, B와 C 사이에 작용하는 힘을 정의하여 각 전하에 작용하는 전기력을 구하는 식을 세워 연립한다.

○ 보기풀이 A가 B로부터 받는 힘을 F_1, A가 C로부터 받는 힘을 F_2, B가 C로부터 받는 힘을 F_3이라 하면, A에 작용하는 힘은 $F_1+F_2=-F$, B에 작용하는 힘은 $-F_1+F_3=6F$이고, A, B의 전하량은 서로 같으므로 $4F_2=F_3$이다. 위 식을 연립하면 $F_2=F$이고, $F_1=-2F$이므로 $F_1:F_2=-2:1$이다. 전기력의 크기는 두 전하 사이의 거리의 제곱에 반비례하고, 두 전하량의 곱에 비례하므로 C의 전하량의 크기는 $2Q$이다.

문제풀이 Tip

A, B에 작용하는 전기력의 크기와 방향과 A, B 사이에 작용하는 전기력의 크기가 같고 방향이 반대임을 이용하여 각 점전하에 작용하는 전기력을 구하는 식을 세워 연립할 수 있어야 한다.

선택지 비율	① 6%	② 6%	❸ 50%	④ 18%	⑤ 21%

27 에너지 준위

2021년 7월 교육청 11번 | 정답 ③ | 문제편 54p

(출제 의도) 전자 전이에서 흡수 또는 방출되는 빛의 에너지, 진동수, 파장의 길이를 이해하는지 묻는 문항이다.

그림은 보어의 수소 원자 모형에서 양자수 n에 따른 전자 궤도의 일부와 전자가 전이하는 과정 P, Q, R를 나타낸 것이다. P, Q, R에서 방출되는 빛의 파장은 각각 λ_1, λ_2, λ_3이다.

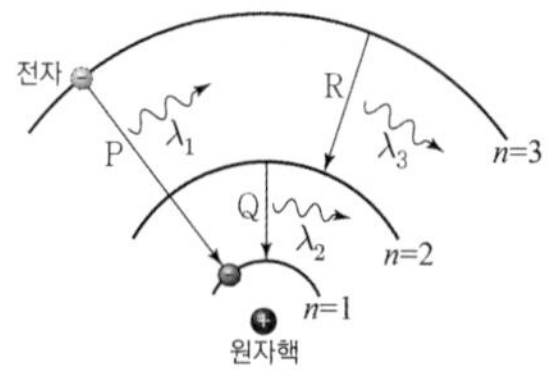

이에 대한 설명으로 옳은 것만을 〈보기〉에서 있는 대로 고른 것은? (단, 빛의 속력은 c이다.)

방출되는 빛의 에너지(진동수) : $E_P>E_Q>E_R(f_P>f_Q>f_R)$
방출되는 빛의 파장 : $\lambda_1<\lambda_2<\lambda_3$

보기

ㄱ. $\lambda_1<\lambda_3$이다.

ㄴ. P에서 방출되는 빛의 진동수는 $\frac{c}{\lambda_1}$이다.

ㄷ. $\lambda_3=|\lambda_1-\lambda_2|$이다. $\frac{1}{\lambda_3}=\frac{1}{\lambda_1}-\frac{1}{\lambda_2}$이다.

① ㄱ　② ㄷ　③ ㄱ, ㄴ　④ ㄴ, ㄷ　⑤ ㄱ, ㄴ, ㄷ

✔ 자료 해석

- 에너지 준위가 낮아지는 전자 전이에서는 빛을 방출한다.
- 에너지 준위가 높아지는 전자 전이에서는 빛을 흡수한다.
- 방출 또는 흡수되는 빛의 에너지(진동수) : $E_P>E_Q>E_R$ $(f_P>f_Q>f_R)$
- 방출 또는 흡수되는 빛의 파장 : $\lambda_1<\lambda_2<\lambda_3$

○ 보기풀이 ㄱ. $E=hf=\frac{hc}{\lambda}$이고, 방출된 빛의 에너지 E는 P에서가 Q에서보다 크므로 $\lambda_1<\lambda_3$이다.

ㄴ. $\lambda=\frac{c}{f}$이므로 P에서 방출되는 빛의 진동수는 $\frac{c}{\lambda_1}$이다.

✖ 매력적 오답 ㄷ. $E_R=E_P-E_Q$이므로 $\frac{hc}{\lambda_3}=hc\left(\frac{1}{\lambda_1}-\frac{1}{\lambda_2}\right)$이다.

문제풀이 Tip

에너지 준위의 차가 클수록 방출(흡수)되는 빛의 에너지(진동수)가 크고, 파장이 짧다.

선택지 비율	① 9%	② 9%	③ 18%	❹ 54%	⑤ 10%

28 전기력

2021년 4월 교육청 19번 | 정답 ④ | 문제편 54 p

출제 의도 점전하에 작용하는 전기력의 변화로부터 전하의 종류를 해석할 수 있는지 묻는 문항이다.

그림 (가)와 같이 점전하 A, B, C가 각각 $x=0$, $x=d$, $x=2d$에 고정되어 있다. 양(+)전하 B에는 $+x$방향으로 크기가 F인 전기력이 작용한다. 그림 (나)와 같이 (가)의 C를 $x=4d$로 옮겨 고정시켰더니 B에는 $+x$방향으로 크기가 $2F$인 전기력이 작용한다.

두 전하 사이에 작용하는 전기력의 크기는 전하량의 곱에 비례하고, 거리의 제곱에 반비례한다.

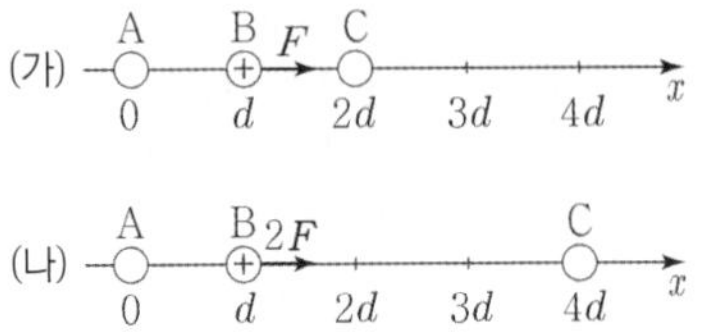

C의 거리가 멀어질 때 B에 $+x$방향으로 작용하는 전기력의 크기가 커지는 것으로부터, C의 전하는 양(+)전하임을 알 수 있다.

A와 C의 전하량의 크기를 각각 Q_A, Q_C라 할 때, $\frac{Q_A}{Q_C}$는? [3점]

① $\frac{10}{9}$ ② $\frac{13}{9}$ ③ $\frac{5}{3}$ ④ $\frac{17}{9}$ ⑤ $\frac{20}{9}$

✓ 자료 해석

- C가 멀어졌을 때 B에 작용하는 힘의 크기가 커졌으므로 C는 양(+)전하이다.
- B에 작용하는 전기력의 방향으로부터 A는 양(+)전하이다.

ㅇ 보기 풀이 C가 B에 작용하는 전기력의 크기는 C가 $x=2d$에 있을 때가 $x=4d$에 있을 때보다 크므로 C는 양(+)전하이다. C가 B에 작용하는 전기력의 방향은 $-x$방향이므로 A는 양(+)전하이다. C가 B에 작용하는 힘의 크기는 (가)에서가 (나)에서의 9배이다. (가)에서 A, C가 B에 작용하는 힘의 크기를 각각 F_1, F_2라 할 때 $F_1-F_2=F$이고, (나)에서 $F_1-\frac{1}{9}F_2=2F$이다. 따라서 $\frac{F_1}{F_2}=\frac{17}{9}$이다. (가)에서 B로부터 떨어진 거리는 A와 C가 같으므로 $\frac{Q_A}{Q_C}=\frac{17}{9}$이다.

문제풀이 Tip

C가 멀어졌을 때 B에 $+x$방향으로 작용하는 전기력이 커졌으므로 C는 양(+)전하임을 파악하고, C가 B에 $-x$방향으로 전기력을 작용하는데 B에 작용하는 전기력의 방향이 $+x$방향이므로 A도 양(+)전하임을 파악할 수 있어야 한다.

선택지 비율	① 4%	② 5%	③ 5%	❹ 76%	⑤ 9%

29 에너지 준위

2021년 4월 교육청 9번 | 정답 ④ | 문제편 55 p

출제 의도 전자 전이에서 흡수 또는 방출되는 빛의 에너지, 진동수, 파장을 이해하는지 묻는 문항이다.

그림은 보어의 수소 원자 모형에서 양자수 n에 따른 에너지 준위의 일부와 전자의 전이 A, B, C를 나타낸 것이다.

이에 대한 설명으로 옳은 것만을 〈보기〉에서 있는 대로 고른 것은? (단, h는 플랑크 상수이다.)

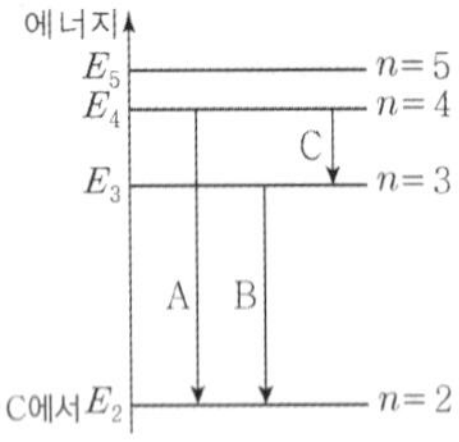

A에서 방출하는 빛의 에너지(진동수)는 B와 C에서 방출하는 빛의 에너지(진동수)의 합과 같다.

보기

ㄱ. 방출되는 빛의 파장은 A에서가 B에서보다 ~~길다.~~ 짧다.

ㄴ. B에서 방출되는 광자 1개의 에너지는 E_3-E_2이다.

ㄷ. C에서 방출되는 빛의 진동수는 $\frac{E_4-E_3}{h}$이다.

① ㄱ ② ㄷ ③ ㄱ, ㄴ ④ ㄴ, ㄷ ⑤ ㄱ, ㄴ, ㄷ

✓ 자료 해석

- 에너지 준위가 낮아지는 전자 전이에서는 빛을 방출한다.
- 방출(흡수)하는 빛의 파장은 에너지 준위 차가 클수록 작다.
- A에서 방출하는 빛의 에너지(진동수)는 B와 C에서 방출하는 빛의 에너지(진동수)의 합과 같다.

ㅇ 보기 풀이 ㄴ. 전자가 전이할 때, 에너지 준위 차에 해당하는 에너지가 방출되므로 B에서 방출되는 광자 1개의 에너지는 E_3-E_2이다.

ㄷ. 광자 1개의 에너지는 $E=hf$이다. C에서 방출되는 광자 1개의 에너지는 E_4-E_3이므로 방출되는 빛의 진동수는 $\frac{E_4-E_3}{h}$이다.

× 매력적 오답 ㄱ. 전자가 전이할 때 방출되는 빛의 에너지는 A에서가 B에서보다 크다. 빛의 에너지는 파장에 반비례하므로 방출되는 빛의 파장은 A에서가 B에서보다 짧다.

문제풀이 Tip

전자 전이에서 방출(흡수)되는 빛의 에너지는 에너지 준위의 차가 클수록 크다.
→ 방출되는 빛의 에너지 : A>B>C
→ 방출되는 빛의 진동수 : A>B>C
→ 방출되는 빛의 파장 : A<B<C

선택지 비율	① 9%	❷ 45%	③ 17%	④ 12%	⑤ 16%

30 전기력

2021년 3월 교육청 19번 | 정답 ② | 문제편 55p

출제 의도 한 점전하에 작용하는 전기력이 0일 때, 전기력을 작용하는 점전하들의 위치에 따른 부호 관계를 이해하는지 묻는 문항이다.

그림 (가)와 같이 x축상에 점전하 A, B, C를 같은 간격으로 고정시켰더니, 음(−)전하 B는 $+x$방향으로 전기력을 받고, C가 받는 전기력은 0이 되었다. 그림 (나)와 같이 (가)에서 C를 점전하 D로 바꾸어 같은 지점에 고정시켰더니 A가 받는 전기력이 0이 되었다.

C가 받는 전기력이 0이므로, A와 B의 점전하의 부호가 반대이다.

A가 받는 전기력이 0이므로 B, D의 점전하의 부호는 반대이다.

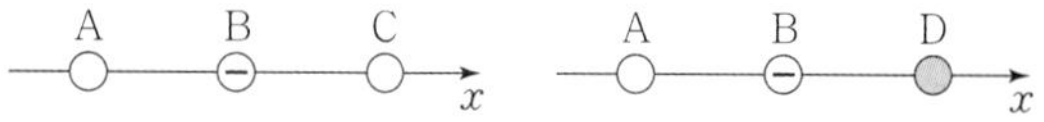

(가) (나)

한 점전하에 작용하는 전기력이 0이므로, 나머지 두 점전하에 작용하는 전기력의 합이 0이다.

이에 대한 옳은 설명만을 〈보기〉에서 있는 대로 고른 것은? [3점]

〈보기〉
ㄱ. A는 ~~음(−)전하~~이다. 양(+)전하
ㄴ. (가)에서 A가 받는 전기력의 방향은 $-x$방향이다.
ㄷ. 전하량의 크기는 C가 D보다 ~~작다~~. 크다.

① ㄱ ② ㄴ ③ ㄱ, ㄴ ④ ㄱ, ㄷ ⑤ ㄴ, ㄷ

✓ 자료 해석

- 세 점전하 중 한 점전하에 작용하는 전기력이 0이므로, 전기력이 0인 점전하에 대해 같은 방향에 있는 나머지 두 점전하에 작용하는 전기력은 크기는 같고, 방향은 반대이다.
- 세 점전하 중 한 점전하에 작용하는 전기력이 0이므로, 전기력이 0인 점전하에 대해 같은 방향에 있는 나머지 두 점전하의 부호는 반대이다.

○ 보기풀이 ㄴ. (가)에서 A, B, C가 받는 전기력의 합이 0이다. C가 받는 전기력이 0이고 B가 $+x$방향으로 전기력을 받으므로, A는 $-x$방향으로 전기력을 받는다.

× 매력적 오답 ㄱ. (가)에서 C가 받는 전기력이 0이므로 A는 양(+)전하이다.
ㄷ. B는 A에 $+x$방향으로 전기력을 작용한다. A가 받는 전기력이 (가), (나)에서 각각 $-x$방향, 0이므로, C, D가 A에 작용하는 전기력은 모두 $-x$방향이다. 따라서 C, D는 양(+)전하이고, 전하량의 크기는 C가 D보다 크다.

문제풀이 Tip

직선상에 있는 점전하들에 작용하는 전기력의 합이 0임을 이용하여 전기력이 0인 점전하를 제외한 두 점전하에 작용하는 전기력의 방향은 반대임을 파악할 수 있어야 한다.

선택지 비율	① 11%	② 5%	③ 15%	④ 6%	❺ 64%

31 에너지 준위

2021년 3월 교육청 11번 | 정답 ⑤ | 문제편 55p

출제 의도 수소 기체에서 방출되는 스펙트럼의 종류와 전자 전이에서 방출(흡수)되는 빛의 에너지를 이해하고 있는지 묻는 문항이다.

그림 (가)는 수소 기체 방전관에 전압을 걸었더니 수소 기체가 에너지를 흡수한 후 빛이 방출되는 모습을, (나)는 보어의 수소 원자 모형에서 양자수 $n=2$, 3, 4인 에너지 준위와 (가)에서 일어날 수 있는 전자의 전이 과정 a, b, c를 나타낸 것이다. b, c에서 방출하는 빛의 파장은 각각 λ_b, λ_c이다.

선 스펙트럼 방출

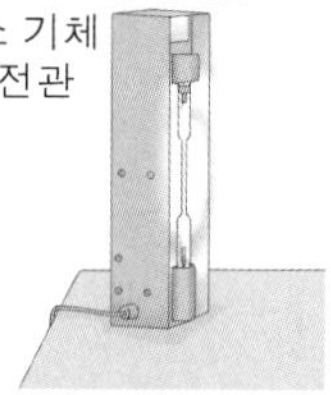

(가)

빛을 흡수하면 에너지 준위가 높아진다.

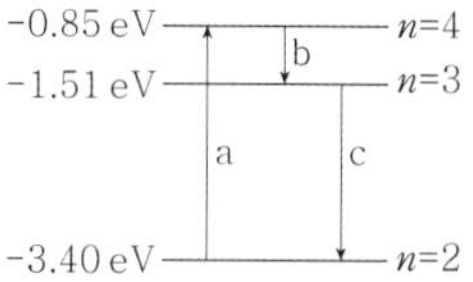

방출(흡수)되는 빛의 파장은 에너지가 작을수록 크다. ($\lambda_b>\lambda_c>\lambda_a$)

(나)

이에 대한 옳은 설명만을 〈보기〉에서 있는 대로 고른 것은?

〈보기〉
ㄱ. (가)에서 방출된 빛의 스펙트럼은 선 스펙트럼이다.
ㄴ. (나)의 a는 (가)에서 수소 기체가 에너지를 흡수할 때 일어날 수 있는 과정이다.
ㄷ. $\lambda_b>\lambda_c$이다.

① ㄱ ② ㄷ ③ ㄱ, ㄴ ④ ㄴ, ㄷ ⑤ ㄱ, ㄴ, ㄷ

✓ 자료 해석

- 수소 기체 방전관을 통해 방출 스펙트럼을 관측할 수 있다.
- 수소 기체 방전관에서 방출되는 스펙트럼은 선 스펙트럼이다.
- a에서는 빛을 흡수, b, c에서는 빛을 방출한다.

○ 보기풀이 ㄱ. 수소의 에너지 준위는 불연속적이므로, 선 스펙트럼이 나타난다.
ㄴ. a는 에너지 준위가 높아지므로 흡수, b와 c는 에너지 준위가 낮아지므로 방출 과정이다.
ㄷ. 에너지 $E=hf=\frac{hc}{\lambda}$이다. 파장은 방출하는 광자의 에너지에 반비례하므로 $\lambda_b>\lambda_c$이다.

문제풀이 Tip

수소 기체 방전관에서는 방출선에 의한 선 스펙트럼을 관측할 수 있으며, 전자의 에너지 준위가 높아질 때는 빛을 흡수하고, 에너지 준위가 낮아질 때는 빛을 방출한다. 방출(흡수)되는 빛의 에너지(진동수)는 에너지 준위의 차가 클수록 크고, 파장은 에너지 준위의 차가 작을수록 크다.

선택지 비율	❶ 86%	② 1%	③ 6%	④ 1%	⑤ 3%

32 수소 원자의 에너지 준위

2020년 10월 교육청 10번 | 정답 ① | 문제편 55 p

출제 의도 전자가 전이할 때 에너지 준위 차와 방출되는 광자 한 개의 파장과 진동수 관계를 이해하고, 선 스펙트럼에 대응시킬 수 있는지를 묻는 문항이다.

그림 (가)는 보어의 수소 원자 모형에서 양자수 $n=2$, 3, 4인 전자의 궤도 일부와 전자의 전이 a, b를 나타낸 것이다. 그림 (나)는 수소 기체의 스펙트럼이다. ㉡은 a에 의해 나타난 스펙트럼선이다.

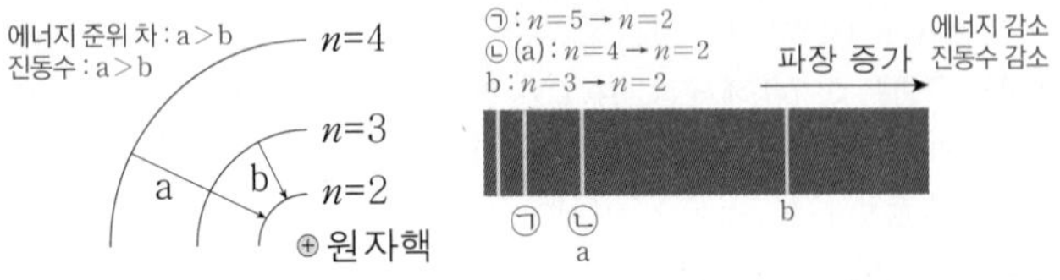

(가) (나)

이에 대한 옳은 설명만을 〈보기〉에서 있는 대로 고른 것은? [3점]

보기

ㄱ. 방출되는 광자 1개의 에너지는 a에서가 b에서보다 크다.

ㄴ. ㉠은 b에 의해 나타난 스펙트럼선이다. ($n=5 \rightarrow n=2$)

ㄷ. 전자가 원자핵으로부터 받는 전기력의 크기는 $n=4$일 때가 $n=2$일 때보다 ~~크다~~. 작다

① ㄱ ② ㄴ ③ ㄱ, ㄷ ④ ㄴ, ㄷ ⑤ ㄱ, ㄴ, ㄷ

✓ 자료 해석

- 전자가 전이할 때 방출 또는 흡수하는 광자 한 개의 에너지는 에너지 준위 차와 같다.
  - 에너지 준위 차를 비교하면 a>b이다.
- (나)에서 ㉡이 a에 의한 스펙트럼이므로 $n=4$에서 $n=2$로 전이하는 경우이다.
  - a보다 에너지 준위 차가 작은 b는 ㉡의 바로 오른쪽에 있는 스펙트럼선($n=3$에서 $n=2$로 전이)에 해당한다.
  - ㉠은 $n=5$에서 $n=2$로 전이할 때 방출되는 빛의 스펙트럼이다.

O 보기풀이 ㄱ. 양자수가 더 큰 상태에서 전이하는 경우에 방출되는 광자 1개의 에너지가 더 크다. 따라서 방출되는 광자 1개의 에너지는 a에서가 b에서보다 크다.

× 매력적 오답 ㄴ. ㉠은 ㉡보다 에너지 준위 차가 크므로 $n=5$에서 $n=2$로 전이할 때의 스펙트럼선이다.

ㄷ. 양자수가 클수록 원자핵에서 먼 에너지 궤도이므로 전자가 받는 전기력의 크기는 작다.

문제풀이 Tip

선 스펙트럼에서 파장이 짧을수록 진동수가 크고 광자 한 개의 에너지가 크다는 것을 이해하고 있어야 한다.

02 에너지띠와 반도체

선택지 비율	① 1%	② 1%	❸ 90%	④ 1%	⑤ 7%

1 고체의 에너지띠 구조와 활용

2024년 10월 교육청 3번 | 정답 ③ | 문제편 58 p

출제 의도 고체의 에너지띠 구조로부터 도체와 절연체를 구분하고, 도체와 절연체의 쓰임새를 아는지 확인하는 문항이다.

그림 (가)는 고체 A, B의 에너지띠 구조를, (나)는 A, B를 이용하여 만든 집게 달린 전선의 단면을 나타낸 것이다. A와 B는 각각 도체와 절연체 중 하나이고, (가)에서 에너지띠의 색칠된 부분까지 전자가 채워져 있다.

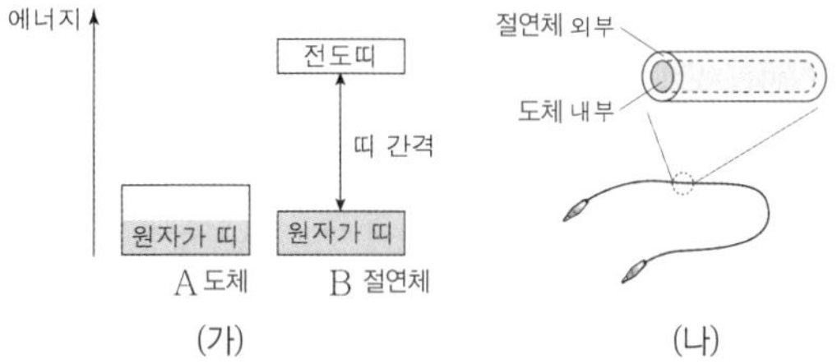

이에 대한 옳은 설명만을 〈보기〉에서 있는 대로 고른 것은?

보기
ㄱ. A는 도체이다.
ㄴ. B의 원자가 띠에 있는 전자의 에너지 준위는 ~~모두 같다~~. 같지 않다.
ㄷ. (나)에서 전선의 내부는 A, 외부는 B로 이루어져 있다.

① ㄱ ② ㄴ ③ ㄱ, ㄷ ④ ㄴ, ㄷ ⑤ ㄱ, ㄴ, ㄷ

✓ 자료 해석
- (가)에서 A는 원자가 띠의 일부만 전자로 채워져 있고, B는 원자가 띠와 전도띠 사이에 띠 간격이 존재한다. → A는 도체, B는 절연체이다.
- 전선의 내부는 전류가 흘러야 하므로 도체를 사용하고, 전선의 외부는 전류가 바깥으로 새어 나가지 않도록 절연체를 사용한다.

○ 보기풀이 ㄱ. A는 원자가 띠의 일부분만 전자로 채워져 있어 작은 에너지로도 전자가 쉽게 이동한다. 즉, A는 전류가 잘 흐르는 도체이다.
ㄷ. A가 도체이므로 B는 절연체이다. 전선의 내부는 전류가 흘러야 하므로 도체(A)를 이용하고, 전선의 외부는 전류가 밖으로 새어 나가는 누전 사고를 방지하기 위해 절연체(B)를 이용한다.

× 매력적 오답 ㄴ. 고체는 수많은 원자들이 가깝게 위치하기 때문에 미세한 차이를 갖는 에너지 준위들이 뭉쳐 하나의 넓은 띠와 같은 연속적인 에너지띠가 형성된다. 따라서 원자가 띠에 있는 전자는 서로 다른 에너지 준위를 가진다.

문제풀이 Tip
도체와 절연체는 크게 띠 간격의 유무로 구분하고, 반도체와 절연체는 띠 간격의 크기로 구분한다. 고체의 에너지띠 구조를 해석하여 물질의 전기적 성질을 설명할 수 있어야 한다.

선택지 비율	① 2%	② 7%	❸ 84%	④ 3%	⑤ 4%

2 p-n 접합 다이오드

2024년 10월 교육청 14번 | 정답 ③ | 문제편 58 p

출제 의도 스위치를 연결하는 위치에 따라 회로에 흐르는 전류의 세기가 어떻게 달라지는지 알고, 순방향 전압이 걸리는 p-n 접합 다이오드를 찾을 수 있는지 확인하는 문항이다.

그림은 동일한 직류 전원 2개, 스위치 S, p-n 접합 다이오드 A, A와 동일한 다이오드 3개, 저항, 검류계로 회로를 구성한 모습을 나타낸 것이다. X는 p형 반도체와 n형 반도체 중 하나이다. 표는 S를 a 또는 b에 연결했을 때 검류계를 관찰한 결과이다.

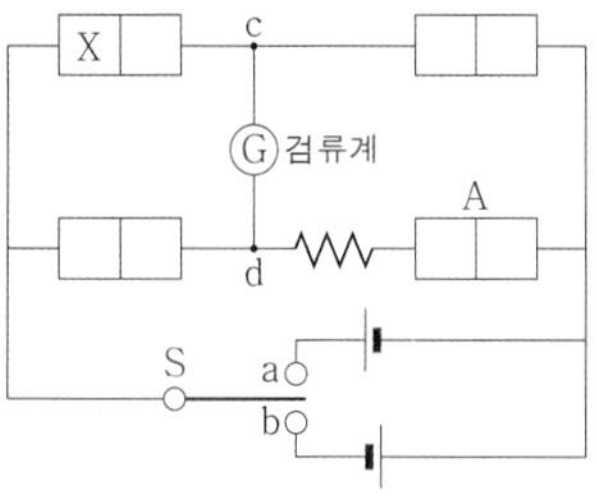

S	검류계
a에 연결	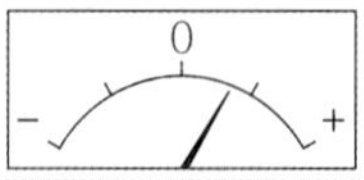
b에 연결	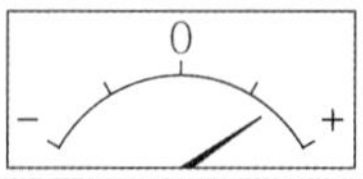

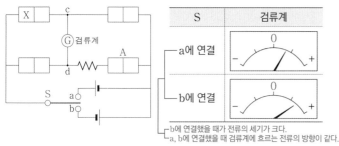

b에 연결했을 때가 전류의 세기가 크다.
a, b에 연결했을 때 검류계에 흐르는 전류의 방향이 같다.

이에 대한 옳은 설명만을 〈보기〉에서 있는 대로 고른 것은? [3점]

보기
ㄱ. X는 p형 반도체이다.
ㄴ. S를 a에 연결하면 전류는 c → Ⓖ → d 방향으로 흐른다.
ㄷ. S를 b에 연결하면 A에는 ~~순방향~~ 역방향 전압이 걸린다.

① ㄱ ② ㄷ ③ ㄱ, ㄴ ④ ㄴ, ㄷ ⑤ ㄱ, ㄴ, ㄷ

✓ 자료 해석
- S를 a 또는 b에 연결했을 때 검류계에 흐르는 전류의 방향은 같고, 전류의 세기는 b에 연결했을 때가 더 크다. → S를 a에 연결했을 때 저항을 지난다.
- S를 a 또는 b에 연결할 때 다음과 같이 화살표 방향으로 전류가 흐른다.

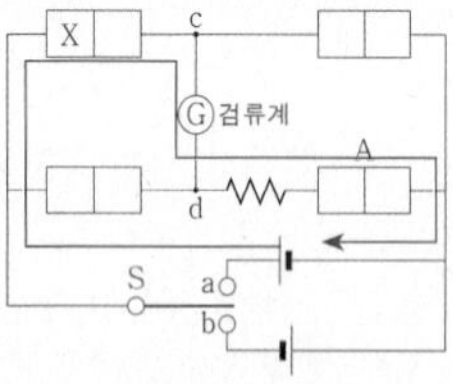

〈a에 연결〉

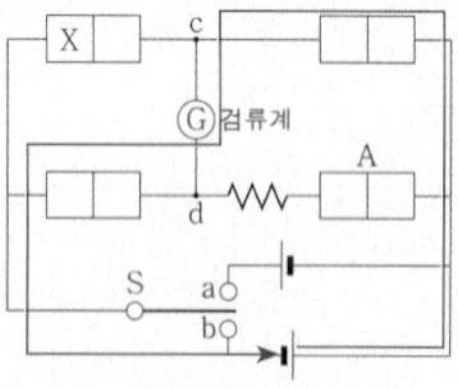

〈b에 연결〉

○ 보기풀이 ㄱ. 검류계에 흐르는 전류의 세기는 S를 b에 연결했을 때가 a에 연결했을 때보다 크므로 a에 연결할 때 저항과 A가 직렬연결된 회로 부분으로 전류가 흐른다. 따라서 X는 p형 반도체이다.
ㄴ. S를 a 또는 b에 연결할 때 검류계에 흐르는 전류의 방향은 같으며, 전류는 c → Ⓖ → d 방향으로 흐른다.

× 매력적 오답 ㄷ. S를 b에 연결할 때 저항과 A가 직렬연결된 회로 부분으로 전류가 흐르지 않으므로 A에는 역방향 전압이 걸린다.

문제풀이 Tip
검류계의 눈금으로부터 전류의 방향, 전류의 세기에 대한 정보를 얻을 수 있다.

선택지 비율	① 2%	② 13%	③ 5%	❹ 76%	⑤ 4%

3 p−n 접합 발광 다이오드가 연결된 회로

2024년 7월 교육청 11번 | 정답 ④ | 문제편 58 p

출제 의도 스위치를 연결하는 위치에 따라 회로에 흐르는 전류의 방향을 찾을 수 있는지 확인하고, p−n 접합 발광 다이오드의 특성을 이해하고 있는지 묻는 문항이다.

다음은 p−n 접합 발광 다이오드의 특성을 알아보는 실험이다.

[실험 과정]

(가) 그림과 같이 동일한 직류 전원 2개, p−n 접합 발광 다이오드(LED) A, A와 동일한 LED 4개, 저항, 스위치 S_1, S_2로 회로를 구성한다. X는 p형 반도체와 n형 반도체 중 하나이다.

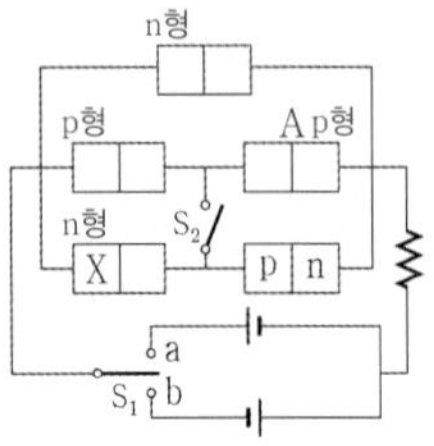

(나) S_1을 a 또는 b에 연결하고, S_2를 열고 닫으며 LED를 관찰한다.

[실험 결과]

S_2가 열려 있으면 다이오드 2개씩 직렬연결된 회로가 병렬연결되어 있는 것과 같다.

S_1	S_2	빛이 방출된 LED의 개수
a에 연결	열림	0
	닫힘	㉠
b에 연결	열림	1
	닫힘	3

이에 대한 설명으로 옳은 것만을 〈보기〉에서 있는 대로 고른 것은? [3점]

보기

ㄱ. X는 ~~p형~~ 반도체이다. n형

ㄴ. S_1을 b에 연결하고 S_2를 닫았을 때, A에는 순방향 전압이 걸린다.

ㄷ. ㉠은 '2'이다.

① ㄱ ② ㄴ ③ ㄱ, ㄷ ④ ㄴ, ㄷ ⑤ ㄱ, ㄴ, ㄷ

✓ 자료 해석

- S_1을 a에 연결하고 S_2가 열려 있을 때, 빛이 방출되는 LED가 없다.
  → 가장 위쪽의 1개만 연결된 LED에는 역방향 전압이 걸린다.
  → LED 2개가 직렬연결된 회로에서는 둘 중 하나만 역방향 전압이 걸려도 전류가 흐르지 않는다.
- S_1을 b에 연결하고 S_2가 열려 있을 때, 빛이 방출되는 LED는 1개이다.
  → 가장 위쪽의 1개만 연결된 LED에는 순방향 전압이 걸려 빛이 방출된다.

○ 보기 풀이 S_1을 a에 연결하고 S_2를 열었을 때 모든 LED에서 빛이 방출되지 않는다. 따라서 가장 위쪽의 1개만 연결된 LED에는 역방향 전압이 걸리고 나머지 LED 2개가 직렬연결된 회로에서는 LED에 모두 역방향 전압이 걸리거나 둘 중 하나만 역방향 전압이 걸린다. 만약 모두 역방향 전압이 걸렸다면 S_1을 b에 연결하여 반대로 전원이 연결되었을 때 모두 순방향 전압이 걸려 빛이 방출되어야 하는데, 1개의 LED에서만 빛이 방출되므로 2개의 LED가 직렬연결된 회로는 각 LED에 서로 반대로 전압이 걸리게 연결되어 있다. 따라서 X는 n형 반도체이다.

ㄴ. S_1을 b에 연결하고 S_2를 닫았을 때 3개의 LED에서 빛이 방출되려면 X가 포함된 LED에 순방향 전압이 걸려야 하므로 A에도 순방향 전압이 걸린다.

ㄷ. S_1을 a에 연결하면 LED가 2개씩 직렬연결된 회로에서는 하나는 순방향 전압, 하나는 역방향 전압이 걸리는데, S_2를 닫으면 순방향 전압이 걸린 LED끼리 연결시켜주므로 전류가 흐르는 LED는 2개이다. 따라서 ㉠은 '2'이다.

× 매력적 오답 ㄱ. X는 n형 반도체이다.

문제풀이 Tip

다이오드가 2개씩 직렬연결되었을 때 전원의 연결 방법에 관계없이 모두 전류가 흐르지 않는다면 다이오드 2개가 서로 반대로 전압이 걸리도록 연결되었다는 것에 유의하자.

4 p-n 접합 다이오드의 특성

2024년 5월 교육청 16번 | 정답 ⑤ | 문제편 59 p

출제 의도 스위치를 연결하는 위치에 따라 회로에 흐르는 전류의 방향을 찾을 수 있는지 확인하고, p-n 접합 다이오드의 특성을 이해하고 있는지 묻는 문항이다.

다음은 p-n 접합 다이오드의 특성을 알아보는 실험이다.

[실험 과정]

(가) 그림과 같이 p-n 접합 다이오드 A, A와 동일한 다이오드 3개, 직류 전원 2개, 스위치 S_1, S_2, 전구로 회로를 구성한다. X는 p형 반도체와 n형 반도체 중 하나이다.

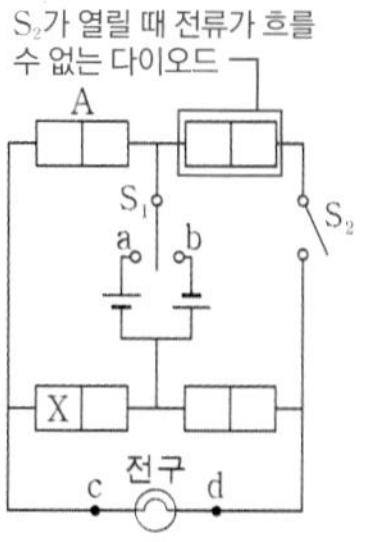

(나) S_1을 a 또는 b에 연결하고, S_2를 열고 닫으며 전구를 관찰한다.

[실험 결과]

S_1	S_2	전구
a에 연결	열기	×
	닫기	○
b에 연결	열기	○
	닫힘	○

(○ : 켜짐, × : 켜지지 않음)

이에 대한 설명으로 옳은 것만을 〈보기〉에서 있는 대로 고른 것은? [3점]

보기

ㄱ. X는 p형 반도체이다.

ㄴ. S_1을 a에 연결하고 S_2를 닫았을 때, 전류는 d → 전구 → c로 흐른다.

ㄷ. S_1을 b에 연결하고 S_2를 열었을 때, A의 n형 반도체에 있는 전자는 p-n 접합면 쪽으로 이동한다.

① ㄱ ② ㄷ ③ ㄱ, ㄴ ④ ㄴ, ㄷ ⑤ ㄱ, ㄴ, ㄷ

✔ 자료 해석

S_1을 b에 연결하고 S_2를 열었을 때 전구에 전류가 흐르려면 화살표 방향으로 전류가 흘러야 한다.	S_1을 a에 연결하고 S_2를 닫았을 때 전구에 전류가 흐르려면 화살표 방향으로 전류가 흘러야 한다.
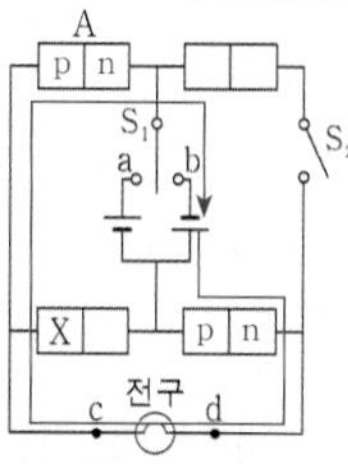	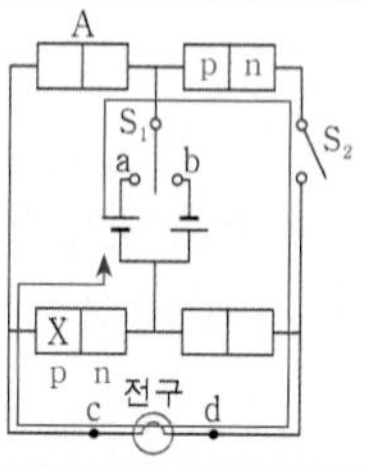
→ A는 순방향 전압이 걸린다.	→ X는 p형 반도체이다.

○ 보기풀이 ㄱ. S_1을 a에 연결하고 S_2를 닫았을 때 X가 포함된 다이오드에 전류가 흐른다. 다이오드에서 전류는 p형 반도체에서 n형 반도체 쪽으로 흐르므로 X는 p형 반도체이다.

ㄴ. S_1을 a에 연결하고 S_2를 닫았을 때, 전류는 d → 전구 → c로 흐른다.

ㄷ. S_1을 b에 연결하고 S_2를 열었을 때, A에는 순방향 전압이 걸린다. 다이오드에 순방향 전압이 걸릴 때 A의 p형 반도체에 있는 양공과 n형 반도체에 있는 전자가 p-n 접합면 쪽으로 이동한다.

문제풀이 Tip

스위치가 연결된 회로에서 전류의 방향을 찾을 때에는 가장 단순한 회로에서 시작해야 한다. 따라서 S_2를 열었을 때를 먼저 살펴봐야 하고, S_1을 a에 연결했을 때는 전구에 불이 들어오지 않는 다양한 경우의 수가 생길 수 있으므로 S_1을 b에 연결했을 때부터 전류의 방향 찾기를 시작하는 것이 좋다.

선택지 비율	① 3%	② 5%	❸ 63%	④ 9%	⑤ 19%

5 p-n 접합 발광 다이오드가 연결된 회로

2024년 3월 교육청 7번 | 정답 ③ | 문제편 59 p

출제 의도 p-n 접합 다이오드의 특성을 이해하여, 다이오드에 흐르는 전류의 방향을 찾을 수 있는지 확인하는 문항이다.

그림과 같이 동일한 p-n 접합 발광 다이오드(LED) A~E와 직류 전원, 저항, 스위치 S로 회로를 구성하였다. S를 단자 a에 연결하면 2개의 LED에서, 단자 b에 연결하면 5개의 LED에서 빛이 방출된다. X는 p형 반도체와 n형 반도체 중 하나이다.

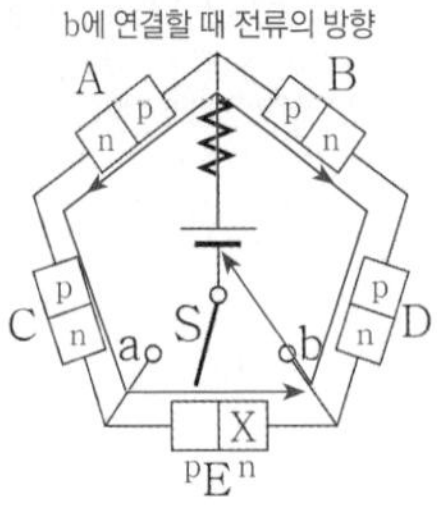

이에 대한 옳은 설명만을 〈보기〉에서 있는 대로 고른 것은?

보기

ㄱ. S를 a에 연결하면, A의 p형 반도체에 있는 양공은 p-n 접합면 쪽으로 이동한다.

ㄴ. S를 b에 연결하면, A~E에 순방향 전압이 걸린다.

ㄷ. X는 ~~p형~~ 반도체이다. n형

① ㄱ ② ㄷ ③ ㄱ, ㄴ ④ ㄴ, ㄷ ⑤ ㄱ, ㄴ, ㄷ

✓ 자료 해석

- S를 b에 연결하면 모든 LED에 순방향 전압이 걸려 빛이 방출된다. 순방향 전압이 걸리려면 전원의 (+)극과 p형 반도체가 연결되어야 하므로 각 다이오드에서 p형 반도체와 n형 반도체의 위치를 찾을 수 있다.
- S를 a에 연결하면 A, C에 순방향 전압이 걸려 빛이 방출된다. → B, D에도 순방향 전압이 걸리지만 역방향 전압이 걸린 E와 함께 연결되어 있으므로 B, D, E 모두 빛이 방출되지 않는다.

O 보기 풀이 ㄱ. S를 a에 연결하면 A, C에 전류가 흐르므로 순방향 전압이 걸린다. p-n 접합 다이오드에 순방향 전압이 걸릴 때 p형 반도체에 있는 양공과 n형 반도체에 있는 전자는 접합면 쪽으로 이동한다.

ㄴ. S를 b에 연결하면 A~E 모두 순방향 전압이 걸려 전류가 흐르므로 5개의 LED에서 빛이 방출된다.

× 매력적 오답 ㄷ. S를 b에 연결하면 E에 전류가 흐르고, 다이오드에서 전류는 p형 반도체에서 n형 반도체 쪽으로 흐르므로 X는 n형 반도체이다.

문제풀이 Tip

p-n 접합 다이오드에 순방향 전압이 걸리면 양공과 전자가 접합면 쪽으로 이동하고, 역방향 전압이 걸리면 양공과 전자가 접합면에서 멀어진다. 다이오드의 내부에서의 전하 분포에 대해서도 기억해 두자.

선택지 비율	❶ 83%	② 5%	③ 5%	④ 3%	⑤ 4%

6 p-n 접합 다이오드를 이용한 실험

2023년 10월 교육청 16번 | 정답 ① | 문제편 59 p

출제 의도 스위치를 연결하는 위치에 따라 회로에 흐르는 전류의 방향을 이용하여 순방향 전압이 걸리는 p-n 접합 다이오드를 찾을 수 있는지 확인하는 문항이다.

다음은 p-n 접합 다이오드를 이용한 실험이다.

[실험 과정]

(가) 그림과 같이 직류 전원 2개, p-n 접합 다이오드 4개, p-n 접합 발광 다이오드(LED), 스위치 S로 회로를 구성한다.

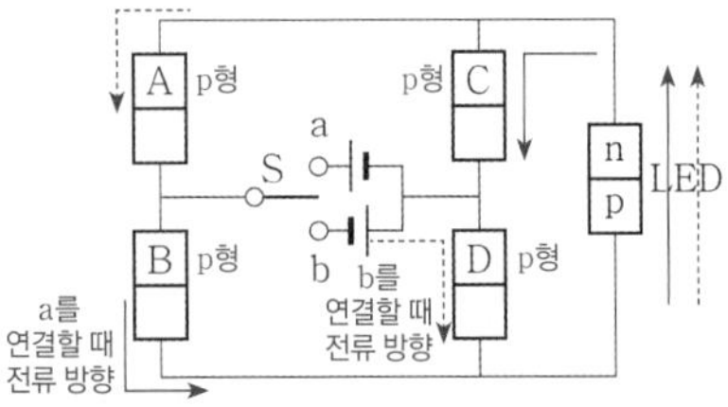

※ A~D는 각각 p형 또는 n형 반도체 중 하나임.

(나) S를 단자 a 또는 b에 연결하고 LED를 관찰한다.

[실험 결과]

- a에 연결했을 때 LED가 빛을 방출함.
- b에 연결했을 때 LED가 빛을 방출함.

LED에는 항상 순방향 전압이 걸린다.

A~D의 반도체의 종류로 옳은 것은?

	A	B	C	D
①	p형	p형	p형	p형
②	p형	p형	n형	n형
③	p형	n형	n형	p형
④	n형	n형	n형	n형
⑤	n형	p형	n형	p형

✓ 자료 해석

- S를 a 또는 b에 연결할 때 LED에서 모두 빛이 방출되므로 항상 순방향 전압이 걸린다. → LED에서 전류는 항상 위쪽으로 흐른다.

O 보기 풀이 S를 a에 연결할 때 LED에 전류가 위쪽 방향으로 흐르려면 B, C가 있는 p-n 접합 다이오드로 전류가 흘러야 한다. 전류가 흐르려면 순방향 전압이 걸려야 하므로 B, C는 p형 반도체이다.

S를 b에 연결할 때 LED에 전류가 위쪽 방향으로 흐르려면 D, A가 있는 p-n 접합 다이오드로 전류가 흘러야 한다. 전류가 흐르려면 순방향 전압이 걸려야 하므로 D, A는 p형 반도체이다.

문제풀이 Tip

스위치의 연결 방향에 따른 전류의 방향을 직접 회로도에 표시할 수 있어야 p-n 접합 다이오드에서 p형 반도체와 n형 반도체의 위치를 빠르게 찾을 수 있다. 주어진 전류의 방향을 토대로, 회로 전체에서 전류의 방향을 유추할 수 있도록 준비해 두자.

선택지 비율	❶ 71%	② 6%	③ 8%	④ 9%	⑤ 5%

7 p-n 접합 다이오드가 연결된 회로

2023년 7월 교육청 12번 | 정답 ① | 문제편 60p

출제 의도 스위치를 연결하는 위치에 따라 회로에 흐르는 전류의 방향을 찾을 수 있는지 확인하고, p-n 접합 다이오드의 특성을 이해하고 있는지 묻는 문항이다.

그림과 같이 직류 전원 2개, 스위치 S_1과 S_2, p-n 접합 다이오드 A, A와 동일한 다이오드 3개, 저항, 검류계로 회로를 구성한다. 표는 S_1을 a 또는 b에 연결하고, S_2를 열고 닫으며 검류계의 눈금을 관찰한 결과이다. X는 p형 반도체와 n형 반도체 중 하나이다.

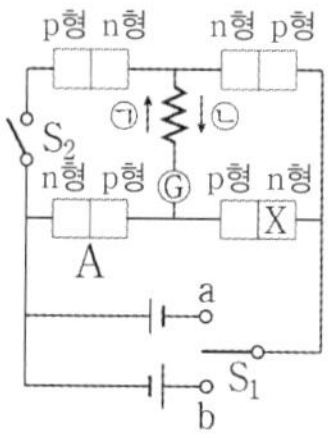

스위치		S_2 열림	S_2 닫힘
S_1	a	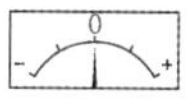	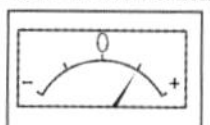
	b	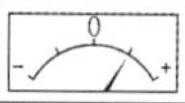	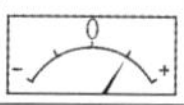

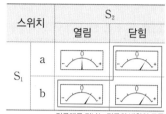

검류계를 지나는 전류의 방향이 모두 같다.

이에 대한 설명으로 옳은 것만을 〈보기〉에서 있는 대로 고른 것은? [3점]

보기
ㄱ. X는 n형 반도체이다.
ㄴ. S_1을 a에 연결하고 S_2를 닫았을 때 저항에 흐르는 전류의 방향은 ㉠이다. ㉡
ㄷ. S_1을 b에 연결하고 S_2를 열었을 때 A에는 ~~역방향~~ 전압이 걸린다. 순방향

① ㄱ ② ㄴ ③ ㄱ, ㄴ ④ ㄱ, ㄷ ⑤ ㄴ, ㄷ

✓ 자료 해석

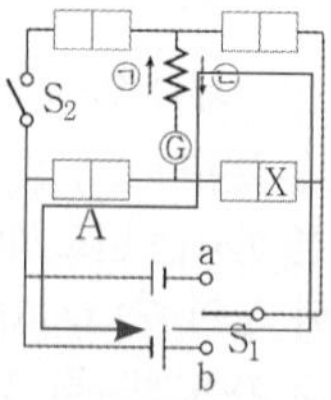

- S_1을 b에 연결하고 S_2가 열려 있을 때 검류계에 전류가 흐르려면 화살표 방향으로 전류가 흘러야 한다.
  → A는 순방향 전압이 걸린다.
  → X가 있는 다이오드에는 역방향 전압이 걸리므로 X는 n형 반도체이다.

O 보기풀이 ㄱ. S_2가 열린 상태에서 S_1을 b에 연결할 때 검류계에 전류가 흐르므로 저항에 흐르는 전류의 방향은 ㉡이다. 따라서 X가 있는 다이오드에는 역방향 전압이 걸리므로 X는 n형 반도체이다.

× 매력적 오답 ㄴ. S_1을 a에 연결하고 S_2를 닫았을 때 검류계에 흐르는 전류의 방향은 S_1을 b에 연결하고 S_2를 열었을 때와 같은 방향이다. 따라서 저항에 흐르는 전류의 방향은 ㉡이다.
ㄷ. S_1을 b에 연결하고 S_2를 열었을 때 A에 전류가 흐르므로 A에는 순방향 전압이 걸린다.

문제풀이 Tip
스위치가 연결된 회로가 제시될 때에는 가장 단순한 회로부터 시작하는 것이 좋다. 따라서 S_2를 열었을 때의 회로에서 전류의 방향을 파악하여 다이오드에 걸리는 전압의 방향을 유추하도록 하자.

선택지 비율	① 3%	❷ 77%	③ 6%	④ 10%	⑤ 4%

8 반도체의 도핑과 p-n 접합 다이오드의 특성

2023년 4월 교육청 12번 | 정답 ② | 문제편 60p

출제 의도 원자가 전자의 배열 구조로부터 불순물 반도체의 종류를 찾고, p-n 접합 다이오드에 각각 순방향 전압과 역방향 전압이 걸릴 때 나타나는 현상을 설명할 수 있는지 확인하는 문항이다.

그림 (가)는 동일한 p-n 접합 다이오드 A와 B, 전구, 스위치 S, 직류 전원 장치를 이용하여 구성한 회로를 나타낸 것이다. S를 a에 연결할 때 전구에 불이 켜지고, S를 b에 연결할 때 전구에 불이 켜지지 않는다. 그림 (나)는 (가)의 X를 구성하는 원소와 원자가 전자의 배열을 나타낸 것이다.
역방향 전압이 걸린다.

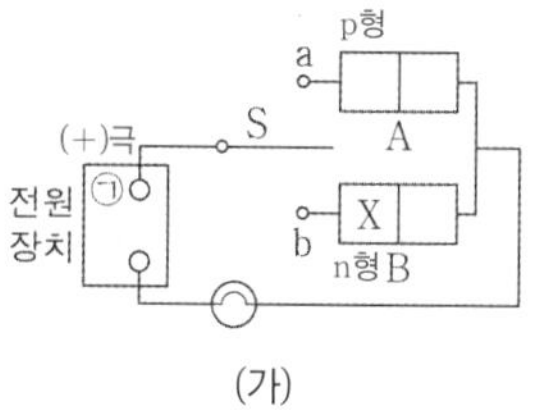

(가)

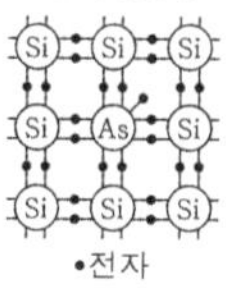

(나)

이에 대한 설명으로 옳은 것만을 〈보기〉에서 있는 대로 고른 것은?

보기
ㄱ. S를 a에 연결할 때, A에 ~~역방향~~ 순방향 전압이 걸린다.
ㄴ. 직류 전원 장치의 단자 ㉠은 (+)극이다.
ㄷ. S를 b에 연결할 때, X에 있는 전자는 p-n 접합면 ~~쪽으로~~ 에서 멀어지는 방향으로 이동한다.

① ㄱ ② ㄴ ③ ㄱ, ㄷ ④ ㄴ, ㄷ ⑤ ㄱ, ㄴ, ㄷ

✓ 자료 해석

- (나) 원자가 전자가 4개인 규소 원자에 원자가 전자가 5개인 원소를 첨가하여 만든 X는 n형 반도체이다. → 공유 결합에 참여하지 못하는 전자가 존재하고, 전자가 주로 전하를 운반한다.
- (가)에서 S를 b에 연결할 때 전구에 불이 켜지지 않으므로 역방향 전압이 걸린다. → n형 반도체인 X와 연결된 단자 ㉠은 (+)극이다.

O 보기풀이 ㄴ. (나)에서 X는 n형 반도체이고, (가)에서 S를 b에 연결할 때 전구에 불이 켜지지 않으므로 역방향 전압이 걸린다. 역방향 전압은 p형 반도체를 전원의 (−)극에, n형 반도체를 전원의 (+)극에 연결하는 경우이므로, X와 연결된 단자 ㉠은 (+)극이다.

× 매력적 오답 ㄱ. S를 a에 연결할 때 전구에 불이 켜지므로 A에는 순방향 전압이 걸린다.
ㄷ. S를 b에 연결할 때 B에는 역방향 전압이 걸린다. 이때 X(n형 반도체)의 전자는 p-n 접합면에서 멀어지는 방향으로 이동한다.

문제풀이 Tip
p-n 접합 다이오드에 순방향 전압이 걸릴 때와 역방향 전압이 걸릴 때 다이오드 내부의 전하 분포의 원리를 이해하고 있어야 한다. 순방향 전압이 걸리면 양공과 전자가 접합면 쪽으로 이동하고, 역방향 전압이 걸리면 양공과 전자가 접합면에서 멀어진다.

Part I 교육청

선택지 비율	❶ 75%	② 8%	③ 4%	④ 10%	⑤ 2%

9 고체의 에너지띠 구조

2023년 3월 교육청 4번 | 정답 ① | 문제편 60 p

출제 의도 고체의 전기 전도도를 비교하여 도체와 반도체를 구분하고 도체와 반도체의 에너지띠 구조를 찾을 수 있는지 확인하는 문항이다.

표는 고체 X와 Y의 전기 전도도를 나타낸 것이다. X, Y 중 하나는 도체이고 다른 하나는 반도체이다.
X와 Y의 에너지띠 구조를 나타낸 것으로 가장 적절한 것은? (단, 전자는 색칠된 부분 에만 채워져 있다.) [3점]

고체	전기 전도도 (1/Ω·m)
반도체 X	2.0×10^{-2}
도체 Y	1.0×10^{5}

→ 전기 전도도는 도체가 반도체보다 크다.

①
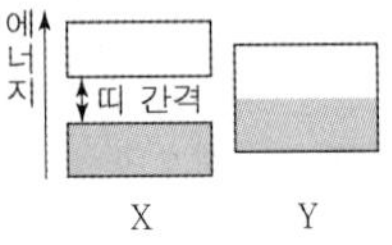

②
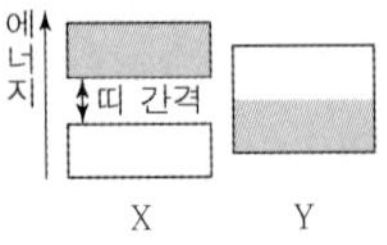

③
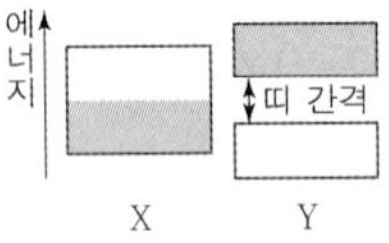

④
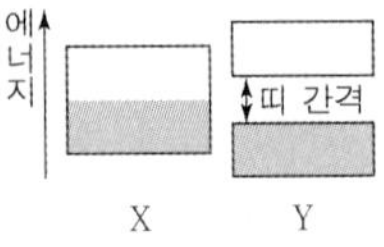

⑤
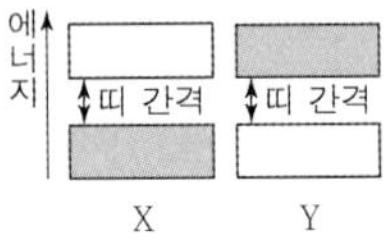

✓ 자료 해석

- 전기 전도도는 외부 전압에 의해 고체에서 전자가 자유롭게 이동할 수 있는 정도를 뜻한다. 따라서 전기 전도도가 클수록 전류가 잘 흐를 수 있다. → Y는 도체이고, X는 반도체이다.
- 고체의 에너지띠 구조에서 원자가 띠는 전자가 채워진 에너지띠 중 원자의 가장 바깥쪽에 있는 원자가 전자가 차지하는 에너지띠이고, 전도띠는 원자가 띠의 위의 비어 있는 에너지띠이다.

O 보기 풀이 ① 전기 전도도가 큰 Y가 도체이고, X는 반도체이다. 따라서 X의 에너지띠 구조는 띠 간격이 있고, Y의 에너지띠 구조는 원자가 띠의 일부분만 전자로 채워져 있다.

× 매력적 오답 ② 고체의 에너지띠 구조에서 전자는 에너지가 낮은 에너지 준위부터 차례대로 에너지 준위를 채운다. 따라서 전자가 채워진 부분이 에너지가 낮은 쪽에 있어야 한다.

문제풀이 Tip

고체의 전기적 성질을 구분하기 위해 전기 전도도(전기 전도성)가 제시될 수도 있고 고체의 에너지띠 구조가 제시될 수도 있다. 따라서 두 자료를 연관지어 해석할 수 있어야 한다.

선택지 비율	① 1%	② 2%	③ 2%	④ 3%	❺ 91%

10 고체의 전기적 특성

2022년 10월 교육청 4번 | 정답 ⑤ | 문제편 60p

출제 의도 회로에서 스위치를 연결하는 위치에 따라 다이오드에 순방향 또는 역방향 전압이 걸리는 것을 이해하고 도체와 절연체의 특징을 아는지 확인하는 문항이다.

다음은 고체의 전기적 특성을 알아보기 위한 실험이다.

[실험 과정]

(가) 크기와 모양이 같은 고체 A, B를 준비한다. A, B는 도체 또는 절연체이다.

(나) 그림과 같이 p-n 접합 다이오드와 A를 전지에 연결한다. X는 p형 반도체와 n형 반도체 중 하나이다.

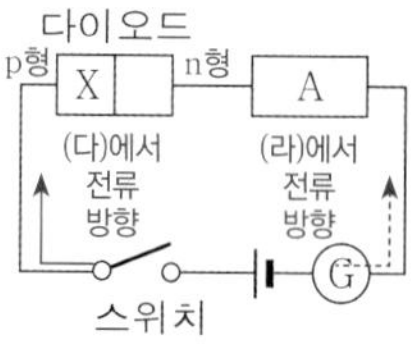

(다) 스위치를 닫고 전류가 흐르는지 관찰한 후, A를 B로 바꾸어 전류가 흐르는지 관찰한다.

(라) (나)에서 전지의 연결 방향을 반대로 하여 (다)를 반복한다.

[실험 결과]

고체	A 도체	B 절연체
(다)의 결과	전류 흐름	전류 흐르지 않음
(라)의 결과	㉠	?

이에 대한 옳은 설명만을 〈보기〉에서 있는 대로 고른 것은?

보기

ㄱ. ㉠은 '~~전류 흐름~~'이다. 전류 흐르지 않음

ㄴ. X는 p형 반도체이다.

ㄷ. 전기 전도도는 A가 B보다 크다.

① ㄱ ② ㄴ ③ ㄱ, ㄴ ④ ㄱ, ㄷ ⑤ ㄴ, ㄷ

✔ 자료 해석

- (다)에서 A에 전류가 흐르므로 (+)극에 연결된 X는 p형 반도체이고, 전류가 흐르는 A는 도체이다.
- (라)에서 X가 (−)극에 연결되므로 다이오드에 역방향 전압이 걸려 전류가 흐르지 않는다.

○ 보기풀이 ㄴ. (다)에서 다이오드에 순방향 전압이 걸리므로 X는 p형 반도체이고, A는 도체, B는 절연체이다.

ㄷ. 전기 전도도는 도체인 A가 절연체인 B보다 크다.

× 매력적 오답 ㄱ. 전지의 연결 방향을 반대로 하면 다이오드에 역방향 전압이 걸리므로 회로에 전류가 흐르지 않는다. 따라서 ㉠은 '전류 흐르지 않음'이다.

문제풀이 Tip

p-n 접합 다이오드가 출제된 문제에서는 전지의 연결 방향으로부터 전류의 방향을 확인하고, 순방향 전압이 걸리는지 역방향 전압이 걸리는지 여부를 빠르게 찾아낼 수 있어야 한다.

선택지 비율	① 6%	❷ 79%	③ 4%	④ 8%	⑤ 3%

11 p−n 접합 다이오드

2022년 7월 교육청 7번 | 정답 ② | 문제편 61 p

출제 의도 회로에서 스위치를 연결하는 위치에 따라 다이오드에 순방향 또는 역방향 전압이 걸리는 것을 이해하고 전류-시간 그래프를 해석할 수 있는지 확인하는 문항이다.

그림 (가)는 동일한 p−n 접합 다이오드 A와 B, 저항, 스위치를 전압이 일정한 직류 전원에 연결한 것을 나타낸 것이다. ㉠은 p형 반도체 또는 n형 반도체 중 하나이다. 그림 (나)는 스위치를 a 또는 b에 연결할 때 A에 흐르는 전류를 시간 t에 따라 나타낸 것이다. $t=0$부터 $t=2T$까지 스위치는 a에 연결되어 있다.

이때 전류가 흐르므로 A는 순방향 전압이 걸린다.

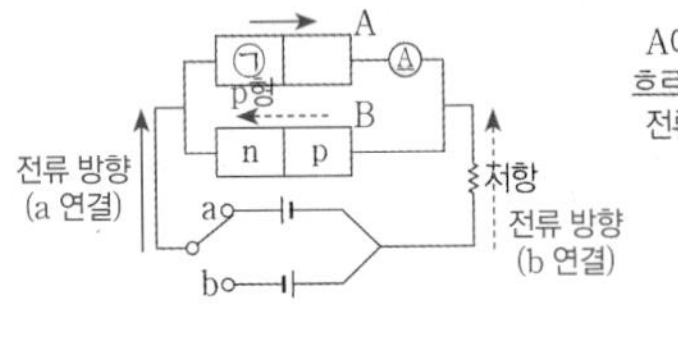

(가)

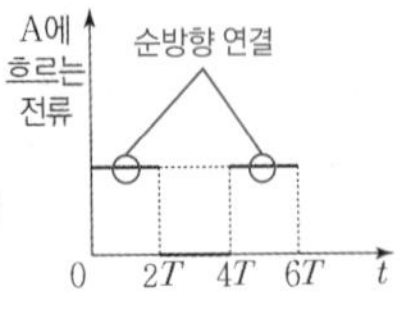

(나)

이에 대한 설명으로 옳은 것만을 〈보기〉에서 있는 대로 고른 것은?

보기

ㄱ. ㉠은 ~~n형~~ 반도체이다. p형

ㄴ. $t=3T$일 때 A의 p−n 접합면에서 양공과 전자가 ~~결합한다~~. 멀어진다.

ㄷ. $t=5T$일 때 B에는 역방향 전압이 걸린다.

① ㄱ ② ㄷ ③ ㄱ, ㄴ ④ ㄴ, ㄷ ⑤ ㄱ, ㄴ, ㄷ

✓ 자료 해석

- $t=0$부터 $t=2T$까지 A에 전류가 흐르므로 스위치는 a에 연결되고 A에는 순방향 전압이 걸린다.
- $t=2T$부터 $t=4T$까지 A에 전류가 흐르지 않으므로 스위치는 b에 연결되고 A에는 역방향 전압이 걸린다.
- $t=4T$부터 $t=6T$까지 A에 전류가 흐르므로 스위치는 a에 연결되고 A에는 순방향 전압, B에는 역방향 전압이 걸린다.

○ 보기풀이 ㄷ. $t=5T$일 때 스위치가 a에 연결되어 B에는 역방향 전압이 걸린다.

× 매력적 오답 ㄱ. 스위치가 a에 연결되었을 때 A에 전류가 흐르므로 A에는 순방향 전압이 걸려 있고, ㉠은 전원의 (+)극과 연결되어 있으므로 p형 반도체이다.

ㄴ. $t=3T$일 때 스위치가 b에 연결되어 A에 전류가 흐르지 않으므로 A에는 역방향 전압이 걸려 있다. p−n 접합 다이오드에 역방향 전압이 걸리면 p−n 접합면으로부터 양공과 전자가 멀어진다.

문제풀이 Tip

p-n 접합 다이오드는 순방향 전압이 걸릴 때에만 전류를 흐르게 하는 특징이 있기 때문에 p-n 접합 다이오드가 연결된 회로도가 제시된 경우에는 전류의 방향을 직접 회로도에 표시해 두면 순방향 전압 또는 역방향 전압이 걸리는 경우를 쉽게 찾을 수 있다.

선택지 비율	① 3%	② 15%	③ 6%	❹ 71%	⑤ 6%

12 고체의 전기 전도도와 에너지띠

2022년 4월 교육청 6번 | 정답 ④ | 문제편 61 p

출제 의도 고체의 전기 전도도와 에너지띠 자료를 해석하여 도체와 반도체를 구분할 수 있는지 묻는 문항이다.

그림 (가)는 고체 A, B의 전기 전도도를 나타낸 것이다. A, B는 각각 도체와 반도체 중 하나이다. 그림 (나)의 X, Y는 A, B의 에너지띠 구조를 순서 없이 나타낸 것이다.

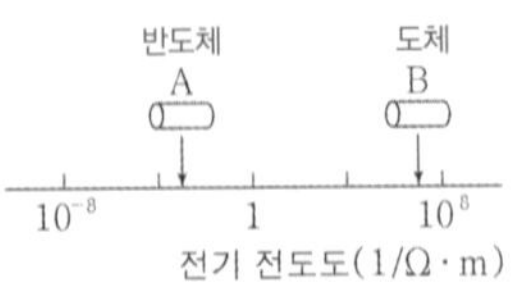

(가)

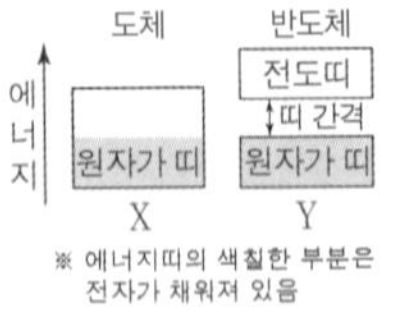

(나)

이에 대한 설명으로 옳은 것만을 〈보기〉에서 있는 대로 고른 것은? [3점]

보기

ㄱ. A는 ~~도체~~이다. 반도체

ㄴ. X는 B의 에너지띠 구조이다.

ㄷ. Y에서 원자가 띠의 전자가 전도띠로 전이할 때, 전자는 띠 간격 이상의 에너지를 흡수한다.

① ㄱ ② ㄴ ③ ㄱ, ㄷ ④ ㄴ, ㄷ ⑤ ㄱ, ㄴ, ㄷ

✓ 자료 해석

- 전기 전도도(σ)는 물질의 전기 전도성을 정량적으로 나타낸 물리량으로 비저항(ρ)의 역수이다. → $\sigma\left(=\frac{1}{\rho}\right)\propto\frac{1}{\text{전기 저항}}$이고 B는 A보다 전기 전도도가 크므로 B의 저항이 A보다 작다. 즉, A는 반도체, B는 도체이다.
- (나)에서 X는 원자가 띠의 일부분만 전자로 채워져 있고, Y는 원자가 띠와 전도띠 사이에 띠 간격이 존재한다. → X는 도체, Y는 반도체이다.

○ 보기풀이 ㄴ. 전기 전도도는 A가 B보다 작으므로 A는 반도체, B는 도체이다. X는 원자가 띠의 일부분만 전자로 채워져 있어 작은 에너지에도 전자가 쉽게 이동한다. 즉, 전기 전도성이 좋은 도체이다. 따라서 X는 B(도체)의 에너지띠 구조이다.

ㄷ. 원자가 띠에 있는 전자는 띠 간격 이상의 에너지를 흡수해야 전도띠로 전이할 수 있다.

× 매력적 오답 ㄱ. A는 B보다 전기 전도도가 작으므로 저항이 B보다 큰 반도체이다.

문제풀이 Tip

고체의 전기 전도성을 구분할 수 있는지 묻기 위해 전기 전도도를 제시할 수도 있고, 에너지띠 구조를 제시할 수도 있다. 다양한 자료를 접해 보고, 문제의 접근법에 대한 충분한 연습이 필요하다.

선택지 비율	① 5%	② 4%	❸ 69%	④ 7%	⑤ 15%

13 p−n 접합 다이오드

2022년 4월 교육청 11번 | 정답 ③ | 문제편 61 p

출제 의도 회로에서 스위치를 연결하는 위치에 따라 다이오드에 순방향 또는 역방향 전압이 걸리는 것과 반도체의 종류를 구분할 수 있는지 묻는 문항이다.

그림은 동일한 p−n 접합 다이오드 A~D, 전구, 스위치, 동일한 전지를 이용하여 구성한 회로를 나타낸 것이다. 스위치를 a에 연결하면 전구에 불이 켜진다. X는 p형 반도체와 n형 반도체 중 하나이다.

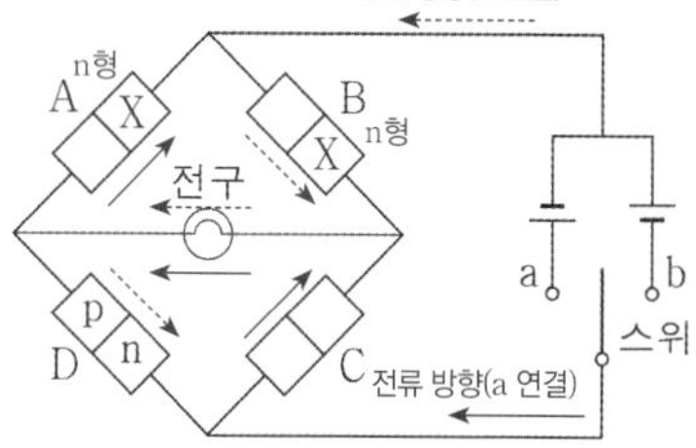

이에 대한 설명으로 옳은 것만을 〈보기〉에서 있는 대로 고른 것은? [3점]

〈보기〉
ㄱ. 스위치를 a에 연결하면 C에는 순방향 전압이 걸린다.
ㄴ. X는 ~~p형~~ 반도체이다. n형
ㄷ. 스위치를 b에 연결하면 전구에 불이 켜진다.

① ㄱ ② ㄴ ③ ㄱ, ㄷ ④ ㄴ, ㄷ ⑤ ㄱ, ㄴ, ㄷ

✓ 자료 해석

• 스위치를 a에 연결할 때 전구에 불이 켜진다.
 – D에는 역방향 전압이 걸렸는데 전구에 불이 켜지므로 전류는 C → 전구 → A 방향으로 흐른다. 따라서 A, C에는 순방향 전압이 걸린다.
• 스위치를 b에 연결하면 전류는 B → 전구 → D 방향으로 흐른다. 따라서 B, D에는 순방향 전압이 걸린다.

○ 보기풀이 ㄱ. 스위치를 a에 연결하면 C에 전류가 흐르므로 C에는 순방향 전압이 걸린다.
ㄷ. 스위치를 b에 연결하면 A, C에는 역방향 전압이 걸리지만 B, D에는 순방향 전압이 걸리므로 전구에 불이 켜진다.

× 매력적 오답 ㄴ. 스위치를 a에 연결하면 A, C에 순방향 전압이 걸려 전류가 흐른다. A의 X는 (−)극이 연결되었으므로 X는 n형 반도체이다.

문제풀이 Tip
회로에 연결된 p−n 접합 다이오드에 순방향 전압이 걸려야 전류가 흐른다. 스위치를 연결하는 위치에 따라 각 다이오드에 걸리는 전압의 방향이 달라지는 것을 이해하고 p형, n형 반도체를 구분해 낼 수 있어야 한다.

선택지 비율	① 6%	② 6%	❸ 74%	④ 8%	⑤ 6%

14 p−n 접합 다이오드

2022년 3월 교육청 8번 | 정답 ③ | 문제편 61 p

출제 의도 반도체의 원자 구조와 에너지띠 구조를 이해하고, p−n 접합 다이오드의 정류 작용에 대해 설명할 수 있는지 확인하는 문항이다.

그림 (가)와 같이 동일한 p−n 접합 다이오드 A, B, C와 직류 전원을 연결하여 회로를 구성하였다. X, Y는 각각 p형 반도체와 n형 반도체 중 하나이며 B에는 전류가 흐른다. 그림 (나)는 X의 원자가 전자 배열과 Y의 에너지띠 구조를 각각 나타낸 것이다. 순방향 전압이 걸린다.

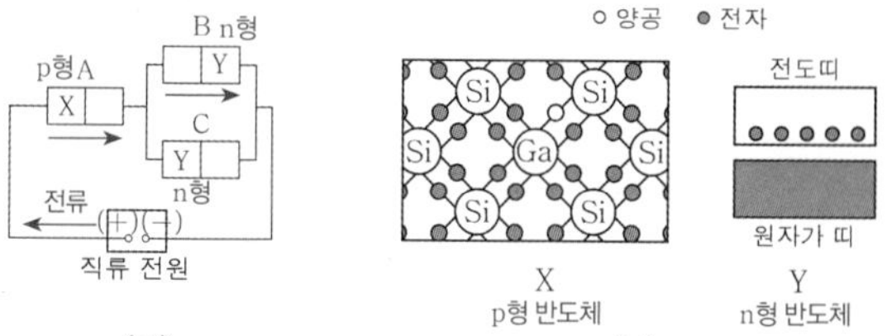

(가) (나)

이에 대한 설명으로 옳은 것은?

① X는 ~~n형~~ 반도체이다. p형
② A에는 ~~역방향~~ 전압이 걸려 있다. 순방향
③ A의 X는 직류 전원의 (+)극에 연결되어 있다.
④ C의 p−n 접합면에서 양공과 전자가 ~~결합한다~~. 멀어진다.
⑤ Y에서는 주로 ~~원자가~~ 띠에 있는 전자에 의해 전류가 흐른다. 전도

✓ 자료 해석

• (나)에서 X는 규소(Si)에 원자가 전자가 3개인 갈륨(Ga)을 첨가한 반도체로 전자의 빈자리인 양공이 전하를 운반하는 역할을 한다. → X는 p형 반도체이므로 Y는 n형 반도체이다.
• (가)에서 B에는 전류가 흐르므로 A, B에는 순방향 전압이 걸리고, C에는 역방향 전압이 걸린다.

○ 보기풀이 ③ X는 p형 반도체이므로 p형 반도체에 전원의 (+)극을 연결해야 순방향 전압이 걸려 전류가 흐른다. A에는 전류가 흐르고 있으므로 A의 X는 직류 전원의 (+)극에 연결되어 있다.

× 매력적 오답 ① X는 양공이 전하를 운반하는 역할을 하는 p형 반도체이다.
② A에는 순방향 전압이 걸려 있다.
④ C에는 역방향 전압이 걸려 있으므로 양공과 전자가 p−n 접합면으로부터 멀어진다.
⑤ Y는 n형 반도체이고, n형 반도체에서는 전도띠에 있는 전자에 의해 전류가 흐른다.

문제풀이 Tip
반도체의 원자 구조를 통해 p형 반도체와 n형 반도체를 구분할 수 있어야 한다. p형 반도체는 원자가 전자가 3개인 전자를 도핑하여 양공이 생기고, n형 반도체는 원자가 전자가 5개인 전자를 도핑하여 남는 전자가 생긴다.

선택지 비율	① 9%	② 1%	❸ 78%	④ 5%	⑤ 6%

15 에너지띠와 반도체

2021년 10월 교육청 5번 | 정답 ③ | 문제편 62p

출제 의도 전기 전도도와 p-n 접합 다이오드에 대한 이해를 묻는 문항이다.

다음은 고체의 전기적 특성을 알아보기 위한 실험이다.

[실험 과정]

(가) 고체 막대 A와 B를 각각 연결할 수 있는 전기 회로를 구성한다. A, B는 도체와 절연체 중 하나이다.
전기 전도도는 도체가 절연체보다 크다.

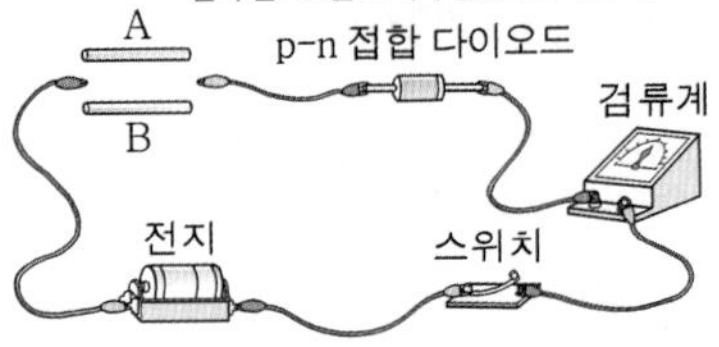

(나) 두 집게를 A의 양 끝 또는 B의 양 끝에 연결하고 스위치를 닫은 후 막대에 흐르는 전류의 유무를 관찰한다.

(다) (가)에서 ㉠ 의 양 끝에 연결된 집게를 서로 바꿔 연결한 후 (나)를 반복한다.

[실험 결과]
(나)에서 p-n 접합 다이오드에 순방향 전압이 걸리고, (다)에서 p-n 접합 다이오드에 역방향 전압이 걸린다.

구분	A 도체	B 절연체
(나)의 결과	○	×
(다)의 결과	×	㉡

(○ : 전류가 흐름, × : 전류가 흐르지 않음.)

이에 대한 옳은 설명만을 〈보기〉에서 있는 대로 고른 것은? [3점]

보기
ㄱ. 전기 전도도는 A가 B보다 크다.
ㄴ. 'p-n 접합 다이오드'는 ㉠으로 적절하다.
ㄷ. ㉡은 '~~○~~'이다. '×'이다.

① ㄱ　② ㄷ　③ ㄱ, ㄴ　④ ㄴ, ㄷ　⑤ ㄱ, ㄴ, ㄷ

✓ 자료 해석
- 전류가 흐르는 A는 도체, 전류가 흐르지 않는 B는 절연체이다.
- p-n 접합 다이오드에 순방향 전압이 걸리면 전류가 흐르고, 역방향 전압이 걸리면 전류가 흐르지 않는다.

○ 보기 풀이 ㄱ. (나)에서 A에만 전류가 흐르므로 전기 전도도는 A가 B보다 크고, p-n 접합 다이오드에 순방향 전압이 걸린다.
ㄴ. 다이오드에 역방향 전압이 걸리면 전류가 흐르지 않는다.

× 매력적 오답 ㄷ. B는 절연체이므로 ㉡은 '×'이다.

문제풀이 Tip
도체에는 전류가 흐르고, 절연체에는 전류가 흐르지 않으며, p-n 접합 다이오드에 순방향 전압이 걸릴 때에만 전류가 흐른다는 사실을 이해하고 있어야 한다.

선택지 비율	❶ 44%	② 9%	③ 26%	④ 13%	⑤ 8%

16 반도체

2021년 7월 교육청 12번 | 정답 ① | 문제편 62p

출제 의도 도핑에 따른 반도체의 구조와 다이오드의 특성에 대해 이해하고 있는지 묻는 문항이다.

그림 (가)의 X, Y는 저마늄(Ge)에 각각 인듐(In), 비소(As)를 도핑한 반도체를 나타낸 것이다. 그림 (나)는 직류 전원, 교류 전원, 전구, 스위치, X와 Y가 접합된 구조의 p−n 접합 다이오드를 이용하여 회로를 구성하고 스위치를 a에 연결하였더니 전구에서 빛이 방출되는 것을 나타낸 것이다. A와 B는 각각 X와 Y 중 하나이다.

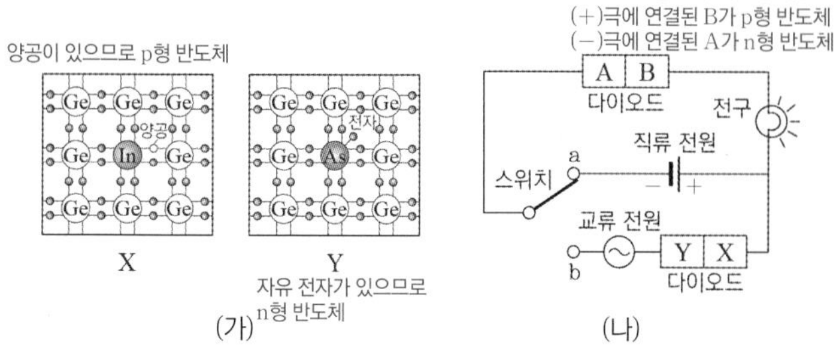

(가) (나)

이에 대한 설명으로 옳은 것만을 〈보기〉에서 있는 대로 고른 것은?

보기

ㄱ. A는 Y이다.

ㄴ. 스위치를 a에 연결했을 때, B에서 p−n 접합면 쪽으로 이동하는 것은 ~~전자~~이다. 양공

ㄷ. 스위치를 b에 연결하면 전구에서는 빛이 ~~방출된다~~. 방출되지 않는다.

① ㄱ ② ㄴ ③ ㄱ, ㄷ ④ ㄴ, ㄷ ⑤ ㄱ, ㄴ, ㄷ

✓ 자료 해석

- 도핑 후에 양공이 생기면 p형 반도체, 자유 전자가 생기면 n형 반도체이다.
- p형 반도체에 (+)극이, n형 반도체에 (−)극이 연결될 경우 p−n 접합 다이오드에 전류가 흐른다.

O 보기풀이 X는 양공이 있으므로 p형 반도체, Y는 자유 전자가 있으므로 n형 반도체이다.

ㄱ. 스위치를 a에 연결했을 때, 다이오드에 순방향 전압이 걸렸으므로 A는 n형 반도체, B는 p형 반도체이다. 즉, A는 Y, B는 X이다.

× 매력적 오답 ㄴ. 다이오드에 순방향 전압이 걸리면, p형 반도체에서 양공이 p−n 접합면 쪽으로 이동한다. 즉, B에서 양공이 p−n 접합면 쪽으로 이동한다.

ㄷ. 스위치를 b에 연결하면 두 다이오드에 번갈아 가며 역방향 전압이 걸리므로 전구에서는 빛이 방출되지 않는다.

문제풀이 Tip

- 도핑 후 양공이 생기는지, 자유 전자가 생기는지 여부를 활용하여 p형, n형 반도체로 구분할 수 있어야 한다.
- 직류 전원을 연결하였을 때, p−n 접합 다이오드에 전류가 흐르는 경우 (+)극에 연결된 것이 p형 반도체, (−)극에 연결된 것이 n형 반도체임을 이해하고 있어야 한다.
- 반도체에 전압이 걸릴 경우, 양공은 (−)극 쪽으로, 자유 전자는 (+)극 쪽으로 이동한다는 것을 기억하고 있어야 한다.

선택지 비율	① 4%	② 3%	③ 9%	④ 3%	❺ 81%

17 에너지띠

2021년 4월 교육청 5번 | 정답 ⑤ | 문제편 62p

출제 의도 고체의 에너지띠 구조와 전기 전도도에 대해 이해하고 있는지 묻는 문항이다.

표는 고체 A, B의 에너지띠 구조와 전기 전도도를 나타낸 것이다. A, B는 반도체, 절연체를 순서 없이 나타낸 것이다.

고체 물질의 원자가 띠와 전도띠 사이의 띠 간격은 절연체 > 반도체 > 도체 순으로 크다.

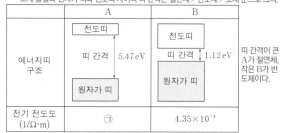

	A	B
에너지띠 구조	전도띠 / 띠 간격 5.47 eV / 원자가 띠	전도띠 / 띠 간격 1.12 eV / 원자가 띠
전기 전도도 (1/Ω·m)	㉠	4.35×10^{-4}

띠 간격이 큰 A가 절연체, 작은 B가 반도체이다.

전기 전도도는 반도체 > 절연체이므로, ㉠ < 4.35×10^{-4}이다.

이에 대한 설명으로 옳은 것만을 〈보기〉에서 있는 대로 고른 것은?

보기

ㄱ. A는 절연체이다.

ㄴ. B에서 원자가 띠에 있던 전자가 전도띠로 전이할 때, 전자는 1.12 eV 이상의 에너지를 흡수한다.

ㄷ. ㉠은 4.35×10^{-4}보다 작다.

① ㄱ ② ㄷ ③ ㄱ, ㄴ ④ ㄴ, ㄷ ⑤ ㄱ, ㄴ, ㄷ

✓ 자료 해석

- 원자가 띠와 전도띠 사이의 띠 간격이 큰 것이 절연체이고, 작은 것이 반도체이다.
- 반도체의 전기 전도도가 절연체의 전기 전도도보다 크다.

O 보기풀이 ㄱ. 원자가 띠와 전도띠 사이의 띠 간격이 A가 B보다 크므로 A는 절연체, B는 반도체이다.

ㄴ. 원자가 띠의 전자가 전도띠로 전이하려면 띠 간격 이상의 에너지를 흡수해야 한다.

ㄷ. 띠 간격이 작을수록 전기 전도도가 크다. 따라서 ㉠은 4.35×10^{-4}보다 작다.

문제풀이 Tip

- 에너지띠 간격 : 절연체 > 반도체 > 도체
- 전기 전도도 : 도체 > 반도체 > 절연체

Part I 교육청

선택지 비율	① 7%	② 4%	❸ 74%	④ 6%	⑤ 10%

18 에너지띠

2021년 3월 교육청 12번 | 정답 ③ | 문제편 63p

출제 의도 p형, n형 반도체의 에너지띠 구조와 p−n 접합 다이오드에 대해 이해하고 있는지 묻는 문항이다.

그림 (가)는 직류 전원 장치, 저항, p−n 접합 다이오드, 스위치 S로 구성한 회로를, (나)는 (가)의 다이오드를 구성하는 반도체 X와 Y의 에너지띠 구조를 나타낸 것이다.

p형 반도체 : 원자가 띠에 양공이 많음 → X
n형 반도체 : 전도띠에 전자가 많음 → Y

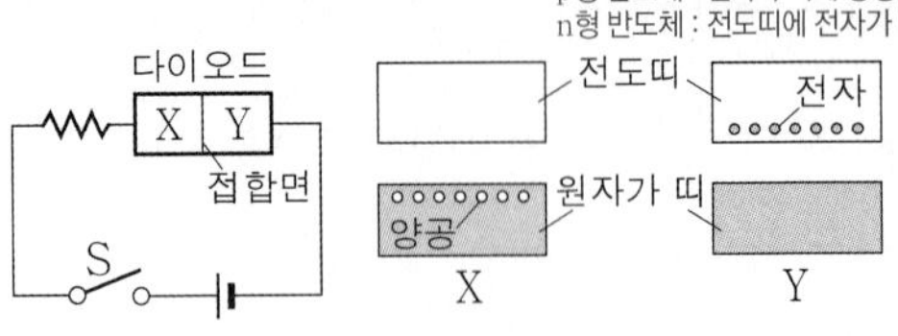

(가) (나)

이에 대한 옳은 설명만을 〈보기〉에서 있는 대로 고른 것은? [3점]

보기
ㄱ. X는 p형 반도체이다.
ㄴ. S를 닫으면 저항에 전류가 흐른다.
ㄷ. S를 닫으면 Y의 전자는 p−n 접합면~~에서 멀어진다~~. (쪽으로 이동한다.)

① ㄱ ② ㄷ ③ ㄱ, ㄴ ④ ㄴ, ㄷ ⑤ ㄱ, ㄴ, ㄷ

✓ 자료 해석
- 원자가 띠에 양공이 많으면 p형 반도체, 전도띠에 전자가 많으면 n형 반도체이다.
- p형 반도체에 (+)극이, n형 반도체에 (−)극이 연결되었을 때, p−n 접합 다이오드에 전류가 흐른다.

○ 보기풀이 ㄱ. 원자가 띠에 양공이 많은 X가 p형 반도체이다.
ㄴ. S를 닫으면 전원 장치의 (+)극에 p형 반도체가, (−)극에 n형 반도체가 연결되어 다이오드에 순방향 전압이 걸린다. 따라서 저항에 전류가 흐른다.

× 매력적 오답 ㄷ. 순방향 전압이 걸리면, n형 반도체의 전자는 p−n 접합면 쪽으로 이동한다.

문제풀이 Tip
- 에너지띠에서 양공과 전자의 분포로부터 p형, n형 반도체를 구분할 수 있어야 한다.
- 순방향 또는 역방향 연결인지를 판단하여 p−n 접합 다이오드에 전류가 흐르는지를 판단할 수 있어야 한다.

선택지 비율	❶ 88%	② 1%	③ 4%	④ 3%	⑤ 1%

19 p−n 접합 다이오드

2020년 10월 교육청 13번 | 정답 ① | 문제편 63p

출제 의도 p형, n형 반도체의 구조와 p−n 접합 다이오드의 특성을 묻는 문항이다.

그림과 같이 전지, 저항, 동일한 p−n 접합 다이오드 A, B로 구성한 회로에서 A에는 전류가 흐르고, B에는 전류가 흐르지 않는다. X, Y는 저마늄(Ge)에 원자가 전자가 각각 x개, y개인 원소를 도핑한 반도체이다.

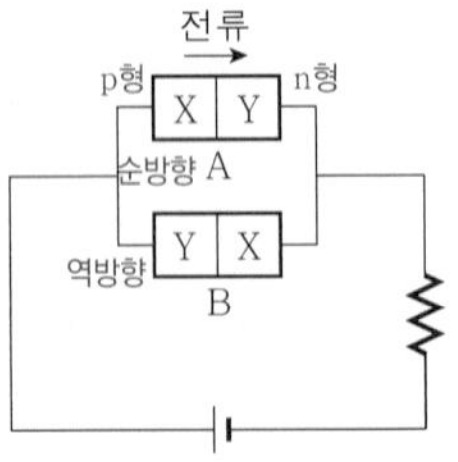

이에 대한 옳은 설명만을 〈보기〉에서 있는 대로 고른 것은? [3점]

보기
ㄱ. X는 ~~n형~~ (p형) 반도체이다.
ㄴ. $x<y$이다.
ㄷ. B에는 ~~순방향~~ (역방향)으로 전압이 걸린다.

① ㄴ ② ㄷ ③ ㄱ, ㄴ ④ ㄱ, ㄷ ⑤ ㄴ, ㄷ

✓ 자료 해석
- 회로에서 전류가 흐르는 다이오드 A는 순방향으로 연결되어 있다.
  - 전지의 (+)극에 연결된 X는 p형 반도체이고, (−)극에 연결된 Y는 n형 반도체이다.
- p형 반도체는 순수한 반도체에 원자가 전자가 3개인 원소를 도핑하여 주로 양공이 전하 운반자의 역할을 하고, n형 반도체는 순수한 반도체에 원자가 전자가 5개인 원소를 도핑하여 주로 전자가 전하 운반자의 역할을 한다.

○ 보기풀이 ㄴ. X는 p형 반도체이므로 원자가 전자가 3개인 원소를 도핑한 반도체이고, Y는 n형 반도체이므로 원자가 전자가 5개인 원소를 도핑한 반도체이다. 즉, $x=3$, $y=5$이다.

× 매력적 오답 ㄱ. 순방향으로 연결된 A의 X가 전지의 (+)극에 연결되어 있으므로 X는 p형 반도체이다.
ㄷ. B에는 역방향으로 전압이 걸려 전류가 흐르지 않는다.

문제풀이 Tip
p−n 접합 다이오드는 정류 작용을 한다는 것을 이해하고 있어야 한다.

선택지 비율	① 1%	❷ 94%	③ 1%	④ 2%	⑤ 0%

20 전기 전도성과 에너지띠

2020년 10월 교육청 4번 | 정답 ② | 문제편 63 p

출제 의도 물질의 전기 전도성을 고체의 에너지띠 구조와 관련지어 바르게 이해하고 있는지 알아보는 문항이다.

다음은 상온에서 실시한 고체의 전기 전도성에 대한 실험이다.

[실험 과정]

(가) 그림과 같이 동일한 모양의 나무 막대와 규소(Si) 막대를 준비하고 회로를 구성한다.

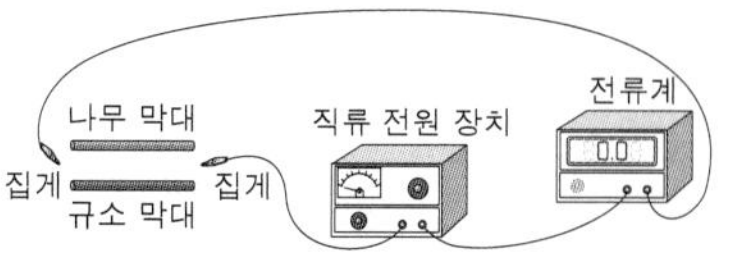

(나) 두 집게를 나무 막대의 양 끝 또는 규소 막대의 양 끝에 연결한 후, 전원의 전압을 증가시키면서 막대에 흐르는 전류를 측정한다.

[실험 결과]

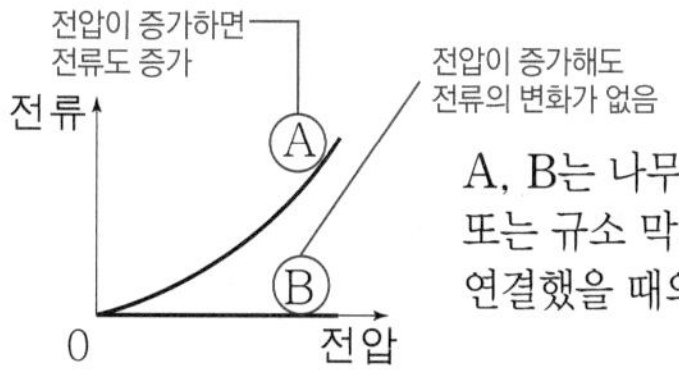

A, B는 나무 막대 또는 규소 막대에 연결했을 때의 결과임

이에 대한 옳은 설명만을 〈보기〉에서 있는 대로 고른 것은? [3점]

보기

ㄱ. 전기 전도성은 ~~나무가 규소보다 좋다.~~ 규소가 나무보다 좋다.

ㄴ. A는 규소 막대를 연결했을 때의 결과이다.

ㄷ. 상온에서 전도띠로 전이한 전자의 수는 나무 막대에서가 규소 막대에서보다 ~~크다.~~ 작다.

① ㄱ ② ㄴ ③ ㄱ, ㄷ ④ ㄴ, ㄷ ⑤ ㄱ, ㄴ, ㄷ

✓ 자료 해석

- 실험 결과 그래프에서 전원의 전압을 증가시키면 A에 흐르는 전류는 증가하는 반면, B에는 전류가 흐르지 않는다.
  - A는 반도체 물질인 규소, B는 절연체 물질인 나무에 해당한다.
- 전자들이 원자가 띠에서 전자가 비어 있는 에너지 준위를 가지는 전도띠로 이동해야 전류가 흐른다.
  - 상온에서 전도띠로 이동한 전자 수가 많을수록 전기 전도성이 좋다.

O 보기풀이 ㄴ. A는 반도체 물질인 규소 막대, B는 절연체 물질인 나무 막대를 연결했을 때의 결과이다.

× 매력적 오답 ㄱ. 전기 전도성은 반도체 물질인 규소가 절연체 물질인 나무보다 좋다.

ㄷ. 상온에서 원자가 띠에서 전도띠로 전이한 자유 전자의 수는 반도체 물질인 규소 막대에서가 절연체 물질인 나무 막대에서보다 크다.

문제풀이 Tip

고체의 에너지 띠 구조와 띠 간격, 자유 전자의 수와 전지 전도성을 모두 연결지어 이해하고 있어야 한다.

선택지 비율	① 2%	❷ 58%	③ 3%	④ 27%	⑤ 8%

21 에너지띠와 전기 전도성

2020년 7월 교육청 12번 | 정답 ② | 문제편 63 p

출제 의도 고체의 에너지띠 구조와 전기 전도성의 관계를 묻는 문항이다.

그림은 온도 T_0에서 반도체 A의 에너지띠 구조를 나타낸 것이다.
이에 대한 설명으로 옳은 것만을 〈보기〉에서 있는 대로 고른 것은?

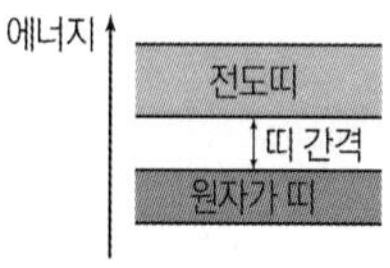

보기

ㄱ. 원자가 띠에 있는 전자의 에너지 준위는 ~~모두 같다.~~ 서로 미세한 차이가 난다.

ㄴ. 원자가 띠의 전자가 전도띠로 전이할 때 띠 간격에 해당하는 에너지를 ~~방출한다.~~ 흡수한다.

ㄷ. 도체는 A보다 전기 전도성이 좋다.

① ㄱ ② ㄷ ③ ㄱ, ㄴ ④ ㄴ, ㄷ ⑤ ㄱ, ㄴ, ㄷ

✓ 자료 해석

- 반도체는 원자가 띠와 전도띠 사이의 띠 간격이 비교적 작아 전도띠에 분포하는 전자가 일정량의 에너지를 흡수하면 전도띠로 이동할 수 있다.
- 전기 전도성은 물질이 전기가 잘 통하는 정도를 의미한다.
  → 고체의 전기도성을 비교하면 도체 > 반도체 > 절연체 순이다.

O 보기풀이 ㄷ. 도체는 반도체 A보다 전기 전도성이 좋다.

× 매력적 오답 ㄱ. 에너지 띠는 여러 개의 준위가 겹쳐져 있으므로 원자가 띠에 있는 전자의 에너지 준위는 모두 같지 않다.

ㄴ. 원자가 띠의 전자가 전도띠로 전이할 때 띠 간격에 해당하는 에너지를 흡수한다.

문제풀이 Tip

파울리 배타 원리에 의해 많은 개수의 고체 원자들은 각각의 에너지 준위에 미세한 차이를 가지면서 띠를 형성하여 존재한다는 것을 이해하고 있어야 한다.

선택지 비율	① 6%	❷ 45%	③ 35%	④ 6%	⑤ 5%

22 다이오드

2020년 7월 교육청 15번 | 정답 ② | 문제편 64p

출제 의도 p형 반도체와 n형 반도체의 구조와 p−n 접합 다이오드에서 전류가 흐르는 원리를 묻는 문항이다.

그림 (가)는 규소(Si)에 비소(As)를 첨가한 반도체 X와 규소(Si)에 붕소(B)를 첨가한 반도체 Y의 원자가 전자 배열을 나타낸 것이다. 그림 (나)와 같이 (가)의 X, Y를 이용하여 만든 다이오드에 저항과 전류계를 연결하고 광 다이오드에만 빛을 비추었더니 저항에 전류가 흘렀다.

(비소: 원자가 전자 5개, 붕소: 원자가 전자 3개)

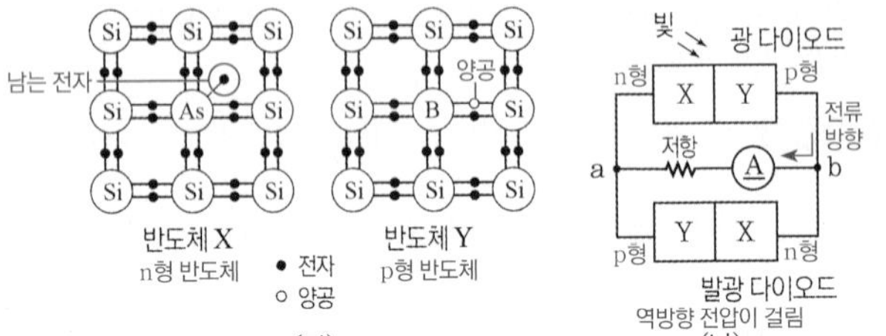

(가) (나)

이에 대한 설명으로 옳은 것만을 〈보기〉에서 있는 대로 고른 것은? [3점]

보기

ㄱ. 전류의 방향은 ~~a → 저항 → b~~이다. b → 저항 → a

ㄴ. 발광 다이오드에서 빛이 ~~방출된다~~. 방출되지 않는다.

ㄷ. 발광 다이오드의 전자와 양공은 접합면에서 서로 멀어진다.

① ㄱ ② ㄷ ③ ㄱ, ㄴ ④ ㄴ, ㄷ ⑤ ㄱ, ㄴ, ㄷ

✓ 자료 해석

- 순수한 반도체인 규소(Si)에 원자가 전가가 5개인 비소(As)를 첨가한 반도체 X에서는 결합하지 않은 잉여 전자가 전하를 운반하는 역할을 한다. → X는 n형 반도체이다.
- 순수한 반도체인 규소(Si)에 원자가 전자가 3개인 붕소(B)를 첨가한 반도체 Y에서는 전자의 빈자리인 양공이 전하를 운반하는 역할을 한다. → Y는 p형 반도체이다.
- 광 다이오드는 빛을 비출 때 회로에 전류가 흐르게 하는 장치로, (+)극에서 (−)극으로만 전류가 흐르게 한다.
- 발광 다이오드는 순방향의 전압이 걸릴 때 전류가 흘러 전자와 양공이 결합하면서 띠 간격에 해당하는 에너지가 빛으로 방출되는 다이오드이다.

○ 보기풀이 ㄷ. 발광 다이오드에서 n형 반도체인 X가 (+)극에, p형 반도체인 Y가 (−)극에 연결되어 있으므로 전자와 양공은 접합면에서 서로 멀어진다.

× 매력적 오답 ㄱ. 광 다이오드에 빛을 비추면 n형 반도체인 X는 (−)극, p형 반도체인 Y는 (+)극이 된다. 따라서 전류의 방향은 b → 저항 → a이다.

ㄴ. 발광 다이오드에는 역방향 전압이 걸리므로 빛이 방출되지 않는다.

문제풀이 Tip

불순물 반도체의 특징을 정확히 이해하고, 광 다이오드와 발광 다이오드가 회로에서 어떻게 작동하는지도 알아 둔다.

선택지 비율	① 3%	② 3%	❸ 81%	④ 6%	⑤ 5%

23 다이오드

2020년 4월 교육청 10번 | 정답 ③ | 문제편 64p

출제 의도 불순물 반도체의 특징과 발광 다이오드의 원리를 함께 물어보는 기본적인 문항이다.

그림 (가)와 같이 전원 장치, 저항, p−n 접합 발광 다이오드(LED)를 연결했더니 LED에서 빛이 방출되었다. X, Y는 각각 p형 반도체, n형 반도체 중 하나이다. 그림 (나)는 (가)의 X를 구성하는 원소와 원자가 전자의 배열을 나타낸 것이다.

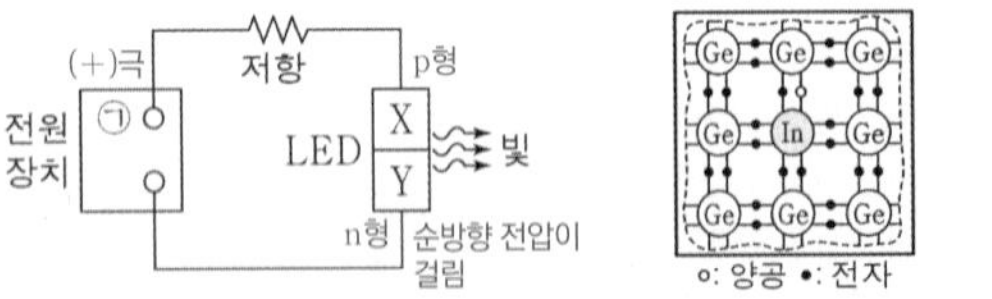

(가) (나) : p형 반도체

이에 대한 설명으로 옳은 것만을 〈보기〉에서 있는 대로 고른 것은?

보기

ㄱ. X는 p형 반도체이다.

ㄴ. (가)의 LED에서 n형 반도체에 있는 전자는 p−n 접합면 쪽으로 이동한다.

ㄷ. 전원 장치의 단자 ㉠은 (−)극이다. (+)극

① ㄱ ② ㄷ ③ ㄱ, ㄴ ④ ㄴ, ㄷ ⑤ ㄱ, ㄴ, ㄷ

✓ 자료 해석

- X는 전자의 빈 공간(양공)이 전하 운반자가 되어 전류가 흐르는 p형 반도체이고, Y는 과잉 전자가 전하 운반자가 되어 전류가 흐르는 n형 반도체이다.
- 순방향 전압일 때 LED에 전류가 흐르므로 p형 반도체인 X가 연결된 전원 장치의 ㉠ 단자는 (+)극이다.
- 다이오드에 순방향 전압이 걸려 전류가 흐를 때 n형 반도체의 전자와 p형 반도체의 양공이 접합면 쪽으로 이동하여 결합한다.

○ 보기풀이 ㄱ. X는 저마늄(Ge)에 원자가 전자가 3개인 불순물 인듐(In)을 첨가하였으므로 p형 반도체이다.

ㄴ. LED에 순방향 전압이 걸리므로 n형 반도체에 있는 전자는 p−n 접합면 쪽으로 이동한다.

× 매력적 오답 ㄷ. LED에 순방향 전압이 걸리므로 p형 반도체와 연결된 전원 장치의 단자 ㉠은 (+)극이다.

문제풀이 Tip

p형 반도체와 n형 반도체의 구조와 특징 및 p−n 접합 다이오드의 원리를 이해하고 있어야 한다.

선택지 비율	① 3%	② 3%	③ 4%	④ 4%	⑤ 84%

24 에너지띠와 전기 전도성

2020년 3월 교육청 9번 | 정답 ⑤ | 문제편 64 p

출제 의도 간단한 전기 회로 실험 결과에서 고체의 전기 전도성을 유추하고 에너지띠 구조와 연결짓는 문항이다.

다음은 고체의 전기 전도성에 대한 실험이다.

[실험 과정]
(가) 도체 또는 절연체인 고체 A, B를 준비한다.
(나) 그림과 같이 A를 이용하여 실험 장치를 구성한다.

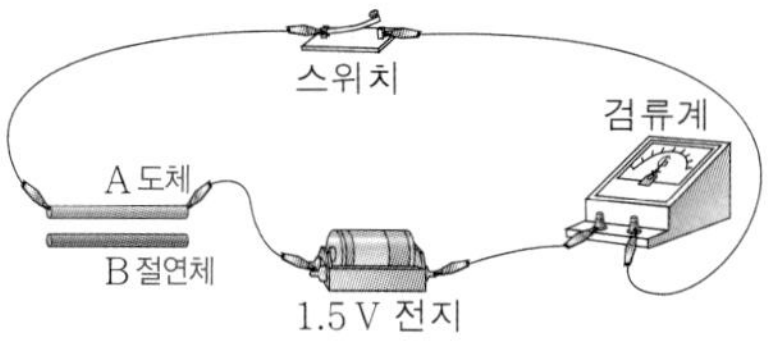

(다) 스위치를 닫아 검류계에 흐르는 전류를 측정한다.
(라) A를 B로 바꾸어 과정 (다)를 반복한다.

[실험 결과]
• (다)에서는 전류가 흐르고, (라)에서는 전류가 흐르지 않는다.
A 연결－도체　B 연결－절연체

이에 대한 옳은 설명만을 〈보기〉에서 있는 대로 고른 것은?

보기
ㄱ. A는 도체이다.
ㄴ. 전기 전도성은 A가 B보다 좋다. (도체>절연체)
ㄷ. B는 반도체에 비해 원자가 띠와 전도띠 사이의 띠 간격이 크다. 전자가 이동하기 어려워 전류가 흐르지 않는다.

① ㄱ　② ㄷ　③ ㄱ, ㄴ　④ ㄴ, ㄷ　⑤ ㄱ, ㄴ, ㄷ

✔ 자료 해석

• 검류계는 전기 회로에 연결하여 전류가 흐르는지 여부를 알아보는 실험 기구이다.
• 회로에 연결할 때 전류가 흐르는 A는 도체이고, 전류가 흐르지 않는 B는 절연체이다.
• 고체의 띠 간격이 클수록 원자가 띠의 전자가 전도띠로 전이하기 어려우므로 전기 전도성이 작아진다.
→ 고체의 띠 간격 크기를 비교하면 도체<반도체<절연체이고, 전기 전도성을 비교하면 도체>반도체>절연체이다.

○ 보기풀이 ㄱ. A를 연결하면 전류가 흐르고, B를 연결하면 전류가 흐르지 않으므로 A는 도체, B는 절연체이다.
ㄴ. 도체인 A가 절연체인 B보다 전기 전도성이 좋다.
ㄷ. 고체의 띠 간격을 비교하면 도체<반도체<절연체이므로, 절연체가 반도체보다 띠 간격이 크다.

문제풀이 Tip
전류가 흐르는 유무에 따라 도체와 절연체로 구분하고, 각 고체에서 원자가 띠와 전도띠 사이의 에너지 관계를 파악할 수 있어야 한다.

04 전자기 유도

선택지 비율	① 3%	❷ 77%	③ 8%	④ 4%	⑤ 8%

1 전자기 유도의 이해

2024년 10월 교육청 13번 | 정답 ② | 문제편 68p

출제 의도 직선 전류에 의한 자기장을 알고, 유도 전류의 방향으로부터 금속 고리를 통과하는 자기장의 변화를 찾을 수 있는지 확인하는 문항이다.

그림과 같이 세기와 방향이 일정한 전류가 흐르는 무한히 긴 직선 도선 A, B를 각각 x축, y축에 고정하고, xy평면에 금속 고리를 놓았다. 표는 금속 고리가 움직이기 시작하는 순간, 금속 고리의 운동 방향에 따라 금속 고리에 흐르는 유도 전류의 방향을 나타낸 것이다.

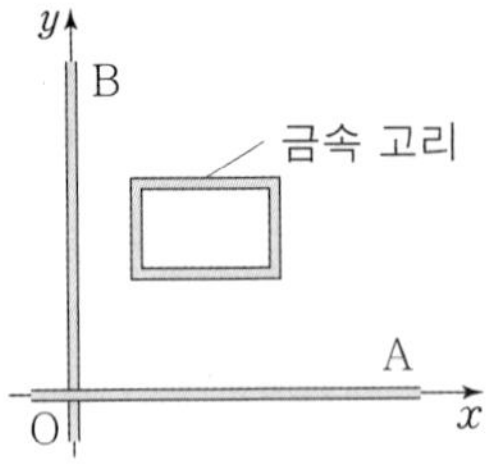

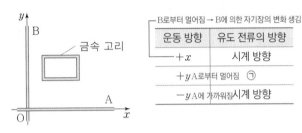

B로부터 멀어짐 → B에 의한 자기장의 변화 생김

운동 방향	유도 전류의 방향
$+x$	시계 방향
$+y$ A로부터 멀어짐	㉠
$-y$ A에 가까워짐	시계 방향

이에 대한 옳은 설명만을 〈보기〉에서 있는 대로 고른 것은?

보기
ㄱ. ㉠은 ~~시계~~ 방향이다. 시계 반대
ㄴ. A에 흐르는 전류의 방향은 $+x$방향이다.
ㄷ. $x>0$인 xy평면상에서 B의 전류에 의한 자기장의 방향은 xy평면에서 수직으로 ~~나오는~~ 들어가는 방향이다.

① ㄱ ② ㄴ ③ ㄷ ④ ㄱ, ㄴ ⑤ ㄴ, ㄷ

✓ 자료 해석

- 금속 고리가 $+x$방향으로 움직인다. → A에 의한 자기장은 변하지 않고 B에 의한 자기장이 약해진다. → xy평면에 수직으로 들어가는 방향의 자기 선속을 증가시키도록 유도 전류가 시계 방향으로 흐른다.
- 금속 고리가 $-y$방향으로 움직인다. → B에 의한 자기장은 변하지 않고 A에 의한 자기장이 세진다. → xy평면에서 수직으로 나오는 방향의 자기 선속을 감소시키도록 유도 전류가 시계 방향으로 흐른다.

O 보기 풀이 ㄴ. 금속 고리가 $-y$방향으로 운동할 때 A에 가까워지므로 A에 의한 자기장이 세지고, 이 변화를 방해하기 위해 시계 방향으로 유도 전류가 흐른다. 따라서 금속 고리에서 A에 의한 자기장의 방향은 xy평면에서 수직으로 나오는 방향이므로 A에 흐르는 전류는 $+x$방향이다.

X 매력적 오답 ㄱ. 금속 고리가 $+y$방향으로 운동할 때는 A에서 멀어지므로 금속 고리를 xy평면에서 수직으로 나오는 방향의 자기장이 감소한다. 따라서 xy평면에서 수직으로 나오는 방향의 자기장이 만들어지도록 금속 고리에는 시계 반대 방향으로 유도 전류가 흐른다.

ㄷ. 금속 고리가 $+x$방향으로 운동할 때 B에서 멀어지므로 B에 의한 자기장이 약해지고, 이 변화를 방해하기 위해 시계 방향으로 유도 전류가 흐른다. 따라서 금속 고리에서 B에 의한 자기장의 방향은 xy평면에 수직으로 들어가는 방향이므로 B에 흐르는 전류는 $+y$방향이다. 그러므로 B의 전류에 의한 자기장은 $x>0$인 xy평면상에서 xy평면에 수직으로 들어가는 방향이다.

문제풀이 Tip

금속 고리의 운동 방향에 따라 금속 고리를 통과하는 자기장에 어떤 변화가 있는지 판단할 수 있어야 한다. 또한 유도 전류의 방향으로부터 금속 고리에 만들어지는 유도 자기장을 찾고, 유도 자기장의 방향으로부터 직선 전류에 흐르는 자기장의 방향을 찾을 수 있어야 한다.

선택지 비율	① 2%	② 2%	③ 16%	④ 3%	❺ 77%

2 물질의 자성과 전자기 유도

2024년 10월 교육청 5번 | 정답 ⑤ | 문제편 68p

출제 의도 물질의 자성, LED의 특징, 전자기 유도가 발생하는 조건을 알고, 연계 내용을 각각 적용할 수 있는지 확인하는 문항이다.

그림 (가)는 자기화되지 않은 자성체를 자석에 가까이 놓아 자기화시키는 모습을 나타낸 것이다. 그림 (나)는 (가)에서 자석을 치운 후 p−n 접합 발광 다이오드[LED]가 연결된 코일에 자성체의 A 부분을 가까이 했을 때 LED에 불이 켜지는 모습을 나타낸 것이다. X는 p형 반도체와 n형 반도체 중 하나이다.

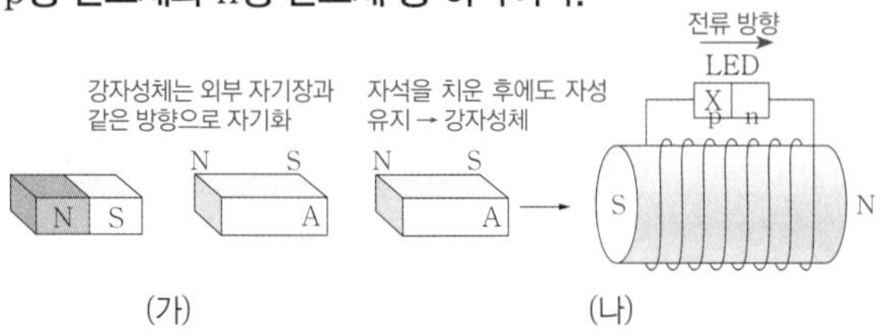

이에 대한 옳은 설명만을 〈보기〉에서 있는 대로 고른 것은?

보기
ㄱ. (가)에서 자성체와 자석 사이에는 서로 당기는 자기력이 작용한다.
ㄴ. (가)에서 자성체는 외부 자기장과 같은 방향으로 자기화된다.
ㄷ. (나)에서 X는 p형 반도체이다.

① ㄱ ② ㄷ ③ ㄱ, ㄴ ④ ㄴ, ㄷ ⑤ ㄱ, ㄴ, ㄷ

✓ 자료 해석

- (나)에서 자석을 치운 후에도 자성체가 자성을 유지하므로 강자성체이다.
  → 강자성체는 외부 자기장과 같은 방향으로 자기화된다.
  → 자성체의 A 부분은 S극을 띤다.
- 자성체의 S극을 코일에 접근시키면 코일 내부를 통과하는 자기 선속의 증가를 방해하는 방향으로 유도 전류가 흐른다.
  → 코일의 왼쪽에 S극, 오른쪽에 N극이 유도되어 LED에 전류가 오른쪽으로 흐를 때 LED에 불이 켜졌다.

○ 보기풀이 ㄱ, ㄴ. 자성체는 강자성체로, 외부 자기장과 같은 방향으로 자기화되므로 자성체와 자석 사이에는 서로 당기는 자기력이 작용한다.
ㄷ. (나)에서 코일의 왼쪽이 S극, 오른쪽이 N극이 되도록 유도 전류가 흐르고, 이때 LED에 불이 켜지므로 순방향 전압이 걸린다. LED에 순방향 전압이 걸릴 때 LED 내부에서는 p형 반도체에서 n형 반도체 쪽으로 전류가 흐르므로 X는 p형 반도체이다.

문제풀이 Tip
자성체, 다이오드의 성질, 전자기 유도를 묻는 통합형 문항이다. 연계 내용을 함께 대비할 수 있어야 한다.

선택지 비율	① 2%	② 3%	❸ 73%	④ 8%	⑤ 14%

3 전자기 유도

2024년 7월 교육청 9번 | 정답 ③ | 문제편 68p

출제 의도 전자기 유도 현상을 이해하여 유도 전류의 방향으로부터 자기 선속의 변화를 설명할 수 있는지 확인하는 문항이다.

그림과 같이 xy평면에 일정한 전류가 흐르는 무한히 긴 직선 도선 A가 $x=-3d$에 고정되어 있고, 원형 도선 B는 중심이 원점 O가 되도록 놓여있다. 표는 B가 움직이기 시작하는 순간, B의 운동 방향에 따라 B에 흐르는 유도 전류의 방향을 나타낸 것이다.

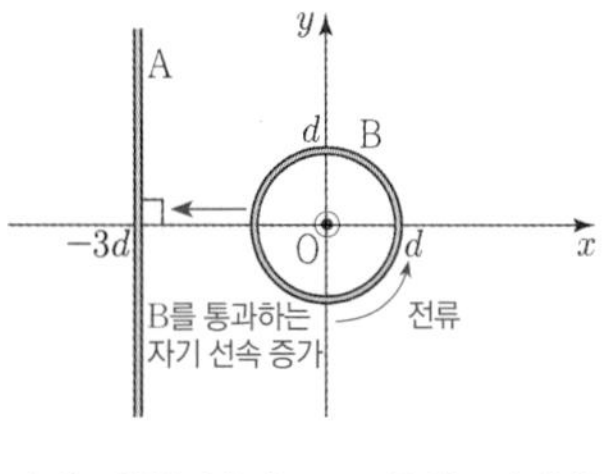

B의 운동 방향	B에 흐르는 유도 전류의 방향
$+x$	㉠ 시계 방향
$-x$	시계 반대 방향

이에 대한 설명으로 옳은 것만을 〈보기〉에서 있는 대로 고른 것은? [3점]

보기
ㄱ. A에 흐르는 전류의 방향은 $+y$방향이다.
ㄴ. ㉠은 '시계 방향'이다.
ㄷ. B의 운동 방향이 $+y$방향일 때, B에는 일정한 세기의 유도 전류가 ~~흐른다~~. 흐르지 않는다.

① ㄱ ② ㄷ ③ ㄱ, ㄴ ④ ㄴ, ㄷ ⑤ ㄱ, ㄴ, ㄷ

✓ 자료 해석

- B가 $-x$방향으로 운동할 때 시계 반대 방향으로 유도 전류가 흐른다.
  → 유도 전류는 자기 선속의 변화를 방해하는 방향으로 흐르므로 B를 수직으로 들어가는 방향으로 통과하는 자속이 증가하거나 B에서 수직으로 나오는 자기 선속이 감소해야 한다.
  → B가 A에 가까워질수록 B를 통과하는 자기 선속이 증가하므로 B에서 A에 의한 자기장의 방향은 xy평면에 수직으로 들어가는 방향이다.

○ 보기풀이 ㄱ. B가 $-x$방향으로 운동할 때, 시계 반대 방향으로 유도 전류가 흐르므로 B가 만드는 유도 자기장의 방향은 xy평면에서 수직으로 나오는 방향이다. 따라서 A에 의한 자기장의 방향은 xy평면에 수직으로 들어가는 방향이므로 A에 흐르는 전류의 방향은 $+y$방향이다.
ㄴ. B가 $+x$방향으로 운동하면 B를 수직으로 들어가는 방향으로 통과하는 자기 선속이 감소하므로 이를 방해하기 위해 B에는 시계 방향으로 유도 전류가 흐른다.

× 매력적 오답 ㄷ. 직선 전류 A에 의한 자기장의 세기는 도선으로부터의 거리가 가까울수록 세다. 그런데 B가 $+y$방향으로 운동할 때는 A와의 거리가 일정하므로 B를 통과하는 자기 선속이 변하지 않는다. 따라서 B에는 유도 전류가 흐르지 않는다.

문제풀이 Tip
유도 전류의 방향으로부터 자기 선속의 변화를 유추할 수 있어야 한다. 유도 전류는 자기장의 변화를 방해하는 방향으로 흐르므로, 전류가 만드는 자기장은 유도 자기장의 방향과 반대임을 유의해야 한다.

선택지 비율	① 8%	② 13%	❸ 53%	④ 11%	⑤ 16%

4 금속 고리의 운동과 전자기 유도

2024년 5월 교육청 18번 | 정답 ③ | 문제편 68 p

출제 의도 금속 고리가 세기가 다른 자기장 영역을 통과하는 동안 위치에 따른 유도 전류의 방향을 통해 자기장의 변화를 추론할 수 있는지 확인하는 문항이다.

그림과 같이 한 변의 길이가 $6d$인 직사각형 금속 고리가 xy평면에서 균일한 자기장 영역 Ⅰ, Ⅱ, Ⅲ을 $+x$방향으로 등속도 운동하며 지난다. Ⅰ, Ⅱ, Ⅲ에서 자기장의 세기는 일정하고, Ⅰ에서 자기장의 방향은 xy평면에 수직이다. 금속 고리의 점 p가 $x=5d$를 지날 때와 $x=8d$를 지날 때 p에 흐르는 유도 전류의 세기와 방향은 같다.

자기 선속의 변화량이 같다.

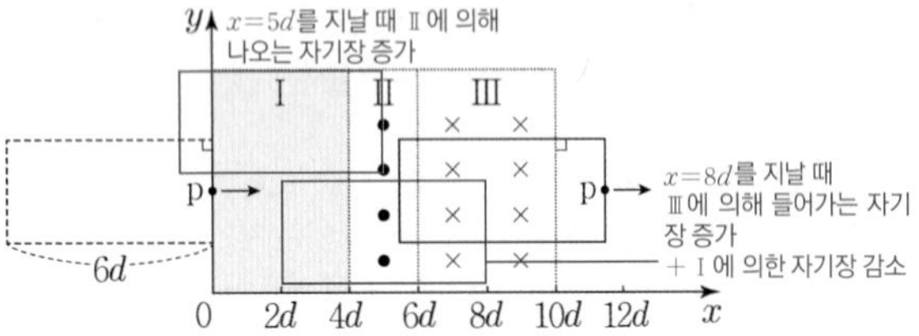

×: xy평면에 수직으로 들어가는 방향

●: xy평면에서 수직으로 나오는 방향

이에 대한 설명으로 옳은 것만을 〈보기〉에서 있는 대로 고른 것은? [3점]

보기

ㄱ. 자기장의 세기는 Ⅰ에서가 Ⅲ에서보다 크다.

ㄴ. Ⅰ에서 자기장의 방향은 xy평면에서 수직으로 ~~나오는~~ 방향이다. (들어가는)

ㄷ. p에 흐르는 유도 전류의 세기는 p가 $x=2d$를 지날 때가 $x=11d$를 지날 때보다 크다.

① ㄱ　② ㄴ　③ ㄱ, ㄷ　④ ㄴ, ㄷ　⑤ ㄱ, ㄴ, ㄷ

✔ 자료 해석

- p가 $x=5d$를 지날 때와 $x=8d$를 지날 때 p에 흐르는 유도 전류의 세기와 방향이 같으므로 단위 시간당 자기 선속 변화량이 같다.
  - → $x=5d$를 지날 때 Ⅱ에 의해 수직으로 나오는 방향의 자기 선속이 증가하므로 이를 방해하기 위해 금속 고리에는 수직으로 들어가는 방향의 자기 선속이 증가하도록 시계 방향으로 전류가 흐른다. 따라서 p에서 전류의 방향은 $-y$방향이다.
  - → $x=8d$를 지날 때에도 $-y$방향으로 유도 전류가 흐르려면 Ⅰ과 Ⅲ에 의해 수직으로 나오는 방향의 자기 선속이 증가하거나 수직으로 들어가는 방향의 자기 선속이 감소해야 한다. 그런데, Ⅲ에 의해 수직으로 들어가는 방향의 자기 선속이 증가하고 있으므로 Ⅰ에 의해 수직으로 들어가는 방향이 자기 선속이 더 크게 감소해야 한다.

O 보기 풀이 ㄱ. p가 $x=5d$를 지날 때는 Ⅱ에 의해 $-y$방향으로 유도 전류가 흐른다. p가 $x=8d$를 지날 때도 Ⅰ과 Ⅲ에 의해 $-y$방향으로 유도 전류가 흐르려면 Ⅰ에서 자기장의 세기는 Ⅲ에서 자기장의 세기보다 크고, 자기장의 방향은 xy평면에 수직으로 들어가는 방향이어야 한다.

ㄷ. p가 $x=5d$를 지날 때와 $x=8d$를 지날 때 유도 전류의 세기가 같으므로 단위 시간당 자기 선속의 변화량이 같다. 따라서 Ⅱ에 의한 자기 선속의 변화량이 Ⅰ과 Ⅲ에 의한 자기 선속의 변화량과 같으려면 자기장의 세기는 Ⅰ에서가 Ⅱ에서보다 크다. 따라서 $x=2d$를 지날 때는 Ⅰ에 의해 수직으로 들어가는 자기 선속이 증가하고, $x=11d$를 지날 때는 Ⅱ에 의해 수직으로 나오는 자기 선속이 감소하는데 자기 선속의 변화량은 Ⅰ에서가 더 크므로 유도 전류의 세기도 p가 $x=2d$를 지날 때가 $x=11d$를 지날 때보다 크다.

× 매력적 오답 ㄴ. Ⅰ에서 자기장의 방향은 xy평면에 수직으로 들어가는 방향이다.

문제풀이 Tip

금속 고리가 자기장의 세기가 다른 영역을 통과하는 운동을 할 때에는 금속 고리의 앞과 뒤를 기준으로 앞쪽에서 증가하는 자기장과 뒤쪽에서 감소하는 자기장의 변화율을 파악해야 한다.

선택지 비율	① 6%	② 12%	③ 15%	❹ 59%	⑤ 8%

5 금속 고리의 운동과 전자기 유도

2024년 3월 교육청 17번 | 정답 ④ | 문제편 69 p

출제 의도 금속 고리가 세기가 다른 자기장 영역을 통과하는 동안 위치에 따른 유도 전류의 방향과 세기를 통해 자기장의 변화를 추론할 수 있는지 확인하는 문항이다.

그림은 한 변의 길이가 $4d$인 직사각형 금속 고리가 xy평면에서 운동하는 모습을 나타낸 것이다. 고리는 세기가 각각 B_0, $2B_0$, B_0으로 균일한 자기장 영역 Ⅰ, Ⅱ, Ⅲ을 $+x$방향으로 등속도 운동을 하며 지난다. 고리의 점 p가 $x=3d$를 지날 때, p에는 세기가 I_0인 유도 전류가 $+y$방향으로 흐른다. Ⅱ에서 자기장의 방향은 xy평면에 수직이다.

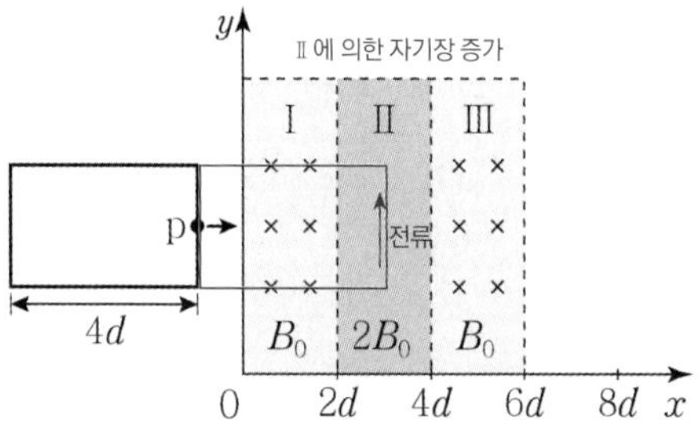

×: xy평면에 수직으로 들어가는 방향

p에 흐르는 유도 전류에 대한 옳은 설명만을 〈보기〉에서 있는 대로 고른 것은?

> 보기
> ㄱ. p가 $x=d$를 지날 때, 전류의 세기는 ~~$2I_0$~~이다. $0.5I_0$
> ㄴ. p가 $x=5d$를 지날 때, 전류가 흐르지 않는다.
> ㄷ. p가 $x=7d$를 지날 때, 전류는 $-y$방향으로 흐른다.

① ㄱ ② ㄴ ③ ㄱ, ㄷ ④ ㄴ, ㄷ ⑤ ㄱ, ㄴ, ㄷ

✓ 자료 해석

- p가 $x=3d$를 지날 때 p에는 세기가 I_0인 유도 전류가 $+y$방향으로 흐른다.
  → xy평면에서 수직으로 나오는 방향의 자기 선속이 증가하도록 금속 고리에 시계 반대 방향으로 유도 전류가 흐른다.
  → Ⅱ에 의한 자기 선속이 증가하고 있으므로 Ⅱ에서 자기장의 방향은 xy평면에 수직으로 들어가는 방향이다.
  → 유도 전류의 세기는 자기 선속의 변화량에 비례하므로 I_0은 Ⅱ에서의 자기장 세기 $2B_0$의 변화에 의해 흐르는 전류의 세기이다.

O 보기 풀이 ㄴ. $x=5d$를 지날 때는 Ⅲ에 의해 수직으로 들어가는 자기 선속이 증가하고, Ⅰ에 의해 수직으로 들어가는 자기 선속이 감소하는데, Ⅰ과 Ⅲ에서 자기장의 세기가 같으므로 자기 선속의 변화량도 같다. 따라서 금속 고리를 통과하는 자기 선속이 일정하므로 유도 전류가 흐르지 않는다.

ㄷ. $x=7d$를 지날 때는 Ⅱ에 의해 수직으로 들어가는 자기 선속이 감소하므로 이를 방해하기 위해 금속 고리에는 수직으로 들어가는 자기 선속이 증가하도록 시계 방향으로 유도 전류가 흐른다. 따라서 p에서 전류는 $-y$방향으로 흐른다.

× 매력적 오답 ㄱ. $x=d$를 지날 때 Ⅰ에 의한 자기장을 감소시키는 유도 전류가 흐른다. Ⅰ에서 자기장의 세기는 B_0이고, 유도 전류의 세기는 자기 선속의 변화량에 비례하므로 p에 흐르는 전류의 세기는 $0.5I_0$이다.

문제풀이 Tip

유도 전류의 세기와 방향으로부터 자기장의 변화를 유추하는 문제가 자주 출제되므로 유도 전류의 세기는 자기장의 세기와, 유도 전류의 방향은 자기장의 변화 방향과 관계있음을 기억해 두자.

선택지 비율	❶ 88%	② 1%	③ 2%	④ 4%	⑤ 5%

6 전자기 유도의 이해

2023년 10월 교육청 5번 | 정답 ① | 문제편 69 p

출제 의도 전자기 유도가 발생하는 조건을 알고, 전자기 유도 실험의 결과로부터 조작 변인을 유추할 수 있는지 확인하는 문항이다.

다음은 전자기 유도에 대한 실험이다.

[실험 과정]

(가) 그림과 같이 코일 P, Q를 서로 연결하고, 자기장 측정 앱이 실행 중인 스마트폰을 P 위에 놓는다.

(나) 자석의 N극을 Q의 윗면까지 일정한 속력으로 접근시키면서 스마트폰으로 자기장의 세기를 측정한다.

(다) (나)에서 자석의 속력만 [㉠] 하여 자기장의 세기를 측정한다.

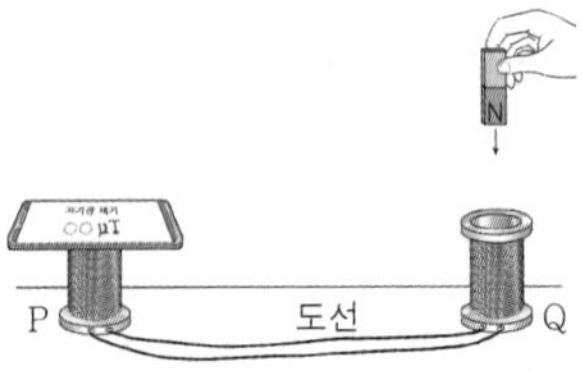

[실험 결과]

세기 증가 → 자석의 속력 빨라짐

과정	(나)	(다)
자기장의 세기의 최댓값	B_0	$1.7B_0$

이에 대한 옳은 설명만을 〈보기〉에서 있는 대로 고른 것은? (단, 스마트폰은 P의 전류에 의한 자기장의 세기만 측정한다.)

보기

ㄱ. 자석이 Q에 접근할 때, P에 전류가 흐른다.

ㄴ. '~~작게~~'는 ㉠에 해당한다. 크게

ㄷ. (나)에서 자석과 Q 사이에는 서로 ~~당기는~~ 자기력이 작용한다. 밀어내는

① ㄱ ② ㄴ ③ ㄷ ④ ㄱ, ㄴ ⑤ ㄱ, ㄷ

✓ 자료 해석

- 자석의 N극을 코일에 접근시키면 코일 내부를 통과하는 자기 선속의 증가를 방해하는 방향으로 유도 전류가 흐른다.
  → Q의 윗면에 N극, 아랫면에 S극이 유도되고 자석과 코일 사이에 서로 밀어내는 자기력이 작용한다.

○ 보기풀이 ㄱ. 자석이 Q에 접근하면 Q의 내부를 통과하는 자기 선속의 변화가 생기므로 유도 전류가 흐른다.

× 매력적 오답 ㄴ. (다)는 (나)에서보다 자기장의 세기가 증가하므로 유도 전류의 세기가 증가하였다. 자석의 속력이 증가하면 코일을 통과하는 단위 시간당 자기 선속의 변화량이 커지므로 유도 전류의 세기가 세진다. 따라서 '크게'가 ㉠에 해당한다.

ㄷ. 유도 전류는 자기 선속의 변화를 방해하는 방향으로 흐르므로 자석과 Q 사이에는 서로 미는 자기력이 작용한다.

문제풀이 Tip

유도 전류의 세기는 자기 선속의 변화량에 따라 달라진다. 따라서 자석의 세기가 셀수록, 자석의 속력이 클수록 유도 전류의 세기가 세진다. 결과에서 측정하는 자기장의 세기가 무엇을 의미하는지 빠르게 파악할 수 있어야 한다.

선택지 비율	① 8%	❷ 45%	③ 13%	④ 22%	⑤ 13%

7 금속 고리의 운동과 전자기 유도

2023년 7월 교육청 15번 | 정답 ② | 문제편 70 p

출제 의도 p-n 접합 발광 다이오드의 특징을 알고, 금속 고리의 운동에 의한 전자기 유도 현상을 설명할 수 있는지 확인하는 문항이다.

그림 (가)와 같이 p-n 접합 발광 다이오드(LED)가 연결된 한 변의 길이가 d인 정사각형 금속 고리가 용수철에 매달려 종이면에 수직으로 들어가는 방향의 균일한 자기장 영역에 정지해 있다. 그림 (나)는 (가)에서 금속 고리를 $-y$방향으로 d만큼 잡아당겨, 시간 $t=0$인 순간 가만히 놓아 금속 고리가 y축과 나란하게 운동할 때 LED의 변위 y를 t에 따라 나타낸 것이다. $t=t_2$일 때 금속 고리에 흐르는 유도 전류에 의해 LED에서 빛이 방출된다. A는 p형 반도체와 n형 반도체 중 하나이다. 순방향 전압이 걸린다.

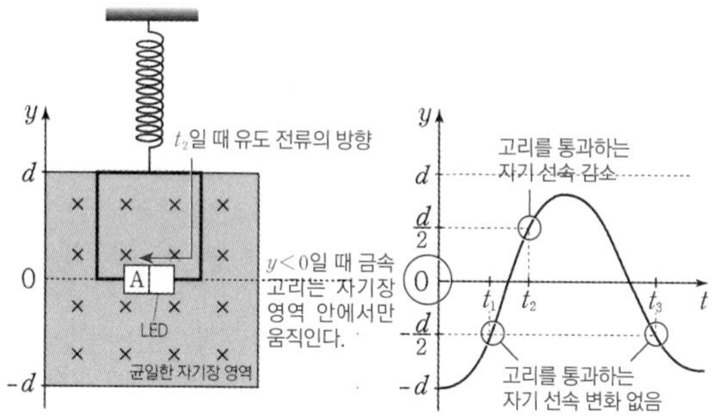

(가) (나)

이에 대한 설명으로 옳은 것만을 〈보기〉에서 있는 대로 고른 것은? (단, 금속 고리는 회전하지 않으며, 공기 저항은 무시한다.) [3점]

보기

ㄱ. A는 ~~p형~~ 반도체이다. n형

ㄴ. $t=t_1$일 때 LED에서 빛이 방출되지 않는다.

ㄷ. 금속 고리의 운동 에너지는 $t=t_1$일 때와 $t=t_3$일 때가 ~~같다~~. $t=t_3$일 때가 더 작다.

① ㄱ ② ㄴ ③ ㄱ, ㄷ ④ ㄴ, ㄷ ⑤ ㄱ, ㄴ, ㄷ

✓ 자료 해석

- $t=t_2$일 때 금속 고리가 자기장 영역 밖으로 나가는 중이므로 금속 고리를 통과하는 자기 선속이 감소한다. → 종이면에 수직으로 들어가는 방향의 자기 선속이 감소하므로 종이면에 수직으로 들어가는 방향의 자기 선속이 만들어지도록 유도 전류가 흐른다. → 시계 방향으로 유도 전류가 흐른다.
- 금속 고리에 연결된 LED에서 빛이 방출되므로 금속 고리의 역학적 에너지 중 일부가 전기 에너지(빛에너지)로 전환된다.

○ 보기풀이 ㄴ. $t=t_1$일 때 LED의 위치는 $-\frac{d}{2}$이므로 $t=t_1$ 전후로 금속 고리는 자기장 영역 안에서 움직이고 있다. 따라서 금속 고리를 통과하는 자기 선속의 변화가 없으므로 금속 고리에 유도 전류가 흐르지 않는다. 즉, LED에서 빛이 방출되지 않는다.

× 매력적 오답 ㄱ. $t=t_2$일 때 LED의 위치는 $\frac{d}{2}$이므로 $t=t_2$ 전후로 금속 고리는 자기장 영역을 빠져 나가고 있다. 따라서 금속 고리를 통과하는 자기 선속의 변화가 감소하므로 이를 방해하기 위해 금속 고리에는 시계 방향으로 유도 전류가 흐른다. 이때 LED에서 빛이 방출되므로 A는 n형 반도체이다.

ㄷ. 금속 고리가 운동하는 동안에 LED에서 빛에너지가 발생하므로 금속 고리의 운동 에너지는 $t=t_3$일 때가 $t=t_1$일 때보다 작다.

문제풀이 Tip

변위-시간 그래프를 통해 시간에 따른 금속 고리의 위치를 파악할 수 있어야 한다. 금속 고리를 통과하는 자속이 변하려면 금속 고리의 일부가 자기장 영역 밖에 걸쳐져 있어야 한다는 것에 유의하여 전자기 유도를 적용해 보자.

선택지 비율	① 6%	② 8%	③ 18%	④ 11%	⑤ 56%

8 금속 고리의 운동과 전자기 유도

2023년 4월 교육청 18번 | 정답 ⑤ | 문제편 70 p

출제 의도 자석이 금속 고리를 통과하는 동안 각 지점에서의 유도 전류의 방향을 알고, 유도 전류의 방향으로부터 자기장의 변화를 추론할 수 있는지 확인하는 문항이다.

그림과 같이 한 변의 길이가 $4d$인 직사각형 금속 고리가 xy평면에서 $+x$방향으로 등속도 운동하며 균일한 자기장 영역 Ⅰ, Ⅱ, Ⅲ을 지난다. Ⅰ, Ⅱ, Ⅲ에서 자기장의 세기는 각각 B_0, B, B_0이고, Ⅱ에서 자기장의 방향은 xy평면에 수직이다. 표는 금속 고리의 점 p의 위치에 따른 p에 흐르는 유도 전류의 방향을 나타낸 것이다.

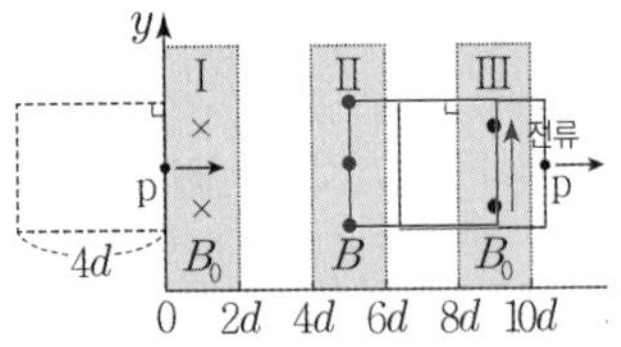

×: xy 평면에 수직으로 들어가는 방향
•: xy 평면에서 수직으로 나오는 방향

p의 위치	p에 흐르는 유도 전류의 방향
$x=5d$	㉠ $-y$
$x=9d$	$+y$

유도 자기장의 방향은 xy평면에서 수직으로 나오는 방향

이에 대한 설명으로 옳은 것만을 〈보기〉에서 있는 대로 고른 것은? [3점]

보기

ㄱ. $B>B_0$이다.
ㄴ. ㉠은 '$-y$'이다.
ㄷ. p에 흐르는 유도 전류의 세기는 p가 $x=5d$를 지날 때가 $x=9d$를 지날 때보다 크다.

① ㄱ ② ㄷ ③ ㄱ, ㄴ ④ ㄴ, ㄷ ⑤ ㄱ, ㄴ, ㄷ

✔ 자료 해석

- p가 $x=9d$에 있을 때 $+y$방향으로 유도 전류가 흐른다. 유도 전류는 자기 선속의 변화를 방해하는 방향으로 흐르므로 금속 고리를 수직으로 들어가는 방향으로 통과하는 자속이 증가하거나 금속 고리를 수직으로 나오는 방향으로 통과하는 자속이 감소해야 한다.
  → Ⅲ에서 자기장의 방향은 xy평면에서 수직으로 나오는 방향이므로 금속 고리를 수직으로 들어가는 방향으로 자속이 증가할 수 없다.
  → 금속 고리를 수직으로 나오는 방향으로 통과하는 자속이 감소하려면 Ⅱ를 빠져나가면서 수직으로 나오는 방향의 자기 선속이 감소하는 정도가 Ⅲ에 들어가면서 수직으로 나오는 방향의 자기 선속이 증가하는 정도보다 커야 한다.

O 보기 풀이 ㄱ. p의 위치가 $x=9d$일 때 유도 전류의 방향이 $+y$방향이므로 유도 자기장의 방향은 '•'이다. 이때 금속 고리는 자기장 영역 Ⅱ를 빠져나가면서 Ⅲ에 더 많이 걸쳐지고 있는 중이므로 유도 자기장의 방향이 '•'이려면 Ⅱ에서 자기장의 방향은 '•'이고, 세기는 Ⅲ에서보다 커야 한다. 따라서 $B>B_0$이다.
ㄴ. 자기장의 세기는 Ⅱ에서가 Ⅰ에서보다 크므로 p가 Ⅱ를 지나는 동안 금속 고리에 통과하는 '•' 방향의 자기 선속이 증가한다. 따라서 p의 위치가 $x=5d$일 때 p에 흐르는 유도 전류의 방향은 $-y$방향이다.
ㄷ. $x=5d$를 지날 때는 Ⅰ과 Ⅱ에 의한 자기장의 변화가 같은 방향의 유도 전류를 만들고, $x=9d$를 지날 때는 Ⅱ와 Ⅲ에 의한 자기장의 변화가 반대 방향의 유도 전류를 만든다. 따라서 금속 고리를 통과하는 자기 선속의 시간에 따른 변화율은 p가 $x=5d$를 지날 때가 $x=9d$를 지날 때보다 크므로 유도 전류의 세기도 p가 $x=5d$를 지날 때가 $x=9d$를 지날 때보다 크다.

선택지 비율	① 9%	② 47%	③ 14%	④ 19%	⑤ 11%

9 자기장의 세기가 변할 때의 전자기 유도

2023년 3월 교육청 12번 | 정답 ② | 문제편 70 p

출제 의도 유도 전류는 고리 내부를 통과하는 자기 선속의 변화에 따라 흐른다는 것을 알고, 자기장의 세기 변화에 따른 자기 선속 변화를 적용할 수 있는지 묻는 문항이다.

그림 (가)와 같이 방향이 각각 일정한 자기장 영역 Ⅰ과 Ⅱ에 p-n 접합 다이오드가 연결된 사각형 금속 고리가 고정되어 있다. A는 p형 반도체와 n형 반도체 중 하나이다. 그림 (나)는 Ⅰ과 Ⅱ의 자기장의 세기를 시간에 따라 나타낸 것이다. t_0일 때, 고리에 흐르는 유도 전류의 세기는 I_0이다.

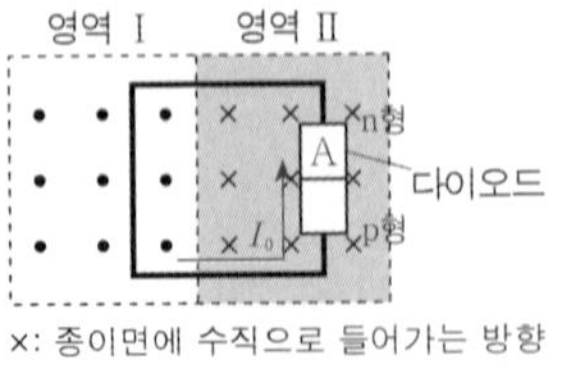

×: 종이면에 수직으로 들어가는 방향
•: 종이면에서 수직으로 나오는 방향

(가)

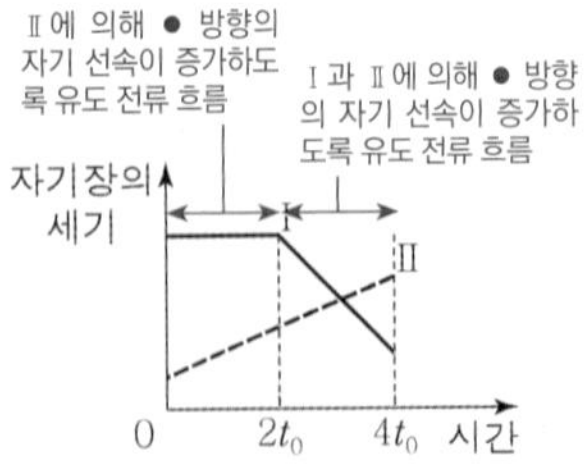

(나)

이에 대한 옳은 설명만을 〈보기〉에서 있는 대로 고른 것은?

보기

ㄱ. t_0일 때 유도 전류의 방향은 ~~시계~~ 방향이다. 시계 반대
ㄴ. $3t_0$일 때 유도 전류의 세기는 I_0보다 ~~작다~~. 크다
ㄷ. A는 n형 반도체이다.

① ㄱ ② ㄷ ③ ㄱ, ㄴ ④ ㄴ, ㄷ ⑤ ㄱ, ㄴ, ㄷ

✔ 자료 해석

- $0\sim2t_0$: Ⅰ은 자기장의 세기 변화가 없고, Ⅱ는 종이면에 수직으로 들어가는 방향의 자기장의 세기가 증가하고 있다.
  → 종이면에서 수직으로 나오는 방향의 자기 선속이 증가하도록 반시계 방향으로 유도 전류가 흐른다.
- $2t_0\sim4t_0$: Ⅰ은 종이면에 수직으로 들어가는 방향의 자기장의 세기가 감소하므로 종이면에서 수직으로 나오는 방향의 자기 선속이 증가하도록 유도 전류가 흐른다. 또한 Ⅱ도 종이면에 수직으로 들어가는 방향의 자기장의 세기가 증가하므로 종이면에서 수직으로 나오는 방향의 자기 선속이 증가하도록 유도 전류가 흐른다.
  → 시간에 따른 자기 선속의 변화율은 $0\sim2t_0$일 때보다 크다.

O 보기 풀이 ㄷ. t_0일 때 Ⅱ만 자기장의 세기가 증가하고 있으므로 금속 고리를 통과하는 '•' 방향의 자기 선속이 증가하도록 반시계 방향으로 유도 전류가 흐른다. 따라서 A는 n형 반도체이다.

× 매력적 오답 ㄱ. t_0일 때 시계 반대 방향으로 유도 전류가 흐른다.
ㄴ. $3t_0$일 때 Ⅰ과 Ⅱ의 자기장의 세기가 모두 변한다. 이때 Ⅰ, Ⅱ는 모두 '•' 방향의 자기 선속이 증가하도록 유도 전류가 흐르므로 시간에 따른 자기 선속의 변화율은 Ⅱ만 변할 때보다 크다. 따라서 유도 전류의 세기는 I_0보다 크다.

문제풀이 Tip

유도 전류의 세기는 시간에 따른 자기 선속의 변화율이 클수록 크다. Ⅰ과 Ⅱ에서의 자기장의 세기 변화는 모두 종이면에서 수직으로 나오는 방향의 유도 자기장을 만드는 것에 유의하자.

선택지 비율	❶ 49%	② 10%	③ 12%	④ 7%	⑤ 22%

10 전자기 유도의 이해

2022년 10월 교육청 5번 | 정답 ① | 문제편 71 p

출제 의도 유도 전류는 고리 내부를 통과하는 자기 선속의 변화에 따라 흐른다는 것을 알고, 유도 전류의 방향을 이용하여 자석과 고리 사이에 작용하는 자기력의 방향을 유추할 수 있는지 확인하는 문항이다.

그림은 동일한 원형 자석 A, B를 플라스틱 통의 양쪽에 고정하고 플라스틱 통 바깥쪽에서 금속 고리를 오른쪽 방향으로 등속 운동시키는 모습을 나타낸 것이다. 금속 고리가 플라스틱 통의 왼쪽 끝에서 오른쪽 끝까지 운동하는 동안 금속 고리에 흐르는 유도 전류의 방향은 화살표 방향으로 일정하다.

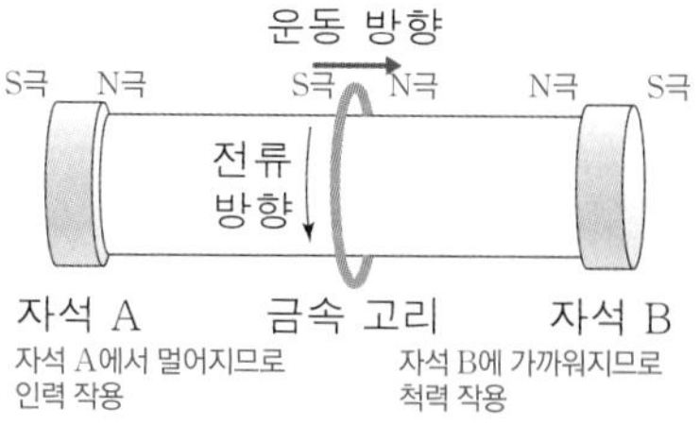

이에 대한 옳은 설명만을 ⟨보기⟩에서 있는 대로 고른 것은? [3점]

보기
ㄱ. A의 오른쪽 면은 N극이다.
ㄴ. B의 오른쪽 면은 ~~N극~~이다. S극
ㄷ. 금속 고리를 통과하는 자기 선속은 ~~일정하다~~. 변한다.

① ㄱ ② ㄴ ③ ㄱ, ㄷ ④ ㄴ, ㄷ ⑤ ㄱ, ㄴ, ㄷ

✓ 자료 해석

- 금속 고리에 흐르는 유도 전류의 방향이 위에서 아래를 향하므로 금속 고리의 오른쪽에 N극, 왼쪽에 S극이 유도된다.
  → 자석과 금속 고리가 멀어질 때에는 당기는 자기력, 가까워질 때는 밀어내는 자기력이 유도된다.

O 보기풀이 ㄱ. 금속 고리는 A에서 멀어지고 있으므로 고리와 A 사이에는 당기는 자기력이 작용한다. 금속 고리의 왼쪽에 S극이 유도되므로 A의 오른쪽 면은 N극이다.

× 매력적 오답 ㄴ. 금속 고리는 B에 가까워지고 있으므로 고리와 B 사이에는 밀어내는 자기력이 작용한다. 금속 고리의 오른쪽에 N극이 유도되므로 B의 왼쪽 면은 N극, 오른쪽 면은 S극이다.

ㄷ. 금속 고리를 통과하는 자기 선속의 변화가 있을 때에만 유도 전류가 흐른다. 금속 고리가 운동하는 동안 유도 전류가 계속 흐르므로 금속 고리를 통과하는 자기 선속은 일정하지 않다.

문제풀이 Tip

유도 전류는 코일을 통과하는 자기 선속의 변화를 방해하는 방향으로 흐르므로 자석과 코일 사이에는 항상 운동을 방해하는 방향으로 자기력이 작용한다는 것을 알아두어야 한다.

선택지 비율	① 5%	② 10%	③ 9%	❹ 55%	⑤ 21%

11 전자기 유도

2022년 7월 교육청 19번 | 정답 ④ | 문제편 71 p

출제 의도 전자기 유도 실험 과정과 결과를 이해하고, 자석의 역학적 에너지와 에너지 전환 과정에 대해서도 통합적으로 사고할 수 있는지 확인하는 문항이다.

다음은 전자기 유도에 대한 실험이다.

[실험 과정]

(가) 그림과 같이 고정된 코일에 검류계를 연결하고 코일 위에 실로 연결된 자석을 점 a에 정지시킨다.

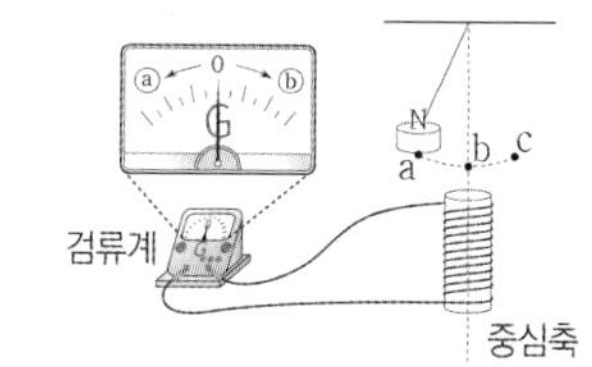

(나) a에서 자석을 가만히 놓아 자석이 최저점 b를 지나 점 c까지 갔다가 b로 되돌아오는 동안 검류계 바늘이 움직이는 방향을 기록한다.

[실험 결과]

자석의 운동 경로	검류계 바늘이 움직이는 방향
a → b 코일에 가까워진다.	ⓐ
b → c 코일에서 멀어진다.	ⓑ
c → b 코일에 가까워진다.	㉠ ⓐ

이에 대한 설명으로 옳은 것만을 ⟨보기⟩에서 있는 대로 고른 것은? (단, 모든 마찰과 공기 저항은 무시한다.)

보기
ㄱ. a와 c의 높이는 ~~같다~~. c가 a보다 낮다. ㄴ. ㉠은 ⓐ이다.
ㄷ. 자석이 b에서 c까지 이동하는 동안 자석과 코일 사이에 작용하는 자기력의 크기는 작아진다.

① ㄱ ② ㄴ ③ ㄱ, ㄷ ④ ㄴ, ㄷ ⑤ ㄱ, ㄴ, ㄷ

✓ 자료 해석

- 코일이 자석에 가까워지는 a → b, c → b로 운동할 때는 유도 전류의 방향이 같다.
- 코일이 자석에서 멀어지는 b → c로 운동할 때는 a → b, c → b로 운동할 때와 유도 전류의 방향이 반대이다.

O 보기풀이 ㄴ. 자석의 운동 경로가 c → b일 때 자석은 코일에 가까워진다. 자석의 운동 경로가 a → b일 때도 자석은 코일에 가까워지고 이때 검류계 바늘이 움직이는 방향이 ⓐ이므로 ㉠은 ⓐ이다.

ㄷ. 자석이 b에서 c까지 이동하는 동안 자석은 코일에서 멀어지고, 자석과 코일 사이에는 당기는 자기력이 작용하므로 자석의 속력도 느려진다. 따라서 자석과 코일 사이에 작용하는 자기력의 크기도 작아진다.

× 매력적 오답 ㄱ. 자석이 코일을 지나는 동안 전자기 유도에 의해 코일에 유도 전류가 흐른다. 즉, 자석의 운동 에너지의 일부가 코일의 전기 에너지로 전환된다. 따라서 자석의 역학적 에너지가 감소하므로 높이는 c가 a보다 낮다.

문제풀이 Tip

전자기 유도는 자석과 코일의 상대적인 운동에 의해 일어나는 현상이다. 즉, 물체의 운동과 관련된 현상이므로 역학과 에너지 단원과 통합형으로 출제되는 경우가 종종 있다. 따라서 자석의 운동에 따른 역학적 에너지의 변화, 속력의 변화 등을 대비해서 알아두는 것이 좋다.

선택지 비율	① 3%	② 4%	③ 12%	❹ 70%	⑤ 10%

12 자석의 운동과 전자기 유도

2022년 4월 교육청 14번 | 정답 ④ | 문제편 71 p

출제 의도 자석이 금속 고리를 통과하는 동안 각 지점에서의 유도 전류의 방향을 알고, 유도 전류의 세기에 영향을 주는 요인에 대해 이해하고 있는지 확인하는 문항이다.

그림과 같이 N극이 아래로 향한 자석이 금속 고리의 중심축을 따라 운동하여 점 p, q를 지난다. p, q로부터 고리의 중심까지의 거리는 서로 같다. 고리에 흐르는 유도 전류의 세기는 자석이 p를 지날 때가 q를 지날 때보다 작다. 이에 대한 설명으로 옳은 것만을 〈보기〉에서 있는 대로 고른 것은? (단, 자석의 크기는 무시한다.)

(유도 전류의 세기는 자기 선속의 변화가 클수록 크다.)

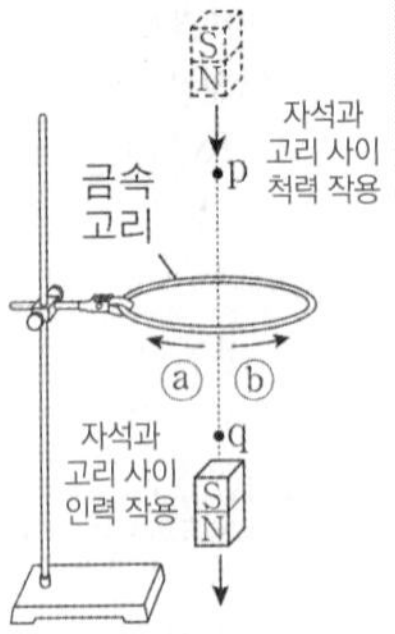

보기

ㄱ. 자석이 p를 지날 때 고리에 흐르는 유도 전류의 방향은 ~~ⓐ~~ 방향이다. ⓑ

ㄴ. 자석이 p를 지날 때의 속력은 자석이 q를 지날 때의 속력보다 작다.

ㄷ. 자석이 q를 지날 때 고리와 자석 사이에는 당기는 자기력이 작용한다.

① ㄱ ② ㄴ ③ ㄱ, ㄷ ④ ㄴ, ㄷ ⑤ ㄱ, ㄴ, ㄷ

✓ 자료 해석

- 자석이 p를 지날 때 N극이 고리에 접근하는 것을 방해하는 방향(고리의 위쪽이 N극)으로 유도 전류가 흐른다. → 오른손 엄지손가락을 위로 향할 때 네 손가락이 감아쥐는 방향은 ⓑ이다.
- 자석이 q를 지날 때 S극이 고리에서 멀어지는 것을 방해하는 방향(고리의 아랫면이 N극)으로 유도 전류가 흐른다. → 오른손 엄지손가락을 아래로 향할 때 네 손가락이 감아쥐는 방향은 ⓐ이다.

○ 보기풀이 ㄴ. 유도 전류의 세기는 자속의 변화가 클수록 크다. p, q는 고리의 중심으로부터 같은 거리에 있으므로 유도 전류의 세기는 자석의 속력이 클수록 크다. 고리에 흐르는 유도 전류의 세기는 자석이 p를 지날 때가 q를 지날 때보다 작으므로 자석의 속력도 p를 지날 때가 q를 지날 때보다 작다.

ㄷ. 자석이 q를 지날 때는 자석이 고리에서 멀어지는 것을 방해하는 방향으로 자기력이 작용하므로 고리와 자석 사이에는 당기는 자기력이 작용한다.

× 매력적 오답 ㄱ. 유도 전류는 자기 선속의 변화를 방해하는 방향으로 흐르므로 자석이 p를 지날 때 고리에 흐르는 유도 전류의 방향은 ⓑ이다.

문제풀이 Tip

유도 전류의 세기는 유도 기전력의 크기에 비례하고, 유도 기전력의 크기는 단위 시간 동안 코일을 통과하는 자기 선속의 변화량에 비례한다. 따라서 유도 전류의 세기가 크다는 것은 자기 선속의 변화량이 크다는 것을 의미한다. 자기 선속의 변화량을 크게 하는 요인들을 정리해 두어야 한다.

선택지 비율	① 10%	② 17%	③ 16%	④ 17%	❺ 41%

13 자기장의 세기가 변할 때의 전자기 유도

2022년 3월 교육청 13번 | 정답 ⑤ | 문제편 71 p

출제 의도 유도 전류는 고리 내부를 통과하는 자기 선속의 변화에 따라 흐른다는 것을 알고, 자기장의 세기 변화에 따른 자속 변화를 적용할 수 있는지 묻는 문항이다.

그림 (가)와 같이 종이면에 수직으로 들어가는 방향의 균일한 자기장 영역 Ⅰ과 Ⅱ에서 종이면에 고정된 동일한 원형 금속 고리 P, Q의 중심이 각 영역의 경계에 있다. 그림 (나)는 (가)의 Ⅰ과 Ⅱ에서 자기장의 세기를 시간에 따라 나타낸 것이다.

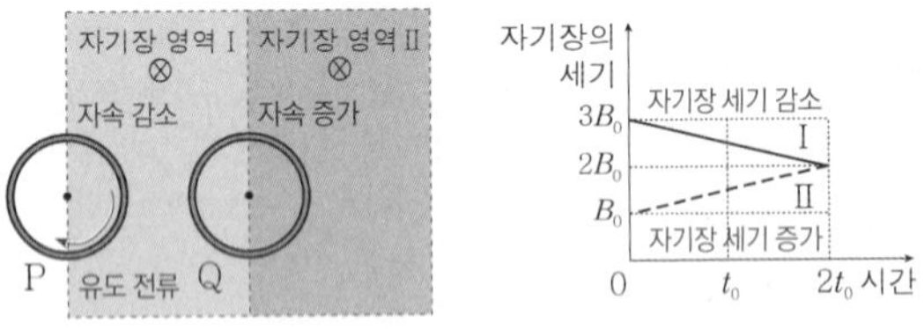

(가) (나)

t_0일 때에 대한 옳은 설명만을 〈보기〉에서 있는 대로 고른 것은? (단, P, Q 사이의 상호 작용은 무시한다.) [3점]

보기

ㄱ. P의 유도 전류는 P의 중심에 종이면에 수직으로 들어가는 방향의 자기장을 만든다.

ㄴ. Q에는 유도 전류가 흐르지 않는다.

ㄷ. Ⅰ과 Ⅱ에 의해 고리면을 통과하는 자기 선속의 크기는 Q에서가 P에서보다 크다.

① ㄴ ② ㄷ ③ ㄱ, ㄴ ④ ㄱ, ㄷ ⑤ ㄱ, ㄴ, ㄷ

✓ 자료 해석

- P는 고리면의 절반이 자기장 영역 Ⅰ에 놓여 있다.
  - P는 종이면에 수직으로 들어가는 방향의 자기 선속이 증가하도록 시계 방향으로 유도 전류가 흐른다.
- Q는 고리면의 절반은 자기장 영역 Ⅰ에, 나머지 절반은 Ⅱ에 놓여 있다.
  - Ⅰ, Ⅱ에서 시간에 따른 자기장의 세기 변화율이 같고, Ⅰ과 Ⅱ에 놓인 금속 고리의 면적도 같다. → 자기 선속의 변화가 없다.

○ 보기풀이 ㄱ. P에는 종이면에 수직으로 들어가는 방향의 자기 선속이 감소하므로 이를 방해하기 위해 종이면에 수직으로 들어가는 방향의 자기 선속이 만들어지도록 유도 전류가 흐른다.

ㄴ. Q는 자기장의 세기가 감소하는 영역 Ⅰ과 자기장의 세기가 증가하는 영역 Ⅱ에 놓여 있는데, Ⅰ과 Ⅱ에 해당하는 단면적은 같다. 또한 Ⅰ에서 자기장의 세기가 감소하는 정도가 Ⅱ에서 자기장의 세기가 증가하는 정도와 같으므로 결과적으로 Q에서 자기 선속은 일정하다. 따라서 유도 전류는 흐르지 않는다.

ㄷ. 자기 선속의 크기는 자기장의 세기와 단면적의 곱과 같다. Ⅰ에 의해 P의 고리면을 통과하는 자기 선속과 Ⅰ에 의해 Q의 고리면을 통과하는 자기 선속의 크기는 자기장의 세기와 단면적이 같으므로 서로 같다. 그런데 Q는 Ⅱ에 의해 고리면을 통과하는 자기 선속의 크기도 있으므로 Ⅰ과 Ⅱ에 의해 고리면을 통과하는 자기 선속의 크기는 Q에서가 P에서보다 크다.

문제풀이 Tip

균일한 자기장의 세기가 변한다고 해서 항상 코일 내부에 유도 전류가 흐르는 것은 아니다. 자기 선속이 변할 때 코일에 유도 전류가 어느 방향으로 흐르게 되는지 자기 선속의 변화에 유의하자.

선택지 비율	① 5%	② 5%	③ 5%	❹ 82%	⑤ 3%

14 전자기 유도

2021년 10월 교육청 2번 | 정답 ④ | 문제편 72p

(출제 의도) 전자기 유도에 영향을 주는 요인에 대한 이해를 묻는 문항이다.

다음은 간이 발전기에 대한 설명이다.

- 간이 발전기의 자석이 일정한 속력으로 회전할 때, 코일에 유도 전류가 흐른다. 이때 [㉠] 유도 전류의 세기가 커진다. 자석의 회전 속도가 빠를수록, 자석의 세기가 강할수록 유도 전류의 세기가 커진다.

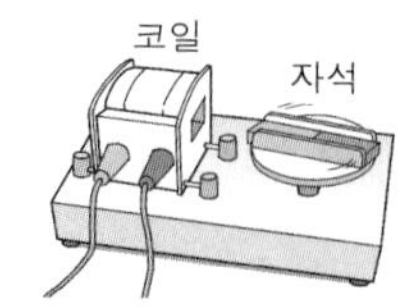

㉠으로 적절한 것만을 〈보기〉에서 있는 대로 고른 것은?

보기
ㄱ. 자석의 회전 속력만을 증가시키면
ㄴ. 자석의 회전 방향만을 반대로 하면 유도 전류의 방향이 반대가 된다.
ㄷ. 자석을 세기만 더 강한 것으로 바꾸면

① ㄱ ② ㄷ ③ ㄱ, ㄴ ④ ㄱ, ㄷ ⑤ ㄴ, ㄷ

✓ 자료 해석

- 자석의 회전 속력이 빠를수록, 자석의 세기가 클수록 유도 기전력의 세기가 세진다.

O 보기풀이 ㄱ, ㄷ. 자석의 속력이나 세기가 증가하면 코일을 통과하는 단위 시간당 자기 선속의 변화량이 커진다.

× 매력적 오답 ㄴ. 회전 방향은 코일을 통과하는 단위 시간당 자기 선속의 변화량에 영향을 주지 않는다.

문제풀이 Tip

유도 전류의 세기는 유도 기전력의 세기에 비례하고, 유도 기전력은 자기 선속 변화에 비례함을 적용하여 해석할 수 있어야 한다.

선택지 비율	① 8%	❷ 62%	③ 11%	④ 15%	⑤ 4%

15 전자기 유도

2021년 7월 교육청 13번 | 정답 ② | 문제편 72p

(출제 의도) 전자기 유도에 대한 이해를 묻는 문항이다.

그림 (가)는 정지해 있는 코일의 중심축을 따라 자석이 움직이는 모습이다. 그림 (나)는 (가)에서 코일의 중심축에 수직이고, 코일 위의 점 p를 포함한 코일의 단면을 통과하는 자기 선속 Φ를 시간 t에 따라 나타낸 것이다.

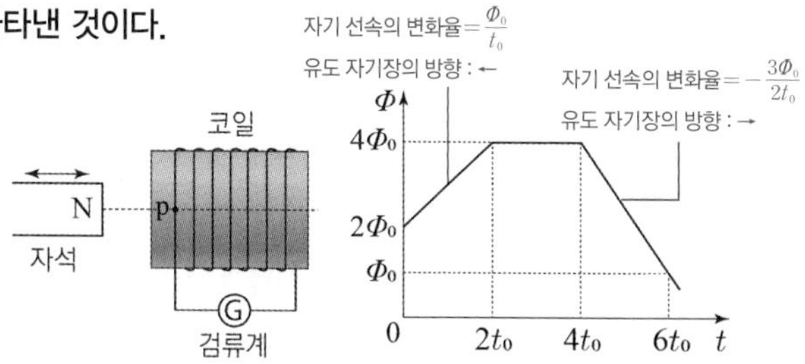

(가) (나)

이에 대한 설명으로 옳은 것만을 〈보기〉에서 있는 대로 고른 것은?

보기
ㄱ. p에 흐르는 유도 전류의 방향은 $t=t_0$일 때와 $t=5t_0$일 때가 ~~같다~~. 반대이다.
ㄴ. p에 흐르는 유도 전류의 세기는 $t=t_0$일 때가 $t=5t_0$일 때보다 ~~크다~~. 작다.
ㄷ. $t=3t_0$일 때 p에는 유도 전류가 흐르지 않는다.

① ㄱ ② ㄷ ③ ㄱ, ㄴ ④ ㄴ, ㄷ ⑤ ㄱ, ㄴ, ㄷ

✓ 자료 해석

- 자기 선속의 변화율

$0 \sim 2t_0 : \frac{\Phi_0}{t_0}$, $2t_0 \sim 4t_0 : 0$, $4t_0 \sim 6t_0 : \frac{3\Phi_0}{2t_0}$

O 보기풀이 ㄷ. $t=3t_0$일 때 자기 선속의 변화량이 0이므로 p에는 유도 전류가 흐르지 않는다.

× 매력적 오답 ㄱ. $t=t_0$일 때는 자기 선속이 증가하고, $t=5t_0$일 때는 자기 선속이 감소하므로, p에 흐르는 유도 전류의 방향이 반대이다.
ㄴ. 그래프의 기울기는 단위 시간당 자기 선속의 변화량이므로 기울기의 크기가 클수록 p에 흐르는 유도 전류의 세기는 크다. 자기 선속 변화량의 크기는 $t=t_0$일 때가 $t=5t_0$일 때보다 작으므로, p에 흐르는 유도 전류의 세기는 $t=t_0$일 때가 $t=5t_0$일 때보다 작다.

문제풀이 Tip

자석이 접근할 때의 자기 선속 변화량이 자석이 멀어질 때의 자기 선속 변화량보다 작다는 사실을 먼저 파악하는 것이 중요하다.

선택지 비율	① 25%	② 8%	③ 22%	④ 6%	❺ 38%

16 전자기 유도

2021년 4월 교육청 13번 | 정답 ⑤ | 문제편 72 p

출제 의도 도선의 속력과 자기 선속 변화 관계를 해석할 수 있는지 묻는 문항이다.

그림 (가)와 같이 한 변의 길이가 $2d$인 직사각형 금속 고리가 xy평면에서 $+x$방향으로 폭이 d인 균일한 자기장 영역을 향해 운동한다. 균일한 자기장 영역의 자기장은 세기가 일정하고 방향이 xy평면에 수직으로 들어가는 방향이다. 그림 (나)는 금속 고리의 한 점 p의 위치를 시간 t에 따라 나타낸 것이다.

p가 d~$2d$인 동안 도선을 통과하는 자기 선속 변화는 없다.

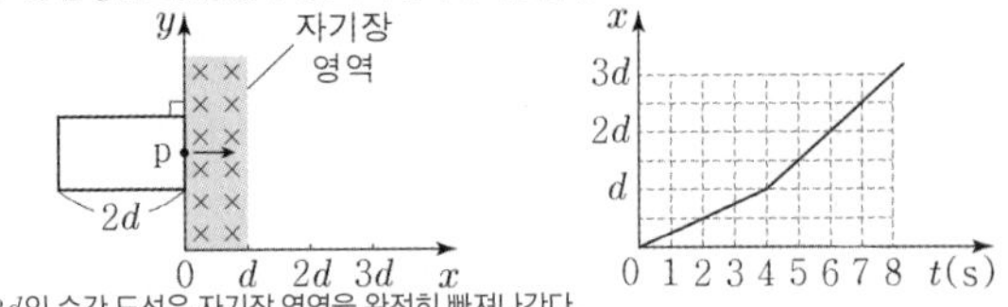

p가 $3d$인 순간 도선은 자기장 영역을 완전히 빠져나간다.

(가) (나)

이에 대한 설명으로 옳은 것만을 〈보기〉에서 있는 대로 고른 것은?

보기

ㄱ. 2초일 때, p에 흐르는 유도 전류의 방향은 $+y$방향이다.
ㄴ. 5초일 때, 유도 전류는 흐르지 않는다.
ㄷ. 유도 전류의 세기는 2초일 때가 7초일 때보다 작다.

① ㄱ ② ㄴ ③ ㄱ, ㄷ ④ ㄴ, ㄷ ⑤ ㄱ, ㄴ, ㄷ

✔ 자료 해석

- p의 위치가 0~d 사이일 때 유도 전류가 흐르고, $2d$~$3d$ 사이일 때 유도 전류가 흐른다.
- p의 위치가 d~$2d$ 사이일 때 유도 전류가 흐르지 않는다.

○ 보기 풀이 ㄱ. 유도 전류는 자기 선속의 변화를 방해하는 방향으로 흐른다. 2초일 때, 고리를 통과하는 자기 선속이 증가하므로 고리에는 시계 반대 방향의 유도 전류가 흐른다. 즉, p에 흐르는 유도 전류의 방향은 $+y$방향이다.
ㄴ. 5초일 때, 고리를 통과하는 자기 선속이 변하지 않으므로 유도 전류가 흐르지 않는다.
ㄷ. 고리의 속력이 2초일 때가 7초일 때보다 작으므로 유도 전류의 세기는 2초일 때가 7초일 때보다 작다.

문제풀이 Tip

p의 위치에 따라 도선을 통과하는 자기 선속이 변하는 경우와 변하지 않는 경우를 파악하여 유도 전류의 방향과 세기를 구할 수 있어야 한다.

선택지 비율	❶ 71%	② 4%	③ 15%	④ 6%	⑤ 5%

17 전자기 유도

2021년 3월 교육청 3번 | 정답 ① | 문제편 72 p

출제 의도 전자기 유도에 대한 이해를 묻는 문항이다.

그림은 xy 평면에 수직인 방향의 자기장 영역에서 정사각형 금속 고리 A, B, C가 각각 $+x$ 방향, $-y$ 방향, $+y$ 방향으로 직선 운동하고 있는 순간의 모습을 나타낸 것이다. 자기장 영역에서 자기장은 일정하고 균일하다.

자기 선속이 변하는 경우는 A뿐이다.

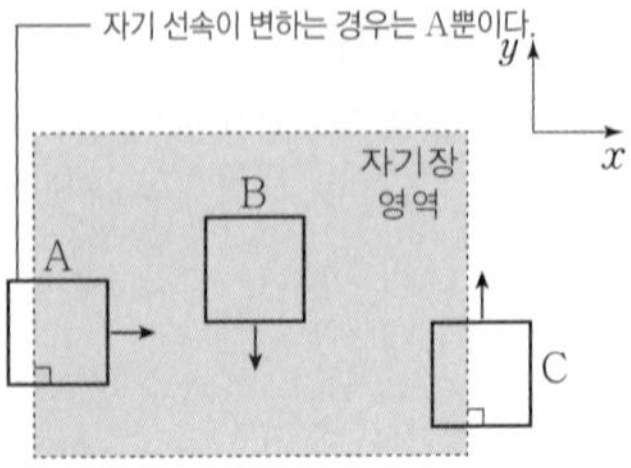

유도 전류가 흐르는 고리만을 있는 대로 고른 것은? (단, A, B, C 사이의 상호 작용은 무시한다.) [3점]

① A ② B ③ A, C ④ B, C ⑤ A, B, C

✔ 자료 해석

- 금속 고리를 통과하는 자기 선속 변화가 일어나는 금속 고리를 찾으면 A뿐이다.
- 금속 고리 B, C를 통과하는 자기 선속 변화는 일어나지 않는다.

○ 보기 풀이 고리 내부를 지나는 자기장 영역의 면적이 시간에 따라 변하는 A에서만 유도 전류가 흐른다.

문제풀이 Tip

금속 고리가 자기장에 완전히 들어간 상태에서와 금속 고리가 자기장 영역 경계를 따라 이동하면 자기 선속 변화가 일어나지 않음을 판단할 수 있어야 한다.

18 전자기 유도

선택지 비율	① 1%	② 2%	❸ 47%	④ 31%	⑤ 16%

2020년 10월 교육청 8번 | 정답 ③ | 문제편 73p

출제 의도 마이크 내부의 자석과 코일의 상대적 거리를 나타낸 그래프를 이용하여 유도 전류의 방향을 설명할 수 있는지 알아보는 문항이다.

그림 (가)는 마이크의 내부 구조를 나타낸 것으로, 소리에 의해 진동판과 코일이 진동한다. 그림 (나)는 (가)에서 자석의 윗면과 코일 사이의 거리 d를 시간에 따라 나타낸 것이다. t_3일 때 코일에는 화살표 방향으로 유도 전류가 흐른다.

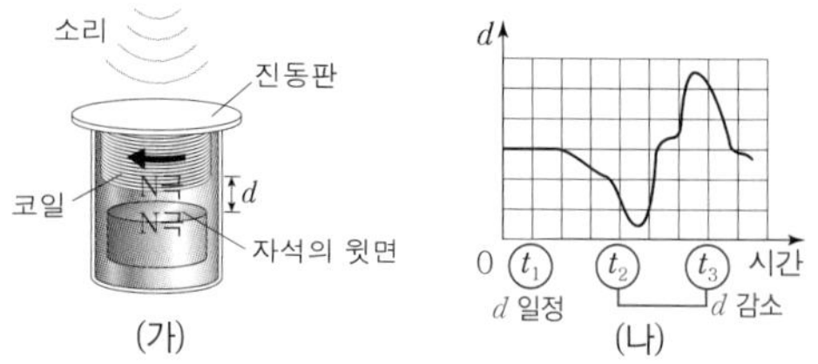

(가) (나)

이에 대한 옳은 설명만을 〈보기〉에서 있는 대로 고른 것은?

보기

ㄱ. 자석의 윗면은 N극이다.
ㄴ. t_1일 때 코일에는 유도 전류가 흐르지 않는다.
ㄷ. 코일에 흐르는 유도 전류의 방향은 t_2일 때와 t_3일 때가 서로 ~~반대이다.~~ 같다.

① ㄱ ② ㄷ ③ ㄱ, ㄴ ④ ㄴ, ㄷ ⑤ ㄱ, ㄴ, ㄷ

✔ 자료 해석

- 코일이 자석에 가까워질 때 코일 내부를 통과하는 자기 선속의 증가를 방해하는 방향으로 유도 전류가 흐른다.
  - (가)에서 오른손 법칙에 의해 코일의 아래쪽이 N극을 향하는 자기장이 형성되므로 자석의 윗면이 N극이다.
- (나)의 그래프에서 t_1일 때 자석과 코일 사이의 거리 d가 일정하므로 자기 선속의 변화가 0이 되어 전자기 유도가 일어나지 않는다.

○ 보기풀이 ㄱ. t_2일 때 코일이 자석에 접근하면 자기 선속의 변화를 방해하는 방향으로 자기장이 생기는데, 코일의 아래쪽이 N극이 되므로 자석의 윗면은 N극이다.

ㄴ. d는 일정하므로 자석과 코일의 상대적 위치 변화가 없다. 따라서 자기 선속의 변화도 없으므로 유도 전류는 흐르지 않는다.

× 매력적 오답 ㄷ. 그래프에서 t_2일 때와 t_3일 때 모두 d가 감소하므로 자석과 코일이 가까워지며, 두 경우에 유도 전류의 방향은 같다.

문제풀이 Tip

유도 전류는 코일 내부를 통과하는 자기 선속이 변할 때 발생한다는 것을 이해하고 있어야 한다.

19 전자기 유도

선택지 비율	① 9%	② 16%	③ 16%	④ 13%	❺ 43%

2020년 7월 교육청 20번 | 정답 ⑤ | 문제편 73p

출제 의도 단위 시간당 도선의 단면을 통과하는 자기 선속의 변화에 따라 유도 전류의 세기와 방향을 찾는 문항이다.

그림은 xy평면에 수직인 방향의 균일한 자기장 영역 Ⅰ, Ⅱ의 경계에서 변의 길이가 $4d$인 동일한 정사각형 도선 A, B, C가 각각 일정한 속력 v, v, $2v$로 직선 운동하는 어느 순간의 모습을 나타낸 것이다. A, B, C는 각각 $-y$, $+x$, $+y$ 방향으로 운동한다. Ⅰ과 Ⅱ에서 자기장의 방향은 서로 반대이고 A와 B에 흐르는 유도 전류의 세기는 같다.

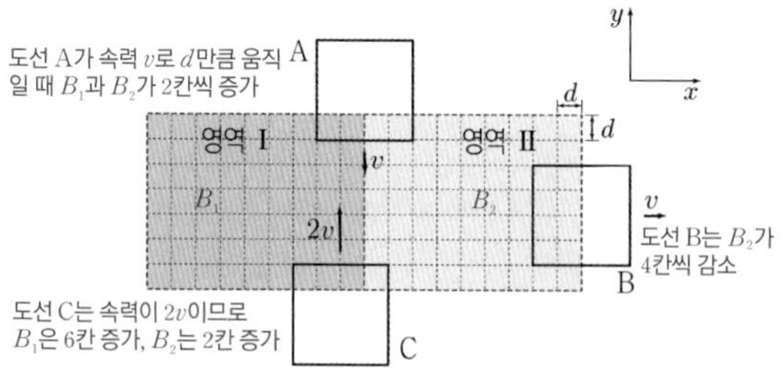

이에 대한 설명으로 옳은 것만을 〈보기〉에서 있는 대로 고른 것은? (단, 모눈 눈금은 동일하고, A, B, C 사이의 상호 작용은 무시한다.) [3점]

보기

ㄱ. 자기장의 세기는 Ⅰ에서가 Ⅱ에서의 3배이다.
ㄴ. 유도 전류의 방향은 A에서와 B에서가 같다.
ㄷ. 유도 전류의 세기는 C에서가 A에서의 4배이다.

① ㄱ ② ㄴ ③ ㄱ, ㄷ ④ ㄴ, ㄷ ⑤ ㄱ, ㄴ, ㄷ

✔ 자료 해석

- A와 B에 흐르는 유도 전류의 세기가 같으므로 단위 시간당 A, B의 자기 선속 변화량이 같다.
  - Ⅰ, Ⅱ에서 자기장의 세기를 B_1, B_2라 할 때, B_1과 B_2는 서로 반대 방향이므로, A의 자기 선속 변화는 $B_1\times2-B_2\times2$, B의 자기 선속 변화는 $B_2\times4$이다.
- A의 자기 선속 변화량을 $(B_1\times2-B_2\times2)\times d^2$이라고 할 때 C의 자기 선속 변화량은 $(B_1\times3-B_2)\times2d^2$이다.

○ 보기풀이 ㄱ. 영역 Ⅰ, Ⅱ에서 자기장의 방향이 반대이고 A와 B에 흐르는 유도 전류의 세기가 같으므로, Ⅰ, Ⅱ에서 자기장의 세기를 B_1, B_2라 할 때 $B_1\times2-B_2\times2=B_2\times4$에서 $B_2=\frac{B_1}{3}$이다.

ㄴ. Ⅰ에서 자기장의 방향을 xy평면에서 수직으로 나오는 방향이라고 하면, A, B에 흐르는 유도 전류의 방향은 시계 방향으로 같다. 영역 Ⅰ, Ⅱ의 자기장 방향을 반대로 가정하여도 A, B에 흐르는 유도 전류의 방향은 같다.

ㄷ. A, C를 통과하는 자기 선속의 변화량의 비는 $\left(B_1\times2-\frac{B_1}{3}\times2\right)\times d^2$: $\left(B_1\times3-\frac{B_1}{3}\right)\times2d^2=1:4$이므로 유도 전류의 세기는 C에서가 A에서의 4배이다.

문제풀이 Tip

세기와 방향이 다른 두 자기장 영역에 걸쳐서 도선 A, B, C가 속력과 방향이 다른 운동을 하는 복잡한 조건의 문제이지만 각 도선마다 단위 시간당 자기 선속의 변화를 구하면 유도 전류의 방향과 세기를 비교할 수 있다.

선택지 비율	① 3%	② 4%	③ 5%	④ 12%	❺ 74%

20 전자기 유도와 물질의 자성

2020년 4월 교육청 12번 | 정답 ⑤ | 문제편 73p

출제 의도 자성체의 성질과 전자기 유도에 대한 내용을 함께 물어보는 문항이다.

다음은 물체의 자성을 알아보기 위한 실험이다.

[실험 과정]

(가) 자기화되어 있지 않은 물체 A, B, C에 각각 막대자석을 가까이하여 물체의 움직임을 관찰한다. A, B, C는 강자성체, 상자성체, 반자성체를 순서 없이 나타낸 것이다.

(나) 막대자석을 제거하고 A, B, C를 각각 원형 도선에 통과시켜 유도 전류의 발생 유무를 관찰한다.

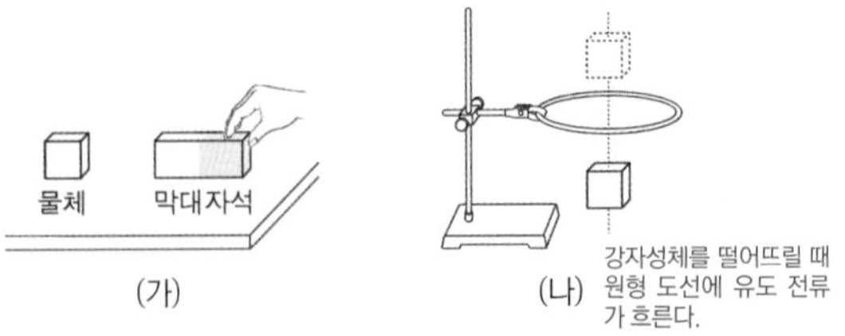

[실험 결과]

외부 자기장과 반대 방향으로 자기화됨

물체	(가)의 결과	(나)의 결과
A 반자성체	자석에서 밀린다.	㉠
B 강자성체	자석에 끌린다.	흐른다.
C 상자성체	자석에 끌린다.	흐르지 않는다.

이에 대한 설명으로 옳은 것만을 〈보기〉에서 있는 대로 고른 것은? [3점]

보기

ㄱ. '흐르지 않는다.'는 ㉠으로 적절하다.
ㄴ. B는 외부 자기장의 방향과 같은 방향으로 자기화된다.
ㄷ. C는 상자성체이다.

① ㄱ ② ㄴ ③ ㄱ, ㄷ ④ ㄴ, ㄷ ⑤ ㄱ, ㄴ, ㄷ

✓ 자료 해석

- 반자성체는 외부 자기장과 반대 방향으로 자기화되고, 외부 자기장을 제거하면 자성이 바로 사라진다.
  - (가)에서 A가 자석에서 밀리므로 A는 반자성체이다. (나)에서 A를 통과시킬 때 자기 선속의 변화가 없어 원형 도선에 유도 전류가 흐르지 않는다.
- 강자성체는 외부 자기장의 방향으로 자기화되고, 외부 자기장이 사라져도 자성을 유지한다.
  - (가)에서 자석에 끌리고, (나)에서 원형 도선을 통과할 때 유도 전류를 흐르게 하므로 B는 강자성체이다.
- 상자성체는 외부 자기장의 방향으로 자기화되었다가 자기장이 사라지면 자성을 잃는다.
  - (가)에서 자석에 끌리고, (나)의 원형 도선에 유도 전류가 흐르지 않으므로 C는 상자성체이다.

○ 보기 풀이 ㄱ. 자석에 밀리는 성질을 가진 A는 반자성체이다. 반자성체는 외부 자기장이 없으면 자성이 바로 사라지므로 '흐르지 않는다.'는 ㉠으로 적절하다.

ㄴ. (나)에서 B가 원형 도선을 통과할 때 원형 도선에 유도 전류가 흐르므로 B는 강자성체이다. 강자성체는 외부 자기장의 방향과 같은 방향으로 자기화된다.

ㄷ. (가)에서 C가 자석에 끌리고, (나)에서 C가 원형 도선을 통과할 때 원형 도선에 유도 전류가 흐르지 않으므로 C는 상자성체이다.

문제풀이 Tip

강자성체, 상자성체, 반자성체의 성질을 정확히 알고 있어야 각 자성체를 운동시킬 때 자기 선속의 변화가 일어나서 도선에 유도 전류가 흐르는지를 판별할 수 있다.

선택지 비율	① 3%	② 3%	❸ 83%	④ 3%	⑤ 5%

21 전자기 유도

2020년 3월 교육청 8번 | 정답 ③ | 문제편 73p

출제 의도 무선 충전의 원리를 전자기 유도로 설명할 수 있는지 묻는 문항이다.

그림은 휴대 전화를 무선 충전기 위에 놓고 충전하는 모습을 나타낸 것이다. 코일 A, B는 각각 무선 충전기와 휴대 전화 내부에 있고, A에 흐르는 전류의 세기 I는 주기적으로 변한다. 이에 대한 옳은 설명만을 〈보기〉에서 있는 대로 고른 것은?

코일에 흐르는 전류에 의한 자기장의 세기도 변한다.

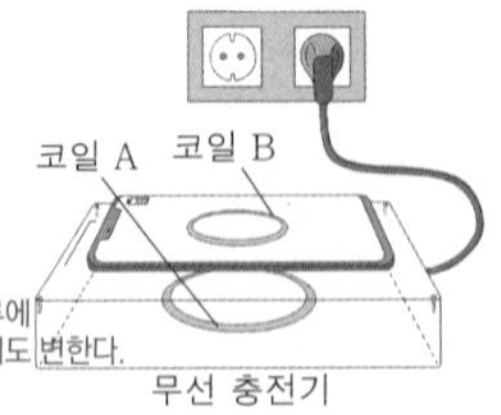

보기

ㄱ. I가 증가할 때 B에 유도 전류가 흐른다.
ㄴ. I가 감소할 때 B에 유도 전류가 ~~흐르지 않는다.~~ 흐른다.
ㄷ. 무선 충전은 전자기 유도 현상을 이용한다.

① ㄱ ② ㄴ ③ ㄱ, ㄷ ④ ㄴ, ㄷ ⑤ ㄱ, ㄴ, ㄷ

✓ 자료 해석

- 무선 충전기 내부의 코일 A에 흐르는 전류의 세기가 주기적으로 변하므로 코일 A에 흐르는 전류에 의한 자기장이 주기적으로 변한다.
- 코일 A와 마주 보고 있는 휴대 전화 내부의 코일 B를 통과하는 자기장이 변하므로 B에 유도 전류가 흐른다.
- B에 흐르는 전류로 휴대 전화의 배터리를 충전한다.

○ 보기 풀이 ㄱ. I가 변할 때 생기는 자기장의 변화를 방해하는 방향으로 B에 유도 전류가 흐른다.

ㄷ. 무선 충전은 두 코일 사이의 전자기 유도 현상을 이용한다.

× 매력적 오답 ㄴ. I가 감소할 때도 자기장이 변하므로 코일 B에 유도 전류가 흐른다.

문제풀이 Tip

유도 전류는 코일을 통과하는 자기 선속이 변할 때만 발생한다는 것을 이해하고 있어야 한다.

선택지 비율	❶ 85%	② 2%	③ 2%	④ 2%	⑤ 5%

22 전자기 유도

2020년 4월 교육청 13번 | 정답 ① | 문제편 74p

출제 의도 자가발전 손전등에 불이 켜지는 원리를 전자기 유도로 설명할 수 있는지 알아보는 문항이다.

다음은 자가발전 손전등에 대한 설명이다.

- 자가발전 손전등은 자석의 운동에 의해 코일에 유도 전류가 발생하여 전구에서 불이 켜지는 장치이다.
- 그림에서 자석이 코일에 가까워지면 자석에 의해 코일을 통과하는 자기 선속이 증가하고, 코일에는 (가) 방향으로 유도 전류가 흐른다.

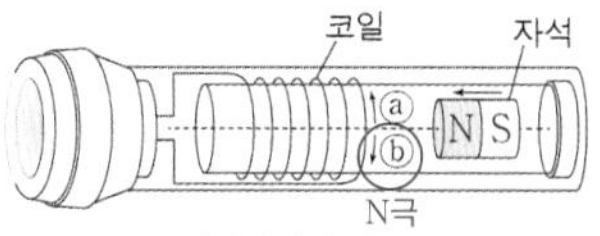

<자가발전 손전등>

이에 대한 설명으로 옳은 것만을 〈보기〉에서 있는 대로 고른 것은?

보기

ㄱ. 자가발전 손전등은 전자기 유도 현상을 이용한다. 손전등을 흔들 때 자석이 움직이면서 자기장의 변화가 일어나므로 코일에 유도 전류가 흐른다.

ㄴ. (가)는 ⓐ이다. ⓑ

ㄷ. 자석이 코일에 가까워지면 자석과 코일 사이에는 서로 당기는 자기력이 작용한다. └ 밀어내는

① ㄱ ② ㄴ ③ ㄱ, ㄷ ④ ㄴ, ㄷ ⑤ ㄱ, ㄴ, ㄷ

✓ 자료 해석

- 자석의 N극이 코일 쪽에 가까워질 때 코일 내부를 통과하는 자기 선속의 증가를 방해하는 방향으로 유도 전류가 흐르므로, 코일의 오른쪽이 N극이 된다.
- 코일의 자기장 방향으로 오른손의 엄지손가락을 향하게 하면 네 손가락이 감아쥐는 방향이 전류의 방향이 된다.

○ 보기 풀이 ㄱ. 자가발전 손전등에서 자석의 운동에 의해 코일을 통과하는 자기 선속이 변하고 코일에 유도 전류가 흐르므로 자가발전 손전등은 전자기 유도 현상을 이용한 장치이다.

× 매력적 오답 ㄴ. 코일의 오른쪽이 N극이므로 오른손의 엄지 손가락을 일치시키면 네 손가락이 감아쥐는 방향인 ⓑ방향으로 유도 전류가 흐른다.

ㄷ. 자석이 코일에 가까워지면 자석에 가까운 코일에 같은 극이 유도되므로 코일과 자석 사이에는 서로 밀어내는 자기력이 작용한다.

문제풀이 Tip

전자기 유도의 원리를 이용한 자가발전 손전등에 유도 전류가 흐르는 원리를 정확하게 알아 두자.

선택지 비율	① 3%	② 4%	③ 7%	④ 4%	❺ 80%

23 전자기 유도

2019년 10월 교육청 9번 | 정답 ⑤ | 문제편 74p

출제 의도 금속 고리를 통과하는 자기 선속의 변화율과 유도 전류의 방향과 세기를 비교하여 자기장의 세기와 방향을 유추하는 문항이다.

그림과 같이 동일한 정사각형 금속 고리 A, B가 종이면에 수직인 방향의 균일한 자기장 영역 Ⅰ, Ⅱ를 일정한 속력 v로 서로 반대 방향으로 통과한다. p, q, r는 영역의 경계면이다. Ⅰ에서 자기장의 세기는 B_0이고, A의 중심이 p, q를 지날 때 A에 흐르는 유도 전류의 세기와 방향은 각각 같다. p, q를 지날 때 자기 선속 변화율이 같다.

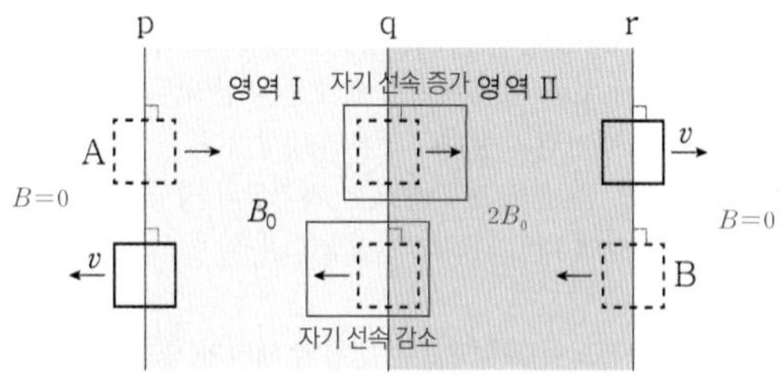

이에 대한 옳은 설명만을 〈보기〉에서 있는 대로 고른 것은? (단, A와 B의 상호 작용은 무시한다.) [3점]

보기

ㄱ. Ⅱ에서 자기장의 세기는 $2B_0$이다.

ㄴ. A에 흐르는 유도 전류의 세기는 A의 중심이 r를 지날 때 (자기장 변화 $2B_0 \rightarrow 0$)가 p를 지날 때의 2배이다. 자기장 변화 $0 \rightarrow B_0$

ㄷ. A와 B의 중심이 각각 q를 지날 때 A와 B에 흐르는 유도 전류의 방향은 서로 반대이다.

① ㄱ ② ㄷ ③ ㄱ, ㄴ ④ ㄴ, ㄷ ⑤ ㄱ, ㄴ, ㄷ

✓ 자료 해석

- A의 중심이 p와 q를 지날 때 A에 흐르는 유도 전류의 세기와 방향이 같다.
  - p를 지날 때 금속 고리를 지나는 자기장의 변화가 $0 \rightarrow B_0$이므로, q를 지날 때 자기장의 변화는 $B_0 \rightarrow 2B_0$이다.
- A의 중심이 r을 지날 때 자기장의 변화는 $2B_0 \rightarrow 0$이고, p를 지날 때 자기장의 변화는 $0 \rightarrow B_0$이다.
- A의 중심이 q를 지날 때는 자기 선속이 증가하고, B의 중심이 q를 지날 때는 자기 선속이 감소한다.

○ 보기 풀이 ㄱ. A의 중심이 p, q를 지날 때 자기 선속의 변화율이 같아야 하므로 Ⅱ에서 자기장의 방향은 Ⅰ에서와 같고 세기는 $2B_0$이다.

ㄴ. A의 중심이 r을 지날 때 자기장의 변화는 $2B_0 \rightarrow 0$으로, p를 지날 때의 2배이다.

ㄷ. q를 지날 때 A에서는 자기 선속이 증가하고 B에서는 자기 선속이 감소하므로 유도 전류의 방향은 서로 반대이다.

문제풀이 Tip

A의 중심이 p, q를 지날 때 A에 흐르는 유도 전류의 세기와 방향이 각각 같다는 것으로부터 영역 Ⅰ과 Ⅱ의 자기장의 방향과 같고 Ⅱ에서 자기장의 세기가 $2B_0$임을 유추할 수 있어야 한다.

Part Ⅰ 교육청

선택지 비율	① 3%	② 21%	③ 6%	❹ 59%	⑤ 8%

24 전자기 유도

2019년 7월 교육청 7번 | 정답 ④ | 문제편 74p

출제 의도 빗면을 따라 미끄러져 내려온 자석이 솔레노이드를 통과할 때 받는 힘의 방향과 유도 전류의 방향, 자석의 속력, 역학적 에너지 등을 묻는 문항이다.

그림은 빗면 위의 점 p에 가만히 놓은 자석 A가 빗면을 따라 내려와 수평인 직선 레일에 고정된 솔레노이드의 중심축을 통과한 것을 나타낸 것이다. a, b, c는 직선 레일 위의 점이다.

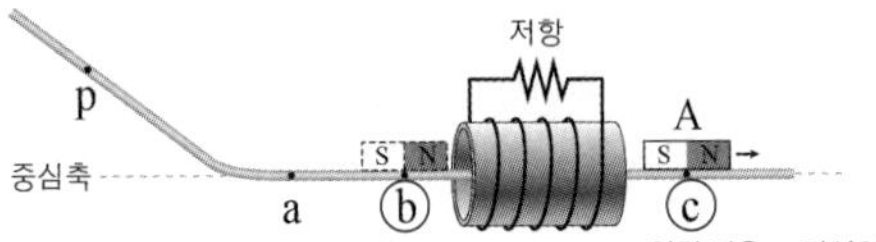

척력 작용 → 자석의 속력 감소　　인력 작용 → 자석의 속력 감소

이에 대한 설명으로 옳은 것만을 〈보기〉에서 있는 대로 고른 것은? (단, A의 크기와 모든 마찰은 무시한다.)

보기

ㄱ. A는 a에서 b까지 ~~등속도~~ 운동한다. 속력이 감소하는

ㄴ. 솔레노이드가 A에 작용하는 자기력의 방향은 A가 b를 지날 때와 c를 지날 때가 같다. 왼쪽 방향

ㄷ. 솔레노이드에 흐르는 유도 전류의 방향은 A가 b를 지날 때와 c를 지날 때가 반대이다.

① ㄱ　② ㄷ　③ ㄱ, ㄴ　④ ㄴ, ㄷ　⑤ ㄱ, ㄴ, ㄷ

✓ 자료 해석

- A가 b를 지날 때 솔레노이드 쪽으로 가까워지는 자석의 운동을 방해하는 방향의 유도 자기장이 생기므로 솔레노이드와 자석 사이에 미는 힘이 작용한다.
  - A의 속력이 점점 감소한다.
- A가 c를 지날 때 솔레노이드에서 멀어지는 자석의 운동을 방해하는 방향으로 유도 자기장이 생기므로 솔레노이드와 자석 사이에 당기는 힘이 작용한다.
  - A의 속력이 점점 감소한다.

O 보기풀이 ㄴ. A에 작용하는 자기력의 방향은 자석의 운동을 방해하는 방향이므로 A가 a에서 c까지 운동하는 동안 A에 작용하는 자기력의 방향은 왼쪽이다.

ㄷ. 렌츠 법칙을 적용하면 A가 b를 지날 때 솔레노이드의 왼쪽이 N극이 되도록 유도 전류가 흐르고, c를 지날 때 오른쪽이 N극이 되도록 유도 전류가 흐른다.

× 매력적 오답 ㄱ. A가 a에서 c까지 운동하는 동안 운동을 방해하는 방향으로 자기력이 작용하므로 A의 속력은 점점 감소한다.

문제풀이 Tip

자석이 솔레노이드에 가까워질 때나 멀어질 때 항상 자석의 운동을 방해하는 방향의 유도 전류가 흐른다는 사실을 이해하고 있어야 한다.

선택지 비율	① 18%	② 6%	❸ 57%	④ 4%	⑤ 12%

25 전자기 유도

2019년 4월 교육청 7번 | 정답 ③ | 문제편 74p

출제 의도 솔레노이드에 의한 자기장을 변화시킬 때 금속 고리에 유도되는 전류의 방향과 세기를 이해하고 있는지 묻는 문항이다.

그림과 같이 솔레노이드와 금속 고리를 고정한 후, 솔레노이드에 흐르는 전류의 세기를 증가시켰더니 금속 고리에 a 방향으로 유도 전류가 흐른다.

자기장의 세기 증가　아래 방향의 자기 선속 증가

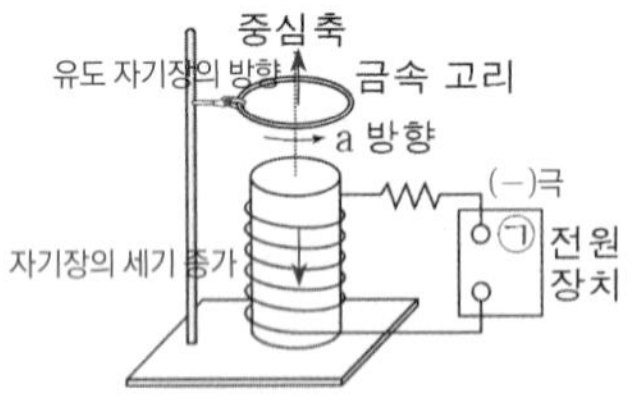

이에 대한 설명으로 옳은 것만을 〈보기〉에서 있는 대로 고른 것은?

보기

ㄱ. 금속 고리를 통과하는 솔레노이드에 흐르는 전류에 의한 자기 선속은 증가한다.

ㄴ. 전원 장치의 단자 ㉠은 (−)극이다.

ㄷ. 금속 고리와 솔레노이드 사이에는 ~~당기는~~ 자기력이 작용한다. 밀어내는

① ㄱ　② ㄷ　③ ㄱ, ㄴ　④ ㄴ, ㄷ　⑤ ㄱ, ㄴ, ㄷ

✓ 자료 해석

- 금속 고리에 흐르는 유도 전류가 a 방향이므로, 이때 자기장의 방향은 위쪽이다.
  - 솔레노이드에 의한 자기장의 변화를 방해하는 방향으로 자기장이 생기므로 솔레노이드에 의한 자기장은 아래쪽으로 증가하였다.
  - 솔레노이드에 의한 자기장 방향에 오른손 엄지손가락을 일치시키면 네 손가락이 감아쥐는 방향이 전류의 방향이다.
- 금속 고리에 흐르는 유도 전류에 의한 자기장의 방향(위쪽)과 솔레노이드에 흐르는 전류에 의한 자기장의 방향(아래쪽)은 서로 반대 방향이다.

O 보기풀이 ㄱ. 솔레노이드에 흐르는 전류의 세기가 증가할수록 금속 고리를 통과하는 자기 선속은 증가한다.

ㄴ. 금속 고리에 a 방향으로 유도 전류가 흐르므로 솔레노이드에 흐르는 전류에 의한 금속 고리를 통과하는 자기장은 아래 방향으로 세기가 증가함을 알 수 있다. 따라서 전원 장치의 단자 ㉠은 (−)극이다.

× 매력적 오답 ㄷ. 금속 고리와 솔레노이드 사이에는 서로 미는 자기력이 작용한다.

문제풀이 Tip

금속 고리에 유도된 전류의 방향으로부터 솔레노이드에 흐르는 전류의 방향을 유추할 수 있어야 한다.

01 파동의 성질과 간섭

1 물결파의 굴절

선택지 비율	① 18%	② 4%	❸ 67%	④ 5%	⑤ 7%

2024년 10월 교육청 12번 | 정답 ③ | 문제편 80p

출제 의도 깊이에 따른 물결파의 속력과 물결파가 굴절할 때 입사각과 굴절각의 관계, 속력 변화에 대해 아는지 확인하는 문항이다.

다음은 물결파에 대한 실험이다.

[실험 과정]

(가) 그림과 같이 물결파 실험 장치의 영역 Ⅱ에 사다리꼴 모양의 유리판을 넣은 후 물을 채운다. 깊이가 얕아진다.

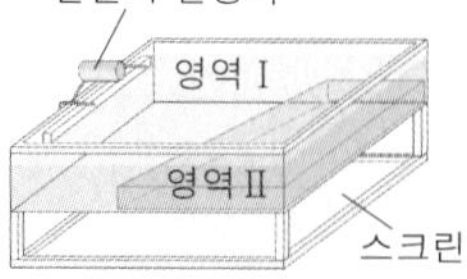

(나) 영역 Ⅰ에서 일정한 진동수의 물결파를 발생시켜 스크린에 투영된 물결파의 무늬를 관찰한다.

(다) (가)에서 유리판의 위치만을 Ⅱ에서 Ⅰ로 옮긴 후 (나)를 반복한다.

[실험 결과] 파장 짧아짐 → 속력 감소

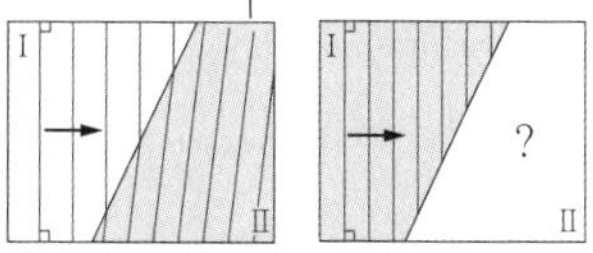

(나)의 결과 (다)의 결과

* 화살표는 물결파의 진행 방향을 나타낸다.
* 색칠된 부분은 유리판을 넣은 영역을 나타낸다.

이에 대한 옳은 설명만을 〈보기〉에서 있는 대로 고른 것은? [3점]

보기

ㄱ. (나)에서 물결파의 속력은 Ⅰ에서가 Ⅱ에서보다 크다.

ㄴ. Ⅰ과 Ⅱ의 경계면에서 물결파의 굴절각은 (나)에서가 (다)에서보다 작다.

ㄷ. 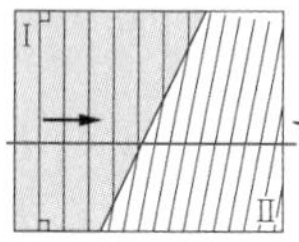 은 (다)의 결과로 적절하다. Ⅱ에서 파장이 더 커진다.

① ㄱ ② ㄷ ③ ㄱ, ㄴ ④ ㄴ, ㄷ ⑤ ㄱ, ㄴ, ㄷ

✓ 자료 해석

- (나)의 결과에서 파면 사이의 간격은 파장을 의미한다. → 물결파가 깊은 곳에서 얕은 곳으로 진행할 때 파장이 짧아진다. → 물결파의 진동수는 일정하므로 물결파가 얕은 곳으로 진행할 때 속력이 느려진다.
- 물결파가 굴절할 때 입사각과 굴절각의 sin값의 비는 속력의 비와 같다. → $\frac{\sin i}{\sin r}=\frac{v_1}{v_2}$($i$: 입사각, r: 굴절각)이므로 속력이 커지면(빨라지면) 굴절각이 입사각보다 크고, 속력이 작아지면(느려지면) 굴절각이 입사각보다 작다.

○ 보기 풀이 ㄱ. (나)에서 유리판이 놓인 Ⅱ에서의 수심이 Ⅰ에서보다 얕다. 물결파의 속력은 수심이 깊을수록 빠르므로 물결파의 속력은 Ⅰ에서가 Ⅱ에서보다 크다.

ㄴ. (나)에서 물결파는 깊은 곳에서 얕은 곳으로 굴절하므로 속력이 느려진다. 한편 (다)에서는 유리판을 Ⅰ로 옮겼으므로 Ⅰ에서의 수심이 Ⅱ에서보다 얕다. 따라서 물결파가 얕은 곳에서 깊은 곳으로 진행하며 속력이 빨라진다. 파동이 굴절할 때 입사각과 굴절각의 sin값의 비는 속력의 비와 같으므로 (나)에서는 굴절각이 입사각보다 작고, (다)에서는 굴절각이 입사각보다 크다. (나), (다)에서 입사각은 동일하므로 굴절각은 (나)에서가 (다)에서보다 작다.

× 매력적 오답 ㄷ. (다)에서는 수심이 얕은 곳에서 깊은 곳으로 진행하므로 속력이 빨라진다. 따라서 파장이 길어지므로 파면 사이의 간격이 길어진다.

문제풀이 Tip

물결파는 수심이 깊을수록 속력이 빠르고, 물결파가 굴절할 때 진동수(주기)는 변하지 않는다. 따라서 물결파가 굴절할 때 파장의 변화가 생기는 것을 알고 있어야 한다.

선택지 비율	① 4%	② 3%	③ 3%	❹ 88%	⑤ 2%

2 파동의 간섭

2024년 10월 교육청 8번 | 정답 ④ | 문제편 80 p

출제 의도 파동의 간섭이 일어나는 조건을 알고, 보강 간섭과 상쇄 간섭이 번갈아 나타나는 것을 아는지 묻는 문항이다.

그림과 같이 진폭과 진동수가 동일한 소리를 일정하게 발생시키는 스피커 A와 B를 $x=0$으로부터 같은 거리만큼 떨어진 x축상의 지점에 각각 고정시키고, 소음 측정기로 x축상에서 위치에 따른 소리의 세기를 측정하였다. $x=0$에서 상쇄 간섭이 일어나고, $x=0$으로부터 첫 번째 상쇄 간섭이 일어난 지점까지의 거리는 $2d$이다.

A, B에서 발생한 소리의 위상은 반대

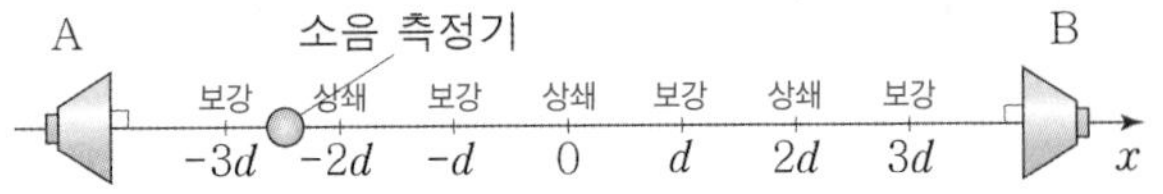

이에 대한 옳은 설명만을 〈보기〉에서 있는 대로 고른 것은? (단, 소음 측정기와 A, B의 크기는 무시한다.)

보기

ㄱ. $x=0$과 $x=-2d$ 사이에 보강 간섭이 일어나는 지점이 있다.

ㄴ. 소리의 세기는 $x=0$에서가 $x=3d$에서보다 작다.

ㄷ. A와 B에서 발생한 소리는 $x=0$에서 ~~같은 위상~~(반대 위상)으로 만난다.

① ㄱ ② ㄴ ③ ㄷ ④ ㄱ, ㄴ ⑤ ㄴ, ㄷ

✓ 자료 해석

- $x=0$에서 상쇄 간섭이 일어난다. → A, B는 서로 반대 위상으로 만난다.
  → $x=0$은 A, B로부터 경로차가 0인 지점이므로 A, B에서 발생한 소리의 위상은 반대이다.
- $x=0$, $x=2d$에서 상쇄 간섭이 일어난다. → 보강 간섭과 상쇄 간섭은 번갈아 나타나므로 $x=d$에서 보강 간섭이 일어난다.

○ 보기풀이 ㄱ. 상쇄 간섭이 일어나는 지점 사이에는 보강 간섭이 일어난다. $x=0$, $x=2d$, $x=-2d$에서 상쇄 간섭이 일어나므로 $x=d$, $x=-d$에서는 보강 간섭이 일어난다.

ㄴ. $x=0$에서는 상쇄 간섭, $x=3d$에서는 보강 간섭이 일어나므로 소리의 세기는 $x=0$에서가 $x=3d$에서보다 작다.

× 매력적 오답 ㄷ. $x=0$에서 상쇄 간섭이 일어나므로 A와 B는 서로 반대 위상으로 만난다.

문제풀이 Tip

경로차가 0인 지점에서 상쇄 간섭이 일어나므로 A, B는 서로 반대 위상으로 소리를 발생시킨다. 이 경우 경로차가 반파장$\left(\frac{1}{2}\lambda\right)$의 짝수 배인 지점에서는 상쇄 간섭, 반파장$\left(\frac{1}{2}\lambda\right)$의 홀수 배인 지점에서는 보강 간섭이 일어난다.

선택지 비율	① 2%	② 1%	③ 6%	④ 3%	❺ 89%

3 소리의 간섭

2024년 7월 교육청 13번 | 정답 ⑤ | 문제편 80 p

출제 의도 보강 간섭과 상쇄 간섭이 일어나는 조건을 이해하고 있는지 묻는 문항이다.

그림과 같이 스피커 A, B에서 진폭과 진동수가 동일한 소리를 발생시키면 점 O에서 보강 간섭이 일어나고, 점 P에서는 상쇄 간섭이 일어난다.

이에 대한 설명으로 옳은 것만을 〈보기〉에서 있는 대로 고른 것은? (단, 스피커의 크기는 무시한다.)

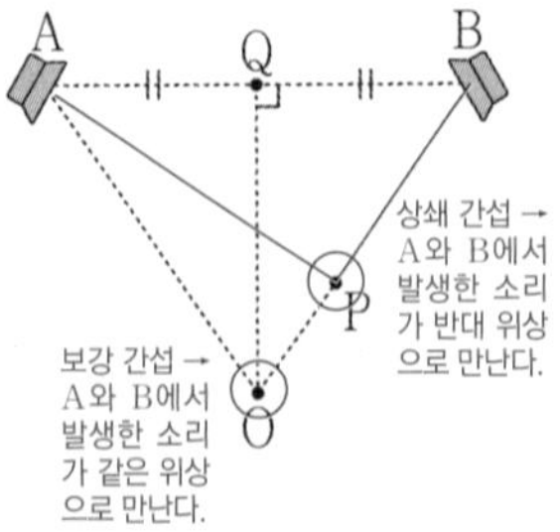

보기

ㄱ. A와 B에서 같은 위상으로 소리가 발생한다.

ㄴ. A와 B에서 발생한 소리는 점 Q에서 보강 간섭한다.

ㄷ. B에서 발생하는 소리의 위상만을 반대로 하면 A와 B에서 발생한 소리가 P에서 보강 간섭한다.

① ㄱ ② ㄷ ③ ㄱ, ㄴ ④ ㄴ, ㄷ ⑤ ㄱ, ㄴ, ㄷ

✓ 자료 해석

- 두 스피커에서 동일한 진동수와 진폭으로 소리가 발생할 때 같은 위상으로 만나는 지점에서는 보강 간섭이 일어나고, 반대 위상으로 만나는 지점에서는 상쇄 간섭이 일어난다.

○ 보기풀이 ㄱ. O는 A와 B로부터 같은 거리만큼 떨어진 지점이다. 이 지점에서 보강 간섭이 일어나므로 A와 B에서 발생하는 소리의 위상은 서로 같다.

ㄴ. Q는 A와 B로부터 같은 거리만큼 떨어진 지점이다. A와 B에서 같은 위상으로 발생한 소리는 Q에서 같은 위상으로 만나므로 보강 간섭이 일어난다.

ㄷ. P는 A와 B에서 발생한 소리가 반대 위상으로 만나 상쇄 간섭이 일어나는 지점이다. 이때 B에서 발생한 소리의 위상만을 반대로 하면 P에서는 A와 B에서 발생한 소리가 같은 위상으로 만나므로 보강 간섭이 일어난다.

문제풀이 Tip

보강 간섭은 같은 위상으로 만나 변위가 커지는 현상, 상쇄 간섭은 반대 위상으로 변위가 작아지는 현상임을 기억해 두자.

선택지 비율	① 2%	❷ 76%	③ 6%	④ 9%	⑤ 7%

4 파동의 진행

2024년 7월 교육청 10번 | 정답 ② | 문제편 81p

출제 의도 주어진 조건과 그래프의 개형으로부터 파동의 진행 방향을 찾고 변위-위치 그래프를 해석할 수 있는지 확인하는 문항이다.

그림 (가), (나)는 시간 $t=0$일 때, x축과 나란하게 진행하는 파동 A, B의 변위를 각각 위치 x에 따라 나타낸 것이다. A와 B의 진행 속력은 1 cm/s로 같다. (가)의 $x=x_1$에서의 변위와 (나)의 $x=x_2$에서의 변위는 y_0으로 같다. $t=0.1$초일 때, $x=x_1$에서의 변위는 y_0보다 작고, $x=x_2$에서의 변위는 y_0보다 크다.

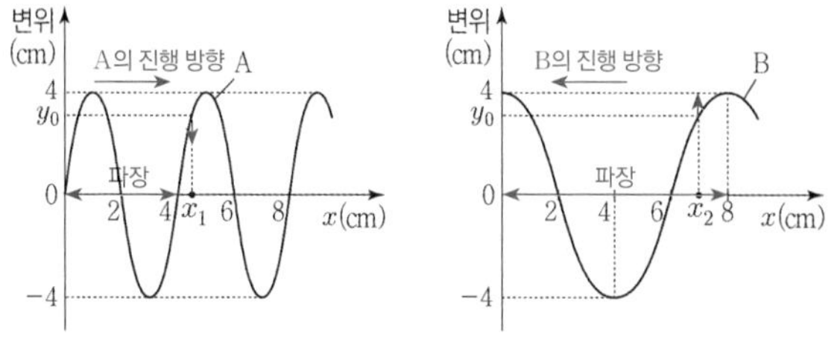

(가) (나)

이에 대한 설명으로 옳은 것만을 〈보기〉에서 있는 대로 고른 것은? [3점]

보기
ㄱ. 주기는 A가 B의 ~~2배~~이다. $\frac{1}{2}$배
ㄴ. B의 진행 방향은 $-x$방향이다.
ㄷ. $t=0.5$초일 때, $x=x_1$에서 A의 변위는 4 cm~~이다~~. 보다 작다.

① ㄱ ② ㄴ ③ ㄷ ④ ㄱ, ㄴ ⑤ ㄴ, ㄷ

✔ 자료 해석

- (가)에서 A의 파장은 4 cm, (나)에서 B의 파장은 8 cm이다.
- (가)에서 0.1초 후 $x=x_1$에서 변위가 y_0보다 작으려면 그래프 개형이 현재보다 $+x$방향으로 이동해야 한다. → A의 진행 방향은 $+x$방향이다.
- (나)에서 0.1초 후 $x=x_2$에서 변위가 y_0보다 크려면 그래프 개형이 현재보다 $-x$방향으로 이동해야 한다. → B의 진행 방향은 $-x$방향이다.

○ 보기풀이 ㄴ. $t=0.1$초일 때 $x=x_2$에서 B의 변위가 y_0보다 크므로 B의 진행 방향은 $-x$방향이다.

× 매력적 오답 ㄱ. A의 파장은 4 cm, B의 파장은 8 cm이다. 파동의 진행 속력이 같을 때 파장과 주기는 비례 관계이므로 주기는 B가 A의 2배이다.
ㄷ. $t=0.1$초일 때 $x=x_1$에서 A의 변위가 y_0보다 작으므로 A의 진행 방향은 $+x$방향이다. A의 속력은 1 cm/s이므로 A는 0.5초 동안 0.5 cm만큼 이동한다. 따라서 $x=x_1$에서 A의 변위는 4 cm보다 작다.

문제풀이 Tip
A의 변위가 4 cm일 때는 마루일 때이다. $t=0$일 때 $x=x_1$에서 A의 변위가 y_0이고 골이 다가오고 있으므로 이 위치에서 마루가 되려면 적어도 주기에 가까운 시간이 지나야 한다.

선택지 비율	① 2%	❷ 40%	③ 4%	④ 49%	⑤ 7%

5 파동의 진행

2024년 5월 교육청 6번 | 정답 ② | 문제편 81p

출제 의도 파동의 변위-위치 그래프를 해석하여 파동의 진행을 설명하고, 시간이 지난 후의 파동의 진행 모습을 그릴 수 있는지 확인하는 문항이다.

그림은 시간 $t=0$일 때, 매질 A, B에서 x축과 나란하게 한쪽 방향으로 진행하는 파동의 변위 y를 위치 x에 따라 나타낸 것으로, 점 P와 Q는 x축상의 지점이다. A에서 파동의 진행 속력은 1 cm/s이고, $t=1$초일 때 Q에서 매질의 운동 방향은 $-y$방향이다.

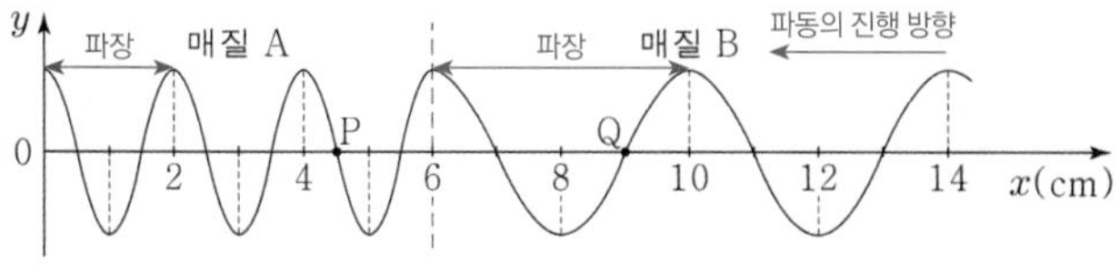

이에 대한 설명으로 옳은 것만을 〈보기〉에서 있는 대로 고른 것은? [3점]

보기
ㄱ. B에서 파동의 진행 속력은 ~~4 cm/s~~이다. 2 cm/s
ㄴ. P에서 파동의 변위는 $t=0$일 때와 $t=2$초일 때가 같다.
ㄷ. 파동의 진행 방향은 ~~$+x$방향~~이다. $-x$방향

① ㄱ ② ㄴ ③ ㄱ, ㄷ ④ ㄴ, ㄷ ⑤ ㄱ, ㄴ, ㄷ

✔ 자료 해석

- 매질 A에서의 파장은 2 cm이고, 매질 B에서의 파장은 4 cm이다.
- 서로 다른 매질에서 파동이 진행할 때, 파동의 진동수는 변하지 않는다.

○ 보기풀이 ㄴ. 매질 A에서 파동의 진행 속력은 1 cm/s이고, 파장은 2 cm이므로 파동의 주기는 $\frac{2\text{ cm}}{1\text{ cm/s}}=2\text{ s}$이다. 주기는 매질의 한 점이 같은 위치로 되돌아올 때까지 걸린 시간이므로 P에서 파동의 변위는 0초일 때와 2초일 때가 같다.

× 매력적 오답 ㄱ. 매질이 바뀌어도 파동의 진동수는 바뀌지 않으므로 주기가 같다. 따라서 B에서 주기는 2초이고, 파장은 4 cm이므로 파동의 진행 속력은 $\frac{4\text{ cm}}{2\text{ s}}=2\text{ cm/s}$이다.
ㄷ. B의 Q에서 1초$\left(=\frac{1}{2}\text{주기}\right)$가 지났을 때는 파동이 2 cm(=반파장)만큼 이동한 후이다. 따라서 파동이 2 cm 이동한 상태에서 매질의 운동 방향이 $-y$방향이려면 파동의 진행 방향은 $-x$방향이다.

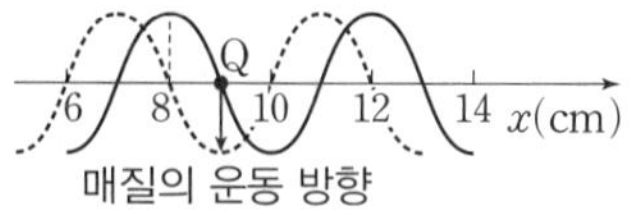

문제풀이 Tip
Q에서 매질의 운동 방향이 $t=0$일 때가 아니라 $t=1$초일 때의 운동 방향이므로 파동이 반파장 이동한 상태를 기준으로 파동의 진행 방향을 찾아야 한다.

선택지 비율	① 6%	② 3%	③ 28%	④ 4%	⑤ 59%

6 물결파의 간섭

2024년 5월 교육청 15번 | 정답 ⑤ | 문제편 81 p

출제 의도 물결파의 변위로 물결파의 간섭을 설명할 수 있는지 확인하고, 보강 간섭과 상쇄 간섭을 이해하는지 묻는 문항이다.

그림 (가)는 두 점 S_1, S_2에서 발생시킨 진동수, 진폭, 위상이 같은 두 물결파가 일정한 속력으로 진행하는 순간의 모습을, (나)는 (가)의 순간부터 점 P, Q 중 한 점에서 중첩된 물결파의 변위를 시간에 따라 나타낸 것이다.

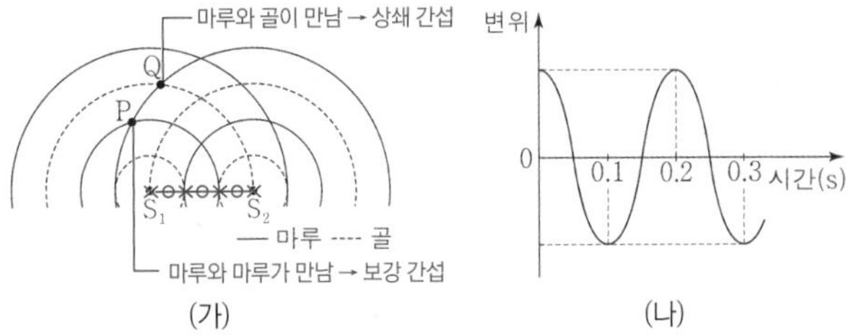

(가) (나)

이에 대한 설명으로 옳은 것만을 〈보기〉에서 있는 대로 고른 것은? (단, S_1, S_2, P, Q는 동일 평면상에 고정된 지점이다.)

보기
ㄱ. (나)는 P에서의 변위를 나타낸 것이다.
ㄴ. S_1에서 발생시킨 물결파의 진동수는 5 Hz이다.
ㄷ. $\overline{S_1S_2}$에서 보강 간섭이 일어나는 지점의 수는 3개이다.

① ㄱ ② ㄷ ③ ㄱ, ㄴ ④ ㄴ, ㄷ ⑤ ㄱ, ㄴ, ㄷ

✓ 자료 해석

- P는 물결파의 마루와 마루가 중첩되어 보강 간섭이 일어나며, 보강 간섭 지점에서는 변위가 크게 변하므로 물이 크게 진동한다.
- Q는 물결파의 마루와 골이 중첩되어 상쇄 간섭이 일어나며, 상쇄 간섭 지점에서는 변위가 작아지므로 물이 진동하지 않는다.

O 보기 풀이 ㄱ. P에서는 보강 간섭, Q에서는 상쇄 간섭이 일어난다. (나)는 시간에 따라 중첩된 물결파의 변위가 계속해서 변하므로 보강 간섭이 일어나는 P의 변위를 나타낸 것이다.

ㄴ. (나)의 변위-시간 그래프에서 P는 0.2초마다 두 파원에서 발생한 물결파의 마루가 중첩되므로, 이 물결파의 주기는 0.2초이다. 따라서 물결파의 진동수는 $\frac{1}{0.2\text{ s}}=5\text{ Hz}$이다.

ㄷ. 경로차가 반파장의 짝수 배인 곳에서 보강 간섭이 일어난다. 물결파의 파장을 λ라고 하면 $\overline{S_1S_2}=\frac{3}{2}\lambda$이므로 S_1과 S_2 사이에서 보강 간섭이 일어날 수 있는 경로차는 0, λ이다. 따라서 S_1, S_2로부터 거리가 같은 지점, S_1로부터 거리가 S_2로부터의 거리보다 λ만큼 큰 지점, S_2로부터 거리가 S_1로부터의 거리보다 λ만큼 큰 지점에서 보강 간섭이 일어난다.

문제풀이 Tip

상쇄 간섭이 일어나는 지점 사이에는 보강 간섭이 일어나는 것을 이용하여 보강 간섭이 일어나는 지점의 수를 찾을 수도 있다.

선택지 비율	① 3%	② 11%	③ 5%	④ 6%	⑤ 75%

7 파동의 진행

2024년 3월 교육청 3번 | 정답 ⑤ | 문제편 81 p

출제 의도 물결파에서 보강 간섭과 상쇄 간섭이 일어나는 조건을 이해하고 간섭 현상을 이용하는 예시를 아는지 확인하는 문항이다.

그림은 파원 S_1, S_2에서 서로 같은 진폭과 위상으로 발생시킨 두 물결파가 0초일 때의 모습을 나타낸 것이다. 두 물결파의 진동수는 0.5 Hz이다.

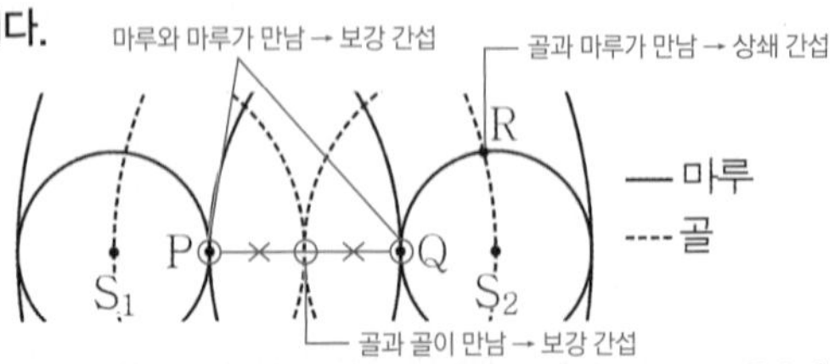

이에 대한 옳은 설명만을 〈보기〉에서 있는 대로 고른 것은? (단, 점 P, Q, R은 동일 평면상에 고정된 지점이다.) [3점]

보기
ㄱ. $\overline{PQ}$에서 상쇄 간섭이 일어나는 지점의 수는 ~~1개~~이다. 2개
ㄴ. 1초일 때 Q에서는 보강 간섭이 일어난다.
ㄷ. 소음 제거 이어폰은 R에서와 같은 종류의 간섭 현상을 활용한다.

① ㄴ ② ㄷ ③ ㄱ, ㄴ ④ ㄱ, ㄷ ⑤ ㄴ, ㄷ

✓ 자료 해석

- P, Q는 물결파의 마루와 마루가 중첩되어 보강 간섭이 일어난다.
- R은 물결파의 마루와 골이 중첩되어 상쇄 간섭이 일어난다.
- 물결파의 진동수와 주기는 역수 관계이므로 물결파의 진동수가 0.5 Hz이면 물결파의 주기는 $\frac{1}{0.5\text{ Hz}}=2$초이다.

O 보기 풀이 ㄴ. 두 물결파의 주기는 2초이다. 0초일 때 Q에서는 마루와 마루가 만나 보강 간섭이 일어난다. 1초일 때는 물결파가 반파장만큼 진행하여 마루가 골이 되므로 Q에서는 골과 골이 만나 보강 간섭이 일어난다.

ㄷ. R에서는 골과 마루가 만나 상쇄 간섭이 일어난다. 소음 제거 이어폰은 외부 소음과 위상이 반대인 소리를 발생시켜 상쇄 간섭을 일으킨다.

× 매력적 오답 ㄱ. 보강 간섭이 일어나는 지점 사이에는 상쇄 간섭이 일어난다. P, Q에서 마루와 마루가 만나 보강 간섭이 일어나므로 $\overline{PQ}$에서 보강 간섭 지점은 3곳이고, 상쇄 간섭 지점은 2곳이다.

문제풀이 Tip

주기는 파동이 한 파장만큼 진행하는 데 걸리는 시간이므로 $\frac{1}{2}$주기가 지나면 파동은 반파장만큼 이동하여 마루는 골, 골은 마루가 된다.

선택지 비율	① 11%	② 7%	❸ 65%	④ 9%	⑤ 9%

8 파동의 진행

2024년 3월 교육청 8번 | 정답 ③ | 문제편 82 p

(출제 의도) 매질이 다를 때의 파동의 진행을 이해하고, 파동의 변위 변화를 통해 파동의 진행에 대해 설명할 수 있는지 확인하는 문항이다.

그림 (가)는 시간 $t=0$일 때, 매질 Ⅰ, Ⅱ에서 진행하는 파동의 모습을 나타낸 것이다. 파동의 진행 방향은 $+x$방향과 $-x$방향 중 하나이다. 그림 (나)는 (가)에서 $x=3$ m에서의 파동의 변위를 t에 따라 나타낸 것이다.

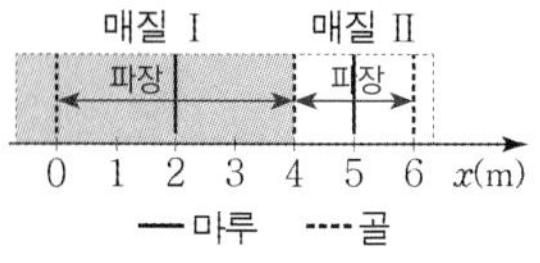

(가)

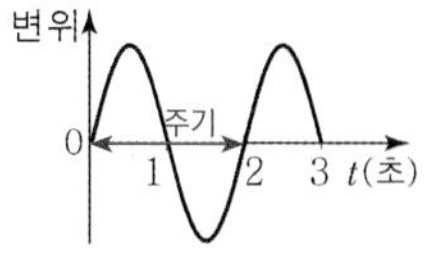

(나)

이에 대한 옳은 설명만을 〈보기〉에서 있는 대로 고른 것은?

보기
ㄱ. Ⅱ에서 파동의 속력은 1 m/s이다.
ㄴ. 파동은 ~~$-x$방향~~으로 진행한다. $+x$방향
ㄷ. $x=5$ m에서 파동의 변위는 $t=2$초일 때가 $t=2.5$초일 때보다 크다.

① ㄱ ② ㄴ ③ ㄱ, ㄷ ④ ㄴ, ㄷ ⑤ ㄱ, ㄴ, ㄷ

✓ 자료 해석

- (가) 매질 Ⅰ에서 파동의 파장은 4 m이고, 매질 Ⅱ에서 파동의 파장은 2 m이다.
- (나) 매질 Ⅰ에서 파동의 주기는 2초이다. → 파동의 진동수는 변하지 않으므로 매질 Ⅱ에서 파동의 주기도 2초이다.

O 보기풀이 ㄱ. Ⅱ에서 골과 골까지의 거리가 2 m이므로 파동의 파장은 2 m이다. 파동의 주기는 2초이므로 Ⅱ에서 파동의 속력은 $\frac{2\text{ m}}{2\text{ s}}=1$ m/s이다.

ㄷ. $x=5$ m인 지점은 0초일 때 마루이고, 주기는 2초이므로 $t=2$초일 때 $x=5$ m인 지점은 다시 마루가 된다. 따라서 $t=2.5$초일 때 파동은 $t=2$초일 때보다 $\frac{1}{4}$파장만큼 더 진행하므로 파동의 변위는 0이 된다.

× 매력적 오답 ㄴ. (나)의 변위-시간 그래프에서 $x=3$ m인 지점은 곧 마루가 된다. 따라서 (가)에서 $x=3$ m인 지점이 마루가 되려면 0초일 때 $x=2$ m에 있던 마루가 진행해 와야 하므로 파동의 진행 방향은 $+x$방향이다.

문제풀이 Tip

시간이 흐른 후 해당 지점에 골이 다가오는지, 마루가 다가오는지를 파악하면 파동의 진행 방향을 쉽게 찾을 수 있다.

선택지 비율	① 2%	② 8%	❸ 80%	④ 6%	⑤ 4%

9 파동의 진행

2023년 10월 교육청 6번 | 정답 ③ | 문제편 82 p

(출제 의도) 변위-위치 그래프를 해석하여 파동의 표현 요소를 설명할 수 있는지 확인하는 문항이다.

그림은 각각 0초일 때와 0.2초일 때, 매질 P, Q에서 x축과 나란하게 진행하는 파동의 변위를 위치 x에 따라 나타낸 것이다. P에서 파동의 속력은 5 m/s이다.

1초에 5 m 진행 → 0.2초에 1 m 진행

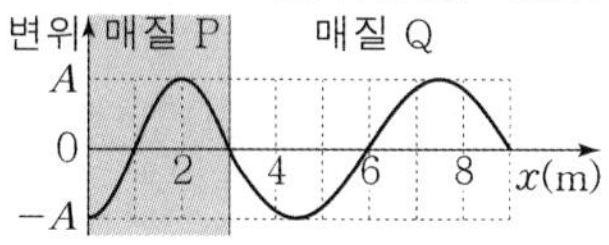

0초일 때

파장은 Q에서가 P에서의 $\frac{3}{2}$배

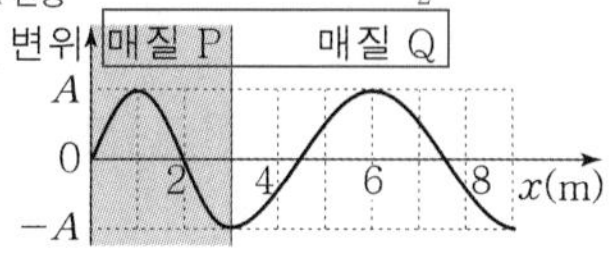

0.2초일 때

이 파동에 대한 설명으로 옳은 것은? [3점]

① P에서의 파장은 ~~2 m~~이다. 4 m
② P에서의 진폭은 ~~$2A$~~이다. A
③ 주기는 0.8초이다.
④ ~~$+x$방향~~으로 진행한다. $-x$방향
⑤ Q에서의 속력은 ~~10 m/s~~이다. 7.5 m/s

✓ 자료 해석

- 매질 P에서의 파장은 4 m이고, 매질 Q에서의 파장은 6 m이다.
- 매질 P에서 파동의 속력이 5 m/s이므로 0.2초 동안 1 m를 이동한다.

O 보기풀이 ③ 매질 P에서 파동의 파장은 4 m이고, 속력은 5 m/s이므로 주기는 $\frac{4\text{ m}}{5\text{ m/s}}=0.8$초이다.

× 매력적 오답 ① P에서 $\frac{3}{4}\lambda=3$ m이므로 $\lambda=4$ m이다.

② 진폭은 진동 중심에서 최대 변위까지의 수직 거리이므로 P에서의 진폭은 A이다.

④ P에서 0.2초 동안 1 m를 진행하므로 파동은 $-x$방향으로 진행한다.

⑤ 파동이 진행하는 동안 진동수는 변하지 않으므로 속력은 파장에 비례한다. Q에서의 파장은 6 m로, P에서의 $\frac{3}{2}$배이므로 Q에서의 속력은 $5\text{ m/s}\times\frac{3}{2}=7.5$ m/s이다.

문제풀이 Tip

매질이 달라져도 파동의 진동수는 변하지 않는다. 이를 이용하면 서로 다른 매질에서 파동의 속력도 구할 수 있다.

선택지 비율	❶ 82%	② 2%	③ 8%	④ 3%	⑤ 5%

10 물결파의 간섭

2023년 10월 교육청 12번 | 정답 ① | 문제편 82 p

(출제 의도) 물결파의 변위로 물결파의 간섭을 설명할 수 있는지 확인하는 문항이다.

그림 (가)는 파원 S_1, S_2에서 발생한 물결파가 중첩될 때, 각 파원에서 발생한 물결파의 마루와 골을 나타낸 것이다. 그림 (나)는 (가)의 순간 점 P, O, Q를 잇는 직선상에서 중첩된 물결파의 변위를 나타낸 것이다. P에서 상쇄 간섭이 일어난다.

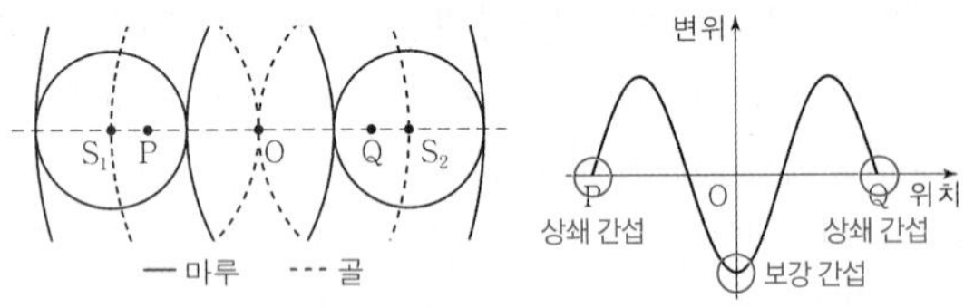

(가) (나)

이에 대한 옳은 설명만을 〈보기〉에서 있는 대로 고른 것은? (단, 두 파원과 P, O, Q는 동일 평면상에 고정된 지점이다.)

보기
ㄱ. O에서 보강 간섭이 일어난다.
ㄴ. Q에서 중첩된 두 물결파의 위상은 ~~같다~~. 반대이다.
ㄷ. 중첩된 물결파의 진폭은 O에서와 Q에서가 ~~같다~~. O에서가 더 크다.

① ㄱ ② ㄴ ③ ㄱ, ㄷ ④ ㄴ, ㄷ ⑤ ㄱ, ㄴ, ㄷ

✓ 자료 해석
- 보강 간섭 : 중첩된 두 물결파의 위상이 같을 때 일어나며, 중첩된 파동의 진폭이 커진다.
- 상쇄 간섭 : 중첩된 두 물결파의 위상이 반대일 때 일어나며, 중첩된 파동의 진폭이 작아진다.

O 보기 풀이 ㄱ. O에서는 골과 골이 만난다. 즉, 중첩된 두 물결파의 위상이 같으므로 보강 간섭을 한다.

× 매력적 오답 ㄴ. Q에서는 상쇄 간섭이 일어나므로 중첩된 두 물결파의 위상은 반대이다.
ㄷ. (나)에서 중첩된 물결파의 변위는 O에서가 Q에서보다 크다.

문제풀이 Tip
보강 간섭과 상쇄 간섭이 일어날 때 어떤 변화가 생기는지 기억해 두자.

선택지 비율	① 6%	② 12%	③ 8%	❹ 68%	⑤ 6%

11 파동의 진행과 굴절 법칙

2023년 7월 교육청 9번 | 정답 ④ | 문제편 82 p

(출제 의도) 파동이 진행하는 모습으로부터 파동의 굴절 법칙을 확인하고 결론을 도출할 수 있는지 확인하는 문항이다.

그림 (가)는 파동이 매질 A에서 매질 B로 진행하는 모습을 나타낸 것이고, 그림 (나)는 A 위의 점 p의 변위를 시간에 따라 나타낸 것이다. A에서 파동의 파장은 10 cm이다. 파동의 변위-시간 그래프에서는 진폭과 주기를 구할 수 있다.

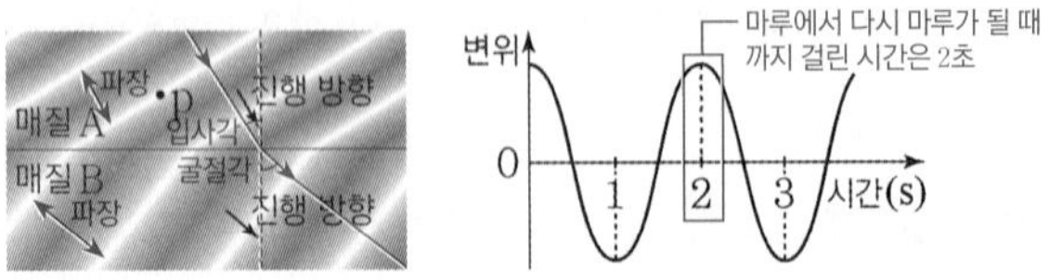

(가) (나)

이에 대한 설명으로 옳은 것만을 〈보기〉에서 있는 대로 고른 것은?

보기
ㄱ. 파동의 진동수는 ~~2 Hz~~이다. 0.5 Hz
ㄴ. (가)에서 입사각이 굴절각보다 작다.
ㄷ. B에서 파동의 진행 속력은 5 cm/s보다 크다.

① ㄱ ② ㄷ ③ ㄱ, ㄴ ④ ㄴ, ㄷ ⑤ ㄱ, ㄴ, ㄷ

✓ 자료 해석
- 파동이 매질 A에서 B로 진행할 때 각 매질에서의 속력을 v_A, v_B, 입사각과 굴절각을 i, r, 파장을 λ_A, λ_B라고 하면 $\frac{\sin i}{\sin r}=\frac{v_A}{v_B}=\frac{\lambda_A}{\lambda_B}$이다.
- 파동의 변위-시간 그래프에서 세로축의 값으로는 진폭, 가로축의 값으로는 주기를 구할 수 있다. → p가 마루에서 다시 마루가 될 때까지 걸린 시간은 2초이므로 파동의 주기는 2초이다.

O 보기 풀이 ㄴ. 매질의 경계면의 한 점에서 법선을 그릴 때, 입사파와 법선이 이루는 각은 입사각, 굴절파와 법선이 이루는 각은 굴절각이다. 파동이 A에서 B로 진행할 때 입사각이 굴절각보다 작다.
ㄷ. A에서 파동의 파장이 10 cm이므로 A에서 파동의 속력은 0.5 Hz × 10 cm = 5 cm/s이다. 파동의 파장은 B에서가 A에서보다 크고 파동이 진행하는 동안 진동수는 변하지 않으므로 B에서 파동의 속력은 5 cm/s보다 크다.

× 매력적 오답 ㄱ. 파동의 주기와 진동수는 역수 관계이다. 이 파동의 주기가 2초이므로 파동의 진동수는 $\frac{1}{2}$ Hz이다.

문제풀이 Tip
입사각과 굴절각을 그려보지 않아도 굴절 법칙을 이용하면 파동의 파장을 비교하여 입사각과 굴절각의 크기를 비교할 수 있다.

선택지 비율	① 1%	② 1%	③ 18%	❹ 79%	⑤ 1%

12 빛의 굴절

2023년 4월 교육청 2번 | 정답 ④ | 문제편 83 p

출제 의도 빛의 굴절을 이해하고 그 원리를 설명할 수 있는지 확인하는 문항이다.

다음은 물 밖에서 보이는 물고기의 위치에 대한 설명이다.

> 물 밖에서 보이는 물고기의 위치는 실제 위치보다 수면에 가깝다. 이는 빛의 속력이 공기에서가 물에서보다 [㉠] 수면에서 빛이 [㉡]하여 빛의 진행 방향이 바뀌기 때문이다.
>
> (㉠ 빠르므로, ㉡ 굴절)

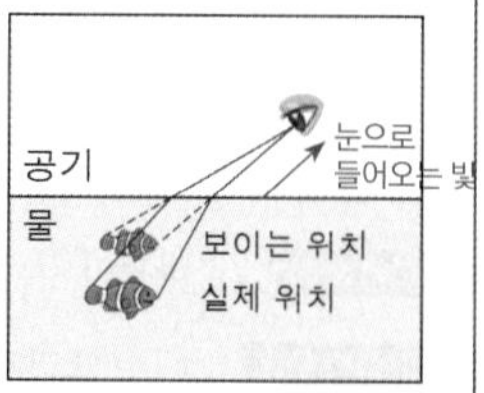

㉠, ㉡으로 적절한 것은?

	㉠	㉡
①	느리므로	간섭
②	빠르므로	간섭
③	느리므로	굴절
④	빠르므로	굴절
⑤	느리므로	반사

✔ 자료 해석

- 빛이 물속에서 공기 중으로 진행할 때 빛의 속력은 공기 중에서가 물에서보다 빠르므로 빛이 굴절한다.
- 사람은 굴절된 빛의 연장선에 물고기가 있는 것처럼 보이므로 물 밖에서 보이는 물고기의 위치는 실제 위치보다 수면에 가깝다.

○ 보기풀이 사람이 물고기를 보기 위해서는 사람의 눈으로 빛이 들어와야 한다. 그런데 빛의 속력은 공기에서가 물에서보다 빠르므로(㉠) 수면에서 빛이 굴절(㉡)하여 빛의 진행 방향이 바뀌므로 물 밖에서 보이는 물고기의 위치는 실제 위치보다 수면에 가깝다.

문제풀이 Tip

파동의 간섭은 둘 이상의 파동이 서로 중첩될 때 매질의 진폭이 변하는 현상이고, 파동의 반사는 파동이 진행하다가 서로 다른 매질의 경계면에서 원래 매질로 되돌아 나오는 현상이다.

선택지 비율	❶ 74%	② 3%	③ 16%	④ 3%	⑤ 3%

13 물결파의 간섭

2023년 4월 교육청 3번 | 정답 ① | 문제편 83 p

출제 의도 물결파의 간섭을 이해하여 보강 간섭하는 지점과 상쇄 간섭하는 지점에 대해 설명할 수 있는지 확인하는 문항이다.

그림은 점 S_1, S_2에서 진동수와 진폭이 같고 동일한 위상으로 발생한 물결파가 같은 속력으로 진행하는 어느 순간의 모습에 대해 학생 A, B, C가 대화하는 모습을 나타낸 것이다.

제시한 내용이 옳은 학생만을 있는 대로 고른 것은? [3점]

① A ② B ③ A, C ④ B, C ⑤ A, B, C

✔ 자료 해석

- 진동수와 진폭이 같은 물결파를 동일한 위상으로 발생시키면 두 물결파가 중첩되어 진동이 크게 일어나는 부분과 진동이 거의 일어나지 않는 부분이 생긴다.
- 물결파의 마루와 마루, 골과 골이 중첩되는 지점은 보강 간섭이 일어나 진폭이 커지므로 물이 더 크게 진동한다.
- 물결파의 마루와 골이 중첩되는 지점은 상쇄 간섭이 일어나 물결파의 진폭이 거의 0이 되어 물이 진동하지 않는다.

○ 보기풀이 A : 마루와 골이 만나는 P는 상쇄 간섭이 일어나는 지점이다. P에서 중첩된 물결파의 변위는 시간이 지나도 변하지 않는다.

✕ 매력적 오답 B : 마루와 마루가 만나는 Q는 보강 간섭이 일어나는 지점이다. 따라서 S_1, S_2에서 발생한 물결파는 Q에서 같은 위상으로 만난다.
C : 골과 골이 만나는 R는 보강 간섭이 일어나는 지점이다. R에서 중첩된 물결파의 변위는 시간에 따라 변한다.

문제풀이 Tip

물결파가 보강 간섭하면 물이 더 크게 진동하고, 소리가 보강 간섭하면 소리의 세기가 커진다. 파동이 중첩하여 파동의 진폭이 변할 때 어떤 현상을 관찰할 수 있는지 파악해 두어야 한다.

선택지 비율	① 3%	❷ 82%	③ 4%	④ 6%	⑤ 4%

14 소리의 간섭을 이용하는 예

2023년 3월 교육청 3번 | 정답 ② | 문제편 83 p

출제 의도 소리의 간섭을 이해하여 실생활에서 소리의 간섭 원리가 이용되는 예를 아는지 확인하는 문항이다.

다음은 간섭 현상을 활용한 예이다.

> 자동차의 배기관은 소음을 줄이는 구조로 되어 있다. A 부분에서 분리된 소리는 B 부분에서 중첩되는데, 이때 두 소리가 [㉠ 반대] 위상으로 중첩되면서 ㉡상쇄 간섭이 일어나 소음이 줄어든다.

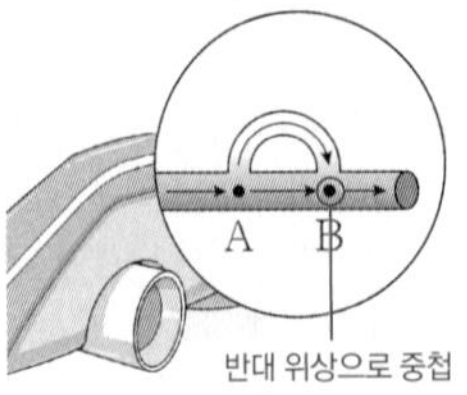

이에 대한 옳은 설명만을 〈보기〉에서 있는 대로 고른 것은?

보기
ㄱ. '~~같은~~'은 ㉠으로 적절하다. '반대'
ㄴ. ㉡이 일어날 때 파동의 진폭이 작아진다.
ㄷ. 소리의 진동수는 B에서가 A에서보다 ~~크다~~. 같다.

① ㄱ ② ㄴ ③ ㄱ, ㄷ ④ ㄴ, ㄷ ⑤ ㄱ, ㄴ, ㄷ

✓ 자료 해석

- 소음 제거 기술은 소리의 상쇄 간섭을 이용한다.
- 엔진에서 발생하는 소리가 통과하는 길을 두 갈래로 나누어 한 쪽의 길이를 다른 쪽의 길이보다 반 파장만큼 길게 한다. 소리가 통로에 따라 분리되었다가 다시 합쳐질 때 반대 위상으로 만나 상쇄 간섭이 일어나므로 소음이 줄어든다.

O 보기 풀이 ㄴ. 파동이 상쇄 간섭하면 진폭이 작아진다.

✕ 매력적 오답 ㄱ. 두 소리가 같은 위상으로 중첩하면 보강 간섭이 일어나고, 반대 위상으로 중첩하면 상쇄 간섭이 일어난다. 따라서 '반대'가 ㉠으로 적절하다.
ㄷ. 파동이 간섭해도 진동수는 변하지 않는다. 진동수는 파원과 관계된 물리량이다.

문제풀이 Tip
파동의 간섭은 두 파동이 합쳐져 진폭이 변하는 현상으로 파동의 진동수를 변화시키지 않음을 유의해야 한다. 파동이 진행하다가 반사, 굴절, 간섭해도 진동수는 항상 변하지 않는다.

선택지 비율	① 5%	② 15%	③ 10%	❹ 49%	⑤ 20%

15 파동의 진행

2023년 3월 교육청 8번 | 정답 ④ | 문제편 83 p

출제 의도 매질이 다를 때의 파동의 진행을 이해하여 파동의 변위-시간 그래프를 표현할 수 있는지 확인하는 문항이다.

그림 (가)는 시간 $t=0$일 때, x축과 나란하게 매질 Ⅰ에서 매질 Ⅱ로 진행하는 파동의 변위를 위치 x에 따라 나타낸 것이다. 그림 (나)는 $x=2$ cm에서 파동의 변위를 t에 따라 나타낸 것이다.

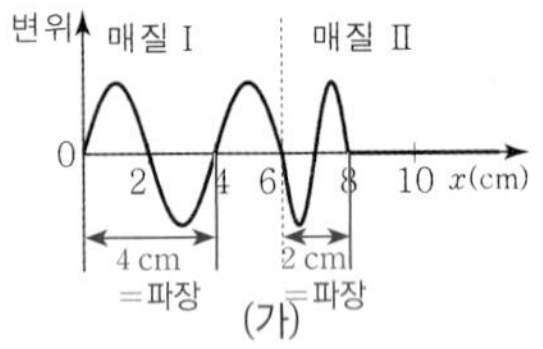

(가)

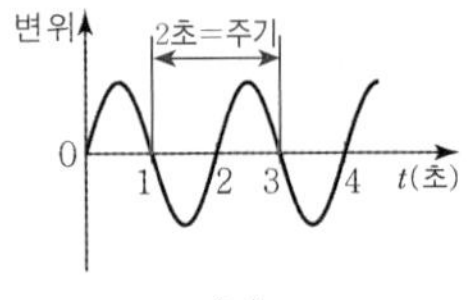

(나)

$x=10$ cm에서 파동의 변위를 t에 따라 나타낸 것으로 가장 적절한 것은? [3점]

①
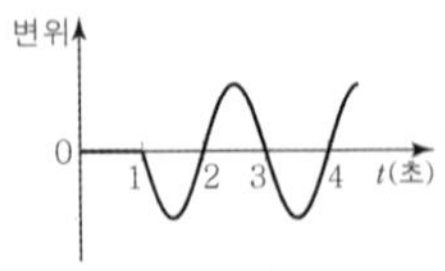

②
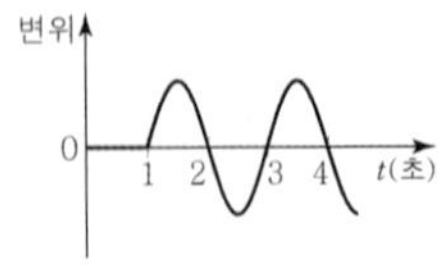

③
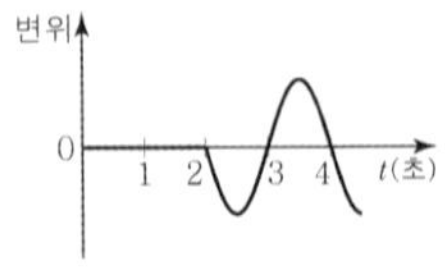

④
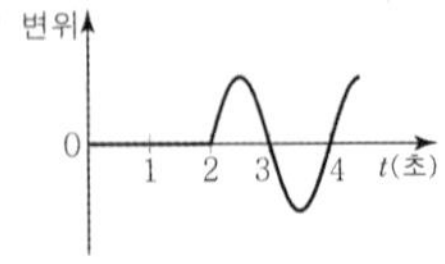

⑤
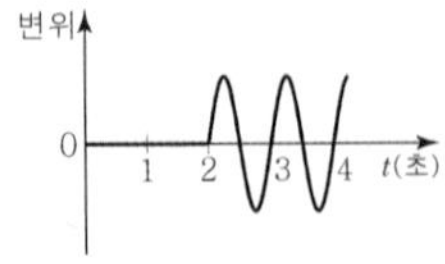

✓ 자료 해석

- (가) 매질 Ⅰ에서 파동의 파장은 4 cm이고, 매질 Ⅱ에서 파동의 파장은 2 cm이다.
- (나) 매질 Ⅰ에서 파동의 주기는 2초이다. → 파동의 진동수는 변하지 않으므로 매질 Ⅱ에서 파동의 주기도 2초이다.

O 보기 풀이 매질이 달라져도 파동의 진동수는 변하지 않으므로 매질 Ⅱ에서 파동의 주기는 매질 Ⅰ에서와 같은 2초이다. 파동의 진동수는 0.5 Hz이고, (가)에서 매질 Ⅱ에서의 파장은 2 cm이므로 파동의 속력은 0.5 Hz × 2 cm = 1 cm/s이다. $t=0$일 때 파동의 가장 앞 부분이 $x=8$ cm에 있고 파동의 속력은 1 cm/s이므로 $x=10$ cm에서 파동의 변위는 2초부터 양(+)의 방향으로 진동한다.

문제풀이 Tip
파동의 속력을 구하고, 시간에 따른 파동의 진행 모습을 직접 그려보면 보다 쉽게 그래프의 개형을 찾을 수 있다. 파동의 변위-시간 그래프를 그릴 때에는 파동의 변위 방향에 유의해야 한다.

선택지 비율	① 4%	② 7%	❸ 70%	④ 13%	⑤ 6%

16 파동의 진행

2022년 10월 교육청 14번 | 정답 ③ | 문제편 84 p

출제 의도 변위 - 위치 그래프를 해석하여 파동의 속력을 구할 수 있는지 확인하는 문항이다.

그림은 매질 Ⅰ, Ⅱ에서 $+x$방향으로 진행하는 파동의 0초일 때와 6초일 때의 변위를 위치 x에 따라 나타낸 것이다.

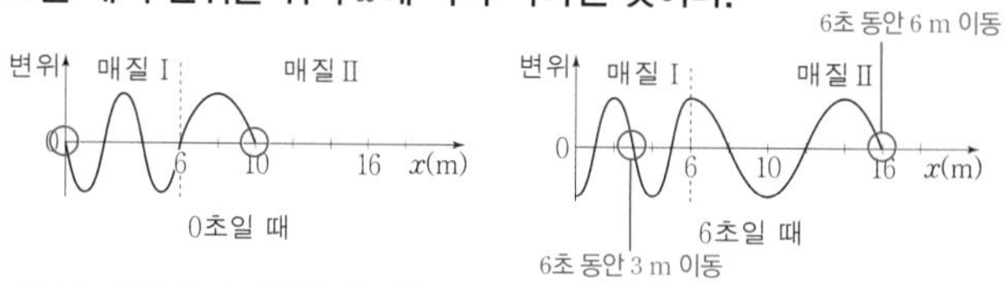

Ⅰ에서 파동의 속력은? [3점]

① $\frac{1}{6}$ m/s ② $\frac{1}{3}$ m/s ③ $\frac{1}{2}$ m/s ④ 1 m/s ⑤ $\frac{3}{2}$ m/s

✓ 자료 해석

- 매질 Ⅰ에서의 파장은 4 m이고, 매질 Ⅱ에서의 파장은 8 m이다.
- 매질 Ⅰ에서의 파동은 6초 동안 3 m를 진행하고, 매질 Ⅱ에서는 6 m를 이동한다.

O 보기 풀이 매질 Ⅰ에서 파동은 6초 동안 3 m를 진행하므로 파동의 속력은 $\frac{3\text{ m}}{6\text{ s}}=\frac{1}{2}$ m/s이다.

문제풀이 Tip

파동의 진동수, 즉 주기는 일정하므로 매질 Ⅱ에서 파동의 진행 속력을 이용하여 주기를 구하면 매질 Ⅰ에서 파동의 속력도 구할 수 있다.

선택지 비율	① 5%	② 3%	❸ 77%	④ 4%	⑤ 11%

17 파동의 중첩과 소리의 간섭

2022년 7월 교육청 14번 | 정답 ③ | 문제편 84 p

출제 의도 파동의 간섭 현상을 이해하고 보강 간섭과 상쇄 간섭을 설명할 수 있는지 확인하는 문항이다.

다음은 스피커를 이용한 파동의 간섭 실험이다.

[실험 과정]

(가) 그림과 같이 동일한 스피커 A, B를 나란하게 두고 휴대폰과 연결한다.

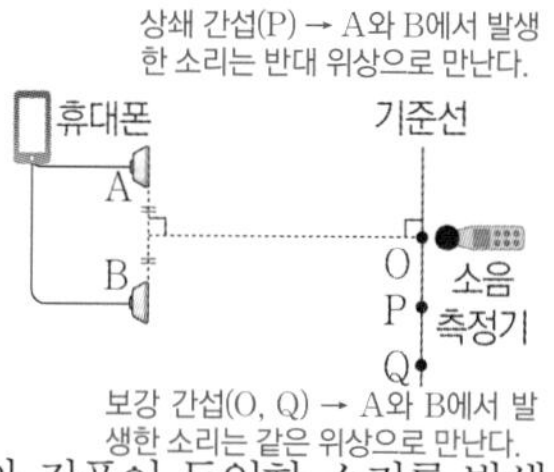

(나) A, B로부터 같은 거리에 있는 점 O에 소음 측정기를 놓고 A와 B에서 진동수와 진폭이 동일한 소리를 발생시킨다.

(다) 기준선을 따라 소음 측정기를 이동하면서 소음 측정기의 위치에 따른 소리의 세기를 측정한다.

(라) B를 제거하고 과정 (다)를 반복한다.
파동의 중첩이 발생하지 않는다.

[실험 결과]

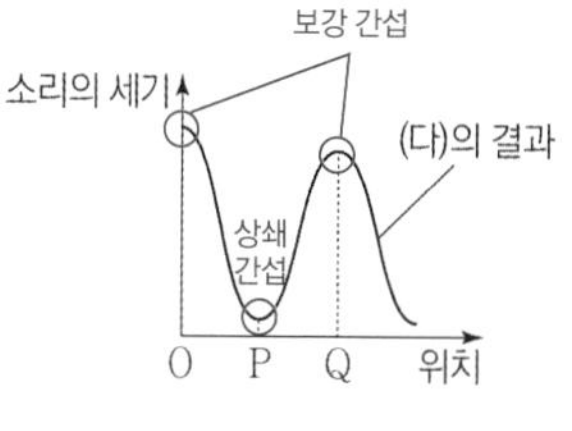

이에 대한 설명으로 옳은 것만을 〈보기〉에서 있는 대로 고른 것은? [3점]

보기

ㄱ. A, B에서 발생한 소리는 O에서 같은 위상으로 만난다.
ㄴ. (다)에서 점 P에서는 상쇄 간섭이 일어난다.
ㄷ. 점 P에서 측정된 소리의 세기는 (다)에서가 (라)에서보다 ~~크다.~~ 작다.

① ㄱ ② ㄷ ③ ㄱ, ㄴ ④ ㄴ, ㄷ ⑤ ㄱ, ㄴ, ㄷ

✓ 자료 해석

- 두 파동이 중첩되어 진폭이 커지거나 작아지는 현상을 간섭 현상이라고 한다.
- 두 스피커에서 동일한 진동수와 진폭으로 소리가 발생할 때, 보강 간섭이 일어나는 지점에서는 소리의 세기가 증가하고 상쇄 간섭이 일어나는 지점에서는 소리의 세기가 감소한다.
  → (다)의 실험 결과를 보면 O, Q에서는 보강 간섭이 일어나고 P에서는 상쇄 간섭이 일어난다.

O 보기 풀이 ㄱ. 점 O는 A, B로부터 같은 거리에 있고, A와 B에서 발생한 소리는 진동수와 진폭이 동일하므로 O에서 같은 위상으로 만난다.
ㄴ. (다)의 실험 결과를 보면 점 P는 소리가 작게 들리는 위치이므로 P에서는 상쇄 간섭이 일어난다.

× 매력적 오답 ㄷ. (다)에서는 점 P에서 상쇄 간섭이 일어나 소리의 세기가 작다. (라)에서 B를 제거하면 파동의 간섭이 발생하지 않으므로 소리의 세기는 (다)의 상쇄 간섭이 일어날 때보다 크다.

문제풀이 Tip

소리도 파동이므로 보강 간섭과 상쇄 간섭이 일어나며, 보강 간섭이 일어날 때는 소리의 진폭이 커지므로 소리의 세기가 증가하고, 상쇄 간섭이 일어날 때는 소리의 진폭이 작아지므로 소리의 세기가 감소하는 것을 이해하고 있어야 한다.

선택지 비율	❶ 81%	② 2%	③ 7%	④ 4%	⑤ 7%

18 빛의 간섭

2022년 10월 교육청 18번 | 정답 ① | 문제편 84p

(출제 의도) 빛의 간섭이 이용되는 예를 알고 원리를 설명할 수 있는지 확인하는 문항이다.

다음은 빛의 간섭을 활용하는 사례에 대한 설명이다.

태양 전지에 투명한 반사 방지막을 코팅하면 공기와의 경계면에서 반사에 의한 빛에너지 손실이 감소하고 흡수하는 빛에너지가 증가한다. 반사 방지막의 윗면과 아랫면에서 각각 반사한 빛이 [㉠반대] 위상으로 중첩되므로 [㉡상쇄] 간섭이 일어나 반사한 빛의 세기가 줄어든다.

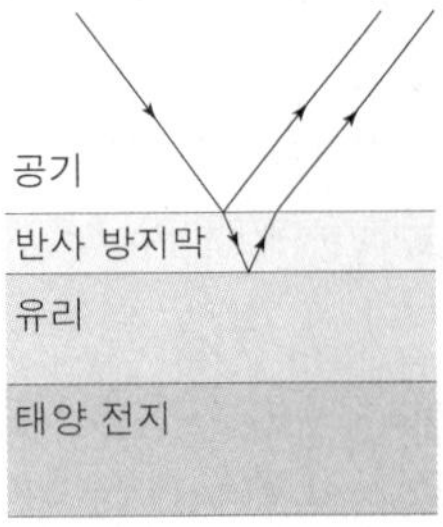

이에 대한 옳은 설명만을 〈보기〉에서 있는 대로 고른 것은?

보기
ㄱ. 간섭은 빛의 파동성으로 설명할 수 있다.
ㄴ. ~~'같은'~~은 ㉠으로 적절하다. '반대'
ㄷ. ~~'보강'~~은 ㉡으로 적절하다. '상쇄'

① ㄱ ② ㄷ ③ ㄱ, ㄴ ④ ㄴ, ㄷ ⑤ ㄱ, ㄴ, ㄷ

✓ 자료 해석

- 빛의 간섭을 이용하는 예
  - 상쇄 간섭 : 반사 방지막은 반사하는 빛이 반대 위상으로 중첩되어 상쇄 간섭하는 것을 이용하여 반사하는 빛의 세기를 줄어들게 한다.
  - 보강 간섭 : 지폐는 입자의 윗면과 아랫면에서 반사된 빛 중 보강 간섭하는 빛의 색깔이 잘 보이도록 제조되어 고성능 컬러 프린트로도 복사할 수 없는 지폐를 만들어 위조를 방지한다.

○ 보기풀이 ㄱ. 간섭은 파동이 중첩되어 진폭이 커지거나 작아지는 현상으로, 중첩되기 전보다 진폭이 커지는 간섭을 보강 간섭, 중첩되기 전보다 진폭이 작아지는 간섭을 상쇄 간섭이라고 한다.

× 매력적 오답 ㄴ. 반사 방지막은 반사하는 빛이 반대 위상으로 중첩되어 상쇄 간섭하는 것을 이용하여 반사한 빛의 세기를 줄어들게 한다.
ㄷ. ㉡은 '상쇄'이다.

문제풀이 Tip

일상생활 속에서 파동의 보강 간섭과 상쇄 간섭이 이용되는 예를 알아두면 문제에 더 쉽게 접근할 수 있다.

선택지 비율	① 8%	❷ 62%	③ 11%	④ 10%	⑤ 9%

19 빛의 굴절

2022년 7월 교육청 20번 | 정답 ② | 문제편 84p

(출제 의도) 동일한 단색광이 서로 다른 매질로 진행할 때의 입사각과 굴절각의 관계를 이용하여 매질의 굴절률을 비교할 수 있는지 확인하는 문항이다.

그림 (가)와 같이 동일한 단색광 P가 매질 C에서 매질 A와 B로 각각 입사하여 굴절하였다. 그림 (나)는 P가 B에서 A로 입사하는 모습을 나타낸 것이다.

C에서 동일한 입사각으로 입사할 때, B에서의 굴절각이 A에서보다 크다. → $n_A > n_B$

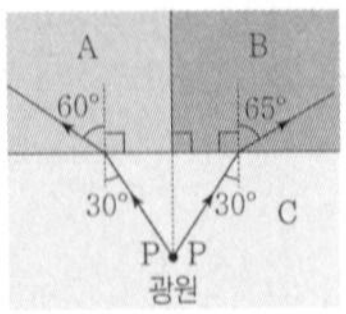

(가)

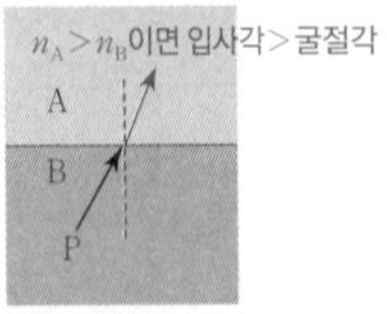

(나)

이에 대한 설명으로 옳은 것만을 〈보기〉에서 있는 대로 고른 것은? [3점]

보기
ㄱ. 굴절률은 B가 C보다 ~~크다~~. 작다.
ㄴ. P의 속력은 A에서가 B에서보다 ~~크다~~. 작다.
ㄷ. (나)에서 P가 A로 굴절할 때 입사각이 굴절각보다 크다.

① ㄱ ② ㄷ ③ ㄱ, ㄴ ④ ㄴ, ㄷ ⑤ ㄱ, ㄴ, ㄷ

✓ 자료 해석

- 파동의 속력이 느린 매질에서 빠른 매질로 진행할 때 입사각이 굴절각보다 작아지므로 매질에서의 속력은 C < A < B이고 굴절률은 C > A > B이다.

○ 보기풀이 ㄷ. P가 B에서 A로 입사할 때 굴절률은 B가 A보다 작으므로 입사각이 굴절각보다 크다.

× 매력적 오답 ㄱ. C에서 B로 입사할 때 입사각이 굴절각보다 작으므로 굴절률은 B가 C보다 작다.
ㄴ. (가)의 매질에서 P의 속력은 C < A < B이므로 A에서가 B에서보다 작다.

문제풀이 Tip

매질의 굴절률을 알면 빛의 진행 속력을 비교할 수 있고, 서로 다른 두 매질에서 빛이 굴절할 때 입사각과 굴절각의 크기도 비교할 수 있다. 즉, 매질의 굴절률은 문제 풀이에 중요한 단서이므로 굴절률을 비교 또는 계산하는 방법을 반드시 기억하고 있어야 한다.

선택지 비율	① 2%	❷ 64%	③ 11%	④ 10%	⑤ 14%

20 물결파의 굴절

2022년 4월 교육청 8번 | 정답 ② | 문제편 85p

(출제 의도) 물결파의 굴절을 이해하여 물의 깊이가 다른 곳에서 물결파의 진행 모습을 유추할 수 있는지 확인하는 문항이다.

다음은 물결파에 대한 실험이다.

[실험 과정]

(가) 그림과 같이 물결파 실험 장치를 준비한다.

(나) 일정한 진동수의 물결파를 발생시켜 스크린에 투영된 물결파의 무늬를 관찰한다.

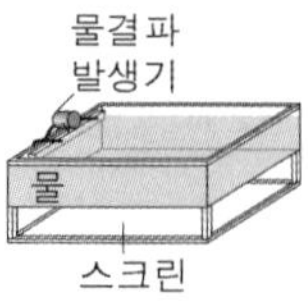

(다) 물결파 실험 장치에 두께가 일정한 삼각형 모양의 유리판을 넣고 과정 (나)를 반복한다.

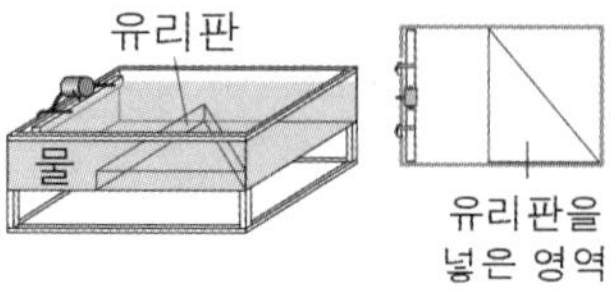

수심이 얕아진다. → 물결파의 속력이 느려진다.

[실험 결과]

(나)의 결과	(다)의 결과
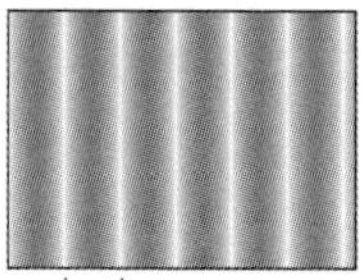	㉠

물의 깊이가 달라지는 곳에서는 파동의 속력이 변하기 때문에 굴절이 일어나기도 한다.

파면 사이의 거리는 물결파의 파장이다.

[결론]

파장이 짧아진다. → 파면 사이의 간격이 작아진다.

물결파의 속력은 물의 깊이가 얕을수록 느리고, 물의 깊이가 얕은 곳에서 깊은 곳으로 진행하는 물결파는 입사각이 굴절각보다 작다.

㉠으로 가장 적절한 것은?

① 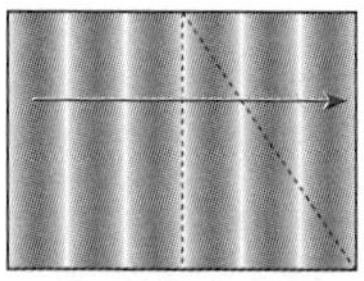

② 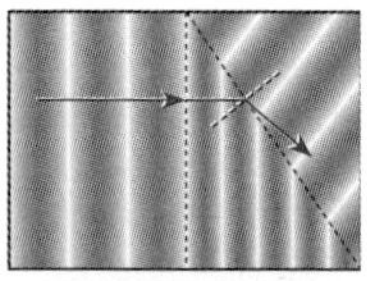

③ 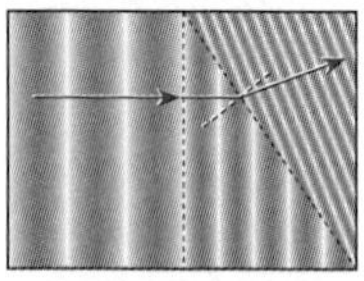

④ 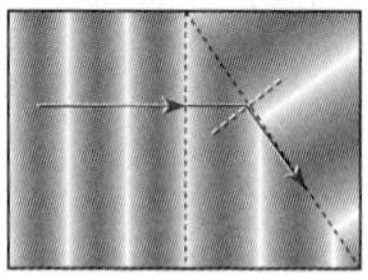

⑤ 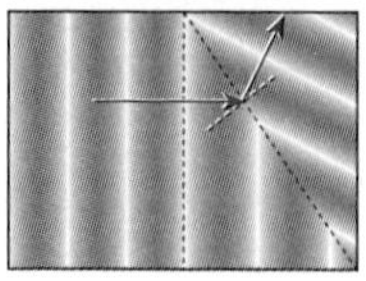

✓ 자료 해석

- 유리판을 넣은 영역은 수심이 얕으며, 물결파의 속력은 물의 깊이가 얕을수록 느리므로 파장이 작다. → 유리판을 넣은 영역에서 물결파의 파면 사이의 간격은 유리판이 없는 영역에서 물결파의 파면 사이의 간격보다 작다.
- 유리판의 경계면에 나란하게 물결파가 진행하면 굴절이 일어나지 않고 물결파의 파장만 변하고, 유리판의 경계면에 비스듬한 방향으로 물결파가 진행하면 굴절이 일어나면서 물결파의 파장이 변한다.

O 보기 풀이 ② 물결파의 속력은 물의 깊이가 얕을수록 느리므로 물의 깊이가 얕은 곳에서는 물결파의 파장, 즉 파면 사이의 간격이 깊은 곳에서보다 작다. 따라서 유리판을 넣은 영역에서 물결파의 파면 사이의 간격은 유리판이 없는 영역에서보다 작다. 또한 물결파가 유리판을 통과하여 나갈 때 입사각이 굴절각보다 작다.

× 매력적 오답 ① 유리판을 넣은 영역을 진입할 때 파면 사이의 간격이 변하지 않고, 유리판을 통과할 때 굴절이 일어나지 않는다.

③ 유리판을 넣은 영역을 통과할 때 굴절각이 입사각보다 작고 파면 사이의 간격이 좁아진다.

④, ⑤ 유리판을 넣은 영역을 진입할 때 파면 사이의 간격이 커진다.

문제풀이 Tip

실험 과정과 결과가 제시되는 문항의 경우 비교적 문제 지문이 긴 편이므로 문제에서 구하고자 하는 것이 무엇인지 먼저 확인한 후, 실험 과정을 읽으면서 문제를 풀면 시간을 단축시킬 수 있다.

선택지 비율	① 4%	② 8%	③ 10%	❹ 70%	⑤ 8%

21 소리의 간섭 실험

2022년 4월 교육청 17번 | 정답 ④ | 문제편 85 p

출제 의도 소리의 간섭을 이해하고 소리의 간섭 실험에서 조작 변인과 종속 변인을 구분하여 실험 결과를 도출할 수 있는지 확인하는 문항이다.

다음은 소리의 간섭 실험이다.

[실험 과정]

(가) 그림과 같이 $x=0$에서부터 같은 거리만큼 떨어진 곳에 스피커 A, B를 나란히 고정한다.

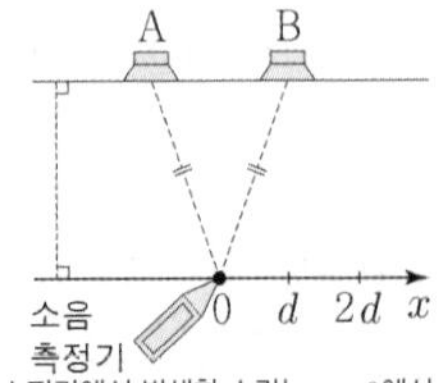

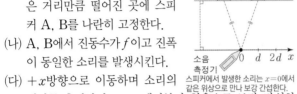

(나) A, B에서 진동수가 f이고 진폭이 동일한 소리를 발생시킨다.

(다) $+x$방향으로 이동하며 소리의 세기를 측정하여, $x=0$에서부터 처음으로 보강 간섭하는 지점과 상쇄 간섭하는 지점을 기록한다.

(라) (나)의 A, B에서 발생하는 소리의 진동수만을 $2f$로 바꾼 후, (다)를 반복한다. (파장이 $\frac{1}{2}$배로 감소)

(마) (나)의 A, B에서 발생하는 소리의 진동수만을 $3f$로 바꾼 후, (다)를 반복한다. (파장이 $\frac{1}{3}$배로 감소)

[실험 결과]

실험	소리의 진동수	보강 간섭하는 지점	상쇄 간섭하는 지점
(다)	f	$x=0$	$x=2d$
(라)	$2f$	$x=0$	$x=d$
(마)	$3f$	$x=0$	$x=$㉠

이에 대한 설명으로 옳은 것만을 〈보기〉에서 있는 대로 고른 것은? [3점]

보기

ㄱ. (라)에서, 측정한 소리의 세기는 $x=0$에서가 $x=d$에서보다 ~~작다~~. 크다.

ㄴ. ㉠은 d보다 작다.

ㄷ. (나)에서, A에서 발생하는 소리의 위상만을 반대로 하면 A, B에서 발생한 소리가 $x=0$에서 상쇄 간섭한다.

① ㄱ ② ㄴ ③ ㄱ, ㄷ ④ ㄴ, ㄷ ⑤ ㄱ, ㄴ, ㄷ

✓ 자료 해석

• 파동의 속력은 파장과 진동수의 곱이므로 속력이 일정할 때 파동의 진동수가 증가하면 파장이 감소한다. → 소리의 진동수가 클수록 소리의 파장이 감소한다.

• 같은 위상으로 발생한 두 파동이 한 지점에 도달할 때 처음으로 보강 간섭이 일어나는 지점은 경로차가 0인 지점이고, 처음으로 상쇄 간섭이 일어나는 지점은 경로차가 반파장일 때이다. → 파장이 감소하면 보강 간섭하는 지점과 상쇄 간섭하는 지점 사이의 거리가 감소한다.

ㅇ 보기 풀이 ㄴ. 소리의 진동수가 커지면 소리의 파장이 짧아진다. 따라서 보강 간섭하는 지점과 상쇄 간섭하는 지점 사이의 거리가 작아지므로 ㉠은 d보다 작다.

ㄷ. (나)에서, A에서 발생하는 소리의 위상만을 반대로 하면 $x=0$에서 A에서 발생한 소리와 B에서 발생한 소리는 반대 위상으로 만나므로 상쇄 간섭한다.

× 매력적 오답 ㄱ. 보강 간섭한 소리는 세기가 증가하고, 상쇄 간섭한 소리는 세기가 감소한다. 따라서 (라)에서 측정한 소리의 세기는 보강 간섭하는 지점($x=0$)에서가 상쇄 간섭하는 지점($x=d$)에서보다 크다.

문제풀이 Tip

소리의 진동수를 증가시키면 무엇이 달라지는지를 파악할 수 있어야 한다. 실험이 제시되는 문항에서는 조작 변인에 따라 달라지는 것이 무엇인지를 알고 결과를 해석하는 것이 중요하다.

선택지 비율	❶ 59%	② 3%	③ 24%	④ 4%	⑤ 9%

22 파동의 간섭을 이용하는 예

2022년 3월 교육청 3번 | 정답 ① | 문제편 85 p

출제 의도 파동의 간섭을 이해하여 실생활에서 파동의 간섭 원리가 이용되는 예를 아는지 확인하는 문항이다.

그림 (가)는 초음파를 이용하여 인체 내의 이물질을 파괴하는 의료 장비를, (나)는 소음 제거 이어폰을 나타낸 것이다.

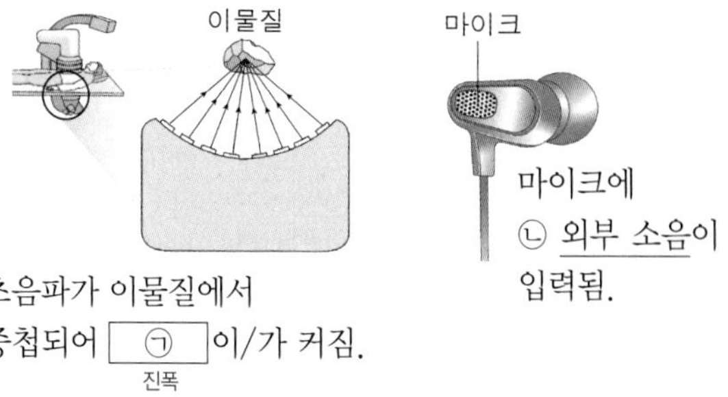

이물질
초음파가 이물질에서 중첩되어 ㉠ 이/가 커짐.
진폭
마이크
마이크에 ㉡ 외부 소음이 입력됨.

(가) (나)

이에 대한 옳은 설명만을 〈보기〉에서 있는 대로 고른 것은?

보기

ㄱ. ~~'진동수'~~는 ㉠에 해당한다. 진폭

ㄴ. (나)의 이어폰은 ㉡과 위상이 반대인 소리를 발생시킨다.

ㄷ. ~~(가)와 (나)는 모두~~ 파동의 상쇄 간섭을 이용한다. (나)만

① ㄴ ② ㄷ ③ ㄱ, ㄴ ④ ㄱ, ㄷ ⑤ ㄱ, ㄴ, ㄷ

✓ 자료 해석

- 파동이 중첩될 때 같은 위상으로 만나면 파동이 중첩되기 전보다 진폭이 커지고, 반대 위상으로 만나면 파동이 중첩되기 전보다 진폭이 작아진다.
- 소음 제거 이어폰은 이어폰에 달린 마이크로 외부 소음이 입력되면 소음과 상쇄 간섭을 일으킬 수 있는 소리를 발생시켜서 마이크로 입력된 소음과 이어폰에서 발생시킨 소리가 서로 상쇄되어 소음이 줄어든다.

○ 보기풀이 ㄴ. 소음 제거 이어폰은 외부 소음과 위상이 반대인 소리를 발생시켜 상쇄 간섭을 일으킨다.

× 매력적 오답 ㄱ. 간섭은 두 파동이 중첩되어 진폭이 커지거나 작아지는 현상으로, 파동이 중첩될 때 진동수는 변하지 않는다. 따라서 ㉠에 해당하는 것은 '진폭'이다.

ㄷ. (가)는 진폭이 커지는 보강 간섭을 이용하고, (나)는 진폭이 작아지는 상쇄 간섭을 이용한다.

문제풀이 Tip

파동의 보강 간섭을 이용한 예와 파동의 상쇄 간섭을 이용한 예를 구분해서 그 원리를 이해하고 있어야 한다.

선택지 비율	❶ 61%	② 9%	③ 16%	④ 8%	⑤ 6%

23 물결파의 굴절

2022년 3월 교육청 5번 | 정답 ① | 문제편 86 p

출제 의도 수심이 다른 곳에서의 물결파의 진행을 이해하고, 실험 조건에서 물의 양이 달라졌을 때 생기는 변화를 찾을 수 있는지 확인하는 문항이다.

다음은 물결파에 대한 실험이다.

[실험 과정]

(가) 그림과 같이 물결파 실험 장치의 한 쪽에 삼각형 모양의 유리판을 놓은 후 물을 채우고 일정한 진동수의 물결파를 발생시킨다.

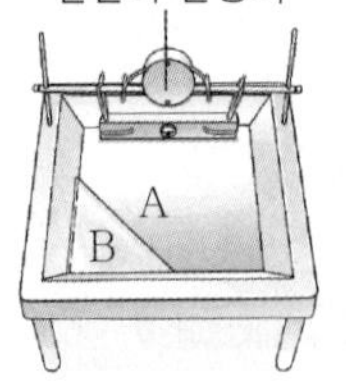

(나) 유리판이 없는 영역 A와, 있는 영역 B에서의 물결파의 무늬를 관찰한다.

(다) (가)에서 물의 양만을 증가시킨 후 (나)를 반복한다.
수심이 깊어진다. → 물결파의 속력이 빨라진다.

[실험 결과 및 결론]

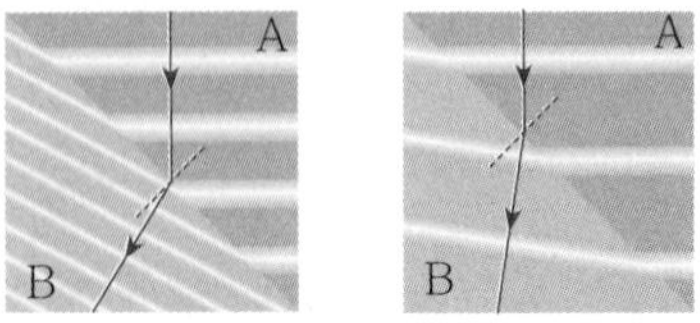

(나)의 결과 (다)의 결과

• (다)에서가 (나)에서보다 큰 물리량
- A에서 이웃한 파면 사이의 거리 파장
- B에서 물결파의 굴절각
- ㉠

㉠에 해당하는 것만을 〈보기〉에서 있는 대로 고른 것은? [3점]

보기
ㄱ. A에서 물결파의 속력
ㄴ. B에서 물결파의 진동수 진동수는 변하지 않는다.
ㄷ. 물결파의 입사각과 굴절각의 차이 (나)에서가 (다)에서보다 크다.

① ㄱ ② ㄴ ③ ㄱ, ㄷ ④ ㄴ, ㄷ ⑤ ㄱ, ㄴ, ㄷ

✓ 자료 해석

• (나) : 물결파의 속력은 수심이 깊을수록 빠르다. 따라서 물결파가 A에서 B로 진행할 때 수심이 달라져 속력이 달라지므로 굴절이 일어난다. → 물결파가 깊은 곳에서 얕은 곳으로 진행할 때는 입사각이 굴절각보다 크다.

• (다) : 물의 양을 증가시키면 수심이 깊어지므로 물결파의 속력이 빨라진다. → A와 B 모두 수심이 깊어지므로 물결파의 속력은 (다)에서가 (나)에서보다 크다.

○ 보기 풀이 ㄱ. 물결파의 속력은 파장과 진동수의 곱이다. 물결파의 파장은 파면 사이의 간격이고, 물결파가 진행하는 동안 진동수는 변하지 않으므로 물결파의 속력은 파장에만 관계 있다. (다)의 A에서의 파장이 (나)의 A에서의 파장보다 크므로 A에서 물결파의 속력은 (다)에서가 (나)에서보다 크다.

× 매력적 오답 ㄴ. 물결파가 진행하면서 굴절하는 동안 진동수는 변하지 않는다.

ㄷ. (나)와 (다)에서 물결파는 깊은 곳에서 얕은 곳으로 진행하므로 입사각은 굴절각보다 크다. 이때 (나)와 (다)에서 A에서 입사각은 같은데, B에서 굴절각은 (다)에서가 (나)에서보다 크므로 입사각과 굴절각의 차이는 (나)에서가 (다)에서보다 크다.

문제풀이 Tip

물결파에서 이웃한 파면 사이의 거리가 파장이라는 것을 알고 있어야 하며, 파동의 진동수는 파원에 의해 결정되기 때문에 파동이 진행하는 동안 굴절하거나 간섭할 때에도 진동수는 변하지 않는다는 것을 기억해야 한다.

24 파동의 간섭

선택지 비율	① 6%	② 5%	❸ 70%	④ 6%	⑤ 12%

2021년 10월 교육청 6번 | 정답 ③ | 문제편 86 p

출제 의도 파동의 중첩에 대한 이해를 묻는 문항이다.

그림은 두 파원에서 진동수가 f인 물결파가 같은 진폭으로 발생하여 중첩되는 모습을 나타낸 것이다. 두 물결파는 점 a에서는 같은 위상으로, 점 b에서는 반대 위상으로 중첩된다.

밝은 부분은 보강 간섭, 어두운 부분은 상쇄 간섭하는 부분이다.

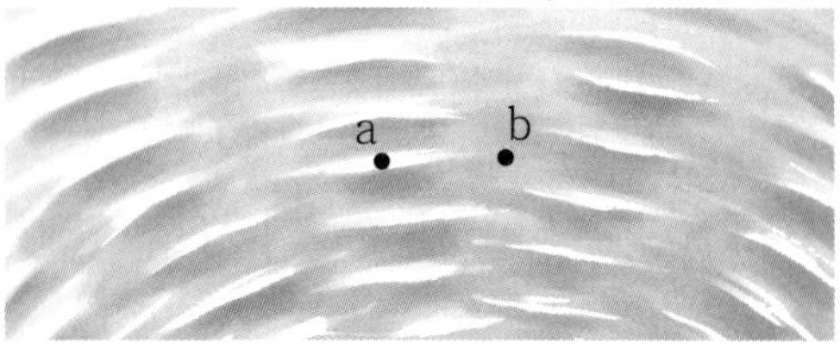

이에 대한 옳은 설명만을 〈보기〉에서 있는 대로 고른 것은?

보기

ㄱ. 물결파는 a에서 보강 간섭한다.
ㄴ. 진폭은 a에서가 b에서보다 크다.
ㄷ. a에서 물의 진동수는 ~~f보다 크다~~. 와 같다.

① ㄴ ② ㄷ ③ ㄱ, ㄴ ④ ㄱ, ㄷ ⑤ ㄱ, ㄴ, ㄷ

✓ 자료 해석

• 밝은 무늬가 나타나는 a는 보강 간섭, 어두운 무늬가 나타나는 b는 상쇄 간섭을 하는 지점이다.

O 보기풀이 ㄱ. 파동은 같은 위상으로 중첩될 때 보강 간섭한다.
ㄴ. 보강 간섭하면 진폭이 커지고, 상쇄 간섭하면 진폭이 작아진다. 따라서 b에서 상쇄 간섭하고, a에서 보강 간섭하므로, b에서가 a에서보다 진폭이 작다.

× 매력적 오답 ㄷ. 파동의 중첩과 관계없이 파동의 진동수는 변하지 않는다.

문제풀이 Tip

물결파가 보강 간섭하는 곳에서는 밝은 무늬가, 상쇄 간섭하는 곳에서는 어두운 무늬가 나타남을 이해하고, 파동의 진동수는 매질이 바뀌거나, 중첩하거나 해도 바뀌지 않는다는 사실을 이해하고 있어야 한다.

25 파동의 성질

선택지 비율	① 7%	② 7%	③ 13%	❹ 60%	⑤ 13%

2021년 10월 교육청 17번 | 정답 ④ | 문제편 86 p

출제 의도 파동의 특성에 대한 이해를 묻는 문항이다.

그림 (가)는 파동 P, Q가 각각 화살표 방향으로 1 m/s의 속력으로 진행할 때, 어느 순간의 매질의 변위를 위치에 따라 나타낸 것이다. 그림 (나)는 (가)의 순간부터 점 a~e 중 하나의 변위를 시간에 따라 나타낸 것이다.

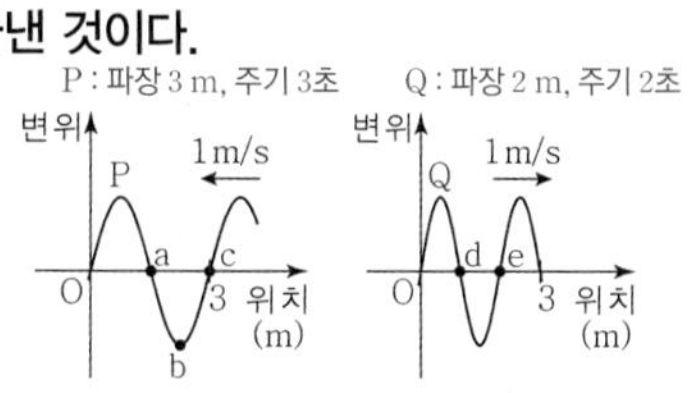

(가)

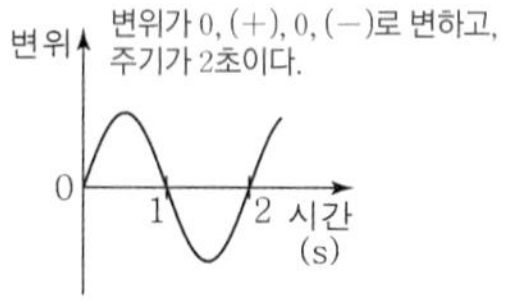

(나)

(나)는 어느 점의 변위를 나타낸 것인가? [3점]

① a ② b ③ c ④ d ⑤ e

✓ 자료 해석

• (가)에서 P의 파장은 3 m, 주기는 3초, Q의 파장은 2 m, 주기는 2초이다.
• (나)에서 변위는 0초 이후 0에서 (+)로 변하며, 주기는 2초이다.

O 보기풀이 주기가 2초이고, 0초 이후 변위가 양(+)의 방향으로 증가하므로 (나)는 Q의 d를 나타낸 것이다.

문제풀이 Tip

파동의 속력을 v, 진동수를 f, 주기를 T, 파장을 λ라고 할 때,

$$v=f\lambda=\frac{\lambda}{T}$$

임을 활용할 수 있어야 한다.

선택지 비율	① 5%	❷ 69%	③ 7%	④ 7%	⑤ 11%

26 파동의 간섭

2021년 4월 교육청 16번 | 정답 ② | 문제편 86 p

(출제 의도) 두 파동의 간섭에 대한 이해를 묻는 문항이다.

다음은 소리의 간섭 실험이다.

[실험 과정]

(가) 그림과 같이 나란하게 놓인 스피커 S_1과 S_2 사이의 중앙 지점에서 수직 방향으로 2 m 떨어진 점 O를 표시한다.

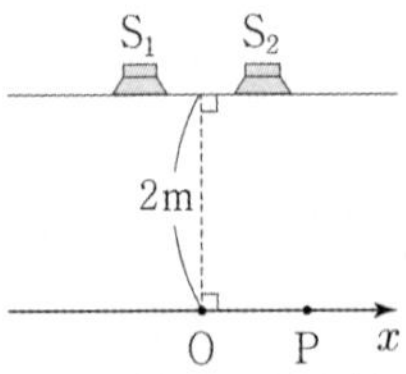

P에서 경로차는 반파장이다.

(나) S_1, S_2에서 진동수가 340 Hz이고 위상과 진폭이 동일한 소리를 발생시킨다.

(다) O에서 $+x$방향으로 이동하며 소리의 세기를 측정하여 처음으로 보강 간섭하는 지점과 상쇄 간섭하는 지점을 표시한다.

[실험 결과]

• (다)의 결과

	보강 간섭 (동일 위상)	상쇄 간섭 (반대 위상)
지점	O	P

• O에서 P까지의 거리는 1 m이다.

이에 대한 설명으로 옳은 것만을 〈보기〉에서 있는 대로 고른 것은? [3점]

보기

ㄱ. S_1, S_2에서 발생한 소리의 위상은 O에서 서로 ~~반대이다.~~ 같다.

ㄴ. O에서 $-x$방향으로 1 m만큼 떨어진 지점에서는 S_1, S_2에서 발생한 소리가 상쇄 간섭한다.

ㄷ. S_1에서 발생하는 소리의 위상만을 반대로 하면 S_1, S_2에서 발생한 소리가 O에서 ~~보강~~ 상쇄 간섭한다.

① ㄱ ② ㄴ ③ ㄷ ④ ㄱ, ㄴ ⑤ ㄴ, ㄷ

✔ 자료 해석

• S_1과 S_2에서 위상과 진폭이 동일한 소리를 발생시켰을 때 O에서 경로차는 0이고, P에서 경로차는 반파장이다.

• S_1과 S_2에서 위상과 진폭이 동일한 소리를 발생시켰을 때 두 파동의 위상은 O에서 같고, P에서 반대이다.

O 보기 풀이 ㄴ. 두 파동이 O에서 $+x$방향으로 1 m만큼 떨어진 P에서 상쇄 간섭하므로 O에서 $-x$방향으로 1 m만큼 떨어진 지점에서도 상쇄 간섭한다.

× 매력적 오답 ㄱ. O는 보강 간섭이 일어나는 지점이므로 S_1, S_2에서 발생한 소리의 위상은 O에서 서로 같다.

ㄷ. S_1에서 발생하는 소리의 위상만을 반대로 하면 O에서 두 파동이 반대 위상으로 만나므로 상쇄 간섭한다.

문제풀이 Tip

경로차가 0인 곳으로부터 첫 번째 상쇄 간섭이 일어나는 지점은 좌우 대칭임을 활용하고, 하나의 위상을 반대로 하면 보강 간섭과 상쇄 간섭하는 지점이 서로 바뀐다는 점을 이해하고 있어야 한다.

선택지 비율	① 12%	② 10%	③ 14%	④ 5%	❺ 58%

27 파동의 특성

2021년 4월 교육청 15번 | 정답 ⑤ | 문제편 87 p

출제 의도 파동의 특성(파장, 진동수, 주기)에 대한 이해를 묻는 문항이다.

그림 (가)는 진폭이 2 cm이고 일정한 속력으로 진행하는 물결파의 어느 순간의 모습을 나타낸 것이다. 실선과 점선은 각각 물결파의 마루와 골이고, 점 P, Q는 평면상의 고정된 지점이다. 그림 (나)는 P에서 물결파의 변위를 시간에 따라 나타낸 것이다.

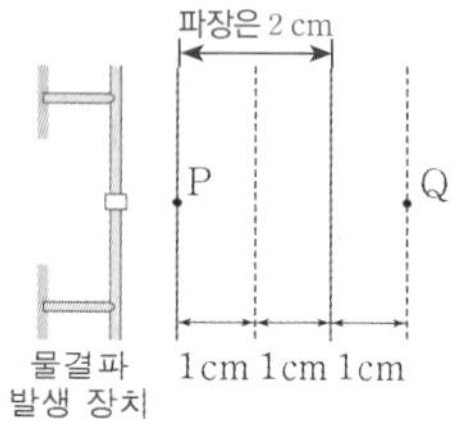

(가)

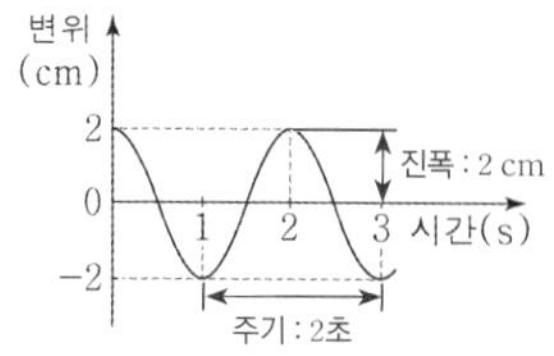

(나)

물결파에 대한 설명으로 옳은 것만을 〈보기〉에서 있는 대로 고른 것은?

보기

ㄱ. 파장은 2 cm이다.
ㄴ. 진행 속력은 1 cm/s이다.
ㄷ. 2초일 때, Q에서 변위는 −2 cm이다.

① ㄱ ② ㄷ ③ ㄱ, ㄴ ④ ㄴ, ㄷ ⑤ ㄱ, ㄴ, ㄷ

✓ 자료 해석

- 파장은 (가)에서 이웃한 마루(골) 사이의 거리인 2 cm이다.
- 주기는 (나)에서 이웃한 마루(골) 사이의 시간 간격인 2초이다.
- 진폭은 (나)에서 변위의 최대 크기인 2 cm이다.

○ 보기 풀이 ㄱ, ㄴ. 물결파의 파장은 마루와 마루 사이, 골과 골 사이의 거리이므로 2 cm이다. 물결파의 주기는 마루와 마루 사이, 골과 골 사이의 시간 간격이므로 2초이다. 따라서 물결파의 진행 속력은 $v=\frac{2\text{ cm}}{2\text{ s}}=1\text{ cm/s}$이다.
ㄷ. 물결파의 위상은 P, Q에서 반대이므로 2초일 때, P에서의 변위가 2 cm이므로 Q에서의 변위는 −2 cm이다.

문제풀이 Tip

이웃한 마루(골) 사이의 거리, 시간 간격으로부터 파장과 주기를 파악하고, 변위의 최대 크기로부터 진폭을 파악할 수 있어야 한다.

선택지 비율	① 7%	② 5%	③ 16%	④ 14%	❺ 58%

28 파동의 진행

2021년 3월 교육청 9번 | 정답 ⑤ | 문제편 87 p

출제 의도 소리의 굴절에 대한 이해를 묻는 문항이다.

그림 (가)는 지표면 근처에서 발생한 소리의 진행 경로를 나타낸 것이다. 점 a, b는 소리의 진행 경로상의 지점으로, a에서 소리의 진동수는 f이다. 그림 (나)는 (가)에서 지표면으로부터의 높이와 소리의 속력과의 관계를 나타낸 것이다.

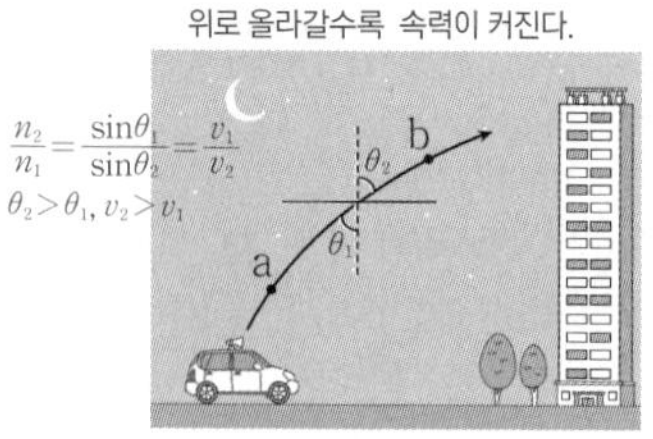

(가)

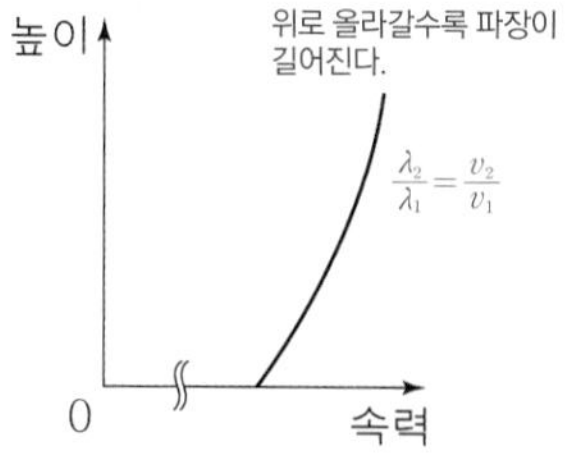

(나)

a에서 b까지 진행하는 소리에 대한 옳은 설명만을 〈보기〉에서 있는 대로 고른 것은?

보기

ㄱ. 굴절하면서 진행한다.
ㄴ. 진동수는 f로 일정하다.
ㄷ. 파장은 길어진다.

① ㄴ ② ㄷ ③ ㄱ, ㄴ ④ ㄱ, ㄷ ⑤ ㄱ, ㄴ, ㄷ

✓ 자료 해석

- 파동은 파동의 속력이 느린 매질 쪽으로 굴절하여 진행한다.
- 속력이 빨라질수록 파장이 길어진다.

○ 보기 풀이 ㄱ. 높이가 높아질수록 소리의 속력이 커지므로 굴절하면서 진행한다.
ㄴ. 주기와 진동수는 파동을 발생시키는 파원에서 결정되므로 발생한 소리의 진동수는 일정하게 유지된다.
ㄷ. $v=f\lambda$에서 진동수가 일정하므로 속력은 파장에 비례한다. 따라서 속력이 커지면 파장이 길어진다.

문제풀이 Tip

파동의 진행 방향이 법선과 이루는 각이 커지면 굴절률이 작아지고, 진동수가 일정할 때 파장은 속력에 비례한다.

선택지 비율	❶ 59%	② 8%	③ 12%	④ 13%	⑤ 8%

29 소리의 간섭

2021년 3월 교육청 18번 | 정답 ① | 문제편 87 p

출제 의도 두 스피커에서 발생한 소리의 간섭에 대한 이해를 묻는 문항이다.

다음은 소리의 간섭 실험이다.

[실험 과정]

(가) 약 1 m 떨어져 서로 마주 보고 있는 스피커 A, B에서 진동수가 ㉠ 인 소리를 같은 세기로 발생시킨다.

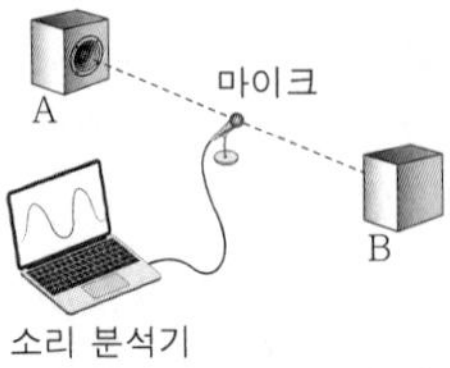

(나) 마이크를 A와 B 사이에서 이동시키면서 ㉡소리의 세기가 가장 작은 지점을 찾아 마이크를 고정시킨다. └ 상쇄 간섭이 일어나는 지점.

(다) 소리의 파형을 측정한다.

(라) B만 끈 후 소리의 파형을 측정한다.

[실험 결과]

• X, Y : (다), (라)의 결과를 구분 없이 나타낸 그래프

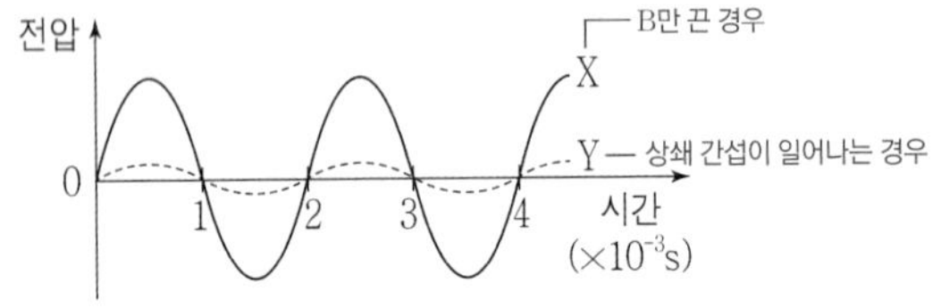

이에 대한 옳은 설명만을 〈보기〉에서 있는 대로 고른 것은?

보기

ㄱ. ㉠은 500 Hz이다.

ㄴ. ㉡에서 간섭한 소리의 위상은 서로 ~~같다~~. 반대이다.

ㄷ. (라)의 결과는 ~~Y~~이다. X

① ㄱ ② ㄷ ③ ㄱ, ㄴ ④ ㄱ, ㄷ ⑤ ㄴ, ㄷ

✓ 자료 해석

• 소리의 세기가 가장 작은 지점은 상쇄 간섭이 일어나는 지점이다.

• 두 스피커 중 하나를 끄면 상쇄 간섭이 일어나지 않는다.

O 보기 풀이 ㄱ. 주기는 0.002초이고, 진동수는 주기의 역수이므로 $\frac{1}{0.002}$ $=500$(Hz)이다.

× 매력적 오답 ㄴ. ㉡은 소리의 세기가 가장 작은 지점이므로 소리가 반대 위상으로 중첩되는 상쇄 간섭 지점이다.

ㄷ. (라)에서 상쇄 간섭이 일어나지 않으므로, (라)의 결과는 X이다.

문제풀이 Tip

같은 위상의 파동이 서로 만나면 보강간섭, 반대 위상의 파동이 서로 만나면 상쇄간섭이 일어나는 것을 이해하고 있어야 한다.

선택지 비율	① 3%	② 6%	③ 5%	❹ 78%	⑤ 6%

30 파동의 간섭

2020년 10월 교육청 3번 | 정답 ④ | 문제편 87 p

출제 의도 서로 반대 방향으로 진행하는 파동의 중첩에 대한 이해를 묻는 문항이다.

그림은 0초일 때 진동수가 f이고 진폭이 1 cm인 두 파동이 줄을 따라 서로 반대 방향으로 진행하는 모습을 나타낸 것이다. 두 파동의 속력은 같고, 줄 위의 점 p는 5초일 때 처음으로 변위의 크기가 2 cm가 된다.

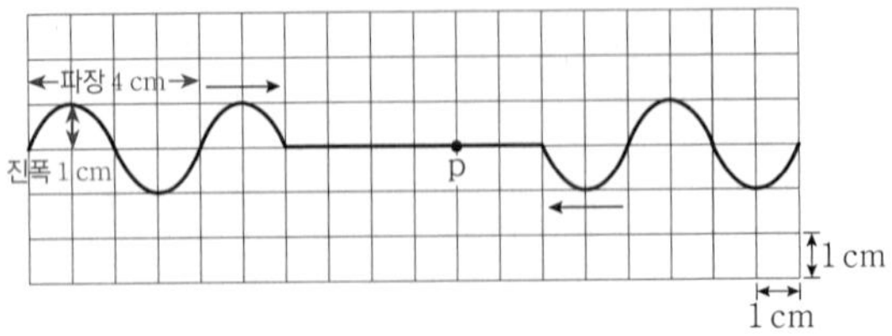

f는? [3점]

① $\frac{1}{20}$ Hz ② $\frac{1}{10}$ Hz ③ $\frac{1}{8}$ Hz ④ $\frac{1}{4}$ Hz ⑤ $\frac{1}{2}$ Hz

✓ 자료 해석

• 파동이 한 번 진동하는 동안 이동한 거리인 4 cm가 파장이다.

• 두 파동이 중첩하여 5초일 때 처음으로 p에서 변위가 2 cm가 되었으므로, 파동의 속력은 1 cm/s이다.

• 진동수 f는 속력 v를 파장 λ로 나눈 값과 같다. $f=\frac{v}{\lambda}$

O 보기 풀이 두 파동의 파장은 4 cm, 진행 속력은 1 cm/s이므로 $f=\frac{1\ \text{cm/s}}{4\ \text{cm}}$ $=\frac{1}{4}$Hz이다.

문제풀이 Tip

p에서 처음으로 파동의 보강 간섭이 일어났으므로 왼쪽의 파동이 5 cm를 5초에 이동한 것임을 파악할 수 있어야 한다. 파동의 속력을 주고 처음으로 보강 간섭이 일어나는 지점을 파악하는 문항이 출제될 수 있으니 준비해 두자.

02 전반사와 광통신 및 전자기파

선택지 비율	① 2%	② 0%	③ 3%	④ 1%	⑤ 93%

1 전자기파의 이용

2024년 10월 교육청 1번 | 정답 ⑤ | 문제편 90p

출제 의도 전자기파의 종류와 특성 및 활용의 예에 대한 이해를 묻는 문항이다.

그림은 전자기파 A, B가 사용되는 모습을 나타낸 것이다. A, B는 X선, 가시광선을 순서 없이 나타낸 것이다.

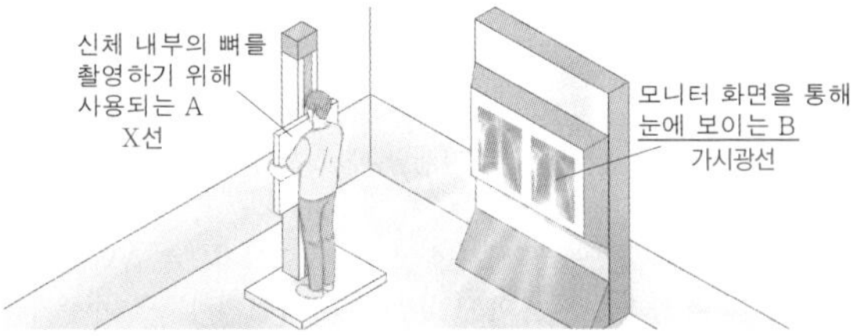

이에 대한 옳은 설명만을 〈보기〉에서 있는 대로 고른 것은?

보기
ㄱ. A는 X선이다.
ㄴ. B는 적외선보다 진동수가 크다.
ㄷ. 진공에서 속력은 A와 B가 같다.

① ㄱ ② ㄷ ③ ㄱ, ㄴ ④ ㄴ, ㄷ ⑤ ㄱ, ㄴ, ㄷ

✓ 자료 해석

- 가시광선은 눈이 인식할 수 있는 전자기파로, 색을 인식할 수 있게 한다. → B는 가시광선, A는 X선이다.
- 전자기파의 진동수(에너지)가 커지는 순서에 따른 전자기파 → 마이크로파 - 적외선 - 가시광선 - 자외선 - X선 - 감마선

O 보기풀이 ㄱ. 투과력이 강하여 인체나 물질 내부를 관찰하는 데 이용하는 전자기파는 X선이다.
ㄴ. B는 사람이 볼 수 있는 가시광선이다. 가시광선은 적외선보다 파장이 짧은 전자기파이다. 따라서 진동수는 가시광선이 적외선보다 크다.
ㄷ. 진공에서 전자기파의 속력은 파장에 관계없이 일정하므로 X선과 가시광선의 진공에서 속력은 같다.

문제풀이 Tip
진공에서의 전자기파의 속력이 일정하기 때문에 파장과 진동수는 서로 반비례한다. 파장이 길수록 진동수(에너지)가 작다는 것을 기억하자.

선택지 비율	① 66%	② 7%	③ 15%	④ 5%	⑤ 7%

2 빛의 굴절과 임계각

2024년 10월 교육청 15번 | 정답 ① | 문제편 90p

출제 의도 빛이 진행할 때 입사각과 굴절각의 관계를 통해 빛의 속력과 굴절률을 비교하고 임계각과 굴절률의 관계를 이해하고 있는지 묻는 문항이다.

그림과 같이 진동수가 동일한 단색광 X, Y가 매질 A에서 각각 매질 B, C로 동일한 입사각 θ_0으로 입사한다. X는 A와 B의 경계면의 점 p를 향해 진행한다. Y는 B와 C의 경계면에 입사각 θ_0으로 입사한 후 p에 임계각으로 입사한다.
이에 대한 옳은 설명만을 〈보기〉에서 있는 대로 고른 것은? [3점]

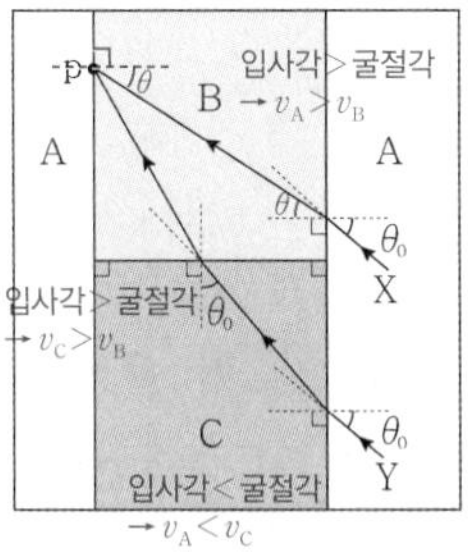

보기
ㄱ. $\theta_0 < 45°$이다.
ㄴ. p에서 X의 굴절각은 Y의 입사각보다 ~~크다~~. 작다
ㄷ. 임계각은 A와 B 사이에서가 B와 C 사이에서보다 ~~작다~~. 크다

① ㄱ ② ㄴ ③ ㄱ, ㄷ ④ ㄴ, ㄷ ⑤ ㄱ, ㄴ, ㄷ

✓ 자료 해석

A, B, C에서 빛의 속력을 v_A, v_B, v_C라고 하자.
- A와 B의 경계면에서 X의 입사각이 굴절각보다 크므로 $v_A > v_B$이다.
- A와 C의 경계면에서 Y의 입사각이 굴절각보다 작으므로 $v_A < v_C$이다.
  → $v_C > v_A > v_B$이므로 매질의 굴절률 n_A, n_B, n_C는 $n_C < n_A < n_B$이다.

O 보기풀이 ㄱ. Y가 A에서 C로 입사한 지점과 C에서 B로 입사한 지점을 연결하여 직각 삼각형을 만들면 C에서 B로 입사할 때의 입사각 θ_0과 A에서 C로 입사할 때의 굴절각의 합은 90°이다. 그런데 Y가 A와 C의 경계면에서 굴절할 때 굴절각이 입사각인 θ_0보다 크므로 θ_0은 45°보다 작다.

X 매력적 오답 ㄴ. X가 A에서 B로 진행할 때의 굴절각을 θ라고 하면 $\frac{\sin\theta_0}{\sin\theta} = \frac{v_A}{v_B}$이다. X가 B와 A의 경계면 p에서 진행할 때 X의 입사각이 θ이므로 굴절 법칙을 만족하려면 p에서의 굴절각은 θ_0이 된다. 이때 Y의 임계각은 θ_0보다 크므로 p에서 X의 굴절각은 Y의 입사각보다 작다.
ㄷ. A, B, C에서 빛의 속력은 $v_C > v_A > v_B$이므로 굴절률은 $n_C < n_A < n_B$이다. 굴절률 차이가 클수록 임계각이 작아지는데 굴절률 차이는 A, B 사이보다 B, C 사이가 더 크다. 따라서 임계각은 A와 B 사이에서가 B와 C 사이에서보다 크다.

문제풀이 Tip
빛이 A → B → A로 진행할 때 B로 진행할 때의 A의 입사각은 B에서 나올 때의 굴절각과 같다는 것을 알면 문제 풀이 시간을 단축하는 데 도움이 된다.

선택지 비율	① 3%	② 13%	③ 5%	❹ 74%	⑤ 5%

3 전반사

2024년 7월 교육청 12번 | 정답 ④ | 문제편 90 p

출제 의도 전반사의 원리를 이해하고, 입사각과 굴절각의 관계로부터 빛의 굴절 법칙을 적용할 수 있는지 확인하는 문항이다.

그림과 같이 단색광 X가 공기와 매질 A의 경계면 위의 점 p에 입사각 θ_i로 입사한 후, A와 매질 B의 경계면에서 굴절하고 옆면 Q에서 전반사하여 진행한다.

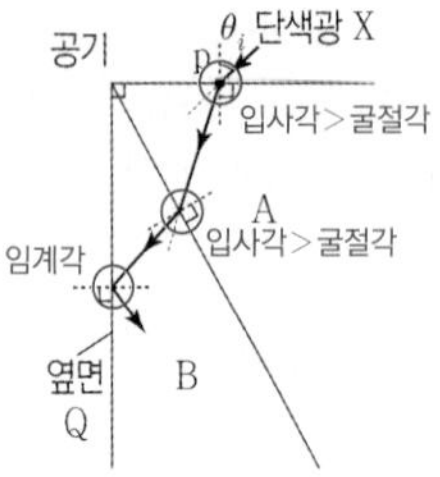

이에 대한 설명으로 옳은 것만을 〈보기〉에서 있는 대로 고른 것은? [3점]

보기

ㄱ. X의 속력은 공기에서가 A에서보다 ~~작다~~. 크다.

ㄴ. 굴절률은 B가 A보다 크다.

ㄷ. p에서 θ_i보다 작은 각으로 X가 입사하면 Q에서 전반사가 일어난다.

① ㄱ ② ㄴ ③ ㄱ, ㄷ ④ ㄴ, ㄷ ⑤ ㄱ, ㄴ, ㄷ

✓ 자료 해석

- 빛의 굴절 법칙: 굴절률이 n_1인 매질 1에서 굴절률이 n_2인 매질 2로 빛이 진행할 때 $\frac{\sin i}{\sin r}=\frac{v_1}{v_2}=\frac{n_2}{n_1}$이므로 입사각($i$)이 굴절각($r$)보다 크면 $v_1>v_2$, $n_1<n_2$이다.
- 빛이 서로 다른 두 매질의 경계면에서 굴절할 때 입사각과 굴절각의 sin 값의 비는 일정하므로 입사각이 증가하면 굴절각도 증가한다.

○ 보기 풀이 ㄴ. 빛이 A에서 B로 진행할 때 입사각이 굴절각보다 크므로 굴절률은 B가 A보다 크다.

ㄷ. p에서 θ_i보다 작은 각으로 입사하면 굴절각도 작아지므로 A와 B의 경계면에서 X의 입사각이 증가한다. A와 B의 경계면에서 X의 입사각이 증가하면 굴절각도 증가하고, 옆면 Q에서의 입사각도 증가한다. 전반사는 입사각이 임계각보다 클 때 일어나므로 Q에서 전반사가 일어난다.

× 매력적 오답 ㄱ. 공기에서 A로 빛이 진행할 때 입사각이 굴절각보다 크므로 X의 속력은 공기에서가 A에서보다 크다.

문제풀이 Tip

전반사 여부를 묻는 문제에서는 문제에서 주어진 조건 변화를 통해 입사각이 어떻게 변하는지 파악할 수 있어야 한다. 경계면에서의 법선을 확인해 보면서 입사각과 굴절각의 관계를 통해 빛의 진행 경로를 유추하는 연습이 필요하다.

선택지 비율	❶ 94%	② 1%	③ 4%	④ 1%	⑤ 1%

4 전자기파의 이용

2024년 5월 교육청 1번 | 정답 ① | 문제편 90 p

출제 의도 전자기파의 종류와 활용의 예에 대한 이해를 묻는 문항이다.

다음은 전자기파 A에 대한 설명이다.

공항 검색대에서는 투과력이 강한 A를 이용하여 가방 내부의 물건을 검색한다. A의 파장은 감마선보다 길고, 자외선보다 짧다. 파장: 자외선>X선>감마선 에너지: 자외선<X선<감마선

A는?

① X선 ② 가시광선 ③ 적외선
④ 라디오파 ⑤ 마이크로파

✓ 자료 해석

- 전자기파의 파장(에너지)이 길어지는(작아지는) 순서에 따른 전자기파
→ 감마선 – X선 – 자외선 – 가시광선 – 적외선 – 마이크로파

○ 보기 풀이 투과력이 커서 공항에서 수하물을 검색하거나 병원에서 인체 내부의 뼈의 영상을 얻는 의료 진단에 이용되는 전자기파는 X선이다.

문제풀이 Tip

전자기파의 종류와 각각의 특성 및 이용 예에 대하여 이해하고 있어야 한다.

선택지 비율	❶ 61%	② 7%	③ 13%	④ 7%	⑤ 11%

5 전반사

2024년 5월 교육청 13번 | 정답 ① | 문제편 91 p

출제 의도 빛이 진행할 때 입사각과 굴절각의 관계를 통해 빛의 속력과 굴절률을 비교하고 전반사의 조건을 이해하고 있는지 묻는 문항이다.

그림은 단색광 P가 매질 A와 B의 경계면에 임계각 45°로 입사하여 반사한 후, A와 매질 C의 경계면에서 굴절하여 C와 B의 경계면에 입사하는 모습을 나타낸 것이다.

이에 대한 설명으로 옳은 것만을 〈보기〉에서 있는 대로 고른 것은? [3점]

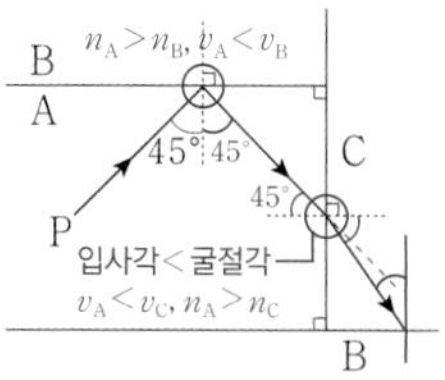

보기

ㄱ. P의 속력은 A에서가 C에서보다 작다.

ㄴ. 굴절률은 B가 C보다 ~~크다~~. 작다.

ㄷ. P는 C와 B의 경계면에서 ~~전반사한다~~. 전반사하지 않는다.

① ㄱ ② ㄴ ③ ㄱ, ㄷ ④ ㄴ, ㄷ ⑤ ㄱ, ㄴ, ㄷ

✔ 자료 해석

A, B, C에서 빛의 속력을 v_A, v_B, v_C라고 하자.

- A와 B의 경계면에서 P가 전반사하므로 $v_A < v_B$이고, 45°는 임계각이다.
- A와 C의 경계면에서 입사각이 굴절각보다 작으므로 $v_A < v_C$이다.
- P가 A에서 B로 입사각 45°로 입사할 때 전반사하고, A에서 C로 45°로 입사할 때 굴절하므로 굴절률 차이는 A와 B 사이에서가 A와 C 사이에서보다 크다.

○ 보기풀이 ㄱ. P가 A와 C의 경계면에서 굴절할 때 입사각이 굴절각보다 작으므로 P의 속력은 A에서가 C에서보다 작다.

✕ 매력적 오답 ㄴ. A와 B의 경계면에서 P가 전반사하므로 $v_A < v_B$이고 A와 C의 경계면에서 입사각이 굴절각보다 작으므로 $v_A < v_C$이다. 빛의 속력은 굴절률에 반비례하므로 빛의 굴절률은 $n_A > n_B$, $n_A > n_C$이다. 한편 A에서 빛이 같은 각도로 입사할 때 B에서는 전반사, C에서는 굴절한다. 굴절률 차이가 클수록 빛이 많이 꺾이므로 A와 B 사이의 굴절률 차이가 A와 C 사이의 굴절률 차이보다 크다. 따라서 굴절률은 $n_A > n_C > n_B$이다.

ㄷ. P는 A와 C의 경계면에서 45°로 입사하여 45°보다 큰 각도로 굴절한다. 따라서 C에서 B에 입사할 때는 45°보다 작은 각으로 입사한다. 굴절률 차이가 클수록 임계각이 작아지는데 굴절률 차이는 A와 B 사이에서가 B와 C 사이에서보다 크므로 B와 C 사이의 임계각은 A와 B 사이의 임계각인 45°보다 크다. 따라서 P는 C와 B의 경계면에서 전반사하지 않는다.

문제풀이 Tip

빛의 굴절과 전반사 문제는 입사각과 굴절각의 관계를 통해 빛의 속력을 비교할 수 있어야 한다. 빛이 많이 굴절할수록 속력 차이와 굴절률 차이가 크다는 것을 기억해 두자.

선택지 비율	① 7%	② 2%	❸ 77%	④ 3%	⑤ 10%

6 전자기파의 이용

2024년 3월 교육청 1번 | 정답 ③ | 문제편 91 p

출제 의도 전자기파의 종류와 특성 및 활용의 예에 대한 이해를 묻는 문항이다.

그림은 전자기파 A와 B를 사용하는 예에 대한 설명이다. A와 B 중 하나는 가시광선이고, 다른 하나는 자외선이다.

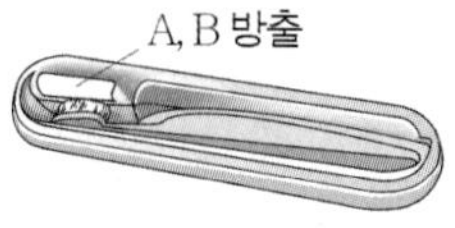

칫솔모 살균 장치에서 A와 B가 방출된다. A는(자외선) 살균 작용을 하고, 눈에 보이는 B는(가시광선) 장치가 작동 중임을 알려 준다.

이에 대한 옳은 설명만을 〈보기〉에서 있는 대로 고른 것은?

보기

ㄱ. A는 자외선이다.

ㄴ. 진동수는 B가 A보다 ~~크다~~. 작다.

ㄷ. 진공에서 속력은 A와 B가 같다.

① ㄱ ② ㄴ ③ ㄱ, ㄷ ④ ㄴ, ㄷ ⑤ ㄱ, ㄴ, ㄷ

✔ 자료 해석

- 가시광선은 눈이 인식할 수 있는 전자기파로, 색을 인식할 수 있게 한다.
- A는 자외선, B는 가시광선이다.
  → 진동수: 자외선(A) > 가시광선(B), 파장: 가시광선(B) > 자외선(A)

○ 보기풀이 ㄱ. 가시광선은 사람의 눈으로 감지할 수 있는 전자기파이다. 따라서 눈에 보이는 B는 가시광선이고 A는 자외선이다.

ㄷ. 진공에서 전자기파의 속력은 파장에 관계없이 일정하므로 자외선과 가시광선의 진공에서 속력은 같다.

✕ 매력적 오답 ㄴ. 진동수는 자외선(B)이 가시광선(A)보다 크다.

문제풀이 Tip

전자기파의 활용 예를 구분하는 문항이 자주 출제되므로 전자기파의 종류에 따른 특징과 활용 예를 준비해 두자. 자외선은 살균 작용 외에도 형광 작용을 이용한 위조지폐 감별에도 이용된다.

7 전반사와 임계각

2024년 3월 교육청 12번 | 정답 ① | 문제편 91 p

출제 의도 전반사의 조건을 알고, 전반사의 임계각을 결정하는 요인을 이해하는지 묻는 문항이다.

다음은 임계각을 찾는 실험이다.

[실험 과정]
(가) 반원형 매질 A, B, C 중 두 매질을 서로 붙인다.
(나) 단색광 P를 원의 중심으로 입사시키고, 입사각을 0에서 부터 연속적으로 증가시키면서 임계각을 찾는다.

[실험 결과]

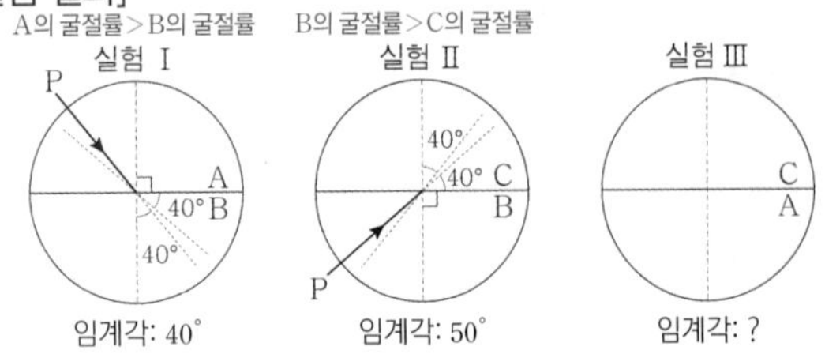

실험 Ⅲ의 결과로 가장 적절한 것은? [3점]

①
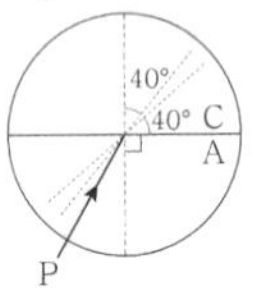
②
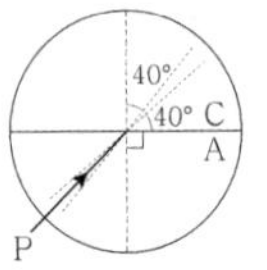
③
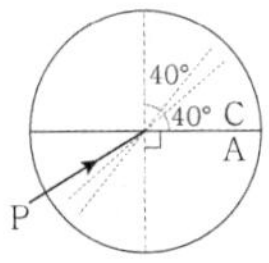
④
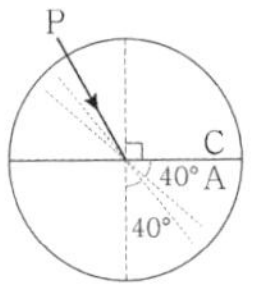
⑤
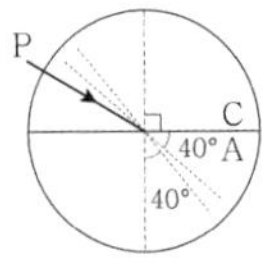

✔ 자료 해석

- 전반사는 굴절률이 큰 매질에서 굴절률이 작은 매질로 빛이 진행할 때, 굴절면에서 빛의 입사각이 임계각보다 클 때 일어난다.
- 빛이 굴절률이 n_1인 매질에서 n_2인 매질로 진행할 때($n_1>n_2$) 임계각 i_c는 $\sin i_c=\frac{n_2}{n_1}$의 관계가 성립한다. → 빛이 전반사할 때 $\frac{n_2}{n_1}$의 값이 작을수록 임계각이 작다.

O 보기 풀이 전반사는 굴절률이 큰 매질에서 작은 매질로 빛이 진행할 때 일어난다. 실험 Ⅰ에서 A에서 B로 빛이 진행할 때 빛이 전반사하므로 굴절률은 A가 B보다 크고, 실험 Ⅱ에서 B에서 C로 빛이 진행할 때 빛이 전반사하므로 굴절률은 B가 C보다 크다. 따라서 A와 C 사이에서 임계각을 찾으려면 P를 A에서 C로 입사시켜야 한다. 또 전반사가 일어날 때 임계각의 크기는 굴절률 차이가 클수록 작아지는데, A의 굴절률>B의 굴절률>C의 굴절률이므로 A와 C의 굴절률 차이는 A와 B의 굴절률 차이보다 크다. 따라서 임계각은 40°보다 작다.

문제풀이 Tip

빛의 전반사가 일어나면 두 매질의 굴절률을 비교할 수 있으므로 A와 B, B와 C 사이의 굴절률을 비교할 수 있다. 이때 임계각의 크기는 두 매질의 굴절률 차이에 의해 결정되는 것에 유의해야 한다.

8 전자기파의 이용

2023년 10월 교육청 1번 | 정답 ③ | 문제편 92 p

출제 의도 전자기파의 종류와 특성 및 활용의 예에 대한 이해를 묻는 문항이다.

다음은 가상 현실(VR) 기기에 대한 설명이다. A와 B 중 하나는 가시광선이고, 다른 하나는 적외선이다.

이에 대한 옳은 설명만을 〈보기〉에서 있는 대로 고른 것은?

보기
ㄱ. B는 가시광선이다.
ㄴ. 진동수는 B가 A보다 크다.
ㄷ. 진공에서의 속력은 B가 A보다 크다. 같다.

① ㄱ ② ㄴ ③ ㄱ, ㄴ ④ ㄱ, ㄷ ⑤ ㄴ, ㄷ

✔ 자료 해석

- 가시광선은 사람의 눈으로 볼 수 있지만 적외선은 열작용을 이용한 열화상 카메라 등의 장치가 있어야 볼 수 있다.
- 적외선은 가시광선보다 파장이 길고, 진동수가 작다.

O 보기 풀이 ㄱ. 가시광선은 사람의 눈으로 감지할 수 있는 전자기파이다. 따라서 B는 가시광선이다.
ㄴ. A는 적외선이고, 적외선은 가시광선보다 파장이 긴 전자기파이다. 따라서 진동수는 가시광선이 적외선보다 크다.

X 매력적 오답 ㄷ. 진공에서 전자기파의 속력은 파장에 관계없이 일정하므로 적외선과 가시광선의 진공에서의 속력은 같다.

문제풀이 Tip

사람의 눈으로 감지할 수 있는 전자기파는 가시광선이다. 따라서 적외선을 이용한 예를 모르더라도 B가 가시광선임을 알 수 있다.

선택지 비율	① 3%	② 3%	③ 7%	④ 9%	❺ 78%

9 빛의 굴절과 광통신

2023년 10월 교육청 7번 | 정답 ⑤ | 문제편 92 p

출제 의도 빛의 굴절 법칙을 이해하여 두 매질의 굴절률을 비교하고, 광통신에서 광섬유의 원리에 적용할 수 있는지 묻는 문항이다.

그림 (가), (나)는 각각 매질 A와 B, 매질 B와 C에서 진행하는 단색광 P의 진행 경로의 일부를 나타낸 것이다. 표는 (가), (나)에서의 입사각과 굴절각을 나타낸 것이다. P의 속력은 C에서가 A에서보다 크다.

매질의 굴절률은 A가 C보다 크다.

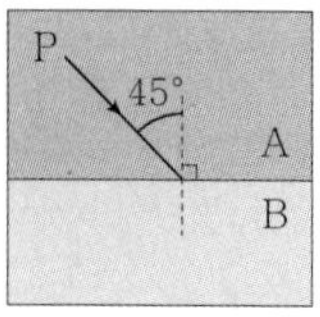

(가)

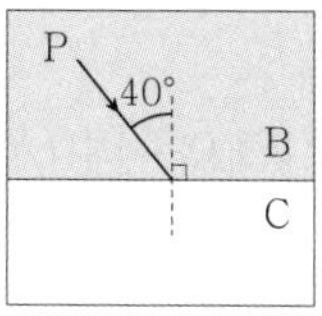

(나)

	(가)	(나)
입사각	45°	40°
굴절각	35°	㉠

입사각 > 굴절각이므로 매질의 굴절률은 B가 A보다 크다.

이에 대한 옳은 설명만을 〈보기〉에서 있는 대로 고른 것은? [3점]

보기
ㄱ. ㉠은 45°보다 크다.
ㄴ. 굴절률은 B가 C보다 크다.
ㄷ. B를 코어로 사용하는 광섬유에 A를 클래딩으로 사용할 수 있다.

① ㄱ ② ㄷ ③ ㄱ, ㄴ ④ ㄴ, ㄷ ⑤ ㄱ, ㄴ, ㄷ

✔ 자료 해석

- P의 속력은 C에서가 A에서보다 크다. → 굴절률이 클수록 매질에서의 단색광의 속력이 작으므로 매질의 굴절률은 A가 C보다 크다.
- 굴절률이 작은 매질에서 큰 매질로 빛이 진행할 때 입사각이 굴절각보다 크다. → 매질의 굴절률은 B가 A보다 크다.

○ 보기 풀이 ㄱ, ㄴ. P의 속력은 C에서가 A에서보다 크므로 매질의 굴절률은 A가 C보다 크고, (가)에서 입사각이 굴절각보다 크므로 매질의 굴절률은 B가 A보다 크다. 따라서 매질의 굴절률은 B>A>C이다. 굴절률 차이가 클수록 단색광이 굴절하는 정도도 커진다. 따라서 (나)에서 P가 B에서 C로 진행할 때 입사각이 35°이면 굴절각은 45°보다 크다. 그런데 입사각이 40°이므로 ㉠은 45°보다 크다.

ㄷ. 광섬유에서 전반사하려면 코어의 굴절률이 클래딩의 굴절률보다 커야 한다. 따라서 B를 코어로 사용하면 A, C를 모두 클래딩으로 사용할 수 있다.

문제풀이 Tip

속력과 굴절률의 관계 및 굴절률의 차이가 클수록 달라지는 것이 무엇인지 알고 있어야 한다. 또한, (가)에서 입사각 45°와 굴절각 35°가 주어졌으므로 이를 이용하여 문제에 접근할 수 있어야 한다. 문제에서 주어진 단서를 놓치지 않도록 항상 유의하자.

선택지 비율	① 3%	② 1%	③ 9%	④ 6%	❺ 81%

10 전자기파의 이용

2023년 7월 교육청 1번 | 정답 ⑤ | 문제편 92 p

출제 의도 전자기파의 종류와 특성 및 활용 예에 대한 이해를 묻는 문항이다.

그림 (가)는 진동수에 따른 전자기파의 분류를, (나)는 전자기파 A, B를 이용한 예를 나타낸 것이다. A, B는 각각 ㉠, ㉡ 중 하나에 해당한다.

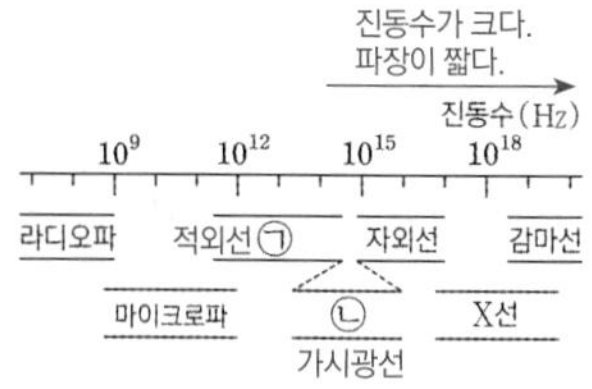

(가)

리모컨은 A를 이용하여 멀리 떨어져 있는 에어컨을 제어하고, 표시 창에서는 B가 나와 에어컨의 상태를 보여준다.

(나)

이에 대한 설명으로 옳은 것만을 〈보기〉에서 있는 대로 고른 것은?

보기
ㄱ. A는 ㉠에 해당한다.
ㄴ. 진공에서의 속력은 A와 B가 같다.
ㄷ. 파장은 B가 X선보다 길다.

① ㄱ ② ㄴ ③ ㄱ, ㄷ ④ ㄴ, ㄷ ⑤ ㄱ, ㄴ, ㄷ

✔ 자료 해석

- 진공에서 전자기파의 속력은 일정하고 빛의 속력(3×10^8 m/s)과 같다. → 속력이 일정하므로 진동수가 클수록 파장이 짧다.($\because v=f\lambda$)
- 적외선은 가시광선의 빨간색 빛보다 파장이 길며, 열화상 카메라, 적외선 센서 등에 이용된다.
- 가시광선은 눈이 인식할 수 있는 전자기파로, 색을 인식할 수 있게 한다.

○ 보기 풀이 ㄱ. 리모컨에서는 적외선(A)을 이용하여 멀리 떨어져 있는 에어컨과 신호를 주고 받는다. 한편, 표시 창에서 나오는 가시광선(B)에 의해 에어컨의 상태를 확인할 수 있다. A는 적외선이고, 적외선은 가시광선보다 파장이 길므로 (가)에서 ㉠에 해당한다.

ㄴ. 전자기파는 진공에서의 속력이 같다.

ㄷ. '파동의 진행 속력=진동수×파장'인데, 진동수는 가시광선(B)이 X선보다 작으므로 파장은 가시광선(B)이 X선보다 길다.

문제풀이 Tip

전자기파의 활용 예를 구분하는 문항이 자주 출제되므로 전자기파의 종류에 따른 특징과 활용 예를 준비해 두자.

선택지 비율	① 11%	② 7%	③ 5%	❹ 73%	⑤ 4%

11 전반사

2023년 7월 교육청 6번 | 정답 ④ | 문제편 92 p

출제 의도 전반사의 원리를 이해하고, 각 매질에서의 빛의 속력의 관계를 적용하여 주어진 자료를 해석할 수 있는지 묻는 문항이다.

그림은 진동수가 동일한 단색광 P, Q가 매질 A, B의 경계면에 동일한 입사각으로 각각 입사하여 B와 매질 C의 경계면의 점 a, b에 도달하는 모습을 나타낸 것이다. Q는 a에서 전반사한다.

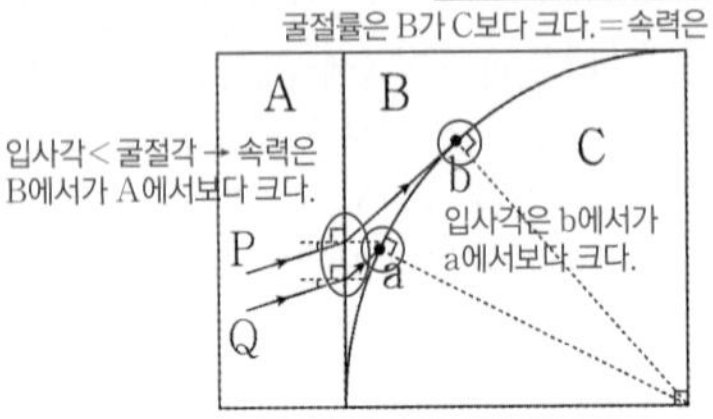
굴절률은 B가 C보다 크다. = 속력은 B에서가 C에서보다 작다.
A
B
C
입사각 < 굴절각 → 속력은 B에서가 A에서보다 크다.
P
Q
a
b
입사각은 b에서가 a에서보다 크다.

이에 대한 설명으로 옳은 것만을 〈보기〉에서 있는 대로 고른 것은? [3점]

〈보기〉
ㄱ. P는 b에서 전반사한다.
ㄴ. Q의 속력은 A에서가 C에서보다 작다.
ㄷ. B를 코어로 사용한 광섬유에 ~~A~~(C)를 클래딩으로 사용할 수 있다.

① ㄱ　② ㄴ　③ ㄷ　④ ㄱ, ㄴ　⑤ ㄴ, ㄷ

✓ 자료 해석

- 빛의 굴절 법칙에 따라 $\frac{\sin i}{\sin r}=\frac{v_A}{v_B}=\frac{n_B}{n_A}$이므로 굴절각이 입사각보다 클 때 $v_A<v_B$, $n_A>n_B$이다.
- 전반사는 굴절률이 큰 매질에서 작은 매질로 진행할 때, 빛의 입사각이 임계각보다 클 때 일어난다.
  → Q는 a에서 전반사하므로 굴절률은 B가 C보다 크다. 또, a에서의 입사각은 임계각보다 크다.

○ 보기 풀이 ㄱ. B와 C의 경계면에서 P는 Q에서보다 더 큰 입사각으로 입사한다. Q는 a에서 전반사하므로 Q의 입사각은 임계각보다 크다. 따라서 b에서 P의 입사각도 임계각보다 크므로 P는 b에서 전반사한다.

ㄴ. Q가 A에서 B로 입사할 때 굴절각이 입사각보다 크므로 Q의 속력은 B에서가 A에서보다 크다. 한편 Q가 B에서 C로 진행할 때 a에서 전반사하므로 굴절률은 B에서가 C에서보다 크다. 굴절률은 속력과 반비례하므로 Q의 속력은 C에서가 B에서보다 크다. 따라서 Q의 속력은 A에서가 C에서보다 작다.

× 매력적 오답 ㄷ. 광통신은 빛의 전반사를 이용한다. 광섬유 내부로 빛을 입사시키면 굴절률이 큰 코어와 굴절률이 작은 클래딩의 경계면에서 빛이 전반사하며 광섬유를 따라 멀리까지 이동한다. 단색광의 속력은 B에서가 A에서보다 크므로 굴절률은 A에서가 B에서보다 크다. 코어의 굴절률은 클래딩보다 커야 하므로 B를 코어로 사용한 광섬유는 B보다 굴절률이 작은 C를 클래딩으로 사용해야 한다.

문제풀이 Tip

빛이 전반사한다는 조건이 제시되면 입사각과 임계각의 크기, 굴절률, 속력 등을 빠르게 비교할 수 있어야 문제 풀이에 걸리는 시간을 단축할 수 있다.

선택지 비율	❶ 93%	② 2%	③ 1%	④ 2%	⑤ 1%

12 전자기파의 이용

2023년 4월 교육청 1번 | 정답 ① | 문제편 93 p

출제 의도 전자기파의 종류와 활용의 예에 대한 이해를 묻는 문항이다.

다음은 전자기파 A에 대한 설명이다.

암 치료에 이용되는 전자기파 A는 핵반응 과정에서 방출되며 X선보다 파장이 짧고 투과력이 강하다.

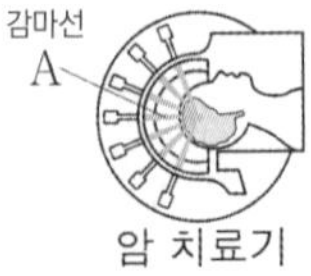
감마선
A
암 치료기

A는?

① 감마선　② 자외선　③ 가시광선
④ 적외선　⑤ 마이크로파

✓ 자료 해석

- 감마선은 파장이 매우 짧아 에너지가 크고, 직진성이 강하여 투과력도 크다. 이러한 성질을 이용하여 암 치료 등 질병 치료에 감마선을 사용한다.

○ 보기 풀이 감마선은 핵반응 과정에서 방출되며, X선보다 파장이 짧고 전자기파 중 에너지가 가장 크다. 감마선은 방사선 치료에 이용되는데, 세기를 조절하여 불필요한 암세포를 제거할 수 있다.

문제풀이 Tip

파장이 짧은 전자기파일수록 에너지가 강하고 직진성이 강하며, 파장이 긴 전자기파일수록 에너지가 작고 회절성이 크다. 전자기파의 특성을 이해하여 활용 예시를 기억해 두도록 한다.

선택지 비율	① 6%	❷ 45%	③ 13%	④ 23%	⑤ 13%

13 전반사

2023년 4월 교육청 14번 | 정답 ② | 문제편 93p

(출제 의도) 전반사와 굴절 현상을 이용하여 세 매질의 굴절률을 비교하여 적용할 수 있는지 묻는 문항이다.

그림 (가)는 매질 A와 B의 경계면에 입사한 단색광 P가 B와 매질 C의 경계면에 임계각 θ_1로 입사하는 모습을, (나)는 B와 A의 경계면에 입사각 θ_2로 입사한 P가 A와 C의 경계면에 입사각 θ_1로 입사하는 모습을 나타낸 것이다. $\theta_1 < \theta_2$이다.

(입사각이 임계각이므로 굴절각은 90°이다.)

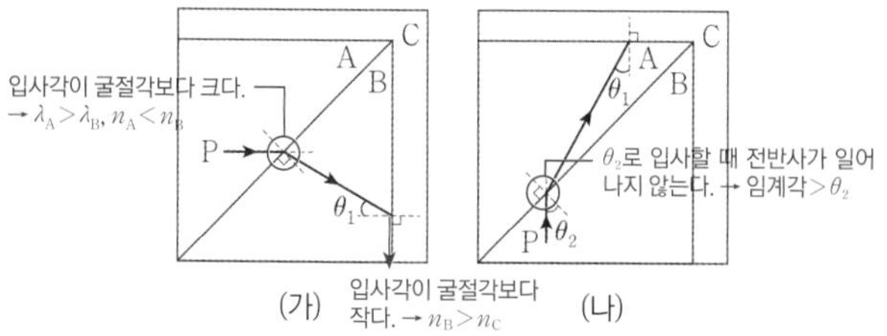

(가) (나)

이에 대한 설명으로 옳은 것만을 〈보기〉에서 있는 대로 고른 것은?

보기

ㄱ. P의 파장은 A에서가 B에서보다 ~~짧다~~. 길다.

ㄴ. 굴절률은 A가 C보다 크다.

ㄷ. (나)에서 P는 A와 C의 경계면에서 전반사~~한다~~. 하지 않는다.

① ㄱ ② ㄴ ③ ㄱ, ㄷ ④ ㄴ, ㄷ ⑤ ㄱ, ㄴ, ㄷ

✓ 자료 해석

A, B, C의 굴절률을 n_A, n_B, n_C라고 하자.

- (가)에서 P가 A에서 B로 진행할 때 입사각이 굴절각보다 크므로 $n_B > n_A$이다. B에서 C로 진행할 때 임계각으로 입사하므로 굴절각은 90°이다. 즉, 굴절각이 입사각보다 크므로 $n_B > n_C$이다.
- (나)에서 P가 B에서 A로 진행할 때 입사각은 θ_2이고, 빛은 전반사하지 않고 굴절한다.
  → A와 B 사이의 임계각 $> \theta_2 > \theta_1$(=B와 C 사이의 임계각)이다.

O 보기 풀이 ㄴ. (가)에서 P가 A에서 B로 진행할 때는 입사각이 굴절각보다 크고, B에서 C로 진행할 때는 입사각이 굴절각보다 작으므로 $n_B > n_A$이고, $n_B > n_C$이다. 한편 B와 C 사이의 임계각은 θ_1이고, B와 A 사이의 임계각은 θ_2보다 크므로 θ_1보다도 크다. 임계각은 굴절률 차이가 클수록 작으므로 B와 C 사이의 굴절률 차이가 B와 A 사이의 굴절률 차이보다 크다. 따라서 $n_B > n_A > n_C$이다.

× 매력적 오답 ㄱ. P가 A에서 B로 진행할 때는 입사각이 굴절각보다 크다. 따라서 P의 파장은 A에서가 B에서보다 길다.

ㄷ. 굴절률 차이는 B와 C 사이에서가 A와 C 사이에서보다 크므로 A와 C 사이의 임계각은 B와 C 사이의 임계각인 θ_1보다 크다. 따라서 P가 A와 C의 경계면에 입사각 θ_1로 입사하면 전반사하지 않는다.

문제풀이 Tip

입사각과 굴절각의 관계를 이용하여 두 매질의 굴절률을 비교하고, 굴절률의 차이로 임계각에 대한 정보를 추리할 수 있어야 한다. 빛이 많이 굴절할수록, 즉 굴절률 차이가 클수록 임계각이 작다는 것을 기억해 두자.

선택지 비율	① 5%	❷ 63%	③ 27%	④ 4%	⑤ 2%

14 전자기파의 활용

2023년 3월 교육청 2번 | 정답 ② | 문제편 93p

(출제 의도) 전자기파의 대표적 활용 예에 대해 이해하고 있는지 묻는 문항이다.

그림과 같이 위조지폐를 감별하기 위해 지폐에 전자기파 A를 비추었더니 형광 무늬가 나타났다.

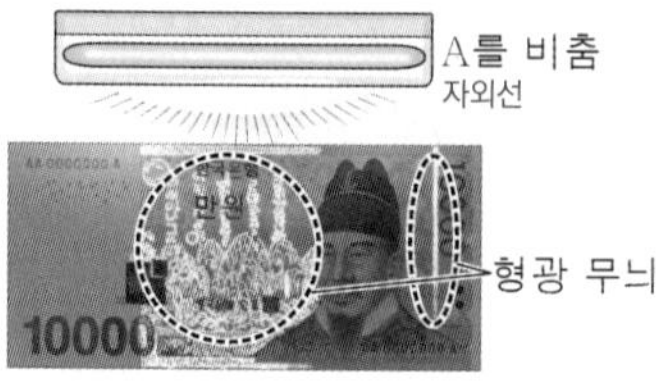

A는?

① 감마선 ② 자외선 ③ 적외선
④ 마이크로파 ⑤ 라디오파

✓ 자료 해석

- 자외선은 물질이 화학 반응을 일으킬 수 있을 정도의 에너지를 가지고 있어 형광 작용이 일어나도록 할 수 있다. 물질의 형광 작용은 형광 물질을 이루는 원자의 전자가 자외선을 받아 에너지를 흡수하여 들뜬상태가 된 후 다시 바닥상태로 떨어지면서 가시광선을 방출하기 때문에 나타난다.

O 보기 풀이 위조지폐 감별에 이용되는 A는 자외선이다. 자외선은 살균 및 소독 작용에도 이용된다.

문제풀이 Tip

자외선의 형광 작용을 이해하고 있어야 한다. 다른 여러 전자기파의 종류에 따른 특성 및 이용 예를 묻는 문제가 함께 출제될 수 있으니 준비해 두자.

선택지 비율	① 7%	❷ 43%	③ 12%	④ 30%	⑤ 8%

15 빛의 굴절과 전반사

2023년 3월 교육청 14번 | 정답 ② | 문제편 93p

(출제 의도) 빛이 굴절할 때의 입사각과 굴절각의 관계를 이용하여 전반사 조건을 적용할 수 있는지 확인하는 문항이다.

그림 (가), (나)와 같이 단색광 P가 매질 X, Y, Z에서 진행한다. (가)에서 P는 Y와 Z의 경계면에서 전반사한다. θ_0과 θ_1은 각 경계면에서 P의 입사각 또는 굴절각으로, $\theta_0 < \theta_1$이다. (전반사한다 → 굴절률이 큰 매질에서 작은 매질로 진행할 때 일어난다.)

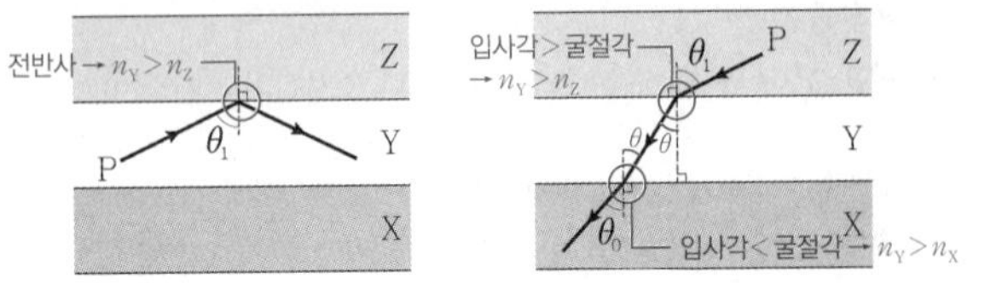

(가) (나)

이에 대한 옳은 설명만을 <보기>에서 있는 대로 고른 것은? [3점]

보기
ㄱ. Y와 Z 사이의 임계각은 θ_1보다 ~~크다~~. 작다.
ㄴ. 굴절률은 X가 Z보다 크다.
ㄷ. (나)에서 P를 θ_1보다 큰 입사각으로 Z에서 Y로 입사시키면 P는 Y와 X의 경계면에서 전반사할 수 ~~있다~~. 없다.

① ㄱ ② ㄴ ③ ㄱ, ㄷ ④ ㄴ, ㄷ ⑤ ㄱ, ㄴ, ㄷ

✓ 자료 해석

X, Y, Z에서의 굴절률을 n_X, n_Y, n_Z라 하자.

- (가) P는 Y와 Z의 경계면에서 전반사한다.
  → 굴절률은 $n_Y > n_Z$이고 $\theta_1 >$ Y와 Z 사이의 임계각이다.
- (나) P가 Z에서 Y로 진행할 때 입사각이 굴절각보다 크고, Y에서 X로 진행할 때 입사각이 굴절각보다 작다. → $n_Z < n_Y$, $n_X < n_Y$

○ 보기풀이 ㄴ. 빛이 Z → Y로 진행할 때의 굴절각을 θ라고 하면, 빛이 Y → X로 진행할 때의 입사각도 θ이다. 따라서 빛이 Z → Y로 진행할 때 $\theta < \theta_1$이므로 $n_Z < n_Y$이고, Y → X로 진행할 때는 $\theta < \theta_0$이므로 $n_X < n_Y$이다. 또한 빛이 굴절할 때 굴절률 차이가 클수록 더 크게 굴절하는데, $\theta_0 < \theta_1$이므로 θ_1과 θ의 차이는 θ_0와 θ의 차이보다 크다. 따라서 굴절률 차이는 Z, Y 사이에서가 Y, X 사이에서보다 크므로 $n_Z < n_X < n_Y$이다.

× 매력적 오답 ㄱ. 전반사는 굴절률이 큰 매질에서 작은 매질로 진행할 때 입사각이 임계각보다 크면 일어난다. 따라서 Y와 Z 사이의 임계각은 입사각인 θ_1보다 작다.

ㄷ. 문제에서 $\theta_0 < \theta_1$의 관계를 만족한다. P가 Y와 X의 경계면에서 전반사하려면 θ_0이 90°가 되는 순간을 지나야 하는데, $\theta_0 < \theta_1$이므로 θ_1이 최댓값인 90°가 되어도 θ_0은 90°보다 작다. 따라서 P는 Y와 X의 경계면에서 전반사할 수 없다.

문제풀이 Tip

전반사 문제에서는 굴절률의 차이와 임계각을 이용하여 전반사 여부를 묻는 문제가 많이 출제된다. 빛의 진행 경로를 통해 굴절률의 차이를 빠르게 파악하는 연습이 필요하다.

선택지 비율	① 1%	② 1%	③ 7%	④ 10%	❺ 81%

16 전자기파의 이용

2022년 10월 교육청 1번 | 정답 ⑤ | 문제편 94p

(출제 의도) 전자기파의 종류와 특성 및 활용의 예에 대한 이해를 묻는 문항이다.

다음은 열화상 카메라 이용 사례에 대한 설명이다.

건물에서 난방용 에너지를 절약하기 위해서는 외부로 방출되는 열에너지를 줄이는 것이 중요하다. 열화상 카메라는 건물 표면에서 방출되는 전자기파 A를(적외선) 인식하여 단열이 잘되지 않는 부분을 가시광선 영상으로 표시한다.

이에 대한 옳은 설명만을 <보기>에서 있는 대로 고른 것은?

보기
ㄱ. A는 적외선이다.
ㄴ. 진공에서 속력은 A와 가시광선이 같다.
ㄷ. 파장은 A가 가시광선보다 길다.

① ㄴ ② ㄷ ③ ㄱ, ㄴ ④ ㄱ, ㄷ ⑤ ㄱ, ㄴ, ㄷ

✓ 자료 해석

- 적외선은 열선의 특성을 이용하여 물체의 온도를 측정한다. 따라서 열화상 카메라, 적외선 온도계, 적외선 센서 등에 이용된다.

○ 보기풀이 ㄱ. 열화상 카메라에 이용되는 적외선은 열작용이 있어 열선이라고도 한다.

ㄴ. 진공에서 전자기파의 속력은 파장에 관계없이 일정하므로 적외선과 가시광선의 진공에서 속력은 같다.

ㄷ. 적외선은 가시광선보다 파장이 길고 마이크로파보다 파장이 짧다.

문제풀이 Tip

전자기파의 종류에 따른 대표적인 활용 예를 알아두어야 하며 전자기파를 파장에 따라 분류할 수 있어야 한다.

선택지 비율	① 25%	② 4%	③ 6%	❹ 58%	⑤ 7%

17 빛의 전반사와 광통신

2022년 10월 교육청 16번 | 정답 ④ | 문제편 94p

출제 의도 전반사의 원리를 이용하여 두 매질의 굴절률을 비교하고, 광통신에서 광섬유의 원리에 적용할 수 있는지 묻는 문항이다.

다음은 전반사에 대한 실험이다.

[실험 과정]

(가) 그림과 같이 동일한 단색광을 크기와 모양이 같은 직육면체 매질 A, B의 옆면의 중심에 각각 입사시켜 윗면의 중심에 도달하도록 한다. 옆면에서 빛이 굴절할 때의 굴절각이 같다.

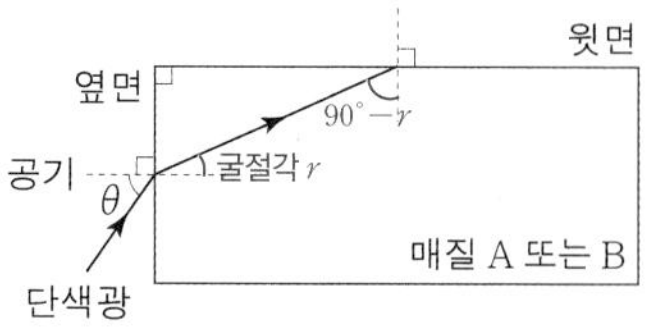

(나) (가)에서 옆면의 중심에서 입사각 θ를 측정하고, 윗면의 중심에서 단색광이 전반사하는지 관찰한다.

[실험 결과]

매질	A	B
θ	θ_1	θ_2
전반사	전반사함	전반사 안 함

└임계각은 B에서가 A에서보다 크다.

이에 대한 옳은 설명만을 〈보기〉에서 있는 대로 고른 것은? [3점]

보기

ㄱ. 굴절률은 A가 B보다 크다.　　ㄴ. $\theta_1 > \theta_2$이다.

ㄷ. A와 B로 광섬유를 만들 때 코어는 B를 사용해야 한다. (B → A)

① ㄱ　② ㄴ　③ ㄷ　④ ㄱ, ㄴ　⑤ ㄴ, ㄷ

✓ 자료 해석

- 단색광을 매질 A, B의 옆면의 중심에 입사시켜 윗면의 중심에 도달하였다.
  → 옆면에서의 굴절각과 윗면에서의 입사각은 A, B가 서로 같다.
- 같은 입사각으로 진행하였을 때 A에서는 전반사가 일어나고, B에서는 전반사가 일어나지 않는다.
  → 굴절률 차이가 클수록 임계각이 작아지고, 굴절률 차이가 작을수록 임계각은 커진다.

O 보기 풀이 ㄱ. A에서만 전반사하므로 임계각은 B에서가 A에서보다 크다. A, B의 굴절률을 n_A, n_B라 하면 $\frac{n_{공}}{n_A} < \frac{n_{공}}{n_B}$이므로 $n_A > n_B$이다.

ㄴ. 단색광이 공기에서 매질로 진행할 때의 굴절각을 r라고 하면 $\frac{\sin\theta_1}{\sin r} = \frac{n_A}{n_{공}}$, $\frac{\sin\theta_2}{\sin r} = \frac{n_B}{n_{공}}$인데 $n_A > n_B$이므로 $\theta_1 > \theta_2$이다.

× 매력적 오답 ㄷ. 광섬유에서 전반사하려면 코어의 굴절률이 클래딩의 굴절률보다 커야 한다. 따라서 코어는 A, 클래딩은 B를 사용하여 광섬유를 만들어야 한다.

문제풀이 Tip

입사각이 같을 때 전반사의 임계각과 굴절률 사이의 관계를 이해하고, 이를 통해 A, B의 굴절률을 비교할 수 있어야 한다. 또한 문제에서 빛의 진행 경로가 정해져 있으므로 전반사할 때의 입사각이 같다는 것도 놓치지 말아야 한다.

Part I　교육청

선택지 비율	① 21%	❷ 50%	③ 10%	④ 11%	⑤ 8%

18 빛의 전반사와 광통신

2022년 7월 교육청 15번 | 정답 ② | 문제편 94p

출제 의도 전반사와 굴절 현상을 이용하여 세 매질의 굴절률을 비교하고, 광통신에서 광섬유의 원리에 적용할 수 있는지 묻는 문항이다.

그림 (가)와 같이 단색광이 매질 B와 C에서 진행한다. 단색광은 매질 A와 B의 경계면에 있는 p점과 A와 C의 경계면에 있는 r점에서 전반사한다. $\theta_1 > \theta_2$이다. 그림 (나)는 (가)의 단색광이 코어와 클래딩으로 구성된 광섬유에서 전반사하는 모습을 나타낸 것이다.

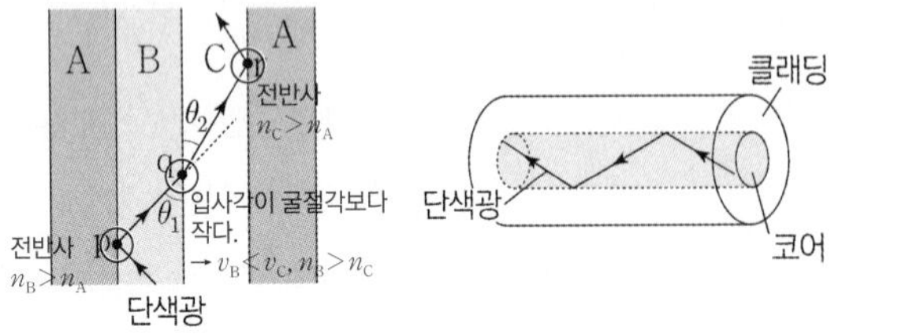

(가) (나)

이에 대한 설명으로 옳은 것만을 〈보기〉에서 있는 대로 고른 것은? [3점]

보기
ㄱ. 단색광의 파장은 B에서가 C에서보다 ~~길다~~. 짧다.
ㄴ. 임계각은 A와 B 사이에서가 A와 C 사이에서보다 작다.
ㄷ. A, B, C로 (나)의 광섬유를 제작할 때 코어를 B, 클래딩을 ~~C~~(A)로 만들면 임계각이 가장 작다.

① ㄱ ② ㄴ ③ ㄱ, ㄷ ④ ㄴ, ㄷ ⑤ ㄱ, ㄴ, ㄷ

✓ 자료 해석

A, B, C의 굴절률을 n_A, n_B, n_C라고 하자.
- A와 B의 경계면과 C와 A의 경계면에서 단색광이 전반사한다.
  → 전반사는 굴절률이 큰 매질에서 작은 매질로 빛이 진행할 때 일어나므로 $n_B > n_A$, $n_C > n_A$이다.
- $\theta_1 > \theta_2$이므로 B와 C의 경계면에서 단색광이 굴절할 때 입사각($90° - \theta_1$)이 굴절각($90° - \theta_2$)보다 작다.
  → $\dfrac{\sin(90° - \theta_1)}{\sin(90° - \theta_2)} = \dfrac{v_B}{v_C} = \dfrac{n_C}{n_B}$이므로 $v_B < v_C$, $n_B > n_C$이다.

○ 보기 풀이 ㄴ. p, r점에서 단색광이 전반사하므로 $n_B > n_A$, $n_C > n_A$이고, q에서는 입사각이 굴절각보다 작으므로 $n_B > n_C$이다. 따라서 세 매질의 굴절률을 비교하면 $n_B > n_C > n_A$이다. 임계각은 굴절률 차이가 클수록 작으므로 A와 B 사이에서가 A와 C 사이에서보다 작다.

× 매력적 오답 ㄱ. B에서 C로 단색광이 굴절할 때 입사각이 굴절각보다 작으므로 단색광의 속력은 C에서가 B에서보다 크다. 단색광의 속력과 파장은 비례하므로 단색광의 파장도 C에서가 B에서보다 길다.
ㄷ. 광섬유에서 전반사하려면 코어의 굴절률이 클래딩의 굴절률보다 커야 하고, 임계각은 굴절률 차이가 클수록 작다. 따라서 코어를 B, 클래딩을 A로 만들면 임계각이 가장 작다.

문제풀이 Tip
빛이 서로 다른 두 매질의 경계면에서 굴절할 때, 빛의 속력이 빨라지면 경계면 쪽으로 꺾이고, 빛의 속력이 느려지면 법선 쪽으로 꺾인다. 굴절 법칙을 이용하여 수식을 사용하지 않고도 속력을 비교할 수 있어야 한다.

선택지 비율	① 2%	② 1%	③ 4%	❹ 91%	⑤ 1%

19 전자기파의 이용

2022년 4월 교육청 1번 | 정답 ④ | 문제편 94p

출제 의도 전자기파의 종류와 특성 및 활용의 예를 묻는 문항이다.

다음은 비접촉식 체온계의 작동에 대한 설명이다.

체온계의 센서가 몸에서 방출되는 전자기파 A(적외선)를 측정하면 화면에 체온이 표시된다. A의 파장은 가시광선보다 길고 마이크로파보다 짧다.(적외선)

A는?

① 감마선 ② X선 ③ 자외선 ④ 적외선 ⑤ 라디오파

✓ 자료 해석
- 적외선은 가시광선의 빨간색 빛보다 파장이 길고, 마이크로파보다 파장이 짧은 전자기파로 적외선 진동이 열을 발생시켜 열선이라고도 한다. 이러한 열선의 특성을 이용하여 사람의 체온을 측정하는 데 이용된다.

○ 보기 풀이 체온계의 센서는 사람의 몸에서 방출되는 적외선을 감지하여 체온을 측정한다.

문제풀이 Tip
전자기파의 활용 예를 제시하는 문항이 자주 출제되므로, 전자기파의 종류에 따른 대표적인 활용 예를 알아두어야 한다.

선택지 비율	① 11%	② 8%	❸ 52%	④ 10%	⑤ 19%

20 전반사

2022년 4월 교육청 15번 | 정답 ③ | 문제편 95 p

(출제 의도) 전반사의 원리를 이해하고, 굴절률과 임계각의 관계, 빛의 속력의 관계를 적용할 수 있는지 묻는 문항이다.

그림과 같이 매질 A와 B의 경계면에 입사한 단색광이 굴절한 후 B와 A의 경계면에서 반사하여 B와 매질 C의 경계면에 입사한다. θ는 B와 A 사이의 임계각이고, 굴절률은 A가 C보다 크다.

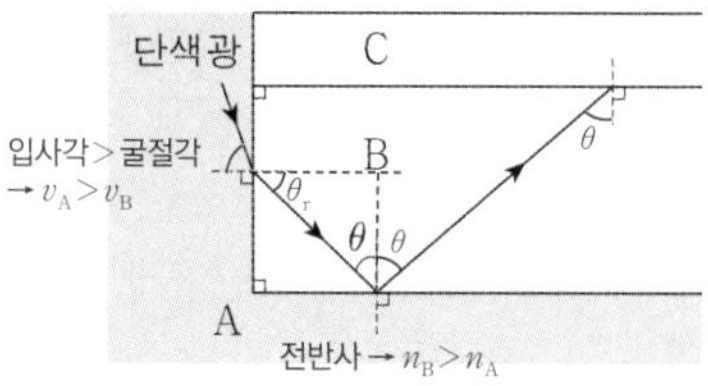

이에 대한 설명으로 옳은 것만을 ⟨보기⟩에서 있는 대로 고른 것은? [3점]

보기
ㄱ. 단색광의 속력은 A에서가 B에서보다 크다.
ㄴ. θ는 45°보다 ~~작다~~.크다.
ㄷ. 단색광은 B와 C의 경계면에서 전반사한다.

① ㄱ ② ㄴ ③ ㄱ, ㄷ ④ ㄴ, ㄷ ⑤ ㄱ, ㄴ, ㄷ

✓ 자료 해석

- 빛이 굴절률이 n_1인 매질에서 n_2인 매질로 진행할 때의 임계각 i_c는 $\sin i_c = \frac{n_2}{n_1}$의 관계가 성립한다.
  → 빛이 전반사할 때 $\frac{n_2}{n_1}$의 값이 작을수록 임계각이 작다.

O 보기풀이 ㄱ. 단색광이 B에서 A로 굴절할 때 전반사하므로 굴절률은 B가 A보다 크다. 굴절률이 클수록 매질에서의 단색광의 속력은 작으므로 단색광의 속력은 A에서가 B에서보다 크다.
ㄷ. A, B, C의 굴절률을 n_A, n_B, n_C라고 할 때 θ는 B와 A 사이의 임계각이므로 $\sin\theta = \frac{n_A}{n_B}$이다. 단색광이 B에서 C로 진행할 때의 임계각을 θ_i라고 하면 $\sin\theta_i = \frac{n_C}{n_B}$이고, $n_A > n_C$이므로 $\sin\theta > \sin\theta_i$이다. 즉, B와 C 사이의 임계각은 θ보다 작다. 단색광이 B에서 C로 진행할 때의 입사각은 θ이므로 단색광은 B와 C의 경계면에서 전반사한다.

× 매력적 오답 ㄴ. 단색광이 A에서 B로 굴절할 때의 굴절각을 θ_r라 할 때 $\theta + \theta_r = 90°$이고 $\theta > \theta_r$이므로 θ는 45°보다 크다.

문제풀이 Tip
빛의 전반사가 일어나면 두 매질의 굴절률을 비교할 수 있으므로 A와 B 사이의 굴절률을 먼저 비교할 수 있다. 또한 빛이 반사할 때 입사각과 반사각이 같다는 것을 이용하여 B에서 C로 진행할 때의 입사각을 찾을 수 있어야 한다.

선택지 비율	① 10%	② 6%	❸ 62%	④ 11%	⑤ 11%

21 전자기파의 종류와 이용

2022년 3월 교육청 4번 | 정답 ③ | 문제편 95 p

(출제 의도) 전자기파의 파장에 따른 종류를 알고, 각 전자기파의 이용에 대해 이해하고 있는지 묻는 문항이다.

그림은 스마트폰에 정보를 전송하는 과정을 나타낸 것이다. A와 B는 각각 적외선과 마이크로파 중 하나이다.

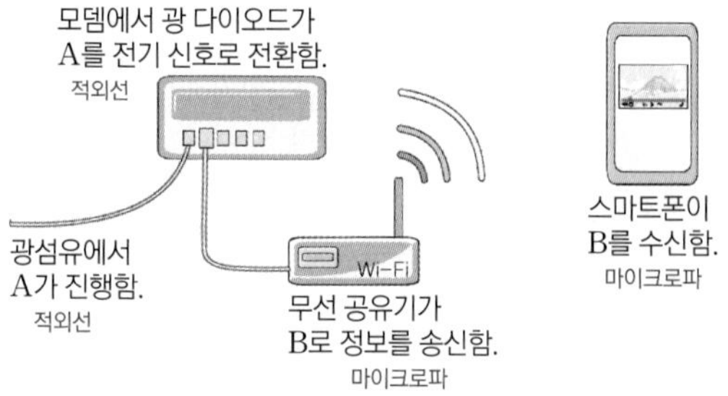

이에 대한 옳은 설명만을 ⟨보기⟩에서 있는 대로 고른 것은?

보기
ㄱ. 진동수는 A가 B보다 크다.
ㄴ. 진공에서 A와 B의 속력은 같다.
ㄷ. ~~A~~는 전자레인지에서 음식을 가열하는 데 이용된다.
B

① ㄱ ② ㄷ ③ ㄱ, ㄴ ④ ㄴ, ㄷ ⑤ ㄱ, ㄴ, ㄷ

✓ 자료 해석

- 적외선 : 열작용이 있어 열선이라고도 하며, 적외선 온도계, 열화상 카메라, 적외선 센서 등에 이용된다.
- 마이크로파 : 레이더와 위성 통신, 가정용 무선 인터넷 기기, 전자레인지에서 음식물을 데우는 데 이용된다.
- 전자기파의 파장이 길수록 진동수가 작고, 파장이 작을수록 진동수가 크다.

O 보기풀이 통신에 사용되는 B는 마이크로파이므로 A는 적외선이다.
ㄱ. 전자기파의 파장은 마이크로파(B)가 적외선(A)보다 길므로 진동수는 적외선(A)이 마이크로파(B)보다 크다.
ㄴ. 진공에서 전자기파의 속력은 파장에 관계없이 빛의 속력과 같다. 따라서 진공에서 A, B의 속력은 같다.

× 매력적 오답 ㄷ. 전자레인지에서 음식을 가열하는데 이용되는 전자기파는 마이크로파(B)이다. 적외선은 적외선 열화상 카메라, 적외선 온도계, 물리 치료기, 리모컨, 야간 투시경과 같은 기구에 이용된다.

문제풀이 Tip
광섬유에서 사용되는 전자기파의 종류를 모르더라도 이미 문제에서 A, B를 적외선 또는 마이크로파로 한정지었으므로 쉽게 A, B를 찾아낼 수 있다.

선택지 비율	① 8%	❷ 49%	③ 18%	④ 9%	⑤ 17%

22 빛의 굴절과 전반사

2022년 3월 교육청 10번 | 정답 ② | 문제편 95 p

(출제 의도) 빛이 진행할 때 입사각과 굴절각의 관계를 알고, 전반사의 조건을 이해하고 있는지 묻는 문항이다.

그림은 단색광 P가 매질 X, Y, Z에서 진행하는 모습을 나타낸 것이다. θ_0과 θ_1은 각 경계면에서의 P의 입사각 또는 굴절각이고, P는 Z와 X의 경계면에서 전반사한다.

굴절률이 큰 매질에서 작은 매질로 진행할 때 일어난다.

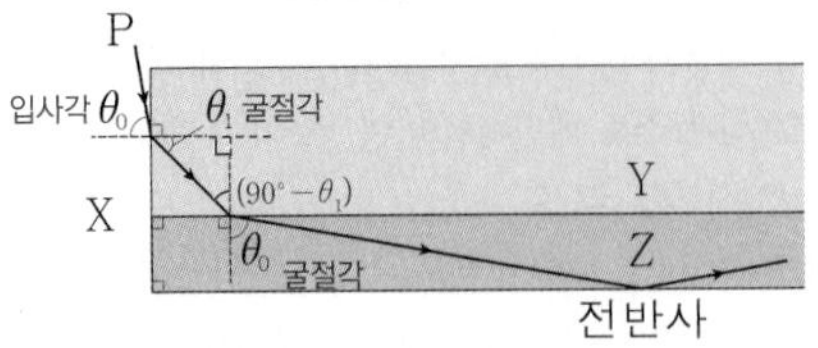

이에 대한 옳은 설명만을 〈보기〉에서 있는 대로 고른 것은? [3점]

보기

ㄱ. P의 속력은 Y에서가 Z에서보다 ~~크다~~. 작다.

ㄴ. 굴절률은 Z가 X보다 크다.

ㄷ. θ_1은 45°보다 ~~크다~~. 작다.

① ㄱ ② ㄴ ③ ㄱ, ㄴ ④ ㄱ, ㄷ ⑤ ㄴ, ㄷ

✔ 자료 해석

• X, Y, Z에서의 굴절률을 n_X, n_Y, n_Z라 하고, 굴절 법칙을 적용하여 굴절률을 비교하면 다음과 같다.

빛의 진행 경로		굴절률 비교
X → Y	입사각 > 굴절각	$n_X < n_Y$
Y → Z	입사각 < 굴절각	$n_Y > n_Z$
Z → X	전반사	$n_Z > n_X$

$n_Y > n_Z > n_X$

○ 보기 풀이 ㄴ. 전반사는 굴절률이 큰 매질에서 굴절률이 작은 매질로 빛이 진행할 때, 굴절면에서의 빛의 입사각이 임계각보다 클 때 일어난다. P가 Z에서 X로 진행할 때 전반사하므로 굴절률은 Z가 X보다 크다.

✕ 매력적 오답 ㄱ. P가 Y에서 Z로 진행할 때 굴절각이 입사각보다 크므로 $n_Y > n_Z$이고 속력은 Y에서가 Z에서보다 작다.

ㄷ. P가 X에서 Y, Z에서 Y로 동일하게 입사각 θ_0으로 입사하면 X에서 Y로 입사할 때 더 많이 굴절하므로 $\theta_1 < 90° - \theta_1$이다. 따라서 $\theta_1 < 45°$이다.

문제풀이 Tip

문제에서 θ_0이 중복되어 사용되었으므로 이 값을 이용하는 방법을 떠올릴 수 있어야 한다. θ_0은 P가 Z에서 Y로 입사할 때의 입사각으로 바꾸어 생각하면 더 쉽게 문제를 풀 수 있다.

선택지 비율	❶ 64%	② 3%	③ 15%	④ 14%	⑤ 4%

23 전자기파

2021년 10월 교육청 4번 | 정답 ① | 문제편 95 p

(출제 의도) 전자기파의 종류와 이용에 대한 이해를 묻는 문항이다.

그림은 전자기파 A, B, C가 사용되는 모습을 나타낸 것이다. A, B, C는 X선, 가시광선, 적외선을 순서 없이 나타낸 것이다.

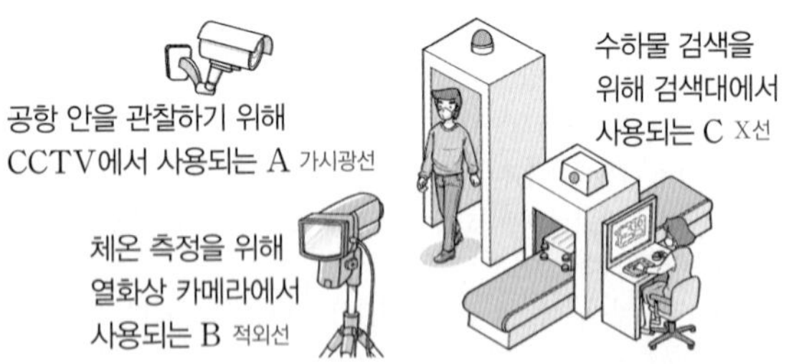

이에 대한 옳은 설명만을 〈보기〉에서 있는 대로 고른 것은?

보기

ㄱ. C는 X선이다.

ㄴ. 진동수는 A가 C보다 ~~크다~~. 작다

ㄷ. 진공에서의 속력은 ~~C가 B보다 크다~~. B와 C가 같다.

① ㄱ ② ㄷ ③ ㄱ, ㄴ ④ ㄱ, ㄷ ⑤ ㄴ, ㄷ

✔ 자료 해석

• A는 가시광선, B는 적외선, C는 X선이다.

• 진동수 : B < A < C

• 파장 : B > A > C

○ 보기 풀이 A는 가시광선, B는 적외선, C는 X선이다.

ㄱ. 투과력이 높은 X선을 이용해 수하물을 검색한다.

✕ 매력적 오답 ㄴ. A는 가시광선, C는 X선이다. 따라서 진동수는 A가 C보다 작다.

ㄷ. 진공에서 모든 전자기파는 속력이 같다.

문제풀이 Tip

전자기파의 진동수와 파장에 따른 분류와 각 전자기파의 특성 및 이용 예를 연관 지어 이해하고 있어야 한다.

선택지 비율	❶ 64%	② 11%	③ 10%	④ 8%	⑤ 7%

24 전반사

2021년 10월 교육청 10번 | 정답 ① | 문제편 96 p

출제 의도 빛의 전반사에 대한 이해를 묻는 문항이다.

그림과 같이 동일한 단색광이 공기에서 부채꼴 모양의 유리에 수직으로 입사하여 유리와 공기의 경계면의 점 a, b에 각각 도달한다. a에 도달한 단색광은 전반사하여 입사광의 진행 방향에 수직인 방향으로 진행한다.

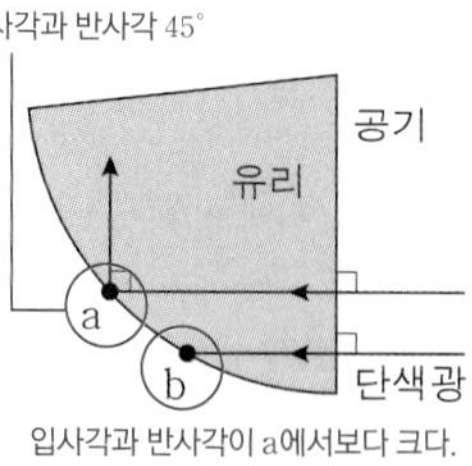

이에 대한 옳은 설명만을 〈보기〉에서 있는 대로 고른 것은? [3점]

보기
ㄱ. b에서 단색광은 전반사한다.
ㄴ. 단색광의 속력은 유리에서가 공기에서보다 ~~크다~~. 작다
ㄷ. 유리와 공기 사이의 임계각은 45°보다 ~~크다~~. 작다.

① ㄱ ② ㄷ ③ ㄱ, ㄴ ④ ㄴ, ㄷ ⑤ ㄱ, ㄴ, ㄷ

✔ 자료 해석
- a에서 전반사하므로, 임계각은 45°보다 작다.
- b에서는 a에서보다 입사각이 크다.

○ 보기 풀이 ㄱ. a에서 단색광이 전반사하므로 a에서 입사각은 임계각보다 크다. 따라서 a에서보다 단색광의 입사각이 큰 b에서도 전반사한다.

× 매력적 오답 ㄴ, ㄷ. a에서 입사각과 반사각의 합이 90°이므로, 입사각이 45°이다. 입사각이 45°일 때 전반사하였으므로 임계각은 45°보다 작고, 속력은 유리에서가 공기에서보다 작다.

문제풀이 Tip
전반사하는 경우 입사각이 임계각보다 크다는 사실을 이해하고 있어야 한다.

선택지 비율	① 13%	② 13%	③ 16%	❹ 48%	⑤ 9%

25 빛의 굴절과 전반사

2021년 7월 교육청 15번 | 정답 ④ | 문제편 96 p

출제 의도 빛의 굴절과 전반사에 대한 이해를 묻는 문항이다.

다음은 액체의 굴절률을 알아보기 위한 실험이다.

[실험 과정]
(가) 그림과 같이 수조에 액체 A를 채우고 액체 표면 위 30 cm 위치에서 액체 표면 위의 점 p를 본다.

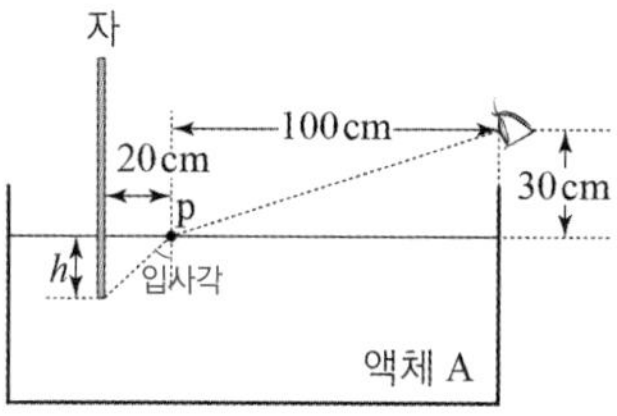

(나) (가)에서 자를 액체의 표면에 수직으로 넣으면서 p와 자의 끝이 겹쳐 보이는 순간, 자의 액체에 잠긴 부분의 길이 h를 측정한다.
(다) (가)에서 액체 A를 다른 액체로 바꾸어 (나)를 반복한다.
— h가 클수록 액체의 굴절률이 크다.

[실험 결과] h가 클수록 액체에서의 입사각이 작아지므로 굴절률이 커진다.

액체의 종류	h(cm)
A	17
물	19
B	21
C	24

액체의 굴절률 : C>B>물>A

이에 대한 설명으로 옳은 것만을 〈보기〉에서 있는 대로 고른 것은? [3점]

보기
ㄱ. 굴절률은 A가 물보다 ~~크다~~. 작다.
ㄴ. 빛의 속력은 B에서가 C에서보다 빠르다.
ㄷ. 액체와 공기 사이의 임계각은 A가 B보다 크다.

① ㄱ ② ㄴ ③ ㄷ ④ ㄴ, ㄷ ⑤ ㄱ, ㄴ, ㄷ

✔ 자료 해석
- h가 클수록 액체에서의 입사각이 작아진다.
- h가 클수록 공기에 대한 액체의 굴절률이 커진다.

○ 보기 풀이 ㄴ. 매질의 굴절률이 클수록 매질에서 빛의 속력은 작아진다. 따라서 액체에서 빛의 속력은 A>물>B>C이다.
ㄷ. 두 매질의 굴절률 차이가 작을수록 두 매질 사이의 임계각은 커진다. 따라서 액체와 공기 사이에서의 임계각은 A>물>B>C이다.

× 매력적 오답 ㄱ. 액체의 굴절률이 클수록 자가 깊게 들어가야 p에서 자 끝이 보이므로 굴절률의 크기는 A<물<B<C이다.

문제풀이 Tip
- 공기에서의 굴절각이 같으므로, 액체에서의 입사각이 작을수록 액체의 굴절률이 크다는 사실을 이용하여 액체의 굴절률을 비교할 수 있어야 한다.
- 임계각은 굴절률 차이가 클수록 작다는 사실을 이용하여 임계각을 비교할 수 있어야 한다.

선택지 비율	① 3%	② 3%	③ 7%	④ 3%	❺ 85%

26 전자기파

2021년 7월 교육청 1번 | 정답 ⑤ | 문제편 96p

(출제 의도) 전자기파의 이용에 대한 이해를 묻는 문항이다.

그림은 전자기파에 대해 학생 A, B, C가 대화하는 모습을 나타낸 것이다.

적외선은 열화상 카메라에 이용돼.
마이크로파는 음식을 데우는 전자레인지에 이용돼.
자외선은 살균 효과가 있어.
학생 A
학생 B
학생 C

제시한 내용이 옳은 학생만을 있는 대로 고른 것은?

① A ② C ③ A, B ④ B, C ⑤ A, B, C

✔ 자료 해석

- 열화상 카메라에 이용되는 전자기파는 적외선이다.
- 전자레인지에 이용되는 전자기파는 마이크로파이다.
- 살균기에 이용되는 전자기파는 자외선이다.

ㅇ 보기 풀이 열화상 카메라는 물체가 방출하는 적외선을 이용해 온도를 측정하고, 마이크로파는 전자레인지에서 물 분자를 진동시켜 음식을 데우는 데 이용된다. 또한 자외선은 살균에 이용된다.

문제풀이 Tip

전자기파의 진동수와 파장에 따른 분류, 특성 및 이용의 예를 알고 있어야 한다.

선택지 비율	❶ 42%	② 6%	③ 25%	④ 13%	⑤ 14%

27 전반사와 광통신

2021년 7월 교육청 16번 | 정답 ① | 문제편 96p

(출제 의도) 서로 다른 매질을 통과할 때 입사각과 굴절각으로 굴절률을 비교할 수 있는지 묻는 문항이다.

$\theta > i_C$이므로 굴절률은 B>A, i_C가 임계각이므로 굴절률은 B>C이다.

그림은 단색광 P가 매질 A와 중심이 O인 원형 매질 B의 경계면에 입사각 θ로 입사하여 굴절한 후, B와 매질 C의 경계면에 임계각 i_C로 입사하는 모습을 나타낸 것이다.

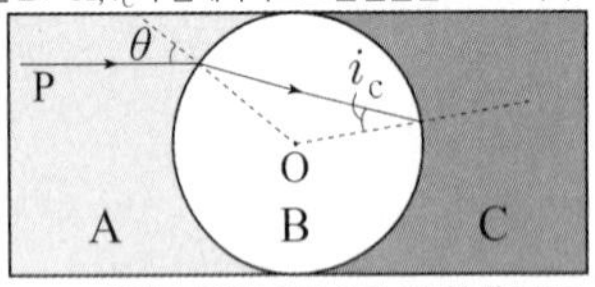

B와의 굴절률 차가 A가 C보다 작으므로 굴절률은 A>C이다.

이에 대한 설명으로 옳은 것만을 〈보기〉에서 있는 대로 고른 것은? (단, A, B, C는 광섬유에 사용되는 물질이다.) [3점]

보기

ㄱ. P의 파장은 A에서가 B에서보다 길다.

ㄴ. θ가 작아지면 P는 B와 C의 경계면에서 ~~전반사한다~~. 전반사하지 않는다.

ㄷ. 클래딩에 A를 사용한 광섬유의 코어로 C를 사용할 수 ~~있다~~. 없다.

① ㄱ ② ㄴ ③ ㄱ, ㄷ ④ ㄴ, ㄷ ⑤ ㄱ, ㄴ, ㄷ

✔ 자료 해석

- 원형 매질에 입사할 때의 굴절각은 원형 매질에서 나갈 때의 입사각과 같다.
- 빛의 진행 방향과 법선이 이루는 굴절각이 작을수록 굴절률이 크다.
  → 굴절률은 B>A>C이다.

ㅇ 보기 풀이 A, B, C의 굴절률을 각각 n_A, n_B, n_C라 할 때, A에서 B로 진행하는 빛의 굴절각은 i_C이므로 굴절 법칙에 의해 $n_A \sin\theta = n_B \sin i_C = n_C$이고 $n_B > n_A > n_C$이다.

ㄱ. 매질의 굴절률이 클수록, 매질에서 P의 파장은 짧다. 따라서 P의 파장은 A에서가 B에서보다 길다.

× 매력적 오답 ㄴ. θ가 작아지면 B와 C의 경계면에서 P의 입사각이 i_C보다 작아지므로 전반사하지 않는다.

ㄷ. 광섬유에서 굴절률은 코어가 클래딩보다 커야 한다. 따라서 A를 클래딩으로 사용한 광섬유의 코어로 A보다 굴절률이 작은 C를 사용할 수 없다.

문제풀이 Tip

원형 매질에 입사한 후 굴절각과 C에 입사할 때의 입사각은 같음을 이용하여 세 매질의 굴절률을 비교할 수 있어야 한다.

선택지 비율	❶ 87%	② 5%	③ 4%	④ 2%	⑤ 2%

28 전자기파

2021년 4월 교육청 2번 | 정답 ① | 문제편 97 p

출제 의도 전자기파의 종류와 이용에 대한 이해를 묻는 문항이다.

그림 (가)는 전자기파를 진동수에 따라 분류한 것이고, (나)는 전자기파 ㉠, ㉡을 이용한 장치를 나타낸 것이다.

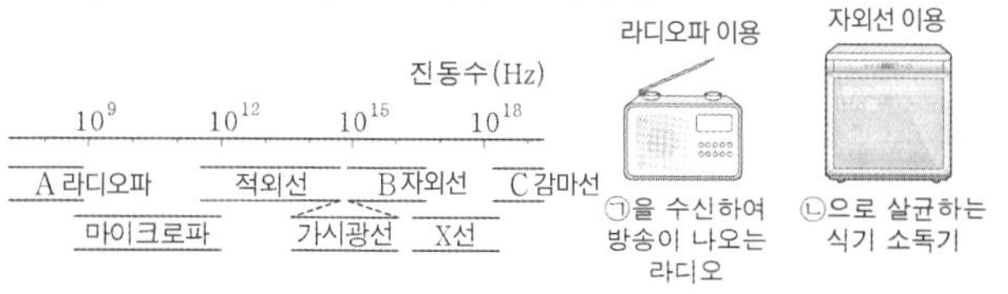

(가) (나)

(가)의 A, B, C 중 ㉠, ㉡이 해당하는 영역은?

	㉠	㉡		㉠	㉡
①	A	B	②	A	C
③	B	A	④	B	C
⑤	C	A			

✓ 자료 해석

- 마이크로파보다 진동수가 작은 전자기파는 라디오파이다.
- 가시광선보다 진동수가 크고, X선보다 진동수가 작은 전자기파는 자외선이다.
- 진동수가 가장 큰 전자기파는 감마(γ)선이다.

○ 보기풀이 A는 라디오파, B는 자외선, C는 감마(γ)선이다. 라디오는 라디오파를 수신하여 방송이 나오는 장치이고, 식기 소독기는 자외선으로 살균하는 장치이다.

문제풀이 Tip

전자기파의 진동수 크기에 따라
감마(γ)선 > X선 > 자외선 > 가시광선 > 적외선 > 마이크로파 > 라디오파
로 구분되고, 파장의 크기에 따라서는 이와 반대임에 유의하자.

선택지 비율	❶ 54%	② 8%	③ 16%	④ 9%	⑤ 12%

29 빛의 전반사

2021년 4월 교육청 14번 | 정답 ① | 문제편 97 p

출제 의도 빛의 전반사에 대한 이해를 묻는 문항이다.

그림과 같이 물질 A와 B의 경계면에 50°로 입사한 단색광 P가 전반사하여 A와 물질 C의 경계면에서 굴절한 후, C와 B의 경계면에 입사한다. A와 B 사이의 임계각은 45°이다.

이에 대한 설명으로 옳은 것만을 〈보기〉에서 있는 대로 고른 것은? [3점]

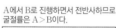

A에서 B로 진행하면서 전반사하므로 굴절률은 A > B이다.

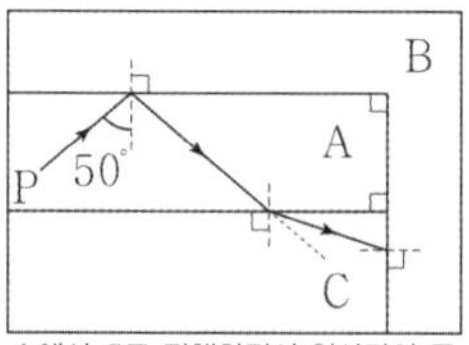

A에서 C로 진행하면서 입사각이 굴절각보다 작으므로 굴절률은 A > C이다.

보기

ㄱ. 굴절률은 A가 B보다 크다.
ㄴ. P의 속력은 A에서가 C에서보다 ~~크다~~. 작다.
ㄷ. C와 B의 경계면에서 P는 전반사~~한다~~. 하지 않는다.

① ㄱ ② ㄴ ③ ㄱ, ㄷ ④ ㄴ, ㄷ ⑤ ㄱ, ㄴ, ㄷ

✓ 자료 해석

- 빛은 굴절률이 큰 매질에서 작은 매질로 진행할 때, 입사각이 임계각보다 크면 전반사한다.
- 굴절률은 A > B, A > C인데, A와의 굴절률 차이가 B > C이므로 굴절률은 A > C > B이다.

○ 보기풀이 ㄱ. A와 B의 경계면에서 P가 전반사하므로 굴절률은 A가 B보다 크다.

× 매력적 오답 ㄴ. P가 A와 C의 경계면에서 굴절할 때 굴절각이 입사각보다 크므로 P의 속력은 A에서가 C에서보다 작다.

ㄷ. C의 굴절률은 A보다 작고 B보다 크므로 C와 B 사이의 임계각은 45°보다 크다. P가 A에서 C로 굴절할 때 굴절각이 50°보다 크므로 C에서 B로 입사하는 입사각은 40°보다 작다. 따라서 C와 B의 경계면에서 P는 전반사하지 않는다.

문제풀이 Tip

전반사로부터 A, B의 굴절률을, 입사각과 굴절각으로부터 A, C의 굴절률을 비교하고, A와의 굴절률 차를 이용하여 B, C의 굴절률을 비교할 수 있어야 한다.

선택지 비율	① 12%	❷ 66%	③ 6%	④ 6%	⑤ 11%

30 전자기파

2021년 3월 교육청 4번 | 정답 ② | 문제편 97 p

(출제 의도) 전자기파의 이용에 대한 이해를 묻는 문항이다.

그림은 카메라로 사람을 촬영하는 모습을 나타낸 것으로, 이 카메라는 가시광선과 전자기파 A를 인식하여 실물 화상과 열화상을 함께 보여준다.

A에 대한 옳은 설명만을 〈보기〉에서 있는 대로 고른 것은?

보기
- ㄱ. ~~자외선~~이다. 적외선
- ㄴ. 진동수는 가시광선보다 ~~크다~~. 작다.
- ㄷ. 진공에서의 속력은 가시광선과 같다.

① ㄴ ② ㄷ ③ ㄱ, ㄴ ④ ㄱ, ㄷ ⑤ ㄴ, ㄷ

✔ 자료 해석
- 비접촉 상태에서 체온을 측정하는 전자기파는 적외선이다.
- 적외선의 진동수는 가시광선보다 작고, 파장은 가시광선보다 길다.
- 진공에서의 전자기파의 속력은 종류에 관계없이 모두 같다.

O 보기 풀이 ㄷ. 모든 전자기파는 진공에서의 속력이 같다.

X 매력적 오답 ㄱ. 비접촉 상태로 온도를 측정하는 데 이용하는 전자기파 A는 적외선이다.
ㄴ. 적외선은 가시광선보다 파장은 길고 진동수는 작다.

문제풀이 Tip
적외선이 실생활에 활용되는 예를 알고 있다면 더 쉽게 문제를 해결할 수 있다.

선택지 비율	① 16%	② 13%	③ 6%	④ 13%	❺ 52%

31 빛의 전반사

2021년 3월 교육청 13번 | 정답 ⑤ | 문제편 97 p

(출제 의도) 빛의 전반사에 대한 이해를 묻는 문항이다.

그림과 같이 매질 A와 B의 경계면에 입사각 45°로 입사시킨 단색광 X, Y가 굴절하여 각각 B와 공기의 경계면에 있는 점 p와 q로 진행하였다. X, Y는 p, q에 같은 세기로 입사하며, p와 q 중 한 곳에서만 전반사가 일어난다.

이에 대한 옳은 설명만을 〈보기〉에서 있는 대로 고른 것은? (단, X, Y의 진동수는 같다.) [3점]

- 입사각이 굴절각보다 크다.
- 굴절률은 A가 B보다 작다.

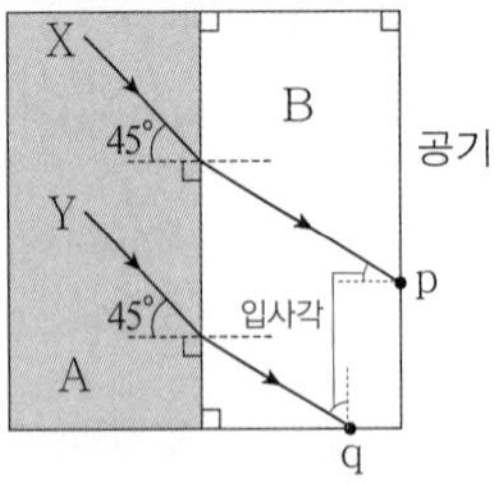

굴절각이 같으므로 B와 공기의 경계면에 입사각은 q에서가 p에서보다 크다.

보기
- ㄱ. 굴절률은 A가 B보다 작다.
- ㄴ. q에서 전반사가 일어난다.
- ㄷ. p에서 반사된 X의 세기는 q에서 반사된 Y의 세기보다 작다.

① ㄱ ② ㄴ ③ ㄱ, ㄷ ④ ㄴ, ㄷ ⑤ ㄱ, ㄴ, ㄷ

✔ 자료 해석
- X, Y의 진동수가 같으므로, B에서의 굴절각이 같다.
- B에서의 굴절각이 같으므로, B와 공기의 경계면에서 입사각은 p에서가 q에서보다 작다.

O 보기 풀이 ㄱ. 입사각 > 굴절각이므로 굴절률은 A가 B보다 작다.
ㄴ. (q에서 입사각) > 임계각 > (p에서 입사각)이므로 q에서 전반사가 일어난다.
ㄷ. 전반사를 한 Y의 세기는 굴절과 반사를 모두 한 X의 세기보다 크다.

문제풀이 Tip
단색광이 B에서 공기로 입사할 때 전반사가 일어나는 것으로부터 B와 공기의 경계면에 입사한 입사각이 임계각보다 크다는 것을 판단할 수 있어야 한다.

선택지 비율	① 1%	② 1%	③ 3%	❹ 89%	⑤ 4%

32 전자기파의 종류와 특성

2020년 10월 교육청 2번 | 정답 ④ | 문제편 98 p

출제 의도 전자기파의 종류에 따른 특성과 이용 예를 알고 있는지 묻는 문항이다.

그림은 동일한 미술 작품을 각각 가시광선과 X선으로 촬영한 사진으로, 점선 영역에서 서로 다른 모습이 관찰된다.

X선은 투과력이 커서 숨겨진 부분을 촬영할 수 있다.

가시광선으로 촬영　　X선으로 촬영

이에 대한 옳은 설명만을 〈보기〉에서 있는 대로 고른 것은?

보기
ㄱ. 파장은 X선이 가시광선보다 크다. 작다.
ㄴ. 가시광선과 X선은 모두 전자기파이다.
ㄷ. X선은 물체의 내부 구조를 알아보는 데 이용할 수 있다.

① ㄱ　② ㄴ　③ ㄱ, ㄷ　④ ㄴ, ㄷ　⑤ ㄱ, ㄴ, ㄷ

✔ 자료 해석
- 가시광선은 그림의 표면에서 방출되는 것만 관측 가능하지만, X선은 투과력이 커서 속에 그려져 있는 그림도 관찰할 수 있다.
- 파장은 가시광선이 X선보다 크고, 진동수는 가시광선이 X선보다 작다.

O 보기풀이 ㄴ. 가시광선과 X선은 전자기파의 한 종류이다.
ㄷ. X선은 에너지가 매우 크고 투과성이 커서 물체의 내부 구조를 알아보는 데 이용한다.

× 매력적 오답 ㄱ. 파장은 X선이 가시광선보다 작다.

문제풀이 Tip
전자기파의 파장과 진동수에 따른 종류 및 이용 예를 이해하고 있어야 한다.

선택지 비율	① 5%	❷ 69%	③ 5%	④ 17%	⑤ 1%

33 빛의 굴절과 전반사

2020년 10월 교육청 9번 | 정답 ② | 문제편 98 p

출제 의도 전반사의 원리와 파동의 굴절에 대한 굴절의 법칙을 적용할 수 있는지 묻는 문항이다.

그림 (가)는 단색광이 매질 A, B의 경계면에서 전반사한 후 매질 A, C의 경계면에서 반사와 굴절하는 모습을, (나)는 (가)의 A, B, C 중 두 매질로 만든 광섬유의 구조를 나타낸 것이다.

굴절률 A>B, C>A이다.

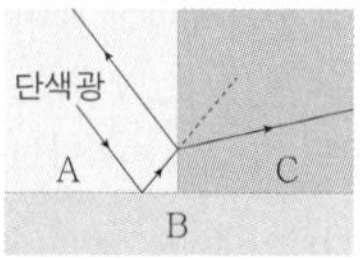

(가)

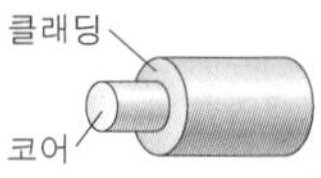

(나)

광통신에 사용하기에 적절한 구조를 가진 광섬유만을 〈보기〉에서 있는 대로 고른 것은? [3점]

보기
ㄱ.
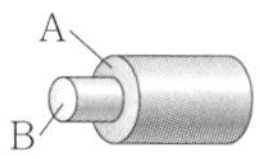

ㄴ.
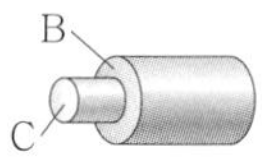

ㄷ.
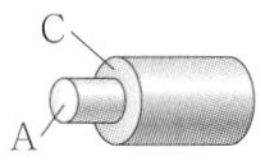

① ㄱ　② ㄴ　③ ㄱ, ㄷ　④ ㄴ, ㄷ　⑤ ㄱ, ㄴ, ㄷ

✔ 자료 해석
- A에서 진행하는 빛이 B와의 경계면에서 전반사하므로 굴절률은 A가 B보다 크다.
- A에서 진행하는 빛이 C와의 경계면에서 굴절할 때 입사각이 굴절각보다 크므로 굴절률은 A가 C보다 작다.

O 보기풀이 ㄴ. 매질에서 빛의 속력은 B>A>C이다. 속력은 코어에서가 클래딩에서보다 작아야 하므로 코어는 C, 클래딩은 B로 만들어야 한다.

× 매력적 오답 ㄱ, ㄷ. 굴절률이 작은 매질에서 큰 매질로 진행할 때는 전반사가 발생할 수 없다.

문제풀이 Tip
전반사는 빛이 굴절률이 큰 매질에서 작은 매질로 진행할 때 일어나며, 굴절률이 작은 매질에서 큰 매질로 진행할 때 일어나지 않는다는 것을 이해하고 있어야 한다.

선택지 비율	① 12%	② 5%	❸ 66%	④ 8%	⑤ 6%

34 빛의 굴절과 임계각

2020년 7월 교육청 14번 | 정답 ③ | 문제편 98 p

(출제 의도) 빛의 굴절과 전반사의 임계각의 관계에 대한 이해를 묻는 문항이다.

다음은 빛의 굴절에 대한 실험이다.

[실험 과정]

(가) 그림과 같이 광학용 물통의 절반을 물로 채운 후 레이저를 물통의 둥근 부분 쪽에서 중심을 향해 비추어 빛이 물에서 공기로 진행하도록 한다.

입사각이 굴절각보다 작으므로 물의 굴절률이 공기의 굴절률보다 크다.

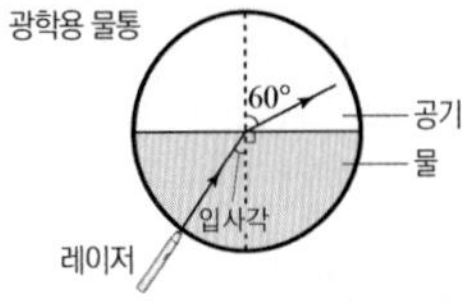

(나) (가)에서 입사각을 변화시키면서 굴절각이 60°가 되는 입사각을 측정한다.

(다) (가)에서 물을 액체 A, B로 각각 바꾸고 (나)를 반복한다.

[실험 결과] 굴절각이 60°인 입사각이 작을수록 굴절률이 크다.

액체의 종류	입사각	굴절각
물	41°	60°
A	38°	60°
B	35°	60°

이에 대한 설명으로 옳은 것만을 〈보기〉에서 있는 대로 고른 것은? [3점]

보기

ㄱ. 빛의 속력은 물에서가 A에서보다 크다.

ㄴ. 굴절률은 A가 B보다 ~~크다~~. 작다.

ㄷ. 공기와 액체 사이의 임계각은 A일 때가 B일 때보다 크다.

① ㄱ ② ㄴ ③ ㄱ, ㄷ ④ ㄴ, ㄷ ⑤ ㄱ, ㄴ, ㄷ

✔ 자료 해석

- 굴절의 법칙

$$\frac{\sin i}{\sin r}=\frac{n_r}{n_i}=\frac{v_i}{v_r}=\frac{\lambda_i}{\lambda_r}$$

(i : 입사하는 빛의 입사각, r : 굴절하는 빛의 굴절각)

- 임계각 : 굴절각이 90°가 되는 입사각
- 전반사 : 굴절하는 빛이 없이 빛 전체가 반사되는 현상

○ 보기 풀이 ㄱ. 굴절각이 일정할 때, 입사각이 클수록 액체에서의 빛의 속력은 크므로 빛의 속력은 물에서 가장 크고 B에서 가장 작다.

ㄷ. 액체의 굴절률이 클수록 공기와 액체 사이의 임계각은 작다. 따라서 공기와 액체 사이의 임계각은 A일 때가 B일 때보다 크다.

✕ 매력적 오답 ㄴ. 액체에서의 빛의 속력이 작을수록 액체의 굴절률은 크므로, 액체의 굴절률은 물 < A < B이다.

문제풀이 Tip

공기로의 굴절각이 같을 때, 입사각이 큰 매질일수록 굴절률이 작고, 공기로 빛이 진행할 때 임계각은 커진다. 액체에 대한 임계각을 묻는 경우가 아닌 제시된 매질 사이의 임계각을 묻는 문항이 출제될 수 있으니 준비해 두자.

선택지 비율	① 7%	② 2%	❸ 72%	④ 3%	⑤ 14%

35 전자기파의 이용

2020년 7월 교육청 16번 | 정답 ③ | 문제편 98 p

(출제 의도) 전자기파의 종류를 구분하고, 종류에 따른 특성 및 사용 예를 알고 있는지 묻는 문항이다.

그림은 전자기파 A~D를 파장에 따라 분류하여 나타낸 것이다. B는 인체 내부의 뼈 사진을 촬영하는 데 사용된다.

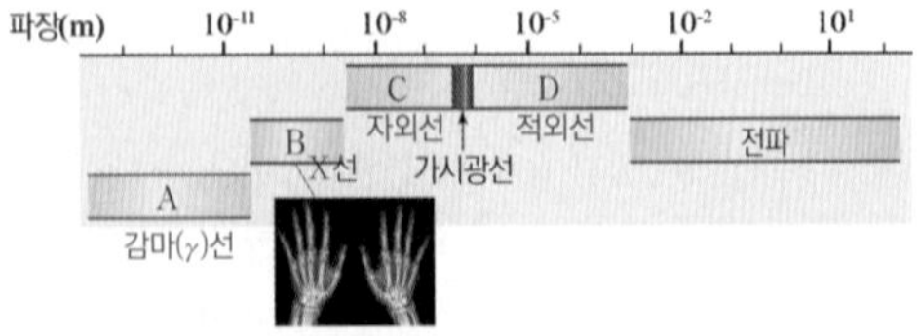

A~D에 대한 설명으로 옳은 것만을 〈보기〉에서 있는 대로 고른 것은?

보기

ㄱ. A는 투과력이 가장 강하고 암 치료에 사용된다.

ㄴ. C는 컵을 소독하는 데 사용된다.

ㄷ. 진공에서 전자기파의 속력은 B가 D~~보다 크다~~. 와 같다.

① ㄱ ② ㄷ ③ ㄱ, ㄴ ④ ㄴ, ㄷ ⑤ ㄱ, ㄴ, ㄷ

✔ 자료 해석

전자기파의 종류 : 파장이 짧은 쪽에서 긴 쪽으로 가면서 감마(γ)선 – X선 – 자외선 – 가시광선 – 적외선 – 전파이다.

○ 보기 풀이 A는 감마(γ)선, B는 X선, C는 자외선, D는 적외선이다.

ㄱ. 감마(γ)선은 투과력이 강하고 에너지가 커서 비파괴 검사나 암 치료 등에 이용된다.

ㄴ. 자외선은 살균력이 있어, 수술용 도구나 컵 등을 소독하는 데 사용된다.

✕ 매력적 오답 ㄷ. 진공에서 모든 전자기파의 속력은 빛의 속력으로 동일하다.

문제풀이 Tip

파장, 진동수에 따라 전자기파의 종류를 구분하고, 각각의 특성 및 활용 예를 이해하고 있어야 한다. 진동수나 파동의 종류에 따른 자료를 제시하는 문항이 출제될 수 있으니 준비해 두자.

03 빛과 물질의 이중성

1 빛과 물질의 이중성

선택지 비율	① 4%	② 1%	③ 5%	❹ 86%	⑤ 3%

2024년 10월 교육청 4번 | 정답 ④ | 문제편 102p

출제 의도 전자의 파동성을 알고 전자의 물질파 파장에 대해 이해하고 있는지 확인하는 문항이다.

그림은 전자선과 X선을 얇은 금속박에 각각 비추었을 때 나타나는 회절 무늬에 대해 학생 A, B, C가 대화하는 모습을 나타낸 것이다.

(가) 전자선의 회절 무늬
(나) X선의 회절 무늬
(가)는 전자의 파동성을 보여주는 현상이야.
(나)는 아인슈타인의 광양자설로 설명할 수 있어. – 광양자설은 빛의 입자성을 설명한다.
전자의 속력이 클수록 전자의 물질파 파장은 짧아.
학생 A
학생 B
학생 C

제시한 내용이 옳은 학생만을 있는 대로 고른 것은? [3점]

① A ② C ③ A, B ④ A, C ⑤ B, C

✔ 자료 해석

• 얇은 금속박 뒤에 형광판을 두고 X선 또는 전자선을 입사시킬 때 X선과 전자선 모두 같은 형태의 회절 현상이 일어난다.
→ 전자도 X선과 같이 파동의 성질을 가진다.

• 전자의 운동량을 p라고 하면 전자의 물질파 파장은 $\lambda=\frac{h}{p}$이다.

○ 보기풀이 A: 전자선이 X선과 같이 회절 무늬가 나타나는 것을 통해 전자의 파동성을 확인할 수 있다.
C: 전자의 물질파 파장은 전자의 운동량과 반비례 관계이다. 전자의 속력이 클수록 운동량이 커지므로 전자의 물질파 파장은 짧다.

✕ 매력적 오답 B: 아인슈타인의 광양자설은 빛을 광자라고 하는 불연속적인 에너지 입자의 흐름으로 보는 것으로 빛의 입자성을 증명한다. 전자의 파동성과는 관련이 없다.

문제풀이 Tip

전자선의 회절 무늬는 전자의 파동성을 증명하고, 광전 효과(광양자설)는 빛의 입자성을 증명한다.

2 물질파

선택지 비율	① 2%	② 4%	③ 3%	❹ 84%	⑤ 7%

2024년 7월 교육청 6번 | 정답 ④ | 문제편 102p

출제 의도 물질파의 관계식을 알고, 운동량과 운동 에너지의 관계식까지 연계하여 물리량 사이의 관계를 이해하는지 묻는 문항이다.

표는 입자 A, B의 질량과 운동량의 크기를 나타낸 것이다.

입자	질량	운동량의 크기
A	m	$2p$
B	$2m$	p

입자의 물리량이 A가 B보다 큰 것만을 〈보기〉에서 있는 대로 고른 것은?

보기
ㄱ. 물질파 파장 ㄴ. 속력 ㄷ. 운동 에너지

① ㄱ ② ㄴ ③ ㄱ, ㄷ ④ ㄴ, ㄷ ⑤ ㄱ, ㄴ, ㄷ

✔ 자료 해석

• 입자의 질량을 m, 운동량을 p, 파장을 λ라고 하면 $\lambda=\frac{h}{p}=\frac{h}{mv}$이다.

• 입자의 최대 운동 에너지를 E라고 하면 $E=\frac{p^2}{2m}$이므로 $p=\sqrt{2mE}$이다.

○ 보기풀이 ㄴ. 운동량의 크기는 질량과 속력의 곱이므로 속력$=\frac{\text{운동량}}{\text{질량}}$이다. 따라서 A, B의 속력은 각각 $\frac{2p}{m}$, $\frac{p}{2m}$이므로 A가 B보다 크다.
ㄷ. 운동 에너지$=\frac{(\text{운동량의 크기})^2}{2\times \text{질량}}$이므로 A, B의 운동 에너지는 각각 $\frac{(2p)^2}{2m}=\frac{2p^2}{m}$, $\frac{p^2}{2(2m)}=\frac{p^2}{4m}$이다. 따라서 운동 에너지는 A가 B보다 크다.

✕ 매력적 오답 ㄱ. 물질파 파장은 운동량의 크기에 반비례한다. 따라서 운동량의 크기가 큰 A가 B보다 물질파 파장이 작다.

문제풀이 Tip

운동량과 속력, 파장, 운동 에너지의 관계를 관계식으로 정리하며 반드시 암기해 두도록 하자.

선택지 비율	① 3%	② 2%	❸ 85%	④ 6%	⑤ 4%

3 광전 효과

2024년 7월 교육청 14번 | 정답 ③ | 문제편 102p

출제 의도 광전자의 최대 운동 에너지를 결정하는 요인을 아는지 묻는 문항이다.

그림은 서로 다른 금속판 P, Q에 각각 단색광 A, B 중 하나를 비추는 모습을 나타낸 것이다. 표는 단색광을 비추었을 때 금속판에서 방출되는 광전자의 최대 운동 에너지를 나타낸 것이다.

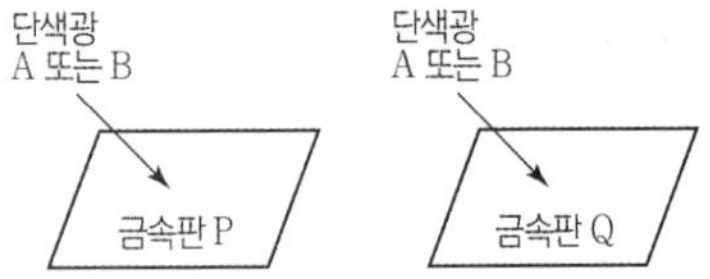

P의 문턱 진동수<Q의 문턱 진동수

	A	B
P	$3E_0$	$5E_0$
Q	E_0	㉠

B의 진동수>A의 진동수

이에 대한 설명으로 옳은 것만을 〈보기〉에서 있는 대로 고른 것은?

보기
ㄱ. 문턱 진동수는 Q가 P보다 크다.
ㄴ. 파장은 B가 A보다 ~~길다~~. 짧다.
ㄷ. ㉠은 E_0보다 크다.

① ㄱ ② ㄴ ③ ㄱ, ㄷ ④ ㄴ, ㄷ ⑤ ㄱ, ㄴ, ㄷ

✔ 자료 해석

- 광전자의 최대 운동 에너지는 $E=hf-hf_0$(f: 빛의 진동수, f_0: 금속판의 문턱 진동수)이다.
  → 같은 빛을 비추었을 때는 금속판의 문턱 진동수가 작을수록 운동 에너지가 크다.
  → 같은 금속판에서는 빛의 진동수가 클수록 운동 에너지가 크다.

○ 보기 풀이 ㄱ. 광전자의 최대 운동 에너지는 빛의 진동수가 같을 때는 금속판의 문턱 진동수가 작을수록 크다. A를 금속판에 비추었을 때 광전자의 최대 운동 에너지는 P에서가 Q에서보다 크므로 금속판의 문턱 진동수는 Q가 P보다 크다.

ㄷ. 광전자의 최대 운동 에너지는 금속판의 문턱 진동수가 같을 때는 빛의 진동수가 클수록 크다. P에 빛을 비추었을 때 방출된 광전자의 최대 운동 에너지는 B를 비출 때가 A를 비출 때보다 크므로 빛의 진동수는 B가 A보다 크다. 따라서 Q에 빛을 비출 때 광전자의 최대 운동 에너지는 진동수가 큰 B를 비출 때가 A를 비출 때보다 크므로 ㉠은 E_0보다 크다.

✖ 매력적 오답 ㄴ. B의 진동수가 A보다 크고 빛의 파장은 진동수에 반비례하므로 파장은 A가 B보다 길다.

문제풀이 Tip
광전자의 최대 운동 에너지에 영향을 주는 요인을 알아야 한다. 광전자의 최대 운동 에너지는 빛의 진동수가 클수록, 금속판의 문턱 진동수가 작을수록 크다.

선택지 비율	① 7%	② 12%	❸ 65%	④ 6%	⑤ 10%

4 광전 효과와 물질파

2024년 5월 교육청 9번 | 정답 ③ | 문제편 102p

출제 의도 광전 효과에서 비춘 빛의 진동수, 방출되는 광전자의 최대 운동 에너지 사이의 관계를 아는지 확인하는 문항이다.

그림은 진동수가 다른 단색광 A, B를 금속판 P 또는 Q에 비추는 모습을, 표는 금속판에 비춘 단색광에 따라 금속판에서 방출되는 광전자의 최대 운동 에너지를 나타낸 것이다.

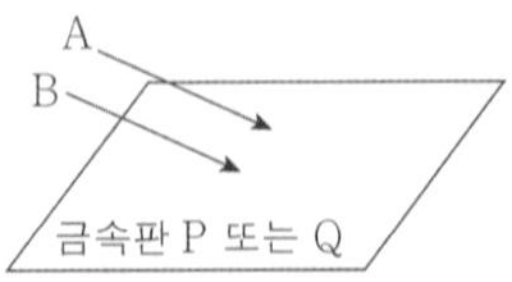

A의 진동수>B의 진동수

금속판	금속판에 비춘 단색광	최대 운동 에너지
P	A	E_0
	A, B	E_0
Q	B	$2E_0$
	A, B	㉠

이에 대한 설명으로 옳은 것만을 〈보기〉에서 있는 대로 고른 것은?

보기
ㄱ. 진동수는 A가 B보다 크다.
ㄴ. 문턱 진동수는 P가 Q보다 ~~작다~~. 크다.
ㄷ. ㉠은 $2E_0$보다 크다.

① ㄱ ② ㄴ ③ ㄱ, ㄷ ④ ㄴ, ㄷ ⑤ ㄱ, ㄴ, ㄷ

✔ 자료 해석

- 광전자의 최대 운동 에너지는 $E=hf-hf_0$(f: 빛의 진동수, f_0: 금속판의 문턱 진동수)이므로 빛의 진동수가 클수록, 금속판의 문턱 진동수가 작을수록 광전자의 최대 운동 에너지가 크다.
- 진동수가 다른 빛을 함께 비출 때 광전자의 최대 운동 에너지는 진동수가 큰 빛에 의해 결정된다.

○ 보기 풀이 ㄱ. 방출되는 광전자의 최대 운동 에너지는 진동수가 큰 빛에 의해 결정된다. 금속판에 A를 비출 때의 광전자의 최대 운동 에너지는 A, B를 함께 비췄을 때와 같으므로 진동수는 A가 B보다 크다.

ㄷ. A, B를 Q에 함께 비추면 광전자의 최대 운동 에너지는 진동수가 큰 A에 의해 결정된다. 따라서 광전자의 최대 운동 에너지는 진동수가 작은 B를 비추었을 때($2E_0$)보다 크다.

✖ 매력적 오답 ㄴ. 진동수는 B가 A보다 작은데, 광전자의 최대 운동 에너지는 Q에서가 P에서보다 크므로 문턱 진동수는 Q가 P보다 작다.

문제풀이 Tip
광전자의 최대 운동 에너지는 금속판에 비추는 빛의 진동수가 클수록 크다. 따라서 진동수가 다른 두 빛을 함께 비출 때에도 광전자의 최대 운동 에너지는 진동수가 큰 빛에 의해 결정된다.

선택지 비율	❶ 61%	② 8%	③ 17%	④ 8%	⑤ 6%

5 물질파

2024년 3월 교육청 4번 | 정답 ① | 문제편 103p

(출제 의도) 물질파 파장과 운동량의 관계, 운동량과 질량 및 속력의 관계를 아는지 묻는 문항이다.

표는 입자 A, B, C의 속력과 물질파 파장을 나타낸 것이다. 이에 대한 옳은 설명만을 〈보기〉에서 있는 대로 고른 것은?

속력이 같을 때 운동량은 질량에 비례한다.

입자	A	B	C
속력	v_0	$2v_0$	$2v_0$
물질파 파장	$2\lambda_0$	$2\lambda_0$	λ_0

물질파 파장은 운동량에 반비례한다.
→ 운동량: A=B<C

〈보기〉
ㄱ. 질량은 A가 B의 2배이다.
ㄴ. 운동량의 크기는 B와 C가 ~~같다~~. C가 B보다 크다.
ㄷ. 운동 에너지는 C가 A의 ~~2배~~이다. 4배

① ㄱ ② ㄴ ③ ㄱ, ㄷ ④ ㄴ, ㄷ ⑤ ㄱ, ㄴ, ㄷ

✔ 자료 해석

- 물질파 파장$=\frac{h}{\text{운동량}}=\frac{h}{(\text{질량}\times\text{속력})}$
  → 물질파 파장이 같으면 운동량의 크기가 같다.
  → (운동량의 크기=질량×속력)이므로 운동량의 크기는 질량이 같을 때 속력에 비례, 속력이 같을 때 질량에 비례한다.

○ 보기풀이 ㄱ. A, B는 물질파 파장이 같다. $\lambda=\frac{h}{p}$이므로 물질파 파장이 같으면 운동량의 크기가 같고, 운동량의 크기는 질량과 속력의 곱이므로 운동량의 크기가 같을 때 질량과 속력은 반비례한다. 따라서 속력이 B가 A의 2배이므로 질량은 A가 B의 2배이다.

× 매력적 오답 ㄴ. 물질파 파장은 운동량의 크기에 반비례한다. 물질파 파장이 B가 C의 2배이므로 운동량의 크기는 C가 B의 2배이다.
ㄷ. 운동량의 크기는 C가 B의 2배인데, B와 C의 속력이 같으므로 질량은 C가 B의 2배이다. 따라서 A, C의 질량이 같다. 질량이 같은데 속력이 C가 A의 2배이므로 속력의 제곱에 비례하는 운동 에너지는 C가 A의 4배이다.

문제풀이 Tip
물질파 파장과 운동량은 반비례, 운동량은 질량과 속력에 각각 비례, 운동 에너지는 질량과 속력의 제곱에 각각 비례한다. 각 물리량들의 관계를 헷갈리지 않도록 하자.

선택지 비율	❶ 75%	② 4%	③ 11%	④ 3%	⑤ 8%

6 전자 현미경

2023년 10월 교육청 2번 | 정답 ① | 문제편 103p

(출제 의도) 전자 현미경의 원리를 알고 전자의 물질파 파장에 대해 이해하고 있는지 확인하는 문항이다.

다음은 투과 전자 현미경에 대한 기사의 일부이다.

○○대학교 물리학과 연구팀은 전자의 물질파를 이용하는 ㉠투과 전자 현미경(TEM)으로, 작동 중인 전기 소자의 원자 구조 변화를 실시간으로 관찰하였다. 이 연구팀의 실환경 투과 전자 현미경 분석법은 차세대 비휘발성 메모리 소자 개발에 중요한 역할을 할 것으로 기대된다.

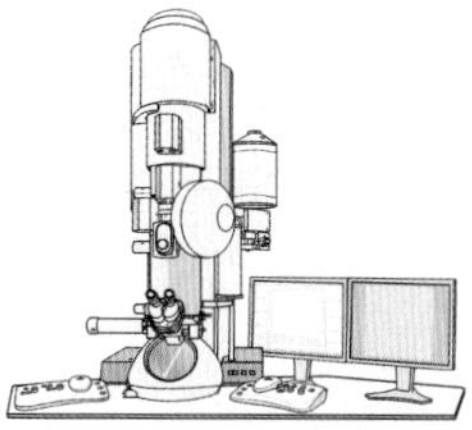

TEM: 광학 현미경으로 관찰 불가능한, ㉡시료의 매우 작은 구조까지 관찰 가능함.
현미경에서 이용하는 파장이 짧을수록 크기가 작은 시료를 잘 관찰할 수 있다.

이에 대한 옳은 설명만을 〈보기〉에서 있는 대로 고른 것은?

〈보기〉
ㄱ. ㉠은 전자의 파동성을 활용한다.
ㄴ. ㉡을 할 때, TEM에서 이용하는 전자의 물질파 파장은 가시광선의 파장보다 ~~길다~~. 짧다.
ㄷ. 전자의 속력이 클수록 전자의 물질파 파장이 ~~길다~~. 짧다.

① ㄱ ② ㄷ ③ ㄱ, ㄴ ④ ㄴ, ㄷ ⑤ ㄱ, ㄴ, ㄷ

✔ 자료 해석

- 현미경의 분해능은 파장이 짧을수록 좋다. 따라서 전자 현미경에서 전자의 물질파 파장이 가시광선의 파장보다 짧으므로 전자 현미경은 가시광선을 이용하여 시료를 관찰하는 광학 현미경보다 분해능이 좋다.
- 전자의 물질파 파장은 $\lambda=\frac{h}{p}=\frac{h}{mv}$이므로 전자의 물질파 파장은 속력이 빠를수록 짧다.

○ 보기풀이 ㄱ. 전자 현미경은 전자의 물질파를 이용하여 시료를 관찰한다.

× 매력적 오답 ㄴ. 가시광선을 이용하는 광학 현미경은 가시광선의 파장보다 더 작은 크기의 물체를 선명하게 관찰하기 어렵다. 전자의 물질파 파장은 가시광선의 파장보다 훨씬 짧아서 시료의 매우 작은 구조까지 관찰할 수 있다.
ㄷ. 전자의 물질파 파장은 전자의 속력이 클수록 짧다.

문제풀이 Tip
전자의 물질파를 이용하면 어떤 점이 좋은지, 어떻게 이용하고 있는지 그 원리에 대해 알아두도록 하자.

선택지 비율	① 4%	② 1%	❸ 83%	④ 3%	⑤ 8%

7 물질의 파동성과 전자 현미경

2023년 7월 교육청 2번 | 정답 ③ | 문제편 103p

출제 의도 물질의 파동성을 알고, 이러한 성질을 이용하는 전자 현미경에 대해 아는지 묻는 문항이다.

그림은 전자선의 간섭무늬를 보고 물질의 이중성에 대해 학생 A, B, C가 대화하는 모습을 나타낸 것이다.

└ 물질의 파동성에 의해 나타난다.

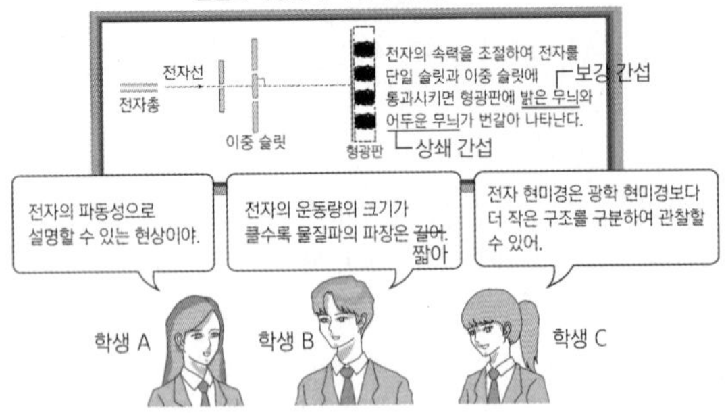

전자선
전자총
이중 슬릿
형광판
전자의 속력을 조절하여 전자를 단일 슬릿과 이중 슬릿에 통과시키면 형광판에 밝은 무늬와 어두운 무늬가 번갈아 나타난다.
보강 간섭
상쇄 간섭
전자의 파동성으로 설명할 수 있는 현상이야.
전자의 운동량의 크기가 클수록 물질파의 파장은 ~~길어.~~ 짧아
전자 현미경은 광학 현미경보다 더 작은 구조를 구분하여 관찰할 수 있어.
학생 A
학생 B
학생 C

제시한 내용이 옳은 학생만을 있는 대로 고른 것은?

① A ② B ③ A, C ④ B, C ⑤ A, B, C

✓ 자료 해석

- 전자 현미경에서는 전자의 물질파 파장을 이용하고, 광학 현미경에서는 가시광선을 이용한다.
- 전자의 운동량을 p라고 하면 전자의 물질파 파장은 $\lambda=\frac{h}{p}$로 표현할 수 있다.

○ 보기풀이 A : 전자선의 간섭무늬는 전자의 파동성으로 설명할 수 있다. 형광판의 밝은 무늬는 물질파가 보강 간섭한 지점, 어두운 무늬는 물질파가 상쇄 간섭한 지점이다.

C : 전자의 물질파 파장은 가시광선의 파장보다 훨씬 짧아 전자 현미경은 광학 현미경보다 훨씬 높은 배율을 얻을 수 있고 분해능이 우수하다.

× 매력적 오답 B : 물질파 파장은 입자의 운동량 크기에 반비례한다. 따라서 운동량의 크기가 클수록 물질파 파장은 짧다.

문제풀이 Tip

광학 현미경은 가시광선을, 전자 현미경은 전자의 물질파 파장을 이용한다. 현미경의 특징을 이용하는 파장과 연관지어 설명할 수 있어야 한다.

선택지 비율	① 2%	② 3%	③ 2%	❹ 90%	⑤ 2%

8 광전 효과

2023년 7월 교육청 5번 | 정답 ④ | 문제편 103p

출제 의도 광전자가 방출되는 조건을 알고, 광전자의 방출 및 최대 운동 에너지를 결정하는 요인을 아는지 묻는 문항이다.

그림 (가)는 단색광 A와 B를 금속판 P에 비추었을 때 광전자가 방출되지 않는 것을, (나)는 B와 단색광 C를 P에 비추었을 때 광전자가 방출되는 것을 나타낸 것이다. 이때 광전자의 최대 운동 에너지는 E_0이다.

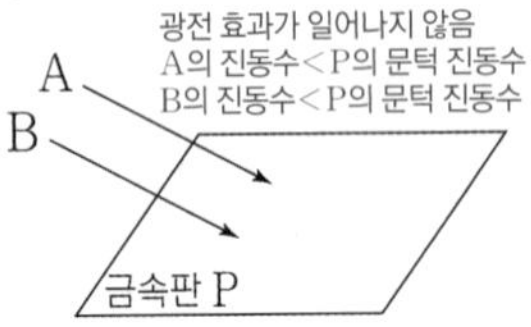

광전 효과가 일어나지 않음
A의 진동수<P의 문턱 진동수
B의 진동수<P의 문턱 진동수
A
B
금속판 P

(가)

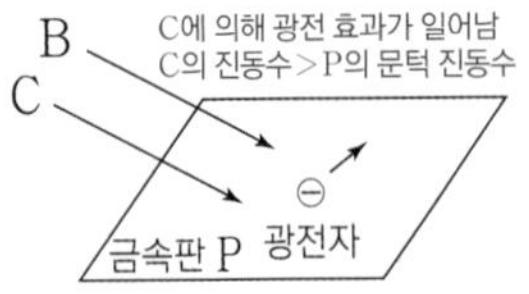

C에 의해 광전 효과가 일어남
C의 진동수>P의 문턱 진동수
B
C
금속판 P
광전자

(나)

이에 대한 설명으로 옳은 것만을 〈보기〉에서 있는 대로 고른 것은?

보기

ㄱ. A의 진동수는 P의 문턱 진동수보다 ~~크다.~~ 작다.

ㄴ. 진동수는 C가 B보다 크다.

ㄷ. A와 C를 P에 비추면 P에서 방출되는 광전자의 최대 운동 에너지는 E_0이다.

① ㄱ ② ㄷ ③ ㄱ, ㄴ ④ ㄴ, ㄷ ⑤ ㄱ, ㄴ, ㄷ

✓ 자료 해석

- 단색광 A와 B를 비출 때 광전자가 방출되지 않는다.
  → A와 B의 진동수는 문턱 진동수보다 작다.
- 단색광 B와 C를 비출 때 광전자가 방출된다.
  → B의 진동수는 문턱 진동수보다 작으므로 C에 의해 광전 효과가 일어난다. 따라서 C의 진동수는 문턱 진동수보다 크다.

○ 보기풀이 ㄴ. (가)에서 A와 B를 P에 비추었을 때 광전자가 방출되지 않으므로 A와 B의 진동수는 모두 P의 문턱 진동수보다 작다. (나)에서 B와 C를 P에 비추었을 때 광전자가 방출되는데, B의 진동수는 P의 문턱 진동수보다 작으므로 C의 진동수가 P의 문턱 진동수보다 크다. 따라서 C의 진동수는 B보다 크다.

ㄷ. A와 C를 P에 비추면 A의 진동수는 P의 문턱 진동수보다 작으므로 C에 의해 광전자가 방출된다. 따라서 P에서 방출되는 광전자의 최대 운동 에너지는 E_0이다.

× 매력적 오답 ㄱ. A의 진동수는 P의 문턱 진동수보다 작다.

문제풀이 Tip

광전자가 방출되기 위한 가장 필수적인 조건은 빛의 진동수가 문턱 진동수보다 커야 한다는 것이다. 따라서 두 빛을 함께 비추더라도 문턱 진동수가 큰 빛에 의해서만 광전자가 방출되고, 문턱 진동수가 작은 빛에 의해서는 아무런 영향을 받지 않는다.

선택지 비율	① 4%	❷ 53%	③ 7%	④ 26%	⑤ 10%

9 광전 효과와 물질파

2023년 4월 교육청 16번 | 정답 ② | 문제편 104 p

출제 의도 빛의 입자성을 이해하여 광전 효과에서 비춘 빛의 진동수, 방출되는 광전자의 최대 운동 에너지 사이의 관계를 알고, 물질의 파동성을 이해하여 광전자의 물질파 파장을 설명할 수 있는지 확인하는 문항이다.

그림 (가)와 같이 금속판 P에 단색광 A를 비추었을 때는 광전자가 방출되지 않고, P에 단색광 B를 비추었을 때 광전자가 방출된다. 그림 (나)와 같이 금속판 Q에 A, B를 각각 비추었을 때 각각 광전자가 방출된다.

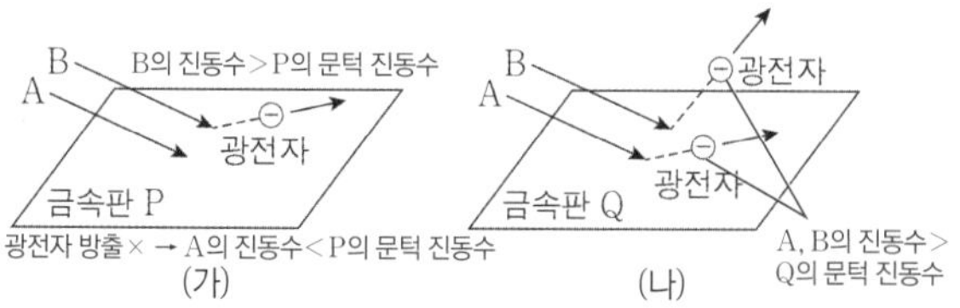

(가) (나)

이에 대한 설명으로 옳은 것만을 〈보기〉에서 있는 대로 고른 것은? [3점]

보기

ㄱ. (가)에서 A의 세기를 증가시키면 광전자가 ~~방출된다~~. 되지 않는다.

ㄴ. (나)에서 방출된 광전자의 최대 운동 에너지는 A를 비추었을 때가 B를 비추었을 때보다 작다.

ㄷ. B를 비추었을 때 방출되는 광전자의 물질파 파장의 최솟값은 (가)에서가 (나)에서보다 ~~작다~~. 크다.

① ㄱ ② ㄴ ③ ㄱ, ㄷ ④ ㄴ, ㄷ ⑤ ㄱ, ㄴ, ㄷ

✔ 자료 해석

- (가) P에 A를 비출 때는 광전자가 방출되지 않고, B를 비출 때는 광전자가 방출된다. → A의 진동수<P의 문턱 진동수<B의 진동수
- (나) Q에 A, B를 각각 비출 때 각각 광전자가 방출된다.
  → Q의 문턱 진동수<A의 진동수<B의 진동수
  → 광전자의 최대 운동 에너지는 $E=hf-hf_0$(f : 빛의 진동수, f_0 : 금속판의 문턱 진동수)이므로 같은 금속판에서는 빛의 진동수가 클수록 크다.
- 전자의 질량을 m, 전자의 운동량을 p, 최대 운동 에너지를 E라고 하면 $E=\frac{p^2}{2m}$이므로 $p=\sqrt{2mE}$의 관계가 성립한다.

O 보기 풀이 ㄴ. 같은 금속판에서 방출되는 광전자의 최대 운동 에너지는 빛의 진동수가 클수록 크다. 빛의 진동수는 A가 B보다 작으므로 광전자의 최대 운동 에너지는 A를 비추었을 때가 B를 비추었을 때보다 작다.

× 매력적 오답 ㄱ. A의 진동수는 P의 문턱 진동수보다 작으므로 빛의 세기를 증가시키더라도 광전자가 방출되지 않는다.

ㄷ. 같은 빛을 비출 때 방출되는 광전자의 최대 운동 에너지는 금속판의 문턱 진동수가 클수록 작다. 금속판의 문턱 진동수는 P가 Q보다 크므로 B를 비추었을 때 방출되는 광전자의 최대 운동 에너지는 (가)에서가 (나)에서보다 작다. 광전자의 최대 운동 에너지가 작을수록 광전자의 운동량도 작다. 그런데 물질파 파장은 운동량과 반비례 관계이므로 광전자의 물질파 파장의 최솟값은 (가)에서가 (나)에서보다 크다.

문제풀이 Tip

빛의 입자성과 물질의 파동성을 연관지어 준비해 두자. 방출된 광전자의 최대 운동 에너지를 광양자설로 해석할 수 있어야 하고, 물질파에도 적용할 수 있어야 한다.

선택지 비율	① 5%	② 8%	❸ 77%	④ 4%	⑤ 7%

10 물질의 파동성

2023년 3월 교육청 1번 | 정답 ③ | 문제편 104 p

출제 의도 우리 주변에서 물질의 파동성으로 설명할 수 있는 현상을 아는지 확인하는 문항이다.

물질의 파동성으로 설명할 수 있는 것만을 〈보기〉에서 있는 대로 고른 것은?

보기

ㄱ. 운동량 보존 ㄴ. 광전 효과 ㄷ. 전자의 물질파

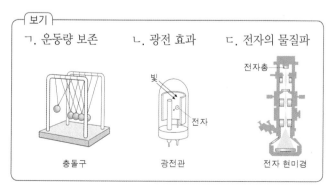

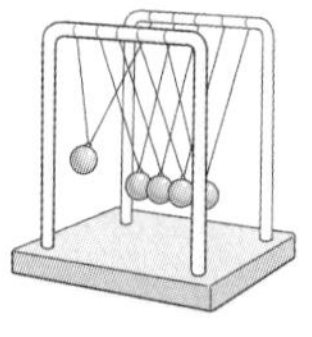
충돌구

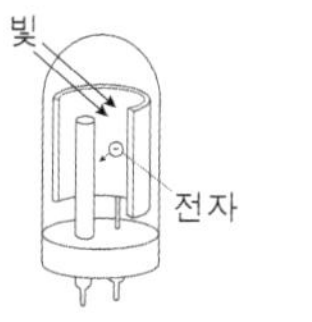

광전관

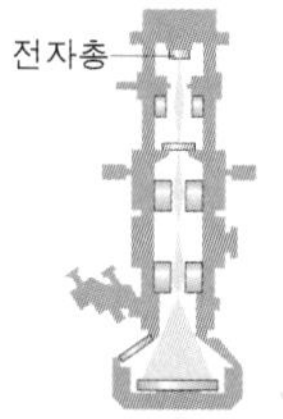

전자 현미경

① ㄱ ② ㄴ ③ ㄷ ④ ㄱ, ㄴ ⑤ ㄱ, ㄷ

✔ 자료 해석

- 운동량 보존 : 두 물체가 충돌하기 전과 후의 운동량의 총합은 같다.
- 광전 효과 : 금속 표면에 특정 진동수 이상의 빛을 비추었을 때 금속 표면에서 광전자가 튀어나오는 현상이다.
- 전자의 물질파 : 물질 입자가 나타내는 파동을 물질파라고 한다. 전자 현미경은 전자의 물질파 파장을 이용한다.

O 보기 풀이 ㄷ. 물질파는 입자가 나타내는 파동적 성질이다.

× 매력적 오답 ㄱ. 운동량은 입자성의 예이다.

ㄴ. 광전 효과는 빛의 입자성을 입증하는 사례이다.

문제풀이 Tip

물질의 파동성을 미시 세계에서 일어나는 현상이어서 우리 눈으로 직접 확인하는 것은 어렵지만 우리 주변에서 실제로 활용되고 있는 현상임을 이해하도록 한다.

선택지 비율	① 7%	② 2%	❸ 76%	④ 5%	⑤ 10%

11 전자 현미경

2022년 10월 교육청 11번 | 정답 ③ | 문제편 104p

출제 의도 전자 현미경의 원리를 알고 전자의 물질파 파장에 대해 이해하고 있는지 확인하는 문항이다.

그림 (가), (나)는 주사 전자 현미경(SEM)으로 동일한 시료를 촬영한 사진을 나타낸 것이다. 촬영에 사용된 전자의 운동 에너지는 (가)에서가 (나)에서보다 작다.

운동 에너지가 작을수록 전자의 속력이 작으므로 전자의 물질파 파장이 길다.

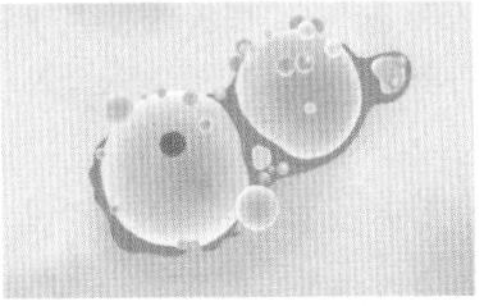
(가)

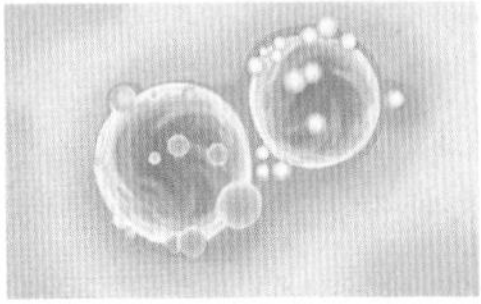
(나)

이에 대한 옳은 설명만을 〈보기〉에서 있는 대로 고른 것은?

보기

ㄱ. (가), (나)는 시료에 ~~전자기파~~(전자의 물질파)를 쪼여 촬영한 사진이다.

ㄴ. 전자의 물질파 파장은 (가)에서가 (나)에서보다 ~~작다~~. 크다.

ㄷ. 광학 현미경보다 전자 현미경이 크기가 더 작은 시료를 관찰할 수 있다.

① ㄱ ② ㄴ ③ ㄷ ④ ㄱ, ㄴ ⑤ ㄴ, ㄷ

✓ 자료 해석

- 전자의 운동 에너지는 전자의 속력의 제곱에 비례하므로 전자의 운동 에너지가 작을수록 전자의 속력이 느리다.
- 전자의 물질파 파장은 $\lambda=\frac{h}{p}=\frac{h}{mv}$이므로 전자의 물질파 파장은 속력이 느릴수록 크다.

○ 보기풀이 ㄷ. 전자의 물질파 파장은 광학 현미경에서 이용하는 가시광선의 파장보다 훨씬 짧아 전자 현미경은 광학 현미경보다 훨씬 높은 배율과 분해능을 얻을 수 있다. 따라서 전자 현미경이 크기가 더 작은 시료를 잘 관찰할 수 있다.

× 매력적 오답 ㄱ. 주사 전자 현미경은 전자의 물질파를 이용한다. 따라서 (가), (나)는 시료에 전자의 물질파를 쪼여 촬영한 사진이다.

ㄴ. (가)에서 전자의 운동 에너지가 (나)에서보다 작으므로 (가)에서 전자의 속력이 (나)에서보다 작다. 따라서 (가)에서 전자의 물질파 파장은 (나)에서보다 크다.

문제풀이 Tip

전자 현미경과 광학 현미경의 차이점을 알고, 전자의 물질파 파장과 에너지의 관계를 이해하고 있어야 한다.

선택지 비율	❶ 48%	② 6%	③ 26%	④ 10%	⑤ 10%

12 광학 현미경과 전자 현미경

2022년 7월 교육청 10번 | 정답 ① | 문제편 104p

출제 의도 전자 현미경의 종류와 특징을 알고 전자의 물질파 파장에 대해 이해하고 있는지 확인하는 문항이다.

분해능은 (나)가 (가)보다 좋다.

그림 (가), (나)는 각각 광학 현미경, 전자 현미경으로 동일한 시료를 같은 배율로 관찰한 것이다. (나)는 (가)보다 작은 구조가 선명하게 관찰되고, 시료의 입체 구조가 확인된다. (가)를 얻기 위해 사용된 빛의 파장은 λ_1이고, (나)를 얻기 위해 사용된 전자의 물질파 파장과 속력은 각각 λ_2, v이다.

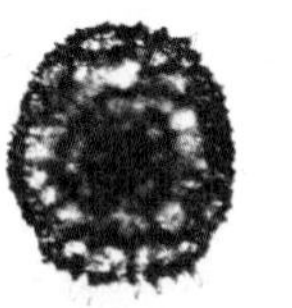
(가) 광학 현미경

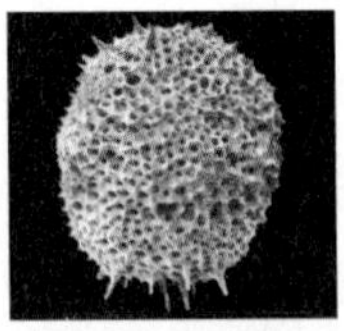
(나) 주사 전자 현미경

이에 대한 설명으로 옳은 것만을 〈보기〉에서 있는 대로 고른 것은?

보기

ㄱ. $\lambda_1>\lambda_2$이다.

ㄴ. (나)는 ~~투과~~(주사) 전자 현미경으로 관찰한 상이다.

ㄷ. 전자의 속력이 $\frac{v}{2}$이면 물질파 파장은 ~~$4\lambda_2$~~이다. $2\lambda_2$

① ㄱ ② ㄷ ③ ㄱ, ㄴ ④ ㄴ, ㄷ ⑤ ㄱ, ㄴ, ㄷ

✓ 자료 해석

- 전자 현미경에서는 전자의 물질파 파장을 이용하고, 광학 현미경에서는 가시광선을 이용한다. → 전자의 물질파 파장은 가시광선의 파장보다 훨씬 짧아 전자 현미경은 광학 현미경보다 훨씬 높은 배율을 얻을 수 있고 분해능이 우수하다.
- 전자의 질량이 m, 속력이 v라고 하면 전자의 물질파 파장은 $\lambda_2=\frac{h}{mv}$로 표현할 수 있다.

○ 보기풀이 ㄱ. (나)는 (가)보다 작은 구조가 선명하게 관찰되므로 분해능이 더 좋은 현미경이며, 분해능은 빛의 파장이 짧을수록 우수하다. 따라서 $\lambda_1>\lambda_2$이다.

× 매력적 오답 ㄴ. 전자 현미경에는 투과 전자 현미경과 주사 전자 현미경이 있으며, 투과 전자 현미경은 시료의 단면 구조를 2차원적으로 관찰하고, 주사 전자 현미경은 시료 표면의 입체 구조를 3차원적으로 관찰한다. (나)는 시료의 입체 구조를 확인할 수 있으므로 주사 전자 현미경으로 관찰한 상이다.

ㄷ. 전자의 물질파 파장은 전자의 속력과 반비례한다. 전자의 속력이 v일 때, 전자의 물질파 파장이 λ_2이므로 전자의 속력이 $\frac{v}{2}$가 되면 전자의 물질파 파장은 $2\lambda_2$가 된다.

문제풀이 Tip

전자 현미경의 종류에 따라 관찰할 수 있는 상의 특징에 대해 구분해서 암기하고 있어야 한다.

선택지 비율	❶ 77%	② 9%	③ 5%	④ 5%	⑤ 4%

13 광전 효과와 광 다이오드

2022년 7월 교육청 13번 | 정답 ① | 문제편 105 p

출제 의도 빛의 입자성을 이해하여 광전 효과에서 비춘 빛의 진동수, 빛의 세기와 방출되는 광전자의 관계를 설명할 수 있는지 확인하는 문항이다.

그림과 같이 단색광 A 또는 B를 광 다이오드에 비추었더니 광 다이오드에 전류가 흘렀다. 표는 단색광의 세기에 따른 전류의 세기를 측정한 것을 나타낸 것이다.

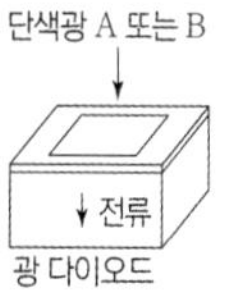

단색광 A 또는 B
전류
광 다이오드

광전 효과가 일어나지 않음 (A의 진동수 < 문턱 진동수)

단색광	단색광의 세기	전류의 세기
A	I	0
	$2I$	㉠ 0
B	I	㉡ $2I_0$보다 작음
	$2I$	$2I_0$

광전 효과가 일어남 (B의 진동수 > 문턱 진동수)

이에 대한 설명으로 옳은 것만을 〈보기〉에서 있는 대로 고른 것은?

보기

ㄱ. ㉠은 0이다.

ㄴ. ㉡은 $2I_0$보다 ~~크다~~. 작다.

ㄷ. 광 다이오드는 빛의 ~~파동성을~~ 이용한다. 입자성

① ㄱ ② ㄷ ③ ㄱ, ㄴ ④ ㄴ, ㄷ ⑤ ㄱ, ㄴ, ㄷ

✔ 자료 해석

- 단색광 A를 비출 때 전류의 세기가 0이므로 광전자가 방출되지 않았다.
  → A의 진동수는 문턱 진동수보다 작으므로 A의 세기를 증가시켜도 광전자가 방출되지 않는다.
- 단색광 B를 세기 $2I$로 비출 때 전류의 세기는 $2I_0$이므로 광전자가 방출되었다.
  → B의 진동수는 문턱 진동수보다 크므로 B의 세기를 감소시켜도 광전자가 방출된다.

O 보기풀이 ㄱ. A의 진동수는 문턱 진동수보다 작으므로 빛의 세기를 증가시켜도 광전자가 방출되지 않는다. 따라서 ㉠은 0이다.

× 매력적 오답 ㄴ. B의 진동수는 문턱 진동수보다 크므로 빛의 세기를 감소시켜도 광전자가 방출된다. 이때 빛의 세기는 단위 시간당 광자의 개수에 비례하므로 세기가 $\frac{1}{2}$배가 되면 단위 시간당 광자의 개수도 $\frac{1}{2}$배가 되어 단위 시간당 방출되는 광전자의 개수도 감소한다. 따라서 전류의 세기는 $2I_0$보다 작다.

ㄷ. 광전 효과를 이용한 광 다이오드는 빛의 입자성을 이용한 대표적인 예이다.

문제풀이 Tip

광전자가 방출되기 위한 가장 필수적인 조건은 빛의 진동수가 문턱 진동수보다 커야 한다는 것이다. 문턱 진동수보다 진동수가 큰 빛은 아무리 세기가 약하더라도 광전자가 방출되고, 문턱 진동수보다 진동수가 작은 빛은 아무리 세기가 강하더라도 광전자가 방출되지 않는다.

선택지 비율	① 8%	❷ 66%	③ 7%	④ 12%	⑤ 7%

14 전자 현미경과 광학 현미경

2022년 4월 교육청 3번 | 정답 ② | 문제편 105 p

출제 의도 전자 현미경과 광학 현미경의 특징을 비교하여 설명할 수 있는지 확인하는 문항이다.

그림은 전자 현미경과 광학 현미경에 대해 학생 A, B, C가 대화하는 모습을 나타낸 것이다.

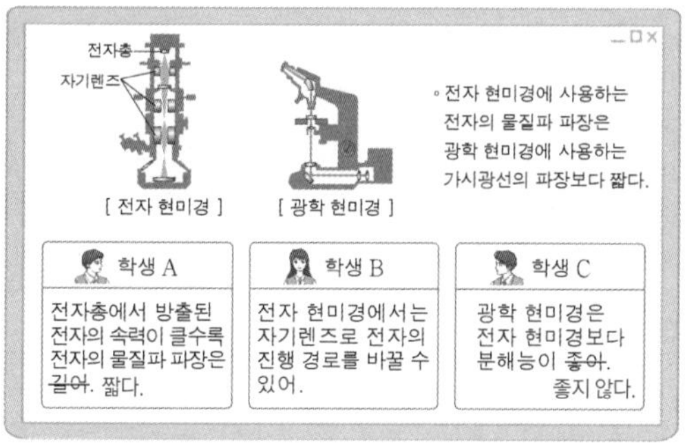

전자총
자기렌즈
[전자 현미경]
[광학 현미경]
◦ 전자 현미경에 사용하는 전자의 물질파 파장은 광학 현미경에 사용하는 가시광선의 파장보다 짧다.
학생 A
전자총에서 방출된 전자의 속력이 클수록 전자의 물질파 파장은 ~~길어~~. 짧다.
학생 B
전자 현미경에서는 자기렌즈로 전자의 진행 경로를 바꿀 수 있어.
학생 C
광학 현미경은 전자 현미경보다 분해능이 ~~좋아~~. 좋지 않다.

제시한 내용이 옳은 학생만을 있는 대로 고른 것은? [3점]

① A ② B ③ A, C ④ B, C ⑤ A, B, C

✔ 자료 해석

- 입자의 물질파 파장 $\lambda = \frac{h}{p} = \frac{h}{mv}$ → 파장은 속력과 반비례한다.
- 전자 현미경은 자기장에 의해 전자의 진행 경로가 휘어지는 현상을 이용한 것으로 코일을 감은 원통형 전자석인 자기렌즈는 전자를 초점으로 모으는 역할을 한다.

O 보기풀이 B : 전자 현미경은 자기장에 의해 전자의 진행 경로가 휘어지는 것을 이용한 것이다.

× 매력적 오답 A : 입자의 물질파 파장은 운동량의 크기에 반비례한다. 따라서 전자의 속력이 클수록 전자의 물질파 파장은 짧다.

C: 현미경의 분해능은 파장이 짧을수록 좋다. 전자의 물질파 파장은 가시광선의 파장보다 짧으므로 전자 현미경의 분해능은 광학 현미경보다 좋다.

문제풀이 Tip

현미경에서 사용하는 빛의 파장과 분해능의 관계, 전자 현미경에서의 전자의 물질파 파장과 전자의 질량 및 속력의 관계를 연관지어 기억해 두는 것이 좋다.

선택지 비율	① 8%	❷ 48%	③ 15%	④ 11%	⑤ 17%

15 물질파와 전자 현미경

2022년 3월 교육청 14번 | 정답 ② | 문제편 105 p

출제 의도 전자 현미경의 원리 및 물질파 파장과 입자의 속력의 관계를 알고 있는지 확인하는 문항이다.

그림은 현미경 A, B로 관찰할 수 있는 물체의 크기를 나타낸 것으로, A와 B는 각각 광학 현미경과 전자 현미경 중 하나이다. 사진 X, Y는 시료 P를 각각 A, B로 촬영한 것이다.

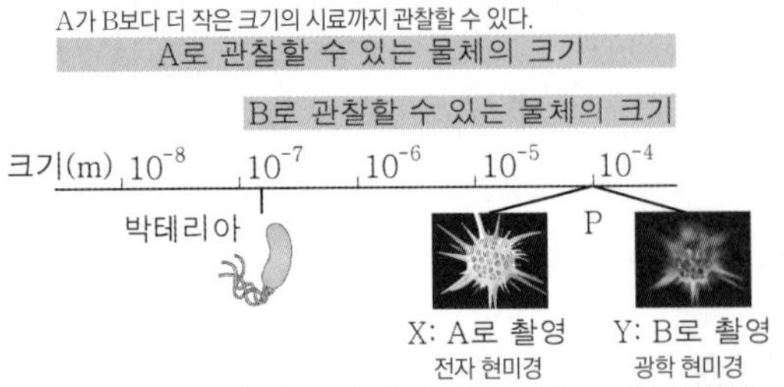

이에 대한 옳은 설명만을 〈보기〉에서 있는 대로 고른 것은?

> 보기
> ㄱ. B는 ~~전자~~ 현미경이다. 광학
> ㄴ. X는 물질의 파동성을 이용하여 촬영한 사진이다.
> ㄷ. 전자 현미경으로 박테리아를 촬영하려면 P를 촬영할 때보다 ~~저속~~의 전자를 이용해야 한다. 고속

① ㄱ ② ㄴ ③ ㄱ, ㄴ ④ ㄱ, ㄷ ⑤ ㄴ, ㄷ

✓ 자료 해석

- 분해능은 파장이 짧을수록 좋다.
  → 전자 현미경에 사용하는 전자의 물질파 파장은 광학 현미경의 가시광선의 파장보다 짧으므로 전자 현미경은 광학 현미경보다 선명한 상을 얻을 수 있다.
  → 전자의 속력을 조절하면 전자의 물질파 파장을 조절할 수 있으므로 분해능이 더 좋은 전자 현미경을 만들 수 있다.

○ 보기풀이 ㄴ. X는 전자 현미경으로 촬영한 사진으로, 전자 현미경은 전자의 파동성을 이용한 것이다.

× 매력적오답 ㄱ. A가 B보다 더 작은 크기의 물체까지 관찰할 수 있으므로, A가 전자 현미경이다.

ㄷ. 현미경의 분해능은 파장이 짧을수록 좋으므로 P보다 크기가 작은 박테리아를 촬영하려면 전자의 물질파 파장이 더 짧아져야 한다. 전자의 물질파 파장은 전자의 속력과 반비례하므로 고속의 전자를 이용해야 짧은 물질파 파장으로 더 작은 물체를 촬영할 수 있다.

문제풀이 Tip

전자 현미경에서는 파장과 분해능의 관계를 이용하여 전자의 속력과 현미경의 분해능과의 관계도 파악할 수 있어야 한다.

선택지 비율	① 10%	② 4%	❸ 76%	④ 6%	⑤ 3%

16 빛과 물질의 이중성

2021년 10월 교육청 7번 | 정답 ③ | 문제편 105 p

출제 의도 빛과 물질의 이중성에 대한 이해를 묻는 문항이다.

그림의 A, B, C는 빛의 파동성, 빛의 입자성, 물질의 파동성을 이용한 예를 순서 없이 나타낸 것이다.

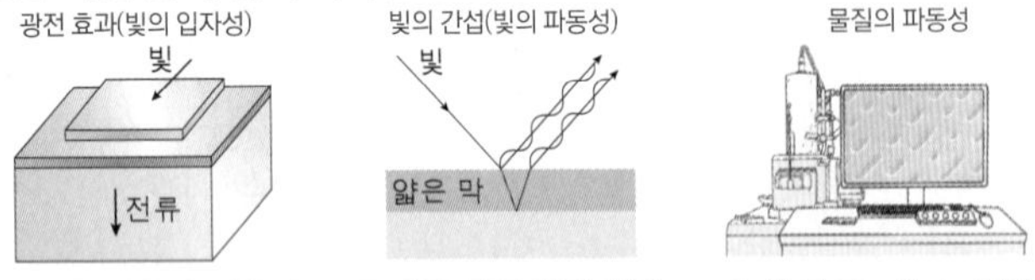

A: 빛을 비추면 전류가 흐르는 CCD의 광 다이오드

B: 얇은 막을 입혀, 반사되는 빛의 세기를 줄인 안경

C: 전자를 가속시켜 DVD 표면을 관찰하는 전자 현미경

빛의 파동성, 빛의 입자성, 물질의 파동성의 예로 옳은 것은?

	빛의 파동성	빛의 입자성	물질의 파동성
①	A	B	C
②	A	C	B
③	B	A	C
④	B	C	A
⑤	C	A	B

✓ 자료 해석

- CCD에서는 빛의 입자성인 광전 효과에 의해 광전자가 방출되고, 얇은 막에서는 빛의 파동성인 간섭 현상이 일어나고, 전자 현미경에서는 전자의 파동성을 이용하여 작은 부분을 관찰한다.

○ 보기풀이 A : CCD에서는 광전 효과, 빛의 입자성이 이용된다.
B : 얇은 막에 의한 간섭은 파동의 성질이다.
C : 전자 현미경에서는 전자의 물질파를 이용한다.

문제풀이 Tip

빛은 간섭이나 회절과 같은 파동성을 가지는 동시에 광전 효과와 같은 입자성을 가지고 있으며, 물질 입자도 파동과 입자의 이중적인 성질을 나타냄을 이해하고 있어야 한다.

선택지 비율	① 7%	② 6%	③ 9%	❹ 68%	⑤ 10%

17 광전 효과

2021년 7월 교육청 19번 | 정답 ④ | 문제편 106 p

출제 의도 광전 효과에 대한 이해를 묻는 문항이다.

그림은 광 다이오드에 단색광을 비추었을 때 광 다이오드의 p-n 접합면에서 광전자가 방출되어 n형 반도체 쪽으로 이동하는 모습을 나타낸 것이다. 표는 단색광의 세기만을 다르게 하여 광 다이오드에 비추었을 때 단위 시간당 방출되는 광전자의 수를 나타낸 것이다.

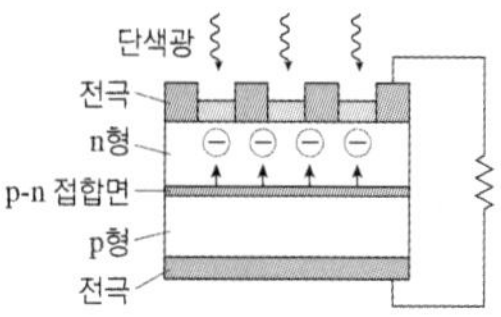

광전자의 수가 많은 A의 단색광의 세기가 크다.

구분	단색광의 세기	광전자의 수
A	I_A	$2N_0$
B	I_B	N_0

이에 대한 설명으로 옳은 것만을 <보기>에서 있는 대로 고른 것은?

보기

ㄱ. ~~$I_A < I_B$~~이다. $I_A > I_B$

ㄴ. 광 다이오드는 빛의 입자성을 이용한다.

ㄷ. 광 다이오드는 전하 결합 소자(CCD)에 이용될 수 있다.

① ㄱ ② ㄷ ③ ㄱ, ㄴ ④ ㄴ, ㄷ ⑤ ㄱ, ㄴ, ㄷ

✓ 자료 해석

• 광 다이오드에서 방출되는 광전자의 수는 단색광의 세기에 비례한다.

O 보기풀이 ㄴ, ㄷ. 광 다이오드는 빛의 입자성을 이용하며, 전하 결합 소자(CCD)에 이용된다.

× 매력적 오답 ㄱ. 광 다이오드에 입사하는 빛의 세기가 클수록 단위 시간당 방출되는 광전자의 개수가 많다.

문제풀이 Tip

광전자의 방출 여부는 빛의 진동수에 의해 결정되고, 광전자의 수(광전류의 세기)는 빛의 세기에 의해 결정된다.

선택지 비율	① 6%	② 10%	③ 8%	④ 21%	❺ 56%

18 전자 현미경

2021년 7월 교육청 17번 | 정답 ⑤ | 문제편 106 p

출제 의도 물질의 이중성과 전자 현미경의 원리를 이해하고 있는지 묻는 문항이다.

다음은 전자 현미경에 대한 설명이다.

전자의 파동성을 이용한다.

㉠전자 현미경이 광학 현미경과 가장 크게 다른 점은 가시광선 대신 전자선을 사용한다는 것이다. 광학 현미경은 유리 렌즈를 사용하여 확대된 상을 얻고, 전자 현미경은 전자석 코일로 만든 ㉡자기렌즈를 사용하여 확대된 상을 얻는다.
또한 전자 현미경은 높은 전압을 이용하여 ㉢가속된 전자를 사용하므로, 확대된 상을 광학 현미경보다 선명하게 관찰할 수 있다.

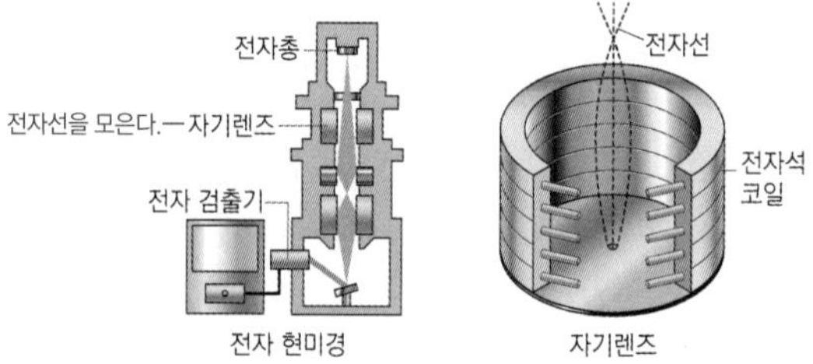

이에 대한 설명으로 옳은 것만을 <보기>에서 있는 대로 고른 것은?

보기

ㄱ. ㉠은 물질의 파동성을 이용한다.

ㄴ. ㉡은 자기장을 이용하여 전자선의 경로를 휘게 하는 역할을 한다.

ㄷ. ㉢의 물질파 파장은 가시광선의 파장보다 짧다.

① ㄱ ② ㄴ ③ ㄱ, ㄷ ④ ㄴ, ㄷ ⑤ ㄱ, ㄴ, ㄷ

✓ 자료 해석

• 전자 현미경은 전자의 파동성을 이용한다.
• 자기렌즈는 전자선의 방향을 조절하여 모으는 역할을 한다.
• 가속된 전자의 물질파 파장은 가시광선의 파장보다 짧아 분해능을 높인다.

O 보기풀이 ㄱ. 전자 현미경(㉠)은 전자를 가속시켜 나타나는 물질파를 이용하여 물체를 관찰한다.
ㄴ, ㄷ. 가속된 전자(㉢)의 물질파 파장은 가시광선의 파장보다 짧으며, 자기렌즈(㉡)에서 자기장을 이용하여 전자선을 모은다.

문제풀이 Tip

전자 현미경은 물질의 이중성, 즉 물질의 파동성을 이용한다는 사실을 이해하고 있어야 한다.

선택지 비율	❶ 67%	② 3%	③ 9%	④ 17%	⑤ 5%

19 빛의 이중성

2021년 4월 교육청 4번 | 정답 ① | 문제편 106 p

출제 의도 빛의 입자성에 대한 이해를 묻는 문항이다.

그림은 빛에 의한 현상 A, B, C를 나타낸 것이다.

빛의 입자성 이용(광전 효과)　빛의 파동성 이용(간섭 현상)　빛의 파동성 이용(간섭 현상)

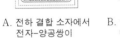

A. 전하 결합 소자에서 전자-양공쌍이 생성된다.　B. 비누 막에서 다양한 색의 무늬가 보인다.　C. 지폐의 숫자 부분이 보는 각도에 따라 다른 색으로 보인다.

빛의 입자성으로 설명할 수 있는 현상만을 있는 대로 고른 것은?

① A　② B　③ A, C　④ B, C　⑤ A, B, C

✔ 자료 해석

- 전하 결합 소자는 빛의 입자성을 이용한다.
- 비누 막에서 다양한 색이 관찰되는 것과 지폐의 숫자 부분이 보는 각도에 따라 다른 색으로 보이는 것은 빛의 파동성에 의해 나타나는 현상이다.

○ 보기 풀이 A. 전하 결합 소자(CCD)에 빛을 비추면 전자-양공쌍이 생성되는 것은 빛의 입자성으로 설명할 수 있다.
B, C. 비누 막에서 다양한 색의 무늬가 보이는 것과 지폐의 숫자 부분이 보는 각도에 따라 다른 색으로 보이는 것은 빛의 파동성으로 설명할 수 있다.

문제풀이 Tip

빛은 간섭이나 회절과 같은 파동성을 가지는 동시에 광전 효과와 같은 입자성을 가지고 있음을 이해하고 있어야 한다.

선택지 비율	① 4%	② 5%	③ 8%	❹ 69%	⑤ 14%

20 전자 현미경

2021년 4월 교육청 17번 | 정답 ④ | 문제편 106 p

출제 의도 전자 현미경에 대한 이해를 묻는 문항이다.

다음은 전자 현미경에 대한 설명이다.

> 전자 현미경은 전자를 이용하여 시료를 관찰하는 장치이다. 전자 현미경에서 이용하는 ㉠전자의 물질파 파장은 가시광선의 파장보다 짧으므로 전자 현미경은 가시광선을 이용하여 시료를 관찰하는 광학 현미경보다 (가) 이/가 좋다.
> 전자 현미경에는 시료를 투과하는 전자를 이용하는 투과 전자 현미경(TEM)과 시료 표면에서 반사되는 전자를 이용하는 주사 전자 현미경(SEM)이 있다.
>
> 입자의 속력이 클수록, 운동량이 클수록 전자의 물질파 파장은 짧다.　분해능

이에 대한 설명으로 옳은 것만을 〈보기〉에서 있는 대로 고른 것은? [3점]

보기
ㄱ. 전자의 운동량이 클수록 ㉠은 ~~길다~~. 짧다.
ㄴ. '분해능'은 (가)에 해당된다.
ㄷ. 주사 전자 현미경(SEM)을 이용하면 시료의 표면을 관찰할 수 있다.

① ㄱ　② ㄷ　③ ㄱ, ㄴ　④ ㄴ, ㄷ　⑤ ㄱ, ㄴ, ㄷ

✔ 자료 해석

- 전자의 물질파 파장은 전자의 속력이 클수록, 운동량이 클수록 짧다.
- 전자의 물질파 파장이 짧을수록 분해능이 좋다.

○ 보기 풀이 ㄴ. 가시광선보다 파장이 짧은 물질파를 이용하는 전자 현미경이 가시광선을 이용하는 광학 현미경보다 분해능이 좋다.
ㄷ. 주사 전자 현미경에서는 시료 표면에서 반사된 전자를 이용하여 시료의 표면을 관찰할 수 있다.

✕ 매력적 오답 ㄱ. 전자의 물질파 파장은 전자의 운동량에 반비례한다. 따라서 전자의 운동량이 클수록 ㉠(전자의 물질파 파장)은 짧다.

문제풀이 Tip

전자 현미경은 전자의 파동성을 이용하며 전자의 물질파 파장은 가시광선의 파장보다 짧아 광학 현미경보다 분해능이 좋다는 것을 이해하고 있어야 한다.

선택지 비율	① 15%	② 5%	❸ 58%	④ 7%	⑤ 16%

21 빛과 물질의 이중성

2021년 3월 교육청 16번 | 정답 ③ | 문제편 107p

(출제 의도) 빛과 물질의 이중성을 이용하는 경우에 대한 이해를 묻는 문항이다.

그림 (가)는 전하 결합 소자(CCD)가 내장된 카메라로 빨강 장미를 촬영하는 모습을, (나)는 광학 현미경으로는 관찰할 수 없는 바이러스를 파장이 λ인 전자의 물질파를 이용해 전자 현미경으로 관찰하는 모습을 나타낸 것이다.

(전하 결합 소자(CCD): 빛의 이중성(입자성) 이용 / 전자 현미경: 입자의 이중성(파동성) 이용)

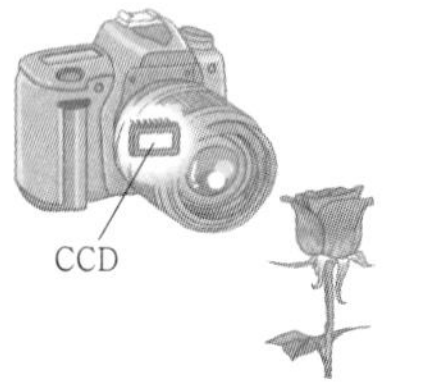

(가)

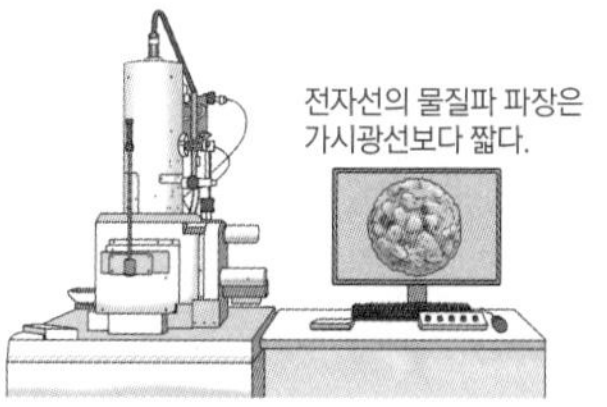

전자선의 물질파 파장은 가시광선보다 짧다.

(나)

이에 대한 옳은 설명만을 〈보기〉에서 있는 대로 고른 것은?

보기
ㄱ. CCD는 빛의 입자성을 이용한 장치이다.
ㄴ. λ는 빨간색 빛의 파장보다 ~~길다~~. 짧다.
ㄷ. (나)에서 전자의 속력이 클수록 λ는 짧아진다.

① ㄱ ② ㄴ ③ ㄱ, ㄷ ④ ㄴ, ㄷ ⑤ ㄱ, ㄴ, ㄷ

✓ 자료 해석

- 전하 결합 소자(CCD)는 광전 효과(빛의 이중성)를 이용한다.
- 전자 현미경은 전자의 파동성(입자의 이중성)을 이용한다.

O 보기풀이 ㄱ. CCD는 광자의 에너지를 흡수해서 전기 신호를 발생시킨다.
ㄷ. $\lambda=\frac{h}{p}=\frac{h}{mv}$이므로 λ는 전자의 속력이 클수록 짧아진다.

× 매력적 오답 ㄴ. 전자 현미경은 가시광선보다 파장이 짧은 전자의 물질파를 이용한다.

문제풀이 Tip
전자 현미경은 광학 현미경에서 이용하는 가시광선보다 짧은 파장의 물질파를 이용하여 광학 현미경보다 높은 배율과 분해능을 얻을 수 있음을 이해하고 있어야 한다.

선택지 비율	① 6%	② 1%	❸ 81%	④ 3%	⑤ 6%

22 광전 효과

2020년 10월 교육청 12번 | 정답 ③ | 문제편 107p

(출제 의도) 서로 다른 두 광원으로 동일한 금속판에 빛을 비출 때, 광원의 수와 광전자 수의 관계 및 광전자의 방출 여부에 따른 빛의 진동수를 비교할 수 있는지 묻는 문항이다.

그림은 금속판에 광원 A 또는 B에서 방출된 빛을 비추는 모습을 나타낸 것으로 A, B에서 방출된 빛의 파장은 각각 λ_A, λ_B이다. 표는 광원의 종류와 개수에 따라 금속판에서 단위 시간당 방출되는 광전자의 수 N을 나타낸 것이다.

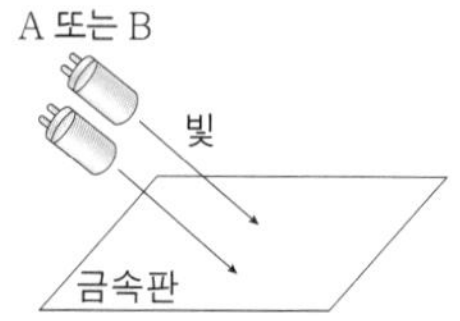

광전자의 수가 0이므로 빛의 진동수가 금속판의 문턱 진동수보다 작다.

광원		N
A	1개	0
	2개	㉠
B	1개	3×10^{18}
	2개	㉡

광전자의 수는 빛의 세기에 비례하고, 빛의 세기는 광원의 수에 비례한다.

이에 대한 옳은 설명만을 〈보기〉에서 있는 대로 고른 것은?

보기
ㄱ. ㉠은 0이다.
ㄴ. ㉡은 3×10^{18}보다 크다.
ㄷ. ~~$\lambda_A<\lambda_B$~~이다. $\lambda_A>\lambda_B$

① ㄱ ② ㄷ ③ ㄱ, ㄴ ④ ㄴ, ㄷ ⑤ ㄱ, ㄴ, ㄷ

✓ 자료 해석

- 방출된 광전자의 수가 0인 것은 빛의 진동수가 금속판의 문턱 진동수보다 작기 때문이다.
- 광원의 수가 증가하면 빛의 세기가 증가한다.
- 방출된 광전자의 수는 빛의 세기(광원의 수)에 비례한다.

O 보기풀이 ㄱ. A가 1개일 때 방출된 광전자의 수(N)가 0이므로 A의 진동수는 금속판의 문턱 진동수보다 작다. 따라서 A의 개수를 2개로 하여 세기를 증가시키더라도 금속판에서 광전자가 방출되지 않는다. 따라서 ㉠=0이다.
ㄴ. B를 비추었을 때 광전자가 방출되었으므로 B의 개수를 2개로 하여 세기를 증가시키면 금속판에서 방출되는 광전자의 수는 증가한다. 따라서 ㉡은 3×10^{18}보다 크다.

× 매력적 오답 ㄷ. 광전 효과가 B에 의해서는 발생하였고, A에 의해서는 발생하지 않았으므로 빛의 진동수는 B가 A보다 크다. 따라서 파장은 A가 B보다 크므로 $\lambda_A>\lambda_B$이다.

문제풀이 Tip
방출된 광전자의 수로부터 A, B의 진동수와 문턱 진동수의 대소 관계를 파악하고, 광전자의 수가 빛의 세기에 비례함을 이해하고 있어야 한다. 빛의 진동수는 같으면서 금속판의 종류를 두 종류 이상으로 하여 출제될 수 있으므로 준비해 두자.

선택지 비율	❶ 90%	② 3%	③ 2%	④ 2%	⑤ 1%

23 전하 결합 소자

2020년 7월 교육청 3번 | 정답 ① | 문제편 107p

출제 의도 광 다이오드에서 광전 효과가 일어남을 알고, 광전 효과가 빛의 입자성을 증명하는 현상임을 이해하고 있는지 묻는 문항이다.

다음은 전하 결합 소자(CCD)에 대한 설명이다.

디지털카메라의 한 부품인 전하 결합 소자는 영상 정보를 기록하는 소자로, 광 다이오드로 구성된 전하 결합 소자에 빛을 비추면 전자가 발생하는 [㉠]에 의해 전류가 흐르므로 빛의 [㉡]을 이용하는 장치이다.

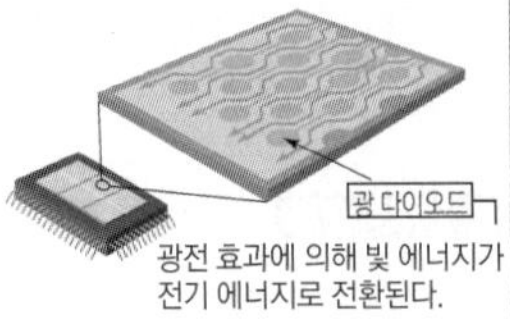

㉠과 ㉡에 해당하는 것으로 옳은 것은?

	㉠	㉡
①	광전 효과	입자성
②	광전 효과	파동성
③	빛의 간섭	입자성
④	빛의 간섭	파동성
⑤	빛의 굴절	입자성

✓ 자료 해석

- 전하 결합 소자(CCD) : 광 다이오드를 이용해 빛에너지를 전기 에너지로 전환시켜 영상 정보를 기록하는 장치
  - 전하 결합 소자에서 전기 에너지가 발생할 때 광전 효과가 이용된다.

○ 보기 풀이 전자 결합 소자(CCD)는 빛의 입자성에 의해 전자가 발생하는 광전 효과를 이용하는 장치이다.

문제풀이 Tip

광전 효과의 이용 예를 이해하고 있어야 한다. 광전 효과의 다양한 예를 제시하는 문항이 출제될 수 있으니 준비해 두자.

선택지 비율	① 3%	② 2%	❸ 79%	④ 5%	⑤ 8%

24 광전 효과

2020년 4월 교육청 15번 | 정답 ③ | 문제편 107p

출제 의도 광전 효과가 일어나기 위한 조건을 이해하고, 금속판의 종류가 같을 때 두 단색광의 진동수를 비교할 수 있는지 묻는 문항이다.

그림 (가)는 금속판 A에 단색광 P를 비추었을 때 광전자가 방출되지 않는 것을, (나)는 A에 단색광 Q를 비추었을 때 광전자가 방출되는 것을 나타낸 것이다.

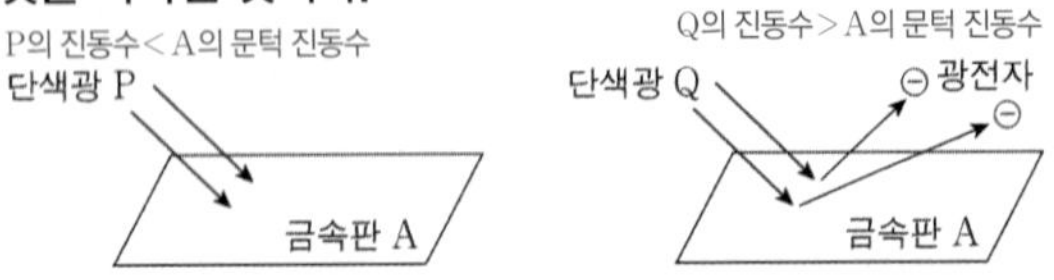

(가) (나)

이에 대한 설명으로 옳은 것만을 〈보기〉에서 있는 대로 고른 것은?

보기

ㄱ. 진동수는 P가 Q보다 작다.

ㄴ. (가)에서 P의 세기를 증가시켜 A에 비추면 광전자가 방~~출된다~~. 방출되지 않는다.(광전 효과는 빛의 세기와는 무관하다.)

ㄷ. (나)에서 광전자가 방출되는 것은 빛의 입자성을 보여주는 현상이다.

① ㄱ ② ㄴ ③ ㄱ, ㄷ ④ ㄴ, ㄷ ⑤ ㄱ, ㄴ, ㄷ

✓ 자료 해석

- 광전 효과 : 금속판에 빛을 비출 때 광전자가 방출되는 현상
- 광전 효과가 일어나기 위한 조건 : 금속판에 비추는 빛의 진동수(f)가 금속판의 문턱 진동수(f_0)보다 클 때 광전자가 방출된다.
- 광전 효과는 빛의 진동수에만 관계하고, 빛의 세기와는 무관하다.

○ 보기 풀이 ㄱ. (가)에서 광전자가 방출되지 않았고, (나)에서 광전자가 방출되었으므로 진동수는 P가 Q보다 작다.

ㄷ. 광전 효과는 빛의 입자성의 증거이다.

× 매력적 오답 ㄴ. 광전 효과는 빛의 진동수에만 관계하고, 빛의 세기와는 무관하다. P를 비추었을 때 광전자가 방출되지 않았으므로 P의 세기를 증가시켜도 광전자는 방출되지 않는다.

문제풀이 Tip

금속판 A에서 광전자가 방출되는 경우에 비춘 빛의 진동수가 금속판의 문턱 진동수보다 더 크다는 것을 이해하고 있어야 한다. 금속판의 종류를 여러 개 제시하는 문항이 출제될 수 있으니 준비해 두자.

01 물체의 운동

선택지 비율	① 6%	② 23%	③ 10%	❹ 56%	⑤ 6%

1 속도와 가속도

2025학년도 수능 16번 | 정답 ④ | 문제편 110 p

(출제 의도) 등가속도 운동의 개념을 이용하여 자료를 해석할 수 있는지 묻는 문항이다.

그림과 같이 직선 경로에서 물체 A가 속력 v로 $x=0$을 지나는 순간 $x=0$에 정지해 있던 물체 B가 출발하여, A와 B는 $x=4L$을 동시에 지나고, $x=9L$을 동시에 지난다. A가 $x=9L$을 지나는 순간 A의 속력은 $5v$이다. 표는 구간 Ⅰ, Ⅱ, Ⅲ에서 A, B의 운동을 나타낸 것이다. Ⅰ에서 B의 가속도의 크기는 a이다.

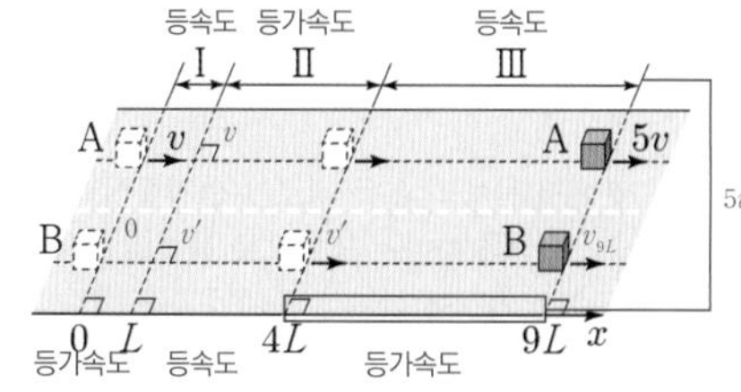

구간 / 물체	Ⅰ	Ⅱ	Ⅲ
A	등속도	등가속도	등속도
B	등가속도	등속도	등가속도

Ⅲ에서 B의 가속도의 크기는? (단, 물체의 크기는 무시한다.) [3점]

① $\frac{11}{5}a$ ② $2a$ ③ $\frac{9}{5}a$ ④ $\frac{8}{5}a$ ⑤ $\frac{7}{5}a$

✓ 자료 해석

- A와 B의 Ⅰ 구간 이동 시간과 Ⅱ 구간 이동 시간의 합이 같다.
- 등가속도 운동 식 : $v_{나중}{}^2-v_{처음}{}^2=2as$

○ 보기풀이 $x=L$에서 $x=4L$까지 B의 속력을 v'라고 하면 A, B가 Ⅰ, Ⅱ에서 운동하는 데 걸린 시간이 서로 같고, A의 Ⅱ에서의 평균 속력이 $\frac{v+5v}{2}=3v$이며, B의 Ⅰ에서의 평균 속력이 $\frac{0+v'}{2}=\frac{v'}{2}$이므로 $\frac{L}{v}+\frac{3L}{3v}=\frac{L}{\frac{v'}{2}}+\frac{3L}{v'}$의 식이 성립하고 $v'=\frac{5}{2}v$이다. 또한 A, B가 Ⅲ에서 운동하는 데 걸린 시간이 같고 Ⅲ에서 운동하는 동안 B의 평균 속력이 $5v$이어서 $x=9L$에서 B의 속력을 v_{9L}이라고 하면 $5v=\frac{\frac{5}{2}v+v_{9L}}{2}$의 식이 성립하므로 $v_{9L}=\frac{15}{2}v$이다. 따라서 Ⅲ에서 B의 가속도를 a'라고 하면 Ⅰ과 Ⅲ에서의 B에 대해 $\left(\frac{5}{2}v\right)^2-0=2aL$의 식과 $\left(\frac{15}{2}v\right)^2-\left(\frac{5}{2}v\right)^2=2a'\times5L$의 식이 각각 성립하므로 Ⅲ에서 가속도의 크기 $a'=\frac{8}{5}a$이다.

문제풀이 Tip

등속도 운동과 등가속도 운동의 걸린 시간을 구하여, Ⅰ, Ⅱ 구간의 걸린 시간의 합이 같음을 이용하여 구간 Ⅱ에서 B의 속도를 구하고, Ⅲ 구간의 걸린 시간이 같음을 이용하여 구간 Ⅲ의 끝에서 B의 속도를 구한 후, 등가속도 운동 식을 이용하여 가속도를 구하면 해결할 수 있다.

선택지 비율	① 1%	② 1%	❸ 96%	④ 1%	⑤ 2%

2 등가속도 운동

2025학년도 9월 평가원 2번 | 정답 ③ | 문제편 110 p

(출제 의도) 등가속도 운동의 속도-시간 그래프를 해석할 수 있는지 묻는 문항이다.

그림은 직선 경로를 따라 등가속도 운동하는 물체의 속도를 시간에 따라 나타낸 것이다.
물체의 운동에 대한 설명으로 옳은 것만을 〈보기〉에서 있는 대로 고른 것은?

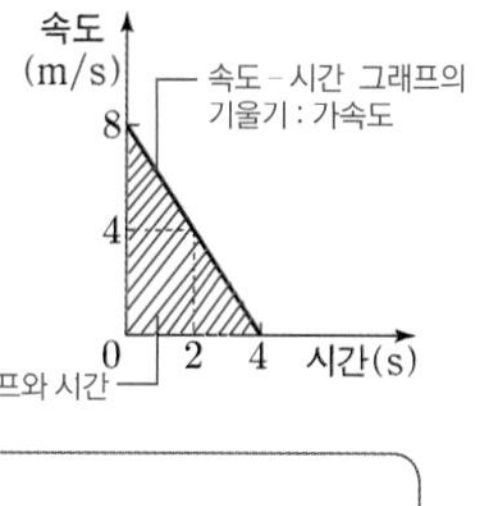

보기

ㄱ. 가속도의 크기는 $2\ m/s^2$이다.
ㄴ. 0초부터 4초까지 이동한 거리는 16 m이다.
ㄷ. 2초일 때, 운동 방향과 가속도 방향은 서로 ~~같다~~. 반대이다

① ㄱ ② ㄷ ③ ㄱ, ㄴ ④ ㄴ, ㄷ ⑤ ㄱ, ㄴ, ㄷ

✓ 자료 해석

- 속도의 부호 : 물체의 운동 방향
- 가속도의 부호 : 물체의 가속도 방향
- 속도의 부호와 가속도의 부호가 동일 : 물체의 속도 증가
- 속도의 부호와 가속도의 부호가 반대 : 물체의 속도 감소 → 속도가 0인 순간 전후로 운동 방향이 반대로 변화

○ 보기풀이 ㄱ. 가속도의 크기는 $\frac{|0-8|}{4}=2(m/s^2)$이다.

ㄴ. 속도-시간 그래프에서 속도와 시간축이 이루는 넓이가 변위 또는 이동 거리이므로 0초부터 4초까지 이동한 거리는 16 m이다.

× 매력적 오답 ㄷ. 2초일 때, 물체의 속도의 크기가 감소하고 있으므로 운동 방향과 가속도 방향은 서로 반대이다.

문제풀이 Tip

속도-시간 그래프에서 속도의 크기가 감소하는 것으로부터 운동 방향과 가속도의 방향이 반대임을 판단하거나, 속도의 부호와 가속도의 부호가 반대인 것으로부터 운동 방향과 가속도의 방향이 반대임을 판단하면 쉽게 해결할 수 있다.

선택지 비율	❶ 91%	② 4%	③ 2%	④ 1%	⑤ 2%

3 여러 가지 운동

2025학년도 6월 평가원 2번 | 정답 ① | 문제편 110p

출제 의도 여러 가지 운동의 특성에 대해 이해하고 있는지 묻는 문항이다.

그림은 수평면에서 실선을 따라 운동하는 물체의 위치를 일정한 시간 간격으로 나타낸 것이다. Ⅰ, Ⅱ, Ⅲ은 각각 직선 구간, 반원형 구간, 곡선 구간이다.

이에 대한 설명으로 옳은 것만을 〈보기〉에서 있는 대로 고른 것은? [3점]

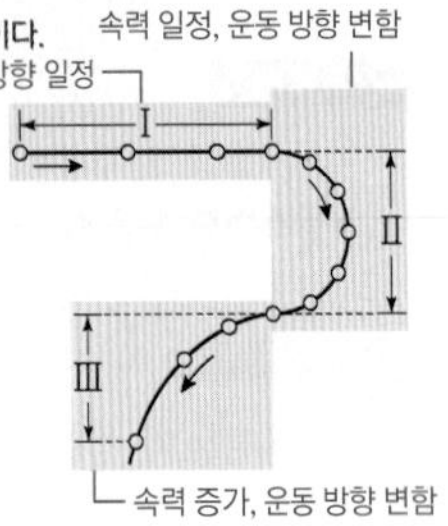

보기

ㄱ. Ⅰ에서 물체의 속력은 변한다.

ㄴ. Ⅱ에서 물체에 작용하는 알짜힘의 방향은 물체의 운동 방향과 ~~같다~~. 다르다.

ㄷ. Ⅲ에서 물체의 운동 방향은 ~~변하지 않는다~~. 변한다.

① ㄱ ② ㄴ ③ ㄱ, ㄷ ④ ㄴ, ㄷ ⑤ ㄱ, ㄴ, ㄷ

✓ 자료 해석

- 구간 Ⅰ : 운동 방향 일정, 단위 시간당 이동 거리 감소
  (예 : 등가속도 직선 운동)
- 구간 Ⅱ : 운동 방향 변함, 단위 시간당 이동 거리 일정
  (예 : 등속 원운동)
- 구간 Ⅲ : 운동 방향 변함, 단위 시간당 이동 거리 증가
  (예 : 수평 방향으로 던진 물체의 포물선 운동)

○ 보기풀이 ㄱ. Ⅰ에서 물체의 변위의 크기가 감소하므로 물체의 속력은 작아진다.

× 매력적 오답 ㄴ. Ⅱ에서 물체의 운동 경로가 반원형이므로 물체에 작용하는 알짜힘의 방향은 반원의 중심을 향하는 방향으로 물체의 운동 방향과 수직이다.
ㄷ. Ⅲ에서 물체의 운동 경로가 곡선이므로 물체의 운동 방향은 일정하지 않다.

문제풀이 Tip

단위 시간당 이동 거리의 변화로부터 속력(빠르기)의 변화를 파악하고, 경로의 접선 방향으로부터 운동 방향을 파악하면 쉽게 해결할 수 있는 문항이다.

선택지 비율	① 16%	② 26%	③ 11%	❹ 37%	⑤ 11%

4 속도와 가속도

2024학년도 수능 19번 | 정답 ④ | 문제편 110p

출제 의도 등가속도 운동을 이해하고, 평균 속도 식과 등가속도 운동 식을 적용할 수 있는지 묻는 문항이다.

그림과 같이 직선 도로에서 서로 다른 가속도로 등가속도 운동을 하는 자동차 A, B가 각각 속력 v_A, v_B로 기준선 P, Q를 동시에 지난 후 기준선 S에 동시에 도달한다. 가속도의 방향은 A와 B가 같고, 가속도의 크기는 A가 B의 $\frac{2}{3}$배이다. B가 Q에서 기준선 R까지 운동하는 데 걸린 시간은 R에서 S까지 운동하는 데 걸린 시간의 $\frac{1}{2}$배이다. P와 Q 사이, Q와 R 사이, R와 S 사이에서 자동차의 이동 거리는 모두 L로 같다.

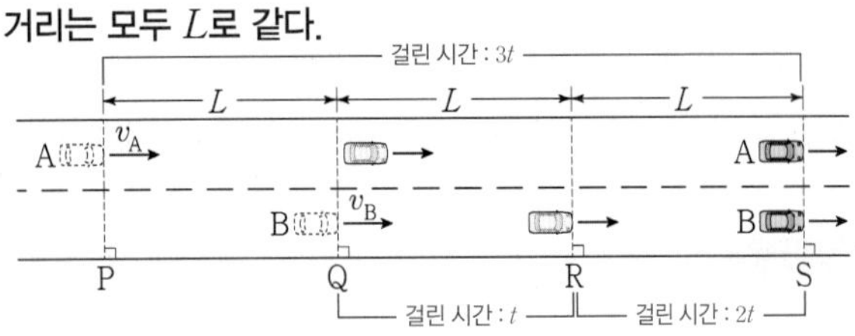

$\frac{v_A}{v_B}$는? [3점]

① $\frac{9}{4}$ ② $\frac{3}{2}$ ③ $\frac{7}{6}$ ④ $\frac{8}{7}$ ⑤ $\frac{8}{9}$

✓ 자료 해석

- B가 QR 구간을 지나는 데 걸린 시간을 t라 하면, A가 PS 구간을 지나는데 걸린 시간은 $3t$이고, B가 QS 구간을 지나는 데 걸린 시간도 $3t$이다.

○ 보기풀이 B는 구간 평균 속도의 크기가 감소하는 등가속도 운동을 하므로, 가속도의 방향은 운동 방향과 반대 방향이다. A, B의 가속도의 방향이 같으므로, A의 가속도의 방향도 운동 방향과 반대 방향이다. 즉, A, B는 속력이 느려지는 등가속도 운동을 하므로 A, B의 가속도를 각각 $-2a$, $-3a$라 하고, B가 Q에서 R까지 운동하는 데 걸리는 시간을 t, R에서 S까지 운동하는 데 걸린 시간을 $2t$라 하면 평균 속도를 이용해 다음과 같은 세 가지의 식을 세울 수 있다.

$\left(\frac{v_A+v_A-6at}{2}\right)\times 3t=3L$ … ①

$\left(\frac{v_B+v_B-3at}{2}\right)\times t=L$ … ②

$\left(\frac{v_B+v_B-9at}{2}\right)\times 3t=2L$ … ③

①, ②, ③을 연립하면 $\frac{v_A}{v_B}=\frac{8}{7}$이다.

문제풀이 Tip

B가 QR 구간과 RS 구간을 지나는 데 걸린 시간의 비가 1 : 2이고, A, B의 이동 시간이 같음을 이용하여 평균 속도 식에 대입하면 해결할 수 있다.

선택지 비율	① 13%	② 13%	③ 19%	❹ 41%	⑤ 14%

5 속도와 가속도

2024학년도 9월 평가원 20번 | 정답 ④ | 문제편 111 p

출제 의도 등가속도 운동을 이해하고, 평균 속도 식과 등가속도 운동 식을 적용할 수 있는지 묻는 문항이다.

그림과 같이 빗면에서 물체가 등가속도 직선 운동을 하여 점 a, b, c, d를 지난다. a에서 물체의 속력은 v이고, 이웃한 점 사이의 거리는 각각 L, $6L$, $3L$이다. 물체가 a에서 b까지, c에서 d까지 운동하는 데 걸린 시간은 같고, a와 d 사이의 평균 속력은 b와 c 사이의 평균 속력과 같다.

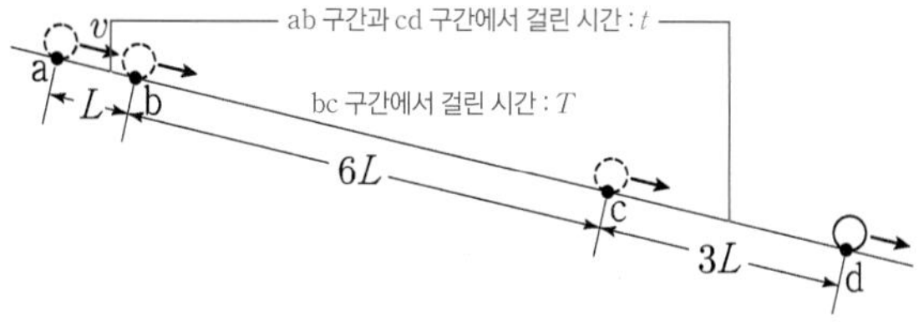

물체의 가속도의 크기는? (단, 물체의 크기는 무시한다.)

① $\frac{5v^2}{9L}$ ② $\frac{2v^2}{3L}$ ③ $\frac{7v^2}{9L}$ ④ $\frac{8v^2}{9L}$ ⑤ $\frac{v^2}{L}$

✓ 자료 해석

ab 구간과 cd 구간에서 걸린 시간을 t로 하고, 평균 속력 공식을 이용하여 bc 구간에서 걸린 시간 T를 구한다.

○ 보기 풀이 등가속도 운동하는 물체가 구간 ab, 구간 bc, 구간 cd를 운동하는 데 걸린 시간을 각각 t, T, t라 하면, 구간 ad에서의 평균 속력과 구간 bc에서의 평균 속력이 같으므로 $\frac{10L}{2t+T}=\frac{6L}{T}$에서 $T=3t$이다. 물체의 가속도의 크기를 a라 할 때, $vt+\frac{1}{2}at^2=L$, $v\times(4t)+\frac{1}{2}a\times(4t)^2=7L$이 성립하므로 두 식을 연립하면 $a=\frac{2v}{3t}$이다. 따라서 물체가 b, c, d를 지나는 순간의 속력은 각각 $\frac{5}{3}v$, $\frac{11}{3}v$, $\frac{13}{3}v$이고, $2aL=\left(\frac{5}{3}v\right)^2-v^2$에서 $a=\frac{8v^2}{9L}$이다.

문제풀이 Tip

ab 구간과 cd 구간에서 걸린 시간이 같음을 이용하여 bc 구간에서 걸린 시간을 구하고, 등가속도 식을 이용하여 시간으로 표현되는 가속도를 구한다. 구한 가속도를 이용하여 b에서의 속력을 구하고, 이를 다시 등가속도 운동 식에 적용하여 거리로 표현되는 가속도를 구한다.

선택지 비율	① 9%	❷ 44%	③ 19%	④ 22%	⑤ 5%

6 속도와 가속도

2024학년도 6월 평가원 18번 | 정답 ② | 문제편 111 p

출제 의도 시간 차 운동을 해석할 수 있는지 묻는 문항이다.

그림과 같이 직선 도로에서 출발선에 정지해 있던 자동차 A, B가 구간 Ⅰ에서는 가속도의 크기가 $2a$인 등가속도 운동을, 구간 Ⅱ에서는 등속도 운동을, 구간 Ⅲ에서는 가속도의 크기가 a인 등가속도 운동을 하여 도착선에서 정지한다. A가 출발선에서 L만큼 떨어진 기준선 P를 지나는 순간 B가 출발하였다. 구간 Ⅲ에서 A, B 사이의 거리가 L인 순간 A, B의 속력은 각각 v_A, v_B이다.

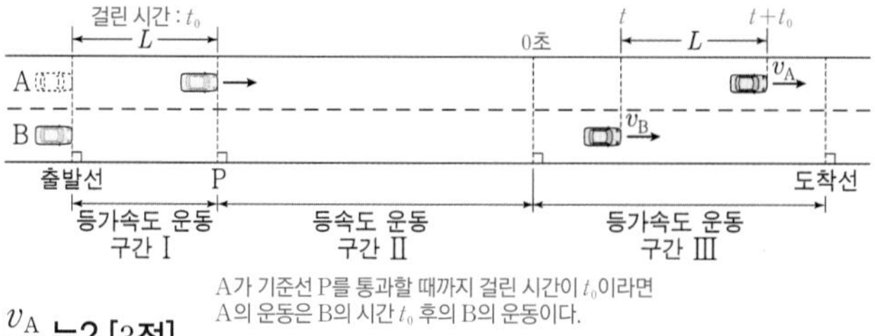

$\frac{v_A}{v_B}$는? [3점]

① $\frac{1}{4}$ ② $\frac{1}{3}$ ③ $\frac{1}{2}$ ④ $\frac{2}{3}$ ⑤ 1

✓ 자료 해석

- A가 P를 통과할 때까지 걸린 시간을 t_0이라 하면, A의 운동은 B의 시간 t_0 후의 B의 운동이다.
- B가 Ⅲ에 들어가는 순간을 0초, A, B 사이의 거리가 L이 될 때까지 걸린 시간을 t로 하여 운동 식을 세운다.

○ 보기 풀이 A가 P를 지나는 순간의 속력을 v_P라고 하면 $v_P^2=2\cdot 2a\cdot L$이므로 $v_P=2\sqrt{aL}$이다. 그리고 출발선에서 P까지 이동하는 데 걸리는 시간을 t_0이라고 하면, $L=\frac{1}{2}\cdot 2at_0^2$에서 $t_0=\sqrt{\frac{L}{a}}$이다. 각 구간에서 A, B는 같은 운동을 하며, 어느 순간 A의 운동 상태의 t_0 이전이 B의 운동 상태가 된다.
B가 Ⅲ에 진입하는 순간의 시간을 0초라고 하고, 시간 t인 순간에 A, B의 속력이 v_A, v_B가 된다고 하면 다음과 같은 방정식을 세울 수 있다.

$$v_A=v_P-a(t+t_0)\ \cdots\ ①\qquad v_B=v_P-at\ \cdots\ ②$$

그리고 0에서 t까지 A, B의 이동 거리의 차가 L이므로,

$v_P(t+t_0)-\frac{1}{2}a(t+t_0)^2-v_Pt+\frac{1}{2}at^2=L$이다. 이 방정식을 풀이하면 $t=\frac{1}{2}\sqrt{\frac{L}{a}}$이며, 이를 ①과 ②에 대입하면 $v_A=\frac{1}{2}\sqrt{aL}$, $v_B=\frac{3}{2}\sqrt{aL}$이다. 따라서 $\frac{v_A}{v_B}=\frac{1}{3}$이다.

문제풀이 Tip

A가 P를 통과하는 순간의 속력을 v_P, P를 통과할 때까지 걸린 시간을 t_0으로 하자. B가 Ⅲ에 들어가는 순간을 0초로, A와 B 사이의 거리가 L이 될 때까지 걸린 시간을 t로 하여 속력 식을 세우고, 등가속도 운동 식을 이용하여 걸린 시간을 구한 후, 속력 식에 대입하여 v_A, v_B를 구한다.

선택지 비율	① 7%	② 19%	③ 22%	❹ 48%	⑤ 4%

7 속도와 가속도

2023학년도 수능 14번 | 정답 ④ | 문제편 111 p

출제 의도 등가속도 운동을 해석할 수 있는지 묻는 문항이다.

그림 (가)는 빗면의 점 p에 가만히 놓은 물체 A가 등가속도 운동하는 것을, (나)는 (가)에서 A의 속력이 v가 되는 순간, 빗면을 내려오던 물체 B가 p를 속력 $2v$로 지나는 것을 나타낸 것이다. 이후 A, B는 각각 속력 v_A, v_B로 만난다.

(나)의 순간 A, B 사이의 거리는 (가) → (나) 과정에서 A의 이동 거리이다.

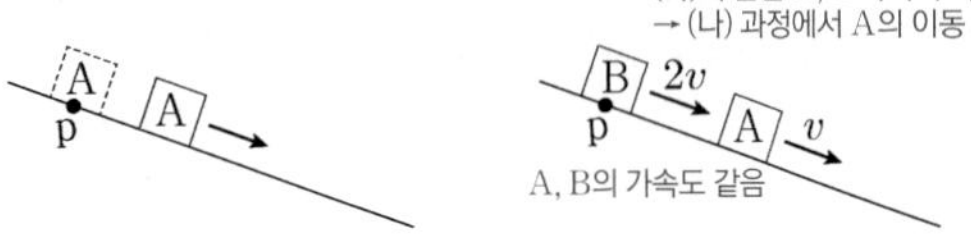

(가) (나)

$\frac{v_B}{v_A}$는? (단, 물체의 크기, 모든 마찰은 무시한다.)

① $\frac{5}{4}$ ② $\frac{4}{3}$ ③ $\frac{3}{2}$ ④ $\frac{5}{3}$ ⑤ $\frac{7}{4}$

✓ 자료 해석

- 같은 빗면이므로 A, B의 가속도가 같다.
- A, B가 만날 때까지 가까워진 거리는 B가 p를 지나는 순간 A, B 사이의 거리와 같다.

○ 보기풀이 A, B의 속도를 시간에 따라 나타내면 그래프와 같다.

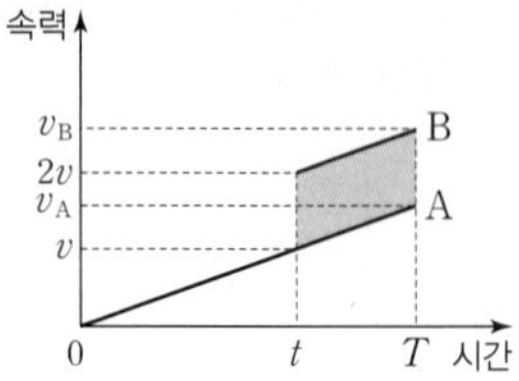

t는 (나)의 순간이고, A, B는 T일 때 만나므로, 색칠된 부분의 넓이는 $0 \sim t$ 동안 A의 이동 거리와 같다. 따라서 $\frac{1}{2}vt=(2v-v)\times(T-t)$에서 $T=\frac{3}{2}t$이므로, $v_A=1.5v$, $v_B=2.5v$이다. 따라서 $\frac{v_B}{v_A}=\frac{2.5v}{1.5v}=\frac{5}{3}$이다.

문제풀이 Tip

같은 빗면에서는 가속도가 같음과 물체의 운동을 속력-시간 그래프로 나타낼 수 있으면 해결할 수 있다.

선택지 비율	① 3%	② 6%	③ 5%	❹ 77%	⑤ 9%

8 속도와 가속도

2023학년도 6월 평가원 8번 | 정답 ④ | 문제편 111 p

출제 의도 속력-시간 그래프의 기울기로부터 가속도를 구하고 이를 이용하여 이동 거리를 구할 수 있는지 묻는 문항이다.

그림 (가)는 기울기가 서로 다른 빗면에서 v_0의 속력으로 동시에 출발한 물체 A, B, C가 각각 등가속도 운동하는 모습을 나타낸 것이다. 그림 (나)는 A, B, C가 각각 최고점에 도달하는 순간까지 물체의 속력을 시간에 따라 나타낸 것이다.

속력-시간 그래프의 기울기는 가속도를, 그래프 아래의 면적은 이동 거리를 의미한다.

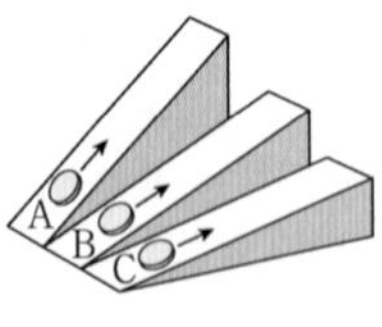

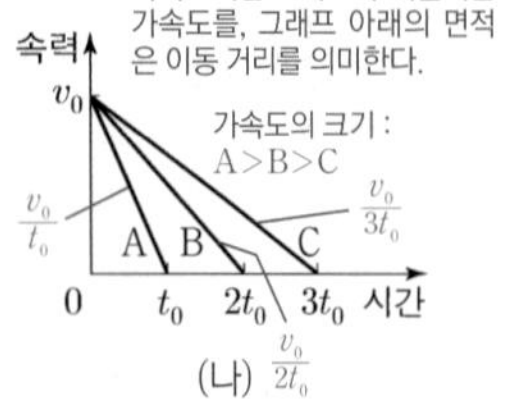

(가) (나)

이에 대한 설명으로 옳은 것만을 <보기>에서 있는 대로 고른 것은?

보기

ㄱ. 가속도의 크기는 ~~B가 A의 2배이다~~. A가 B의 2배이다.

ㄴ. t_0일 때, C의 속력은 $\frac{2}{3}v_0$이다.

ㄷ. 물체가 출발한 순간부터 최고점에 도달할 때까지 이동한 거리는 C가 A의 3배이다.

① ㄱ ② ㄴ ③ ㄱ, ㄷ ④ ㄴ, ㄷ ⑤ ㄱ, ㄴ, ㄷ

✓ 자료 해석

- A, B, C의 가속도의 크기는 각각 $\frac{v_0}{t_0}$, $\frac{v_0}{2t_0}$, $\frac{v_0}{3t_0}$이다.
- 평균 속력이 같으므로 이동 거리는 걸린 시간에 비례한다.
  → 속력-시간 그래프 아래의 면적을 구하면 평균 속력과 걸린 시간의 곱의 꼴로 나온다.

○ 보기풀이 ㄴ. C의 가속도의 크기는 $\frac{v_0}{3t_0}$이므로, t_0일 때 C의 속력 $v=v_0-\frac{v_0}{3t_0}\times t_0=\frac{2}{3}v_0$이다.

ㄷ. 출발한 순간부터 최고점에 도달할 때까지 이동한 거리는 속력-시간 그래프 아래의 면적이므로 C가 A의 3배이다.

× 매력적 오답 ㄱ. 속력-시간 그래프에서 기울기가 가속도의 크기이므로 A는 $\frac{v_0}{t_0}$, B는 $\frac{v_0}{2t_0}$이다. 따라서 가속도의 크기는 A가 B의 2배이다.

문제풀이 Tip

등가속도 운동에서 이동 거리는 속력-시간 그래프 아래의 면적으로 구할 수 있고, 평균 속력과 이동 시간의 곱으로도 구할 수 있다.

선택지 비율	① 8%	② 20%	③ 13%	❹ 48%	⑤ 11%

9 속도와 가속도

2023학년도 9월 평가원 16번 | 정답 ④ | 문제편 112p

(출제 의도) 가속도가 같을 때 같은 시간 동안 속도 변화량이 같음을 알고, 등가속도 운동에서의 평균 속도 개념을 적용할 수 있는지 묻는 문항이다.

그림은 빗면을 따라 운동하는 물체 A가 점 q를 지나는 순간 점 p에 물체 B를 가만히 놓았더니, A와 B가 등가속도 운동하여 점 r에서 만나는 것을 나타낸 것이다. p와 r 사이의 거리는 d이고, r에서의 속력은 B가 A의 $\frac{4}{3}$배이다. p, q, r는 동일 직선상에 있다.

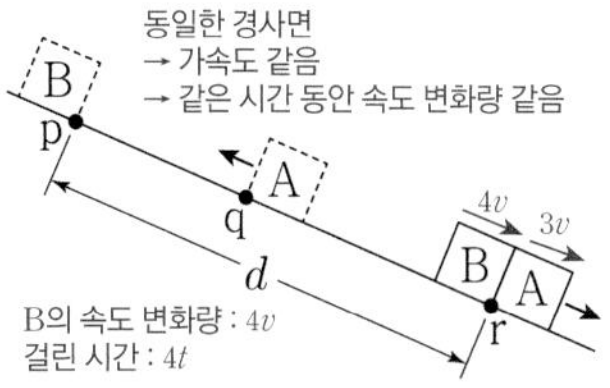

A가 최고점에 도달한 순간, A와 B 사이의 거리는? (단, 물체의 크기와 모든 마찰은 무시한다.) [3점]

① $\frac{3}{16}d$ ② $\frac{1}{4}d$ ③ $\frac{5}{16}d$ ④ $\frac{3}{8}d$ ⑤ $\frac{7}{16}d$

✔ 자료 해석

- 같은 경사면이므로 가속도가 같은 등가속도 직선 운동을 한다.
- B의 속도 변화량 $4v$ → A의 속도가 $-v$에서 $3v$로 변화
- 평균 속도로부터 구한 v, t, d의 관계 : $8vt=d$

○ 보기풀이 r에서 A, B의 속력을 각각 $3v$, $4v$라 하고, B가 p에서 r까지 이동하는 데 걸린 시간을 $4t$라고 하자. A, B의 속도의 변화량이 $4v$로 같아야 하므로 처음에 A의 속력은 v이다. B가 p에서 r까지 이동하는 동안 A, B의 평균 속도의 크기가 각각 v, $2v$이므로 $4t$ 동안 A, B 변위의 크기는 각각 $4vt$, $8vt$이다. 그런데 $8vt=d$이므로 q와 r 사이의 거리 $4vt=\frac{1}{2}d$이고, p와 q 사이의 거리도 $\frac{1}{2}d$이다. 또한 시간 t 동안 속도는 v만큼 변하므로 A가 최고점에 도달한 순간까지 걸린 시간은 t이다. 그동안 A, B의 이동 거리는 각각 $\frac{vt}{2}=\frac{1}{16}d$로 같으므로, 그 순간 A와 B 사이의 거리는 $\frac{d}{2}-\frac{d}{16}-\frac{d}{16}=\frac{3}{8}d$이다.

문제풀이 Tip

같은 시간 동안의 속도 변화량이 같은 것으로부터 A의 처음 속도를 구할 수 있다. 평균 속도를 이용하여 v, t, d의 관계, q와 r 사이의 거리를 구할 수 있고, 이로부터 p와 q 사이의 거리를 구할 수 있다.

선택지 비율	① 15%	② 17%	❸ 38%	④ 14%	⑤ 16%

10 등속도 운동과 등가속도 직선 운동

2022학년도 수능 16번 | 정답 ③ | 문제편 112p

(출제 의도) 등속도 운동과 등가속도 운동의 특징을 알고, 각 운동의 관계식을 이용하여 물체의 운동을 설명할 수 있는지 확인하는 문항이다.

그림과 같이 직선 도로에서 속력 v로 등속도 운동하는 자동차 A가 기준선 P를 지나는 순간 P에 정지해 있던 자동차 B가 출발한다. B는 P에서 Q까지 등가속도 운동을, Q에서 R까지 등속도 운동을, R에서 S까지 등가속도 운동을 한다. A와 B는 R를 동시에 지나고, S를 동시에 지난다. A, B의 이동 거리는 P와 Q 사이, Q와 R 사이, R와 S 사이가 모두 L로 같다. 동시에 지난다.=걸린 시간이 같다.=평균 속력이 같다.

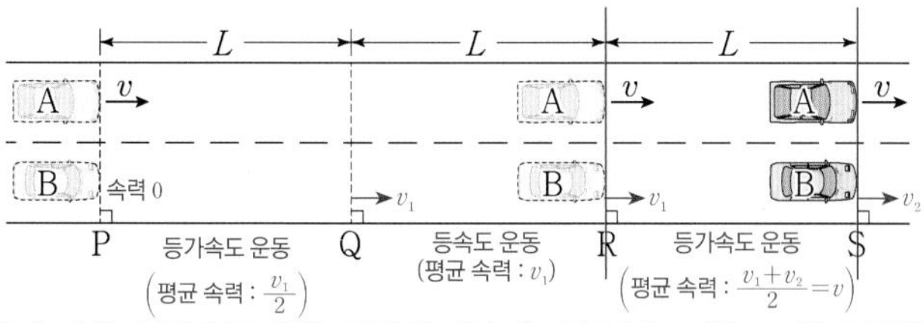

이에 대한 설명으로 옳은 것만을 〈보기〉에서 있는 대로 고른 것은? [3점]

보기

ㄱ. A가 Q를 지나는 순간, 속력은 B가 A보다 크다.

ㄴ. B가 P에서 Q까지 운동하는 데 걸린 시간은 $\frac{4L}{3v}$이다.

ㄷ. B의 가속도의 크기는 P와 Q 사이에서가 R와 S 사이에서보다 ~~작다~~. 크다.

① ㄱ ② ㄷ ③ ㄱ, ㄴ ④ ㄴ, ㄷ ⑤ ㄱ, ㄴ, ㄷ

✔ 자료 해석

- A는 등속도 운동을 하므로 각 구간을 운동하는 데 걸린 시간은 모두 같다.
- B가 Q를 지날 때의 속력을 v_1이라고 하면 P에서 Q까지의 평균 속력은 $\frac{v_1}{2}$, Q에서 R까지의 평균 속력은 v_1이다. 이동 거리가 같을 때, 평균 속력은 걸린 시간에 반비례하므로 B가 P에서 Q까지 이동하는 데 걸린 시간은 Q에서 R까지 이동하는 데 걸린 시간의 2배이다.

○ 보기풀이 ㄱ, ㄴ. B의 평균 속력은 Q와 R 사이에서가 P와 Q 사이에서의 2배이므로 걸린 시간은 P와 Q 사이에서가 Q와 R 사이에서의 2배이다. A가 P와 Q 사이를 이동하는 데 걸린 시간을 t, B가 P와 Q 사이를 이동하는 데 걸린 시간을 t_1이라고 하면, A, B가 P와 R 사이를 이동하는 데 걸린 시간은 같으므로 $2t=t_1+\frac{1}{2}t_1$에서 $t_1=\frac{4}{3}t$이다. A의 관계식 $L=vt$와 B의 관계식 $L=\frac{v_1}{2}\times\frac{4}{3}t$를 연립하여 풀면 $v_1=\frac{3}{2}v$이다. 따라서 B가 P에서 Q까지 운동하는 동안의 평균 속력은 $\frac{3}{4}v$이므로 $t_1=\frac{L}{\left(\frac{3v}{4}\right)}=\frac{4L}{3v}$이다.

× 매력적 오답 ㄷ. A, B는 R와 S를 동시에 통과하므로 R와 S 사이에서 평균 속력은 v, 운동하는 데 걸린 시간은 t이다. S를 통과하는 순간 B의 속력을 v_2라고 하면 $\frac{\left(\frac{3}{2}v+v_2\right)}{2}=v$에서 $v_2=\frac{1}{2}v$이다. B의 가속도는 P와 Q 사이에서는 $\frac{\left(\frac{3}{2}v-0\right)}{\frac{4}{3}t}=\frac{9v}{8t}$, R와 S 사이에서는 $\frac{\left(\frac{1}{2}v-\frac{3}{2}v\right)}{t}=\left(-\frac{v}{t}\right)$이다.

문제풀이 Tip

B는 각 구간에서 등속도 운동, 가속도가 다른 등가속도 운동을 하고 있지만 각 구간에서의 이동 거리가 같다는 조건과, 등속도 운동하는 A와 이동 시간이 같다는 조건을 이용하면 각 구간에서의 B의 운동을 설명할 수 있다.

선택지 비율	❶ 81%	② 4%	③ 10%	④ 3%	⑤ 2%

11 여러 가지 운동

2022학년도 9월 평가원 1번 | 정답 ① | 문제편 112p

출제 의도 여러 가지 운동의 특징을 알고, 설명할 수 있는지 확인하는 문항이다.

그림 (가)~(다)는 각각 뜀틀을 넘는 사람, 그네를 타는 아이, 직선 레일에서 속력이 느려지는 기차를 나타낸 것이다.

(가) (나) (다)

이에 대한 설명으로 옳은 것만을 〈보기〉에서 있는 대로 고른 것은?

> 보기
> ㄱ. (가)에서 사람의 운동 방향은 변한다.
> ㄴ. (나)에서 아이는 ~~등속도~~ 운동을 한다. 가속도
> ㄷ. (다)에서 기차의 운동 방향과 가속도 방향은 ~~서로 같다~~. 반대이다.

① ㄱ ② ㄴ ③ ㄱ, ㄷ ④ ㄴ, ㄷ ⑤ ㄱ, ㄴ, ㄷ

✓ 자료 해석

- (가) : 곡선 경로를 따라 운동하는 사람은 빠르기와 운동 방향이 계속 변하는 가속도 운동을 한다.
- (나) : 그네를 타는 아이는 곡선 경로를 따라 왕복 운동을 하므로 빠르기와 운동 방향이 계속 변하는 가속도 운동을 한다.
- (다) : 기차는 직선 운동을 하므로 운동 방향은 변하지 않고 빠르기만 변하는 가속도 운동을 한다.

O 보기 풀이 ㄱ. 곡선 경로를 따라 운동하므로 매 순간 운동 방향이 변한다.

× 매력적 오답 ㄴ. 그네를 타는 아이는 속력과 운동 방향이 모두 변하는 가속도 운동을 한다. 등속도 운동은 속력과 운동 방향이 모두 변하지 않는 운동이다.
ㄷ. 기차는 직선 레일을 따라 운동하면서 속력이 느려지므로 운동 방향과 반대 방향으로 알짜힘이 작용한다. 가속도의 방향은 알짜힘의 방향과 같으므로 운동 방향과 가속도 방향은 서로 반대이다.

문제풀이 Tip

직선상에서 운동하는 물체는 운동 방향과 알짜힘의 방향이 같으면 속력이 증가하고, 운동 방향과 알짜힘의 방향이 반대이면 속력이 감소한다.

선택지 비율	① 13%	❷ 52%	③ 12%	④ 14%	⑤ 9%

12 등가속도 직선 운동

2022학년도 9월 평가원 11번 | 정답 ② | 문제편 112p

출제 의도 빗면 위에서 등가속도 운동하는 물체의 운동을 설명할 수 있는지 확인하는 문항이다.

그림과 같이 수평면에서 간격 L을 유지하며 일정한 속력 $3v$로 운동하던 물체 A, B가 빗면을 따라 운동한다. A가 점 p를 속력 $2v$로 지나는 순간에 B는 점 q를 속력 v로 지난다.

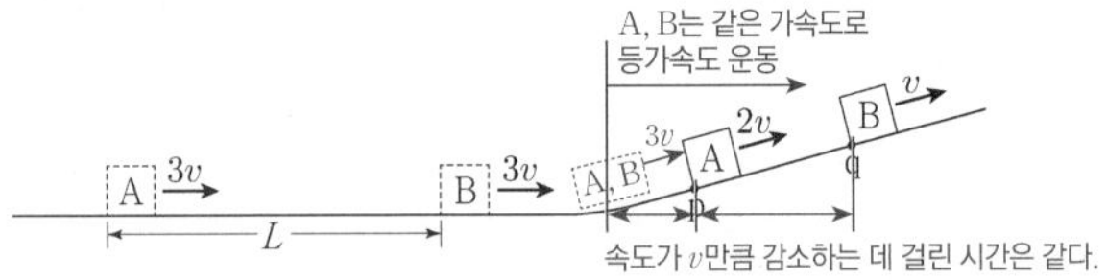

p와 q 사이의 거리는? (단, A, B는 동일 연직면에서 운동하며, 물체의 크기, 모든 마찰은 무시한다.)

① $\frac{2}{5}L$ ② $\frac{1}{2}L$ ③ $\frac{\sqrt{3}}{3}L$ ④ $\frac{\sqrt{2}}{2}L$ ⑤ $\frac{3}{4}L$

문제풀이 Tip

등가속도 직선 운동은 속도가 일정하게 변하므로 속도-시간 그래프로 표현하기에 편리한 운동이다. 특히 두 물체의 가속도가 같은 경우에는 그래프의 기울기를 이용하여 주어지지 않은 다른 물체의 속력도 유추할 수 있으므로 문제 풀이에 도움이 될 수 있다.

✓ 자료 해석

- A와 B는 수평면에서 같은 속력으로 등속도 운동을 하고, 동일한 빗면에서 운동하므로 빗면에서 A, B의 가속도는 같다. 즉, A와 B는 같은 양상으로 운동한다.
  → A, B는 빗면을 $3v$의 속력으로 진입하여 p를 속력 $2v$로 지나므로 빗면의 시작점에서 p까지 운동하는 동안 v만큼 속력이 감소한다.
  → B는 p를 속력 $2v$로 지나며 p에서 q까지 운동하는 동안 v만큼 속력이 감소한다.

O 보기 풀이 빗면에서 A, B의 가속도의 크기가 일정하므로 A, B의 속력이 $3v$에서 $2v$로 감소하는 데 걸린 시간과 $2v$에서 v로 감소하는 데 걸린 시간이 같다. 따라서 빗면의 시작점에서 p까지 걸린 시간과 p에서 q까지 걸린 시간은 서로 같다. 이 시간을 t라 하고 A, B의 빗면에서의 운동을 속도-시간 그래프로 나타내면 다음과 같다.

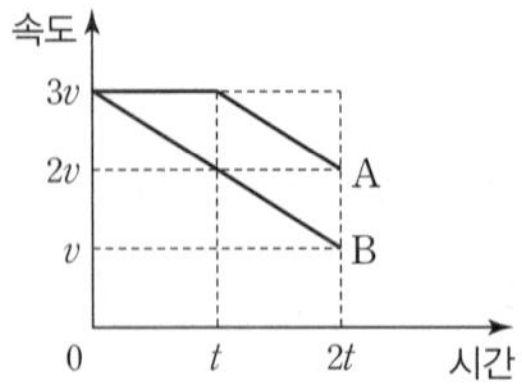

B가 빗면을 따라 운동하기 시작한 시각부터 시간 t 이후에 A가 빗면을 따라 운동하므로 t 동안 A가 이동한 거리는 A와 B의 간격인 L과 같다. 속도-시간 그래프에서 그래프 아래 부분의 넓이는 이동 거리와 같으므로 $L=3vt$이다.
한편 p와 q 사이의 거리는 t에서 $2t$ 동안 B가 이동한 거리와 같고, 이 구간에서 B의 평균 속력은 $\frac{2v+v}{2}=\frac{3}{2}v$이다. 이동 거리는 평균 속력과 시간의 곱이므로 p와 q 사이의 거리는 $\frac{3}{2}vt=\frac{1}{2}(3vt)=\frac{1}{2}L$이다.

선택지 비율	① 10%	❷ 52%	③ 19%	④ 12%	⑤ 7%

13 등가속도 직선 운동

2022학년도 6월 평가원 12번 | 정답 ② | 문제편 113p

(출제 의도) 등가속도 직선 운동의 특징을 알고, 등가속도 직선 운동을 하는 두 물체의 운동을 비교하여 설명할 수 있는지 확인하는 문항이다.

그림과 같이 등가속도 직선 운동을 하는 자동차 A, B가 기준선 P, R를 각각 v, $2v$의 속력으로 동시에 지난 후, 기준선 Q를 동시에 지난다. P에서 Q까지 A의 이동 거리는 L이고, R에서 Q까지 B의 이동 거리는 $3L$이다. A, B의 가속도의 크기와 방향은 서로 같다.

걸린 시간이 같다.

A, B의 속력 변화량의 크기는 같지만 A, B 중 하나는 속력이 증가하고, 다른 하나는 속력이 감소한다.

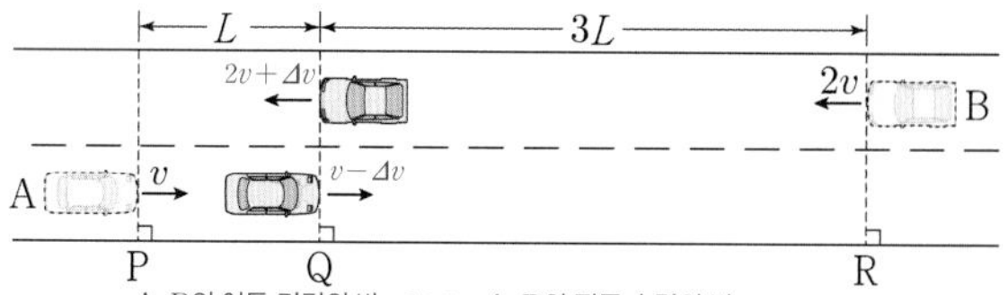

A, B의 이동 거리의 비=1 : 3=A, B의 평균 속력의 비

A의 가속도의 크기는? [3점]

① $\frac{3v^2}{16L}$ ② $\frac{3v^2}{8L}$ ③ $\frac{3v^2}{4L}$ ④ $\frac{9v^2}{8L}$ ⑤ $\frac{4v^2}{3L}$

문제풀이 Tip

A, B의 운동 방향이 반대인데, A, B의 가속도의 방향이 같다는 것에 유의해야 한다. 등가속도 직선 운동에서 가속도의 방향이 운동 방향과 같으면 속력이 증가하고, 운동 방향과 반대이면 속력이 감소하므로 A, B 중 무엇이 속력이 증가하고, 감소하는지를 알아낸 후에 평균 속력을 비교하여야 한다.

✓ 자료 해석

- 같은 시간 동안 B의 이동 거리는 A의 3배이므로 B의 평균 속력도 A의 3배이다.
- A, B의 운동 방향이 서로 반대 방향인데, A, B의 가속도의 방향이 서로 같다. → B는 속력이 증가하는 등가속도 직선 운동을 하고, A는 속력이 감소하는 등가속도 직선 운동을 한다.

○ 보기풀이 A, B의 가속도의 크기가 서로 같으므로 같은 시간 동안 A, B의 속력 변화량은 같다. 그런데 A, B의 운동 방향은 서로 반대이므로 A, B의 가속도의 방향이 같다면 A, B 중 하나는 운동 방향과 가속도의 방향이 반대여서 속력이 감소한다. 이때 B의 평균 속력이 A의 평균 속력보다 크므로 가속도의 방향은 B의 운동 방향과 같음을 알 수 있다. 따라서 A, B가 Q에 도달할 때까지의 속력 변화량을 Δv라고 하면 Q에 도달할 때 A의 속력은 $v-\Delta v$, B의 속력은 $2v+\Delta v$이다.

A와 B의 평균 속력의 비는 $\overline{v_A}:\overline{v_B}=\frac{(v+(v-\Delta v))}{2}:\frac{(2v+(2v+\Delta v))}{2}$ $=1:3$에서 $\Delta v=\frac{1}{2}v$이므로 Q를 지날 때 A, B의 속력은 각각 $\frac{1}{2}v$, $\frac{5}{2}v$이다.

따라서 A의 가속도의 크기를 a라고 하면 $2(-a)L=\left(\frac{1}{2}v\right)^2-v^2$에서 $a=\frac{3v^2}{8L}$이다.

선택지 비율	① 6%	② 10%	③ 8%	❹ 62%	⑤ 14%

14 등가속도 직선 운동

2021학년도 수능 18번 | 정답 ④ | 문제편 113p

(출제 의도) 등가속도 직선 운동하는 물체의 운동을 설명할 수 있는지 확인하는 문항이다.

그림과 같이 질량이 각각 $2m$, m인 물체 A, B가 동일 직선 상에서 크기와 방향이 같은 힘을 받아 각각 등가속도 운동을 하고 있다. A가 점 p를 지날 때, A와 B의 속력은 v로 같고 A와 B 사이의 거리는 d이다. A가 p에서 $2d$만큼 이동했을 때, B의 속력은 $\frac{v}{2}$이고 A와 B 사이의 거리는 x이다.

속력이 감소하므로 운동 방향과 반대 방향으로 힘이 작용한다.

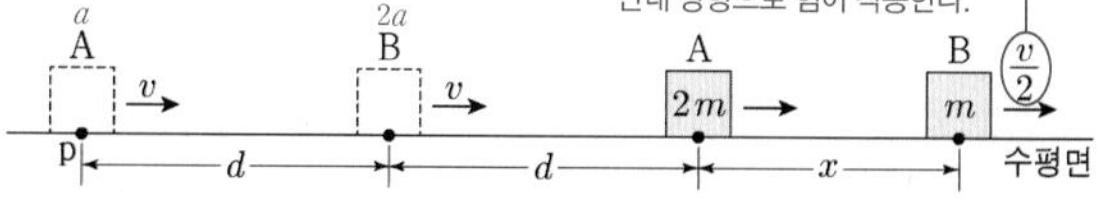

x는? (단, 물체의 크기는 무시한다.)

① $\frac{1}{2}d$ ② $\frac{3}{5}d$ ③ $\frac{2}{3}d$ ④ $\frac{5}{7}d$ ⑤ $\frac{3}{4}d$

문제풀이 Tip

x를 d에 대한 관계식으로 정리해야 하므로 ①식을 a에 대한 식으로 정리하여 ②에 대입하면 a항이 소거되며, x와 d의 관계로 정리할 수 있다. 관계식을 대입할 때에는 어떤 미지수가 없어져야 하는지 염두에 두고, 식을 정리해서 대입하는 연습이 필요하다.

✓ 자료 해석

- 물체에 작용하는 힘의 크기가 일정할 때, 물체의 가속도는 질량에 반비례한다. → 질량은 A가 B의 2배이므로 가속도는 A가 B의 $\frac{1}{2}$배이다.
- B는 운동하는 동안 속력이 v에서 $\frac{v}{2}$로 감소하므로 운동 방향과 반대 방향으로 힘이 작용한다. → A도 운동 방향과 반대 방향으로 힘을 받아 속력이 감소하며, 같은 시간 동안 속도의 감소량은 B의 $\frac{1}{2}$배이다.

○ 보기풀이 B의 속력이 v에서 $\frac{v}{2}$로 감소했으므로 B가 받은 힘의 방향은 운동 방향과 반대이다. 따라서 A도 같은 조건의 힘을 받으므로 두 물체는 운동 방향과 반대 방향으로 같은 크기의 힘을 받아 속력이 감소한다. 이때 질량은 A가 B의 2배이므로 가속도는 A가 B의 $\frac{1}{2}$배인데, 가속도의 크기는 단위 시간 동안의 속도 변화량이므로 같은 시간 동안 속도 변화량도 A가 B의 $\frac{1}{2}$배이다. 따라서 B의 속력이 v에서 $\frac{v}{2}$로 $\frac{v}{2}$만큼 감소할 때 A의 속력은 $\frac{v}{4}$만큼 감소하므로 A가 p에서 $2d$만큼 이동한 후 A의 속력은 $v-\frac{v}{4}=\frac{3v}{4}$이다.

A의 가속도를 a라고 하면 B의 가속도는 $2a$이고, A, B의 이동 거리는 각각 $2d$, $d+x$이므로 등가속도 직선 운동의 관계식에서 A, B는 다음을 만족한다.

A : $2\times a\times 2d=v^2-\left(\frac{3v}{4}\right)^2$(①) B : $2\times 2a\times(d+x)=v^2-\left(\frac{v}{2}\right)^2$(②)

①에서 $4a=\frac{7v^2}{16d}$이므로 이를 ②에 대입하여 x에 대해 정리하면 $x=\frac{5}{7}d$이다.

선택지 비율	① 2%	② 2%	③ 12%	④ 9%	⑤ 76%

15 여러 가지 운동

2021학년도 수능 6번 | 정답 ⑤ | 문제편 113p

출제 의도 여러 가지 운동의 특징을 알고 각 운동의 예를 아는지 확인하는 문항이다.

표는 물체의 운동 A, B, C에 대한 자료이다.

특징	A	B	C
물체의 속력이 일정하다.	×	○	×
물체에 작용하는 알짜힘의 방향이 일정하다.	○	×	○
물체에 작용하는 알짜힘의 방향이 물체의 운동 방향과 같다.	○	×	×

(○ : 예, × : 아니요)

이에 대한 설명으로 옳은 것만을 〈보기〉에서 있는 대로 고른 것은?

보기

ㄱ. 자유 낙하하는 공의 등가속도 직선 운동은 A에 해당한다.
ㄴ. 등속 원운동을 하는 위성의 운동은 B에 해당한다.
ㄷ. 수평면에 대해 비스듬히 던진 공의 포물선 운동은 C에 해당한다.

① ㄴ ② ㄷ ③ ㄱ, ㄴ ④ ㄱ, ㄷ ⑤ ㄱ, ㄴ, ㄷ

✓ 자료 해석

- A는 물체에 작용하는 알짜힘의 방향이 일정하며, 알짜힘의 방향이 물체의 운동 방향과 같으므로 속력이 일정하게 증가하는 등가속도 직선 운동이다.
- B는 물체의 속력이 일정하므로 등속 직선 운동, 등속 원운동이 가능하다.
- C는 물체에 작용하는 알짜힘의 방향이 일정하므로 등가속도 직선 운동, 포물선 운동이 가능하다.

○ 보기 풀이 ㄱ. 자유 낙하하는 공은 일정한 크기의 중력이 물체의 운동 방향과 같은 방향으로 작용하므로 A에 해당한다.
ㄴ. 등속 원운동을 하는 위성의 속력은 일정하지만 힘의 방향이 계속 변하므로 B에 해당한다.
ㄷ. 수평면에 대해 비스듬히 던진 공은 연직 아래 방향으로 일정한 크기의 중력이 작용하며 중력의 방향은 물체의 운동 방향과 비스듬하게 작용하므로 C에 해당한다.

문제풀이 Tip

자료를 해석하여 각 운동의 특징을 통해, A, B, C가 어떤 운동을 하는지 찾을 수 있어야 한다. 알짜힘의 방향과 운동 방향의 관계를 통해 물체가 운동 방향이 변하는 운동을 하는지, 변하지 않는 운동을 하는지 알 수 있다.

선택지 비율	① 2%	② 4%	③ 2%	④ 85%	⑤ 4%

16 위치 – 시간 그래프

2021학년도 9월 평가원 7번 | 정답 ④ | 문제편 113p

출제 의도 위치 – 시간 그래프를 해석하여 물체의 운동을 설명할 수 있는지 확인하는 문항이다.

그림은 동일 직선 상에서 운동하는 물체 A, B의 위치를 시간에 따라 나타낸 것이다.

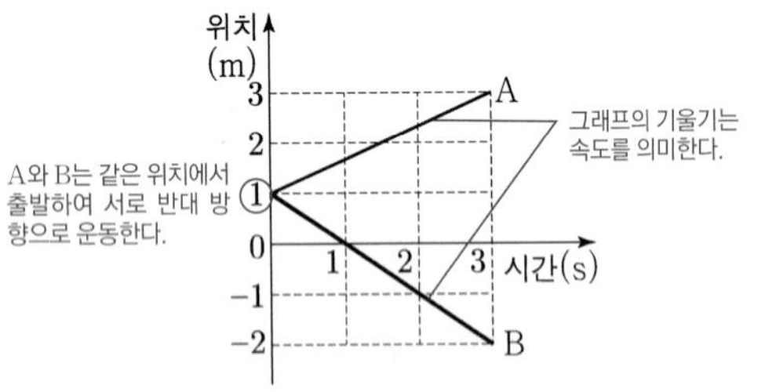

A, B의 운동에 대한 설명으로 옳은 것만을 〈보기〉에서 있는 대로 고른 것은?

보기

ㄱ. 1초일 때, B의 운동 방향이 ~~바뀐다.~~ 바뀌지 않는다.
ㄴ. 2초일 때, 속도의 크기는 A가 B보다 작다.
ㄷ. 0초부터 3초까지 이동한 거리는 A가 B보다 작다.

① ㄱ ② ㄴ ③ ㄱ, ㄷ ④ ㄴ, ㄷ ⑤ ㄱ, ㄴ, ㄷ

✓ 자료 해석

- 물체가 일직선 상에서 운동할 때 운동 방향이 바뀌지 않으면 물체가 이동한 거리는 변위와 같다.
- 위치 – 시간 그래프의 기울기는 속도이다. → 0~3초 동안 그래프의 기울기 A는 $\frac{3-1}{3}=\frac{2}{3}$이고, B는 $\frac{-2-1}{3}=-1$이다.

○ 보기 풀이 ㄴ. 위치 – 시간 그래프에서 기울기는 속도를 의미한다. 2초일 때 A, B의 속도의 크기는 각각 $\frac{2}{3}$ m/s, 1 m/s이므로 A가 B보다 작다.
ㄷ. A의 처음 위치는 1 m, 나중 위치가 3 m이므로 A의 이동 거리는 2 m이다. 한편 B의 처음 위치는 1 m, 나중 위치가 −2 m이므로 B의 이동 거리는 3 m이다. 따라서 0초부터 3초까지 이동한 거리는 A가 B보다 작다.

× 매력적 오답 ㄱ. 속도의 부호는 운동 방향을 의미한다. 0~3초 동안 B의 속도가 바뀌지 않았으므로 B의 운동 방향은 변하지 않는다.

문제풀이 Tip

위치 – 시간 그래프의 기울기로부터 A의 속도는 (+)값, B의 속도는 (−)값을 가지는 것을 알 수 있다. 따라서 A, B는 서로 반대 방향으로 각각 일정한 속력으로 운동한다.

선택지 비율	① 4%	② 18%	③ 5%	❹ 53%	⑤ 17%

17 등가속도 직선 운동

2020학년도 수능 20번 | 정답 ④ | 문제편 114p

출제 의도 동일한 빗면 위에서 등가속도 직선 운동하는 두 물체의 운동을 비교하여 설명할 수 있는지 확인하는 문항이다.

그림 (가)는 물체 A, B가 운동을 시작하는 순간의 모습을, (나)는 A와 B의 높이가 (가) 이후 처음으로 같아지는 순간의 모습을 나타낸 것이다. 점 p, q, r, s는 A, B가 직선 운동을 하는 빗면 구간의 점이고, p와 q, r와 s 사이의 거리는 각각 L, $2L$이다. A는 p에서 정지 상태에서 출발하고, B는 q에서 속력 v로 출발한다. A가 q를 v의 속력으로 지나는 순간에 B는 r를 지난다. A와 B는 일정한 시간 차이로 동일한 운동을 한다.

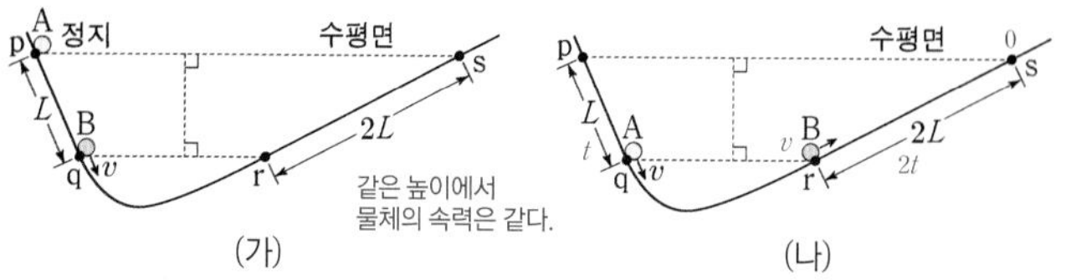

A와 B가 처음으로 만나는 순간, A의 속력은? (단, 물체의 크기, 마찰과 공기 저항은 무시한다.)

① $\frac{1}{8}v$ ② $\frac{1}{6}v$ ③ $\frac{1}{5}v$ ④ $\frac{1}{4}v$ ⑤ $\frac{1}{2}v$

문제풀이 Tip

같은 빗면에서 물체의 가속도는 물체의 질량에 관계없이 같다. 다만 빗면을 올라가는 동안에는 운동 방향과 반대 방향인 빗면 아래 방향으로 힘을 받아 속력이 감소하고, 빗면을 내려오는 동안에는 운동 방향으로 힘을 받아 속력이 증가한다. 따라서 속도 변화량의 크기를 비교할 때 속력이 감소하는 A는 처음 속력에서 나중 속력을 빼고, 속력이 증가하는 B는 나중 속력에서 처음 속력을 뺀다.

✓ 자료 해석

- 동일한 빗면에서 물체의 가속도는 일정하다. 따라서 A와 B는 일정한 시간 차이로 동일한 운동을 한다.
  → A는 p에서와 같은 높이인 반대편 빗면의 s에서 속력이 0이 되므로, A와 동일한 운동을 하는 B도 s에서 속력이 0이 된다.
- 마찰이 없을 때 물체의 역학적 에너지가 보존되므로 같은 높이에서 물체의 속력은 같다.

O 보기풀이 A의 p, q에서의 속력은 각각 0, v이고, B의 r, s에서의 속력은 v, 0이므로 A, B의 평균 속력은 $\frac{v}{2}$이다. p와 q, r와 s 사이를 운동할 때의 평균 속력은 같은데, r와 s 사이의 거리는 p와 q 사이의 거리의 2배이므로 p와 q 사이를 이동하는 데 걸린 시간을 t라고 하면 r와 s 사이를 이동하는 데 걸린 시간은 $2t$이다. 물체의 속력이 똑같이 v만큼 변하는 데 걸린 시간이 t, $2t$이므로 물체의 가속도의 크기는 왼쪽 빗면에서가 오른쪽 빗면에서의 2배이다. 따라서 A, B의 운동은 그림과 같다.

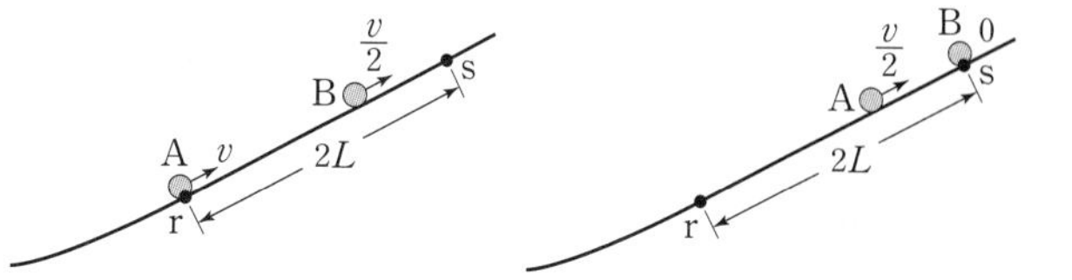

A가 출발하고 $2t$ 후　　A가 출발하고 $3t$ 후

이후 B는 빗면을 내려오다가 A와 만나게 되는데, 같은 높이에서 A와 B의 속력은 같다. A, B가 처음 만날 때의 속력을 v'이라고 하면 같은 빗면에서 운동하는 A, B의 가속도의 크기는 같으므로 같은 시간 동안 속도 변화량의 크기도 같다. 따라서 빗면을 내려오는 방향을 (+)라고 하면 $\left(-v'+\frac{v}{2}\right)=(v'-0)$에서 $2v'=\frac{v}{2}$이므로 $v'=\frac{v}{4}$이다.

선택지 비율	❶ 83%	② 1%	③ 10%	④ 1%	⑤ 3%

18 여러 가지 운동

2021학년도 6월 평가원 1번 | 정답 ① | 문제편 114p

출제 의도 여러 가지 운동의 특징을 알고, 설명할 수 있는지 확인하는 문항이다.

그림 (가), (나), (다)는 각각 연직 위로 던진 구슬, 선수가 던진 농구공, 회전하고 있는 놀이 기구에 타고 있는 사람을 나타낸 것이다.

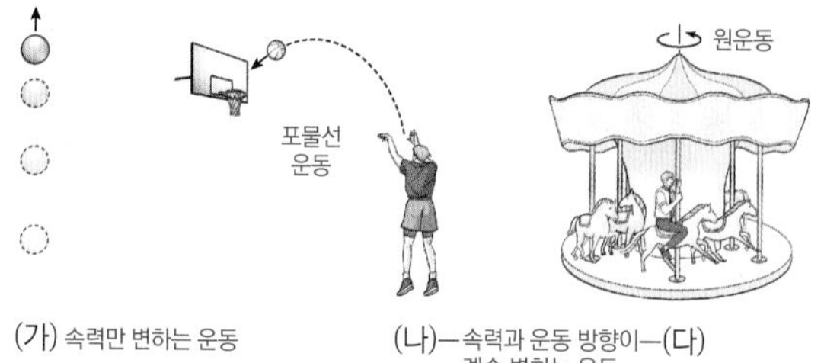

(가) 속력만 변하는 운동　(나)—속력과 운동 방향이—(다) 계속 변하는 운동

이에 대한 설명으로 옳은 것만을 〈보기〉에서 있는 대로 고른 것은?

보기
ㄱ. (가)에서 구슬의 속력은 변한다.
ㄴ. (나)에서 농구공에 작용하는 알짜힘의 방향과 농구공의 운동 방향은 ~~같다~~. 같지 않다.
ㄷ. (다)에서 사람의 운동 방향은 ~~변하지 않는다~~. 변한다.

① ㄱ ② ㄷ ③ ㄱ, ㄴ ④ ㄴ, ㄷ ⑤ ㄱ, ㄴ, ㄷ

✓ 자료 해석

- (가) 연직 위로 던진 구슬에는 운동 방향과 반대 방향으로 중력이 작용한다.
- (나) 농구공은 속도의 크기와 방향이 매 순간 변하는 포물선 운동을 하며, 포물선 운동을 하는 물체에는 연직 아래 방향으로 중력이 작용한다.
- (다) 놀이 기구에 타고 있는 사람은 원운동을 하며, 원운동하는 사람의 가속도의 방향은 운동 방향과 항상 수직이다.

O 보기풀이 ㄱ. (가)에서 구슬의 운동 방향과 반대 방향, 즉 연직 아래 방향으로 중력이 작용하므로 구슬이 위로 올라가는 동안 속력이 감소한다.

✕ 매력적 오답 ㄴ. 농구공에 작용하는 알짜힘은 중력이며, 중력은 연직 아래 방향으로 작용한다. 한편 포물선 운동을 하는 농구공의 운동 방향은 계속 변하므로 중력의 방향과 같지 않다.
ㄷ. 원운동을 하는 사람의 운동 방향은 계속 변한다.

문제풀이 Tip

속력만 변하는 운동, 운동 방향만 변하는 운동, 속력과 운동 방향이 모두 변하는 운동에서 물체의 가속도의 방향, 즉 힘의 방향이 운동 방향과 어떤 관계가 있는지 알고 있어야 한다.

선택지 비율	① 3%	② 6%	③ 6%	❹ 76%	⑤ 6%

19 등가속도 직선 운동

2020학년도 9월 평가원 9번 | 정답 ④ | 문제편 114p

(출제 의도) 빗면 위에서 등가속도 운동하는 다른 두 물체의 운동을 비교하여 설명할 수 있는지 확인하는 문항이다.

동일한 빗면=A, B의 가속도가 같다.

그림과 같이 빗면을 따라 등가속도 운동하는 물체 A, B가 각각 점 p, q를 10 m/s, 2 m/s의 속력으로 지난다. p와 q 사이의 거리는 16 m이고, A와 B는 q에서 만난다.

B는 q를 지나갔다가 속력이 0이 된 후 다시 빗면 아래로 내려온다.

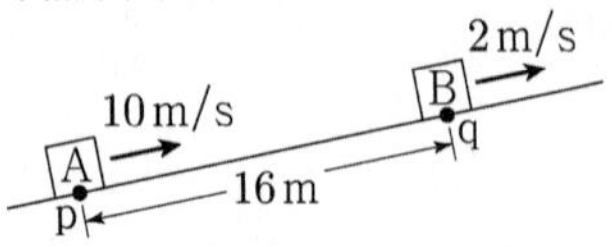

이에 대한 설명으로 옳은 것만을 〈보기〉에서 있는 대로 고른 것은? (단, A, B는 동일 연직면상에서 운동하며, 물체의 크기, 마찰은 무시한다.)

보기

ㄱ. q에서 만나는 순간, 속력은 A가 B의 ~~4배~~이다. 3배

ㄴ. A가 p를 지나는 순간부터 2초 후 B와 만난다.

ㄷ. B가 최고점에 도달했을 때, A와 B 사이의 거리는 8 m 이다.

① ㄱ ② ㄷ ③ ㄱ, ㄴ ④ ㄴ, ㄷ ⑤ ㄱ, ㄴ, ㄷ

문제풀이 Tip

빗면 위의 물체가 올라갔다가 내려오는 운동을 할 때 운동 방향은 다르더라도 역학적 에너지 보존에 의해 같은 높이를 지날 때 속력이 같음을 유의해야 한다. 또한, 등가속도 직선 운동에서 변위는 평균 속도와 걸린 시간의 곱을 이용하면 쉽게 구할 수 있다.

✓ 자료 해석

• 동일한 빗면에서 운동하는 물체의 가속도는 질량에 관계없이 일정하다. 따라서 A, B의 가속도는 같다.

• A와 B가 q에서 만나려면 B는 q를 지난 후 정지했다가 다시 빗면을 따라 내려오고 있음을 알 수 있다. 역학적 에너지가 보존될 때 같은 높이에서 같은 물체의 속력은 같으므로 빗면 위쪽 방향을 (+)로 하면 q에서 A와 B가 만날 때 빗면 아래쪽으로 내려가는 B의 속도는 −2 m/s이다.

○ 보기풀이 빗면에서 A, B의 가속도의 크기가 같으므로 같은 시간 동안 속도 변화량의 크기도 같다. B가 처음 q를 지날 때의 속도를 +2 m/s라고 하면 A와 B가 q에서 만날 때 B의 속도는 −2 m/s이므로 B의 속도 변화량의 크기는 4 m/s이다. 따라서 A의 속도 변화량의 크기도 4 m/s이므로 q에서 만나는 순간 A의 속력은 10 m/s−4 m/s=6 m/s이다.

ㄴ. p에서 q까지 A의 평균 속력은 $\frac{10+6}{2}$=8(m/s)이므로 16 m를 이동하는 데 걸린 시간은 $\frac{16}{8}$=2(초)이다.

ㄷ. A의 가속도의 크기는 $\frac{10-6}{2}$=2(m/s^2)이고, 동일한 빗면에서 물체의 가속도는 서로 같으므로 B의 가속도의 크기도 2 m/s^{2}이다. 따라서 B가 최고점에 도달한 순간은 B의 속력이 0일 때이므로 그림의 순간부터 1초가 지난 때이다. 이때 A의 속력은 10−2=8(m/s)이므로 A가 p를 지나 1초 동안 이동한 거리는 $\left(\frac{10+8}{2}\right)\times 1$=9(m), B가 q를 지나 1초 동안 이동한 거리는 $\left(\frac{2+0}{2}\right)\times 1$=1(m)이므로 B가 최고점에 도달했을 때 A와 B 사이의 거리는 (16+1)−9=8(m)이다.

× 매력적 오답 ㄱ. q에서 만나는 순간 A의 속력은 6 m/s, B의 속력은 2 m/s이므로 속력은 A가 B의 $\frac{6\text{ m/s}}{2\text{ m/s}}$=3배이다.

05 열역학 법칙

선택지 비율 ① 8% ② 6% ③ 11% ④ 7% ❺ 68%

1 열역학 법칙

2025학년도 수능 15번 | 정답 ⑤ | 문제편 116 p

출제 의도 열역학 법칙을 이해하고 열기관에 적용할 수 있는지 확인하는 문항이다.

그림은 열기관에서 일정량의 이상 기체가 상태 A → B → C → D → A를 따라 순환하는 동안 기체의 압력과 절대 온도를 나타낸 것이다. A → B는 부피가 일정한 과정, B → C는 압력이 일정한 과정, C → D는 단열 과정, D → A는 등온 과정이다. 표는 각 과정에서 기체가 외부에 한 일 또는 외부로부터 받은 일을 나타낸 것이다. 기체가 흡수하거나 방출한 열량은 A → B 과정과 B → C 과정에서 같다.

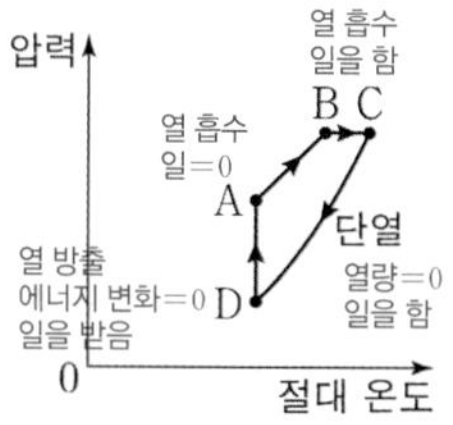

과정	기체가 외부에 한 일 또는 외부로부터 받은 일(J)
A → B	0
B → C	16
C → D	64
D → A	60

이에 대한 설명으로 옳은 것만을 〈보기〉에서 있는 대로 고른 것은?

보기

ㄱ. 기체의 부피는 A에서가 C에서보다 작다.
ㄴ. B → C 과정에서 기체의 내부 에너지 증가량은 24 J이다.
ㄷ. 열기관의 열효율은 0.25이다.

① ㄱ ② ㄷ ③ ㄱ, ㄴ ④ ㄴ, ㄷ ⑤ ㄱ, ㄴ, ㄷ

문제풀이 Tip

주어진 그래프를 압력－부피 그래프로 나타내고, 각각의 열역학 과정에서 열량, 내부 에너지, 일을 표로 정리하면 해결할 수 있다.

선택지 비율 ① 8% ② 6% ③ 11% ④ 7% ❺ 68%

✓ 자료 해석

- A → B 과정 : 등적, 온도 증가, 내부 에너지 증가, 열 흡수
- B → C 과정 : 등압 팽창, 일을 함, 열 흡수, 내부 에너지 증가
- C → D 과정 : 단열 팽창, 일을 함, 내부 에너지 감소
- D → A 과정 : 등온 압축, 일을 받음, 열 방출

○ 보기풀이 문제 조건을 이용하여 각 과정에서 기체가 외부로부터 흡수 또는 방출한 열량 Q, 기체의 내부 에너지 변화량 ΔU, 기체가 외부에 한 일 또는 받은 일 W를 정리하면 다음의 표와 같고, 이상 기체가 상태 A → B → C → D → A를 따라 순환하는 동안 기체의 압력과 부피를 나타내면 그림과 같다. (단, A → B 과정과 B → C 과정에서 기체가 흡수한 열량을 Q_0이라 한다.)

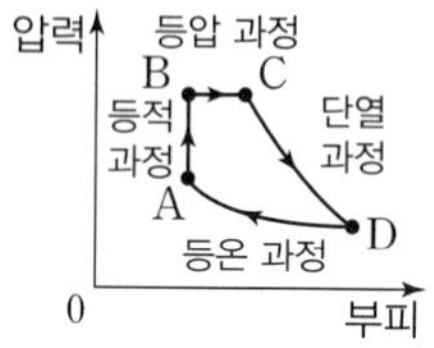

과정	Q	ΔU	W
A → B	$+Q_0$	$+Q_0$	0
B → C	$+Q_0$	$+Q_0-16$	+16J
C → D	0	−64J	+64J
D → A	−60J	0	−60J

ㄱ. 기체의 부피는 A에서와 B에서가 같고, B → C 과정에서 증가하였으므로 기체의 부피는 A에서가 C에서보다 작다.

ㄴ. 이상 기체가 상태 A → B → C → D → A를 따라 순환하는 동안 기체의 내부 에너지 변화량은 0이므로 $2Q_0-80=0$의 식이 성립한다. 따라서 $Q_0=40$이고 B → C 과정에서 기체의 내부 에너지 증가량은 40−16=24(J)이다.

ㄷ. 기체가 A → B → C 과정에서 외부로부터 흡수한 열량이 80 J이고 D → A 과정에서 외부로 방출한 열량이 60 J이므로 열기관의 열효율은 $\frac{80-60}{80}=$ 0.25이다.

선택지 비율	① 4%	② 1%	③ 11%	④ 2%	⑤ 82%

2 열역학 법칙

2025학년도 9월 평가원 15번 | 정답 ⑤ | 문제편 116p

출제 의도 압력 - 부피 그래프를 이용하여 열역학 과정을 설명할 수 있는지 확인하는 문항이다.

그림 (가)는 일정량의 이상 기체가 상태 A → B → C를 따라 변할 때 기체의 압력과 부피를 나타낸 것이다. 그림 (나)는 (가)의 A → B 과정과 B → C 과정 중 하나로, 기체가 들어 있는 열 출입이 자유로운 실린더의 피스톤에 모래를 조금씩 올려 피스톤이 서서히 내려가는 과정을 나타낸 것이다. (나)의 과정에서 기체의 온도는 T_0으로 일정하다.

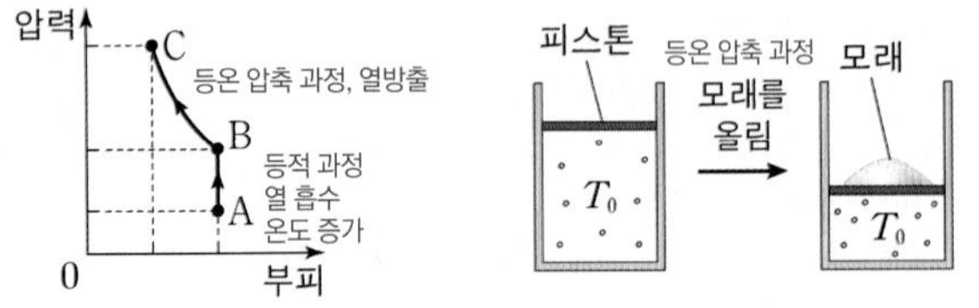

(가) (나)

이에 대한 설명으로 옳은 것만을 〈보기〉에서 있는 대로 고른 것은? (단, 실린더와 피스톤 사이의 마찰은 무시한다.)

보기

ㄱ. (나)는 B → C 과정이다.

ㄴ. (가)에서 기체의 내부 에너지는 A에서가 C에서보다 작다.

ㄷ. (나)의 과정에서 기체는 외부에 열을 방출한다.

① ㄱ ② ㄷ ③ ㄱ, ㄴ ④ ㄴ, ㄷ ⑤ ㄱ, ㄴ, ㄷ

✓ 자료 해석

- A → B 과정 : 등적 과정, 온도 증가, 내부 에너지 증가, 열 흡수
- B → C 과정 : 등온 압축 과정, 일을 받음, 열을 방출
- (나) : 압력 증가, 온도 일정, 등온 압축 과정

○ 보기 풀이 ㄱ. (나)는 기체가 등온 압축되는 과정이므로 B → C 과정이다.

ㄴ. 기체의 내부 에너지는 기체의 압력과 부피를 곱한 값인 기체의 절대 온도에 비례한다. 따라서 (가)에서 기체의 내부 에너지는 B=C>A의 관계이다.

ㄷ. (나)에서 등온 압축하는 기체는 기체의 내부 에너지가 일정하므로 기체가 외부로부터 받은 일만큼 외부에 열을 방출한다.

문제풀이 Tip

등적 과정에서 압력 변화에 따른 열 출입 여부, 등온 과정에서 열량의 출입 관계를 적용할 수 있으면 해결할 수 있다.

선택지 비율	① 10%	② 10%	③ 10%	④ 67%	⑤ 3%

3 열역학 법칙

2025학년도 6월 평가원 10번 | 정답 ④ | 문제편 116p

출제 의도 열역학 법칙 및 열효율을 이해하고 열기관에 적용할 수 있는지 확인하는 문항이다.

그림은 열효율이 0.2인 열기관에서 일정량의 이상 기체가 상태 A → B → C → D → A를 따라 변할 때 기체의 압력과 부피를 나타낸 것이다. A → B와 C → D는 각각 압력이 일정한 과정, B → C는 온도가 일정한 과정, D → A는 단열 과정이다. 표는 각 과정에서 기체가 외부에 한 일 또는 외부로부터 받은 일을 나타낸 것이다.

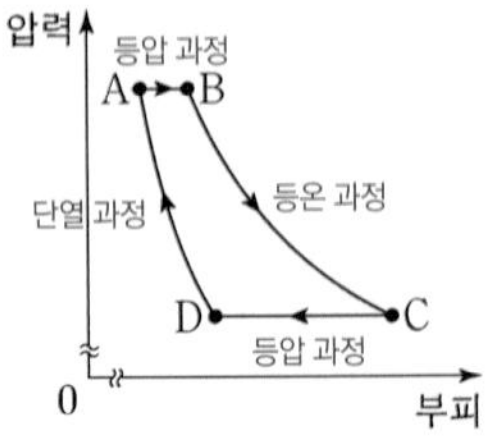

과정	기체가 외부에 한 일 또는 외부로부터 받은 일(J)
A → B	140 일을 함 / 온도 증가
B → C	400 일을 함 / 온도 일정
C → D	240 일을 받음 / 온도 감소
D → A	150 일을 받음 / 온도 증가

C → D 과정에서 기체의 내부 에너지 감소량은? [3점]

① 240 J ② 280 J ③ 320 J ④ 360 J ⑤ 400 J

문제풀이 Tip

열역학 과정에 대해 이해하고, 단열 과정에서 열출입이 0, 등온 과정에서 기체의 내부 에너지 변화량이 0, 내부 에너지 변화량의 총합이 0임을 알고 이를 활용할 수 있으면 해결할 수 있다.

✓ 자료 해석

- A → B : 등압 팽창, 내부 에너지 증가, 열 흡수
- B → C : 등온 팽창, 내부 에너지 일정, 열 흡수
- C → D : 등압 압축, 내부 에너지 감소, 열 방출
- D → A : 단열 압축, 내부 에너지 증가, 열출입 없음

○ 보기 풀이 A → B → C 과정은 기체의 부피가 증가하는 과정이므로 기체가 외부에 일을 하고, C → D → A 과정은 기체의 부피가 감소하는 과정이므로 기체는 외부로부터 일을 받는다. A → B → C → D → A 과정에서 기체가 한 일은 140+400−240−150=150(J)이고, 기체가 A → B → C 과정에서 외부로부터 흡수한 열량을 Q라고 하면 열효율은 $0.2=\frac{150}{Q}$에서 $Q=\frac{150}{0.2}=750$(J)이다. B → C 과정은 온도가 일정한 과정으로 내부 에너지의 변화가 없으므로 A → B → C → D → A 과정에서 기체가 외부로부터 흡수(+) 또는 방출(−)한 열량, 기체의 내부 에너지 증가량(+) 또는 감소량(−), 기체가 외부에 한 일(+) 또는 외부로부터 받은 일(−)은 표와 같다.

과정	기체가 흡수 또는 방출한 열량(J)	기체의 내부 에너지 증가량 또는 감소량(J)	기체가 외부에 한 일 또는 받은 일 (J)
A → B	+350	+210	+140
B → C	+400	0	+400
C → D	−600	−360	−240
D → A	0	+150	−150

따라서 A → B → C → D → A 과정에서 기체의 내부 에너지 변화량은 0이므로 C → D 과정에서 기체의 내부 에너지 감소량은 360 J이다.

선택지 비율	① 5%	② 15%	③ 5%	❹ 67%	⑤ 9%

4 열역학 법칙

2024학년도 수능 11번 | 정답 ④ | 문제편 116p

출제 의도 열역학 법칙 및 열효율을 이해하고 열기관에 적용할 수 있는지 확인하는 문항이다.

그림은 열효율이 0.25인 열기관에서 일정량의 이상 기체가 상태 A → B → C → D → A를 따라 순환하는 동안 기체의 압력과 부피를 나타낸 것이다. B → C는 등온 과정이고, D → A는 단열 과정이다. 기체가 B → C 과정에서 외부에 한 일은 150 J이고, D → A 과정에서 외부로부터 받은 일은 100 J이다.

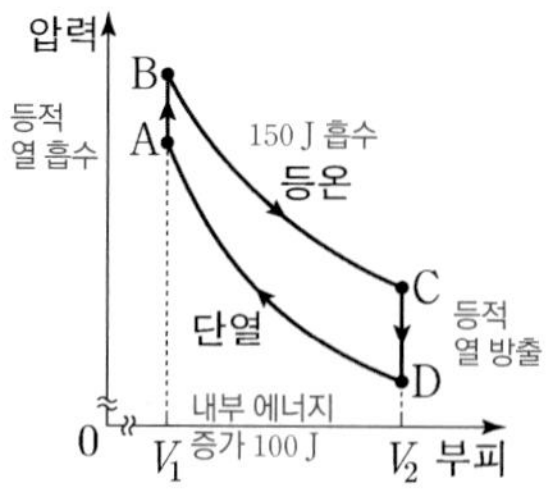

이에 대한 설명으로 옳은 것만을 <보기>에서 있는 대로 고른 것은?

보기

ㄱ. 기체의 온도는 A에서가 C에서보다 ~~높다~~. 낮다.

ㄴ. A → B 과정에서 기체가 흡수한 열량은 50 J이다.

ㄷ. C → D 과정에서 기체의 내부 에너지 감소량은 150 J이다.

① ㄱ ② ㄴ ③ ㄱ, ㄷ ④ ㄴ, ㄷ ⑤ ㄱ, ㄴ, ㄷ

문제풀이 Tip

등온 과정과 등적 과정에서의 열 출입, 열효율에서 기체가 한 일과 흡수한 열량과 방출한 열량의 관계를 적용할 수 있으면 해결할 수 있다.

✔ 자료 해석

- A → B 과정 : 등적, 온도 증가, 내부 에너지 증가(열 흡수)
- B → C 과정 : 등온 팽창, 일을 함(일한 만큼 열 흡수)
- C → D 과정 : 등적, 온도 감소, 내부 에너지 감소(열 방출)
- D → A 과정 : 단열 압축, 일을 받음(받은 일만큼 내부 에너지 증가)

○ 보기풀이 문제 조건을 이용하여 각 과정에서의 Q, ΔU, W를 정리하면 다음의 표와 같다.(단, A → B 과정에서 흡수하는 열량과 C → D 과정에서 방출하는 열량은 각각 Q_1, Q_2라 한다.)

과정	Q	ΔU	W
A → B	Q_1(50 J)	Q_1(50 J)	0
B → C	150 J	0	150 J
C → D	Q_2(−150 J)	Q_2(−150 J)	0
D → A	0	100 J	−100 J

순환 과정에서 기체가 하는 일은 50 J이고, 열효율은 0.25이므로

$0.25 = \frac{\text{기체가 한 일의 양}}{\text{흡수한 열량}} = \frac{50}{Q_1 + 150}$에서 $Q_1 = 50$ J이다. 한편, 기체가 한 일의 양은 [흡수한 열량−방출한 열량]이므로 방출한 열량의 크기를 x라 하면, $50 = 50 + 150 - x$에서 $x = 150$이다. 따라서 $Q_2 = -150$ J이다.

ㄴ. A → B 과정에서 기체가 흡수한 열량은 50 J이다.

ㄷ. C → D 과정에서 기체의 내부 에너지 감소량은 방출한 열량의 크기와 같은 150 J이다.

× 매력적 오답 ㄱ. A → B 과정에서 기체의 온도가 증가하고, B와 C에서의 온도는 같으므로 기체의 온도는 C에서가 A에서보다 높다.

선택지 비율	① 4%	❷ 64%	③ 12%	④ 9%	⑤ 11%

5 열역학 법칙

2024학년도 9월 평가원 7번 | 정답 ② | 문제편 117p

출제 의도 열역학 법칙 및 열효율을 이해하고 열기관에 적용할 수 있는지 확인하는 문항이다.

그림은 열효율이 0.25인 열기관에서 일정량의 이상 기체의 상태가 A → B → C → D → A를 따라 순환하는 동안 기체의 부피와 절대 온도를 나타낸 것이다. 기체가 흡수한 열량은 A → B 과정, B → C 과정에서 각각 5Q, 3Q이다.

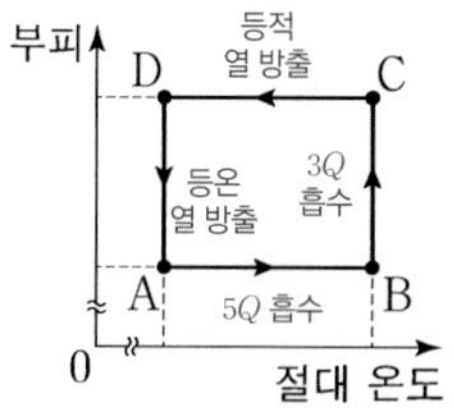

이에 대한 설명으로 옳은 것만을 <보기>에서 있는 대로 고른 것은? [3점]

보기

ㄱ. 기체의 압력은 B에서가 C에서보다 ~~작다~~. 크다.

ㄴ. C → D 과정에서 기체가 방출한 열량은 5Q이다.

ㄷ. D → A 과정에서 기체가 외부로부터 받은 일은 ~~2Q이다~~. Q이다.

① ㄱ ② ㄴ ③ ㄷ ④ ㄱ, ㄴ ⑤ ㄴ, ㄷ

✔ 자료 해석

- A → B 과정 : 등적, 온도 증가, 내부 에너지 증가(열 흡수)
- B → C 과정 : 등온 팽창, 일을 함(열 흡수)
- C → D 과정 : 등적, 온도 감소, 내부 에너지 감소(열 방출)
- D → A 과정 : 등온 압축, 일을 받음(열 방출)

○ 보기풀이 A → B와 C → D 과정은 등적 변화, B → C와 D → A 과정은 등온 변화이다.

ㄴ. 같은 온도 차를 가진 등적 과정인 A → B 과정과 C → D 과정에서 기체는 각각 동일한 내부 에너지 변화량 5Q만큼 열을 흡수, 방출한다.

× 매력적 오답 ㄱ. B → C 과정은 등온 팽창 과정이므로 기체의 압력은 B에서가 C에서보다 크다.

ㄷ. 등온 압축 과정인 D → A 과정에서는 기체가 외부로부터 받은 일만큼 외부로 열을 방출한다. D → A 과정에서 방출한 열량을 Q'이라 할 때, 열효율 $0.25 = 1 - \frac{Q_{방출}}{Q_{흡수}} = 1 - \frac{(5Q + Q')}{(5Q + 3Q)}$에서 $Q' = Q$이다.

문제풀이 Tip

등적 과정에서 온도 변화에 따른 열 출입 여부, 온도 변화와 출입된 열량의 관계를 적용할 수 있으면 해결할 수 있다.

선택지 비율	① 6%	❷ 61%	③ 13%	④ 14%	⑤ 5%

6 열역학 법칙

2024학년도 6월 평가원 8번 | 정답 ② | 문제편 117p

출제 의도 열역학 법칙 및 열효율을 이해하고 열기관에 적용할 수 있는지 확인하는 문항이다.

그림은 열기관에서 일정량의 이상 기체가 과정 Ⅰ~Ⅳ를 따라 순환하는 동안 기체의 압력과 부피를 나타낸 것이다. 표는 각 과정에서 기체가 외부에 한 일 또는 외부로부터 받은 일을 나타낸 것이다. Ⅰ, Ⅲ은 등온 과정이고, Ⅳ에서 기체가 흡수한 열량은 $2E_0$이다.

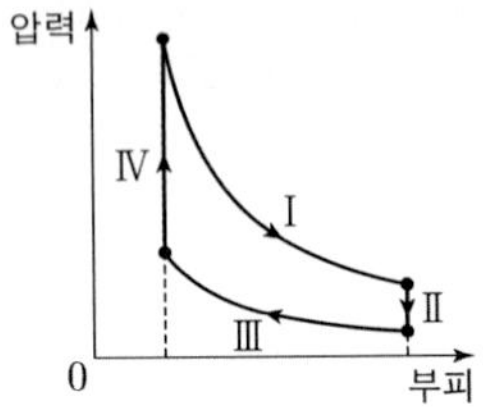

	등온	등적	등온	등적
과정	Ⅰ	Ⅱ	Ⅲ	Ⅳ
외부에 한 일 또는 외부로부터 받은 일	$3E_0$	방출 0 $2E_0$	E_0	흡수 0 $2E_0$
		온도 감소		온도 증가

이에 대한 설명으로 옳은 것만을 〈보기〉에서 있는 대로 고른 것은? [3점]

보기
ㄱ. Ⅰ에서 기체가 흡수하는 열량은 ~~0이다.~~ $3E_0$이다.
ㄴ. Ⅱ에서 기체의 내부 에너지 감소량은 Ⅳ에서 기체의 내부 에너지 ~~증가량보다 작다.~~ 증가량과 서로 같다.
ㄷ. 열기관의 열효율은 0.4이다.

① ㄱ ② ㄷ ③ ㄱ, ㄴ ④ ㄴ, ㄷ ⑤ ㄱ, ㄴ, ㄷ

✔ **자료 해석**

- 과정 Ⅰ : 등온 팽창, 부피 증가, $3E_0$ 흡수
- 과정 Ⅱ : 등적, 내부 에너지 감소($-\Delta U$), $2E_0$ 방출
- 과정 Ⅲ : 등온 압축, 압력 증가, E_0 방출
- 과정 Ⅳ : 등적, 내부 에너지 증가($+\Delta U$), $2E_0$ 흡수

○ 보기풀이 ㄷ. 기체는 Ⅰ, Ⅳ에서 각각 $3E_0$, $2E_0$의 열을 흡수하고, 1회 순환 과정에서 $3E_0-E_0=2E_0$만큼의 일을 한다. 따라서 열기관의 열효율은 $\frac{2E_0}{5E_0}=0.4$이다.

× 매력적 오답 ㄱ. 등온 팽창 과정에서 기체가 흡수한 열량과 기체가 한 일은 같다. 따라서 Ⅰ에서 기체가 흡수한 열량은 $3E_0$이고, 기체가 외부에 한 일도 $3E_0$이다.
ㄴ. Ⅰ, Ⅲ이 모두 등온 과정이므로 Ⅱ에서 기체의 온도 감소량과 Ⅳ에서 기체의 온도 증가량은 서로 같다. 또한 기체의 내부 에너지는 온도에 비례하므로, Ⅱ에서 기체의 내부 에너지 감소량과 Ⅳ에서 기체의 내부 에너지 증가량은 서로 같다.

문제풀이 Tip
열역학 과정에 대해 이해하고, 등적 과정에서는 일이 0이며, 내부 에너지 변화량과 출입하는 열량이 같다는 사실을 알고 있으면 해결할 수 있다.

선택지 비율	① 8%	② 5%	③ 12%	④ 7%	❺ 68%

7 열역학 법칙

2023학년도 수능 13번 | 정답 ⑤ | 문제편 117p

출제 의도 열역학 법칙 및 열효율을 이해하고 열기관에 적용할 수 있는지 확인하는 문항이다.

그림은 열효율이 0.2인 열기관에서 일정량의 이상 기체가 상태 A → B → C → A를 따라 순환하는 동안 기체의 압력과 부피를 나타낸 것이다. A → B 과정은 압력이 일정한 과정, B → C 과정은 단열 과정, C → A 과정은 등온 과정이다. 표는 각 과정에서 기체가 외부에 한 일 또는 외부로부터 받은 일을 나타낸 것이다.

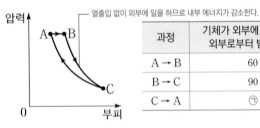

열출입 없이 외부에 일을 하므로 내부 에너지가 감소한다.

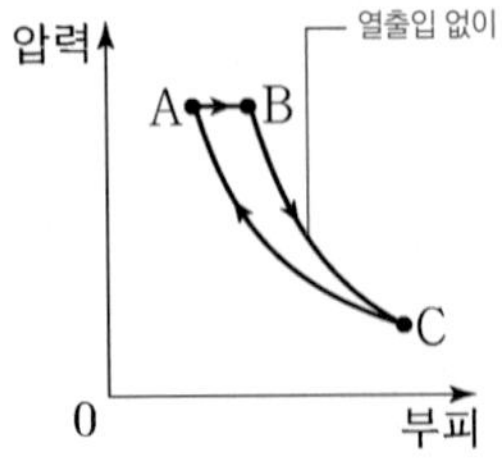

과정	기체가 외부에 한 일 또는 외부로부터 받은 일(J)
A → B	60 $Q=90+60$
B → C	90 $U=90$
C → A	㉠ $Q=W$

이에 대한 설명으로 옳은 것만을 〈보기〉에서 있는 대로 고른 것은? [3점]

보기
ㄱ. 기체의 온도는 B에서가 C에서보다 높다.
ㄴ. A → B 과정에서 기체가 흡수한 열량은 150 J이다.
ㄷ. ㉠은 120이다.

① ㄱ ② ㄷ ③ ㄱ, ㄴ ④ ㄴ, ㄷ ⑤ ㄱ, ㄴ, ㄷ

✔ **자료 해석**

- A → B 과정 : 등압, 부피 증가, 내부 에너지 증가
- B → C 과정 : 단열 팽창, 내부 에너지 감소
- C → A 과정 : 등온 압축, 압력 증가, 내부 에너지 일정
- A → B 과정과 B → C 과정에서 내부 에너지 변화량의 크기가 같다.

○ 보기풀이 ㄱ. 열역학 법칙에 따라 단열 팽창할 때 기체의 내부 에너지는 감소한다. 내부 에너지는 온도에 비례하므로 B → C 과정에서 기체의 온도는 내려간다.
ㄴ. A → B 과정에서 기체가 흡수한 열량은 기체가 한 일과 기체의 내부 에너지 증가량의 합과 같다. 기체가 한 일은 60 J이고 A와 C에서 기체의 온도가 같으므로 내부 에너지 변화량은 A → B 과정에서와 B → C 과정에서 같다. B → C 과정은 단열 과정이므로 기체가 한 일인 90 J만큼 내부 에너지가 감소한다. 따라서 A → B 과정에서 내부 에너지 증가량은 90 J이므로, 기체가 흡수한 열량은 60 J+90 J=150 J이다.
ㄷ. 열효율이 0.2이므로 $0.2=\frac{60+90-㉠}{150}$에서 ㉠은 120이다.

문제풀이 Tip
C → A 과정에서 내부 에너지 변화량이 0이고, 전체 순환 과정에서 내부 에너지 변화량이 0이므로 A → B 과정과 B → C 과정에서 내부 에너지 변화량의 크기가 같음을 파악하여 적용하면 해결할 수 있다.

선택지 비율	① 6%	② 6%	③ 14%	④ 11%	❺ 63%

8 열역학 과정과 열효율

2023학년도 9월 평가원 15번 | 정답 ⑤ | 문제편 117p

출제 의도 열기관에서 기체의 순환 과정에서의 각 과정에서 기체의 열의 흡수 및 방출 여부 등을 이해하고 있는지 확인하는 문항이다.

그림은 열기관에서 일정량의 이상 기체가 상태 A → B → C → D → A를 따라 순환하는 동안 기체의 압력과 부피를, 표는 각 과정에서 기체가 흡수 또는 방출하는 열량과 기체의 내부 에너지 증가량 또는 감소량을 나타낸 것이다.

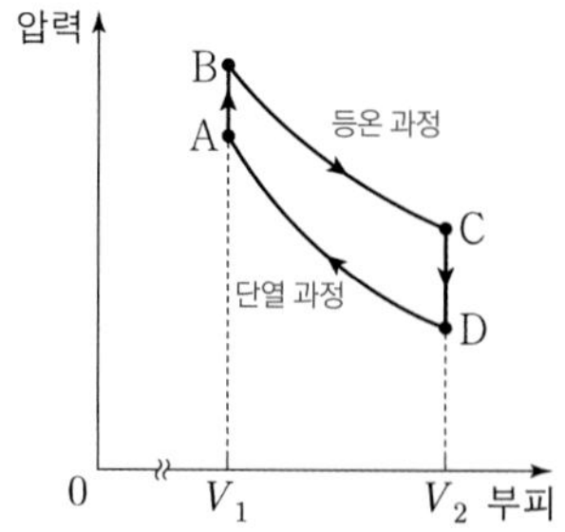

과정	흡수 또는 방출하는 열량(J)	내부 에너지 증가량 또는 감소량(J)
A → B	50 흡수	㉡ $\Delta U>0$
B → C	100 흡수	0
C → D	㉠ 방출	120 $\Delta U<0$
D → A	0	㉢ $\Delta U>0$

이에 대한 설명으로 옳은 것만을 ⟨보기⟩에서 있는 대로 고른 것은?

보기
ㄱ. ㉠은 120이다.
ㄴ. ㉢－㉡＝20이다.
ㄷ. 열기관의 열효율은 0.2이다.

① ㄱ ② ㄷ ③ ㄱ, ㄴ ④ ㄴ, ㄷ ⑤ ㄱ, ㄴ, ㄷ

✔ 자료 해석

- A → B 과정 : 등적, 압력 증가, 내부 에너지 증가
- B → C 과정 : 등온 팽창, 내부 에너지 일정
- C → D 과정 : 등적, 압력 감소, 내부 에너지 감소
- D → A 과정 : 단열 압축, 내부 에너지 증가

○ 보기풀이 ㄱ. A → B, C → D에서 기체가 한 일은 0이므로, 증가/감소한 내부 에너지와 흡수/방출한 열은 같다. 따라서 ㉠은 120, ㉡은 50이다.
ㄴ. 한 번의 순환 과정에서 내부 에너지 변화량은 0이다. 따라서 ㉡+0+(−120)+㉢=0이므로, ㉢은 70이고, ㉢−㉡=20이다.
ㄷ. A → B → C에서 열을 흡수하고, C → D에서 열을 방출하므로 열효율은 $\frac{150-120}{150}=0.2$이다.

문제풀이 Tip
등적 과정에서 내부 에너지 변화량과 출입한 열량이 같고, 한 번 순환하는 동안 내부 에너지 변화량이 0임을 적용하면 해결할 수 있다.

Part II 수능 평가원

선택지 비율	① 13%	② 15%	③ 19%	④ 13%	❺ 40%

9 열역학 과정과 열효율

2023학년도 6월 평가원 16번 | 정답 ⑤ | 문제편 118 p

출제 의도 열역학 과정에 대해 이해하고, 주어진 자료를 해석할 수 있는지 확인하는 문항이다.

그림은 열효율이 0.5인 열기관에서 일정량의 이상 기체의 상태가 A → B → C → D → A를 따라 변할 때 기체의 압력과 부피를 나타낸 것이다. A → B, C → D는 각각 압력이 일정한 과정이고, B → C, D → A는 각각 단열 과정이다. A → B 과정에서 기체가 흡수한 열량은 Q이다. 표는 각 과정에서 기체가 외부에 한 일 또는 외부로부터 받은 일을 나타낸 것이다.

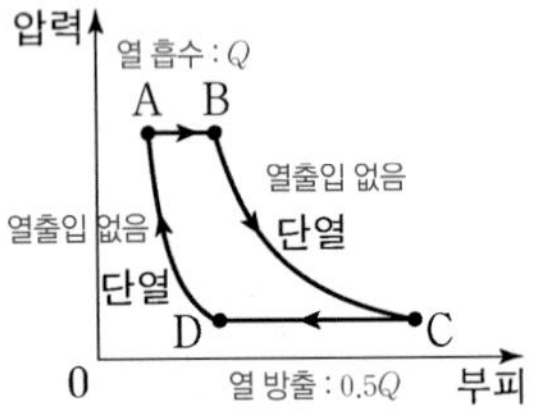

과정	기체가 외부에 한 일 또는 외부로부터 받은 일
A → B	(+) $8W$ $\Delta U=+12W$
B → C	(+) $9W$ $\Delta U=-9W$
C → D	(−) $4W$ $\Delta U=-6W$
D → A	(−) $3W$ $\Delta U=+3W$

이에 대한 설명으로 옳은 것만을 〈보기〉에서 있는 대로 고른 것은? [3점]

〈보기〉
ㄱ. $Q=20W$이다.
ㄴ. 기체의 온도는 A에서가 C에서보다 낮다.
ㄷ. A → B 과정에서 기체의 내부 에너지 증가량은 C → D 과정에서 기체의 내부 에너지 감소량보다 크다.

① ㄱ ② ㄷ ③ ㄱ, ㄴ ④ ㄴ, ㄷ ⑤ ㄱ, ㄴ, ㄷ

✓ 자료 해석

- A → B 과정 : 열 흡수, Q
  B → C 과정, D → A 과정 : 열 출입 없음
  C → D 과정 : 열 방출, $\frac{1}{2}Q$
- A → B 과정 : 내부 에너지 변화량 $Q-8W=+12W$
  B → C 과정 : 내부 에너지 변화량 $-9W$
  C → D 과정 : 내부 에너지 변화량 $-\frac{1}{2}Q+4W=-6W$
  D → A 과정 : 내부 에너지 변화량 $+3W$

○ 보기풀이 ㄱ. 기체는 A → B 과정과 B → C 과정에서는 일을 하고, C → D 과정과 D → A 과정에서는 일을 받는다. 따라서 1회 순환 과정 동안 기체가 한 일은 $10W$이다. 열효율이 0.5이고 기체가 열을 흡수하는 과정은 A → B 과정뿐이므로 $Q=20W$이다.

ㄴ. A → B → C 과정에서 기체는 $20W$의 열을 흡수하여 $8W+9W$의 일을 하므로 내부 에너지는 $3W$만큼 증가한다. 따라서 기체의 온도는 A에서가 C에서보다 낮다.

ㄷ. A → B 과정에서 기체의 내부 에너지 변화량은 $20W-8W=12W$이다. 열기관이 흡수한 열량이 $20W$, 열효율이 0.5이므로 C → D 과정에서 방출한 열량은 $10W$이다. C → D 과정에서 내부 에너지 변화량 ΔU는 $-10W=\Delta U-4W$에서 $\Delta U=-6W$이다. 따라서 A → B 과정에서 기체의 내부 에너지 증가량은 C → D 과정에서 기체의 내부 에너지 감소량보다 크다.

문제풀이 Tip

한 번 순환하는 동안 한 일과 열효율을 이용하여 Q를 구하고, 열역학 제1법칙을 적용하여 각 과정에서 내부 에너지의 변화를 구하면 어렵지 않게 해결할 수 있다.

선택지 비율	① 14%	② 6%	③ 24%	④ 7%	⑤ 49%

10 열역학 제1법칙의 적용

2022학년도 수능 17번 | 정답 ⑤ | 문제편 118p

출제 의도 부피-절대 온도 그래프를 해석하여 기체의 상태 변화를 설명하고, 열역학 제1법칙을 적용하여 열기관의 열효율을 구할 수 있는지 확인하는 문항이다.

그림은 열기관에서 일정량의 이상 기체의 상태가 A → B → C → A를 따라 순환하는 동안 기체의 부피와 절대 온도를 나타낸 것이다. A → B 과정에서 기체는 압력이 P_0으로 일정하고(등압 과정) 기체가 흡수하는 열량은 Q_1이다. B → C 과정에서 기체가 방출하는 열량은 Q_2이다.

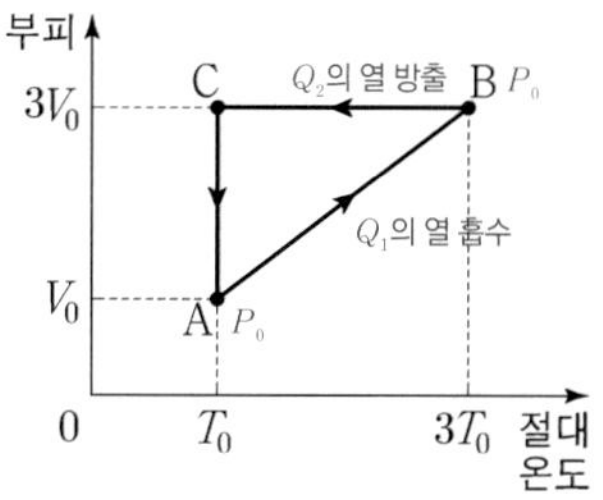

이에 대한 설명으로 옳은 것만을 〈보기〉에서 있는 대로 고른 것은?

〈보기〉

ㄱ. A → B 과정에서 기체의 내부 에너지는 증가한다.

ㄴ. 열기관의 열효율은 $\frac{Q_1-Q_2}{Q_1}$보다 작다.

ㄷ. 기체가 한 번 순환하는 동안 한 일은 $\frac{2}{3}P_0V_0$보다 크다.

① ㄱ ② ㄷ ③ ㄱ, ㄴ ④ ㄴ, ㄷ ⑤ ㄱ, ㄴ, ㄷ

✔ 자료 해석

• 이상 기체의 상태가 A → B → C → A를 따라 순환하는 동안 기체의 상태 변화는 다음과 같다.

구분	흡수(방출)한 열량	기체가 한 일	내부 에너지 변화
A → B	Q_1 흡수	부피 증가 → $W>0$	온도 증가 → $\Delta U>0$
B → C	Q_2 방출	부피 일정 → $W=0$	온도 감소 → $\Delta U<0$
C → A	$Q_3<0$	부피 감소 → $W<0$	온도 일정 → $\Delta U=0$

열역학 제1법칙에 따라 $Q=W$이므로

○ 보기풀이 ㄱ. A → B 과정에서 기체의 절대 온도가 증가하므로 기체의 온도에 비례하는 내부 에너지도 증가한다.

ㄴ. C → A 과정은 기체의 온도는 변하지 않고, 기체가 외부에서 일을 받는 등온 압축 과정이다. 이 과정에서 기체가 흡수하거나 방출하는 열량을 Q_3이라고 하면 열역학 제1법칙에서 $Q=W$이므로 $W<0$이면 $Q_3<0$이다. 따라서 C → A 과정에서 기체는 열을 외부로 방출한다. 이때 열기관의 열효율은 $\frac{\text{기체가 흡수한 열량}-\text{기체가 방출한 열량}}{\text{기체가 흡수한 열량}}=\frac{Q_1-(Q_2+Q_3)}{Q_1}$이므로 $\frac{Q_1-Q_2}{Q_1}$보다 작다.

ㄷ. B에서 기체의 압력은 P_0이다. 기체의 압력과 부피의 곱은 기체의 절대 온도에 비례하므로 B → C 과정에서 부피가 일정한데 온도가 $\frac{1}{3}$배가 되면 압력도 $\frac{1}{3}$배가 되어 C에서의 압력은 $\frac{1}{3}P_0$이다. 따라서 A → B → C → A를 따라 순환하는 동안 기체의 압력과 부피를 그래프로 나타내면 다음과 같다.

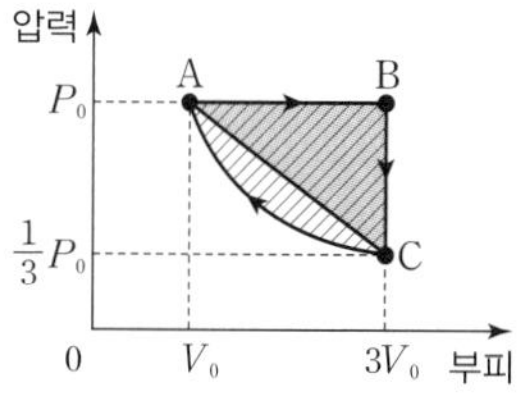

기체의 압력과 부피의 관계를 나타낸 그래프에서 그래프 내부의 넓이(=빗금 친 부분의 넓이)는 기체가 한 일과 같으므로 기체가 한 번 순환하는 동안 한 일은 $\frac{2}{3}P_0V_0$(=삼각형 부분의 넓이)보다 크다.

문제풀이 Tip

흔하게 접하지 못한 부피-온도 그래프가 제시되더라도 압력과 부피 및 온도의 관계를 적용하면 압력-부피 그래프로 변환할 수 있다. 익숙하지 않은 문제의 유형은 익숙한 유형으로 바꾸어 풀이할 수 있어야 한다.

Part II 수능 평가원

11 열기관과 열역학 과정

2022학년도 6월 평가원 11번 | 정답 ① | 문제편 118p

출제 의도 기체의 상태 변화가 등압 과정임을 알고, 기체의 상태 변화를 설명할 수 있는지 확인하는 문항이다.

다음은 열의 이동에 따른 기체의 부피 변화를 알아보기 위한 실험이다.

[실험 과정]

(가) 20 mL의 기체가 들어있는 유리 주사기의 끝을 고무마개로 막는다.

(나) (가)의 주사기를 뜨거운 물이 든 비커에 담그고, 피스톤이 멈추면 눈금을 읽는다.

(다) (나)의 주사기를 얼음물이 든 비커에 담그고, 피스톤이 멈추면 눈금을 읽는다.

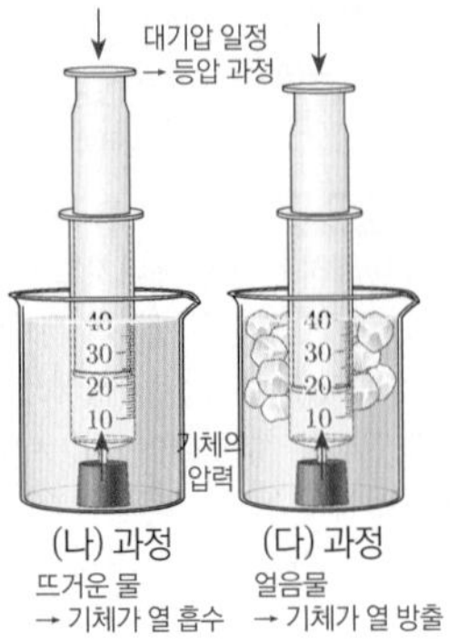

[실험 결과]

과정	(가) —부피 증가→	(나) —부피 감소→	(다)
기체의 부피(mL)	20	23	18

주사기 속 기체에 대한 설명으로 옳은 것만을 〈보기〉에서 있는 대로 고른 것은? [3점]

보기

ㄱ. 기체의 내부 에너지는 (가)에서가 (나)에서보다 작다.

ㄴ. (나)에서 기체가 흡수한 열은 기체가 한 일~~과 같다~~. 보다 크다.

ㄷ. (다)에서 기체가 방출한 열은 기체의 내부 에너지 변화량~~과 같다~~. 보다 크다.

① ㄱ ② ㄴ ③ ㄱ, ㄷ ④ ㄴ, ㄷ ⑤ ㄱ, ㄴ, ㄷ

✓ 자료 해석

• 피스톤을 밀어내는 대기압이 일정하므로 주사기 속의 기체의 상태 변화는 등압 과정이다.

과정	열의 이동	열역학 법칙의 적용
(가) → (나)	뜨거운 물 → 기체	$Q>0$, $\Delta U>0$, $W>0$
(나) → (다)	기체 → 얼음물	$Q<0$, $\Delta U<0$, $W<0$

○ 보기 풀이 ㄱ. (가)의 주사기를 뜨거운 물이 든 비커에 담그면 기체가 뜨거운 물로부터 열을 흡수하므로 기체의 온도는 증가한다. 기체의 내부 에너지는 기체의 온도에 비례하므로 기체의 온도는 (가)에서가 (나)에서보다 작다.

× 매력적 오답 ㄴ. (나)에서 기체의 온도가 증가하므로 기체의 내부 에너지도 증가하고, 기체의 부피가 증가하므로 기체는 외부에 일을 한다. 따라서 열역학 제1법칙($Q=\Delta U+W$)에 따라 기체가 흡수한 열은 기체의 내부 에너지 변화량과 기체가 외부에 한 일의 합과 같다. 즉, 기체가 흡수한 열은 기체가 한 일보다 크다.

ㄷ. (나)의 주사기를 얼음물이 든 비커에 담그면 기체가 얼음물로 열을 방출하므로 기체의 온도는 감소한다. 따라서 기체의 내부 에너지도 감소하고, 기체의 부피도 감소하므로 기체는 외부로부터 일을 받는다. 이때 열역학 제1법칙($Q=\Delta U+W$)에 따라 기체가 방출한 열은 기체의 내부 에너지 변화량과 기체가 외부로부터 받은 일의 합과 같다. 즉, 기체가 방출한 열은 기체의 내부 에너지 변화량보다 크다.

문제풀이 Tip

기체가 흡수하거나 방출한 열에 대해 묻는 문항에서는 열역학 법칙을 떠올릴 수 있어야 한다. 열역학 법칙에 관한 문제는 압력-부피 그래프의 해석 문항이 자주 출제되는 유형이기는 하지만 다른 방법으로도 출제될 수 있으므로 주어진 단서를 잘 활용하여 다양한 유형의 열역학 문항도 대비해야 한다.

선택지 비율	① 16%	② 7%	❸ 58%	④ 8%	⑤ 11%

12 열기관과 열역학 과정

2022학년도 9월 평가원 14번 | 정답 ③ | 문제편 119 p

출제 의도) 압력-부피 그래프를 이용하여 열기관에서 기체의 순환 과정을 이해하고, 열효율을 구할 수 있는지 확인하는 문항이다.

그림은 열효율이 0.2인 열기관에서 일정량의 이상 기체가 상태 A → B → C → A를 따라 순환하는 동안 기체의 압력과 부피를 나타낸 것이다. A → B 과정은 부피가 일정한 과정이고, B → C 과정은 단열 과정이며, C → A 과정은 등온 과정이다. C → A 과정에서 기체가 외부로부터 받은 일은 160 J이다.

열기관의 내부 에너지 변화량=0

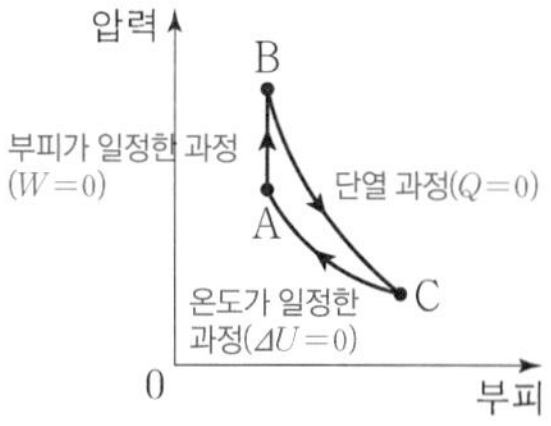

이에 대한 설명으로 옳은 것만을 〈보기〉에서 있는 대로 고른 것은?

보기

ㄱ. 기체의 온도는 B에서가 C에서보다 높다.
ㄴ. A → B 과정에서 기체가 흡수한 열량은 200 J이다.
ㄷ. B → C 과정에서 기체가 한 일은 ~~240 J~~이다. 200 J

① ㄱ ② ㄷ ③ ㄱ, ㄴ ④ ㄴ, ㄷ ⑤ ㄱ, ㄴ, ㄷ

문제풀이 Tip

열기관이 외부에 한 알짜일은 기체가 외부에 한 일에서 외부로부터 받은 일을 뺀 값과 같다. 기체가 흡수한 열량과 열효율을 알고 있으므로 열기관이 한 알짜일을 구하면 기체가 외부에 한 일도 구할 수 있다.

✓ 자료 해석

과정	열역학 제1법칙의 적용
A → B	$Q=\Delta U+W$에서 $\Delta V=0$, $W=0$이므로 $Q=\Delta U$이다.
B → C	$Q=\Delta U+W$에서 $Q=0$이므로 $W=-\Delta U$이다.
C → A	$Q=\Delta U+W$에서 $\Delta U=0$이므로 $Q=W$이다. → 기체가 외부로부터 받은 일=기체가 방출한 열량=160 J

O 보기풀이 ㄱ. B → C 과정에서 기체가 단열 팽창하므로 기체가 외부에 한 일만큼 기체의 내부 에너지가 감소하고, 내부 에너지는 기체의 온도에 비례하므로 기체의 온도도 감소한다. 따라서 기체의 온도는 B에서가 C에서보다 높다.
ㄴ. C → A 과정에서 기체가 방출한 열량은 160 J이다. B → C 과정에서는 열의 출입이 없으므로 A → B 과정에서 기체가 열을 흡수한다. 열기관이 한 일은 고열원에서 흡수한 열량과 저열원으로 방출한 열의 차이에 해당하므로 열효율은 $\frac{\text{기체가 흡수한 열}-\text{기체가 방출한 열}}{\text{기체가 흡수한 열}}$이다. 따라서 A → B 과정에서 흡수한 열을 Q라고 하면 $\frac{Q-160}{Q}=0.2$에서 $Q=200$ J이다.

× 매력적 오답 ㄷ. B → C 과정에서 기체가 한 일은 기체의 내부 에너지 변화량과 같다. 기체가 A → B → C → A를 따라 순환하는 동안 기체의 내부 에너지 변화량은 0이고, 등온 과정에서는 내부 에너지가 변하지 않으므로 B → C 과정에서 기체의 내부 에너지 감소량은 A → B 과정에서 기체의 내부 에너지 증가량과 같다. 이때 A → B 과정에서 기체의 내부 에너지 증가량은 이 과정에서 기체가 흡수한 열량과 같으므로 200 J이다.

선택지 비율	❶ 82%	② 4%	③ 5%	④ 3%	⑤ 4%

13 열기관과 열역학 과정

2021학년도 수능 12번 | 정답 ① | 문제편 119 p

출제 의도) 압력-부피 그래프를 이용하여 열기관에서 기체의 순환 과정을 이해하고, 열역학 과정을 설명할 수 있는지 확인하는 문항이다.

그림은 열효율이 0.3인 열기관에서 일정량의 이상 기체가 상태 A → B → C → D → A를 따라 순환하는 동안 기체의 압력과 부피를, 표는 각 과정에서 기체가 흡수 또는 방출하는 열량을 나타낸 것이다.

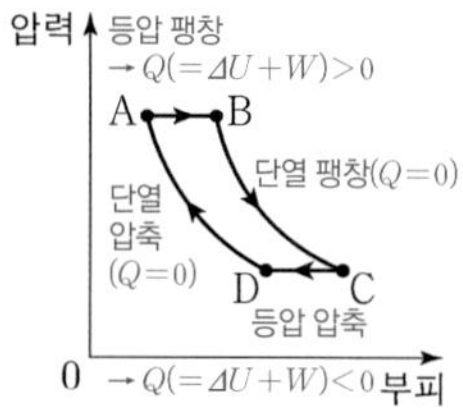

과정	흡수 또는 방출하는 열량(J)
A → B	㉠
B → C	0
C → D	140
D → A	0

이에 대한 설명으로 옳은 것만을 〈보기〉에서 있는 대로 고른 것은?

보기

ㄱ. ㉠은 200이다.
ㄴ. A → B 과정에서 기체의 내부 에너지는 ~~감소~~한다. 증가
ㄷ. C → D 과정에서 기체는 ~~외부로부터 열을 흡수한다~~.
외부로 열을 방출한다.

① ㄱ ② ㄷ ③ ㄱ, ㄴ ④ ㄴ, ㄷ ⑤ ㄱ, ㄴ, ㄷ

✓ 자료 해석

- 압력이 일정할 때 기체의 부피와 온도는 비례한다. 따라서 A → B 과정에서 부피가 증가하면 온도도 증가하므로 $W>0$, $\Delta U>0$이고, C → D 과정에서 부피가 감소하면 온도도 감소하므로 $W<0$, $\Delta U<0$이다.
  → 열역학 제1법칙에 따라 A → B 과정에서는 $Q(=\Delta U+W)>0$이므로 열을 흡수하고, C → D과정에서는 $Q(=\Delta U+W)<0$이므로 열을 방출한다.

O 보기풀이 ㄱ. 열기관의 열효율은 $\frac{\text{기체가 한 일}}{\text{기체가 흡수한 열}}=\frac{\text{흡수한 열량}-\text{방출한 열량}}{\text{흡수한 열량}}=\frac{㉠-140}{㉠}=0.3$에서 ㉠=200 J이다.

× 매력적 오답 ㄴ. A → B 과정(등압 팽창)은 압력이 일정하고 부피가 증가하므로 온도도 증가한다. 기체의 내부 에너지는 온도에 비례하므로, 기체의 내부 에너지가 증가한다.
ㄷ. C → D 과정(등압 압축)에서 기체의 부피가 감소하므로 기체는 외부로부터 일을 받고($W<0$), 부피가 감소하여 온도도 감소하므로 내부 에너지도 감소($\Delta U<0$)한다. 따라서 열역학 제1법칙에서 $Q=\Delta U+W<0$이고, $Q<0$은 기체가 열을 외부로 방출하는 것을 의미한다.

문제풀이 Tip

등압 과정에서는 압력이 일정하므로 기체의 부피 변화와 온도 변화를 이용하여 열역학 제1법칙을 통해 기체가 열을 흡수하는지, 방출하는지를 알 수 있다.

선택지 비율	❶ 59%	② 8%	③ 13%	④ 5%	⑤ 14%

14 열기관과 열역학 과정

2021학년도 9월 평가원 15번 | 정답 ① | 문제편 119 p

출제 의도 압력-부피 그래프를 이용하여 열기관에서 기체의 순환 과정을 이해하고, 열효율을 구할 수 있는지 확인하는 문항이다.

순환하는 동안 열기관의 내부 에너지 변화는 0이다.

그림은 열기관에서 일정량의 이상 기체의 상태가 A → B → C → D → A를 따라 변할 때 기체의 압력과 부피를, 표는 각 과정에서 기체가 외부에 한 일 또는 외부로부터 받은 일을 나타낸 것이다. 기체는 A → B 과정에서 250 J의 열량을 흡수하고, B → C 과정과 D → A 과정은 열 출입이 없는 단열 과정이다.

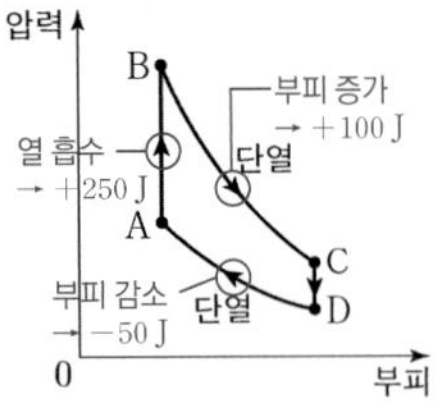

과정	외부에 한 일 또는 외부로부터 받은 일(J)
A → B	0
B → C	100
C → D	0
D → A	50

이에 대한 설명으로 옳은 것만을 〈보기〉에서 있는 대로 고른 것은? [3점]

보기
ㄱ. B → C 과정에서 기체의 온도가 감소한다.
ㄴ. C → D 과정에서 기체가 방출한 열량은 ~~150 J~~이다. 200 J
ㄷ. 열기관의 열효율은 ~~0.4~~이다. 0.2

① ㄱ ② ㄷ ③ ㄱ, ㄴ ④ ㄴ, ㄷ ⑤ ㄱ, ㄴ, ㄷ

✓ 자료 해석

과정	기체가 한 일	열량	내부 에너지 변화량
A → B	0 ($\Delta V=0$)	+250 J (∵ 흡수)	+250 J (∵ $Q=\Delta U$)
B → C	+100 J	0 (∵ 단열)	−100 J (∵ $W=-\Delta U$)
C → D	0 ($\Delta V=0$)	Q'	Q'
D → A	−50 J	0 (∵ 단열)	+50 J (∵ $W=-\Delta U$)

○ 보기 풀이 ㄱ. B → C 과정에서 기체의 부피가 증가하므로 기체는 단열 팽창을 한다. 따라서 기체가 외부에 한 일만큼 기체의 내부 에너지가 감소하고, 내부 에너지는 기체의 온도에 비례하므로 기체의 온도도 감소한다.

× 매력적 오답 ㄴ. 이상 기체의 상태가 A → B → C → D → A를 따라 변하는 것은 순환 과정이므로 순환하는 동안 이상 기체의 내부 에너지 변화량은 0이다. C → D 과정에서 기체의 온도가 감소하므로 기체의 내부 에너지도 감소하고, 기체가 외부에 한 일은 0이므로 열역학 제1법칙에 따라 기체의 내부 에너지 감소량은 기체가 흡수한 열량과 같다. 기체가 흡수한 열량을 Q'이라고 하면 $+250\text{ J}+(-100\text{ J})+Q'+50\text{ J}=0$이므로 $Q'=-200\text{ J}$이다. 따라서 C → D 과정에서 기체가 방출한 열량은 200 J이다.
ㄷ. 열기관이 한 일은 열역학 제1법칙에 따라 고열원에서 흡수한 열과 저열원에서 방출한 열의 차이에 해당하므로 $250\text{ J}-200\text{ J}=50\text{ J}$이다. 따라서 열기관의 열효율은 $\dfrac{\text{기체가 한 일}}{\text{기체가 흡수한 열}}$이므로 $\dfrac{50\text{ J}}{250\text{ J}}=0.2$이다.

문제풀이 Tip
열기관은 고열원에서 열을 흡수하여 외부에 일을 하고, 저열원으로 남은 열을 방출하여 처음 상태로 되돌아오는 순환 과정으로 작동하므로 A → B 과정에서 열을 흡수하였다면 C → D 과정에서는 열을 방출하는 것을 이해할 수 있어야 한다.

선택지 비율	① 3%	② 3%	③ 6%	❹ 76%	⑤ 9%

15 열기관과 열역학 과정

2021학년도 6월 평가원 14번 | 정답 ④ | 문제편 119 p

출제 의도 압력-부피 그래프를 이용하여 열기관에서 기체의 순환 과정을 이해하고, 열효율을 구할 수 있는지 확인하는 문항이다.

그림은 어떤 열기관에서 일정량의 이상 기체가 상태 A → B → C → D → A를 따라 순환하는 동안 기체의 압력과 부피를, 표는 각 과정에서 기체가 흡수 또는 방출하는 열량을 나타낸 것이다.

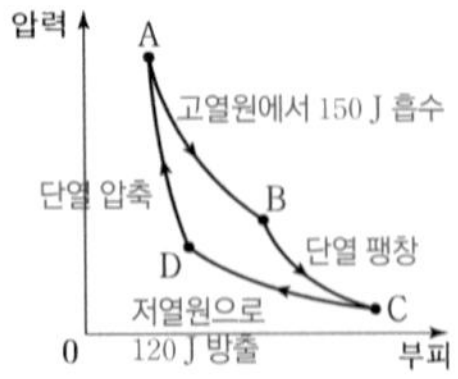

과정	흡수 또는 방출하는 열량(J)
A → B	150
B → C	0
C → D	120
D → A	0

이에 대한 설명으로 옳은 것만을 〈보기〉에서 있는 대로 고른 것은? [3점]

보기
ㄱ. B → C 과정에서 기체가 한 일은 0~~이다~~. 보다 크다.
ㄴ. 기체가 한 번 순환하는 동안 한 일은 30 J이다.
ㄷ. 열기관의 열효율은 0.2이다.

① ㄱ ② ㄷ ③ ㄱ, ㄴ ④ ㄴ, ㄷ ⑤ ㄱ, ㄴ, ㄷ

✓ 자료 해석
- 열기관은 고열원에서 열을 흡수하여 외부에 일을 하고, 저열원으로 남은 열을 방출하여 처음 상태로 되돌아오는 순환 과정으로 작동한다. 따라서 열기관은 에너지 보존에 의해 흡수한 열보다 많은 열을 방출시킬 수 없으므로 150 J의 열을 흡수하여 외부에 일을 하고 120 J의 열을 방출한다.
- 열기관이 한 일은 열역학 제1법칙에 따라 고열원에서 흡수한 열과 저열원으로 방출한 열의 차이에 해당한다.

○ 보기 풀이 ㄴ. 열기관이 한 번 순환하는 동안 한 일은 고열원에서 흡수한 열과 저열원으로 방출한 열의 차이에 해당하므로 $150\text{ J}-120\text{ J}=30\text{ J}$이다.
ㄷ. 열기관의 열효율은 $\dfrac{\text{기체가 한 일}}{\text{기체가 흡수한 열}}$이므로 $\dfrac{30\text{ J}}{150\text{ J}}=0.2$이다.

× 매력적 오답 ㄱ. B → C 과정에서 기체의 부피가 증가하므로 기체는 외부에 일을 한다. 따라서 기체가 한 일은 0이 아니다.

문제풀이 Tip
열기관이 한 번 순환하는 동안 기체의 내부 에너지 변화량은 0이므로 열역학 제1법칙에 따라 순환 과정에서 기체가 흡수 또는 방출하는 열량의 차이가 기체가 한 일이 되며, 기체가 흡수한 열은 방출한 열보다 항상 크다는 것을 이해하고 있어야 한다.

선택지 비율	① 6%	② 4%	③ 5%	④ 2%	❺ 81%

16 열역학 과정과 압력 – 부피 그래프

2020학년도 수능 11번 | 정답 ⑤ | 문제편 120 p

출제 의도 압력 – 부피 그래프를 이용하여 기체의 상태 변화를 설명하고, 열역학 제1법칙을 적용할 수 있는지 확인하는 문항이다.

그림은 일정한 양의 이상 기체의 상태가 A → B → C를 따라 변할 때, 압력과 부피를 나타낸 것이다.

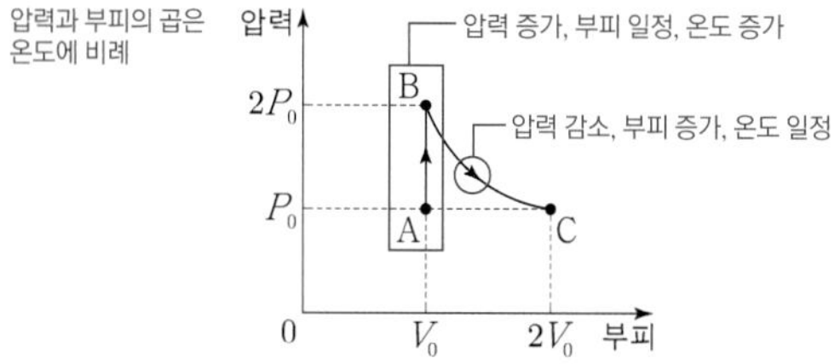

이에 대한 설명으로 옳은 것만을 〈보기〉에서 있는 대로 고른 것은?

보기
ㄱ. A → B 과정에서 기체는 열을 흡수한다.
ㄴ. B → C 과정에서 기체는 외부에 일을 한다.
ㄷ. 기체의 내부 에너지는 C에서가 A에서보다 크다.

① ㄱ ② ㄴ ③ ㄱ, ㄷ ④ ㄴ, ㄷ ⑤ ㄱ, ㄴ, ㄷ

✔ 자료 해석

- A → B 과정은 등적 과정으로, 기체의 부피가 변하지 않아 기체가 한 일이 0이므로 열역학 제1법칙에 따라 기체가 흡수한 열은 기체의 내부 에너지 증가량과 같다. → $Q=\Delta U$
- B, C에서 기체의 압력과 부피의 곱이 같으므로 기체의 온도가 서로 같다. 따라서 B → C 과정은 기체의 온도가 일정한 등온 팽창 과정으로 온도가 변하지 않아 기체의 내부 에너지 변화량이 0이므로 기체가 흡수한 열은 외부에 한 일과 같다. → $Q=W$

○ 보기 풀이 ㄱ. A → B 과정에서 기체의 부피가 V_0으로 일정하고, 압력은 P_0에서 $2P_0$으로 증가하였다. 이때 기체의 압력과 부피의 곱은 온도에 비례하는데, 압력과 부피의 곱이 2배가 되었으므로 기체의 온도도 2배로 증가한다. 따라서 기체의 내부 에너지도 증가한다. 열역학 제1법칙 $Q=W+\Delta U$에서 $W=0$, $\Delta U>0$이므로 $Q>0$이다 즉, 기체는 열을 흡수한다.

ㄴ. B → C 과정에서 기체의 부피가 V_0에서 $2V_0$으로 증가하므로 기체는 외부에 일을 한다.

ㄷ. A와 C에서 기체의 압력은 P_0으로 서로 같다. 압력이 같을 때 부피는 온도에 비례하는데, 기체의 부피는 C에서가 A에서의 2배이므로 기체의 온도도 C에서가 A에서의 2배이다. 한편 기체의 내부 에너지는 온도에 비례하므로 기체의 내부 에너지도 C에서가 A에서의 2배이다.

문제풀이 Tip

기체의 온도는 기체의 압력과 부피의 곱에 비례하므로 압력 – 부피 그래프가 주어지면 부피 축과 압력 축의 값을 이용하여 쉽게 온도를 비교할 수 있다.

선택지 비율	① 4%	② 4%	❸ 76%	④ 6%	⑤ 8%

17 열역학 과정과 압력 – 부피 그래프

2020학년도 9월 평가원 18번 | 정답 ③ | 문제편 120 p

출제 의도 기체의 상태 변화를 분석하여 압력 – 부피 그래프로 나타낼 수 있는지 확인하는 문항이다.

그림 (가)의 Ⅰ은 이상 기체가 들어 있는 실린더에 피스톤이 정지해 있는 모습을, Ⅱ는 Ⅰ에서 기체에 열을 서서히 가했을 때 기체가 팽창하여 피스톤이 정지한 모습을, Ⅲ은 Ⅱ에서 피스톤에 모래를 서서히 올려 피스톤이 내려가 정지한 모습을 나타낸 것이다. Ⅰ과 Ⅲ에서 기체의 부피는 같다. 그림 (나)는 (가)의 기체 상태가 변화할 때 압력과 부피를 나타낸 것이다. A, B, C는 각각 Ⅰ, Ⅱ, Ⅲ에서의 기체의 상태 중 하나이다.

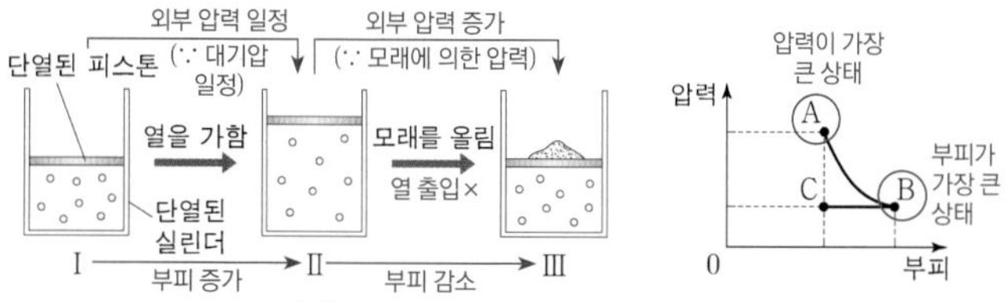

(가) (나)

이에 대한 설명으로 옳은 것만을 〈보기〉에서 있는 대로 고른 것은? (단, 피스톤의 마찰은 무시한다.) [3점]

보기
ㄱ. Ⅰ → Ⅱ 과정에서 기체는 외부에 일을 한다. 부피 증가
ㄴ. 기체의 온도는 Ⅲ에서가 Ⅰ에서보다 높다. Ⅰ < Ⅱ < Ⅲ
ㄷ. Ⅱ → Ⅲ 과정은 ~~B → C~~ 과정에 해당한다. B → A

① ㄱ ② ㄷ ③ ㄱ, ㄴ ④ ㄴ, ㄷ ⑤ ㄱ, ㄴ, ㄷ

✔ 자료 해석

- Ⅰ→Ⅱ 과정에서 기체는 압력을 일정하게 유지하면서 부피가 증가하는 등압 팽창을 한다. 압력이 일정할 때 기체의 부피와 온도는 비례 관계이므로, 기체의 부피가 증가하면 기체의 온도도 증가한다.
- Ⅱ→Ⅲ 과정에서 기체는 열의 출입이 없는 상태에서 외부로부터 일을 받아 부피가 감소하는 단열 압축을 한다. 열역학 제1법칙에 따라 기체는 외부에서 받은 일만큼 내부 에너지가 증가하므로 기체의 온도가 증가한다. 이때 기체의 분자 운동이 활발해지면서 기체의 압력은 증가한다.

○ 보기 풀이 ㄱ. Ⅰ→Ⅱ 과정에서 기체의 부피가 증가하므로 기체는 외부에 일을 한다.

ㄴ. Ⅰ→Ⅱ 과정에서 기체는 열을 흡수하므로 기체의 온도는 Ⅱ에서가 Ⅰ에서보다 높다. 또한 Ⅱ에서 기체는 열 출입 없이 외부로부터 일을 받아 부피가 감소하는 단열 압축을 하므로 기체는 외부에서 받은 일만큼 내부 에너지가 증가한다. 따라서 기체의 온도는 Ⅲ에서가 Ⅱ에서보다 높으므로 기체의 온도는 Ⅲ에서가 Ⅰ에서보다 높다.

✖ 매력적 오답 ㄷ. 기체의 부피는 Ⅰ→Ⅱ 과정에서 증가하고 Ⅱ→Ⅲ 과정에서 감소하므로 부피가 가장 큰 Ⅱ가 상태 B에 해당한다. Ⅰ→Ⅱ 과정은 압력이 일정한 상태에서 부피가 증가하는 등압 팽창 과정이므로 Ⅰ이 상태 C이며, Ⅱ→Ⅲ 과정은 열 출입이 없는 상태에서 부피가 감소하는 단열 압축 과정이고, 이때 기체의 압력이 증가하므로 Ⅲ은 상태 A이다. 따라서 Ⅱ→Ⅲ 과정은 B → A 과정에 해당한다.

문제풀이 Tip

(가)에서 기체의 압력과 부피를 비교하여 (나) 그래프에서 해당되는 상태를 찾을 수 있어야 한다.

선택지 비율	① 14%	② 5%	❸ 65%	④ 5%	⑤ 8%

18 열역학 과정

2020학년도 6월 평가원 16번 | 정답 ③ |

문제편 120 p

(출제 의도) 한 기체의 상태 변화가 다른 기체의 상태 변화에 서로 영향을 주는 상황을 이해하고 열역학 법칙을 적용할 수 있는지 확인하는 문항이다.

그림 (가)와 같이 단열된 실린더와 단열되지 않은 실린더에 각각 같은 양의 동일한 이상 기체 A, B가 들어 있고, 단면적이 같은 단열된 두 피스톤이 정지해 있다. B의 온도를 일정하게 유지하면서 A에 열을 공급하였더니 피스톤이 천천히 이동하여 정지하였다. 그림 (나)는 시간에 따른 A와 B의 온도를 나타낸 것이다.

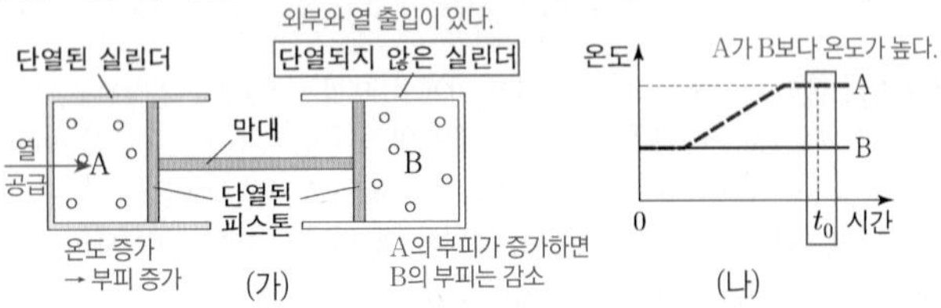

(가) (나)

이에 대한 설명으로 옳은 것만을 〈보기〉에서 있는 대로 고른 것은? (단, 실린더는 고정되어 있고, 피스톤의 마찰은 무시한다.) [3점]

보기

ㄱ. t_0일 때, 내부 에너지는 A가 B보다 크다.
ㄴ. t_0일 때, 부피는 B가 A보다 크다. 작다
ㄷ. A의 온도가 높아지는 동안 B는 열을 방출한다.

① ㄱ ② ㄴ ③ ㄱ, ㄷ ④ ㄴ, ㄷ ⑤ ㄱ, ㄴ, ㄷ

✓ 자료 해석

- A에 열을 공급하면 A의 분자 운동이 활발해지면서 운동 에너지가 커지므로 기체의 내부 에너지가 증가하고 A는 부피가 증가하면서 막대를 밀어내는 일을 한다.
- B는 A가 막대를 밀어내는 힘에 의해 부피가 감소하고, 온도가 일정하므로 등온 압축을 한다. 열역학 제1법칙에서 $\Delta U=0$이므로 $Q=W$이며, $W<0$이므로 $Q<0$이다.

O 보기 풀이 ㄱ. 기체의 내부 에너지는 기체의 온도에 비례한다. t_0일 때 A의 온도가 B의 온도보다 크므로 내부 에너지도 A가 B보다 크다.
ㄷ. A의 온도가 높아지는 동안 A의 부피가 증가하므로 B의 부피는 감소한다. B는 온도가 일정한 등온 과정이므로 열역학 제1법칙에 따라 B는 외부로부터 받은 일만큼 외부에 열을 방출한다. 즉, A의 온도가 높아지는 동안 B는 열을 방출한다.

X 매력적 오답 ㄴ. A에 열을 공급하면 A의 분자 운동이 활발해져서 A의 압력이 대기압보다 커지므로 대기압과 같아질 때까지 A의 부피가 증가하고 B의 부피는 감소한다. 따라서 t_0일 때 부피는 B가 A보다 작다.

문제풀이 Tip

열역학 제1법칙에 따르면 등온 과정에서 기체의 부피가 증가하면 외부로부터 열을 흡수하고, 부피가 감소하면 외부로 열을 방출한다.

06 특수 상대성 이론

선택지 비율	① 2%	② 12%	③ 5%	❹ 74%	⑤ 7%

1 특수 상대성 이론

2025학년도 수능 9번 | 정답 ④ | 문제편 122p

출제 의도 시간 팽창과 길이 수축, 광속 불변에 대한 이해를 묻는 문항이다.

그림과 같이 관찰자 A에 대해 관찰자 B가 탄 우주선이 $+x$방향으로 터널을 향해 $0.8c$의 속력으로 등속도 운동한다. A의 관성계에서, x축과 나란하게 정지해 있는 터널의 길이는 L이고, 우주선의 앞이 터널의 출구를 지나는 순간 우주선의 뒤가 터널의 입구를 지난다.

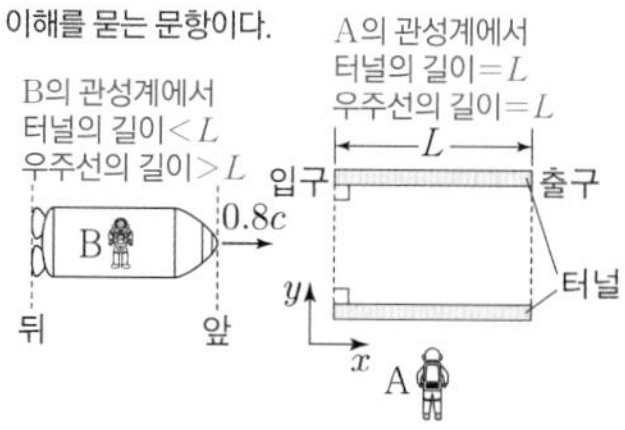

이에 대한 설명으로 옳은 것만을 〈보기〉에서 있는 대로 고른 것은? (단, c는 빛의 속력이다.) [3점]

보기
ㄱ. A의 관성계에서, 우주선의 앞이 터널의 입구를 지나는 순간부터 우주선의 뒤가 터널의 입구를 지나는 순간까지 걸린 시간은 $\frac{L}{0.8c}$보다 ~~작다~~. 이다.
ㄴ. B의 관성계에서, 터널의 길이는 L보다 작다.
ㄷ. B의 관성계에서, 터널의 출구가 우주선의 앞을 지나고 난 후 터널의 입구가 우주선의 뒤를 지난다.

① ㄱ ② ㄴ ③ ㄱ, ㄷ ④ ㄴ, ㄷ ⑤ ㄱ, ㄴ, ㄷ

✔ 자료 해석
- A의 관성계에서
  1) 터널의 길이(고유 길이)$=L$
  2) 우주선의 길이(수축 길이)$=L$
- B의 관성계에서
  1) 터널의 길이(수축 길이)$<L$
  2) 우주선의 길이(고유 길이)$>L$

O 보기풀이 A의 관성계에서, B가 탄 우주선의 길이가 L이므로 B가 탄 우주선의 고유 길이는 L보다 크다.
ㄴ. B의 관성계에서, 터널의 길이는 길이 수축 효과에 의해 L보다 작다.
ㄷ. B의 관성계에서, 터널의 길이가 우주선의 길이보다 작다. 따라서 터널의 출구가 우주선의 앞을 지나고 난 후, 터널의 입구가 우주선의 뒤를 지난다.

× 매력적 오답 ㄱ. A의 관성계에서, B가 탄 우주선의 길이가 L이고, 우주선의 속력은 $0.8c$이므로 우주선의 앞이 터널의 입구를 지나는 순간부터 우주선의 뒤가 터널의 입구를 지나는 순간까지 걸린 시간은 $\frac{L}{0.8c}$이다.

문제풀이 Tip
고유 길이와 수축 길이에 대해 이해하고 있으면 해결할 수 있다.

선택지 비율	① 4%	② 2%	③ 16%	④ 2%	❺ 75%

2 특수 상대성 이론

2025학년도 9월 평가원 11번 | 정답 ⑤ | 문제편 122p

출제 의도 길이 수축, 광속 불변에 대한 이해를 묻는 문항이다.

그림과 같이 관찰자 A에 대해, 검출기 P와 점 Q가 정지해 있고 관찰자 B가 탄 우주선이 A, P, Q를 잇는 직선과 나란하게 $0.6c$의 속력으로 등속도 운동을 한다. A의 관성계에서 B가 Q를 지나는 순간, A와 B는 동시에 P를 향해 빛을 방출한다. A의 관성계에서, A에서 P까지의 거리와 P에서 Q까지의 거리는 L로 같다.

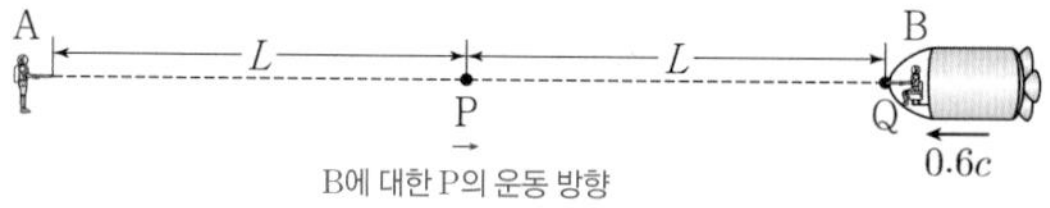

이에 대한 설명으로 옳은 것만을 〈보기〉에서 있는 대로 고른 것은? (단, c는 빛의 속력이고, 우주선과 관찰자의 크기는 무시한다.)

보기
ㄱ. A의 관성계에서, A가 방출한 빛의 속력과 B가 방출한 빛의 속력은 같다.
ㄴ. A의 관성계에서, B가 방출한 빛이 P에 도달하는 데 걸리는 시간은 $\frac{L}{c}$이다.
ㄷ. B의 관성계에서, A가 방출한 빛이 P에 도달하는 데 걸리는 시간은 B가 방출한 빛이 P에 도달하는 데 걸리는 시간보다 크다.

① ㄱ ② ㄷ ③ ㄱ, ㄴ ④ ㄴ, ㄷ ⑤ ㄱ, ㄴ, ㄷ

✔ 자료 해석
- A의 관성계에서, P, Q는 정지해 있다.
- B의 관성계에서, P는 B에 가까워지는 방향으로 운동한다.

O 보기풀이 ㄱ. 빛의 속력은 관찰자의 운동과 관계없이 c로 같다.(광속 불변)
ㄴ. A의 관성계에서, B가 방출한 빛의 속력은 c이고 P와 Q 사이의 거리는 L이다. 따라서 A의 관성계에서, B가 방출한 빛이 P에 도달하는 데 걸리는 시간은 $\frac{L}{c}$이다.
ㄷ. B의 관성계에서, A, B에서 방출된 빛이 P에 도달하는 동안 P는 B의 운동 방향의 반대 방향으로 움직인다. 따라서 빛의 경로가 A에서 P까지가 Q에서 P까지보다 길므로 A가 방출한 빛이 P에 도달하는 데 걸리는 시간은 B가 방출한 빛이 P에 도달하는 데 걸리는 시간보다 크다.

문제풀이 Tip
광속 불변 원리, 고유 길이와 길이 수축, 광원과 검출기 사이의 상대 운동에 따른 빛의 이동 시간의 차에 대해 이해하고 있으면 해결할 수 있다.

Part II 수능 평가원

선택지 비율	① 5%	② 6%	❸ 78%	④ 4%	⑤ 7%

3 특수 상대성 이론

2025학년도 6월 평가원 7번 | 정답 ③ | 문제편 122p

출제 의도 상대 속도, 시간 지연, 길이 수축에 대한 이해를 묻는 문항이다.

그림과 같이 관찰자 A가 탄 우주선이 우주 정거장 P에서 우주 정거장 Q를 향해 등속도 운동한다. A의 관성계에서, 관찰자 B의 속력은 $0.8c$이고 P와 Q 사이의 거리는 L이다. B의 관성계에서, P와 Q는 정지해 있다.

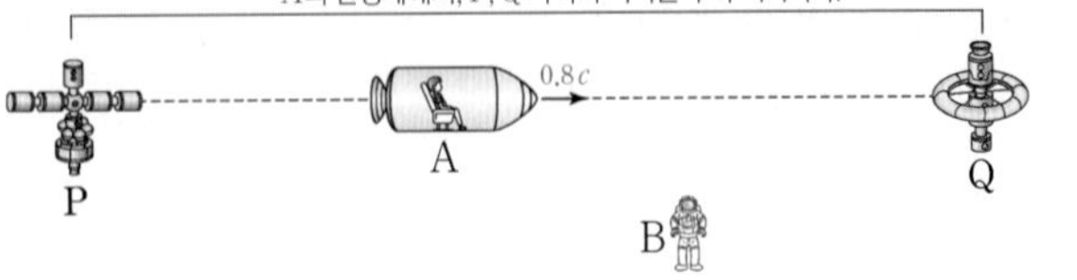

이에 대한 설명으로 옳은 것만을 〈보기〉에서 있는 대로 고른 것은? (단, c는 빛의 속력이다.) [3점]

> 보기
> ㄱ. A의 관성계에서, P의 속력은 Q의 ~~속력보다 작다~~. (속력과 같다.)
> ㄴ. A의 관성계에서, A의 시간이 B의 시간보다 ~~느리게 간다~~. (빠르게 간다.)
> ㄷ. B의 관성계에서, P와 Q 사이의 거리는 L보다 크다.

① ㄱ ② ㄴ ③ ㄷ ④ ㄱ, ㄴ ⑤ ㄴ, ㄷ

✓ 자료 해석

- P, Q는 B에 대해 정지해 있으므로, P, Q 사이의 거리는 B의 관성계에서는 고유 길이이고, A의 관성계에서는 수축 길이이다.
- P, Q는 B에 대해 정지해 있고, A에 대해 A의 운동 방향과 반대 방향으로 운동한다.

○ 보기풀이 ㄷ. A의 관성계에서, P와 Q 사이의 거리는 길이 수축에 의해 고유 길이보다 짧게 측정된다. 따라서 B의 관성계에서, P와 Q 사이의 거리는 A의 관성계에서의 거리인 L보다 크다.

× 매력적 오답 ㄱ. B의 관성계에서, P와 Q는 정지해 있다. 따라서 A의 관성계에서, P의 속력과 Q의 속력은 B의 속력인 $0.8c$와 같다.

ㄴ. A의 관성계에서, 시간 지연(팽창) 효과에 의해 다른 관성계의 시간은 느리게 간다. 따라서 A의 관성계에서, A의 시간이 B의 시간보다 빠르게 간다.

문제풀이 Tip

상대 속도, 시간 지연, 길이 수축에 대해 이해하고 있으면 어렵지 않게 해결할 수 있다.

선택지 비율	① 3%	❷ 70%	③ 6%	④ 16%	⑤ 5%

4 특수 상대성 이론

2024학년도 수능 12번 | 정답 ② | 문제편 122p

출제 의도 시간 팽창과 길이 수축, 동시성의 상대성에 대한 이해를 묻는 문항이다.

그림과 같이 관찰자 A에 대해 광원 P, 검출기, 광원 Q가 정지해 있고 관찰자 B, C가 탄 우주선이 각각 광속에 가까운 속력으로 P, 검출기, Q를 잇는 직선과 나란하게 서로 반대 방향으로 등속도 운동을 한다. A의 관성계에서, P, Q에서 검출기를 향해 동시에 방출된 빛은 검출기에 동시에 도달한다. P와 Q 사이의 거리는 B의 관성계에서가 C의 관성계에서보다 크다.

(P, Q에서 검출기까지의 거리는 같다.)
(길이 수축이 C의 관성계에서가 더 크다. = B의 속력이 C의 속력보다 작다.)

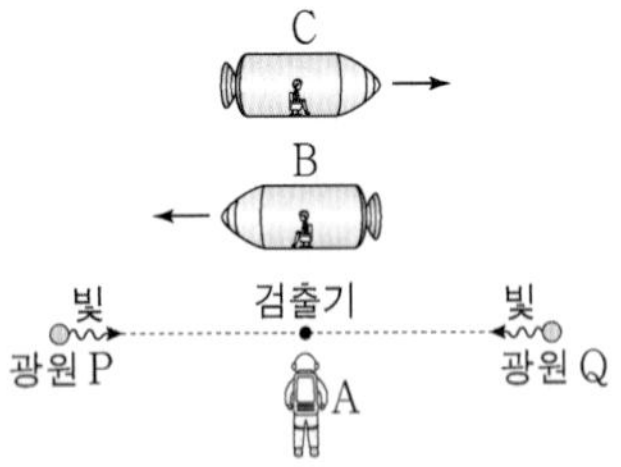

이에 대한 설명으로 옳은 것만을 〈보기〉에서 있는 대로 고른 것은?

> 보기
> ㄱ. A의 관성계에서, B의 시간은 C의 시간보다 ~~느리게 간다~~. (빠르게 간다.)
> ㄴ. B의 관성계에서, 빛은 P에서가 Q에서보다 먼저 방출된다.
> ㄷ. C의 관성계에서, 검출기에서 P까지의 거리는 검출기에서 Q까지의 거리~~보다 크다~~. (와 같다.)

① ㄱ ② ㄴ ③ ㄱ, ㄷ ④ ㄴ, ㄷ ⑤ ㄱ, ㄴ, ㄷ

✓ 자료 해석

- A의 관성계에서, P, Q에서 검출기까지의 거리가 같음
  → B, C의 관성계에서도 P, Q에서 검출기까지의 거리가 같음
- 길이 수축은 속력이 큰 관찰자일수록 더 크게 나타난다.
  → 길이 수축 : 관찰자 B<관찰자 C
  → 속력 : 관찰자 B<관찰자 C

○ 보기풀이 ㄴ. B의 관성계에서, P, Q에서 방출된 빛이 검출기에 동시에 도달하는 것으로 관측된다. B의 관성계에서, 검출기는 P에서 나온 빛으로부터 멀어지고, Q에서 나온 빛에 가까워지므로 빛은 P에서가 Q에서보다 먼저 방출된다.

× 매력적 오답 ㄱ. P와 Q 사이의 거리는 B의 관성계에서가 C의 관성계에서보다 크므로, 우주선의 속력은 C가 B보다 크다. 따라서 A의 관성계에서, C의 시간은 B의 시간보다 느리게 간다.

ㄷ. A의 관성계에서, P, Q에서 검출기를 향해 동시에 방출된 빛이 검출기에 동시에 도달하므로 검출기에서 P까지, 검출기에서 Q까지의 고유 길이는 같다. 따라서 C의 관성계에서도 검출기에서 P까지의 거리와 검출기에서 Q까지의 거리는 같다.

문제풀이 Tip

시간 팽창과 길이 수축, 동시성의 상대성에 대해 이해하고 있으면 해결할 수 있다.

선택지 비율	① 5%	❷ 69%	③ 11%	④ 5%	⑤ 9%

5 특수 상대성 이론(시간 팽창과 길이 수축)

2024학년도 9월 평가원 6번 | 정답 ② | 문제편 123 p

출제 의도 시간 팽창과 길이 수축에 대한 이해를 묻는 문항이다.

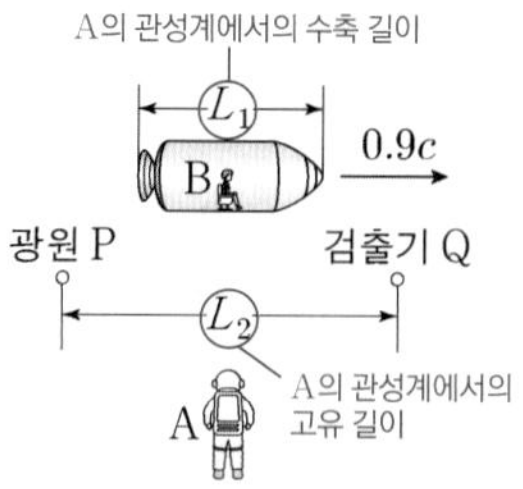

그림과 같이 관찰자 A에 대해 광원 P, 검출기 Q가 정지해 있고, 관찰자 B가 탄 우주선이 P, Q를 잇는 직선과 나란하게 $0.9c$의 속력으로 등속도 운동을 하고 있다. A의 관성계에서, 우주선의 길이는 L_1이고, P와 Q 사이의 거리는 L_2이다.

이에 대한 설명으로 옳은 것만을 ⟨보기⟩에서 있는 대로 고른 것은? (단, 빛의 속력은 c이다.)

보기

ㄱ. A의 관성계에서, A의 시간은 B의 시간보다 ~~느리게 간다.~~ 빠르게 간다.

ㄴ. B의 관성계에서, 우주선의 길이는 L_1보다 길다.

ㄷ. B의 관성계에서, P에서 방출된 빛이 Q에 도달하는 데 걸리는 시간은 $\frac{L_2}{c}$보다 ~~크다.~~ 작다.

① ㄱ　② ㄴ　③ ㄷ　④ ㄱ, ㄴ　⑤ ㄴ, ㄷ

✔ 자료 해석

- A의 관성계에서, L_1은 수축 길이이다.
- A의 관성계에서, L_2는 고유 길이이다.

○ 보기풀이 ㄴ. B의 관성계에서, 우주선의 고유 길이는 A의 관성계에서 측정한 수축된 길이 L_1보다 길다.

✕ 매력적 오답 ㄱ. 운동하는 관성계의 시간은 정지한 관성계의 시간보다 느리게 간다. 따라서 A의 관성계에서, A 자신의 시간은 움직이는 B의 시간보다 빠르게 간다.

ㄷ. 모든 관성계에서 빛의 속력은 c로 일정하다. B의 관성계에서, P와 Q 사이의 길이는 L_2보다 짧고, P에서 방출된 빛이 Q를 향해 진행하는 동안 Q가 P에 가까워지므로 P에서 방출한 빛이 Q에 도달하는 데 걸리는 시간은 $\frac{L_2}{c}$보다 작다.

문제풀이 Tip

시간 팽창과 길이 수축에 대해 이해하고 있으면 해결할 수 있다.

선택지 비율	① 19%	② 3%	❸ 70%	④ 4%	⑤ 5%

6 특수 상대성 이론(동시성의 상대성)

2024학년도 6월 평가원 9번 | 정답 ③ | 문제편 123 p

출제 의도 동시성의 상대성에 대한 이해를 묻는 문항이다.

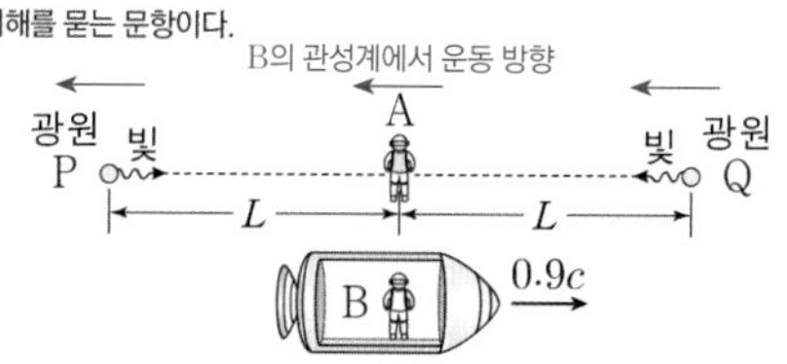

그림과 같이 관찰자 A에 대해 광원 P, Q가 정지해 있고, 관찰자 B가 탄 우주선이 P, A, Q를 잇는 직선과 나란하게 $0.9c$의 속력으로 등속도 운동을 하고 있다. A의 관성계에서, A에서 P, Q까지의 거리는 각각 L로 같고, P, Q에서 빛이 A를 향해 동시에 방출된다. (P, Q에서 방출된 빛은 A에 동시에 도달한다.)

이에 대한 설명으로 옳은 것만을 ⟨보기⟩에서 있는 대로 고른 것은? (단, c는 빛의 속력이다.)

보기

ㄱ. A의 관성계에서, B의 시간은 A의 시간보다 느리게 간다.

ㄴ. B의 관성계에서, 빛이 P에서 A까지 도달하는 데 걸린 시간은 $\frac{L}{c}$~~이다.~~ $\frac{L}{c}$보다 작다.

ㄷ. B의 관성계에서, 빛은 Q에서가 P에서보다 먼저 방출된다.

① ㄱ　② ㄴ　③ ㄱ, ㄷ　④ ㄴ, ㄷ　⑤ ㄱ, ㄴ, ㄷ

✔ 자료 해석

- 한 장소 동시성에 의해 B의 관성계에서도 P, Q에서 방출된 빛은 A에 동시에 도달한다.
- B의 관성계에서, P, A, Q는 왼쪽 방향으로 이동한다.
- B의 관성계에서, 빛이 A에 도달할 때까지 이동한 거리는 P에서 A까지가 Q에서 A까지보다 짧다.

○ 보기풀이 ㄱ. 운동하는 관성계의 시간은 정지한 관성계의 시간보다 느리게 간다. A의 관성계를 기준으로 할 때, A의 관성계는 정지해 있고, B의 관성계는 운동하고 있다. 따라서 A의 관성계에서, B의 시간은 A의 시간보다 느리게 간다.

ㄷ. A의 관성계에서 두 빛이 A에 동시에 도달하므로, B의 관성계에서도 두 빛은 A에 동시에 도달한다. 그런데 B의 관성계에서, A는 왼쪽으로 이동하고 있으므로 Q에서가 P에서보다 먼저 빛이 방출되어야 한다.

✕ 매력적 오답 ㄴ. B의 관성계에서, P와 A 사이의 거리는 L보다 짧으며, A가 빛을 향해 이동하고 있다. 따라서 빛이 P에서 A까지 도달하는 데 걸린 시간은 $\frac{L}{c}$보다 작다.

문제풀이 Tip

동시성의 상대성에 의해 빛은 A의 관성계에서나 B의 관성계에서 A에 동시에 도달한다는 사실을 파악하고, A의 관성계와 B의 관성계에서 P, Q에 대한 A의 상대적 운동을 적용할 수 있으면 해결할 수 있다.

선택지 비율	① 10%	❷ 55%	③ 9%	④ 22%	⑤ 4%

7 특수 상대성 이론

2023학년도 수능 12번 | 정답 ② | 문제편 123p

출제 의도 동시성의 상대성에 대한 이해를 묻는 문항이다.

그림과 같이 관찰자 A에 대해 관찰자 B가 탄 우주선이 광원과 거울 P, Q를 잇는 직선과 나란하게 광속에 가까운 속력으로 등속도 운동한다. A의 관성계에서, P와 Q는 광원으로부터 각각 거리 L_1, L_2만큼 떨어져 정지해 있고, 빛은 광원으로부터 각각 P, Q를 향해 동시에 방출된다. B의 관성계에서, 광원에서 방출된 빛이 P, Q에 도달하는 데 걸리는 시간은 같다.

B의 관성계에서도 빛은 광원에서 동시에 방출된다.

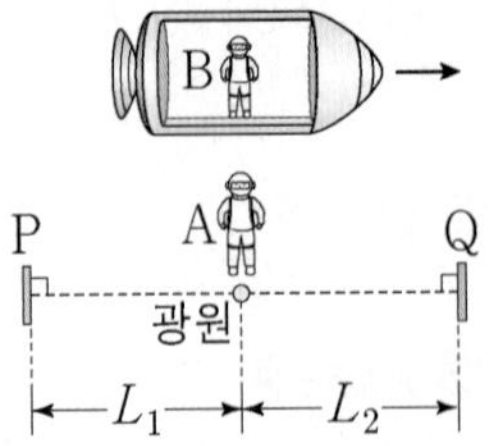

이에 대한 설명으로 옳은 것만을 〈보기〉에서 있는 대로 고른 것은??

보기
ㄱ. ~~$L_1 > L_2$이다.~~ $L_1 < L_2$이다.
ㄴ. A의 관성계에서, 빛은 P에서가 Q에서보다 먼저 반사된다.
ㄷ. 빛이 광원과 Q 사이를 왕복하는 데 걸리는 시간은 A의 관성계에서가 B의 관성계에서보다 ~~크다.~~ 작다.

① ㄱ ② ㄴ ③ ㄱ, ㄷ ④ ㄴ, ㄷ ⑤ ㄱ, ㄴ, ㄷ

✔ 자료 해석
• A, B의 관성계에서 빛은 광원에서 동시에 방출된다.
• B의 관성계에서, P, 광원, Q는 왼쪽 방향으로 이동한다.

○ 보기풀이 ㄴ. $L_2 > L_1$이고, A의 관성계에서 P와 Q는 정지해 있으므로 빛은 P에서가 Q에서보다 먼저 반사된다.

× 매력적오답 ㄱ. B의 관성계에서 P와 Q는 왼쪽으로 이동한다. 그런데 광원에서 나온 빛이 P, Q에 동시에 도달하므로 $L_2 > L_1$이다.
ㄷ. 빛이 광원과 Q 사이를 왕복할 때, A의 관성계에서 측정한 시간이 고유 시간이다. 따라서 A의 관성계에서 측정한 시간이 B의 관성계에서 측정한 시간보다 작다.

문제풀이 Tip
B의 관성계에서, P, Q가 각각 광원에서 멀어지는 방향과 가까워지는 방향으로 이동하는 것으로부터 광원에서 P, Q까지의 거리를 비교할 수 있으면 해결할 수 있다.

선택지 비율	① 19%	② 7%	❸ 56%	④ 8%	⑤ 9%

8 특수 상대성 이론

2023학년도 6월 평가원 17번 | 정답 ③ | 문제편 123p

출제 의도 동시성의 상대성과 길이 수축, 시간 팽창에 대해 이해하고 적용할 수 있는지 확인하는 문항이다.

그림과 같이 관찰자 A의 관성계에서 광원 X, Y와 검출기 P, Q가 점 O로부터 각각 같은 거리 L만큼 떨어져 정지해 있고 X, Y로부터 각각 P, Q를 향해 방출된 빛은 O를 동시에 지난다. 관찰자 B가 탄 우주선은 A에 대해 광속에 가까운 속력 v로 X와 P를 잇는 직선과 나란하게 운동한다.

B의 관성계에서 빛이 O에서 동시에 방출되어 검출기로 이동하는 것으로 해석할 수 있다.

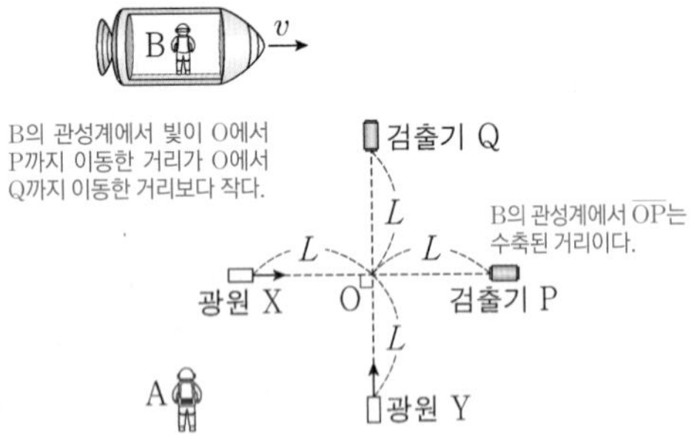

이에 대한 설명으로 옳은 것만을 〈보기〉에서 있는 대로 고른 것은? [3점]

보기
ㄱ. B의 관성계에서, 빛은 Y에서가 X에서보다 먼저 방출된다.
ㄴ. B의 관성계에서, 빛은 ~~P와 Q에 동시에 도달한다.~~ Q보다 P에 먼저 도달한다.
ㄷ. Y에서 방출된 빛이 Q에 도달하는 데 걸리는 시간은 B의 관성계에서가 A의 관성계에서보다 크다.

① ㄱ ② ㄴ ③ ㄱ, ㄷ ④ ㄴ, ㄷ ⑤ ㄱ, ㄴ, ㄷ

✔ 자료 해석
• A의 관성계에서, O에 동시에 빛이 도달하므로, B의 관성계에서도 O에 동시에 빛이 도달한다.
• B의 관성계에서, O를 광원으로 하면 P는 가까워진다.
• A의 관성계에서의 시간은 고유 시간이고, B의 관성계에서의 시간은 팽창된 시간이다.

○ 보기풀이 ㄱ. A의 관성계에서 X, Y에서 방출된 빛이 한 점 O를 동시에 지나므로 B의 관성계에서도 빛이 O를 동시에 지난다. B의 관성계에서 O가 왼쪽으로 운동하므로 X, Y에서 방출된 빛이 O를 동시에 지나려면 빛이 Y에서가 X에서보다 먼저 방출되어야 한다.
ㄷ. 광원 Y에서 방출된 빛은 A의 관성계에서는 X와 P를 잇는 직선에 수직인 직선 경로를 따라 운동하고, B의 관성계에서는 Y와 Q가 왼쪽으로 운동하므로 빛이 비스듬한 직선 경로를 따라 운동한다. 따라서 Y에서 Q까지 빛의 이동 거리는 B의 관성계에서가 A의 관성계에서보다 크다. 모든 관성계에서 빛의 속력은 같으므로 Y에서 방출된 빛이 Q에 도달하는 데 걸리는 시간은 B의 관성계에서가 A의 관성계에서보다 크다.

× 매력적오답 ㄴ. B의 관성계에서 빛이 O를 동시에 지나고, O와 P 사이의 거리가 수축하므로 빛은 Q보다 P에 먼저 도달한다.

문제풀이 Tip
동시성의 상대성으로부터 B에서도 O에 빛이 동시에 도달함을 파악하고, O와 P 사이의 거리는 수축되고, O와 Q 사이의 거리는 수축되지 않는다는 사실을 파악하면 해결할 수 있다.

선택지 비율	① 17%	② 10%	③ 12%	④ 8%	⑤ 53%

9 특수 상대성 이론

2023학년도 9월 평가원 11번 | 정답 ⑤ | 문제편 124p

출제 의도 동시성의 상대성에 대한 이해를 묻는 문항이다.

다음은 특수 상대성 이론에 대한 사고 실험의 일부이다.

관찰자 C에 대해 관찰자 A, B가 타고 있는 우주선이 각각 광속에 가까운 서로 다른 속력으로 $+x$방향으로 등속도 운동하고 있다. A의 관성계에서, 광원에서 각각 $-x$, $+x$, $-y$ 방향으로 동시에 방출된 빛은 거울 p, q, r에서 반사되어 광원에 도달한다.

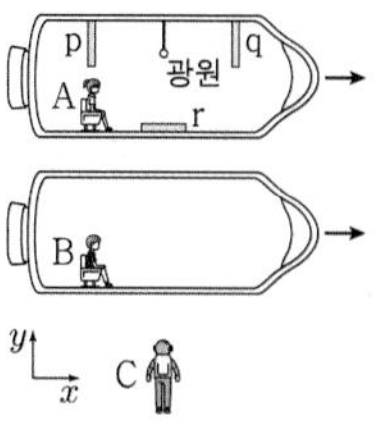

(가) A의 관성계에서, 광원에서 방출된 빛은 p, q, r에서 동시에 반사된다. 광원에서 p, q, r까지의 고유 거리는 같다.

(나) B의 관성계에서, 광원에서 방출된 빛은 q보다 p에서 먼저 반사된다. p는 광원 방향으로, q는 광원 반대 방향으로 이동

(다) C의 관성계에서, 광원에서 방출된 빛이 r에 도달할 때까지 걸린 시간은 t_0이다.

이에 대한 설명으로 옳은 것만을 〈보기〉에서 있는 대로 고른 것은?

보기

ㄱ. A의 관성계에서, B와 C의 운동 방향은 같다.

ㄴ. B의 관성계에서, 광원에서 방출된 빛은 p, q, r에서 반사되어 광원에 동시에 도달한다.

ㄷ. C의 관성계에서, 광원에서 방출된 빛이 q에 도달할 때까지 걸린 시간은 t_0보다 크다.

① ㄱ ② ㄷ ③ ㄱ, ㄴ ④ ㄴ, ㄷ ⑤ ㄱ, ㄴ, ㄷ

✔ 자료 해석

- (가)로부터 광원에서 p, q, r까지의 고유 거리는 같다는 것을 알 수 있다.
- (나)로부터 A가 타고 있는 우주선의 속력이 B가 타고 있는 우주선의 속력보다 크다는 것을 알 수 있다.
- (다)에서 t_0은 고유 시간보다 팽창된 시간이다.

○ 보기 풀이 ㄱ. A의 관성계에서, 빛이 p, q, r에 동시에 도달하므로 광원과 p, q, r 사이의 거리는 같다. B의 관성계에서, 빛이 q보다 p에 먼저 도달하므로 A는 $+x$방향으로 운동한다. 따라서 A의 관성계에서, B와 C는 모두 $-x$방향으로 운동한다.

ㄴ. A의 관성계에서, p, q, r에서 반사된 빛은 광원에 동시에 도달한다. 한 지점에서 동시에 발생한 사건은 다른 관찰자에게도 동시에 발생한 것으로 관찰되므로, B의 관성계에서도 p, q, r에서 반사된 빛은 광원에 동시에 도달한 것으로 관찰된다.

ㄷ. C의 관성계에서, 빛이 광원 → r → 광원까지 진행하는 데 걸린 시간은 $2t_0$이다. 그리고 빛이 광원 → q → 광원까지 진행하는 데 걸린 시간도 $2t_0$이다. 하지만 광원 → q까지 걸린 시간이 q → 광원까지 걸린 시간보다 크므로, 광원 → q까지 걸린 시간은 $2t_0$의 절반인 t_0보다 크다.

문제풀이 Tip

B가 타고 있는 우주선에 대한 A가 타고 있는 우주선의 상대 속도의 방향으로부터 A에 대한 B, C의 속도의 방향을 파악할 수 있다.

선택지 비율	① 11%	② 21%	③ 9%	④ 42%	⑤ 17%

10 특수 상대성 이론의 적용

2022학년도 수능 14번 | 정답 ④ | 문제편 124p

출제 의도 특수 상대성 이론을 이해하여 서로 다른 관성계에서 관찰한 결과를 해석할 수 있는지 확인하는 문항이다.

그림과 같이 관찰자 A에 대해 관찰자 B가 탄 우주선이 $+x$방향으로 광속에 가까운 속력 v로 등속도 운동한다. B의 관성계에서 빛은 광원으로부터 각각 점 p, q, r를 향해 $-x$, $+x$, $+y$방향으로 동시에 방출된다. 표는 A, B의 관성계에서 각각의 경로에 따라 빛이 진행하는 데 걸린 시간을 나타낸 것이다.

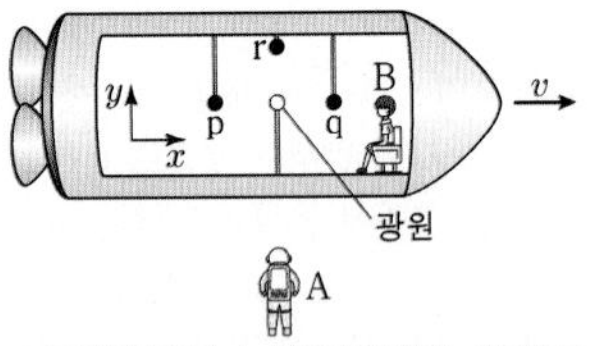

A의 관성계에서 p는 빛에 가까워지는 방향으로, q는 빛에서 멀어지는 방향으로 운동한다.

광원과 p, 광원과 q 사이의 거리는 같지 않다.

빛의 경로	걸린 시간	
	A의 관성계	B의 관성계
광원 → p	t_1	㉠
광원 → q	t_1	t_2
광원 → r	㉡	t_2

광원과 q, 광원과 r 사이의 거리는 같다.

이에 대한 설명으로 옳은 것만을 〈보기〉에서 있는 대로 고른 것은? (단, 빛의 속력은 c이다.)

보기

ㄱ. ㉠은 t_1보다 ~~작다~~. 크다.

ㄴ. ㉡은 t_2보다 크다.

ㄷ. B의 관성계에서 p에서 q까지의 거리는 $2ct_2$보다 크다.

① ㄱ ② ㄴ ③ ㄱ, ㄷ ④ ㄴ, ㄷ ⑤ ㄱ, ㄴ, ㄷ

✓ 자료 해석

- A의 관성계에서 우주선이 오른쪽으로 운동하므로 광원에서 방출된 빛이 진행하는 동안 p는 빛의 진행 방향에 가까워지는 방향으로, q는 빛의 진행 방향에서 멀어지는 방향으로 이동한다.
- B의 관성계에서 우주선은 정지해 있으므로 B가 관측한 길이는 고유 길이이다. 따라서 빛의 속력과 빛이 진행하는 데 걸린 시간의 곱은 광원과 p, q, r 사이의 고유 길이이다.

O 보기풀이 ㄴ. A의 관성계에서 우주선은 운동하고 있으므로 빛은 대각선(↗) 방향으로 이동하여 r에 도달한다. 한편 B의 관성계에서는 빛이 광원에서 r까지 $+y$방향으로 수직으로 이동한다. 즉 빛이 이동하는 거리는 A의 관성계에서가 B의 관성계에서보다 길고 빛의 속력은 c로 일정하므로 빛이 진행하는 데 걸린 시간은 A의 관성계에서가 B의 관성계에서보다 크다. 즉, ㉡이 t_2보다 크다.

ㄷ. A의 관성계에서는 우주선이 운동하여 p는 빛의 진행 방향에 가까워지고, q는 빛의 진행 방향에서 멀어진다. 따라서 빛이 이동하는 거리는 광원 → p까지가 광원 → q까지보다 짧아야 하는데, 빛이 진행하는 데 걸린 시간이 t_1로 같으므로 고유 길이는 광원 → p까지가 광원 → q까지보다 크다는 것을 알 수 있다. B의 관성계에서 광원 → q까지의 고유 길이는 ct_2이지만 광원 → p까지의 고유 길이는 ct_2보다 크므로 p에서 q까지의 고유 길이는 $2ct_2$보다 크다.

× 매력적 오답 ㄱ. B의 관성계에서 우주선은 자신과 함께 정지해 있으므로 B가 측정한 광원과 p 사이의 거리는 고유 길이이다. 따라서 ㉠은 광원과 p 사이의 고유 길이를 빛이 진행하는 데 걸린 시간이다. A의 관성계에서 p는 빛의 진행 방향에 가까워지므로 빛은 B의 관성계에서보다 짧은 거리를 이동한다. 따라서 ㉠은 t_1보다 크다.

문제풀이 Tip

빛의 속력은 관찰자에 관계없이 항상 일정하므로 빛이 진행하는데 걸린 시간을 이용하면 빛이 이동한 거리를 알 수 있다. 이때 유의해야 할 것은 어떤 관찰자가 측정한 것이 고유 길이인지를 먼저 파악하는 것이다.

선택지 비율	① 9%	② 7%	③ 34%	④ 9%	⑤ 41%

11 특수 상대성 이론

2022학년도 9월 평가원 10번 | 정답 ⑤ | 문제편 124p

출제 의도 특수 상대성 이론을 이해하여 관찰자에 따른 빛의 진행 경로를 비교할 수 있으며, 길이 수축과 시간 지연 현상을 이해하고 있는지 확인하는 문항이다.

다음은 특수 상대성 이론에 대한 사고 실험의 일부이다.

> 가설 Ⅰ: 모든 관성계에서 물리 법칙은 동일하다.
> 가설 Ⅱ: 모든 관성계에서 빛의 속력은 c로 일정하다.
>
> 관찰자 A에 대해 정지해 있는 두 천체 P, Q 사이를 관찰자 B가 탄 우주선이 광속에 가까운 속력 v로 등속도 운동을 하고 있다. B의 관성계에서 광원으로부터 우주선의 운동 방향에 수직으로 방출된 빛은 거울에서 반사되어 되돌아온다.
>
> B의 관성계에서는 A가 운동한다.
>
> 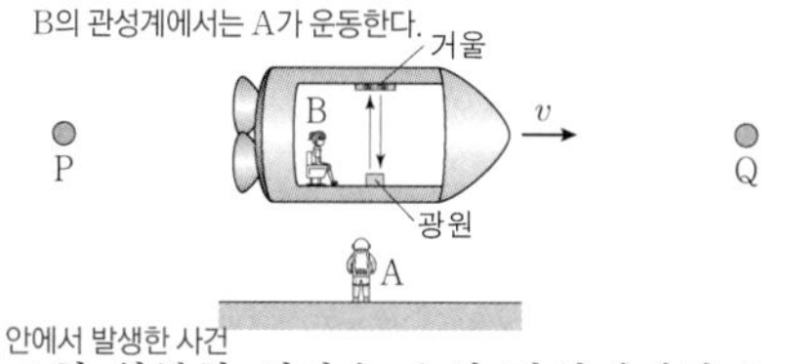
>
>
> (가) 빛이 1회 왕복한 시간(우주선 안에서 발생한 사건)은 A의 관성계에서 t_A(지연된 시간)이고, B의 관성계에서 t_B(고유 시간)이다.
> (나) A의 관성계에서 t_A 동안 빛의 경로 길이는 L_A($=ct_A$)이고, B의 관성계에서 t_B 동안 빛의 경로 길이는 L_B($=ct_B$)이다.
> (다) A의 관성계에서 P와 Q 사이의 거리 D_A(고유 길이)는 P에서 Q까지 우주선의 이동 시간과 v를 곱한 값이다.
> (라) B의 관성계에서 P와 Q 사이의 거리 D_B(수축된 길이)는 P가 B를 지날 때부터 Q가 B를 지날 때까지 걸린 시간과 v를 곱한 값이다.

이에 대한 설명으로 옳은 것만을 <보기>에서 있는 대로 고른 것은? [3점]

> 보기
> ㄱ. $t_A > t_B$이다.
> ㄴ. $L_A > L_B$이다.
> ㄷ. $\frac{D_A}{D_B} = \frac{L_A}{L_B}$이다.

① ㄱ　② ㄷ　③ ㄱ, ㄴ　④ ㄴ, ㄷ　⑤ ㄱ, ㄴ, ㄷ

✓ 자료 해석

- (가)와 (나)는 A, B의 관성계에서 측정한 빛의 진행 거리와 관련된 측정값이고, (다)와 (라)는 A, B의 관성계에서 측정한 P와 Q 사이의 거리를 구하는 방법에 대한 설명이다.
- B가 측정할 때 거울과 광원이 B에 대해 정지해 있으므로 빛은 광원과 거울 사이의 수직 거리를 왕복하고, A가 측정할 때 거울과 광원이 A에 대해 운동하고 있으므로 빛은 대각선 방향(↗↘)으로 진행하여 거울에서 반사되어 광원으로 되돌아온다.

○ 보기풀이 ㄱ. 광원에서 방출된 빛이 거울에 도달할 때 B의 관성계에서는 빛이 수직 방향(↑)으로 진행하므로 빛의 이동 거리는 광원과 거울 사이의 수직 거리와 같고, A의 관성계에서는 빛이 대각선 방향(↗)으로 진행하므로 빛의 이동 거리는 광원과 거울 사이의 수직 거리보다 길다. 이때 빛의 속력은 일정하므로 빛이 거울에 도달하는 데 걸린 시간은 A의 관성계에서가 B의 관성계에서보다 크다. 따라서 빛이 1회 왕복하는 시간도 A의 관성계에서가 B의 관성계에서보다 크다($t_A > t_B$).

ㄴ. 빛이 1회 왕복하는 동안 빛의 경로 길이는 A의 관성계에서가 B의 관성계에서보다 크다($L_A > L_B$).

ㄷ. $L_A = ct_A$, $L_B = ct_B$이므로 $\frac{L_A}{L_B} = \frac{t_A}{t_B}$이다. 각 관성계에서 우주선이 P와 Q 사이를 통과하는 데 걸리는 시간을 각각 T_A, T_B라 하면 $D_A = vT_A$, $D_B = vT_B$이므로 $\frac{D_A}{D_B} = \frac{T_A}{T_B}$이다. 이때 시간 지연이 일어나는 비율은 일정하므로 $\frac{D_A}{D_B}\left(=\frac{T_A}{T_B}\right) = \frac{L_A}{L_B}\left(=\frac{t_A}{t_B}\right)$이다.

문제풀이 Tip

시간 지연 정도나 길이 수축 정도는 상대 속력에 따라 달라진다. 따라서 상대 속력이 일정할 때는 시간 지연이 일어나는 비율이 같음을 유의해야 한다.

선택지 비율	① 11%	② 9%	③ 34%	④ 12%	⑤ 35%

12 특수 상대성 이론

2022학년도 6월 평가원 14번 | 정답 ⑤ | 문제편 125p

출제 의도 특수 상대성 이론을 이해하여 길이 수축 및 시간 지연 현상을 적용할 수 있는지 확인하는 문항이다.

그림은 관찰자 A에 대해 관찰자 B가 탄 우주선이 x축과 나란하게 광속에 가까운 속력으로 등속도 운동을 하고 있는 모습을 나타낸 것이다. B의 관성계에서 빛은 광원으로부터 각각 $+x$방향, $-y$방향으로 동시에 방출된 후 거울 p, q에서 반사하여 광원에 동시에 도달하며 광원과 q 사이의 거리는 L이다. 표는 A의 관성계에서 빛이 광원에서 p까지, p에서 광원까지 가는 데 걸린 시간을 나타낸 것이다.

B의 관성계에서 p와 광원 사이의 거리는 L이다.

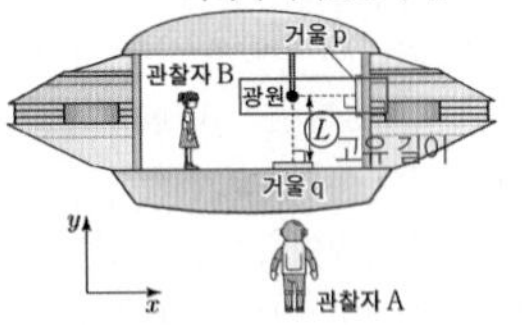

빛의 경로	시간
광원 → p	$0.4t_0$
p → 광원	$0.6t_0$

빛의 속력이 일정하므로 빛의 진행 거리는 광원 → p가 p → 광원보다 짧다.

이에 대한 설명으로 옳은 것만을 〈보기〉에서 있는 대로 고른 것은? (단, 빛의 속력은 c이다.)

보기

ㄱ. 우주선의 운동 방향은 $-x$방향이다.

ㄴ. $t_0 > \frac{2L}{c}$이다.

ㄷ. A의 관성계에서 광원과 p 사이의 거리는 L보다 작다.

① ㄱ ② ㄴ ③ ㄱ, ㄷ ④ ㄴ, ㄷ ⑤ ㄱ, ㄴ, ㄷ

✓ 자료 해석

- B의 관성계에서, 광원에서 동시에 방출된 빛이 동시에 광원으로 되돌아 온다.
  → 빛의 속력이 일정하므로 빛의 진행 거리는 같다.
  → 광원과 p 사이의 거리는 광원과 q 사이의 거리와 같은 L이고, B에 대해 광원과 거울이 정지해 있으므로 L은 고유 길이이다.

O 보기 풀이 ㄱ. A의 관성계에서 광원에서 방출된 빛이 p까지 가는 데 걸린 시간은 p에서 반사된 빛이 광원까지 가는 데 걸린 시간보다 짧다. 이때 빛의 속력은 모든 관성계에서 일정하므로 빛이 진행한 거리는 광원에서 p까지 갈 때가 p에서 광원까지 갈 때보다 짧다. 따라서 p는 광원에서 방출된 빛의 진행 방향에 가까워지는 방향으로 운동을 하고 있으므로 우주선의 운동 방향은 $-x$방향이다.

ㄴ. 광원과 p 사이의 거리는 광원과 q 사이의 거리와 같은 L이므로 $\frac{2L}{c}$은 B의 관성계에서 광원에서 방출된 빛이 p에서 반사하여 광원으로 되돌아오는 데 걸린 시간이다. 한편 A에 대해 우주선이 운동하고 있으므로 A가 측정한 시간은 지연된 시간이다. 즉 A가 측정한 시간인 t_0은 고유 시간인 $\frac{2L}{c}$보다 크다.

ㄷ. A의 관성계에서 우주선은 x축과 나란하게 운동하고 있으므로 광원과 p 사이의 거리는 길이 수축이 일어난다. 따라서 A의 관성계에서 광원과 p 사이의 거리는 고유 길이인 L보다 작다.

문제풀이 Tip

물리량의 크기를 비교하는 지문을 풀이할 때에는 t_0, $\frac{2L}{c}$이 의미하는 것이 무엇인지를 먼저 파악해야 한다. t_0은 A의 관성계에서 측정한 값, L은 B의 관성계에서 측정한 값임에 유의하여 물리량 사이의 관계를 찾도록 한다.

선택지 비율	① 8%	② 18%	③ 6%	④ 59%	⑤ 7%

13 특수 상대성 이론

2021학년도 수능 17번 | 정답 ④ | 문제편 125p

출제 의도 특수 상대성 이론을 이해하여 빛이 진행하는 데 걸리는 시간을 비교하여 설명할 수 있는지 확인하는 문항이다.

그림과 같이 관찰자 P에 대해 관찰자 Q가 탄 우주선이 $0.5c$의 속력으로 직선 운동하고 있다. P의 관성계에서, Q가 P를 스쳐 지나는 순간 Q로부터 같은 거리만큼 떨어져 있는 광원 A, B에서 빛이 동시에 발생한다.

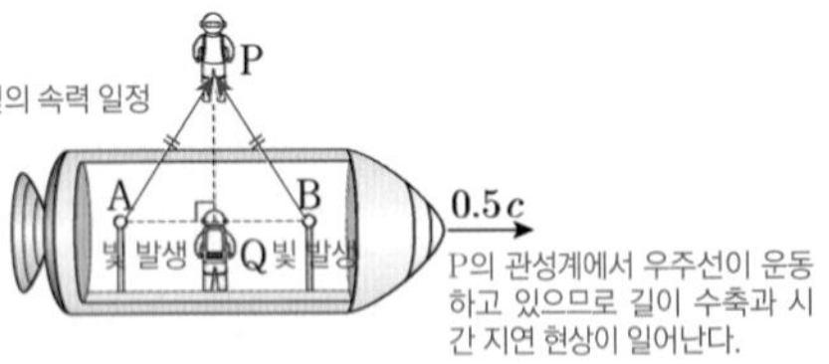

이에 대한 설명으로 옳은 것만을 〈보기〉에서 있는 대로 고른 것은? (단, c는 빛의 속력이다.) [3점]

보기

ㄱ. P의 관성계에서, A와 B에서 발생한 빛은 동시에 P에 도달한다.

ㄴ. P의 관성계에서, A와 B에서 발생한 빛은 ~~동시에~~ Q에 도달한다. (B에서 발생한 빛이 Q에 먼저 도달한다.)

ㄷ. B에서 발생한 빛이 Q에 도달할 때까지 걸리는 시간은 Q의 관성계에서가 P의 관성계에서보다 크다.

① ㄴ ② ㄷ ③ ㄱ, ㄴ ④ ㄱ, ㄷ ⑤ ㄱ, ㄴ, ㄷ

✓ 자료 해석

- P의 관성계에서 Q가 P를 스쳐 지나는 순간 A, B가 Q로부터 같은 거리만큼 떨어져 있으므로 P로부터도 같은 거리만큼 떨어져 있다.
- P의 관성계에서 A, B에서 발생한 빛이 Q로 진행하는 동안 우주선이 오른쪽으로 운동하므로 Q는 A에서 발생한 빛으로부터 멀어지고, B에서 발생한 빛에 가까워진다.
- A, B는 Q와 같은 관성계에 있으므로 Q가 측정한 광원과 거울 사이의 거리는 고유 길이이다.

O 보기 풀이 ㄱ. P의 관성계에서 Q가 P를 스치는 순간 P에서 A, B까지의 거리가 같고, 빛의 속력은 일정하므로 A와 B에서 동시에 발생한 빛은 동시에 P에 도달한다.

ㄷ. Q의 관성계에서는 우주선이 정지해 있으므로 Q와 B 사이의 거리는 고유 길이고 P의 관성계에서는 우주선이 운동하고 있으므로 Q와 B 사이의 거리는 길이 수축이 일어난다. 따라서 B에서 발생한 빛이 Q에 도달할 때까지의 빛의 진행 거리는 Q의 관성계에서가 P의 관성계에서보다 크고, 빛의 속력은 P, Q의 관성계에서 모두 c로 일정하므로 B에서 발생한 빛이 Q에 도달할 때까지 걸리는 시간은 Q의 관성계에서가 P의 관성계에서보다 크다.

✗ 매력적 오답 ㄴ. P의 관성계에서 Q는 오른쪽으로 이동하므로 A에서 발생한 빛으로부터 멀어지고, B에서 발생한 빛으로부터 가까워진다. 빛의 속력은 일정하므로 B에서 발생한 빛이 A에서 발생한 빛보다 먼저 Q에 도달한다.

문제풀이 Tip

빛의 속력은 관찰자의 운동 상태에 관계없이 일정하므로, 빛의 진행 거리를 비교하여 빛이 도달하는 데 걸리는 시간을 비교할 수 있다.

선택지 비율	① 16%	② 2%	❸ 72%	④ 2%	⑤ 6%

14 특수 상대성 이론

2021학년도 9월 평가원 11번 | 정답 ③ | 문제편 125p

(출제 의도) 특수 상대성 이론을 적용하여 길이 수축과 시간 지연을 설명하고 길이 수축이 운동 방향과 나란한 방향으로만 일어나는 것을 알고 있는지 확인하는 문항이다.

그림은 관찰자 A에 대해 관찰자 B가 탄 우주선이 $0.6c$의 속력으로 직선 운동하는 모습을 나타낸 것이다. B의 관성계에서 광원과 거울 사이의 거리는 L이고, 광원에서 우주선의 운동 방향과 수직으로 발생시킨 빛은 거울에서 반사되어 되돌아온다.

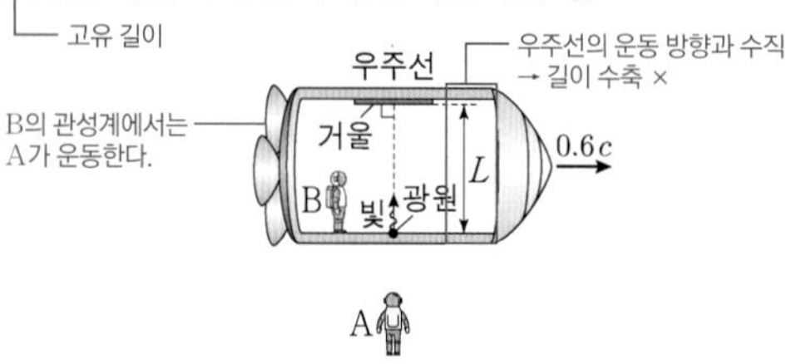

이에 대한 설명으로 옳은 것만을 〈보기〉에서 있는 대로 고른 것은? (단, c는 빛의 속력이다.) [3점]

보기
ㄱ. A의 관성계에서, 빛의 속력은 c이다.
ㄴ. A의 관성계에서, 광원과 거울 사이의 거리는 L이다.
ㄷ. B의 관성계에서, A의 시간은 B의 시간보다 ~~빠르게~~ 느리게 간다.

① ㄱ ② ㄷ ③ ㄱ, ㄴ ④ ㄴ, ㄷ ⑤ ㄱ, ㄴ, ㄷ

✔ 자료 해석

- 광원과 거울은 B와 같은 관성계에 있으므로 B가 측정한 광원과 거울 사이의 거리 L은 고유 길이이다.
- 광원에서 우주선의 운동 방향과 수직으로 빛을 발생시키므로 광원과 거울 사이의 거리는 우주선의 운동 방향과 수직이다.

○ 보기풀이 ㄱ. 모든 관성계에서 빛의 속력은 광원의 속력이나 관찰자의 속력에 관계없이 일정하다. 따라서 A의 관성계에서 측정하든 B의 관성계에서 측정하든 빛의 속력은 모두 c로 같다.

ㄴ. 특수 상대성 이론에 의한 길이 수축은 운동 방향과 나란한 방향으로만 일어나므로 운동 방향과 수직인 광원과 거울 사이의 거리는 길이 수축이 일어나지 않는다. 따라서 A의 관성계에서, 광원과 거울 사이의 거리는 고유 길이와 같은 L이다.

× 매력적 오답 ㄷ. B의 관성계에서 측정할 때, B 자신은 정지해 있고 A가 운동하고 있으므로 시간 지연에 의해 A의 시간은 B의 시간보다 느리게 간다.

문제풀이 Tip

운동하는 관성계에서의 물체의 길이는 운동 방향과 나란한 방향의 물체의 길이만 수축된다. 따라서 운동 방향과 수직인 방향의 물체의 길이는 수축되지 않는 것에 유의해야 한다.

선택지 비율	① 4%	② 6%	❸ 72%	④ 10%	⑤ 8%

15 동시성의 상대성

2021학년도 6월 평가원 17번 | 정답 ③ | 문제편 125p

(출제 의도) 동시성의 상대성을 이해하여 같은 장소에서 동시에 발생하는 사건을 관찰자에 따라 설명할 수 있는지 확인하는 문항이다.

그림과 같이 관찰자 P에 대해 별 A, B가 같은 거리만큼 떨어져 정지해 있고, 관찰자 Q가 탄 우주선이 $0.9c$의 속력으로 A에서 B를 향해 등속도 운동하고 있다. P의 관성계에서 Q가 P를 스쳐 지나는 순간 A, B가 동시에 빛을 내며 폭발한다.

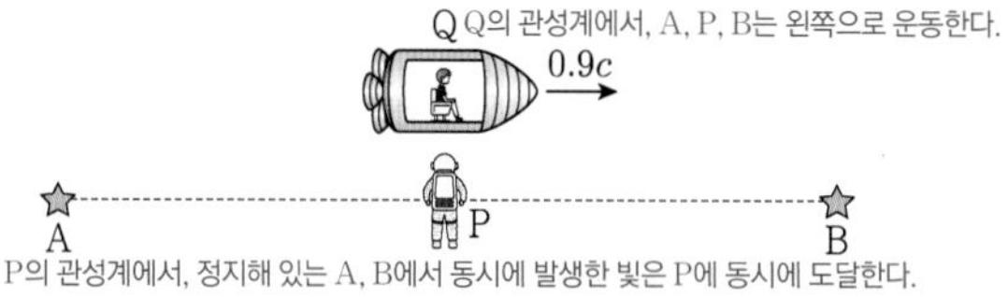

이에 대한 설명으로 옳은 것만을 〈보기〉에서 있는 대로 고른 것은? (단, c는 빛의 속력이다.)

보기
ㄱ. P의 관성계에서, A와 B가 폭발할 때 발생한 빛이 동시에 P에 도달한다.
ㄴ. Q의 관성계에서, B가 A보다 먼저 폭발한다.
ㄷ. Q의 관성계에서, A와 P 사이의 거리는 B와 P 사이의 거리보다 ~~크다~~. 와 같다.

① ㄱ ② ㄷ ③ ㄱ, ㄴ ④ ㄴ, ㄷ ⑤ ㄱ, ㄴ, ㄷ

✔ 자료 해석

Q의 관성계에서, 빛이 도달한 순간의 P의 위치는 빛이 발생한 순간의 P의 위치보다 더 왼쪽으로 이동한다.

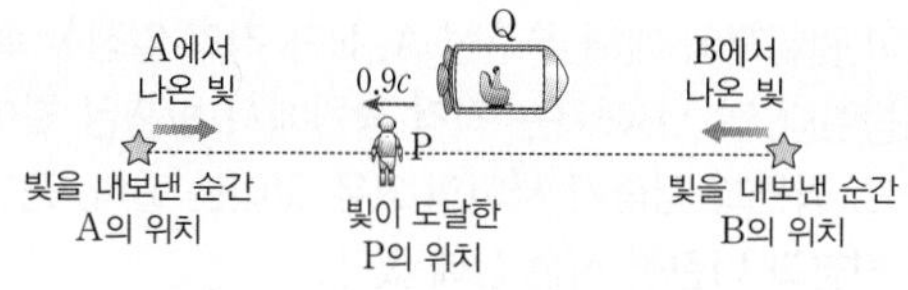

○ 보기풀이 ㄱ. P의 관성계에서, 빛의 속력은 일정하고 A, B는 P에 대해 같은 거리만큼 떨어져 정지해 있으므로 A와 B가 폭발할 때 발생한 빛은 P에 동시에 도달한다.

ㄴ. P의 관성계에서 A, B가 폭발할 때 발생한 빛이 P에게 동시에 도달한 사건은 Q의 관성계에서도 빛이 P에 동시에 도달한다. 그런데, Q의 관성계에서 P는 $0.9c$의 속력으로 운동하므로 A, B에서 방출된 빛이 P에 도달하는 순간 P의 위치는 A에 더 가깝다. 따라서 B에서 발생한 빛이 A에서 발생한 빛보다 더 먼 거리를 진행하므로 P에 동시에 빛이 도달하려면 Q의 관성계에서는 B가 A보다 먼저 빛을 방출해야 한다.

× 매력적 오답 ㄷ. A와 P, B와 P 사이의 고유 길이는 같고 Q의 관성계에서는 A, P, B가 같은 속력으로 함께 운동하므로 길이 수축이 일어나는 비율도 같다. 따라서 Q의 관성계에서 A와 P 사이의 거리는 B와 P 사이의 거리와 같다.

문제풀이 Tip

P의 관성계에서, 같은 장소에서 동시에 발생하는 두 사건은 Q의 관성계에서도 동시에 발생한 것으로 측정되는 것을 유의한다. 반면 다른 장소에서 동시에 발생하는 두 사건은 관찰자에 따라 다르게 관측될 수 있다.

Part Ⅱ 수능 평가원

선택지 비율	① 2%	② 3%	③ 12%	④ 6%	❺ 74%

16 특수 상대성 이론

2020학년도 수능 9번 | 정답 ⑤ | 문제편 126p

출제 의도 광속 불변 원리를 이해하여 빛 신호가 왕복 운동하는 사건을 특수 상대성 이론을 적용하여 설명할 수 있는지 확인하는 문항이다.

그림과 같이 우주선이 우주 정거장에 대해 $0.6c$의 속력으로 직선 운동하고 있다. 광원에서 우주선의 운동 방향과 나란하게 발생시킨 빛 신호는 거울에 반사되어 광원으로 되돌아온다. 표는 우주선과 우주 정거장에서 각각 측정한 물리량을 나타낸 것이다.

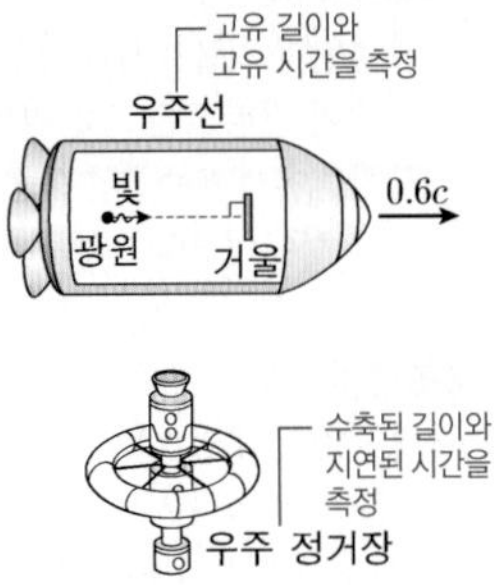

측정한 물리량	우주선	우주 정거장
광원과 거울 사이의 거리	L_0	L_1
빛 신호가 광원에서 거울까지 가는 데 걸린 시간	t_0	t_1
빛 신호가 거울에서 광원까지 가는 데 걸린 시간	t_0	t_2

이에 대한 설명으로 옳은 것만을 〈보기〉에서 있는 대로 고른 것은? (단, c는 빛의 속력이다.) [3점]

보기
ㄱ. $L_0>L_1$이다.
ㄴ. $t_0=\frac{L_0}{c}$이다.
ㄷ. $t_1>t_2$이다.

① ㄱ ② ㄷ ③ ㄱ, ㄴ ④ ㄴ, ㄷ ⑤ ㄱ, ㄴ, ㄷ

✓ 자료 해석
- 우주선의 관성계에서 광원과 거울은 정지해 있으므로 우주선에서 측정한 L_0은 고유 길이이다.
- 우주 정거장의 관성계에서 광원과 거울은 운동하고 있으므로 우주 정거장에서 측정한 L_1은 수축된 길이이다.

○ 보기풀이 ㄱ. 우주 정거장에서 측정한 광원과 거울 사이의 거리는 길이 수축이 일어나므로 고유 길이, 즉 우주선에서 측정한 값보다 작다. 따라서 $L_0>L_1$이다.
ㄴ. 우주선에서 관측할 때 광원에서 발생한 빛 신호는 c의 속력으로 광원에서 거울까지 L_0의 거리를 이동하므로 걸린 시간은 $t_0=\frac{L_0}{c}$이다.
ㄷ. 우주 정거장에서 관측할 때 빛 신호가 광원에서 거울까지 가는 동안 거울이 빛의 진행 방향과 같은 방향으로 이동하여 멀어지고, 빛 신호가 거울에서 광원까지 가는 동안에는 광원이 빛의 진행 방향과 반대 방향으로 이동하여 가까워진다. 이때 빛의 속력은 항상 일정하므로 가까운 거리를 이동할 때 빛의 이동 시간이 더 짧다. 따라서 빛 신호가 거울에서 광원까지 가는 데 걸린 시간이 광원에서 거울까지 가는 데 걸린 시간보다 짧으므로 $t_1>t_2$이다.

문제풀이 Tip
빛의 속력은 관찰자의 속력에 관계없이 일정하므로 빛의 이동 거리를 알면 빛이 이동하는 데 걸린 시간을 비교할 수 있다.

선택지 비율	① 2%	② 12%	③ 2%	❹ 79%	⑤ 2%

17 특수 상대성 이론

2020학년도 9월 평가원 7번 | 정답 ④ | 문제편 126p

출제 의도 특수 상대성 이론을 이해하여 상대 속력이 다를 때의 길이 수축 현상을 설명할 수 있는지 확인하는 문항이다.

그림과 같이 관찰자에 대해 우주선 A, B가 각각 일정한 속도 $0.7c$, $0.9c$로 운동한다. A, B에서는 각각 광원에서 방출된 빛이 검출기에 도달하고, 광원과 검출기 사이의 고유 길이는 같다. 광원과 검출기는 운동 방향과 나란한 직선 상에 있다.

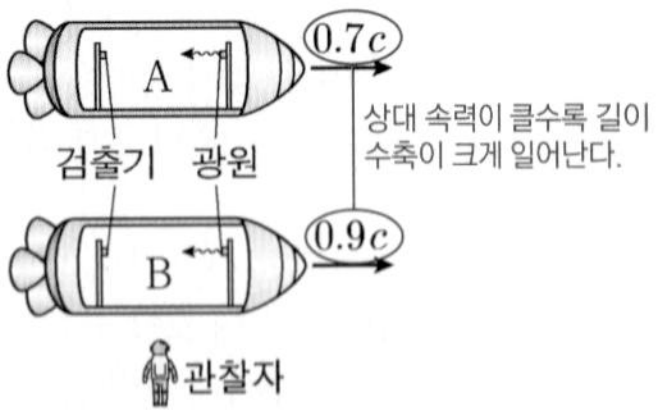

관찰자가 측정할 때, 이에 대한 설명으로 옳은 것만을 〈보기〉에서 있는 대로 고른 것은? (단, 빛의 속력은 c이다.)

보기
ㄱ. A에서 방출된 빛의 속력은 ~~c보다 작다.~~ c이다.
ㄴ. 광원과 검출기 사이의 거리는 A에서가 B에서보다 크다.
ㄷ. 광원에서 방출된 빛이 검출기에 도달하는 데 걸린 시간은 A에서가 B에서보다 크다.

① ㄱ ② ㄴ ③ ㄱ, ㄷ ④ ㄴ, ㄷ ⑤ ㄱ, ㄴ, ㄷ

✓ 자료 해석
- B의 속력이 A의 속력보다 크므로 관찰자가 측정할 때 B에서 길이 수축이 더 크게 일어난다.
- 관찰자가 볼 때 A, B가 운동하므로 광원에서 방출된 빛이 검출기로 진행하는 동안 검출기도 빛의 진행 방향과 반대 방향으로 이동하여 가까워진다.

○ 보기풀이 ㄴ. 상대 속력이 클수록 운동 방향으로 길이 수축이 더 크게 일어난다. 따라서 광원과 검출기 사이의 고유 길이가 같을 때, 관찰자가 속력이 더 빠른 B에서 측정된 거리가 A에서보다 더 크게 수축된다. 따라서 광원과 검출기 사이의 거리는 A에서가 B에서보다 크다.
ㄷ. 광원과 검출기 사이의 거리는 A에서가 B에서보다 크고, A의 검출기가 B의 검출기보다 느리게 빛을 향해 이동한다. 따라서 광원에서 방출된 빛이 검출기에 도달하는 데 걸린 시간은 A에서가 B에서보다 크다.

× 매력적 오답 ㄱ. 모든 관성계에서 빛의 속력은 광원의 속력이나 관찰자의 속력에 관계없이 일정하다. 따라서 A, B에서 방출된 빛의 속력은 항상 c로 일정하다.

문제풀이 Tip
관찰자가 측정할 때 빛이 진행하는 동안 검출기도 이동하는 것을 유의해야 한다.

선택지 비율	① 3%	② 5%	③ 5%	❹ 63%	⑤ 22%

18 특수 상대성 이론

2020학년도 6월 평가원 12번 | 정답 ④ | 문제편 126p

(출제 의도) 특수 상대성 이론을 이해하여 길이 수축과 시간 지연 현상을 설명할 수 있는지 확인하는 문항이다.

그림과 같이 관찰자 A가 탄 우주선이 행성을 향해 가고 있다. 관찰자 B가 측정할 때, 행성까지의 거리는 7광년이고 우주선은 $0.7c$의 속력으로 등속도 운동한다. B는 멀어지고 있는 A를 향해 자신이 측정하는 시간을 기준으로 1년마다 빛 신호를 보낸다.

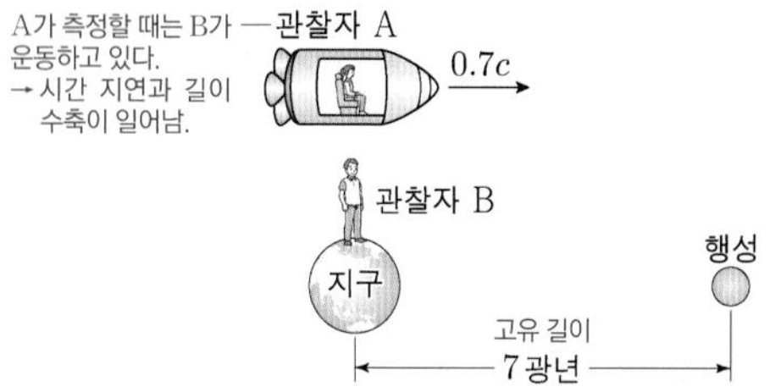

이에 대한 설명으로 옳은 것만을 〈보기〉에서 있는 대로 고른 것은? (단, c는 빛의 속력이다.) [3점]

〈보기〉

ㄱ. A가 B의 신호를 수신하는 시간 간격은 1년보다 ~~짧다.~~ 길다.
ㄴ. A가 측정할 때, 지구에서 행성까지의 거리는 7광년보다 작다.
ㄷ. B가 측정할 때, A의 시간은 B의 시간보다 느리게 간다.

① ㄱ ② ㄴ ③ ㄱ, ㄷ ④ ㄴ, ㄷ ⑤ ㄱ, ㄴ, ㄷ

✓ 자료 해석

- 지구와 행성은 B에 대해 정지해 있으므로 B가 측정한 지구와 행성 사이의 거리는 고유 길이이다.
- 관찰자에 대하여 운동하는 물체의 길이는 길이 수축에 의해 짧아지고, 물체의 시간은 시간 지연에 의해 길어진다.

O 보기풀이 ㄴ. A가 측정할 때, 지구와 행성이 A에 대해 운동하고 있으므로 A가 측정한 지구에서 행성까지의 거리는 길이 수축이 일어난다. 따라서 A가 측정할 때 지구와 행성 사이의 거리는 고유 길이인 7광년보다 작다.
ㄷ. B가 측정할 때, A는 B에 대해 운동하고 있으므로 시간 지연에 의해 A의 시간은 B 자신의 시간보다 느리게 간다.

× 매력적 오답 ㄱ. B는 같은 장소에서 1년마다 A를 향해 빛 신호를 보내므로 B가 신호를 보내는 시간 간격 1년은 고유 시간이다. 한편 A가 측정할 때, B는 A에 대해 운동하고 있으므로 B가 신호를 보내는 시간 간격은 시간 지연이 일어나 1년보다 길다. 또한 A가 B의 신호를 수신하려면 빛 신호가 진행하여 A에게 도달하여야 하는데, B가 A로부터 점점 멀어지므로 빛이 진행하는 거리도 길어진다. 따라서 A가 B의 신호를 수신하는 시간 간격은 1년보다 더 길다.

문제풀이 Tip

사건의 시간 간격을 물어보는 것 역시 시간 지연 현상을 이해하는지 확인하는 것임을 유의해야 한다.

07 질량과 에너지

선택지 비율	① 1%	② 1%	③ 1%	④ 2%	❺ 96%

1 핵반응

2025학년도 수능 2번 | 정답 ⑤ | 문제편 128p

출제 의도 질량수 보존과 전하량 보존을 적용할 수 있는지 확인하는 문항이다.

다음은 핵반응에 대한 설명이다.

원자로 내부에서 ${}^{235}_{92}U$ 원자핵이 중성자(${}^{1}_{0}n$) 하나를 흡수하면, ${}^{141}_{56}Ba$ 원자핵과 ${}^{92}_{36}Kr$ 원자핵으로 쪼개지며 세 개의 중성자와 에너지가 방출된다. 이 핵반응을 [㉠] 반응이라 하고, 이때 ㉡방출되는 에너지를 이용해 전기를 생산할 수 있다.

이에 대한 설명으로 옳은 것만을 〈보기〉에서 있는 대로 고른 것은?

보기
ㄱ. ${}^{235}_{92}U$ 원자핵의 질량수는 ${}^{141}_{56}Ba$ 원자핵과 ${}^{92}_{36}Kr$ 원자핵의 질량수의 합과 ~~같다.~~ 같지 않다.
ㄴ. '핵분열'은 ㉠으로 적절하다.
ㄷ. ㉡은 질량 결손에 의해 발생한다.

① ㄱ ② ㄴ ③ ㄷ ④ ㄱ, ㄴ ⑤ ㄴ, ㄷ

✓ 자료 해석
- ${}^{141}_{56}Ba$ 원자핵과 ${}^{92}_{36}Kr$ 원자핵의 질량수 합 : $141+92=233$
- 하나의 원자핵이 두 개의 원자핵으로 쪼개지는 핵반응 : 핵분열 반응
- 핵반응에서 방출되는 에너지는 질량 결손에 비례한다.

O 보기풀이 ㄴ. 질량이 큰 원자핵이 질량이 작은 원자핵으로 쪼개지는 현상은 핵분열이다.
ㄷ. 핵반응에서 결손된 질량이 질량 에너지 등가 원리에 의해 에너지로 전환된다.

× 매력적 오답 ㄱ. ${}^{235}_{92}U$ 원자핵의 질량수는 235이고, ${}^{141}_{56}Ba$ 원자핵과 ${}^{92}_{36}Kr$원자핵의 질량수의 합은 $141+92=233$이다.

문제풀이 Tip
핵분열 반응에 대해 이해하고 있으며, 반응 전 원자핵의 질량수는 235, 반응 후 원자핵의 질량수의 합은 233임을 구할 수 있으면 해결할 수 있다.

선택지 비율	① 1%	② 4%	③ 1%	❹ 92%	⑤ 2%

2 핵반응

2025학년도 9월 평가원 4번 | 정답 ④ | 문제편 128p

출제 의도 질량수 보존과 전하량 보존을 적용할 수 있는지 확인하는 문항이다.

다음은 두 가지 핵반응이다. (가)와 (나)에서 방출되는 에너지는 각각 E_1, E_2이고, 질량 결손은 (가)에서가 (나)에서보다 크다. $E_1>E_2$

(가) [${}^{235}_{92}U$㉠] $+{}^{1}_{0}n \longrightarrow {}^{141}_{56}Ba+{}^{92}_{36}Kr+3{}^{1}_{0}n+E_1$
(나) ${}^{2}_{1}H+{}^{3}_{1}H \longrightarrow {}^{4}_{2}He+{}^{1}_{0}n+E_2$

이에 대한 설명으로 옳은 것만을 〈보기〉에서 있는 대로 고른 것은? [3점]

보기
ㄱ. ㉠의 질량수는 ~~238이다.~~ 235이다.
ㄴ. (나)는 핵융합 반응이다.
ㄷ. E_1은 E_2보다 크다.

① ㄱ ② ㄴ ③ ㄱ, ㄷ ④ ㄴ, ㄷ ⑤ ㄱ, ㄴ, ㄷ

✓ 자료 해석
- ㉠의 양성자수는 92, 질량수는 235이다.
- (가)는 핵분열 반응이고, (나)는 핵융합 반응이다.
- 방출되는 에너지는 질량 결손에 비례한다.

O 보기풀이 ㄴ. (나)는 질량이 작은 원자핵이 융합하여 질량이 큰 원자핵으로 변환되는 핵융합 반응이다.
ㄷ. 질량 결손이 클수록 핵반응 과정에서 방출되는 에너지도 크다. 질량 결손이 (가)에서가 (나)에서보다 크므로 E_1은 E_2보다 크다.

× 매력적 오답 ㄱ. 핵반응 과정에서 질량수가 보존되므로 ㉠의 질량수를 x라고 할 때 $x+1=141+92+3\times1$의 식이 성립한다. 따라서 ㉠의 질량수는 $x=235$이다.

문제풀이 Tip
질량수 보존과 전하량 보존을 이용하여 ㉠의 질량수와 양성자수를 구하고, 질량 결손과 방출된 에너지의 관계와 핵융합과 핵분열 반응의 개념을 알고 있으면 해결할 수 있다.

선택지 비율	① 1%	② 1%	❸ 90%	④ 4%	⑤ 4%

3 핵반응

2025학년도 6월 평가원 4번 | 정답 ③ | 문제편 128 p

(출제 의도) 핵분열 반응에 대해 이해하고, 핵반응에서 질량수 보존과 전하량 보존을 적용할 수 있는지 확인하는 문항이다.

다음은 핵반응식을 나타낸 것이다. E_0은 핵반응에서 방출되는 에너지이다.

$${}^{235}_{92}\mathrm{U}+{}^{1}_{0}\mathrm{n} \longrightarrow {}^{141}_{56}\mathrm{Ba}+{}^{92}_{36}\mathrm{Kr}+\boxed{㉠}\,{}^{1}_{0}\mathrm{n}+E_0$$

이에 대한 설명으로 옳은 것만을 <보기>에서 있는 대로 고른 것은?

보기

ㄱ. ㉠은 3이다.

ㄴ. ~~핵융합 반응이다.~~ 핵분열 반응이다.

ㄷ. E_0은 질량 결손에 의해 발생한다.

① ㄱ ② ㄴ ③ ㄱ, ㄷ ④ ㄴ, ㄷ ⑤ ㄱ, ㄴ, ㄷ

✓ 자료 해석

- ${}^{235}_{92}\mathrm{U}$ 원자핵이 ${}^{141}_{56}\mathrm{Ba}$ 원자핵과 ${}^{92}_{36}\mathrm{Kr}$ 원자핵으로 분열하는 핵분열 반응이다.
- 질량수 보존을 적용하면 ㉠은 3이다.

O 보기풀이 ㄱ. 핵반응 과정에서 질량수가 보존되므로 235+1=141+92+㉠×1의 식이 성립한다. 따라서 ㉠은 3이다.

ㄷ. 질량 에너지 등가 원리에 의해 핵반응 과정에서 결손된 질량이 에너지로 전환된다.

× 매력적 오답 ㄴ. 질량이 큰 원자핵이 질량이 작은 원자핵으로 분열되는 핵분열 반응이다.

문제풀이 Tip

핵반응에서 질량수와 전하량이 보존됨을 적용하고, 핵반응의 종류를 구분할 수 있으면 해결할 수 있다.

선택지 비율	① 2%	❷ 78%	③ 2%	④ 14%	⑤ 3%

4 핵반응

2024학년도 수능 2번 | 정답 ② | 문제편 128 p

(출제 의도) 질량수 보존과 전하량 보존, 질량 결손을 적용할 수 있는지 확인하는 문항이다.

다음은 두 가지 핵반응을, 표는 (가)와 관련된 원자핵과 중성자(${}^{1}_{0}\mathrm{n}$)의 질량을 나타낸 것이다.

$2x=2,\ 2y=3+1$

(가) ${}^{y}_{x}㉠+{}^{y}_{x}㉠ \longrightarrow {}^{3}_{2}\mathrm{He}+{}^{1}_{0}\mathrm{n}+3.27\ \mathrm{MeV}$

(나) ${}^{3}_{1}\mathrm{H}+{}^{y}_{x}㉠ \longrightarrow {}^{4}_{2}\mathrm{He}+{}^{w}_{z}㉡+17.6\ \mathrm{MeV}$

$1+x=2+z,\ 3+y=4+w$

입자	질량
㉠	M_1
${}^{3}_{2}\mathrm{He}$	M_2
중성자(${}^{1}_{0}\mathrm{n}$)	M_3

이에 대한 설명으로 옳은 것만을 <보기>에서 있는 대로 고른 것은?

보기

ㄱ. ㉠은 ~~${}^{1}_{1}\mathrm{H}$이다.~~ ${}^{2}_{1}\mathrm{H}$이다.

ㄴ. ㉡은 중성자(${}^{1}_{0}\mathrm{n}$)이다.

ㄷ. ~~$2M_1=M_2+M_3$이다.~~ $2M_1>M_2+M_3$이다.

① ㄱ ② ㄴ ③ ㄱ, ㄷ ④ ㄴ, ㄷ ⑤ ㄱ, ㄴ, ㄷ

✓ 자료 해석

- ㉠의 양성자수는 1, 질량수는 2이다.
- ㉡의 양성자수는 0, 질량수는 1이다.

O 보기풀이 ㄴ. ${}^{3}_{1}\mathrm{H}$+㉠(${}^{2}_{1}\mathrm{H}$)=${}^{4}_{2}\mathrm{H}$+㉡(${}^{1}_{0}\mathrm{n}$)이므로 ㉡은 중성자(${}^{1}_{0}\mathrm{n}$)이다.

× 매력적 오답 ㄱ. ㉠은 ${}^{2}_{1}\mathrm{H}$이다.

ㄷ. (가)의 핵반응에서 질량 결손에 의한 에너지가 발생하므로, $2M_1>M_2+M_3$이다.

문제풀이 Tip

(가), (나)에서 질량수 보존과 전하량 보존을 적용하여 두 식을 완성하고, 질량 결손을 적용할 수 있으면 해결할 수 있다.

선택지 비율	❶ 78%	② 1%	③ 14%	④ 1%	⑤ 5%

5 핵반응

2024학년도 9월 평가원 2번 | 정답 ① | 문제편 129 p

출제 의도 질량수 보존과 전하량 보존을 적용할 수 있는지 확인하는 문항이다.

다음은 핵반응 (가), (나)에 대해 학생 A, B, C가 대화하는 모습을 나타낸 것이다.

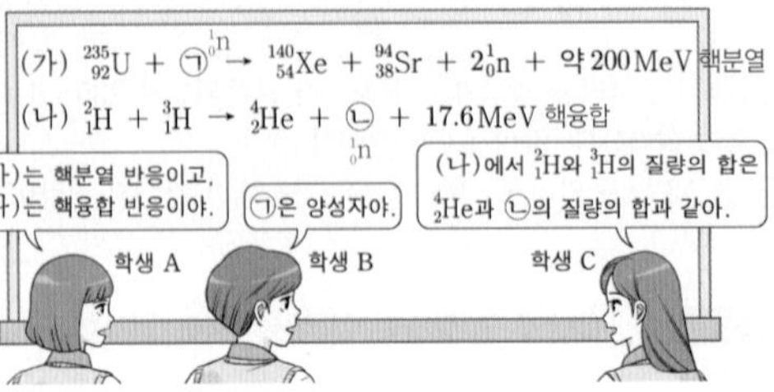

(가) $^{235}_{92}U$ + ㉠ $^{1}_{0}n$ → $^{140}_{54}Xe$ + $^{94}_{38}Sr$ + $2^{1}_{0}n$ + 약 200 MeV 핵분열
(나) $^{2}_{1}H$ + $^{3}_{1}H$ → $^{4}_{2}He$ + ㉡ $^{1}_{0}n$ + 17.6 MeV 핵융합
(가)는 핵분열 반응이고, (나)는 핵융합 반응이야.
㉠은 양성자야.
(나)에서 $^{2}_{1}H$와 $^{3}_{1}H$의 질량의 합은 $^{4}_{2}He$과 ㉡의 질량의 합과 같아.
학생 A
학생 B
학생 C

제시한 내용이 옳은 학생만을 있는 대로 고른 것은?

① A ② B ③ A, C ④ B, C ⑤ A, B, C

✔ 자료 해석

- ㉠의 양성자수는 0, 질량수는 1이다.
  → 92+양성자수=54+38+0
  → 235+질량수=140+94+2
- ㉡의 양성자수는 0, 질량수는 1이다.
  → 1+1=2+양성자수
  → 2+3=4+질량수

○ 보기 풀이 A. (가)는 우라늄($^{235}_{92}U$) 원자핵이 원자 번호가 더 작은 원자핵으로 쪼개지는 핵분열 반응이고, (나)는 수소 원자핵이 원자 번호가 더 큰 헬륨 원자핵으로 변하는 핵융합 반응이다.

× 매력적 오답 B. 핵반응 전후 양성자수(원자 번호)와 질량수는 변하지 않으므로, ㉠은 양성자수가 0, 질량수가 1인 중성자($^{1}_{0}n$)이다.
C. 핵반응에서 방출된 에너지는 반응 시 줄어든 질량(질량 결손)에 비례한다. 즉, 반응 전 질량의 합이 반응 후 질량의 합보다 크다.

문제풀이 Tip

(가), (나)에서 질량수 보존과 전하량 보존을 적용하여 두 식을 완성하고, 핵분열 반응과 핵융합 반응을 구분할 수 있으면 해결할 수 있다.

선택지 비율	① 1%	② 2%	③ 4%	④ 2%	❺ 91%

6 핵반응

2024학년도 6월 평가원 2번 | 정답 ⑤ | 문제편 129 p

출제 의도 질량수 보존과 전하량 보존을 적용할 수 있는지 확인하는 문항이다.

다음은 우리나라의 핵융합 연구 장치에 대한 설명이다.

'한국의 인공 태양'이라 불리는 KSTAR는 바닷물에 풍부한 중수소($^{2}_{1}H$)와 리튬에서 얻은 삼중수소($^{3}_{1}H$)를 고온에서 충돌시켜 다음과 같이 핵융합 에너지를 얻기 위한 연구 장치이다.

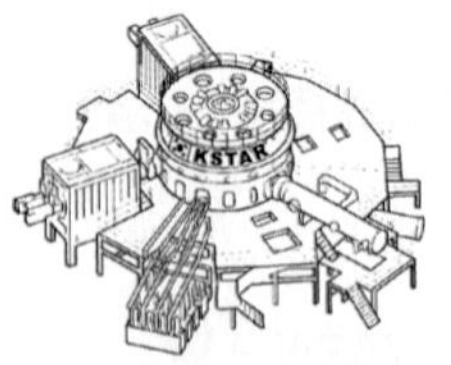

질량 결손에 의해 발생한 에너지

$^{2}_{1}H + ^{3}_{1}H \longrightarrow ^{4}_{2}He$ + ㉠ $^{1}_{0}n$ + ㉡ 에너지

이에 대한 설명으로 옳은 것만을 〈보기〉에서 있는 대로 고른 것은?

보기
ㄱ. $^{2}_{1}H$와 $^{3}_{1}H$는 질량수가 ~~같다~~. 다르다.
ㄴ. ㉠은 중성자이다.
ㄷ. ㉡은 질량 결손에 의해 발생한다.

① ㄱ ② ㄴ ③ ㄷ ④ ㄱ, ㄴ ⑤ ㄴ, ㄷ

✔ 자료 해석

- ㉠의 양자수는 0, 질량수는 1이다.
  → 1+1=2+양성자수
  → 2+3=4+질량수
- ㉡은 질량 결손에 의해 발생한다.

○ 보기 풀이 ㄴ. 핵반응 전후에 전하량의 합과 질량수의 합은 변하지 않는다. 따라서 ㉠의 전하량은 0이고, 질량수는 1이므로, ㉠은 중성자($^{1}_{0}n$)이다.
ㄷ. 핵반응 시 감소한 질량에 비례하는 에너지가 발생한다.

× 매력적 오답 ㄱ. $^{2}_{1}H$의 질량수는 2, $^{3}_{1}H$의 질량수는 3이다.

문제풀이 Tip

(가), (나)에서 질량수 보존과 원자 번호 보존을 적용하여 두 식을 완성하면 해결할 수 있다.

선택지 비율	① 4%	② 1%	❸ 80%	④ 2%	⑤ 12%

7 핵반응

2023학년도 수능 3번 | 정답 ③ | 문제편 129p

출제 의도 질량수와 전하량 보존을 적용할 수 있는지 확인하는 문항이다.

다음은 두 가지 핵반응이다. X, Y는 원자핵이다.

(가) ${}^{2}_{1}H+{}^{1}_{1}H \longrightarrow X+5.49\,MeV$ ${}^{2}_{1}H+{}^{1}_{1}H \longrightarrow {}^{3}_{2}He+5.49\,MeV$

(나) $X+X \longrightarrow Y+{}^{1}_{1}H+{}^{1}_{1}H+12.86\,MeV$

${}^{3}_{2}He+{}^{3}_{2}He \longrightarrow {}^{4}_{2}He+{}^{1}_{1}H+{}^{1}_{1}H+12.86\,MeV$

이에 대한 설명으로 옳은 것만을 <보기>에서 있는 대로 고른 것은?

보기

ㄱ. (가)에서 질량 결손에 의해 에너지가 방출된다.

ㄴ. Y는 ${}^{4}_{2}He$이다.

ㄷ. 양성자수는 ~~Y가 X보다 크다~~. X와 Y가 서로 같다.

① ㄱ ② ㄷ ③ ㄱ, ㄴ ④ ㄴ, ㄷ ⑤ ㄱ, ㄴ, ㄷ

✓ 자료 해석

- X의 원자 번호는 2, 질량수는 3이다.
- Y의 원자 번호는 2, 질량수는 4이다.

○ 보기풀이 ㄱ. 질량 에너지 동등성에 의해 핵반응 시 줄어든 질량에 비례하는 에너지가 발생한다.

ㄴ. 핵반응 시 원자 번호의 합과 질량수의 합은 각각 일정하므로 (가)에서 X는 ${}^{3}_{2}He$이다. (나)에서 Y의 원자 번호는 $2+2-1-1=2$이고, 질량수는 $3+3-1-1=4$이므로 Y는 ${}^{4}_{2}He$이다.

× 매력적 오답 ㄷ. 원자핵의 양성자수는 원자 번호와 같으므로 X와 Y가 모두 2이다.

문제풀이 Tip

(가), (나)에서 질량수와 전하량 보존을 적용하여 두 식을 완성하면 해결할 수 있다.

선택지 비율	① 2%	② 15%	③ 3%	❹ 69%	⑤ 10%

8 핵반응과 질량 에너지 동등성

2023학년도 9월 평가원 6번 | 정답 ④ | 문제편 129p

출제 의도 질량수와 전하량 보존을 적용할 수 있는지 확인하는 문항이다.

다음은 두 가지 핵반응이다. A, B는 원자핵이다.

(가) $A+B \longrightarrow {}^{4}_{2}He+{}^{1}_{0}n+17.6\,MeV$ ${}^{2}_{1}H+{}^{3}_{1}H \longrightarrow {}^{4}_{2}He+{}^{1}_{0}n+17.6\,MeV$

(나) $A+A \longrightarrow B+{}^{1}_{1}H+4.03\,MeV$ ${}^{2}_{1}H+{}^{2}_{1}H \longrightarrow {}^{3}_{1}H+{}^{1}_{1}H+4.03\,MeV$

이에 대한 설명으로 옳은 것만을 <보기>에서 있는 대로 고른 것은?

보기

ㄱ. (가)는 ~~핵분열 반응이다~~. 핵융합 반응이다.

ㄴ. (나)에서 질량 결손에 의해 에너지가 방출된다.

ㄷ. 중성자수는 B가 A의 2배이다.

① ㄱ ② ㄴ ③ ㄱ, ㄷ ④ ㄴ, ㄷ ⑤ ㄱ, ㄴ, ㄷ

✓ 자료 해석

- A와 B의 원자 번호의 합은 2, 질량수의 합은 5이다.
- A의 원자 번호의 2배는 B의 원자 번호보다 1 크다.
- A의 질량수의 2배는 B의 질량수보다 1 크다.

○ 보기풀이 A의 원자 번호와 질량수를 각각 a, x라 하고, B의 원자 번호와 질량수를 각각 b, y라고 하면

$a+b=2$, $2a=b+1 \rightarrow a=1$, $b=1$

$x+y=5$, $2x=y+1 \rightarrow x=2$, $y=3$

이다.

ㄴ. 질량 에너지 동등성에 의해 핵반응에서 감소하는 질량에 비례하는 에너지가 방출된다.

ㄷ. A의 중성자수는 $x-a=1$이고, B의 중성자수는 $y-b=2$이다. 따라서 중성자수는 B가 A의 2배이다.

× 매력적 오답 ㄱ. (가)는 원자 번호가 커지는 핵반응이므로 핵융합 반응이다.

문제풀이 Tip

(가), (나)에서 질량수와 전하량 보존을 적용하여 두 식을 세우고 연립하면 해결할 수 있다.

선택지 비율	① 3%	② 3%	③ 5%	④ 5%	⑤ 84%

9 핵반응과 질량 에너지 동등성

2023학년도 6월 평가원 12번 | 정답 ⑤ | 문제편 130 p

출제 의도 질량수와 전하량 보존을 적용할 수 있는지 확인하는 문항이다.

다음은 두 가지 핵반응을, 표는 원자핵 a~d의 질량수와 양성자수를 나타낸 것이다.

(가) a + a ⟶ c + [X] + 3.3 MeV $^{2}_{1}a+^{2}_{1}a \longrightarrow ^{3}_{2}c+^{1}_{0}X+3.3\,\text{MeV}$

(나) a + b ⟶ d + [X] + 17.6 MeV $^{2}_{1}a+^{3}_{1}b \longrightarrow ^{4}_{2}d+^{1}_{0}X+17.6\,\text{MeV}$

원자핵	질량수	양성자수
a	2	㉠ =1
b	3	1
c	3	2
d	㉡ =4	2

이에 대한 설명으로 옳은 것만을 〈보기〉에서 있는 대로 고른 것은?

보기
ㄱ. 질량 결손은 (가)에서가 (나)에서보다 작다.
ㄴ. X는 중성자이다.
ㄷ. ㉡은 ㉠의 4배이다.

① ㄱ ② ㄴ ③ ㄱ, ㄷ ④ ㄴ, ㄷ ⑤ ㄱ, ㄴ, ㄷ

✓ 자료 해석

- a의 질량수의 2배=c의 질량수+X의 질량수
- a의 원자 번호의 2배=c의 원자 번호+X의 원자 번호
- a의 질량수+b의 질량수=d의 질량수+X의 질량수
- a의 원자 번호+b의 원자 번호=d의 원자 번호+X의 원자 번호

O 보기 풀이 ㄱ. 질량 결손이 작을수록 방출되는 에너지가 작으므로, 질량 결손은 (가)에서가 (나)에서보다 작다.

ㄴ. (가)에서 X의 질량수는 1이다. 또 X의 양성자수를 x라고 하면 ㉠+㉠=$2+x$, ㉠$+1=2+x$에서 ㉠$=1$, $x=0$이다. 따라서 X는 중성자이다.

ㄷ. (나)에서 질량수가 보존되므로 ㉡=4이다. 따라서 ㉡은 ㉠의 4배이다.

문제풀이 Tip

(가), (나)에서 질량수와 전하량 보존을 적용하여 두 식을 세우고 연립하면 해결할 수 있다.

선택지 비율	① 2%	② 3%	③ 5%	④ 84%	⑤ 7%

10 핵반응의 이해

2022학년도 수능 2번 | 정답 ④ | 문제편 130 p

출제 의도 핵반응식을 완성하고 핵반응에서 질량 결손이 의미하는 것을 설명할 수 있는지 확인하는 문항이다.

다음은 두 가지 핵반응이다.

(가) $^{235}_{92}U+^{1}_{0}n \longrightarrow ^{141}_{56}Ba+$ [㉠ ($^{92}_{36}Kr$)] $+3^{1}_{0}n+$ [약 200 MeV]

(나) $^{235}_{92}U+$ [㉡ ($^{1}_{0}n$)] $\longrightarrow ^{140}_{54}Xe+^{94}_{38}Sr+2^{1}_{0}n+$ [약 200 MeV]

줄어든 질량만큼 에너지 발생

이에 대한 설명으로 옳은 것만을 〈보기〉에서 있는 대로 고른 것은?

보기
ㄱ. ㉠은 $^{94}_{38}Sr$보다 질량수가 ~~크다.~~ 작다.
ㄴ. ㉡은 중성자이다.
ㄷ. (가)에서 질량 결손에 의해 에너지가 방출된다.

① ㄱ ② ㄴ ③ ㄱ, ㄷ ④ ㄴ, ㄷ ⑤ ㄱ, ㄴ, ㄷ

✓ 자료 해석

- 핵반응이 일어날 때 전하량과 질량수가 보존되므로 핵반응식을 완성하면 다음과 같다.
  (가) $^{235}_{92}U+^{1}_{0}n \longrightarrow ^{141}_{56}Ba+^{92}_{36}Kr+3^{1}_{0}n+$약 200 MeV
  (나) $^{235}_{92}U+^{1}_{0}n \longrightarrow ^{140}_{54}Xe+^{94}_{38}Sr+2^{1}_{0}n+$약 200 MeV
  → 우라늄 원자핵이 중성자와 충돌하여 핵분열 반응이 일어날 때, (가)에서는 중성자가 3개, (나)에서는 중성자가 2개 방출되었다.

O 보기 풀이 ㄴ. 핵반응이 일어날 때 질량수와 전하량, 즉 양성자수는 보존되므로 ㉡의 질량수는 1, 양성자수는 0이다. 따라서 ㉡은 중성자이다.

ㄷ. 핵반응 과정에서는 핵반응 후 질량의 합이 핵반응 전보다 줄어드는 질량 결손이 일어나고, 결손된 질량은 질량 에너지 동등성에 따라 에너지로 전환되어 방출된다. 따라서 (가)의 핵반응에서 발생한 약 200 MeV의 에너지는 질량 결손에 의해 방출된 에너지이다.

X 매력적 오답 ㄱ. 핵반응이 일어날 때 질량수가 보존되므로 (가)에서 $235+1=141+$(㉠의 질량수)$+(3\times1)$에서 ㉠의 질량수는 92이다. $^{94}_{38}Sr$의 질량수는 94이므로 ㉠은 $^{94}_{38}Sr$보다 질량수가 작다.

문제풀이 Tip

핵반응식을 완성하기 위해서는 원자핵의 표시 방법을 정확히 알고 있어야 한다. 또한 핵반응 후 방출되는 중성자의 개수에 항상 유의하여 질량수 보존을 적용하도록 하자.

선택지 비율	① 2%	② 3%	③ 13%	④ 5%	⑤ 76%

11 수소 핵융합 반응

2022학년도 9월 평가원 2번 | 정답 ⑤ | 문제편 130 p

출제 의도 핵반응 과정에서 전하량과 질량수가 보존되는 것을 이해하고, 질량 결손에 의해 발생하는 에너지를 설명할 수 있는지 확인하는 문항이다.

그림은 주어진 핵반응에 대해 학생 A, B, C가 대화하는 모습을 나타낸 것이다.

제시한 내용이 옳은 학생만을 있는 대로 고른 것은?

① A ② C ③ A, B ④ B, C ⑤ A, B, C

✔ 자료 해석

- 핵반응이 일어날 때 전하량과 질량수가 보존되므로 핵반응식을 완성하면 다음과 같다.

$$^{2}_{1}H+^{3}_{1}H \longrightarrow ^{4}_{2}He+^{1}_{0}n+17.6\,MeV$$

→ 핵반응 전보다 후에 질량수가 큰 원자핵이 생성되므로 이 핵반응은 핵융합 반응이다.

○ 보기 풀이 A : 질량수가 작은 중수소 원자핵($^{2}_{1}H$)과 삼중수소 원자핵($^{3}_{1}H$) 2개가 합쳐져 질량수가 큰 헬륨 원자핵($^{4}_{2}He$)이 형성되었으므로 핵융합 반응이다.
B : 핵반응이 일어날 때 질량은 보존되지 않으며, 결손된 질량이 질량 에너지 동등성에 따라 에너지로 전환된다. 따라서 핵반응 과정에서 발생한 17.6 MeV의 에너지는 질량 결손에 의한 것이다.
C : 핵반응이 일어날 때 반응 전후 전하량과 질량수가 보존되므로 ㉠의 양성자수는 2, 질량수는 4이다. 질량수는 양성자수와 중성자수의 합이므로 ㉠의 중성자수는 2이다.

문제풀이 Tip

핵반응식을 이해하기에 앞서 원자핵의 표시를 바르게 해석할 수 있어야 한다. 원자핵을 표시할 때 원소 기호의 왼쪽 위에 있는 값이 질량수(=양성자수+중성자수)이고, 왼쪽 아래에 있는 값이 원자 번호(=양성자수=전하량)이다.

선택지 비율	① 7%	② 3%	③ 19%	④ 5%	⑤ 65%

12 핵반응식

2022학년도 6월 평가원 6번 | 정답 ⑤ | 문제편 130 p

출제 의도 전하량과 질량수 보존을 이용하여 핵반응식을 완성하고, 핵반응에서 질량 결손에 비례하여 에너지가 발생함을 알고 있는지 확인하는 문항이다.

다음은 두 가지 핵반응이다.

(가) $^{2}_{1}H+^{2}_{1}H \longrightarrow ^{3}_{2}He+$ ㉠ $^{1}_{0}n$ $+$ 3.27 MeV
(나) $^{2}_{1}H+^{2}_{1}H \longrightarrow ^{3}_{1}H+$ ㉡ $^{1}_{1}H$ $+$ 4.03 MeV

결손된 질량만큼 에너지 발생

이에 대한 설명으로 옳은 것만을 〈보기〉에서 있는 대로 고른 것은?

보기
ㄱ. ㉠은 중성자이다.
ㄴ. ㉠과 ㉡은 질량수가 서로 같다.
ㄷ. 질량 결손은 (가)에서가 (나)에서보다 작다.

① ㄱ ② ㄴ ③ ㄱ, ㄷ ④ ㄴ, ㄷ ⑤ ㄱ, ㄴ, ㄷ

✔ 자료 해석

- 핵반응이 일어날 때 전하량과 질량수가 보존되므로 핵반응식을 완성하면 다음과 같다.

(가) $^{2}_{1}H+^{2}_{1}H \longrightarrow ^{3}_{2}He+^{1}_{0}n+3.27\,MeV$
(나) $^{2}_{1}H+^{2}_{1}H \longrightarrow ^{3}_{1}H+^{1}_{1}H+4.03\,MeV$

○ 보기 풀이 ㄱ. (가)의 핵반응이 일어날 때 전하량과 질량수가 보존되므로 ㉠의 양성자수는 0, 질량수는 1이다. 따라서 ㉠은 중성자($^{1}_{0}n$)이다.
ㄴ. (나)의 핵반응이 일어날 때 전하량과 질량수가 보존되므로 ㉡의 양성자수는 1, 질량수는 1이다. 따라서 ㉡은 수소 원자핵($^{1}_{1}H$)인 양성자이다. 양성자와 중성자의 질량수는 1로 같다.
ㄷ. 핵반응 과정에서 발생하는 에너지는 핵반응 전후 입자들의 질량의 합이 감소하는 질량 결손에 의한 것이다. 이때 감소한 질량에 비례하여 에너지가 발생하므로 발생한 에너지가 더 큰 (나)에서가 (가)에서보다 질량 결손도 크다.

문제풀이 Tip

핵반응에서 발생하는 에너지의 크기가 주어지면 결손된 질량을 비교할 수 있어야 한다. 핵반응에서 발생한 에너지는 핵반응 전과 후의 질량 결손에 비례하는 것에 유의하자.

01 전자의 에너지 준위

선택지 비율	❶ 51%	② 7%	③ 21%	④ 11%	⑤ 11%

1 전기력

2025학년도 수능 13번 | 정답 ① | 문제편 132 p

출제 의도 전기력의 합성에 대해 이해하고 적용할 수 있는지 확인하는 문항이다.

그림 (가)는 점전하 A, B를 x축상에 고정하고 음(−)전하 P를 옮기며 x축상에 고정하는 것을 나타낸 것이다. 그림 (나)는 점전하 A~D를 x축상에 고정하고 양(+)전하 R를 옮기며 x축상에 고정하는 것을 나타낸 것이다. A와 D, B와 C, P와 R는 각각 전하량의 크기가 같고, C와 D는 양(+)전하이다. 그림 (다)는 (가)에서 P의 위치 x가 $0<x<3d$인 구간에서 P에 작용하는 전기력을 나타낸 것으로, 전기력의 방향은 $+x$ 방향이 양(+)이다.

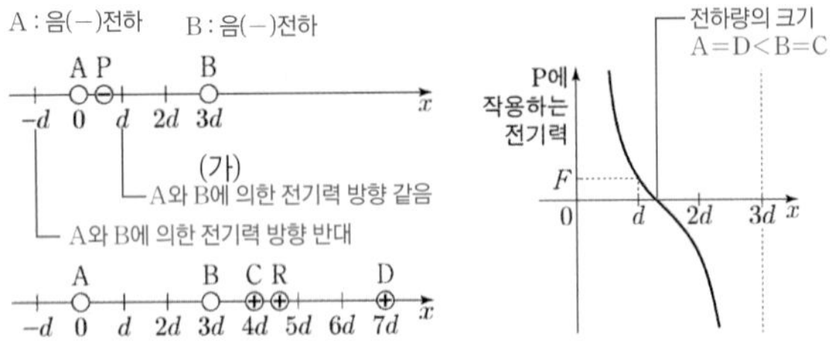

(나) (다)

이에 대한 설명으로 옳은 것만을 〈보기〉에서 있는 대로 고른 것은? [3점]

〈보기〉

ㄱ. (가)에서 P의 위치가 $x=-d$일 때, P에 작용하는 전기력의 크기는 F보다 크다.

ㄴ. (나)에서 R의 위치가 $x=d$일 때, R에 작용하는 전기력의 방향은 ~~$+x$방향이다.~~ $-x$방향이다.

ㄷ. (나)에서 R의 위치가 $x=6d$일 때, R에 작용하는 전기력의 크기는 F보다 ~~작다.~~ 크다.

① ㄱ　② ㄴ　③ ㄱ, ㄷ　④ ㄴ, ㄷ　⑤ ㄱ, ㄴ, ㄷ

✔ 자료 해석

- $0<x<3d$ 구간에서 P가 받는 전기력의 방향
  → A에 의해 $+x$방향, B에 의해 $-x$방향이다.
  → A는 음(−)전하이고, B도 음(−)전하이다.
- $0<x<3d$ 구간에서 P가 받는 전기력의 크기가 0인 지점
  → A에 가까움
  → 전하량의 크기는 A<B, 즉 A=D<B=C이다.

O 보기 풀이 (가)에서 $x>0$ 에서 P를 A에 아주 가깝게 했을 때 P에 작용하는 전기력의 방향이 $+x$방향이고, $3d>x$에서 P를 B에 아주 가깝게 했을 때 P에 작용하는 전기력의 방향이 $-x$방향이므로 A, B는 모두 음(−)전하이다. 또한 $\frac{3}{2}d>x>d$에서 P에 작용하는 전기력이 0이므로 전하량의 크기는 A가 B보다 작다.

ㄱ. (가)에서 P의 위치가 $x=d$일 때, A, B가 P에 작용하는 전기력의 크기를 각각 F_1, F_2라고 하면 $F_1-F_2=F$의 식이 성립한다. 따라서 (가)에서 P의 위치가 $x=-d$일 때, P에 작용하는 전기력의 크기는 $F_1+\frac{1}{4}F_2$로 F보다 크다.

× 매력적 오답 ㄴ. (나)에서 R의 위치가 $x=d$일 때, R에는 A, B에 의해 $-x$ 방향으로 크기 F의 전기력이 작용한다. 이때 C, D가 R에 작용하는 전기력의 방향도 $-x$방향이므로 (나)에서 R의 위치가 $x=d$일 때, R에 작용하는 전기력의 방향은 $-x$방향이다.

ㄷ. (나)에서 R의 위치가 $x=6d$일 때, R에는 C, D에 의해 $-x$방향으로 크기 F의 전기력이 작용한다. 따라서 A, B에 의해서도 R에 $-x$방향의 전기력이 작용하므로 (나)에서 R의 위치가 $x=6d$일 때, R에 작용하는 전기력의 크기는 F보다 크다.

문제풀이 Tip

(가)에서 P의 위치에 따른 전기력 방향의 변화로부터 A, B의 전하의 종류를 파악하고, P에 작용하는 전기력이 0인 위치로부터 A, B의 전하량의 크기를 파악하여, 대칭성을 적절하게 적용하면 해결할 수 있다.

선택지 비율	❶ 89%	② 2%	③ 5%	④ 1%	⑤ 2%

2 에너지 준위와 전자의 전이

2025학년도 수능 3번 | 정답 ① | 문제편 132 p

출제 의도 전자의 전이에서 방출 또는 흡수되는 빛의 에너지를 이해하고 있는지 확인하는 문항이다.

그림은 보어의 수소 원자 모형에서 양자수 n에 따른 에너지 준위의 일부와 전자의 전이 a~d를 나타낸 것이다. a에서 흡수되는 빛의 진동수는 f_a이다.

이에 대한 설명으로 옳은 것만을 〈보기〉에서 있는 대로 고른 것은? [3점]

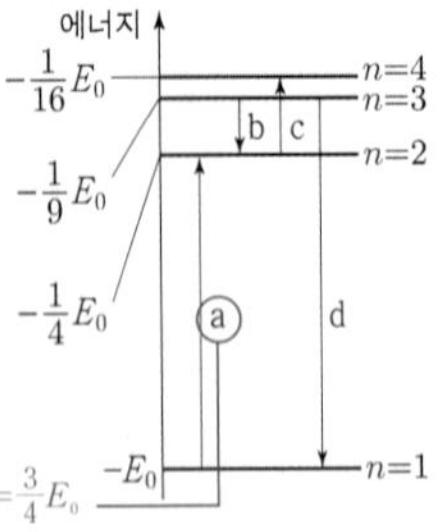

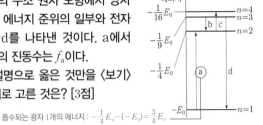

흡수되는 광자 1개의 에너지 : $-\frac{1}{4}E_0-(-E_0)=\frac{3}{4}E_0$

〈보기〉

ㄱ. a에서 흡수되는 광자 1개의 에너지는 $\frac{3}{4}E_0$이다.

ㄴ. 방출되는 빛의 파장은 b에서가 d에서보다 ~~짧다.~~ 길다

ㄷ. c에서 흡수되는 빛의 진동수는 ~~$\frac{1}{8}f_a$이다.~~ $\frac{1}{4}f_a$이다.

① ㄱ　② ㄴ　③ ㄱ, ㄷ　④ ㄴ, ㄷ　⑤ ㄱ, ㄴ, ㄷ

✔ 자료 해석

- 전자 전이에서 방출(흡수)되는 광자 1개의 에너지=
  높은 에너지 준위에서−낮은 에너지 준위
- 방출(흡수)되는 빛의 파장은 광자 1개의 에너지에 반비례한다.
- 방출(흡수)되는 빛의 진동수는 광자 1개의 에너지에 비례한다.

O 보기 풀이 ㄱ. a에서 흡수되는 광자 1개의 에너지는 $-\frac{1}{4}E_0-(-E_0)=\frac{3}{4}E_0$이다.

× 매력적 오답 ㄴ. 전이 과정에서 방출되는 빛의 에너지는 방출되는 빛의 파장과 반비례한다. 따라서 방출되는 빛의 파장은 b에서가 d에서보다 길다.

ㄷ. c에서 흡수되는 빛의 에너지는 $-\frac{1}{16}E_0-\left(-\frac{1}{4}E_0\right)=\frac{3}{16}E_0$이다. 따라서 a에서 흡수되는 빛의 진동수가 f_a이므로 c에서 흡수되는 빛의 진동수는 $\frac{1}{4}f_a$이다.

문제풀이 Tip

전자의 전이에서 빛의 방출 및 흡수 조건을 이해하고, 방출 및 흡수되는 광자 1개의 에너지를 구할 수 있으면 해결할 수 있다.

선택지 비율	❶ 79%	② 3%	③ 9%	④ 5%	⑤ 4%

3 전기력

2025학년도 9월 평가원 17번 | 정답 ① | 문제편 132p

출제 의도 전기력의 합성에 대해 이해하고 적용할 수 있는지 확인하는 문항이다.

그림 (가)와 같이 x축상에 점전하 A, 양(+)전하인 점전하 C를 각각 $x=0$, $x=5d$에 고정하고, 점전하 B를 x축상의 $d \le x \le 3d$인 구간에서 옮기며 고정한다. 그림 (나)는 (가)에서 C에 작용하는 전기력을 B의 위치에 따라 나타낸 것이고, 전기력의 방향은 $+x$방향이 양(+)이다.

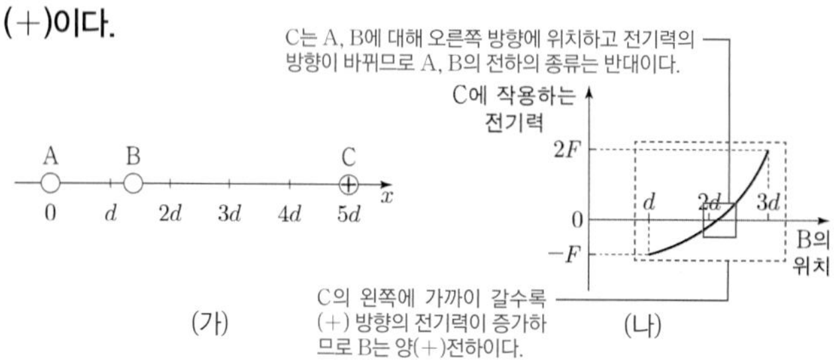

이에 대한 설명으로 옳은 것만을 〈보기〉에서 있는 대로 고른 것은? [3점]

보기
ㄱ. A는 음(−)전하이다.
ㄴ. 전하량의 크기는 A가 B보다 ~~작다.~~ 크다.
ㄷ. B가 $x=3d$에 있을 때, B에 작용하는 전기력의 크기는 $2F$보다 ~~작다.~~ 크다.

① ㄱ ② ㄴ ③ ㄱ, ㄷ ④ ㄴ, ㄷ ⑤ ㄱ, ㄴ, ㄷ

✓ 자료 해석

- C에 작용하는 전기력이 0일 때, C로부터의 거리는 A가 B보다 크므로, 전하량의 크기는 A가 B보다 크다.
- B가 C의 왼쪽에서 접근할수록 C에 $+x$방향의 전기력이 증가하므로, B는 양(+)전하이다.
- A, B의 전하의 종류가 반대이므로, A는 음(−)전하이다.

O 보기 풀이 ㄱ. B의 위치가 $2d<x<3d$인 구간에서 C에 작용하는 전기력이 0인 B의 위치가 있고, B의 위치가 $x=3d$일 때, C에 작용하는 전기력의 방향이 $+x$방향이므로 B는 양(+)전하이고, A는 B와 전하의 종류가 반대인 음(−)전하이다.

× 매력적 오답 ㄴ. C에 작용하는 전기력이 0일 때, A와 C 사이의 거리가 B와 C 사이의 거리보다 크므로 전하량의 크기는 A가 B보다 크다.
ㄷ. B의 위치가 $x=3d$일 때 A, B가 C에 작용하는 전기력의 방향은 각각 $-x$방향, $+x$방향이고 C에 작용하는 전기력의 합력의 크기는 $2F$이다. B의 위치가 $x=3d$일 때 A, C가 B에 작용하는 전기력의 방향은 각각 $-x$방향, $-x$방향이므로 B에 작용하는 전기력의 합력의 크기는 $2F$보다 크다.

문제풀이 Tip
B의 위치를 C에 가까이 접근시킬 때 C에 $+x$방향의 전기력이 증가하는 것으로부터 B의 전하의 종류를 파악하고, A, B의 전하의 종류가 반대라는 사실로부터 A의 전하의 종류까지 파악한 후, 전기력의 합성을 적용할 수 있으면 해결할 수 있다.

선택지 비율	① 1%	② 1%	③ 4%	④ 3%	❺ 92%

4 에너지 준위와 전자의 전이

2025학년도 9월 평가원 3번 | 정답 ⑤ | 문제편 132p

출제 의도 에너지 준위의 불연속과 전자의 전이에서 방출 또는 흡수되는 빛에 대하여 이해하고 있는지 확인하는 문항이다.

그림은 수소 원자에서 방출되는 빛의 스펙트럼과 보어의 수소 원자 모형에 대한 학생 A, B, C의 대화를 나타낸 것이다.

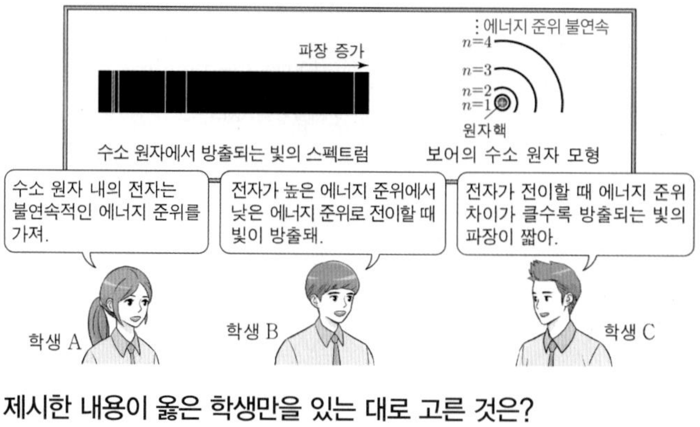

제시한 내용이 옳은 학생만을 있는 대로 고른 것은?

① A ② C ③ A, B ④ B, C ⑤ A, B, C

✓ 자료 해석

- 수소 원자의 에너지 준위는 불연속적이다.
- 전자가 높은 에너지 준위에서 낮은 에너지 준위로 전이 : 빛 방출
- 전자가 낮은 에너지 준위에서 높은 에너지 준위로 전이 : 빛 흡수
- 전자가 전이하는 에너지 준위의 차가 클수록
  → 흡수(방출)하는 빛의 에너지가 크다.
  → 흡수(방출)하는 빛의 진동수가 크다.
  → 흡수(방출)하는 빛의 파장이 짧다.

O 보기 풀이 A. 수소 원자 내의 전자가 불연속적인 에너지 준위를 가지기 때문에 선 스펙트럼이 관찰된다.
B. 전자가 높은 에너지 준위에서 낮은 에너지 준위로 전이할 때 에너지 차이만큼의 에너지를 가진 빛(광자)이 방출된다.
C. 전자가 전이할 때 방출되는 빛의 에너지는 빛의 진동수에 비례하고 파장에 반비례한다. 따라서 전자가 전이할 때 에너지 준위 차이가 클수록 방출되는 빛의 파장이 짧다.

문제풀이 Tip
전자의 전이에서 빛의 방출 및 흡수 조건을 이해하고, 방출 및 흡수되는 광자 1개의 에너지를 구할 수 있으면 해결할 수 있다.

선택지 비율	① 3%	❷ 39%	③ 20%	④ 4%	⑤ 34%

5 전기력

2025학년도 6월 평가원 12번 | 정답 ② | 문제편 133 p

출제 의도 전기력의 합성에 대해 이해하고 적용할 수 있는지 확인하는 문항이다.

그림 (가)는 점전하 A, B, C를 x축상에 고정시킨 모습을, (나)는 (가)에서 A의 위치만 $x=2d$로 옮겨 고정시킨 모습을 나타낸 것이다. 양(+)전하인 C에 작용하는 전기력의 크기는 (가), (나)에서 각각 F, $5F$이고, 방향은 $+x$방향으로 같다. (나)에서 B에 작용하는 전기력의 크기는 $4F$이다.

C에 작용하는 전기력의 크기가 (나)에서가 (가)에서보다 크고, 전기력의 방향이 모두 $+x$방향이므로 A, C의 전하의 종류는 반대이고, B, C의 전하의 종류는 같다.

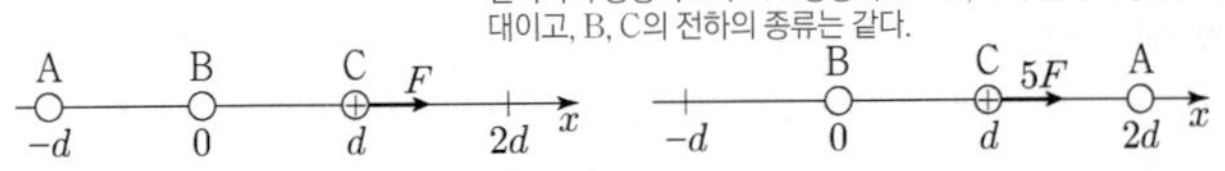

(가) (나)

이에 대한 설명으로 옳은 것만을 〈보기〉에서 있는 대로 고른 것은?

보기

ㄱ. A와 C 사이에는 서로 ~~밀어내는 전기력이 작용한다~~. (당기는 전기력이 작용한다.)

ㄴ. (가)에서 A와 C 사이에 작용하는 전기력의 크기는 $2F$보다 작다.

ㄷ. (나)에서 B에 작용하는 전기력의 방향은 ~~$-x$방향이다~~. ($+x$방향이다.)

① ㄱ ② ㄴ ③ ㄷ ④ ㄱ, ㄴ ⑤ ㄴ, ㄷ

문제풀이 Tip

같은 종류의 전하 사이에는 밀어내는 전기력이, 반대 종류의 전하 사이에는 당기는 전기력이 작용한다는 사실을 알고, 이를 이용하여 전하의 종류를 지정한 뒤 판단하면 쉽게 해결할 수 있다.

✔ 자료 해석

- (나)에서 (가)의 A를 C의 오른쪽으로 이동시켰을 때, A와 C 사이에는 서로 당기는 전기력이 작용하므로 A는 음(−)전하이다.
- (가)에서 A가 음(−)전하인데, C에 작용하는 전기력이 $+x$방향으로 F이므로 B와 C 사이에는 서로 밀어내는 전기력이 작용하고 B는 양(+)전하이다.

○ 보기풀이 전기력의 방향을 $+x$방향을 (+)로 하고, A, B, C의 전하량의 크기를 각각 Q_1, Q_2, Q_3라고 하면, (가), (나)의 C에 대해 각각 (가) $+\frac{kQ_1Q_3}{(2d)^2}+\frac{kQ_2Q_3}{d^2}=+F$, (나) $-\frac{kQ_1Q_3}{d^2}+\frac{kQ_2Q_3}{d^2}=+5F$의 식이 성립하므로 $\frac{kQ_1Q_3}{d^2}=-\frac{16}{5}F$, $\frac{kQ_2Q_3}{d^2}=+\frac{9}{5}F$이다. 따라서 (가)에서 A, B가 C에 작용하는 전기력의 방향이 각각 $-x$방향, $+x$방향이므로 A는 음(−)전하, B는 양(+)전하이고, $Q_1:Q_2=16:9$이다.

ㄴ. (가)에서 A와 C 사이에 $\frac{kQ_1Q_3}{4d^2}=-\frac{4}{5}F$의 전기력이 작용하므로 (가)에서 A와 C 사이에 작용하는 전기력의 크기는 $2F$보다 작다.

✕ 매력적 오답 ㄱ. A가 음(−)전하이므로 A와 C 사이에는 서로 당기는 전기력이 작용한다.

ㄷ. (나)에서 A, B, C에 작용하는 전기력의 방향을 고려한 합은 0이다. (나)에서 B에 작용하는 전기력의 방향이 $-x$방향이려면 (나)에서 A에 작용하는 전기력의 크기는 F이고, 방향은 $-x$방향이어야 한다. 그러나 (나)에서 B, C 모두 A에 $-x$방향으로 전기력을 작용하고 있고, C가 A에 작용하는 전기력의 크기가 $\frac{16}{5}F$로 F보다 크므로 (나)에서 A에 작용하는 전기력의 크기는 F일 수 없다. 따라서 (나)에서 B에 작용하는 전기력의 방향은 $+x$방향이다.

선택지 비율	① 5%	② 1%	③ 1%	④ 2%	❺ 91%

6 에너지 준위와 전자의 전이

2025학년도 6월 평가원 3번 | 정답 ⑤ | 문제편 133 p

출제 의도 전자의 전이에서 방출 또는 흡수되는 빛의 에너지를 이해하고 있는지 확인하는 문항이다.

그림 (가)는 보어의 수소 원자 모형에서 양자수 n에 따른 에너지 준위의 일부와 전자의 전이 a~d를 나타낸 것이다. 그림 (나)는 (가)의 a~d에서 방출되는 빛의 스펙트럼을 파장에 따라 나타낸 것이다.

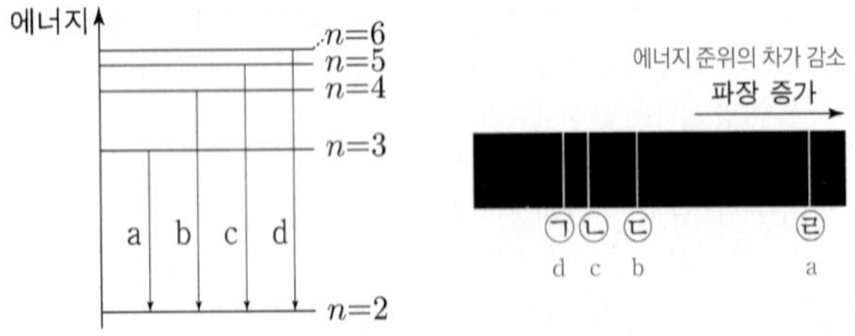

(가) (나)

(나)의 ㉠~㉣에 해당하는 전자의 전이로 옳은 것은?

	㉠	㉡	㉢	㉣
①	a	b	c	d
②	a	c	b	d
③	d	a	b	c
④	d	b	c	a
⑤	d	c	b	a

✔ 자료 해석

- 에너지 준위 차가 클수록 방출되는 빛의 파장이 감소한다.
- 방출되는 빛의 파장 : a>b>c>d

○ 보기풀이 전이 과정에서 방출되는 빛의 에너지 크기는 파장에 반비례한다. 따라서 전이 과정에서 방출되는 빛의 에너지 크기가 d에서 가장 크고 a에서 가장 작으므로, ㉠, ㉡, ㉢, ㉣에 해당하는 전자의 전이는 각각 d, c, b, a이다.

문제풀이 Tip

전자의 전이에서 방출되는 빛의 진동수, 파장, 광자 1개의 에너지와 에너지 준위 차의 관계를 이해하고 있으면 어렵지 않게 해결할 수 있다.

선택지 비율	① 3%	② 3%	③ 10%	④ 5%	❺ 79%

7 전기력

2024학년도 수능 15번 | 정답 ⑤ | 문제편 133 p

출제 의도 전기력의 합성에 대해 이해하고 적용할 수 있는지 확인하는 문항이다.

그림과 같이 x축상에 점전하 A, B, C를 고정하고, 양(+)전하인 점전하 P를 옮기며 고정한다. P가 $x=2d$에 있을 때, P에 작용하는 전기력의 방향은 $+x$방향이다. B, C는 각각 양(+)전하, 음(−)전하 이고, A, B, C의 전하량의 크기는 같다.

이에 대한 설명으로 옳은 것만을 〈보기〉에서 있는 대로 고른 것은? [3점]

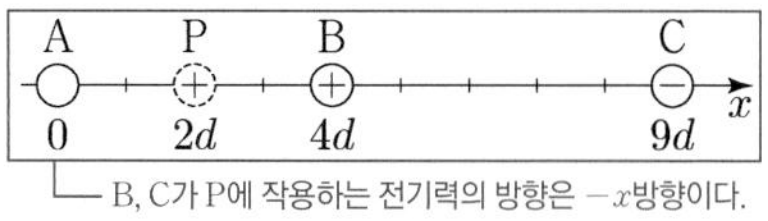

보기
ㄱ. A는 양(+)전하이다.
ㄴ. P가 $x=6d$에 있을 때, P에 작용하는 전기력의 방향은 $+x$방향이다.
ㄷ. P에 작용하는 전기력의 크기는 P가 $x=d$에 있을 때가 $x=5d$에 있을 때보다 작다.

① ㄱ ② ㄷ ③ ㄱ, ㄴ ④ ㄴ, ㄷ ⑤ ㄱ, ㄴ, ㄷ

✓ 자료 해석
- B, C가 P에 작용하는 전기력의 방향은 $-x$방향이다.
  → A가 양(+)전하여야 P에 작용하는 전기력의 방향이 $+x$방향이 된다.

○ 보기 풀이 ㄱ. P가 $x=2d$에 있을 때 B가 P에 $-x$방향으로 작용하는 전기력의 크기는 C가 P에 $+x$방향으로 작용하는 전기력의 크기보다 크다. 하지만 이때 P에 작용하는 전기력의 방향은 $+x$방향이므로 A는 양(+)전하이다.
ㄴ. P가 $x=6d$에 있을 때, A, B, C 모두 P에 $+x$방향으로 전기력을 작용하므로 P에 작용하는 전기력의 방향은 $+x$방향이다.
ㄷ. P가 $x=5d$에 있을 때 B가 $+x$방향으로 P에 작용하는 전기력의 크기와 P가 $x=d$에 있을 때 A가 $+x$방향으로 P에 작용하는 전기력의 크기는 같다. P가 $x=5d$에 있을 때 A와 C는 P에 $+x$방향으로 전기력을 작용하고, P가 $x=d$에 있을 때 B는 P에 $-x$방향으로 전기력을 작용하고 C는 P에 $+x$방향으로 전기력을 작용하지만 C가 P에 작용하는 전기력의 크기는 P가 $x=5d$에 있을 때보다 더 작다. 따라서 P에 작용하는 전기력의 크기는 P가 $x=d$에 있을 때가 $x=5d$에 있을 때보다 작다.

문제풀이 Tip
B, C가 P에 작용하는 전기력의 방향을 파악하고, A, B, C가 P에 작용하는 전기력의 방향이 $+x$방향이라는 조건에 부합하기 위한 A의 전하의 종류를 판단하면 해결할 수 있다.

선택지 비율	❶ 61%	② 3%	③ 28%	④ 3%	⑤ 4%

8 에너지 준위와 전자의 전이

2024학년도 수능 4번 | 정답 ① | 문제편 133 p

출제 의도 전자의 전이에서 방출 또는 흡수되는 빛의 에너지를 이해하고 있는지 확인하는 문항이다.

그림 (가)는 보어의 수소 원자 모형에서 양자수 n에 따른 에너지 준위와 전자의 전이에 따른 스펙트럼 계열 중 라이먼 계열, 발머 계열을 나타낸 것이다. 그림 (나)는 (가)에서 방출되는 빛의 스펙트럼 계열을 파장에 따라 나타낸 것으로 X, Y는 라이먼 계열, 발머 계열 중 하나이고, ㉠과 ㉡은 각 계열에서 파장이 가장 긴 빛의 스펙트럼 선이다.

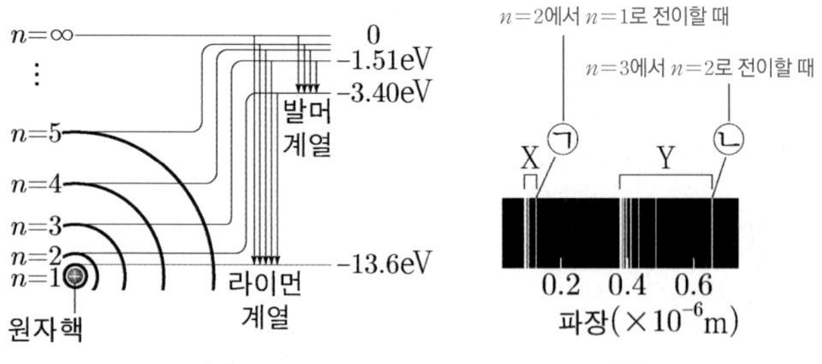

(가) (나)

이에 대한 설명으로 옳은 것만을 〈보기〉에서 있는 대로 고른 것은?

보기
ㄱ. X는 라이먼 계열이다.
ㄴ. 광자 1개의 에너지는 ㉠에서가 ㉡에서보다 ~~작다.~~ 크다.
ㄷ. ㉡은 전자가 ~~$n=\infty$~~ $n=3$에서 $n=2$로 전이할 때 방출되는 빛의 스펙트럼선이다.

① ㄱ ② ㄴ ③ ㄱ, ㄷ ④ ㄴ, ㄷ ⑤ ㄱ, ㄴ, ㄷ

✓ 자료 해석
- X는 라이먼 계열, Y는 발머 계열이다.
- ㉠은 $n=2$에서 $n=1$로 전이할 때 방출하는 빛의 스펙트럼선이다.
- ㉡은 $n=3$에서 $n=2$로 전이할 때 방출하는 빛의 스펙트럼선이다.

○ 보기 풀이 ㄱ. X가 Y보다 파장이 짧으므로 X는 라이먼 계열, Y는 발머 계열이다.

× 매력적 오답 ㄴ. 광자 1개의 에너지$\left(E=hf=\frac{hc}{\lambda}\right)$는 파장이 짧은 ㉠에서가 ㉡에서보다 크다.
ㄷ. ㉡은 발머 계열 중 파장이 가장 크므로(에너지가 가장 작으므로) 전자가 $n=3$에서 $n=2$로 전이할 때 방출되는 빛의 스펙트럼선이다.

문제풀이 Tip
라이먼 계열이 발머 계열보다 파장이 짧다는 것과 각 계열에서 전이하는 에너지 준위를 알면 해결할 수 있다.

선택지 비율	① 14%	② 10%	③ 9%	④ 12%	⑤ 55%

9 전기력

2024학년도 9월 평가원 18번 | 정답 ⑤ | 문제편 134p

(출제 의도) 전기력의 합성에 대해 이해하고 적용할 수 있는지 확인하는 문항이다.

A가 C에 작용하는 전기력의 크기와 방향은 동일하다.

B가 C에 작용하는 전기력의 크기는 같고, 방향은 반대이다.

그림 (가)는 점전하 A, B, C를 x축 상에 고정시킨 것을, (나)는 (가)에서 B의 위치만 $x=3d$로 옮겨 고정시킨 것을 나타낸 것이다. (가)와 (나)에서 양(+)전하인 A에 작용하는 전기력의 방향은 $+x$ 방향으로 같고, C에 작용하는 전기력의 크기는 (가)에서가 (나)에서보다 크다.

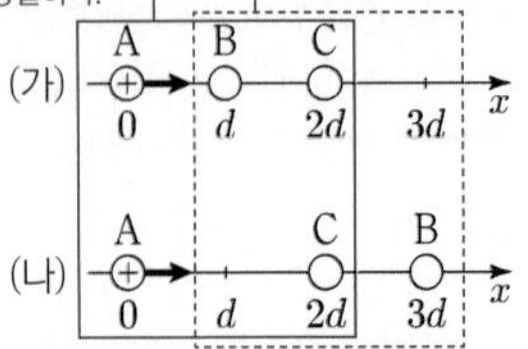

이에 대한 설명으로 옳은 것만을 〈보기〉에서 있는 대로 고른 것은? [3점]

보기

ㄱ. (가)에서 B에 작용하는 전기력의 방향은 ~~$-x$방향이다~~. ($+x$방향이다.)

ㄴ. 전하량의 크기는 C가 B보다 크다.

ㄷ. A에 작용하는 전기력의 크기는 (나)에서가 (가)에서보다 크다.

① ㄱ ② ㄴ ③ ㄷ ④ ㄱ, ㄷ ⑤ ㄴ, ㄷ

문제풀이 Tip

B의 위치를 바꾸었을 때, C에 작용하는 전기력의 크기가 작아진 것으로부터 B가 C에 작용하는 전기력의 방향 변화를 유추할 수 있으면 해결할 수 있다.

✓ 자료 해석

- (가), (나)에서
  → A가 C에 작용하는 전기력의 크기와 방향은 같다.
  → B가 C에 작용하는 전기력의 크기는 같고 방향은 반대이다.
- (가)에서 B가 C에 작용하는 힘의 방향은 A가 C에 작용하는 힘의 방향과 같다.

○ 보기 풀이 A에 작용하는 전기력의 방향이 $+x$방향이려면 B, C 중 어느 하나는 음(−)전하이어야 한다. 음(−)전하를 포함한 B, C의 가능한 세 조합 (+, −), (−, +), (−, −) 중 C에 작용하는 전기력이 (가)에서가 (나)에서보다 큰 경우는 (+, −)이다.

ㄴ. (가)에서 A를 B에 가까이로 옮겨 간다고 할 때, A에 작용하는 전기력의 방향이 $+x$방향에서 $-x$방향으로 즉, A에 작용하는 전기력이 0이 될 수 있는 지점이 B의 왼쪽에 위치한다. 따라서 전하량의 크기는 C가 B보다 크다.

[별해]

(가)에서 B가 A를 $-x$방향으로 미는 힘보다 C가 A를 $+x$방향으로 당기는 힘의 크기가 더 크고, A로부터의 거리가 C가 B보다 크다. 따라서 전하량의 크기는 C가 B보다 크다.

ㄷ. C가 A에 $+x$방향으로 작용하는 전기력은 (가), (나)에서 일정하고, B가 A에 $-x$방향으로 작용하는 전기력은 (가)에서가 (나)에서보다 크다. 따라서 A에 작용하는 전기력의 크기는 (나)에서가 (가)에서보다 크다.

× 매력적 오답 ㄱ. B는 양(+)전하, C는 음(−)전하이므로, (가)에서 B에 작용하는 전기력의 방향은 $+x$방향이다.

선택지 비율	① 5%	② 1%	③ 86%	④ 2%	⑤ 6%

10 에너지 준위와 전자의 전이

2024학년도 9월 평가원 4번 | 정답 ③ | 문제편 134p

(출제 의도) 전자 전이에서 방출 또는 흡수하는 빛의 에너지와 선 스펙트럼의 관계를 이해하고 있는지 묻는 문항이다.

그림 (가)는 보어의 수소 원자 모형에서 양자수 n에 따른 에너지 준위의 일부와 전자의 전이 A~D를 나타낸 것이다. 그림 (나)는 (가)의 A, B, C에서 방출되는 빛의 스펙트럼을 파장에 따라 나타낸 것이다.

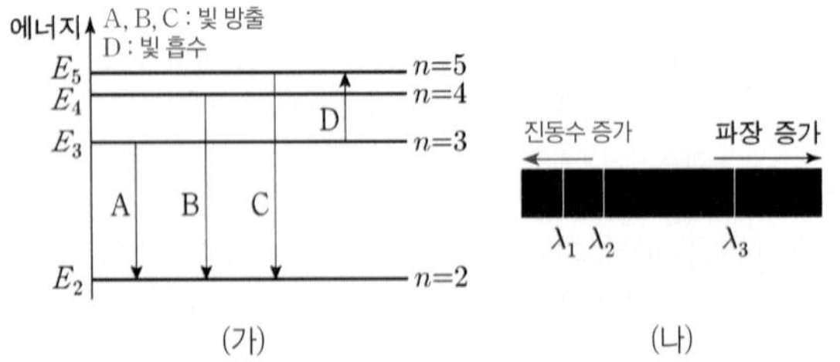

(가) (나)

이에 대한 설명으로 옳은 것만을 〈보기〉에서 있는 대로 고른 것은? (단, 빛의 속력은 c이다.) [3점]

보기

ㄱ. B에서 방출되는 광자 1개의 에너지는 $|E_4-E_2|$이다.

ㄴ. C에서 방출되는 빛의 파장은 λ_1이다.

ㄷ. D에서 흡수되는 빛의 진동수는 ~~$\left(\frac{1}{\lambda_1}+\frac{1}{\lambda_3}\right)c$이다~~. ($\left(\frac{1}{\lambda_1}-\frac{1}{\lambda_3}\right)c$이다.)

① ㄱ ② ㄷ ③ ㄱ, ㄴ ④ ㄴ, ㄷ ⑤ ㄱ, ㄴ, ㄷ

✓ 자료 해석

- 빛이 방출되는 전자의 전이 : A, B, C
- 빛이 흡수되는 전자의 전이 : D
- 방출되는 빛의 파장 : A>B>C

○ 보기 풀이 ㄱ. $n=4$에서 $n=2$로 전이인 B에서 방출되는 광자 1개의 에너지는 $|E_4-E_2|$이다.

ㄴ. 전자가 전이할 때, 방출되는 빛 에너지는 파장에 반비례한다. 방출되는 빛의 에너지는 C>B>A이므로 파장은 A>B>C이다. 따라서 A, B, C에서 방출되는 빛의 파장은 각각 λ_3, λ_2, λ_1이다.

× 매력적 오답 ㄷ. $E=hf=\frac{hc}{\lambda}$ (h : 플랑크 상수)이다. D에서 흡수되는 빛의 에너지는 C, A에서 각각 방출되는 두 빛의 에너지 차에 해당하므로 $hf_D=hf_C-hf_A$, $f_D=f_C-f_A=\left(\frac{1}{\lambda_1}-\frac{1}{\lambda_3}\right)c$이다.

문제풀이 Tip

전자 전이에서 빛의 방출 및 흡수 조건을 이해하고, 방출 및 흡수되는 광자 1개의 에너지를 구할 수 있으면 해결할 수 있다.

선택지 비율	① 3%	② 3%	③ 9%	④ 6%	❺ 78%

11 전기력

2024학년도 6월 평가원 10번 | 정답 ⑤ | 문제편 134p

출제 의도 전기력의 합성에 대해 이해하고 적용할 수 있는지 확인하는 문항이다.

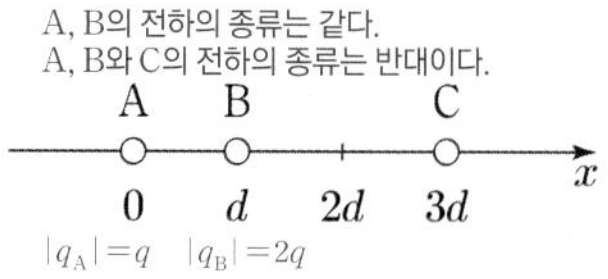

그림과 같이 점전하 A, B, C를 x축상에 고정하였다. 전하량의 크기는 B가 A의 2배이고, B와 C가 A로부터 받는 전기력의 크기는 F로 같다. A와 B 사이에는 서로 밀어내는 전기력이, A와 C 사이에는 서로 당기는 전기력이 작용한다.

이에 대한 설명으로 옳은 것만을 ⟨보기⟩에서 있는 대로 고른 것은? [3점]

보기
ㄱ. 전하량의 크기는 C가 가장 크다.
ㄴ. B와 C 사이에는 서로 당기는 전기력이 작용한다.
ㄷ. B와 C 사이에 작용하는 전기력의 크기는 F보다 크다.

① ㄱ ② ㄷ ③ ㄱ, ㄴ ④ ㄴ, ㄷ ⑤ ㄱ, ㄴ, ㄷ

✔ 자료 해석
- A와 B 사이에 서로 밀어내는 전기력 작용 : 같은 종류의 전하
- A와 C 사이에 서로 당기는 전기력 작용 : 반대 종류의 전하
- A의 전하량의 크기를 q라 하면, B의 전하량의 크기는 $2q$이다.

○ 보기 풀이 A, B 사이에는 서로 미는 전기력이, A, C 사이에는 서로 당기는 전기력이 작용하므로, A를 양(+)전하라고 가정하면, B는 양(+)전하, C는 음(−)전하이다.

ㄱ. A의 전하량의 크기를 q라고 하면 B의 전하량의 크기는 $2q$이다. C의 전하량을 $-Q$라고 하면, B와 C가 A로부터 받는 전기력의 크기가 같으므로 $F=k\frac{q\cdot 2q}{d^2}=k\frac{qQ}{9d^2}$이다. 따라서 $Q=18q$이므로 전하량의 크기는 C가 가장 크다.

ㄴ. B와 C는 서로 다른 종류의 전하이므로 서로 당기는 전기력이 작용한다.

ㄷ. B와 C 사이에 작용하는 전기력의 크기는 $k\frac{2q\cdot 18q}{4d^2}=k\frac{9q^2}{d^2}$이므로 F보다 크다.

문제풀이 Tip
같은 종류의 전하 사이에는 밀어내는 전기력이, 반대 종류의 전하 사이에는 당기는 전기력이 작용한다는 사실을 알고, 이를 이용하여 전하의 종류를 지정한 뒤 판단하면 쉽게 해결할 수 있다.

선택지 비율	❶ 77%	② 6%	③ 5%	④ 8%	⑤ 4%

12 에너지 준위와 전자의 전이

2024학년도 6월 평가원 3번 | 정답 ① | 문제편 134p

출제 의도 전자 전이에서 방출하는 빛의 에너지와 선 스펙트럼의 관계를 이해하고 있는지 묻는 문항이다.

그림 (가)는 보어의 수소 원자 모형에서 양자수 n에 따른 에너지 준위의 일부와 전자의 전이 a~f를 나타낸 것이고, (나)는 a~f에서 방출되는 빛의 스펙트럼을 파장에 따라 나타낸 것이다.

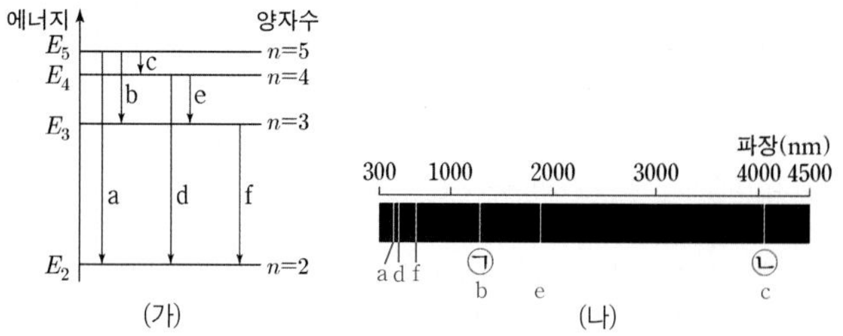

(가) (나)

이에 대한 설명으로 옳은 것만을 ⟨보기⟩에서 있는 대로 고른 것은? (단, h는 플랑크 상수이다.) [3점]

보기
ㄱ. 방출된 빛의 파장은 a에서가 f에서보다 ~~길다~~. 짧다.
ㄴ. ㉠은 b에 의해 나타난 스펙트럼선이다.
ㄷ. ㉡에 해당하는 빛의 진동수는 $\frac{|E_5-E_2|}{h}$이다. $\frac{|E_5-E_4|}{h}$이다.

① ㄴ ② ㄷ ③ ㄱ, ㄴ ④ ㄱ, ㄷ ⑤ ㄴ, ㄷ

✔ 자료 해석
- 파장이 가장 긴 ㉡은 c에 의해 나타난다.
- 파장이 세 번째로 긴 ㉠은 b에 의해 나타난다.

○ 보기 풀이 ㄴ. 각 과정에서 방출된 광자 1개의 에너지는 a, d, f, b, e, c 순으로 작아진다. ㉠은 파장이 3번째로 긴 빛이므로 에너지가 3번째로 작은 빛이다. 따라서 ㉠은 b에 의해 나타난 스펙트럼선이다.

✕ 매력적 오답 ㄱ. 광자 1개의 에너지는 빛의 파장에 반비례하며, 수소 원자에서 방출된 광자 1개의 에너지는 전자가 전이한 에너지 준위의 차이와 같다. 따라서 a, f에서 방출된 광자 1개의 에너지는 각각 E_5-E_2, E_3-E_2이며, $E_5-E_2>E_3-E_2$이므로 방출된 빛의 파장은 f에서가 a에서보다 길다.

ㄷ. ㉡은 파장이 가장 긴 빛에 의해 나타난 스펙트럼이므로 c에 해당한다. 따라서 ㉡에 해당하는 빛의 진동수는 $\frac{|E_5-E_4|}{h}$이다.

문제풀이 Tip
선 스펙트럼에서 파장이 짧을수록 진동수가 크고 광자 한 개의 에너지가 크다는 것을 이해하고, (가)의 전자의 전이 과정과 (나)의 스펙트럼선을 짝 지을 수 있어야 한다.

선택지 비율	① 17%	② 9%	③ 15%	④ 15%	❺ 44%

13 전기력

2023학년도 수능 19번 | 정답 ⑤ | 문제편 135 p

출제 의도 전기력의 합성에 대해 이해하고 적용할 수 있는지 확인하는 문항이다.

그림 (가)는 점전하 A, B, C를 x축상에 고정시킨 것으로 A, B에 작용하는 전기력의 방향은 같고, B는 양(+)전하이다. 그림 (나)는 (가)에서 $x=3d$에 음(−)전하인 점전하 D를 고정시킨 것으로 B에 작용하는 전기력은 0이다. C에 작용하는 전기력의 크기는 (가)에서가 (나)에서보다 크다.

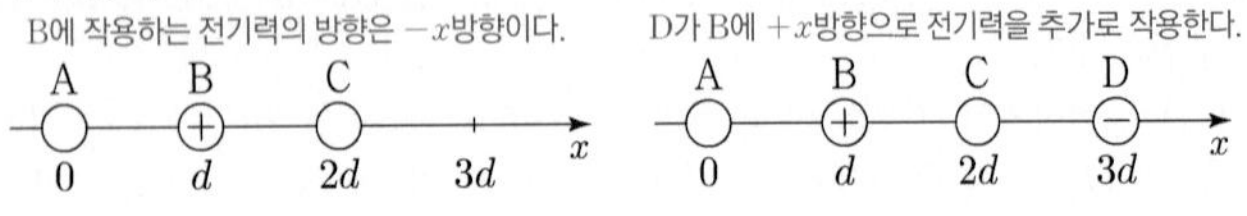

(가) (나)

이에 대한 설명으로 옳은 것만을 〈보기〉에서 있는 대로 고른 것은?

> 보기
> ㄱ. (가)에서 C에 작용하는 전기력의 방향은 $+x$방향이다.
> ㄴ. A는 음(−)전하이다.
> ㄷ. 전하량의 크기는 A가 C보다 크다.

① ㄱ ② ㄷ ③ ㄱ, ㄴ ④ ㄴ, ㄷ ⑤ ㄱ, ㄴ, ㄷ

✓ 자료 해석

- (나)에서 B에 $+x$방향의 전기력이 추가되어 전기력이 0이 되므로, (가)에서 B에 $-x$방향으로 전기력이 작용한다.
- (가)에서 A, B에 작용하는 전기력의 방향이 $-x$방향이므로, C에 작용하는 전기력의 방향은 $+x$방향이다.
- (가)에서 C에 작용하는 전기력의 크기가 크기 위해서는 (나)에서 D가 C에 $-x$방향으로 힘을 작용해야 한다.

○ 보기 풀이 ㄱ. (나)에서 D가 B에 $+x$방향의 전기력을 작용함으로 인해 B에 작용하는 전기력이 0이 되었으므로, (가)에서 B가 받는 전기력의 방향은 $-x$방향이다. 그리고 문제의 조건에 따라 A도 $-x$방향으로 전기력을 받는다. (가)에서 A, B가 모두 $-x$방향으로 전기력을 받으므로 C는 $+x$방향으로 전기력을 받아야 A, B, C가 받는 전기력의 합이 0이 될 수 있다.

ㄴ, ㄷ. (나)에서 D에 의해 C가 받는 전기력의 크기가 감소하였으므로 C는 음(−)전하이다. 또한 (나)에서 B가 받는 전기력은 0이고, C, D가 B에 $+x$방향으로 작용하는 전기력만큼 A가 B에 $-x$방향으로 전기력을 작용해야 하므로 A는 음(−)전하이고, 전하량의 크기는 C보다 크다.

문제풀이 Tip

B에 작용하는 전기력의 변화와 C의 전기력의 변화로부터 A, C의 전하의 종류와 전하량의 상대적 크기를 파악할 수 있으면 해결할 수 있다.

선택지 비율	① 2%	② 5%	③ 5%	❹ 80%	⑤ 8%

14 에너지 준위와 전자의 전이

2023학년도 수능 5번 | 정답 ④ | 문제편 135 p

출제 의도 전자 전이에서 빛이 방출 또는 흡수되는 경우와 방출 또는 흡수되는 빛의 에너지의 의미를 이해하고 있는지 확인하는 문항이다.

그림은 보어의 수소 원자 모형에서 양자수 n에 따른 에너지 준위의 일부와 전자의 전이 a~d를, 표는 a~d에서 흡수 또는 방출되는 광자 1개의 에너지를 나타낸 것이다.

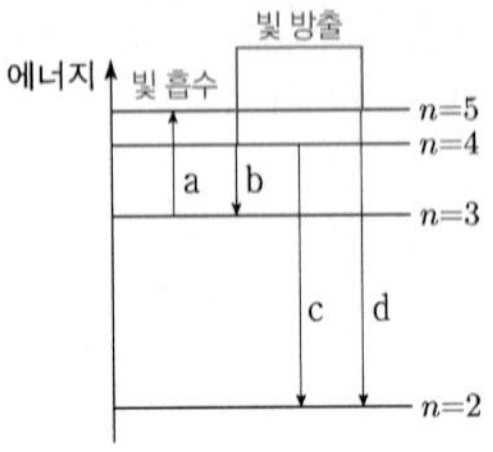

전이	흡수 또는 방출되는 광자 1개의 에너지(eV)
a	0.97
b	0.66
c	㉠ d−(a−b)=2.55
d	2.86

이에 대한 설명으로 옳은 것만을 〈보기〉에서 있는 대로 고른 것은?

> 보기
> ㄱ. a에서는 빛이 ~~방출된다~~. 흡수된다.
> ㄴ. 빛의 파장은 b에서가 d에서보다 길다.
> ㄷ. ㉠은 2.55이다.

① ㄱ ② ㄴ ③ ㄱ, ㄷ ④ ㄴ, ㄷ ⑤ ㄱ, ㄴ, ㄷ

✓ 자료 해석

- 빛이 흡수되는 전자의 전이 : a
- 빛이 방출되는 전자의 전이 : b, c, d
- c에서 방출되는 광자 1개의 에너지 : d에서 방출되는 광자 1개의 에너지−(a에서 흡수되는 광자 1개의 에너지−b에서 방출되는 광자 1개의 에너지)

○ 보기 풀이 ㄴ. 광자 1개의 에너지는 빛의 파장에 반비례한다. 따라서 빛의 파장은 b에서가 d에서보다 길다.

ㄷ. 흡수 또는 방출되는 광자 1개의 에너지는 전자가 전이한 에너지 준위 차이와 같다. 따라서 ㉠은 d−(a−b)=2.86−(0.97−0.66)=2.55이다.

× 매력적 오답 ㄱ. 전자는 빛을 흡수하여 낮은 에너지 준위에서 높은 에너지 준위로 전이한다.

문제풀이 Tip

전자 전이에서 빛의 방출 및 흡수 조건을 이해하고, 방출 및 흡수되는 광자 1개의 에너지를 구할 수 있으면 해결할 수 있다.

선택지 비율	① 5%	② 26%	③ 11%	❹ 47%	⑤ 11%

15 전기력

2023학년도 9월 평가원 19번 | 정답 ④ | 문제편 135 p

출제 의도 여러 가지 경우의 수를 나누어 조건에 맞는 경우를 찾아낼 수 있는지 확인하는 문항이다.

그림 (가)는 점전하 A, B, C를 x축상에 고정시킨 것으로 양(+)전하인 C에 작용하는 전기력의 방향은 $+x$방향이다. 그림 (나)는 (가)에서 A의 위치만 $x=3d$로 바꾸어 고정시킨 것으로 B, C에 작용하는 전기력의 방향은 $+x$방향으로 같다.

A가 $-x$방향으로 전기력을 받는다.

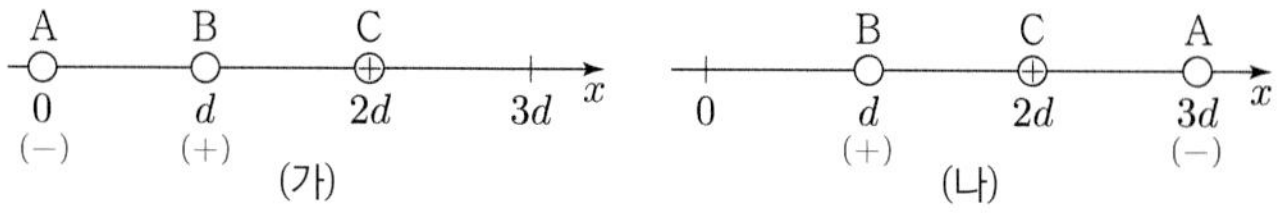

(가) (나)

이에 대한 설명으로 옳은 것만을 〈보기〉에서 있는 대로 고른 것은?

보기

ㄱ. A에 작용하는 전기력의 방향은 (가)에서와 (나)에서가 서로 ~~같다.~~ 반대이다.

ㄴ. 전하량의 크기는 B가 C보다 크다.

ㄷ. (가)에서 B에 작용하는 전기력의 크기는 (나)에서 C에 작용하는 전기력의 크기보다 크다.

① ㄱ ② ㄴ ③ ㄱ, ㄷ ④ ㄴ, ㄷ ⑤ ㄱ, ㄴ, ㄷ

문제풀이 Tip

직선상에 고정된 전하들이 받는 전기력의 합이 0임을 적용하여 전하의 종류를 파악하면 해결할 수 있다.

✓ 자료 해석

- (나)에서 B, C가 $+x$방향으로 전기력을 받으므로, A는 $-x$방향으로 전기력을 받아야 한다.

O 보기풀이 (나)에서 B, C가 $+x$방향으로 전기력을 받으므로 A는 $-x$방향으로 전기력을 받는다. 이에 따라 A, B의 전하의 종류는 다음과 같이 판별할 수 있다.

A	B	판별
(+)	(+)	(나)에서 A가 $+x$방향으로 전기력을 받으므로 불가
(+)	(−)	(나)에서 C가 $-x$방향으로 전기력을 받으므로 불가
(−)	(+)	문항의 조건을 충족시킬 수 있음
(−)	(−)	(가)에서 C가 $-x$방향으로 전기력을 받으므로 불가

ㄴ. A−B, B−C, A−C가 서로 d만큼 떨어져 있을 때 주고받는 전기력의 크기를 각각 F_{AB}, F_{BC}, F_{AC}라고 하자. (가)에서 C가 $+x$방향으로 전기력을 받으므로 $F_{BC}>\frac{1}{4}F_{AC}$이다. 그리고 (나)에서 B가 $+x$방향으로 전기력을 받으므로 $\frac{1}{4}F_{AB}>F_{BC}$이다. 따라서 $F_{AB}>F_{AC}$이다. 같은 거리만큼 떨어져 있을 때 B가 C보다 A에 큰 전기력을 작용하므로 전하량의 크기도 B가 C보다 크다.

ㄷ. (가)에서 B에 작용하는 전기력의 크기는 $F_{AB}+F_{BC}$이고, (나)에서 C에 작용하는 전기력의 크기는 $F_{AC}+F_{BC}$이다. $F_{AB}>F_{AC}$이므로 $F_{AB}+F_{BC}>F_{AC}+F_{BC}$이다.

× 매력적 오답 ㄱ. (가)에서 A는 B, C로부터 모두 $+x$방향으로 전기력을 받고, (나)에서 A는 B, C로부터 모두 $-x$방향으로 전기력을 받으므로, A에 작용하는 전기력의 방향은 (가)에서와 (나)에서가 서로 반대이다.

Part II 수능 평가원

선택지 비율	❶ 57%	② 7%	③ 16%	④ 8%	⑤ 13%

16 전기력

2023학년도 6월 평가원 20번 | 정답 ① | 문제편 135 p

출제 의도 전기력의 방향이 바뀐다는 의미를 이해하고 A, B의 전하의 종류를 파악할 수 있는지 확인하는 문항이다.

그림과 같이 x축상에 점전하 A, B를 각각 $x=0$, $x=3d$에 고정한다. 양(+)전하인 점전하 P를 x축상에 옮기며 고정할 때, $x=d$에서 P에 작용하는 전기력의 방향은 $+x$방향이고, $x>3d$에서 P에 작용하는 전기력의 방향이 바뀌는 위치가 있다.

A, B의 전하의 종류가 반대이다.

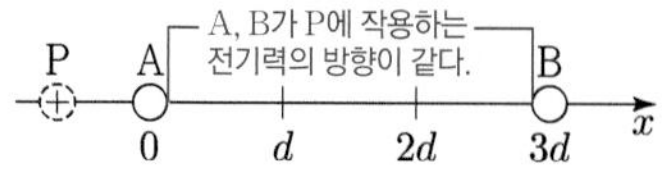

이에 대한 설명으로 옳은 것만을 〈보기〉에서 있는 대로 고른 것은?

보기

ㄱ. A는 양(+)전하이다.

ㄴ. 전하량의 크기는 A가 B보다 ~~작다.~~ 크다.

ㄷ. $x<0$에서 P에 작용하는 전기력의 ~~방향이 바뀌는 위치가 있다.~~ 방향은 변하지 않는다.

① ㄱ ② ㄴ ③ ㄱ, ㄷ ④ ㄴ, ㄷ ⑤ ㄱ, ㄴ, ㄷ

✓ 자료 해석

- $x>3d$에서 전기력의 방향이 바뀐다.
  → 전기력이 0인 지점이 있다.
  → A, B는 서로 다른 종류의 전하이다.
  → 전하량의 크기는 A>B이다.
- A, B 사이에서 전하에 작용하는 전기력의 방향은 변하지 않는다.
  → A는 양(+)전하, B는 음(−)전하이다.

O 보기풀이 ㄱ. $x>3d$에서 P에 작용하는 전기력의 방향이 바뀌는 위치가 있고, P가 $x=d$에 있을 때 P에 작용하는 전기력의 방향이 $+x$방향이므로 A는 양(+)전하이다.

× 매력적 오답 ㄴ. $x>3d$에서 P에 작용하는 전기력의 방향이 바뀌는 위치가 있으므로 A, B는 서로 다른 종류의 전하이고, 전하량의 크기는 A가 B보다 크다.

ㄷ. A, B가 서로 다른 종류의 전하이고, 전하량의 크기가 A가 B보다 크므로 $x<0$에서 P에 작용하는 전기력의 방향은 $-x$방향으로 일정하다.

문제풀이 Tip

$x>3d$에서 전기력의 방향이 반대인 지점이 있으므로 전하의 부호가 반대이고, 전하량의 크기는 A>B이며, $x=d$에서 전기력의 방향이 $+x$방향이므로 A, B의 전하의 부호가 각각 양(+)전하, 음(−)전하임을 파악하면 해결할 수 있다.

선택지 비율	① 3%	❷ 81%	③ 3%	④ 5%	⑤ 8%

17 보어의 수소 원자 모형

2023학년도 6월 평가원 7번 | 정답 ② | 문제편 136p

출제 의도 전자 전이에서 방출 또는 흡수하는 빛의 에너지와 선 스펙트럼의 관계를 이해하고 있는지 묻는 문항이다.

그림 (가)는 보어의 수소 원자 모형에서 양자수 n에 따른 에너지 준위 일부와 전자의 전이 a~d를 나타낸 것이다. 그림 (나)는 a~d에서 방출과 흡수되는 빛의 스펙트럼을 파장에 따라 나타낸 것이다.

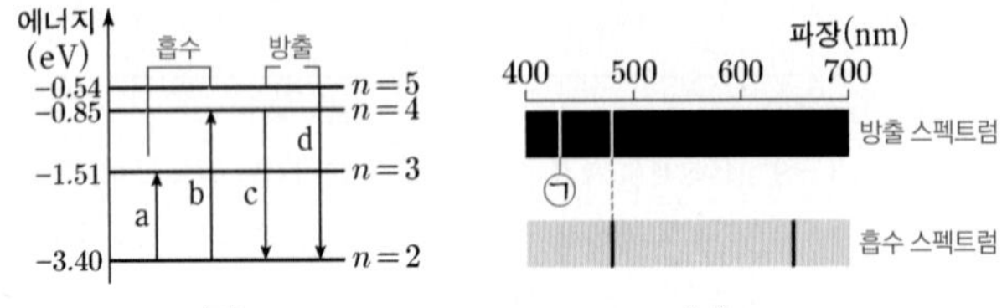

(가) (나)

이에 대한 설명으로 옳은 것만을 〈보기〉에서 있는 대로 고른 것은?

보기

ㄱ. ㉠은 ~~a에~~ (d에) 의해 나타난 스펙트럼선이다.

ㄴ. b에서 흡수되는 광자 1개의 에너지는 2.55 eV이다.

ㄷ. 방출되는 빛의 진동수는 ~~c에서가 d에서보다~~ (d에서가 c에서보다) 크다.

① ㄱ ② ㄴ ③ ㄱ, ㄷ ④ ㄴ, ㄷ ⑤ ㄱ, ㄴ, ㄷ

✓ 자료 해석

- 방출 또는 흡수되는 빛의 에너지는 d>b=c>a이다.
- 빛이 흡수되는 경우는 a, b이다.
- 빛이 방출되는 경우는 c, d이다.
- ㉠은 가장 짧은 파장의 빛, 즉 에너지가 가장 큰 빛에 의해 형성된다.

○ 보기풀이 ㄴ. 광자 1개의 에너지는 전이하는 에너지 준위 차이다. 따라서 b에서 흡수되는 광자 1개의 에너지는 3.40 eV−0.85 eV=2.55 eV이다.

× 매력적 오답 ㄱ. (나)에서 스펙트럼 선 중 ㉠의 파장이 가장 짧으므로 ㉠에 해당하는 광자의 에너지가 가장 크다. 따라서 ㉠은 d에 의해 나타난 선 스펙트럼이다.

ㄷ. 에너지 준위 차가 클수록 방출되는 빛의 진동수가 크므로 방출되는 빛의 진동수는 d에서가 c에서보다 크다.

문제풀이 Tip

전자의 전이에서 방출 또는 흡수되는 빛의 에너지의 상대적 크기를 파악하고, 선 스펙트럼을 분석하면 어렵지 않게 해결할 수 있다.

선택지 비율	① 18%	② 13%	❸ 29%	④ 14%	⑤ 26%

18 점전하에 의한 전기력

2022학년도 수능 19번 | 정답 ③ | 문제편 136p

출제 의도 전기력에 대한 이해를 묻는 문항이다.

그림 (가)와 같이 x축상에 점전하 A~D를 고정하고 양(+)전하인 점전하 P를 옮기며 고정한다. A, B는 전하량이 같은 음(−)전하이고 C, D는 전하량이 같은 양(+)전하이다. 그림 (나)는 P의 위치 x가 $0<x<5d$인 구간에서 P에 작용하는 전기력을 나타낸 것이다.

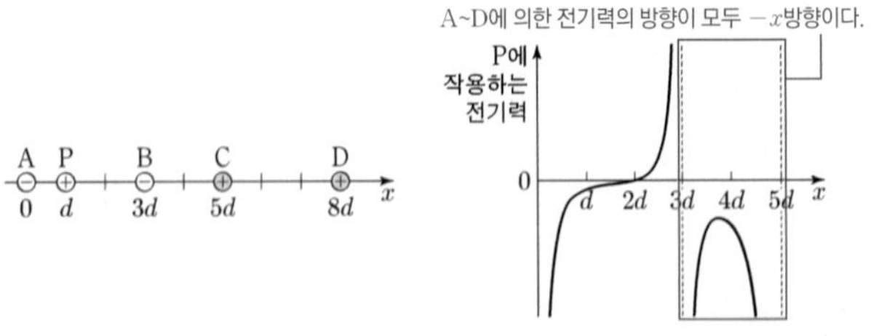

(가) (나)

이에 대한 설명으로 옳은 것만을 〈보기〉에서 있는 대로 고른 것은?

보기

ㄱ. $x=d$에서 P에 작용하는 전기력의 방향은 $-x$방향이다.

ㄴ. 전하량의 크기는 A가 C보다 작다.

ㄷ. $5d<x<6d$인 구간에 P에 작용하는 ~~전기력이 0이 되는 위치가 있다.~~ 전기력의 방향은 $+x$방향이다.

① ㄱ ② ㄷ ③ ㄱ, ㄴ ④ ㄴ, ㄷ ⑤ ㄱ, ㄴ, ㄷ

✓ 자료 해석

- $3d$와 $5d$ 사이에서 각 전하가 P에 작용하는 전기력의 방향이 모두 $-x$ 방향이다.

○ 보기풀이 ㄱ. P를 $x=4d$에 놓았을 때 A~D로부터 받는 전기력의 방향은 모두 $-x$방향이고, 이때 (나) 그래프의 값이 음수이다. $x=d$일 때 그래프의 값이 음수이므로 P에 작용하는 전기력의 방향도 $-x$방향이다.

ㄴ. $x=2d$에 놓았을 때 P가 받는 전기력의 크기는 0이다. P의 전하량을 +1C으로 가정하고, A, B의 전하량을 $-q$, C, D의 전하량을 $+Q$라 하자. $-k\frac{q}{(2d)^2}+k\frac{q}{d^2}-k\frac{Q}{(3d)^2}-k\frac{Q}{(6d)^2}=0$이므로 $q=\frac{5}{27}Q$이다. 따라서 전하량의 크기는 A가 C보다 작다.

× 매력적 오답 ㄷ. $x=5d$에 매우 근접한 곳에서는 C에 의한 전기력이 다른 전하에 의한 전기력보다 매우 크다. $x=6d$에 P를 놓았을 때 받는 전기력을 계산해 보면 $-k\frac{q}{(6d)^2}-k\frac{q}{(3d)^2}+k\frac{Q}{(d)^2}-k\frac{Q}{(2d)^2}>0$이므로 $5d<x<6d$인 구간에서 P에 작용하는 전기력의 방향은 $+x$방향이다.

문제풀이 Tip

$x=2d$에 놓았을 때 P가 받는 전기력의 크기는 0이라는 것으로부터 A와 C의 전하량의 크기를 파악할 수 있어야 한다.

선택지 비율	① 4%	② 4%	③ 8%	④ 6%	⑤ 77%

19 보어의 수소 원자 모형

2022학년도 수능 5번 | 정답 ⑤ | 문제편 136 p

출제 의도 에너지 준위에 대한 이해를 묻는 문항이다.

그림은 보어의 수소 원자 모형에서 양자수 n에 따른 에너지 준위의 일부와 전자의 전이 a, b를 나타낸 것이다. a, b에서 방출되는 빛의 진동수는 각각 f_a, f_b이다.
이에 대한 설명으로 옳은 것만을 〈보기〉에서 있는 대로 고른 것은? (단, 플랑크 상수는 h이다.)

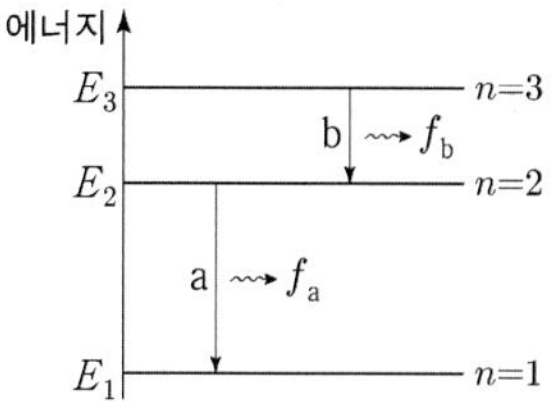

보기

ㄱ. 전자가 원자핵으로부터 받는 전기력의 크기는 $n=1$인 궤도에서가 $n=2$인 궤도에서보다 크다. 전자는 양자수가 큰 궤도에 있을수록 원자핵으로부터 받는 힘이 작아진다.

ㄴ. b에서 방출되는 빛은 가시광선이다.

ㄷ. $f_a+f_b=\frac{|E_3-E_1|}{h}$이다. $E=hf, f=\frac{E}{h}$

① ㄱ ② ㄷ ③ ㄱ, ㄴ ④ ㄴ, ㄷ ⑤ ㄱ, ㄴ, ㄷ

✓ 자료 해석

- a에서 방출되는 빛은 자외선이고, b에서 방출되는 빛은 가시광선이다.
- 양자수가 작은 궤도일수록 전자가 원자핵과 가깝다.

O 보기 풀이 ㄱ. 전자가 원자핵으로부터 받는 전기력의 크기는 전자와 원자핵 사이의 거리가 더 가까운 양자수 $n=1$인 궤도에서가 양자수 $n=2$인 궤도에서보다 크다.

ㄴ. $n=3$ 이상의 궤도에서 $n=2$인 궤도로 전이할 때 발생하는 빛은 가시광선 영역이다.

ㄷ. 전자가 전이하는 두 궤도의 에너지 차이는 흡수 또는 방출되는 빛의 진동수에 비례한다. 따라서 $E_2-E_1=hf_a$, $E_3-E_2=hf_b$에서 $f_a+f_b=\frac{|E_3-E_1|}{h}$이다.

문제풀이 Tip

양자수가 큰 궤도일수록 원자핵으로부터 거리가 멀고, 방출되는 빛의 에너지는 진동수에 비례한다는 것을 이해하고 있어야 한다.

선택지 비율	① 36%	② 8%	③ 19%	④ 10%	⑤ 26%

20 전기력

2022학년도 9월 평가원 19번 | 정답 ① | 문제편 136 p

출제 의도 한 점전하에 작용하는 전기력이 0일 때, 전기력을 작용하는 전하들의 위치에 따른 부호 관계를 이해하는지 묻는 문항이다.

그림 (가)는 점전하 A, B, C를 x축상에 고정시킨 것으로 C에 작용하는 전기력의 방향은 $+x$방향이다. 그림 (나)는 (가)에서 C의 위치만 $x=2d$로 바꾸어 고정시킨 것으로 A에 작용하는 전기력의 크기는 0이고, C에 작용하는 전기력의 방향은 $-x$방향이다. B는 양(+)전하이다.

A에 작용하는 전기력이 0이므로, A에 대해 같은 방향에 있는 B, C의 전하의 부호는 반대이다.

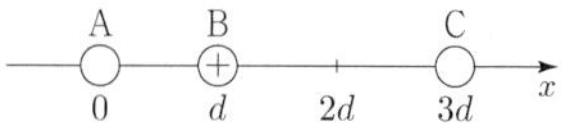

(가)

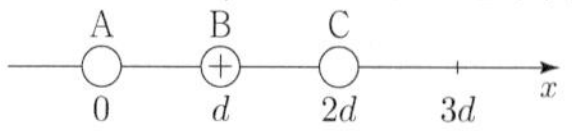

(나)

전하량의 크기는 C가 B의 4배이다.

이에 대한 설명으로 옳은 것만을 〈보기〉에서 있는 대로 고른 것은?

보기

ㄱ. A는 음(−)전하이다.

ㄴ. 전하량의 크기는 A가 C보다 ~~크다~~. 작다.

ㄷ. B에 작용하는 전기력의 방향은 (가)에서와 (나)에서가 ~~같다~~. 반대이다.

① ㄱ ② ㄴ ③ ㄱ, ㄷ ④ ㄴ, ㄷ ⑤ ㄱ, ㄴ, ㄷ

✓ 자료 해석

- C의 위치에 따라 받는 전기력의 부호가 반대이므로, C에서 같은 방향에 있는 A, B의 전하의 부호는 반대이다.
- (나)에서 A에 작용하는 전기력이 0이므로, B, C의 전하의 부호는 반대이다.

O 보기 풀이 ㄱ. C에 작용하는 전기력의 방향이 (가)와 (나)에서 반대 방향이므로 A와 B의 전하는 서로 다른 부호이다. B는 양(+)전하이므로 A는 음(−)전하이다.

× 매력적 오답 ㄴ. (나)에서 A에 작용하는 전기력의 크기가 0이므로 C는 음(−)전하이고 전하량의 크기는 C가 B의 4배이다. A, B, C 전체에 작용하는 전기력의 총합은 0이므로 B에 작용하는 전기력의 방향은 $+x$방향이다. A, C는 둘 다 B로부터 거리가 d로 같으므로 전하량의 크기는 C가 A보다 크다.

ㄷ. A, B, C의 전하량의 크기를 각각 Q, q, $4q$라 하자. (가)에서 A에 작용하는 전기력은 $k\frac{Qq}{d^2}-k\frac{4Qq}{9d^2}>0$이므로 A에 작용하는 전기력의 방향은 $+x$방향이고, A, B, C에 작용하는 전기력의 총합은 0이므로 B에 작용하는 전기력의 방향은 $-x$방향이다. 따라서 B에 작용하는 전기력의 방향은 (가)에서와 (나)에서가 반대이다.

문제풀이 Tip

C가 같은 방향에 있는 A, B에 접근하거나 멀어질 때, C가 받는 전기력의 방향이 반대인 것으로부터 A, B의 전하의 종류가 반대임을 알 수 있어야 한다.

선택지 비율	① 5%	② 8%	③ 9%	❹ 66%	⑤ 11%

21 에너지 준위

2022학년도 9월 평가원 6번 | 정답 ④ | 문제편 137 p

[출제 의도] 전자의 전이에서 방출(흡수)하는 빛의 에너지(진동수), 파장 관계를 이해하고 있는지 묻는 문항이다.

그림은 보어의 수소 원자 모형에서 양자수 n에 따른 에너지 준위의 일부와 전자의 전이 a~d를 나타낸 것이다. a~d에서 흡수 또는 방출되는 빛의 파장은 각각 λ_a, λ_b, λ_c, λ_d이다.

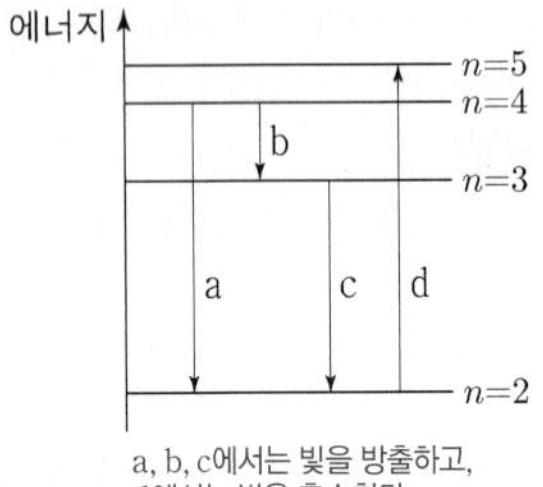

a, b, c에서는 빛을 방출하고, d에서는 빛을 흡수한다.

이에 대한 설명으로 옳은 것만을 〈보기〉에서 있는 대로 고른 것은?

보기

ㄱ. d에서는 빛이 ~~방출된다~~. 흡수된다.

ㄴ. $\lambda_a > \lambda_d$이다.

ㄷ. $\frac{1}{\lambda_a} - \frac{1}{\lambda_b} = \frac{1}{\lambda_c}$이다. $f_a - f_b = f_c$, $f = \frac{c}{\lambda}$

① ㄱ　② ㄴ　③ ㄱ, ㄷ　④ ㄴ, ㄷ　⑤ ㄱ, ㄴ, ㄷ

✓ 자료 해석

- 에너지 준위가 낮아지는 a, b, c에서 빛을 방출하고, 에너지 준위가 높아지는 d에서 빛을 흡수한다.
- 흡수(방출)되는 빛의 에너지(진동수) : d>a>c>b
- 흡수(방출)되는 빛의 파장 : d<a<c<b

O 보기 풀이 ㄴ. $n=4$와 $n=2$인 궤도에서 에너지 준위 차는 $n=5$와 $n=2$인 궤도에서 에너지 준위 차보다 작고, 에너지 준위 차와 빛의 파장은 반비례하므로 빛의 파장은 $\lambda_a > \lambda_d$이다.

ㄷ. 전자가 전이하는 에너지 준위 차는 흡수 또는 방출되는 빛의 진동수에 비례한다. a, b, c에서 방출되는 빛의 진동수를 각각 f_a, f_b, f_c라 하면 $hf_a = hf_b + hf_c$이고 $f = \frac{c}{\lambda}$이므로 $\frac{1}{\lambda_a} = \frac{1}{\lambda_b} + \frac{1}{\lambda_c}$, $\frac{1}{\lambda_a} - \frac{1}{\lambda_b} = \frac{1}{\lambda_c}$이다.

× 매력적 오답 ㄱ. 낮은 에너지 준위에서 높은 에너지 준위로 전자의 전이가 일어나므로 d에서는 빛이 흡수된다.

문제풀이 Tip

에너지 준위가 낮아지는 전자의 전이에서는 빛을 방출하고, 에너지 준위가 높아지는 전자의 전이에서는 빛을 흡수한다. 빛의 진동수는 에너지에 비례하고, 파장에 반비례함을 이해하고 있어야 한다.

선택지 비율	① 14%	② 14%	③ 22%	④ 14%	❺ 36%

22 전기력

2022학년도 6월 평가원 19번 | 정답 ⑤ | 문제편 137 p

[출제 의도] 한 점전하에 작용하는 전기력이 0일 때, 전기력을 작용하는 전하들의 위치에 따른 부호 관계를 이해하는지 묻는 문항이다.

그림 (가)는 x축상에 고정된 점전하 A, B, C를 나타낸 것으로 B에 작용하는 전기력의 방향은 $+x$방향이고, C에 작용하는 전기력은 0이다. 그림 (나)는 (가)에서 A, B의 위치만 바꾸어 고정시킨 것을 나타낸 것이다. A는 양(+)전하이다.

C가 B에 작용하는 전기력이 A가 B에 작용하는 전기력보다 크고, B로부터 거리도 C가 A보다 크므로 전하량은 C>A이다.

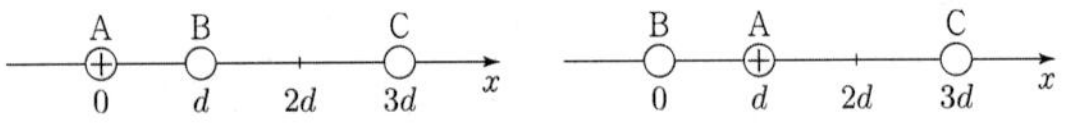

(가)　　(나)

이에 대한 설명으로 옳은 것만을 〈보기〉에서 있는 대로 고른 것은?

보기

ㄱ. 전하량의 크기는 B가 C보다 작다.

ㄴ. A에 작용하는 전기력의 방향은 (가)에서와 (나)에서가 같다.

ㄷ. (나)에서 A에 작용하는 전기력의 크기는 B에 작용하는 전기력의 크기보다 크다.

① ㄱ　② ㄷ　③ ㄱ, ㄴ　④ ㄴ, ㄷ　⑤ ㄱ, ㄴ, ㄷ

✓ 자료 해석

- C에 작용하는 전기력이 0이면, 같은 방향에 있는 A, B의 전하의 부호는 반대이다.
- (가)에서 B의 전하가 음(−)전하인데, 작용하는 전기력의 방향이 $+x$방향이므로, C의 전하는 양(+)전하이다.

O 보기 풀이 A, B, C의 전하량을 각각 Q_A, Q_B, Q_C라 하면, 그림 (가)에서 C의 전하에 작용하는 힘이 0이고, B에 $+x$방향의 힘이 작용하려면 $Q_B<0$, $Q_C>0$이어야 한다. 또한 B에 작용하는 힘의 방향이 $+x$방향이므로 $\frac{Q_BQ_C}{4d^2} > \frac{Q_BQ_A}{d^2}$이다. 따라서 $Q_C > 4Q_A$이다. C에 작용하는 힘이 0이므로 $\frac{Q_AQ_C}{9d^2} = \frac{Q_BQ_C}{4d^2}$에서 $Q_B = \frac{4}{9}Q_A$이다.

ㄱ. $Q_C > 9Q_B$이다.

ㄴ. (가)에서 A에 작용하는 전기력은 $\frac{Q_AQ_B}{d^2} - \frac{Q_AQ_C}{9d^2} = \frac{4Q_A{}^2 - Q_AQ_C}{9d^2} < 0$이므로, A에는 $-x$방향으로 전기력이 작용하고, (나)에서 $Q_B<0$, $Q_C>0$이므로 A에는 $-x$방향으로 전기력이 작용한다.

ㄷ. (나)에서 A에 작용하는 전기력 크기는

$$\frac{Q_BQ_A}{d^2} + \frac{Q_AQ_C}{4d^2} = \frac{4Q_A}{9d^2}\left(Q_A + \frac{9Q_C}{16}\right)$$

이고, B에 작용하는 전기력의 크기는

$$\frac{Q_BQ_A}{d^2} + \frac{Q_BQ_C}{9d^2} = \frac{4Q_A}{9d^2}\left(Q_A + \frac{Q_C}{9}\right)$$

이다. 따라서 A에 작용하는 전기력의 크기가 B에 작용하는 전기력의 크기보다 크다.

문제풀이 Tip

C에 작용하는 전기력이 0인 것으로부터 A, B의 전하의 부호가 반대이고, B가 받는 전기력의 방향으로부터 C의 부호가 A와 같음을 알 수 있어야 한다.

선택지 비율	❶ 71%	② 7%	③ 12%	④ 7%	⑤ 4%

23 에너지 준위

2022학년도 6월 평가원 7번 | 정답 ① | 문제편 137p

(출제 의도) 전자의 전이에서 방출(흡수)하는 빛의 에너지(진동수), 파장 관계를 이해하고 있는지 묻는 문항이다.

그림은 보어의 수소 원자 모형에서 양자수 n에 따른 전자의 궤도 일부와 전자의 전이 a, b, c를, 표는 n에 따른 에너지를 나타낸 것이다. a, b, c에서 방출되는 빛의 진동수는 각각 f_a, f_b, f_c이다.

방출하는 빛의 에너지는 a>b>c이다.

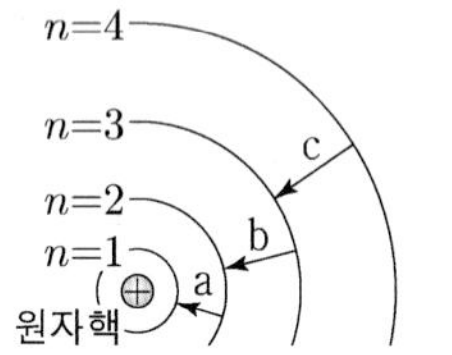

양자수	에너지(eV)
$n=1$	-13.6
$n=2$	-3.40
$n=3$	-1.51
$n=4$	-0.85

방출하는 빛의 에너지는 두 에너지 준위의 차이다. ($E=hf$)

이에 대한 설명으로 옳은 것만을 〈보기〉에서 있는 대로 고른 것은?

보기

ㄱ. 방출되는 빛의 파장은 a에서가 b에서보다 짧다.
ㄴ. ~~$f_a < f_b + f_c$이다.~~ $f_a > f_b + f_c$
ㄷ. 전자가 원자핵으로부터 받는 전기력의 크기는 $n=2$일 때가 $n=3$일 때보다 ~~작다.~~ 크다.

① ㄱ ② ㄷ ③ ㄱ, ㄴ ④ ㄴ, ㄷ ⑤ ㄱ, ㄴ, ㄷ

✓ 자료 해석

• 낮은 에너지 준위로 전이할 때 방출하는 빛의 에너지는 최종 에너지 준위가 낮을수록 크다.

○ 보기 풀이 ㄱ. f_a, f_b, f_c를 구하면

$$f_a = \frac{(-3.40)-(-13.6)}{h} = \frac{10.2}{h},$$

$$f_b = \frac{(-1.51)-(-3.40)}{h} = \frac{1.89}{h},$$

$$f_c = \frac{(-0.85)-(-1.51)}{h} = \frac{0.66}{h}$$

이다. 방출되는 빛의 파장은 진동수에 반비례하므로 a에서가 b에서보다 짧다.

× 매력적 오답 ㄴ. $f_b + f_c = \frac{2.55}{h} < f_a = \frac{10.2}{h}$이다.

ㄷ. 전자가 원자핵으로부터 받는 전기력은 전자, 원자핵의 전하량에 비례하고, 거리의 제곱에 반비례한다. 전자의 궤도 반지름은 양자수가 클수록 크므로 전기력의 크기는 $n=2$일 때가 $n=3$일 때보다 크다.

문제풀이 Tip

b와 c의 전자의 전이에서 방출되는 빛의 에너지의 합은 $n=4 \rightarrow n=2$로의 전자의 전이에서 방출되는 빛의 에너지와 같다. 즉, 이때 방출되는 에너지는 $n=2 \rightarrow n=1$로 전이할 때 방출되는 빛의 에너지보다 작다는 것을 파악할 수 있어야 한다.

선택지 비율	❶ 61%	② 4%	③ 18%	④ 6%	⑤ 11%

24 전기력

2021학년도 수능 19번 | 정답 ① | 문제편 137p

(출제 의도) 점전하 사이에 작용하는 쿨롱 힘을 이용하여 전하의 종류와 크기를 비교하고, 작용하는 전기력의 방향을 찾는 문항이다.

그림 (가)와 같이 x축상에 점전하 A, B, C를 같은 간격으로 고정시켰더니 양(+)전하 A에 작용하는 전기력이 0이 되었다. 그림 (나)와 같이 (가)의 C를 $-x$방향으로 옮겨 고정시켰더니 B에 작용하는 전기력이 0이 되었다.

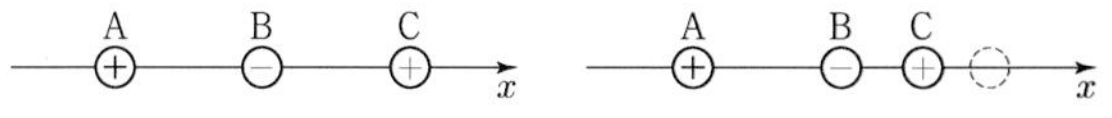

이에 대한 설명으로 옳은 것만을 〈보기〉에서 있는 대로 고른 것은? [3점]

보기

ㄱ. C는 양(+)전하이다.
ㄴ. 전하량의 크기는 B가 A보다 ~~크다.~~ 작다
ㄷ. (가)에서 C에 작용하는 전기력의 방향은 ~~$-x$방향~~이다. $+x$방향

① ㄱ ② ㄴ ③ ㄱ, ㄷ ④ ㄴ, ㄷ ⑤ ㄱ, ㄴ, ㄷ

✓ 자료 해석

• (가)에서 A에 작용하는 전기력이 0이므로, A가 B와 C로부터 받는 힘의 크기가 같고 방향이 반대이다.
  - B와 C의 전하 부호가 반대이고, 전하량은 거리가 먼 C가 B보다 크다.
• (나)에서 B에 작용하는 전기력이 0이므로, B가 A와 C로부터 받는 힘의 크기가 같고 방향이 반대이다.
  - A, C의 전하 부호가 같고, 거리가 가까운 C의 전하량이 A의 전하량보다 작다.

○ 보기 풀이 ㄱ. (나)에서 A, C는 같은 종류의 전하이다. 따라서 C는 양(+)전하이다.

× 매력적 오답 ㄴ. (가)에서 A에 작용하는 전기력이 0이므로 C의 전하량은 B보다 크다. (나)에서 B에 작용하는 전기력이 0이므로 A의 전하량은 C보다 크다. 따라서 A의 전하량은 B보다 크다.

ㄷ. A의 전하량이 C보다 크므로 (가)에서 B가 A를 끌어당기는 전기력보다 C를 끌어당기는 전기력이 작다. C가 A를 미는 전기력은 B가 A를 당기는 전기력과 크기가 같다. 따라서 A가 C를 미는 전기력은 B가 C를 끌어당기는 전기력보다 크므로 C에 작용하는 전기력의 방향은 $+x$방향이다.

문제풀이 Tip

(가)에서 A에 작용하는 전기력과 (나)에서 B에 작용하는 전기력으로부터 B와 C의 전하의 종류와 A, B, C의 크기를 비교할 수 있어야 한다.

선택지 비율	① 2%	❷ 88%	③ 2%	④ 6%	⑤ 1%

25 에너지 준위와 스펙트럼

2021학년도 수능 8번 | 정답 ② | 문제편 138p

출제 의도 전자가 전이할 때 흡수 또는 방출하는 에너지와 빛의 파장, 진동수 관계를 정확하게 알고, 선 스펙트럼에 대응시킬 수 있는지 묻는 문항이다.

그림 (가)는 보어의 수소 원자 모형에서 양자수 n에 따른 에너지 준위의 일부와 전자의 전이 a~d를 나타낸 것이다. 그림 (나)는 (가)의 b, c, d에서 방출되는 빛의 스펙트럼을 파장에 따라 나타낸 것이고, ㉠은 c에 의해 나타난 스펙트럼선이다.

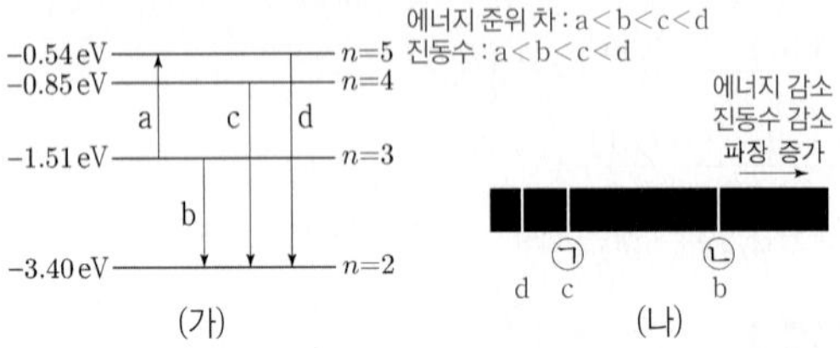

이에 대한 설명으로 옳은 것만을 〈보기〉에서 있는 대로 고른 것은?

보기
ㄱ. a에서 흡수되는 광자 1개의 에너지는 ~~1.51 eV~~(0.97 eV)이다.
ㄴ. 방출되는 빛의 진동수는 c에서가 b에서보다 크다.
ㄷ. ㉡은 ~~d~~(b)에 의해 나타난 스펙트럼선이다.

① ㄱ ② ㄴ ③ ㄱ, ㄷ ④ ㄴ, ㄷ ⑤ ㄱ, ㄴ, ㄷ

✔ 자료 해석

- 전자가 전이할 때 방출 또는 흡수되는 광자 1개의 에너지는 에너지 준위 차와 같다.
  - a는 $n=3$인 상태에서 $n=5$인 상태로 전자가 전이할 때 흡수되는 광자 1개의 에너지이므로 $-0.54-(-1.51)=0.97$(eV)이다.
  - 에너지 준위 차를 비교하면 a<b<c<d이다.
- (나)의 스펙트럼선은 오른쪽으로 갈수록 파장이 증가하므로 에너지와 진동수는 감소한다.
  - (가)에서 에너지를 방출하는 전이 b, c, d를 (나)의 스펙트럼선에 대응시키면 ㉠이 c이므로 ㉡은 b에 해당한다.

O 보기 풀이 ㄴ. 빛의 진동수는 에너지에 비례한다. c가 b보다 에너지 준위 차가 크므로 방출되는 빛의 진동수는 c가 b보다 크다.

× 매력적 오답 ㄱ. a에서 흡수되는 광자 1개의 에너지는 $(-0.54)-(-1.51)=0.97$(eV)이다.

ㄷ. 빛의 파장은 에너지에 반비례한다. ㉡은 파장이 ㉠보다 크므로 에너지는 ㉠보다 작다. 따라서 ㉡은 b에 의해 나타난 스펙트럼선이다.

문제풀이 Tip

선 스펙트럼에서 파장이 짧을수록 진동수가 크고 광자 한 개의 에너지가 크다는 사실로부터 (가)의 전자의 전이와 (나)의 스펙트럼선을 짝 지을 수 있어야 한다.

선택지 비율	① 26%	② 16%	❸ 36%	④ 13%	⑤ 6%

26 전기력

2021학년도 9월 평가원 19번 | 정답 ③ | 문제편 138p

출제 의도 쿨롱 법칙을 이용하여 점전하로부터의 거리와 전하량에 따라 각 지점에서 작용하는 전기력을 비교하고 유추하는 문항이다.

그림 (가), (나), (다)는 점전하 A, B, C가 x축 상에 고정되어 있는 세 가지 상황을 나타낸 것이다. (가)에서는 양(+)전하인 C에 $+x$ 방향으로 크기가 F인 전기력이, A에는 크기가 $2F$인 전기력이 작용한다. (나)에서는 C에 $+x$방향으로 크기가 $2F$인 전기력이 작용한다.

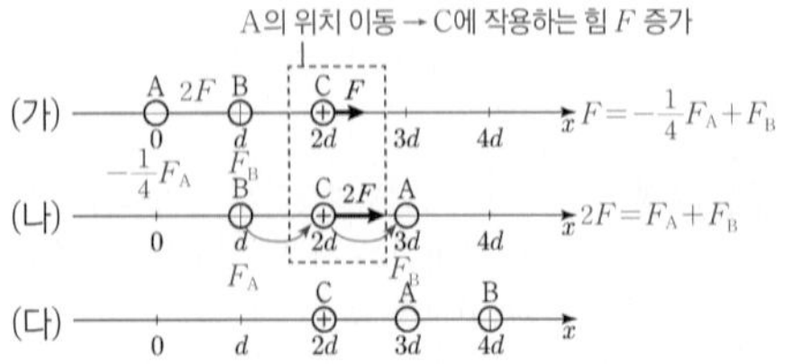

(다)에서 A에 작용하는 전기력의 크기와 방향으로 옳은 것은?

	크기	방향		크기	방향
①	$\frac{F}{2}$	$+x$	②	$\frac{F}{2}$	$-x$
③	F	$+x$	④	F	$-x$
⑤	$2F$	$+x$			

✔ 자료 해석

- 점전하 사이에 작용하는 전기력은 쿨롱 법칙에 따라 $F=k\frac{q_1q_2}{r^2}$이다.
- (나)에서 A와 B로부터 같은 거리만큼 떨어져 있는 C가 받는 전기력의 합을 $F_A+F_B=2F$로 표시하면, (가)에서 C가 받는 전기력의 합은 $-\frac{1}{4}F_A+F_B=F$로 표시할 수 있다.

O 보기 풀이 • (나)에서 A, B가 C에 작용하는 전기력을 각각 F_A, F_B라고 하면 (가), (나)에서 각각 $F=-\frac{1}{4}F_A+F_B$, $2F=F_A+F_B$이다. 여기서 $F_A=\frac{4}{5}F$, $F_B=\frac{6}{5}F$이므로 A는 음(−)전하이고, B는 양(+)전하이다.

• (가)에서 B, C가 A에 작용하는 전기력의 방향은 $+x$방향으로 같다. B가 A에 작용하는 전기력을 F'라고 하면 $F'+\frac{1}{4}F_A=2F$에서 $F'=\frac{9}{5}F$이다.

• (다)에서 B, C가 A에 작용하는 전기력은 각각 $+\frac{9}{5}F$, $-\frac{4}{5}F$이므로 A에 작용하는 전기력은 F이다.

문제풀이 Tip

(가)와 (나)에서 B와 C의 거리는 같은데 A와 C의 거리가 달라질 때 C에 작용하는 전기력으로부터 A와 B의 전하의 종류를 유추할 수 있어야 한다.

02 에너지띠와 반도체

1 다이오드

선택지 비율	❶ 78%	② 2%	③ 12%	④ 3%	⑤ 5%

2025학년도 수능 12번 | 정답 ① | 문제편 140p

출제 의도 다이오드의 특성을 이용하여 회로를 해석할 수 있는지 확인하는 문항이다.

다음은 p−n 접합 다이오드의 특성을 알아보는 실험이다.

[실험 과정]

(가) 그림과 같이 전압이 같은 직류 전원 2개, 스위치, 동일한 p−n 접합 다이오드 4개, 저항, 검류계를 이용하여 회로를 구성한다. X, Y는 p형 반도체와 n형 반도체를 순서 없이 나타낸 것이다.

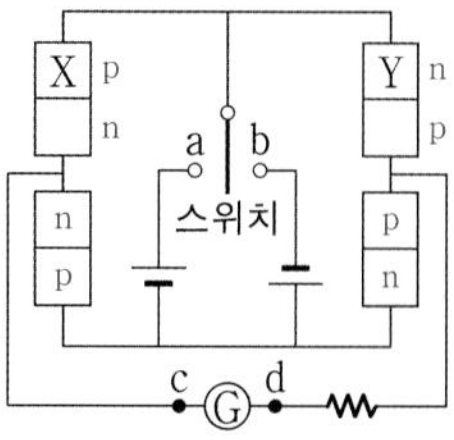

(나) 스위치를 a 또는 b에 연결하고, 검류계를 관찰한다.

[실험 결과]

스위치	전류의 흐름	전류의 방향
a에 연결	흐른다.	c → Ⓖ → d
b에 연결	흐른다.	㉠

이에 대한 설명으로 옳은 것만을 〈보기〉에서 있는 대로 고른 것은?

보기

ㄱ. X는 p형 반도체이다.

ㄴ. ㉠은 ~~'d → Ⓖ → c'이다.~~ 'c → Ⓖ → d'이다.

ㄷ. 스위치를 b에 연결하면 Y에서 전자는 ~~p−n 접합면으로부터 멀어진다.~~ p−n 접합면 쪽으로 이동한다.

① ㄱ ② ㄷ ③ ㄱ, ㄴ ④ ㄴ, ㄷ ⑤ ㄱ, ㄴ, ㄷ

✓ 자료 해석

- 스위치를 a에 연결했을 때, 'c → Ⓖ → d'방향으로 전류가 흐르는 경우
  → X가 포함된 다이오드에 위에서 아래 방향으로 전류가 흘러야 한다.
  → X는 p형 반도체, Y는 n형 반도체이다.
- 스위치를 b에 연결했을 때, 검류계에 전류가 흐르는 경우
  → Y가 포함된 다이오드에 아래에서 위 방향으로 전류가 흘러야 한다.
  → 검류계에는 'c → Ⓖ → d'방향으로 전류가 흐른다.

○ 보기 풀이 스위치를 a, b에 각각 연결했을 때 회로에는 그림과 같은 방향으로 전류가 흐른다.

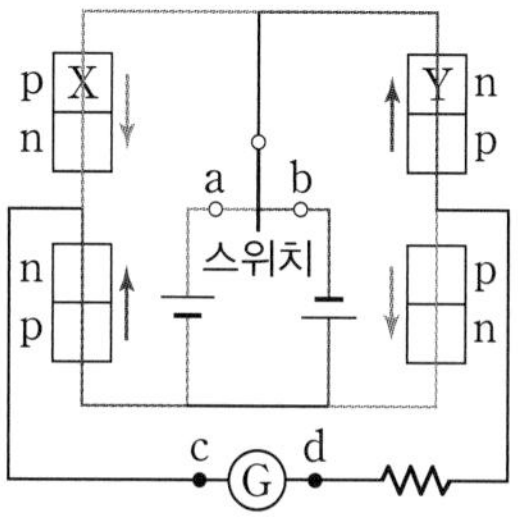

ㄱ. X를 전원의 (+)극에 연결했을 때가 순방향 연결이므로 X는 p형 반도체이다.

× 매력적 오답 ㄴ. 그림에서와 같이 ㉠은 'c → Ⓖ → d'이다.

ㄷ. 스위치를 b에 연결했을 때 Y를 포함하는 p−n 접합 다이오드에 전류가 흐른다. 따라서 스위치를 b에 연결하면 Y에서 전자는 p−n 접합면 쪽으로 이동한다.

문제풀이 Tip

스위치를 a, b에 연결했을 때 모두 전류가 흐르는 것으로부터 전류가 흐르는 경로를 파악하고, 각 다이오드의 연결 방향을 추론할 수 있으면 해결할 수 있다.

선택지 비율	① 2%	② 1%	❸ 90%	④ 2%	⑤ 4%

2 다이오드

2025학년도 9월 평가원 13번 | 정답 ③ | 문제편 140 p

출제 의도 다이오드의 특성을 이용하여 회로를 해석할 수 있는지 확인하는 문항이다.

다음은 p-n 접합 발광 다이오드(LED)와 고체 막대를 이용한 회로에 대한 실험이다.

[실험 과정]

(가) 그림과 같이 전압이 같은 직류 전원 2개, 저항, 동일한 LED D_1~D_4, 고체 막대 X와 Y, 스위치 S_1과 S_2를 이용하여 회로를 구성한다. X와 Y는 도체와 절연체를 순서 없이 나타낸 것이다.

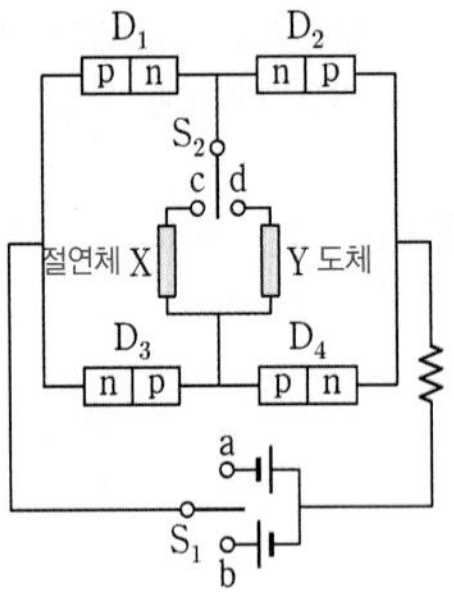

(나) S_1을 a 또는 b에 연결하고 S_2를 c 또는 d에 연결하며 D_1~D_4에서 빛의 방출 여부를 관찰한다.

[실험 결과]

S_1	S_2	빛이 방출된 LED
a에 연결	c에 연결	없음
	d에 연결	D_2, D_3
b에 연결	c에 연결	없음
	d에 연결	㉠ D_1, D_4

이에 대한 설명으로 옳은 것만을 〈보기〉에서 있는 대로 고른 것은? [3점]

보기

ㄱ. X는 절연체이다.

ㄴ. ㉠은 D_1, D_4이다.

ㄷ. S_1을 a에 연결하고 S_2를 d에 연결했을 때, D_1에는 ~~순방향 전압이 걸린다~~. 역방향 전압이 걸린다.

① ㄱ ② ㄷ ③ ㄱ, ㄴ ④ ㄴ, ㄷ ⑤ ㄱ, ㄴ, ㄷ

✓ 자료 해석

- S_1을 a에, S_2를 c에 연결했을 때
  → X에 전류가 흐르지 않음
  → X는 절연체, Y는 도체이다.

O 보기풀이 ㄱ. S_1의 연결에 관계없이 S_2를 c에 연결했을 때 LED에서 빛이 방출되지 않으므로 c에 연결된 X는 절연체이다.

ㄴ. S_1을 b에 연결하고 S_2를 d에 연결하면 D_1, D_4에 순방향 전압이 걸린다. 따라서 ㉠은 D_1, D_4이다.

× 매력적 오답 ㄷ. S_1을 a에 연결하고 S_2를 d에 연결했을 때, D_1은 빛을 방출하지 않는다. 따라서 S_1을 a에 연결하고 S_2를 d에 연결했을 때, D_1에는 역방향 전압이 걸린다.

문제풀이 Tip

S_1을 a에 연결하고 S_2를 c에 연결했을 때, 전류가 흐르지 않으므로, X가 절연체, Y가 도체임을 파악할 수 있으면 어렵지 않게 해결할 수 있다.

선택지 비율	① 4%	② 5%	③ 6%	❹ 82%	⑤ 3%

3 다이오드

2025학년도 6월 평가원 16번 | 정답 ④ | 문제편 141p

출제 의도 다이오드의 특성을 이해하고, 다이오드에 전류가 흐르기 위한 조건을 파악할 수 있는지 확인하는 문항이다.

다음은 p−n 접합 다이오드를 이용한 회로에 대한 실험이다.

[실험 과정]

(가) 그림과 같이 전압이 같은 직류 전원 2개, 저항, 동일한 p−n 접합 다이오드 A와 B, 스위치 S_1과 S_2, 전류계를 이용하여 회로를 구성한다. X는 p형 반도체와 n형 반도체 중 하나이다.

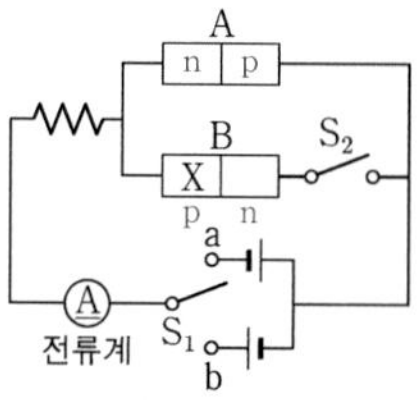

(나) S_1과 S_2의 연결 상태를 바꾸어 가며 전류계에 흐르는 전류의 세기를 측정한다.

[실험 결과]

S_1	S_2	전류의 세기
a에 연결	열림	㉠ I_0
	닫힘	I_0
b에 연결	열림	0 A에 역방향 전압
	닫힘	I_0 B에 순방향 전압

이에 대한 설명으로 옳은 것만을 〈보기〉에서 있는 대로 고른 것은?

보기

ㄱ. X는 p형 반도체이다.
ㄴ. S_1을 b에 연결했을 때, A에는 ~~순방향 전압이 걸린다~~. 역방향 전압이 걸린다.
ㄷ. ㉠은 I_0이다.

① ㄱ ② ㄴ ③ ㄷ ④ ㄱ, ㄷ ⑤ ㄴ, ㄷ

✓ 자료 해석

• 스위치 S_1을 b에 연결하고 S_2를 닫을 때, A에 역방향, B에 순방향 전압이 걸린다.
• 스위치 S_1을 a에 연결하고 S_2를 닫을 때, A에 순방향, B에 역방향 전압이 걸린다.

○ 보기풀이 ㄱ. S_1을 b에 연결하고 S_2를 열었을 때는 전류가 흐르지 않고 닫았을 때에만 전류가 흐르므로 X는 p형 반도체이다.
ㄷ. S_1을 b에 연결했을 때, A에 역방향 전압이 걸렸으므로 S_1을 a에 연결했을 때 A에는 순방향 전압이 걸린다. 따라서 S_1을 a에 연결했을 때, A에는 순방향, B에는 역방향 전압이 각각 걸리므로 ㉠은 I_0이다.

× 매력적 오답 ㄴ. S_1을 b에 연결하고 S_2를 열었을 때는 전류가 흐르지 않으므로 S_1을 b에 연결했을 때, A에는 역방향 전압이 걸린다.

문제풀이 Tip

스위치 S_1을 a, b에 연결하고, S_2를 열고 닫음에 따른 실험 결과로부터 전류가 흐르기 위한 각 다이오드의 연결 방향을 파악하면 해결할 수 있다.

Part II 수능 평가원

선택지 비율	① 5%	② 2%	❸ 84%	④ 3%	⑤ 6%

4 다이오드

2024학년도 수능 13번 | 정답 ③ | 문제편 141 p

출제 의도 다이오드의 특성을 이용하여 회로를 해석할 수 있는지 확인하는 문항이다.

그림 (가)는 동일한 p-n 접합 발광 다이오드(LED) A와 B, 고체 막대 P와 Q로 회로를 구성하고, 스위치를 a 또는 b에 연결할 때 A, B의 빛의 방출 여부를 나타낸 것이다. P, Q는 도체와 절연체를 순서 없이 나타낸 것이고, Y는 p형 반도체와 n형 반도체 중 하나이다. 그림 (나)의 ㉠, ㉡은 각각 P 또는 Q의 에너지띠 구조를 나타낸 것으로 음영으로 표시된 부분까지 전자가 채워져 있다.

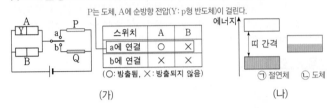

P는 도체, A에 순방향 전압(Y: p형 반도체)이 걸린다.

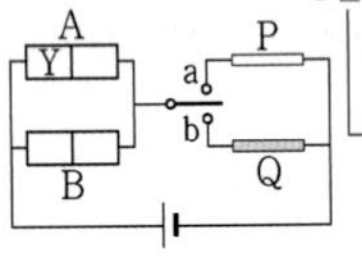

스위치	A	B
a에 연결	○	×
b에 연결	×	×

(○: 방출됨, ×: 방출되지 않음)

(가)

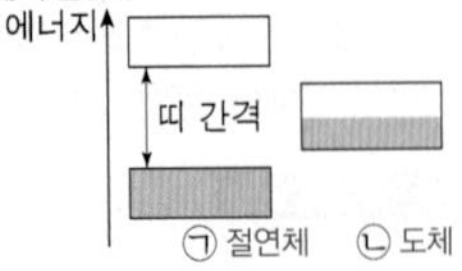

(나)

이에 대한 설명으로 옳은 것만을 〈보기〉에서 있는 대로 고른 것은? [3점]

보기

ㄱ. Y는 주로 양공이 전류를 흐르게 하는 반도체이다.

ㄴ. (나)의 ㉠은 Q의 에너지띠 구조이다.

ㄷ. 스위치를 a에 연결하면 B의 n형 반도체에 있는 전자는 p-n 접합면~~으로 이동한다~~. 으로부터 멀어진다.

① ㄱ ② ㄷ ③ ㄱ, ㄴ ④ ㄴ, ㄷ ⑤ ㄱ, ㄴ, ㄷ

✓ 자료 해석

• 스위치를 a에 연결할 때
- P에 전류가 흐름 : P는 도체, Q는 절연체이다.
- A → P 방향으로 전류가 흐름 : Y는 p형 반도체이다.
- B → P 방향으로 전류가 흐르지 않음 : B에 역방향 전압이 걸림

○ 보기 풀이 ㄱ. 스위치를 a에 연결했을 때 A에서만 빛이 방출되므로 Y는 p형 반도체이고, P는 도체임을 알 수 있다. 따라서 Y는 주로 양공이 전류를 흐르게 하는 반도체이다.

ㄴ. 스위치를 b에 연결했을 때 A와 B에서 모두 빛이 방출되지 않으므로 Q는 절연체임을 알 수 있다. (나)에서 ㉠, ㉡은 각각 절연체, 도체의 에너지띠 구조이므로 (나)의 ㉠은 Q의 에너지띠 구조이다.

× 매력적 오답 ㄷ. 스위치를 a에 연결하면 B에는 역방향 전압이 걸리므로 B의 n형 반도체에 있는 전자는 p-n 접합면으로부터 멀어진다.

문제풀이 Tip

스위치를 a에 연결할 때, P에 전류가 흐르는 것으로부터 P가 도체, Q가 절연체임을 판단하고, A에서만 전류가 흐르므로 A에 순방향 전압이 걸리고, B에 역방향 전압이 걸린다는 것을 판단할 수 있으면 해결할 수 있다.

선택지 비율	❶ 77%	② 3%	③ 3%	④ 7%	⑤ 10%

5 다이오드

2024학년도 9월 평가원 11번 | 정답 ① | 문제편 142p

출제 의도 다이오드의 특성을 이용하여 회로를 해석할 수 있는지 확인하는 문항이다.

다음은 p−n 접합 다이오드의 특성을 알아보는 실험이다.

[실험 과정]

(가) 그림과 같이 직류 전원, 동일한 p−n 접합 다이오드 A, B, p−n 접합 발광 다이오드(LED), 스위치 S_1, S_2를 이용하여 회로를 구성한다. X는 p형 반도체와 n형 반도체 중 하나이다.

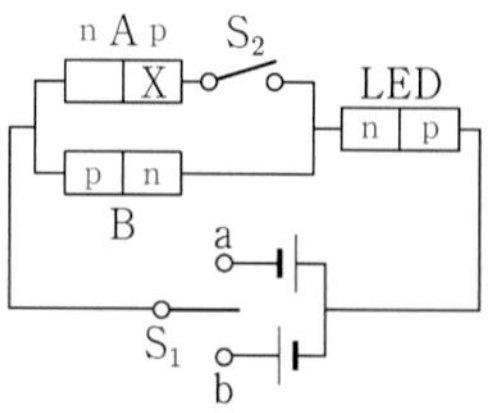

(나) S_1을 a 또는 b에 연결하고, S_2를 열고 닫으며 LED에서 빛의 방출 여부를 관찰한다.

[실험 결과]

S_1	S_2	LED에서 빛의 방출 여부
a에 연결	열림	방출되지 않음
	닫힘	방출됨
b에 연결	열림	방출되지 않음
	닫힘	㉠

이에 대한 설명으로 옳은 것만을 〈보기〉에서 있는 대로 고른 것은? [3점]

보기

ㄱ. A의 X는 주로 양공이 전류를 흐르게 하는 반도체이다.

ㄴ. S_1을 a에 연결하고 S_2를 열었을 때, B에는 ~~순방향 전압이 걸린다~~. 역방향 전압이 걸린다.

ㄷ. ㉠은 ~~'방출됨'이다~~. '방출되지 않음'이다.

① ㄱ　② ㄴ　③ ㄷ　④ ㄱ, ㄴ　⑤ ㄱ, ㄷ

✓ 자료 해석

• S_1을 a에 연결 시
 − S_2를 열었을 때 : B와 LED 사이에 전류가 흐르지 않음
  → B에 역방향 전압이 걸린다.
 − S_2를 닫았을 때 : A와 LED 사이에 전류가 흐름
  → A, LED에 순방향 전압이 걸린다.

O 보기풀이 S_1을 a에 연결하고 S_2를 열었을 때는 LED에서 빛이 방출되지 않고, S_2를 닫았을 때는 LED에서 빛이 방출되므로 A, LED의 왼쪽은 n형, 오른쪽은 p형 반도체이다. 한편, B의 왼쪽은 p형, 오른쪽은 n형 반도체이다.
ㄱ. X는 p형 반도체이다. 따라서 A의 X는 주로 양공이 전류를 흐르게 한다.

× 매력적 오답 ㄴ. S_1을 a에 연결하고 S_2를 열었을 때, B에는 역방향 전압이 걸린다.
ㄷ. S_1을 b에 연결하고 S_2를 닫았을 때, LED에 역방향 전압이 걸리므로 ㉠은 '방출되지 않음'이다.

문제풀이 Tip

S_1을 a에 연결하고 S_2를 열었을 때는 전류가 흐르지 않고, 닫았을 때는 전류가 흐르는 결과로부터 다이오드의 연결 방향을 판단할 수 있으면 해결할 수 있다.

선택지 비율	❶ 80%	② 4%	③ 9%	④ 4%	⑤ 3%

6 다이오드

2024학년도 6월 평가원 11번 | 정답 ① | 문제편 142p

출제 의도 다이오드의 특성을 이해하고, 다이오드에 전류가 흐르기 위한 조건을 파악할 수 있는지 확인하는 문항이다.

다음은 p−n 접합 발광 다이오드(LED)의 특성을 알아보기 위한 실험이다.

[실험 과정]

(가) 그림과 같이 동일한 LED A~D, 저항, 스위치, 직류 전원으로 회로를 구성한다. X는 p형 반도체와 n형 반도체 중 하나이다.

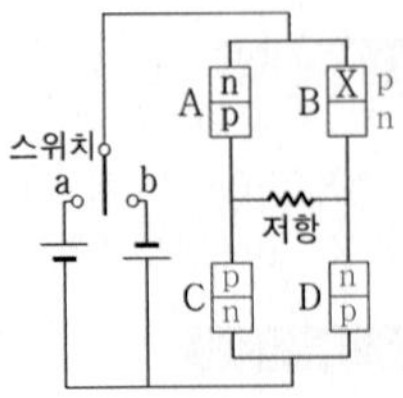

(나) 스위치를 a 또는 b에 연결하고, C, D에서 빛의 방출 여부를 관찰한다.

[실험 결과]

스위치	C에서 빛의 방출 여부	D에서 빛의 방출 여부
a에 연결	방출됨 순방향 연결	방출되지 않음 역방향 연결
b에 연결	방출되지 않음 역방향 연결	방출됨 순방향 연결

이에 대한 설명으로 옳은 것만을 〈보기〉에서 있는 대로 고른 것은?

보기

ㄱ. 스위치를 a에 연결하면 A에는 역방향 전압이 걸린다.

ㄴ. B의 X는 ~~n형 반도체이다.~~ p형 반도체이다.

ㄷ. 스위치를 b에 연결하면 D의 p형 반도체에 있는 양공이 p−n 접합면~~에서 멀어진다.~~ 쪽으로 이동한다.

① ㄱ ② ㄴ ③ ㄱ, ㄷ ④ ㄴ, ㄷ ⑤ ㄱ, ㄴ, ㄷ

✓ 자료 해석

- 스위치를 a에 연결할 때 : A와 D에 역방향, B와 C에 순방향 전압이 걸린다.
- 스위치를 b에 연결할 때 : B와 C에 역방향, A와 D에 순방향 전압이 걸린다.

○ 보기풀이 ㄱ. a를 닫으면, 직류 전원의 양(+)극이 A의 n형 반도체에 연결되므로 A에는 역방향 전압이 걸린다.

× 매력적 오답 ㄴ. a를 닫았을 때 A로는 전류가 흐르지 못하므로 B로 전류가 흘러야 C에 전류가 흘러서 빛이 방출될 수 있다. 따라서 X는 p형 반도체이다.

ㄷ. b를 닫으면, D에 전류가 흘러서 빛이 방출된다. 따라서 D의 p형 반도체의 양공과 n형 반도체의 전자는 p−n 접합면 쪽으로 이동하여 만난다.

문제풀이 Tip

스위치를 a, b에 연결할 때 실험 결과로부터 전류가 흐르기 위한 각 다이오드의 연결 방향을 파악하면 해결할 수 있다.

선택지 비율	❶ 66%	② 5%	③ 13%	④ 7%	⑤ 10%

7 다이오드

2023학년도 수능 15번 | 정답 ① | 문제편 143 p

출제 의도 스위치가 열렸을 때 저항에 전류가 흐르기 위한 전류의 방향을 파악하고, 이로부터 각 다이오드의 방향을 파악할 수 있는지 확인하는 문항이다.

다음은 p−n 접합 다이오드의 특성을 알아보는 실험이다.

[실험 과정]

(가) 그림과 같이 직류 전원 2개, 스위치 S_1, S_2, p−n 접합 다이오드 A, A와 동일한 다이오드 3개, 저항, 검류계로 회로를 구성한다. X는 p형 반도체와 n형 반도체 중 하나이다.

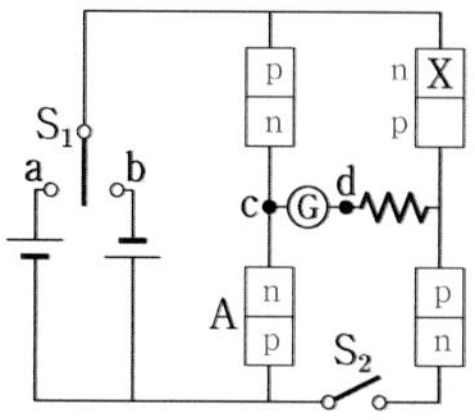

(나) S_1을 a 또는 b에 연결하고, S_2를 열고 닫으며 검류계를 관찰한다.

[실험 결과]

S_1	S_2	전류 흐름
㉠	열기	흐르지 않는다.
	닫기	c → Ⓖ → d로 흐른다.
㉡	열기	c → Ⓖ → d로 흐른다.
	닫기	c → Ⓖ → d로 흐른다.

— S_1이 b에 연결되어야 한다. A에 순방향 전압이 걸려야 한다.

이에 대한 설명으로 옳은 것만을 〈보기〉에서 있는 대로 고른 것은? [3점]

보기

ㄱ. X는 n형 반도체이다.

ㄴ. 'b에 연결'은 ~~㉠에 해당한다~~. ㉡에 해당한다.

ㄷ. S_1을 a에 연결하고 S_2를 닫으면 A에는 ~~순방향~~(역방향) 전압이 걸린다.

① ㄱ ② ㄴ ③ ㄱ, ㄷ ④ ㄴ, ㄷ ⑤ ㄱ, ㄴ, ㄷ

✓ 자료 해석

• S_1을 b에 연결하고, S_2를 열었을 때 c → Ⓖ → d로 전류가 흐르기 위해서는 A에 순방향 전압이 걸려야 하고, 아래에서 위로 전류가 흘러야 한다. 따라서 X는 n형 반도체이다.

• S_1을 a에 연결하고, S_2을 닫았을 때 A에는 역방향 전압이 걸린다.

○ 보기 풀이 S_1을 a에 연결하고 S_2를 닫으면, 전류는 a → c → Ⓖ → d → S_2 → a로 흐른다. 따라서 S_2를 열면 전류가 흐르지 않는다. S_1을 b에 연결하면 전류는 A → c → Ⓖ → d → b → A로 흐른다. 이때 전류가 S_2를 지나지 않으므로 S_2를 여닫음과 무관하게 전류가 항상 흐른다.

ㄱ. S_1을 b에 연결했을 때 전류가 A → c → Ⓖ → d → b → A로 흐르므로 X는 n형 반도체이다.

× 매력적 오답 ㄴ. ㉠은 'a에 연결'이다.

ㄷ. S_1을 b에 연결했을 때 A에는 순방향 전압이 걸려서 전류가 흐르고, a에 연결했을 때 A에는 역방향 전압이 걸려서 전류가 흐르지 않는다.

문제풀이 Tip

S_2를 닫았을 때, 항상 c → Ⓖ → d 방향으로 전류가 흐름을 이용하여 각 다이오드의 연결 방향을 파악하면 해결할 수 있다.

선택지 비율	❶ 36%	② 11%	③ 22%	④ 16%	⑤ 15%

8 다이오드

2023학년도 9월 평가원 17번 | 정답 ① | 문제편 143p

출제 의도 스위치가 열렸을 때 저항에 전류가 흐르기 위한 전류의 방향을 파악하고, 이로부터 각 다이오드의 방향을 파악할 수 있는지 확인하는 문항이다.

다음은 p-n 접합 다이오드를 이용한 회로에 대한 실험이다.

[실험 과정]

(가) 그림 Ⅰ과 같이 p-n 접합 다이오드 X, X와 동일한 다이오드 3개, 전원 장치, 스위치, 검류계, 저항, 오실로스코프가 연결된 회로를 구성한다.

(나) 스위치를 닫는다.

(다) 전원 장치에서 그림 Ⅱ와 같은 전압을 발생시키고, 저항에 걸리는 전압을 오실로스코프로 관찰한다.

(라) 스위치를 열고 (다)를 반복한다.

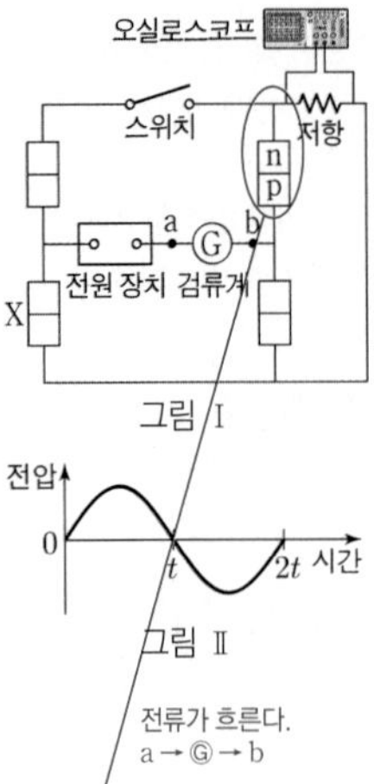

[실험 결과]

㉠	㉡
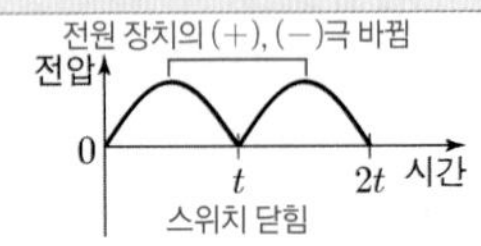	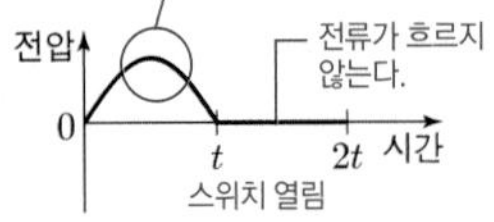

이에 대한 설명으로 옳은 것만을 〈보기〉에서 있는 대로 고른 것은? [3점]

보기

ㄱ. ㉠은 (다)의 결과이다.

ㄴ. (다)에서 $0\sim t$일 때, 전류의 방향은 ~~b → Ⓖ → a~~(a → Ⓖ → b)이다.

ㄷ. (라)에서 $t\sim 2t$일 때, X에는 ~~순방향~~(역방향) 전압이 걸린다.

① ㄱ ② ㄴ ③ ㄱ, ㄷ ④ ㄴ, ㄷ ⑤ ㄱ, ㄴ, ㄷ

✓ 자료 해석

• 스위치를 열었을 때 저항에 전류가 흐르기 위해서는 저항에 가장 가까운 다이오드에 전류가 흘러야 한다.
→ 이때 검류계에 흐르는 전류의 방향은 a → Ⓖ → b이다.
→ X의 아래는 p형, 위는 n형 반도체이다.

○ 보기풀이 스위치가 열렸을 때((라)일 때) 전류가 흐르는 방향은 다음과 같다.

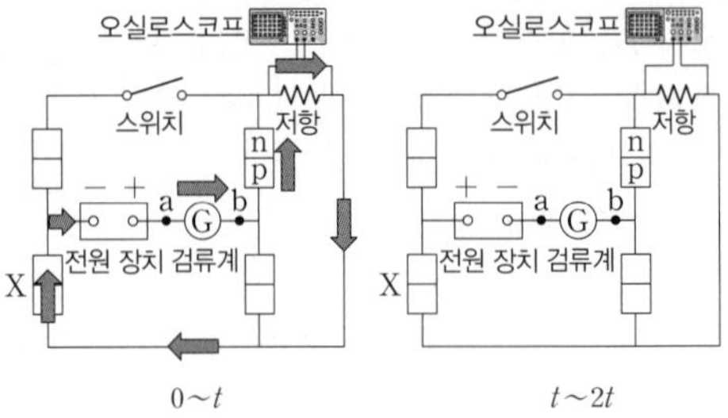

스위치가 닫혔을 때((다)일 때) 전류의 방향은 다음과 같다.

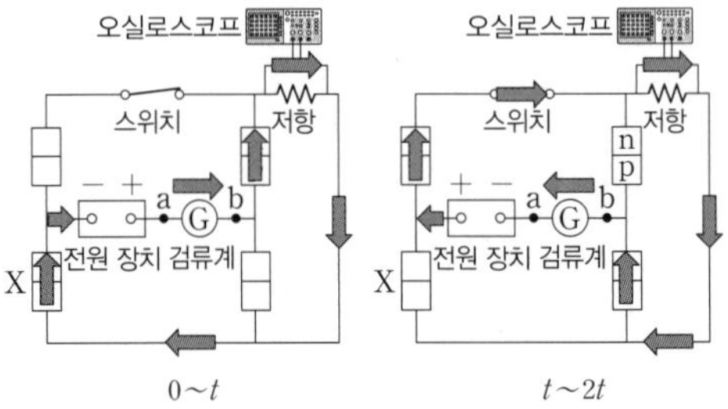

ㄱ. ㉠에서 저항에 항상 같은 방향으로 전류가 흐르므로, ㉠은 스위치를 닫았을 때의 결과이다.

× 매력적 오답 ㄴ. $0\sim t$ 동안 (다)에서 전류의 방향은 (라)에서 전류의 방향과 같다. 따라서 전류의 방향은 a → Ⓖ → b이다.

ㄷ. $t\sim 2t$일 때 X에 역방향 전압이 걸려서 저항에 전류가 흐르지 않는다.

문제풀이 Tip

스위치를 열었을 때, 한쪽 방향으로만 전류가 흐른다는 사실을 파악하고 각 다이오드의 방향을 파악하면 해결할 수 있다.

선택지 비율	① 2%	❷ 79%	③ 2%	④ 13%	⑤ 4%

9 고체의 에너지띠

2023학년도 6월 평가원 5번 | 정답 ② | 문제편 143p

(출제 의도) 에너지띠의 구조를 해석할 수 있는지 확인하는 문항이다.

그림은 고체 A, B의 에너지띠 구조를 나타낸 것이다. A, B에서 전도띠의 전자가 원자가 띠로 전이하며 빛이 방출된다.

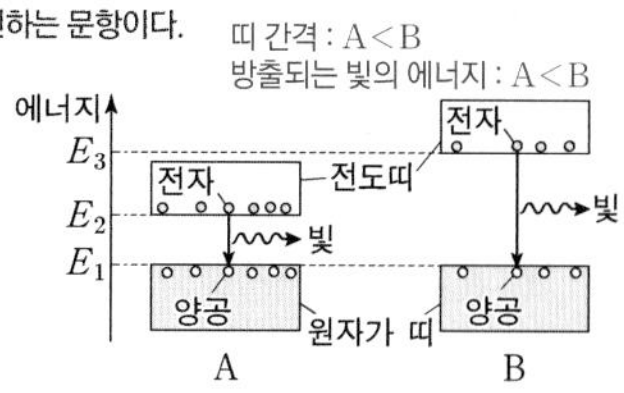

이에 대한 설명으로 옳은 것만을 〈보기〉에서 있는 대로 고른 것은? [3점]

〈보기〉

ㄱ. A에서 방출된 광자 1개의 에너지는 E_2-E_1~~보다 작다~~. 이상이다.
ㄴ. 띠 간격은 A가 B보다 작다.
ㄷ. 방출된 빛의 파장은 A에서가 B에서보다 ~~짧다~~. 길다.

① ㄱ ② ㄴ ③ ㄱ, ㄷ ④ ㄴ, ㄷ ⑤ ㄱ, ㄴ, ㄷ

✔ 자료 해석

• 띠 간격 : A<B
• 방출되는 빛의 에너지 : A<B

○ 보기풀이 ㄴ. 원자가 띠와 전도띠 사이의 띠 간격은 A가 B보다 작다.

✕ 매력적 오답 ㄱ. A의 띠 간격이 (E_2-E_1)이므로 A에서 방출된 광자 1개의 에너지의 최솟값이 (E_2-E_1)이다.
ㄷ. B에서 방출되는 광자 1개의 에너지의 최솟값이 A에서 방출되는 광자 1개의 에너지의 최댓값보다 크므로 방출된 빛의 파장은 A에서가 B에서보다 길다.

문제풀이 Tip

띠 간격이 클수록 방출되는 빛의 에너지가 크고, 진동수가 크다는 것을 알면 쉽게 해결할 수 있다.

선택지 비율	❶ 61%	② 7%	③ 12%	④ 7%	⑤ 13%

10 p-n 접합 다이오드

2022학년도 수능 10번 | 정답 ① | 문제편 144p

(출제 의도) p-n 접합 다이오드의 원리를 이해하고, 이를 이용한 회로를 해석할 수 있는지 묻는 문항이다.

다음은 p-n 접합 다이오드의 특성을 알아보는 실험이다.

[실험 과정]

(가) 그림과 같이 동일한 p-n 접합 다이오드 4개, 스위치 S_1, S_2, 집게 전선 a, b가 포함된 회로를 구성한다. Y는 p형 반도체와 n형 반도체 중 하나이다.

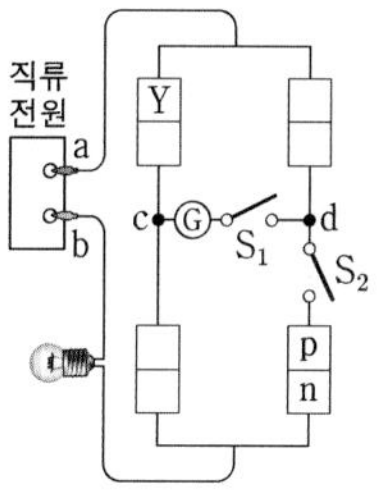

(나) S_1, S_2를 열고 전구와 검류계를 관찰한다.
(다) (나)에서 S_1만 닫고 전구와 검류계를 관찰한다.
(라) a, b를 직류 전원의 (+), (−) 단자에 서로 바꾸어 연결한 후, S_1, S_2를 닫고 전구와 검류계를 관찰한다.

[실험 결과]

과정	전구	전류의 방향
(나)	×	해당 없음
(다)	○	$c \to S_1 \to d$
(라)	○	㉠

a는 (−)극, b는 (+)극에 연결

(○: 켜짐, ×: 켜지지 않음)

이에 대한 설명으로 옳은 것만을 〈보기〉에서 있는 대로 고른 것은? [3점]

〈보기〉

ㄱ. Y는 p형 반도체이다.
ㄴ. (나)에서 a는 ~~(+) 단자에~~ 연결되어 있다. (−) 단자에
ㄷ. ㉠은 ~~'$d \to S_1 \to c$'이다~~. '$c \to S_1 \to d$'이다.

① ㄱ ② ㄴ ③ ㄱ, ㄷ ④ ㄴ, ㄷ ⑤ ㄱ, ㄴ, ㄷ

✔ 자료 해석

• p-n 접합 다이오드에서 p형 반도체에 (+)극이, n형 반도체에 (−)극이 연결되었을 때 전류가 흐른다.

○ 보기풀이 네 개의 다이오드를 각각 A, B, C, D라 하자.

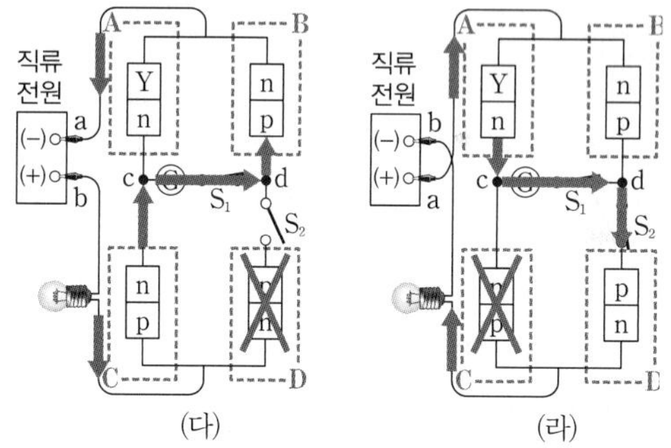

ㄱ. (다)에서 $c \to S_1 \to d$로 전류가 흐르므로 C는 위쪽이 n형, 아래쪽이 p형 반도체이다. (라)에서 전원 장치의 단자를 바꾸어도 전구에 불이 켜지므로 A와 B는 연결 방향이 서로 반대 방향이다. (라)에서는 A에 순방향 전압이 걸려야 하고 Y는 p형 반도체이다.

✕ 매력적 오답 ㄴ. (다)에서 전류의 방향은 $c \to S_1 \to d$이므로 (나)에서 a는 (−)단자에 연결되어 있다.
ㄷ. (라)에서 C에는 역방향 전압이 걸리므로 D에 순방향 전압이 걸린다. 따라서 ㉠은 $c \to S_1 \to d$이다.

문제풀이 Tip

(다)에서 전류의 방향이 $c \to S_1 \to d$라는 것으로부터 B와 C에 순방향 전압이 걸린다는 것을 파악할 수 있어야 한다.

선택지 비율	① 7%	② 3%	❸ 80%	④ 4%	⑤ 6%

11 에너지띠

2022학년도 6월 평가원 3번 | 정답 ③ | 문제편 144p

출제 의도 고체의 에너지띠 구조와 전기 전도도에 대해 이해하고 있는지 묻는 문항이다.

그림은 학생 A, B, C가 도체, 반도체, 절연체를 각각 대표하는 세 가지 고체의 전기 전도도와 에너지띠 구조에 대해 대화하는 모습을 나타낸 것이다.

전기 전도도가 가장 큰 구리가 도체, 가장 작은 다이아몬드가 절연체이다.

띠 간격이 가장 큰 (나)가 절연체, 가장 작은 (가)가 도체이다.

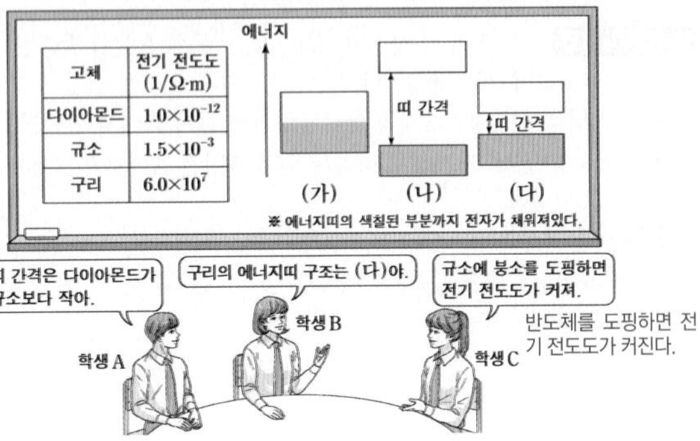

에너지
띠 간격
띠 간격
(가)
(나)
(다)
※ 에너지띠의 색칠된 부분까지 전자가 채워져있다.
띠 간격은 다이아몬드가 규소보다 작아.
구리의 에너지띠 구조는 (다)야.
규소에 붕소를 도핑하면 전기 전도도가 커져.
학생 A
학생 B
학생 C

고체	전기 전도도 ($1/\Omega\cdot m$)
다이아몬드	1.0×10^{-12}
규소	1.5×10^{-3}
구리	6.0×10^{7}

반도체를 도핑하면 전기 전도도가 커진다.

제시한 내용이 옳은 학생만을 있는 대로 고른 것은? [3점]

① A ② B ③ C ④ A, B ⑤ B, C

✓ 자료 해석

- 전기 전도도가 큰 순서대로 구리가 도체, 규소가 반도체, 다이아몬드가 절연체이다.
- 에너지띠 구조에서 띠 간격이 작은 순서대로 (가)가 도체, (다)가 반도체, (나)가 절연체이다.

○ 보기 풀이 C : 규소는 반도체이기 때문에 불순물인 붕소를 도핑하면 전기 전도도가 증가한다.

× 매력적 오답 A, B : 전기 전도도를 기준으로 보면 다이아몬드는 절연체, 규소는 반도체, 구리는 도체이다. 에너지띠 구조에서 띠 간격을 기준으로 보면 (가)는 도체, (나)는 절연체, (다)는 반도체이다. 따라서 띠 간격은 다이아몬드가 규소보다 크고, 구리의 에너지띠 구조는 (가)이다.

문제풀이 Tip

- 전기 전도도로부터 도체, 반도체, 절연체를 구분할 수 있어야 한다.
- 에너지띠 구조에서 띠 간격으로부터 도체, 반도체, 절연체를 구분할 수 있어야 한다.

선택지 비율	① 18%	② 1%	❸ 77%	④ 1%	⑤ 3%

12 물질의 전기 전도도

2021학년도 수능 4번 | 정답 ③ | 문제편 144p

출제 의도 물체의 단면적, 길이, 저항값과 전기 전도도의 관계를 묻는 문항이다.

다음은 물질의 전기 전도도에 대한 실험이다.

[실험 과정]

(가) 물질 X로 이루어진 원기둥 모양의 막대 a, b, c를 준비한다.

(나) a, b, c의 ㉠ 과/와 길이를 측정한다.

(다) 저항 측정기를 이용하여 a, b, c의 저항값을 측정한다.

(라) (나)와 (다)의 측정값을 이용하여 X의 전기 전도도를 구한다.

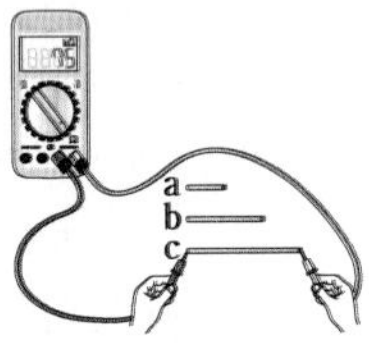

a
b
c

[실험 결과]

막대의 길이와 단면적에 관계 없이 일정한 값

막대	㉠(cm^2)	길이(cm)	저항값(kΩ)	전기 전도도 ($1/\Omega\cdot m$)
a	0.20	1.0	㉡ 25	2.0×10^{-2}
b	0.20	2.0	50	2.0×10^{-2}
c	0.20	3.0	75	2.0×10^{-2}

단면적이 같을 때 길이가 길수록 저항값이 큼

이에 대한 설명으로 옳은 것만을 〈보기〉에서 있는 대로 고른 것은? [3점]

보기

ㄱ. 단면적은 ㉠에 해당한다.
ㄴ. ㉡은 50보다 ~~크다.~~ 작다.
ㄷ. X의 전기 전도도는 막대의 길이에 관계없이 일정하다.

① ㄱ ② ㄴ ③ ㄱ, ㄷ ④ ㄴ, ㄷ ⑤ ㄱ, ㄴ, ㄷ

✓ 자료 해석

- 물체의 저항 R는 물체의 길이 l에 비례하고, 단면적 A에 반비례한다. 이때의 비례 상수를 비저항 ρ라고 한다. 즉, $R=\rho\frac{l}{A}$이다.
  - 표에서 막대의 단면적이 같으므로 막대의 길이가 길수록 저항값이 크다.
- 전기 전도도 σ는 비저항 ρ의 역수이므로 $\sigma=\frac{1}{\rho}$의 관계가 있다.
- 전기 전도도는 물질의 전기 전도성을 정량적으로 나타낸 물리량이다.

○ 보기 풀이 ㄱ. 물질의 전기 저항은 단면적, 길이, 전기 전도도에 의해 결정된다. 따라서 ㉠은 단면적이다.
ㄷ. 전기 전도도는 물질의 고유한 성질이므로 X의 길이에 관계없이 일정하다.

× 매력적 오답 ㄴ. 물체의 단면적이 같을 때 저항은 길이에 비례하므로 ㉡은 25이다.

문제풀이 Tip

전기 전도도는 저항을 측정하여 구할 수 있으며, 물질의 종류에 따라 결정되는 고유한 값이라는 것을 알아 두도록 한다.

선택지 비율	① 6%	❷ 59%	③ 3%	④ 9%	⑤ 19%

13 물질의 전기 전도도

2021학년도 9월 평가원 5번 | 정답 ② | 문제편 145 p

출제 의도 고체의 에너지띠 구조에 따라 전기 전도성이 결정됨을 이해하고, 물체의 저항값을 측정하여 계산해 낸 전기 전도도를 통해 물질의 종류를 유추하는 문항이다.

다음은 물질 A, B, C의 전기 전도도를 알아보기 위한 탐구이다.

[자료 조사 결과]
- A, B, C는 각각 도체와 반도체 중 하나이다.
- 에너지띠의 색칠된 부분까지 전자가 채워져 있다. 원자가 띠

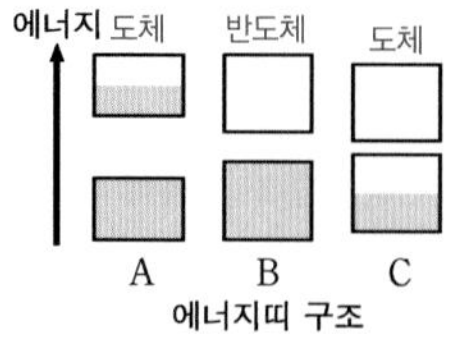

[실험 과정]

(가) 그림과 같이 저항 측정기에 A, B, C를 연결하여 저항을 측정한다.

(나) 측정한 저항값을 이용하여 A, B, C의 전기 전도도를 구한다.

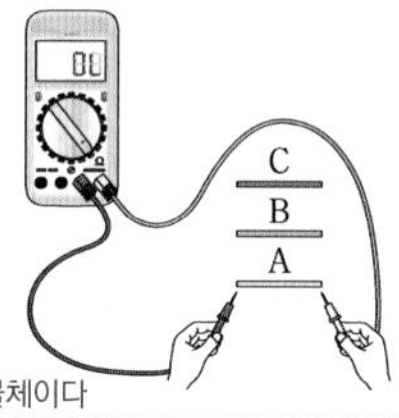

[실험 결과] B에 비해 값이 매우 크므로 전기가 잘 통하는 물체이다

물질	Ⓐ	B	C
전기 전도도($1/\Omega \cdot m$)	6.0×10^7	2.2	㉠

이에 대한 설명으로 옳은 것만을 〈보기〉에서 있는 대로 고른 것은? [3점]

보기
ㄱ. ㉠에 해당하는 값은 2.2보다 ~~작다~~. 크다.
ㄴ. A에서는 주로 ~~양공이~~ 전류를 흐르게 한다. (자유 전자가)
ㄷ. B에 도핑을 하면 전기 전도도가 커진다.

① ㄱ ② ㄷ ③ ㄱ, ㄴ ④ ㄴ, ㄷ ⑤ ㄱ, ㄴ, ㄷ

✓ 자료 해석
- 에너지띠의 가장 바깥쪽에 전자가 채워져 있는 에너지띠를 원자가 띠라고 한다.
- 원자가 띠와 전도띠가 붙어 있는 A와 C는 도체이고, 원자가 띠와 전도띠 사이에 띠 간격이 존재하는 B는 반도체이다.
- 물체의 저항 R는 물체의 길이 l에 비례하고, 단면적 A에 반비례한다. 이때의 비례 상수를 비저항 ρ라고 한다. 즉, $R=\rho\frac{l}{A}$이다. 전기 전도도 σ는 비저항 ρ의 역수이므로 $\sigma=\frac{1}{\rho}=\frac{l}{RA}$의 관계가 있다.
- 전기 전도도는 물체에 전기가 잘 통하는 정도를 나타낸다. 즉, 전기 전도도가 클수록 같은 조건에서 전류가 흐르기 쉽다.

○ 보기풀이 ㄷ. 반도체 B에 도핑을 하면 전하를 운반하는 자유 전자나 양공이 증가하여 전기 전도도가 커진다.

× 매력적 오답 ㄱ. C는 도체이다. 도체의 전기 전도도는 반도체인 B의 전기 전도도 2.2보다 크다.
ㄴ. A는 도체이므로 자유 전자가 주로 전류를 흐르게 한다.

문제풀이 Tip
물체의 에너지띠의 구조에 따른 전기 전도성과 저항과 전기 전도도의 관계를 이해하고 있어야 한다.

선택지 비율	① 1%	② 0%	③ 9%	④ 2%	❺ 86%

14 고체의 에너지띠

2020학년도 수능 3번 | 정답 ⑤ | 문제편 145 p

출제 의도 고체의 에너지띠에서 전자가 존재할 수 없는 영역인 띠틈(띠 간격)의 크기를 비교하여 전기적 특성을 이해하고 있는지 물어보는 문항이다.

그림은 상온에서 고체 A와 B의 에너지띠 구조를 나타낸 것이다. A와 B는 반도체와 절연체를 순서 없이 나타낸 것이다.

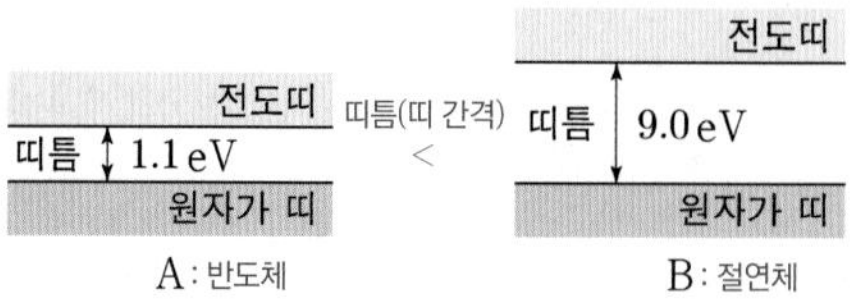

이에 대한 설명으로 옳은 것만을 〈보기〉에서 있는 대로 고른 것은? [3점]

보기
ㄱ. A는 반도체이다.
ㄴ. 전기 전도성은 A가 B보다 좋다.
ㄷ. 단위 부피당 전도띠에 있는 전자 수는 A가 B보다 많다. (고체 내부를 자유롭게 이동할 수 있음)

① ㄱ ② ㄷ ③ ㄱ, ㄴ ④ ㄴ, ㄷ ⑤ ㄱ, ㄴ, ㄷ

✓ 자료 해석
- 원자가 띠와 전도띠 사이의 에너지 간격인 띠틈(띠 간격)이 작을수록 전기 전도성이 좋다.
  - 고체의 띠틈(띠 간격)을 비교하면 도체 < 반도체 < 절연체이고, 전기 전도도는 도체 > 반도체 > 절연체의 순이다.
- 전도띠에 있는 전자들은 도체 내부를 자유롭게 이동할 수 있으므로 전기 전도성을 좋게 한다.

○ 보기풀이 ㄱ. A의 띠틈(띠 간격)이 B보다 작으므로 A는 반도체, B는 절연체이다.
ㄴ. 전기 전도성은 반도체인 A가 절연체인 B보다 좋다.
ㄷ. A가 B보다 전도성이 좋으므로 단위 부피당 전도띠에 있는 전자 수는 A가 B보다 많다.

문제풀이 Tip
고체의 에너지띠 구조에서 띠틈(띠 간격)과 전기 전도성의 관계를 이해하고 있어야 한다.

선택지 비율	① 2%	② 4%	③ 3%	④ 6%	⑤ 82%

15 다이오드의 성질

2021학년도 6월 평가원 10번 | 정답 ⑤ | 문제편 145 p

(출제 의도) 다이오드가 연결된 회로에서 전지의 연결 방향에 따라 전류가 흐르기도 하고 흐르지 않기도 한다는 사실을 알고 있는지 확인하는 문항이다.

그림은 동일한 전지, 동일한 전구 P와 Q, 전기 소자 X와 Y를 이용하여 구성한 회로를 나타낸 것이고, 표는 스위치를 연결하는 위치에 따라 P, Q가 켜지는지를 나타낸 것이다. X, Y는 저항, 다이오드를 순서 없이 나타낸 것이다.

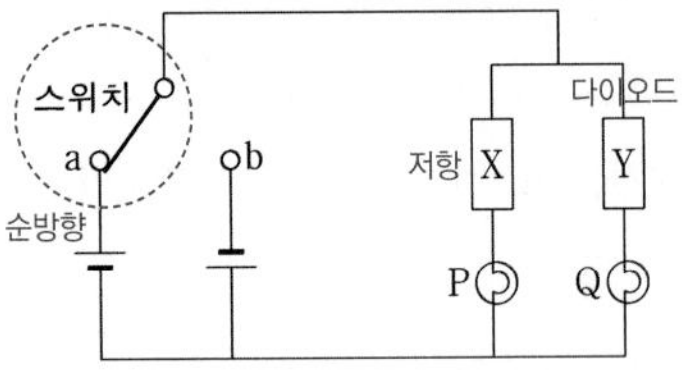

스위치를 a에 연결할 때만 불이 켜짐

스위치 연결 위치	전구 P	전구 Q
a	○	○
b	○	×

스위치 연결에 관계없이 불이 켜짐 / ○: 켜짐, ×: 켜지지 않음

이에 대한 설명으로 옳은 것만을 〈보기〉에서 있는 대로 고른 것은?

보기

ㄱ. X는 저항이다.

ㄴ. 스위치를 a에 연결하면 다이오드에 순방향으로 전압이 걸린다. (전류가 흐름)

ㄷ. Y는 정류 작용을 하는 전기 소자이다. (다이오드)

① ㄱ ② ㄴ ③ ㄱ, ㄷ ④ ㄴ, ㄷ ⑤ ㄱ, ㄴ, ㄷ

✓ 자료 해석

- 전구 P는 스위치를 a, b 어느 쪽에 연결해도 불이 켜지므로, X는 저항이다.
- 전구 Q는 스위치를 a에 연결할 때만 전류가 흘러 불이 켜지므로, Y는 한 쪽 방향으로만 전류를 흐르게 하는 정류 작용을 한다는 것을 알 수 있다.

ㅇ 보기 풀이 ㄱ. 전지의 연결 방향에 관계없이 X와 연결된 전구 P가 항상 켜지므로 X는 저항이다.

ㄴ. 전지의 연결 방향에 따라 전류가 흐르기도 하고 흐르지 않기도 하는 Y는 다이오드이다. 다이오드에 순방향 전압이 걸리면 전류가 흐르고, 역방향 전압이 걸리면 전류가 흐르지 않는다.

ㄷ. Y는 전류를 한 방향으로만 흐르게 하는 작용, 즉 정류 작용을 하는 다이오드이다.

문제풀이 Tip

다이오드는 한쪽 방향으로만 전류를 흐르게 하는 정류 작용을 한다는 것을 이해하고 있어야 한다.

선택지 비율	❶ 80%	② 2%	③ 10%	④ 2%	⑤ 3%

16 에너지띠

2020학년도 9월 평가원 5번 | 정답 ① | 문제편 145 p

(출제 의도) 고체의 에너지띠 기본 개념과 전자가 원자가 띠와 전도띠 사이에서 전이할 때 에너지 관계를 알고 있는지 묻는 문항이다.

그림 (가), (나)는 반도체의 원자가띠와 전도띠 사이에서 전자가 전이하는 과정을 나타낸 것이다. (나)에서는 광자가 방출된다.

이에 대한 설명으로 옳은 것만을 〈보기〉에서 있는 대로 고른 것은? [3점]

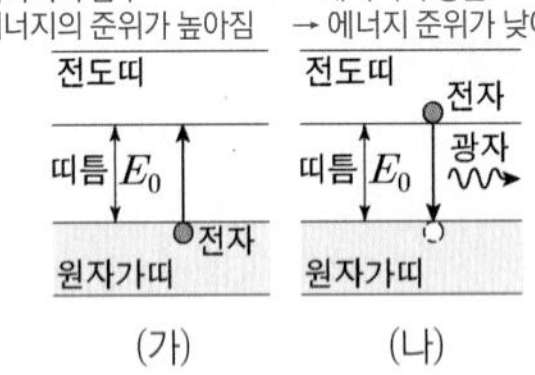

보기

ㄱ. (가)에서 전자는 에너지를 흡수한다.

ㄴ. (나)에서 방출되는 광자의 에너지는 ~~E_0보다 작다~~. (E_0과 같다.)

ㄷ. (나)에서 원자가띠에 있는 전자의 에너지는 ~~모두 같다~~. (미세하게 차이가 난다.)

① ㄱ ② ㄴ ③ ㄱ, ㄷ ④ ㄴ, ㄷ ⑤ ㄱ, ㄴ, ㄷ

✓ 자료 해석

- (가)에서 원자가 띠의 전자가 에너지를 흡수하면 전도띠로 전이하고, (나)에서 전도띠의 전자는 에너지를 방출하면서 원자가 띠로 전이한다.
- 전자가 전이할 때 띠 간격(띠틈)과 같은 E_0과 같거나 보다 큰 에너지를 흡수 또는 방출한다.
- 고체 내부에는 많은 원자가 가깝게 존재하므로 원자끼리 서로 영향을 미쳐 에너지 준위가 미세한 차이로 갈라지게 된다.

ㅇ 보기 풀이 ㄱ. 전자가 원자가 띠에서 전도띠로 전이하기 위해서는 띠 간격(띠틈) 이상의 에너지를 흡수해야 한다.

× 매력적 오답 ㄴ. 전자가 전도띠에서 원자가 띠로 전이할 때 띠 간격(띠틈)에 해당하는 에너지 E_0과 같거나 보다 큰 에너지를 방출하므로, (나)에서 방출되는 광자의 에너지는 E_0과 같거나 보다 크다.

ㄷ. 에너지띠는 아주 작은 에너지 차이를 갖는 에너지 준위들이 무수히 모여서 만들어지며, 한 에너지 준위에는 한 개의 전자만 있을 수 있다. 따라서 원자가 띠에 있는 전자의 에너지는 모두 다르다.

문제풀이 Tip

고체는 원자 사이의 거리가 매우 가까우므로 전자 궤도에 서로 영향을 끼쳐 에너지 준위에 미세하게 차이가 생기므로 에너지 준위가 띠처럼 보이게 된다는 것을 이해하고 있어야 한다.

선택지 비율	① 2%	② 3%	③ 7%	④ 3%	⑤ 82%

17 p-n 접합 다이오드

2020학년도 9월 평가원 10번 | 정답 ⑤ | 문제편 146 p

출제 의도 다이오드의 정류 작용에 의해 회로에 흐르는 전류의 특징을 파악하고 다이오드의 연결 방향을 유추하는 문항이다.

다음은 p-n 접합 다이오드의 특성을 알아보기 위한 실험이다.

[실험 과정]

(가) 그림과 같이 p-n 접합 다이오드 A와 B, 저항, 오실로스코프 Ⅰ과 Ⅱ, 스위치, 직류 전원, 교류 전원이 연결된 회로를 구성한다. X, Y는 각각 p형 반도체와 n형 반도체 중 하나이다.

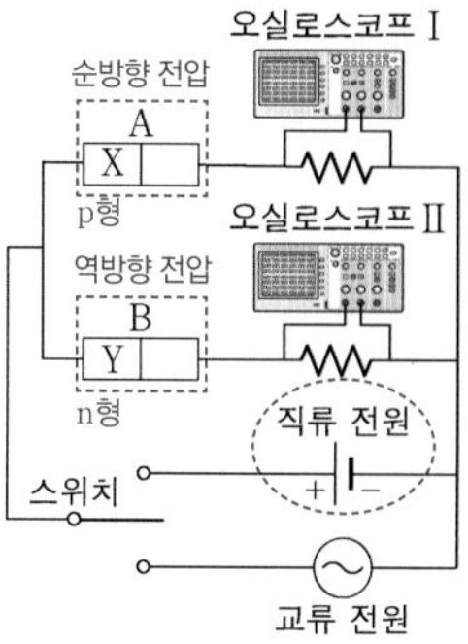

(나) 스위치를 직류 전원에 연결하여 Ⅰ, Ⅱ에 측정된 전압을 관찰한다.

(다) 스위치를 교류 전원에 연결하여 Ⅰ, Ⅱ에 측정된 전압을 관찰한다.

[실험 결과]

	오실로스코프 Ⅰ	오실로스코프 Ⅱ
(나) 직류 전원	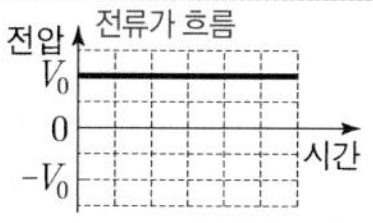	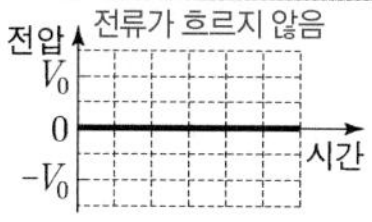
(다) 교류 전원	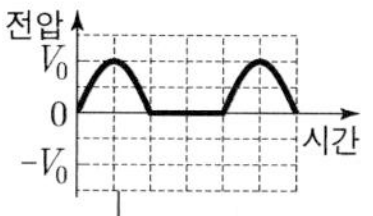	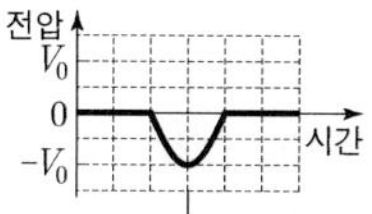

각각 한쪽 방향으로만 전류가 흐름

이에 대한 설명으로 옳은 것만을 〈보기〉에서 있는 대로 고른 것은? [3점]

보기

ㄱ. X는 p형 반도체이다.
ㄴ. (나)의 A에는 순방향 전압이 걸려 있다.
ㄷ. (다)의 Ⅱ에서 전압이 $-V_0$일 때, B에서 Y의 전자는 p-n 접합면 쪽으로 이동한다. 전류가 흐르므로 순방향이다.

① ㄱ ② ㄷ ③ ㄱ, ㄴ ④ ㄴ, ㄷ ⑤ ㄱ, ㄴ, ㄷ

✓ 자료 해석

- 저항에 전압이 걸렸다는 것은 저항에 전류가 흐른다는 것이다. 따라서 오실로스코프의 전압은 전류가 흐른다는 것을 의미한다.
- (나)에서 직류 전원을 회로에 연결하면 오실로스코프 Ⅰ에서만 전류가 흐르고 오실로스코프 Ⅱ에서는 전류가 흐르지 않으므로, 다이오드 A에서는 순방향 전압이 걸리고 B에서는 역방향 전압이 걸린다.
  - 전원의 (+)극에 연결된 A의 X는 p형 반도체이고, B의 Y는 n형 반도체이다.
- (다)에서 교류 전원을 회로에 연결하면 전류의 방향이 주기적으로 변한다.
  - 오실로스코프 Ⅰ에서는 $+V_0$의 전압이 걸릴 때에만 전류가 흐르고, 오실로스코프 Ⅱ에서는 $-V_0$의 전압이 걸릴 때에만 전류가 흐른다.
- p-n 접합 다이오드에 전류가 흐를 때, n형 반도체의 전자와 p형 반도체의 양공은 p-n 접합면 쪽으로 이동하여 결합한다.

○ 보기 풀이 ㄱ. (나)에서 A와 직렬로 연결된 저항에 걸린 전압이 0이 아니므로 저항과 A 모두에 전류가 흐른다. 따라서 직류 전원의 (+)극에 연결된 X는 p형 반도체이다.

ㄴ. (나)의 오실로스코프 Ⅰ에는 전압 V_0이 걸려 전류가 흐르므로 A에서는 순방향 전압이 걸려 있다.

ㄷ. (다)의 Ⅱ에서 전압이 $-V_0$일 때 전류는 저항에서 B쪽으로 흐른다. 따라서 Y는 n형 반도체이고, 다이오드에 전류가 흐를 때 Y의 전자는 p-n 접합면 쪽으로 이동한다.

문제풀이 Tip

p-n 접합 다이오드는 순방향 전압이 걸릴 때에만 전류가 흐르게 하는 특징을 가지고 있음을 반드시 기억해야 한다. 또, 오실로스코프에 나타난 전압은 회로에 전류를 흐르게 한다는 것임을 파악할 수 있어야 한다.

선택지 비율	① 5%	② 4%	❸ 72%	④ 6%	⑤ 9%

18 발광 다이오드의 빛의 합성

2020학년도 6월 평가원 10번 | 정답 ③ | 문제편 146 p

출제 의도 LED에 순방향 전압이 걸릴 때만 불이 켜지므로 빛의 합성을 이용하여 LED의 연결 방향을 알아내는 문항이다.

다음은 p-n 접합 발광 다이오드(LED)를 이용한 빛의 합성에 대한 탐구 활동이다.

[자료 조사 결과]

- LED는 띠틈의 크기에 해당하는 빛을 방출한다.
- LED A, B, C는 각각 빛의 삼원색 중 한 종류의 빛만 낸다. 빨간색, 초록색, 파란색
- 띠틈의 크기는 A>B>C이다. (빛의 진동수)

[실험 과정]

(가) 그림과 같이 A, B, C에서 나오는 빛이 합성되는 조명 장치를 구성한다.

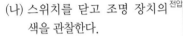

(나) 스위치를 닫고 조명 장치의 색을 관찰한다.

(다) 스위치를 열고 전지의 방향을 반대로 바꾼 후 (나)를 반복한다.

(라) (다)에서 스위치를 열고 B의 방향을 반대로 바꾼 후 (나)를 반복한다.

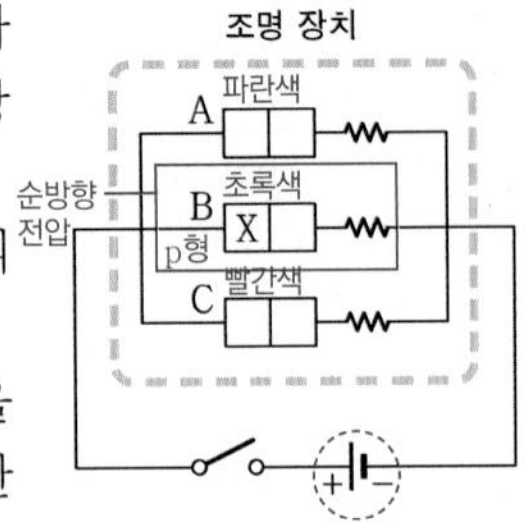

[실험 결과]

실험 과정	(나)	(다)	(라)
조명 장치의 색	㉠ 초록색	자홍색 (빨간색+파란색)	백색 (빨간색+초록색+파란색)

이에 대한 설명으로 옳은 것만을 〈보기〉에서 있는 대로 고른 것은? (단, X는 p형 반도체와 n형 반도체 중 하나이다.) [3점]

보기

ㄱ. A는 파란색 빛을 내는 LED이다.

ㄴ. X는 ~~n형~~ 반도체이다. p형

ㄷ. ㉠은 초록색이다.

① ㄱ ② ㄴ ③ ㄱ, ㄷ ④ ㄴ, ㄷ ⑤ ㄱ, ㄴ, ㄷ

✓ 자료 해석

- LED에서 방출하는 빛(광자)의 에너지는 띠틈(띠 간격)의 크기에 해당한다.
  - A, B, C에서 방출하는 빛의 에너지는 진동수에 비례하므로, 에너지가 가장 큰 A가 파란색 LED이고 B는 초록색 LED, C는 빨간색 LED이다.
- 빛의 삼원색은 빨간색, 초록색, 파란색이고, 이를 합성한 빛의 색은 다음과 같다.
  빨간색 빛+초록색 빛=노란색 빛
  빨간색 빛+파란색 빛=자홍색 빛
  초록색 빛+파란색 빛=청록색 빛
  빨간색 빛+초록색 빛+파란색 빛=백색 빛
- (다)에서 관찰한 조명 장치의 색이 자홍색이므로 불이 켜진 A, C에는 순방향 전압이 걸리고 불이 켜지지 않는 B에는 역방향 전압이 걸린다.
  - 전지 방향을 바꾸기 전인 (나)에서는 (다)에서와 반대 방향의 전압이 걸리므로 B에만 순방향 전압이 걸리게 된다.
- (라)는 (다)에서 B의 방향만 바꾸어 연결하였으므로 A, B, C 모두 순방향 전압이 걸려 불이 켜진다.
  - 빛의 삼원색이 합성되어 백색 조명의 빛이 관찰된다.

○ 보기풀이 ㄱ. 띠틈(띠 간격)의 크기가 클수록 방출되는 빛의 에너지도 크므로 A는 파란색 빛을 내는 LED이다.

ㄷ. (라)에서 관찰되는 조명 장치의 색이 백색이므로 빛의 삼원색에 해당하는 A, B, C에서 모두 빛이 방출되며, B의 방향을 바꾸기 전인 (다)에서는 자홍색(빨간색 빛+파란색 빛)으로 관찰되므로 B는 초록색 빛을 내는 LED이다.

× 매력적 오답 ㄴ. (다)에서 전지의 방향을 바꾸었을 때 B에는 역방향 전압이 걸리며, 전지의 (−)극 쪽에 연결된 X는 p형 반도체이다.

문제풀이 Tip

띠 간격(띠틈)이 클수록 방출하는 빛의 에너지가 크며, p-n 접합 다이오드는 정류 작용을 한다는 것을 이해하고 있어야 한다.

선택지 비율	① 24%	② 6%	③ 4%	❹ 59%	⑤ 4%

19 p-n 접합 다이오드

2019학년도 9월 평가원 12번 | 정답 ④ | 문제편 146p

출제 의도 다이오드가 연결된 회로에 흐르는 전류의 방향으로부터 p-n 접합 다이오드에서 p형, n형 반도체를 유추하는 문항이다.

그림은 동일한 p-n 접합 다이오드 2개, 동일한 저항 A, B, C와 전지를 이용하여 구성한 회로를 나타낸 것이다. X와 Y는 p형 반도체와 n형 반도체를 순서 없이 나타낸 것이다. A에는 화살표 방향으로 전류가 흐른다.

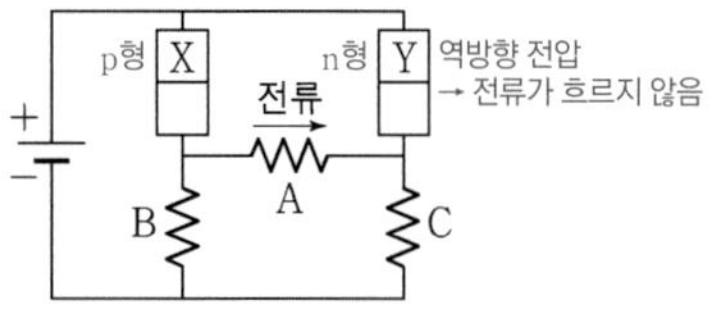

이에 대한 설명으로 옳은 것만을 〈보기〉에서 있는 대로 고른 것은?

보기

ㄱ. X에서는 주로 양공이 전류를 흐르게 한다.
ㄴ. Y는 p형 반도체이다. (n형)
ㄷ. 전류의 세기는 B에서가 C에서보다 크다.

① ㄱ ② ㄴ ③ ㄷ ④ ㄱ, ㄷ ⑤ ㄴ, ㄷ

✓ 자료 해석

- A에 흐르는 전류의 방향으로 보아 X가 포함된 다이오드에 전류가 흐르므로 X는 p형 반도체이다.
- Y는 n형 반도체이므로 Y가 포함된 다이오드에는 역방향 전압이 걸리고, 전류가 흐르지 않는다.
- X가 포함된 다이오드를 지난 전류는 저항 A, C 쪽과 저항 B 쪽으로 나누어져 흐르는데, 저항이 작은 쪽으로 흐르는 전류의 세기가 더 크다.

○ 보기 풀이 ㄱ. X, Y는 각각 p형 반도체, n형 반도체이며 p형 반도체에서는 주로 양공이 전류를 흐르게 한다.

ㄷ. B의 저항이 A, C의 합성 저항보다 작으므로 전류의 세기는 B에서가 C에서보다 크다.

× 매력적 오답 ㄴ. A에 화살표 방향으로 전류가 흐르는 것으로 보아 X, Y는 각각 p형 반도체, n형 반도체이다.

문제풀이 Tip

회로에 연결된 p-n 접합 다이오드가 한쪽 방향으로만 전류를 흐르게 하는 성질로부터 p형, n형 반도체를 구분해 낼 수 있어야 한다.

04 전자기 유도

선택지 비율	① 4%	② 8%	③ 18%	④ 14%	⑤ 56%

1 전자기 유도

2025학년도 수능 19번 | 정답 ⑤ | 문제편 148 p

출제 의도 사각형 도선의 이동에 의한 전자기 유도에 대해 이해하고 있는지 확인하는 문항이다.

그림과 같이 한 변의 길이가 $2d$인 정사각형 금속 고리가 xy평면에서 균일한 자기장 영역 Ⅰ, Ⅱ, Ⅲ을 $+x$방향으로 등속도 운동하며 지난다. 금속 고리의 점 p가 $x=2.5d$를 지날 때, p에 흐르는 유도 전류의 방향은 $+y$방향이다. Ⅰ, Ⅲ에서 자기장의 세기는 각각 B_0이고, Ⅱ에서 자기장의 세기는 일정하고 방향은 xy 평면에 수직이다.

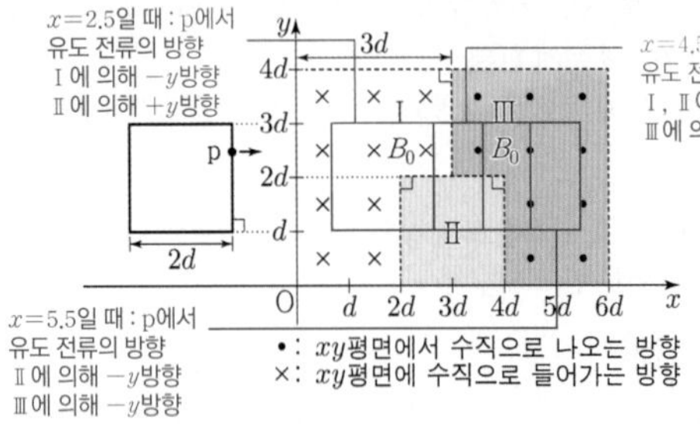

이에 대한 설명으로 옳은 것만을 〈보기〉에서 있는 대로 고른 것은? [3점]

보기

ㄱ. 자기장의 방향은 Ⅰ에서와 Ⅱ에서가 같다.

ㄴ. p가 $x=4.5d$를 지날 때, p에 흐르는 유도 전류의 방향은 $-y$방향이다.

ㄷ. p에 흐르는 유도 전류의 세기는 p가 $x=5.5d$를 지날 때가 $x=2.5d$를 지날 때보다 크다.

① ㄱ ② ㄷ ③ ㄱ, ㄴ ④ ㄴ, ㄷ ⑤ ㄱ, ㄴ, ㄷ

✓ 자료 해석

- p의 위치가 $2.5d$일 때,
  → Ⅰ에 의한 자기 선속이 감소하고, Ⅱ에 의한 자기 선속은 증가
  → 유도 전류의 방향이 서로 반대
  → 자기장의 방향이 서로 같음
  → Ⅱ에서 자기장의 방향은 xy평면에 수직으로 들어가는 방향이다.
- p의 위치가 $4.5d$일 때,
  → xy평면에 수직으로 들어가는 자기 선속 감소 : 유도 전류의 방향=시계 방향
  → xy평면에서 수직으로 나오는 자기 선속 증가 : 유도 전류의 방향=시계 방향
- p의 위치가 $2.5d$일 때와 $5.5d$일 때
  → $2.5d$일 때 : 두 영역의 자기 선속 변화에 의한 유도 전류의 방향이 반대
  → $5.5d$일 때 : 두 영역의 자기 선속 변화에 의한 유도 전류의 방향이 동일

○ 보기풀이 ㄱ. p가 $x=2.5d$를 지날 때, Ⅱ에 들어가는 금속 고리의 p에 흐르는 유도 전류의 방향이 $+y$방향이므로 Ⅱ에서 자기장의 방향은 xy평면에 수직으로 들어가는 방향으로 Ⅰ에서와 같다.

ㄴ. xy평면에 수직으로 들어가는 방향의 자기장 영역인 Ⅰ, Ⅱ에서 나가 xy평면에서 수직으로 나오는 방향의 자기장 영역인 Ⅲ으로 들어가는 금속 고리의 p가 $x=4.5d$를 지날 때, p에 흐르는 유도 전류의 방향은 $-y$방향이다.

ㄷ. Ⅰ, Ⅱ에서 자기장의 방향은 서로 같고, Ⅱ, Ⅲ에서 자기장의 방향은 서로 반대이므로 금속 고리 내부를 통과하는 자기 선속의 시간당 변화량은 p가 $x=5.5d$를 지날 때가 $x=2.5d$를 지날 때보다 크다. 따라서 p에 흐르는 유도 전류의 세기는 p가 $x=5.5d$를 지날 때가 $x=2.5d$를 지날 때보다 크다.

문제풀이 Tip

p가 $x=2.5d$를 지날 때 유도 전류의 방향으로부터 Ⅱ에서 자기장의 방향이 xy 평면에 수직으로 들어감을 파악하면 해결할 수 있다.

선택지 비율	① 4%	② 5%	❸ 74%	④ 13%	⑤ 4%

2 전자기 유도

2025학년도 9월 평가원 18번 | 정답 ③ | 문제편 148 p

출제 의도 자기장의 변화에 의한 전자기 유도에 대해 이해하고 있는지 확인하는 문항이다.

그림 (가)와 같이 균일한 자기장 영역 Ⅰ과 Ⅱ가 있는 xy 평면에 원형 금속 고리가 고정되어 있다. Ⅰ, Ⅱ의 자기장이 고리 내부를 통과하는 면적은 같다. 그림 (나)는 (가)의 Ⅰ, Ⅱ에서 자기장의 세기를 시간에 따라 나타낸 것이다.

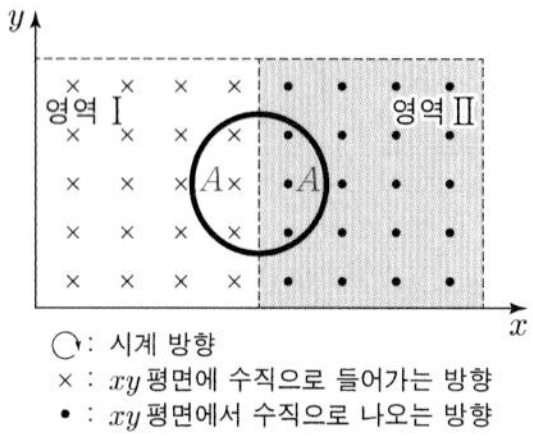

(가)

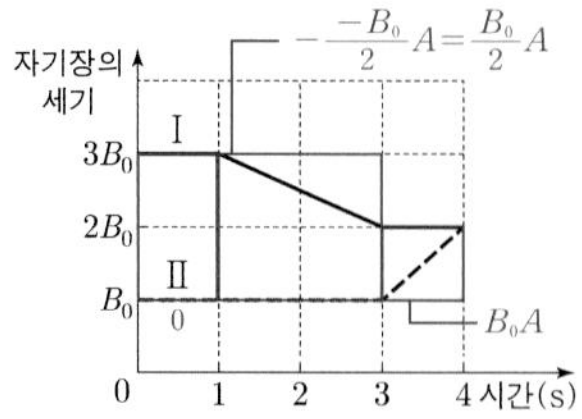

(나)

고리에 흐르는 유도 전류를 시간에 따라 나타낸 그래프로 가장 적절한 것은? (단, 유도 전류의 방향은 시계 방향이 양(+)이다.)

①
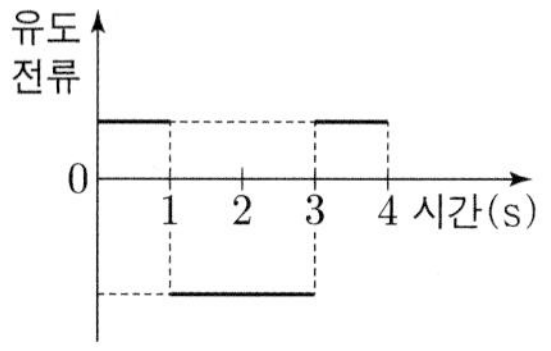

②
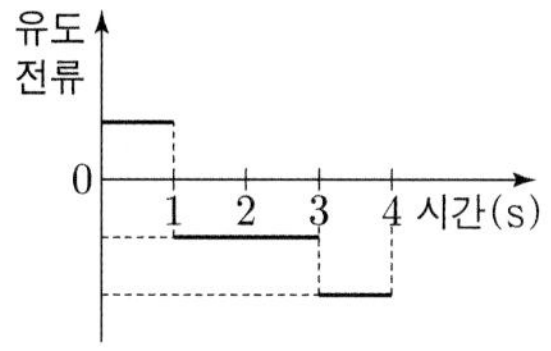

③
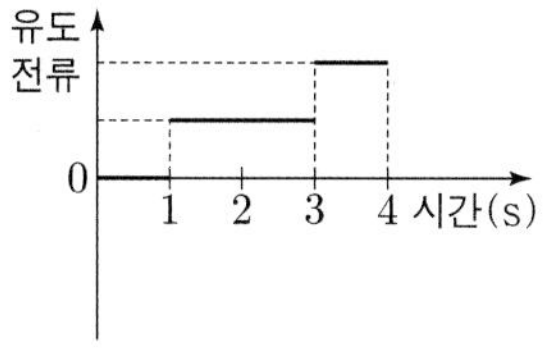

④
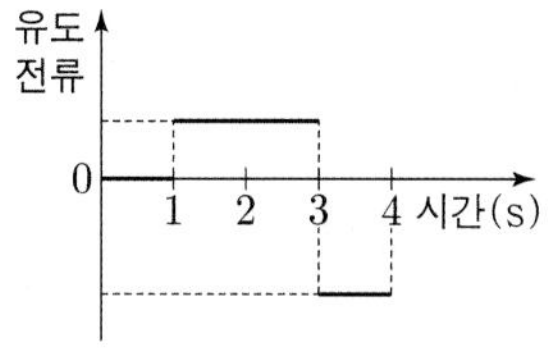

⑤
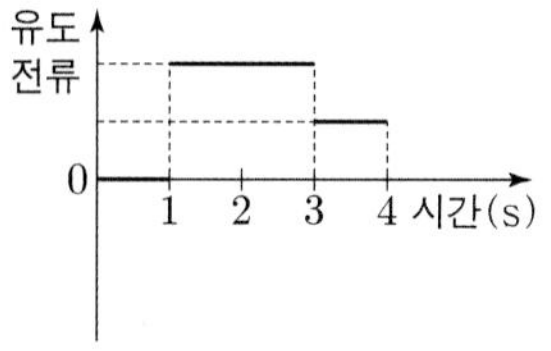

✓ 자료 해석

- 자기 선속 변화
  - → 0~1초 : 0
  - → 1초~3초 : $\frac{B_0}{2}A$
  - → 3초~4초 : B_0A
- 유도 전류의 세기
  - → 0~1초 : 0
  - → 1초~3초 : I
  - → 3초~4초 : $2I$

○ 보기풀이 • 0초~1초 : 금속 고리 내부를 통과하는 자기 선속의 시간당 변화량이 0이므로 유도 전류도 0이다.

• 1초~3초 : 금속 고리의 면적을 $2A$라고 할 때, 금속 고리 내부를 통과하는 xy평면에 수직으로 들어가는 자기 선속이 시간당 $\frac{B_0}{2}A$만큼 감소하고 있으므로 금속 고리에는 시계 방향의 유도 전류가 흐른다.

• 3초~4초 : 금속 고리 내부를 통과하는 xy평면에서 수직으로 나오는 자기 선속이 시간당 B_0A만큼 증가하고 있으므로 금속 고리에는 시계 방향의 유도 전류가 흐른다. 금속 고리 내부를 통과하는 자기 선속의 시간당 변화량이 3초~4초일 때가 1초~3초일 때의 2배이므로 금속 고리에 흐르는 유도 전류의 세기도 3초~4초일 때가 1초~3초일 때의 2배이다.

문제풀이 Tip

고리가 Ⅰ, Ⅱ에 걸친 면적이 같음을 이용해 Ⅰ에서 자기장의 방향 및 변화, Ⅱ에서 자기장의 방향 및 변화를 해석하여 유도 전류의 방향 및 세기를 구할 수 있으면 해결할 수 있다.

3 전자기 유도

출제 의도 움직이는 금속 고리에 의한 전자기 유도에 대해 이해하고 있는지 확인하는 문항이다.

그림과 같이 두 변의 길이가 각각 d, $2d$인 동일한 직사각형 금속 고리 A, B가 xy평면에서 $+x$방향으로 등속도 운동하며 균일한 자기장 영역 Ⅰ, Ⅱ를 지난다. Ⅰ, Ⅱ에서 자기장의 방향은 xy평면에 수직이고 세기는 각각 일정하다. A, B의 속력은 같고, 점 p, q는 각각 A, B의 한 지점이다. 표는 p의 위치에 따라 p에 흐르는 유도 전류의 세기와 방향을 나타낸 것이다.

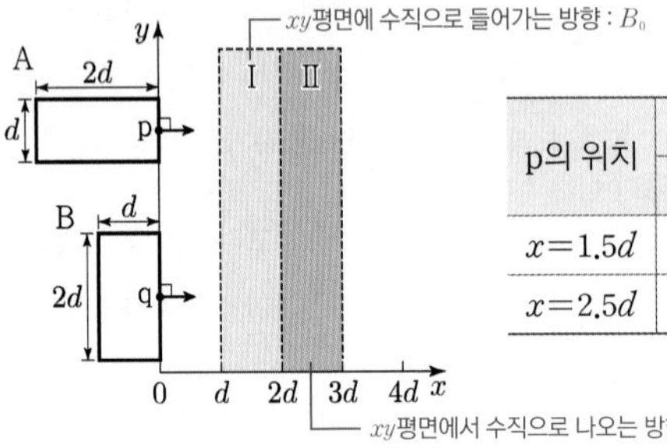

p의 위치	p에 흐르는 유도 전류	
	세기	방향
$x=1.5d$	I_0	$+y$ (시계 반대 방향)
$x=2.5d$	$2I_0$	$-y$ (시계 방향)

이에 대한 설명으로 옳은 것만을 〈보기〉에서 있는 대로 고른 것은? (단, A와 B의 상호 작용은 무시한다.) [3점]

보기

ㄱ. p의 위치가 $x=3.5d$일 때, A에 흐르는 유도 전류의 세기는 I_0이다.

ㄴ. q의 위치가 $x=2.5d$일 때, B에 흐르는 유도 전류의 세기는 $3I_0$보다 크다.

ㄷ. p와 q의 위치가 $x=3.5d$일 때, p와 q에 흐르는 유도 전류의 방향은 서로 반대이다.

① ㄱ ② ㄴ ③ ㄱ, ㄷ ④ ㄴ, ㄷ ⑤ ㄱ, ㄴ, ㄷ

✔ 자료 해석

- $d<x<2d$
  → 유도 전류의 방향 : 시계 반대 방향
  → 유도 자기장의 방향 : xy평면에서 수직으로 나오는 방향
  → Ⅰ에서 자기장의 방향 : xy평면에 수직으로 들어가는 방향
- $2d<x<3d$
  → 유도 전류의 방향 : 시계 방향
  → 유도 자기장의 방향 : xy평면에 수직으로 들어가는 방향
  → Ⅱ에서 자기장의 방향 : xy평면에서 수직으로 나오는 방향

○ 보기 풀이 p의 위치가 $x=1.5d$일 때, A에 $+y$방향으로 세기 I_0의 유도 전류가 흐르고, p의 위치가 $x=2.5d$일 때, A에 $-y$방향으로 세기 $2I_0$의 유도 전류가 흐르므로 Ⅰ, Ⅱ의 자기장의 방향은 각각 xy평면에 수직으로 들어가는 방향, xy평면에서 수직으로 나오는 방향이며, 자기장의 세기는 Ⅱ가 Ⅰ의 2배이다.

ㄱ. p의 위치가 $x=1.5d$일 때, A는 Ⅰ로 들어가는 중이며, $x=3.5d$일 때, A는 Ⅰ에서 나가는 중이다. 따라서 p의 위치가 $x=3.5d$일 때, A에 흐르는 유도 전류의 세기는 $x=1.5d$일 때, A에 흐르는 전류의 세기와 같은 I_0이다.

ㄴ. q의 위치가 $x=2.5d$일 때, B는 Ⅰ에서 나가 Ⅱ로 들어가는 중이다. 따라서 B의 세로 길이가 A의 세로 길이의 2배이고, B의 시간 당 자기장의 변화가 p가 $x=1.5d$를 지날 때 A의 자기장의 변화의 3배이므로 q의 위치가 $x=2.5d$일 때, B에 흐르는 유도 전류의 세기는 I_0의 6배인 $6I_0$이다.

ㄷ. p와 q의 위치가 $x=3.5d$일 때, A 내부에서는 xy평면에 수직으로 들어가는 방향의 자기 선속이 감소하고 있고, B 내부에서는 xy평면에서 수직으로 나오는 방향의 자기 선속이 감소하고 있으므로 p와 q의 위치가 $x=3.5d$일 때, p와 q에 흐르는 유도 전류의 방향은 서로 반대이다.

문제풀이 Tip

p의 위치에 따라 도선에 유도되는 전류의 방향과 유도 자기장으로부터 각 영역에서의 자기장의 방향을, 유도 전류의 세기로부터 각 영역에서의 자기장의 세기를 파악하여 적용하면 해결할 수 있다.

선택지 비율	❶ 64%	② 9%	③ 9%	④ 5%	⑤ 12%

4 전자기 유도

2024학년도 수능 17번 | 정답 ① | 문제편 149 p

출제 의도 움직이는 금속 고리에 의한 전자기 유도에 대해 이해하고 있는지 확인하는 문항이다.

그림과 같이 한 변의 길이가 $2d$인 정사각형 금속 고리가 xy평면에서 균일한 자기장 영역 Ⅰ~Ⅲ을 $+x$방향으로 등속도 운동을 하며 지난다. 금속 고리의 한 변의 중앙에 고정된 점 p가 $x=d$와 $x=5d$를 지날 때, p에 흐르는 유도 전류의 세기는 같고 방향은 $-y$방향이다. Ⅰ, Ⅱ에서 자기장의 세기는 각각 B_0이고, Ⅲ에서 자기장의 세기는 일정하고 방향은 xy평면에 수직이다.

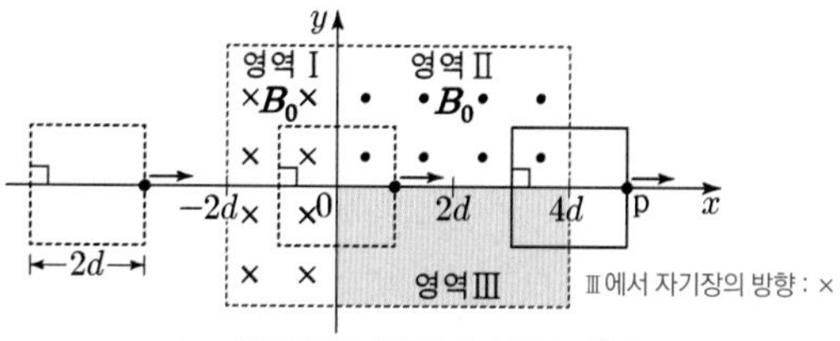

•: xy평면에서 수직으로 나오는 방향
×: xy평면에 수직으로 들어가는 방향

p에 흐르는 유도 전류를 p의 위치에 따라 나타낸 그래프로 가장 적절한 것은? (단, p에 흐르는 유도 전류의 방향은 $+y$방향이 양(+)이다.) [3점]

①
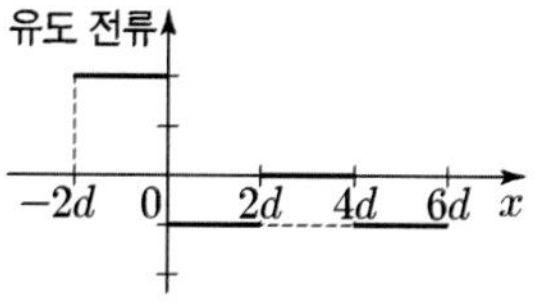

②
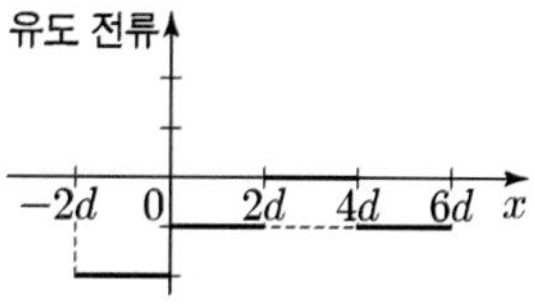

③
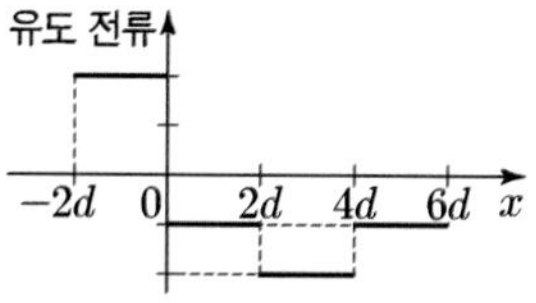

④
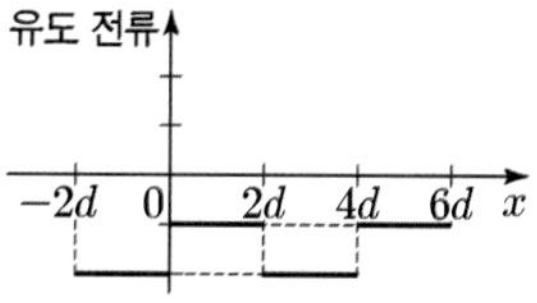

⑤
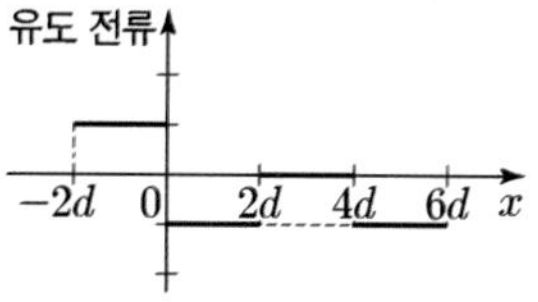

✓ 자료 해석

- p가 $x=5d$를 지날 때, p에 $-y$방향으로 유도 전류가 흐름
  → 도선 내부를 통과하는 xy평면에 수직으로 들어가는 자기 선속이 감소한다.
  → Ⅲ에서 자기장의 방향은 xy평면에 수직으로 들어가는 방향이다.

○ 보기 풀이 p가 $x=d$와 $x=5d$를 지날 때 p에 흐르는 유도 전류의 세기는 같고 방향은 $-y$방향이므로 영역 Ⅲ에서 자기장의 세기는 $2B_0$이고, 방향은 xy평면에 수직으로 들어가는 방향이다. 따라서 p에 흐르는 유도 전류를 p의 위치에 따라 나타낸 그래프로 가장 적절한 것은 ①번이다.

문제풀이 Tip

p가 $x=d$, $x=5d$를 지날 때, 유도 전류의 방향이 같음으로부터 Ⅲ에서 자기장의 방향을 파악하고, 이를 이용하여 Ⅲ에서의 자기장의 세기를 도출하면 해결할 수 있다.

5 전자기 유도(도선의 이동)

출제 의도 움직이는 금속 고리에 의한 전자기 유도에 대해 이해하고 있는지 확인하는 문항이다.

그림과 같이 한 변의 길이가 $4d$인 직사각형 금속 고리가 xy평면에서 자기장 세기가 각각 B_0, $2B_0$인 균일한 자기장 영역 Ⅰ, Ⅱ를 $+x$방향으로 등속도 운동을 하며 지난다. 금속 고리의 점 a가 $x=d$와 $x=7d$를 지날 때, a에 흐르는 유도 전류의 방향은 같다. Ⅰ, Ⅱ에서 자기장의 방향은 xy평면에 수직이다.

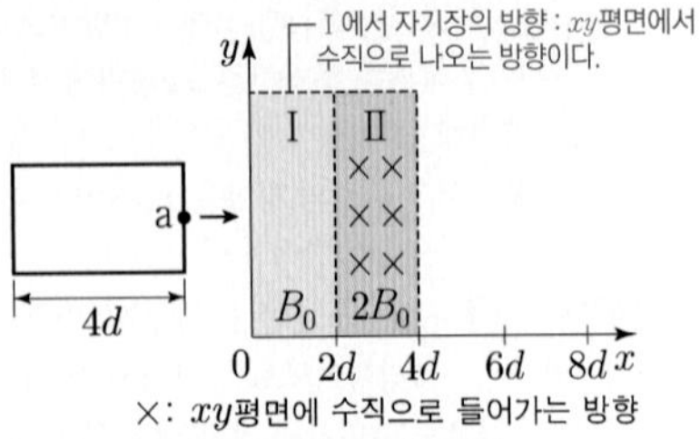

×: xy평면에 수직으로 들어가는 방향

Ⅰ, Ⅱ에서 자기장의 방향은 서로 반대이다.

a의 위치에 따른 a에 흐르는 유도 전류를 나타낸 그래프로 가장 적절한 것은? (단, a에 흐르는 유도 전류의 방향은 $+y$방향이 양(+)이다.)

①
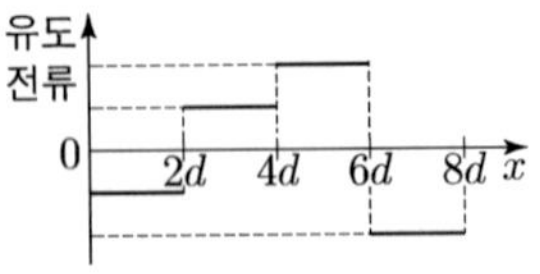

②
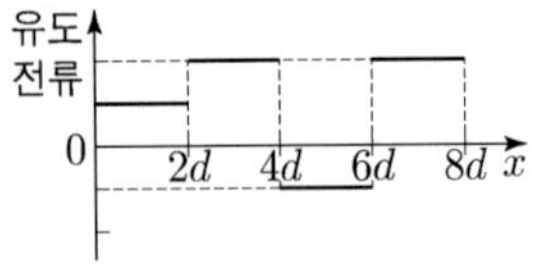

③
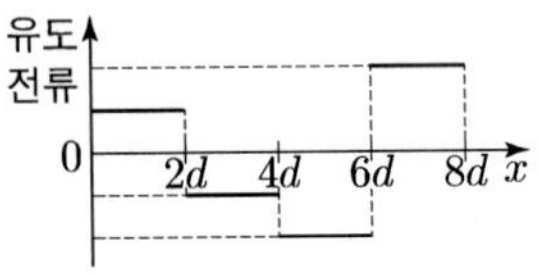

④
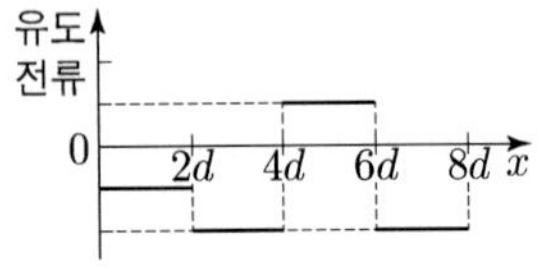

⑤
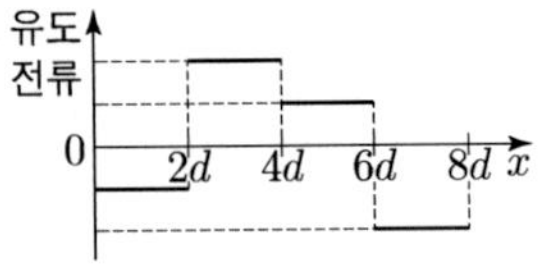

✓ 자료 해석

- $0<x<2d$일 때
  → Ⅰ에 의한 자기 선속 변화만 있다.
- $2d<x<4d$일 때
  → Ⅰ에 의한 자기 선속 변화는 없다.
- $4d<x<6d$일 때
  → Ⅱ에 의한 자기 선속 변화는 없다.
- $6d<x<8d$일 때
  → Ⅱ에 의한 자기 선속 변화만 있다.

○ 보기풀이 a가 $x=7d$를 지날 때 금속 고리에는 시계 방향의 유도 전류, 즉 a에는 $-y$방향의 유도 전류가 흐른다. a가 $x=d$를 지날 때 같은 방향으로 유도 전류가 흐르려면 Ⅰ에서 자기장의 방향은 xy평면에서 수직으로 나오는 방향이어야 한다. 따라서 a의 위치가 $0<x<2d$, $4d<x<6d$일 때, Ⅰ에 의해 a에 흐르는 유도 전류의 세기는 같고, 방향은 각각 $-y$방향, $+y$방향이다. a의 위치가 $2d<x<4d$, $6d<x<8d$일 때, Ⅱ에 의해 a에 흐르는 유도 전류의 세기는 같고, 방향은 각각 $+y$방향, $-y$방향이다. 이를 만족하는 그래프 개형은 ⑤이다.

문제풀이 Tip

도선이 Ⅰ에 들어갈 때와 Ⅱ에서 나갈 때 유도 전류의 방향이 같음을 이용해 Ⅰ에서 자기장의 방향을 파악하고, 자기장 영역이 도선 안에 완전히 들어왔을 때, 자기 선속 변화가 0임을 이용하여 각 구간에서 자기장의 세기를 구하면 해결할 수 있다.

선택지 비율	① 4%	❷ 62%	③ 11%	④ 13%	⑤ 10%

6 전자기 유도(자기장 변화)

2024학년도 6월 평가원 13번 | 정답 ② | 문제편 150 p

출제 의도 금속 고리를 통과하는 자기장의 세기가 변하는 경우에 금속 고리에 유도되는 전류의 세기와 방향을 묻는 문항이다.

그림 (가)는 균일한 자기장 영역 Ⅰ, Ⅱ가 있는 xy평면에 한 변의 길이가 $2d$인 정사각형 금속 고리가 고정되어 있는 것을 나타낸 것이다. Ⅰ의 자기장의 세기는 B_0으로 일정하고, Ⅱ의 자기장의 세기 B는 그림 (나)와 같이 시간에 따라 변한다.

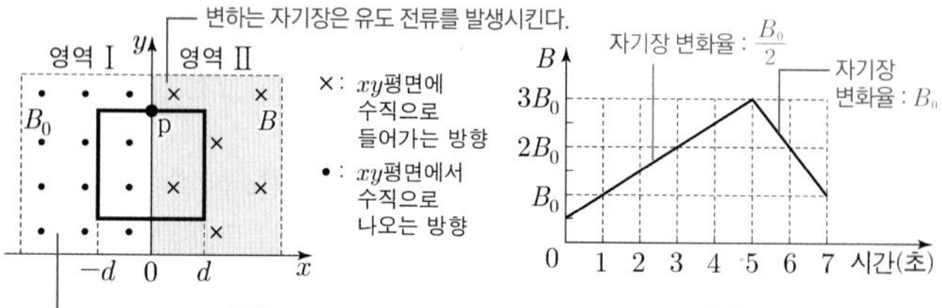

(가) (나)

이에 대한 설명으로 옳은 것만을 〈보기〉에서 있는 대로 고른 것은? [3점]

보기

ㄱ. 1초일 때, 고리에 유도 전류가 ~~흐르지 않는다~~. 흐른다.

ㄴ. 2초일 때, 고리의 점 p에서 유도 전류의 방향은 $-x$방향이다.

ㄷ. 고리에 흐르는 유도 전류의 세기는 ~~3초일 때와 6초일 때가 같다~~. 6초일 때가 3초일 때보다 크다.

① ㄱ ② ㄴ ③ ㄱ, ㄷ ④ ㄴ, ㄷ ⑤ ㄱ, ㄴ, ㄷ

✔ 자료 해석

- 0초부터 5초까지 자기장 변화율 : $\frac{B_0}{2}$
- 5초부터 7초까지 자기장 변화율 : B_0

○ 보기 풀이 ㄴ. 2초일 때, Ⅱ에 의해서만 전자기 유도 현상이 발생한다. xy평면에 수직으로 들어가는 방향의 자기장의 세기가 증가하고 있으므로 고리에 흐르는 유도 전류는 xy평면에서 나오는 방향으로 자기장을 만든다. 따라서 고리에는 시계 반대 방향으로 전류가 흐르므로, p에는 $-x$방향으로 전류가 흐른다.

× 매력적 오답 ㄱ. 1초일 때, Ⅰ의 자기장은 일정하지만 Ⅱ의 자기장이 변하고 있으므로 유도 전류가 흐른다.

ㄷ. 시간에 따른 자기장의 변화율이 0~5초에서보다 5~7초에서가 더 크다. 따라서 유도 전류의 세기는 6초일 때가 3초일 때보다 크다.

문제풀이 Tip

도선의 일부 영역에서는 자기장의 세기가 일정하더라도, 나머지 영역에서 자기장의 세기가 변화면 유도 전류가 흐른다는 사실과 유도 전류의 세기는 자기장의 변화율에 비례함을 알고 있으면 해결할 수 있다.

Part Ⅱ 수능 평가원

선택지 비율	① 7%	② 6%	❸ 50%	④ 17%	⑤ 21%

7 전자기 유도

2023학년도 수능 10번 | 정답 ③ | 문제편 150 p

출제 의도 움직이는 금속 고리에 의한 전자기 유도에 대해 이해하고 있는지 확인하는 문항이다.

그림과 같이 한 변의 길이가 $4d$인 정사각형 금속 고리가 xy평면에서 $+x$방향으로 등속도 운동하며 자기장의 세기가 B_0으로 같은 균일한 자기장 영역 Ⅰ, Ⅱ, Ⅲ을 지난다. 금속 고리의 점 p가 $x=7d$를 지날 때, p에는 유도 전류가 흐르지 않는다. Ⅲ에서 자기장의 방향은 xy평면에 수직이다. 전체 자기 선속 변화가 0, Ⅲ에서 자기장의 방향은 Ⅰ에서와 같다.

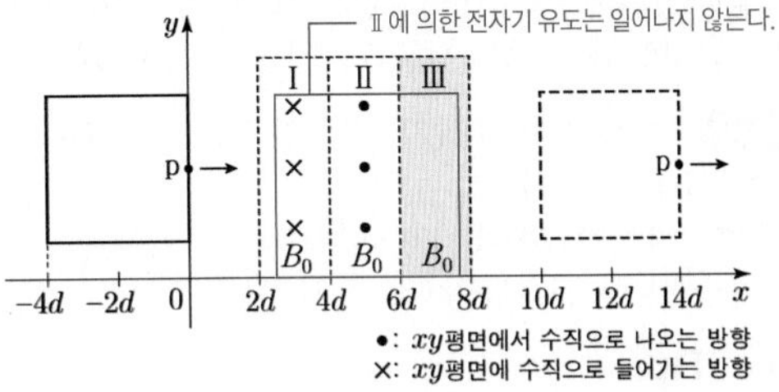

이에 대한 설명으로 옳은 것만을 〈보기〉에서 있는 대로 고른 것은? [3점]

보기
ㄱ. 자기장의 방향은 Ⅰ에서와 Ⅲ에서가 같다.
ㄴ. p가 $x=3d$를 지날 때, p에 흐르는 유도 전류의 방향은 $+y$방향이다.
ㄷ. p에 흐르는 유도 전류의 세기는 p가 $x=5d$를 지날 때가 $x=3d$를 지날 ~~때보다 크다~~. 때와 같다.

① ㄱ ② ㄷ ③ ㄱ, ㄴ ④ ㄴ, ㄷ ⑤ ㄱ, ㄴ, ㄷ

✓ 자료 해석

- $x=7d$일 때
→ Ⅱ에 의한 자기 선속 변화는 일어나지 않는다.
→ Ⅰ에 의한 자기 선속은 감소하고, Ⅲ에 의한 자기 선속은 증가한다.
→ 전체 자기 선속 변화는 0이다. ⇒ Ⅰ과 Ⅲ에서 자기장의 방향이 같다.

○ 보기 풀이 ㄱ. p가 $x=7d$를 지날 때 Ⅱ에 의한 자기 선속의 변화는 없고, Ⅰ에 의한 자기 선속은 감소, Ⅲ에 의한 자기 선속은 증가한다. 그런데 유도 전류는 흐르지 않으므로 전체 자기 선속은 일정하다. 따라서 Ⅰ과 Ⅲ에서 자기장의 방향은 같다.

ㄴ. $x=3d$를 지날 때 xy평면에 들어가는 방향의 자기 선속이 증가하므로 유도 전류는 xy평면에서 수직으로 나오는 방향의 자기장을 만든다. 따라서 p에 흐르는 유도 전류의 방향은 $+y$방향이다.

× 매력적 오답 ㄷ. $x=3d$를 지날 때는 Ⅰ에 의해서만, $x=5d$를 지날 때는 Ⅱ에 의해서만 자기 선속이 변하며, 자기 선속 변화율은 서로 같다. 따라서 유도 전류의 세기는 $x=3d$와 $x=5d$에서 같다.

문제풀이 Tip

전자기 유도가 일어나지 않을 때, 자기 선속 변화가 0임을 이용하여 Ⅲ에서의 자기장의 방향을 파악하면 해결할 수 있다.

선택지 비율	① 3%	② 2%	③ 3%	④ 10%	❺ 81%

8 전자기 유도 활용

2023학년도 6월 평가원 1번 | 정답 ⑤ | 문제편 150 p

출제 의도 자기장을 활용한 장치의 예에 대해 이해하고, 이중 전자기 유도 현상을 활용한 예를 알고 있는지 확인하는 문항이다.

그림 A, B, C는 자기장을 활용한 장치의 예를 나타낸 것이다.

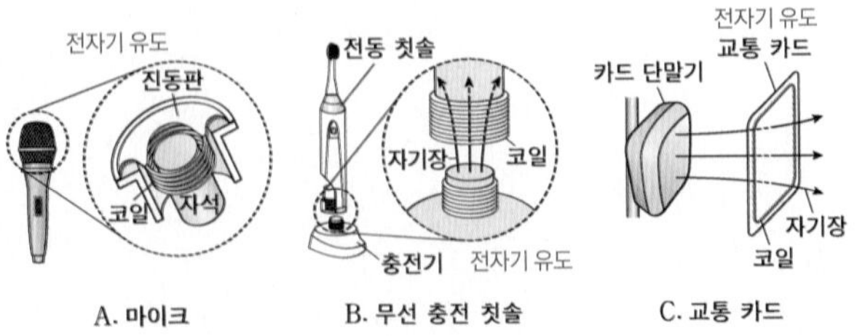

A. 마이크 B. 무선 충전 칫솔 C. 교통 카드

전자기 유도 현상을 활용한 예만을 있는 대로 고른 것은?

① A ② C ③ A, B ④ B, C ⑤ A, B, C

✓ 자료 해석

- 마이크 : 진동판의 진동에 따라 코일이 진동하고, 코일을 통과하는 자기장이 변하여 유도 전류가 흐른다.
- 무선 충전 : 무선 충전기의 변화하는 자기장에 의한 전동 칫솔에 유도 전류가 흘러 충전된다.
- 교통 카드 : 단말기에서 발생하는 변화하는 자기장에 의해 교통 카드의 코일에 유도 전류가 흐른다.

○ 보기 풀이 A. 마이크는 진동판에 연결된 코일이 자석 주위에서 진동하면서 전자기 유도에 의해 코일에 유도 전류가 흐른다.

B. 무선 충전 칫솔은 충전기의 코일에 교류 전류가 흐르면서 세기와 방향이 변하는 자기장을 만들고, 전자기 유도에 의해 칫솔의 코일에 유도 전류가 흐른다.

C. 카드 단말기의 변하는 자기장이 전자기 유도에 의해 교통 카드의 코일에 유도 전류를 흐르게 한다.

문제풀이 Tip

마이크에서 소리를 전기 신호로 변환하는 원리, 무선 충전 원리, 교통 카드의 정보를 읽는 원리를 이해하고 있으면 해결할 수 있다.

선택지 비율	❶ 73%	② 5%	③ 12%	④ 5%	⑤ 4%

9 전자기 유도

2023학년도 9월 평가원 12번 | 정답 ① | 문제편 151 p

(출제 의도) 전자기 유도에 의한 유도 전류의 방향과 LED에 전류가 흐르기 위한 조건을 복합적으로 적용할 수 있는지 확인하는 문항이다.

그림과 같이 p−n 접합 발광 다이오드(LED)가 연결된 한 변의 길이가 d인 정사각형 금속 고리가 종이면에 수직인 균일한 자기장 영역 Ⅰ, Ⅱ를 $+x$방향으로 등속도 운동하여 지난다. 고리의 중심이 $x=4d$를 지날 때 LED에서 빛이 방출된다. A는 p형 반도체와 n형 반도체 중 하나이다.

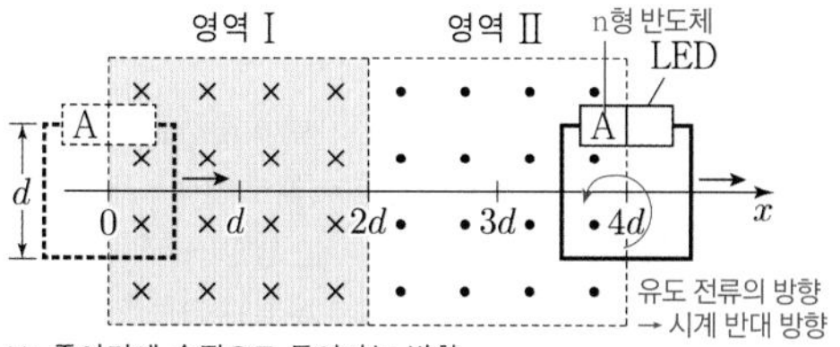

×: 종이면에 수직으로 들어가는 방향
•: 종이면에서 수직으로 나오는 방향

이에 대한 설명으로 옳은 것만을 〈보기〉에서 있는 대로 고른 것은? [3점]

보기
ㄱ. A는 n형 반도체이다.
ㄴ. 고리의 중심이 $x=d$를 지날 때, 유도 전류가 ~~흐른다~~. 흐르지 않는다.
ㄷ. 고리의 중심이 $x=2d$를 지날 때, LED에서 빛이 ~~방출된다~~. 방출되지 않는다.

① ㄱ ② ㄴ ③ ㄱ, ㄷ ④ ㄴ, ㄷ ⑤ ㄱ, ㄴ, ㄷ

✔ 자료 해석

- 고리의 중심이 $x=4d$를 지날 때 xy평면에서 수직으로 나오는 방향의 자기장이 감소하므로 시계 반대 방향의 전류가 흐른다.
  → LED에 $-x$방향으로 전류가 흐른다.
  → A는 n형 반도체이다.

○ 보기풀이 ㄱ. $x=4d$를 지날 때 고리에 흐르는 유도 전류의 방향이 시계 반대 방향이므로 A에서 전류가 빠져나간다. 따라서 A는 n형 반도체이다.

× 매력적 오답 ㄴ. $x=d$를 지날 때 자기 선속의 변화가 없으므로 유도 전류가 흐르지 않는다.

ㄷ. LED가 없다면 $x=2d$를 지날 때 고리에는 시계 방향으로 유도 전류가 흐른다. 하지만 전자기 유도 현상으로 인해 LED에 역방향 전압이 걸리게 되므로 전류가 흐르지 않고, LED에서 빛이 방출되지 않는다.

문제풀이 Tip

전자기 유도에 의한 전류의 방향과 LED에 전류가 흐르기 위한 전류의 방향을 이해하고 있으면 해결할 수 있다.

선택지 비율	① 9%	② 10%	❸ 65%	④ 6%	⑤ 9%

10 전자기 유도

2022학년도 수능 12번 | 정답 ③ | 문제편 151 p

(출제 의도) 전자기 유도에 대한 이해를 묻는 문항이다.

그림과 같이 p−n 접합 발광 다이오드(LED)가 연결된 솔레노이드의 중심축에 마찰이 없는 레일이 있다. a, b, c, d는 레일 위의 지점이다. a에 가만히 놓은 자석은 솔레노이드를 통과하여 d에서 운동 방향이 바뀌고, 자석이 d로부터 내려와 c를 지날 때 LED에서 빛이 방출된다. X는 N극과 S극 중 하나이다. 자석이 c에 접근할 때 전류가 흐르므로 코일에 왼쪽이 N극이 되도록 자기장이 유도되어야 한다. 따라서 X는 N극이다.

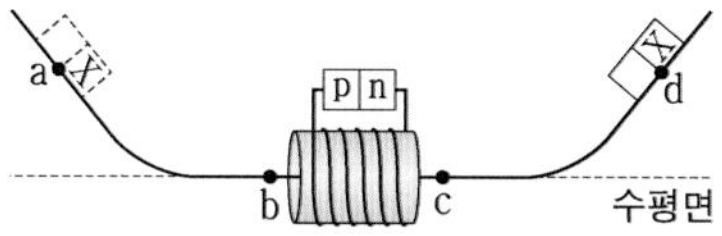

이에 대한 설명으로 옳은 것만을 〈보기〉에서 있는 대로 고른 것은? [3점]

보기
ㄱ. X는 N극이다.
ㄴ. a로부터 내려온 자석이 b를 지날 때 LED에서 빛이 방출된다.
ㄷ. 자석의 역학적 에너지는 ~~a에서와 d에서가 같다~~. a에서가 d에서보다 크다.

① ㄱ ② ㄷ ③ ㄱ, ㄴ ④ ㄴ, ㄷ ⑤ ㄱ, ㄴ, ㄷ

✔ 자료 해석

- LED에 전류가 흐르기 위해서는 코일의 왼쪽이 N극이 되도록 자기장이 형성되어야 한다.

○ 보기풀이 ㄱ. 자석이 d로부터 내려와 c를 지날 때 솔레노이드에 흐르는 유도 전류의 방향은 전류에 의한 자기장이 오른쪽이 S극이 되는 방향이다. 따라서 X는 N극이다.

ㄴ. a로부터 내려온 자석이 b를 지날 때 N극이 다가오므로 유도 전류의 방향은 솔레노이드의 왼쪽이 N극이 되는 방향이다. 따라서 LED에서 빛이 방출된다.

× 매력적 오답 ㄷ. 자석이 a에서 d까지 운동하는 동안 솔레노이드에 흐르는 전류에 의한 자기장은 자석의 운동을 방해하는 방향으로 자기력을 작용한다. 따라서 역학적 에너지는 d에서가 a에서보다 작다.

문제풀이 Tip

자석이 코일에 접근할 때는 접근하는 자석의 자기장과 반대 방향의 자기장이 형성되도록 유도 전류가 흐름을 이해하고 있어야 한다.

선택지 비율	① 18%	② 12%	③ 8%	④ 20%	⑤ 42%

11 전자기 유도

2022학년도 9월 평가원 17번 | 정답 ⑤ | 문제편 151 p

출제 의도 전자기 유도와 p−n 접합 다이오드의 순방향 전압과 역방향 전압에 대해 이해하고 있는지 묻는 문항이다.

다음은 전자기 유도에 대한 실험이다.

[실험 과정]

(가) 그림과 같이 플라스틱 관에 감긴 코일, 저항, p−n 접합 다이오드, 스위치, 검류계가 연결된 회로를 구성한다.

(나) 스위치를 a에 연결하고, 자석의 N극을 아래로 한다.

(다) 관의 중심축을 따라 통과하도록 자석을 점 q에서 가만히 놓고, 자석을 놓은 순간부터 시간에 따른 전류를 측정한다.

(라) 스위치를 b에 연결하고, 자석의 S극을 아래로 한다.

(마) (다)를 반복한다.

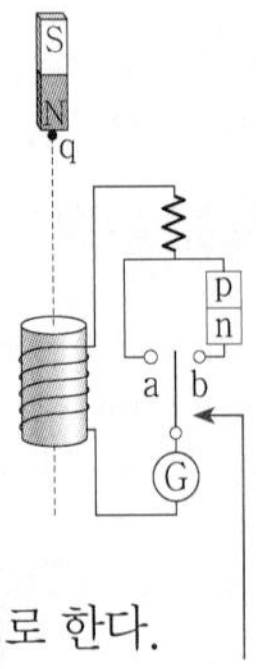

유도 자기장의 방향이 위쪽일 때, 다이오드에 순방향 전압이 걸리고, 유도 자기장의 방향이 아래쪽일 때, 다이오드에 역방향 전압이 걸린다.

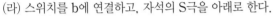

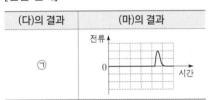

[실험 결과]

(다)의 결과	(마)의 결과
㉠	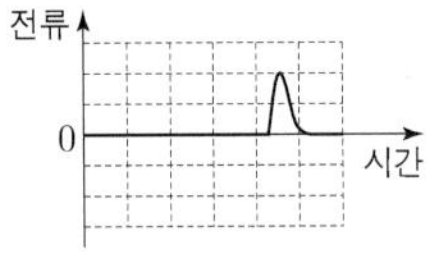

㉠으로 가장 적절한 것은? [3점]

① 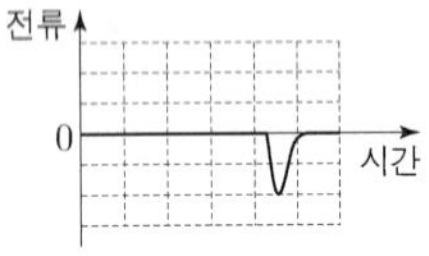

② 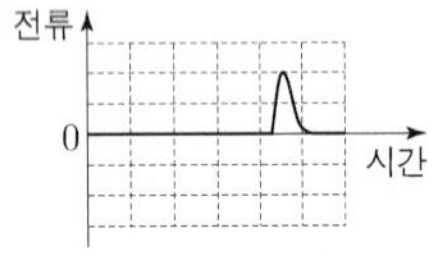

③ 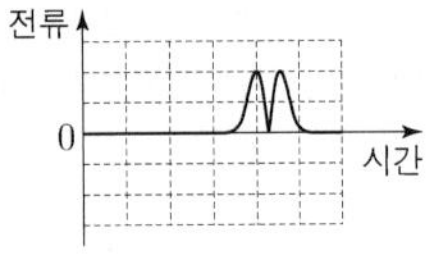

④ 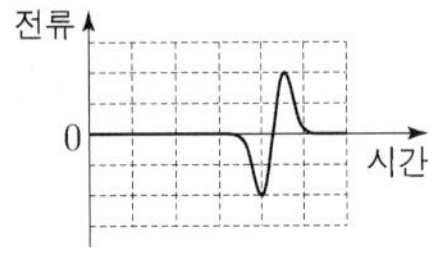

⑤ 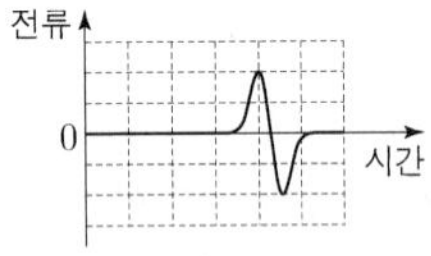

✓ 자료 해석

• 코일의 아래쪽이 S극이 되도록 유도 전류가 흐를 때 (마)와 같이 전류가 나타난다.

O 보기 풀이 (마)는 스위치를 b에 연결하였으므로 p−n 접합 다이오드에 순방향 전압이 걸렸을 때에만 전류가 흐른다. 이때 코일에 흐르는 전류에 의한 자기장은 코일 위쪽이 N극, 아래쪽이 S극이 되는 방향이다. 즉, (마)의 결과 그래프는 자석의 S극이 다가올 때는 p−n접합 다이오드에 역방향 전압이 걸려 전류가 흐르지 않고, 자석이 통과한 후 N극이 멀어질 때는 순방향 전압이 걸려 전류가 양(+)의 값으로 측정되는 것을 나타낸 것이다.

(다)에서는 스위치를 a에 연결하였으므로 전류의 방향과 관계없이 검류계에는 항상 유도 전류가 측정된다. 자석의 N극을 아래로 하여 낙하시켰으므로 N극이 코일로 다가올 때 코일의 위쪽이 N극이 되는 방향(+)으로 유도 전류가 흐르고, 코일을 통과한 후에는 S극이 멀어지므로 코일의 아래쪽이 N극이 되는 방향(−)으로 유도 전류가 흐른다.

문제풀이 Tip

N극을 아래로 하여 떨어질 때는 자석이 코일의 중심을 지나는 순간까지는 위쪽이 N극(즉, 아래쪽이 S극)이 되도록 유도 전류가 흐르고, 자석이 코일의 중심을 지난 후부터는 아래쪽이 N극(즉, 위쪽이 S극)이 되도록 유도 전류가 흐름을 판단할 수 있어야 한다.

선택지 비율	① 5%	② 4%	❸ 40%	④ 7%	⑤ 44%

12 전자기 유도의 이용

2022학년도 6월 평가원 2번 | 정답 ③ | 문제편 151 p

출제 의도 전자기 유도의 이용에 대한 이해를 묻는 문항이다.

전자기 유도 현상을 활용하는 것만을 〈보기〉에서 있는 대로 고른 것은?

보기

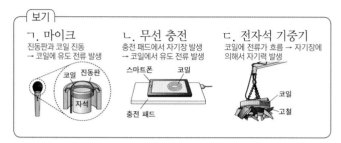

ㄱ. 마이크
진동판과 코일 진동
→ 코일에 유도 전류 발생

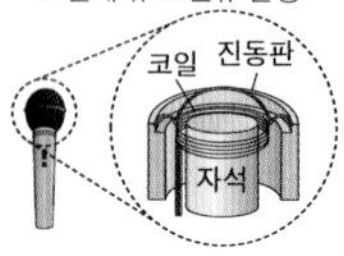

ㄴ. 무선 충전
충전 패드에서 자기장 발생
→ 코일에서 유도 전류 발생

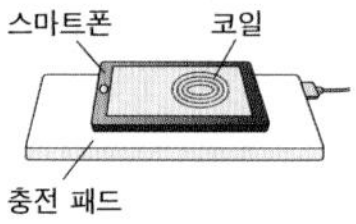

ㄷ. 전자석 기중기
코일에 전류가 흐름 → 자기장에 의해서 자기력 발생

① ㄱ ② ㄷ ③ ㄱ, ㄴ ④ ㄴ, ㄷ ⑤ ㄱ, ㄴ, ㄷ

✓ 자료 해석

- 전자기 유도 현상을 이용한 것은 마이크, 무선 충전이다.
- 전자석 기중기는 전류에 의한 자기장을 이용한 것이다.

○ 보기풀이 ㄱ. 마이크에 소리를 내면 진동판에 연결된 자석이 음파의 파동에 따라 흔들리고, 이때 코일에서는 전자기 유도에 의해 전기 신호가 발생한다.
ㄴ. 충전 패드의 1차 코일에 변하는 전류가 흘러 스마트폰 내부의 2차 코일을 통과하는 자기 선속이 시간에 따라 변하면 2차 코일에 유도 전류가 흘러 스마트폰이 충전된다.

× 매력적 오답 ㄷ. 전자석 기중기의 코일에 전류가 흐르면 자기장이 발생하여 고철이 기중기에 붙는다.

문제풀이 Tip

코일 내부를 통과하는 자기 선속이 변할 때 코일에 전류가 흐르게 되는 현상이 전자기 유도임을 이해하고 있어야 한다.

선택지 비율	① 3%	② 2%	❸ 91%	④ 2%	⑤ 2%

13 전자기 유도

2021학년도 수능 11번 | 정답 ③ | 문제편 152 p

출제 의도 원형 도선을 통과하는 자기장의 세기가 변하는 경우에 유도 전류의 세기와 방향을 묻는 문항이다.

그림 (가)는 자기장 B가 균일한 영역에 금속 고리가 고정되어 있는 것을 나타낸 것이고, (나)는 B의 세기를 시간에 따라 나타낸 것이다. B의 방향은 종이면에 수직으로 들어가는 방향이다.

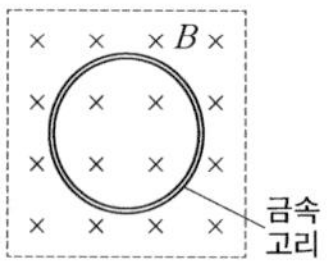

(가)

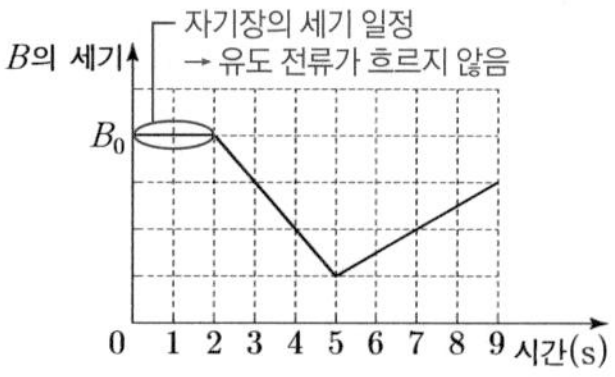

(나)

이에 대한 설명으로 옳은 것만을 〈보기〉에서 있는 대로 고른 것은? [3점]

보기

ㄱ. 1초일 때 유도 전류는 흐르지 않는다.
ㄴ. 유도 전류의 방향은 3초일 때와 6초일 때가 서로 반대이다.
ㄷ. 유도 전류의 세기는 7초일 때가 4초일 때보다 ~~크다~~. 작다.

① ㄱ ② ㄷ ③ ㄱ, ㄴ ④ ㄴ, ㄷ ⑤ ㄱ, ㄴ, ㄷ

✓ 자료 해석

- 시간에 따라 자기장의 변화와 유도 전류의 방향을 정리하면 다음과 같다.

시간	자기장 세기의 변화	유도 전류의 방향
0~2초	일정	0
2초~5초	감소	시계 방향
5초~9초	증가	반시계 방향

– 금속 고리에 흐르는 유도 전류의 방향은 자기장의 변화를 방해하는 방향으로 흐른다.

- 유도 전류의 세기는 자기 선속의 시간 변화율$\left(\frac{\Delta\Phi}{\Delta t}\right)$에 비례한다.

○ 보기풀이 ㄱ. 1초일 때 자기장이 변하지 않으므로 유도 전류가 흐르지 않는다.
ㄴ. 3초일 때는 자기장의 세기가 감소하고 6초일 때는 자기장의 세기가 증가하므로 유도 전류의 방향은 반대이다.

× 매력적 오답 ㄷ. 자기장의 시간당 변화율이 클수록 유도 전류의 세기가 크다. 따라서 유도 전류의 세기는 7초일 때가 4초일 때보다 작다.

문제풀이 Tip

자기장의 세기가 일정할 때에는 유도 전류가 흐르지 않고, 자기장의 세기가 변할 때 유도 전류가 흐른다는 것을 이해하고 있어야 한다.

Part II 수능 평가원

선택지 비율	① 4%	② 1%	③ 1%	④ 3%	❺ 88%

14 전자기 유도

2021학년도 6월 평가원 5번 | 정답 ⑤ | 문제편 152p

출제 의도 자석이 코일에 접근할 때 자석의 속력과 자석의 극에 따라 코일에 흐르는 유도 전류의 방향과 세기를 예상할 수 있는지 묻는 문항이다.

다음은 전자기 유도에 대한 실험이다.

[실험 과정]

(가) 그림과 같이 코일에 검류계를 연결한다.

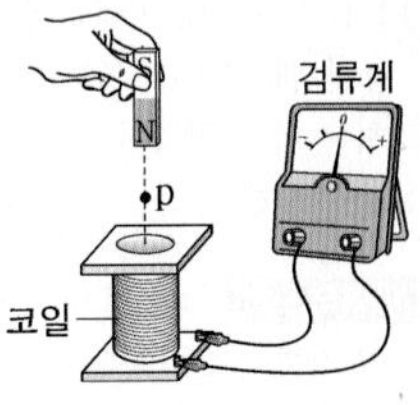

(나) 자석의 N극을 아래로 하고, 코일의 중심축을 따라 자석을 일정한 속력으로 코일에 가까이 가져간다.

(다) 자석이 p점을 지나는 순간 검류계의 눈금을 관찰한다.

(라) 자석의 S극을 아래로 하고, 코일의 중심축을 따라 자석을 (나)에서보다 빠른 속력으로 코일에 가까이 가져가면서 (다)를 반복한다.

유도 전류의 방향이 반대

자기 선속의 변화율 증가 → 유도 전류의 세기 증가

[실험 결과]

(다)의 결과	(라)의 결과
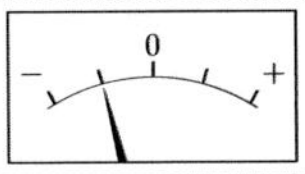	㉠ 검류계의 바늘이 (다)와 반대 방향으로 더 크게 회전함

㉠으로 가장 적절한 것은? [3점]

① 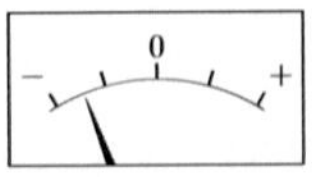
② 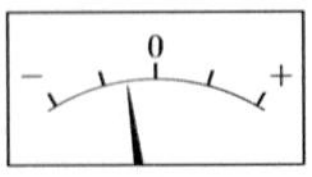
③ 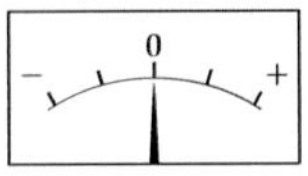
④ 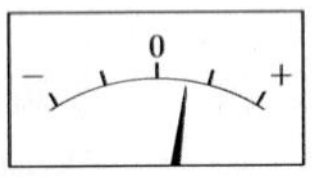
⑤ 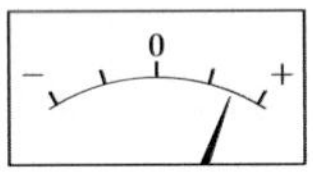

✓ 자료 해석

- 자석을 코일에 가까이 하거나 멀리 할 때 코일 내부를 통과하는 자기 선속이 변하면 코일에 유도 전류가 흐른다.(전자기 유도)
- 자극의 방향과 자석이 움직이는 속력을 변화시키면서 유도 전류의 방향과 세기를 관찰한다.
  - 코일에 접근하는 자석의 극에 따라 유도 전류의 방향이 변한다.
  - 코일에 접근하는 자석의 속력이 빠를수록 유도 전류의 세기가 크다.
- 검류계에 흐르는 전류의 방향이 반대가 되면 검류계의 바늘이 반대쪽으로 회전하고, 전류의 세기가 커지면 검류계 바늘의 회전각이 커진다.

○ 보기 풀이 코일에 접근시키는 자석의 극을 바꾸면 코일에 흐르는 유도 전류의 방향이 반대가 되므로, 검류계의 바늘도 0을 중심으로 반대쪽으로 돌아간다. 또한 코일에 자석을 가까이 가져가는 속력이 클수록 코일에 흐르는 유도 전류의 세기가 커지므로, 검류계 바늘의 회전각도 커진다.

문제풀이 Tip

전자기 유도 현상을 확인할 수 있는 기본적인 실험에서 유도 전류의 방향과 세기를 예상하는 문제이다. 검류계는 전류값을 정확하게 측정할 수는 없지만 전류의 방향과 세기를 비교할 수 있는 기구이다.

선택지 비율	① 16%	❷ 65%	③ 5%	④ 2%	⑤ 8%

15 전자기 유도

2021학년도 9월 평가원 16번 | 정답 ② | 문제편 152p

출제 의도 전자기 유도에 의해 원형 도선에 흐르는 유도 전류의 세기와 방향에 대해 묻는 문항이다.

그림 (가)는 무선 충전기에서 스마트폰의 원형 도선에 전류가 유도되어 스마트폰이 충전되는 모습을, (나)는 원형 도선을 통과하는 자기 선속 Φ를 시간 t에 따라 나타낸 것이다.

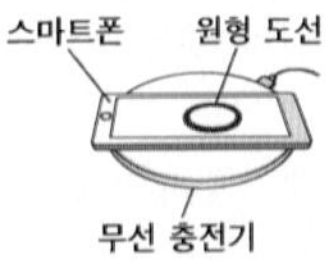

(가)

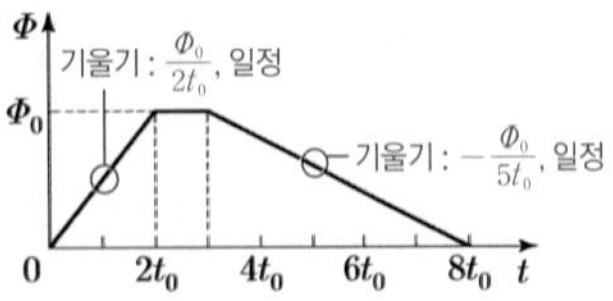

(나)

원형 도선에 흐르는 유도 전류에 대한 설명으로 옳은 것만을 〈보기〉에서 있는 대로 고른 것은? [3점]

보기

ㄱ. 유도 전류의 세기는 $0<t<2t_0$에서 ~~증가한다.~~ 일정하다.

ㄴ. 유도 전류의 세기는 t_0일 때가 $5t_0$일 때보다 크다.

ㄷ. 유도 전류의 방향은 t_0일 때와 $6t_0$일 때가 서로 ~~같다.~~ 반대이다.

① ㄱ ② ㄴ ③ ㄱ, ㄷ ④ ㄴ, ㄷ ⑤ ㄱ, ㄴ, ㄷ

✓ 자료 해석

- 무선 충전기 위에 스마트폰을 올려놓으면 충전기에서 나온 자기장에 의해 스마트폰의 원형 도선에 유도 전류가 발생하여 배터리가 충전된다.
- 유도 전류의 세기는 유도 기전력 $V=-N\frac{\Delta\Phi}{\Delta t}$에 비례한다.
  - 시간-자기 선속 그래프에서 직선의 기울기는 유도 전류의 세기에 비례한다.

○ 보기 풀이 ㄴ. 유도 전류의 세기는 자기 선속의 시간당 변화율에 비례하므로 t_0일 때가 $5t_0$일 때보다 크다.

× 매력적 오답 ㄱ. 유도 전류의 세기는 자기 선속의 시간 변화율에 비례하므로 $0<t<2t_0$에서 일정하다.

ㄷ. t_0일 때는 자기 선속이 증가하고 $6t_0$일 때는 자기 선속이 감소하므로 유도 전류의 방향이 반대이다.

문제풀이 Tip

시간-자기 선속 그래프에서 기울기는 유도 전류의 세기에 비례하고, 기울기의 부호는 유도 전류의 방향을 나타낸다는 것을 이해하고 있어야 한다.

선택지 비율	① 4%	② 2%	❸ 81%	④ 4%	⑤ 7%

16 전자기 유도

2020학년도 수능 4번 | 정답 ③ | 문제편 152p

출제 의도 진동판에 붙은 코일과 고정된 자석으로 구성된 스피커나 마이크의 원리에 대해 묻는 문항이다.

다음은 헤드폰의 스피커를 이용한 실험이다.

[자료 조사 내용]

• 헤드폰의 스피커는 진동판, 코일, 자석 등으로 구성되어 있다.

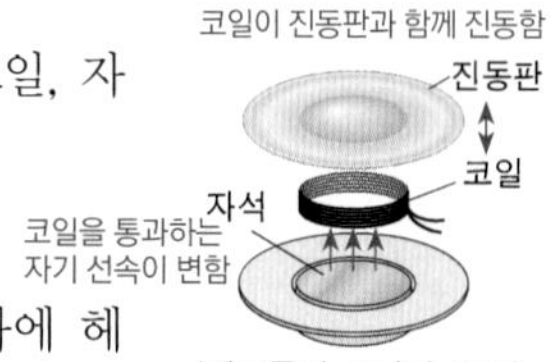

〈헤드폰의 스피커 구조〉

[실험 과정]

(가) 컴퓨터의 마이크 입력 단자에 헤드폰을 연결하고, 녹음 프로그램을 실행시킨다.

(나) 헤드폰의 스피커 가까이에서 다양한 소리를 낸다.

(다) 녹음 프로그램을 종료하고 저장된 파일을 재생시킨다.

[실험 결과]

• 헤드폰의 스피커 가까이에서 냈던 다양한 소리가 재생되었다.

이 실험에서 소리가 녹음되는 동안 헤드폰의 스피커에서 일어나는 현상에 대한 설명으로 옳은 것만을 〈보기〉에서 있는 대로 고른 것은?

보기

ㄱ. 진동판은 공기의 진동에 의해 진동한다.

ㄴ. 코일에서는 전자기 유도 현상이 일어난다.

ㄷ. 코일이 ~~자석~~(진동판)에 붙은 상태로 ~~자석~~(진동판)과 함께 운동한다.

① ㄱ ② ㄷ ③ ㄱ, ㄴ ④ ㄴ, ㄷ ⑤ ㄱ, ㄴ, ㄷ

✔ 자료 해석

• 스피커는 진동판에 붙은 코일과 고정되어 있는 자석으로 구성되어 있다.
  - 스피커 가까이에서 소리를 내면 주변 공기의 진동으로 진동판이 진동하게 된다.
• 진동판이 진동할 때 진동판에 연결된 코일이 함께 진동하므로 자석과의 상대적 운동을 하게 된다.
  - 코일을 통과하는 자기 선속이 변하여 코일에 유도 전류가 흐른다.

O 보기풀이 ㄱ. 소리(음파)를 발생시킬 때 공기 진동에 의하여 헤드폰의 진동판이 진동한다.

ㄴ. 진동판에 부착된 코일이 자석 근처에서 진동하므로 코일 내부를 통과하는 자기 선속이 변하여 코일에서 전자기 유도 현상이 일어난다.

✘ 매력적 오답 ㄷ. 코일은 진동판에 부착되어 진동판과 함께 운동한다. 만약 코일과 자석이 붙어 있어 함께 운동한다면 코일과 자석 사이의 상대적 위치 변화가 없기 때문에 자기 선속의 변화가 일어나지 않을 것이다.

문제풀이 Tip

스피커의 기능은 전기 신호를 소리로 재생하는 것이지만, 공기 진동을 전기 신호로 변환시키는 마이크와 내부 구조가 유사하다는 것을 이해하고 있어야 한다.

선택지 비율	① 7%	② 2%	❸ 82%	④ 3%	⑤ 3%

17 전자기 유도와 역학적 에너지

2020학년도 수능 14번 | 정답 ③ | 문제편 153p

출제 의도 빗면을 따라 내려오는 자석이 솔레노이드를 통과할 때 유도 전류의 방향과 솔레노이드를 통과 전후의 역학적 에너지를 비교하는 문항이다.

그림은 마찰이 없는 빗면에서 자석이 솔레노이드의 중심축을 따라 운동하는 모습을 나타낸 것이다. 점 p, q는 솔레노이드의 중심축 상에 있고, 전구의 밝기는 자석이 p를 지날 때가 q를 지날 때보다 밝다. 유도 기전력 : p>q, 자석의 속력 : p>q

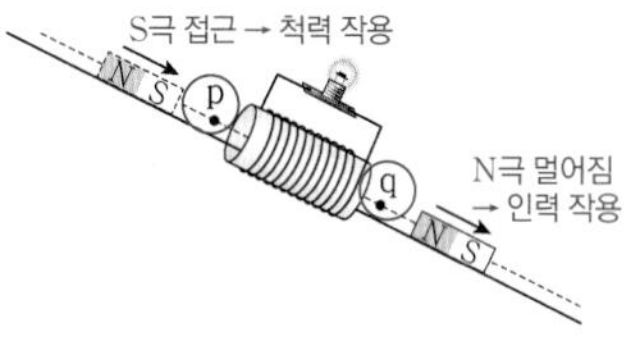

이에 대한 설명으로 옳은 것만을 〈보기〉에서 있는 대로 고른 것은? (단, 자석의 크기는 무시한다.)

보기

ㄱ. 솔레노이드에 유도되는 기전력의 크기는 자석이 p를 지날 때가 q를 지날 때보다 크다.

ㄴ. 전구에 흐르는 전류의 방향은 자석이 p를 지날 때와 q를 지날 때가 서로 반대이다.

ㄷ. 자석의 역학적 에너지는 p에서가 q에서보다 ~~작다~~.크다.

① ㄱ ② ㄷ ③ ㄱ, ㄴ ④ ㄴ, ㄷ ⑤ ㄱ, ㄴ, ㄷ

✔ 자료 해석

• 자석이 p를 지날 때 S극이 솔레노이드에 접근하는 것을 방해하는 방향(솔레노이드의 위쪽이 S극)으로 유도 전류가 흐르고, q를 지날 때 N극이 솔레노이드에서 멀어지는 것을 방해하는 방향(솔레노이드의 아래쪽이 S극)으로 유도 전류가 흐른다.
• 전구의 밝기는 자석이 p를 지날 때가 q를 지날 때보다 밝으므로 p에서의 유도 기전력이 q에서보다 크다.
• 자석이 솔레노이드를 통과하면서 유도되는 기전력에 의해 전구에 전류가 흐를 때, 자석의 역학적 에너지 일부가 전기 에너지로 전환된다.

O 보기풀이 ㄱ. 자석이 p를 지날 때가 q를 지날 때보다 전구의 밝기가 밝으므로 솔레노이드에 유도되는 기전력의 크기는 자석이 p를 지날 때가 q를 지날 때보다 크다.

ㄴ. 자석이 p를 지날 때 유도 전류에 의한 자기장은 자석의 자기장과 반대 방향, 자석이 q를 지날 때 유도 전류에 의한 자기장은 자석의 자기장과 같은 방향이다.

✘ 매력적 오답 ㄷ. 자석이 솔레노이드를 통과하는 동안 운동 에너지의 일부가 전기 에너지로 전환되므로 자석의 역학적 에너지가 감소한다.

문제풀이 Tip

전자기 유도가 일어날 때 자기 선속의 변화를 방해하는 방향으로 유도 전류에 의한 자기장이 형성되도록 유도 전류가 흐른다는 것을 이해하고 있어야 한다.

Part II 수능 평가원

선택지 비율	① 3%	② 12%	③ 5%	❹ 70%	⑤ 8%

18 전자기 유도

2020학년도 9월 평가원 13번 | 정답 ④ | 문제편 153p

(출제 의도) 자기장 영역을 지나는 금속 고리에 유도되는 전류의 방향과 세기를 비교할 수 있는지 확인하는 문항이다.

그림 (가)와 같이 한 변의 길이가 d인 정사각형 금속 고리가 xy평면에서 $+x$방향으로 자기장 영역 Ⅰ, Ⅱ, Ⅲ을 통과한다. Ⅰ, Ⅱ, Ⅲ에서 자기장의 세기는 각각 B, $2B$, B로 균일하고, 방향은 모두 xy평면에 수직으로 들어가는 방향이다. P는 금속 고리의 한 점이다. 그림 (나)는 P의 속력을 위치에 따라 나타낸 것이다.

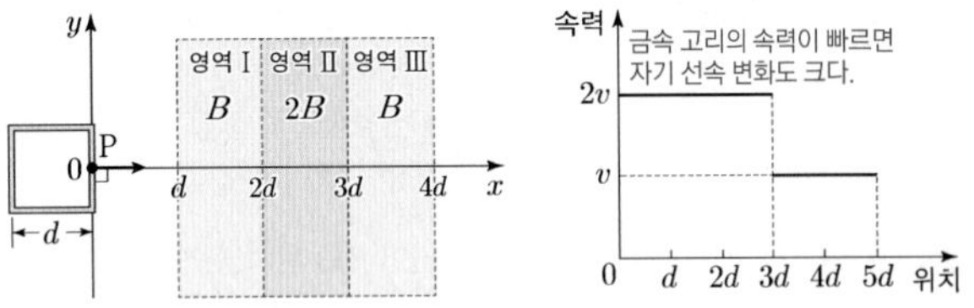

(가) (나)

이에 대한 설명으로 옳은 것만을 〈보기〉에서 있는 대로 고른 것은? [3점]

보기

ㄱ. P가 $x=1.5d$를 지날 때, P에서의 유도 전류의 방향은 ~~$-y$방향~~이다. $+y$ 방향

ㄴ. 유도 전류의 세기는 P가 $x=1.5d$를 지날 때가 $x=4.5d$를 지날 때보다 크다.

ㄷ. 유도 전류의 방향은 P가 $x=2.5d$를 지날 때와 $x=3.5d$를 지날 때가 서로 반대 방향이다.

① ㄱ ② ㄷ ③ ㄱ, ㄴ ④ ㄴ, ㄷ ⑤ ㄱ, ㄴ, ㄷ

✓ **자료 해석**

• 금속 고리가 자기장 영역을 지날 때 유도 전류의 방향은 자기 선속이 증가하는지 감소하는지에 따라 달라지고, 유도 전류의 세기는 자기 선속의 시간 변화율 ($\frac{\Delta\Phi}{\Delta t}$)에 비례한다.

P의 위치	자기장 세기의 변화	속력	유도 전류의 방향
$x=1.5d$	$0 \rightarrow B$	$2v$	반시계 방향
$x=2.5d$	$B \rightarrow 2B$	$2v$	반시계 방향
$x=3.5d$	$2B \rightarrow B$	v	시계 방향
$x=4.5d$	$B \rightarrow 0$	v	시계 방향

○ 보기 풀이 ㄴ. P가 $x=1.5d$와 $x=4.5d$에서 자기장의 변화는 동일하지만 고리의 속력이 각각 $2v$, v이므로 유도 전류의 세기는 $x=1.5d$를 지날 때가 $x=4.5d$를 지날 때의 2배이다.

ㄷ. $x=2.5d$를 지날 때는 xy평면에 수직으로 들어가는 방향으로의 자기 선속이 증가하고, $x=3.5d$를 지날 때는 xy평면에 수직으로 들어가는 방향으로의 자기 선속이 감소한다. 따라서 유도 전류의 방향은 서로 반대이다.

× 매력적 오답 ㄱ. $x=1.5d$를 지날 때 고리 내부에서 xy평면에 수직으로 들어가는 방향의 자기장 영역이 증가하므로 유도 전류는 고리 내부에서 xy평면에서 수직으로 나오는 방향의 자기장을 만든다. 따라서 고리에 반시계 방향으로 전류가 흐른다.

문제풀이 Tip

금속 고리가 자기장의 세기가 다른 두 영역을 지나갈 때, 자기장 세기의 변화와 함께 자기장 영역을 통과하는 속력도 고려해야 한다.

선택지 비율	① 4%	❷ 79%	③ 6%	④ 7%	⑤ 2%

19 전자기 유도

2020학년도 6월 평가원 8번 | 정답 ② | 문제편 153p

(출제 의도) 자석이 솔레노이드를 통과할 때 유도 전류가 발생하면서 역학적 에너지의 일부가 전기 에너지로 바뀐다는 것을 알고 있는지 묻는 문항이다.

그림과 같이 고정되어 있는 동일한 솔레노이드 A, B의 중심축에 마찰이 없는 레일이 있고, A, B에는 동일한 저항 P, Q가 각각 연결되어 있다. 빗면을 내려온 자석이 수평인 레일 위의 점 a, b, c를 지난다.

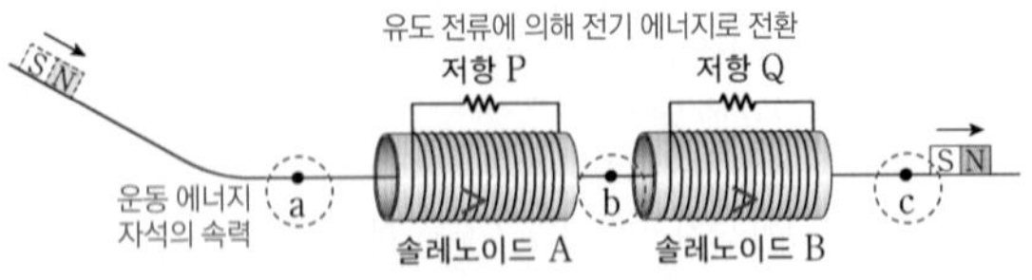

이에 대한 설명으로 옳은 것만을 〈보기〉에서 있는 대로 고른 것은? (단, A와 B 사이의 상호 작용은 무시한다.) [3점]

보기

ㄱ. 자석의 속력은 c에서가 a에서보다 ~~크다~~. 작다.

ㄴ. b에서 자석에 작용하는 자기력의 방향은 자석의 운동 방향과 ~~같다~~. 반대이다.

ㄷ. P에 흐르는 전류의 최댓값은 Q에 흐르는 전류의 최댓값보다 크다.

① ㄱ ② ㄷ ③ ㄱ, ㄴ ④ ㄴ, ㄷ ⑤ ㄱ, ㄴ, ㄷ

✓ **자료 해석**

• 자석이 솔레노이드를 통과하는 동안 솔레노이드에 유도 전류가 흐른다.
  – 수평면에 도달한 후 자석의 운동 에너지의 일부가 전기 에너지로 전환되므로 자석의 운동 에너지(수평면에서의 역학적 에너지)가 감소한다.
  – a, b, c에서 자석의 속력을 비교하면 a>b>c이다.

• 솔레노이드에 유도되는 전류의 방향은 항상 자석의 운동을 방해하는 방향이다.

○ 보기 풀이 ㄷ. P를 지나는 순간의 속력이 Q를 지나는 순간의 속력보다 커서 시간당 자기 선속의 변화 또한 크므로 P에 흐르는 전류의 최댓값은 Q에 흐르는 전류의 최댓값보다 크다.

× 매력적 오답 ㄱ. 자석이 운동하는 동안 자석의 역학적 에너지가 전자기 유도에 의해 전기 에너지로 전환되므로 자석의 속력은 c에서가 a에서보다 작다.

ㄴ. b에서 자석에 작용하는 자기력의 방향은 자석의 운동 방향과 반대이다.

문제풀이 Tip

자석이 솔레노이드에 가까워질 때나 멀어질 때 항상 자석의 운동을 방해하는 방향으로 유도 전류가 흐른다는 사실을 이해하고 있어야 한다.

선택지 비율	① 3%	❷ 70%	③ 7%	④ 9%	⑤ 8%

20 전자기 유도

2019학년도 수능 15번 | 정답 ② | 문제편 153p

출제 의도 원형 도선을 통과하는 자기장의 세기가 변하는 경우에 유도 전류의 세기와 방향을 구할 수 있는지 묻는 문항이다.

그림 (가)는 균일한 자기장이 수직으로 통과하는 종이면에 원형 도선이 고정되어 있는 모습을 나타낸 것이고, (나)는 (가)의 자기장을 시간에 따라 나타낸 것이다. t_1일 때, 원형 도선에 흐르는 유도 전류의 방향은 시계 방향이다.

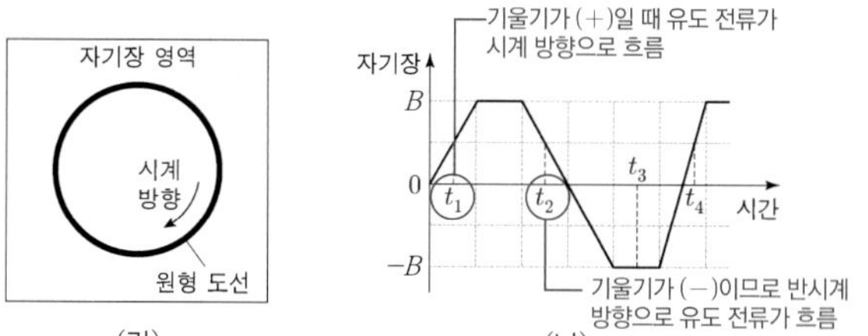

(가) (나)

이에 대한 설명으로 옳은 것만을 〈보기〉에서 있는 대로 고른 것은? [3점]

〈보기〉
ㄱ. t_2일 때, 유도 전류의 방향은 ~~시계~~ 방향이다. (반시계)
ㄴ. t_3일 때, 자기장의 방향은 ~~종이면에서 수직으로 나오는 방향이다~~. 종이면에 수직으로 들어가는 방향이다.
ㄷ. 유도 전류의 세기는 t_2일 때가 t_4일 때보다 작다.

① ㄱ ② ㄷ ③ ㄱ, ㄴ ④ ㄴ, ㄷ ⑤ ㄱ, ㄴ, ㄷ

✓ 자료 해석

- 유도 전류의 세기는 단위 시간당 자기 선속의 변화율 $\frac{\Delta\Phi}{\Delta t}=\frac{\Delta BS}{\Delta t}$에 비례한다.
  - 원형 도선을 통과하는 자기장의 세기만 변하므로, 원형 도선에 흐르는 유도 전류의 세기는 시간-자기장 그래프에서 직선의 기울기 $\frac{\Delta B}{\Delta t}$에 비례한다.
- t_1일 때, 원형 도선에 흐르는 유도 전류의 방향이 시계 방향이므로, 이때의 자기장은 종이면에서 수직으로 나오는 방향이다.
  - 시간-자기장 그래프에서 직선의 기울기가 (+)이다.

○ 보기풀이 ㄷ. 유도 전류의 세기는 시간-자기장 그래프에서 직선의 기울기 $\frac{\Delta B}{\Delta t}$에 비례하므로 t_2일 때가 t_4일 때보다 작다.

× 매력적 오답 ㄱ. t_2일 때는 직선의 기울기가 (−)이므로 유도 전류의 방향은 반시계 방향이다.
ㄴ. t_3일 때는 자기장이 (−)이므로 자기장의 방향은 종이면에 수직으로 들어가는 방향이다.

문제풀이 Tip
이 문제에서와 같이 도선은 움직이지 않고 자기장의 세기만 변화하는 경우에도 도선을 통과하는 자기 선속이 변하므로 유도 전류가 흐른다는 것을 기억하자.

선택지 비율	① 4%	② 2%	③ 14%	④ 5%	❺ 72%

21 전자기 유도

2019학년도 9월 평가원 10번 | 정답 ⑤ | 문제편 154p

출제 의도 빗면을 따라 내려오는 자석이 금속 고리에 접근할 때 발생하는 유도 전류에 대해 묻는 문항이다.

그림 (가)는 경사면에 금속 고리를 고정하고, 자석을 점 p에 가만히 놓았을 때 자석이 점 q를 지나는 모습을 나타낸 것이다. 그림 (나)는 (가)에서 극의 방향을 반대로 한 자석을 p에 가만히 놓았을 때 자석이 q를 지나는 모습을 나타낸 것이다. (가), (나)에서 자석은 금속 고리의 중심을 지난다.

(가) (나)

이에 대한 설명으로 옳은 것만을 〈보기〉에서 있는 대로 고른 것은? (단, 모든 마찰과 공기 저항은 무시한다.) [3점]

〈보기〉
ㄱ. (가)에서 자석은 p에서 q까지 ~~등가속도~~ 운동을 한다. (가속도가 일정하지 않은)
ㄴ. 자석이 q를 지날 때 자석에 작용하는 자기력의 방향은 (가)에서와 (나)에서가 서로 같다.
ㄷ. 자석이 q를 지날 때 금속 고리에 유도되는 전류의 방향은 (가)에서와 (나)에서가 서로 반대이다.

① ㄱ ② ㄴ ③ ㄷ ④ ㄱ, ㄴ ⑤ ㄴ, ㄷ

✓ 자료 해석

- (가)에서 자석이 q를 지날 때 금속 고리는 자석의 S극이 접근하는 것을 방해하는 방향으로 밀어내는 자기력을 작용한다.
  - 빗면의 위쪽이 S극이 되도록 고리에 유도 전류가 흐른다.
- (나)에서 자석이 q를 지날 때 금속 고리는 자석의 N극이 접근하는 것을 방해하는 방향으로 밀어내는 자기력을 작용한다.
  - 빗면의 위쪽이 N극이 되도록 고리에 유도 전류가 흐른다.
- 마찰이 없을 때 빗면을 따라 내려오는 물체는 등가속도 운동을 하지만, (가), (나)와 같이 자석이 금속 고리에 접근할 때는 전자기 유도가 일어나 자석의 운동을 방해하므로 가속도가 일정하지 않다.

○ 보기풀이 ㄴ. 자석이 q를 지날 때 자석의 극에 관계없이 운동을 방해하는 방향으로 자기력이 작용한다. 따라서 자석이 q를 지날 때 자석에 작용하는 자기력의 방향은 (가)에서와 (나)에서가 서로 같다.
ㄷ. (가)와 (나)에서 자석이 q를 지날 때 금속 고리를 지나는 자기장의 변화량이 반대이므로 금속 고리에 유도되는 전류의 방향도 반대이다.

× 매력적 오답 ㄱ. 자석이 금속 고리에 가까워질수록 금속 고리가 자석에 작용하는 자기력의 크기도 증가하므로, p에서 q까지 자석이 운동하는 동안 자석의 가속도는 일정하지 않다.

문제풀이 Tip
자석에 의해 금속 고리에 유도되는 전류에 의한 자기장은 자석의 운동을 방해하는 방향으로 형성된다는 것을 이해하고 있어야 한다.

선택지 비율	① 5%	② 5%	❸ 65%	④ 9%	⑤ 13%

22 전자기 유도

2019학년도 6월 평가원 12번 | 정답 ③ | 문제편 154p

출제 의도 세기와 방향이 다른 자기장 영역을 지나는 금속 고리에 흐르는 유도 전류의 방향과 세기를 유추하는 문항이다.

그림은 xy평면에서 동일한 정사각형 금속 고리 P, Q, R가 각각 $-y$ 방향, $+x$ 방향, $+x$ 방향의 속력 v로 등속도 운동하고 있는 순간의 모습을 나타낸 것이다. 이때 Q에 흐르는 유도 전류의 방향은 시계 반대 방향이다. 영역 Ⅰ과 Ⅱ에서 자기장의 세기는 각각 B_0, $2B_0$으로 균일하다.

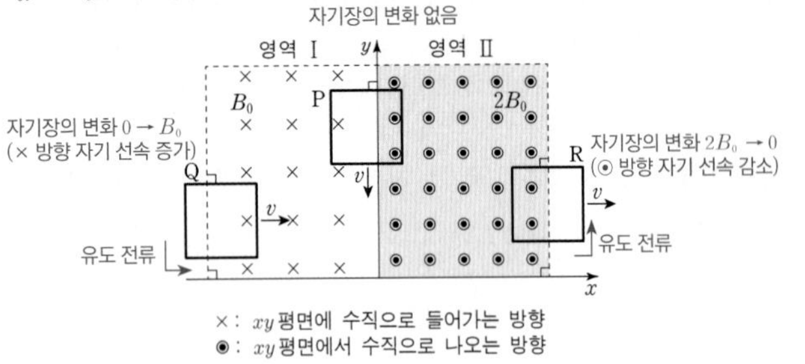

이에 대한 설명으로 옳은 것만을 〈보기〉에서 있는 대로 고른 것은? (단, P, Q, R 사이의 상호 작용은 무시한다.)

보기

ㄱ. P에는 유도 전류가 흐르지 않는다.

ㄴ. R에 흐르는 유도 전류의 방향은 ~~시계~~ 방향이다. (반시계)

ㄷ. 유도 전류의 세기는 Q에서가 R에서보다 작다.

① ㄱ ② ㄴ ③ ㄱ, ㄷ ④ ㄴ, ㄷ ⑤ ㄱ, ㄴ, ㄷ

✔ 자료 해석

• 유도 전류의 세기는 단위 시간당 자기 선속의 변화에 비례하며, 유도 전류의 방향은 자기 선속의 변화를 방해하는 방향이다.

금속 고리	자기장의 변화	유도 전류의 방향
P	변화 없음	·
Q	$0 \to B_0$(× 방향, 자기 선속 증가)	반시계 방향
R	$2B_0 \to 0$(⊙ 방향, 자기 선속 감소)	반시계 방향

○ 보기 풀이 ㄱ. 금속 고리 P가 $-y$방향으로 운동하는 동안 고리를 통과하는 자기 선속이 변하지 않으므로 P에는 유도 전류가 흐르지 않는다.

ㄷ. Q와 R는 같은 속력으로 운동하고 자기장의 세기 변화는 Q가 R보다 작으므로, 유도 전류의 세기는 Q에서가 R에서보다 작다.

× 매력적 오답 ㄴ. 금속 고리 R를 통과하는 xy평면에서 수직으로 나오는 방향의 자기 선속이 감소하므로 R에 흐르는 유도 전류의 방향은 반시계 방향이다.

문제풀이 Tip

시간당 자기 선속이 변할 때 유도되는 전류는 자기 선속의 변화를 방해하는 방향으로 유도된다는 것을 이해하고 있어야 한다.

선택지 비율	❶ 78%	② 2%	③ 13%	④ 2%	⑤ 2%

23 전자기 유도와 역학적 에너지

2018학년도 수능 10번 | 정답 ① | 문제편 154p

출제 의도 자석이 솔레노이드를 통과할 때 솔레노이드에 흐르는 유도 전류의 방향과 세기, 자석의 역학적 에너지의 변화를 묻는 문항이다.

그림은 빗면을 따라 내려온 자석이 솔레노이드의 중심축에 놓인 마찰이 없는 수평 레일을 따라 운동하는 모습을 나타낸 것이다. 점 p, q는 레일 위에 있다.

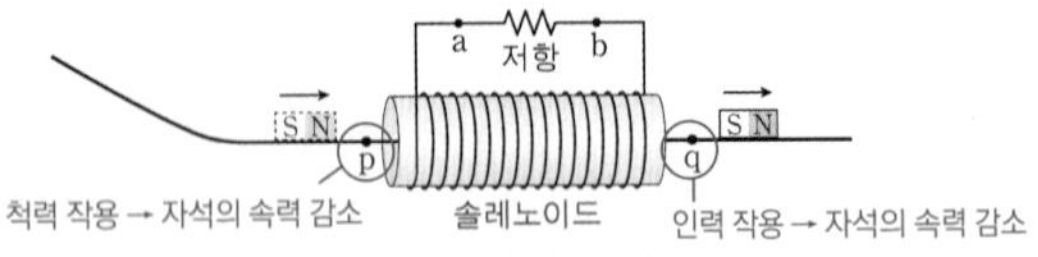

이에 대한 설명으로 옳은 것만을 〈보기〉에서 있는 대로 고른 것은? [3점]

보기

ㄱ. 자석이 p를 지날 때, 유도 전류는 a → 저항 → b 방향으로 흐른다.

ㄴ. 자석의 속력은 p에서가 q에서보다 ~~작다~~. 크다.

ㄷ. 자석이 q를 지날 때, 솔레노이드 내부에서 유도 전류에 의한 자기장의 방향은 ~~q → p~~ 방향이다. (p → q)

① ㄱ ② ㄴ ③ ㄱ, ㄷ ④ ㄴ, ㄷ ⑤ ㄱ, ㄴ, ㄷ

✔ 자료 해석

• 자석이 p를 지날 때 솔레노이드 쪽으로 가까워지는 자석의 운동을 방해하는 척력이 작용하므로, 솔레노이드의 왼쪽이 N극인 자기장이 생긴다.
  - 오른손의 엄지손가락을 자기장의 방향에 일치시킬 때 네 손가락이 감아쥐는 방향이 전류의 방향이다.

• 자석이 솔레노이드를 통과하는 동안 유도 전류가 흐르므로 자석의 역학적 에너지 일부가 전기 에너지로 전환된다.

• 자석이 q를 지날 때 S극이 멀어지므로 솔레노이드의 오른쪽이 N극이 되도록 자기장이 생긴다.
  - 솔레노이드 내부에서 자기장의 방향은 S극에서 N극 쪽을 향한다.

○ 보기 풀이 ㄱ. 자석이 p를 지날 때 솔레노이드의 왼쪽이 N극이 되도록 a → 저항 → b 방향으로 유도 전류가 흐른다.

× 매력적 오답 ㄴ. 자석이 솔레노이드를 통과하는 동안 자석의 운동을 방해하는 방향으로 유도 전류가 흘러 자석의 속력이 감소하므로 자석의 속력은 p에서가 q에서보다 크다.

ㄷ. 자석이 q를 지날 때에는 솔레노이드의 오른쪽이 N극이 되도록 유도 전류가 흐르므로 솔레노이드 내부에서 유도 전류에 의한 자기장의 방향은 p → q 방향이다.

문제풀이 Tip

자석이 솔레노이드를 통과할 때 유도 전류가 흐르는 것은 자석의 역학적 에너지 일부가 전기 에너지로 전환된 것임을 알아 두자.

선택지 비율	❶ 76%	② 7%	③ 8%	④ 4%	⑤ 2%

24 전자기 유도

2018학년도 9월 평가원 11번 | 정답 ① | 문제편 154p

출제 의도 도선을 통과하는 자기장의 변화를 그래프를 해석하여 알아내고 유도 전류의 방향과 세기를 비교하는 문항이다.

그림 (가)는 고정된 도선의 일부가 균일한 자기장 영역 Ⅰ, Ⅱ에 놓여 있는 모습을 나타낸 것이다. 자기장의 방향은 도선이 이루는 면에 수직으로 들어가는 방향이고, 도선이 Ⅰ, Ⅱ에 걸친 면적은 각각 S, $2S$이다. 그림 (나)는 Ⅰ, Ⅱ에서의 자기장 세기를 시간에 따라 나타낸 것이다.

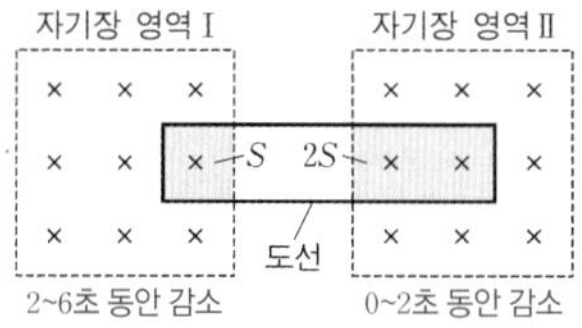

(가)

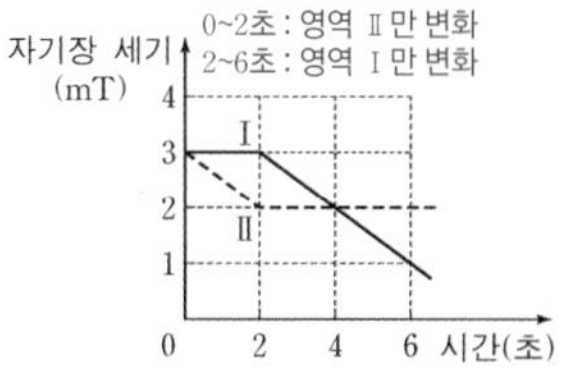

(나)

도선에 흐르는 유도 전류에 대한 설명으로 옳은 것만을 〈보기〉에서 있는 대로 고른 것은? [3점]

보기

ㄱ. 1초일 때, 전류는 시계 방향으로 흐른다.
ㄴ. 전류의 방향은 3초일 때와 5초일 때가 서로 ~~반대이다~~. 같다.
ㄷ. 전류의 세기는 1초일 때가 5초일 때보다 ~~작다~~. 크다.

① ㄱ ② ㄴ ③ ㄱ, ㄷ ④ ㄴ, ㄷ ⑤ ㄱ, ㄴ, ㄷ

✓ 자료 해석

- (나)에서 0초에서 2초까지 영역 Ⅰ의 자기장 세기는 일정하고 영역 Ⅱ의 자기장 세기만 감소한다. 또, 2초에서 6초까지 Ⅱ의 자기장 세기는 일정하고 영역 Ⅰ의 자기장 세기만 감소한다.
  - 시간당 감소하는 자기장의 세기의 변화는 같다.
- (가)에서 도선을 통과하는 자기장 영역 Ⅰ과 Ⅱ의 넓이가 각각 S, $2S$이다.
  - 시간당 자기장의 세기 변화가 같을 때 자기 선속 변화율은 Ⅱ가 Ⅰ의 2배이다.

○ 보기 풀이 ㄱ. 1초일 때 영역 Ⅱ에서 자기장이 감소하므로 유도 전류는 시계 방향으로 흐른다.

× 매력적 오답 ㄴ. 3초일 때와 5초일 때 모두 영역 Ⅰ에서 자기장이 감소하므로 유도 전류는 시계 방향으로 흐른다.

ㄷ. 1초일 때와 5초일 때 시간에 따른 자기장의 변화는 같지만 도선을 통과하는 자기장의 넓이는 영역 Ⅱ가 영역 Ⅰ보다 크므로 자기 선속의 변화는 1초일 때가 5초일 때보다 더 크다. 따라서 유도 전류의 세기는 1초일 때가 5초일 때보다 크다.

문제풀이 Tip

도선이 고정되어 있으므로 유도 전류의 방향과 세기는 도선을 통과하는 자기장의 세기와 면적 변화를 고려하여 구할 수 있어야 한다.

01 파동의 성질과 간섭

선택지 비율	① 5%	❷ 78%	③ 4%	④ 5%	⑤ 9%

1 파동의 간섭

2025학년도 수능 11번 | 정답 ② | 문제편 156 p

출제 의도 파동의 중첩에 대해 이해하고 있는지 확인하는 문항이다.

그림 (가)와 같이 xy평면의 원점 O로부터 같은 거리에 있는 x축상의 두 지점 S_1, S_2에서 진동수와 진폭이 같고, 위상이 서로 반대인 두 물결파를 동시에 발생시킨다. 점 p, q는 O를 중심으로 하는 원과 O를 지나는 직선이 만나는 지점이다. 그림 (나)는 p에서 중첩된 물결파의 변위를 시간 t에 따라 나타낸 것이다. S_1, S_2에서 발생시킨 두 물결파의 속력은 10 cm/s로 일정하다.

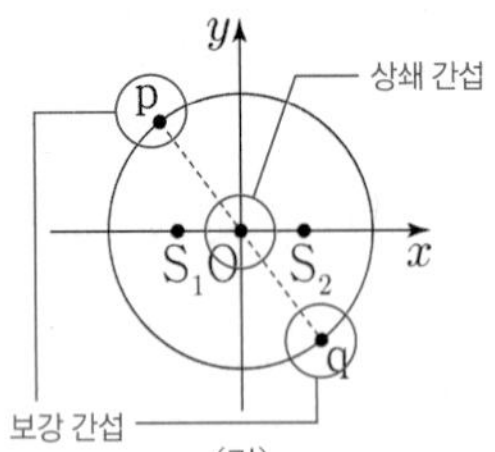

(가)

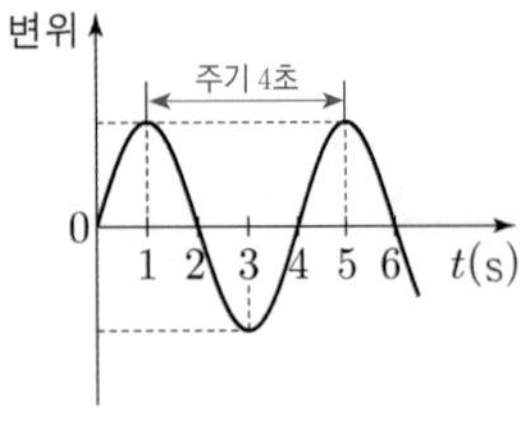

(나)

이에 대한 설명으로 옳은 것만을 〈보기〉에서 있는 대로 고른 것은? (단, S_1, S_2, p, q는 xy평면상의 고정된 지점이다.) [3점]

보기
ㄱ. S_1에서 발생한 물결파의 파장은 ~~20 cm이다.~~ 40 cm이다
ㄴ. t=1초일 때, 중첩된 물결파의 변위의 크기는 p에서와 q에서가 같다.
ㄷ. O에서 ~~보강 간섭이~~ 일어난다. 상쇄 간섭이

① ㄱ ② ㄴ ③ ㄷ ④ ㄱ, ㄷ ⑤ ㄴ, ㄷ

✔ 자료 해석
- 파동이 속력은 파장을 주기로 나눈 값이다.
  → 파장은 속력과 주기의 곱이다.
- p, q는 원점에 대해 대칭인 점이므로, 두 점파원으로부터의 거리의 차가 같다.

○ 보기 풀이 ㄴ. p, q는 S_1, S_2로부터의 거리 차가 같은 지점이다. 따라서 t=1초일 때, 중첩된 물결파의 변위의 크기는 p에서와 q에서가 서로 같다.

✕ 매력적 오답 ㄱ. S_1에서 물결파의 주기가 4s, 속력은 10 cm/s이므로 파장은 $10 \times 4 = 40$(cm)이다.
ㄷ. O는 S_1, S_2로부터 같은 거리만큼 떨어진 지점이다. 따라서 O에서 S_1, S_2에서 위상이 서로 반대로 발생된 두 물결파의 상쇄 간섭이 일어난다.

문제풀이 Tip
파동의 변위-시간 그래프로부터 주기를 파악하고, 주기와 속력을 이용하여 파장을 구할 수 있으며, 원점 O에 대해 대칭인 동일 원상의 두 점에서 두 점파원으로부터의 거리의 차가 같음을 파악하여 변위의 크기가 서로 같음을 파악할 수 있으면 해결할 수 있다.

선택지 비율	① 3%	② 3%	③ 8%	④ 4%	❺ 81%

2 파동의 굴절

2025학년도 수능 8번 | 정답 ⑤ | 문제편 156 p

출제 의도 파동의 특성 및 진행에 대해 이해하고 있는지 확인하는 문항이다.

그림 (가)는 진동수가 일정한 물결파가 매질 A에서 매질 B로 진행할 때, 시간 $t=0$인 순간의 물결파의 모습을 나타낸 것이다. 실선은 물결파의 마루이고, A와 B에서 이웃한 마루와 마루 사이의 거리는 각각 d, $2d$이다. 점 p, q는 평면상의 고정된 점이다. 그림 (나)는 (가)의 p에서 물결파의 변위를 시간 t에 따라 나타낸 것이다.

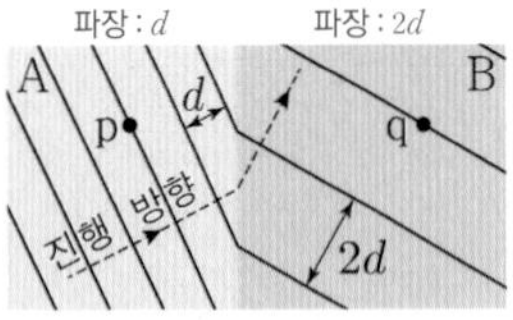

(가)

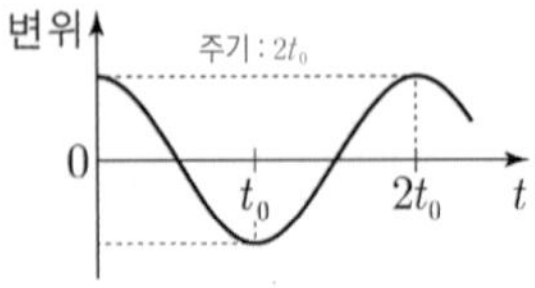

(나)

이에 대한 설명으로 옳은 것만을 〈보기〉에서 있는 대로 고른 것은?

보기
ㄱ. 물결파의 속력은 B에서가 A에서의 2배이다.
ㄴ. (가)에서 입사각은 굴절각보다 작다.
ㄷ. $t=2t_0$일 때, q에서 물결파는 마루가 된다.

① ㄱ ② ㄷ ③ ㄱ, ㄴ ④ ㄴ, ㄷ ⑤ ㄱ, ㄴ, ㄷ

✔ 자료 해석
- 파동의 주기 : $2t_0$
- 파동의 파장 : A에서 d, B에서 $2d$이다.

○ 보기 풀이 A, B에서 물결파의 파장은 각각 d, $2d$이다.
ㄱ. 매질에서 물결파의 속력은 물결파의 파장에 비례한다. 따라서 물결파의 속력은 B에서가 A에서의 2배이다.
ㄴ. 물결파가 속력이 느린 매질에서 빠른 매질로 진행할 때 입사각은 굴절각보다 작다. 따라서 (가)에서 입사각은 굴절각보다 작다.
ㄷ. 물결파의 주기가 $2t_0$이므로 q에서 물결파의 위상은 $t=0$일 때와 $t=2t_0$일 때가 서로 같다. 따라서 $t=2t_0$일 때, q에서 물결파는 마루가 된다.

문제풀이 Tip
물결파의 마루와 마루 사이의 거리로부터 파장을 파악하고, 변위-시간 그래프로부터 주기를 파악한 후, 파동의 진동수와 주기는 매질이 바뀌어도 변하지 않음으로부터 물결파의 속력의 크기를 구한다. 이로부터 매질의 굴절률의 상대 크기를 파악하여 입사각과 굴절각을 판단하고, 파동의 변화를 해석하면 해결할 수 있다.

선택지 비율	① 3%	② 1%	❸ 88%	④ 3%	⑤ 5%

3 파동의 간섭

2025학년도 9월 평가원 9번 | 정답 ③ | 문제편 156p

(출제 의도) 파동의 중첩에 대해 이해하고 있는지 확인하는 문항이다.

그림 (가)는 두 점 S_1, S_2에서 진동수 f로 발생시킨 진폭이 같고 위상이 반대인 두 물결파의 어느 순간의 모습을, (나)는 (가)의 S_1, S_2에서 진동수 $2f$로 발생시킨 진폭과 위상이 같은 두 물결파의 어느 순간의 모습을 나타낸 것이다. (가)와 (나)에서 발생시킨 물결파의 진행 속력은 같다. d_1과 d_2는 S_2에서 발생시킨 물결파의 파장이다.

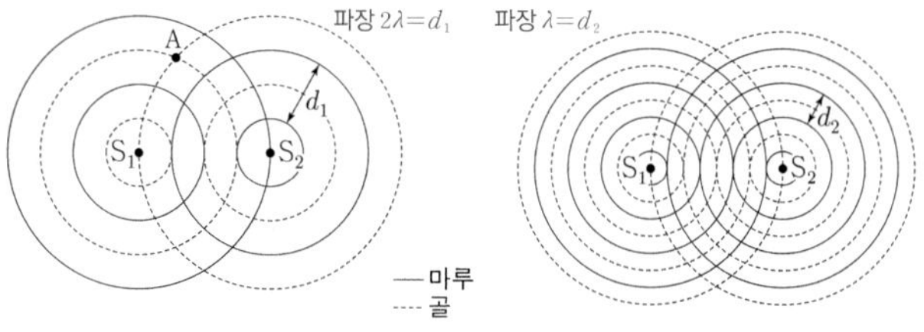

(가) (나)

이에 대한 설명으로 옳은 것만을 〈보기〉에서 있는 대로 고른 것은? (단, S_1, S_2, A는 동일 평면상에 고정된 지점이다.) [3점]

보기
ㄱ. (가)의 A에서는 보강 간섭이 일어난다.
ㄴ. (나)의 $\overline{S_1S_2}$에서 상쇄 간섭이 일어나는 지점의 개수는 ~~5개~~ (8개) 이다.
ㄷ. $d_1=2d_2$이다.

① ㄱ ② ㄴ ③ ㄱ, ㄷ ④ ㄴ, ㄷ ⑤ ㄱ, ㄴ, ㄷ

✔ 자료 해석

- 진동수가 2배로 증가하면 파장이 $\frac{1}{2}$배로 감소한다.
  - → (가)에서 파장은 d_1, (나)에서 파장은 d_2
  - → $d_1=2d_1$
- A에서는 골과 골이 만난다.
- S_1과 S_2를 잇는 직선상에서
  - → 보강 간섭하는 지점의 수 : 9개
  - → 상쇄 간섭하는 지점의 수 : 8개
  - * 보강 간섭하는 지점 사이에 상쇄 간섭하는 지점이 존재한다.

○ 보기풀이 ㄱ. S_1과 S_2에서 발생된 물결파는 (가)의 A에서 같은 위상으로 중첩된다. 따라서 (가)의 A에서는 보강 간섭이 일어난다.

ㄷ. (가)와 (나)에서 발생시킨 물결파의 진행 속력이 같고 진동수와 파장은 반비례한다. 따라서 d_1, d_2는 각각 (가), (나)에서 물결파의 파장이므로 $d_1=2d_2$이다.

× 매력적 오답 ㄴ. (나)에서 S_1과 S_2 사이의 거리는 진동수 $2f$로 발생된 물결파의 파장의 4배이다. 따라서 (나)의 $\overline{S_1S_2}$에서 상쇄 간섭이 일어나는 지점의 개수는 8개이다.

(별해) S_1의 x좌표를 0, S_2의 x좌표를 $4d_2$로 할 때 (나)에서 중첩된 파동의 변위를 x에 따라 나타내면 그림과 같으므로 $x=\frac{1}{4}d_2$, $\frac{3}{4}d_2$, $\frac{5}{4}d_2$, $\frac{7}{4}d_2$, $\frac{9}{4}d_2$, $\frac{11}{4}d_2$, $\frac{13}{4}d_2$, $\frac{15}{4}d_2$에서 물결파의 상쇄 간섭이 일어난다.

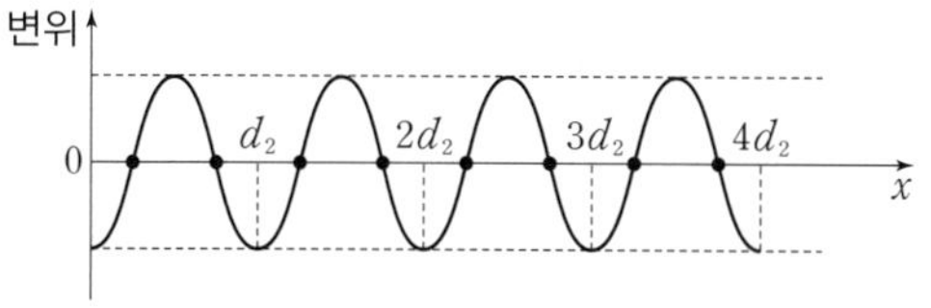

문제풀이 Tip

진동수가 2배로 증가하면 파장이 $\frac{1}{2}$배로 감소하고, 이웃한 보강 간섭 지점 사이에 상쇄 간섭 지점이 존재한다는 사실을 알고 있으면 해결할 수 있다.

선택지 비율	① 1%	❷ 97%	③ 1%	④ 1%	⑤ 1%

4 파동의 중첩

2025학년도 9월 평가원 5번 | 정답 ② | 문제편 156p

(출제 의도) 파동의 특성 및 진행에 대해 이해하고 있는지 확인하는 문항이다.

그림 (가)와 (나)는 같은 속력으로 진행하는 파동 A와 B의 어느 지점에서의 변위를 각각 시간에 따라 나타낸 것이다.

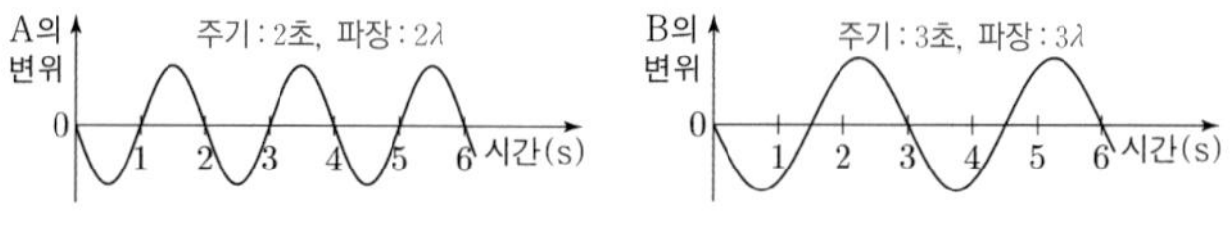

(가) (나)

A, B의 파장을 각각 λ_A, λ_B라 할 때, $\frac{\lambda_A}{\lambda_B}$는?

① $\frac{1}{3}$ ② $\frac{2}{3}$ ③ 1 ④ $\frac{4}{3}$ ⑤ $\frac{5}{3}$

✔ 자료 해석

- 파동의 주기
  - → A의 주기 : 2초, B의 주기 : 3초
- 파동의 파장(λ)
  - → 속력(v)과 주기(t)의 곱(vt)
  - → 속력이 동일할 때, 파동의 파장은 주기에 비례한다.

○ 보기풀이 A, B의 진행 속력을 v라고 하면 A, B의 주기가 2초, 3초이므로 $\lambda_A=2v$, $\lambda_B=3v$의 식이 각각 성립한다. 따라서 $\frac{\lambda_A}{\lambda_B}=\frac{2}{3}$이다.

문제풀이 Tip

변위-시간 그래프로부터 주기를 파악하고, 주기, 속력, 파장의 관계로부터 파장을 파악하면 해결할 수 있다.

Part II 수능 평가원

선택지 비율	① 10%	② 5%	③ 14%	④ 10%	❺ 61%

5 파동의 굴절

2025학년도 6월 평가원 15번 | 정답 ⑤ | 문제편 157 p

출제 의도 파동의 굴절에 대해 이해하고 있는지 확인하는 문항이다.

그림과 같이 단색광 P가 매질 Ⅰ, Ⅱ, Ⅲ의 경계면에서 굴절하며 진행한다. P가 Ⅰ에서 Ⅱ로 진행할 때 입사각과 굴절각은 각각 θ_1, θ_2이고, Ⅱ에서 Ⅲ으로 진행할 때 입사각과 굴절각은 각각 θ_3, θ_1이며, Ⅲ에서 Ⅰ로 진행할 때 굴절각은 θ_2이다.

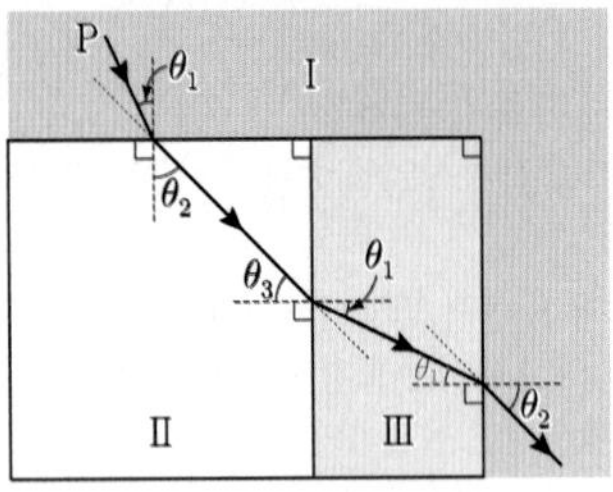

굴절률 : Ⅲ > Ⅰ > Ⅱ

이에 대한 설명으로 옳은 것만을 〈보기〉에서 있는 대로 고른 것은?

보기
ㄱ. P의 파장은 Ⅰ에서가 Ⅱ에서보다 짧다.
ㄴ. P의 속력은 Ⅰ에서가 Ⅲ에서보다 크다.
ㄷ. $\theta_3 > \theta_2$이다.

① ㄱ ② ㄷ ③ ㄱ, ㄴ ④ ㄴ, ㄷ ⑤ ㄱ, ㄴ, ㄷ

✓ 자료 해석

- 매질의 굴절률 : Ⅲ > Ⅰ > Ⅱ
- 단색광의 속력 : 매질의 굴절률이 클수록 작다. (Ⅲ < Ⅰ < Ⅱ)
- 단색광의 파장 : 단색광의 속력에 비례한다. (Ⅲ < Ⅰ < Ⅱ)

O 보기 풀이 ㄱ. Ⅰ에서 Ⅱ로 입사하는 P의 입사각이 굴절각보다 작으므로 P의 파장은 Ⅰ에서가 Ⅱ에서보다 짧다.
ㄴ. Ⅲ에서 Ⅰ로 입사하는 P의 입사각이 굴절각보다 작으므로 P의 속력은 Ⅰ에서가 Ⅲ에서보다 크다.
ㄷ. Ⅰ과 Ⅲ에서 P의 속력을 각각 $v_{\text{Ⅰ}}$, $v_{\text{Ⅲ}}$, Ⅰ, Ⅱ, Ⅲ의 굴절률을 각각 $n_{\text{Ⅰ}}$, $n_{\text{Ⅱ}}$, $n_{\text{Ⅲ}}$이라고 하면 Ⅰ, Ⅱ의 경계면과 Ⅱ, Ⅲ의 경계면의 P에 대해 각각 $\frac{\sin\theta_1}{\sin\theta_2}=\frac{n_{\text{Ⅱ}}}{n_{\text{Ⅰ}}}$, $\frac{\sin\theta_3}{\sin\theta_1}=\frac{n_{\text{Ⅲ}}}{n_{\text{Ⅱ}}}$의 식이 성립한다. 따라서 $\frac{\sin\theta_3}{\sin\theta_2}=\frac{n_{\text{Ⅲ}}}{n_{\text{Ⅰ}}}=\frac{v_{\text{Ⅰ}}}{v_{\text{Ⅲ}}}>1$의 식이 성립하므로 $\theta_3>\theta_2$이다.

문제풀이 Tip
각각의 경계면에서 입사각과 굴절각의 대소 관계로부터 굴절률의 대소 관계를 파악하고, 입사각과 굴절각의 사인값과 굴절률의 관계를 적용하면 해결할 수 있다.

선택지 비율	① 2%	② 16%	③ 2%	❹ 76%	⑤ 5%

6 파동의 중첩

2025학년도 6월 평가원 6번 | 정답 ④ | 문제편 157 p

출제 의도 파동의 중첩에 대해 이해하고 있는지 확인하는 문항이다.

그림은 진행 방향이 서로 반대인 동일한 두 파동 X, Y의 중첩에 대해 학생 A, B, C가 대화하는 모습을 나타낸 것이다. 점 P, Q, R는 x축상의 고정된 점이다.

변위의 크기가 최대인 지점 : 보강 간섭
변위의 크기가 0인 지점 : 상쇄 간섭

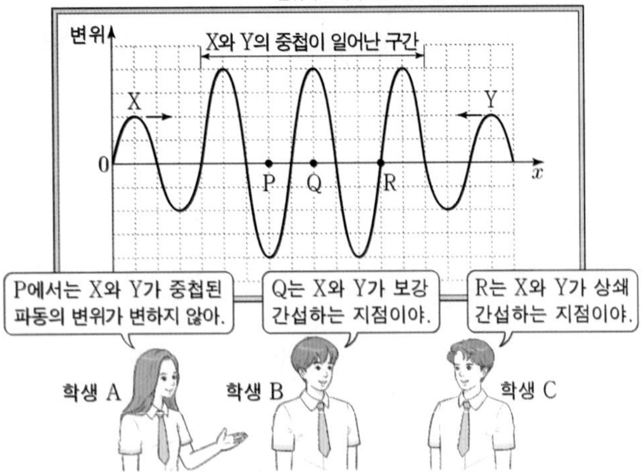

제시한 내용이 옳은 학생만을 있는 대로 고른 것은? [3점]

① A ② B ③ A, C ④ B, C ⑤ A, B, C

✓ 자료 해석

- 보강 간섭 지점 : P, Q
  → 파동의 변위가 주기적으로 변한다.
- 상쇄 간섭 지점 : R
  → 파동의 변위가 0으로 변하지 않는다.

O 보기 풀이 학생 B. Q에서 중첩되는 X와 Y의 위상이 같다. 따라서 Q는 X와 Y가 보강 간섭하는 지점이다.
학생 C. R에서 중첩되는 X와 Y의 위상이 반대이다. 따라서 R는 X와 Y가 상쇄 간섭하는 지점이다.

X 매력적 오답 학생 A. X와 Y가 중첩된 파동의 변위의 크기가 P에서 최대이므로 P에서 X와 Y는 보강 간섭한다. 따라서 P에서는 X와 Y가 중첩된 파동의 변위가 시간에 따라 변한다.

문제풀이 Tip
중첩이 일어난 구간에서 x에 따른 변위를 보고 보강 간섭 지점과 상쇄 간섭 지점을 파악할 수 있으면 해결할 수 있다.

선택지 비율	① 5%	❷ 68%	③ 4%	④ 6%	⑤ 16%

7 파동의 중첩

2024학년도 수능 6번 | 정답 ② | 문제편 157p

출제 의도 파동의 중첩에 대해 이해하고 있는지 확인하는 문항이다.

그림은 줄에서 연속적으로 발생하는 두 파동 P, Q가 서로 반대 방향으로 x축과 나란하게 진행할 때, 두 파동이 만나기 전 시간 $t=0$인 순간의 줄의 모습을 나타낸 것이다. P와 Q의 진동수는 0.25 Hz로 같다. $t=2$초부터 $t=6$초까지, $x=5$ m에서 중첩된 파동의 변위의 최댓값은?

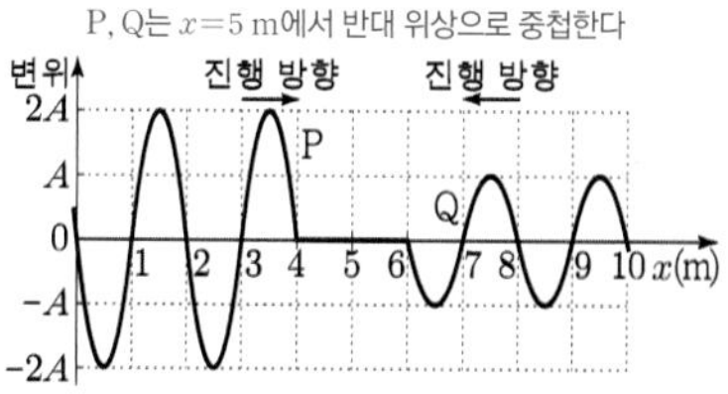

① 0 ② A ③ $\frac{3}{2}A$ ④ $2A$ ⑤ $3A$

✓ 자료 해석

- P, Q의 파장이 2 m로 같음
  → P, Q의 진동수가 0.25 Hz로 같음
  → P, Q의 진행 속력은 $\frac{1}{2}$ m/s로 같음
- P, Q는 $x=5$ m에서 반대 위상으로 중첩한다.

○ 보기풀이 파동 P, Q의 진행 속력은 $\frac{2\text{ m}}{4\text{ s}}=\frac{1}{2}$ m/s로 같으므로, $t=2$초부터 $t=6$초까지, $x=5$ m에서 중첩된 파동의 변위는 다음과 같다.

시간(s)	2	3	4	5	6
변위	0	$+A$	0	$-A$	0

위의 시간 동안 $x=5$ m에서 중첩된 파동은 $-A$와 $+A$ 사이를 진동하므로 파동의 변위의 최댓값은 A이다.

문제풀이 Tip

진동수와 파장으로부터 $x=5$ m에서 두 파동이 서로 반대 위상으로 만나고, 주기가 4초인 것으로부터 시간에 따른 변위를 구할 수 있으면 해결할 수 있다.

선택지 비율	① 2%	② 20%	③ 12%	❹ 59%	⑤ 7%

8 파동의 진행

2024학년도 수능 5번 | 정답 ④ | 문제편 157p

출제 의도 파동의 특성 및 진행에 대해 이해하고 있는지 확인하는 문항이다.

그림은 주기가 2초인 파동이 x축과 나란하게 매질 Ⅰ에서 매질 Ⅱ로 진행할 때, 시간 $t=0$인 순간과 $t=3$초인 순간의 파동의 모습을 각각 나타낸 것이다. 실선과 점선은 각각 마루와 골이다.
이에 대한 설명으로 옳은 것만을 〈보기〉에서 있는 대로 고른 것은? [3점]

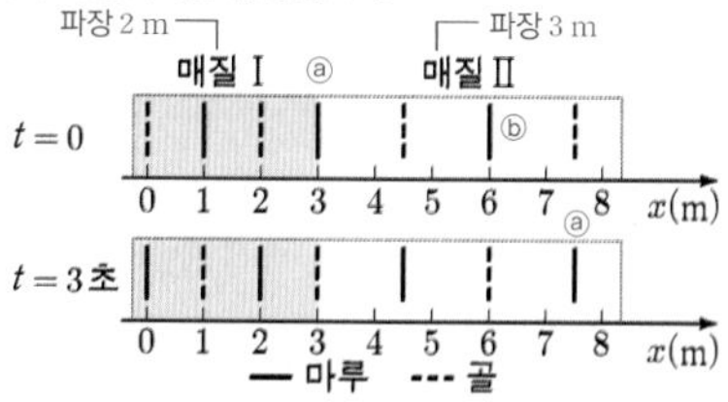

보기

ㄱ. Ⅰ에서 파동의 파장은 ~~1 m이다.~~ 2 m이다.

ㄴ. Ⅱ에서 파동의 진행 속력은 $\frac{3}{2}$m/s이다.

ㄷ. $t=0$부터 $t=3$초까지, $x=7$ m에서 파동이 마루가 되는 횟수는 2회이다.

① ㄱ ② ㄴ ③ ㄷ ④ ㄴ, ㄷ ⑤ ㄱ, ㄴ, ㄷ

✓ 자료 해석

- 파동의 파장
  → 매질 A에서 2 m, 매질 B에서 3 m이다.
- $t=0$부터 $t=3$초까지 $x=7$ m를 ⓑ, ⓐ순으로 지난다.

○ 보기풀이 ㄴ. Ⅱ에서 파동의 파장은 3 m이고, 주기가 2초이므로, 파동의 진행 속력은 $\frac{\lambda}{T}=\frac{3}{2}$ m/s이다.

ㄷ. 주기가 2초이므로 $x=7$ m인 지점은 3초의 시간 동안 1.5회 진동한다. 따라서 $t=0$부터 $t=3$초까지, $x=7$ m에서 파동이 마루가 되는 횟수는 2회이다.

× 매력적 오답 ㄱ. Ⅰ에서 마루와 마루, 골과 골 사이의 거리가 2 m이므로, 파동의 파장은 2 m이다.

문제풀이 Tip

그림으로부터 파장을 파악하고, 주기와 파장의 관계로부터 진행 속력을 파악하면 해결할 수 있다.

선택지 비율	① 7%	② 3%	③ 10%	❹ 75%	⑤ 5%

9 파동의 간섭

2024학년도 9월 평가원 15번 | 정답 ④ | 문제편 158 p

출제 의도 파동의 중첩에 대해 이해하고 있는지 확인하는 문항이다.

그림은 진동수와 진폭이 같고 위상이 반대인 두 물결파를 발생시키고 있을 때, 시간 $t=0$인 순간의 모습을 나타낸 것이다. 두 물결파는 진행 속력이 20 cm/s로 같고, 서로 이웃한 마루와 마루 사이의 거리는 20 cm이다.

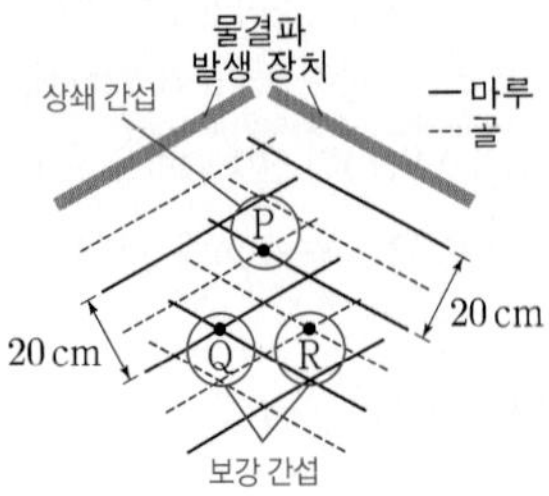

이에 대한 설명으로 옳은 것만을 〈보기〉에서 있는 대로 고른 것은? (단, 점 P, Q, R는 평면상에 고정된 지점이다.) [3점]

보기

ㄱ. P에서는 상쇄 간섭이 일어난다.
ㄴ. Q에서 중첩된 물결파의 변위는 시간에 따라 ~~일정하다.~~ 변한다.
ㄷ. R에서 중첩된 물결파의 변위는 $t=1$초일 때와 $t=2$초일 때가 같다.

① ㄱ ② ㄷ ③ ㄱ, ㄴ ④ ㄱ, ㄷ ⑤ ㄴ, ㄷ

✓ 자료 해석

- P에서는 마루와 골이 만난다. (상쇄 간섭)
- Q에서는 마루와 마루가 만난다. (보강 간섭)
- R에서는 골과 골이 만난다. (보강 간섭)

○ 보기풀이 ㄱ. P는 서로 반대 위상인 마루와 골이 만나는 지점이므로 상쇄 간섭이 일어난다.

ㄷ. 파동의 진행 속력(v)은 $v=\frac{\lambda}{T}$(λ : 파장, T : 주기)이므로 주기는 1초이다. 2초일 때는 1초일 때로부터 한 주기가 지난 시점이므로, R에서 중첩된 물결파의 변위는 1초일 때와 2초일 때가 같다.

× 매력적 오답 ㄴ. Q는 서로 같은 위상의 두 파동이 중첩하는 보강 간섭 지점이므로 변위는 최대 진폭을 보이며 시간에 따라 변한다.

문제풀이 Tip

각 지점에서 마루와 마루, 골과 골, 마루와 골이 만날 때의 간섭의 종류를 판단하면 해결할 수 있다.

선택지 비율	① 6%	② 3%	③ 3%	❹ 78%	⑤ 10%

10 파동의 진행

2024학년도 9월 평가원 3번 | 정답 ④ | 문제편 158 p

출제 의도 파동의 특성 및 진행에 대해 이해하고 있는지 확인하는 문항이다.

그림은 시간 $t=0$일 때, x축과 나란하게 매질 A에서 매질 B로 진행하는 파동의 변위를 위치 x에 따라 나타낸 것이다. $x=3$ cm인 지점 P에서 변위는 y_P이고, A에서 파동의 진행 속력은 4 cm/s이다.

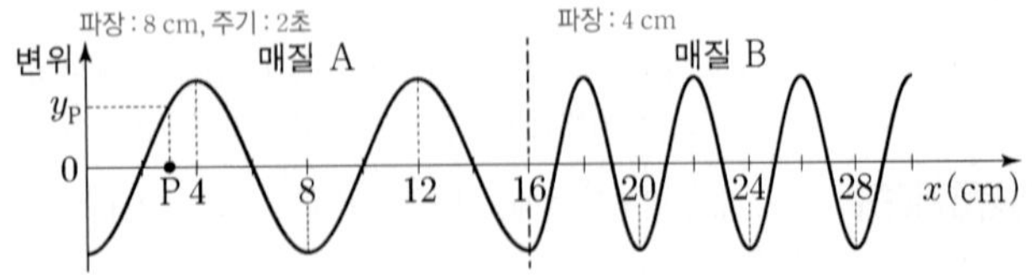

이에 대한 설명으로 옳은 것만을 〈보기〉에서 있는 대로 고른 것은?

보기

ㄱ. 파동의 주기는 2초이다.
ㄴ. B에서 파동의 진행 속력은 ~~8 cm/s이다.~~ 2 cm/s이다.
ㄷ. $t=0.1$초일 때, P에서 파동의 변위는 y_P보다 작다.

① ㄱ ② ㄴ ③ ㄷ ④ ㄱ, ㄷ ⑤ ㄱ, ㄴ, ㄷ

✓ 자료 해석

- 파동의 파장
  → 매질 A에서 8 cm, 매질 B에서 4 cm이다.
- 파동의 주기
  → 8 cm=4 cm/s×T, $T=2$초이다.

○ 보기풀이 ㄱ. A에서 파장 $\lambda_A=8$ cm이므로, 주기 $T=\frac{\lambda_A}{v_A}=\frac{8}{4}=2$(s)이다. 파동의 주기(또는 진동수)는 매질이 변하더라도 일정하다.

ㄷ. $t=0$에서 $t=0.1$초까지, A에서 파동은 $+x$방향으로 $\frac{1}{20}\lambda_A$에 해당하는 0.4 cm만큼 진행하였다. 따라서 P에서 파동의 변위는 y_P보다 작다.

× 매력적 오답 ㄴ. B에서 파동의 진행 속력 $v_B=\frac{\lambda_B}{T}=\frac{4}{2}=2$(cm/s)이다.

문제풀이 Tip

변위-위치 그래프로부터 파장을 파악하고, 속력과 파장의 관계로부터 주기를 파악하면 해결할 수 있다.

선택지 비율	❶ 66%	② 3%	③ 4%	④ 13%	⑤ 14%

11 파동의 간섭

2024학년도 6월 평가원 15번 | 정답 ① | 문제편 158 p

출제 의도 파동의 중첩에 대해 이해하고 있는지 확인하는 문항이다.

그림과 같이 파원 S_1, S_2에서 진폭과 위상이 같은 물결파를 0.5 Hz의 진동수로 발생시키고 있다. 물결파의 속력은 1 m/s로 일정하다.

이에 대한 설명으로 옳은 것만을 〈보기〉에서 있는 대로 고른 것은? (단, 두 파원과 점 P, Q는 동일 평면상에 고정된 지점이다.) [3점]

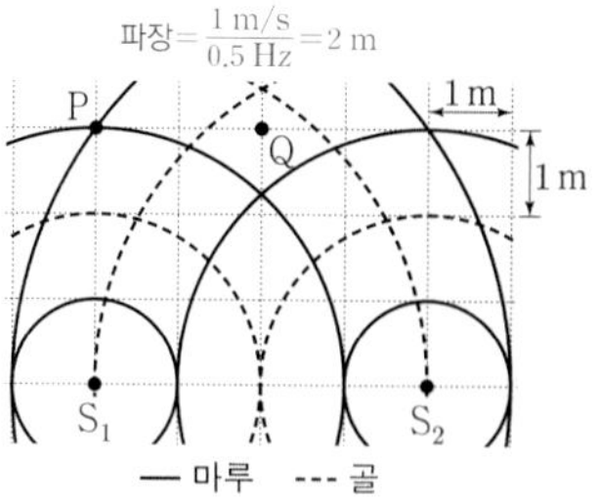

보기

ㄱ. P에서는 보강 간섭이 일어난다.

ㄴ. Q에서 수면의 높이는 시간에 따라 ~~변하지 않는다~~. 변한다.

ㄷ. $\overline{PQ}$에서 상쇄 간섭이 일어나는 지점의 수는 ~~2개이다~~. 1개이다.

① ㄱ ② ㄴ ③ ㄷ ④ ㄱ, ㄴ ⑤ ㄱ, ㄷ

✔ 자료 해석

- 점 P : 마루와 마루가 중첩(보강 간섭)
- 점 Q : 두 파원으로부터 거리가 같음(경로차가 0, 보강 간섭)

○ 보기풀이 ㄱ. P는 마루와 마루가 만나는 지점이므로 보강 간섭이 일어난다.

× 매력적 오답 ㄴ. Q는 S_1과 S_2로부터 같은 거리만큼 떨어져 있는 지점이므로 보강 간섭 지점이다. 따라서 수면파 2개의 진폭을 합한 만큼 수면의 높이가 변한다.

ㄷ. P와 Q는 모두 보강 간섭 지점이고, P와 Q 사이에 보강 간섭 지점은 없다. 보강 간섭 지점 사이에 상쇄 간섭 지점이 1개씩 있으므로, P와 Q 사이에 상쇄 간섭이 일어나는 지점의 수는 1개이다.

문제풀이 Tip

파원에서 동일한 진동수로 발생한 소리의 위상이 같을 때 경로 차에 따른 보강, 상쇄 간섭 조건을 이해하고 있으면 해결할 수 있다.

선택지 비율	① 4%	② 3%	❸ 72%	④ 4%	⑤ 16%

12 파동의 진행

2024학년도 6월 평가원 14번 | 정답 ③ | 문제편 158 p

출제 의도 파동의 특성과 진행에 대해 이해하고 있는지 확인하는 문항이다.

그림은 10 m/s의 속력으로 x축과 나란하게 진행하는 파동의 변위를 위치 x에 따라 나타낸 것으로, 어떤 순간에는 파동의 모양이 P와 같고, 다른 어떤 순간에는 파동의 모양이 Q와 같다. 표는 파동의 모양이 P에서 Q로, Q에서 P로 바뀌는 데 걸리는 최소 시간을 나타낸 것이다.

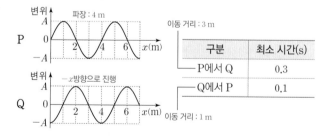

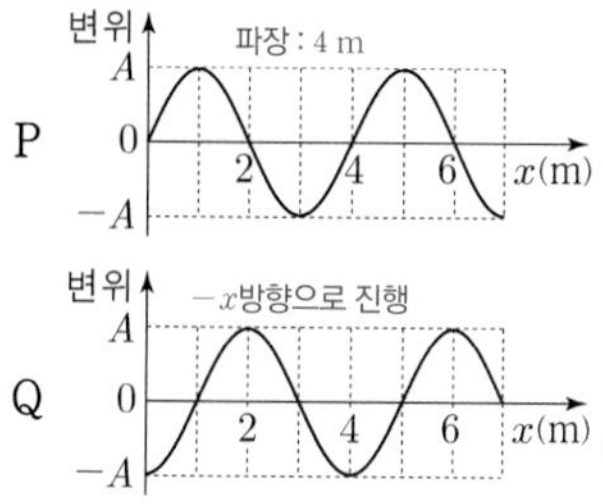

구분	최소 시간(s)
P에서 Q	0.3
Q에서 P	0.1

이에 대한 설명으로 옳은 것만을 〈보기〉에서 있는 대로 고른 것은?

보기

ㄱ. 파장은 4 m이다.

ㄴ. 주기는 0.4 s이다.

ㄷ. 파동은 ~~$+x$방향으로 진행한다~~. $-x$방향으로 진행한다.

① ㄱ ② ㄷ ③ ㄱ, ㄴ ④ ㄴ, ㄷ ⑤ ㄱ, ㄴ, ㄷ

✔ 자료 해석

- 파장=속력×주기 → 주기=0.4초
- 0.3초 동안 3 m 진행, 0.1초 동안 1 m 진행한다.

○ 보기풀이 ㄱ. 마루와 마루 사이의 거리가 파장이므로 파장은 4 m이다.

ㄴ. P에서 다시 P가 될 때까지 걸리는 시간이 0.3 s+0.1 s=0.4 s이므로, 주기는 0.4 s이다.

[별해] 속력이 10 m/s이고, 파장이 4 m이므로 주기는 $\frac{4}{10}$=0.4(s)이다.

× 매력적 오답 ㄷ. P에서 Q까지 걸린 시간이 주기의 $\frac{3}{4}$배이므로, P에서 Q까지 파동이 진행한 거리는 파장의 $\frac{3}{4}$배인 3 m이다. 따라서 P의 x=5 m에 있던 마루가 $-x$방향으로 이동하여 Q의 x=2 m까지 진행한 것이다.

문제풀이 Tip

파동의 파장과 속력으로부터 주기를 구하고, 주기와 최소 시간으로부터 이동 거리를 구하여 적용하면 해결할 수 있다.

선택지 비율	① 4%	② 7%	③ 8%	❹ 73%	⑤ 8%

13 파동의 진행

2023학년도 수능 8번 | 정답 ④ | 문제편 159 p

출제 의도 파동의 특성 및 진행에 대해 이해하고 있는지 확인하는 문항이다.

그림 (가)는 시간 $t=0$일 때, x축과 나란하게 매질 A에서 매질 B로 진행하는 파동의 변위를 위치 x에 따라 나타낸 것이다. 점 P, Q는 x축상의 지점이다. 그림 (나)는 P, Q 중 한 지점에서 파동의 변위를 t에 따라 나타낸 것이다.

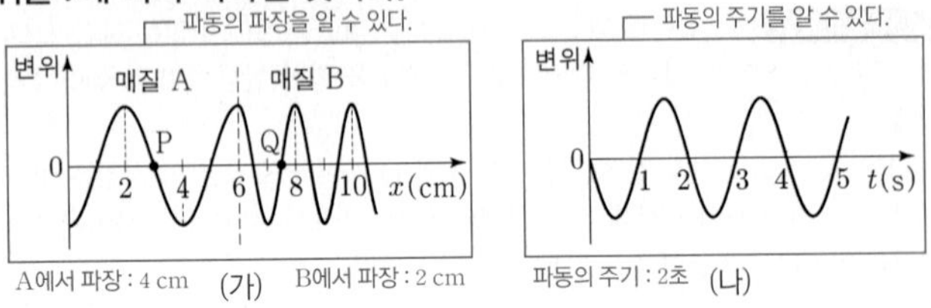

(가) (나)

이에 대한 설명으로 옳은 것만을 ⟨보기⟩에서 있는 대로 고른 것은? [3점]

보기

ㄱ. 파동의 진동수는 ~~2 Hz이다~~. 0.5 Hz이다.

ㄴ. (나)는 Q에서 파동의 변위이다.

ㄷ. 파동의 진행 속력은 A에서가 B에서의 2배이다.

① ㄱ　② ㄷ　③ ㄱ, ㄴ　④ ㄴ, ㄷ　⑤ ㄱ, ㄴ, ㄷ

✓ 자료 해석

- 위치에 따른 변위 그래프 : 파동의 파장을 알 수 있다.
- 시간에 따른 변위 그래프 : 파동의 주기를 알 수 있다.
- 주기의 역수=진동수

○ 보기풀이 ㄴ. (가)에서 파동의 진행 방향이 $+x$방향이므로, 매질은 P에서 $+y$방향으로, Q에서 $-y$방향으로 이동한다. 따라서 (나)는 Q에서의 변위이다.
ㄷ. A와 B에서 파동의 진동수는 같으므로 파동의 속력은 파장에 비례한다. 파장은 A에서 4 cm, B에서 2 cm이므로 파동의 속력은 A에서가 B에서의 2배이다.

× 매력적 오답 ㄱ. (나)에서 파동의 주기가 2초이므로, 진동수는 0.5 Hz이다.

문제풀이 Tip

위치에 따른 변위 그래프와 시간에 따른 변위 그래프에서 파장과 주기를 파악하고, 진동수는 매질이 변해도 일정함을 이용하면 해결할 수 있다.

선택지 비율	① 1%	② 1%	③ 2%	④ 2%	❺ 94%

14 파동의 중첩

2023학년도 수능 2번 | 정답 ⑤ | 문제편 159 p

출제 의도 파동의 중첩에 대해 이해하고, 중첩된 파동의 변위 변화를 해석할 수 있는지 확인하는 문항이다.

그림은 소리의 간섭 실험에 대해 학생 A, B, C가 대화하는 모습을 나타낸 것이다.

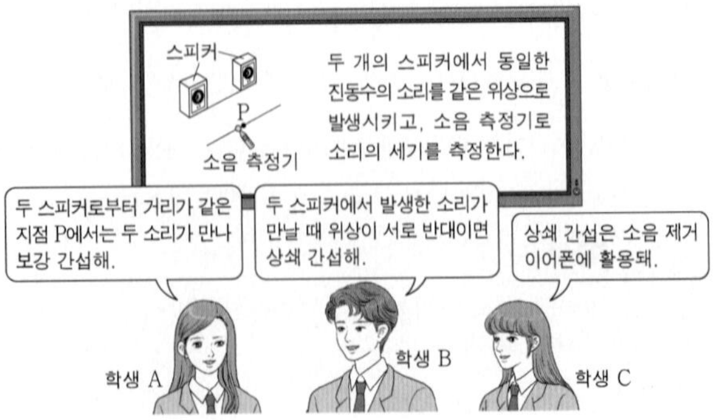

스피커
P
소음 측정기
두 개의 스피커에서 동일한 진동수의 소리를 같은 위상으로 발생시키고, 소음 측정기로 소리의 세기를 측정한다.
두 스피커로부터 거리가 같은 지점 P에서는 두 소리가 만나 보강 간섭해.
두 스피커에서 발생한 소리가 만날 때 위상이 서로 반대이면 상쇄 간섭해.
상쇄 간섭은 소음 제거 이어폰에 활용돼.
학생 A
학생 B
학생 C

제시한 내용이 옳은 학생만을 있는 대로 고른 것은? [3점]

① A　② B　③ A, C　④ B, C　⑤ A, B, C

✓ 자료 해석

- 파원에서 진동수와 위상이 같은 소리가 발생할 경우
  - → 파원으로부터 거리 차가 파장의 정수 배일 때 : 같은 위상, 보강 간섭
  - → 파원으로부터 거리 차가 반 파장의 홀수 배일 때 : 반대 위상, 상쇄 간섭
- 파원에서 진동수가 같고, 위상이 반대인 소리가 발생할 경우
  - → 파원으로부터 거리 차가 파장의 정수 배일 때 : 반대 위상, 상쇄 간섭
  - → 파원으로부터 거리 차가 반 파장의 홀수 배일 때 : 같은 위상, 보강 간섭

○ 보기풀이 A. 두 스피커에서 동일한 위상으로 발생한 소리는 같은 거리만큼 진행하여 만난 점 P에서 동일한 위상으로 중첩되므로 보강 간섭을 한다.
B. 두 소리가 서로 반대 위상으로 중첩하면 진폭이 작아지는 상쇄 간섭을 한다.
C. 소음 제거 이어폰은 소음과 반대 위상의 소리를 발생시켜서 상쇄 간섭으로 소음을 줄인다.

문제풀이 Tip

파원에서 동일한 진동수로 발생한 소리의 위상이 같을 때와 반대일 때 경로 차에 따른 보강, 상쇄 간섭 조건을 이해하고 있으면 해결할 수 있다.

선택지 비율	① 2%	② 2%	❸ 89%	④ 4%	⑤ 3%

15 파동의 중첩

2023학년도 9월 평가원 10번 | 정답 ③ | 문제편 159 p

출제 의도 파동의 중첩에 대해 이해하고, 중첩된 파동의 변위 변화를 해석할 수 있는지 확인하는 문항이다.

그림 (가)는 두 점 S_1, S_2에서 진동수와 진폭이 같고 서로 반대의 위상으로 발생시킨 두 물결파의 시간 $t=0$일 때의 모습을 나타낸 것이다. 점 A, B, C는 평면상에 고정된 세 지점이고, 두 물결파의 속력은 같다. 그림 (나)는 C에서 중첩된 물결파의 변위를 t에 따라 나타낸 것이다.

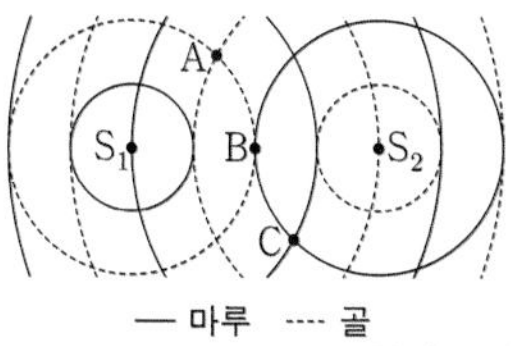

(가) $t=0$일 때, A에서는 골과 골이, B에서는 골과 마루가 만난다.

$t=0$일 때 C에서 마루와 마루가 만난다.

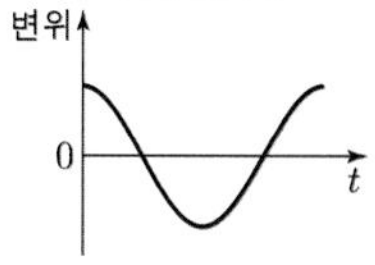

(나)

A, B에서 중첩된 물결파의 변위를 t에 따라 나타낸 것으로 가장 적절한 것은? [3점]

A　B　A　B

① 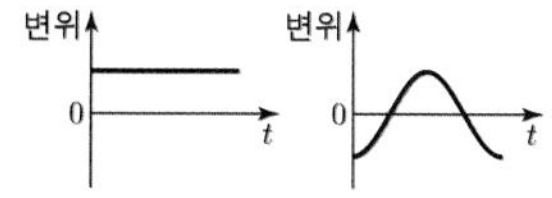
② 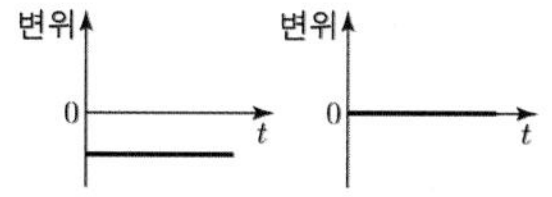
③ 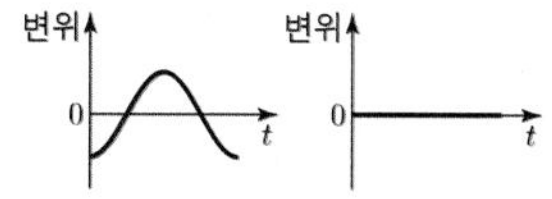
④ 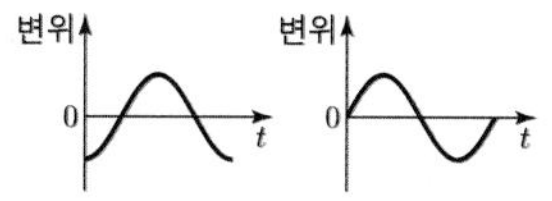
⑤ 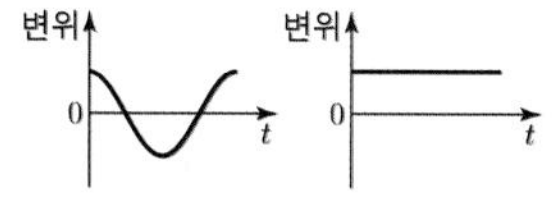

✓ **자료 해석**

- C에서 중첩된 파동의 변위의 변화가 마루, 골, 마루가 반복된다.
  → $t=0$일 때, 마루와 마루가 중첩된다.
  → 실선은 마루를, 점선은 골을 나타낸다.
- $t=0$일 때, A에서는 골과 골이, B에서는 마루와 골이 중첩된다.

O 보기 풀이 (가)에서 A와 C는 모두 보강 간섭이 일어나는 지점이지만 위상은 서로 반대이다. 그리고 B는 상쇄 간섭이 일어나는 지점이므로 진폭이 0이다.

문제풀이 Tip

C에서 중첩된 파동의 변위의 변화로부터 각 지점에서 중첩되는 파동의 위상을 파악할 수 있으면 해결할 수 있다.

선택지 비율	① 41%	② 7%	③ 5%	❹ 41%	⑤ 6%

16 빛의 굴절

2023학년도 9월 평가원 5번 | 정답 ④ | 문제편 159 p

출제 의도 빛의 굴절의 원리를 이해하고 있는지 확인하는 문항이다.

그림 (가)는 매질 A, B에 볼펜을 넣어 볼펜이 꺾여 보이는 것을, (나)는 물속에 잠긴 다리가 짧아 보이는 것을 나타낸 것이다.

이에 대한 설명으로 옳은 것만을 〈보기〉에서 있는 대로 고른 것은? [3점]

굴절률은 B가 A보다 크다.

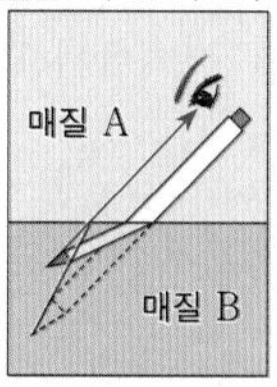

(가)

굴절률은 물이 공기보다 크다.

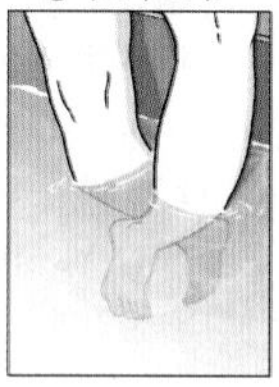

(나)

보기

ㄱ. (가)에서 굴절률은 A가 B보다 ~~크다~~. 작다.
ㄴ. (가)에서 빛의 속력은 A에서가 B에서보다 크다.
ㄷ. (나)에서 빛이 물에서 공기로 진행할 때 굴절각이 입사각보다 크다.

① ㄱ　② ㄷ　③ ㄱ, ㄴ　④ ㄴ, ㄷ　⑤ ㄱ, ㄴ, ㄷ

✓ **자료 해석**

- 굴절에 의해 매질 B 속의 연필의 길이와 물속에 잠긴 다리의 길이가 짧아보인다.
  → 굴절률은 B>A, 물>공기이다.
- 빛이 굴절률이 큰 매질에서 작은 매질로 진행할 때, 굴절각이 입사각보다 크다.

O 보기 풀이 ㄴ. 빛의 속력은 굴절률이 큰 매질에서 작다. 따라서 빛의 속력은 A에서가 B에서보다 크다.

ㄷ. 빛이 속력이 느린 물에서 속력이 빠른 공기로 진행하므로 입사각<굴절각이다.

× 매력적 오답 ㄱ. (나)에서 물속에 잠긴 다리가 실제보다 위에 있는 것처럼 보이기 때문에 다리가 짧아 보이는 현상이 일어난다. 그리고 굴절률은 물이 공기보다 크다. (가)에서도 (나)에서와 마찬가지로 볼펜이 실제보다 위에 있는 것으로 보이므로 굴절률은 B가 A보다 크다.

문제풀이 Tip

빛의 진행 경로를 그려보면 입사각과 굴절각의 차이를 바로 파악할 수 있어 어렵지 않게 해결할 수 있다.

선택지 비율	❶ 68%	② 7%	③ 16%	④ 7%	⑤ 2%

17 파동의 진행

2023학년도 6월 평가원 10번 | 정답 ① | 문제편 160p

출제 의도) 파동의 특성을 이해하고, 특정 위치에서의 변위를 해석할 수 있는지 확인하는 문항이다.

그림은 시간 $t=0$일 때 $2\ \mathrm{m/s}$의 속력으로 x축과 나란하게 진행하는 파동의 변위를 위치 x에 따라 나타낸 것이다.

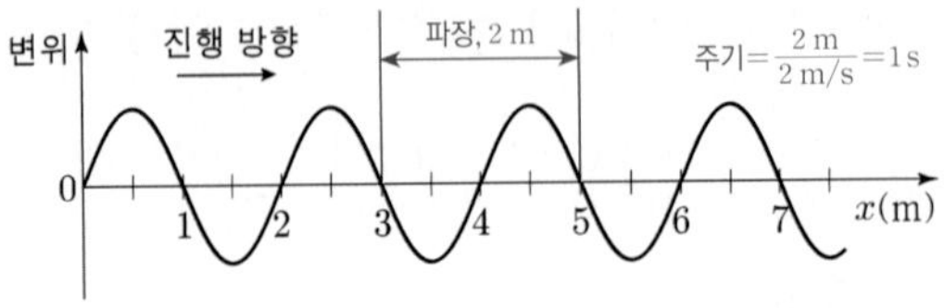

$x=7\ \mathrm{m}$에서 파동의 변위를 t에 따라 나타낸 것으로 가장 적절한 것은? [3점]

①
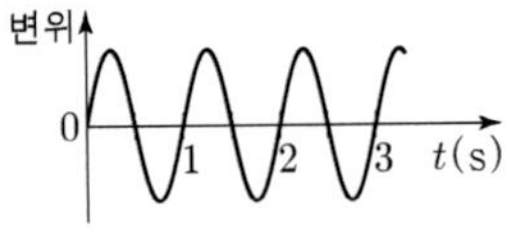

②
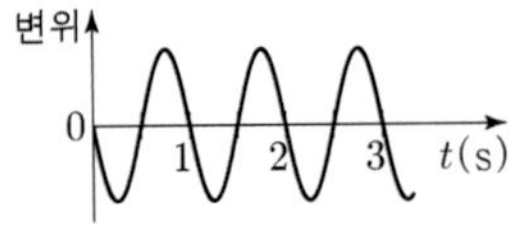

③
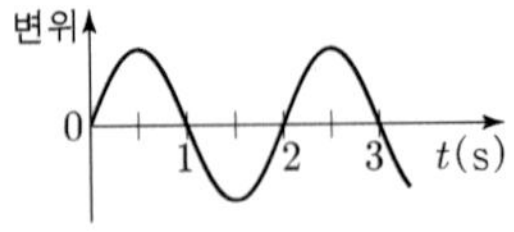

④
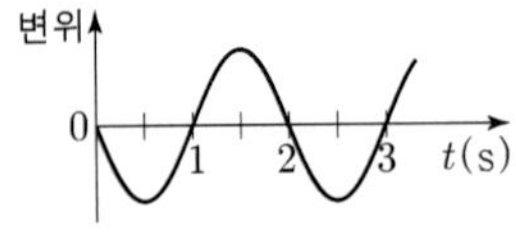

⑤
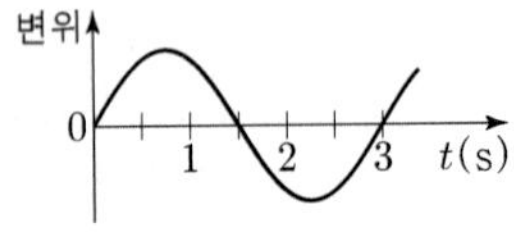

✓ 자료 해석

- 변위 – 위치 그래프에서 한 파형 동안 위치 변화량이 파장이다.
- 주기 $=\frac{\text{파장}}{\text{속력}}$

○ 보기 풀이 파동의 속력이 $2\ \mathrm{m/s}$이고 파장이 $2\ \mathrm{m}$이므로 주기는 1초이다. 파동이 $+x$방향으로 진행하므로 $x=7\ \mathrm{m}$에서 파동의 변위를 나타낸 그래프로 가장 적절한 것은 ①이다.

문제풀이 Tip

변위 – 위치 그래프로부터 파장을, 속력과 파장으로부터 주기를, 파동의 진행 방향으로부터 $x=7\ \mathrm{m}$에서 변위의 변화를 파악하면 해결할 수 있다.

선택지 비율	① 2%	② 1%	❸ 83%	④ 3%	⑤ 11%

18 빛의 간섭

2023학년도 6월 평가원 4번 | 정답 ③ | 문제편 160p

출제 의도) 무반사 코팅 렌즈의 원리에 대해 이해하고 있는지 확인하는 문항이다.

다음은 파동의 간섭을 활용한 무반사 코팅 렌즈에 대한 내용이다.

무반사 코팅 렌즈는 파동이 [ⓐ](상쇄) 간섭하여 빛의 세기가 줄어드는 현상을 활용한 예로 ㉠공기와 코팅 막의 경계에서 반사하여 공기로 진행한 빛과 ㉡코팅 막과 렌즈의 경계에서 반사하여 공기로 진행한 빛이 [ⓐ](상쇄) 간섭한다.

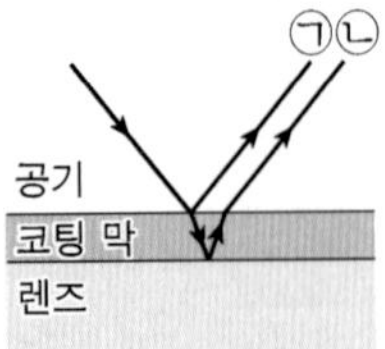

이에 대한 설명으로 옳은 것만을 〈보기〉에서 있는 대로 고른 것은?

보기

ㄱ. '상쇄'는 ⓐ에 해당한다.
ㄴ. ㉠과 ㉡은 위상이 ~~같다~~. 반대이다.
ㄷ. 파동의 간섭 현상은 소음 제거 이어폰에 활용된다.

① ㄱ ② ㄴ ③ ㄱ, ㄷ ④ ㄴ, ㄷ ⑤ ㄱ, ㄴ, ㄷ

✓ 자료 해석

- 공기와 코팅 막의 경계에서 반사된 빛과 코팅 막과 렌즈의 경계에서 반사된 빛이 상쇄 간섭하여 반사되는 빛의 세기가 줄어든다.

○ 보기 풀이 ㄱ. 무반사 코팅 렌즈는 공기와 코팅 막의 경계에서 반사된 빛과 코팅 막과 렌즈의 경계에서 반사된 빛이 상쇄 간섭하도록 하여 반사되는 빛의 세기를 줄인다.

ㄷ. 소음 제거 이어폰에서도 파동의 상쇄 간섭이 이용된다.

× 매력적 오답 ㄴ. ㉠과 ㉡이 상쇄 간섭하므로 위상이 반대이다.

문제풀이 Tip

무반사 코팅 렌즈에서 상쇄 간섭이 응용되는 원리를 이해하면 해결할 수 있다.

선택지 비율	① 6%	② 2%	❸ 70%	④ 3%	⑤ 19%

19 물결파

2022학년도 수능 3번 | 정답 ③ | 문제편 160 p

출제 의도 파동의 특성에 대한 이해를 묻는 문항이다.

다음은 물결파에 대한 실험이다.

[실험 과정] 물결파의 속도를 다르게 한다.

(가) 그림과 같이 물결파 실험 장치의 한쪽에 유리판을 넣어 물의 깊이를 다르게 한다.

(나) 일정한 진동수의 물결파를 발생시켜 스크린에 투영된 물결파의 무늬를 관찰한다.

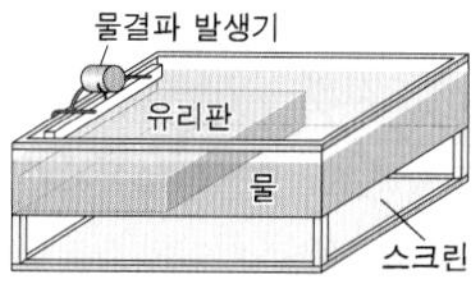

[실험 결과] 파장이 작은 Ⅰ에서가 파장이 큰 Ⅱ에서보다 속력이 느리다.

Ⅰ: 유리판을 넣은 영역
Ⅱ: 유리판을 넣지 않은 영역

[결론]

물결파의 속력은 물이 [㉠]

이에 대한 설명으로 옳은 것만을 〈보기〉에서 있는 대로 고른 것은? [3점]

〈보기〉

ㄱ. 파장은 Ⅰ에서가 Ⅱ에서보다 짧다.

ㄴ. 진동수는 ~~Ⅰ에서가 Ⅱ에서보다 크다~~. Ⅰ에서와 Ⅱ에서가 같다.

ㄷ. '깊은 곳에서가 얕은 곳에서보다 크다.'는 ㉠에 해당한다.
물결파의 속력은 물의 깊이가 깊을수록 빠르다.

① ㄱ ② ㄴ ③ ㄱ, ㄷ ④ ㄴ, ㄷ ⑤ ㄱ, ㄴ, ㄷ

✓ 자료 해석

- 유리판을 깔면 물의 깊이가 얕아진다.
- 물결파의 속력은 파장에 비례한다.
- 물결파의 파장은 무늬 간격이 클수록 크다.

O 보기풀이 ㄱ. 실험 결과에서 파면 사이의 간격이 파장이므로 물결파의 파장은 Ⅰ에서가 Ⅱ에서보다 짧다.
ㄷ. 물결파의 속력은 파장과 진동수의 곱이므로 Ⅱ(깊은 곳)에서가 Ⅰ(얕은 곳)에서보다 크다.

× 매력적 오답 ㄴ. 매질이 달라져도 파동의 진동수는 변하지 않는다.

문제풀이 Tip

물결파의 무늬 간격은 파장에 비례하고, 물결파의 속력은 파장에 비례함을 이해하고 있어야 한다.

선택지 비율	① 2%	② 8%	③ 4%	❹ 76%	⑤ 9%

20 빛의 간섭

2022학년도 수능 1번 | 정답 ④ | 문제편 160 p

출제 의도 빛의 간섭 현상을 활용한 예를 이해하고 있는지를 묻는 문항이다.

그림 A, B, C는 빛의 성질을 활용한 예를 나타낸 것이다.

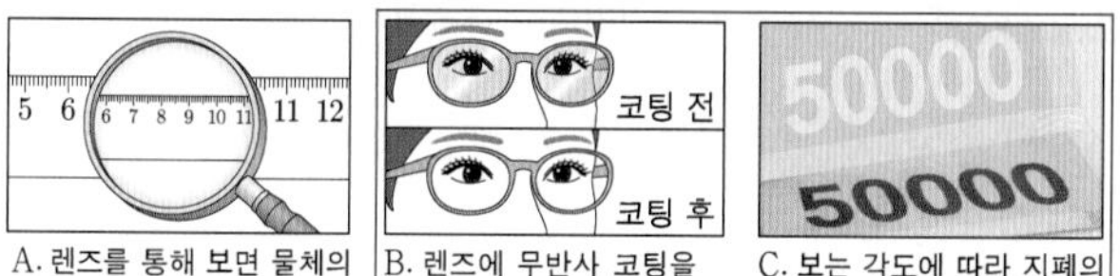

A. 렌즈를 통해 보면 물체의 크기가 다르게 보인다. — 빛의 굴절 현상
B. 렌즈에 무반사 코팅을 하면 시야가 선명해진다. — 빛의 간섭 현상
C. 보는 각도에 따라 지폐의 글자 색이 다르게 보인다.

A, B, C 중 빛의 간섭 현상을 활용한 예만을 있는 대로 고른 것은?

① A ② C ③ A, B ④ B, C ⑤ A, B, C

✓ 자료 해석

- A에서는 빛의 굴절 현상이 이용된다.
- B, C에서는 빛의 간섭 현상이 이용된다.

O 보기풀이 B. 무반사 코팅은 렌즈에 얇은 막을 입혀 상쇄 간섭에 의해 반사광을 없앤다.
C. 지폐의 글자색이 보는 각도에 따라 달라 보이는 이유는 보는 각도에 따라 보강 간섭하는 빛의 파장이 다르기 때문이다.

× 매력적 오답 A. 렌즈는 빛의 굴절 현상을 이용한다.

문제풀이 Tip

빛은 보강 간섭하면 밝기가 밝아지고, 상쇄 간섭하면 밝기가 어두워짐을 이해하고 있어야 한다.

선택지 비율	① 7%	❷ 65%	③ 10%	④ 11%	⑤ 7%

21 파동의 굴절

2022학년도 9월 **평가원** 9번 | 정답 ② | 문제편 161 p

출제 의도 파동의 굴절에 대한 이해를 묻는 문항이다.

그림 (가)는 파동이 매질 A에서 매질 B로 진행하는 모습을, (나)는 (가)의 파동이 매질 Ⅰ에서 매질 Ⅱ로 진행하는 경로를 나타낸 것이다. Ⅰ, Ⅱ는 각각 A, B 중 하나이다.

파동의 속력은 A > B, 굴절률은 A < B이다.

(가)

굴절률은 Ⅰ > Ⅱ이다.

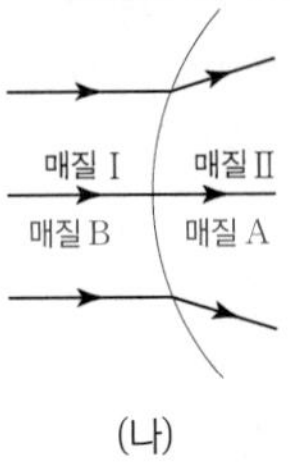

(나)

이에 대한 설명으로 옳은 것만을 〈보기〉에서 있는 대로 고른 것은? [3점]

보기
ㄱ. (가)에서 파동의 속력은 B에서가 A에서보다 ~~크다~~. 작다.
ㄴ. Ⅱ는 ~~B이다~~. A이다.
ㄷ. (나)에서 파동의 파장은 Ⅱ에서가 Ⅰ에서보다 길다.

① ㄱ ② ㄷ ③ ㄱ, ㄴ ④ ㄴ, ㄷ ⑤ ㄱ, ㄴ, ㄷ

✓ 자료 해석

- 파면 사이의 간격이 파장이고, 파면 사이의 간격이 클수록 속력이 빠르다.
  → 파장과 속력은 A에서가 B에서보다 크다.
- Ⅰ에서의 입사각보다 Ⅱ에서의 굴절각이 크므로 굴절률은 Ⅰ이 Ⅱ보다 크다.

O 보기풀이 ㄷ. (나)에서 파동의 속력은 Ⅱ에서가 Ⅰ에서보다 빠르고 진동수는 동일하므로 파장은 Ⅱ에서가 Ⅰ에서보다 길다.

✕ 매력적 오답 ㄱ. (가)에서 파면에 수직인 선을 그어 진행 방향을 확인하면, 매질의 경계면에서 입사각이 굴절각보다 크다. 따라서 굴절률은 B가 A보다 크고, 파동의 속력은 A에서가 B에서보다 크다.

ㄴ. (나)에서는 매질의 경계면에서 입사각이 굴절각보다 작으므로 굴절률은 Ⅰ이 Ⅱ보다 크다. 따라서 Ⅱ는 A, B 중 굴절률이 작은 A이다.

문제풀이 Tip

- 파면 사이의 거리로부터 파장과 속력을 비교할 수 있어야 한다.
- 입사각과 굴절각의 관계로부터 매질의 굴절률을 비교할 수 있어야 한다.

선택지 비율	① 2%	② 3%	③ 4%	❹ 84%	⑤ 7%

22 소리의 간섭 이용

2022학년도 9월 **평가원** 4번 | 정답 ④ | 문제편 161 p

출제 의도 소리의 간섭 현상을 이용하는 경우를 이해하고 있는지 묻는 문항이다.

다음은 일상생활에서 소리의 간섭 현상을 이용한 예이다.

- 자동차 배기 장치에는 소리의 [㉠](상쇄) 간섭 현상을 이용한 구조가 있어서 소음이 줄어든다.
- 소음 제거 헤드폰은 헤드폰의 마이크에 ㉡외부 소음이 입력되면 [㉠](상쇄) 간섭을 일으킬 수 있는 ㉢소리를 헤드폰에서 발생시켜서 소음을 줄여준다.

이에 대한 설명으로 옳은 것만을 〈보기〉에서 있는 대로 고른 것은?

보기
ㄱ. ~~'보강'은~~ '상쇄'는 ㉠에 해당한다.
ㄴ. ㉡과 ㉢은 위상이 반대이다.
ㄷ. 소리의 간섭 현상은 파동적 성질 때문에 나타난다.

① ㄱ ② ㄴ ③ ㄱ, ㄷ ④ ㄴ, ㄷ ⑤ ㄱ, ㄴ, ㄷ

✓ 자료 해석

- 자동차 배기 장치와 소음 제거 헤드폰에서는 소리의 상쇄 간섭을 이용하여 소음을 줄인다.

O 보기풀이 ㄴ. 헤드폰에서는 마이크에 입력된 외부 소음(㉡)과 위상이 반대인 소리(㉢)를 발생시켜 상쇄 간섭이 일어나게 한다.

ㄷ. 소리의 간섭 현상은 파동의 성질 때문에 나타나는 현상이다.

✕ 매력적 오답 ㄱ. 자동차 배기 장치의 소음 저감 장치는 소리의 상쇄 간섭을 이용한다.

문제풀이 Tip

보강 간섭은 간섭하는 두 파동의 변위의 방향이 같아서 중첩되기 전보다 진폭이 커지는 간섭이고, 상쇄 간섭은 간섭하는 두 파동의 변위의 방향이 반대여서 중첩되기 전보다 진폭이 작아지는 간섭임을 이해하고 있어야 한다.

선택지 비율	① 8%	② 10%	③ 13%	❹ 50%	⑤ 20%

23 파동의 진행

2022학년도 6월 평가원 10번 | 정답 ④ | 문제편 161 p

출제 의도 매질에 따른 파동의 속력, 파장, 진동수의 변화에 대해 이해하고 있는지 묻는 문항이다.

그림은 시간 $t=0$일 때, 매질 A에서 매질 B로 x축과 나란하게 진행하는 파동의 변위를 위치 x에 따라 나타낸 것이다. A에서 파동의 진행 속력은 2 m/s이다.

B에서의 파장이 A에서의 파장의 2배이다.
→ B에서의 속력이 A에서의 속력의 2배이다.

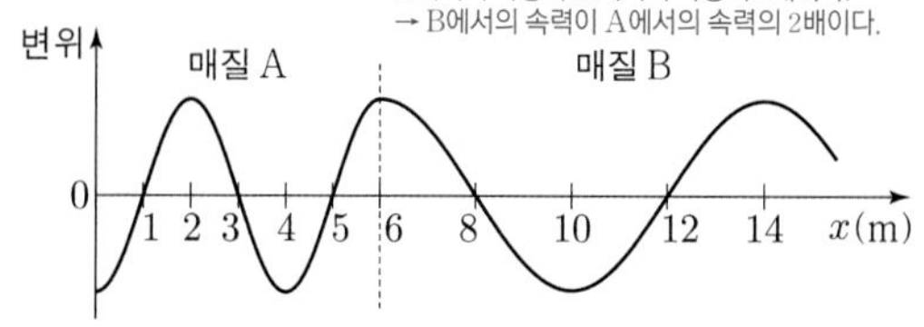

$x=12$ m에서 파동의 변위를 t에 따라 나타낸 것으로 가장 적절한 것은? [3점]

①
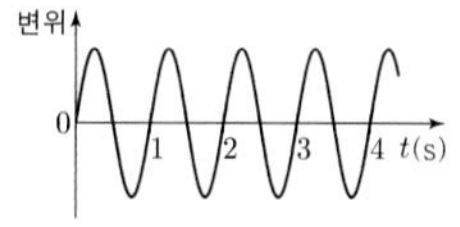

②
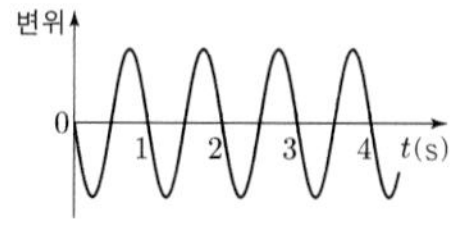

③
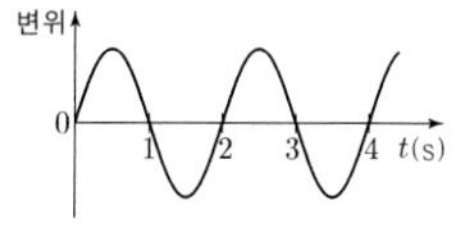

④
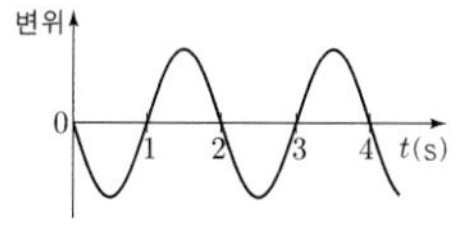

⑤
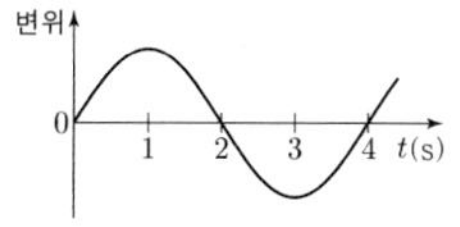

$T=\frac{\lambda}{v}$이다. → B에서 $T=2$초이다.
$T=0$ 직후 $x=12$ m의 변위는 $-y$방향으로 변한다.

✓ 자료 해석

- 파동의 파장은 A에서 4 m, B에서 8 m이다.
- 파동의 속력은 A에서 2 m/s, B에서 4 m/s이다.

O 보기 풀이 매질 A에서 파동의 파장은 4 m, 속력은 2 m/s이므로 진동수는 0.5 Hz, 즉 주기는 2초이다. 매질의 경계에서 파동의 진동수는 같으므로 매질 B에서 파동의 진동수는 0.5 Hz, 파장은 8 m이므로 속력은 4 m/s이다. 한편 파동은 오른쪽 방향으로 진행하므로 0초 이후에 파동은 음(−)의 변위를 가지게 된다. 시간에 따른 파동의 변위 중에 가장 적절한 것은 ④번이다.

문제풀이 Tip

- 매질이 달라져도 파동의 주기와 진동수는 변하지 않는다는 사실을 이해하고 있어야 한다.
- 주기는 파장에 비례하고, 속력에 반비례함을 적용할 수 있어야 한다.
  $v=\frac{\lambda}{T}$, $v=f\lambda$, $T=\frac{\lambda}{v}$

선택지 비율	① 8%	❷ 47%	③ 11%	④ 21%	⑤ 13%

24 소리의 간섭

2022학년도 6월 평가원 15번 | 정답 ② | 문제편 161 p

출제 의도 두 스피커에서 발생한 소리의 간섭에 대한 이해를 묻는 문항이다.

그림과 같이 두 개의 스피커에서 진폭과 진동수가 동일한 소리를 발생시키면 $x=0$에서 보강 간섭이 일어난다. 소리의 진동수가 f_1, f_2일 때 x축상에서 $x=0$으로부터 첫 번째 보강 간섭이 일어난 지점까지의 거리는 각각 $2d$, $3d$이다.

진동수가 작을수록 파장이 길다.

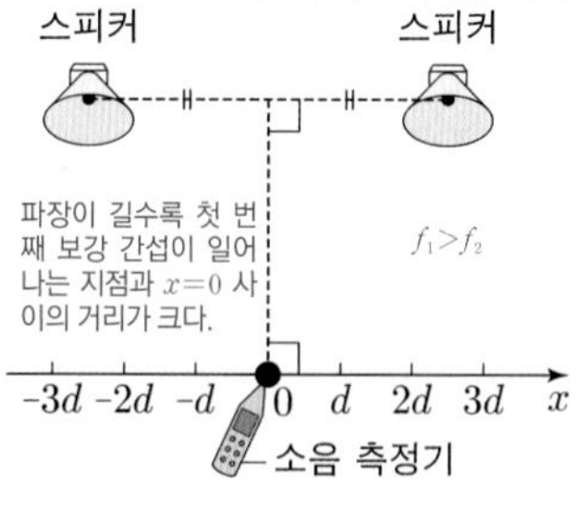

이에 대한 설명으로 옳은 것만을 〈보기〉에서 있는 대로 고른 것은?

보기

ㄱ. ~~$f_1<f_2$이다.~~ $f_1>f_2$이다.
ㄴ. f_1일 때 $x=0$과 $x=2d$ 사이에 상쇄 간섭이 일어나는 지점이 있다.
ㄷ. 보강 간섭된 소리의 진동수는 스피커에서 발생한 소리의 ~~진동수보다 크다.~~ 진동수와 같다.

① ㄱ ② ㄴ ③ ㄱ, ㄷ ④ ㄴ, ㄷ ⑤ ㄱ, ㄴ, ㄷ

✓ 자료 해석

- 0에서 첫 번째 보강 간섭 지점까지의 거리가 작을수록 파장이 짧다.
- 파장은 진동수가 클수록 짧다.
- 진동수는 $f_1>f_2$이다.

O 보기 풀이 ㄴ. 첫 번째 보강 간섭이 일어난 위치까지의 거리가 $2d$, $3d$이므로 $\pm 2d$ 안에서는 두 파동이 서로 반대 위상으로 만나는 곳이 반드시 존재한다. 따라서 상쇄 간섭이 일어나는 지점이 있다.

× 매력적 오답 ㄱ. 스피커 사이의 거리를 D, 스피커와 x축 사이의 거리를 L이라 하면, 소리의 파장 $\lambda=\frac{v}{f}$이고, $2d=\frac{L\lambda_1}{D}$, $3d=\frac{L\lambda_2}{D}$이므로 $\lambda_1<\lambda_2$이다. 따라서 $f_1>f_2$이다.

ㄷ. 서로 다른 진동수의 두 음파가 만나 간섭하더라도 음파의 진동수는 더 커질 수 없다.

문제풀이 Tip

$x=0$으로부터 첫 번째 보강 간섭 지점까지의 거리는 파장이 길수록 크다는 사실을 파악하고, 이를 이용하여 진동수를 비교할 수 있어야 한다.

25 파동의 굴절

2021학년도 수능 7번 | 정답 ④ | 문제편 162p

출제 의도 파동의 굴절에 대한 이해를 묻는 문항이다. 자료를 해석하여 공기의 온도에 따른 소리와 빛의 굴절률을 비교할 수 있어야 한다.

그림 (가)는 공기에서 유리로 진행하는 빛의 진행 방향을, (나)는 낮에 발생한 소리의 진행 방향을, (다)는 신기루가 보일 때 빛의 진행 방향을 나타낸 것이다.

경계면에서 파동의 진행 방향이 법선과 이루는 각이 클수록 매질의 굴절률은 작아지고 파동의 속력은 커진다.

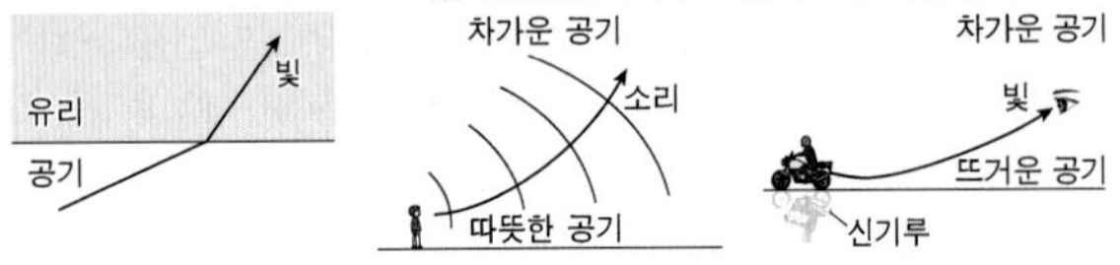

(가) (나) (다)

이에 대한 설명으로 옳은 것만을 〈보기〉에서 있는 대로 고른 것은?

보기
ㄱ. (가)에서 굴절률은 유리가 공기보다 크다.
ㄴ. (나)에서 소리의 속력은 차가운 공기에서가 따뜻한 공기에서보다 ~~크다~~. 작다.
ㄷ. (다)에서 빛의 속력은 뜨거운 공기에서가 차가운 공기에서보다 크다.

① ㄴ ② ㄷ ③ ㄱ, ㄴ ④ ㄱ, ㄷ ⑤ ㄱ, ㄴ, ㄷ

✓ 자료 해석
- 공기에서 유리로 진행할 때 진행 방향이 법선과 이루는 각이 공기>유리이므로 빛의 속력은 공기>유리, 굴절률은 공기<유리이다.
- 따뜻한 공기에서 찬 공기로 소리와 빛이 진행할 때 진행 방향이 위쪽으로 꺾이므로 굴절률은 차가운 공기가 따뜻한 공기보다 크다.

○ 보기풀이 ㄱ. 법선과 빛의 진행 방향이 이루는 각이 작을수록 굴절률이 크므로 굴절률은 유리가 공기보다 크다. 굴절률이 클수록 빛의 속력이 더 작다.
ㄷ. (다)에서 빛이 휘어지는 방향이 (가)와 비슷하므로 빛의 속력은 뜨거운 공기에서가 차가운 공기에서보다 크다.

× 매력적 오답 ㄴ. (나)에서 소리가 휘어지는 방향이 (가)와 비슷하므로 소리의 속력은 차가운 공기에서가 따뜻한 공기에서보다 작다.

문제풀이 Tip
빛과 소리가 진행할 때 경계면에서 법선과 진행 방향이 이루는 각이 클수록 속력이 빠르다는 사실을 이해하고 있어야 한다. 차가운 공기와 따뜻한 공기의 굴절률을 비교하는 문항이 출제될 수 있으니 준비해 두자.

26 물결파의 간섭

2021학년도 수능 13번 | 정답 ① | 문제편 162p

출제 의도 물결파의 간섭에 대한 이해를 묻는 문항으로, 그림이 아닌 그래프 자료를 바탕으로 해석해야 하는 문항이다.

그림 (가)는 진폭이 1 cm, 속력이 5 cm/s로 같은 두 물결파를 나타낸 것이다. 실선과 점선은 각각 물결파의 마루와 골이고, 점 P, Q, R는 평면상의 고정된 지점이다. 그림 (나)는 R에서 중첩된 물결파의 변위를 시간에 따라 나타낸 것이다.

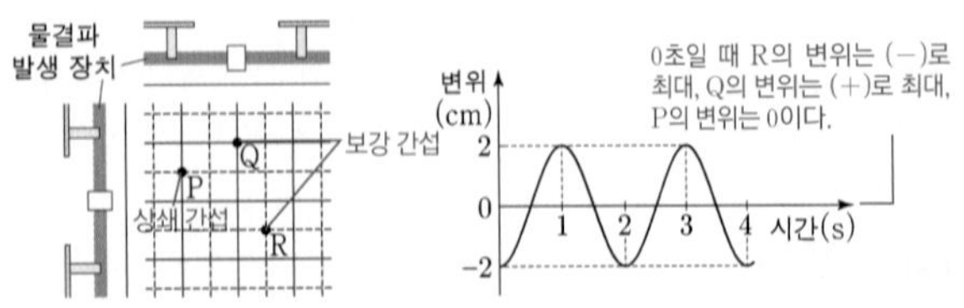

(가) (나)

이에 대한 설명으로 옳은 것만을 〈보기〉에서 있는 대로 고른 것은? [3점]

보기
ㄱ. 두 물결파의 파장은 10 cm로 같다.
ㄴ. 1초일 때, P에서 중첩된 물결파의 변위는 ~~2 cm이다~~. 0이다.
ㄷ. 2초일 때, Q에서 중첩된 물결파의 변위는 ~~0이다~~. 2 cm이다.

① ㄱ ② ㄷ ③ ㄱ, ㄴ ④ ㄴ, ㄷ ⑤ ㄱ, ㄴ, ㄷ

✓ 자료 해석
- 서로 수직으로 진행하는 물결파의 마루와 마루 또는 골과 골이 만나는 지점에서는 보강 간섭이 일어난다.
- 서로 수직으로 진행하는 물결파의 마루와 골이 만나는 지점에서는 상쇄 간섭이 일어난다.

○ 보기풀이 ㄱ. 파동의 속력은 5 cm/s이고 (나)에서 주기는 2 s이다. 따라서 $5=\frac{\lambda}{2}$에서 파장은 $\lambda=10$ cm이다.

× 매력적 오답 ㄴ. P에서 마루와 골이 만나므로 상쇄 간섭이 일어난다. 따라서 P에서 중첩된 물결파 변위는 0이다.
ㄷ. Q에서 마루와 마루, R에서 골과 골이 만나므로 두 곳에서 모두 보강 간섭을 하지만 Q와 R에서 중첩된 물결파의 변위 방향은 반대이다. 2초일 때 R에서 변위가 −2 cm이므로 Q에서 변위는 2 cm이다.

문제풀이 Tip
물결파의 간섭에서 보강 간섭이 일어나는 지점에서는 계속 보강 간섭이 일어나고, 상쇄 간섭이 일어나는 지점에서는 계속 상쇄 간섭이 일어난다는 사실을 알고 있어야 한다.

선택지 비율	❶ 81%	② 5%	③ 6%	④ 4%	⑤ 2%

27 파동의 성질

2021학년도 9월 평가원 4번 | 정답 ① | 문제편 162p

(출제 의도) 파동의 변위 - 위치 그래프, 변위 - 시간 그래프를 해석하여 파동의 진행 방향, 속력, 주기 등을 묻는 문항이다.

그림 (가)는 $t=0$일 때, 일정한 속력으로 x축과 나란하게 진행하는 파동의 변위 y를 위치 x에 따라 나타낸 것이다. 그림 (나)는 $x=2$ cm에서 y를 시간 t에 따라 나타낸 것이다.

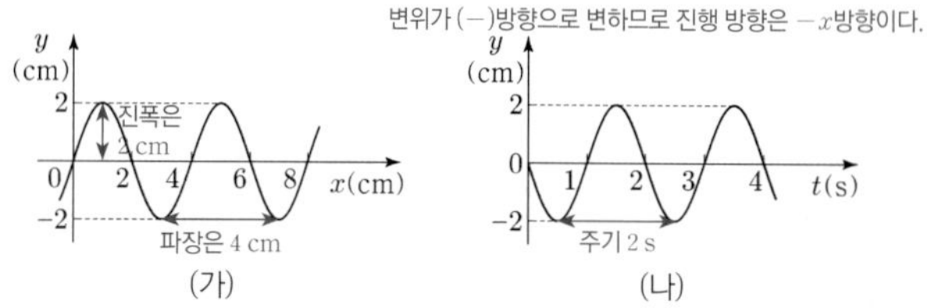

이에 대한 설명으로 옳은 것만을 〈보기〉에서 있는 대로 고른 것은? [3점]

보기
ㄱ. 파동의 진행 방향은 $-x$방향이다.
ㄴ. 파동의 진행 속력은 ~~8 cm/s이다.~~ 2 cm/s이다.
ㄷ. 2초일 때, $x=4$ cm에서 y는 ~~2 cm이다.~~ 0이다.

① ㄱ ② ㄴ ③ ㄱ, ㄷ ④ ㄴ, ㄷ ⑤ ㄱ, ㄴ, ㄷ

✔ 자료 해석
- 변위 - 위치 그래프에서 진폭은 2 cm, 파장은 4 cm이다.
- 변위 - 시간 그래프에서 주기는 2 s이다.
- $x=2$ cm에서 파동의 변위가 (−)로 변하므로 진행 방향은 $-x$방향이다.

O 보기풀이 ㄱ. $x=2$ cm의 변위가 (−)로 변하므로 $x=2$ cm의 오른쪽 파형이 왼쪽으로 이동한 것이다. 따라서 파동의 진행 방향은 $-x$방향이다.

✕ 매력적 오답 ㄴ. 파장이 4 cm, 주기가 2 s이므로 파동의 진행 속력은 $\frac{4\text{ cm}}{2\text{ s}}$ $=2$ cm/s이다.
ㄷ. 파동의 진행 방향이 $-x$방향이고, 속력이 2 cm/s이므로, 2초일 때 $x=4$ cm에서 y는 (가)에서 $x=8$ cm의 변위와 같으므로 0이다.

문제풀이 Tip
파동의 변위 - 위치 그래프와 변위 - 시간 그래프에서 파동의 파장과 주기를 파악할 수 있어야 한다.

Part II 수능 평가원

선택지 비율	❶ 71%	② 5%	③ 8%	④ 3%	⑤ 11%

28 파동의 굴절

2021학년도 6월 평가원 7번 | 정답 ① | 문제편 162p

(출제 의도) 빛과 소리의 굴절에 대한 이해를 묻는 문항이다.

그림 (가)는 물에서 공기로 진행하는 빛의 진행 방향을, (나)는 밤에 발생한 소리의 진행 방향을 나타낸 것이다.

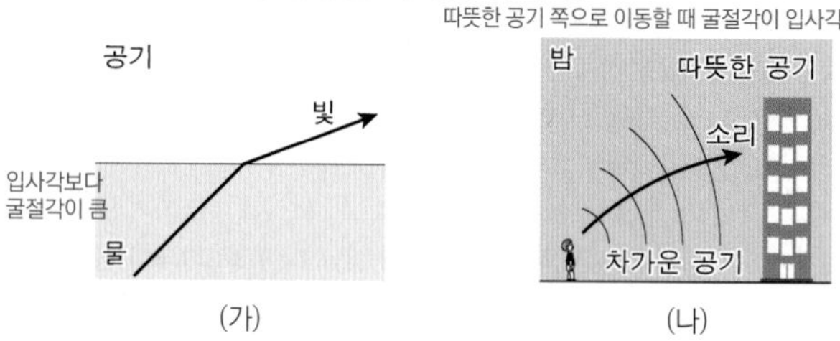

이에 대한 설명으로 옳은 것만을 〈보기〉에서 있는 대로 고른 것은? [3점]

보기
ㄱ. (가)에서 빛의 파장은 물에서가 공기에서보다 짧다.
ㄴ. (가)에서 빛의 진동수는 물~~에서가 공기에서보다 크다.~~ 물에서와 공기에서가 같다.
ㄷ. (나)에서 소리의 속력은 차가운 공기에서가 따뜻한 공기에서보다 ~~크다.~~ 작다.

① ㄱ ② ㄴ ③ ㄱ, ㄷ ④ ㄴ, ㄷ ⑤ ㄱ, ㄴ, ㄷ

✔ 자료 해석
- 굴절각이 입사각보다 크면, 굴절된 빛의 속력(파장)이 입사한 빛의 속력(파장)보다 크다.
- 차가운 공기에서 따뜻한 공기로 진행할수록 소리의 진행 방향이 지면에 나란한 방향으로 변하므로 굴절각이 입사각보다 크다.

O 보기풀이 ㄱ. 굴절각이 입사각보다 크므로 빛의 속력은 공기에서가 물에서보다 크다. 따라서 파장은 물에서가 공기에서보다 짧다.

✕ 매력적 오답 ㄴ. 빛이 굴절하더라도 진동수는 변하지 않는다. 따라서 빛의 진동수는 물에서와 공기에서가 같다.
ㄷ. 차가운 공기에서 따뜻한 공기로 진행할 때 굴절각이 입사각보다 크므로 소리의 속력은 따뜻한 공기에서가 차가운 공기에서보다 크다.

문제풀이 Tip
진동수는 파동을 발생시키는 파원에서 결정되며, 매질이 달라져도 진동수가 변하지 않으며, 온도가 높을수록 소리의 속력이 빠르다는 것을 알고 있어야 한다.

02 전반사와 광통신 및 전자기파

선택지 비율	① 3%	② 4%	❸ 80%	④ 7%	⑤ 6%

1 빛의 굴절과 전반사

2025학년도 수능 14번 | 정답 ③ | 문제편 164p

출제 의도 빛의 굴절과 전반사에 대해 이해하고 있는지 확인하는 문항이다.

그림은 동일한 단색광 P, Q, R를 입사각 θ로 각각 매질 A에서 매질 B로, B에서 매질 C로, C에서 B로 입사시키는 모습을 나타낸 것이다. P는 A와 B의 경계면에서 굴절하여 B와 C의 경계면에서 전반사한다.

이에 대한 설명으로 옳은 것만을 〈보기〉에서 있는 대로 고른 것은? [3점]

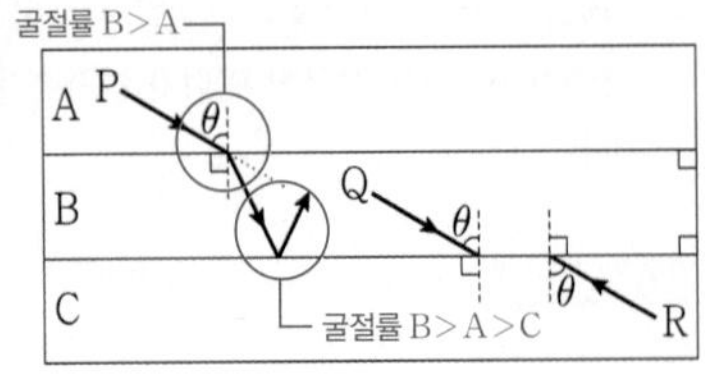

보기

ㄱ. 굴절률은 A가 C보다 크다.

ㄴ. Q는 B와 C의 경계면에서 전반사한다.

ㄷ. R는 B와 A의 경계면에서 ~~전반사한다~~. 전반사하지 않는다.

① ㄱ ② ㄷ ③ ㄱ, ㄴ ④ ㄴ, ㄷ ⑤ ㄱ, ㄴ, ㄷ

✔ 자료 해석

- B에서 A, C로 단색광의 입사각을 같게 하여 진행할 때
  → A로는 입사각보다 큰 굴절각으로 굴절하여 진행한다.
  → C로는 진행하지 않고 전반사한다.
  → 굴절률 : B>A>C

○ 보기 풀이 A에서 B로 입사하는 P의 입사각이 굴절각보다 크므로 굴절률은 A가 B보다 작다.

ㄱ. B에서 단색광 P를 A와 C로 각각 입사시킬 때, B, A의 경계면에서는 전반사가 일어나지 않고, B, C의 경계면에서는 전반사가 일어난다. 따라서 B, A의 굴절률 차가 B, C의 굴절률 차보다 작고 B의 굴절률이 C의 굴절률보다 크므로 굴절률은 A가 C보다 크다.

ㄴ. B와 C 사이의 굴절률 차가 B와 A 사이의 굴절률 차보다 크므로 B, C의 경계면에서 Q의 임계각은 θ보다 작다. 따라서 Q는 B와 C의 경계면에서 전반사한다.

× 매력적 오답 ㄷ. C의 굴절률이 A의 굴절률보다 작으므로 R가 입사각 θ로 C에서 B로 진행할 때 R의 굴절각이 P가 입사각 θ로 A에서 B로 진행할 때 P의 굴절각보다 작다. 따라서 R는 B와 A의 경계면에서 전반사하지 않는다.

문제풀이 Tip

입사각과 굴절각으로부터 A와 B, B와 C의 굴절률을 비교하고, 같은 입사각에서 굴절하고 전반사하는 것으로부터 A, C의 굴절률을 비교할 수 있으면 해결할 수 있다.

선택지 비율	① 2%	❷ 90%	③ 2%	④ 3%	⑤ 3%

2 전자기파

2025학년도 수능 1번 | 정답 ② | 문제편 164p

출제 의도 전자기파의 이용 예와 전자기파의 종류 및 특성에 대해 이해하고 있는지 확인하는 문항이다.

그림은 전자기파를 일상생활에서 이용하는 예이다.

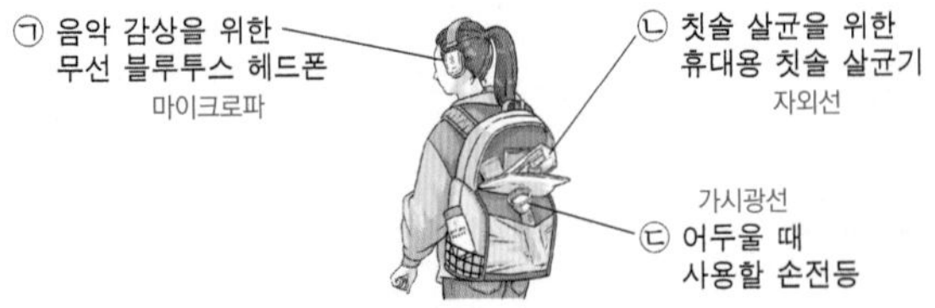

이에 대한 설명으로 옳은 것만을 〈보기〉에서 있는 대로 고른 것은?

보기

ㄱ. ㉠은 ~~감마선~~을 이용하여 스마트폰과 통신한다. 마이크로파를

ㄴ. ㉡에서 살균 작용에 사용되는 자외선은 마이크로파보다 파장이 짧다.

ㄷ. 진공에서의 속력은 ㉢에서 사용되는 ~~전자기파가 X선보다 크다~~. 전자기파와 X선이 서로 같다.

① ㄱ ② ㄴ ③ ㄷ ④ ㄱ, ㄴ ⑤ ㄴ, ㄷ

✔ 자료 해석

- ㉠은 마이크로파를 이용한 예이다.
- ㉡은 자외선을 이용한 예이다.
- ㉢은 가시광선을 이용한 예이다.
- 감마선은 전자기파 중 파장이 가장 짧은 전자기파이다.

○ 보기 풀이 ㄴ. 자외선의 파장은 적외선보다 짧고 마이크로파의 파장은 적외선보다 길다.

× 매력적 오답 ㄱ. 감마선은 암 치료에 이용되며 블루투스 헤드폰은 마이크로파를 이용한다.

ㄷ. 진공에서 전자기파의 속력은 종류와 관계없이 빛의 속력 c로 동일하다.

문제풀이 Tip

전자기파의 종류와 특성 및 이용 예를 알면 해결할 수 있다.

선택지 비율	① 3%	② 9%	③ 3%	❹ 79%	⑤ 6%

3 빛의 굴절과 전반사

2025학년도 9월 평가원 8번 | 정답 ④ | 문제편 164p

출제 의도 빛의 굴절과 전반사에 대해 이해하고 있는지 확인하는 문항이다.

그림은 매질 A에서 매질 B로 입사한 단색광 P가 굴절각 45°로 진행하여 B와 매질 C의 경계면에서 전반사한 후 B와 매질 D의 경계면에서 굴절하여 진행하는 모습을 나타낸 것이다.

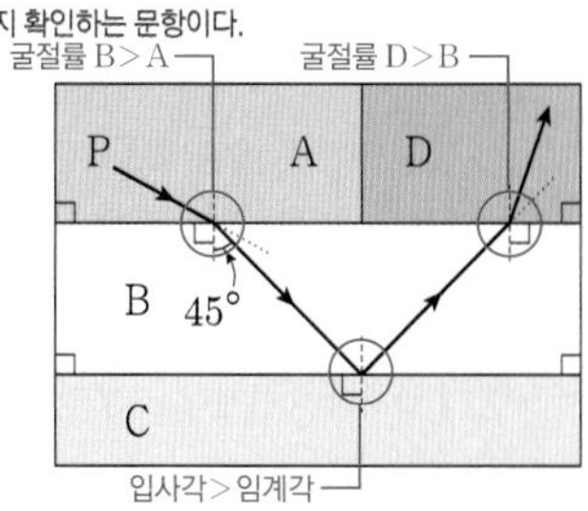

이에 대한 설명으로 옳은 것만을 〈보기〉에서 있는 대로 고른 것은?

〈보기〉

ㄱ. B와 C 사이의 임계각은 45°보다 ~~크다~~. 작다.
ㄴ. 굴절률은 A가 C보다 크다.
ㄷ. P의 속력은 A에서가 D에서보다 크다.

① ㄱ ② ㄷ ③ ㄱ, ㄴ ④ ㄴ, ㄷ ⑤ ㄱ, ㄴ, ㄷ

✓ 자료 해석

- 굴절률 : D>B>A>C
- B에서 A, C로 입사각 45°로 입사하였을 때,
  → A의 경계면에서는 굴절하므로, 임계각은 45°보다 크다.
  → C의 경계면에서는 전반사하므로, 임계각은 45°보다 작다.
  → 임계각은 굴절률 차가 클수록 작으므로, 굴절률은 A보다 C가 작다.

○ 보기 풀이 ㄴ. P를 B에서 A로 입사각 45°로 입사시키면 P가 B와 A의 경계면에서 전반사하지 않는다. 따라서 B와 C 사이의 굴절률 차이가 B와 A 사이의 굴절률 차이보다 크므로 굴절률은 A가 C보다 크다.

ㄷ. B에서 D로 입사하는 P의 입사각이 굴절각보다 크므로 굴절률은 B가 D보다 작다. A에서 B로 입사하는 P의 입사각이 굴절각보다 크므로 굴절률은 A가 B보다 작다. 따라서 굴절률은 A가 D보다 작으므로 P의 속력은 A에서가 D에서보다 크다.

× 매력적 오답 ㄱ. B에서 C로 입사각 45°로 입사한 P가 B와 C의 경계면에서 전반사하므로 B와 C 사이의 임계각은 45°보다 작다.

문제풀이 Tip

입사각과 굴절각을 비교하여 A와 B, B와 D의 굴절률을 비교하고, 같은 입사각에서 굴절하고 전반사하는 것으로부터 A, C의 굴절률을 비교할 수 있으면 해결할 수 있다.

선택지 비율	❶ 98%	② 1%	③ 0%	④ 0%	⑤ 0%

4 전자기파

2025학년도 9월 평가원 1번 | 정답 ① | 문제편 164p

출제 의도 전자기파의 이용 예와 전자기파의 종류 및 특성에 대해 이해하고 있는지 확인하는 문항이다.

그림은 가시광선, 마이크로파, X선을 분류하는 과정을 나타낸 것이다.

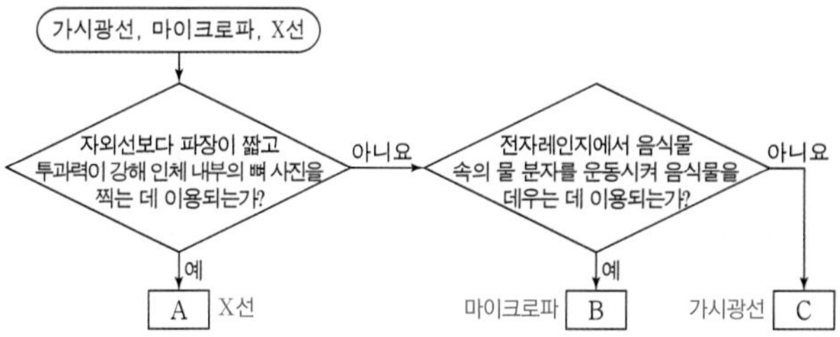

A, B, C에 해당하는 전자기파로 옳은 것은?

	A	B	C
①	X선	마이크로파	가시광선
②	X선	가시광선	마이크로파
③	마이크로파	X선	가시광선
④	마이크로파	가시광선	X선
⑤	가시광선	X선	마이크로파

✓ 자료 해석

- A는 X선, B는 마이크로파, C는 가시광선이다.
- 파장 : X선<가시광선<마이크로파
- 이용 예
  → X선 : 인체 내부의 뼈 사진, 공항 검색대에서 수하물 검사
  → 마이크로파 : 무선 통신, 전자레인지에서 음식물을 데울 때
  → 가시광선 : 눈으로 관측 가능, 물체의 모양, 색깔 등을 식별

○ 보기 풀이 A : 자외선보다 파장이 짧고 투과력이 강해 인체 내부의 뼈 사진을 찍는 데 이용되는 전자기파는 X선이다.

B : 전자레인지에서 음식물 속의 물 분자를 운동시켜 음식물을 데우는 데 이용되는 전자기파는 마이크로파이다.

C : A와 B가 각각 X선과 마이크로파이므로 C는 가시광선이다.

문제풀이 Tip

전자기파의 종류와 특성 및 이용 예를 알면 해결할 수 있다.

선택지 비율	① 3%	② 3%	③ 8%	④ 7%	❺ 78%

5 빛의 굴절과 전반사

2025학년도 6월 평가원 9번 | 정답 ⑤ | 문제편 165p

출제 의도 빛의 굴절과 전반사에 대해 이해하고 있는지 확인하는 문항이다.

그림과 같이 동일한 단색광 X, Y가 반원형 매질 Ⅰ에 수직으로 입사한다. 점 p에 입사한 X는 Ⅰ과 매질 Ⅱ의 경계면에서 전반사한 후 점 r를 향해 진행한다. 점 q에 입사한 Y는 점 s를 향해 진행한다. r, s는 Ⅰ과 Ⅱ의 경계면에 있는 점이다.

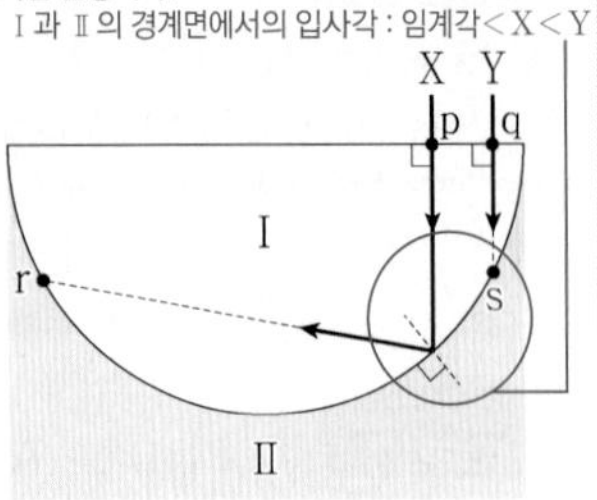

이에 대한 설명으로 옳은 것만을 〈보기〉에서 있는 대로 고른 것은?

보기
ㄱ. 굴절률은 Ⅰ이 Ⅱ보다 크다.
ㄴ. X는 r에서 전반사한다.
ㄷ. Y는 s에서 전반사한다.

① ㄱ ② ㄴ ③ ㄱ, ㄷ ④ ㄴ, ㄷ ⑤ ㄱ, ㄴ, ㄷ

✓ 자료 해석

- 전반사
  → 굴절률이 큰 매질에서 작은 매질로 진행할 때 일어난다.
  → 입사각이 임계각보다 클 때 일어난다.
  → 임계각 : 굴절각이 90°인 입사각
- Ⅰ과 Ⅱ의 경계면에서의 입사각 : Y>X
- X의 입사각>임계각 → Y의 입사각>임계각

O 보기풀이 ㄱ. Ⅰ과 Ⅱ의 경계면에서 Ⅰ에서 Ⅱ로 진행하던 X가 전반사하였으므로 굴절률은 Ⅰ이 Ⅱ보다 크다.
ㄴ. Ⅰ과 Ⅱ의 경계면에서 반사하는 X의 입사각과 반사각이 같다. 따라서 원의 성질에 의해 X는 r에서도 전반사한다.
ㄷ. Ⅰ과 Ⅱ의 경계면에서 Y의 입사각은 전반사하는 X의 입사각보다 크다. 따라서 Y의 입사각이 Ⅰ과 Ⅱ 사이의 임계각보다 크므로 Y는 s에서 전반사한다.

문제풀이 Tip
전반사가 일어나는 것으로부터 Ⅰ, Ⅱ의 굴절률을 비교하고, X, Y의 Ⅰ과 Ⅱ의 경계면에서의 입사각을 비교하여 전반사 여부를 판단하면 해결할 수 있다.

선택지 비율	① 2%	❷ 92%	③ 1%	④ 2%	⑤ 3%

6 전자기파

2025학년도 6월 평가원 1번 | 정답 ② | 문제편 165p

출제 의도 전자기파의 이용 예와 전자기파의 종류 및 특성에 대해 이해하고 있는지 확인하는 문항이다.

그림은 전자기파를 파장에 따라 분류한 것이다.

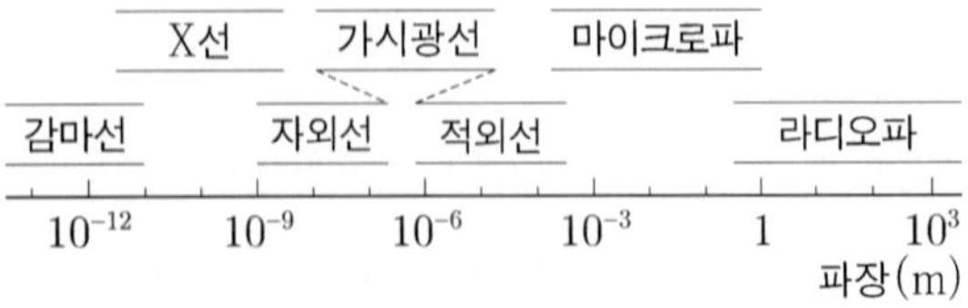

이에 대한 설명으로 옳은 것은?

① X선은 TV용 리모컨에 이용된다.
② 자외선은 살균 기능이 있는 제품에 이용된다.
③ 파장은 감마선이 마이크로파보다 길다.
④ 진동수는 가시광선이 라디오파보다 작다.
⑤ 진공에서 속력은 적외선이 마이크로파보다 크다.

✓ 자료 해석

- 진공에서 전자기파의 속력은 진동수나 파장에 상관 없이 빛의 속력 c로 동일하다.

O 보기풀이 ② 자외선은 살균 기능이 있어 자외선 살균기에 이용된다.

✕ 매력적 오답 ① 적외선은 TV용 리모컨에 이용되고, X선은 공항 검색대에서 이용된다.
③ 그림에서 알 수 있듯이 파장은 감마선이 마이크로파보다 짧다.
④ 파장은 가시광선이 라디오파보다 짧으므로 진동수는 가시광선이 라디오파보다 크다.
⑤ 전자기파의 진공에서 속력은 파장에 관계없이 빛의 속력 c로 동일하다.

문제풀이 Tip
전자기파의 종류와 특성 및 이용 예를 알면 해결할 수 있다.

7 빛의 굴절과 전반사

선택지 비율	① 11%	② 5%	❸ 66%	④ 8%	⑤ 11%

2024학년도 수능 14번 | 정답 ③ | 문제편 165p

(출제 의도) 빛의 굴절과 전반사에 대해 이해하고 있는지 확인하는 문항이다.

다음은 빛의 성질을 알아보는 실험이다.

[실험 과정 및 결과]

(가) 반원형 매질 A, B, C를 준비한다.

(나) 그림과 같이 반원형 매질을 서로 붙여 놓고, 단색광 P의 입사각(i)을 변화시키면서 굴절각(r)을 측정하여 sin r값을 sin i값에 따라 나타낸다.

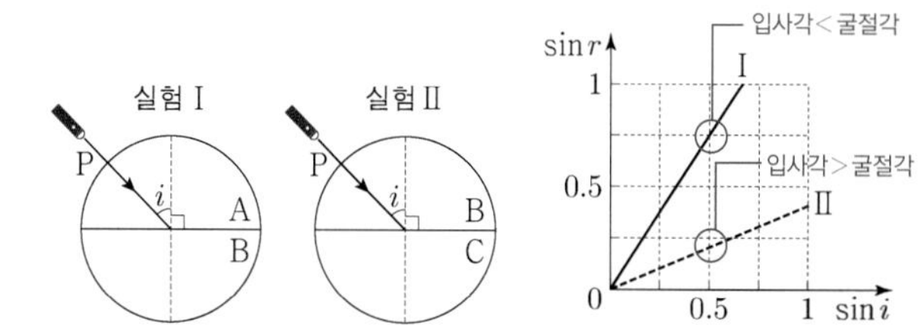

이에 대한 설명으로 옳은 것만을 〈보기〉에서 있는 대로 고른 것은?

보기

ㄱ. 굴절률은 A가 B보다 크다.

ㄴ. P의 속력은 B에서가 C에서보다 ~~작다~~. 크다.

ㄷ. I 에서 sin i_0=0.75인 입사각 i_0으로 P를 입사시키면 전반사가 일어난다.

① ㄱ　② ㄴ　③ ㄱ, ㄷ　④ ㄴ, ㄷ　⑤ ㄱ, ㄴ, ㄷ

✔ 자료 해석

• 굴절률 : A>B, C>B

• 굴절각의 sin 값이 1인 입사각이 임계각이다.

○ 보기 풀이 ㄱ. I 에서 입사각보다 굴절각이 더 크므로 굴절률은 A가 B보다 크다.

ㄷ. I 에서 sin i_0=0.75보다 작을 때 sin r의 값이 1이므로, sin i_0=0.75인 입사각 i_0으로 P를 입사시키면 전반사가 일어난다.

✕ 매력적 오답 ㄴ. II 에서 입사각보다 굴절각이 더 작으므로 굴절률은 C가 B보다 크다. 따라서 P의 속력은 B에서가 C에서보다 크다.

문제풀이 Tip

입사각과 굴절각의 sin 값을 비교하여 A와 B, B와 C의 굴절률의 상대적 크기를 파악하고, 굴절각의 sin 값이 1인 입사각이 임계각임을 파악할 수 있으면 해결할 수 있다.

8 전자기파

선택지 비율	① 6%	② 1%	③ 4%	❹ 87%	⑤ 2%

2024학년도 수능 1번 | 정답 ④ | 문제편 165p

(출제 의도) 전자기파의 이용 예와 전자기파의 종류 및 특성에 대해 이해하고 있는지 확인하는 문항이다.

그림은 버스에서 이용하는 전자기파를 나타낸 것이다.

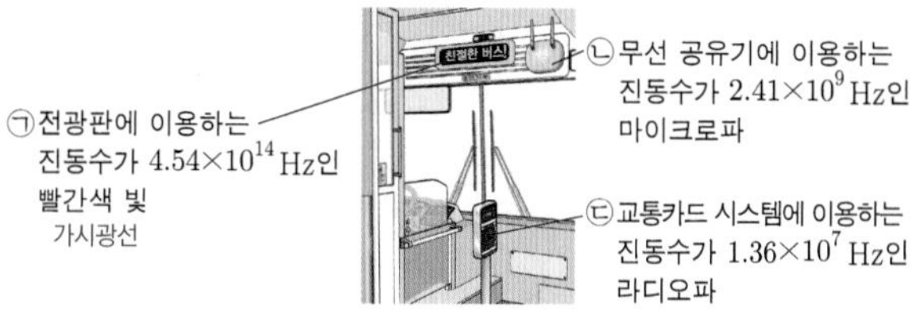

이에 대한 설명으로 옳은 것만을 〈보기〉에서 있는 대로 고른 것은?

보기

ㄱ. ㉠은 가시광선 영역에 해당한다.

ㄴ. 진공에서 속력은 ~~㉠이 ㉡보다 크다~~. ㉠과 ㉡이 서로 같다.

ㄷ. 진공에서 파장은 ㉡이 ㉢보다 짧다.

① ㄱ　② ㄴ　③ ㄱ, ㄴ　④ ㄱ, ㄷ　⑤ ㄴ, ㄷ

✔ 자료 해석

• 진공에서 전자기파의 파장
→ 라디오파>마이크로파>적외선>가시광선>자외선>X선>감마(γ)선

• 진공에서 전자기파의 속력 : 빛의 속력(c)으로 같다.

○ 보기 풀이 ㄱ. 빨간색 빛은 가시광선 영역에 해당한다.

ㄷ. 진동수는 마이크로파가 라디오파보다 크고 진동수와 파장은 반비례 관계이므로, 진공에서 파장은 마이크로파가 라디오파보다 짧다.

✕ 매력적 오답 ㄴ. 진공에서 가시광선과 마이크로파의 속력은 같다.

문제풀이 Tip

전자기파의 종류와 특성 및 이용 예를 알면 해결할 수 있다.

선택지 비율	① 12%	② 7%	❸ 62%	④ 8%	⑤ 11%

9 빛의 굴절과 전반사

2024학년도 9월 평가원 14번 | 정답 ③ | 문제편 166 p

출제 의도 빛의 굴절과 전반사에 대해 이해하고 있는지 확인하는 문항이다.

그림은 동일한 단색광 A, B를 각각 매질 Ⅰ, Ⅱ에서 중심이 O인 원형 모양의 매질 Ⅲ으로 동일한 입사각 θ로 입사시켰더니, A와 B가 굴절하여 점 p에 입사하는 모습을 나타낸 것이다.
이에 대한 설명으로 옳은 것만을 〈보기〉에서 있는 대로 고른 것은? [3점]

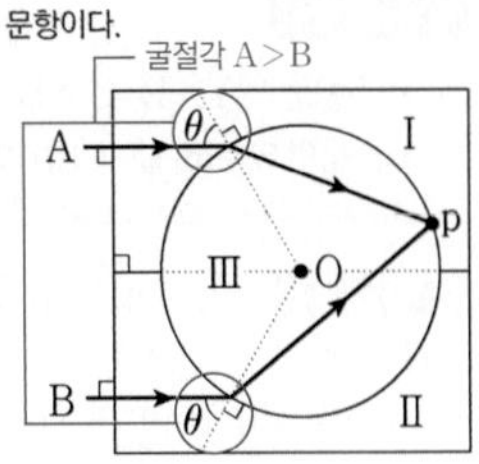

보기
ㄱ. A의 파장은 Ⅰ에서가 Ⅲ에서보다 길다.
ㄴ. 굴절률은 Ⅰ이 Ⅱ보다 크다.
ㄷ. p에서 B는 ~~전반사한다.~~ 전반사하지 않는다.

① ㄱ ② ㄷ ③ ㄱ, ㄴ ④ ㄴ, ㄷ ⑤ ㄱ, ㄴ, ㄷ

✓ 자료 해석
- 매질 Ⅲ에서의 굴절각<θ이다.
- 매질 Ⅲ에서의 굴절각 : A>B
- 매질의 굴절률 : Ⅲ > Ⅰ > Ⅱ
- 매질에서 빛의 속력(파장) : Ⅱ > Ⅰ > Ⅲ

O 보기풀이 ㄱ. Ⅰ과 Ⅲ의 경계면에서 입사각이 굴절각보다 크므로 파장은 Ⅰ에서 더 길다.
ㄴ. Ⅰ과 Ⅲ의 경계면과 Ⅱ와 Ⅲ의 경계면에서 입사각은 θ로 같으나 Ⅰ과 Ⅲ의 경계면에서의 굴절각이 더 크므로 굴절률은 Ⅰ이 Ⅱ보다 크다.

× 매력적 오답 ㄷ. p에 입사한 A는 전반사하지 못하고 굴절하므로, 이때 A의 입사각은 Ⅰ, Ⅲ 사이의 임계각보다 작다. p에 입사한 B의 입사각은 A의 입사각보다도 작으므로 p에서 B 역시 전반사하지 못한다.

문제풀이 Tip
입사각과 굴절각을 비교하여 Ⅰ과 Ⅲ, Ⅱ와 Ⅲ의 상대적 굴절률을 파악하고, 같은 입사각일 때의 굴절각을 비교하여 Ⅰ, Ⅱ의 굴절률을 파악하면 해결할 수 있다.

선택지 비율	① 3%	❷ 89%	③ 2%	④ 4%	⑤ 2%

10 전자기파

2024학년도 9월 평가원 1번 | 정답 ② | 문제편 166 p

출제 의도 전자기파의 이용 예와 전자기파의 종류 및 특성에 대해 이해하고 있는지 확인하는 문항이다.

다음은 전자기파 A와 B를 사용하는 예에 대한 설명이다.

전자레인지에 사용되는 A는 음식물 속의 물 분자를 운동시키고, 물 분자가 주위의 분자와 충돌하면서 음식물을 데운다. A보다 파장이 짧은 B는 전자레인지가 작동하는 동안 내부를 비춰 작동 여부를 눈으로 확인할 수 있게 한다.

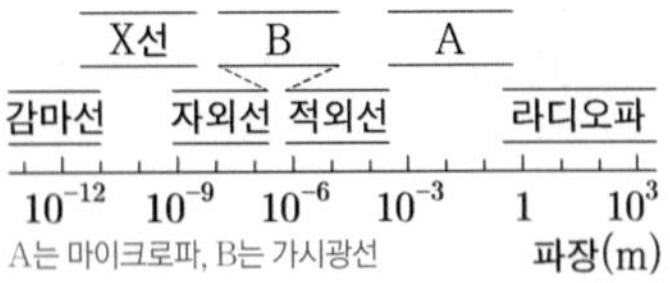

이에 대한 설명으로 옳은 것만을 〈보기〉에서 있는 대로 고른 것은?

보기
ㄱ. A는 ~~가시광선이다.~~ 마이크로파이다.
ㄴ. 진공에서 속력은 A와 B가 같다.
ㄷ. 진동수는 A가 B보다 ~~크다.~~ 작다.

① ㄱ ② ㄴ ③ ㄱ, ㄷ ④ ㄴ, ㄷ ⑤ ㄱ, ㄴ, ㄷ

✓ 자료 해석
- A는 마이크로파, B는 가시광선이다.
- 진공에서 파장은 A가 B보다 길다.
- 진공에서 속력은 모든 전자기파가 동일하다.
- 진동수는 A가 B보다 작다.

O 보기풀이 ㄴ. 진공에서 모든 전자기파는 광속 c로 진행한다.

× 매력적 오답 ㄱ. A는 마이크로파, B는 가시광선이다. A는 마이크로파로 전자레인지 및 위성통신 등에 이용된다.
ㄷ. 진동수와 파장은 반비례한다. A가 B보다 파장이 길므로, 진동수는 B가 A보다 크다.

문제풀이 Tip
전자기파의 종류와 특성 및 이용 예를 알면 해결할 수 있다.

선택지 비율	❶ 43%	② 8%	③ 29%	④ 8%	⑤ 13%

11 빛의 굴절과 전반사

2024학년도 6월 평가원 16번 | 정답 ① | 문제편 166 p

출제 의도 빛의 굴절과 전반사에 대해 이해하고 있는지 확인하는 문항이다.

그림 (가)는 단색광이 공기에서 매질 A로 입사각 θ_i로 입사한 후, 매질 A의 옆면 P에 임계각 θ_c로 입사하는 모습을 나타낸 것이다. 그림 (나)는 (가)에 물을 더 넣고 단색광을 θ_i로 입사시킨 모습을 나타낸 것이다.

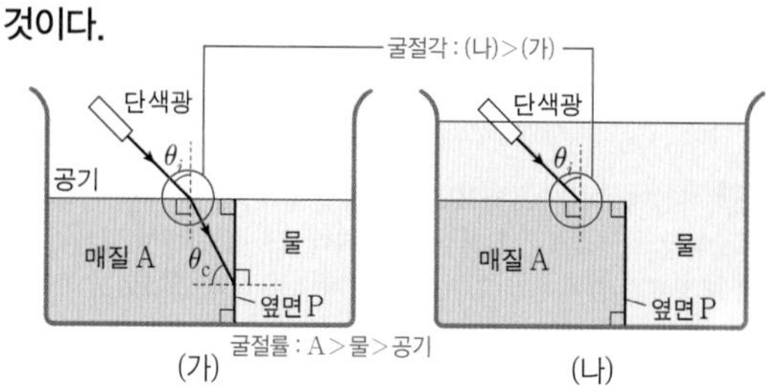

이에 대한 설명으로 옳은 것만을 〈보기〉에서 있는 대로 고른 것은?

보기

ㄱ. A의 굴절률은 물의 굴절률보다 크다.
ㄴ. (가)에서 θ_i를 증가시키면 옆면 P에서 전반사가 ~~일어난다.~~ 일어나지 않는다.
ㄷ. (나)에서 단색광은 옆면 P에서 전반사~~한다.~~ 하지 않는다.

① ㄱ ② ㄴ ③ ㄱ, ㄷ ④ ㄴ, ㄷ ⑤ ㄱ, ㄴ, ㄷ

✓ 자료 해석

- 굴절률 : A>물>공기
- A에서의 굴절각 : (나)>(가)
- A와 물의 경계면에서 입사각 : (나)<(가)$=\theta_c$

O 보기 풀이 ㄱ. A에서 물로 입사할 때 θ_c가 임계각이므로, 굴절률은 A가 물보다 크다.

X 매력적 오답 ㄴ. θ_i를 증가시키면 옆면 P에서의 입사각이 θ_c보다 작아지므로 전반사가 일어나지 않는다.

ㄷ. 굴절률은 A>물>공기 순이다. 따라서 (가), (나)에서 모두 입사각 θ_i로 입사하였을 때 (나)에서가 (가)에서보다 작게 굴절하므로 (나)의 옆면 P에서의 입사각은 θ_c보다 작다. 따라서 (나)의 옆면 P에서는 전반사가 일어나지 않는다.

문제풀이 Tip

물의 굴절률이 공기의 굴절률보다 크다는 것과 A의 굴절률이 물의 굴절률보다 크다는 것을 파악하고, 굴절률 차가 작을수록 굴절각이 증가한다는 사실을 이용하면 해결할 수 있다.

선택지 비율	① 4%	② 6%	③ 5%	❹ 79%	⑤ 5%

12 전자기파

2024학년도 6월 평가원 1번 | 정답 ④ | 문제편 166 p

출제 의도 전자기파의 이용 예와 전자기파의 종류 및 특성에 대한 이해를 확인하는 문항이다.

다음은 병원의 의료 기기에서 파동 A, B, C를 이용하는 예이다.

이에 대한 설명으로 옳은 것만을 〈보기〉에서 있는 대로 고른 것은?

보기

ㄱ. A, B는 전자기파에 속한다.
ㄴ. 진공에서의 파장은 A가 B보다 ~~길다.~~ 짧다.
ㄷ. C는 매질이 없는 진공에서 진행할 수 없다.

① ㄴ ② ㄷ ③ ㄱ, ㄴ ④ ㄱ, ㄷ ⑤ ㄱ, ㄴ, ㄷ

✓ 자료 해석

- X선, 자외선은 전자기파이다.
- 초음파는 음파의 한 종류로, 매질이 있어야 전파된다.
- 진공에서의 파장은 「X선<자외선」이다.

O 보기 풀이 ㄱ. X선과 자외선은 모두 전기장과 자기장이 진동하는 전자기파의 한 종류이다.

ㄷ. 전자기파를 제외한 모든 파동은 진동을 전달시켜주는 매질이 필요하다. 초음파는 전자기파가 아니라 탄성파의 한 종류이기에 매질이 없는 진공에서는 진행할 수 없다.

X 매력적 오답 ㄴ. 진동수는 X선이 자외선보다 크다. 진동수와 파장은 반비례하므로 파장은 X선이 자외선보다 짧다.

문제풀이 Tip

전자기파의 종류와 특성 및 이용 예와 전자기파 외의 파동의 종류 및 특성에 대해 알고 있으면 해결할 수 있다.

선택지 비율	❶ 68%	② 6%	③ 15%	④ 5%	⑤ 6%

13 전반사

2023학년도 수능 11번 | 정답 ① | 문제편 167 p

출제 의도 파동의 굴절을 통해 매질의 굴절률을 파악하는 능력과 전반사에 대한 이해를 확인하는 문항이다.

그림 (가)는 매질 A에서 원형 매질 B에 입사각 θ_1로 입사한 단색광 P가 B와 매질 C의 경계면에 임계각 θ_c로 입사하는 모습을, (나)는 C에서 B로 입사한 P가 B와 A의 경계면에서 굴절각 θ_2로 진행하는 모습을 나타낸 것이다.

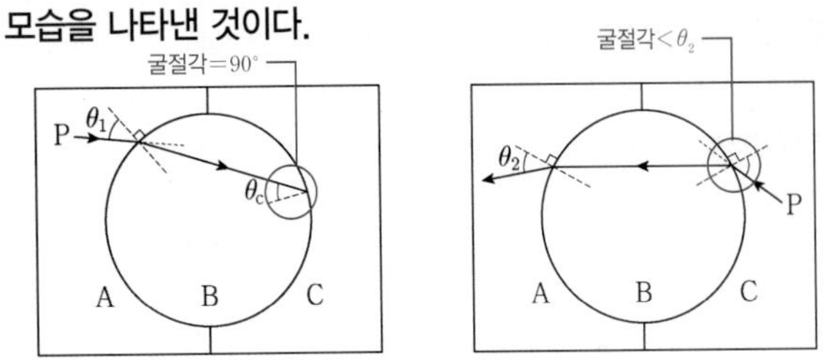

(가) (나)

이에 대한 설명으로 옳은 것만을 <보기>에서 있는 대로 고른 것은?

보기

ㄱ. P의 파장은 A에서가 B에서보다 길다.

ㄴ. ~~$\theta_1 < \theta_2$이다.~~ $\theta_1 > \theta_2$이다.

ㄷ. A와 B 사이의 임계각은 θ_c보다 ~~작다.~~ 크다.

① ㄱ ② ㄴ ③ ㄱ, ㄷ ④ ㄴ, ㄷ ⑤ ㄱ, ㄴ, ㄷ

✔ 자료 해석

- 빛의 역진성에 의해
  → (가)에서는 C에서 B로 90°로 입사하여 θ_c로 굴절한다.
  → (나)에서는 C에서 B로 90°보다 작은 각으로 입사하여 θ_c보다 작은 각으로 굴절한다.
  → (나)에서 B에서 A로 θ_c보다 작은 각으로 입사하여 θ_1보다 작은 각(θ_2)으로 굴절한다.

O 보기 풀이 (가)에서 P가 A−B면에서 굴절할 때, 굴절각(θ_c)이 입사각(θ_1)보다 작으므로 매질의 굴절률은 B가 A보다 크다. B−C면에서 임계각으로 입사하였으므로 굴절률은 B가 C보다 크다. B에서 A와 C로 각각 θ_c로 입사하면 굴절각이 θ_1과 90°가 되므로 B−C에서가 A−B에서보다 크게 굴절한다. 따라서 굴절률은 C가 A보다 작다.

ㄱ. 굴절률이 큰 매질에서 속력과 파장이 작다. 따라서 P의 파장은 A에서가 B에서보다 길다.

✘ 매력적 오답 ㄴ. (가)에서 빛이 반대 방향으로 진행하는 것을 그려보면 C에서 90°로 입사했을 때, B에서 θ_c로 굴절한 후, A에서 θ_1로 빠져나온다. (나)에서 빛은 90°보다 작은 각으로 입사했으므로 B에서 θ_c보다 작은 각으로 굴절한 후 A에서 θ_1보다 작은 각(θ_2)으로 빠져나온다.

ㄷ. 매질의 굴절률 차가 클수록 임계각은 작다. 굴절률 차는 A와 B 사이가 B와 C 사이보다 작으므로, A와 B 사이의 임계각은 B와 C 사이의 임계각인 θ_c보다 크다.

문제풀이 Tip

입사각보다 굴절각이 작으면 굴절률이 작은 매질에서 큰 매질로, 입사각보다 굴절각이 크면 굴절률이 큰 매질에서 작은 매질로 빛이 진행함을 파악하면 해결할 수 있다.

선택지 비율	① 2%	② 2%	③ 6%	❹ 84%	⑤ 6%

14 전자기파

2023학년도 수능 1번 | 정답 ④ | 문제편 167 p

출제 의도 전자기파의 이용 예와 전자기파의 종류 및 특성에 대한 이해를 확인하는 문항이다.

그림 (가)는 전자기파 A, B를 이용한 예를, (나)는 진동수에 따른 전자기파의 분류를 나타낸 것이다.

A는 마이크로파이고, B는 가시광선이다.

전자레인지의 내부에서는 음식을 데우기 위해 A가 이용되고, 표시 창에서는 B가 나와 남은 시간을 보여 준다.

(가)

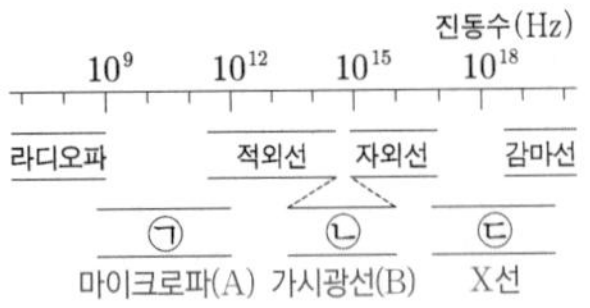

(나)

이에 대한 설명으로 옳은 것만을 <보기>에서 있는 대로 고른 것은?

보기

ㄱ. A는 ~~㉢에 해당한다.~~ ㉠에 해당한다.

ㄴ. B는 ㉡에 해당한다.

ㄷ. 파장은 A가 B보다 길다.

① ㄱ ② ㄷ ③ ㄱ, ㄴ ④ ㄴ, ㄷ ⑤ ㄱ, ㄴ, ㄷ

✔ 자료 해석

- 전자레인지에서는 마이크로파가 이용된다.
- ㉠은 마이크로파, ㉡은 가시광선, ㉢은 X선이다.
- 파장은 「마이크로파(A) > 가시광선(B) > X선」이다.

O 보기 풀이 ㄴ. B는 가시광선이므로 ㉡에 해당한다.

ㄷ. 진동수가 작은 전자기파가 파장은 길다. A는 ㉠, B는 ㉡이므로 파장은 A가 B보다 길다.

✘ 매력적 오답 ㄱ. A는 마이크로파이다. 마이크로파의 진동수는 라디오파보다 크고, 적외선보다 작다. 따라서 A는 ㉠에 해당한다.

문제풀이 Tip

전자기파의 종류와 특성 및 이용 예를 알면 해결할 수 있다.

선택지 비율	① 6%	② 5%	③ 10%	④ 8%	❺ 71%

15 빛의 굴절과 전반사

2023학년도 9월 평가원 9번 | 정답 ⑤ | 문제편 167p

출제 의도 굴절의 법칙과 전반사의 원리를 이해하고 적용할 수 있는지 확인하는 문항이다.

그림 (가)는 단색광 X가 매질 Ⅰ, Ⅱ, Ⅲ의 반원형 경계면을 지나는 모습을, (나)는 (가)에서 매질을 바꾸었을 때 X가 매질 ㉠과 ㉡ 사이의 임계각으로 입사하여 점 p에 도달한 모습을 나타낸 것이다. ㉠과 ㉡은 각각 Ⅰ과 Ⅱ 중 하나이다.

굴절률 : ㉠>㉡

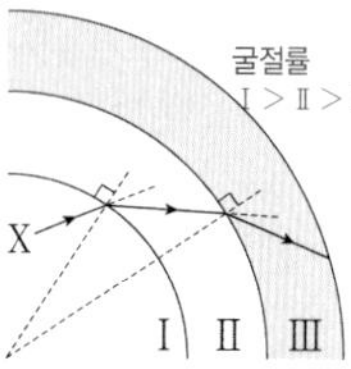

(가)

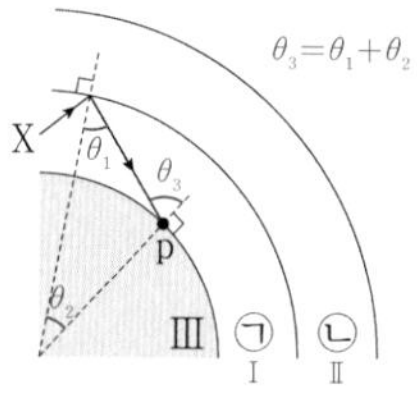

(나)

이에 대한 설명으로 옳은 것만을 <보기>에서 있는 대로 고른 것은? [3점]

보기

ㄱ. 굴절률은 Ⅰ이 가장 크다.

ㄴ. ㉡은 Ⅱ이다.

ㄷ. (나)에서 X는 p에서 전반사한다.

① ㄱ ② ㄴ ③ ㄱ, ㄷ ④ ㄴ, ㄷ ⑤ ㄱ, ㄴ, ㄷ

✓ 자료 해석

- 굴절률 : Ⅰ > Ⅱ > Ⅲ
- ㉠에서 ㉡으로 진행하면서 임계 현상이 일어난다.
  → 굴절률 : ㉠>㉡
  → ㉠은 Ⅰ, ㉡은 Ⅱ
- 임계각은 Ⅰ, Ⅲ 사이에서가 Ⅰ, Ⅱ 사이에서보다 작다.

○ 보기풀이 ㄱ. (가)에서 빛이 Ⅰ→Ⅱ→Ⅲ으로 진행할 때 굴절각이 입사각보다 크므로 매질의 굴절률은 Ⅰ > Ⅱ > Ⅲ 순으로 크다.

ㄴ. ㉠에서 ㉡으로 진행할 때 임계 현상이 나타났으므로 굴절률은 ㉠이 ㉡보다 크다. 따라서 ㉠은 Ⅰ이고, ㉡은 Ⅱ이다.

ㄷ. 삼각형의 성질에 의해 빛의 입사각은 ㉠−㉡면에서보다 ㉠−Ⅲ면에서 더 크다. 또한 매질의 굴절률 차이는 ㉠−㉡이 ㉠−Ⅲ보다 작으므로 임계각은 ㉠−㉡에서가 ㉠−Ⅲ에서보다 크다. 따라서 다음의 관계가 성립한다.

㉠−Ⅲ에서의 임계각 < ㉠−㉡에서의 임계각 =㉠−㉡에서의 입사각 < ㉠−Ⅲ에서의 입사각

㉠−Ⅲ에서 입사각이 임계각보다 크므로 X는 p에서 전반사한다.

문제풀이 Tip

(가)에서 단색광 X의 진행 경로로부터 굴절률이 Ⅰ > Ⅱ > Ⅲ임을 파악하면 해결할 수 있다.

선택지 비율	① 5%	❷ 88%	③ 2%	④ 3%	⑤ 2%

16 전자기파의 종류

2021학년도 9월 평가원 1번 | 정답 ② | 문제편 167p

출제 의도 전자기파의 종류와 이용 예를 알고 있는지 확인하는 문항이다.

그림은 전자기파에 대해 학생이 발표하는 모습을 나타낸 것이다.

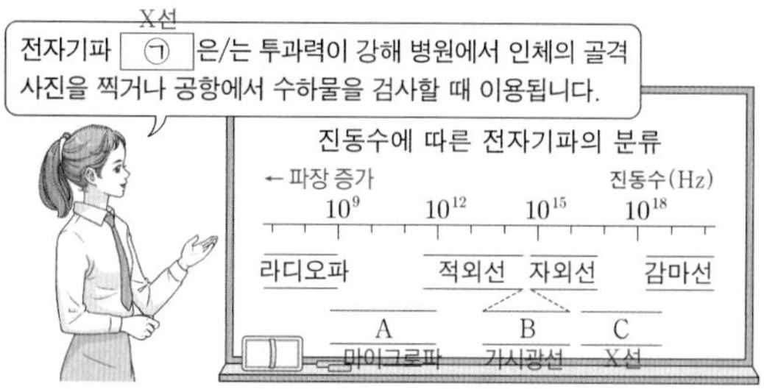

이에 대한 설명으로 옳은 것만을 <보기>에서 있는 대로 고른 것은?

보기

ㄱ. ㉠은 ~~A에~~(C에) 해당하는 전자기파이다.

ㄴ. 진공에서 파장은 A가 B보다 길다.

ㄷ. 열화상 카메라는 사람의 몸에서 방출되는 ~~C를~~(적외선을) 측정한다.

① ㄱ ② ㄴ ③ ㄱ, ㄷ ④ ㄴ, ㄷ ⑤ ㄱ, ㄴ, ㄷ

✓ 자료 해석

- 전자기파의 종류에 따른 진동수
  라디오파<마이크로파(A)<적외선<가시광선(B)<자외선<X선(C)<감마선
- 전자기파의 종류에 따른 파장
  라디오파>마이크로파(A)>적외선>가시광선(B)>자외선>X선(C)>감마선

○ 보기풀이 ㄴ. 전자기파의 파장과 진동수는 반비례한다. 진동수는 A가 B보다 작으므로, 파장은 A가 B보다 길다.

× 매력적 오답 ㄱ. ㉠은 X선이므로, 진동수가 자외선보다 크고 감마선보다 작은 C에 해당한다.

ㄷ. 열화상 카메라는 적외선을 이용해서 체온을 측정한다.

문제풀이 Tip

전자기파의 진동수(파장)에 따른 종류를 알고, 각각의 특성 및 이용 예를 알고 있으면 해결할 수 있다.

Part Ⅱ 수능 평가원

선택지 비율	❶ 78%	② 4%	③ 9%	④ 3%	⑤ 6%

17 빛의 굴절과 전반사

2023학년도 6월 평가원 15번 | 정답 ① | 문제편 168 p

출제 의도 굴절의 법칙과 전반사의 원리를 이해하고 적용할 수 있는지 확인하는 문항이다.

다음은 빛의 성질을 알아보는 실험이다.

[실험 과정]

(가) 그림과 같이 반원형 매질 A와 B를 서로 붙여 놓는다.

(나) 단색광을 A에서 B를 향해 원의 중심을 지나도록 입사시킨다.

(다) (나)에서 입사각을 변화시키면서 굴절각과 반사각을 측정한다.

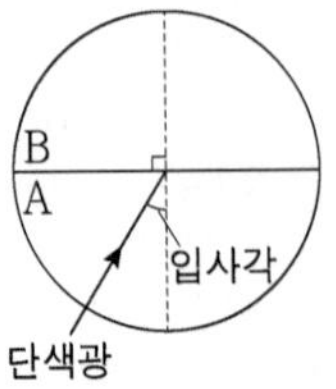

[실험 결과]

굴절률 : A>B, 빛의 속력 : B>A

실험	입사각	굴절각	반사각
Ⅰ	30°	34°	30°
Ⅱ	㉠ 50°	59°	50°
Ⅲ	70°	해당 없음 전반사	70°

이에 대한 설명으로 옳은 것만을 〈보기〉에서 있는 대로 고른 것은? [3점]

보기

ㄱ. ㉠은 50°이다.

ㄴ. 단색광의 속력은 A에서가 B에서보다 ~~크다~~. 작다.

ㄷ. A와 B 사이의 임계각은 70°보다 ~~크다~~. 작다.

① ㄱ ② ㄴ ③ ㄱ, ㄷ ④ ㄴ, ㄷ ⑤ ㄱ, ㄴ, ㄷ

✓ 자료 해석

- Ⅱ에서 반사각이 50°이므로 입사각(㉠)은 50°이다.
- Ⅲ에서 굴절각이 해당 없음이므로 전반사하였다.
- 입사각이 굴절각보다 작으므로, 굴절률은 A>B이다.

O 보기 풀이 ㄱ. 단색광의 입사각과 반사각은 같으므로 ㉠은 50°이다.

× 매력적 오답 ㄴ. 실험 Ⅰ에서 입사각보다 굴절각이 크므로 단색광의 굴절률은 A에서가 B에서보다 크다. 단색광의 속력은 굴절률에 반비례하므로 단색광의 속력은 A에서가 B에서보다 작다.

ㄷ. 입사각이 70°일 때 전반사가 일어났으므로 임계각은 70°보다 작다.

문제풀이 Tip

입사각이 굴절각보다 작은 것으로부터 굴절률이 A>B임을 알고, 입사각과 반사각이 같으며, 굴절각이 해당 없음으로부터 전반사했음을 파악하면 해결할 수 있다.

선택지 비율	① 2%	② 11%	③ 3%	❹ 80%	⑤ 4%

18 전자기파의 활용

2023학년도 6월 평가원 3번 | 정답 ④ | 문제편 168 p

출제 의도 전자기파의 종류에 따른 특성과 이용 예를 알고 있는지 확인하는 문항이다.

그림 (가)는 전자기파를 파장에 따라 분류한 것을, (나)는 (가)의 전자기파 A를 이용하는 레이더가 설치된 군함을 나타낸 것이다.

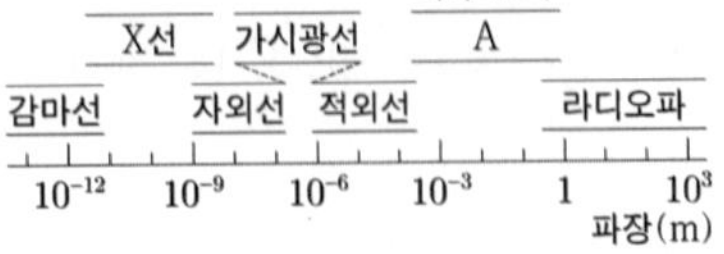

(가)

마이크로파는 레이더에 이용된다.

(나)

이에 대한 설명으로 옳은 것만을 〈보기〉에서 있는 대로 고른 것은?

보기

ㄱ. A의 진동수는 가시광선의 진동수보다 ~~크다~~. 작다.

ㄴ. 전자레인지에서 음식물을 데우는 데 이용하는 전자기파는 A에 해당한다.

ㄷ. 진공에서의 속력은 감마선과 (나)의 레이더에서 이용하는 전자기파가 같다.

① ㄱ ② ㄴ ③ ㄱ, ㄷ ④ ㄴ, ㄷ ⑤ ㄱ, ㄴ, ㄷ

✓ 자료 해석

- 전자기파의 종류에 따른 파장
  감마선<X선<자외선<가시광선<적외선<마이크로파(A)<라디오파
- 전자기파의 종류에 따른 진동수
  감마선>X선>자외선>가시광선>적외선>마이크로파(A)>라디오파

O 보기 풀이 ㄴ. 전자레인지에서 음식물을 데우는 데 이용하는 전자기파는 마이크로파로, A에 해당한다.

ㄷ. 진공에서 전자기파의 속력은 파장과 관계없이 같다.

× 매력적 오답 ㄱ. 파장이 클수록 진동수가 작으므로 A의 진동수는 가시광선의 진동수보다 작다.

문제풀이 Tip

전자기파의 진동수(파장)에 따른 종류와 각각의 특성 및 이용 예를 알고 있으면 해결할 수 있다.

선택지 비율	❶ 67%	② 7%	③ 14%	④ 6%	⑤ 7%

19 빛의 굴절

2022학년도 수능 11번 | 정답 ① | 문제편 168 p

출제 의도 빛의 굴절과 전반사에 대한 이해를 묻는 문항이다.

다음은 빛의 성질을 알아보는 실험이다.

[실험 과정]

(가) 반원형 매질 A, B, C를 준비한다.

(나) 그림과 같이 반원형 매질을 서로 붙여 놓고 단색광 P를 입사시켜 입사각과 굴절각을 측정한다.

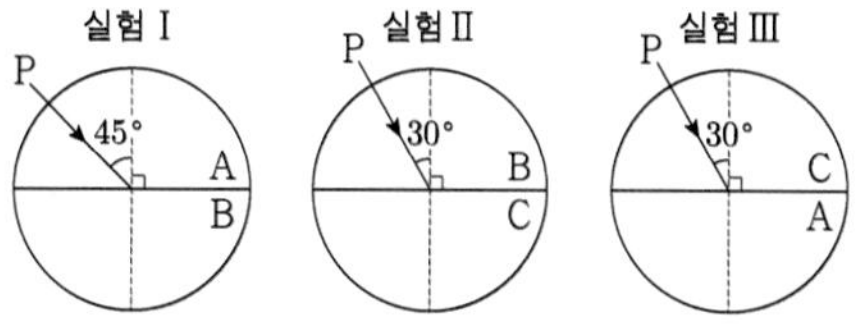

[실험 결과]

실험	입사각	굴절각	굴절률
I	45°	30°	A<B
II	30°	25°	B<C
III	30°	㉠	A<C

이에 대한 설명으로 옳은 것만을 〈보기〉에서 있는 대로 고른 것은? [3점]

보기

ㄱ. ㉠은 45°보다 크다.

ㄴ. P의 파장은 A에서가 B에서보다 ~~짧다.~~ 길다.

ㄷ. 임계각은 P가 B에서 A로 진행할 때가 C에서 A로 진행할 때보다 ~~작다.~~ 크다.

① ㄱ ② ㄴ ③ ㄱ, ㄷ ④ ㄴ, ㄷ ⑤ ㄱ, ㄴ, ㄷ

✓ 자료 해석

• 굴절률은 A<B, B<C이므로, A의 굴절률은 C의 굴절률보다 작다.

O 보기풀이 ㄱ. $n_A \sin 45° = n_B \sin 30° = n_C \sin 25°$이다. C에서 A로 입사각 25°로 입사하면 굴절각이 45°이므로 Ⅲ에서 C에서 A로 30°로 입사하면 굴절각은 45°보다 크다.

× 매력적 오답 ㄴ. 굴절률은 B가 A보다 크므로 P의 파장은 A에서가 B에서보다 길다.

ㄷ. 두 매질의 굴절률 차이가 클수록 임계각은 작다. 굴절률은 C>B>A이므로 임계각은 P가 B에서 A로 진행할 때가 C에서 A로 진행할 때보다 크다.

문제풀이 Tip

입사각과 굴절각의 관계로부터 굴절률의 대소 관계를 파악하고, 빛이 입사하는 물질이 같을 때, 굴절하는 물질의 굴절률이 작을수록 굴절각이 크다는 것을 이해하고 있어야 한다.

선택지 비율	① 7%	② 2%	❸ 85%	④ 3%	⑤ 4%

20 전자기파의 종류

2022학년도 수능 4번 | 정답 ③ | 문제편 168p

출제 의도 전자기파에 대한 이해를 묻는 문항이다.

그림은 전자기파에 대해 학생 A, B, C가 대화하는 모습을 나타낸 것이다.

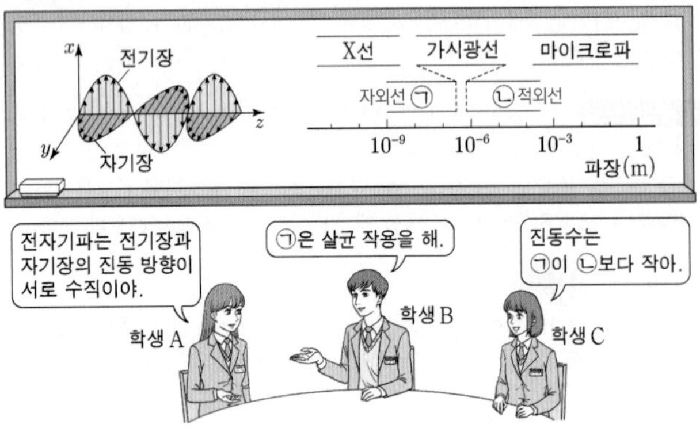

제시한 내용이 옳은 학생만을 있는 대로 고른 것은?

① A ② C ③ A, B ④ B, C ⑤ A, B, C

✔ 자료 해석

• 전자기파에서 전기장과 자기장의 진동 방향은 서로 수직이다.
• ㉠은 자외선, ㉡은 적외선이다.

○ 보기 풀이 A. 전자기파는 전기장과 자기장의 진동 방향이 서로 수직이다.
B. 파장이 X선보다 길고 가시광선보다 짧은 ㉠은 자외선이다. 자외선은 살균 작용을 한다.

✕ 매력적 오답 C. 파장은 ㉡이 ㉠보다 길므로 진동수는 ㉠이 ㉡보다 크다.

문제풀이 Tip
가시광선보다 파장이 짧은 전자기파는 파장이 긴 순서대로 자외선>X선>감마선이고, 가시광선보다 파장이 긴 전자기파는 파장이 짧은 순서대로 적외선<마이크로파<라디오파임을 이해하고 있어야 한다.

선택지 비율	① 3%	② 2%	③ 4%	❹ 87%	⑤ 4%

21 전자기파

2022학년도 9월 평가원 3번 | 정답 ④ | 문제편 169p

출제 의도 전자기파의 이용에 대한 이해를 묻는 문항이다.

그림 (가)~(다)는 전자기파를 일상생활에서 이용하는 예이다.

(가) 위성 통신 (나) 광통신 (다) LED 신호등

이에 대한 설명으로 옳은 것만을 ⟨보기⟩에서 있는 대로 고른 것은?

보기
ㄱ. (가)에서 ~~자외선~~(마이크로파를)을 이용한다.
ㄴ. (나)에서 전반사를 이용한다.
ㄷ. (다)에서 가시광선을 이용한다.

① ㄱ ② ㄷ ③ ㄱ, ㄴ ④ ㄴ, ㄷ ⑤ ㄱ, ㄴ, ㄷ

✔ 자료 해석

• 위성 통신에는 마이크로파를 이용한다.
• 광통신에는 전반사 현상을 이용한다.
• LED 신호등은 가시광선을 이용한다.

○ 보기 풀이 ㄴ. 광섬유에 빛을 비추면 빛이 전반사하며 진행한다.
ㄷ. LED 신호등에서는 가시광선이 방출된다.

✕ 매력적 오답 ㄱ. 위성 통신에서는 마이크로파를 이용한다.

문제풀이 Tip
전자기파의 종류에 따른 다양한 이용 예를 이해하고 있어야 한다.

선택지 비율	① 7%	❷ 72%	③ 6%	④ 8%	⑤ 6%

22 빛의 전반사

2022학년도 9월 평가원 15번 | 정답 ② | 문제편 169 p

출제 의도 빛의 전반사에 대한 이해를 묻는 문항이다.

그림과 같이 단색광 X가 입사각 θ로 매질 Ⅰ에서 매질 Ⅱ로 입사할 때는 굴절하고, X가 입사각 θ로 매질 Ⅲ에서 Ⅱ로 입사할 때는 전반사한다. 이에 대한 설명으로 옳은 것만을 〈보기〉에서 있는 대로 고른 것은? [3점]

Ⅰ, Ⅲ에서 입사각 θ로 Ⅱ로 입사할 때, Ⅲ에서만 전반사하므로 굴절률은 Ⅲ > Ⅰ이다.

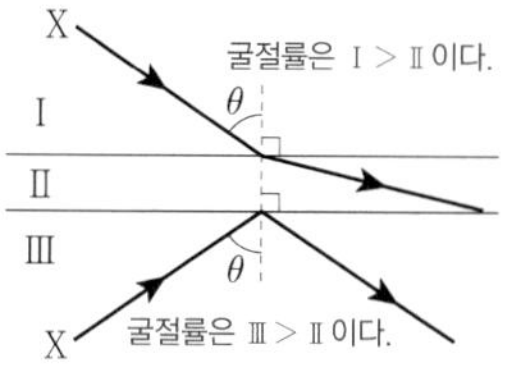

보기

ㄱ. 굴절률은 ~~Ⅱ가 가장 크다.~~ Ⅲ이 가장 크다.

ㄴ. X가 Ⅱ에서 Ⅲ으로 진행할 때 전반사~~한다.~~ 하지 않는다.

ㄷ. 임계각은 X가 Ⅰ에서 Ⅱ로 입사할 때가 Ⅲ에서 Ⅱ로 입사할 때보다 크다.

① ㄱ ② ㄷ ③ ㄱ, ㄴ ④ ㄴ, ㄷ ⑤ ㄱ, ㄴ, ㄷ

✓ 자료 해석

- Ⅰ, Ⅲ에서 같은 입사각으로 입사할 때, Ⅱ에서 각각 굴절과 전반사가 일어났으므로 굴절률은 Ⅲ > Ⅰ이다.
- Ⅰ에서 Ⅱ로 입사할 때 입사각이 굴절각보다 작으므로 굴절률은 Ⅰ > Ⅱ이다.

○ 보기 풀이 ㄷ. X가 Ⅰ에서 Ⅱ로 입사할 때의 임계각은 θ보다 크고, Ⅲ에서 Ⅱ로 입사할 때의 임계각은 θ보다 작다.

× 매력적 오답 ㄱ. X가 Ⅰ에서 Ⅱ로 입사할 때 입사각이 굴절각보다 작으므로 굴절률은 Ⅰ이 Ⅱ보다 크다. X가 Ⅲ에서 Ⅱ로 입사할 때 전반사하므로 굴절률은 Ⅲ이 Ⅱ보다 크다. 입사각 θ는 Ⅰ에서 Ⅱ로 입사할 때의 임계각보다는 작고 Ⅲ에서 Ⅱ로 입사할 때의 임계각보다는 크다. 따라서 Ⅰ과 Ⅱ 사이의 굴절률 차이는 Ⅲ과 Ⅱ 사이의 굴절률 차이보다 작으므로, 굴절률은 Ⅲ > Ⅰ > Ⅱ이다.
ㄴ. X가 Ⅱ에서 Ⅲ으로 진행할 때는 굴절률이 작은 매질에서 큰 매질로 입사하므로 전반사가 일어나지 않는다.

문제풀이 Tip

입사각이 굴절각보다 크면 매질의 굴절률은 입사하는 쪽이 굴절하는 쪽보다 작다는 사실을 염두하여 굴절률을 비교할 수 있어야 한다.

선택지 비율	① 5%	② 4%	③ 7%	❹ 81%	⑤ 2%

23 전자기파

2022학년도 6월 평가원 1번 | 정답 ④ | 문제편 169 p

출제 의도 전자기파의 종류와 이용 예를 연관지어 이해하고 있는지 묻는 문항이다.

그림은 전자기파를 파장에 따라 분류한 것이고, 표는 전자기파 A, B, C가 사용되는 예를 순서 없이 나타낸 것이다.

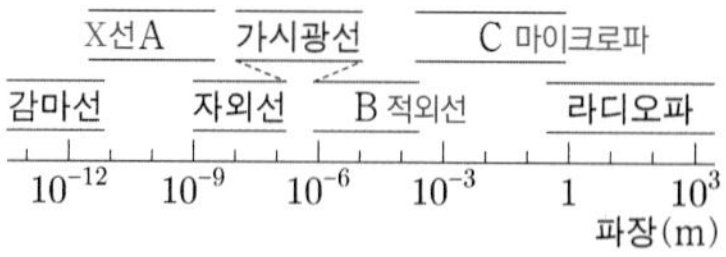

전자기파	사용되는 예
(가) B	체온을 측정하는 열화상 카메라에 사용된다.
(나) C	음식물을 데우는 전자레인지에 사용된다.
(다) A	공항 검색대에서 수하물의 내부 영상을 찍는 데 사용된다.

(가), (나), (다)에 해당하는 전자기파로 옳은 것은?

	(가)	(나)	(다)
①	A	B	C
②	A	C	B
③	B	A	C
④	B	C	A
⑤	C	A	B

✓ 자료 해석

- 전자기파의 파장
  감마선 < X선(A) < 자외선 < 가시광선 < 적외선(B) < 마이크로파(C) < 라디오파

○ 보기 풀이 전자기파가 사용되는 예에서 (가)는 적외선, (나)는 마이크로파, (다)는 X선이 사용되는 예이다. 파장에 따른 분류에서 A는 X선, B는 적외선, C는 마이크로파이다. 따라서 (가)에 해당하는 전자기파는 B, (나)에 해당하는 전자기파는 C, (다)에 해당하는 전자기파는 A이다.

문제풀이 Tip

전자기파의 파장에 따른 분류와 이용 예를 이해하고 있어야 한다.

출제 의도 빛의 굴절과 전반사에 대한 이해를 묻는 문항이다.

다음은 빛의 성질을 알아보는 실험이다.

[실험 과정]

(가) 반원 Ⅰ, Ⅱ로 구성된 원이 그려진 종이면의 Ⅰ에 반원형 유리 A를 올려놓는다.

(나) 레이저 빛이 점 p에서 유리면에 수직으로 입사하도록 한다.

(다) 그림과 같이 빛이 진행하는 경로를 종이면에 그린다.

(라) p와 x축 사이의 거리 L_1, 빛의 경로가 Ⅱ의 호와 만나는 점과 x축 사이의 거리 L_2를 측정한다.

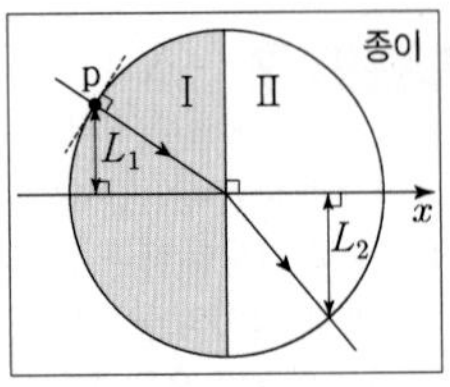

$\frac{L_2}{L_1}$가 클수록 Ⅰ, Ⅱ의 굴절률 차가 크다.

(마) (가)에서 Ⅰ의 A를 반원형 유리 B로 바꾸고, (나)~(라)를 반복한다.

(바) (마)에서 Ⅱ에 A를 올려놓고, (나)~(라)를 반복한다.

[실험 결과]

과정	Ⅰ	Ⅱ	L_1(cm)	L_2(cm)	$\frac{L_2}{L_1}$
(라)	A	공기	3.0	4.5	$\frac{3}{2}$
(마)	B	공기	3.0	5.1	$\frac{5.1}{3}$
(바)	B	A	3.0	㉠	$\frac{10.2}{3}$

이에 대한 설명으로 옳은 것만을 〈보기〉에서 있는 대로 고른 것은? [3점]

보기

ㄱ. ~~㉠>5.1이다.~~ ㉠<5.1이다.

ㄴ. 레이저 빛의 속력은 A에서가 B에서보다 크다.

ㄷ. 임계각은 레이저 빛이 A에서 공기로 진행할 때가 B에서 공기로 진행할 때보다 크다.

① ㄱ ② ㄴ ③ ㄱ, ㄷ ④ ㄴ, ㄷ ⑤ ㄱ, ㄴ, ㄷ

✓ 자료 해석

• 지름을 L_0이라 하면, $\frac{L_1}{L_0}$, $\frac{L_2}{L_0}$는 각각 입사각과 굴절각의 사인값이다.

O 보기 풀이 ㄴ. $\frac{v_B}{v_A}=\frac{4.5}{5.1}$이므로 레이저 빛의 속력은 A에서가 B에서보다 크다.

ㄷ. $\frac{v_A}{v_{공기}}=\frac{n_{공기}}{n_A}=\frac{3}{4.5}$, $\frac{v_B}{v_{공기}}=\frac{n_{공기}}{n_B}=\frac{3}{5.1}$이고 공기의 굴절률은 1이므로 굴절률은 B가 A보다 더 크다. 따라서 임계각은 A에서 공기로 진행할 때가 B에서 공기로 진행할 때보다 크다.

× 매력적 오답 ㄱ. 실험 과정 (라), (마), (바)의 결과에서 각각

$\frac{v_A}{v_{공기}}=\frac{\sin\theta_A}{\sin\theta_{공기}}=\frac{L_1}{L_2}=\frac{3}{4.5}$,

$\frac{v_B}{v_{공기}}=\frac{\sin\theta_B}{\sin\theta_{공기}}=\frac{L_1}{L_2}=\frac{3}{5.1}$,

$\frac{v_B}{v_A}=\frac{3}{㉠}=\frac{4.5}{5.1}$

이므로 $㉠=\frac{3}{4.5}\times5.1<5.1$이다.

문제풀이 Tip

$\frac{L_1}{L_2}$이 Ⅰ에 대한 Ⅱ의 굴절률임을 적용하여 A, B, 공기의 굴절률을 비교할 수 있어야 한다.

선택지 비율	① 1%	② 2%	③ 1%	❹ 93%	⑤ 3%

25 전자기파의 종류 및 이용

2021학년도 수능 1번 | 정답 ④ | 문제편 170 p

출제 의도 전자기파의 종류에 따른 파장과 진동수의 크기를, 각 전자기파의 이용 예를 이해하고 있는지 묻는 문항이다.

그림은 파장에 따른 전자기파의 분류를 나타낸 것이다.

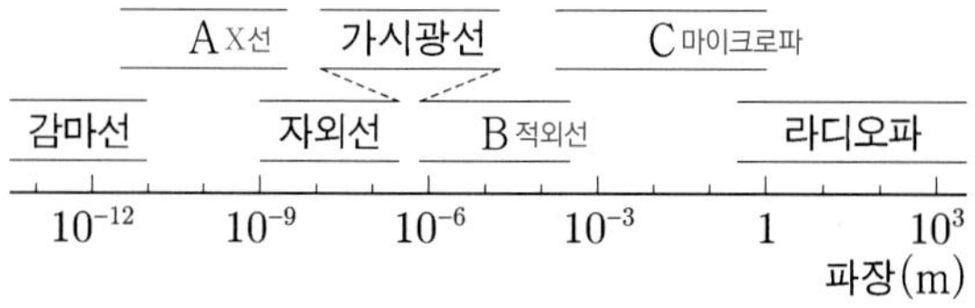

이에 대한 설명으로 옳은 것만을 〈보기〉에서 있는 대로 고른 것은?

보기

ㄱ. 진동수는 C가 A보다 ~~크다.~~ 작다.
ㄴ. 공항에서 수하물 검사에 사용하는 X선은 A에 해당한다.
ㄷ. 적외선 체온계는 몸에서 나오는 B에 해당하는 전자기파를 측정한다.

① ㄱ ② ㄷ ③ ㄱ, ㄴ ④ ㄴ, ㄷ ⑤ ㄱ, ㄴ, ㄷ

✓ 자료 해석

- 파장이 길어지는 순서에 따라 나열하면 다음과 같다.
  감마(γ)선 < X선 < 자외선 < 가시광선 < 적외선 < 마이크로파 < 라디오파
- 전자기파의 진동수는 파장이 길어질수록 작아진다.
- 수하물 검사에는 X선이, 체온 측정에는 적외선이 이용된다.

O 보기 풀이 ㄴ. X선은 자외선보다 파장이 짧으므로 A에 해당한다.
ㄷ. 적외선은 가시광선보다 파장이 길므로 B에 해당한다.

✕ 매력적 오답 ㄱ. 파장은 C가 A보다 크므로 진동수는 A가 C보다 크다.

문제풀이 Tip

파장의 길이에 따른 전자기파의 분류에서 A는 X선, B는 적외선, C는 마이크로파임을 파악할 수 있어야 한다. 진동수에 따른 전자기파의 분류를 묻는 문항이 출제될 수 있으니 준비해 두자.

선택지 비율	① 3%	② 3%	❸ 75%	④ 8%	⑤ 11%

26 전반사

2021학년도 수능 15번 | 정답 ③ | 문제편 170 p

출제 의도 전반사의 원리를 이해하고, 광섬유에서 빛의 진행을 해석하여 굴절 법칙에 적용할 수 있는지 묻는 문항이다.

그림 (가), (나)는 각각 물질 X, Y, Z 중 두 물질을 이용하여 만든 광섬유의 코어에 단색광 A를 입사각 θ_0으로 입사시킨 모습을 나타낸 것이다. θ_1은 X와 Y 사이의 임계각이고, 굴절률은 Z가 X보다 크다.

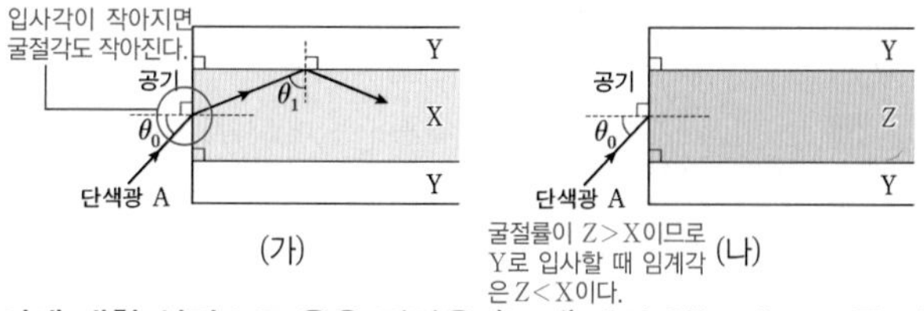

이에 대한 설명으로 옳은 것만을 〈보기〉에서 있는 대로 고른 것은?

보기

ㄱ. (가)에서 A를 θ_0보다 큰 입사각으로 X에 입사시키면 A는 X와 Y의 경계면에서 전반사하지 않는다.
ㄴ. (나)에서 Z와 Y 사이의 임계각은 θ_1보다 ~~크다.~~ 작다.
ㄷ. (나)에서 A는 Z와 Y의 경계면에서 전반사한다.

① ㄱ ② ㄴ ③ ㄱ, ㄷ ④ ㄴ, ㄷ ⑤ ㄱ, ㄴ, ㄷ

✓ 자료 해석

- 공기에서의 입사각 θ_0이 증가하면 굴절각이 커지므로, Y에 입사할 때 입사각이 작아진다.
- 공기에서 입사할 때 매질의 굴절률이 클수록 굴절각이 작아지므로, Y로 입사할 때 입사각이 커진다.
- 전반사는 입사각이 임계각보다 클 때 일어난다.

O 보기 풀이 ㄱ. (가)에서 A를 입사각 θ_0보다 큰 입사각으로 입사시키면 X와 Y의 경계면에서 입사각이 θ_1보다 작아지므로 전반사하지 않는다.
ㄷ. (나)에서 A는 공기에서 Z로 굴절할 때 굴절각이 더 작아지므로 Z와 Y의 경계면에서 입사각이 θ_1보다 크다. Z와 Y 사이의 임계각은 θ_1보다 작으므로 A는 Z와 Y의 경계면에서 전반사한다.

✕ 매력적 오답 ㄴ. 굴절률 차이가 클수록 임계각이 작아진다. Z의 굴절률이 X보다 크므로 Z와 Y 사이의 임계각은 θ_1보다 작다.

문제풀이 Tip

굴절의 법칙에서 굴절률과 입사각, 굴절각의 관계를 이해하고, 전반사의 원리를 적용할 수 있어야 한다.

선택지 비율	① 3%	❷ 63%	③ 4%	④ 25%	⑤ 3%

27 전자기파의 종류와 이용

2021학년도 9월 평가원 3번 | 정답 ② | 문제편 170 p

출제 의도 전자기파와 소리의 특성 및 이용에 대한 이해를 묻는 문항이다.

그림은 스마트폰에서 쓰이는 파동 A, B, C를 나타낸 것이다.

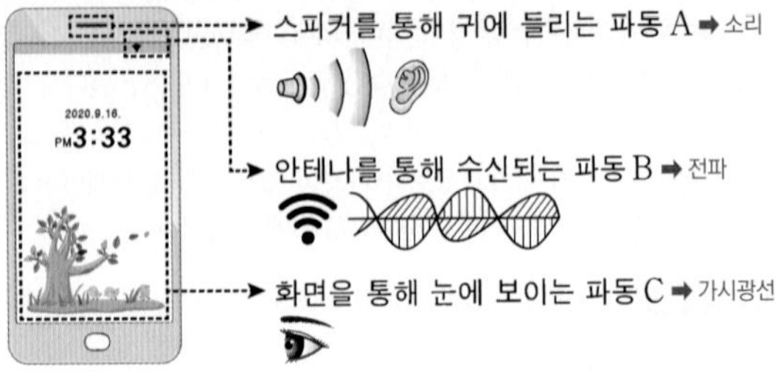

이에 대한 설명으로 옳은 것만을 〈보기〉에서 있는 대로 고른 것은?

보기
ㄱ. A는 전자기파에 ~~속한다~~. 속하지 않는다. (소리로 전자기파가 아니다.)
ㄴ. 진동수는 B가 C보다 작다.
ㄷ. C는 매질에 ~~관계없이 속력이 일정하다~~. 따라 속력이 다르다.

① ㄱ ② ㄴ ③ ㄱ, ㄷ ④ ㄴ, ㄷ ⑤ ㄱ, ㄴ, ㄷ

✓ 자료 해석
- 소리 : 공기의 진동으로 전파되는 종파로, 귀의 고막을 울리게 하여 사람이 듣게 한다.
- 전파 : 전선 없이 정보 통신의 전달에 이용된다.
- 가시광선 : 눈이 인식할 수 있는 전자기파로 색을 인식하게 한다.

O 보기풀이 ㄴ. A는 소리, B는 전파, C는 가시광선이다. 파장은 B가 C보다 크고 진동수는 B가 C보다 작다.

× 매력적 오답 ㄱ. A는 소리이다. 소리는 탄성파에 속한다.
ㄷ. 전자기파(빛)의 속력은 진공에서는 빛의 속력으로 같으나, 진공이 아닌 매질에서는 같은 전자기파라도 매질에 따라 속력이 다르다.

문제풀이 Tip
소리, 전파, 가시광선의 특성에 대하여 이해하고 있어야 한다.

선택지 비율	① 4%	② 3%	❸ 77%	④ 5%	⑤ 9%

28 전반사와 광통신

2021학년도 9월 평가원 14번 | 정답 ③ | 문제편 170 p

출제 의도 전반사의 원리를 이해하고, 광통신에서 광섬유의 원리에 적용할 수 있는지 묻는 문항이다.

그림과 같이 단색광 P가 공기로부터 매질 A에 θ_i로 입사하고 A와 매질 C의 경계면에서 전반사하여 진행한 뒤, 매질 B로 입사한다. 굴절률은 A가 B보다 작다. P가 A에서 B로 진행할 때 굴절각은 θ_B이다.

A의 굴절률이 B의 굴절률보다 작으므로, $\theta_A > \theta_B$이다.

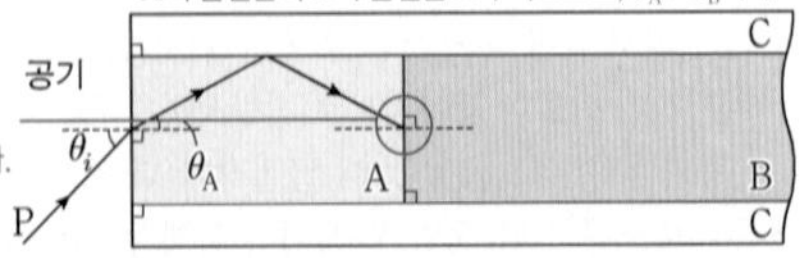

A에서 B로의 입사각은 θ_A이다.

이에 대한 설명으로 옳은 것만을 〈보기〉에서 있는 대로 고른 것은? [3점]

보기
ㄱ. 굴절률은 A가 C보다 크다.
ㄴ. ~~$\theta_A < \theta_B$이다~~. $\theta_A > \theta_B$이다.
ㄷ. B와 C의 경계면에서 P는 전반사한다.

① ㄱ ② ㄴ ③ ㄱ, ㄷ ④ ㄴ, ㄷ ⑤ ㄱ, ㄴ, ㄷ

✓ 자료 해석
- A에서 C로 입사할 때 빛의 진행 경로는 대칭이다. 따라서 양쪽 경계에서 빛의 진행 방향과 법선이 이루는 각은 θ_A로 같다.
- 빛이 굴절률이 작은 매질(n_1)에서 큰 매질(n_2)로 진행하면 입사각(θ_1)이 굴절각(θ_2)보다 크다.

$$n_1 \sin\theta_1 = n_2 \sin\theta_2$$

O 보기풀이 ㄱ. 전반사가 일어나려면 굴절률이 큰 매질에서 작은 매질로 진행해야 한다. 따라서 굴절률은 A가 C보다 크다.
ㄷ. A와 C의 굴절률 차이보다 B와 C의 굴절률 차이가 크고, A와 C의 경계면에서 입사각보다 B와 C의 경계면에서 입사각이 더 크므로 B와 C의 경계면에서 P는 전반사한다.

× 매력적 오답 ㄴ. 굴절의 법칙에 의해 $n_A \sin\theta_A = n_B \sin\theta_B$에서 $n_A < n_B$이므로 $\theta_A > \theta_B$이다.

문제풀이 Tip
빛이 반사할 때 입사각과 반사각이 같음을 이용하여 공기에서 A로 입사할 때 굴절각과 A에서 B로 입사할 때 입사각이 같음을 알고, 굴절률이 작은 매질에서 큰 매질로 입사할 때 입사각이 굴절각보다 크다는 사실을 이해하고 있어야 한다.

03 빛과 물질의 이중성

선택지 비율	① 4%	② 2%	❸ 74%	④ 3%	⑤ 18%

1 물질의 이중성

2025학년도 수능 4번 | 정답 ③ | 문제편 172p

출제 의도 입자의 파동성 및 물질파에 대한 이해를 확인하는 문항이다.

그림은 빛과 물질의 이중성에 대해 학생 A, B, C가 대화하는 모습을 나타낸 것이다.

물질파의 파장은 운동량에 반비례한다.
전자의 운동 에너지가 클수록 물질파 파장이 작다.
광전 효과에서 광전자가 즉시 방출되는 현상은 빛의 입자성으로 설명해.
속력이 서로 다른 두 입자의 운동량이 같을 때, 속력이 작은 입자의 물질파 파장이 더 길어.
전자 현미경에서 전자의 운동 에너지가 클수록 더 작은 구조를 구분하여 관찰할 수 있어.
광전효과는 빛의 입자성의 증거이다.
학생 A
학생 B
학생 C

제시한 내용이 옳은 학생만을 있는 대로 고른 것은? [3점]

① A ② B ③ A, C ④ B, C ⑤ A, B, C

✓ 자료 해석

- 광전 효과 : 빛의 입자성에 의해 나타나는 현상이다.
- 물질파 파장은 운동량에 반비례, 운동 에너지의 제곱근에 반비례한다.
- 전자 현미경에서
  → 전자의 물질파 파장이 짧을수록
  → 전자의 운동량이 클수록
  → 전자의 운동 에너지가 클수록

  더 작은 입자를 구분하여 관찰하는 것이 가능하다.

O 보기풀이 A. 광전 효과에서 즉시 광전자가 방출되는 현상은 빛의 입자성으로 설명이 된다.

C. 전자의 물질파 파장이 짧을수록 전자 현미경에서 더 작은 구조를 구분하여 관찰할 수 있다. 따라서 전자의 운동 에너지가 클수록 전자의 속력이 빨라 운동량이 크므로 물질파 파장이 짧아 더 작은 구조를 구분하여 관찰할 수 있다.

× 매력적 오답 B. 전자의 물질파 파장은 전자의 운동량에 반비례한다. 따라서 운동량이 같은 두 입자의 물질파 파장은 서로 같다.

문제풀이 Tip

물질파의 운동량, 파장, 운동 에너지의 관계를 알면 해결할 수 있다.

선택지 비율	① 6%	❷ 76%	③ 3%	④ 10%	⑤ 4%

2 물질의 이중성

2025학년도 9월 평가원 14번 | 정답 ② | 문제편 172p

출제 의도 입자의 파동성 및 물질파에 대해 이해하고 있는지 확인하는 문항이다.

그림은 입자 A, B, C의 운동량과 운동 에너지를 나타낸 것이다.

이에 대한 설명으로 옳은 것만을 〈보기〉에서 있는 대로 고른 것은?

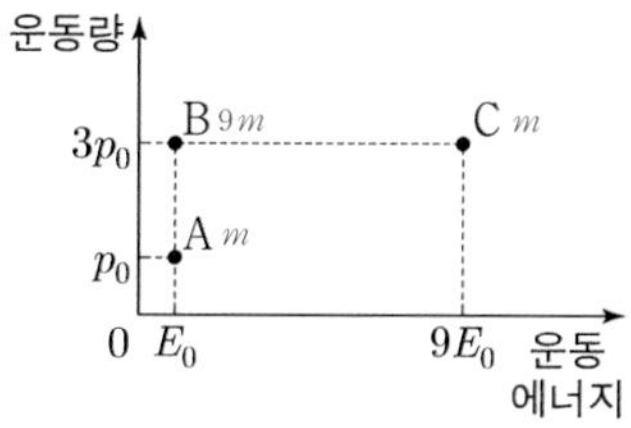

운동량
$3p_0$
p_0
B 9m
C m
A m
0
E_0
$9E_0$
운동 에너지

보기

ㄱ. 질량은 A가 B보다 ~~크다~~. 작다.

ㄴ. 속력은 ~~A와 C가 같다~~. A가 C보다 작다.

ㄷ. 물질파 파장은 B와 C가 같다.

① ㄱ ② ㄷ ③ ㄱ, ㄴ ④ ㄴ, ㄷ ⑤ ㄱ, ㄴ, ㄷ

✓ 자료 해석

- 입자의 에너지 : $E_k=\frac{p^2}{2m}=\frac{1}{2}mv^2$
- 입자의 속력 : $v=\sqrt{\frac{2E}{m}}=\frac{p}{m}=\frac{2E_k}{p}$
- 물질파의 파장 : $\lambda=\frac{h}{p}=\frac{h}{\sqrt{2mE_k}}$

O 보기풀이 ㄷ. 물질파 파장은 운동량에 반비례한다. B와 C의 운동량이 같으므로 물질파 파장은 B와 C가 같다.

× 매력적 오답 ㄱ. A, B, C의 질량이 각각 $\frac{(p_0)^2}{2E_0}$, $\frac{(3p_0)^2}{2E_0}$, $\frac{(3p_0)^2}{18E_0}$이므로 질량은 A가 B보다 작다.

ㄴ. A와 C의 질량은 같고, 운동 에너지는 A가 C보다 작으므로 속력은 A가 C보다 작다.

문제풀이 Tip

물질파의 운동량, 파장, 운동 에너지의 관계를 알면 해결할 수 있다.

선택지 비율	① 8%	② 6%	③ 10%	④ 12%	❺ 63%

3 물질의 이중성

2025학년도 6월 평가원 13번 | 정답 ⑤ | 문제편 172 p

출제 의도 물질파에 대해 이해하고 있는지 확인하는 문항이다.

그림은 입자 A, B, C의 운동 에너지와 속력을 나타낸 것이다.

A, B, C의 물질파 파장을 각각 λ_A, λ_B, λ_C라고 할 때, λ_A, λ_B, λ_C를 비교한 것으로 옳은 것은?

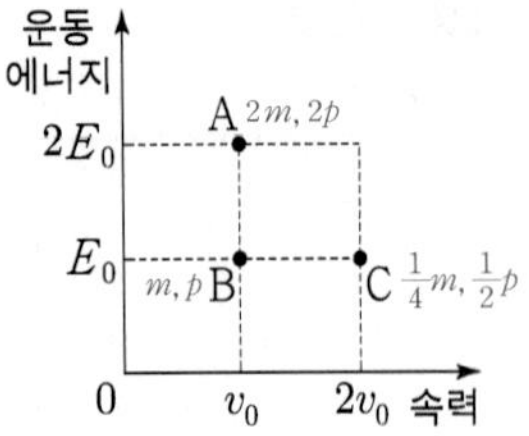

① $\lambda_A > \lambda_B > \lambda_C$ ② $\lambda_A > \lambda_B = \lambda_C$
③ $\lambda_B > \lambda_A > \lambda_C$ ④ $\lambda_B > \lambda_A = \lambda_C$
⑤ $\lambda_C > \lambda_B > \lambda_A$

✓ 자료 해석

- 입자의 운동 에너지 : $E_k = \frac{1}{2}mv^2 = \frac{p^2}{2m}$
- 입자의 운동량 : $p = mv$
- 물질파 파장 : $\lambda = \frac{h}{p} = \frac{h}{\sqrt{2mE_k}}$

○ 보기 풀이 A의 질량을 $2m$이라고 하면 B, C의 질량은 각각 m, $\frac{1}{4}m$이다. 따라서 A, B, C의 운동량의 크기가 물질파 파장에 반비례하므로 $\lambda_A : \lambda_B : \lambda_C = \frac{1}{2mv_0} : \frac{1}{mv_0} : \frac{2}{mv_0} = 1 : 2 : 4$이다.

문제풀이 Tip

입자의 물질파의 파장, 운동량의 크기, 운동 에너지의 관계를 이해하고 있으면 해결할 수 있다.

선택지 비율	① 7%	② 7%	③ 12%	④ 12%	❺ 61%

4 물질의 이중성

2024학년도 수능 16번 | 정답 ⑤ | 문제편 172 p

출제 의도 입자의 파동성 및 물질파에 대한 이해를 확인하는 문항이다.

그림은 입자 P, Q의 물질파 파장의 역수를 입자의 속력에 따라 나타낸 것이다. P, Q는 각각 중성자와 헬륨 원자를 순서 없이 나타낸 것이다.

이에 대한 설명으로 옳은 것만을 〈보기〉에서 있는 대로 고른 것은? (단, h는 플랑크 상수이다.)

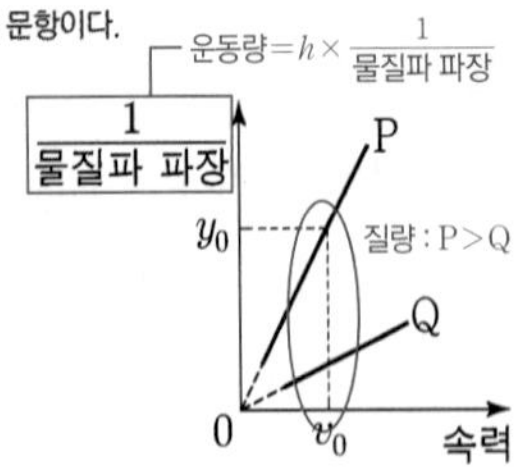

보기

ㄱ. P의 질량은 $h\frac{y_0}{v_0}$이다.

ㄴ. Q는 중성자이다.

ㄷ. P와 Q의 물질파 파장이 같을 때, 운동 에너지는 P가 Q보다 작다.

① ㄱ ② ㄷ ③ ㄱ, ㄴ ④ ㄴ, ㄷ ⑤ ㄱ, ㄴ, ㄷ

✓ 자료 해석

- 물질파의 파장 : $\lambda = \frac{h}{p} = \frac{h}{\sqrt{2mE_k}}$
- 질량$=\frac{운동량}{속력}$

○ 보기 풀이 ㄱ. $p = mv = \frac{h}{\lambda}$에서 $m = \frac{h}{\lambda v}$이므로 P의 질량은 $h\frac{y_0}{v_0}$이다.

ㄴ. 그래프의 기울기가 클수록 입자의 질량이 크므로 Q는 질량이 작은 중성자이다.

ㄷ. $E_k = \frac{p^2}{2m} = \frac{h^2}{2m\lambda^2}$에서 물질파의 파장이 같을 때, 입자의 질량이 작을수록 운동 에너지가 크다. 따라서 P와 Q의 물질파 파장이 같을 때, 운동 에너지는 P가 Q보다 작다.

문제풀이 Tip

물질파의 운동량, 파장, 운동 에너지의 관계를 이해하면 해결할 수 있다.

선택지 비율	① 4%	❷ 67%	③ 7%	④ 13%	⑤ 9%

5 전자 현미경

2024학년도 9월 평가원 16번 | 정답 ② | 문제편 173 p

출제 의도 입자의 파동성 및 물질파에 대한 이해를 확인하는 문항이다.

그림 (가)는 주사 전자 현미경(SEM)의 구조를 나타낸 것이고, 그림 (나)는 (가)의 전자총에서 방출되는 전자 P, Q의 물질파 파장 λ와 운동 에너지 E_K를 나타낸 것이다.

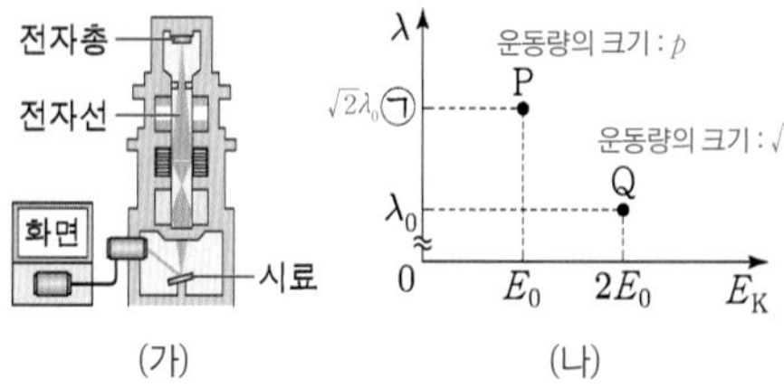

이에 대한 설명으로 옳은 것만을 〈보기〉에서 있는 대로 고른 것은?

보기

ㄱ. 전자의 운동량의 크기는 Q가 P의 ~~$2\sqrt{2}$배이다~~. $\sqrt{2}$배이다.

ㄴ. ㉠은 ~~$2\lambda_0$이다~~. $\sqrt{2}\lambda_0$이다.

ㄷ. 분해능은 Q를 이용할 때가 P를 이용할 때보다 좋다.

① ㄱ ② ㄷ ③ ㄱ, ㄴ ④ ㄴ, ㄷ ⑤ ㄱ, ㄴ, ㄷ

✔ 자료 해석

- 물질파의 파장 : $\lambda=\frac{h}{p}=\frac{h}{\sqrt{2mE_k}}$
- 현미경의 분해능 : 광원에서 방출하는 빛의 파장이 짧을수록 좋다.

O 보기 풀이 ㄷ. 분해능은 서로 인접한 두 지점을 구별할 수 있는 능력을 뜻한다. 분해능은 회절성이 작은 짧은 파장의 파동을 이용할수록 좋아진다.

✕ 매력적 오답 플랑크 상수를 h, 전자의 운동량 크기를 p라 하면, 전자의 운동 에너지 $E_k=\frac{p^2}{2m}=\frac{h^2}{2m\lambda^2}$이다.

ㄱ. 운동 에너지는 Q가 P의 2배이므로, 전자의 운동량의 크기는 Q가 P의 $\sqrt{2}$배이다.

ㄴ. $E_k\propto\frac{1}{\lambda^2}$이므로 ㉠은 $\sqrt{2}\lambda_0$이다.

문제풀이 Tip

물질파의 운동량, 파장, 운동 에너지의 관계를 알고, 전자선의 파장이 짧을수록 전자 현미경의 분해능이 좋아진다는 사실을 알면 해결할 수 있다.

선택지 비율	① 3%	② 5%	❸ 60%	④ 7%	⑤ 25%

6 광전 효과

2024학년도 6월 평가원 17번 | 정답 ③ | 문제편 173 p

출제 의도 광전 효과 및 물질파에 대한 이해를 확인하는 문항이다.

그림은 금속판 P, Q에 단색광을 비추었을 때, P, Q에서 방출되는 광전자의 최대 운동 에너지 E_K를 단색광의 진동수에 따라 나타낸 것이다.

이에 대한 설명으로 옳은 것만을 〈보기〉에서 있는 대로 고른 것은?

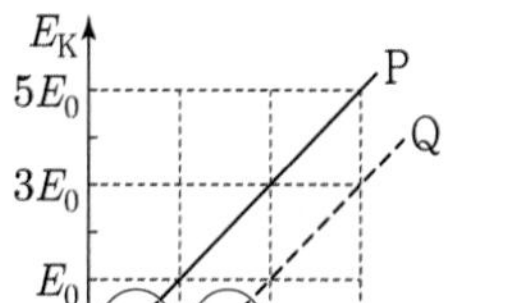

보기

ㄱ. 문턱 진동수는 P가 Q보다 작다.

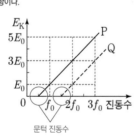

ㄴ. 광양자설에 의하면 진동수가 f_0인 단색광을 Q에 오랫동안 비추어도 광전자가 방출되지 않는다.

ㄷ. 진동수가 $2f_0$일 때, 방출되는 광전자의 물질파 파장의 최솟값은 Q에서가 P에서의 ~~3배이다~~. $\sqrt{3}$배이다.

① ㄱ ② ㄷ ③ ㄱ, ㄴ ④ ㄴ, ㄷ ⑤ ㄱ, ㄴ, ㄷ

✔ 자료 해석

- P의 문턱 진동수 : $0.5f_0$
- Q의 문턱 진동수 : $1.5f_0$
- 빛의 진동수가 $2f_0$일 때, 방출되는 광전자의 최대 운동 에너지
  → P에서 $3E_0$, Q에서 E_0이다.
- 물질파의 파장 : $\lambda=\frac{h}{p}=\frac{h}{\sqrt{2mE_k}}$

O 보기 풀이 ㄱ. 단색광의 진동수가 문턱 진동수보다 클 때 광전자가 방출된다. 따라서 P의 문턱 진동수는 f_0보다 작고, Q의 문턱 진동수는 f_0보다 크다.

ㄴ. 문턱 진동수보다 작은 진동수의 빛은 아무리 오랫동안 비추어도 광전자가 방출되지 않는다.

✕ 매력적 오답 ㄷ. 단색광의 진동수가 $2f_0$일 때 P, Q에서 방출된 광전자의 최대 운동 에너지는 각각 $3E_0$, E_0이다. 따라서 P와 Q에서 방출된 광전자의 최대 운동량의 크기의 비는 $\sqrt{3}:1$이고, 물질파 파장의 최솟값의 비는 $1:\sqrt{3}$이다.

문제풀이 Tip

광전 효과에 대해 이해하고, 물질파의 파장, 입자의 운동량의 크기, 운동 에너지의 관계를 이해하고 있으면 해결할 수 있다.

선택지 비율	① 10%	❷ 82%	③ 4%	④ 3%	⑤ 1%

7 물질의 이중성

2023학년도 수능 4번 | 정답 ② | 문제편 173p

(출제 의도) 입자의 파동성 및 물질파에 대한 이해를 확인하는 문항이다.

다음은 물질의 이중성에 대한 설명이다.

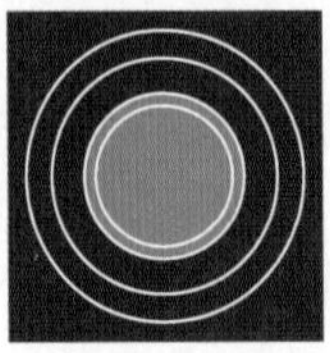

- 얇은 금속박에 전자선을 비추면 X선을 비추었을 때와 같이 회절 무늬가 나타난다. 이러한 현상은 전자의 [㉠]으로 설명할 수 있다. 파동성
- 전자의 운동량의 크기가 클수록 물질파의 파장은 [㉡짧다]. 물질파를 이용하는 [㉢전자] 현미경은 가시광선을 이용하는 현미경보다 작은 구조를 구분하여 관찰할 수 있다. 전자선의 파장이 가시광선의 파장보다 짧다.

㉠, ㉡, ㉢에 들어갈 내용으로 가장 적절한 것은? [3점]

	㉠	㉡	㉢		㉠	㉡	㉢
①	파동성	길다	전자	②	파동성	짧다	전자
③	파동성	길다	광학	④	입자성	짧다	전자
⑤	입자성	길다	광학				

✓ 자료 해석

- 전자선에 의한 회절 무늬 : 전자선의 파동성에 의한 현상
- 물질파의 파장 : $\lambda=\frac{h}{p}=\frac{h}{\sqrt{2mE_k}}$
- 현미경의 분해능 : 광원에서 방출하는 빛의 파장이 짧을수록 좋다.
  → 전자선의 파장이 가시광선의 파장보다 짧다.
  → 전자 현미경의 분해능은 광학 현미경의 분해능보다 좋다.

O 보기 풀이 ㉠ 회절 무늬는 파동성으로 설명할 수 있다.
㉡ 물질파 파장은 운동량의 크기에 반비례하므로 ㉡은 '짧다'이다.
㉢ 전자의 물질파를 이용하는 현미경은 전자 현미경이고, 가시광선을 이용하는 현미경은 광학 현미경이다.

문제풀이 Tip

전자선에 의한 회절 무늬는 전자의 파동성에 의해 나타나고, 전자선의 파장은 운동량의 크기가 클수록 짧으며, 전자선의 파장이 짧을수록 전자 현미경의 분해능이 좋아진다는 사실을 알면 해결할 수 있다.

선택지 비율	❶ 79%	② 2%	③ 13%	④ 3%	⑤ 3%

8 보어의 수소 원자 모형과 광전 효과

2023학년도 9월 평가원 4번 | 정답 ① | 문제편 173p

(출제 의도) 전자 전이에서 방출되는 빛의 종류를 알고, 광전 효과가 일어나는 원리를 이해하고 있는지 확인하는 문항이다.

그림 (가)는 보어의 수소 원자 모형에서 양자수 n에 따른 에너지 준위의 일부와, 전자가 전이하면서 진동수가 f_a, f_b인 빛이 방출되는 것을 나타낸 것이다. 그림 (나)는 분광기를 이용하여 (가)에서 방출되는 빛을 금속판에 비추는 모습을 나타낸 것으로, 광전자는 진동수가 f_a, f_b인 빛 중 하나에 의해서만 방출된다. 진동수가 큰 빛에 의해 광전자 방출된다.

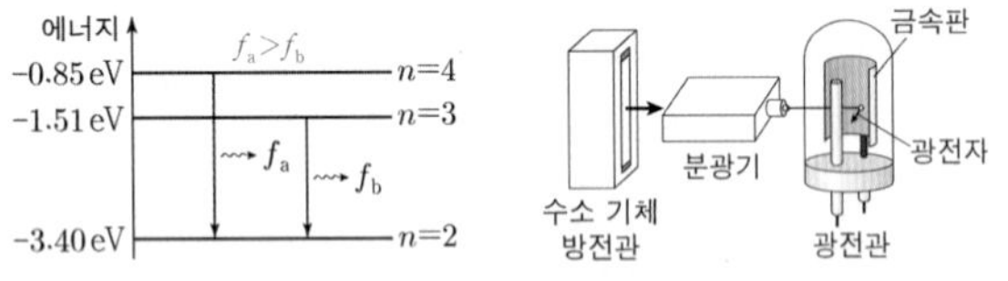

(가) (나)

$n>2$인 궤도에서 $n=2$인 궤도로 전이할 때 가시광선이 방출된다.

이에 대한 설명으로 옳은 것만을 〈보기〉에서 있는 대로 고른 것은?

보기

ㄱ. 진동수가 f_a인 빛을 금속판에 비출 때 광전자가 방출된다.
ㄴ. 진동수가 f_b인 빛은 ~~적외선이다~~. 가시광선이다.
ㄷ. 진동수가 f_a-f_b인 빛을 금속판에 비출 때 광전자가 ~~방출된다~~. 방출되지 않는다.

① ㄱ ② ㄷ ③ ㄱ, ㄴ ④ ㄴ, ㄷ ⑤ ㄱ, ㄴ, ㄷ

✓ 자료 해석

- $f_a>f_b$이다.
- 광전 효과가 일어나는 빛의 진동수는 f_a이다.
- $f_b>f_a-f_b$이다.

O 보기 풀이 ㄱ. 광전자는 빛의 진동수가 금속의 문턱 진동수보다 클 때 방출된다. 그리고 보어의 수소 원자 모형에서 빛의 진동수는 전자가 잃는 에너지에 비례하므로 $f_b<$문턱 진동수$<f_a$이다.

X 매력적 오답 ㄴ. $n=3$, $n=4$, $n=5$, $n=6$에서 $n=2$로 전이할 때 방출되는 빛은 모두 가시광선에 속한다.
ㄷ. 플랑크 상수를 h라고 할 때, $h(f_a-f_b)=0.66$ eV이고, $hf_b=1.89$ eV이므로 $f_a-f_b<f_b$이다. 따라서 (f_a-f_b)는 금속판의 문턱 진동수보다 작으므로 금속판에 비춰도 광전자가 방출되지 않는다.

문제풀이 Tip

전자 전이에서 방출되는 빛의 진동수를 비교할 수 있고, 진동수가 f_b 이하의 빛에 의해서는 광전 효과가 일어나지 않는다는 사실을 파악하면 해결할 수 있다.

선택지 비율	① 2%	② 2%	❸ 69%	④ 11%	⑤ 16%

9 빛과 물질의 이중성

2023학년도 9월 평가원 3번 | 정답 ③ | 문제편 174p

출제 의도 물질파의 파장, 에너지, 운동량의 관계에 대해 이해하고 있는지 확인하는 문항이다.

그림은 빛과 물질의 이중성에 대해 학생 A, B, C가 대화하는 모습을 나타낸 것이다.

가시광선의 파장>전자선의 파장
파장이 λ_1인 빛에 비해 광자의 에너지가 2배인 빛의 파장은 $\frac{1}{2}\lambda_1$이야.
$\lambda=\frac{hc}{E}$
학생 A
물질파 파장이 λ_2인 전자에 비해 운동 에너지가 2배인 전자의 물질파 파장은 $\frac{1}{2}\lambda_2$야.
$\lambda=\frac{h}{\sqrt{2mE_k}}$
학생 B
전자 현미경은 광학 현미경에 비해 더 작은 구조를 구분하여 관찰할 수 있어.
빛의 파장이 짧을수록 분해능이 좋다.
학생 C

제시한 내용이 옳은 학생만을 있는 대로 고른 것은? [3점]

① A ② B ③ A, C ④ B, C ⑤ A, B, C

✓ 자료 해석

- 광자의 파장 : $\lambda=\frac{hc}{E}$
- 물질파의 파장 : $\lambda=\frac{h}{\sqrt{2mE_k}}$
- 현미경의 분해능 : 광원에서 방출하는 빛의 파장이 짧을수록 좋다.

○ 보기풀이 A. 광자의 에너지는 빛의 파장에 반비례한다.
C. 전자 현미경에서 이용하는 전자의 물질파 파장은 가시광선보다 짧아서 분해능이 좋다. 따라서 더 작은 구조까지 구분하여 관찰할 수 있다.

× 매력적 오답 B. 전자의 운동 에너지가 2배이면, 전자의 속력과 운동량의 크기가 각각 $\sqrt{2}$배이다. 물질파 파장은 운동량의 크기에 반비례하므로 운동 에너지가 2배인 전자의 물질파 파장은 $\frac{1}{\sqrt{2}}$배가 된다.

문제풀이 Tip
광자의 파장과 물질파의 파장에 대해 이해하고, 전자 현미경과 광학 현미경의 차이를 이해하면 해결할 수 있다.

선택지 비율	① 4%	② 11%	③ 5%	❹ 72%	⑤ 8%

10 광전 효과

2023학년도 6월 평가원 6번 | 정답 ④ | 문제편 174p

출제 의도 광전 효과에 대해 이해하고 있는지 확인하는 문항이다.

그림과 같이 단색광 A를 금속판 P에 비추었을 때 광전자가 방출되지 않고, 단색광 B, C를 각각 P에 비추었을 때 광전자가 방출된다. 방출된 광전자의 최대 운동 에너지는 B를 비추었을 때가 C를 비추었을 때보다 크다. B의 진동수>C의 진동수

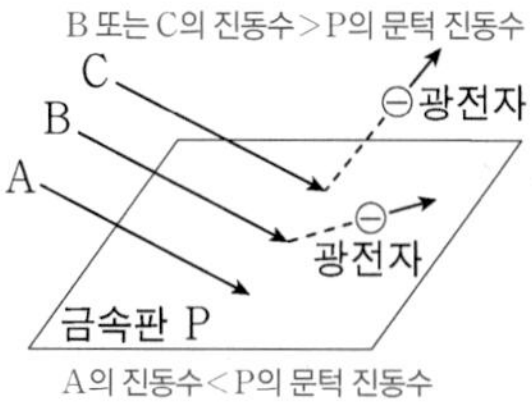

이에 대한 설명으로 옳은 것만을 〈보기〉에서 있는 대로 고른 것은? [3점]

보기
ㄱ. A의 세기를 증가시키면 광전자가 ~~방출된다~~. 되지 않는다.
ㄴ. P의 문턱 진동수는 B의 진동수보다 작다.
ㄷ. 단색광의 진동수는 B가 C보다 크다.

① ㄱ ② ㄴ ③ ㄱ, ㄷ ④ ㄴ, ㄷ ⑤ ㄱ, ㄴ, ㄷ

✓ 자료 해석

- 광전자가 방출되는 B, C의 진동수는 P의 문턱 진동수보다 크다.
- 광전자가 방출되지 않는 A의 진동수는 P의 문턱 진동수보다 작다.
- 광전 효과와 빛의 세기는 무관하다.
- 광전자의 최대 운동 에너지는 빛의 진동수가 클수록 크다.

○ 보기풀이 ㄴ. B를 P에 비추었을 때 광전자가 방출되었으므로 P의 문턱 진동수는 B의 진동수보다 작다.
ㄷ. 비춰준 빛의 진동수가 클수록 방출된 광전자의 최대 운동 에너지가 크므로 단색광의 진동수는 B가 C보다 크다.

× 매력적 오답 ㄱ. A를 P에 비추었을 때 광전자가 방출되지 않았으므로 A의 진동수는 P의 문턱 진동수보다 작다. 따라서 A의 세기를 증가시켜도 P에서 광전자가 방출되지 않는다.

문제풀이 Tip
광전 효과의 원리와 광전 효과에 영향을 주는 요인에 대해 이해하고 있으면 해결할 수 있다.

선택지 비율	① 4%	② 2%	③ 11%	④ 9%	❺ 73%

11 빛의 이중성

2022학년도 수능 7번 | 정답 ⑤ | 문제편 174p

출제 의도) 빛의 이중성에 대한 이해를 묻는 문항이다.

금속판의 문턱 진동수가 빛의 진동수보다 작다.

그림 (가)는 단색광이 이중 슬릿을 지나 금속판에 도달하여 광전자를 방출시키는 실험을, (나)는 (가)의 금속판에서의 위치에 따라 방출된 광전자의 개수를 나타낸 것이다. 점 O, P는 금속판 위의 지점이다.

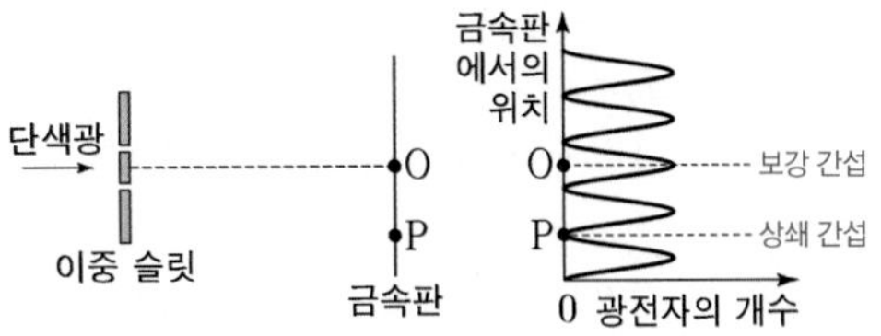

(가) (나)

이에 대한 설명으로 옳은 것만을 〈보기〉에서 있는 대로 고른 것은?

보기

ㄱ. 단색광의 세기를 증가시키면 O에서 방출되는 광전자의 개수가 증가한다.

ㄴ. 금속판의 문턱 진동수는 단색광의 진동수보다 작다.

ㄷ. P에서 단색광의 상쇄 간섭이 일어난다.

① ㄱ ② ㄴ ③ ㄱ, ㄷ ④ ㄴ, ㄷ ⑤ ㄱ, ㄴ, ㄷ

✔ 자료 해석

- 광전자가 방출되므로, 빛의 진동수가 금속판의 문턱 진동수보다 크다.
- 광전자의 개수가 0인 곳에서 상쇄 간섭, 최대인 곳에서 보강 간섭이 일어난다.

O 보기 풀이 ㄱ. 광전 효과에 의해 방출되는 광전자의 개수는 빛의 세기에 비례한다. 단색광의 세기를 증가시키면 O에 도달하는 단색광의 세기도 증가하므로 방출되는 광전자의 개수가 증가한다.

ㄴ. 금속판에서 광전자가 방출되므로 단색광의 진동수는 금속판의 문턱 진동수보다 크다.

ㄷ. P에서 광전자가 방출되지 않는 이유는 단색광이 상쇄 간섭하여 빛이 도달하지 않기 때문이다.

문제풀이 Tip

광전자 방출로부터 광전 효과가 일어남을 알고, 금속판에서 방출되는 광전자의 수 변화로부터 보강 간섭과 상쇄 간섭이 일어나는 위치를 파악할 수 있어야 한다.

선택지 비율	① 6%	② 5%	❸ 62%	④ 13%	⑤ 15%

12 광전 효과

2022학년도 9월 평가원 12번 | 정답 ③ | 문제편 174p

출제 의도) 광전 효과와 입자의 파동성에 대한 이해를 묻는 문항이다.

그림과 같이 금속판에 초록색 빛을 비추어 방출된 광전자를 가속하여 이중 슬릿에 입사시켰더니 형광판에 간섭무늬가 나타났다. 금속판에 빨간색 빛을 비추었을 때는 광전자가 방출되지 않았다. 이에 대한 설명으로 옳은 것만을 〈보기〉에서 있는 대로 고른 것은? [3점]

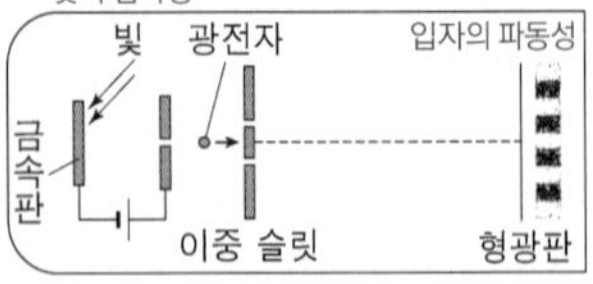

빛의 진동수가 금속판의 문턱 진동수보다 커야 광전자가 방출된다.
→ 빛의 진동수 : 초록색 빛 > 빨간색 빛

보기

ㄱ. 광전자의 속력이 커지면 광전자의 물질파 파장은 줄어든다.

ㄴ. 초록색 빛의 세기를 감소시켜도 간섭무늬의 밝은 부분은 밝기가 ~~변하지 않는다~~. 감소한다.

ㄷ. 금속판의 문턱 진동수는 빨간색 빛의 진동수보다 크다.

① ㄱ ② ㄴ ③ ㄱ, ㄷ ④ ㄴ, ㄷ ⑤ ㄱ, ㄴ, ㄷ

✔ 자료 해석

- 광전 효과는 빛의 입자성에 의해, 간섭무늬는 입자의 파동성에 의해 나타나는 현상이다.

O 보기 풀이 ㄱ. 물질파의 파장은 입자의 운동량에 반비례하므로 광전자의 속력이 증가하면 광전자의 물질파 파장은 감소한다.

ㄷ. 금속판에 빨간색 빛을 비추었을 때 광전자가 방출되지 않았으므로 금속판의 문턱 진동수는 빨간색 빛의 진동수보다 크다.

× 매력적 오답 ㄴ. 빛의 세기를 감소시키면 금속판에 입사하는 광자의 수가 감소하므로 방출되는 광전자의 수가 감소한다. 따라서 간섭무늬의 밝은 부분의 밝기가 감소한다.

문제풀이 Tip

금속판에서 전자가 방출되는 것은 빛의 입자성이고, 광전자가 간섭무늬를 만드는 것은 입자의 파동성임을 이해하고 있어야 한다.

선택지 비율	① 17%	❷ 30%	③ 15%	④ 9%	⑤ 29%

13 전자 현미경

2022학년도 6월 평가원 4번 | 정답 ② | 문제편 175 p

출제 의도 입자의 이중성과 전자 현미경에 대한 이해를 묻는 문항이다.

그림은 투과 전자 현미경(TEM)의 구조를 나타낸 것이다. 전자총에서 방출된 전자의 운동 에너지가 E_0이면 물질파 파장은 λ_0이다. $E_0=\frac{p^2}{2m}=\frac{h^2}{2m\lambda_0^2}$
이에 대한 설명으로 옳은 것만을 〈보기〉에서 있는 대로 고른 것은? [3점]

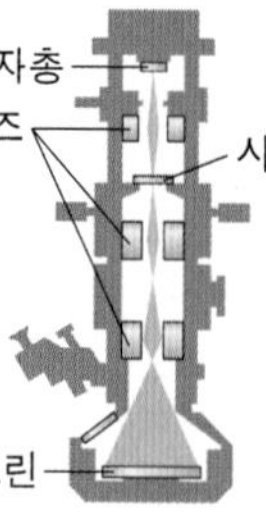

보기

ㄱ. 시료를 투과하는 ~~전자기파에~~ 전자에 의해 스크린에 상이 만들어진다.
ㄴ. 자기렌즈는 자기장을 이용하여 전자의 진행 경로를 바꾼다.
ㄷ. 운동 에너지가 $2E_0$인 전자의 물질파 파장은 ~~$\frac{1}{2}\lambda_0$~~ $\frac{1}{\sqrt{2}}\lambda_0$이다.

① ㄱ ② ㄴ ③ ㄱ, ㄷ ④ ㄴ, ㄷ ⑤ ㄱ, ㄴ, ㄷ

✔ 자료 해석

• 전자의 물질파 파장과 운동 에너지

$$E_0=\frac{p^2}{2m}=\frac{h^2}{2m\lambda_0^2}$$

O 보기풀이 ㄴ. 전자총에서 방출된 전자들을 한 초점에 모으기 위해 자기렌즈의 자기장으로 전자의 경로를 바꾼다.

✖ 매력적 오답 ㄱ. 투과 전자 현미경은 시료를 투과하는 전자에 의해 스크린에 상이 만들어진다.

ㄷ. 전자의 운동 에너지가 E_0이면 전자의 운동량은 $p=\sqrt{2mE_0}$이고 운동량이 p인 전자의 물질파 파장은 $\lambda_0=\frac{h}{p}=\frac{h}{\sqrt{2mE_0}}$이므로, 운동 에너지가 $2E_0$이 되면 파장은 $\frac{\lambda_0}{\sqrt{2}}$이다.

문제풀이 Tip

입자의 운동 에너지와 운동량의 관계, 운동량과 물질파 파장의 관계를 이해하고 적용할 수 있어야 한다.

선택지 비율	① 2%	② 1%	③ 8%	④ 2%	❺ 87%

14 빛의 이중성

2021학년도 수능 5번 | 정답 ⑤ | 문제편 175 p

출제 의도 광전 효과에 대한 이해를 묻는 문항이다. 광전 효과를 설명하고 광전 효과가 이용되는 예를 알고 있어야 한다.

다음은 빛의 이중성에 대한 내용이다.

오랫동안 과학자들 사이에 빛이 파동인지 입자인지에 관한 논쟁이 있어 왔다. 19세기에 빛의 간섭 실험과 매질 내에서 빛의 속력 측정 실험 등으로 빛의 파동성이 인정받게 되었다. 그러나 빛의 파동성으로 설명할 수 없는 [㉠]을/를 아인슈타인이 광자(광양자)의 개념을 도입하여 설명한 이후, 여러 과학자들의 연구를 통해 빛의 입자성도 인정받게 되었다.

이에 대한 설명으로 옳은 것만을 〈보기〉에서 있는 대로 고른 것은?

보기

ㄱ. 광전 효과는 ㉠에 해당된다. 광전 효과
ㄴ. 전하 결합 소자(CCD)는 빛의 입자성을 이용한다.
ㄷ. 비눗방울에서 다양한 색의 무늬가 보이는 현상은 빛의 파동성으로 설명할 수 있다.

① ㄱ ② ㄷ ③ ㄱ, ㄴ ④ ㄴ, ㄷ ⑤ ㄱ, ㄴ, ㄷ

✔ 자료 해석

• 광전 효과를 설명하기 위해 아인슈타인은 광양자설을 제시하였다.
• 광양자설을 통해 빛의 입자성이 증명되었다.
• 비눗방울에서 다양한 색의 무늬가 보이는 것은 가시광선을 구성하는 빛이 파장에 따라 굴절각이 달라지고 빛의 간섭으로 설명할 수 있다.

O 보기풀이 ㄱ. 광전 효과는 아인슈타인이 빛이 입자라는 광자 개념을 이용하여 설명하였다.

ㄴ. 전하 결합 소자(CCD)는 빛의 입자성을 나타내는 광전 효과를 이용하는 장치이다.

ㄷ. 비눗방울의 다양한 무늬는 빛의 간섭으로 설명할 수 있으므로 빛의 파동성을 나타낸다.

문제풀이 Tip

빛의 파동성과 입자성의 개념과 증거의 예를 이해하고 있어야 한다.

선택지 비율	① 3%	② 3%	③ 7%	④ 6%	❺ 79%

15 주사 전자 현미경

2021학년도 9월 평가원 12번 | 정답 ⑤ | 문제편 175 p

출제 의도 물질의 이중성이 이용되는 예에 대한 이해를 묻는 문항이다.

그림은 주사 전자 현미경의 구조를 나타낸 것이다.
이에 대한 설명으로 옳은 것만을 〈보기〉에서 있는 대로 고른 것은?

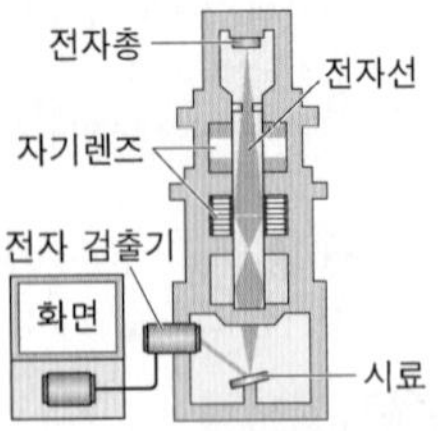

보기
ㄱ. 자기장을 이용하여 전자선을 제어하고 초점을 맞춘다.
ㄴ. 전자의 속력이 클수록 전자의 물질파 파장은 짧아진다.
ㄷ. 전자의 속력이 클수록 더 작은 구조를 구분하여 관찰할 수 있다.

① ㄱ ② ㄴ ③ ㄱ, ㄷ ④ ㄴ, ㄷ ⑤ ㄱ, ㄴ, ㄷ

✓ 자료 해석

- 전자 현미경 : 전자선을 이용하여 물질의 상을 관측하는 장치로, 광학 현미경에 이용되는 가시광선보다 파장이 짧아 분해능이 우수하여 더 작은 물체를 관측할 수 있다.
- 주사 전자 현미경 : 시료의 표면에서 반사되는 전자선을 관측하여 표면의 모습을 3차원적으로 관측할 수 있다.
- 투과 전자 현미경 : 얇은 평면 시료를 통과한 전자선을 관측하여 단면의 모습을 2차원적으로 관측할 수 있다.

O 보기 풀이 ㄱ. 전자 현미경은 자기렌즈에서 자기장을 이용해 전자선을 제어하고 초점을 맞춘다.
ㄴ. 물질파 파장은 속력에 반비례하므로 전자의 속력이 클수록 물질파 파장은 짧아진다.
ㄷ. 전자의 속력이 클수록 물질파 파장이 짧아지고 분해능이 좋아진다. 따라서 전자의 속력이 클수록 더 작은 구조를 구분하여 관찰할 수 있다.

문제풀이 Tip
주사 전자 현미경의 기본 원리와 전자선의 파장이 가시광선의 파장보다 짧아 분해능이 좋다는 것을 이해하고 있어야 한다.

선택지 비율	① 5%	❷ 57%	③ 5%	④ 7%	⑤ 24%

16 물질의 이중성

2021학년도 6월 평가원 15번 | 정답 ② | 문제편 175 p

출제 의도 물질파의 속력과 파장, 질량의 관계를 알고 있는지 묻는 문항이다.

그림은 입자 A, B, C의 물질파 파장을 속력에 따라 나타낸 것이다.

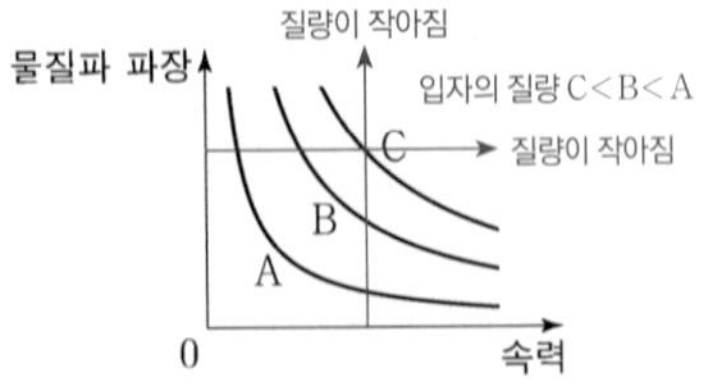

이에 대한 설명으로 옳은 것만을 〈보기〉에서 있는 대로 고른 것은?

보기
ㄱ. A, B의 운동량 크기가 같을 때, 물질파 파장은 ~~A가 B보다 짧다.~~ A와 B가 같다.
ㄴ. A, C의 물질파 파장이 같을 때, 속력은 A가 C보다 작다.
ㄷ. 질량은 B가 C보다 ~~작다.~~ 크다.

① ㄱ ② ㄴ ③ ㄱ, ㄷ ④ ㄴ, ㄷ ⑤ ㄱ, ㄴ, ㄷ

✓ 자료 해석

물질파
- 운동량과 파장의 관계 : $p=\frac{h}{\lambda}$
- 운동량과 에너지의 관계 : $p=\sqrt{2mE}$
- 파장과 운동량의 관계 : $\lambda=\frac{h}{\sqrt{2mE}}$

O 보기 풀이 ㄴ. 그래프에서 물질파 파장이 같을 때, 입자의 속력은 C>B>A이다.

× 매력적 오답 ㄱ. 물질파 파장은 운동량의 크기에 반비례한다$\left(\lambda=\frac{h}{p}\right)$. 운동량의 크기가 같으면 물질파의 파장도 같다.
ㄷ. 물질파 파장이 같을 때, 즉 입자의 운동량이 같을 때 속력은 C가 B보다 크다. 운동량=질량×속도이므로 질량은 B가 C보다 크다.

문제풀이 Tip
물질파의 파장이 같으면 속력이 클수록 질량이 작고, 속력이 같으면 질량이 작을수록 파장이 커진다는 것을 이해하고 있어야 한다. 파장 – 질량 관계, 질량 – 속력 관계를 제시한 문항이 출제될 수 있으니 준비해 두자.

선택지 비율	❶ 88%	② 4%	③ 2%	④ 1%	⑤ 2%

17 광전 효과

2020학년도 수능 6번 | 정답 ① | 문제편 176p

출제 의도 금속판 A, B에 진동수가 다른 빛을 비추었을 때의 광전 효과를 해석할 수 있는지 묻는 문항이다.

표는 서로 다른 금속판 A, B에 진동수가 각각 f_X, f_Y인 단색광 X, Y 중 하나를 비추었을 때 방출되는 광전자의 최대 운동 에너지를 나타낸 것이다.

빛의 진동수 : $f_X > f_Y$

금속판	광전자의 최대 운동 에너지	
	X를 비춘 경우	Y를 비춘 경우
A	E_0	광전자가 방출되지 않음
B	$3E_0$	E_0

이에 대한 설명으로 옳은 것만을 〈보기〉에서 있는 대로 고른 것은? (단, h는 플랑크 상수이다.)

보기
ㄱ. $f_X > f_Y$이다.
ㄴ. ~~$E_0 = hf_X$~~이다. $E_0 < hf_X$이다.
ㄷ. Y의 세기를 증가시켜 A에 ~~비추면 광전자가 방출된다~~. 비추어도 광전자가 방출되지 않는다.

① ㄱ ② ㄴ ③ ㄱ, ㄷ ④ ㄴ, ㄷ ⑤ ㄱ, ㄴ, ㄷ

✔ 자료 해석
• Y를 A에 비추었을 때 광전자가 방출되지 않았으므로 빛의 진동수는 X가 Y보다 크다.
• 광전 효과는 빛의 세기와는 무관하고, 빛의 진동수에 의해서만 일어난다.

○ 보기 풀이 ㄱ. A에 Y를 비춘 경우 광전자가 방출되지 않으므로 X의 진동수가 Y보다 크다. 따라서 $f_X > f_Y$이다.

× 매력적 오답 ㄴ. A의 일함수를 W라고 하면 $E_0 = hf_X - W$이므로 $hf_X = E_0 + W > E_0$이다.
ㄷ. Y의 진동수는 A의 문턱 진동수보다 낮으므로 Y의 세기가 아무리 증가하여도 A에서 광전자를 방출시킬 수 없다.

문제풀이 Tip
광전 효과의 기본 원리를 이해하고, Y를 A에 비춘 경우 광전자가 방출되지 않은 것으로부터 X, Y의 진동수를 비교할 수 있어야 한다. 문턱 진동수를 비교하는 문항이 출제될 수 있으니 준비해 두자.

선택지 비율	① 2%	❷ 86%	③ 2%	④ 5%	⑤ 2%

18 보어의 수소 원자 모형과 광전 효과

2020학년도 9월 평가원 11번 | 정답 ② | 문제편 176p

출제 의도 보어의 수소 원자 모형에서 전자의 전이와 광전 효과에 대해 이해하고 있는지 묻는 문항이다.

그림은 보어의 수소 원자 모형에서 양자수 n에 따른 에너지 준위의 일부와 전자의 전이에서 방출되는 단색광 a, b, c, d를 나타낸 것이다. 표는 a, b, c, d를 광전관 P에 각각 비추었을 때 광전자의 방출 여부와 광전자의 최대 운동 에너지 E_{max}를 나타낸 것이다.

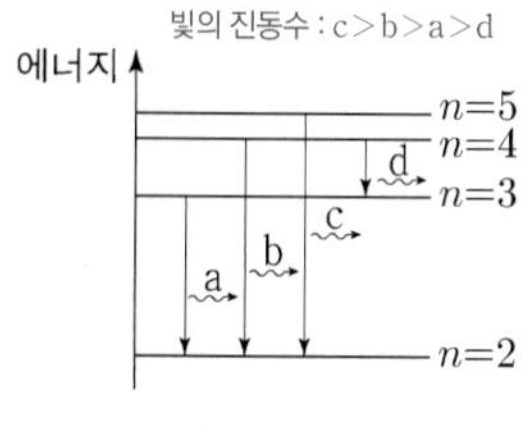

단색광	광전자의 방출 여부	E_{max}
a	방출 안 됨	-
b	방출됨	E_1
c	방출됨	E_2
d	방출 안 됨	-

$E_2 > E_1$

이에 대한 설명으로 옳은 것만을 〈보기〉에서 있는 대로 고른 것은?

보기
ㄱ. 진동수는 a가 b보다 ~~크다~~. 작다.
ㄴ. b와 c를 P에 동시에 비출 때 E_{max}는 E_2이다.
ㄷ. a와 d를 P에 동시에 ~~비출 때 광전자가 방출된다~~. 비추어도 광전자가 방출되지 않는다.

① ㄱ ② ㄴ ③ ㄱ, ㄷ ④ ㄴ, ㄷ ⑤ ㄱ, ㄴ, ㄷ

✔ 자료 해석
• 보어의 수소 원자 모형 : 전자의 전이에서 방출하는 빛의 진동수는 에너지 준위 차가 클수록 크므로, c>b>a>d이다.
• 광전자의 최대 운동 에너지는 c에 의해 방출된 광전자가 b에 의해 방출된 광전자보다 크므로 $E_2 > E_1$이다.

○ 보기 풀이 ㄴ. 여러 빛을 동시에 비출 때 광전자의 최대 운동 에너지는 진동수가 가장 큰 빛에 의해 결정된다. 빛의 진동수는 c가 b보다 크므로, b와 c를 동시에 비출 때 광전자의 최대 운동 에너지는 c를 비출 때의 광전자의 최대 운동 에너지인 E_2와 같다.

× 매력적 오답 ㄱ. 전자가 잃는 에너지는 b를 방출할 때가 a를 방출할 때보다 크므로, 광자 1개의 에너지는 b가 a보다 크다. 또한 광자의 에너지는 진동수에 비례하므로 진동수는 b가 a보다 크다.
ㄷ. 각각의 단색광이 광전 효과를 일으키지 못하면, 함께 비출 때도 광전 효과를 일으키지 못한다. a와 d는 각각 비췄을 때 광전자를 방출시키지 못했으므로, 동시에 비출 때도 광전자를 방출시키지 못한다.

문제풀이 Tip
보어의 수소 원자 모형의 전자의 전이에서 방출하는 빛의 에너지와 광전자의 최대 운동 에너지에 대해 이해하고 있어야 한다. 서로 다른 금속판에 빛을 비추는 상황을 제시하고 해석하는 문항이 출제될 수 있으니 준비해 두자.

선택지 비율	❶ 72%	② 4%	③ 10%	④ 3%	⑤ 8%

19 광전 효과

2020학년도 6월 평가원 6번 | 정답 ① | 문제편 176p

출제 의도 광전 효과에서 비춘 빛의 진동수, 광전자의 최대 운동 에너지와 금속의 문턱 진동수의 관계를 이해하고 있는지 묻는 문항이다.

표는 서로 다른 금속판 X, Y에 진동수가 각각 f, $2f$인 빛 A, B를 비추었을 때 방출되는 광전자의 최대 운동 에너지를 나타낸 것이다. 이에 대한 설명으로 옳은 것만을 〈보기〉에서 있는 대로 고른 것은? [3점]

문턱 진동수는 X＜Y이다.

빛	진동수	광전자의 최대 운동 에너지	
		X	Y
A	f	$3E_0$	$2E_0$
B	$2f$	$7E_0$	㉠

보기

ㄱ. ㉠은 $7E_0$보다 작다.

ㄴ. 광전 효과가 일어나는 빛의 최소 진동수는 X가 Y보다 ~~크다~~. 작다.

ㄷ. A와 B를 X에 함께 비추었을 때 방출되는 광전자의 최대 운동 에너지는 ~~$10E_0$이다~~. $7E_0$이다.

① ㄱ ② ㄴ ③ ㄱ, ㄷ ④ ㄴ, ㄷ ⑤ ㄱ, ㄴ, ㄷ

✔ 자료 해석

- A를 비출 때 광전자의 최대 운동 에너지가 X가 Y보다 크므로 문턱 진동수는 X가 Y보다 작다.
- B를 비출 때도 광전자의 최대 운동 에너지는 Y에서 방출되는 광전자가 X에서 방출되는 광전자보다 작다.

O 보기 풀이 광전자의 최대 운동 에너지는 금속판이 같을 경우는 비추어 주는 빛의 진동수가 클수록 크고, 빛의 진동수가 같을 경우는 광전 효과가 일어나는 빛의 최소 진동수가 클수록 작다.

ㄱ. 광전 효과가 일어나는 최소 진동수가 X가 Y보다 작으므로 ㉠은 $7E_0$보다 작다.

X 매력적 오답 ㄴ. 동일한 빛을 비추었을 때, 방출되는 광전자의 최대 운동 에너지가 X에서가 Y에서보다 큰 것으로 보아 광전 효과가 일어나는 빛의 최소 진동수가 X가 Y보다 작다.

ㄷ. A와 B를 함께 비추어도 광전자는 A, B 각각에 의해서만 방출되므로 방출되는 광전자의 최대 운동 에너지는 진동수가 큰 B에 의해 결정된다. 따라서 $7E_0$이다.

문제풀이 Tip

A를 비추었을 때 광전자의 최대 운동 에너지가 X가 Y보다 큰 것으로부터 일함수가 X가 Y보다 작다는 것을 이해하고 있어야 한다. 빛의 세기를 추가로 제시하고, 광전자의 수를 묻는 문항이 출제될 수 있으니 준비해 두자.

선택지 비율	❶ 72%	② 2%	③ 19%	④ 3%	⑤ 2%

20 광전 효과

2019학년도 수능 9번 | 정답 ① | 문제편 176p

출제 의도 시간에 따른 두 단색광의 세기 변화 그래프와 t_1, t_2에서 광전자 방출 여부로부터 빛의 진동수와 광전 효과에 대해 해석할 수 있는지 묻는 문항이다.

그림 (가)는 단색광 A, B를 광전관의 금속판에 비추는 모습을 나타낸 것이고, (나)는 A, B의 세기를 시간에 따라 나타낸 것이다. t_1일 때 광전자가 방출되지 않고, t_2일 때 광전자가 방출된다.

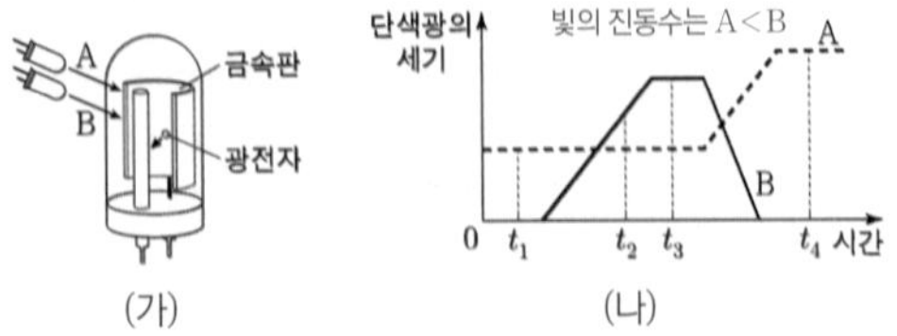

(가) (나)

이에 대한 설명으로 옳은 것만을 〈보기〉에서 있는 대로 고른 것은? [3점]

보기

ㄱ. 진동수는 A가 B보다 작다.

ㄴ. 방출되는 광전자의 최대 운동 에너지는 t_2일 때~~가~~ 와 t_3일 때 ~~보다 작다~~. 가 같다.

ㄷ. t_4일 때 광전자가 ~~방출된다~~. 방출되지 않는다.

① ㄱ ② ㄷ ③ ㄱ, ㄴ ④ ㄴ, ㄷ ⑤ ㄱ, ㄴ, ㄷ

✔ 자료 해석

t_1일 때 광전자가 방출되지 않고, t_2일 때 광전자가 방출되었으므로 광전 효과는 B에 의해 일어난다.

O 보기 풀이 ㄱ. t_1일 때 단색광 A만을 비추었을 경우 광전자가 방출되지 않고, t_2일 때 단색광 A와 B를 비추었을 경우 광전자가 방출되었으므로 A의 진동수는 금속판의 문턱 진동수보다 작고, B의 진동수는 금속판의 문턱 진동수보다 크다. 따라서 진동수는 A가 B보다 작다.

X 매력적 오답 ㄴ. 방출되는 광전자의 최대 운동 에너지는 빛의 세기와 관계없고 빛의 진동수에만 관계한다. 따라서 t_2일 때와 t_3일 때 빛의 세기는 달라도 비추는 빛의 진동수는 같으므로 방출되는 운동 에너지의 최댓값은 같다.

ㄷ. t_4일 때는 금속판의 문턱 진동수보다 진동수가 작은 A만 금속판에 비추므로 금속판에서 광전자가 방출되지 않는다.

문제풀이 Tip

A만 비출 때는 광전 효과가 일어나지 않고, B를 함께 비출 때 광전 효과가 일어나는 것으로부터 A와 B의 진동수의 크기를 비교할 수 있어야 한다.

2026 수능 수학

끝장 연계 학습

수능 수학 기출 문제집

수능 수학 예상 문제집

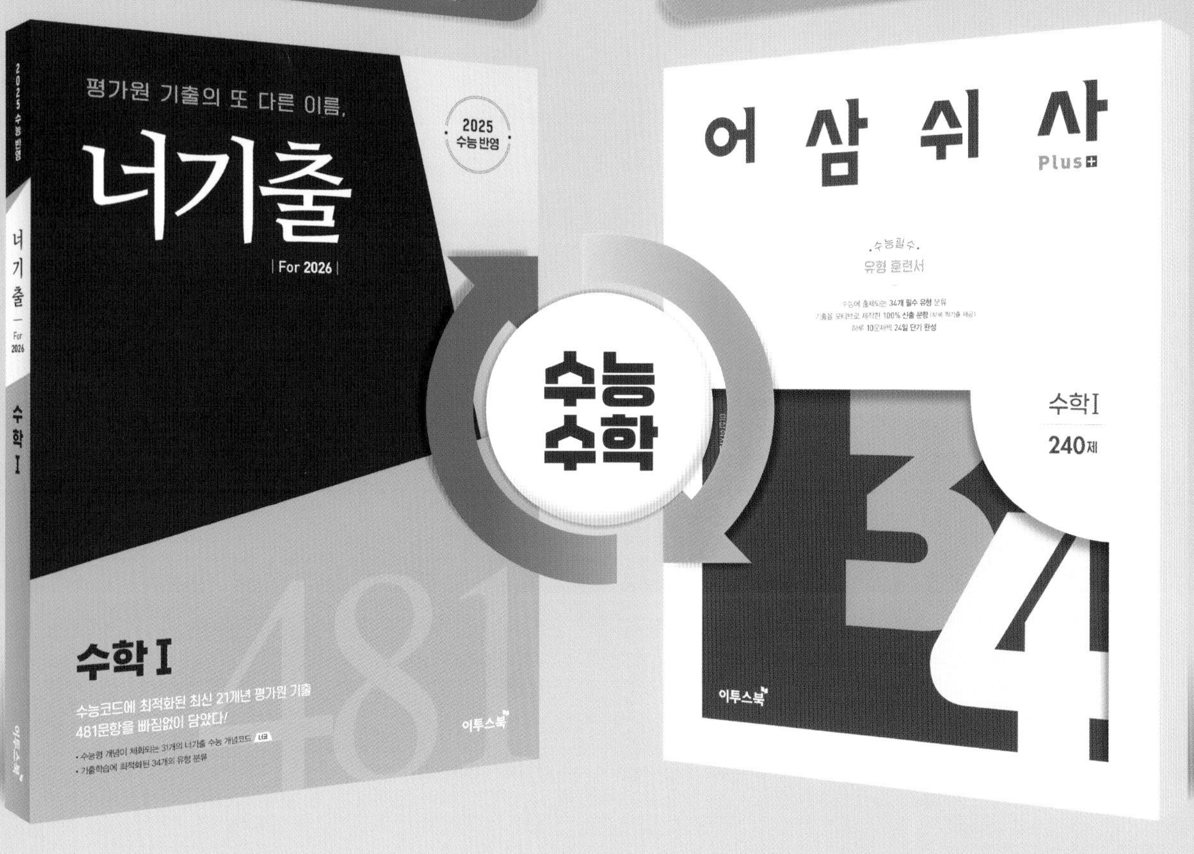

수능형 핵심 개념을 정리한
너기출 개념코드 너코 제시

평가원 기출문제 모티브로 제작한
고퀄리티 100% 신출 문항

난이도순 / 출제년도순의 문항 배열로
기출의 진화 한눈에 파악

기출 학습 후 고난도 풀이 전
중간 난이도 훈련용으로 최적화

너코 와 결합한 친절하고 자세한 해설로
유기적 학습 가능

수능에 진짜 나오는 핵심 유형과
어려운 3점 쉬운 4점의 핵심 문제 구성

• 이투스북 도서는 전국 서점 및 온라인 서점에서 구매하실 수 있습니다. • 이투스북 온라인 서점 | www.etoosbook.com

이투스북

Bible of Science

기출의 바이블

물리학I

2권 | 정답 및 해설편

1권	2권	3권
문제편	**정답 및 해설편**	**고난도편**
· 기본 개념 정리, 실전 자료 분석 · 교육청+평가원 문항 수록	· 선택지 비율, 자료 해석, 보기 풀이, 매력적 오답, 문제풀이 Tip 등의 다양한 요소를 통한 완벽 해설 · 문항 해설을 한눈에 확인할 수 있는 자세한 첨삭 제공	· 교육청+평가원 고난도 주제 및 문항만을 선별하여 수록 · 고난도 문항 해설을 한눈에 확인할 수 있는 자세한 첨삭 제공

가르치기 쉽고 빠르게 배울 수 있는 **이투스북**

www.etoosbook.com

○ **도서 내용 문의**
홈페이지 > 이투스북 고객센터 > 1:1 문의

○ **도서 정답 및 해설**
홈페이지 > 도서자료실 > 정답/해설

○ **도서 정오표**
홈페이지 > 도서자료실 > 정오표

○ **선생님을 위한 강의 지원 서비스 T폴더**
홈페이지 > 교강사 T폴더

2026
학년도

교육청+평가원
고난도 주제 및
문항 수록

물리학 I

Bible of Science

바이블

3권 고난도편

이투스북

이투스북 온라인 서점 단독 입점

이투스북 온라인 서점 | www.etoosbook.com

이투스북

물리학 I

Bible of Science

기출의 바이블

3권 고난도편

목차 & 학습 계획

Part I 교육청

Part Ⅱ 수능 평가원

대단원	중단원	쪽수	문항수	학습 계획일
Ⅰ 역학과 에너지	01. 물체의 운동	1, 2권에서 학습		
	02. 뉴턴 운동 법칙	3권 문제편 50쪽 3권 해설편 148쪽	27문항	월 일
	03. 운동량과 충격량	3권 문제편 58쪽 3권 해설편 162쪽	24문항	월 일
	04. 역학적 에너지 보존	3권 문제편 66쪽 3권 해설편 177쪽	20문항	월 일
	05. 열역학 법칙	1, 2권에서 학습		
	06. 특수 상대성 이론	1, 2권에서 학습		
	07. 질량과 에너지	1, 2권에서 학습		
Ⅱ 물질과 전자기장	01. 전자의 에너지 준위	1, 2권에서 학습		
	02. 에너지띠와 반도체	1, 2권에서 학습		
	03. 자기장과 물질의 자성	3권 문제편 72쪽 3권 해설편 192쪽	26문항	월 일
	04. 전자기 유도	1, 2권에서 학습		
Ⅲ 파동과 정보 통신	01. 파동의 성질과 간섭	1, 2권에서 학습		
	02. 전반사와 광통신 및 전자기파	1, 2권에서 학습		
	03. 빛과 물질의 이중성	1, 2권에서 학습		

I

역학과 에너지

01

물체의 운동

1권

02

뉴턴 운동 법칙

03

운동량과 충격량

04

역학적 에너지 보존

05

열역학 법칙

1권

06

특수 상대성 이론

1권

07

질량과 에너지

1권

02 뉴턴 운동 법칙

A 힘의 합성

1. **합력** : 한 물체에 둘 이상의 힘이 작용할 때 그와 같은 효과를 나타내는 하나의 힘
   ➡ 알짜힘 : 한 물체에 작용하는 모든 힘의 합력

2. **힘의 합성** : 힘의 합력을 구하는 과정으로, 힘의 크기뿐만 아니라 힘의 방향도 고려해야 한다.

구분	같은 방향으로 작용하는 힘	반대 방향으로 작용하는 힘
표현	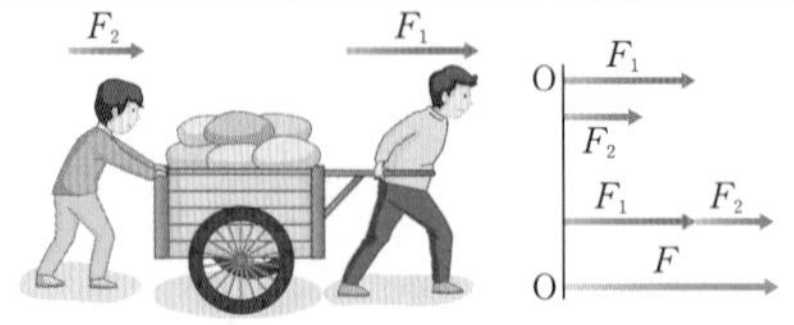	
합력의 크기	두 힘의 합 ➡ $F=F_1+F_2$	두 힘의 차 ➡ $F=F_1-F_2$(단, $F_1 \geq F_2$)
합력의 방향	두 힘의 방향과 같다.	큰 힘의 방향과 같다.

3. **힘의 평형** : 한 물체에 작용하는 알짜힘이 0인 경우, 힘이 평형을 이룬다고 한다.

출제 tip

힘의 합성

반대 방향으로 두 힘이 작용할 때 힘의 크기를 알 수 없다면 운동 방향을 통해 어떤 힘의 크기가 더 큰 지 알 수 있다. 따라서 실로 연결되어 함께 운동하는 물체에 작용하는 힘을 비교할 때 알짜힘의 방향을 유의해야 한다.

B 운동 제1법칙(관성 법칙)

1. **관성** : 물체가 처음의 운동 상태를 유지하려고 하는 성질

(1) **관성의 크기** : 질량이 클수록 관성이 크다. ➡ 질량이 클수록 운동 상태를 변화시키기 어렵다.

(2) **관성에 의한 현상** : 정지해 있던 버스가 갑자기 출발하면 버스 안 승객들은 뒤로 넘어지려 하고, 운동하던 버스가 갑자기 정지하면 버스 안 승객들은 앞으로 넘어진다.

2. **운동 제1법칙** : 물체에 작용하는 알짜힘이 0일 때 정지한 물체는 계속 정지해 있고, 운동하던 물체는 등속 직선 운동을 한다. ➡ 물체에 힘이 작용하고 있지 않거나 작용하는 모든 힘들이 평형 상태에 있을 때, 즉 알짜힘이 0일 때 성립한다.

갈릴레이의 사고 실험

갈릴레이는 사고 실험을 통해 운동하는 물체의 관성을 유추하였다.

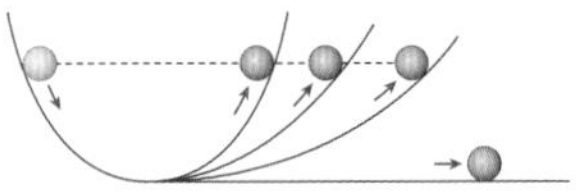

- 곡면에서 가만히 놓은 공은 마찰과 공기 저항이 없다면 맞은편 곡면을 따라 운동하여 같은 높이까지 올라가 멈출 것이다.
- 맞은편 곡면의 경사를 줄여 수평면이 되면 공은 같은 높이에 도달할 때까지 등속 직선 운동을 계속 할 것이다.

C 운동 제2법칙(가속도 법칙)

1. **가속도, 알짜힘, 질량의 관계**

(1) **가속도와 알짜힘** : 물체의 질량이 일정할 때 가속도는 물체에 작용하는 알짜힘에 비례한다.

(2) **가속도와 질량의 관계** : 물체에 작용하는 알짜힘이 일정하면 가속도는 물체의 질량에 반비례한다.

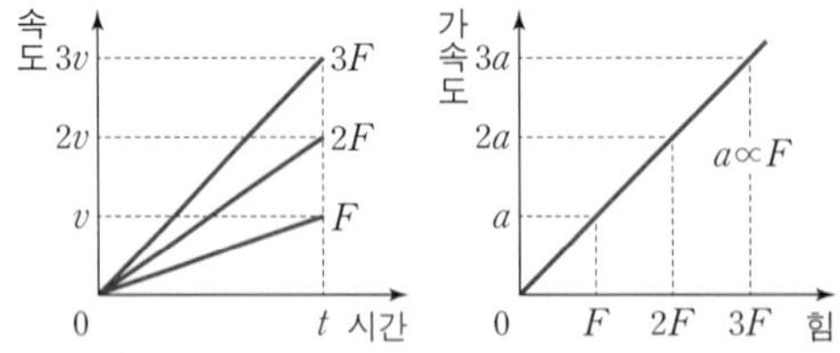

▲ 가속도와 알짜힘

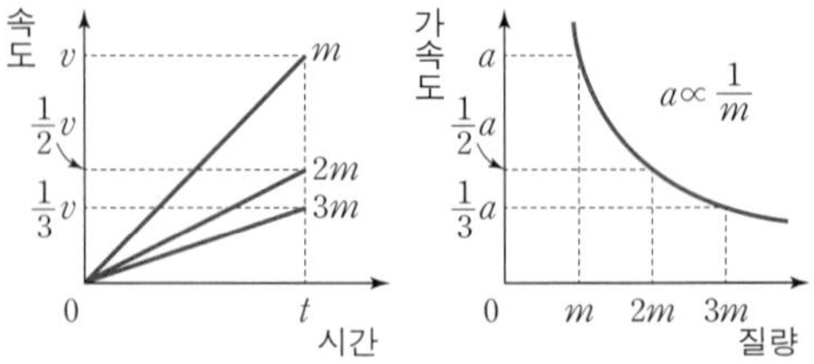

▲ 가속도와 질량

2. **운동 제2법칙** : 물체의 가속도의 크기는 물체에 작용하는 알짜힘의 크기에 비례하고 물체의 질량에 반비례한다.

$$\text{가속도}=\frac{\text{알짜힘}}{\text{질량}}, \quad a=\frac{F}{m} \Rightarrow F=ma$$

➡ 가속도의 방향은 알짜힘의 방향과 같다.

운동 방정식

$F=ma$와 같이 물체에 작용하는 알짜힘 F를 물체의 질량 m과 가속도 a의 관계식으로 표현한 것을 운동 방정식이라고 한다.

3. 운동 제2법칙의 이용 : 함께 운동하는 두 물체는 한 물체로 보고 가속도 법칙을 적용한다.

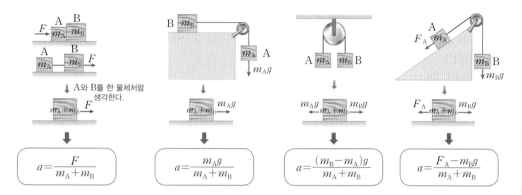

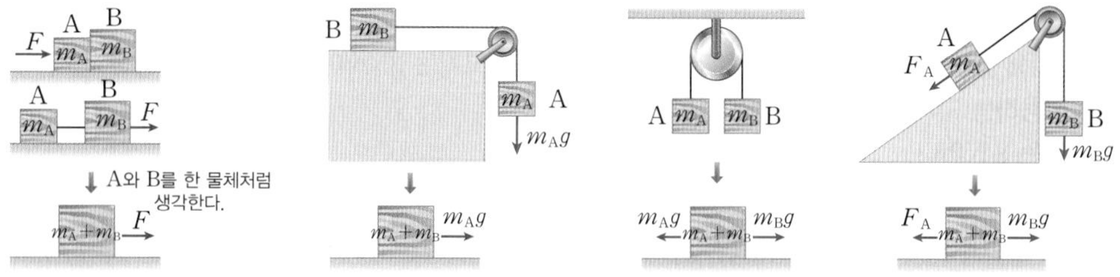

$a=\dfrac{F}{m_A+m_B}$ $a=\dfrac{m_Ag}{m_A+m_B}$ $a=\dfrac{(m_B-m_A)g}{m_A+m_B}$ $a=\dfrac{F_A-m_Bg}{m_A+m_B}$

D 운동 제3법칙(작용 반작용 법칙)

1. 운동 제3법칙 : 한 물체가 다른 물체에 힘을 작용하면 다른 물체도 힘을 작용한 물체에 크기는 같고 방향이 반대인 힘을 작용한다.

$F_{BA}=-F_{AB}$

➡ A가 B에 작용하는 힘(F_{AB})을 작용이라 하면 B가 A에 작용하는 힘(F_{BA})을 반작용이라고 한다. 이때 두 힘의 크기는 같고 방향은 반대이다.

2. 작용 반작용과 힘의 평형

구분	작용 반작용 관계의 두 힘	평형 관계의 두 힘
공통점	두 힘의 크기가 같고 방향이 반대	
차이점	서로 다른 두 물체에 작용 작용 반작용	한 물체에 작용하는 두 힘으로, 합성하면 합력 0 힘 힘

실전 자료 함께 운동하는 두 물체와 운동 법칙의 적용

그림 (가)는 수평면 위의 질량이 $8m$인 수레와 질량이 각각 m인 물체 2개를 실로 연결하고 수레를 잡아 정지한 모습을, (나)는 (가)에서 수레를 가만히 놓은 뒤 시간에 따른 수레의 속도를 나타낸 것이다. 1초일 때, 물체 사이의 실 p가 끊어졌다. (단, 중력 가속도는 10 m/s²이고, 실의 질량 및 모든 마찰과 공기 저항은 무시한다.)

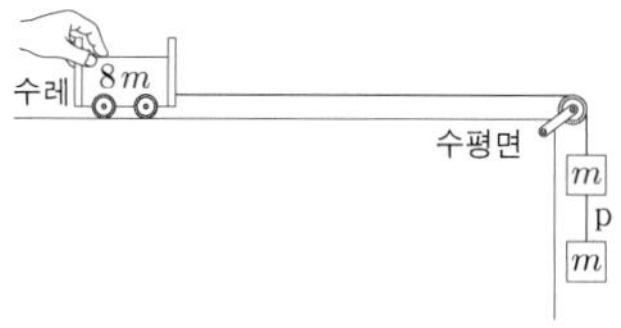

(가)

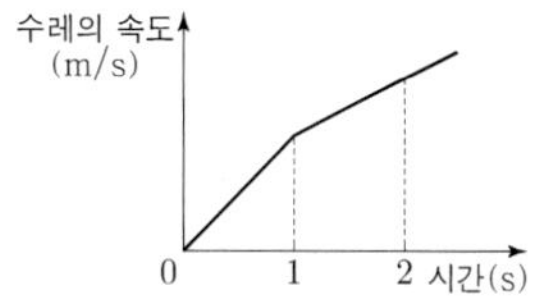

(나)

❶ 실이 끊어지기 전과 후 수레의 가속도 비교

- 수레와 물체를 한 물체로 보면 실이 끊어지기 전(수레+물체 2개)에 작용하는 알짜힘은 $2mg$이고, 실이 끊어진 후(수레+물체 1개)와 끊어진 실과 연결된 물체에 작용하는 알짜힘은 각각 mg이다.
- 수레의 가속도는 실이 끊어지기 전에는 $\dfrac{2mg}{(8m+2m)}=\dfrac{1}{5}g$, 실이 끊어진 후에는 $\dfrac{mg}{(8m+m)}=\dfrac{1}{9}g$이다.

❷ 등가속도 직선 운동을 하는 수레의 속력과 이동 거리

- 중력 가속도가 10 m/s²이므로 0~1초, 1~2초 동안 수레의 가속도의 크기는 2 m/s², $\dfrac{10}{9}$ m/s²이므로 수레의 속력은 1초일 때 $2\times1=2$ m/s, 2초일 때 $2+\dfrac{10}{9}=\dfrac{28}{9}$(m/s)이다.
- 속도-시간 그래프에서 그래프 아랫부분의 넓이는 이동 거리이므로 수레가 이동한 거리는 0~1초 동안에는 $\dfrac{1}{2}\times1\times2=1$(m), 1~2초 동안에는 $\left\{\dfrac{1}{2}\times\left(2+\dfrac{28}{9}\right)\times1\right\}=\dfrac{23}{9}$(m)이다.

빗면 위에 놓인 물체

빗면 위에 놓인 물체는 중력에 의해 빗면 아래 방향으로 힘을 받는다. 즉, 이 힘은 중력과 관련이 있으므로 물체의 질량에 비례하고, 같은 질량이라면 같은 빗면에서는 같은 크기의 힘이 작용한다.

출제 tip

실이 물체에 작용하는 힘

- 실로 연결된 두 물체가 함께 운동할 때 실이 각 물체에 작용하는 힘의 크기는 항상 같다.
- 실이 물체에 작용하는 힘은 물체 사이에서만 작용하는 힘(내력)으로 두 물체를 한 물체로 보고 물체의 합력(외력)을 구할 때에는 고려하지 않는다.

Part I

교육청

작용 반작용 법칙과 물체의 가속도

두 물체가 서로 주고받는 힘은 작용 반작용에 의해 힘의 크기가 같으므로 질량에 따라 가속도가 달라진다.

출제 tip

실이 끊어지는 경우

- 여러 물체가 실로 연결되어 정지해 있거나 등속도 운동을 할 때 물체에 작용하는 알짜힘은 0이므로 물체에 작용하는 힘의 관계를 알 수 있다.
- 실로 연결되어 매달린 물체는 실이 당기는 힘과 물체에 작용하는 힘이 평형을 이루고 있으므로 두 힘의 크기는 같다. 따라서 실이 끊어지면 끊어진 실에 연결된 물체는 실이 당기고 있던 힘과 같은 크기의 힘을 받아 운동을 한다.

1 ★☆☆ | 2024년 10월 교육청 10번 |

그림 (가)는 저울 위에 놓인 무게가 $5\,\mathrm{N}$인 ㄷ자형 나무 상자와 무게가 각각 $3\,\mathrm{N}$, $2\,\mathrm{N}$인 자석 A, B가 실로 연결되어 정지해 있는 모습을 나타낸 것이다. 그림 (나)는 (가)의 상자가 $90°$ 회전한 상태로 B는 상자에, A는 스탠드에 실로 연결되어 정지해 있는 모습을 나타낸 것이다. (가)와 (나)에서 A와 B 사이에 작용하는 자기력의 크기는 같고, (가)에서 실이 A를 당기는 힘의 크기는 $8\,\mathrm{N}$이다.

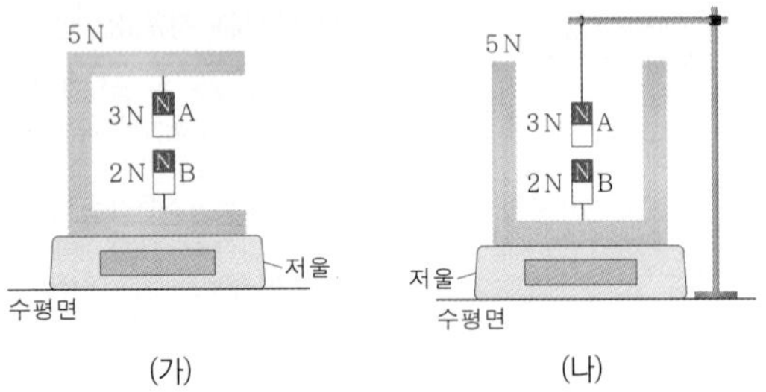

(가)와 (나)에서 저울의 측정값은? (단, A, B는 동일 연직선상에 있고, 실의 질량은 무시하며, 자기력은 A와 B 사이에서만 작용한다.) [3점]

	(가)	(나)
①	10 N	2 N
②	10 N	3 N
③	10 N	7 N
④	5 N	3 N
⑤	5 N	5 N

2 ★★★ | 2024년 10월 교육청 20번 |

그림은 물체 A, B, C가 실 p, q, r로 연결되어 정지해 있는 모습을 나타낸 것으로, q가 B에 작용하는 힘의 크기는 r이 C에 작용하는 힘의 크기의 $\frac{3}{2}$배이다. r을 끊으면 A, B, C가 등가속도 운동을 하다가 B가 수평면과 나란한 평면 위의 점 O를 지나는 순간 p가 끊어진다. 이후 A, B는 등가속도 운동을 하며, 가속도의 크기는 A가 B의 2배이다. r이 끊어진 순간부터 B가 O에 다시 돌아올 때까지 걸린 시간은 t_0이다. A, C의 질량은 각각 $6m$, m이다.

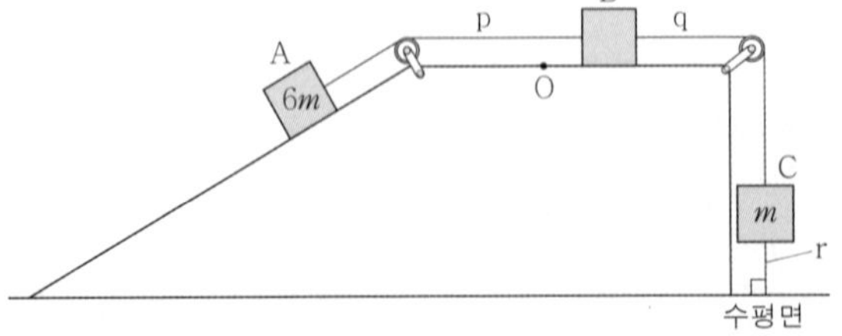

p가 끊어진 순간 C의 속력은? (단, 중력 가속도는 g이고, 물체는 동일 연직면상에서 운동하며, 물체의 크기, 실의 질량, 모든 마찰은 무시한다.) [3점]

① $\frac{1}{9}gt_0$ ② $\frac{1}{11}gt_0$ ③ $\frac{1}{13}gt_0$
④ $\frac{1}{15}gt_0$ ⑤ $\frac{1}{17}gt_0$

3 ★☆☆ | 2024년 7월 교육청 3번 |

그림 (가), (나)와 같이 직육면체 모양의 물체 A 또는 B를 용수철과 연직 방향으로 연결하여 저울 위에 올려놓았더니 A와 B가 정지해 있다. (가)와 (나)에서 용수철이 늘어난 길이는 서로 같고, (가)에서 저울에 측정된 힘의 크기는 $35\,\mathrm{N}$이다. A, B의 질량은 각각 $1\,\mathrm{kg}$, $3\,\mathrm{kg}$이다.

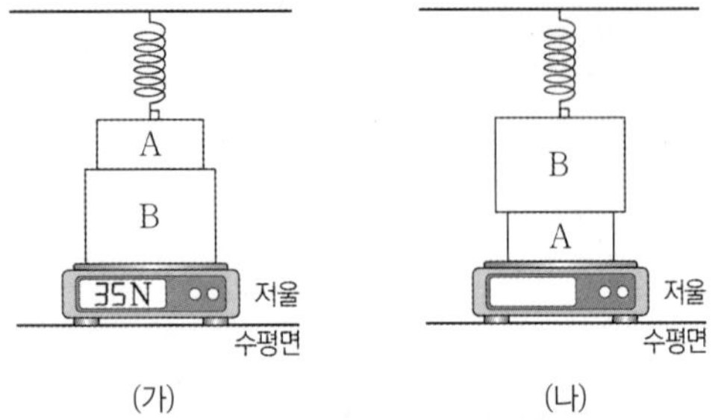

이에 대한 설명으로 옳은 것만을 〈보기〉에서 있는 대로 고른 것은? (단, 중력 가속도는 $10\,\mathrm{m/s^2}$이고, 용수철의 질량은 무시한다.)

보기

ㄱ. (가)에서 A가 용수철을 당기는 힘의 크기는 $5\,\mathrm{N}$이다.
ㄴ. (나)에서 저울에 측정된 힘의 크기는 $35\,\mathrm{N}$보다 크다.
ㄷ. (가)에서 A가 B를 누르는 힘의 크기는 (나)에서 A가 B를 떠받치는 힘의 크기의 $\frac{1}{5}$배이다.

① ㄴ ② ㄷ ③ ㄱ, ㄴ
④ ㄱ, ㄷ ⑤ ㄱ, ㄴ, ㄷ

4 ★☆☆ | 2024년 5월 교육청 4번 |

그림과 같이 물체 A와 용수철로 연결된 물체 B에 크기가 F인 힘을 연직 아래 방향으로 작용하였더니 용수철이 압축되어 A와 B가 정지해 있다. A, B의 질량은 각각 $2m$, m이고, 수평면이 A를 떠받치는 힘의 크기는 용수철이 B에 작용하는 힘의 크기의 2배이다.

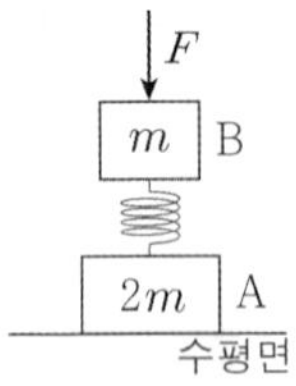

이에 대한 설명으로 옳은 것만을 〈보기〉에서 있는 대로 고른 것은? (단, 중력 가속도는 g이고, 용수철의 질량, 마찰은 무시한다.) [3점]

보기

ㄱ. $F=mg$이다.
ㄴ. 용수철이 A에 작용하는 힘의 크기는 $3mg$이다.
ㄷ. B에 작용하는 중력과 용수철이 B에 작용하는 힘은 작용 반작용 관계이다.

① ㄱ ② ㄴ ③ ㄱ, ㄷ
④ ㄴ, ㄷ ⑤ ㄱ, ㄴ, ㄷ

5 ★★☆ | 2024년 7월 교육청 16번 |

그림 (가)는 물체 A, B를 실로 연결하고 A를 손으로 잡아 정지시킨 모습을 나타낸 것이다. 그림 (나)는 (가)에서 A를 가만히 놓은 순간부터 A의 속력을 시간에 따라 나타낸 것이다. $4t$일 때 실이 끊어졌다. A, B의 질량은 각각 $3m$, $2m$이다.

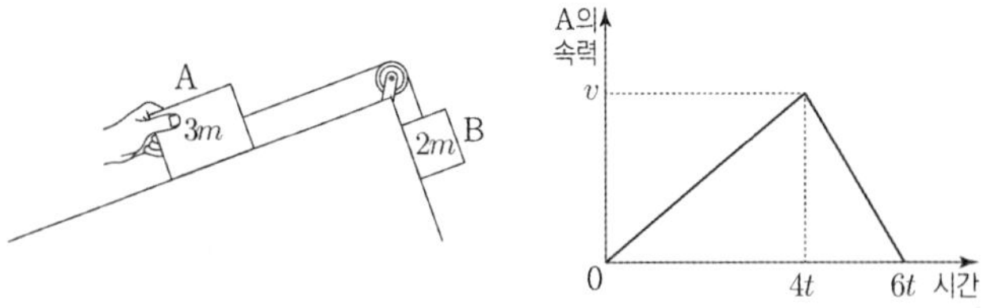

(가) (나)

이에 대한 설명으로 옳은 것만을 〈보기〉에서 있는 대로 고른 것은? (단, 실의 질량, 공기 저항과 모든 마찰은 무시한다.) [3점]

보기

ㄱ. A의 운동 방향은 t일 때와 $5t$일 때가 같다.

ㄴ. $5t$일 때, 가속도의 크기는 B가 A의 $\frac{11}{4}$배이다.

ㄷ. $4t$부터 $6t$까지 B의 이동 거리는 $\frac{19}{4}vt$이다.

① ㄴ ② ㄷ ③ ㄱ, ㄴ
④ ㄱ, ㄷ ⑤ ㄱ, ㄴ, ㄷ

6 ★★☆ | 2024년 5월 교육청 11번 |

그림 (가)와 같이 물체 A, B, C를 실로 연결하고 수평면상의 점 p에서 B를 가만히 놓았더니 물체가 등가속도 운동하여 B가 점 q를 지나는 순간 B와 C 사이의 실이 끊어진다. 그림 (나)는 (가) 이후 A, B가 등가속도 운동하여 B가 점 r에서 속력이 0이 되는 순간을 나타낸 것이다. A, C의 질량은 각각 m, $5m$이고, p와 q 사이의 거리는 q와 r 사이의 거리의 $\frac{2}{3}$배이다.

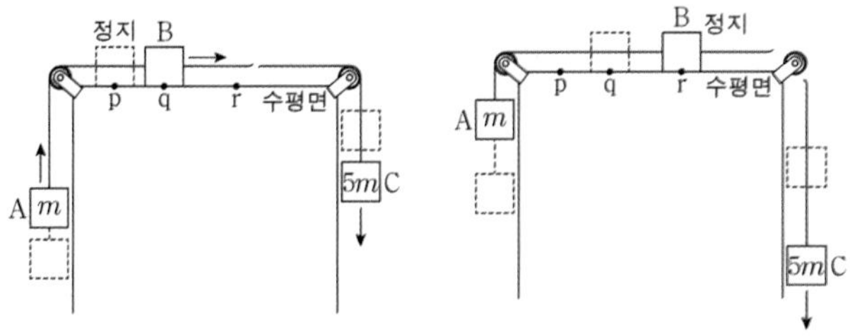

(가) (나)

B의 질량은? (단, 물체의 크기, 실의 질량, 마찰은 무시한다.) [3점]

① m ② $2m$ ③ $3m$
④ $4m$ ⑤ $5m$

7 ★☆☆ | 2024년 3월 교육청 5번 |

다음은 자석과 자성체를 이용한 실험이다.

[실험 과정]

(가) 그림과 같은 고리 모양의 동일한 자석 A, B, C, ㉠강자성체 X, 상자성체 Y를 준비한다.

(나) 수평면에 연직으로 고정된 나무 막대에 자석과 자성체를 넣고, 모두 정지했을 때의 위치를 비교한다.

[실험 결과]

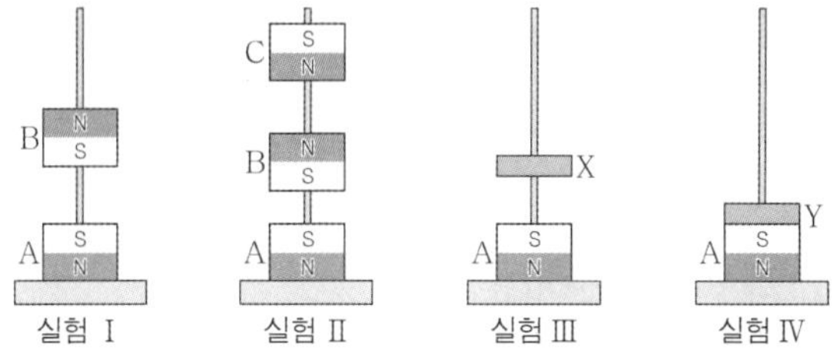

※ 단, 모든 마찰은 무시함.

실험 Ⅰ과 Ⅱ에 대한 설명으로 옳은 것은? [3점]

① Ⅰ에서 A가 B에 작용하는 자기력과 B에 작용하는 중력은 작용 반작용 관계이다.

② Ⅱ에서 A가 B에 작용하는 자기력의 크기는 B의 무게와 같다.

③ Ⅰ과 Ⅱ에서 A가 B에 작용하는 자기력의 크기는 같다.

④ B에 작용하는 알짜힘의 크기는 Ⅱ에서가 Ⅰ에서보다 크다.

⑤ A가 수평면을 누르는 힘의 크기는 Ⅱ에서가 Ⅰ에서보다 크다.

8 ★★☆ | 2024년 3월 교육청 14번 |

그림은 물체 A~D가 실 p, q, r로 연결되어 정지해 있는 모습을 나타낸 것이다. A와 B의 질량은 각각 $2m$, m이고, C와 D의 질량은 같다. p를 끊었을 때, C는 가속도의 크기가 $\frac{2}{9}g$로 일정한 직선 운동을 하고, r이 D를 당기는 힘의 크기는 $\frac{10}{9}mg$이다.

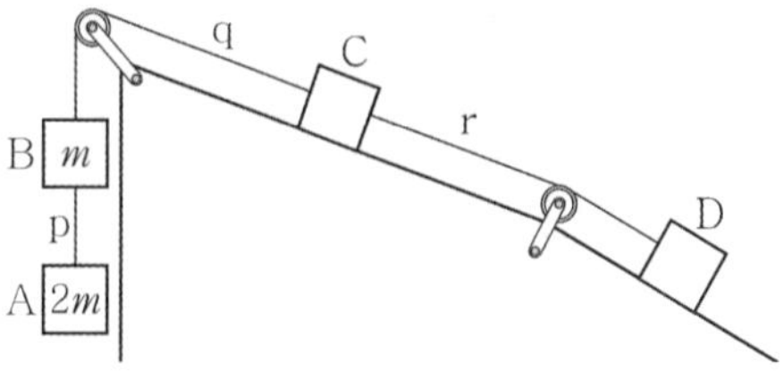

r을 끊었을 때, D의 가속도의 크기는? (단, g는 중력 가속도이고, 실의 질량, 공기 저항, 모든 마찰은 무시한다.) [3점]

① $\frac{2}{5}g$ ② $\frac{1}{2}g$ ③ $\frac{5}{9}g$
④ $\frac{3}{5}g$ ⑤ $\frac{5}{8}g$

9 ★☆☆ | 2023년 10월 교육청 4번 |

그림 (가), (나), (다)와 같이 자석 A, B가 정지해 있을 때, 실이 A를 당기는 힘의 크기는 각각 4 N, 8 N, 10 N이다. (가), (나)에서 A가 B에 작용하는 자기력의 크기는 F로 같다.

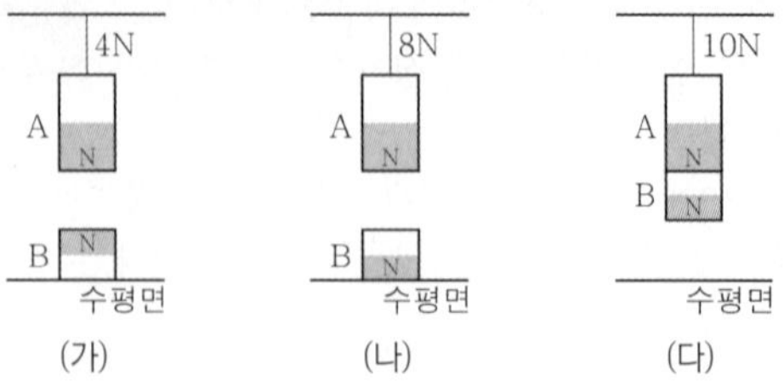

(가) (나) (다)

이에 대한 옳은 설명만을 〈보기〉에서 있는 대로 고른 것은? (단, 자기력은 A와 B 사이에만 연직 방향으로 작용한다.) [3점]

보기
ㄱ. $F=4$ N이다.
ㄴ. A의 무게는 6 N이다.
ㄷ. 수평면이 B를 떠받치는 힘의 크기는 (가)에서가 (나)에서의 2배이다.

① ㄱ ② ㄴ ③ ㄱ, ㄷ
④ ㄴ, ㄷ ⑤ ㄱ, ㄴ, ㄷ

10 ★★☆ | 2023년 10월 교육청 14번 |

그림 (가)와 같이 질량이 각각 $7m$, $2m$, 9 kg인 물체 A~C가 실 p, q로 연결되어 2 m/s로 등속도 운동한다. 그림 (나)는 (가)에서 실이 끊어진 순간부터 C의 속력을 시간에 따라 나타낸 것이다. ㉠과 ㉡은 각각 p와 q 중 하나이다.

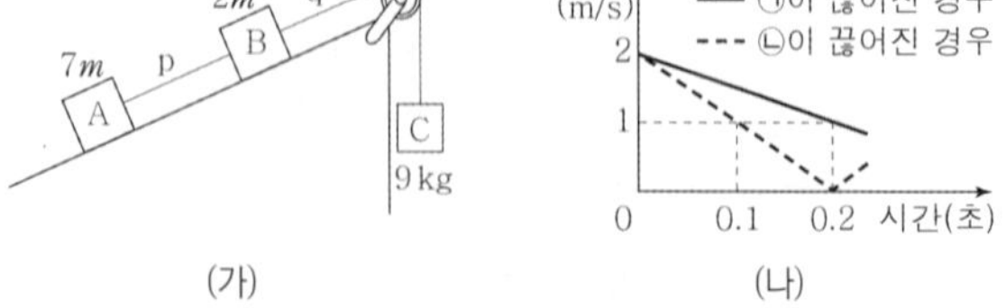

(가) (나)

p가 끊어진 경우, 0.1초일 때 A의 속력은? (단, 중력 가속도는 10 m/s^{2}이고, 실의 질량과 모든 마찰은 무시한다.) [3점]

① 1.6 m/s ② 1.8 m/s ③ 2.2 m/s
④ 2.4 m/s ⑤ 2.6 m/s

11 ★★☆ | 2023년 7월 교육청 4번 |

그림은 수평면에서 정지해 있는 물체 C 위에 물체 A, B를 올려놓고 B에 크기가 F인 힘을 수평 방향으로 작용할 때 A, B, C가 정지해 있는 모습을 나타낸 것이다.

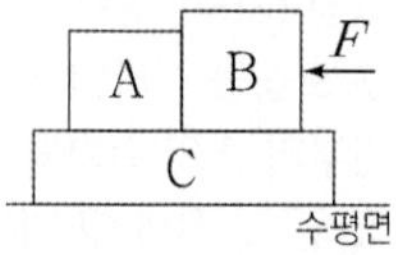

이에 대한 설명으로 옳은 것만을 〈보기〉에서 있는 대로 고른 것은? [3점]

보기
ㄱ. B에 작용하는 알짜힘은 0이다.
ㄴ. 수평면이 C에 작용하는 수평 방향의 힘의 크기는 F이다.
ㄷ. A가 B에 작용하는 힘은 B가 A에 작용하는 힘과 작용 반작용 관계이다.

① ㄱ ② ㄴ ③ ㄱ, ㄷ
④ ㄴ, ㄷ ⑤ ㄱ, ㄴ, ㄷ

12 ★☆☆ | 2023년 7월 교육청 8번 |

그림 (가)는 물체 A, B가 실로 연결되어 서로 다른 빗면에서 속력 v로 등속도 운동하다가 A가 점 p를 지나는 순간 실이 끊어지는 것을 나타낸 것이다. 그림 (나)는 (가) 이후 A와 B가 각각 빗면을 따라 등가속도 운동을 하다가 A가 다시 p에 도달하는 순간 B의 속력이 $4v$인 것을 나타낸 것이다.

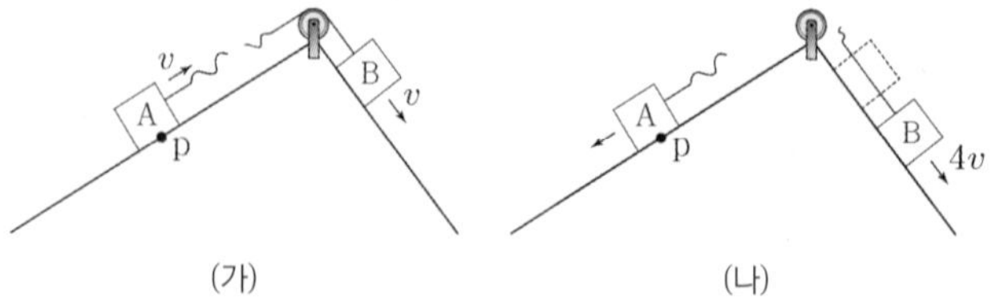

(가) (나)

A, B의 질량을 각각 m_A, m_B라 할 때, $\frac{m_A}{m_B}$는? (단, 물체의 크기, 실의 질량, 모든 마찰은 무시한다.) [3점]

① 2 ② $\frac{3}{2}$ ③ $\frac{4}{3}$
④ $\frac{5}{4}$ ⑤ $\frac{6}{5}$

13 ★☆☆

| 2023년 4월 교육청 7번 |

그림은 동일한 자석 A, B를 플라스틱 관에 넣고, A에 크기가 F인 힘을 연직 아래 방향으로 작용하였을 때 A, B가 정지해 있는 모습을 나타낸 것이다.

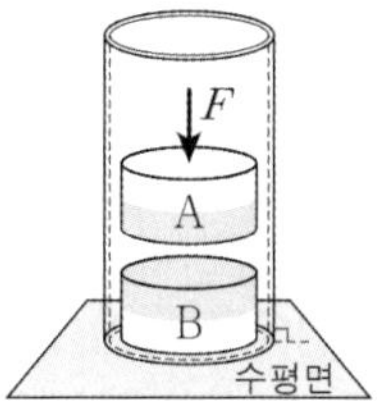

이에 대한 설명으로 옳은 것만을 〈보기〉에서 있는 대로 고른 것은? (단, 마찰은 무시한다.)

보기

ㄱ. A에 작용하는 알짜힘은 0이다.
ㄴ. A에 작용하는 중력과 B가 A에 작용하는 자기력은 작용 반작용 관계이다.
ㄷ. 수평면이 B에 작용하는 힘의 크기는 F보다 크다.

① ㄱ ② ㄴ ③ ㄱ, ㄷ
④ ㄴ, ㄷ ⑤ ㄱ, ㄴ, ㄷ

14 ★★☆

| 2023년 4월 교육청 11번 |

그림 (가)와 같이 물체 A, B, C를 실 p, q로 연결하고 수평면 위의 점 O에서 B를 가만히 놓았더니 물체가 등가속도 운동하여 B의 속력이 v가 된 순간 q가 끊어진다. 그림 (나)와 같이 (가) 이후 A, B가 등가속도 운동하여 B가 O를 $3v$의 속력으로 지난다. A, C의 질량은 각각 $4m$, $5m$이다.

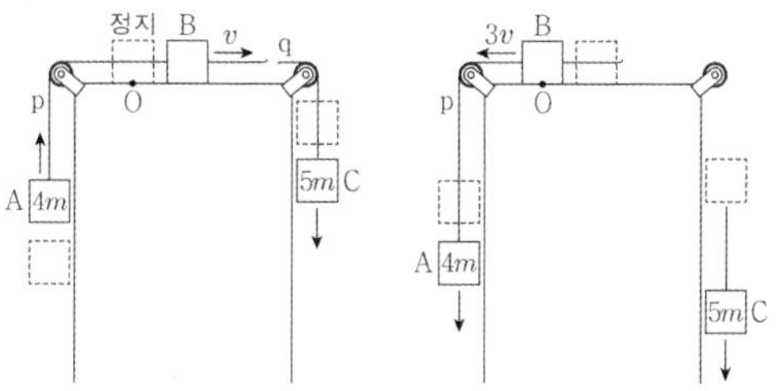

(가) (나)

(나)에서 p가 A를 당기는 힘의 크기는? (단, 중력 가속도는 g이고, 물체의 크기, 실의 질량, 마찰은 무시한다.) [3점]

① $\frac{1}{2}mg$ ② $\frac{2}{3}mg$ ③ $\frac{3}{4}mg$
④ $\frac{4}{5}mg$ ⑤ $\frac{5}{6}mg$

15 ★☆☆

| 2023년 3월 교육청 10번 |

다음은 저울을 이용한 실험이다.

[실험 과정]
(가) 밀폐된 상자를 저울 위에 올려놓고 저울의 측정값을 기록한다.
(나) (가)의 상자 바닥에 드론을 놓고 상자를 밀폐시킨 후 저울의 측정값을 기록한다.
(다) (나)에서 드론을 가만히 떠 있게 한 후 저울의 측정값을 기록한다.

(가) (나) (다)

[실험 결과]

	(가)	(나)	(다)
저울의 측정값	2 N	8 N	8 N

이에 대한 옳은 설명만을 〈보기〉에서 있는 대로 고른 것은?

보기

ㄱ. (나)에서 저울이 상자를 떠받치는 힘의 크기는 8 N이다.
ㄴ. (다)에서 공기가 드론에 작용하는 힘과 드론에 작용하는 중력은 작용 반작용 관계이다.
ㄷ. 상자 안의 공기가 상자에 작용하는 힘의 크기는 (다)에서가 (가)에서보다 6 N만큼 크다.

① ㄱ ② ㄴ ③ ㄱ, ㄷ
④ ㄴ, ㄷ ⑤ ㄱ, ㄴ, ㄷ

16 ★★★

| 2023년 3월 교육청 16번 |

그림 (가), (나), (다)는 동일한 빗면에서 실로 연결된 물체 A와 B가 운동하는 모습을 나타낸 것이다. A, B의 질량은 각각 m_A, m_B이다. (가)에서 A는 등속도 운동을 하고, (나), (다)에서 A는 가속도의 크기가 각각 $8a$, $17a$인 등가속도 운동을 한다.

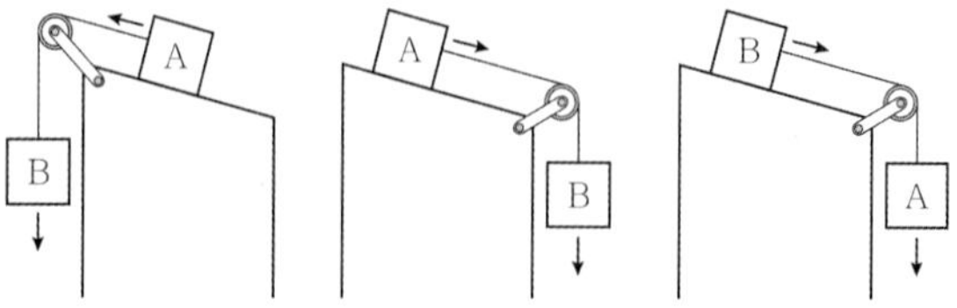

(가) (나) (다)

$m_A : m_B$는? (단, 실의 질량, 모든 마찰은 무시한다.) [3점]

① 1 : 4 ② 2 : 5 ③ 2 : 1
④ 5 : 2 ⑤ 4 : 1

17 ☆☆☆
| 2022년 10월 교육청 3번 |

그림은 자석 A와 B가 실에 매달려 정지해 있는 모습을 나타낸 것이다.

이에 대한 옳은 설명만을 〈보기〉에서 있는 대로 고른 것은?

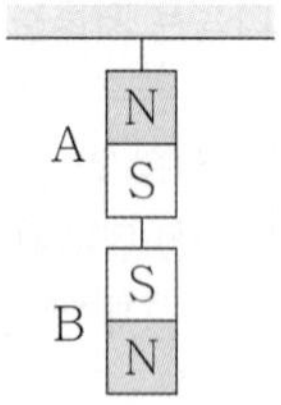

보기

ㄱ. A에 작용하는 알짜힘은 0이다.

ㄴ. A가 B에 작용하는 자기력과 B가 A에 작용하는 자기력은 작용 반작용 관계이다.

ㄷ. B에 연결된 실이 B를 당기는 힘의 크기는 지구가 B를 당기는 힘의 크기보다 작다.

① ㄱ ② ㄷ ③ ㄱ, ㄴ
④ ㄴ, ㄷ ⑤ ㄱ, ㄴ, ㄷ

18 ☆☆☆
| 2022년 10월 교육청 13번 |

그림과 같이 물체 A 또는 B와 추를 실로 연결하고 물체를 빗면의 점 p에 가만히 놓았더니, 물체가 등가속도 직선 운동하여 점 q를 통과하였다. 추의 질량은 1 kg이다. 표는 물체의 질량, 물체가 p에서 q까지 운동하는 데 걸린 시간과 실이 물체에 작용한 힘의 크기 T를 나타낸 것이다.

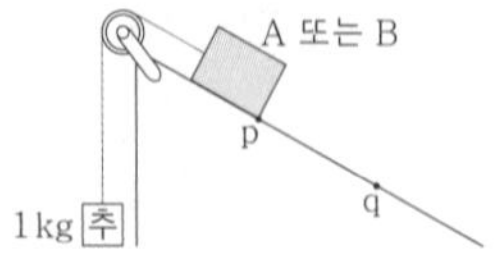

물체	질량	걸린 시간	T
A	3 kg	4초	T_A
B	9 kg	2초	T_B

$T_A : T_B$는? (단, 물체의 크기, 실의 질량, 모든 마찰과 공기 저항은 무시한다.) [3점]

① 1 : 4 ② 2 : 3 ③ 3 : 4
④ 4 : 5 ⑤ 5 : 6

19 ☆☆☆
| 2022년 7월 교육청 3번 |

그림과 같이 물체 A, B를 실로 연결하고 빗면의 점 p에서 A를 잡고 있다가 가만히 놓았더니 A, B가 등가속도 운동을 하다가 A가 점 q를 지나는 순간 실이 끊어졌다. 이후 A는 등가속도 직선 운동을 하여 다시 p를 지난다. A가 p에서 q까지 6 m 이동하는 데 걸린 시간은 3초이고, q에서 p까지 6 m 이동하는 데 걸린 시간은 1초이다. A와 B의 질량은 각각 m_A, m_B이다.

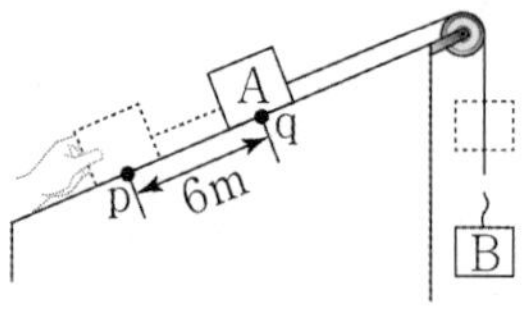

$\frac{m_A}{m_B}$는? (단, 중력 가속도는 10 m/s²이고, 실의 질량, A와 B의 크기, 모든 마찰과 공기 저항은 무시한다.) [3점]

① $\frac{1}{8}$ ② $\frac{3}{10}$ ③ $\frac{1}{2}$
④ $\frac{13}{10}$ ⑤ $\frac{13}{8}$

20 ☆☆☆
| 2022년 4월 교육청 10번 |

그림 (가)는 물체 A와 실로 연결된 물체 B에 수평 방향으로 일정한 힘 F를 작용하여 A, B가 등가속도 운동하는 모습을, (나)는 (가)에서 F를 제거한 후 A, B가 등가속도 운동하는 모습을 나타낸 것이다. A의 가속도의 크기는 (가)에서와 (나)에서가 같고, 실이 B를 당기는 힘의 크기는 (가)에서가 (나)에서의 2배이다. B의 질량은 m이다.

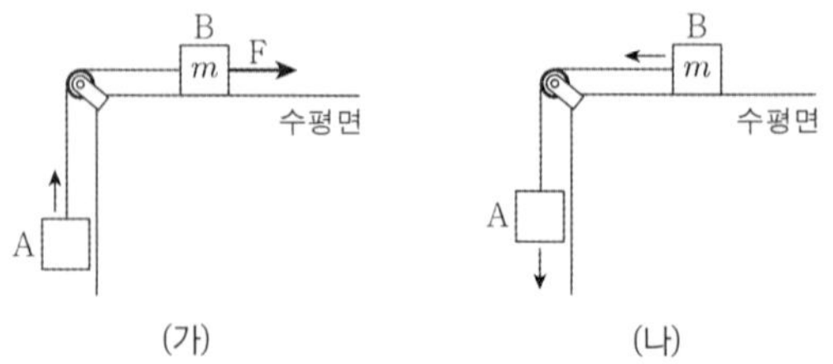

F의 크기는? (단, 중력 가속도는 g이고, 실의 질량, 마찰은 무시한다.)

① mg ② $2mg$ ③ $3mg$
④ $4mg$ ⑤ $5mg$

21 ★★☆ | 2022년 3월 교육청 11번 |

그림 (가), (나)와 같이 무게가 10 N인 물체가 용수철에 매달려 정지해 있다. (가), (나)에서 용수철이 물체에 작용하는 탄성력의 크기는 같고, (나)에서 손은 물체를 연직 위로 떠받치고 있다.

(나)에서 물체가 손에 작용하는 힘의 크기는? (단, 용수철의 질량은 무시한다.)

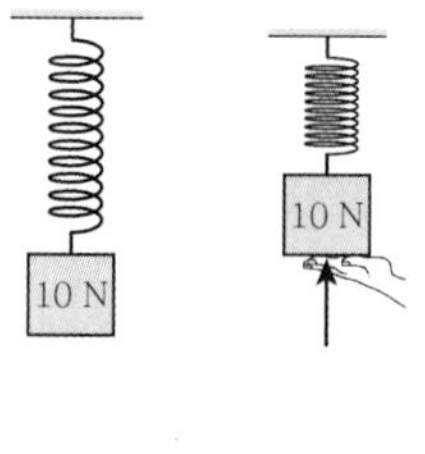

(가) (나)

① 5 N ② 10 N ③ 15 N
④ 20 N ⑤ 30 N

22 ★★★ | 2022년 3월 교육청 15번 |

그림 (가)는 물체 A, B, C를 실 p, q로 연결하고 C를 손으로 잡아 정지시킨 모습을, (나)는 (가)에서 C를 가만히 놓은 순간부터 C의 속력을 시간에 따라 나타낸 것이다. A, C의 질량은 각각 m, $2m$이고, p와 q는 각각 2초일 때와 3초일 때 끊어진다.

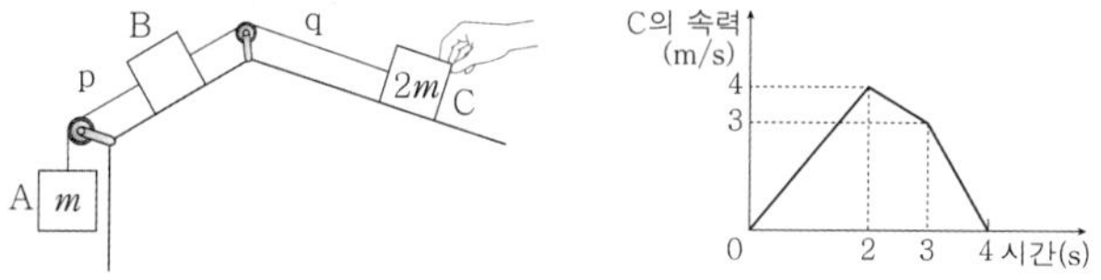

(가) (나)

4초일 때 B의 속력은? (단, 중력 가속도는 10 m/s^{2}이고, 실의 질량 및 모든 마찰과 공기 저항은 무시한다.) [3점]

① 4 m/s ② 5 m/s ③ 6 m/s
④ 7 m/s ⑤ 8 m/s

23 ★★☆ | 2021년 10월 교육청 12번 |

그림 (가)와 같이 물체 B와 실로 연결된 물체 A가 시간 0~$6t$ 동안 수평 방향의 일정한 힘 F를 받아 직선 운동을 하였다. A, B의 질량은 각각 m_A, m_B이다. 그림 (나)는 A, B의 속력을 시간에 따라 나타낸 것으로, $2t$일 때 실이 끊어졌다.

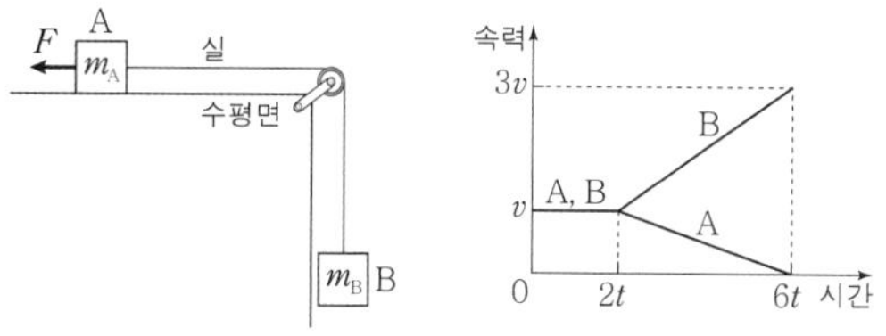

(가) (나)

이에 대한 옳은 설명만을 〈보기〉에서 있는 대로 고른 것은? (단, 실의 질량, 모든 마찰과 공기 저항은 무시한다.) [3점]

> 보기
> ㄱ. t일 때, 실이 A를 당기는 힘의 크기는 $\frac{3m_Bv}{4t}$이다.
> ㄴ. t일 때, A의 운동 방향은 F의 방향과 같다.
> ㄷ. $m_A=2m_B$이다.

① ㄴ ② ㄷ ③ ㄱ, ㄴ
④ ㄱ, ㄷ ⑤ ㄴ, ㄷ

24 ★★☆ | 2021년 10월 교육청 14번 |

그림과 같이 질량이 각각 $3m$, m인 물체 A, B가 실로 연결되어 정지해 있다.

이에 대한 옳은 설명만을 〈보기〉에서 있는 대로 고른 것은? (단, 중력 가속도는 g이고, 실의 질량과 모든 마찰은 무시한다.)

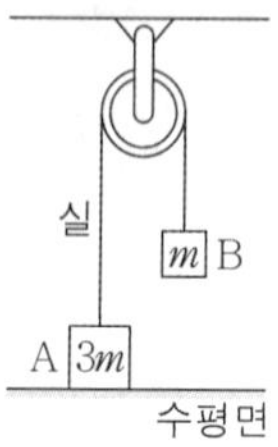

> 보기
> ㄱ. 수평면이 A를 떠받치는 힘의 크기는 $3mg$이다.
> ㄴ. B가 지구를 당기는 힘의 크기는 mg이다.
> ㄷ. 실이 A를 당기는 힘과 지구가 A를 당기는 힘은 작용 반작용 관계이다.

① ㄱ ② ㄴ ③ ㄱ, ㄷ
④ ㄴ, ㄷ ⑤ ㄱ, ㄴ, ㄷ

25 ★★★ | 2021년 7월 교육청 7번 |

그림과 같이 빗면 위의 물체 A가 질량 2 kg인 물체 B와 실로 연결되어 등가속도 운동을 한다. 표는 A가 점 p를 통과하는 순간부터 A의 위치를 2초 간격으로 나타낸 것이다. p와 점 q 사이의 거리는 8 m이다.

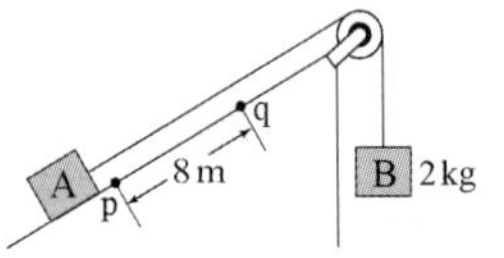

시간	0초	2초	4초
A의 위치	p	q	q

실이 A를 당기는 힘의 크기는? (단, 중력 가속도는 $10\ m/s^2$이고, 물체의 크기, 실의 질량, 모든 마찰과 공기 저항은 무시한다.) [3점]

① 16 N ② 20 N ③ 24 N
④ 28 N ⑤ 32 N

26 ★★☆ | 2021년 4월 교육청 10번 |

그림 (가)는 물체 A와 질량이 m인 물체 B를 실로 연결한 후, 손이 A에 연직 아래 방향으로 일정한 힘 F를 가해 A, B가 정지한 모습을 나타낸 것이다. 실이 A를 당기는 힘의 크기는 F의 크기의 3배이다. 그림 (나)는 (가)에서 A를 놓은 순간부터 A, B가 가속도의 크기 $\frac{1}{8}g$로 등가속도 운동을 하는 모습을 나타낸 것이다.

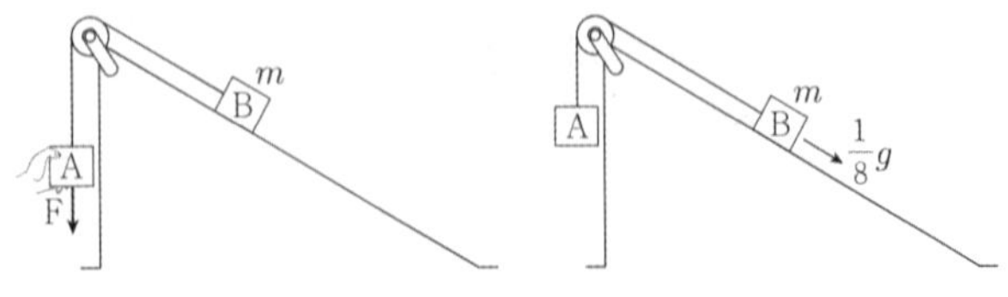

(나)에서 실이 A를 당기는 힘의 크기는? (단, 중력 가속도는 g이고, 실의 질량, 모든 마찰과 공기 저항은 무시한다.) [3점]

① $\frac{1}{4}mg$ ② $\frac{3}{8}mg$ ③ $\frac{1}{2}mg$
④ $\frac{5}{8}mg$ ⑤ $\frac{3}{4}mg$

27 ★★☆ | 2021년 3월 교육청 5번 |

다음은 자석 사이에 작용하는 힘에 대한 실험이다.

[실험 과정]

(가) 저울 위에 자석 A를 올려놓은 후 실에 매달린 자석 B를 A의 위쪽에 접근시키고, 정지한 상태에서 저울의 측정값을 기록한다.

(나) (가)의 상태에서 B를 A에 더 가깝게 접근시키고, 정지한 상태에서 저울의 측정값을 기록한다.

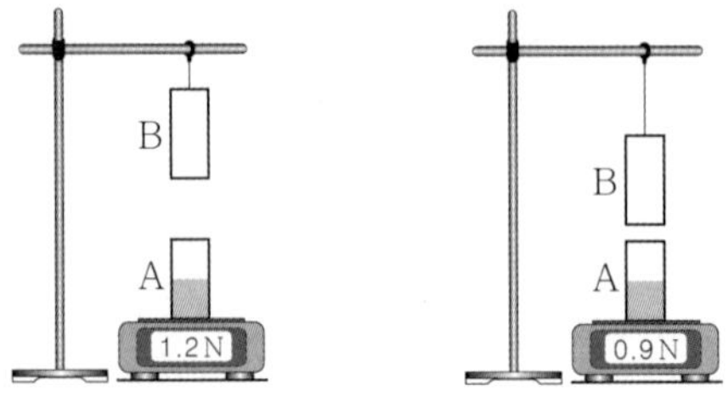

[실험 결과]

(가)의 결과	(나)의 결과
1.2 N	0.9 N

이에 대한 옳은 설명만을 〈보기〉에서 있는 대로 고른 것은? [3점]

보기

ㄱ. (가)에서 A, B 사이에는 서로 미는 자기력이 작용한다.
ㄴ. (나)에서 A가 B에 작용하는 자기력과 B가 A에 작용하는 자기력은 작용 반작용 관계이다.
ㄷ. A가 B에 작용하는 자기력의 크기는 (나)에서가 (가)에서보다 크다.

① ㄴ ② ㄷ ③ ㄱ, ㄴ
④ ㄱ, ㄷ ⑤ ㄴ, ㄷ

28 ★★☆

| 2020년 10월 교육청 15번 |

그림과 같이 수평면에 놓인 물체 A, B에 각각 수평면과 나란하게 서로 반대 방향으로 힘 F_A, F_B가 작용하고 있다. 질량은 B가 A의 2배이다. 표는 F_A, F_B의 크기에 따라 B가 A에 작용하는 힘 f의 크기를 나타낸 것이다.

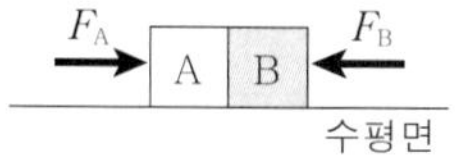

힘	F_A	F_B	f
크기	10 N	0	f_1
	15 N	5 N	f_2

$\frac{f_2}{f_1}$는? (단, 물체의 크기, 모든 마찰과 공기 저항은 무시한다.) [3점]

① 1　② $\frac{3}{2}$　③ $\frac{5}{3}$　④ $\frac{7}{4}$　⑤ 2

29 ★★★

| 2021년 3월 교육청 7번 |

그림은 점 P에 정지해 있던 물체가 일정한 알짜힘을 받아 점 Q까지 직선 운동하는 모습을 나타낸 것이다.

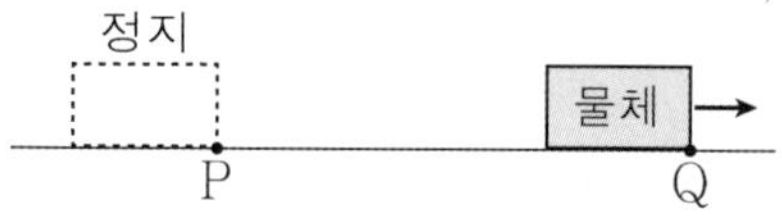

물체가 P에서 Q까지 가는 데 걸리는 시간을 물체의 질량에 따라 나타낸 그래프로 가장 적절한 것은? (단, 물체의 크기는 무시한다.)

[3점]

①
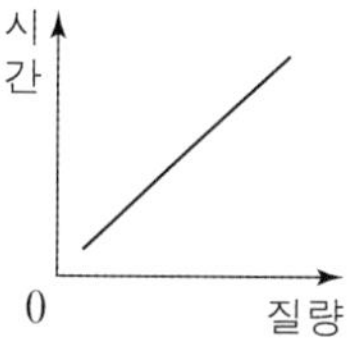

②
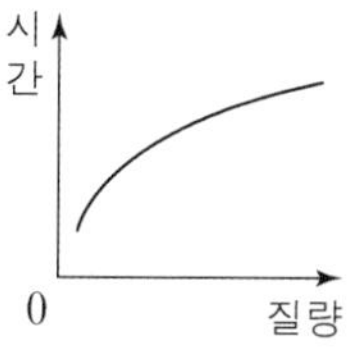

③
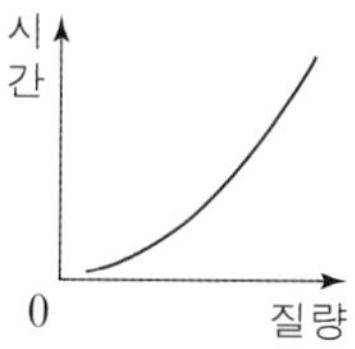

④
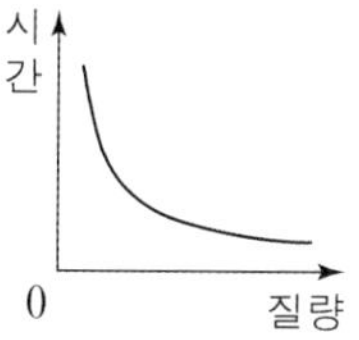

⑤
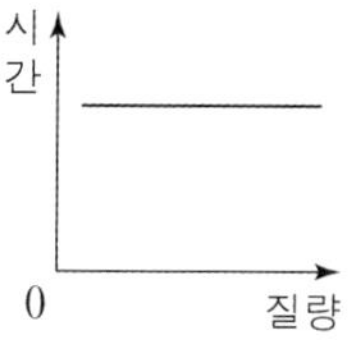

30 ★★☆

| 2020년 10월 교육청 19번 |

그림 (가)는 물체 A와 실로 연결된 물체 B에 수평 방향으로 힘 F와 실이 당기는 힘 T가 작용하는 모습을, (나)는 (가)에서 F의 크기를 시간에 따라 나타낸 것이다. A, B는 0~2초 동안 정지해 있다. F의 방향은 0~4초 동안 일정하고, T의 크기는 3초일 때가 5초일 때의 4배이다.

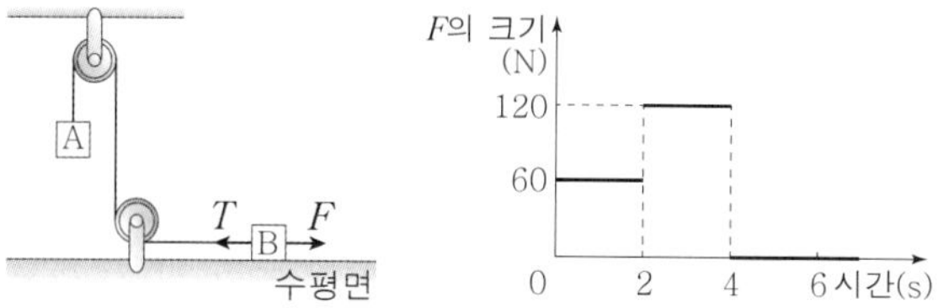

(가)　　(나)

B의 질량 m_B와 B가 0~6초 동안 이동한 거리 L_B로 옳은 것은? (단, 중력 가속도는 $10\ m/s^2$이고, 실의 질량, 모든 마찰과 공기 저항은 무시한다.) [3점]

	m_B	L_B
①	2 kg	30 m
②	2 kg	48 m
③	4 kg	12 m
④	4 kg	24 m
⑤	6 kg	20 m

Part I
교육청

03 운동량과 충격량

출제 tip

운동량 - 시간 그래프

운동량 - 시간 그래프에서 그래프의 기울기는 물체에 작용하는 알짜힘을 나타낸다. 또한 운동량의 변화량을 통해 충격량도 비교할 수 있다.

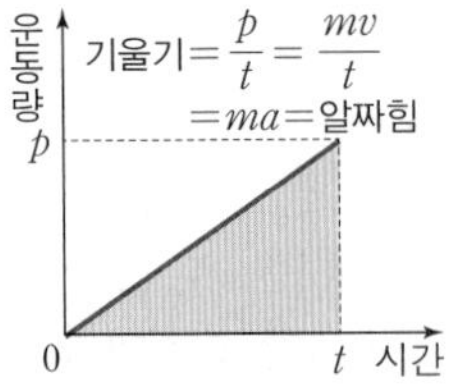

운동량 변화량의 방향

- 운동량이 증가할 때 : 처음 운동량의 방향과 같다.
- 운동량이 감소할 때, 운동량의 방향이 반대일 때 : 처음 운동량의 방향과 반대이다.

A 운동량

1. 운동량 : 질량이 m인 물체가 v의 속도로 움직이고 있을 때 물체의 운동량 p는 다음과 같다.

> 운동량=질량×속도, $p=mv$ (단위: kg·m/s)

(1) **운동량의 크기** : 물체의 질량이 클수록, 속력이 클수록 크다.

(2) **운동량의 방향** : 속도의 방향과 같다. ➡ 일직선 상에서 운동할 때 어느 한쪽 방향의 운동량을 (+)로 정하면 반대 방향의 운동량은 (−)가 된다.

2. 운동량의 변화량 : 물체의 운동량의 변화량은 방향을 고려해야 하며, 질량이 m인 물체의 속도가 v_0에서 v로 변하는 경우 운동량 변화량의 크기는 나중 운동량과 처음 운동량의 차이이다.

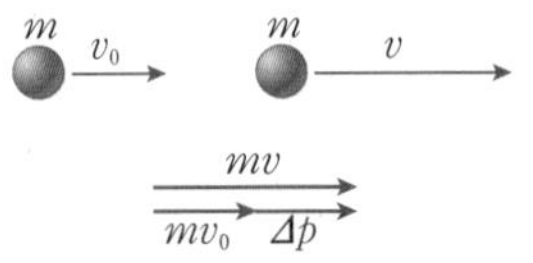

▲ 운동량이 증가할 때

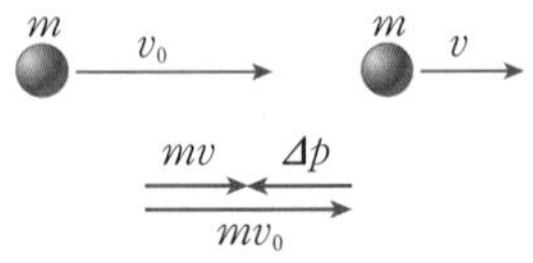

▲ 운동량이 감소할 때

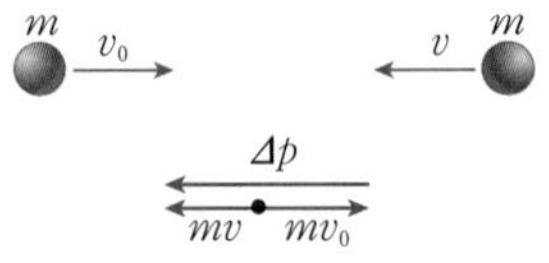

▲ 운동량의 방향이 반대일 때

B 운동량 보존

1. 운동량 보존 법칙 : 두 물체가 충돌할 때 외력이 작용하지 않으면 충돌하기 전 물체의 운동량의 총합은 충돌한 후 물체의 운동량의 총합과 같다.

질량이 각각 m_1, m_2인 물체 A, B가 v_1, v_2의 속도로 운동하다가 서로 충돌한 후 속도가 v_1', v_2'이 되었다.

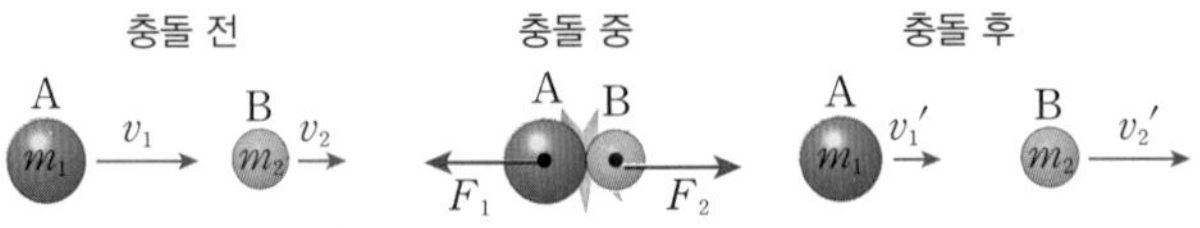

> 충돌 전 운동량의 합=충돌 후 운동량의 합, $m_1v_1+m_2v_2=m_1v_1'+m_2v_2'$

2. 운동량 보존의 적용

같은 방향으로 운동할 때의 충돌	한 덩어리가 될 때의 충돌	두 물체로 분리
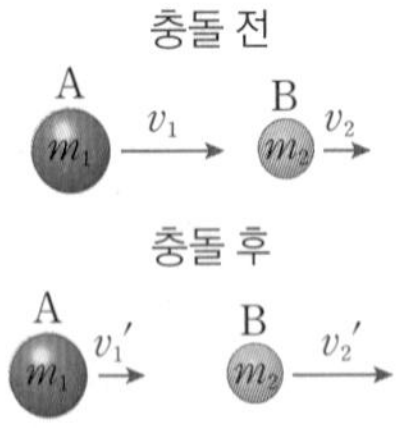	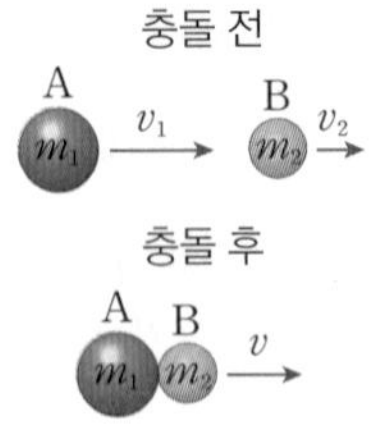	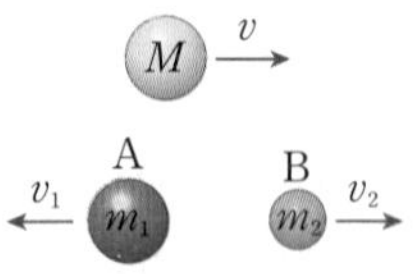
A는 운동 방향과 반대 방향으로 힘을 받아 속력 감소($v_1>v_1'$), B는 운동 방향으로 힘을 받아 속력 증가($v_2<v_2'$)	$m_1v_1+m_2v_2=(m_1+m_2)v$ ➡ $v=\frac{m_1v_1+m_2v_2}{m_1+m_2}$	$Mv=m_1v_1+m_2v_2$ ➡ $(m_1+m_2)v=m_1v_1+m_2v_2$

출제 tip

두 물체가 충돌할 때

- 두 물체가 충돌할 때 서로 주고받는 힘은 작용 반작용 관계이므로 크기는 같고 방향은 반대이다.
- 두 물체가 충돌할 때 서로 주고받는 힘의 크기와 충돌 시간이 같으므로 두 물체가 주고받는 충격량의 크기는 항상 같다. 따라서 두 물체의 운동량의 변화량 크기도 같다.

C 충격량

1. 충격량 : 물체에 힘이 작용할 때 물체가 작용한 힘 F와 힘을 작용한 시간 Δt의 곱 I를 힘이 물체에 작용한 충격량이라고 한다.

> 충격량=힘×시간, $I=F\Delta t$ (단위: N·s)

충격량의 방향과 물체의 운동

물체가 운동 방향으로 충격량을 받으면 속력이 증가하고, 운동 방향과 반대 방향으로 충격량을 받으면 속력이 감소한다.

(1) **충격량의 크기** : 물체에 작용한 힘의 크기가 클수록, 힘이 작용하는 시간이 길수록 크다.

(2) **충격량의 방향** : 힘의 방향과 같다.

(3) **충격량과 힘 – 시간 그래프** : 힘 – 시간 그래프에서 그래프 아랫부분의 넓이는 충격량과 같다.

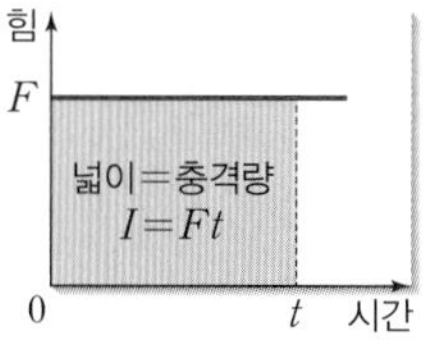

▲ 힘의 크기가 일정한 경우

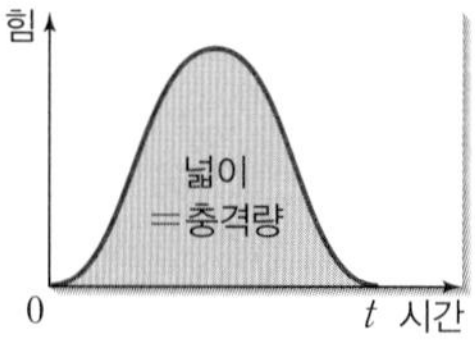

▲ 힘의 크기가 일정하지 않은 경우

2. 충격량과 운동량의 관계 : 물체가 받은 충격량은 물체의 운동량의 변화량과 같다.

일정한 속도 v_0으로 운동하고 있는 질량이 m인 물체에 시간 Δt 동안 일정한 힘 F가 작용하여 속도가 v로 변하는 경우 힘이 물체에 작용한 충격량은 다음과 같다.

$$I=F\Delta t=(ma)\Delta t=m\left(\frac{v-v_0}{\Delta t}\right)\Delta t=m(v-v_0)=\Delta p$$

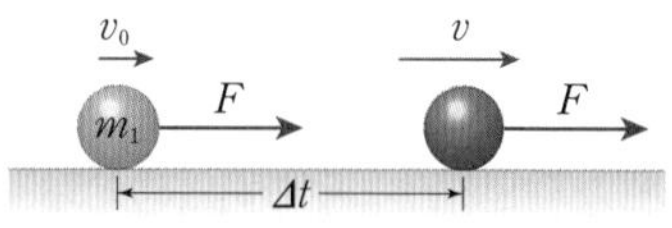

D 충격량의 이용

충격력(힘)이 일정할 때	충격량이 일정할 때
힘이 작용하는 시간을 길게 하면 충격량이 증가한다. ➡ 충격량이 클수록 운동량 변화량이 증가하여 속력 변화가 크다.	힘이 작용하는 시간을 길게 하면 충격력(힘)의 크기가 감소한다. ➡ 충돌 사고에서 충격을 완화시키는 안전장치에 이용되는 원리이다.
예 테니스나 야구에서 공을 밀어 주는 힘이 작용하는 시간을 길게 할수록 공의 속력이 더 커진다.	예 자동차 에어백, 범퍼 등은 충돌 사고가 일어났을 때 충돌 시간을 길게 하여 사람이 받는 충격을 줄인다.

실전 자료 운동량 보존 법칙의 적용

그림과 같이 우주 공간에서 점 O를 향해 질량이 각각 m인 물체 A, B와 질량이 $2m$인 우주인이 v_0의 일정한 속도로 운동한다. 우주인은 O에 도착하는 속도를 줄이기 위해 O를 향해 A, B의 순서로 물체를 하나씩 민다. A, B를 모두 민 후에, 우주인의 속도는 $\frac{1}{3}v_0$이 되고, A와 B는 속도가 서로 같으며 충돌하지 않는다.

❶ 물체가 분리될 때

물체와 우주인이 분리될 때, 우주인이 물체를 밀면 작용 반작용에 의해 물체도 우주인을 같은 크기의 힘을 반대 방향으로 작용한다. 따라서 우주인은 운동 방향과 반대 방향으로 힘을 받으므로 속력이 감소한다.

❷ 운동량 보존 법칙의 적용

- A 분리 후 : 분리 전 운동량의 총합은 $(2m+m+m)v_0=4mv_0$이고 A, B가 분리된 후에도 운동량 보존 법칙에 의해 우주인, A, B의 운동량의 총합은 $4mv_0$이다.
  ➡ 분리 후 (우주인+B)의 속도를 v_1, A의 속도를 v_2라고 하면 $4mv_0=3mv_1+mv_2$이다.
- B 분리 후 : 우주인의 운동량은 $\frac{2}{3}mv_0$이고 B의 속도는 A와 같으므로 A, B의 운동량은 각각 mv_2이다. ➡ $4mv_0=\frac{2}{3}mv_0+2\times mv_2$

물체가 받는 평균 힘

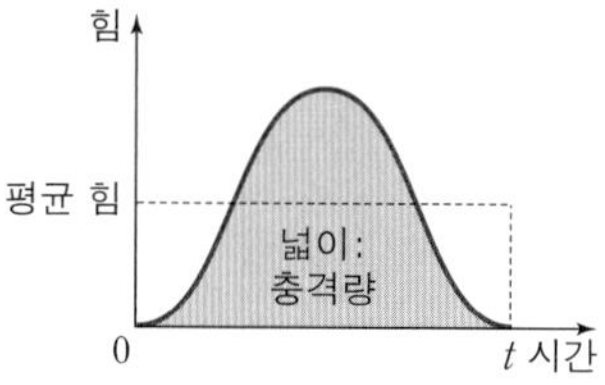

대부분의 충돌 과정에서 물체가 받는 힘의 크기는 일정하지 않으므로 충격량(힘 – 시간 그래프의 밑넓이)을 충돌 시간으로 나누어 평균 힘을 구할 수 있다.

출제 tip

충격량의 이해

충격량에 대해 묻는 문제가 출제될 때에는 충격량의 크기는 힘과 시간의 곱과 같으며, 운동량 변화량의 크기와도 같다는 사실을 모두 이용해야 하는 경우가 많다. 따라서 항상 충격량을 구할 때에는 두 관계식을 함께 기억해야 한다.

운동량의 변화량을 크게 하는 방법

운동량의 변화량은 충격량과 같으므로 운동량 변화량을 크게 하려면 충격량을 크게 하면 된다. 즉, 힘을 크게, 힘을 주는 시간을 길게 하면 된다.

출제 tip

운동량 보존

두 물체의 충돌뿐만 아니라 세 물체가 순차적으로 충돌하는 경우에도 외력이 작용하지 않으면 운동량이 보존된다.

1 ★☆☆ | 2024년 10월 교육청 7번 |

그림 (가), (나)는 마찰이 없는 수평면에서 등속도 운동하던 물체 A, B가 동일한 용수철을 원래 길이에서 각각 d, $2d$만큼 압축시켜 정지한 순간의 모습을 나타낸 것이다. A, B의 질량은 각각 m, $4m$이고, A, B가 정지할 때까지 용수철로부터 받은 충격량의 크기는 각각 I_A, I_B이다.

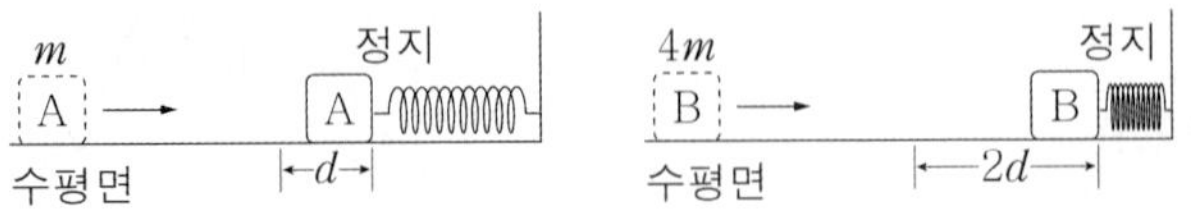

(가) (나)

$\frac{I_B}{I_A}$는? (단, 용수철의 질량, 물체의 크기는 무시한다.)

① 1 ② 2 ③ 4
④ 8 ⑤ 16

2 ★☆☆ | 2024년 10월 교육청 16번 |

그림 (가), (나)는 마찰이 없는 수평면에서 속력 v로 등속도 운동하던 물체 A, C가 각각 정지해 있던 물체 B, D와 충돌 후 한 덩어리가 되어 운동하는 모습을 나타낸 것이다. 각각의 충돌 과정에서 받은 충격량의 크기는 B가 C의 $\frac{2}{3}$배이다. B와 C의 질량은 같고, 충돌 후 속력은 B가 C의 2배이다.

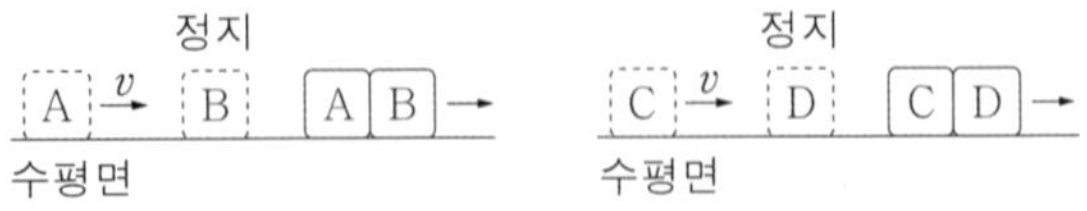

(가) (나)

A, D의 질량을 각각 m_A, m_D라고 할 때, $\frac{m_D}{m_A}$는?

① 2 ② 3 ③ 4
④ 5 ⑤ 6

3 ★☆☆ | 2024년 7월 교육청 1번 |

그림과 같이 수평면에서 물체 A와 B 사이에 용수철을 넣어 압축시킨 후 동시에 가만히 놓았더니, 정지해 있던 A와 B가 분리되어 서로 반대 방향으로 각각 등속도 운동하였다. 분리된 후 A, B의 속력은 각각 v, v_B이다. A, B의 질량은 각각 $3m$, m이다.

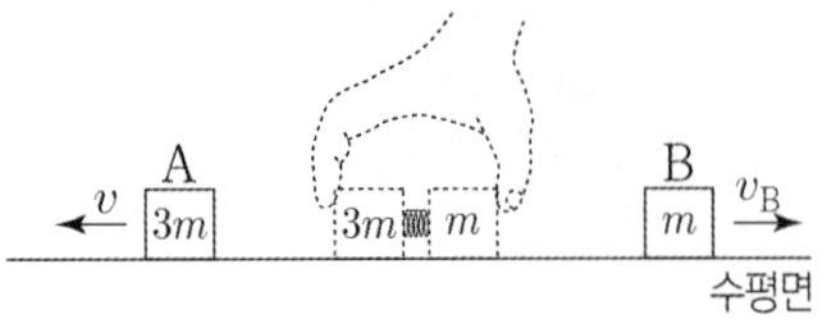

v_B는? (단, 용수철의 질량, 모든 마찰과 공기 저항은 무시한다.)

① $3v$ ② $4v$ ③ $6v$
④ $7v$ ⑤ $9v$

4 ★☆☆ | 2024년 7월 교육청 7번 |

그림과 같이 수평면에서 질량 2 kg인 물체가 5 m/s의 속력으로 등속도 운동을 하다가 구간 Ⅰ을 지난 후 2 m/s의 속력으로 등속도 운동을 한다. Ⅰ을 지나는 데 걸린 시간은 0.5초이다.

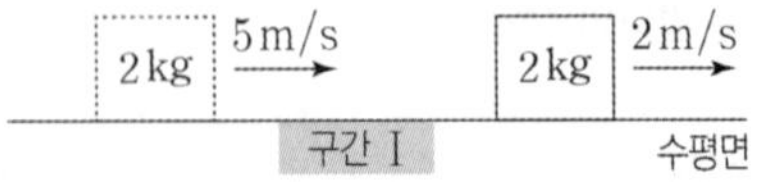

물체가 Ⅰ을 지나는 동안 물체가 받은 평균 힘의 크기는? (단, 물체는 동일 직선상에서 운동하고, 물체의 크기는 무시한다.)

① 6 N ② 12 N ③ 14 N
④ 24 N ⑤ 30 N

5 ★☆☆ | 2024년 5월 교육청 7번 |

그림과 같이 마찰이 없는 수평면에서 속력 v로 등속도 운동하던 물체 A, B가 벽과 충돌한 후, 충돌 전과 반대 방향으로 각각 등속도 운동한다. 표는 A, B가 벽과 충돌하는 동안 충돌 시간, 충돌 전후 A, B의 운동량 변화량의 크기를 나타낸 것이다. A, B의 질량은 각각 m, $4m$이다.

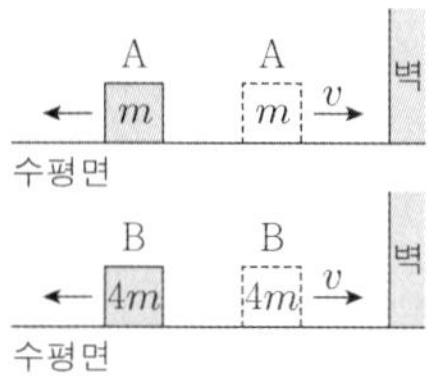

물체	충돌 시간	운동량 변화량의 크기
A	t	$2mv$
B	$2t$	$6mv$

이에 대한 설명으로 옳은 것만을 <보기>에서 있는 대로 고른 것은? [3점]

보기
ㄱ. A가 충돌하는 동안 벽으로부터 받은 충격량의 크기는 $2mv$이다.
ㄴ. 벽과 충돌한 후 물체의 속력은 B가 A의 2배이다.
ㄷ. 충돌하는 동안 벽으로부터 받은 평균 힘의 크기는 A가 B의 $\frac{2}{3}$배이다.

① ㄱ ② ㄷ ③ ㄱ, ㄴ
④ ㄱ, ㄷ ⑤ ㄴ, ㄷ

6 ★★☆ | 2024년 5월 교육청 12번 |

그림 (가)는 마찰이 없는 수평면에서 0초일 때 물체 A, B가 같은 방향으로 등속도 운동하는 모습을 나타낸 것으로, A와 B 사이의 거리와 B와 벽 사이의 거리는 12m로 같다. 그림 (나)는 (가)에서 A와 B 사이의 거리를 시간에 따라 나타낸 것이다. A, B의 질량은 각각 1 kg, 4 kg이고, A와 B는 동일 직선상에서 운동한다.

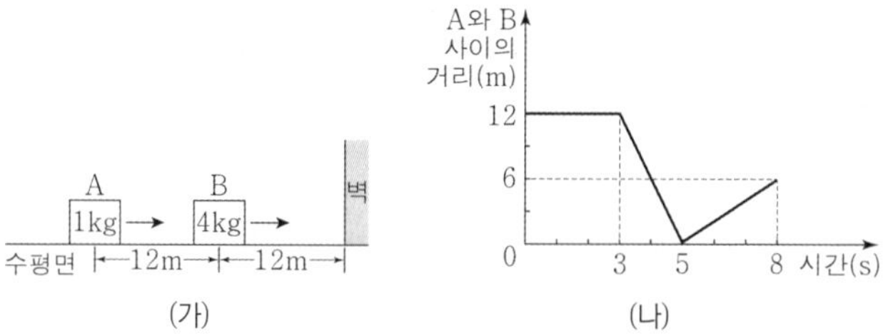

7초일 때, A의 속력은? (단, 물체의 크기는 무시한다.)

① $\frac{9}{5}$ m/s ② $\frac{12}{5}$ m/s ③ 3 m/s
④ $\frac{18}{5}$ m/s ⑤ $\frac{21}{5}$ m/s

7 ★★☆ | 2024년 3월 교육청 11번 |

그림 (가)와 같이 수평면에서 용수철을 압축시킨 채로 정지해 있던 물체 A~D를 0초일 때 가만히 놓았더니, 용수철과 분리된 B와 C가 충돌하여 정지하였다. 그림 (나)는 A가 용수철로부터 받는 힘의 크기 F_A, D가 용수철로부터 받는 힘의 크기 F_D, B가 C로부터 받는 힘의 크기 F_{BC}를 시간에 따라 나타낸 것이다.

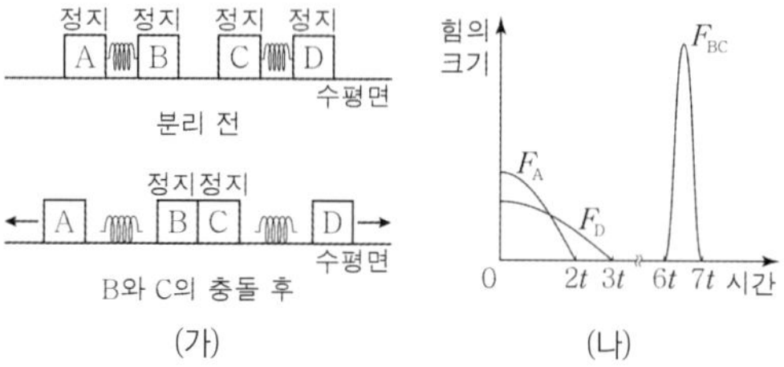

이에 대한 옳은 설명만을 <보기>에서 있는 대로 고른 것은? (단, 용수철의 질량, 공기 저항, 모든 마찰은 무시한다.)

보기
ㄱ. 용수철과 분리된 후, A와 D의 운동량의 크기는 같다.
ㄴ. 힘의 크기를 나타내는 곡선과 시간축이 이루는 면적은 F_A에서와 F_D에서가 같다.
ㄷ. $6t$~$7t$ 동안 F_{BC}의 평균값은 0~$2t$ 동안 F_A의 평균값의 2배이다.

① ㄱ ② ㄷ ③ ㄱ, ㄴ
④ ㄴ, ㄷ ⑤ ㄱ, ㄴ, ㄷ

8 ★★☆ | 2024년 3월 교육청 18번 |

그림 (가)와 같이 수평면에서 물체 A가 정지해 있는 물체 B, C를 향해 운동하고 있다. 그림 (나)는 (가)의 순간부터 A의 속력을 시간에 따라 나타낸 것으로, A의 운동 방향은 일정하다. A, B, C의 질량은 각각 $2m$, m, $4m$이고, $6t$일 때 B와 C가 충돌한다.

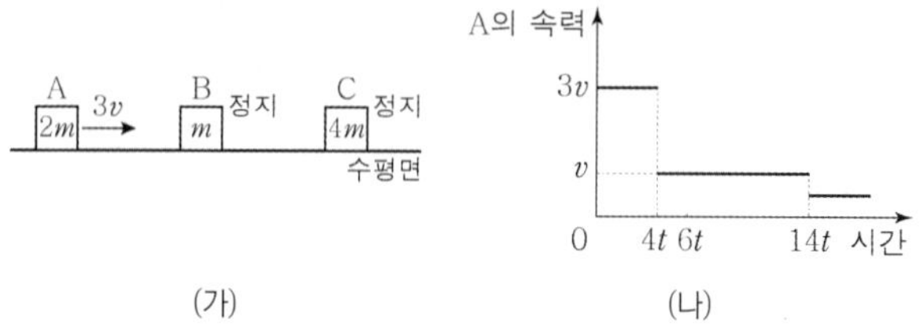

$8t$일 때, C의 속력은? (단, 물체의 크기, 공기 저항, 모든 마찰은 무시한다.) [3점]

① $\frac{3}{4}v$ ② $\frac{15}{16}v$ ③ $\frac{5}{4}v$
④ $\frac{21}{16}v$ ⑤ $\frac{4}{3}v$

Part I 교육청

9 ★★☆ | 2023년 10월 교육청 11번 |

그림과 같이 마찰이 없는 수평면에서 속력 $2v_0$으로 등속도 운동하던 물체 A, B가 각각 풀 더미와 벽으로부터 시간 $2t_0$, t_0 동안 힘을 받은 후 속력 v_0으로 운동한다. A의 운동 방향은 일정하고, B의 운동 방향은 충돌 전과 후가 반대이다. A, B의 질량은 각각 m, $2m$이다.

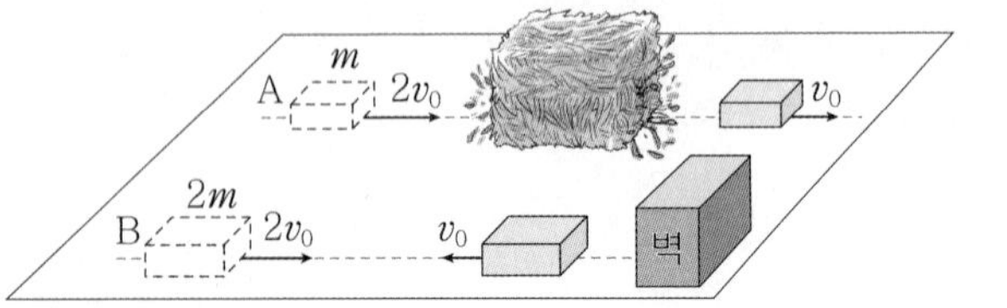

A, B가 각각 풀 더미와 벽으로부터 수평 방향으로 받은 평균 힘의 크기를 F_A, F_B라고 할 때, $F_A : F_B$는?

① 1 : 1 ② 1 : 4 ③ 1 : 6
④ 1 : 8 ⑤ 1 : 12

10 ★★☆ | 2023년 10월 교육청 20번 |

그림 (가)는 마찰이 없는 수평면에서 x축을 따라 운동하는 물체 A, B, C를 나타낸 것이다. 그림 (나)는 (가)의 순간부터 A, B의 위치 x를 시간 t에 따라 나타낸 것이다. A, B, C의 운동량의 합은 항상 0이다.

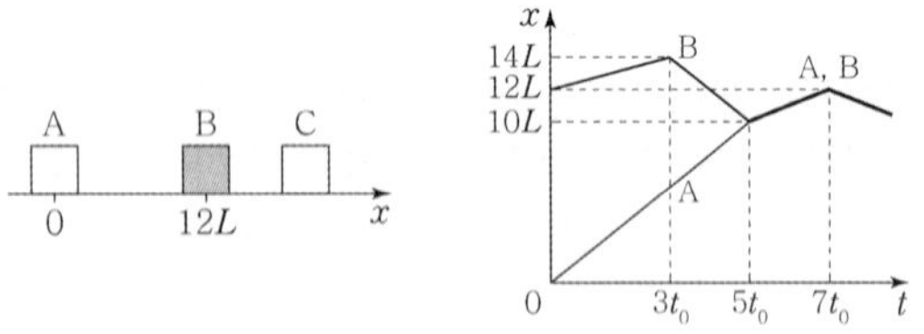

(가) (나)

이에 대한 옳은 설명만을 <보기>에서 있는 대로 고른 것은? (단, 물체의 크기는 무시한다.) [3점]

보기
ㄱ. $t=t_0$일 때 C의 운동 방향은 $-x$방향이다.
ㄴ. $t=4t_0$일 때 운동량의 크기는 A가 B의 2배이다.
ㄷ. 질량은 C가 B의 8배이다.

① ㄱ ② ㄷ ③ ㄱ, ㄴ
④ ㄱ, ㄷ ⑤ ㄴ, ㄷ

11 ★☆☆ | 2023년 7월 교육청 7번 |

그림은 야구 경기에서 충격량과 관련된 예를 나타낸 것이다.

A. 포수가 글러브를 이용해 공을 받는다. B. 타자가 방망이를 이용해 공을 친다. C. 투수가 공을 던진다.

이에 대한 설명으로 옳은 것만을 <보기>에서 있는 대로 고른 것은?

보기
ㄱ. A에서 글러브를 뒤로 빼면서 공을 받으면 글러브가 공으로부터 받는 평균 힘의 크기는 감소한다.
ㄴ. B에서 방망이의 속력을 더 크게 하여 공을 치면 공이 방망이로부터 받는 충격량의 크기는 커진다.
ㄷ. C에서 공에 힘을 더 오래 작용하며 던질수록 손을 떠날 때 공의 운동량의 크기는 커진다.

① ㄱ ② ㄷ ③ ㄱ, ㄴ
④ ㄴ, ㄷ ⑤ ㄱ, ㄴ, ㄷ

12 ★★☆ | 2023년 7월 교육청 10번 |

그림 (가)는 마찰이 없는 수평면에서 운동량의 크기가 $2p$로 같은 물체 A, B, C가 각각 등속도 운동하는 것을 나타낸 것이다. 그림 (나)는 (가) 이후 모든 충돌이 끝나 A, B, C가 크기가 각각 p, p, $2p$인 운동량으로 등속도 운동하는 것을 나타낸 것이다. (가) → (나) 과정에서 C가 B로부터 받은 충격량의 크기는 $4p$이다.

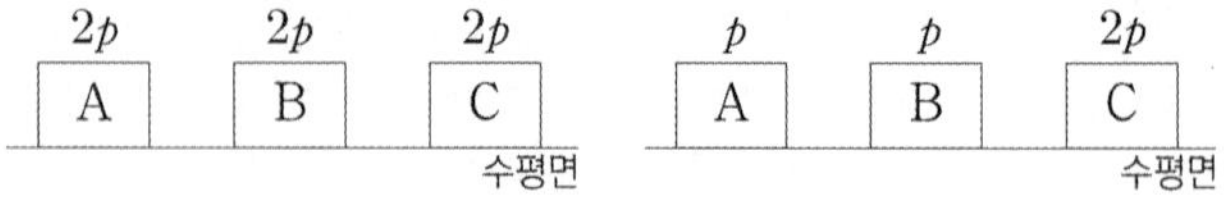

(가) (나)

이에 대한 설명으로 옳은 것만을 <보기>에서 있는 대로 고른 것은? (단, A, B, C는 동일 직선상에서 운동한다.) [3점]

보기
ㄱ. (가)에서 운동 방향은 A와 B가 같다.
ㄴ. A의 운동 방향은 (가)에서와 (나)에서가 같다.
ㄷ. (가) → (나) 과정에서 B가 A로부터 받은 충격량의 크기는 $3p$이다.

① ㄱ ② ㄴ ③ ㄱ, ㄷ
④ ㄴ, ㄷ ⑤ ㄱ, ㄴ, ㄷ

13 ★★★ | 2023년 4월 교육청 8번 |

그림과 같이 수평면에서 질량이 $3\ \mathrm{kg}$인 물체가 $2\ \mathrm{m/s}$의 속력으로 등속도 운동하여 벽 A와 충돌한 후, 충돌 전과 반대 방향으로 v의 속력으로 등속도 운동하여 벽 B와 충돌한다. 표는 물체가 A, B와 충돌하는 동안 물체가 A, B로부터 받은 충격량의 크기와 충돌 시간을 나타낸 것이다. 물체는 동일 직선상에서 운동한다.

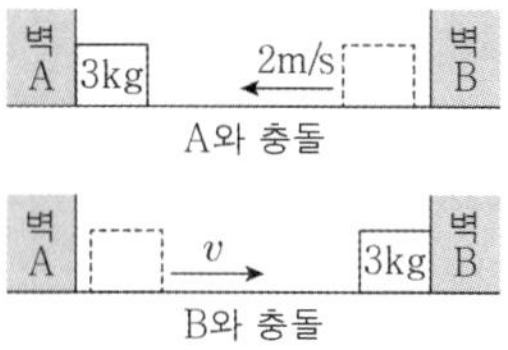

	충격량의 크기(N·s)	충돌 시간 (s)
A와 충돌	9	0.1
B와 충돌	3	0.3

이에 대한 설명으로 옳은 것만을 〈보기〉에서 있는 대로 고른 것은?

보기
ㄱ. $v=1\ \mathrm{m/s}$이다.
ㄴ. 충돌하는 동안 물체가 A로부터 받은 평균 힘의 크기는 B로부터 받은 평균 힘의 크기와 같다.
ㄷ. 물체는 B와 충돌한 후 정지한다.

① ㄱ ② ㄴ ③ ㄱ, ㄷ
④ ㄴ, ㄷ ⑤ ㄱ, ㄴ, ㄷ

14 ★★☆ | 2023년 4월 교육청 13번 |

그림 (가)는 수평면에서 물체 A, B, C가 등속도 운동하는 모습을 나타낸 것이다. B의 속력은 $1\ \mathrm{m/s}$이다. 그림 (나)는 A와 C 사이의 거리, B와 C 사이의 거리를 시간 t에 따라 나타낸 것이다. A, B, C는 동일 직선상에서 운동한다.

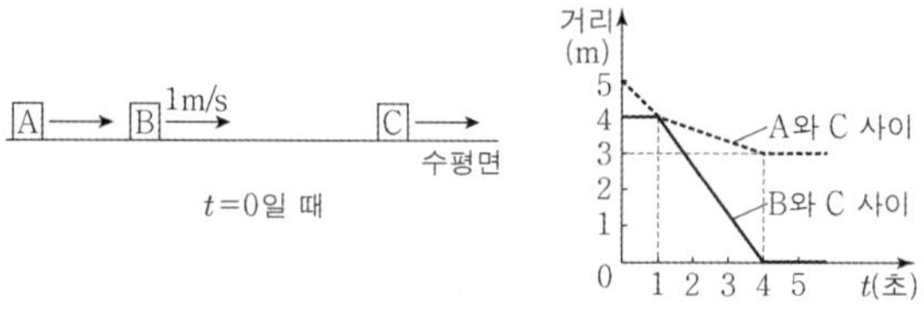

(가) (나)

A, C의 질량을 각각 m_A, m_C라 할 때, $\frac{m_C}{m_A}$는? (단, 물체의 크기는 무시한다.) [3점]

① $\frac{3}{2}$ ② 2 ③ $\frac{5}{2}$
④ 3 ⑤ $\frac{7}{2}$

15 ★★☆ | 2023년 3월 교육청 7번 |

그림은 직선상에서 운동하는 질량이 $5\ \mathrm{kg}$인 물체의 속력을 시간에 따라 나타낸 것이다. 0초일 때와 t_0초일 때 물체의 위치는 같고, 운동 방향은 서로 반대이다.

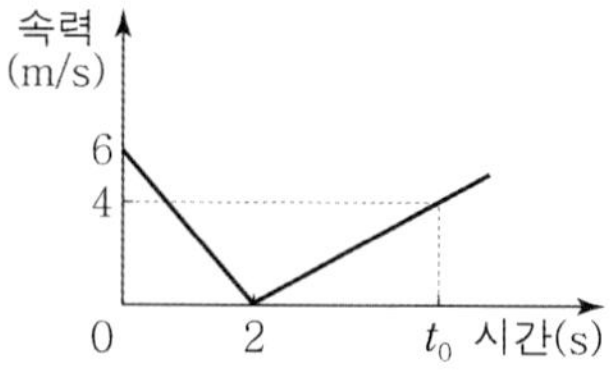

0초에서 t_0초까지 물체가 받은 평균 힘의 크기는? (단, 물체의 크기는 무시한다.) [3점]

① 2 N ② 4 N ③ 6 N
④ 8 N ⑤ 10 N

16 ★★☆ | 2023년 3월 교육청 15번 |

그림 (가)와 같이 0초일 때 마찰이 없는 수평면에서 물체 A가 점 P에 정지해 있는 물체 B를 향해 등속도 운동한다. A, B의 질량은 각각 $4\ \mathrm{kg}$, $1\ \mathrm{kg}$이다. A와 B는 시간 t_0일 때 충돌하고, t_0부터 같은 방향으로 등속도 운동을 한다. 그림 (나)는 20초일 때 A와 B의 위치를 나타낸 것이다.

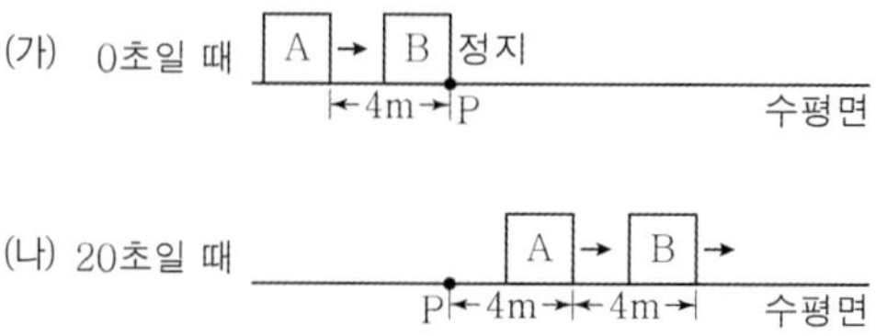

t_0은? (단, 물체의 크기는 무시한다.) [3점]

① 6초 ② 7초 ③ 8초
④ 9초 ⑤ 10초

Part Ⅰ 교육청

17 ★★☆

| 2022년 10월 교육청 6번 |

그림 (가)는 시간 $t=0$일 때 질량이 m인 물체를 점 p에서 가만히 놓았더니 물체가 용수철을 압축시킨 모습을 나타낸 것이다. 그림 (나)는 물체의 속도를 t에 따라 나타낸 것이다. 용수철은 $t=3t_0$부터 $t=4t_0$까지 물체에 힘을 작용한다. $t=7t_0$일 때 물체는 p까지 올라간다.

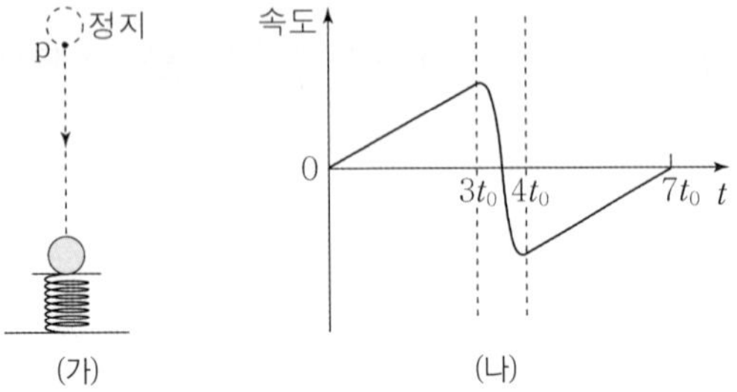

(가) (나)

$t=3t_0$부터 $t=4t_0$까지 용수철이 물체에 작용한 평균 힘의 크기는? (단, 중력 가속도는 g이고, 물체의 크기, 용수철의 질량, 모든 마찰과 공기 저항은 무시한다.) [3점]

① $2mg$ ② $3mg$ ③ $5mg$
④ $7mg$ ⑤ $8mg$

18 ★★☆

| 2022년 10월 교육청 19번 |

그림 (가)는 수평면에서 물체 A, B가 각각 속력 $2v$, $3v$로 정지한 물체 C를 향해 운동하는 모습을 나타낸 것이다. B, C의 질량은 각각 m, $2m$이다. 그림 (나)는 (가)의 순간부터 B와 C 사이의 거리를 시간 t에 따라 나타낸 것이다. A는 충돌 후 속력 v로 충돌 전과 같은 방향으로 운동한다.

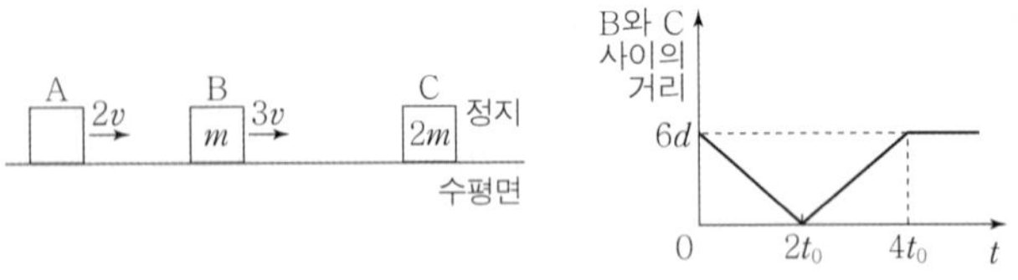

(가) (나)

이에 대한 옳은 설명만을 〈보기〉에서 있는 대로 고른 것은? (단, A, B, C는 동일 직선상에서 운동하고, 물체의 크기, 모든 마찰과 공기 저항은 무시한다.) [3점]

보기
ㄱ. A의 질량은 $3m$이다.
ㄴ. 충돌 과정에서 받은 충격량의 크기는 C가 A의 2배이다.
ㄷ. $t=0$일 때 A와 B 사이의 거리는 $4d$이다.

① ㄱ ② ㄷ ③ ㄱ, ㄴ
④ ㄱ, ㄷ ⑤ ㄴ, ㄷ

19 ★☆☆

| 2022년 7월 교육청 6번 |

그림 A, B, C는 충격량과 관련된 예를 나타낸 것이다.

A. 번지점프에서 낙하하는 사람을 매단 줄 B. 충돌로 인한 피해 감소용 타이어 C. 빨대 안에서 속력이 증가하는 구슬

이에 대한 설명으로 옳은 것만을 〈보기〉에서 있는 대로 고른 것은?

보기
ㄱ. A에서 늘어나는 줄은 사람이 힘을 받는 시간을 길게 해 준다.
ㄴ. B에서 타이어는 충돌할 때 배가 받는 평균 힘의 크기를 크게 해 준다.
ㄷ. C에서 구슬의 속력이 증가하면 구슬의 운동량의 크기는 증가한다.

① ㄱ ② ㄴ ③ ㄱ, ㄷ
④ ㄴ, ㄷ ⑤ ㄱ, ㄴ, ㄷ

20 ★★☆

| 2022년 7월 교육청 8번 |

그림은 동일 직선상에서 각각 일정한 속력으로 운동하는 물체 A와 B 사이의 거리를 시간 t에 따라 나타낸 것이다. $t=0$부터 $t=1$초까지 A와 B는 서로를 향해 운동하여 $t=1$초인 순간 충돌하고, $t=1$초 이후 A와 B의 운동 방향은 충돌 전 A의 운동 방향과 같다. 질량은 A가 B의 2배이고, 충돌 후 운동량의 크기는 B가 A의 2배이다.

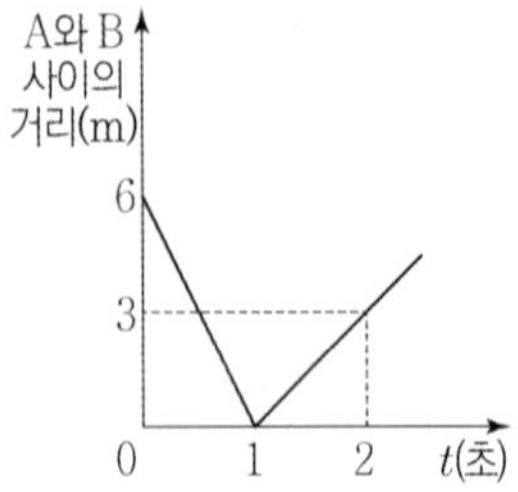

충돌 전 A, B의 속력을 각각 v_A, v_B라 할 때, $v_A : v_B$는? [3점]

① 1 : 1 ② 1 : 2 ③ 1 : 5
④ 2 : 1 ⑤ 5 : 1

21 ★★☆

| 2022년 4월 교육청 7번 |

그림과 같이 수평면에서 물체 A, B가 각각 $4v$, v의 속력으로 운동하다가 A와 B가 충돌한 후 A는 충돌 전과 반대 방향으로 v의 속력으로 운동한다. A와 충돌한 B는 정지해 있는 물체 C와 충돌한 후 한 덩어리가 되어 운동한다. A, B의 질량은 각각 m, $5m$이고, B가 A로부터 받은 충격량의 크기는 B가 C로부터 받은 충격량의 크기의 2배이다.

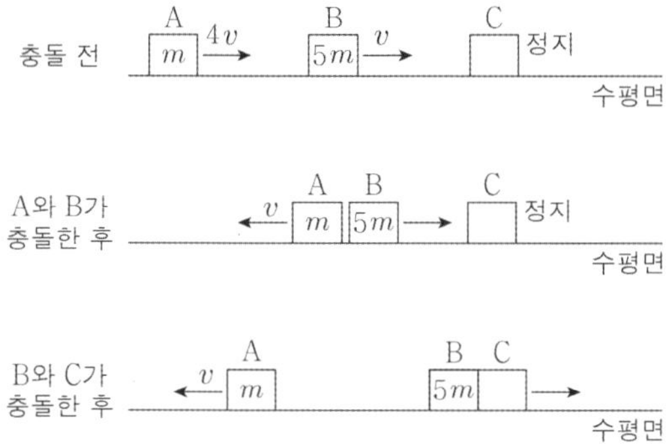

C의 질량은? (단, A, B, C는 동일 직선상에서 운동하고, 마찰과 공기 저항은 무시한다.)

① $\frac{5}{4}m$　② $\frac{3}{2}m$　③ $\frac{5}{3}m$　④ $\frac{7}{4}m$　⑤ $\frac{7}{3}m$

22 ★★☆

| 2022년 3월 교육청 9번 |

그림 (가)와 같이 마찰이 없는 수평면에서 물체 A가 정지해 있는 물체 B, C를 향해 운동한다. A, B, C의 질량은 각각 M, m, m이다. 그림 (나)는 (가)의 순간부터 A와 C 사이의 거리를 시간에 따라 나타낸 것이다.

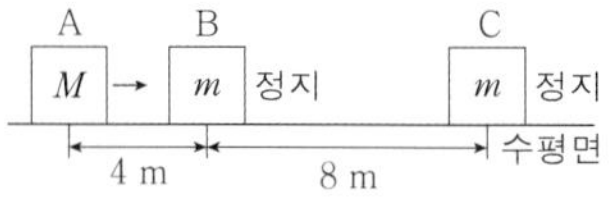

(가)

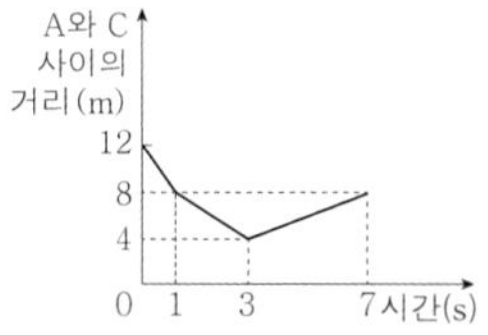

(나)

이에 대한 옳은 설명만을 〈보기〉에서 있는 대로 고른 것은? (단, A, B, C는 동일 직선상에서 운동하고, 물체의 크기는 무시한다.) [3점]

보기

ㄱ. 2초일 때 B의 속력은 2 m/s이다.
ㄴ. $M=2m$이다.
ㄷ. 5초일 때 B의 속력은 1 m/s이다.

① ㄴ　② ㄷ　③ ㄱ, ㄴ　④ ㄱ, ㄷ　⑤ ㄴ, ㄷ

23 ★★☆

| 2022년 3월 교육청 17번 |

다음은 장난감 활을 이용한 실험이다.

[실험 과정]

(가) 화살에 쇠구슬을 부착한 물체 A와 화살에 스타이로폼 공을 부착한 물체 B의 질량을 측정하고 비교한다.

(나) 그림과 같이 동일하게 당긴 활로 A, B를 각각 수평 방향으로 발사시키고, A, B의 운동을 동영상으로 촬영한다.

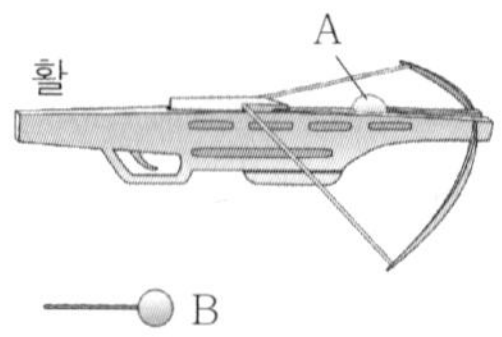

(다) 동영상을 분석하여 A, B가 활을 떠난 순간의 속력을 측정하고 비교한다.

(라) A, B가 활을 떠난 순간의 운동량의 크기를 비교한다.

[실험 결과]

※ ㉠과 ㉡은 각각 속력과 운동량의 크기 중 하나임.

질량	㉠	㉡
A가 B보다 크다.	A가 B보다 크다.	B가 A보다 크다.

이에 대한 옳은 설명만을 〈보기〉에서 있는 대로 고른 것은? (단, 모든 마찰과 공기 저항은 무시한다.)

보기

ㄱ. (가), (다)에서의 측정값으로 (라)를 할 수 있다.
ㄴ. ㉡은 속력이다.
ㄷ. 활로부터 받는 충격량의 크기는 A가 B보다 크다.

① ㄴ　② ㄷ　③ ㄱ, ㄴ　④ ㄱ, ㄷ　⑤ ㄱ, ㄴ, ㄷ

24 ☆☆☆

| 2021년 10월 교육청 9번 |

다음은 충돌에 대한 실험이다.

[실험 과정]

(가) 그림과 같이 힘 센서에 수레 A 또는 B를 충돌시켜서 충돌 전과 반대 방향으로 튀어나오게 한다. A, B의 질량은 각각 300g, 900g이다.

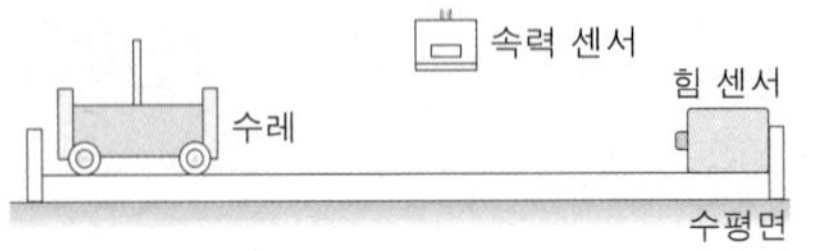

(나) (가)에서 충돌 전후 수레의 속력, 충돌하는 동안 수레가 받는 힘의 크기를 측정한다.

[실험 결과]

• 속력 센서로 측정한 속력

A의 속력(cm/s)		B의 속력(cm/s)	
충돌 전	충돌 후	충돌 전	충돌 후
8	7	8	1

• 힘 센서로 측정한 힘의 크기

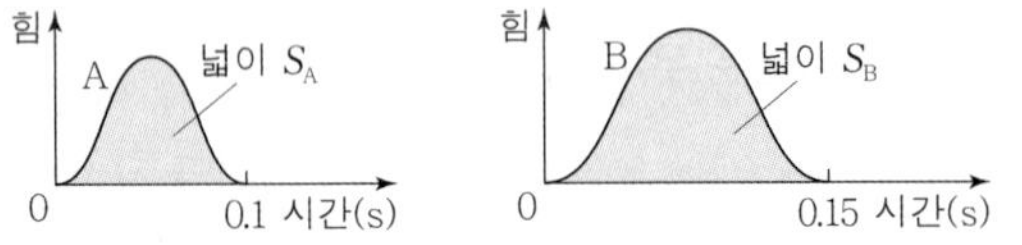

이에 대한 옳은 설명만을 <보기>에서 있는 대로 고른 것은? (단, 모든 마찰과 공기 저항은 무시한다.) [3점]

보기

ㄱ. 충돌 전후 A의 속도 변화량의 크기는 1 cm/s이다.

ㄴ. $S_A : S_B = 5 : 9$이다.

ㄷ. 충돌하는 동안 수레가 받은 평균 힘의 크기는 B가 A의 $\frac{6}{5}$배이다.

① ㄴ ② ㄷ ③ ㄱ, ㄴ ④ ㄱ, ㄷ ⑤ ㄴ, ㄷ

25 ☆☆☆

| 2021년 10월 교육청 15번 |

그림과 같이 수평면에서 운동량의 크기가 p인 물체 A, C가 정지해 있는 물체 B, D에 각각 충돌한다. A, C는 충돌 전후 각각 동일 직선상에서 운동한다. 충돌 후 운동량의 크기는 A가 C의 $\frac{3}{5}$배이고, 물체가 받은 충격량의 크기는 B가 D의 $\frac{3}{5}$배이다.

충돌 후 D의 운동량의 크기는? (단, 모든 마찰과 공기 저항은 무시한다.) [3점]

① $\frac{1}{5}p$ ② $\frac{3}{5}p$ ③ $\frac{3}{4}p$ ④ $\frac{5}{4}p$ ⑤ $\frac{4}{3}p$

26 ☆☆☆

| 2021년 7월 교육청 4번 |

그림과 같이 질량이 1 kg인 고리 모양의 물체를 원통형 막대에 끼워 점 p에 가만히 놓았더니 물체는 점 q까지 자유 낙하하고, q에서부터 지면까지 속력이 일정하게 감소하다가 정지하는 순간 지면에 닿았다. p에서 q까지의 거리는 0.8 m이고, 물체가 q에서부터 정지할 때까지 걸린 시간은 0.2초이다.

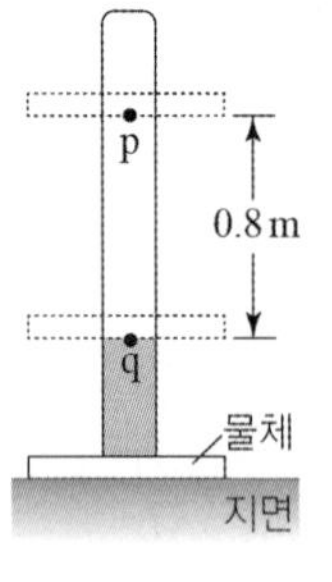

물체의 운동에 대한 설명으로 옳은 것만을 <보기>에서 있는 대로 고른 것은? (단, 중력 가속도는 10 m/s^{2}이고, 물체의 크기와 공기 저항은 무시한다.) [3점]

보기

ㄱ. q를 통과할 때 운동량의 크기는 4 kg·m/s이다.

ㄴ. q에서 지면까지 이동한 거리는 0.5 m이다.

ㄷ. p에서 운동을 시작한 순간부터 정지할 때까지 물체가 받은 충격량의 크기는 4 N·s이다.

① ㄱ ② ㄴ ③ ㄱ, ㄷ ④ ㄴ, ㄷ ⑤ ㄱ, ㄴ, ㄷ

Memo

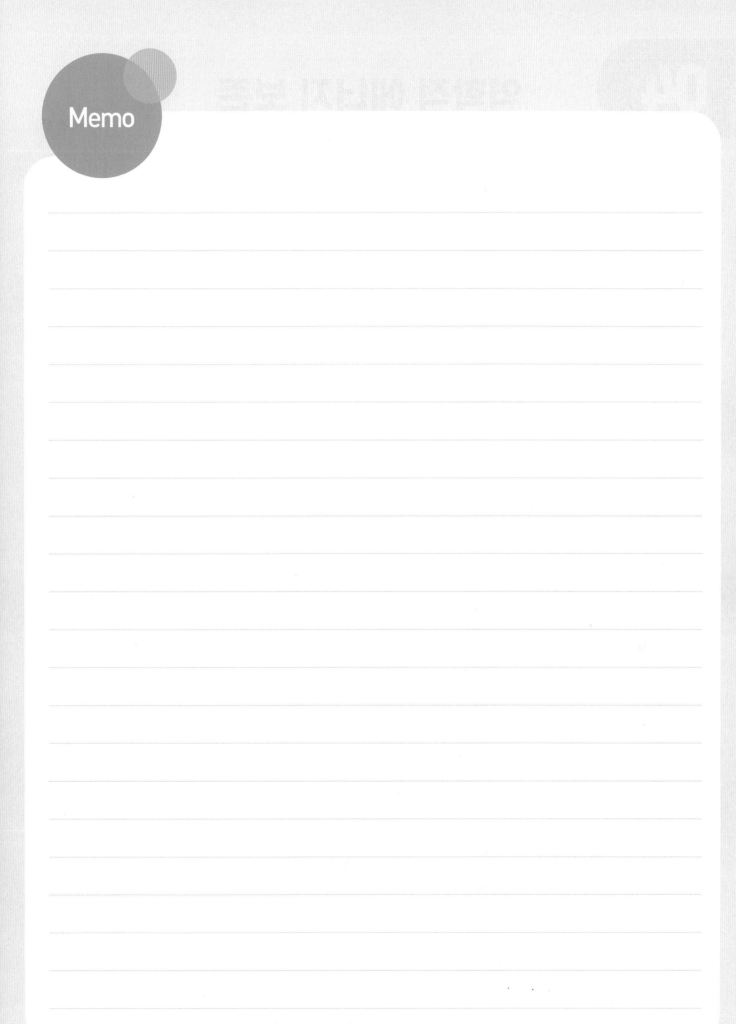

04 역학적 에너지 보존

A 일

1. **일** : 힘이 한 일(W)은 힘(F)의 크기와 물체가 힘의 방향으로 이동한 거리(s)의 곱이다.

   일=힘×이동 거리, $W=Fs$ (단위: J)

2. **힘-이동 거리 그래프** : 힘-이동 거리 그래프에서 그래프 아랫부분의 넓이는 힘이 물체에 한 일을 나타낸다.

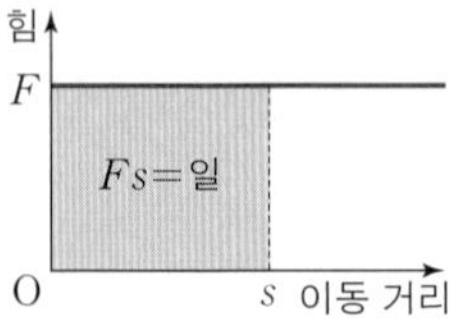

출제 tip

충격량과 힘이 한 일

힘의 크기가 일정할 때, 물체의 이동 거리가 주어지면 힘이 한 일을, 물체의 이동 시간이 주어지면 충격량을 이용하는 문제가 자주 출제된다. 물리학 I 에서는 통합형 문항이 곧잘 출제되므로 관련 개념을 잘 정리하여 알맞게 적용할 수 있어야 한다.

B 운동 에너지

1. **운동 에너지** : 운동하는 물체가 가지는 에너지
   - 운동 에너지의 크기 : 질량이 m인 물체의 속력이 v일 때, 물체의 운동 에너지 E_k는 질량과 속력의 제곱에 비례한다.

   $E_k=\frac{1}{2}mv^2$ (단위: J)

2. **일 · 운동 에너지 정리** : 물체에 작용한 알짜힘이 한 일은 물체의 운동 에너지 변화량과 같다.

질량이 m인 수레에 운동 방향으로 알짜힘 F를 작용하여 s의 거리를 이동하는 동안 속력이 v_0에서 v로 변할 때 알짜힘이 한 일은 물체의 운동 에너지 변화량과 같다.

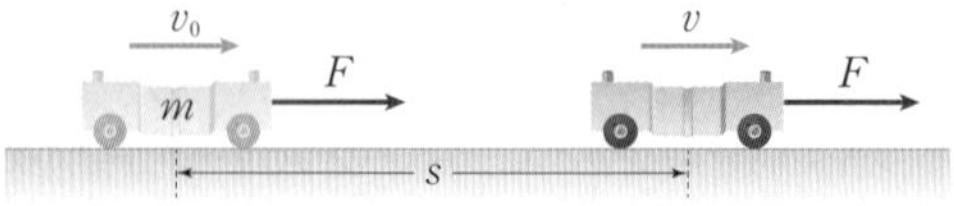

$W=\varDelta E_k=\frac{1}{2}mv^2-\frac{1}{2}mv_0^2$

알짜힘이 한 일과 운동 에너지

- 알짜힘의 방향과 물체의 운동 방향이 같으면 속력이 증가하므로, 운동 에너지도 증가한다.
- 알짜힘의 방향과 물체의 운동 방향이 반대이면 속력이 감소하므로 운동 에너지도 감소한다.

C 퍼텐셜 에너지

1. **퍼텐셜 에너지** : 물체가 기준면으로부터의 위치에 따라 가지는 잠재적인 에너지

2. **중력 퍼텐셜 에너지** : 중력이 작용하는 공간에서 물체가 기준면으로부터 다른 위치에 있을 때 가지는 에너지

(1) **중력이 하는 일** : 질량이 m인 물체가 중력 가속도 g로 높이 h만큼 떨어지는 동안 중력이 물체에 하는 일은 $W=mgh$이다.

(2) **중력 퍼텐셜 에너지의 크기** : 기준면으로부터 높이 h인 곳에 있는 질량이 m인 물체의 중력 퍼텐셜 에너지 E_p는 질량과 높이에 각각 비례한다.

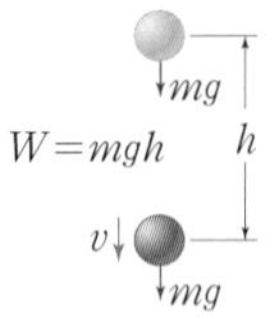

$E_p=mgh$ (단위: J)

3. **탄성 퍼텐셜 에너지** : 용수철 등 탄성체가 변형되었을 때 가지는 에너지

(1) **탄성력이 하는 일** : 용수철 상수가 k인 용수철의 변형된 길이가 x일 때 용수철이 원래의 길이로 돌아가는 동안 탄성력이 물체에 하는 일은 $W=\frac{1}{2}kx^2$이다.

(2) **탄성 퍼텐셜 에너지의 크기** : 용수철의 길이가 x만큼 늘어나거나 줄어들었을 때 탄성 퍼텐셜 에너지 E_p는 용수철 상수와 변형된 길이의 제곱에 각각 비례한다.

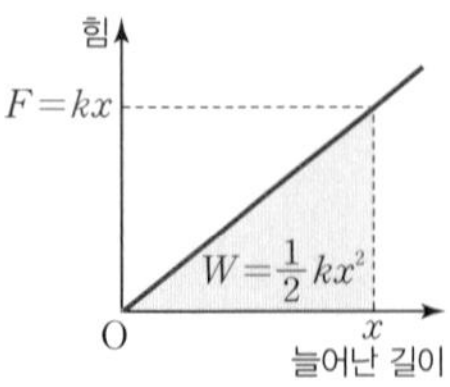

$E_p=\frac{1}{2}kx^2$ (단위: J)

출제 tip

중력 퍼텐셜 에너지와 기준면

서로 다른 두 위치에서 중력 퍼텐셜 에너지 차이는 기준면의 위치와 관계없이 같다. 따라서 문제를 풀이할 때 임의의 기준면을 정해놓아도 계산값은 달라지지 않는다.

탄성력

탄성력 F의 크기는 용수철의 변형된 길이(x)에 비례하고, 탄성력의 방향은 변형된 방향과 반대 방향이다. ➡ $F=-kx$
이때 (−)부호는 탄성력의 방향이 변형의 방향과 반대임을 의미한다.

D 역학적 에너지 보존

1. **역학적 에너지** : 운동 에너지와 퍼텐셜 에너지의 합
2. **역학적 에너지 보존 법칙** : 마찰이나 공기 저항이 없으면(물체에 중력 또는 탄성력만 작용하면) 물체의 역학적 에너지는 변하지 않고 일정하게 보존된다. ➡ $E=E_k+E_p=$일정

중력에 의한 역학적 에너지 보존	탄성력에 의한 역학적 에너지 보존
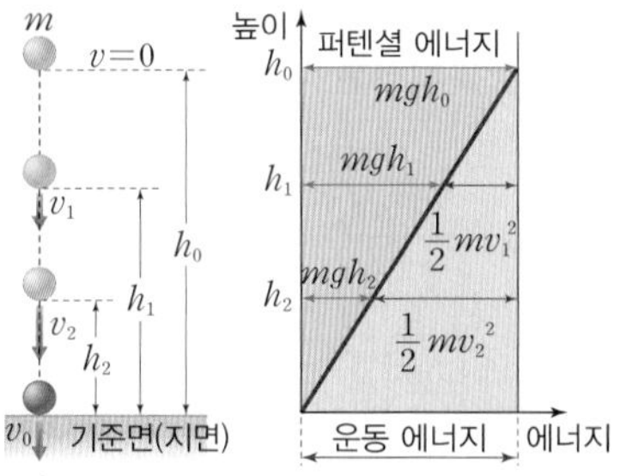	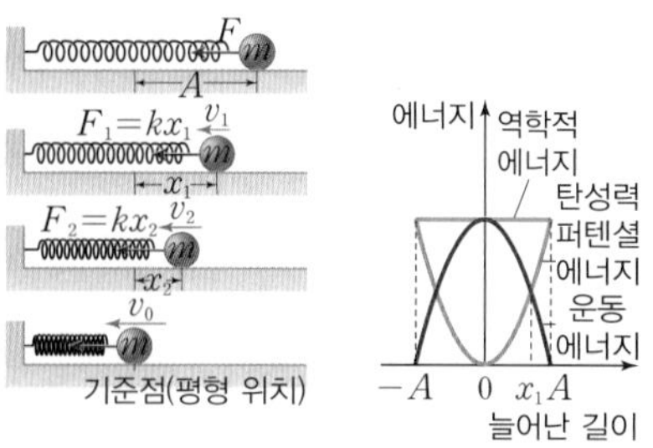
$E=E_k+E_p=\frac{1}{2}mv^2+mgh=$일정	$E=E_k+E_p=\frac{1}{2}mv^2+\frac{1}{2}kx^2=$일정

- 운동하는 동안 모든 위치에서 역학적 에너지는 같다. ➡ $E=$일정
- 운동하는 동안 퍼텐셜 에너지 변화량과 운동 에너지 변화량은 같다. ➡ $\Delta E_k+\Delta E_p=0$

3. **역학적 에너지가 보존되지 않는 경우** : 마찰이나 공기 저항을 받으며 운동하는 물체는 역학적 에너지가 보존되지 않는다.

(1) 마찰이나 공기 저항을 받으며 운동하는 물체의 역학적 에너지는 감소하며, 감소한 역학적 에너지는 열에너지 등으로 전환된다. 이때 역학적 에너지가 전부 열에너지로 전환되면 물체는 운동을 멈춘다.

(2) **에너지 보존 법칙** : 역학적 에너지와 열에너지를 합한 전체 에너지는 보존된다.

실전 자료 역학적 에너지 보존 법칙의 적용

그림 (가)와 같이 동일한 용수철 A, B가 연직선 상에 x만큼 떨어져 있다. 그림 (나)는 (가)의 A를 d만큼 압축시키고 질량 m인 물체를 올려놓았더니 물체가 힘의 평형을 이루며 정지해 있는 모습을, (다)는 (나)의 A를 $2d$만큼 더 압축시켰다가 가만히 놓는 순간의 모습을, (라)는 (다)의 물체가 A와 분리된 후 B를 압축시킨 모습을 나타낸 것이다. B가 $\frac{1}{2}d$만큼 압축되었을 때 물체의 속력은 0이다. (단, 중력 가속도는 g이고, 물체의 크기, 용수철의 질량, 공기 저항은 무시한다.)

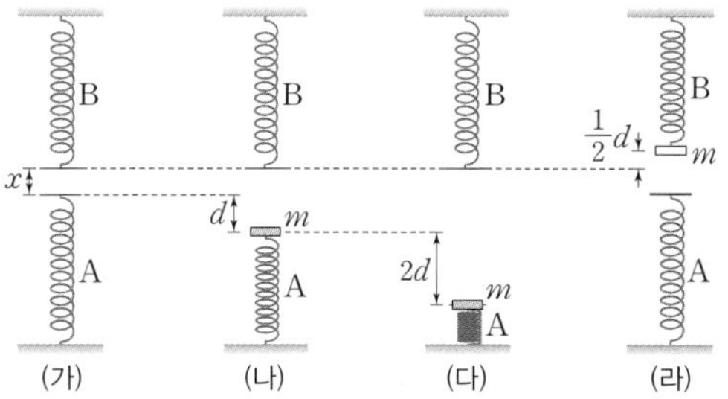

❶ 역학적 에너지 보존 법칙 적용(중력 퍼텐셜 에너지의 기준면을 (다)에서 물체의 위치로 할 때)

구분	운동 에너지	탄성 퍼텐셜 에너지	중력 퍼텐셜 에너지	➡	역학적 에너지
(나)	0	$\frac{1}{2}kd^2$	$mg(2d)$		$\frac{1}{2}kd^2+2mgd$
(다)	0	$\frac{1}{2}k(3d)^2$	0		$\frac{9}{2}kd^2$
(라)	0	$\frac{1}{2}k\left(\frac{1}{2}d\right)^2$	$mg\left(3d+x+\frac{1}{2}d\right)$		$\frac{1}{8}kd^2+\frac{7}{2}mgd+mgx$

❷ 운동 에너지가 최대인 순간

- (나)에서 물체가 평형을 이루고 있으므로 $kd=mg$이다.
- (다)에서 물체를 놓는 순간부터 A가 d만큼 압축된 순간까지는 탄성력 $>mg$이므로 속력이 증가하고, 그 이후에는 탄성력 $<mg$이므로 속력이 감소한다. ➡ 운동 에너지가 최대인 순간은 A가 d만큼 압축되었을 때이다.

출제 tip

함께 운동하는 물체

- 실로 연결되어 함께 운동하는 두 물체는 한 물체처럼 운동하므로 가속도, 속력, 이동 거리가 모두 같다.
- 두 물체를 한 물체로 보고 물체에 작용하는 힘의 합력을 찾는 것이 편리하다.
- 두 물체의 전체 역학적 에너지가 보존되므로 두 물체의 역학적 에너지 변화량의 합은 0이다. 이때 각 물체의 역학적 에너지는 보존되지 않을 수도 있음을 유의한다.

외력이 작용할 때의 역학적 에너지 변화

- 외력이 운동 방향과 같은 방향으로 작용하면 역학적 에너지는 증가하고, 운동 방향과 반대 방향으로 작용하면 역학적 에너지는 감소한다.
- 마찰력은 항상 운동 방향과 반대 방향으로 작용하므로 마찰력이 작용하면 물체의 역학적 에너지가 감소한다.

출제 tip

탄성력이 작용할 때

탄성력의 크기는 용수철이 늘어난 길이에 비례하여 커지므로 물체에 작용하는 알짜힘은 탄성력의 크기 변화에 따라 달라진다. 따라서 탄성력의 크기에 따라 물체의 속력 변화를 구간별로 나누어 생각할 수 있어야 한다.

1 ★★☆ | 2024년 10월 교육청 18번 |

그림은 높이가 $3h$인 지점을 속력 v로 지나는 물체가 빗면 위의 마찰 구간 Ⅰ과 수평면 위의 마찰 구간 Ⅱ를 지난 후 높이가 h인 지점을 속력 v로 통과하는 모습을 나타낸 것이다. 점 p, q는 Ⅱ의 양 끝점이다. 높이차가 d인 Ⅰ에서 물체는 등속도 운동을 하고, Ⅰ의 최저점의 높이는 h이다. Ⅰ과 Ⅱ에서 물체의 역학적 에너지 감소량은 q에서 물체의 운동 에너지의 $\frac{2}{3}$배로 같다.

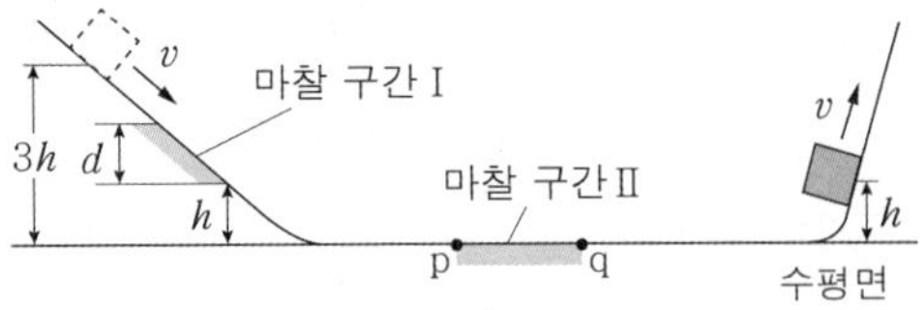

이에 대한 옳은 설명만을 〈보기〉에서 있는 대로 고른 것은? (단, 물체의 크기, 공기 저항, 마찰 구간 외의 모든 마찰은 무시한다.)

보기

ㄱ. $d=h$이다.
ㄴ. p에서 물체의 속력은 $\sqrt{5}v$이다.
ㄷ. 물체의 운동 에너지는 Ⅰ에서와 q에서가 같다.

① ㄱ ② ㄷ ③ ㄱ, ㄴ
④ ㄴ, ㄷ ⑤ ㄱ, ㄴ, ㄷ

2 ★★☆ | 2024년 7월 교육청 20번 |

그림은 높이 h인 점 p에서 속력 $4v$로 운동하는 물체가 궤도를 따라 마찰 구간 Ⅰ, Ⅱ를 지나 높이가 $2h$인 최고점 t에 도달하여 정지한 순간의 모습을 나타낸 것이다. 점 q, r, s의 높이는 각각 $2h$, h, h이고, q, r, s에서 물체의 속력은 각각 $3v$, v_r, v_s이다. 마찰 구간에서 손실된 역학적 에너지는 Ⅱ에서가 Ⅰ에서의 3배이다.

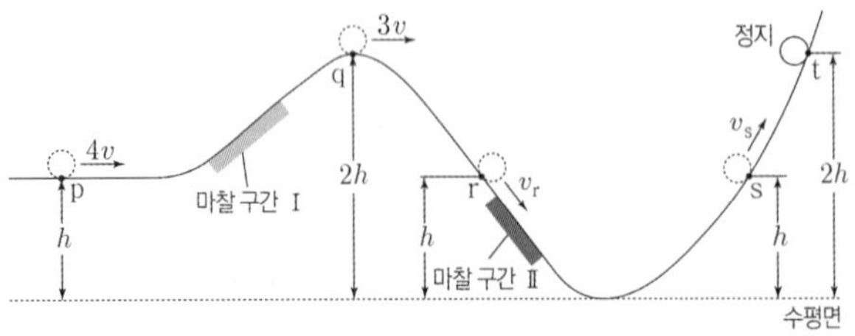

$\frac{v_r}{v_s}$는? (단, 마찰 구간 외의 모든 마찰과 공기 저항, 물체의 크기는 무시한다.) [3점]

① $\frac{\sqrt{5}}{2}$ ② $\frac{3}{2}$ ③ $\frac{\sqrt{13}}{2}$
④ $\frac{7}{3}$ ⑤ $\sqrt{13}$

3 ★★★ | 2024년 5월 교육청 20번 |

그림과 같이 높이가 $3h$인 평면에서 질량이 각각 m, $2m$인 물체 A, B를 용수철의 양 끝에 접촉하여 압축시킨 후 동시에 가만히 놓았더니 A, B가 궤도를 따라 운동한다. A는 마찰 구간 Ⅰ의 끝점 p에서 정지하고, B는 높이차가 h인 마찰 구간 Ⅱ를 등속도로 지난 후 마찰 구간 Ⅲ을 지나 v의 속력으로 운동한다. Ⅰ, Ⅲ에서 A, B는 서로 같은 크기의 마찰력을 받아 등가속도 직선 운동한다. Ⅰ, Ⅲ에서 A, B의 평균 속력은 같고, A가 Ⅰ에서 운동하는 데 걸린 시간과 B가 Ⅲ에서 운동하는 데 걸린 시간은 같다.

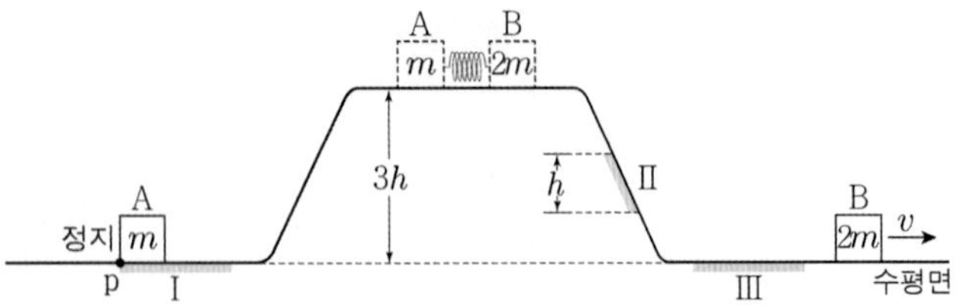

Ⅱ에서 B의 감소한 역학적 에너지는? (단, 용수철의 질량, 물체의 크기, 공기 저항, 마찰 구간 외의 마찰은 무시한다.) [3점]

① mv^2 ② $2mv^2$ ③ $3mv^2$
④ $4mv^2$ ⑤ $5mv^2$

4 ★★☆ | 2024년 3월 교육청 20번 |

그림 (가)와 같이 빗면을 따라 운동하는 물체 A는 수평한 기준선 P를 속력 $5v$로 지나고, 물체 B는 수평면에 정지해 있다. 그림 (나)는 (가) 이후, A와 B가 충돌하여 서로 반대 방향으로 속력 $2v$로 운동하는 모습을 나타낸 것이다. A, B의 질량은 각각 m, $3m$이다. A가 마찰 구간을 올라갈 때와 내려갈 때 손실된 역학적 에너지는 같다. (나) 이후, A, B는 각각 P를 속력 v_A, $3v$로 지난다.

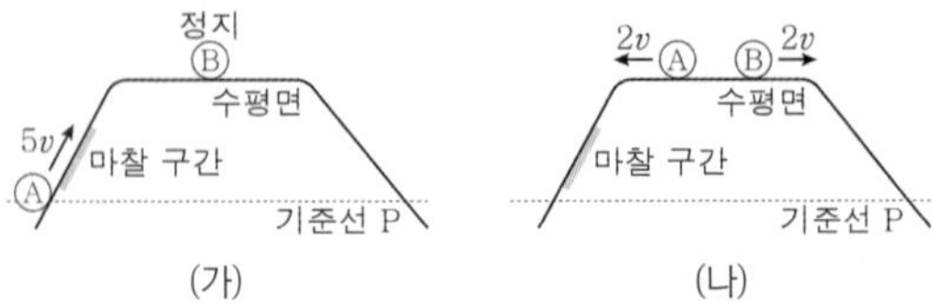

(가) (나)

v_A는? (단, 물체의 크기, 공기 저항, 마찰 구간 외의 모든 마찰은 무시한다.) [3점]

① $2v$ ② $\sqrt{5}v$ ③ $\sqrt{6}v$
④ $\sqrt{7}v$ ⑤ $2\sqrt{2}v$

5 ☆☆☆ | 2023년 10월 교육청 18번 |

그림과 같이 빗면의 마찰 구간 Ⅰ에서 일정한 속력 v로 직선 운동한 물체가 마찰 구간 Ⅱ를 속력 v로 빠져나왔다. 점 p~s는 각각 Ⅰ 또는 Ⅱ의 양 끝점이고, p와 q, r과 s의 높이차는 모두 h이다. Ⅰ과 Ⅱ에서 물체의 역학적 에너지 감소량은 p에서 물체의 운동 에너지의 4배로 같다.

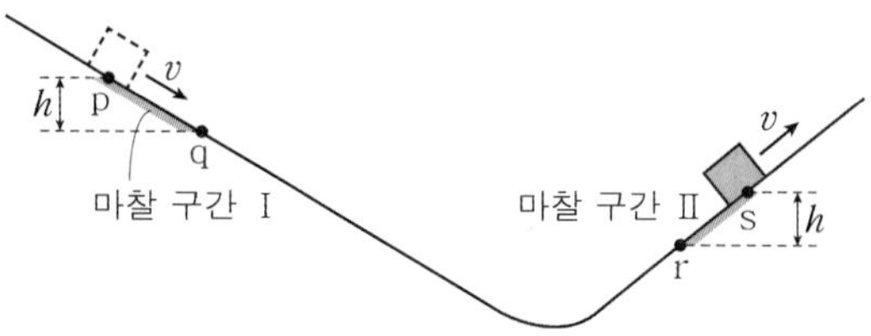

r에서 물체의 속력은? (단, 물체의 크기, 공기 저항, 마찰 구간 외의 모든 마찰은 무시한다.)

① $2v$ ② $\sqrt{6}v$ ③ $2\sqrt{2}v$
④ $3v$ ⑤ $4v$

6 ☆☆☆ | 2023년 7월 교육청 19번 |

그림은 물체 A, B, C를 실로 연결하여 수평면의 점 p에서 B를 가만히 놓아 물체가 등가속도 운동하는 모습을 나타낸 것이다. B가 점 q를 지날 때 속력은 v이다. B가 p에서 q까지 운동하는 동안 A의 중력 퍼텐셜 에너지의 증가량은 A의 운동 에너지 증가량의 4배이다. B의 운동 에너지는 점 r에서가 q에서의 3배이다. A, B의 질량은 각각 m이고, q와 r 사이의 거리는 L이다.

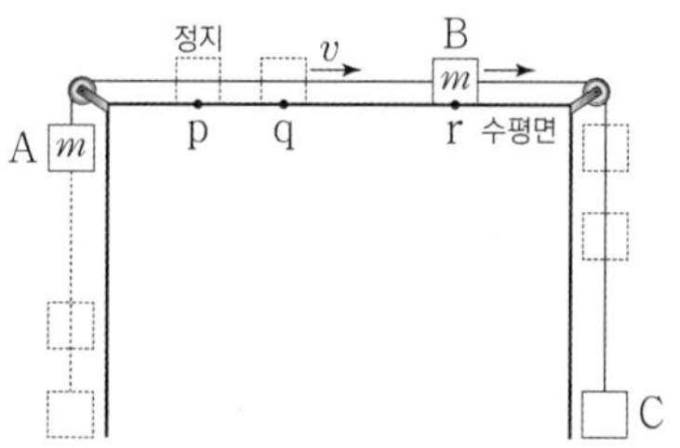

B가 r를 지날 때 C의 운동 에너지는? (단, 중력 가속도는 g이고, 물체의 크기, 실의 질량, 모든 마찰은 무시한다.)

① $\frac{3}{4}mgL$ ② $\frac{4}{5}mgL$ ③ $\frac{5}{6}mgL$
④ mgL ⑤ $\frac{4}{3}mgL$

7 ☆☆☆ | 2023년 4월 교육청 20번 |

그림 (가)는 수평면에서 질량이 m인 물체로 용수철을 원래 길이에서 $2d$만큼 압축시킨 후 가만히 놓았더니 물체가 마찰 구간을 지나 높이가 h인 최고점에서 속력이 0인 순간을 나타낸 것이다. 마찰 구간을 지나는 동안 감소한 물체의 운동 에너지는 마찰 구간의 최저점 p에서 물체의 중력 퍼텐셜 에너지의 6배이다. 그림 (나)는 (가)에서 물체가 마찰 구간을 지나 용수철을 원래 길이에서 최대 d만큼 압축시킨 모습을 나타낸 것으로, 물체는 마찰 구간에서 등속도 운동한다. 마찰 구간에서 손실된 물체의 역학적 에너지는 (가)에서와 (나)에서가 같다.

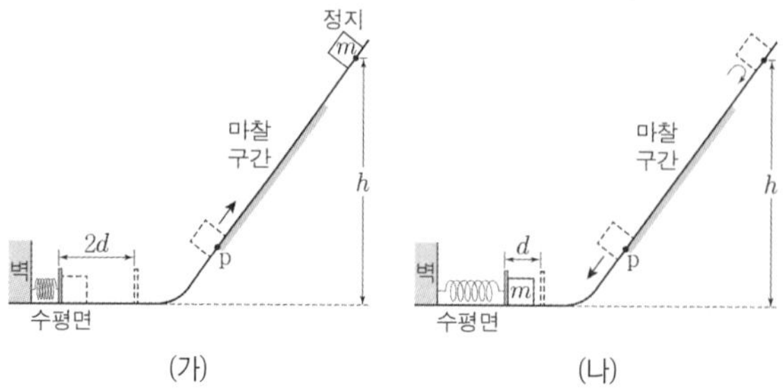

(나)의 p에서 물체의 운동 에너지는? (단, 중력 가속도는 g이고, 수평면에서 물체의 중력 퍼텐셜 에너지는 0이며 용수철의 질량, 물체의 크기, 공기 저항, 마찰 구간 외의 마찰은 무시한다.) [3점]

① $\frac{1}{9}mgh$ ② $\frac{1}{8}mgh$ ③ $\frac{1}{7}mgh$
④ $\frac{1}{6}mgh$ ⑤ $\frac{1}{5}mgh$

8 ☆☆☆ | 2023년 3월 교육청 20번 |

그림 (가)와 같이 빗면의 점 p에 가만히 놓은 물체 A는 빗면의 점 r에서 정지하고, (나)와 같이 r에 가만히 놓은 A는 빗면의 점 q에서 정지한다. (가), (나)의 마찰 구간에서 A의 속력은 감소하고, 가속도의 크기는 각각 $3a$, a로 일정하며, 손실된 역학적 에너지는 서로 같다. p와 q 사이의 높이차는 h_1, 마찰 구간의 높이차는 h_2이다.

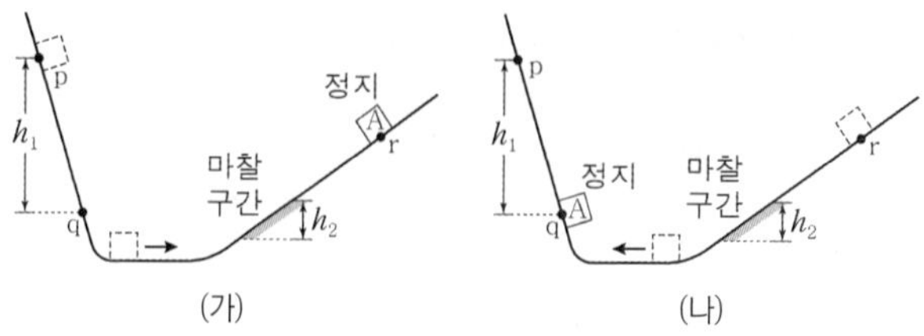

$\frac{h_2}{h_1}$는? (단, 물체의 크기, 공기 저항, 마찰 구간 외의 모든 마찰은 무시한다.) [3점]

① $\frac{1}{5}$ ② $\frac{2}{9}$ ③ $\frac{6}{25}$
④ $\frac{1}{4}$ ⑤ $\frac{2}{7}$

9 ★★★
| 2022년 10월 교육청 20번 |

그림과 같이 높이가 $2h$인 평면, 수평면에서 각각 물체 A, B로 용수철 P, Q를 원래 길이에서 d만큼 압축시킨 후 가만히 놓으면 A와 B가 높이 $3h$인 평면에서 충돌한다. A의 속력은 B와 충돌 직전이 충돌 직후의 4배이다. B는 높이차가 h인 마찰 구간을 내려갈 때 등속도 운동하고, 마찰 구간을 올라갈 때 손실된 역학적 에너지는 내려갈 때와 같다. 충돌 후 A, B는 각각 P, Q를 원래 길이에서 최대 $\frac{d}{2}$, x만큼 압축시킨다. A, B의 질량은 각각 $2m$, m이고, P, Q의 용수철 상수는 각각 k, $2k$이다.

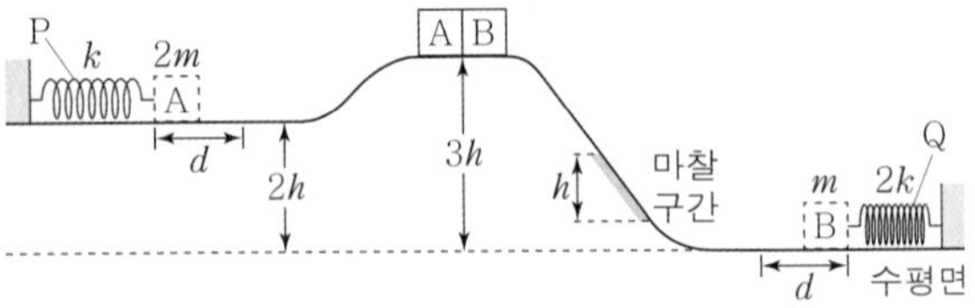

$\frac{x}{d}$는? (단, 물체는 면을 따라 운동하고, 용수철 질량, 물체의 크기, 공기 저항, 마찰 구간 외의 모든 마찰은 무시한다.) [3점]

① $\sqrt{\frac{1}{20}}$ ② $\sqrt{\frac{1}{15}}$ ③ $\sqrt{\frac{1}{10}}$
④ $\sqrt{\frac{2}{15}}$ ⑤ $\sqrt{\frac{3}{20}}$

10 ★★☆
| 2022년 7월 교육청 4번 |

그림과 같이 수평면으로부터 높이 H인 왼쪽 빗면 위에 물체를 가만히 놓았더니 물체는 수평면에서 속력 v로 운동한다. 이후 물체는 일정한 마찰력이 작용하는 구간 Ⅰ을 지나 오른쪽 빗면에 올라갔다가 다시 왼쪽 빗면의 높이 h인 지점까지 올라간 후 Ⅰ의 오른쪽 끝점 p에서 정지한다.

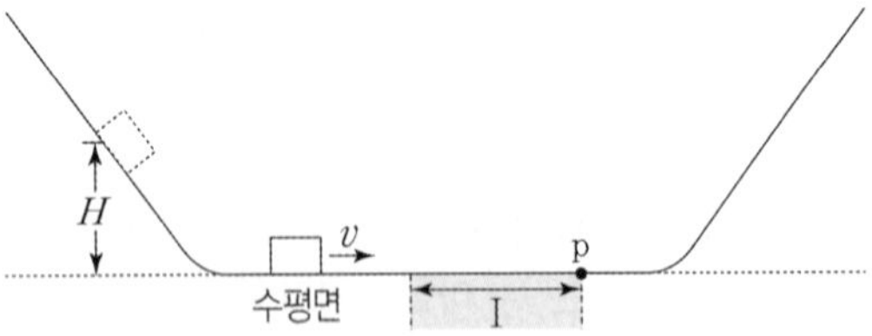

이에 대한 설명으로 옳은 것만을 〈보기〉에서 있는 대로 고른 것은? (단, 중력 가속도는 g이고, 물체의 크기, Ⅰ의 마찰을 제외한 모든 마찰 및 공기 저항은 무시한다.)

〈보기〉
ㄱ. $v=\sqrt{2gH}$이다.
ㄴ. $h=\frac{H}{3}$이다.
ㄷ. 왼쪽 빗면의 높이 $2H$인 지점에 물체를 가만히 놓으면 물체가 Ⅰ을 4회 지난 순간 p에서 정지한다.

① ㄱ ② ㄷ ③ ㄱ, ㄴ
④ ㄴ, ㄷ ⑤ ㄱ, ㄴ, ㄷ

11 ★★☆
| 2022년 7월 교육청 18번 |

그림 (가)와 같이 물체 A가 수평면에서 용수철이 달린 정지해 있는 물체 B를 향해 등속 직선 운동한다. 그림 (나)는 (가)에서 A와 B가 충돌하고 분리된 후 B가 수평면에서 등속 직선 운동하는 모습을 나타낸 것이다. (나)에서 B의 속력은 (가)에서 A의 속력의 $\frac{2}{3}$배이고, 질량은 B가 A의 2배이다.

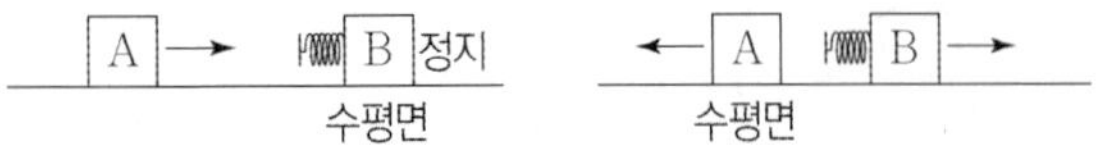

(가) (나)

용수철이 압축되는 동안 용수철에 저장되는 탄성 퍼텐셜 에너지의 최댓값을 E_1, (나)에서 B의 운동 에너지를 E_2라 할 때 $\frac{E_1}{E_2}$는? (단, 충돌 과정에서 역학적 에너지 손실은 없고, 용수철의 질량, 모든 마찰과 공기 저항은 무시한다.) [3점]

① $\frac{2}{9}$ ② $\frac{4}{9}$ ③ $\frac{2}{3}$
④ $\frac{3}{4}$ ⑤ $\frac{4}{3}$

12 ★★★
| 2022년 4월 교육청 20번 |

그림과 같이 수평면에서 질량이 각각 $2m$, m인 물체 A, B를 용수철의 양 끝에 접촉하여 용수철을 압축시킨 후 동시에 가만히 놓았더니 A, B가 궤도를 따라 운동하여 A는 마찰 구간에서 정지하고, B는 점 p, q를 지나 점 r에서 정지한다. p에서 q까지는 마찰 구간이고 p의 높이는 $7h$, q와 r의 높이 차는 h이다. B의 속력은 p에서가 q에서의 3배이고, p에서 q까지 운동하는 동안 B의 운동 에너지 감소량은 B의 중력 퍼텐셜 에너지 증가량의 3배이다.

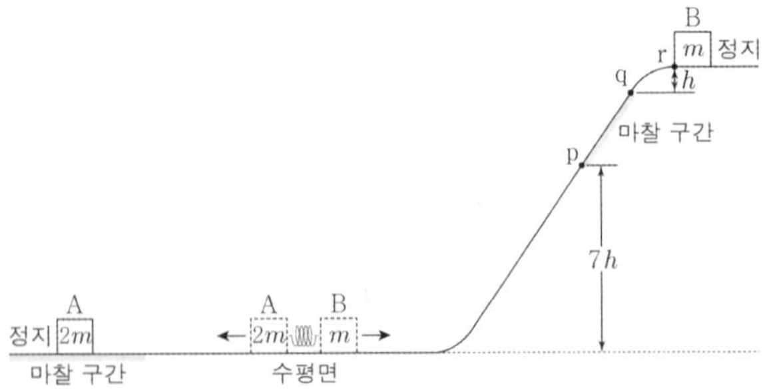

마찰 구간에서 A, B의 역학적 에너지 감소량을 각각 E_A, E_B라 할 때, $\frac{E_A}{E_B}$는? (단, A, B의 크기 및 용수철의 질량, 공기 저항, 마찰 구간 외의 마찰은 무시한다.) [3점]

① $\frac{4}{3}$ ② $\frac{3}{2}$ ③ $\frac{5}{3}$
④ $\frac{7}{4}$ ⑤ $\frac{9}{5}$

13 ☆☆☆

| 2022년 3월 교육청 20번 |

그림 (가)와 같이 물체 A, B를 실로 연결하고, A에 연결된 용수철을 원래 길이에서 $3L$만큼 압축시킨 후 A를 점 p에서 가만히 놓았다. B의 질량은 m이다. 그림 (나)는 (가)에서 A, B가 직선 운동하여 각각 $7L$만큼 이동한 후 $4L$만큼 되돌아와 정지한 모습을 나타낸 것이다. A가 구간 p → r, r → q에서 이동할 때, 각 구간에서 마찰에 의해 손실된 역학적 에너지는 각각 $7W$, $4W$이다.

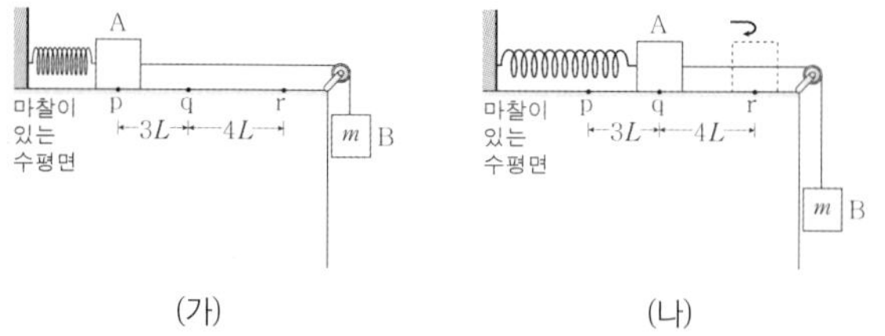

W는? (단, 중력 가속도는 g이고, 용수철과 실의 질량, 물체의 크기, 수평면에 의한 마찰 외의 모든 마찰과 공기 저항은 무시한다.) [3점]

① $\frac{1}{3}mgL$　② $\frac{2}{5}mgL$　③ $\frac{1}{2}mgL$
④ $\frac{3}{5}mgL$　⑤ $\frac{2}{3}mgL$

14 ☆☆☆

| 2021년 10월 교육청 20번 |

그림 (가)와 같이 원래 길이가 $8d$인 용수철에 물체 A를 연결하고, 물체 B로 A를 $6d$만큼 밀어 올려 정지시켰다. 용수철을 압축시키는 동안 용수철에 저장된 탄성 퍼텐셜 에너지의 증가량은 A의 중력 퍼텐셜 에너지 증가량의 3배이다. A와 B의 질량은 각각 m이다. 그림 (나)는 (가)에서 B를 가만히 놓았더니 A가 B와 함께 연직선상에서 운동하다가 B와 분리된 후 용수철의 길이가 $9d$인 지점을 지나는 순간을 나타낸 것이다.

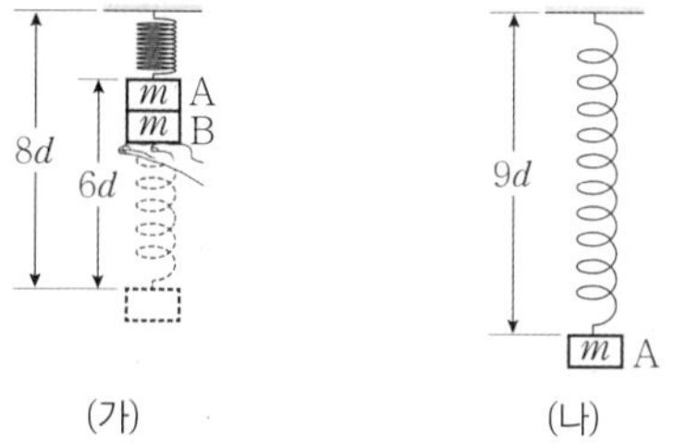

(나)에서 A의 운동 에너지는? (단, 중력 가속도는 g이고, 용수철의 질량, 물체의 크기, 모든 마찰과 공기 저항은 무시한다.) [3점]

① $\frac{29}{2}mgd$　② $\frac{31}{2}mgd$　③ $\frac{63}{4}mgd$
④ $\frac{65}{4}mgd$　⑤ $\frac{33}{2}mgd$

15 ☆☆☆

| 2021년 7월 교육청 20번 |

그림 (가)는 질량이 같은 두 물체가 실로 연결되어 용수철 A, B와 도르래를 이용해 정지해 있는 것을 나타낸 것이다. A, B는 각각 원래의 길이에서 L만큼 늘어나 있다. 그림 (나)는 두 물체를 연결한 실이 끊어져 B가 원래의 길이에서 x만큼 최대로 압축되어 물체가 정지한 순간의 모습을 나타낸 것이다. A, B의 용수철 상수는 같다.

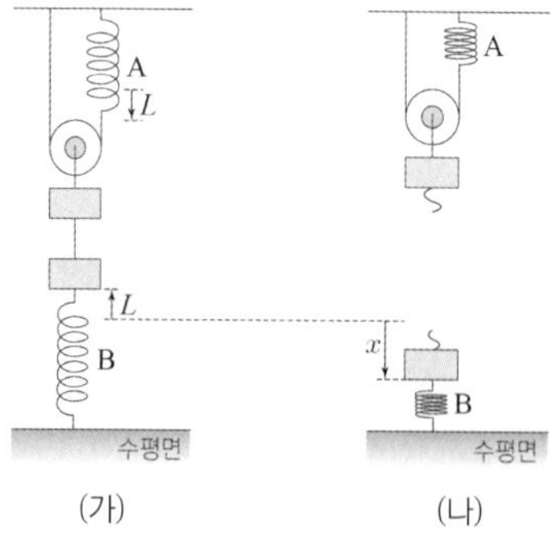

x는? (단, 실의 질량, 용수철의 질량, 도르래의 질량 및 모든 마찰과 공기 저항은 무시한다.) [3점]

① L　② $\frac{3}{2}L$　③ $2L$
④ $\frac{5}{2}L$　⑤ $3L$

Part I
교육청

16 ★☆☆

| 2021년 7월 교육청 5번 |

다음은 역학 수레를 이용한 실험이다.

[실험 과정]

(가) 그림과 같이 수평면으로부터 높이 h인 지점에 가만히 놓은 질량 m인 수레가 빗면을 내려와 수평면 위의 점 p를 지나 용수철을 압축시킬 때, 용수철이 최대로 압축되는 길이 x를 측정한다.

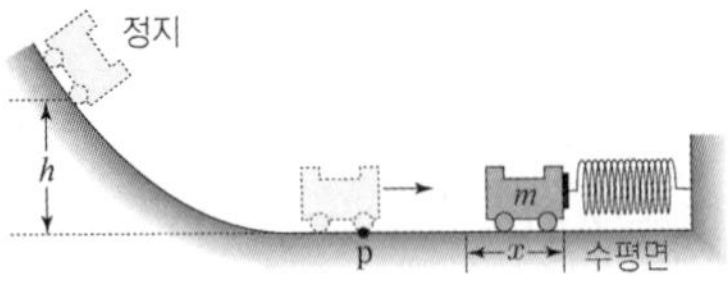

(나) 수레의 질량 m과 수레를 놓는 높이 h를 변화시키면서 (가)를 반복한다.

[실험 결과]

실험	m(kg)	h(cm)	x(cm)
Ⅰ	1	50	2
Ⅱ	2	50	㉠
Ⅲ	2	㉡	2

이에 대한 설명으로 옳은 것만을 〈보기〉에서 있는 대로 고른 것은? (단, 용수철의 질량, 수레의 크기, 모든 마찰과 공기 저항은 무시한다.)

보기

ㄱ. ㉠은 2보다 크다.
ㄴ. ㉡은 50보다 작다.
ㄷ. p에서 수레의 속력은 Ⅱ에서가 Ⅲ에서보다 작다.

① ㄱ ② ㄷ ③ ㄱ, ㄴ
④ ㄴ, ㄷ ⑤ ㄱ, ㄴ, ㄷ

17 ★★★

| 2021년 4월 교육청 20번 |

그림 (가)는 마찰이 있는 수평면에서 물체와 연결된 용수철을 원래 길이에서 $2L$만큼 압축하여 물체를 점 p에 정지시킨 모습을 나타낸 것이다. 물체가 p에 있을 때, 용수철에 저장된 탄성 퍼텐셜 에너지는 E_0이다. 그림 (나)는 (가)에서 물체를 가만히 놓았더니 물체가 점 q, r를 지나 정지한 순간의 모습을 나타낸 것이다. p와 q 사이, q와 r 사이의 거리는 각각 $2L$, L이다. (나)에서 물체가 q에서 r까지 운동하는 동안, 물체의 운동 에너지 감소량은 용수철에 저장된 탄성 퍼텐셜 에너지 증가량의 $\frac{7}{5}$배이다.

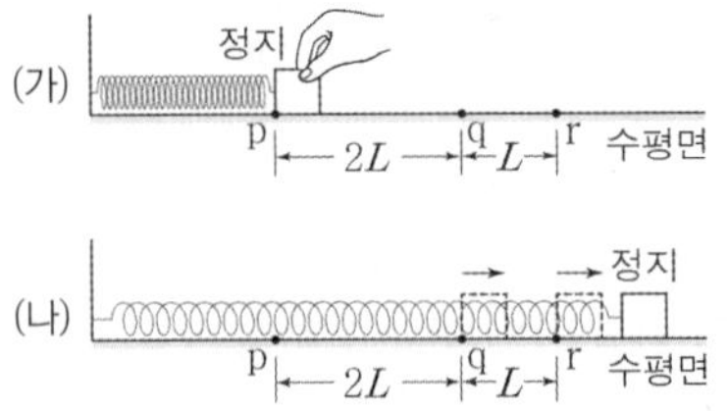

(나)에서 물체가 q, r를 지나는 순간 용수철에 저장된 탄성 퍼텐셜 에너지와 물체의 운동 에너지의 합을 각각 E_1, E_2라 할 때, E_1-E_2는? (단, 물체의 크기, 용수철의 질량은 무시한다.) [3점]

① $\frac{1}{10}E_0$ ② $\frac{1}{5}E_0$ ③ $\frac{3}{10}E_0$
④ $\frac{2}{5}E_0$ ⑤ $\frac{1}{2}E_0$

18 ★★★

| 2021년 3월 교육청 20번 |

그림 (가)와 같이 수평면에서 용수철 A, B가 양쪽에 수평으로 연결되어 있는 물체를 손으로 잡아 정지시켰다. A, B의 용수철 상수는 각각 100 N/m, 200 N/m이고, A의 늘어난 길이는 0.3 m이며, B의 탄성 퍼텐셜 에너지는 0이다. 그림 (나)와 같이 (가)에서 손을 가만히 놓았더니 물체가 직선 운동을 하다가 처음으로 정지한 순간 B의 늘어난 길이는 L이다.

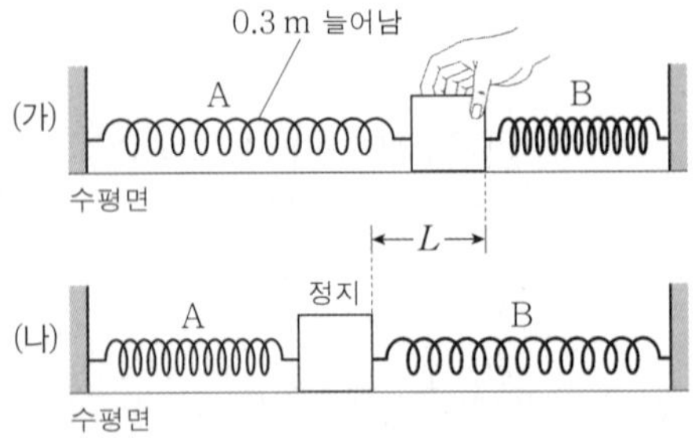

L은? (단, 물체의 크기, 용수철의 질량, 모든 마찰과 공기 저항은 무시한다.) [3점]

① 0.05 m ② 0.1 m ③ 0.15 m
④ 0.2 m ⑤ 0.3 m

19 ★★★

| 2020년 10월 교육청 20번 |

그림과 같이 실로 연결된 채 두 빗면에서 속력 v로 각각 등속도 운동을 하던 물체 A, B가 수평선 P를 동시에 지나는 순간 실이 끊어졌으며, 이후 각각 등가속도 직선 운동을 하여 수평선 Q를 동시에 지났다. A, B의 질량은 각각 m, $5m$이고, 두 빗면의 기울기는 같으며, B는 빗면으로부터 일정한 마찰력을 받는다.

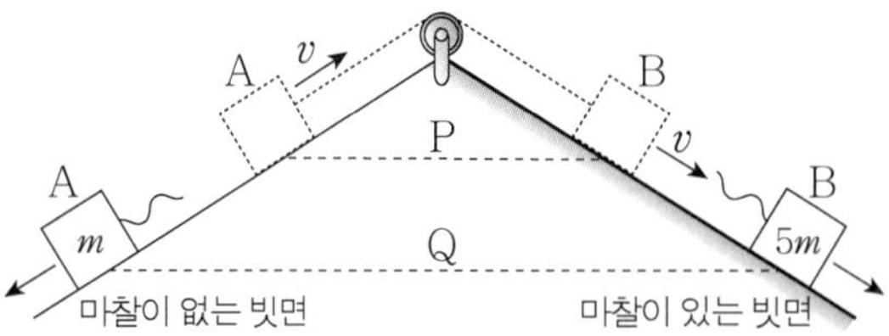

P에서 Q까지 B의 역학적 에너지 감소량은? (단, 실의 질량, 물체의 크기, B가 받는 마찰 이외의 모든 마찰과 공기 저항은 무시한다.) [3점]

① $6mv^2$ ② $12mv^2$ ③ $18mv^2$
④ $24mv^2$ ⑤ $30mv^2$

20 ★☆☆

| 2020년 10월 교육청 11번 |

그림과 같이 수평면에서 $+x$ 방향의 속력 $7\,\mathrm{m/s}$로 운동하던 물체 A가 정지해 있던 물체 B와 충돌한 후 $-x$ 방향으로 운동하여 높이가 $0.2\,\mathrm{m}$인 최고점까지 올라갔다. A, B의 질량은 각각 $1\,\mathrm{kg}$, $3\,\mathrm{kg}$이고, 충돌 후 B의 속력은 v이다.

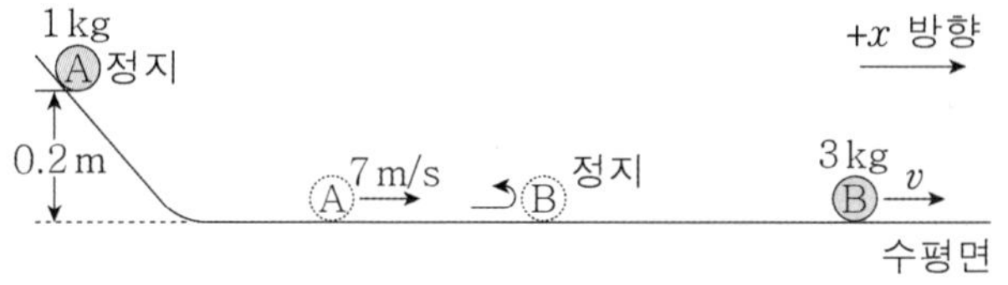

v는? (단, 중력 가속도는 $10\,\mathrm{m/s^2}$이고, 물체의 크기, 모든 마찰과 공기 저항은 무시한다.)

① $1\,\mathrm{m/s}$ ② $1.5\,\mathrm{m/s}$ ③ $2\,\mathrm{m/s}$
④ $2.5\,\mathrm{m/s}$ ⑤ $3\,\mathrm{m/s}$

21 ★★☆

| 2020년 7월 교육청 6번 |

그림 (가)와 (나)는 빗면에서 물체 A를 각각 수평면으로부터 높이 h, $4h$인 지점에 가만히 놓았을 때 A가 빗면을 따라 내려와 수평면에서 정지한 물체 B와 충돌한 후 A와 B가 동일 직선 상에서 운동하는 모습을 나타낸 것이다. (가)와 (나)에서 충돌 후 A의 속력은 각각 v, $2v$이다. A와 B의 질량은 각각 $2m$, m이다.

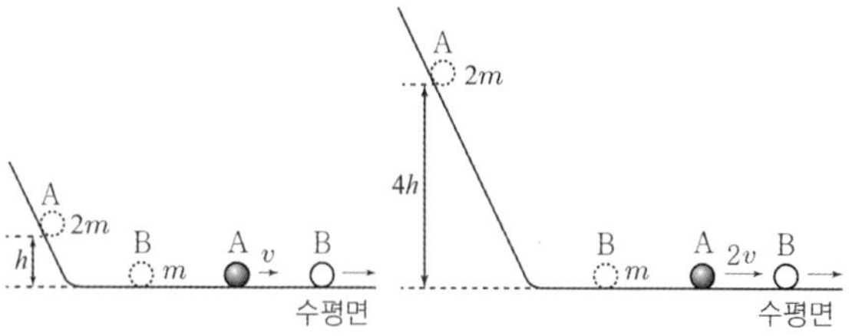

(가) (나)

(가)에서 충돌 후 B의 운동 에너지를 E라 할 때, (나)에서 A와 B가 충돌하는 동안 A로부터 B가 받은 충격량의 크기는? (단, 물체의 크기와 모든 마찰은 무시한다.) [3점]

① $\sqrt{2mE}$ ② $2\sqrt{mE}$ ③ $2\sqrt{2mE}$
④ $3\sqrt{mE}$ ⑤ $3\sqrt{2mE}$

22 ★★★

| 2020년 7월 교육청 19번 |

그림 (가)는 물체 A, B, C를 실로 연결한 후, 질량이 m인 A를 손으로 잡아 A와 C가 같은 높이에서 정지한 모습을 나타낸 것이다. A와 B 사이에 연결된 실은 p이고, B와 C 사이의 거리는 $2h$이다. 그림 (나)는 (가)에서 A를 가만히 놓은 후 A와 B의 높이가 같아진 순간의 모습을 나타낸 것이다. (가)에서 (나)로 물체가 운동하는 동안 운동 에너지 변화량의 크기는 C가 A의 3배이고, A의 중력 퍼텐셜 에너지 변화량의 크기와 C의 역학적 에너지 변화량의 크기는 같다.

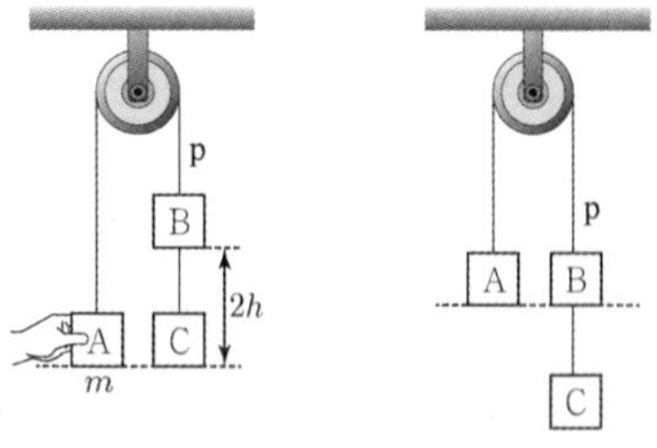

(가) (나)

(나)에 대한 설명으로 옳은 것만을 <보기>에서 있는 대로 고른 것은? (단, 모든 마찰과 공기 저항, 실의 질량은 무시한다.) [3점]

보기
ㄱ. A의 속력은 $\sqrt{2gh}$이다.
ㄴ. B의 질량은 $2m$이다.
ㄷ. p가 B를 당기는 힘의 크기는 mg이다.

① ㄱ ② ㄴ ③ ㄱ, ㄷ
④ ㄴ, ㄷ ⑤ ㄱ, ㄴ, ㄷ

23 ★☆☆ | 2020년 7월 교육청 7번 |

다음은 용수철 진자의 역학적 에너지 감소에 관한 실험이다.

[실험 과정]

(가) 그림과 같이 유리판 위에 놓인 나무 도막에 용수철을 연결하고 용수철의 한쪽 끝을 벽에 고정시킨다.

(나) 나무 도막을 평형점 O에서 점 P까지 당겨 용수철이 늘어나게 한다.

(다) 나무 도막을 가만히 놓은 후 나무 도막이 여러 번 진동하여 멈출 때까지 걸린 시간 t를 측정한다.

(라) (가)에서 유리판만을 사포로 바꾼 후 (나)와 (다)를 반복한다.

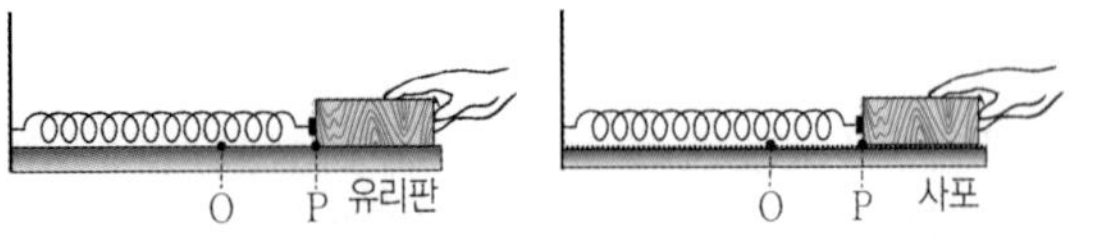

[실험 결과]

바닥면의 종류	t
유리판	5초
사포	2초

이에 대한 설명으로 옳은 것만을 〈보기〉에서 있는 대로 고른 것은?

보기

ㄱ. (다)에서 나무 도막이 진동하는 동안 마찰에 의해 열이 발생한다.

ㄴ. 나무 도막을 놓는 순간부터 나무 도막이 멈출 때까지 나무 도막의 이동 거리는 유리판 위에서가 사포 위에서보다 크다.

ㄷ. (다)에서 나무 도막이 P에서 O까지 이동하는 동안 용수철에 저장된 탄성 퍼텐셜 에너지는 증가한다.

① ㄱ ② ㄷ ③ ㄱ, ㄴ ④ ㄴ, ㄷ ⑤ ㄱ, ㄴ, ㄷ

24 ★★☆ | 2020년 4월 교육청 19번 |

그림과 같이 질량이 m인 물체가 빗면을 따라 운동하여 점 p, q를 지나 최고점 r에 도달한다. 물체의 역학적 에너지는 p에서 q까지 운동하는 동안 감소하고, q에서 r까지 운동하는 동안 일정하다. 물체의 속력은 p에서가 q에서의 2배이고, p와 q의 높이 차는 h이다. 물체가 p에서 q까지 운동하는 동안, 물체의 운동 에너지 감소량은 물체의 중력 퍼텐셜 에너지 증가량의 3배이다.

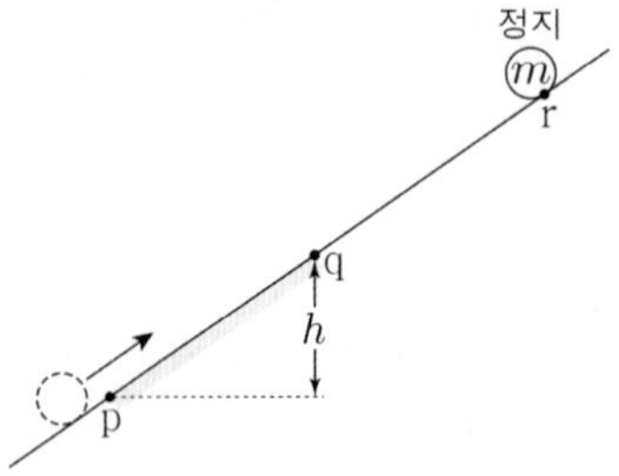

이에 대한 설명으로 옳은 것만을 〈보기〉에서 있는 대로 고른 것은? (단, 중력 가속도는 g이고, 물체의 크기는 무시한다.)

보기

ㄱ. q에서 물체의 속력은 $\sqrt{2gh}$이다.

ㄴ. q와 r의 높이 차는 h이다.

ㄷ. 물체가 p에서 q까지 운동하는 동안, 물체의 역학적 에너지 감소량은 $2mgh$이다.

① ㄱ ② ㄴ ③ ㄱ, ㄷ ④ ㄴ, ㄷ ⑤ ㄱ, ㄴ, ㄷ

25 ★★☆ | 2020년 3월 교육청 20번 |

그림과 같이 빗면 위의 점 O에 물체를 가만히 놓았더니 물체가 일정한 시간 간격으로 빗면 위의 점 A, B, C를 통과하였다. 물체는 B~C 구간에서 마찰력을 받아 역학적 에너지가 18 J만큼 감소하였다. 물체의 중력 퍼텐셜 에너지 차는 O와 B 사이에서 32 J, A와 C 사이에서 60 J이다.

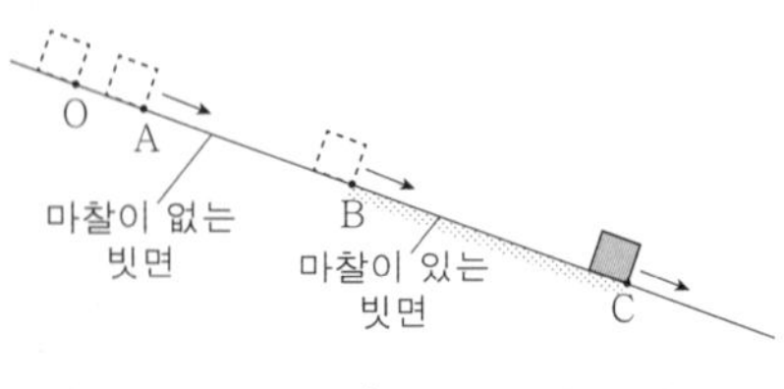

C에서 물체의 운동 에너지는? (단, 물체의 크기와 공기 저항은 무시한다.) [3점]

① 18 J ② 28 J ③ 32 J ④ 42 J ⑤ 50 J

Memo

II

물질과 전자기장

01

전자의 에너지 준위

1권

03

자기장과 물질의 자성

1권

02

에너지띠와 반도체

1권

04

전자기 유도

1권

03 자기장과 물질의 자성

출제 tip

직선 전류에 의한 자기장

직선 전류 주위에 생기는 자기장의 방향과 세기를 묻는 문제가 다양하게 출제된다.

A 전류에 의한 자기장

1. **자기장** : 자석이나 전류 주위에서 자기력이 미치는 공간으로 자기장 속에 나침반을 놓았을 때 나침반의 N극이 가리키는 방향이 자기장의 방향이다.

2. **전류에 의한 자기장** : 전류가 흐르는 도선 주위에는 자기장이 생긴다.

(1) **전류에 의한 자기장의 방향** : 오른손 엄지손가락을 전류 방향으로 했을 때 나머지 네 손가락이 감아쥐는 방향이다.

(2) **도선에 흐르는 전류에 의한 자기장의 방향과 세기**

직선 전류에 의한 자기장	원형 전류에 의한 자기장	솔레노이드에 의한 자기장
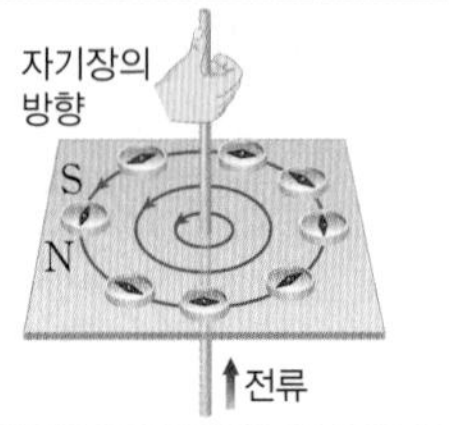	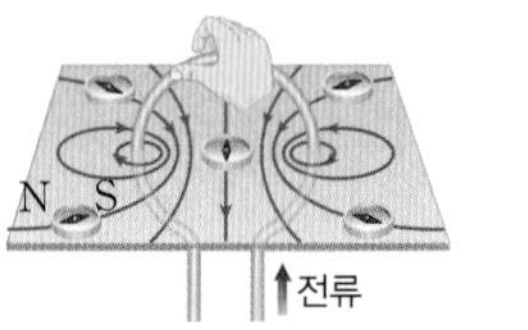	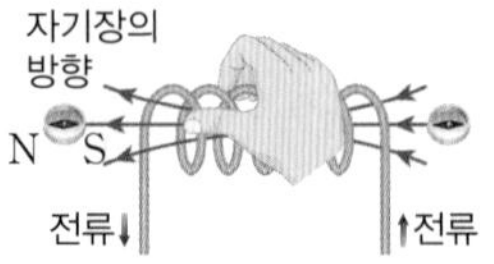
전류가 흐르는 도선에 수직인 평면에서 도선을 중심으로 하는 동심원 모양이다.	작은 직선 도선에 흐르는 전류가 만드는 자기장이 합성된 모양이다.	내부는 중심축에 나란하고 균일한 모양이며, 외부는 막대자석에 의한 자기장과 비슷하다.
전류의 세기(I)에 비례하고 도선으로부터 거리(r)에 반비례한다.	원형 전류 중심에서 자기장의 세기는 전류의 세기(I)에 비례하고 원형 도선의 반지름(r)에 반비례한다.	솔레노이드 내부에서 자기장의 세기는 전류의 세기(I)에 비례하고 단위 길이 당 도선의 감은 수(n)에 비례한다.

오른나사 규칙

전류의 방향을 나사의 진행 방향으로 했을 때 나사의 회전 방향이 자기장의 방향이다.

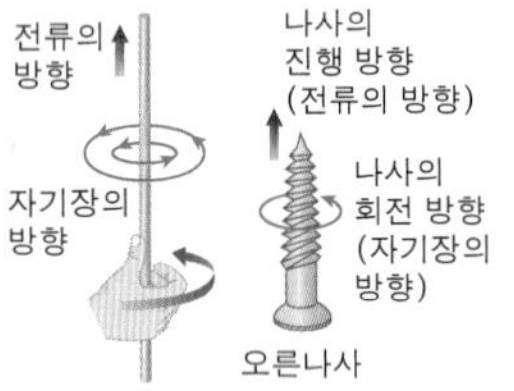

3. **전류에 의한 자기장의 활용**

(1) **전류에 의한 자기장을 활용하는 예** : 하드 디스크, 자기 공명 영상 장치(MRI), 뇌자도(MEG) 장치, 핵융합 장치 등

(2) **자기장에 의한 자기력을 활용하는 예** : 전자석 기중기, 자기 부상 열차, 스피커 등

(3) **전기 에너지를 운동 에너지로 전환하는 예** : 전동기, 디지털 카메라의 보이스 코일 모터 등

B 물질의 자성

1. **자성** : 물질이 자석에 반응하는 성질을 말하며, 자성을 가진 물체를 자성체라고 한다.

(1) **자성의 원인** : 원자 내 전자의 스핀과 궤도 운동에 의한 전류 효과로 자기장이 발생한다.

전자의 스핀	원자의 궤도 운동
전자의 회전 운동으로 인해 전류가 흐르는 것과 같은 효과로 자기장이 발생한다.	전자가 원자핵 주위를 궤도 운동하므로 전류가 흐르는 것과 같은 효과로 자기장이 발생한다.
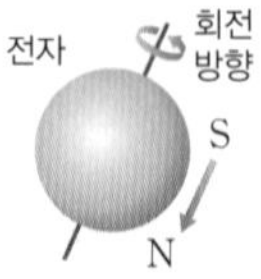	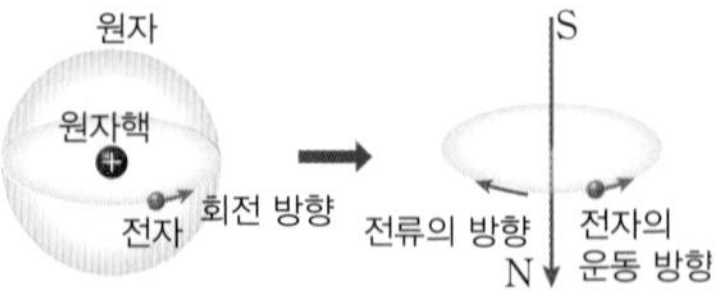

원형 전류에 의한 자기장의 방향

원형 도선에 흐르는 전류에 의한 자기장은 작은 직선 도선에 흐르는 전류가 만드는 자기장의 합으로 생각할 수 있다.

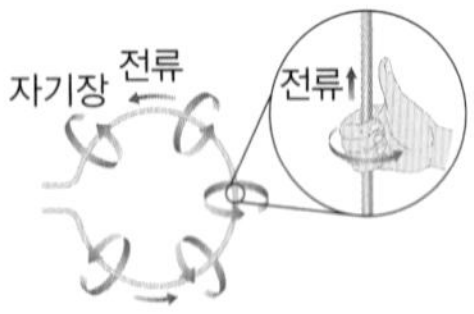

(2) **물질의 자성**

① 서로 반대 방향의 스핀을 갖는 전자들이 짝을 이루거나 반대 방향으로 궤도 운동을 하는 전자가 짝을 이루어 전자가 만드는 자기장이 상쇄되므로 대부분의 물질의 자기장은 0이거나 매우 작다.

② 물체를 구성하는 원자들의 자기장이 비슷한 방향성을 가지면 물체는 강한 자기장을 가진다.

③ 자성의 종류

- **강자성** : 원자 내에서 짝을 이루지 않는 전자들이 많을 때 나타난다.
- **상자성** : 원자 내에서 짝을 이루지 않는 전자들이 적을 때 나타난다.
- **반자성** : 원자 내 전자들이 모두 짝을 이루어 전자 궤도 운동에 의한 자기장과 스핀 운동에 의한 자기장에 모두 상쇄될 때, 외부 자기장을 가하면 그와 반대 방향으로 약하게 자기장이 생긴다.

원자 자석

각각의 원자가 자기장을 형성하므로 원자 하나를 작은 자석으로 볼 수 있다. 이를 원자 자석이라고 한다.

2. 자성체의 성질

구분	외부 자기장을 가하기 전	외부 자기장을 가할 때	외부 자기장을 제거할 때
강자성체	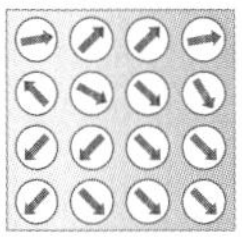	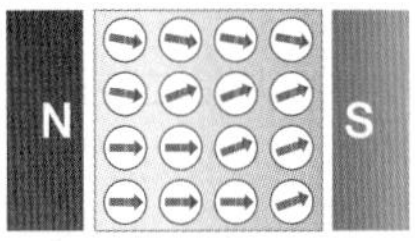	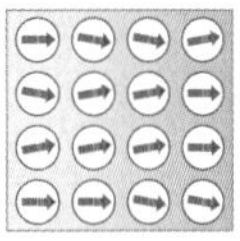
	자기 구역의 자기장이 불규칙하게 배열되어 있다.	자기 구역이 넓어지고 외부 자기장 방향으로 강하게 자기화된다.	자기화된 상태를 오래 유지한다.
상자성체	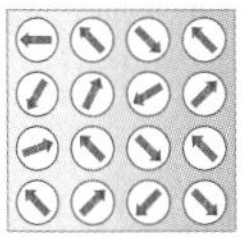	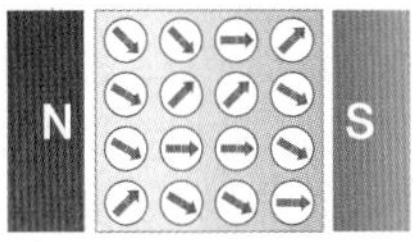	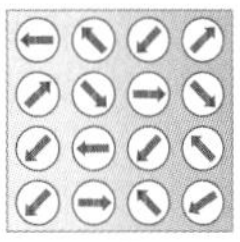
	원자 자석이 불규칙적으로 배열되어 있다.	원자 자석들이 외부 자기장 방향으로 약하게 자기화된다.	자기화된 상태가 즉시 사라진다.
반자성체	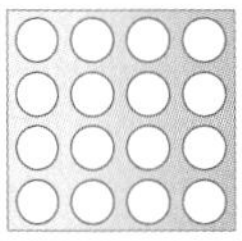	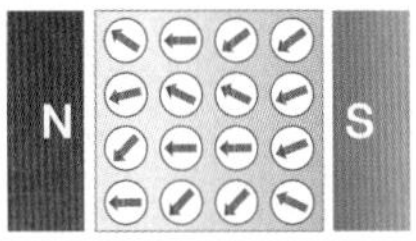	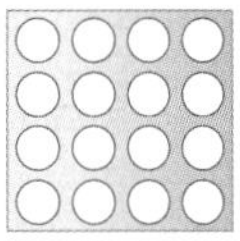
	원자 내부의 자기장이 0이어서 자성이 없다.	원자 자석들이 외부 자기장과 반대 방향으로 약하게 자기화된다.	자기화된 상태가 즉시 사라진다.

실전 자료 직선 전류에 의한 자기장

그림 (가)와 같이 전류가 흐르는 무한히 긴 직선 도선 A, B가 xy평면의 $x=-d$, $x=0$에 각각 고정되어 있다. A에는 세기가 I_0인 전류가 $+y$방향으로 흐른다. 그림 (나)는 $x>0$ 영역에서 A, B에 흐르는 전류에 의한 자기장을 x에 따라 나타낸 것이다. 자기장의 방향은 xy평면에서 수직으로 나오는 방향이 양(+)이다. 점 P, Q는 각각 $x=-\frac{3}{2}d$, $x=-\frac{1}{2}d$인 x축상의 점이다.

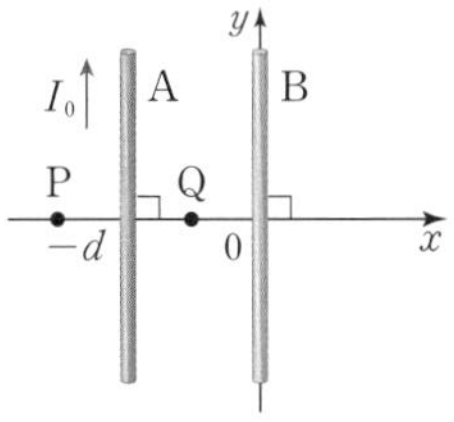

(가)

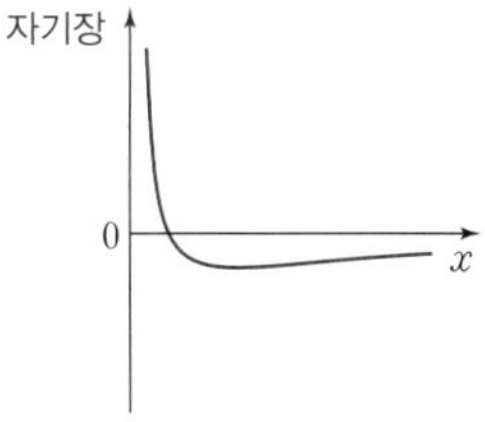

(나)

❶ B에 흐르는 전류의 방향

$x>0$에서 A에 흐르는 전류에 의한 자기장의 방향은 xy평면에 수직으로 들어가는 방향이다. $x>0$에서 자기장이 0이 되는 지점이 있으므로 $x>0$에서 B에 흐르는 전류에 의한 자기장의 방향은 xy평면에서 수직으로 나오는 방향이다. 따라서 B에 흐르는 전류의 방향은 $-y$방향이다.

❷ A, B에 흐르는 전류의 세기 비교

자기장의 세기는 전류의 세기에 비례하고 거리에 반비례한다. 자기장이 0이 되는 지점에서 A, B까지의 거리를 비교하면 A가 B보다 크다. 따라서 도선에 흐르는 전류의 세기는 A가 B보다 크다.

❸ P, Q에서 자기장의 방향

- P에서 A까지의 거리가 B까지의 거리보다 작고, 전류의 세기는 A가 B보다 크므로 P에서는 A에 흐르는 전류에 의한 자기장의 세기가 B에 흐르는 전류에 의한 자기장의 세기보다 크다. P에서 A에 흐르는 전류에 의한 자기장의 방향은 xy평면에서 수직으로 나오는 방향이므로 P에서 자기장의 방향은 xy평면에서 수직으로 나오는 방향이다.
- Q에서 A, B에 흐르는 전류에 의한 자기장의 방향은 모두 xy평면에 수직으로 들어가는 방향이므로 Q에서 자기장의 방향은 xy평면에 수직으로 들어가는 방향이다.

출제 tip

자성체의 특징

전기력이나 전자기 유도 등의 개념과 함께 자성체의 특성을 알아야 답할 수 있는 문제가 출제된다.

자성체의 예

- 강자성체 : 철, 니켈, 코발트 등
- 상자성체 : 종이, 알루미늄, 마그네슘, 나트륨, 산소 등
- 반자성체 : 구리, 유리, 금, 은, 납, 물, 플라스틱 등

강자성체의 자기 구역

강자성체는 인접한 원자 자석의 자기장이 같은 방향으로 정렬되려는 성질이 있다. 강자성체에서 자기장이 같은 방향으로 정렬된 미세 영역을 자기 구역이라고 한다.

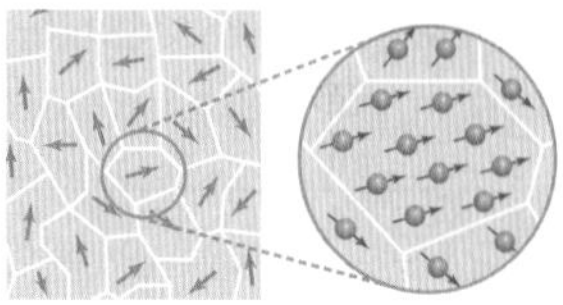

1 ★☆☆

| 2024년 10월 교육청 11번 |

그림과 같이 세기와 방향이 일정한 전류가 흐르는 무한히 긴 직선 도선 A, B, C, D가 xy평면에 수직으로 고정되어 있다. A와 B에는 xy평면에 수직으로 들어가는 방향으로 전류가 흐른다. 원점 O에서 A, B의 전류에 의한 자기장의 세기는 각각 B_0으로 서로 같다. 표는 O에서 두 도선의 전류에 의한 자기장의 세기와 방향을 나타낸 것이다.

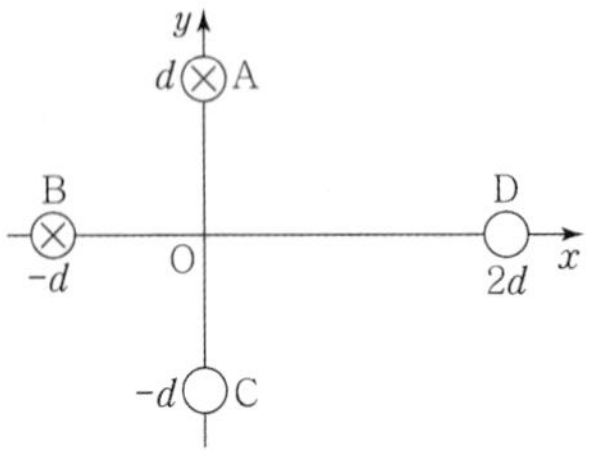

도선	두 도선의 전류에 의한 자기장	
	세기	방향
A, C	B_0	$+x$
B, D	$2B_0$	$-y$

×: xy평면에 수직으로 들어가는 방향

이에 대한 옳은 설명만을 〈보기〉에서 있는 대로 고른 것은? [3점]

보기
ㄱ. O에서 C의 전류에 의한 자기장의 세기는 $2B_0$이다.
ㄴ. 전류의 세기는 D에서가 B에서의 2배이다.
ㄷ. 전류의 방향은 C와 D에서 서로 반대이다.

① ㄱ ② ㄷ ③ ㄱ, ㄴ
④ ㄴ, ㄷ ⑤ ㄱ, ㄴ, ㄷ

2 ★☆☆

| 2024년 7월 교육청 5번 |

그림과 같이 자기화되어 있지 않은 자성체 A, B, C, D를 균일하고 강한 자기장 영역에 놓아 자기화시킨다. 표는 외부 자기장이 없는 영역에서 그림의 A~D 중 두 자성체를 가까이했을 때 자성체 사이에 서로 작용하는 자기력을 나타낸 것이다. A~D는 각각 강자성체, 상자성체, 반자성체 중 하나이다.

자성체	자기력	자성체	자기력
A, B	미는 힘	B, C	-
A, C	당기는 힘	B, D	미는 힘
A, D	당기는 힘	C, D	㉠

(- : 힘이 작용하지 않음)

이에 대한 설명으로 옳은 것만을 〈보기〉에서 있는 대로 고른 것은?

보기
ㄱ. A는 강자성체이다.
ㄴ. ㉠은 '당기는 힘'이다.
ㄷ. D는 하드디스크에 이용된다.

① ㄱ ② ㄷ ③ ㄱ, ㄴ
④ ㄴ, ㄷ ⑤ ㄱ, ㄴ, ㄷ

3 ★★☆

| 2024년 7월 교육청 15번 |

그림과 같이 가늘고 무한히 긴 직선 도선 A, B, C가 xy평면에 고정되어 있다. A, B, C에는 방향이 일정하고 세기가 각각 I_0, $2I_0$, I_C인 전류가 흐르고 있다. A, C의 전류의 방향은 화살표 방향이고, 점 p에서 A, B, C에 흐르는 전류에 의한 자기장은 0이다. p에서 A에 흐르는 전류에 의한 자기장의 세기는 B_0이다.

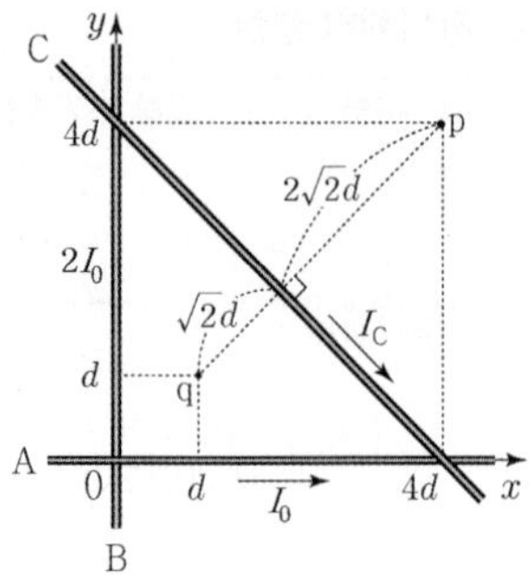

이에 대한 설명으로 옳은 것만을 〈보기〉에서 있는 대로 고른 것은? [3점]

보기
ㄱ. B에 흐르는 전류의 방향은 $+y$방향이다.
ㄴ. $I_C=\frac{\sqrt{2}}{2}I_0$이다.
ㄷ. q에서 A, B, C에 흐르는 전류에 의한 자기장의 세기는 $6B_0$이다.

① ㄱ ② ㄷ ③ ㄱ, ㄴ
④ ㄴ, ㄷ ⑤ ㄱ, ㄴ, ㄷ

4 ★☆☆

| 2024년 5월 교육청 3번 |

그림은 자성체를 이용한 실험에 대해 학생 A, B, C가 대화하는 모습을 나타낸 것이다.

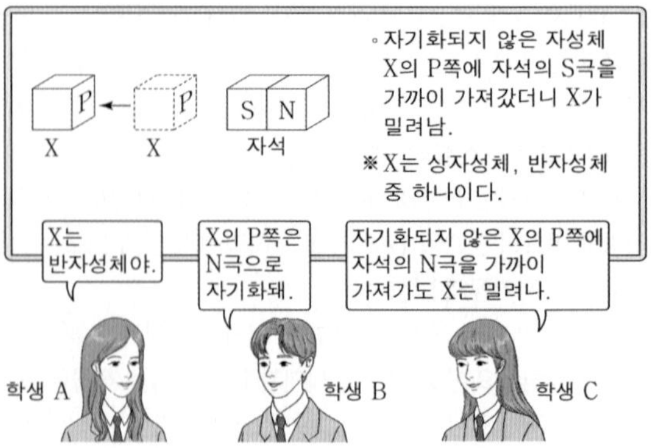

제시한 내용이 옳은 학생만을 있는 대로 고른 것은?

① A ② B ③ A, C
④ B, C ⑤ A, B, C

5 ★★☆

| 2024년 5월 교육청 14번 |

그림과 같이 가늘고 무한히 긴 직선 도선 A, B, C가 xy평면에 고정되어 있다. A, B, C에는 방향이 일정하고 세기가 각각 I_0, $2I_0$, I_C인 전류가 흐르며, A와 B에 흐르는 전류의 방향은 반대이다. 표는 점 p, q에서 A, B, C의 전류에 의한 자기장을 나타낸 것이다.

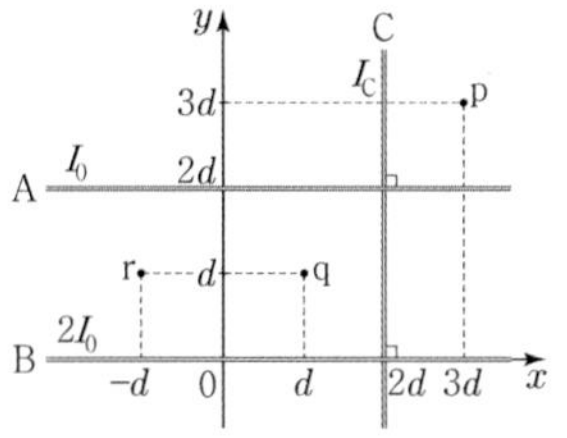

위치	A, B, C의 전류에 의한 자기장	
	방향	세기
p	×	B_0
q	해당 없음	0

(× : xy평면에 수직으로 들어가는 방향)

이에 대한 설명으로 옳은 것만을 〈보기〉에서 있는 대로 고른 것은? (단, p, q, r은 xy평면상의 점이다.) [3점]

〈보기〉
ㄱ. $I_C = 3I_0$이다.
ㄴ. C에 흐르는 전류의 방향은 $-y$방향이다.
ㄷ. r에서 A, B, C의 전류에 의한 자기장의 세기는 $\frac{3}{4}B_0$이다.

① ㄱ ② ㄴ ③ ㄱ, ㄷ
④ ㄴ, ㄷ ⑤ ㄱ, ㄴ, ㄷ

6 ★☆☆

| 2024년 3월 교육청 6번 |

다음은 자석과 자성체를 이용한 실험이다.

[실험 과정]

(가) 그림과 같은 고리 모양의 동일한 자석 A, B, C, ㉠강자성체 X, 상자성체 Y를 준비한다.

(나) 수평면에 연직으로 고정된 나무 막대에 자석과 자성체를 넣고, 모두 정지했을 때의 위치를 비교한다.

[실험 결과]

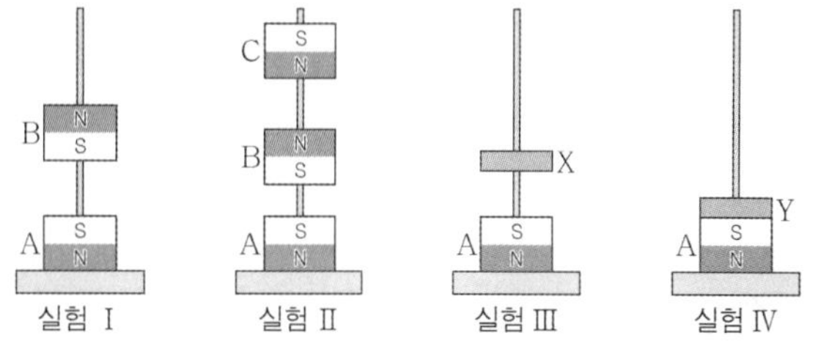

※ 단, 모든 마찰은 무시함.

X, Y에 대한 옳은 설명만을 〈보기〉에서 있는 대로 고른 것은?

〈보기〉
ㄱ. (가)에서 ㉠은 자기화된 상태이다.
ㄴ. Ⅳ에서 A와 Y 사이에는 밀어내는 자기력이 작용한다.
ㄷ. Ⅲ, Ⅳ에서 X, Y는 서로 같은 방향으로 자기화되어 있다.

① ㄱ ② ㄴ ③ ㄱ, ㄴ
④ ㄱ, ㄷ ⑤ ㄴ, ㄷ

7 ★★☆

| 2024년 3월 교육청 16번 |

그림과 같이 세기와 방향이 일정한 전류가 흐르는 가늘고 무한히 긴 직선 도선 A, B, C가 xy평면에 고정되어 있다. C에는 $+x$ 방향으로 세기가 $10I_0$인 전류가 흐른다. 점 p, q는 xy평면상의 점이고, p와 q에서 A, B, C의 전류에 의한 자기장의 세기는 모두 0이다.

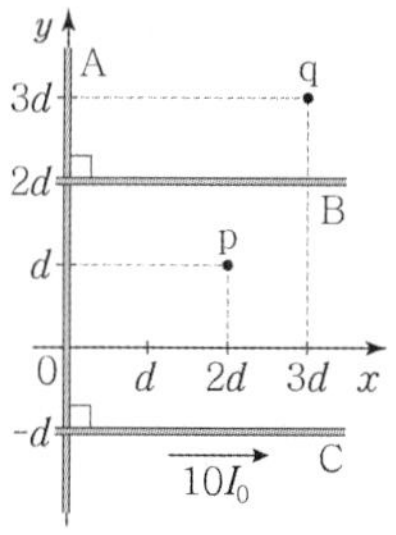

A에 흐르는 전류의 세기는? [3점]

① $7I_0$ ② $8I_0$ ③ $9I_0$
④ $10I_0$ ⑤ $11I_0$

Part Ⅰ
교육청

8 ★☆☆ | 2023년 10월 교육청 8번 |

그림은 모양과 크기가 같은 자성체 P 또는 Q를 일정한 전류가 흐르는 솔레노이드에 넣은 모습을 나타낸 것이다. 자기장의 세기는 P 내부에서가 Q 내부에서보다 크다. P와 Q 중 하나는 상자성체이고, 다른 하나는 반자성체이다.

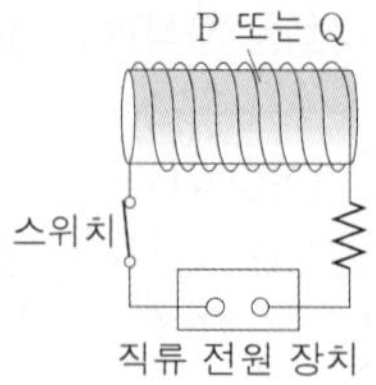

이에 대한 옳은 설명만을 〈보기〉에서 있는 대로 고른 것은?

보기
ㄱ. P는 상자성체이다.
ㄴ. Q는 솔레노이드에 의한 자기장과 같은 방향으로 자기화된다.
ㄷ. 스위치를 열어도 Q는 자기화된 상태를 유지한다.

① ㄱ ② ㄴ ③ ㄷ
④ ㄱ, ㄷ ⑤ ㄴ, ㄷ

9 ★★☆ | 2023년 10월 교육청 15번 |

그림과 같이 가늘고 무한히 긴 직선 도선 A, B, C와 원형 도선 D가 xy평면에 고정되어 있다. A~D에는 각각 일정한 전류가 흐르고, C, D에는 화살표 방향으로 전류가 흐른다. 표는 y축상의 점 p, q에서 A~C 또는 A~D의 전류에 의한 자기장의 세기를 나타낸 것이다. p에서 A, B, C까지의 거리는 d로 같다.

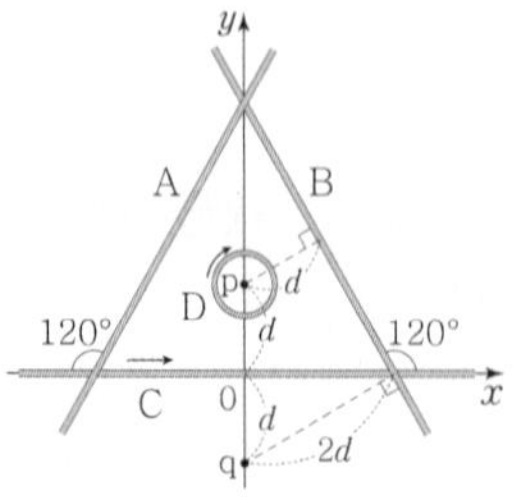

점	도선의 전류에 의한 자기장의 세기	
	A~C	A~D
p	$3B_0$	$5B_0$
q	0	

p에서, C의 전류에 의한 자기장의 세기 B_C와 D의 전류에 의한 자기장의 세기 B_D로 옳은 것은? [3점]

	B_C	B_D		B_C	B_D
①	B_0	$2B_0$	②	B_0	$8B_0$
③	$2B_0$	$2B_0$	④	$3B_0$	$2B_0$
⑤	$3B_0$	$8B_0$			

10 ★★☆ | 2023년 7월 교육청 11번 |

다음은 자성체 P, Q, R를 이용한 실험이다. P, Q, R는 강자성체, 상자성체, 반자성체를 순서 없이 나타낸 것이다.

[실험 과정]
(가) 그림과 같이 전지, 스위치, 코일을 이용하여 회로를 구성한 후 자성체 P를 코일의 왼쪽에 놓는다.

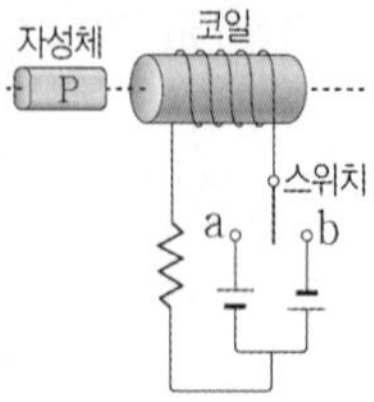

(나) 스위치를 a와 b에 각각 연결하여 코일이 자성체에 작용하는 자기력의 방향을 알아본다.
(다) (가)에서 P 대신 Q를 코일의 왼쪽에 놓은 후 (나)를 반복한다.
(라) (가)에서 P 대신 R를 코일의 왼쪽에 놓은 후 (나)를 반복한다.

[실험 결과]

스위치 연결	코일이 P에 작용하는 자기력의 방향	코일이 Q에 작용하는 자기력의 방향	코일이 R에 작용하는 자기력의 방향
a	왼쪽	오른쪽	왼쪽
b	왼쪽	㉠	오른쪽

이에 대한 설명으로 옳은 것만을 〈보기〉에서 있는 대로 고른 것은? [3점]

보기
ㄱ. P는 외부 자기장을 제거해도 자기화된 상태를 계속 유지한다.
ㄴ. ㉠은 '오른쪽'이다.
ㄷ. R는 반자성체이다.

① ㄱ ② ㄴ ③ ㄱ, ㄷ
④ ㄴ, ㄷ ⑤ ㄱ, ㄴ, ㄷ

11 ★★☆ | 2023년 7월 교육청 16번 |

그림과 같이 세기와 방향이 일정한 전류가 흐르는 무한히 긴 직선 도선 A, B, C, D가 xy평면에 고정되어 있다. 전류의 세기와 방향은 A와 B에서 서로 같고, C와 D에서 서로 같다. 점 p에서 A의 전류에 의한 자기장의 세기는 B_0이고, 점 q에서 A, B, C, D의 전류에 의한 자기장의 세기는 0이다.

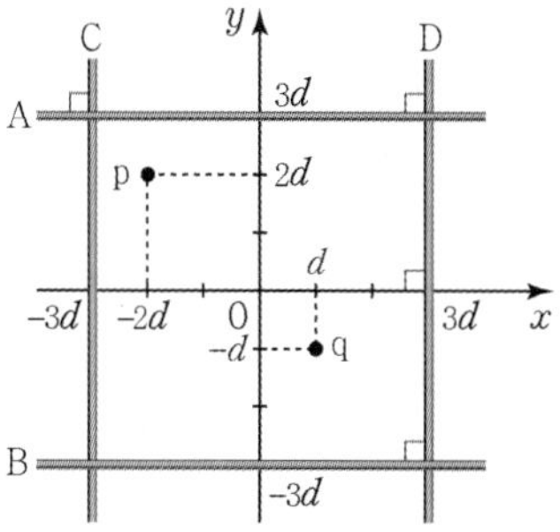

C와 D에 흐르는 전류의 세기가 각각 2배가 될 때, q에서 A, B, C, D의 전류에 의한 자기장의 세기는?

① $\frac{1}{4}B_0$ ② $\frac{1}{2}B_0$ ③ $\frac{3}{4}B_0$
④ B_0 ⑤ $\frac{5}{4}B_0$

12 ★★☆ | 2023년 4월 교육청 15번 |

그림과 같이 종이면에 고정된 중심이 점 O인 원형 도선 P, Q와 무한히 긴 직선 도선 R에 세기가 일정한 전류가 흐르고 있다. 전류의 세기는 P에서가 Q에서보다 크다. 표는 O에서 한 도선의 전류에 의한 자기장을 나타낸 것이다. O에서 P, Q, R의 전류에 의한 자기장은 방향이 종이면에서 수직으로 나오는 방향이고 세기가 B이다.

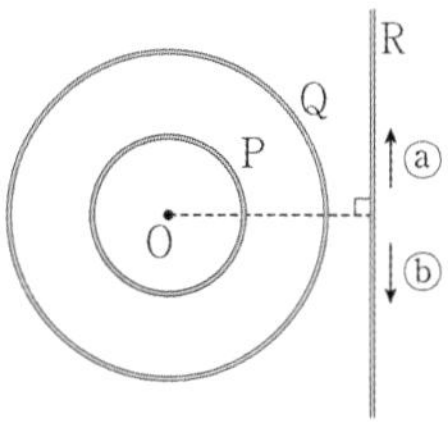

도선	O에서의 자기장	
	세기	방향
P	$2B$	×
Q	㉠	◉
R	$2B$	㉡

× : 종이면에 수직으로 들어가는 방향
◉ : 종이면에서 수직으로 나오는 방향

이에 대한 설명으로 옳은 것만을 <보기>에서 있는 대로 고른 것은?

보기
ㄱ. ㉠은 B이다.
ㄴ. ㉡은 '×'이다.
ㄷ. R에 흐르는 전류의 방향은 ⓑ 방향이다.

① ㄱ ② ㄷ ③ ㄱ, ㄴ
④ ㄴ, ㄷ ⑤ ㄱ, ㄴ, ㄷ

13 ★★☆ | 2023년 4월 교육청 17번 |

다음은 물질의 자성에 대한 실험이다.

[실험 과정]
(가) 자기화되어 있지 않은 물체 A, B, C를 균일한 자기장에 놓아 자기화시킨다.
(나) 자기장 영역에서 꺼낸 A를 실에 매단다.
(다) 자기장 영역에서 꺼낸 B를 A에 가까이 하며 A를 관찰한다.
(라) 자기장 영역에서 꺼낸 C를 A에 가까이 하며 A를 관찰한다.
※ A, B, C는 강자성체, 상자성체, 반자성체를 순서 없이 나타낸 것이다.

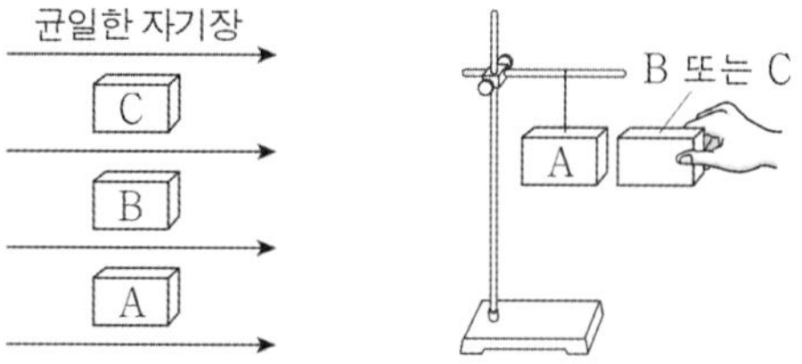

[실험 결과]
- (다)의 결과: A가 밀려난다.
- (라)의 결과: A가 끌려온다.

이에 대한 설명으로 옳은 것만을 <보기>에서 있는 대로 고른 것은? [3점]

보기
ㄱ. A는 외부 자기장을 제거해도 자기화된 상태를 유지한다.
ㄴ. (가)에서 A와 B는 같은 방향으로 자기화된다.
ㄷ. C는 반자성체이다.

① ㄱ ② ㄴ ③ ㄱ, ㄷ
④ ㄴ, ㄷ ⑤ ㄱ, ㄴ, ㄷ

14 ★★☆ | 2023년 3월 교육청 5번 |

다음은 자성체에 대한 실험이다.

[실험 과정]

(가) 막대 A, B를 각각 수평이 유지되도록 실에 매달아 동서 방향으로 가만히 놓는다. A, B는 강자성체, 반자성체를 순서 없이 나타낸 것이다.

(나) 정지한 A, B의 모습을 나침반 자침과 함께 관찰한다.

(다) (나)에서 A, B의 끝에 네오디뮴 자석을 가까이하여 A, B의 움직임을 관찰한다.

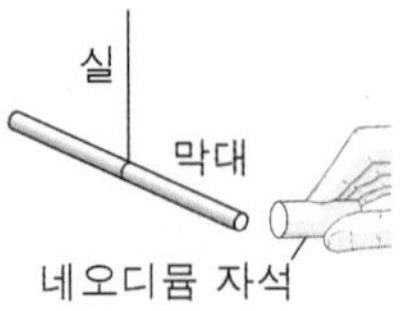

[실험 결과]

	A	B
(나)	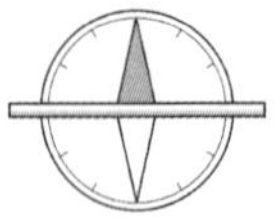	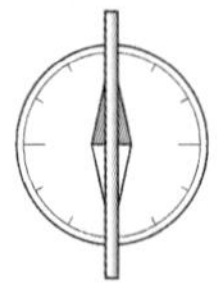
(다)	㉠	자석으로 끌려온다.

이에 대한 옳은 설명만을 〈보기〉에서 있는 대로 고른 것은? (단, 실에 의한 회전은 무시한다.) [3점]

보기

ㄱ. (나)에서 A는 지구 자기장 방향으로 자기화되어 있다.

ㄴ. '자석으로부터 밀려난다'는 ㉠으로 적절하다.

ㄷ. B는 강한 전자석을 만드는 데 이용할 수 있다.

① ㄱ ② ㄷ ③ ㄱ, ㄴ ④ ㄴ, ㄷ ⑤ ㄱ, ㄴ, ㄷ

15 ★★☆ | 2023년 3월 교육청 19번 |

그림 (가)와 같이 무한히 긴 직선 도선 P, Q와 점 a를 중심으로 하는 원형 도선 R가 xy평면에 고정되어 있다. P, Q에는 세기가 각각 I_0, $3I_0$인 전류가 $-y$방향으로 흐른다. 그림 (나)는 (가)에서 Q만 제거한 모습을 나타낸 것이다. (가)와 (나)의 a에서 P, Q, R의 전류에 의한 자기장의 방향은 서로 반대이고, 자기장의 세기는 각각 B_0, $2B_0$이다.

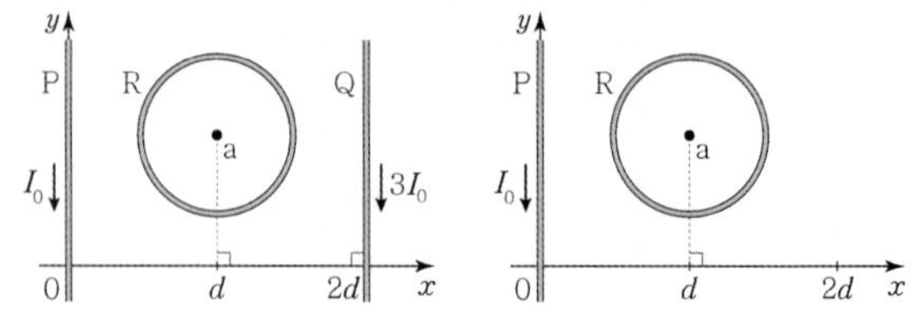

(가) (나)

a에서의 자기장에 대한 옳은 설명만을 〈보기〉에서 있는 대로 고른 것은? [3점]

보기

ㄱ. (가)에서 Q의 전류에 의한 자기장의 세기는 P의 전류에 의한 자기장의 세기의 3배이다.

ㄴ. (나)에서 P, R의 전류에 의한 자기장의 방향은 xy평면에 수직으로 들어가는 방향이다.

ㄷ. R의 전류에 의한 자기장의 세기는 B_0이다.

① ㄱ ② ㄴ ③ ㄱ, ㄷ ④ ㄴ, ㄷ ⑤ ㄱ, ㄴ, ㄷ

16 ★☆☆ | 2022년 10월 교육청 10번 |

그림과 같이 전류가 흐르는 가늘고 무한히 긴 직선 도선 A, B가 xy평면의 $x=0$, $x=d$에 각각 고정되어 있다. A, B에는 각각 세기가 I_0, $2I_0$인 전류가 흐르고 있다.

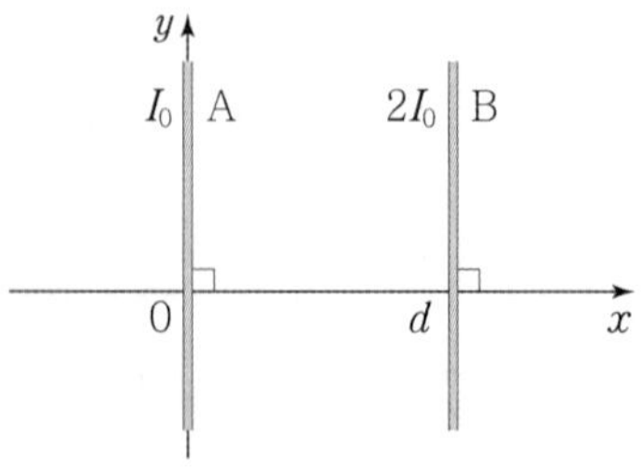

A, B에 흐르는 전류의 방향이 같을 때와 서로 반대일 때 x축상에서 A, B의 전류에 의한 자기장이 0인 점을 각각 p, q라고 할 때, p와 q 사이의 거리는?

① d ② $\frac{4}{3}d$ ③ $\frac{3}{2}d$ ④ $\frac{5}{3}d$ ⑤ $2d$

17 ★★☆ | 2022년 10월 교육청 15번 |

그림은 저울에 무게가 W_0으로 같은 물체 P 또는 Q를 놓고 전지와 스위치에 연결된 코일을 가까이한 모습을 나타낸 것이다. P, Q는 강자성체, 상자성체를 순서 없이 나타낸 것이다. 표는 스위치를 a, b에 연결했을 때 저울의 측정값을 비교한 것이다.

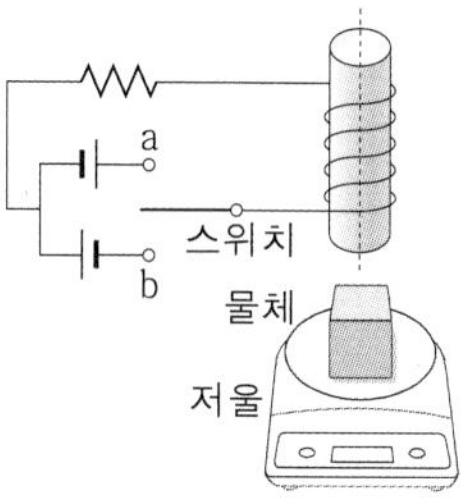

연결 위치	저울의 측정값	
	P	Q
a	W_0보다 큼	W_0보다 작음
b	W_0보다 작음	㉠

이에 대한 옳은 설명만을 〈보기〉에서 있는 대로 고른 것은? (단, 지구 자기장은 무시한다.) [3점]

보기
ㄱ. P는 강자성체이다.
ㄴ. ㉠은 'W_0보다 작음'이다.
ㄷ. Q는 스위치를 a에 연결했을 때와 b에 연결했을 때 같은 방향으로 자기화된다.

① ㄱ ② ㄷ ③ ㄱ, ㄴ
④ ㄴ, ㄷ ⑤ ㄱ, ㄴ, ㄷ

18 ★★☆ | 2022년 7월 교육청 17번 |

그림과 같이 일정한 세기의 전류가 각각 흐르는 무한히 긴 두 직선 도선 A, B가 xy평면에 수직으로 y축에 고정되어 있다. 점 a, b, c는 y축상에 있다. A와 B의 전류에 의한 자기장의 세기는 a에서가 b에서보다 크고, 방향은 a와 b에서 서로 같다.

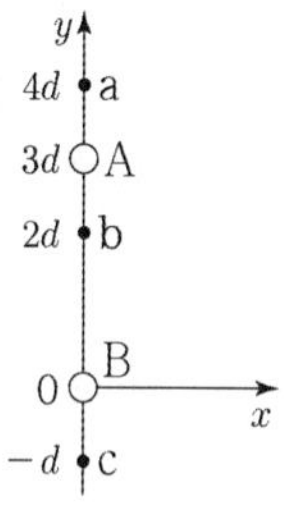

이에 대한 설명으로 옳은 것만을 〈보기〉에서 있는 대로 고른 것은? [3점]

보기
ㄱ. 전류의 방향은 A와 B에서 서로 같다.
ㄴ. 전류의 세기는 B가 A보다 크다.
ㄷ. A와 B의 전류에 의한 자기장의 세기는 c에서가 a에서보다 크다.

① ㄱ ② ㄷ ③ ㄱ, ㄴ
④ ㄴ, ㄷ ⑤ ㄱ, ㄴ, ㄷ

19 ★☆☆ | 2022년 4월 교육청 13번 |

그림 (가)와 같이 자기화되어 있지 않은 물체 A, B를 균일한 자기장 영역에 놓았더니 A, B가 자기화되었다. 그림 (나)와 같이 자기화되어 있지 않은 물체 C를 실에 매단 후 (가)의 자기장 영역에서 꺼낸 A를 C의 연직 아래에 가까이 가져갔더니 실이 C를 당기는 힘의 크기가 C의 무게보다 작아졌다. A, B, C는 강자성체, 반자성체, 상자성체를 순서 없이 나타낸 것이다.

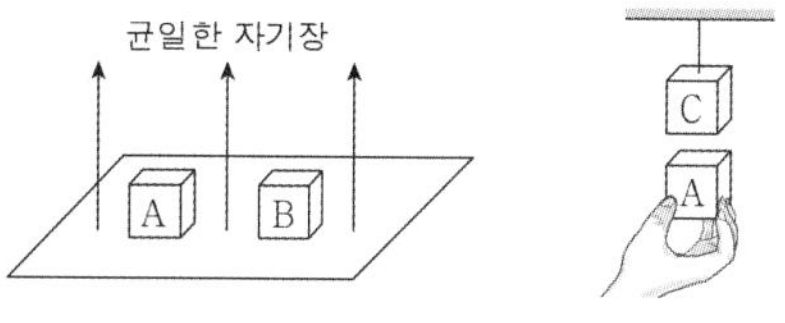

(가) (나)

이에 대한 설명으로 옳은 것만을 〈보기〉에서 있는 대로 고른 것은?

보기
ㄱ. A는 강자성체이다.
ㄴ. (가)에서 B는 외부 자기장과 반대 방향으로 자기화된다.
ㄷ. (나)에서 A를 B로 바꾸면 실이 C를 당기는 힘의 크기는 C의 무게보다 작다.

① ㄱ ② ㄴ ③ ㄱ, ㄷ
④ ㄴ, ㄷ ⑤ ㄱ, ㄴ, ㄷ

20 ★★☆ | 2022년 4월 교육청 19번 |

그림과 같이 일정한 방향으로 전류가 흐르는 무한히 긴 직선 도선 P, Q, R가 xy평면에 고정되어 있다. P, R에 흐르는 전류의 세기는 일정하다. 표는 Q에 흐르는 전류의 세기에 따라 xy평면상의 점 a, b에서 P, Q, R의 전류에 의한 자기장을 나타낸 것이다.

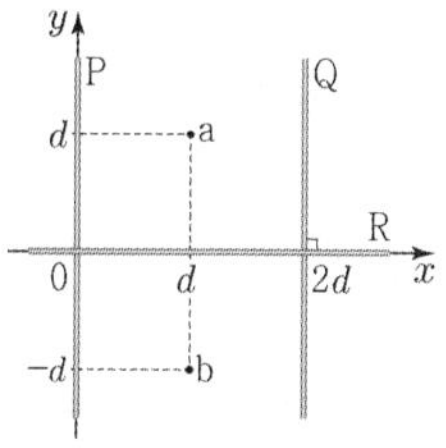

Q에 흐르는 전류의 세기	P, Q, R의 전류에 의한 자기장			
	a		b	
	방향	세기	방향	세기
I_0	⊙	$3B_0$	⊙	㉠
$2I_0$	⊙	$4B_0$	⊙	$2B_0$

⊙: xy는 평면에서 수직으로 나오는 방향

이에 대한 설명으로 옳은 것만을 〈보기〉에서 있는 대로 고른 것은?

보기
ㄱ. Q에 흐르는 전류의 방향은 $+y$방향이다.
ㄴ. ㉠은 B_0이다.
ㄷ. P에 흐르는 전류의 세기는 I_0이다.

① ㄱ ② ㄷ ③ ㄱ, ㄴ
④ ㄴ, ㄷ ⑤ ㄱ, ㄴ, ㄷ

21 ★★☆ | 2022년 3월 교육청 12번 |

다음은 전동 스테이플러의 작동 원리이다.

> 그림 (가)와 같이 전동 스테이플러에 종이를 넣지 않았을 때는 고정된 코일이 자성체 A를 당기지 않는다. 그림 (나)와 같이 종이를 넣으면 스위치가 닫히면서 코일에 전류가 흐르고, ㉠코일이 A를 강하게 당긴다. 그리고 A가 철사 침을 눌러 종이에 박는다.
>
> 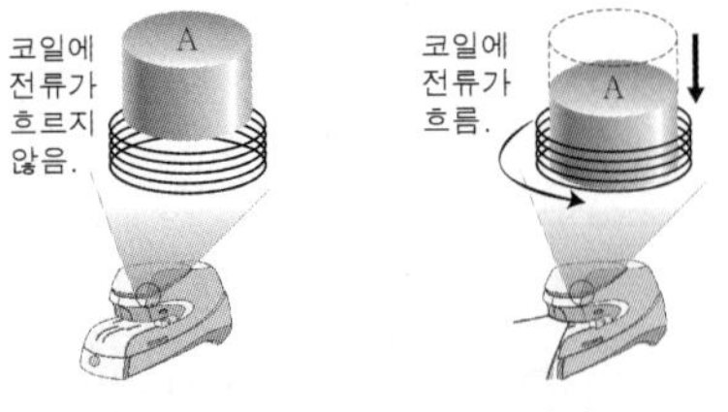
>
> (가) (나)

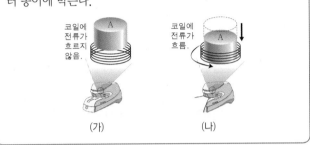

이에 대한 옳은 설명만을 〈보기〉에서 있는 대로 고른 것은?

보기
ㄱ. ㉠은 자기력에 의해 나타나는 현상이다.
ㄴ. A는 반자성체이다.
ㄷ. (나)의 A는 코일의 전류에 의한 자기장과 같은 방향으로 자기화된다.

① ㄱ ② ㄷ ③ ㄱ, ㄴ
④ ㄱ, ㄷ ⑤ ㄴ, ㄷ

22 ★★☆ | 2022년 3월 교육청 16번 |

그림과 같이 종이면에 고정된 무한히 긴 직선 도선 A, B, C에 화살표 방향으로 같은 세기의 전류가 흐르고 있다. 종이면 위의 점 p, q, r는 각각 A와 B, B와 C, C와 A로부터 같은 거리만큼 떨어져 있으며, p에서 A의 전류에 의한 자기장의 세기는 B_0이다.

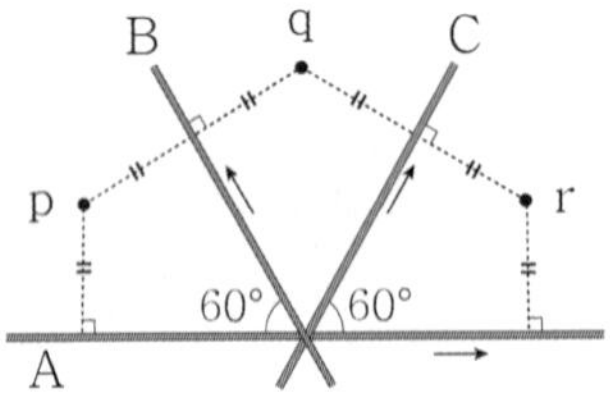

A, B, C의 전류에 의한 자기장에 대한 옳은 설명만을 〈보기〉에서 있는 대로 고른 것은? [3점]

보기
ㄱ. q와 r에서 자기장의 세기는 서로 같다.
ㄴ. q와 r에서 자기장의 방향은 서로 같다.
ㄷ. p에서 자기장의 세기는 $\frac{B_0}{2}$이다.

① ㄱ ② ㄴ ③ ㄱ, ㄷ
④ ㄴ, ㄷ ⑤ ㄱ, ㄴ, ㄷ

23 ★★☆ | 2021년 10월 교육청 19번 |

그림 (가)와 같이 xy평면에 고정된 무한히 긴 직선 도선 A, B, C에 화살표 방향으로 전류가 흐른다. A와 B 중 하나에는 일정한 전류가, 다른 하나에는 세기를 바꿀 수 있는 전류 I가 흐른다. C에 흐르는 전류의 세기는 I_0으로 일정하다. 그림 (나)는 (가)의 점 p에서 A, B, C의 전류에 의한 자기장의 세기를 I에 따라 나타낸 것이다.

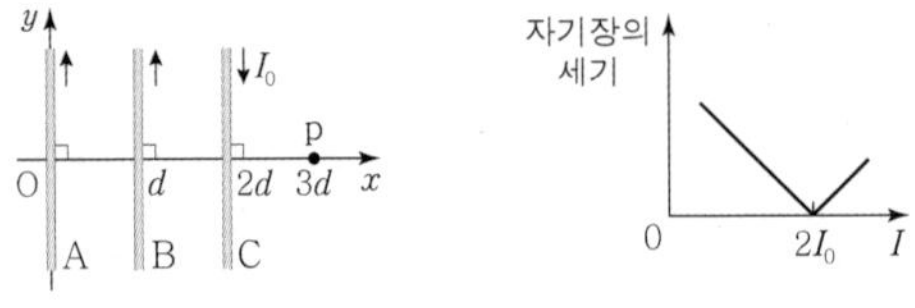

(가) (나)

A와 B 중 일정한 전류가 흐르는 도선과 그 도선에 흐르는 전류의 세기로 옳은 것은? [3점]

	도선	전류의 세기		도선	전류의 세기
①	A	$\frac{8}{3}I_0$	②	A	$\frac{9}{2}I_0$
③	B	$\frac{1}{2}I_0$	④	B	$\frac{2}{3}I_0$
⑤	B	$\frac{28}{9}I_0$			

24 ★☆☆ | 2021년 10월 교육청 1번 |

그림은 자석이 냉장고의 철판에는 붙고, 플라스틱판에는 붙지 않는 현상에 대한 학생 A, B, C의 대화를 나타낸 것이다.

제시한 내용이 옳은 학생만을 있는 대로 고른 것은?

① A ② B ③ A, B
④ A, C ⑤ B, C

3권 정답 및 해설 142쪽

25 ★★☆

| 2021년 7월 교육청 14번 |

그림 (가), (나)는 수평면에 수직으로 고정된 무한히 긴 하나의 직선 도선에 전류 I_1이 흐를 때와 전류 I_2가 흐를 때, 각각 도선으로부터 북쪽으로 거리 r, $3r$만큼 떨어진 곳에 놓인 나침반의 자침이 $45°$만큼 회전하여 정지한 것을 나타낸 것이다. (나)에서 점 P는 도선으로부터 북쪽으로 $2r$만큼 떨어진 곳이다.

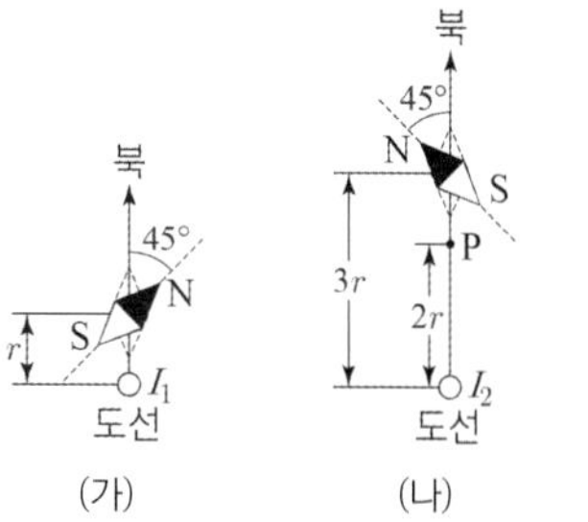

이에 대한 설명으로 옳은 것만을 〈보기〉에서 있는 대로 고른 것은? (단, 지구에 의한 자기장은 균일하고, 자침의 크기와 도선의 두께는 무시한다.) [3점]

보기
ㄱ. I_1의 방향은 I_2의 방향과 같다.
ㄴ. I_1의 세기는 I_2의 세기의 $\frac{1}{3}$배이다.
ㄷ. (나)에서 나침반을 P로 옮기면 자침의 N극이 북쪽과 이루는 각은 $45°$보다 작아진다.

① ㄱ ② ㄴ ③ ㄷ
④ ㄴ, ㄷ ⑤ ㄱ, ㄴ, ㄷ

26 ★★☆

| 2021년 4월 교육청 11번 |

그림과 같이 원형 도선 P와 무한히 긴 직선 도선 Q가 xy평면에 고정되어 있다. Q에는 세기가 I인 전류가 $-y$방향으로 흐른다. 원점 O는 P의 중심이다. 표는 O에서 P, Q에 흐르는 전류에 의한 자기장의 세기를 P에 흐르는 전류에 따라 나타낸 것이다.

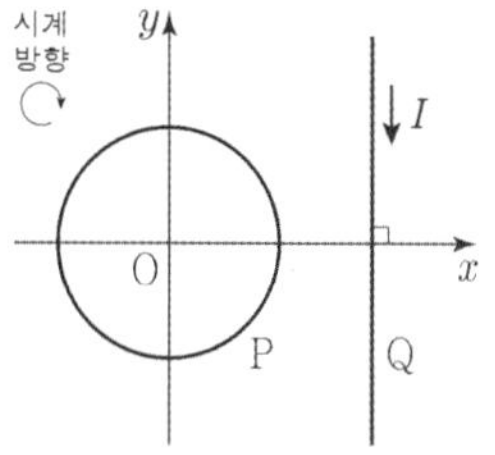

P에 흐르는 전류		O에서 P, Q에 흐르는 전류에 의한 자기장의 세기
세기	방향	
0	없음	B_0
I_0	㉠	0
$2I_0$	시계 방향	㉡

이에 대한 설명으로 옳은 것만을 〈보기〉에서 있는 대로 고른 것은? [3점]

보기
ㄱ. O에서 Q에 흐르는 전류에 의한 자기장의 방향은 xy평면에 수직으로 들어가는 방향이다.
ㄴ. ㉠은 시계 방향이다.
ㄷ. ㉡은 $2B_0$보다 크다.

① ㄱ ② ㄴ ③ ㄱ, ㄷ
④ ㄴ, ㄷ ⑤ ㄱ, ㄴ, ㄷ

27 ★★☆

| 2021년 4월 교육청 12번 |

그림 (가)와 같이 천장에 실로 연결된 자석의 연직 아래 수평면에 자기화되지 않은 물체 A를 놓았더니 A가 정지해 있다. 그림 (나)와 같이 (가)에서 자석을 자기화되지 않은 물체 B로 바꾸어 연결하고 A를 이동시켰더니 B가 A 쪽으로 기울어져 정지해 있다. B는 상자성체, 반자성체 중 하나이다.

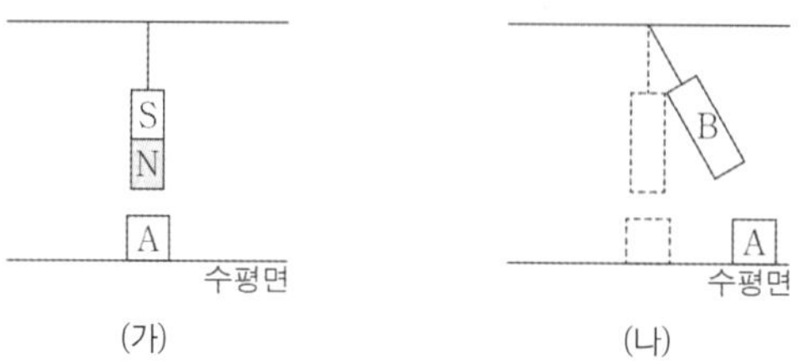

이에 대한 설명으로 옳은 것만을 〈보기〉에서 있는 대로 고른 것은?

보기
ㄱ. A는 외부 자기장과 반대 방향으로 자기화된다.
ㄴ. (가)에서 실이 자석에 작용하는 힘의 크기는 자석의 무게보다 크다.
ㄷ. B는 상자성체이다.

① ㄱ ② ㄴ ③ ㄱ, ㄷ
④ ㄴ, ㄷ ⑤ ㄱ, ㄴ, ㄷ

28 ★★☆

| 2021년 3월 교육청 14번 |

그림 (가)는 원형 도선 P와 무한히 긴 직선 도선 Q가 xy 평면에 고정되어 있는 모습을, (나)는 (가)에서 Q만 옮겨 고정시킨 모습을 나타낸 것이다. P, Q에는 각각 화살표 방향으로 세기가 일정한 전류가 흐른다. (가), (나)의 원점 O에서 자기장의 세기는 같고 방향은 반대이다.

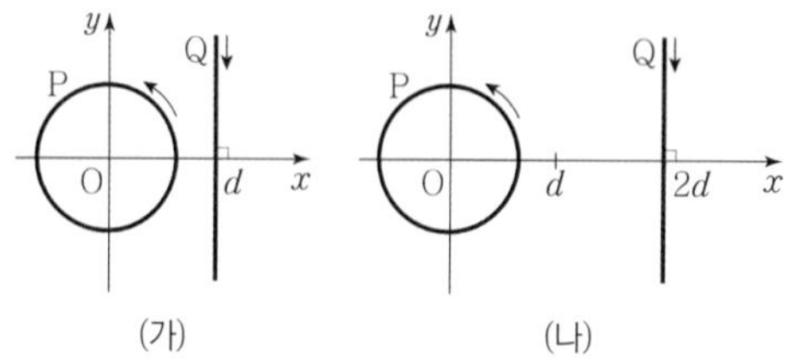

(가)의 O에서 P, Q의 전류에 의한 자기장의 세기를 각각 B_P, B_Q라고 할 때, $\frac{B_Q}{B_P}$는? (단, 지구 자기장은 무시한다.) [3점]

① $\frac{4}{3}$ ② $\frac{3}{2}$ ③ $\frac{8}{5}$
④ $\frac{5}{3}$ ⑤ $\frac{7}{4}$

29 ★★☆ | 2021년 3월 교육청 15번 |

그림 (가)와 같이 자석 주위에 자기화되어 있지 않은 자성체 A, B를 놓았더니 자석으로부터 각각 화살표 방향으로 자기력을 받았다. 그림 (나)는 (가)에서 자석을 치운 후 A와 B를 가까이 놓은 모습을 나타낸 것으로, B는 A로부터 자기력을 받는다.

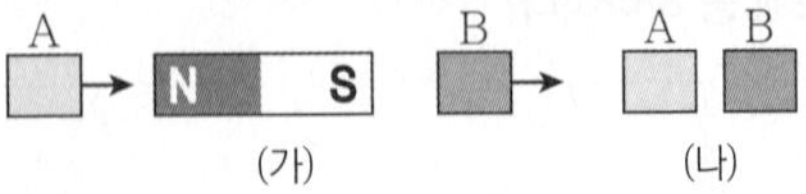

이에 대한 옳은 설명만을 〈보기〉에서 있는 대로 고른 것은?

보기
ㄱ. B는 반자성체이다.
ㄴ. (가)에서 A와 B는 같은 방향으로 자기화되어 있다.
ㄷ. (나)에서 A, B 사이에는 서로 당기는 자기력이 작용한다.

① ㄱ ② ㄴ ③ ㄱ, ㄴ
④ ㄱ, ㄷ ⑤ ㄴ, ㄷ

30 ★☆☆ | 2020년 10월 교육청 18번 |

그림은 어떤 전기밥솥에서 수증기의 양을 조절하는 데 사용되는 밸브의 구조를 나타낸 것이다. 스위치 S가 열리면 금속 봉 P가 관을 막고, S가 닫히면 솔레노이드로부터 P가 위쪽으로 힘 F를 받아 관이 열린다.

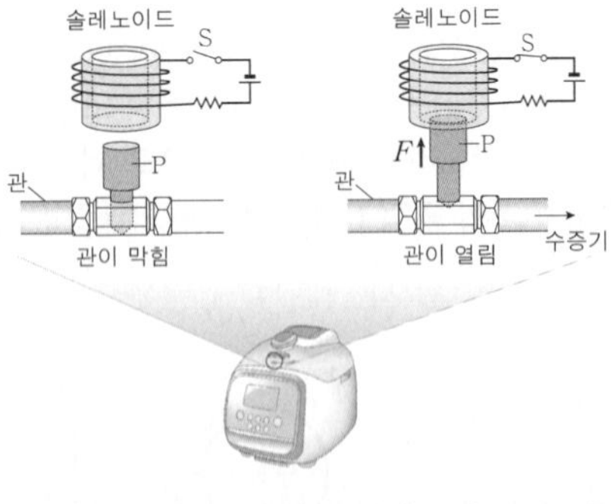

S를 닫았을 때에 대한 옳은 설명만을 〈보기〉에서 있는 대로 고른 것은?

보기
ㄱ. F는 자기력이다.
ㄴ. 솔레노이드 내부에는 아래쪽 방향으로 자기장이 생긴다.
ㄷ. P에 작용하는 중력과 F는 작용 반작용 관계이다.

① ㄱ ② ㄷ ③ ㄱ, ㄴ
④ ㄴ, ㄷ ⑤ ㄱ, ㄴ, ㄷ

31 ★☆☆ | 2020년 10월 교육청 14번 |

그림 (가)는 철 바늘을 물 위에 띄웠더니 회전하여 북쪽을 가리키는 모습을, (나)는 플라스틱 빨대에 자석을 가까이 하였더니 빨대가 자석으로부터 멀어지는 모습을 나타낸 것이다.

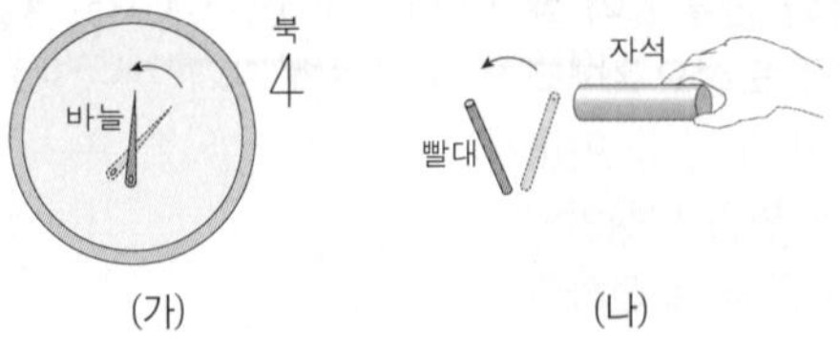

이에 대한 옳은 설명만을 〈보기〉에서 있는 대로 고른 것은?

보기
ㄱ. (가)의 철 바늘은 자기화되어 있다.
ㄴ. 철 바늘은 강자성체이다.
ㄷ. 플라스틱 빨대는 반자성체이다.

① ㄱ ② ㄷ ③ ㄱ, ㄴ
④ ㄴ, ㄷ ⑤ ㄱ, ㄴ, ㄷ

32 ★★☆ | 2020년 7월 교육청 11번 |

그림 (가)와 같이 자화되어 있지 않은 자성체 A와 B를 각각 막대자석에 가까이 하였더니, A와 자석 사이에는 서로 미는 자기력이 작용하였고 B와 자석 사이에는 서로 당기는 자기력이 작용하였다. 그림 (나)와 같이 (가)에서 막대자석을 치운 후 A와 B를 가까이 하였더니, A와 B 사이에는 자기력이 작용하였다. 그림 (다)는 실에 매달린 막대자석 연직 아래의 수평한 지면 위에 A를 놓은 것을 나타낸 것이다.

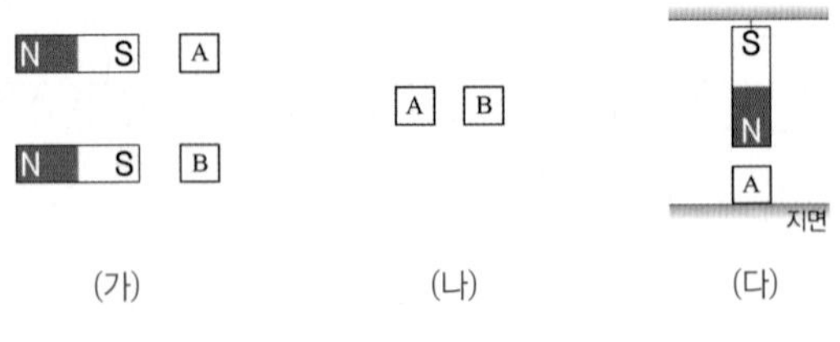

이에 대한 설명으로 옳은 것만을 〈보기〉에서 있는 대로 고른 것은? [3점]

보기
ㄱ. A는 강자성체이다.
ㄴ. (나)에서 A와 B 사이에는 서로 미는 자기력이 작용한다.
ㄷ. (다)에서 지면이 A를 떠받치는 힘의 크기는 A의 무게보다 크다.

① ㄴ ② ㄷ ③ ㄱ, ㄴ
④ ㄱ, ㄷ ⑤ ㄴ, ㄷ

02

뉴턴 운동 법칙

2026학년도 수능 출제 예측

2025학년도 수능, 평가원 분석

수능과 6월 및 9월 평가원에서는 물체가 정지해 있을 때 힘의 평형과 작용 반작용의 관계를 묻는 문항과 도르래와 실로 연결된 물체의 운동으로부터 물체의 가속도, 이동 거리, 질량 및 물체에 작용하는 힘을 묻는 문항이 출제되었다.

2026학년도 수능 예측

두 문제가 출제가 될 가능성이 있는 단원이다. 여러 가지 힘이 작용하는 물체의 힘의 평형과 작용 반작용의 관계를 이용한 힘의 크기 및 알짜힘을 구하거나 가속도 법칙을 적용하여 여러 물체들의 상황에 따른 속도, 가속도, 질량 등을 묻는 문항이 출제될 가능성이 높다.

1 ★★★

| 2025학년도 **수능** 18번 |

그림 (가)는 물체 A, B, C를 실 p, q로 연결하고 A에 수평 방향으로 일정한 힘 20 N을 작용하여 물체가 등가속도 운동하는 모습을, (나)는 (가)에서 A에 작용하는 힘 20 N을 제거한 후, 물체가 등가속도 운동하는 모습을 나타낸 것이다. (가)와 (나)에서 물체의 가속도의 크기는 a로 같다. p가 B를 당기는 힘의 크기와 q가 B를 당기는 힘의 크기의 비는 (가)에서 2 : 3이고, (나)에서 2 : 9이다.

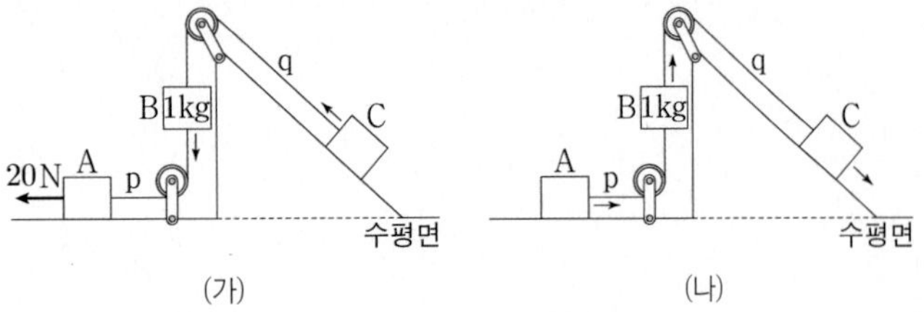

이에 대한 설명으로 옳은 것만을 〈보기〉에서 있는 대로 고른 것은? (단, 중력 가속도는 $10\ m/s^2$이고, 물체는 동일 연직면상에서 운동하며, 실의 질량, 공기 저항과 모든 마찰은 무시한다.) [3점]

> 보기
> ㄱ. p가 A를 당기는 힘의 크기는 (가)에서가 (나)에서의 5배이다.
> ㄴ. $a=\frac{5}{3}\ m/s^2$이다.
> ㄷ. C의 질량은 4 kg이다.

① ㄱ ② ㄷ ③ ㄱ, ㄴ
④ ㄴ, ㄷ ⑤ ㄱ, ㄴ, ㄷ

2 ★☆☆

| 2025학년도 **수능** 5번 |

그림은 실 p로 연결된 물체 A와 자석 B가 정지해 있고, B의 연직 아래에는 자석 C가 실 q에 연결되어 정지해 있는 모습을 나타낸 것이다. A, B, C의 질량은 각각 4 kg, 1 kg, 1 kg이고, B와 C 사이에 작용하는 자기력의 크기는 20 N이다.

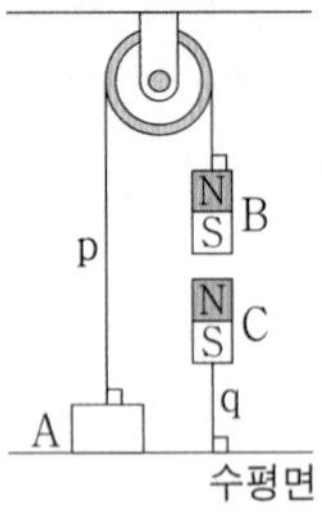

이에 대한 설명으로 옳은 것만을 〈보기〉에서 있는 대로 고른 것은? (단, 중력 가속도는 $10\ m/s^2$이고, 실의 질량과 모든 마찰은 무시하며, 자기력은 B와 C 사이에만 작용한다.)

> 보기
> ㄱ. 수평면이 A를 떠받치는 힘의 크기는 10 N이다.
> ㄴ. B에 작용하는 중력과 p가 B를 당기는 힘은 작용 반작용 관계이다.
> ㄷ. B가 C에 작용하는 자기력의 크기는 q가 C를 당기는 힘의 크기와 같다.

① ㄱ ② ㄴ ③ ㄱ, ㄷ
④ ㄴ, ㄷ ⑤ ㄱ, ㄴ, ㄷ

3 ★★☆

| 2025학년도 9월 **평가원** 19번 |

그림 (가)와 같이 질량이 각각 $2m$, m, $3m$인 물체 A, B, C를 실로 연결하고 B를 점 p에 가만히 놓았더니 A, B, C는 등가속도 운동을 한다. 그림 (나)와 같이 B가 점 q를 속력 v_0으로 지나는 순간 B와 C를 연결한 실이 끊어지면, A와 B는 등가속도 운동하여 B가 점 r에서 속력이 0이 된 후 다시 q와 p를 지난다. p, q, r는 수평면상의 점이다.

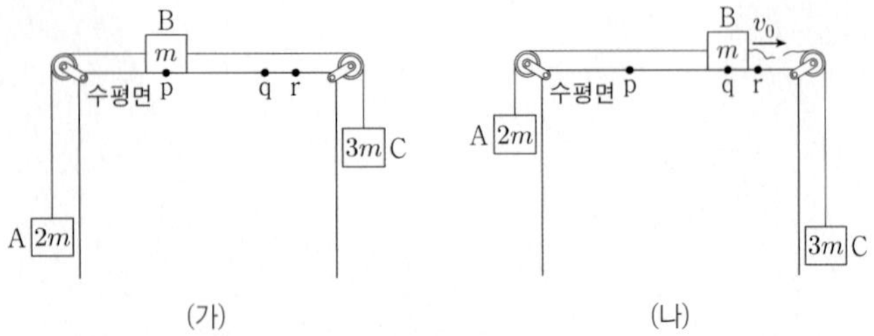

이에 대한 설명으로 옳은 것만을 〈보기〉에서 있는 대로 고른 것은? (단, 중력 가속도는 g이고, 물체의 크기, 실의 질량, 모든 마찰과 공기 저항은 무시한다.) [3점]

> 보기
> ㄱ. (가)에서 B가 p와 q 사이를 지날 때, A에 연결된 실이 A를 당기는 힘의 크기는 $\frac{7}{3}mg$이다.
> ㄴ. q와 r 사이의 거리는 $\frac{3v_0^2}{4g}$이다.
> ㄷ. (나)에서 B가 p를 지나는 순간 B의 속력은 $\sqrt{5}v_0$이다.

① ㄱ ② ㄷ ③ ㄱ, ㄴ
④ ㄴ, ㄷ ⑤ ㄱ, ㄴ, ㄷ

4 ★☆☆

| 2025학년도 9월 **평가원** 7번 |

그림과 같이 수평면에 놓여 있는 자석 B 위에 자석 A가 떠 있는 상태로 정지해 있다. A에 작용하는 중력의 크기와 B가 A에 작용하는 자기력의 크기는 같고, A, B의 질량은 각각 m, $3m$이다.

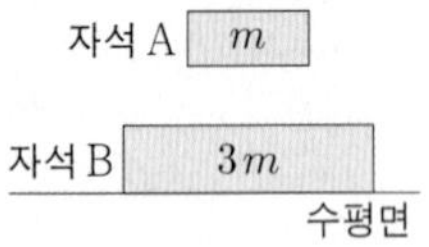

이에 대한 설명으로 옳은 것만을 〈보기〉에서 있는 대로 고른 것은? (단, 중력 가속도는 g이다.) [3점]

> 보기
> ㄱ. A가 B에 작용하는 자기력의 크기는 $3mg$이다.
> ㄴ. 수평면이 B를 떠받치는 힘의 크기는 $4mg$이다.
> ㄷ. A에 작용하는 중력과 B가 A에 작용하는 자기력은 작용 반작용 관계이다.

① ㄱ ② ㄴ ③ ㄷ
④ ㄱ, ㄴ ⑤ ㄱ, ㄷ

5 ★★☆

| 2025학년도 6월 평가원 20번 |

그림 (가)와 같이 물체 A, B, C가 실로 연결되어 등가속도 운동한다. A, B의 질량은 각각 $3m$, $8m$이고, 실 p가 B를 당기는 힘의 크기는 $\frac{9}{4}mg$이다. 그림 (나)는 (가)에서 A, C의 위치를 바꾸어 연결했을 때 등가속도 운동하는 모습을 나타낸 것이다. B의 가속도의 크기는 (나)에서가 (가)에서의 2배이다.

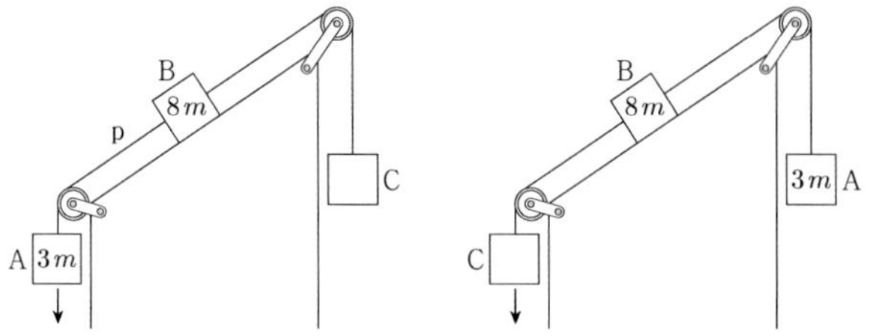

(가) (나)

C의 질량은? (단, 중력 가속도는 g이고, 실의 질량, 모든 마찰은 무시한다.) [3점]

① $4m$ ② $5m$ ③ $6m$
④ $7m$ ⑤ $8m$

6 ★☆☆

| 2025학년도 6월 평가원 5번 |

그림 (가)는 실 p에 매달려 정지한 용수철저울의 눈금 값이 0인 모습을, (나)는 (가)의 용수철저울에 추를 매단 후 정지한 용수철저울의 눈금 값이 10N인 모습을 나타낸 것이다. 용수철저울의 무게는 2N이다.

이에 대한 설명으로 옳은 것만을 〈보기〉에서 있는 대로 고른 것은? [3점]

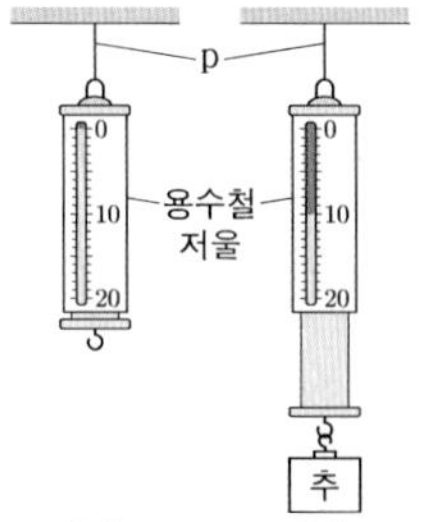

(가) (나)

> 보기
> ㄱ. (가)에서 용수철저울에 작용하는 알짜힘은 0이다.
> ㄴ. (나)에서 p가 용수철저울에 작용하는 힘의 크기는 12 N이다.
> ㄷ. (나)에서 추에 작용하는 중력과 용수철저울이 추에 작용하는 힘은 작용 반작용 관계이다.

① ㄱ ② ㄷ ③ ㄱ, ㄴ
④ ㄴ, ㄷ ⑤ ㄱ, ㄴ, ㄷ

7 ★☆☆

| 2024학년도 수능 9번 |

그림 (가)는 질량이 5 kg인 판, 질량이 10 kg인 추, 실 p, q가 연결되어 정지한 모습을, (나)는 (가)에서 질량이 1 kg으로 같은 물체 A, B를 동시에 판에 가만히 올려놓았을 때 정지한 모습을 나타낸 것이다.

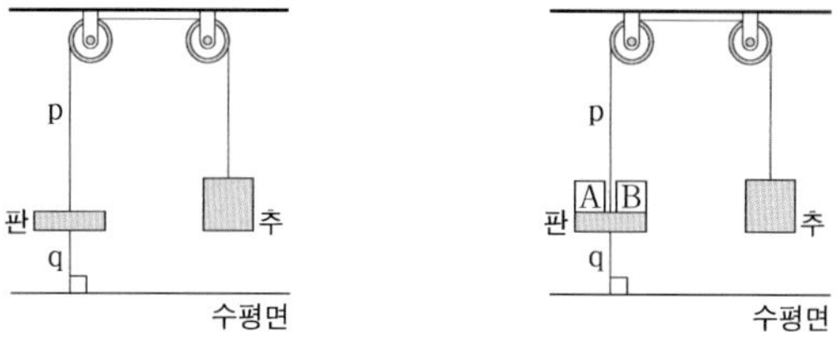

(가) (나)

이에 대한 설명으로 옳은 것만을 〈보기〉에서 있는 대로 고른 것은? (단, 중력 가속도는 $10\ m/s^2$이고, 판은 수평면과 나란하며, 실의 질량과 모든 마찰은 무시한다.) [3점]

> 보기
> ㄱ. (가)에서 q가 판을 당기는 힘의 크기는 50 N이다.
> ㄴ. p가 판을 당기는 힘의 크기는 (가)에서와 (나)에서가 같다.
> ㄷ. 판이 q를 당기는 힘의 크기는 (가)에서가 (나)에서보다 크다.

① ㄱ ② ㄷ ③ ㄱ, ㄴ
④ ㄴ, ㄷ ⑤ ㄱ, ㄴ, ㄷ

8 ★★☆

| 2024학년도 수능 10번 |

그림 (가)는 물체 A, B, C를 실로 연결하고 C에 수평 방향으로 크기가 F인 힘을 작용하여 A, B, C가 속력이 증가하는 등가속도 운동을 하는 모습을 나타낸 것이다. 그림 (나)는 (가)에서 B의 속력이 v인 순간 B와 C를 연결한 실이 끊어졌을 때, 실이 끊어진 순간부터 B가 정지한 순간까지 A와 B, C가 각각 등가속도 운동을 하여 d, $4d$만큼 이동한 것을 나타낸 것이다. A의 가속도의 크기는 (나)에서가 (가)에서의 2배이다. B, C의 질량은 각각 m, $3m$이다.

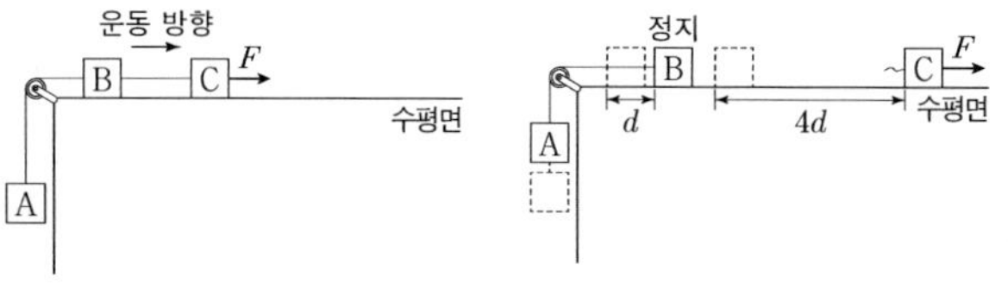

(가) (나)

이에 대한 설명으로 옳은 것만을 〈보기〉에서 있는 대로 고른 것은? (단, 중력 가속도는 g이고, 물체는 동일 연직면상에서 운동하며, 물체의 크기, 실의 질량, 공기 저항과 모든 마찰은 무시한다.) [3점]

> 보기
> ㄱ. (나)에서 B가 정지한 순간 C의 속력은 $3v$이다.
> ㄴ. A의 질량은 $3m$이다.
> ㄷ. F는 $5mg$이다.

① ㄱ ② ㄴ ③ ㄱ, ㄷ
④ ㄴ, ㄷ ⑤ ㄱ, ㄴ, ㄷ

9 ★☆☆ | 2024학년도 9월 평가원 9번 |

그림 (가), (나)는 직육면체 모양의 물체 A, B가 수평면에 놓여 있는 상태에서 A에 각각 크기가 F, $2F$인 힘이 연직 방향으로 작용할 때, A, B가 정지해 있는 모습을 나타낸 것이다. A, B의 질량은 각각 m, $3m$이고, B가 A를 떠받치는 힘의 크기는 (가)에서가 (나)에서의 2배이다.

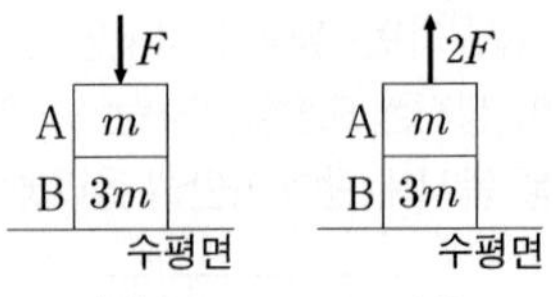

(가) (나)

이에 대한 설명으로 옳은 것만을 <보기>에서 있는 대로 고른 것은? (단, 중력 가속도는 g이다.)

보기
ㄱ. A에 작용하는 중력과 B가 A를 떠받치는 힘은 작용 반작용 관계이다.
ㄴ. $F=\frac{1}{5}mg$이다.
ㄷ. 수평면이 B를 떠받치는 힘의 크기는 (가)에서가 (나)에서의 $\frac{7}{6}$배이다.

① ㄱ ② ㄴ ③ ㄷ ④ ㄴ, ㄷ ⑤ ㄱ, ㄴ, ㄷ

10 ★★☆ | 2024학년도 9월 평가원 8번 |

그림은 물체 A, B, C가 실 p, q로 연결되어 등속도 운동을 하는 모습을 나타낸 것이다. p를 끊으면, A는 가속도의 크기가 $6a$인 등가속도 운동을, B와 C는 가속도의 크기가 a인 등가속도 운동을 한다. 이후 q를 끊으면, B는 가속도의 크기가 $3a$인 등가속도 운동을 한다. A, C의 질량은 각각 m, $2m$이다.

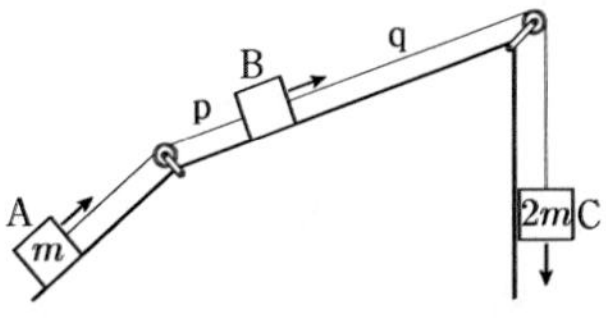

이에 대한 설명으로 옳은 것만을 <보기>에서 있는 대로 고른 것은? (단, 중력 가속도는 g이고, 실의 질량, 모든 마찰과 공기 저항은 무시한다.) [3점]

보기
ㄱ. B의 질량은 $4m$이다.
ㄴ. $a=\frac{1}{8}g$이다.
ㄷ. p를 끊기 전, p가 B를 당기는 힘의 크기는 $\frac{2}{3}mg$이다.

① ㄱ ② ㄴ ③ ㄱ, ㄷ ④ ㄴ, ㄷ ⑤ ㄱ, ㄴ, ㄷ

11 ★★☆ | 2024학년도 6월 평가원 6번 |

그림 (가)는 저울 위에 놓인 물체 A와 B가 정지해 있는 모습을, (나)는 (가)에서 A에 크기가 F인 힘을 연직 위 방향으로 작용할 때, A와 B가 정지해 있는 모습을 나타낸 것이다. 저울에 측정된 힘의 크기는 (가)에서가 (나)에서의 2배이고, B가 A에 작용하는 힘의 크기는 (가)에서가 (나)에서의 4배이다.

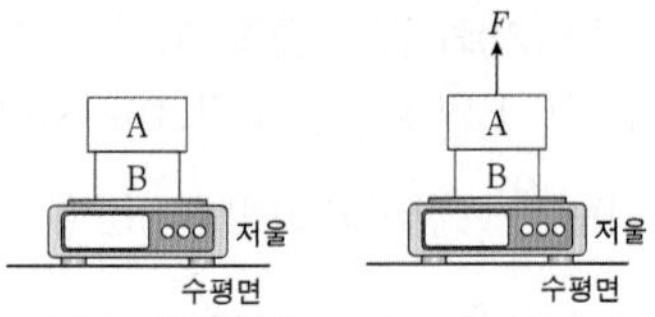

(가) (나)

이에 대한 설명으로 옳은 것만을 <보기>에서 있는 대로 고른 것은? [3점]

보기
ㄱ. 질량은 A가 B의 2배이다.
ㄴ. (가)에서 저울이 B에 작용하는 힘의 크기는 $2F$이다.
ㄷ. (나)에서 A가 B에 작용하는 힘의 크기는 $\frac{1}{3}F$이다.

① ㄱ ② ㄷ ③ ㄱ, ㄴ ④ ㄴ, ㄷ ⑤ ㄱ, ㄴ, ㄷ

12 ★★☆ | 2024학년도 6월 평가원 5번 |

그림 (가), (나)와 같이 마찰이 있는 동일한 빗면에 놓인 물체 A가 각각 물체 B, C와 실로 연결되어 서로 반대 방향으로 등가속도 운동을 하고 있다. (가)와 (나)에서 A의 가속도의 크기는 각각 $\frac{1}{6}g$, $\frac{1}{3}g$이고, 가속도의 방향은 운동 방향과 같다. A, B, C의 질량은 각각 $3m$, m, $6m$이고, 빗면과 A 사이에는 크기가 F로 일정한 마찰력이 작용한다.

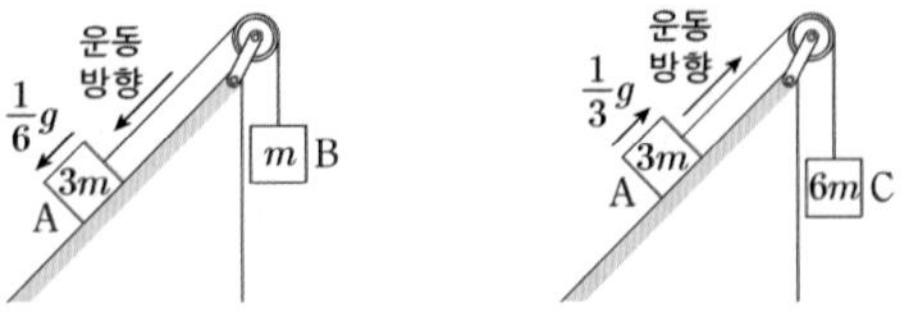

(가) (나)

F는? (단, 중력 가속도는 g이고, 빗면에서의 마찰 외의 모든 마찰과 공기 저항, 실의 질량은 무시한다.) [3점]

① $\frac{1}{3}mg$ ② $\frac{2}{3}mg$ ③ mg ④ $\frac{3}{2}mg$ ⑤ $\frac{5}{2}mg$

13 ☆☆☆
| 2023학년도 수능 17번 |

그림 (가)와 같이 물체 A, B, C를 실로 연결하고 A를 점 p에 가만히 놓았더니, 물체가 각각의 빗면에서 등가속도 운동하여 A가 점 q를 속력 $2v$로 지나는 순간 B와 C 사이의 실이 끊어진다. 그림 (나)와 같이 (가) 이후 A와 B는 등속도, C는 등가속도 운동하여, A가 점 r를 속력 $2v$로 지나는 순간 C의 속력은 $5v$가 된다. p와 q 사이, q와 r 사이의 거리는 같다. A, B, C의 질량은 각각 M, m, $2m$이다.

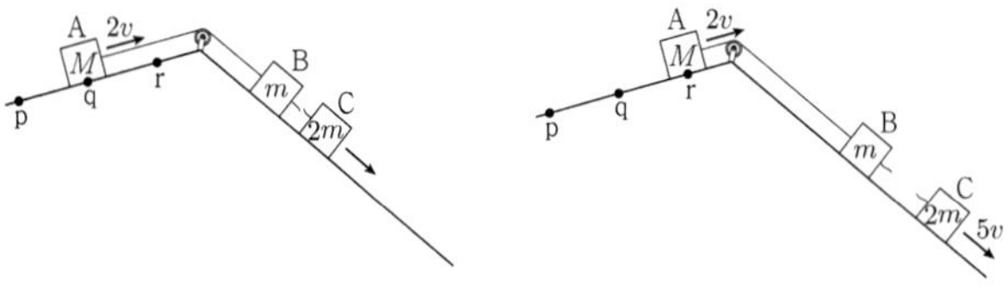

(가) (나)

M은? (단, 물체의 크기, 실의 질량, 모든 마찰은 무시한다.)

① $2m$ ② $3m$ ③ $4m$
④ $5m$ ⑤ $6m$

14 ☆☆☆
| 2023학년도 수능 6번 |

그림과 같이 무게가 1 N인 물체 A가 저울 위에 놓인 물체 B와 실로 연결되어 정지해 있다. 저울에 측정된 힘의 크기는 2 N이다.

이에 대한 설명으로 옳은 것만을 〈보기〉에서 있는 대로 고른 것은? (단, 실의 질량, 모든 마찰은 무시한다.) [3점]

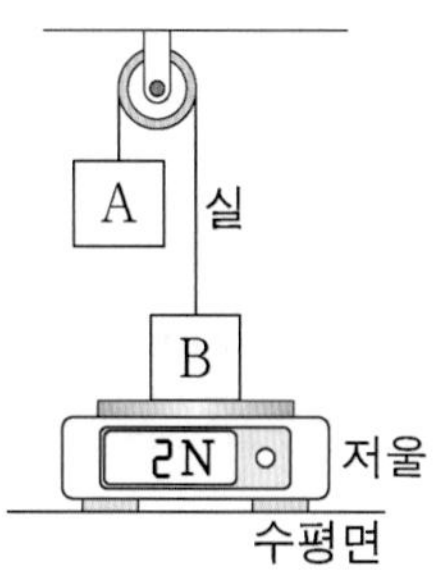

보기

ㄱ. 실이 B를 당기는 힘의 크기는 1 N이다.
ㄴ. B가 저울을 누르는 힘과 저울이 B를 떠받치는 힘은 작용 반작용 관계이다.
ㄷ. B의 무게는 3 N이다.

① ㄱ ② ㄷ ③ ㄱ, ㄴ
④ ㄴ, ㄷ ⑤ ㄱ, ㄴ, ㄷ

15 ☆☆☆
| 2023학년도 9월 평가원 14번 |

그림 (가)는 질량이 각각 M, m, $4m$인 물체 A, B, C가 빗면과 나란한 실 p, q로 연결되어 정지해 있는 것을, (나)는 (가)에서 물체의 위치를 바꾸었더니 물체가 등가속도 운동하는 것을 나타낸 것이다. (가)에서 p가 B를 당기는 힘의 크기는 $\frac{10}{3}mg$이다.

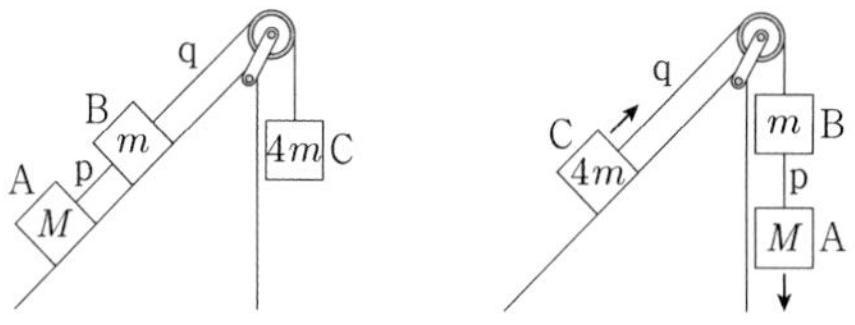

(가) (나)

(나)에서 q가 C를 당기는 힘의 크기는? (단, 중력 가속도는 g이고, 실의 질량 및 모든 마찰은 무시한다.)

① $\frac{13}{3}mg$ ② $4mg$ ③ $\frac{11}{3}mg$
④ $\frac{10}{3}mg$ ⑤ $3mg$

16 ☆☆☆
| 2023학년도 9월 평가원 7번 |

그림은 실에 매달린 물체 A를 물체 B와 용수철로 연결하여 저울에 올려놓았더니 물체가 정지한 모습을 나타낸 것이다. A, B의 무게는 2 N으로 같고, 저울에 측정된 힘의 크기는 3 N이다.

이에 대한 설명으로 옳은 것만을 〈보기〉에서 있는 대로 고른 것은? (단, 실과 용수철의 무게는 무시한다.) [3점]

보기

ㄱ. 실이 A를 당기는 힘의 크기는 1 N이다.
ㄴ. 용수철이 A에 작용하는 힘의 방향은 A에 작용하는 중력의 방향과 같다.
ㄷ. B에 작용하는 중력과 저울이 B에 작용하는 힘은 작용 반작용의 관계이다.

① ㄱ ② ㄷ ③ ㄱ, ㄴ
④ ㄴ, ㄷ ⑤ ㄱ, ㄴ, ㄷ

17 ★★☆ | 2023학년도 6월 평가원 11번 |

다음은 자석의 무게를 측정하는 실험이다.

[실험 과정]

(가) 무게가 10 N인 자석 A, B를 준비한다.

(나) A를 저울에 올려 측정값을 기록한다.

(다) A와 B를 같은 극끼리 마주 보게 한 후 저울에 올려 A와 B가 정지된 상태에서 측정값을 기록한다.

(라) A와 B를 다른 극끼리 마주 보게 한 후 저울에 올려 A와 B가 정지된 상태에서 측정값을 기록한다.

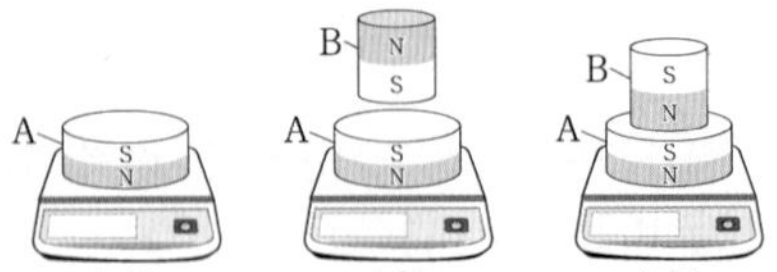

(나) (다) (라)

[실험 결과]

• (나), (다), (라)의 결과는 각각 10 N, 20 N, ㉠ N이다.

이에 대한 설명으로 옳은 것만을 〈보기〉에서 있는 대로 고른 것은? [3점]

〈보기〉

ㄱ. (나)에서 A에 작용하는 중력과 저울이 A를 떠받치는 힘은 작용 반작용 관계이다.

ㄴ. (다)에서 B가 A에 작용하는 자기력의 크기는 A에 작용하는 중력의 크기와 같다.

ㄷ. ㉠은 20보다 크다.

① ㄱ ② ㄴ ③ ㄱ, ㄷ ④ ㄴ, ㄷ ⑤ ㄱ, ㄴ, ㄷ

18 ★★☆ | 2023학년도 6월 평가원 14번 |

그림 (가)는 물체 A, B, C를 실로 연결하여 수평면의 점 p에서 B를 가만히 놓아 물체가 등가속도 운동하는 모습을, (나)는 (가)의 B가 점 q를 지날 때부터 점 r를 지날 때까지 운동 방향과 반대 방향으로 크기가 $\frac{1}{4}mg$인 힘을 받아 물체가 등가속도 운동하는 모습을 나타낸 것이다. p와 q 사이, q와 r 사이의 거리는 같고, B가 q, r를 지날 때 속력은 각각 $4v$, $5v$이다. A, B, C의 질량은 각각 m, m, M이다.

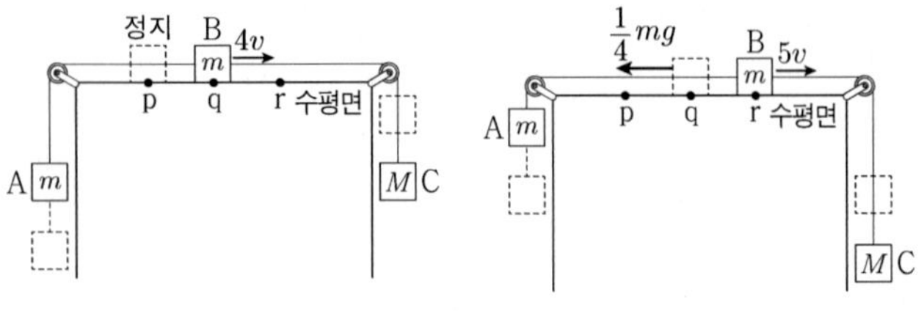

(가) (나)

M은? (단, 중력 가속도는 g이고, 물체의 크기, 실의 질량, 모든 마찰은 무시한다.)

① $\frac{4}{3}m$ ② $\frac{7}{5}m$ ③ $\frac{11}{7}m$ ④ $\frac{15}{8}m$ ⑤ $\frac{5}{2}m$

19 ★☆☆ | 2022학년도 수능 8번 |

그림 (가)는 용수철에 자석 A가 매달려 정지해 있는 모습을, (나)는 (가)에서 A 아래에 다른 자석을 놓아 용수철이 (가)에서보다 늘어나 정지해 있는 모습을 나타낸 것이다.

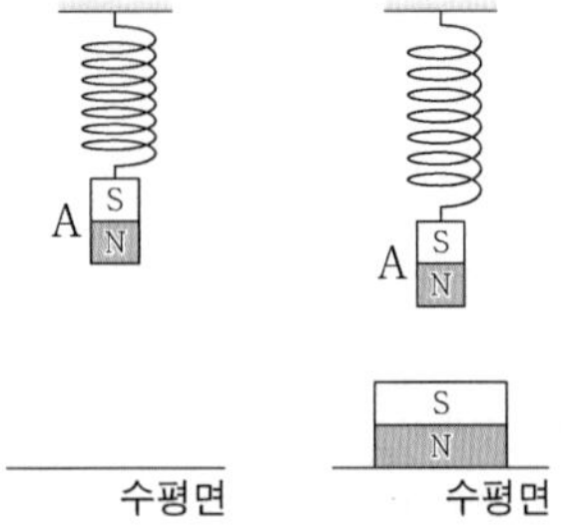

(가) (나)

이에 대한 설명으로 옳은 것만을 〈보기〉에서 있는 대로 고른 것은? (단, 용수철의 질량은 무시한다.) [3점]

〈보기〉

ㄱ. (가)에서 용수철이 A를 당기는 힘과 A에 작용하는 중력은 작용 반작용 관계이다.

ㄴ. (나)에서 A에 작용하는 알짜힘은 0이다.

ㄷ. A가 용수철을 당기는 힘의 크기는 (가)에서가 (나)에서보다 작다.

① ㄱ ② ㄴ ③ ㄱ, ㄷ ④ ㄴ, ㄷ ⑤ ㄱ, ㄴ, ㄷ

20 ★★☆

| 2022학년도 9월 평가원 7번 |

그림과 같이 마찰이 없는 수평면에 자석 A가 고정되어 있고, 용수철에 연결된 자석 B는 정지해 있다.

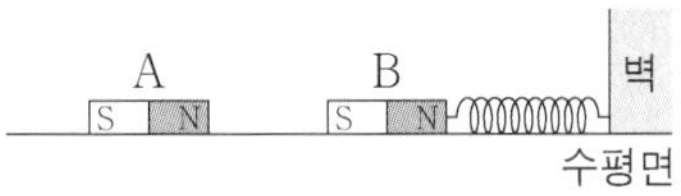

이에 대한 설명으로 옳은 것만을 〈보기〉에서 있는 대로 고른 것은? [3점]

〈보기〉

ㄱ. A가 B에 작용하는 자기력은 B가 A에 작용하는 자기력과 작용 반작용 관계이다.
ㄴ. 벽이 용수철에 작용하는 힘의 방향과 A가 B에 작용하는 자기력의 방향은 서로 반대이다.
ㄷ. B에 작용하는 알짜힘은 0이다.

① ㄱ ② ㄴ ③ ㄱ, ㄷ
④ ㄴ, ㄷ ⑤ ㄱ, ㄴ, ㄷ

21 ★★☆

| 2022학년도 9월 평가원 13번 |

그림 (가)는 물체 A, B, C를 실 p, q로 연결하여 C를 손으로 잡아 정지시킨 모습을, (나)는 C를 가만히 놓은 후 시간에 따른 C의 속력을 나타낸 것이다. 1초일 때 p가 끊어졌다. A, B의 질량은 각각 2 kg, 1 kg이다.

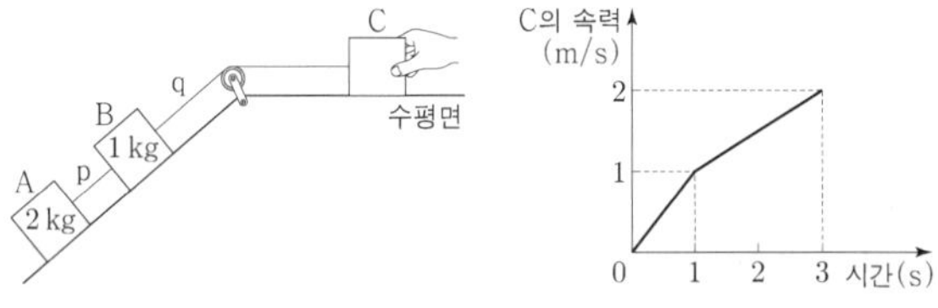

(가) (나)

이에 대한 설명으로 옳은 것만을 〈보기〉에서 있는 대로 고른 것은? (단, 실의 질량, 모든 마찰은 무시한다.)

〈보기〉

ㄱ. 1~3초까지 C가 이동한 거리는 3 m이다.
ㄴ. C의 질량은 1 kg이다.
ㄷ. q가 B를 당기는 힘의 크기는 0.5초일 때가 2초일 때의 3배이다.

① ㄱ ② ㄷ ③ ㄱ, ㄴ
④ ㄴ, ㄷ ⑤ ㄱ, ㄴ, ㄷ

22 ★☆☆

| 2022학년도 6월 평가원 8번 |

그림과 같이 기중기에 줄로 연결된 상자가 연직 아래로 등속도 운동을 하고 있다. 상자 안에는 질량이 각각 m, $2m$인 물체 A, B가 놓여 있다.

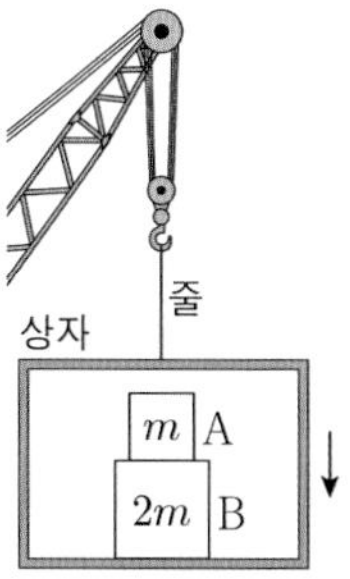

이에 대한 설명으로 옳은 것만을 〈보기〉에서 있는 대로 고른 것은?

〈보기〉

ㄱ. A에 작용하는 알짜힘은 0이다.
ㄴ. 줄이 상자를 당기는 힘과 상자가 줄을 당기는 힘은 작용 반작용 관계이다.
ㄷ. 상자가 B를 떠받치는 힘의 크기는 A가 B를 누르는 힘의 크기의 2배이다.

① ㄱ ② ㄷ ③ ㄱ, ㄴ
④ ㄴ, ㄷ ⑤ ㄱ, ㄴ, ㄷ

23 ★★★

| 2022학년도 6월 평가원 13번 |

그림은 물체 A, B, C, D가 실로 연결되어 가속도의 크기가 a_1인 등가속도 운동을 하고 있는 것을 나타낸 것이다. 실 p를 끊으면 A는 등속도 운동을 하고, 이후 실 q를 끊으면 A는 가속도의 크기가 a_2인 등가속도 운동을 한다. p를 끊은 후 C와, q를 끊은 후 D의 가속도의 크기는 서로 같다. A, B, C, D의 질량은 각각 $4m$, $3m$, $2m$, m이다.

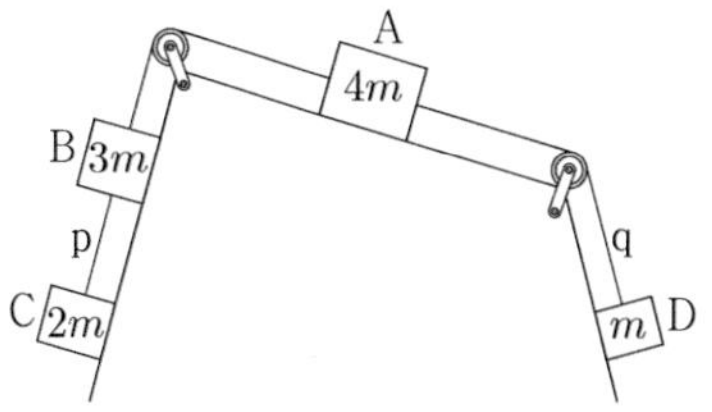

$\frac{a_1}{a_2}$은? (단, 실의 질량 및 모든 마찰은 무시한다.)

① 2 ② $\frac{9}{5}$ ③ $\frac{8}{5}$
④ $\frac{7}{5}$ ⑤ $\frac{6}{5}$

Part II 수능 평가원

24 ★☆☆ | 2021학년도 수능 10번 |

그림 (가)는 저울 위에 놓인 물체 A, B가 정지해 있는 모습을, (나)는 (가)의 A에 크기가 F인 힘을 연직 방향으로 가할 때 A, B가 정지해 있는 모습을 나타낸 것이다. 저울에 측정된 힘의 크기는 (나)에서가 (가)에서의 2배이다.

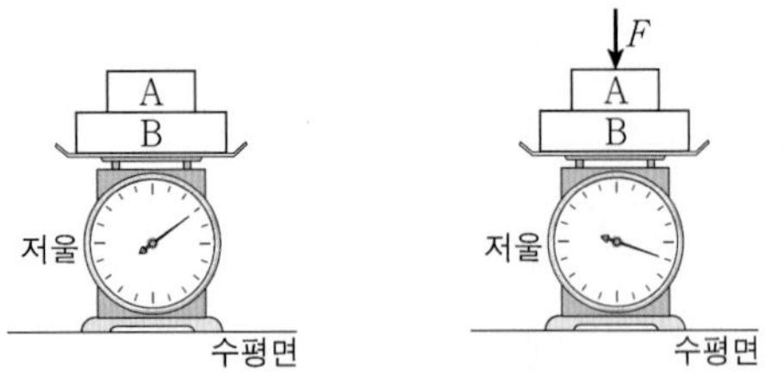

(가) (나)

이에 대한 설명으로 옳은 것만을 〈보기〉에서 있는 대로 고른 것은? [3점]

〈보기〉
ㄱ. (가)에서 A에 작용하는 중력과 B가 A에 작용하는 힘은 작용 반작용 관계이다.
ㄴ. (나)에서 B가 A에 작용하는 힘의 크기는 F보다 크다.
ㄷ. (나)의 저울에 측정된 힘의 크기는 $3F$이다.

① ㄱ ② ㄴ ③ ㄱ, ㄷ ④ ㄴ, ㄷ ⑤ ㄱ, ㄴ, ㄷ

25 ★★☆ | 2021학년도 9월 평가원 9번 |

그림은 수평면과 나란하고 크기가 F인 힘으로 물체 A, B를 벽을 향해 밀어 정지한 모습을 나타낸 것이다. A, B의 질량은 각각 $2m$, m이다.

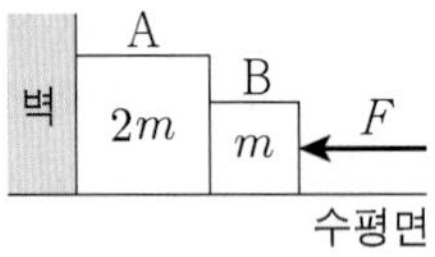

이에 대한 설명으로 옳은 것만을 〈보기〉에서 있는 대로 고른 것은? (단, 물체와 수평면 사이의 마찰은 무시한다.)

〈보기〉
ㄱ. 벽이 A를 미는 힘의 반작용은 A가 B를 미는 힘이다.
ㄴ. 벽이 A를 미는 힘의 크기와 B가 A를 미는 힘의 크기는 같다.
ㄷ. A가 B를 미는 힘의 크기는 $\frac{2}{3}F$이다.

① ㄱ ② ㄴ ③ ㄱ, ㄷ ④ ㄴ, ㄷ ⑤ ㄱ, ㄴ, ㄷ

26 ★☆☆ | 2021학년도 9월 평가원 10번 |

그림 (가)는 수평면 위의 질량이 $8m$인 수레와 질량이 각각 m인 물체 2개를 실로 연결하고 수레를 잡아 정지한 모습을, (나)는 (가)에서 수레를 가만히 놓은 뒤 시간에 따른 수레의 속도를 나타낸 것이다. 1초일 때, 물체 사이의 실 p가 끊어졌다.

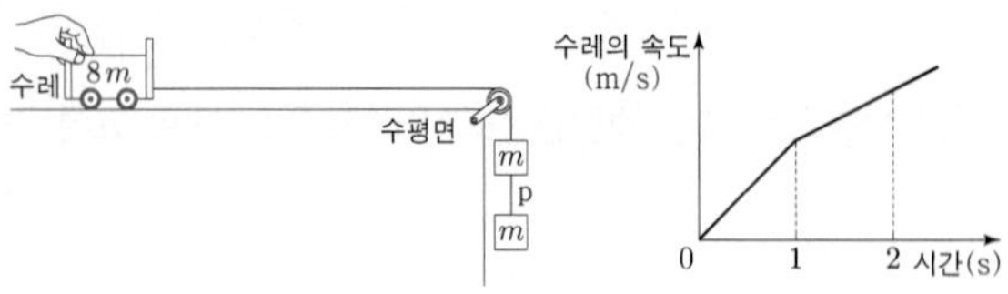

(가) (나)

수레의 운동에 대한 설명으로 옳은 것만을 〈보기〉에서 있는 대로 고른 것은? (단, 중력 가속도는 10 m/s²이고, 실의 질량 및 모든 마찰과 공기 저항은 무시한다.) [3점]

〈보기〉
ㄱ. 1초일 때, 수레의 속도의 크기는 1 m/s이다.
ㄴ. 2초일 때, 수레의 가속도의 크기는 $\frac{10}{9}$ m/s²이다.
ㄷ. 0초부터 2초까지 수레가 이동한 거리는 $\frac{32}{9}$ m이다.

① ㄱ ② ㄷ ③ ㄱ, ㄴ ④ ㄴ, ㄷ ⑤ ㄱ, ㄴ, ㄷ

27 ★★☆ | 2021학년도 6월 평가원 8번 |

그림 (가), (나)는 물체 A, B, C가 수평 방향으로 24 N의 힘을 받아 함께 등가속도 직선 운동하는 모습을 나타낸 것이다. A, B, C의 질량은 각각 4 kg, 6 kg, 2 kg이고, (가)와 (나)에서 A가 B에 작용하는 힘의 크기는 각각 F_1, F_2이다.

(가) (나)

$F_1 : F_2$는? (단, 모든 마찰은 무시한다.) [3점]

① 1 : 2 ② 2 : 3 ③ 1 : 1 ④ 3 : 2 ⑤ 2 : 1

I
역학과 에너지

03

운동량과 충격량

2026학년도 수능 출제 예측

2025학년도 수능, 평가원 분석

6월, 9월, 수능에서는 물체의 충돌에 따른 운동으로부터 물체의 속력 및 질량, 충격량의 크기 등을 묻는 문항이 출제되었다.

2026학년도 수능 예측

두 문제 출제가 될 가능성이 있는 단원이다. 시간에 따른 두 물체 사이의 거리를 나타낸 그래프를 이용하여 운동량 보존 법칙을 적용한 물체의 속도, 거리 및 질량을 구하거나 운동량과 충격량의 관계를 이용한 물체가 받는 힘, 질량, 속력을 묻는 문항이 출제될 가능성이 높다.

1 ★☆☆ | 2025학년도 수능 10번 |

그림 (가)는 마찰이 없는 수평면에서 물체 A가 정지해 있는 물체 B, C를 향해 속력 $4v$로 등속도 운동하는 모습을 나타낸 것이다. A는 정지해 있는 B와 충돌한 후 충돌 전과 같은 방향으로 속력 $2v$로 등속도 운동한다. 그림 (나)는 B의 속도를 시간에 따라 나타낸 것이다. A, C의 질량은 각각 $4m$, $5m$이다.

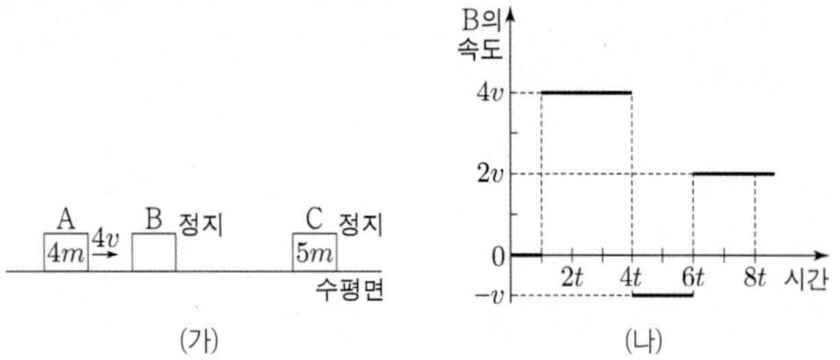

(가) (나)

이에 대한 설명으로 옳은 것만을 〈보기〉에서 있는 대로 고른 것은? (단, 물체는 동일 직선상에서 운동하고, 물체의 크기는 무시한다.)

보기

ㄱ. B의 질량은 $2m$이다.
ㄴ. $5t$일 때, C의 속력은 $2v$이다.
ㄷ. A와 C 사이의 거리는 $8t$일 때가 $7t$일 때보다 $2vt$만큼 크다.

① ㄱ ② ㄷ ③ ㄱ, ㄴ
④ ㄴ, ㄷ ⑤ ㄱ, ㄴ, ㄷ

2 ★☆☆ | 2025학년도 수능 6번 |

그림 (가)는 수평면에서 물체가 벽을 향해 등속도 운동하는 모습을 나타낸 것이다. 물체는 벽과 충돌한 후 반대 방향으로 등속도 운동하고, 마찰 구간을 지난 후 등속도 운동을 한다. 그림 (나)는 물체의 속도를 시간에 따라 나타낸 것으로, 물체는 벽과 충돌하는 과정에서 t_0동안 힘을 받고, 마찰 구간에서 $2t_0$ 동안 힘을 받는다. 마찰 구간에서 물체가 운동 방향과 반대 방향으로 받은 평균 힘의 크기는 F이다.

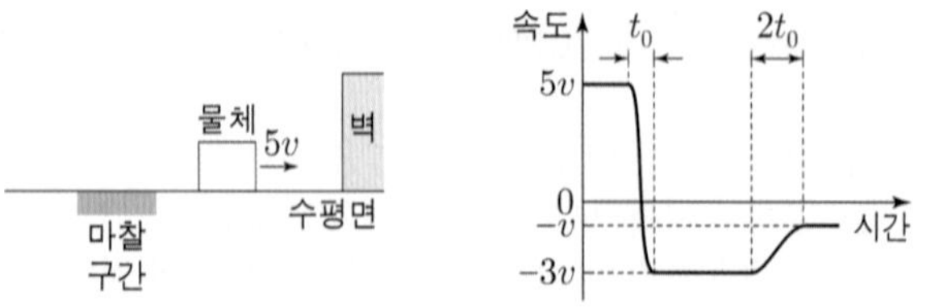

(가) (나)

벽과 충돌하는 동안 물체가 벽으로부터 받은 평균 힘의 크기는? (단, 마찰 구간 외의 모든 마찰은 무시한다.) [3점]

① $2F$ ② $4F$ ③ $6F$
④ $8F$ ⑤ $10F$

3 ★☆☆ | 2025학년도 9월 평가원 10번 |

다음은 수레를 이용한 충격량에 대한 실험이다.

[실험 과정]

(가) 그림과 같이 속도 측정 장치, 힘 센서를 수평면상의 마찰이 없는 레일과 수직하게 설치한다.
(나) 레일 위에서 질량이 0.5 kg인 수레 A가 일정한 속도로 운동하여 고정된 힘 센서에 충돌하게 한다.
(다) 속도 측정 장치를 이용하여 충돌 직전과 직후 A의 속도를 측정한다.
(라) 충돌 과정에서 힘 센서로 측정한 시간에 따른 힘 그래프를 통해 충돌 시간을 구한다.
(마) A를 질량이 1.0 kg인 수레 B로 바꾸어 (나)~(라)를 반복한다.

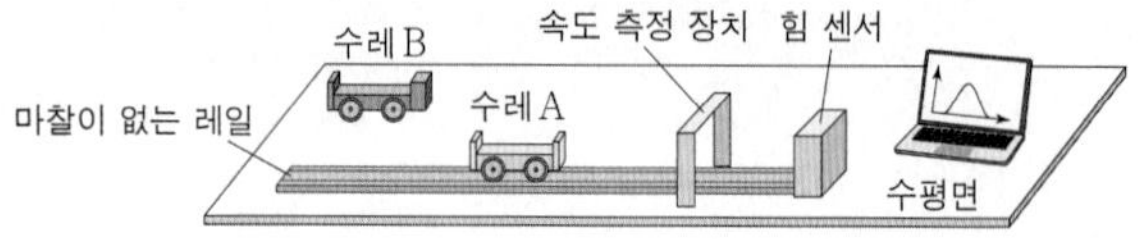

[실험 결과]

수레	질량(kg)	속도(m/s)		충돌 시간(s)
		충돌 직전	충돌 직후	
A	0.5	0.4	−0.2	0.02
B	1.0	0.4	−0.1	0.05

※ 충돌 시간: 수레가 힘 센서로부터 힘을 받는 시간

이에 대한 설명으로 옳은 것만을 〈보기〉에서 있는 대로 고른 것은? [3점]

보기

ㄱ. 충돌 직전 운동량의 크기는 A가 B보다 작다.
ㄴ. 충돌하는 동안 힘 센서로부터 받은 충격량의 크기는 A가 B보다 크다.
ㄷ. 충돌하는 동안 힘 센서로부터 받은 평균 힘의 크기는 A가 B보다 작다.

① ㄱ ② ㄴ ③ ㄱ, ㄷ
④ ㄴ, ㄷ ⑤ ㄱ, ㄴ, ㄷ

4 ★☆☆ | 2025학년도 9월 평가원 12번 |

그림 (가)는 마찰이 없는 수평면에서 물체 A가 정지해 있는 물체 B를 향해 속력 v로 등속도 운동하는 모습을 나타낸 것이다. 그림 (나)는 (가)의 A와 B가 $x=2d$에서 충돌한 후 각각 등속도 운동하여, A가 $x=d$를 지나는 순간 B가 $x=4d$를 지나는 모습을 나타낸 것이다. 이후, B는 정지해 있던 물체 C와 $x=6d$에서 충돌하여, B와 C가 한 덩어리로 $+x$ 방향으로 속력 $\frac{1}{3}v$로 등속도 운동을 한다. B, C의 질량은 각각 $2m$, m이다.

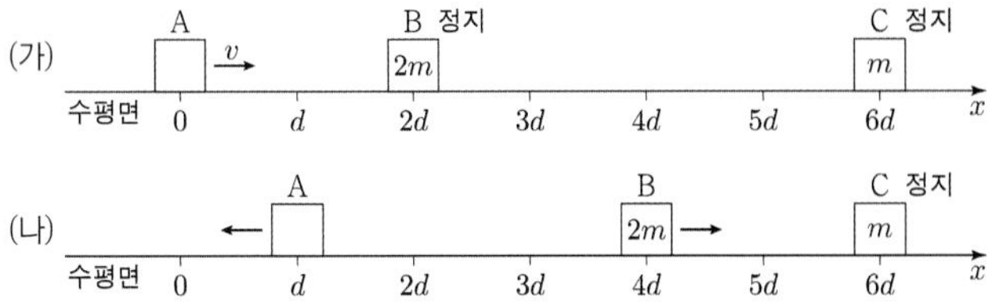

A의 질량은? (단, 물체의 크기는 무시하고, A, B, C는 동일 직선상에서 운동한다.) [3점]

① m ② $\frac{4}{5}m$ ③ $\frac{3}{5}m$
④ $\frac{2}{5}m$ ⑤ $\frac{1}{5}m$

5 ★★☆ | 2025학년도 6월 평가원 14번 |

그림 (가)와 같이 질량이 같은 두 물체 A, B를 빗면에서 높이가 각각 $4h$, h인 지점에 가만히 놓았더니, 각각 벽과 충돌한 후 반대 방향으로 운동하여 높이 h에서 속력이 0이 되었다. 그림 (나)는 A, B가 벽과 충돌하는 동안 벽으로부터 받은 힘의 크기를 시간에 따라 나타낸 것이다.

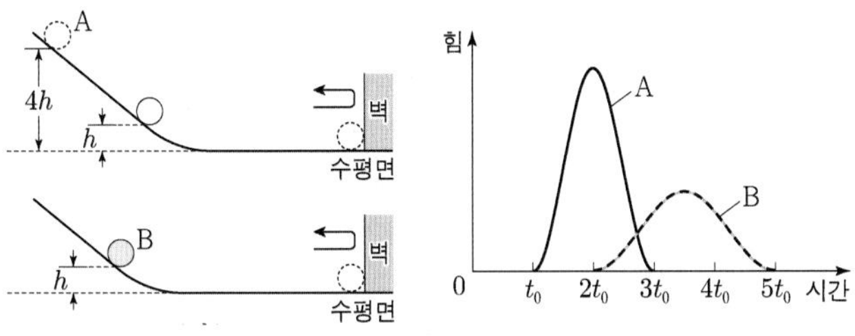

(가) (나)

이에 대한 설명으로 옳은 것만을 〈보기〉에서 있는 대로 고른 것은? (단, 물체의 크기, 모든 마찰과 공기 저항은 무시한다.) [3점]

보기
ㄱ. A의 운동량의 크기는 충돌 직전이 충돌 직후의 2배이다.
ㄴ. (나)에서 곡선과 시간 축이 만드는 면적은 A가 B의 $\frac{3}{2}$배이다.
ㄷ. 충돌하는 동안 벽으로부터 받은 평균 힘의 크기는 A가 B의 2배이다.

① ㄱ ② ㄷ ③ ㄱ, ㄴ
④ ㄴ, ㄷ ⑤ ㄱ, ㄴ, ㄷ

6 ★☆☆ | 2025학년도 6월 평가원 11번 |

다음은 충돌하는 두 물체의 운동량에 대한 실험이다.

[실험 과정]
(가) 그림과 같이 수평한 직선 레일 위에서 수레 A를 정지한 수레 B에 충돌시킨다. A, B의 질량은 각각 2 kg, 1 kg이다.

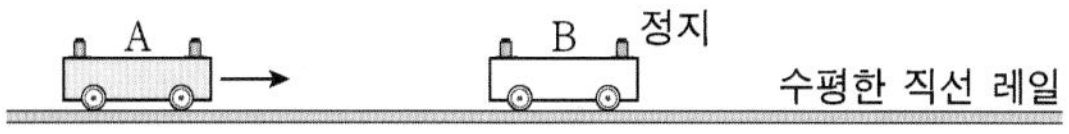

(나) (가)에서 시간에 따른 A와 B의 위치를 측정한다.

[실험 결과]

시간(초)	0.1	0.2	0.3	0.4	0.5	0.6	0.7	0.8
A의 위치(cm)	6	12	18	24	28	31	34	37
B의 위치(cm)	26	26	26	26	30	36	42	48

이에 대한 설명으로 옳은 것만을 〈보기〉에서 있는 대로 고른 것은? [3점]

보기
ㄱ. 0.2초일 때, A의 속력은 0.4 m/s이다.
ㄴ. 0.5초일 때, A와 B의 운동량의 합은 크기가 1.2 kg·m/s이다.
ㄷ. 0.7초일 때, A와 B의 운동량은 크기가 같다.

① ㄱ ② ㄷ ③ ㄱ, ㄴ
④ ㄴ, ㄷ ⑤ ㄱ, ㄴ, ㄷ

7 ★★☆ | 2024학년도 수능 8번 |

그림 (가)는 마찰이 없는 수평면에서 정지한 물체 A 위에 물체 D와 용수철을 넣어 압축시킨 물체 B, C를 올려놓고 B와 C를 동시에 가만히 놓았더니, 정지해 있던 B와 C가 분리되어 각각 등속도 운동을 하는 모습을 나타낸 것이다. 그림 (나)는 (가)에서 먼저 C가 D와 충돌하여 한 덩어리가 되어 속력 v로 등속도 운동을 하고, 이후 B가 A와 충돌하여 한 덩어리가 되어 등속도 운동을 하는 모습을 나타낸 것이다. A, B, C, D의 질량은 각각 $5m$, $2m$, m, m이다.

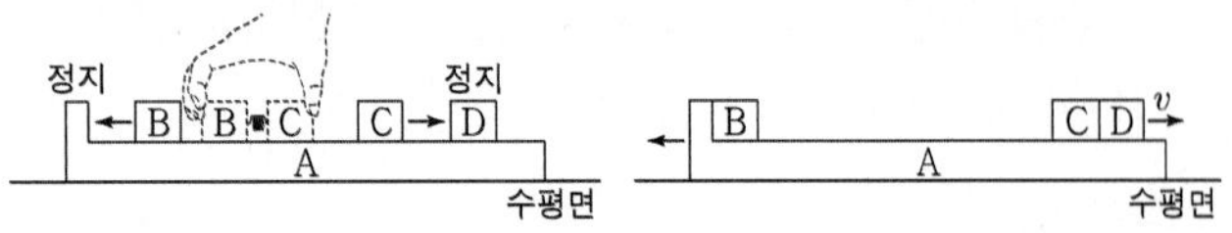

(가) (나)

이에 대한 설명으로 옳은 것만을 〈보기〉에서 있는 대로 고른 것은? (단, 물체는 동일 연직면상에서 운동하고, 용수철의 질량은 무시하며, A의 윗면은 마찰이 없고 수평면과 나란하다.) [3점]

> 보기
> ㄱ. (가)에서 B와 C가 용수철에서 분리된 직후 운동량의 크기는 B와 C가 같다.
> ㄴ. (가)에서 B와 C가 용수철에서 분리된 직후 B의 속력은 v이다.
> ㄷ. (나)에서 한 덩어리가 된 A와 B의 속력은 $\frac{2}{5}v$이다.

① ㄱ ② ㄷ ③ ㄱ, ㄴ
④ ㄴ, ㄷ ⑤ ㄱ, ㄴ, ㄷ

8 ★☆☆ | 2024학년도 수능 7번 |

그림 (가)와 같이 마찰이 없는 수평면에서 등속도 운동을 하던 수레가 벽과 충돌한 후, 충돌 전과 반대 방향으로 등속도 운동을 한다. 그림 (나)는 수레의 속도와 수레가 벽으로부터 받은 힘의 크기를 시간 t에 따라 나타낸 것이다. 수레와 벽이 충돌하는 0.4초 동안 힘의 크기를 나타낸 곡선과 시간 축이 만드는 면적은 10 N·s이다.

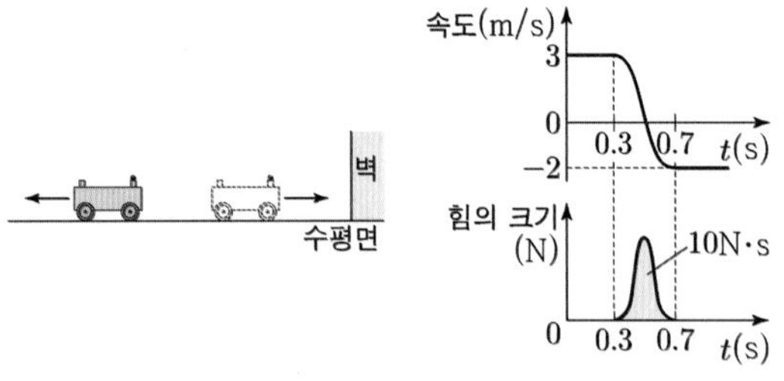

(가) (나)

이에 대한 설명으로 옳은 것만을 〈보기〉에서 있는 대로 고른 것은?

> 보기
> ㄱ. 충돌 전후 수레의 운동량 변화량의 크기는 10 kg·m/s이다.
> ㄴ. 수레의 질량은 2 kg이다.
> ㄷ. 충돌하는 동안 벽이 수레에 작용한 평균 힘의 크기는 40 N이다.

① ㄱ ② ㄷ ③ ㄱ, ㄴ
④ ㄴ, ㄷ ⑤ ㄱ, ㄴ, ㄷ

9 ★★☆ | 2024학년도 9월 평가원 17번 |

그림 (가)와 같이 마찰이 없는 수평면에서 물체 A와 B 사이에 용수철을 넣어 압축시킨 후 A와 B를 동시에 가만히 놓았더니, 정지해 있던 A와 B가 분리되어 등속도 운동을 하는 물체 C, D를 향해 등속도 운동을 한다. 이때 C, D의 속력은 각각 $2v$, v이고, 운동 에너지는 C가 B의 2배이다. 그림 (나)는 (가)에서 물체가 충돌하여 A와 C는 정지하고, B와 D는 한 덩어리가 되어 속력 $\frac{1}{3}v$로 등속도 운동을 하는 모습을 나타낸 것이다.

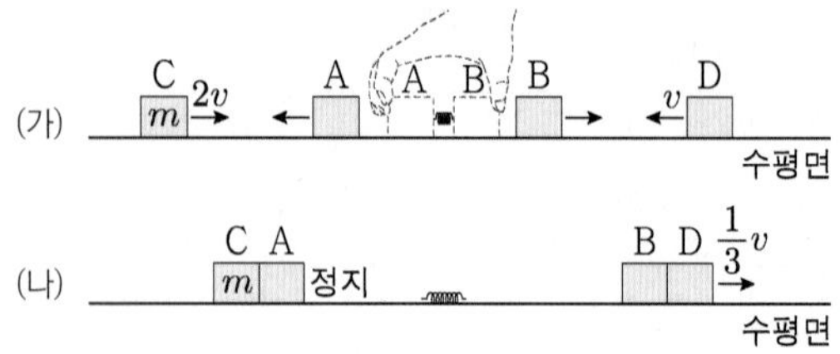

C의 질량이 m일 때, D의 질량은? (단, 물체는 동일 직선상에서 운동하고, 용수철의 질량은 무시한다.) [3점]

① $\frac{1}{2}m$ ② m ③ $\frac{3}{2}m$
④ $2m$ ⑤ $\frac{5}{2}m$

10 ★★☆ | 2024학년도 9월 평가원 10번 |

그림 (가)의 Ⅰ~Ⅲ과 같이 마찰이 없는 수평면에서 운동량의 크기가 p로 같은 물체 A, B가 서로를 향해 등속도 운동을 하다가 충돌한 후 각각 등속도 운동을 하고, 이후 B는 벽과 충돌한 후 운동량의 크기가 $\frac{1}{3}p$인 등속도 운동을 한다. 그림 (나)는 (가)에서 B가 받은 힘의 크기를 시간에 따라 나타낸 것이다. B와 A, B와 벽의 충돌 시간은 각각 T, $2T$이고, 곡선과 시간 축이 만드는 면적은 각각 $2S$, S이다. A, B의 질량은 각각 m, $2m$이다.

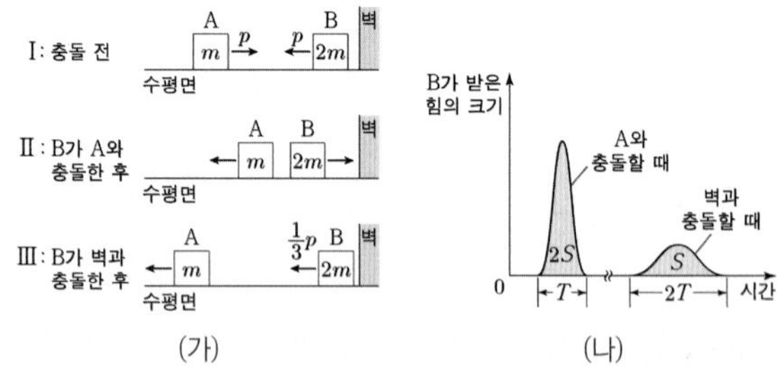

(가) (나)

이에 대한 설명으로 옳은 것만을 〈보기〉에서 있는 대로 고른 것은? (단, A, B는 동일 직선상에서 운동한다.)

> 보기
> ㄱ. B가 받은 평균 힘의 크기는 A와 충돌하는 동안과 벽과 충돌하는 동안이 같다.
> ㄴ. Ⅱ에서 B의 운동량의 크기는 $\frac{1}{3}p$이다.
> ㄷ. Ⅲ에서 물체의 속력은 A가 B의 2배이다.

① ㄱ ② ㄴ ③ ㄷ
④ ㄱ, ㄴ ⑤ ㄴ, ㄷ

11 ★★★

| 2024학년도 6월 평가원 19번 |

그림 (가)와 같이 마찰이 없는 수평면에서 물체 A, B, C가 등속도 운동을 한다. A, B, C의 운동량의 크기는 각각 $4p$, $4p$, p이다. 그림 (나)는 A와 B 사이의 거리(S_{AB}), B와 C 사이의 거리(S_{BC})를 시간 t에 따라 나타낸 것이다.

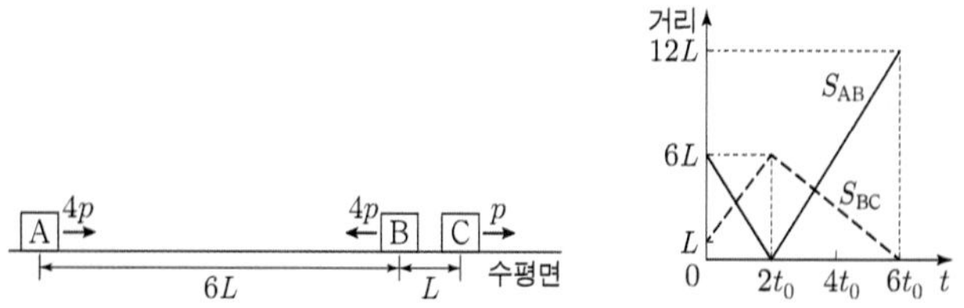

(가) (나)

이에 대한 설명으로 옳은 것만을 〈보기〉에서 있는 대로 고른 것은? (단, A, B, C는 동일 직선상에서 운동하고, 물체의 크기는 무시한다.) [3점]

보기

ㄱ. $t=t_0$일 때, 속력은 A와 B가 같다.
ㄴ. B와 C의 질량은 같다.
ㄷ. $t=4t_0$일 때, B의 운동량의 크기는 $4p$이다.

① ㄱ ② ㄷ ③ ㄱ, ㄴ
④ ㄴ, ㄷ ⑤ ㄱ, ㄴ, ㄷ

12 ★☆☆

| 2024학년도 6월 평가원 7번 |

그림 (가)와 같이 마찰이 없는 수평면에서 v_0의 속력으로 등속도 운동을 하던 물체 A, B가 벽과 충돌한 후, 충돌 전과 반대 방향으로 각각 v_0, $\frac{1}{2}v_0$의 속력으로 등속도 운동을 한다. 그림 (나)는 A, B가 충돌하는 동안 벽으로부터 받은 힘의 크기를 시간에 따라 나타낸 것이다. A, B의 질량은 각각 $2m$, m이고, 충돌 시간은 각각 t_0, $3t_0$이다.

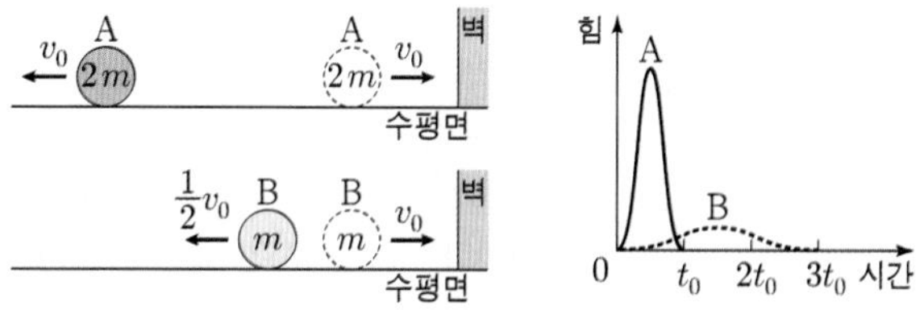

(가) (나)

이에 대한 설명으로 옳은 것만을 〈보기〉에서 있는 대로 고른 것은?

보기

ㄱ. A가 충돌하는 동안 벽으로부터 받은 충격량의 크기는 $4mv_0$이다.
ㄴ. (나)에서 B의 곡선과 시간 축이 만드는 면적은 $\frac{1}{2}mv_0$이다.
ㄷ. 충돌하는 동안 벽으로부터 받은 평균 힘의 크기는 A가 B의 8배이다.

① ㄱ ② ㄴ ③ ㄱ, ㄴ
④ ㄱ, ㄷ ⑤ ㄴ, ㄷ

13 ★★★

| 2023학년도 수능 16번 |

그림 (가)와 같이 수평면에서 벽 p와 q 사이의 거리가 8 m인 물체 A가 4 m/s의 속력으로 등속도 운동하고, 물체 B가 p와 q 사이에서 등속도 운동한다. 그림 (나)는 p와 B 사이의 거리를 시간에 따라 나타낸 것이다. B는 1초일 때와 3초일 때 각각 q와 p에 충돌한다. 3초 이후 A는 5 m/s의 속력으로 등속도 운동한다.

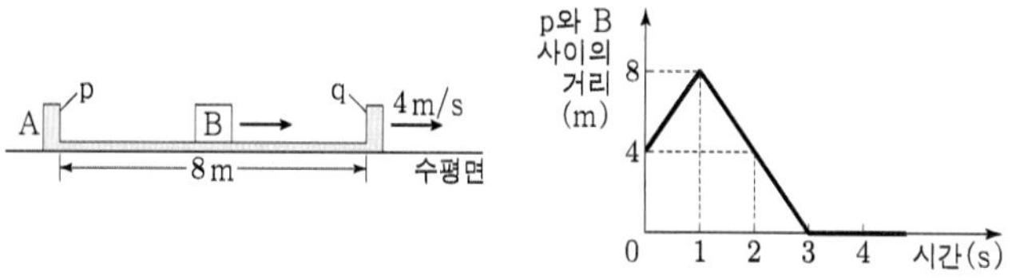

(가) (나)

이에 대한 설명으로 옳은 것만을 〈보기〉에서 있는 대로 고른 것은? (단, A와 B는 동일 직선상에서 운동하며, 벽과 B의 크기, 모든 마찰은 무시한다.) [3점]

보기

ㄱ. 질량은 A가 B의 3배이다.
ㄴ. 2초일 때, A의 속력은 6 m/s이다.
ㄷ. 2초일 때, 운동 방향은 A와 B가 같다.

① ㄱ ② ㄴ ③ ㄱ, ㄷ
④ ㄴ, ㄷ ⑤ ㄱ, ㄴ, ㄷ

14 ★★☆

| 2023학년도 수능 9번 |

그림 (가)는 $+x$방향으로 속력 v로 등속도 운동하던 물체 A가 구간 P를 지난 후 속력 $2v$로 등속도 운동하는 것을, (나)는 $+x$방향으로 속력 $3v$로 등속도 운동하던 물체 B가 P를 지난 후 속력 v_B로 등속도 운동하는 것을 나타낸 것이다. A, B는 질량이 같고, P에서 같은 크기의 일정한 힘을 $+x$방향으로 받는다.

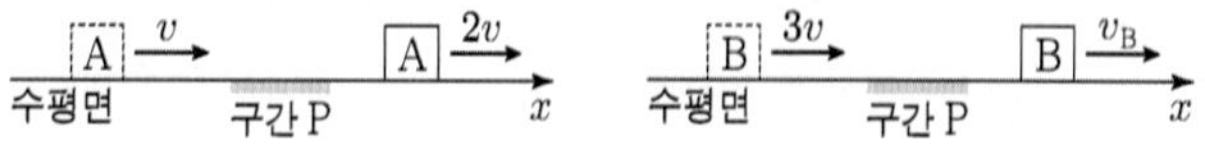

(가) (나)

이에 대한 설명으로 옳은 것만을 〈보기〉에서 있는 대로 고른 것은? (단, 물체의 크기는 무시한다.)

보기

ㄱ. P를 지나는 데 걸리는 시간은 A가 B보다 크다.
ㄴ. 물체가 받은 충격량의 크기는 (가)에서가 (나)에서보다 크다.
ㄷ. $v_B=4v$이다.

① ㄱ ② ㄷ ③ ㄱ, ㄴ
④ ㄴ, ㄷ ⑤ ㄱ, ㄴ, ㄷ

Part II 수능 평가원

15 ★★☆

| 2023학년도 9월 평가원 13번 |

그림 (가)와 같이 마찰이 없는 수평면에서 운동량의 크기가 각각 $2p$, p, p인 물체 A, B, C가 각각 $+x$, $+x$, $-x$방향으로 동일 직선상에서 등속도 운동한다. 그림 (나)는 (가)에서 A와 C의 위치를 시간에 따라 나타낸 것이다. B와 C의 질량은 같다.

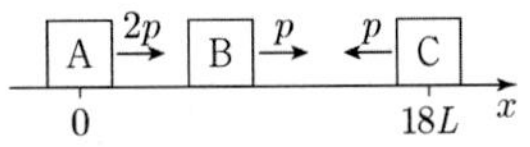

(가)

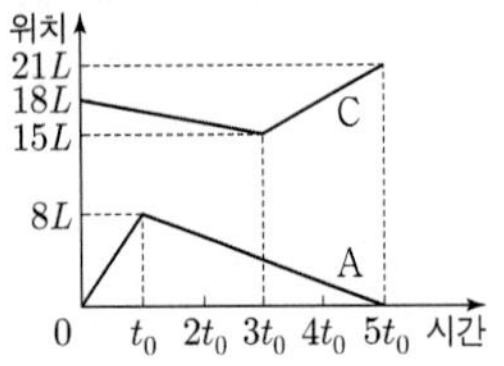

(나)

이에 대한 설명으로 옳은 것만을 〈보기〉에서 있는 대로 고른 것은? (단, 물체의 크기는 무시한다.) [3점]

보기

ㄱ. 질량은 C가 A의 4배이다.

ㄴ. $2t_0$일 때, B의 운동량의 크기는 $\frac{7}{2}p$이다.

ㄷ. $4t_0$일 때, 속력은 C가 B의 5배이다.

① ㄱ ② ㄷ ③ ㄱ, ㄴ

④ ㄴ, ㄷ ⑤ ㄱ, ㄴ, ㄷ

16 ★★☆

| 2023학년도 9월 평가원 8번 |

그림 (가)와 같이 마찰이 없는 수평면에 물체 A~D가 정지해 있고, B와 C는 압축된 용수철에 접촉되어 있다. 그림 (나)는 (가)에서 B, C를 동시에 가만히 놓았더니 A와 B, C와 D가 각각 한 덩어리로 등속도 운동하는 모습을 나타낸 것이다. A, B, C, D의 질량은 각각 m, $2m$, $3m$, m이다.

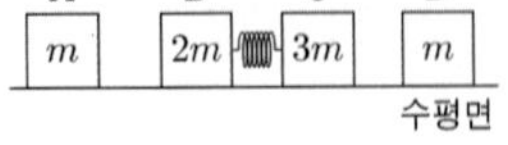

(가)

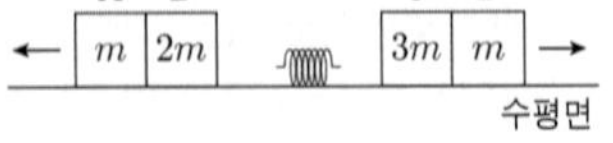

(나)

충돌하는 동안 A, D가 각각 B, C에 작용하는 충격량의 크기를 I_1, I_2라 할 때, $\frac{I_1}{I_2}$은? (단, 용수철의 질량은 무시한다.)

① 1 ② $\frac{4}{3}$ ③ $\frac{3}{2}$

④ 2 ⑤ $\frac{9}{4}$

17 ★☆☆

| 2023학년도 6월 평가원 13번 |

그림과 같이 수평면의 일직선상에서 물체 A, B가 각각 속력 $4v$, v로 등속도 운동하고 물체 C는 정지해 있다. A와 B는 충돌하여 한 덩어리가 되어 속력 $3v$로 등속도 운동한다. 한 덩어리가 된 A, B와 C는 충돌하여 한 덩어리가 되어 속력 v로 등속도 운동한다.

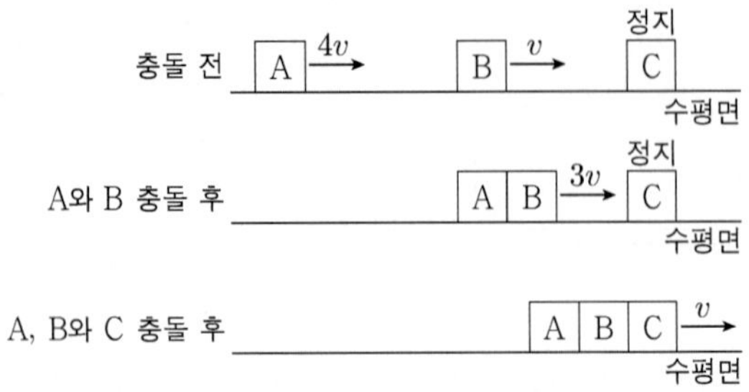

B, C의 질량을 각각 m_B, m_C라 할 때, $\frac{m_C}{m_B}$는? [3점]

① 3 ② 4 ③ 5

④ 6 ⑤ 7

18 ★☆☆

| 2023학년도 6월 평가원 9번 |

그림 (가)는 수평면에서 질량이 각각 2 kg, 3 kg인 물체 A, B가 각각 6 m/s, 3 m/s의 속력으로 등속도 운동하는 모습을 나타낸 것이다. 그림 (나)는 A와 B가 충돌하는 동안 A가 B에 작용한 힘의 크기를 시간에 따라 나타낸 것이다. 곡선과 시간 축이 만드는 면적은 6 N·s이다.

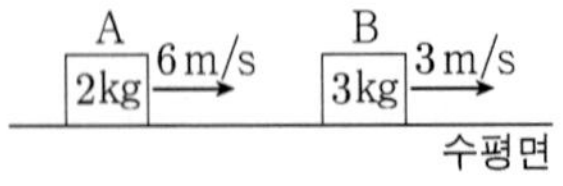

(가)

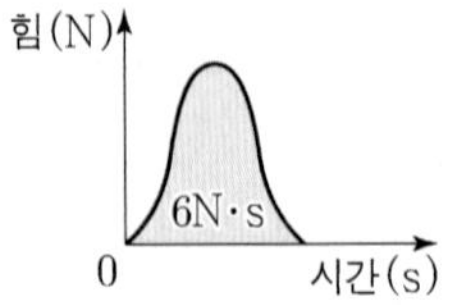

(나)

충돌 후, 등속도 운동하는 A, B의 속력을 각각 v_A, v_B라 할 때, $\frac{v_B}{v_A}$는? (단, A와 B는 동일 직선상에서 운동한다.)

① $\frac{4}{3}$ ② $\frac{3}{2}$ ③ $\frac{5}{3}$

④ 2 ⑤ $\frac{5}{2}$

3권 정답 및 해설 172쪽

19 ★★☆ | 2022학년도 수능 9번 |

그림 (가)와 같이 마찰이 없는 수평면에서 질량이 40 kg인 학생이 질량이 각각 10 kg, 20 kg인 물체 A, B와 함께 2 m/s의 속력으로 등속도 운동한다. 그림 (나)는 (가)에서 학생이 A, B를 동시에 수평 방향으로 0.5초 동안 밀었더니, 학생은 정지하고 A, B는 등속도 운동하는 모습을 나타낸 것이다. (나)에서 운동량의 크기는 B가 A의 8배이다.

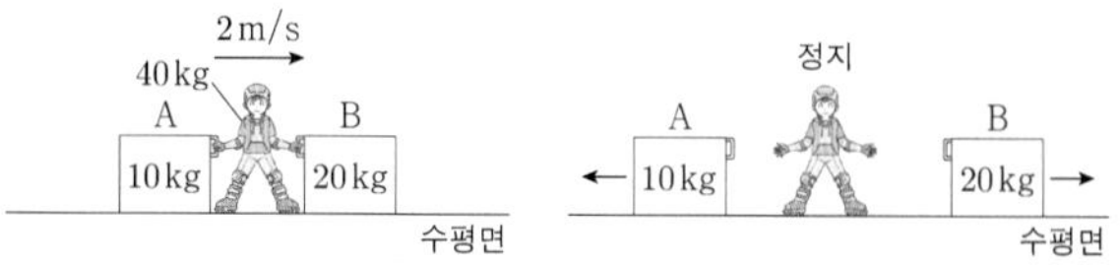

(가) (나)

물체를 미는 동안 학생이 B로부터 받은 평균 힘의 크기는? (단, 학생과 물체는 동일 직선상에서 운동한다.)

① 160 N ② 240 N ③ 320 N
④ 360 N ⑤ 400 N

20 ★☆☆ | 2022학년도 수능 13번 |

그림 (가)는 마찰이 없는 수평면에서 물체 A, B가 등속도 운동하는 모습을, (나)는 A와 B 사이의 거리를 시간에 따라 나타낸 것이다. A의 속력은 충돌 전이 2 m/s이고, 충돌 후가 1 m/s이다. A와 B는 질량이 각각 m_A, m_B이고 동일 직선상에서 운동한다. 충돌 후 운동량의 크기는 B가 A보다 크다.

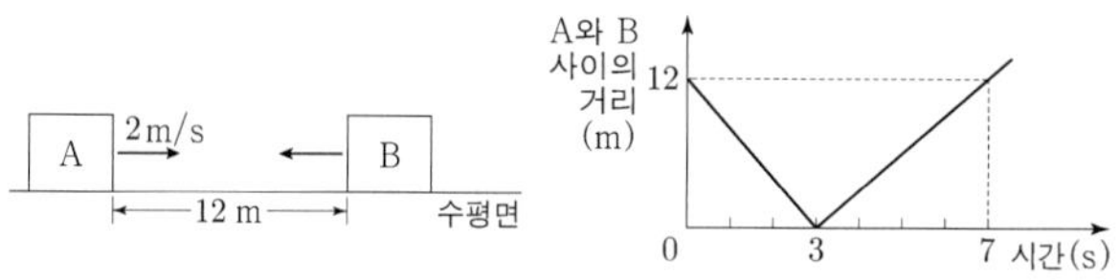

(가) (나)

$m_A : m_B$는? [3점]

① 1 : 1 ② 4 : 3 ③ 5 : 3
④ 2 : 1 ⑤ 5 : 2

21 ★☆☆ | 2022학년도 9월 평가원 8번 |

그림 (가)는 마찰이 없는 수평면에 정지해 있던 물체가 수평면과 나란한 방향의 힘을 받아 0~2초까지 오른쪽으로 직선 운동을 하는 모습을, (나)는 (가)에서 물체에 작용한 힘을 시간에 따라 나타낸 것이다. 물체의 운동량의 크기는 1초일 때가 2초일 때의 2배이다.

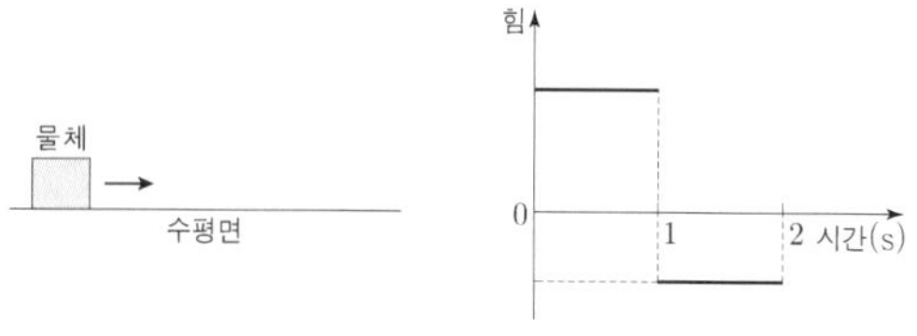

(가) (나)

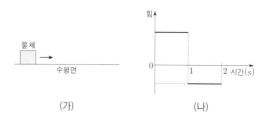

이에 대한 설명으로 옳은 것만을 〈보기〉에서 있는 대로 고른 것은? (단, 공기 저항은 무시한다.)

> 보기
> ㄱ. 1.5초일 때, 물체의 운동 방향과 가속도 방향은 서로 반대이다.
> ㄴ. 물체가 받은 충격량의 크기는 0~1초까지가 1~2초까지의 2배이다.
> ㄷ. 물체가 이동한 거리는 0~1초까지가 1~2초까지의 $\frac{3}{2}$배이다.

① ㄱ ② ㄷ ③ ㄱ, ㄴ
④ ㄴ, ㄷ ⑤ ㄱ, ㄴ, ㄷ

22 ★★★ | 2022학년도 9월 평가원 18번 |

그림 (가)는 마찰이 없는 수평면에서 물체 A가 정지해 있는 물체 B를 향하여 등속도 운동을 하는 모습을, (나)는 (가)에서 A와 B 사이의 거리를 시간에 따라 나타낸 것이다. 벽에 충돌 직후 B의 속력은 충돌 직전과 같다. A, B는 질량이 각각 m_A, m_B이고, 동일 직선상에서 운동한다.

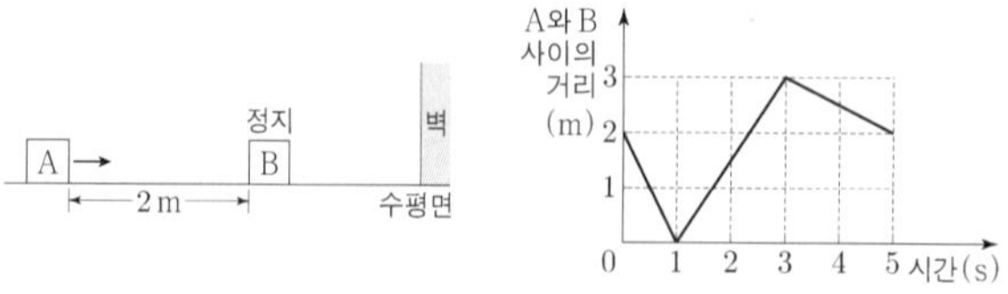

(가) (나)

$m_A : m_B$는? [3점]

① 5 : 3 ② 3 : 2 ③ 1 : 1
④ 2 : 5 ⑤ 1 : 3

23 ★☆☆ | 2022학년도 6월 평가원 5번 |

그림 A, B, C는 충격량과 관련된 예를 나타낸 것이다.

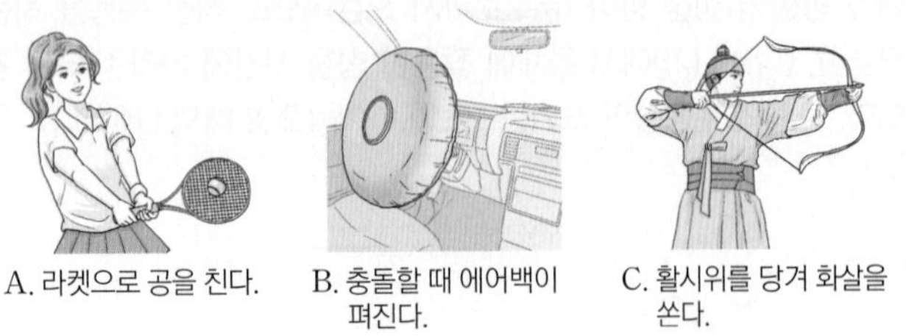

A. 라켓으로 공을 친다.
B. 충돌할 때 에어백이 펴진다.
C. 활시위를 당겨 화살을 쏜다.

이에 대한 설명으로 옳은 것만을 〈보기〉에서 있는 대로 고른 것은?

보기

ㄱ. A에서 라켓의 속력을 더 크게 하여 공을 치면 공이 라켓으로부터 받는 충격량이 커진다.
ㄴ. B에서 에어백은 탑승자가 받는 평균 힘을 감소시킨다.
ㄷ. C에서 활시위를 더 당기면 활시위를 떠날 때 화살의 운동량이 커진다.

① ㄱ ② ㄷ ③ ㄱ, ㄴ
④ ㄴ, ㄷ ⑤ ㄱ, ㄴ, ㄷ

24 ★★★ | 2022학년도 6월 평가원 17번 |

그림 (가)와 같이 마찰이 없는 수평면에서 물체 A, B, C가 등속도 운동을 한다. A와 C는 같은 속력으로 B를 향해 운동하고, B의 속력은 4 m/s이다. A, B, C의 질량은 각각 3 kg, 2 kg, 2 kg이다. 그림 (나)는 (가)에서 B와 C 사이의 거리를 시간 t에 따라 나타낸 것이다. A, B, C는 동일 직선상에서 운동한다.

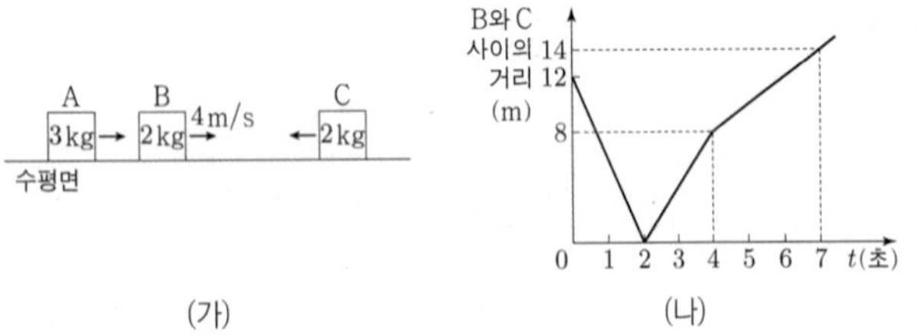

$t=0$에서 $t=7$초까지 A가 이동한 거리는? (단, 물체의 크기는 무시한다.) [3점]

① 10 m ② 11 m ③ 12 m
④ 13 m ⑤ 14 m

04

역학적 에너지 보존

2026학년도 수능 출제 예측

2025학년도 수능, 평가원 분석

수능과 6월, 9월 평가원에서는 도르래로 연결된 물체의 경사면에서의 운동과 경사면과 마찰 구간에서의 운동으로부터 역학적 에너지 보존을 이용하여 물체의 가속도와 경사면에서의 높이 및 역학적 에너지를 묻는 문항이 출제되었다.

2026학년도 수능 예측

한 문제 이상 출제가 될 가능성이 있는 단원으로, 운동하는 물체의 역학적 에너지 보존을 이용한 가속도, 퍼텐셜 및 운동 에너지의 증감량에 대한 비교를 묻는 문항이나 운동하는 물체의 충돌 전후의 운동량 보존 및 역학적 에너지 보존을 이용하여 역학적 에너지 감소량, 속력, 물체의 높이 등을 묻는 문항이 출제될 가능성이 높다.

1 ☆☆☆ | 2025학년도 수능 20번 |

그림 (가)와 같이 높이 $4h$인 평면에서 용수철 P에 연결된 물체 A에 물체 B를 접촉시켜 P를 원래 길이에서 $2d$만큼 압축시킨 후 가만히 놓았더니, B는 A와 분리된 후 높이 차가 H인 마찰 구간을 등속도로 지나 수평면에 놓인 용수철 Q를 향해 운동한다. 이후 그림 (나)와 같이 A는 P를 원래 길이에서 최대 d만큼 압축시키며 직선 운동하고, B는 Q를 원래 길이에서 최대 $3d$만큼 압축시킨 후 다시 마찰 구간을 지나 높이 $4h$인 지점에서 정지한다. B가 마찰 구간을 올라갈 때 손실된 역학적 에너지는 내려갈 때와 같고, P, Q의 용수철 상수는 같다.

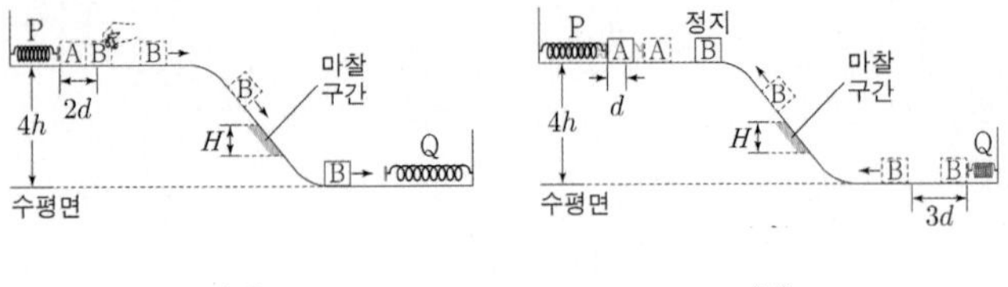

(가) (나)

H는? (단, 물체는 동일 연직면상에서 운동하고, 용수철의 질량, 물체의 크기, 공기 저항, 마찰 구간 외의 모든 마찰은 무시한다.)

① $\frac{3}{5}h$ ② $\frac{4}{5}h$ ③ h
④ $\frac{6}{5}h$ ⑤ $\frac{7}{5}h$

2 ☆☆☆ | 2025학년도 9월 평가원 20번 |

그림과 같이 수평면으로부터 높이가 h인 수평 구간에서 질량이 각각 m, $3m$인 물체 A와 B로 용수철을 압축시킨 후 가만히 놓았더니, A, B는 각각 수평면상의 마찰 구간 Ⅰ, Ⅱ를 지나 높이 $3h$, $2h$에서 정지하였다. 이 과정에서 A의 운동 에너지의 최댓값은 A의 중력 퍼텐셜 에너지의 최댓값의 4배이다. A, B가 각각 Ⅰ, Ⅱ를 한 번 지날 때 손실되는 역학적 에너지는 각각 W_{I}, W_{II}이다.

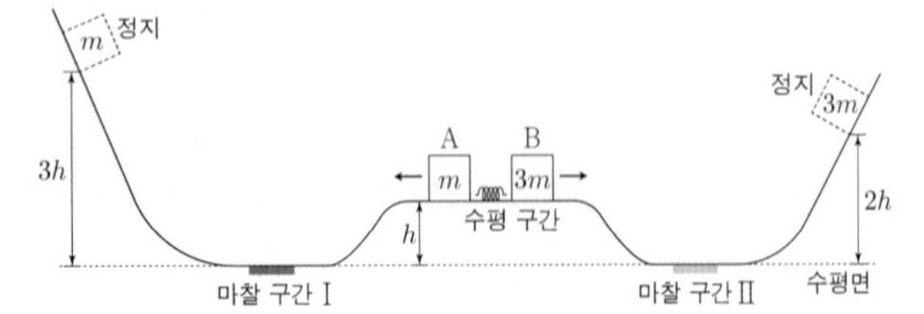

$\frac{W_{\text{I}}}{W_{\text{II}}}$은? (단, 수평면에서 중력 퍼텐셜 에너지는 0이고, A와 B는 동일 연직면상에서 운동한다. 물체의 크기, 용수철의 질량, 공기 저항과 마찰 구간 외의 모든 마찰은 무시한다.)

① 9 ② $\frac{21}{2}$ ③ 12
④ $\frac{27}{2}$ ⑤ 15

3 ☆☆☆ | 2025학년도 6월 평가원 19번 |

그림은 물체 A, C를 수평면에 놓인 물체 B의 양쪽에 실로 연결하여 서로 다른 빗면에 놓고, A를 손으로 잡아 점 p에 정지시킨 모습을 나타낸 것이다. A를 가만히 놓으면 A는 빗면을 따라 등가속도 운동한다. A가 p에서 d만큼 떨어진 점 q까지 운동하는 동안 A, C의 중력 퍼텐셜 에너지 변화량의 크기는 각각 E_0, $7E_0$이다. A, B, C의 질량은 각각 m, $2m$, $3m$이다.

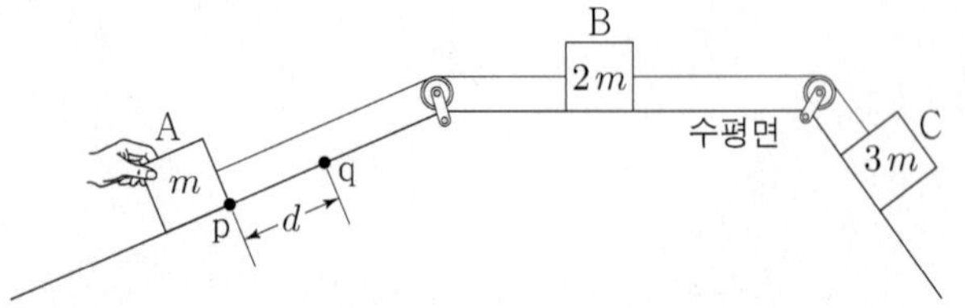

A가 p에서 q까지 운동하는 동안, 이에 대한 설명으로 옳은 것만을 〈보기〉에서 있는 대로 고른 것은? (단, 물체의 크기, 실의 질량, 모든 마찰은 무시한다.)

보기

ㄱ. A의 운동 에너지 변화량과 중력 퍼텐셜 에너지 변화량은 크기가 같다.

ㄴ. B의 가속도의 크기는 $\frac{2E_0}{md}$이다.

ㄷ. 역학적 에너지 변화량의 크기는 B가 C보다 크다.

① ㄱ ② ㄴ ③ ㄷ
④ ㄱ, ㄴ ⑤ ㄱ, ㄷ

4 ☆☆☆ | 2024학년도 수능 20번 |

그림 (가)와 같이 질량이 m인 물체 A를 높이 $9h$인 지점에 가만히 놓았더니 A가 마찰 구간 Ⅰ을 지나 수평면에 정지한 질량이 $2m$인 물체 B와 충돌한다. 그림 (나)는 A와 B가 충돌한 후, A는 다시 Ⅰ을 지나 높이 H인 지점에서 정지하고, B는 마찰 구간 Ⅱ를 지나 높이 $\frac{7}{2}h$인 지점에서 정지한 순간의 모습을 나타낸 것이다. A가 Ⅰ을 한 번 지날 때 손실되는 역학적 에너지는 B가 Ⅱ를 지날 때 손실되는 역학적 에너지와 같고, 충돌에 의해 손실되는 역학적 에너지는 없다.

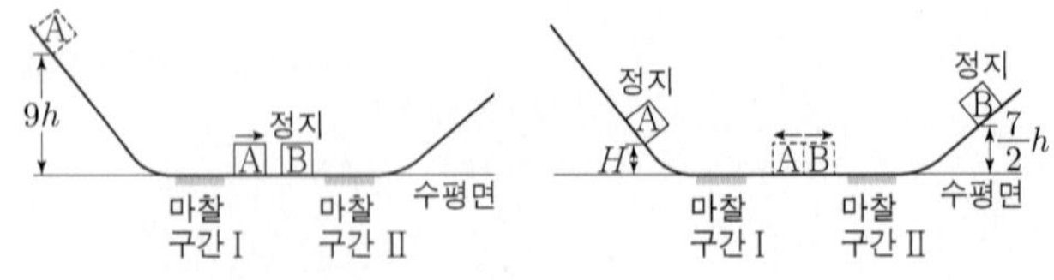

(가) (나)

H는? (단, 물체는 동일 연직면상에서 운동하고, 물체의 크기, 공기 저항, 마찰 구간 외의 모든 마찰은 무시한다.)

① $\frac{5}{17}h$ ② $\frac{7}{17}h$ ③ $\frac{9}{17}h$
④ $\frac{11}{17}h$ ⑤ $\frac{13}{17}h$

5 ☆☆☆ | 2024학년도 9월 평가원 19번 |

그림은 높이 $6h$인 점에서 가만히 놓은 물체가 궤도를 따라 운동하여 마찰 구간 Ⅰ, Ⅱ를 지나 최고점 r에 도달하여 정지한 순간의 모습을 나타낸 것이다. 점 p, q의 높이는 각각 h, $2h$이고, p, q에서 물체의 속력은 각각 $\sqrt{2}v$, v이다. 마찰 구간에서 손실된 역학적 에너지는 Ⅱ에서가 Ⅰ에서의 2배이다.

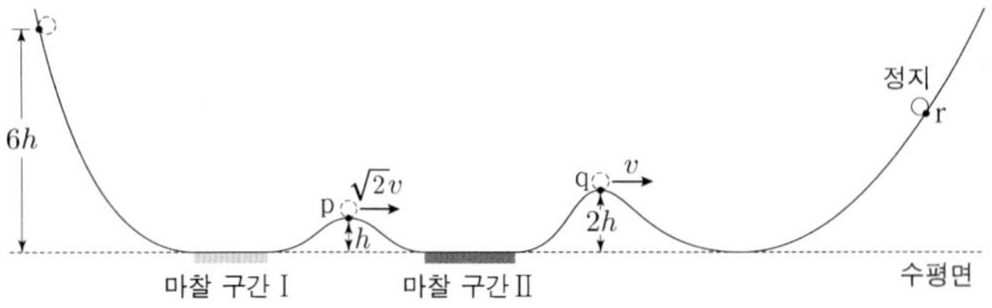

r의 높이는? (단, 물체의 크기, 공기 저항, 마찰 구간 외의 모든 마찰은 무시한다.) [3점]

① $\frac{19}{5}h$ ② $4h$ ③ $\frac{21}{5}h$
④ $\frac{22}{5}h$ ⑤ $\frac{23}{5}h$

6 ☆☆☆ | 2024학년도 6월 평가원 20번 |

그림과 같이 수평면에서 운동하던 질량이 m인 물체가 언덕을 따라 올라갔다가 내려온다. 높이가 같은 점 p, s에서 물체의 속력은 각각 $2v_0$, v_0이고, 최고점 q에서의 속력은 v_0이다. 높이 차가 h로 같은 마찰 구간 Ⅰ, Ⅱ에서 물체의 역학적 에너지 감소량은 Ⅱ에서가 Ⅰ에서의 2배이다.

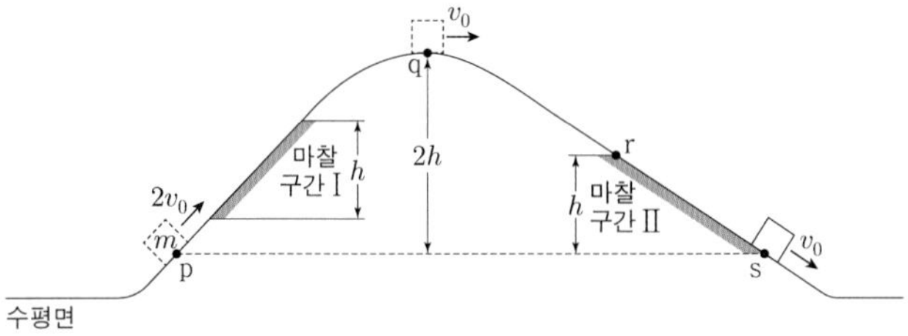

점 r에서 물체의 속력은? (단, 마찰 구간 외의 모든 마찰과 공기 저항, 물체의 크기는 무시한다.)

① $\frac{\sqrt{5}}{2}v_0$ ② $\frac{\sqrt{7}}{2}v_0$ ③ $\sqrt{2}v_0$
④ $\frac{3}{2}v_0$ ⑤ $\sqrt{3}v_0$

7 ☆☆☆ | 2023학년도 수능 20번 |

그림은 빗면의 점 p에 가만히 놓은 물체가 점 q, r, s를 지나 빗면의 점 t에서 속력이 0인 순간을 나타낸 것이다. 물체는 p와 q 사이에서 가속도의 크기 $3a$로 등가속도 운동을, 빗면의 마찰 구간에서 등속도 운동을, r와 t 사이에서 가속도의 크기 $2a$로 등가속도 운동을 한다. 물체가 마찰 구간을 지나는 데 걸린 시간과 r에서 s까지 지나는 데 걸린 시간은 같다. p와 q 사이, s와 r 사이의 높이차는 h로 같고, t는 마찰 구간의 최고점 q와 높이가 같다.

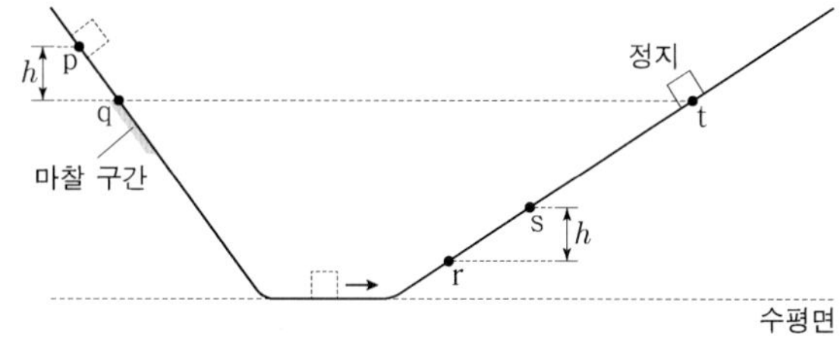

t와 s 사이의 높이차는? (단, 물체의 크기, 공기 저항, 마찰 구간 외의 모든 마찰은 무시한다.) [3점]

① $\frac{16}{9}h$ ② $2h$ ③ $\frac{20}{9}h$
④ $\frac{7}{3}h$ ⑤ $\frac{8}{3}h$

8 ☆☆☆ | 2023학년도 9월 평가원 20번 |

그림은 질량이 각각 m, $2m$인 물체 A, B를 실로 연결하고 서로 다른 빗면의 점 p, r에 정지시킨 모습을 나타낸 것이다. A를 가만히 놓았더니 A가 점 q를 지나는 순간 실이 끊어지고 A, B는 빗면을 따라 가속도의 크기가 각각 $3a$, $2a$인 등가속도 운동을 한다. B는 마찰 구간이 시작되는 점 s부터 등속도 운동을 한다. A가 수평면에 닿기 직전 A의 운동 에너지는 마찰 구간에서 B의 운동 에너지의 2배이다. p와 s의 높이는 h_1로 같고, q와 r의 높이는 h_2로 같다.

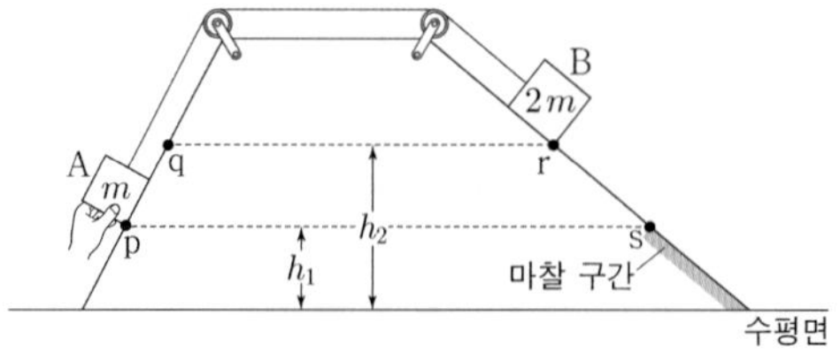

$\frac{h_2}{h_1}$는? (단, 실의 질량, 물체의 크기, 공기 저항, 마찰 구간 외의 모든 마찰은 무시한다.) [3점]

① $\frac{3}{2}$ ② $\frac{7}{4}$ ③ 2
④ $\frac{9}{4}$ ⑤ $\frac{5}{2}$

9 ☆☆☆

| 2023학년도 6월 평가원 19번 |

그림은 높이 h인 평면에서 용수철 P에 연결된 물체 A에 물체 B를 접촉시키고, P를 원래 길이에서 $2d$만큼 압축시킨 모습을 나타낸 것이다. B를 가만히 놓으면 B는 P의 원래 길이에서 A와 분리되어 면을 따라 운동하고 A는 P에 연결된 채로 직선 운동한다. 이후 B는 높이차가 $2h$인 마찰 구간을 등속도로 지나 수평면에 놓인 용수철 Q를 원래 길이에서 $\sqrt{2}d$만큼 압축시킬 때 속력이 0이 된다. A와 B가 분리된 후 P의 탄성 퍼텐셜 에너지의 최댓값은 B가 마찰 구간에서 높이차 $2h$만큼 내려가는 동안 B의 역학적 에너지 감소량과 같다. P, Q의 용수철 상수는 같다.

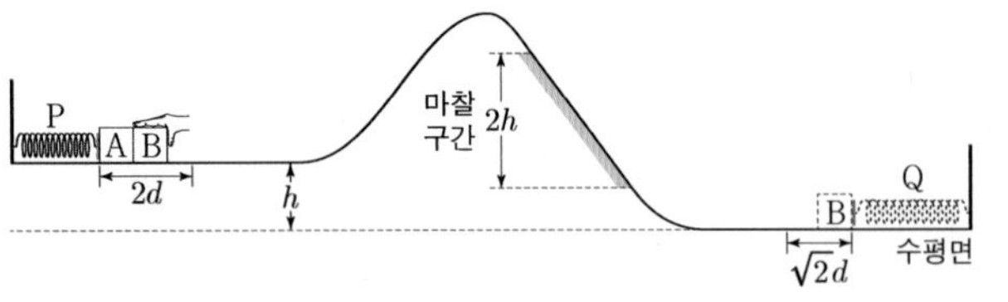

A, B의 질량을 각각 m_A, m_B라 할 때, $\frac{m_B}{m_A}$는? (단, 용수철의 질량, 물체의 크기, 공기 저항, 마찰 구간 외의 모든 마찰은 무시한다.)

① $\frac{1}{3}$ ② $\frac{1}{2}$ ③ 1
④ 2 ⑤ 3

10 ☆☆☆

| 2022학년도 수능 15번 |

그림은 물체 A, B, C를 실 p, q로 연결하여 C를 손으로 잡아 정지시킨 모습을 나타낸 것이다. C를 가만히 놓으면 B는 가속도의 크기 a로 등가속도 운동한다. 이후 p를 끊으면 B는 가속도의 크기 a로 등가속도 운동한다. A, B, C의 질량은 각각 $3m$, m, $2m$이다.

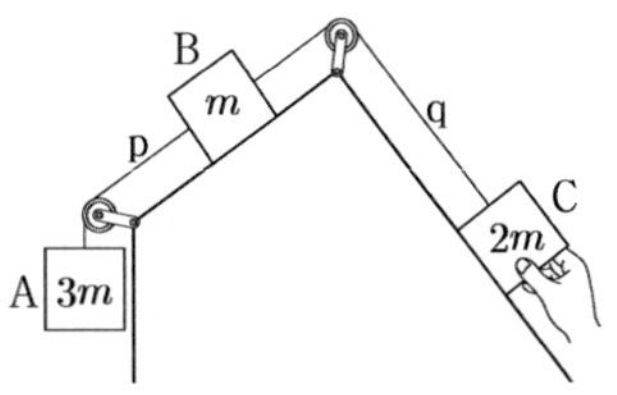

이에 대한 설명으로 옳은 것만을 <보기>에서 있는 대로 고른 것은? (단, 중력 가속도는 g이고, 실의 질량 및 모든 마찰과 공기 저항은 무시한다.)

보기

ㄱ. q가 B를 당기는 힘의 크기는 p를 끊기 전이 p를 끊은 후보다 크다.

ㄴ. $a=\frac{1}{3}g$이다.

ㄷ. p를 끊기 전까지, A의 중력 퍼텐셜 에너지 감소량은 B와 C의 운동 에너지 증가량의 합보다 크다.

① ㄱ ② ㄷ ③ ㄱ, ㄴ
④ ㄴ, ㄷ ⑤ ㄱ, ㄴ, ㄷ

11 ☆☆☆

| 2022학년도 수능 20번 |

그림 (가)와 같이 높이 h_A인 평면에서 물체 A로 용수철을 원래 길이에서 d만큼 압축시킨 후 가만히 놓고, 물체 B를 높이 $9h$인 지점에 가만히 놓으면, A와 B는 수평면에서 서로 같은 속력으로 충돌한다. 충돌 후 그림 (나)와 같이 A는 용수철을 원래 길이에서 최대 $2d$만큼 압축시키고, B는 높이 h인 지점에서 속력이 0이 된다. A, B는 질량이 각각 m, $2m$이고, 면을 따라 운동한다. A는 빗면을 내려갈 때 높이차가 $2h$인 마찰 구간에서 등속도 운동하고, 마찰 구간을 올라갈 때 손실된 역학적 에너지는 내려갈 때와 같다.

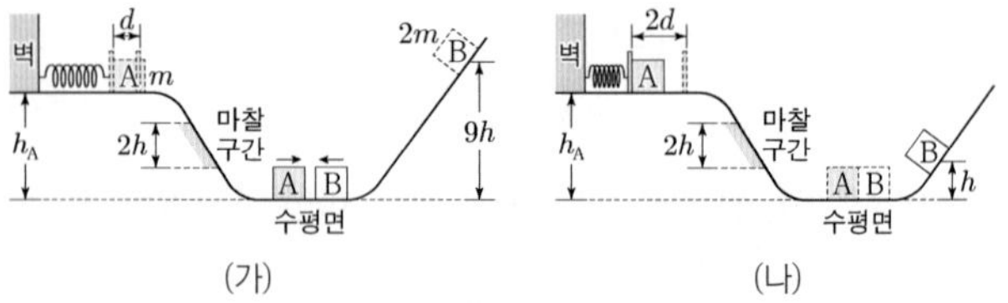

h_A는? (단, 용수철의 질량, 물체의 크기, 공기 저항, 마찰 구간 외의 모든 마찰은 무시한다.) [3점]

① $7h$ ② $\frac{13}{2}h$ ③ $6h$
④ $\frac{11}{2}h$ ⑤ $\frac{9}{2}h$

12 ☆☆☆

| 2022학년도 9월 평가원 20번 |

그림과 같이 물체 A, B를 각각 서로 다른 빗면의 높이 h_A, h_B인 지점에 가만히 놓았다. A가 내려가는 빗면의 일부에는 높이차가 $\frac{3}{4}h$인 마찰 구간이 있으며, A는 마찰 구간에서 등속도 운동하였다. A와 B는 수평면에서 충돌하였고, 충돌 전의 운동 방향과 반대로 운동하여 각각 높이 $\frac{h}{4}$와 $4h$인 지점에서 속력이 0이 되었다. 수평면에서 B의 속력은 충돌 후가 충돌 전의 2배이다. A, B의 질량은 각각 $3m$, $2m$이다.

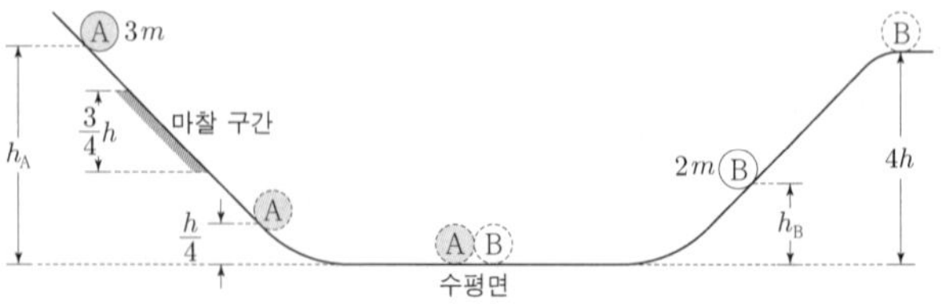

$\frac{h_B}{h_A}$는? (단, 물체의 크기, 공기 저항, 마찰 구간 외의 모든 마찰은 무시한다.) [3점]

① $\frac{1}{4}$ ② $\frac{1}{3}$ ③ $\frac{4}{9}$
④ $\frac{1}{2}$ ⑤ $\frac{2}{3}$

13 ☆☆☆

| 2022학년도 6월 평가원 20번 |

그림과 같이 수평 구간 Ⅰ에서 물체 A, B를 용수철의 양 끝에 접촉하여 용수철을 원래 길이에서 d만큼 압축시킨 후 동시에 가만히 놓으면, A는 높이 h에서 속력이 0이고, B는 높이가 $3h$인 마찰이 있는 수평 구간 Ⅱ에서 정지한다. A, B의 질량은 각각 $2m$, m이고, 용수철 상수는 k이다.

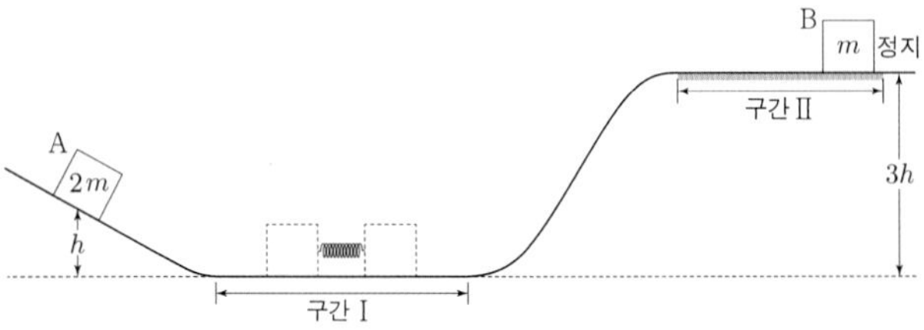

이에 대한 설명으로 옳은 것만을 〈보기〉에서 있는 대로 고른 것은? (단, 중력 가속도는 g이고, 물체의 크기, 용수철의 질량, 구간 Ⅱ의 마찰을 제외한 모든 마찰 및 공기 저항은 무시한다.) [3점]

보기

ㄱ. $k=\frac{12mgh}{d^2}$이다.

ㄴ. A, B가 각각 높이 $\frac{h}{2}$를 지날 때의 속력은 B가 A의 $\sqrt{6}$배이다.

ㄷ. 마찰에 의한 B의 역학적 에너지 감소량은 $\frac{3}{2}mgh$이다.

① ㄱ ② ㄴ ③ ㄷ
④ ㄱ, ㄴ ⑤ ㄴ, ㄷ

14 ☆☆☆

| 2021학년도 수능 20번 |

그림 (가)와 같이 질량이 각각 2 kg, 3 kg, 1 kg인 물체 A, B, C가 용수철 상수가 200 N/m인 용수철과 실에 연결되어 정지해 있다. 수평면에 연직으로 연결된 용수철은 원래 길이에서 0.1 m만큼 늘어나 있다. 그림 (나)는 (가)의 C에 연결된 실이 끊어진 후, A가 연직선 상에서 운동하여 용수철이 원래 길이에서 0.05 m만큼 늘어난 순간의 모습을 나타낸 것이다.

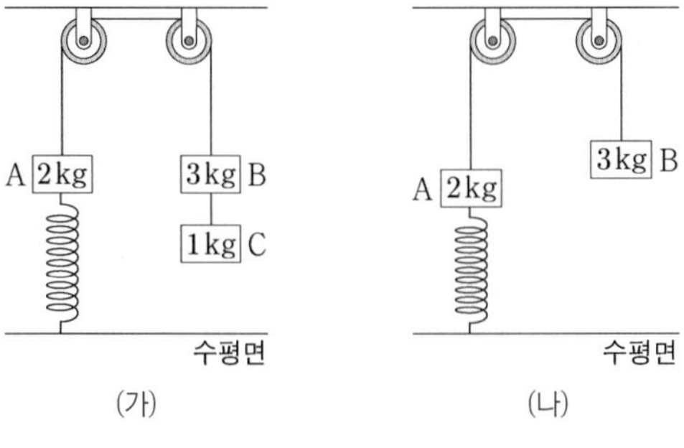

(나)에서 A의 운동 에너지는 용수철에 저장된 탄성 퍼텐셜 에너지의 몇 배인가? (단, 중력 가속도는 $10\ \mathrm{m/s^2}$이고, 실과 용수철의 질량, 모든 마찰과 공기 저항은 무시한다.)

① $\frac{1}{5}$ ② $\frac{2}{5}$ ③ $\frac{3}{5}$
④ $\frac{4}{5}$ ⑤ 1

15 ☆☆☆

| 2021학년도 9월 평가원 20번 |

그림 (가)는 물체 A와 실로 연결된 물체 B를 원래 길이가 L_0인 용수철과 수평면 위에서 연결하여 잡고 있는 모습을, (나)는 (가)에서 B를 가만히 놓은 후, 용수철의 길이가 L까지 늘어나 A의 속력이 0인 순간의 모습을 나타낸 것이다. A, B의 질량은 각각 m이고, 용수철 상수는 k이다.

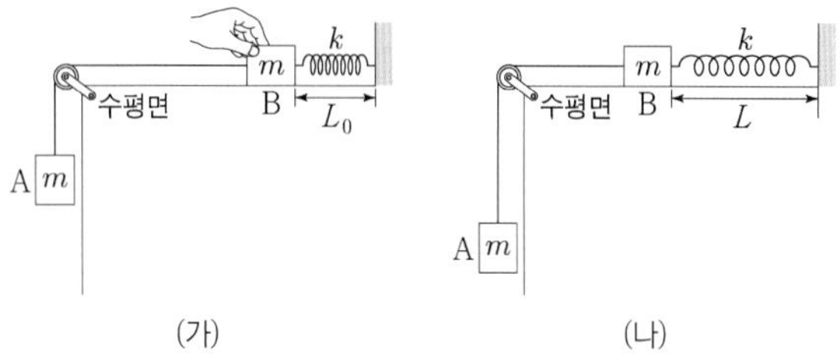

이에 대한 설명으로 옳은 것만을 〈보기〉에서 있는 대로 고른 것은? (단, 중력 가속도는 g이고, 실과 용수철의 질량 및 모든 마찰과 공기 저항은 무시한다.) [3점]

보기

ㄱ. $L-L_0=\frac{2mg}{k}$이다.

ㄴ. 용수철의 길이가 L일 때, A에 작용하는 알짜힘은 0이다.

ㄷ. B의 최대 속력은 $\sqrt{\frac{m}{k}}g$이다.

① ㄱ ② ㄴ ③ ㄱ, ㄷ
④ ㄴ, ㄷ ⑤ ㄱ, ㄴ, ㄷ

16 ☆☆☆

| 2020학년도 수능 16번 |

그림은 자동차가 등가속도 직선 운동하는 모습을 나타낸 것이다. 점 a, b, c, d는 운동 경로상에 있고, a와 b, b와 c, c와 d 사이의 거리는 각각 $2L$, L, $3L$이다. 자동차의 운동 에너지는 c에서가 b에서의 $\frac{5}{4}$배이다.

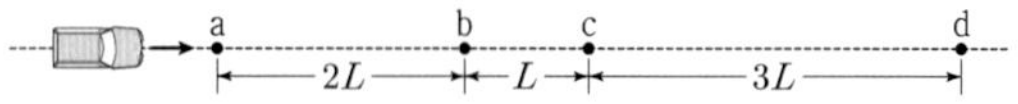

자동차의 속력은 d에서가 a에서의 몇 배인가? (단, 자동차의 크기는 무시한다.) [3점]

① $\sqrt{3}$배 ② 2배 ③ $2\sqrt{2}$배
④ 3배 ⑤ $2\sqrt{3}$배

17 ★★☆

| 2020학년도 수능 17번 |

그림과 같이 레일을 따라 운동하는 물체가 점 p, q, r를 지난다. 물체는 빗면 구간 A를 지나는 동안 역학적 에너지가 $2E$만큼 증가하고, 높이가 h인 수평 구간 B에서 역학적 에너지가 $3E$만큼 감소하여 정지한다. 물체의 속력은 p에서 v, B의 시작점 r에서 V이고, 물체의 운동 에너지는 q에서가 p에서의 2배이다.

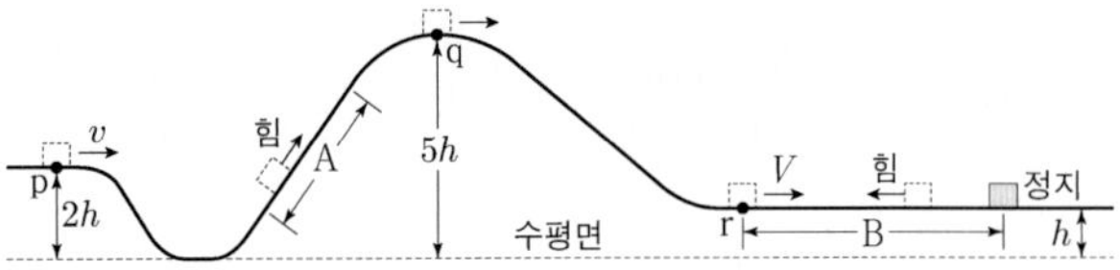

V는? (단, 물체의 크기, 마찰과 공기 저항은 무시한다.)

① $\sqrt{2}v$　② $2v$　③ $\sqrt{6}v$
④ $3v$　⑤ $2\sqrt{3}v$

18 ★★★

| 2021학년도 6월 평가원 20번 |

그림 (가)와 같이 동일한 용수철 A, B가 연직선상에 x만큼 떨어져 있다. 그림 (나)는 (가)의 A를 d만큼 압축시키고 질량 m인 물체를 올려놓았더니 물체가 힘의 평형을 이루며 정지해 있는 모습을, (다)는 (나)의 A를 $2d$만큼 더 압축시켰다가 가만히 놓는 순간의 모습을, (라)는 (다)의 물체가 A와 분리된 후 B를 압축시킨 모습을 나타낸 것이다. B가 $\frac{1}{2}d$만큼 압축되었을 때 물체의 속력은 0이다.

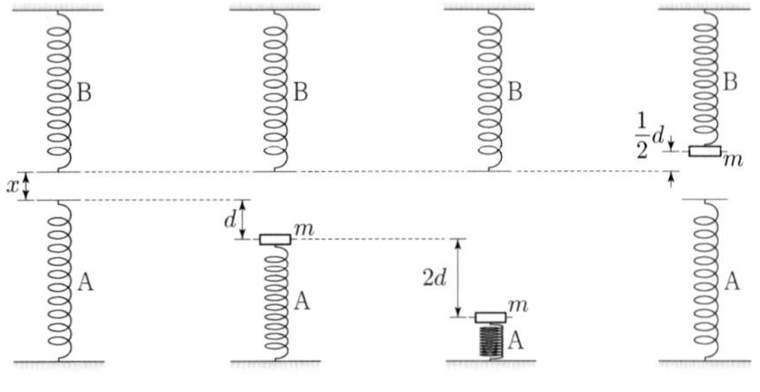

이에 대한 설명으로 옳은 것만을 〈보기〉에서 있는 대로 고른 것은? (단, 중력 가속도는 g이고, 물체의 크기, 용수철의 질량, 공기 저항은 무시한다.) [3점]

보기

ㄱ. 용수철 상수는 $\frac{mg}{d}$ 이다.

ㄴ. $x=\frac{7}{8}d$이다.

ㄷ. 물체가 운동하는 동안 물체의 운동 에너지의 최댓값은 $2mgd$이다.

① ㄴ　② ㄷ　③ ㄱ, ㄴ
④ ㄱ, ㄷ　⑤ ㄱ, ㄴ, ㄷ

19 ★★☆

| 2020학년도 9월 평가원 17번 |

그림과 같이 마찰이 없는 궤도를 따라 운동하는 물체 A, B가 각각 높이 $2h_0$, h_0인 지점을 v_0, $2v_0$의 속력으로 지난다. h_0인 지점에서 B의 운동 에너지는 중력 퍼텐셜 에너지의 4배이다. 궤도의 구간 Ⅰ, Ⅱ는 각각 수평면, 경사면이고, 구간 Ⅲ은 높이가 $4h_0$인 수평면이다.

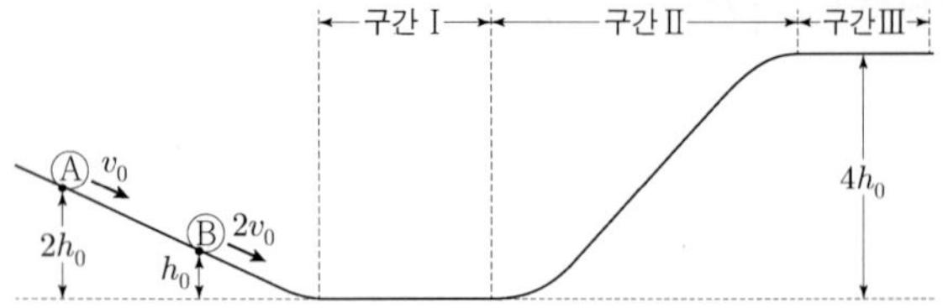

이에 대한 설명으로 옳은 것만을 〈보기〉에서 있는 대로 고른 것은? (단, Ⅰ에서 중력 퍼텐셜 에너지는 0이고, 물체는 동일 연직면 상에서 운동하며, 물체의 크기는 무시한다.)

보기

ㄱ. Ⅰ을 통과하는 데 걸리는 시간은 A가 B의 $\frac{5}{3}$배이다.

ㄴ. Ⅱ에서 A의 운동 에너지와 중력 퍼텐셜 에너지가 같은 지점의 높이는 h_0이다.

ㄷ. Ⅲ에서 B의 속력은 v_0이다.

① ㄱ　② ㄷ　③ ㄱ, ㄴ
④ ㄴ, ㄷ　⑤ ㄱ, ㄴ, ㄷ

20 ★★★

| 2020학년도 6월 평가원 18번 |

그림은 점 p에 가만히 놓은 물체가 궤도를 따라 운동하여 점 q에서 정지한 모습을 나타낸 것이다. 길이가 각각 l, $2l$인 수평 구간 A, B에서는 물체에 같은 크기의 일정한 힘이 운동 방향의 반대 방향으로 작용한다. p와 A의 높이 차는 h_1, A와 B의 높이 차는 h_2이다. 물체가 B를 지나는 데 걸린 시간은 A를 지나는 데 걸린 시간의 2배이다.

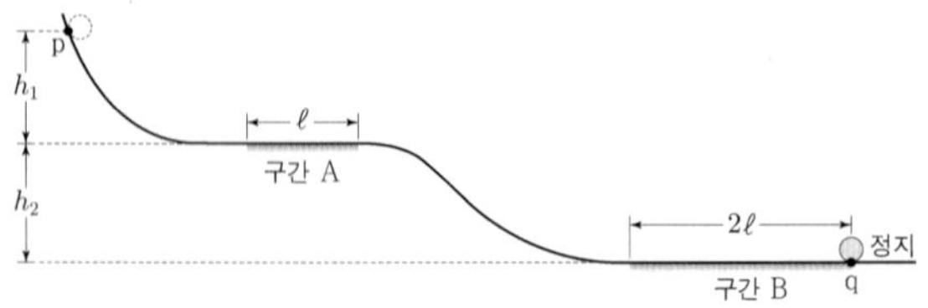

$\frac{h_1}{h_2}$은? (단, 물체의 크기, 마찰과 공기 저항은 무시한다.) [3점]

① $\frac{1}{2}$　② $\frac{3}{5}$　③ $\frac{3}{4}$
④ $\frac{4}{5}$　⑤ $\frac{5}{6}$

II
물질과
전자기장

03

자기장과 물질의 자성

2026학년도 수능 출제 예측

2025학년도 수능, 평가원 분석

6월, 9월 평가원과 수능에서는 물질의 자성과 전류에 의한 자기장에 대하여 묻는 문항이 각각 한 문항씩 출제되었다.

2026학년도 수능 예측

두 문제가 출제가 될 가능성이 있는 단원으로, 물질의 자성에 대한 개념을 묻는 문항과 도선에 흐르는 전류에 의한 어느 지점에서의 자기장의 방향과 세기를 묻는 문항이나 역으로 자기장으로부터 도선에 흐르는 전류의 방향과 세기를 묻는 문항이 출제될 가능성이 높다.

1 ★☆☆ | 2025학년도 수능 17번 |

그림과 같이 xy평면에 가늘고 무한히 긴 직선 도선 A, B, C가 고정되어 있다. C에는 세기가 I_C로 일정한 전류가 $+x$방향으로 흐른다. 표는 A, B에 흐르는 전류의 세기와 방향을 나타낸 것이다. 점 p, q는 xy평면상의 점이고, p에서 A, B, C의 전류에 의한 자기장의 세기는 (가)일 때가 (다)일 때의 2배이다.

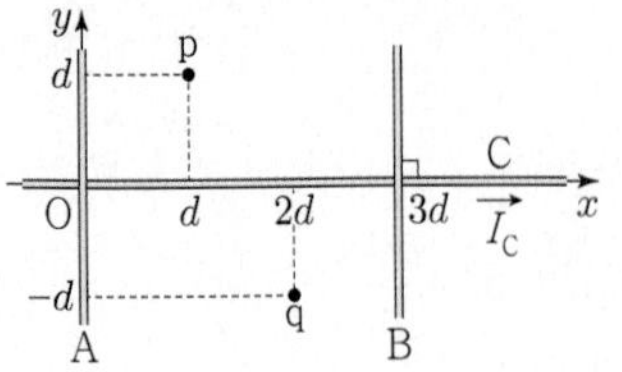

과정	A의 전류		B의 전류	
	세기	방향	세기	방향
(가)	I_0	$-y$	I_0	$+y$
(나)	I_0	$+y$	I_0	$+y$
(다)	I_0	$+y$	$\frac{1}{2}I_0$	$+y$

이에 대한 설명으로 옳은 것만을 〈보기〉에서 있는 대로 고른 것은?

보기
ㄱ. $I_C=3I_0$이다.
ㄴ. (나)일 때, A, B, C의 전류에 의한 자기장의 세기는 p에서와 q에서가 같다.
ㄷ. (다)일 때, q에서 A, B, C의 전류에 의한 자기장의 방향은 xy평면에 수직으로 들어가는 방향이다.

① ㄱ　② ㄷ　③ ㄱ, ㄴ　④ ㄴ, ㄷ　⑤ ㄱ, ㄴ, ㄷ

2 ★☆☆ | 2025학년도 수능 7번 |

그림 (가)는 자석의 S극을 가까이 하여 자기화된 자성체 A를, (나)는 자기화되지 않은 자성체 B를, (다)는 (나)에서 S극을 가까이 하여 자기화된 B를 나타낸 것이다. (다)에서 B와 자석 사이에는 서로 미는 자기력이 작용한다. A, B는 상자성체와 반자성체를 순서 없이 나타낸 것이다.

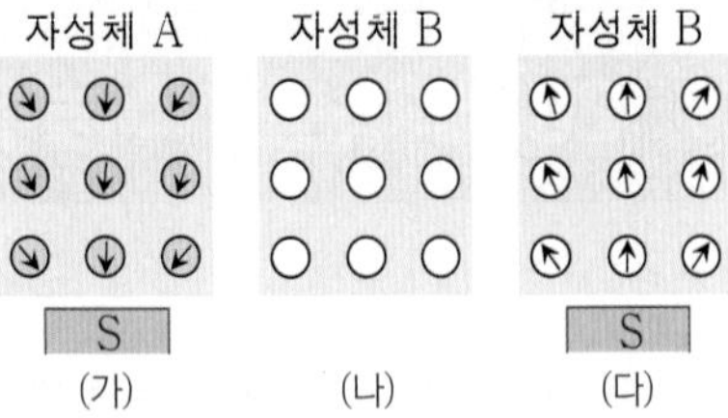

이에 대한 설명으로 옳은 것만을 〈보기〉에서 있는 대로 고른 것은?

보기
ㄱ. (가)에서 A와 자석 사이에는 서로 당기는 자기력이 작용한다.
ㄴ. (다)에서 S극 대신 N극을 가까이 하면, B와 자석 사이에는 서로 당기는 자기력이 작용한다.
ㄷ. (다)에서 자석을 제거하면, B는 (나)의 상태가 된다.

① ㄱ　② ㄴ　③ ㄱ, ㄷ　④ ㄴ, ㄷ　⑤ ㄱ, ㄴ, ㄷ

3 ★☆☆ | 2025학년도 9월 평가원 16번 |

그림과 같이 가늘고 무한히 긴 직선 도선 A, C와 중심이 원점 O인 원형 도선 B가 xy평면에 고정되어 있다. A에는 세기가 I_0인 전류가 $+y$방향으로 흐르고, B와 C에는 각각 세기가 일정한 전류가 흐른다. 표는 B, C에 흐르는 전류의 방향에 따른 O에서 A, B, C의 전류에 의한 자기장의 세기를 나타낸 것이다.

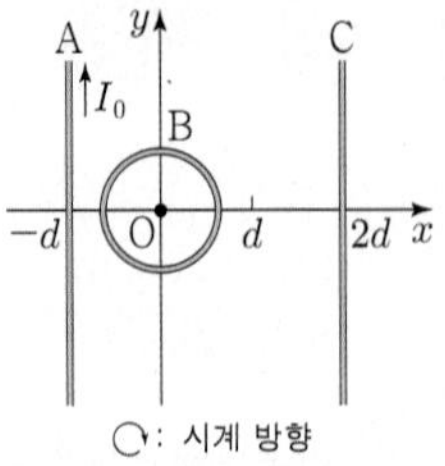

전류의 방향		O에서 A, B, C의 전류에 의한 자기장의 세기
B	C	
시계 방향	$+y$방향	0
시계 방향	$-y$방향	$4B_0$
시계 반대 방향	$-y$방향	$2B_0$

C에 흐르는 전류의 세기는? [3점]

① I_0　② $2I_0$　③ $4I_0$　④ $6I_0$　⑤ $8I_0$

4 ★☆☆ | 2025학년도 9월 평가원 6번 |

그림은 한 면만 검게 칠한 자기화되어 있지 않은 자성체 A, B, C를 균일하고 강한 자기장 영역에 놓아 자기화시킨 모습을 나타낸 것이다. 표는 그림의 자기장 영역에서 꺼낸 A, B, C 중 2개를 마주 보는 면을 바꾸며 가까이 놓았을 때, 자성체 사이에 작용하는 자기력을 나타낸 것이다. A, B, C는 강자성체, 상자성체, 반자성체를 순서 없이 나타낸 것이다.

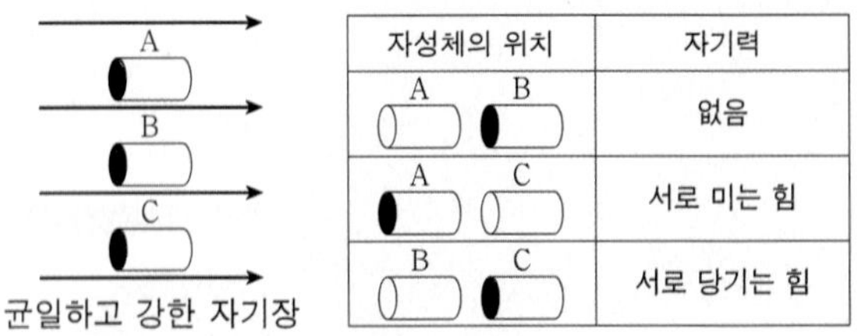

A
B
C
균일하고 강한 자기장
자성체의 위치
자기력
A B
없음
A C
서로 미는 힘
B C
서로 당기는 힘

A, B, C로 옳은 것은? [3점]

	A	B	C
①	강자성체	상자성체	반자성체
②	상자성체	강자성체	반자성체
③	상자성체	반자성체	강자성체
④	반자성체	상자성체	강자성체
⑤	반자성체	강자성체	상자성체

5 ☆☆☆ | 2025학년도 6월 평가원 17번 |

그림 (가)와 같이 xy평면에 무한히 긴 직선 도선 A, B, C가 각각 $x=-d$, $x=0$, $x=d$에 고정되어 있다. 그림 (나)는 (가)의 $x>0$인 영역에서 A, B, C의 전류에 의한 자기장을 나타낸 것으로, x축상의 점 p에서 자기장은 0이다. 자기장의 방향은 xy평면에서 수직으로 나오는 방향이 양(+)이다.

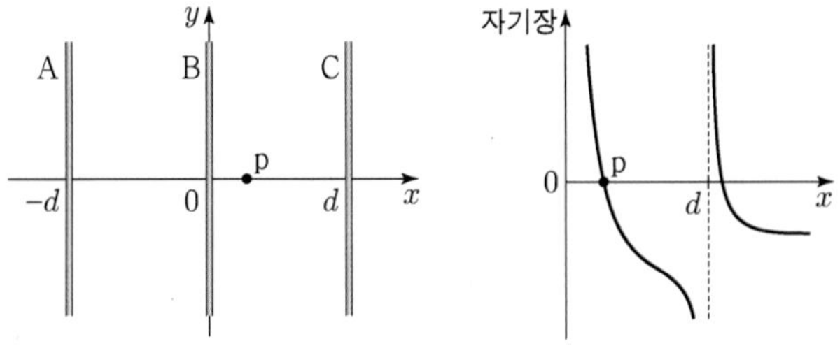

(가) (나)

이에 대한 설명으로 옳은 것만을 〈보기〉에서 있는 대로 고른 것은? [3점]

보기
ㄱ. A에 흐르는 전류의 방향은 $-y$방향이다.
ㄴ. A, B, C 중 A에 흐르는 전류의 세기가 가장 크다.
ㄷ. p에서, C의 전류에 의한 자기장의 세기가 B의 전류에 의한 자기장의 세기보다 크다.

① ㄱ ② ㄴ ③ ㄷ
④ ㄱ, ㄷ ⑤ ㄴ, ㄷ

6 ☆☆☆ | 2025학년도 6월 평가원 8번 |

그림 (가)는 자기화되지 않은 물체 A, B, C를 균일하고 강한 자기장 영역에 놓아 자기화시키는 모습을, (나)는 (가)의 B와 C를 자기장 영역에서 꺼내 가까이 놓았을 때 자기장의 모습을 나타낸 것이다. A, B, C는 강자성체, 상자성체, 반자성체를 순서 없이 나타낸 것이다.

(가) (나)

이에 대한 설명으로 옳은 것만을 〈보기〉에서 있는 대로 고른 것은?

보기
ㄱ. A는 반자성체이다.
ㄴ. (가)에서 A와 C는 같은 방향으로 자기화된다.
ㄷ. (나)에서 B와 C 사이에는 서로 밀어내는 자기력이 작용한다.

① ㄱ ② ㄴ ③ ㄱ, ㄷ
④ ㄴ, ㄷ ⑤ ㄱ, ㄴ, ㄷ

7 ☆☆☆ | 2024학년도 수능 18번 |

그림과 같이 가늘고 무한히 긴 직선 도선 A, B, C가 정삼각형을 이루며 xy평면에 고정되어 있다. A, B, C에는 방향이 일정하고 세기가 각각 I_0, I_0, I_C인 전류가 흐른다. A에 흐르는 전류의 방향은 $+x$방향이다. 점 O는 A, B, C가 교차하는 점을 지나는 반지름이 $2d$인 원의 중심이고, 점 p, q, r는 원 위의 점이다. O에서 A에 흐르는 전류에 의한 자기장의 세기는 B_0이고, p, q에서 A, B, C에 흐르는 전류에 의한 자기장의 세기는 각각 0, $3B_0$이다. r에서 A, B, C에 흐르는 전류에 의한 자기장의 세기는? [3점]

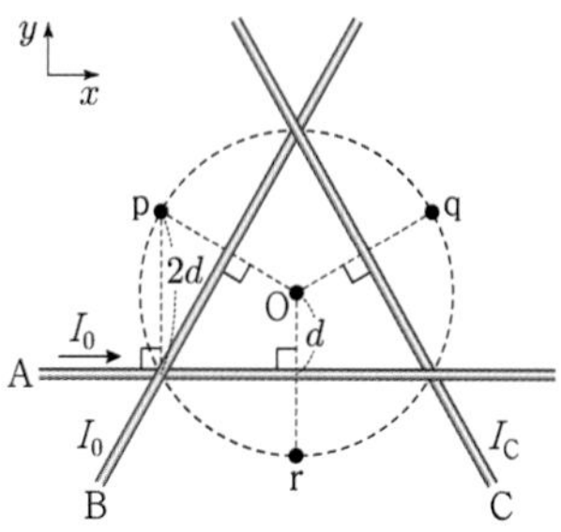

① 0 ② $\frac{1}{2}B_0$ ③ B_0
④ $2B_0$ ⑤ $3B_0$

8 ☆☆☆ | 2024학년도 수능 3번 |

그림 (가)와 같이 자기화되어 있지 않은 자성체 A, B, C를 균일하고 강한 자기장 영역에 놓아 자기화시킨다. 그림 (나), (다)는 (가)의 A, B, C를 각각 수평면 위에 올려놓았을 때 정지한 모습을 나타낸 것이다. A에 작용하는 중력과 자기력의 합력의 크기는 (나)에서가 (다)에서보다 크다. A는 강자성체이고, B, C는 상자성체, 반자성체를 순서 없이 나타낸 것이다.

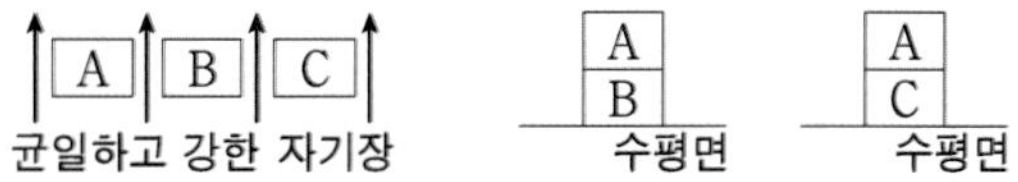

(가) (나) (다)

이에 대한 설명으로 옳은 것만을 〈보기〉에서 있는 대로 고른 것은? [3점]

보기
ㄱ. B는 상자성체이다.
ㄴ. (가)에서 A와 C는 같은 방향으로 자기화된다.
ㄷ. (나)에서 B에 작용하는 중력과 자기력의 방향은 같다.

① ㄱ ② ㄴ ③ ㄱ, ㄷ
④ ㄴ, ㄷ ⑤ ㄱ, ㄴ, ㄷ

9 ★★☆ | 2024학년도 9월 평가원 12번 |

그림은 무한히 가늘고 긴 직선 도선 P, Q와 원형 도선 R가 xy평면에 고정되어 있는 모습을 나타낸 것이다. 표는 R의 중심이 점 a, b, c에 있을 때, R의 중심에서 P, Q, R에 흐르는 전류에 의한 자기장의 세기와 방향을 나타낸 것이다. P, Q에 흐르는 전류의 세기는 각각 $2I_0$, $3I_0$이고, P에 흐르는 전류의 방향은 $-x$방향이다. R에 흐르는 전류의 세기와 방향은 일정하다.

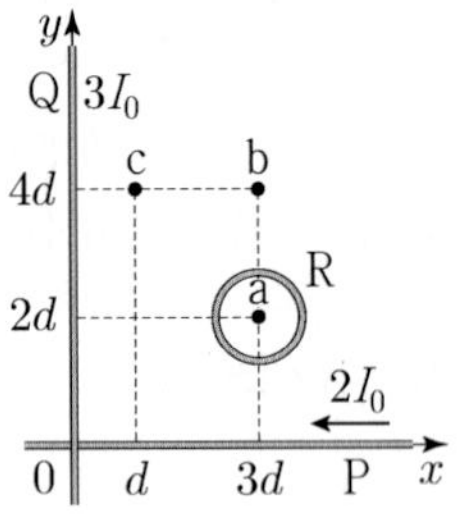

R의 중심	R의 중심에서 P, Q, R에 의한 자기장	
	세기	방향
a	0	해당 없음
b	B_0	㉠
c	㉡	×

×: xy평면에 수직으로 들어가는 방향

이에 대한 설명으로 옳은 것만을 〈보기〉에서 있는 대로 고른 것은? [3점]

보기

ㄱ. Q에 흐르는 전류의 방향은 $+y$방향이다.
ㄴ. ㉠은 xy평면에서 수직으로 나오는 방향이다.
ㄷ. ㉡은 $3B_0$이다.

① ㄱ ② ㄷ ③ ㄱ, ㄴ
④ ㄴ, ㄷ ⑤ ㄱ, ㄴ, ㄷ

10 ★☆☆ | 2024학년도 9월 평가원 5번 |

다음은 물체 A, B, C의 자성을 알아보기 위한 실험이다. A, B, C는 강자성체, 상자성체, 반자성체를 순서 없이 나타낸 것이다.

[실험 과정]
(가) 자기화되어 있지 않은 A, B, C를 자기장에 놓아 자기화시킨다.
(나) 그림 Ⅰ과 같이 자기장에서 A를 꺼내 용수철저울에 매단 후, 정지된 상태에서 용수철저울의 측정값을 읽는다.
(다) 그림 Ⅱ와 같이 자기장에서 꺼낸 B를 A의 연직 아래에 놓은 후, 정지된 상태에서 용수철저울의 측정값을 읽는다.
(라) 그림 Ⅲ과 같이 자기장에서 꺼낸 C를 A의 연직 아래에 놓은 후, 정지된 상태에서 용수철저울의 측정값을 읽는다.

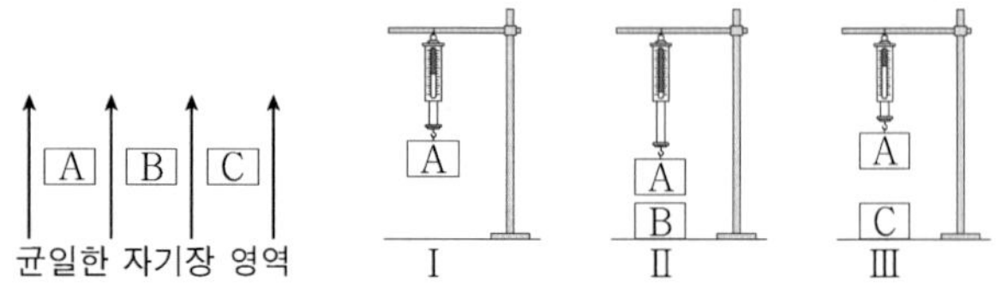

[실험 결과]

	Ⅰ	Ⅱ	Ⅲ
용수철저울의 측정값	w	$1.2w$	$0.9w$

A, B, C로 옳은 것은?

	A	B	C
①	강자성체	상자성체	반자성체
②	강자성체	반자성체	상자성체
③	반자성체	강자성체	상자성체
④	상자성체	강자성체	반자성체
⑤	상자성체	반자성체	강자성체

11 ★★☆

| 2024학년도 6월 평가원 12번 |

그림과 같이 가늘고 무한히 긴 직선 도선 P, Q가 일정한 각을 이루고 xy평면에 고정되어 있다. P에는 세기가 I_0인 전류가 화살표 방향으로 흐른다. 점 a에서 P에 흐르는 전류에 의한 자기장의 세기는 B_0이고, P와 Q에 흐르는 전류에 의한 자기장의 세기는 0이다.

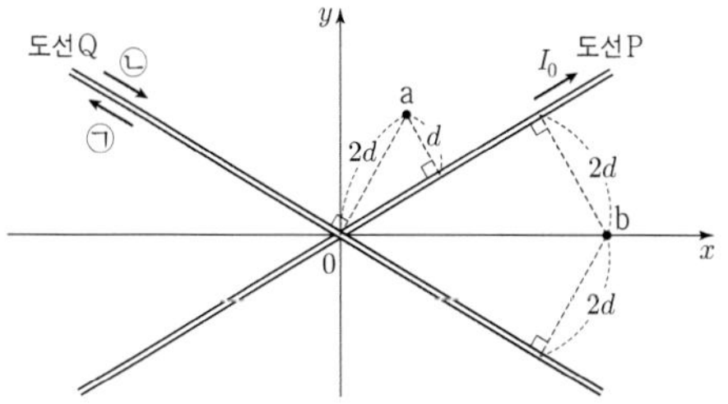

이에 대한 설명으로 옳은 것만을 〈보기〉에서 있는 대로 고른 것은? (단, 점 a, b는 xy평면상의 점이다.) [3점]

보기

ㄱ. Q에 흐르는 전류의 방향은 ㉠이다.

ㄴ. Q에 흐르는 전류의 세기는 $2I_0$이다.

ㄷ. b에서 P와 Q에 흐르는 전류에 의한 자기장의 세기는 $\frac{3}{2}B_0$이다.

① ㄱ ② ㄷ ③ ㄱ, ㄴ
④ ㄴ, ㄷ ⑤ ㄱ, ㄴ, ㄷ

12 ★☆☆

| 2024학년도 6월 평가원 4번 |

다음은 자성체의 성질을 알아보기 위한 실험이다.

[실험 과정]

(가) 그림과 같이 코일을 고정시키고, 자기화되어 있지 않은 자성체 A, B를 준비한다. A, B는 강자성체, 상자성체를 순서 없이 나타낸 것이다.

(나) 바닥으로부터 같은 높이 h에서 A, B를 각각 가만히 놓아 코일의 중심을 통과하여 바닥에 닿을 때까지의 낙하 시간을 측정한다.

(다) A, B를 강한 외부 자기장으로 자기화시킨 후 꺼내, (나)와 같이 낙하 시간을 측정한다.

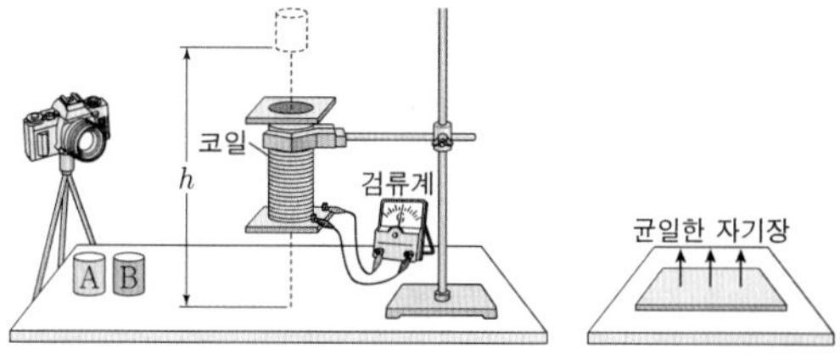

[실험 결과]

• A의 낙하 시간은 (나)에서와 (다)에서가 같다.

• B의 낙하 시간은 ㉠ .

이에 대한 설명으로 옳은 것만을 〈보기〉에서 있는 대로 고른 것은?

보기

ㄱ. A는 강자성체이다.

ㄴ. '(나)에서보다 (다)에서 길다'는 ㉠에 해당한다.

ㄷ. (다)에서 B가 코일과 가까워지는 동안, 코일과 B 사이에는 서로 밀어내는 자기력이 작용한다.

① ㄱ ② ㄷ ③ ㄱ, ㄴ
④ ㄴ, ㄷ ⑤ ㄱ, ㄴ, ㄷ

13 ★★☆

| 2023학년도 수능 18번 |

그림과 같이 무한히 긴 직선 도선 A, B와 점 p를 중심으로 하는 원형 도선 C, D가 xy평면에 고정되어 있다. C, D에는 같은 세기의 전류가 일정하게 흐르고, B에는 세기가 I_0인 전류가 $+x$방향으로 흐른다. p에서 C의 전류에 의한 자기장의 세기는 B_0이다. 표는 p에서 A~D의 전류에 의한 자기장의 세기를 A에 흐르는 전류에 따라 나타낸 것이다.

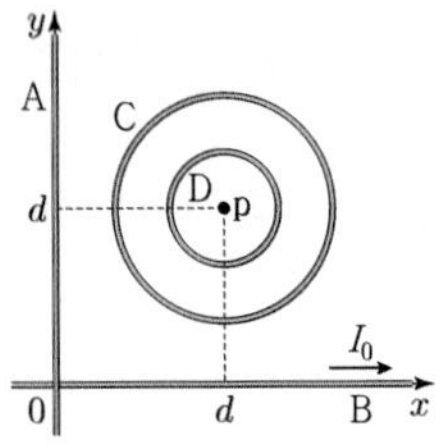

A에 흐르는 전류		p에서 A~D의 전류에 의한 자기장의 세기
세기	방향	
0	해당 없음	0
I_0	$+y$	㉠
I_0	$-y$	B_0

이에 대한 설명으로 옳은 것만을 〈보기〉에서 있는 대로 고른 것은? [3점]

〈보기〉

ㄱ. ㉠은 B_0이다.

ㄴ. p에서 C의 전류에 의한 자기장의 방향은 xy평면에 수직으로 들어가는 방향이다.

ㄷ. p에서 D의 전류에 의한 자기장의 세기는 B의 전류에 의한 자기장의 세기보다 크다.

① ㄱ ② ㄴ ③ ㄱ, ㄷ
④ ㄴ, ㄷ ⑤ ㄱ, ㄴ, ㄷ

14 ★★☆

| 2023학년도 수능 7번 |

그림은 자성체 P와 Q, 솔레노이드가 x축상에 고정되어 있는 것을 나타낸 것이다. 솔레노이드에 흐르는 전류의 방향이 a일 때, P와 Q가 솔레노이드에 작용하는 자기력의 방향은 $+x$방향이다. P와 Q는 상자성체와 반자성체를 순서 없이 나타낸 것이다.

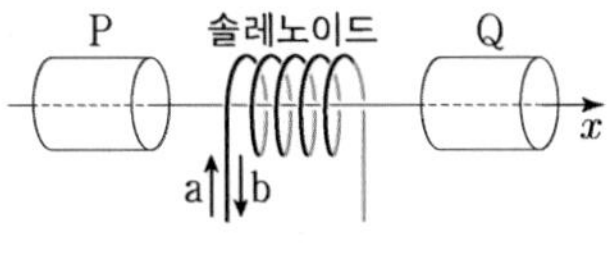

이에 대한 설명으로 옳은 것만을 〈보기〉에서 있는 대로 고른 것은?

〈보기〉

ㄱ. P는 반자성체이다.

ㄴ. Q가 자기화되는 방향은 전류의 방향이 a일 때와 b일 때가 같다.

ㄷ. 전류의 방향이 b일 때, P와 Q가 솔레노이드에 작용하는 자기력의 방향은 $-x$방향이다.

① ㄱ ② ㄴ ③ ㄱ, ㄷ
④ ㄴ, ㄷ ⑤ ㄱ, ㄴ, ㄷ

15 ★★☆

| 2023학년도 9월 평가원 18번 |

그림과 같이 세기와 방향이 일정한 전류가 흐르는 무한히 긴 직선 도선 A~D가 xy평면에 수직으로 고정되어 있다. D에는 xy평면에 수직으로 들어가는 방향으로 전류가 흐른다. 원점 O에서 B, D의 전류에 의한 자기장은 0이다. 표는 xy평면의 점 p, q, r에서 두 도선의 전류에 의한 자기장의 방향을 나타낸 것이다.

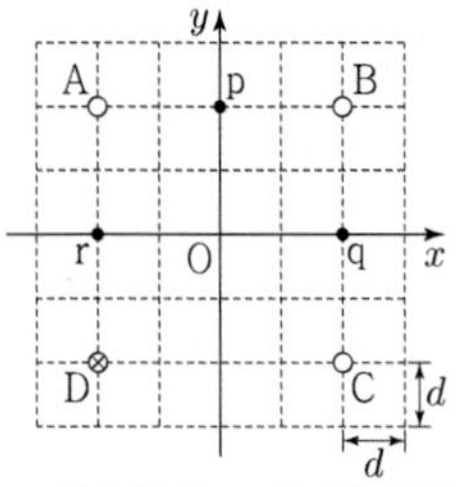

×: xy 평면에 수직으로 들어가는 방향

도선	위치	두 도선의 전류에 의한 자기장 방향
A, B	p	$+y$
B, C	q	$+x$
A, D	r	㉠

이에 대한 설명으로 옳은 것만을 〈보기〉에서 있는 대로 고른 것은?

〈보기〉

ㄱ. ㉠은 '$+x$'이다.

ㄴ. 전류의 세기는 B에서가 C에서보다 크다.

ㄷ. 전류의 방향이 A, C에서가 서로 같으면, 전류의 세기는 A~D 중 C에서가 가장 크다.

① ㄱ ② ㄴ ③ ㄱ, ㄷ
④ ㄴ, ㄷ ⑤ ㄱ, ㄴ, ㄷ

16 ★☆☆

| 2023학년도 9월 평가원 2번 |

그림 (가)는 막대자석의 모습을, (나)는 (가)의 자석의 가운데를 자른 모습을 나타낸 것이다.

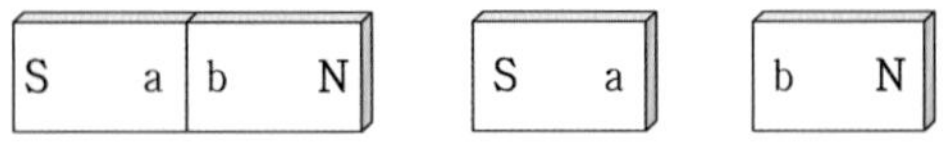

(가) (나)

(나)에서 a, b 사이의 자기장 모습으로 가장 적절한 것은?

① 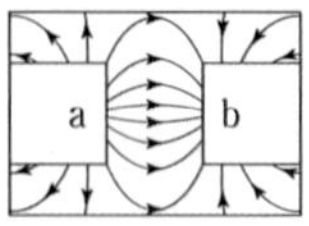

② 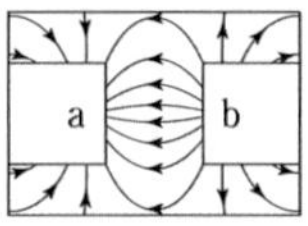

③ 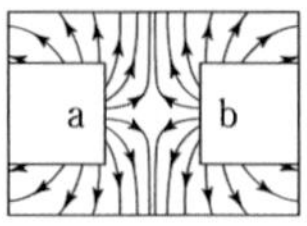

④ 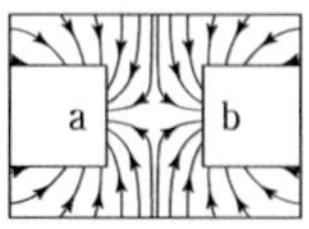

⑤ 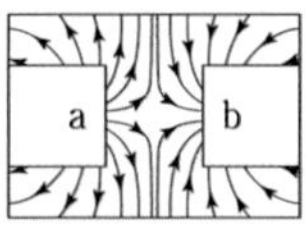

17 ★★☆ | 2023학년도 6월 평가원 18번 |

그림과 같이 무한히 긴 직선 도선 A, B와 원형 도선 C가 xy평면에 고정되어 있다. A, B에는 같은 세기의 전류가 흐르고, C에는 세기가 I_0인 전류가 시계 반대 방향으로 흐른다. 표는 C의 중심 위치를 각각 점 p, q에 고정할 때, C의 중심에서 A, B, C의 전류에 의한 자기장의 세기와 방향을 나타낸 것이다.

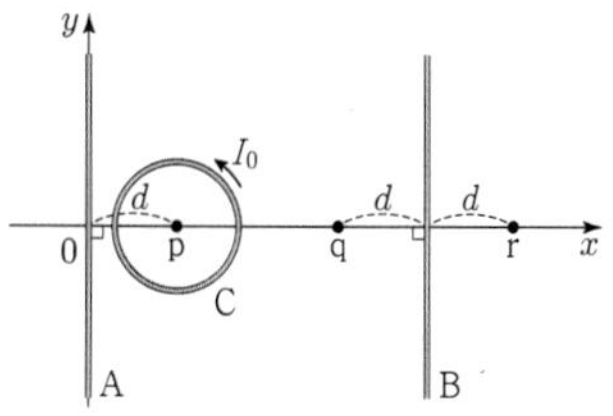

C의 중심 위치	C의 중심에서 자기장	
	세기	방향
p	0	해당 없음
q	B_0	⊙

⊙: xy평면에서 수직으로 나오는 방향
×: xy평면에 수직으로 들어가는 방향

이에 대한 설명으로 옳은 것만을 〈보기〉에서 있는 대로 고른 것은? [3점]

보기
ㄱ. A에 흐르는 전류의 방향은 $+y$방향이다.
ㄴ. C의 중심에서 C의 전류에 의한 자기장의 세기는 B_0보다 작다.
ㄷ. C의 중심 위치를 점 r로 옮겨 고정할 때, r에서 A, B, C의 전류에 의한 자기장의 방향은 '×'이다.

① ㄱ ② ㄷ ③ ㄱ, ㄴ
④ ㄴ, ㄷ ⑤ ㄱ, ㄴ, ㄷ

18 ★☆☆ | 2023학년도 6월 평가원 2번 |

그림은 자성체에 대해 학생 A, B, C가 대화하는 모습을 나타낸 것이다.

강자성체는 외부 자기장과 같은 방향으로 자기화돼.
반자성체는 자석을 가까이 하면 당기는 자기력이 작용해.
철은 외부 자기장을 제거하면 자기화된 상태를 유지하지 못하는 상자성체야.
학생 A
학생 B
학생 C

제시한 내용이 옳은 학생만을 있는 대로 고른 것은? [3점]

① A ② C ③ A, B
④ B, C ⑤ A, B, C

19 ★★★ | 2022학년도 수능 18번 |

그림과 같이 무한히 긴 직선 도선 A, B, C가 xy평면에 고정되어 있다. A, B, C에는 방향이 일정하고 세기가 각각 I_0, I_B, $3I_0$인 전류가 흐르고 있다. A의 전류의 방향은 $-x$방향이다. 표는 점 P, Q에서 A, B, C의 전류에 의한 자기장의 세기를 나타낸 것이다. P에서 A의 전류에 의한 자기장의 세기는 B_0이다.

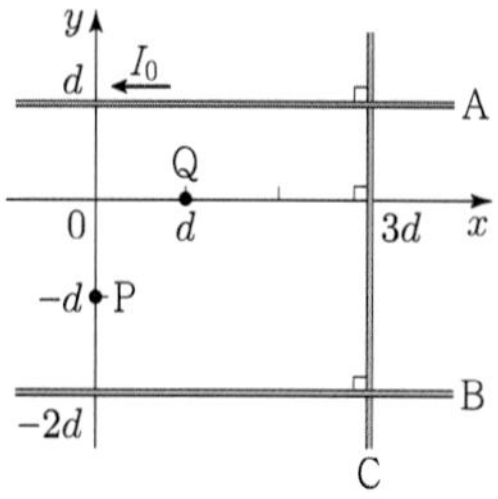

위치	A, B, C의 전류에 의한 자기장의 세기
P	B_0
Q	$3B_0$

이에 대한 설명으로 옳은 것만을 〈보기〉에서 있는 대로 고른 것은? [3점]

보기
ㄱ. $I_B=I_0$이다.
ㄴ. C의 전류의 방향은 $-y$방향이다.
ㄷ. Q에서 A, B, C의 전류에 의한 자기장의 방향은 xy평면에서 수직으로 나오는 방향이다.

① ㄱ ② ㄷ ③ ㄱ, ㄴ
④ ㄴ, ㄷ ⑤ ㄱ, ㄴ, ㄷ

20 ★☆☆ | 2022학년도 수능 6번 |

그림은 자석의 S극을 물체 A, B에 각각 가져갔을 때 자기장의 모습을 나타낸 것이다. A와 B는 상자성체와 반자성체를 순서 없이 나타낸 것이다.

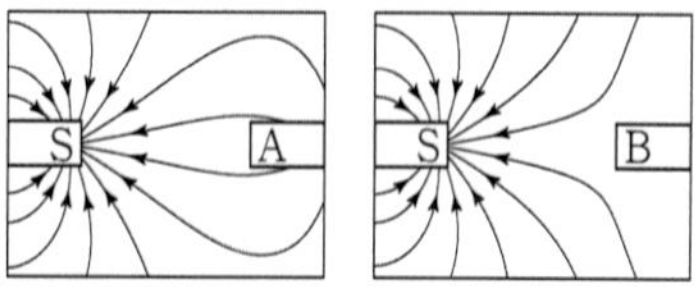

이에 대한 설명으로 옳은 것만을 〈보기〉에서 있는 대로 고른 것은? [3점]

보기
ㄱ. A는 자기화되어 있다.
ㄴ. A와 자석 사이에는 서로 미는 힘이 작용한다.
ㄷ. B는 상자성체이다.

① ㄱ ② ㄷ ③ ㄱ, ㄴ
④ ㄴ, ㄷ ⑤ ㄱ, ㄴ, ㄷ

21 ★★☆

| 2022학년도 9월 평가원 16번 |

그림과 같이 xy평면에 무한히 긴 직선 도선 A, B, C가 고정되어 있다. A, B에는 서로 반대 방향으로 세기 I_0인 전류가, C에는 세기 I_C인 전류가 각각 일정하게 흐르고 있다. xy평면에서 수직으로 나오는 자기장의 방향을 양(+)으로 할 때, x축상의 점 P, Q에서 세 도선에 흐르는 전류에 의한 자기장의 방향은 각각 양(+), 음(−)이다.

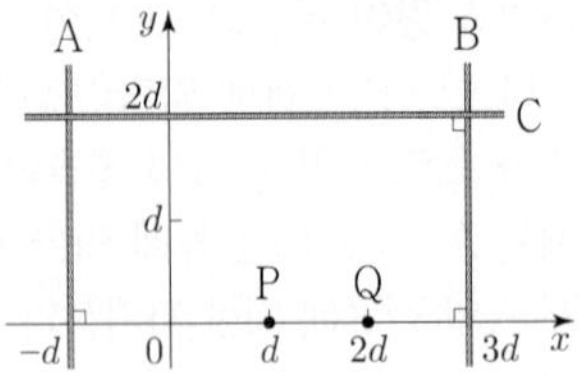

이에 대한 설명으로 옳은 것만을 〈보기〉에서 있는 대로 고른 것은? [3점]

〈보기〉

ㄱ. A에 흐르는 전류의 방향은 $+y$방향이다.

ㄴ. C에 흐르는 전류의 방향은 $-x$방향이다.

ㄷ. $I_C < 2I_0$이다.

① ㄱ ② ㄷ ③ ㄱ, ㄴ ④ ㄴ, ㄷ ⑤ ㄱ, ㄴ, ㄷ

22 ★☆☆

| 2022학년도 9월 평가원 5번 |

다음은 물질의 자성에 대한 실험이다.

[실험 과정]

(가) 나무 막대의 양 끝에 물체 A와 B를 고정하고 수평을 이루며 정지해 있도록 실로 매단다. A와 B는 반자성체와 상자성체를 순서 없이 나타낸 것이다.

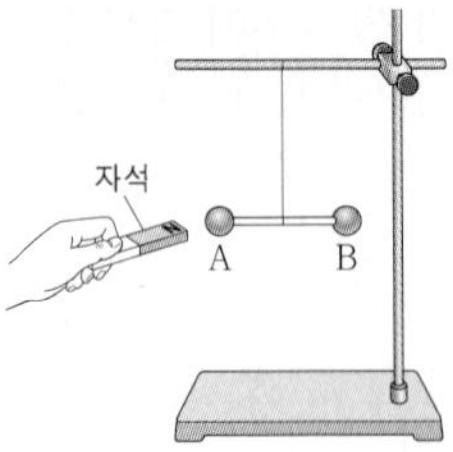

(나) 자석을 A에 서서히 가져가며 자석과 A 사이에 작용하는 힘의 방향을 찾는다.

(다) (나)에서 자석의 극을 반대로 하여 (나)를 반복한다.

(라) 자석을 B에 서서히 가져가며 자석과 B 사이에 작용하는 힘의 방향을 찾는다.

[실험 결과]

• (나)에서 자석과 A 사이에 작용하는 힘의 방향은 서로 미는 방향이다.

이에 대한 설명으로 옳은 것만을 〈보기〉에서 있는 대로 고른 것은? [3점]

〈보기〉

ㄱ. (나)에서 A는 외부 자기장과 반대 방향으로 자화된다.

ㄴ. (다)에서 자석과 A 사이에 작용하는 힘의 방향은 서로 당기는 방향이다.

ㄷ. (라)에서 자석과 B 사이에 작용하는 힘의 방향은 서로 미는 방향이다.

① ㄱ ② ㄴ ③ ㄱ, ㄷ ④ ㄴ, ㄷ ⑤ ㄱ, ㄴ, ㄷ

23 ★☆☆

| 2022학년도 6월 평가원 18번 |

그림 (가)와 같이 중심이 원점 O인 원형 도선 P와 무한히 긴 직선 도선 Q, R가 xy평면에 고정되어 있다. P에는 세기가 일정한 전류가 흐르고, Q에는 세기가 I_0인 전류가 $-x$방향으로 흐르고 있다. 그림 (나)는 (가)의 O에서 P, Q, R의 전류에 의한 자기장의 세기 B를 R에 흐르는 전류의 세기 I_R에 따라 나타낸 것으로, $I_R=I_0$일 때 O에서 자기장의 방향은 xy평면에서 수직으로 나오는 방향이고, 세기는 B_1이다.

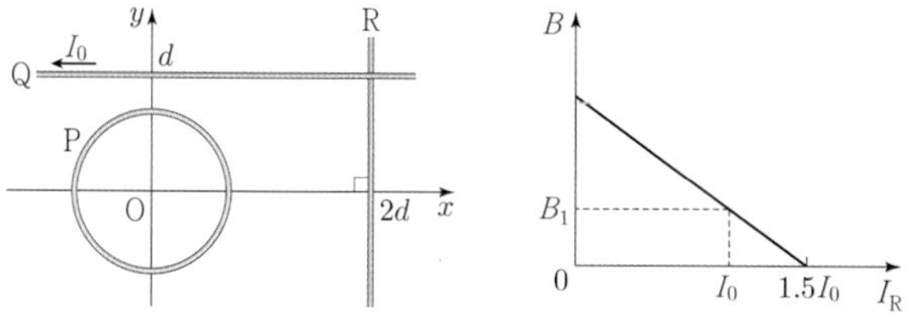

(가) (나)

이에 대한 설명으로 옳은 것만을 〈보기〉에서 있는 대로 고른 것은? [3점]

〈보기〉
ㄱ. R에 흐르는 전류의 방향은 $-y$방향이다.
ㄴ. O에서 P의 전류에 의한 자기장의 방향은 xy평면에서 수직으로 나오는 방향이다.
ㄷ. O에서 P의 전류에 의한 자기장의 세기는 B_1이다.

① ㄱ ② ㄴ ③ ㄱ, ㄷ
④ ㄴ, ㄷ ⑤ ㄱ, ㄴ, ㄷ

24 ★★☆

| 2022학년도 6월 평가원 9번 |

그림 (가)는 강자성체 X가 솔레노이드에 의해 자기화된 모습을, (나)는 (가)의 X를 자기화되어 있지 않은 강자성체 Y에 가져간 모습을 나타낸 것이다.

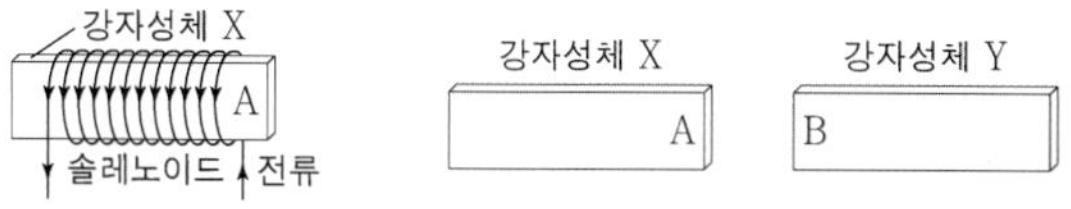

(가) (나)

(나)에서 자기장의 모습을 나타낸 것으로 가장 적절한 것은? [3점]

①
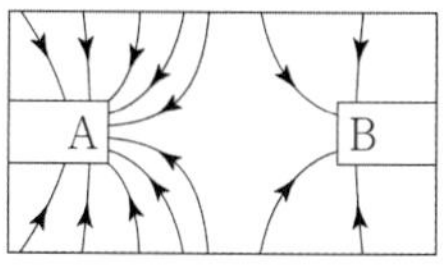

②
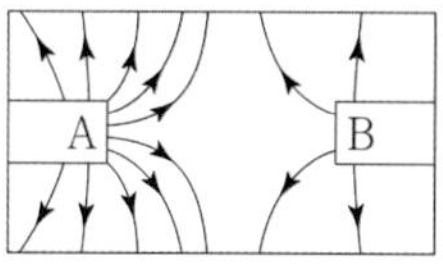

③
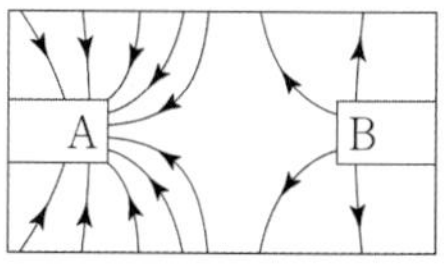

④
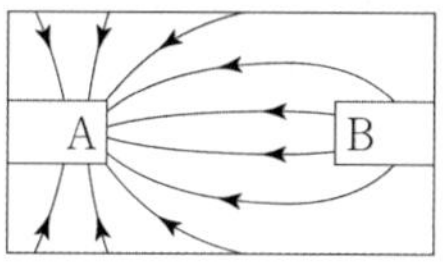

⑤
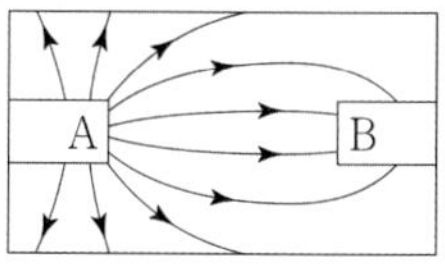

25 ★☆☆

| 2021학년도 수능 16번 |

그림과 같이 xy평면에 고정된 무한히 긴 직선 도선 A, B, C에 세기가 각각 I_A, I_B, I_C로 일정한 전류가 흐르고 있다. B에 흐르는 전류의 방향은 $+y$방향이고, x축상의 점 p에서 세 도선의 전류에 의한 자기장은 0이다. C에 흐르는 전류의 방향을 반대로 바꾸었더니 p에서 세 도선의 전류에 의한 자기장의 방향은 xy평면에 수직으로 들어가는 방향이 되었다.

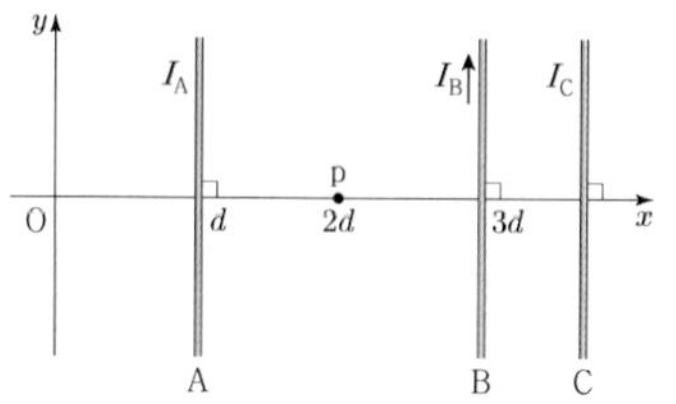

이에 대한 설명으로 옳은 것만을 〈보기〉에서 있는 대로 고른 것은? [3점]

〈보기〉
ㄱ. A에 흐르는 전류의 방향은 $+y$방향이다.
ㄴ. $I_A<I_B+I_C$이다.
ㄷ. 원점 O에서 세 도선의 전류에 의한 자기장의 방향은 C에 흐르는 전류의 방향을 바꾸기 전과 후가 같다.

① ㄱ ② ㄷ ③ ㄱ, ㄴ
④ ㄴ, ㄷ ⑤ ㄱ, ㄴ, ㄷ

Part II
수능 평가원

26 ★☆☆

| 2021학년도 수능 3번 |

그림 (가)는 전류가 흐르는 전자석에 철못이 달라붙어 있는 모습을, (나)는 (가)의 철못에 클립이 달라붙은 모습을 나타낸 것이다.

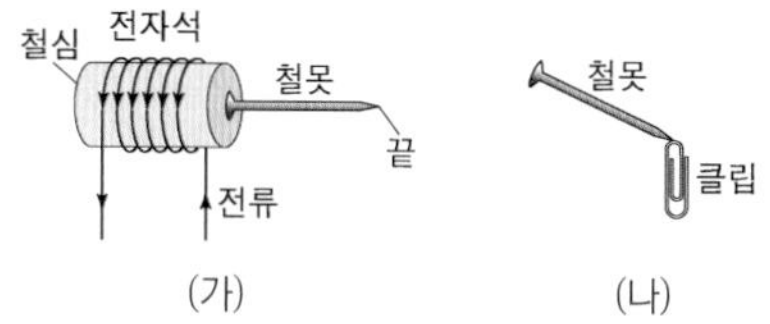

(가) (나)

이에 대한 설명으로 옳은 것만을 〈보기〉에서 있는 대로 고른 것은?

〈보기〉
ㄱ. 철못은 강자성체이다.
ㄴ. (가)에서 철못의 끝은 S극을 띤다.
ㄷ. (나)에서 클립은 자기화되어 있다.

① ㄱ ② ㄴ ③ ㄱ, ㄷ
④ ㄴ, ㄷ ⑤ ㄱ, ㄴ, ㄷ

Memo

물리학 I

Bible of Science

기출의 바이블

3권 고난도편 정답 및 해설

02 뉴턴 운동 법칙

선택지 비율	❶ 76%	② 10%	③ 11%	④ 2%	⑤ 2%

1 작용 반작용 법칙

2024년 10월 교육청 10번 | 정답 ① | 문제편 8 p

출제 의도 계에 작용하는 힘의 관계를 이해하고, 작용 반작용 법칙을 적용할 수 있는지 확인하는 문항이다.

그림 (가)는 저울 위에 놓인 무게가 5 N인 ㄷ자형 나무 상자와 무게가 각각 3 N, 2 N인 자석 A, B가 실로 연결되어 정지해 있는 모습을 나타낸 것이다. 그림 (나)는 (가)의 상자가 90° 회전한 상태로 B는 상자에, A는 스탠드에 실로 연결되어 정지해 있는 모습을 나타낸 것이다. (가)와 (나)에서 A와 B 사이에 작용하는 자기력의 크기는 같고, (가)에서 실이 A를 당기는 힘의 크기는 8 N이다.

(알짜힘 0)

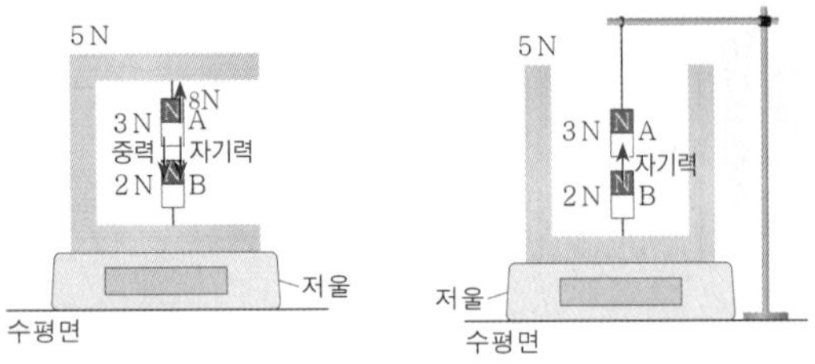

(가) (나)

(가)와 (나)에서 저울의 측정값은? (단, A, B는 동일 연직선상에 있고, 실의 질량은 무시하며, 자기력은 A와 B 사이에서만 작용한다.) [3점]

	(가)	(나)
①	10 N	2 N
②	10 N	3 N
③	10 N	7 N
④	5 N	3 N
⑤	5 N	5 N

✓ 자료 해석

- 저울의 측정값은 상자가 저울을 누르는 힘의 크기(무게)이다.
- (가)에서 저울의 측정값은 상자와 A, B의 무게를 합한 값이지만 (나)에서는 A가 저울 위에 올려져 있지 않으므로 A의 무게는 측정되지 않지만 A가 B에 작용하는 자기력을 고려해야 한다.

○ 보기 풀이 (가)에서 저울의 측정값은 (상자+A+B)의 무게이다. 따라서 5 N+3 N+2 N=10 N이다.

(나)에서 저울에는 상자와 B가 올려져 있고, A는 저울 바깥의 스탠드에 연결되어 있다. (상자+B)를 한 물체로 보면 이 물체에는 아래 방향으로 중력, 위 방향으로 A가 B를 당기는 자기력이 작용하고 있다. (가)와 (나)에서 A와 B 사이에 작용하는 자기력의 크기는 같으므로 (가)에서 A에 작용하는 힘의 평형을 이용할 수 있다. A에는 위 방향으로 실이 당기는 힘 8 N, 아래 방향으로 중력 3 N, B가 A에 작용하는 자기력이 있다. 정지해 있는 A에 작용하는 알짜힘은 0이므로 자기력의 크기는 5 N이다. (나)에서도 자기력의 크기는 5 N이므로 저울의 측정값은 (5 N+2 N)−5 N=2 N이다.

문제풀이 Tip

(가)에서는 저울 위에 상자, A, B가 모두 올려져 있지만 (나)에서는 A가 저울 밖에 연결된 것을 알아야 한다. 연결되어 있는 다른 물체를 하나의 계로 설정할 때 연결된 물체끼리 작용하는 힘은 내력으로 볼 수 있고, 외부에서 작용하는 힘은 외력이 된다.

선택지 비율	① 16%	② 20%	❸ 32%	④ 21%	⑤ 11%

2 함께 운동하는 물체와 뉴턴 운동 법칙

2024년 10월 교육청 20번 | 정답 ③ | 문제편 8p

출제 의도 힘의 평형 관계를 이용하여 실로 연결되어 함께 정지해 있는 물체에 작용하는 힘의 관계를 파악하고, 실이 끊어졌을 때 등가속도 운동하는 물체의 운동을 설명할 수 있는지 확인하는 문항이다.

그림은 물체 A, B, C가 실 p, q, r로 연결되어 정지(알짜힘 0)해 있는 모습을 나타낸 것으로, q가 B에 작용하는 힘의 크기는 r이 C에 작용하는 힘의 크기의 $\frac{3}{2}$배이다. r을 끊으면 A, B, C가 등가속도 운동을 하다가 B가 수평면과 나란한 평면 위의 점 O를 지나는 순간 p가 끊어진다. 이후 A, B는 등가속도 운동을 하며, 가속도의 크기는 A가 B의 2배이다. r이 끊어진 순간부터 B가 O에 다시 돌아올 때까지 걸린 시간은 t_0이다. A, C의 질량은 각각 $6m$, m이다.

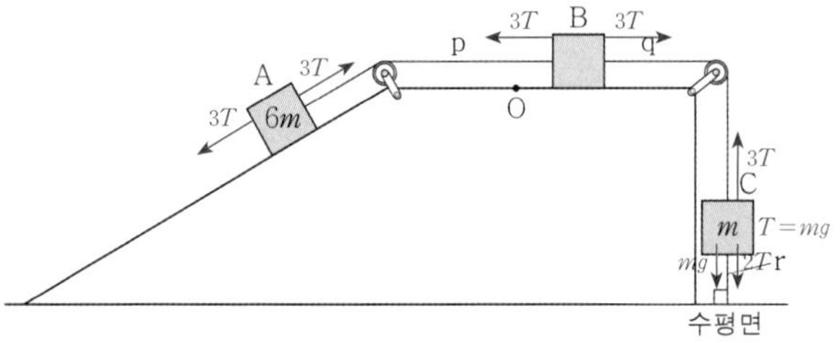

p가 끊어진 순간 C의 속력은? (단, 중력 가속도는 g이고, 물체는 동일 연직면상에서 운동하며, 물체의 크기, 실의 질량, 모든 마찰은 무시한다.) [3점]

① $\frac{1}{9}gt_0$ ② $\frac{1}{11}gt_0$ ③ $\frac{1}{13}gt_0$ ④ $\frac{1}{15}gt_0$ ⑤ $\frac{1}{17}gt_0$

✓ 자료 해석

- r이 C에 작용하는 힘의 크기를 $2T$라고 하면 q가 B, C에 작용하는 힘의 크기는 $3T$이다. C에 작용하는 알짜힘이 0이므로 $3T-2T-mg=0$에서 $T=mg$이다.
- B에 작용하는 알짜힘이 0이므로 p가 B를 당기는 힘의 크기도 $3T$이다. → p가 A에 작용하는 힘의 크기도 $3T$이고, A에 작용하는 알짜힘이 0이므로 A에 빗면 아래 방향으로 작용하는 힘의 크기도 $3T$이다.
- r를 끊으면 (A+B+C)에 작용하는 알짜힘은 $3T-mg=2mg$이고, p가 끊어진 후 A에 작용하는 알짜힘은 $3T=3mg$, (B+C)에 작용하는 알짜힘은 mg이다.

O 보기풀이 r가 C에 작용하는 힘의 크기를 $2T$라고 하면, q가 B에 작용하는 힘의 크기는 $3T$이다. 정지해 있는 C에 작용하는 알짜힘이 0이므로 $3T-2T-mg=0$에서 $T=mg$이다. 한편 A에 작용하는 알짜힘도 0이므로 A에 빗면 아래 방향으로 작용하는 힘의 크기는 $3T=3mg$이다.

p가 끊어지면 A에는 $3mg$의 힘만 작용하므로 A의 가속도의 크기는 $\frac{3mg}{6m}$이고, B의 질량을 M이라고 하면 (B+C)에는 mg의 힘만 작용하므로 B의 가속도의 크기는 $\frac{mg}{(M+m)}$이다. 가속도의 크기는 A가 B의 2배이므로 $\frac{3mg}{6m}=2\times\frac{mg}{(M+m)}$에서 $M=3m$이다.

r가 끊어진 후 가속도의 크기가 a_0이라면, (A+B+C)에 작용하는 알짜힘이 $3mg-mg=2mg$이므로 $2mg=(6m+3m+m)a_0$에서 $a_0=\frac{1}{5}g$이다. p가 끊어진 후 (B+C)는 처음 운동 방향과 반대 방향으로 $\frac{mg}{(3m+m)}=\frac{1}{4}g$의 가속도로 등가속도 운동한다.

r가 끊어진 후 B가 O를 지날 때까지 걸린 시간을 t_1, p가 끊어진 후 B가 O를 지나 속력이 0이 될 때까지의 시간을 t_2라고 하면 다시 O에 돌아올 때까지 걸린 시간은 $2t_2$이므로 $t_1+2t_2=t_0$(①)이고, t_1, t_2 동안 속력 변화량은 같으므로 $\frac{1}{5}gt_1=\frac{1}{4}gt_2$(②)이다. ②에서 $t_2=\frac{4}{5}t_1$이므로 ①에 대입하면 $t_0=\frac{13}{5}t_1$이다.

따라서 p가 끊어진 순간 C의 속력은 $\frac{1}{5}gt_1=\frac{1}{5}g\left(\frac{5}{13}t_0\right)=\frac{1}{13}gt_0$이다.

문제풀이 Tip

실이 끊어질 때마다 물체의 운동이 변화하므로 각 경우에 함께 운동하는 물체와 물체에 작용하는 알짜힘을 찾아 운동 방정식을 적용할 수 있어야 한다.

Part I
교육청

선택지 비율	① 2%	② 3%	③ 6%	❹ 87%	⑤ 3%

3 작용 반작용과 힘의 평형

2024년 7월 교육청 3번 | 정답 ④ | 문제편 8p

출제 의도 힘의 평형 관계를 이해하여 물체에 작용하는 힘의 크기를 비교할 수 있는지 확인하는 문항이다.

그림 (가), (나)와 같이 직육면체 모양의 물체 A 또는 B를 용수철과 연직 방향으로 연결하여 저울 위에 올려놓았더니 A와 B가 정지해 있다.(정지=알짜힘 0) (가)와 (나)에서 용수철이 늘어난 길이는 서로 같고, (가)에서 저울에 측정된 힘의 크기는 35 N이다. A, B의 질량은 각각 1 kg, 3 kg이다.(A, B에 작용하는 중력은 각각 10 N, 30 N이다.)

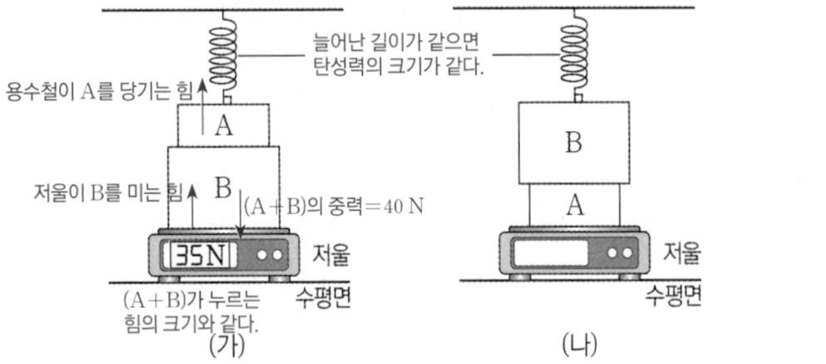

이에 대한 설명으로 옳은 것만을 〈보기〉에서 있는 대로 고른 것은? (단, 중력 가속도는 10 m/s²이고, 용수철의 질량은 무시한다.)

> 보기
> ㄱ. (가)에서 A가 용수철을 당기는 힘의 크기는 5 N이다.
> ㄴ. (나)에서 저울에 측정된 힘의 크기는 ~~35 N보다 크다.~~ 35 N이다.
> ㄷ. (가)에서 A가 B를 누르는 힘의 크기는(5 N) (나)에서 A가 B를 떠받치는 힘의 크기의(25 N) $\frac{1}{5}$배이다.

① ㄴ ② ㄷ ③ ㄱ, ㄴ ④ ㄱ, ㄷ ⑤ ㄱ, ㄴ, ㄷ

✔ 자료 해석

- A, B가 정지해 있다. → A, B를 한 물체로 볼 때 (A+B)에 작용하는 알짜힘과 A, B 각 물체에 작용하는 알짜힘이 모두 0이다.
- 용수철이 늘어난 길이가 같다.=용수철이 물체를 당기는 힘의 크기가 같다.=물체가 용수철을 당기는 힘의 크기가 같다.

○ 보기풀이 ㄱ. 저울에 측정된 힘의 크기는 저울이 B를 미는 힘의 크기와 같다. A, B를 한 물체로 볼 때, (A+B)에 작용하는 알짜힘이 0이므로 (A+B)에 작용하는 힘들은 평형을 이루고 있다. (A+B)에는 아래 방향으로 (A+B)에 작용하는 중력, 위 방향으로 용수철이 A를 당기는 힘, 저울이 B를 미는 힘이 작용한다. 따라서 40 N=(용수철이 A를 당기는 힘)+35 N이므로 용수철이 A를 당기는 힘은 5 N이다. 작용 반작용에 의해 A가 용수철을 당기는 힘의 크기도 5 N이다.
ㄷ. (가)에서 A가 B를 누르는 힘의 크기는 B가 A를 떠받치는 힘의 크기와 같다. A에는 용수철이 5 N의 힘을 위 방향으로 작용하고, 아래 방향으로 10 N의 중력이 작용하므로 A에 작용하는 알짜힘이 0이 되려면 B가 A를 떠받치는 힘의 크기는 5 N이다. (나)에서 B에는 용수철이 5 N의 힘을 위 방향으로 작용하고 아래 방향으로 30 N의 중력이 작용하므로 B에 작용하는 알짜힘이 0이 되려면 A가 B를 떠받치는 힘의 크기는 25 N이다.

× 매력적 오답 ㄴ. (가)와 (나)에서 용수철이 늘어난 길이가 같으므로 용수철이 물체에 작용하는 힘의 크기는 5 N으로 같다. (나)에서 (A+B)에 작용하는 알짜힘이 0이므로 40 N=5 N+(저울이 A를 미는 힘)에서 저울이 A를 미는 힘의 크기는 35 N이다.

문제풀이 Tip

물체에 여러 가지 힘이 작용할 때는 물체에 작용하는 힘의 방향을 먼저 표시해 두면 힘의 평형 관계를 더 쉽게 파악할 수 있다. 특히 두 물체가 붙어 있는 경우에는 각 물체에 작용하는 힘, 두 물체를 합쳐서 한 물체로 봤을 때 작용하는 힘을 나누어서 생각할 수 있어야 한다.

선택지 비율	❶ 77%	② 9%	③ 8%	④ 3%	⑤ 4%

4 작용 반작용 법칙의 적용

2024년 5월 교육청 4번 | 정답 ① | 문제편 8p

출제 의도 정지해 있는 두 물체에 작용하는 힘들의 관계를 파악하여 물체에 작용하는 힘의 크기 관계를 설명할 수 있는지 확인하는 문항이다.

그림과 같이 물체 A와 용수철로 연결된 물체 B에 크기가 F인 힘을 연직 아래 방향으로 작용하였더니 용수철이 압축되어 A와 B가 정지해 있다.(정지=알짜힘 0) A, B의 질량은 각각 $2m$, m이고, 수평면이 A를 떠받치는 힘의 크기는 용수철이 B에 작용하는 힘의 크기의 2배이다.

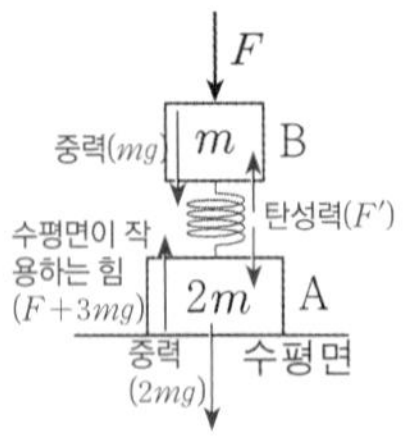

이에 대한 설명으로 옳은 것만을 〈보기〉에서 있는 대로 고른 것은? (단, 중력 가속도는 g이고, 용수철의 질량, 마찰은 무시한다.) [3점]

> 보기
> ㄱ. $F=mg$이다.
> ㄴ. 용수철이 A에 작용하는 힘의 크기는 ~~3mg~~이다. $2mg$
> ㄷ. B에 작용하는 중력과 ~~용수철이 B에 작용하는 힘~~(B가 지구를 잡아당기는 힘)은 작용 반작용 관계이다.

① ㄱ ② ㄴ ③ ㄱ, ㄷ ④ ㄴ, ㄷ ⑤ ㄱ, ㄴ, ㄷ

✔ 자료 해석

- A, B가 정지해 있으므로 A, B에 작용하는 알짜힘은 0이다.
  - → B에는 위 방향으로 용수철의 탄성력, 아래 방향으로 F, 중력($=mg$)이 작용한다.
  - → (A+B)를 한 물체로 보면 (A+B)에는 위 방향으로 수평면이 떠받치는 힘, 아래 방향으로 F, 중력($=3mg$)이 작용한다.

○ 보기풀이 ㄱ. (A+B)를 한 물체를 볼 때 힘의 평형을 이루고 있으므로 수평면이 A를 떠받치는 힘의 크기는 $F+3mg$이다. 또한, B에서도 B에 작용하는 힘들이 평형을 이루고 있으므로 탄성력의 크기를 F'이라 하면 $F'=F+mg$이다. 따라서 $F+3mg=2\times F'=2\times(F+mg)$에서 $F=mg$이다.

× 매력적 오답 ㄴ. 용수철이 A에 작용하는 힘의 크기는 용수철이 B에 작용하는 힘의 크기와 같다. $F'=F+mg$인데 $F=mg$이므로 $F'=2mg$이다.
ㄷ. B에 작용하는 중력과 B가 지구에 작용하는 힘은 작용 반작용 관계이다.

문제풀이 Tip

전체를 한 물체로 보고 힘의 평형 관계를 다룰 때와 각 물체에 작용하는 힘의 평형 관계를 다룰 때 어떤 값들에 대한 정보를 얻을 수 있는지 연습을 통해 익숙해지도록 한다.

선택지 비율	① 10%	② 9%	③ 20%	④ 14%	❺ 47%

5 함께 운동하는 물체와 뉴턴 운동 법칙

2024년 7월 교육청 16번 | 정답 ⑤ | 문제편 9p

출제 의도 두 물체가 함께 운동할 때 물체에 작용하는 힘을 분석하여 뉴턴 운동 법칙을 적용할 수 있는지 확인하는 문항이다.

그림 (가)는 물체 A, B를 실로 연결하고 A를 손으로 잡아 정지시킨 모습을 나타낸 것이다. 그림 (나)는 (가)에서 A를 가만히 놓은 순간부터 A의 속력을 시간에 따라 나타낸 것이다. $4t$일 때 실이 끊어졌다. A, B의 질량은 각각 $3m$, $2m$이다.

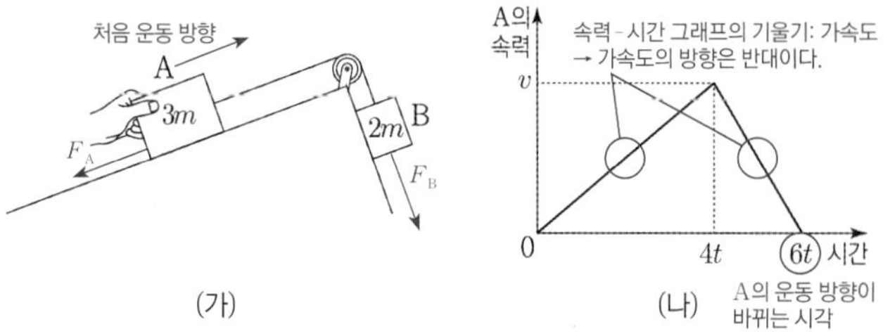

(가) (나)

이에 대한 설명으로 옳은 것만을 〈보기〉에서 있는 대로 고른 것은? (단, 실의 질량, 공기 저항과 모든 마찰은 무시한다.) [3점]

보기

ㄱ. A의 운동 방향은 t일 때와 $5t$일 때가 같다.

ㄴ. $5t$일 때, 가속도의 크기는 B가 A의 $\frac{11}{4}$배이다.

ㄷ. $4t$부터 $6t$까지 B의 이동 거리는 $\frac{19}{4}vt$이다.

① ㄴ ② ㄷ ③ ㄱ, ㄴ ④ ㄱ, ㄷ ⑤ ㄱ, ㄴ, ㄷ

문제풀이 Tip

실이 끊어지기 전과 후 A에 작용하는 알짜힘의 방향이 반대이고, B에 작용하는 알짜힘의 방향은 같다. 따라서 $F_B > F_A$이므로 실이 끊어지기 전에는 F_B의 방향으로 A, B가 운동한다.

✓ 자료 해석

- 빗면 위에 놓인 물체에는 빗면 아래 방향으로 힘이 작용한다. A에 작용하는 힘의 크기를 F_A, B에 작용하는 힘의 크기를 F_B라고 하면 실이 끊어지기 전과 후, A, B의 운동 방정식은 다음과 같다.
  → 실이 끊어지기 전: $F_B - F_A = (3m+2m)\left(\frac{v}{4t}\right)$
  → 실이 끊어진 후 A의 운동 방정식: $F_A = 3m\left(\frac{v}{2t}\right)$
- 실이 끊어진 후 A의 속력이 감소하므로 A에 작용하는 알짜힘의 방향은 실이 끊어지기 전과 후가 서로 반대이다. 따라서 실이 끊어지기 전 A에 작용하는 알짜힘의 방향은 빗면 위 방향이고, 실이 끊어진 후에는 F_A에 의해 빗면 아래 방향으로 힘을 받는다.

○ 보기풀이 ㄱ. 물체의 운동 방향이 바뀌려면 속력이 0이 되는 순간이 있어야 하므로 A는 $6t$일 때 운동 방향이 바뀐다. 따라서 A의 운동 방향은 t일 때와 $5t$일 때가 같으며, 운동 방향은 빗면 위 방향이다.

ㄴ. t일 때 A, B를 한 물체로 본 운동 방정식은 $F_B - F_A = (3m+2m)\left(\frac{v}{4t}\right)$이다. 한편 $5t$일 때 A의 운동 방정식은 $F_A = 3m\left(\frac{v}{2t}\right)$이므로 두 식을 연립하여 풀면 $F_B = \frac{11mv}{4t}$이다. 따라서 $5t$일 때 B의 가속도의 크기는 $\frac{F_B}{2m} = \frac{\frac{11mv}{4t}}{2m} = \frac{11v}{8t}$이므로 A의 가속도의 크기$\left(=\frac{v}{2t}\right)$의 $\frac{11}{4}$배이다.

ㄷ. $4t$일 때 B의 속력은 A와 같은 v이고, 가속도는 $\frac{11v}{8t}$이므로 $4t$부터 $6t$까지 B의 이동 거리는 $v \times 2t + \frac{1}{2} \times \frac{11v}{8t} \times (2t)^2 = \frac{19}{4}vt$이다.

선택지 비율	① 4%	❷ 68%	③ 12%	④ 10%	⑤ 6%

6 함께 운동하는 물체와 뉴턴 운동 법칙

2024년 5월 교육청 11번 | 정답 ② | 문제편 9p

출제 의도 등가속도 운동의 특징을 이용하여 물체의 운동을 분석하고, 힘과 가속도의 관계를 응용하여 함께 운동하는 물체의 운동을 풀이할 수 있는지 확인하는 문항이다.

그림 (가)와 같이 물체 A, B, C를 실로 연결하고 수평면상의 점 p에서 B를 가만히 놓았더니 물체가 등가속도 운동하여 B가 점 q를 지나는 순간 B와 C 사이의 실이 끊어진다. 그림 (나)는 (가) 이후 A, B가 등가속도 운동하여 B가 점 r에서 속력이 0이 되는 순간을 나타낸 것이다. A, C의 질량은 각각 m, $5m$이고, p와 q 사이의 거리는 q와 r 사이의 거리의 $\frac{2}{3}$배이다.

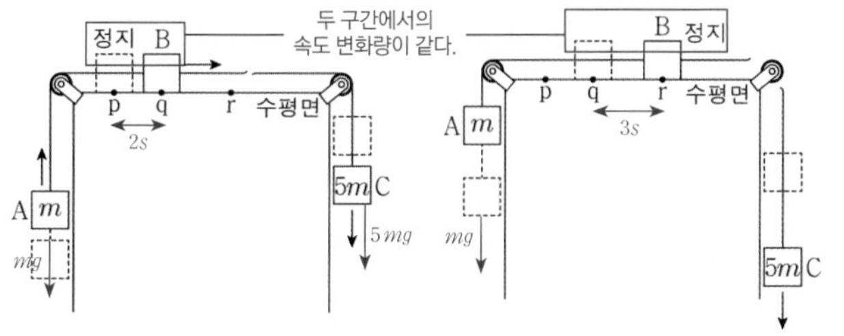

(가) (나)

B의 질량은? (단, 물체의 크기, 실의 질량, 마찰은 무시한다.) [3점]

① m ② $2m$ ③ $3m$ ④ $4m$ ⑤ $5m$

✓ 자료 해석

- (가), (나)에서 B의 가속도의 크기를 각각 $a_{(가)}$, $a_{(나)}$, B의 질량을 m_B라고 할 때 (가), (나)에서 운동 방정식은 다음과 같다.
  (가) $5mg - mg = (m + m_B + 5m)a_{(가)}$
  (나) $mg = (m + m_B)a_{(나)}$

○ 보기풀이 p에서 q까지의 거리를 $2s$라고 하면 q에서 r까지의 거리는 $3s$이고, q에서 B의 속력을 v라고 하면 $v^2 = 2a_{(가)}2s$, $v^2 = 2a_{(나)}3s$이다. 따라서 $\frac{a_{(나)}}{a_{(가)}} = \frac{2}{3}$이다. (가), (나)에서 운동 방정식은 $4mg = (6m + m_B)a_{(가)}$이고, (나)에서 실이 끊어진 후에는 $mg = (m + m_B)a_{(나)}$이므로 $\frac{a_{(나)}}{a_{(가)}} = \frac{(6m + m_B)}{4(m + m_B)} = \frac{2}{3}$에서 $m_B = 2m$이다.

문제풀이 Tip

B의 등가속도 운동을 이용하면 (가)와 (나)에서 물체의 가속도의 크기를 비교할 수 있다. 각 구간에서 B의 평균 속력은 같다. 따라서 이동 거리의 비는 B가 운동하는 데 걸린 시간과 같으므로 p에서 q까지 걸린 시간을 $2t$라고 하면 q에서 r까지 걸린 시간은 $3t$이다. 가속도$=\frac{속도 변화량}{시간}$이므로 $\frac{a_{(나)}}{a_{(가)}} = \frac{2}{3}$이다.

선택지 비율	① 4%	② 4%	③ 9%	④ 8%	⑤ 74%

7 작용 반작용의 적용

2024년 3월 교육청 5번 | 정답 ⑤ | 문제편 9p

출제 의도 물체에 작용하는 알짜힘이 0일 때 물체에 작용하는 힘들의 관계를 파악할 수 있는지 확인하는 문항이다.

다음은 자석과 자성체를 이용한 실험이다.

[실험 과정]

(가) 그림과 같은 고리 모양의 동일한 자석 A, B, C, ㉠강자성체 X, 상자성체 Y를 준비한다.

(나) 수평면에 연직으로 고정된 나무 막대에 자석과 자성체를 넣고, 모두 정지했을 때의 위치를 비교한다. (알짜힘 0)

[실험 결과]

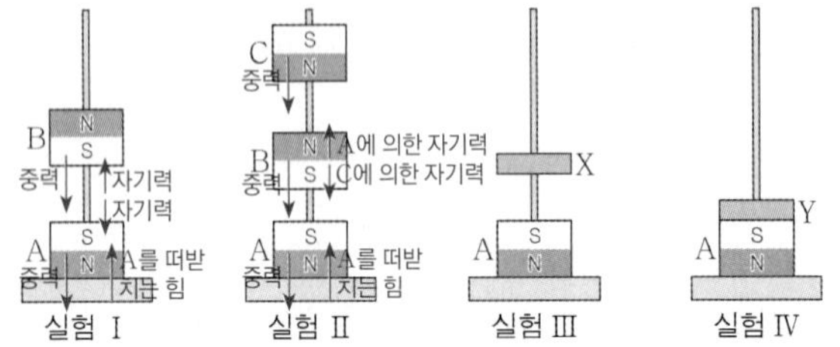

※ 단, 모든 마찰은 무시함.

실험 Ⅰ과 Ⅱ에 대한 설명으로 옳은 것은? [3점]

① Ⅰ에서 A가 B에 작용하는 자기력과 ~~B에 작용하는 중력은~~ (B가 A에 작용하는 자기력) 작용 반작용 관계이다.

② Ⅱ에서 A가 B에 작용하는 자기력의 크기는 B의 무게와 ~~같다~~. 보다 크다.

③ Ⅰ과 Ⅱ에서 A가 B에 작용하는 자기력의 크기는 같다. (Ⅱ에서가 더 크다.)

④ B에 작용하는 알짜힘의 크기는 Ⅱ에서가 Ⅰ에서보다 ~~크다~~. 같다

⑤ A가 수평면을 누르는 힘의 크기는 Ⅱ에서가 Ⅰ에서보다 크다.

✓ 자료 해석

• 정지한 물체에 작용하는 알짜힘은 0이다.

→ Ⅰ에서 B에는 위 방향으로 자기력, 아래 방향으로 중력이 작용하고 A에는 위 방향으로 수평면이 떠받치는 힘, 아래 방향으로 중력, 자기력이 작용한다.

→ Ⅰ과 Ⅱ에서 각각 (A+B), (A+B+C)를 한 물체로 보면 위 방향으로 수평면이 떠받치는 힘, 아래 방향으로 중력이 작용한다.

○ 보기 풀이 ⑤ A가 수평면을 누르는 힘은 수평면이 A를 떠받치는 힘과 작용 반작용 관계이므로 크기가 같다. Ⅰ에서 (A+B)를 한 물체로 보면 수평면이 A를 떠받치는 힘은 A, B에 작용하는 중력의 합과 같고, Ⅱ에서 (A+B+C)를 한 물체로 보면 수평면이 A를 떠받치는 힘은 A, B, C에 작용하는 중력의 합과 같다. 즉, Ⅱ에서 A가 수평면을 누르는 힘의 크기는 Ⅰ에서보다 C의 무게만큼 크다.

× 매력적 오답 ① A가 B에 작용하는 자기력과 B에 작용하는 중력은 평형 관계이다. A가 B에 작용하는 자기력은 B가 A에 작용하는 자기력과 작용 반작용 관계이다.

② Ⅱ에서 B에 작용하는 알짜힘은 0이므로 A가 B에 작용하는 자기력=B에 작용하는 중력(B의 무게)+C가 B에 작용하는 자기력의 관계를 만족한다. 따라서 A가 B에 작용하는 자기력의 크기는 B의 무게보다 크다.

③ Ⅰ에서 B에 작용하는 알짜힘은 0이므로 A가 B에 작용하는 자기력=B에 작용하는 중력(B의 무게)이다. 따라서 A가 B에 작용하는 자기력의 크기는 Ⅱ에서가 Ⅰ에서보다 크다.

④ B는 정지해 있으므로 B에 작용하는 알짜힘은 Ⅰ과 Ⅱ에서 모두 0이다.

문제풀이 Tip

물체에 작용하는 알짜힘이 0일 때, 각 물체에 작용하는 알짜힘도 0이고, 두 물체를 한 물체로 봤을 때 작용하는 알짜힘도 0이다.

선택지 비율	① 7%	❷ 45%	③ 23%	④ 19%	⑤ 6%

8 뉴턴 운동 법칙과 함께 운동하는 물체

2024년 3월 교육청 14번 | 정답 ② | 문제편 9 p

출제 의도 여러 물체가 함께 운동할 때 물체에 작용하는 힘을 분석하여 뉴턴 운동 법칙을 적용할 수 있는지 확인하는 문항이다.

그림은 물체 A~D가 실 p, q, r로 연결되어 정지해 있는 모습을 나타낸 것이다. A와 B의 질량은 각각 $2m$, m이고, C와 D의 질량은 같다. p를 끊었을 때, C는 가속도의 크기가 $\frac{2}{9}g$로 일정한 직선 운동을 하고, r이 D를 당기는 힘의 크기는 $\frac{10}{9}mg$이다.

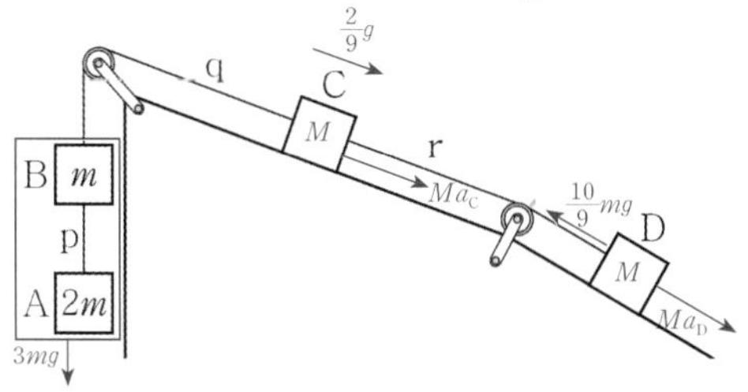

r을 끊었을 때, D의 가속도의 크기는? (단, g는 중력 가속도이고, 실의 질량, 공기 저항, 모든 마찰은 무시한다.) [3점]

① $\frac{2}{5}g$ ② $\frac{1}{2}g$ ③ $\frac{5}{9}g$ ④ $\frac{3}{5}g$ ⑤ $\frac{5}{8}g$

✓ 자료 해석

- C, D의 질량을 M, 모든 실을 끊었을 때 C, D의 가속도의 크기를 a_C, a_D라고 하면 실을 끊기 전 물체는 정지해 있으므로 $2mg+mg=Ma_C+Ma_D$이다.
- p를 끊었을 때 (B+C+D)에 작용하는 알짜힘은 Ma_C+Ma_D-mg이고 가속도는 $\frac{2}{9}g$이므로 $Ma_C+Ma_D-mg=(m+M+M)\frac{2}{9}g$이다.

○ 보기 풀이 실을 끊기 전 A~D가 정지해 있으므로 $3mg=M(a_C+a_D)$이다. p를 끊었을 때 (B+C+D)의 운동 방정식은 $M(a_C+a_D)-mg=(m+2M)\frac{2g}{9}$이므로 두 식을 연립하여 풀면 $M=4m$이다. p를 끊었을 때 D에 작용하는 알짜힘은 r이 D를 당기는 힘과 빗면 아래 방향으로 D에 작용하는 중력의 차이므로 $4ma_D-\frac{10}{9}mg$이고 가속도는 C와 같은 $\frac{2}{9}g$이므로 $4ma_D-\frac{10}{9}mg=4m\left(\frac{2}{9}g\right)$에서 $a_D=\frac{1}{2}g$이다.

문제풀이 Tip

C의 가속도는 함께 운동하는 물체들의 가속도와 모두 같으므로 p가 끊어진 후 물체들의 운동 방정식을 쉽게 세울 수 있다. 또한 D에 작용하는 힘에 대한 정보가 주어졌으므로 D에 작용하는 힘들의 관계도 쉽게 파악할 수 있다.

선택지 비율	① 3%	❷ 76%	③ 6%	④ 10%	⑤ 5%

9 작용 반작용 법칙

2023년 10월 교육청 4번 | 정답 ② | 문제편 10 p

출제 의도 정지해 있는 두 물체에 작용하는 힘의 관계를 이해하고, 작용 반작용 법칙을 적용할 수 있는지 확인하는 문항이다.

그림 (가), (나), (다)와 같이 자석 A, B가 정지해 있을 때, 실이 A를 당기는 힘의 크기는 각각 4 N, 8 N, 10 N이다. (가), (나)에서 A가 B에 작용하는 자기력의 크기는 F로 같다.

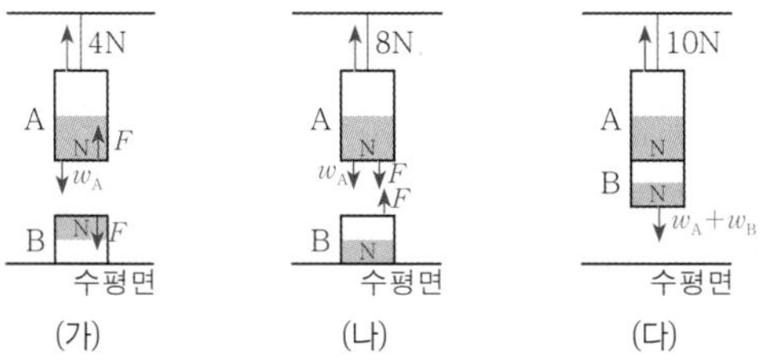

이에 대한 옳은 설명만을 <보기>에서 있는 대로 고른 것은? (단, 자기력은 A와 B 사이에만 연직 방향으로 작용한다.) [3점]

> 보기
> ㄱ. F=~~4 N~~이다. 2 N
> ㄴ. A의 무게는 6 N이다.
> ㄷ. 수평면이 B를 떠받치는 힘의 크기는 (가)에서가 (나)에서의 ~~2배~~이다. 3배

① ㄱ ② ㄴ ③ ㄱ, ㄷ ④ ㄴ, ㄷ ⑤ ㄱ, ㄴ, ㄷ

✓ 자료 해석

A, B의 무게를 각각 w_A, w_B라 하면 (가), (나), (다)에서 A에 작용하는 힘은 다음과 같다.

(가)	(나)	(다)
• 연직 위: 4 N, F • 연직 아래: w_A	• 연직 위: 8 N • 연직 아래: F, w_A	• 연직 위: 10 N • 연직 아래: w_A+w_B

○ 보기 풀이 ㄴ. 정지해 있는 물체에 작용하는 알짜힘은 0이므로 A에 작용하는 힘들은 평형을 이루고 있다. 따라서 (가)에서 $4\text{ N}+F=w_A$, (나)에서는 $8\text{ N}=F+w_A$이므로 $w_A=6\text{ N}$이다.

× 매력적 오답 ㄱ. A의 무게는 6 N이므로 $4\text{ N}+F=6\text{ N}$에서 $F=2\text{ N}$이다.
ㄷ. (다)에서 (A+B)에 작용하는 알짜힘이 0이므로 $10\text{ N}=6\text{ N}+w_B$에서 $w_B=4\text{ N}$이다. (가), (나)에서 수평면이 B를 떠받치는 힘의 크기를 각각 $N_{(가)}$, $N_{(나)}$라고 하면 B에 작용하는 알짜힘은 0이므로 $N_{(가)}=F+w_B=2\text{ N}+4\text{ N}=6\text{ N}$이고, $N_{(나)}=w_B-F=4\text{ N}-2\text{ N}=2\text{ N}$이다.

문제풀이 Tip

(가)와 (나)의 차이점과 (가), (나)와 (다)의 차이점을 파악하여 (가), (나), (다)에서 알 수 있는 정보를 잘 조합할 수 있어야 한다.

선택지 비율	① 10%	② 15%	③ 11%	❹ 60%	⑤ 4%

10 등가속도 직선 운동과 뉴턴 운동 법칙

2023년 10월 교육청 14번 | 정답 ④ | 문제편 10p

출제 의도 빗면 위의 물체에 작용하는 힘과 실로 연결되어 함께 운동하는 물체의 운동을 설명할 수 있는지 확인하는 문항이다.

그림 (가)와 같이 질량이 각각 $7m$, $2m$, 9 kg인 물체 A~C가 실 p, q로 연결되어 2 m/s로 등속도 운동한다. 그림 (나)는 (가)에서 실이 끊어진 순간부터 C의 속력을 시간에 따라 나타낸 것이다. ㉠과 ㉡은 각각 p와 q 중 하나이다.

(A+B)에 작용하는 힘=90 N

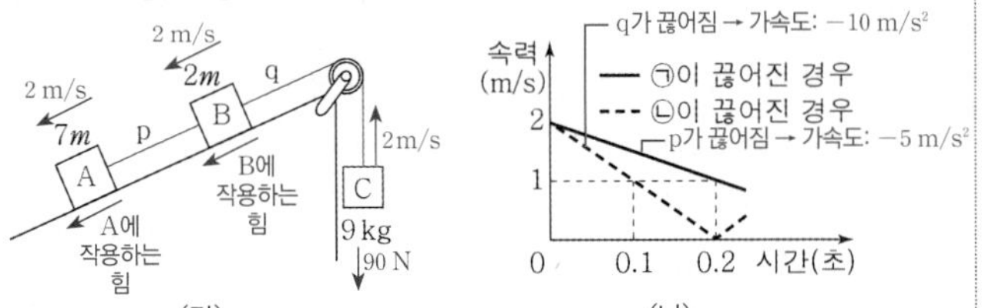

(가) (나)

p가 끊어진 경우, 0.1초일 때 A의 속력은? (단, 중력 가속도는 10 m/s²이고, 실의 질량과 모든 마찰은 무시한다.) [3점]

① 1.6 m/s ② 1.8 m/s ③ 2.2 m/s
④ 2.4 m/s ⑤ 2.6 m/s

✓ 자료 해석

- 실이 끊어지기 전에는 A~C가 함께 2 m/s로 등속도 운동하므로 빗면 위에서 A, B에 작용하는 힘의 크기는 C에 작용하는 중력의 크기(90 N)와 같다.
- (나)에서 실이 끊어졌을 때 C의 속력이 감소하므로 (가)에서 C의 처음 운동 방향은 위쪽이고, A, B는 빗면 아래 방향으로 운동한다. 또한, ㉡이 끊어졌을 때는 C의 가속도가 $\frac{2}{0.2}=10(\text{m/s}^2)$이므로 q가 끊어졌을 때이다.

○ 보기 풀이 A, B의 빗면 아래 방향의 가속도의 크기를 a라고 하면 A, B에 작용하는 힘의 크기는 각각 $7ma$, $2ma$이다. 실이 끊어지기 전 A, B, C는 등속도 운동을 하므로 $7ma+2ma=90$ N에서 $ma=10$ N(①)이다. p가 끊어졌을 때는 (나)의 그래프에서 ㉠이 끊어진 경우이므로 이때 (B+C)의 가속도의 크기는 $\frac{1}{0.2}=5(\text{m/s}^2)$이다. 따라서 (B+C)의 운동 방정식은 $90-20=(2m+9)\times5$이므로 $m=2.5$(kg)이고, ①에 대입하면 $a=4\text{ m/s}^2$이다.
p가 끊어지면 A는 빗면 아래 방향으로 작용하는 힘에 의해 등가속도 운동을 하고, 이때의 가속도는 4 m/s²이므로 0.1초일 때 A의 속력은 2 m/s+(4 m/s² × 0.1 s)=2.4 m/s이다.

문제풀이 Tip

q가 끊어지면 C에 작용하는 힘은 중력뿐이므로 이때의 가속도의 크기는 10 m/s²이다. 이를 이용하여 (나)에서 ㉠, ㉡이 각각 p와 q 중 무엇인지 먼저 판별할 수 있어야 한다.

선택지 비율	① 2%	② 1%	③ 47%	④ 5%	❺ 45%

11 뉴턴 운동 법칙의 이해

2023년 7월 교육청 4번 | 정답 ⑤ | 문제편 10p

출제 의도 함께 있는 세 물체를 한 물체로 보고 뉴턴 운동 법칙을 적용할 수 있는지 확인하는 문항이다.

그림은 수평면에서 정지해 있는 물체 C 위에 물체 A, B를 올려놓고 B에 크기가 F인 힘을 수평 방향으로 작용할 때 A, B, C가 정지해 있는 모습을 나타낸 것이다.

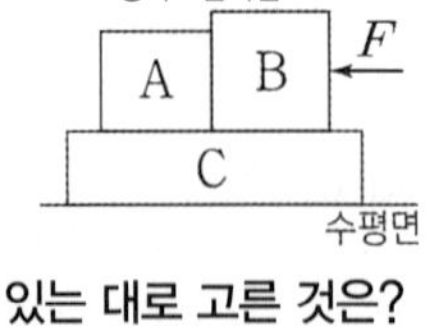

이에 대한 설명으로 옳은 것만을 〈보기〉에서 있는 대로 고른 것은? [3점]

보기
ㄱ. B에 작용하는 알짜힘은 0이다.
ㄴ. 수평면이 C에 작용하는 수평 방향의 힘의 크기는 F이다.
ㄷ. A가 B에 작용하는 힘은 B가 A에 작용하는 힘과 작용 반작용 관계이다.

① ㄱ ② ㄴ ③ ㄱ, ㄷ ④ ㄴ, ㄷ ⑤ ㄱ, ㄴ, ㄷ

✓ 자료 해석

- A, B, C가 정지해 있다.
→ A, B, C를 한 물체로 볼 때 (A+B+C)에 작용하는 알짜힘은 0이다.
→ A, B, C 각 물체에 작용하는 알짜힘은 0이다.

○ 보기 풀이 ㄱ. A, B, C는 정지해 있으므로 세 물체에 작용하는 알짜힘은 각각 0이다.
ㄴ. A, B, C를 한 물체로 볼 때 (A+B+C)에 작용하는 알짜힘이 0이므로 (A+B+C)에 작용하는 힘들은 평형을 이루고 있다. (A+B+C)에 크기가 F인 힘이 작용하고 있으므로 수평면은 이 힘과 반대 방향으로 같은 크기의 힘을 작용하고 있다.
ㄷ. A가 B에 작용하는 힘에 대한 반작용은 B가 A에 작용하는 힘이다.

문제풀이 Tip

세 물체를 한 물체로 볼 때 물체에 작용하는 힘은 외부에서 작용하는 힘과 수평면이 작용하는 마찰력이고, 이 두 힘이 평형을 이루어야 물체에 작용하는 알짜힘이 0이 된다.

선택지 비율	① 7%	❷ 71%	③ 12%	④ 8%	⑤ 2%

12 함께 운동하는 물체와 뉴턴 운동 법칙

2023년 7월 교육청 8번 | 정답 ② | 문제편 10p

출제 의도 두 물체가 함께 운동할 때 물체에 작용하는 힘을 분석하여 뉴턴 운동 법칙을 적용할 수 있는지 확인하는 문항이다.

그림 (가)는 물체 A, B가 실로 연결되어 서로 다른 빗면에서 속력 v로 등속도 운동하다가 A가 점 p를 지나는 순간 실이 끊어지는 것을 나타낸 것이다. 그림 (나)는 (가) 이후 A와 B가 각각 빗면을 따라 등가속도 운동을 하다가 A가 다시 p에 도달하는 순간 B의 속력이 $4v$인 것을 나타낸 것이다.

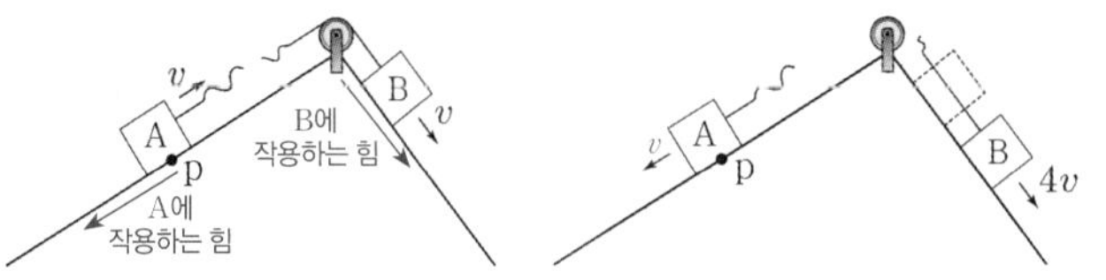

(가) (나)

A, B의 질량을 각각 m_A, m_B라 할 때, $\frac{m_A}{m_B}$는? (단, 물체의 크기, 실의 질량, 모든 마찰은 무시한다.) [3점]

① 2 ② $\frac{3}{2}$ ③ $\frac{4}{3}$ ④ $\frac{5}{4}$ ⑤ $\frac{6}{5}$

✓ 자료 해석

- (가)에서 등속도 운동을 하는 동안 A, B에 작용하는 알짜힘은 0이다.
  → 빗면 아래 방향으로 작용하는 힘의 크기는 A와 B에서 서로 같다.
- (가)에서 p를 지나는 순간 A의 속력은 v이고, p를 지나는 순간 이후에는 A에 빗면 아래 방향으로 알짜힘이 작용하여 등가속도 운동을 한다.
  → A가 다시 p를 지날 때 A의 변위는 0이므로 A의 속력은 v이다.

○ 보기풀이 (가)에서 A와 B가 실로 연결되어 등속도 운동하므로 A와 B에 빗면과 나란하게 아래 방향으로 작용하는 힘의 크기는 같다.
(나)에서 A가 다시 p에 도달하는 순간 A의 속력은 v이므로 그 동안 A의 속도 변화량의 크기는 $v-(-v)=2v$이고, B의 속도 변화량의 크기는 $4v-v=3v$이다. 같은 시간 동안 속도 변화량의 크기의 비, 즉 가속도의 비는 A : B=2 : 3이다. 뉴턴 운동 제2법칙을 적용하면 힘의 크기가 같을 때 질량과 가속도는 서로 반비례 관계이므로 질량의 비는 A : B=3 : 2이고 $\frac{m_A}{m_B}=\frac{3}{2}$이다.

문제풀이 Tip

A는 실이 끊어진 이후 등가속도 운동을 하는데, 처음 운동 방향과 가속도의 방향이 반대이므로 속력이 점점 줄어들다가 운동 방향이 바뀌면서 다시 속력이 증가한다. 같은 위치로 되돌아 왔을 때 A의 속력이 v가 되는 것을 파악할 수 있어야 한다.

Part I
교육청

선택지 비율	① 8%	② 2%	❸ 81%	④ 2%	⑤ 6%

13 작용 반작용 법칙

2023년 4월 교육청 7번 | 정답 ③ | 문제편 11p

출제 의도 정지해 있는 두 물체에 작용하는 힘들의 관계를 파악하여 물체에 작용하는 힘의 크기 관계를 설명할 수 있는지 확인하는 문항이다.

그림은 동일한 자석 A, B를 플라스틱 관에 넣고, A에 크기가 F인 힘을 연직 아래 방향으로 작용하였을 때 A, B가 정지해 있는 모습을 나타낸 것이다.
정지=알짜힘 0
이에 대한 설명으로 옳은 것만을 〈보기〉에서 있는 대로 고른 것은? (단, 마찰은 무시한다.)

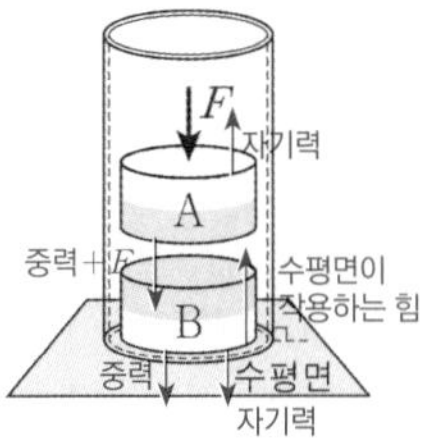

보기
ㄱ. A에 작용하는 알짜힘은 0이다.
ㄴ. A에 작용하는 중력과 ~~B가 A에 작용하는 자기력~~은 작용 반작용 관계이다.
A가 지구를 당기는 힘
ㄷ. 수평면이 B에 작용하는 힘의 크기는 F보다 크다.

① ㄱ ② ㄴ ③ ㄱ, ㄷ ④ ㄴ, ㄷ ⑤ ㄱ, ㄴ, ㄷ

✓ 자료 해석

- A, B가 정지해 있으므로 A, B에 작용하는 알짜힘은 0이다.
  → A에는 위 방향으로 B가 작용하는 자기력이, 아래 방향으로 F, 중력이 작용한다.
  → B에는 위 방향으로 수평면이 떠받치는 힘이 작용하고, 아래 방향으로 중력, 자기력이 작용한다.

○ 보기풀이 ㄱ. A, B는 정지해 있으므로 A, B에 작용하는 알짜힘은 0이다.
ㄷ. A, B의 질량을 m, A와 B 사이에 작용하는 자기력을 F_1, 수평면이 B에 작용하는 힘의 크기를 F_2라고 하자. A, B에 작용하는 알짜힘이 0이므로 A에서 $F_1=mg+F$이고, B에서 $F_2=mg+F_1=2mg+F$이다.

× 매력적 오답 ㄴ. A에 작용하는 중력과 A가 지구를 당기는 힘이 작용 반작용 관계이고, B가 A에 작용하는 자기력과 A가 B에 작용하는 자기력이 작용 반작용 관계이다.

문제풀이 Tip

물체에 여러 가지 힘이 작용할 때는 물체에 작용하는 힘의 방향을 먼저 표시해 두어야 실수를 줄일 수 있다.

선택지 비율	① 6%	② 13%	③ 23%	❹ 44%	⑤ 13%

14 함께 운동하는 물체와 뉴턴 운동 법칙

2023년 4월 교육청 11번 | 정답 ④ | 문제편 11 p

출제 의도 B의 등가속도 운동을 이용하여 물체의 운동을 분석하고, 함께 운동하는 물체의 운동 방정식을 풀이할 수 있는지 확인하는 문항이다.

그림 (가)와 같이 물체 A, B, C를 실 p, q로 연결하고 수평면 위의 점 O에서 B를 가만히 놓았더니 물체가 등가속도 운동하여 B의 속력이 v가 된 순간 q가 끊어진다. 그림 (나)와 같이 (가) 이후 A, B가 등가속도 운동하여 B가 O를 $3v$의 속력으로 지난다. A, C의 질량은 각각 $4m$, $5m$이다.

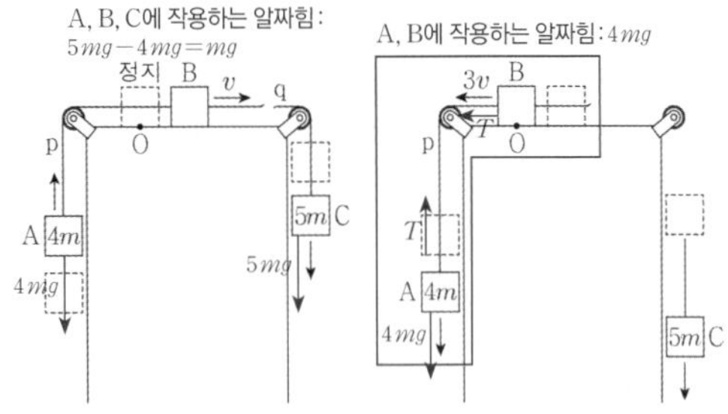

(가) (나)

(나)에서 p가 A를 당기는 힘의 크기는? (단, 중력 가속도는 g이고, 물체의 크기, 실의 질량, 마찰은 무시한다.) [3점]

① $\frac{1}{2}mg$ ② $\frac{2}{3}mg$ ③ $\frac{3}{4}mg$ ④ $\frac{4}{5}mg$ ⑤ $\frac{5}{6}mg$

✓ 자료 해석

- B의 질량을 m_B, 실이 끊어지기 전 B의 가속도의 크기를 $a_{(가)}$라고 할 때, A, B, C를 한 물체로 본 운동 방정식은 다음과 같다.
  → $5mg-4mg=(4m+m_B+5m)a_{(가)}$
- 실이 끊어진 후 B의 가속도의 크기를 $a_{(나)}$라고 할 때, A, B를 한 물체로 본 운동 방정식은 다음과 같다.
  → $4mg=(4m+m_B)a_{(나)}$

○ 보기 풀이 (가)에서 세 물체의 운동 방정식은 $5mg-4mg=(4m+m_B+5m)a_{(가)}$이다. B를 O에 놓은 순간부터 실이 끊어지는 순간까지 B가 이동한 거리를 L이라고 하면 $2a_{(가)}L=v^2-0$(①)이다. (나)에서 A, B를 한 물체로 본 운동 방정식은 $4mg=(4m+m_B)a_{(나)}$이고, $2a_{(나)}L=(3v)^2-v^2$(②)이다. 따라서 ①과 ②를 연립하여 풀면 $a_{(나)}=8a_{(가)}$이다. 이 관계식을 (가)와 (나)의 운동 방정식에 대입하여 풀면 $m_B=m$이고 $a_{(가)}=\frac{1}{10}g$, $a_{(나)}=\frac{4}{5}g$이다.

(나)의 A에는 p가 A를 당기는 힘과 A에 작용하는 중력이 서로 반대 방향으로 작용하고 있으므로 두 힘의 합력에 의해 A는 $\frac{4}{5}g$의 가속도로 운동한다. 따라서 p가 A를 당기는 힘을 T라고 하면 $4mg-T=4m\left(\frac{4}{5}g\right)$이므로 $T=\frac{4}{5}mg$이다.

문제풀이 Tip

B는 등가속도 운동을 하므로 (가)에서 실이 끊어진 후에 운동하다가 정지하고, 운동 방향이 바뀐 후 다시 실이 끊어진 위치를 지날 때 B의 속력은 v이다. B의 등가속도 운동을 이용하면 (가)와 (나)에서 물체의 가속도의 크기를 비교할 수 있다.

선택지 비율	① 8%	② 3%	❸ 73%	④ 5%	⑤ 11%

15 작용 반작용 법칙

2023년 3월 교육청 10번 | 정답 ③ | 문제편 11 p

출제 의도 저울의 측정값을 이해하고, 작용 반작용 관계를 이용하여 물체에 작용하는 힘들의 관계를 설명할 수 있는지 확인하는 문항이다.

다음은 저울을 이용한 실험이다.

[실험 과정]

(가) 밀폐된 상자를 저울 위에 올려놓고 저울의 측정값을 기록한다.

(나) (가)의 상자 바닥에 드론을 놓고 상자를 밀폐시킨 후 저울의 측정값을 기록한다.

(다) (나)에서 드론을 가만히 떠 있게 한 후 저울의 측정값을 기록한다.

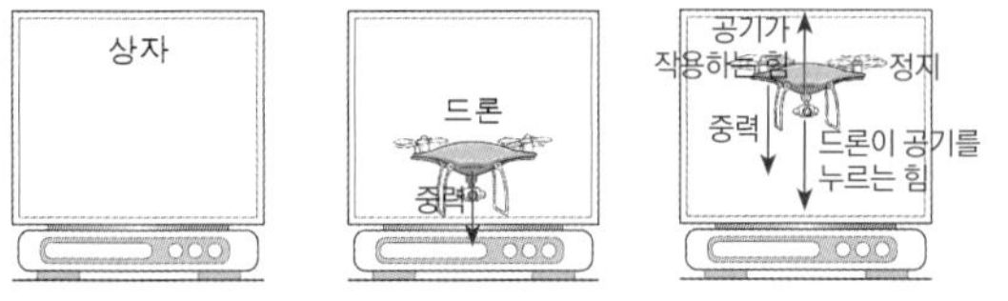

(가) (나) (다)

[실험 결과]

	(가)	(나)	(다)
저울의 측정값	2 N	8 N	8 N

= 상자가 저울을 누르는 힘: 작용 반작용에 의해 저울이 상자를 떠받치는 힘과 크기가 같다.

이에 대한 옳은 설명만을 ⟨보기⟩에서 있는 대로 고른 것은?

보기

ㄱ. (나)에서 저울이 상자를 떠받치는 힘의 크기는 8 N이다.

ㄴ. (다)에서 공기가 드론에 작용하는 힘과 드론에 작용하는 중력은 ~~작용 반작용~~ 관계이다. 힘의 평형

ㄷ. 상자 안의 공기가 상자에 작용하는 힘의 크기는 (다)에서가 (가)에서보다 6 N만큼 크다.

① ㄱ ② ㄴ ③ ㄱ, ㄷ ④ ㄴ, ㄷ ⑤ ㄱ, ㄴ, ㄷ

✓ 자료 해석

- 저울의 측정값은 상자가 저울을 누르는 힘의 크기이다. → 작용 반작용 법칙에 따라 이 값은 저울이 상자를 떠받치는 힘의 크기와 같다.
- (다)에서 가만히 떠 있는 드론에는 아래 방향으로 중력, 위 방향으로 공기가 드론에 작용하는 힘이 작용하여 평형을 이루고 있다. → 작용 반작용 법칙에 따라 드론은 자신이 받는 힘의 크기와 같은 크기의 힘을 공기에 작용한다.

○ 보기 풀이 ㄱ. (나)에서 저울이 상자를 누르는 힘의 크기가 8 N이므로 작용 반작용에 따라 저울이 상자를 떠받치는 힘의 크기도 8 N이다.

ㄷ. (가)에서 상자가 저울을 누르는 힘의 크기는 2 N이다. (다)에서 공기가 상자에 작용하는 힘의 크기가 증가한 만큼 저울의 측정값이 증가한다. 저울의 측정값이 2 N에서 8 N으로 증가했으므로 상자 안의 공기가 상자에 작용하는 힘의 크기는 (다)에서가 (가)에서보다 6 N만큼 크다.

× 매력적 오답 ㄴ. 공기가 드론에 작용하는 힘과 드론에 작용하는 중력은 힘의 평형 관계이다. 공기가 드론에 작용하는 힘은 드론이 공기에 작용하는 힘과 작용 반작용 관계이고, 드론에 작용하는 중력은 드론이 지구를 당기는 힘과 작용 반작용 관계이다.

문제풀이 Tip

작용 반작용 관계의 두 힘을 묻는 문제에서는 항상 힘의 평형 관계의 두 힘과 구분하여 찾을 수 있어야 한다. 작용 반작용 관계의 두 힘은 두 물체 사이에서 상호 작용하는 힘이라는 것을 기억해 두자.

선택지 비율	① 10%	② 11%	③ 12%	④ 28%	❺ 39%

16 빗면에서의 물체의 운동 방정식

2023년 3월 교육청 16번 | 정답 ⑤ | 문제편 11 p

출제 의도 빗면에서 물체에 작용하는 힘을 이해하고 함께 운동하는 두 물체의 운동 방정식을 세울 수 있는지 확인하는 문항이다.

그림 (가), (나), (다)는 동일한 빗면에서 실로 연결된 물체 A와 B가 운동하는 모습을 나타낸 것이다. A, B의 질량은 각각 m_A, m_B이다. (가)에서 A는 등속도 운동을 하고, (나), (다)에서 A는 가속도의 크기가 각각 $8a$, $17a$인 등가속도 운동을 한다.

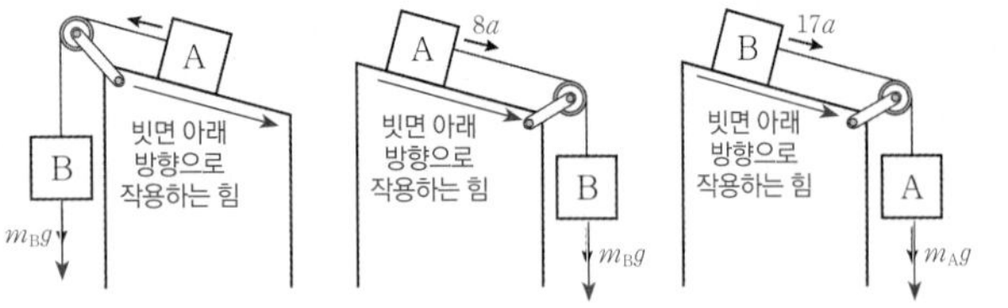

$m_A : m_B$는? (단, 실의 질량, 모든 마찰은 무시한다.) [3점]

① 1 : 4 ② 2 : 5 ③ 2 : 1 ④ 5 : 2 ⑤ 4 : 1

✓ 자료 해석

• 빗면 위에 놓인 물체에는 항상 빗면 아래 방향으로 힘이 작용한다. 이 힘에 의한 가속도를 a'이라 하면 (가), (나), (다)에서 물체의 운동 방정식은 다음과 같다.

(가) $(m_Bg - m_Aa') = 0$

(나) $(m_Bg + m_Aa') = 8a(m_A + m_B)$

(다) $(m_Ag + m_Ba') = 17a(m_A + m_B)$

O 보기 풀이 중력에 의한 빗면에서의 가속도를 a'이라고 하자.

(가)에서 $(m_Bg - m_Aa') = 0$에서 $m_Bg = m_Aa'$(①)이다. (나)에서 $(m_Bg + m_Aa') = 8a(m_A + m_B)$이므로 ①을 대입하면 $2m_Bg = 8a(m_A + m_B)$(②)이고, (다)에서 $(m_Ag + m_Ba') = 17a(m_A + m_B)$이므로 ②를 대입하면 $(m_Ag + m_Ba') = \frac{17}{4}m_Bg$(③)이다. ①에서 $a' = \frac{m_B}{m_A}g$이므로 이를 ③에 대입하면 $\left(m_Ag + \frac{(m_B)^2}{m_A}g\right) = \frac{17}{4}m_Bg$, 이 식을 정리하면 $4(m_A)^2 - 17m_Am_B + 4(m_B)^2 = 0$이므로 $m_A = 4m_B$ 또는 $4m_A = m_B$이다. 따라서 (나)와 (다)의 가속도 크기로부터 $m_A > m_B$인 것을 알 수 있으므로 $m_A = 4m_B$이고 $m_A : m_B = 4 : 1$이다.

문제풀이 Tip

빗면 위에 놓인 물체에는 항상 중력에 의해 빗면 아래 방향으로 힘이 작용한다. 이때 빗면 아래 방향으로 작용하는 힘에 의한 가속도는 같은 빗면이라면 물체의 질량에 관계없이 일정하다는 것을 기억해 두자.

선택지 비율	① 4%	② 1%	❸ 85%	④ 3%	⑤ 7%

17 작용 반작용 법칙

2022년 10월 교육청 3번 | 정답 ③ | 문제편 12 p

출제 의도 물체에 작용하는 힘의 관계를 이해하고, 작용 반작용 법칙을 적용할 수 있는지 확인하는 문항이다.

그림은 자석 A와 B가 실에 매달려 정지해 있는 모습을 나타낸 것이다. 이에 대한 옳은 설명만을 〈보기〉에서 있는 대로 고른 것은?

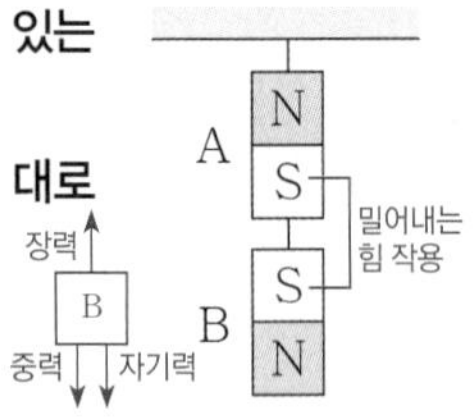

보기

ㄱ. A에 작용하는 알짜힘은 0이다.

ㄴ. A가 B에 작용하는 자기력과 B가 A에 작용하는 자기력은 작용 반작용 관계이다.

ㄷ. B에 연결된 실이 B를 당기는 힘의 크기는 지구가 B를 당기는 힘의 크기보다 ~~작다.~~ 크다.

① ㄱ ② ㄷ ③ ㄱ, ㄴ ④ ㄴ, ㄷ ⑤ ㄱ, ㄴ, ㄷ

✓ 자료 해석

A의 S극과 B의 S극 사이에는 밀어내는 자기력이 작용하므로 A, B에 작용하는 힘은 다음과 같다.

구분	A에 작용하는 힘	B에 작용하는 힘
연직 위 방향	• 실이 A를 당기는 힘 • B가 A를 밀어내는 자기력	• A와 B 사이에 연결된 실이 B를 당기는 힘
연직 아래 방향	• 지구가 A를 당기는 중력 • A와 B 사이에 연결된 실이 A를 당기는 힘	• A가 B를 밀어내는 자기력 • 지구가 B를 당기는 중력

O 보기 풀이 ㄱ. 정지해 있는 물체에 작용하는 알짜힘은 0이므로, A, B에 작용하는 알짜힘은 모두 0이다.

ㄴ. A가 B에 작용하는 자기력에 대한 반작용은 B가 A에 작용하는 자기력이다.

X 매력적 오답 ㄷ. B에 작용하는 알짜힘이 0이므로 B에 작용하는 힘들은 평형을 이루고 있다. B에는 연직 위 방향으로 실이 당기는 힘이 작용하고, 연직 아래 방향으로 A와 B 사이의 자기력과 중력이 작용하고 있다. 따라서 '실이 B를 당기는 힘의 크기=(A가 B를 밀어내는 자기력의 크기)+(지구가 B를 당기는 힘의 크기)'이다.

문제풀이 Tip

물체에 작용하는 힘의 방향을 먼저 표시한 후, 힘의 크기를 비교하도록 한다.

선택지 비율	① 12%	② 22%	③ 11%	④ 16%	⑤ 38%

18 등가속도 직선 운동과 뉴턴 운동 법칙

2022년 10월 교육청 13번 | 정답 ⑤ | 문제편 12p

출제 의도 등가속도 직선 운동의 특징을 이해하여 가속도와 걸린 시간의 관계를 알고 함께 운동하는 물체의 운동 방정식을 세울 수 있는지 확인하는 문항이다.

그림과 같이 물체 A 또는 B와 추를 실로 연결하고 물체를 빗면의 점 p에 가만히 놓았더니, 물체가 등가속도 직선 운동하여 점 q를 통과하였다. 추의 질량은 1 kg이다. 표는 물체의 질량, 물체가 p에서 q까지 운동하는 데 걸린 시간과 실이 물체에 작용한 힘의 크기 T를 나타낸 것이다.

(처음 속력 0) (같은 거리를 이동)

같은 거리를 이동하는 동안 걸린 시간이 2배이면 가속도의 크기는 $\frac{1}{4}$배

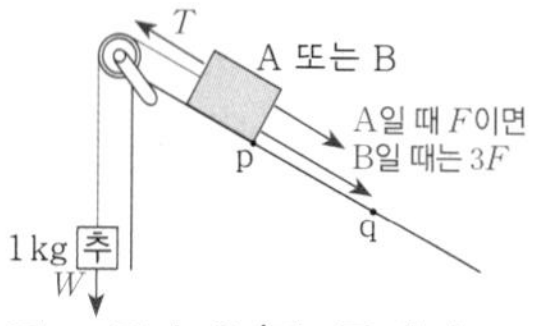

물체	질량	걸린 시간	T
A	3 kg	4초	T_A
B	9 kg	2초	T_B

$T_A : T_B$는? (단, 물체의 크기, 실의 질량, 모든 마찰과 공기 저항은 무시한다.) [3점]

① 1 : 4 ② 2 : 3 ③ 3 : 4 ④ 4 : 5 ⑤ 5 : 6

✓ 자료 해석

- 등가속도 직선 운동에서 $s=\frac{1}{2}at^2$이므로 같은 거리를 이동할 때 걸린 시간이 A가 B의 2배이면 가속도는 B가 A의 4배이다.
- 빗면 위에 놓인 물체에는 빗면 아래 방향으로 중력이 작용하는데, 이때 이 힘의 크기는 질량에 비례한다. 따라서 빗면 아래 방향으로 작용하는 힘은 B가 A의 3배이다.

보기 풀이 A의 가속도를 a라고 하면 B의 가속도는 $4a$이고, A에 빗면 아래 방향으로 작용하는 힘의 크기를 F라고 하면 B에 빗면 아래 방향으로 작용하는 힘의 크기는 $3F$이다. 추에 작용하는 중력을 W라고 할 때 추와 A 또는 B를 한 물체로 보고 운동 방정식을 세우면 추와 A는 $F-W=(1+3)\times a$, 추와 B는 $3F-W=(1+9)\times 4a$이다. 두 식을 연립하여 F를 a에 대해 정리하면 $F=18a$(①)이다. 한편 A, B 각각에 작용하는 힘을 이용하여 방정식을 세우면 A의 운동 방정식은 $F-T_A=3\times a$(②), B의 운동 방정식은 $3F-T_B=9\times 4a$(③)이다. 따라서 ①, ②식에서 $T_A=15a$이고 ①, ③식에서 $T_B=18a$이므로 $T_A : T_B=15a : 18a=5 : 6$이다.

문제풀이 Tip

함께 운동하는 두 물체의 운동 방정식은 두 물체를 하나의 물체로 보고 전체에 작용하는 알짜힘을 이용하여 세울 수도 있고, 한 물체에 작용하는 알짜힘을 이용하여 운동 방정식을 세울 수도 있다. 주어진 조건에 맞춰서 운동 방정식을 세우는 연습이 필요하다.

선택지 비율	① 9%	② 11%	③ 19%	④ 23%	⑤ 38%

19 함께 운동하는 물체와 뉴턴 운동 법칙

2022년 7월 교육청 3번 | 정답 ⑤ | 문제편 12p

출제 의도 등가속도 직선 운동의 특징을 이용하여 물체의 운동을 분석하고 물체의 운동 방정식을 세울 수 있는지 확인하는 문항이다.

그림과 같이 물체 A, B를 실로 연결하고 빗면의 점 p에서 A를 잡고 있다가 가만히 놓았더니 A, B가 등가속도 운동을 하다가 A가 점 q를 지나는 순간 실이 끊어졌다. 이후 A는 등가속도 직선 운동을 하여 다시 p를 지난다. A가 p에서 q까지 6 m 이동하는 데 걸린 시간은 3초이고, q에서 p까지 6 m 이동하는 데 걸린 시간은 1초이다. A와 B의 질량은 각각 m_A, m_B이다.

- p에서 q까지 A의 평균 속력: $\frac{6}{3}=2$(m/s)
- q에서 p까지 A의 평균 속력: $\frac{6}{1}=6$(m/s)

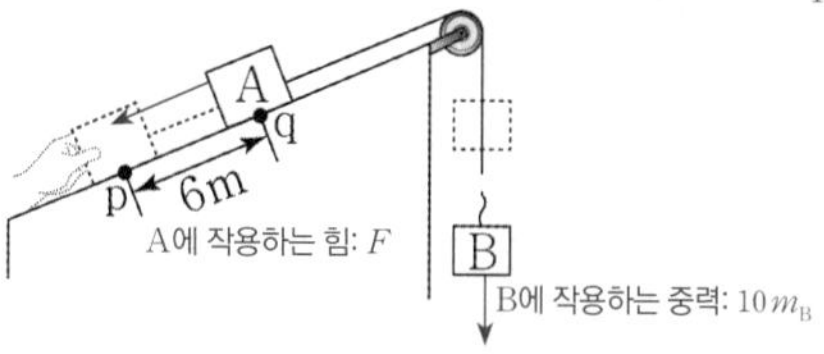

$\frac{m_A}{m_B}$는? (단, 중력 가속도는 10 m/s²이고, 실의 질량, A와 B의 크기, 모든 마찰과 공기 저항은 무시한다.) [3점]

① $\frac{1}{8}$ ② $\frac{3}{10}$ ③ $\frac{1}{2}$ ④ $\frac{13}{10}$ ⑤ $\frac{13}{8}$

✓ 자료 해석

빗면 위에 놓인 A에 빗면 아래 방향으로 작용하는 힘을 F, 실이 끊어지기 전과 실이 끊어진 후 A의 가속도를 각각 a_1, a_2라고 하자.

	실이 끊어지기 전	실이 끊어진 후
운동 방정식	$10m_B-F=(m_A+m_B)\times a_1$	$F=m_A\times a_2$
p와 q사이 A의 평균 속력	$\frac{6}{3}=2$(m/s)	$\frac{6}{1}=6$(m/s)

보기 풀이 q에서 A의 속력을 v라고 하면 A가 p에서 q까지 운동하는 동안 A의 평균 속력이 2 m/s이므로 $\frac{0+v}{2}=2$에서 $v=4$(m/s)이다. 따라서 이 구간에서 A의 가속도는 $\frac{4-0}{3}=\frac{4}{3}$(m/s²)이다. 실이 끊어지기 전 A와 B를 한 물체로 생각하고 운동 방정식을 세우면 $10m_B-F=(m_A+m_B)\times\frac{4}{3}$(①)이다. 한편 실이 끊어진 후 A가 q에서 p까지 운동하는 동안 A의 평균 속력이 6 m/s이므로 p에서의 속력을 v'이라고 하면 $\frac{4+v'}{2}=6$에서 $v'=8$(m/s)이다. 따라서 이 구간에서 A의 가속도는 $\frac{8-4}{1}=4$(m/s²)이므로 A의 운동 방정식은 $F=4m_A$(②)이다. 식 ②를 ①에 대입하면 $10m_B-4m_A=(m_A+m_B)\times\frac{4}{3}$에서 $\frac{m_A}{m_B}=\frac{13}{8}$이다.

문제풀이 Tip

등가속도 운동하는 물체의 평균 속력은 $\frac{(\text{처음 속력}+\text{나중 속력})}{2}$이다. 따라서 물체의 평균 속력과 처음 속력, 또는 평균 속력과 나중 속력을 알면 나머지 속력도 쉽게 찾을 수 있다.

Part I 교육청

선택지 비율	❶ 31%	② 26%	③ 18%	④ 19%	⑤ 5%

20 함께 운동하는 물체와 뉴턴 운동 법칙

2022년 4월 교육청 10번 | 정답 ① | 문제편 12p

출제 의도 주어진 조건을 이용하여 두 물체가 함께 운동할 때 뉴턴 운동 법칙을 적용할 수 있는지 확인하는 문항이다.

그림 (가)는 물체 A와 실로 연결된 물체 B에 수평 방향으로 일정한 힘 F를 작용하여 A, B가 등가속도 운동하는 모습을, (나)는 (가)에서 F를 제거한 후 A, B가 등가속도 운동하는 모습을 나타낸 것이다. A의 가속도의 크기는 (가)에서와 (나)에서가 같고, 실이 B를 당기는 힘의 크기는 (가)에서가 (나)에서의 2배이다. B의 질량은 m이다.

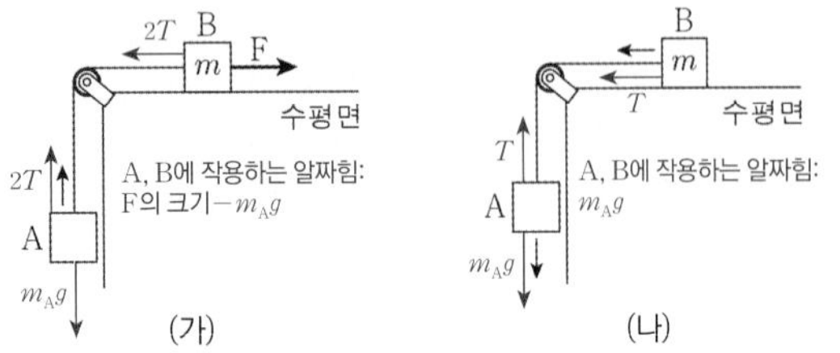

F의 크기는? (단, 중력 가속도는 g이고, 실의 질량, 마찰은 무시한다.)

① mg ② $2mg$ ③ $3mg$ ④ $4mg$ ⑤ $5mg$

✓ 자료 해석

(가)와 (나)에서 A의 가속도의 크기를 a, A의 질량을 m_A라 하면 (가)와 (나)에서의 운동 방정식은 다음과 같다.

(가) : $F-m_Ag=(m_A+m)a$ (나) : $m_Ag=(m_A+m)a$

○ 보기 풀이 (가)와 (나)에서의 운동 방정식은 각각 $F-m_Ag=(m_A+m)a$, $m_Ag=(m_A+m)a$이므로 $F=2(m_A+m)a$(①)이다.

(나)에서 실이 B를 당기는 힘의 크기를 T라고 하면 (가)와 (나)에서 B에 작용하는 알짜힘은 각각 $F-2T=ma$, $T=ma$이므로 $F=3ma$(②)이다.

식 ②를 ①에 대입하면 $3ma=2(m_A+m)a$이므로 $m_A=\frac{1}{2}m$이고, (나)에서의 운동 방정식에 대입하면 $a=\frac{1}{3}g$이다. 따라서 $F=3m\times\frac{1}{3}g=mg$이다.

문제풀이 Tip

실로 연결하여 함께 운동하는 A, B의 운동 방정식을 세울 때에는 A, B를 한 물체로 보고 운동 방정식을 세울 수도 있고, A의 운동 방정식, B의 운동 방정식을 각각 세울 수도 있다. 주어진 조건에 맞춰서 운동 방정식을 세우는 연습이 필요하다.

선택지 비율	① 6%	② 28%	③ 6%	❹ 56%	⑤ 3%

21 힘의 평형

2022년 3월 교육청 11번 | 정답 ④ | 문제편 13p

출제 의도 물체에 작용하는 힘을 분석하여 힘의 평형 관계를 이해하고 있는지 확인하는 문항이다.

그림 (가), (나)와 같이 무게가 10 N인 물체가 용수철에 매달려 정지해 있다. (가), (나)에서 용수철이 물체에 작용하는 탄성력의 크기는 같고, (나)에서 손은 물체를 연직 위로 떠받치고 있다.

물체에 작용하는 알짜힘 0

(나)에서 물체가 손에 작용하는 힘의 크기는? (단, 용수철의 질량은 무시한다.)

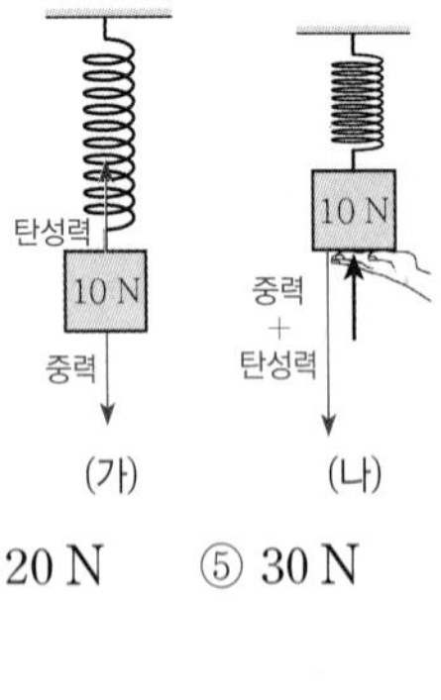

① 5 N ② 10 N ③ 15 N ④ 20 N ⑤ 30 N

✓ 자료 해석

• 탄성력의 방향은 용수철이 변형된 방향과 반대 방향이다. (가)에서 물체에 작용하는 탄성력의 방향은 중력의 방향과 반대 방향이고, (나)에서 물체에 작용하는 탄성력의 방향은 중력의 방향과 같은 방향이다.

• 물체가 정지해 있을 때, 물체에 작용하는 힘들이 평형을 이루므로 물체에 작용하는 알짜힘은 0이다.

○ 보기 풀이 (가)에서 물체에는 연직 아래 방향으로 중력과 연직 위 방향으로 탄성력이 작용하는데, 물체에 작용하는 알짜힘이 0이므로 탄성력의 크기는 중력의 크기와 같은 10 N이다.

(나)에서 물체에는 연직 아래 방향으로 중력과 탄성력, 연직 위 방향으로 손이 떠받치는 힘이 작용하는데, 물체에 작용하는 알짜힘이 0이므로 '중력의 크기+탄성력의 크기=물체가 손에 작용하는 힘의 크기'이다. 탄성력의 크기는 (가)와 (나)에서 서로 같으므로 물체가 손에 작용하는 힘의 크기는 10 N+10 N=20 N이다.

문제풀이 Tip

힘의 평형 관계를 알기 위해서는 물체에 작용하는 힘의 방향을 먼저 표시해 두어야 한다. 탄성력의 경우 용수철이 변형된 방향에 따라 탄성력의 방향도 달라 진다는 것을 유의하여야 한다.

선택지 비율	① 15%	② 18%	③ 20%	④ 15%	⑤ 33%

22 함께 운동하는 두 물체의 그래프 분석

2022년 3월 교육청 15번 | 정답 ⑤ | 문제편 13p

출제 의도 속력-시간 그래프를 통해 물체의 속력을 찾고, 이를 이용하여 함께 운동하는 물체의 운동 방정식을 세울 수 있는지 확인하는 문항이다.

그림 (가)는 물체 A, B, C를 실 p, q로 연결하고 C를 손으로 잡아 정지시킨 모습을, (나)는 (가)에서 C를 가만히 놓은 순간부터 C의 속력을 시간에 따라 나타낸 것이다. A, C의 질량은 각각 m, $2m$이고, p와 q는 각각 2초일 때와 3초일 때 끊어진다.

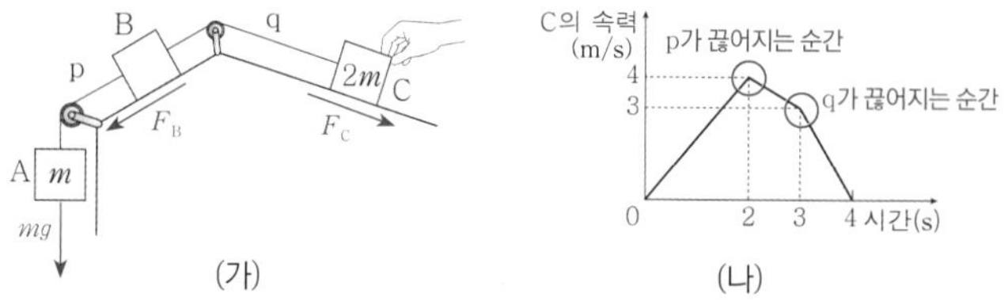

(가) (나)

4초일 때 B의 속력은? (단, 중력 가속도는 10 m/s²이고, 실의 질량 및 모든 마찰과 공기 저항은 무시한다.) [3점]

① 4 m/s ② 5 m/s ③ 6 m/s ④ 7 m/s ⑤ 8 m/s

문제풀이 Tip

함께 운동하는 물체 중 한 물체의 속력-시간 그래프만 주어지더라도 다른 물체의 속력, 가속도를 분석할 수 있다. 물체의 가속도와 질량을 알면 물체의 운동 방정식을 세울 수 있으므로 주어진 조건을 이용하여 문제에 접근할 수 있어야 한다.

✔ 자료 해석

- 함께 운동하는 물체의 속력, 가속도는 같으므로 p가 끊어지기 전 (A+B+C)의 가속도는 $\frac{4}{2}=2(\text{m/s}^2)$이고, p가 끊어진 후 (B+C)의 가속도는 $\frac{(3-4)}{(3-2)}=-1(\text{m/s}^2)$이며 q가 끊어진 후 C의 가속도는 $\frac{(0-3)}{(4-3)}=-3(\text{m/s}^2)$이다.
- B의 질량을 m_B, B와 C에 빗면 아래 방향으로 작용하는 힘의 크기를 각각 F_B, F_C라고 하면 각 구간에서의 물체의 운동 방정식은 다음과 같다.
  - → p가 끊어지기 전(0~2초) : $(10m+F_B-F_C)=(m+m_B+2m)\times 2$
  - → p가 끊어진 후(2초~3초) : $(F_B-F_C)=(m_B+2m)\times(-1)$
  - → q가 끊어진 후(3초~4초) : $-F_C=2m\times(-3)$

○ 보기풀이 p가 끊어지기 전(0~2초) 함께 운동하는 A, B, C의 운동 방정식은 $(10m+F_B-F_C)=(m+m_B+2m)\times 2$(①)이고, p가 끊어진 후(2초~3초) 함께 운동하는 B, C의 운동 방정식은 $(F_B-F_C)=(m_B+2m)\times(-1)$(②)이며, q가 끊어진 후(3초~4초) C의 운동 방정식은 $-F_C=2m\times(-3)$(③)이다. ③을 ①, ②에 대입하여 두 식을 연립하여 풀면 $m_B=\frac{2}{3}m$, $F_B=\frac{10}{3}m$이다. 4초일 때 B에 작용하는 알짜힘은 F_B이므로 3초~4초 동안 B의 가속도의 크기는 $\frac{F_B}{m_B}=5(\text{m/s}^2)$이다. 3초일 때 B의 속력은 C와 같은 3 m/s이므로 4초일 때 B의 속력은 $3+(5\times 1)=8(\text{m/s})$이다.

선택지 비율	① 10%	② 51%	③ 12%	④ 15%	⑤ 13%

23 뉴턴 운동 법칙

2021년 10월 교육청 12번 | 정답 ② | 문제편 13p

출제 의도 속력-시간 그래프를 해석하여 실로 연결되어 함께 운동하는 두 물체의 운동을 설명할 수 있다.

그림 (가)와 같이 물체 B와 실로 연결된 물체 A가 시간 $0\sim6t$ 동안 수평 방향의 일정한 힘 F를 받아 직선 운동을 하였다. A, B의 질량은 각각 m_A, m_B이다. 그림 (나)는 A, B의 속력을 시간에 따라 나타낸 것으로, $2t$일 때 실이 끊어졌다. 속력-시간 그래프의 기울기는 가속도를 의미한다.

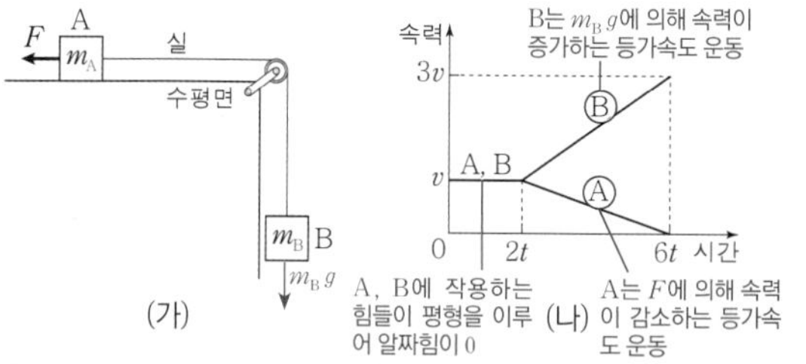

(가) (나)

이에 대한 옳은 설명만을 〈보기〉에서 있는 대로 고른 것은? (단, 실의 질량, 모든 마찰과 공기 저항은 무시한다.) [3점]

보기

ㄱ. t일 때, 실이 A를 당기는 힘의 크기는 $\frac{3m_Bv}{4t}$이다. $\frac{m_Bv}{2t}$

ㄴ. t일 때, A의 운동 방향은 F의 방향과 ~~같다~~. 반대이다.

ㄷ. $m_A=2m_B$이다.

① ㄴ ② ㄷ ③ ㄱ, ㄴ ④ ㄱ, ㄷ ⑤ ㄴ, ㄷ

✔ 자료 해석

- $0\sim2t$: A, B는 v의 속력으로 등속 직선 운동을 한다. → A, B에 작용하는 알짜힘은 0이다. → A에 작용하는 힘 F와 B에 작용하는 중력이 평형을 이룬다. → $F=m_Bg$
- $2t\sim6t$: A에는 F가 작용하여 가속도가 $\frac{v}{4t}$인 등가속도 운동을 하고, B에는 중력(m_Bg)이 작용하여 가속도가 $\frac{2v}{4t}=\frac{v}{2t}$인 등가속도 운동을 한다.

○ 보기풀이 ㄷ. 실이 끊어지기 전 A, B가 등속 운동을 하므로 (A+B)에 작용하는 알짜힘은 0이다. 따라서 F의 크기는 B에 작용하는 중력의 크기와 같은 m_Bg이다. 실이 끊어진 후 A에 작용하는 알짜힘은 F, B에 작용하는 알짜힘은 중력이므로 각각 운동 방정식을 세우면 $F=m_A\left(\frac{v}{4t}\right)$, $m_Bg=m_B\left(\frac{v}{2t}\right)$이다. 이때 F의 크기와 B에 작용하는 중력의 크기가 같으므로 $m_A\left(\frac{v}{4t}\right)=m_B\left(\frac{v}{2t}\right)$에서 $m_A=2m_B$이다.

× 매력적 오답 ㄱ. t일 때 A에 작용하는 알짜힘은 0이므로 실이 A를 당기는 힘의 크기는 F의 크기와 같다. F의 크기는 실이 끊어진 후 A에 작용하는 알짜힘의 크기와 같으므로 $F=m_A\left(\frac{v}{4t}\right)=2m_B\left(\frac{v}{4t}\right)=\frac{m_Bv}{2t}$이다.

ㄴ. 실이 끊어진 후 A의 속력이 느려지므로 A의 운동 방향과 F의 방향은 서로 반대이다. $0\sim6t$ 동안 A의 운동 방향은 변하지 않으므로 t일 때, A의 운동 방향은 F의 방향과 반대이다.

문제풀이 Tip

등속도 운동하는 물체에 작용하는 알짜힘은 0이므로 물체에 작용하는 힘의 크기를 쉽게 비교할 수 있으며, 실이 끊어진 후 A, B에 작용하는 알짜힘이 무엇인지 파악할 수 있어야 운동 방정식을 세울 수 있다.

선택지 비율	① 12%	❷ 61%	③ 8%	④ 9%	⑤ 10%

24 작용 반작용 법칙

2021년 10월 교육청 14번 | 정답 ② | 문제편 13p

출제 의도 정지해 있는 두 물체에 작용하는 힘들의 관계를 파악하여 물체에 작용하는 힘의 크기 관계를 설명할 수 있는지 확인하는 문항이다.

그림과 같이 질량이 각각 $3m$, m인 물체 A, B가 실로 연결되어 정지해 있다.
이에 대한 옳은 설명만을 〈보기〉에서 있는 대로 고른 것은? (단, 중력 가속도는 g이고, 실의 질량과 모든 마찰은 무시한다.)

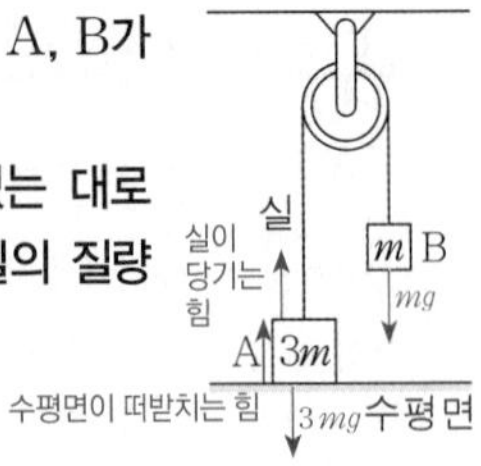

〈보기〉
ㄱ. 수평면이 A를 떠받치는 힘의 크기는 ~~$3mg$~~이다. $2mg$
ㄴ. B가 지구를 당기는 힘의 크기는 mg이다.
ㄷ. 실이 A를 당기는 힘과 지구가 A를 당기는 힘은 작용 반작용 관계~~이다~~. 가 아니다

① ㄱ ② ㄴ ③ ㄱ, ㄷ ④ ㄴ, ㄷ ⑤ ㄱ, ㄴ, ㄷ

✓ 자료 해석
• A가 정지해 있으므로 A에 작용하는 알짜힘이 0이다.
→ A에는 위 방향으로 실이 당기는 힘, 수평면이 A를 떠받치는 힘이 작용하고 아래 방향으로 중력이 작용한다.
• B가 정지해 있으므로 B에 작용하는 알짜힘은 0이다.
→ B에는 위 방향으로 실이 당기는 힘, 아래 방향으로 중력이 작용한다.

○ 보기풀이 ㄴ. B가 지구를 당기는 힘은 지구가 B를 당기는 힘, 즉 B에 작용하는 중력과 작용 반작용의 관계이므로 크기가 같다. 따라서 B가 지구를 당기는 힘의 크기는 mg이다.

× 매력적 오답 ㄱ. A에 작용하는 알짜힘이 0이므로 '실이 A를 당기는 힘의 크기+수평면이 A를 떠받치는 힘의 크기=A에 작용하는 중력의 크기'이다. 한편 B에 작용하는 알짜힘도 0이므로 실이 B를 당기는 힘의 크기=B에 작용하는 중력의 크기(mg)이다. 실이 A를 당기는 힘의 크기는 실이 B를 당기는 힘의 크기와 같은 mg이므로 'mg+수평면이 A를 떠받치는 힘의 크기=$3mg$'에서 수평면이 A를 떠받치는 힘의 크기는 $3mg-mg=2mg$이다.
ㄷ. 실이 A를 당기는 힘의 반작용은 A가 실을 당기는 힘이다. 또한 지구가 A를 당기는 힘의 반작용은 A가 지구를 당기는 힘이다.

문제풀이 Tip
작용 반작용 관계는 두 물체 사이에서 작용하는 힘의 관계이다. 따라서 주어와 목적어를 바꾸어 작용 반작용 관계의 힘을 찾을 수 있다.

선택지 비율	① 22%	② 14%	❸ 38%	④ 15%	⑤ 11%

25 함께 운동하는 물체와 뉴턴 운동 법칙

2021년 7월 교육청 7번 | 정답 ③ | 문제편 14p

출제 의도 실로 연결되어 함께 운동하는 물체의 운동을 분석하여 각 물체에 작용하는 힘의 관계를 이해하고 있는지 확인하는 문항이다.

그림과 같이 빗면 위의 물체 A가 질량 2 kg인 물체 B와 실로 연결되어 등가속도 운동을 한다. 표는 A가 점 p를 통과하는 순간부터 A의 위치를 2초 간격으로 나타낸 것이다. p와 점 q 사이의 거리는 8 m이다.

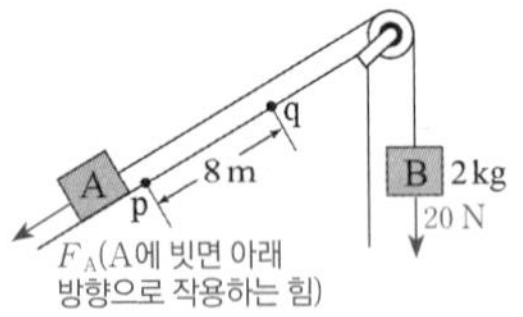

시간	0초	2초	4초
A의 위치	p	q	q

4초 때 다시 q로 되돌아오므로 3초일 때 운동 방향이 바뀐다.

실이 A를 당기는 힘의 크기는? (단, 중력 가속도는 10 m/s^{2}이고, 물체의 크기, 실의 질량, 모든 마찰과 공기 저항은 무시한다.) [3점]

① 16 N ② 20 N ③ 24 N ④ 28 N ⑤ 32 N

✓ 자료 해석
• 2초일 때와 4초일 때 A의 위치가 모두 q이므로 A는 2초~4초 사이에 운동 방향이 바뀌어 다시 반대 방향으로 운동한다.
→ A의 가속도의 방향은 빗면 아래 방향이다.
→ A는 등가속도 운동을 하므로 속력 변화가 일정하다. 따라서 3초일 때 A의 운동 방향이 바뀌고 이때 A의 속력은 0이다.
• A와 B는 함께 운동하므로 운동하는 동안 속력, 가속도의 크기는 모두 같다.

○ 보기풀이 A는 등가속도 운동을 하므로, 1초일 때 A의 순간 속력은 0~2초 사이의 평균 속력 $\frac{8\text{ m}}{2\text{ s}}=4\text{ m/s}$와 같다. 또한 A는 3초일 때 운동 방향이 바뀌므로 이때 속력은 0이다. 따라서 A의 가속도의 크기는 $\frac{\text{속력 변화량}}{\text{걸린 시간}}=\frac{4\text{ m/s}-0}{3\text{ s}-1\text{ s}}$ $=2\text{ m/s}^2$이다.
A와 B는 실로 연결되어 함께 운동하므로 B의 가속도의 크기도 A와 같은 2 m/s^2이고, B에 작용하는 알짜힘의 크기는 $2\text{ kg}\times2\text{ m/s}^2=4\text{ N}$이다. B에는 실이 B를 위로 당기는 힘과 중력이 작용하므로 B에 작용하는 알짜힘의 크기는 (실이 B를 위로 당기는 힘)$-20\text{ N}=4\text{ N}$이고, 실이 B를 위로 당기는 힘의 크기는 24 N이다. 이때 실이 B를 당기는 힘은 실이 A를 당기는 힘과 크기가 같으므로 실이 A를 당기는 힘의 크기도 24 N이다.

문제풀이 Tip
B의 질량이 주어졌으므로 B에 작용하는 힘의 크기를 계산하는 것이 더 편리하다. 실이 A를 당기는 힘의 크기는 실이 B를 당기는 힘의 크기와 같다는 것을 기억해야 이런 유형의 문제를 쉽게 풀이할 수 있다.

26 뉴턴 운동 법칙

2021년 4월 교육청 10번 | 정답 ② | 문제편 14p

출제 의도 실로 연결되어 함께 운동하는 물체에 작용하는 힘의 관계를 파악하여 물체의 운동을 설명할 수 있는지 확인하는 문항이다.

A, B에 작용하는 알짜힘은 0이다.

그림 (가)는 물체 A와 질량이 m인 물체 B를 실로 연결한 후, 손이 A에 연직 아래 방향으로 일정한 힘 F를 가해 A, B가 정지한 모습을 나타낸 것이다. 실이 A를 당기는 힘의 크기는 F의 크기의 3배이다. 그림 (나)는 (가)에서 A를 놓은 순간부터 A, B가 가속도의 크기 $\frac{1}{8}g$로 등가속도 운동을 하는 모습을 나타낸 것이다.

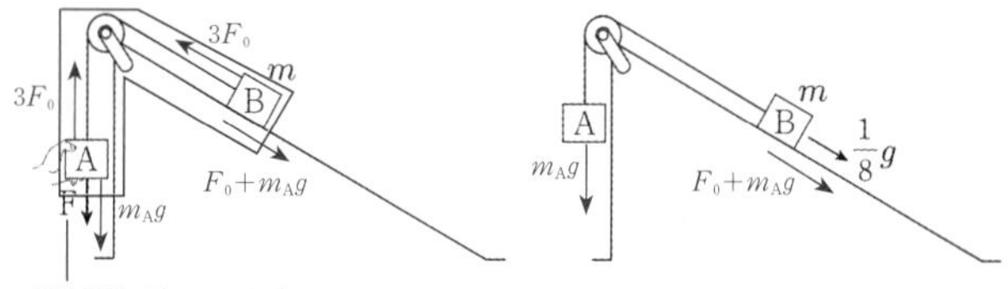

(가) (나)

(나)에서 실이 A를 당기는 힘의 크기는? (단, 중력 가속도는 g이고, 실의 질량, 모든 마찰과 공기 저항은 무시한다.) [3점]

① $\frac{1}{4}mg$ ② $\frac{3}{8}mg$ ③ $\frac{1}{2}mg$ ④ $\frac{5}{8}mg$ ⑤ $\frac{3}{4}mg$

✓ 자료 해석

- (가)에서 A, B는 정지해 있으므로 A, B에 작용하는 알짜힘은 0이다. F의 크기를 F_0이라고 하자.
  → A에는 실이 위로 당기는 힘 $3F_0$, 손이 아래로 당기는 힘 F_0, 아래로 당기는 중력이 작용하므로 A에 작용하는 중력의 크기는 $2F_0=m_Ag$이다.
  → B에는 실이 위로 당기는 힘 $3F_0$, 중력에 의해 빗면 아래로 작용하는 힘이 작용하므로 B에 빗면 아래 방향으로 작용하는 힘은 $3F_0$이다.
- (나)에서 A, B를 한 물체로 보면 (A+B)에 작용하는 힘은 A에 작용하는 중력 $2F_0$과 B에 빗면 아래 방향으로 작용하는 힘 $3F_0$이다. 따라서 (A+B)에 작용하는 알짜힘은 F_0이다.

○ 보기 풀이 A의 질량을 m_A라고 하면 (가)에서 A의 운동 방정식은 $3\times$(F의 크기)=(F의 크기)$+m_Ag$이므로 (F의 크기)는 $\frac{1}{2}m_Ag$이다.

(나)에서 (A+B)에 작용하는 알짜힘의 크기는 F의 크기와 같고 가속도는 $\frac{1}{8}g$이므로 (A+B)의 운동 방정식은 $\frac{1}{2}m_Ag=(m_A+m)\times\frac{1}{8}g$이다. 따라서 $m_A=\frac{1}{3}m$이다. (나)에서 실이 A를 당기는 힘의 크기를 T라 할 때, A에 작용하는 알짜힘의 크기는 $m_A\times\frac{1}{8}g=\frac{1}{24}mg$이므로 $\frac{1}{24}mg=T-\frac{1}{3}mg$에서 $T=\frac{3}{8}mg$이다.

문제풀이 Tip

빗면 위에 있는 물체는 빗면 아래 방향으로 작용하는 힘이 있음에 유의하여 함께 운동하는 두 물체의 운동 방정식을 세울 수 있어야 한다. 특히 정지해 있거나 등속도 운동을 한다는 조건이 있으면 알짜힘이 0이라는 것을 의미하므로 문제를 더 쉽게 풀이할 수 있다.

선택지 비율	① 9%	② 7%	③ 11%	④ 6%	❺ 66%

27 작용 반작용 법칙

2021년 3월 교육청 5번 | 정답 ⑤ | 문제편 14 p

출제 의도 물체에 작용하는 힘의 방향을 파악하고 작용 반작용 관계의 두 힘을 이해하고 있는지 확인하는 문항이다.

다음은 자석 사이에 작용하는 힘에 대한 실험이다.

[실험 과정]
(가) 저울 위에 자석 A를 올려놓은 후 실에 매달린 자석 B를 A의 위쪽에 접근시키고, 정지한 상태에서 저울의 측정값을 기록한다.
(나) (가)의 상태에서 B를 A에 더 가깝게 접근시키고, 정지한 상태에서 저울의 측정값을 기록한다.

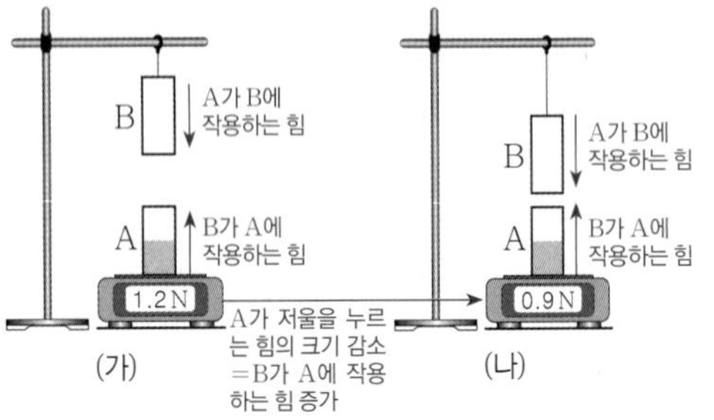

[실험 결과] 저울의 측정값은 자석이 저울을 누르는 힘의 크기이다.

(가)의 결과	(나)의 결과
1.2 N	0.9 N

이에 대한 옳은 설명만을 〈보기〉에서 있는 대로 고른 것은? [3점]

보기
ㄱ. (가)에서 A, B 사이에는 서로 ~~미는~~ 당기는 자기력이 작용한다.
ㄴ. (나)에서 A가 B에 작용하는 자기력과 B가 A에 작용하는 자기력은 작용 반작용 관계이다.
ㄷ. A가 B에 작용하는 자기력의 크기는 (나)에서가 (가)에서보다 크다.

① ㄴ ② ㄷ ③ ㄱ, ㄴ ④ ㄱ, ㄷ ⑤ ㄴ, ㄷ

✔ 자료 해석
- 한 물체가 다른 물체에 힘을 작용하면 동시에 다른 물체도 힘을 작용한 물체에 크기가 같고 방향이 반대인 힘을 작용한다. 두 물체 사이에서 상호 작용하는 두 힘을 작용 반작용 관계라고 한다.
- 두 자석 사이에 작용하는 자기력의 크기는 자석 사이의 거리가 가까울수록 크다. → (나)에서가 (가)에서보다 더 큰 자기력이 작용한다.

○ 보기 풀이 ㄴ. A가 B에 힘을 작용할 때 B는 A에 같은 크기의 힘을 반대 방향으로 작용한다. 이러한 관계의 두 힘을 작용 반작용 관계라고 한다.
ㄷ. 저울의 측정값은 A가 저울을 누르는 힘의 크기이다. 즉 A가 저울을 누르는 힘의 크기는 (나)에서가 (가)에서보다 더 작으므로 B가 A를 위로 당기는 힘은 (나)에서가 (가)에서보다 더 크다. B가 A를 위로 당기는 힘과 A가 B를 아래로 당기는 힘은 작용 반작용 관계이므로 크기가 같다. 따라서 A가 B에 작용하는 자기력의 크기는 (나)에서가 (가)에서보다 크다.

× 매력적 오답 ㄱ. 자석 사이의 거리가 가까울수록 자석 사이에 작용하는 자기력의 크기도 커진다. (나)에서 A가 저울을 누르는 힘의 크기가 감소하였으므로 B가 A에 작용하는 힘의 방향은 위 방향이다. 따라서 A와 B 사이에는 서로 당기는 자기력이 작용한다.

문제풀이 Tip
(가)와 (나)에서 달라진 조건이 무엇인지 파악하고, 이로 인해 어떤 변화가 생겼는지를 파악하면 문제에 쉽게 접근할 수 있다.

선택지 비율	① 26%	② 7%	③ 3%	❹ 55%	⑤ 6%

28 작용 반작용 법칙

2020년 10월 교육청 14번 | 정답 ④ | 문제편 15p

(출제 의도) 작용 반작용 법칙을 이해하여 붙어서 함께 운동하는 물체 사이에서 작용하는 힘의 관계를 설명할 수 있는지 확인하는 문항이다.

그림과 같이 수평면에 놓인 물체 A, B에 각각 수평면과 나란하게 서로 반대 방향으로 힘 F_A, F_B가 작용하고 있다. 질량은 B가 A의 2배이다. 표는 F_A, F_B의 크기에 따라 B가 A에 작용하는 힘 f의 크기를 나타낸 것이다.

=A가 B에 작용하는 힘의 크기

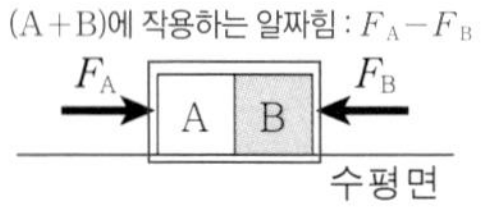

힘	F_A	F_B	f
크기	10 N	0	f_1
	15 N	5 N	f_2

$\frac{f_2}{f_1}$는? (단, 물체의 크기, 모든 마찰과 공기 저항은 무시한다.) [3점]

① 1 ② $\frac{3}{2}$ ③ $\frac{5}{3}$ ④ $\frac{7}{4}$ ⑤ 2

✓ 자료 해석

- A의 질량을 m, B의 질량을 $2m$이라 하고 A, B를 한 물체로 볼 때, (A+B)의 질량은 $3m$이다. 한편 $F_A>F_B$이므로 (A+B)에 작용하는 알짜힘의 크기는 F_A-F_B이다. 따라서 가속도의 크기를 a라고 하면 (A+B)의 운동 방정식은 $3ma=F_A-F_B$이다.
- B가 A에 작용하는 힘 f의 크기는 작용 반작용 법칙에 따라 A가 B에 작용하는 힘의 크기와 같으므로 B에 작용하는 알짜힘은 $f-F_B$이다.

○ 보기풀이 $F_A>F_B$이므로 두 힘의 합력의 크기는 F_A-F_B이고, A의 질량은 m이라 하면 (A+B)의 질량은 $3m$이므로 $F_A=10\text{ N}$, $F_B=0$일 때 (A+B)의 가속도는 $\frac{F_A-F_B}{3m}=\frac{10}{3m}(\text{m/s}^2)$이다.

B에 작용하는 힘은 F_B와 A가 B에 작용하는 힘인데, A가 B에 작용하는 힘의 크기는 B가 A에 작용하는 힘의 크기와 같으므로 B에 작용하는 알짜힘의 크기는 $f-F_B$이다.

따라서 $F_B=0$일 때 $f_1=2m\times\frac{10}{3m}=\frac{20}{3}(\text{N})$이고 $F_B=5\text{ N}$일 때 $f_2-5=2m\times\frac{10}{3m}$에서 $f_2=\frac{20}{3}+5=\frac{35}{3}(\text{N})$이므로 $\frac{f_2}{f_1}=\frac{7}{4}$이다.

문제풀이 Tip

반대 방향으로 두 힘이 작용할 때 두 힘의 합력의 크기는 두 힘의 차이고, 합력의 방향은 큰 힘의 방향이다. 따라서 (A+B)에 작용하는 알짜힘의 방향은 F_A의 방향인 오른쪽이므로 B에 작용하는 알짜힘의 방향도 오른쪽이다. 즉, A가 B에 작용하는 힘의 크기가 f보다 크므로 알짜힘의 크기는 $f-F_B$가 된다.

선택지 비율	① 25%	❷ 33%	③ 23%	④ 12%	⑤ 7%

29 가속도 법칙과 등가속도 직선 운동

2021년 3월 교육청 7번 | 정답 ② | 문제편 15p

(출제 의도) 가속도의 법칙을 이해하고, 이를 등가속도 직선 운동에 적용할 수 있는지 확인하는 문항이다.

그림은 점 P에 정지해 있던 물체가 일정한 알짜힘을 받아 점 Q까지 직선 운동하는 모습을 나타낸 것이다.

가속도 일정 → 등가속도 직선 운동

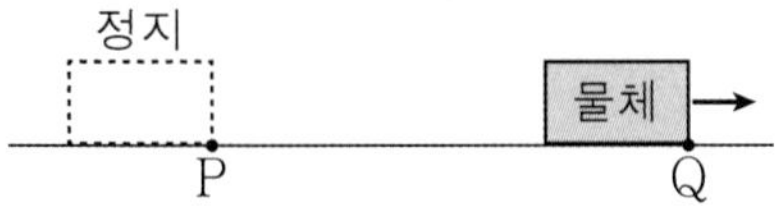

물체가 P에서 Q까지 가는 데 걸리는 시간을 물체의 질량에 따라 나타낸 그래프로 가장 적절한 것은? (단, 물체의 크기는 무시한다.) [3점]

①
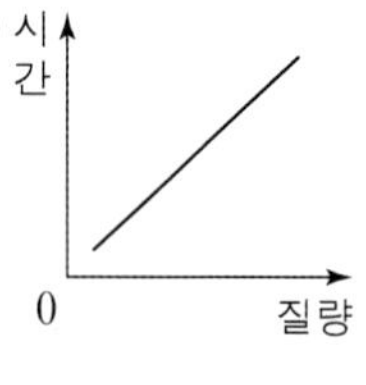

②
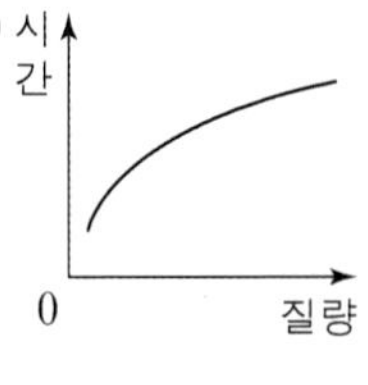

③
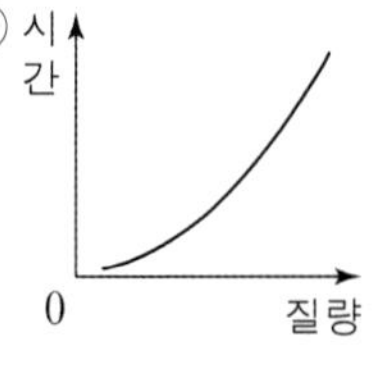

④
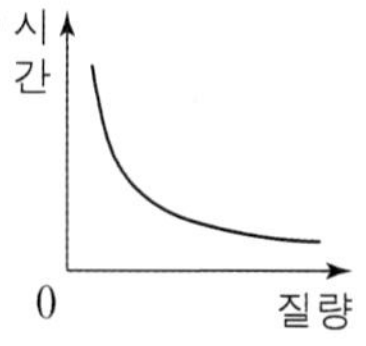

⑤
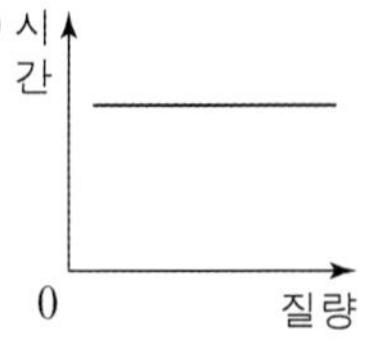

✓ 자료 해석

- 물체가 일정한 알짜힘을 받으므로 물체의 가속도의 크기는 물체의 질량에 반비례한다.
- 물체가 등가속도 직선 운동을 하므로 이동 거리는 $s=v_0t+\frac{1}{2}at^2$인데 '$v_0=0$, $s=$일정'이므로 '$\frac{1}{2}at^2=$일정'이다. 따라서 $a\propto\frac{1}{t^2}$이다.

○ 보기풀이 알짜힘의 크기를 F, 물체의 질량을 m, 물체의 가속도의 크기를 a라고 하면 $a=\frac{F}{m}$이다. 일정한 알짜힘을 받는 물체는 등가속도 직선 운동을 하므로 물체가 P에서 Q까지 가는 데 걸리는 시간을 t라고 하면 P와 Q까지의 직선 거리$=\frac{1}{2}at^2=\frac{1}{2}\left(\frac{F}{m}\right)t^2$이다. 이때 P와 Q까지의 직선 거리와 알짜힘의 크기는 일정하므로 m과 t^2은 비례 관계이다. 따라서 $t^2\propto m$이므로 $t\propto\sqrt{m}$이다.

문제풀이 Tip

그래프의 개형을 찾는 문제에서는 그래프의 세로축과 가로축의 물리량이 무엇인지 먼저 확인하고 그에 해당하는 물리량들의 관계식을 찾도록 한다.

선택지 비율	① 5%	② 13%	③ 10%	④ 64%	⑤ 5%

30 뉴턴 운동 법칙

2020년 10월 교육청 19번 | 정답 ④ | 문제편 15 p

출제 의도 힘-시간 그래프를 이용하여 함께 운동하는 물체에 작용하는 힘의 관계를 이해하고, 운동 법칙을 적용하여 물체의 운동을 설명할 수 있는지 확인하는 문항이다.

그림 (가)는 물체 A와 실로 연결된 물체 B에 수평 방향으로 힘 F와 실이 당기는 힘 T가 작용하는 모습을, (나)는 (가)에서 F의 크기를 시간에 따라 나타낸 것이다. A, B는 0~2초 동안 정지해 있다. F의 방향은 0~4초 동안 일정하고, T의 크기는 3초일 때가 5초일 때의 4배이다.

└ A, B에 작용하는 알짜힘은 0

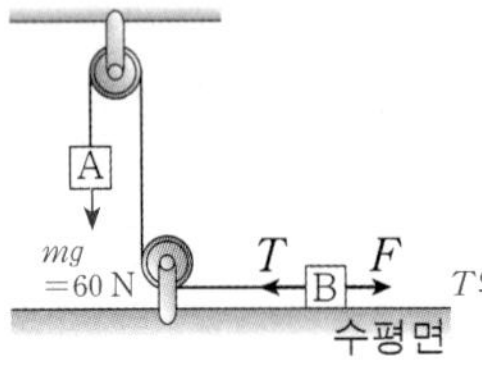

(가)

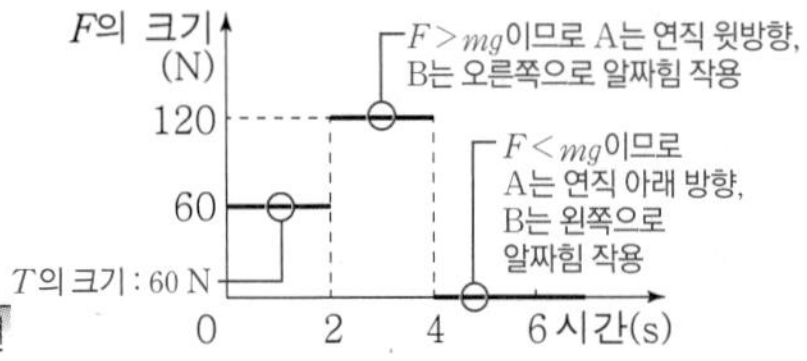

(나)

B의 질량 m_B와 B가 0~6초 동안 이동한 거리 L_B로 옳은 것은? (단, 중력 가속도는 $10\ m/s^2$이고, 실의 질량, 모든 마찰과 공기 저항은 무시한다.) [3점]

	m_B	L_B
①	2 kg	30 m
②	2 kg	48 m
③	4 kg	12 m
④	4 kg	24 m
⑤	6 kg	20 m

✓ 자료 해석

- A, B를 한 물체로 보면 (A+B)에 작용하는 힘은 F와 A에 작용하는 중력이다. 따라서 A의 질량을 m_A라고 하면 0~2초 동안 (A+B)의 운동 방정식은 $F-m_Ag=0$이므로 $F=m_Ag=60$(N)이다.
- A와 B 사이에서 실이 당기는 힘의 크기는 서로 같으므로 A에 작용하는 알짜힘의 크기는 (T의 크기$-m_Ag$)이고, B에 작용하는 알짜힘의 크기는 (F의 크기$-T$의 크기)이다.

○ 보기 풀이 0~2초 동안에는 A, B가 정지해 있으므로 A, B에 작용하는 알짜힘은 0이다. F의 크기는 A에 작용하는 중력과 같으므로 $60=m_A\times10$에서 $m_A=6$ kg이다. 2~4초 동안 (A+B)에 작용하는 알짜힘의 크기는 $F-m_Ag=120-60=60$(N)이고 4~6초 동안 (A+B)에 작용하는 알짜힘의 크기는 60 N이므로 두 구간에서 가속도의 크기는 같다. 이때 2~4초 동안에 (A+B)에 작용하는 알짜힘의 방향은 4~6초 동안 (A+B)에 작용하는 알짜힘의 방향과 서로 반대이므로 가속도의 방향도 반대가 된다.

A, B의 가속도의 크기를 a, 5초일 때 T의 크기를 T_0이면, 3초일 때 T의 크기를 $4T_0$가 되고 2~4초 동안 A, B의 운동 방정식은 각각 $4T_0-60=6a$(①), $120-4T_0=m_Ba$(②)이다. 또한 4~6초 동안 A, B의 운동 방정식은 $60-T_0=6a$(③), $T_0=m_Ba$(④)이다. ③을 ①에 대입하면 $T_0=24$ N이므로 $a=6\ m/s^2$이고, T_0과 a의 값을 ②에 대입하면 $120-(4\times24)=6m_B$에서 $m_B=4$ kg이다.

2~4초 동안 B는 정지 상태에서 오른쪽 방향으로 $6\ m/s^2$의 가속도로 등가속도 운동을 하므로 4초일 때의 속력은 $6\times2=12$(m/s)이다. 그런데 4~6초 동안에는 B가 왼쪽 방향으로 $6\ m/s^2$의 가속도로 운동하므로 6초일 때의 속력은 다시 0이 된다. 따라서 2초, 4초, 6초일 때의 속력이 각각 0, 12 m/s, 0이므로 속도-시간 그래프를 그려보면 다음 그림과 같다. 속도-시간 그래프에서 그래프 아랫부분의 넓이는 이동 거리와 같으므로 0~6초 동안 B가 이동한 거리 $L_B=\frac{1}{2}\times4\times12=24$(m)이다.

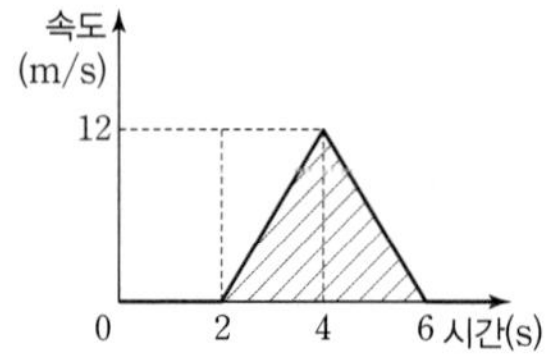

문제풀이 Tip

2~4초 동안 A, B에 작용하는 알짜힘과 4~6초 동안 A, B에 작용하는 알짜힘은 크기는 같지만 방향은 서로 반대이므로 가속도도 크기는 같지만 방향은 서로 반대이다. 따라서 운동 방정식을 세울 때 방향에 따른 부호를 유의하도록 한다.

03 운동량과 충격량

선택지 비율	① 3%	② 10%	❸ 73%	④ 9%	⑤ 4%

1 운동량과 충격량의 관계

2024년 10월 교육청 7번 | 정답 ③ | 문제편 18p

출제 의도 운동량 변화량과 충격량의 관계를 알고, 운동량과 운동 에너지의 관계를 적용할 수 있는지 확인하는 문항이다.

그림 (가), (나)는 마찰이 없는 수평면에서 등속도 운동하던 물체 A, B가 동일한 용수철을 원래 길이에서 각각 d, $2d$만큼 압축시켜 정지한 순간의 모습을 나타낸 것이다. A, B의 질량은 각각 m, $4m$이고, A, B가 정지할 때까지 용수철로부터 받은 충격량의 크기는 각각 I_A, I_B이다. 충격량의 크기=A, B의 처음 운동량의 크기

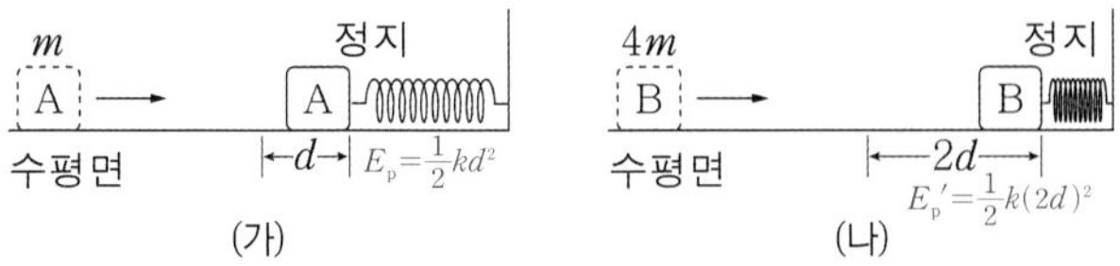

(가) (나)

$\frac{I_B}{I_A}$는? (단, 용수철의 질량, 물체의 크기는 무시한다.)

① 1 ② 2 ③ 4 ④ 8 ⑤ 16

✓ 자료 해석

- 물체가 용수철에 충돌할 때의 운동 에너지의 크기는 용수철에 저장된 탄성 퍼텐셜 에너지의 크기와 같다.
  → 용수철의 탄성 퍼텐셜 에너지는 (가)에서는 $\frac{1}{2}kd^2$이고, (나)에서는 $\frac{1}{2}k(2d)^2$이다.
- 물체의 운동 에너지를 E_k라 하면 운동량 p와 운동 에너지 사이에는 다음과 같은 관계가 성립한다. → $E_k=\frac{p^2}{2m}$, $p=\sqrt{2mE_k}$

○ 보기 풀이 물체의 운동 에너지가 용수철의 탄성 퍼텐셜 에너지로 전환된다. 용수철의 탄성 퍼텐셜 에너지는 (가), (나)에서 각각 $\frac{1}{2}kd^2$, $\frac{1}{2}k(2d)^2=2kd^2$이므로 운동 에너지는 B가 A의 4배이다. A, B가 용수철을 압축시키고 정지하므로 A, B의 나중 운동량은 0이다. 따라서 A, B가 받은 충격량의 크기는 A, B의 처음 운동량의 크기와 같다. 운동량 p와 운동 에너지 E_k는 $p=\sqrt{2mE_k}$이므로 A의 운동 에너지를 E_0이라고 하면 $p_A=\sqrt{2mE_0}$, $p_B=\sqrt{2(4m)(4E_0)}=4\sqrt{2mE_0}$이다. 따라서 $\frac{I_B}{I_A}=\frac{p_B}{p_A}=\frac{4\sqrt{2mE_0}}{\sqrt{2mE_0}}=4$이다.

문제풀이 Tip

운동량과 충격량, 역학적 에너지 보존을 복합적으로 묻는 문항이다. 물체의 운동을 다루는 문제에서는 등속도 운동, 운동량과 충격량의 관계, 역학적 에너지를 모두 다룰 수 있으므로 폭넓게 사고하는 연습이 필요하다.

선택지 비율	① 7%	❷ 75%	③ 7%	④ 5%	⑤ 6%

2 충격량과 운동량 보존 법칙

2024년 10월 교육청 16번 | 정답 ② | 문제편 18p

출제 의도 충격량과 운동량의 관계 및 운동량 보존 법칙을 적용할 수 있는지 확인하는 문항이다.

그림 (가), (나)는 마찰이 없는 수평면에서 속력 v로 등속도 운동하던 물체 A, C가 각각 정지해 있던 물체 B, D와 충돌 후 한 덩어리가 되어 운동하는 모습을 나타낸 것이다. 각각의 충돌 과정에서 받은 충격량의 크기는 B가 C의 $\frac{2}{3}$배이다. B와 C의 질량은 같고, 충돌 후 속력은 B가 C의 2배이다.

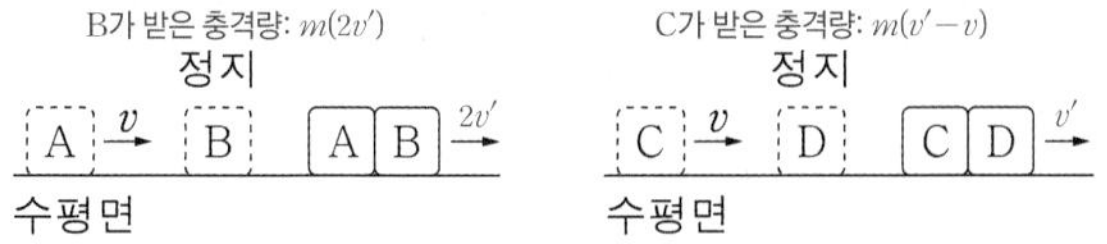

(가) (나)

A, D의 질량을 각각 m_A, m_D라고 할 때, $\frac{m_D}{m_A}$는?

① 2 ② 3 ③ 4 ④ 5 ⑤ 6

✓ 자료 해석

- B, C의 질량을 m, 충돌 후 C의 속력을 v'이라고 하면 B의 속력은 $2v'$이다.
- 충격량의 크기는 운동량 변화량의 크기와 같다. → 충돌 후 B와 C가 받은 충격량의 크기는 각각 $m(2v'-0)$, $m(v-v')$이므로 $m(2v'-0)=\frac{2}{3}m(v-v')$이다.

○ 보기 풀이 B, C의 질량을 m, B, C의 충돌 후 속력을 각각 $2v'$, v'이라고 하면, $2mv'=\frac{2}{3}m(v-v')$이므로 $v'=\frac{1}{4}v$이다. A와 B, C와 D가 충돌할 때 운동량이 보존되므로 $m_Av=(m_A+m)(2v')=(m_A+m)\times\frac{1}{2}v$이고, $mv=(m+m_D)\times v'=(m+m_D)\times\frac{1}{4}v$이다. 따라서 $m_A=m$, $m_D=3m$이므로 $\frac{m_D}{m_A}=\frac{3m}{m}=3$이다.

문제풀이 Tip

충격량은 운동량의 변화량과 같다. 따라서 힘과 시간이 주어지지 않더라도 질량과 속력을 통해 충격량의 크기를 비교할 수 있다.

선택지 비율	❶ 96%	② 1%	③ 1%	④ 1%	⑤ 1%

3 운동량 보존 법칙의 적용

2024년 7월 교육청 1번 | 정답 ① | 문제편 18p

출제 의도 두 물체가 분리되는 경우에도 운동량이 보존되고 질량과 운동량의 관계를 아는지 확인하는 문항이다.

그림과 같이 수평면에서 물체 A와 B 사이에 용수철을 넣어 압축시킨 후 동시에 가만히 놓았더니, 정지해 있던 A와 B가 분리되어 서로 반대 방향으로 각각 등속도 운동하였다. 분리된 후 A, B의 속력은 각각 v, v_B이다. A, B의 질량은 각각 $3m$, m이다.

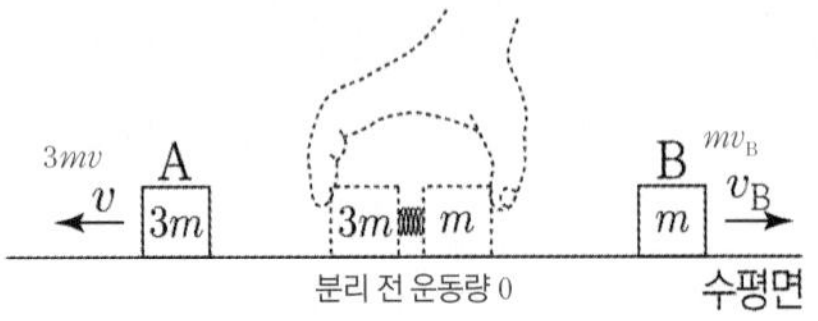

v_B는? (단, 용수철의 질량, 모든 마찰과 공기 저항은 무시한다.)

① $3v$　② $4v$　③ $6v$　④ $7v$　⑤ $9v$

✓ 자료 해석

- 분리 후 A, B의 운동량의 방향은 서로 반대 방향이다.
- 분리 전 운동량의 합이 0이므로 분리 후 A, B의 운동량의 합도 0이다.

○ 보기 풀이 분리 전 A, B는 정지해 있으므로 운동량이 0이다. 분리 전과 후 운동량의 합이 보존되려면 분리 후 A, B의 운동량은 크기가 같고 방향이 반대이다. 따라서 $3mv=mv_B$에서 $v_B=3v$이다.

문제풀이 Tip

운동량의 크기가 같을 때, 질량과 속력은 반비례 관계이다.

선택지 비율	① 6%	❷ 87%	③ 3%	④ 3%	⑤ 1%

4 충격량과 운동량의 관계

2024년 7월 교육청 7번 | 정답 ② | 문제편 18p

출제 의도 충격량과 운동량의 관계를 이용하여 물체가 받는 힘의 크기를 구할 수 있는지 확인하는 문항이다.

그림과 같이 수평면에서 질량 2 kg인 물체가 5 m/s의 속력으로 등속도 운동을 하다가 구간 Ⅰ을 지난 후 2 m/s의 속력으로 등속도 운동을 한다. Ⅰ을 지나는 데 걸린 시간은 0.5초이다.

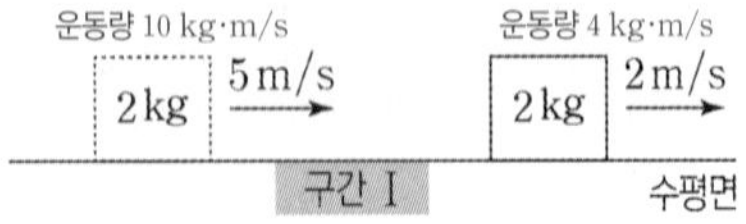

물체가 Ⅰ을 지나는 동안 물체가 받은 평균 힘의 크기는? (단, 물체는 동일 직선상에서 운동하고, 물체의 크기는 무시한다.)

① 6 N　② 12 N　③ 14 N　④ 24 N　⑤ 30 N

✓ 자료 해석

- 물체에 힘이 작용할 때 물체가 받은 충격량의 크기는 운동량 변화량의 크기와 같다. → 물체가 받은 평균 힘×시간=운동량의 변화량

○ 보기 풀이 물체가 받은 충격량의 크기는 운동량 변화량의 크기와 같으므로, $2\text{ kg}\times(5\text{ m/s}-2\text{ m/s})=6\text{ kg}\cdot\text{m/s}$이다. 따라서 물체가 받은 평균 힘의 크기는 $\frac{\text{충격량의 크기}}{\text{힘을 받은 시간}}=\frac{6\text{ N·s}}{0.5\text{ s}}=12\text{ N}$이다.

문제풀이 Tip

물체는 구간 Ⅰ에서 운동 방향과 반대 방향으로 충격량을 받아 속력이 감소한다. 이때 운동량의 변화량은 물체가 받은 충격량과 같다.

선택지 비율	① 6%	② 4%	③ 5%	❹ 84%	⑤ 2%

5 충격량과 운동량의 관계

2024년 5월 교육청 7번 | 정답 ④ | 문제편 19p

출제 의도 충격량과 운동량의 관계를 이해하여 물체의 운동 방향이 바뀌는 충돌에 적용할 수 있는지 확인하는 문항이다.

그림과 같이 마찰이 없는 수평면에서 속력 v로 등속도 운동하던 물체 A, B가 벽과 충돌한 후, 충돌 전과 반대 방향으로 각각 등속도 운동한다. 표는 A, B가 벽과 충돌하는 동안 충돌 시간, 충돌 전후 A, B의 운동량 변화량의 크기를 나타낸 것이다. A, B의 질량은 각각 m, $4m$이다.

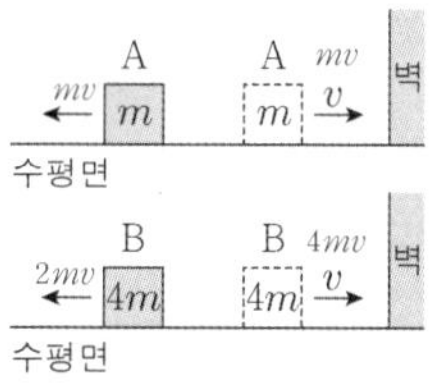

=충격량의 크기

물체	충돌 시간	운동량 변화량의 크기
A	t	$2mv$
B	$2t$	$6mv$

이에 대한 설명으로 옳은 것만을 〈보기〉에서 있는 대로 고른 것은? [3점]

보기
ㄱ. A가 충돌하는 동안 벽으로부터 받은 충격량의 크기는 $2mv$이다.
ㄴ. 벽과 충돌한 후 물체의 속력은 B가 A의 ~~2배~~이다. $\frac{1}{2}$배
ㄷ. 충돌하는 동안 벽으로부터 받은 평균 힘의 크기는 A가 B의 $\frac{2}{3}$배이다.

① ㄱ ② ㄷ ③ ㄱ, ㄴ ④ ㄱ, ㄷ ⑤ ㄴ, ㄷ

✓ 자료 해석

• A, B의 처음 운동 방향을 (+)이라고 하면 충돌 전후, A, B의 운동을 다음 표와 같이 정리할 수 있다.

물체	충돌 시간	운동량 변화량의 크기	처음 운동량	나중 운동량	충돌할 때 받은 평균 힘의 크기
A	t	$2mv$	$+mv$	$-mv$	$\frac{2mv}{t}$
B	$2t$	$6mv$	$+4mv$	$-2mv$	$\frac{6mv}{2t}$

○ 보기풀이 ㄱ. 충격량은 운동량 변화량과 같으므로 A가 충돌하는 동안 벽으로부터 받은 충격량의 크기는 $2mv$이다.

ㄷ. A, B가 벽으로부터 받은 평균 힘의 크기는 각각 $\frac{2mv}{t}$, $\frac{6mv}{2t}=\frac{3mv}{t}$이므로 A가 B의 $\frac{2}{3}$배이다.

× 매력적 오답 ㄴ. A, B는 충돌 후 운동 방향이 반대로 바뀌므로 A, B의 운동량 변화량의 크기는 처음 운동량과 나중 운동량의 크기 합과 같다. 따라서 충돌 후 A, B의 운동량의 크기는 각각 $2mv-mv=mv$, $6mv-4mv=2mv$이고, A, B의 속력은 각각 $\frac{mv}{m}=v$, $\frac{2mv}{4m}=\frac{1}{2}v$이다.

문제풀이 Tip

충돌 전후 운동 방향이 바뀌었을 때는 충돌 전후 운동량의 크기 합이 운동량 변화량의 크기가 되는 것에 유의해야 한다.

선택지 비율	① 6%	❷ 68%	③ 8%	④ 11%	⑤ 7%

6 물체의 충돌과 운동량 보존 법칙의 적용

2024년 5월 교육청 12번 | 정답 ② | 문제편 19p

출제 의도 두 물체의 상대 속도와 운동량 보존을 이용하여 물체가 충돌할 때 물체의 운동을 설명할 수 있는지 확인하는 문항이다.

그림 (가)는 마찰이 없는 수평면에서 0초일 때 물체 A, B가 같은 방향으로 등속도 운동하는 모습을 나타낸 것으로, A와 B 사이의 거리와 B와 벽 사이의 거리는 12m로 같다. 그림 (나)는 (가)에서 A와 B 사이의 거리를 시간에 따라 나타낸 것이다. A, B의 질량은 각각 1 kg, 4 kg이고, A와 B는 동일 직선상에서 운동한다.

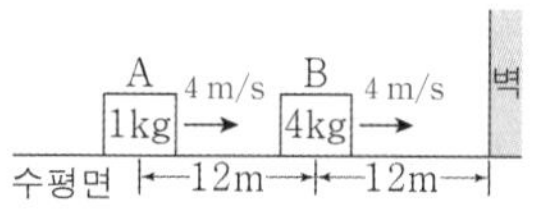

(가)

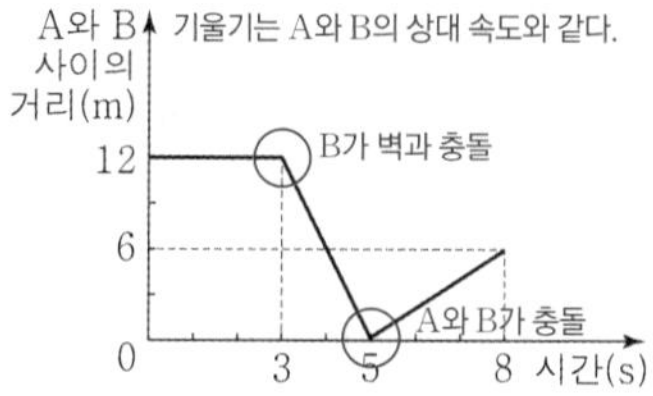

(나)

7초일 때, A의 속력은? (단, 물체의 크기는 무시한다.)

① $\frac{9}{5}$ m/s ② $\frac{12}{5}$ m/s ③ 3 m/s
④ $\frac{18}{5}$ m/s ⑤ $\frac{21}{5}$ m/s

✓ 자료 해석

• 0~3초: A, B 사이의 거리가 일정하므로 A, B의 속력이 같다.
→ 3초일 때 B가 벽과 충돌하므로 $\frac{12\text{ m}}{3\text{ s}}=4$ m/s이다.

• 3~5초: 벽과 충돌한 B는 A를 향해 운동하고 A에 대한 B의 상대 속도는 $-\frac{12\text{ m}}{2\text{ s}}=-6$ m/s이다.

• 5~8초: 충돌 후 A와 B는 서로 멀어지며 A에 대한 B의 상대 속도는 $\frac{6\text{ m}}{3\text{ s}}=2$ m/s이다.

○ 보기풀이 0~3초 동안 A, B의 속력은 4 m/s로 같다. B가 벽과 충돌한 후 A와 B 사이의 거리가 1초에 6 m씩 가까워지고, A의 속력은 4 m/s이므로 B는 A를 향해 2 m/s의 속력으로 운동한다. 5초일 때 A와 B가 충돌하는데, 충돌 후 A와 B 사이의 거리가 1초에 2 m씩 멀어지므로 A의 속도를 v라고 하면 B의 속도는 $v+2$이다. A와 B가 충돌할 때 운동량이 보존되므로 $1\text{ kg}\times4\text{ m/s}+\{4\text{ kg}\times(-2\text{ m/s})\}=(1\text{ kg}\times v)+\{4\text{ kg}\times(v+2)\}$에서 $v=-\frac{12}{5}$ m/s이다.

문제풀이 Tip

A와 B 사이의 거리를 시간에 따라 나타낸 그래프에서 기울기가 의미하는 바가 무엇인지, 꺾인 점에서 무슨 일이 일어났는지 빠르게 파악할 수 있어야 한다.

선택지 비율	① 4%	② 6%	③ 21%	④ 9%	⑤ 60%

7 충격량과 평균 힘

2024년 3월 교육청 11번 | 정답 ⑤ | 문제편 19p

(출제 의도) 외부와 상호작용이 없을 때 운동량이 보존되는 것을 이해하고, 물체가 받은 충격량과 물체가 받은 평균 힘을 구할 수 있는지 확인하는 문항이다.

그림 (가)와 같이 수평면에서 용수철을 압축시킨 채로 정지해 있던 물체 A~D를 0초일 때 가만히 놓았더니, 용수철과 분리된 B와 C가 충돌하여 정지하였다. 그림 (나)는 A가 용수철로부터 받는 힘의 크기 F_A, D가 용수철로부터 받는 힘의 크기 F_D, B가 C로부터 받는 힘의 크기 F_{BC}를 시간에 따라 나타낸 것이다.

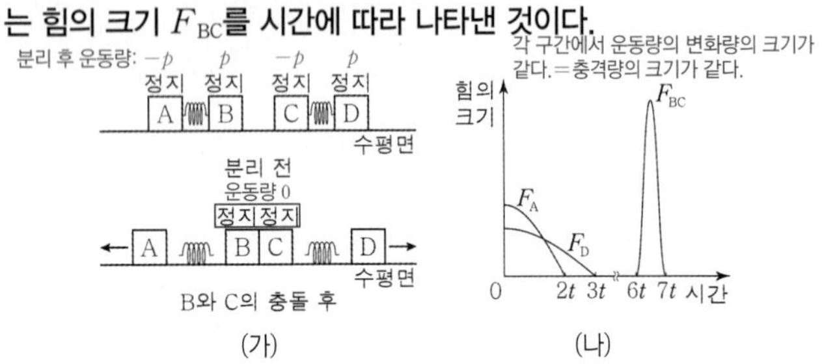

(가) (나)

이에 대한 옳은 설명만을 〈보기〉에서 있는 대로 고른 것은? (단, 용수철의 질량, 공기 저항, 모든 마찰은 무시한다.)

> 보기
> ㄱ. 용수철과 분리된 후, A와 D의 운동량의 크기는 같다.
> ㄴ. 힘의 크기를 나타내는 곡선과 시간축이 이루는 면적은 F_A에서와 F_D에서가 같다.
> ㄷ. $6t$~$7t$ 동안 F_{BC}의 평균값은 0~$2t$ 동안 F_A의 평균값의 2배이다.

① ㄱ ② ㄷ ③ ㄱ, ㄴ ④ ㄴ, ㄷ ⑤ ㄱ, ㄴ, ㄷ

✓ 자료 해석

- 분리 전 운동량의 총합이 0이므로 분리 후 B와 C가 충돌하여 정지할 때의 운동량의 총합도 0이다.
- 힘-시간 그래프에서 곡선과 시간축이 이루는 면적은 충격량의 크기와 같다.

O 보기 풀이 ㄱ. 분리 전 운동량의 총합이 0이므로 분리 후 B와 C가 충돌하여 정지했을 때의 운동량의 총합도 0이다. B, C의 운동량이 0이므로 운동량의 총합이 0이 되려면 A와 D의 운동량은 크기는 같고 방향은 반대이다.

ㄴ. A와 D는 분리 후 운동량이 같으므로 분리 전후 운동량의 변화량이 같다. 따라서 A, D가 받은 충격량의 크기가 같으므로 힘의 크기를 나타내는 곡선과 시간축이 이루는 면적은 F_A에서와 F_D에서가 같다.

ㄷ. A와 B가 용수철에서 분리될 때에도 운동량이 보존되므로 분리 후 운동량의 크기는 A와 B가 같다. 그리고 B는 C와 충돌 후 정지하므로 B가 받은 충격량은 B의 운동량 변화량=B의 충돌 전 운동량이다. 따라서 0~$2t$동안 A가 받은 충격량의 크기와 $6t$~$7t$ 동안 B가 받은 충격량의 크기는 같다. 그런데 힘이 작용한 시간은 F_A에서가 F_{BC}의 2배이므로 물체가 받는 평균 힘의 크기는 F_{BC}에서가 F_A의 2배이다.

문제풀이 Tip

B와 C가 충돌하여 정지할 때 운동량이 보존되므로 충돌 후 운동량의 합이 0이 되려면 충돌 전 B의 운동량의 크기는 C의 운동량의 크기와 같아야 한다. 마찬가지로 A와 B, C와 D가 용수철에서 분리될 때 운동량이 보존되므로 분리 후 운동량의 합이 0이 되려면 분리 후 A와 B, C와 D의 운동량의 크기가 같아야 한다.

선택지 비율	① 12%	② 44%	③ 20%	④ 16%	⑤ 8%

8 운동량 보존의 적용

2024년 3월 교육청 18번 | 정답 ② | 문제편 19p

(출제 의도) 속력-시간 그래프로부터 물체의 운동을 분석하고, 운동량 보존을 이용하여 충돌 전후 물체의 운동을 설명할 수 있는지 확인하는 문항이다.

그림 (가)와 같이 수평면에서 물체 A가 정지해 있는 물체 B, C를 향해 운동하고 있다. 그림 (나)는 (가)의 순간부터 A의 속력을 시간에 따라 나타낸 것으로, A의 운동 방향은 일정하다. A, B, C의 질량은 각각 $2m$, m, $4m$이고, $6t$일 때 B와 C가 충돌한다.

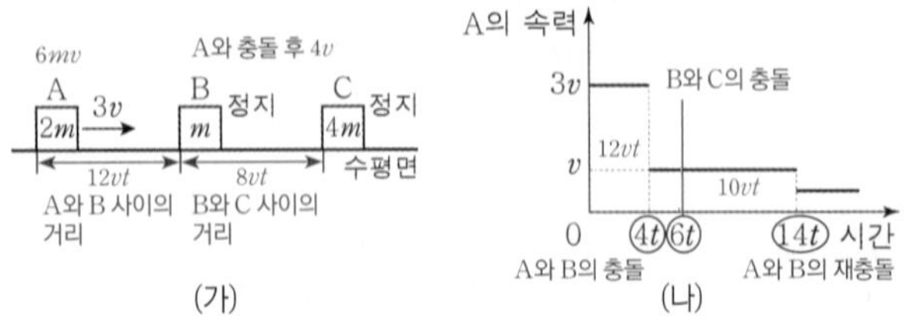

(가) (나)

$8t$일 때, C의 속력은? (단, 물체의 크기, 공기 저항, 모든 마찰은 무시한다.) [3점]

① $\frac{3}{4}v$ ② $\frac{15}{16}v$ ③ $\frac{5}{4}v$ ④ $\frac{21}{16}v$ ⑤ $\frac{4}{3}v$

✓ 자료 해석

- A가 B와 충돌하기 전까지 이동한 거리는 $3v \times 4t = 12vt$이므로 처음 A와 B 사이의 거리는 $12vt$이다.
- A와 B가 충돌 후 다시 충돌하기까지 A의 이동 거리는 $v \times (14t - 4t) = 10vt$이다. → B는 A, C와 차례로 충돌한 후 다시 A와 충돌하기까지 $10vt$를 이동한다.

O 보기 풀이 A는 $4t$일 때 B와 충돌하므로 처음 A와 B 사이의 거리는 $3v \times 4t = 12vt$이다. 또, A와 B가 충돌할 때 운동량이 보존되므로 충돌 후 B의 속력을 v_B라고 하면 $2m \times 3v = (2m \times v) + mv_B$에서 $v_B = 4v$이다. B는 $4v$의 속력으로 $2t$ 동안 이동하여 C와 충돌하므로 B와 C 사이의 거리는 $4v \times 2t = 8vt$이다. 한편 A는 B와 충돌 후 v의 속력으로 $10t$ 동안 이동하여 다시 B와 충돌하므로 이때까지 A의 이동 거리는 $v \times 10t = 10vt$이다. 즉 B는 C와 충돌 후 다시 A와 충돌하기까지 $6t$~$14t$ 동안 $2vt$를 이동해야 $14t$일 때 A와 충돌할 수 있다. 따라서 C와 충돌 후 B의 속력은 $\frac{2vt}{8t} = \frac{1}{4}v$이다.

B와 충돌 후 C의 속력을 v_C라고 하면 B와 C가 충돌할 때도 운동량이 보존되므로 $m \times 4v = \left(m \times \frac{1}{4}v\right) + (4m \times v_C)$에서 $v_C = \frac{15}{16}v$이다.

문제풀이 Tip

속력-시간 그래프에서 그래프와 시간축이 이루는 넓이는 이동 거리이다. B와 C의 충돌 후 두 물체의 속력에 대한 정보가 없으므로 주어진 정보를 이용하여, B의 충돌 후 속력을 구할 수 있어야 한다.

선택지 비율	① 2%	② 8%	③ 18%	④ 5%	❺ 67%

9 운동량과 충격량

2023년 10월 교육청 11번 | 정답 ⑤ | 문제편 20 p

출제 의도 운동량 변화량과 충격량의 관계를 알고, 충격량과 충돌 시간의 관계를 이용하여 물체가 받은 힘의 크기를 유추할 수 있는지 확인하는 문항이다.

그림과 같이 마찰이 없는 수평면에서 속력 $2v_0$으로 등속도 운동하던 물체 A, B가 각각 풀 더미와 벽으로부터 시간 $2t_0$, t_0 동안 힘을 받은 후 속력 v_0으로 운동한다. A의 운동 방향은 일정하고, B의 운동 방향은 충돌 전과 후가 반대이다. A, B의 질량은 각각 m, $2m$이다.

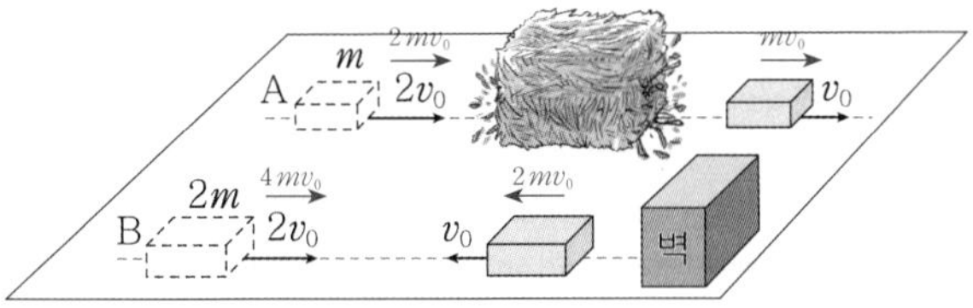

A, B가 각각 풀 더미와 벽으로부터 수평 방향으로 받은 평균 힘의 크기를 F_A, F_B라고 할 때, $F_A : F_B$는?

① 1 : 1　② 1 : 4　③ 1 : 6　④ 1 : 8　⑤ 1 : 12

✓ 자료 해석

• 물체가 받은 충격량의 크기는 물체의 운동량 변화량의 크기와 같다.
→ A의 운동량의 변화량은 $mv_0-m(2v_0)=-mv_0$이고, B의 운동량의 변화량은 $2m(-v_0)-2m(2v_0)=-6mv_0$이다.
• 충격량은 물체에 작용한 힘과 걸린 시간의 곱과 같다.

○ 보기 풀이 물체의 운동량 변화량의 크기는 물체가 받은 충격량의 크기와 같으므로 A, B가 각각 풀 더미와 벽으로부터 받은 충격량의 크기는 mv_0, $6mv_0$이다. 충격량의 크기는 물체가 받은 평균 힘의 크기와 시간의 곱과 같으므로 $F_A : F_B = \frac{mv_0}{2t_0} : \frac{6mv_0}{t_0} = 1 : 12$이다.

문제풀이 Tip
운동량은 방향을 가진 물리량이므로 운동량의 변화량을 계산할 때는 운동 방향의 변화에 유의해야 한다.

선택지 비율	① 7%	② 12%	③ 17%	❹ 57%	⑤ 7%

10 운동량 보존 법칙

2023년 10월 교육청 20번 | 정답 ④ | 문제편 20 p

출제 의도 위치 - 시간 그래프를 해석하여 물체의 충돌과 운동량 보존에 적용할 수 있는지 확인하는 문항이다.

그림 (가)는 마찰이 없는 수평면에서 x축을 따라 운동하는 물체 A, B, C를 나타낸 것이다. 그림 (나)는 (가)의 순간부터 A, B의 위치 x를 시간 t에 따라 나타낸 것이다. A, B, C의 운동량의 합은 항상 0이다.

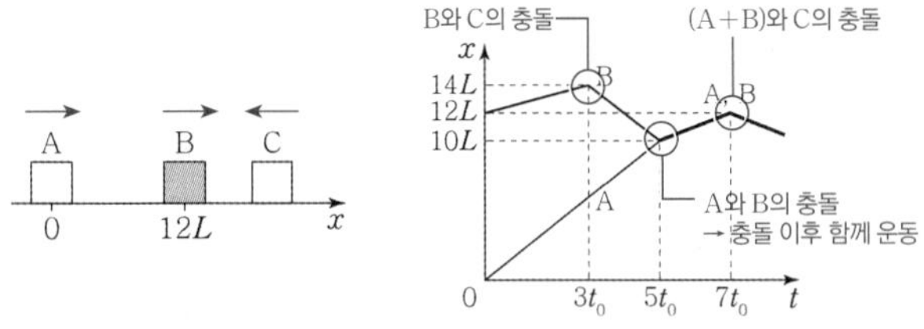

(가)　　　(나)

이에 대한 옳은 설명만을 〈보기〉에서 있는 대로 고른 것은? (단, 물체의 크기는 무시한다.) [3점]

보기
ㄱ. $t=t_0$일 때 C의 운동 방향은 $-x$방향이다.
ㄴ. $t=4t_0$일 때 운동량의 크기는 A가 B의 2배이다. 3배
ㄷ. 질량은 C가 B의 8배이다.

① ㄱ　② ㄷ　③ ㄱ, ㄴ　④ ㄱ, ㄷ　⑤ ㄴ, ㄷ

✓ 자료 해석

• $5t_0$까지 A의 속도는 $\frac{10L}{5t_0}=2\left(\frac{L}{t_0}\right)$이다. 이때 $\frac{L}{t_0}$을 v라고 하면 A, B의 속도를 모두 v로 나타낼 수 있다.
→ B의 속도는 $3t_0$까지 $\frac{2L}{3t_0}=\frac{2}{3}v$, $5t_0$까지 $-\frac{4L}{2t_0}=-2v$이다. $5t_0$ 이후 A와 B가 충돌하여 $\frac{2L}{2t_0}=v$의 속도로 운동하다가 $7t_0$일 때 C와 충돌한다.

○ 보기 풀이 ㄱ. A, B, C의 운동량의 합은 항상 0인데, $t=t_0$일 때 A, B의 운동 방향은 $+x$방향이므로 C의 운동 방향은 $-x$방향이다.
ㄷ. $t=4t_0$일 때 A의 속도를 $2v$라고 하면 B의 속도는 $-2v$이다. A, B는 충돌 후 함께 붙어서 $+v$의 속도로 운동하므로 A, B의 질량을 각각 m_A, m_B라고 하면 $m_A(2v)+m_B(-2v)=(m_A+m_B)v$에서 $m_A=3m_B$이다. 한편, C는 $t=3t_0$일 때 $x=14L$에서 B와 충돌하고, $t=7t_0$일 때 $x=12L$에서 (A+B)와 충돌한다. 따라서 $t=3t_0$부터 $t=7t_0$까지 C의 속도는 $-\frac{2L}{4t_0}=-\frac{1}{2}v$이므로 C의 질량을 m_C라고 하면 $(3m_B+m_B)v+m_C\left(-\frac{1}{2}v\right)=0$에서 $m_C=8m_B$이다.

× 매력적 오답 ㄴ. $t=4t_0$일 때 A, B의 속도의 크기는 $2v$로 같고, A의 질량은 B의 3배이므로 운동량의 크기도 A가 B의 3배이다.

문제풀이 Tip
위치 - 시간 그래프의 기울기로부터 A, B의 속도를 알 수 있고, 그래프의 꺾인 점에서 충돌 시간과 위치를 알 수 있다. 따라서 C의 위치를 유추하여 C의 속도까지 알 수 있다. 그래프로부터 최대한 많은 정보를 알아낼 수 있어야 한다.

선택지 비율	① 2%	② 1%	③ 7%	④ 4%	❺ 85%

11 충격량과 관련된 예

2023년 7월 교육청 7번 | 정답 ⑤ | 문제편 20 p

출제 의도 충격량을 변화시키는 요인과 충격량과 운동량의 관계를 아는지 확인하는 문항이다.

그림은 야구 경기에서 충격량과 관련된 예를 나타낸 것이다.

A. 포수가 글러브를 이용해 공을 받는다.
글러브를 뒤로 빼면서 힘을 받는 시간을 길게 함

B. 타자가 방망이를 이용해 공을 친다.
방망이의 속력을 크게 하여 공의 충격량을 크게 함

C. 투수가 공을 던진다.
힘을 주는 시간을 길게 하여 공의 충격량을 크게 함

이에 대한 설명으로 옳은 것만을 ⟨보기⟩에서 있는 대로 고른 것은?

보기

ㄱ. A에서 글러브를 뒤로 빼면서 공을 받으면 글러브가 공으로부터 받는 평균 힘의 크기는 감소한다.

ㄴ. B에서 방망이의 속력을 더 크게 하여 공을 치면 공이 방망이로부터 받는 충격량의 크기는 커진다.

ㄷ. C에서 공에 힘을 더 오래 작용하며 던질수록 손을 떠날 때 공의 운동량의 크기는 커진다.

① ㄱ ② ㄷ ③ ㄱ, ㄴ ④ ㄴ, ㄷ ⑤ ㄱ, ㄴ, ㄷ

✔ 자료 해석

- A는 충돌할 때 힘이 작용하는 시간을 길게 하여 사람이 받는 힘의 크기를 작게 하는 예이다.
- B, C는 공의 속력을 크게 하거나 공이 힘을 받는 시간을 길게 하여 공이 받는 충격량의 크기를 크게 하는 예이다.

O 보기 풀이 ㄱ. 글러브를 뒤로 빼면서 공을 받으면 힘을 받는 시간이 길어진다. 충격량이 일정할 때 힘의 크기와 힘이 작용하는 시간은 반비례하므로 힘을 받는 시간이 길어지면 글러브가 공으로부터 받는 평균 힘의 크기는 감소한다.
ㄴ. 방망이의 속력을 더 크게 하여 공을 치면 공의 속력도 커진다. 운동량 변화량의 크기는 충격량의 크기와 같으므로 공의 속력이 커져 운동량 변화량이 커지면 공이 방망이로부터 받는 충격량의 크기도 커진다.
ㄷ. 공에 힘이 작용하는 시간이 길수록 공이 받는 충격량의 크기는 커지므로 손을 떠날 때 공의 운동량의 크기도 커진다.

문제풀이 Tip

충격량은 운동량의 변화량으로 나타낼 수도 있고, 힘과 힘이 작용하는 시간의 관계식으로 나타낼 수도 있다. 상황에 맞게 활용할 수 있도록 준비해 두자.

선택지 비율	① 10%	② 7%	❸ 65%	④ 7%	⑤ 10%

12 운동량 보존 법칙

2023년 7월 교육청 10번 | 정답 ③ | 문제편 20 p

출제 의도 충돌이 연속적으로 일어날 때 운동량 보존을 이용하여 물체의 운동을 설명할 수 있는지 확인하는 문항이다.

그림 (가)는 마찰이 없는 수평면에서 운동량의 크기가 $2p$로 같은 물체 A, B, C가 각각 등속도 운동하는 것을 나타낸 것이다. 그림 (나)는 (가) 이후 모든 충돌이 끝나 A, B, C가 크기가 각각 p, p, $2p$인 운동량으로 등속도 운동하는 것을 나타낸 것이다. (가) → (나) 과정에서 C가 B로부터 받은 충격량의 크기는 $4p$이다.

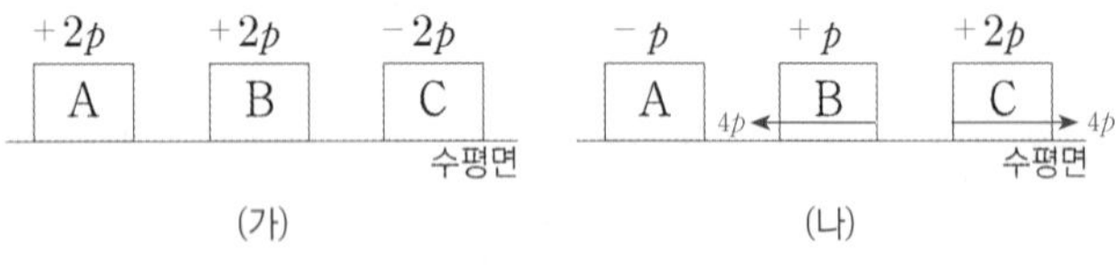

이에 대한 설명으로 옳은 것만을 ⟨보기⟩에서 있는 대로 고른 것은? (단, A, B, C는 동일 직선상에서 운동한다.) [3점]

보기

ㄱ. (가)에서 운동 방향은 A와 B가 같다.

ㄴ. A의 운동 방향은 (가)에서와 (나)에서가 ~~같다~~. 반대이다.

ㄷ. (가) → (나) 과정에서 B가 A로부터 받은 충격량의 크기는 $3p$이다.

① ㄱ ② ㄴ ③ ㄱ, ㄷ ④ ㄴ, ㄷ ⑤ ㄱ, ㄴ, ㄷ

✔ 자료 해석

- 운동량 보존에 의해 (가)와 (나)에서 운동량의 총합은 같아야 한다. 만약 (가)에서 A, B, C의 운동량이 모두 같은 방향이어서 운동량의 총합이 $6p$라면 (나)에서는 운동량의 총합이 $6p$가 될 수 없다.
  → A, B, C 중 하나는 반드시 운동 방향이 반대여야 하므로 (가)에서 가능한 운동량 합의 크기는 $2p$이고, (나)에서 운동량 합의 크기도 $2p$이다.

O 보기 풀이 운동량이 보존되려면 가능한 A, B, C의 운동량 합의 크기는 $2p$이다.
ㄱ. (나)에서 C가 B와 운동 방향이 반대이면 계속해서 충돌이 일어나야 하므로 모든 충돌이 끝난 후 C는 오른쪽으로 운동하고 있어야 한다. (가) → (나) 과정에서 C가 받은 충격량의 크기는 $4p$이므로 C의 운동량은 (가)에서는 왼쪽으로 $2p$, (나)에서는 오른쪽으로 $2p$이다. 따라서 (가), (나)에서 A, B, C의 운동량 합은 오른쪽으로 $2p$이고, (가)에서 A, B의 운동량 방향은 모두 오른쪽이어야 한다.
ㄷ. (나)에서 A, B, C의 운동량 합은 오른쪽으로 $2p$이므로 A와 B의 운동량은 서로 반대 방향이다. 따라서 A는 왼쪽, B는 오른쪽으로 운동한다. B는 (가) → (나) 과정에서 모두 오른쪽으로 운동하므로 A, C로부터 받은 충격량의 합은 왼쪽으로 p이다. 이때 B가 C로부터 받은 충격량은 왼쪽으로 $4p$이므로 B가 A로부터 받은 충격량은 오른쪽으로 $3p$이다.

✖ 매력적 오답 ㄴ. (가)에서 A의 운동량은 오른쪽으로 $2p$이다. (가) → (나) 과정에서 A는 B로부터 왼쪽으로 $3p$의 충격량을 받으므로 (나)에서 A의 운동량은 왼쪽으로 p이다.

문제풀이 Tip

A, B, C의 운동 방향의 경우의 수를 모두 따지는 것보다 주어진 정보로 C의 운동 방향을 확정하고 A, B의 운동 방향의 경우의 수를 따지는 것이 더 간편하다.

선택지 비율	① 5%	② 5%	❸ 70%	④ 6%	⑤ 13%

13 충격량과 운동량

2023년 4월 교육청 8번 | 정답 ③ | 문제편 21 p

(출제 의도) 충격량과 운동량의 관계를 이해하여 물체의 충돌에 적용할 수 있는지 확인하는 문항이다.

그림과 같이 수평면에서 질량이 $3\,\mathrm{kg}$인 물체가 $2\,\mathrm{m/s}$의 속력으로 등속도 운동하여 벽 A와 충돌한 후, 충돌 전과 반대 방향으로 v의 속력으로 등속도 운동하여 벽 B와 충돌한다. 표는 물체가 A, B와 충돌하는 동안 물체가 A, B로부터 받은 충격량의 크기와 충돌 시간을 나타낸 것이다. 물체는 동일 직선상에서 운동한다.

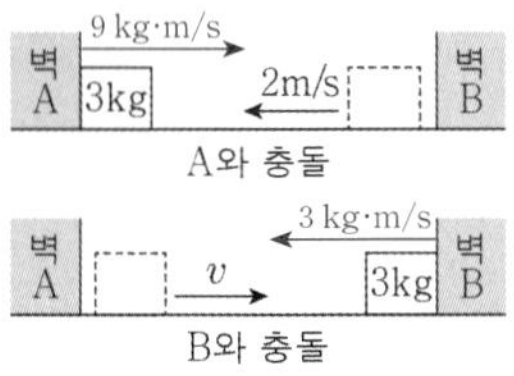

	충격량의 크기(N·s)	충돌 시간(s)	평균 힘
A와 충돌	9	0.1	90 N
B와 충돌	3	0.3	10 N

이에 대한 설명으로 옳은 것만을 〈보기〉에서 있는 대로 고른 것은?

보기

ㄱ. $v=1\,\mathrm{m/s}$이다.

ㄴ. 충돌하는 동안 물체가 A로부터 받은 평균 힘의 크기는 B로부터 받은 평균 힘의 크기~~와 같다~~. 보다 크다

ㄷ. 물체는 B와 충돌한 후 정지한다.

① ㄱ ② ㄴ ③ ㄱ, ㄷ ④ ㄴ, ㄷ ⑤ ㄱ, ㄴ, ㄷ

✓ 자료 해석

- 물체가 받은 충격량의 크기는 물체의 운동량 변화량의 크기와 같다.
  → A와 충돌 후 물체의 운동량－충돌 전 물체의 운동량$=9\,\mathrm{kg\cdot m/s}$
  → B와 충돌 후 물체의 운동량－충돌 전 물체의 운동량$=3\,\mathrm{kg\cdot m/s}$
- 충돌하는 동안 물체가 받은 평균 힘의 크기는 $\dfrac{\text{충격량의 크기}}{\text{충돌 시간}}$이다.

○ 보기풀이 ㄱ. 물체는 운동 방향과 반대 방향으로 충격량을 받으며, 충돌하는 동안 A로부터 받은 충격량의 크기는 물체의 운동량 변화량의 크기와 같다. $3\,\mathrm{kg}\times v-\{3\,\mathrm{kg}\times(-2\,\mathrm{m/s})\}=9\,\mathrm{kg\cdot m/s}$에서 $v=1\,\mathrm{m/s}$이다.

ㄷ. A와 충돌 후 물체의 속력은 $1\,\mathrm{m/s}$이고, B와 충돌 후 물체의 속력을 v'이라고 하면 $3\,\mathrm{kg}\times v'-\{3\,\mathrm{kg}\times(-1\,\mathrm{m/s})\}=3\,\mathrm{kg\cdot m/s}$에서 $v'=0$이다. 즉, 물체는 B와 충돌 후 정지한다.

× 매력적 오답 ㄴ. 충돌하는 동안 A와 B로부터 받은 평균 힘의 크기는 각각 $\dfrac{9\,\mathrm{N\cdot s}}{0.1\,\mathrm{s}}=90\,\mathrm{N}$, $\dfrac{3\,\mathrm{N\cdot s}}{0.3\,\mathrm{s}}=10\,\mathrm{N}$이다.

문제풀이 Tip

운동량과 충격량은 모두 방향이 있는 물리량이므로 관계식을 적용할 때 방향에 주의해야 한다.

선택지 비율	❶ 43%	② 11%	③ 21%	④ 13%	⑤ 13%

14 두 물체의 상대 속력과 운동량 보존

2023년 4월 교육청 13번 | 정답 ① | 문제편 21 p

(출제 의도) 주어진 그래프를 이용하여 두 물체 사이의 상대 속력을 구하고, 물체가 충돌할 때 운동량 보존을 이용하여 물체의 운동을 설명할 수 있는지 확인하는 문항이다.

그림 (가)는 수평면에서 물체 A, B, C가 등속도 운동하는 모습을 나타낸 것이다. B의 속력은 $1\,\mathrm{m/s}$이다. 그림 (나)는 A와 C 사이의 거리, B와 C 사이의 거리를 시간 t에 따라 나타낸 것이다. A, B, C는 동일 직선상에서 운동한다.

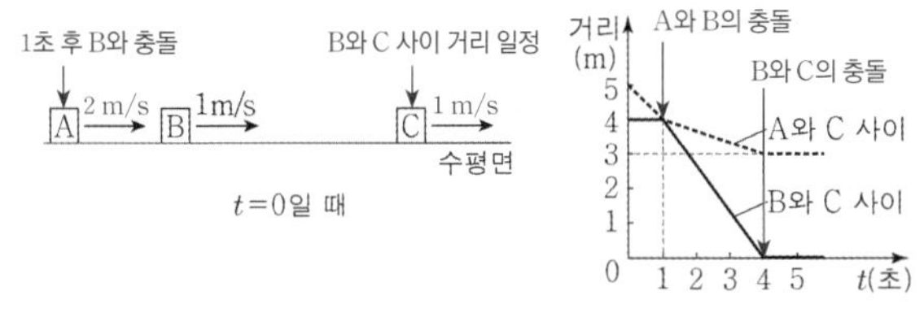

(가) (나)

A, C의 질량을 각각 m_A, m_C라 할 때, $\dfrac{m_C}{m_A}$는? (단, 물체의 크기는 무시한다.) [3점]

① $\dfrac{3}{2}$ ② 2 ③ $\dfrac{5}{2}$ ④ 3 ⑤ $\dfrac{7}{2}$

✓ 자료 해석

- 시간에 따른 물체 사이의 거리를 나타낸 그래프에서 그래프의 기울기는 상대 속력을 의미하므로, 기울기가 달라진 시각, 즉 속력이 달라진 시각은 물체의 충돌이 일어난 때이다.
  → A와 B가 충돌하기 전까지 B와 C 사이의 거리가 일정하므로 C의 속력은 B와 같다. A와 C 사이의 상대 속도의 크기는 $1\,\mathrm{m/s}$이므로 A의 속력$=$C의 속력$+1\,\mathrm{m/s}$이다.

○ 보기풀이 0초부터 1초까지 C의 속력은 B와 같은 $1\,\mathrm{m/s}$이고, A의 속력은 C보다 $1\,\mathrm{m/s}$만큼 크므로 $2\,\mathrm{m/s}$이다. 1초일 때 A와 B가 충돌하고, 충돌 후 4초까지 A와 C 사이의 상대 속력은 $\dfrac{1}{3}\,\mathrm{m/s}$이므로 A의 속력은 $\left(1+\dfrac{1}{3}\right)\mathrm{m/s}$이고, B와 C 사이의 상대 속력은 $\dfrac{4}{3}\,\mathrm{m/s}$이므로 B의 속력은 $\left(1+\dfrac{4}{3}\right)\mathrm{m/s}$이다. 4초일 때 B와 C가 충돌하고, 충돌 후 C의 속력은 A와 같은 $\dfrac{4}{3}\,\mathrm{m/s}$이고 B와 C는 한 덩어리가 되어 운동한다. A, B, C의 질량을 m_A, m_B, m_C라고 하면 물체들의 충돌 전후 운동량의 합이 보존되므로 $2m_A+m_B=\dfrac{4}{3}m_A+\dfrac{7}{3}m_B$, $\dfrac{7}{3}m_B+m_C=\dfrac{4}{3}(m_B+m_C)$이다. 식을 정리하면 $m_A=2m_B$, $m_C=3m_B$이다. 따라서 $\dfrac{m_C}{m_A}=\dfrac{3}{2}$이다.

문제풀이 Tip

두 물체 사이의 거리가 변할 때와 변하지 않을 때, 그리고 0일 때가 의미하는 바를 알고, 운동량 보존에 적용할 수 있도록 준비해 두자.

Part I 교육청

선택지 비율	① 13%	② 8%	③ 14%	④ 10%	⑤ 55%

15 충격량과 평균 힘

2023년 3월 교육청 7번 | 정답 ⑤ | 문제편 21 p

(출제 의도) 속력 - 시간 그래프로부터 물체의 운동을 분석하고, 충격량과 운동량의 관계 및 충격량과 평균 힘의 관계를 적용할 수 있는지 확인하는 문항이다.

그림은 직선상에서 운동하는 질량이 5 kg인 물체의 속력을 시간에 따라 나타낸 것이다. 0초일 때와 t_0초일 때 물체의 위치는 같고, 운동 방향은 서로 반대이다.

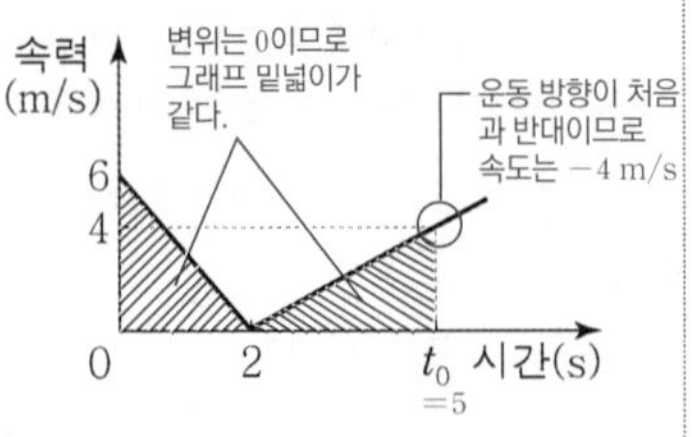

0초에서 t_0초까지 물체가 받은 평균 힘의 크기는? (단, 물체의 크기는 무시한다.) [3점]

① 2 N ② 4 N ③ 6 N ④ 8 N ⑤ 10 N

✓ 자료 해석

- 물체의 위치는 0초일 때와 t_0초일 때가 같다. → 변위는 0이고, 2초일 때 운동 방향이 바뀐다. 따라서 0~2초 동안 이동한 거리는 2~t_0초 동안 이동한 거리와 같다.
- 물체의 운동 방향은 0초일 때와 t_0초일 때가 서로 반대이다. → 0초일 때 물체의 속도를 6 m/s라고 하면 t_0초일 때의 속도는 4 m/s이다.

○ 보기 풀이 0초에서 t_0초까지 물체의 변위가 0이므로 $\frac{1}{2}\times2\times6=\frac{1}{2}\times4\times(t_0-2)$에서 $t_0=5$(초)이다. 물체의 운동 방향은 0초일 때와 5초일 때가 서로 반대이므로 0초에서 5초까지 물체의 속도 변화량의 크기는 10 m/s이다. 충격량의 크기는 운동량 변화량의 크기와 같으므로 (물체가 받은 평균 힘의 크기)×5 s =5 kg×10 m/s에서 물체가 받은 평균 힘의 크기는 10 N이다.

문제풀이 Tip

물체가 반대 방향으로 운동하고 있을 때 속도 변화량의 크기는 속력의 합과 같음에 유의해야 한다.

선택지 비율	① 10%	② 9%	③ 56%	④ 12%	⑤ 14%

16 두 물체의 충돌과 운동량 보존

2023년 3월 교육청 15번 | 정답 ③ | 문제편 21 p

(출제 의도) 등속도 운동의 특징을 알고, 두 물체가 충돌할 때 운동량 보존을 적용할 수 있는지 확인하는 문항이다.

그림 (가)와 같이 0초일 때 마찰이 없는 수평면에서 물체 A가 점 P에 정지해 있는 물체 B를 향해 등속도 운동한다. A, B의 질량은 각각 4 kg, 1 kg이다. A와 B는 시간 t_0일 때 충돌하고, t_0부터 같은 방향으로 등속도 운동을 한다. 그림 (나)는 20초일 때 A와 B의 위치를 나타낸 것이다.

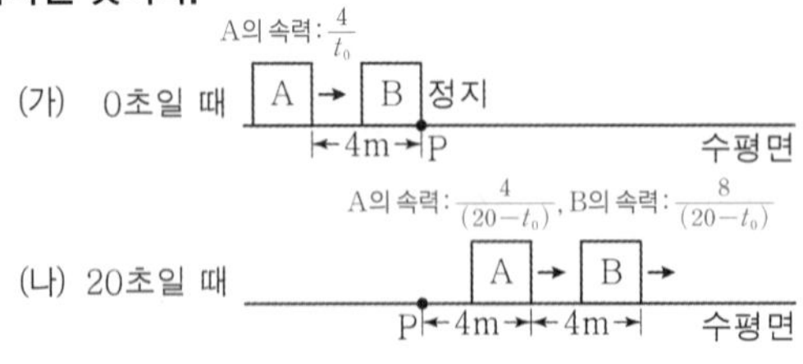

t_0은? (단, 물체의 크기는 무시한다.) [3점]

① 6초 ② 7초 ③ 8초 ④ 9초 ⑤ 10초

✓ 자료 해석

- A, B는 등속도 운동을 하므로 A, B의 속력을 $\frac{거리}{시간}$로 나타낼 수 있다.
  → 충돌 전 A는 t_0 동안 4 m를 이동하므로 A의 속력은 $\frac{4}{t_0}$이다.
- 충돌 후 $(20-t_0)$초 동안 A는 4 m를 이동하므로 A의 속력은 $\frac{4}{(20-t_0)}$이고, B는 8 m를 이동하므로 B의 속력은 $\frac{8}{(20-t_0)}$이다.

○ 보기 풀이 두 물체가 충돌할 때 운동량의 총합이 보존된다. 충돌 전 A의 속력은 $\frac{4}{t_0}$, 충돌 후 A, B의 속력은 각각 $\frac{4}{(20-t_0)}$, $\frac{8}{(20-t_0)}$이므로 운동량 보존에 의해 $4\times\frac{4}{t_0}=\left(4\times\frac{4}{(20-t_0)}\right)+\left(1\times\frac{8}{(20-t_0)}\right)$이다. 따라서 $t_0=8$(초)이다.

문제풀이 Tip

물체의 이동 거리와 시간이 주어졌으므로 등속도 운동하는 물체의 속력에 관한 관계식을 세울 수 있다.

선택지 비율	① 14%	② 27%	③ 11%	④ 42%	⑤ 6%

17 운동량과 충격량의 관계

2022년 10월 교육청 6번 | 정답 ④ | 문제편 22 p

출제 의도 충격량과 운동량의 관계를 알고, 속도 - 시간 그래프로부터 운동량의 변화량 및 충격량을 유추해낼 수 있는지 확인하는 문항이다.

그림 (가)는 시간 $t=0$일 때 질량이 m인 물체를 점 p에서 가만히 놓았더니 물체가 용수철을 압축시킨 모습을 나타낸 것이다. 그림 (나)는 물체의 속도를 t에 따라 나타낸 것이다. 용수철은 $t=3t_0$부터 $t=4t_0$까지 물체에 힘을 작용한다. $t=7t_0$일 때 물체는 p까지 올라간다.

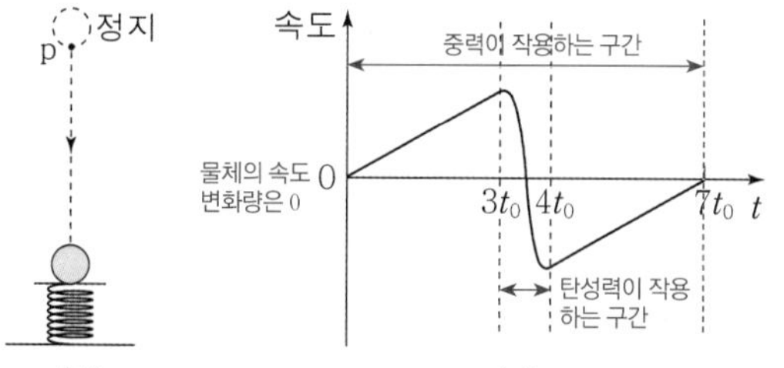

(가) (나)

$t=3t_0$부터 $t=4t_0$까지 용수철이 물체에 작용한 평균 힘의 크기는? (단, 중력 가속도는 g이고, 물체의 크기, 용수철의 질량, 모든 마찰과 공기 저항은 무시한다.) [3점]

① $2mg$ ② $3mg$ ③ $5mg$ ④ $7mg$ ⑤ $8mg$

✓ 자료 해석

- $t=0$부터 $t=7t_0$까지 물체의 속도 변화량이 0이므로 물체의 운동량의 변화량도 0이다.
  → 물체가 받은 충격량의 크기는 물체의 운동량의 변화량의 크기와 같으므로 물체가 받은 충격량의 크기는 0이다.
- 충격량은 물체에 작용한 힘과 걸린 시간의 곱과 같다.

○ 보기 풀이 $t=0$부터 $t=7t_0$까지 물체의 운동량 변화량이 0이므로 물체가 받은 충격량도 0이다. 이때 '물체에 작용하는 충격량=중력이 물체에 작용한 충격량+용수철의 탄성력이 물체에 작용한 충격량'이므로 중력에 의한 충격량과 탄성력에 의한 충격량의 크기는 같다. 용수철이 물체에 작용한 평균 힘의 크기를 F라고 하면 물체에 작용하는 중력의 크기는 mg이므로 $mg\times 7t_0=F\times t_0$에서 $F=7mg$이다.

문제풀이 Tip

충격량의 크기는 물체에 작용한 힘과 걸린 시간의 곱인데, 물체에는 중력과 탄성력이 함께 작용하고 있다. 이를 이용하여 물체가 받은 충격량의 크기를 계산할 수 있어야 한다.

선택지 비율	① 8%	② 9%	③ 13%	④ 58%	⑤ 11%

18 운동량 보존 법칙

2022년 10월 교육청 19번 | 정답 ④ | 문제편 22 p

출제 의도 두 물체 사이의 상대 속력과 물체가 충돌할 때 운동량 보존을 이용하여 물체의 운동을 설명할 수 있는지 확인하는 문항이다.

그림 (가)는 수평면에서 물체 A, B가 각각 속력 $2v$, $3v$로 정지한 물체 C를 향해 운동하는 모습을 나타낸 것이다. B, C의 질량은 각각 m, $2m$이다. 그림 (나)는 (가)의 순간부터 B와 C 사이의 거리를 시간 t에 따라 나타낸 것이다. A는 충돌 후 속력 v로 충돌 전과 같은 방향으로 운동한다.

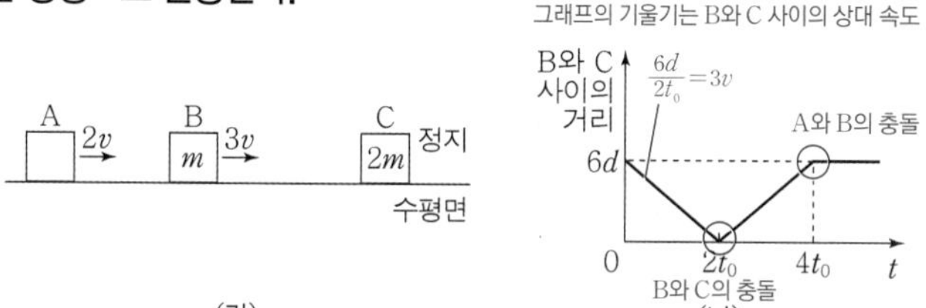

(가) (나)

이에 대한 옳은 설명만을 〈보기〉에서 있는 대로 고른 것은? (단, A, B, C는 동일 직선상에서 운동하고, 물체의 크기, 모든 마찰과 공기 저항은 무시한다.) [3점]

> 보기
> ㄱ. A의 질량은 $3m$이다.
> ㄴ. 충돌 과정에서 받은 충격량의 크기는 C가 A의 2배이다. $\frac{4}{3}$배
> ㄷ. $t=0$일 때 A와 B 사이의 거리는 $4d$이다.

① ㄱ ② ㄷ ③ ㄱ, ㄴ ④ ㄱ, ㄷ ⑤ ㄴ, ㄷ

✓ 자료 해석

- 시간에 따른 B와 C 사이의 거리를 나타낸 그래프에서 그래프의 기울기는 B와 C 사이의 상대 속도를 의미한다.
  → $t=0$부터 $t=2t_0$까지 B와 C의 상대 속도는 $\frac{6d}{2t_0}=3v$이다.
  → $t=2t_0$일 때 B와 C가 충돌한 후 C의 속력을 v_C라고 하면 B의 속력은 $|v_C-3v|$이다.
  → $t=4t_0$일 때 A와 B가 충돌하고, $t=4t_0$ 이후 B와 C의 상대 속도는 0이므로 B와 C의 속력이 같다.

○ 보기 풀이 ㄱ. B와 C가 충돌할 때 $m(3v)=m(v_C-3v)+2mv_C$에서 $v_C=2v$이다. 따라서 충돌 후 B의 속도는 $-v$이므로 B는 처음 운동 방향과 반대 방향으로 운동하다가 $t=4t_0$일 때 A와 충돌하고, A와 충돌 후 B는 속력 $2v$로 C와 같은 방향으로 운동한다. A의 질량을 m_A라 하고, A와 B가 충돌할 때 $m_A(2v)+m(-v)=m_Av+m(2v)$에서 $m_A=3m$이다.

ㄷ. $t=4t_0$일 때 A와 B가 충돌하므로 $t=4t_0$까지 A의 변위는 $2v(4t_0)=8vt_0$이고, B의 변위는 $3v(2t_0)+(-v)2t_0=4vt_0$이다. $vt_0=d$이므로 $t=0$일 때 A와 B 사이의 거리는 $8d-4d=4d$이다.

× 매력적 오답 ㄴ. 충격량의 크기는 운동량 변화량의 크기와 같다. C는 B와 충돌 후 운동량의 크기가 0에서 $4mv$로 변하므로 C가 받은 충격량의 크기는 $4mv$이고, A는 B와 충돌 후 운동량의 크기가 $6mv$에서 $3mv$로 변하므로 A가 받은 충격량의 크기는 $3mv$이다. 따라서 충돌 과정에서 받은 충격량의 크기는 C가 A의 $\frac{4}{3}$배이다.

문제풀이 Tip

시간에 따른 두 물체 사이의 거리 그래프에서 기울기가 의미하는 것과 기울기가 0일 때는 두 물체의 속력이 같음을 이해하고 있어야 한다.

선택지 비율	① 2%	② 1%	❸ 93%	④ 1%	⑤ 3%

19 충격량과 관련된 예

2022년 7월 교육청 6번 | 정답 ③ | 문제편 22p

출제 의도 일상생활 속에서 충격량을 커지게 하거나 충격력을 작아지게 하는 예를 이해하고 있는지 확인하는 문항이다.

그림 A, B, C는 충격량과 관련된 예를 나타낸 것이다.

A. 번지점프에서 낙하하는 사람을 매단 줄
줄이 늘어나면서 힘을 받는 시간을 길게 함

B. 충돌로 인한 피해 감소용 타이어
타이어가 찌그러지면서 힘을 받는 시간을 길게 함

C. 빨대 안에서 속력이 증가하는 구슬
빨대가 길수록 구슬에 작용하는 힘과 시간을 증가시킴

이에 대한 설명으로 옳은 것만을 〈보기〉에서 있는 대로 고른 것은?

보기
ㄱ. A에서 늘어나는 줄은 사람이 힘을 받는 시간을 길게 해 준다.
ㄴ. B에서 타이어는 충돌할 때 배가 받는 평균 힘의 크기를 ~~크게~~ 해 준다. 작게
ㄷ. C에서 구슬의 속력이 증가하면 구슬의 운동량의 크기는 증가한다.

① ㄱ ② ㄴ ③ ㄱ, ㄷ ④ ㄴ, ㄷ ⑤ ㄱ, ㄴ, ㄷ

✔ 자료 해석

- A, B는 힘이 작용하는 시간을 길게 하여 사람 또는 배가 받는 힘의 크기를 조절시키는 안전장치이다.
- C는 구슬에 작용하는 힘의 시간을 길게 하여 구슬의 운동량을 증가시킨다.

O 보기풀이 ㄱ. 충격량의 크기는 충돌할 때 받는 힘의 크기와 힘을 받은 시간의 곱으로, A에서 늘어나는 줄은 사람이 힘을 받는 시간을 길게 해 준다.
ㄷ. 운동량의 크기는 질량과 속력의 곱으로, C에서 구슬의 속력이 증가하면 구슬의 운동량의 크기는 증가한다.

× 매력적 오답 ㄴ. 충격량의 크기는 충돌할 때 받는 힘의 크기와 힘을 받은 시간의 곱으로, B에서 탄성력이 있는 타이어는 힘을 받는 시간을 길게 하여 배가 받는 평균 힘의 크기를 작게 해 준다.

문제풀이 Tip
A와 B는 충격량이 일정할 때 물체가 받는 평균 힘과 힘을 받은 시간의 관계를 이용한 예이고, C는 충격량을 증가시키는 예임을 구분하여 이해해야 한다.

선택지 비율	① 8%	② 12%	③ 8%	❹ 64%	⑤ 8%

20 운동량 보존 법칙

2022년 7월 교육청 8번 | 정답 ④ | 문제편 22p

출제 의도 두 물체 사이의 상대 속력과 운동량 보존을 이용하여 물체의 운동을 설명할 수 있는지 확인하는 문항이다.

그림은 동일 직선상에서 각각 일정한 속력으로 운동하는 물체 A와 B 사이의 거리를 시간 t에 따라 나타낸 것이다. $t=0$부터 $t=1$초까지 A와 B는 서로를 향해 운동하여 $t=1$초인 순간 충돌하고, $t=1$초 이후 A와 B의 운동 방향은 충돌 전 A의 운동 방향과 같다. 질량은 A가 B의 2배이고, 충돌 후 운동량의 크기는 B가 A의 2배이다.
B의 질량이 m이면 A의 질량은 $2m$ / 충돌 후 속력은 B가 A의 4배

그래프의 기울기는 A와 B 사이의 상대 속도

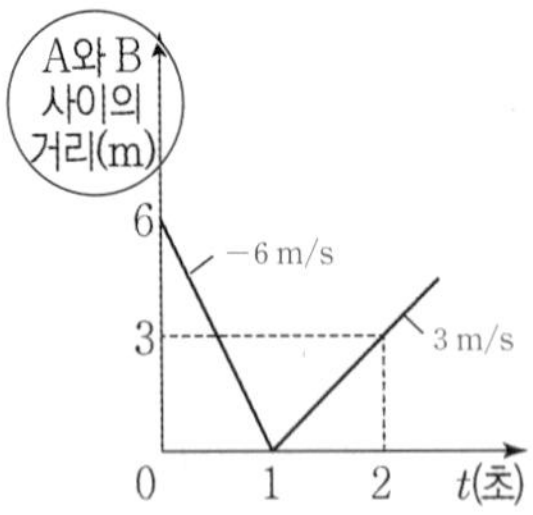

충돌 전 A, B의 속력을 각각 v_A, v_B라 할 때, $v_A : v_B$는? [3점]

① 1 : 1 ② 1 : 2 ③ 1 : 5 ④ 2 : 1 ⑤ 5 : 1

✔ 자료 해석

- 충돌 후 A, B의 속력을 각각 v_A', v_B'이라 하면 B의 질량이 m일 때 A의 질량은 $2m$이므로 $2(2mv_A')=mv_B'$에서 $v_B'=4v_A'$이다.
- 시간에 따른 A와 B 사이의 거리를 나타낸 그래프에서 그래프의 기울기의 크기는 A와 B 사이의 상대 속력을 의미한다.
  → 0~1초 동안 A와 B의 상대 속력은 −6 m/s이고, 서로 반대 방향으로 운동하므로 $v_A+v_B=6$(m/s)이다.
  → 1~2초 동안 A와 B의 상대 속력은 3 m/s이고, 서로 같은 방향으로 운동하므로 $v_B'-v_A'=3$(m/s)이다.

O 보기풀이 0~1초 동안 A와 B는 서로를 향해 운동하여 가까워지고 있으므로 $v_A+v_B=6$ m/s(①)이고 1~2초 동안 A와 B는 서로 같은 방향으로 운동하여 멀어지고 있으므로 $v_B'-v_A'=3$ m/s(②)이다. 충돌 후 B의 운동량의 크기는 A의 2배이므로 $2(2mv_A')=mv_B'$에서 $v_B'=4v_A'$이고, 이 식을 ②에 대입하면 $v_A'=1$ m/s, $v_B'=4$ m/s이다.
충돌 전후 A와 B의 운동량의 총합은 보존되므로 $2mv_A-mv_B=2mv_A'+mv_B'$에서 $2mv_A-mv_B=6m$이므로 $2v_A-v_B=6$(③)이다. 식 ①, ③을 연립하여 풀면 $v_A=4$ m/s, $v_B=2$ m/s이므로 $v_A : v_B=2 : 1$이다.

문제풀이 Tip
두 물체 사이의 상대 속력을 구할 때에는 물체의 운동 방향도 함께 고려해야 한다. 서로 같은 방향으로 운동하여 멀어질 때에는 속력의 차가 상대 속력이 되고, 반대 방향으로 운동하여 가까워질 때는 속력의 합이 상대 속력이 되는 것을 이해해야 한다.

선택지 비율	① 11%	② 11%	❸ 67%	④ 8%	⑤ 4%

21 세 물체의 충돌과 충격량의 관계

2022년 4월 교육청 7번 | 정답 ③ | 문제편 23p

출제 의도 세 물체가 차례대로 충돌할 때 각 충돌에서 서로에게 받은 충격량의 크기가 같음을 이해하고 물체의 운동을 분석할 수 있는지 확인하는 문항이다.

그림과 같이 수평면에서 물체 A, B가 각각 $4v$, v의 속력으로 운동하다가 A와 B가 충돌한 후 A는 충돌 전과 반대 방향으로 v의 속력으로 운동한다. A와 충돌한 B는 정지해 있는 물체 C와 충돌한 후 한 덩어리가 되어 운동한다. A, B의 질량은 각각 m, $5m$이고, B가 A로부터 받은 충격량의 크기는 B가 C로부터 받은 충격량의 크기의 2배이다.

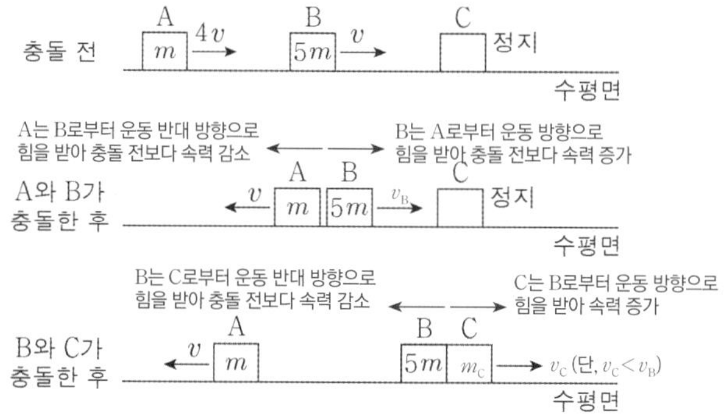

C의 질량은? (단, A, B, C는 동일 직선상에서 운동하고, 마찰과 공기 저항은 무시한다.)

① $\frac{5}{4}m$ ② $\frac{3}{2}m$ ③ $\frac{5}{3}m$ ④ $\frac{7}{4}m$ ⑤ $\frac{7}{3}m$

✓ 자료 해석

- A와 B가 충돌 후 B의 속력을 v_B라고 하면 A와 B가 충돌할 때 서로에게 받은 충격량의 크기는 같으므로 $|m(-v-4v)|=|5m(v_B-v)|$이다.
- C의 질량을 m_C, B와 C가 충돌한 후 한 덩어리가 된 B와 C의 속력을 v_C라고 하면 B와 C가 충돌할 때 서로에게 받은 충격량의 크기는 같으므로 $|5m(v_C-v_B)|=|m_C(v_C-0)|$이다.

○ 보기풀이 A, B가 충돌할 때 A가 B로부터 받은 충격량의 크기는 B가 A로부터 받은 충격량의 크기와 같으므로 $|m(-v-4v)|=|5m(v_B-v)|$에서 $v_B>v$이므로 $v_B=2v$이다.

A와 B의 충돌에서 B가 A로부터 받은 충격량의 크기는 $5mv$이므로 B와 C의 충돌에서 B가 C로부터 받은 충격량의 크기는 $\frac{5}{2}mv$이다.

따라서 $|5m(v_C-2v)|=\frac{5}{2}mv$에서 $2v>v_C$이므로 $-5m(v_C-2v)=\frac{5}{2}mv$이고, $v_C=\frac{3}{2}v$이다. 이때 B가 C로부터 받은 충격량의 크기는 C가 B로부터 받은 충격량의 크기와 같으므로 $\frac{5}{2}mv=\left|m_C(\frac{3}{2}v-0)\right|$에서 $m_C=\frac{5}{3}m$이다.

문제풀이 Tip

두 물체가 충돌할 때 두 물체가 서로 주고받은 충격량의 크기는 같고 방향은 반대이다. 충격량이 물체의 운동 방향과 반대 방향으로 작용하면 물체의 운동량이 감소하고, 충격량이 물체의 운동 방향과 같은 방향으로 작용하면 물체의 운동량이 증가하는 것에 유의하여 두 물체가 서로 주고받은 충격량에 대해 설명할 수 있어야 한다.

선택지 비율	① 11%	② 7%	③ 11%	④ 23%	❺ 47%

22 두 물체의 상대 속력과 운동량 보존

2022년 3월 교육청 9번 | 정답 ⑤ | 문제편 23p

출제 의도 주어진 그래프를 이용하여 두 물체 사이의 상대 속력을 구하고, 물체가 충돌할 때 운동량 보존을 이용하여 물체의 운동을 설명할 수 있는지 확인하는 문항이다.

그림 (가)와 같이 마찰이 없는 수평면에서 물체 A가 정지해 있는 물체 B, C를 향해 운동한다. A, B, C의 질량은 각각 M, m, m이다. 그림 (나)는 (가)의 순간부터 A와 C 사이의 거리를 시간에 따라 나타낸 것이다.

C는 B와 충돌하기 전까지 정지해 있으므로 A와 C 사이의 거리 그래프를 통해 A의 속력을 알 수 있다.

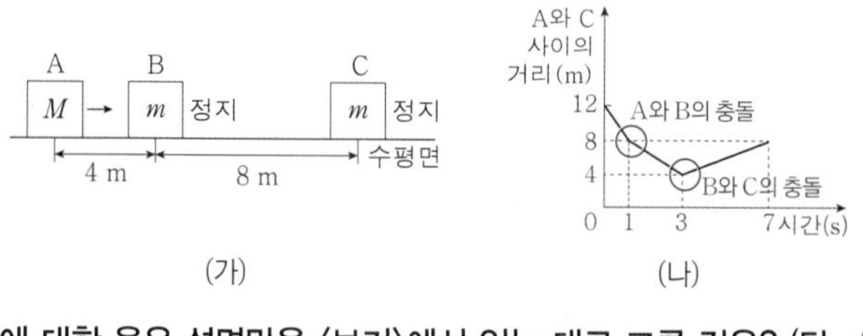

이에 대한 옳은 설명만을 〈보기〉에서 있는 대로 고른 것은? (단, A, B, C는 동일 직선상에서 운동하고, 물체의 크기는 무시한다.) [3점]

보기

ㄱ. 2초일 때 B의 속력은 ~~2 m/s~~이다. 4 m/s
ㄴ. $M=2m$이다.
ㄷ. 5초일 때 B의 속력은 1 m/s이다.

① ㄴ ② ㄷ ③ ㄱ, ㄴ ④ ㄱ, ㄷ ⑤ ㄴ, ㄷ

✓ 자료 해석

- 시간에 따른 A와 C 사이의 거리를 나타낸 그래프에서 그래프의 기울기는 A와 C 사이의 상대 속도를 의미한다.
  → 0~3초까지 C가 정지해 있으므로 그래프의 기울기의 크기는 A의 속력과 같다. 따라서 0~1초 동안 A의 속력은 $\frac{12-8}{1-0}=4$(m/s)이고, 1~3초 동안 A의 속력은 $\frac{8-4}{3-1}=2$(m/s)이다.

○ 보기풀이 ㄴ. B와 충돌하기 전 A의 속력은 4(m/s)이고, B와 충돌한 후 A의 속력은 2(m/s)이다. A와 B의 충돌에 운동량 보존 법칙을 적용하면 $4M=2M+4m$에서 $M=2m$이다.

ㄷ. 3~7초 동안 A와 C 사이의 거리는 1초에 1 m씩 멀어지고 A의 속력은 2 m/s이므로 C의 속력은 3 m/s이다. C와 충돌 후 B의 속력을 v라고 하면 B와 C가 충돌하기 전 B의 속력은 4 m/s이고 충돌하는 동안 운동량의 총합이 보존되므로 $4m+0=mv+3m$에서 $v=1$ m/s이다.

× 매력적 오답 ㄱ. B는 1초일 때 A와 충돌하여 움직이기 시작하여 3초일 때 8 m 떨어진 C와 충돌한다. 즉, B는 1~3초 동안 8 m를 이동하므로 2초일 때 B의 속력은 $\frac{8}{2}=4$(m/s)이다.

문제풀이 Tip

C가 정지해 있는 동안에는 시간에 따른 A와 C 사이의 거리를 통해 A의 속력을 찾을 수 있다. 이와 같이 문제에서 주어진 조건이 의미하는 바를 찾아내는 연습이 필요하다.

선택지 비율	① 6%	② 6%	③ 18%	④ 13%	❺ 58%

23 충격량과 운동량의 관계

2022년 3월 교육청 17번 | 정답 ⑤ | 문제편 23 p

출제 의도 충격량과 운동량의 관계, 물체의 운동 에너지의 전환 관계를 상황에 맞게 적용할 수 있는지 확인하는 문항이다.

다음은 장난감 활을 이용한 실험이다.

[실험 과정]

활시위가 변형된 길이가 같으므로 탄성 퍼텐셜 에너지의 크기가 같다.

(가) 화살에 쇠구슬을 부착한 물체 A와 화살에 스타이로폼 공을 부착한 물체 B의 질량을 측정하고 비교한다.

(나) 그림과 같이 동일하게 당긴 활로 A, B를 각각 수평 방향으로 발사시키고, A, B의 운동을 동영상으로 촬영한다.

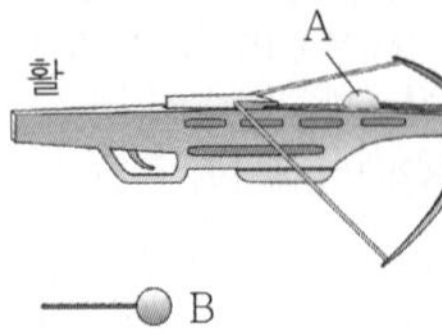

(다) 동영상을 분석하여 A, B가 활을 떠난 순간의 속력을 측정하고 비교한다.

(라) A, B가 활을 떠난 순간의 운동량의 크기를 비교한다.

[실험 결과]

※ ㉠과 ㉡은 각각 속력과 운동량의 크기 중 하나임.

질량	㉠	㉡
A가 B보다 크다.	A가 B보다 크다.	B가 A보다 크다.

이에 대한 옳은 설명만을 〈보기〉에서 있는 대로 고른 것은? (단, 모든 마찰과 공기 저항은 무시한다.)

보기

ㄱ. (가), (다)에서의 측정값으로 (라)를 할 수 있다.
ㄴ. ㉡은 속력이다.
ㄷ. 활로부터 받는 충격량의 크기는 A가 B보다 크다.

① ㄴ ② ㄷ ③ ㄱ, ㄴ ④ ㄱ, ㄷ ⑤ ㄱ, ㄴ, ㄷ

✔ 자료 해석

- 동일하게 당긴 활로 물체를 발사시키면 활시위가 변형된 길이가 같다.
  =활의 탄성 퍼텐셜 에너지의 크기가 같다.
  =활이 물체에 작용한 일의 양이 같다.
  =활을 떠나기 직전 물체의 운동 에너지의 크기가 같다.

○ 보기풀이 ㄱ. 운동량의 크기는 질량과 속력의 곱이므로 (가)에서 A, B의 질량, (다)에서 A, B의 속력을 구하면 A, B의 운동량의 크기를 비교할 수 있다.
ㄴ. A, B는 활로부터 일을 받아 운동 에너지가 증가하는데, 활을 동일하게 당겼으므로 활의 탄성 퍼텐셜 에너지가 같고, 활의 탄성 퍼텐셜 에너지가 물체의 운동 에너지로 전환되므로 A, B가 활을 떠난 순간 A, B의 운동 에너지의 크기는 같다. 이때 질량이 A가 B보다 크므로 속력은 B가 A보다 크다. 그러므로 ㉡은 속력이다.
ㄷ. ㉡은 속력이므로 ㉠은 운동량의 크기이다. 따라서 물체의 운동량의 크기는 A가 B보다 크므로 물체가 받은 충격량의 크기도 A가 B보다 크다.

문제풀이 Tip

실험 결과에서 ㉠과 ㉡이 속력과 운동량의 크기 중 하나라는 조건을 주었고, ㉠, ㉡ 모두 A와 B가 같지는 않으므로 충격량이 같을 수 없다는 것을 먼저 파악할 수 있어야 한다.

선택지 비율	① 12%	② 10%	③ 13%	④ 16%	⑤ 50%

24 물체의 충돌에 관한 실험

2021년 10월 교육청 9번 | 정답 ⑤ | 문제편 24p

출제 의도 물체의 충돌에 관한 실험 결과를 해석하여 충격량과 운동량의 관계를 적용할 수 있는지 확인하는 문항이다.

다음은 충돌에 대한 실험이다.

[실험 과정]

(가) 그림과 같이 힘 센서에 수레 A 또는 B를 충돌시켜서 충돌 전과 반대 방향으로 튀어나오게 한다. A, B의 질량은 각각 300g, 900g이다. 충돌 전 운동 방향을 (+)으로 하면 충돌 후 운동 방향은 (−)이다.
→ 0.3kg, 0.9kg

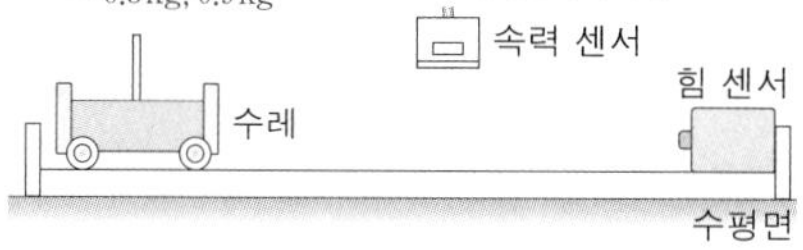

(나) (가)에서 충돌 전후 수레의 속력, 충돌하는 동안 수레가 받는 힘의 크기를 측정한다.

[실험 결과]

• 속력 센서로 측정한 속력

A의 속력(cm/s)		B의 속력(cm/s)	
충돌 전	충돌 후	충돌 전	충돌 후
8	7	8	1

• 힘 센서로 측정한 힘의 크기 힘-시간 그래프의 넓이는 물체가 받은 충격량의 크기와 같다.

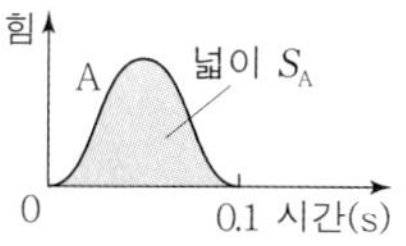

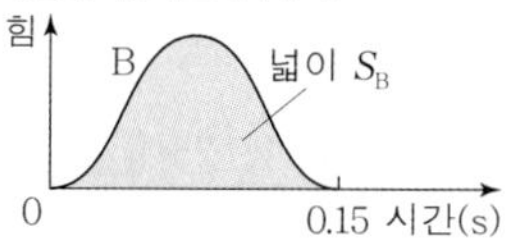

이에 대한 옳은 설명만을 〈보기〉에서 있는 대로 고른 것은? (단, 모든 마찰과 공기 저항은 무시한다.) [3점]

보기

ㄱ. 충돌 전후 A의 속도 변화량의 크기는 ~~1 cm/s~~이다. 15 cm/s

ㄴ. $S_A : S_B = 5 : 9$이다.

ㄷ. 충돌하는 동안 수레가 받은 평균 힘의 크기는 B가 A의 $\frac{6}{5}$배이다.

① ㄴ ② ㄷ ③ ㄱ, ㄴ ④ ㄱ, ㄷ ⑤ ㄴ, ㄷ

✔ 자료 해석

• 충돌 후 운동 방향이 충돌 전과 반대이므로 충돌 전 운동 방향을 (+)으로 하면 A, B의 속도는 다음과 같다.

A의 속도(cm/s)		B의 속도(cm/s)	
충돌 전	충돌 후	충돌 전	충돌 전
+8	−7	+8	−1

• 힘-시간 그래프에서 그래프의 밑넓이는 물체가 받은 충격량의 크기를 의미한다.

○ 보기풀이 ㄴ. 힘-시간 그래프에서 그래프가 이루는 넓이 S_A, S_B는 각각 A, B가 받은 충격량의 크기와 같다. 충격량의 크기는 운동량 변화량의 크기와 같고, 운동량 변화량의 크기는 질량과 속도 변화량의 크기의 곱과 같다.
$S_A : S_B = 0.3 \times |-7-8| : 0.9 \times |-1-8| = 5 : 9$
ㄷ. 충돌하는 동안 A, B가 받은 평균 힘의 크기는 A, B가 받은 충격량의 크기를 충돌 시간으로 나눈 값이다. A, B가 받은 평균 힘의 크기의 비는 $\overline{F_A} : \overline{F_B} = \frac{S_A}{0.1} : \frac{S_B}{0.15} = \frac{5}{0.1} : \frac{9}{0.15} = 5 : 6$이므로 $\overline{F_B} = \frac{6}{5}\overline{F_A}$이다.

× 매력적 오답 ㄱ. 충돌 전 A의 속도를 +8 cm/s라고 하면 충돌 후 A의 속도는 −7 cm/s이다. 따라서 충돌 전후 A의 속도 변화량의 크기는 |−7 cm/s −8 cm/s| = 15 cm/s이다.

문제풀이 Tip

운동량과 충격량은 방향이 있는 물리량이므로 운동 방향의 변화에 유의해야 한다. 운동량과 충격량의 관계를 이용하면 질량과 속도 변화에 대한 정보로 충격량을 구할 수 있음을 기억하도록 하자.

선택지 비율	① 11%	② 25%	③ 12%	④ 14%	❺ 38%

25 운동량과 충격량의 관계와 운동량 보존

2021년 10월 교육청 15번 | 정답 ⑤ | 문제편 24p

(출제 의도) 운동량과 충격량의 관계를 알고 운동량 보존을 적용할 수 있는지 확인하는 문항이다.

그림과 같이 수평면에서 운동량의 크기가 p인 물체 A, C가 정지해 있는 물체 B, D에 각각 충돌한다. A, C는 충돌 전후 각각 동일 직선상에서 운동한다. 충돌 후 운동량의 크기는 A가 C의 $\frac{3}{5}$배이고, 물체가 받은 충격량의 크기는 B가 D의 $\frac{3}{5}$배이다.

=운동량 변화량의 크기=|나중 운동량−0|

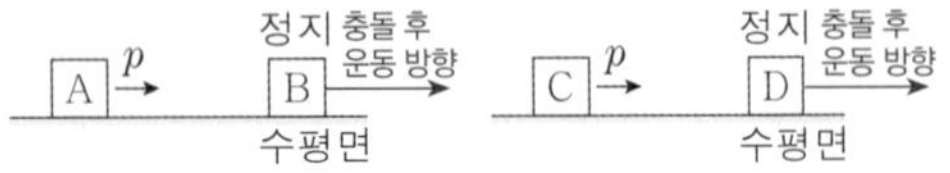

충돌 후 D의 운동량의 크기는? (단, 모든 마찰과 공기 저항은 무시한다.) [3점]

① $\frac{1}{5}p$ ② $\frac{3}{5}p$ ③ $\frac{3}{4}p$ ④ $\frac{5}{4}p$ ⑤ $\frac{4}{3}p$

문제풀이 Tip

A, C는 충돌하는 동안 운동 방향과 반대 방향으로 힘을 받는다. 이때 물체가 받은 충격량이 크면 충돌 전 운동 방향과 반대 방향으로 운동할 수도 있다. A, B가 받은 충격량의 크기는 서로 같고, C, D가 받은 충격량의 크기도 서로 같으므로 D가 받은 충격량의 크기가 B보다 크다면 C가 받은 충격량의 크기도 A보다 크다. 따라서 A, C 중 하나만 운동 방향이 반대가 된다면 더 큰 충격량을 받은 C가 운동 방향이 반대가 된다.

✔ 자료 해석

- 물체가 받은 충격량의 크기는 운동량 변화량의 크기와 같고 B와 D는 충돌 전 정지해 있으므로 충격량의 크기는 충돌 후 운동량의 크기와 같다. 충돌 후 A, B, C, D의 운동량을 각각 p_A, p_B, p_C, p_D라 하면 $p_A=\frac{3}{5}p_C$, $p_B=\frac{3}{5}p_D$이다.
- 충돌 전 A와 C의 운동 방향을 (+)로 하면 B와 D는 충돌하는 동안 (+) 방향으로 힘을 받으므로 충돌 후 운동량은 $+p_B$, $+p_D$이다.

○ 보기 풀이 충돌 후 A, B, C, D의 운동량을 각각 p_A, p_B, p_C, p_D라 하면 $p_A=\frac{3}{5}p_C$, $p_B=\frac{3}{5}p_D$이다. 두 물체가 충돌하는 동안 운동량이 보존되고 충돌 전 A, C의 운동량은 p이므로 $p=p_A+p_B=p_C+p_D$이다. 이때 충돌 전 A와 C의 운동 방향을 (+)으로 하면 B와 D의 운동량은 각각 $+p_B$, $+p_D$이지만 충돌 후 A, C의 운동량의 방향은 알 수 없다. 만약 충돌 후 A, C의 운동량이 (+)값이면 $p=+p_A+p_B=\frac{3}{5}p_C+\frac{3}{5}p_D=+p_C+p_D$이므로 식이 성립하지 않는다. 이는 A, C의 운동량이 모두 (−)값이어도 마찬가지이므로 A, C의 운동량은 서로 반대 방향임을 알 수 있다. 그런데, C가 받은 충격량이 A가 받은 충격량보다 크므로 충돌 후 운동 방향이 바뀌는 것은 C이다.

따라서 $p=+p_A+p_B=\frac{3}{5}p_C+\frac{3}{5}p_D$, $p=-p_C+p_D$의 두 식을 연립하면 $p_D=\frac{4}{3}p$이다.

선택지 비율	❶ 43%	② 6%	③ 29%	④ 14%	⑤ 8%

26 운동량과 충격량의 관계

2021년 7월 교육청 4번 | 정답 ① | 문제편 24p

(출제 의도) 운동량과 충격량의 관계를 이해하고, 등가속도 운동에 이를 적용할 수 있는지 확인하는 문항이다.

그림과 같이 질량이 1 kg인 고리 모양의 물체를 원통형 막대에 끼워 점 p에 가만히 놓았더니 물체는 점 q까지 자유 낙하하고, q에서부터 지면까지 속력이 일정하게 감소하다가 정지하는 순간 지면에 닿았다. p에서 q까지의 거리는 0.8 m이고, 물체가 q에서부터 정지할 때까지 걸린 시간은 0.2초이다. 물체의 운동에 대한 설명으로 옳은 것만을 <보기>에서 있는 대로 고른 것은? (단, 중력 가속도는 $10\ m/s^2$이고, 물체의 크기와 공기 저항은 무시한다.) [3점]

속력이 감소하는 등가속도 운동

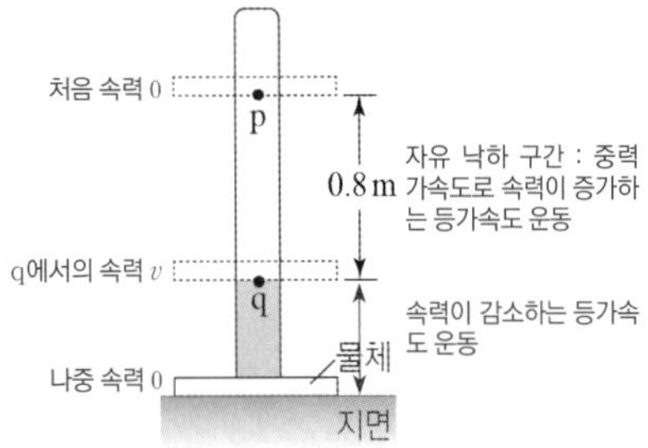

보기

ㄱ. q를 통과할 때 운동량의 크기는 4 kg·m/s이다.

ㄴ. q에서 지면까지 이동한 거리는 ~~0.5 m~~이다. 0.4 m

ㄷ. p에서 운동을 시작한 순간부터 정지할 때까지 물체가 받은 충격량의 크기는 ~~4 N·s~~이다. 0

① ㄱ ② ㄴ ③ ㄱ, ㄷ ④ ㄴ, ㄷ ⑤ ㄱ, ㄴ, ㄷ

✔ 자료 해석

- 자유 낙하하는 물체는 처음 속력이 0이고, 가속도가 중력 가속도(g)인 운동을 한다. → $v=gt$, $s=\frac{1}{2}gt^2$, $2gs=v^2$
- 물체는 p에서 q까지 속력이 일정하게 증가하므로 운동 방향으로 충격량이 작용하고, q에서 지면까지 속력이 일정하게 감소하므로 운동 방향과 반대 방향으로 충격량이 작용한다.

○ 보기 풀이 ㄱ. 물체가 p에서 출발하여 q에 도달하기까지 $10\ m/s^2$의 가속도로 등가속도 운동을 하여 0.8 m를 이동하였다. q에서의 속력을 v라 하고 등가속도 운동의 관계식 $2as=v^2-v_0^2$에 이 물체의 운동을 대입하면 $v=\sqrt{2\times10\times0.8}=4(m/s)$이다. 따라서 q를 통과할 때 운동량의 크기는 1 kg×4 m/s=4 kg·m/s이다.

✖ 매력적 오답 ㄴ. q에서 지면까지 물체는 속력이 일정하게 감소하는 운동을 한다. 즉, 처음 속력이 4 m/s, 나중 속력이 0인 등가속도 운동이므로 이 구간에서 물체의 평균 속력은 $\frac{4\ m/s+0}{2}=2\ m/s$이다. 평균 속력과 걸린 시간의 곱은 물체가 이동한 거리이므로 q에서 지면까지 이동한 거리는 2 m/s×0.2 s=0.4 m이다.

ㄷ. 충격량의 크기는 운동량 변화량의 크기와 같다. p에서 운동을 시작한 순간 물체의 속력이 0이므로 운동량은 0이고 지면에 정지했을 때도 물체의 속력이 0이므로 운동량이 0이다. 따라서 p에서 운동을 시작한 순간부터 정지할 때까지 운동량 변화량의 크기는 0이므로 물체가 받은 충격량의 크기도 0이다.

문제풀이 Tip

자유 낙하 운동과 속력이 일정하게 감소하는 운동은 모두 등가속도 운동을 의미한다. 질량과 이동 거리, 가속도가 주어졌으므로 q에서의 속력을 구할 수 있으며, 등가속도 운동을 하는 물체 역시 운동량과 충격량의 관계를 적용할 수 있다.

04 역학적 에너지 보존

선택지 비율	① 9%	② 8%	③ 16%	④ 9%	❺ 57%

1 역학적 에너지가 보존되지 않을 때 물체의 운동

2024년 10월 교육청 18번 | 정답 ⑤ | 문제편 28 p

출제 의도 마찰 구간에서 역학적 에너지가 보존되지 않는 경우에 물체의 운동을 설명할 수 있는지 확인하는 문항이다.

그림은 높이가 $3h$인 지점을 속력 v로 지나는 물체가 빗면 위의 마찰 구간 Ⅰ과 수평면 위의 마찰 구간 Ⅱ를 지난 후 높이가 h인 지점을 속력 v로 통과하는 모습을 나타낸 것이다. 점 p, q는 Ⅱ의 양 끝점이다. 높이차가 d인 Ⅰ에서 물체는 등속도 운동을 하고, Ⅰ의 최저점의 높이는 h이다. Ⅰ과 Ⅱ에서 물체의 역학적 에너지 감소량은 q에서 물체의 운동 에너지의 $\frac{2}{3}$배로 같다.

(두 구간에서 역학적 에너지 감소량이 같다.)

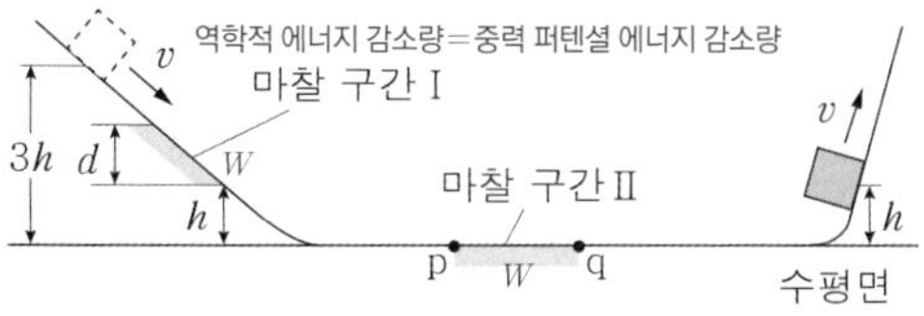

이에 대한 옳은 설명만을 〈보기〉에서 있는 대로 고른 것은? (단, 물체의 크기, 공기 저항, 마찰 구간 외의 모든 마찰은 무시한다.)

보기
ㄱ. $d=h$이다.
ㄴ. p에서 물체의 속력은 $\sqrt{5}v$이다.
ㄷ. 물체의 운동 에너지는 Ⅰ에서와 q에서가 같다.

① ㄱ ② ㄷ ③ ㄱ, ㄴ ④ ㄴ, ㄷ ⑤ ㄱ, ㄴ, ㄷ

✔ 자료 해석

- 마찰 구간 Ⅰ: 물체가 등속도 운동을 한다. → 물체의 질량을 m이라고 하면 역학적 에너지 감소량=중력 퍼텐셜 에너지 감소량=mgd
- 마찰 구간 Ⅱ: Ⅰ에서의 역학적 에너지 감소량과 같다.=mgd

○ 보기풀이 ㄱ. 물체의 질량을 m, 중력 가속도를 g라고 하면, 마찰 구간 Ⅰ, Ⅱ를 지나는 동안 역학적 에너지 감소량은 mgd이고, 마찰 구간 Ⅱ를 지난 후에는 역학적 에너지가 보존되므로 $\left(\frac{1}{2}mv^2+3mgh\right)-2mgd=\frac{1}{2}mv^2+mgh$이다. 따라서 $d=h$이다.
ㄴ. Ⅰ, p, q에서의 속력을 각각 v_1, v_p, v_q라고 하면, Ⅰ을 지났을 때 역학적 에너지는 $\frac{1}{2}mv_1^2+mgh$이고, Ⅱ를 지났을 때 $mgd(=mgh)$만큼 역학적 에너지가 감소한다. 따라서 q에서 역학적 에너지는 $\frac{1}{2}mv_q^2=\left(\frac{1}{2}mv_1^2+mgh\right)-mgh$이므로 $\frac{1}{2}mv_q^2=\frac{1}{2}mv_1^2$이다. 한편 Ⅱ를 지난 후에는 역학적 에너지가 보존되므로 $\frac{1}{2}mv_q^2=\frac{1}{2}mv^2+mgh$이다. 따라서 Ⅰ, Ⅱ에서 역학적 에너지 감소량은 $mgh=\frac{2}{3}\left(\frac{1}{2}mv_q^2\right)=\frac{2}{3}\left(\frac{1}{2}mv^2+mgh\right)$에서 $mgh=mv^2$이다. Ⅰ을 지난 직후 역학적 에너지는 $mgh+\frac{1}{2}mv_1^2=mgh+\frac{1}{2}mv_q^2=mgh+\left(\frac{1}{2}mv^2+mgh\right)=\frac{5}{2}mv^2$이고, p까지 역학적 에너지가 보존되므로 $\frac{1}{2}mv_p^2=\frac{5}{2}mv^2$에서 $v_p=\sqrt{5}v$이다.
ㄷ. $\frac{1}{2}mv_1^2=\frac{1}{2}mv_q^2$이다.

선택지 비율	① 15%	② 12%	❸ 56%	④ 10%	⑤ 7%

2 마찰이 있을 때의 역학적 에너지 보존

2024년 7월 교육청 20번 | 정답 ③ | 문제편 28 p

출제 의도 마찰이 작용할 때의 물체의 역학적 에너지 보존을 이용하여 물체의 운동을 설명할 수 있는지 확인하는 문항이다.

그림은 높이 h인 점 p에서 속력 $4v$로 운동하는 물체가 궤도를 따라 마찰 구간 Ⅰ, Ⅱ를 지나 높이가 $2h$인 최고점 t에 도달하여 정지한 순간의 모습을 나타낸 것이다. 점 q, r, s의 높이는 각각 $2h$, h, h이고, q, r, s에서 물체의 속력은 각각 $3v$, v_r, v_s이다. 마찰 구간에서 손실된 역학적 에너지는 Ⅱ에서가 Ⅰ에서의 3배이다.

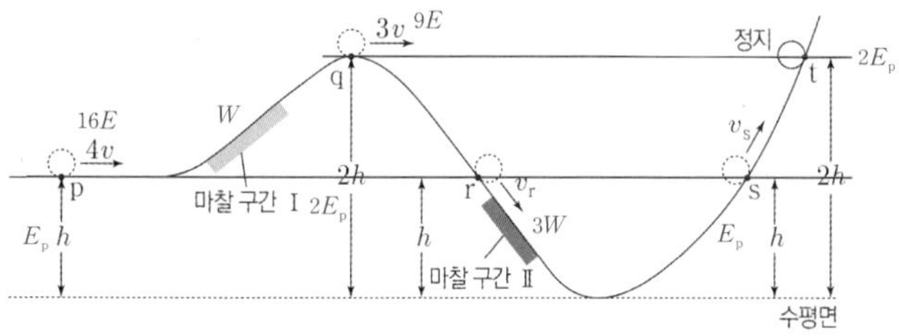

$\frac{v_r}{v_s}$는? (단, 마찰 구간 외의 모든 마찰과 공기 저항, 물체의 크기는 무시한다.) [3점]

① $\frac{\sqrt{5}}{2}$ ② $\frac{3}{2}$ ③ $\frac{\sqrt{13}}{2}$ ④ $\frac{7}{3}$ ⑤ $\sqrt{13}$

✔ 자료 해석

- p, q에서 물체의 운동 에너지를 각각 $16E$, $9E$, 마찰 구간 Ⅰ, Ⅱ에서 손실된 역학적 에너지를 각각 W, $3W$라고 하자.
- q와 t에서 중력 퍼텐셜 에너지가 같으므로 운동 에너지와 손실된 역학적 에너지의 관계는 $9E-3W=0$이다.
- p에서 중력 퍼텐셜 에너지를 E_p라고 하면 p와 q에서 물체의 역학적 에너지의 관계는 $(E_p+16E)-W=2E_p+9E$이다.

○ 보기풀이 q와 t에서 물체의 높이는 $2h$로 같으므로 중력 퍼텐셜 에너지가 같은데, t에서 물체의 운동 에너지는 0이므로 Ⅱ에서 손실된 역학적 에너지는 q에서의 운동 에너지와 같다. 따라서 $9E=3W$에서 $W=3E$이다. 한편 p에서 물체의 역학적 에너지는 E_p+16E이고, q에서 물체의 역학적 에너지는 $2E_p+9E$이므로 $(E_p+16E)-W=2E_p+9E$에서 $W=3E$를 대입하면 $E_p=4E$이다.
물체가 q에서 r까지 운동하는 동안 역학적 에너지가 보존되므로 중력 퍼텐셜 에너지가 감소한 만큼 운동 에너지가 증가한다. 이때 중력 퍼텐셜 에너지는 $4E$만큼 감소하므로 r에서 운동 에너지는 $9E+4E=13E$이다. 또, 물체가 r에서 s까지 운동하는 동안 손실된 역학적 에너지 $3W(=9E)$는 r와 s에서의 운동 에너지 차이와 같으므로 s에서 물체의 운동 에너지는 $13E-9E=4E$이다. 운동 에너지는 속력의 제곱에 비례하므로 $\frac{v_r}{v_s}=\sqrt{\frac{13E}{4E}}=\frac{\sqrt{13}}{2}$이다.

문제풀이 Tip

높이가 같으면 중력 퍼텐셜 에너지가 같으므로 각 지점에서의 역학적 에너지를 비교할 때 운동 에너지와 손실된 역학적 에너지만 고려할 수 있다. 주어진 조건으로 역학적 에너지를 가장 간단하게 비교할 수 있는 지점을 찾을 수 있어야 한다.

선택지 비율	① 10%	② 35%	③ 14%	❹ 28%	⑤ 13%

3 마찰이 있을 때의 물체의 역학적 에너지

2024년 5월 교육청 20번 | 정답 ④ | 문제편 28 p

출제 의도 등가속도 운동, 운동량 보존, 역학적 에너지 보존을 종합적으로 연계하여 물체의 운동을 설명할 수 있는지 확인하는 문항이다.

그림과 같이 높이가 $3h$인 평면에서 질량이 각각 m, $2m$인 물체 A, B를 용수철의 양 끝에 접촉하여 압축시킨 후 동시에 가만히 놓았더니 A, B가 궤도를 따라 운동한다. A는 마찰 구간 Ⅰ의 끝점 p에서 정지하고, B는 높이차가 h인 마찰 구간 Ⅱ를 등속도로 지난 후 마찰 구간 Ⅲ을 지나 v의 속력으로 운동한다. Ⅰ, Ⅲ에서 A, B는 서로 같은 크기의 마찰력을 받아 등가속도 직선 운동한다. Ⅰ, Ⅲ에서 A, B의 평균 속력은 같고, A가 Ⅰ에서 운동하는 데 걸린 시간과 B가 Ⅲ에서 운동하는 데 걸린 시간은 같다.

└B의 질량이 A의 2배이므로 가속도는 A가 B의 2배

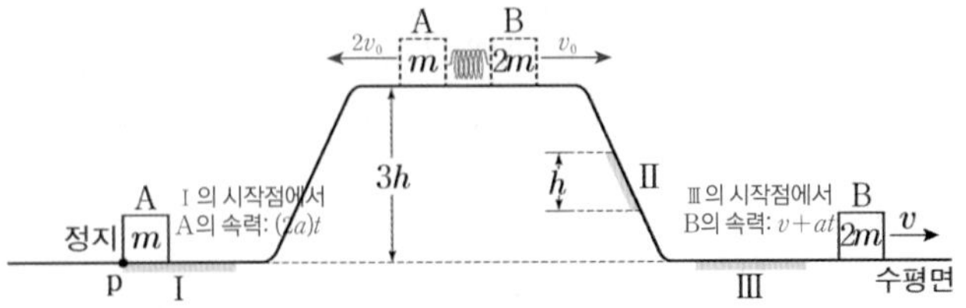

Ⅱ에서 B의 감소한 역학적 에너지는? (단, 용수철의 질량, 물체의 크기, 공기 저항, 마찰 구간 외의 마찰은 무시한다.) [3점]

① mv^2 ② $2mv^2$ ③ $3mv^2$ ④ $4mv^2$ ⑤ $5mv^2$

문제풀이 Tip

미지수를 너무 많이 설정하지 않도록 같은 문자로 표시될 수 있는 물리량을 최대한 많이 찾아야 문제 풀이 시간을 단축할 수 있다.

✓ 자료 해석

- 용수철에서 A, B가 분리될 때 운동량이 보존된다. → B의 질량이 A의 2배이므로 분리 후 A의 속력은 B의 2배이다.
- 마찰 구간 Ⅰ, Ⅲ에서 물체는 같은 크기의 힘을 받는다. → B의 질량이 A의 2배이므로 A의 가속도는 B의 2배이다.
- B가 운동할 때 구간 Ⅱ에서 중력 퍼텐셜 에너지는 감소하는데, 운동 에너지가 증가하지 않는다. → Ⅱ에서 손실된 역학적 에너지는 중력 퍼텐셜 에너지 감소량과 같다.

○ 보기 풀이 가속도의 크기는 A가 Ⅰ에서 운동할 때가 B가 Ⅲ에서 운동할 때의 2배이다. Ⅰ, Ⅲ에서 A, B가 각각 운동하는 동안 걸린 시간을 t, B가 Ⅲ에서 운동할 때의 가속도를 a라고 하면 Ⅰ의 시작점에서 A의 속력은 $2at$이고, Ⅲ의 시작점에서 B의 속력은 $v+at$이다. 이때 Ⅰ, Ⅲ에서 A, B의 평균 속력이 같으므로 $\frac{2at}{2}=\frac{(v+at)+v}{2}$에서 $at=2v$이다. 따라서 각 구간의 시작점에서 A, B의 속력은 각각 $4v$, $3v$이다.
용수철에서 분리된 직후 A, B의 속력을 각각 $2v_0$, v_0이라 하면, A는 역학적 에너지가 보존되므로 $mg(3h)=\frac{1}{2}m(4v)^2-\frac{1}{2}m(2v_0)^2$이고 B는 등속도로 운동하는 구간 Ⅱ에서 역학적 에너지가 감소하므로 $(2m)g(3h)-(2m)gh=\frac{1}{2}(2m)(3v)^2-\frac{1}{2}(2m)(v_0)^2$이다. 두 식을 정리하면 $3gh=8v^2-2v_0^2$, $4gh=9v^2-v_0^2$이므로 $v_0=v$이다. 따라서 A가 $3h$만큼 내려오는 동안 감소한 퍼텐셜 에너지는 증가한 운동 에너지와 같으므로 $3mgh=6mv^2$이고, Ⅱ에서 B의 감소한 역학적 에너지는 Ⅱ에서 B의 중력 퍼텐셜 에너지 감소량과 같으므로 $(2m)gh=4mv^2$이다.

선택지 비율	① 10%	❷ 41%	③ 17%	④ 19%	⑤ 12%

4 운동량 보존과 역학적 에너지 보존

2024년 3월 교육청 20번 | 정답 ② | 문제편 28 p

출제 의도 마찰이 작용할 때와 작용하지 않는 곳에서 운동하는 두 물체를 비교하여 역학적 에너지 보존을 적용할 수 있는지 확인하는 문항이다.

그림 (가)와 같이 빗면을 따라 운동하는 물체 A는 수평한 기준선 P를 속력 $5v$로 지나고, 물체 B는 수평면에 정지해 있다. 그림 (나)는 (가) 이후, A와 B가 충돌하여 서로 반대 방향으로 속력 $2v$로 운동하는 모습을 나타낸 것이다. A, B의 질량은 각각 m, $3m$이다. A가 마찰 구간을 올라갈 때와 내려갈 때 손실된 역학적 에너지는 같다. (나) 이후, A, B는 각각 P를 속력 v_A, $3v$로 지난다.

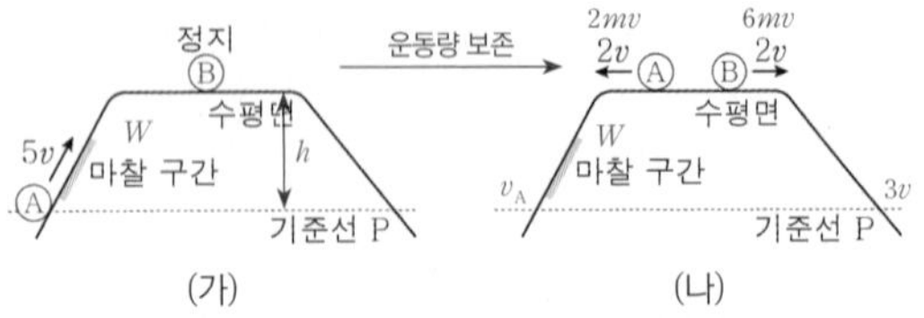

(가) (나)

v_A는? (단, 물체의 크기, 공기 저항, 마찰 구간 외의 모든 마찰은 무시한다.) [3점]

① $2v$ ② $\sqrt{5}v$ ③ $\sqrt{6}v$ ④ $\sqrt{7}v$ ⑤ $2\sqrt{2}v$

문제풀이 Tip

역학적 에너지 보존을 다루는 문제에서는 역학적 에너지와 관련된 관계식을 만드는 것이 무엇보다 중요하다. 마찰 구간이 있는 곳에서 운동하는 A는 고려해야 할 사항이 많으므로 역학적 에너지가 보존되는 B의 운동을 통해 A의 운동도 해석할 수 있어야 한다.

✓ 자료 해석

- A의 처음 운동 방향을 (+)이라고 하면 (나)에서 충돌 전후 운동량이 보존되므로 (가)에서 A의 수평면에서의 운동량$=m(-2v)+3m(2v)$이다.
- (나)에서 B는 역학적 에너지가 보존되므로 수평면과 기준선 P의 높이 차를 h라고 하면 $3mgh=\frac{1}{2}\times 3m\{(3v)^2-(2v)^2\}$이다.

○ 보기 풀이 (나)에서 충돌 후 A, B의 운동량의 합은 $m\times(-2v)+3m\times 2v=4mv$이다. 운동량이 보존되므로 충돌 전 A, B의 운동량의 합도 $4mv$이며, B의 운동량이 0이므로 충돌 전 A의 운동량은 $4mv$이다. 따라서 수평면에 도달했을 때의 A의 속력은 $4v$이다. 한편 (나)에서 B는 마찰 구간을 지나지 않으므로 역학적 에너지가 보존되고, $(3m)gh=\frac{1}{2}(3m)\{(3v)^2-(2v)^2\}$이므로 $mgh=\frac{5}{2}mv^2$이다.
(가)에서 A가 마찰 구간을 지날 때 손실된 역학적 에너지는 $\frac{1}{2}m(5v)^2-\left(\frac{1}{2}m(4v)^2+mgh\right)=\frac{1}{2}m(25v^2-16v^2-5v^2)=2mv^2$이다. (나)에서 A가 내려갈 때도 $2mv^2$만큼 역학적 에너지가 감소하므로 $\frac{1}{2}mv_A{}^2=\left(\frac{1}{2}m(2v)^2+\frac{5}{2}mv^2\right)-2mv^2=\frac{5}{2}mv^2$에서 $v_A=\sqrt{5}v$이다.

선택지 비율	① 6%	② 20%	③ 18%	❹ 51%	⑤ 5%

5 역학적 에너지가 보존되지 않을 때 물체의 운동

2023년 10월 교육청 18번 | 정답 ④ | 문제편 29 p

출제 의도 마찰 구간에서 역학적 에너지가 보존되지 않는 경우에 물체의 운동을 설명할 수 있는지 확인하는 문항이다.

그림과 같이 빗면의 마찰 구간 Ⅰ에서 일정한 속력 v로 직선 운동한 물체가 마찰 구간 Ⅱ를 속력 v로 빠져나왔다. 점 p~s는 각각 Ⅰ 또는 Ⅱ의 양 끝점이고, p와 q, r과 s의 높이차는 모두 h이다. Ⅰ과 Ⅱ에서 물체의 역학적 에너지 감소량은 p에서 물체의 운동 에너지의 4배로 같다.

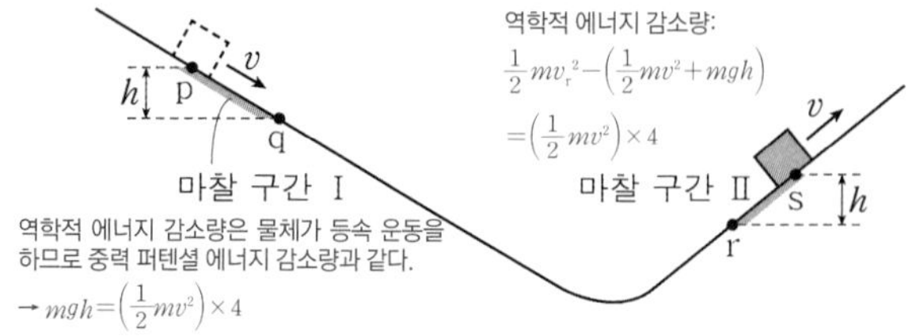

r에서 물체의 속력은? (단, 물체의 크기, 공기 저항, 마찰 구간 외의 모든 마찰은 무시한다.)

① $2v$ ② $\sqrt{6}v$ ③ $2\sqrt{2}v$ ④ $3v$ ⑤ $4v$

✔ 자료 해석

- 마찰 구간 Ⅰ: v로 등속 직선 운동을 한다. → 역학적 에너지 감소량=중력 퍼텐셜 에너지 감소량=p에서 운동 에너지의 4배
- 마찰 구간 Ⅱ: 역학적 에너지 감소량=r에서 운동 에너지−(s에서 운동 에너지+중력 퍼텐셜 에너지 증가량)=p에서 운동 에너지의 4배

○ 보기풀이 마찰 구간 Ⅰ을 지나는 동안 역학적 에너지 감소량은 mgh이고, $mgh=\left(\frac{1}{2}mv^2\right)\times 4=2mv^2$이다. r에서의 속력을 v_r라고 하면 마찰 구간 Ⅱ를 지날 때의 역학적 에너지 감소량은 $\frac{1}{2}mv_r^2-\left(\frac{1}{2}mv^2+mgh\right)=2mv^2$이고 $mgh=2mv^2$을 대입하면 $v_r=3v$이다.

문제풀이 Tip

마찰 구간에서 등속도 운동을 하면 물체의 역학적 에너지 변화량은 중력 퍼텐셜 에너지 변화량과 같고, 등가속도 운동을 하면 역학적 에너지 변화량을 구할 때 운동 에너지 변화량과 중력 퍼텐셜 에너지 변화량을 모두 고려해야 한다. 중력 퍼텐셜 에너지 변화량은 기준점에 관계없이 높이차에만 관계하기 때문에 문제 풀이에 편리한 위치를 기준점으로 잡을 수 있다.

선택지 비율	❶ 36%	② 18%	③ 17%	④ 14%	⑤ 14%

6 함께 운동하는 물체의 역학적 에너지 보존

2023년 7월 교육청 19번 | 정답 ① | 문제편 29 p

출제 의도 실로 연결되어 운동하는 물체의 특징을 알고, 역학적 에너지 보존을 적용할 수 있는지 확인하는 문항이다.

그림은 물체 A, B, C를 실로 연결하여 수평면의 점 p에서 B를 가만히 놓아 물체가 등가속도 운동하는 모습을 나타낸 것이다. B가 점 q를 지날 때 속력은 v이다. B가 p에서 q까지 운동하는 동안 A의 중력 퍼텐셜 에너지의 증가량은 A의 운동 에너지 증가량의 4배이다. B의 운동 에너지는 점 r에서가 q에서의 3배이다. A, B의 질량은 각각 m이고, q와 r 사이의 거리는 L이다.

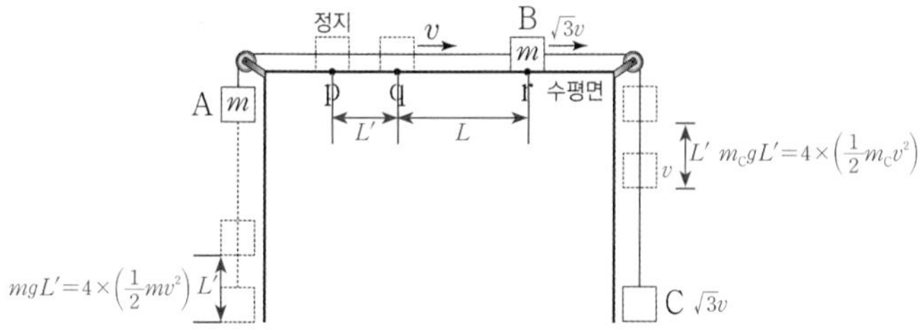

B가 r를 지날 때 C의 운동 에너지는? (단, 중력 가속도는 g이고, 물체의 크기, 실의 질량, 모든 마찰은 무시한다.)

① $\frac{3}{4}mgL$ ② $\frac{4}{5}mgL$ ③ $\frac{5}{6}mgL$
④ mgL ⑤ $\frac{4}{3}mgL$

✔ 자료 해석

- B가 p에서 q까지 운동하는 동안 (A+B+C)의 전체 역학적 에너지가 보존된다. → (A+B+C)의 운동 에너지 증가량+A의 중력 퍼텐셜 에너지 증가량=C의 중력 퍼텐셜 에너지 감소량
- 함께 운동하는 물체의 속력, 이동 거리는 모두 동일하므로 물체의 중력 퍼텐셜 에너지 변화량과 운동 에너지 변화량은 각각의 질량에 비례한다.

○ 보기풀이 C의 질량을 m_C, p에서 q 사이의 거리를 L'이라고 하자. 이때 A의 중력 퍼텐셜 에너지 증가량은 A의 운동 에너지 증가량의 4배이므로 $mgL'=4\times\left(\frac{1}{2}mv^2\right)$이다. 따라서 C에서도 $m_CgL'=4\times\left(\frac{1}{2}m_Cv^2\right)$이다. 또, A, B, C가 p에서 q까지 운동하는 동안 역학적 에너지가 보존되므로 $mgL'+\frac{1}{2}(m+m+m_C)v^2=m_CgL'$이다. 세 식을 연립하며 풀면 $m_C=2m$이다.
B의 운동 에너지는 r에서가 q에서의 3배이고 운동 에너지는 속력의 제곱에 비례하므로 r에서 B의 속력은 $\sqrt{3}v$이다.
B가 q에서 r까지 운동하는 동안 역학적 에너지가 보존되므로 $mgL+\frac{1}{2}(m+m+2m)\{(\sqrt{3}v)^2-v^2\}=2mgL$에서 $mgL=4mv^2$이다. B가 r를 지날 때 C의 속력도 $\sqrt{3}v$이므로 C의 운동 에너지는 $\frac{1}{2}(2m)(\sqrt{3}v)^2=3mv^2=\frac{3}{4}mgL$이다.

문제풀이 Tip

중력 퍼텐셜 에너지는 이동 거리가 같으면 질량에 비례하고, 운동 에너지도 속력이 같으면 질량에 비례한다. 실로 연결되어 운동하는 물체는 속력과 이동 거리가 같다는 것에 유의하여 질량비를 이용해 보자.

선택지 비율	① 13%	② 20%	③ 18%	④ 18%	❺ 31%

7 마찰이 있을 때의 물체의 역학적 에너지

2023년 4월 교육청 20번 | 정답 ⑤ | 문제편 29 p

출제 의도 마찰이 작용할 때의 물체의 역학적 에너지 변화를 이해하여 물체의 운동 에너지를 구할 수 있는지 확인하는 문항이다.

그림 (가)는 수평면에서 질량이 m인 물체로 용수철을 원래 길이에서 $2d$만큼 압축시킨 후 가만히 놓았더니 물체가 마찰 구간을 지나 높이가 h인 최고점에서 속력이 0인 순간을 나타낸 것이다. 마찰 구간을 지나는 동안 감소한 물체의 운동 에너지는 마찰 구간의 최저점 p에서 물체의 중력 퍼텐셜 에너지의 6배이다. 그림 (나)는 (가)에서 물체가 마찰 구간을 지나 용수철을 원래 길이에서 최대 d만큼 압축시킨 모습을 나타낸 것으로, 물체는 마찰 구간에서 등속도 운동한다. 마찰 구간에서 손실된 물체의 역학적 에너지는 (가)에서와 (나)에서가 같다.

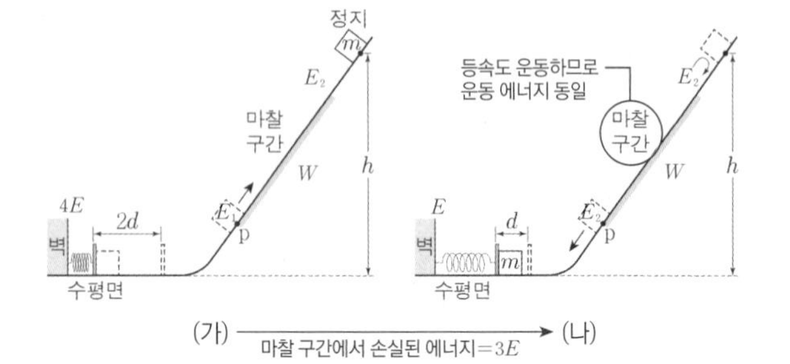

(나)의 p에서 물체의 운동 에너지는? (단, 중력 가속도는 g이고, 수평면에서 물체의 중력 퍼텐셜 에너지는 0이며 용수철의 질량, 물체의 크기, 공기 저항, 마찰 구간 외의 마찰은 무시한다.) [3점]

① $\frac{1}{9}mgh$ ② $\frac{1}{8}mgh$ ③ $\frac{1}{7}mgh$
④ $\frac{1}{6}mgh$ ⑤ $\frac{1}{5}mgh$

✔ 자료 해석

- 용수철의 탄성 퍼텐셜 에너지는 변형된 길이의 제곱에 비례하므로 (가)에서 용수철에 저장된 탄성 퍼텐셜 에너지는 (나)에서의 4배이다.
- (가)의 p에서 물체의 속력을 v_1, 마찰 구간을 통과한 직후의 속력을 v_2라고 하면 (나)에서 물체가 다시 마찰 구간을 들어오기 직전의 속력은 v_2로 같고, 마찰 구간에서 등속도 운동하므로 p에서 물체의 속력도 v_2이다.
→ (가)의 p에서 물체의 운동 에너지를 E_1, 마찰 구간을 지난 직후의 운동 에너지를 E_2라고 하면 (나)의 p에서 물체의 운동 에너지도 E_2이다.

○ 보기 풀이 (가)의 p에서 물체의 운동 에너지를 E_1, (나)의 p에서 물체의 운동 에너지를 E_2, (가)에서 용수철에 저장된 퍼텐셜 에너지를 $4E$, 마찰 구간에서 손실된 역학적 에너지를 W라고 하자. (가)에서 용수철에 저장된 퍼텐셜 에너지가 $4E$이면 (나)에서 용수철에 저장된 퍼텐셜 에너지는 E이다. 역학적 에너지 보존에 의해 $4E-E=2W$이므로 $W=\frac{3}{2}E$(①)이다. p의 높이를 h_p라고 하면 p에서 물체의 중력 퍼텐셜 에너지는 mgh_p이므로 (가)에서 $E_1-E_2=6mgh_p$(②)이다. (가)에서 마찰 구간을 지나기 전까지는 역학적 에너지가 보존되므로 $4E=E_1+mgh_p$(③)이고, (나)에서 마찰 구간을 지난 후에는 역학적 에너지가 보존되므로 $E_2+mgh_p=E$(④)이다. 따라서 ③과 ④를 연립하여 풀면 $3E=E_1-E_2$이고 여기에 ②를 대입하면 $E=2mgh_p$이므로 이 값을 다시 ④에 대입하면 $E_2=mgh_p$이고, ①에 대입하면 $W=3mgh_p$이다.
한편 (나)에서 최고 높이에 정지해 있던 물체가 수평면으로 내려오는 동안 마찰 구간에서 역학적 에너지가 손실되므로 $mgh-W=E$에서 $mgh-3mgh_p=2mgh_p$에서 $h=5h_p$이다. 따라서 $E_2=mgh_p=mg\left(\frac{1}{5}h\right)$이다.

문제풀이 Tip

물체의 운동 에너지를 구해야 하므로 물체의 속력과 같이 세부적인 물리량을 분석하기 보다는 탄성 퍼텐셜 에너지, 중력 퍼텐셜 에너지, 운동 에너지 단위로 다루면 더 간편하게 문제를 풀이할 수 있다.

선택지 비율	① 12%	② 23%	③ 15%	❹ 35%	⑤ 16%

8 역학적 에너지가 보존되지 않을 때의 물체의 운동

2023년 3월 교육청 20번 | 정답 ④ | 문제편 29 p

출제 의도 마찰이 작용할 때의 물체의 역학적 에너지 변화를 이해하여 물체의 운동을 설명할 수 있는지 확인하는 문항이다.

그림 (가)와 같이 빗면의 점 p에 가만히 놓은 물체 A는 빗면의 점 r에서 정지하고, (나)와 같이 r에 가만히 놓은 A는 빗면의 점 q에서 정지한다. (가), (나)의 마찰 구간에서 A의 속력은 감소하고, 가속도의 크기는 각각 $3a$, a로 일정하며, 손실된 역학적 에너지는 서로 같다. p와 q 사이의 높이차는 h_1, 마찰 구간의 높이차는 h_2이다.

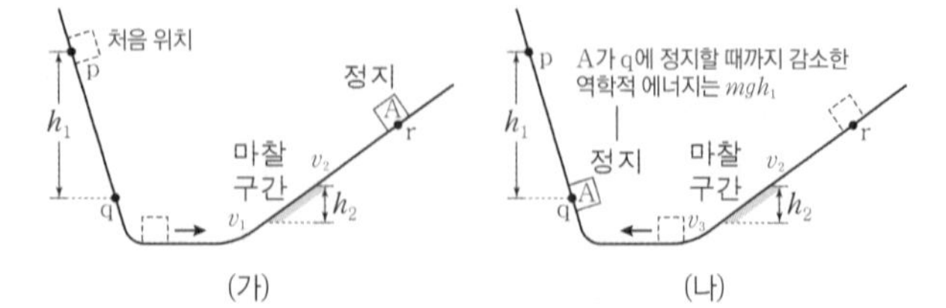

$\frac{h_2}{h_1}$는? (단, 물체의 크기, 공기 저항, 마찰 구간 외의 모든 마찰은 무시한다.) [3점]

① $\frac{1}{5}$ ② $\frac{2}{9}$ ③ $\frac{6}{25}$ ④ $\frac{1}{4}$ ⑤ $\frac{2}{7}$

✔ 자료 해석

- A는 마찰 구간이 아닌 곳에서는 역학적 에너지가 보존된다. 따라서 (가)에서 마찰 구간을 빠져 나올 때의 속력은 (나)에서 마찰 구간을 들어갈 때의 속력과 같다.
- 마찰 구간에서만 역학적 에너지가 손실되므로 (가)에서 마찰 구간을 들어가기 전까지 물체의 운동 에너지와 (나)에서 마찰 구간을 빠져나온 순간의 물체의 운동 에너지의 차는 손실된 역학적 에너지와 같다.

○ 보기 풀이 A의 질량을 m, 마찰 구간의 길이를 L, 마찰 구간에 들어갈 때와 나올 때의 속력을 (가)에서는 v_1, v_2, (나)에서는 v_2, v_3이라고 하자.
A는 등가속도 운동을 하므로 등가속도 운동의 관계식을 적용하면
(가) $2(3a)L=v_1^2-v_2^2$, (나) $2aL=v_2^2-v_3^2$이므로 $4v_2^2=v_1^2+3v_3^2$(①)이다.
p에서 출발한 A는 r까지 올라갔다가 q에서 정지하므로 마찰 구간을 왕복하는 동안 손실된 역학적 에너지는 $mgh_1=\frac{1}{2}mv_1^2-\frac{1}{2}mv_3^2$이므로
$2gh_1=v_1^2-v_3^2$(②)이다. (가)와 (나)에서 손실된 역학적 에너지는 같으므로
$\frac{1}{2}mv_1^2-\left(mgh_2+\frac{1}{2}mv_2^2\right)=\left(mgh_2+\frac{1}{2}mv_2^2\right)-\frac{1}{2}mv_3^2$에서
$8gh_2=2v_1^2-4v_2^2+2v_3^2$인데, 이 식에 ①을 대입하면 $8gh_2=2v_1^2-(v_1^2+3v_3^2)+2v_3^2=v_1^2-v_3^2$이다. ②와 비교하면 $2gh_1=8gh_2$이므로 $\frac{h_2}{h_1}=\frac{1}{4}$이다.

선택지 비율	① 6%	② 21%	③ 18%	④ 26%	⑤ 29%

9 역학적 에너지가 보존되지 않을 때 물체의 운동

2022년 10월 교육청 20번 | 정답 ⑤ | 문제편 30 p

출제 의도 운동량 보존 법칙과 역학적 에너지 보존 법칙을 모두 이해하여 물체의 운동을 설명할 수 있는지 확인하는 문항이다.

그림과 같이 높이가 $2h$인 평면, 수평면에서 각각 물체 A, B로 용수철 P, Q를 원래 길이에서 d만큼 압축시킨 후 가만히 놓으면 A와 B가 높이 $3h$인 평면에서 충돌한다. A의 속력은 B와 충돌 직전이 충돌 직후의 4배이다. B는 높이차가 h인 마찰 구간을 내려갈 때 등속도 운동하고, 마찰 구간을 올라갈 때 손실된 역학적 에너지는 내려갈 때와 같다. 충돌 후 A, B는 각각 P, Q를 원래 길이에서 최대 $\frac{d}{2}$, x만큼 압축시킨다. A, B의 질량은 각각 $2m$, m이고, P, Q의 용수철 상수는 각각 k, $2k$이다.

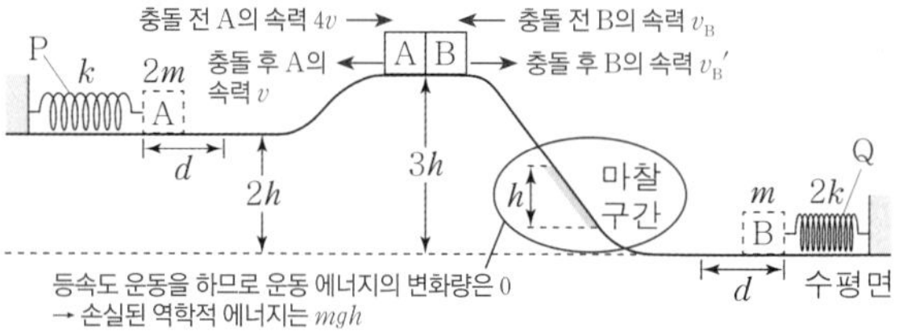

$\frac{x}{d}$는? (단, 물체는 면을 따라 운동하고, 용수철 질량, 물체의 크기, 공기 저항, 마찰 구간 외의 모든 마찰은 무시한다.) [3점]

① $\sqrt{\frac{1}{20}}$　② $\sqrt{\frac{1}{15}}$　③ $\sqrt{\frac{1}{10}}$　④ $\sqrt{\frac{2}{15}}$　⑤ $\sqrt{\frac{3}{20}}$

✓ 자료 해석

충돌 후 A의 속력을 v라고 하면 충돌 전 A의 속력은 $4v$이고, 충돌 전후 B의 속력을 각각 v_B, v_B'이라고 하자.

- A는 마찰이 없는 구간에서 운동하므로 역학적 에너지가 보존되고, 역학적 에너지가 보존될 때 역학적 에너지의 변화량은 0이다.
  - 충돌 전 : 탄성 퍼텐셜 에너지의 감소량=운동 에너지의 증가량+중력 퍼텐셜 에너지의 증가량
  - 충돌 후 : 중력 퍼텐셜 에너지의 감소량+운동 에너지의 감소량=탄성 퍼텐셜 에너지의 증가량
- B는 마찰이 있는 구간을 운동할 때 역학적 에너지가 감소한다. 마찰 구간을 내려갈 때 감소한 중력 퍼텐셜 에너지만큼 운동 에너지가 증가해야 하는데, 등속도 운동을 하여 운동 에너지 변화량이 0이므로 손실된 역학적 에너지는 중력 퍼텐셜 에너지 감소량과 같은 mgh이다. B의 역학적 에너지는 감소하지만 손실된 역학적 에너지를 합한 전체 에너지는 보존된다.
  - 충돌 전 : 탄성 퍼텐셜 에너지의 감소량=운동 에너지의 증가량+중력 퍼텐셜 에너지의 증가량+손실된 역학적 에너지(mgh)
  - 충돌 후 : 중력 퍼텐셜 에너지의 감소량+운동 에너지의 감소량=탄성 퍼텐셜 에너지의 증가량+손실된 역학적 에너지(mgh)

○ 보기 풀이 B는 마찰 구간을 내려갈 때 등속도 운동하므로 이때 손실된 역학적 에너지는 중력 퍼텐셜 에너지 변화량과 같은 mgh이고, 마찰 구간을 올라갈 때 손실된 역학적 에너지도 내려갈 때와 같은 mgh이다. 충돌 전 A, B의 운동을 역학적 에너지 보존에 따라 정리하면 다음과 같다.

A: $\frac{1}{2}kd^2=\frac{1}{2}(2m)(4v)^2+(2m)gh$(①),

B: $\frac{1}{2}(2k)d^2=\frac{1}{2}m(v_B)^2+mg(3h)+mgh$

두 식을 연립하여 풀면 $v_B=8v$이고, 충돌 전후 운동량 보존 법칙에 따라 $(2m)(4v)+m(-8v)=2m(-v)+mv_B'$에서 $v_B'=2v$이다.

충돌 후 A, B의 운동을 역학적 에너지 보존에 따라 정리하면 다음과 같다.

A: $(2m)gh+\frac{1}{2}(2m)v^2=\frac{1}{2}k\left(\frac{d}{2}\right)^2$(②),

B: $mg(3h)+\frac{1}{2}m(2v)^2=\frac{1}{2}(2k)x^2+mgh$

두 식을 연립하여 풀면 $mv^2=kx^2-\frac{1}{8}kd^2$(③)인데, $\frac{x}{d}$의 값을 얻기 위해서는 mv^2항을 k와 d의 관계식으로 바꿔어야 한다. A의 관계식 ①과 ②를 연립하여 정리하면 $mv^2=\frac{1}{40}kd^2$이므로 이 식을 ③에 대입하면 $\frac{x}{d}=\sqrt{\frac{3}{20}}$이다.

문제풀이 Tip

주어진 관계식에서 미지수가 너무 많을 때에는 그 개수를 줄이는 것이 중요하다. 물체에 관련된 관계식을 세워보고, 문제에서 주어진 값을 구하기 위해 그 관계식을 정리하는 데 많은 시간을 뺏기지 않도록 충분한 연습이 필요하다.

선택지 비율	① 9%	② 3%	❸ 65%	④ 9%	⑤ 15%

10 역학적 에너지가 보존되지 않을 때 물체의 운동

2022년 7월 교육청 4번 | 정답 ③ | 문제편 30 p

(출제 의도) 마찰이 작용할 때의 물체의 역학적 에너지 변화를 이해하여 물체의 운동을 설명할 수 있는지 확인하는 문항이다.

그림과 같이 수평면으로부터 높이 H인 왼쪽 빗면 위에 물체를 가만히 놓았더니 물체는 수평면에서 속력 v로 운동한다. 이후 물체는 일정한 마찰력이 작용하는 구간 Ⅰ을 지나 오른쪽 빗면에 올라갔다가 다시 왼쪽 빗면의 높이 h인 지점까지 올라간 후 Ⅰ의 오른쪽 끝점 p에서 정지한다.

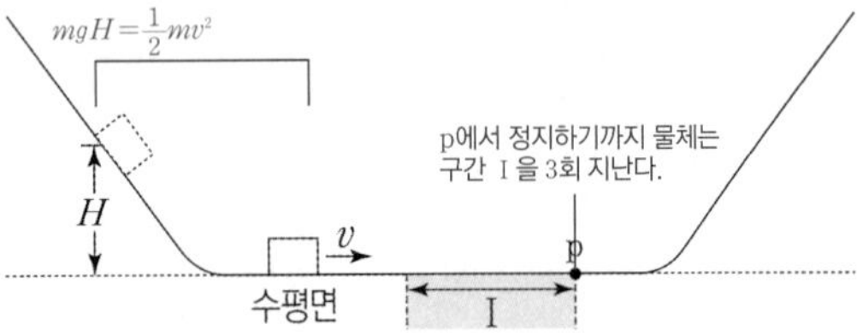

이에 대한 설명으로 옳은 것만을 〈보기〉에서 있는 대로 고른 것은? (단, 중력 가속도는 g이고, 물체의 크기, Ⅰ의 마찰을 제외한 모든 마찰 및 공기 저항은 무시한다.)

보기
ㄱ. $v=\sqrt{2gH}$이다.
ㄴ. $h=\frac{H}{3}$이다.
ㄷ. 왼쪽 빗면의 높이 $2H$인 지점에 물체를 가만히 놓으면 물체가 Ⅰ을 ~~4회~~ (6회) 지난 순간 p에서 정지한다.

① ㄱ ② ㄷ ③ ㄱ, ㄴ ④ ㄴ, ㄷ ⑤ ㄱ, ㄴ, ㄷ

✓ 자료 해석

- 물체의 질량을 m이라 하면 높이 H에서 물체의 역학적 에너지는 mgH이다.
  - 물체가 마찰이 없는 구간에서 운동할 때에는 역학적 에너지가 보존되므로 $mgH=\frac{1}{2}mv^2$이다.
- 물체가 마찰이 있는 구간을 운동할 때에는 마찰력이 물체에 한 일만큼 물체의 역학적 에너지가 감소한다. 따라서 물체가 구간 Ⅰ을 3회 지난 순간 p점에서 정지했다면 '물체의 처음 역학적 에너지=3×마찰에 의해 손실된 역학적 에너지'이다.

○ 보기 풀이 ㄱ. 물체가 높이 H인 빗면에서 내려와 수평면에서 v의 속력으로 운동하는 동안 물체의 역학적 에너지가 보존되므로 $mgH=\frac{1}{2}mv^2$에서 $v=\sqrt{2gH}$이다.

ㄴ. 마찰 구간을 두 번 지나 높이 h인 지점까지 올라간 후 마찰 구간 Ⅰ에서 정지 했으므로 마찰 구간 Ⅰ에서 감소한 역학적 에너지는 mgh이다. 처음 역학적 에너지가 mgH이고, 마찰 구간 Ⅰ을 3번 지났으므로 $mgH=3mgh$에서 $h=\frac{H}{3}$이다.

× 매력적 오답 ㄷ. $mgH=3mgh$에서 $2mgH=6mgh$이므로 마찰 구간 Ⅰ을 6회 지난 후 정지한다.

문제풀이 Tip

마찰에 의해 손실되는 역학적 에너지를 정확하게 계산할 수 없다면 역학적 에너지의 감소량을 비교하는 방법으로 문제에 접근할 수 있어야 한다. 역학적 에너지 보존과 관련된 문제는 다양한 유형이 출제되므로 많은 연습이 필요하다.

선택지 비율	① 12%	② 19%	③ 17%	❹ 44%	⑤ 9%

11 물체의 충돌과 역학적 에너지 보존

2022년 7월 교육청 18번 | 정답 ④ | 문제편 30 p

(출제 의도) 물체가 충돌할 때 운동량 보존과 역학적 에너지 보존을 적용할 수 있는지 확인하는 문항이다.

그림 (가)와 같이 물체 A가 수평면에서 용수철이 달린 정지해 있는 물체 B를 향해 등속 직선 운동한다. 그림 (나)는 (가)에서 A와 B가 충돌하고 분리된 후 B가 수평면에서 등속 직선 운동하는 모습을 나타낸 것이다. (나)에서 B의 속력은 (가)에서 A의 속력의 $\frac{2}{3}$배이고, 질량은 B가 A의 2배이다.

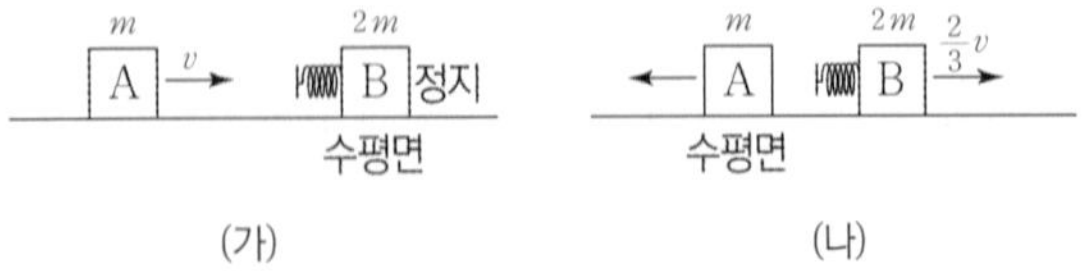

용수철이 압축되는 동안 용수철에 저장되는 탄성 퍼텐셜 에너지의 최댓값을 E_1, (나)에서 B의 운동 에너지를 E_2라 할 때 $\frac{E_1}{E_2}$는? (단, 충돌 과정에서 역학적 에너지 손실은 없고, 용수철의 질량, 모든 마찰과 공기 저항은 무시한다.) [3점]

(용수철이 최대로 압축된 순간)

① $\frac{2}{9}$ ② $\frac{4}{9}$ ③ $\frac{2}{3}$ ④ $\frac{3}{4}$ ⑤ $\frac{4}{3}$

✓ 자료 해석

- A의 질량을 m이라 하면 B의 질량은 $2m$이고, (가)에서 A의 속력을 v라고 하면 (나)에서 B의 속력은 $\frac{2}{3}v$이다.
- 용수철에 저장되는 탄성 퍼텐셜 에너지가 최대가 되는 순간은 용수철이 최대로 압축된 순간이고 그때 A, B의 속력은 같다.

○ 보기 풀이 용수철이 최대로 압축된 순간 A, B의 속력을 v'이라고 하면 운동량 보존 법칙에 의해 $mv+0=(m+2m)v'$에서 $v'=\frac{1}{3}v$이다. 충돌 과정에서 역학적 에너지 손실이 없으므로 역학적 에너지가 보존되어 $\frac{1}{2}mv^2=\frac{1}{2}(m+2m)\left(\frac{1}{3}v\right)^2+E_1$에서 $E_1=\frac{1}{3}mv^2$이다. 한편 (나)에서 $E_2=\frac{1}{2}(2m)\left(\frac{2}{3}v\right)^2=\frac{4}{9}mv^2$이므로 $\frac{E_1}{E_2}=\frac{3}{4}$이다.

문제풀이 Tip

물체가 충돌하는 동안 운동량이 보존된다는 것은 충돌하는 동안의 매 순간 운동량이 보존된다는 것을 의미한다. 따라서 A와 B가 충돌하여 용수철이 압축되기 시작하는 순간, 용수철이 최대로 압축된 순간, 용수철이 분리된 후에도 A와 B의 운동량의 총합이 보존되는 것을 이해하고 있어야 한다.

선택지 비율	① 14%	❷ 35%	③ 18%	④ 19%	⑤ 15%

12 운동량 보존과 역학적 에너지 보존

2022년 4월 교육청 20번 | 정답 ② | 문제편 30 p

(출제 의도) 운동량 보존과 역학적 에너지 보존을 물체의 운동에 적용할 수 있는지 확인하는 문항이다.

그림과 같이 수평면에서 질량이 각각 $2m$, m인 물체 A, B를 용수철의 양 끝에 접촉하여 용수철을 압축시킨 후 동시에 가만히 놓았더니 A, B가 궤도를 따라 운동하여 A는 마찰 구간에서 정지하고, B는 점 p, q를 지나 점 r에서 정지한다. p에서 q까지는 마찰 구간이고 p의 높이는 $7h$, q와 r의 높이 차는 h이다. B의 속력은 p에서가 q에서의 3배이고, p에서 q까지 운동하는 동안 B의 운동 에너지 감소량은 B의 중력 퍼텐셜 에너지 증가량의 3배이다.

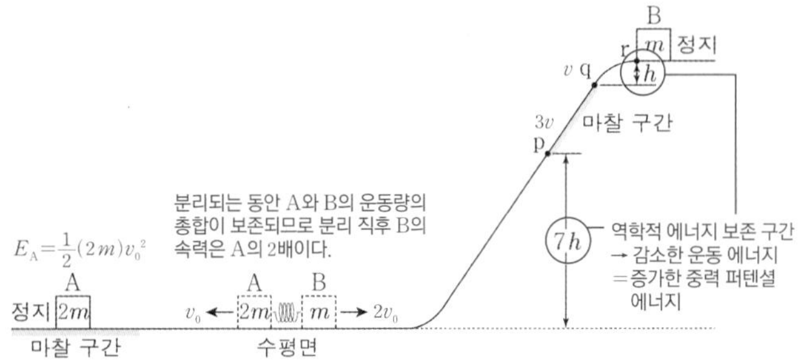

마찰 구간에서 A, B의 역학적 에너지 감소량을 각각 E_A, E_B라 할 때, $\frac{E_A}{E_B}$는? (단, A, B의 크기 및 용수철의 질량, 공기 저항, 마찰 구간 외의 마찰은 무시한다.) [3점]

① $\frac{4}{3}$ ② $\frac{3}{2}$ ③ $\frac{5}{3}$ ④ $\frac{7}{4}$ ⑤ $\frac{9}{5}$

✓ 자료 해석

- A, B가 분리될 때 운동량이 보존되므로 A의 속력을 v_0이라 하면 B의 속력은 $2v_0$이고 q에서 B의 속력을 v라 하면 p에서 B의 속력은 $3v$이다.
  - 분리 후~p : $\frac{1}{2}m\{(2v_0)^2-(3v)^2\}=7mgh$
  - p~q : E_B=감소한 운동 에너지−증가한 중력 퍼텐셜 에너지
  - q~r : $\frac{1}{2}mv^2=mgh$

○ 보기 풀이 용수철이 분리되는 순간 A의 속력이 v_0이면 B의 속력은 $2v_0$이고, q에서 B의 속력을 v라고 하면 p에서 B의 속력은 $3v$이다. B가 용수철에서 분리된 후 p까지, q에서 r까지 운동하는 동안 역학적 에너지가 보존되므로 $\frac{1}{2}m\{(2v_0)^2-(3v)^2\}=7mgh$, $\frac{1}{2}mv^2=mgh$이다. 따라서 $v_0=2v$이다.

A는 용수철에서 분리된 후 마찰 구간에서 정지하므로 E_A=A의 운동 에너지 감소량$=\frac{1}{2}(2m)(2v)^2=4mv^2$이다.

B가 p에서 q까지 운동하는 B의 운동 에너지 감소량은 $\frac{1}{2}m\{(3v)^2-v^2\}=4mv^2$이고, B의 중력 퍼텐셜 에너지 증가량은 B의 운동 에너지 감소량의 $\frac{1}{3}$배이므로 $\frac{4}{3}mv^2$이다. 따라서 $E_B=4mv^2-\frac{4}{3}mv^2=\frac{8}{3}mv^2$이므로 $\frac{E_A}{E_B}=\frac{3}{2}$이다.

문제풀이 Tip

문제에서 주어진 조건을 이용하여 구해야 하는 물리량을 미지수로 설정할 수 있다. 이때 임의로 설정한 미지수는 계산 과정에서 문제에서 주어진 관계식으로 바꾸는 훈련이 필요하다.

선택지 비율	① 13%	② 22%	③ 15%	❹ 34%	⑤ 16%

13 역학적 에너지가 보존되지 않는 경우

2022년 3월 교육청 20번 | 정답 ④ | 문제편 31 p

(출제 의도) 마찰이 작용할 때의 물체의 역학적 에너지 보존을 이해하여 물체의 운동을 설명할 수 있는지 확인하는 문항이다.

그림 (가)와 같이 물체 A, B를 실로 연결하고, A에 연결된 용수철을 원래 길이에서 $3L$만큼 압축시킨 후 A를 점 p에서 가만히 놓았다. B의 질량은 m이다. 그림 (나)는 (가)에서 A, B가 직선 운동하여 각각 $7L$만큼 이동한 후 $4L$만큼 되돌아와 정지한 모습을 나타낸 것이다. A가 구간 p → r, r → q에서 이동할 때, 각 구간에서 마찰에 의해 손실된 역학적 에너지는 각각 $7W$, $4W$이다.

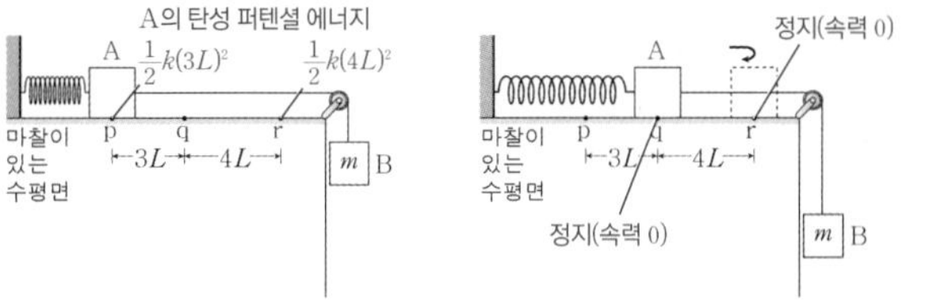

(가) (나)

W는? (단, 중력 가속도는 g이고, 용수철과 실의 질량, 물체의 크기, 수평면에 의한 마찰 외의 모든 마찰과 공기 저항은 무시한다.) [3점]

① $\frac{1}{3}mgL$ ② $\frac{2}{5}mgL$ ③ $\frac{1}{2}mgL$
④ $\frac{3}{5}mgL$ ⑤ $\frac{2}{3}mgL$

✓ 자료 해석

- p → r, r → q에서 이동할 때 A, B의 역학적 에너지 변화량과 마찰에 의해 손실된 역학적 에너지의 합은 퍼텐셜 에너지의 변화량과 같다.

운동 구간	변화된 역학적 에너지	변화된 퍼텐셜 에너지
p → r	$\frac{1}{2}k(4L)^2-\frac{1}{2}k(3L)^2+7W$	$mg(7L)$
r → q	$-\frac{1}{2}k(4L)^2+4W$	$-mg(4L)$

○ 보기 풀이 A, B가 p → r로 이동할 때 마찰에 의해 손실된 에너지를 포함한 전체 에너지는 보존되므로 $\frac{1}{2}k(4L)^2-\frac{1}{2}k(3L)^2+7W=mg(7L)$이고, 이 식을 정리하면 $\frac{1}{2}kL^2+W=mgL$(①)이다. 또한 A, B가 r → q로 이동할 때도 마찬가지로 $\frac{1}{2}k(4L)^2-4W=mg(4L)$이고, 이 식을 정리하면 $2kL^2-W=mgL$(②)이다. ①과 ②를 연립하여 W를 mgL의 관계식으로 정리하면 $W=\frac{3}{5}mgL$이다.

문제풀이 Tip

탄성 퍼텐셜 에너지를 $3L$만큼 압축된 곳에서 $9E$, $4L$만큼 압축된 곳에서 $16E$로 표현하면 좀 더 간결한 식으로 문제를 풀 수 있다.

선택지 비율	① 17%	❷ 32%	③ 19%	④ 12%	⑤ 20%

14 역학적 에너지 보존

2021년 10월 교육청 20번 | 정답 ② | 문제편 31 p

출제 의도 중력과 탄성력이 작용할 때 역학적 에너지 보존을 적용할 수 있는지 확인하는 문항이다.

그림 (가)와 같이 원래 길이가 $8d$인 용수철에 물체 A를 연결하고, 물체 B로 A를 $6d$만큼 밀어 올려 정지시켰다.

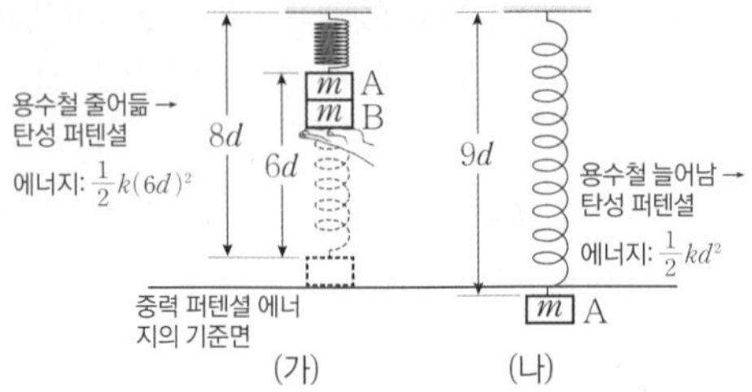

용수철을 압축시키는 동안 용수철에 저장된 탄성 퍼텐셜 에너지의 증가량은 A의 중력 퍼텐셜 에너지 증가량의 3배이다. A와 B의 질량은 각각 m이다. 그림 (나)는 (가)에서 B를 가만히 놓았더니 A가 B와 함께 연직선상에서 운동하다가 B와 분리된 후 용수철의 길이가 $9d$인 지점을 지나는 순간을 나타낸 것이다. $8d$에서 A와 B가 분리

(나)에서 A의 운동 에너지는? (단, 중력 가속도는 g이고, 용수철의 질량, 물체의 크기, 모든 마찰과 공기 저항은 무시한다.) [3점]

① $\frac{29}{2}mgd$ ② $\frac{31}{2}mgd$ ③ $\frac{63}{4}mgd$
④ $\frac{65}{4}mgd$ ⑤ $\frac{33}{2}mgd$

문제풀이 Tip

중력에 의한 퍼텐셜 에너지가 0인 기준면은 반드시 지면일 필요는 없으므로 적절한 기준면을 지정하여 계산식을 간편하게 정리한다.

✓ 자료 해석

- 용수철 상수를 k라 하고, 중력 퍼텐셜 에너지의 기준면을 용수철의 원래 길이로 하면 (가)에서 역학적 에너지의 총합은 '용수철의 탄성 퍼텐셜 에너지+(A+B)의 중력 퍼텐셜 에너지'이다.
- (나)에서 A가 $8d$를 지날 때의 역학적 에너지의 총합은 A의 운동 에너지와 같고, A가 $9d$를 지날 때의 역학적 에너지의 총합은 '용수철의 탄성 퍼텐셜 에너지+A의 중력 퍼텐셜 에너지+A의 운동 에너지'이다. A가 운동하는 동안 A의 역학적 에너지는 보존된다.

○ 보기풀이 (가)에서 역학적 에너지의 총합은 (용수철의 탄성 퍼텐셜 에너지)+(A+B)의 중력 퍼텐셜 에너지$=\frac{1}{2}k(6d)^2+(2m)g(6d)$이다. 이때 용수철에 저장된 탄성 퍼텐셜 에너지의 증가량$\left(\frac{1}{2}k(6d)^2\right)$은 A의 중력 퍼텐셜 에너지 증가량$(6mgd)$의 3배이므로 $\frac{1}{2}k(6d)^2=3(6mgd)$에서 $kd^2=mgd$이다. 따라서 (가)에서 역학적 에너지의 총합은 $\frac{1}{2}k(6d)^2+2mg(6d)=18mgd+12mgd=30mgd$이다.
(나)에서 B를 가만히 놓으면 용수철이 원래 길이로 되돌아가는 동안 A, B는 함께 운동하며, $8d$ 이후 용수철이 A를 당기므로 $8d$에서 A와 B가 분리된다. A, B가 $8d$까지 운동하는 동안 역학적 에너지는 보존되고, $8d$에서 탄성력에 의한 퍼텐셜 에너지와 중력에 의한 퍼텐셜 에너지가 모두 0이므로 역학적 에너지$=$(A+B)의 운동 에너지이다. 따라서 이때 A의 운동 에너지는 $\frac{30mgd}{2}=15mgd$이다.
$9d$에서는 용수철이 d만큼 늘어나므로 A가 $9d$를 지날 때 운동 에너지는 역학적 에너지 보존에 의해 $15mgd-\frac{1}{2}kd^2+mgd=\frac{31}{2}mgd$이다.

선택지 비율	① 14%	② 17%	❸ 38%	④ 20%	⑤ 11%

15 역학적 에너지 보존의 적용

2021년 7월 교육청 20번 | 정답 ③ | 문제편 31 p

출제 의도 중력과 탄성력이 작용할 때 물체의 운동에 역학적 에너지 보존을 적용할 수 있는지 확인하는 문항이다.

그림 (가)는 질량이 같은 두 물체가 실로 연결되어 용수철 A, B와 도르래를 이용해 정지해 있는 것을 나타낸 것이다. A, B는 각각 원래의 길이에서 L만큼 늘어나 있다. 그림 (나)는 두 물체를 연결한 실이 끊어져 B가 원래의 길이에서 x만큼 최대로 압축되어 물체가 정지한 순간의 모습을 나타낸 것이다. A, B의 용수철 상수는 같다.
힘의 평형을 이루고 있다. = 물체에 작용하는 알짜힘은 0이다.

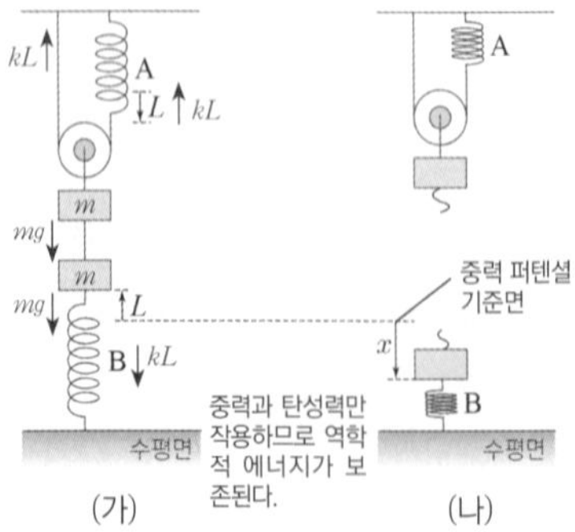

x는? (단, 실의 질량, 용수철의 질량, 도르래의 질량 및 모든 마찰과 공기 저항은 무시한다.) [3점]

① L ② $\frac{3}{2}L$ ③ $2L$ ④ $\frac{5}{2}L$ ⑤ $3L$

✓ 자료 해석

- (가)에서 두 물체가 정지해 있을 때, 실로 연결되어 있는 두 물체를 하나의 물체로 생각하면 두 물체에는 아래 방향으로 중력, 용수철 B의 탄성력이 작용하고 윗방향으로 실이 잡아당기는 힘, 용수철 A의 탄성력이 작용하고 있다.
  → 이때 실과 A가 도르래에 연결되어 양쪽에서 물체를 끌어당기고 있으므로 A의 탄성력과 같은 크기의 힘이 실에도 작용한다.
- (가)에서 실이 끊어져 (나)가 될 때 역학적 에너지가 보존되는데, (가)와 (나)에서 물체는 정지해 있으므로 물체의 운동 에너지는 변화량은 0이고, 퍼텐셜 에너지 변화량도 0이다. 따라서 물체의 감소한 중력 퍼텐셜 에너지의 크기는 용수철의 증가한 탄성 퍼텐셜 에너지의 크기와 같다.

○ 보기풀이 물체의 질량을 m, A, B의 용수철 상수를 k라고 하면 (가)에서 물체에 작용하는 중력의 크기는 mg, 탄성력의 크기는 kL이다. 이때 A는 아래 방향으로 늘어나므로 탄성력의 방향은 위쪽, B는 윗방향으로 늘어나므로 탄성력의 방향은 아래쪽이다. 물체가 정지해 있을 때 물체에 작용하는 알짜힘은 0이므로 $(m+m)g+kL-2kL=0$에서 $mg=\frac{kL}{2}$이다.
한편 실이 끊어져 B가 압축될 때 역학적 에너지가 보존되므로 실이 끊어진 직후와 B가 x만큼 최대로 압축되었을 때 역학적 에너지는 같다. 용수철의 원래 길이의 위치를 중력 퍼텐셜 에너지의 기준면으로 하고 역학적 에너지 보존을 적용하면 $mgL+\frac{1}{2}kL^2=(-mgx)+\frac{1}{2}kx^2$이므로 $mg=\frac{kL}{2}$을 대입하면 $x^2-Lx-2L^2=(x+L)(x-2L)=0$에서 $x=2L$이다.

선택지 비율	① 5%	② 4%	❸ 81%	④ 6%	⑤ 4%

16 역학적 에너지 보존에 관한 실험

2021년 7월 교육청 5번 | 정답 ③ | 문제편 32p

출제 의도 역학적 에너지 보존에 관한 실험 과정을 이해하고, 결과를 해석할 수 있는지 확인하는 문항이다.

다음은 역학 수레를 이용한 실험이다.

[실험 과정]

(가) 그림과 같이 수평면으로부터 높이 h인 지점에 가만히 놓은 질량 m인 수레가 빗면을 내려와 수평면 위의 점 p를 지나 용수철을 압축시킬 때, 용수철이 최대로 압축되는 길이 x를 측정한다.

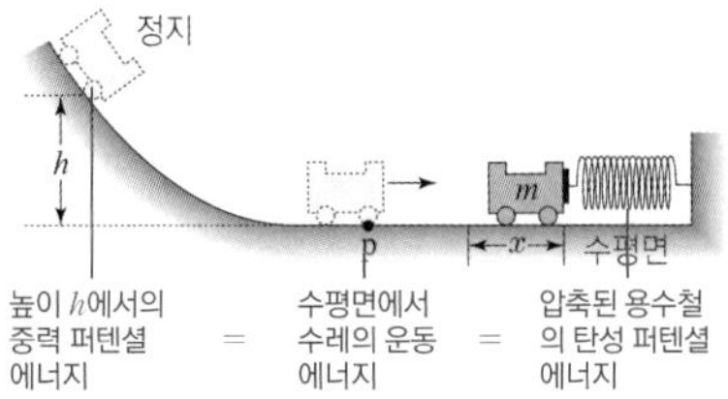

(나) 수레의 질량 m과 수레를 놓는 높이 h를 변화시키면서 (가)를 반복한다.

[실험 결과]

실험	m(kg)	h(cm)	x(cm)
Ⅰ	1	50	2
Ⅱ	2	50	㉠
Ⅲ	2	㉡	2

이에 대한 설명으로 옳은 것만을 〈보기〉에서 있는 대로 고른 것은? (단, 용수철의 질량, 수레의 크기, 모든 마찰과 공기 저항은 무시한다.)

보기

ㄱ. ㉠은 2보다 크다.
ㄴ. ㉡은 50보다 작다.
ㄷ. p에서 수레의 속력은 Ⅱ에서가 Ⅲ에서보다 ~~작다~~. 크다.

① ㄱ ② ㄷ ③ ㄱ, ㄴ ④ ㄴ, ㄷ ⑤ ㄱ, ㄴ, ㄷ

✔ 자료 해석

- 수레의 중력 퍼텐셜 에너지가 운동 에너지로 전환된 후, 용수철의 탄성 퍼텐셜 에너지로 전환된다. 마찰을 무시하면 역학적 에너지가 보존되므로 '높이 h에서의 수레의 중력 퍼텐셜 에너지=수평면에서 수레의 운동 에너지=최대로 압축된 용수철의 탄성 퍼텐셜 에너지'이다.
- 실험에서 물체의 질량과 높이가 달라지면 물체의 중력 퍼텐셜 에너지가 달라지므로 수레의 운동 에너지가 달라져 수레의 속력이 달라지고, 용수철의 탄성 퍼텐셜 에너지가 달라져 용수철이 최대로 압축되는 길이도 달라진다.

○ 보기 풀이 ㄱ. 중력 퍼텐셜 에너지는 (질량×높이)에 비례하고, 수레의 질량은 Ⅱ에서가 Ⅰ에서의 2배이므로 수레의 중력 퍼텐셜 에너지도 Ⅱ에서가 Ⅰ에서의 2배이다. 이때 역학적 에너지가 보존되므로 최대로 압축된 용수철의 탄성 퍼텐셜 에너지도 Ⅱ에서가 Ⅰ에서의 2배인데, 용수철의 탄성 퍼텐셜 에너지는 용수철이 변형된 길이의 제곱에 비례하므로 x는 Ⅱ에서가 Ⅰ에서의 $\sqrt{2}$배이다. 따라서 ㉠은 2보다 크다.

ㄴ. ㉠이 2보다 크므로 최대로 압축된 용수철의 탄성 퍼텐셜 에너지는 Ⅱ에서가 Ⅲ에서보다 크다. 따라서 수레의 중력 퍼텐셜 에너지도 Ⅱ에서가 Ⅲ에서보다 큰데 수레의 질량은 Ⅱ와 Ⅲ에서 서로 같으므로 높이는 Ⅱ에서가 Ⅲ에서보다 크다. 따라서 ㉡은 50보다 작다.

✕ 매력적 오답 ㄷ. 수레의 중력 퍼텐셜 에너지와 용수철의 탄성 퍼텐셜 에너지는 Ⅱ에서가 Ⅲ에서보다 크므로 수평면에서 수레의 운동 에너지도 Ⅱ에서가 Ⅲ에서보다 크다. 수레의 운동 에너지는 수레의 속력의 제곱에 비례하므로 수레의 속력도 Ⅱ에서가 Ⅲ에서보다 크다.

문제풀이 Tip

역학적 에너지가 보존되는 것을 알고, 주어진 물리량의 값이 달라질 때 역학적 에너지에 어떤 변화가 생기는지를 먼저 파악해야 한다.

선택지 비율	❶ 24%	② 14%	③ 24%	④ 24%	⑤ 14%

17 역학적 에너지의 이해

2021년 4월 교육청 20번 | 정답 ① | 문제편 32 p

출제 의도 용수철이 연결되어 운동하는 물체의 역학적 에너지를 구할 수 있는지 확인하는 문항이다.

그림 (가)는 마찰이 있는 수평면에서 물체와 연결된 용수철을 원래 길이에서 $2L$만큼 압축하여 물체를 점 p에 정지시킨 모습을 나타낸 것이다. 물체가 p에 있을 때, 용수철에 저장된 탄성 퍼텐셜 에너지는 E_0이다. 그림 (나)는 (가)에서 물체를 가만히 놓았더니 물체가 점 q, r를 지나 정지한 순간의 모습을 나타낸 것이다. p와 q 사이, q와 r 사이의 거리는 각각 $2L$, L이다. (나)에서 물체가 q에서 r까지 운동하는 동안, 물체의 운동 에너지 감소량은 용수철에 저장된 탄성 퍼텐셜 에너지 증가량의 $\frac{7}{5}$배이다.

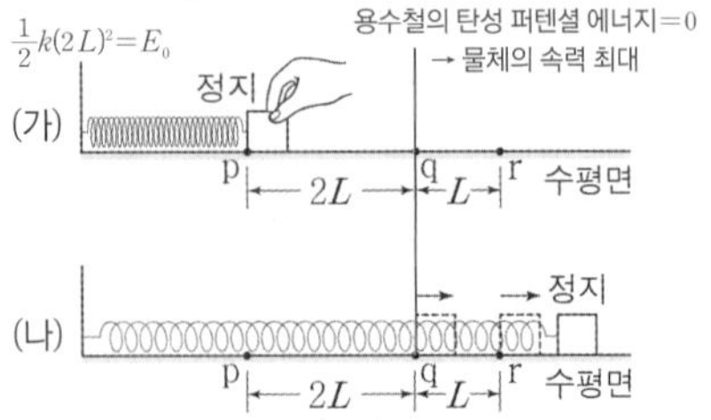

(나)에서 물체가 q, r를 지나는 순간 용수철에 저장된 탄성 퍼텐셜 에너지와 물체의 운동 에너지의 합을 각각 E_1, E_2라 할 때, E_1-E_2는? (단, 물체의 크기, 용수철의 질량은 무시한다.) [3점]
(=역학적 에너지)

① $\frac{1}{10}E_0$ ② $\frac{1}{5}E_0$ ③ $\frac{3}{10}E_0$ ④ $\frac{2}{5}E_0$ ⑤ $\frac{1}{2}E_0$

✓ 자료 해석

- (가)에서 용수철 상수를 k라고 하면 용수철을 $2L$만큼 압축하였으므로 용수철에 저장된 탄성 퍼텐셜 에너지는 $\frac{1}{2}k(2L)^2=E_0$이다.
- (나)에서 q, r에서의 운동 에너지를 각각 E_k, E_k'라고 하면 물체의 속력은 q에서 r를 지나 정지할 때까지 점점 느려지므로 $E_k>E_k'$이다. 이때 q, r에서의 용수철의 탄성 퍼텐셜 에너지는 각각 0, $\frac{1}{2}kL^2$이므로 $E_k-E_k'=\frac{7}{5}\times\frac{1}{2}kL^2$이다.

○ 보기 풀이 물체가 p에 있을 때 용수철에 저장된 탄성 퍼텐셜 에너지는 $\frac{1}{2}k(2L)^2=E_0$이므로 $2kL^2=E_0$이다. 물체가 q에 있을 때 용수철의 길이는 원래 길이가 되므로 이때 용수철의 탄성 퍼텐셜 에너지는 0이고, r에 있을 때는 L만큼 늘어났으므로 용수철의 탄성 퍼텐셜 에너지는 $\frac{1}{2}kL^2$이다. 따라서 q에서 r까지 탄성 퍼텐셜 에너지의 증가량은 $\frac{1}{2}kL^2=\frac{1}{4}E_0$이다. 한편 q, r에서 물체의 운동 에너지를 각각 E_k, E_k'라고 하면 $E_k-E_k'=\frac{7}{5}\times\frac{1}{2}kL^2=\frac{7}{5}\times\frac{1}{4}E_0=\frac{7}{20}E_0$이다.

따라서 $E_1-E_2=(0+E_k)-\left(\frac{1}{2}kL^2+E_k'\right)=(E_k-E_k')-\frac{1}{2}kL^2=\frac{7}{20}E_0-\frac{1}{4}E_0=\frac{1}{10}E_0$이다.

문제풀이 Tip

마찰이 있는 수평면에서는 역학적 에너지가 보존되지 않는다. 그러나 이 문항은 역학적 에너지 보존을 이용하는 것이 아니므로 마찰에 의해 감소하는 일을 생각하지 말고, 각 지점에서의 역학적 에너지를 구하여 비교한다.

선택지 비율	① 9%	② 13%	③ 29%	❹ 36%	⑤ 13%

18 역학적 에너지 보존

2021년 3월 교육청 20번 | 정답 ④ | 문제편 32 p

출제 의도 탄성력이 작용할 때 역학적 에너지 보존을 적용할 수 있는지 확인하는 문항이다.

그림 (가)와 같이 수평면에서 용수철 A, B가 양쪽에 수평으로 연결되어 있는 물체를 손으로 잡아 정지시켰다. (물체의 운동 에너지 0) A, B의 용수철 상수는 각각 100 N/m, 200 N/m이고, A의 늘어난 길이는 0.3 m이며, B의 탄성 퍼텐셜 에너지는 0이다. (B는 변형되지 않음) 그림 (나)와 같이 (가)에서 손을 가만히 놓았더니 물체가 직선 운동을 하다가 처음으로 정지한 순간 B의 늘어난 길이는 L이다. (물체의 운동 에너지 0)

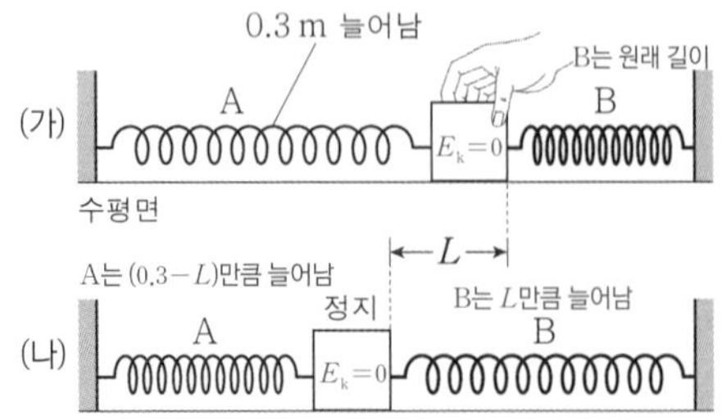

L은? (단, 물체의 크기, 용수철의 질량, 모든 마찰과 공기 저항은 무시한다.) [3점]

① 0.05 m ② 0.1 m ③ 0.15 m ④ 0.2 m ⑤ 0.3 m

✓ 자료 해석

- (가)에서 물체는 정지, A의 늘어난 길이는 0.3 m, B의 탄성 퍼텐셜 에너지는 0이므로 역학적 에너지는 $\frac{1}{2}\times100\text{ N/m}\times(0.3\text{ m})^2$이다.
- (나)에서 물체는 정지, B는 (가)의 상태, 즉 원래 길이에서 L만큼 늘어나고, A는 $(0.3\text{ m}-L)$만큼 늘어나므로 역학적 에너지는 $\left\{\frac{1}{2}\times100\text{ N/m}\times(0.3\text{ m}-L)^2\right\}+\left(\frac{1}{2}\times200\text{ N/m}\times L^2\right)$이다.

○ 보기 풀이 모든 마찰과 공기 저항을 무시하면 역학적 에너지가 보존되므로 (가)에서의 역학적 에너지와 (나)에서의 역학적 에너지가 같다. (가)와 (나)에서 물체는 정지해 있으므로 물체의 운동 에너지는 0이다. 또한 $L>0.3$이 되면 역학적 에너지 보존이 성립하지 않는다. 따라서 역학적 에너지 보존에 의해 (가)에서 A에 저장된 탄성 퍼텐셜 에너지는 (나)에서 A, B에 저장된 탄성 퍼텐셜 에너지의 합과 같다.

$\frac{1}{2}\times100\times(0.3)^2=\left\{\frac{1}{2}\times100\times(0.3-L)^2\right\}+\left(\frac{1}{2}\times200\times L^2\right)$에서 $L=0.2$(m)이다.

문제풀이 Tip

(가)에서 (나)로 변할 때 물체의 운동 에너지 변화량은 0이고 수평면에서 운동하므로 물체의 중력 퍼텐셜 에너지 변화량도 0이다. 따라서 역학적 에너지 보존 법칙을 적용할 때 용수철에 저장된 탄성 퍼텐셜 에너지만 고려하면 된다.

19 역학적 에너지 보존의 적용

2020년 10월 교육청 20번 | 정답 ⑤ | 문제편 33 p

출제 의도 마찰이 있을 때와 없을 때의 물체의 운동에서 역학적 에너지 보존을 적용할 수 있는지 확인하는 문항이다.

그림과 같이 실로 연결된 채 두 빗면에서 속력 v로 각각 등속도 운동을 하던 물체 A, B가 수평선 P를 동시에 지나는 순간 실이 끊어졌으며, 이후 각각 등가속도 직선 운동을 하여 수평선 Q를 동시에 지났다. A, B의 질량은 각각 m, $5m$이고, 두 빗면의 기울기는 같으며, B는 빗면으로부터 일정한 마찰력을 받는다.

걸린 시간이 같다.

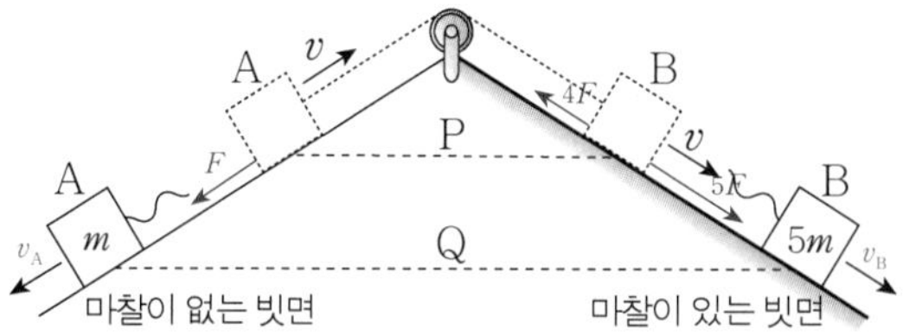

P에서 Q까지 B의 역학적 에너지 감소량은? (단, 실의 질량, 물체의 크기, B가 받는 마찰 이외의 모든 마찰과 공기 저항은 무시한다.) [3점]

① $6mv^2$ ② $12mv^2$ ③ $18mv^2$ ④ $24mv^2$ ⑤ $30mv^2$

✓ 자료 해석

- 두 빗면의 기울기가 같으므로 같은 높이의 수평선 P와 Q 사이를 운동하는 A와 B의 변위는 같다. 또한 P에서 Q까지 이동하는 데 걸린 시간도 같으므로 이 구간에서 A, B의 평균 속도는 같다.
- 빗면 위에 놓인 물체는 빗면 아래 방향으로 힘이 작용하며, 빗면의 기울기가 같다면 이 힘의 크기는 물체의 질량에만 비례한다. 따라서 A에 빗면 아래 방향으로 작용하는 힘의 크기는 F라고 하면 B에 작용하는 힘의 크기는 $5F$이다.
- 실이 끊어지기 전 A와 B는 등속도 운동을 하므로 A, B에 작용하는 알짜힘은 0이다. A에 작용하는 힘의 크기는 F이고, B에 작용하는 힘의 크기는 $5F$이므로 A, B가 평형을 이루려면 B에 작용하는 마찰력의 크기는 $4F$이다.

○ 보기 풀이 빗면 아래 방향을 (+)로 하고 Q에서 A, B의 속도를 각각 $+v_A$, $+v_B$라 하면 P에서 Q까지 A, B의 평균 속도의 크기가 서로 같으므로 $\frac{v_A+(-v)}{2}=\frac{v_B+v}{2}$에서 $v_A-v=v_B+v$(①)이다.

또한 실이 끊어진 후 A, B는 등가속도 직선 운동을 하고 A에 작용하는 알짜힘은 A에 빗면 아래 방향으로 작용하는 힘(F)이고, B에 작용하는 알짜힘은 B에 빗면 아래 방향으로 작용하는 힘($5F$)와 B에 작용하는 마찰력($4F$)의 차이다. 즉, A, B에 작용하는 알짜힘의 크기는 같은데, 질량은 B가 A의 5배이므로 가속도는 B가 A의 $\frac{1}{5}$배이다. 가속도는 단위 시간 동안의 속도 변화량을 의미하므로 걸린 시간이 같을 때 가속도의 비는 속도 변화량의 비와 같다.

따라서 $v_A-(-v):v_B-v=5:1$(②)이며, ①과 ②를 연립하여 풀면 $v_A=4v$, $v_B=2v$이다.

만약 B가 있는 빗면에 마찰이 없다면 같은 높이에 있는 물체의 속력은 같으므로 Q에서 B의 속력은 A와 같은 $4v$가 되었을 것이다. 그런데, 마찰력이 작용하여 마찰력이 한 일만큼 B의 역학적 에너지가 감소하므로 Q에서 B의 속력이 $2v$가 되었다.

B의 역학적 에너지 감소량은 마찰이 없을 때의 역학적 에너지와 마찰이 있을 때의 역학적 에너지의 차를 구하면 되는데, 이때 중력 퍼텐셜 에너지 변화량은 같으므로 운동 에너지 변화량의 차이만 구하면 된다. 따라서 마찰이 없을 때의 운동 에너지 변화량은 $\frac{1}{2}(5m)(4v)^2-\frac{1}{2}(5m)(v)^2$이고, 마찰이 있을 때의 운동 에너지 변화량은 $\frac{1}{2}(5m)(2v)^2-\frac{1}{2}(5m)(v)^2$이므로 P에서 Q까지 B의 역학적 에너지 감소량은 $\frac{1}{2}(5m)(4v)^2-\frac{1}{2}(5m)(2v)^2=30mv^2$이다.

문제풀이 Tip

빗면의 기울기가 같다는 사실로부터, A, B의 변위가 같다는 것, A, B에 빗면 아래 방향으로 작용하는 힘의 크기가 질량에 비례한다는 것을 알아야 한다. 또한 마찰이 작용하지 않아 역학적 에너지가 보존된다면 A, B의 P에서의 속력이 같으므로 높이 변화가 같은 Q에서의 속력도 같다는 것을 이해해야 한다.

선택지 비율	① 2%	② 6%	③ 6%	④ 5%	❺ 79%

20 운동량 보존과 역학적 에너지 보존

2020년 10월 교육청 11번 | 정답 ⑤ | 문제편 33 p

출제 의도 충돌 전후 두 물체의 운동량이 보존되는 것을 이해하고, 물체의 운동을 역학적 에너지 보존을 적용하여 설명할 수 있는지 확인하는 문항이다.

그림과 같이 수평면에서 $+x$ 방향의 속력 $7\,\mathrm{m/s}$로 운동하던 물체 A가 정지해 있던 물체 B와 충돌한 후 $-x$ 방향으로 운동하여 높이가 $0.2\,\mathrm{m}$인 최고점까지 올라갔다. A, B의 질량은 각각 $1\,\mathrm{kg}$, $3\,\mathrm{kg}$이고, 충돌 후 B의 속력은 v이다.

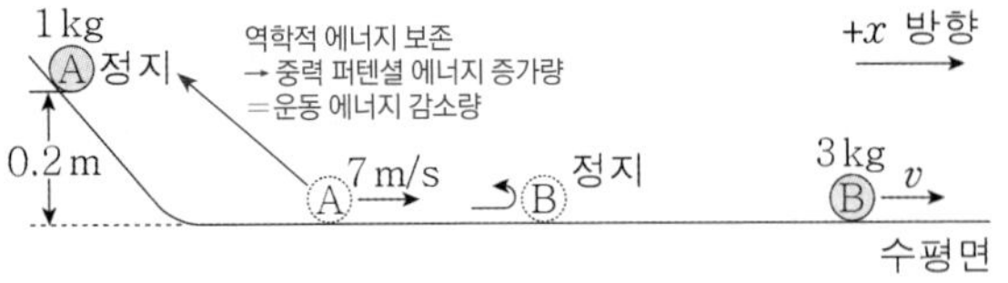

v는? (단, 중력 가속도는 $10\,\mathrm{m/s^2}$이고, 물체의 크기, 모든 마찰과 공기 저항은 무시한다.)

① $1\,\mathrm{m/s}$ ② $1.5\,\mathrm{m/s}$ ③ $2\,\mathrm{m/s}$
④ $2.5\,\mathrm{m/s}$ ⑤ $3\,\mathrm{m/s}$

✓ 자료 해석

- 충돌 후 A의 속력을 v_A라고 하면, A가 $0.2\,\mathrm{m}$ 높이의 최고점까지 올라가는 동안 역학적 에너지가 보존되므로 $\frac{1}{2}v_A{}^2=1\times10\times0.2$이다.
- 충돌 전후 A, B의 운동량이 보존되므로 $(1\times7)+0=(1\times v_A)+(3\times v)$이다.

○ 보기풀이 A는 충돌 후 높이가 $0.2\,\mathrm{m}$인 최고점에 올라가는 동안 역학적 에너지가 보존되므로 A의 충돌 후 속력을 v_A라고 하면 $\frac{1}{2}v_A{}^2=10\times0.2$이므로 $v_A=2\,\mathrm{m/s}$이다. A, B가 충돌할 때 충돌 전후 운동량이 보존되고, 충돌 후 A와 B는 서로 반대 방향으로 운동하므로 $1\times7=1\times(-2)+3v$에서 $v=3\,\mathrm{m/s}$이다.

문제풀이 Tip

충돌 후 A의 속력은 역학적 에너지 보존을 적용하고, 운동량은 방향이 있는 물리량이므로 운동량 보존을 적용할 때는 항상 운동 방향에 유의해야 한다.

선택지 비율	① 6%	② 23%	❸ 57%	④ 6%	⑤ 6%

21 운동량과 충격량 및 역학적 에너지 보존

2020년 7월 교육청 6번 | 정답 ③ | 문제편 33 p

출제 의도 역학적 에너지 보존을 이용하여 물체의 운동을 분석하고, 운동량과 충격량의 관계를 적용할 수 있는지 확인하는 문항이다.

그림 (가)와 (나)는 빗면에서 물체 A를 각각 수평면으로부터 높이 h, $4h$인 지점에 가만히 놓았을 때 A가 빗면을 따라 내려와 수평면에서 정지한 물체 B와 충돌한 후 A와 B가 동일 직선 상에서 운동하는 모습을 나타낸 것이다. (가)와 (나)에서 충돌 후 A의 속력은 각각 v, $2v$이다. A와 B의 질량은 각각 $2m$, m이다.

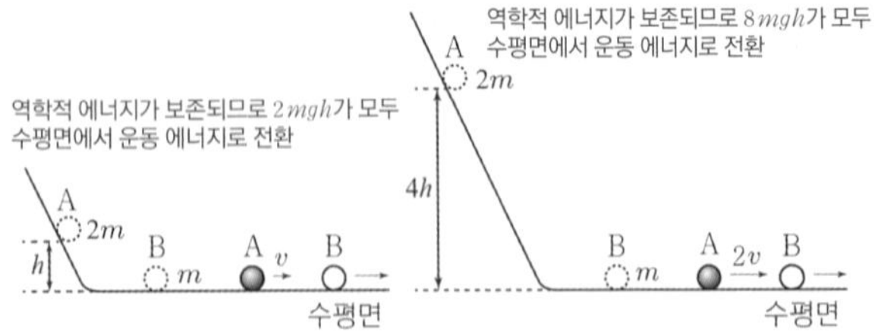

(가) (나)

(가)에서 충돌 후 B의 운동 에너지를 E라 할 때, (나)에서 A와 B가 충돌하는 동안 A로부터 B가 받은 충격량의 크기는? (단, 물체의 크기와 모든 마찰은 무시한다.) [3점]

① $\sqrt{2mE}$ ② $2\sqrt{mE}$ ③ $2\sqrt{2mE}$
④ $3\sqrt{mE}$ ⑤ $3\sqrt{2mE}$

✓ 자료 해석

- (가), (나)에서 A가 빗면을 따라 내려와 수평면에 도달했을 때의 속력을 각각 $v_{(가)}$, $v_{(나)}$라고 하면 역학적 에너지 보존에 의해 $\frac{1}{2}(2m)v_{(가)}{}^2=2mgh$, $\frac{1}{2}(2m)v_{(나)}{}^2=8mgh$이다.
- 질량이 m, 속력이 v인 물체의 운동량은 $p=mv$이고, 운동 에너지는 $E_k=\frac{1}{2}mv^2$이므로 $E_k=\frac{1}{2m}(mv)^2=\frac{p^2}{2m}$, $p=\sqrt{2mE_k}$이다. 따라서 B의 운동 에너지를 E라고 하면, B의 운동량은 $\sqrt{2mE}$이다.

○ 보기풀이 A가 빗면을 따라 내려오는 동안 역학적 에너지가 보존되므로 $\frac{1}{2}(2m)v_{(가)}{}^2=2mgh$에서 $v_{(가)}=\sqrt{2gh}$이고, $\frac{1}{2}(2m)v_{(나)}{}^2=8mgh$에서 $v_{(나)}=2\sqrt{2gh}$이다.
(가)에서 충돌 후 B의 운동 에너지를 E라고 하면 B의 충돌 후 운동량은 $\sqrt{2mE}$이고 충돌 전후 A, B의 운동량 변화량의 크기는 같으므로 $2m\sqrt{2gh}-2mv=\sqrt{2mE}-0$이다. (나)에서 A로부터 B가 받은 충격량의 크기를 I라고 하면 A가 B로부터 받은 충격량의 크기도 I이고, 충격량의 크기는 운동량 변화량의 크기와 같으므로 $I=2m\times2\sqrt{2gh}-2m\times2v=2(2m\sqrt{2gh}-2mv)=2\sqrt{2mE}$이다.

문제풀이 Tip

A, B가 충돌할 때 A가 B로부터 받은 충격량의 크기, B가 A로부터 받은 충격량의 크기, A의 충돌 전후 운동량 변화량의 크기, B의 충돌 전후 운동량 변화량의 크기가 모두 같으므로, 문제에서 구하고자 하는 값에 따라 다양하게 관계식을 이용할 수 있다.

선택지 비율	① 9%	❷ 37%	③ 19%	④ 19%	⑤ 13%

22 함께 운동하는 물체의 역학적 에너지 보존

2020년 7월 교육청 19번 | 정답 ② | 문제편 33p

출제 의도 실로 연결되어 운동하는 물체에 작용하는 힘의 관계를 파악하고 역학적 에너지 보존을 적용할 수 있는지 확인하는 문항이다.

그림 (가)는 물체 A, B, C를 실로 연결한 후, 질량이 m인 A를 손으로 잡아 A와 C가 같은 높이에서 정지한 모습을 나타낸 것이다. A와 B 사이에 연결된 실은 p이고, B와 C 사이의 거리는 $2h$이다. 그림 (나)는 (가)에서 A를 가만히 놓은 후 A와 B의 높이가 같아진 순간의 모습을 나타낸 것이다. (가)에서 (나)로 물체가 운동하는 동안 운동 에너지 변화량의 크기는 C가 A의 3배이고, A의 중력 퍼텐셜 에너지 변화량의 크기와 C의 역학적 에너지 변화량의 크기는 같다.

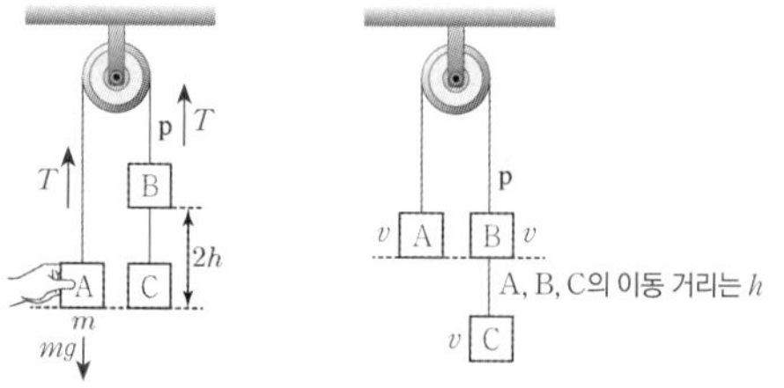

(가) (나)

(나)에 대한 설명으로 옳은 것만을 <보기>에서 있는 대로 고른 것은? (단, 모든 마찰과 공기 저항, 실의 질량은 무시한다.) [3점]

> 보기
> ㄱ. A의 속력은 ~~$\sqrt{2gh}$~~이다. $\sqrt{\frac{4}{3}gh}$
> ㄴ. B의 질량은 $2m$이다.
> ㄷ. p가 B를 당기는 힘의 크기는 ~~mg~~이다. $\frac{5}{3}mg$

① ㄱ ② ㄴ ③ ㄱ, ㄷ ④ ㄴ, ㄷ ⑤ ㄱ, ㄴ, ㄷ

✔ 자료 해석

- A, B의 높이가 같아지는 순간 A와 B의 이동 거리의 합은 A와 B 사이의 거리와 같은 $2h$이다. 이때 A, B의 속력은 같으므로 A, B가 이동한 거리는 h이다. 따라서 (나)에서 A의 속력을 v라고 하면 (나)에서 A, B, C의 속력은 v, A, B, C의 이동 거리는 h이다.
- 운동 에너지는 질량과 속력의 제곱에 각각 비례하는데, 실로 연결되어 함께 운동하는 물체의 속력은 같으므로 운동 에너지는 물체의 질량에만 비례한다. 따라서 운동 에너지 변화량의 크기가 C가 A의 3배이면 질량도 C가 A의 3배이다.
- A, B, C의 역학적 에너지의 합이 보존되므로 $(E_{k,A}+E_{p,A})+(E_{k,B}+E_{p,B})+(E_{k,C}+E_{p,C})=0$이다. 이때 A, B, C의 속력이 증가하므로 $E_{k,A}$, $E_{k,B}$, $E_{k,C}$는 증가하고, A는 위로, B와 C는 아래로 운동하므로 $E_{p,A}$는 증가하고 $E_{p,B}$, $E_{p,C}$는 감소한다. 따라서 A의 역학적 에너지($E_{k,A}+E_{p,A}$)는 증가하고, A, B, C 전체의 역학적 에너지가 보존되려면 B의 역학적 에너지($E_{k,B}+E_{p,B}$), C의 역학적 에너지($E_{k,C}+E_{p,C}$)는 감소해야 한다. 이는 $E_{k,B}$의 증가량보다 $E_{p,B}$의 감소량이, $E_{p,C}$의 증가량보다 $E_{p,C}$의 감소량이 큰 것을 의미한다.

○ 보기풀이 속력이 같을 때 운동 에너지는 질량에 비례하고 운동 에너지 변화량의 크기는 C가 A의 3배이므로 C의 질량은 $3m$이다. 이때 A의 중력 퍼텐셜 에너지 변화량의 크기와 C의 역학적 에너지 변화량의 크기가 같으므로 (나)에서 C의 속력을 v라고 하면 $mgh=3mgh-\frac{1}{2}(3m)v^2$에서 $v^2=\frac{4}{3}gh$이다.

ㄴ. A, B, C가 함께 운동하는 동안 A, B, C의 전체 역학적 에너지는 보존되므로 증가한 A, B, C의 운동 에너지와 증가한 A의 중력 퍼텐셜 에너지의 합은 감소한 B, C의 중력 퍼텐셜 에너지의 합과 같다. B의 질량을 m_B라고 하면 $\frac{1}{2}(m+m_B+3m)v^2+mgh=(m_B+3m)gh$에서 $v^2=\frac{4}{3}gh$이므로 $m_B=2m$이다.

✖ 매력적 오답 ㄱ. $v^2=\frac{4}{3}gh$에서 $v=\sqrt{\frac{4}{3}gh}$이다.

ㄷ. A, B, C는 등가속도 직선 운동을 하므로 가속도의 크기를 a라고 하면 속력이 v가 될 때까지 이동 거리가 h이므로 $2ah=v^2$에서 $2ah=\frac{4}{3}gh$이고, $a=\frac{2}{3}g$이다. 한편 p가 B를 당기는 힘의 크기는 p가 A를 당기는 힘의 크기와 같다. 따라서 A에는 아래 방향으로 mg의 중력과 위 방향으로 p가 A를 당기는 힘이 작용하고, A가 받는 알짜힘은 위 방향으로 $\frac{2}{3}mg$이므로 p가 A를 당기는 힘의 크기를 T라고 하면 $T-mg=\frac{2}{3}mg$에서 $T=\frac{5}{3}mg$이다.

문제풀이 Tip

B에는 B에 작용하는 중력과 실이 p를 당기는 힘 외에 B와 C를 연결한 실이 당기는 힘도 있으므로 힘의 관계가 더욱 복잡하다. 따라서 p가 B를 당기는 힘의 크기는 p가 A를 당기는 힘의 크기와 같은 것을 이용하면 더 쉽게 풀이할 수 있다.

선택지 비율	① 2%	② 2%	❸ 80%	④ 3%	⑤ 11%

23 역학적 에너지가 보존되지 않는 경우

2020년 7월 교육청 7번 | 정답 ③ | 문제편 34 p

출제 의도 마찰을 받으며 운동하는 물체는 역학적 에너지가 보존되지 않는 것을 확인하는 실험 과정과 결과를 설명할 수 있는지 확인하는 문항이다.

다음은 용수철 진자의 역학적 에너지 감소에 관한 실험이다.

[실험 과정]

(가) 그림과 같이 유리판 위에 놓인 나무 도막에 용수철을 연결하고 용수철의 한쪽 끝을 벽에 고정시킨다.

(나) 나무 도막을 평형점 O에서 점 P까지 당겨 용수철이 늘어나게 한다.

(다) 나무 도막을 가만히 놓은 후 나무 도막이 여러 번 진동하여 멈출 때까지 걸린 시간 t를 측정한다. 나무 도막의 운동 에너지가 열에너지로 전환된다.

(라) (가)에서 유리판만을 사포로 바꾼 후 (나)와 (다)를 반복한다.

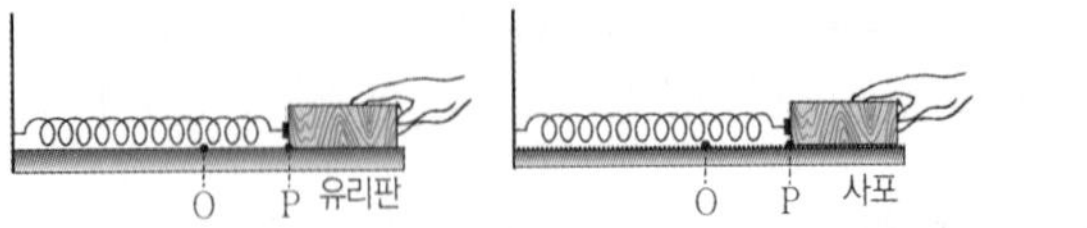

[실험 결과]

사포 위에서 운동할 때 역학적 에너지가 열에너지로 더 빠르게 전환된다.

바닥면의 종류	t
유리판	5초
사포	2초

이에 대한 설명으로 옳은 것만을 〈보기〉에서 있는 대로 고른 것은?

보기

ㄱ. (다)에서 나무 도막이 진동하는 동안 마찰에 의해 열이 발생한다.

ㄴ. 나무 도막을 놓는 순간부터 나무 도막이 멈출 때까지 나무 도막의 이동 거리는 유리판 위에서가 사포 위에서보다 크다.

ㄷ. (다)에서 나무 도막이 P에서 O까지 이동하는 동안 용수철에 저장된 탄성 퍼텐셜 에너지는 ~~증가한다~~. 감소한다.

① ㄱ ② ㄷ ③ ㄱ, ㄴ ④ ㄴ, ㄷ ⑤ ㄱ, ㄴ, ㄷ

✔ 자료 해석

- 나무 도막에 작용하는 마찰력은 운동 방향과 반대 방향으로 작용하는 힘이므로 마찰력이 작용하면 마찰력이 한 일만큼 역학적 에너지가 감소한다.
- 실험 결과로부터 사포에서 나무 도막이 유리판에서보다 더 빨리 멈추므로 나무 도막의 역학적 에너지가 사포에서 더 빨리 감소하는 것을 알 수 있다.

○ 보기풀이 ㄱ. 나무 도막이 진동하는 동안 바닥면과 나무 도막 사이의 마찰에 의해 열에너지가 발생하여 역학적 에너지가 감소하다가 0이 되면 나무 도막이 정지한다.

ㄴ. 나무 도막이 진동하다가 멈출 때까지 걸린 시간은 유리판에서가 사포에서보다 크므로 나무 도막이 멈출 때까지 나무 도막의 이동 거리는 유리판에서가 사포에서보다 크다.

× 매력적 오답 ㄷ. 탄성 퍼텐셜 에너지의 크기는 용수철이 변형된 길이의 제곱에 비례한다. 따라서 나무 도막이 P에서 O까지 이동하는 동안 용수철이 변형된 길이가 감소하므로 용수철에 저장된 탄성 퍼텐셜 에너지($\frac{1}{2}kx^2$)도 감소한다.

문제풀이 Tip

실험형 문항은 실험 과정과 결과가 제시되어야 하기 때문에 문항의 길이가 길지만 실험을 통해 확인할 수 있는 개념을 묻는 경우가 많으므로 내용만 꼼꼼히 체크하면 쉽게 풀이할 수 있다.

선택지 비율	① 8%	② 7%	③ 16%	④ 12%	⑤ 55%

24 역학적 에너지 보존의 적용

2020년 4월 교육청 19번 | 정답 ⑤ | 문제편 34 p

(출제 의도) 물체의 운동을 분석하여 역학적 에너지 보존을 적용할 수 있는지 확인하는 문항이다.

그림과 같이 질량이 m인 물체가 빗면을 따라 운동하여 점 p, q를 지나 최고점 r에 도달한다. 물체의 역학적 에너지는 p에서 q까지 운동하는 동안 감소하고, q에서 r까지 운동하는 동안 일정하다. 물체의 속력은 p에서가 q에서의 2배이고, p와 q의 높이 차는 h이다. 물체가 p에서 q까지 운동하는 동안, 물체의 운동 에너지 감소량은 물체의 중력 퍼텐셜 에너지 증가량의 3배이다.

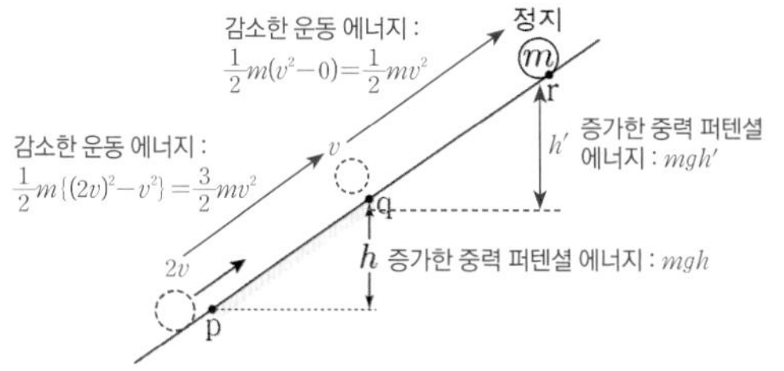

이에 대한 설명으로 옳은 것만을 〈보기〉에서 있는 대로 고른 것은? (단, 중력 가속도는 g이고, 물체의 크기는 무시한다.)

보기

ㄱ. q에서 물체의 속력은 $\sqrt{2gh}$이다.

ㄴ. q와 r의 높이 차는 h이다.

ㄷ. 물체가 p에서 q까지 운동하는 동안, 물체의 역학적 에너지 감소량은 $2mgh$이다.

① ㄱ ② ㄴ ③ ㄱ, ㄷ ④ ㄴ, ㄷ ⑤ ㄱ, ㄴ, ㄷ

✓ 자료 해석

• q에서의 속력을 v라고 하면 p에서의 속력은 $2v$이므로 물체가 p에서 q까지 운동하는 동안 운동 에너지 감소량은 $\frac{1}{2}m\{(2v)^2-v^2\}=\frac{3}{2}mv^2$이다.

• q와 r의 높이 차를 h'이라고 하면 물체가 q에서 r까지 운동하는 동안 운동 에너지 감소량은 $\frac{1}{2}m(v^2-0)=\frac{1}{2}mv^2$이고, 중력 퍼텐셜 에너지 증가량은 mgh'이다.

○ 보기풀이 ㄱ. q에서의 속력을 v라고 하면 p에서의 속력은 $2v$이므로 p에서 q까지 물체의 운동 에너지 감소량은 $\frac{3}{2}mv^2$이고, 물체의 중력 퍼텐셜 에너지 증가량은 mgh이다. 이때 물체의 운동 에너지 감소량은 중력 퍼텐셜 에너지 증가량의 3배이므로 $\frac{3}{2}mv^2=3\times mgh$이므로 $v=\sqrt{2gh}$이다.

ㄴ. 물체가 q에서 r까지 운동하는 동안 역학적 에너지가 보존되므로 운동 에너지 감소량은 중력 퍼텐셜 에너지 증가량과 같다. q와 r의 높이 차이를 h'이라고 하면 $\frac{1}{2}mv^2=mgh'$이고 $v=\sqrt{2gh}$를 대입하면 $h'=h$이다.

ㄷ. 물체가 p에서 q까지 운동하는 동안 운동 에너지 감소량은 $\frac{3}{2}mv^2=3mgh$, 중력 퍼텐셜 에너지 증가량은 mgh이므로 물체의 역학적 에너지 감소량은 $2mgh$이다.

문제풀이 Tip

문제에서 주어진 정보를 빠짐없이 이용하도록 하자. p에서 q까지 운동하는 동안은 역학적 에너지가 보존되지 않지만, 운동 에너지와 중력 퍼텐셜 에너지의 상댓값이 주어졌으므로 이를 이용하여 쉽게 물체의 운동을 분석할 수 있다.

선택지 비율	① 8%	② 10%	③ 13%	④ 17%	⑤ 49%

25 역학적 에너지 보존의 적용

2020년 3월 교육청 20번 | 정답 ⑤ | 문제편 34 p

(출제 의도) 역학적 에너지 보존 법칙을 이해하여 물체의 운동을 분석하여 설명할 수 있는지 확인하는 문항이다.

그림과 같이 빗면 위의 점 O에 물체를 가만히 놓았더니(=처음 속도 0) 물체가 일정한 시간 간격으로 빗면 위의 점 A, B, C를 통과하였다. 물체는 B~C 구간에서 마찰력을 받아 역학적 에너지가 18 J만큼 감소하였다. 물체의 중력 퍼텐셜 에너지 차는 O와 B 사이에서 32 J, A와 C 사이에서 60 J이다.

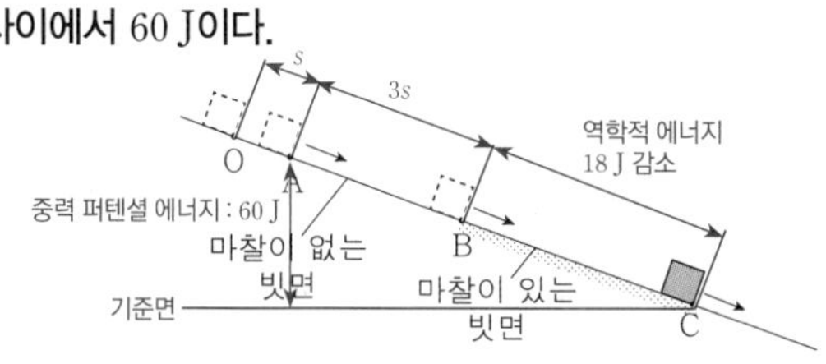

C에서 물체의 운동 에너지는? (단, 물체의 크기와 공기 저항은 무시한다.) [3점]

① 18 J ② 28 J ③ 32 J ④ 42 J ⑤ 50 J

문제풀이 Tip

만약 C에서의 중력 퍼텐셜 에너지를 mgh라고 한다면 C에서 역학적 에너지는 mgh+C의 운동 에너지이고, A에서 중력 퍼텐셜 에너지는 $mgh+60$, A에서 역학적 에너지도 $mgh+60+8$이다. 따라서 $(mgh+68)-18=mgh+$C의 운동 에너지이므로 mgh항이 소거되어 기준면에 관계없이 답을 구할 수 있다.

✓ 자료 해석

처음 속도가 0인 등가속도 직선 운동에서 물체의 이동 거리는 $s=\frac{1}{2}at^2$의 관계를 만족하므로 물체의 이동 거리는 시간의 제곱에 비례한다. 따라서 t, $2t$, $3t$일 때의 이동 거리가 각각 $s=\frac{1}{2}at^2$, $s'=\frac{1}{2}a(2t)^2=4s$, $s''=\frac{1}{2}a(3t)^2=9s$이므로 시간 간격이 같다면 각 구간에서의 이동 거리는 1 : 3 : 5의 비를 만족한다. 따라서 O와 A 사이의 거리를 s라고 하면 A와 B 사이의 거리는 $3s$이다.

○ 보기풀이 C의 높이를 중력 퍼텐셜 에너지의 기준면으로 하면 물체의 중력 퍼텐셜 에너지는 C에서는 0, A에서는 60 J이다. 한편 O에서 A, A에서 B 사이의 거리의 비는 1 : 3이므로 O에서 A, A에서 B 사이의 높이의 비도 1 : 3이다. 그런데 O에서 B 사이의 중력 퍼텐셜 에너지 차이는 32 J이고 중력 퍼텐셜 에너지는 높이에 비례하므로 O에서 A 사이의 중력 퍼텐셜 에너지 차이는 $32\text{ J}\times\frac{1}{4}=8\text{ J}$, A에서 B 사이의 중력 퍼텐셜 에너지 차이는 $32\text{ J}\times\frac{3}{4}=24\text{ J}$이다. 또한 O에서 A까지 물체의 역학적 에너지는 보존되므로 O에서 A 사이의 중력 퍼텐셜 에너지 차이가 8 J이면 운동 에너지 차이도 8 J이며, O에서 물체는 정지해 있었으므로 A에서 물체의 운동 에너지는 8 J이다. 따라서 A에서 물체의 역학적 에너지는 60 J+8 J=68 J이 된다. 이때 C에서 물체의 중력 퍼텐셜 에너지는 0이므로 C에서의 운동 에너지는 역학적 에너지와 같고, C에서 역학적 에너지는 A에서보다 18 J만큼 감소하므로 C에서 운동 에너지는 68 J−18 J=50 J이다.

03 자기장과 물질의 자성

선택지 비율	① 3%	② 3%	③ 5%	④ 4%	⑤ 84%

1 직선 전류에 의한 자기장의 합성

2024년 10월 교육청 11번 | 정답 ⑤ | 문제편 40 p

출제 의도 두 직선 도선에 흐르는 전류에 의한 합성 자기장으로부터 각 도선에 흐르는 전류에 의한 자기장을 유추할 수 있는지 확인하는 문항이다.

그림과 같이 세기와 방향이 일정한 전류가 흐르는 무한히 긴 직선 도선 A, B, C, D가 xy평면에 수직으로 고정되어 있다. A와 B에는 xy평면에 수직으로 들어가는 방향으로 전류가 흐른다. 원점 O에서 A, B의 전류에 의한 자기장의 세기는 각각 B_0으로 서로 같다. 표는 O에서 두 도선의 전류에 의한 자기장의 세기와 방향을 나타낸 것이다.

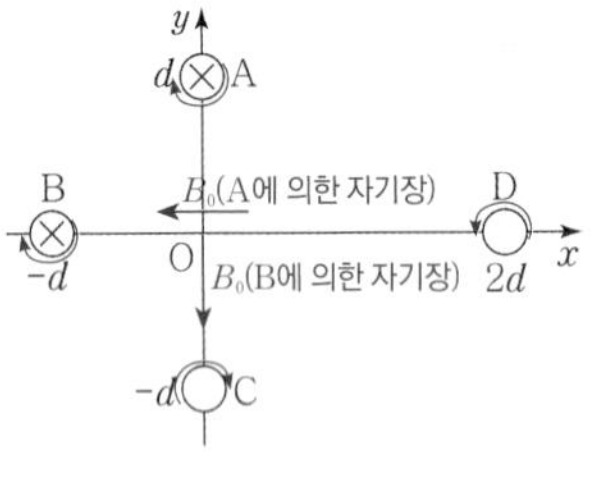

×: xy평면에 수직으로 들어가는 방향

C에 의한 자기장의 세기가 더 크다.

도선	두 도선의 전류에 의한 자기장	
	세기	방향
A, C	B_0	$+x$
B, D	$2B_0$	$-y$

B, D에 의한 자기장의 방향과 세기가 같다.

이에 대한 옳은 설명만을 〈보기〉에서 있는 대로 고른 것은? [3점]

보기
ㄱ. O에서 C의 전류에 의한 자기장의 세기는 $2B_0$이다.
ㄴ. 전류의 세기는 D에서가 B에서의 2배이다.
ㄷ. 전류의 방향은 C와 D에서 서로 반대이다.

① ㄱ ② ㄷ ③ ㄱ, ㄴ ④ ㄴ, ㄷ ⑤ ㄱ, ㄴ, ㄷ

✓ 자료 해석

- O에서 A, C에 의한 자기장의 세기는 B_0, 방향은 $+x$방향이다.
  → A에 의한 자기장의 세기는 B_0, 방향은 $-x$방향이므로 C에 의한 자기장의 세기는 $2B_0$, 방향은 $+x$방향이다.
- O에서 B, D에 의한 자기장의 세기는 $2B_0$, 방향은 $-y$방향이다.
  → B에 의한 자기장의 세기는 B_0, 방향은 $-y$방향이므로 D에 의한 자기장의 세기는 B_0, 방향은 $-y$방향이다.

○ 보기 풀이 ㄱ. O에서 A에 의한 자기장의 방향이 $-x$방향이므로 A, C에 의한 합성 자기장의 방향이 $+x$방향이려면 A, C에 의한 자기장의 방향이 서로 반대여야 한다. 따라서 C의 전류에 의한 자기장은 $+x$방향으로 $2B_0$이다.
ㄴ. O에서 B에 의한 자기장의 방향이 $-y$방향이므로 B, D에 의한 합성 자기장의 세기가 $2B_0$이려면 B, D에 의한 자기장의 방향이 같고, D에 의한 자기장의 세기가 B_0이어야 한다. O에서 D까지의 거리는 O에서 B까지의 거리의 2배이므로 B, D의 전류에 의한 자기장의 세기가 같으려면 전류의 세기는 D에서가 B에서의 2배이다.
ㄷ. O에서 C에 의한 자기장의 방향은 $+x$방향이므로 C의 전류는 xy평면에 수직으로 들어가는 방향이고, D에 의한 자기장의 방향은 $-y$방향이므로 D의 전류는 xy평면에서 수직으로 나오는 방향이다.

문제풀이 Tip

A, B에 흐르는 전류의 방향을 통해 O에서 A, B에 의한 자기장의 방향을 찾고, A와 C, B와 D의 합성 자기장으로부터 C, D에 의한 자기장의 세기와 방향을 찾을 수 있어야 한다.

선택지 비율	① 7%	② 2%	③ 9%	④ 3%	⑤ 79%

2 자성체의 종류와 특징

2024년 7월 교육청 5번 | 정답 ⑤ | 문제편 40 p

출제 의도 강자성체, 상자성체, 반자성체의 특징을 이해하고 자성체 사이의 상호작용을 설명할 수 있는지 확인하는 문항이다.

상자성체와 반자성체는 자성이 사라진다.

그림과 같이 자기화되어 있지 않은 자성체 A, B, C, D를 균일하고 강한 자기장 영역에 놓아 자기화시킨다. 표는 외부 자기장이 없는 영역에서 그림의 A~D 중 두 자성체를 가까이했을 때 자성체 사이에 서로 작용하는 자기력을 나타낸 것이다. A~D는 각각 강자성체, 상자성체, 반자성체 중 하나이다.

B, C는 상자성체 또는 반자성체

자성체	자기력	자성체	자기력
A, B	미는 힘	B, C	-
A, C	당기는 힘	B, D	미는 힘
A, D	당기는 힘	C, D	㉠

(- : 힘이 작용하지 않음)

이에 대한 설명으로 옳은 것만을 〈보기〉에서 있는 대로 고른 것은?

보기
ㄱ. A는 강자성체이다.
ㄴ. ㉠은 '당기는 힘'이다.
ㄷ. D는 하드디스크에 이용된다.

① ㄱ ② ㄷ ③ ㄱ, ㄴ ④ ㄴ, ㄷ ⑤ ㄱ, ㄴ, ㄷ

✓ 자료 해석

- 자기장 영역에서 꺼낸 B와 C 사이에는 힘이 작용하지 않는다.
  → B, C는 외부 자기장을 제거하면 자기화된 상태를 유지하지 못한다.
- 자기장 영역에서 꺼낸 두 자성체 사이에 자기력이 작용하려면 둘 중 하나는 자기화된 상태를 계속 유지하는 강자성체여야 한다.
  → A, D는 강자성체이다.

○ 보기 풀이 외부 자기장이 없는 영역에서 두 자성체 사이에 자기력이 작용하려면 자기화된 상태를 유지하는 강자성체가 필요하다. 따라서 자기력이 작용하지 않는 B, C는 반자성체 또는 상자성체이고, A, D가 강자성체이다. 이때 강자성체인 A와 B 사이에 미는 힘이 작용하므로 B는 강자성체의 자기장과 반대 방향으로 자기화되는 반자성체이다. 또 강자성체인 A와 C 사이에 당기는 힘이 작용하므로 C는 강자성체의 자기장과 같은 방향으로 자기화되는 상자성체이다.
ㄱ. A는 강자성체, B는 반자성체, C는 상자성체, D는 강자성체이다.
ㄴ. 상자성체인 C와 강자성체인 D 사이에는 '당기는 힘'이 작용한다.
ㄷ. 강자성체인 D는 하드디스크에서 정보를 저장하고 읽는 데 이용된다.

문제풀이 Tip

강자성체는 외부 자기장이 없는 상태에서도 자기화된 상태를 유지하기 때문에, 강자성체에 상자성체와 반자성체를 가까이 하면 강자성체의 자기장에 의해 상자성체와 반자성체가 자기화된다.

선택지 비율	① 8%	② 5%	③ 20%	④ 7%	⑤ 61%

3 직선 전류에 의한 자기장

2024년 7월 교육청 15번 | 정답 ⑤ | 문제편 40 p

출제 의도 직선 전류에 의한 자기장의 방향과 세기를 이용하여 여러 도선에 흐르는 전류에 의한 합성 자기장을 유추할 수 있는지 묻는 문항이다.

그림과 같이 가늘고 무한히 긴 직선 도선 A, B, C가 xy평면에 고정되어 있다. A, B, C에는 방향이 일정하고 세기가 각각 I_0, $2I_0$, I_C인 전류가 흐르고 있다. A, C의 전류의 방향은 화살표 방향이고, 점 p에서 A, B, C에 흐르는 전류에 의한 자기장은 0이다. p에서 A에 흐르는 전류에 의한 자기장의 세기는 B_0이다.

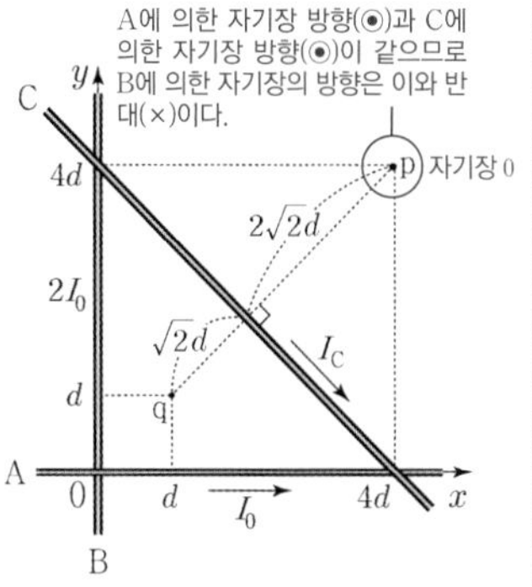

이에 대한 설명으로 옳은 것만을 〈보기〉에서 있는 대로 고른 것은? [3점]

보기
ㄱ. B에 흐르는 전류의 방향은 $+y$방향이다.
ㄴ. $I_C=\frac{\sqrt{2}}{2}I_0$이다.
ㄷ. q에서 A, B, C에 흐르는 전류에 의한 자기장의 세기는 $6B_0$이다.

① ㄱ ② ㄷ ③ ㄱ, ㄴ ④ ㄴ, ㄷ ⑤ ㄱ, ㄴ, ㄷ

✓ 자료 해석

- p에서 전류에 의한 자기장은 0이다.
  → A, C에 의한 자기장의 방향이 xy평면에서 수직으로 나오는 방향이므로 B에 의한 자기장의 방향은 xy평면에 수직으로 들어가는 방향이다.
  → p에서 A에 흐르는 전류에 의한 자기장의 세기가 B_0이므로 $B_0=k\frac{I_0}{4d}$이다.

O 보기 풀이 ㄱ. p에서 B에 흐르는 전류에 의한 자기장이 xy평면에 수직으로 들어가는 방향이므로 B에는 $+y$방향으로 전류가 흐른다.
ㄴ. xy평면에서 수직으로 나오는 자기장의 방향을 (+)이라 하면 p에서 A, B에 의한 자기장은 각각 $B_0\left(=k\frac{I_0}{4d}\right)$, $-2B_0\left(=-k\frac{2I_0}{4d}\right)$이므로 자기장의 합이 0이 되려면 C에 의한 자기장은 B_0이다. 따라서 $k\frac{I_0}{4d}=k\frac{I_C}{2\sqrt{2}d}$에서 $I_C=\frac{\sqrt{2}}{2}I_0$이다.
ㄷ. q에서 A, B, C에 흐르는 전류에 의한 자기장은 각각 $4B_0\left(=k\frac{I_0}{d}\right)$, $-8B_0\left(=-\frac{2I_0}{d}\right)$, $-2B_0\left(=-k\frac{\frac{\sqrt{2}}{2}I_0}{\sqrt{2}d}\right)$이다. 따라서 q에서 A, B, C에 흐르는 전류에 의한 자기장의 세기는 $|4B_0-8B_0-2B_0|=6B_0$이다.

문제풀이 Tip
전류에 의한 자기장의 세기는 전류의 세기와 거리와의 관계식을 이용하여 각 도선의 전류에 의한 자기장을 비교하는 유형이 자주 출제되므로 준비해 두어야 한다.

선택지 비율	① 5%	② 2%	③ 88%	④ 2%	⑤ 3%

4 자성체의 성질

2024년 5월 교육청 3번 | 정답 ③ | 문제편 40 p

출제 의도 물질의 자성의 종류에 대해 이해하고 있는지 묻는 문항이다.

그림은 자성체를 이용한 실험에 대해 학생 A, B, C가 대화하는 모습을 나타낸 것이다.

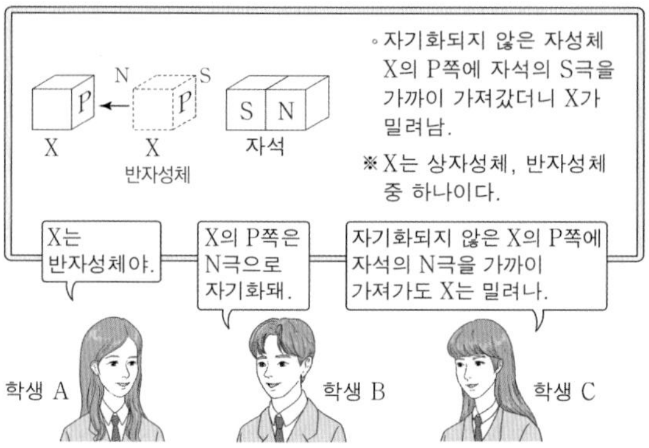

제시한 내용이 옳은 학생만을 있는 대로 고른 것은?

① A ② B ③ A, C ④ B, C ⑤ A, B, C

✓ 자료 해석

- 반자성체는 외부 자기장과 반대 방향으로 자기화되므로 자석과 반자성체 사이에는 서로 밀어내는 방향으로 자기력이 작용한다.
  → X는 반자성체이다.

O 보기 풀이 A. 자석의 S극을 가까이 가져갈 때 X가 밀려나므로 X는 반자성체이다.
C. 자석의 N극을 자기화되지 않은 X의 P쪽에 가져가면 X의 P쪽은 N극으로 자기화되므로 자석과 X 사이에 밀어내는 자기력이 작용한다.

× 매력적 오답 B. 반자성체는 외부 자기장과 반대 방향으로 자기화되므로 X의 P쪽은 S극으로 자기화된다.

문제풀이 Tip
반자성체는 외부 자기장과 반대 방향으로 자기화되므로 자석의 N극, S극에 상관없이 항상 자석으로부터 밀어내는 힘을 받는 것을 이해해야 한다.

선택지 비율	① 20%	② 10%	❸ 47%	④ 10%	⑤ 14%

5 전류에 의한 자기장

2024년 5월 교육청 14번 | 정답 ③ | 문제편 41 p

출제 의도 전류에 의한 합성 자기장을 이용하여 각 전류에 의한 자기장의 세기와 방향을 찾을 수 있는지 확인하는 문항이다.

그림과 같이 가늘고 무한히 긴 직선 도선 A, B, C가 xy평면에 고정되어 있다. A, B, C에는 방향이 일정하고 세기가 각각 I_0, $2I_0$, I_C인 전류가 흐르며, A와 B에 흐르는 전류의 방향은 반대이다. 표는 점 p, q에서 A, B, C의 전류에 의한 자기장을 나타낸 것이다.

q에서 A, B에 의한 자기장의 방향은 같다.

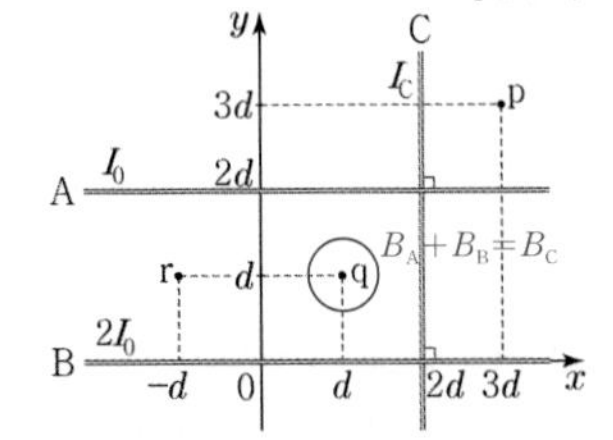

위치	A, B, C의 전류에 의한 자기장	
	방향	세기
p	×	B_0
q	해당 없음	0

(× : xy평면에 수직으로 들어가는 방향)

이에 대한 설명으로 옳은 것만을 〈보기〉에서 있는 대로 고른 것은? (단, p, q, r은 xy평면상의 점이다.) [3점]

보기

ㄱ. $I_C=3I_0$이다.

ㄴ. C에 흐르는 전류의 방향은 ~~$-y$~~방향이다. $+y$

ㄷ. r에서 A, B, C의 전류에 의한 자기장의 세기는 $\frac{3}{4}B_0$이다.

① ㄱ ② ㄴ ③ ㄱ, ㄷ ④ ㄴ, ㄷ ⑤ ㄱ, ㄴ, ㄷ

✓ 자료 해석

- q에서 전류에 의한 자기장의 세기는 0이다.
  → q에서 A, B에 의한 자기장의 방향이 같으므로 C에 의한 자기장의 방향은 A, B와 반대이다.
  → q는 A, B, C로부터 거리가 같으므로 자기장의 세기는 전류의 세기에 비례한다.

○ 보기 풀이 ㄱ. q에서 자기장의 세기가 0이려면 A, B에 의한 자기장 세기의 합과 C에 의한 자기장의 세기가 같아야 한다. 자기장의 세기는 전류의 세기에 비례하고 도선으로부터 떨어진 거리에 반비례하므로 세 도선으로부터 거리가 같은 q에서 자기장의 세기는 전류의 세기에 비례한다. 따라서 $I_C=3I_0$이다.

ㄷ. C에 흐르는 전류의 세기가 가장 세므로 C와 가까운 p에서는 C에 의한 자기장이 A, B에 의한 자기장보다 세다. 따라서 p에서 전류에 의한 자기장의 방향은 C에 의한 자기장의 방향과 같으므로 C에 흐르는 전류의 방향은 $+y$방향이다. q에서 C에 의한 자기장의 방향은 xy평면에서 수직으로 나오는 방향이므로 A, B에 의한 자기장의 방향은 xy평면에 수직으로 들어가는 방향이다. 따라서 A, B에는 각각 $+x$방향, $-x$방향으로 전류가 흐른다. p에서 A에 의한 자기장의 방향은 xy평면에서 수직으로 나오는 방향, B, C에 의한 자기장의 방향은 xy평면에 수직으로 들어가는 방향이므로 A에 의한 자기장의 세기 $k\frac{I_0}{d}$를 B라고 하면 p에서 전류에 의한 자기장의 세기는 $\left(\frac{2}{3}B+3B\right)-B=B_0$이므로 $B=\frac{3}{8}B_0$이다. 따라서 r에서 전류에 의한 자기장의 세기는 $(B+2B)-B=2B=\frac{3}{4}B_0$이다.

× 매력적 오답 ㄴ. $+y$방향이다.

문제풀이 Tip

전류에 의한 합성 자기장이 0이 되는 지점에서는 각 전류에 의한 자기장이 서로 상쇄된다. 자기장이 상쇄되기 위해 전류에 의한 자기장의 방향과 세기는 어떤 관계가 있는지 이해하고 있어야 한다.

선택지 비율	❶ 77%	② 3%	③ 5%	④ 12%	⑤ 3%

6 물질의 자성

2024년 3월 교육청 6번 | 정답 ① | 문제편 41 p

출제 의도 강자성체와 상자성체의 성질을 알고, 탐구를 수행하였을 때 탐구 결과를 추론할 수 있는지 확인하는 문항이다.

다음은 자석과 자성체를 이용한 실험이다.

[실험 과정]

(가) 그림과 같은 고리 모양의 동일한 자석 A, B, C, ㉠강자성체 X, 상자성체 Y를 준비한다.

(나) 수평면에 연직으로 고정된 나무 막대에 자석과 자성체를 넣고, 모두 정지했을 때의 위치를 비교한다. (알짜힘 0)

[실험 결과]

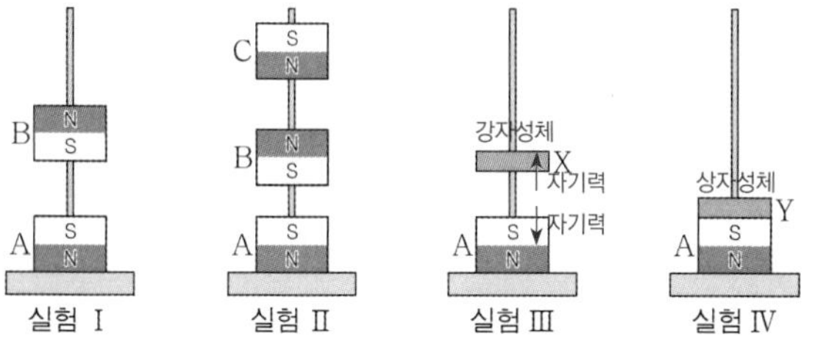

※ 단, 모든 마찰은 무시함.

X, Y에 대한 옳은 설명만을 〈보기〉에서 있는 대로 고른 것은?

보기

ㄱ. (가)에서 ㉠은 자기화된 상태이다.

ㄴ. Ⅳ에서 A와 Y 사이에는 ~~밀어내는~~ 끌어당기는 자기력이 작용한다.

ㄷ. Ⅲ, Ⅳ에서 X, Y는 서로 ~~같은~~ 반대 방향으로 자기화되어 있다.

① ㄱ ② ㄴ ③ ㄱ, ㄴ ④ ㄱ, ㄷ ⑤ ㄴ, ㄷ

✔ 자료 해석

- ㉠과 A 사이에 밀어내는 자기력이 작용하므로 ㉠은 A의 자기장 방향과 반대 방향으로 자기화되어 있다.

O 보기풀이 ㄱ. Ⅲ에서 X(㉠)와 A는 서로 밀어내는 자기력이 작용하므로 X는 A와 반대 방향으로 자기화되어 있다.

✘ 매력적오답 ㄴ. Y는 상자성체이므로 A와 같은 방향으로 자기화되어 A와 Y 사이에는 끌어당기는 자기력이 작용한다.

ㄷ. X는 A와 반대 방향, Y는 A와 같은 방향으로 자기화되어 있다.

문제풀이 Tip

강자성체는 자기화되지 않은 상태의 강자성체와 자기화된 상태의 강자성체의 두 가지 상태가 존재할 수 있음을 기억해 두자.

선택지 비율	① 7%	② 19%	❸ 55%	④ 15%	⑤ 5%

7 전류에 의한 자기장

2024년 3월 교육청 16번 | 정답 ③ | 문제편 41 p

출제 의도 합성 자기장의 세기로부터 직선 도선에 흐르는 전류의 세기를 유추하여 구할 수 있는지 묻는 문항이다.

그림과 같이 세기와 방향이 일정한 전류가 흐르는 가늘고 무한히 긴 직선 도선 A, B, C가 xy평면에 고정되어 있다. C에는 $+x$ 방향으로 세기가 $10I_0$인 전류가 흐른다. 점 p, q는 xy평면상의 점이고, p와 q에서 A, B, C의 전류에 의한 자기장의 세기는 모두 0이다.

A에 흐르는 전류의 세기는? [3점]

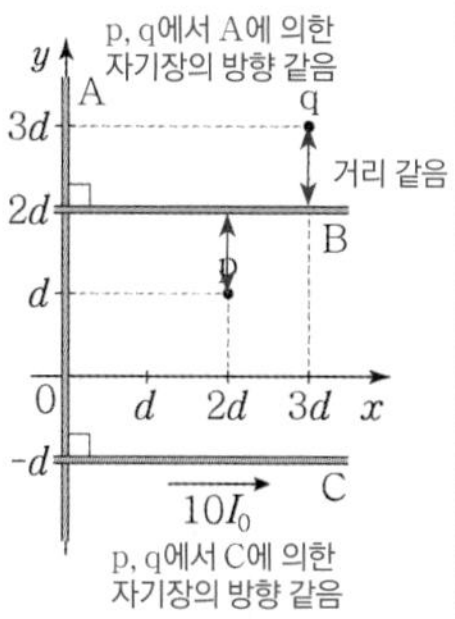

① $7I_0$ ② $8I_0$ ③ $9I_0$ ④ $10I_0$ ⑤ $11I_0$

문제풀이 Tip

p, q에서 B에 의한 자기장의 세기가 같고 방향이 반대이면서 서로 대칭인 것을 파악하면 p, q에서 자기장의 세기가 각각 0이라는 것을 통해 B에 의한 자기장을 고려하지 않아도 된다. 미지수의 개수를 줄여가는 방향으로 문제를 풀이하는 연습이 필요하다.

✔ 자료 해석

- p, q에서 전류에 의한 자기장의 세기는 0이고, p, q에서 B로부터의 거리는 같다.
  → p, q에서 B에 의한 자기장의 세기는 같고 방향은 반대이다. 따라서 p에서 A, C에 의한 자기장과 q에서 A, C에 의한 자기장을 합한 값은 0이다.
  → C에 의한 자기장의 방향은 xy평면에서 수직으로 나오는 방향이므로 A에 의한 자기장의 방향은 xy평면에 수직으로 들어가는 방향이다. 따라서 A에는 $+y$방향으로 전류가 흐른다.

O 보기풀이 p, q에서 B에 의한 자기장은 크기가 같고 방향이 반대이므로 p에서 A, C에 의한 자기장과 q에서 A, C에 의한 자기장을 합한 값은 0이다. A에 $+y$방향으로 세기가 I_A인 전류가 흐르고, xy평면에서 수직으로 나오는 방향을 (+)이라고 하면 $-k\frac{I_A}{2d}+k\frac{10I_0}{2d}-k\frac{I_A}{3d}+k\frac{10I_0}{4d}=0$이므로 $k\frac{5I_A}{6d}=k\frac{30I_0}{4d}$에서 $I_A=9I_0$이다.

선택지 비율	❶ 79%	② 12%	③ 3%	④ 4%	⑤ 2%

8 상자성체와 반자성체

2023년 10월 교육청 8번 | 정답 ① | 문제편 42p

출제 의도 상자성체와 반자성체의 특징을 알고 외부 자기장과 상호 작용을 통해 자성체의 종류를 구분할 수 있는지 확인하는 문항이다.

그림은 모양과 크기가 같은 자성체 P 또는 Q를 일정한 전류가 흐르는 솔레노이드에 넣은 모습을 나타낸 것이다. 자기장의 세기는 P 내부에서가 Q 내부에서보다 크다. P와 Q 중 하나는 상자성체이고, 다른 하나는 반자성체이다.
└ P는 상자성체, Q는 반자성체이다.

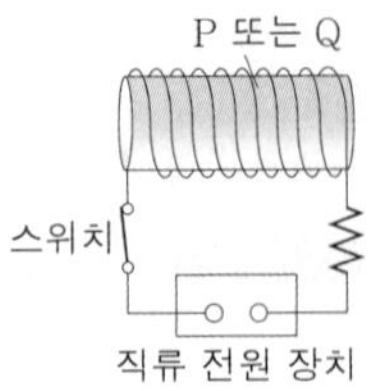

이에 대한 옳은 설명만을 〈보기〉에서 있는 대로 고른 것은?

보기
ㄱ. P는 상자성체이다.
ㄴ. Q는 솔레노이드에 의한 자기장과 ~~같은~~(반대) 방향으로 자기화된다.
ㄷ. 스위치를 열어도 Q는 자기화된 상태를 ~~유지한다~~. 유지하지 못한다.

① ㄱ ② ㄴ ③ ㄷ ④ ㄱ, ㄷ ⑤ ㄴ, ㄷ

✔ 자료 해석
- 상자성체는 외부 자기장의 방향과 같은 방향으로 자기화하고, 외부 자기장이 사라지면 자성이 사라진다.
- 반자성체는 외부 자기장의 방향과 반대 방향으로 자기화하고, 외부 자기장이 사라지면 자성이 사라진다.

O 보기 풀이 ㄱ. 자기장의 세기는 P 내부에서가 Q 내부에서보다 크다. 따라서 Q는 솔레노이드에 의한 자기장의 세기를 상쇄시키고 있으므로 반자성체이고, P는 상자성체이다.

× 매력적 오답 ㄴ. Q는 반자성체이므로 외부 자기장의 반대 방향으로 자기화된다.
ㄷ. 상자성체와 반자성체는 모두 외부 자기장을 제거하면 자성이 사라진다.

문제풀이 Tip
상자성체와 반자성체의 공통점과 차이점을 구분해서 기억해 두자.

선택지 비율	① 18%	❷ 45%	③ 9%	④ 21%	⑤ 6%

9 직선 전류와 원형 전류에 의한 자기장

2023년 10월 교육청 15번 | 정답 ② | 문제편 42p

출제 의도 여러 도선에 흐르는 전류에 의한 합성 자기장을 이용하여 각 도선에 흐르는 전류에 의한 자기장을 유추할 수 있는지 묻는 문항이다.

그림과 같이 가늘고 무한히 긴 직선 도선 A, B, C와 원형 도선 D가 xy평면에 고정되어 있다. A~D에는 각각 일정한 전류가 흐르고, C, D에는 화살표 방향으로 전류가 흐른다. 표는 y축상의 점 p, q에서 A~C 또는 A~D의 전류에 의한 자기장의 세기를 나타낸 것이다. p에서 A, B, C까지의 거리는 d로 같다.

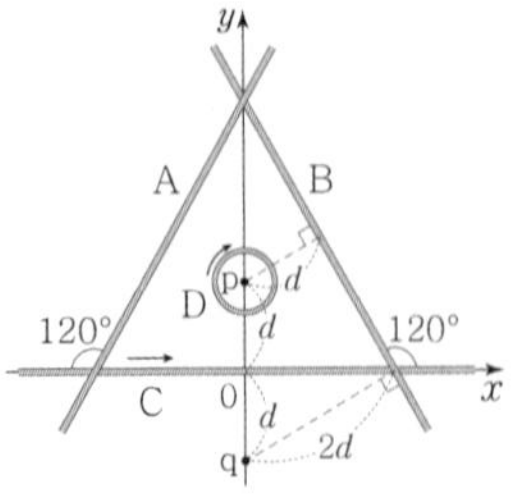

D에 의한 자기장이 더해진다.

점	도선의 전류에 의한 자기장의 세기	
	A~C	A~D
p	$3B_0$	$5B_0$
q	0	

A, B의 전류에 의한 자기장의 방향은 같고, C의 전류에 의한 자기장의 방향이 반대가 된다.

p에서, C의 전류에 의한 자기장의 세기 B_C와 D의 전류에 의한 자기장의 세기 B_D로 옳은 것은? [3점]

	B_C	B_D		B_C	B_D
①	B_0	$2B_0$	②	B_0	$8B_0$
③	$2B_0$	$2B_0$	④	$3B_0$	$2B_0$
⑤	$3B_0$	$8B_0$			

✔ 자료 해석
- p에서 A, B의 전류에 의한 자기장의 세기를 B_{AB}라고 하자.
  → A~C의 전류에 의한 자기장은 q에서 0이므로 $\frac{B_{AB}}{2}=B_C$에서 $B_{AB}=2B_C$이고, B_{AB}의 방향은 B_C의 방향과 반대이다.
- C에서 p, q까지의 거리는 d로 같으므로 q에서 C의 전류에 의한 자기장의 세기는 B_C이고, 방향은 p에서와 반대이다.

O 보기 풀이 p에서 C의 전류에 의한 자기장의 방향은 xy평면에서 수직으로 나오는 방향으로, 이 방향을 (+)로 정하자.
A~C의 전류에 의한 자기장은 q에서 0이므로 $B_{AB}=2B_C$이고, B_{AB}의 방향은 B_C의 방향과 반대이다. q에서 B_C는 xy평면에 수직으로 들어가는 방향이므로 B_{AB}의 방향은 xy평면에서 수직으로 나오는 방향이다. 따라서 p에서 A~C의 전류에 의한 자기장의 방향은 xy평면에서 수직으로 나오는 방향이다. p에서 $B_{AB}+B_C=2B_C+B_C=3B_0$이므로 $B_C=B_0$이다. 한편 p에서 C와 D의 전류에 의한 자기장의 방향은 서로 반대이므로 $B_D-3B_0=5B_0$에서 $B_D=8B_0$이다.

문제풀이 Tip
p, q에서 A, B의 전류에 의한 자기장의 방향 변화가 없고, 거리 변화는 같으므로 A, B의 전류에 의한 자기장을 각각 표현하지 않고 합성 자기장을 이용할 수 있다.

선택지 비율	① 23%	❷ 49%	③ 11%	④ 7%	⑤ 10%

10 자성체의 종류와 특징

2023년 7월 교육청 11번 | 정답 ② | 문제편 42 p

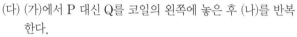

(출제 의도) 강자성체, 상자성체, 반자성체의 특징을 이해하여 자성체의 종류에 따른 탐구 결과를 설명할 수 있는지 확인하는 문항이다.

다음은 자성체 P, Q, R를 이용한 실험이다. P, Q, R는 강자성체, 상자성체, 반자성체를 순서 없이 나타낸 것이다.

[실험 과정]

(가) 그림과 같이 전지, 스위치, 코일을 이용하여 회로를 구성한 후 자성체 P를 코일의 왼쪽에 놓는다.

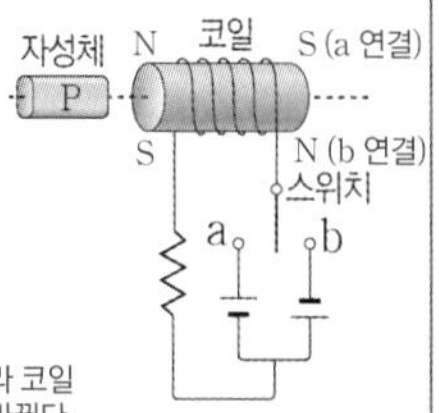

(나) 스위치를 a와 b에 각각 연결하여 코일이 자성체에 작용하는 자기력의 방향을 알아본다. 스위치의 연결 방향에 따라 코일 내부의 자기장의 방향이 바뀐다.

(다) (가)에서 P 대신 Q를 코일의 왼쪽에 놓은 후 (나)를 반복한다.

(라) (가)에서 P 대신 R를 코일의 왼쪽에 놓은 후 (나)를 반복한다.

[실험 결과]

스위치 연결	코일이 P에 작용하는 자기력의 방향 (반자성체)	코일이 Q에 작용하는 자기력의 방향 (상자성체)	코일이 R에 작용하는 자기력의 방향 (강자성체)
a	왼쪽	오른쪽	왼쪽
b	왼쪽	㉠	오른쪽

코일 내부의 자기장의 방향과 관계없이 밀어내는 힘 작용

이에 대한 설명으로 옳은 것만을 〈보기〉에서 있는 대로 고른 것은? [3점]

보기

ㄱ. P는 외부 자기장을 제거해도 자기화된 상태를 계속 유지한다. R

ㄴ. ㉠은 '오른쪽'이다.

ㄷ. R는 ~~반자성체~~이다. 강자성체

① ㄱ ② ㄴ ③ ㄱ, ㄷ ④ ㄴ, ㄷ ⑤ ㄱ, ㄴ, ㄷ

✔ 자료 해석

- 스위치의 연결 방향에 따라 코일 내부의 자기장의 방향이 바뀌는데, P는 자기장의 방향과 관계없이 코일과 밀어내는 힘이 작용한다.
  → P는 외부 자기장과 반대 방향으로 자기화되는 반자성체이다.
- 스위치의 연결 방향에 따라 코일 내부의 자기장의 방향이 바뀌는데, R는 외부 자기장의 방향에 따라 밀어내거나 끌어당기는 힘이 작용한다.
  → R는 자석과 같이 행동하므로 자기화된 강자성체이다.
- 코일에 전류가 흐르면 Q는 코일과 끌어당기는 힘이 작용한다.
  → Q는 외부 자기장과 같은 방향으로 자기화되는 상자성체이다.

O 보기 풀이 ㄴ. 코일은 P에는 밀어내는 힘을 작용하고, Q에는 끌어당기는 힘을 작용하므로 P는 반자성체, Q는 상자성체이다. 상자성체는 코일 내부의 자기장의 방향이 바뀌어도 다시 같은 방향으로 자기화되므로 항상 끌어당기는 힘이 작용한다. 따라서 ㉠은 '오른쪽'이다.

× 매력적 오답 ㄱ. P는 반자성체이므로 외부 자기장을 제거하면 자기화되지 않는다.

ㄷ. R는 강자성체이다. 이때 R는 이미 자기화되어 있으므로 외부 자기장과 상호 작용하여 밀어내거나 끌어당기는 힘이 작용한다.

문제풀이 Tip

강자성체는 자기화되지 않은 상태의 강자성체와 자기화된 상태의 강자성체의 두 가지 상태가 존재할 수 있음을 기억해 두자. 문제에서 직접적으로 언급하지 않았다면 두 가지 가능성을 모두 생각할 수 있어야 한다.

선택지 비율	❶ 50%	② 16%	③ 17%	④ 9%	⑤ 8%

11 직선 전류에 의한 자기장

2023년 7월 교육청 16번 | 정답 ① | 문제편 43 p

출제 의도 직선 전류에 의한 자기장의 방향과 세기를 이용하여 여러 도선에 흐르는 전류에 의한 합성 자기장을 유추할 수 있는지 묻는 문항이다.

그림과 같이 세기와 방향이 일정한 전류가 흐르는 무한히 긴 직선 도선 A, B, C, D가 xy평면에 고정되어 있다. 전류의 세기와 방향은 A와 B에서 서로 같고, C와 D에서 서로 같다. 점 p에서 A의 전류에 의한 자기장의 세기는 B_0이고, 점 q에서 A, B, C, D의 전류에 의한 자기장의 세기는 0이다.

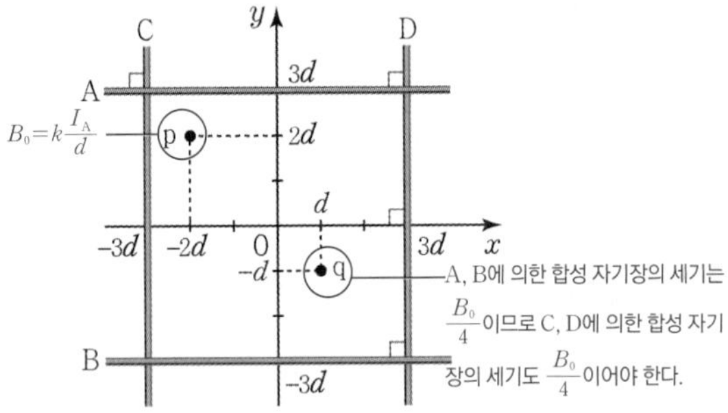

C와 D에 흐르는 전류의 세기가 각각 2배가 될 때, q에서 A, B, C, D의 전류에 의한 자기장의 세기는?

① $\frac{1}{4}B_0$ ② $\frac{1}{2}B_0$ ③ $\frac{3}{4}B_0$ ④ B_0 ⑤ $\frac{5}{4}B_0$

✓ 자료 해석

- A와 B, C와 D에 흐르는 전류의 세기와 방향이 각각 서로 같으므로 A, C에 흐르는 전류를 각각 I_A, I_C라고 하면 q에서 A, B, C, D에 의한 자기장의 세기는 $k\frac{I_A}{4d}$, $k\frac{I_A}{2d}$, $k\frac{I_C}{4d}$, $k\frac{I_C}{2d}$이다.
- q에서 자기장의 세기가 0이려면 A, B에 의한 합성 자기장의 세기와 C, D에 의한 합성 자기장의 세기는 같고, 방향은 반대여야 한다.
  → $\left(k\frac{I_A}{4d}-k\frac{I_A}{2d}\right)+\left(-k\frac{I_C}{4d}+k\frac{I_C}{2d}\right)=0$이므로 A와 C에 흐르는 전류의 세기는 같고, q에서 A와 C의 전류에 의한 자기장의 방향이 서로 반대여야 한다.

○ 보기 풀이 q에서 자기장의 세기가 0이 되기 위해서는 전류의 세기가 A에서와 C에서가 같고, A와 C의 전류에 의한 자기장의 방향은 서로 반대여야 한다. $B_0=k\frac{I_A}{d}$이므로 q에서 A, B, C, D에 의한 자기장의 세기는 각각 $\frac{B_0}{4}$, $\frac{B_0}{2}$, $\frac{B_0}{4}$, $\frac{B_0}{2}$이다. C, D에 흐르는 전류의 세기가 각각 2배가 되면 자기장의 세기도 2배가 되므로 이때 C와 D에 의한 자기장의 세기는 각각 $\frac{B_0}{2}$, B_0이다. 따라서 q에서 A, B, C, D의 전류에 의한 자기장의 세기는 $\left(\frac{B_0}{4}-\frac{B_0}{2}-\frac{B_0}{2}+B_0\right)=\frac{B_0}{4}$이다.

문제풀이 Tip

합성 자기장을 구할 때 합성 자기장의 세기가 0인 지점부터 해석해야 문제를 더 쉽게 풀이할 수 있다. 전류에 의한 자기장의 세기는 관계식을 이용하여 각 도선의 전류에 의한 자기장을 비교하는 유형이 자주 출제되므로 준비해 두자.

선택지 비율	❶ 66%	② 6%	③ 10%	④ 8%	⑤ 10%

12 직선 전류와 원형 전류에 의한 자기장

2023년 4월 교육청 15번 | 정답 ① | 문제편 43 p

출제 의도 전류에 의한 자기장의 세기를 주어진 조건으로부터 유추하여 합성 자기장을 구할 수 있는지 묻는 문항이다.

그림과 같이 종이면에 고정된 중심이 점 O인 원형 도선 P, Q와 무한히 긴 직선 도선 R에 세기가 일정한 전류가 흐르고 있다. 전류의 세기는 P에서가 Q에서보다 크다. 표는 O에서 한 도선의 전류에 의한 자기장을 나타낸 것이다. O에서 P, Q, R의 전류에 의한 자기장은 방향이 종이면에서 수직으로 나오는 방향이고 세기가 B이다.

$-2B+B+2B=B$

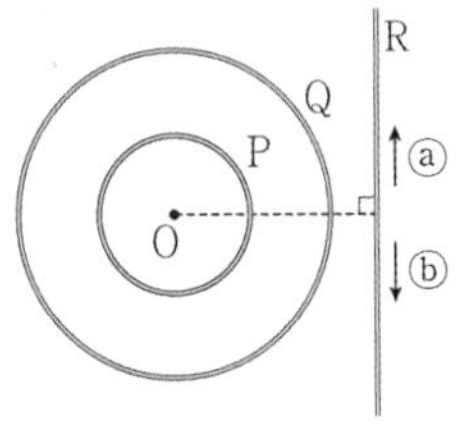

도선	O에서의 자기장	
	세기	방향
P	$2B$	×
Q	㉠ B	◉
R	$2B$	㉡ ◉

× : 종이면에 수직으로 들어가는 방향
◉ : 종이면에서 수직으로 나오는 방향

이에 대한 설명으로 옳은 것만을 〈보기〉에서 있는 대로 고른 것은?

> 보기
>
> ㄱ. ㉠은 B이다.
>
> ㄴ. ㉡은 '~~×~~'이다. ◉
>
> ㄷ. R에 흐르는 전류의 방향은 ~~ⓑ~~ 방향이다. ⓐ

① ㄱ ② ㄷ ③ ㄱ, ㄴ ④ ㄴ, ㄷ ⑤ ㄱ, ㄴ, ㄷ

✓ 자료 해석

- 전류의 세기는 P에서가 Q에서보다 크다.
  → 원형 도선의 반지름은 Q가 P보다 크므로 O에서 Q의 전류에 의한 자기장의 세기는 P의 전류에 의한 자기장의 세기보다 작다.
- O에서 P, Q, R에 의한 자기장의 방향이 수직으로 나오는 방향이다.
  → Q의 전류에 의한 자기장의 세기는 항상 P의 전류에 의한 자기장의 세기보다 작으므로 P, Q의 전류에 의한 합성 자기장의 방향은 종이면에 수직으로 들어가는 방향이다. 따라서 R의 전류에 의한 자기장의 방향은 종이면에서 수직으로 나오는 방향이어야 한다.

○ 보기 풀이 ㄱ. O에서 Q의 전류에 의한 자기장의 세기는 P의 전류에 의한 자기장의 세기보다 항상 작다. 따라서 O에서 P, Q, R의 전류에 의한 자기장의 방향이 종이면에서 수직으로 나오는 방향이 되려면 R의 전류에 의한 자기장의 방향이 Q의 전류에 의한 자기장과 같은 방향이어야 한다. 이때 P, Q, R의 전류에 의한 자기장의 세기가 B이므로 Q의 전류에 의한 자기장의 세기는 B이다.

× 매력적 오답 ㄴ. R의 전류에 의한 자기장의 방향은 종이면에서 수직으로 나오는 방향(◉)이다.

ㄷ. 자기장의 방향으로 오른손의 네 손가락을 감아쥐면 엄지손가락이 가리키는 방향이 전류의 방향이므로 R에 흐르는 전류의 방향은 ⓐ 방향이다.

문제풀이 Tip

R의 자기장 방향은 두 가지 경우만 존재하므로 각 경우의 합성 자기장을 구하고, 문제에서 주어진 합성 자기장과 비교하여 문제를 풀이할 수도 있다. 다양한 문제 풀이 방법을 통해, 가장 빠르고 정확하게 문제를 풀이하는 방법을 찾아 두자.

선택지 비율	❶ 68%	② 5%	③ 8%	④ 5%	⑤ 14%

13 물질의 자성

2023년 4월 교육청 17번 | 정답 ① | 문제편 43p

출제 의도 강자성, 반자성, 상자성의 특성을 비교하고, 자성체 사이에 작용하는 자기력을 찾을 수 있는지 확인하는 문항이다.

다음은 물질의 자성에 대한 실험이다.

[실험 과정]

(가) 자기화되어 있지 않은 물체 A, B, C를 균일한 자기장에 놓아 자기화시킨다.

(나) 자기장 영역에서 꺼낸 A를 실에 매단다.

(다) 자기장 영역에서 꺼낸 B를 A에 가까이 하며 A를 관찰한다.

(라) 자기장 영역에서 꺼낸 C를 A에 가까이 하며 A를 관찰한다.

※ A, B, C는 강자성체, 상자성체, 반자성체를 순서 없이 나타낸 것이다.

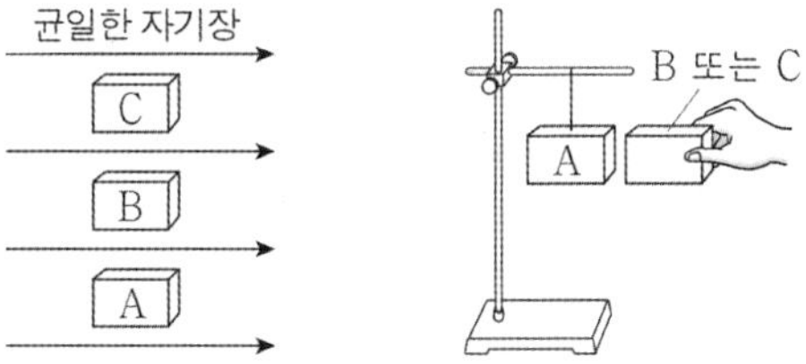

A가 B 또는 C와 상호 작용하므로 자기화된 상태를 유지한다. → 강자성체

[실험 결과]

- (다)의 결과: A가 밀려난다. 서로 미는 자기력 작용 → 반자성체
- (라)의 결과: A가 끌려온다. 서로 당기는 자기력 작용 → 상자성체

이에 대한 설명으로 옳은 것만을 〈보기〉에서 있는 대로 고른 것은? [3점]

보기

ㄱ. A는 외부 자기장을 제거해도 자기화된 상태를 유지한다.

ㄴ. (가)에서 A와 B는 ~~같은~~ 방향으로 자기화된다. 반대

ㄷ. C는 ~~반자성체~~이다. 상자성체

① ㄱ ② ㄴ ③ ㄱ, ㄷ ④ ㄴ, ㄷ ⑤ ㄱ, ㄴ, ㄷ

✔ 자료 해석

- 자기장 영역에서 꺼낸 A와 자기장 영역에서 꺼낸 B와 C 사이에 밀어내거나 끌어당기는 힘이 작용한다. → A는 외부 자기장을 제거해도 자기화된 상태를 유지한다.
- 강자성체와 상자성체는 외부 자기장과 같은 방향으로 자기화되고, 반자성체는 외부 자기장과 반대 방향으로 자기화된다.

○ 보기풀이 ㄱ. 자기장 영역에서 꺼낸 A를 실에 매달아 실험을 진행하는 동안 B와 C 사이에 각각 자기력이 작용한다. 따라서 A는 외부 자기장을 제거해도 자기화된 상태를 유지하는 강자성체이다.

× 매력적 오답 ㄴ. (다)에서 B는 강자성체와 서로 미는 자기력이 작용하므로 반자성체이다. 강자성체는 외부 자기장과 같은 방향으로 자기화되고, 반자성체는 외부 자기장과 반대 방향으로 자기화되므로 (가)에서 A와 B는 서로 반대 방향으로 자기화된다.

ㄷ. (라)에서 C는 강자성체와 서로 당기는 자기력이 작용하므로 상자성체이다.

문제풀이 Tip

A를 자기장 영역에서 꺼낸 채로 실험을 진행하는 것에 주목해야 한다. 만약 A가 상자성체나 반자성체라면 외부 자기장을 제거했을 때 자기화된 상태가 사라지므로 강자성체가 아닌 물체와는 상호 작용을 할 수 없다.

출제 의도 강자성체와 반자성체의 성질을 알고, 탐구를 수행하였을 때 탐구 결과를 추론할 수 있는지 확인하는 문항이다.

다음은 자성체에 대한 실험이다.

[실험 과정]

(가) 막대 A, B를 각각 수평이 유지되도록 실에 매달아 동서 방향으로 가만히 놓는다. A, B는 강자성체, 반자성체를 순서 없이 나타낸 것이다.

(나) 정지한 A, B의 모습을 나침반 자침과 함께 관찰한다.

(다) (나)에서 A, B의 끝에 네오디뮴 자석을 가까이하여 A, B의 움직임을 관찰한다. 강자성체는 자석과 당기는 힘이 작용하고, 반자성체는 자석과 미는 힘이 작용한다.

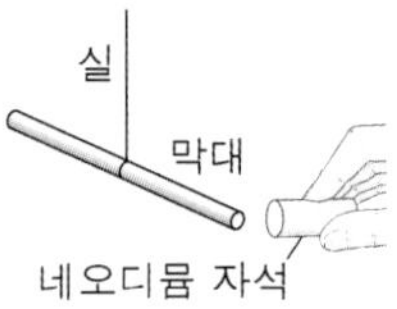

[실험 결과]

	A 반자성체	B 강자성체
(나)	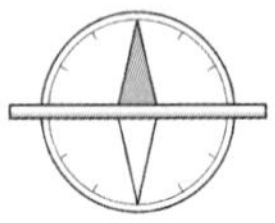	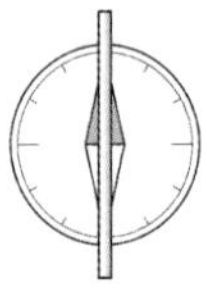
(다)	㉠ 자석으로부터 밀려난다.	자석으로 끌려온다.

이에 대한 옳은 설명만을 〈보기〉에서 있는 대로 고른 것은? (단, 실에 의한 회전은 무시한다.) [3점]

보기

ㄱ. (나)에서 A(B)는 지구 자기장 방향으로 자기화되어 있다.
ㄴ. '자석으로부터 밀려난다'는 ㉠으로 적절하다.
ㄷ. B는 강한 전자석을 만드는 데 이용할 수 있다.

① ㄱ ② ㄷ ③ ㄱ, ㄴ ④ ㄴ, ㄷ ⑤ ㄱ, ㄴ, ㄷ

✓ 자료 해석

• 강자성체와 반자성체는 다음과 같이 정리할 수 있다.

구분	강자성체	반자성체
외부 자기장을 가할 때	자기장과 같은 방향으로 자기화됨	자기장과 반대 방향으로 자기화 됨
외부 자기장과 상호 작용 방향	당기는 힘 작용	미는 힘 작용
외부 자기장을 제거할 때	자성이 유지됨	자성이 바로 사라짐

O 보기 풀이 ㄴ. 강자성체는 외부 자기장과 같은 방향으로 자기화되므로 자석과 당기는 힘이 작용한다. 즉, B는 강자성체이다. 따라서 A는 반자성체이고, 반자성체는 외부 자기장과 반대 방향으로 자기화되므로 자석으로부터 밀려난다.
ㄷ. 강자성체는 외부 자기장과 같은 방향으로 자기화되는 성질이 있어, 강자성체를 전자석을 만드는 데 이용하면 더 센 자기장을 얻을 수 있다.

X 매력적 오답 ㄱ. 지구 자기장 방향으로 자기화되면 나침반과 나란한 방향으로 정렬된다. 따라서 강자성체 B가 지구 자기장 방향으로 자기화된다.

문제풀이 Tip

물질의 자성에 대한 탐구 설계 및 수행에 대한 문제는 출제 빈도가 높은 편이다. 자성체의 특징을 알면 난이도가 높지 않아 쉽게 풀이할 수 있으므로 실험 과정을 이해하여 결과를 유추할 수 있어야 한다.

선택지 비율	① 12%	② 9%	❸ 50%	④ 15%	⑤ 14%

15 전류에 의한 자기장의 합성

2023년 3월 교육청 19번 | 정답 ③ | 문제편 44p

출제 의도 세 도선에 흐르는 전류에 의한 자기장의 세기를 주어진 조건으로부터 유추하여 합성 자기장을 구할 수 있는지 묻는 문항이다.

그림 (가)와 같이 무한히 긴 직선 도선 P, Q와 점 a를 중심으로 하는 원형 도선 R가 xy평면에 고정되어 있다. P, Q에는 세기가 각각 I_0, $3I_0$인 전류가 $-y$방향으로 흐른다. 그림 (나)는 (가)에서 Q만 제거한 모습을 나타낸 것이다. (가)와 (나)의 a에서 P, Q, R의 전류에 의한 자기장의 방향은 서로 반대이고, 자기장의 세기는 각각 B_0, $2B_0$이다.

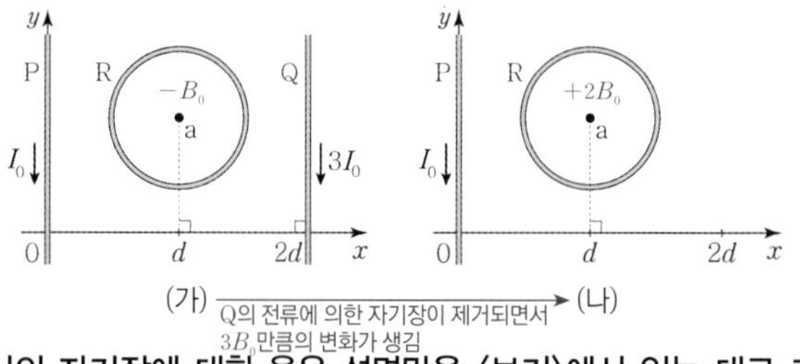

a에서의 자기장에 대한 옳은 설명만을 〈보기〉에서 있는 대로 고른 것은? [3점]

> 보기
>
> ㄱ. (가)에서 Q의 전류에 의한 자기장의 세기는 P의 전류에 의한 자기장의 세기의 3배이다.
>
> ㄴ. (나)에서 P, R의 전류에 의한 자기장의 방향은 ~~xy평면에 수직으로 들어가는~~ 방향이다. xy평면에서 수직으로 나오는
>
> ㄷ. R의 전류에 의한 자기장의 세기는 B_0이다.

① ㄱ　② ㄴ　③ ㄱ, ㄷ　④ ㄴ, ㄷ　⑤ ㄱ, ㄴ, ㄷ

✔ 자료 해석

- Q의 전류에 의한 자기장의 방향은 xy평면에 수직으로 들어가는 방향이고, (나)는 (가)에서 Q만 제거했는데 합성 자기장의 방향이 반대로 변한다.
  → (나)의 a에서 P, R의 전류에 의한 합성 자기장의 방향은 Q의 전류에 의한 자기장의 방향과 반대여야 한다. 따라서 (나)에서 합성 자기장은 $+2B_0$이고, (가)에서는 $-B_0$이다.
- Q의 전류에 의한 자기장이 제거되면 $3B_0$만큼의 자기장 세기 변화가 생기므로 Q의 전류에 의한 자기장의 세기는 $3B_0$이다

○ 보기 풀이 ㄱ. 직선 전류에 의한 자기장의 세기는 전류의 세기에 비례한다. 따라서 (가)에서 Q의 전류에 의한 자기장의 세기는 P의 전류에 의한 자기장의 세기의 3배이다.

ㄷ. Q의 전류에 의한 자기장은 $-3B_0$이므로 (가)에서 P의 전류에 의한 자기장은 $+B_0$이다. a에서 합성 자기장이 $-B_0$이 되려면 R의 전류에 의한 자기장은 $+B_0$이다.

✕ 매력적 오답 ㄴ. (나)에서 P, R의 전류에 의한 자기장은 $+2B_0$이므로 자기장의 방향은 xy평면에서 수직으로 나오는 방향이다.

문제풀이 Tip

Q가 제거되면서 생긴 자기장의 변화가 Q의 전류에 의한 자기장의 변화 때문인 것을 알고 이로부터 합성 자기장의 방향을 유추할 수 있어야 한다. 합성 자기장을 구하는 문제에서는 도선이 없어지거나, 전류의 세기 변화 등으로 자기장의 변화에 대한 단서를 숨겨놓기 때문에 이를 찾는 연습이 필요하다.

선택지 비율	① 3%	❷ 78%	③ 7%	④ 9%	⑤ 3%

16 직선 전류에 의한 자기장의 합성

2022년 10월 교육청 10번 | 정답 ② | 문제편 44p

출제 의도 두 직선 도선에 흐르는 전류에 의한 합성 자기장이 0인 지점을 찾을 수 있는지 확인하는 문항이다.

그림과 같이 전류가 흐르는 가늘고 무한히 긴 직선 도선 A, B가 xy평면의 $x=0$, $x=d$에 각각 고정되어 있다. A, B에는 각각 세기가 I_0, $2I_0$인 전류가 흐르고 있다.

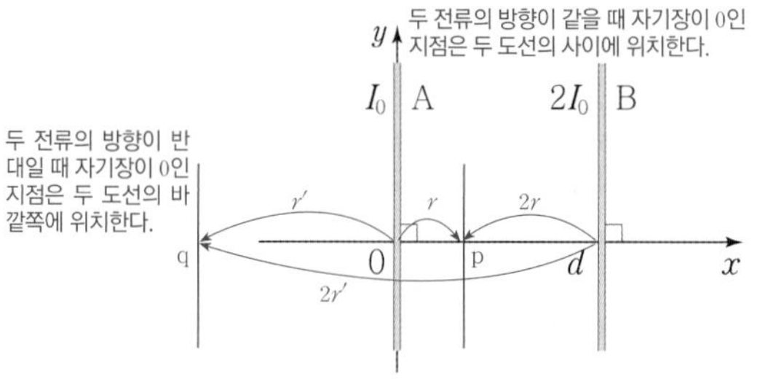

A, B에 흐르는 전류의 방향이 같을 때와 서로 반대일 때 x축상에서 A, B의 전류에 의한 자기장이 0인 점을 각각 p, q라고 할 때, p와 q 사이의 거리는?

① d　② $\frac{4}{3}d$　③ $\frac{3}{2}d$　④ $\frac{5}{3}d$　⑤ $2d$

✔ 자료 해석

- A, B에 의한 자기장이 0이 되려면 각 전류에 의한 자기장의 세기가 같아야 한다.
  → 자기장의 세기는 $B \propto \frac{I}{r}$이므로 전류의 세기에 비례하고 도선으로부터의 거리에 반비례한다.
  → B에 흐르는 전류의 세기가 A의 2배이므로 전류에 의한 자기장이 0인 지점은 B로부터의 거리가 A의 2배이다.

○ 보기 풀이 두 전류의 방향이 같을 때 자기장이 0인 지점 p는 A, B 사이에 위치하고, A, B로부터의 거리의 비가 1 : 2인 지점이므로 p의 위치는 $x=\frac{d}{3}$이다. 또한 두 전류의 방향이 반대일 때 자기장이 0인 지점 q는 A, B의 바깥쪽에 위치해야 하고 A, B로부터의 거리의 비가 1 : 2인 지점이므로 q의 위치는 $x=-d$이다. 따라서 p와 q 사이의 거리는 $d+\frac{d}{3}=\frac{4}{3}d$이다.

문제풀이 Tip

전류에 의한 자기장의 방향을 직접 찾아보면서 전류에 의한 자기장이 0인 구간을 찾을 수도 있지만 전류의 방향이 같을 때와 반대일 때 전류에 의한 자기장이 0인 지점이 존재할 수 있는 구간을 미리 기억해 두면 문제 풀이 시간을 더 단축시킬 수 있다.

선택지 비율	① 7%	② 5%	❸ 54%	④ 16%	⑤ 18%

17 물질의 자성

2022년 10월 교육청 15번 | 정답 ③ | 문제편 45p

출제 의도 강자성체의 특징을 알고, 외부 자기장과 강자성체, 상자성체의 상호 작용을 통해 자성체의 종류를 구분할 수 있는지 묻는 문항이다.

그림은 저울에 무게가 W_0으로 같은 물체 P 또는 Q를 놓고 전지와 스위치에 연결된 코일을 가까이한 모습을 나타낸 것이다. P, Q는 강자성체, 상자성체를 순서 없이 나타낸 것이다. 표는 스위치를 a, b에 연결했을 때 저울의 측정값을 비교한 것이다.

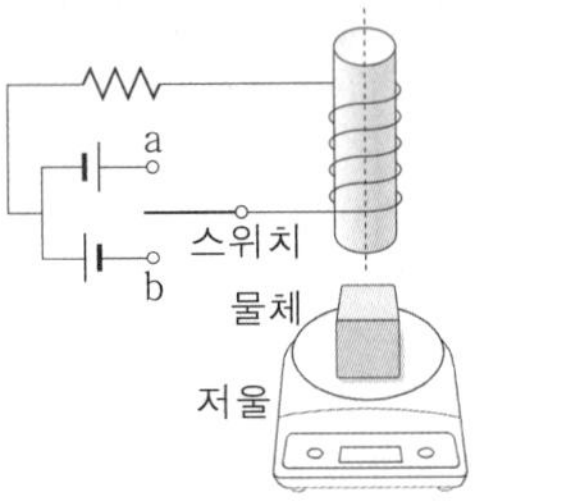

원래 무게보다 크다.=밀어내는 자기력 작용

연결 위치	저울의 측정값	
	P	Q
a	W_0보다 큼	W_0보다 작음
b	W_0보다 작음	㉠

원래 무게보다 작다.=당기는 자기력 작용

이에 대한 옳은 설명만을 〈보기〉에서 있는 대로 고른 것은? (단, 지구 자기장은 무시한다.) [3점]

보기

ㄱ. P는 강자성체이다.

ㄴ. ㉠은 'W_0보다 작음'이다.

ㄷ. Q는 스위치를 a에 연결했을 때와 b에 연결했을 때 ~~같은~~ 반대 방향으로 자기화된다.

① ㄱ ② ㄷ ③ ㄱ, ㄴ ④ ㄴ, ㄷ ⑤ ㄱ, ㄴ, ㄷ

✓ 자료 해석

- 저울의 측정값이 W_0보다 크다는 것은 코일과 물체 사이에 밀어내는 자기력이 작용한 것이고, W_0보다 작다는 것은 코일과 물체 사이에 당기는 자기력이 작용한 것이다.
  - → 상자성체는 외부 자기장을 제거하면 자기화된 상태가 사라지고 코일에 전류가 흐르면 전류에 의한 자기장과 같은 방향으로 자기화되어 당기는 자기력이 작용한다.
  - → 강자성체는 외부 자기장을 제거해도 자기화된 상태를 유지하므로 자기화된 강자성체라면 코일에 전류가 흐를 때 전류에 의한 자기장의 방향에 따라 밀어내는 자기력과 당기는 자기력이 모두 작용할 수 있다.

○ 보기풀이 ㄱ. 코일의 자기장의 방향에 따라 P에 작용하는 자기력이 반대가 되므로 P는 자기화되어 있는 강자성체이다.

ㄴ. Q는 상자성체이므로 코일에 흐르는 전류의 방향에 관계없이 항상 코일과 Q 사이에 당기는 자기력이 작용한다. 따라서 ㉠은 'W_0보다 작음'이다.

× 매력적 오답 ㄷ. 상자성체는 외부 자기장과 같은 방향으로 자기화되는데, 스위치를 a에 연결했을 때와 b에 연결했을 때 코일에 흐르는 전류의 방향이 반대이므로 전류에 의한 자기장의 방향도 반대이다. 따라서 Q는 스위치를 a에 연결했을 때와 b에 연결했을 때 반대 방향으로 자기화된다.

문제풀이 Tip

자기화된 강자성체는 이미 자석과 같기 때문에 외부 자기장과 밀어내는 자기력, 당기는 자기력이 모두 작용할 수 있음을 유의해야 한다.

선택지 비율	① 8%	② 6%	③ 10%	④ 14%	❺ 62%

18 직선 전류에 의한 자기장

2022년 7월 교육청 17번 | 정답 ⑤ | 문제편 45p

출제 의도 두 직선 도선에 흐르는 전류에 의한 합성 자기장의 세기와 방향을 통해 각 도선에 흐르는 전류의 세기와 방향을 유추할 수 있는지 묻는 문항이다.

그림과 같이 일정한 세기의 전류가 각각 흐르는 무한히 긴 두 직선 도선 A, B가 xy평면에 수직으로 y축에 고정되어 있다. 점 a, b, c는 y축상에 있다. A와 B의 전류에 의한 자기장의 세기는 a에서가 b에서보다 크고, 방향은 a와 b에서 서로 같다.

이에 대한 설명으로 옳은 것만을 〈보기〉에서 있는 대로 고른 것은? [3점]

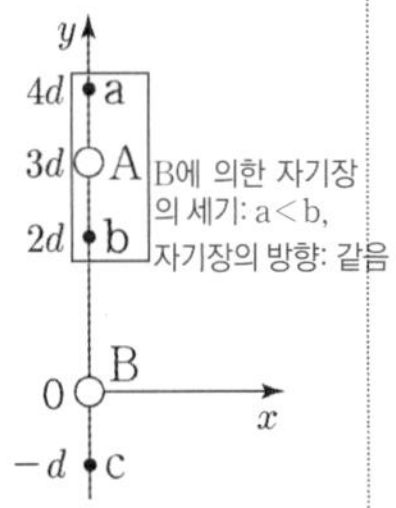

보기

ㄱ. 전류의 방향은 A와 B에서 서로 같다.

ㄴ. 전류의 세기는 B가 A보다 크다.

ㄷ. A와 B의 전류에 의한 자기장의 세기는 c에서가 a에서보다 크다.

① ㄱ ② ㄷ ③ ㄱ, ㄴ ④ ㄴ, ㄷ ⑤ ㄱ, ㄴ, ㄷ

✓ 자료 해석

- a, b에서 A의 전류에 의한 자기장의 방향은 서로 반대이고, 자기장의 세기는 같다. 또한 B의 전류에 의한 자기장의 방향은 서로 같고, 자기장의 세기는 b에서가 a에서보다 크다.
  - → A와 B의 전류에 의한 자기장의 세기가 a에서가 b에서보다 크려면 a에서 A, B에 의한 자기장의 방향이 같아야 하고, b에서는 자기장의 방향이 반대여야 한다.

○ 보기풀이 ㄱ. A와 B의 전류에 의한 자기장의 세기가 a에서가 b에서보다 크려면 b에서 A와 B의 전류에 의한 자기장의 방향이 반대여야 하므로 A와 B의 전류의 방향은 같다.

ㄴ. a, b에서 A, B의 전류에 의한 자기장의 방향이 같으므로 B의 전류에 의한 자기장의 영향이 더 크다. B는 A보다 더 멀리 있으므로 전류의 세기는 B가 A보다 커야 한다.

ㄷ. a는 A에서 d, B에서 $4d$만큼 떨어진 지점이고, c는 A에서 $4d$, B에서 d만큼 떨어진 지점이다. a, c에서 A, B의 전류에 의한 자기장의 방향이 같고 전류의 세기는 B가 A보다 크므로 A와 B의 전류에 의한 자기장의 세기는 c에서가 a에서보다 크다.

문제풀이 Tip

두 도선에 흐르는 전류의 방향에 대해 경우의 수를 생각하여 문항에서 주어진 조건에 부합하는 임의의 방향을 찾을 수 있다. 이 문항에서처럼 A, B의 전류의 방향을 정확하게 찾지 않고 전류의 방향이 같은가 반대인가를 통하여 다른 상황을 유추하는 유형도 대비할 수 있어야 한다.

선택지 비율	❶ 71%	② 6%	③ 12%	④ 5%	⑤ 7%

19 물질의 자성

2022년 4월 교육청 13번 | 정답 ① | 문제편 45 p

출제 의도 강자성체, 상자성체, 반자성체의 특징을 이해하여 외부 자기장을 가했을 때와 물체 사이의 상호 작용을 통해 자성체의 종류를 구분할 수 있는지 묻는 문항이다.

그림 (가)와 같이 자기화되어 있지 않은 물체 A, B를 균일한 자기장 영역에 놓았더니 A, B가 자기화되었다. 그림 (나)와 같이 자기화되어 있지 않은 물체 C를 실에 매단 후 (가)의 자기장 영역에서 꺼낸 A를 C의 연직 아래에 가까이 가져갔더니 실이 C를 당기는 힘의 크기가 C의 무게보다 작아졌다. A, B, C는 강자성체, 반자성체, 상자성체를 순서 없이 나타낸 것이다.

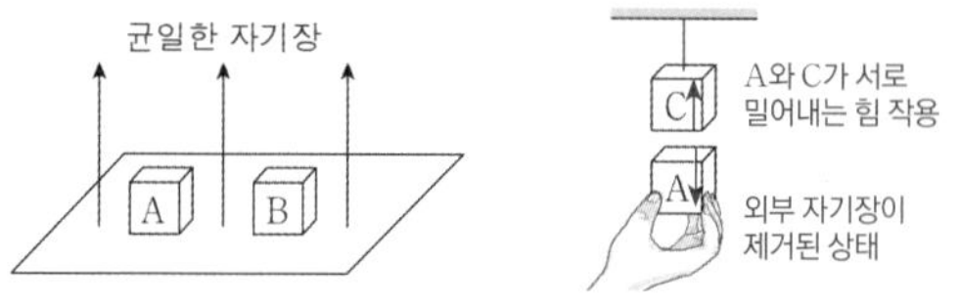

(가) (나)

이에 대한 설명으로 옳은 것만을 〈보기〉에서 있는 대로 고른 것은?

보기
ㄱ. A는 강자성체이다.
ㄴ. (가)에서 B는 외부 자기장과 ~~반대~~ 같은 방향으로 자기화된다.
ㄷ. (나)에서 A를 B로 바꾸면 실이 C를 당기는 힘의 크기는 C의 무게~~보다 작다~~. 와 같다.

① ㄱ ② ㄴ ③ ㄱ, ㄷ ④ ㄴ, ㄷ ⑤ ㄱ, ㄴ, ㄷ

✔ 자료 해석
- (나)에서 자기장 영역에서 꺼낸 A와 C 사이에 자기력이 작용함을 알 수 있다. → A는 외부 자기장을 제거해도 자기화된 상태를 유지한다.
- (나)에서 실이 C를 당기는 힘은 연직 위 방향으로 작용하는데, 이 힘의 크기가 작아졌으므로 A가 C에게 작용하는 자기력도 연직 위 방향으로 작용한다. → A와 C 사이에 밀어내는 자기력이 작용한다.

○ 보기풀이 ㄱ. A는 자기장 영역에서 꺼내어 C의 연직 아래에 가까이 가져갔을 때 A와 C 사이에 자기력이 작용한다. 이는 C가 A의 자기장에 의해 자기화되었기 때문에 일어나는 현상으로 A는 외부 자기장이 제거된 후에도 자기화된 상태를 유지하는 것을 알 수 있다. 따라서 A는 강자성체이고, A와 C 사이에 밀어내는 자기력이 작용하므로 C는 반자성체이다.

× 매력적 오답 ㄴ. B는 상자성체이다. 상자성체는 외부 자기장과 같은 방향으로 자기화된다.
ㄷ. B는 상자성체이므로 외부 자기장을 제거하면 자기화된 상태가 즉시 사라진다. (나)에서 A를 B로 바꾸면 B와 C는 모두 자기화된 상태가 아니기 때문에 B와 C 사이에는 자기력이 작용하지 않는다. 따라서 실이 C를 당기는 힘의 크기는 C의 무게와 같다.

문제풀이 Tip
강자성체와 상자성체는 외부 자기장과 같은 방향으로 자기화된다는 공통점이 있지만 외부 자기장을 제거했을 때 강자성체의 자성은 유지되지만 상자성체의 자성은 유지되지 않는다는 차이점이 있다. 이것을 유의하여 자성체의 종류를 구분할 수 있어야 한다.

선택지 비율	① 9%	② 9%	③ 22%	④ 13%	❺ 47%

20 직선 전류에 의한 자기장

2022년 4월 교육청 19번 | 정답 ⑤ | 문제편 45 p

출제 의도 세 직선 도선에 흐르는 전류의 세기에 따른 자기장 변화를 이용하여 각 도선에 흐르는 전류의 세기와 방향을 유추할 수 있는지 묻는 문항이다.

그림과 같이 일정한 방향으로 전류가 흐르는 무한히 긴 직선 도선 P, Q, R가 xy평면에 고정되어 있다. P, R에 흐르는 전류의 세기는 일정하다. 표는 Q에 흐르는 전류의 세기에 따라 xy평면상의 점 a, b에서 P, Q, R의 전류에 의한 자기장을 나타낸 것이다.

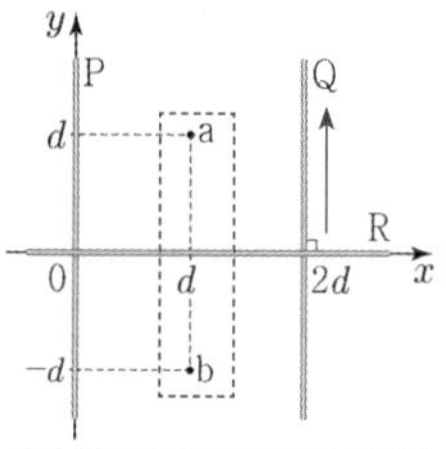

R의 전류에 의한 자기장의 방향은 a, b에서 서로 반대이다.

Q에 흐르는 전류의 세기	P, Q, R의 전류에 의한 자기장			
	a		b	
	방향	세기	방향	세기
I_0	⊙	$3B_0$	⊙	㉠
$2I_0$	⊙	$4B_0$	⊙	$2B_0$

⊙: xy는 평면에서 수직으로 나오는 방향

전류의 세기가 I_0만큼 증가할 때 xy평면에서 수직으로 나오는 방향의 자기장이 B_0만큼 증가한다.

이에 대한 설명으로 옳은 것만을 〈보기〉에서 있는 대로 고른 것은?

보기
ㄱ. Q에 흐르는 전류의 방향은 $+y$방향이다.
ㄴ. ㉠은 B_0이다.
ㄷ. P에 흐르는 전류의 세기는 I_0이다.

① ㄱ ② ㄷ ③ ㄱ, ㄴ ④ ㄴ, ㄷ ⑤ ㄱ, ㄴ, ㄷ

✔ 자료 해석
- Q에 흐르는 전류의 세기가 I_0만큼 증가할 때, a에서 자기장의 세기는 xy평면에서 수직으로 나오는 방향으로 B_0만큼 증가한다.
- P와 Q의 전류에 의한 자기장의 방향은 a, b에서 같고, R의 전류에 의한 자기장의 방향은 a, b에서 서로 반대이다. → a, b에서 자기장 세기의 차이는 R의 전류에 의한 자기장 때문에 생긴다.

○ 보기풀이 ㄱ. Q에 흐르는 전류의 세기가 증가할 때, a에서 자기장의 세기는 xy평면에서 수직으로 나오는 방향으로 증가하므로 Q에 흐르는 전류의 방향은 $+y$방향이다.
ㄴ. a, b에서 Q의 전류에 의한 자기장의 방향은 같으므로 b에서도 Q의 전류가 I_0만큼 증가하면 자기장의 세기도 B_0만큼 증가한다. 따라서 ㉠은 B_0이다.
ㄷ. a, b에서 자기장 세기의 차이는 R의 전류에 의한 것으로 a에서가 b에서보다 $2B_0$만큼 크다. 따라서 a에서 R의 전류에 의한 자기장은 xy평면에서 수직으로 나오는 방향으로 B_0, b에서는 xy평면에 수직으로 들어가는 방향으로 B_0이어야 하므로 R의 전류의 방향은 $+x$방향이다. Q에 흐르는 전류의 세기가 I_0일 때 a에서 Q, R의 전류에 의한 자기장의 세기는 각각 B_0이고, P, Q, R의 전류에 의한 자기장의 세기가 $3B_0$이므로 P의 전류에 의한 자기장의 세기는 B_0이다. 따라서 P에 흐르는 전류의 세기는 I_0이다.

문제풀이 Tip
Q에 흐르는 전류의 세기가 증가할 때의 합성 자기장의 변화를 통해 Q에 흐르는 전류의 방향을 알 수 있다. 주어진 조건으로부터 자기장의 세기를 비교 및 유추할 수 있어야 한다.

선택지 비율	① 11%	② 5%	③ 19%	❹ 62%	⑤ 4%

21 강자성체

2022년 3월 교육청 12번 | 정답 ④ | 문제편 46 p

문제편 46 p

출제 의도 자성체의 특징을 이해하고 있는지 묻는 문항이다.

다음은 전동 스테이플러의 작동 원리이다.

그림 (가)와 같이 전동 스테이플러에 종이를 넣지 않았을 때는 고정된 코일이 자성체 A를 당기지 않는다. 그림 (나)와 같이 종이를 넣으면 스위치가 닫히면서 코일에 전류가 흐르고, ㉠코일이 A를 강하게 당긴다. 그리고 A가 철사 침을 눌러 종이에 박는다. 코일과 A 사이에 당기는 방향으로 자기력이 작용한다.

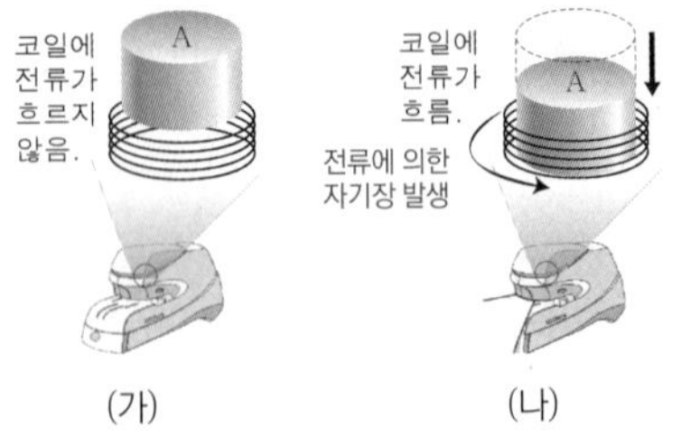

(가) (나)

이에 대한 옳은 설명만을 〈보기〉에서 있는 대로 고른 것은?

보기

ㄱ. ㉠은 자기력에 의해 나타나는 현상이다.

ㄴ. A는 ~~반자성체~~이다. 강자성체

ㄷ. (나)의 A는 코일의 전류에 의한 자기장과 같은 방향으로 자기화된다.

① ㄱ ② ㄷ ③ ㄱ, ㄴ ④ ㄱ, ㄷ ⑤ ㄴ, ㄷ

✓ 자료 해석

- 코일에 전류가 흐르면 전류에 의한 자기장이 발생하고, 전류에 의한 자기장이 발생하면 A에 외부 자기장을 가하게 된다.
- 강자성체는 외부 자기장의 방향으로 강하게 자기화되고, 외부 자기장을 제거해도 자기화된 상태를 오래 유지한다.

○ 보기풀이 ㄱ. 코일에 전류가 흐르면 전류에 의한 자기장과 같은 방향으로 A가 자기화되어 A와 코일 사이에는 당기는 자기력이 작용한다.

ㄷ. A는 강자성체이므로 코일의 전류에 의한 자기장과 같은 방향으로 자기화된다.

× 매력적 오답 ㄴ. A가 자기화되면 코일과 A 사이에 강하게 당기는 힘이 작용하므로 A는 강자성체이다.

문제풀이 Tip

물질의 자성에 대한 문제는 자성체의 특징을 알고 있으면 쉽게 해결할 수 있는 편이므로 득점을 놓치지 않도록 하자.

선택지 비율	❶ 51%	② 13%	③ 15%	④ 10%	⑤ 11%

22 전류에 의한 자기장

2022년 3월 교육청 16번 | 정답 ① | 문제편 46 p

출제 의도 세 직선 도선에 흐르는 전류에 의한 자기장의 세기를 주어진 조건으로부터 유추하여 합성 자기장을 구할 수 있는지 묻는 문항이다.

그림과 같이 종이면에 고정된 무한히 긴 직선 도선 A, B, C에 화살표 방향으로 같은 세기의 전류가 흐르고 있다. 종이면 위의 점 p, q, r는 각각 A와 B, B와 C, C와 A로부터 같은 거리만큼 떨어져 있으며, p에서 A의 전류에 의한 자기장의 세기는 B_0이다.

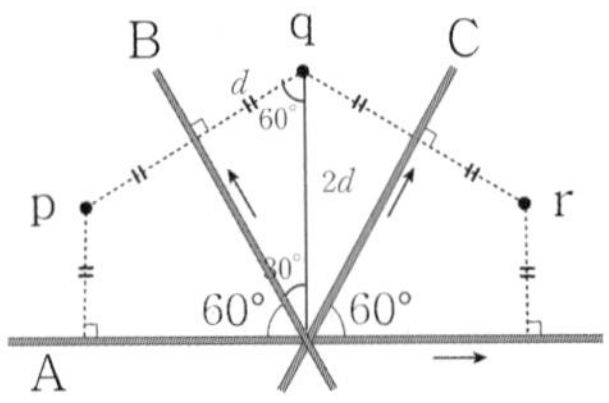

A, B, C의 전류에 의한 자기장에 대한 옳은 설명만을 〈보기〉에서 있는 대로 고른 것은? [3점]

보기

ㄱ. q와 r에서 자기장의 세기는 서로 같다.

ㄴ. q와 r에서 자기장의 방향은 서로 ~~같다~~. 반대이다.

ㄷ. p에서 자기장의 세기는 $\frac{B_0}{2}$이다. $\frac{5}{2}B_0$

① ㄱ ② ㄴ ③ ㄱ, ㄷ ④ ㄴ, ㄷ ⑤ ㄱ, ㄴ, ㄷ

✓ 자료 해석

- B에서 q까지의 직선 거리를 d라 하면 A에서 q까지의 직선 거리는 $2d$이다. → 자기장의 세기는 도선으로부터의 직선 거리에 반비례한다.

○ 보기풀이 ㄱ. q에서는 B에 의한 자기장과 C에 의한 자기장이 상쇄되고, r에서는 A에 의한 자기장과 C에 의한 자기장이 상쇄된다. 따라서 q에서 A에 의한 자기장과 r에서 B에 의한 자기장의 세기는 $\frac{1}{2}B_0$으로 서로 같다.

× 매력적 오답 ㄴ. q에서는 B와 C에 의한 자기장이 상쇄되므로 자기장의 방향은 A에 의한 자기장의 방향과 같고, r에서는 A와 C에 의한 자기장이 상쇄되므로 자기장의 방향은 B에 의한 자기장의 방향과 같다. 따라서 자기장의 방향은 q에서는 종이면에서 수직으로 나오는 방향, r에서는 종이면에 수직으로 들어가는 방향이므로 서로 반대이다.

ㄷ. p에서 A, B, C의 전류에 의한 자기장의 방향은 모두 종이면에서 수직으로 나오는 방향이다. A와 B의 전류에 의한 자기장의 세기는 B_0이고, C의 전류에 의한 자기장의 세기는 $\frac{1}{2}B_0$이므로 p에서 자기장의 세기는 $\frac{5}{2}B_0$이다.

문제풀이 Tip

직선 도선에 흐르는 자기장의 세기는 직선 도선으로부터의 거리에 반비례하는 것을 이용하여 p에서 A의 전류에 의한 자기장의 세기를 기준으로 다른 지점에서의 자기장의 세기를 비교하도록 한다.

선택지 비율	① 8%	② 13%	③ 12%	❹ 57%	⑤ 10%

23 전류에 의한 자기장

2021년 10월 교육청 19번 | 정답 ④ | 문제편 46 p

출제 의도 전류에 의한 자기장의 세기 및 합성에 대한 이해를 묻는 문항이다.

그림 (가)와 같이 xy평면에 고정된 무한히 긴 직선 도선 A, B, C에 화살표 방향으로 전류가 흐른다. A와 B 중 하나에는 일정한 전류가, 다른 하나에는 세기를 바꿀 수 있는 전류 I가 흐른다. C에 흐르는 전류의 세기는 I_0으로 일정하다. 그림 (나)는 (가)의 점 p에서 A, B, C의 전류에 의한 자기장의 세기를 I에 따라 나타낸 것이다.

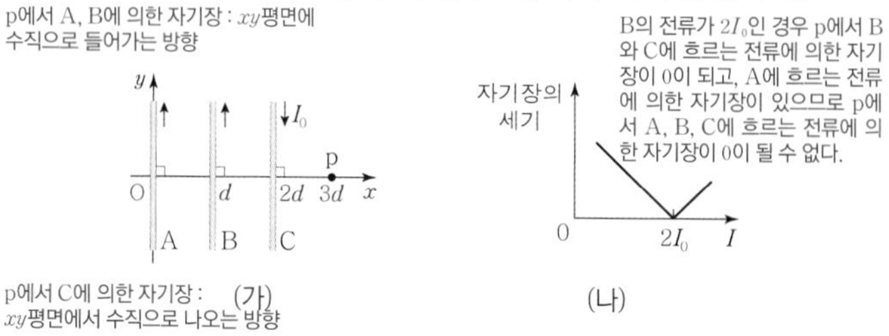

p에서 A, B에 의한 자기장 : xy평면에 수직으로 들어가는 방향
y
I0
p
O
d
2d
3d
x
A
B
C
p에서 C에 의한 자기장 : xy평면에서 수직으로 나오는 방향
자기장의 세기
0
2I0
I
B의 전류가 2I0인 경우 p에서 B와 C에 흐르는 전류에 의한 자기장이 0이 되고, A에 흐르는 전류에 의한 자기장이 있으므로 p에서 A, B, C에 흐르는 전류에 의한 자기장이 0이 될 수 없다.

(가) (나)

A와 B 중 일정한 전류가 흐르는 도선과 그 도선에 흐르는 전류의 세기로 옳은 것은? [3점]

	도선	전류의 세기		도선	전류의 세기
①	A	$\frac{8}{3}I_0$	②	A	$\frac{9}{2}I_0$
③	B	$\frac{1}{2}I_0$	④	B	$\frac{2}{3}I_0$
⑤	B	$\frac{28}{9}I_0$			

✓ 자료 해석

- B의 전류가 $2I_0$일 경우 p에서 자기장이 0이 될 수 없다.

보기 풀이 $I=2I_0$이 B에 흐르면 p에서 A, B, C에 의한 자기장이 0이 될 수 없으므로 I는 A에 흐른다. 또한 p에서 A, B, C에 의한 자기장의 세기를 B_A, B_B, B_C라고 하면, $B_A+B_B=B_C$, $B_A=\frac{2}{3}B_C$이므로 $B_B=\frac{1}{3}B_C$이다.

따라서 B에 흐르는 전류의 세기는 $\frac{2}{3}I_0$이다.

문제풀이 Tip

A 또는 B에 $2I_0$의 전류가 흐를 때 p에서의 자기장을 구해 I가 흐르는 도선을 파악할 수 있어야 한다.

선택지 비율	❶ 78%	② 2%	③ 7%	④ 10%	⑤ 3%

24 물질의 자성

2021년 10월 교육청 1번 | 정답 ① | 문제편 46 p

출제 의도 물질의 자성의 종류에 대한 이해를 묻는 문항이다.

그림은 자석이 냉장고의 철판에는 붙고, 플라스틱판에는 붙지 않는 현상에 대한 학생 A, B, C의 대화를 나타낸 것이다.

제시한 내용이 옳은 학생만을 있는 대로 고른 것은?

① A ② B ③ A, B ④ A, C ⑤ B, C

✓ 자료 해석

- 자석에 붙는 것은 강자성체, 상자성체이다.
- 자석에 붙지 않는 플라스틱은 강자성체나 상자성체가 아니다.

보기 풀이 A : 자석은 강자성체이므로 자화된 상태를 유지하고 있는 것이다.

× 매력적 오답 B : 플라스틱은 강자성체가 아니므로 외부 자기장을 제거하면 자화된 상태를 유지하지 못한다.

C : 강자성체인 철은 외부 자기장과 같은 방향으로 자기화된다.

문제풀이 Tip

강자성체와 상자성체는 외부 자기장의 방향으로 자기화되어, 외부 자기력에 의해 당겨지는 힘을 받는다는 사실을 이해하고 있어야 한다.

선택지 비율	① 7%	❷ 62%	③ 13%	④ 12%	⑤ 5%

25 전류에 의한 자기장

2021년 7월 교육청 14번 | 정답 ② | 문제편 47 p

출제 의도 직선 전류에 의한 자기장의 세기와 방향에 대해 이해하고 있는지 묻는 문항이다.

그림 (가), (나)는 수평면에 수직으로 고정된 무한히 긴 하나의 직선 도선에 전류 I_1이 흐를 때와 전류 I_2가 흐를 때, 각각 도선으로부터 북쪽으로 거리 r, $3r$만큼 떨어진 곳에 놓인 나침반의 자침이 45°만큼 회전하여 정지한 것을 나타낸 것이다. (나)에서 점 P는 도선으로부터 북쪽으로 $2r$만큼 떨어진 곳이다.

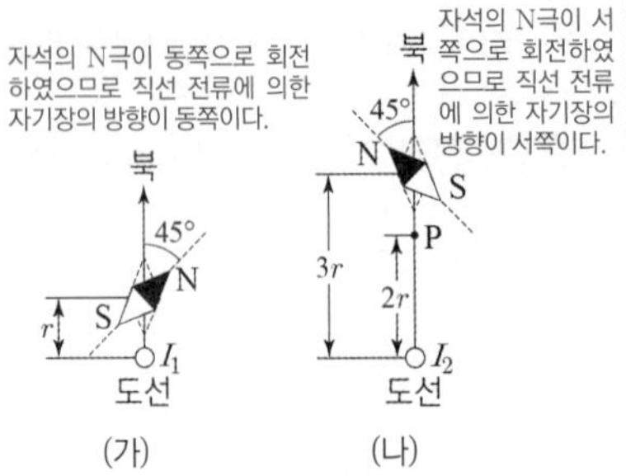

이에 대한 설명으로 옳은 것만을 〈보기〉에서 있는 대로 고른 것은? (단, 지구에 의한 자기장은 균일하고, 자침의 크기와 도선의 두께는 무시한다.) [3점]

보기

ㄱ. I_1의 방향은 I_2의 방향과 ~~같다~~. 반대이다.

ㄴ. I_1의 세기는 I_2의 세기의 $\frac{1}{3}$배이다.

ㄷ. (나)에서 나침반을 P로 옮기면 자침의 N극이 북쪽과 이루는 각은 45°보다 ~~작아진다~~. 커진다.

① ㄱ ② ㄴ ③ ㄷ ④ ㄴ, ㄷ ⑤ ㄱ, ㄴ, ㄷ

✓ 자료 해석

- (가)에서는 자기장의 방향이 시계 방향이므로 직선 도선에 흐르는 전류의 방향은 종이면에 수직으로 들어가는 방향이다.
- (나)에서는 자기장의 방향이 시계 반대 방향이므로 직선 도선에 흐르는 전류의 방향은 종이면에서 수직으로 나오는 방향이다.

O 보기풀이 직선 전류에 의한 자기장의 세기는 전류의 세기에 비례하고, 도선으로부터의 거리에 반비례한다.

ㄴ. 나침반의 위치에 만드는 전류에 의한 자기장의 세기는 같으므로 $\frac{I_1\text{의 세기}}{r} = \frac{I_2\text{의 세기}}{3r}$에서 $3 \cdot I_1$의 세기$=I_2$의 세기이다.

× 매력적 오답 ㄱ. 자침이 회전한 방향이 (가)와 (나)에서 반대이므로 도선에 흐르는 I_1과 I_2의 방향은 반대이다.

ㄷ. 도선으로부터의 거리가 가까울수록 자기장의 세기는 커진다. 따라서 (나)에서 나침반을 P로 옮기면 자침의 N극이 북쪽과 이루는 각은 45°보다 커진다.

문제풀이 Tip

- 직선 전류에 의한 자기장
  → 방향 : 오른손 엄지손가락을 전류의 방향으로 하고, 나머지 네 손가락으로 도선을 감아쥘 때 감기는 방향
  → 세기 : 전류의 세기에 비례하고, 도선으로부터 거리에 반비례한다.
  $B=k\frac{I}{r}$

선택지 비율	① 13%	② 5%	❸ 66%	④ 6%	⑤ 9%

26 전류에 의한 자기장

2021년 4월 교육청 11번 | 정답 ③ | 문제편 47 p

출제 의도 직선 도선과 원형 도선에 의한 자기장과 자기장 합성에 대한 이해를 묻는 문항이다.

그림과 같이 원형 도선 P와 무한히 긴 직선 도선 Q가 xy평면에 고정되어 있다. Q에는 세기가 I인 전류가 $-y$방향으로 흐른다. 원점 O는 P의 중심이다. 표는 O에서 P, Q에 흐르는 전류에 의한 자기장의 세기를 P에 흐르는 전류에 따라 나타낸 것이다.

직선 도선에 의해 O에는 xy평면에 수직으로 들어가는 방향으로 자기장이 형성된다.

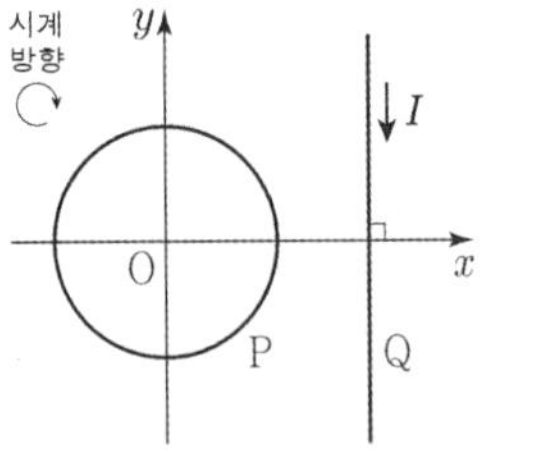

P에 흐르는 전류		O에서 P, Q에 흐르는 전류에 의한 자기장의 세기
세기	방향	
0	없음	B_0
I_0	㉠	0
$2I_0$	시계 방향	㉡

두 번째 조건에서는 P에 의해 O에는 xy평면에서 수직으로 나오는 방향으로 자기장이 형성된다.

이에 대한 설명으로 옳은 것만을 〈보기〉에서 있는 대로 고른 것은? [3점]

보기

ㄱ. O에서 Q에 흐르는 전류에 의한 자기장의 방향은 xy평면에 수직으로 들어가는 방향이다.

ㄴ. ㉠은 ~~시계 방향이다~~. 시계 반대 방향이다.

ㄷ. ㉡은 $2B_0$보다 크다.

① ㄱ ② ㄴ ③ ㄱ, ㄷ ④ ㄴ, ㄷ ⑤ ㄱ, ㄴ, ㄷ

✓ 자료 해석

- 직선 도선에 의한 자기장의 방향 : 오른손 법칙에 의해 O에서 xy평면에 수직으로 들어가는 방향이다.
- 원형 도선에 흐르는 전류의 방향 : 오른손 엄지손가락을 중심에서의 자기장의 방향으로 하고, 나머지 네 손가락을 감아쥘 때 감기는 방향이다.

O 보기풀이 ㄱ. Q에 흐르는 전류의 방향이 $-y$방향이므로 앙페르 오른나사 법칙을 적용하면 O에서 Q에 흐르는 전류에 의한 자기장의 방향은 xy평면에 수직으로 들어가는 방향이다.

ㄷ. P에 흐르는 전류의 세기가 $2I_0$이고, O에서 P, Q에 흐르는 전류에 의한 자기장의 방향이 같으므로 ㉡은 $3B_0$이다.

× 매력적 오답 ㄴ. P에 흐르는 전류의 세기가 I_0일 때, O에서 자기장은 0이므로 P에 흐르는 전류에 의한 자기장의 방향은 xy평면에서 수직으로 나오는 방향이다. 따라서 ㉠은 시계 반대 방향이다.

문제풀이 Tip

직선 도선과 원형 도선에 의한 자기장이 0인 것으로부터 원형 도선에 의한 자기장의 방향을 판단할 수 있어야 한다.

선택지 비율	① 6%	② 6%	③ 16%	❹ 59%	⑤ 14%

27 물질의 자성

2021년 4월 교육청 12번 | 정답 ④ | 문제편 47 p

(출제 의도) 물질의 자성에 대해 이해하고 있는지 묻는 문항이다.

그림 (가)와 같이 천장에 실로 연결된 자석의 연직 아래 수평면에 자기화되지 않은 물체 A를 놓았더니 A가 정지해 있다. 그림 (나)와 같이 (가)에서 자석을 자기화되지 않은 물체 B로 바꾸어 연결하고 A를 이동시켰더니 B가 A 쪽으로 기울어져 정지해 있다. B는 상자성체, 반자성체 중 하나이다.

A, B 사이에 인력이 작용하므로 A는 강자성체, B는 상자성체이다.

(가) (나)

이에 대한 설명으로 옳은 것만을 <보기>에서 있는 대로 고른 것은?

보기

ㄱ. A는 외부 자기장과 ~~반대 방향으로 자기화된다~~. (같은 방향으로 자기화된다.)

ㄴ. (가)에서 실이 자석에 작용하는 힘의 크기는 자석의 무게보다 크다.

ㄷ. B는 상자성체이다.

① ㄱ ② ㄴ ③ ㄱ, ㄷ ④ ㄴ, ㄷ ⑤ ㄱ, ㄴ, ㄷ

✓ 자료 해석

- 외부 자기장을 치워도 자기화된 상태를 유지하는 A는 강자성체이다.
- 자기화된 A에 끌리는 힘을 받는 B는 상자성체이다.

O 보기풀이 ㄴ. 강자성체는 외부 자기장과 같은 방향으로 자기화되므로 자석과 A에는 서로 당기는 방향으로 자기력이 작용한다. 따라서 (가)에서 실이 자석에 작용하는 힘의 크기는 자석의 무게보다 크다.

ㄷ. B가 A 쪽으로 기울어져 정지했으므로 A와 B에는 서로 당기는 방향으로 자기력이 작용한다. 따라서 B는 상자성체이다.

× 매력적 오답 ㄱ. A는 외부 자기장을 제거하여도 자성을 유지하였으므로 강자성체이다.

문제풀이 Tip

자기장 제거 후 자성을 유지하는지 여부로부터 강자성체인지를 판단할 수 있어야 한다.

선택지 비율	❶ 55%	② 19%	③ 14%	④ 9%	⑤ 3%

28 전류에 의한 자기장

2021년 3월 교육청 14번 | 정답 ① | 문제편 47 p

(출제 의도) 원형 도선과 직선 도선에 의한 자기장과 자기장의 합성을 이해하고 있는지 묻는 문항이다.

그림 (가)는 원형 도선 P와 무한히 긴 직선 도선 Q가 xy 평면에 고정되어 있는 모습을, (나)는 (가)에서 Q만 옮겨 고정시킨 모습을 나타낸 것이다. P, Q에는 각각 화살표 방향으로 세기가 일정한 전류가 흐른다. (가), (나)의 원점 O에서 자기장의 세기는 같고 방향은 반대이다.

O에서 자기장의 방향은 (가)에서는 xy평면에 수직으로 들어가는 방향, (나)에서는 xy평면에서 수직으로 나오는 방향이다.

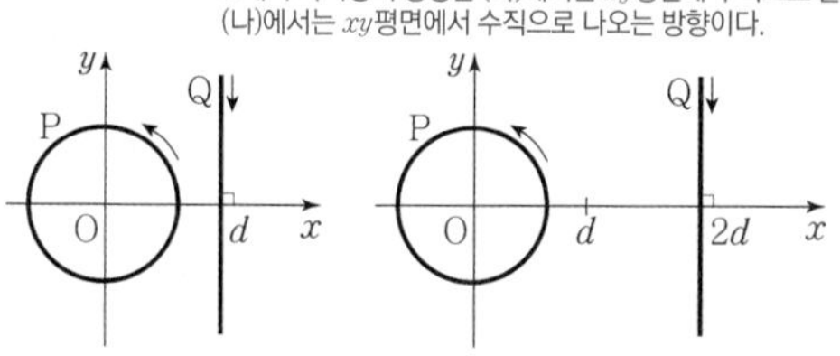

(가) (나)

(가)의 O에서 P, Q의 전류에 의한 자기장의 세기를 각각 B_P, B_Q라고 할 때, $\frac{B_Q}{B_P}$는? (단, 지구 자기장은 무시한다.) [3점]

① $\frac{4}{3}$ ② $\frac{3}{2}$ ③ $\frac{8}{5}$ ④ $\frac{5}{3}$ ⑤ $\frac{7}{4}$

✓ 자료 해석

- P에 의해서는 xy평면에서 수직으로 나오는 방향, Q에 의해서는 xy평면에 수직으로 들어가는 방향으로 자기장이 형성된다.
- Q가 O에서 멀어지면 O에서 Q에 의한 자기장의 세기가 감소한다.

O 보기풀이 P, Q는 O에 각각 xy평면에서 나오는 방향과 xy평면에 들어가는 방향의 자기장을 만든다. (나)의 Q가 O에 만드는 자기장의 세기는 $\frac{B_Q}{2}$이고, O에서 자기장의 방향이 바뀌므로 $B_P - B_Q = -\left(B_P - \frac{B_Q}{2}\right)$에서 $\frac{B_Q}{B_P} = \frac{4}{3}$이다.

문제풀이 Tip

Q의 변화에 의해 자기장의 방향이 바뀌는 것으로부터 (가), (나)에서 자기장의 방향은 Q에 의해 결정된다는 점을 이용한다.

Part I 교육청

선택지 비율	❶ 58%	② 7%	③ 18%	④ 9%	⑤ 8%

29 물질의 자성

2021년 3월 교육청 15번 | 정답 ① | 문제편 48 p

출제 의도 물질의 자성에 대한 이해를 묻는 문항이다.

그림 (가)와 같이 자석 주위에 자기화되어 있지 않은 자성체 A, B를 놓았더니 자석으로부터 각각 화살표 방향으로 자기력을 받았다. 그림 (나)는 (가)에서 자석을 치운 후 A와 B를 가까이 놓은 모습을 나타낸 것으로, B는 A로부터 자기력을 받는다.

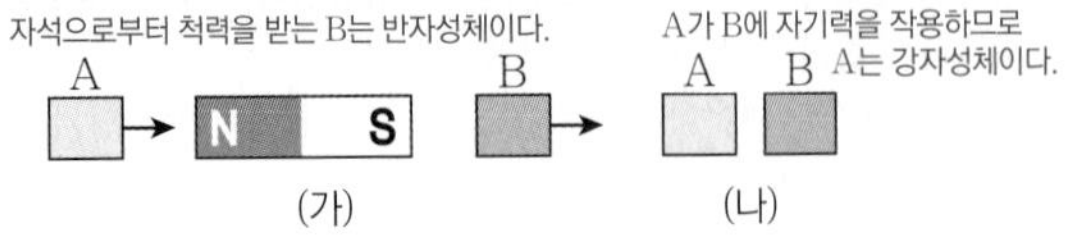

이에 대한 옳은 설명만을 〈보기〉에서 있는 대로 고른 것은?

> 보기
> ㄱ. B는 반자성체이다.
> ㄴ. (가)에서 A와 B는 ~~같은~~(반대) 방향으로 자기화되어 있다.
> ㄷ. (나)에서 A, B 사이에는 서로 ~~당기는~~(밀어내는) 자기력이 작용한다.

① ㄱ ② ㄴ ③ ㄱ, ㄴ ④ ㄱ, ㄷ ⑤ ㄴ, ㄷ

✔ 자료 해석

- 자석으로부터 인력을 받는 경우 : 강자성체, 상자성체
- 자석으로부터 척력을 받는 경우 : 반자성체

O 보기 풀이 ㄱ. B는 자석에서 밀려나므로 반자성체이다.

✕ 매력적 오답 ㄴ. A, B는 각각 자석과 같은 방향, 반대 방향으로 자기화된다. 따라서 (가)에서 A와 B는 반대 방향으로 자기화되어 있다.

ㄷ. (나)에서 자석을 치운 후 A와 B 사이에 자기력이 작용하므로 A는 자기화된 상태를 유지하는 강자성체이며, A와 B 사이에는 서로 미는 자기력이 작용한다.

문제풀이 Tip

- 자석으로부터 힘을 받는 방향으로부터 물질의 자성을 판단한다.
  → (인력 : 강자성체, 상자성체. 척력 : 반자성체)
- 자석을 치운 후에 자성을 유지하는지 여부에 따라 강자성체 여부를 판단한다.
  → (자성 유지 : 강자성체, 자성 잃음 : 상자성체, 반자성체)

선택지 비율	① 8%	② 1%	❸ 80%	④ 2%	⑤ 6%

30 전류에 의한 자기 작용

2020년 10월 교육청 18번 | 정답 ③ | 문제편 48 p

출제 의도 솔레노이드 주위에 생기는 자기장 속에서 금속 물체에 작용하는 힘의 방향을 찾는 문항이다.

그림은 어떤 전기밥솥에서 수증기의 양을 조절하는 데 사용되는 밸브의 구조를 나타낸 것이다. 스위치 S가 열리면 금속 봉 P가 관을 막고, S가 닫히면 솔레노이드로부터 P가 위쪽으로 힘 F를 받아 관이 열린다.

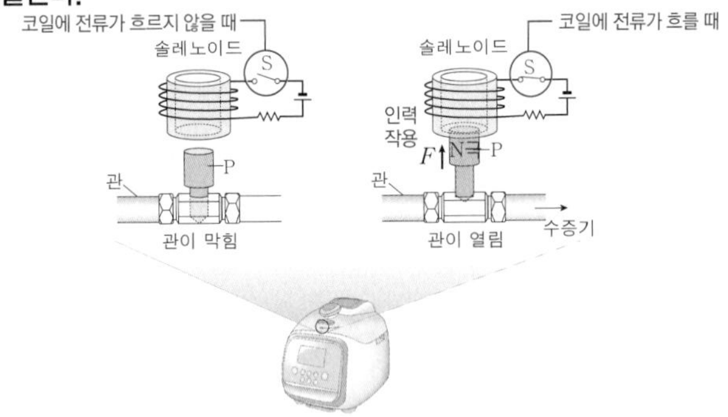

S를 닫았을 때에 대한 옳은 설명만을 〈보기〉에서 있는 대로 고른 것은?

> 보기
> ㄱ. F는 자기력이다.
> ㄴ. 솔레노이드 내부에는 아래쪽 방향으로 자기장이 생긴다.
> ㄷ. ~~P에 작용하는 중력~~(P가 솔레노이드를 당기는 힘)과 F는 작용 반작용 관계이다.

① ㄱ ② ㄷ ③ ㄱ, ㄴ ④ ㄴ, ㄷ ⑤ ㄱ, ㄴ, ㄷ

✔ 자료 해석

- 스위치 S가 열려 있을 때는 솔레노이드에 전류가 흐르지 않고, S가 닫히면 전류가 흐른다.
  - S가 닫히면 솔레노이드에 흐르는 전류에 의해 자기장이 생긴다.
  - 솔레노이드에 흐르는 전류의 방향으로 오른손의 네 손가락을 감아쥐면 엄지손가락이 가리키는 방향이 자기장의 방향이다.
- 솔레노이드에 의한 자기장 속에서 자성체인 금속 봉 P가 자기력(인력)을 받아 들어 올려지면서 관 내부의 수증기가 배출된다.

O 보기 풀이 ㄱ. 금속 봉은 솔레노이드에 흐르는 전류에 의한 자기장 속에서 자기력 F를 받는다.

ㄴ. 오른손의 네 손가락을 전류의 방향으로 감아쥘 때 엄지손가락의 방향이 솔레노이드 내부에서의 자기장 방향이다. 따라서 솔레노이드 내부에는 아래쪽 방향으로 자기장이 생긴다.

✕ 매력적 오답 ㄷ. F는 솔레노이드가 P를 당기는 힘이므로 F의 반작용은 P가 솔레노이드를 당기는 힘이다.

문제풀이 Tip

강자성체와 상자성체는 외부 자기장의 방향으로 자기화되므로 서로 끌어당기는 자기력이 작용한다는 사실을 이해하고 있어야 한다.

선택지 비율	① 1%	② 1%	③ 4%	④ 3%	❺ 88%

31 자성체의 종류

2020년 10월 교육청 14번 | 정답 ⑤ | 문제편 48 p

출제 의도 간단한 실험의 결과로부터 물질의 자성을 확인하여 자성체의 종류를 구분하고 특징에 대해 묻는 문항이다.

그림 (가)는 철 바늘을 물 위에 띄웠더니 회전하여 북쪽을 가리키는 모습을, (나)는 플라스틱 빨대에 자석을 가까이 하였더니 빨대가 자석으로부터 멀어지는 모습을 나타낸 것이다.

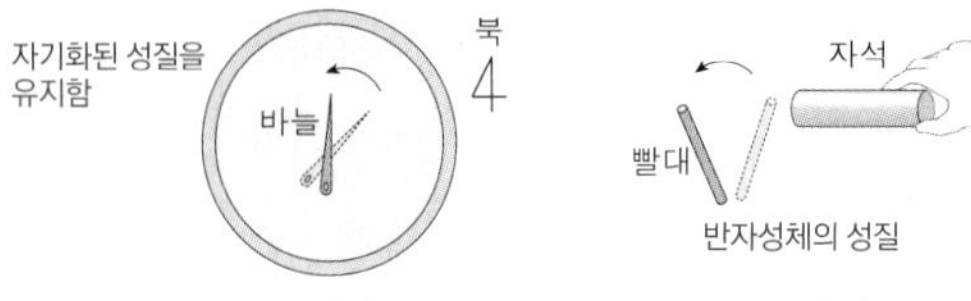

(가) (나)

이에 대한 옳은 설명만을 〈보기〉에서 있는 대로 고른 것은?

보기
ㄱ. (가)의 철 바늘은 자기화되어 있다.
ㄴ. 철 바늘은 강자성체이다.
ㄷ. 플라스틱 빨대는 반자성체이다.

① ㄱ ② ㄷ ③ ㄱ, ㄴ ④ ㄴ, ㄷ ⑤ ㄱ, ㄴ, ㄷ

✓ 자료 해석

자성체의 성질을 다음과 같이 정리할 수 있다.

구분	강자성체	상자성체	반자성체
외부 자기장을 가할 때	자기장과 같은 방향으로 자기화됨	자기장과 같은 방향으로 약하게 자기화됨	자기장과 반대 방향으로 자기화됨
외부 자기장을 제거할 때	자성이 유지됨	자성이 바로 사라짐	자성이 바로 사라짐

• (가)에서 물에 띄운 철 바늘이 지구 자기장 방향으로 정렬하는 것은 철 바늘이 자기화되어 자성을 유지하기 때문이다.
• (나)에서 빨대가 자석에 의해 밀려나는 것은 플라스틱 빨대가 외부 자기장과 반대 방향으로 자기화되는 반자성체이기 때문이다.

○ 보기풀이 ㄱ. 철 바늘이 물 위에서 북쪽을 가리키는 것은 지구 자기장의 방향으로 자기화되어 있기 때문이다.
ㄴ. 철 바늘은 자기화를 유지하고 있는 강자성체이다.
ㄷ. 빨대가 자석에 의해 만들어진 외부 자기장에 의해 밀려나므로 플라스틱 빨대는 반자성체이다.

문제풀이 Tip
외부 자기장을 제거할 때 자성을 띠는지 여부와 자성체 사이에 작용하는 힘의 방향을 확인하여 자성체의 종류를 알 수 있어야 한다.

선택지 비율	① 7%	② 11%	③ 6%	④ 7%	❺ 66%

32 물질의 자성

2020년 7월 교육청 11번 | 정답 ⑤ | 문제편 48 p

출제 의도 자성체의 성질과 자성체 사이에 작용하는 자기력의 방향을 이해하고 있는지 묻는 문항이다.

그림 (가)와 같이 자화되어 있지 않은 자성체 A와 B를 각각 막대자석에 가까이 하였더니, A와 자석 사이에는 서로 미는 자기력이 작용하였고(척력) B와 자석 사이에는 서로 당기는 자기력이 작용하였다(인력). 그림 (나)와 같이 (가)에서 막대자석을 치운 후 A와 B를 가까이 하였더니, A와 B 사이에는 자기력이 작용하였다. 그림 (다)는 실에 매달린 막대자석 연직 아래의 수평한 지면 위에 A를 놓은 것을 나타낸 것이다.

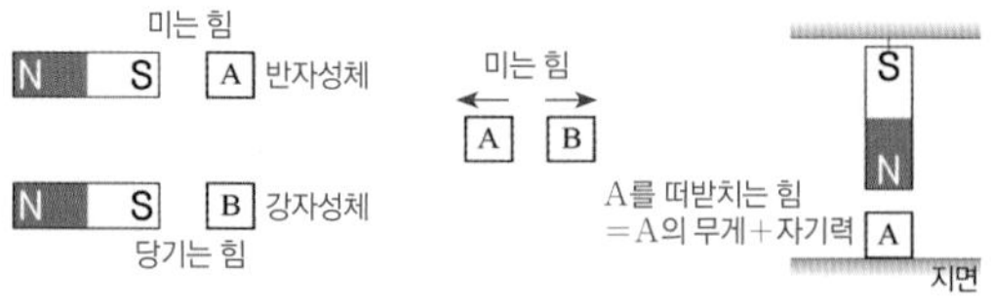

(가) (나) (다)

이에 대한 설명으로 옳은 것만을 〈보기〉에서 있는 대로 고른 것은? [3점]

보기
ㄱ. A는 ~~강자성체~~이다. 반자성체
ㄴ. (나)에서 A와 B 사이에는 서로 미는 자기력이 작용한다.
ㄷ. (다)에서 지면이 A를 떠받치는 힘의 크기는 A의 무게보다 크다.

① ㄴ ② ㄷ ③ ㄱ, ㄴ ④ ㄱ, ㄷ ⑤ ㄴ, ㄷ

✓ 자료 해석

• (가)에서 A와 자석 사이에는 서로 미는 자기력이 작용하므로, A는 자석에 의한 자기장과 반대 방향으로 자화(자기화)된 반자성체이다. 또, B와 자석 사이에는 당기는 힘이 작용하므로, B는 자석에 의한 자기장과 같은 방향으로 자화(자기화)된 강자성체이다.
• (나)에서 반자성체 A와 강자성체 B 사이에는 미는 힘이 작용한다.
• (다)에서 지면이 A를 떠받치는 힘의 크기는 A의 무게와 A에 작용하는 자기력(척력)을 더한 것과 같다.

○ 보기풀이 ㄴ. 반자성체인 A와 강자성체인 B 사이에는 서로 미는 자기력이 작용한다.
ㄷ. 지면이 A를 떠받치는 힘의 크기는 A의 무게와 자석이 A에 작용하는 자기력(척력)의 합과 같다.

× 매력적 오답 ㄱ. A와 자석 사이에는 서로 미는 자기력이 작용하므로 A는 반자성체이고, B와 자석 사이에는 서로 당기는 자기력이 작용하고, A와 B 사이에 자기력이 작용하므로 B는 강자성체이다.

문제풀이 Tip
외부 자기장(자석에 의한 자기장) 속에 놓인 자성체가 자화(자기화)되는 방향을 파악할 수 있어야 자기력의 방향도 찾을 수 있다.

02 뉴턴 운동 법칙

선택지 비율	① 5%	② 20%	❸ 34%	④ 28%	⑤ 13%

1 운동 제2법칙

2025학년도 수능 18번 | 정답 ③ | 문제편 50 p

출제 의도 계의 각 물체에 작용하는 알짜힘을 정의하고, 운동 방정식을 세울 수 있는지 묻는 문항이다.

그림 (가)는 물체 A, B, C를 실 p, q로 연결하고 A에 수평 방향으로 일정한 힘 20 N을 작용하여 물체가 등가속도 운동하는 모습을, (나)는 (가)에서 A에 작용하는 힘 20 N을 제거한 후, 물체가 등가속도 운동하는 모습을 나타낸 것이다. (가)와 (나)에서 물체의 가속도의 크기는 a로 같다. p가 B를 당기는 힘의 크기와 q가 B를 당기는 힘의 크기의 비는 (가)에서 2 : 3이고, (나)에서 2 : 9이다.

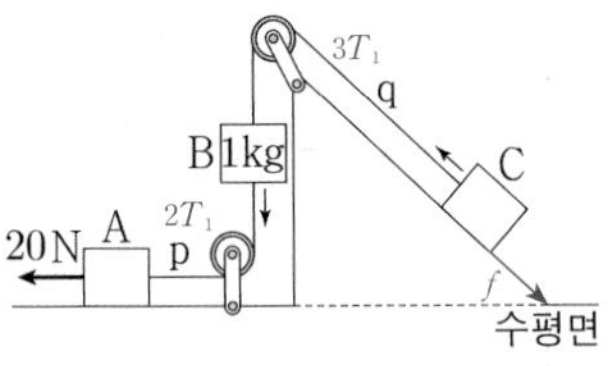

(가)

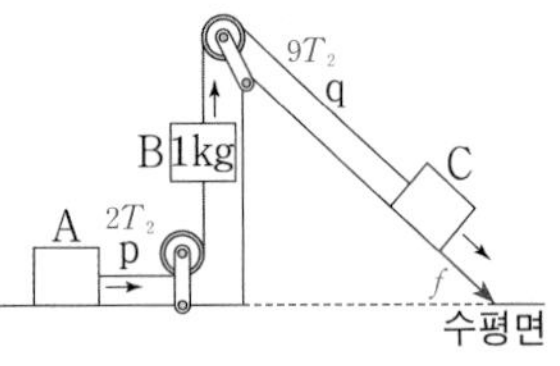

(나)

이에 대한 설명으로 옳은 것만을 〈보기〉에서 있는 대로 고른 것은? (단, 중력 가속도는 10 m/s^{2}이고, 물체는 동일 연직면상에서 운동하며, 실의 질량, 공기 저항과 모든 마찰은 무시한다.) [3점]

보기

ㄱ. p가 A를 당기는 힘의 크기는 (가)에서가 (나)에서의 5배이다.

ㄴ. $a=\frac{5}{3}$ m/s^{2}이다.

ㄷ. C의 질량은 ~~4 kg이다~~. 3 kg이다.

① ㄱ ② ㄷ ③ ㄱ, ㄴ ④ ㄴ, ㄷ ⑤ ㄱ, ㄴ, ㄷ

✓ 자료 해석

- A, B, C에 작용하는 합력
  (가) A : $20-2T_2$, B : $2T_1+10-3T_1$, C : $3T_1-f$
  (나) A : $2T_2$, B : $9T_2-2T_2-10$, C : $f-9T_2$

O 보기 풀이 (가), (나)에서 p가 B를 당기는 힘의 크기를 각각 $2T_1$, $2T_2$, q가 B를 당기는 힘의 크기를 각각 $3T_1$, $9T_2$, C에 작용하는 중력에 의해 빗면 아래 방향으로 작용하는 힘의 크기를 f, A, C의 질량을 각각 m_A, m_C라고 하면 (가), (나)의 A, B, C에 대해 각각

(가) A : $20-2T_1=m_Aa$ ⋯ ①,
B : $2T_1+1\times10-3T_1=1\times a$ ⋯ ②,
C : $3T_1-f=m_Ca$ ⋯ ③,
(나) A : $2T_2=m_Aa$ ⋯ ④,
B : $9T_2-2T_2-1\times10=1\times a$ ⋯ ⑤,
C : $f-9T_2=m_Ca$ ⋯ ⑥

의 식이 각각 성립하고 ①, ④와 ②, ⑤의 식에 의해 $T_1+T_2=10$, $T_1+7T_2=20$이므로 $T_1=\frac{25}{3}$ N, $T_2=\frac{5}{3}$ N이다.

ㄱ. (가), (나)에서 p가 A를 당기는 힘의 크기는 각각 $2T_1$, $2T_2$이므로 (가)에서가 (나)에서의 5배이다.

ㄴ. T_1을 ②에 대입하면 $a=\frac{5}{3}$ m/s^2 이다.

✕ 매력적 오답 ㄷ. ③, ⑥에 의해 $2f=3T_1+9T_2=40$ (N)이므로 $f=20$ N이고, ③에서 $25-20=m_C\times\frac{5}{3}$이므로 C의 질량 $m_C=3$ kg이다.

문제풀이 Tip

p, q에 작용하는 힘의 크기를 (가)에서 $2T_1$, $3T_1$, (나)에서 $2T_2$, $9T_2$로 하고, A, B, C에 작용하는 알짜힘을 구하여 운동 방정식을 세운 후, 각 식을 적절히 연립하면 해결할 수 있다.

선택지 비율	❶ 78%	② 3%	③ 12%	④ 5%	⑤ 2%

2 작용 반작용 법칙과 힘의 평형

2025학년도 수능 5번 | 정답 ① | 문제편 50 p

출제 의도 운동 제3법칙을 이해하고 있는지 묻는 문항이다.

그림은 실 p로 연결된 물체 A와 자석 B가 정지해 있고, B의 연직 아래에는 자석 C가 실 q에 연결되어 정지해 있는 모습을 나타낸 것이다. A, B, C의 질량은 각각 4 kg, 1 kg, 1 kg이고, B와 C 사이에 작용하는 자기력의 크기는 20 N이다.

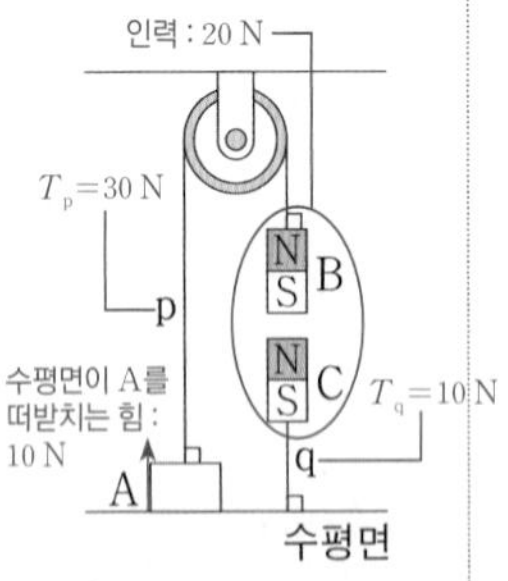

이에 대한 설명으로 옳은 것만을 〈보기〉에서 있는 대로 고른 것은? (단, 중력 가속도는 10 m/s^{2}이고, 실의 질량과 모든 마찰은 무시하며, 자기력은 B와 C 사이에만 작용한다.)

보기

ㄱ. 수평면이 A를 떠받치는 힘의 크기는 10 N이다.

ㄴ. B에 작용하는 중력과 ~~p가 B를~~ 당기는 힘은 작용 반작용 관계이다. B가 지구를

ㄷ. B가 C에 작용하는 자기력의 크기는 q가 C를 당기는 힘~~의 크기와 같다~~. 힘의 크기와 C의 중력의 크기의 합과 같다.

① ㄱ ② ㄴ ③ ㄱ, ㄷ ④ ㄴ, ㄷ ⑤ ㄱ, ㄴ, ㄷ

✓ 자료 해석

- A에 작용하는 합력 : T_p-40+수평면이 A를 떠받치는 힘$=0$
- B에 작용하는 합력 : $T_p-20-10=0$, ∴ $T_p=30$ N
- C에 작용하는 합력 : $20-10-T_q=0$, ∴ $T_q=10$ N

O 보기 풀이 정지해 있는 B에 작용하는 연직 아래 방향의 자기력과 중력의 크기가 각각 20 N, 10 N이므로 p가 A, B에 작용하는 힘의 크기는 30 N이다.

ㄱ. 무게가 40 N인 A가 정지해 있으므로 수평면이 A를 떠받치는 힘의 크기는 $40-30=10$(N)이다.

✕ 매력적 오답 ㄴ. B에 작용하는 중력은 B가 지구를 당기는 힘과 작용 반작용 관계이며 p가 B를 당기는 힘은 B가 p를 당기는 힘과 작용 반작용 관계이다.

ㄷ. 정지해 있는 무게 10 N인 C에 연직 위쪽 방향으로 20 N의 자기력이 작용하고 있으므로 q가 C를 연직 아래 방향으로 당기는 힘의 크기는 $20-10=10$(N)이다. 따라서 B가 C에 작용하는 자기력의 크기(20 N)는 q가 C를 당기는 힘(10 N)의 크기보다 크다.

문제풀이 Tip

각 물체에 작용하는 힘을 그림에 표시하고, 각 물체에 작용하는 합력의 크기가 0임을 이용하여 미지의 힘을 구하고, 운동의 법칙을 적용하면 해결할 수 있다.

선택지 비율	① 6%	② 5%	③ 11%	④ 13%	⑤ 66%

3 운동 제2법칙

2025학년도 9월 평가원 19번 | 정답 ⑤ | 문제편 50 p

출제 의도 계의 운동 방정식을 세울 수 있는지, 등가속도 운동의 식을 활용할 수 있는지 묻는 문항이다.

그림 (가)와 같이 질량이 각각 $2m$, m, $3m$인 물체 A, B, C를 실로 연결하고 B를 점 p에 가만히 놓았더니 A, B, C는 등가속도 운동을 한다. 그림 (나)와 같이 B가 점 q를 속력 v_0으로 지나는 순간 B와 C를 연결한 실이 끊어지면, A와 B는 등가속도 운동하여 B가 점 r에서 속력이 0이 된 후 다시 q와 p를 지난다. p, q, r는 수평면상의 점이다.

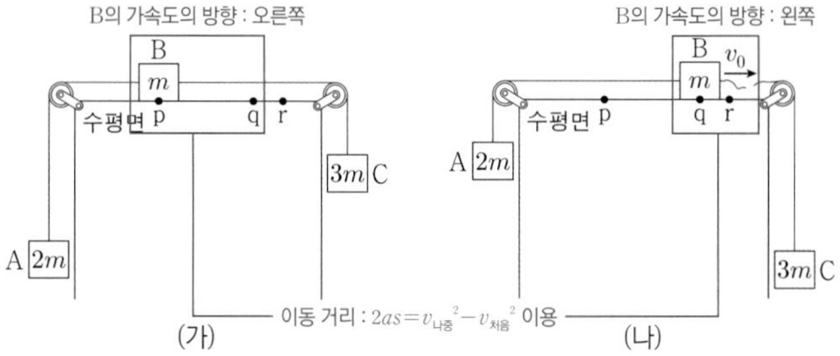

이에 대한 설명으로 옳은 것만을 〈보기〉에서 있는 대로 고른 것은? (단, 중력 가속도는 g이고, 물체의 크기, 실의 질량, 모든 마찰과 공기 저항은 무시한다.) [3점]

〈보기〉

ㄱ. (가)에서 B가 p와 q 사이를 지날 때, A에 연결된 실이 A를 당기는 힘의 크기는 $\frac{7}{3}mg$이다.

ㄴ. q와 r 사이의 거리는 $\frac{3v_0^2}{4g}$이다.

ㄷ. (나)에서 B가 p를 지나는 순간 B의 속력은 $\sqrt{5}v_0$이다.

① ㄱ　② ㄷ　③ ㄱ, ㄴ　④ ㄴ, ㄷ　⑤ ㄱ, ㄴ, ㄷ

✓ 자료 해석

- 합력을 이용하여 각 구간에서 B의 가속도를 구한다.
  1) 실이 끊어지기 전 A, B, C에 작용하는 합력$=mg$,
     가속도의 크기$=\frac{1}{6}g$
  2) 실이 끊어진 후 A, B에 작용하는 합력$=2mg$, 가속도의 크기$=\frac{2}{3}g$
- 등가속도 운동식 이용 : $2as=v^2-v_0^2$
  (a : 가속도, s : 이동 거리, $v^2-v_0^2$: 속도 제곱의 변화량)

○ 보기 풀이 p → q에서 B의 가속도 크기를 $a_가$라고 하면 $3mg-2mg=6ma_가$의 식이 성립하므로 $a_가=\frac{1}{6}g$이고, 실이 끊어진 후 q → r → p에서 B의 가속도 크기를 $a_나$라고 하면 $2mg=3ma_나$의 식이 성립하므로 $a_나=\frac{2}{3}g$이다.

ㄱ. A에 연결된 실이 A를 당기는 힘의 크기를 T라고 하면 $T-2mg=2m\times\frac{1}{6}g$의 식이 성립한다. 따라서 (가)에서 B가 p와 q 사이를 지날 때, A에 연결된 실이 A를 당기는 힘의 크기 $T=\frac{7}{3}mg$이다.

ㄴ. q와 r 사이의 거리를 s라고 하면 q와 r에서 B의 속력이 각각 v_0, 0이므로 $0-v_0^2=2\left(-\frac{2}{3}g\right)s$의 식이 성립한다. 따라서 q와 r 사이의 거리 $s=\frac{3v_0^2}{4g}$이다.

ㄷ. p와 q 사이의 거리를 s'라고 하면 (가)의 p, q에서 B의 속력이 각각 0, v_0이므로 $v_0^2-0=2\left(\frac{1}{6}g\right)s'$의 식이 성립하고 $s'=\frac{3v_0^2}{g}$이다. 따라서 (나)에서 B가 p를 지나는 순간 B의 속력을 v라고 할 때 $v^2-0=2\left(\frac{2}{3}g\right)\left(\frac{3v_0^2}{4g}+\frac{3v_0^2}{g}\right)$의 식이 성립하므로 (나)에서 B가 p를 지나는 순간 B의 속력 $v=\sqrt{5}v_0$이다.

문제풀이 Tip

계의 합력을 구한 다음, 합력을 이용하여 계의 운동 방정식을 세워 가속도를 구하고, 이를 이용하여 각 물체의 운동 방정식을 세우거나 등가속도 운동의 식을 적용하면 어렵지 않게 해결할 수 있다.

Part II 수능 평가원

선택지 비율	① 2%	❷ 91%	③ 2%	④ 4%	⑤ 1%

4 작용 반작용 법칙과 힘의 평형

2025학년도 9월 평가원 7번 | 정답 ② | 문제편 50 p

출제 의도 운동 제3법칙을 이해하고 있는지 묻는 문항이다.

그림과 같이 수평면에 놓여 있는 자석 B 위에 자석 A가 떠 있는 상태로 정지해 있다. A에 작용하는 중력의 크기와 B가 A에 작용하는 자기력의 크기는 같고, A, B의 질량은 각각 m, $3m$이다.

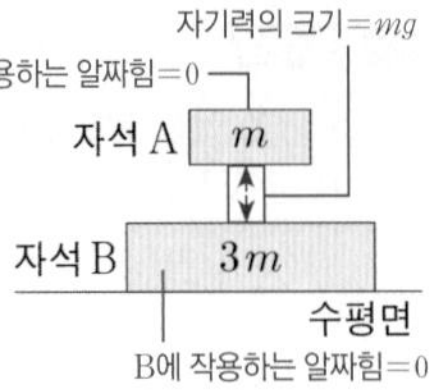

이에 대한 설명으로 옳은 것만을 〈보기〉에서 있는 대로 고른 것은? (단, 중력 가속도는 g이다.) [3점]

보기

ㄱ. A가 B에 작용하는 자기력의 크기는 ~~$3mg$이다~~. mg이다.

ㄴ. 수평면이 B를 떠받치는 힘의 크기는 $4mg$이다.

ㄷ. A에 작용하는 중력과 B가 A에 작용하는 자기력은 ~~작용 반작용 관계이다~~. 힘의 평형 관계이다.

① ㄱ ② ㄴ ③ ㄷ ④ ㄱ, ㄴ ⑤ ㄱ, ㄷ

✓ 자료 해석

- A, B가 정지해 있으므로 각각에 작용하는 알짜힘(합력)은 0이다.
- A : 중력과 자기력이 힘의 평형 관계이다.
  → 자기력의 방향은 연직 위 방향이다.
  → 자기력의 크기=A에 작용하는 중력의 크기=mg
- B : 중력, 자기력, 수평면이 B를 떠받치는 힘이 힘의 평형 관계이다.
  → 자기력의 방향은 연직 아래 방향이다.
  → 자기력의 크기+중력의 크기=수평면이 B를 떠받치는 힘의 크기 =$4mg$

○ 보기풀이 ㄴ. B에는 연직 아래 방향으로 크기 $3mg$의 중력과 크기 mg의 자기력이 작용한다. 따라서 B가 정지해 있으므로 수평면이 B를 떠받치는 힘의 크기는 $4mg$이다.

× 매력적 오답 ㄱ. 질량이 m인 A가 떠 있는 상태로 정지해 있으므로 A에 작용하는 중력과 자기력의 방향은 서로 반대이고, 크기는 서로 같다. 따라서 B가 A에 작용하는 자기력의 크기가 mg이므로 A가 B에 작용하는 자기력의 크기도 mg이다.

ㄷ. A에 작용하는 중력과 작용 반작용 관계인 힘은 A가 지구에 작용하는 중력이며, B가 A에 작용하는 자기력과 작용 반작용 관계인 힘은 A가 B에 작용하는 자기력이다.

문제풀이 Tip

물체가 정지해 있으므로 물체에 작용하는 알짜힘(합력)이 0임을 먼저 파악하고, 각 물체에 작용하는 힘을 모두 표시한 후 합력을 구할 수 있으면 쉽게 해결할 수 있다.

선택지 비율	① 13%	❷ 53%	③ 16%	④ 11%	⑤ 6%

5 운동 제2법칙

2025학년도 6월 평가원 20번 | 정답 ② | 문제편 51 p

출제 의도 계의 운동 방정식을 세우고 활용할 수 있는지 묻는 문항이다.

그림 (가)와 같이 물체 A, B, C가 실로 연결되어 등가속도 운동한다. A, B의 질량은 각각 $3m$, $8m$이고, 실 p가 B를 당기는 힘의 크기는 $\frac{9}{4}mg$이다. 그림 (나)는 (가)에서 A, C의 위치를 바꾸어 연결했을 때 등가속도 운동하는 모습을 나타낸 것이다. B의 가속도의 크기는 (나)에서가 (가)에서의 2배이다.

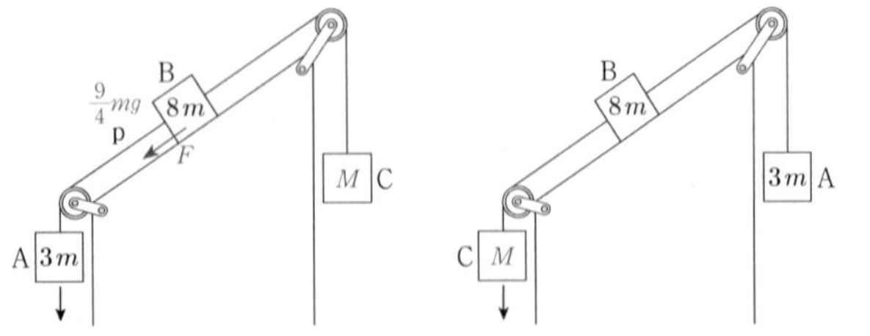

(가) (나)

C의 질량은? (단, 중력 가속도는 g이고, 실의 질량, 모든 마찰은 무시한다.) [3점]

① $4m$ ② $5m$ ③ $6m$ ④ $7m$ ⑤ $8m$

✓ 자료 해석

- (가)에서 B의 가속도의 크기=A의 가속도의 크기
  $3ma=3mg-\frac{9}{4}mg=\frac{3}{4}mg,\ a=\frac{1}{4}g$
- 운동 방정식
  (가) : $3mg+F-Mg=(M+11m)\times\frac{1}{4}g$
  (나) : $Mg+F-3mg=(M+11m)\times\frac{1}{2}g$

○ 보기풀이 (가)에서 A에 작용하는 알짜힘의 크기가 $3mg-\frac{9}{4}mg=\frac{3}{4}mg$이므로 B의 가속도의 크기는 (가)에서는 $\frac{1}{4}g$이고, (나)에서는 $\frac{1}{2}g$이다.

C의 질량을 M, (가)에서 B에 작용하는 중력에 의해 B에 빗면 아랫방향으로 작용하는 힘의 크기를 F라고 하고 (가), (나)에서 운동 방정식을 세우면

(가) $3mg+F-Mg=(M+11m)\times\frac{1}{4}g$

(나) $Mg+F-3mg=(M+11m)\times\frac{1}{2}g$

이다. 두 식을 연립하면 $M=5m$이다.

문제풀이 Tip

(가)에서 p가 B에 작용하는 힘의 크기를 통해 A의 가속도를 구하여 (나)에서의 계의 가속도를 파악하고, (가), (나) 각각에서 계의 운동 방정식을 세우면 쉽게 해결할 수 있다.

선택지 비율	① 6%	② 1%	❸ 84%	④ 2%	⑤ 7%

6 작용 반작용 법칙과 힘의 평형

2025학년도 6월 평가원 5번 | 정답 ③ | 문제편 51 p

출제 의도 작용 반작용 법칙과 힘의 평형에 대해 이해하고 있는지 묻는 문항이다.

그림 (가)는 실 p에 매달려 정지한 용수철저울의 눈금 값이 0인 모습을, (나)는 (가)의 용수철저울에 추를 매단 후 정지한 용수철저울의 눈금 값이 10 N인 모습을 나타낸 것이다. 용수철저울의 무게는 2 N이다.

이에 대한 설명으로 옳은 것만을 〈보기〉에서 있는 대로 고른 것은? [3점]

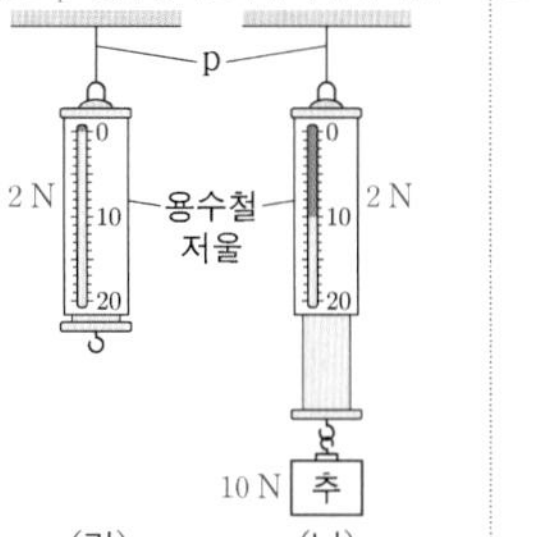

(가) (나)

보기

ㄱ. (가)에서 용수철저울에 작용하는 알짜힘은 0이다.
ㄴ. (나)에서 p가 용수철저울에 작용하는 힘의 크기는 12 N이다.
ㄷ. (나)에서 추에 작용하는 중력과 용수철저울이 추에 작용하는 힘은 ~~작용 반작용 관계이다~~. 힘의 평형 관계이다.

① ㄱ ② ㄷ ③ ㄱ, ㄴ ④ ㄴ, ㄷ ⑤ ㄱ, ㄴ, ㄷ

✔ 자료 해석

- 실이 용수철저울을 당기는 힘의 크기에는 용수철저울의 무게가 포함된다.
- 용수철저울의 눈금 값은 추의 무게를 나타낸다.

O 보기 풀이 ㄱ. (가)에서 용수철저울이 정지해 있으므로 용수철저울에 작용하는 알짜힘은 0이다.

ㄴ. (나)에서 추가 용수철저울에 작용하는 힘과 용수철저울에 작용하는 중력의 합력의 크기는 10 N+2 N=12 N이다. 따라서 (나)에서 용수철저울이 정지해 있으므로 p가 용수철저울에 작용하는 힘의 크기는 12 N이다.

✕ 매력적 오답 ㄷ. (나)에서 추에 작용하는 중력의 반작용은 추가 지구에 작용하는 힘이며, 용수처저울이 추에 작용하는 힘의 반작용은 추가 용수철저울에 작용하는 힘이다.

문제풀이 Tip

용수철저울의 무게가 제시되었으므로, 실이 용수철저울을 당기는 힘의 크기에 용수철저울의 무게가 포함된다는 사실을 적용할 수 있으면 어렵지 않게 해결할 수 있다.

선택지 비율	① 10%	② 5%	③ 8%	④ 5%	❺ 71%

7 힘의 평형

2024학년도 수능 9번 | 정답 ⑤ | 문제편 51 p

출제 의도 운동 제1법칙을 이해하고 적용할 수 있는지 묻는 문항이다.

그림 (가)는 질량이 5 kg인 판, 질량이 10 kg인 추, 실 p, q가 연결되어 정지한 모습을, (나)는 (가)에서 질량이 1 kg으로 같은 물체 A, B를 동시에 판에 가만히 올려놓았을 때 정지한 모습을 나타낸 것이다.

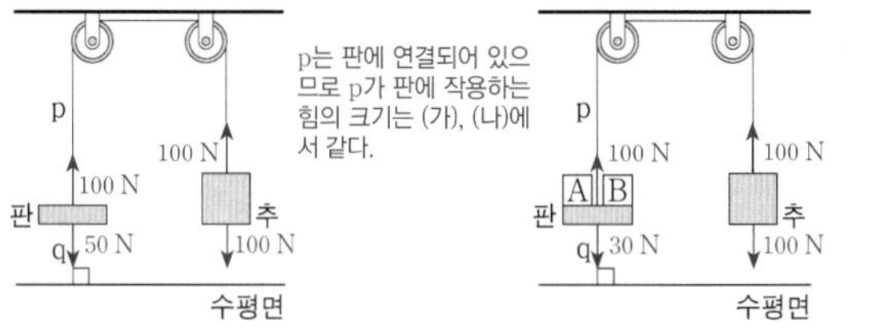

(가) (나)

이에 대한 설명으로 옳은 것만을 〈보기〉에서 있는 대로 고른 것은? (단, 중력 가속도는 $10\ m/s^2$이고, 판은 수평면과 나란하며, 실의 질량과 모든 마찰은 무시한다.) [3점]

보기

ㄱ. (가)에서 q가 판을 당기는 힘의 크기는 50 N이다.
ㄴ. p가 판을 당기는 힘의 크기는 (가)에서와 (나)에서가 같다.
ㄷ. 판이 q를 당기는 힘의 크기는 (가)에서가 (나)에서보다 크다.

① ㄱ ② ㄷ ③ ㄱ, ㄴ ④ ㄴ, ㄷ ⑤ ㄱ, ㄴ, ㄷ

✔ 자료 해석

- 판과 추, 물체가 정지해 있으므로 각각에 작용하는 합력은 0이다.
- (가), (나)에서 판과 추가 p로 연결되어 있으므로, p가 판에 작용하는 힘의 크기는 추의 무게와 같다.

O 보기 풀이 ㄱ. (가)에서 추가 p를 당기는 힘의 크기(=추의 무게)는 100 N이고, 판의 무게는 50 N이므로, q가 판을 당기는 힘의 크기는 50 N이다.

ㄴ. p가 판을 당기는 힘의 크기는 추의 무게와 같다. 따라서 p가 판을 당기는 힘의 크기는 (가)에서와 (나)에서가 같다.

ㄷ. (나)에서 추가 p를 당기는 힘의 크기는 100 N이고, 판과 A, B의 무게의 합은 70 N이므로, q가 판을 당기는 힘의 크기는 30 N이다. 따라서 판이 q를 당기는 힘의 크기는 (가)에서가 (나)에서보다 크다.

문제풀이 Tip

p가 판에 연결되어 있으므로, p가 판에 작용하는 힘의 크기는 (가), (나)에서 같음을 파악하고, 물체들이 정지해 있으므로 힘의 평형을 적용하면 해결할 수 있다.

선택지 비율	❶ 48%	② 9%	③ 17%	④ 13%	⑤ 13%

8 운동 제2법칙

2024학년도 수능 10번 | 정답 ① | 문제편 51 p

출제 의도 계의 운동 방정식을 이해하고, 이를 적용할 수 있는지 묻는 문항이다.

그림 (가)는 물체 A, B, C를 실로 연결하고 C에 수평 방향으로 크기가 F인 힘을 작용하여 A, B, C가 속력이 증가하는 등가속도 운동을 하는 모습을 나타낸 것이다. 그림 (나)는 (가)에서 B의 속력이 v인 순간 B와 C를 연결한 실이 끊어졌을 때, 실이 끊어진 순간부터 B가 정지한 순간까지 A와 B, C가 각각 등가속도 운동을 하여 d, $4d$만큼 이동한 것을 나타낸 것이다. A의 가속도의 크기는 (나)에서가 (가)에서의 2배이다. B, C의 질량은 각각 m, $3m$이다.

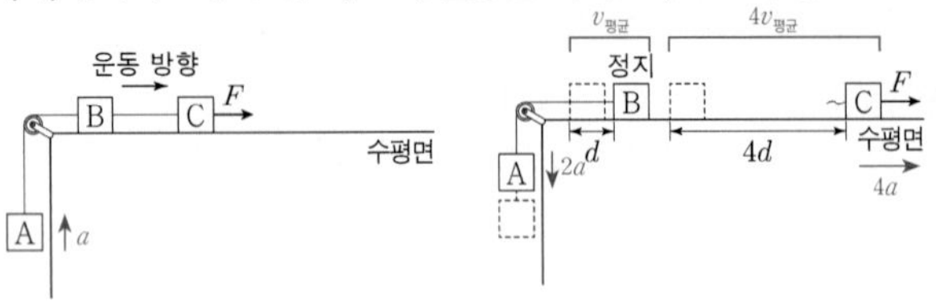

(가) (나)

이에 대한 설명으로 옳은 것만을 〈보기〉에서 있는 대로 고른 것은? (단, 중력 가속도는 g이고, 물체는 동일 연직면상에서 운동하며, 물체의 크기, 실의 질량, 공기 저항과 모든 마찰은 무시한다.) [3점]

보기

ㄱ. (나)에서 B가 정지한 순간 C의 속력은 $3v$이다.

ㄴ. A의 질량은 ~~$3m$이다.~~ $2m$이다

ㄷ. F는 ~~$5mg$이다.~~ $4mg$이다

① ㄱ ② ㄴ ③ ㄱ, ㄷ ④ ㄴ, ㄷ ⑤ ㄱ, ㄴ, ㄷ

✔ 자료 해석

- (나)에서
  - → C의 평균 속도의 크기는 B의 평균 속도의 크기의 4배이다.
  - → 실이 끊어진 후, B가 정지하는 순간 C의 속도의 크기는 $3v$이다.
  - → 실이 끊어진 후, 가속도의 크기는 C가 B의 2배이다.

○ 보기 풀이 ㄱ. (나)에서 B와 C가 각각 d, $4d$만큼 이동했을 때 B와 C의 속력을 각각 0, v'라 하고, 이동하는 시간을 t라 하면, $\frac{v+0}{2}\times t=d$, $\frac{v+v'}{2}\times t=4d$에서 $v'=3v$이다. 따라서 (나)에서 B가 정지한 순간 C의 속력은 $3v$이다.

✕ 매력적 오답 ㄴ, ㄷ. (가)에서 A의 질량을 M, A의 가속도의 크기를 a라 하고, 뉴턴 운동 법칙을 적용하면 $F-Mg=(M+4m)a\cdots$ ①이다. (나)에서 A와 B에 뉴턴 운동 법칙을 적용하면 $Mg=(M+m)2a\cdots$ ②이다. 한편, (나)에서 같은 시간 동안 B의 속도 변화량의 크기는 v이고, C의 속도 변화량의 크기는 $2v$이므로 가속도의 크기는 C가 B의 2배이다. 따라서 $\frac{F}{3m}=4a\cdots$ ③이다. ①, ②, ③을 연립하면 A의 질량은 $2m$, $F=4mg$이다.

문제풀이 Tip

평균 속도 식을 이용하여 B가 정지한 순간 C의 속도의 크기를 구하고, (가), (나)에서 계와 C의 운동 방정식을 세워 연립하면 해결할 수 있다.

선택지 비율	① 4%	② 7%	③ 11%	❹ 71%	⑤ 7%

9 작용 반작용 법칙과 힘의 평형

2024학년도 9월 평가원 9번 | 정답 ④ | 문제편 52 p

출제 의도 운동 법칙을 이해하고 적용할 수 있는지 묻는 문항이다.

그림 (가), (나)는 직육면체 모양의 물체 A, B가 수평면에 놓여 있는 상태에서 A에 각각 크기가 F, $2F$인 힘이 연직 방향으로 작용할 때, A, B가 정지해 있는 모습을 나타낸 것이다. A, B의 질량은 각각 m, $3m$이고, B가 A를 떠받치는 힘의 크기는 (가)에서가 (나)에서의 2배이다.

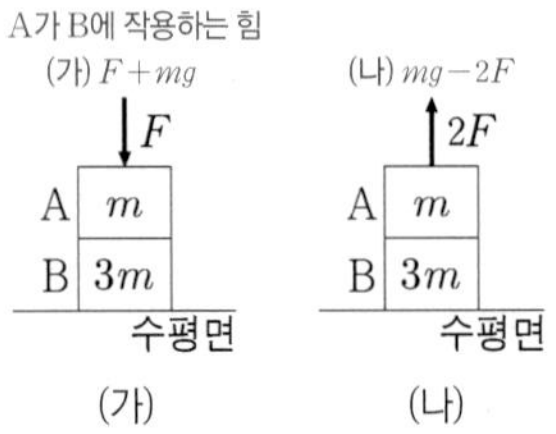

(가) (나)

A, B 각각에 작용하는 합력=0이다.

이에 대한 설명으로 옳은 것만을 〈보기〉에서 있는 대로 고른 것은? (단, 중력 가속도는 g이다.)

보기

ㄱ. A에 작용하는 중력과 ~~B가 A를 떠받치는 힘은~~ (A가 지구를 당기는 힘은) 작용 반작용 관계이다.

ㄴ. $F=\frac{1}{5}mg$이다.

ㄷ. 수평면이 B를 떠받치는 힘의 크기는 (가)에서가 (나)에서의 $\frac{7}{6}$배이다.

① ㄱ ② ㄴ ③ ㄷ ④ ㄴ, ㄷ ⑤ ㄱ, ㄴ, ㄷ

✔ 자료 해석

- A, B가 정지해 있으므로, A, B 각각에 작용하는 합력은 0이다.
- A가 B를 누르는 힘(B가 A를 떠받치는 힘)의 크기
  (가) : $F+mg$ (나) : $mg-2F$

○ 보기 풀이 ㄴ. B가 A를 떠받치는 힘의 크기는 (가)에서 $mg+F$이고, (나)에서 $mg-2F$이다. $mg+F=2(mg-2F)$에서 $F=\frac{1}{5}mg$이다.

ㄷ. A와 B를 한 물체로 보면, 수평면이 B를 떠받치는 힘의 크기는 (가)에서 $4mg+F=\frac{21}{5}mg$이고, (나)에서 $4mg-2F=\frac{18}{5}mg$이다. 따라서 수평면이 B를 떠받치는 힘의 크기는 (가)에서가 (나)에서의 $\frac{7}{6}$배이다.

✕ 매력적 오답 ㄱ. B가 A를 떠받치는 힘의 반작용은 A가 B를 누르는 힘이다.

문제풀이 Tip

A에 작용하는 합력이 0인 것으로부터 B가 A에 작용하는 힘의 크기를 구하고, 이를 이용하여 F를 구한다.

선택지 비율	① 10%	② 4%	❸ 66%	④ 9%	⑤ 11%

10 운동 제2법칙

2024학년도 9월 평가원 8번 | 정답 ③ | 문제편 52 p

출제 의도 계의 운동 방정식을 이해하고, 이를 적용할 수 있는지 묻는 문항이다.

그림은 물체 A, B, C가 실 p, q로 연결되어 등속도 운동을 하는 모습을 나타낸 것이다. p를 끊으면, A는 가속도의 크기가 $6a$인 등가속도 운동을, B와 C는 가속도의 크기가 a인 등가속도 운동을 한다. 이후 q를 끊으면, B는 가속도의 크기가 $3a$인 등가속도 운동을 한다. A, C의 질량은 각각 m, $2m$이다.

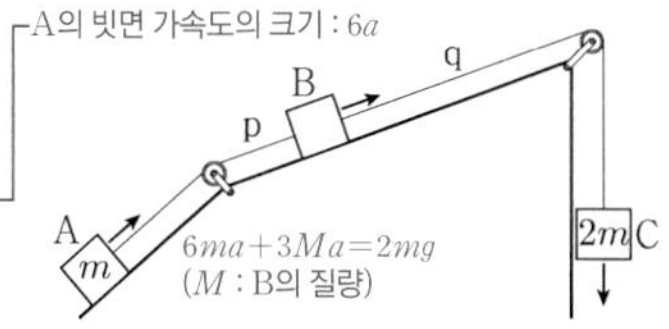

이에 대한 설명으로 옳은 것만을 〈보기〉에서 있는 대로 고른 것은? (단, 중력 가속도는 g이고, 실의 질량, 모든 마찰과 공기 저항은 무시한다.) [3점]

보기

ㄱ. B의 질량은 $4m$이다.

ㄴ. ~~$a=\frac{1}{8}g$이다.~~ $a=\frac{1}{9}g$이다.

ㄷ. p를 끊기 전, p가 B를 당기는 힘의 크기는 $\frac{2}{3}mg$이다.

① ㄱ ② ㄴ ③ ㄱ, ㄷ ④ ㄴ, ㄷ ⑤ ㄱ, ㄴ, ㄷ

✓ 자료 해석

- 경사면에서 단독으로 운동할 때의 가속도의 크기 = 빗면 가속도의 크기
  → A의 빗면 가속도의 크기 : $6a$, B의 빗면 가속도의 크기 : $3a$
- p를 끊었을 때 A, B+C의 알짜힘의 변화량의 크기
  = A에 작용하는 빗면 힘의 크기

○ 보기풀이 B의 질량을 M이라 하면, 중력에 의해 A, B가 각각 빗면을 따라 내려가려는 힘의 크기는 $6ma$, $3Ma$이다.

ㄱ. 실이 끊어지기 전 등속도 운동하는 A, B, C에 작용하는 알짜힘은 0이므로 $6ma+3Ma=2mg$이다. p를 끊은 후, B와 C는 가속도의 크기가 a인 등가속도 운동을 하므로 $2mg-3Ma=(2m+M)a=6ma$에서 $M=4m$이다.

ㄷ. p를 끊기 전, p가 B를 당기는 힘의 크기는 p가 A를 당기는 힘의 크기와 같다. A에 작용하는 알짜힘이 0이므로 p가 B를 당기는 힘의 크기는 $6ma=6m\times\frac{1}{9}g=\frac{2}{3}mg$이다.

× 매력적 오답 ㄴ. $M=4m$이므로 $6ma+3Ma=18ma=2mg$에서 $a=\frac{1}{9}g$이다.

문제풀이 Tip

A, B가 단독으로 빗면에서 운동할 때의 가속도가 빗면 가속도의 크기임을 이용하여 힘의 평형 식을 세우고, p가 끊어진 후의 가속도를 이용하여 운동 방정식을 세운 후 두 식을 연립하여 B의 질량을 구하여 이용한다.

선택지 비율	① 5%	② 6%	③ 19%	④ 9%	❺ 60%

11 작용 반작용 법칙과 힘의 평형

2024학년도 6월 평가원 6번 | 정답 ⑤ | 문제편 52 p

출제 의도 운동 법칙을 이해하고 적용할 수 있는지 묻는 문항이다.

그림 (가)는 저울 위에 놓인 물체 A와 B가 정지해 있는 모습을, (나)는 (가)에서 A에 크기가 F인 힘을 연직 위 방향으로 작용할 때, A와 B가 정지해 있는 모습을 나타낸 것이다. 저울에 측정된 힘의 크기는 (가)에서가 (나)에서의 2배이고, B가 A에 작용하는 힘의 크기는 (가)에서가 (나)에서의 4배이다.

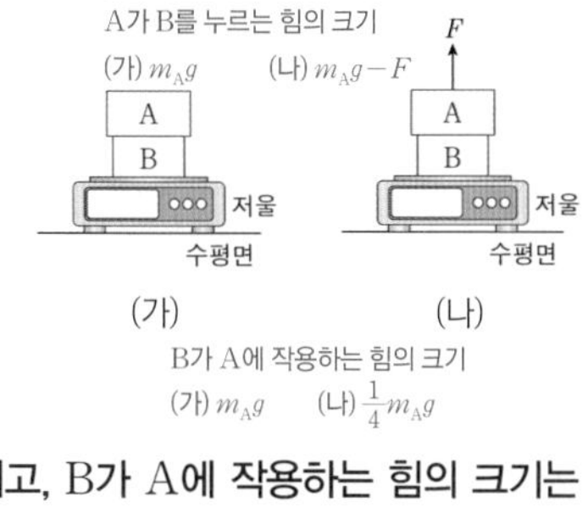

이에 대한 설명으로 옳은 것만을 〈보기〉에서 있는 대로 고른 것은? [3점]

보기

ㄱ. 질량은 A가 B의 2배이다.

ㄴ. (가)에서 저울이 B에 작용하는 힘의 크기는 $2F$이다.

ㄷ. (나)에서 A가 B에 작용하는 힘의 크기는 $\frac{1}{3}F$이다.

① ㄱ ② ㄷ ③ ㄱ, ㄴ ④ ㄴ, ㄷ ⑤ ㄱ, ㄴ, ㄷ

✓ 자료 해석

- A가 B를 누르는 힘의 크기
  (가) : m_Ag (나) : m_Ag-F
- B가 A에 작용하는 힘의 크기
  (가) : m_Ag (나) : $\frac{1}{4}m_Ag$

○ 보기풀이 A, B의 질량을 각각 m_A, m_B, 중력 가속도를 g라고 하면, 저울에 측정된 힘의 크기는 (가)에서는 $(m_A+m_B)g$이고, (나)에서는 $(m_A+m_B)g-F$이다. 그리고 B가 A에 작용하는 힘의 크기는 A가 B에 작용하는 힘의 크기와 같으므로 (가)에서는 m_Ag이고, (나)에서는 m_Ag-F이다.

ㄱ. $(m_A+m_B)g=2\times[(m_A+m_B)g-F]$이므로 $(m_A+m_B)g=2F$이다. 또한 $m_Ag=4\times(m_Ag-F)$이므로 $m_Ag=\frac{4F}{3}$이고, $m_Bg=\frac{2F}{3}$이다. 따라서 질량은 A가 B의 2배이다.

ㄴ. (가)에서 저울이 B에 작용하는 힘의 크기는 A와 B의 무게의 합인 $(m_A+m_B)g=2F$이다.

ㄷ. (나)에서 A가 B에 작용하는 힘의 크기는 $m_Ag-F=\frac{1}{3}F$이다.

문제풀이 Tip

B가 A에 작용하는 힘의 크기를 구하고, B가 A에 작용하는 힘의 크기가 (가)에서가 (나)에서의 4배라는 점을 이용하여 A, B에 작용하는 중력을 F에 대해 구하면 해결할 수 있다.

선택지 비율	① 7%	❷ 68%	③ 9%	④ 11%	⑤ 5%

12 운동 제2법칙

2024학년도 6월 평가원 5번 | 정답 ② | 문제편 52 p

출제 의도 계의 운동 방정식을 세우고 활용할 수 있는지 묻는 문항이다.

그림 (가), (나)와 같이 마찰이 있는 동일한 빗면에 놓인 물체 A가 각각 물체 B, C와 실로 연결되어 서로 반대 방향으로 등가속도 운동을 하고 있다. (가)와 (나)에서 A의 가속도의 크기는 각각 $\frac{1}{6}g$, $\frac{1}{3}g$이고, 가속도의 방향은 운동 방향과 같다. A, B, C의 질량은 각각 $3m$, m, $6m$이고, 빗면과 A 사이에는 크기가 F로 일정한 마찰력이 작용한다.

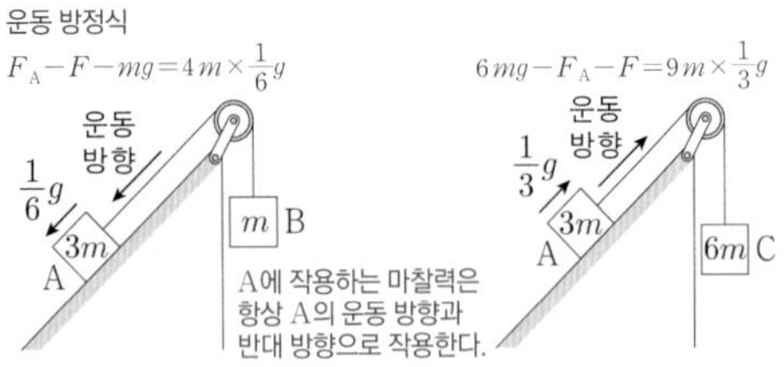

(가) (나)

F는? (단, 중력 가속도는 g이고, 빗면에서의 마찰 외의 모든 마찰과 공기 저항, 실의 질량은 무시한다.) [3점]

① $\frac{1}{3}mg$ ② $\frac{2}{3}mg$ ③ mg ④ $\frac{3}{2}mg$ ⑤ $\frac{5}{2}mg$

✓ 자료 해석

- A에 작용하는 마찰력의 방향은 항상 운동 방향과 반대 방향으로 작용한다.
- 운동 방정식
  (가) : $F_A - F - mg = \frac{2}{3}mg$
  (나) : $6mg - F_A - F = 3mg$

○ 보기 풀이 중력에 의해 A에 빗면 아래로 작용하는 힘의 크기를 F_A라고 하고, 뉴턴의 운동 제2법칙을 적용하면, (가)에서 $F_A - F - mg = (3m+m) \times \frac{1}{6}g$이고, (나)에서 $6mg - F_A - F = (3m+6m) \times \frac{1}{3}g$이다. 두 식을 풀이하면 $F = \frac{2}{3}mg$이다.

문제풀이 Tip
(가), (나)에서 계에 작용하는 운동 방정식을 세워 연립하면 해결할 수 있다.

선택지 비율	① 11%	❷ 56%	③ 14%	④ 13%	⑤ 6%

13 운동 제2법칙

2023학년도 수능 17번 | 정답 ② | 문제편 53 p

출제 의도 운동 방정식을 이해하고, 이를 적용하여 각 물체에 작용하는 힘을 구할 수 있는지 묻는 문항이다.

그림 (가)와 같이 물체 A, B, C를 실로 연결하고 A를 점 p에 가만히 놓았더니, 물체가 각각의 빗면에서 등가속도 운동하여 A가 점 q를 속력 $2v$로 지나는 순간 B와 C 사이의 실이 끊어진다. 그림 (나)와 같이 (가) 이후 A와 B는 등속도, C는 등가속도 운동하여, A가 점 r를 속력 $2v$로 지나는 순간 C의 속력은 $5v$가 된다. p와 q 사이, q와 r 사이의 거리는 같다. A, B, C의 질량은 각각 M, m, $2m$이다.

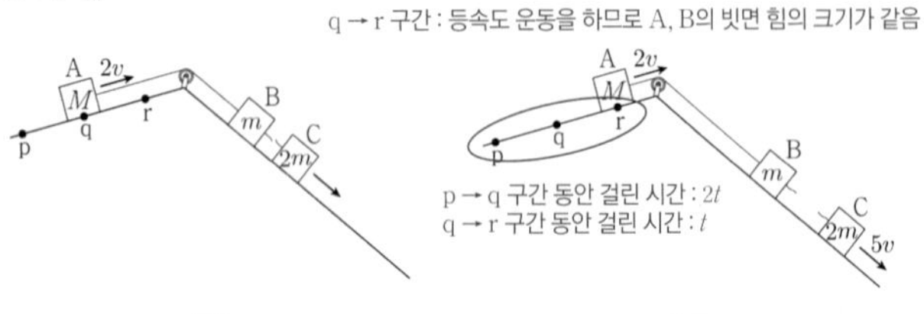

(가) (나)

M은? (단, 물체의 크기, 실의 질량, 모든 마찰은 무시한다.)

① $2m$ ② $3m$ ③ $4m$ ④ $5m$ ⑤ $6m$

✓ 자료 해석

- p → q 구간과 q → r 구간에서 걸린 시간은 각각 $2t$, t이다.
- t 동안 C의 속도 변화량은 $3v$이다.
- 실이 끊어지기 전과 후 C의 가속도의 크기는 각각 a, $3a$이다.

○ 보기 풀이 왼쪽과 오른쪽 빗면에서 물체를 가만히 놓았을 때의 물체의 가속도의 크기를 각각 g_1, g_2라 하자. A의 평균 속도는 p~q에서 v, q~r에서 $2v$이므로, 걸린 시간은 p~q에서가 q~r에서의 2배이다. 그리고 C의 속도의 변화량은 실이 끊어지기 전까지 $2v$, 실이 끊어지고 (나)의 순간까지 $3v$이므로, C의 가속도의 크기는 실이 끊어지기 전을 a라고 하면 실이 끊어진 후를 $3a(=g_2)$라고 할 수 있다. 운동 법칙에 의해 $a = \frac{3mg_2 - Mg_1}{3m+M}$이고, 실이 끊어진 후 A, B는 등속도 운동을 하므로 $Mg_1 = mg_2$이다. $a = \frac{3mg_2 - Mg_1}{3m+M}$에 $3a = g_2$와 $Mg_1 = mg_2$를 대입하면 $M = 3m$이다.

문제풀이 Tip
p → q 구간과 q → r 구간에서 걸린 시간 비를 구하고, 이를 이용하여 실이 끊어지기 전과 후 C의 가속도의 비를 구하여 운동 방정식에 대입하면 해결할 수 있다.

선택지 비율	① 1%	② 2%	③ 4%	④ 6%	⑤ 87%

14 작용 반작용 법칙과 힘의 평형

2023학년도 수능 6번 | 정답 ⑤ | 문제편 53 p

출제 의도 운동 법칙을 이해하고 적용할 수 있는지 묻는 문항이다.

그림과 같이 무게가 1 N인 물체 A가 저울 위에 놓인 물체 B와 실로 연결되어 정지해 있다. 저울에 측정된 힘의 크기는 2 N이다.

이에 대한 설명으로 옳은 것만을 〈보기〉에서 있는 대로 고른 것은? (단, 실의 질량, 모든 마찰은 무시한다.) [3점]

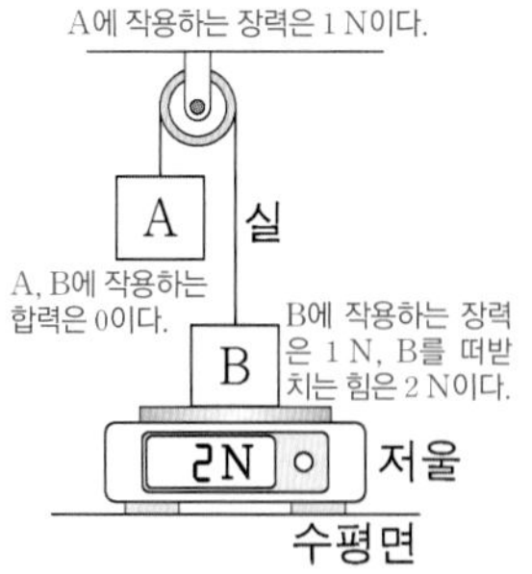

보기

ㄱ. 실이 B를 당기는 힘의 크기는 1 N이다.
ㄴ. B가 저울을 누르는 힘과 저울이 B를 떠받치는 힘은 작용 반작용 관계이다.
ㄷ. B의 무게는 3 N이다.

① ㄱ ② ㄷ ③ ㄱ, ㄴ ④ ㄴ, ㄷ ⑤ ㄱ, ㄴ, ㄷ

✓ 자료 해석

- A, B가 정지해 있으므로, A, B에 작용하는 합력은 0이다.
- A에는 중력과 장력이 작용한다.
- B에는 중력과 장력 및 B를 떠받치는 힘이 작용한다.

O 보기풀이 ㄱ. 실은 양 끝에 매달린 물체를 같은 크기의 힘으로 당긴다. 따라서 실이 A를 당기는 힘의 크기가 1 N이므로, B를 당기는 힘의 크기도 1 N이다.
ㄴ. B가 저울을 누르는 힘과 저울이 B를 떠받치는 힘은 두 물체, 즉 B와 저울 사이에서만 작용하는 힘이므로 작용 반작용 관계이다.
ㄷ. B에 연직 위로 실이 당기는 힘(1 N)과 저울이 떠받치는 힘(2 N)이 B에 연직 아래로 중력이 작용하여 정지해 있다. 따라서 B에 작용하는 중력의 크기인 무게는 3 N이다.

문제풀이 Tip

A에 작용하는 합력이 0인 것으로부터 장력을 구하고, B에 작용하는 합력이 0인 것으로부터 B에 작용하는 중력(B의 무게)을 구할 수 있다.

선택지 비율	① 7%	② 48%	③ 11%	④ 25%	⑤ 9%

15 운동 제2법칙

2023학년도 9월 평가원 14번 | 정답 ② | 문제편 53 p

출제 의도 운동 방정식을 이해하고, 이를 적용하여 각 물체에 작용하는 힘을 구할 수 있는지 묻는 문항이다.

그림 (가)는 질량이 각각 M, m, $4m$인 물체 A, B, C가 빗면과 나란한 실 p, q로 연결되어 정지해 있는 것을, (나)는 (가)에서 물체의 위치를 바꾸었더니 물체가 등가속도 운동하는 것을 나타낸 것이다. (가)에서 p가 B를 당기는 힘의 크기는 $\frac{10}{3}mg$이다.

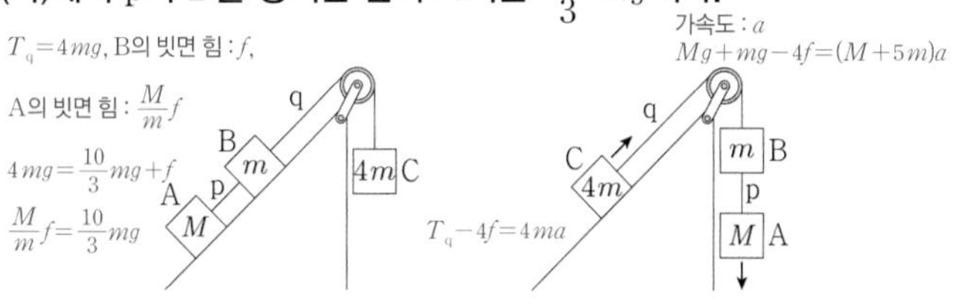

(가) (나)

(나)에서 q가 C를 당기는 힘의 크기는? (단, 중력 가속도는 g이고, 실의 질량 및 모든 마찰은 무시한다.)

① $\frac{13}{3}mg$ ② $4mg$ ③ $\frac{11}{3}mg$ ④ $\frac{10}{3}mg$ ⑤ $3mg$

✓ 자료 해석

- (가) : A와 B의 빗면 힘의 합=C에 작용하는 중력
- (나) : A와 B에 작용하는 중력의 합−C의 빗면 힘=알짜힘
- (나) : q가 C를 당기는 힘−C의 빗면 힘=C에 작용하는 알짜힘

O 보기풀이 (가)에서 p, q가 각각 B를 당기는 힘의 크기가 $\frac{10}{3}mg$, $4mg$이므로, 중력에 의해 B의 빗면 아래로 작용하는 힘의 크기는 $4mg-\frac{10}{3}mg=\frac{2}{3}mg$이다. 그리고 빗면 아래로 작용하는 힘의 크기는 물체의 질량에 비례하므로, 중력에 의해 A의 빗면 아래로 작용하는 힘의 크기는 $\frac{2}{3}Mg$이다. 또한 p가 A를 당기는 힘의 크기가 $\frac{10}{3}mg$이므로 $\frac{2}{3}Mg=\frac{10}{3}mg$에서 $M=5m$이다.
(나)에서 C의 빗면 아래로 작용하는 힘의 크기는 $\frac{2}{3}(4m)g=\frac{8}{3}mg$이므로, C의 가속도의 크기는 $\frac{5mg+mg-\frac{8}{3}mg}{5m+m+4m}=\frac{1}{3}g$이다. q가 C를 당기는 힘의 크기를 T라고 하면 $T-\frac{8}{3}mg=\frac{4}{3}mg$이므로 $T=4mg$이다.

문제풀이 Tip

(가)에서 정지한 물체에 작용하는 알짜힘이 0임을 이용하여 B에 작용하는 빗면 힘과 A의 질량을 구하고, (나)에서 운동 방정식을 이용하여 가속도와 C에 작용하는 알짜힘을 구하면 q가 C를 당기는 힘의 크기를 구할 수 있다.

선택지 비율	❶ 54%	② 4%	③ 30%	④ 5%	⑤ 7%

16 작용 반작용 법칙과 힘의 평형

2023학년도 9월 평가원 7번 | 정답 ① | 문제편 53 p

출제 의도 운동의 법칙에 대해 이해하고 적용할 수 있는지 묻는 문항이다.

정지 상태에 있는 물체에 작용하는 합력은 0이다.

그림은 실에 매달린 물체 A를 물체 B와 용수철로 연결하여 저울에 올려놓았더니 물체가 정지한 모습을 나타낸 것이다. A, B의 무게는 2 N으로 같고, 저울에 측정된 힘의 크기는 3 N이다.

이에 대한 설명으로 옳은 것만을 〈보기〉에서 있는 대로 고른 것은? (단, 실과 용수철의 무게는 무시한다.) [3점]

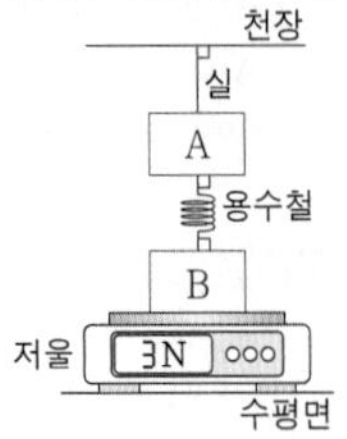

저울에 작용하는 힘의 크기는 B와 저울 사이의 작용 반작용의 크기이다.

보기

ㄱ. 실이 A를 당기는 힘의 크기는 1 N이다.

ㄴ. 용수철이 A에 작용하는 힘의 방향은 A에 작용하는 중력의 방향과 ~~같다~~. 반대이다.

ㄷ. B에 작용하는 중력과 ~~저울이 B에 작용하는 힘은~~ (B가 지구를 당기는 힘은) 작용 반작용의 관계이다.

① ㄱ ② ㄷ ③ ㄱ, ㄴ ④ ㄴ, ㄷ ⑤ ㄱ, ㄴ, ㄷ

✓ 자료 해석

- 정지해 있으므로, A, B에 작용하는 합력은 0이다.
- 저울에 측정된 힘이 B의 중력보다 크므로 용수철은 B에 누르는 힘을 작용한다.
- 용수철이 B에 누르는 힘을 작용하므로 A에는 용수철이 위로 미는 힘을 작용한다.

O 보기 풀이 ㄱ. B의 무게가 2 N인데 저울의 측정값이 3 N이므로, 용수철은 B를 1 N의 힘으로 아래로 누르고 있다. 그리고 용수철은 A를 1 N의 힘으로 위로 밀고 있고 A의 무게는 2 N이므로, 실이 A를 당기는 힘의 크기는 1 N이다.

× 매력적 오답 ㄴ. A에 작용하는 중력의 방향은 연직 아래 방향이고, 용수철이 A에 작용하는 힘의 방향은 연직 위 방향이므로 서로 반대이다.

ㄷ. B에 작용하는 중력의 반작용은 B가 지구를 당기는 힘이고, 저울이 B에 작용하는 힘의 반작용은 B가 저울을 누르는 힘이다.

문제풀이 Tip

저울에 측정되는 힘의 크기는 B가 저울을 누르는 힘의 크기임을 파악하고, B에 작용하는 힘의 평형을 적용하면, 용수철이 A와 B에 작용하는 힘의 방향을 파악할 수 있다.

선택지 비율	① 12%	❷ 69%	③ 6%	④ 8%	⑤ 5%

17 작용 반작용과 힘의 평형

2023학년도 6월 평가원 11번 | 정답 ② | 문제편 54 p

출제 의도 힘의 평형과 작용 반작용 법칙에 대한 이해와 적용 능력을 묻는 문항이다.

다음은 자석의 무게를 측정하는 실험이다.

[실험 과정]

(가) 무게가 10 N인 자석 A, B를 준비한다.

(나) A를 저울에 올려 측정값을 기록한다. (A에 작용하는 중력)

(다) A와 B를 같은 극끼리 마주 보게 한 후 저울에 올려 A와 B가 정지된 상태에서 측정값을 기록한다. (A에 작용하는 중력과 A와 B 사이의 자기력의 합력)

(라) A와 B를 다른 극끼리 마주 보게 한 후 저울에 올려 A와 B가 정지된 상태에서 측정값을 기록한다. (A와 B에 작용하는 중력의 합력)

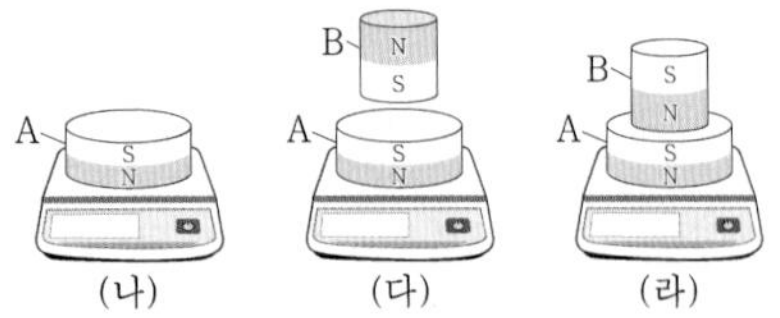

[실험 결과]

- (나), (다), (라)의 결과는 각각 10 N, 20 N, ㉠ N이다.

이에 대한 설명으로 옳은 것만을 〈보기〉에서 있는 대로 고른 것은? [3점]

보기

ㄱ. (나)에서 A에 작용하는 중력과 ~~저울이 A를 떠받치는 힘~~은 (A가 지구를 당기는 힘은) 작용 반작용 관계이다.

ㄴ. (다)에서 B가 A에 작용하는 자기력의 크기는 A에 작용하는 중력의 크기와 같다.

ㄷ. ㉠은 20~~보다 크다~~. 이다.

① ㄱ ② ㄴ ③ ㄱ, ㄷ ④ ㄴ, ㄷ ⑤ ㄱ, ㄴ, ㄷ

✓ 자료 해석

- (나) : A의 무게 측정
- (다) : B에는 B의 중력과 같은 크기의 자기력이 위 방향으로 작용, A에는 B의 중력과 같은 크기의 자기력이 아래 방향으로 작용
- (라) : A와 B의 무게의 합 측정

O 보기 풀이 ㄴ. (다)에서 B가 A에 작용하는 자기력과 A가 B에 작용하는 자기력은 작용 반작용 관계이므로 크기가 같다. B가 정지해 있으므로 B에 작용하는 중력과 A가 B에 작용하는 자기력은 크기가 같다. A와 B의 무게가 같으므로 B에 작용하는 중력과 A에 작용하는 중력도 크기가 같다. 따라서 B가 A에 작용하는 자기력의 크기는 A에 작용하는 중력의 크기와 같다.

× 매력적 오답 ㄱ. A에 작용하는 중력의 반작용은 A가 지구를 당기는 힘이다.

ㄷ. A와 B 사이의 자기력은 내력이므로 저울의 측정값에 영향을 주지 않는다. 따라서 (다)와 (라)에서 저울의 측정값은 A, B의 무게를 합친 20 N이다.

문제풀이 Tip

(다)에서 B가 정지해 있는 모습으로부터 B에 작용하는 중력의 크기와 A가 B에 작용하는 자기력의 크기가 같음을 파악하면 해결할 수 있다.

선택지 비율	① 11%	② 13%	❸ 54%	④ 12%	⑤ 10%

18 뉴턴 운동 법칙

2023학년도 6월 평가원 14번 | 정답 ③ | 문제편 54p

출제 의도 등가속도 운동과 운동 방정식을 이해하고, 각 운동에 적용할 수 있는지 확인하는 문항이다.

그림 (가)는 물체 A, B, C를 실로 연결하여 수평면의 점 p에서 B를 가만히 놓아 물체가 등가속도 운동하는 모습을, (나)는 (가)의 B가 점 q를 지날 때부터 점 r를 지날 때까지 운동 방향과 반대 방향으로 크기가 $\frac{1}{4}mg$인 힘을 받아 물체가 등가속도 운동하는 모습을 나타낸 것이다. p와 q 사이, q와 r 사이의 거리는 같고, B가 q, r를 지날 때 속력은 각각 $4v$, $5v$이다. A, B, C의 질량은 각각 m, m, M이다. 이동 거리가 같으므로 가속도의 크기는 속력 제곱의 변화량에 비례한다.

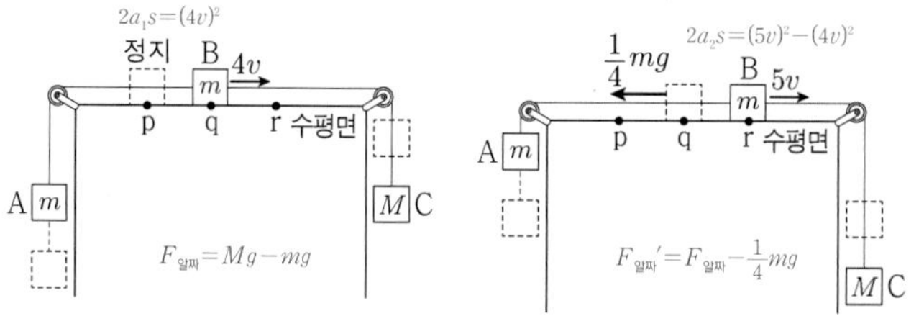

(가) (나)

M은? (단, 중력 가속도는 g이고, 물체의 크기, 실의 질량, 모든 마찰은 무시한다.)

① $\frac{4}{3}m$ ② $\frac{7}{5}m$ ③ $\frac{11}{7}m$ ④ $\frac{15}{8}m$ ⑤ $\frac{5}{2}m$

✓ 자료 해석

- (가)에서 알짜힘 : $Mg-mg$
- (나)에서 알짜힘 : $Mg-mg-\frac{1}{4}mg$

○ 보기 풀이 p와 q 사이의 거리를 s, (가), (나)에서 B의 가속도의 크기를 각각 a_1, a_2라고 하면 $2a_1s=16v^2$, $2a_2s=(5v)^2-(4v)^2=9v^2$이므로 $\frac{a_1}{a_2}=\frac{16}{9}$이다. 또 (가)에서 $Mg-mg=(2m+M)a_1$이고, (나)에서 $Mg-mg-\frac{1}{4}mg=(2m+M)a_2$이므로 $M=\frac{11}{7}m$이다.

문제풀이 Tip

(가), (나)에서 속력이 증가하므로 가속도의 방향이 같고, 알짜힘의 방향이 같음을 알고, 등가속도 운동 식과 운동 제2법칙을 이용하여 C의 질량을 구할 수 있다.

선택지 비율	① 3%	② 5%	③ 4%	❹ 76%	⑤ 11%

19 뉴턴 운동 법칙

2022학년도 수능 8번 | 정답 ④ | 문제편 54p

출제 의도 정지해 있는 물체에 작용하는 힘들의 관계를 파악하여 작용 반작용 관계의 힘, 평형 관계의 힘을 구분할 수 있는지 확인하는 문항이다.

그림 (가)는 용수철에 자석 A가 매달려 정지(알짜힘 0)해 있는 모습을, (나)는 (가)에서 A 아래에 다른 자석을 놓아 용수철이 (가)에서보다 늘어나 정지(알짜힘 0)해 있는 모습을 나타낸 것이다.

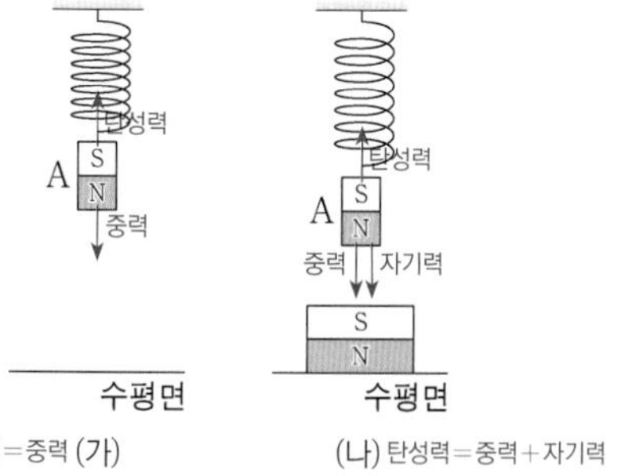

이에 대한 설명으로 옳은 것만을 <보기>에서 있는 대로 고른 것은? (단, 용수철의 질량은 무시한다.) [3점]

보기

ㄱ. (가)에서 용수철이 A를 당기는 힘과 A에 작용하는 중력은 작용 반작용 관계이다. 가 아니다.
ㄴ. (나)에서 A에 작용하는 알짜힘은 0이다.
ㄷ. A가 용수철을 당기는 힘의 크기는 (가)에서가 (나)에서보다 작다.

① ㄱ ② ㄴ ③ ㄱ, ㄷ ④ ㄴ, ㄷ ⑤ ㄱ, ㄴ, ㄷ

✓ 자료 해석

- (가)와 (나)에서 A가 정지해 있으므로 A에 작용하는 알짜힘은 0이다. 즉, A에 작용하는 힘들은 평형을 이루고 있다.
- (가)에서 A에는 아래 방향으로 중력, 위 방향으로 탄성력이 작용하고 있고, (나)에서는 A에 아래 방향으로 중력과 자기력, 위 방향으로 탄성력이 작용하고 있다.

○ 보기 풀이 ㄴ. (나)에서 A는 정지해 있으므로 A에 작용하는 알짜힘은 0이다. 즉, A에 작용하는 중력과 자기력의 크기의 합은 탄성력의 크기와 같다.
ㄷ. A가 용수철을 당기는 힘은 용수철이 A를 당기는 힘, 즉 A에 작용하는 탄성력과 작용 반작용 관계이므로 크기가 같다. 따라서 (가)와 (나)에서 A에 작용하는 탄성력의 크기를 비교하면 A가 용수철을 당기는 힘의 크기를 비교할 수 있다. 탄성력의 크기는 용수철이 늘어난 길이가 클수록 크고, 용수철이 늘어난 길이는 (나)에서가 (가)에서보다 크므로 탄성력의 크기도 (나)에서가 (가)에서보다 크다. 즉, A가 용수철을 당기는 힘의 크기도 (나)에서가 (가)에서보다 크다.

× 매력적 오답 ㄱ. 용수철이 A를 당기는 힘의 반작용은 A가 용수철을 당기는 힘이다. 용수철이 A를 당기는 힘과 A에 작용하는 중력은 힘의 평형 관계이다.

문제풀이 Tip

물체가 정지해 있다는 조건으로부터 힘의 평형을 떠올릴 수 있어야 하고, A가 용수철을 당기는 힘의 크기는 용수철이 A를 당기는 힘의 크기로 비교할 수 있다는 것을 파악할 수 있어야 한다.

선택지 비율	① 5%	② 4%	③ 20%	④ 8%	❺ 64%

20 뉴턴 운동 법칙

2022학년도 9월 평가원 7번 | 정답 ⑤ | 문제편 55 p

출제 의도 뉴턴 운동 법칙을 이해하여 정지한 물체에 작용하는 힘의 관계를 설명할 수 있는지 확인하는 문항이다.

그림과 같이 마찰이 없는 수평면에 자석 A가 고정되어 있고, 용수철에 연결된 자석 B는 정지해 있다.

B에 작용하는 알짜힘은 0이다.

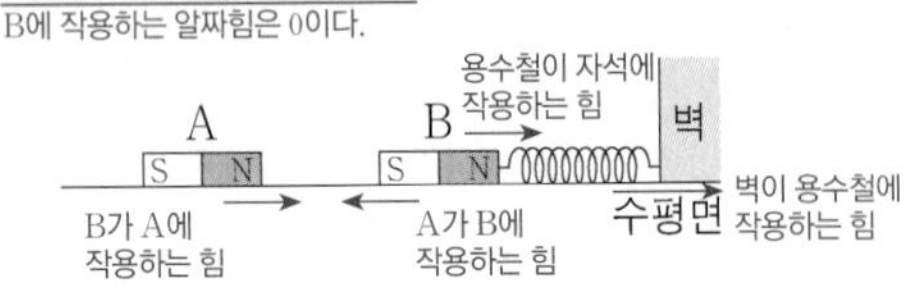

이에 대한 설명으로 옳은 것만을 <보기>에서 있는 대로 고른 것은? [3점]

보기

ㄱ. A가 B에 작용하는 자기력은 B가 A에 작용하는 자기력과 작용 반작용 관계이다.

ㄴ. 벽이 용수철에 작용하는 힘의 방향과 A가 B에 작용하는 자기력의 방향은 서로 반대이다.

ㄷ. B에 작용하는 알짜힘은 0이다.

① ㄱ ② ㄴ ③ ㄱ, ㄷ ④ ㄴ, ㄷ ⑤ ㄱ, ㄴ, ㄷ

✓ 자료 해석

- B는 정지해 있으므로 B에 작용하는 알짜힘은 0이다. 즉, B에 작용하는 힘들은 평형을 이루고 있다.
  → A의 N극과 B의 S극 사이에는 끌어당기는 자기력이 작용하므로 A가 B에 작용하는 자기력의 방향은 왼쪽(←)이다.
  → 용수철이 B에 작용하는 탄성력의 방향은 오른쪽(→)이다.

O 보기 풀이 ㄱ. 두 물체 사이에서 상호 작용하는 힘은 작용 반작용 관계로, 두 힘의 크기는 같고 방향은 반대이다. 따라서 A가 B에 작용하는 자기력과 B가 A에 작용하는 자기력은 작용 반작용 관계이다.

ㄴ. A와 B 사이에는 끌어당기는 자기력이 작용하므로 A가 B에 작용하는 자기력의 방향은 왼쪽이다. 따라서 B에 작용하는 알짜힘이 0이려면 용수철이 B에 작용하는 탄성력의 방향은 오른쪽이다. 탄성력의 방향은 변형된 용수철이 원래 모양으로 되돌아가려는 방향이므로 용수철이 B에 작용하는 탄성력의 방향은 오른쪽이며 용수철이 벽에 작용하는 힘의 방향은 왼쪽이다. 따라서 벽이 용수철에 작용하는 힘의 방향은 오른쪽이므로 A가 B에 작용하는 자기력의 방향과 반대이다.

ㄷ. B는 정지해 있으므로 B에 작용하는 알짜힘은 0이다.

문제풀이 Tip

자기력의 방향과 탄성력의 방향에 유의하여 B에 작용하는 힘들의 방향을 파악해야 한다.

선택지 비율	❶ 43%	② 18%	③ 14%	④ 14%	⑤ 11%

21 함께 운동하는 물체와 가속도 법칙

2022학년도 9월 평가원 13번 | 정답 ① | 문제편 55 p

출제 의도 실로 연결되어 함께 운동하는 물체에 작용하는 힘의 관계를 파악하여 운동을 설명할 수 있는지 확인하는 문항이다.

그림 (가)는 물체 A, B, C를 실 p, q로 연결하여 C를 손으로 잡아 정지시킨 모습을, (나)는 C를 가만히 놓은 후 시간에 따른 C의 속력을 나타낸 것이다. 1초일 때 p가 끊어졌다. A, B의 질량은 각각 2 kg, 1 kg이다.

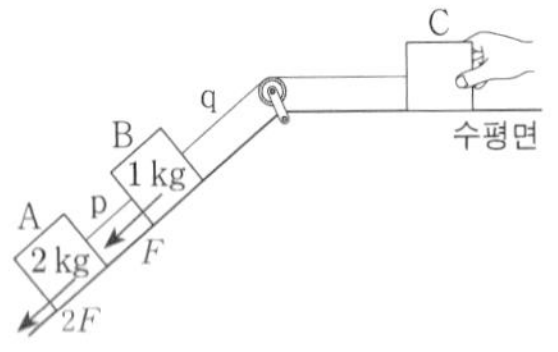

(가)

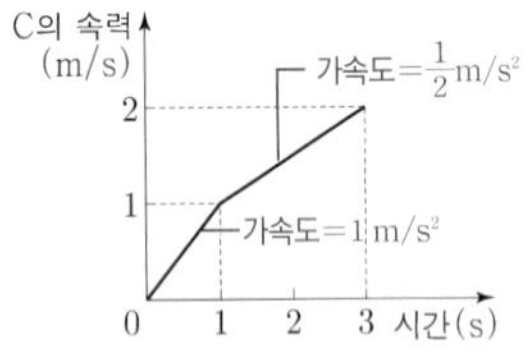

(나)

이에 대한 설명으로 옳은 것만을 <보기>에서 있는 대로 고른 것은? (단, 실의 질량, 모든 마찰은 무시한다.)

보기

ㄱ. 1~3초까지 C가 이동한 거리는 3 m이다.

ㄴ. C의 질량은 ~~1 kg~~이다. 3 kg

ㄷ. q가 B를 당기는 힘의 크기는 0.5초일 때가 2초일 때의 ~~3배~~이다. 2배

① ㄱ ② ㄷ ③ ㄱ, ㄴ ④ ㄴ, ㄷ ⑤ ㄱ, ㄴ, ㄷ

✓ 자료 해석

- 빗면 위에 있는 A, B는 빗면 아래 방향으로 힘이 작용하는데, 같은 빗면 위에 있으므로 A, B에 작용하는 힘의 크기는 질량에 비례한다.
  → 빗면 아래 방향으로 작용하는 힘의 크기는 A가 B의 2배이다.
  → p가 끊어지기 전 (A+B+C)에 작용하는 알짜힘은 p가 끊어진 후 (B+C)에 작용하는 알짜힘의 3배이다.

O 보기 풀이 ㄱ. 속력-시간 그래프에서 그래프 아래 부분의 넓이는 C가 이동한 거리이므로 1~3초까지 C가 이동한 거리는 $\frac{1}{2}\times(1+2)\times2=3$(m)이다.

X 매력적 오답 ㄴ. B의 빗면 아래 방향으로 작용하는 힘의 크기를 F라고 하면 A에 빗면 아래 방향으로 작용하는 힘의 크기는 $2F$이다. 또한 속력-시간 그래프에서 그래프의 기울기는 C의 가속도이므로 0~1초까지 C의 가속도는 1 m/s²이고, 1~3초까지는 $\frac{1}{2}$ m/s²이다. C의 질량을 m이라 할 때 A, B, C를 한 물체로 보고 운동 방정식을 세우면 다음과 같다.

$$0\text{~}1\text{초}: 3F=(2+1+m)\times1,\ 1\text{~}3\text{초}: F=(1+m)\times\frac{1}{2}$$

두 식을 연립하면 $m=3$ kg, $F=2$ N이다.

ㄷ. q가 B를 당기는 힘의 크기는 q가 C를 당기는 힘의 크기와 같으므로 C에 작용하는 알짜힘의 크기와 같다. C에 작용하는 알짜힘의 크기는 0.5초일 때가 $3\times1=3$(N), 2초일 때가 $3\times\frac{1}{2}=\frac{3}{2}$(N)이다. 따라서 q가 B를 당기는 힘의 크기는 0.5초일 때가 2초일 때의 2배이다.

문제풀이 Tip

같은 빗면 위에 질량이 다른 물체가 있을 때 각 물체에 빗면 아래 방향으로 작용하는 힘의 크기는 질량에 비례하는 것을 유의해야 한다.

선택지 비율	① 5%	② 3%	❸ 74%	④ 10%	⑤ 8%

22 작용 반작용 법칙

2022학년도 6월 평가원 8번 | 정답 ③ | 문제편 55 p

출제 의도 붙어서 함께 운동하는 물체 사이에서 작용하는 힘의 관계를 이해할 수 있는지 확인하는 문항이다.

그림과 같이 기중기에 줄로 연결된 상자가 연직 아래로 등속도 운동을 하고 있다. 상자 안에는 질량이 각각 m, $2m$인 물체 A, B가 놓여 있다. (상자, A, B에 작용하는 알짜힘은 0이다.)

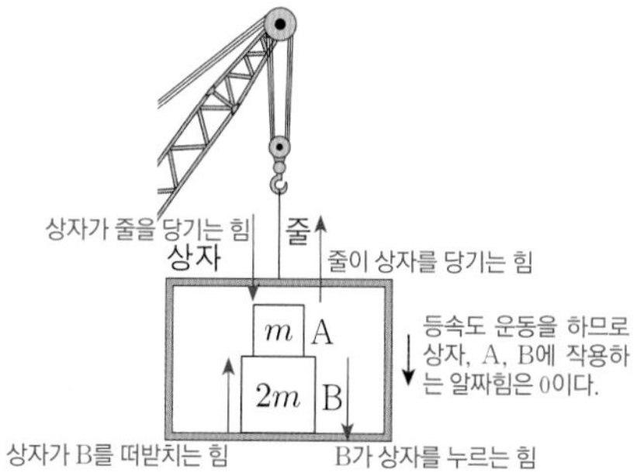

이에 대한 설명으로 옳은 것만을 〈보기〉에서 있는 대로 고른 것은?

〈보기〉

ㄱ. A에 작용하는 알짜힘은 0이다.

ㄴ. 줄이 상자를 당기는 힘과 상자가 줄을 당기는 힘은 작용 반작용 관계이다.

ㄷ. 상자가 B를 떠받치는 힘의 크기는 A가 B를 누르는 힘의 크기의 ~~2배~~이다. 3배

① ㄱ ② ㄷ ③ ㄱ, ㄴ ④ ㄴ, ㄷ ⑤ ㄱ, ㄴ, ㄷ

✔ 자료 해석

• 등속도 운동을 하는 물체에 작용하는 알짜힘은 0이므로, 등속도 운동을 하는 물체에 작용하는 힘은 평형을 이루고 있다.

• 한 물체가 다른 물체에 힘을 작용하면 동시에 다른 물체도 힘을 작용한 물체에 크기가 같고 방향이 반대인 힘을 작용한다. 이 두 힘의 관계를 작용 반작용 관계라고 한다.

○ 보기풀이 ㄱ. 상자가 연직 아래로 등속도 운동을 하고 있으므로 상자 안에 있는 A, B에 작용하는 알짜힘은 0이다.

ㄴ. 줄이 상자를 당기는 힘과 상자가 줄을 당기는 힘은 두 물체 사이에서 상호 작용하는 힘이므로 작용 반작용 관계이다. 이때 두 힘은 크기는 같지만 방향은 서로 반대이다.

× 매력적 오답 ㄷ. A가 B를 누르는 힘의 크기는 A의 무게와 같으므로 mg이고, B가 상자를 누르는 힘의 크기는 A와 B의 무게의 합이므로 $mg+2mg=3mg$이다. 상자가 B를 떠받치는 힘의 크기는 B가 상자를 누르는 힘의 크기와 같은 $3mg$이므로 A가 B를 누르는 힘의 크기의 3배이다.

문제풀이 Tip

작용 반작용 관계의 두 힘은 주어, 목적어 자리를 바꾸어 쉽게 찾을 수 있다. 또한 정지해 있거나 등속도 운동하는 물체에 작용하는 알짜힘은 0이므로 물체에 작용하는 힘의 방향만 알면 크기를 쉽게 비교할 수 있다.

선택지 비율	① 12%	② 24%	③ 18%	❹ 37%	⑤ 9%

23 함께 운동하는 물체와 가속도 법칙

2022학년도 6월 평가원 13번 | 정답 ④ | 문제편 55 p

출제 의도 함께 운동하는 두 물체의 운동 방정식을 이용하여 물체의 운동을 설명할 수 있는지 확인하는 문항이다.

그림은 물체 A, B, C, D가 실로 연결되어 가속도의 크기가 a_1인 등가속도 운동을 하고 있는 것을 나타낸 것이다. ((A+B+D)가 함께 운동) 실 p를 끊으면 A는 등속도 운동을 하고, 이후 실 q를 끊으면 A는 가속도의 크기가 a_2인 등가속도 운동을 한다. ((A+B)가 함께 운동) p를 끊은 후 C와, q를 끊은 후 D의 가속도의 크기는 서로 같다. A, B, C, D의 질량은 각각 $4m$, $3m$, $2m$, m이다.

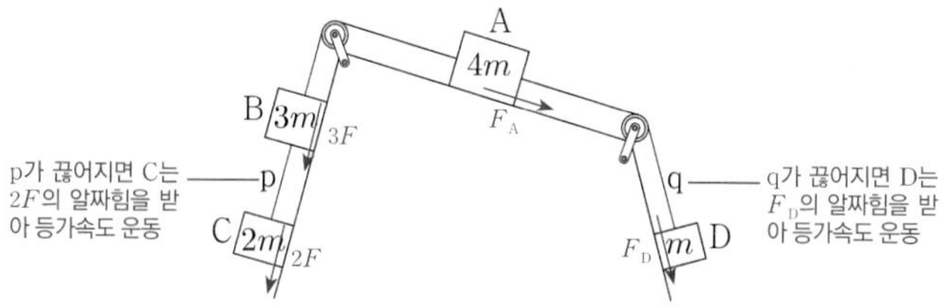

$\frac{a_1}{a_2}$은? (단, 실의 질량 및 모든 마찰은 무시한다.)

① 2 ② $\frac{9}{5}$ ③ $\frac{8}{5}$ ④ $\frac{7}{5}$ ⑤ $\frac{6}{5}$

문제풀이 Tip

같은 빗면 위의 두 물체에 빗면 아래 방향으로 작용하는 힘의 크기는 물체의 질량에 비례하지만, 서로 다른 빗면 위의 두 물체에 빗면 아래 방향으로 작용하는 힘은 빗면의 기울기가 다르므로 질량으로 힘의 크기를 비교할 수 없다.

✔ 자료 해석

• 빗면 위에 놓인 물체에는 빗면 아래 방향으로 힘이 작용하며, 같은 빗면에 있는 두 물체에 빗면 아래 방향으로 작용하는 힘의 크기는 물체의 질량에 비례한다. 따라서 C에 작용하는 힘의 크기를 $2F$라고 하면 B에 작용하는 힘의 크기는 $3F$이다. A, D에 빗면 아래 방향으로 작용하는 힘의 크기를 각각 F_A, F_D라 하고, 물체의 운동 방정식을 정리하면 다음과 같다.

→ 실이 끊어지기 전 : (A+B+C+D)가 함께 등가속도 운동
$3F+2F-F_A-F_D=(4m+3m+2m+m)\times a_1$

→ p를 끊었을 때 : (A+B+D)가 함께 등속도 운동, C는 $2F$의 힘을 받아 등가속도 운동
$3F-F_A-F_D=(4m+3m+m)\times 0=0$, $2F=2ma$

→ q를 끊었을 때 : (A+B)가 함께 등가속도 운동, D는 F_D의 힘을 받아 등가속도 운동
$3F-F_A=(4m+3m)\times a_2$, $F_D=ma$

○ 보기풀이 p를 끊은 후 C와 q를 끊은 후 D의 가속도의 크기가 서로 같으므로 $\frac{2F}{2m}=\frac{F_D}{m}$에서 $F_D=F$이다. 또한 p를 끊었을 때 A, B, D는 등속도 운동을 하므로 (A+B+D)에 작용하는 알짜힘은 0이고 $3F-F_A-F_D=3F-F_A-F=0$에서 $F_A=2F$이다. 이로부터 실을 끊기 전 (A+B+C+D)가 함께 등가속도 운동을 할 때 작용하는 알짜힘의 크기는 $3F+2F-F_A-F_D=3F+2F-2F-F=2F$이고, 가속도의 크기는 $a_1=\frac{2F}{10m}=\frac{F}{5m}$임을 알 수 있다. 한편 q를 끊은 후 (A+B)는 함께 등가속도 운동을 하므로 이때 가속도의 크기는 $a_2=\frac{3F-2F}{4m+3m}=\frac{F}{7m}$이다. 따라서 $\frac{a_1}{a_2}=\frac{\frac{F}{5m}}{\frac{F}{7m}}=\frac{7}{5}$이다.

선택지 비율	① 9%	❷ 78%	③ 2%	④ 4%	⑤ 4%

24 작용과 반작용 법칙

2021학년도 수능 10번 | 정답 ② | 문제편 56 p

출제 의도 작용 반작용 관계의 두 힘을 알고, 정지해 있는 물체에 작용하는 힘들의 관계를 설명할 수 있는지 확인하는 문항이다.

그림 (가)는 저울 위에 놓인 물체 A, B가 정지해 있는 모습을, (나)는 (가)의 A에 크기가 F인 힘을 연직 방향으로 가할 때 A, B가 정지해 있는 모습을 나타낸 것이다. 저울에 측정된 힘의 크기는 (나)에서가 (가)에서의 2배이다.

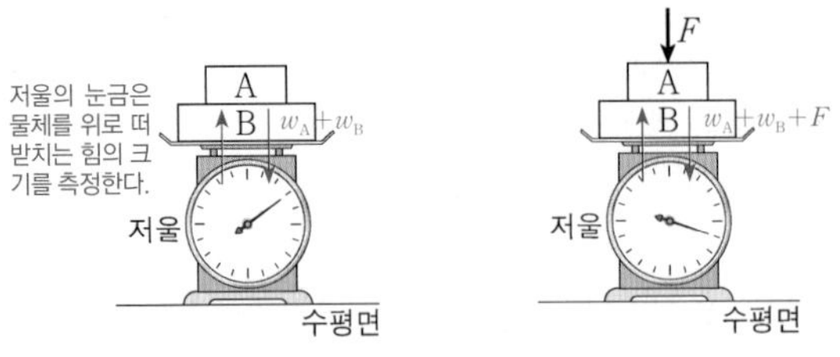

이에 대한 설명으로 옳은 것만을 〈보기〉에서 있는 대로 고른 것은? [3점]

보기
ㄱ. (가)에서 A에 작용하는 중력과 B가 A에 작용하는 힘은 ~~작용 반작용 관계~~이다. 힘의 평형 관계
ㄴ. (나)에서 B가 A에 작용하는 힘의 크기는 F보다 크다.
ㄷ. (나)의 저울에 측정된 힘의 크기는 ~~$3F$~~이다. $2F$

① ㄱ ② ㄴ ③ ㄱ, ㄷ ④ ㄴ, ㄷ ⑤ ㄱ, ㄴ, ㄷ

✔ 자료 해석
- (가)와 (나)에서 A, B가 정지해 있으므로 A, B에 작용하는 알짜힘은 0이다. 즉 A, B에 작용하는 힘들은 평형을 이루고 있다.
- 저울의 눈금은 저울이 물체를 위로 떠받치는 힘의 크기를 측정하며, 이 힘은 물체가 저울을 누르는 힘의 크기와 같다.
  → (가)에서는 A, B만 저울에 놓여 정지해 있으므로 저울에 측정된 힘의 크기는 (A+B)의 무게이다.
  → (나)에서 크기가 F인 힘을 가해 A, B가 정지해 있으므로 (나)에서 저울에 측정된 힘의 크기는 F+(A+B)의 무게이다.

○ 보기풀이 ㄴ. (나)에서 A에 작용하는 힘들은 A에 작용하는 중력, B가 A에 작용하는 힘, 크기가 F인 힘이다. A에 작용하는 힘들은 평형을 이루고 있어 알짜힘이 0이므로 B가 A에 작용하는 힘의 크기는 A에 작용하는 중력+F이다. 따라서 (나)에서 B가 A에 작용하는 힘의 크기는 F보다 크다.

× 매력적 오답 ㄱ. (가)에서 A에 작용하는 중력은 지구가 A를 당기는 힘이므로 이 힘의 반작용은 A가 지구를 당기는 힘이고, B가 A에 작용하는 힘의 반작용은 A가 B에 작용하는 힘이다. 한편 A에 작용하는 중력과 B가 A에 작용하는 힘은 평형 관계이다.
ㄷ. (가)에서 저울에 측정된 힘의 크기는 (A+B)의 무게와 같고, (나)에서 저울에 측정된 힘의 크기는 F와 (A+B)의 무게의 합이다. 이때 저울에 측정된 힘의 크기는 (나)에서가 (가)에서의 2배이므로 2×(A+B)의 무게=F+(A+B)의 무게에서 F=(A+B)의 무게이다. 따라서 (나)의 저울에 측정된 힘의 크기는 $2F$이다.

문제풀이 Tip
물체에 작용하는 힘들이 평형을 이룰 때, 힘의 합력은 0이다. 따라서 물체에 작용하는 힘의 방향을 파악하여 합력이 0이 되는 힘의 크기 관계를 파악해야 한다.

선택지 비율	① 2%	❷ 54%	③ 3%	④ 37%	⑤ 2%

25 뉴턴 운동 법칙

2021학년도 9월 평가원 9번 | 정답 ② | 문제편 56 p

출제 의도 뉴턴 운동 법칙을 이해하여 정지한 물체에 작용하는 힘의 관계를 설명할 수 있는지 확인하는 문항이다.

그림은 수평면과 나란하고 크기가 F인 힘으로 물체 A, B를 벽을 향해 밀어 정지한 모습을 나타낸 것이다. A, B의 질량은 각각 $2m$, m이다. A, B에 작용하는 알짜힘이 0이다.

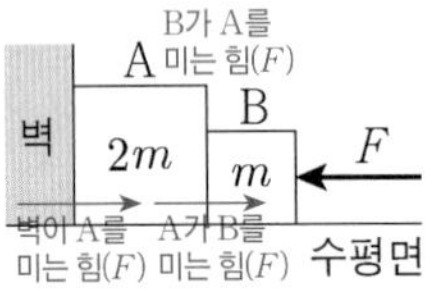

이에 대한 설명으로 옳은 것만을 〈보기〉에서 있는 대로 고른 것은? (단, 물체와 수평면 사이의 마찰은 무시한다.)

보기
ㄱ. 벽이 A를 미는 힘의 반작용은 A가 ~~B를~~ 미는 힘이다. 벽을
ㄴ. 벽이 A를 미는 힘의 크기와 B가 A를 미는 힘의 크기는 같다.
ㄷ. A가 B를 미는 힘의 크기는 ~~$\frac{2}{3}F$~~이다. F

① ㄱ ② ㄴ ③ ㄱ, ㄷ ④ ㄴ, ㄷ ⑤ ㄱ, ㄴ, ㄷ

✔ 자료 해석
- 뉴턴 운동 제1법칙에 따라 정지한 물체에 작용하는 알짜힘은 0이다.
  → A에 작용하는 알짜힘과 B에 작용하는 알짜힘은 모두 0이다.
- A, B에 작용하는 힘을 각각 표시하면 다음과 같다.

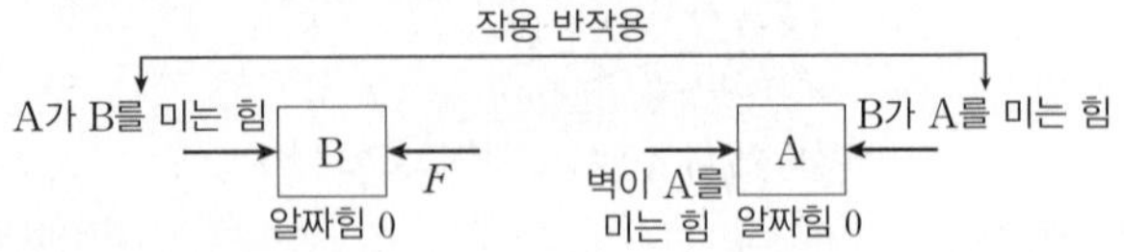

○ 보기풀이 ㄴ. A에는 벽이 A를 미는 힘과 B가 A를 미는 힘이 서로 반대 방향으로 작용한다. 이때 A에 작용하는 알짜힘이 0이므로 벽이 A를 미는 힘의 크기와 B가 A를 미는 힘의 크기는 같다.

× 매력적 오답 ㄱ. 벽이 A를 미는 힘의 반작용은 A가 벽을 미는 힘이다.
ㄷ. B에는 크기가 F인 힘과 A가 B를 미는 힘이 서로 반대 방향으로 작용한다. 이때 B에 작용하는 알짜힘이 0이므로 A가 B를 미는 힘의 크기는 F이다.

문제풀이 Tip
작용 반작용 관계의 두 힘은 주어와 목적어 자리를 바꾸는 방법으로 쉽게 찾을 수 있다.

선택지 비율	① 3%	② 5%	③ 8%	❹ 77%	⑤ 4%

26 힘과 가속도 법칙

2021학년도 9월 평가원 10번 | 정답 ④ | 문제편 56 p

출제 의도 함께 운동하는 두 물체의 운동 방정식을 이용하여 물체의 운동을 설명할 수 있는지 확인하는 문항이다.

그림 (가)는 수평면 위의 질량이 $8m$인 수레와 질량이 각각 m인 물체 2개를 실로 연결하고 수레를 잡아 정지한 모습을, (나)는 (가)에서 수레를 가만히 놓은 뒤 시간에 따른 수레의 속도를 나타낸 것이다. 1초일 때, 물체 사이의 실 p가 끊어졌다.

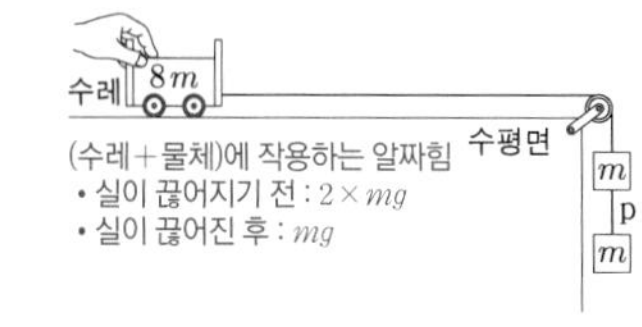

(가)

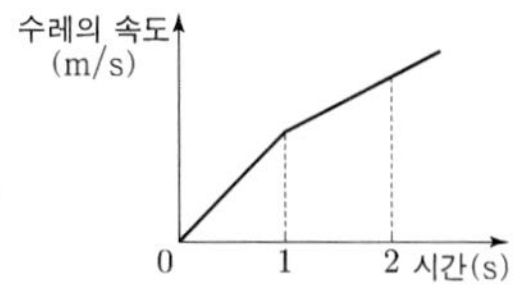

(나)

수레의 운동에 대한 설명으로 옳은 것만을 〈보기〉에서 있는 대로 고른 것은? (단, 중력 가속도는 $10\ m/s^2$이고, 실의 질량 및 모든 마찰과 공기 저항은 무시한다.) [3점]

보기

ㄱ. 1초일 때, 수레의 속도의 크기는 ~~1 m/s~~이다. 2 m/s

ㄴ. 2초일 때, 수레의 가속도의 크기는 $\frac{10}{9}\ m/s^2$이다.

ㄷ. 0초부터 2초까지 수레가 이동한 거리는 $\frac{32}{9}$ m이다.

① ㄱ ② ㄷ ③ ㄱ, ㄴ ④ ㄴ, ㄷ ⑤ ㄱ, ㄴ, ㄷ

✓ 자료 해석

수레와 물체에 작용하는 알짜힘은 물체에 작용하는 중력이므로 실이 끊어지기 전에는 $2mg$, 실이 끊어진 후에는 mg이다. 따라서 운동 방정식은 다음과 같다.

- 실이 끊어지기 전 : $2m\times10=(8m+m+m)\times a_1$
- 실이 끊어진 후 : $m\times10=(8m+m)\times a_2$

○ 보기풀이 ㄴ. 1초 이후 수레의 가속도의 크기는 $\frac{mg}{9m}=\frac{m\times10}{9m}=\frac{10}{9}$ (m/s^2)이다.

ㄷ. 수레는 등가속도 직선 운동을 하므로 등가속도 직선 운동의 관계식 $s=v_0t+\frac{1}{2}at^2$을 이용하여 이동 거리를 구할 수 있다. 0초부터 1초까지 수레의 이동 거리는 $\frac{1}{2}\times2\times1^2=1$(m)이고, 1초부터 2초까지 수레의 이동 거리는 $(2\times1)+\left(\frac{1}{2}\times\frac{10}{9}\times1^2\right)=\frac{23}{9}$(m)이다. 따라서 0초부터 2초까지 수레가 이동한 거리는 $1+\frac{23}{9}=\frac{32}{9}$(m)이다.

× 매력적 오답 ㄱ. 0초부터 1초까지 수레의 가속도의 크기는 $\frac{2mg}{10m}=\frac{2m\times10}{10m}=2(m/s^2)$이다. 따라서 1초일 때 수레의 속도의 크기는 $2\ m/s$이다.

문제풀이 Tip

실이 끊어지기 전과 후, 수레와 물체 전체에 작용하는 알짜힘이 어떻게 달라지는지를 파악할 수 있어야 한다. 함께 운동하는 두 물체는 하나의 물체로 보고 운동 방정식을 세울 수 있다.

선택지 비율	① 6%	② 7%	③ 12%	④ 5%	❺ 68%

27 뉴턴 운동 법칙

2021학년도 6월 평가원 8번 | 정답 ⑤ | 문제편 56 p

출제 의도 붙어서 함께 운동하는 물체 사이에서 작용하는 힘의 관계를 이해할 수 있는지 확인하는 문항이다.

그림 (가), (나)는 물체 A, B, C가 수평 방향으로 24 N의 힘을 받아 함께 등가속도 직선 운동하는 모습을 나타낸 것이다. A, B, C의 질량은 각각 4 kg, 6 kg, 2 kg이고, (가)와 (나)에서 A가 B에 작용하는 힘의 크기는 각각 F_1, F_2이다.

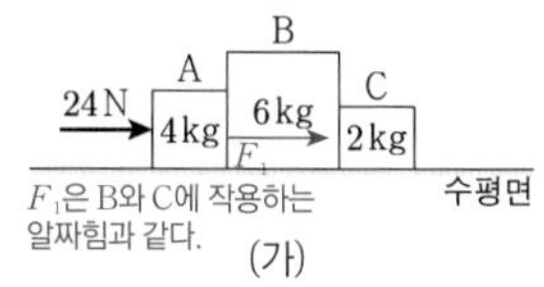

(가)

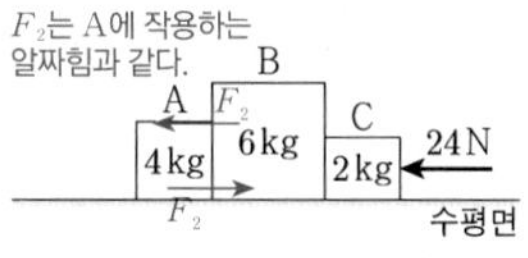

(나)

$F_1 : F_2$는? (단, 모든 마찰은 무시한다.) [3점]

① 1 : 2 ② 2 : 3 ③ 1 : 1 ④ 3 : 2 ⑤ 2 : 1

✓ 자료 해석

- (가)에서 B와 C를 한 물체로 보면 A가 B에 작용하는 힘은 (B+C)에 작용하는 알짜힘의 크기와 같다. → $F_1=(6\ kg+2\ kg)\times a$
- (나)에서 A가 B에 작용하는 힘의 크기 F_2는 B가 A에 작용하는 힘의 크기와 같다. A에 작용하는 알짜힘은 B가 A에 작용하는 힘이므로 크기는 F_2이다. → $F_2=4\ kg\times a$

○ 보기풀이 A, B, C 전체에 작용하는 힘은 24 N이고, A, B, C의 질량은 일정하므로 세 물체의 가속도의 크기는 (가)와 (나)에서 모두 $\frac{24\ N}{(4+6+2)\ kg}=2\ m/s^2$이다.

(가)에서 F_1은 (B+C)에 작용하는 알짜힘의 크기와 같으므로 $F_1=(6+2)\times2=16$(N)이고, (나)에서 F_2는 A에 작용하는 알짜힘의 크기와 같으므로 $F_2=4\times2=8$(N)이다. 따라서 $F_1 : F_2=2 : 1$이다.

문제풀이 Tip

A가 B에 작용하는 힘의 크기는 작용 반작용에 의해 B가 A에 작용하는 힘의 크기와 같으므로 F_2는 A에 작용하는 알짜힘의 크기와 같음을 알 수 있다.

03 운동량과 충격량

선택지 비율	① 5%	② 4%	❸ 79%	④ 4%	⑤ 8%

1 운동량 보존

2025학년도 수능 10번 | 정답 ③ | 문제편 58p

출제 의도 운동량 보존에 대해 이해하고 적용할 수 있는지 묻는 문항이다.

그림 (가)는 마찰이 없는 수평면에서 물체 A가 정지해 있는 물체 B, C를 향해 속력 $4v$로 등속도 운동하는 모습을 나타낸 것이다. A는 정지해 있는 B와 충돌한 후 충돌 전과 같은 방향으로 속력 $2v$로 등속도 운동한다. 그림 (나)는 B의 속도를 시간에 따라 나타낸 것이다. A, C의 질량은 각각 $4m$, $5m$이다.

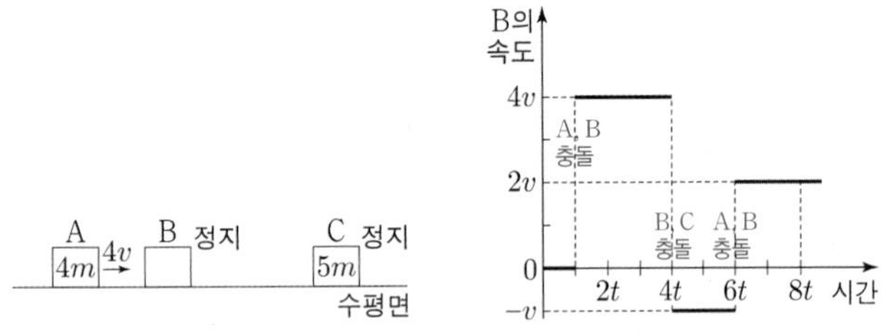

(가) (나)

이에 대한 설명으로 옳은 것만을 〈보기〉에서 있는 대로 고른 것은? (단, 물체는 동일 직선상에서 운동하고, 물체의 크기는 무시한다.)

보기

ㄱ. B의 질량은 $2m$이다.

ㄴ. $5t$일 때, C의 속력은 $2v$이다.

ㄷ. A와 C 사이의 거리는 $8t$일 때가 $7t$일 때보다 ~~$2vt$만큼 크다~~. $\frac{3}{2}vt$ 만큼 크다.

① ㄱ ② ㄷ ③ ㄱ, ㄴ ④ ㄴ, ㄷ ⑤ ㄱ, ㄴ, ㄷ

✔ 자료 해석

- t일 때 운동량 변화량 : $\Delta p_A=-8mv$, $\Delta p_B=4m_Bv \rightarrow m_B=2m$
- $4t$일 때 운동량 변화량 : $\Delta p_B=-10mv$, $\Delta p_C=5mv_C \rightarrow v_C=2v$
- A와 C 사이의 거리
  1) B, C가 충돌하는 순간부터 일정
  2) A, B가 충돌하는 순간부터 상대 속도의 크기에 비례하여 증가

○ 보기 풀이 ㄱ. B의 질량을 m_B라고 하면 A와 B가 충돌하는 t 직전과 직후 운동량의 합이 보존되므로 $4m\times4v=4m\times2v+m_B\times4v$의 식이 성립한다. 따라서 $m_B=2m$이다.

ㄴ. B와 C가 충돌하는 $4t$ 직전과 직후 B, C의 운동량의 합이 보존되므로 $5t$일 때, C의 속력을 v_C라고 하면 $2m\times4v=2m\times(-v)+5m\times v_C$의 식이 성립한다. 따라서 $5t$일 때, C의 속력은 $v_C=2v$이다.

✖ 매력적 오답 ㄷ. A와 B가 충돌하는 $6t$ 직전과 직후 A, B 운동량의 총합이 보존되므로 $6t$ 직후 A의 속력을 v_A라고 하면 $4m\times2v+2m\times(-v)=4m\times v_A+2m\times2v$의 식이 성립한다. 따라서 $v_A=\frac{1}{2}v$이고 $4t$이후 C의 속력은 $2v$이므로 A와 C 사이의 거리는 $8t$일 때가 $7t$일 때보다 $\left(2v-\frac{1}{2}v\right)\times t=\frac{3}{2}vt$만큼 크다.

문제풀이 Tip

A, B의 충돌 후 B의 속도를 이용하여 B의 질량을, B, C의 충돌 후 B의 속도를 이용하여 C의 속도를, 다시 A, B의 충돌 후 B의 속도를 이용하여 A의 속도를 구하고, $6t$부터는 A, C의 상대 속도에 비례하여 A, C 사이의 거리가 변함을 활용하면 해결할 수 있다.

선택지 비율	① 3%	② 8%	③ 3%	❹ 84%	⑤ 1%

2 운동량과 충격량

2025학년도 수능 6번 | 정답 ④ | 문제편 58p

출제 의도 충격량과 충돌에 걸리는 시간을 통해 충격력을 구할 수 있는지 묻는 문항이다.

그림 (가)는 수평면에서 물체가 벽을 향해 등속도 운동하는 모습을 나타낸 것이다. 물체는 벽과 충돌한 후 반대 방향으로 등속도 운동하고, 마찰 구간을 지난 후 등속도 운동을 한다. 그림 (나)는 물체의 속도를 시간에 따라 나타낸 것으로, 물체는 벽과 충돌하는 과정에서 t_0동안 힘을 받고, 마찰 구간에서 $2t_0$ 동안 힘을 받는다. 마찰 구간에서 물체가 운동 방향과 반대 방향으로 받은 평균 힘의 크기는 F이다.

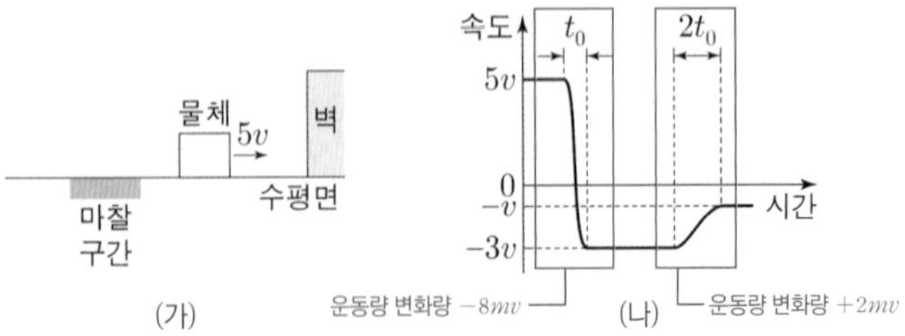

(가) (나)

벽과 충돌하는 동안 물체가 벽으로부터 받은 평균 힘의 크기는? (단, 마찰 구간 외의 모든 마찰은 무시한다.) [3점]

① $2F$ ② $4F$ ③ $6F$ ④ $8F$ ⑤ $10F$

✔ 자료 해석

- A가 받는 충격량
  1) 벽과 충돌할 때 : $-8mv$
  2) 마찰 구간을 통과할 때 : $+2mv$
- A가 받는 충격력
  1) 벽과 충돌할 때 : $F_{벽}=-\frac{8mv}{t_0}$
  2) 마찰 구간을 통과할 때 : $F=\frac{2mv}{2t_0}$

○ 보기 풀이 물체의 질량을 m이라고 할 때 물체가 벽과 충돌하는 과정에서 받은 충격량의 크기는 $|-3mv-(5mv)|=8mv$이고, 마찰 구간에서 받은 충격량의 크기는 $|-3mv-(-mv)|=2mv$이다. 따라서 $F\times2t_0=2mv$이므로 벽과 충돌하는 동안 물체가 벽으로부터 받은 평균 힘의 크기는 $\frac{8mv}{t_0}=8F$이다.

문제풀이 Tip

충돌 직전과 직후의 속도로부터 속도 변화량을 구하고, 이로부터 충격량을 구한 후, 충돌 시간을 이용하여 평균 힘을 구하면 해결할 수 있다.

선택지 비율	❶ 85%	② 2%	③ 7%	④ 2%	⑤ 4%

3 운동량과 충격량

2025학년도 9월 평가원 10번 | 정답 ① | 문제편 58p

출제 의도 충격량과 충돌에 걸리는 시간을 통해 충격력을 구할 수 있는지 묻는 문항이다.

다음은 수레를 이용한 충격량에 대한 실험이다.

[실험 과정]

(가) 그림과 같이 속도 측정 장치, 힘 센서를 수평면상의 마찰이 없는 레일과 수직하게 설치한다.

(나) 레일 위에서 질량이 0.5 kg인 수레 A가 일정한 속도로 운동하여 고정된 힘 센서에 충돌하게 한다.

(다) 속도 측정 장치를 이용하여 충돌 직전과 직후 A의 속도를 측정한다.

(라) 충돌 과정에서 힘 센서로 측정한 시간에 따른 힘 그래프를 통해 충돌 시간을 구한다.

(마) A를 질량이 1.0 kg인 수레 B로 바꾸어 (나)~(라)를 반복한다.

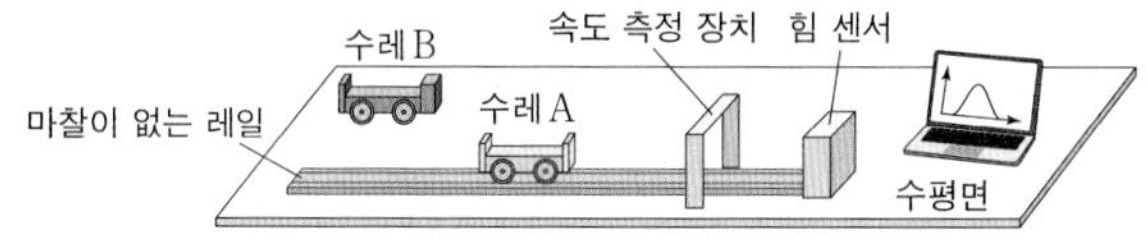

[실험 결과]

충격량의 크기=운동량 변화량의 크기
A : |0.5×(−0.2−0.4)|=0.3(kg·m/s)
B : |1×(−0.1−0.4)|=0.5(kg·m/s)

수레	질량(kg)	속도(m/s)		충돌 시간(s)
		충돌 직전	충돌 직후	
A	0.5	0.4	−0.2	0.02
B	1.0	0.4	−0.1	0.05

※ 충돌 시간: 수레가 힘 센서로부터 힘을 받는 시간

이에 대한 설명으로 옳은 것만을 <보기>에서 있는 대로 고른 것은? [3점]

보기

ㄱ. 충돌 직전 운동량의 크기는 A가 B보다 작다.

ㄴ. 충돌하는 동안 힘 센서로부터 받은 충격량의 크기는 A가 B보다 ~~크다~~. 작다

ㄷ. 충돌하는 동안 힘 센서로부터 받은 평균 힘의 크기는 A가 B보다 ~~작다~~. 크다

① ㄱ ② ㄴ ③ ㄱ, ㄷ ④ ㄴ, ㄷ ⑤ ㄱ, ㄴ, ㄷ

✓ 자료 해석

- A: 속도 변화량=−0.6 m/s, 운동량 변화량=−0.3 kg·m/s
- B: 속도 변화량=−0.5 m/s, 운동량 변화량=−0.5 kg·m/s

○ 보기풀이 ㄱ. 충돌 직전 A, B의 운동량의 크기는 각각 0.2 kg·m/s, 0.4 kg·m/s이므로 충돌 직전 운동량의 크기는 A가 B보다 작다.

× 매력적 오답 ㄴ. 충돌하는 동안 힘 센서로부터 수레가 받은 충격량의 크기와 수레의 운동량 변화량의 크기는 같다. 따라서 충돌하는 동안 힘 센서로부터 A, B가 받은 충격량의 크기가 각각 0.3 kg·m/s, 0.5 kg·m/s이므로 충돌하는 동안 힘 센서로부터 받은 충격량의 크기는 A가 B보다 작다.

ㄷ. 충돌하는 동안 힘 센서로부터 A, B가 받은 평균 힘의 크기는 각각 15 N, 10 N이다. 따라서 충돌하는 동안 힘 센서로부터 A, B가 받은 평균 힘의 크기는 A가 B보다 크다.

문제풀이 Tip

충돌 직전과 직후의 속도로부터 속도 변화량을 구하고, 이로부터 운동량 변화량을 구할 수 있으면, 충돌 시간을 이용하여 평균 힘을 어렵지 않게 구할 수 있다.

선택지 비율	① 6%	❷ 79%	③ 4%	④ 9%	⑤ 3%

4 운동량 보존

2025학년도 9월 평가원 12번 | 정답 ② | 문제편 59 p

(출제 의도) 운동량 보존에 대해 이해하고 적용할 수 있는지 묻는 문항이다.

그림 (가)는 마찰이 없는 수평면에서 물체 A가 정지해 있는 물체 B를 향해 속력 v로 등속도 운동하는 모습을 나타낸 것이다. 그림 (나)는 (가)의 A와 B가 $x=2d$에서 충돌한 후 각각 등속도 운동하여, A가 $x=d$를 지나는 순간 B가 $x=4d$를 지나는 모습을 나타낸 것이다. 이후, B는 정지해 있던 물체 C와 $x=6d$에서 충돌하여, B와 C가 한 덩어리로 $+x$ 방향으로 속력 $\frac{1}{3}v$로 등속도 운동을 한다. B, C의 질량은 각각 $2m$, m이다.

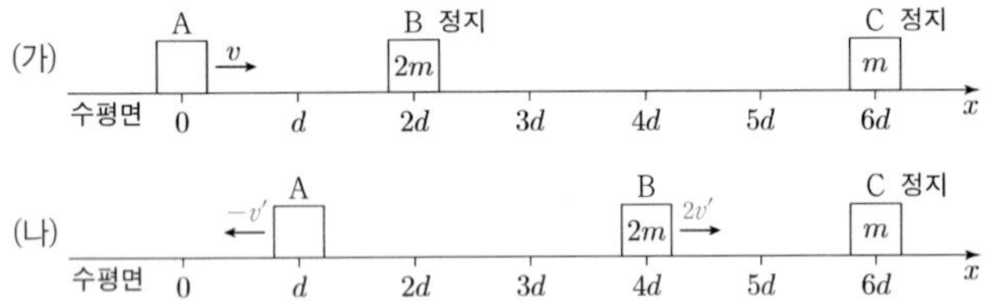

A의 질량은? (단, 물체의 크기는 무시하고, A, B, C는 동일 직선 상에서 운동한다.) [3점]

① m ② $\frac{4}{5}m$ ③ $\frac{3}{5}m$ ④ $\frac{2}{5}m$ ⑤ $\frac{1}{5}m$

✓ 자료 해석

- 충돌 후 A, B의 속력 : 같은 시간 동안 이동 거리가 각각 d, $2d$이므로 속력의 비는 1 : 2이다.
- B와 C의 충돌 후 운동량의 크기의 합은 충돌 전 B의 운동량의 크기와 같다.

O 보기 풀이 A와 B가 충돌한 후 A, B의 속도를 각각 $-v'$, $2v'$, A의 질량을 M이라고 하면 A, B가 충돌할 때와 B, C가 충돌할 때에 대해 $Mv=-Mv'+4mv'$의 식과 $4mv'=3m\times\frac{1}{3}v=mv$의 식이 각각 성립한다. 따라서 $v'=\frac{1}{4}v$이므로 A의 질량 $M=\frac{4}{5}m$이다.

문제풀이 Tip

A, B의 충돌 후 같은 시간 동안 이동한 거리의 비 1 : 2로부터 충돌 후 속력의 크기 비를 구하고, 이를 운동량 보존에 적용하면 쉽게 해결할 수 있다.

선택지 비율	① 12%	② 10%	❸ 64%	④ 8%	⑤ 6%

5 운동량과 충격량

2025학년도 6월 평가원 14번 | 정답 ③ | 문제편 59 p

(출제 의도) 힘-시간 그래프의 의미를 이해하고, 운동량 보존과 충격량의 정의를 적용할 수 있는지 확인하는 문항이다.

그림 (가)와 같이 질량이 같은 두 물체 A, B를 빗면에서 높이가 각각 $4h$, h인 지점에 가만히 놓았더니, 각각 벽과 충돌한 후 반대 방향으로 운동하여 높이 h에서 속력이 0이 되었다. 그림 (나)는 A, B가 벽과 충돌하는 동안 벽으로부터 받은 힘의 크기를 시간에 따라 나타낸 것이다.

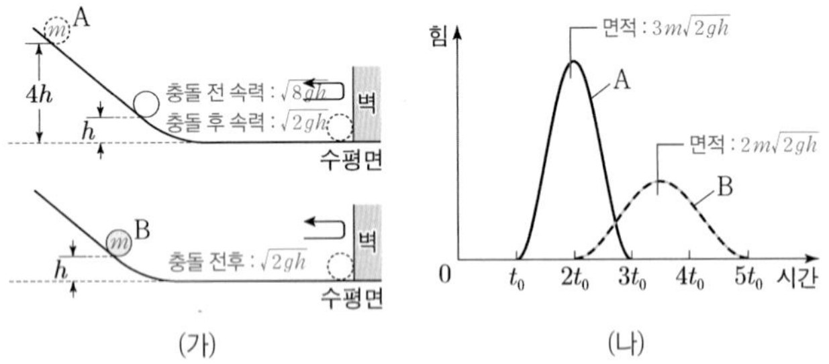

(가) (나)

이에 대한 설명으로 옳은 것만을 〈보기〉에서 있는 대로 고른 것은? (단, 물체의 크기, 모든 마찰과 공기 저항은 무시한다.) [3점]

> 보기
>
> ㄱ. A의 운동량의 크기는 충돌 직전이 충돌 직후의 2배이다.
>
> ㄴ. (나)에서 곡선과 시간 축이 만드는 면적은 A가 B의 $\frac{3}{2}$배이다.
>
> ㄷ. 충돌하는 동안 벽으로부터 받은 평균 힘의 크기는 A가 B의 ~~2배이다.~~ $\frac{9}{4}$배이다.

① ㄱ ② ㄷ ③ ㄱ, ㄴ ④ ㄴ, ㄷ ⑤ ㄱ, ㄴ, ㄷ

✓ 자료 해석

- (가)에서 속도 변화량의 크기
  A : $3\sqrt{2gh}$, B : $2\sqrt{2gh}$
- (나)에서 곡선과 시간 축이 이루는 면적(A, B의 질량은 각각 m이다.)
  A : $3m\sqrt{2gh}$, B : $2m\sqrt{2gh}$

O 보기 풀이 수평면에서 A, B의 역학적 에너지가 보존되므로 A의 충돌 전후 속력은 각각 $2\sqrt{2gh}$, $\sqrt{2gh}$이고, B의 충돌 전후 속력은 $\sqrt{2gh}$이다.

ㄱ. A의 충돌 전 속력이 충돌 후 속력의 2배이므로 A의 운동량의 크기는 충돌 직전이 충돌 직후의 2배이다.

ㄴ. 힘-시간 그래프에서 곡선과 시간축이 이루는 면적은 물체가 받은 충격량의 크기=물체의 운동량 변화량의 크기이다. 따라서 A, B의 질량을 각각 m이라고 하면 A, B가 받은 충격량의 크기는 각각

A : $|-m\times\sqrt{2gh}-m\times2\sqrt{2gh}|=3m\sqrt{2gh}$,

B : $|-m\times\sqrt{2gh}-m\times\sqrt{2gh}|=2m\sqrt{2gh}$

이므로, (나)에서 곡선과 시간 축이 만드는 면적은 A가 B의 $\frac{3}{2}$배이다.

× 매력적 오답 ㄷ. A, B가 충돌하는 동안 벽으로부터 받은 평균 힘의 크기가 각각 A : $\frac{3m\sqrt{2gh}}{2t_0}$, B : $\frac{2m\sqrt{2gh}}{3t_0}$이므로, 충돌하는 동안 벽으로부터 받은 평균 힘의 크기는 A가 B의 $\frac{9}{4}$배이다.

문제풀이 Tip

역학적 에너지 보존을 이용하여 벽과 충돌 전후의 속력을 구하고, 이를 이용하여 운동량 변화량을 구한 후, 그래프에서 충돌 시간을 파악하여 적용하면 어렵지 않게 해결할 수 있다.

선택지 비율	① 2%	② 11%	③ 4%	❹ 80%	⑤ 3%

6 운동량 보존

2025학년도 6월 평가원 11번 | 정답 ④ | 문제편 59p

출제 의도 자료를 이용하여 충돌 전후 속도를 구하고, 이를 운동량 보존에 적용할 수 있는지 확인하는 문항이다.

다음은 충돌하는 두 물체의 운동량에 대한 실험이다.

[실험 과정]

(가) 그림과 같이 수평한 직선 레일 위에서 수레 A를 정지한 수레 B에 충돌시킨다. A, B의 질량은 각각 2 kg, 1 kg이다.

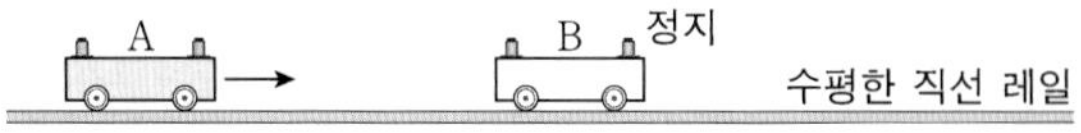

(나) (가)에서 시간에 따른 A와 B의 위치를 측정한다.

[실험 결과]

0.6 m/s (A, 0.1~0.4초) / 0.3 m/s (A, 0.5~0.7초)

시간(초)	0.1	0.2	0.3	0.4	0.5	0.6	0.7	0.8
A의 위치(cm)	6	12	18	24	28	31	34	37
B의 위치(cm)	26	26	26	26	30	36	42	48

0.6 m/s (B, 0.5~0.8초)

이에 대한 설명으로 옳은 것만을 〈보기〉에서 있는 대로 고른 것은? [3점]

보기

ㄱ. 0.2초일 때, A의 속력은 ~~0.4 m/s이다.~~ 0.6 m/s이다.

ㄴ. 0.5초일 때, A와 B의 운동량의 합은 크기가 1.2 kg·m/s 이다.

ㄷ. 0.7초일 때, A와 B의 운동량은 크기가 같다.

① ㄱ ② ㄷ ③ ㄱ, ㄴ ④ ㄴ, ㄷ ⑤ ㄱ, ㄴ, ㄷ

✓ 자료 해석

- 충돌 전 속도의 크기는 A : 0.6 m/s, B : 0이다.
- 충돌 후 속도의 크기는 A : 0.3 m/s, B : 0.6 m/s이다.
- A, B의 충돌 후 A, B의 운동 방향은 같다.

○ 보기풀이 ㄴ. 충돌 과정에서 A와 B의 운동량 총합은 보존되므로 0.5초일 때 A와 B의 운동량의 합은 크기가 0.2초일 때 A의 운동량의 크기와 같다. 따라서 $2\times0.6=1.2$(kg·m/s)이다.

ㄷ. 0.7초일 때, A, B의 속력은 각각 $\frac{0.03}{0.1}=0.3$(m/s), $\frac{0.06}{0.1}=0.6$(m/s)이다. 물체의 질량은 A가 B의 2배이고, 0.7초일 때 물체의 속력은 B가 A의 2배이므로 0.7초일 때, A와 B의 운동량은 크기가 같다.

× 매력적 오답 ㄱ. 0.2초일 때, A의 속력은 $\frac{0.06}{0.1}=0.6$(m/s)이다.

문제풀이 Tip

표의 자료를 통해 충돌 전후 A, B의 속도의 크기를 구할 수 있고, 이를 이용하여 충돌 후 A, B의 운동량의 크기를 비교할 수 있다.

선택지 비율	① 8%	② 5%	❸ 69%	④ 7%	⑤ 10%

7 운동량

2024학년도 수능 8번 | 정답 ③ | 문제편 60p

출제 의도 운동량 보존을 이해하고 적용할 수 있는지 묻는 문항이다.

그림 (가)는 마찰이 없는 수평면에서 정지한 물체 A 위에 물체 D와 용수철을 넣어 압축시킨 물체 B, C를 올려놓고 B와 C를 동시에 가만히 놓았더니, 정지해 있던 B와 C가 분리되어 각각 등속도 운동을 하는 모습을 나타낸 것이다. 그림 (나)는 (가)에서 먼저 C가 D와 충돌하여 한 덩어리가 되어 속력 v로 등속도 운동을 하고, 이후 B가 A와 충돌하여 한 덩어리가 되어 등속도 운동을 하는 모습을 나타낸 것이다. A, B, C, D의 질량은 각각 $5m$, $2m$, m, m이다.

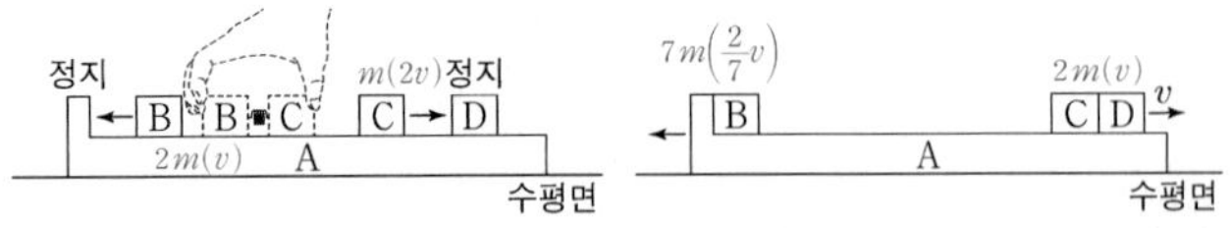

(가) (나)

이에 대한 설명으로 옳은 것만을 〈보기〉에서 있는 대로 고른 것은? (단, 물체는 동일 연직면상에서 운동하고, 용수철의 질량은 무시하며, A의 윗면은 마찰이 없고 수평면과 나란하다.) [3점]

보기

ㄱ. (가)에서 B와 C가 용수철에서 분리된 직후 운동량의 크기는 B와 C가 같다.

ㄴ. (가)에서 B와 C가 용수철에서 분리된 직후 B의 속력은 v이다.

ㄷ. (나)에서 한 덩어리가 된 A와 B의 속력은 $\frac{2}{5}$~~v이다~~. $\frac{2}{7}$이다.

① ㄱ ② ㄷ ③ ㄱ, ㄴ ④ ㄴ, ㄷ ⑤ ㄱ, ㄴ, ㄷ

✔ 자료 해석

- C, D의 충돌에서 운동량 보존을 적용하면 충돌 전 C의 운동량의 크기는 $2mv$이다.
- B, C의 분리에서 운동량 보존을 적용하면 충돌 전 B의 운동량의 크기는 $2mv$이다.
- 충돌 후 A, B의 운동량의 합의 크기는 $2mv$이다.

○ 보기 풀이 ㄱ. 운동량 보존 법칙에 의해 (가)에서 B와 C가 용수철에서 분리된 직후 운동량의 크기는 B와 C가 같다.

ㄴ. (나)에서 C와 D가 한 덩어리가 되었을 때 C와 D의 운동량의 합은 $2mv$이므로 (가)에서 B와 C가 용수철에서 분리된 직후 C의 운동량의 크기도 $2mv$이다. (가)에서 B와 C가 용수철에서 분리된 직후 운동량의 크기는 B와 C가 같으므로 B의 속력을 v'라 하면 $2mv'=2mv$에서 $v'=v$이다.

× 매력적 오답 ㄷ. 한 덩어리가 된 A와 B의 속력을 v''라 하면, $2mv=(2m+5m)v''$에서 $v''=\frac{2}{7}v$이다.

문제풀이 Tip

각각의 충돌과 두 물체의 분리에서 운동량 보존을 적용하면 해결할 수 있다.

8 충격량과 평균 힘

선택지 비율	① 4%	② 3%	❸ 79%	④ 3%	⑤ 11%

2024학년도 수능 7번 | 정답 ③ | 문제편 60 p

출제 의도 물체의 운동량의 변화량은 충격량과 같고, 충격량의 시간 변화량이 평균 힘임을 알고 있는지 확인하는 문항이다.

그림 (가)와 같이 마찰이 없는 수평면에서 등속도 운동을 하던 수레가 벽과 충돌한 후, 충돌 전과 반대 방향으로 등속도 운동을 한다. 그림 (나)는 수레의 속도와 수레가 벽으로부터 받은 힘의 크기를 시간 t에 따라 나타낸 것이다. 수레와 벽이 충돌하는 0.4초 동안 힘의 크기를 나타낸 곡선과 시간 축이 만드는 면적은 10 N·s이다.

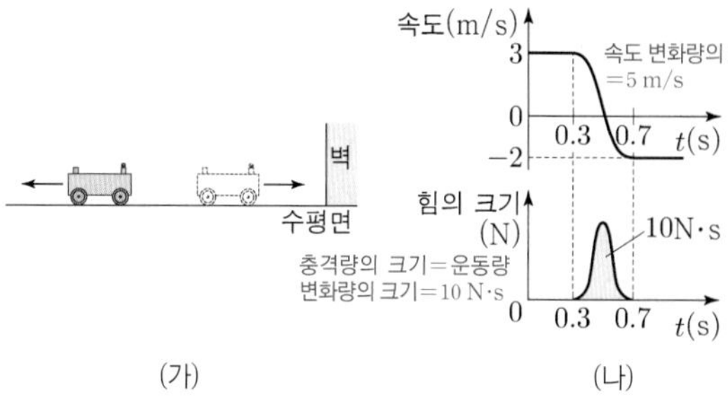

(가) (나)

이에 대한 설명으로 옳은 것만을 〈보기〉에서 있는 대로 고른 것은?

보기

ㄱ. 충돌 전후 수레의 운동량 변화량의 크기는 10 kg · m/s 이다.

ㄴ. 수레의 질량은 2 kg이다.

ㄷ. 충돌하는 동안 벽이 수레에 작용한 평균 힘의 크기는 ~~40 N이다.~~ 25 N이다.

① ㄱ ② ㄷ ③ ㄱ, ㄴ ④ ㄴ, ㄷ ⑤ ㄱ, ㄴ, ㄷ

✔ 자료 해석

- 힘 – 시간 그래프에서 그래프와 시간 축이 이루는 면적=충격량 (10 N·s)
- 속도 – 시간 그래프에서 속도 변화량의 크기 : 5 m/s

○ 보기풀이 ㄱ. 수레와 벽이 충돌하는 0.4초 동안 힘의 크기를 나타낸 곡선과 시간 축이 만드는 면적이 10 N·s이므로 충돌 전후 수레의 운동량 변화량의 크기도 10 kg·m/s이다.

ㄴ. 수레의 질량을 m이라 하면, 충돌 전후 수레의 속도 변화량의 크기는 5 m/s 이므로 $5m=10$에서 $m=2$ kg이다.

× 매력적 오답 ㄷ. 충돌하는 동안 벽이 수레에 작용한 평균 힘의 크기는 $\frac{10}{0.4}=25$(N)이다.

문제풀이 Tip

속도 – 시간 그래프에서 속도 변화량을, 힘의 크기 – 시간 그래프에서 충격량의 크기를 파악하고, 두 그래프에서 충돌하는 데 걸린 시간을 구하여 충격량 공식에 적용하면 해결할 수 있다.

9 운동량 보존

선택지 비율	① 9%	❷ 45%	③ 19%	④ 14%	⑤ 12%

2024학년도 9월 평가원 17번 | 정답 ② | 문제편 60 p

출제 의도 정지 상태에서 분리될 때와 충돌하여 정지할 때의 운동량의 크기가 서로 같음을 알고, 적용할 수 있는지 확인하는 문항이다.

그림 (가)와 같이 마찰이 없는 수평면에서 물체 A와 B 사이에 용수철을 넣어 압축시킨 후 A와 B를 동시에 가만히 놓았더니, 정지해 있던 A와 B가 분리되어 등속도 운동을 하는 물체 C, D를 향해 등속도 운동을 한다. 이때 C, D의 속력은 각각 $2v$, v이고, 운동 에너지는 C가 B의 2배이다. 그림 (나)는 (가)에서 물체가 충돌하여 A와 C는 정지하고, B와 D는 한 덩어리가 되어 속력 $\frac{1}{3}v$로 등속도 운동을 하는 모습을 나타낸 것이다.

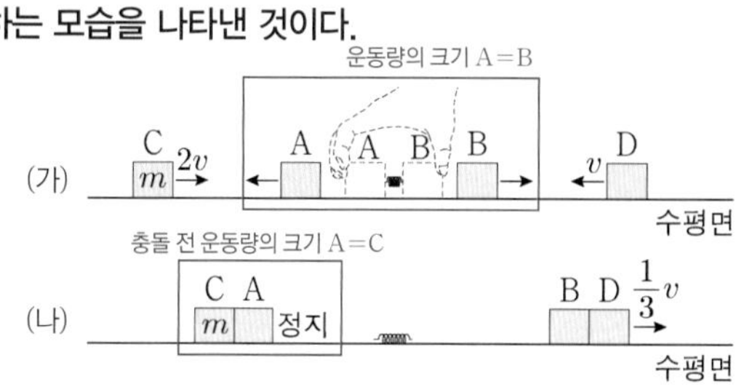

C의 질량이 m일 때, D의 질량은? (단, 물체는 동일 직선상에서 운동하고, 용수철의 질량은 무시한다.) [3점]

① $\frac{1}{2}m$ ② m ③ $\frac{3}{2}m$ ④ $2m$ ⑤ $\frac{5}{2}m$

✔ 자료 해석

- (가)에서 A, B가 정지 상태에서 분리되므로 A와 B의 운동량의 크기가 같다.
- (나)에서 A, C가 충돌하여 정지하므로 충돌 전 A와 C의 운동량의 크기가 같다.
- (가), (나)에서 각각 운동할 때 운동량의 크기는 A=B=C이다.
- B의 질량을 m_B라 하면, 운동 에너지는 C가 B의 2배이므로 $\frac{(2mv)^2}{2m}=\frac{(2mv)^2}{m_B}$이다.

○ 보기풀이 운동량 보존 법칙에 의해 용수철로부터 완전히 분리된 A와 B의 운동량은 서로 반대 방향으로 크기가 같다. 또, A와 C가 충돌하여 정지하므로 A, C의 운동량의 크기도 서로 같다. 따라서 용수철로부터 분리된 후 D와 충돌하기 전 B의 운동량의 크기는 $2mv$이고, 운동 에너지는 mv^2이므로 B의 질량, 속력은 각각 $2m$, v이다. D의 질량을 M이라 하면, B와 D의 충돌에서도 운동량이 보존되므로 $2mv+(-Mv)=(2m+M)\times\frac{1}{3}v$에서 $M=m$이다.

문제풀이 Tip

정지 상태에서 분리되는 두 물체의 운동량의 크기는 서로 같고, 충돌하여 정지하는 두 물체의 충돌 전의 운동량의 크기는 서로 같음을 이용하여, D와 충돌 전 B의 질량과 속력을 구하여 해결할 수 있다.

선택지 비율	① 5%	② 12%	③ 13%	④ 9%	❺ 62%

10 운동량과 충격량

2024학년도 9월 평가원 10번 | 정답 ⑤ | 문제편 60 p

출제 의도 힘 – 시간 그래프에서 그래프와 시간 축이 이루는 면적의 의미와 운동량 보존을 이해하고 적용할 수 있는지 묻는 문항이다.

그림 (가)의 Ⅰ~Ⅲ과 같이 마찰이 없는 수평면에서 운동량의 크기가 p로 같은 물체 A, B가 서로를 향해 등속도 운동을 하다가 충돌한 후 각각 등속도 운동을 하고, 이후 B는 벽과 충돌한 후 운동량의 크기가 $\frac{1}{3}p$인 등속도 운동을 한다. 그림 (나)는 (가)에서 B가 받은 힘의 크기를 시간에 따라 나타낸 것이다. B와 A, B와 벽의 충돌 시간은 각각 T, $2T$이고, 곡선과 시간 축이 만드는 면적은 각각 $2S$, S이다. A, B의 질량은 각각 m, $2m$이다.

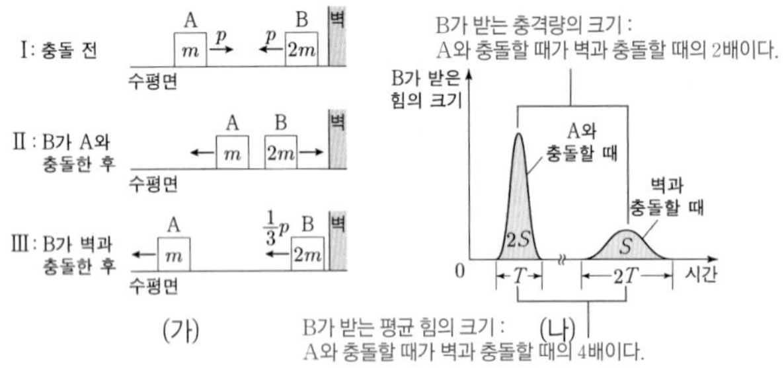

(가) (나)

이에 대한 설명으로 옳은 것만을 〈보기〉에서 있는 대로 고른 것은? (단, A, B는 동일 직선상에서 운동한다.)

보기

ㄱ. B가 받은 평균 힘의 크기는 A와 충돌하는 동안~~과 벽과 충돌하는 동안이 같다.~~ 이 벽과 충돌하는 동안의 4배이다.

ㄴ. Ⅱ에서 B의 운동량의 크기는 $\frac{1}{3}p$이다.

ㄷ. Ⅲ에서 물체의 속력은 A가 B의 2배이다.

① ㄱ ② ㄴ ③ ㄷ ④ ㄱ, ㄴ ⑤ ㄴ, ㄷ

✓ 자료 해석

- B가 받은 평균 힘의 크기 : A와 충돌할 때 $\frac{2S}{T}$, 벽과 충돌할 때 $\frac{S}{2T}$이다.
- B의 운동량 변화량의 크기 : A와 충돌할 때가 벽과 충돌할 때의 2배이다.

○ 보기풀이 ㄴ. Ⅱ에서 벽을 향하는 B의 운동량의 크기를 p'이라 하면 $2S=p+p'$, $S=\frac{1}{3}p+p'$가 성립하므로 $p+p'=2\left(\frac{1}{3}p+p'\right)$에서 $p'=\frac{1}{3}p$이다.

ㄷ. 운동량 보존의 법칙에 따라 A와 B가 충돌하기 전 운동량의 합이 0이고, A와 B가 충돌한 후 B의 운동량이 $+\frac{1}{3}p$가 되므로 A의 운동량은 $-\frac{1}{3}p$가 된다. 따라서 벽과 충돌한 B의 운동량의 크기는 A와 같으나 질량이 B가 A의 2배이므로 Ⅲ에서 물체의 속력은 A가 B의 2배이다.

× 매력적 오답 ㄱ. B가 받은 충격량은 (나)의 그래프에서 그래프가 시간 축과 이루는 면적이다. 충격량(I)=평균 충격력($\overline{F}$)×시간(t)이므로, B가 받은 평균 힘의 크기는 B가 A와 벽에 충돌하는 동안 각각 $\frac{2S}{T}$, $\frac{S}{2T}$이다. 따라서 B가 받은 평균 힘의 크기는 A와 충돌하는 동안이 벽과 충돌하는 동안의 4배이다.

문제풀이 Tip

힘 – 시간 그래프로부터 B가 A와 충돌할 때와 벽과 충돌할 때 받는 충격량의 크기 비를 파악하고, 이를 이용하여 평균 힘의 크기와 운동량 변화량의 크기 비를 구하면 해결할 수 있다.

선택지 비율	① 10%	② 19%	③ 21%	❹ 36%	⑤ 15%

11 운동량 보존

2024학년도 6월 평가원 19번 | 정답 ④ | 문제편 61 p

출제 의도 거리-시간 그래프를 해석하여 상대 속도를 구하고, 이를 운동량 보존에 적용할 수 있는지 확인하는 문항이다.

그림 (가)와 같이 마찰이 없는 수평면에서 물체 A, B, C가 등속도 운동을 한다. A, B, C의 운동량의 크기는 각각 $4p$, $4p$, p이다. 그림 (나)는 A와 B 사이의 거리(S_{AB}), B와 C 사이의 거리(S_{BC})를 시간 t에 따라 나타낸 것이다.

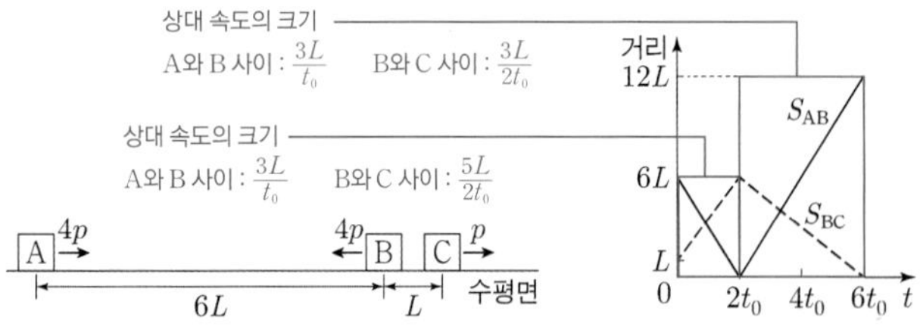

(가) (나)

이에 대한 설명으로 옳은 것만을 〈보기〉에서 있는 대로 고른 것은? (단, A, B, C는 동일 직선상에서 운동하고, 물체의 크기는 무시한다.) [3점]

보기

ㄱ. $t=t_0$일 때, 속력은 ~~A와 B가 같다.~~ B가 A의 2배이다.

ㄴ. B와 C의 질량은 같다.

ㄷ. $t=4t_0$일 때, B의 운동량의 크기는 $4p$이다.

① ㄱ ② ㄷ ③ ㄱ, ㄴ ④ ㄴ, ㄷ ⑤ ㄱ, ㄴ, ㄷ

✓ 자료 해석

- 충돌 전 상대 속도의 크기 :

  A와 B 사이 : $\frac{3L}{t_0}$, B와 C 사이 : $\frac{5L}{2t_0}$

- 충돌 후 상대 속도의 크기 :

  A와 B 사이 : $\frac{3L}{t_0}$, B와 C 사이 : $\frac{3L}{2t_0}$

- A, B의 충돌 후 A, B의 운동 방향은 서로 반대 방향이다.

○ 보기풀이 ㄴ. t_0일 때 속력은 B가 C의 4배이고, 운동량의 크기도 B가 C의 4배이다. 따라서 B와 C의 질량은 같다.

ㄷ. $v_B=V_B$이므로 B의 운동량의 크기는 충돌 전과 충돌 후가 모두 $4p$이다.

× 매력적 오답 A와 B의 충돌 전 A, B, C의 속력을 각각 v_A, v_B, v_C라 하고, 충돌 후 A, B의 속력을 각각 V_A, V_B라고 하면 (나)에 의해

$v_A+v_B=\frac{3L}{t_0}$ … ① $v_B+v_C=\frac{5L}{2t_0}$ … ②

$V_B-v_C=\frac{3L}{2t_0}$ … ③ $V_A+V_B=\frac{3L}{t_0}$ … ④

이다. A, B의 충돌 후 A, B의 운동 방향은 서로 반대이다.

ㄱ. 충돌 전 A와 B의 운동량의 크기가 같고 방향이 반대이므로 운동량의 합이 0이고, 운동량 보존에 따라 충돌 후에도 A와 B의 운동량의 크기가 같고 방향이 반대이다. A와 B의 속력의 비는 충돌 전과 충돌 후가 같다. 따라서

$\frac{v_B}{v_A}=\frac{V_B}{V_A}=\frac{m_A}{m_B}$ … ⑤이다.

①, ④에서 $v_A+v_B=V_A+V_B$이므로, 이 식에 ⑤를 적용하면 $v_A=V_A$, $v_B=V_B$이다. 이를 ①~④에 대입하여 풀이하면

$v_A=\frac{L}{t_0}$, $v_B=\frac{2L}{t_0}$, $v_C=\frac{L}{2t_0}$

이다. 따라서 t_0일 때 속력은 B가 A의 2배이다.

문제풀이 Tip

A, B의 충돌 전과 후 A, B 사이의 상대 속도의 크기, B, C 사이의 상대 속도의 크기의 관계식을 구하고, 충돌 전과 후 각각 A, B의 운동량의 크기가 같으므로 속력의 비가 같음을 파악하여 적용하면 해결할 수 있다.

선택지 비율	① 8%	② 5%	③ 9%	❹ 74%	⑤ 3%

12 운동량과 충격량

2024학년도 6월 평가원 7번 | 정답 ④ | 문제편 61 p

출제 의도 힘-시간 그래프의 의미를 이해하고, 운동량 보존과 충격량의 정의를 적용할 수 있는지 확인하는 문항이다.

그림 (가)와 같이 마찰이 없는 수평면에서 v_0의 속력으로 등속도 운동을 하던 물체 A, B가 벽과 충돌한 후, 충돌 전과 반대 방향으로 각각 v_0, $\frac{1}{2}v_0$의 속력으로 등속도 운동을 한다. 그림 (나)는 A, B가 충돌하는 동안 벽으로부터 받은 힘의 크기를 시간에 따라 나타낸 것이다. A, B의 질량은 각각 $2m$, m이고, 충돌 시간은 각각 t_0, $3t_0$이다.

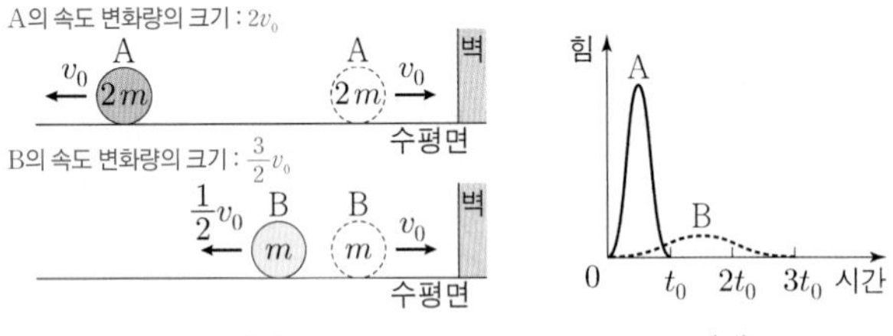

(가) (나)

이에 대한 설명으로 옳은 것만을 〈보기〉에서 있는 대로 고른 것은?

보기

ㄱ. A가 충돌하는 동안 벽으로부터 받은 충격량의 크기는 $4mv_0$이다.

ㄴ. (나)에서 B의 곡선과 시간 축이 만드는 면적은 ~~$\frac{1}{2}mv_0$이다.~~ $\frac{3}{2}mv_0$이다.

ㄷ. 충돌하는 동안 벽으로부터 받은 평균 힘의 크기는 A가 B의 8배이다.

① ㄱ ② ㄴ ③ ㄱ, ㄴ ④ ㄱ, ㄷ ⑤ ㄴ, ㄷ

✔ 자료 해석

- (가)에서 운동량 변화량의 크기
  A : $4mv_0$, B : $\frac{3}{2}mv_0$
- (나)에서 물체가 받은 평균 힘의 크기
  A : $\frac{4mv_0}{t_0}$, B : $\frac{mv_0}{2t_0}$

O 보기 풀이 ㄱ. 물체가 받은 충격량만큼 물체의 운동량이 변한다. 따라서 A가 받은 충격량의 크기는 A의 운동량의 변화량의 크기와 같은 $4mv_0$이다.

ㄷ. (충격량)=(평균 힘)×(충돌 시간)이다. A, B가 받은 평균 힘의 크기를 각각 $\overline{F_A}$, $\overline{F_B}$라고 하면, $4mv_0=\overline{F_A}t_0$, $\frac{3}{2}mv_0=\overline{F_B}\cdot 3t_0$이므로 $\overline{F_A}=8\overline{F_B}$이다.

× 매력적 오답 ㄴ. 힘-시간 그래프의 넓이가 물체가 받은 충격량이다. B의 운동량의 변화량의 크기가 $\frac{3}{2}mv_0$이므로, 곡선과 시간 축이 만드는 면적도 $\frac{3}{2}mv_0$이다.

문제풀이 Tip

속도 변화량의 크기를 이용하여 운동량 변화량의 크기를 구하고, 충돌 시간을 이용하여 평균 힘의 크기를 구할 수 있으면 해결할 수 있다.

선택지 비율	① 11%	② 17%	③ 20%	④ 13%	⑤ 39%

13 운동량 보존

2023학년도 수능 16번 | 정답 ⑤ | 문제편 61 p

출제 의도 두 물체 사이의 거리-시간 그래프를 해석하여 상대 속도를 파악한 후 운동량 보존에 적용할 수 있는지 묻는 문항이다.

그림 (가)와 같이 수평면에서 벽 p와 q 사이의 거리가 8 m인 물체 A가 4 m/s의 속력으로 등속도 운동하고, 물체 B가 p와 q 사이에서 등속도 운동한다. 그림 (나)는 p와 B 사이의 거리를 시간에 따라 나타낸 것이다. B는 1초일 때와 3초일 때 각각 q와 p에 충돌한다. 3초 이후 A는 5 m/s의 속력으로 등속도 운동한다.

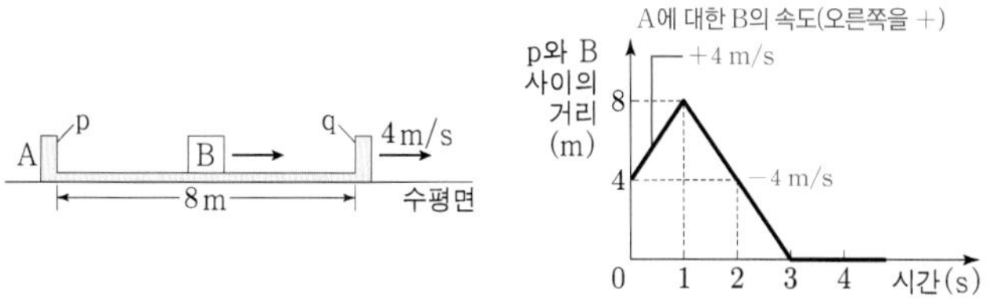

(가) (나)

이에 대한 설명으로 옳은 것만을 〈보기〉에서 있는 대로 고른 것은? (단, A와 B는 동일 직선상에서 운동하며, 벽과 B의 크기, 모든 마찰은 무시한다.) [3점]

보기
ㄱ. 질량은 A가 B의 3배이다.
ㄴ. 2초일 때, A의 속력은 6 m/s이다.
ㄷ. 2초일 때, 운동 방향은 A와 B가 같다.

① ㄱ ② ㄴ ③ ㄱ, ㄷ ④ ㄴ, ㄷ ⑤ ㄱ, ㄴ, ㄷ

✓ 자료 해석

- q와 충돌 전 B의 속도 : +8 m/s
- q와 충돌 후 B의 운동 방향 : +방향(오른쪽 방향)
- p와 충돌 후 B의 속도 : +5 m/s
  → A와 B 사이의 거리가 0이므로 충돌 후 한 덩어리로 운동

O 보기풀이 (나)는 A와 B 사이의 상대 속도를 나타낸 그래프이다. 따라서 0~1초 동안 B의 속력은 4+4=8(m/s)이고, 3~4초 동안 B의 속력은 5 m/s이다. 그리고 1~3초 동안 A의 속도를 v라고 하면, B의 속도는 $v-4$ m/s이다.

ㄱ. A, B의 질량을 각각 m, M이라고 하자. 운동량은 항상 보존되므로, 0~1초 동안의 운동량의 총합은 3~4초 동안의 운동량의 총합과 같다. 따라서 $4m+8M=5(m+M)$이므로 $m=3M$이다.

ㄴ. 1초 전후로 운동량 보존을 적용하면 $4m+8M=mv+M(v-4)$이므로, $v=6$ m/s이다.

ㄷ. 2초일 때 A와 B는 모두 오른쪽 방향으로 6 m/s, 2 m/s의 속력으로 운동한다.

문제풀이 Tip

충돌 전후 두 물체 사이의 거리 변화로부터 상대 속도를 구하고, 이를 운동량 보존에 작용하면 해결할 수 있다.

선택지 비율	① 12%	② 12%	③ 61%	④ 4%	⑤ 11%

14 운동량과 충격량

2023학년도 수능 9번 | 정답 ③ | 문제편 61 p

출제 의도 평균 속력을 이용하여 걸린 시간을 구하고 이를 충격량에 적용할 수 있는지 확인하는 문항이다.

그림 (가)는 $+x$방향으로 속력 v로 등속도 운동하던 물체 A가 구간 P를 지난 후 속력 $2v$로 등속도 운동하는 것을, (나)는 $+x$방향으로 속력 $3v$로 등속도 운동하던 물체 B가 P를 지난 후 속력 v_B로 등속도 운동하는 것을 나타낸 것이다. A, B는 질량이 같고, P에서 같은 크기의 일정한 힘을 $+x$방향으로 받는다.

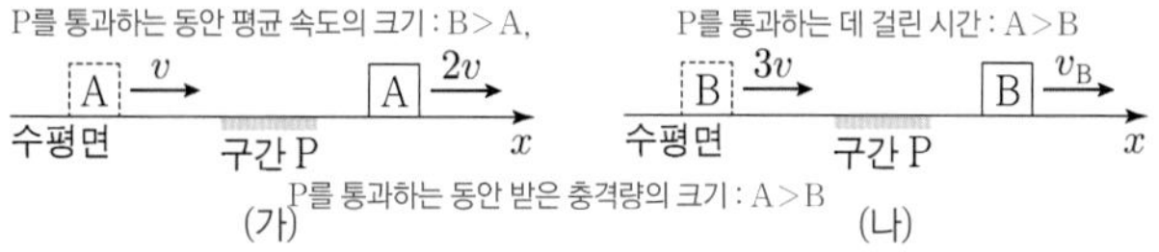

(가) (나)

이에 대한 설명으로 옳은 것만을 〈보기〉에서 있는 대로 고른 것은? (단, 물체의 크기는 무시한다.)

보기
ㄱ. P를 지나는 데 걸리는 시간은 A가 B보다 크다.
ㄴ. 물체가 받은 충격량의 크기는 (가)에서가 (나)에서보다 크다.
ㄷ. ~~$v_B=4v$이다.~~ $v_B<4v$이다.

① ㄱ ② ㄷ ③ ㄱ, ㄴ ④ ㄴ, ㄷ ⑤ ㄱ, ㄴ, ㄷ

✓ 자료 해석

- (가), (나)에서 P를 통과하는 동안 A, B의 속력이 증가한다.
- (가), (나)에서 P를 통과하는 동안 평균 속도의 크기 : B>A
- (가), (나)에서 P를 통과하는 동안 걸린 시간 : A>B
- (가), (나)에서 P를 통과하는 동안 받은 충격량의 크기 : A>B

O 보기풀이 ㄱ. A가 B보다 느린 속력으로 P를 지나므로, P를 지나는 데 걸리는 시간은 A가 B보다 크다.

ㄴ. (충격량)=(힘)×(시간)이다. 물체가 받는 힘의 크기는 A와 B가 같고, 힘을 받는 시간은 A가 B보다 크므로 물체가 받은 충격량의 크기는 A가 B보다 크다.

× 매력적 오답 ㄷ. A가 B보다 큰 충격량을 받으므로 운동량의 변화량과 속도의 변화량 모두 A가 B보다 크다. A의 속도의 변화량이 v이므로 B의 속도의 변화량은 v보다 작다. 따라서 v_B는 $4v$보다 작다.

문제풀이 Tip

속력이 증가하는 운동에서 처음 속력이 빠를수록 평균 속도의 크기가 크고, P를 통과하는 동안 걸린 시간과 충격량의 크기는 평균 속도의 크기가 작을수록 크다는 사실을 파악할 수 있으면 해결할 수 있다.

선택지 비율	① 9%	② 8%	❸ 58%	④ 16%	⑤ 10%

15 운동량 보존

2023학년도 9월 평가원 13번 | 정답 ③ | 문제편 62p

출제 의도 운동량 비와 속력 비를 이용하여 질량비를 구하고, 운동량 보존을 적용하여 충돌 전후의 운동량을 구할 수 있는지 확인하는 문항이다.

그림 (가)와 같이 마찰이 없는 수평면에서 운동량의 크기가 각각 $2p$, p, p인 물체 A, B, C가 각각 $+x$, $+x$, $-x$방향으로 동일 직선상에서 등속도 운동한다. 그림 (나)는 (가)에서 A와 C의 위치를 시간에 따라 나타낸 것이다. B와 C의 질량은 같다.

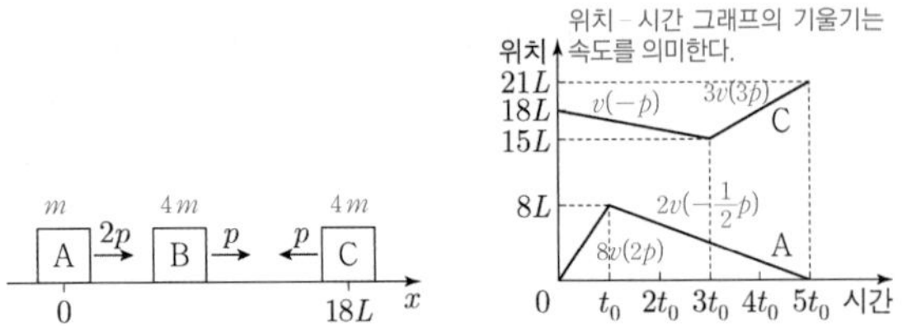

(가) (나)

이에 대한 설명으로 옳은 것만을 〈보기〉에서 있는 대로 고른 것은? (단, 물체의 크기는 무시한다.) [3점]

보기

ㄱ. 질량은 C가 A의 4배이다.

ㄴ. $2t_0$일 때, B의 운동량의 크기는 $\frac{7}{2}p$이다.

ㄷ. $4t_0$일 때, 속력은 C가 B의 ~~5배이다.~~ 6배이다.

① ㄱ ② ㄷ ③ ㄱ, ㄴ ④ ㄴ, ㄷ ⑤ ㄱ, ㄴ, ㄷ

✔ 자료 해석

- 위치 – 시간 그래프의 기울기를 이용하여 속도를 구하면 A의 속도의 크기는 $8v$에서 $2v$로, C의 속도의 크기는 v에서 $3v$로 변한다.
- 운동량 보존에 의해서 질량을 구하면 A의 질량은 $\frac{2p}{8v}=\frac{p}{4v}=m$이고, C의 질량은 $\frac{p}{v}=4m$이다.

○ 보기풀이 ㄱ. 충돌 전 그래프의 기울기의 크기는 A, C가 각각 $\frac{8L}{t_0}$, $\frac{3L}{3t_0}$이므로 속력의 비는 8 : 1이다. 그런데 A, C의 운동량의 크기의 비가 2 : 1이므로 질량의 비는 1 : 4이다.

ㄴ. A, C의 속력은 충돌한 후가 충돌하기 전의 각각 $\frac{1}{4}$배, 3배이다. 그리고 모든 충돌에서 충돌 전후 운동량의 총합이 보존되므로, 시간에 따른 A, B, C의 운동량은 다음과 같다.

	A	B	C
$0\sim t_0$	$+2p$	$+p$	$-p$
$t_0\sim 3t_0$	$-\frac{1}{2}p$	$+\frac{7}{2}p$	$-p$
$3t_0\sim 5t_0$	$-\frac{1}{2}p$	$-\frac{1}{2}p$	$+3p$

✕ 매력적 오답 ㄷ. $4t_0$일 때, B와 C의 질량은 같고, 운동량의 크기는 C가 B의 6배이므로 속력의 크기도 C가 B의 6배이다.

문제풀이 Tip

위치 – 시간 그래프를 이용하여 속도를, 운동량, 질량, 속도의 관계를 이용하여 A, C의 질량비를 구하고, 속도를 이용하여 충돌한 후 운동량을 구하면 해결할 수 있다.

선택지 비율	① 5%	❷ 67%	③ 15%	④ 7%	⑤ 5%

16 운동량과 충격량

2023학년도 9월 평가원 8번 | 정답 ② | 문제편 62p

출제 의도 운동량 보존을 적용하여 운동량 변화량을 구하고, 이를 이용하여 충격량을 구할 수 있는지 확인하는 문항이다.

그림 (가)와 같이 마찰이 없는 수평면에 물체 A~D가 정지해 있고, B와 C는 압축된 용수철에 접촉되어 있다. 그림 (나)는 (가)에서 B, C를 동시에 가만히 놓았더니 A와 B, C와 D가 각각 한 덩어리로 등속도 운동하는 모습을 나타낸 것이다. A, B, C, D의 질량은 각각 m, $2m$, $3m$, m이다.

(운동량의 합은 0이다. / A와 B, C와 D의 운동량의 합은 각각 충돌하기 전 B, C의 운동량과 같음)

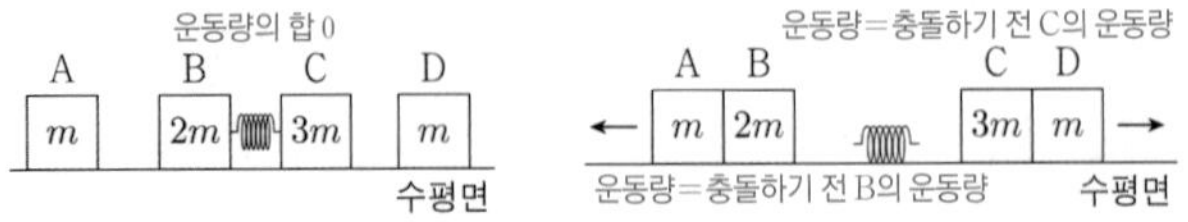

(가) (나)

충돌하는 동안 A, D가 각각 B, C에 작용하는 충격량의 크기를 I_1, I_2라 할 때, $\frac{I_1}{I_2}$은? (단, 용수철의 질량은 무시한다.)

① 1 ② $\frac{4}{3}$ ③ $\frac{3}{2}$ ④ 2 ⑤ $\frac{9}{4}$

✔ 자료 해석

- (가) : 분리되기 전 정지 상태이므로 운동량의 합 및 각각의 운동량은 0이다.
- (나) : A와 D에 충돌하기 전 B, C의 운동량의 크기가 같고, 충돌한 후 (A+B), (C+D)의 운동량은 각각 충돌하기 전 B, C의 운동량과 같다.

○ 보기풀이 용수철에서 분리된 직후 B와 C의 운동량의 크기는 서로 같다. 이를 p라고 하자. 운동량 보존에 의해 A, B의 충돌한 후 운동량의 합의 크기는 p이고, A와 B가 충돌한 후 한 덩어리로 운동(속력이 같음)하므로 A의 운동량의 크기는 $\frac{1}{3}p$이다. 충돌하는 동안 A가 B에 작용하는 충격량의 크기 I_1은 B가 A에 작용하는 충격량의 크기와 같고, 또한 이는 A의 운동량의 변화량의 크기와 같으므로 $I_1=\frac{1}{3}p$이다. 마찬가지로 C와 D의 충돌한 후 D의 운동량의 크기는 $\frac{1}{4}p$이므로 $I_2=\frac{1}{4}p$이다. 따라서 $\frac{I_1}{I_2}=\frac{4}{3}$이다.

문제풀이 Tip

운동량 보존으로 분리된 후 B, C의 운동량의 크기가 같음을 알고, 충돌한 후 함께 운동하는 경우 운동량의 합이 충돌하기 전 운동하는 물체의 운동량과 같음을 이용하여 충돌 과정에서 A, D의 운동량의 변화량을 구할 수 있다.

선택지 비율	① 8%	② 6%	③ 7%	❹ 77%	⑤ 3%

17 운동량 보존 법칙

2023학년도 6월 평가원 13번 | 정답 ④ | 문제편 62p

출제 의도 운동량 보존을 적용할 수 있는지 확인하는 문항이다.

그림과 같이 수평면의 일직선상에서 물체 A, B가 각각 속력 $4v$, v로 등속도 운동하고 물체 C는 정지해 있다. A와 B는 충돌하여 한 덩어리가 되어 속력 $3v$로 등속도 운동한다. 한 덩어리가 된 A, B와 C는 충돌하여 한 덩어리가 되어 속력 v로 등속도 운동한다.

속도 변화량의 비는 질량의 역수 비와 같다.

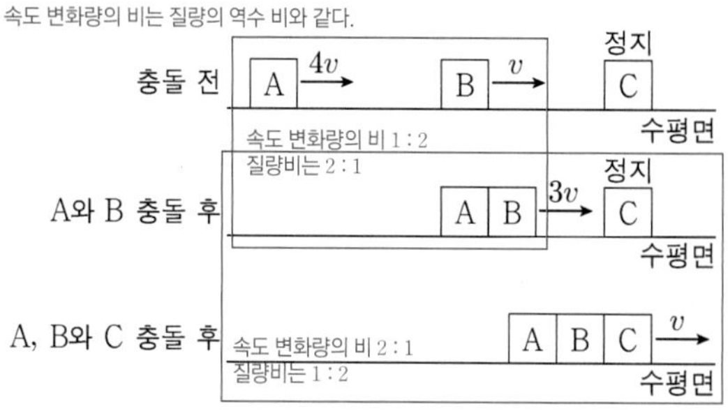

B, C의 질량을 각각 m_B, m_C라 할 때, $\frac{m_C}{m_B}$는? [3점]

① 3 ② 4 ③ 5 ④ 6 ⑤ 7

✓ 자료 해석

- 속도 변화량의 크기 비는 질량의 역수 비와 같다.
  <A, B의 충돌 시>
  속도 변화량의 크기 비 A : B=1 : 2, 질량비 A : B=2 : 1
  <(A+B), C의 충돌 시>
  속도 변화량의 크기 비 (A+B) : C=2 : 1, 질량비 (A+B) : C=1 : 2

ㅇ 보기풀이 A의 질량을 m, B의 질량을 m_B, C의 질량을 m_C라 하자. A와 B의 충돌에서 속도 변화량의 크기 비가 1 : 2이므로 질량비는 2 : 1이다. 즉, $m_B=\frac{1}{2}m$이다. (A+B)와 C의 충돌에서 속도 변화량의 크기 비가 2 : 1이므로 질량비는 1 : 2이다. 즉, $m_C=2\times\frac{3}{2}m=3m$이다. 따라서 $\frac{m_C}{m_B}=6$이다.

문제풀이 Tip

충돌 시 운동량 변화량의 크기가 같으므로 속도 변화량의 크기와 질량이 반비례 관계임을 이용하면 쉽게 해결할 수 있다.

선택지 비율	① 6%	② 7%	❸ 79%	④ 4%	⑤ 5%

18 운동량과 충격량

2023학년도 6월 평가원 9번 | 정답 ③ | 문제편 62p

출제 의도 운동량 보존과 운동량과 충격량의 관계를 적용할 수 있는지 확인하는 문항이다.

그림 (가)는 수평면에서 질량이 각각 2 kg, 3 kg인 물체 A, B가 각각 6 m/s, 3 m/s의 속력으로 등속도 운동하는 모습을 나타낸 것이다. 그림 (나)는 A와 B가 충돌하는 동안 A가 B에 작용한 힘의 크기를 시간에 따라 나타낸 것이다. 곡선과 시간 축이 만드는 면적은 6 N·s이다.

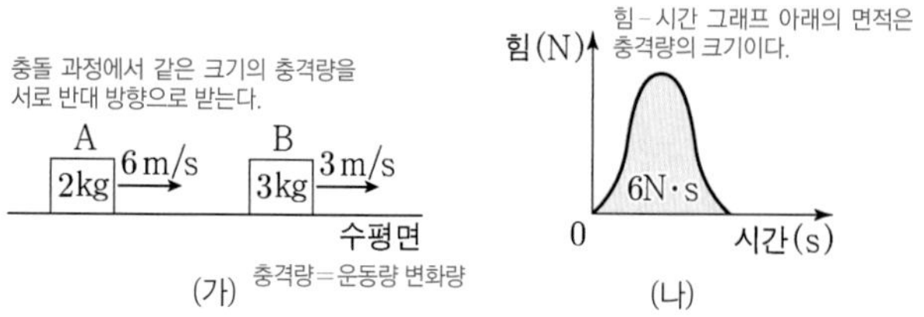

(가) (나)

충돌 후, 등속도 운동하는 A, B의 속력을 각각 v_A, v_B라 할 때, $\frac{v_B}{v_A}$는? (단, A와 B는 동일 직선상에서 운동한다.)

① $\frac{4}{3}$ ② $\frac{3}{2}$ ③ $\frac{5}{3}$ ④ 2 ⑤ $\frac{5}{2}$

✓ 자료 해석

- 힘-시간 그래프 아래의 면적이 충격량의 크기이다.
- 충돌 과정에서 A는 충격량을 운동 반대 방향으로, B는 충격량을 운동 방향으로 받는다.
- 충격량의 크기는 운동량 변화량의 크기이다.

ㅇ 보기풀이 A와 B가 충돌하는 동안 A는 운동 반대 방향으로 6 N·s의 충격량을 받고, B는 운동 방향으로 6 N·s의 충격량을 받는다. $-6=2v_A-12$, $6=3v_B-9$에서 $v_A=3$(m/s), $v_B=5$(m/s)이다. 따라서 $\frac{v_B}{v_A}=\frac{5}{3}$이다.

문제풀이 Tip

같은 방향으로 운동하므로 앞쪽에 있는 물체는 운동 방향으로, 뒤쪽에 있는 물체는 운동 반대 방향으로 충격량을 받는다는 사실을 적용하면 충돌한 후 운동량을 구할 수 있다.

선택지 비율	① 14%	❷ 53%	③ 21%	④ 7%	⑤ 5%

19 물체의 분열과 운동량 보존

2022학년도 수능 9번 | 정답 ② | 문제편 63p

(출제 의도) 물체가 분열할 때에도 운동량이 보존되는 것을 이용하여 운동량과 충격량의 관계를 적용할 수 있는지 확인하는 문항이다.

그림 (가)와 같이 마찰이 없는 수평면에서 질량이 40 kg인 학생이 질량이 각각 10 kg, 20 kg인 물체 A, B와 함께 2 m/s의 속력으로 등속도 운동한다. 그림 (나)는 (가)에서 학생이 A, B를 동시에 수평 방향으로 0.5초 동안 밀었더니, 학생은 정지하고 A, B는 등속도 운동하는 모습을 나타낸 것이다. (나)에서 운동량의 크기는 B가 A의 8배이다.

(마찰이 없는 수평면: 운동량이 보존된다. / (나)에서 운동량의 크기는 B가 A의 8배이다: B의 속력은 A의 4배이다.)

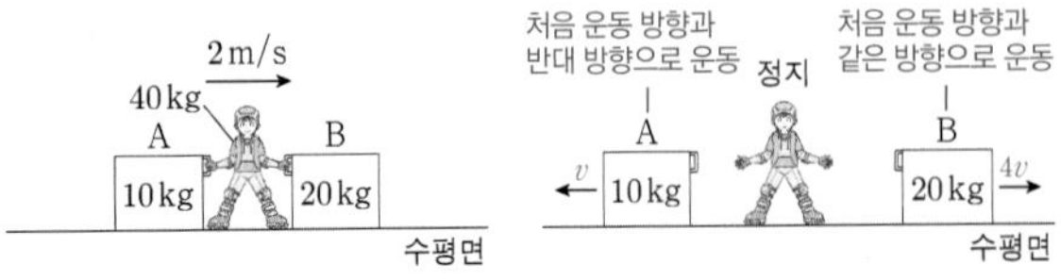

(가) 운동량 : (10+40+20)×2 (나) 운동량 : (20×4v)−(10×v)

물체를 미는 동안 학생이 B로부터 받은 평균 힘의 크기는? (단, 학생과 물체는 동일 직선상에서 운동한다.)

① 160 N ② 240 N ③ 320 N ④ 360 N ⑤ 400 N

✓ 자료 해석

- 운동량의 크기는 질량과 속력의 곱과 같다. 질량은 B가 A의 2배인데, 운동량의 크기는 B가 A의 8배이므로 속력은 B가 A의 4배이다.
- 학생과 두 물체가 함께 운동할 때에도 운동량 보존 법칙이 성립하므로 (가)에서의 운동량의 합과 (나)에서의 운동량의 합은 같다.

ㅇ 보기풀이 (가)에서 운동량의 합은 $(40\ kg+20\ kg+10\ kg)\times 2\ m/s=140\ kg\cdot m/s$이다. (나)에서 B의 속력은 A의 4배이므로 A의 속력을 v라고 하면, B의 속력은 $4v$이다. 이때 A와 B는 서로 반대 방향으로 운동하므로 운동량 보존 법칙에 의해 $140=(-10v)+(20\times 4v)$에서 $v=2\ m/s$이다. 즉, A의 속력은 2 m/s, B의 속력은 8 m/s이다.

물체를 미는 동안 학생이 B로부터 받은 평균 힘의 크기는 B가 학생으로부터 받은 평균 힘의 크기와 같고, B가 받은 충격량의 크기는 B의 운동량 변화량의 크기와 같다. 따라서 평균 힘의 크기를 $\overline{F}$라고 하면 $\overline{F}\times 0.5=20\times(8-2)$에서 $\overline{F}=240(N)$이다.

문제풀이 Tip

문제에서 힘에 대한 정보가 주어지지 않고, 속력에 대한 정보만 주어졌으므로 운동량과 충격량의 관계를 이용하여 힘의 크기를 구할 수 있다. 운동량은 방향이 있는 물리량이므로 서로 반대 방향으로 운동하는 물체가 있을 때에는 항상 방향에 유의하여야 한다.

선택지 비율	① 4%	❷ 71%	③ 6%	④ 15%	⑤ 4%

20 두 물체의 상대 속도와 운동량 보존

2022학년도 수능 13번 | 정답 ② | 문제편 63p

(출제 의도) 두 물체 사이의 상대 속도와 운동량 보존을 이용하여 물체의 운동을 설명할 수 있는지 확인하는 문항이다.

그림 (가)는 마찰이 없는 수평면에서 물체 A, B가 등속도 운동하는 모습을, (나)는 A와 B 사이의 거리를 시간에 따라 나타낸 것이다. A의 속력은 충돌 전이 2 m/s이고, 충돌 후가 1 m/s이다. A와 B는 질량이 각각 m_A, m_B이고 동일 직선상에서 운동한다. 충돌 후 운동량의 크기는 B가 A보다 크다.

그래프의 기울기는 A와 B 사이의 상대 속도이다.

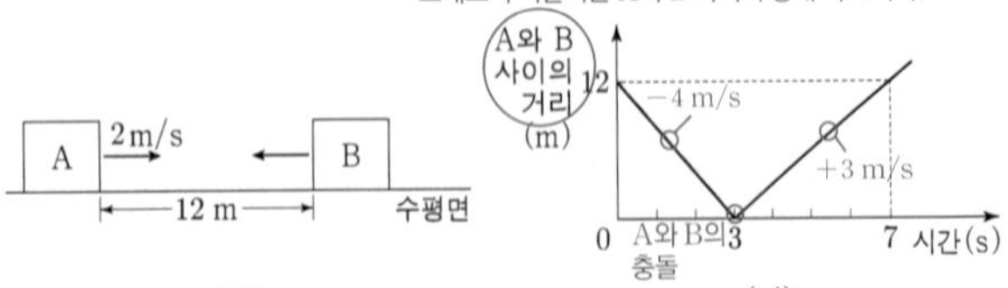

(가) (나)

$m_A : m_B$는? [3점]

① 1 : 1 ② 4 : 3 ③ 5 : 3 ④ 2 : 1 ⑤ 5 : 2

✓ 자료 해석

- 시간에 따른 A와 B 사이의 거리를 나타낸 그래프에서 그래프의 기울기는 A와 B 사이의 상대 속도를 의미한다.
  → 0~3초일 때는 −4 m/s, 3~7초일 때는 3 m/s이다.
- 충돌 전 A의 속력은 2 m/s이므로 B의 속력은 2 m/s이며, 충돌 후 A의 속력은 1 m/s이지만 A의 운동 방향에 따라 B의 속력이 달라진다.

ㅇ 보기풀이 충돌 전 A와 B 사이의 거리가 1초에 4 m씩 감소하므로 B의 속력은 2 m/s이다. 충돌 후 A와 B 사이의 거리는 1초에 3 m씩 증가하고, 충돌 후 A, B의 운동 방향을 알 수 없으므로 두 가지 경우를 모두 고려해야 한다.
A의 속력이 1 m/s이므로, 충돌 후 A의 운동 방향이 왼쪽이라면 B의 속도는 오른쪽으로 2 m/s이고(i), 충돌 후 A의 운동 방향이 오른쪽이라면 B의 속도는 오른쪽으로 4 m/s이다(ii). (i)과 (ii)에서 운동량 보존 법칙을 적용하면 다음과 같다.

(i) $2m_A-2m_B=-m_A+2m_B \rightarrow 3m_A=4m_B$

(ii) $2m_A-2m_B=m_A+4m_B \rightarrow m_A=6m_B$

그런데, 충돌 후 운동량의 크기는 B가 A보다 크므로 문제에서 주어진 조건에 맞는 상황은 (i)이다. 따라서 $m_A : m_B=4 : 3$이다.

문제풀이 Tip

시간에 따른 두 물체 사이의 거리를 주어진 그래프로 해석하는 연습이 필요하다. 두 물체 사이의 거리가 가까워지고 있는지, 멀어지고 있는지를 파악하여, 물체의 운동 방향을 유추할 수 있어야 하며, 그래프의 기울기를 이용하면 물체의 속력을 계산할 수 있다.

선택지 비율	① 6%	② 5%	❸ 74%	④ 6%	⑤ 9%

21 운동량과 충격량

2022학년도 9월 평가원 8번 | 정답 ③ | 문제편 63 p

출제 의도 힘 - 시간 그래프를 해석하고, 물체의 운동량 변화량과 충격량의 관계를 이용하여 물체의 운동을 설명할 수 있는지 확인하는 문항이다.

그림 (가)는 마찰이 없는 수평면에 정지해 있던 물체가 수평면과 나란한 방향의 힘을 받아 0~2초까지 오른쪽으로 직선 운동을 하는 모습을, (나)는 (가)에서 물체에 작용한 힘을 시간에 따라 나타낸 것이다. 물체의 운동량의 크기는 1초일 때가 2초일 때의 2배이다.

질량이 일정할 때 $p\propto v$ → 물체의 속력은 1초일 때가 2초일 때의 2배이다.

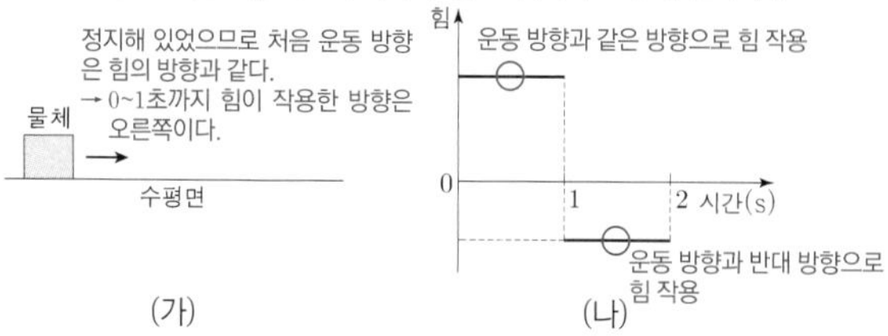

(가) (나)

이에 대한 설명으로 옳은 것만을 〈보기〉에서 있는 대로 고른 것은? (단, 공기 저항은 무시한다.)

보기

ㄱ. 1.5초일 때, 물체의 운동 방향과 가속도 방향은 서로 반대이다.

ㄴ. 물체가 받은 충격량의 크기는 0~1초까지가 1~2초까지의 2배이다.

ㄷ. 물체가 이동한 거리는 0~1초까지가 1~2초까지의 $\frac{3}{2}$배이다. ($\frac{2}{3}$배)

① ㄱ ② ㄷ ③ ㄱ, ㄴ ④ ㄴ, ㄷ ⑤ ㄱ, ㄴ, ㄷ

✔ 자료 해석

- '운동량의 크기 = 질량 × 속력'이므로 질량이 일정할 때 운동량의 크기는 속력에 비례한다. → 물체의 속력은 1초일 때가 2초일 때의 2배이다. 2초일 때의 속력을 v라 하고 물체의 속력 - 시간 그래프를 그리면 오른쪽과 같다.

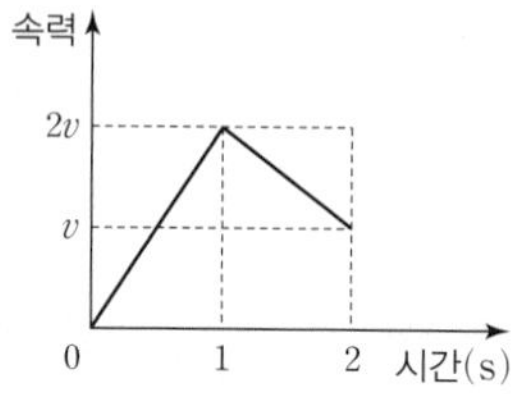

○ 보기 풀이 ㄱ. 물체는 0~1초 사이에는 속력이 증가하고, 1~2초 사이에는 속력이 감소한다. 즉, 1~2초 사이에는 물체의 운동 방향과 반대 방향으로 힘이 작용하므로 1.5초일 때 물체의 운동 방향과 가속도의 방향은 반대이다.

ㄴ. 충격량의 크기는 운동량 변화량의 크기와 같다. 질량이 일정할 때 운동량 변화량의 크기는 속력 변화량에 비례하므로 물체의 운동량 변화량의 크기는 0~1초까지가 1~2초까지의 2배이다. 따라서 물체가 받은 충격량의 크기도 0~1초까지가 1~2초까지의 2배이다.

✕ 매력적 오답 ㄷ. 등가속도 운동하는 물체의 평균 속력은 처음 속력과 나중 속력의 중간값과 같다. 따라서 1초일 때의 속력을 $2v$, 2초일 때의 속력을 v라고 하면 0~1초까지 물체의 평균 속력은 $\frac{0+2v}{2}=v$, 1~2초까지의 평균 속력은 $\frac{(2v+v)}{2}=\frac{3}{2}v$이다. 물체가 이동한 거리는 평균 속력과 시간의 곱이므로 0~1초까지 이동한 거리는 1~2초까지 이동한 거리의 $\frac{2}{3}$배이다.

문제풀이 Tip

물체가 운동하는 동안 질량이 변하지 않으므로 물체의 운동량은 속력에 비례한다. 따라서 이 물체의 속력 변화를 파악할 수 있으며, 일정한 크기의 힘이 작용하므로 등가속도 운동을 하는 것을 이용하여 속력 - 시간 그래프를 그리면 보다 쉽게 문제를 풀이할 수 있다.

선택지 비율	① 12%	② 26%	③ 11%	❹ 38%	⑤ 12%

22 물체의 충돌과 운동량 보존

2022학년도 9월 평가원 18번 | 정답 ④ | 문제편 63 p

출제 의도 두 물체 사이의 상대 속도를 이용하여 물체의 운동을 설명하고 물체가 충돌할 때 운동량 보존을 적용할 수 있는지 확인하는 문항이다.

그림 (가)는 마찰이 없는 수평면에서 물체 A가 정지해 있는 물체 B를 향하여 등속도 운동을 하는 모습을, (나)는 (가)에서 A와 B 사이의 거리를 시간에 따라 나타낸 것이다. 벽에 충돌 직후 B의 속력은 충돌 직전과 같다. A, B는 질량이 각각 m_A, m_B이고, 동일 직선상에서 운동한다.

충돌 직전 속도를 v_B라고 하면 충돌 직후의 속도는 $-v_B$이다.

그래프의 기울기는 A와 B 사이의 상대 속도이다.

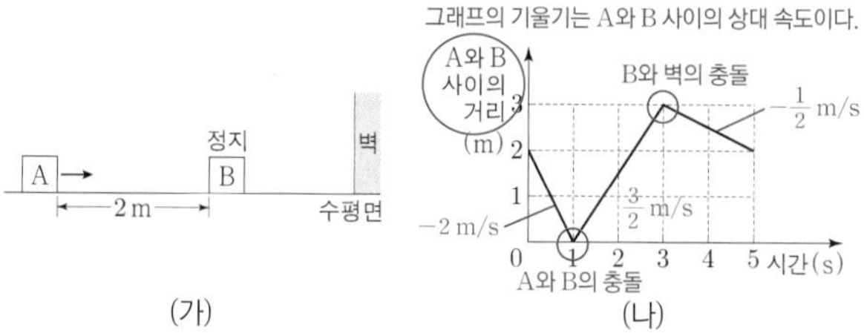

(가) (나)

$m_A : m_B$는? [3점]

① 5 : 3 ② 3 : 2 ③ 1 : 1 ④ 2 : 5 ⑤ 1 : 3

문제풀이 Tip

두 물체 사이의 거리가 주어지면 상대 속도를 구할 수 있다. 이때 상대 속도의 부호가 (−)이면 두 물체 사이의 거리가 가까워지는 것이고, (+)이면 두 물체 사이의 거리가 멀어진다. 이를 이용하여 물체의 운동을 해석할 수 있어야 한다.

✔ 자료 해석

- 시간에 따른 A와 B 사이의 거리를 나타낸 그래프에서 그래프의 기울기는 A와 B 사이의 상대 속도를 의미한다.

→ 0~1초일 때는 −2 m/s, 1~3초일 때는 $\frac{3}{2}$ m/s, 3~5초일 때는 $-\frac{1}{2}$ m/s이다.

- 처음 B는 정지해 있었으므로 0~1초까지 A의 속력은 2 m/s이다.

○ 보기 풀이 0~1초까지 A와 B 사이의 거리가 1초에 2 m씩 감소하므로 A의 속력은 2 m/s이다. A와 B가 충돌한 후 1~3초까지 A, B의 속도를 각각 v_A, v_B라고 하면 B에 대한 A의 상대 속도 $v_{AB}=v_B-v_A=\frac{3}{2}$(m/s)이다.

한편 B가 벽에 충돌 직후 B의 속력은 충돌 직전과 같고 방향은 반대이므로 벽과 충돌 후 B의 속도는 $-v_B$이다. 따라서 3~5초까지 B에 대한 A의 상대 속도 $v_{AB}'=(-v_B)-v_A=-\frac{1}{2}$(m/s)이다.

B에 대한 A의 상대 속도의 관계식을 연립하면 $v_A=-\frac{1}{2}$(m/s), $v_B=1$(m/s)이다. A와 B가 충돌할 때 운동량이 보존되므로 충돌 전후의 운동량의 총합은 같다. $2m_A=\left\{m_A\times\left(-\frac{1}{2}\right)\right\}+m_B$에서 $\frac{5}{2}m_A=m_B$이므로 $m_A : m_B=1 : \frac{5}{2}=2 : 5$이다.

선택지 비율	① 6%	② 3%	③ 5%	④ 5%	⑤ 81%

23 충격량

2022학년도 6월 평가원 5번 | 정답 ⑤ | 문제편 64p

출제 의도 일상생활 속에서 충격량을 커지게 하거나 충격력을 작아지게 하는 예를 이해하고 있는지 확인하는 문항이다.

그림 A, B, C는 충격량과 관련된 예를 나타낸 것이다.

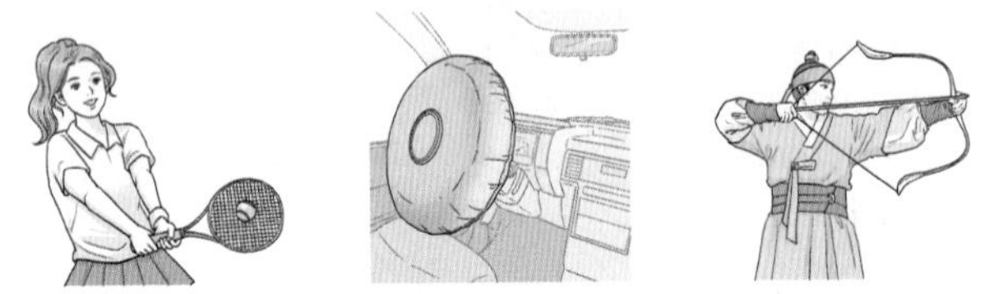

A. 라켓으로 공을 친다. — 라켓의 속력을 크게 하면 공이 받는 충격량 증가

B. 충돌할 때 에어백이 펴진다. — 힘을 받는 시간을 길게 하여 사람이 받는 충격력 감소

C. 활시위를 당겨 화살을 쏜다. — 화살에 작용하는 힘과 시간을 증가시켜 화살의 운동량 증가

이에 대한 설명으로 옳은 것만을 〈보기〉에서 있는 대로 고른 것은?

보기

ㄱ. A에서 라켓의 속력을 더 크게 하여 공을 치면 공이 라켓으로부터 받는 충격량이 커진다.

ㄴ. B에서 에어백은 탑승자가 받는 평균 힘을 감소시킨다.

ㄷ. C에서 활시위를 더 당기면 활시위를 떠날 때 화살의 운동량이 커진다.

① ㄱ ② ㄷ ③ ㄱ, ㄴ ④ ㄴ, ㄷ ⑤ ㄱ, ㄴ, ㄷ

✓ 자료 해석

- A에서 라켓의 속력이 클수록 공이 받는 충격량이 커진다.
- B에서 에어백은 힘이 작용하는 시간을 길게 하여 탑승자가 받는 힘의 크기를 작게 한다.
- C에서 화살이 받는 충격량이 클수록 화살의 운동량 변화량이 커진다.

O 보기 풀이 ㄱ. 운동량 변화량의 크기는 충격량의 크기와 같다. A에서 라켓의 속력을 더 크게 하여 공을 치면 운동량의 변화량이 커지므로 충격량도 커진다.
ㄴ. 충격량은 충돌할 때 받는 힘의 크기와 힘을 받은 시간의 곱이다. B에서 에어백은 힘을 받는 시간을 길게 하여 탑승자가 받는 평균 힘의 크기를 감소시킨다.
ㄷ. C에서 활시위를 더 당기면 활에 작용하는 힘과 힘이 작용하는 시간이 모두 증가하므로 충격량이 커진다. 충격량이 커지면 운동량의 변화량도 커지므로 화살이 활시위를 떠날 때 화살의 운동량이 커진다.

문제풀이 Tip

충격량이 일정할 때 물체가 받는 평균 힘은 힘을 받은 시간에 반비례한다. A와 C는 물체가 받는 충격량을 증가시키는 예이므로 이를 충격량이 일정한 경우와 연관지어 생각하지 않도록 유의한다.

선택지 비율	① 28%	② 21%	③ 25%	④ 14%	⑤ 13%

24 두 물체의 상대 속도와 운동량 보존

2022학년도 6월 평가원 17번 | 정답 ① | 문제편 64p

출제 의도 두 물체 사이의 상대 속도와 운동량 보존을 이용하여 물체의 운동을 설명할 수 있는지 확인하는 문항이다.

그림 (가)와 같이 마찰이 없는 수평면에서 물체 A, B, C가 등속도 운동을 한다. A와 C는 같은 속력으로 B를 향해 운동하고, B의 속력은 4 m/s이다. A, B, C의 질량은 각각 3 kg, 2 kg, 2 kg이다. 그림 (나)는 (가)에서 B와 C 사이의 거리를 시간 t에 따라 나타낸 것이다. A, B, C는 동일 직선상에서 운동한다.

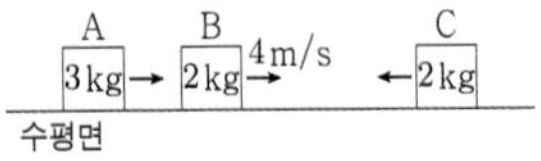

(가)

그래프의 기울기는 B와 C의 상대 속도를 의미한다.

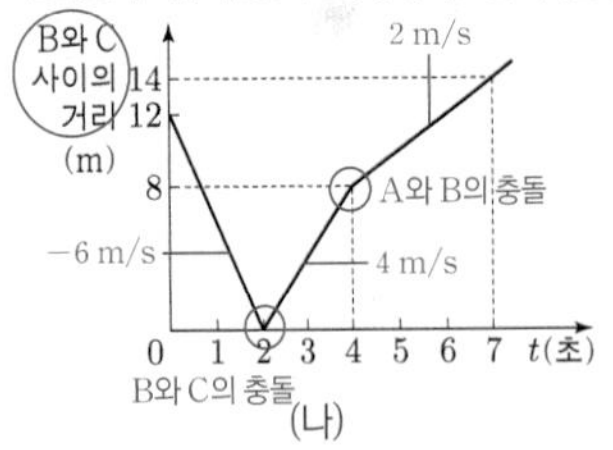

(나)

$t=0$에서 $t=7$초까지 A가 이동한 거리는? (단, 물체의 크기는 무시한다.) [3점]

① 10 m ② 11 m ③ 12 m ④ 13 m ⑤ 14 m

✓ 자료 해석

- 시간에 따른 B와 C 사이의 거리를 나타낸 그래프에서 그래프의 기울기는 B와 C 사이의 상대 속도를 의미한다.
  → 0~2초에서는 −6 m/s, 2~4초에서는 4 m/s, 4~6초에서는 2 m/s이다.
  → 속력 변화는 물체의 충돌을 의미하므로 2초일 때는 B와 C, 4초일 때는 A와 B가 충돌하였음을 알 수 있다.

O 보기 풀이 B와 C 사이의 거리 − 시간 그래프로부터 B와 C 사이의 상대 속도를 알 수 있다. 0~2초 동안 B와 C 사이의 상대 속도는 −6 m/s인데, B의 속도가 +4 m/s이므로 C의 속도는 −2 m/s이다. 이때 A와 C의 속력은 같고 방향은 반대이므로 A의 속도는 +2 m/s이다.
B와 C는 2초일 때 충돌하는 데, 충돌 후 B와 C 사이의 상대 속도가 4 m/s이므로 충돌 후 B의 속도를 v라고 하면 C의 속도는 $v+4$이다. B와 C가 충돌할 때 운동량이 보존되므로 $(2\times4)+\{2\times(-2)\}=2v+2(v+4)$에서 $v=-1$ m/s이다. 따라서 충돌 후 B의 속도는 −1 m/s, C의 속도는 +3 m/s이다.
4초일 때 B와 C의 상대 속도가 변하므로 4초일 때 B가 A와 충돌하여 B의 속력이 변했음을 알 수 있다. 4초 이후 B와 C 사이의 상대 속도는 2 m/s이고, C의 속도는 +3 m/s이므로 A와 충돌 후 B의 속도는 +1 m/s이다. A와 B가 충돌할 때 운동량 보존으로 $(3\times2)+\{2\times(-1)\}=3v_A+(2\times1)$에서 $v_A=\frac{2}{3}$ m/s이다.
A는 0~4초까지는 2 m/s, 4~7초까지는 $\frac{2}{3}$ m/s의 속력으로 운동하므로 0~7초까지 A가 이동한 거리는 $(2\times4)+\left(\frac{2}{3}\times3\right)=10$(m)이다.

문제풀이 Tip

그래프를 해석하기 위해서는 가로축과 세로축의 물리량을 이용하여 그래프의 기울기, 그래프의 꺾인 점이 의미하는 것이 무엇인지를 알아야 한다.

04 역학적 에너지 보존

선택지 비율	① 8%	❷ 53%	③ 8%	④ 24%	⑤ 7%

1 역학적 에너지 보존

2025학년도 수능 20번 | 정답 ② | 문제편 66 p

출제 의도 역학적 에너지 보존을 이해하고 있는지 확인하는 문항이다.

그림 (가)와 같이 높이 $4h$인 평면에서 용수철 P에 연결된 물체 A에 물체 B를 접촉시켜 P를 원래 길이에서 $2d$만큼 압축시킨 후 가만히 놓았더니, B는 A와 분리된 후 높이 차가 H인 마찰 구간을 등속도로 지나 수평면에 놓인 용수철 Q를 향해 운동한다. 이후 그림 (나)와 같이 A는 P를 원래 길이에서 최대 d만큼 압축시키며 직선 운동하고, B는 Q를 원래 길이에서 최대 $3d$만큼 압축시킨 후 다시 마찰 구간을 지나 높이 $4h$인 지점에서 정지한다. B가 마찰 구간을 올라갈 때 손실된 역학적 에너지는 내려갈 때와 같고, P, Q의 용수철 상수는 같다.

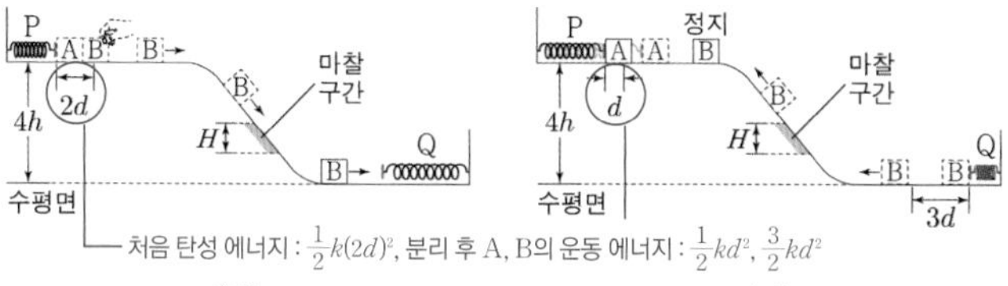

(가) (나)

H는? (단, 물체는 동일 연직면상에서 운동하고, 용수철의 질량, 물체의 크기, 공기 저항, 마찰 구간 외의 모든 마찰은 무시한다.)

① $\frac{3}{5}h$ ② $\frac{4}{5}h$ ③ h ④ $\frac{6}{5}h$ ⑤ $\frac{7}{5}h$

✓ 자료 해석

- 분리 직후 A의 운동 에너지
  $=$P의 탄성 에너지$\left(\frac{1}{2}k(2d)^2\right)$의 $\frac{1}{4}$배$=\frac{1}{2}kd^2$
- 분리 직후 B의 운동 에너지
  $=$P의 탄성 에너지$\left(\frac{1}{2}k(2d)^2\right)$의 $\frac{3}{4}$배$=\frac{3}{2}kd^2$
- 수평면에서 B의 운동 에너지$=\frac{1}{2}k(3d)^2$

○ 보기 풀이 P, Q의 용수철 상수를 k라고 하면 (가)의 높이 $4h$인 평면에서 B의 운동 에너지가 $\frac{1}{2}k(2d)^2-\frac{1}{2}kd^2=\frac{3}{2}kd^2$이므로 B의 질량을 m이라고 하면 (가), (나)의 B에 대해 각각

$\frac{3}{2}kd^2+mg\times4h-mgH=\frac{1}{2}k(3d)^2$ … ①

의 식과

$\frac{1}{2}k(3d)^2-mgH=4mgh$ … ②

의 식이 각각 성립한다. 따라서 $\frac{3}{2}(4h-H)=4h+H$의 식이 성립하므로 $H=\frac{4}{5}h$이다.

문제풀이 Tip

분리 후 P의 탄성 에너지의 최댓값이 $\frac{1}{4}$배가 된 것으로부터 분리 직후 B의 운동 에너지를 파악하고, 이를 에너지 보존 법칙에 적용하면 해결할 수 있다.

선택지 비율	① 10%	② 10%	③ 7%	❹ 64%	⑤ 9%

2 역학적 에너지 보존

2025학년도 9월 평가원 20번 | 정답 ④ | 문제편 66 p

출제 의도 역학적 에너지 보존을 이해하고 있는지 확인하는 문항이다.

그림과 같이 수평면으로부터 높이가 h인 수평 구간에서 질량이 각각 m, $3m$인 물체 A와 B로 용수철을 압축시킨 후 가만히 놓았더니, A, B는 각각 수평면상의 마찰 구간 Ⅰ, Ⅱ를 지나 높이 $3h$, $2h$에서 정지하였다. 이 과정에서 A의 운동 에너지의 최댓값은 A의 중력 퍼텐셜 에너지의 최댓값의 4배이다. A, B가 각각 Ⅰ, Ⅱ를 한 번 지날 때 손실되는 역학적 에너지는 각각 $W_Ⅰ$, $W_Ⅱ$이다.

└ A가 마찰 구간 Ⅰ을 지나기 직전의 운동 에너지

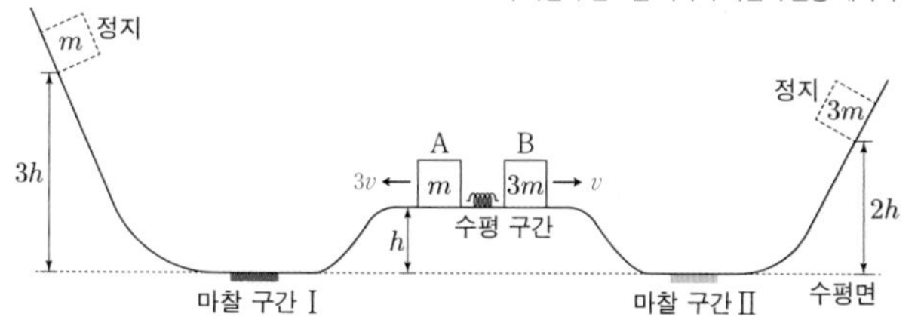

$\frac{W_Ⅰ}{W_Ⅱ}$은? (단, 수평면에서 중력 퍼텐셜 에너지는 0이고, A와 B는 동일 연직면상에서 운동한다. 물체의 크기, 용수철의 질량, 공기 저항과 마찰 구간 외의 모든 마찰은 무시한다.)

① 9 ② $\frac{21}{2}$ ③ 12 ④ $\frac{27}{2}$ ⑤ 15

✓ 자료 해석

- A의 운동 에너지의 최댓값 : $4\times3mgh=12mgh$
- Ⅰ에서 손실되는 역학적 에너지 : $12mgh-3mgh=9mgh$
- 수평 구간에서 A의 운동 에너지 : $12mgh-mgh=11mgh$

○ 보기 풀이 A, B가 분리되는 과정에서 A, B의 운동량의 합이 보존되므로 A, B가 분리된 직후 A의 속력을 $3v$라고 하면 B의 속력은 v이다. 따라서 A, B가 분리된 후 정지할 때까지 A, B에 대해

A : $\frac{1}{2}\times m\times(3v)^2+mgh-W_Ⅰ=3mgh$

B : $\frac{1}{2}\times3m\times v^2+3mgh-W_Ⅱ=6mgh$의 식이 각각 성립하고 A의 운동 에너지의 최댓값이 A의 중력 퍼텐셜 에너지의 최댓값의 4배이므로 $\frac{1}{2}\times m\times(3v)^2+mgh=4\times3mgh$의 식이 성립한다. 따라서 $v^2=\frac{22}{9}gh$이므로 $W_Ⅰ=9mgh$, $W_Ⅱ=\frac{2}{3}mgh$이고, $\frac{W_Ⅰ}{W_Ⅱ}=\frac{27}{2}$이다.

문제풀이 Tip

A의 운동 에너지의 최댓값이 A의 중력 퍼텐셜 에너지의 최댓값의 4배인 것으로부터 수평 구간에 도달했을 때 A의 운동 에너지를 구하고, 이로부터 B의 속력을 구할 수 있으면, 이후 과정은 에너지 보존을 이용하여 두 마찰 구간 Ⅰ, Ⅱ에서 손실되는 역학적 에너지를 구할 수 있다.

선택지 비율 | ❶ 42% | ② 18% | ③ 11% | ④ 19% | ⑤ 10%

3 역학적 에너지 보존

2025학년도 6월 평가원 19번 | 정답 ① | 문제편 66 p

출제 의도 역학적 에너지 보존을 이해하고, 적용할 수 있는지 확인하는 문항이다.

그림은 물체 A, C를 수평면에 놓인 물체 B의 양쪽에 실로 연결하여 서로 다른 빗면에 놓고, A를 손으로 잡아 점 p에 정지시킨 모습을 나타낸 것이다. A를 가만히 놓으면 A는 빗면을 따라 등가속도 운동한다. A가 p에서 d만큼 떨어진 점 q까지 운동하는 동안 A, C의 중력 퍼텐셜 에너지 변화량의 크기는 각각 E_0, $7E_0$이다. A, B, C의 질량은 각각 m, $2m$, $3m$이다.

전체 중력 퍼텐셜 에너지 감소량은 $6E_0$이다.
→ A, B, C의 운동 에너지 증가량은 각각 E_0, $2E_0$, $3E_0$이다.

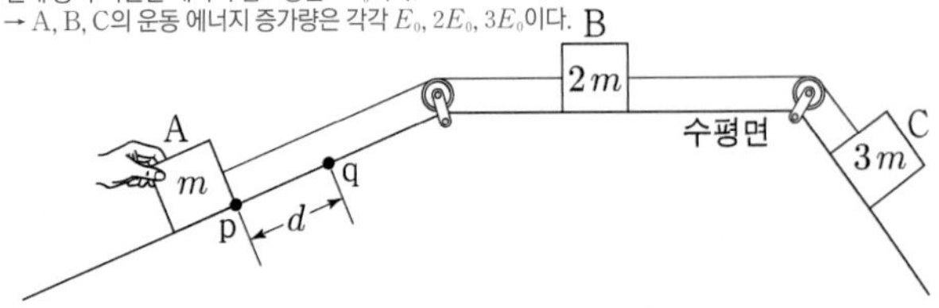

A가 p에서 q까지 운동하는 동안, 이에 대한 설명으로 옳은 것만을 〈보기〉에서 있는 대로 고른 것은? (단, 물체의 크기, 실의 질량, 모든 마찰은 무시한다.)

보기

ㄱ. A의 운동 에너지 변화량과 중력 퍼텐셜 에너지 변화량은 크기가 같다.

ㄴ. B의 가속도의 크기는 $\frac{2E_0}{md}$ ~~이다~~. $\frac{E_0}{md}$이다.

ㄷ. 역학적 에너지 변화량의 크기는 B가 C보다 ~~크다~~. 작다.

① ㄱ ② ㄴ ③ ㄷ ④ ㄱ, ㄴ ⑤ ㄱ, ㄷ

✔ 자료 해석

- 전체 중력 퍼텐셜 에너지 감소량=전체 운동 에너지 증가량
- 전체 운동 에너지 증가량은 계를 이루는 물체의 질량에 비례하여 분배한다.

○ 보기 풀이 A가 p에서 d만큼 떨어진 점 q까지 운동하는 동안 A의 중력 퍼텐셜 에너지는 증가하고, C의 중력 퍼텐셜 에너지는 감소하며 A, B, C의 역학적 에너지의 총합은 보존된다. A, B, C의 질량이 각각 m, $2m$, $3m$이므로 A, B, C의 운동 에너지의 비가 1 : 2 : 3이다. 따라서 A가 p에서 q까지 운동하는 동안 A, B, C의 중력 퍼텐셜 에너지 변화량과 운동 에너지 변화량은 표와 같다.

물체	A	B	C	계
중력 퍼텐셜 에너지 변화량	$+E_0$	0	$-7E_0$	$-6E_0$
운동 에너지 변화량	$+E_0$	$+2E_0$	$+3E_0$	$+6E_0$

ㄱ. A의 운동 에너지 변화량과 중력 퍼텐셜 에너지 변화량의 크기는 E_0으로 같다.

✕ 매력적 오답 ㄴ. B에 작용하는 알짜힘의 크기가 $\frac{2E_0}{d}$이므로 B의 가속도의 크기는 $\frac{E_0}{md}$이다.

ㄷ. B, C의 역학적 에너지 변화량의 크기는 각각 $2E_0$, $4E_0$이므로 역학적 에너지 변화량의 크기는 B가 C보다 작다.

문제풀이 Tip

역학적 에너지 보존에 의해 전체 중력 퍼텐셜 에너지 변화량의 크기는 전체 운동 에너지 변화량의 크기와 같음을 알고, 전체 운동 에너지 변화량은 계를 이루는 물체의 질량에 비례해 분배됨을 적용할 수 있으면 해결할 수 있다.

선택지 비율	① 15%	❷ 33%	③ 15%	④ 25%	⑤ 13%

4 역학적 에너지 보존

2024학년도 수능 20번 | 정답 ② | 문제편 66p

출제 의도 역학적 에너지 보존을 이해하고 있는지 확인하는 문항이다.

그림 (가)와 같이 질량이 m인 물체 A를 높이 $9h$인 지점에 가만히 놓았더니 A가 마찰 구간 Ⅰ을 지나 수평면에 정지한 질량이 $2m$인 물체 B와 충돌한다. 그림 (나)는 A와 B가 충돌한 후, A는 다시 Ⅰ을 지나 높이 H인 지점에서 정지하고, B는 마찰 구간 Ⅱ를 지나 높이 $\frac{7}{2}h$인 지점에서 정지한 순간의 모습을 나타낸 것이다. A가 Ⅰ을 한 번 지날 때 손실되는 역학적 에너지는 B가 Ⅱ를 지날 때 손실되는 역학적 에너지와 같고, 충돌에 의해 손실되는 역학적 에너지는 없다.
충돌 전후 운동 에너지의 합이 같다.

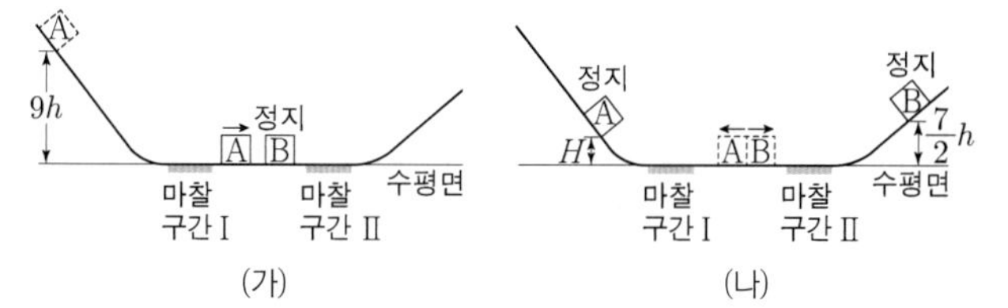

H는? (단, 물체는 동일 연직면상에서 운동하고, 물체의 크기, 공기 저항, 마찰 구간 외의 모든 마찰은 무시한다.)

① $\frac{5}{17}h$ ② $\frac{7}{17}h$ ③ $\frac{9}{17}h$ ④ $\frac{11}{17}h$ ⑤ $\frac{13}{17}h$

✔ 자료 해석

- A, B의 충돌에서 역학적 에너지의 손실이 없음
  → 충돌 전후 운동 에너지의 합이 같음
- Ⅱ를 지난 후 B의 역학적 에너지 : $2mg\left(\frac{7}{2}h\right)=7mgh$

○ 보기풀이 (가)의 수평면에서 A의 속력을 v라 하고, (나)의 수평면에서 A, B의 속력을 각각 v_A, v_B라 하면, 운동량 보존 법칙과 역학적 에너지 보존 법칙에 의해

$mv=-mv_A+2mv_B$, $\frac{1}{2}mv^2=\frac{1}{2}mv_A{}^2+\frac{1}{2}(2m)v_B{}^2$에서

$v_A=\frac{v}{3}$, $v_B=\frac{2v}{3}$이다.

마찰 구간에서 손실되는 역학적 에너지를 E라 하면 역학적 에너지 보존 법칙에 의해 (가), (나)에서

$9mgh-E=\frac{1}{2}mv^2$,

$\frac{1}{2}m\left(\frac{v}{3}\right)^2-E=mgH$,

$\frac{1}{2}(2m)\left(\frac{2v}{3}\right)^2-E=7mgh$

의 식을 얻을 수 있다. 이 세 식을 연립하면 $H=\frac{7}{17}h$이다.

문제풀이 Tip

충돌 시 역학적 에너지 손실이 없다는 조건으로부터 운동량 보존과 운동 에너지 보존을 적용하여 해결할 수 있다.

선택지 비율	① 10%	② 12%	❸ 48%	④ 17%	⑤ 13%

5 역학적 에너지 보존

2024학년도 9월 평가원 19번 | 정답 ③ | 문제편 67p

출제 의도 역학적 에너지 보존을 이해하고 있는지 확인하는 문항이다.

그림은 높이 $6h$인 점에서 가만히 놓은 물체가 궤도를 따라 운동하여 마찰 구간 Ⅰ, Ⅱ를 지나 최고점 r에 도달하여 정지한 순간의 모습을 나타낸 것이다. 점 p, q의 높이는 각각 h, $2h$이고, p, q에서 물체의 속력은 각각 $\sqrt{2}v$, v이다. 마찰 구간에서 손실된 역학적 에너지는 Ⅱ에서가 Ⅰ에서의 2배이다.

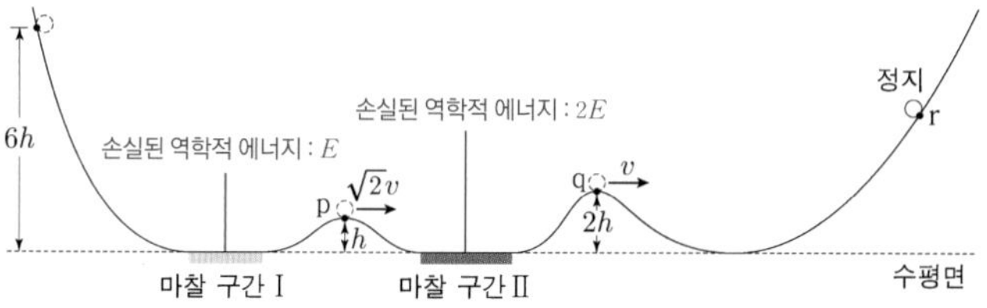

r의 높이는? (단, 물체의 크기, 공기 저항, 마찰 구간 외의 모든 마찰은 무시한다.) [3점]

① $\frac{19}{5}h$ ② $4h$ ③ $\frac{21}{5}h$ ④ $\frac{22}{5}h$ ⑤ $\frac{23}{5}h$

✔ 자료 해석

- 손실된 역학적 에너지 : Ⅰ에서 E, Ⅱ에서 $2E$이다.
- p에서 역학적 에너지 : $mgh+mv^2$
- q에서 역학적 에너지 : $2mgh+\frac{1}{2}mv^2$

○ 보기풀이 물체의 질량을 m, 중력 가속도를 g, 마찰 구간 Ⅰ, Ⅱ에서 손실된 역학적 에너지를 각각 E, $2E$라 하면, 처음 위치에서 p까지, 처음 위치에서 q까지 역학적 에너지 관계식은 각각

$6mgh-E=mgh+\frac{1}{2}m(\sqrt{2}v)^2$, $6mgh-3E=2mgh+\frac{1}{2}mv^2$

이므로 두 식을 연립하면 $E=\frac{3}{5}mgh$이다. r의 높이를 H라 하면,

$6mgh-3E=\frac{21}{5}mgh=mgH$에서 $H=\frac{21}{5}h$이다.

문제풀이 Tip

처음부터 p, q까지 각각에 대해 역학적 에너지 보존을 적용하여 E를 구하면 해결할 수 있다.

선택지 비율	① 10%	② 23%	❸ 39%	④ 18%	⑤ 10%

6 역학적 에너지 보존

2024학년도 6월 평가원 20번 | 정답 ③ | 문제편 67 p

출제 의도 역학적 에너지 보존을 이해하고, 적용할 수 있는지 확인하는 문항이다.

그림과 같이 수평면에서 운동하던 질량이 m인 물체가 언덕을 따라 올라갔다가 내려온다. 높이가 같은 점 p, s에서 물체의 속력은 각각 $2v_0$, v_0이고, 최고점 q에서의 속력은 v_0이다. 높이 차가 h로 같은 마찰 구간 Ⅰ, Ⅱ에서 물체의 역학적 에너지 감소량은 Ⅱ에서가 Ⅰ에서의 2배이다.

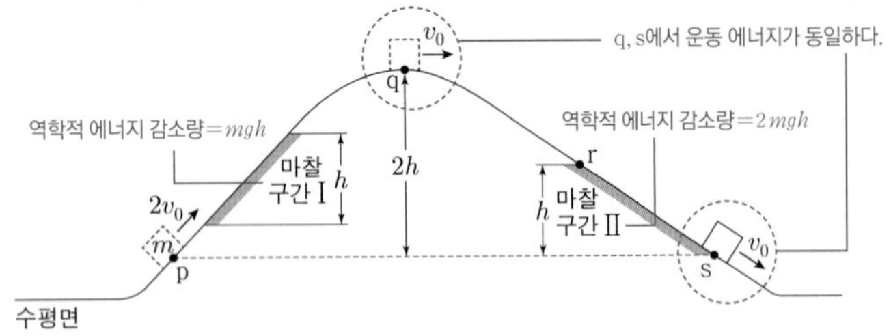

점 r에서 물체의 속력은? (단, 마찰 구간 외의 모든 마찰과 공기 저항, 물체의 크기는 무시한다.)

① $\frac{\sqrt{5}}{2}v_0$ ② $\frac{\sqrt{7}}{2}v_0$ ③ $\sqrt{2}v_0$ ④ $\frac{3}{2}v_0$ ⑤ $\sqrt{3}v_0$

✔ 자료 해석

q, s에서 운동 에너지가 동일
→ 손실된 역학적 에너지=중력 퍼텐셜 에너지 감소량

○ 보기 풀이 q와 s에서 운동 에너지가 같으므로 Ⅱ에서 역학적 에너지 감소량은 q와 s에서의 역학적 에너지의 차이인 $2mgh$이다.(단, g는 중력 가속도이다.) 그리고 문제의 조건에 따라 Ⅰ에서의 역학적 에너지 감소량은 mgh이다.
(p에서 q까지 역학적 에너지의 감소량)=(Ⅰ에서의 역학적 에너지 감소량)이므로
$\frac{1}{2}m(2v_0)^2-\frac{1}{2}mv_0^2-2mgh=mgh$에서 $mgh=\frac{1}{2}mv_0^2$이다.
q에서 r까지 역학적 에너지는 보존되므로, r에서의 속력을 V라고 하면
$\frac{1}{2}mv_0^2+mgh=\frac{1}{2}mV^2$에서 $V=\sqrt{2}v_0$이다.

문제풀이 Tip

q, s에서 운동 에너지가 같은 것으로부터 q에서 s로 이동할 때 감소한 중력 퍼텐셜 에너지만큼 역학적 에너지가 손실되었다는 것을 파악할 수 있으면 해결할 수 있다.

선택지 비율	❶ 28%	② 28%	③ 17%	④ 17%	⑤ 9%

7 역학적 에너지 보존

2023학년도 수능 20번 | 정답 ① | 문제편 67 p

출제 의도 역학적 에너지 보존과 빗면에서 내려가는 물체가 등속도 운동하는 경우 역학적 에너지 변화량은 중력 퍼텐셜 에너지 변화량과 같음을 이해하고 있는지 확인하는 문항이다.

같은 높이차에 대한 빗면의 길이 $2L$, $3L$

그림은 빗면의 점 p에 가만히 놓은 물체가 점 q, r, s를 지나 빗면의 점 t에서 속력이 0인 순간을 나타낸 것이다. 물체는 p와 q 사이에서 가속도의 크기 $3a$로 등가속도 운동을, 빗면의 마찰 구간에서 등속도 운동을, r와 t 사이에서 가속도의 크기 $2a$로 등가속도 운동을 한다. 물체가 마찰 구간을 지나는 데 걸린 시간과 r에서 s까지 지나는 데 걸린 시간은 같다. p와 q 사이, s와 r 사이의 높이차는 h로 같고, t는 마찰 구간의 최고점 q와 높이가 같다.

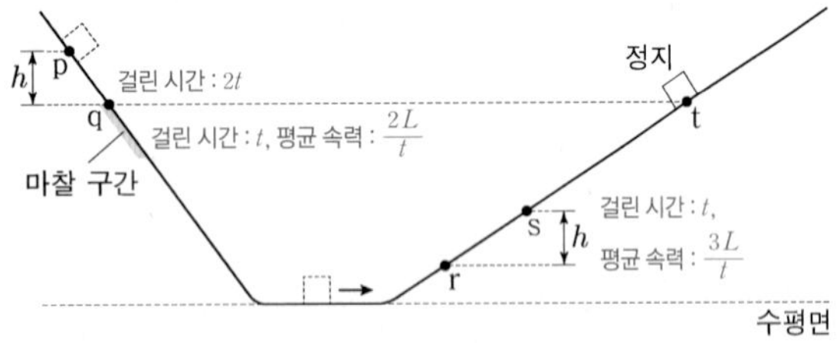

t와 s 사이의 높이차는? (단, 물체의 크기, 공기 저항, 마찰 구간 외의 모든 마찰은 무시한다.) [3점]

① $\frac{16}{9}h$ ② $2h$ ③ $\frac{20}{9}h$ ④ $\frac{7}{3}h$ ⑤ $\frac{8}{3}h$

✔ 자료 해석

- 역학적 에너지 손실로부터 마찰 구간의 높이차는 h이다.
- 마찰 구간의 길이=pq 구간의 길이
- 빗면에서의 가속도의 크기의 역수 비=같은 높이차에 대한 빗면에서의 길이의 비
- 마찰 구간과 rs 구간에서 평균 속도의 크기 비는 2 : 3이다.

○ 보기 풀이 마찰 구간에서 등속도 운동을 하여 p보다 h만큼 낮은 t에서 정지하였으므로 마찰 구간의 높이는 h이다. 그리고 p, q의 높이차와 r, s의 높이차가 같고 각 빗면에서 가속도의 크기가 $3a$, $2a$이므로 각 구간에서 빗면의 길이는 각각 $2L$, $3L$이라고 할 수 있다. q에서의 속력을 v라고 하면, $v=\sqrt{2gh}$이다. 그리고 p~q에서 속력 0에서 v까지 등가속도 직선 운동, 마찰 구간에서 v로 등속도 운동을 하므로 걸린 시간을 각각 $2t$, t라고 할 수 있다. 따라서 r에서 s까지 걸린 시간도 t이다. $3a=\frac{v}{2t}$이고, r와 s에서의 속력을 각각 v_r, v_s라고 하면 $2a=\frac{v_r-v_s}{t}$이다. 따라서 $v_r-v_s=\frac{1}{3}v$ … ①이다. 또한 평균 속력은 r, s 구간이 마찰 구간의 $\frac{3}{2}$배이므로 $\frac{v_r+v_s}{2}=\frac{3}{2}v$에서 $v_r+v_s=3v$ … ②이다. ①과 ②를 연립하면 $v_s=\frac{4}{3}v$ … ③이다. 오른쪽 빗면에서 t와 s 사이의 높이차를 H라 하고, 역학적 에너지 보존을 적용하면 $mgH=\frac{1}{2}mv_s^2$이므로 ③과 $v=\sqrt{2gh}$를 이에 대입하면 $H=\frac{16}{9}h$이다.

문제풀이 Tip

역학적 에너지 손실을 이용하여 마찰 구간의 높이를 구하고, 마찰 구간과 rs 구간을 통과하는 데 걸리는 시간이 같음을 이용하여 가속도의 비와 평균 속력의 비를 구한 후, s에서의 속력을 구하면 해결할 수 있다.

선택지 비율	① 9%	② 24%	③ 16%	④ 31%	❺ 20%

8 역학적 에너지 보존

2023학년도 9월 평가원 20번 | 정답 ⑤ | 문제편 67p

출제 의도 역학적 에너지 보존과 빗면에서 내려가는 물체가 등속도 운동하는 경우 역학적 에너지 변화량은 중력 퍼텐셜 에너지 변화량과 같음을 이해하고 있는지 확인하는 문항이다.

그림은 질량이 각각 m, $2m$인 물체 A, B를 실로 연결하고 서로 다른 빗면의 점 p, r에 정지시킨 모습을 나타낸 것이다. A를 가만히 놓았더니 A가 점 q를 지나는 순간 실이 끊어지고 A, B는 빗면을 따라 가속도의 크기가 각각 $3a$, $2a$인 등가속도 운동을 한다. B는 마찰 구간이 시작되는 점 s부터 등속도 운동을 한다. A가 수평면에 닿기 직전 A의 운동 에너지는 마찰 구간에서 B의 운동 에너지의 2배이다. p와 s의 높이는 h_1로 같고, q와 r의 높이는 h_2로 같다.

수평면에서 운동 에너지는 A가 B의 2배이다.

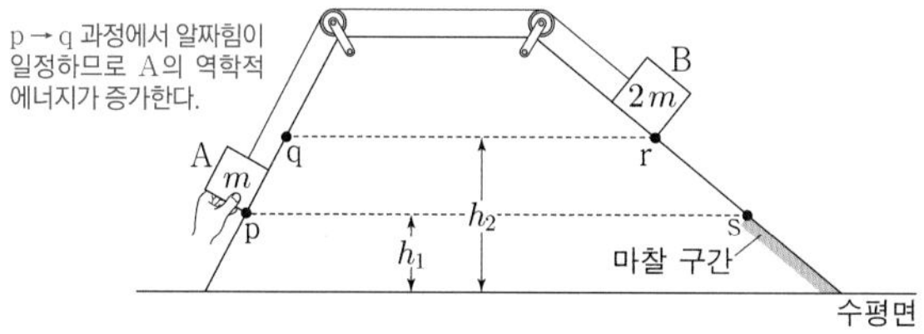

p → q 과정에서 알짜힘이 일정하므로 A의 역학적 에너지가 증가한다.
B
2m
A
m
q
r
p
h_2
s
h_1
마찰 구간
수평면

$\frac{h_2}{h_1}$는? (단, 실의 질량, 물체의 크기, 공기 저항, 마찰 구간 외의 모든 마찰은 무시한다.) [3점]

① $\frac{3}{2}$ ② $\frac{7}{4}$ ③ 2 ④ $\frac{9}{4}$ ⑤ $\frac{5}{2}$

✔ 자료 해석

- 실이 끊어지기 전 빗면에서 역학적 에너지 변화량은 빗면 방향의 알짜힘이 한 일이다.
- 실이 끊어진 후에 빗면에서 A의 역학적 에너지는 보존된다.

○ 보기풀이 중력 가속도를 g라고 하면, 처음에 A, B의 역학적 에너지의 합이 mgh_1+2mgh_2이므로 마찰이 없다면 수평면에서 A, B의 역학적 에너지의 합도 mgh_1+2mgh_2이다. 하지만 마찰 구간에서 B가 등속도 운동을 하므로 마찰력이 한 일은 중력 퍼텐셜 에너지 감소량과 같은 $2mgh_1$이며, 수평면에서 A, B의 역학적 에너지의 합은 $mgh_1+2mgh_2-2mgh_1$이 된다.

A, B의 질량의 비가 1 : 2이고, 수평면에서 운동 에너지의 비가 2 : 1이므로, 수평면에서 A, B의 속력을 각각 $2v$, v라고 할 수 있다. 따라서 $\frac{1}{2}m(2v)^2+\frac{1}{2}(2m)v^2=mgh_1+2mgh_2-2mgh_1$에서 $3v^2=2gh_2-gh_1$ … ①이다. q → p까지 A의 이동 거리를 L이라고 하면, A에 작용하는 알짜힘이 한 일은 $3maL=mg(h_2-h_1)$이다. 또한 p → q까지 A의 가속도의 크기는 $\frac{4ma-3ma}{3m}=\frac{1}{3}a$이므로, 알짜힘이 한 일 $\frac{1}{3}maL=\frac{1}{9}mg(h_2-h_1)$이다. 따라서 p → q → 수평면에서 A에 작용한 알짜힘이 한 일은 $\frac{1}{9}mg(h_2-h_1)+mgh_2$이고, 이는 $\frac{1}{2}m(2v)^2$과 같다. 따라서 $2v^2=\frac{10}{9}gh_2-\frac{1}{9}gh_1$ … ②이다. ①과 ②를 연립하면 $2h_2=5h_1$이다.

문제풀이 Tip

운동의 법칙으로부터 알짜힘을 구하고, 일·에너지 정리로부터 역학적 에너지 변화량을 구해야 해결할 수 있다.

선택지 비율	① 10%	② 29%	③ 17%	❹ 33%	⑤ 12%

9 역학적 에너지 보존

2023학년도 6월 평가원 19번 | 정답 ④ | 문제편 68p

출제 의도 중력과 탄성력에 의한 역학적 에너지 보존에 대해 이해하고, 빗면에서 등속도 운동할 때 역학적 에너지 변화량은 등속도 운동하는 구간에서 중력 퍼텐셜 에너지 변화량과 같음을 이해하는지 확인하는 문항이다.

그림은 높이 h인 평면에서 용수철 P에 연결된 물체 A에 물체 B를 접촉시키고, P를 원래 길이에서 $2d$만큼 압축시킨 모습을 나타낸 것이다. B를 가만히 놓으면 B는 P의 원래 길이에서 A와 분리되어 면을 따라 운동하고 A는 P에 연결된 채로 직선 운동한다. 이후 B는 높이차가 $2h$인 마찰 구간을 등속도로 지나 수평면에 놓인 용수철 Q를 원래 길이에서 $\sqrt{2}d$만큼 압축시킬 때 속력이 0이 된다. A와 B가 분리된 후 P의 탄성 퍼텐셜 에너지의 최댓값은 B가 마찰 구간에서 높이차 $2h$만큼 내려가는 동안 B의 역학적 에너지 감소량과 같다. P, Q의 용수철 상수는 같다.

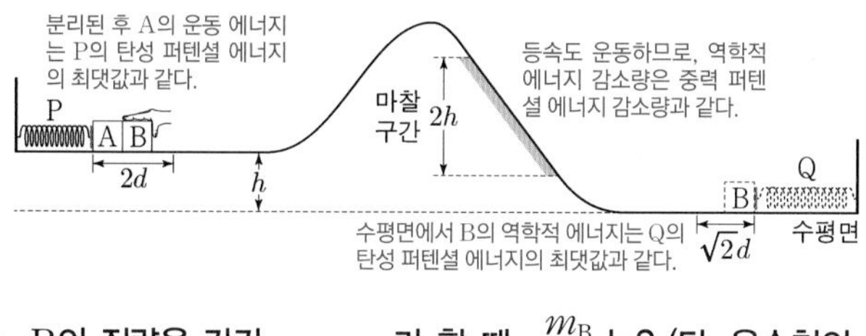

분리된 후 A의 운동 에너지는 P의 탄성 퍼텐셜 에너지의 최댓값과 같다.
등속도 운동하므로, 역학적 에너지 감소량은 중력 퍼텐셜 에너지 감소량과 같다.
P
A B
2d
h
마찰 구간
2h
Q
B
수평면에서 B의 역학적 에너지는 Q의 탄성 퍼텐셜 에너지의 최댓값과 같다.
$\sqrt{2}d$
수평면

A, B의 질량을 각각 m_A, m_B라 할 때, $\frac{m_B}{m_A}$는? (단, 용수철의 질량, 물체의 크기, 공기 저항, 마찰 구간 외의 모든 마찰은 무시한다.)

① $\frac{1}{3}$ ② $\frac{1}{2}$ ③ 1 ④ 2 ⑤ 3

✔ 자료 해석

- 처음 P의 탄성 퍼텐셜 에너지는 A와 B가 분리되는 순간 A, B의 운동 에너지의 합이다.
- Q의 탄성 퍼텐셜 에너지의 최댓값은 수평면에서 B의 역학적 에너지와 같다.

○ 보기풀이 용수철의 용수철 상수를 k, B가 A와 분리될 때 속력을 v라고 하면 $\frac{1}{2}k(2d)^2=\frac{1}{2}(m_A+m_B)v^2$ …①이다. B가 마찰 구간에서 등속도 운동하므로 역학적 에너지 감소량은 중력 퍼텐셜 에너지 감소량 $2m_Bgh$와 같다. P, Q가 있는 수평면의 높이차가 h이므로 수평면에서 B의 역학적 에너지는 $\frac{1}{2}m_Bv^2+m_Bgh-2m_Bgh$이고, $\frac{1}{2}m_Bv^2-m_Bgh=\frac{1}{2}k(\sqrt{2}d)^2$ …②이다. 한편 A와 B가 분리된 후 P의 탄성 퍼텐셜 에너지의 최댓값은 A의 운동 에너지의 최댓값과 같으므로 $\frac{1}{2}m_Av^2=2m_Bgh$…③이다. ①, ②, ③을 연립하여 풀면 $\frac{m_B}{m_A}=2$이다.

문제풀이 Tip

A와 B가 분리되는 순간 A와 B의 속력이 같음을 알고, 빗면에서 등속도 운동할 때 역학적 에너지 변화량이 중력 퍼텐셜 에너지 변화량과 같음을 역학적 에너지 보존에 적용하면 해결할 수 있다.

선택지 비율	① 9%	② 14%	③ 18%	④ 16%	❺ 42%

10 함께 운동하는 물체와 역학적 에너지 보존

2022학년도 수능 15번 | 정답 ⑤ | 문제편 68 p

(출제 의도) 실로 연결되어 함께 운동하는 물체에 작용하는 힘의 관계를 파악하여 물체의 운동을 설명하고 역학적 에너지 보존을 적용할 수 있는지 확인하는 문항이다.

그림은 물체 A, B, C를 실 p, q로 연결하여 C를 손으로 잡아 정지시킨 모습을 나타낸 것이다. C를 가만히 놓으면 B는 가속도의 크기 a로 등가속도 운동한다. 이후 p를 끊으면 B는 가속도의 크기 a로 등가속도 운동한다. A, B, C의 질량은 각각 $3m$, m, $2m$이다.

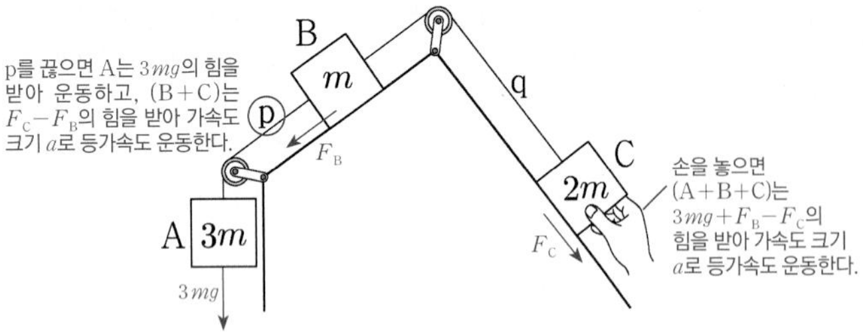
B
m
p를 끊으면 A는 $3mg$의 힘을 받아 운동하고, (B+C)는 F_C-F_B의 힘을 받아 가속도 크기 a로 등가속도 운동한다.
p
F_B
q
C
$2m$
손을 놓으면 (A+B+C)는 $3mg+F_B-F_C$의 힘을 받아 가속도 크기 a로 등가속도 운동한다.
F_C
A
$3m$
$3mg$

이에 대한 설명으로 옳은 것만을 〈보기〉에서 있는 대로 고른 것은? (단, 중력 가속도는 g이고, 실의 질량 및 모든 마찰과 공기 저항은 무시한다.)

보기

ㄱ. q가 B를 당기는 힘의 크기는 p를 끊기 전이 p를 끊은 후보다 크다.

ㄴ. $a=\frac{1}{3}g$이다.

ㄷ. p를 끊기 전까지, A의 중력 퍼텐셜 에너지 감소량은 B와 C의 운동 에너지 증가량의 합보다 크다.

① ㄱ　② ㄷ　③ ㄱ, ㄴ　④ ㄴ, ㄷ　⑤ ㄱ, ㄴ, ㄷ

✓ 자료 해석

- 정지해 있을 때 A, B, C에 작용하는 알짜힘은 0이다.
  → B, C에 빗면 아래 방향으로 작용하는 힘의 크기를 각각 F_B, F_C라 하면 '$3mg+F_B=F_C$+손이 잡아당기는 힘'이다.
  → C를 놓으면 손이 잡아당기는 힘이 0이 되므로 $(3mg+F_B)>F_C$가 되어 A, B, C는 왼쪽으로 가속도 a로 운동한다.
- 빗면 위의 물체에 빗면 아래 방향으로 작용하는 힘은 빗면의 기울기가 클수록, 물체의 질량이 클수록 크기가 더 크다. 따라서 C는 B보다 기울기가 더 큰 빗면 위에 있고, 질량도 더 크므로 $F_C>F_B$이다.
  → p가 끊어지면 (B+C)에 작용하는 알짜힘의 크기는 F_C-F_B이므로, 알짜힘의 방향, 즉 가속도의 방향은 운동 방향과 반대이다.

○ 보기 풀이 ㄱ. q가 B를 당기는 힘의 크기는 q가 C를 당기는 힘의 크기와 같다. C에 빗면 아래 방향으로 작용하는 힘의 크기를 F_C라고 하면 p를 끊기 전과 후에 C는 가속도의 크기는 같지만 방향은 반대인 등가속도 운동을 하므로 운동 방정식은 다음과 같다.

- p를 끊기 전 : q가 C를 당기는 힘$-F_C=2ma$
- p를 끊은 후 : q가 C를 당기는 힘$-F_C=2m(-a)$

따라서 q가 C를 당기는 힘의 크기는 p를 끊기 전에는 F_C+2ma, p를 끊은 후에는 F_C-2ma이다.

ㄴ. B에 빗면 아래 방향으로 작용하는 힘의 크기를 F_B라고 하면 A, B, C의 운동 방정식은 다음과 같다.

- p를 끊기 전 (A+B+C) : $3mg+F_B-F_C=(3m+m+2m)a$
- p를 끊은 후 (B+C) : $F_C-F_B=(m+2m)a$

두 식을 더하면 $3mg=9ma$이므로 $a=\frac{1}{3}g$이다.

ㄷ. p를 끊기 전까지 A의 높이 변화량을 h라고 하면, B와 C의 빗면 위에서의 이동 거리도 h이다. 이때 p를 끊기 직전 A, B, C의 속력을 v라고 하면 등가속도 운동 관계식에 의해 $2\times\frac{1}{3}g\times h=v^2$이므로 B와 C의 운동 에너지 증가량의 합은 $\frac{1}{2}(m+2m)v^2=\frac{1}{2}\times3m\times\left(\frac{2}{3}gh\right)=mgh$이다. 한편 p를 끊기 전까지 A의 중력 퍼텐셜 에너지 감소량은 $3mgh$이므로 A의 중력 퍼텐셜 에너지 감소량은 B와 C의 운동 에너지 증가량의 합보다 크다.

문제풀이 Tip

물체가 등가속도 운동을 하는 문제에서는 등가속도 운동의 관계식, 운동 방정식, 역학적 에너지 보존의 관계식 등 다양한 관계식을 적용할 수 있으므로 다양한 관점에서의 접근이 필요하다.

11 운동량 보존과 역학적 에너지 보존

2022학년도 수능 20번 | 정답 ① | 문제편 68p

출제 의도 물체가 충돌할 때의 운동량 보존과 물체가 운동하는 동안의 역학적 에너지 보존에 대해 통합적으로 접근하여 물체의 운동을 설명할 수 있는지 확인하는 문항이다.

그림 (가)와 같이 높이 h_A인 평면에서 물체 A로 용수철을 원래 길이에서 d만큼 압축시킨 후 가만히 놓고, 물체 B를 높이 $9h$인 지점에 가만히 놓으면, A와 B는 수평면에서 서로 같은 속력으로 충돌한다. 충돌 후 그림 (나)와 같이 A는 용수철을 원래 길이에서 최대 $2d$만큼 압축시키고, B는 높이 h인 지점에서 속력이 0이 된다. A, B는 질량이 각각 m, $2m$이고, 면을 따라 운동한다. A는 빗면을 내려갈 때 높이차가 $2h$인 마찰 구간에서 등속도 운동하고, 마찰 구간을 올라갈 때 손실된 역학적 에너지는 내려갈 때와 같다.

B가 운동하는 동안 B의 역학적 에너지는 보존된다.

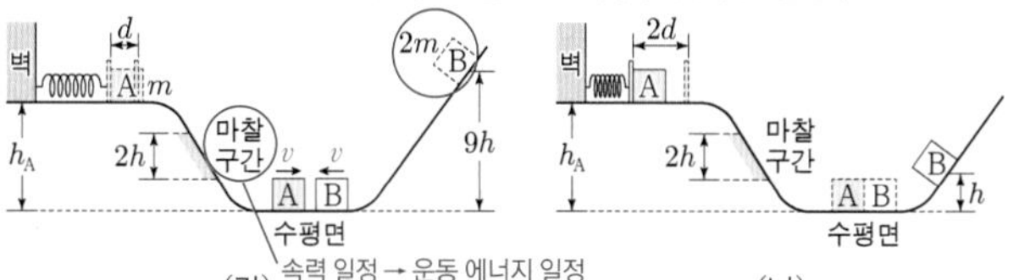

(가) 속력 일정 → 운동 에너지 일정
높이 감소 → 중력 퍼텐셜 에너지 감소
(나)

h_A는? (단, 용수철의 질량, 물체의 크기, 공기 저항, 마찰 구간 외의 모든 마찰은 무시한다.) [3점]

① $7h$ ② $\frac{13}{2}h$ ③ $6h$ ④ $\frac{11}{2}h$ ⑤ $\frac{9}{2}h$

✓ 자료 해석

- B가 빗면을 따라 내려와 수평면에서 운동하는 동안 B에는 중력만 작용하므로 B의 역학적 에너지는 보존된다. 따라서 $9h$에서 B의 중력 퍼텐셜 에너지는 충돌 전 B의 운동 에너지와 같고, 충돌 후 B의 운동 에너지는 높이 h에서 B의 중력 퍼텐셜 에너지와 같다.
- A는 빗면을 내려갈 때와 올라갈 때 마찰 구간을 지나면서 역학적 에너지가 감소한다. (가)에서 A가 마찰 구간을 지나는 동안 속력이 일정하므로 운동 에너지는 변하지 않고, 중력 퍼텐셜 에너지만 감소하므로 역학적 에너지 감소량은 $mg(2h)$이다. 따라서 (나)에서 빗면을 올라갈 때에도 손실된 역학적 에너지는 $2mgh$이다.

○ 보기 풀이 (가)에서 충돌 직전 A, B의 속력을 v라 하면 B는 충돌 전 빗면을 내려오는 동안 역학적 에너지가 보존되므로 $(2m)g(9h)=\frac{1}{2}(2m)v^2$(①)이고, 충돌 후에도 B의 역학적 에너지는 보존되므로 B의 속력을 v_B라고 하면 $\frac{1}{2}(2m)v_B{}^2=(2m)g(h)$이다. 따라서 두 식을 정리하면 $v_B=\frac{1}{3}v$이다.

수평면에서 A, B가 충돌하는 동안 운동량이 보존되므로 충돌 후 A의 속력을 v_A, 충돌 전 A의 운동 방향을 (+)이라 하면 $mv+(2m)(-v)=m(-v_A)+(2m)\left(\frac{1}{3}v\right)$에서 $v_A=\frac{5}{3}v$이다.

A가 빗면을 내려갈 때와 올라갈 때 마찰 구간에서 감소하는 역학적 에너지의 크기는 $2mgh$이므로 (가), (나)에서 A의 역학적 에너지에 관한 식을 정리하면 다음과 같다.

(가) $\left(\frac{1}{2}kd^2+mgh_A\right)-mg(2h)=\frac{1}{2}mv^2$

(나) $\frac{1}{2}m\left(\frac{5}{3}v\right)^2-2mgh=\frac{1}{2}k(2d)^2+mgh_A$

①에서 $\frac{1}{2}mv^2=9mgh$이므로 이를 (가), (나)에 대입하여 $\frac{1}{2}kd^2$에 대해 정리하면 (가)는 $\frac{1}{2}kd^2=11mgh-mgh_A$, (나)는 $4\left(\frac{1}{2}kd^2\right)=23mgh-mgh_A$이다. 따라서 (가), (나)를 연립하면 $h_A=7h$이다.

문제풀이 Tip

복잡해 보이는 문제일수록 천천히 접근하는 침착함이 필요하다. A는 역학적 에너지가 감소하는 운동을 하지만, B는 역학적 에너지가 보존되므로 B의 운동으로부터 B의 속력을 알아내면 운동량 보존에 의해 충돌 후 A의 속력도 알아낼 수 있다. 또한 문제에서 h_A를 h에 대한 관계식으로 나타내야 하므로 다른 미지수와 관련된 항은 소거할 수 있어야 한다.

선택지 비율	① 14%	❷ 34%	③ 24%	④ 15%	⑤ 14%

12 운동량 보존과 역학적 에너지 보존

2022학년도 9월 평가원 20번 | 정답 ② | 문제편 68 p

출제 의도 충돌 전후 물체의 운동량이 보존되는 것을 이해하고, 역학적 에너지 보존을 이용하여 물체의 운동을 설명할 수 있는지 확인하는 문항이다.

그림과 같이 물체 A, B를 각각 서로 다른 빗면의 높이 h_A, h_B인 지점에 가만히 놓았다. A가 내려가는 빗면의 일부에는 높이차가 $\frac{3}{4}h$인 마찰 구간이 있으며, A는 마찰 구간에서 등속도 운동하였다. A와 B는 수평면에서 충돌하였고, 충돌 전의 운동 방향과 반대로 운동하여 각각 높이 $\frac{h}{4}$와 $4h$인 지점에서 속력이 0이 되었다. 수평면에서 B의 속력은 충돌 후가 충돌 전의 2배이다. A, B의 질량은 각각 $3m$, $2m$이다.

충돌 전 속력이 $2v$이면 충돌 후 속력은 $4v$이다.

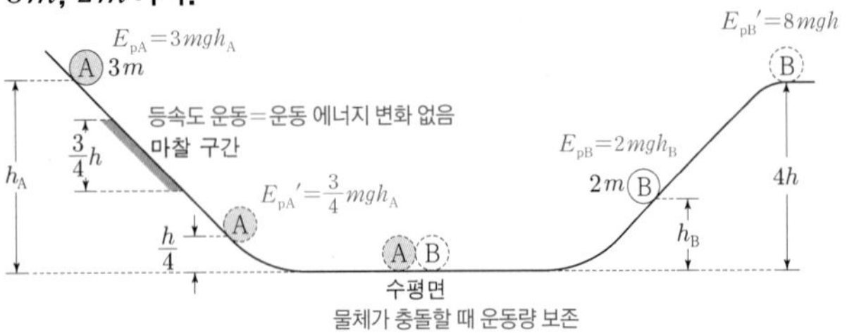

$\frac{h_B}{h_A}$는? (단, 물체의 크기, 공기 저항, 마찰 구간 외의 모든 마찰은 무시한다.) [3점]

① $\frac{1}{4}$ ② $\frac{1}{3}$ ③ $\frac{4}{9}$ ④ $\frac{1}{2}$ ⑤ $\frac{2}{3}$

✓ 자료 해석

- 역학적 에너지가 보존될 때, 중력 퍼텐셜 에너지의 변화량은 운동 에너지 변화량과 같다. 즉, 높이 h에 정지해 있던 질량 m인 물체의 수평면에서의 속력 v는 $\frac{1}{2}mv^2=mgh$에서 $v=\sqrt{2gh}$로 표현할 수 있다.
  - → B의 충돌 전 속력을 v_B라고 하면 B의 처음 높이는 h_B이고 역학적 에너지가 보존되므로 $v_B=\sqrt{2g(h_B)}$이다.
  - → B의 충돌 후 속력을 $2v_B$라고 하면 수평면에서 운동하던 B의 나중 높이는 $4h$이고 역학적 에너지가 보존되므로 $2v_B=\sqrt{2g(4h)}$이다.
  - → A의 충돌 후 속력을 v_A'라고 하면 수평면에서 운동하던 A의 나중 높이는 $\frac{1}{4}h$이고 역학적 에너지가 보존되므로 $v_A'=\sqrt{2g\left(\frac{1}{4}h\right)}$이다.
- 마찰 구간에서 역학적 에너지는 감소한다. 하지만 물체가 등속도 운동을 하므로 운동 에너지는 변하지 않는다. 따라서 마찰에 의해 감소한 에너지는 중력 퍼텐셜 에너지의 감소량인 $3mg\left(\frac{3}{4}h\right)$와 같다.

○ 보기 풀이 충돌 후 A, B는 각각 높이 $\frac{h}{4}$, $4h$인 지점에서 속력이 0이 되었으므로 역학적 에너지 보존($v=\sqrt{2gh}$)에 의해 충돌 후 속력은 B가 A의 4배이다. 따라서 충돌 후 A의 속력을 v라고 하면 B의 속력은 $4v$이고, 충돌 후 B의 속력은 충돌 전의 2배이므로 충돌 전 B의 속력은 $2v$이다. B가 빗면과 수평면에서 운동하는 동안 역학적 에너지가 보존되므로 $2mgh_B=\frac{1}{2}(2m)(2v)^2$, $2mg(4h)=\frac{1}{2}(2m)(4v)^2$이다. 두 식을 정리하면 $h_B=h$이다.

한편 충돌 전 A의 속력을 v_A라고 하면 A, B가 수평면에서 충돌하는 동안 운동량이 보존되고 충돌 후 운동 방향은 충돌 전과 반대 방향이므로
$3mv_A+2m(-2v)=3m(-v)+2m(4v)$에서 $v_A=3v$이다.
A가 h_A에서 출발하여 마찰 구간을 지나면서 역학적 에너지가 감소하지만, 운동 에너지는 변하지 않으므로 역학적 에너지 감소량은 중력 퍼텐셜 에너지 감소량과 같다. 따라서 마찰 구간을 지난 후 A의 역학적 에너지는 보존되므로
$3mg\left(h_A-\frac{3}{4}h\right)=\frac{1}{2}(3m)(3v)^2$이다. 이때 $2mg(4h)=\frac{1}{2}(2m)(4v)^2$에서
$v^2=\frac{1}{2}gh$를 대입하면 $3mg\left(h_A-\frac{3}{4}h\right)=\frac{1}{2}(3m)\left(\frac{9}{2}gh\right)$에서 $h_A=3h$이다.
따라서 $\frac{h_B}{h_A}=\frac{h}{3h}=\frac{1}{3}$이다.

문제풀이 Tip

높이가 변하는 운동을 하는 물체의 역학적 에너지가 보존될 때에는 높이의 비를 이용하여 기준면에서의 속력의 비를 구할 수 있다. 운동량 보존을 이용하려면 물체의 충돌 전후 속력을 알아야 하므로 높이 변화의 비를 이용하여 하나의 미지수로 표현할 수 있도록 정리하면 더 쉽게 풀이할 수 있다.

선택지 비율	❶ 20%	② 22%	③ 15%	④ 28%	⑤ 15%

13 운동량 보존과 역학적 에너지

2022학년도 6월 평가원 20번 | 정답 ① | 문제편 69 p

출제 의도 분리 전후 물체의 운동량이 보존되는 것을 이해하고, 역학적 에너지 전환을 이용하여 물체의 운동을 설명할 수 있는지 확인하는 문항이다.

그림과 같이 수평 구간 Ⅰ에서 물체 A, B를 용수철의 양 끝에 접촉하여 용수철을 원래 길이에서 d만큼 압축시킨 후 동시에 가만히 놓으면, A는 높이 h에서 속력이 0이고, B는 높이가 $3h$인 마찰이 있는 수평 구간 Ⅱ에서 정지한다. A, B의 질량은 각각 $2m$, m이고, 용수철 상수는 k이다.

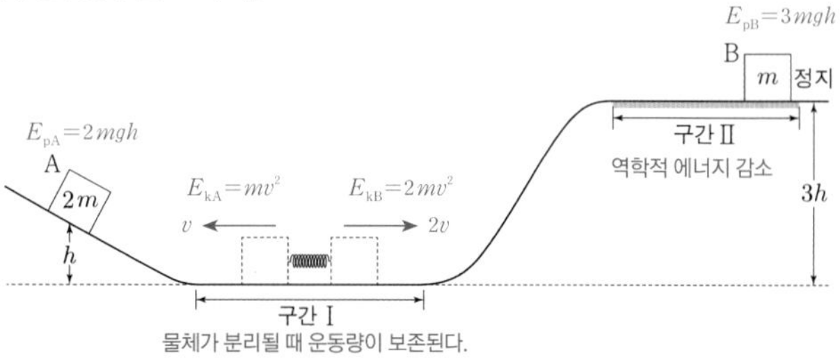

이에 대한 설명으로 옳은 것만을 〈보기〉에서 있는 대로 고른 것은? (단, 중력 가속도는 g이고, 물체의 크기, 용수철의 질량, 구간 Ⅱ의 마찰을 제외한 모든 마찰 및 공기 저항은 무시한다.) [3점]

〈보기〉

ㄱ. $k=\dfrac{12mgh}{d^2}$이다.

ㄴ. A, B가 각각 높이 $\dfrac{h}{2}$를 지날 때의 속력은 B가 A의 ~~$\sqrt{6}$~~ 배이다. $\sqrt{7}$배

ㄷ. 마찰에 의한 B의 역학적 에너지 감소량은 ~~$\dfrac{3}{2}mgh$~~이다. mgh

① ㄱ ② ㄴ ③ ㄷ ④ ㄱ, ㄴ ⑤ ㄴ, ㄷ

✓ 자료 해석

- A, B가 정지해 있다가 분리되므로 운동량 보존에 의해 $0=2mv_A+mv_B$이므로 충돌 후 속력의 비는 질량의 역수의 비와 같다.
  → $v_A : v_B=1:2$
- 분리 후 A의 속력을 v라고 하면 B의 속력은 $2v$이므로 분리 후 A, B의 운동 에너지는 각각 mv^2, $2mv^2$이다. → A는 분리된 후에 높이 h인 지점에서 속력이 0이 되므로 $mv^2=2mgh$이다.

○ 보기 풀이 ㄱ. 용수철에서 A, B가 분리되는 과정에서 역학적 에너지가 보존되므로 용수철에 저장된 탄성 퍼텐셜 에너지는 A, B의 운동 에너지의 합과 같다. 따라서 $\frac{1}{2}kd^2=mv^2+2mv^2=2mgh+4mgh=6mgh$에서 $k=\frac{12mgh}{d^2}$이다.

× 매력적 오답 ㄴ. A, B가 각각 높이 $\frac{h}{2}$를 지날 때 역학적 에너지가 보존되므로 이때의 속력을 v_A', v_B'라고 하면 $mv^2=(2m)g\left(\frac{1}{2}h\right)+\frac{1}{2}(2m)v_A'^2$, $2mv^2=mg\left(\frac{1}{2}h\right)+\frac{1}{2}mv_B'^2$이다. 이때 $mv^2=2mgh$이므로 $v_A'=\sqrt{gh}$, $v_B'=\sqrt{7gh}$이다. 따라서 높이 $\frac{h}{2}$를 지날 때의 속력은 B가 A의 $\sqrt{7}$배이다.

ㄷ. 분리된 직후 B의 운동 에너지는 $2mv^2=4mgh$이고, B가 구간 Ⅱ에서 정지하기까지 중력 퍼텐셜 에너지는 $3mgh$이다. 따라서 마찰에 의해 감소한 B의 역학적 에너지는 $4mgh-3mgh=mgh$이다.

문제풀이 Tip

역학적 에너지를 이용한 관계식을 세우고 나서, 각 보기에 맞게 변형할 때에는 문제에서 원하는 물리량만 남도록 관계식을 정리할 수 있어야 한다.

선택지 비율	① 8%	❷ 50%	③ 11%	④ 15%	⑤ 13%

14 역학적 에너지 보존

2021학년도 수능 20번 | 정답 ② | 문제편 69 p

출제 의도 탄성력이 작용할 때의 물체의 운동에 역학적 에너지 보존을 적용할 수 있는지 확인하는 문항이다.

그림 (가)와 같이 질량이 각각 2 kg, 3 kg, 1 kg인 물체 A, B, C가 용수철 상수가 200 N/m인 용수철과 실에 연결되어 정지해 있다. 수평면에 연직으로 연결된 용수철은 원래 길이에서 0.1 m만큼 늘어나 있다. 그림 (나)는 (가)의 C에 연결된 실이 끊어진 후, A가 연직선 상에서 운동하여 용수철이 원래 길이에서 0.05 m만큼 늘어난 순간의 모습을 나타낸 것이다.

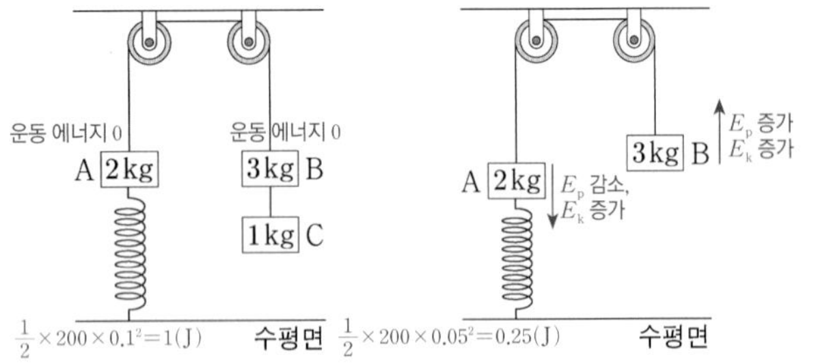

(가) (나)

(나)에서 A의 운동 에너지는 용수철에 저장된 탄성 퍼텐셜 에너지의 몇 배인가? (단, 중력 가속도는 10 m/s²이고, 실과 용수철의 질량, 모든 마찰과 공기 저항은 무시한다.)

① $\frac{1}{5}$ ② $\frac{2}{5}$ ③ $\frac{3}{5}$ ④ $\frac{4}{5}$ ⑤ 1

✓ 자료 해석

- A, B가 (가)에서 (나)로 되는 동안 실로 연결되어 함께 운동하므로 A, B의 속력은 같고, 운동 에너지는 속력이 같을 때 질량에 비례한다.
  → (나)에서 A의 운동 에너지를 E라고 하면, B의 운동 에너지는 $\frac{3}{2}E$이다.
- A, B가 (가)에서 (나)로 되는 동안 용수철이 늘어난 길이는 0.05 m만큼 줄어들므로 A, B의 이동 거리도 0.05 m이다. → 중력 퍼텐셜 에너지 변화량은 A는 $2\times10\times0.05=1$(J)이고, B는 $3\times10\times0.05=1.5$(J)이다.
- (가)에서 (나)로 되는 동안 중력과 탄성력만 작용하므로 역학적 에너지가 보존된다. 따라서 (가)와 (나)에서 역학적 에너지 변화량의 합이 0이므로 '감소한 역학적 에너지의 변화량=증가한 역학적 에너지의 변화량'이다.

○ 보기 풀이 (가)에서 (나)로 변하는 동안 A는 정지 상태에서 아래 방향으로 운동하므로 운동 에너지는 증가하고, 중력 퍼텐셜 에너지는 감소하며, 용수철의 늘어난 길이도 줄어들므로 용수철에 저장된 탄성 퍼텐셜 에너지도 감소한다. 한편 B는 정지 상태에서 위 방향으로 운동하므로 운동 에너지와 중력 퍼텐셜 에너지가 모두 증가한다. (가)에서 (나)로 되는 동안 전체 역학적 에너지가 보존되므로 증가한 역학적 에너지의 합은 감소한 역학적 에너지의 합과 같다.

(나)에서 A의 운동 에너지가 E일 때, B의 운동 에너지는 $\frac{3}{2}E$인 것을 이용하여 역학적 에너지 보존 법칙(증가한 역학적 에너지의 변화량=감소한 역학적 에너지의 변화량)을 적용하면 다음과 같다.

$$E+\frac{3}{2}E+(3\times10\times0.05)=(2\times10\times0.05)+\left\{\frac{1}{2}\times200\times(0.1^2-0.05^2)\right\}$$

따라서 $E=0.1$ J이고, (나)에서 용수철에 저장된 탄성 퍼텐셜 에너지 $\frac{1}{2}\times200\times0.05^2=0.25$(J)의 $\frac{2}{5}$배이다.

문제풀이 Tip

용수철의 줄어든 길이로부터 A, B의 이동 거리를 알 수 있으므로 중력 퍼텐셜 에너지를 쉽게 구할 수 있고, 용수철에 저장된 탄성 퍼텐셜 에너지도 값이 모두 주어졌으므로 계산이 가능하다. 또한 A, B가 함께 운동할 때 속력이 같다는 것을 이용하면 운동 에너지와 질량이 비례 관계이므로 A, B의 운동 에너지도 상대적인 크기로 나타낼 수 있다. 따라서 역학적 에너지 보존 법칙만 적용하면 비교적 쉽게 풀이할 수 있다.

선택지 비율	❶ 19%	② 17%	③ 25%	④ 18%	⑤ 18%

15 역학적 에너지 보존

2021학년도 9월 평가원 20번 | 정답 ① | 문제편 69 p

출제 의도 두 물체가 연결되어 함께 운동하는 경우 역학적 에너지 보존을 적용할 수 있는지 확인하는 문항이다.

그림 (가)는 물체 A와 실로 연결된 물체 B를 원래 길이가 L_0인 용수철과 수평면 위에서 연결하여 잡고 있는 모습을, (나)는 (가)에서 B를 가만히 놓은 후, 용수철의 길이가 L까지 늘어나 A의 속력이 0인 순간의 모습을 나타낸 것이다. A, B의 질량은 각각 m이고, 용수철 상수는 k이다. (가)에서 A, B는 정지, (나)에서 A, B의 속력은 0 → (가)에서 (나)로 되는 동안 운동 에너지 변화량은 0

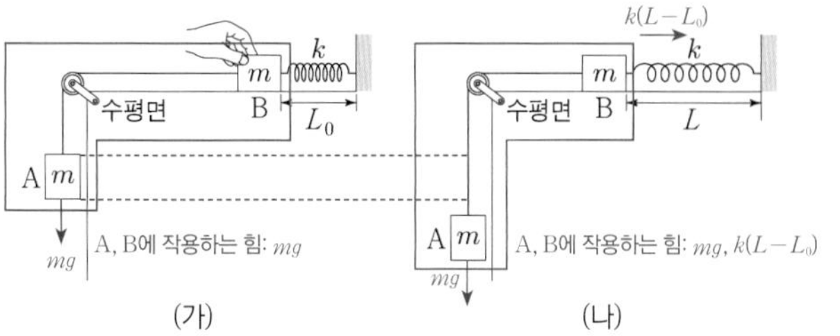

(가) (나)

이에 대한 설명으로 옳은 것만을 〈보기〉에서 있는 대로 고른 것은? (단, 중력 가속도는 g이고, 실과 용수철의 질량 및 모든 마찰과 공기 저항은 무시한다.) [3점]

보기

ㄱ. $L-L_0=\dfrac{2mg}{k}$이다.

ㄴ. 용수철의 길이가 L일 때, A에 작용하는 알짜힘은 0이다. $\frac{mg}{2}$

ㄷ. B의 최대 속력은 $\sqrt{\dfrac{m}{k}}g$이다. $\sqrt{\frac{m}{2k}}g$

① ㄱ ② ㄴ ③ ㄱ, ㄷ ④ ㄴ, ㄷ ⑤ ㄱ, ㄴ, ㄷ

✓ 자료 해석

A와 B를 한 물체로 보면 (A+B)에 작용하는 힘은 연직 아래로 작용하는 중력과 용수철이 늘어난 방향과 반대 방향으로 작용하는 탄성력이고, 두 힘의 방향은 서로 반대이다. 이때 중력의 크기는 mg로 일정하지만 탄성력의 크기는 늘어난 길이에 비례하여 커진다.

- 잡고 있던 B를 가만히 놓으면 mg가 탄성력보다 크므로 A는 연직 아래 방향으로, B는 왼쪽으로 운동하며 A, B의 속력이 점점 증가한다.
- 탄성력의 크기가 계속 증가하다가 어느 순간 탄성력의 크기가 mg보다 커지면 A, B의 운동 방향과 반대 방향으로 알짜힘이 작용하므로 A, B의 속력이 점점 감소하다가 용수철의 길이가 L까지 늘어나는 순간 0이 된다.

(A+B)에 작용하는 알짜힘을 이동 거리에 따라 나타내면 오른쪽 그림과 같다. 알짜힘-이동 거리 그래프의 밑넓이는 운동 에너지 변화량과 같고, 용수철이 L까지 늘어났을 때 운동 에너지 변화량이 0이려면 색칠한 부분의 면적이 같아야 한다. 따라서 'mg=탄성력'인 순간 A, B의 이동 거리는 $\dfrac{L-L_0}{2}$이고, 이때 A, B의 운동 에너지가 최대이므로 속력도 최대이다.

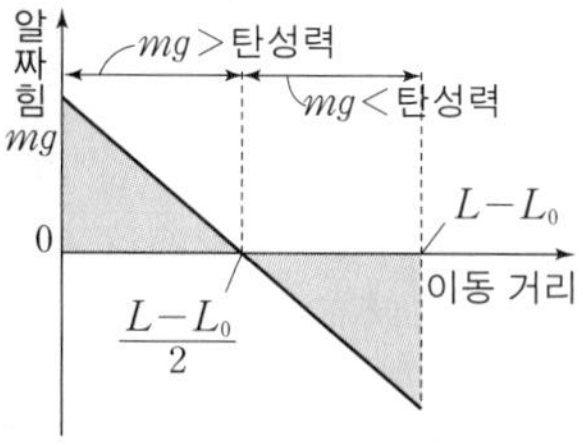

○ 보기풀이 ㄱ. (가)에서 A의 높이를 중력 퍼텐셜 에너지의 기준면으로 하면 (나)에서 (A+B)의 중력 퍼텐셜 에너지 변화량의 크기는 $mg(L-L_0)$이고, A, B의 탄성 퍼텐셜 에너지의 변화량의 크기는 $\frac{1}{2}k(L-L_0)^2$이다. (가)에서 (나)로 되는 동안 역학적 에너지가 보존되어 (A+B)의 역학적 에너지 변화량의 합은 0이므로 $mg(L-L_0)=\frac{1}{2}k(L-L_0)^2$이다. 따라서 $L-L_0=\dfrac{2mg}{k}$이다.

× 매력적 오답 ㄴ. 용수철의 길이가 L일 때 B에 작용하는 탄성력의 크기가 A에 작용하는 중력의 크기보다 크므로 (A+B)에 작용하는 힘의 크기는 $k(L-L_0)-mg$이다. 이때 $L-L_0=\dfrac{2mg}{k}$이므로 이를 위 식에 대입하면 $k\left(\dfrac{2mg}{k}\right)-mg=mg$이다. 따라서 (A+B)에 작용하는 힘이 mg이므로 A에 작용하는 알짜힘은 $\dfrac{mg}{2}$이다.

ㄷ. A, B의 속력이 최대인 순간은 합력이 0인 'mg=탄성력의 크기'일 때이다. 따라서 알짜힘-이동 거리 그래프에서 $\dfrac{L-L_0}{2}$만큼 이동했을 때가 운동 에너지가 최대, 즉 속력이 최대일 때이고, 그래프의 밑넓이는 운동 에너지 변화량과 같으므로 A, B의 최대 속력을 v라고 하면 $\frac{1}{2}(mg)\left(\dfrac{L-L_0}{2}\right)=\frac{1}{2}(m+m)v^2$이다. 이때 $L-L_0=\dfrac{2mg}{k}$이므로 이를 대입하면 $\frac{1}{2}mg\left(\dfrac{2mg}{2k}\right)=mv^2$에서 $v=\sqrt{\dfrac{m}{2k}}g$이다.

문제풀이 Tip

탄성력의 크기는 용수철이 늘어난 길이에 비례하여 커지므로 A, B에 작용하는 합력은 탄성력의 크기 변화에 따라 달라지는 것을 유의한다.

선택지 비율	① 4%	❷ 65%	③ 9%	④ 12%	⑤ 7%

16 일과 에너지

2020학년도 수능 16번 | 정답 ② | 문제편 69 p

출제 의도 일·운동 에너지 정리를 이해하여 물체의 이동 거리에 따른 물체의 운동 에너지의 변화를 설명할 수 있는지 확인하는 문항이다.

그림은 자동차가 등가속도 직선 운동하는 모습을 나타낸 것이다. 점 a, b, c, d는 운동 경로상에 있고, a와 b, b와 c, c와 d 사이의 거리는 각각 $2L$, L, $3L$이다. 자동차의 운동 에너지는 c에서가 b에서의 $\frac{5}{4}$배이다.

(자동차에 작용하는 알짜힘 일정)
(운동 에너지가 증가한다. =속력이 증가하는 등가속도 운동을 한다.)

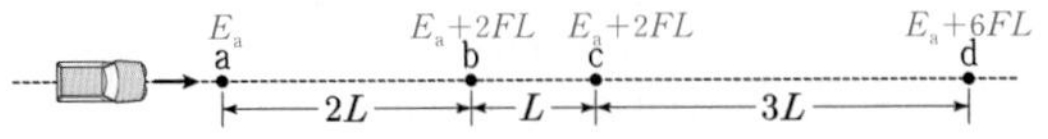

자동차의 속력은 d에서가 a에서의 몇 배인가? (단, 자동차의 크기는 무시한다.) [3점]

① $\sqrt{3}$배 ② 2배 ③ $2\sqrt{2}$배 ④ 3배 ⑤ $2\sqrt{3}$배

✓ 자료 해석

- 등가속도 직선 운동을 하는 자동차에 작용하는 알짜힘의 크기는 일정하다.
- 일·운동 에너지 정리에 의해 알짜힘이 자동차에 한 일은 자동차의 운동 에너지 변화량과 같다. 따라서 자동차에 작용하는 알짜힘과 이동 거리의 곱은 운동 에너지의 변화량과 같다.

○ 보기 풀이 자동차에 작용하는 알짜힘을 F, 점 a, b, c, d에서의 운동 에너지를 각각 E_a, E_b, E_c, E_d라고 하자. 일·운동 에너지 정리에 의해 자동차의 운동 에너지 변화량은 자동차에 작용하는 알짜힘과 이동 거리의 곱과 같으므로 $E_b-E_a=2FL$, $E_c-E_a=3FL$, $E_d-E_a=6FL$이다.
따라서 $E_b=2FL+E_a$, $E_c=3FL+E_a=\frac{5}{4}E_b$이므로 $3FL+E_a=\frac{5}{4}(2FL+E_a)$에서 $E_a=2FL$이다. 따라서 $E_d=6FL+E_a=8FL$이므로 E_d는 E_a의 4배이다. 자동차의 운동 에너지는 속력의 제곱에 비례하므로 d에서의 속력은 a에서의 속력의 2배이다.

문제풀이 Tip
문제에서 d에서의 속력을 a에서의 속력과 비교해서 묻고 있으므로 문제를 풀 때에도 a에서의 값을 기준으로 관계식을 정리해야 답을 편리하게 구할 수 있다.

선택지 비율	① 6%	② 16%	❸ 50%	④ 18%	⑤ 7%

17 역학적 에너지 보존

2020학년도 수능 17번 | 정답 ③ | 문제편 70 p

출제 의도 각 지점에서의 역학적 에너지를 비교하여 관계식을 세울 수 있는지 확인하는 문항이다.

그림과 같이 레일을 따라 운동하는 물체가 점 p, q, r를 지난다. 물체는 빗면 구간 A를 지나는 동안 역학적 에너지가 $2E$만큼 증가하고, 높이가 h인 수평 구간 B에서 역학적 에너지가 $3E$만큼 감소하여 정지한다. 물체의 속력은 p에서 v, B의 시작점 r에서 V이고, 물체의 운동 에너지는 q에서가 p에서의 2배이다.

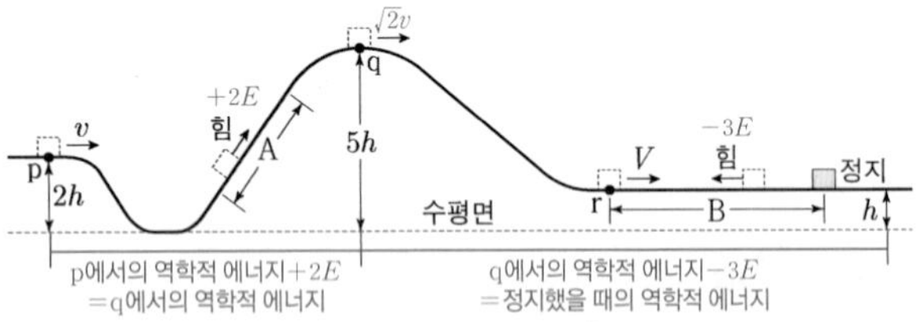

V는? (단, 물체의 크기, 마찰과 공기 저항은 무시한다.)

① $\sqrt{2}v$ ② $2v$ ③ $\sqrt{6}v$ ④ $3v$ ⑤ $2\sqrt{3}v$

✓ 자료 해석

구분	운동 에너지	중력 퍼텐셜 에너지	역학적 에너지
p	$\frac{1}{2}mv^2$	$2mgh$	$\frac{1}{2}mv^2+2mgh$
q	mv^2	$5mgh$	mv^2+5mgh
r	$\frac{1}{2}mV^2$	mgh	$\frac{1}{2}mV^2+mgh$
정지	0	mgh	mgh

(p→q: $+2E$, q→r: 보존, r→정지: $-3E$)

○ 보기 풀이 p, q에서의 역학적 에너지를 비교하면 $\frac{1}{2}mv^2+2mgh+2E=mv^2+5mgh$이므로 $2E=\frac{1}{2}mv^2+3mgh$(①)이다. 또한 r에서의 역학적 에너지를 정지했을 때와 비교하면 $\frac{1}{2}mV^2+mgh-3E=mgh$이므로 $\frac{1}{2}mV^2=3E$(②)이다. 마지막으로 p에서의 역학적 에너지를 정지했을 때와 비교하면 $\frac{1}{2}mv^2+2mgh+2E-3E=mgh$에서 $E-\frac{1}{2}mv^2=mgh$(③)이다. V와 v 사이의 관계를 알기 위해서는 mgh항을 소거해야 하므로 ①에 ③을 대입하면 $2E=\frac{1}{2}mv^2+3(E-\frac{1}{2}mv^2)$에서 $E=mv^2$이다. 따라서 ②에서 $\frac{1}{2}mV^2=3E=3mv^2$이므로 $V^2=6v^2$에서 $V=\sqrt{6}v$이다.

문제풀이 Tip
각 지점에서의 역학적 에너지를 정의하고 서로 비교할 때, 최대한 간편하게 나올 수 있는 식을 선택하는 것이 시간 단축에 도움이 된다.

선택지 비율	① 10%	② 9%	③ 23%	④ 25%	⑤ 31%

18 역학적 에너지 보존

2021학년도 6월 평가원 20번 | 정답 ⑤ | 문제편 70 p

출제 의도 탄성 퍼텐셜 에너지와 중력 퍼텐셜 에너지를 이해하여 물체가 운동하는 동안 역학적 에너지가 보존되는 것을 설명할 수 있는지 확인하는 문항이다.

그림 (가)와 같이 동일한 용수철 A, B가 연직선상에 x만큼 떨어져 있다. 그림 (나)는 (가)의 A를 d만큼 압축시키고 질량 m인 물체를 올려놓았더니 물체가 힘의 평형을 이루며 정지해 있는 모습을, (다)는 (나)의 A를 $2d$만큼 더 압축시켰다가 가만히 놓는 순간의 모습을, (라)는 (다)의 물체가 A와 분리된 후 B를 압축시킨 모습을 나타낸 것이다. B가 $\frac{1}{2}d$만큼 압축되었을 때 물체의 속력은 0이다.

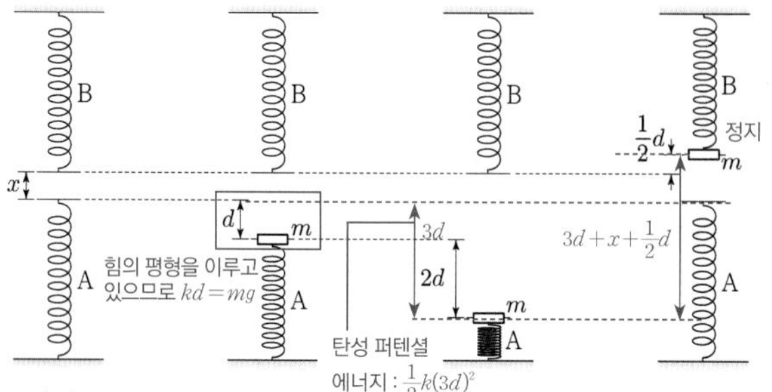

(가) (나) (다) (라)

이에 대한 설명으로 옳은 것만을 〈보기〉에서 있는 대로 고른 것은? (단, 중력 가속도는 g이고, 물체의 크기, 용수철의 질량, 공기 저항은 무시한다.) [3점]

> 보기
>
> ㄱ. 용수철 상수는 $\frac{mg}{d}$이다.
>
> ㄴ. $x=\frac{7}{8}d$이다.
>
> ㄷ. 물체가 운동하는 동안 물체의 운동 에너지의 최댓값은 $2mgd$이다.

① ㄴ　② ㄷ　③ ㄱ, ㄴ　④ ㄱ, ㄷ　⑤ ㄱ, ㄴ, ㄷ

✓ 자료 해석

- (나)에서 힘의 평형을 이루고 있으므로 '탄성력=중력'이다.
- A, B의 용수철 상수를 k라고 하면 (다)에서 A를 (나)에서보다 $2d$만큼 더 압축시켰으므로 이때의 탄성 퍼텐셜 에너지는 $\frac{1}{2}k(d+2d)^2$이다.
- (다)에서 (라)까지 운동할 때, 물체에는 중력과 탄성력만 작용하므로 역학적 에너지가 보존된다. (라)에서는 (다)에서보다 물체의 높이가 $(3d+x+\frac{1}{2}d)$만큼 변하고, B를 $\frac{1}{2}d$만큼 압축시켰으므로 $\frac{1}{2}k(d+2d)^2=mg(3d+x+\frac{1}{2}d)+\frac{1}{2}k\left(\frac{1}{2}d\right)^2$이다.
- (다)에서 물체에 작용하는 탄성력의 크기는 $3d$만큼 압축시켰을 때가 최대이고, 물체를 가만히 놓으면 A가 변형된 길이가 감소하므로 물체에 작용하는 탄성력의 크기도 감소한다. 한편 물체에 작용하는 중력의 크기는 mg로 일정하고 mg는 A가 d만큼 압축되었을 때의 탄성력의 크기와 같다. 따라서 물체를 놓는 순간부터 A가 d만큼 압축된 순간까지는 탄성력이 mg보다 크므로 물체의 운동 방향과 알짜힘의 방향이 서로 같아 속력이 증가하고 그 이후부터는 mg가 탄성력보다 크므로 물체의 운동 방향과 알짜힘의 방향이 서로 반대여서 속력이 감소한다.

보기풀이 ㄱ. (나)에서 탄성력과 중력이 평형을 이루고 있다. 따라서 A의 용수철 상수를 k라 하면 $kd=mg$이므로 $k=\frac{mg}{d}$이다.

ㄴ. (다)에서 (라)로 물체가 운동하는 동안 중력과 탄성력만 작용하므로 역학적 에너지는 보존된다. (다)에서 물체의 위치를 중력 퍼텐셜 에너지의 기준면으로 하면 (다)에서 물체의 역학적 에너지는 $\frac{1}{2}k(3d)^2$이고 (라)에서 물체의 역학적 에너지는 $\frac{1}{2}k\left(\frac{1}{2}d\right)^2+mg\left(x+\frac{7}{2}d\right)$이다. 따라서 $\frac{1}{2}k(3d)^2=\frac{1}{2}k\left(\frac{1}{2}d\right)^2+mg\left(x+\frac{7}{2}d\right)$이고, $k=\frac{mg}{d}$를 대입하면 $\frac{9}{2}mgd=\frac{1}{8}mgd+mgx+\frac{7}{2}mgd$이므로 $x=\frac{7}{8}d$이다.

ㄷ. (다)에서 (라)로 물체가 운동할 때, A가 d만큼 압축된 순간 이후에는 물체에 작용하는 중력이 탄성력보다 커서 알짜힘이 운동 방향과 반대로 작용하여 속력이 감소하므로 A가 d만큼 압축되었을 때 물체의 속력이 최대이고 운동 에너지도 최대이다. 이 순간 운동 에너지를 E_k라고 하면 물체의 역학적 에너지는 $\frac{1}{2}kd^2+E_k+mg(2d)$이고 역학적 에너지 보존에 의해 이 값은 (다)에서의 역학적 에너지인 $\frac{1}{2}k(3d)^2$과 같다. 따라서 $\frac{1}{2}k(3d)^2=\frac{1}{2}kd^2+E_k+mg(2d)$이고, $k=\frac{mg}{d}$를 대입하면 $\frac{9}{2}mgd=\frac{1}{2}mgd+E_k+2mgd$에서 $E_k=2mgd$이다.

문제풀이 Tip

용수철이 연결된 물체의 운동에서는 물체에 작용하는 탄성력의 크기가 계속 달라지면서 속력이 변하는 운동을 하므로 물체의 최대 속력, 최대 운동 에너지를 묻는 경우가 많다. 따라서 물체의 속력이 최대가 되는 순간을 파악하는 것이 중요하다.

Part II 수능 평가원

선택지 비율	① 8%	❷ 56%	③ 9%	④ 16%	⑤ 9%

19 역학적 에너지 보존

2020학년도 9월 평가원 17번 | 정답 ② | 문제편 70 p

출제 의도 역학적 에너지 보존 법칙을 이해하여 서로 다른 두 물체의 운동을 설명할 수 있는지 확인하는 문항이다.

모든 구간에서 역학적 에너지가 보존된다.

그림과 같이 마찰이 없는 궤도를 따라 운동하는 물체 A, B가 각각 높이 $2h_0$, h_0인 지점을 v_0, $2v_0$의 속력으로 지난다. h_0인 지점에서 B의 운동 에너지는 중력 퍼텐셜 에너지의 4배이다. 궤도의 구간 Ⅰ, Ⅱ는 각각 수평면, 경사면이고, 구간 Ⅲ은 높이가 $4h_0$인 수평면이다.

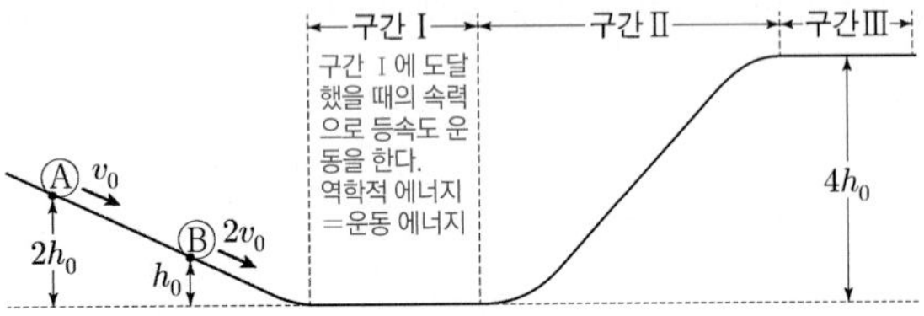

이에 대한 설명으로 옳은 것만을 〈보기〉에서 있는 대로 고른 것은? (단, Ⅰ에서 중력 퍼텐셜 에너지는 0이고, 물체는 동일 연직면 상에서 운동하며, 물체의 크기는 무시한다.)

〈보기〉

ㄱ. Ⅰ을 통과하는 데 걸리는 시간은 A가 B의 $\frac{5}{3}$배이다. ($\sqrt{\frac{5}{3}}$)

ㄴ. Ⅱ에서 A의 운동 에너지와 중력 퍼텐셜 에너지가 같은 지점의 높이는 ~~h_0~~이다. ($\frac{3}{2}h_0$)

ㄷ. Ⅲ에서 B의 속력은 v_0이다.

① ㄱ ② ㄷ ③ ㄱ, ㄴ ④ ㄴ, ㄷ ⑤ ㄱ, ㄴ, ㄷ

✓ 자료 해석

A, B의 질량을 각각 m_A, m_B라고 할 때, 높이가 $2h_0$, h_0인 지점에서 A, B의 역학적 에너지는 다음과 같으며 A, B가 운동하는 동안 역학적 에너지가 보존된다.

$$A : \frac{1}{2}m_Av_0^2+2m_Agh_0 \quad B : \frac{1}{2}m_B(2v_0)^2+m_Bgh_0$$

○ 보기풀이 h_0인 지점에서 B의 운동 에너지는 중력 퍼텐셜 에너지의 4배이므로 $\frac{1}{2}m_B(2v_0)^2=4m_Bgh_0$에서 $gh_0=\frac{1}{2}v_0^2$이다.

ㄷ. B의 역학적 에너지가 보존되므로 높이 h_0인 지점과 구간 Ⅲ에서 역학적 에너지는 같다. 구간 Ⅲ에서 B의 속력을 V라고 하면, $\frac{1}{2}m_B(2v_0)^2+m_Bgh_0=\frac{1}{2}m_BV^2+m_Bg(4h_0)$이고 $gh_0=\frac{1}{2}v_0^2$이므로 $2m_Bv_0^2+\frac{1}{2}m_Bv_0^2=\frac{1}{2}m_BV^2+2m_Bv_0^2$에서 $v_0^2=V^2$이다. 따라서 $V=v_0$이다.

× 매력적 오답 ㄱ. 구간 Ⅰ에서 A, B의 속력을 v_A, v_B라고 하면 역학적 에너지 보존에 의해 $\frac{1}{2}m_Av_0^2+2m_Agh_0=\frac{1}{2}m_Av_A^2$, $\frac{1}{2}m_B(2v_0)^2+m_Bgh_0=\frac{1}{2}m_Bv_B^2$이다. 이때 $gh_0=\frac{1}{2}v_0^2$이므로 $v_A^2=v_0^2+2v_0^2=3v_0^2$, $v_B^2=4v_0^2+v_0^2=5v_0^2$이다. 따라서 $v_A=\sqrt{\frac{3}{5}}v_B$이고, 등속도 운동을 하는 동안 이동 거리가 같다면 걸린 시간은 속력에 반비례하므로 Ⅰ을 통과하는 데 걸리는 시간은 A가 B의 $\sqrt{\frac{5}{3}}$배이다.

ㄴ. $gh_0=\frac{1}{2}v_0^2$에서 $v_0^2=2gh_0$이므로 높이 $2h_0$을 지날 때 A의 역학적 에너지는 $\frac{1}{2}m_Av_0^2+2m_Agh_0=3m_Agh_0$이다. 따라서 A의 운동 에너지와 중력 퍼텐셜 에너지가 같다면 역학적 에너지가 $\frac{1}{2}$인 지점의 중력 퍼텐셜 에너지는 $m_Ag\left(\frac{3}{2}h_0\right)$이므로 이때 높이는 $\frac{3}{2}h_0$이다.

문제풀이 Tip

역학 문제를 풀 때에는 모르는 물리량을 미지수로 두고, 식을 세워 각 지점에서의 역학적 에너지가 같음을 이용하여 풀이해야 한다.

선택지 비율	① 13%	❷ 34%	③ 20%	④ 21%	⑤ 9%

20 등가속도 운동과 역학적 에너지 보존

2020학년도 6월 평가원 18번 | 정답 ② | 문제편 70 p

출제 의도 등가속도 운동을 하는 물체의 가속도, 평균 속도와 역학적 에너지 보존에 대해 통합적으로 풀이할 수 있는지 확인하는 문항이다.

그림은 점 p에 가만히 놓은 물체가 궤도를 따라 운동하여 점 q에서 정지한 모습을 나타낸 것이다. 길이가 각각 l, $2l$인 수평 구간 A, B에서는 물체에 같은 크기의 일정한 힘이 운동 방향의 반대 방향으로 작용한다. p와 A의 높이 차는 h_1, A와 B의 높이 차는 h_2이다. 물체가 B를 지나는 데 걸린 시간은 A를 지나는 데 걸린 시간의 2배이다.

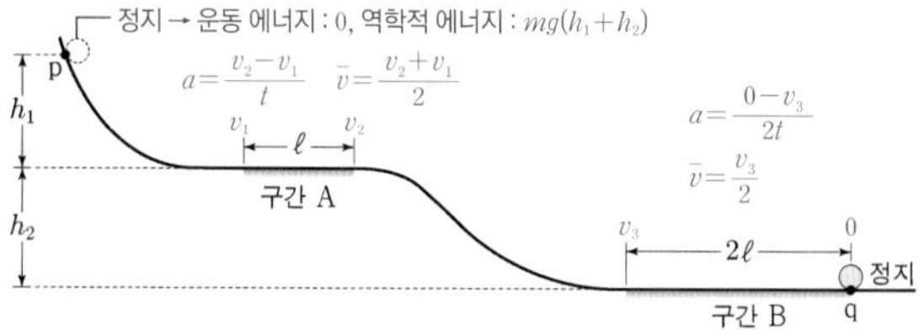

$\frac{h_1}{h_2}$은? (단, 물체의 크기, 마찰과 공기 저항은 무시한다.) [3점]

① $\frac{1}{2}$ ② $\frac{3}{5}$ ③ $\frac{3}{4}$ ④ $\frac{4}{5}$ ⑤ $\frac{5}{6}$

문제풀이 Tip

일정한 크기의 힘이 작용하는 물체는 등가속도 운동을 하는 것을 파악하여, 역학적 에너지 보존뿐만 아니라 등가속도 운동의 특징을 문제 풀이에 이용한다.

✓ 자료 해석

- 물체에 작용하는 힘의 크기가 일정하므로 A, B에서 물체의 가속도는 같다. 또한 B의 거리는 A의 2배이고 B를 지나는 데 걸리는 시간도 A의 2배이므로 B에서의 평균 속력은 A에서와 같다.
- 중력 가속도를 g, 물체의 질량을 m, A에 진입하는 순간의 속력, A를 벗어나는 순간의 속력, B에 진입하는 순간의 속력을 각각 v_1, v_2, v_3이라 하고 역학적 에너지 보존을 적용하면 다음과 같다.

$$\underbrace{mg(h_1+h_2)=mgh_2+\frac{1}{2}mv_1^2}_{\text{p에서 A에 진입할 때까지}}, \quad \underbrace{mgh_2+\frac{1}{2}mv_2^2=\frac{1}{2}mv_3^2}_{\text{A에서 벗어나 B에 진입할 때까지}}$$

○ 보기 풀이 A, B에서 물체의 가속도와 평균 속력이 같다. 가속도는 $\frac{\text{속도 변화량}}{\text{걸린 시간}}$이고 A를 지나는 데 걸리는 시간을 t라고 하면, B를 지나는 데 걸리는 시간은 $2t$이므로 $\frac{(v_2-v_1)}{t}=\frac{(0-v_3)}{2t}$에서 $v_3=2v_1-2v_2$(①)이다. 또한 등가속도 운동을 하는 물체의 구간에서의 평균 속력은 처음 속력과 나중 속력의 중간값과 같으므로 $\frac{v_1+v_2}{2}=\frac{v_3}{2}$에서 $v_1+v_2=v_3$(②)이다.

①과 ②를 연립하면 $v_1=3v_2$이고, $v_3=4v_2$이다. 역학적 에너지 보존 법칙에 의해 $mgh_1=\frac{1}{2}mv_1^2$에서 $mgh_1=\frac{1}{2}m(3v_2)^2=\frac{9}{2}mv_2^2$이고, $mgh_2+\frac{1}{2}mv_2^2=\frac{1}{2}mv_3^2$에서 $mgh_2=\frac{1}{2}m(4v_2)^2-\frac{1}{2}mv_2^2=\frac{15}{2}mv_2^2$이다.

따라서 $\frac{h_1}{h_2}=\frac{\frac{9v_2^2}{2g}}{\frac{15v_2^2}{2g}}=\frac{3}{5}$이다.

03 자기장과 물질의 자성

선택지 비율	① 7%	② 13%	③ 11%	④ 21%	⑤ 48%

1 전류에 의한 자기장

2025학년도 수능 17번 | 정답 ⑤ | 문제편 72p

출제 의도 전류에 의한 자기장의 합성에 대해 이해하고, 적용할 수 있는지 확인하는 문항이다.

그림과 같이 xy평면에 가늘고 무한히 긴 직선 도선 A, B, C가 고정되어 있다. C에는 세기가 I_C로 일정한 전류가 $+x$방향으로 흐른다. 표는 A, B에 흐르는 전류의 세기와 방향을 나타낸 것이다. 점 p, q는 xy평면상의 점이고, p에서 A, B, C의 전류에 의한 자기장의 세기는 (가)일 때가 (다)일 때의 2배이다.

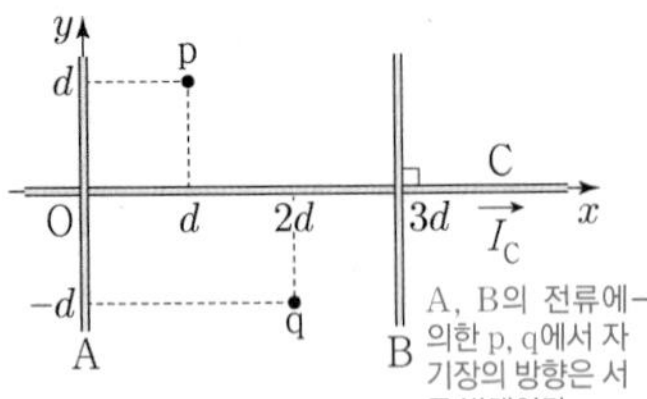

A, B의 전류에 의한 p, q에서 자기장의 방향은 서로 반대이다.

A, B의 전류에 의한 p, q에서 자기장의 방향은 서로 같다.

과정	A의 전류		B의 전류	
	세기	방향	세기	방향
(가)	I_0	$-y$	I_0	$+y$
(나)	I_0	$+y$	I_0	$+y$
(다)	I_0	$+y$	$\frac{1}{2}I_0$	$+y$

이에 대한 설명으로 옳은 것만을 〈보기〉에서 있는 대로 고른 것은?

보기

ㄱ. $I_C=3I_0$이다.

ㄴ. (나)일 때, A, B, C의 전류에 의한 자기장의 세기는 p에서와 q에서가 같다.

ㄷ. (다)일 때, q에서 A, B, C의 전류에 의한 자기장의 방향은 xy평면에 수직으로 들어가는 방향이다.

① ㄱ ② ㄷ ③ ㄱ, ㄴ ④ ㄴ, ㄷ ⑤ ㄱ, ㄴ, ㄷ

✓ 자료 해석

- A, B의 전류의 방향이 같을 때 : p, q 각각에서 A, B의 전류에 의한 자기장의 방향은 서로 반대이다.
- A, B의 전류의 방향이 반대일 때 : p, q 각각에서 A, B의 전류에 의한 자기장의 방향은 서로 같다.

○ 보기풀이 (가)의 p에서 A의 전류에 의한 자기장의 세기를 B, C의 전류에 의한 자기장의 세기를 B_C, xy평면에 수직으로 들어가는 자기장의 방향을 (+)로 하면 p에서 A, B, C의 전류에 의한 자기장의 세기가 (가)일 때가 (다)일 때의 2배이므로

$\left|-B-\frac{1}{2}B-B_C\right|=2\left|+B-\frac{1}{4}B-B_C\right|$의 식이 성립하고 $B_C\neq0$이므로 $B_C=3B$이다.

ㄱ. $B_C=3B$이고, p까지의 거리는 A와 C가 같으므로 $I_C=3I_0$이다.

ㄴ. (나)일 때, p, q에서 A, B, C의 전류에 의한 자기장이 각각 $+B-\frac{1}{2}B-3B=-\frac{5}{2}B$, $+\frac{1}{2}B-B+3B=+\frac{5}{2}B$이므로 (나)일 때, A, B, C의 전류에 의한 자기장의 세기는 p에서와 q에서가 같다.

ㄷ. (다)일 때, q에서 A, B, C의 전류에 의한 자기장이 $+\frac{1}{2}B-\frac{1}{2}B+3B=+3B$이므로 (다)일 때, q에서 A, B, C의 전류에 의한 자기장의 방향은 xy평면에 수직으로 들어가는 방향이다.

문제풀이 Tip

p에서 A, B, C의 전류에 의한 자기장의 방향이 같을 때와 반대일 때로 구분하여 B_C를 구할 수 있으면, 나머지는 단순히 합성 자기장을 구하는 과정으로 해결할 수 있다.

선택지 비율	① 3%	② 2%	③ 88%	④ 2%	⑤ 5%

2 자성체

2025학년도 수능 7번 | 정답 ③ | 문제편 72p

출제 의도 물질의 자성에 대해 이해하고 있는지 확인하는 문항이다.

그림 (가)는 자석의 S극을 가까이 하여 자기화된 자성체 A를, (나)는 자기화되지 않은 자성체 B를, (다)는 (나)에서 S극을 가까이 하여 자기화된 B를 나타낸 것이다. (다)에서 B와 자석 사이에는 서로 미는 자기력이 작용한다. A, B는 상자성체와 반자성체를 순서 없이 나타낸 것이다.

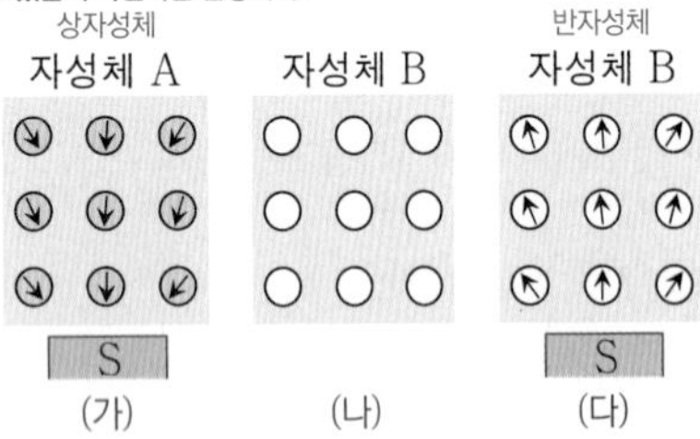

이에 대한 설명으로 옳은 것만을 〈보기〉에서 있는 대로 고른 것은?

보기

ㄱ. (가)에서 A와 자석 사이에는 서로 당기는 자기력이 작용한다.

ㄴ. (다)에서 S극 대신 N극을 가까이 하면, B와 자석 사이에는 서로 ~~당기는~~ 미는 자기력이 작용한다.

ㄷ. (다)에서 자석을 제거하면, B는 (나)의 상태가 된다.

① ㄱ ② ㄴ ③ ㄱ, ㄷ ④ ㄴ, ㄷ ⑤ ㄱ, ㄴ, ㄷ

✓ 자료 해석

- A는 외부 자기장과 같은 방향으로 자기화되므로 상자성체이다.
- B는 외부 자기장과 반대 방향으로 자기화되므로 반자성체이다. (B와 자석 사이에 척력이 작용하므로 B는 반자성체이다.)
- 상자성체와 반자성체는 외부 자기장이 사라지면, 자기화되지 않은 상태로 돌아간다.

○ 보기풀이 (다)에서 B와 자석 사이에 서로 미는 자기력이 작용하므로 B는 반자성체, A는 상자성체이다.

ㄱ. (가)에서 상자성체인 A와 자석 사이에는 서로 당기는 자기력이 작용한다.

ㄷ. 반자성체인 B는 자석을 제거하면 자기화되어 있는 상태를 유지하지 않는다.

× 매력적 오답 ㄴ. (다)에서 S극 대신 N극을 가까이해도 반자성체인 B와 자석 사이에는 서로 미는 자기력이 작용한다.

문제풀이 Tip

B와 자석 사이에서 서로 밀어내는 자기력이 작용하므로 B가 반자성체임을 파악하면 A가 상자성체임을 판단할 수 있고, 이를 이용하여 문제를 해결할 수 있다.

선택지 비율	① 3%	② 12%	❸ 74%	④ 6%	⑤ 6%

3 전류에 의한 자기장

2025학년도 9월 평가원 16번 | 정답 ③ |

문제편 72p

출제 의도 전류에 의한 자기장의 합성에 대해 이해하고, 적용할 수 있는지 확인하는 문항이다.

그림과 같이 가늘고 무한히 긴 직선 도선 A, C와 중심이 원점 O인 원형 도선 B가 xy평면에 고정되어 있다. A에는 세기가 I_0인 전류가 $+y$방향으로 흐르고, B와 C에는 각각 세기가 일정한 전류가 흐른다. 표는 B, C에 흐르는 전류의 방향에 따른 O에서 A, B, C의 전류에 의한 자기장의 세기를 나타낸 것이다.

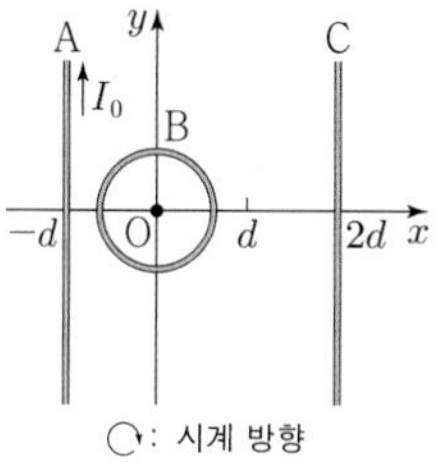

C에 흐르는 전류에 의한 자기장의 세기 $2B_0$

전류의 방향		O에서 A, B, C의 전류에 의한 자기장의 세기
B	C	
시계 방향	$+y$방향	0
시계 방향	$-y$방향	$4B_0$ ×
시계 반대 방향	$-y$방향	$2B_0$ ×

B에 흐르는 전류에 의한 자기장의 세기 B_0

C에 흐르는 전류의 세기는? [3점]

① I_0 ② $2I_0$ ③ $4I_0$ ④ $6I_0$ ⑤ $8I_0$

✔ 자료 해석

- C에 흐르는 전류에 의한 자기장의 방향이 반대로 바뀔 때
  → 합성 자기장의 세기가 $4B_0$으로 변화한다.
  → C에 흐르는 전류에 의한 자기장의 세기는 $2B_0$이다.
  → O에서 A, B, C에 흐르는 전류에 의한 자기장의 방향이 xy평면에 수직으로 들어가는 방향이다.
- B에 흐르는 전류에 의한 자기장의 방향이 반대로 바뀔 때
  → 합성 자기장의 세기가 $2B_0$으로 변화한다.
  → B에 흐르는 전류에 의한 자기장의 세기는 B_0이다.

○ 보기풀이 B, C에 흐르는 전류의 방향이 각각 시계 방향, $+y$방향일 때와 시계 방향, $-y$방향일 때의 O에서 A, B, C의 전류에 의한 자기장 세기의 차이가 $4B_0$이고, C에 흐르는 전류의 방향이 $-y$방향일 때 O에서 C에 흐르는 전류에 의한 자기장 방향이 xy평면에 수직으로 들어가는 방향이므로, O에서 C에 흐르는 전류에 의한 자기장 세기는 $2B_0$이고, A와 B에 흐르는 전류에 의한 자기장 세기의 합도 $2B_0$이다. 따라서 B에 흐르는 전류의 방향이 시계 반대 방향일 때 O에서 A, B에 흐르는 전류에 의한 자기장이 0이므로 O에서 A, B의 전류에 의한 자기장 세기는 각각 B_0이고, O까지의 거리가 C가 A의 2배이므로 C에 흐르는 전류의 세기는 $4I_0$이다.

전류의 방향			O에서 A, B, C 각각의 전류에 의한 자기장			O에서 A, B, C의 전류에 의한 자기장
A	B	C	A	B	C	
$+y$방향	시계 방향	$+y$방향	× B_0	× B_0	• $2B_0$	0
$+y$방향	시계 방향	$-y$방향	× B_0	× B_0	× $2B_0$	× $4B_0$
$+y$방향	시계 반대 방향	$-y$방향	× B_0	• B_0	× $2B_0$	× $2B_0$

• : xy평면에서 수직으로 나오는 방향, × : xy평면에 수직으로 들어가는 방향

문제풀이 Tip

B, C의 전류의 방향이 반대로 바뀔 때 자기장 세기 변화로부터, B, C 각각의 전류에 의한 자기장의 세기를 판단할 수 있으면 해결할 수 있다.

선택지 비율	① 1%	② 1%	③ 8%	❹ 87%	⑤ 2%

4 자성체

2025학년도 9월 평가원 6번 | 정답 ④ | 문제편 72 p

출제 의도 물질의 자성에 대해 이해하고 있는지 확인하는 문항이다.

그림은 한 면만 검게 칠한 자기화되어 있지 않은 자성체 A, B, C를 균일하고 강한 자기장 영역에 놓아 자기화시킨 모습을 나타낸 것이다. 표는 그림의 자기장 영역에서 꺼낸 A, B, C 중 2개를 마주 보는 면을 바꾸며 가까이 놓았을 때, 자성체 사이에 작용하는 자기력을 나타낸 것이다. A, B, C는 강자성체, 상자성체, 반자성체를 순서 없이 나타낸 것이다.

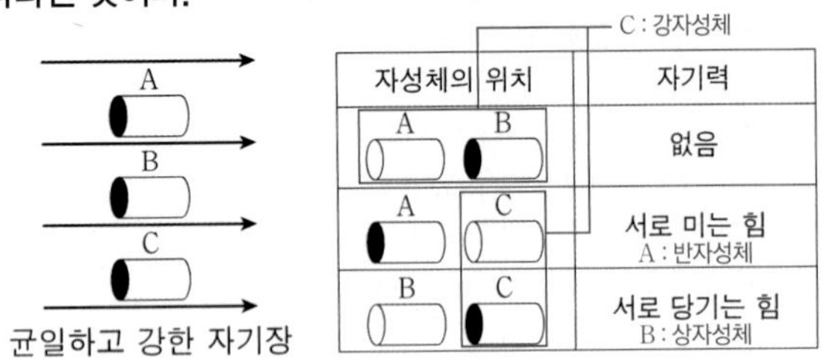

A, B, C로 옳은 것은? [3점]

	A	B	C
①	강자성체	상자성체	반자성체
②	상자성체	강자성체	반자성체
③	상자성체	반자성체	강자성체
④	반자성체	상자성체	강자성체
⑤	반자성체	강자성체	상자성체

✓ 자료 해석

- A, B 사이에 자기력이 작용하지 않는다.
  → C는 강자성체
- A, C 사이에 서로 미는 힘이 작용한다.
  → A는 반자성체, B는 상자성체이다.

ㅇ 보기 풀이 C를 A 또는 B에 가까이했을 때 C와 A 사이에 서로 미는 자기력이 작용하고, C와 B 사이에 서로 당기는 자기력이 작용하므로 C, A, B는 각각 강자성체, 반자성체, 상자성체이다.

문제풀이 Tip

A, B 사이에서 자기력이 작용하지 않음으로부터 또는 C와 A, B 사이에서 자기력이 작용하는 것으로부터 C가 강자성체임을 판단하고, 나머지의 자성체의 종류를 판단하면 해결할 수 있다.

5 전류에 의한 자기장의 합성

2025학년도 6월 평가원 17번 | 정답 ② | 문제편 73 p

출제 의도 전류에 의한 자기장의 합성에 대해 이해하고, 적용할 수 있는지 확인하는 문항이다.

그림 (가)와 같이 xy평면에 무한히 긴 직선 도선 A, B, C가 각각 $x=-d$, $x=0$, $x=d$에 고정되어 있다. 그림 (나)는 (가)의 $x>0$인 영역에서 A, B, C의 전류에 의한 자기장을 나타낸 것으로, x축상의 점 p에서 자기장은 0이다. 자기장의 방향은 xy평면에서 수직으로 나오는 방향이 양(+)이다.

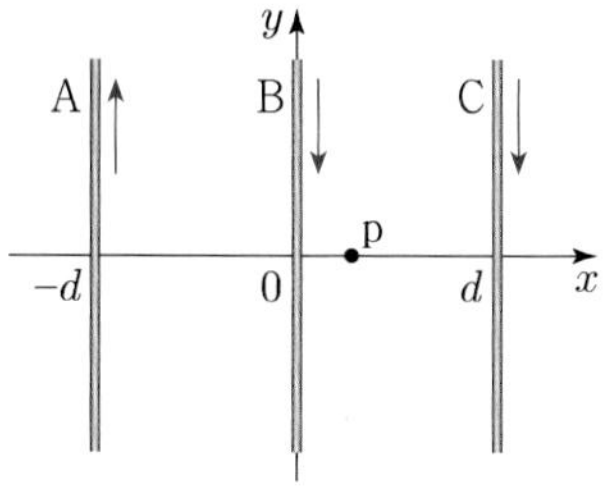

(가)

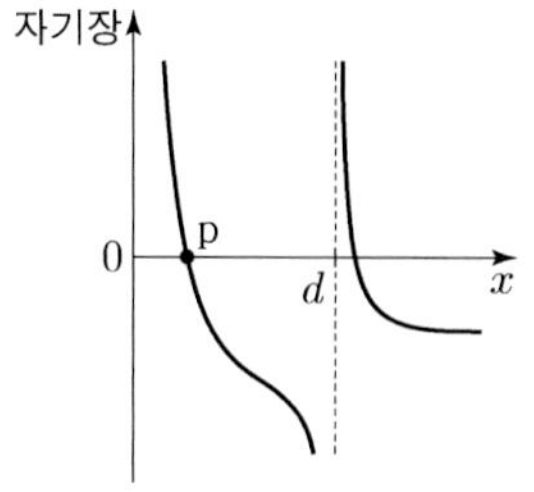

(나)

이에 대한 설명으로 옳은 것만을 〈보기〉에서 있는 대로 고른 것은? [3점]

보기
ㄱ. A에 흐르는 전류의 방향은 ~~$-y$방향이다~~. $+y$방향이다.
ㄴ. A, B, C 중 A에 흐르는 전류의 세기가 가장 크다.
ㄷ. p에서, C의 전류에 의한 자기장의 세기가 B의 전류에 의한 자기장의 세기보다 ~~크다~~. 작다.

① ㄱ ② ㄴ ③ ㄷ ④ ㄱ, ㄷ ⑤ ㄴ, ㄷ

✓ 자료 해석

- $0<x<d$인 영역에서 $x=0$에 가까워질 때
  → 자기장의 방향 : 양(+)의 방향
  → B에 흐르는 전류의 방향 : $-y$방향
- $x>d$인 영역에서 $x=d$에 가까워질 때
  → 자기장의 방향 : 양(+)의 방향
  → C에 흐르는 전류의 방향 : $-y$방향
- $x>d$인 영역에서
  → B, C에 흐르는 전류에 의한 자기장의 방향 : 양(+)의 방향
  → A, B, C에 흐르는 전류에 의한 자기장이 0인 지점이 있음
  → A에 흐르는 전류에 의한 자기장의 방향 : 음(−)의 방향
  → A에 흐르는 전류의 방향 : $+y$방향

O 보기풀이 ㄴ. $x>d$인 영역에서 A, B, C의 전류에 의한 자기장이 0인 곳이 존재하므로 $x>d$인 영역 중에 B, C의 전류에 의한 자기장의 세기의 합과 A의 전류에 의한 자기장의 세기가 같은 곳이 존재한다. 따라서 $x>d$인 영역 중 자기장이 0인 곳까지의 거리가 A가 B, C보다 크므로 A, B, C 중 A에 흐르는 전류의 세기가 가장 크다.

X 매력적 오답 ㄱ. $p>x>0$ 사이와 $x>d$의 d에 무한히 가까운 영역에서 A, B, C의 전류에 의한 자기장의 방향이 xy평면에서 수직으로 나오는 방향이므로 B, C에 흐르는 전류의 방향은 $-y$방향이다. 그런데 $x>d$인 영역 중에 A, B, C의 전류에 의한 자기장이 0인 곳이 존재하므로 A에 흐르는 전류의 방향은 $+y$방향이다.

ㄷ. p에서 A, C의 전류에 의한 자기장의 방향은 xy평면에 수직으로 들어가는 방향이고 B의 전류에 의한 자기장의 방향은 xy평면에서 수직으로 나오는 방향이다. 따라서 A, C의 전류에 의한 자기장의 세기와 B의 전류에 의한 자기장의 세기가 같아야 하므로 p에서, C의 전류에 의한 자기장의 세기는 B의 전류에 의한 자기장의 세기보다 작다.

문제풀이 Tip

B, C 주위에서의 자기장의 방향으로부터 B, C에 흐르는 전류의 방향을, $x>d$인 영역에서 자기장의 세기가 0인 지점이 존재하는 것으로부터 A에 흐르는 전류의 방향을 파악하고, 자기장 합성 원리를 적용하면 해결할 수 있다.

선택지 비율	❶ 85%	② 7%	③ 4%	④ 3%	⑤ 2%

6 물질의 자성

2025학년도 6월 평가원 8번 | 정답 ① | 문제편 73 p

출제 의도 물질의 자성에 대해 이해하고, 적용할 수 있는지 확인하는 문항이다.

그림 (가)는 자기화되지 않은 물체 A, B, C를 균일하고 강한 자기장 영역에 놓아 자기화시키는 모습을, (나)는 (가)의 B와 C를 자기장 영역에서 꺼내 가까이 놓았을 때 자기장의 모습을 나타낸 것이다. A, B, C는 강자성체, 상자성체, 반자성체를 순서 없이 나타낸 것이다.

자기력선의 밀도가 높은 B는 강자성체, 밀도가 낮은 C는 상자성체

(가) (나)

이에 대한 설명으로 옳은 것만을 〈보기〉에서 있는 대로 고른 것은?

보기

ㄱ. A는 반자성체이다.

ㄴ. (가)에서 A와 C는 ~~같은 방향으로 자기화된다~~. 반대 방향으로 자기화된다.

ㄷ. (나)에서 B와 C 사이에는 ~~서로 밀어내는 자기력이 작용한다~~. 서로 당기는 자기력이 작용한다.

① ㄱ ② ㄴ ③ ㄱ, ㄷ ④ ㄴ, ㄷ ⑤ ㄱ, ㄴ, ㄷ

✓ 자료 해석

- 외부 자기장을 제거한 후
  → B, C 사이에 서로 당기는 자기력이 작용한다.
  → 주위 자기력선의 밀도가 높은 B는 강자성체이다.
  → 주위 자기력선의 밀도가 낮은 C는 상자성체이다.

O 보기 풀이 ㄱ. (나)에서, (가)에서 꺼낸 B와 C의 서로 다른 극이 마주보고 있으므로 B, C는 각각 강자성체, 상자성체이다. 따라서 A는 반자성체이다.

X 매력적 오답 ㄴ. A, C가 각각 반자성체, 상자성체이므로 (가)에서 A와 C는 반대 방향으로 자기화된다.

ㄷ. (나)에서 B와 C의 서로 다른 극이 마주보고 있으므로 (나)에서 B와 C 사이에는 서로 당기는 자기력이 작용한다.

문제풀이 Tip

외부 자기장을 제거한 후 두 물체 사이에 서로 당기는 자기력이 작용하는 것으로부터 하나는 자성을 유지하는 강자성체이고, 다른 하나는 상자성체임을 판단할 수 있으면 해결할 수 있다.

선택지 비율	① 10%	② 17%	③ 13%	④ 22%	❺ 38%

7 전류에 의한 자기장

2024학년도 수능 18번 | 정답 ⑤ | 문제편 73 p

출제 의도 전류에 의한 자기장의 합성에 대해 이해하고, 적용할 수 있는지 확인하는 문항이다.

그림과 같이 가늘고 무한히 긴 직선 도선 A, B, C가 정삼각형을 이루며 xy평면에 고정되어 있다. A, B, C에는 방향이 일정하고 세기가 각각 I_0, I_0, I_C인 전류가 흐른다. A에 흐르는 전류의 방향은 $+x$방향이다. 점 O는 A, B, C가 교차하는 점을 지나는 반지름이 $2d$인 원의 중심이고, 점 p, q, r는 원 위의 점이다. O에서 A에 흐르는 전류에 의한 자기장의 세기는 B_0이고, p, q에서 A, B, C에 흐르는 전류에 의한 자기장의 세기는 각각 0, $3B_0$이다. r에서 A, B, C에 흐르는 전류에 의한 자기장의 세기는? [3점]

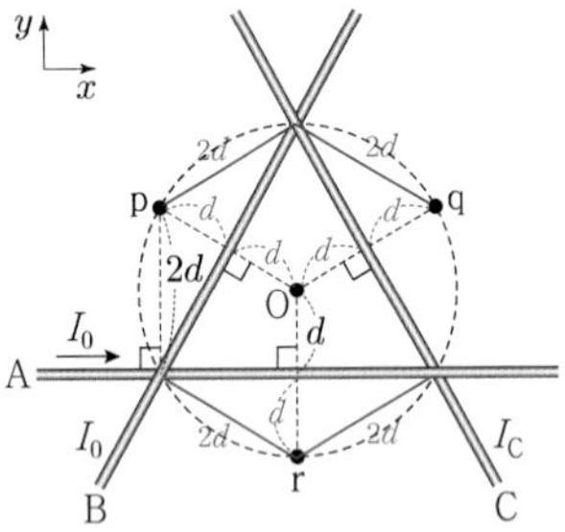

① 0 ② $\frac{1}{2}B_0$ ③ B_0 ④ $2B_0$ ⑤ $3B_0$

✓ 자료 해석

- 원 위의 점에서 세 도선이 이루는 삼각형의 꼭짓점까지의 거리는 $2d$이다.
- 원 위의 각 점과 원의 중심을 잇는 직선은 도선에 의해 이등분된다.

O 보기 풀이 p, q에서 A에 흐르는 전류에 의한 자기장의 세기는 각각 $\frac{B_0}{2}$이고, 방향은 xy평면으로부터 나오는 방향이다. 한편, p, q에서 B에 흐르는 전류에 의한 자기장의 세기는 각각 B_0, $\frac{B_0}{2}$인데 p, q에서 자기장의 방향이 각각 xy평면에 수직으로 들어가는 방향, xy평면으로부터 수직으로 나오는 방향이 되도록 B에 전류가 흐른다면 p, q에서 A, B, C에 흐르는 전류에 의한 자기장의 세기가 각각 0, $3B_0$이라는 조건을 동시에 만족시킬 수 없다. 따라서 p, q에서 자기장의 방향이 각각 xy평면으로부터 수직으로 나오는 방향, xy평면에 수직으로 들어가는 방향이 되도록 B에 전류가 흘러야 한다. 이때 p, q에서 C에 흐르는 전류에 의한 자기장의 세기는 각각 $\frac{3}{2}B_0$, $3B_0(I_C=3I_0)$이고 p, q에서 자기장의 방향은 각각 xy평면에 수직으로 들어가는 방향, xy평면으로부터 수직으로 나오는 방향이 되도록 C에 전류가 흐른다. 따라서 r에서 A, B, C에 흐르는 전류에 의한 자기장의 방향은 모두 xy평면에 수직으로 들어가는 방향이고, 자기장의 세기는 각각 B_0, $\frac{B_0}{2}$, $\frac{3B_0}{2}$이므로 r에서 A, B, C에 흐르는 전류에 의한 자기장의 세기는 $B_0+\frac{B_0}{2}+\frac{3B_0}{2}=3B_0$이다.

문제풀이 Tip

각 도선에서 각 점까지의 거리를 우선 정리한 후, p, q에서 자기장의 세기 조건을 만족하는 B의 전류의 방향을 파악하면 해결할 수 있다.

선택지 비율	❶ 74%	② 4%	③ 10%	④ 9%	⑤ 3%

8 자성체

2024학년도 수능 3번 | 정답 ① | 문제편 73 p

출제 의도 물질의 자성에 대해 이해하고 있는지 확인하는 문항이다.

그림 (가)와 같이 자기화되어 있지 않은 자성체 A, B, C를 균일하고 강한 자기장 영역에 놓아 자기화시킨다. 그림 (나), (다)는 (가)의 A, B, C를 각각 수평면 위에 올려놓았을 때 정지한 모습을 나타낸 것이다. A에 작용하는 중력과 자기력의 합력의 크기는 (나)에서가 (다)에서보다 크다. A는 강자성체이고, B, C는 상자성체, 반자성체를 순서 없이 나타낸 것이다.

A에 중력 방향으로 자기력이 작용한다.
→ B는 상자성체, C는 반자성체이다.

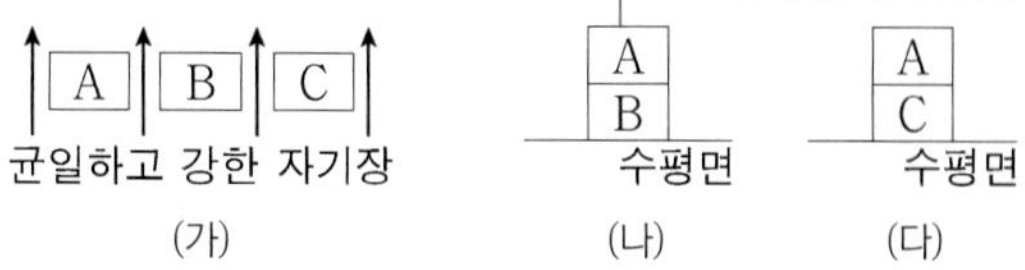

이에 대한 설명으로 옳은 것만을 〈보기〉에서 있는 대로 고른 것은? [3점]

보기
ㄱ. B는 상자성체이다.
ㄴ. (가)에서 A와 C는 ~~같은~~ 반대 방향으로 자기화된다.
ㄷ. (나)에서 B에 작용하는 중력과 자기력의 방향은 ~~같다~~. 반대이다.

① ㄱ ② ㄴ ③ ㄱ, ㄷ ④ ㄴ, ㄷ ⑤ ㄱ, ㄴ, ㄷ

✓ 자료 해석

• A에 중력 방향으로 자기력 작용
→ A와 B 사이에는 인력이 작용하고, A와 C 사이에는 척력이 작용한다.
→ B는 상자성체, C는 반자성체이다.

○ 보기풀이 ㄱ. A는 강자성체이고, A에 작용하는 중력과 자기력의 합력의 크기는 (나)에서가 (다)에서보다 크므로 (나)에서 A에 작용하는 자기력의 방향은 중력의 방향과 같아야 하고, (다)에서 A에 작용하는 자기력의 방향은 중력의 방향과 반대여야 한다. 따라서 B는 상자성체, C는 반자성체이다.

× 매력적 오답 ㄴ. (가)에서 A(강자성체)와 C(반자성체)는 반대 방향으로 자기화된다.
ㄷ. (나)에서 A(강자성체)와 B(상자성체) 사이에는 인력이 작용하므로 B에 작용하는 중력과 자기력의 방향은 반대이다.

문제풀이 Tip

(나)에서 A에 작용하는 자기력의 방향이 중력 방향임을 파악하여 B가 상자성체, C가 반자성체임을 판단할 수 있으면 해결할 수 있는 문항이다.

선택지 비율	① 10%	② 5%	③ 21%	④ 12%	❺ 52%

9 전류에 의한 자기장의 합성

2024학년도 9월 평가원 12번 | 정답 ⑤ | 문제편 74 p

출제 의도 전류에 의한 자기장의 합성에 대해 이해하고, 적용할 수 있는지 확인하는 문항이다.

그림은 무한히 가늘고 긴 직선 도선 P, Q와 원형 도선 R가 xy평면에 고정되어 있는 모습을 나타낸 것이다. 표는 R의 중심이 점 a, b, c에 있을 때, R의 중심에서 P, Q, R에 흐르는 전류에 의한 자기장의 세기와 방향을 나타낸 것이다. P, Q에 흐르는 전류의 세기는 각각 $2I_0$, $3I_0$이고, P에 흐르는 전류의 방향은 $-x$방향이다. R에 흐르는 전류의 세기와 방향은 일정하다.

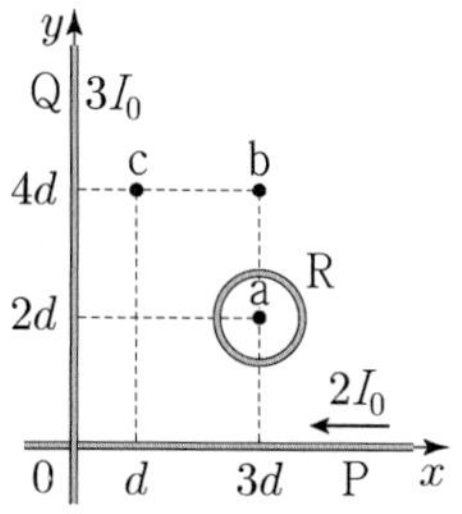

P, Q에 의한 자기장의 세기와 방향이 같음

R의 중심	R의 중심에서 P, Q, R에 의한 자기장	
	세기	방향
a	0	해당 없음
b	B_0	㉠
c	㉡	×

×: xy평면에 수직으로 들어가는 방향

이에 대한 설명으로 옳은 것만을 〈보기〉에서 있는 대로 고른 것은? [3점]

보기
ㄱ. Q에 흐르는 전류의 방향은 $+y$방향이다.
ㄴ. ㉠은 xy평면에서 수직으로 나오는 방향이다.
ㄷ. ㉡은 $3B_0$이다.

① ㄱ ② ㄷ ③ ㄱ, ㄴ ④ ㄴ, ㄷ ⑤ ㄱ, ㄴ, ㄷ

✓ 자료 해석

• a에서 P, Q에 흐르는 전류에 의한 자기장의 세기와 방향이 같다.
• a, b, c에서 P, Q에 흐르는 전류에 의한 자기장의 방향이 같다.

○ 보기풀이 ㄱ. xy평면에서 수직으로 나오는 방향의 자기장을 (+), xy평면에 수직으로 들어가는 방향의 자기장을 (−)라고 하고, P가 a에서 만드는 자기장의 세기 B를 $B=k\frac{2I_0}{2d}$으로 하면 a에서 P와 Q의 세기가 같으므로 방향이 반대이면 R에 의한 자기장에 의하여 0이 될 수 없다. 따라서 Q에 흐르는 전류의 방향은 $+y$방향이며 R에 흐르는 전류에 의해 $+2B$의 자기장이 형성된다.
ㄴ. b에서는 $-\frac{1}{2}B-B+2B=+\frac{1}{2}B=+B_0$이므로 ㉠은 xy평면에서 수직으로 나오는 방향이다.
ㄷ. c에서는 $-\frac{1}{2}B-3B+2B=-\frac{3}{2}B=-3B_0$이므로 ㉡은 $3B_0$이다.

문제풀이 Tip

a에서 P, Q에 흐르는 전류에 의한 자기장의 세기가 같으므로, a에서 P, Q에 흐르는 전류에 의한 자기장이 같은 방향이어야 한다는 것을 판단할 수 있으면 해결할 수 있다.

선택지 비율	❶ 78%	② 5%	③ 2%	④ 14%	⑤ 2%

10 물질의 자성

2024학년도 9월 평가원 5번 | 정답 ① | 문제편 74 p

출제 의도 물질의 자성에 대해 이해하고 있는지 확인하는 문항이다.

다음은 물체 A, B, C의 자성을 알아보기 위한 실험이다. A, B, C는 강자성체, 상자성체, 반자성체를 순서 없이 나타낸 것이다.

[실험 과정]

(가) 자기화되어 있지 않은 A, B, C를 자기장에 놓아 자기화시킨다.

(나) 그림 Ⅰ과 같이 자기장에서 A를 꺼내 용수철저울에 매단 후, 정지된 상태에서 용수철저울의 측정값을 읽는다.

(다) 그림 Ⅱ와 같이 자기장에서 꺼낸 B를 A의 연직 아래에 놓은 후, 정지된 상태에서 용수철저울의 측정값을 읽는다.

(라) 그림 Ⅲ과 같이 자기장에서 꺼낸 C를 A의 연직 아래에 놓은 후, 정지된 상태에서 용수철저울의 측정값을 읽는다.

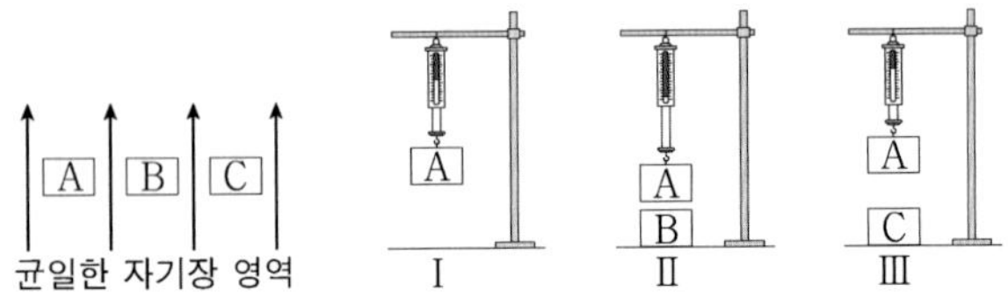

[실험 결과]

A의 무게 감소 → A에 중력 반대 방향으로 자기력 작용

	Ⅰ	Ⅱ	Ⅲ
용수철저울의 측정값	w	$1.2w$	$0.9w$

A의 무게 증가 → A에 중력 방향으로 자기력 작용 A : 강자성체

A, B, C로 옳은 것은?

	A	B	C
①	강자성체	상자성체	반자성체
②	강자성체	반자성체	상자성체
③	반자성체	강자성체	상자성체
④	상자성체	강자성체	반자성체
⑤	상자성체	반자성체	강자성체

✓ 자료 해석

- Ⅱ에서 A의 무게 증가
  → A와 B 사이에 인력 작용
- Ⅲ에서 A의 무게 감소
  → A와 C 사이에 척력 작용

○ 보기 풀이 실험 Ⅱ에서는 A와 B 사이에 서로 당기는 방향의 자기력이, 실험 Ⅲ에서는 A와 C 사이에 서로 밀어내는 방향의 자기력이 작용하였으므로, A는 자기장 영역을 벗어나도 자성을 유지하는 강자성체, B는 상자성체, C는 반자성체이다.

문제풀이 Tip

A의 무게 변화로부터 A와 자성체 사이에 인력 또는 척력이 작용하는지 판단할 수 있으면 해결할 수 있는 문항이다.

선택지 비율	① 5%	② 7%	③ 13%	④ 7%	⑤ 68%

11 전류에 의한 자기장의 합성

2024학년도 6월 평가원 12번 | 정답 ⑤ | 문제편 75p

출제 의도 전류에 의한 자기장의 합성에 대해 이해하고, 적용할 수 있는지 확인하는 문항이다.

그림과 같이 가늘고 무한히 긴 직선 도선 P, Q가 일정한 각을 이루고 xy평면에 고정되어 있다. P에는 세기가 I_0인 전류가 화살표 방향으로 흐른다. 점 a에서 P에 흐르는 전류에 의한 자기장의 세기는 B_0이고, P와 Q에 흐르는 전류에 의한 자기장의 세기는 0이다.

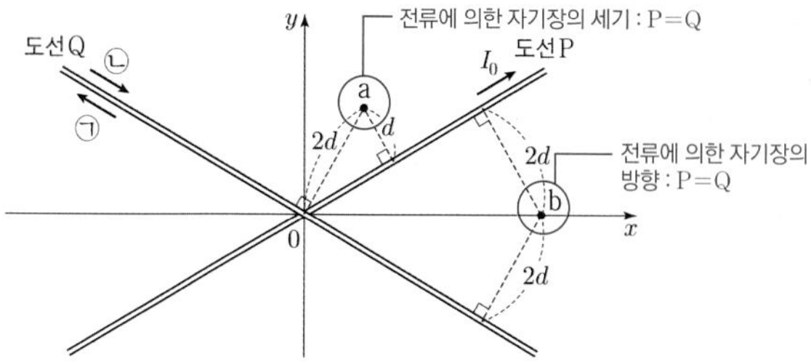

이에 대한 설명으로 옳은 것만을 〈보기〉에서 있는 대로 고른 것은? (단, 점 a, b는 xy평면상의 점이다.) [3점]

보기

ㄱ. Q에 흐르는 전류의 방향은 ㉠이다.

ㄴ. Q에 흐르는 전류의 세기는 $2I_0$이다.

ㄷ. b에서 P와 Q에 흐르는 전류에 의한 자기장의 세기는 $\frac{3}{2}B_0$이다.

① ㄱ ② ㄷ ③ ㄱ, ㄴ ④ ㄴ, ㄷ ⑤ ㄱ, ㄴ, ㄷ

자료 해석

- a에서 P, Q에 흐르는 전류에 의한 자기장의 세기가 0이다.
  → a에서 P, Q 각각에 흐르는 전류에 의한 자기장의 세기는 같다.
  → a에서 P, Q 각각에 흐르는 전류에 의한 자기장의 방향은 반대이다.
- P에 흐르는 전류에 의한 자기장
  → 방향은 a와 b에서 서로 반대이다.
  → 세기는 a에서가 b에서의 2배이다.

보기풀이 ㄱ. a에서 P와 Q에 흐르는 전류에 의한 자기장의 세기가 0이다. 따라서 P는 a에서 xy평면에서 나오는 방향의 자기장을 만들므로, Q는 a에서 xy평면으로 들어가는 방향의 자기장을 만들어야 한다. 그러므로 전류의 방향은 ㉠이다.

ㄴ. 전류에 의한 자기장은 전류의 세기에 비례하고, 도선으로부터의 거리에 반비례한다. P와 Q는 a에서 같은 세기의 자기장을 만드는데, 도선과 a 사이의 거리는 P, Q가 각각 d, $2d$이므로 도선에 흐르는 전류의 세기는 Q가 P의 2배가 되어야 한다. 따라서 Q에 흐르는 전류의 세기는 $2I_0$이다.

ㄷ. 문항의 조건에 의해 $B_0=k\frac{I_0}{d}$이다. b에서 P, Q에 의한 자기장의 세기는 각각 $k\frac{I_0}{2d}$, $k\frac{2I_0}{2d}$이고, 방향은 서로 같다. 따라서 P, Q에 흐르는 전류에 의한 자기장의 세기는 $k\frac{I_0}{2d}+k\frac{2I_0}{2d}=\frac{3}{2}B_0$이다.

문제풀이 Tip

a에서 두 도선에 흐르는 전류에 의한 자기장의 세기가 서로 같고, 방향이 서로 반대라는 것으로부터 Q에 흐르는 전류의 방향과 세기를 구하면 해결할 수 있는 문항이다.

Part II 수능 평가원

선택지 비율	① 4%	② 7%	③ 5%	❹ 75%	⑤ 9%

12 물질의 자성

2024학년도 6월 평가원 4번 | 정답 ④ | 문제편 75 p

출제 의도 물질의 자성에 대해 이해하고, 적용할 수 있는지 확인하는 문항이다.

다음은 자성체의 성질을 알아보기 위한 실험이다.

[실험 과정]

(가) 그림과 같이 코일을 고정시키고, 자기화되어 있지 않은 자성체 A, B를 준비한다. A, B는 강자성체, 상자성체를 순서 없이 나타낸 것이다.

(나) 바닥으로부터 같은 높이 h에서 A, B를 각각 가만히 놓아 코일의 중심을 통과하여 바닥에 닿을 때까지의 낙하 시간을 측정한다.

(다) A, B를 강한 외부 자기장으로 자기화시킨 후 꺼내, (나)와 같이 낙하 시간을 측정한다.

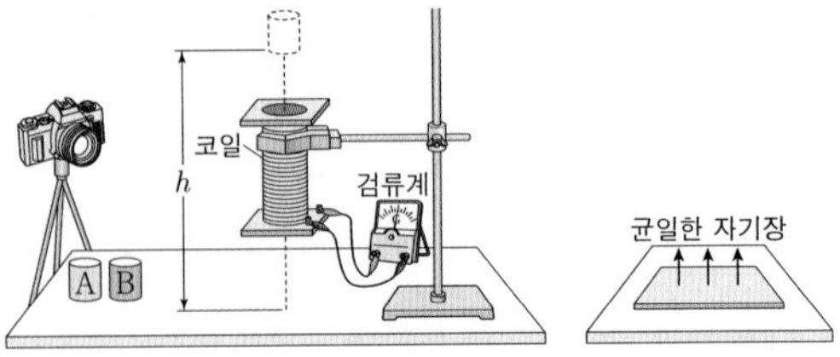

[실험 결과] ─ (나)와 (다)에서 A의 자기화된 상태가 같다.

- A의 낙하 시간은 (나)에서와 (다)에서가 같다.
- B의 낙하 시간은 [㉠].

이에 대한 설명으로 옳은 것만을 〈보기〉에서 있는 대로 고른 것은?

보기

ㄱ. A는 ~~강자성체이다~~. 상자성체이다.

ㄴ. '(나)에서보다 (다)에서 길다'는 ㉠에 해당한다.

ㄷ. (다)에서 B가 코일과 가까워지는 동안, 코일과 B 사이에는 서로 밀어내는 자기력이 작용한다.

① ㄱ ② ㄷ ③ ㄱ, ㄴ ④ ㄴ, ㄷ ⑤ ㄱ, ㄴ, ㄷ

✔ 자료 해석

- A의 낙하 시간이 (나)에서와 (다)에서가 같다.
  → A는 (나)에서와 같이 (다)에서도 자기화되어 있지 않다.
- A는 상자성체, B는 강자성체이다.

O 보기풀이 강한 외부 자기장으로 자기화시킨 후 꺼내면 강자성체만 자기화된 상태를 유지한다.

ㄴ. B는 강자성체이다. B를 강한 외부 자기장에 넣기 전에는 자성이 없으므로 코일에서 전자기 유도 현상이 발생하지 않지만, 강한 외부 자기장으로 자기화시킨 후에는 자성을 유지하므로 코일에서 전자기 유도 현상이 발생하여 처음보다 천천히 떨어진다.

ㄷ. (다)에서 B는 자성을 띠고 있으므로, 코일에 가까워지는 동안 B와 코일 사이에는 서로 밀어내는 자기력이 작용한다.

× 매력적 오답 ㄱ. A는 낙하 시간에 변화가 없으므로 강한 외부 자기장으로 자기화시키기 전과 후의 자기화 상태가 같다. 따라서 A는 상자성체이다.

문제풀이 Tip

낙하 시간의 변화 유무로부터 자성체의 종류를 파악하면 해결할 수 있는 문항이다.

선택지 비율	① 6%	② 12%	❸ 57%	④ 14%	⑤ 11%

13 전류와 자기장

2023학년도 수능 18번 | 정답 ③ | 문제편 76p

출제 의도 전류에 의한 자기장의 합성에 대해 이해하고, 적용할 수 있는지 확인하는 문항이다.

그림과 같이 무한히 긴 직선 도선 A, B와 점 p를 중심으로 하는 원형 도선 C, D가 xy평면에 고정되어 있다. C, D에는 같은 세기의 전류가 일정하게 흐르고, B에는 세기가 I_0인 전류가 $+x$방향으로 흐른다. p에서 C의 전류에 의한 자기장의 세기는 B_0이다. 표는 p에서 A~D의 전류에 의한 자기장의 세기를 A에 흐르는 전류에 따라 나타낸 것이다.

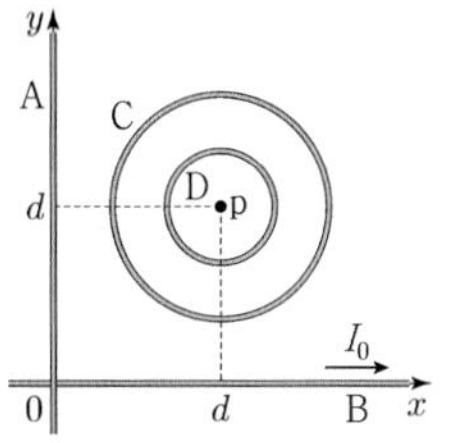

C, D의 전류에 의한 자기장의 방향 : xy평면에 수직으로 들어가는 방향

A에 흐르는 전류 세기	A에 흐르는 전류 방향	p에서 A~D의 전류에 의한 자기장의 세기
0	해당 없음	0
I_0	$+y$	㉠ ⊗
I_0	$-y$	B_0 ⊙

이에 대한 설명으로 옳은 것만을 〈보기〉에서 있는 대로 고른 것은? [3점]

보기
ㄱ. ㉠은 B_0이다.
ㄴ. p에서 C의 전류에 의한 자기장의 방향은 ~~xy평면에 수직으로 들어가는 방향이다.~~ xy평면에서 수직으로 나오는 방향이다.
ㄷ. p에서 D의 전류에 의한 자기장의 세기는 B의 전류에 의한 자기장의 세기보다 크다.

① ㄱ ② ㄴ ③ ㄱ, ㄷ ④ ㄴ, ㄷ ⑤ ㄱ, ㄴ, ㄷ

✓ 자료 해석

- p에서 A의 전류에 의한 자기장의 세기$=B_0$
  → p에서 B의 전류에 의한 자기장의 세기$=B_0$
- p에서 C의 전류에 의한 자기자의 세기$=B_0$
  → p에서 D의 전류에 의한 자기장의 세기$=2B_0$

○ 보기 풀이 A, B, C, D가 p에 만드는 자기장은 다음과 같다.

사례	A	B	C	D	합(세기만)
Ⅰ	0	$+B_A$	B_0	B_D	0
Ⅱ	$-B_A$	$+B_A$	B_0	B_D	㉠
Ⅲ	$+B_A$	$+B_A$	B_0	B_D	B_0

(+)는 xy평면에서 수직으로 나오는 방향, (−)는 xy평면에 수직으로 들어가는 방향의 자기장을 나타낸 것이며, 부호가 없는 것은 자기장의 방향을 모르는 것이다. 그리고 $B_D > B_0$이다.

ㄱ. Ⅰ과 Ⅲ에서 B, C, D에 의한 자기장은 같으므로 합성 자기장의 세기가 B_0만큼 증가한 것은 A에 의한 것이다. 따라서 $B_A = B_0$이다. 이를 Ⅰ에 적용해 보면 C, D에 의한 자기장의 합은 $-B_0$이다. 다시 이를 Ⅱ에 적용하면 ㉠은 B_0이다.

ㄷ. B에 의한 자기장의 세기 $B_B = B_0$이고, D에 의한 자기장의 세기는 $2B_0$이다.

✕ 매력적 오답 ㄴ. C, D에 의한 자기장의 합은 $-B_0$이고, C에 의한 자기장의 세기가 B_0, $B_D > B_0$이므로, C에 의한 자기장은 $+B_0$이고 D에 의한 자기장은 $-2B_0$이다. 따라서 p에서 C의 전류에 의한 자기장의 방향은 xy평면에서 수직으로 나오는 방향이다.

문제풀이 Tip

p에서 B, C, D의 전류에 의한 자기장의 세기가 0이므로 A의 전류에 의한 자기장의 세기는 B_0임을 파악하고, D에 의한 자기장의 세기가 C에 의한 자기장의 세기보다 크다는 사실을 파악하면 해결할 수 있는 문항이다.

선택지 비율	❶ 59%	② 13%	③ 19%	④ 5%	⑤ 3%

14 자성체

2023학년도 수능 7번 | 정답 ① | 문제편 76p

출제 의도 상자성체와 반자성체의 특성에 대해 이해하고 있는지 확인하는 문항이다.

그림은 자성체 P와 Q, 솔레노이드가 x축상에 고정되어 있는 것을 나타낸 것이다. 솔레노이드에 흐르는 전류의 방향이 a일 때, P와 Q가 솔레노이드에 작용하는 자기력의 방향은 $+x$방향이다. P와 Q는 상자성체와 반자성체를 순서 없이 나타낸 것이다.

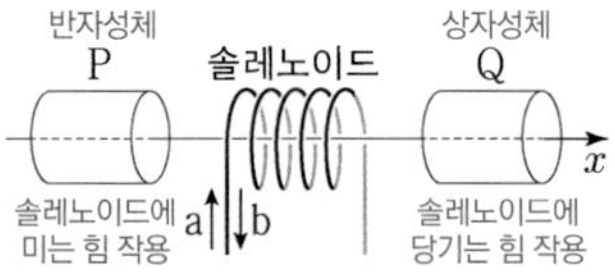

이에 대한 설명으로 옳은 것만을 〈보기〉에서 있는 대로 고른 것은?

보기
ㄱ. P는 반자성체이다.
ㄴ. Q가 자기화되는 방향은 전류의 방향이 a일 때와 b일 때가 ~~같다.~~ 서로 반대이다.
ㄷ. 전류의 방향이 b일 때, P와 Q가 솔레노이드에 작용하는 자기력의 방향은 ~~$-x$방향이다.~~ 변하지 않는다.

① ㄱ ② ㄴ ③ ㄱ, ㄷ ④ ㄴ, ㄷ ⑤ ㄱ, ㄴ, ㄷ

✓ 자료 해석

- 반자성체는 외부 자기장과 반대 방향으로 자기화된다.
- 상자성체는 외부 자기장과 같은 방향으로 자기화된다.
- 솔레노이드에 흐르는 전류의 방향과 상관없이
  → 반자성체와 솔레노이드 사이에는 서로 미는 힘이 작용한다.
  → 상자성체와 솔레노이드 사이에는 서로 당기는 힘이 작용한다.

○ 보기 풀이 ㄱ. 전류의 방향이 a일 때, 솔레노이드를 미는 P는 반자성체이고, 솔레노이드를 당기는 Q는 상자성체이다.

✕ 매력적 오답 ㄴ. 상자성체는 외부 자기장과 같은 방향으로 자기화된다. 전류의 방향이 a일 때와 b일 때 솔레노이드가 만드는 자기장의 방향이 서로 반대이므로 Q의 자기화 방향도 서로 반대이다.

ㄷ. 전류의 방향이 b로 바뀌면 P와 Q가 자기화되는 방향도 반대로 바뀌므로 자기력의 방향은 변하지 않는다.

문제풀이 Tip

솔레노이드에 작용하는 힘의 방향으로부터 자성체가 솔레노이드에 미는 힘을 작용하는지, 당기는 힘을 작용하는지 파악하여 반자성체와 상자성체를 구분하면 해결할 수 있는 문항이다.

15 전류에 의한 자기장

2023학년도 9월 평가원 18번 | 정답 ③ | 문제편 76 p

출제 의도 전류에 의한 자기장의 합성에 대해 이해하고, 적용할 수 있는지 확인하는 문항이다.

그림과 같이 세기와 방향이 일정한 전류가 흐르는 무한히 긴 직선 도선 A~D가 xy평면에 수직으로 고정되어 있다. D에는 xy평면에 수직으로 들어가는 방향으로 전류가 흐른다. 원점 O에서 B, D의 전류에 의한 자기장은 0이다. 표는 xy평면의 점 p, q, r에서 두 도선의 전류에 의한 자기장의 방향을 나타낸 것이다.

B, D에 흐르는 전류의 세기와 방향은 같다.

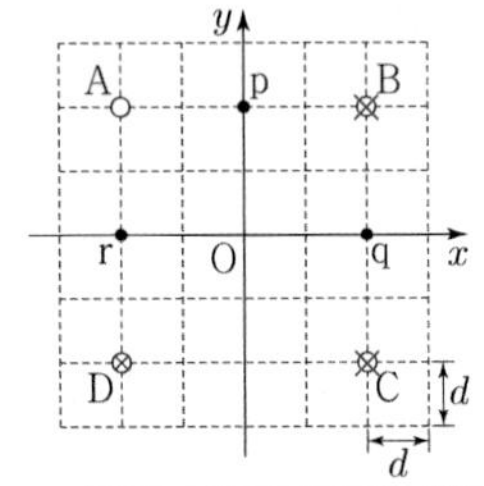

×: xy 평면에 수직으로 들어가는 방향

도선	위치	두 도선의 전류에 의한 자기장 방향
A, B	p	$+y$
B, C	q	$+x$ 전류의 세기 : C>B
A, D	r	㉠

이에 대한 설명으로 옳은 것만을 〈보기〉에서 있는 대로 고른 것은?

보기

ㄱ. ㉠은 '$+x$'이다.

ㄴ. 전류의 세기는 B에서가 C에서보다 ~~크다.~~ 작다.

ㄷ. 전류의 방향이 A, C에서가 서로 같으면, 전류의 세기는 A~D 중 C에서가 가장 크다.

① ㄱ ② ㄴ ③ ㄱ, ㄷ ④ ㄴ, ㄷ ⑤ ㄱ, ㄴ, ㄷ

✓ 자료 해석

- O에서 B, D의 전류에 의한 자기장이 0이다.
  → B와 D의 전류의 방향과 세기는 같다.
- q에서 B의 전류에 의한 자기장의 방향은 $-x$방향이다.
  → C의 전류에 의한 자기장의 방향은 $+x$방향이다.
  → C의 전류의 방향은 xy평면에 수직으로 들어가는 방향이고, 전류의 세기 C>B이다.

○ 보기풀이 O에서 B, D의 전류에 의한 자기장이 0이므로 B, D에 흐르는 전류의 세기(I)와 방향이 모두 같다.

p에서 A, B에 흐르는 전류에 의한 자기장의 방향이 $+y$방향이므로 A에 흐르는 전류는 다음의 2가지 경우가 가능하다.

(A−1) xy평면에서 나오는 방향으로 전류가 흐름

(A−2) xy평면에 들어가는 방향으로 세기가 I보다 작은 전류가 흐름

ㄱ. (A−1)의 경우 A, D가 모두 $+x$방향으로 자기장을 만들고, (A−2)의 경우 D가 A보다 큰 자기장을 $+x$방향으로 만든다. 따라서 두 경우 모두 r에서 자기장의 방향이 $+x$방향이 된다.

ㄷ. (A−2)의 경우 A에 흐르는 전류의 세기는 B, D에 흐르는 전류의 세기(I)보다 작다. 따라서 C에 가장 큰 전류가 흐른다.

× 매력적 오답 ㄴ. q에서 B의 전류에 의한 자기장은 $-x$방향이지만 B, C의 전류에 의한 자기장은 $+x$방향이므로 C의 전류에 의한 자기장은 $+x$방향이고, B의 전류에 의한 자기장보다 세기가 크다. 따라서 C에 흐르는 전류의 방향은 xy평면에 수직으로 들어가는 방향이며, 세기는 B에 흐르는 전류의 세기(I)보다 크다.

문제풀이 Tip

O에서 B, D의 전류에 의한 자기장이 0인 것으로부터 두 전류의 세기와 방향이 같음을 파악하고, 이를 기준으로 각 점에서의 자기장의 방향이 나타나기 위한 조건을 해석하면 해결할 수 있다.

16 자석과 자기력선

2023학년도 9월 평가원 2번 | 정답 ① | 문제편 76 p

출제 의도 자석의 특성에 대해 이해하고 있는지 확인하는 문항이다.

그림 (가)는 막대자석의 모습을, (나)는 (가)의 자석의 가운데를 자른 모습을 나타낸 것이다.

자석을 분리해도 각 부분의 자기화 상태는 변하지 않는다.

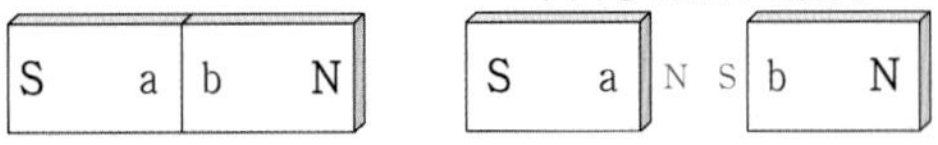

(가) (나)

(나)에서 a, b 사이의 자기장 모습으로 가장 적절한 것은?

①
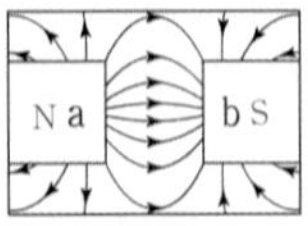

②
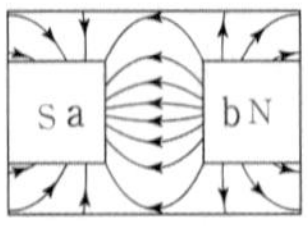

③
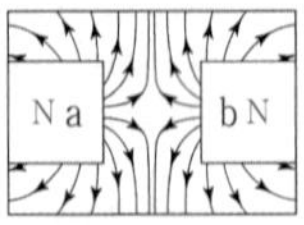

④

⑤
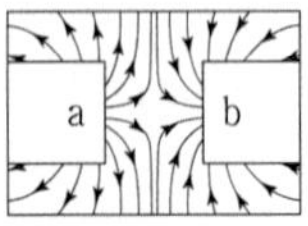

✓ 자료 해석

- 자석을 반으로 쪼개도 자기 구역의 자기화 방향이 유지되므로, 자석의 극이 바뀌지 않는다.

○ 보기풀이 자석을 자르더라도 양 끝이 N극과 S극으로 유지되므로, a는 N극이 되고, b는 S극이 된다. 따라서 자석의 N극에서 나온 자기력선은 S극으로 들어간다.

문제풀이 Tip

자석을 반으로 쪼개면 S극이 있는 부분은 쪼개진 부분이 N극이 되고, N극이 있는 부분은 쪼개진 부분이 S극이 됨을 알면 해결할 수 있다.

선택지 비율	① 8%	② 6%	③ 14%	④ 9%	⑤ 63%

17 전류에 의한 자기장

2023학년도 6월 평가원 18번 | 정답 ⑤ | 문제편 77 p

출제 의도 자기장의 중첩에 대해 이해하고, 이를 자료 해석에 적용할 수 있는지 확인하는 문항이다.

그림과 같이 무한히 긴 직선 도선 A, B와 원형 도선 C가 xy평면에 고정되어 있다. A, B에는 같은 세기의 전류가 흐르고, C에는 세기가 I_0인 전류가 시계 반대 방향으로 흐른다. 표는 C의 중심 위치를 각각 점 p, q에 고정할 때, C의 중심에서 A, B, C의 전류에 의한 자기장의 세기와 방향을 나타낸 것이다.

(A, B의 전류에 의한 자기장의 세기는 p와 q에서 같다.)

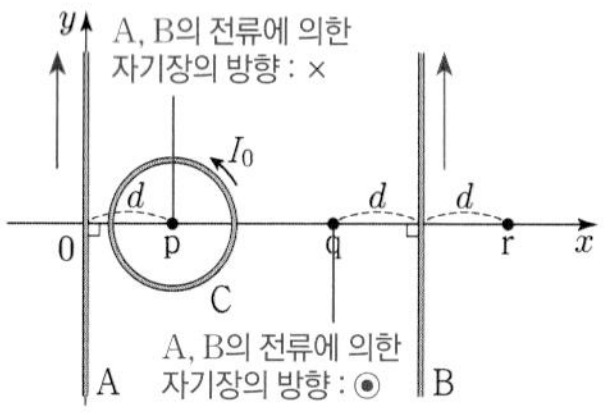

A, B의 전류에 의한 자기장의 방향 : ×
A, B의 전류에 의한 자기장의 방향 : ⊙
I_0
d
d
d
0
p
q
r
x
y
C
A
B

C의 중심 위치	C의 중심에서 자기장	
	세기	방향
p	0	해당 없음
q	B_0	⊙

⊙: xy평면에서 수직으로 나오는 방향
×: xy평면에 수직으로 들어가는 방향

이에 대한 설명으로 옳은 것만을 〈보기〉에서 있는 대로 고른 것은? [3점]

보기
ㄱ. A에 흐르는 전류의 방향은 $+y$방향이다.
ㄴ. C의 중심에서 C의 전류에 의한 자기장의 세기는 B_0보다 작다.
ㄷ. C의 중심 위치를 점 r로 옮겨 고정할 때, r에서 A, B, C의 전류에 의한 자기장의 방향은 '×'이다.

① ㄱ ② ㄷ ③ ㄱ, ㄴ ④ ㄴ, ㄷ ⑤ ㄱ, ㄴ, ㄷ

✓ 자료 해석
- C의 전류에 의한 자기장의 방향 : xy평면에서 수직으로 나오는 방향(⊙)
- p에서 A, B의 전류에 의한 자기장의 방향 : xy평면에 수직으로 들어가는 방향(×)
- q에서 A, B의 전류에 의한 자기장의 방향 : xy평면에서 수직으로 나오는 방향(⊙) → A, B의 전류의 세기와 방향이 $+y$방향으로 같다.

○ 보기풀이 ㄱ. A, B의 전류에 의한 자기장의 세기는 p와 q에서 같다. C의 중심이 p에 있을 때 p에서 A, B, C의 전류에 의한 자기장이 0이고, C의 중심이 q에 있을 때 q에서 A, B, C의 전류에 의한 자기장의 세기가 B_0이 되려면 A, B의 전류에 의한 자기장의 방향이 p와 q에서 반대 방향이어야 한다. C의 중심에서 C의 전류에 의한 자기장 방향이 xy평면에서 수직으로 나오는 방향이므로 p에서 A, B의 전류에 의한 자기장 방향은 xy평면에 수직으로 들어가는 방향이고, q에서 A, B의 전류에 의한 자기장 방향은 xy평면에서 수직으로 나오는 방향이다. 따라서 A, B에 흐르는 전류의 방향은 $+y$방향이다.
ㄴ. C의 중심에서 C의 전류에 의한 자기장의 세기를 B라고 하면 C의 중심이 p에 있을 때 p에서 A, B, C의 전류에 의한 자기장이 0이므로 A, B의 전류에 의한 자기장의 세기는 B이다. C의 중심이 q에 있을 때 q에서 A, B, C의 전류에 의한 자기장의 세기가 $2B=B_0$이므로 $B=\frac{1}{2}B_0$이다.
ㄷ. r에서 A, B의 전류에 의한 자기장의 방향이 같으므로 r에서 A, B의 전류에 의한 자기장의 세기는 B보다 크고, 방향은 xy평면에 수직으로 들어가는 방향이다. 따라서 C의 중심이 r에 있을 때 r에서 A, B, C의 전류에 의한 자기장의 방향은 xy평면에 수직으로 들어가는 방향이다.

문제풀이 Tip
p, q에서 A, B, C의 전류에 의한 자기장의 방향으로부터 A, B의 전류의 방향이 $+y$방향임을 파악하면 해결할 수 있다.

선택지 비율	① 81%	② 4%	③ 9%	④ 3%	⑤ 4%

18 자성체

2023학년도 6월 평가원 2번 | 정답 ① | 문제편 77 p

출제 의도 자성체의 종류와 특성에 대한 이해 정도를 확인하는 문항이다.

그림은 자성체에 대해 학생 A, B, C가 대화하는 모습을 나타낸 것이다.

강자성체는 외부 자기장과 같은 방향으로 자기화돼.
반자성체는 자석을 가까이 하면 당기는 자기력이 작용해.
미는
철은 외부 자기장을 제거하면 자기화된 상태를 유지하지 못하는 상자성체야.
유지하는 강자성체야.
학생 A
학생 B
학생 C

제시한 내용이 옳은 학생만을 있는 대로 고른 것은? [3점]

① A ② C ③ A, B ④ B, C ⑤ A, B, C

✓ 자료 해석
- 반자성체와 자석 사이에는 미는 힘이 작용한다.
- 철은 강자성체이다.
  → 강자성체는 외부 자기장이 제거되어도 자기화된 상태를 유지한다.

○ 보기풀이 A. 강자성체는 외부 자기장 방향으로 자기화되는 물질이다.

× 매력적 오답 B. 반자성체는 외부 자기장의 반대 방향으로 자기화되어 자석을 밀어낸다.
C. 철은 외부 자기장 방향으로 강하게 자기화되는 강자성체이다.

문제풀이 Tip
자성체의 종류와 특성에 대해 이해하고 있으면 어렵지 않게 해결할 수 있다.
- 강자성체 : 외부 자기장과 같은 방향으로 자기화, 외부 자기장이 사라져도 자기화된 상태 유지
- 상자성체 : 외부 자기장과 같은 방향으로 자기화, 외부 자기장이 사라지면 자기화되지 않은 상태로 돌아감
- 반자성체 : 외부 자기장과 반대 방향으로 자기화, 외부 자기장이 사라지면 자기화되지 않은 상태로 돌아감

선택지 비율	① 11%	❷ 37%	③ 19%	④ 18%	⑤ 14%

19 전류에 의한 자기장

2022학년도 수능 18번 | 정답 ② | 문제편 77 p

출제 의도 전류에 의한 자기장과 자기장의 중첩에 대한 이해를 묻는 문항이다.

그림과 같이 무한히 긴 직선 도선 A, B, C가 xy평면에 고정되어 있다. A, B, C에는 방향이 일정하고 세기가 각각 I_0, I_B, $3I_0$인 전류가 흐르고 있다. A의 전류의 방향은 $-x$방향이다. 표는 점 P, Q에서 A, B, C의 전류에 의한 자기장의 세기를 나타낸 것이다. P에서 A의 전류에 의한 자기장의 세기는 B_0이다.

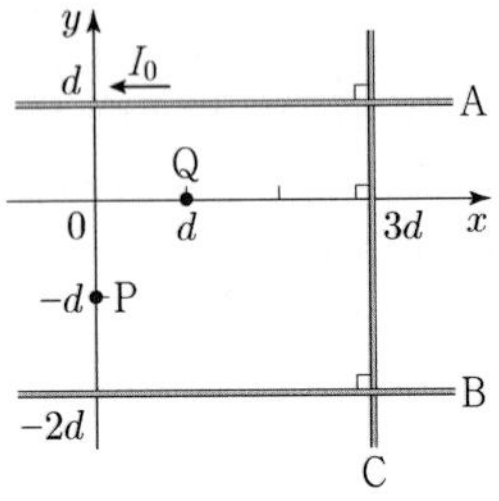

위치	A, B, C의 전류에 의한 자기장의 세기
P	B_0
Q	$3B_0$

이에 대한 설명으로 옳은 것만을 〈보기〉에서 있는 대로 고른 것은? [3점]

보기

ㄱ. ~~$I_B=I_0$이다.~~ $I_B=2I_0$이다.

ㄴ. C의 전류의 방향은 ~~$-y$방향이다.~~ $+y$방향이다.

ㄷ. Q에서 A, B, C의 전류에 의한 자기장의 방향은 xy평면에서 수직으로 나오는 방향이다.

① ㄱ ② ㄷ ③ ㄱ, ㄴ ④ ㄴ, ㄷ ⑤ ㄱ, ㄴ, ㄷ

✔ 자료 해석

• P에서 A, C에 의한 자기장의 세기는 B_0, $2B_0$이다.
• Q에서 A, C에 의한 자기장의 세기는 $2B_0$, $3B_0$이다.

○ 보기 풀이 Q에서 A에 의한 자기장의 세기는 $2B_0$이고, P, Q에서 C에 의한 자기장의 세기는 각각 $2B_0$, $3B_0$이다. B에 의한 자기장의 세기는 P에서가 Q에서의 2배이므로 각각 $2B$, B라 하자. P에서 A에 의한 자기장의 세기와 A, B, C에 의한 자기장의 세기가 B_0로 같으므로 P에서 B, C에 의한 자기장은 0이거나 $-2B_0$이어야 한다. 또한 각 경우 전류의 방향에 따라 두 가지 경우가 가능하므로 총 4가지 경우(Ⅰ~Ⅳ)를 검토할 수 있다.

Ⅰ. P에서 B, C에 의한 자기장 0, C에 의한 자기장 +

	P에서	Q에서
A에 의한	$+B_0$	$+2B_0$
B에 의한	$2B=-2B_0$	$B=-B_0$
C에 의한	$+2B_0$	$+3B_0$
A, B, C에 의한	$+B_0$	$+4B_0$

→ Q에서 총 자기장의 세기가 조건에 맞지 않다.

Ⅱ. P에서 B, C에 의한 자기장 0, C에 의한 자기장 −

	P에서	Q에서
A에 의한	$+B_0$	$+2B_0$
B에 의한	$2B=+2B_0$	$B=+B_0$
C에 의한	$-2B_0$	$-3B_0$
A, B, C에 의한	$+B_0$	0

→ Q에서 총 자기장의 세기가 조건에 맞지 않다.

Ⅲ. P에서 B, C에 의한 자기장 $-2B_0$, C에 의한 자기장 +

	P에서	Q에서
A에 의한	$+B_0$	$+2B_0$
B에 의한	$2B=-4B_0$	$B=-2B_0$
C에 의한	$+2B_0$	$+3B_0$
A, B, C에 의한	$-B_0$	$+3B_0$

→ 조건에 맞는 경우이다.

Ⅳ. P에서 B, C에 의한 자기장 $-2B_0$, C에 의한 자기장 −

	P에서	Q에서
A에 의한	$+B_0$	$+2B_0$
B에 의한	$2B=0$	$B=0$
C에 의한	$-2B_0$	$-3B_0$
A, B, C에 의한	$-B_0$	$-B_0$

→ Q에서 총 자기장의 세기가 조건에 맞지 않다.

따라서 주어진 문제 상황은 Ⅲ에 해당한다.

ㄷ. Q에서 A, B, C에 의한 자기장의 방향은 +방향 즉, xy평면에서 수직으로 나오는 방향이다.

✕ 매력적 오답 ㄱ. P에서 B에 의한 자기장의 세기는 C에 의한 자기장의 세기의 2배이다. $k\frac{I_B}{d}=2\times k\frac{3I_0}{3d}$, $I_B=2I_0$이다.

ㄴ. P에서 C에 의한 자기장의 방향은 A에 의한 자기장의 방향과 같으므로 C의 전류 방향은 $+y$방향이다.

문제풀이 Tip

P에서 B, C에 의한 자기장의 세기가 0인 경우, P에서 B, C에 의한 자기장의 세기가 $-2B_0$인 경우로 나누어서 자료를 해석할 수 있어야 한다.

선택지 비율	❶ 86%	② 5%	③ 4%	④ 2%	⑤ 3%

20 물질의 자성

2022학년도 수능 6번 | 정답 ① | 문제편 77 p

출제 의도 물질의 자성에 대한 이해를 묻는 문항이다.

그림은 자석의 S극을 물체 A, B에 각각 가져갔을 때 자기장의 모습을 나타낸 것이다. A와 B는 상자성체와 반자성체를 순서 없이 나타낸 것이다.

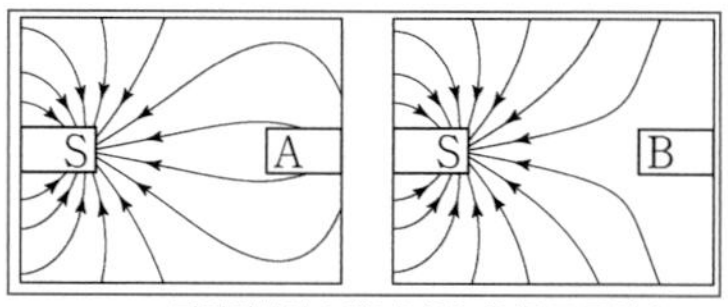

자기력선이 A에서 나와 자석으로 들어가므로 A는 상자성체이고, B는 반자성체이다.

이에 대한 설명으로 옳은 것만을 〈보기〉에서 있는 대로 고른 것은? [3점]

보기

ㄱ. A는 자기화되어 있다.

ㄴ. A와 자석 사이에는 서로 ~~미는~~ 당기는 힘이 작용한다.

ㄷ. B는 ~~상자성체이다~~. 반자성체이다.

① ㄱ ② ㄷ ③ ㄱ, ㄴ ④ ㄴ, ㄷ ⑤ ㄱ, ㄴ, ㄷ

✔ 자료 해석

• A의 왼쪽이 N극으로 자기화되었으므로, A는 상자성체이고, B는 반자성체이다.

○ 보기 풀이 ㄱ. A의 왼쪽 부분에서 나온 자기력선이 자석의 S극을 향하므로 A는 왼쪽이 N극이 되는 방향으로 자기화되어 있다.

✕ 매력적 오답 ㄴ. A의 왼쪽이 N극이므로, A와 자석 사이에는 서로 당기는 힘이 작용한다.

ㄷ. 상자성체는 외부 자기장과 같은 방향으로, 반자성체는 외부 자기장과 반대 방향으로 자기화된다. 따라서 A는 상자성체, B는 반자성체이다.

문제풀이 Tip

상자성체와 강자성체는 외부 자기장의 방향으로 자기화되고, 반자성체는 외부 자기장과 반대 방향으로 자기화됨을 이용한다.

선택지 비율	① 7%	② 11%	❸ 51%	④ 12%	⑤ 18%

21 전류에 의한 자기장

2022학년도 9월 평가원 16번 | 정답 ③ | 문제편 78 p

출제 의도 자기장 합성에 대한 이해를 묻는 문항이다.

그림과 같이 xy평면에 무한히 긴 직선 도선 A, B, C가 고정되어 있다. A, B에는 서로 반대 방향으로 세기 I_0인 전류가, C에는 세기 I_C인 전류가 각각 일정하게 흐르고 있다. xy평면에서 수직으로 나오는 자기장의 방향을 양(+)으로 할 때, x축상의 점 P, Q에서 세 도선에 흐르는 전류에 의한 자기장의 방향은 각각 양(+), 음(−)이다.

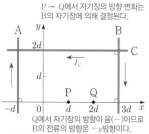

P → Q에서 자기장의 방향 변화는 B의 자기장에 의해 결정된다.

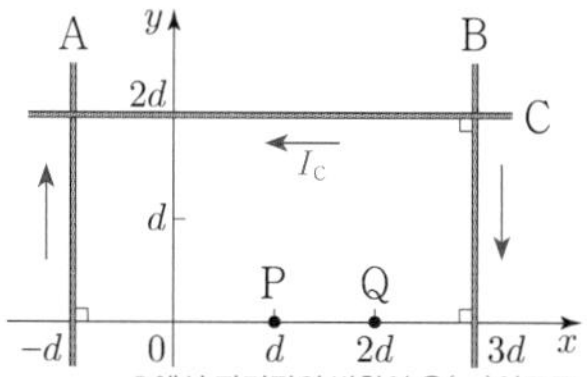

Q에서 자기장의 방향이 음(−)이므로 B의 전류의 방향은 −y방향이다.

이에 대한 설명으로 옳은 것만을 〈보기〉에서 있는 대로 고른 것은? [3점]

보기

ㄱ. A에 흐르는 전류의 방향은 $+y$방향이다.

ㄴ. C에 흐르는 전류의 방향은 $-x$방향이다.

ㄷ. ~~$I_C < 2I_0$~~이다. $I_C > 2I_0$이다.

① ㄱ ② ㄷ ③ ㄱ, ㄴ ④ ㄴ, ㄷ ⑤ ㄱ, ㄴ, ㄷ

✔ 자료 해석

• P에서 Q로 가면서 자기장의 방향이 음(−)으로 바뀌므로 B에 의한 자기장의 방향은 음(−)이다.

• A, B의 전류의 방향이 반대이므로 A, B에 흐르는 전류의 방향은 각각 $+y$방향, $-y$방향이다.

○ 보기 풀이 A, B에는 서로 반대 방향으로 전류가 흐르므로 두 도선 사이에서 전류에 의한 자기장의 방향은 A와 B가 같다. A, B에 흐르는 전류에 의한 자기장의 세기는 P에서 $k\frac{I_0}{2d}+k\frac{I_0}{2d}$, Q에서 $k\frac{I_0}{3d}+k\frac{I_0}{d}$으로 Q에서가 P에서보다 크다. 반면 P, Q에서 C에 흐르는 전류에 의한 자기장은 크기와 방향이 모두 같다. 세 도선에 의한 자기장의 방향이 P에서 양(+), Q에서 음(−)으로 변하므로 각 도선 A, B, C에 흐르는 전류에 의한 자기장의 방향은 각각 음(−), 음(−), 양(+)이다.

ㄱ. P, Q에서 A에 흐르는 전류에 의한 자기장의 방향이 xy평면에 수직으로 들어가는 방향이므로 전류의 방향은 $+y$방향이다.

ㄴ. P, Q에서 C에 흐르는 전류에 의한 자기장의 방향이 xy평면에서 수직으로 나오는 방향이므로 전류의 방향은 $-x$방향이다.

✕ 매력적 오답 ㄷ. P에서 세 도선에 흐르는 전류에 의한 자기장은 $-k\frac{I_0}{2d}-k\frac{I_0}{2d}+k\frac{I_C}{2d}>0$이므로 $I_C>2I_0$이다.

문제풀이 Tip

B에 가까워지면서 자기장의 방향이 반대로 바뀌는 것으로부터 B에 의한 자기장의 방향 및 전류의 방향을 판단할 수 있어야 한다.

선택지 비율	❶ 76%	② 7%	③ 5%	④ 5%	⑤ 7%

22 물질의 자성

2022학년도 9월 평가원 5번 | 정답 ① | 문제편 78 p

출제 의도 물질의 자성에 대한 이해를 묻는 문항이다.

다음은 물질의 자성에 대한 실험이다.

[실험 과정]

반자성체는 자석으로부터 미는 힘을, 상자성체는 자석으로부터 당기는 힘을 받는다.

(가) 나무 막대의 양 끝에 물체 A와 B를 고정하고 수평을 이루며 정지해 있도록 실로 매단다. A와 B는 반자성체와 상자성체를 순서 없이 나타낸 것이다.

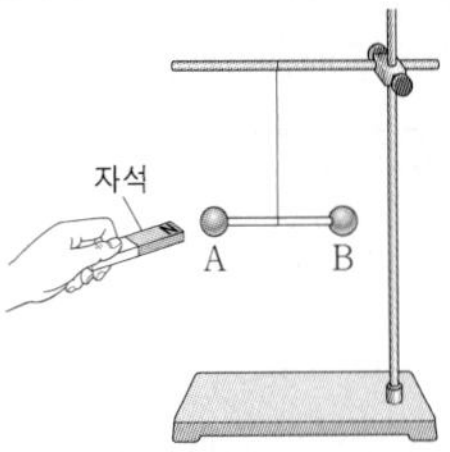

(나) 자석을 A에 서서히 가져가며 자석과 A 사이에 작용하는 힘의 방향을 찾는다.

(다) (나)에서 자석의 극을 반대로 하여 (나)를 반복한다.

(라) 자석을 B에 서서히 가져가며 자석과 B 사이에 작용하는 힘의 방향을 찾는다.

[실험 결과]

• (나)에서 자석과 A 사이에 작용하는 힘의 방향은 서로 미는 방향이다. → A는 반자성체, B는 상자성체이다.

이에 대한 설명으로 옳은 것만을 〈보기〉에서 있는 대로 고른 것은? [3점]

보기

ㄱ. (나)에서 A는 외부 자기장과 반대 방향으로 자화된다.

ㄴ. (다)에서 자석과 A 사이에 작용하는 힘의 방향은 서로 ~~당기는 방향이다~~. 미는 방향이다.

ㄷ. (라)에서 자석과 B 사이에 작용하는 힘의 방향은 서로 ~~미는 방향이다~~. 당기는 방향이다.

① ㄱ ② ㄴ ③ ㄱ, ㄷ ④ ㄴ, ㄷ ⑤ ㄱ, ㄴ, ㄷ

✔ 자료 해석

• 자석으로부터 척력을 받으면 반자성체이다.
• 자석으로부터 인력을 받으면 상자성체(또는 강자성체)이다.

○ 보기 풀이 ㄱ. (나)에서 자석과 A 사이에 서로 미는 방향으로 힘이 작용하므로 A는 외부 자기장과 반대 방향으로 자화되는 반자성체이다.

× 매력적 오답 ㄴ. 자석의 극을 반대로 하여도 A는 그 자기장과 반대 방향으로 자기화되므로 (다)에서 자석과 A 사이에 작용하는 힘은 서로 미는 방향이다.
ㄷ. A가 반자성체이므로 B는 상자성체이다. B는 외부 자기장과 같은 방향으로 자기화되므로 (라)에서 자석과 B 사이에 작용하는 힘은 서로 당기는 방향이다.

문제풀이 Tip

[실험 결과]로부터 자석에 의해 미는 힘을 받는 A는 반자성체라는 것을 파악할 수 있어야 한다.

선택지 비율	① 23%	② 13%	❸ 31%	④ 13%	⑤ 20%

23 전류에 의한 자기장

2022학년도 6월 평가원 18번 | 정답 ③ | 문제편 79 p

출제 의도 자기장 합성에 대한 이해를 묻는 문항이다.

그림 (가)와 같이 중심이 원점 O인 원형 도선 P와 무한히 긴 직선 도선 Q, R가 xy평면에 고정되어 있다. P에는 세기가 일정한 전류가 흐르고, Q에는 세기가 I_0인 전류가 $-x$방향으로 흐르고 있다. 그림 (나)는 (가)의 O에서 P, Q, R의 전류에 의한 자기장의 세기 B를 R에 흐르는 전류의 세기 I_R에 따라 나타낸 것으로, $I_R=I_0$일 때 O에서 자기장의 방향은 xy평면에서 수직으로 나오는 방향이고, 세기는 B_1이다.

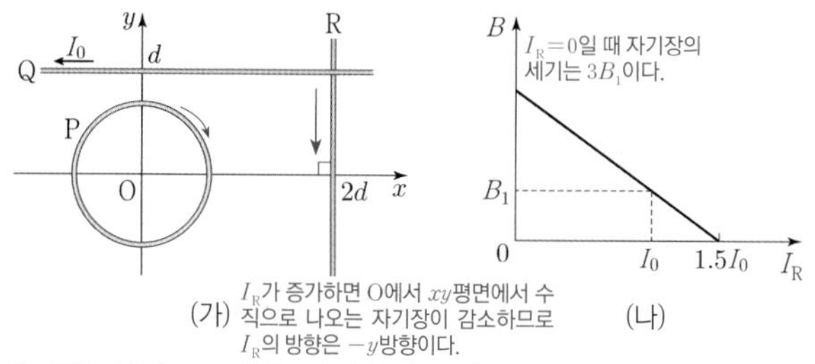

y
R
Q
I_0
d
P
O
2d
x
B
$I_R=0$일 때 자기장의 세기는 $3B_1$이다.
B_1
0
I_0
$1.5I_0$
I_R
I_R가 증가하면 O에서 xy평면에서 수직으로 나오는 자기장이 감소하므로 I_R의 방향은 $-y$방향이다.

(가) (나)

이에 대한 설명으로 옳은 것만을 〈보기〉에서 있는 대로 고른 것은? [3점]

보기

ㄱ. R에 흐르는 전류의 방향은 $-y$방향이다.

ㄴ. O에서 P의 전류에 의한 자기장의 방향은 ~~xy평면에서~~ 수직으로 ~~나오는 방향이다.~~ (xy평면에) 들어가는 방향이다.

ㄷ. O에서 P의 전류에 의한 자기장의 세기는 B_1이다.

① ㄱ ② ㄴ ③ ㄱ, ㄷ ④ ㄴ, ㄷ ⑤ ㄱ, ㄴ, ㄷ

✔ 자료 해석

• R의 전류에 따른 O에서의 자기장

$I_R=0 \rightarrow 3B_1$, $I_R=I_0 \rightarrow B_1$, $I_R=1.5I_0 \rightarrow 0$

O 보기 풀이 ㄱ. O에서 Q에 흐르는 전류에 의한 자기장은 xy평면에서 나오는 방향인데 R에 흐르는 전류가 증가할 때 O에서 자기장의 세기가 감소하므로 R에 흐르는 전류의 방향은 $-y$방향이다.

ㄷ. O에서 도선 P, Q에 의한 자기장의 세기를 각각 B', B_0이라 하면 도선 R에 전류 I_0이 흐를 때 O에서 자기장의 세기는 $B_1=B_0-\frac{1}{2}B_0-B'$이고, 도선 R에 전류 $1.5I_0$이 흐를 때 O에서 자기장의 세기는 $0=B_0-\frac{1.5}{2}B_0-B'$이다. 두 식을 풀어 주면 $B'=B_1$이다.

× 매력적 오답 ㄴ. 직선 도선에 의한 자기장의 세기는 거리에 반비례하므로 도선 P가 없을 때 R에 $2I_0$의 전류가 흐르면 자기장의 세기는 0이 된다. 도선 P를 추가했을 때 R에 $1.5I_0$의 전류가 흐르면 자기장 세기가 0이 되므로 도선 P에 의해 만들어진 자기장의 방향은 도선 R에 흐르는 전류에 의해 만들어진 자기장의 방향과 같다. 따라서 O에서 P의 전류에 의한 자기장의 방향은 xy평면에 수직으로 들어가는 방향이다.

문제풀이 Tip

O점에서 각각 거리 d인 곳에서 Q, R에 의한 자기장의 세기를 각각 B_Q, B_R라 하면, O에서 각각 거리 d, $2d$ 떨어진 Q, R에 의한 자기장의 세기는 각각 B_Q, $\frac{1}{2}B_R$임을 이용할 수 있어야 한다.

선택지 비율	① 6%	② 11%	③ 8%	④ 9%	❺ 66%

24 물질의 자성

2022학년도 6월 평가원 9번 | 정답 ⑤ | 문제편 79 p

출제 의도 강자성체의 자기화에 대한 이해를 묻는 문항이다.

그림 (가)는 강자성체 X가 솔레노이드에 의해 자기화된 모습을, (나)는 (가)의 X를 자기화되어 있지 않은 강자성체 Y에 가져간 모습을 나타낸 것이다.

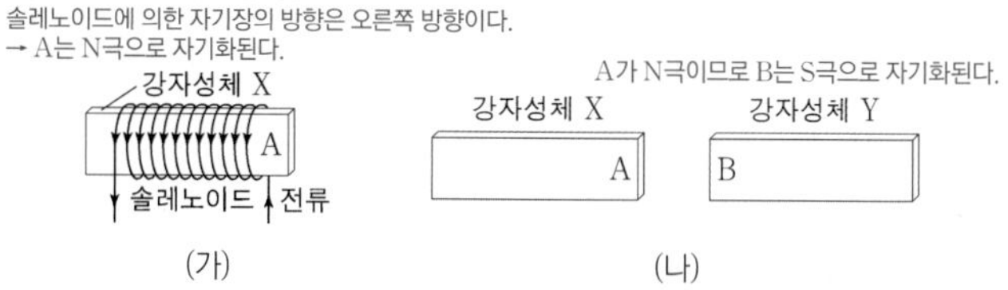

솔레노이드에 의한 자기장의 방향은 오른쪽 방향이다.
→ A는 N극으로 자기화된다.
강자성체 X
A
솔레노이드
전류
A가 N극이므로 B는 S극으로 자기화된다.
강자성체 X
강자성체 Y
A
B

(가) (나)

(나)에서 자기장의 모습을 나타낸 것으로 가장 적절한 것은? [3점]

①
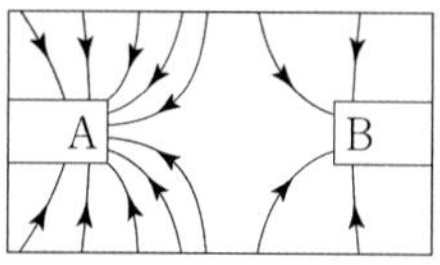

A
B

②
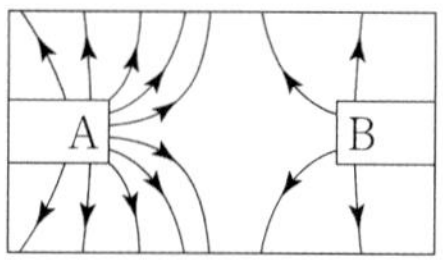

A
B

③
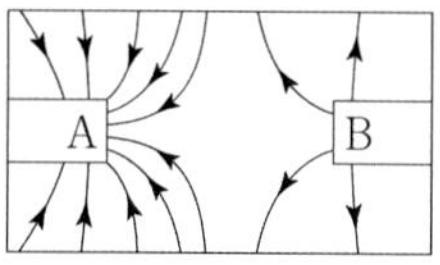

A
B

④
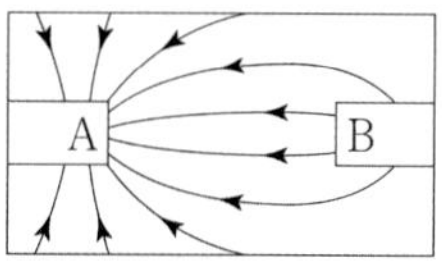

A
B

⑤
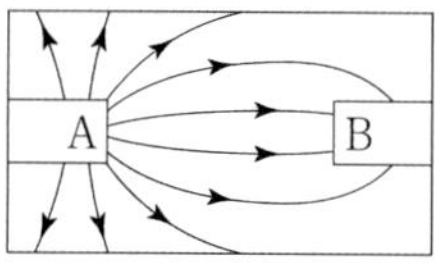

A
B

자기장은 A(N극)에서 나와 B(S극)로 들어가며, X가 Y보다 자기화된 정도가 크다.

✔ 자료 해석

• 솔레노이드에 의한 자기장의 방향 : 오른손의 네 손가락을 전류의 방향으로 감아쥐고, 엄지손가락을 솔레노이드와 나란하게 폈을 때 엄지손가락이 가리키는 방향이다.

O 보기 풀이 (가)에서 강자성체 X는 A가 N극으로 자기화되어 있으므로 강자성체 X를 강자성체 Y에 가져갔을 때, Y는 B가 S극으로 자기화되고 물질의 자기화 크기는 Y가 X보다 작다. 따라서 자기장의 세기가 A보다 B가 작고 A는 N극, B는 S극인 ⑤번이 자기장의 모습으로 가장 적절하다.

× 매력적 오답 (가)에서 솔레노이드에 의한 자기장의 방향을 잘못 판단하면 A를 S극, B를 N극으로 판단하여 ④를 답으로 선택할 수 있으니 조심하자.

문제풀이 Tip

X를 자석으로 생각하면 Y는 X보다 약하게 자기화된다는 점을 파악하여 자기력선을 그리는 데 적용할 수 있어야 한다.

선택지 비율	① 6%	② 4%	③ 5%	④ 6%	❺ 78%

25 전류에 의한 자기장

2021학년도 수능 16번 | 정답 ⑤ | 문제편 79 p

출제 의도 세 직선 도선에 흐르는 전류의 의한 자기장의 방향과 세기로부터 각 도선에 흐르는 전류의 방향과 세기를 유추하는 문항이다.

그림과 같이 xy평면에 고정된 무한히 긴 직선 도선 A, B, C에 세기가 각각 I_A, I_B, I_C로 일정한 전류가 흐르고 있다. B에 흐르는 전류의 방향은 $+y$방향이고, x축상의 점 p에서 세 도선의 전류에 의한 자기장은 0이다. C에 흐르는 전류의 방향을 반대로 바꾸었더니 p에서 세 도선의 전류에 의한 자기장의 방향은 xy평면에 수직으로 들어가는 방향이 되었다.

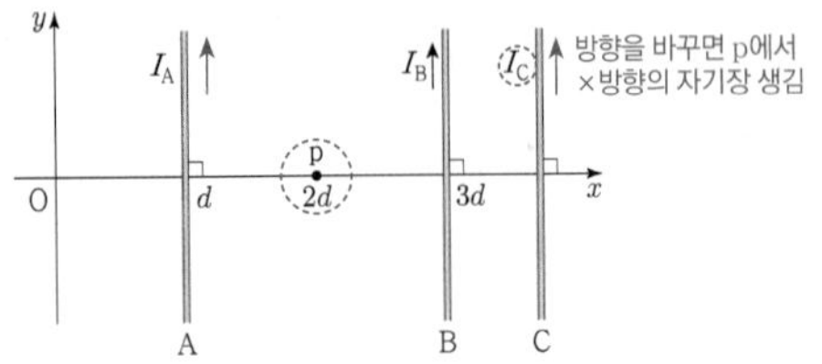

이에 대한 설명으로 옳은 것만을 〈보기〉에서 있는 대로 고른 것은? [3점]

보기
ㄱ. A에 흐르는 전류의 방향은 $+y$방향이다.
ㄴ. $I_A < I_B + I_C$이다.
ㄷ. 원점 O에서 세 도선의 전류에 의한 자기장의 방향은 C에 흐르는 전류의 방향을 바꾸기 전과 후가 같다.

① ㄱ ② ㄷ ③ ㄱ, ㄴ ④ ㄴ, ㄷ ⑤ ㄱ, ㄴ, ㄷ

✔ 자료 해석

- A에 흐르는 전류 방향이 $-y$방향이면 C에 흐르는 전류 방향도 $-y$방향이어야 p에서 자기장이 0이다. 그런데, C에 흐르는 전류 방향을 $+y$방향으로 바꾸면 p에서 자기장 방향은 xy평면에서 수직으로 나오는 방향이 되므로 문제 조건과 모순이다.
- A에 흐르는 전류가 B와 C에 흐르는 전류의 합과 같으면 A가 C보다 p에 가까우므로 p에서 자기장이 0이 될 수 없다.
- A, B, C에 의한 p에서 자기장을 각각 B_A, B_B, B_C라고 하면 $B_A = B_B + B_C$이다. A, B, C에 의한 원점 O에서 자기장은 다음과 같다.

$$B_A + \frac{1}{3}B_B \pm \frac{x}{2+x}B_C = \frac{4}{3}B_B + B_C\left(1 \pm \frac{x}{2+x}\right)$$

이때, (±) 부호는 C에 흐르는 전류의 방향이 반대가 될 때를 고려한 것이다.

○ 보기 풀이 ㄱ. A에 흐르는 전류 방향을 $-y$방향으로 가정하면, C에 흐르는 전류의 방향을 $+y$방향으로 바꿀 때 p에서 자기장의 방향은 xy평면에서 수직으로 나오는 방향이 된다. 따라서 A, C에 흐르는 전류의 방향은 $+y$방향이다.
ㄴ. A가 C보다 p에 가까우므로, A에 흐르는 전류는 B와 C에 흐르는 전류의 합보다 작다.($I_A < I_B + I_C$)
ㄷ. C의 전류의 방향이 바뀌어도 전체 자기장 부호가 바뀌지 않으므로 원점 O에서 자기장의 방향은 C에 흐르는 전류의 방향에 상관없이 같다.

문제풀이 Tip
P에서 C에 흐르는 전류의 방향을 바꾸기 전후에 의한 자기장의 방향으로부터 A와 C에 흐르는 전류의 방향을 유추할 수 있어야 한다.

선택지 비율	① 3%	② 1%	❸ 83%	④ 2%	⑤ 12%

26 물질의 자성

2021학년도 수능 3번 | 정답 ③ | 문제편 79 p

출제 의도 전자석에 의한 자기장 방향과 강자성체가 자기화될 때의 특징을 이해하고 있는지 묻는 문항이다.

그림 (가)는 전류가 흐르는 전자석(코일에 전류가 흐를 때에만 자석이 됨)에 철못이 달라붙어 있는 모습을, (나)는 (가)의 철못에 클립이 달라붙은 모습을 나타낸 것이다.

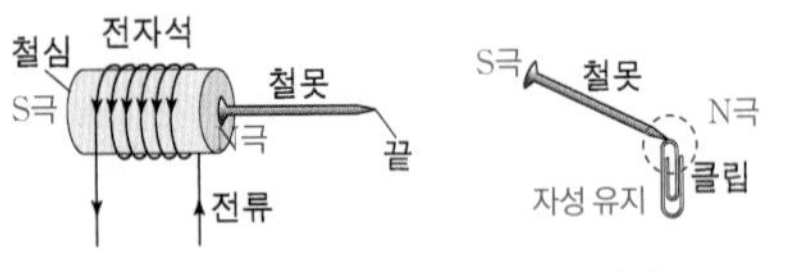

(가) (나)

이에 대한 설명으로 옳은 것만을 〈보기〉에서 있는 대로 고른 것은?

보기
ㄱ. 철못은 강자성체이다.
ㄴ. (가)에서 철못의 끝은 ~~S극~~(N극)을 띤다.
ㄷ. (나)에서 클립은 자기화되어 있다.

① ㄱ ② ㄴ ③ ㄱ, ㄷ ④ ㄴ, ㄷ ⑤ ㄱ, ㄴ, ㄷ

✔ 자료 해석

- 전자석은 솔레노이드 내부에 철심을 넣은 것으로, 솔레노이드에 전류가 흐를 때 강한 자기장을 만든다.
  - (가)의 전자석에 감긴 솔레노이드에 화살표 방향으로 전류가 흐를 때, 오른손의 네 손가락을 전류의 방향으로 감아쥐면 엄지손가락이 가리키는 방향(오른쪽)이 자기장의 방향이다.
  - 철심의 오른쪽(N극)에 붙어 있는 철못의 머리는 S극, 철못의 끝은 N극을 띤다.
- (나)에서 철못에 클립이 붙어 있다.
  - 전자석으로부터 떨어져도 자성이 유지되므로 철못은 강자성체이다.
  - 자석과 클립 사이에 자기력(인력)이 작용하므로 클립은 자기화되어 있다.

○ 보기 풀이 ㄱ. 전자석이 없어도 자성이 유지되어 (나)에서 철못에 클립이 달라붙으므로 철못은 강자성체이다.
ㄷ. (나)에서 클립은 자기력에 의해 철못에 달라붙은 것이다. 자기력은 자석 사이에 작용하는 힘이므로 (나)에서 클립은 자기화되어 있다.

✖ 매력적 오답 ㄴ. (가)에서 오른손 네 손가락을 전류의 방향으로 감아쥘 때 엄지손가락이 오른쪽으로 가리키므로 철못의 끝은 N극이다.

문제풀이 Tip
전자석에 전류가 흐를 때 자기장의 방향을 먼저 찾고, 전자석에 의해 자기화된 철못의 자성을 파악할 수 있어야 한다.